石油化工装置
工艺管道安装设计手册
第一篇 设计与计算

（第五版）

张德姜 王怀义 丘 平 主编

中国石化出版社

内 容 提 要

本套设计手册共五篇，按篇分册出版。第一篇设计与计算；第二篇管道器材；第三篇阀门；第四篇相关标准；第五篇设计施工图册。

第一篇在说明设计与计算方法的同时，力求讲清基本道理与基础理论，以利于初学设计者理解安装设计原则，从而提高安装设计人员处理问题的应变能力。在给出大量设计资料的同时，将有关国家及中国石化的最新标准贯穿其中，还适当介绍 ASME、JIS、DIN、BS 等标准中的有关内容。

第二、三篇为设计提供有关管道器材、阀门的选用资料。

第四篇汇编了有关的设计标准及规定。

第五篇中的施工图图号与第一、二篇中提供的图号一一对应，以便设计者与施工单位直接选用。

本书图文并茂，表格资料齐全，内容丰富，不仅可作为设计人员的工具书，同时又是培训初学设计人员的教材。

图书在版编目（CIP）数据

石油化工工艺管道安装设计手册．第1篇，设计与计算／张德姜，王怀义，丘平主编．—5版．—北京：中国石化出版社，2013.10（2024.5 重印）
ISBN 978－7－5114－2416－7

Ⅰ.①石… Ⅱ.①张…②王…③丘… Ⅲ.①石油化工－化工设备－管道－设计－技术手册 Ⅳ.①TE969－62

中国版本图书馆 CIP 数据核字（2013）第233516号

责任编辑：白　桦　潘向阳
责任校对：李　伟

中国石化出版社出版发行
地址：北京市东城区安定门外大街58号
邮编：100011　电话：(010)57512500
发行部电话：(010)57512575
http://www.sinopec-press.com
E-mail:press@sinopec.com
北京建宏印刷有限公司印刷
全国各地新华书店经销

*

787毫米×1092毫米16开本73印张2插页1846千字
2014年1月第5版　2024年5月第3次印刷
定价：218.00元

序

编写设计手册对提高设计水平，加快设计速度，有着十分重要的作用。各种设计手册对设计人员是不可缺少的工具书。古人云："工欲善其事，必先利其器"，所以编好设计手册，是设计部门十分重要的二线工作。

在20世纪70年代编制的《炼油装置工艺管线安装设计手册》，曾在设计、施工部门广泛应用，对我国炼油厂的基本建设起过良好作用。随着科学技术的迅速发展，各种规范、标准在不断更新或补充、完善；各类器材设备的变化也日新月异。原来的手册已不能完全反映当前的实际和设计水平，难以满足配管设计人员的使用要求。因此，在原手册的基础上，重新编写了这本《石油化工装置工艺管道安装设计手册》，以满足广大设计人员的需要。

工艺安装(配管)专业是工程设计中的主体专业，工艺安装设计的水平对装置的总投资、装置的风格、外观、操作、检修和安全等均有着重大的作用。同一个工艺流程由不同的工艺安装设计部门进行设计，往往会获得两种截然不同的效果。

由于工艺安装专业是一门运用多种学科的综合技术，因此，对从事该专业设计的人员，便提出了既要有专业的理论知识和丰富实践经验，又要有广博的相邻专业的基本知识的要求。

新的手册中，包括设计方法、常用计算、器材选用以及国内外有关标准和规范等，内容广泛，数据翔实。参加编写的人员，都是长期从事管道设计、理论和经验都十分丰富的同志。他们在编写过程中，既总结了国内配管设计的经验，又消化吸收了引进装置中有关的先进技术。所以这本手册是一本不可多得的好工具书，不仅对从事石油化工及炼油工艺装置工艺管道设计的同志十分有用，而且对一切从事管道安装设计的同志，也是一本有重要参考价值的工具书。

我国的石油化工工业，在经历了艰难创业和开拓前进的历程后，正面临着迅猛发展的形势。本手册的出版，在石化工业的建设中，必将会起十分有益的作用。

中国石化北京设计院技术委员会主任　徐承恩

中国石化洛阳石化工程公司技术委员会副主任　彭世浩

第五版前言

石油化工管道安装设计（配管设计）是石油化工装置设计的主体专业，配管设计水平直接关系到装置建设投资和装置投产后能否长期、高效、安全、平稳操作。石油化工管道输送的管内介质多种多样，工作压力从低压、中压到高压，超高压管道工作压力最高可达300MPa以上，管道内介质高温、高压、可燃、易爆、有毒，而且装置具有技术密集、规模大、连续化生产的特性；管道所处环境比较恶劣和管道组成件品种繁多等特点。随着石油化工装置的日益大型化，对管道的安全性要求也越来越高。石油化工管道绝大部分为压力管道，国家质量监督检验检疫总局特种设备安全监察局规定压力管道设计单位必须取得相应级别的设计资格后，方能从事设计工作；压力管道设计、校核、审批人员都必须进行考核，合格后方能取得设计许可资格。为满足和适应新形势的要求，我们对《石油化工装置工艺管道安装设计手册》（以下简称《手册》）进行全面修订。

《手册》于1994年出版、发行以来，经数次修订，满足了当前设计的需要。长期以来，《手册》深受石油、石油化工战线上广大读者青睐，《手册》第二版于2001年获中国石化科技进步二等奖；《手册》第四版获2010年中国石油和化学工业优秀出版物奖（图书奖）一等奖。《手册》第四版出版以来，有许多国家、行业标准进行了修订更新，这次第五版修订重点是力求反映近十年来石油化工装置大型化发展和近五年来相关的国家、行业标准的最新标准和技术，以满足和适应石油化工形势发展的需要。

本《手册》虽经多次修订重版，因时间仓促，错误和不当之处难免，希望广大读者继续为本《手册》提出宝贵意见。

第一版前言

在20世纪70年代初，为适应石油工业发展的需要，于1974至1978年编写出版了《炼油装置工艺管线安装设计手册》(以下简称原手册)。原手册问世十多年来，已在炼油领域(设计、科研、施工、生产等)中得到了应用，经受了工程实践的考验，发挥了重要作用。

随着改革开放的全面发展，我国社会主义经济建设特别是石油化工工业得到了迅猛的发展，石油化工装置设计技术水平有了很大的提高。

进入80年代后，国家技术监督局组织修订了大量的国家标准，编制了许多新标准，中国石油化工总公司和其他部委也编制了大批行业标准。与此同时，在总结设计经验、消化吸收引进装置技术的基础上，工艺安装技术也得到了较大的发展。基于以上因素，原手册已不能反映当代工艺安装的设计水平，不能全面地适应和满足当前石油化工工程建设的需要。因此，改编原手册已势在必行。

工艺安装设计，一般系指工艺装置内设备和建筑物的布置设计和装置内工艺及公用工程的管道设计。管道设计中包括管道布置、器材选择、支吊架设计、隔热和伴热、防腐涂漆以及管道的应力分析、抗震设计、管道模型设计等。此外，还须向仪表、设备、机械、加热炉、建筑、结构、电气、通讯、采暖通风、供水排水、总图运输、储运、热工等专业提供设计技术条件。因此，工艺安装设计专业是装置工程设计的主体专业。

工艺安装设计或配管设计是一门运用多种学科的综合性技术。从事设计的人员除应掌握工艺安装设计的基本技能和正确运用有关标准、规范外，还必须熟悉工艺过程、设备检修、材料学、管道力学等。同时，还应具备金属学、焊接与检验、锅炉和压力容器、化工过程与设备、建筑、结构、电气、防火、防爆、环保卫生以及仪表控制等的基本知识，并了解其主要标准。另一方面，通过实践不断总结和积累工程经验，也是工艺安装设计人员提高技术素质的重要途径。

我国高等院校没有设置工艺安装设计或配管设计的专业或课程。因此，不管是从化工、石油炼制还是从化机等专业毕业的大学生，从事工艺安装设计时，应对他们进行职业教育——继续工程教育。

本《手册》的功能不仅是安装设计的工具书，同时又是继续工程教育的指导性资料。本《手册》编写的原则之一是贯彻国家、中国石油化工总公司及其他部委制订的与石油化工设计有关的标准、规范和规定，并适当介绍ASME、JIS、DIN、BS等标准中的有关内容。所以，它也是贯彻国家、中国石油化工总公司和有关石油化工设计法规和标准的教材。

本《手册》共四篇分四册出版。第一篇设计与计算；第二篇管道器材；第三篇阀门；第四篇相关标准。第三、四篇基本为工具性资料，第一、二篇是在说明设计和计算方法的同时，力求讲清基本道理和基础理论。对公式推导则采用实用原则，不过分展开。所以，它不同于只罗列图表和数据的一般工具书；也不同于只提要求，不讲目的和理由的技术标准、规范规定；也不同于仅注重理论阐述与推导的教科书，而是兼顾以上三者的特点。对有争议或多种方法的内容，本《手册》尽可能将其不同点列出，由使用者自己判断、选择。

本《手册》的部分章节内容已延伸到与其紧密相邻的专业，其目的是尽可能加深对有关专业知识的了解，从而提高安装设计人员在设计过程中的协调能力和处理问题的应变能力。本《手册》出版后，还出版了《石油管道法兰》、《小型设备》、《管道支吊架》、《管道与设备绝热》等施工图册❶。

本《手册》由中石化配管中心站负责组织编写和审查，在编写中得到了中国石油化工总公司所属工程建设部、配管中心站、北京设计院、洛阳石化工程公司、北京石化工程公司、兰州石化设计院、上海石化总厂设计院、齐鲁石化公司设计院等单位领导和有关人员的大力支持以及中国石化出版社的热情指导，在此一并致以谢忱。

由于编写时间仓促、编者的水平有限，《手册》中可能存在各种不足之处，恳请读者提出宝贵意见。

我们衷心希望本《手册》能成为迫切要求能高速、高效和经济地解决装置布置和管道工程问题的广大技术人员手中的一套既有实用价值又比较全面的技术资料，也希望本《手册》将在设计、科研、施工、生产中发挥更大的作用。

本《手册》编写人员如下：

中国石化工程建设有限公司(SEI)：

(原北京设计院)：刘耕戊、张德姜、刘绍叶、徐心兰、林树镗、徐兆厚、李征西、师酉云、蒋桂锋、佟振业、魏礼瑾、钟景云、赵国桥、余子俊、吴青芝、丘　平、顾比仑、牛中军、张效铭、王斌斌、罗家弼、沈宏乎、解芙蓉、欧阳琨。

(原北京石化工程公司)：于浦义、龚世琳、张云鸠、苏艳菊、赵明卿。

中石化洛阳工程有限公司：陈让曲、王怀义、王毓斌、李苏秦、康美琴、韩英劭、谢泉、高文华、马淑玲。

中石化宁波工程有限公司(原兰州石化设计院)：毛杏之、赵娟莉。

中石化上海工程有限公司(原上海石化总厂设计院)：姜德巽、凌镭、吴建康、王汝淦、胡人勇。

齐鲁石化公司设计院：吴正佑。

中石化国际事业公司：孟庆久。

张德姜、王怀义、刘绍叶任主编，并对全书进行了校审和统编。

审稿委员会成员如下：

主任委员：刘耕戊。

副主任委员：于浦义、陈让曲。

委员：徐心兰、徐兆厚、姜渭斌、赵明卿。

❶现为本《手册》第五篇《设计施工图册》。

目　　录

第一章　工艺管道和仪表流程设计

工艺管道和仪表流程图（简称 PI&D）应根据工艺流程图（简称 PFD）的要求，详细地表示该装置的全部设备、仪表、管道、阀门和公用工程系统。本章仅就 PI&D 的一些常见的共性问题，介绍一些方法，供设计者参考。

第一节　工艺管道流程设计

一、一般要求

1. 应根据工艺过程的特点，选用可靠的新工艺、新技术、新设备、新催化剂、新溶剂以减少工艺过程的用能及提高能量转换效率。妥善地处理废气和废液，减少“三废”排放、减轻环境污染。

2. 必须满足正常生产操作、开停工、安全和事故处理的要求，并应考虑维修需要和一定的操作灵活性。

3. 管道进出装置处应设置切断阀。对可燃、易爆、有腐蚀性或有毒介质的管道，还应在切断阀的装置侧加设“8”字形盲板。

4. 固定连接在工艺管道或设备上正常操作时不使用的公用工程管道（如惰性气体、空气、蒸汽、水等介质的管道），应设置双切断阀加检查阀（简称管道三阀组），或设置双切断阀加盲板。工艺过程不允许串料的管道，也应采取这种措施。

5. 在生产过程中，由于火灾、物料的化学反应、动力故障或操作故障等原因，可能使其内压超过设计压力的容器或设备，必须设置安全阀，例如：

（1）盛装液化气体的容器；

（2）允许最高工作压力低于压力来源处压力的容器，或压力来源处未设置安全阀而可能超压的容器；

（3）由几个容器组成一个压力系统且中间设置隔断阀时，应视为几个独立的压力容器，需分别设置安全阀；

（4）塔顶冷凝器超负荷、回流中断或冷凝器故障而导致塔超压时，无论上游有无安全阀，均应在塔上或塔顶馏出线上设置安全阀；

（5）往复式压缩机、电动容积式泵的出口；

（6）凝汽式汽轮机组沸水器前和背压式汽轮机组蒸汽出口的管道上应设置安全阀。

6. 属于下列情况之一的容器或设备不需设置安全阀：

（1）设计压力不低于压力来源处压力，且不因物料化学反应或受热而使其压力超高的容器；

（2）由几个容器组成一个压力系统而中间不设置隔断阀时，可按一个系统考虑，即前面容器设有安全阀时，后面的容器可不再设置安全阀；

（3）离心泵出口；

（4）蒸汽往复泵出口一般可不设安全阀。但当泵的失控压力可能超过泵体所能承受的压力，或泵的压力超高对下游系统有较大影响时，应在泵出口处设置安全阀。

7. 工艺过程中使用对人体有较大危害的介质（如强酸等）应采取必要的防护措施，对于剧毒物质（如氢氟酸等）则应有特殊的防护措施。无论是单一的危险性物质，还是在流体中混有一定量危险物质的混合物，其有关设备、管道、管件、仪表、阀门、垫片等均应根据介质的特性选用合适的材质和类型。

8. 工艺过程中排放的气体如混有强腐蚀性介质（如强酸），应先送入单独的安全密闭系统，经处理后，才允许送往全厂油气放空系统。液相危险介质（如含酸、碱）不得直接排入全厂污水系统，应予集中处理后才允许排放。

9. 装置因事故或定期停工需要进行大检修时，应将装置内的物料全部排至有关储罐或系统。

10. 装置内放空液体物流（不包括液化气）不得直接排入全厂放空油气系统，而应将其排入有关储罐或装置内的大型塔或容器中。设备内残存的少量可燃液体可集中排入有关储罐或污油罐，但不得任意排入边沟或下水道内。高温物料应经冷却后排至有关储罐，当工艺有要求时，也可直接排至专用紧急放空池或紧急放空塔。

11. 放空物流为气液两相时，应先经气液分离器将气液分开，气体排至全厂放空油气系统，液体排至有关储罐。

12. 可燃气体的放空应尽可能排至全厂放空油气系统，装置内的放空气体可设置一根排气总管。

13. 工艺介质进冷却器的温度不宜高于120℃，在经济合理的条件下，宜采用低温热能利用设施。冷进料或冷出料的温度可参考表1－1－1取值。热进料或热出料时，原料或进出装置的温度应根据工艺过程和设备要求，并参照上下游装置的热平衡计算确定。在可能的条件下，装置宜选用热联合。

表1－1－1　冷料进出装置的温度

原料或产品名称	进出装置温度/℃	原料或产品名称	进出装置温度/℃
原　油	不高于50	重柴油馏分	不高于70
氢　气	不高于45	蜡油馏分	不高于90
干　气	不高于45	润滑油组分	不高于60
液化烃	不高于40	石蜡或地蜡（管道输送）	比熔点高50
汽油馏分	不高于40	渣油或燃料油	不高于90①
煤油馏分	不高于45	沥青（管道输送）	比软化点高100
轻柴油馏分	不高于60		

注：①进热罐或长距离输送的渣油或燃料油不受此温度的限制。

14. 除有特殊需要外，不宜选用*DN*32、*DN*65、*DN*125、*DN*175的管子和管件。

15. 在工艺流程图上应注明工艺过程对管道安装设计的特殊要求。如重沸器与塔底切线的安装高度、热旁路压控回流罐与塔顶冷凝器的相对高度、不允许有袋形的管道、自流管道等。

二、主要工艺设备的管道流程设计

（一）塔和容器

1. 当塔顶产品量少，回流罐内液位需要较长时间才能建立时，为了缩短开工时间，宜在开工前预先装入部分塔顶物料。为此，需考虑设置相应的装料管道。

2. 塔或容器的顶部应设置供开停工吹扫放空用的排气阀，阀门应直接连在塔或容器的开口处。

3. 塔或容器的底部应设置供开停工用的排液阀，阀门接管应位于塔或容器的最低处。

4. 对于设有事故放空阀或带旁路的压控调节阀的塔或容器，其安全阀可不设置旁通阀。

5. 设有多个进料口的塔或容器的每条进料管道上均应设置切断阀。

6. 对于同一产品有多个抽出口的塔，塔的各抽出口处均应设置切断阀。

7. 根据工艺过程要求向塔顶馏出线注入与操作介质不同的其他介质（如氨、缓蚀剂、水等）时，其接管上应设置止回阀和切断阀。

（二）管壳式冷换设备

1. 为了提高换热效率，应尽可能采用逆流换热流程，且热流应自上而下，冷流应自下而上。

2. 管壳式冷换设备管壳程流体的选择，应能满足提高总传热系数，合理利用允许压力降、便利维护检修等要求。在一般情况下，高压流体、有腐蚀性、有毒性或易结焦（或沉淀物）的流体、含固体物或易结垢的流体、两种流体中黏度较小的流体以及普通冷却水等应走管程。要求压力降较小的流体一般可走壳程。两种流体的膜传热系数相差很大时，膜传热系数较小者可走壳程，以便于选用螺纹管、翅片管或折流杆等冷换设备。

3. 进入并联的冷换设备的流体应采用对称型式的流程。

4. 换热器冷、热流进出口管道上和冷却器、冷凝器热流进出口管道上均不宜设置切断阀。但需要调节温度或不停工检修的冷换设备可设置旁路和旁路切断阀，此时，冷热流进出口管道上相应设置切断阀，且需考虑扫线和放空管道。

5. 水冷却器和水冷凝器的水管道流程可按图1-1-1设计，图中阀门A用于调节水量，旁路阀门C用于停工水管防冻，冬季采暖室外计算温度高于0℃地区可不设旁路，放空口阀门D用于停工放水。

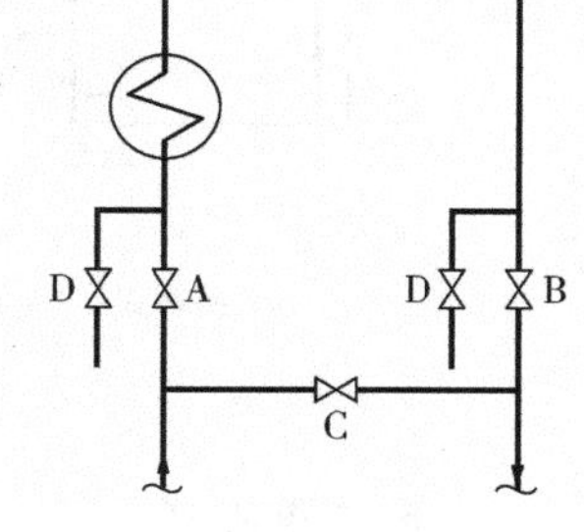

图1-1-1　水管道流程示意图

（三）重沸器

重沸器按其结构可分为立式和卧式两种，按其作用又可分为罐式、热虹吸式、泵强制循环式几种。应根据工艺过程要求选用不同型式。

1. 热虹吸式重沸器

这是一种应用广泛且结构比较简单的类型。进料为液体，出料为气液混相返回塔内。由于出料混相的密度比进料小，因而形成压力差，推动物料自然循环，将热流（蒸汽或热载体）提供的热量带入塔底，以满足工艺过程所需热量。热虹吸式重沸器流程有循环式和一次通过式两种类型：

（1）循环式。重沸器进料和塔底产品的组成相同，重沸器物料的加热温度高于塔底产品的泡点温度，其汽化率一般不宜超过25%。由于可改变重沸器的循环量，因此，可不受塔底产品数量的限制，适用性比较广泛。但对受热为分解或易结焦的物料因加热温度高会产生不利的影响。其示意图见图1-1-2（a）。

（2）一次通过式。重沸器进料来自塔的最底层塔板，重沸器物料的加热温度与产品的泡点温度相同，比循环式进料的加热温度低，进料的加热时间亦较短，适用于受热易分解或易结焦的物料。但塔内需要较大的抽出斗或塔底隔板，结构较复杂。同时，因为进料来自最底层塔板，不能全部循环，而重沸器的汽化率一般不超过25%，以防其结垢而降低传热系数。因此，一般宜用于塔底产品量大而重沸器热负荷又较小的场合，其示意图见图1-1-2（b）、（c）。

2. 泵强制循环重沸器

当塔底物料循环系统压力降大，进、出物料的密度差所形成的压差不能推动物料自然循环，或工艺要求加大物料的循环量和流速。此时，重沸器进料需用泵增压，以克服循环系统的压力降。其示意图见图1－1－3。

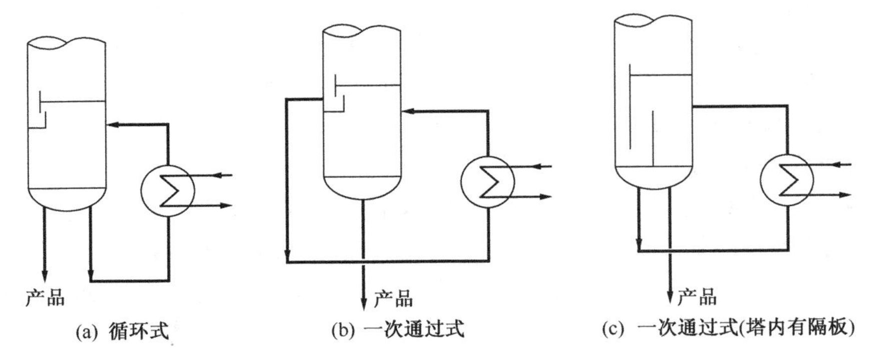

图1－1－2　热虹吸式系统流程示意图

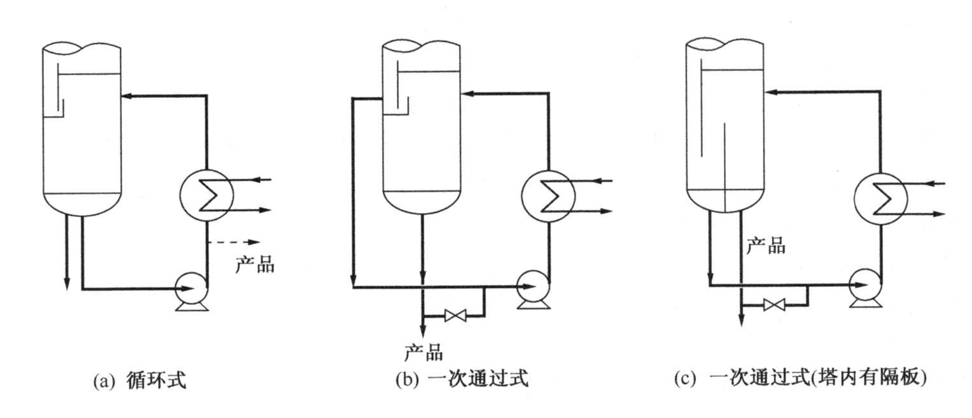

图1－1－3　泵强制循环系统流程示意图

3. 罐式重沸器

重沸器内具有上部汽化空间，相当于一块理论塔板。进料为液体，顶部出料为气相返回塔内，产品从重沸器挡板侧抽出。这种重沸器允许汽化率高(高达80%)，进、出料(气相)密度差较大，所形成的压差也较大，因而要求塔和重沸器间的标高差较小。其示意图见图1－1－4。

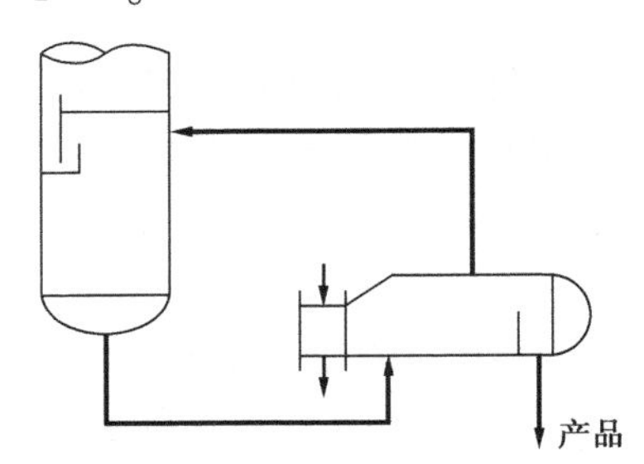

图1－1－4　罐式重沸器系统流程示意图

(四) 空冷器

1. 空冷器入口的工艺介质为气液两相流流体时，多片组合的空冷器的入口管道应采用对称形式的流程，使工艺介质均匀地进入每片空冷器，以提高整台空冷器的效率，其示意图见图1－1－5。

2. 空冷器入口的工艺介质为单相流流体时，出入口管道的流程见图1－1－6。

3. 对称形式的管道集合管截面积宜大于各分支管截面积之和的1.5倍。

(五) 加热炉

1. 多管程加热炉炉管管程数宜为偶数。当炉管入口处的工艺介质为气液两相流流体时，其进出口工艺管道应分别采用对称形式的流程；当工艺介质为单相流流体时，其进出口工艺管道除可采用对称形式的流程外，也可采用非对称形式流程，但需在各管程入口管道上设置流量调节阀和流量指示仪表，并在多管程出口管道上设置温度指示仪表。

2. 炉管内需要注水或蒸汽时，应在水或蒸汽管道上设置切断阀、检查阀和止回阀。

3. 炉出口过热蒸汽放空管道上应设置消声器，烘炉时炉管内一般要通入防护蒸汽，应设置相应的设施。

4. 对于需要烧焦的加热炉，其示意流程见图1－1－7。

5. 常减压蒸馏装置的减压炉出口管道应设置盲板，而不应设置切断阀。

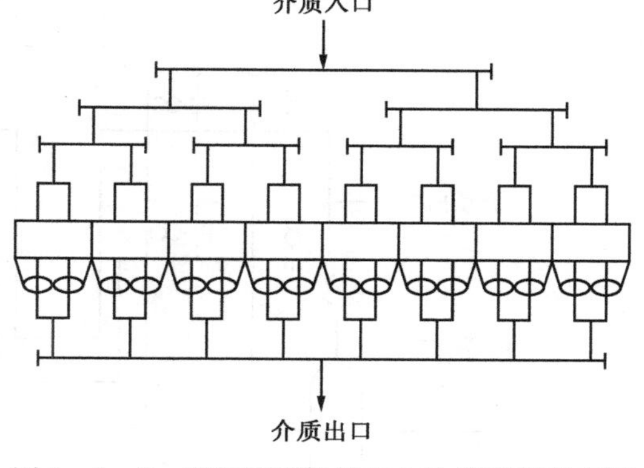

图1－1－5　两相流流体进出空冷器流程示意图

（六）泵

1. 当两种流体性质相近，操作条件相差不大，而又允许少量流体相混时，可合用一台备用泵。反之，则不宜合用备用泵。公用备用泵的选用条件应按两者之中较苛刻的条件考虑。

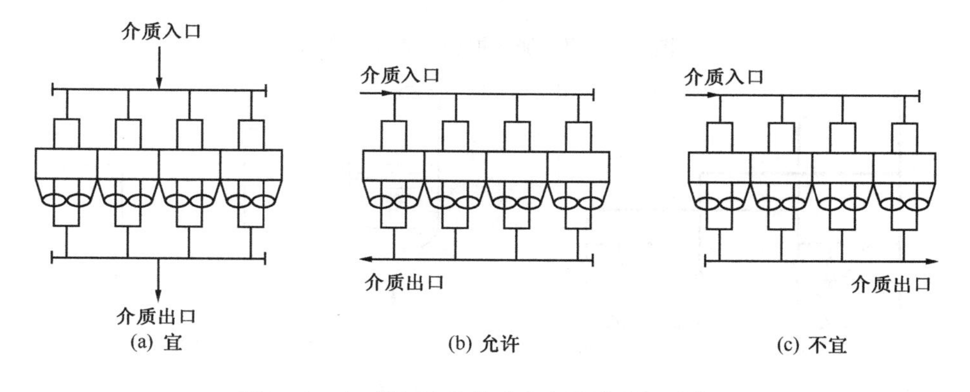

图1－1－6　单相流流体进出空冷器流程示意图

2. 泵的进出口管道上均应设置切断阀。泵进口管嘴与切断阀间宜设置临时过滤器。

3. 每台离心泵(或旋涡泵)出口管道上应设置止回阀，泵出口管道为多分支时，宜在泵出口总管上设置止回阀。离心泵如可能在低于泵的允许最小流量下运转，应设置循环线，使一部分介质从泵出口返回至泵进口端的容器内，循环线上应设置限流孔板、截止阀或调节阀。

4. 输送易凝介质或温度高于200℃介质的离心泵，一般需设置防凝及暖泵线，以使在停泵时从出口(一台泵操作，一台泵停运)倒流少量介质，其作用是防止停用泵及其进出管道介质冻凝或启动泵前暖泵之用，见图1－1－8，图中管A为进出口防冻凝管道，可与停工清扫线合用；管B为启动暖泵管道，当出口管径小于*DN*80时，可不设管B，采用稍稍打开出口阀代替。

5. 介质在泵进口处易于发生汽化时，可在泵进口管道上设置一根可返回吸入侧上游设备气相空间的平衡线，平衡管道上应设置切断阀，见图1－1－9。当进口管道由于压力降产生少量气体时，可通过平衡管返回上游设备气相空间，从而减少离心泵的汽蚀现象。

6. 输送液化烃的泵应在泵进口或出口管道上设置排入密闭系统的放空管道。

7. 应按工艺条件或泵制造厂的要求设置冷却水管道。

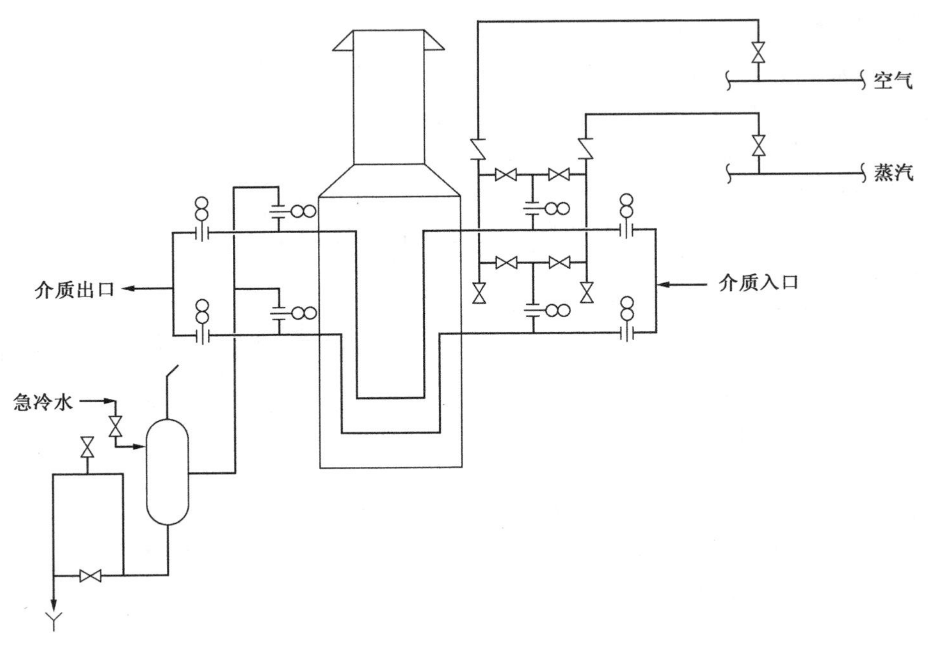

图 1－1－7　加热炉烧焦流程示意图

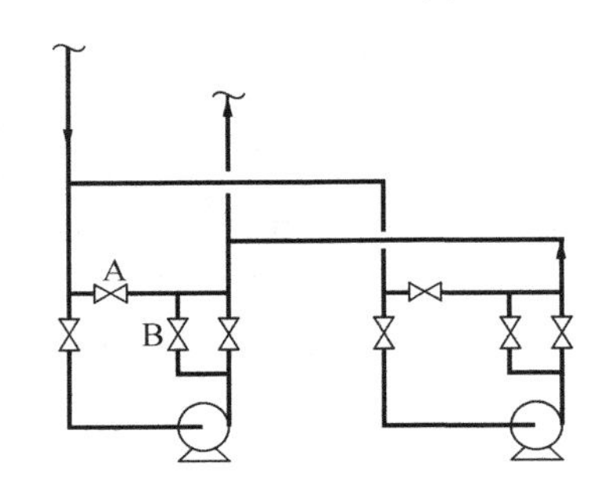

图 1－1－8　防凝及暖泵示意流程图

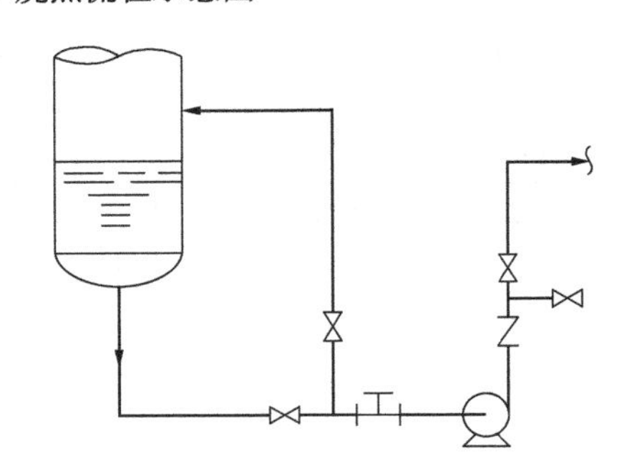

图 1－1－9　平衡管道示意流程图

（七）压缩机

1. 压缩机的进出口管道上均应设置切断阀，但自大气抽吸空气的往复式空气压缩机的吸入管道上可不设切断阀。

2. 压缩机出口管道上应设置止回阀。离心式氢气压缩机的出口管道，如压力等级大于或等于 4MPa，可设置串联的双止回阀。

3. 氢气压缩机进出口管道上应设置双切断阀，出口管道上应设置安全阀。多级往复式氢气压缩机各级间进出口管道上均应设置双切断阀。在两个切断阀之间的管段上应设置带有切断阀的排向火炬系统的放空管道。

4. 压缩机吸入气体中，如经常夹带机械杂质，应在其进口管嘴与切断阀之间设置过滤器。

5. 往复式压缩机各级吸入端均应设置气液分离罐，当凝液为可燃或有害物质时，凝液应排入相应的密闭系统。

6. 离心式或轴流式压缩机应设置反飞动线。空气压缩机的反飞动线可接至安全处排入大气，有毒、有腐蚀性、可燃气体压缩机的反飞动线应接至工艺流程中设置的冷却器或专门设置的循环冷却器，将压缩气体冷却后返回压缩机入口切断阀上游的管道中。

7. 可燃、易爆或有毒介质的压缩机应设置带三阀组盲板的惰性气体置换管道，三阀组应尽量靠近管道成“8”字型的连接点处，置换气应排入火炬系统或其他相应系统。

（八）汽轮机

1. 汽轮机入口的主蒸汽管道上应设置切断阀和过滤器。当蒸汽压力大于或等于1.3MPa时，公称直径大于或等于400mm的入口切断阀应设置旁通管和旁通阀；当蒸汽压力大于或等于3MPa时，公称直径大于或等于200mm的入口切断阀应设置旁通管和旁通阀。旁通管的公称直径一般为20mm或25mm，阀门本身已自带旁通管和旁通阀者可不另设旁通。

2. 背压式汽轮机出口管道上应设置切断阀，其出口管嘴与切断阀之间应设置安全阀和带泪孔的消声器，放空蒸汽应引至安全处排入大气。

3. 背压式汽轮机的供汽管道和乏汽管道的低点应设置排液阀和疏水阀。

4. 进入表面冷凝器中，进行常压或负压下冷凝的所有凝汽式汽轮机的乏汽管道上均应设置全量泄放的安全阀，通常应将安全阀装在冷凝器上。如果在进冷凝器的管道上设切断阀，则应在切断阀上游侧设置全量泄放的安全阀。如乏汽系排至大气冷凝器，则可不设安全阀。

（九）蒸汽及凝结水系统

1. 为了避免蒸汽带水，蒸汽进入装置处及蒸汽总管的末端需设置分水设施。

2. 汽轮机、蒸汽抽空器等重要设备所用蒸汽应单独自总管引出，并在靠近总管处设置切断阀，不应自分支管上引出，以免因其他用汽量变化时而影响操作的平稳。供非正常操作时用的蒸汽和灭火蒸汽也应尽量单独自总管引出，在靠近总管处设置切断阀，以减少对其他用汽点的影响，并不得在灭火蒸汽主管上连接工艺用汽管道。

3. 为了保证安全，不宜将高压蒸汽直接引入低压系统。如果必须引入，应安装减压阀，并在低压蒸汽系统设置安全阀，防止低压蒸汽系统超压发生危险。

4. 当需要多根相同用途的供汽管时（如伴热用蒸汽等）宜集中采用蒸汽分配管，便于操作和管理。

5. 蒸汽加热设备的凝结水应予回收利用，其他用汽点的凝结水也应尽量回收利用。从各点排出的凝结水一般应经疏水阀（水量较大的可设汽水分离罐）排至相应的凝结水系统。

6. 不同压力等级凝结水合并回收时，由于疏水阀的出口压力取决于其后面系统的压力，与蒸汽入口压力没有直接的关系，因而在一定条件下可合用一个凝结水系统。但当高压凝结水量较大，在排入低压凝结水系统以前，一般可先经凝结水扩容器以降低其压力，并回收因降压产生的蒸汽。

（十）冷却水系统

1. 装置冷却水系统进出装置处的供水和回水总管上应设置切断阀。装置中某部分单开单停时，该部分的供水和回水的主管上应设置切断阀。

2. 冷却用水一般采用压力回水方式，以节约能量。但在某些特殊场合，仍需考虑采用自流回水方式，以避免发生操作故障（如水锤现象）。

3. 为了减少冷却设备的水管结垢和腐蚀，循环水出冷却设备的温度一般不宜超过45℃。但对冷却易凝介质时，为了防止介质在管壁处凝固而降低传热效率，可适当地增高其出口温度。

（十一）加热炉燃料系统

1. 加热炉烧燃料气或兼烧燃料油时，每个烧气火嘴均应设置一个长明灯，长明灯使用的燃料气应从调节阀上游引出，并应设置阻火器。

2. 燃料气主管上应设置阻火器，但设有低压自动保护系统时，可不设阻火器。

3. 进装置的燃料气应设置分液罐，罐进口设切断阀。分液罐至火嘴的管道一般用蒸汽伴热，分液罐底设加热蒸汽盘管，分液罐的凝液应排至密闭系统，分液罐顶应设安全阀。

4. 燃料油或燃料气的流程应考虑单炉开停工时切断、吹扫和排凝所需的管道和阀门。每台加热炉的燃料支管应直接与其主管相连，并在连接处加阀门。

（十二）机泵的辅助管道

1. 机泵冷却水宜设置单一总管。泵的冷却水管道不应与其他驱动设备的冷却水管道串联连接，冷却水一般用循环冷水。可与新鲜水管连接作为备用。

2. 压缩机的封油和润滑油冷却器一般用循环水冷却，但应与新鲜水管连接作为备用，并设置切断阀和止回阀。

3. 每台机泵冷却水进出口管道上均应设置切断阀（自流排水时，出口可不设切断阀和视镜），并在出口管道上设视镜。

4. 机泵的封油和润滑油系统的流程应为两个各自独立的系统。供油管道上应设置安全阀，安全阀出口管应单独接至油箱。该系统中各回油支管上应设视镜，回油管上可不设切断阀。

（十三）扫线管道流程

扫线管道流程可分为固定式或半固定式两种，前者为带三阀组连接在需要吹扫的管道上的固定管道，打开阀门即可通入扫线介质，一般用于需经常吹扫的管道；后者为带切断阀和盲板的连接在需要吹扫的管道上的扫线接头，吹扫时，临时接上软管通入扫线介质。

扫线管直径、扫线介质及扫线流程示意图详见本篇第十章第一节。

工艺装置内的扫线宜顺流程扫向下游设备或容器内，进出装置的管道一般扫往工厂罐区或专用放空系统。

（十四）放空

为了处理事故和停工检修的需要，装置内的工艺介质应能全部排至装置外有关储罐或放空系统。热介质需经冷却后送往工厂有关储罐或直接排至紧急放空系统，冷介质和液化烃送往工厂有关储罐。不得将液化烃或其他类似介质排入下水道，以防其沿下水道流窜各处，引起火灾或爆炸事故。

可燃气体放空时，应尽量排入全厂性放空油气系统（如火炬系统），非可燃气体放空有可能携带可燃介质时，应按可燃气体放空处理。

放空介质为气液两相流时，应设置气液分离器将气液分开，可燃气体排至全厂性放空油气系统，液体排至相应的设备内。

放空口尺寸和放空流程详见本篇第十章第二节。

第二节　仪表流程设计

仪表流程设计方案是根据工艺过程对控制和检测的要求，控制和检测对象的特性及其与其他工艺参数间的关系而确定的。本节仅对几种典型仪表流程方案作一简单介绍，供有关设计人员参考。

一、流体输送设备

输送流体并使其压头增高的机械设备通称为流体输送设备，此处只介绍泵和压缩机的控制方案。

（一）离心泵

流量控制有三种方法可供采用，即直接节流法、旁路调节法和改变泵的转速法。直接节流法是在泵出口管道上设置调节阀，利用阀的开度变化而调节流量，见图 1－2－1。这种方法简单易行，得到普遍采用。但不宜用于介质正常流量低于泵的额定流量 30% 以下的场合。旁路调节法是在泵进出口旁路管道上设置调节阀，使部分液体从出口返回至进口管道以调节出口流量，见图 1－2－2。这种方法使泵的总效率降低，但它的优点是调节阀直径较小，可用于因介质流量偏低而又选不到合适的泵的场合。当泵的驱动机选用汽轮机或可调速电机时，就可以采用调节汽轮机或电机的转速以调节泵的转速，从而达到调节流量的目的。这种方法的优点是节约能量，但驱动机及其调速设施的投资较高，一般只适用于较大功率的机泵，见图 1－2－3 和图 1－2－4。

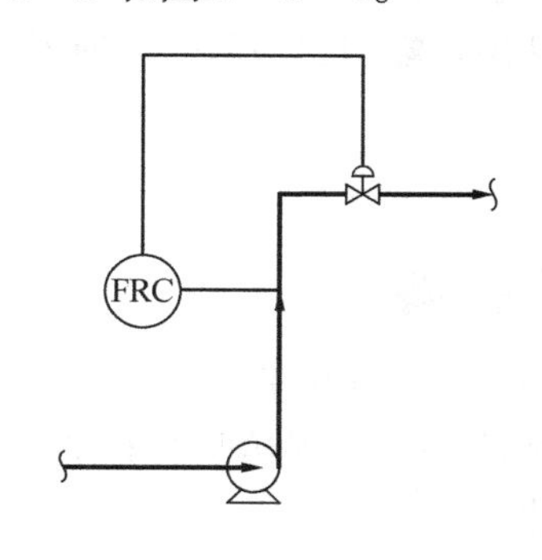

图 1－2－1　离心泵的直接节流

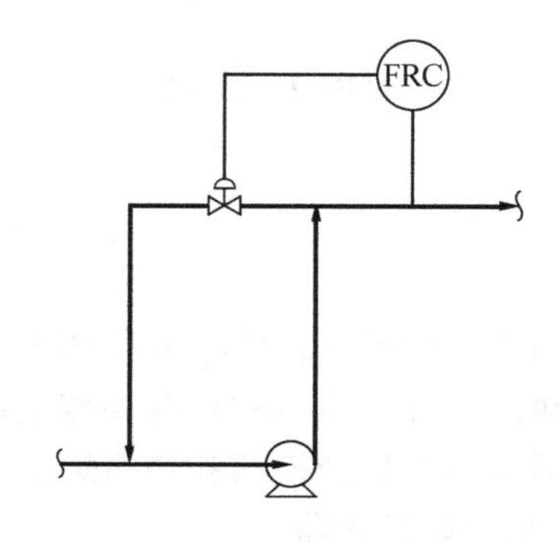

图 1－2－2　离心泵的旁路调节

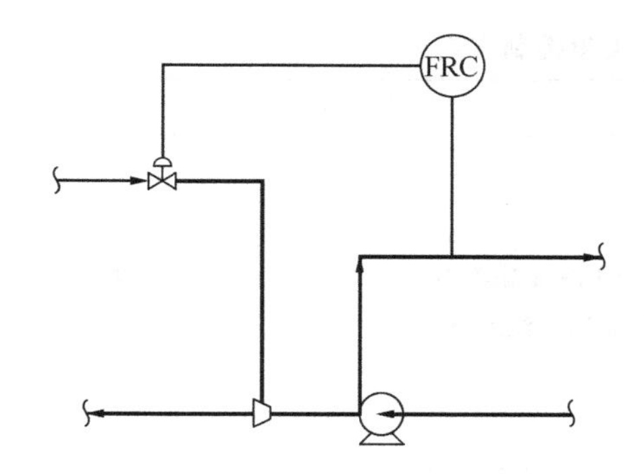

图 1－2－3　离心泵的转速调节（汽轮机驱动）

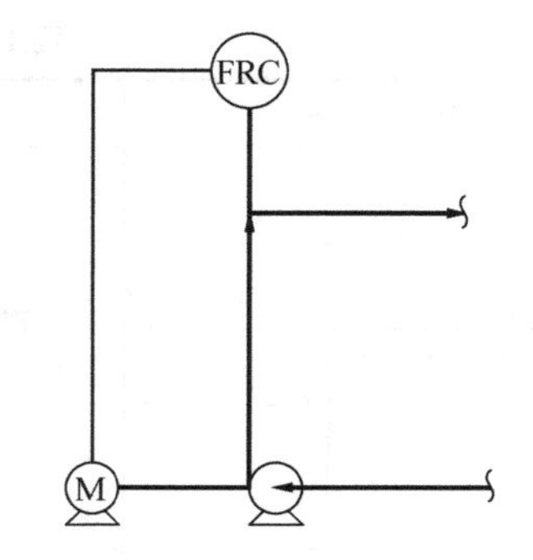

图 1－2－4　离心泵的转速调节（电机驱动）

（二）蒸汽往复泵和其他容积式泵

1. 蒸汽往复泵。调节蒸汽量以调节泵的往复次数，从而调节泵的流量，见图 1－2－5。

2. 容积式泵。容积式泵不得用出口管道节流方法调节流量，可采用旁路调节、改变活塞（或柱塞）行程等方法调节流量。

（三）往复式压缩机

常用的流量调节方法有旁路调节、汽缸余隙调节和吸入管道上的顶开阀调节，可根据工艺要求采用其中一种或同时采用两种方法进行调节。

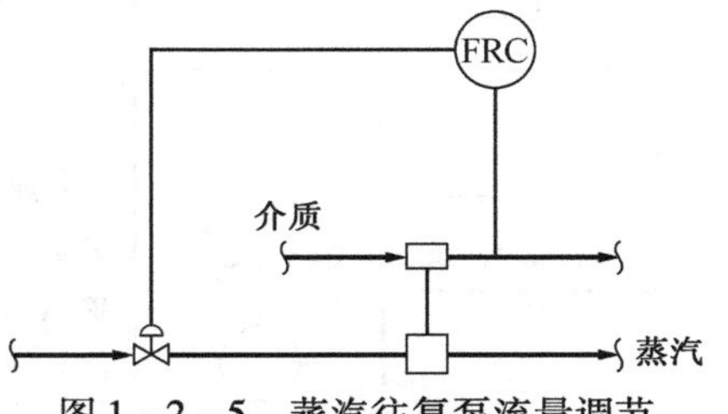

图 1－2－5　蒸汽往复泵流量调节

（四）离心压缩机流量调节

为了使压缩机正常稳定操作，防止喘震现象的产

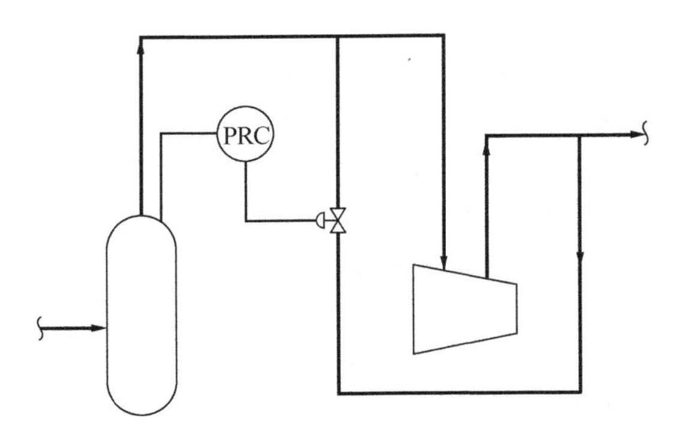

图 1－2－6　压缩机进口压力调节

生，对单级叶轮压缩机的流量一般不能小于其额定流量的50%，对多级叶轮(例如7～8级)的高压压缩机的流量不能小于其额定流量的75%～80%。常用的流量调节方法有入口流量调节旁路法、改变进口导向叶片的角度法和改变压缩机的转速等。改变转速法是一种最为节能的方法，应用比较广泛。但由于调节转速有其限度，因此，需同时设置放空措施。

(五) 压缩机进口压力调节

一般可采用在压缩机进口前设置一缓冲罐，从出口端引出一部分介质返回缓冲罐以调节缓冲罐的压力，见图 1－2－6。

二、传 热 设 备

在石油化工生产过程中，两种物流进行热交换的方式大体可分成两类：一种是无相变条件下的加热或冷却，另一种是有相变条件下的加热或冷却。实现传热过程的设备种类繁多，本节只介绍常用的热交换器和加热炉的温度控制方法。

(一) 无相变换热器

常用的温度控制方式见表 1－2－1。

表 1－2－1　常用温度控制方式

控 制 方 式	适 用 条 件
T_1 T_2 TIC t_2 t_1	热流温差(T_1-T_2)小于冷流温差(t_2-t_1)时，冷流流量的变化将会引起热流出口温度 T_2 的显著变化，调节冷流效果较好
T_1 T_2 TIC t_2 t_1	热流温差(T_1-T_2)大于等于冷流温差(t_2-t_1)时，热流流量的变化将会引起冷流出口温度 t_2 的显著变化，调节热流效果较好
T_1 W_0 T_2 t_2 t_1 TIC	热流温差(T_1-T_2)大于或等于冷流温差(t_2-t_1)，热流量 W_0 与 T_2 是非线性关系，灵敏度较差，可用于要求不严格的场合。当(T_1-T_2)＜(t_2-t_1)时，热流 W_0 对 T_2 的影响很小，调节不灵敏，一般不宜采用

续表

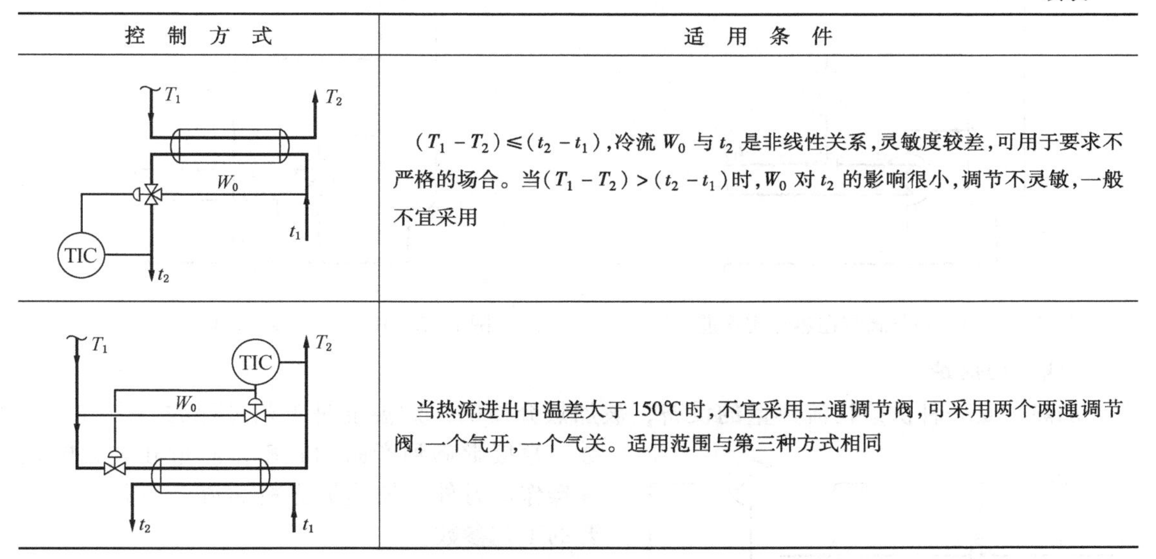

控制方式	适用条件
	$(T_1-T_2)\leqslant(t_2-t_1)$，冷流 W_0 与 t_2 是非线性关系，灵敏度较差，可用于要求不严格的场合。当 $(T_1-T_2)>(t_2-t_1)$ 时，W_0 对 t_2 的影响很小，调节不灵敏，一般不宜采用
	当热流进出口温差大于150℃时，不宜采用三通调节阀，可采用两个两通调节阀，一个气开，一个气关。适用范围与第三种方式相同

（二）一侧有相变的热交换器

1. 蒸汽冷凝供热的加热器。一般是调节蒸汽的压力以改变其冷凝温度，从而调节加热器的温度差，达到控制被加热介质温度的目的，见图1-2-7。另一种方式是改变传热面积以控制冷介质的出口温度。这种方式不需降低蒸汽压力，传热好，但需增加一定的传热面积，见图1-2-8。

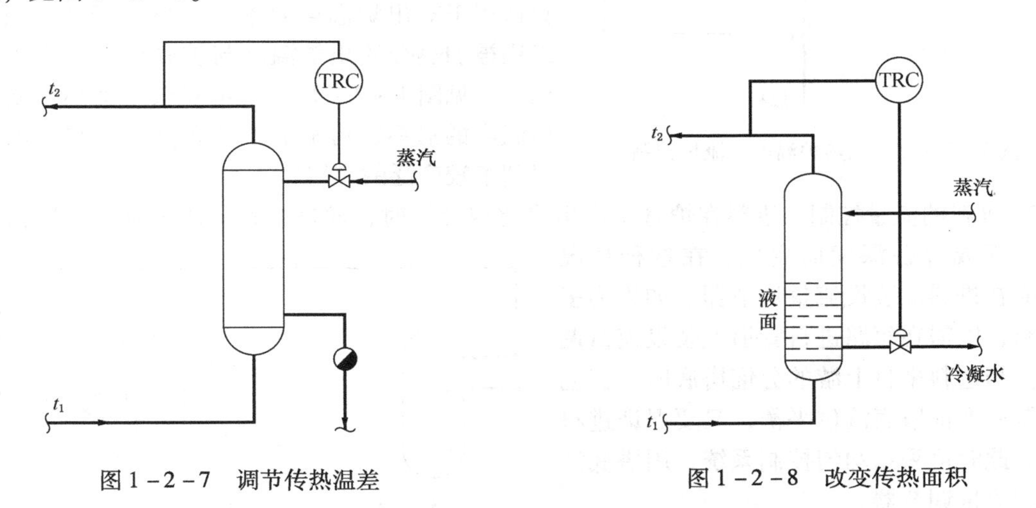

图1-2-7　调节传热温差　　　　图1-2-8　改变传热面积

2. 利用工艺流体或专用热载体的重沸器。常用的控制方式是将调节阀装在热介质管道上，根据被加热介质的温度调节热介质的流量，见图1-2-9。当热介质的流量不允许改变时(如工艺流体)，可在热介质管道上设置三通调节阀以保持其流量不变，见图1-2-10。

（三）两侧有相变的热交换器

两侧有相变的热交换器有用蒸汽加热的重沸器及蒸发器等，与一侧有相变的热交换器相类似，其控制方法是改变蒸汽冷凝温度，即改变其传热温差(调节阀装在蒸汽管道上)的方法；或是改变热交换器的传热面积方法(调节阀装在冷凝水管道上)，其取温点设在精馏塔下部或其他相应位置上。

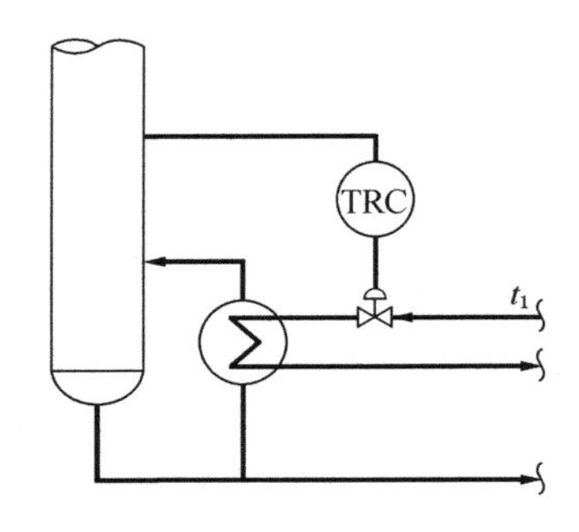

图 1-2-9　调节阀装在热介质管道上

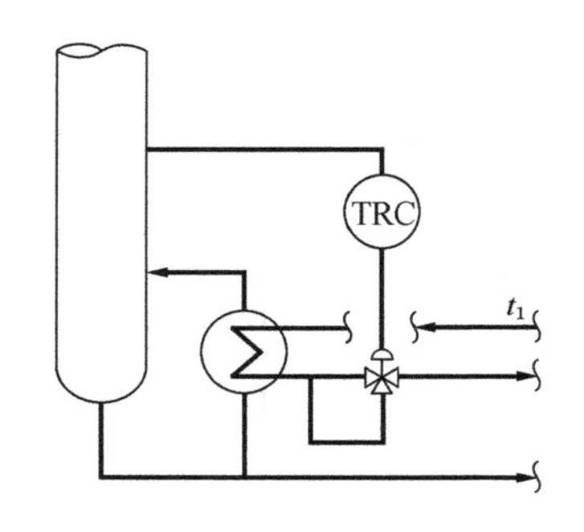

图 1-2-10　三通阀装在热介质管道上

（四）加热炉

加热炉是一种供给物流热量的设备，被加热介质的出炉温度是工艺过程的一个重要参数，直接影响到产品的收率，质量和装置的正常操作。另外，加热炉进料的流量也是一个重要的工艺参数。

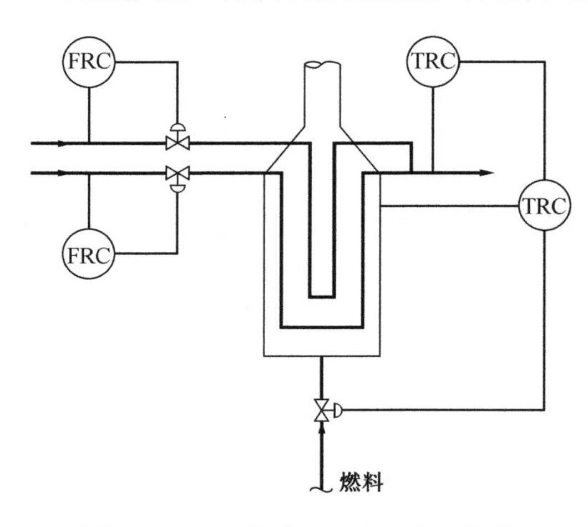

图 1-2-11　加热炉温度、流量控制

1. 出炉温度控制。根据被加热介质的出炉温度直接调节燃料量。在此情况下，由于传热元件及测温元件的滞后较大，当燃料的压力或热值稍有波动时，就会引起被加热介质出炉温度的显著变化。因此，这种单参数的控制方法只适用于对出炉温度要求不严格的场合。如果采用被加热介质出炉温度与炉膛烟气温度串级调节，见图 1-2-11，就可克服被加热介质出口温度的滞后，可显著地改善调节效果，因而得到了较广泛的应用。

2. 进料的流量控制。进料在炉管中产生汽化或分解时，通过炉管的压力降随物料汽化的百分率或分解深度而变化，在这种情况下，应在进料前装设流量调节器。如果为多路进料，则需在每路进料管道上装设流量调节器。当进料来自上游的分馏塔底时，工艺要求既要保证塔底液位平衡，又要保证进料衡定。此时可采用均匀控制系统，用塔底液位给定流量调节器。

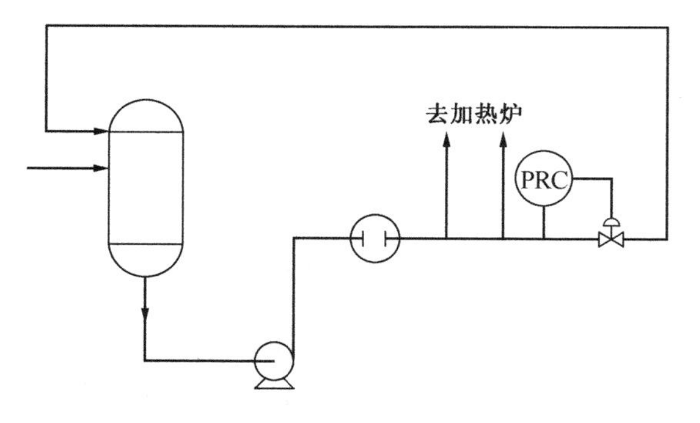

图 1-2-12　燃料油连续循环

3. 加热炉燃料油压力直接影响炉出口温度，一般采用连续循环方式以控制压力，循环比为(2～3)∶1。见图 1-2-12。燃料气总管也应设置压力调节器。

三、精　馏　塔

精馏塔是用来实现分离混合物的一种传质过程设备，其被控变量多，控制方案也多，本节只介绍其一般的控制方法，即压力、温度及液位的控制方法。

（一）塔顶压力控制的选择

塔顶压力是平稳操作的重要因素，一般可根据塔顶介质状态选择合适的调节方案，今介绍以下几种情况，供设计时参考。

1. 塔顶气体不冷凝时，塔顶压力用塔顶线上的调节阀调节，见图 1－2－13，例如气体吸收塔。

2. 塔顶气体部分冷凝时，压力调节阀装在回流罐出口不凝气线上，见图 1－2－14。

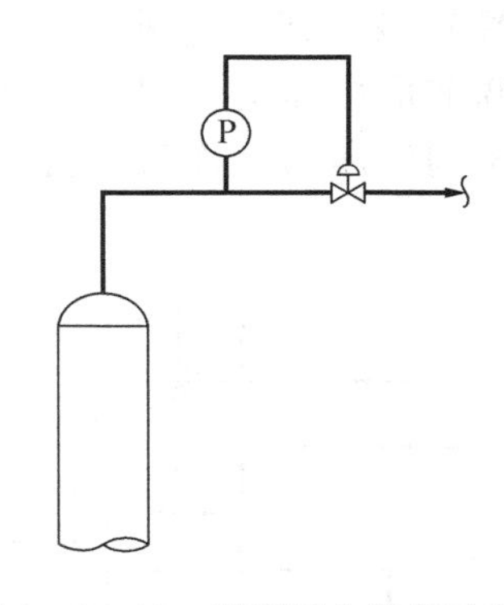

图 1－2－13　塔顶压力调节示意图
（调节阀装在塔顶线上）

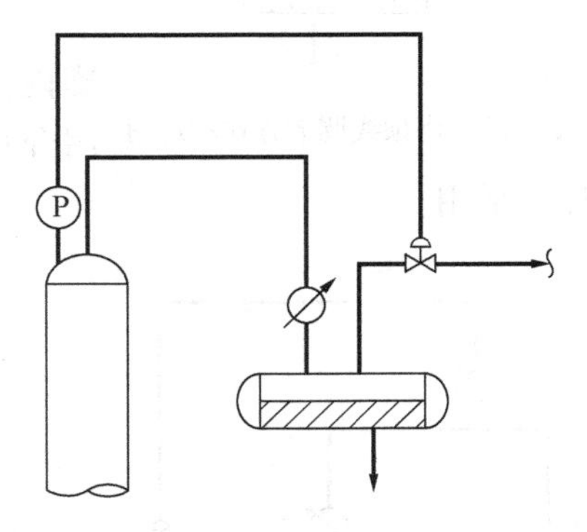

图 1－2－14　塔顶压力调节示意图
（调节阀装在回流罐出口不凝气线上）

3. 塔顶气体全部冷凝时，塔顶压力调节可采用以下五种方式。

（1）调节热旁路管物料。见图 1－2－15，塔顶冷凝器安装在低于回流罐的地面上，一部分热气体经过冷凝器的旁路直接进入回流油罐。通过压力调节器的作用，改变冷凝器壳程内油品的液位，从而改变冷凝面积。采用这种方式时，冷凝油管应从回流罐底部进入（或自罐顶进入伸到低液位以下），且冷凝油管上一般不装隔断阀。热旁路管和回流罐均应保温，以免受气温变化的影响。压力调节器的测压点也可装在回流罐上。实践证明，气体分馏塔采用这种方式，在回流罐液面稳定的条件下控制效果很好。

（2）调节冷凝油管物料。见图 1－2－16，塔顶冷凝器架空安装在回流罐的上方，压力调节阀直接装在冷凝油管上，通过改变冷凝器内油品液位以调节冷凝面积的增减。装设一根不经冷凝器的直通管（无隔断阀）平衡管（*DN*20～25mm），以保持回流罐压力基本上与塔顶相同。采用这种方式，其冷凝油管应插到罐内低液位下。平衡管和回流罐都应保温，以免受气温变化的影响。

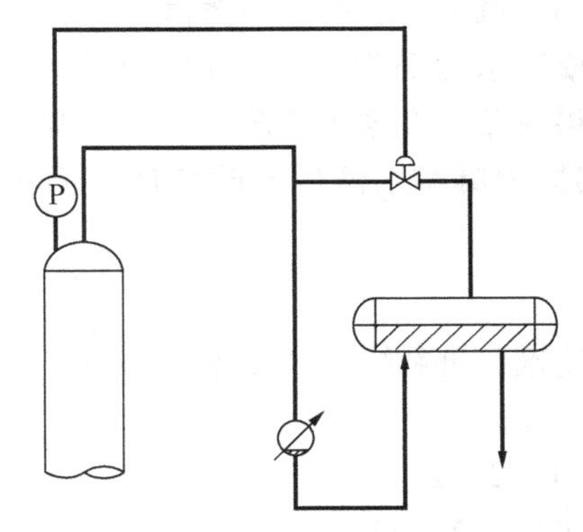

图 1－2－15　热旁路调节方式示意图

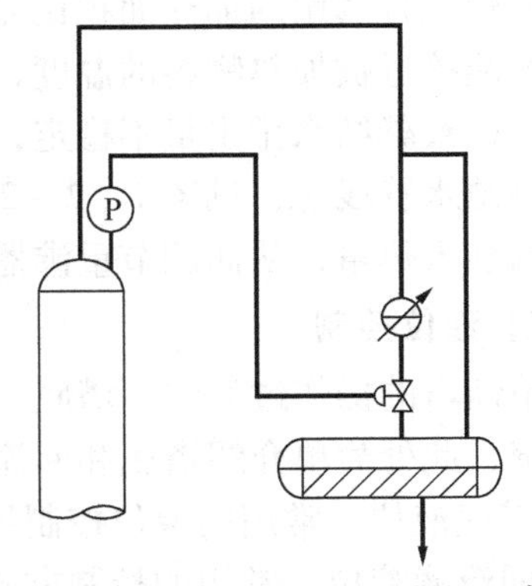

图 1－2－16　冷凝油管调节方式示意图

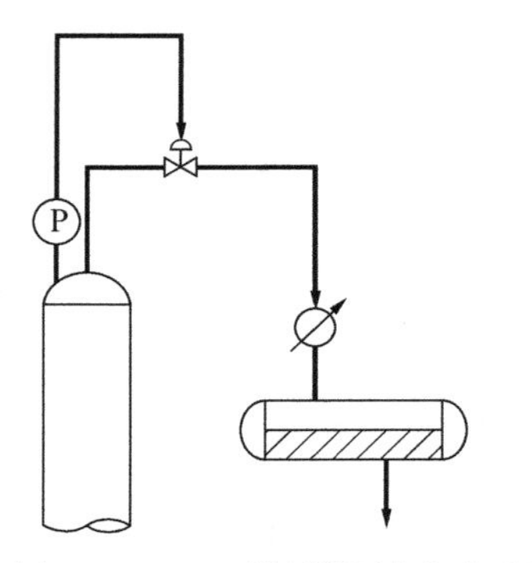

图 1－2－17　塔顶线调节方式示意图

（3）调节塔顶线。见图 1－2－17，这种方式所用调节阀比较大，安装比较困难，不适用于大型设备。但当冷凝器为空冷时，一般仍采用此方法。

（4）调节冷却水。见图 1－2－18，这种方式只有在操作过程中冷却水出口温度不致太高时才能使用，否则将加速冷凝器的腐蚀和结垢。而且，当塔顶温度较高时，也不宜采用这种方式。

（5）气垫调节。见图 1－2－19，这种方式是向回流罐内充注气体的方法以调节塔内压力。只有在塔内不能用介质自身的饱和蒸汽压调节压力，而又不允许与大气连通时才采用。

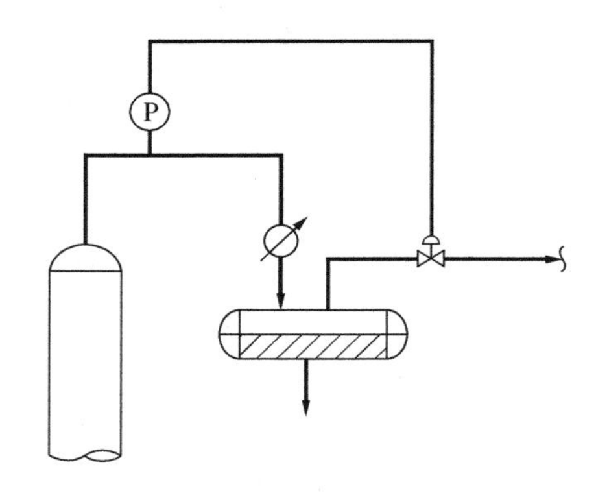

图 1－2－18　冷却水调节方式示意图

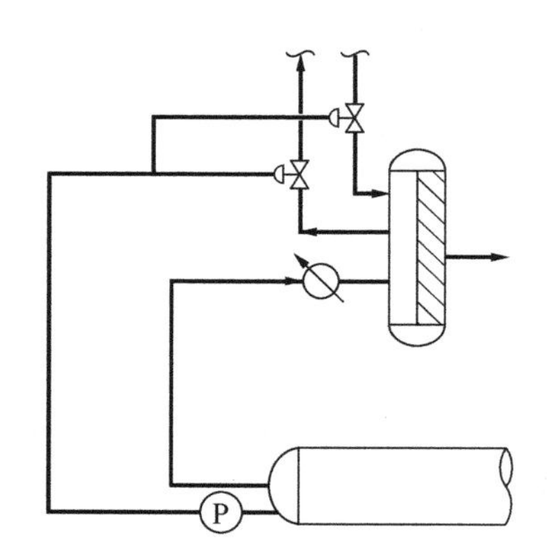

图 1－2－19　回流罐气垫调节方式示意图

（二）温度控制

1. 分馏塔塔顶温度。一般是用调节塔上段取出的热量进行控制，最常用的方法是调节塔顶冷凝油的回流量（见图 1－2－20）或塔顶循环回流的流量。当塔顶产品纯度要求较高或接近纯组分时，回流量变化对塔顶温度影响较小，一般不直接控制塔顶温度，而使回流流量维持不变或采用塔上部温差控制。

2. 重沸器温度。重沸器的温度调节阀一般装在热载体的管道上。对于液体热载体，调节阀一般装在出口管道上。对于蒸汽作热载体，调节阀一般装在进口蒸汽管上。但当被加热物料温度较低且选用的加热面积比需要的大得多时，如果调节阀装在进口蒸汽管上，蒸汽凝结温度可能接近被加热物料的温度，在该温度下蒸汽凝结水的平衡压力可能低于凝结水管网的压力，以致凝结水排出量不稳定，因而温度调节效果较差。在这种情况下，可将调节阀装在出口凝结水管线上，见图 1－2－21，通过改变重沸器内凝结水液位而改变加热面积的方法以控制加入热量，从而调节重沸器的温度。

（三）液位控制

在精馏塔的操作过程中，塔底、塔侧抽出斗、回流罐、进料罐、产品罐等的液位应设置控制系统，此处简单介绍塔底和回流罐的液位控制。

1. 塔底液位。常用的液位控制见图 1－2－22、图 1－2－23。

2. 回流罐液位。常用的控制方式见图 1－2－24、图 1－2－25。

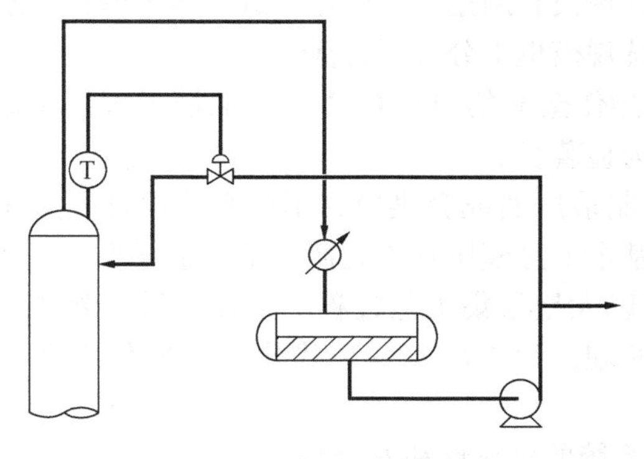

图 1－2－20　塔顶温度调节示意图

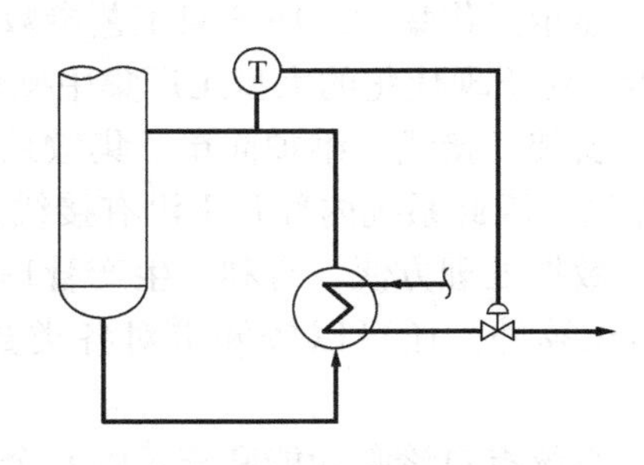

图 1－2－21　重沸器温度调节示意图

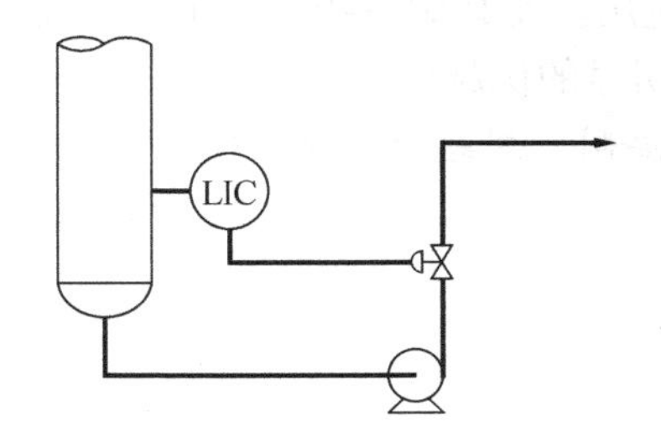

图 1－2－22　单参数液位控制

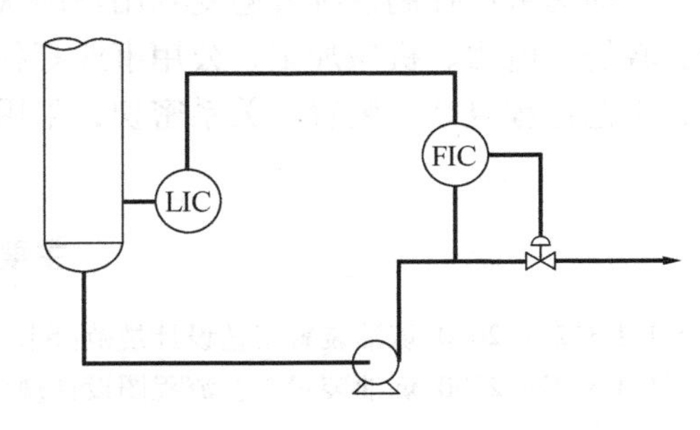

图 1－2－23　均匀控制

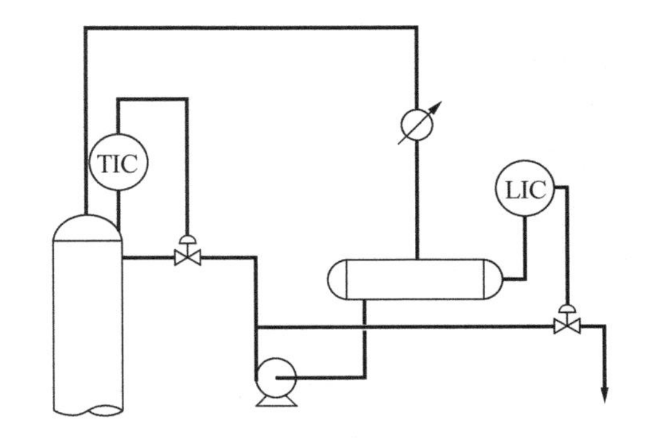

图 1－2－24　全冷凝方式

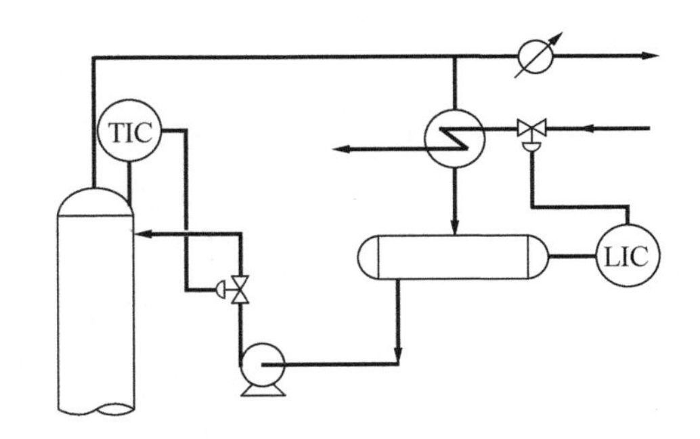

图 1－2－25　部分冷凝方式

四、集散控制系统

集散型控制系统(简称 DCS)是 20 世纪 70 年代中期发展起来的新型数字控制系统。它集中应用了计算机技术、自动控制技术、通讯技术和图形显示技术，是当代用于过程控制、过程管理的先进自动化设备。

集散系统由四部分组成：现场控制装置；人机接口装置；通讯网络；上位计接口。与常规仪表相比，集散控制系统有以下一些优点。

1. 控制功能完善。DCS 除能完成模拟仪表的功能外，还具有批量控制(间歇控制)、顺序控制功能，高级控制功能(如解耦、自适应等)，丰富的通讯功能，充实的自诊断功能，数据采集和处理、逻辑运算功能，各种显示和报警功能。

2. 系统构成灵活、可扩性好。DCS 内部结构尽可能的实现其通用性和高度积木化，并将其硬件设计成标准组件，用户可根据过程控制的规模和用途，方便地构成最经济的控制系统。同时，用户要改变系统的控制策略或扩展系统规模也十分方便灵活。

3. 显示操作集中。DCS 对工艺参数的显示和操作全部集中在 CRT 上，取消了大体积的仪表盘。对于现代化的大型工厂集中操作优点尤为显著。

4. 安装、接线、维护简单。集散系统一般由制造厂商成套供应，不少系统组件间采用插件连接，因此系统内部几乎没有接线，维修时基本上是模块整体更换，工作量很小。

5. 数据处理方便，有利于生产管理。DCS 可以大量采集工艺过程的操作参数，除按要求进行运算外，还可以按要求对各类数据进行处理，为工厂实现现代化管理提供必要的数据。

6. 系统有自诊断功能和充足的冗余，提高了系统的可靠性和安全性。

目前集散型控制系统普遍受到用户的欢迎和重视，并且已经在石油炼制、石油化工、冶金、轻纺、电力、机械加工、公用事业等各部门推广应用。尤其对一些大型企业，装置大型化、工艺过程复杂，装置间关系密切，采用 DCS 具有明显的优越性。

（编制　刘绍叶　欧阳琨　罗家弼）

主要参考资料

1 SH/T 3121—2000，炼油装置工艺设计规范[S].
2 SH/T 3122—2000，炼油装置工艺流程图设计规范[S].

第二章　管径和管道压力降计算

第一节　一般要求

1. 管道的设计应满足工艺对管道的要求，其流通能力应按正常生产条件下介质的最大流量考虑，其最大压力降应不超过工艺允许值，其流速应位于根据介质的特性所确定的安全流速的范围内。

2. 综合权衡建设投资和操作费用预期的综合效果。一套石化装置的管道投资一般占装置投资20%左右。随着管径的增大，不仅增加了管壁厚度和管子重量，而且增大了管道上的阀门和管件，增加了隔热层厚度和材料的用量。因此，在设计管道时，一般应在允许压力降的前提下尽可能地选用较小管径，特别是在确定合金管管径时更需慎重对待，以节省投资。但是，管径太小则介质流速增高，摩擦阻力增大，增加了机泵的投资和功率消耗，从而增加了操作费用。因此，在确定管径时，应综合权衡投资和操作费用两种因素，取其最佳值。

3. 操作情况。不同流体按其性质、状态和操作要求的不同，应选用不同的流速。黏度较高的液体，摩擦阻力较大，应选较低流速。允许压力降较小的管道，例如常压自流管道和输送泡点状态液体的泵入口管道，应选用较低的流速。允许压力降较大或介质黏度较小的管道，应选用较高流速。

为了防止因介质流速过高而引起管道冲蚀、磨损、振动和噪声等现象，液体流速一般不宜超过4m/s；气体流速一般不超过其临界速度的85%，真空下最大不超过100m/s；含有固体物质的流体，其流速不应过低，以免固体沉积在管内而堵塞管道，但也不宜太高，以免加速管道的磨损或冲蚀。

4. 本章介绍的方法除第四节外，只适用于牛顿型流体。

5. 同一介质在不同管径的情况下，虽然流速和管长相同，但管道的压力降却可能相差较大。因此，在设计管道时，如允许压力降相同，小流率介质应选用较小流速，大流率介质可选用较高流速。

6. 确定管径后，应选用符合管材的标准规格，对工艺用管道，不推荐选用*DN*32、*DN*65和*DN*125管子。

7. 管道内介质的体积流量、流速与管径的关系见图2－1－1。

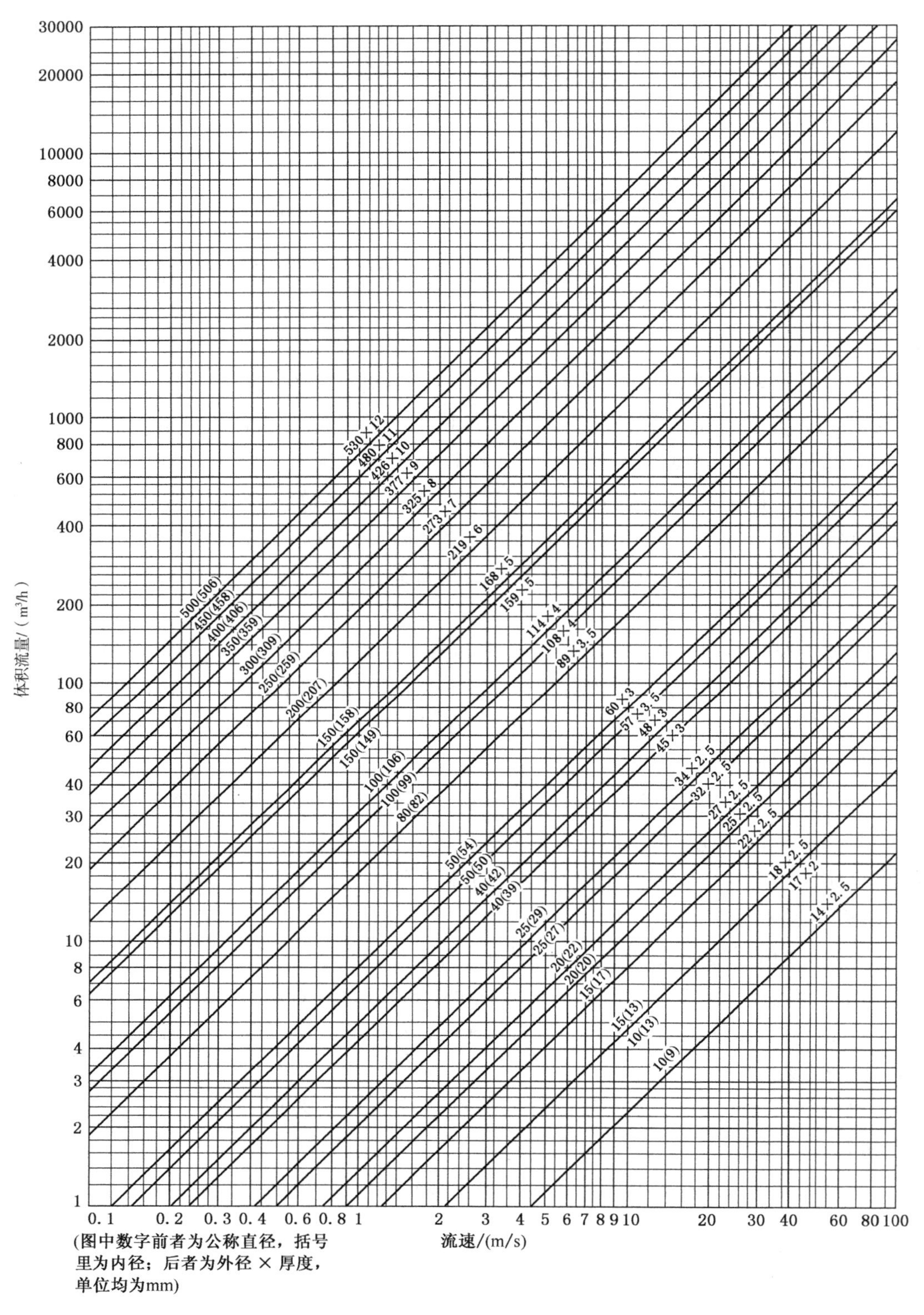

图 2－1－1　体积流率、流速与管径关系图

第二节 单相流体

一、管径初选

1. 流体在管道内的流速和最大压力降推荐值见表2－2－1。

表2－2－1 流体的流速和压力降推荐值

应用类型	流速/(m/s)	最大压力降/(kPa/100m)
一、液体(碳钢管)		
一般推荐	1.5~4.0	60
层流	1.2~1.5	
湍流:液体密度/(kg/m^3)		
1600	1.5~2.4	
800	1.8~3.0	
320	2.5~4.0	
泵进口:饱和液体	0.5~1.5	10~11
不饱和液体	1.0~2.0	20~22
负压下	0.3~0.7	5
泵出口:流量~50m^3/h	1.5~2.0	80
51~150m^3/h	2.4~3.0	45~50
>150m^3/h	3.0~4.0	45
自流管道	0.7~1.5	5.0
冷冻剂管道	0.6~1.2	6
设备底部出口	1.0~1.5	10
塔进料	1.0~1.5	15
二、水(碳钢管)		
一般推荐	0.6~4.0	45
水管公称直径*DN*25	0.6~0.9	
50	0.9~1.4	
100	1.5~2.0	
150	2.0~2.7	
200	2.4~3.0	
250	3.0~3.5	
300	3.0~4.0	
400	3.0~4.0	
≥500	3.0~4.0	
泵进口	1.2~2.0	
泵出口	1.5~3.0	
锅炉进水	2.0~3.5	
工艺用水	0.6~1.5	45
冷却水	1.5~3.0	30
冷凝器出口	0.9~1.5	
三、特殊液体(碳钢管)		
酚不溶液	0.9(最大)	
浓硫酸	1.2(最大)	
碱液	1.2(最大)	
盐水和弱碱	1.8(最大)	
液氨	1.5(最大)	
液氯	1.5(最大)	
富CO_2胺液(不锈钢管)	3.0(最大)	
一般液体(塑料管或橡胶衬里管)	3.0(最大)	
含悬浮固体	0.9(最低) 2.5(最大)	
氯化氢液(橡胶衬里管)	1.8	
四、气体(钢)		
一般推荐 压力等级/MPa		
$p>3.5$		45
$1.4<p\leq3.5$		35
$1.0<p\leq1.4$		15
$0.35<p\leq1.0$		7
$0<p\leq0.35$		3.5
负压下		
$p<49kPa$		1.13
$101kPa\geq p>49kPa$		1.96
装置界区内气体管道		12
压缩机吸入管道:		
$101kPa<p_1\leq111kPa$		1.96
$111kPa<p_1\leq0.45MPa$		4.50
$p_1>0.45MPa$		$0.01p_1$
压缩机的排出管道和压力管道		
$p_1\leq0.45MPa$		4.50
$p_1>0.45MPa$		$0.01p_1$
通风机管道 $p_1=101kPa$		1.96
冷冻剂进口	5~10	
冷冻剂出口	10~18	
塔顶 $p>0.35MPa$	12~15	4~10
常压	18~30	4~10
负压 $p<0.07MPa$	38~60	1~2
蒸汽		
一般推荐 饱和	60(最大)	
过热	75(最大)	
$p\leq0.3MPa$		10
$0.3<p\leq0.6MPa$		15
$0.6<p\leq1.0MPa$		20
$p>1.0MPa$		30
短引出管		50
泵驱动机进口	4~10	
工艺蒸汽($p\geq3MPa$)	20~40	
锅炉和汽轮机管道		
$p>1.4MPa$	35~90	60
低于大气压蒸汽		
$50kPa<p\leq100kPa$	40	
$20kPa<p\leq50kPa$	60	
$5kPa<p\leq20kPa$	75	

2. 初选管径。根据流体的性质，按照工艺过程的要求，可从表2－2－1或实际经验数据选定流速或允许压力降值，同时，估计管道的长度(包括管件的当量长度)，再按下述方法初选管径。

(1) 当选定流速时，可由式(2－2－1)求得管径。

$$d_i' = 18.8\sqrt{\frac{q_v}{u}} \quad (2-2-1)$$

式中 d_i'——管内径，mm；

q_v——在操作条件下流体的体积流量，m^3/h；

u——流体的流速，m/s。

(2) 当选定每100m管长的压力降时，可由式(2－2－2)求得管径。

$$d_i' = 11.4\rho^{0.207}\mu^{0.033}q_v^{0.38}\Delta p_{100}^{-0.207} \quad (2-2-2)$$

式中 ρ——流体密度，kg/m^3；

μ——流体运动黏度，mm^2/s[与厘沲(cSt)同值]；

Δp_{100}——每百米管长允许压力降，kPa。

(3) 根据允许压力降和流量，可从本章附表中选定管径。

当管道的走向、长度、阀门和管件的设置情况确定后，应计算管道的阻力，据此以确定最终管径。

二、不可压缩流体管道的压力降

在一般的压力下，压力对液体密度的影响很小，即使在高达35MPa的压力下，密度的减小值仍然很小。因此，液体可视为不可压缩流体。气体密度随压力的变化而变化，属于可压缩流体范畴。但当气体管道进出口端的压差小于进口端压力的20%时，仍可近似地按不可压缩流体计算管径，其误差在工程允许范围之内，此时，气体密度可按以下不同情况取值：当管道进出口端的压差小于进口压力10%时，可取进口或出口端的密度；当管道进出口端的压差为10%～20%时，应取进出口平均压力下的密度。

当气体管道进出口端的压差大于进口端压力20%时，应按可压缩流体计算管径。

(一) 确定流体的流动状态

(1) 流动状态可用流体的雷诺数 Re 表示，雷诺数可用式(2－2－3)计算。

$$Re = \frac{d_i' u\rho}{\mu_a} \quad (2-2-3)$$

式中 Re——雷诺数；

d_i'——管内径，mm；

ρ——流体密度，kg/m^3；

μ_a——流体动力黏度，mPa·s[与厘泊(cP)同值]；

u——流速，m/s。

(2) 当雷诺数≤2000时，流体的流动处在滞流状态，管道的阻力只与雷诺数有关。这是因为管壁上凹凸不平的地方都被平稳滑动着的流体层所掩盖，流体在此层上流过如同在光滑管上流过一样。

(3) 当雷诺数为2000～4000时，流体的流动处在临界区，或是滞流或是湍流，管道的阻力还不能作出确切的关联。

（4）当雷诺数符合式(2-2-4)判断式时：

$$4000 \leqslant Re < 396\left(\frac{d_i'}{\varepsilon}\right)\lg\left(3.7\frac{d_i'}{\varepsilon}\right) \tag{2-2-4}$$

式中 ε——管壁的绝对粗糙度，mm，其值见表2-2-2；

ε/d_i'——管壁的相对粗糙度。

此时，流动状态虽为湍流（过渡区），但管道的阻力是雷诺数和相对粗糙度的函数。

表2-2-2 管壁的绝对粗糙度 ε 值

管壁情况	ε/mm	管壁情况	ε/mm
金属管		非金属管	
操作中基本无腐蚀的无缝钢管	0.05~0.1	干净的玻璃管	0.0015~0.01
无缝黄铜、铜及铅管	0.005~0.01	橡皮软管	0.01~0.03
正常条件下工作的无缝钢管	0.2	很好拉紧的内涂橡胶的帆布管	0.02~0.05
正常条件下工作的焊接钢管	0.2~0.3	陶土排水管	0.45~6.0
操作中有轻度腐蚀的无缝钢管	0.1~0.2		
钢板卷管	0.33	陶瓷排水管	0.25~6.0
铸铁管	0.5~0.85	混凝土管	0.33~3.0
操作中有显著腐蚀的无缝钢管	0.2~0.5	石棉水泥管	0.03~0.8
腐蚀严重的钢管	1~3		

（5）当雷诺数符合式(2-2-5)判断式：

$$Re \geqslant 396\left(\frac{d_i'}{\varepsilon}\right)\lg\left(3.7\frac{d_i'}{\varepsilon}\right) \tag{2-2-5}$$

此时，流动状态处于粗糙管湍流区（完全湍流区），管道的阻力仅是管壁的相对粗糙度的函数，这是因为在该区，粗糙管壁的凸出部分伸到湍流主体中，加剧了质点的碰撞，致使流体中的黏性力不起作用。因此，包括 μ 的雷诺数不再影响 λ 的大小。绝对粗糙度为0.2mm的钢管，流体开始进入粗糙管湍流区时的雷诺数见附表一。

（二）管道压力降

流体在管道中流动时的压力降可分为直管压力降和局部障碍所产生的压力降。局部障碍系指管道中的管件、阀门、流量计等。

$$\Delta p_p = \Delta p_f + \Delta p_t \tag{2-2-6}$$

式中 Δp_p——管道压力降，kPa；

Δp_f——直管压力降，kPa；

Δp_t——局部压力降，kPa。

考虑到估计的直管长度和管件数量的不准确性，计算出的 Δp_p 应乘以1.15安全系数作为设计值。

（1）直管压力降可按式(2-2-7)计算。

$$\Delta p_f = \lambda \frac{L}{d_i'}\frac{\rho u^2}{2} \tag{2-2-7}$$

式中 L——直管长度，m；

d_i'——直管内径，mm；

λ——摩擦系数；

其他符号同前。

(2) 摩擦系数 λ 应根据流动状态按下列公式之一计算。在手算时，可从图 2－2－1 查得，比用公式计算方便，且其查得的 λ 值与计算值相近。

当流体处在滞流状态时：

$$\lambda = 64Re^{-1} \tag{2-2-8}$$

当流体处在过渡区时：

$$\frac{1}{\sqrt{\lambda}} = -2\lg\left(\frac{\varepsilon}{3.7d_i'} + \frac{2.51}{Re\sqrt{\lambda}}\right) \tag{2-2-9}$$

此式需用试差法求得 λ 值。

当流体处在粗糙管的湍流区时：

$$\frac{1}{\sqrt{\lambda}} = -2\lg\left(\frac{\varepsilon}{3.7d_i'}\right) \tag{2-2-10}$$

当流体处在临界区时：

$$\lambda = \frac{0.3164}{Re^{0.25}} \tag{2-2-11}$$

不能从图 2－2－1 上确切查得 λ 值，可用式(2－2－11)算得近似值。

(3) 局部阻力(因局部障碍所产生的压力降)可按下述方法计算。

a. 当量长度法。因局部阻力而导致的压力降，相当于流体通过其相同管径的某一长度的直管的压力降，此直管长度称为当量长度。

各种管件、阀门和流量计等的当量长度值由实验测定，见表 2－2－3 或可由图 2－2－2 查得，换算成直管的当量长度。当管道中的管件、阀门和流量计的数量、型号为已知时，可据此计算出总当量长度，再按式(2－2－7)求得局部阻力。调节阀的压力降按工艺操作要求决定，一般应不小于该系统总压力降(不包括背压及位差，但包括设备压力降)的 20%～30%。

表 2－2－3　各种管件、阀门及流量计等以管径计的当量长度

名　　称	L_e/d_i'	名　　称	L_e/d_i'
45°标准弯头	16	3/4 开	40
90°标准弯头	30～40	1/2 开	200
90°方形弯头	60	1/4 开	800
180°弯头	50～75	带有滤水器的底阀(全开)	420
三通管(标准)		止回阀(旋启式)(全开)	135
流向		升降式止回阀	600
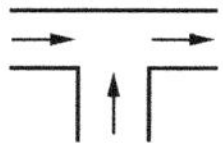	40	蝶阀(全开)	
		$DN\leqslant200$	45
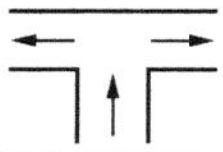	60	DN 250～350	35
		DN 400～600	25
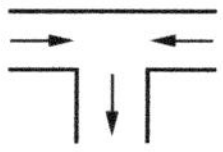	90	旋笼阀(全开)	18
		盘式流量计(水表)	400
截止阀(标准式)(全开)	300	文氏流量计	12
角阀(标准式)(全开)	145	转子流量计	200～300
闸阀(全开)	7	由容器进入管道的入管嘴	20

注：表中 L_e，m；d_i'，m。

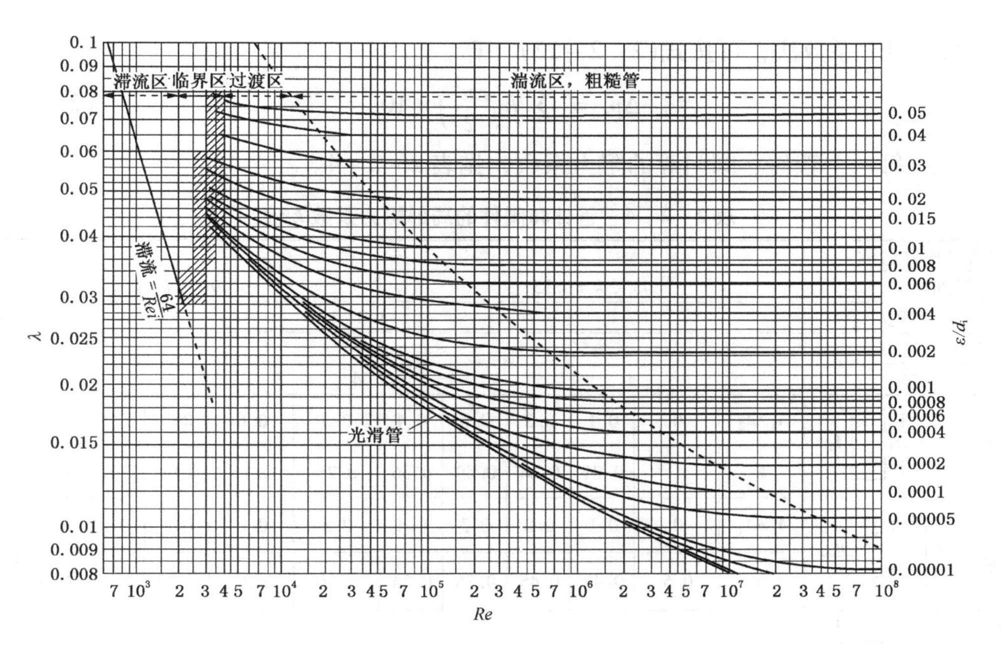

图 2-2-1　摩擦系数与雷诺数和相对粗糙度的关系

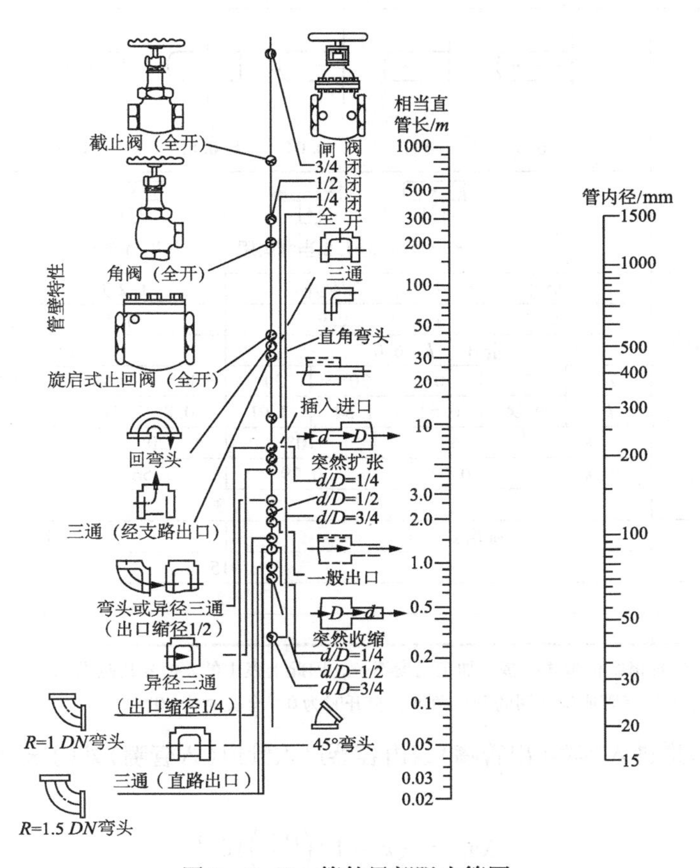

图 2-2-2　管件局部阻力算图

注：1. 阀门、管件的连接方式可为丝扣、法兰或焊接。

2. 计算突然扩张或突然收缩时，在管径标尺上的读数应以较小直径为准。

b. 局部阻力系数法，可按式(2－2－12)计算。

$$\Delta p_{\mathrm{f}} = \sum k\left(\frac{\rho u^{2}}{2}\right) \times 10^{-3} \qquad (2-2-12)$$

式中　k——每一个管件、阀门等的阻力系数，见表2－2－4。

表2－2－4　管件和阀件的局部阻力系数k值

管件和阀件名称	k 值										
标准弯头	45°，k=0.35						90°，k=0.75				
90°方形弯头	1.3										
180°回弯头	1.5										
活管接	0.04										
突然增大	A_1/A_2	0	0.1	0.2	0.3	0.4	0.5	0.6	0.7	0.8	0.9	1
	k	1	0.81	0.64	0.49	0.36	0.25	0.16	0.09	0.04	0.01	0
突然缩小	A_1/A_2	0	0.1	0.2	0.3	0.4	0.5	0.6	0.7	0.8	0.9	1
	k	0.5	0.47	0.45	0.38	0.34	0.30	0.25	0.20	0.15	0.09	0
出管口(管→容器)	k=1											
入管嘴(容器→管)	k=0.5	k=0.25	k=0.04	k=0.56	k=3～1.3	$k=0.5+0.5\cos\theta+0.2\cos^2\theta$						
标准三通管	k=0.4	k=1.2，当弯头用	k=1.8，当弯头用	k=1								
闸　阀	全开	3/4开	1/2开	1/4开								
	0.17	0.9	4.5	24								
标准截止阀(球心阀)	全开，k=6.0	1/2开，k=9.5										
蝶　阀	α	5°	10°	20°	30°	40°	45°	50°	60°	70°		
	k	0.24	0.52	1.54	3.91	10.8	18.7	30.6	118	751		
旋塞阀	θ	5°	10°	20°	40°	60°						
	k	0.05	0.29	1.56	17.3	206						
角　阀(90°)	3											
止回阀	旋启式，k=2	升降式，k=10										
底　阀	15											
滤水器(或滤水网)	2											
水表(盘形)	7											

注：1. 管件、阀门的规格结构型式很多，加工精度不一，因此上表中的k值变化范围也很大，但可供计算用。

2. A为管道截面积，θ为蝶阀或旋塞阀的开启角度，全开时为0，全关时为90°。

(4) 流体由管道进入容器(出管嘴)或由容器进入管道(入管嘴)处的压力降可按下式计算：

出管嘴：

$$\Delta p_{\mathrm{f2}} = (k-1)\left(\frac{\rho u^{2}}{2}\right)10^{-3} \qquad (2-2-13)$$

由于k=1，故式(2－2－13)中右项为0，即出管嘴的压力降为0。

入管嘴：

$$\Delta p_{f2} = (1 + k)\left(\frac{\rho u^2}{2}\right)10^{-3} \tag{2-2-14}$$

式中符号意义同前。

例 2－1 已知某液体用碳钢管道的内径 d_i'为 150mm，流率为 $130m^3/h$，液体在操作条件下的动力黏度为4mPa·s，密度为$800kg/m^3$。直管段长度为200m，管道上有3个闸阀(全开)，10个90°弯头，一个流量计(盘式)，流体从塔底抽出至另一塔。求该管道的压力降。

(1) 确定流动状态

$$液体流速\ u = 130/3600 \times 0.785 \times 0.150^2 = 2.04m/s$$

$$雷诺数\ Re = \frac{150 \times 1.84 \times 800}{4} = 55200$$

判断式(2－2－4)右侧值为：

$$396\left(\frac{150}{0.2}\right)\lg\left(3.7\frac{150}{0.2}\right) = 1022649$$

$$400 < Re < 1022649$$

流动状态属于过渡区。

(2) 管道压力降

从表 2－2－2 中查得 $\varepsilon = 0.2mm$

管子的相对粗糙度＝0.2/150＝0.00133

求摩擦系数 λ

由于流体处在过渡区，可采用式(2－2－9)用试差法计算。

先假设 $\lambda = 0.024$

$$\frac{1}{\lambda^{0.5}} = -2\lg\left(\frac{0.2}{3.7 \times 150} + \frac{2.51}{55200 \times 0.024^{0.5}}\right) = 6.37$$

$$因而\ \lambda = \left(\frac{1}{6.37}\right)^2 = 0.0246$$

与假设值相近，故即采用 $\lambda = 0.024$

根据 $Re = 55200$ 和相对粗糙度值 0.00133，也可从图 2－2－1 查出，流动状态处于过渡区，$\lambda = 0.024$，与计算值相同。

求直管段压力降 Δp_f 可按式(2－2－7)计算

$$\Delta p_f = 0.024 \times \frac{200}{150} \times \frac{800 \times 2.04^2}{2} = 53.27kPa$$

求局部阻力(包括进出塔)

当量长度法

管道管件等的当量长度(查表 2－2－3)

$$L_1 = (3 \times 7 + 10 \times 40 + 1 \times 400 + 20 + 0) \times 0.15 \approx 126m$$

局部阻力 Δp_t 可用式(2－2－7)计算

$$\Delta p_t = \frac{126}{150} \times 0.024 \times \frac{800 \times 2.04^2}{2} = 33.6kPa$$

手算宜采用此法，比较简易，且误差不大。

局部阻力系数法(查表 2－2－4)

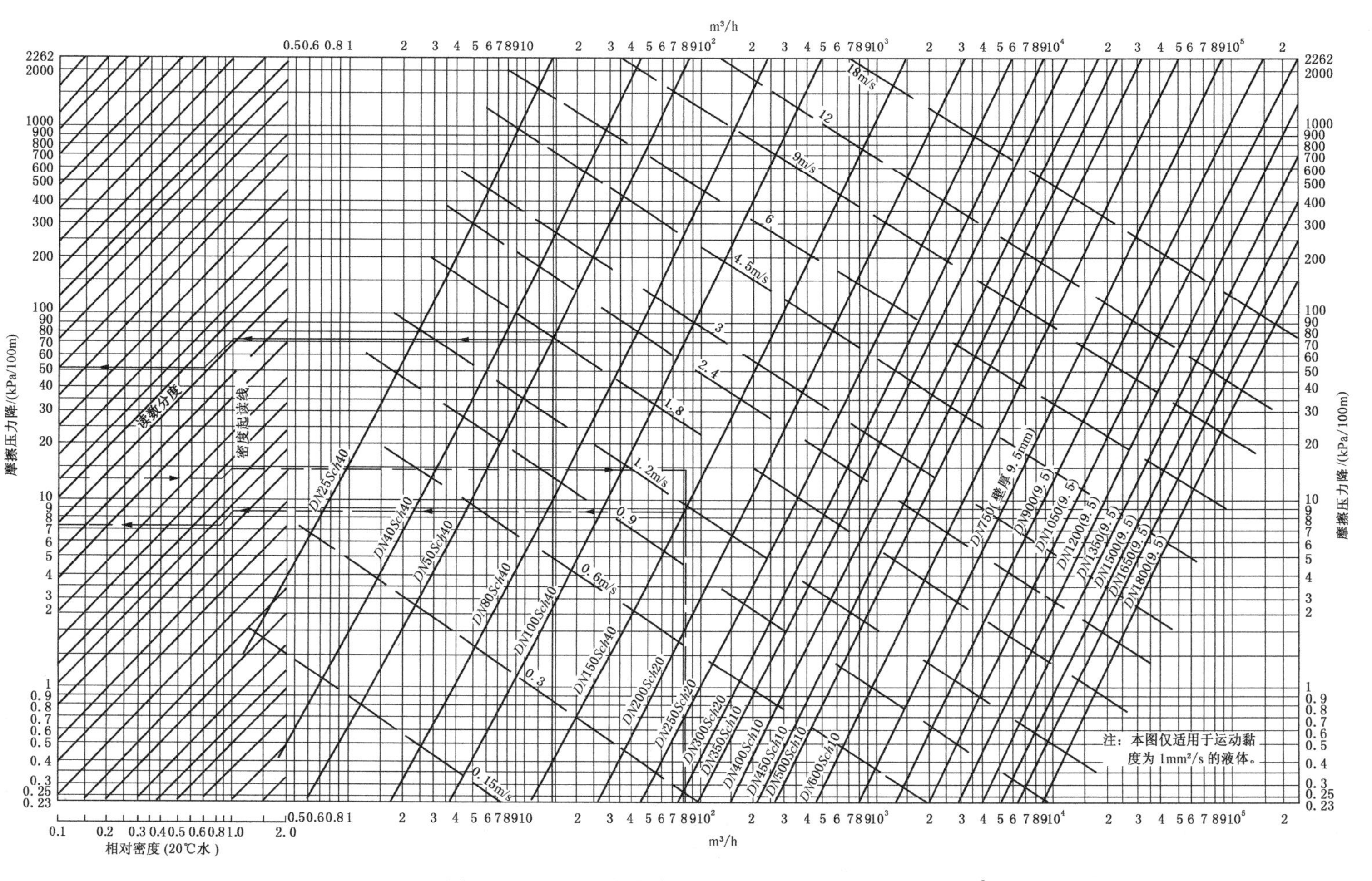

图 2-2-3　20℃水在碳钢管道中的流动图(用于黏度 $1mm^2/s$)

$$\Delta p_t=(3\times0.17+10\times0.75\times7)\left(\frac{800\times2.04^2}{2}\right)10^{-3}=25\text{kPa}$$

液体从塔进入管道阻力 Δp_{f2} 可用式(2－2－14)计算

$$\Delta p_{f2}=(1+0.5)\left(\frac{800\times2.04^2}{2}\right)10^{-3}\approx2.5\text{kPa}$$

液体从管道进入塔内其阻力＝0。

管道压力降 Δp_p 可用式(2－2－6)计算

$\Delta p_p=53.27+25+2.5+0=80.77\text{kPa}$ 设计采用值

$\Delta p_p=1.15\times80.77=93\text{kPa}$

(三)碳钢管道的管径和压力降

对碳钢管道，初选管径或压力降时，也可用图2－2－3～图2－2－5确定，该图适用于不可压缩和等温流动的流体，精确度为±15%，图2－2－3是按水在20℃时的相对密度为1，运动黏度为1mm²/s时所作的关联曲线。图2－2－5是按气体的密度为16kg/m³、运动黏度为1mm²/s时所作的关联曲线。因此用于其他条件的流体流动要作以下两项校正：

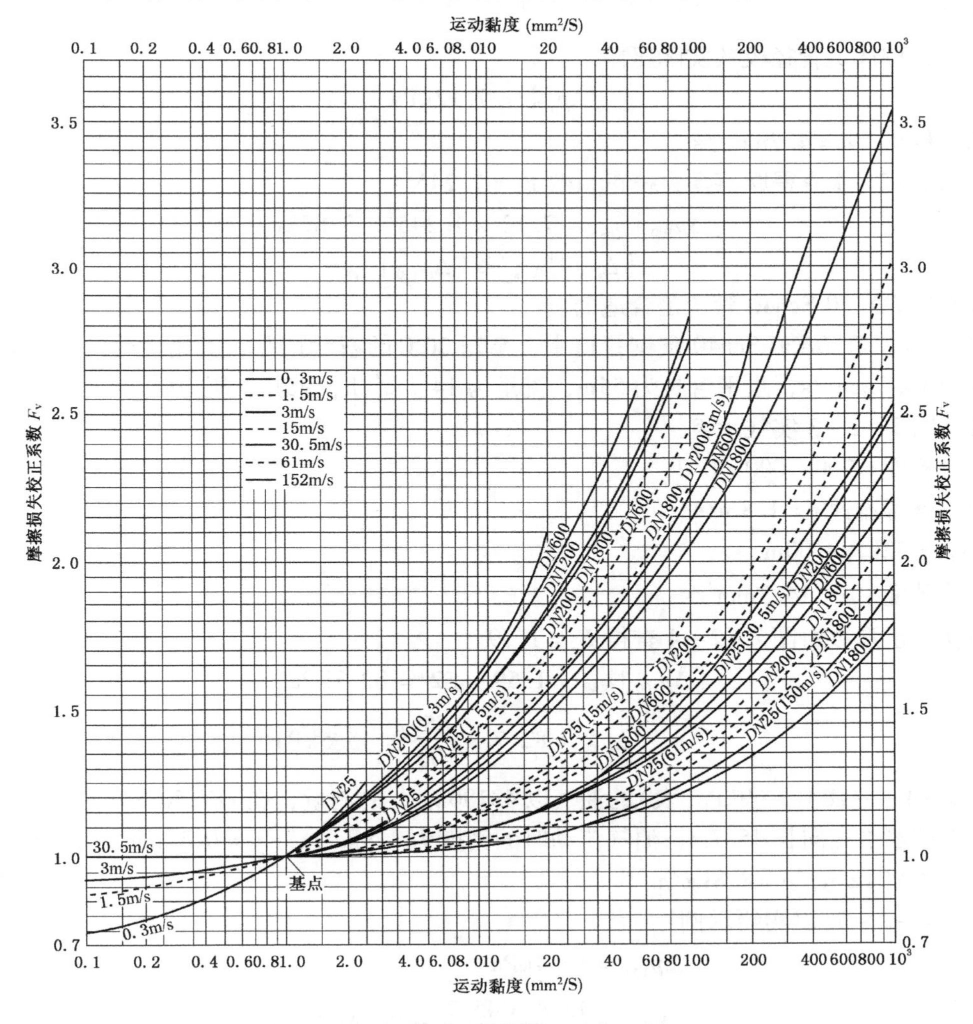

图2－2－4 黏度校正系数(适用于单相流)

(1)液体相对密度校正用图 2 -2 -3 左侧图表。

气体密度校正用图 2 -2 -5 左侧图表。

$$[\Delta p_{100}]_{\rho}=\frac{[\Delta p_{100}]_{\rho=16kg/m^3}}{\rho}$$

(2) 运动黏度不等于 $1mm^2/s$ 时，由图 2 -2 -4 查出摩擦损失校正系数 F_v。

$$[\Delta p_{100}]_{实际}=[\Delta p_{100}]_{密度校正}\times F_v$$

例 2 -2 用 Sch40 碳钢管道泵送 $82m^3/h$ 的石油镏分，输送温度为 20℃，密度为 $850kg/m^3$，运动黏度为 $4.7mm^2/s$，水平管长 244m，进出口端总压差不超过 33kPa，求所需管径。

$$[\Delta p_{100}]_{容许}=\frac{33}{244}\times 100=13.5kPa/100m$$

相对密度$\frac{850}{1000}=0.85$

由图 2 -2 -3 虚线示例，13.5kPa/100m 经相对密度校正后，根据 $82m^3/h$，选 Sch40 *DN*150 管子。

然后，按选定管径校核实际压差

$$\Delta p_{100}=7.12kPa$$

黏度校正　$\mu=4.7mm^2/s$

由图 2 -2 -4 查得摩擦损失校正系数 $F_v=1.245$

$$[\Delta p_{100}]_{实际}=7.12\times 1.245=8.87kPa$$

$$[\Delta p_{100}]_{实际}<[\Delta p_{100}]_{容许}$$

故而选 *DN*150 Sch40 管子是合适的。

例 2 -3 在 *DN*50 Sch40 碳钢管道中，泵送 20℃的石化产品，其密度为 $700kg/m^3$、运动黏度为 $14.3mm^2/s$，水平管长为 55m，流量为 $14.5m^3/h$，求其总压力降。

参见图 2 -2 -3 实线示例

相对密度 =700/1000 =0.7

图上查得流速 $v=1.8m/s$

$\Delta p_{100}=52kPa/100m$

运动黏度　$\mu=14.3mm^2/s$

黏度校正系数由图 2 -2 -4 查得 $F_v=1.59$

$$[\Delta p_{100}]_{实际}=1.59\times 52=82.7kPa$$

$$\Delta p_{总}=82.7\times\frac{55}{100}=45.5kPa$$

例 2 -4 -18℃，69kPa(表)的油气以 43190kg/h 的流量，在 *DN*250 Sch20 的碳钢管中流动，管道水平走向长 45.7m，油气流动时的密度为 $8.8kg/m^3$，$\mu=0.57mm^2/s$，求压力降。

$W=43190kg/h$，$\rho=8.8kg/m^3$

由图 2 -2 -5(以实线示例)

$$\Delta p_{100}=15.4kPa$$

$$\Delta p_{总}=\frac{15.4\times 45.7}{100}=7.04kPa$$

流速 $\dfrac{43190}{8.8\times 0.053\times 3600}=25.7\text{m/s}$

运动黏度 $\mu=0.57\text{mm}^2/\text{s}$

由图 2-2-3 查得摩擦损失校正系数 $F_v=1.0$

$$\Delta p = \Delta p_{总}\times F_v = 7.04\text{kPa}$$

$$\Delta p_2 = p_1-\Delta p = (69+101.4)-7.04 = 163.31\text{kPa(绝)}$$

$$\Delta p\% = \frac{7.04}{163.3+7.04}\times 100 = 4.13\% < 20\%\text{，符合不可压缩流动}$$

在不可压缩的流动中，流体密度可视为不变，由于水平管段成倾斜引起位差的压力变化，可用下式计算：

$$\Delta p_E = 0.0098\times\rho l_j\sin\theta \qquad (2-2-15)$$

式中 l_j——倾斜管段的长度，m；

ρ——流体密度，kg/m³；

θ——与水平管段成倾斜的夹角；

Δp_E——位差压力降，kPa。

例 2-5 37℃和 689.5kPa(绝)的氨 22727kg/h，在 76.2m 长的碳钢管中流动，其中 30.5m 为垂直管段，最大容许压力降为 17.24kPa，氨的密度为 4.85kg/m³，$\mu=2.227\text{mm}^2/\text{s}$，用 Sch40 管子，求管径：

$$\Delta p_{总} = 17.24\text{kPa} = \Delta p_f+\Delta p_E$$

出口压力 $p_2=p_1-\Delta p=689.5-17.24=672.26\text{kPa}$

平均压力 $\bar{p}=\dfrac{p_1+p_2}{2}=\dfrac{689.5+672.26}{2}=680.88\text{kPa}$

在 680.88kPa 和 37℃时 $\bar{\rho}=4.77\text{kg/m}^3$

$$\Delta p_E = 0.0098\rho l_j\sin\theta$$

$$= 0.0098\times 4.77\times 30.5\times\sin 90^\circ = 1.43\text{kPa}$$

$$\Delta p_f = \Delta p_{总}-\Delta p_E = 17.24-1.43 = 15.81\text{kPa}$$

$$[\Delta p_{100}]_f = 15.81\times\frac{100}{76.2} = 20.74\text{kPa/100m}$$

由图 2-2-5 以虚线示例，最小要求为 >*DN*200

$$v_{实际} = \frac{10.7\times 16}{4.85} = 35.3\text{m/s}$$

运动黏度 $\mu=2.227\text{mm}^2/\text{s}$

由图 2-2-4 查得摩擦损失校正系数 $F_v=1.02$

$$[\Delta p_{100}]_{f实际} = \frac{[\Delta p_{100}]_f}{1.02} = \frac{20.74}{1.02} = 20.33\text{kPa/100m}$$

以 $[\Delta p_{100}]_{f实际}$ 由图 2-2-4 查得最低管径为 >*DN*200，所以选 Sch40 *DN*250 管子。

三、可压缩流体管道的管径

气体在管道内的流动过程，因速度高而导致压力降较大时，气体的密度将产生显著的变化，当管道末端的压力小于始端压力的 80% 时，应按可压缩流体的计算方法选择管径和计算压力降。

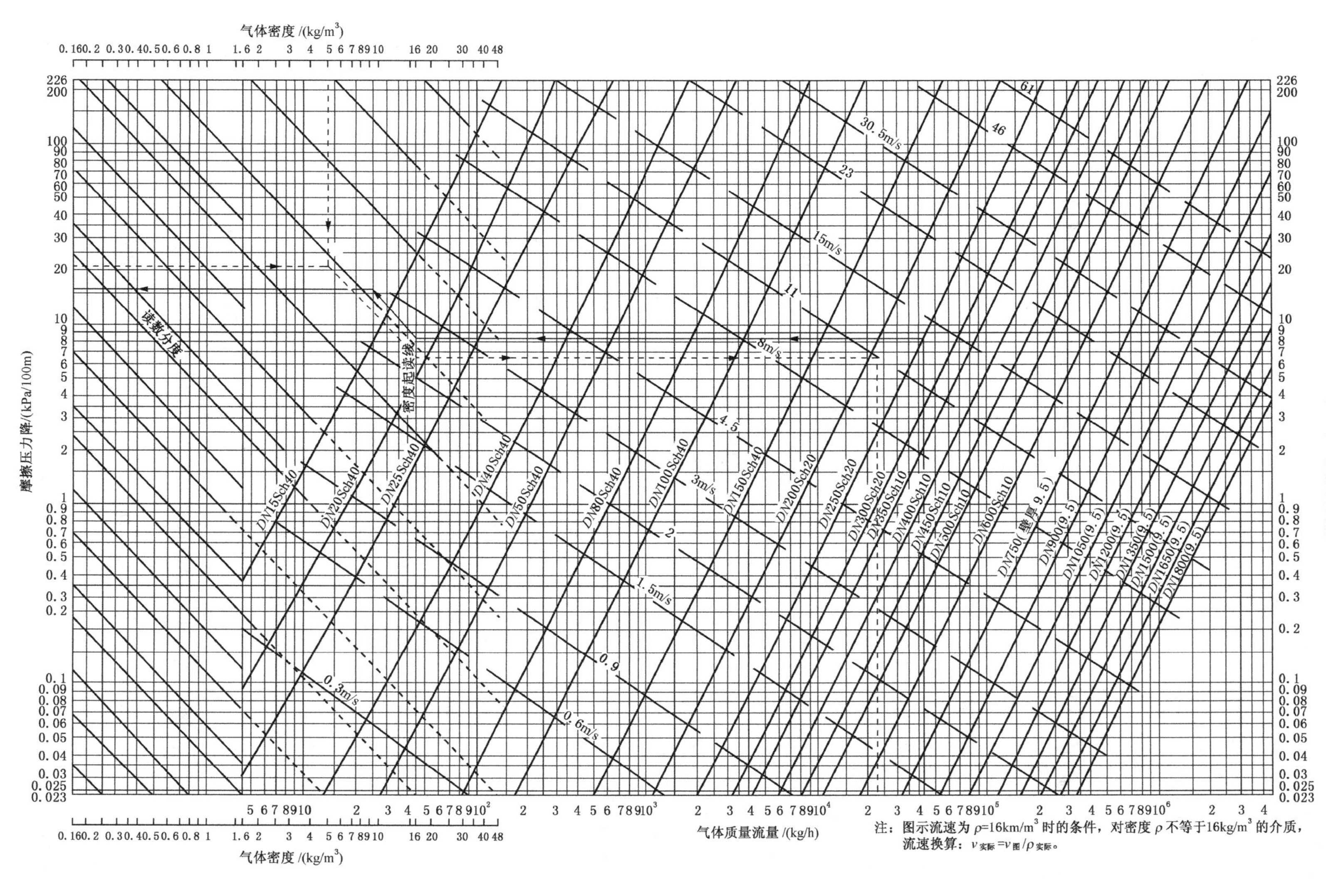

图 2-2-5　气体在碳钢管道中的流动图（用于黏度 1mm²/s）

理想气体在温度不变的情况下流动时，称之为等温流动，当管内气体和管壁间的热交换可以略去不计时，称之为绝热流动。实际上，气体在管内的流动既非等温、又非绝热，而是一种多变过程。

在工程设计中，一般可按理想气体进行计算，长度大于管内径1000倍的不绝热管道，可按等温流动计算；绝热管道和长度小于1000倍管内径且不绝热的管道，可按绝热流动计算。

在同一管道内，气体按等温或绝热流动计算所得到的流通能力是不同的。绝热流动的能力比等温流动的能力大20%左右，但等温流动计算方法较简单，在工程设计时，如果用等温流动计算绝热流动管道，其结果偏于安全，也是允许的。

（一）初选管径

（1）马赫数的控制值。可压缩流体在管道内流动时，流速和马赫数随始端距离的增长而增大，初选管径时，先要按马赫数的控制值计算气体质量流速。可压缩气体在一般常用管道末端的马赫数控制值小于0.3；在特殊管道和紧急泄放管道末端的马赫数控制值不应大于0.7。

（2）气体流动的马赫数。气体在管道内流动时的马赫数是气体介质流速与声速之比，即：

$$Ma = \frac{u}{C} \tag{2-2-16}$$

式中 Ma——马赫数；

C——声音在气体介质中的传播速度，m/s；

u——气体介质的流速，m/s。

$$C = \sqrt{\frac{rp}{\rho}} = \sqrt{rpv} = \sqrt{rRT} \tag{2-2-17}$$

$$u = Gv = \frac{G}{\rho} \tag{2-2-18}$$

综合以上公式可得气体在管道内流动时，沿程各点的马赫数：

$$M_a = \frac{G}{\rho}\frac{1}{\sqrt{rRT}} = \frac{G}{\sqrt{rp\rho \cdot 10^3}} = G\sqrt{\frac{v}{rp \cdot 10^3}} \tag{2-2-19}$$

式中 G——气体的质量流速，kg/(m²·s)；

ρ——气体的密度，kg/m³；

r——气体的比热容比，C_p/C_v；

R——气体常数，Pa·m³/(kg·K)；

T——气体的绝对温度，K；

p——气体的压力，kPa；

v——气体的比容，m³/kg。

气体常数可按下式计算：

$$R = \frac{8314}{M} \tag{2-2-20}$$

式中 M——气体的相对分子质量。

马赫数与相应的压力有关，用下式可由气体在管道末端的马赫数控制值计算出管道始端的马赫数控制值。

$$p_1 Ma_1 = p_2 Ma_2 \tag{2-2-21}$$

式中 Ma_1——气体在管道始端的马赫数；

Ma_2——气体在管道末端的马赫数；

p_1——管道始端的气体压力，kPa；

p_2——管道末端的气体压力，kPa。

（3）管径最小控制值。根据马赫数控制值求得的气体质量流速，再按下式计算管径最小控制值：

$$d_i' = 18.8\sqrt{\frac{q_m}{G}} \quad (2-2-22)$$

式中 d_i'——管内径，mm；

q_m——操作条件下气体的质量流量，kg/h；

G——气体的质量流速，kg/(m²·s)。

再按管径最小控制值，圆整到管材的标准规格，确定试选管径，然后按下式计算气体的质量流速：

$$G = 353.4\frac{q_m}{d_i'^2} \quad (2-2-23)$$

当管道上设置截面收缩的阀门(如截止阀)或孔板时，应按下式核算截面收缩处所能通过的最大质量流量：

$$q_{mmax} = 0.053647 d_o'^2 \sqrt{\frac{rp_0}{v_0}\frac{2^{(r+1)/(r-1)}}{(r+1)}} \quad (2-2-24)$$

式中 q_{mmax}——截面收缩处所能通过的最大质量流量，kg/h；

d_o'——截面收缩处的直径(阀座直径、孔径)，mm；

r——气体的比热容比，C_p/C_v；

p_0——阀门或孔板前的气体压力，kPa；

v_0——阀门或孔板前的气体比容，m³/kg。

阀门或孔板前所能通过的最大质量流量必须大于或等于设计的质量流量。

（二）最终确定管径

初选管径应按下式进行核算：

$$\frac{p_1^2 - p_2^2}{2p_1v_1} \geqslant G^2\left[\ln\frac{p_1}{p_2} + \frac{\lambda}{2}\frac{(L+\varepsilon L_e)}{d_i'\cdot 10^3}\right]\cdot 10^{-3} \quad (2-2-25)$$

式中 p_1——管道始端的气体压力，kPa；

p_2——管道末端的气体压力，kPa；

v_1——管道始端的气体比容，m³/kg；

G——气体质量流速，kg/(m²·s)；

λ——直管摩擦系数；

L——直管长度，m；

L_e——阀门、管件等的当量长度，m；

d_i'——管内径，mm。

如能满足上述要求，即为最终确定管径，否则应另选较大规格的管径进行核算，直到满足要求。

在最终确定管径时，应采用设计的直管长度和管件等的当量长度。

第三节　气液两相流动

气液两相混合物在管道中的流动是石油化工企业工艺装置中常见的流体流动过程之一，具有单相流动中所不存在的许多复杂因素。其流动状态不能仅由滞流和湍流确定，而是要取决于不同的流动型态(分层流、泡状流、雾状流、波状流、环状流、块状流、塞状流)和两相间的自由界面等因素，这些因素使问题变得很复杂，因而迄今尚没有一种完善的方法普遍地适用于各种不同的两相流动计算，往往需要根据工程经验采用不同方法并根据不同的情况加以修正。

一、管径及压力降计算

气液两相流动管道的管径及压力降计算可采用《石油化工工艺装置管径选择导则》(SH/T 3035—2007)第7章的计算方法。

(一) 初选管径和压力降

(1) 初选管径。采用和流型判断相结合的方法，并根据流型判断结果初选管径。

按下式计算两相流中的体积含气率：

$$\beta = \frac{q_{vg}}{q_{vg} + q_{vl}} \qquad (2-3-1)$$

式中　β——两相流中的体积含气率；

q_{vg}——两相流中气相的体积流量，m^3/h；

q_{vl}——两相流中液相的体积流量，m^3/h。

a. 当两相流中的体积含气率在0.17以下(一般不会产生块状流)时，先假定一个管内径，并按下式计算两相流的均相流速：

$$u_H = \frac{353.7(q_{vg} + q_{vl})}{d_i'^2} \qquad (2-3-2)$$

两相流的均相流速还应满足下式要求：

$$u_H \geqslant 3.05 + 0.024 d_i' \qquad (2-3-3)$$

式中　u_H——两相流的均相流速，m/s；

d_i'——管内径，mm。

如假设的管内径不能满足要求，则应向小规格管径调整。

b. 当两相流中的体积含气率在0.17以上时，按下式初选管径：

$$d_i \leqslant 4.68 q_{vg}^{0.5} \rho_g^{0.25} \qquad (2-3-4)$$

式中　d_i——管内径，mm；

q_{vg}——两相流中气相的体积流量，m^3/h；

ρ_g——气相的密度，kg/m^3。

并按式(2-3-2)计算两相流的均相流速，均相流速还应满足式(2-3-3)的要求，否则用较小规格管径调整。

(2) 流型判断。在垂直向上流动的管道中，当流量为正常负荷的50%时，不应发生块状流。在水平流动的管道中，当流量为正常负荷时，不会发生块状流。在块状流时，流体的压力波动且不稳定，会使回弯等管件受到冲击、碰撞，并使管道发生严重振动，导致管道和

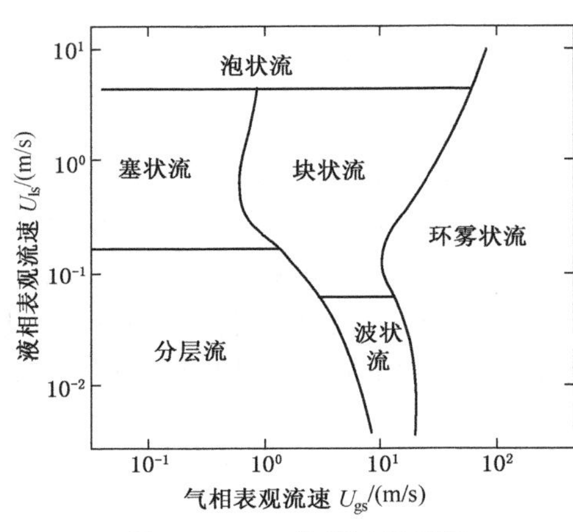

图 2-3-1 曼德汉流型图

设备破坏。因此，设计中必须防止出现块状流，另外，还应避免会对管壁产生严重冲蚀的环状流和雾状流。

水平管道和垂直向上管道的两相流流型图都是相对准确的，图上给出流型之间的分界线不应视为线，而应作为一个区域对待，建议用两种流型图进行对照判断。

a. 水平管道两相流的流型判断。采用曼德汉流型图（图 2-3-1）和伯克流型图（图 2-3-2）判断两相流在水平管道内的流型。

曼德汉流型图坐标中的参数按下式计算：

$$U_{ls}=353.7\frac{q_{vl}}{d_i'^2} \quad (2-3-5)$$

$$U_{gs}=353.7\frac{q_{vg}}{d_i'^2} \quad (2-3-6)$$

式中 U_{ls}——液相表观流速，m/s；

U_{gs}——气相表观流速，m/s；

d_i'——管内径，mm。

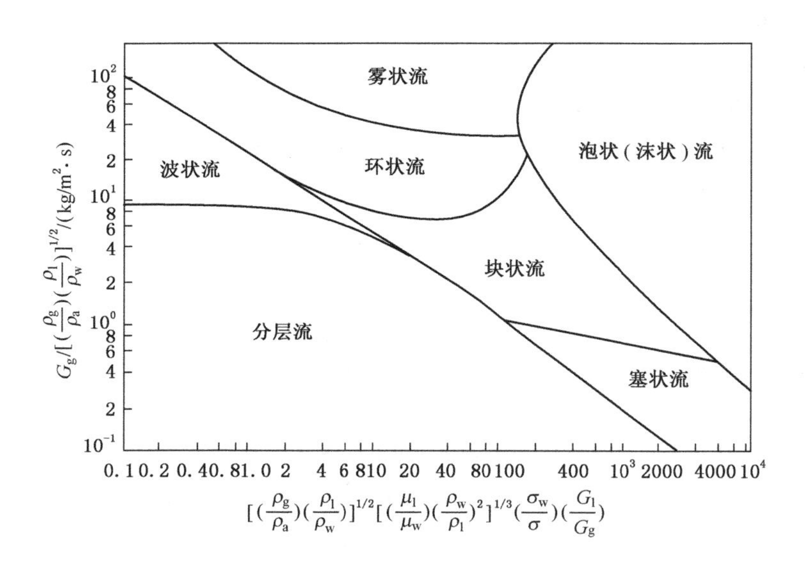

图 2-3-2 伯克流型图

ρ_g——气相的密度，kg/m³；

ρ_a——压力为 101.3kPa，温度为 20℃时的空气密度，$\rho_a=1.2\text{kg/m}^3$；

ρ_l——液相密度，kg/m³；

ρ_w——常压下 20℃时水的密度，$\rho_w=998\text{kg/m}^3$；

μ_l——液相的动力黏度，Pa·s；

μ_w——常压下 20℃时水的动力黏度，$\mu_w=0.001\text{Pa}\cdot\text{s}$；

σ_w——常压下20℃时水的表面张力，$\sigma_w = 0.073\text{N/m}$；

σ——液相的表面张力，N/m；

q_{mg}——两相流中气相的质量流量，kg/h；

q_{ml}——两相流中液相的质量流量，kg/h。

伯克流型图座标中的参数如下：

G_g——气相表观质量流速，kg/(m² · s)；

$$G_g = 353.7 \frac{q_{mg}}{d_i{'}^2} \tag{2-3-7}$$

G_l——液相表观质量流速，kg/(m² · s)；

$$G_l = 353.7 \frac{q_{ml}}{d_i{'}^2} \tag{2-3-8}$$

b. 垂直向上管道两相流的流型判断。采用格里菲思流型图(图2-3-3)和海威特流型图(图2-3-4)判断两相流在垂直向上管道内的流型。

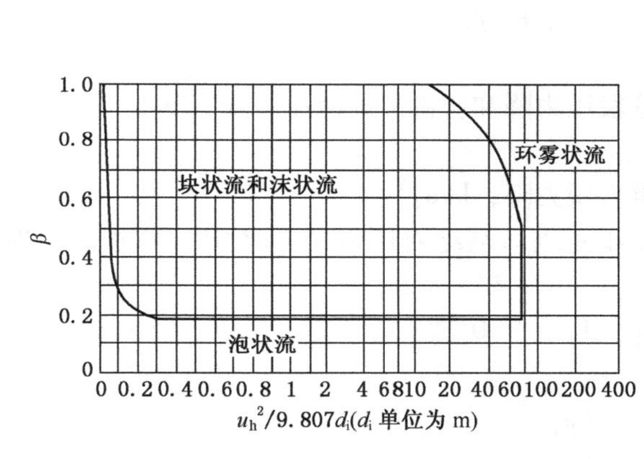

图2-3-3 格里菲思流型图

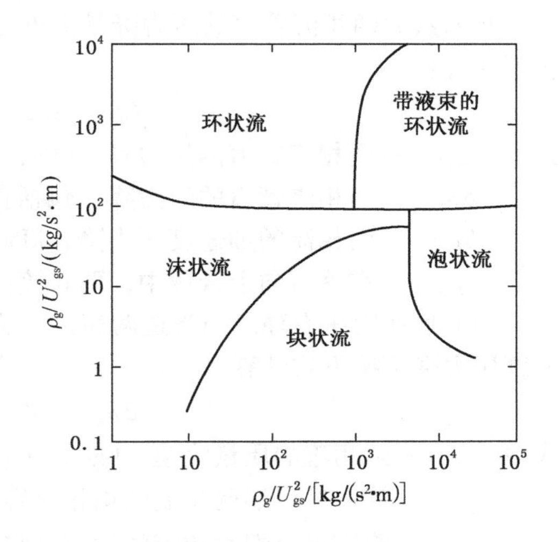

图2-3-4 海威特流型图

c. 流型调整。如流型判断的结果为块状流或环状流和雾状流，应调整假定的管径，直到满足要求为止。

通过流型判断后，假定的管径尚应满足下式的要求：

$$u_H \leqslant 122.47\rho_H^{-0.5} \tag{2-3-9}$$

式中 ρ_H——两相流的均相密度，kg/m³；按下式计算：

$$\rho_H = \rho_g \beta + \rho_l(1-\beta) \tag{2-3-10}$$

其中 β——两相流体积含气率，按式(2-3-1)计算。

(3) 核算极限质量流速。当管道进出口两端的压差大于进口端绝对压力的30%时，应核算出口端的极限质量流速，管道出口端两相流的最大质量流速应小于极限质量流速的75%。

管道出口端的极限质量流速按下式计算：

$$G_{c2} = \left(\frac{\gamma \cdot p_2 \cdot 10^3}{x_2 \cdot v_{g2}}\right)^{1/2} \tag{2-3-11}$$

式中 G_{c2}——两相流在管道出口端的极限质量流速，kg/(m² · s)；

γ——气相的比热容比，C_p/C_v；

p_2——管道出口端的绝对压力，kPa；

x_2——两相流在管道出口端的质量含气率；

v_{g2}——气相在管道出口端的比容，m^3/kg。

两相流的气相质量含气率可按下式计算：

$$x = \frac{q_{mg}}{q_{mg} + q_{ml}} \tag{2-3-12}$$

式中　x——两相流的质量含气率；

q_{mg}——两相流中气相的质量流量，kg/h；

q_{ml}——两相流中液相的质量流量，kg/h。

(4) 两相流管道的压力降。采用管道的估算长度，按本节所列的方法计算管道的阻力，使初选管径能满足工艺设计的压力降控制要求。

(二) 非闪蒸型两相流管道的压力降

非闪蒸型两相流管道的压力降是由重力压力降、加速度压力降和管道压力降所组成，可按下式计算：

$$\Delta p = 1.3(\Delta p_f + \Delta p_a + \Delta p_h) \tag{2-3-13}$$

式中　Δp——两相流管道的压力降，kPa；

Δp_f——两相流管道的压力降，包括直管段压力降和管件的局部压力降，kPa；

Δp_a——两相流的加速度压力降，kPa；

Δp_h——在垂直向上管段中，两相流的重力压力降，kPa。

(1) 加速度压力降。当管道两端的压力差小于进口端绝对压力的10%时，两相流的加速度压力降可按下式计算：

$$\Delta p_a = G^2(V_{H2} - V_{H1}) \cdot 10^{-3} \tag{2-3-14}$$

式中　G——两相流的质量流速，$kg/m^2 \cdot s$；

V_{H1}——管道进口端两相流的均相比容，m^3/kg；

V_{H2}——管道出口端两相流的均相比容，m^3/kg。

两相流的质量流速应按下式计算：

$$G = G_g + G_l = 353.7\frac{q_{mg} + q_{ml}}{d_i'^2} \tag{2-3-15}$$

两相流的均相比容应按下式计算：

$$V_H = xV_g + (1 - x)V_l \tag{2-3-16}$$

式中　V_g——两相流中的气相比容，m^3/kg；

V_l——两相流中的液相比容，m^3/kg；

x——两相流中的质量含气率，按式(2-3-12)计算。

(2) 重力压力降。在垂直向上或倾斜向上的管段中，两相流的重力压力降应按下式计算：

$$\Delta p_h - \rho_l(Z_2 - Z_1)g \cdot 10^{-3} \tag{2-3-17}$$

式中　ρ_l——两相混合物的真实密度，kg/m^3；

Z_2——管道出口端距计算基准面的垂直高度，m；

Z_1——管道进口端距计算基准面的垂直高度，m；

g——重力加速度，m/s^2。

两相混合物的真实密度应按下式计算：

$$\rho_l = \rho_g \alpha + \rho_l (1 - \alpha) \quad (2-3-18)$$

式中 α——截面含气率；

$1-\alpha$——截面含液率。

截面含气率可按下述休马克方法或洛克哈特—马蒂内利方法进行计算。

① 休马克计算方法

a. 截面率按下式计算：

$$\alpha = C_B \beta_1 \quad (2-3-19)$$

式中 C_B——班可夫因子；

β_1——两相流在管道进口端的体积含气率。

b. 两相混合物在管道进口端的体积含气率应按下式计算：

$$\beta_1 = \frac{x v_{g1}}{x v_{g1} + (1 - x) v_{l1}} \quad (2-3-20)$$

式中 x——两相流的质量含气率，按式(2－3－12)计算；

v_{g1}——进口端气相比容，m^3/kg；

v_{l1}——进口端液相比容，m^3/kg。

c. 函数[Z]的计算：

$$[Z] = (Re_m)^{1/6}(Fr_m)^{1/8}(1 - \beta_1)^{-1/4} \quad (2-3-21)$$

$$(Re_m) = \frac{d_i' G \cdot 10^{-3}}{\alpha \mu_g + (1 - a)\mu_l} \quad (2-3-22)$$

$$(Fr_m) = \frac{(G V_H)^2 \cdot 10^3}{g d_i'} \quad (2-3-23)$$

式中 G——两相流的质量流速，kg/(m^2·s)；

μ_g——气相的动力黏度，Pa·s；

μ_l——液相的动力黏度，Pa·s；

V_H——两相流的均相比容，m^3/kg；

d_i'——管道内径，mm；

g——重力加速度，m/s^2。

需先假定截面含气率值，才能计算(Re_m)，试算时可按下式计算 α' 值代入式(2－3－22)

$$\alpha' = \beta_1 + \left\{ \frac{1 - \beta_1}{[1 - \beta_1(1 - \rho_g/\rho)]^{0.5}} \right\}^{-1} \beta_1 \quad (2-3-24)$$

d. 由函数[Z]值按图 2－3－5 求出 C_B 值，也可由下式计算 C_B 值：

当[Z]<10 时，

$$C_B = -0.16367 + 0.31037[Z] - 0.03525[Z]^2 + 0.001366[Z]^3 \quad (2-3-25)$$

当[Z]>10 时，

$$C_B = 0.75545 + 0.003585[Z] - 0.1436 \times 10^{-4}[Z]^2 \quad (2-3-26)$$

e. 求 α 值。求出 C_B 值后，按式(2－3－19)计算出 α 值，与计算(Re_m)时假定的 α 值相核对，如差别较大，则以计算所得的 α 值再算(Re_m)值，直至计算值与假设值相一致，即为

所求的截面含气率 α 值。

② 洛克哈特－马蒂内利计算方法

计算洛克哈特参数：

$$X = \frac{U_{ls}}{U_{gs}}\left(\frac{\lambda_{ls} \cdot \rho_l}{\lambda_{gs} \cdot \rho_g}\right)^{\frac{1}{2}} \tag{2-3-27}$$

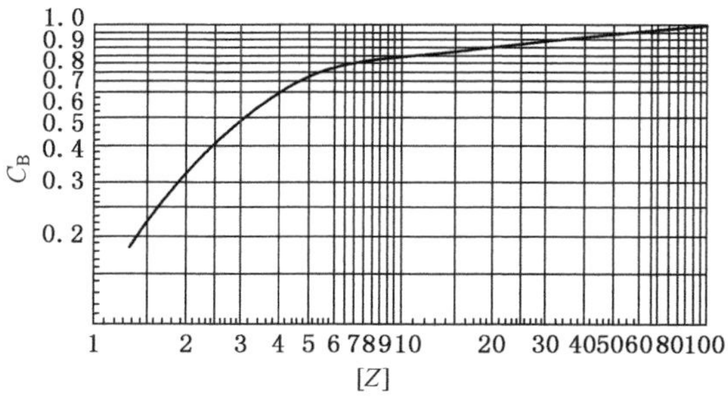

式中 X——洛克哈特参数；

U_{ls}——液相表观流速，m/s；

U_{gs}——气相表观流速，m/s；

λ_{ls}——由液相的表观流速、密度、黏度计算得的直管阻力系数；

λ_{gs}——由气相的表观流速、密度、黏度计算得的直管阻力系数；

ρ_l——液相密度，kg/m³；

ρ_g——气相密度，kg/m³。

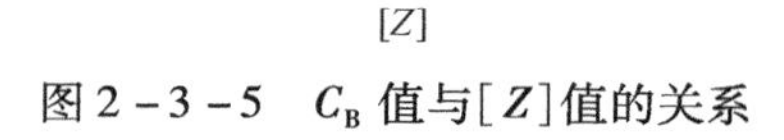

图 2－3－5 C_B 值与［Z］值的关系

直管阻力系数按图 2－2－1 或按式(2－2－8)～式(2－2－11)求出。

根据洛克哈特参数按图 2－3－6 求出截面含气率。

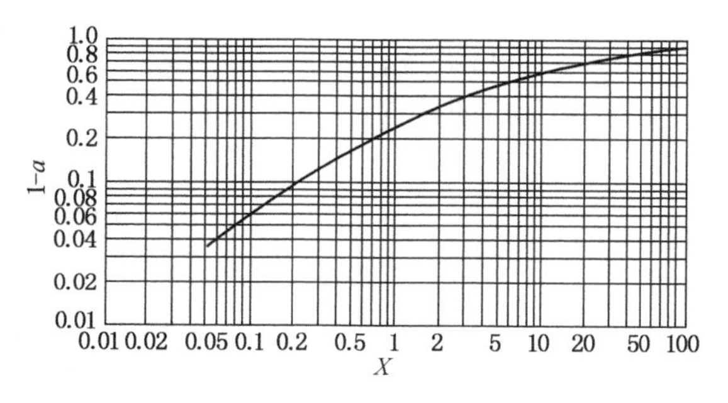

图 2－3－6 洛克哈特参数与截面含气率的关系

(3) 直管段压力降

应至少采用两种方法计算，其中一种方法应是均相法，其他可采用杜克勒法、洛克哈特－马蒂内利法、马蒂内里－纳尔逊法，有关各种方法的计算步骤分述于下：

① 均相法

a. 直管段的压力降按下式计算：

$$\Delta p_{ft} = \lambda_H \left(\frac{L}{d_i'}\right)\left(\frac{G^2 V_H}{2}\right) \tag{2-3-28}$$

式中 Δp_{ft}——直管段的压力降，kPa；

λ_H——直管段的均相压力系数；

L——直管段(包括水平、倾斜、垂直管段)的长度，m；

d_i'——管内径，mm；

G——两相流的质量流速，kg/(m²·s)；

V_H——两相流的均相比容，m³/kg。

b. 两相流的均相雷诺数计算：

$$Re_h = \frac{d_i' G}{\mu_H} \tag{2-3-29}$$

式中 Re_h——两相流的均相雷诺数；

μ_H——两相流的均相动力黏度，mPa·s。

c. 两相流的均相动力黏度计算：

$$\mu_{\mathrm{H}} = \beta\mu_{\mathrm{g}} + (1-\beta)\mu_{\mathrm{l}} \tag{2-3-30}$$

d. 根据两相流的均相雷诺数和管壁的粗糙度，按本章图 2-2-1 或式(2-2-8)~式(2-2-11)求出直管段的均相阻力系数。

② 杜克勒法

a. 直管段压力降按下式计算：

$$\Delta p_{\mathrm{ft}} = [A][B] \cdot \lambda_0 \cdot \frac{L}{d_{\mathrm{i}}'}\frac{G^2 V_{\mathrm{H}}}{2} \tag{2-3-31}$$

式中 $[A]$——杜克勒阻力校正系数；

$[B]$——杜克勒密度校正系数；

λ_0——光滑管的阻力系数。

b. 杜克勒阻力校正系数$[A]$应按下列公式计算或按图 2-3-7 查出。

$$[A] = 1 - \ln(1-\beta)\{1.281 + 0.478\ln(1-\beta) + 0.444[\ln(1-\beta)]^2 + 0.094[\ln(1-\beta)]^3 + 0.00843[\ln(1-\beta)]^4\}^{-1} \tag{2-3-32}$$

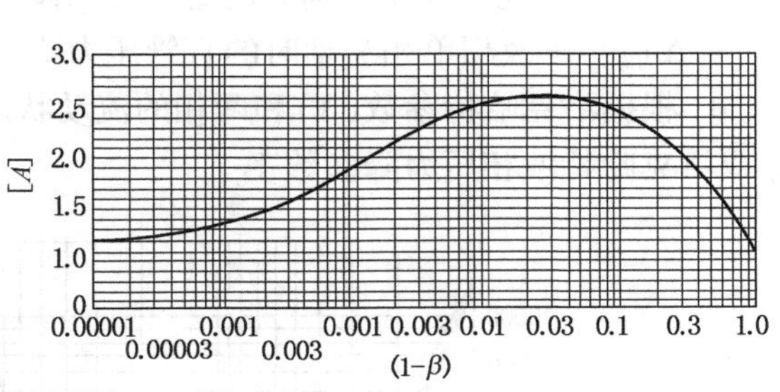

图 2-3-7 杜克勒校正系数$[A]$与体积含气率β的关系

c. 杜克勒密度校正系数$[B]$按下列公式计算：

$$[B] = \frac{u_{\mathrm{H}}\beta^2}{u_{\mathrm{g}}\alpha} + \frac{V_{\mathrm{H}}(1-\beta)}{v_{\mathrm{l}}(1-\alpha)} \tag{2-3-33}$$

截面含气率 α 应按本章第三节第二条第(2)款中的休马克方法计算。

d. 两相流的雷诺数计算

$$Re = Re_{\mathrm{h}} \cdot [B] \tag{2-3-34}$$

再根据 Re 从图 2-2-1 或下列公式计算光滑管的阻力系数。

当 $2000 < Re \leqslant 10^5$ 时

$$\lambda_0 = 0.3164Re^{-0.25} \tag{2-3-35}$$

当 $Re > 10^5$ 时

$$\frac{1}{\sqrt{\lambda_0}} = 2.09\lg(Re \cdot \sqrt{\lambda_0}) - 0.8 \tag{2-3-36}$$

③ 洛克哈特-马蒂内利法

a. 按式(2-3-27)计算洛克哈特参数。

b. 计算气相雷诺数和液相雷诺数，并决定气相和液相的流动状态。

$$Re_{\mathrm{g}} = \frac{d_{\mathrm{i}}'G_{\mathrm{g}}}{\mu_{\mathrm{g}}} \tag{2-3-37}$$

$$Re_{\mathrm{l}} = \frac{d_{\mathrm{i}}'G_{\mathrm{l}}}{\mu_{\mathrm{l}}} \tag{2-3-38}$$

式中 Re_{g}——按气相单相流动时的气相雷诺数；

Re_{l}——按液相单相流动时的液相雷诺数；

d_{i}'——管内径，mm；

μ_{g}——气相动力黏度，mPa·s；

μ_l——液相动力黏度，mPa·s。

当雷诺数小于1000时，流动状态为滞流；当雷诺数大于2000时，流动状态为湍流。

c. 按下列公式计算液相单相流动时的直管压力降或气相单相流动时的直管压力降：

$$\Delta p_{fgs} = \lambda_{gs}\left(\frac{L}{d_i'}\right)\left(\frac{G_g^2\mu_g}{2}\right) \tag{2-3-39}$$

$$\Delta p_{fls} = \lambda_{ls}\left(\frac{L}{d_i'}\right)\left(\frac{G_l^2\mu_l}{2}\right) \tag{2-3-40}$$

式中 Δp_{fgs}——气相单相流动时的直管压力降，kPa；

Δp_{fls}——液相单相流动时的直管压力降，kPa。

d. 根据洛克哈特参数（X）和两相的流动状态从图2-3-8求出洛克哈特气相压力降参数Y_G或洛克哈特液相压力降参数Y_L。

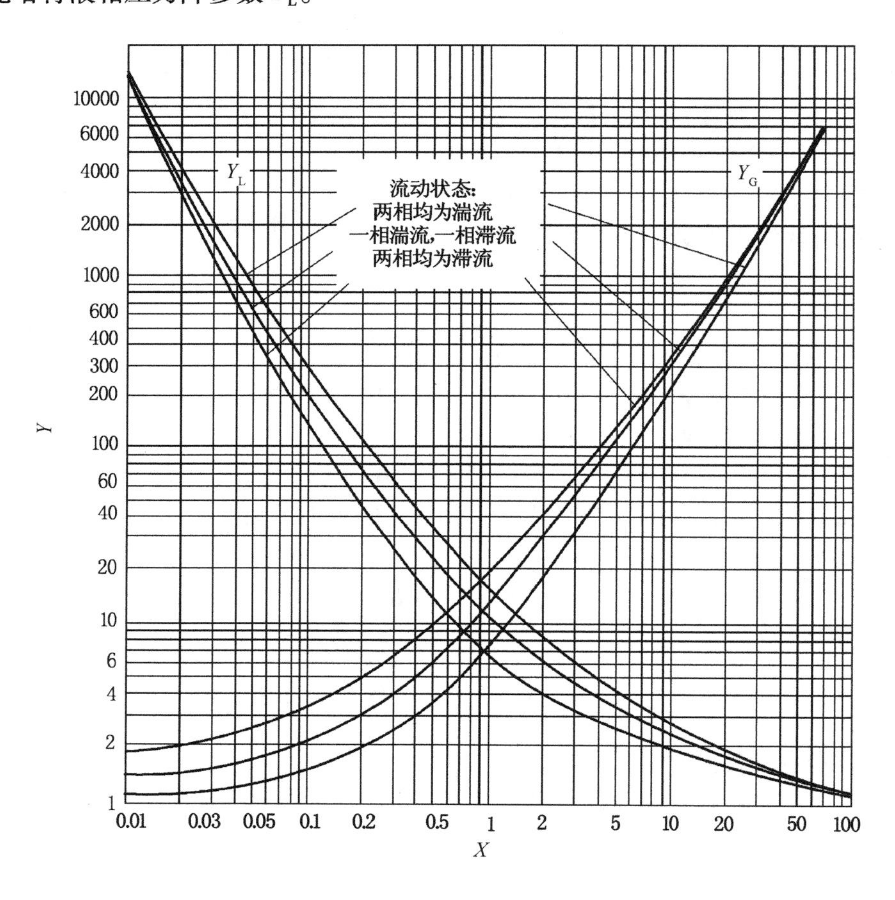

图2-3-8 洛克哈特压力降参数X和Y的关系

e. 按下列公式计算两相流直管段的压力降：

$$\Delta p_{ft} = Y_G \cdot \Delta p_{fgs} \tag{2-3-41}$$

$$\Delta p_{ft} = Y_L \cdot \Delta p_{fls} \tag{2-3-42}$$

④ 马蒂内里-纳尔逊法

a. 按两相混合物全部为液相，计算出直管段的压力降Δp_{flo}。

b. 计算两相混合物的质量含气率x。

c. 根据质量含气率和两相混合物的绝对压力 p，从图 2-3-9 求出函数 φ_{lo}^2。

d. 按下式计算直管段的压力降 Δp_{ft}：

$$\Delta p_{ft} = \varphi_{lo}^2 \Delta p_{flo} \qquad (2-3-43)$$

⑤ 适用范围

杜克勒法、洛克哈特 - 马蒂内利法不适用于水 - 蒸汽系统两相流的压力降。马蒂内里 - 纳尔逊法只适用于水 - 蒸汽系统两相流的压力降的计算。

直管段的压力降不应小于均相法的计算值。

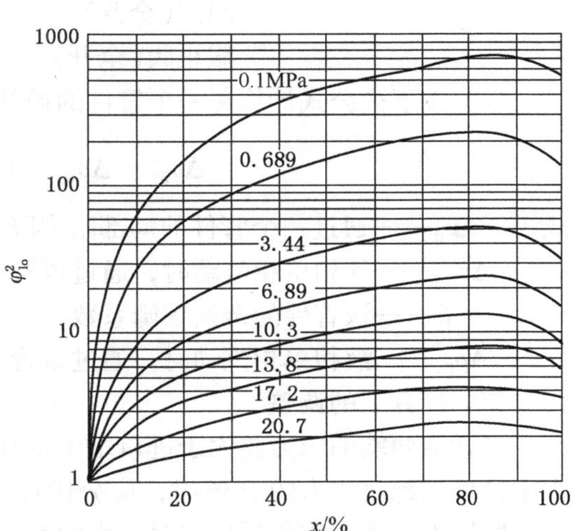

图 2-3-9 马蒂内里 - 纳尔逊法中 φ_{lo}^2 与质量含气率(x)，压力(p)的关系

(4) 管件的局部压力降

a. 管道突然缩小时的压力降计算：

$$\Delta p_{ff} = \frac{G_2^2}{2\rho_1}\left(\frac{1}{C_0}-1\right)^2\left[1+\left(\frac{\rho_1}{\rho_g}-1\right)x\right]\cdot 10^{-3} \qquad (2-3-44)$$

式中 Δp_{ff}——管道突然缩小时的局部压力降；

G_2——管道收缩后两相混合物的质量流速，kg/(m^2·s)；

C_0——收缩系数，按表 2-3-1 求取。

表 2-3-1 收缩系数与缩小面积比的关系

d_{i2}^2/d_{i1}^2	0	0.2	0.4	0.6	0.8	1.0
C_0	0.586	0.598	0.625	0.686	0.790	1.000

注：d_{i2}—截面缩小后的管径；d_{i1}—截面缩小前的管径。

b. 管道突然扩大时的压力降计算：

$$\Delta p_{ff} = \frac{G_1^2}{2\rho_1}\left[1-\left(\frac{d_{i1}}{d_{i2}}\right)^2\right]^2\left[1+\left(\frac{\rho_1}{\rho_g}-1\right)x\right]\cdot 10^{-3} \qquad (2-3-45)$$

式中 Δp_{ff}——管道突然扩大时的压力降，kPa；

G_1^2——管道扩大前两相混合物的质量流速，kg/(m^2·s)；

d_{i1}——截面扩大前的管径；

d_{i2}——截面扩大后的管径。

c. 其他管件的局部压力降计算方法

(a) 分别计算气相单相流动时的局部压力降(Δp_{fgs})和液相单相流动时的局部压力降(Δp_{fls})。

(b) 按下列公式计算奇斯霍姆系数：

$$C = C_2\left(\sqrt{\frac{\rho_1}{\rho_g}}+\sqrt{\frac{\rho_g}{\rho_1}}\right) \qquad (2-3-46)$$

式中 C——奇斯霍姆系数；

C_2——随管件而异的系数，其值如下：

90°弯头	$C_2=2.167$
180°弯头	$C_2=1.4$
等径三通	$C_2=1.75$
闸阀（全开）	$C_2=1.5$
截止阀（全开）	$C_2=2.3$

（c）按下列公式计算每一个管件的局部压力降：

$$\Delta p_{\mathrm{ff}}=\Delta p_{\mathrm{fgs}}+C\sqrt{\Delta p_{\mathrm{fgs}}\cdot\Delta p_{\mathrm{fls}}}+\Delta p_{\mathrm{fls}} \tag{2-3-47}$$

式中 Δp_{ff}——通过一个管件的局部阻力降，kPa；

Δp_{fgs}——气相单相流动时，通过该管件的局部阻力降，kPa；

C——该管件的奇斯霍姆系数；

Δp_{fls}——液相单相流动时，通过该管件的局部阻力降，kPa。

（5）计算上的调整

当管道两端的压力差大于进口端绝对压力的10%时，或按以上各条计算所得的压力降大于进口端绝对压力的10%时，应分段计算两相流管道的加速度压力降和管道压力降，即按每段压力降小于该段进口绝对压力的5%分段。

计算的管道压力降应小于或等于管道进出口的压差，否则应放大管径重复计算。如果放大管径后，不能避免在垂直向上管段中出现块状流（Slug flow），则应调整工艺生产条件，加大管道进出口两端的压差。

（三）闪蒸型两相流管道的压力降

流动过程中有闪蒸现象的气液两相流管道，应分别计算其水平管段和垂直向上管段的压力降。

管道进出口两端的质量含气率变化大于5%时，管道压力降应分段计算，使每段的质量含气率变化（Δx）小于5%。计算方法与非闪蒸型两相流管道的压力降计算相同。

二、蒸汽凝结水管径及压力降计算

蒸汽冷凝产生的凝结水在管道内流动时，由于摩擦压力降而产生的自蒸发现象，使管道内出现汽水两相状态。一般可用两相流动的方法计算，但比较复杂。此处介绍一种简易的方法，用以计算凝结水管道的内径、压力降和因压力降而产生的蒸汽量。

1. 首先按水（未汽化）用本章第二节的方法计算其所需内径和管道压力降。

2. 再用下列公式换算为凝结水（有汽化）的管径、压力降。

$$\frac{\Delta p_{\mathrm{s}}}{\Delta p_{\mathrm{l}}}=\frac{\rho_{\mathrm{l}}}{\rho_{\mathrm{s}}} \tag{2-3-48}$$

$$\frac{d'_{\mathrm{s}}}{d_{\mathrm{i}}'}=\left(\frac{\rho_{\mathrm{l}}}{\rho_{\mathrm{s}}}\right)^{0.19} \tag{2-3-49}$$

式中 Δp_{s}、ρ_{s}、d_{s}'——按汽水混合物计算的压力降、密度和管内径；

Δp_{l}、d_{i}'、ρ_{l}——按液态凝结水计算的压力降、内径和密度。

两者的单位应相一致。

一定压力下，蒸汽冷凝产生的饱和凝结水降压至另一压力 p_2 时，由自蒸发产生的蒸汽量可从表2-3-2查得，其汽水混合物的密度可从表2-3-3查得。

表 2-3-2　蒸汽凝结水二次蒸发产生的蒸汽量

起点压力/MPa	终点压力 p_2 时二次蒸发的蒸汽量/(kg/kg 凝结水)										
	p_2/MPa										
	0.1	0.12	0.14	0.16	0.18	0.2	0.3	0.4	0.5	0.6	0.7
0.12	0.01										
0.15	0.022	0.012	0.004								
0.2	0.039	0.029	0.021	0.013	0.006						
0.25	0.052	0.043	0.034	0.027	0.02	0.014					
0.30	0.064	0.054	0.046	0.039	0.032	0.026					
0.35	0.077	0.064	0.056	0.049	0.042	0.036	0.01				
0.40	0.083	0.073	0.065	0.058	0.051	0.045	0.02				
0.50	0.098	0.089	0.081	0.074	0.067	0.061	0.036	0.017			
0.80	0.134	0.125	0.117	0.11	0.104	0.098	0.073	0.054	0.038	0.024	0.012
1.0	0.152	0.143	0.136	0.129	0.122	0.117	0.093	0.074	0.058	0.044	0.032
1.5	0.188	0.180	0.172	0.165	0.161	0.154	0.13	0.112	0.096	0.083	0.071
2.0	0.216	0.208	0.205	0.194	0.188	0.182	0.159	0.122	0.127	0.113	0.102
2.5	0.252	0.232	0.225	0.221	0.212	0.205	0.184	0.147	0.152	0.139	0.127
3.0	0.26	0.252	0.245	0.239	0.233	0.228	0.205	0.188	0.174	0.161	0.150
3.5	0.279	0.271	0.262	0.260	0.252	0.238	0.225	0.208	0.193	0.181	0.170

表 2-3-3　蒸汽凝结水二次蒸发后汽水混合物的密度

起点压力/MPa	终点压力 p_2 时二次蒸发后的汽水混合物的密度/(kg/m³)										
	p_2/MPa										
	0.1	0.12	0.14	0.16	0.18	0.2	0.3	0.4	0.5	0.6	0.7
0.12	57										
0.15	26	52.5	169								
0.20	14.8	23.1	37	63.9	136.5						
0.25	11	15.8	22.6	32.3	47.6	73.5					
0.30	9	12.5	17	22.8	30.5	41.3					
0.35	7.4	10.6	13.9	18	23.3	30.5	168				
0.40	7.0	9.3	12	15.3	19.2	24	74.5				
0.50	5.9	7.6	9.7	12	14.7	17.7	43	110.5			
0.80	4.3	5.5	6.7	8.1	9.6	11.2	21.8	37.3	64.3	114	232.4
1.0	3.8	4.8	5.8	7.0	8.2	9.4	17.4	27.7	43.8	67.3	101.5
1.5	3.1	3.8	4.6	5.4	6.2	7.2	12.3	18.7	26.9	36.6	48.3
2.0	2.7	3.3	3.9	4.6	5.3	6.1	10.1	14.8	20.4	26.8	34
2.5	2.3	3.0	3.5	4.1	4.7	5.3	8.8	12.7	17.1	22.1	27.5
3.0	2.2	2.7	3.2	3.8	4.3	4.9	7.9	11.2	14.9	19	23.8
3.5	2	2.5	3.0	3.5	4.0	4.6	7.0	10.2	13.6	17.2	20.8

例 2-6　已知饱和凝结水流率为 3000kg/h，起始压力 0.25MPa，终点压力 0.18MPa，管长(包括管件当量长度)100m，求管径。

先按未汽化凝结计算，按本章第二节的式(2-2-2)计算

$$d_i' = 11.4\rho^{0.207}\mu^{0.033}q_v^{0.38}\Delta p_{100}^{-0.207}$$

0.25MPa(表)下饱和凝结水性质：$\rho = 927.6\text{kg/m}^3$，$t = 138.2℃$，$\mu = 0.16\text{mm}^2/\text{s}$。

$$\Delta p_{100} = 0.25 - 0.18 = 0.07\text{MPa} = 70\text{kPa}$$

$$q_v = 3000/927.6 = 3.23\text{m}^3/\text{h}$$

$$d_i' = 11.4 \times 927.6^{0.207} \times 0.16^{0.033} \times 3.23^{0.38} \times 70^{-0.207}$$

$$=11.4\times4.11\times0.94\times1.56/2.41=28.5\text{mm}$$

从表2－3－3查得降压汽化后汽水混合物的密度$\rho_s=47.6\text{kg/m}^3$。

汽水混合物管径可按式(2－3－1)计算：

$$\frac{d_s}{d_i}=\left(\frac{\rho_1}{\rho_s}\right)^{0.19}$$

$$d_s=28.5\times\left(\frac{927.6}{47.6}\right)^{0.19}=50.1\text{mm}$$

可选用管径 *DN*50 规格钢管，外径57mm，内径51mm。

三、两相流管道的几项设计原则

由于气液两相流动的复杂性，根据以往的设计经验，提出以下几项设计原则，供设计时参考。

1. 垂直管内介质向上流动的稳定性。在气液两相流中，气相流速增加，静压头损失随之减少，而摩擦损失却随气相流速增加而增加。此时，越来越多的液相被吹走而为气相所取代。因此，在给定气液相质量流率比值时，如果管径固定，则垂直管道总压力降在某一气相流速下有一最小值；如果气相流速不变，则总压力降在某管径下有一最小值。这种现象如图2－3－10所示(管径固定)。

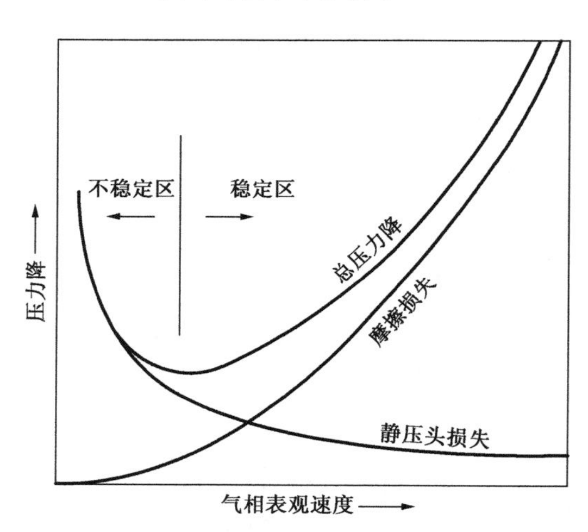

图2－3－10　垂直管道稳定区划分示意图

从图2－3－10可看出：最小总压力降确定了稳定区和不稳定区的界线。流速小于最小总压力降的流速的区域为不稳定区，在该区内，管道压力降具有“负的阻力”，即流速增加时，总压力降反而减少。由于气相流速微小的增加都会降低管道的阻力，导致更进一步增加气相流速，从而开始了不可控制的波动，直到该系统中的气体全部消失，然后又进行反向循环。因此，即使是进口流率稳定，但管道内气液两相的流动却是不稳定的，这种不稳定性导致的波动可能引起不良的后果。当不稳定管段在一个较大管路系统中引发波动时，会产生更加严重的不良后果。分馏塔进料加热器和重沸器管道有可能发生这种情况。设计人员应力求避免出现该不稳定区的工况。

2. 利用稳定性原则确定两相流垂直管道的管径。对有机液体和石油馏分，可按下式近似地计算管径。

$$d_i'=18.4\left(\frac{q_{mg}}{\rho_g}\right)^{0.42}\left(\frac{\rho_g}{\rho_1\cdot x}\right)^{0.167}\qquad(2-3-50)$$

式中　q_{mg}——两相中气相质量流量，kg/h；

ρ_g、ρ_1——两相中气相或液相的密度，kg/m^3；

x——两相中气相的质量分率；

d_i'——管内径，mm。

上式适用于下列特性的介质和类似性质的介质。由于上式是按最小压力降的条件求取管径，因此所求得的管径偏大，选用管径时应取计算所得管径截面积的80%确定管径。再按选定的管径计算压力降。

上式是基于以下特性得出的：

$$\Delta p = \rho_l - \rho_g \cong \rho_l \qquad \sigma = 0.02\text{N/m}(20\text{dyn/cm})$$

$$\rho_l = 800\text{kg/m}^3 \qquad d_i' \geqslant 100\text{mm}$$

其中　σ——液体表面张力。

3. 避免雾状流的最大流速。雾状流是不可逆流区，在正常操作条件下，一般不能将雾状流返回到其他的两相流区。因此，设计时对进入分馏塔、气液分离器和其他相分离设备内的两相流管道，应避开雾状流区，以利于两相分离。但在《石油化工工艺装置管径选择导则》(SH/T 3035—2007)第7章的流型分区图，其中的分界线实际是一个过渡区。因此，建议按下述判断式确定避免雾状流的流速，即 $u_m \leqslant 122/\rho_m^{0.5}$。$u_m$ 为混合物流速 $u_m = u_g + u_l$，u_g、u_l 为气、液相表观速度，ρ_m 为进出口气液的均匀密度，可按式(2-3-51)求得：

$$\rho_m = \rho_{lm} \cdot f + \rho_{gm}(1 - f) \tag{2-3-51}$$

式中　ρ_m——进出口气液的均匀密度，kg/m³；

ρ_{lm}、ρ_{gm}——进出口液相或气相的算术平均密度，kg/m³；

f——进出口均匀持液量，按式(2-3-52)求得：

$$f = \frac{Q_{lm}}{Q_{lm} + Q_{gm}} \tag{2-3-52}$$

式中　Q_{lm}——进出口液体体积流率算术平均值，m³/s；

Q_{gm}——进出口气体体积流率算术平均值，m³/s。

（上述平均值可由 ρ_{lm}、ρ_{gm} 求出）

4. 两相流管道冲蚀。两相流管道经常发生冲蚀现象，特别是在高流速的环状流或雾状流区域，更易形成冲蚀现象。由于两相流的特性、工作对象和管道材质都是影响冲蚀的重要因素，很难将三者作用以数学式关联。因此用经验判断式 $u_m < 195\rho^{0.5}$ 计算避免发生冲蚀的流速。

（编制　刘绍叶　沈宏孚）

第四节　高黏度聚酯熔体

聚酯熔体属高黏度流体，通常温度在280～290℃时，其动力黏度高达250～300Pa·s（250000～300000cP），输送如此高黏度的流体，流速很低，其雷诺数远远小于2300，处于层流流动状态。

（一）初选管径

根据熔体在管道内的控制流速0.03～0.075m/s和管道标准规格，按下式计算出所需管径，并按标准规格进行圆整。

$$u = 353.7 \frac{q_{ml}}{d'^2_i \cdot \rho_{ml}} \tag{2-4-1}$$

式中　u——熔体的流速，m/s；

q_{ml}——熔体的质量流量，kg/h；

d'_i——管道内径，mm；

ρ_{ml}——熔体的密度，kg/m^3（通常生产条件下取 $1200kg/m^3$）。

（二）管道中的停留时间

熔体在管道中的停留时间过长，会引起高分子聚合体降解，色相变差，使聚酯熔体的质量变坏，一般熔体在 280℃ 时，允许停留时间为 60min；在 285℃ 时，允许停留时间为 30min。

熔体在管道中的平均停留时间按下式计算：

$$T_{av} = 4.71 \times 10^{-5} \frac{L \cdot d'^2_i \cdot \rho_{ml}}{q_{ml}} \tag{2-4-2}$$

式中　T_{av}——熔体在管道中的平均停留时间，min；

L——管道长度，m；

d'_i——管道内径，mm；

ρ_{ml}——熔体密度，kg/m^3；

q_{ml}——熔体的质量流量，kg/h。

熔体在靠近管壁的停留时间约为平均停留时间的 2～3 倍，因此在设计时，管道内熔体流动的允许停留时间，一般应取管道中熔体的平均停留时间的 0.33～0.5 倍。

（三）熔体流动的压力降

熔体在管道中流动的压力降按下式计算：

$$\Delta p = 1.131 \times 10^4 \frac{\mu \cdot L \cdot q_{ml}}{d'^4_i \cdot \rho_{ml}} \tag{2-4-3}$$

式中　Δp——熔体流动的压力降，MPa；

μ——熔体的动力黏度，Pa·s；

L——管道长度，m；

d'_i——管道内径，mm；

ρ_{ml}——熔体密度，kg/m^3；

q_{ml}——熔体的质量流量，kg/h。

（四）特性黏度

在聚酯生产中，熔体的黏度一般是以特性黏度（IV）来表示的，特性黏度与熔体动力黏度的关系可用以下的经验式换算：

$$\lg \mu = -2.48 + \frac{3300}{T} + 5.02 \lg[IV] \tag{2-4-4}$$

式中　μ——熔体的动力黏度，Pa·s；

T——熔体的绝对温度，K；

IV——熔体的特性黏度。

熔体常用温度下的特性黏度与熔体的动力黏度可由表 2-4-1 查得：

表 2-4-1　熔体常用温度下的特性黏度与动力黏度(Pa·s)对照表

温度/℃ \ 特性黏度 *IV*	0.60	0.61	0.62	0.63	0.64	0.65	0.66	0.67	0.68
280	236.5	257.0	278.8	302.1	327.0	353.4	381.6	411.5	443.3
285	209.1	227.2	246.5	267.1	289.1	312.5	337.4	363.8	391.9
290	185.3	201.3	218.4	236.7	256.2	276.9	299.0	322.4	347.3
295	164.5	178.8	194.0	210.2	227.5	245.9	265.5	286.3	308.4
300	146.4	159.1	172.6	187.0	202.4	218.8	236.2	254.7	274.4

（五）压力降与温升的关系

聚酯熔体在输送过程中，压力降会转化为热能，导致熔体温度上升，一般压力降为10MPa时，温升为4~4.5℃，温度增高会使高分子熔体降解程度增大，温升后熔体的温度受允许停留时间的限制，因为在一定温度下有一定的允许停留时间。

压力降转化为发热量和温升的计算式为：

$$Q = 0.267 \frac{\Delta p \cdot q_{ml}}{\rho_{ml}} \tag{2-4-5}$$

式中　Q——发热量，kW；

Δp——压力降，MPa；

q_{ml}——熔体的质量流量，kg/h；

ρ_{ml}——熔体的密度，kg/m^3。

$$\Delta t = 3600 \frac{Q}{q_{ml} C_p} = 961 \frac{\Delta p}{\rho_{ml} C_p} \tag{2-4-6}$$

式中　Δt——温升，℃；

C_p——熔体的定压比热容，一般取1.67~2.09kJ/(kg·℃)。

除了压力降引起温升外，熔体通过增压泵，计量泵也会引起温升，温升的大小与泵的转速有关，见表2-4-2。

表 2-4-2　增压泵、计量泵引起的温升

增压泵	转速/(r/min)	18.95	20.64	22.0	24.25	27.33
	温升/℃	2	2.5	4	4	5
计量泵	转速/(r/min)	18.5	20.9	22.6	26.1	28.7
	温升/℃	4	5	7	8	9

（六）熔体管道的局部压力降

在聚酯纤维实际生产中，熔体管道上安装着的阀门、弯头、三通、静态混合器、过滤器等管件和小型设备，当熔体流经这些管件和小型设备时，将产生局部压力降。局部压力降数据一般为生产经验数据或由实验测得。在计算整个熔体管道系统的压力降时，应将这些局部压力降一并计算在内。

（七）管径的最终确定

为确保聚酯熔体的质量，应根据管道长短、熔体流速、停留时间、压力降、温升等因素进行综合比较。缩短停留时间，势必要提高熔体的流速，而提高流速就会增大压力降，进而

引起熔体温升。因此，需要作多方案试算，以确定全程的最佳停留时间和压力降，从而最终确定合理的管径。

（编制　王汝淦）

附表一　常用钢管计算用数据

（绝对粗糙度 $\varepsilon=0.2$mm）

规格		$\frac{3600\pi d_i^2}{4}$	$\frac{\varepsilon}{d_i}$	d_i^{-484}	$d_i^{2.63}$	$\frac{100}{d_i}$	开始进入粗糙管湍流区时的雷诺数
DN	d_i/m						
20	0.0190	1.0207	0.01053	2.142×10^8	2.973×10^{-5}	5263.16	95778
	0.0210	1.2528	0.00944	1.290×10^8	3.916×10^{-5}	4761.90	108266
25	0.0260	1.9113	0.00769	4.694×10^7	6.782×10^{-5}	3846.15	138077
	0.0270	2.0841	0.00725	3.707×10^7	7.711×10^{-5}	3703.70	146126
40	0.0380	4.0828	0.00526	7.479×10^6	1.840×10^{-4}	2631.58	214205
	0.0400	4.6483	0.00474	5.117×10^6	2.262×10^{-4}	2500.00	234451
50	0.0500	7.0686	0.00400	1.981×10^6	3.787×10^{-4}	2000.00	293648
	0.0520	7.6895	0.00380	1.594×10^6	4.262×10^{-4}	1923.08	309178
80	0.0810	18.5508	0.00247	1.918×10^5	1.347×10^{-3}	1234.57	509312
	0.0780	17.1359	0.00256	2.346×10^5	1.207×10^{-3}	1282.05	485783
100	0.1000	28.2743	0.00200	6.918×10^4	2.344×10^{-3}	1000.00	646900
	0.1020	29.3301	0.00196	6.376×10^4	2.450×10^{-3}	980.39	659371
150	0.1500	63.6173	0.00133	9.721×10^3	6.810×10^{-3}	666.67	1022649
	0.1540	67.0989	0.00130	8.532×10^3	7.310×10^{-3}	649.35	1054175
200	0.2070	121.1527	0.00097	2.045×10^3	1.589×10^{-2}	483.09	1468587
	0.2030	116.5731	0.00099	2.242×10^3	1.511×10^{-2}	492.61	1437596
250	0.2570	186.7492	0.00078	7.177×10^2	2.806×10^{-2}	389.11	1871132
	0.2540	183.4201	0.00079	7.397×10^2	2.761×10^{-2}	393.70	1858111
300	0.3090	269.9662	0.00065	2.942×10^2	4.556×10^{-2}	323.62	2298687
	0.3050	262.0734	0.00066	3.188×10^2	4.361×10^{-2}	327.87	2256399
350	0.3590	364.4024	0.00056	1.423×10^2	6.759×10^{-2}	278.55	2716943
	0.3340	315.0394	0.00060	2.030×10^2	5.573×10^{-2}	299.40	2503664
400	0.4060	466.0628	0.00049	78.48	9.342×10^{-2}	246.31	3115596
	0.3800	409.7856	0.00053	106.20	7.926×10^{-2}	263.16	2906319
450	0.4580	593.0937	0.00044	34.65	0.12826	218.34	3562101
	0.4290	519.9785	0.00047	60.38	0.10772	233.10	3308991
500	0.5060	723.9247	0.00040	27.03	0.16669	197.63	3978788
	0.4780	643.3203	0.00042	36.34	0.14194	209.21	3717875

说明：本表按两种管子系列计算，每一公称直径的上一行是一般常用规格的无缝钢管系列，下一行是《石油化工钢管尺寸系列》（SH/T 3405—2012）中 Sch40 的钢管尺寸系列。

附表二 油品管道的流量和压力降(一)

$\rho=800kg/m^3, \mu=5mm^2/s, \varepsilon=0.2mm$

管子规格		泵的吸入管道						泵的排出管道		
		饱和液体			不饱和液体					
DN	d_i/m	q_V/(m³/h)	u/(m/s)	Δp/(kPa/100m)	q_V/(m³/h)	u/(m/s)	Δp/(kPa/100m)	q_V/(m³/h)	u/(m/s)	Δp/(kPa/100m)
20	0.0210	0.45	0.358	10.278	0.6	0.477	20.329	1.0	0.794	49.769
25	0.0270	0.45~0.80	0.214~0.380	3.668~9.904	0.6~1.2	0.285~0.569	4.894~20.131	1.0~1.8	0.475~0.854	14.650~48.641
40	0.0400	0.8~2.4	0.168~0.503	1.270~10.886	1.2~3.4	0.251~0.712	2.888~20.221	1.8~5.5	0.377~1.152	5.861~48.785
50	0.0520	2.4~4.5	0.310~0.582	3.086~10.280	3.4~6.5	0.440~0.840	6.253~19.989	5.5~10.0	0.711~1.293	14.737~44.114
80	0.0780	4.5~13.0	0.264~0.762	1.510~10.002	6.5~19.0	0.381~1.113	2.881~20.027	10~30	0.586~1.757	6.219~46.939
100	0.1020	13~27	0.445~0.923	2.682~10.058	19~40	0.650~1.368	5.313~20.824	30~60	1.026~2.052	12.211~44.703
150	0.1540	27~85	0.402~1.266	1.314~10.666	40~120	0.596~1.787	2.672~20.314	60~182	0.894~2.711	5.597~44.820
200	0.2030	85~170	0.729~1.458	2.720~9.804	120~250	1.029~2.144	5.129~20.270	182~380	1.561~3.458	11.141~45.097
250	0.2540	170~320	0.922~1.735	3.140~10.231	250~455	1.356~2.467	6.432~19.922	380~700	2.060~3.795	14.162~45.574
300	0.3050	320~500	1.225~1.915	4.309~9.941	455~720	1.742~2.757	8.312~19.913	700~1100	2.681~4.213	18.851~44.962
350	0.3340	500~640	1.589~2.034	6.237~9.921	720~920	2.288~2.924	12.430~19.834	1100~1400	3.496~4.449	27.988~44.552
400	0.3800	640~920	1.556~2.237	5.079~10.075	920~1310	2.237~3.185	10.075~19.810	1400~2000	3.404~4.863	22.504~44.886
450	0.4290	920~1260	1.771~2.426	5.622~10.216	1310~1800	2.522~3.466	11.001~20.176	2000~2700	3.851~5.198	24.798~44.337
500	0.4780	1260~1660	1.967~2.591	6.024~10.156	1800~2400	2.810~3.746	11.875~20.663	2700~3600	4.215~5.620	25.972~45.376

附表二 油品管道的流量和压力降(二)

$\rho=850kg/m^3, \mu=5mm^2/s, \varepsilon=0.2mm$

管子规格		泵的吸入管道						泵的排出管道		
		饱和液体			不饱和液体					
DN	d_i/m	q_V/(m³/h)	u/(m/s)	Δp/(kPa/100m)	q_V/(m³/h)	u/(m/s)	Δp/(kPa/100m)	q_V/(m³/h)	u/(m/s)	Δp/(kPa/100m)
25	0.0270	0.2	0.95	10.382	0.4	0.190	20.782	0.9	0.427	46.760
40	0.0400	0.2~1.0	0.042~0.209	2.203~10.114	0.4~2.0	0.084~0.419	4.407~20.228	0.9~4.5	0.188~0.942	9.106~45.531
50	0.0520	1.0~2.8	0.129~0.362	3.857~10.800	2.0~5.6	0.259~0.724	7.715~21.601	4.5~9.0	0.582~1.164	17.360~51.832
80	0.0780	2.8~13.0	0.164~0.762	2.217~10.294	5.6~16.0	0.328~0.937	4.434~21.625	9.0~25.0	0.527~1.465	7.131~47.281
100	0.1020	13~22	0.445~0.752	3.507~10.530	16~32	0.547~1.094	4.316~20.286	25~50	0.855~1.710	13.163~46.422
150	0.1540	22~67	0.328~0.998	1.125~10.579	32~95	0.477~1.415	2.819~19.490	50~155	0.745~2.209	6.153~46.445
200	0.2030	67~138	0.575~1.183	2.762~9.990	95~205	0.815~1.758	5.206~20.106	155~320	1.329~2.744	12.270~44.580
250	0.2540	138~260	0.748~1.410	3.345~10.153	205~380	1.112~2.060	6.682~19.964	320~595	1.735~3.226	14.698~44.857
300	0.3950	260~415	0.996~1.589	4.412~10.070	380~610	1.455~2.336	8.633~20.109	595~950	2.279~3.638	19.241~44.886
350	0.3340	415~530	1.319~1.684	6.426~9.976	610~785	1.939~2.495	12.783~20.139	950~1220	3.019~3.877	28.450~44.890
400	0.3800	530~760	1.289~1.848	5.218~9.930	785~1120	1.909~2.723	10.554~19.980	1220~1750	2.966~4.255	23.334~44.986
450	0.4290	760~1040	1.463~2.002	5.648~9.939	1120~1540	2.156~2.965	11.343~20.181	1750~2390	3.369~4.602	25.441~44.995
500	0.4780	1040~1370	1.623~2.139	5.977~9.800	1540~2030	2.404~3.169	12.099~19.992	2390~3150	3.731~4.917	26.966~44.900

附表二 油品管道的流量和压力降(三)

$\rho = 940\text{kg/m}^3, \mu = 100\text{mm}^2/\text{s}, \varepsilon = 0.2\text{mm}$

管子规格		泵的吸入管道						泵的排出管道		
		饱和液体			不饱和液体					
DN	d_i/m	q_V/(m^3/h)	u/(m/s)	Δp/(kPa/100m)	q_V/(m^3/h)	u/(m/s)	Δp/(kPa/100m)	q_V/(m^3/h)	u/(m/s)	Δp/(kPa/100m)
40	0.0400	0.29	0.061	10.812	0.59	0.124	21.998	1.3	0.272	48.469
50	0.0520	0.29~0.75	0.038~0.097	4.124~10.664	0.59~1.50	0.076~0.194	8.389~21.329	1.3~3.5	0.168~0.453	18.485~49.767
80	0.0780	0.75~3.75	0.044~0.220	2.189~10.945	1.5~7.5	0.088~0.439	4.378~21.891	3.5~17.0	0.205~0.996	10.216~49.619
100	0.1020	3.75~11.00	0.128~0.376	3.729~10.939	7.5~22.0	0.257~0.752	7.459~21.879	17~50	0.581~1.710	16.906~49.716
150	0.1540	11~58	0.164~0.864	2.075~10.942	22.0~85.0	0.328~1.266	4.151~16.036	50~130	0.745~1.936	9.433~48.948
200	0.2030	58~110	0.497~0.943	3.626~6.878	85~170	0.729~1.458	5.315~21.089	130~258	1.115~2.212	13.188~44.844
250	0.2540	110~210	0.596~1.139	2.750~10.280	170~315	0.922~1.708	7.102~21.312	258~480	1.399~2.603	14.765~44.250
300	0.3050	210~340	0.804~1.302	4.501~10.460	315~515	1.206~1.972	9.151~21.837	480~775	1.838~2.968	19.335~44.547
350	0.3340	340~445	1.081~1.414	6.717~10.901	515~655	1.637~2.082	14.001~21.281	775~1000	2.463~3.178	28.545~44.609
400	0.3800	445~630	1.082~1.532	5.770~10.524	655~940	1.593~2.286	11.251~21.112	1000~1440	2.431~3.501	23.529~44.712
450	0.4290	630~870	1.213~1.675	6.050~10.553	940~1300	1.810~2.503	12.104~21.296	1440~1980	2.772~3.812	25.540~44.781
500	0.4780	870~1160	1.358~1.811	6.428~10.618	1300~1700	2.029~2.654	12.930~20.720	1980~2630	3.091~4.105	27.070~44.765

附表三 饱和水蒸气管道的质量流量和压力降

管子规格		p=0.3MPa			p=0.6MPa			p=1.0MPa		
DN	d_i/m	q_m/(kg/h)	u/(m/s)	Δp/(kPa/100m)	q_m/(kg/h)	u/(m/s)	Δp/(kPa/100m)	q_m/(kg/h)	u/(m/s)	Δp/(kPa/100m)
20	0.0190	12.4	7.360	9.802	21.5	6.650	14.947	31.9	6.077	19.992
	0.0210	16.5	7.941	9.866	28.5	7.148	14.956	42.2	6.518	19.942
25	0.0260	12.4~29.0	3.930~9.192	1.942~9.924	21.5~49.9	3.551~8.242	2.912~14.979	31.9~73.8	3.245~7.508	3.860~19.958
	0.0270	16.5~33.0	4.743~9.487	2.605~9.904	28.5~56.7	4.270~8.494	3.897~14.902	42.2~84.0	3.894~7.751	5.161~19.923
40	0.0380	29~80	4.303~11.870	1.400~9.916	49.9~137.5	3.858~10.632	2.075~15.000	73.8~203.0	3.515~9.668	2.742~19.964
	0.0400	33~99	4.186~12.557	1.196~10.000	56.7~169.0	3.748~11.171	1.771~14.936	84.0~250.0	3.420~10.178	2.341~19.962
50	0.0500	80~166	6.856~14.227	2.390~9.903	137.5~285.0	6.141~12.729	3.584~14.982	203~420	5.584~11.553	4.737~19.907
	0.0520	99~188	7.755~14.726	2.861~9.993	169.0~321.0	6.899~13.103	4.237~14.964	250~474	6.285~11.917	5.633~19.949
80	0.0810	166~600	5.421~19.594	0.818~10.000	285~1023	4.850~17.410	1.217~14.988	420~1510	4.402~15.827	1.600~20.000
	0.0780	188~537	6.672~19.058	1.286~9.992	321~917	5.937~16.959	1.902~14.998	474~1353	5.399~15.412	2.518~19.998
100	0.0100	600~1046	12.855~22.411	3.345~9.978	1023~1785	11.422~19.931	4.986~14.994	1510~2633	10.384~18.107	6.635~19.996
	0.1020	537~1094	11.124~22.663	2.469~9.989	917~1866	9.899~20.144	3.683~14.998	1353~2752	8.996~18.298	4.893~19.996
150	0.1500	1046~3050	9.961~29.044	1.218~9.993	1785~5196	8.858~25.785	1.813~14.997	2633~7698	8.048~23.528	2.405~19.998~
	0.1540	1094~3274	9.871~29.540	1.158~10.000	1866~5575	8.774~26.217	1.722~15.000	2752~8258	7.970~23.915	2.283~19.996
200	0.2070	3050~7110	15.251~35.552	1.879~9.996	5196~12103	13.540~31.538	2.803~14.999	7698~17907	12.355~28.739	3.764~19.998
	0.2030	3274~6770	17.006~35.165	2.380~9.995	5575~11525	15.091~31.196	3.552~14.998	8258~17055	13.767~28.433	4.767~20.000

续表

管子规格		p=0.3MPa			p=0.6MPa			p=1.0MPa		
DN	d_i/m	q_m/(kg/h)	u/(m/s)	Δp/(kPa/100m)	q_m/(kg/h)	u/(m/s)	Δp/(kPa/100m)	q_m/(kg/h)	u/(m/s)	Δp/(kPa/100m)
250	0.2570	7110 ~ 12547	23.064 ~ 40.702	3.246 ~ 9.995	12103 ~ 21456	20.460 ~ 36.271	4.855 ~ 14.999	17907 ~ 31570	18.644 ~ 32.870	6.515 ~ 20.000
	0.2540	6770 ~ 12355	22.237 ~ 40.582	3.036 ~ 10.000	11525 ~ 21124	19.728 ~ 36.159	4.545 ~ 15.000	17055 ~ 31081	17.981 ~ 32.768	6.098 ~ 20.000
300	0.3090	12547 ~ 20339	28.155 ~ 45.640	2.837 ~ 10.000	21456 ~ 34744	25.091 ~ 40.630	5.800 ~ 15.000	31570 ~ 51121	22.738 ~ 36.819	7.627 ~ 20.000
	0.3050	12355 ~ 19470	28.663 ~ 45.169	4.056 ~ 9.996	21124 ~ 33269	25.539 ~ 40.222	6.132 ~ 15.000	31081 ~ 48950	23.143 ~ 36.449	8.063 ~ 20.000
350	0.3590	20339 ~ 30120	33.813 ~ 50.073	4.586 ~ 10.000	34744 ~ 51421	30.100 ~ 44.549	6.928 ~ 15.000	51121 ~ 75659	27.277 ~ 40.371	9.131 ~ 20.000
	0.3340	19470 ~ 24866	37.484 ~ 47.873	6.153 ~ 9.999	33269 ~ 42467	33.379 ~ 42.607	9.304 ~ 15.000	48950 ~ 62484	30.248 ~ 38.611	12.274 ~ 20.000
400	0.4060	30120 ~ 41605	39.151 ~ 54.079	5.264 ~ 10.000	51421 ~ 71001	34.831 ~ 48.094	7.868 ~ 15.000	75659 ~ 104467	31.565 ~ 43.583	10.490 ~ 20.000
	0.3800	24866 ~ 35340	36.625 ~ 52.053	4.975 ~ 9.999	42467 ~ 60326	32.597 ~ 46.305	7.515 ~ 15.000	62484 ~ 88760	29.539 ~ 41.961	9.911 ~ 20.00
450	0.4580	41605 ~ 56938	42.496 ~ 58.158	5.360 ~ 10.000	71001 ~ 97123	37.793 ~ 51.698	8.016 ~ 15.000	104467 ~ 142901	34.249 ~ 46.849	10.689 ~ 20.000
	0.4290	35340 ~ 47872	41.219 ~ 55.836	5.471 ~ 10.000	60326 ~ 81678	36.668 ~ 49.646	8.183 ~ 15.000	88760 ~ 120176	33.228 ~ 44.989	10.910 ~ 20.000
500	0.5060	56938 ~ 73843	47.647 ~ 61.794	5.963 ~ 10.000	97123 ~ 125918	42.355 ~ 54.912	8.924 ~ 15.000	142901 ~ 185268	38.382 ~ 49.761	11.899 ~ 20.000
	0.4780	47872 ~ 63026	45.269 ~ 59.600	5.788 ~ 10.00	81678 ~ 107500	40.251 ~ 52.976	8.659 ~ 15.000	120176 ~ 158169	36.475 ~ 48.007	11.546 ~ 20.000

主要参考资料

1 《炼油装置工艺管线安装设计手册》编写小组. 炼油装置工艺管线安装设计手册. 石油工业出版社,1978

2 《石油化工工艺装置管道直径选择导则》(SH/T 3035—2007)

3 化学工程手册编委会.《化学工程手册》第4篇《流体流动》. 化学工业出版社,1987

第三章　装置的布置设计

第一节　概　　述

装置的布置设计包括两方面内容：一是在全厂范围内各生产装置的工厂总平面布置；二是装置或设施内部设备和建、构筑物等的布置。本章主要叙述后者，对前者仅作简单介绍。

一、装置布置的设计阶段

装置的布置设计一般分为：基础工程设计阶段和详细工程设计阶段。

（一）基础工程设计阶段

一般在批准的可行性研究阶段的总体设计或可行性研究报告、工艺包的平面布置方案的基础上进行装置的布置设计。在全厂总平面布置设计中，生产装置的布置是非常关键的内容，因为生产装置是工厂的核心部分，只有把生产装置布置在合适的位置，且装置内部布置安全、经济、合理，才有利于全厂生产。其他诸如原料来源，产品去路，公用工程系统的水、电、蒸汽等的供应，储罐、仓库、机修、仪表维修等设施的安排，厂内道路、铁路与厂外公路、铁路干线的连接等，都应按照全厂的总体规划要求，围绕着有利于装置的安全生产安装、检修而合理布置。

装置内设备和建、构筑物的布置，按照《石油化工装置基础工程设计内容规定》(SHSG－033－2008)的要求“装置布置设计说明应阐述装置布置的特点，主要考虑的因素和占地面积等。”进行。根据基础工程设计的工艺流程图、工艺管道和仪表流程图工艺建议设备布置以及设备数据表等，用粗略的设备外形轮廓表示设备位置。一般只绘制设备平面布置图，必要时补充绘制设备竖面布置图，主要是确定占地面积，保证在详细工程设计阶段能满足装置的用地要求。

（二）详细工程设计阶段

已经通过审批和用户确认的基础工程设计文件，及书面审批意见是装置布置设计的依据。在全厂总平面图上所划定的位置与所限定的占地面积内进行装置内部布置。按设计工作进展情况，装置平面布置图可出版三次：

1. 第一版装置平面布置图。配管设计专业在接受工艺专业提供的八项资料后（详见第二节之二），结合基础设计审批意见，在基础工程设计装置布置的基础上开始绘制第一版装置平面布置图，并按计划进度出版，作为提供给其他专业的设计基础资料。

2. 第二版装置平面布置图。各专业接受工艺专业资料和第一版装置平面布置图后进行规划和设计，提出本专业对于平面布置图的具体要求，如建筑专业提出建筑物内部具体房间的布置，结构专业提出需变动某些设备间的距离，给排水专业提出给排水干线的修改，电工专业提出电缆的敷设方式等。经装置布置专业协调、修改后出版第二版装置平面布置图，如果整个装置布置变动不大，可用设计联系单形式通知有关专业，或用局部草图代替，不再出版第二版装置平面布置图。

3. 第三版装置平面布置图。设计文件存档之前，需将各专业从开始设计以来所有的改动与调整，体现在最后一版装置平面布置图中。其中改动较大的可能是设备的平台和梯子，以及完成分层设备平面布置图和设备竖面布置图。为了使管道布置合理，往往需要改变原来布置的平台梯子的标高、方位、角度或大小。另外在最后一版布置图上还应表示出设备的人孔或设备其他典型的管口方位等，以满足设备吊装就位的需要，并表示出电缆、管沟走向及其定位尺寸、围堰尺寸等内容。

二、国外装置布置设计的步骤

装置布置设计，国外某些公司的作法与我们有所不同，他们专设一个装置布置部门负责管道详细工程设计以前的装置布置设计，共出四版，而后才由配管设计专业出版两版，前四版相当于我们的基础工程设计阶段的平面布置图和详细工程设计阶段的第一版平面布置图，后两版相当于我们的详细工程设计阶段的第二、三版装置平面布置图。

（1）建议的平面布置图或称估算用平面布置图。用于估算大宗材料的数量，为报价用。通常与报价书一起发出。

（2）中标平面布置图或称工程项目平面布置图。以建议的平面布置图为基础修改而成。把投标时或中标后用户要求变更或增加的项目列入。

（3）送审用平面布置图。以可靠的工程资料为基础修改得标平面布置图，提请用户批准。

（4）规划平面布置图。用户批准后，作为工程设计规划阶段工作的基础。这是装置布置部门所作的最后一版平面布置图。一般发图之后不再修改。如有变更只通知有关受影响的专业。

（5）生产平面布置图。配管设计接受任务后，根据有关资料最后校核规划平面布置图。生产平面布置图应把所有设备和建筑物等的位置全部确定下来，作为各专业尤其是配管设计专业设计工作的依据。

（6）装置平面布置图。这是最后一版的平面布置图，供施工用。装置平面布置图应综合在设计过程中所作的设备和设施的调整与变动。此布置图随配管设计文件一起发出。

第二节 装置布置设计的一般要求

一、装置布置设计的三重安全措施

安全生产对石油化工企业特别重要。这是因为石油化工企业的原料和产品绝大多数属于可燃、易爆或有毒物质。潜在着火灾、爆炸或中毒的危险。

火灾和爆炸的危险程度，从生产安全的角度来看，可划分为一次危险和次生危险两种。一次危险是设备或系统内潜在着发生火灾或爆炸的危险，但在正常操作状况下，不会危害人身安全或设备完好。次生危险是指由于一次危险而引起的危险，它会直接危害到人身安全、造成设备毁坏和建筑物的倒塌等。装置布置设计的三重安全措施是根据有关防火、防爆规范的规定，首先预防一次危险引起的次生危险，其次是一旦发生次生危险则尽可能限制其危害程度和范围，第三是次生危险发生以后，能为及时抢救和安全疏散提供方便条件。

二、装置布置设计应满足工艺设计的要求

装置的生产过程是由工艺设计确定的，它主要体现在工艺流程图和设备数据表等（包括工艺流程图、工艺管道和仪表流程图、公用工程系统管道和仪表流程图、设备规格表，自行

设计设备订单(草图)、泵规格表、压缩机或鼓风机规格表、安全阀规格表、管道说明表等)。在这些图表中表示出工艺设备和管道的设计条件、操作条件、规格型号、外形尺寸等以及设备与管道的连接关系。装置布置设计将以此为依据进行。一般按照工艺流程顺序和同类设备适当集中的方式进行布置。对于处理有腐蚀性、有毒和黏稠物料的设备宜按流程顺序紧凑地分别集中布置在一起，以便对这类特殊物料采取统一的措施，如设置围堰、敷设防腐蚀地面等。为防止结焦、堵塞、控制温降、压降，避免发生副反应等有工艺要求的相关设备，可靠近布置。对于在生产过程中设备之间有高差要求的如：塔顶冷凝冷却器的凝液到回流罐，塔底或容器内流体到机泵，依靠重力流动的流体由高到低，固体物料的装卸要求等都需要按工艺设计要求使各种设备布置在合适的高层位置。必要时需设置厂房、构架或利用管廊的上部空间布置设备。

三、装置布置设计应满足操作、检修和施工的要求

(1) 一个装置建成后，操作人员要在装置中常年累月地操作和管理。因此，装置布置设计必须为操作管理提供方便。如对于主要操作点和巡回检查路线，提供合适的通道、平台、过桥和梯子等，经常上下的梯子应尽量采用斜梯。

(2) 一个装置能够长期运转，需要对设备、仪表和管道进行经常性的维护和检修。检修工作，应尽量采用移动式的机动设备，将需要检修的设备或部件运走，并同时运来备用的同样设备或部件，这样可以缩短检修时间。对于没有备用部件的大型设备，需要就地检修时，则需要提供必要的检修场地和通道。在厂房内布置的设备检修时，还需要为大部件的起吊、搬运设置必要的吊车、吊装孔、出入口、通道和场地。

(3) 一个装置的施工和设备的安装，虽然是在较短时间完成的，但也需要在装置布置设计中提供必要的条件，如吊装主要设备和现场组装大型设备需要的场地、空间和通道。

(4) 在装置布置设计时应将上述操作、检修、施工和消防所需要的通道、场地、空间结合起来综合考虑。

四、装置布置设计应满足全厂总体规划的要求

全厂总体规划包括全厂总体建设规划、全厂总流程和全厂总平面布置设计。

(1) 根据全厂总体建设规划要求，有些装置作为第一期工程建设项目，另一些装置作为第二期工程建设项目。装置布置设计时，既要考虑第一期工程的地下设施不影响第二期工程的动工，又要考虑第二期工程的施工不影响第一期工程的生产。如果一个装置内的设备或建筑物需要分期建设时，应按照装置的工艺过程、生产性质和设备特点确定预留区的位置，使后期施工的工程不影响或尽量少影响前期工程的生产。

(2) 根据全厂总流程设计要求，为了合理利用能源，将一些装置集中紧凑布置组成联合装置。在装置布置时，应根据联合装置中各部分的占地需要合理划分街区，以使各装置的内部布置设计更为合理。

(3) 在全厂总平面布置图上确定装置的位置和占地之后，应了解原料、成品、半成品的储罐区，装置外管廊、道路及有关相邻装置等的相对位置，以便确定本装置的管廊位置和设备、建筑物的布置，使原料、产品的储运系统和公用工程系统管道的布置合理，并与相邻装置在布置风格方面应相互协调。

五、装置布置设计应适应所在地区的自然条件

所谓自然条件，包括气候、风向、地形、地质等。

(1) 结合所在地区的气温、降雨量、风沙等气候条件和生产过程特点以及某些设备的特殊要求，确定那些设备可露天布置。露天布置是当前设备布置的趋势，它明显的优点是便于安装、检修，利于防火、防爆。然而我国幅员广阔，南北地区温差很大，所以在严寒地区，机泵等设备宜布置在厂房内。风沙较多地区，非密闭的机械传动设备也应布置在厂房内。夏季多雨地区，机泵等须经常维护操作的设备不宜在雨淋下操作，可设雨棚。

(2) 结合所在地区的地形特点，在一般情况下，装置布置在长方形平整地段上，以便把管廊设在与长边平行的中心地带，设备布置在管廊两侧，这是常用的方案。然而，有时总平面布置已经确定装置处于坡度较大的地段，可通过竖向设计，使装置占地较为平坦。

(3) 装置布置设计应结合地质条件，一般情况下，一个装置的占地约为10000～20000m^2，在此范围内地质条件不可能有太大变化，个别地质太差之处还可以靠打桩加强。但在一个装置内仍可能有地质条件好与差的不同地段。这时应考虑将地质条件好的地段，布置重荷载设备和有振动的设备，使其基础牢固可靠。

(4) 装置布置设计考虑风向的影响，主要是为了尽可能避免因风向而引起的火灾和尽量减少因风向而造成的污染。关于风向的提法过去习惯采用"常年主导风向"。在过去的文献或标准规范中只要看到上风向，下风向或侧风向，都是以主导风向而论的。根据我国气象资料的统计，全国的79个城市地区的风向风玫瑰图(见图3－2－1)中，全年主导风向和次导风向在同一轴线上的有39个占50%，即只提主导风向的下风向时，仍是次导风向的上风向。也就是说全年仍有较多时间受次导风向的作用而不能满足防火和减少污染的要求。所以，主导风向的提法不太确切。

所谓风向频率是统计风向及静风次数，在一定时间内，各种风向出现的次数占所有观察总次数的百分比，用下式表示：

$$风向频率 = \frac{该风向出现次数}{风向的总观察次数} \times 100\%$$

所谓风向风玫瑰图是：将风向分为8个或16个方位，按照各个方位风的出现频率以相应的比例长度点在8个或16个轴线图的轴线上，再将各相邻方向的线端用直线连接，即成为闭合折线，此闭合折线即风向风玫瑰图。风向风玫瑰可分为月、季、年三种，采用多年统计资料为最好，但是，由于风向受地方性影响较大，如地形不同，有山、有谷等，往往邻近的气象台站资料联系性不大。最好是在所在地区进行实测。

在近年来出版的标准规范中都采用最小频率风向，据统计，上述79个城市地区的风向风玫瑰图中，全年最小频率风向处于全年主导风向的侧面者有69个占87%(其中全年最小频率风向和次导风向处于同一轴线者有21个占27%)，其余10个为全年最小频率风向和主导风向在同一轴线。由图3－2－2可见采用全年最小频率风向的提法较为合理。

然而，考虑风向的影响，只能作到相对合理，因为一个地区的风向观察只能在该地区的某一个观察站，该站与该地区的工厂建设地点相差很远，有地区性的影响，所以只能做到相对合理。

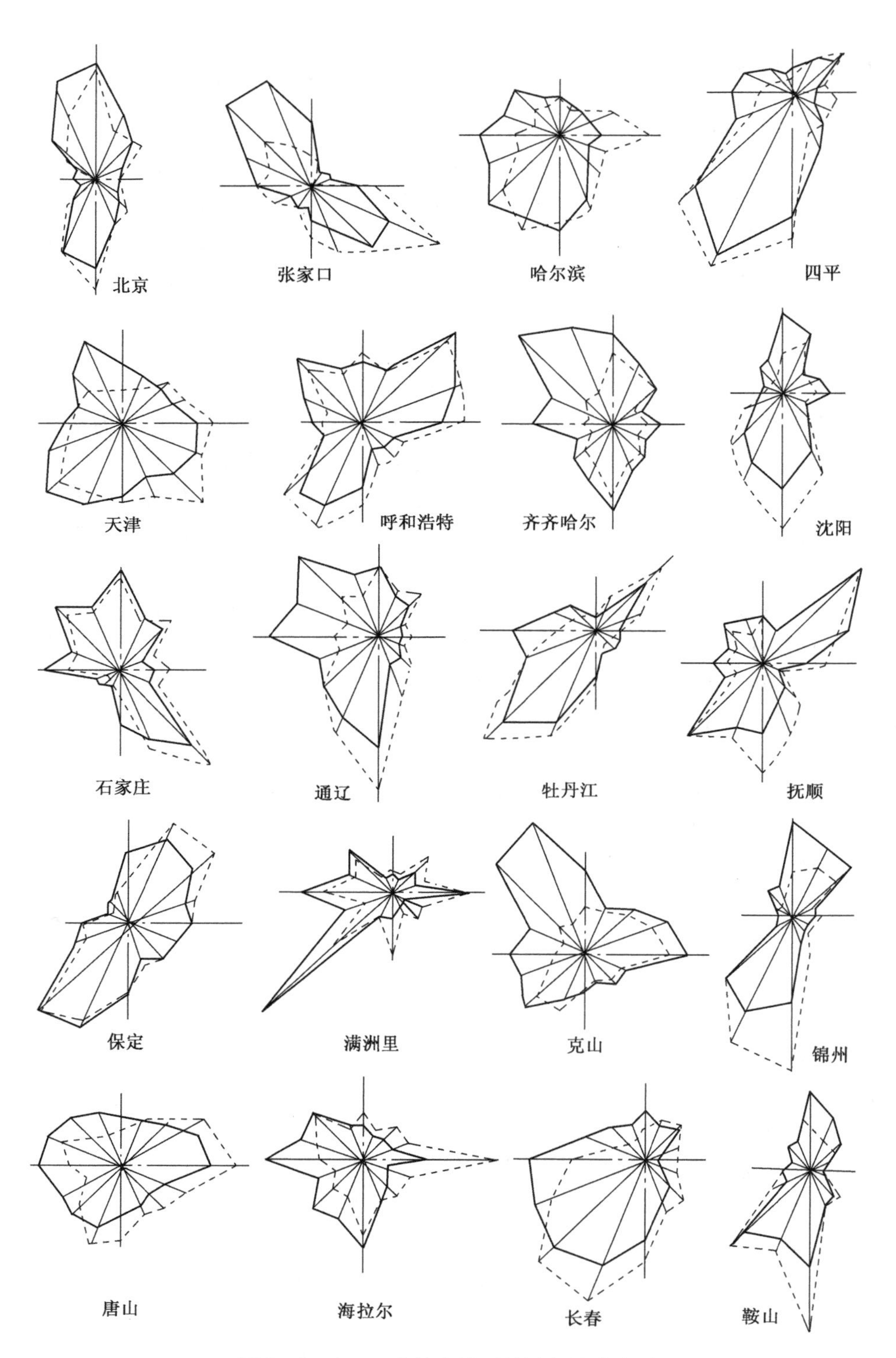

图 3－2－1　79 个城市地区的风向风玫瑰图

注：图中实线为全年风玫瑰图；虚线为夏季风玫瑰图。

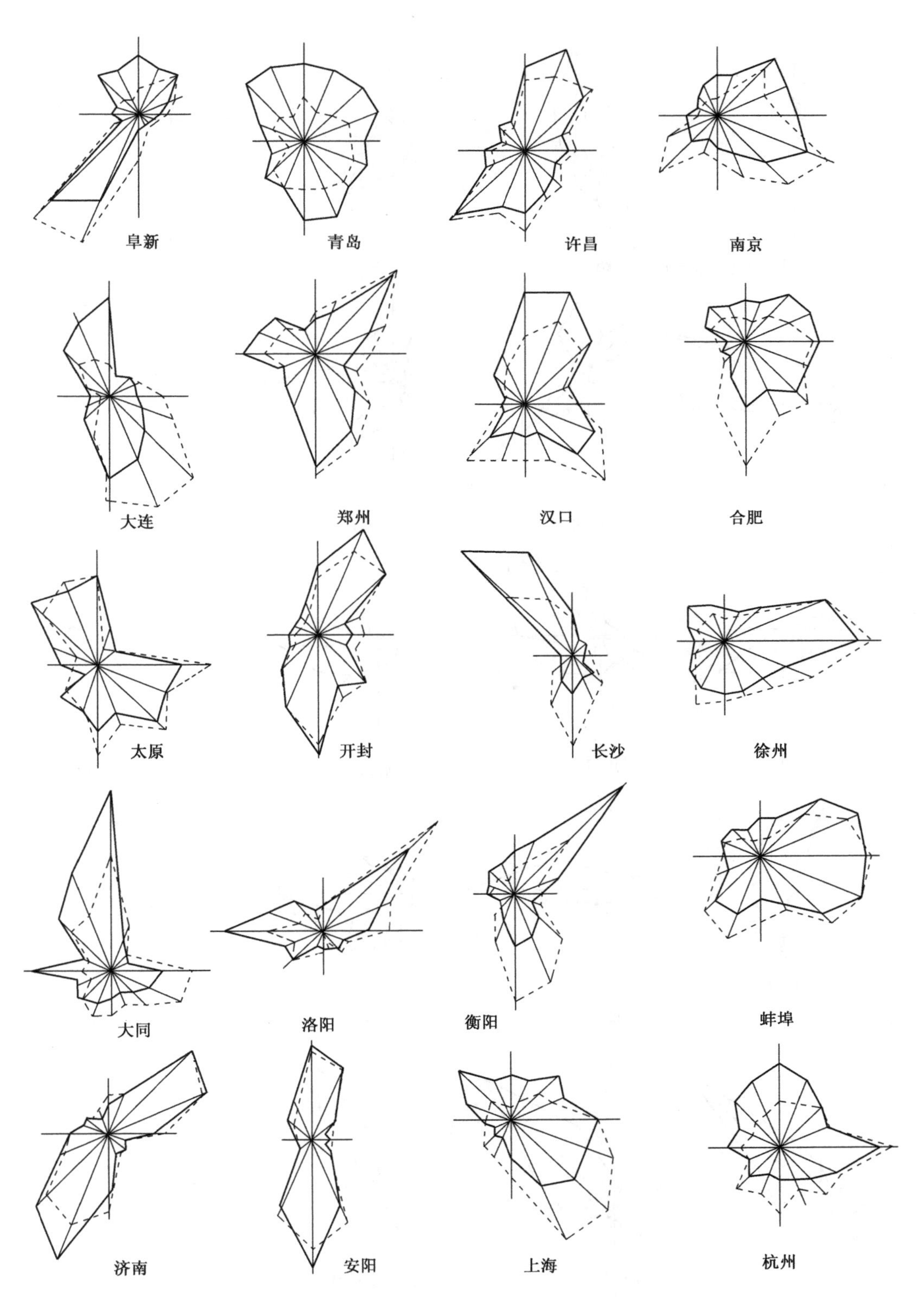

图 3－2－1　79 个城市地区的风向风玫瑰图(续一)

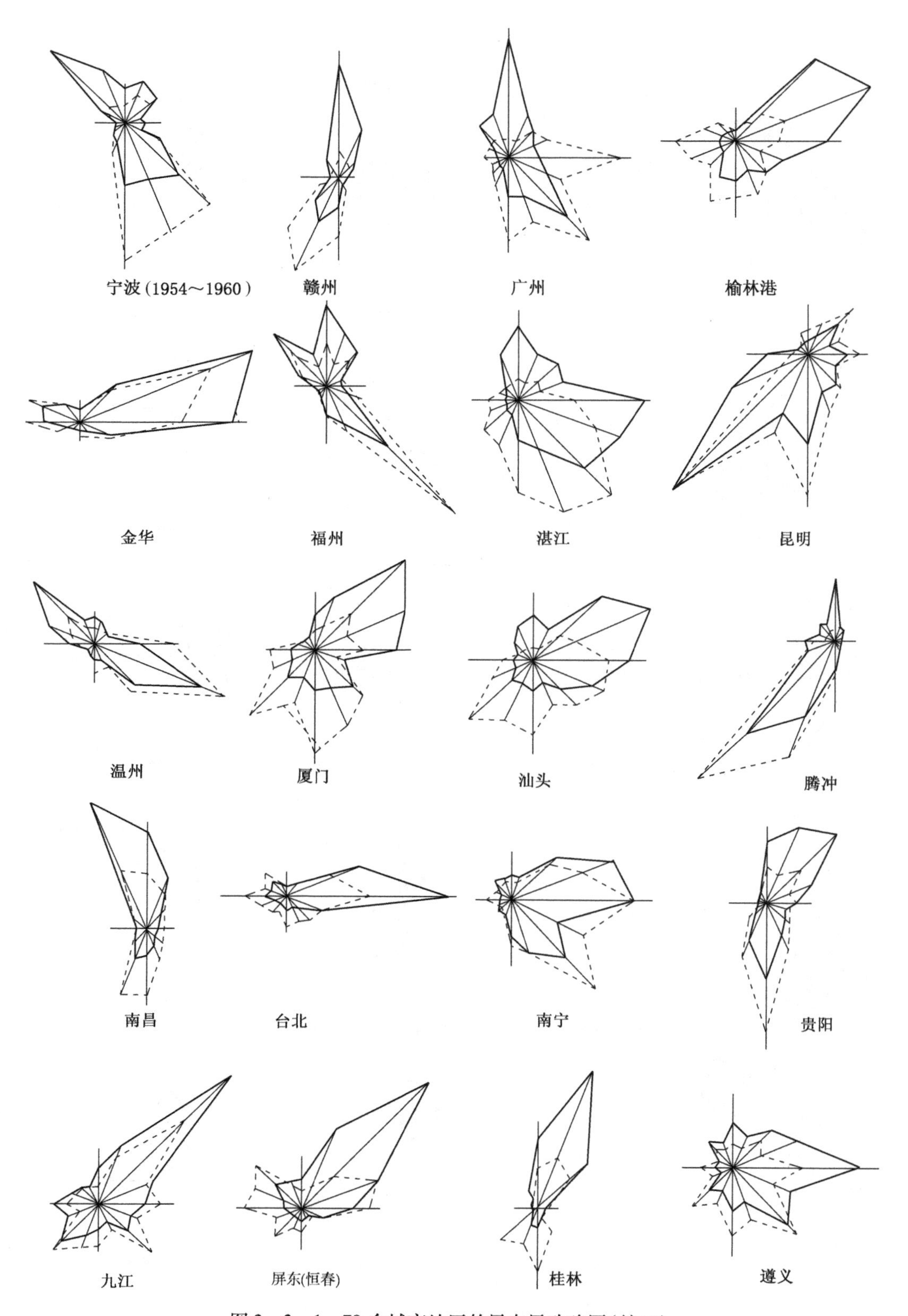

图 3－2－1　79 个城市地区的风向风玫瑰图(续二)

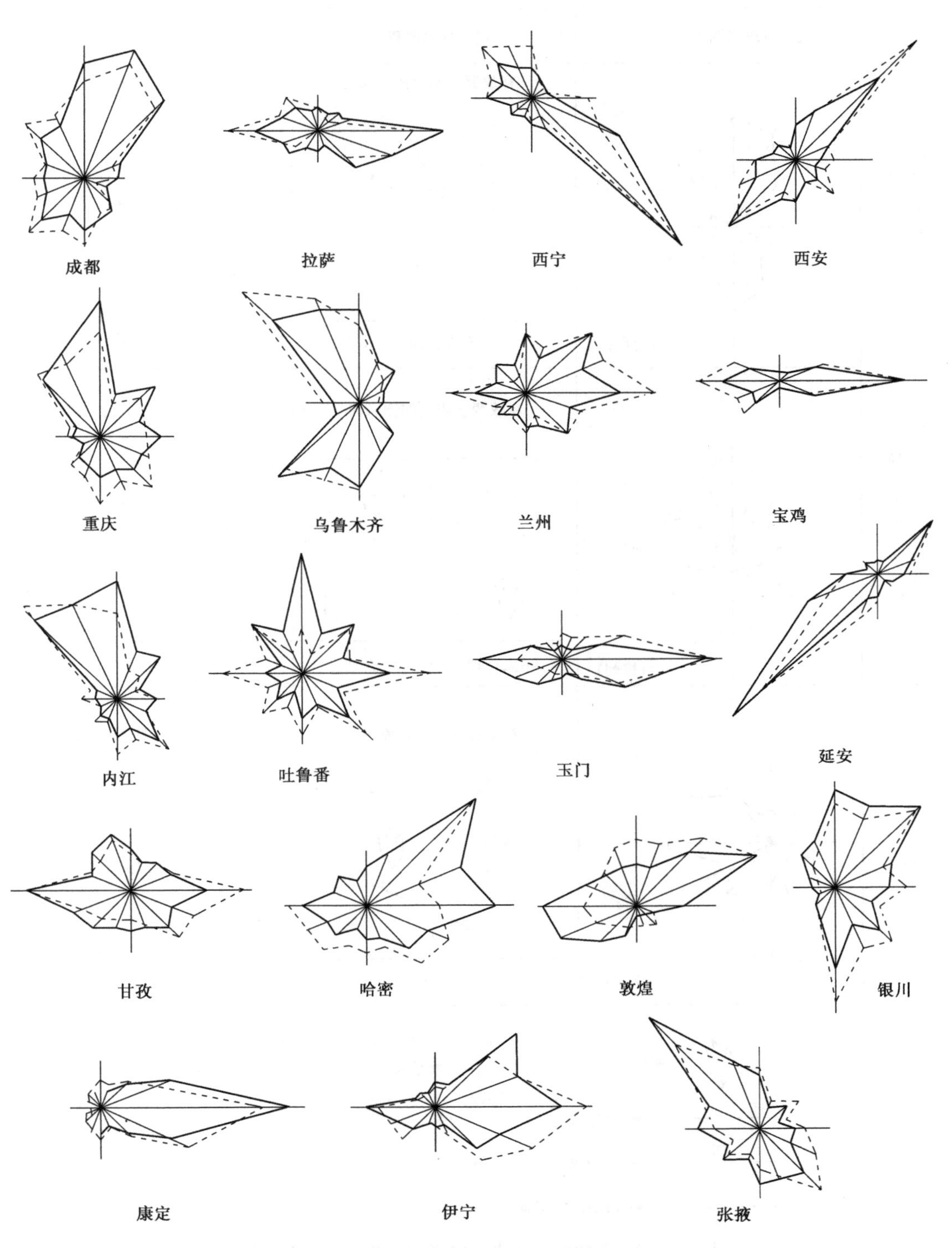

图 3-2-1 79 个城市地区的风向风玫瑰图(续三)

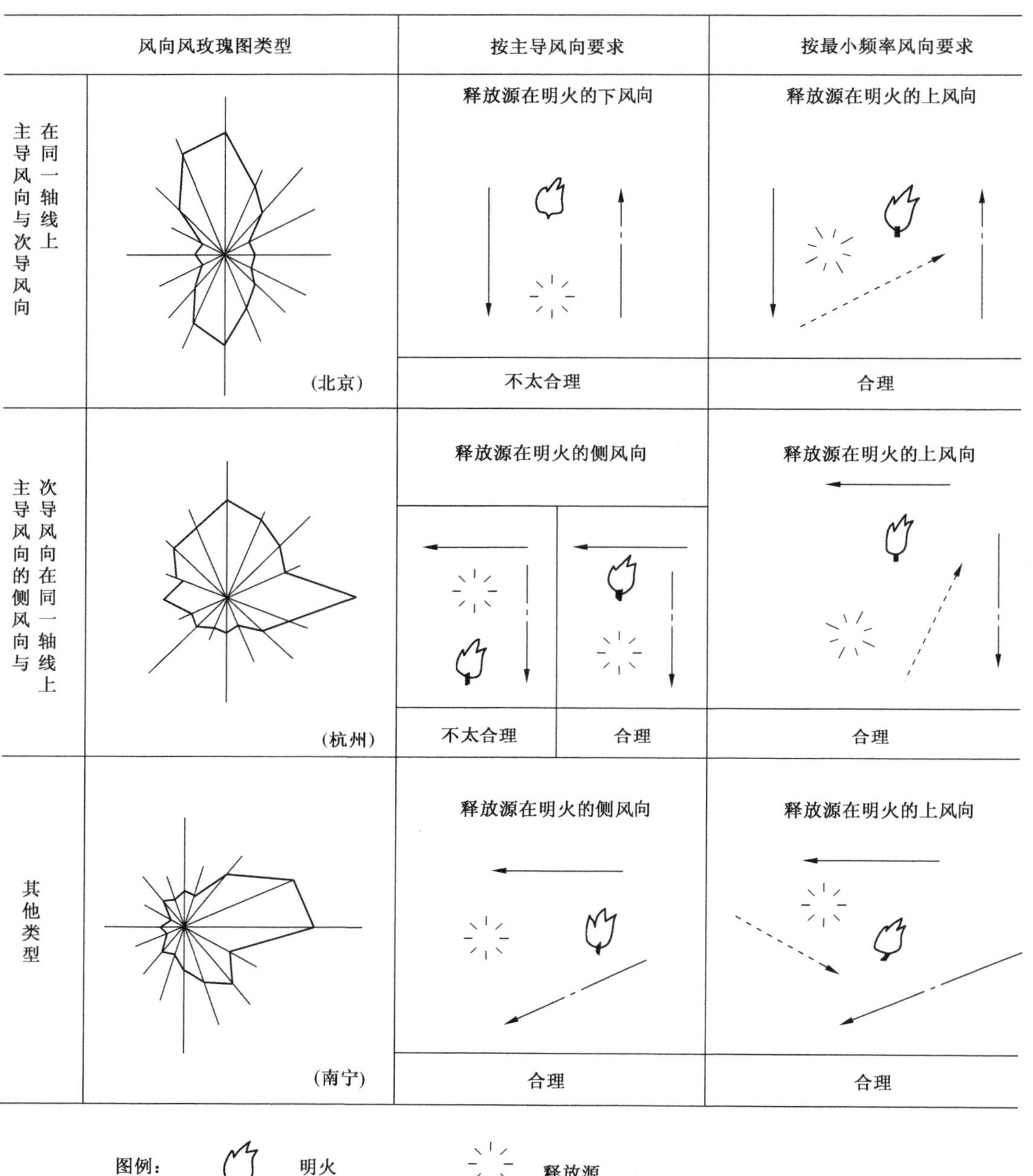

风向风玫瑰图类型
按主导风向要求
按最小频率风向要求
主导风向与次导风向在同一轴线上
(北京)
释放源在明火的下风向
不太合理
释放源在明火的上风向
合理
主导风向的侧风向与次导风向在同一轴线上
(杭州)
释放源在明火的侧风向
不太合理
合理
释放源在明火的上风向
合理
其他类型
(南宁)
释放源在明火的侧风向
合理
释放源在明火的上风向
合理

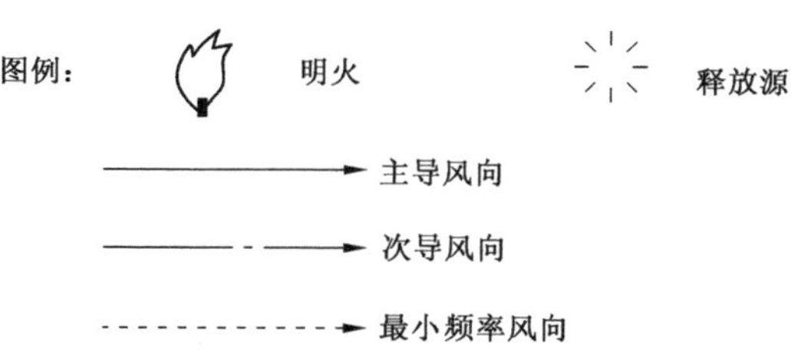

图3－2－2 释放源与明火风向平面位置关系实例分析图

六、装置布置设计应力求经济合理

1. 节约占地减少能耗。我国人多地少，耕地十分宝贵，节约用地是兴办一切事业的基本国策。装置布置应在遵守国家法令、贯彻执行国家标准规范和满足上述各项要求的前提下，尽可能缩小占地面积，除满足管道系统具有必要的柔性外，应避免管道不必要的往返，减少能耗，节省投资和钢材。

2. 经济合理的典型布置。经济合理的典型布置是呈线形布置。即：装置中央布置架空管廊，管廊下方布置泵或小型设备及其检修通道，管廊上方布置空气冷却器或其他冷换设备、容器，管廊两侧按流程顺序布置塔、容器、换热器等，控制室或机柜间、变配电室、办公室或压缩机房等成排布置。这是多年来实践经验和很多实际装置布置证明的经济合理的典型布置。

七、装置布置设计应满足用户要求

装置布置设计固然是设计单位负责的。但是设计是为用户服务的。有的用户由于国情不同，或当地习惯不同，或为了操作方便，往往提出要求，如建筑物的类型、铺砌范围，楼梯，升降设备，净空高度，搬运工具等等。应做好解释工作，在不增加过多的投资情况下，使用户满意。

八、装置布置设计应注意外观美

装置布置的外观美能给常年在装置内工作的人员以美好印象。外观美也是设计人员、设计单位的实物广告。

装置布置的外观美表现在以下几个方面：

（1）设备排列整齐，成条成块；

（2）塔群高低排列协调，人孔尽可能排齐，并都朝向检修道路一侧；

（3）构架、管廊立柱对齐，纵横成行；

（4）建、构筑物轴线对齐，立面高矮适当；

（5）管道横平竖直，避免不必要的偏置歪斜；

（6）检修道路与工厂系统对齐成环形通道；

（7）与相邻装置布置格局要协调。

第三节　防　　火

装置布置设计是在标准规范的指导和约束下进行的。在装置布置设计中必须遵守的国家标准规范为“防火规范”和“防爆规范”。因为在石油化工企业的工厂和装置内发生火灾和爆炸的机率最高。本节中主要叙述防火。防爆见第四节。

防火是全民性的问题，国家对防火的方针是“预防为主，防消结合”。对于装置布置设计来说，应该遵守“防火规范”的要求，为贯彻“预防为主，防消结合”的方针创造条件。防火规范主要指《石油化工企业设计防火规范》GB 50160 和《建筑设计防火规范》50016。在设计中经常涉及的问题是：装置中使用和产生的物质的火灾危险性分类；装置布置设计的防火要求；设备、设施、建筑物等之间的防火间距；建筑物的耐火等级和金属结构的耐火保护等，分述如下。

一、火灾危险性分类

关于火灾危险性分类，在《炼油化工企业设计防火规定》(YH J01—78)以下简称“防火规定”的炼油篇中采用“工艺装置及其内部设备、机械、建筑物的火灾危险性分类”，在“防火规定”的石油化工篇中采用“生产的火灾危险性分类”。不论是按设备分类还是按生产分类最后都归结到以使用或产生的可燃物质为分类基础。所以在《石油化工企业设计防火规范》(GB 50160—2008)中直接采用以可燃物质为基础的火灾危险性分类方法。这也是国外有关标准普遍采用的分类方法。在国家标准《建筑设计防火规范》(GB 50016—2006)中对于厂房是按生产的火灾危险性分类，对于仓库是按库内储存物品的火灾危险性分类。在国家标准《石油库设计规范》(GB 50074—2002)中是按储存油品进行火灾危险性分类的。以上三个规范的火灾危险性分类见表3-3-1～表3-3-4。

表3-3-1 《建筑设计防火规范》(GB 50016—2006)中生产的火灾危险性分类

生产类别	使用或产生下列物质生产的火灾危险性特征
甲	1. 闪点<28℃的液体； 2. 爆炸下限<10%的气体； 3. 常温下能自行分解或在空气中氧化即能导致迅速自燃或爆炸的物质； 4. 常温下受到水或空气中水蒸气的作用，能产生可燃气体并引起燃烧或爆炸的物质； 5. 遇酸、受热、撞击、摩擦、催化以及遇有机物或硫磺等易燃的无机物，极易引起燃烧或爆炸的强氧化剂； 6. 受撞击、摩擦或与氧化剂、有机物接触时能引起燃烧或爆炸的物质； 7. 在密闭设备内操作温度大于等于物质本身自燃点的生产
乙	1. 闪点>28℃至<60℃的液体； 2. 爆炸下限≥10%的气体； 3. 不属于甲类的氧化剂； 4. 不属于甲类的化学易燃危险固体； 5. 助燃气体； 6. 能与空气形成爆炸性混合物的浮游状态的粉尘、纤维、闪点≥60℃的液体雾滴
丙	1. 闪点≥60℃的液体； 2. 可燃固体
丁	1. 对不燃烧物质进行加工，并在高温或熔化状态下经常产生强辐射热，火花或火焰的生产； 2. 利用气体、液体、固体作为燃料或将气体、液体进行燃烧作其他用的各种生产； 3. 常温下使用或加工难燃烧物质的生产
戊	常温下使用或加工不燃烧物质的生产

注：1. 在生产过程中，如使用或产生可燃、可燃物质的量较少，不足以构成爆炸或火灾危险时，可以按实际情况确定其火灾危险性的类别。

2. 一座厂房内或厂房的任一防火分区内有不同性质的生产时，其分类应按火灾危险性较大的部分确定，但火灾危险性大的生产部分占本层或本防火分区面积的比例小于5%或丁、戊类生产厂房的油漆工段小于10%，且发生事故时不足以蔓延到其他部位，或采取有效防火设施能防止火灾蔓延时，可按火灾危险性较小的部分确定。

3. 生产的火灾危险性分类举例见《建筑设计防火规范》(GB 50016—2008)条文说明表1“生产的火灾危险性分类举例”。

表 3-3-2 《石油库设计规范》GB 50074—2002 石油库储存油品的火灾危险性分类

类别		油品闪点 F_t/℃
甲		$F_t<28$
乙	A	$28\leqslant F_t\leqslant 45$
	B	$45<F_t<60$
丙	A	$60\leqslant F_t\leqslant 120$
	B	$F_t>120$

表 3-3-3 《石油化工企业设计防火规范》GB 50160—2008 可燃气体的火灾危险性分类

类别	可燃气体与空气混合物的爆炸下限	类别	可燃气体与空气混合物的爆炸下限
甲	<10%（体积）	乙	≥10%（体积）

注：可燃气体的火灾危险性分类举例见《石油化工企业设计防火规范》（GB 50160—2008）条文说明 3.0.1 的表 1。

表 3-3-4 《石油化工企业设计防火规范》GB 50160—2008 液化烃、可燃液体的火灾危险性分类

类别		名称	特征
甲	A	液化烃	15℃时的蒸气压力>0.1MPa 的烃类液体及其他类似的液体
	B	可燃液体	$甲_A$ 类以外，闪点<28℃
乙	A		闪点≥28℃至≤45℃
	B		闪点>45℃至<60℃
丙	A		闪点≥60℃至≤120℃
	B		闪点>120℃

注：1. 操作温度超过其闪点的乙类液体，应视为$甲_B$类液体。

2. 操作温度超过其闪点的$丙_A$类液体，应视为$乙_A$类液体。

3. 操作温度超过其闪点的$丙_B$类液体，应视为$乙_B$类液体；操作温度超过其沸点的$丙_B$类液体，应视为$乙_A$类液体。

4. 液化烃、可燃液体的火灾危险性举例见《石油化工企业设计防火规范》（GB 50160—2008）条文说明 3.0.2 的表 2。

从表 3-3-1～表 3-3-4 中可以看出，三个国家标准中，对于可燃气体、液化烃、可燃液体都分为甲、乙、丙三大类。虽然在表 3-3-4 中又细分为 A、B 两小类，但与表 3-3-1和表 3-3-2 并无矛盾。

关于储存物品的火灾危险性分类应按现行国家标准《建筑设计防火规范》（GB 50016—2006）表 3.1.3储存物品的火灾危险性分类的有关规定执行。储存物品的火灾危险性分类举例见《建筑设计防火规范》（GB 50016—2006）条文说明 3.1.3 条表 3。

二、防火间距

在装置内，可燃物质按生产过程的要求或输入、输出于设备机泵之中或流动于管道之内，设备或管道一旦泄漏，就会释放出可燃物质，遇到火源就会发生火灾或爆炸。所以装置设计的任务是要处理好可燃物质与火源的关系，以防止火灾的发生。

防止火灾的发生大致有两种办法，首先是工艺安全，采用各种安全设备和工艺技术方案，如加强设备的强度和密闭性能，设置防护设备和消火设备等，称为设备上的安全措施；另一种办法是采取三重安全措施，保持安全距离，使发生火灾的设备不影响未发生火灾的设备或其他设施。

安全距离究竟定多少为最恰当？这是一个很难确定的问题。单从安全角度出发，当然距离越远越安全。然而，发生火灾和爆炸的原因是多方面的，从过去发生火灾事故原因分析中知道，多数原因是误操作或违反防火规程造成的。即使保持了一定的安全距离也不会绝对可靠。再者，一旦火灾或爆炸发生，又有很多影响因素，不是靠加大距离就能避免受其影响的。所以，安全距离只能是相对的。在国外的标准、规范中没有一个统一的标准。由于各国技术水平

和消防设施不同，以及国情等多方面因素的影响，因而制定的防火间距也不尽相同。例如，有些国家，国土不大地皮昂贵，偏重于采用较高程度的安全设备而较少占用土地，因而制定的防火间距较小，而另些国家则相反。美国石油保险协会推荐的安全距离往往偏大。他们规定了炼油厂、石油化工厂内不同材料结构的建筑物之间的防火间距(表3－3－5)，炼油厂、石油化工厂内部设备及设施的防火间距(表3－3－6，表3－3－7)，和装置内反应器、泵房、中间储罐等之间的防火间距(表3－3－8)。这些间距表是调查研究美国各地历年多次发生灾害事故的总结性产物，虽然是推荐性的规定，但也已被很多厂家采用。因为在国外建厂初期，保险公司就要参与讨论建设方案。如果工厂的布置遵守他们推荐的最小间距要求，工厂的保险费用将按照常规交付，如果工厂布置比他们推荐的最小间距还要小，则他们可能不负责工厂的保险，或者向工厂多收保险费。

表3－3－5　炼油厂、石油化工厂的建筑物布置的最小间距表　(m)

序号	建筑物的结构类型	用非燃烧体构成的耐火结构	用非燃烧体构成的非燃烧结构	用非燃烧体外包的IC或SIC一般结构	用可燃材料构成的阻火结构	用可燃材料构成的非燃烧结构	用可燃材料构成的一般结构
1	用非燃烧体构成的耐火结构	—	—	9	6	9	12
2	用非燃烧体构成的非燃烧结构	—	—	9	9	12	15
3	用非燃烧体外包的IC或SIC一般结构	9	9	15	12	15	18
4	用可燃材料构成的阻火结构	6	9	12	9	12	15
5	用可燃材料构成的非燃烧结构	9	12	15	12	12	15
6	用可燃材料构成的一般结构	12	15	18	15	15	24

注：①耐火结构：全部材料耐火极限为3h。
②非燃烧结构：不着火也不自燃。
③一般结构：一般砖石墙木层顶和/或木楼板。
④IC或SIC：木屋架，非燃烧物覆盖。

表3－3－5是按照建筑物的结构类型不同而确定的防火间距。序号1、2大致相当于“建筑设计防火规范”的耐火等级一级和二级。装置内建筑物的耐火等级一般都在二级以上。

表3－3－6中加热炉与气体压缩机房、大型油泵房的间距为30m，比防火规范(表3－3－10)中规定22.5m偏高。

表3－3－7中危险性大的工艺装置之间间距为60m，比防火规范(表3－3－9)中甲类工艺装置之间间距为30m大1倍。

表3－3－8中反应器与分馏设备之间间距为15m，比防火规范(表3－3－10)中规定对甲A设备为9m偏高。

我国目前保险事业正在发展中，对于工厂的管理还没有那么深入细致，往往是在工厂建成以后才进行保险。在工厂或装置投产之前，国家或地方的安全部门及消防部门要来工厂进行检查。检查出不符合国家的或企业的防火规定之处，只能采取补救办法。如工厂内装置或设备的间距不够，只能用增设防火墙、水幕或汽幕的方法进行隔离，同时再加强对火灾隐患处的监督管理，如增设防火设施和声光报警等。

防火规范是工厂设计必须遵守的法规，防火间距是其核心部分。防火间距的确定要考虑诸多因素，除了前面所述的防止火灾发生的两个办法之外，还要具体研究可燃物质散发的可能最大距离；火灾蔓延的影响范围；建筑物的耐火等级和耐火保护的耐火极限；防火对象的

表 3-3-6　炼油厂内部推荐的最小间距表

（m）

序号	项　目	服务性建筑物	工艺装置	锅炉公用工程和发电设备等	加热炉	中间罐、分馏塔等	气体压缩机房	大型油泵房	控制室	凉水塔	紧急事故控制、蒸汽灭火、喷淋水控制	放空罐和火炬烟囱	产品储罐	中间罐	混合用罐	有危险的负荷设备	消防用泵	回转式水枪①	消火栓①	灭火器室
1	服务性建筑物⑩	表 3-3-5																15	15~75	15~30
2	工艺装置	30	15~30③															15~30	15~75	30
3	锅炉、公用工程和发电设备等	30	30	—														15~30	15~75	30
4	加热炉	30②	15②	30②	7.5②													15~30	15~75	30
5	中间罐、分馏塔等	30	—	30	15②	—												15~30	15~75	30
6	气体压缩机房	30	—	30	30②	9	表 3-3-5											15	15~75	30
7	大型油泵房	30	—	30	30②	6	9	表 3-3-5										15	15~75	30
8	控制室⑫	—	—	30	15②	15	15	9	表 3-3-5									15	15~75	30
9	凉水塔	15~30	30	30	30②	30	15~30	15~30	15~30	7.5~15⑥								15~30	15~75	30~60
10	紧急事故控制、蒸汽灭火、喷淋水控制⑦	—	—	—	15②	15	15	6	⑦	30	—							—	—	—
11	放空罐和火炬烟囱	60~90⑧	60~90⑧	60~90⑧	60~90⑧	60~90⑧	60~90⑧	60~90⑧	60~90⑧	60~90⑧	60~90⑧	—						30	30	75
12	产品储罐⑪	60	75	75④	75④	75④	75④	75④	75④	75④	75④	60~90⑧	⑨					15~30	15~75	90
13	中间罐	30	60	60⑤	60②⑤	60⑤	60⑤	60⑤	60⑤	60⑤	60⑤	60~90⑧	⑨	⑨				15~30	15~75	90
14	混合用罐	60	60	60②	60	60	60	60	60	60	60~90⑧	⑨	⑨	⑨	⑨			15~30	15~75	75
15	有危险的负荷设备（包括码头）	60	60	60②	60	60	60	60	60	60	60~90⑧	75④	75④	75④	75④	15~75		15~30	15~75	75
16	消防用泵	15~30	75	0	75	30	30	—	—	—	90	90	90	90	90	90	—	—	—	—

注：① 消火栓和回转式水枪的安装应给以特别注意。
② 小的明火地点距任何气体危险区域不应小于30m。
③ 指工艺装置边界到另一工艺装置边界。
④ 储罐容量如为万桶（1590m^3）以上间距为75m，如为万桶以下间距为45m。
⑤ 中间罐容量在6千桶（954m^3）以上间距为60m，5千桶（795m^3）以下为30m。
⑥ 7.5~15m仅为地区方面的考虑。
⑦ 这些控制设备如设在控制室附近或室内时应采用屏障隔开。
⑧ 火炬烟囱的高度在22.5m以上时，间距为60m；在22.5m以下时，间距为90m。
⑨ 储罐的容量万桶（1590m^3）以下间距为0.5外径；1590m^3~7950m^3间距为1倍外径；>7950m^3间距为1.5倍外径；>3975m^3则要特别考虑。
⑩ 服务性建筑物除另有说明外，包括：办公室、更衣室、维修工具室、食堂、试验室、医院、汽车库等。
⑪ 丙烷罐区尽可能远离装置区，球罐也要远离任何设备或建筑物。
⑫ 大型装置或有危险性装置用的控制室和多个装置用的或设置计算机的中心控制室，需要较大的间距，需要采用防爆结构。

表 3-3-7　石油化工厂内部推荐的最小间距表⑤　　(m)

项目	危险性大的工艺装置	危险性小的工艺装置	危险性大的罐区	危险性小的罐区	危险性小的产品仓库	危险性大的装卸码头	危险性小的装卸码头	服务性建筑	锅炉区	消防水泵	紧急事故控制	喷淋水控制	消防高压水枪	紧急放空火炬	中型试验装置	大型凉水塔	消水栓	工艺用明火加热炉
危险性大的工艺装置	60									75	30	15⑤	至目的物中心 15~30	高出周围设备 7.5m 的 30m 高的火炬，按 90m 考虑	60	45	15~75	15~30
危险性小的工艺装置	30	15								45	15				60	30		15
危险性大的罐区	75①	75①	1.5 倍直径以上							75		30⑤			75	75		60
危险性小的罐区	60②	30③	1 个直径以上	0.5 倍直径以上						60					60	60		60
危险性小的产品仓库	45	15①	75①	30③	15④					60					60	45		30
危险性大的装卸码头	60	60	45②	30③	45					45	30	15⑤			60	60		60
危险性小的装卸码头	45	30	30	15	0	15	—			30	15				45	45		30
服务性建筑	60	30	60	30	30	45	30	参看建筑物表		30					60	30		30
锅炉区	60	45	60	45	30	60	30	30	—	—					60	30		60

注：①特殊的立式罐最小距离为直径的 5 倍；②特殊的立式罐最小距离为直径的 4 倍；③特殊的立式罐最小距离为直径的 3 倍；④允许设置标准的防火墙和洒水设施，仓库面积最大不得超过 $2320m^2$；⑤表内项目的说明：

1. 工艺装置之间的距离从装置边界线算起；2. 危险性大的工艺装置系指美国石油保险协会的石油化工分类表中E-4 或 E-5 类；3. 危险性大的罐区系指上述分类表中 D 类，E 类需特殊考虑；4. 危险性大的产品仓库指储藏不稳定物料，低闪点可燃液体或可燃性高的固体、这些需特殊考虑；5. 危险性大的装卸码头系指装卸闪点低于 43.5℃的稳定物料；装卸不稳定物料的危险性大的码头需特殊考虑；6. 服务性建筑物包括办公室、门卫室、更衣室、化验室、商店、车库、维修仓库、食堂、医院等；工业性实验室按工艺装置考虑；7. 明火要离油气危险区 30m 以外；8. 不能保持这些距离时，需要特殊的防护设施，如固定泡沫系统、喷淋水、自动洒水器、四级以上的消防系统或防火结构；9. 在两可的情况下，危险性大的类别要按大的数值考虑；10. 立式储罐要单独设防火堤，否则每个围堤内容量不能超过 $4000m^3$；卧式储罐每组最大为 $1500m^3$，各组之间距离保持 30m，或者采取其他合适的布置。

表 3-3-8　工艺装置内部推荐的最小间距表⑤　　(m)

项　目	反应器	小型压缩机室或泵房	危险性大的进料中间罐	分馏设备	控制室
反应器	7.5②				
小型压缩机室或泵房	12③				
危险性大的进料中间罐	30~60	30~60	1. D④		
分馏设备	15	9	30		
控制室①	15~30	15~30	30	15~30	3

注：① 通常为大型或有危险性装置用的控制室和多套装置用的或设置计算机的中心控制室需要较大的间距，且需要采用防爆结构。

② 最好有两处。

③ 危险的反应器最好设置防护设施。

④ $300m^3$ 以上者，需特殊考虑。

⑤ 参见表 3-3-7 的注⑤。

重要性；火灾发生机率及其影响等等。现行的防火规范就是考虑了上述各种因素，参照旧的防火规定的执行经验，总结过去火灾爆炸事故的教训，吸取国外标准规范中的有益部分并与爆炸危险区域的划分协调后制定出来的。

装置布置设计经常需要的主要防火间距为：

（1）设备、建筑物平面布置的防火间距如表 3-3-9 所示。

（2）石油化工企业总平面布置防火间距，详见第四篇有关防火规范。

（3）液化烃、可燃气体、助燃气体的罐组内储罐的防火间距，详见第四篇有关防火规范。

（4）罐组内相邻可燃液体储罐的防火间距，详见第四篇有关防火规范。

表 3-3-9　设备、建筑物平面布置的防火间距

(m)

项目				控制室、机柜间、变配电所、化验室、办公室	明火设备	操作温度低于自燃点的工艺设备												操作温度等于或高于自燃点的工艺设备	含可燃液体的污水池、隔油池、酸性污水罐、含油污水罐	丙类物品库房、乙类物品储存间	备注
						可燃气体压缩机或压缩机房		装置储罐(总容积)					其他工艺设备或房间								
								可燃气体 200~1000m³		液化烃 50~100m³	可燃液体 100~1000m³		可燃气体		液化烃	可燃液体					
						甲	乙	甲	乙	甲A	甲B、乙A	乙B、丙A	甲	乙	甲A	甲B、乙A	乙B、丙A				
控制室、机柜间、变配电所、化验室、办公室				—	15	15	9	15	9	22.5	15	9	15	9	15	15	9	15	15	15	—
明火设备				15	—	22.5	9	15	9	22.5	15	9	15	9	22.5	15	9	4.5	15	15	—
操作温度低于自燃点的工艺设备	可燃气体压缩机或压缩机房		甲	15	22.5	—	—	9	7.5	15	9	7.5	9	7.5	9	9	7.5	9	9	15	注①
			乙	9	9	—	—	7.5	7.5	9	7.5	7.5	—	—	7.5	—	—	4.5	—	9	
	装置储罐(总容积)	可燃气体	甲 200~1000m³	15	15	9	7.5	—	—	—	—	—	9	7.5	9	9	7.5	9	9	15	注②
			乙 200~1000m³	9	9	7.5	7.5	—	—	—	—	—	7.5	—	7.5	7.5	—	9	7.5	9	
		液化烃	甲A 50~100m³	22.5	22.5	15	9	—	—	—	—	—	9	7.5	9	9	7.5	15	9	15	
		可燃液体	甲B、乙A 100~1000m³	15	15	9	7.5	—	—	—	—	—	9	7.5	9	9	7.5	9	9	15	
			乙B、丙A 100~1000m³	9	9	7.5	7.5	—	—	—	—	—	7.5	—	7.5	7.5	—	9	7.5	9	
	其他工艺设备或房间	可燃气体	甲	15	15	9	—	9	7.5	9	9	7.5	—	—	—	—	—	4.5	—	9	—
			乙	9	9	7.5	—	7.5	—	7.5	7.5	—	—	—	—	—	—	—	—	9	
		液化烃	甲A	15	22.5	9	7.5	9	7.5	9	9	7.5	—	—		—	—	7.5	—	15	
		可燃液体	甲B、乙A	15	15	9	—	9	7.5	9	9	7.5	—	—	—	—	—	4.5	—	9	
			乙B、丙A	9	9	7.5	—	7.5	—	7.5	7.5	—	—	—	—	—	—	—	—	9	
操作温度等于或高于自燃点的工艺设备				15	4.5	9	4.5	9	9	15	9	9	4.5	—	7.5	4.5	—	—	4.5	15	注③
含可燃液体的污水池、隔油池、酸性污水罐、含油污水罐				15	15	9	—	9	7.5	9	9	7.5	—	—	—	—	—	4.5	—	9	—
丙类物品库房、乙类物品储存间				15	15	15	9	15	9	15	15	9	9	9	15	9	9	15	9	—	—
装置储罐组(总容积)	可燃气体	甲、乙	>1000~5000m³	20	20	15	15	*	*	20	15	15	15	15	20	15	15	15	15	15	注④
	液化烃	甲A	>100~500m³	30	30	30	25	25	20	*	25	20	25	20	30	25	20	30	25	25	
	可燃液体	甲B、乙A	>1000~5000m³	25	25	25	20	20	15	25	*	*	20	15	25	20	15	25	20	20	
		乙B、丙A	>1000~5000m³	20	20	20	15	15	15	20	*	*	15	15	20	15	15	20	15	15	

注:① 单机驱动功率小于 150kW 的可燃气体压缩机,可按操作温度低于自燃点的“其他工艺设备”确定其防火间距。

② 装置储罐(组)的总容积应符合 GB 50160　2008 第 5.2.22 条的规定。当装置储罐的总容积:液化烃储罐小于 $50m^3$、可燃液体储罐小于 $100m^3$、可燃气体储罐小于 $200m^3$ 时,可按操作温度低于自燃点的　其他工艺设备　确定其防火间距。

③ 查不到自燃点时,自燃点可取 250℃。

④ 装置储罐组的防火设计应符合 GB 50160—2008 第 6 章的有关规定。

⑤ 丙B 类液体设备的防火间距不限。

⑥ 散发火花地点与其他设备防火间距同明火设备。

⑦ 表中“—”表示无防火间距要求或执行相关规范,“*”装置储罐集中成组布置。

（5）厂房和仓库的防火间距详见《建筑设计防火规范》(GB 50016—2006)中表3-4-1、表3-5-1和表3-5-2。

三、建筑物的耐火等级

建筑物的耐火等级是《建筑设计防火规范》(GB 50016—2006)的主要内容之一，在总平面布置防火间距的有关表中，关于全厂性重要辅助设施之间防火间距，注明按照“建规”要求执行。“建规”中建筑物的耐火等级有关规定包括：建筑物耐火等级的分级及其构件的燃烧性能、耐火极限和厂房、仓库的耐火等级、层数和面积。

（1）建筑物的耐火等级分四级，其构件的燃烧性能和耐火极限不应低于《厂房(仓库)建筑构件的燃烧性能和耐火极限(h)》的规定详见《建筑设计防火规范》(GB 50016—2006)中表3-2-1。

（2）厂房的耐火等级，层数和防火分区的最大允许建筑面积应执行“厂房的耐火等级、层数和防火分区的最大允许建筑面积”的规定，详见《建筑设计防火规范》(GB 50016—2006)中表3-3-1。

（3）仓库房的耐火等级，层数和面积应执行“仓库的耐火等级、层数和占地面积”的规定，详见《建筑设计防火规范》(GB 50016—2006)中表3-3-2。

四、钢结构的耐火保护

对于可能发生火灾危险的设备和在可能发生火灾危险地区的工艺设备、管道、仪表电缆槽架和导线排架的支承钢结构，包括：构架、管架、设备的支耳，托架、支腿、鞍座、裙座等，都需要考虑耐火保护。因为裸露的钢结构，其耐火极限只有0.25h左右。据统计石油化工企业装置内，发生火灾后的持续时间，多数在1h左右，如果没有耐火保护，钢结构会因火焰和辐射热而丧失强度，不能继续支承设备和管道而坍塌，造成二次灾害。

耐火保护，在原《炼油化工企业设计防火规定》(YHJ 01—78)炼油篇第56条中规定：“加热炉和催化裂化反应、再生设备的支承钢架，以及其他根据生产经验容易着火的热油设备钢架，其主要承重梁，柱应采用耐火极限不低于1.5h的保护层加以保护。保护层的高度从地面算起一般为4~6m，根据生产经验有必要时可再加高”。石油化工篇第65条规定：“有液化石油气、可燃及可燃液体的甲、乙类生产设备区，其钢结构的构架、大型设备支架、管廊支柱的下部，宜用耐火极限不小于1.5h的保护层加以保护。在现行的《石油化工企业设计防火规范》(GB 50160—2008)第五章中专设“5.6 钢结构耐火保护”一节，对于承重钢结构、钢管架、支承设备钢支架的耐火保护提出比较具体的要求。近年来，我国引进一些生产装置，对耐火保护都有规定，内容大致相同，有的公司修改版比原版规定更为详细或严格。见表3-3-10。

从表3-3-10可以看出，应用范围虽然有的规范没有明确，但内容都涉及在可能发生火灾和爆炸危险区域内，既有甲、$乙_A$类液体设备又有加热炉和高温设备，所以可以认为各规范的应用范围是一致的。钢结构构架的耐火保护，国外某些公司针对具体装置(序号3、4、5、6)不考虑容量和重量大小。荷兰皇家壳牌公司规定限量太小几乎全部都在限量以上。国内现行的防火规范参照凯洛格公司规定，其要求比较具体明确，按此要求单个容积小于5m^3的甲、$乙_A$类液体或介质温度小于自燃点的可燃液体设备的承重钢构架可以不覆盖耐火层。

表3-3-10 装置内钢结构耐火保护比较表

序号	规范名称	应用范围	钢结构构架	钢结构管架	设备支架	耐火层的耐火极限/h	备注
1	石油化工企业设计防火规范 GB 50160—2008	—	单个容积≥5m³的甲、$乙_A$类液体设备、在爆炸危险范围内，且毒性为极度和高度危害的物料或介质温度≥自燃点的的单个容积≥5m³的$乙_B$、丙类液体设备的承重钢构架；单层构架的梁柱，多层构架10m以下的梁、柱	在爆炸危险范围内的管廊的钢管架4.5m以下的梁柱，当最下层横梁高于4.5m时，底层支承管道的梁、柱，上部设有空冷器的管架的斜撑亦应覆盖耐火层	单个容积≥5m³的甲、$乙_A$类液体或介质温度≥自燃点的可燃液体设备承重钢支架或加热炉炉底钢支架：全部梁、柱、钢裙座外侧未保温部分及直径>1.2m的裙座内侧；液化烃球罐支腿从地面到支腿与球体交叉处0.2m以下的部位	1.5	
2	荷兰皇家壳牌公司	—	存有0.5m³的可燃液体设备的金属构架包括在6m范围内，2个或2个以上共存有0.5m³的设备。存有非可燃液体设备总重量超过2.5t的金属构架，包括在6m范围内2个或2个以上的总重量之和超过2.5t。从地面到4.5m的梁柱	管架高度在1.5m以上，位于距火灾危险地点6m范围的管架。火灾危险地点包括：储存或运送烃类的泵的泄漏点、管道上阀门，法兰连接点等，一接触到高温设备或管道就自燃的介质泄漏点	内容与钢结构构架相同。此外说明任何低于1.5m的设备支架不需要耐火保护	—	未提耐火层的耐火极限的小时数，但在所附的图中注明耐火层的厚度有30、40、60mm三种
3	鲁姆斯公司	存有可燃、有毒危害人身介质的危险设备和危险设备周围8m范围内的区域的钢结构	所有支持危险设备或在危险区的工艺设备钢结构，从地面到设备荷重下9m都要耐火保护。作为稳定结构的斜撑也要耐火保护。支持危险设备和楼板的梁耐火保护到梁顶翼缘的顶面（顶面不做耐火保护）	管架4.5m以下的柱和梁，最下一层的梁保护到梁翼缘的顶，（梁面不保护）	塔和立式容器裙座直径<φ1.4m的外部保护，内部不保护≥φ1.4m的内外部全保 卧式容器和换热器的鞍座高度超过0.3m保护，加热炉立柱从基础面保护到护床下面50mm处	—	未提耐火层的耐火极限的小时数，但在附图中注明耐火层的厚度为50mm
4	UOP公司 9-14-0	烃类加工装置内支承设备和管道的钢结构	支承工艺设备的钢结构从地面起高至35ft(10m)全部耐火保护	距加热炉、塔、泵和主要设备50ft(15m)以内的管架第一层所有梁柱。有空冷器的管架各层纵向杆间及空冷器水平杆件，悬臂梁。支承大量液体设备的管架各层支撑件	裙座直径<φ4ft(φ1.2m)外部≥φ4ft外部和内部鞍座最低点向上1ft(300mm处)支耳、托架、支腿35ft(10m)以下全部构件 加热炉支柱保护到烧火平台的高度	2	
5	UOP公司 9-14-1	可能发生火灾危险区内支承设备、管道电缆槽架和导线排的钢结构	支承工艺设备的钢结构从地面起高至35ft(10m)全部耐火保护，另外注明30ft(9m)以上的抗风支撑应耐火保护，30ft(9m)以下的不保护	距加热炉、塔、泵和主要设备50ft(15m)以内的管架第一层所有梁柱。有空冷器的管架各层纵向杆间及空冷器水平杆件，悬臂梁。支承大量液体设备的管架各层支撑件另外注明5ft(1.5m)以上单支腿管架承载重的和关键管道的支柱应耐火保护	裙座直径<φ4ft(φ1.2m)外部≥φ4ft外部和内部鞍座最低点向上1ft(300mm处)支耳、托架、支腿35ft(10m)以下全部构件 加热炉支柱保护到烧火平台的高度	3	
6	东洋工程公司	乙烯装置	地面以上第一层梁以下之间的柱子，但不超过地面9m的高度	地面以上第一层梁以下的柱子	裙座直径<φ1.5m外部≥φ1.5m外部和内部，设备支腿、托架、地面以上全部鞍座不为耐火保护	—	耐火层厚度80mm

管廊的耐火保护，UOP公司要求距加热炉、塔、泵等主要设备15m以内的管架第一层梁柱。与现行的防火规范在爆炸危险区范围内的管廊是一致的。装置内管廊在爆炸危险区范围以外的很少，所以几乎管廊的柱子都要覆盖耐火层。有的引进装置管廊的梁顶高度在地面以上4.7m处。耐火保护从地面到4.5m处，这样横梁可以不进行耐火保护。如果管廊上布置空冷器，则从地面一直到空冷器的支柱包括横梁都要覆盖耐火层，这方面各公司都有明确规定。塔和立式容器的裙座内部是否需要耐火保护？各公司规定的直径限制有三种：ϕ1.5、ϕ1.4、ϕ1.2(m)，国内现行的防火规范为最严格的一种即直径1.2m的内部要耐火保护。在这方面鲁姆斯公司规定为<ϕ1.4m时裙座内不需要耐火保护。

总之，耐火保护是对火灾危险性设备和在火灾危险内的工艺设备设置的一种安全措施。

进行耐火保护虽不是不发生火灾的保证，但也不是不必要的额外负担。在装置布置设计中应根据所设计装置的特点、设备的火灾危险性，考虑装置内钢结构构架、管架的耐火保护范围。如果需要全部进行耐火保护时，则应考虑采用钢筋混凝土结构的可能性。从技术可能、经济合理、生产安全、检修方便等多方面因素比较钢结构与钢筋混凝土结构的优缺点，然后作出正确的判断。

第四节　防　　爆

在石油化工生产装置中，由于可燃、易爆物质的泄漏，可能与空气混合而形成爆炸混合物。装置内又有许多电气设备及电气仪表，如果电气设备发生火花，则将引起已形成的爆炸混合物爆炸。此外装置内还有明火加热炉和温度很高的炽热设备。温度超过可燃介质自燃点的炽热设备也可作为明火考虑。这些明火也可成为引起爆炸的火源。在装置设计中一般由电气专业绘制爆炸危险区域划分图，在爆炸危险区域内的电气设备和电气仪表、照明灯具、电气开关和电气线路均应满足防爆要求，应遵守有关规范。在装置的平面布置设计中除应考虑防火的设计要求之外，还应考虑防爆的设计要求。正确处理可燃物质释放源与装置内的变配电所、仪表室、机柜间、明火设备之间的关系，做到协调合理。

由于生产装置的规模不同，生产特点不同、可燃物质释放源的物理、化学性质不同，释放量不同，其周围环境也不同。因此规范的规定不可能完全一致，也不可能对于所有可能发生的情况规定的清清楚楚。例如美国石油学会的防爆规范就有3个。其中API、RP500A适用于炼油厂，RP500B适用于油田，RP500C适用于储运系统。即使如此划分，在规范中仍然要求设计人员在使用规范中所给的典型示例时，还要根据实践经验加以分析判断，正确地给以划分。

一、产生爆炸的条件和防止爆炸的基本措施

（一）产生爆炸的条件

产生爆炸必须同时存在以下2个条件：

（1）存在可燃气体、可燃液体的蒸气或薄雾，其浓度在爆炸极限以内；（2）存在足以点燃爆炸性混合物的火花、电弧或高温。

（二）防止产生爆炸的基本措施

爆炸是在上述2个条件同时存在的情况下才能发生，所以在设计中要设法使上述2个条件同时出现的可能性减到最小程度。

1. 工艺设计中应尽可能消除或减少可燃气体、可燃液体的蒸气或薄雾的产生和积聚，其具体办法是：

（1）工艺流程设计中应尽可能采用较低的操作条件（压力、温度等）并将危险物质尽可能限制在密闭的容器内，防止泄漏；

（2）将可燃物质与空气隔离，如在容器内可燃液体的界面上用氮气或其他惰性气体加以保护；

（3）采用防止事故的联锁装置和事故时加入化学药剂停止反应的措施，如聚合反应釜在事故时加入阻聚剂等。

2. 在装置布置设计中应尽可能限制和缩小爆炸危险区的范围：

（1）将不同等级的爆炸危险，以及它与非爆炸危险区分隔在各自的界区内；

（2）设备布置尽可能采用露天或半露天布置，以使设备区内空气流通，释放的爆炸危险物质迅速稀释到爆炸下限以下；

（3）厂房内布置的设备，可在厂房内采取通风设施；

（4）对于可能释放和容易积聚爆炸性气体或蒸气、薄雾的地点设置测量和报警装置，当气体浓度接近爆炸下限的一半时，能可靠地发出报警信号。

3. 在电气专业设计方面，按照相应的爆炸性气体混合物的级别和组别选用防爆电气设备、电气仪表，并按照有关规范进行电气设计和施工。

二、爆炸危险区域的划分

按照《爆炸和火灾危险环境电力装置设计规范》（GB 50058—92）爆炸危险区域的划分有两种：

（1）气体或蒸气爆炸危险区；

（2）粉尘爆炸危险区。

下面主要叙述气体或蒸气的爆炸危险区域的划分。

（一）爆炸危险区域划分的主要因素

划分爆炸危险区域类别时，可燃气体的存在是主要因素（可燃气体包括可燃液体的蒸气或薄雾）。因此，在划分时应估计区域内释放的可燃气体的数量、性质、操作条件和在大气中扩散的趋势。

1. 比空气重❶的可燃气体主要是液化烃，其密度约为空气密度的1.5～2倍。其蒸气压在15℃时大于0.1MPa(G)。液化烃的挥发性很强，能迅速产生大量气体。当其在地面或接近地面释放时，由于其密度大于空气，不利于扩散，会沿地面蔓延，遇到底凹处就可能积聚，形成爆炸危险性环境的可能性极大。

2. 比空气轻❶的可燃气体如甲烷和氢气等，由于相对密度小可能很快被扩散。一般情况下其影响的区域范围不大，只有在封闭的空间内才可能形成爆炸危险的混合气体。但是，氢气的爆炸范围很宽为4%～75%，而且传爆速度很快，最小引燃能量低，虽然其引燃温度较高（500～571℃），也决不能将含氢的设备布置在通风不良的场所。

3. 闪点在38～60℃的可燃液体，在常温下处理或储存时，气体的释放速度非常小，所以危险性不大。然而，当这些液体加热时，会释放出较多可燃气体，加热温度高于其自燃点则一旦释放就会自燃成为引燃源。

---

❶ 相对密度在0.75以上的气体或蒸汽视为比空气重的物质。

（二）释放源分级

释放源按危险物质的释放频繁程度和持续时间长短分级。

1. 连续级释放源：连续释放或预计长期释放或短时频繁释放的释放源。例如：

（1）没有充惰性气体的容器中可燃液体的表面；

（2）直接与空气接触的可燃液体的表面；

（3）经常或长期向空中释放可燃气体或蒸气的自由排气孔或开口。

2. 第一级释放源：预计正常运行时同期或偶尔释放的释放源。例如：

（1）在正常运行时，会释放可燃物质的开口，如油罐的呼吸阀和装油口；

（2）在正常运行时，会向空间释放可燃物的排放口；

（3）正常运行时，会向空间释放可燃物质的取样点。

3. 第二级释放源：预计在正常情况下不会释放，即使释放也仅是不经常且短时释放的释放源。例如：

（1）正常运行时，不可能出现释放的泵、压缩机和阀门的密封处；

（2）法兰、螺纹连接件和管接头；

（3）正常运行时，不可能向空间释放可燃物质的安全阀，排气孔和其他开口；

（4）正常运行中，不可能向空间释放危险物质的取样口。

4. 多级释放源：由上述两种或三种级别组成的释放源，基本上划为连续级或第一级。

（三）爆炸危险区域的分区

爆炸危险区域按爆炸气体混合物的形成和出现的频繁程度和持续时间进行分区。与其释放源的级别有关。连续释放源可形成 0 区，第一级释放源可形成 1 区，第 2 级释放源可形成 2 区。分述如下：

（1）0 区：连续地出现或长期出现爆炸性气体混合物环境。一般情况下，除了密闭的容器、储油罐等内部的气体空间外很少存在 0 区。

（2）1 区：在正常运行时可能出现爆炸性气体环境。正常运行系指所有设备都在其设计参数范围内运行。包括在正常的开车、运转、停车时，作为产品的危险物料的取出和密闭容器的开闭。除上述第一级释放源的举例外，还有划分为 2 区的地面以下部位，如：水坑、凹槽和明沟等低洼处以及位于储存挥发性可燃液体容器的放气口附近的厂房内。

（3）2 区：在正常运行时，不可能出现爆炸性气体混合物环境，或即使出现也仅是短时存在爆炸性气体混合物的环境。包括仅在密闭容器或管道系统发生故障或误操作时才能逸出爆炸性气体的区域；也包括在正常情况下，采用了正压通风之后可燃气体不可能达到危险浓度的区。具体属于2 区的有如通风良好的工艺设备厂房、泵房、压缩机房，紧靠有第一级释放源的外围 15m 的区。总之，通风良好的邻近设备、机泵的工艺生产区，都可划为 2 区。

（4）附加 2 区：当易燃物质可能大量释放并扩散到 15m 以外时，爆炸危险区域的范围应划为附加 2 区。以释放源为中心，总半径为 30m，地坪上的高度为 0. 6m，且在 2 区以外的范围内划为附加 2 区。

（5）非爆炸危险区：对于没有释放源且不可能被可燃物质侵入的区，或可燃物质虽然可能出现，但其最大体积浓度不超过爆炸下限值的 10% 的区可以划为非爆炸危险区；此外，对于在生产过程中使用明火的设备或使用炽热部件其表面温度超过该场所内可燃物质的引燃温度时，即使处于其他释放源形成的爆炸危险场所内，在其壳体（壁）外 1. 2m 以内的区域可划为非爆炸危险区域。

由以上释放源的分级和爆炸危险区域的分区可以看出，属于0区是极个别的，属于2区是大多数的。在设计时应采取合理措施尽量减少1区使其降级为2区。在以下分区范围的示例中大多数是以第二级释放源确定的。

（四）爆炸危险区域的分区范围

1. 爆炸危险区的分区除与释放源关系密切以外，和通风条件也有一定的关系。

（1）释放源处于无通风或通风不良或风向不当的地区，可能使释放源释放的危险物质积聚扩大，因而局部地区等级要提高。

（2）良好的自然通风和一般机械通风可使爆炸危险区域的范围缩小，或可使其等级降低，甚至划为非爆炸危险区域。因此，应尽量采用露天、敞开式布置，达到良好的自然通风条件，以降低危险程度并节约投资。对于布置在厂房内的有释放源设备，采用机械通风也可以使危险区域等级降低。对于具有可燃液体的建筑物，机械通风不应低于每小时2次的换气次数，且换气不受阻碍。如果为自然通风应保证每$500m^2$的地坪面积有不小于$1m^2$的进风面积。

（3）局部机械通风：局部的机械通风在稀释爆炸性气体混合物方面比自然通风和一般机械通风更为有效，因而可使爆炸危险区域的范围缩小，或使其等级降低，甚至可划为非爆炸危险区域。

（4）受障碍物的阻碍的通风

在障碍物、凹坑和死角处以及露天山坳窝风地带，由于通风不良可能局部地区提高等级。但堤或墙等障碍物，有时可能限制爆炸性气体的混合物扩散，因而缩小了爆炸区域范围。这里还要考虑可燃气体或蒸气的相对密度。

2. 爆炸危险区域范围示例：

（1）在通风良好的生产区，可能释放重于空气的可燃气体或蒸气的露天设备(包括塔、容器、机泵等)释放源接近地坪时，其爆炸危险区域的范围如图3－4－1所示，释放源在地坪以上时，如图3－4－2所示。附加2区建议在可燃物质可能大量释放并扩散到15m以外时才考虑。

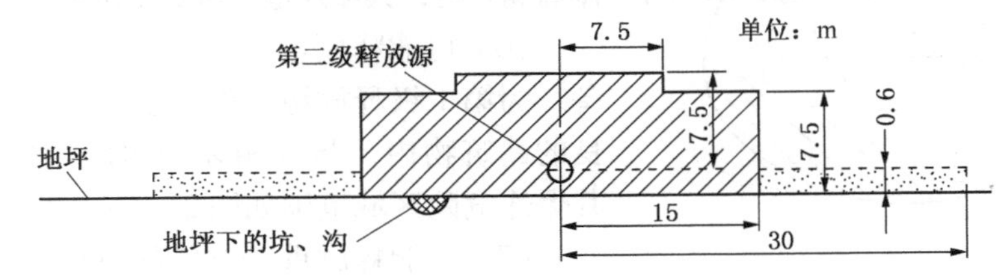

图3－4－1　通风良好生产区重于空气的释放源接近地坪

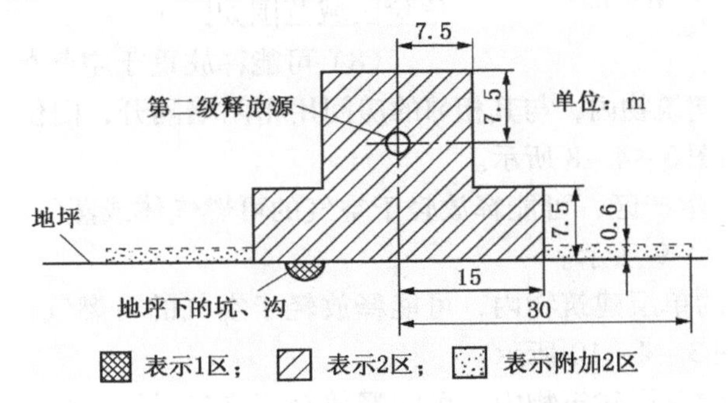

图3－4－2　通风良好生产区重于空气的释放源在地坪以上

（2）重于空气的可燃气体或蒸气释放源在通风不良的单层建筑物内，其爆炸危险区域范围如图 3－4－3 所示。

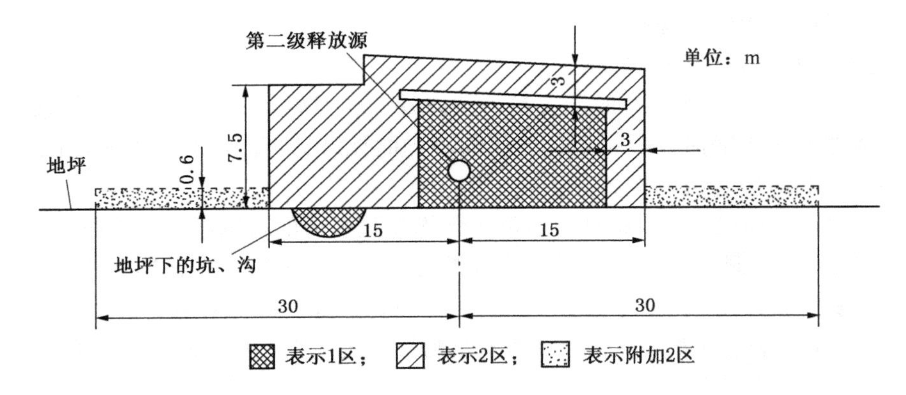

图 3－4－3　重于空气的释放源在封闭的建筑物内通风不良的生产区

注：①从释放源为中心向外水平方向 15m 或墙外 3m 取二者中的较大者。

② 房顶若高出释放源 7.5m 时，房顶上的 3m 危险范围可取消。

③ 建筑物的墙为非密闭墙，如花格漏空墙或有顶无墙时，可按露天生产区确定危险范围。

④ 如为无孔洞的实体墙，墙外为非防爆区。

（3）图 3－4－3 如处于通风良好地区，则建筑物内 1 区改为 2 区，其余不变。

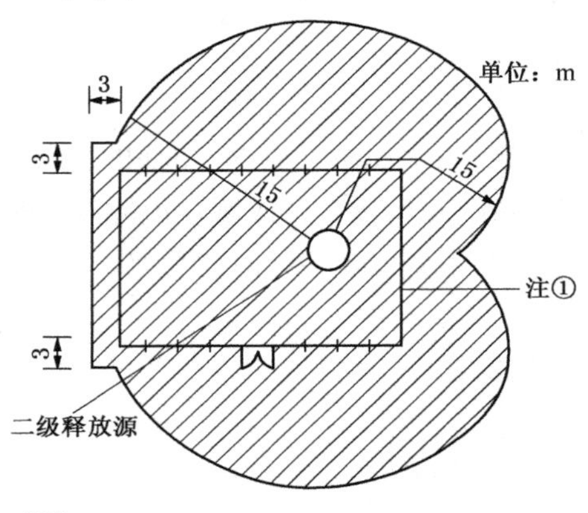

图 3－4－4　建筑物一面为密闭墙时释放源的爆炸危险区域范围图

注：① 密闭墙为用非燃烧体砌成的实体墙，且墙上无管子穿过，也无任何孔洞。

（4）可能释放重于空气的可燃气体或蒸气的设备，在建筑物内，建筑物的某一墙壁为密闭墙时，其爆炸危险区域的范围如图 3－4－4 所示。

（5）可能释放重于空气的可燃气体或蒸气的设备，在通风不良的建筑物内，与相邻房间用非燃烧体的实体墙隔开时，其爆炸危险区域范围如图3－4－5所示。

（6）可能释放重于空气的可燃气体或蒸气的设备，为第 1 级释放源，设备上设有排风罩在通风不良的建筑物内，与其相邻的房间用密闭墙隔开时，其爆炸危险区域范围如图 3－4－6 所示。

（7）可能释放重于空气的可燃气体或蒸气的设备，布置在有顶无墙的建筑物内，与其相邻的房间用密闭墙隔开，门位于爆炸危险区域内时，其爆炸危险区域范围如图 3－4－7 所示。

（8）可能释放重于空气的可燃气体或蒸气的设备，布置在有顶无墙的建筑物内，与其相邻的房间用密闭墙隔开，门位于爆炸危险区域外时，其爆炸危险区域范围如图 3－4－8 所示。

（9）在通风良好的生产区，可能释放轻于空气的可燃气体或蒸气的露天设备，其爆炸危险区域的范围如图 3－4－9 所示。

（10）在通风良好的单层建筑物内，可能释放轻于空气的可燃气体或蒸气的设备，其爆炸危险区域的范围如图 3－4－10 所示。

（11）在通风良好的双层建筑物内，可能释放轻于空气的可燃气体或蒸气的设备，其爆炸危险区域的范围如图 3－4－11 所示。

（12）在通风良好的双层建筑物内，四面全有墙时，可能释放轻于空气的可燃气体或蒸气的设备，其爆炸危险区域的范围如图 3－4－11，但室内全部为 2 区。

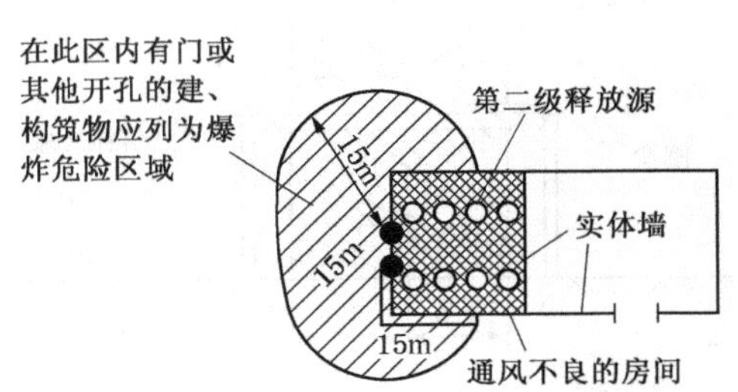

图 3－4－5　与通风不良的房间相邻爆炸危险区域范围图

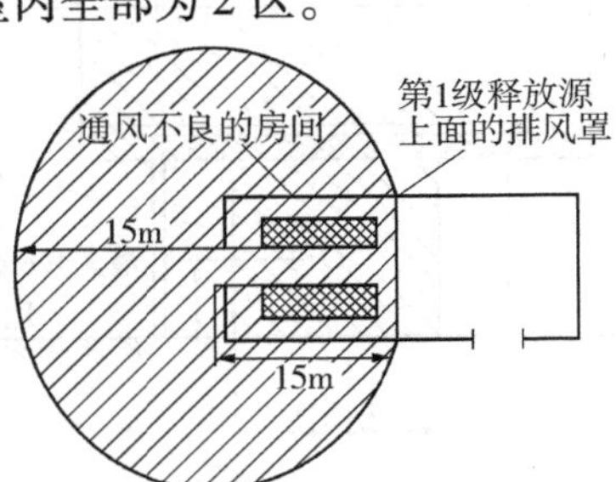

图 3－4－6　释放源上面有排风罩时的爆炸危险区域范围图

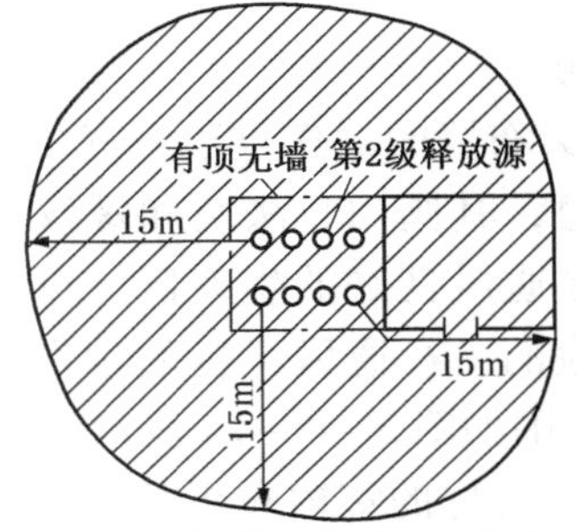

图 3－4－7　与有顶无墙建筑物相邻(门位于爆炸危险区域内)爆炸危险区域范围图

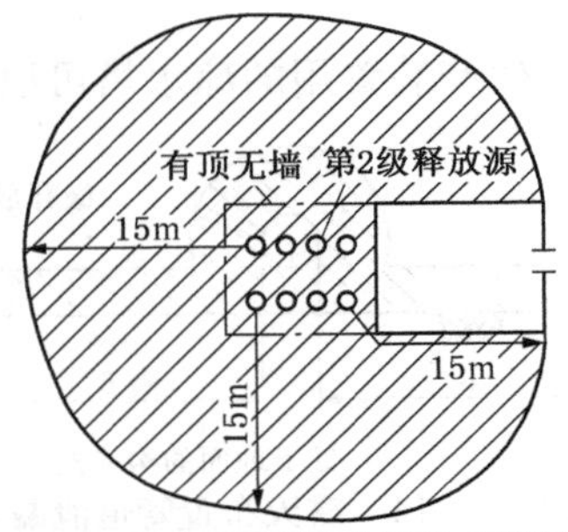

图 3－4－8　与有顶无墙建筑物相邻(门位于爆炸危险区域外)爆炸危险区域范围图

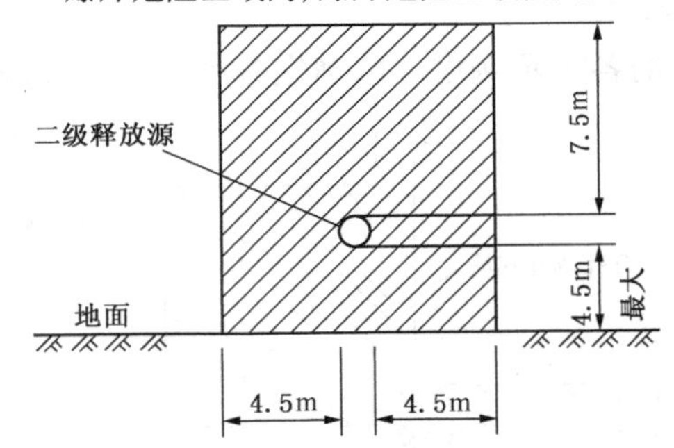

图 3－4－9　露天设备释放源爆炸危险区域范围图

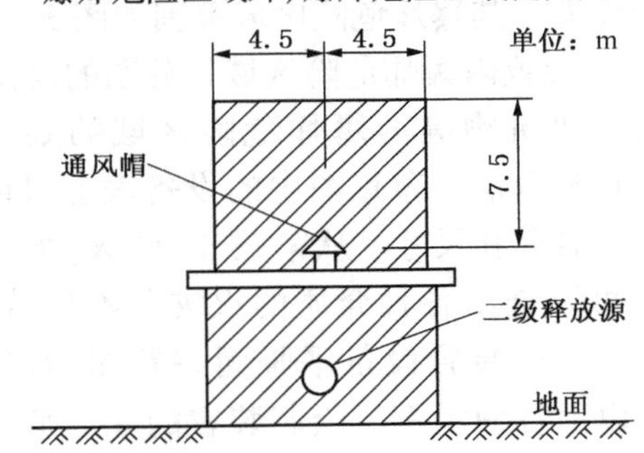

图 3－4－10　室内设备释放源爆炸危险区域范围图

（13）可能释放轻于空气的可燃气体或蒸气的设备，布置在有顶无墙的棚子内且顶上无通风帽时，其爆炸危险区域的范围如图 3－4－12。

（14）可能释放轻于空气的可燃气体或蒸气的设备，布置在有顶无墙的棚子内且顶上有通风帽时，其爆炸危险区域的范围如图 3－4－13。

（15）作为排除爆炸危险性气体混合物的排风机的排放口。其爆炸危险区域的范围为以排放口为中心，以 3m 为半径的一个球体。其爆炸危险程度通常定为 2 区，但对一些地下建筑

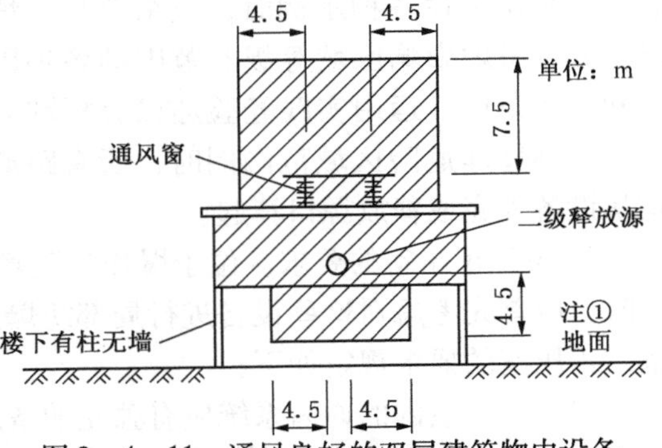

图 3－4－11　通风良好的双层建筑物内设备释放源爆炸危险区域范围图

注：①最大 4.5m 或至地坪。

物为排除爆炸危险性气体混合物而又不是经常操作的机械排风机的排风口应定为1区。

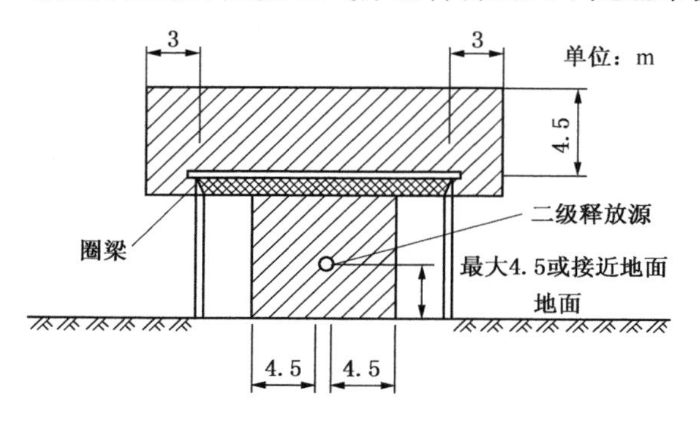

图3-4-12 有顶无墙棚内无风帽爆炸危险区域范围图

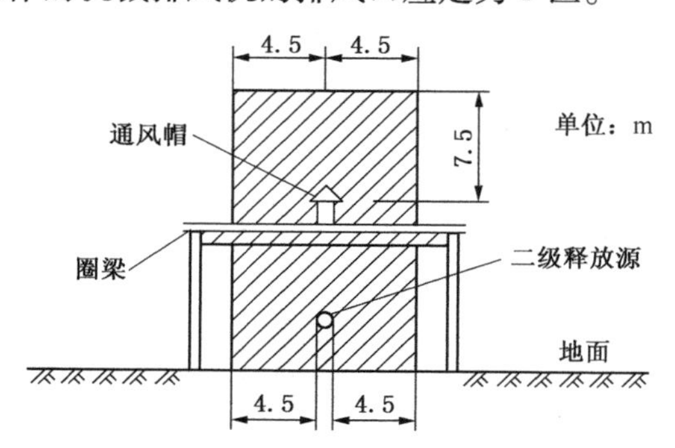

图3-4-13 有顶无墙棚内有风帽爆炸危险区域范围图

（16）生产装置用的凉水塔可以认为是非爆炸危险区域。

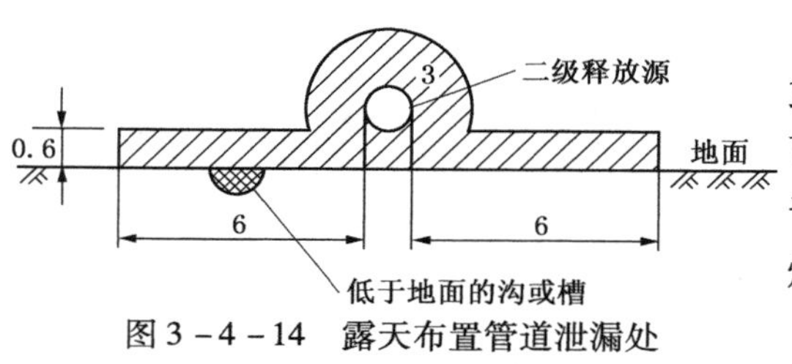

图3-4-14 露天布置管道泄漏处爆炸危险区域范围图

（17）露天布置的输送重于空气的可燃气体或蒸气的管道，其阀门、法兰和螺纹管件处有可能泄漏，在通风良好的生产区，可以认为属于非爆炸危险的。在通风不良的生产区，其爆炸危险区域范围如图3-4-14所示。

（18）通风良好的室内布置的输送重于空气的可燃气体或蒸气的管道，其阀门、法兰和螺纹管件处，其爆炸危险区域范围如图3-4-15所示。

3. 装置内爆炸危险区域划分图的绘制。在以上的各种示例中，已确定各种设备、设施、管道、建筑物等的爆炸危险区域的划分范围。在装置设备布置图中的设备表上可以查明设备名称和尺寸。从第三节《防火》的有关表中可以查出各种介质的火灾危险性分类。这样，可以装置设备平竖面布置图为基础，参照以上各种示例，绘制装置的爆炸危险区域划分图。详见图3-4-16。然而，必须注意，在利用上述各种示例时，应结合具体情况，充分考虑影响区域等级和范围的各项因素和生产条件，运用实践经验加以分析和判断。绘制爆炸危险区域范围图时，所有距离均从设备外壳或释放源口算起。

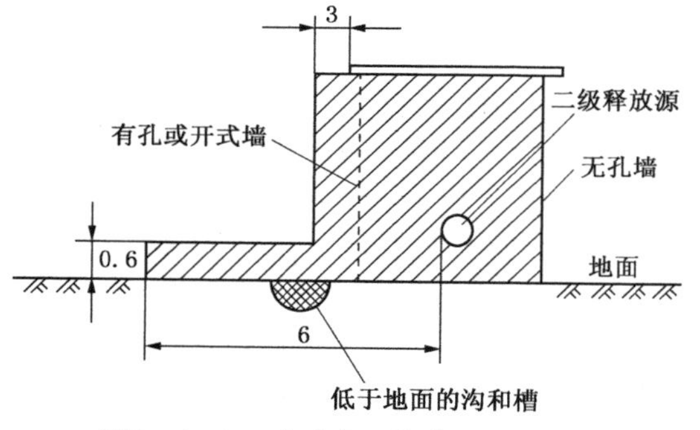

图3-4-15 室内布置管道泄漏处爆炸危险区域范围图

4. 关于正压室的要求。位于爆炸危险场所内的房间内安装有非防爆的电气、仪表等设备时，应首先考虑对这些设备进行局部防爆处理，若局部处理有困难时，房间可设计成正压室，正压室的要求规定如下：

（1）正压室内的通风系统应有独立的备用机组。

（2）正压室内的电气设备，只有在确保室内通过换气后没有爆炸危险时（一般换气量不少于房间及其连接管道容积的和的5倍），才允许接通电源。

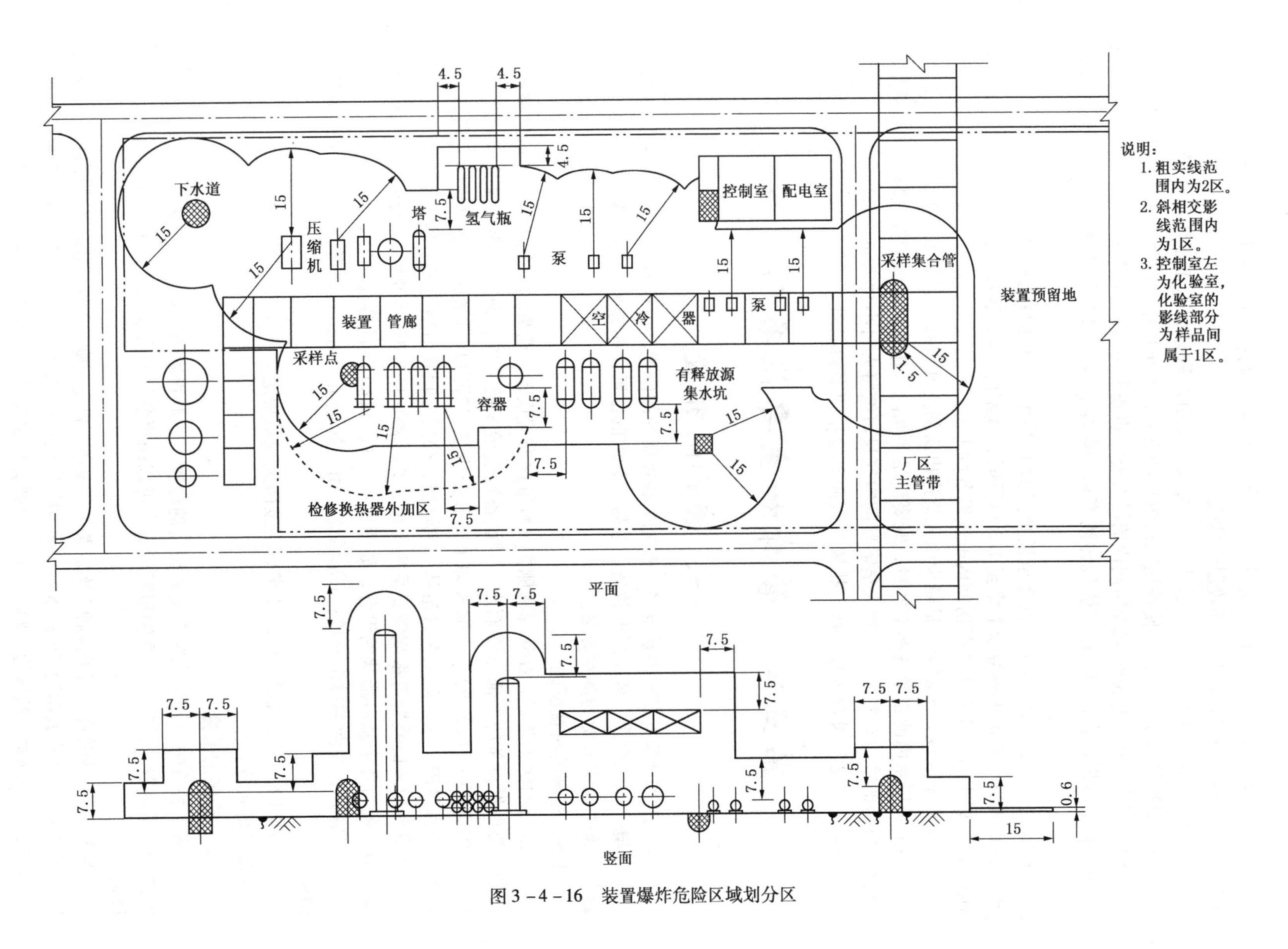

图 3-4-16 装置爆炸危险区域划分区

(3) 室内气压在所有门窗关闭时，相对外部大气压保持不小于25Pa的过压。如有失压应采取下列相应措施，以防止导致爆炸危险。

a. 对于1区：失压报警装置应与正压通风系统电源联锁，当正压值降至设计值的1/2时，应延时报警或发信号，并使备用风机组自动投入，若正压值继续降至1/3以下时且在一定时间内仍不升压，应立即切断房间内的所有电气设备的电源；房间内宜装设可燃气体或蒸气浓度自动分析仪表，当室内可燃气体浓度达到爆炸下限的25%以上时应自动发出信号报警。

b. 对于2区：当室内正压值降至设计值的1/2时，应延时报警或发信号，此时可人工投入备用机组。若正压值继续下降至1/3以下时，或室内可燃气体或蒸气的浓度达到爆炸下限的25%以上时，应人工切断房间内电气设备的电源。

c. 不论1区或2区都应尽量减少因人员进出房间门开启而引起的正压下降。

(4) 正压室内的正常置换空气量，既要满足房间内操作人员呼吸的换气量，又要满足电气设备所需的冷却空气量。工作人员需要的空气量可按每人每小时30m^{3}计算。

(5) 正压室应设余压排风口，排风口宜面对最小频率的风向。

第五节　管廊和主要设备的布置

一、管廊的布置

确定管廊的基本方案因素很多，首先是装置所处的位置、占地面积、地形地貌，其次是周围环境，如原料罐、成品罐的位置，装置外管廊的位置，相邻装置的布置形式等等。根据这些因素来确定管廊的基本方案。

(一) 管廊的布置型式

一般石油化工装置，在管廊两侧按流程顺序布置设备。管廊的形状不能事先确定或固定不变，要根据设备的平面布置而定。对设备数量较少的装置，通常采用一端式或直通式管廊，如图3-5-1(a)(b)。一端式即工艺和公用工程管道从装置的一端进出；直通式是由装置的两端进出，通常是工艺管道从一端进出，公用工程管道则由另一端进出。

对设备较多的装置可根据需要采用L形、T形和U形等型式管廊，联合装置可采用组合管廊即可视为几个基本形状的组合，如图3-5-1(c)(d)(e)(f)(g)所示。

L形管廊，由两端进出管道；T形管廊，由三端进出管道；其他形状管廊可视具体情况而定。

管廊周围上下布置设备间距要求，应按防火规范规定。图3-5-2和图3-5-3是装置的局部设备布置。

(二) 管廊的位置

管廊在装置中应处于能联系主要设备的位置。一般管廊布置在长方形装置占地的适中位置且平行于装置的长边，其两侧布置设备，可以缩短装置的占地长度，节约占地面积，节省投资。

图3-5-4为管廊布置的几种方案。若工艺设备布置在管廊一侧时[图3-5-4(a)]，管廊太长，若把设备布置在其两侧[图3-5-4(b)]则可缩短一半长度。不需要紧靠管廊布置的生产设施、控制室、配电间、罐区等，如沿管廊布置则会增加所需的管廊长度[图3-5-4(c)]。由此

可见，合理布置设备和管廊，可以缩短管廊长度。

图3-5-5为如何缩短管廊长度的实例：图3-5-5(a)是要预留罐区时的几种方法，如按右图的方法，可比左图省50%的管廊长度;图3-5-5(b)是将装置的设备布置旋转90°后，

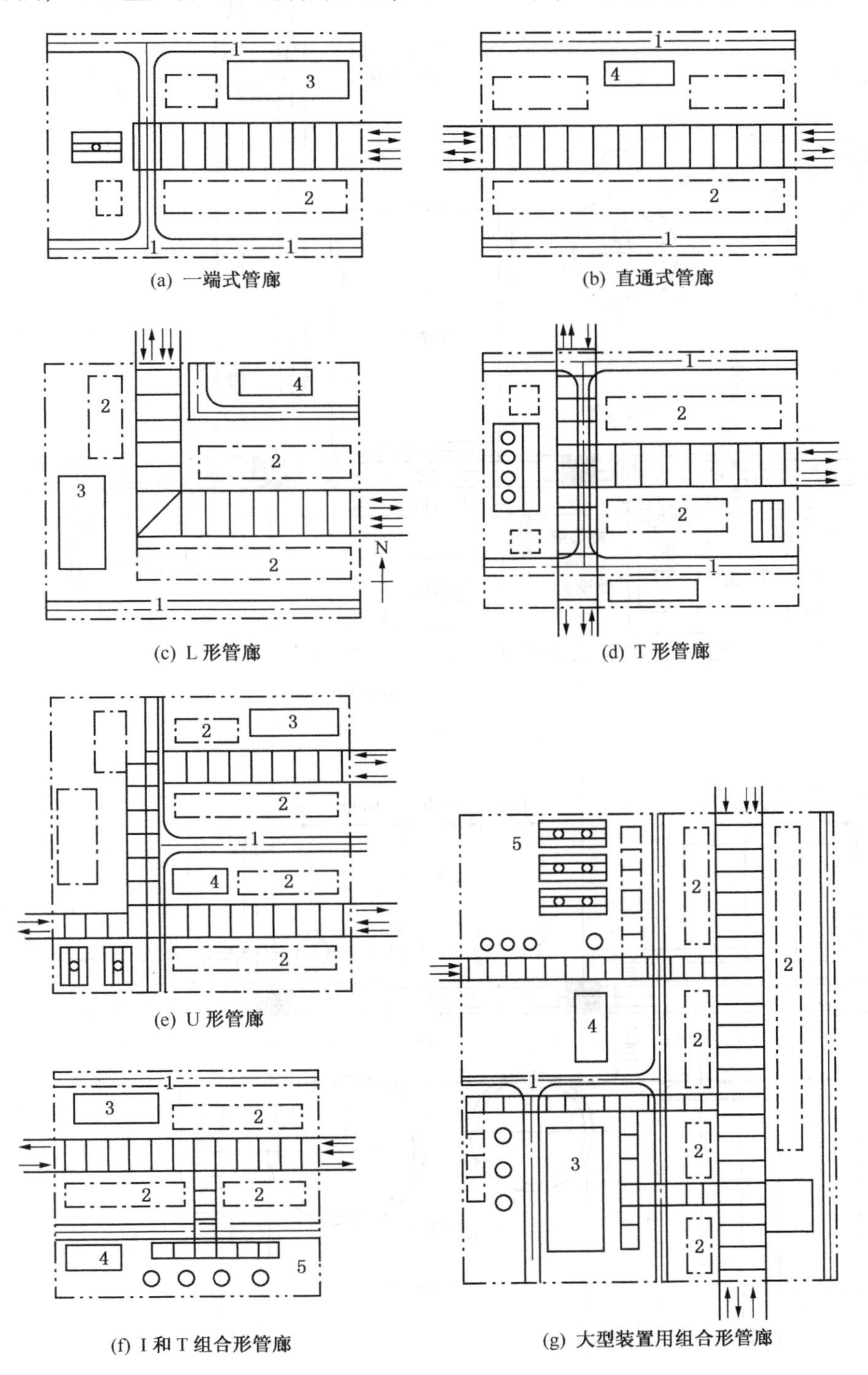

图3-5-1 管廊的布置型式

1—道路；2—工艺设备；3—压缩机室；4—控制室；5—加热炉

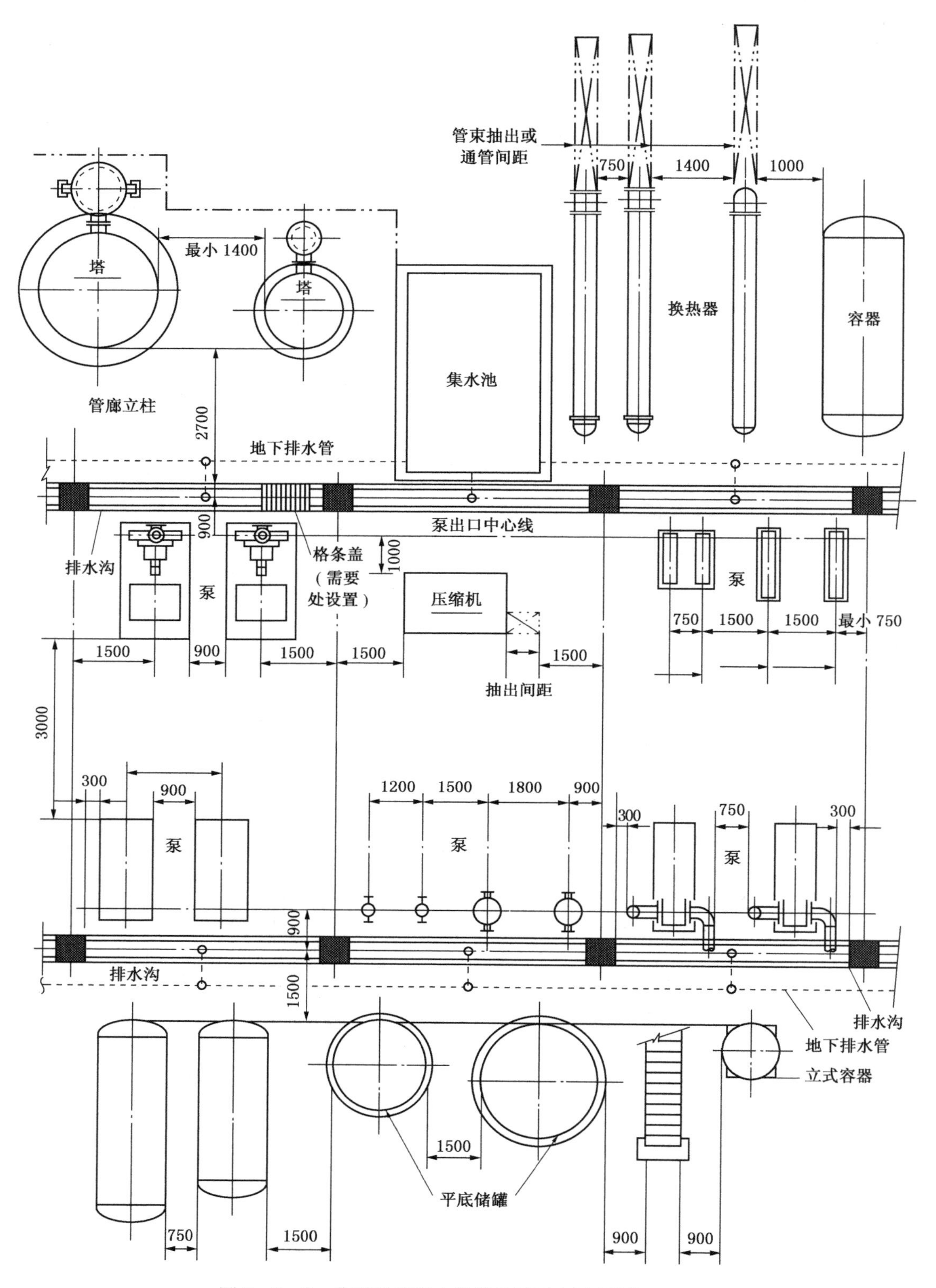

图 3－5－2　典型的管廊内外设备平面布置（单位：mm）

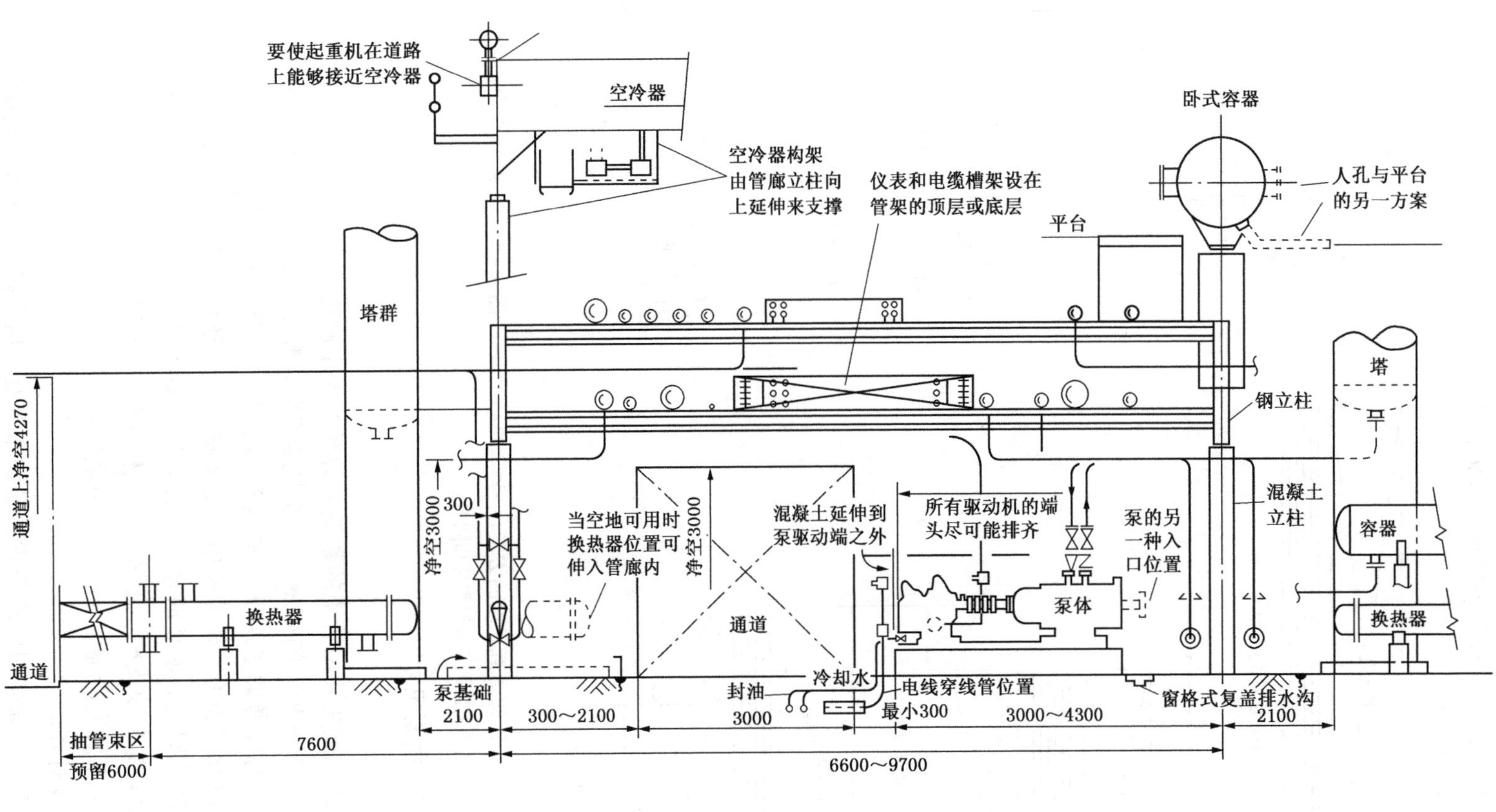

图3-5-3　典型的管廊周围设备立面布置(单位:mm)

可以节省管廊长度，扩建时不必再延伸管廊；图 3－5－5(c)是将控制室移至端部，这时可把两条管廊合并为一条。

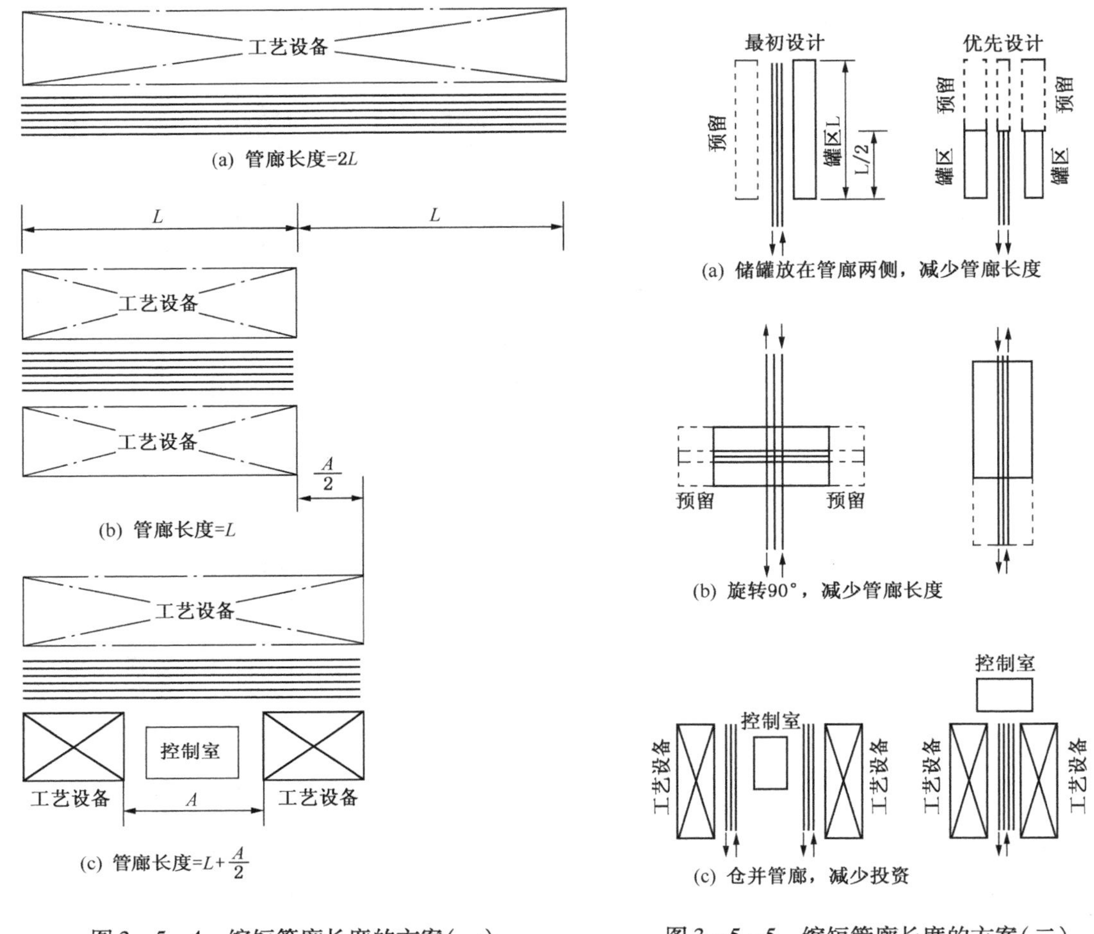

图 3－5－4 缩短管廊长度的方案(一)

注：所有布置方案的工艺设备面积都是相同的。

图 3－5－5 缩短管廊长度的方案(二)

(三) 管廊的主要尺寸

1. 管廊宽度

(1) 管廊的宽度主要由管道的数量和管径的大小确定。并考虑一定的预留的宽度，全厂性管廊应留有 10% ~30% 的裕量，并考虑其荷重。装置管廊宜留有 10% ~20% 的裕量，并考虑其荷重。同时要考虑管廊下布置设备和通道，以及管廊上布置空冷设备等对结构的影响。如果要求敷设仪表引线槽架和电力电缆槽架时，还应考虑它们所需的宽度。管廊上管道可以布置成单层或双层，必要时也可布置多层。管廊的宽度一般不大于 9m，如果必须超过 9m 时，可在中间加一根支柱，形成三根支柱主副两跨式管廊。

(2) 管廊上布置空冷器时，支柱跨距最好与空冷器的间距尺寸相同，以使管廊立柱与空冷器支柱中心线对齐。

(3) 管廊下布置设备时，应考虑设备的布置及其所需操作和检修通道的宽度。如果所布置泵的驱动机用电缆地下敷设时，还应考虑电缆沟所需宽度。此外，还要考虑泵用冷却水管道和排水管道的干管所需宽度。不过，电缆沟和排水管道可以布置在通道的下面。

（4）由于整个管廊的管道布置密度并不相同，通常在首尾段的管道数量较少。因此，在必要时可以减小首尾段管廊的宽度或层数。

2. 管廊支柱的间距

管廊的柱距和管架的跨距是由敷设在其上的管道因垂直荷载所产生的弯曲应力和挠度决定的。应满足大多数管道的跨距要求，宜为6~9m，如中小型装置中小直径的管道较多时，可在两根支柱之间设置副梁使管道的跨距缩小。另外管廊支柱的间距，宜与设备构架支柱的间距取得一致，以便管道通过。

为了管架结构设计和施工方便，图3－5－6给出钢结构的典型管架形式的结构尺寸。常用的管架形式为2型、3型、4型和5型。

管架的结构有单柱管架、双柱管架之分。1型为单柱管架，2~5型是双柱管架，此外尚有其他型管架。图3－5－7所示为另一种管架形式：(a)为单柱双梁；(b)为双柱双梁；(c)为三柱双梁。

单柱管架宽度系列为：0.5、1、1.5、2、3m；

双柱管架宽度系列为：3、4、6、8、8.7、9m。

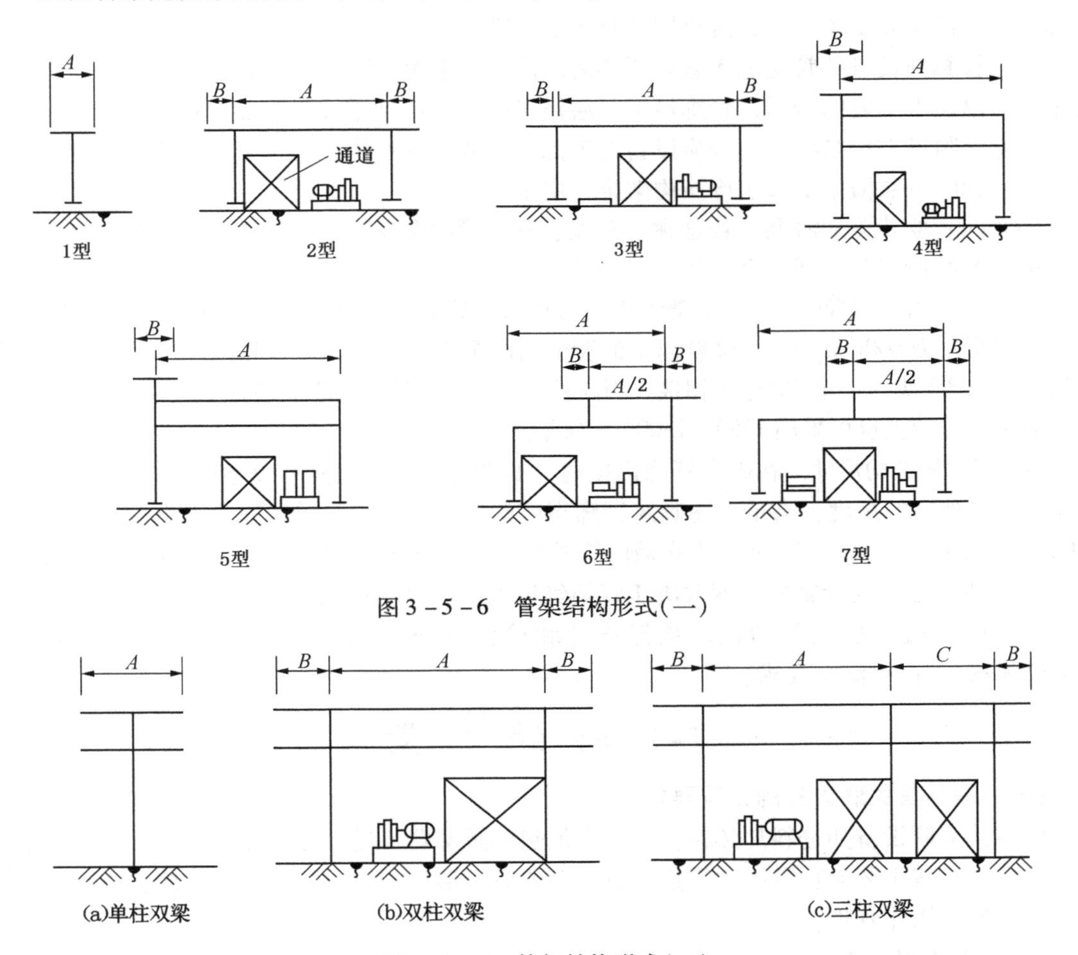

图3－5－6　管架结构形式(一)

图3－5－7　管架结构形式(二)

如果是混凝土管架，横梁上应埋放一根≥ϕ12mm圆钢或厚8mm扁钢或梁顶预埋角钢对于钢梁上也可焊根≥ϕ12mm的圆钢，以减少管道与横梁间的摩擦力。

3. 管廊的高度

管廊的高度是根据下面条件确定的：

（1）横穿道路的空间。

a. 管廊在道路上空横穿时，其净空高度为：装置内的检修道不低于4.5m；工厂内道路不低于5.0m；

b. 跨越铁路时可燃气体、液化烃和可燃液体管道距轨顶净空不低于6.0m，其他管道距轨顶净空不低于5.5m；

c. 管廊下检修通道不低于3m；

d. 管廊下作为消防通道时，不应低于4.5m；

e. 当管廊有桁架时要按桁架底高计算。

（2）管廊下管道的最小高度。为有效地利用管廊空间，多在管廊下布置泵、冷换设备或容器等。考虑到设备的操作和维护，至少需要3.5m高度；管廊上管道与分区设备相接时，一般应比管廊的低层管道标高低或高600～1200mm。所以管廊底层管底标高最小为3.5m。管廊下布置设备高度增加时，需要增加管廊下的净空。

（3）管廊外设备的管道进入管廊所必需的高度。若为大型装置，其设备和管径增大，为防止管道出现不必要的袋形，管廊最下一层横梁底标高应低于设备管嘴600～1200mm。

若管廊附近有冷换构架，冷换设备的下部管道要从它的构架平台下接往管廊，此时至少要保证管廊的下层横梁要低于冷换构架第一层平台。

（4）同其他装置的协调。若管廊与有关装置的管廊衔接，宜将相邻的管廊布置成一条直线，可以节约投资并有利于全厂的美观和整齐。

（5）垂直相交的管廊高差。若管廊改变方向或两管廊成直角相交，其高差以600～1200mm为宜。当高差为600mm时，*DN*200以下的管子用两个直角弯头和短管相接；大于*DN*200的管子用一个45°弯头、一个90°弯头相接。当高差为1000mm时，*DN*300的管子用两个直角弯头相接。对于大型装置也可采用1250～1500mm高差。

(6)管廊的结构尺寸　在确定管廊高度时，要考虑到管廊横梁和纵梁的结构断面和型式，使梁底或桁架底的高度，满足上述确定管廊高度的要求。对于双层管廊，上下层间距一般为1200～2400mm，主要决定于管廊上多数的管道直径；大型石油化工装置可达2500～3000mm。

至于装置之间的管廊的高度取决于管架经过地区的具体情况。如沿工厂边缘或罐区，不会影响厂区交通和扩建的地段，从经济性和检修方便考虑，可用管墩敷设，离地面高300～500mm，即可满足要求。

二、塔的布置

（一）塔与其关联设备的布置要求

塔与其关联设备如进料加热器，非明火加热的重沸器，塔顶冷凝冷却器、回流罐，塔底抽出泵等，宜按工艺流程顺序，靠近布置。必要时可形成一个独立的操作系统，设在一个区内，这样便于操作管理。

（二）塔的布置方式

1. 单排布置，一般情况下较多采用单排布置的方式，管廊的一侧有两个或两个以上的塔或立式容器时，一般中心线对齐，如二个或二个以上的塔设置联合平台时，可以中心线对齐，也可以一边切线对齐。

2. 非单排布置，对于直径较小本体较高的塔，可以双排布置或成三角形布置，这样，可以利用平台将塔联系在一起提高其稳定性。但应注意平台生根构件应采用可以滑动的导向节点，以适应不同操作温度的热胀影响。

3. 构架式布置，对直径 $DN \leq 1000$mm 的塔还可以布置在构架内或构架的一边。利用构架提高其稳定性和设置平台、梯子。

（三）沿管廊布置的塔应考虑以下各方面的要求

1. 应在塔和管廊之间布置管道，在背向管廊的一侧应设置检修通道或场地。塔的人孔，手孔宜朝向检修区一侧。

2. 塔和管廊的间距：

（1）塔和管廊立柱之间没有布置泵时，塔外壁与管廊立柱之间的距离，一般为 3～5m，不宜小于 3m，一般在此范围内，设置调节阀组和排水管道与排水井等。国外某些公司的布置塔与管廊立柱间距也有小于 3m 的。

（2）塔和管廊立柱之间布置泵时，可能泵的驱动机仍在管廊内，泵的进出口或其中之一在管廊立柱外，这时泵的基础与塔外壁的间距，应按泵的操作、检修和配管要求确定，一般情况下，不宜小于 2.5m。

（3）两塔之间净距不宜小于 2.5m，以便敷设管道和设置平台。

（四）塔的安装高度

塔的安装高度应考虑以下各方面因素：

（1）对于利用塔的内压或塔内流体重力将物料送往其他设备或管道时，应由其内压和被送往设备或管道的压力、高度和输送管道压力降来确定塔的高度。

（2）对于用泵抽吸塔底液体时，应由泵的必需汽蚀余量和吸入管道的压力降来确定塔的高度。

处于负压状态的塔，为了保证塔底泵的正常操作，其最低液面标高应留有较大的裕量。

（3）带有非明火加热的重沸器的塔，其安装高度，应按塔和重沸器之间的相互关系和操作要求来确定塔的安装高度。

（4）塔的安装高度还应满足底部管道安装和操作的要求，且其基础面一般宜高出地面 0.2m。

（5）对于成组布置的塔采用联合平台时，有时平台标高取齐有困难，可以调整个别塔的安装高度，便于平台标高取齐。

（五）塔的典型布置

塔及其关联设备的典型布置见图 3－5－8～图 3－5－10。塔的安装高度及平台的高度见图 3－5－11。

三、反应器的布置

（一）反应器与其关联设备的布置要求

反应器与提供反应热量的加热炉或取走反应热的换热器，可视为一个系统，没有防火间距的要求。

1. 反应器与加热炉的间距，在《石油化工企业设计防火规范》（GB 50160—2008）和《石油化工工艺装置布置设计规范》（SH 3011—2011）中规定不应小于 4.5m，这是因为在反应器与加热炉之间只留出通道和管道布置及检修需要的空间即可。据统计国内外 11 个铂重整或连续重整装置的设备布置间距，反应器与加热炉之间净距大于 4.5m 者有 8 个，小于 4.5m 者 3 个。大于 4.5m 者往往是二者之间有管廊或有一排单柱管架。

2. 在流化催化裂化装置中，反应器与再生器的布置是由催化剂循环线的尺寸要求确定的。按照流化输送管道的最佳流动条件确定其高度和位置。这样反应器和再生器的相对位置及安装高度也就确定下来。一般反应器与再生器中心线对齐。

3. 对于内部装有搅拌或输送机械的反应器，应在顶部或侧面留出搅拌或输送机械的轴和电机的拆卸、起吊等检修所需的空间和场地。

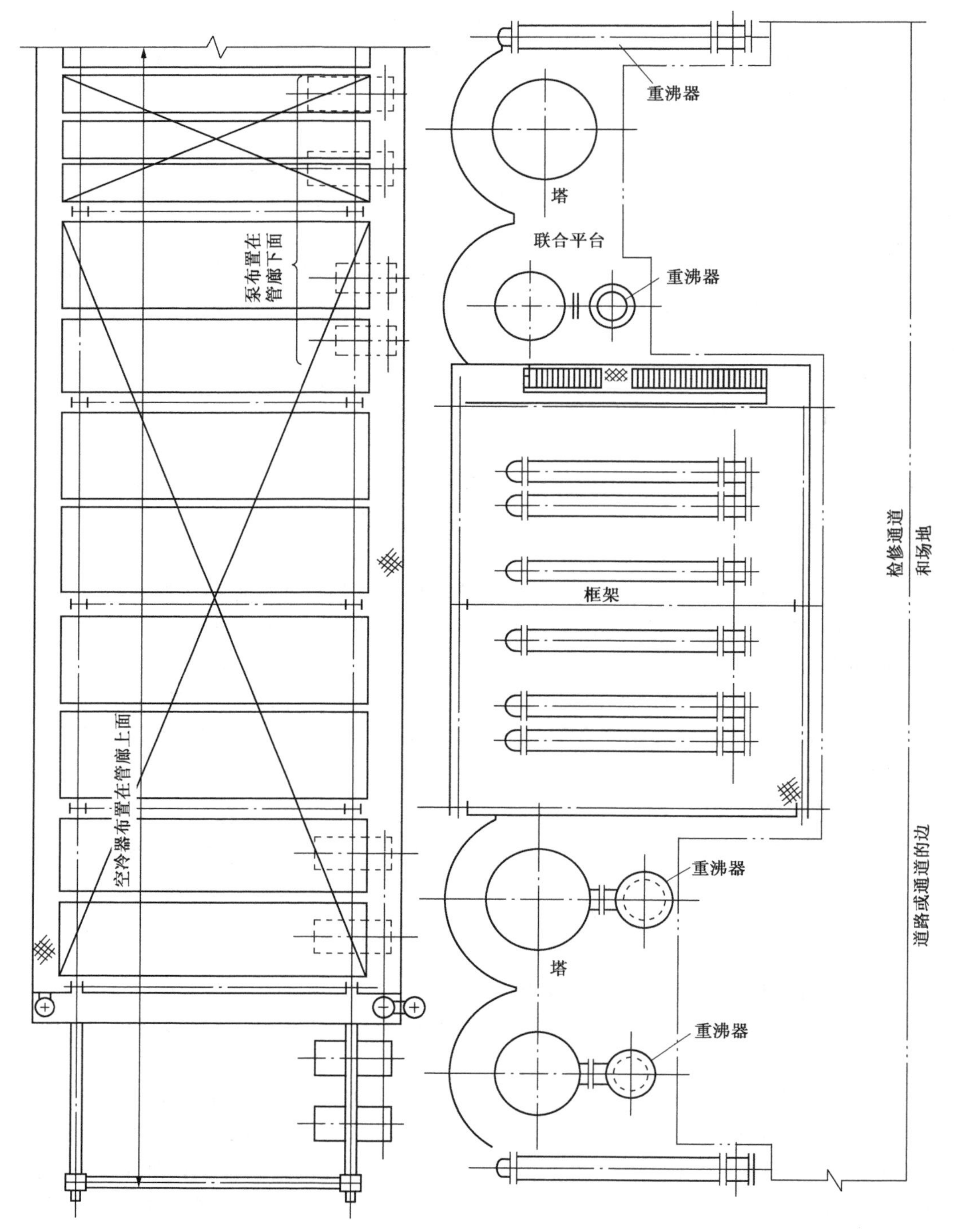

图 3-5-8　成组的塔与构架的联合布置之一

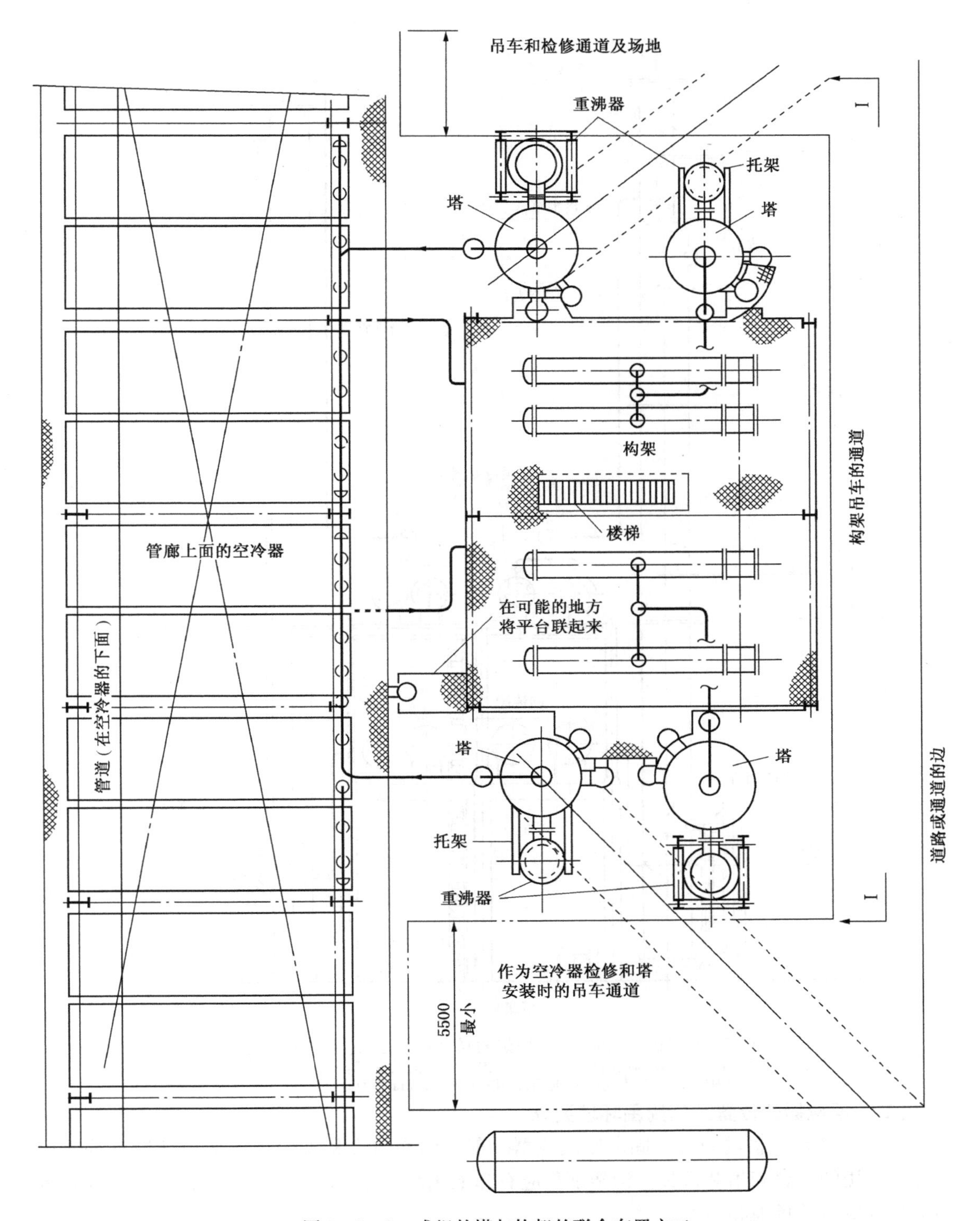

图 3－5－9　成组的塔与构架的联合布置之二

注：1. 塔的一侧应留出一定宽度的吊装检修用场地和通道。

2. Ⅰ—Ⅰ剖视图见图 3－5－10。

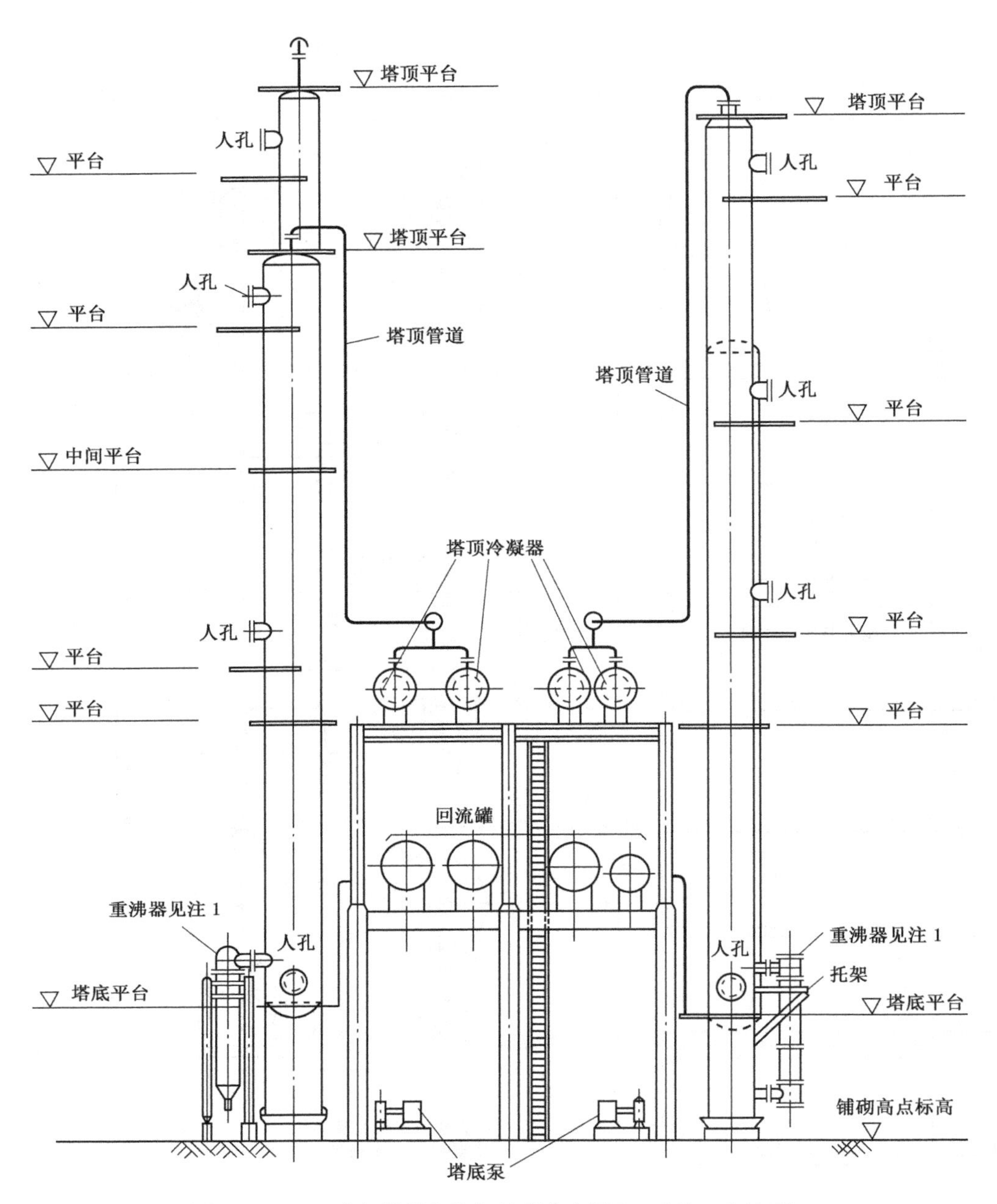

图 3－5－10　成组的塔与构架的联合布置之三（Ⅰ—Ⅰ竖面）

注：1. 重沸器支架可以利用塔壁支撑也可以由地面设支架支撑。

2. 塔人孔中心线的高度与平台的高度相差 0.6～1.2m 为宜。

（二）反应器的位置及其周围环境要求

1. 固定床反应器的布置。固定床反应器一般成组布置在构架内。构架顶部设有装催化剂和检修用的平台和吊装机具。构架下部应有卸催化剂的的空间。构架的一侧应有堆放和运输催化剂所需的场地和通道。

2. 根据工艺过程需要，反应器顶部可设顶棚，反应器也可布置在厂房内。厂房内的反应器除需要装卸催化剂和检修所需吊装机具之外，还要在厂房内设置吊装孔和场地，吊装孔应靠近厂房大门和运输通道。

3. 高压和超高压的压力设备，宜布置在装置的一端或一侧，这样可以减少可能发生事故对装置的波及范围，减少损失；有爆炸危险的超高压反应设备，宜布置在防爆构筑物内，可与工艺流程中其前后过程的设备、建筑物、构筑物联合集合布置，有利于安全生产，节约占地，减少管道投资。

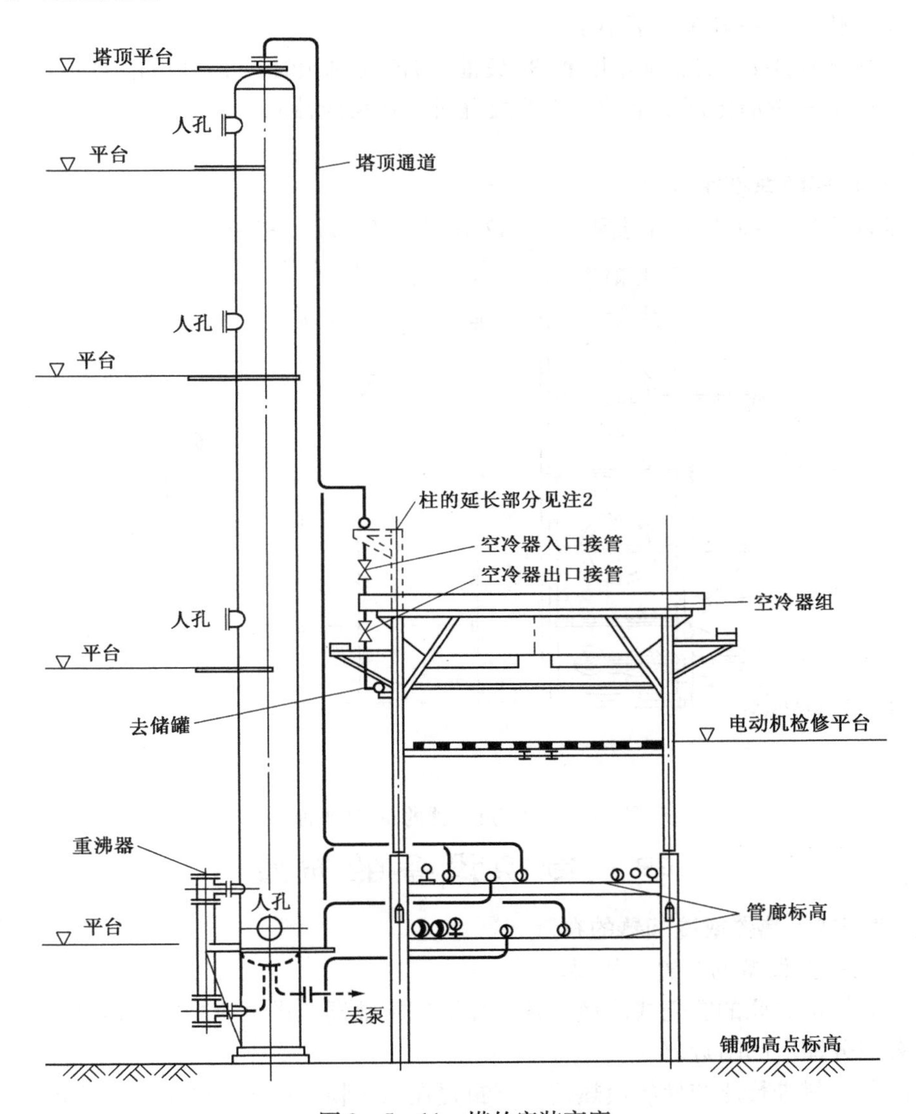

图 3－5－11　塔的安装高度

注：1. 塔的安装高度除在条文中所述外，尚应考虑如塔底抽出液的温度接近沸点且在其管道上装设孔板等流量计时，为防止流量计前的液体闪蒸，管道中需要一定的静压头，因此塔必须安装得高一些。

2. 塔顶馏出物管道的支架可利用延伸空冷器的立柱车支撑。

（三）反应器的安装高度

1. 反应器的支撑方式

（1）裙座支撑分为同径裙座和喇叭形裙座两种，一般多为同径裙座，大直径或球形底盖的反应器用喇叭形裙座。

（2）反应温度 200℃以上的反应器，为了便于散热，反应器裙座应有足够的长度，使裙座与基础接触处的温度不超过钢筋混凝土结构的受热允许温度❶。

（3）直径较小的反应器采用支腿或支耳支撑。支腿的使用范围参照立式容器。

2. 反应器的安装高度应考虑催化剂卸料口的位置和高度

（1）卸料口在反应器正下方时，其安装高度应能使催化剂的运输车辆进入反应器底部，以便卸出废催化剂，一般净空不小于3m。

（2）卸料口伸出反应器底座外并允许将废催化剂就地卸出时，卸料口的高度不宜低于1.2m。

（3）反应器的废催化剂如果结块需要处理时，在反应器底部应有废催化剂粉碎、过筛和操作所需空间。

（四）反应器的典型布置

反应器的平面和立面的布置见图3－5－12和图3－5－13。重整反应器的布置见图3－5－14。

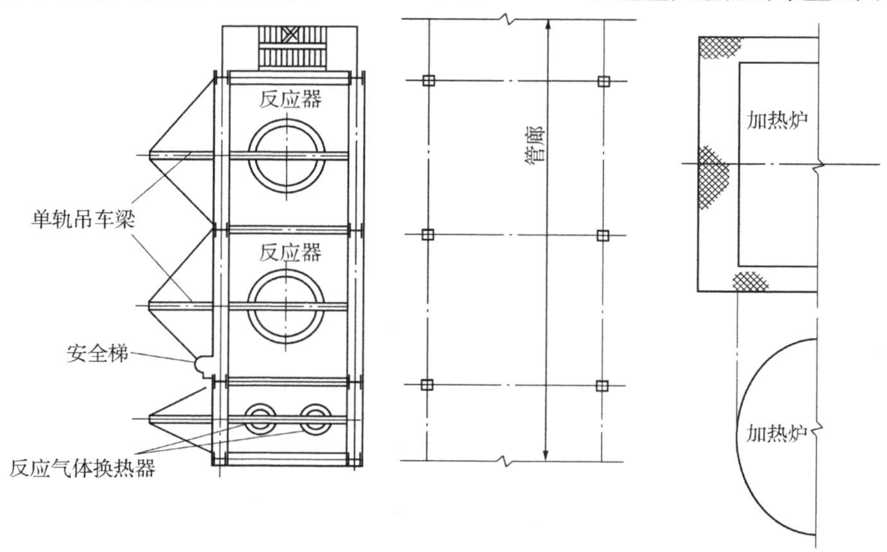

图3－5－12　反应器的布置(平面)

四、冷换设备的布置

（一）管壳式换热器或冷却器的布置

1. 管壳式冷换设备的布置一般要求

（1）与分解塔关联的管壳式冷换设备，如塔底重沸器，塔顶冷凝冷却器等，宜按工艺流程顺序布置在分馏塔的附近。

（2）两种物料进行热交换的换热器，宜布置在两种物料口的管道最近的位置。

（3）一种物料如需要连续经过多个换热器进行热交换时，应成组布置。

（4）用水或冷剂冷却几组不同物料的冷却器，宜成组布置。

（5）成组布置的冷换设备，宜取支座基础中心线对齐，当支座间距不相同时，宜取一端支座基础中心线对齐。为了管道连接方便，也可采用管程进出口管嘴中心线对齐。

（6）冷换设备应尽可能布置在地面上，但是冷换数量较多可布置在构架上。

❶ 钢筋混凝土在热的作用下钢筋和骨料膨胀水泥石收缩，所以会产生细微裂缝，使其强度降低。试验证明混凝土抗压强度，假定常温时为1.0，则60℃时为0.9，100℃时为0.85。国外某公司将钢筋混凝土的受热允许温度定为100℃，在《烟囱设计规范》GB 50051—2013中定为150℃。必要时在基础与裙座之间填一层耐热石棉垫。

(7) 为了节约占地或工艺操作方便可以将两台冷换设备重叠在一起布置。但对于两相流介质或操作压力大于或等于 4MPa 的换热器，为避免振动影响，不推荐重迭布置。壳体直径大于或等于 1.6m 的不宜重迭布置。

(8) 物料超过自燃点的换热设备不宜布置在构架内。

(9) 重质油品或污染环境的物料的冷换设备不宜布置在构架上。

(10) 可燃液体的换热器操作温度高于其自燃点或超过 250℃ 时，如无不燃烧材料的隔板隔离保护，其上方或下方不应布置其他可燃设备。

2. 冷换设备的间距

(1) 冷换设备之间或冷换设备与其他设备之间的间距，考虑在管道布置以后其净距不宜小于 0.8m。在国外有些公司定为 0.6m。

(2) 布置在地面上的冷换设备，为便于检修应满足以下要求：

a. 浮头式管壳换热器，在浮头的两侧，应有宽度不小于 600mm 的空地，浮头端的前方应有宽度不小于 1500mm 的空地，管箱两侧应有不小于 0.6m 空地，管箱端的前方应留有比管束长度至少长 1500mm 的空地，详见图 3-5-22 所示；

b. 尽可能避免冷换设备的中心线，正对着构架或管廊立柱的中心线。如果不考虑冷换设备在就地抽管束，而准备整体吊运至装置外检修时，可不受此限制，但要有吊装的通道和场地。

(3) 布置在构架上的冷换设备，为便于检修应满足以下要求：

a. 浮头式管壳换热器，在浮头端前方宜有 1.0m 的平台面，在管箱端前方宜有 1.0m 的平台面。并应考虑管束抽出所需空间，即在管束抽出的区域内，不应布置小型设备且平台的栏杆采用可拆卸式的，详见图 3-5-23；

b. 冷换设备周围平台应留有足够的操作和维修通道，并考虑采用机动吊装设备装卸冷换设备的可能性。如果由于占地限制，不能使用机动吊装设备装卸时，尚应考虑设备永久性的吊装设施；

c. 布置在构架下或两层构架之间冷换设备和布置在管廊下的冷换设备，都应考虑吊装检修的通道和场地。

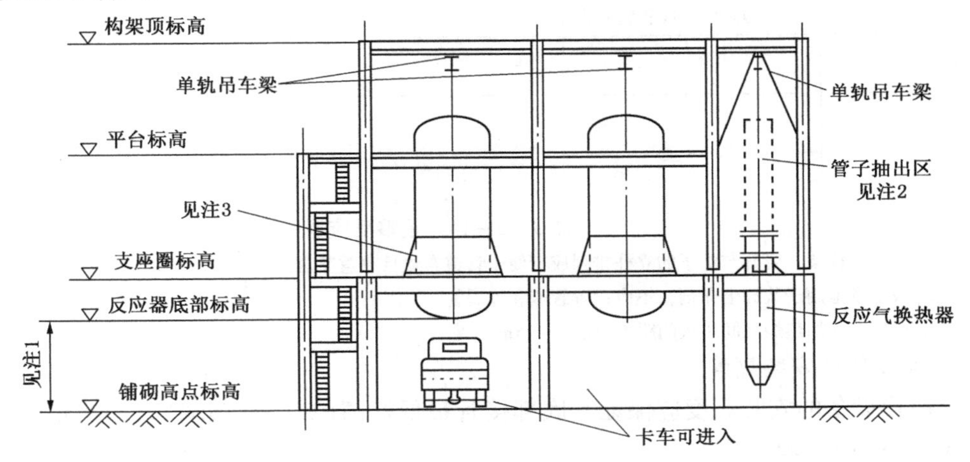

图 3-5-13 反应器的布置(立面)

注：1. 反应器底部如有催化剂卸料口，为便于卡车进出应有 3m 净空。

2. 大型立式反应气体换热器，不能采用移动式吊车抽管束时，可设置吊车梁。

3. 反应器支座应有足够的长度散热。

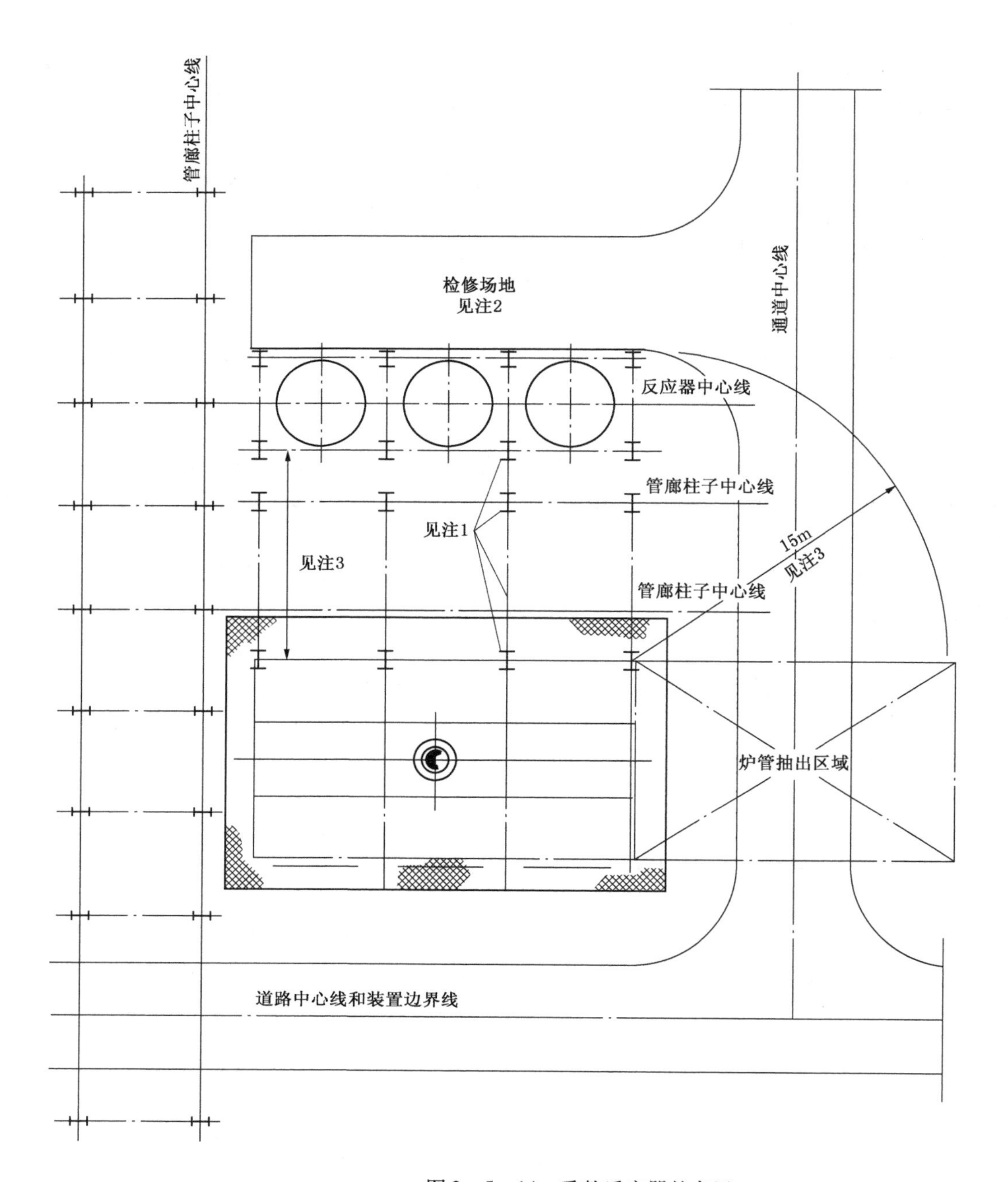

图 3－5－14　重整反应器的布置

注：1. 反应器构架、管廊与炉子的立柱排列成行便于管道布置且整重美观。

2. 检修场地用于装卸催化剂，不应设置管道和障碍物。

3. 反应器与加热炉之间防火间距不应小于 4.5m。

3. 冷换设备的安装高度

（1）冷换设备的安装高度应保证其底部接管最低标高（或排液阀端部）与当地地面或平台面的净空不小于 150mm。

（2）为了外观一致，成组布置的冷换设备的混凝土支座高度宜相同。

（3）两台重叠布置的冷换设备，只给出下部换热器中心线标高即可。但是，如果两台互不相干的冷换设备重叠在一起布置，则两台中心线的高差应满足管道布置的要求。

(4) 重叠布置的管壳式换热器一般都是两台重叠在一起,个别情况下(如技术改造或技措),也可三台重叠在一起布置。这样的布置,要考虑最上面一台换热器中心线的高度不宜超过4.5m。

(二) 套管式换热器的布置

套管式换热器的布置和检修要求与管壳式换热器大体相同，可参照管壳式换热器的布置。此外尚应注意以下两点：

(1) 套管式换热器的位置和安装高度。套管式换热器一般成组布置在地面上，为了节约占地也可以支撑在构架立柱的侧面。对于组合数量不多的套管式换热器，可以将两种相近介质的组合在一起设在同一个基础上；

(2) 套管式换热器用做往复式压缩机的中间冷却器时，为了防止振动应设加强支座，可在原有的两个支座之外增加1~2个加强支座。

(三) 重沸器的布置

(1) 明火加热的重沸器与塔的间距，应按《石油化工企业设计防火规范》GB 50160 中加热炉与塔的间距要求布置。

(2) 用蒸汽或热载体加热的卧式重沸器应靠近塔布置，并与塔维持一定高差由工艺设计确定，二者之间的距离应满足管道布置要求，重沸器管束的一端应有检修场地和通道。

(3) 立式热虹吸式重沸器宜用塔作支撑布置在塔侧，并与塔维持一定高差(由工艺设计确定)，其上方应留有足够的检修空间。

(4) 一座塔具有多台并联的立式重沸器时，重沸器的位置和安装高度，除与塔维持一定高差之外，尚应满足布置进出口集合管的要求，并便于操作和检修。

(四) 空气冷却器的布置

1. 空气冷却器(以下简称空冷器)的布置。空冷器通常布置在管廊的顶部，或布置在构架顶层。不宜直接放在地面上。如压缩机的凝汽式汽轮机采用空冷器作为其冷凝冷却器时，由于与管廊距离较远，则应将空冷器布置在靠近压缩机的构架上。

塔顶冷凝冷却器采用空冷器时，可以考虑将空冷器直接布置在塔顶，这样可以节约占地和塔顶管道。在20世纪70年代原西德GEA公司曾建造过3200多台布置在塔顶的空冷器。空冷器不宜布置在操作温度高于或等于自燃点的可燃液体设备上方。如果限于占地面积不得已需要如此布置时，则应按“防火规范”的要求采用非燃烧材料的隔板隔离保护。

2. 空冷器的选型要求。在工艺设计过程中，当进行冷换设备选型时，应考虑设备布置的合理性。空冷器的选型应首先考虑将空冷器布置在管廊上的尺寸要求。为使布置合理❶，水平式空冷器建议采用管束长度为12m、9m和6m三种。斜顶式空冷器建议采用管束长度为6m一种。如选用增湿空冷器或干湿联合的空冷器时，则不论立式或斜顶式宜采用管束长度为6m一种。这样管廊尺寸可以定为6m、9m或12m，配合空冷器的构架结构尺寸为5.7×6、8.7×6和10.5×6(m)。如果管廊尺寸与空冷器构架结构尺寸不取得一致，但相差不大时，将空冷器直立支柱改为斜支柱也是可行的。

布置在构架上的空冷器，可以结合空冷器的构架结构设计构架，对于选型没有特殊要求。然而，由于需要单独设置构架，势必增加装置的占地面积。因此，从设备布置设计角度出发，仍希望按上述建议选型。

3. 空冷器的布置要求。空冷器的布置除与工艺流程有关外，并与下列各项有关：

---

❶ 系指结构设计经济合理，管道易于支撑。

(1) 与夏季风向有关。夏季，在空冷器的全年最小频率风向下风侧不应有高温设备如锅炉房等。在空冷器的全年最小频率风向上风侧 20 ~ 25m 范围不应有高于空冷器的建筑物，构筑物或大型设备，以免阻碍空冷器的通风，造成热风循环。

(2) 为防止热风循环应考虑以下问题：

a. 两空冷器应靠近布置，不应留有间距，如图 3 - 5 - 15 所示；

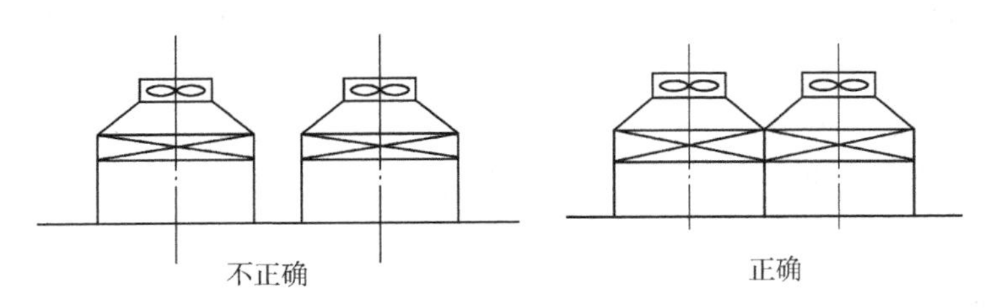

图 3 - 5 - 15　两组空冷器的布置

b. 多组空冷器应互相靠近，以免造成热风循环。否则两组空冷器距离不应少于 12m。如图 3 - 5 - 16 所示；

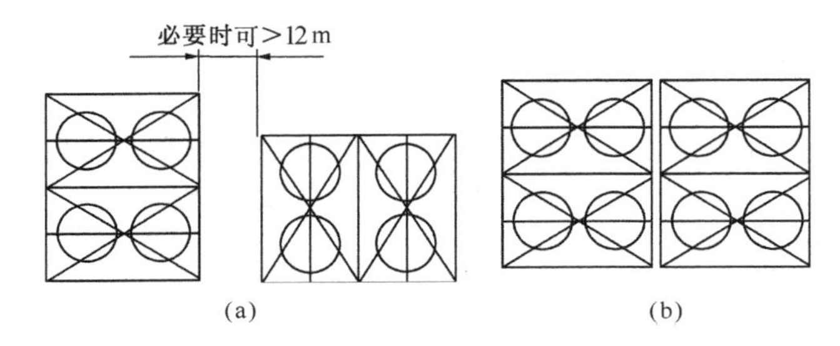

图 3 - 5 - 16　多组空冷器的布置

c. 空冷器应布置在装置的最小风频率风向的下风侧，以免腐蚀性气体或热风进入管束，从而影响冷却效果，如图 3 - 5 - 17 所示；

d. 引风式空冷器与鼓风式布置在一起时，应将引风式空冷器布置在鼓风式空冷器的全年最小频率风向的下风侧，以免热风再循环，如图 3 - 5 - 18 所示；

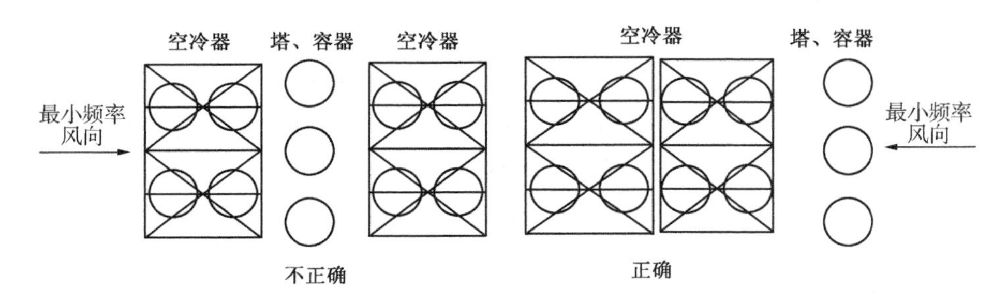

图 3 - 5 - 17　空冷器的位置与风向

e. 引风式空冷器与鼓风式空冷器布置在一起时，其管束高度不得一致，应将鼓风式空冷器管束提高。如图 3 - 5 - 19 所示。

(3) 斜顶式空冷器不应把通风面对着夏季的主导风向。斜顶式空冷器宜成列布置，如成排布置时，两排中间应有不小于 3m 的空间，便于管道安装与操作维修。如图 3 - 5 - 20、图 3 - 5 - 21所示。

(4) 两台增湿空冷器或干湿组合空冷器的构架立柱之间，应有不小于 3 ~ 3.5m 的距离，以便增湿的给水系统管道的操作和维修。

(5) 多组空冷器布置在一起时，应采用一致的布置形式，一般多采用成列式布置。应避免一部分成列式布置而另一部分成排布置。

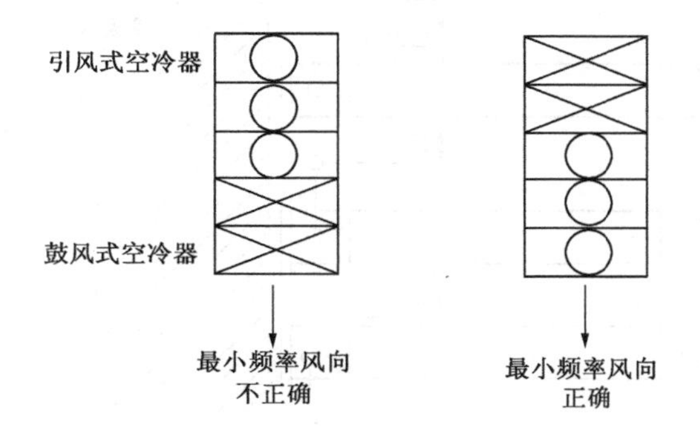

图 3 - 5 - 18　引风式空冷器与鼓风式空冷器的相邻布置

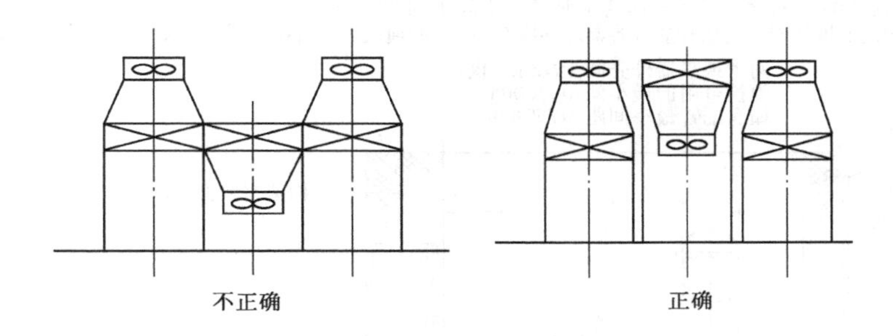

图 3 - 5 - 19　引风式空冷器与鼓风式空冷器的混合布置

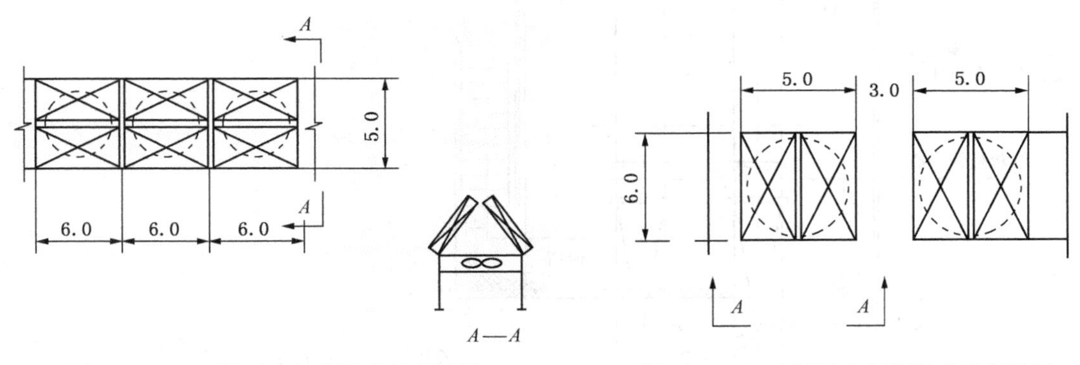

图 3 - 5 - 20　斜顶式空冷器成列布置图　　　　图 3 - 5 - 21　斜顶式空冷器成排布置图

(6) 为了操作和检修方便，在布置空冷器的管廊或构架的一侧地面，应留有检修通道和场地。空冷器管束两端的管箱处应设置平台和梯子。

(7) 空冷器与加热炉之间的距离不应小于 15m。

(8) 空冷器与等于或高于空冷器管箱的建筑物之间的距离不应小于 3m。

(五) 冷换设备的典型布置

换热器的布置见图 3 - 5 - 22 和图 3 - 5 - 23；空冷器的典型布置见图 3 - 5 - 24。

1800～2400
Lm
管束长度加1500
管
净距
250
800
>50
800
廊
800
抽管束区
道路

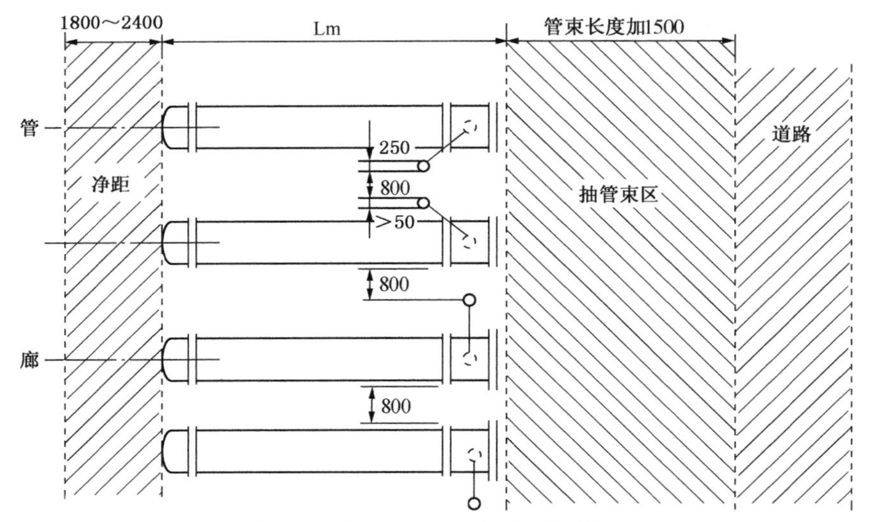

图 3－5－22　地面上换热器的布置

注：1. 换热器外壳和配管净空对于不保温外壳最小为 50mm，对保温外壳最小为 250mm。
2. 两个换热器外壳之间有配管，但无操作要求时其最小间距为 800mm。
3. 塔和立式容器附近的换热器，与塔和立式容器之间应有 1m 宽的通道。两台换热器之间无配管时最小距离为 800mm。

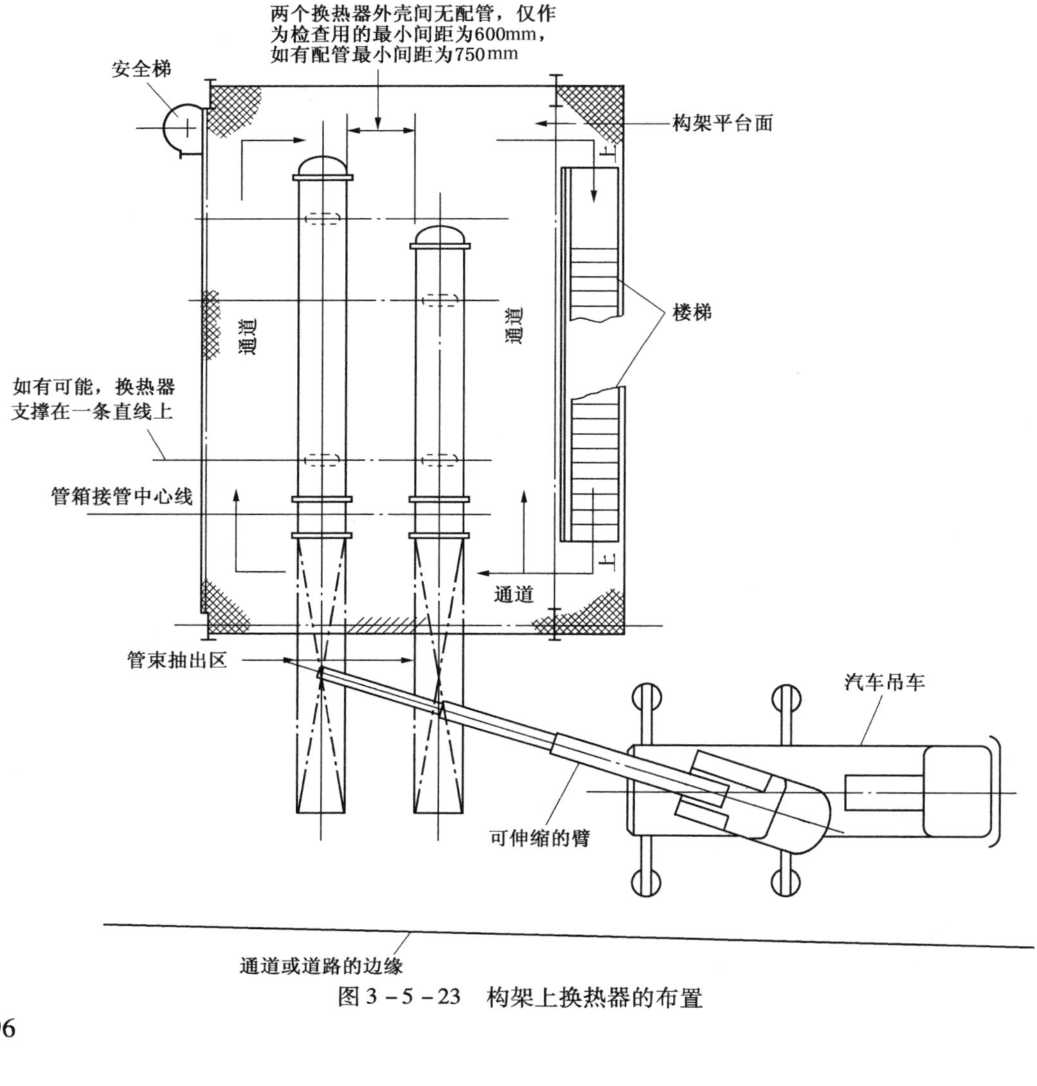

两个换热器外壳间无配管，仅作
为检查用的最小间距为600mm，
如有配管最小间距为750mm
安全梯
构架平台面
上
楼梯
通道
通道
如有可能，换热器
支撑在一条直线上
管箱接管中心线
上
通道
管束抽出区
汽车吊车
可伸缩的臂
通道或道路的边缘

图 3－5－23　构架上换热器的布置

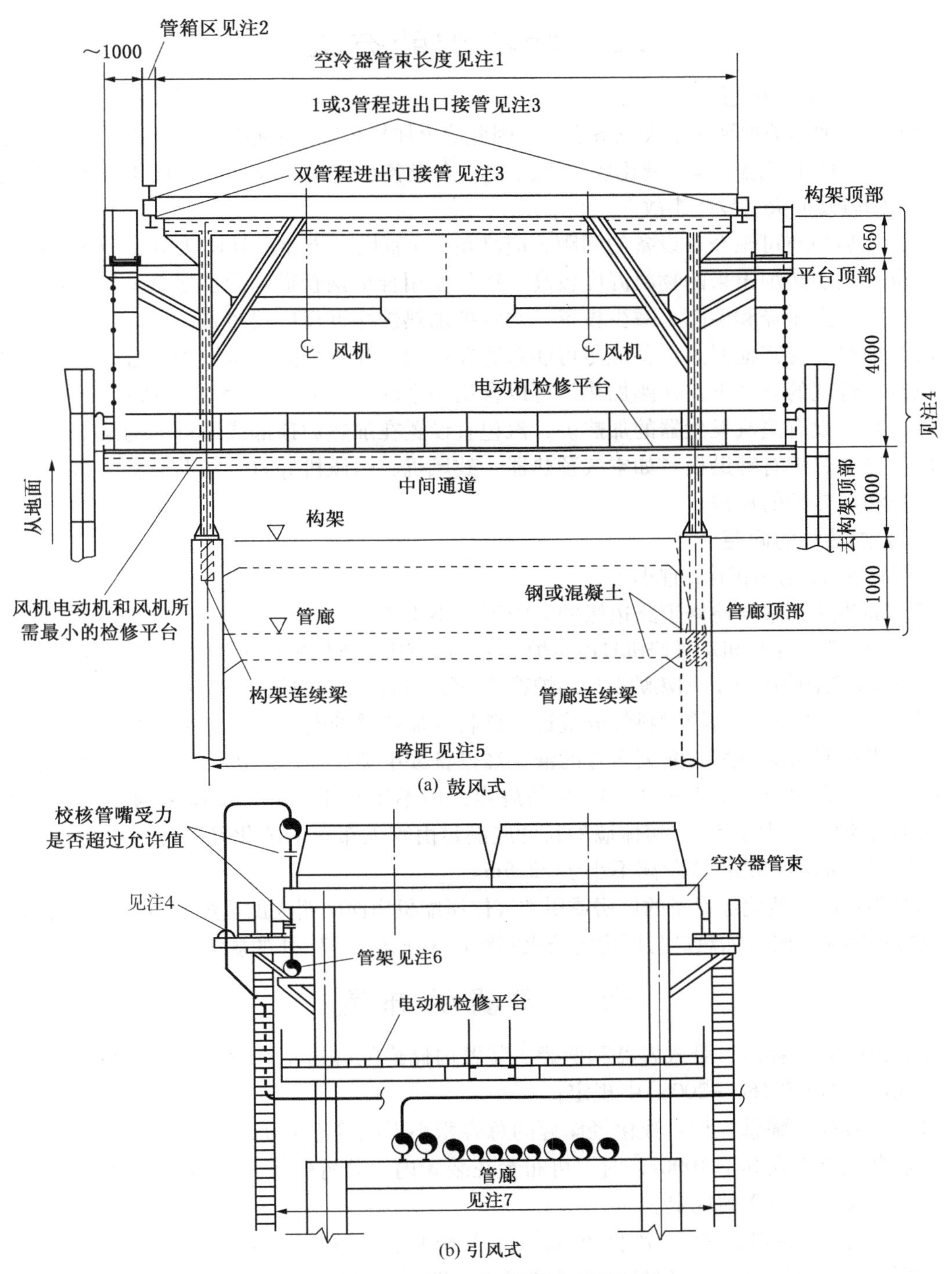

(a) 鼓风式

(b) 引风式

图3-5-24　空冷器典型布置

注：1. 空冷器管束的长度可以大于支柱的跨距，但最大的外伸长度应在1m以内。
2. 管箱宽度的近似尺寸为最大接管直径加200mm。
3. 空冷器的管程数应和图纸校核，避免关联设备的位置布置不当。
4. 所示尺寸仅为推荐性的供参考。管道要能从管廊的上方，电动机检修平台的下方进出。电动机检修平台和风机进口之间，应保持人通行的净空。
5. 空冷器构架的支柱的间距，应和管廊或构架跨距相一致。
6. 在检修平台上或空冷器立柱上设置管架时，应校核构件的支持能力。
7. 校核直梯高度与位置是否合适？直梯周围地面不得有设备等障碍物。

五、加热炉的布置

（一）加热炉的位置

（1）一般加热炉被视为明火设备之一，因此明火加热炉宜集中布置在装置的边缘并靠近消防通道，且宜位于可燃气体、液化烃和甲$_B$、乙$_A$类设备全年最小频率风向的下风侧，以免泄漏的可燃物触及明火，发生事故。

（2）加热炉与可燃介质设备的间距，应满足《石油化工企业设计防火规范》GB 50160的有关要求。从加热炉出来的物料温度较高，往往要用合金钢管道，为了尽量缩短昂贵的合金钢管道，以减少压降和温降，减少投资，常常把加热炉靠近反应器布置。

（3）加热炉与其他明火设备应尽可能布置在一起。几座加热炉可按炉中心线对齐成排布置。在经济合理的条件下，几座加热炉可以合用一个烟囱。如图3－5－25所示。

（4）对于设有蒸汽发生器的加热炉，汽包宜设置在加热炉顶部或邻近的构架上。

（5）当加热炉有辅助设备如空气预热器、鼓风机、引风机等时，辅助设备的布置不应妨碍其本身和加热炉的检修。

（二）加热炉的间距

（1）两座加热炉净距不宜小于3m。

（2）加热炉外壁与检修道路边缘的间距不应小于3m。

（3）当加热炉采用机动维修机具吊装炉管时，应有机动维修机具通行的通道和检修场地，对于水平布置炉管的加热炉，加热炉在抽出炉管的一侧，检修场地的长度不应小于炉管长度加2m。

（4）加热炉与其附属的燃料气分液罐、燃料气加热器的间距，不应小于6m。

（5）当在明火加热炉与露天布置的液化烃设备或甲类气体压缩机之间设置不燃烧材料实体墙时，其防火间距可小于表3－3－9的规定，但不得小于15m。实体墙的高度不宜小于3m，距加热炉不宜大于5m，实体墙的长度应满足由露天布置的液化烃设备或甲类气体压缩机经实体墙至加热炉的折线距离不小于22.5m。

（6）当封闭式液化烃设备的厂房或甲类气体压缩机房面向明火加热炉一面为无门窗洞口的不燃烧材料实体墙时，加热炉与厂房的防火间距可小于表3－3－9的规定，但不得小于15m。

六、容器的布置

容器包括立式容器、卧式容器和储罐。装置内储罐的容量不宜过大。《石油化工企业设计防火规范》（GB 50160—2008）中规定：

（1）当装置储罐总容积：液化烃储罐的总容积小于或等于100m^3、可燃气体或可燃液体储罐的总容积小于或等于1000m^{3}时，可布置在装置内，装置储罐与设备、建筑物的防火间距不应小于表3－3－9的规定。

（2）当装置储罐组总容积：液化烃储罐的总容积大于100m^{3}小于或等于500m^3，可燃液体罐或可燃气体储罐的总容积大于1000m^{3}小于或等于5000m^3，应成组集中布置在装置边缘；但液化烃单罐容积不应大于300m^3，可燃液体单罐容积不应大于3000m^3。装置储罐组的防火设计应符合GB 50160—2008第6章的有关规定，与储罐相关的机泵应布置在防火堤外，机泵与装置储罐的防火间距不限。装置储罐组与装置内其他设备、建筑物的防火间距不应小于表3－3－9的规定。

大型容器和容器组应布置在专设的容器区内。一般容器按流程顺序与其他设备一起布置。布置在管廊一侧的容器，如不与其他设备中心线或边缘取齐时，与管廊立柱的净距可保持1.5m。

GB 50160 中规定："以甲$_B$、乙$_A$ 类液体为溶剂的溶液法聚合液所用的总容积大于 800m^3 的掺和储罐与相邻的设备、建筑物的防火间距不宜小于 7.5m；总容积小于或等于 800m^3 时，其防火间距不限"。

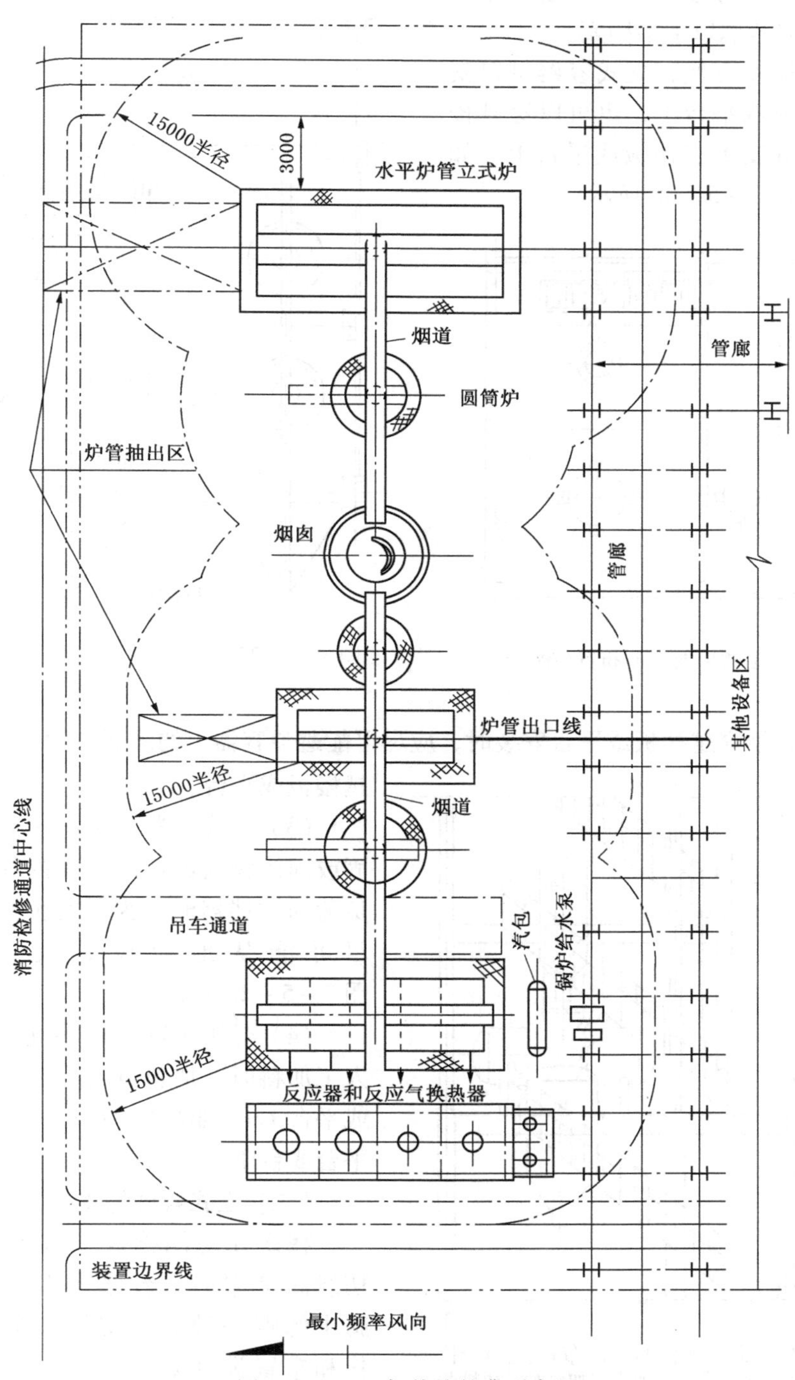

图 3-5-25　加热炉的典型布置

注：1. 加热炉的一侧应有消防用的空间和通道。
2. 加热炉平台应避开防爆门，且防爆门不应正对操作地带和其他设备。
3. 加热炉的安装高度应考虑底部烧火喷嘴的安装、维修所需空间。

（一）立式容器的布置

立式容器的外形与塔类似，只是内部结构没有塔的内部结构复杂，所以在《石油化工工艺装置布置设计规范》SH 3011—2011 中塔和立式容器的布置合并在一起。立式容器的布置方式和安装高度等可参考本节中塔的布置要求，另外尚应考虑以下诸因素。

（1）为了操作方便，立式容器可以安装在地面、楼板或平台上，也可以穿越楼板或平台用支耳支撑在楼板或平台上。如图 3－5－26～图 3－5－28 所示。

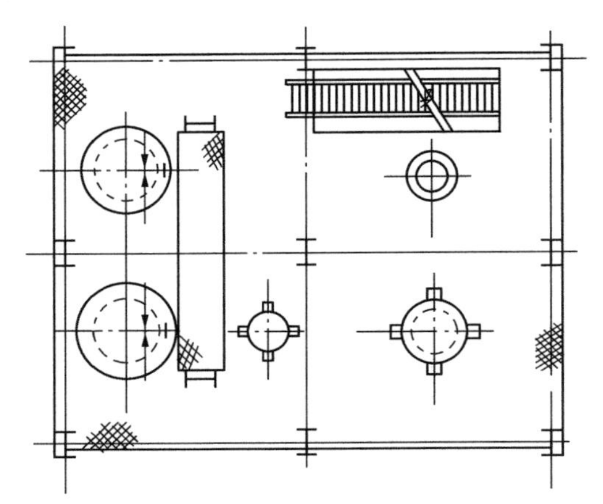

图 3－5－26　穿越楼板的容器布置（第三层）

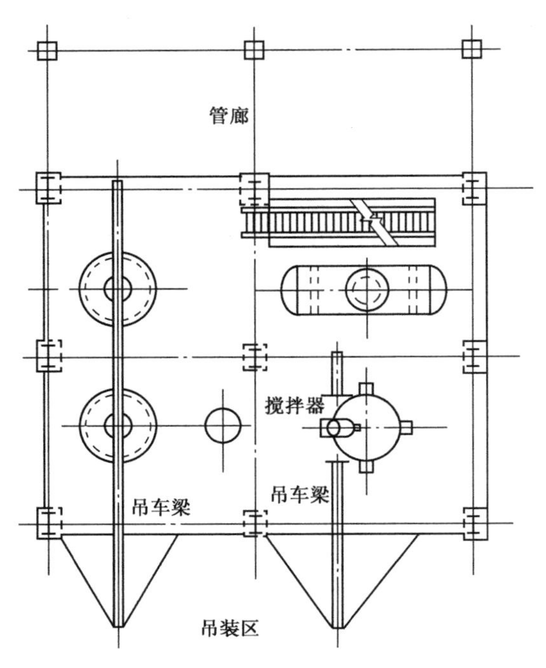

图 3－5－27　穿越楼板容器的布置（第二层）

（2）立式容器穿越楼板或平台安装时，应尽可能避免容器上的液面指示、控制仪表也穿越楼板或平台。

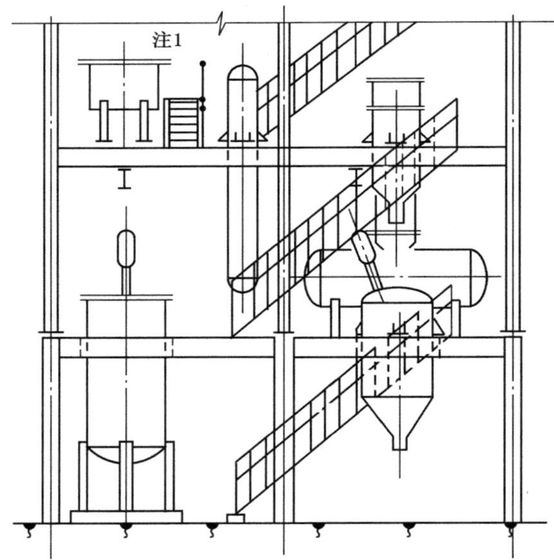

图 3－5－28　穿越楼板的容器布置（立面图）

注：1. 顶部开口的立式容器，需要人工加料时，加料点不能高出平台 1m，如超过 1m，要另设加料平台。
2. 为了便于装卸电动机和搅拌器，需设吊车梁。
3. 应校核取出搅拌器的最小净空。

（3）立式容器为了防止黏稠物料的凝固或固体物料的沉降，其内部可能带有大负荷的搅拌器时，为了避免振动影响，应尽可能从地面设置支承结构。如图 3－5－28所示。

（4）对于顶部开口的立式容器，需要人工加料时，加料点的高度不宜高出楼板或平台 1m，如高出 1m 时，应考虑设加料平台或台阶。

（二）立式容器的支撑方式

在设计初期确定立式容器的内径和切线高度之后，容器采用裙座支耳或支腿中的哪一种方式支撑，应满足工艺操作和布置设计要求。单从设备的支撑要求来看，最佳方案可以参照以下经验作法：

（1）在常温条件下满足以下条件可用支腿支撑。如图 3－5－29 所示。立式容器内径小于等于 1m 时可用三个支腿；大于 1m 时用 4 个支腿较好；

（2）压缩机气液分离罐的支撑不宜采用支腿；

（3）立式容器采用裙座支撑时，裙座的高度除应满足工艺要求和设备结构设计要求之外，在容器内介质温度较高时，裙座的高度尚应考虑散热要求。在表3－5－1 中列出裙座最低高度经验数据供参考。

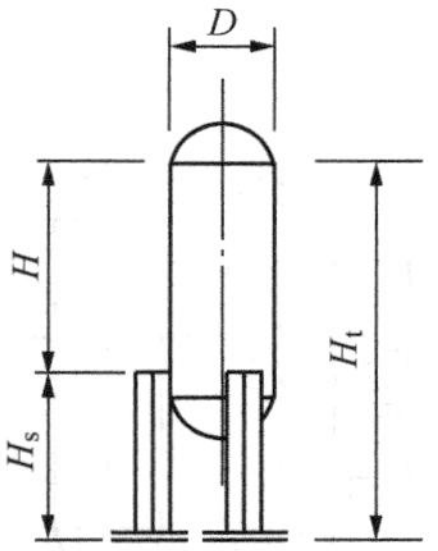

图 3－5－29　立式容器支腿图

图中：D—内径，m；
H—切线高，m；
H_s—支腿高，m；
H_t—切线高与支腿高之和，m。

（三）卧式容器的布置

（1）卧式容器宜成组布置。成组布置的卧式容器宜按支座基础中心线对齐或按封头切线对齐，并考虑便于设置联合平台。卧式容器之间的净空可按 0.7m 考虑。

（2）在工艺设计中确定卧式容器尺寸时，尽可能选用相同长度不同直径的容器，以利于设备布置。

（3）确定卧式容器的安装高度时，除应满足物料重力流或泵吸入高度等要求外，尚应满足下列要求：

a. 容器下有集液包时，应有集液包的操作和检测仪表所需的空间；

b. 容器下方需设操作通道时，容器底部配管与地面净空不应小于 2.2m；

c. 不同直径的卧式容器成组布置在地面或同一层楼板或平台上时，直径较小的卧式容器中心线标高可适当提高，使与直径较大的卧式容器筒体顶面标高一致，以便于设置联合平台。

表 3－5－1　裙座最低高度数据表　（m）

操作温度/℃ \ 容器内径/m	不保温	保温			
	<200	200～<250	250～<300	300～<350	350～450
0.6～1.2	1.2	1.4	1.5	1.65	1.8
>1.2～1.8	1.35				
>1.8～2.4	1.50				
>2.4～3.0	1.65				
>3.0～3.6	1.75				
>3.6～4.8	1.80				

（4）卧式容器地下坑内布置时，应妥善处理坑内的积水和有毒、易爆、可燃介质的积聚，坑内尺寸应满足容器的操作和检修要求。对多雨地区可考虑在地坑上部设置雨棚。

（5）卧式容器的平台的设置要考虑人孔和液面计等操作因素。对于集中布置的卧式容器可设联合平台，如图 3－5－30 所示。顶部平台标高应比顶部管嘴法兰面低 150mm。如图 3－5－31所示。当液面计上部接口高度距地面或操作平台超过 3m 时，液面计要装在直梯附近或设置仪表专用直梯。

（四）卧式容器的典型布置

卧式容器的典型布置见图 3－5－32～图 3－5－34。

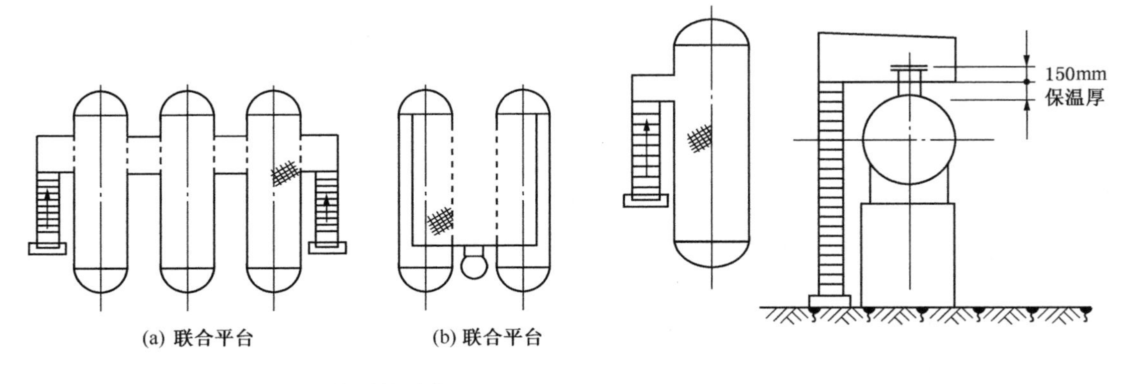

图 3－5－30　卧式容器的平台

图 3－5－31　顶部平台标高的确定

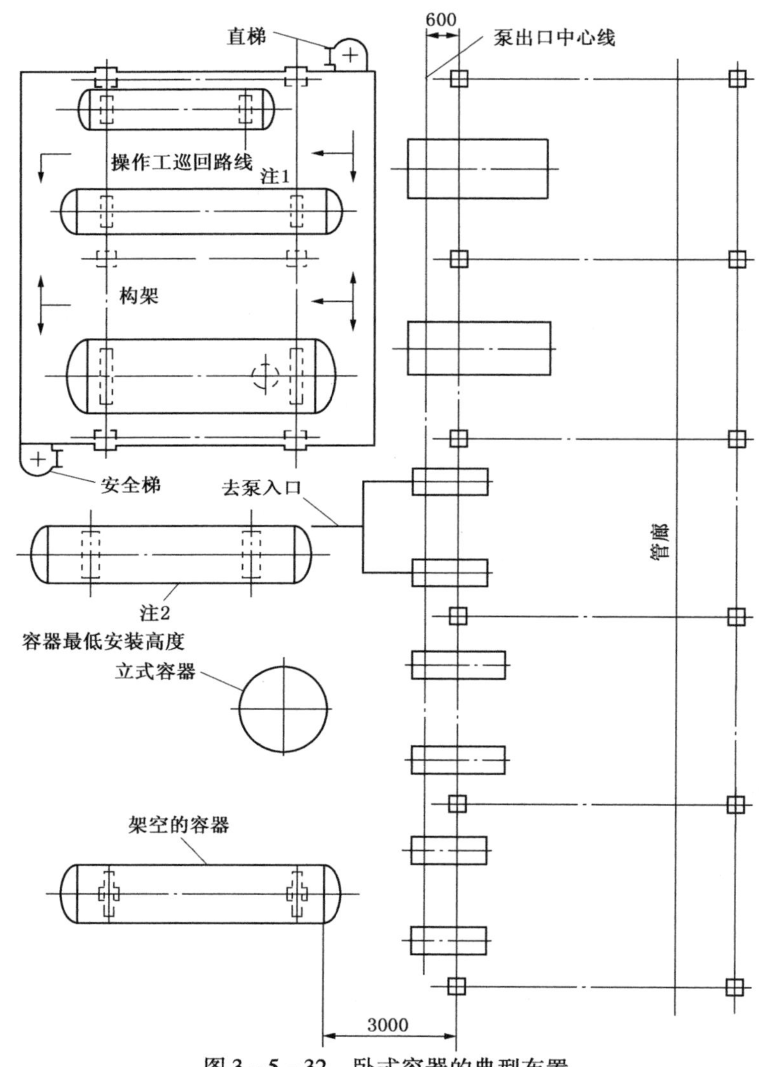

图 3－5－32　卧式容器的典型布置

注：1. 卧式容器的支座尽可能布置在梁上。

2. 由泵吸入的卧式容器的安装高度，应校核泵的吸入要求高度。

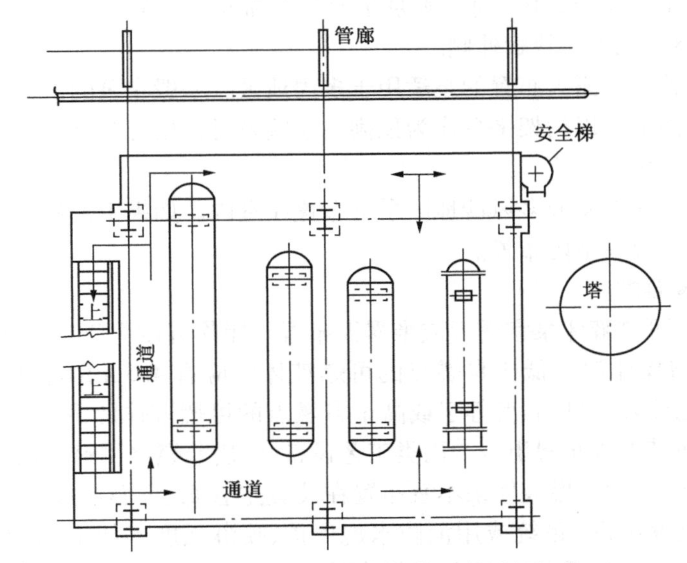

图 3-5-33　构架上容器的典型布置（平面）

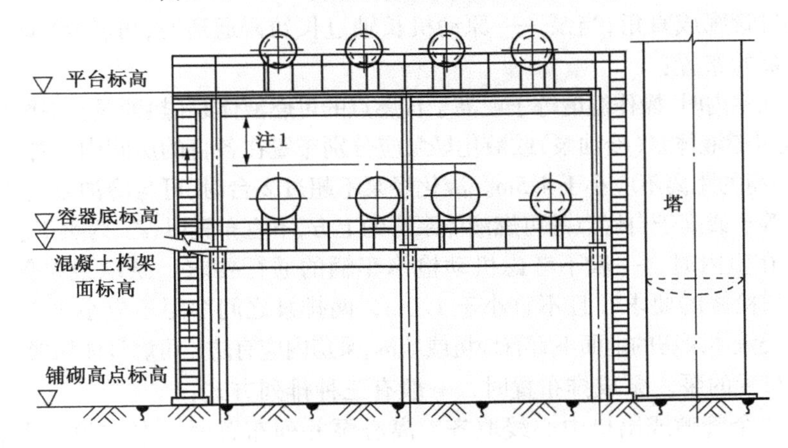

图 3-5-34　构架上卧式容器的典型布置（图 3-5-33 之立面）

注：1. 卧式容器布置在两层平台之间时，容器的安装高度应考虑操作平台和管道阀门仪表等需要的净空。

七、泵的布置

（一）泵的布置方式

（1）露天布置。露天布置的泵，通常集中布置在管廊的下方或侧面，也可分散布置在被抽吸设备的附近。其优点是通风良好，操作和检修方便。

a. 在国内露天布置的泵，一般都布置在管廊下，不论管廊上方是否布置空冷器。在 6m 一跨之内可布置大型泵 1 台，或中型泵 2 台、或小型泵 3 台。一般泵单排布置，第一个管嘴中心线对齐，距管廊柱中心线的间距在 0.6～2.0m 之间。为了安全泵将越来越多地布置在管廊外两侧地面。

b. 在国外露天布置的泵，在管廊上方无空冷器时，泵布置在管廊内侧。泵出口中心线对齐，距管廊柱中心线 0.6m。在管廊上方有空冷器时，如泵的操作温度为 250℃ 以下则泵布置在管廊内侧，泵出口中心线对齐，伸出管廊距柱中心线 0.6m。泵的驱动机在管廊内侧。

如泵的操作温度等于或大于250℃时，则泵布置在管廊外侧，泵出口中心线对齐，距管廊柱中心线3m。泵的驱动机也在管廊外侧。

(2) 半露天布置。半露天布置的泵适用于多雨地区，一般在泵的上方设顶棚。或将泵布置在构架的下层地面上，以构架平台作为顶棚。这些泵可根据与泵有关设备布置要求，将泵布置在单排、双排或多排。

(3) 室内布置。在严寒或多风沙地区泵可布置在室内。如果工艺过程要求设备布置在室内时，其所属的泵也应在室内布置。

(二) 泵的布置要求

(1) 液化烃泵、可燃液体泵宜露天或半露天布置。操作温度等于或高于自燃点的可燃液体泵宜集中布置，与操作温度低于自燃点的可燃液体泵应有4.5m的净距，与液化烃泵应有7.5m的净距。液化烃泵、操作温度等于或高于自燃点的可燃液体的泵上方，不宜布置甲、乙、丙类工艺设备；若在其上方布置甲、乙、丙类工艺设备，应用非燃烧材料的隔板隔离保护。操作温度等于或高于自燃点的可燃液体泵不宜布置在装置主管廊、可燃液体设备、空冷器等下方，否则应设置水喷雾(水喷淋)系统或用消防水炮保护，喷淋强度不低于9L/(m^2·min)。泵布置在管廊下或管廊与塔、容器之间，平行于管廊排成一列。在管廊下布置泵时，一般是泵——原动机的长轴与管廊成直角，当泵——原动机长轴过长妨碍通道时，可转90°即与管廊平行。

(2) 室内泵的布置：

a. 泵布置在室内时，操作温度等于或高于自燃点的可燃液体泵(热油泵)与操作温度低于自燃点的甲$_B$、乙$_A$类可燃液体泵(冷油泵)或液化烃泵应分别布置在各自的房间内。各泵房中间应采用防火墙隔开。门窗的距离不应小于4.5m。液化烃泵不超过2台时，可与冷油泵同房间布置。在液化烃、操作温度等于或高于自燃点的可燃液体泵房的上方，不宜布置甲、乙、丙类工艺设备。

b. 泵布置在室内时，一般不考虑机动检修车辆的通行要求。泵端或泵侧与墙之间的净距应满足操作和检修的要求，且不宜小于1.0m，两排泵之间净距不应小于2m。

c. 甲、乙$_A$类液体泵房的地面不宜有地坑或地沟，泵房内应有防止可燃气体积聚的措施。

(3) 单排布置的泵。泵成排布置时，一般有三种排列方式：

a. 泵端第一个管嘴或出口中心线取齐。离心泵并列布置时，泵端第一个管嘴或出口中心线对齐，这样布置管道比较整齐，泵前也有了方便统一的操作面；

b. 泵端基础面取齐。便于设置排污管或排污沟以及基础施工方便；

c. 动力端基础面取齐。如泵用电机带动时，引向电机的电缆接线容易且经济；泵的开关和电流盘在一条线上取齐，不仅排列整齐，且电动机端容易操作。但是泵的大小差别很大时可能造成吸入管过长。

(4) 双排布置的泵。泵成双排布置时，宜将两排泵的动力端相对，在中间留出检修通道。

(5) 多排布置的泵。泵成多排布置时，宜两排泵的动力端相对，两排中的一排与另两排中的一排出口端相对，中间留出检修和操作通道。

(6) 蒸汽往复泵的动力侧和泵侧应留有抽出活塞和拉杆的空间。

(7) 立式泵布置在管廊下方或构架下方时，其上方应留出泵体安装和检修所需的空间。

(三) 泵的间距

(1) 两台泵之间的净距，不宜小于0.75m，但安装在联合基础上的泵除外。

(2) 泵布置在管廊下方或外侧时，泵的检修空间净空不宜小于3m。泵端前面的操作通道宽度不应小于1m。对于多级泵泵端前面的检修通道宽度不应小于1.8m。一般泵泵端前面的检修通道宽度不应小于1.25m，以便于叉车通车。

（3）泵进出口阀门手轮到邻近泵的最突出部分或柱子的净距最少为750mm，电动机之间距离为1500～2000mm，如图3－5－35所示。如驱动设备为蒸汽透平时，还应该考虑调节阀组、疏水阀组的占地。

（四）泵的基础

（1）泵的基础尺寸一般由泵制造厂给出泵的底座尺寸的大小确定。可按地脚螺栓中心线到基础边200～250mm估计。设计泵的基础时应按预留孔方案考虑，现场施工需待泵到货后核实尺寸后方可施工。

（2）泵的基础面宜比地面高出200mm，大型泵可高出100mm。小型泵如比例泵、柱塞泵、小齿轮泵等可高出地面300～500mm，使泵轴心线高出地面600mm。并可2～3台成组安装在同一个基础上。

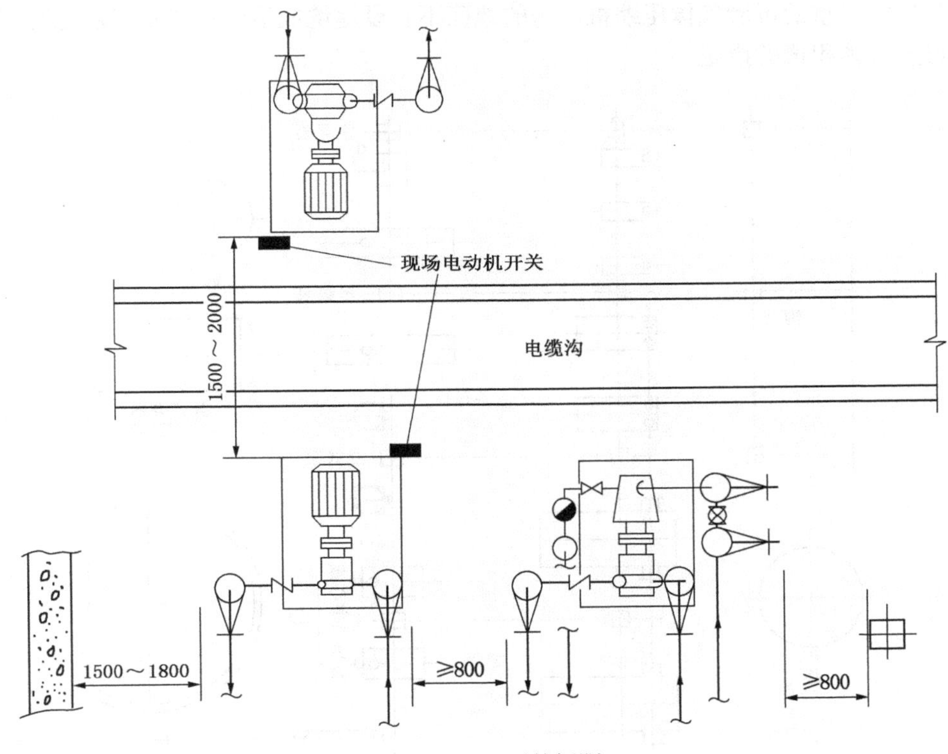

图3－5－35　泵的间距

（五）泵的典型布置

泵的典型布置见图3－5－36～图3－5－38。

八、压缩机的布置

压缩机通常有离心式和往复式两大类。其布置设计内容包括机组的布置和附属设备的布置。机组由压缩机和驱动机组成。多级压缩机的附属设备有气液分离器和各级冷却器等，驱动机如为凝汽式汽轮机时，附属设备有冷凝冷却器，凝结水泵等，此外还有机组用的润滑油、封油系统的设备和维修机具的布置。

1. 压缩机的布置方式与泵相同，也分为露天布置、半露天布置和厂房内布置三种。可燃气体压缩机宜布置在敞开式或半敞开式厂房内，这样通风良好，如有可燃气体泄漏则可快速扩散，有利于防火、防爆。如在严寒或多风沙地区可布置在厂房内。厂房内通风应符合现行的国家标准《采暖通风和空气调节设计规范》(GB 50019—2006)的规定。

2. 机组及其附属设备的布置应满足制造厂的要求。参照制造厂提供的机组及其附属设备的布置图或提出设备安装检修需要的净距，进行设备布置。

3. 露天布置的压缩机，宜靠近被抽吸的设备，这样可以减少吸入管道的阻力，其附属设备宜靠近机组布置。压缩机的附近应有供检修、消防用的通道，机组与通道边距离不应小于5m。

4. 压缩机布置。按"防火规范"规定可燃气体压缩机的布置及其厂房设计应符合下列规定：

(1) 单机驱动功率等于或大于150kW的甲类气体压缩机厂房，不宜与其他甲、乙和丙类设备共用一幢建筑物；压缩机的上方除自用的高位润滑油箱外不得布置甲、乙、丙类液体工艺设备；

(2) 比空气轻的可燃气体压缩机半敞开式或封闭厂房的顶部应采取通风措施；

(3) 比空气轻的可燃气体压缩机厂房的楼板宜部分采用钢格板；

(4) 比空气重的可燃气体压缩机厂房的地面不宜设地坑或地沟；若不能避免时厂房内应有防止可燃气体积聚的措施。

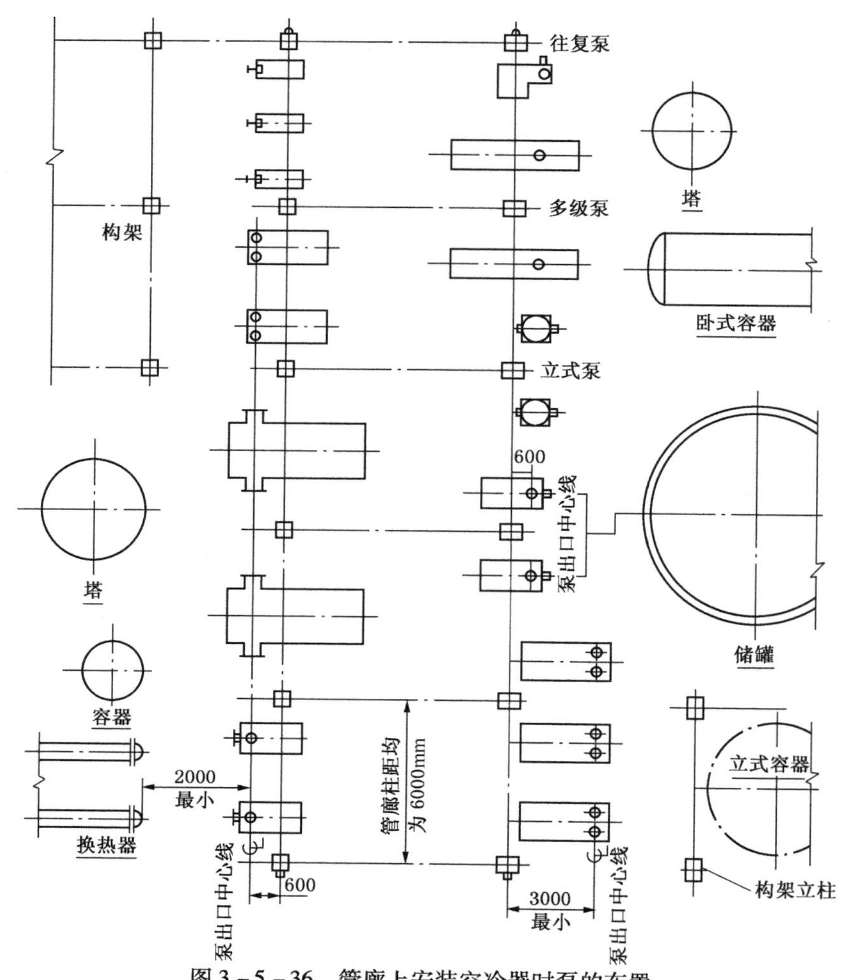

图3-5-36 管廊上安装空冷器时泵的布置

注：① 管廊上安装空冷器，泵的操作温度在小于250℃时，泵出口中心线在管廊柱中心线外侧600m；在250℃以上时，则在外侧3000mm。

② 泵前方的操作检修通道，可能有小型叉车通行其宽度不小于1250mm，在多级泵前方的宽度不小于1800mm。

③ 两排泵之间的检修通道，宽度不小于3000mm。如不够时，泵端应有3000mm通道(见图3-5-37)。

5. 压缩机布置在厂房内时，除应考虑压缩机本身的占地要求外，尚应满足下列要求：

（1）机组与厂房墙壁的净距应满足压缩机或驱动机的转子、活塞、曲轴等部件的抽出要求，并应不小于2m；

（2）机组一侧应有检修时放置机组部件的场地，其大小应能放置机组最大部件并能进行检修作业。如有可能，2台或多台机组可考虑合用检修场地；

（3）如压缩机布置在双层厂房的上层，应在楼板上设置吊装孔和选用吊装设施；

（4）压缩机和驱动机的全部一次仪表盘、如制造厂无特殊要求，应布置在靠近驱动机的侧部或端部，仪表盘与驱动机之间应有检修通道；

（5）压缩机的基础应与厂房基础分开。

6. 压缩机的安装高度,应根据其构造特点确定。构造特点主要指进出口的位置和附属设备的多少。

（1）离心式压缩机的进出口在机体的上部且驱动机采用电动机或背压式汽轮机时，可就地安装。就地安装的压缩机，由于基础较低，稳定性强有利于抗振。进出口向上，管道架空敷设不影响通行。在机体上方管道要求可以拆卸，以免影响部件检修。

（2）离心式压缩机的进出口在机体下部且附属设备较多时，宜两层布置，上层布置机组，下层

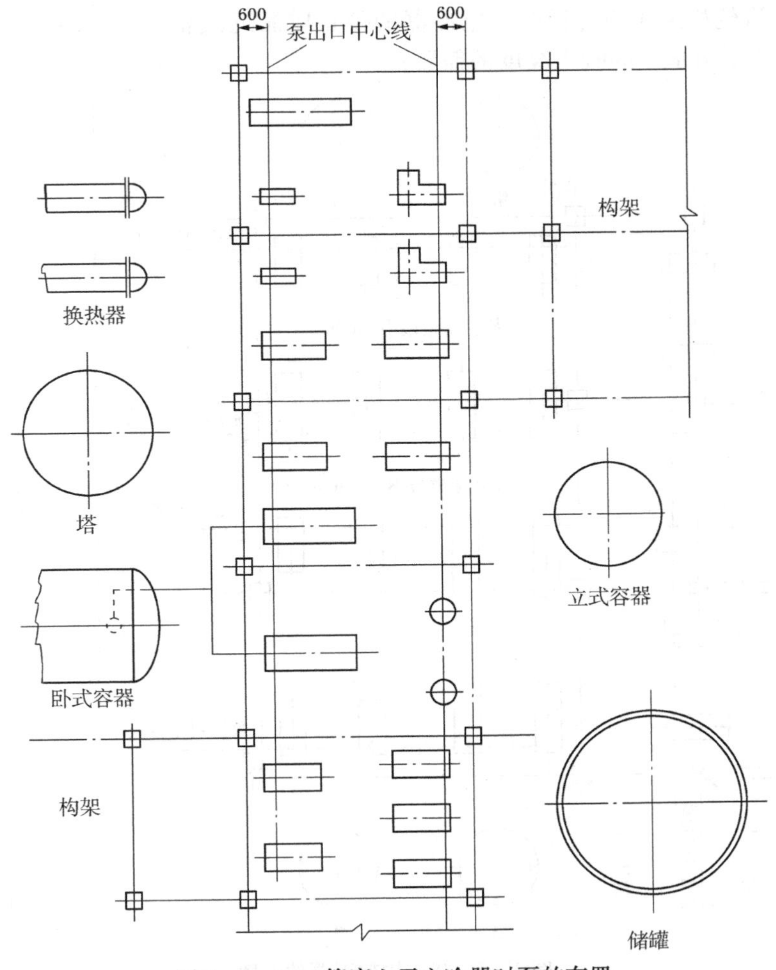

图3－5－37　管廊上无空冷器时泵的布置

布置附属设备。压缩机的安装高度，除满足其附属设备的安装要求以外尚应满足下述要求：

a. 进出口连接管道与地面的净空要求；

b. 进出口连接管道与管廊上管道的连接高度要求；

c. 吸入管道上过滤器的安装高度与尺寸要求。

（3）往复式压缩机，为了减少振动宜尽可能降低其安装高度。然而，由于进出口管道采用管墩敷设有利于抑制振动，而且管道与压缩机进出口之间可能还有减振系统，如脉冲减振器或缓冲器等。此时压缩机的安装高度应由与减振系统相接的管道所需最小的净空决定。

7. 压缩机附属设备的布置

（1）布置压缩机的附属设备时，应满足下列要求：

a. 多级离心式压缩机的各级气液分离罐和冷却器应尽可能靠近布置。在满足操作和维修需要场地的前提下，应考虑压缩机进出口的综合受力影响，合理布置各级气液分离罐和冷却器的相对位置；

b. 高位油箱应满足制造厂的高度要求，布置在建筑物构架上的油箱应设平台和直梯；

c. 润滑油和封油系统宜靠近压缩机布置并应留出油冷却器的检修场地。

（2）压缩机的驱动机为汽轮机时，汽轮机及其附属设备的布置，应考虑下列因素：

a. 背压式汽轮机周围应留有足够的空地，以满足配管和操作阀门的需要；

b. 凝汽式汽轮机采用空冷器时，空冷器的位置应靠近汽轮机，空冷器的安装高度应能满足地面上布置凝结水泵的吸入高度的需要；

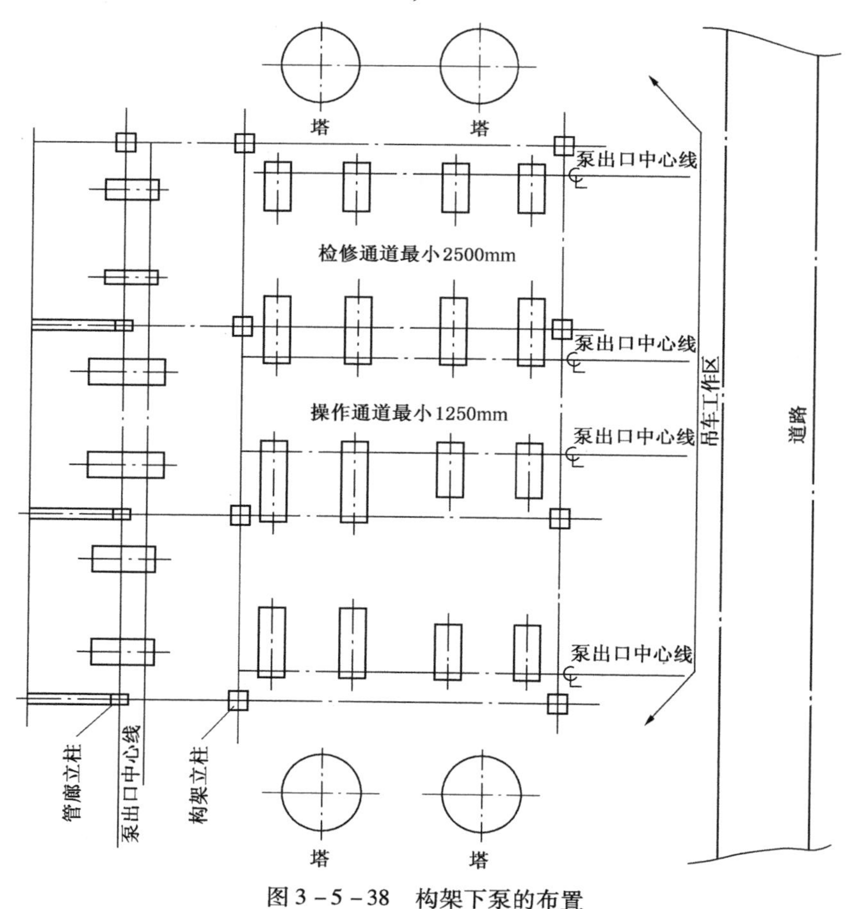

图 3－5－38　构架下泵的布置

c. 凝汽式汽轮机采用冷凝冷却器时，冷凝冷却器除可布置在靠近汽轮机的侧面外，也可直接布置在汽轮机的下方，汽轮机与冷凝冷却器之间的排汽管应采用柔性连接。冷凝冷却器的安装高度也应能满足在下面布置的凝结水泵的吸入高度的需要。冷凝冷却器管箱侧应留出抽管束所需要的空间。

8. 压缩机吊装机具的选用

吊装机具的选用宜符合下列要求；

a）压缩机组的最大检修部件质量超过1t时，宜设吊装机具；

1)起质量小于1t，宜选用移动式三角架，配电动葫芦或手拉葫芦；

2)起质量1～3t，宜选用手动梁式吊车；

3)起质量大于3～10t，宜选用手动桥式吊车；

4)起质量大于10t，宜选用电动桥式吊车；

b）按压缩机台数和用途选用吊装机具：

1）压缩机露天布置，可不设固定吊装机具；

2）压缩机布置在单层厂房内数量超过4台或虽然数量小于4台，但基础在2m以上，宜选用手动桥式吊车；

3）压缩机数量超过4台且检修次数频繁、吊运行程较长时，宜选用电动桥式吊车；

c）吊装机具的起吊高度应满足压缩机制造厂要求，设计时应按吊装机具的死点位置留出空地和确定吊装孔位置。

9. 压缩机的典型布置。室内离心式压缩机的典型布置见图3－5－39～图3－5－44。室外离心式压缩机的立面布置见图3－5－45。

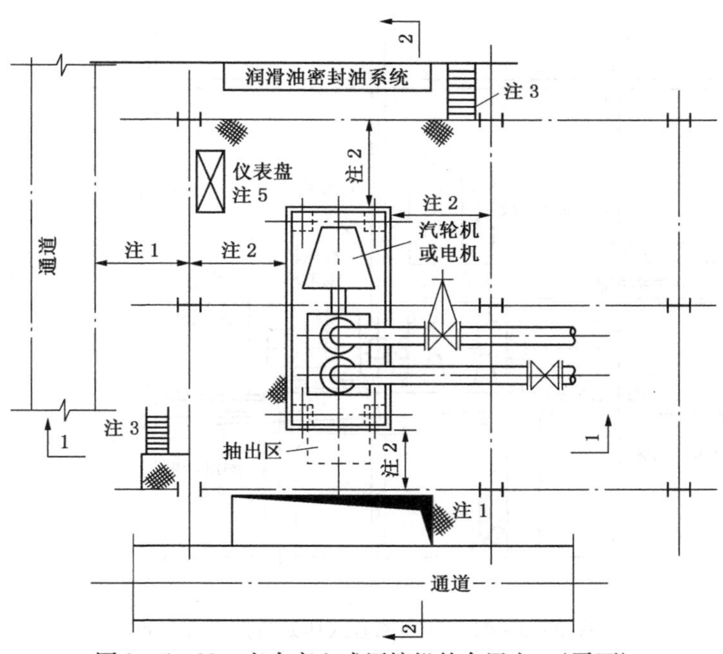

图3－5－39　室内离心式压缩机的布置之一（平面）

注：1. 为了维修方便，压缩机房应靠近室外通道，并要求通道能通到吊装区。
2. 为了操作方便，压缩机周围应有不小于2m的操作通道。
3. 楼梯应靠近操作通道，并应设置第二楼梯或直梯以便安全疏散。
4. 剖视1－1，2－2见图3－5－40，图3－5－41。
5. 压缩机和驱动机的全部仪表盘，应布置在靠近驱动机的端部。
6. 应考虑冷凝器与汽轮机基础间的净距和冷凝器抽管束的空间。

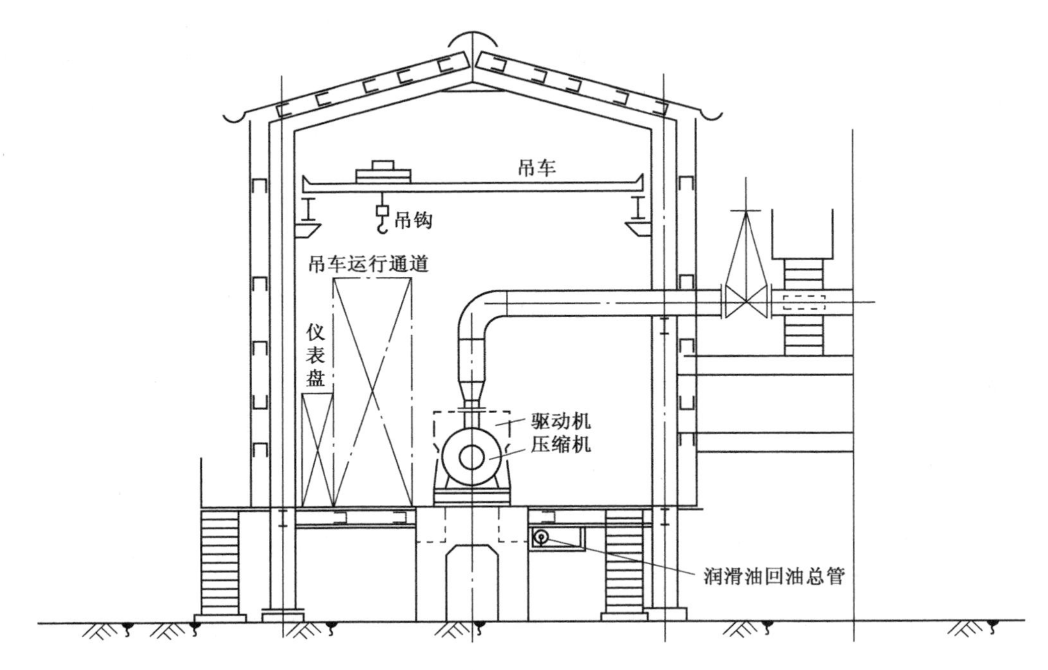

图 3-5-40　室内离心压缩机的立面布置
（图 3-5-39 之 1-1 立面）

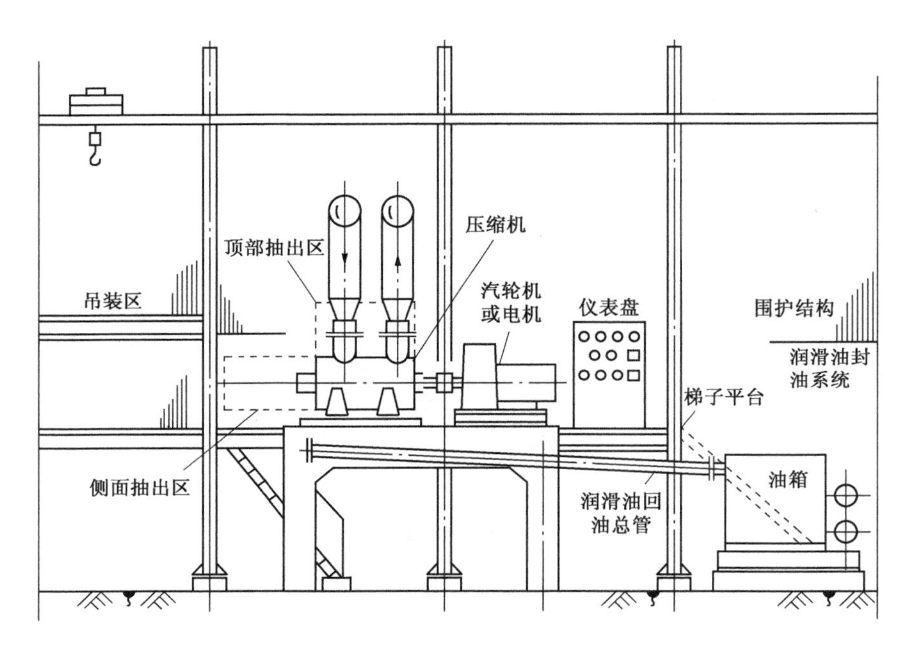

图 3-5-41　室内离心式压缩机的立面布置
（图 3-5-39 之 2-2 立面）

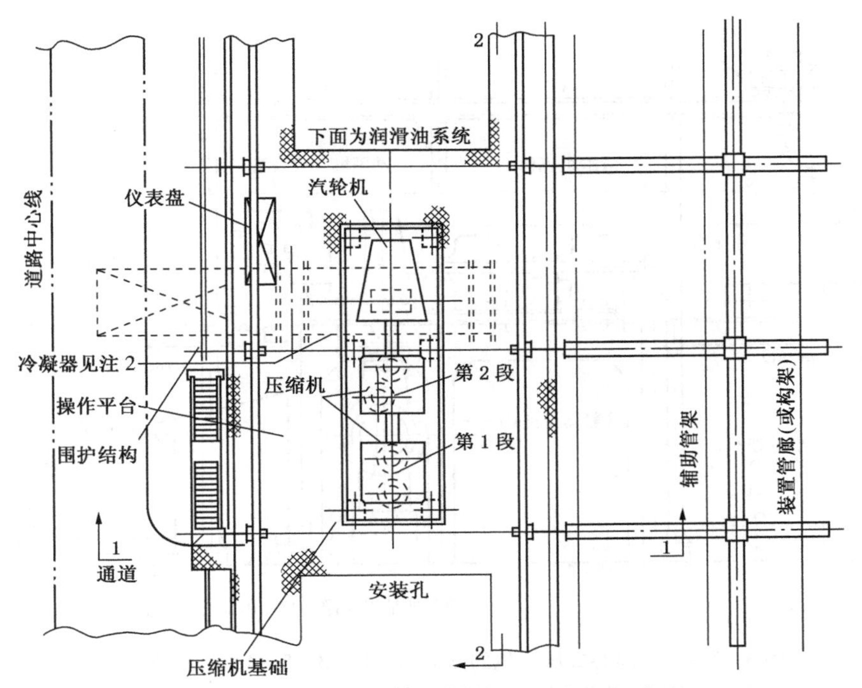

图 3－5－42　室内离心压缩机的布置之二（平面）

注：1. 压缩机进出口管在下部的优点是维修方便，容易打开机顶盖。
　　2. 下部冷凝器要考虑检修时抽出管束所需空间。
　　3. 剖视 1－1、2－2 见图 3－5－43、图 3－5－44（立面图）。

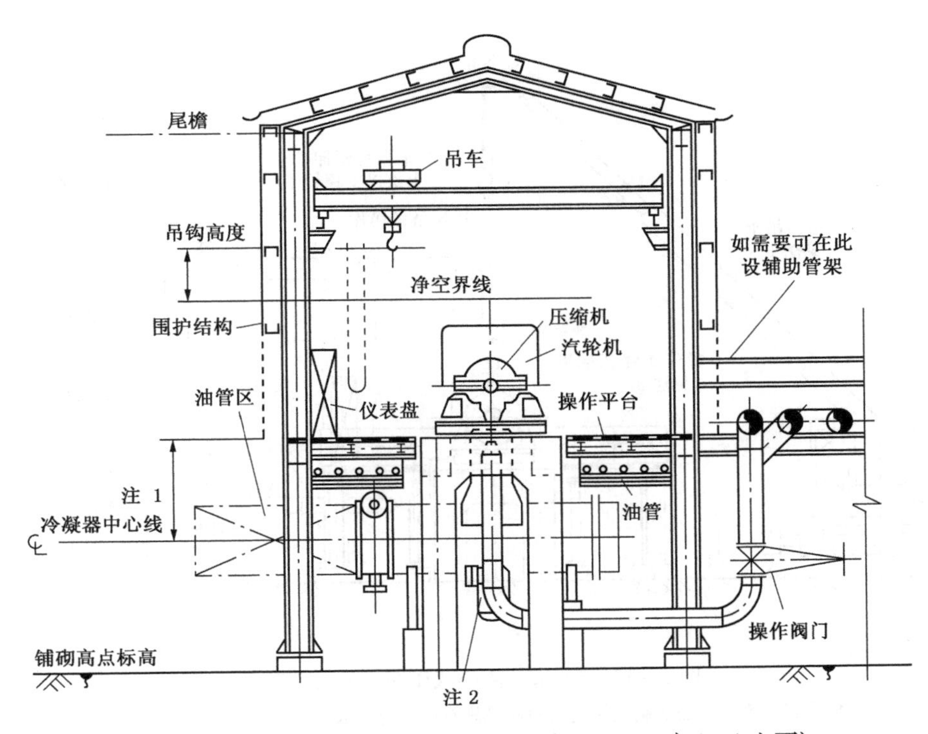

图 3－5－43　离心压缩机的立面布置（图 3－5－42 之 1－1 立面）

注：1. 润滑油管道自流应有坡度。
　　2. 冷凝器安装高度应考虑凝结水泵的吸入高度要求。

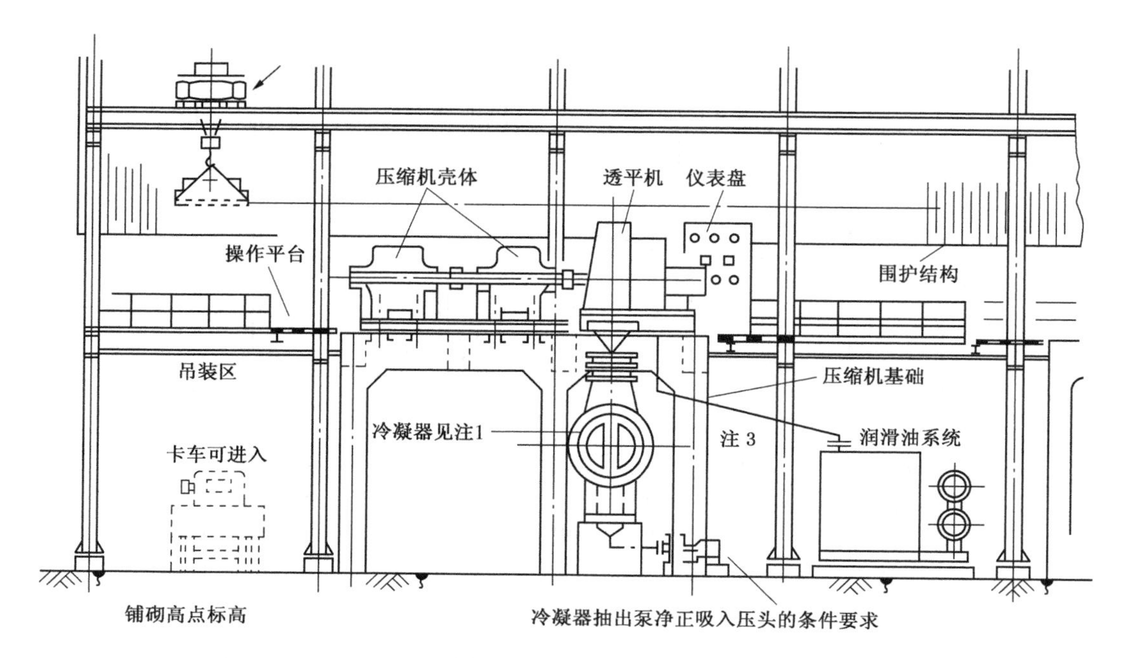

图 3－5－44　离心式压缩机的立面布置(图 3－5－42 之 2－2 立面)

注：1. 冷凝器安装在汽轮机下方，汽轮机与冷凝器之间的排汽管采用柔性连接，安装高度要求同图 3－5－42 注 2。

2. 压缩机气体入口管安装过滤器。

3. 回油总管设坡度，以便自流入油箱。

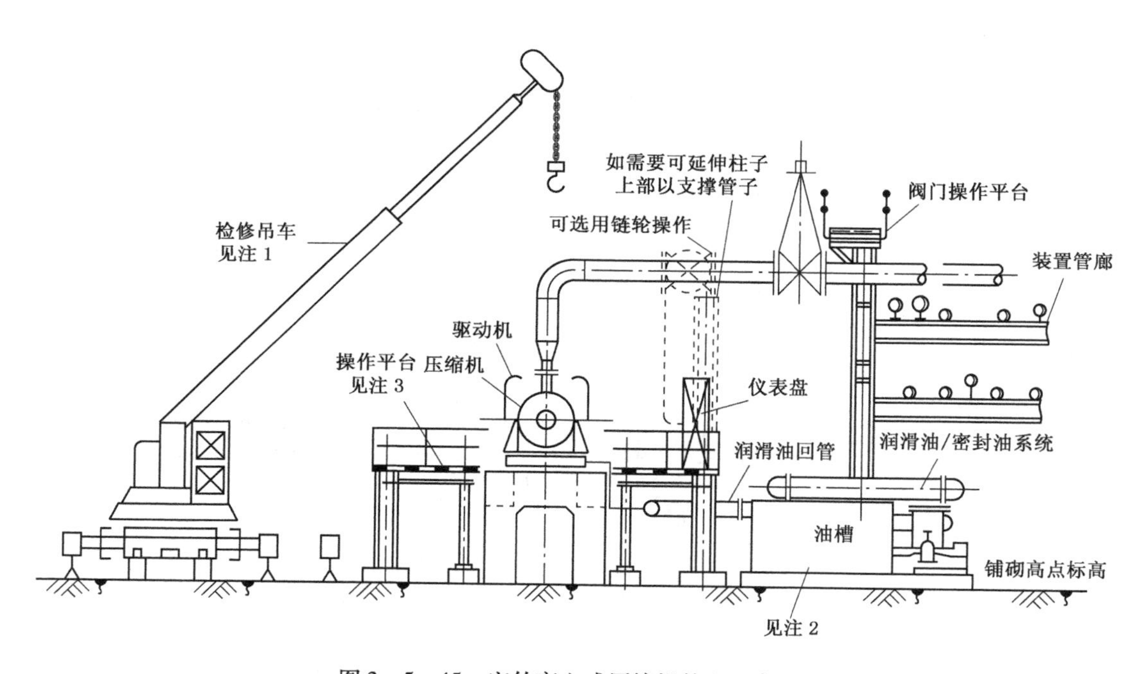

图 3－5－45　室外离心式压缩机的立面布置

注：1. 压缩机布置在室外，需明确现场使用检修机具对通道的要求。

2. 润滑油和封密油系统的位置，一般由压缩机制造厂提供。

3. 压缩机的操作平台应与压缩机基础分开。

九、装置布置的特点和发展趋势

装置布置的特点和发展趋势可以归结为“四个化”即：露天化、流程化、集中化和模块化。

（1）露天化：从近年来实际设计中可以看出，除大型压缩机布置在半敞开的厂房内以外，其他设备绝大多数布置在露天。其优点是节省占地，减少建筑物，有利于防爆，便于消防。

（2）流程化：以管廊为纽带按工艺流程顺序将设备紧凑布置在管廊的上下和两侧，成为三条线，一个装置形成一个长条形区。

（3）集中化：将上述长条形装置合理化集中在一个大型街区内，组成合理化集中装置或称联合装置，按《石油化工企业设计防火规范》(GB 50160)用通道将各装置分开，此通道可作为两侧装置设备的检修通道，也作为消防通道。设中央控制室由于周围或2、3面全是装置，所以控制室朝着设备的墙不开门窗，甚至全为密封式的，用电子计算机控制操作，用电视屏幕了解主要设备的操作实况。装置办公室和生活间也集中在一幢建筑物内。

（4）模块化：装置的工艺单元采用模块布置。如换热器、空冷器、泵、汽轮机、压缩机及其辅助设备采用模块布置，配管也可以模块布置。又如加热炉的燃料油、燃料气管道系统，装置内软管服务站管道也可以模块布置。甚至整个装置采用模块化设计，用于不同地区仅作局部修改即可重复利用。

典型的装置布置见图3－5－46～图3－5－48。

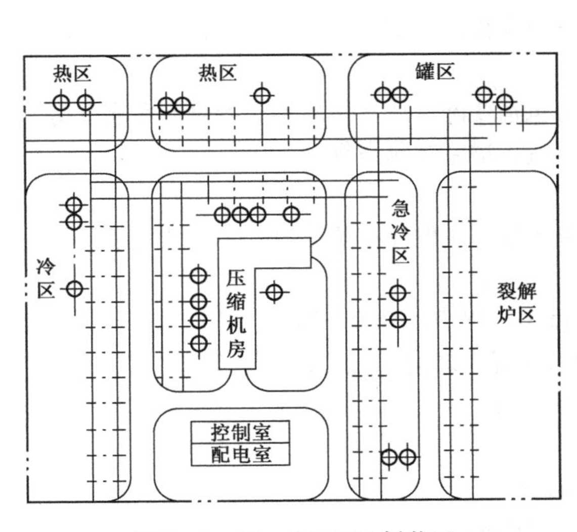

图3－5－46　化工厂乙烯装置

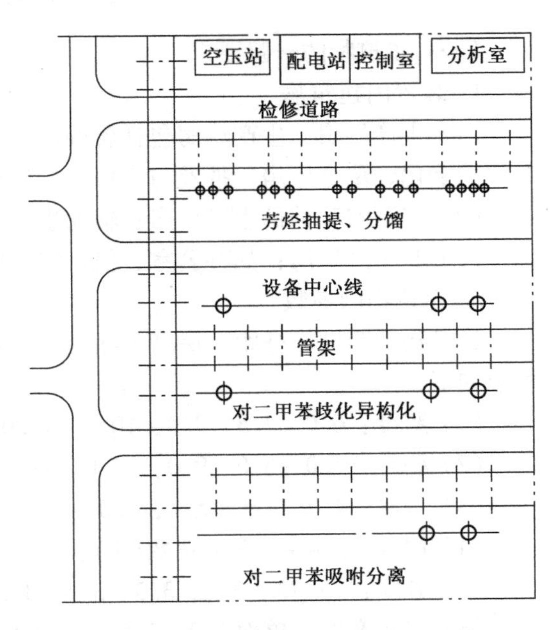

图3－5－47　对二甲苯装置

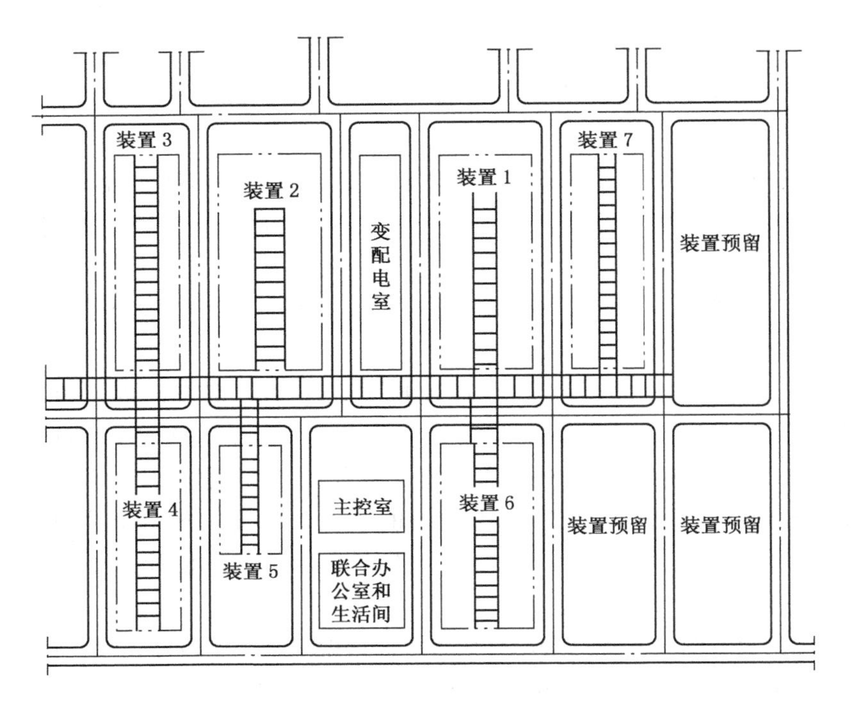

图 3－5－48　大街区集中化装置布置

第六节　建筑物、构筑物及通道的布置

一、建筑物的布置

（一）建筑物的一般要求

1. 装置内建筑物

（1）生产厂房：生产厂房包括各种需要在室内操作的厂房如泵房、压缩机房，合成纤维装置的酯化、聚合厂房、抽丝与后加工厂房等。

（2）控制室和辅助生产厂房：辅助生产厂房包括变配电所、化验室、维修间和仓库等。

（3）非生产厂房：如办公室、值班室、更衣室、浴室和厕所等。

2. 建筑物的模数

建筑物的跨度、柱距、层高等除有特殊要求者外，一般应按照建筑统一模数设计。常用模数如下：

（1）跨度：6.0，7.5，9.0，10.5，12.0，15.0，18.0，21.0，24.0(m)；

（2）柱距：4.0，6.0，9.0，12.0(m)。钢筋混凝土结构厂房柱距多用6m；

（3）进深：4.2，4.8，5.4，6.0，6.6，7.2(m)；

（4）层高：2.4＋0.3 的倍数(m)；

（5）开间：(2.7)，3.0，3.3，3.6，3.9(m)；

（6）走廊宽度：单面 1.2，1.5，双面 2.4，3.0(m)；

（7）吊车轨顶：600mm 的倍数(±200mm)；

（8）吊车跨度：用于电动梁式、桥式吊车：跨度 −1.5（m）；

用于手动吊车：跨度 −1.0（m）。

3. 厂房高度

厂房高度主要根据设备吊装所需空间和设备进出口管道标高确定。对于有固定式起重设备厂房的高度 H，参照图3−6−1。

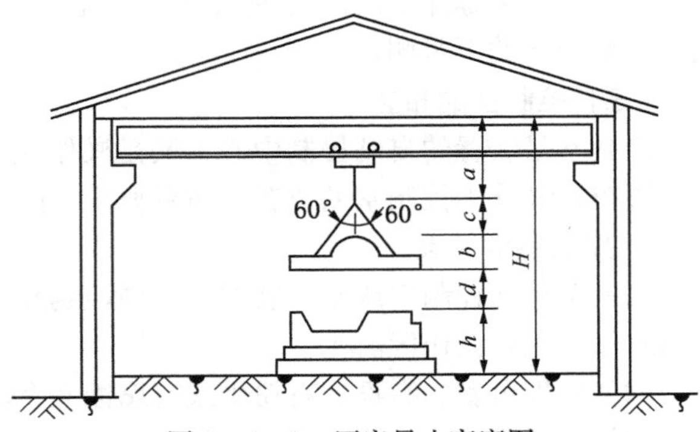

图3−6−1　厂房最小高度图

H—厂房的最小高度；a—起重设备最小结构高度；b—被吊起部件高度；c—被吊起部件顶部与吊钩的间隙，按索具与垂直线的夹角不大于60°且不小于0.5m考虑；d—被吊起部件底部与固定件顶部的间隙，不小于0.5m；h—固定件的高度或被吊起部件吊运时必须跨越的其他设备的高度

4. 厂房的门

（1）厂房出入口应便于操作人员通行，并至少应有1个门能使厂房内设备的最大部件出入。但可不考虑安装在厂房内的大型设备如容器的进出。一般此类设备是在吊装以后再行砌墙封闭厂房的。

（2）检修时有可能进入车辆时，门的宽度和高度，应能使车辆方便地通过。

（3）安全疏散的门，应向外开启。有可燃介质设备厂房的安全疏散门不应少于2个。但面积小于100m^2 的房间可只设1个。

5. 吊装孔的位置

在2层和2层以上的生产厂房内布置设备时，厂房结构应能够满足设备吊装要求，并应按设备检修部件的大小设置吊装孔和通道。吊装孔的位置应设在厂房出入口附近或便于搬运的地方。多层楼面的吊装孔在各楼层的平面位置应相同。

6. 建筑物内地面高度

一般室内地面高出室外地面不小于200mm。在有可能产生可燃、易爆气体的装置内布置在附加2区的办公室、化验室内地面以及控制室、机柜间、变配电所的设备层地面应比室外地面高出600mm。以免可燃气体进入控制室或变配电室。

7. 建筑物的屋顶要求

在办公室或学习会议室需要在屋内顶板上安装吊式电风扇时，屋面板的选用，应能满足安装吊扇的要求。经验证明，如果在屋面板的选用，没有注意安装吊扇的要求时，往往出现吊扇的位置不恰当，不能设在合适位置。

（二）建筑物的防火要求

（1）按《石油化工企业设计防火规范》（GB 50160—2008），同一房间内，布置有不同火灾危险性类别的设备，房间的火灾危险性类别应按其中火灾危险性类别最高的设备确定。但火灾危险类别最高的设备所占面积比例小于5%，且发生事故时，不足以蔓延到其他部位或采取防火措施能防止火灾蔓延时，可按火灾危险性类别较低的设备确定。

（2）同一建筑物内，布置有不同火灾危险性类别的房间，其中间隔墙应为防火墙。

（3）同一建筑物内，应将人员集中的房间布置在火灾危险性较小的一端。

（4）甲、乙$_A$ 类房间与可能产生火花的房间相邻时，其门窗之间的距离应按现行的《爆炸和火灾危险环境电力装置设计规范》的有关规定执行。

（5）装置的控制室、机柜间、变配电所、化验室、办公室等不得与设有甲、乙$_A$ 类设备的房间布置在同一建筑物内。装置的控制室与其他建筑物合建时，应设置独立的防火分区。

（6）装置的控制室、化验室、办公室等宜布置在装置外，并宜全厂性或区域性统一设置。当装置的控制室、机柜间、变配电所、化验室、办公室等布置在装置内时，应布置在装置的一侧，位于爆炸危险区范围以外，并宜位于可燃气体、液化烃和甲$_B$、乙$_A$类设备全年最小频率风向的下风侧。

（三）控制室的布置

控制室是装置的自动控制中心，又是操作人员集中之处，属于重点保护建筑物。因此，在装置布置设计中控制室的位置与布置要求，必须给予足够的重视。

1. 控制室的位置

（1）全厂性控制室或联合装置的集中控制室应靠近主要工艺装置；装置内的控制室或机柜间应靠近主要操作区。

（2）处理可燃、有毒，有粉尘或有腐蚀性介质的装置，控制室宜设在本地区全年最小频率风向的下风侧。

（3）控制室或机柜间应远离振源，避免周围环境对室内地面造所振幅为0.1mm（双振幅）、频率为25Hz以上的连续性振源。不能排除时，应采取减振措施。

（4）控制室或机柜间不应靠近主要交通干道，如不能避免时，外墙与干道中心线的距离不应小于20m。

（5）控制室或机柜间应远离噪声大的设备，在室内控制台处测得的噪声量应不大于55dB。

（6）可燃气体、液化烃、可燃液体的在线分析一次仪表间与工艺设备的防火间距不限。

（7）非防爆型的在线分析一次仪表间（箱）布置在爆炸危险区域内时，应采用正压通风。

2. 控制室的布置要求

（1）控制室或机柜间不宜与高压配电室、压缩机厂房、鼓风机厂房和化学药剂库毗邻布置。

（2）控制室、机柜间面向具有火灾危险性的设备侧的外墙，应为无门窗洞口、耐火极限不低于3h的不燃烧材料实体墙。

（3）使用电子仪表的控制室，周围环境对室内仪表的磁场干扰场强应不大于400（A/m）不能排除时，应采取防护措施。

3. 控制室的面积和高度

（1）控制室的长度应根据仪表盘的数量和排列形式确定。长度超过12m时宜设两个门。

（2）控制室的进深，如设控制台时，不宜小于7.5m。如不设时，不宜小于6m。

（3）控制室的净高，有空调装置时，不应小于3.0m，无空调装置时，不应小于3.3m。

（4）控制室的仪表维修室，一般需要15～18m^2，大型装置应适当增加。

（四）变配电所的布置

（1）变配电所是散发火花地点，是装置的动力中心，属于重点保护建筑物。其位置尽可能设在便于引接电源、接近负荷中心和进出线方便之处，避免设在有剧烈振动的场所。

（2）变配电所一般不与可燃气体压缩机共用一幢建筑物，可与控制室共用一幢建筑物。

（3）变压器可露天或半露天布置，这时变压器周围应设固定围栏，变压器外廓与围栏或建筑物墙的距离不应小于0.8m。

（4）电缆敷设方式有两种，即电缆沟敷设和架空敷设。有的装置两种方式齐备，即从配电室地下沟内引电缆至用电设备区，对于泵和压缩机的驱动机用电缆一般仍采用沟内敷设，对于架空设备或设施如空冷器、检修用固定式吊车和照明用电缆则采用架空敷设，这样比较经济合理。

（5）变配电所还需要一间维修值班室。

（五）化验室的布置

当装置设在距全厂性控制分析化验室较远，超过1500m，且分析项目和分析次数较多时，可在装置内设化验室，化验室的面积按分析项目和次数多少确定。化验室为明火房间不应与甲、$乙_A$类房间布置在一起。与控制室共用一幢建筑物时，化验室应在最外部一端，房间的门应向外开启。化验室、办公室等面向有火灾危险性设备的外墙宜为无门窗洞口不燃烧材料实体墙。当确需设置门窗时，应采用防火门窗。可燃气体、液化烃、可燃液体采样管道不应引入化验室内。

（六）其他要求

（1）高层厂房内的控制室或机柜间宜设在第一层。

（2）控制室、机柜间、变配电所、化验室朝向$甲_A$类中间储罐一面的墙壁为封闭墙时，其防火间距可由22.5m减小到15m。

（3）控制室、机柜间或化验室的室内不得安装液化烃、可燃气体、可燃液体的在线分析一次仪表。当上述仪表安装在控制室、化验室的相邻房间内时，中间隔墙应为防火墙。

（4）《石油化工企业设计防火规范》GB 50160规定，压缩机或泵等的专用控制室或不大于10kV的专用变配电所，可与该压缩机房或泵房等共用一幢建筑物。但专用的控制室或变配电所的门窗应位于爆炸危险区范围之外，且专用控制室或变配电所与压缩机房或泵房等的中间隔墙应为无门窗洞口的防火墙。

二、构筑物的布置

装置内构筑物包括管架(包括管廊)、构架、平台梯子、放空烟囱、防火墙、管沟、围堰等。

（一）构架的布置

（1）构架的类型。构架按设备布置需要可以和管廊结合在一起布置，如管廊上方第一层构架布置高位容器，第二层布置冷却器和换热器，最上一层布置空冷器或冷凝冷却器。构架也可以独立布置，根据各类设备要求设置，如塔构架、反应器构架，冷换设备和容器构架等。

（2）构架的结构尺寸，按设备的不同要求确定，在管廊附近的构架，其柱距与管廊柱距对齐为宜，一般为6~8m。构架跨度随架空设备要求不同而异。构架的高度应满足工艺操作、设备的安装检修和敷设管道的要求。构架的层高，按最大设备要求确定，在布置设备时尽可能将尺寸相近似的设备布置在同一层构架上，而且要考虑设备支座梁的位置，使其经济合理。

（3）装置的可燃气体、液化烃和可燃液体设备采用多层构架布置时，除工艺有特殊要求外，其构架不宜超过4层。

（二）平台梯子的布置

在需要操作和经常维修的场所应设置平台和梯子，并按防火要求设置安全梯。

1. 在设备和管道上，操作中需要维修、检查、调节和观察的地点，如：人孔、手孔、塔或容器管嘴法兰、调节阀、取样点、流量孔板，液面计、工艺盲板、经常操作的阀门和需要用机械清理的管道转弯处都应设置平台和梯子。对平台的尺寸要求如下：

（1）平台宽度不应小于0.8m，平台上净空不应小于2.2m。

（2）相邻塔和立式容器的平台标高宜一致，以便布置成联合平台。

（3）设备人孔中心线距平台的距离宜为0.8～1.0m；设备手孔中心线距平台的距离宜为1.0～1.5m。

（4）设备加料口设置的平台，距料口顶不宜大于1.0m。

（5）装设在设备上的平台不应妨碍设备的检修，否则应做成可拆卸式的。

（6）立式换热器设置的平台与上部管箱法兰或管箱盖的距离不宜大于1.5m。

（7）为了便于检修水箱内的管束，水箱上的平台应是可拆卸的。

2. 梯子的设置要求

（1）厂房和构架的主要梯子和操作频繁的平台的梯子应采用斜梯。

（2）成组布置的塔的联合平台宜采用斜梯。

（3）在设置平台有困难而又需要操作和维修的地方可设置直梯。如在设备上安装的压力计、温度计、不经常打开的手孔、液位控制器在2.0～3.5m之间以及为地下设备设置的地坑深度为2.0m以上等处设置直梯。

3. 梯子的尺寸要求

（1）斜梯的倾斜角度一般为45°，经常性双向通行的倾斜角不宜大于38°。每段斜梯的高度不宜大于5m，超过5m时宜设梯间平台，分段设梯子。在一个楼梯内不宜设置两种不同角度的斜梯。

（2）斜梯的净宽宜为0.6～1.1m。

（3）直梯的净宽宜为0.4～0.6m。

（4）设备上的直梯宜从侧面通向平台，梯段高度不宜大于10m，超过10m时，宜设梯向平台、以分段交错设梯。攀登高度在15m以内时，梯间平台的间距应为5～8m，超过15m时每5m应设梯间平台，分段设梯子。安全梯的梯间平台间距不宜大于15m。

4. 高度超过3m的直梯应设置安全护笼，护笼下端距地面或平台面不应小于2.1m，护笼上端高出平台面，应与栏杆高度一致。

5. 平台的防护栏杆高度为1.05m，距地面20m以上的平台的防护栏杆的高度为1.2m。防护栏杆为固定式防护设施，对影响检修的栏杆应设置为可拆卸的。

6. 平台荷重一般按2000N/m^{2}均布荷载设计；对供检修用的平台一般按4000N/m^{2}均布荷载设计；附塔平台宜按3000N/m^{2}均布荷载设计。对大型设备的检修平台应按其最大部件的荷重与土建专业商定。

7. 布置在管廊上方的空冷器，当管廊下布置有介质的温度超过自燃点的机泵设备或在管廊上敷设高温管道时，空冷器的下部平台应用非燃烧材料、且应满铺。当下方确实无高温设备或管道时，可不满铺、仅在需要检修的地方铺设平台。

（三）放空烟囱的布置

（1）放空烟囱的位置。放空用烟囱应设置在装置的一端或边缘地区，其位置宜在装置常年最小频率风向的上风侧。

（2）放空烟囱的高度。废气及有害气体的排放高度，应符合国家现行的《工业企业设计卫生标准》（GBZ 1—2010）的要求，除此之外，尚应符合《石油化工企业设计防火规范》（GB 50160—2008）的要求。

（四）围堰的布置

1. 在开停工或检修过程中有可能被油品、腐蚀性介质或有毒物料污染的区域应设围堰，处理腐蚀性介质的设备区除围堰外尚应铺设防腐地面。

2. 围堰应符合下列要求：

（1）围堰与堰区地面的高差不应小于150mm；

（2）围堰内应有排水设施；

（3）围堰内地面应坡向排水设施，坡度不宜小于3‰。

3. 围堰内排水设施的作法

（1）对于油品污染的区域，排水设施采用地沟或地漏，将含油污水排入含油污水系统。

（2）对于腐蚀性介质或有毒物料的排水设施应考虑腐蚀性介质或有毒物料收集和处理措施。即在围堰内设小坑，围堰外设收集池，由小坑通向池内的接管加阀门以便物料的收集和转移。如图3－6－2。

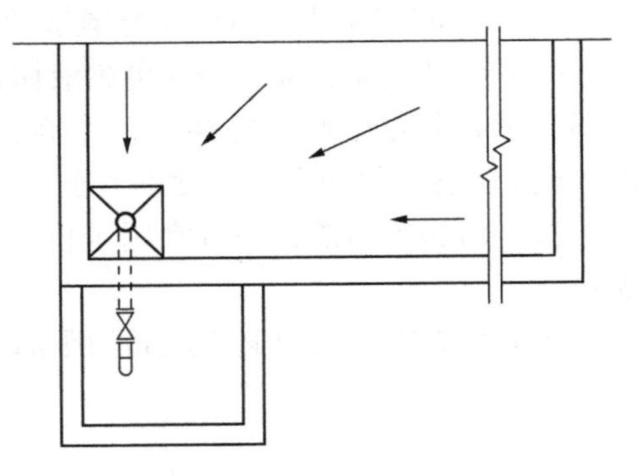

图3－6－2　围堰和收集地示意图

三、通道的布置

进行设备布置时，应根据本装置施工、维修、操作和消防的需要综合考虑，设置必要的通道和场地。在甲、乙类装置内部的设备、建筑物区，应用道路将装置分隔成占地面积不大于10000m² 的设备、建筑物区；当大型石油化工装置的设备、建筑物区占地面积大于10000m² 小于20000m² 时，在设备、建筑物区四周应设环形道路，道路路面宽度不应小于6m，设备、建筑物区的宽度不应大于120m，相邻两设备、建筑物区的防火间距不应小于15m，并应加强安全措施。

1. 消防通道的设置应符合下列要求：

（1）装置内应设贯通式道路，道路应有不少于2个出入口，且2个出入口宜位于不同方向。当装置外两侧消防道路间距不大于120m时，装置内可不设贯通式道路，装置的不贯通式道路应设有回车场地，回车场地的大小宜为15m×15m；

（2）道路的路面宽度不应小于4m，路面上的净空高度不应小于4.5m；管架与路面边缘的净距不应小于1.0m；路面内缘转弯半径不宜小于7m。对于大型石油化工装置，道路路面宽度、净空高度及路面内缘转弯半径，可根据需要适当增加。

2. 检修通道应满足机动检修用机具对道路的宽度、转弯半径和承受荷载的要求，并能通向设备检修的吊装孔。

3. 装置内主要车行通道，消防通道，检修通道应合并设置。

4. 操作通道的设置，应根据生产操作、巡回检查、小型维修等的频繁程度和操作点的分布决定。

5. 各种通道的宽度和净空要求，应根据装置规模、通行机具的规格考虑确定，其最小尺寸应符合表3－6－1的规定。

表3－6－1　装置内通道的最小宽度和最小净高表

序　　号	通道名称	最小宽度/m	最小净高/m
1	消防通道	4.0	4.5
2	主要车行通道	4.0	4.5①
3	次要车行通道	3.0	3.0
4	管廊下泵区检修通道	2.0	3.2
5	操作通道	0.8	2.2

① 对于大型装置内，有大型通行机具通过时，主要车行通道的净宽和净高可适当加大。

6. 设备的构架或平台的安全疏散通道，应满足以下要求：

（1）可燃气体、液化烃和可燃液体的塔区平台、设备的构架平台或其他操作平台，应设置不少于2个通往地面的梯子，作为安全疏散通道。但长度不大于8m的甲类气体或甲、$乙_A$类液体设备的平台或长度不大于15m的$乙_B$、丙类液体设备平台可只设1个梯子；

（2）相邻的构架、平台宜用走桥连通，与相邻平台连通的走桥可作为1个安全疏散通道；

（3）相邻安全疏散通道之间的距离不应大于50m，且平台上任一点距疏散口的距离不应大于25m。

（编制　张德姜　丘　平　徐兆厚）

第四章　管道设计基础

第一节　管道的分级(类)

在石油化工装置中安装有大量各种用途管道，不同用途管道的操作参数和输送介质的性质差别很大，因此其重要程度和危险性也是不同的。为了保证各种管道在设计条件下均能安全可靠地运行，对重要程度危险性不同的管道应当提出不同的设计、制造和施工要求。目前在工程上主要采用对管道分级(类)的办法来解决这一问题。

一、美国国家压力管道标准的管道分类

ASME B31《压力管道规范》由几个单独出版的卷所组成，每卷均为美国国家标准。它们是在 ASME B31 压力管道规范委员会领导下编制的。

每卷的规则是根据不同类型管道的特殊要求的使用需要制订的。各卷规范所考虑的应用条件分别为：

B31.1　动力管道：主要为发电站、工业设备和公共机构的电厂、地热系统以及集中和分区的供热和供冷系统中的管道。

B31.3　工艺管道：主要为炼油、化工、制药、纺织、造纸、半导体和制冷工厂，以及相关的工艺流程装置和终端设备中的管道。

B31.4　液态烃和其他液体的输送管线系统：工厂与终端设备间以及终端设备、泵站、调节站和计量站内输送主要为液体产品的管道。

B31.5　冷冻管道：冷冻和二次冷却器的管道。

B31.8　气体输送和配汽管道系统：生产厂与终端设备(包括压气机、调节站和计量器)间输送主要为气体产品的管道以及集汽管道。

B31.9　房屋建筑用户管道：主要为工业设备、公共机构、商业和市政建筑以及多单元住宅内的管道，但不包括 B31.1 所覆盖的尺寸、压力和温度范围。

B31.11　稀浆输送管道系统：工厂与终端设备间以及终端设备、泵站和调节站内输送含水稀浆的管道。

B31.12　氢管道和管线：气态和液态氢管道及气态氢管线。

其中与石化工业密切相关的是 B31.3，此标准已得到全世界公认，成为石油化工厂压力管道设计普遍遵循的规范。ASME B31.3 根据输送介质的安全性、对人体的危害程度和设计条件(压力、温度)等因素将流体分为 M 类、D 类和介于这两类之间的常规流体类。

M 类流体为剧毒流体，在输送过程中如有极少量的泄漏，被人吸收或与人体接触后，即使迅速采取治疗措施也能造成严重的和难以治愈的伤害。

D 类流体为设计表压不超过 1030kPa(150psi)，设计温度在 -29(-20℉)~186℃(366℉)之间的不易燃、无毒、对人体无害的流体。

高压流体为业主规定按第Ⅸ章进行设计和建造的流体。

常规流体类管道系指化工厂和炼油厂除 M 类、D 类或高压流体以外的所有工艺和公用工程管道，但不包括加热炉、热交换器、容器和机组的内部管道。

B31.3 对常规流体类管道的材料、设计、加工、装配、安装、检验和试验，规定了最低限度的要求，对 D 类和 M 类分别予以不同考虑。

B31.3 规定的流体工况分类导则见图 4－1－1。

二、国内工业管道的分级(类)

我国工业管道的分类(级)方法：

(一) 按国标规定的施工验收要求分类(级)

2010 年 8 月 18 日中华人民共和国住房和城乡建设部发布通知，批准《工业金属管道工程施工规范》(GB 50235—2010)为强制性国家标准，自 2011 年 6 月 1 日起施行，原《工业金属管道工程施工及验收规范》(GB 50235—1997)同时废止。新国标由住房和城乡建设部负责管理和对强制性条文的解释，由中国工程建设标准化协会化工分会负责日常管理，由全国化学施工标准化管理中心站负责技术内容的具体解释。

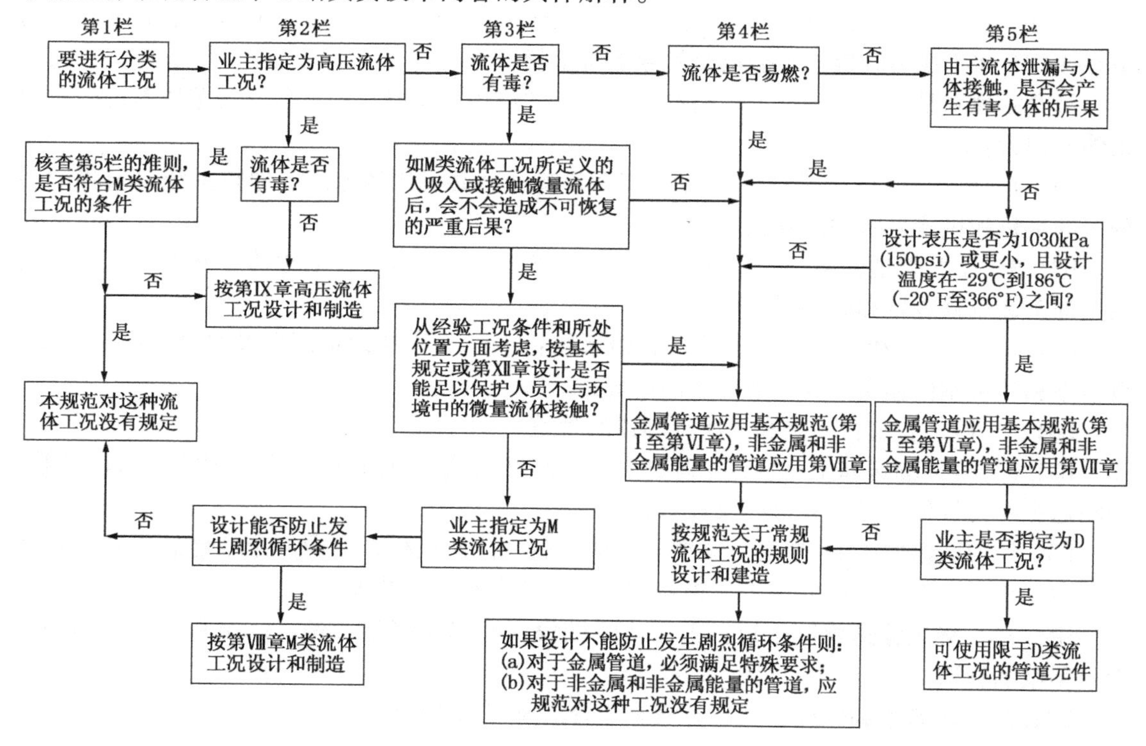

图 4－1－1　流体工况分类导则

现行国家标准《工业金属管道工程施工规范》(GB 50235—2010)对管道没有作具体分类或分级。只按压力管道和非压力管道划分，分级如下：

1. 工业金属压力管道应按国家现行标准《压力管道安全技术监察规程——工业管道》(TSG D0001—2009)的有关规定划分为 GC1、GC2 和 GC3；

2. 除压力管道①以外的其他管道，应按 C 类流体管道②和 D 类流体管道③分类；

3. 当输送毒性危害程度或火灾危险性不同的混合介质时，应按其危害程度及其含量，并应由设计文件确定管道级别。

注：①压力管道——指最高工作压力大于或等于0.1MPa（表压），且公称尺寸大于25mm，用于输送气体、液化气体、蒸汽介质或可燃、易爆、有毒、有腐蚀性、最高工作温度高于或等于标准沸点的液体介质的管道。

②C类流体管道——不包括D类流体的不可燃、无毒或毒性为轻度危害程度的流体管道。

③D类流体管道——指不可燃、无毒或毒性为轻度危害程度、设计压力小于或等于1.0MPa和设计温度高于-20℃但不高于185℃的流体管道。

对于剧毒流体为相当于现行国家标准《职业性接触毒物危害程度分级》（GBZ 230—2010）中Ⅰ级、Ⅱ级危害程度的毒物；有毒流体相当于GB 230—2010中Ⅲ级、Ⅳ级危害程度的毒物。可燃流体为在生产操作条件下可以点燃和连续燃烧的气体或可以气化的液体。GB 50235—2010只作为设计压力不大于42MPa，设计温度不超过材料允许使用温度的工业金属管道工程的施工。其验收规范应执行现行国家标准《工业金属管道工程施工质量验收规范》（GB 50184—2011）。

对于管道焊缝射线照相焊缝的检查等级，GB 50184—2011作了详细的规定。见表4-1-1。

表4-1-1 管道焊缝的检查等级划分

焊缝检查等级	管道类别
Ⅰ	(1)毒性程度为极度危害的流体管道； (2)设计压力大于或等于10MPa的可燃流体,有毒流体的管道； (3)设计压力大于或等于4MPa,小于10MPa,且设计温度大于等于400℃的可燃流体,有毒流体的管道； (4)设计压力大于或等于10MPa,且设计温度大于或等于400℃的非可燃流体,无毒流体的管道； (5)设计文件注明为剧烈循环工况的管道； (6)设计温度低于-20℃的所有流体管道； (7)夹套管的内管； (8)按本规范①第8.5.6条的规定做替代性试验的管道； (9)设计文件要求进行焊缝100%无损检测的其他管道
Ⅱ	(1)设计压力大于或等于4MPa,小于10MPa,设计温度低于400℃,毒性程度为高度危害的流体管道； (2)设计压力小于4MPa,毒性程度为高度危害的流体管道； (3)设计压力大于或等于4MPa,小于10MPa,设计温度低于400℃的甲、乙类可燃气体和甲类可燃液体的管道； (4)设计压力大于或等于10MPa,且设计温度小于400℃的非可燃流体,无毒流体的管道； (5)设计压力大于或等于4MPa,小于10MPa,且设计温度大于等于400℃的非可燃流体,无毒流体的管道； (6)设计文件要求进行焊缝20%无损检测的其他管道
Ⅲ	(1)设计压力大于或等于4MPa,小于10MPa,设计温度低于400℃,毒性程度为中毒和轻度危害的流体管道； (2)设计压力小于4MPa的甲、乙类可燃气体和甲类可燃液体管道； (3)设计压力大于或等于4MPa,小于10MPa,设计温度低于400℃的乙、丙类可燃液体管道； (4)设计压力大于或等于4MPa,小于10MPa,设计温度低于400℃的非可燃流体、无毒流体的管道； (5)设计压力大于1MPa小于4MPa,设计温度高于或等于100℃的非可燃流体、无毒流体的管道； (6)设计文件要求进行焊缝10%无损检测的其他管道

续表

焊缝检查等级	管道类别
Ⅳ	(1)设计压力小于4MPa,毒性程度为中毒和轻度危害的流体管道; (2)设计压力小于4MPa的乙、丙类可燃液体管道; (3)设计压力大于1MPa,小于4MPa,设计温度低于400℃的非可燃流体、无毒流体的管道; (4)设计压力小于或等于1MPa,且设计温度大于185℃的非可燃流体、无毒流体的管道; (5)设计文件要求进行焊缝5%无损检测的其他管道
Ⅴ	设计压力大于或等于1.0MPa,且设计温度高于-20℃但不高于185℃的非可燃流体、无毒流体的管道

注:①"本规范"系指现行国家标准《工业金属管道施工质量验收规范》GB 50184—2010。

(二)石油化工管道分级

1. 石油化工管道级别,应根据管道输送介质的危险程度和设计条件划分。国家现行标准《石油化工管道器材选用规范》(SH/T 3059—2012)分为SHA、SHB、SHC3类管道13个级别。见表4-1-2。与现行国家标准《石油化工金属管道工程施工质量验收规范》(GB 50517—2010)的分级完全一样。

表4-1-2 管道分级

序号	管道级别	输送介质	设计条件	
			设计压力/MPa	设计温度/℃
1	SHA1	(1)极度危害介质(苯除外)、高度危害丙烯腈、光气介质	—	—
		(2)苯介质、高度危害介质(丙烯腈、光气除外)、中度危害介质、轻度危害介质	$p \geq 10$	—
			$4 \leq p < 10$	$t \geq 400$
			—	$t < -29$
2	SHA2	(3)苯介质、高度危害介质(丙烯腈、光气除外)	$4 \leq p < 10$	$-29 \leq t < 400$
			$p < 4$	$t \geq -29$
3	SHA3	(4)中度危害介质、轻度危害介质	$4 \leq p < 10$	$-29 \leq t < 400$
		(5)中度危害介质	$p < 4$	$t \geq -29$
		(6)轻度危害介质	$p < 4$	$t \geq 400$
4	SHA4	(7)轻度危害介质	$p < 4$	$-29 \leq t < 400$
5	SHB1	(8)甲类、乙类可燃气体介质和甲类、乙类、丙类可燃液体介质	$p \geq 10$	—
			$4 \leq p < 10$	$t \geq 400$
			—	$t < -29$
6	SHB2	(9)甲类、乙类可燃气体介质和$甲_A$类、$甲_B$类可燃液体介质	$4 \leq p < 10$	$-29 \leq t < 400$
		(10)$甲_A$类可燃液体介质	$p < 4$	$t \geq -29$
7	SHB3	(11)甲类、乙类可燃气体介质、$甲_B$类、乙类可燃液体介质	$p < 4$	$t \geq -29$
		(12)乙类、丙类可燃液体介质	$4 \leq p < 10$	$-29 \leq t < 400$
		(13)丙类可燃液体介质	$p < 4$	$t \geq 400$
8	SHB4	(14)丙类可燃液体介质	$p < 4$	$-29 \leq t < 400$
9	SHC1	(15)无毒、非可燃介质	$p \geq 10$	—
			—	$t < -29$
10	SHC2	(16)无毒、非可燃介质	$4 \leq p < 10$	$t \geq 400$
11	SHC3	(17)无毒、非可燃介质	$4 \leq p < 10$	$-29 \leq t < 400$
			$1 < p < 4$	$t \geq 400$
12	SHC4	(18)无毒、非可燃介质	$1 < p < 4$	$-29 \leq t < 400$
			$p \leq 1$	$t \geq 185$
			$p \leq 1$	$-29 \leq t \leq -20$
13	SHC5	(19)无毒、非可燃介质	$p \leq 1$	$-20 < t < 185$

2. 石油化工管道分级除应符合表4－1－2中的规定外，尚应符合下列规定；

a）输送氧气介质管道级别应根据设计条件按本规范表4－1－2中乙类可燃气体确定；

b）输送毒性或可燃性不同的混合介质管道级别应按其危害程度及含量确定；

c）输送同时具有毒性和可燃性介质管道级别应按本规范表4－1－2中高级别管道确定。

3. 国家现行标准《石油化工有毒、可燃介质钢制管道工程施工及验收规范》（SH 3501—2011）的分级只划分SHA、SHB的2类管道8个级别。见表4－1－2中的序号1～8中的8个级别。

（三）国标《工业金属管道设计规范》的管道分级

《工业金属管道设计规范》（GB 50316—2000（2008年版））将输送流体分成5类，输送这5类流体的管道类别分别与流体类别对应，但并不完全等同，见表4－1－3。该规范对各类管道材料的使用要求和管道组成件的选用作了限制和规定，由此可见GB 50235—2010施工规范与GB 50316—2000（2008年版）设计规范不相统一配套。

表4－1－3 流体分类

流体类别	适用范围
A1类	剧毒流体，相当于《职业性接触毒物危害程度分级》GB 5044中Ⅰ级（极度危害）的毒物
A2类	有毒流体相当于《职业性接触毒物危害程度分级》GB 5044中Ⅱ级及以下（高度、中度、轻度危害）的毒物
B类	能点燃并在空气中连续燃烧的流体，这些流体在环境或操作条件下是一种气体或可闪蒸产生气体的液体
C类	不包括D类流体的不可燃、无毒的流体
D类	设计压力小于或等于1.0MPa和设计温度高于－20～186℃之间的不可燃、无毒流体

（四）《压力管道安全管理与监察规定》的管道分级

为规范压力管道管理，《压力管道安全管理与监察规定》将压力管道也进行了分级。

压力管道按其用途划分为长输管道，公用管道和工业管道。

（1）GA类（长输管道）指产地、储存库、使用单位间用于输送商品介质的压力管道；

（2）GB类（公用管道）指城市或乡镇范围内的用于公用事业或民用的燃气管道和热力管道；

（3）GC类（工业管道）指企业、事业单位所属的用于输送工艺介质的工艺管道、公用工程管道及其他辅助管道。包括延伸出工厂边界线，但归属企业、事业单位所管辖的管道。

（五）《压力容器压力管道设计许可规则》的管道分级

为贯彻《压力管道安全管理与监察规定》，《压力容器压力管道设计许可规则》（TSGR 1001—2008）将工业管道又分为GC、GD类管道石油化工管道属工业管道，为GC类，火力发电厂用于输送蒸汽、汽水两相介质的管道，为动力管道GD类，具体划分见表4－1－4。压力管道的分类只是为了表明设计单位是否具有压力管道设计资格和能设计那些类别品种的压力管道，同样以此评定管道产品制造单位、安装单位的资格及他们所能生产或安装的压力管道级别。

表4－1－4 工业管道和动力管道分级

级别	品种	适用范围
GC1	1	输送GB 5044中毒性程度为极度危害的介质、高度危害气体介质和工作温度高于标准沸点的高度危害液体介质的管道①
	2	输送GB 50160和GB 50016中火灾危险性为甲、乙类可燃气体或甲类可燃液体（包括液化烃），且设计压力大于或等于4.0MPa的管道②
	3	输送液体介质并且设计压力大于或者等于10.0MPa，或者设计压力大于或者等于4.0MPa，并且设计温度大于或者等于400℃的管道

续表

级别	品种	适用范围
GC2		GC3 级管道外，介质毒性危害程度、火灾危险性（可燃性）、设计压力和设计温度小于 GC1 级管道
GC3		输送无毒、非可燃液体介质，设计压力小于或者等于 1.0MPa，并且设计温度大于 -20℃ 但是小于 185℃ 的管道
GD	1	设计压力大于等于 6.3MPa，或者设计温度大于等于 400℃ 的管道
	2	设计压力小于 6.3MPa，且设计温度小于 400℃ 的管道

注：① GB 5044—1985《职业性接触毒物危害程度分级》[1]。

② GB 50160《石油化工企业设计防火规范》、GB 50016《建筑设计防火规范》。

我国工业管道分类（级）方法虽各不相同，各有其适用范围，但所以要分类（级）是为了使工业管道设计、管道组成件制造生产和管道安装、检验有共同统一语言。对石化工业，SH/T 3059 的管道分级方法比较系统实用，可操作性较强。

第二节　管道压力等级及管径系列

为了简化管道器材规格，有利于管道组成件的标准化，在管道设计中将各种管道组成件按压力和直径两个参数进行适当分级，将在压力等级标准中规定的分级压力称为公称压力，将在管径系列标准中规定的分级直径称为公称直径。

一、公称压力

管道组成件的公称压力与管道系统元件的力学性能相关，由参考的字母和无因次数字组成而成，表示管道元件名义压力等级的一种标记方法。它一般表示管道组成件在规定温度下的最大许用工作压力。目前在国内外管道组成件的公称压力已经标准化，各国管道元件公称压力虽不相同，但基本上可分为两大系列，即美洲系列和欧洲系列。

（一）各标准的公称压力等级

1. 以 ASME B16.5 为代表的美洲系列。美国国家标准《管法兰和法兰管件 NPS1/2 至 NPS24》（ASME B16.5—2009）中包括英制和公制两个系列，其压力等级分级如表4-2-1所示。

表 4-2-1　ASME B16.5 公称压力分级

英制（PSI）	150	300	400	600	900	1500	2500
公制（bar）	20	50	68	100	150	250	420

在 ASME B16.5 中，英制压力等级为高温压力等级，即公称压力值为在某一规定的较高温度下的最大许用工作压力，而其在常温下的许用工作压力则大于公称压力值。与英制公称压力等级不同。公制公称压力等级为常温压力等级，一般常温时其最大许用工作压力与公称压力相同，但对于不同材质其常温最大许用工作压力也可能高于或低于其公称压力，确切地说，公称压力等级中的公称压力只是常温最大许用工作压力的一个圆整数。

同一公称压力的管道元件在不同温度下的最大许用工作压力值可由有关标准的压力温度参数表中查出。

[1] 编者注：GB 5044—1985 已被 GBZ 230—2010 所代替、对于毒物的名称和举例仍可参考原 GB 5044—1985。

这种压力等级系列在美国、日本等发达国家、特别是在这些国家的石油化工工业中得到广泛应用。

2. 以 DIN 2401 为代表的欧洲系列。德国标准《压力和温度说明、概念、公称压力等级》(DIN 2401)规定的公称压力等级如表 4-2-2 所示。

表 4-2-2　DIN 2401 公称压力等级　(bar)

	1	**10**	100	1000
		12.5	125	1250
	1.6②	**16**	**160**	**1600**
	2	20	200	2000
	2.5	**25**	**250**	**2500**
	3.2	32	315	
	4	**40**	**400**	**4000**
0.5	5	50	500	
	6	**63**①	**630**	**6300**
			700	
	8	80	800	

注：① 1966 年 1 月以前出版的 DIN 2401 中此公称压力曾规定为 64，在过渡时期标准中的公称压力等级仍以 64 出现。此值在任何情况下均可与等级 63 互换，并改为 63。

② 应优先选用表中黑体标出的压力等级。

此压力等级系列标准在原苏联及东欧影响较大，我国 JB、HG 法兰标准的公称压力等级也与此压力等级标准相同。

在 DIN2401 压力等级系列标准中，规定公称压力为 20℃时的最大许用工作压力，单位为 bar。

3. 日本 JIS B2238 的压力等级：

PN 2K、5K、10K、16K、20K、30K、40K、63K(kgf/cm^2)

4. ISO 7005—1 是国际标准化组织于 1992 年颁布的一项标准，该标准实际上是把美国和德国两套系列的管法兰合并而成的管法兰标准，其公称压力分为两个系列：第一系列为 1.0、1.6、2.0、5.0、11.0、15.0、26.0、42.0MPa；第二系列分为 0.25、0.6、2.5、4.0MPa。两个公称压力系中，*PN*0.25、0.6、1.0、1.6、2.5、4.0MPa 的法兰尺寸是按欧洲体系；而 *PN*2.0、5.0、11.0、15.0、26.0、42.0MPa 的法兰尺寸是按照美洲体系。

5.《管道元件 *PN*(公称压力)的定义和选用》(GB/T 1048—2005)规定的公称压力系列如下：

DIN 系列 *PN*2.5、6、10、16、25、40、63、100；

ANSI 系列 *PN*20、50、110、150、260、420。

必要时可以选用其他公称压力 *PN* 数值。

6. GB/T 标准《钢制管法兰类型与参数》GB/T 9112—2010：

欧洲体系 *PN*2.5、6、10、16、25、40、63、100、160、250、320、400

美洲体系 Class150、300、600、900、1500、2500

7. HG 标准：《钢制管法兰(*PN* 系列)》HG/T 20592—2009，《钢制管法兰(Class 系列)》HG/T 20615—2009

欧洲体系 *PN*2.5、6.0、10、16、25、40、63、100、160bar

美洲体系 Class（*PN*）150（20）、300（50）、600（110）、900（150）、1500（260）、2500（420）psi（bar）

8. SH 标准《石油化工钢制管法兰》SH/T 3406—2012：

美洲体系 Class（*PN*）75（11）、150（20）、300（50）、400（68）、600（110）、900（150）、1500（260）、2500（420）。

（二）*PN* 与 Class 的对应关系

1. SH、HG 标准的 *PN* 与 ASME B16.5 的 Class 对照（没有严格的对应关系）如表 4－2－3。

表 4－2－3

PN/MPa	Class/psi	*PN*/MPa	Class/psi
1.6、2.0	150	15.0	900
2.5、4.0、5.0	300	26.0①（25.0）	1500
6.3、6.8	400	42.0	2500
11.0①（10）	600		

注：①为区分欧洲体系与美洲体系的压力等级，ISO 7005—1（92）将原美洲体系中的 600#、1500# 的 SI 制压力等级更改为 11.0 和 26.0。1 992 年以前一般称 10.0 和 25.0MPa。

2. 日本 K 级与 Class 级大致的对应关系如表 4－2－4。

表 4－2－4

PN	5K	10K	16K	20K	30K	40K	63K	kgf/cm^2
Class	—	—	150	—	—	300	—	psi

（三）公称压力标记示例：

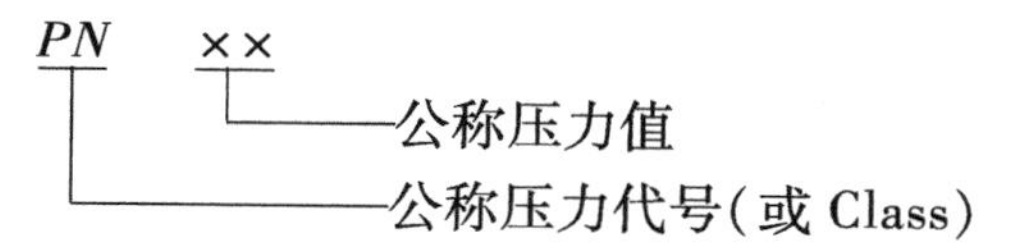

二、公 称 直 径

为了简化管道直径规格统一管道器材元件连接尺寸，对管道直径分级进行了标准化，并以“公称直径”表示。公称直径表示管子、管件等管道器材元件的名义直径。一般情况下元件的实际内径不一定等于公称直径。对于同一标准、公称压力和公称直径相同的管法兰是有相同的连接尺寸。目前国内外公称直径分级基本相同，见表 4－2－5 公称直径单位，美国采用英寸（in），中国采用毫米（mm），日本则并列两种单位。石油化工管道设计常用公称直径，见表 4－2－6。

表 4－2－5　GB 1047—2005《管道元件 *DN*（公称尺寸）的定义和选用》　（mm）

公称直径						
1	15	100	350	1000	2000	3600
2	20	（125）	400	1100	2200	3800
3	25	150	450	1200	2400	4000
4	32	（175）	500	1300	2600	
5	40	200	600	1400	2800	
6	50	225	700	1500	3000	
8	65	250	800	1600	3200	
10	80	300	900	1800	3400	

表4－2－6　石油化工管道设计常用公称直径　　（mm）

公称直径							
6	8	10	15	20	25	(32)	40
50	(65)	80	(90)	100	(125)	150	200
300	350	400	450	500	550	600	650
700	750	800	850	900	(950)	1000	(1050)
(1100)	(1150)	1200	(1300)	1400	(1500)	1600	(1700)
1800	(1900)	2000	2200	2400	2600	2800	3000
3200	3400						

公称直径标记示例：

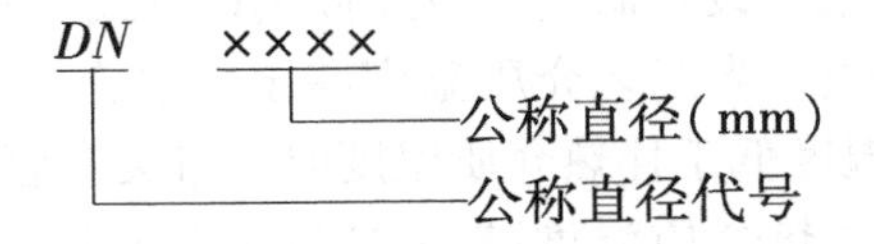

第三节　管道设计条件

石油化工管道操作条件复杂，在正常情况下，管道除了要在一定的温度、压力下工作外，还要受风荷载、地震荷载等一些环境因素以及其他一些附加因素的影响。因此在设计时首先要全面考虑管道的荷载条件，正确确定管道的设计参数。

一、设计压力

石油化工管道及其组成件的设计压力不应低于操作过程中，由内压或外压与温度构成的最苛刻工况下的压力。最荷刻工况是指导致管子及管道组成件最大壁厚或最高压力等级的条件。

设计压力的确定应符合下列规定：

a）装有安全泄压装置的管道，其设计压力不应小于安全泄压装置的设定压力；

b）未设置安全泄压装置或可能发生与安全泄压装置隔离、堵塞的管道，其设计压力不应小于可能由此产生的最大压力；

c）离心泵出口管道的设计压力不应小于泵的关闭压力；

d）管道与设备直接连接成为一个压力系统时，其设计压力不应小于设备的设计压力；

e）输送制冷剂、液化烃等低沸点介质的管道，其设计压力不应小于阀门关闭时或介质不流动时在最高环境温度下气化所能达到的最高压力；

f）真空管道应按受外压设计，当装有安全控制装置时，设计压力应取最大内外压差的1.25倍或0.1MPa两者中的较小值；无安全控制装置时，设计压力应取0.1MPa。

二、设计温度

石油化工管道及其组成件的设计温度不应低于操作过程中，由压力和温度构成的最荷刻工况下的温度。同一管道中的不同管道组成件的设计温度可以不同。

设计温度的确定应符合下列规定：

a）无绝热层的管道，介质温度小于65℃时，管道组成件的设计温度应与介质温度相同，但应考虑阳光辐射或其他可能导致介质温度升高的因素；

b）无绝热层的管道，介质温度等于或大于65℃时，可按下列原则确定：

1）阀门、管子、对焊管件和壁厚与管子相近的其他管道组成件，设计温度不应低于介质温度的95%；

2）除松套法兰外，法兰的设计温度不应低于介质温度的90%；

3）松套法兰的设计温度不应低于介质温度的85%；

4）螺栓和螺母等紧固件的设计温度不应低于介质温度的80%；

c）带外绝热层管道，除经传热计算或实测确定的平均壁温外，宜取介质温度作为设计温度；

d）带衬里或内绝热层管道的设计温度，应经传热计算或实测确定；

e）带夹套或外伴热的管道，当工艺介质温度高于伴热介质温度时，应取工艺介质温度作为设计温度；当工艺介质温度低于伴热介质温度时，带夹套管道应取伴热介质温度作为设计温度，带外伴热管道应取伴热介质温度减10℃与工艺介质温度二者中较高值作为设计温度；

f）安全泄压排放管道，应取排放时可能出现的最高或最低温度作为设计温度；

g）需吹扫管道的设计温度，应根据具体条件确定。

三、其他与设计有关的因素

1. 环境因素

（1）当环境影响造成管道内气体或蒸气被冷却产生真空时，管道应有耐真空能力或防止产生真空的措施。

（2）管道组成件应能承受或消除因静态流体受热膨胀而导致的压力升高或采取预防措施。

（3）设计温度低于0℃时，应防止阀门、泄压装置和其他管道组成件的活动部件外表面结冰。

（4）金属管道外壁受大气环境影响时，管道设计应考虑最低环境工况。

2. 动力荷载

（1）管道应能承受外部或内部条件引起的水力冲击、液体或固体物料的撞击等的冲击荷载。

（2）室外架空管道应能承受风荷载。

（3）对于抗震设防烈度为6～9度的非埋地管道，应按国家现行标准SH/T 3039的有关规定。

（4）管道应能承受机械振动、压力脉动等振动产生的荷载。

（5）管道应能承受介质泄压或排放产生的反作用力。

3. 重力荷载

（1）管道应能承受输送介质、试验介质及冰雪等产生的荷载。

（2）管道应能承受管道组成件、绝热材料以及由管道支承的其他永久性荷载。

4. 温差荷载

（1）管道设计应能承受管道被约束或固定因热膨胀或收缩而产生的作用力和力矩。

（2）管道设计应能承受由于管壁温度急剧变化或温度分布不均匀而产生的管壁应力及

荷载。

(3）管道设计应能承受由于管道材料的热膨胀性能不同而产生的荷载，如复合钢管、夹套管、非金属衬里管等。

5. 支架及管口位移

管道设计应考虑管道支架及与管口相连接的设备的位移，如设备或支架的热膨胀、基础沉降或其他外部因素等产生的位移。

6. 材料韧性的降低

管道设计应考虑如焊接、热处理、加工成型、弯曲成形以及低温或高挥发性流体突然减压而产生的急冷所造成的材料韧性降低的因素。

7. 循环工况

管道设计应考虑由于压力循环、热循环和其他周期性荷载而产生的疲劳。

第四节　管道设计基础数据

一、管道组成件的压力、温度设计基准

1. 管道组成件的压力－温度额定值应符合下列规定：

a）除本规范另有规定外，对国家现行标准中已规定了压力－温度额定值及公称压力的管道组成件，选用管道组成件时，该组成件标准中规定的其额定值不应低于管道的设计压力和设计温度；

b）对国家现行标准中未规定压力－温度额定值及公称压力的管道组成件，以钢管壁厚系列(包括壁厚、表号或重量级别)表示的无缝管道组成件的压力－温度额定值应根据与其许用应力相同材料的无缝钢管的有效厚度确定。焊制管道组成件的压力－温度额定值应根据上述方法确定，并考虑焊缝系数及焊缝接头强度降低系数；

c）不同流体工况的管道连接时，分界处阀门的压力－温度额定值应按最苛刻工况确定。

2. 管道系统中压力和温度的允许变动范围应符合下列规定，否则设计条件应以最苛刻的压力和温度组合来确定：

a）管道系统中压力、温度或两者可能发生偶然变化，且同时满足下列要求时，其压力和温度允许的变动应符合本条 b)款的规定：

1）没有铸铁或其他非塑性金属材料的受压管道组成件；

2）公称压力产生的应力不应超过材料在设计温度下的屈服强度；

3）合成纵向应力不应大于本节二、许用应力中第 4 条规定的允许值；

4）在管道设计寿命内，超过设计条件的压力和温度变化的总次数不应超过 1000 次；

5）在任何情况下，管道压力升高值不得超过管道的系统试验压力；

6）阀门及管道连接点处的密封元件，不得由于压力、温度的变化，降低或失去其应有的密封性能；

7）持续和周期性的变动不应改变管道系统中所有管道组成件的操作安全性能；

8）温度变动的下限值不应低于相关国家现行标准规定的材料最低使用温度；

b）符合本条 a)款要求的管道，其超出设计条件的非经常性的压力、温度变动所产生的应力值，应符合下列要求：

1）当任何一次压力、温度变化持续时间不超过10h，且每年累计不超过100h时，不得超过材料许用应力的33%；

2）当任何一次压力、温度变化持续时间不超过50h，且每年累计不超过500h时，不得超过材料许用应力的20%；

c）对于压力泄放等的自限波动情况，一次变动持续时间不超过50h，且每年累计不超过500h时，压力变动不得超过材料许用应力的20%。

二、许用应力

1. 金属材料许用应力的确定基准应符合相关国家现行标准的要求。

2. 管道组成件材料的许用应力，中国标准材料应符合现行国家标准的有关规定；美国标准材料应符合ASME B3 1.3的有关规定。

3. 管道柔性设计的应力限制应符合国家现行标准SH/T 3041的规定。

4. 偶然荷载引起的纵向应力之和应符合下列要求：

a）当在操作条件下的压力、重力及其他持续荷载产生的纵向应力与风荷载或地震荷载等临时荷载产生的应力组合时，不应大于现行国家标准规定的材料许用应力1.33倍；进行应力组合时，风荷载和地震荷载不应同时考虑；

b）除另有规定外，在系统压力试验下管道中产生的应力，不应超过管道在该试验温度下许用应力的1.5倍，并不考虑风荷载、地震荷载等临时荷载的影响。

三、设计寿命及最低设计压力等级

1. 管道设计寿命应从管道建设的一次投资、维修费用及投资利率等综合考虑决定，并应适当考虑技术进步的更新要求。管道设计寿命宜为15年。

2. 管道及其组成件的最小壁厚除应满足强度要求外，还应包括为腐蚀、磨损、制造负偏差及螺纹或开槽深度所留的裕量。对于只有轻微腐蚀的管道，其年腐蚀率可取为0.1mm。

3. 管道最低设计压力等级。对于有毒、可燃介质管道及其组成件的法兰连接除考虑强度要求外，还应考虑连接的密封性能要求，其最低设计压力应符合下列要求：

（1）SHA级管道的公称压力，不宜低于5.0MPa；

（2）SHB、SHC级管道的公称压力，不宜低于2.0MPa。

（编制　于浦义）

第五章　装置内管道设计

第一节　必须具备的条件或资料

装置内管道设计必须具备下列条件或资料。

1. 工艺管道和仪表流程图(P&ID)及公用工程和仪表流程图(U&ID)。该流程图的设计深度应能满足配管设计的需要。在配管设计过程中有可能对流程图提出某些调整，尤其是U&ID。

2. 管道说明表。表中列有管道编号、输送介质、起止点、管径、设计压力和设计温度、材料选用等级、保温伴热要求等。石油化工装置管道应按《石油化工管道设计器材选用规范》(GB 3059—2012)分级。

3. 设备规格表。表中列有本装置各类自行设计或标准的压力容器如塔、反应器、再生器、反应釜、罐、槽、各种冷换设备、空气冷却器、抽真空设备、过滤设备、加热炉等的设计条件、规格、图号等。

4. 机械规格表。表中列有搅拌机、螺旋输送机、链板送料机、气动力送料机、皮带输送机、包装机等处理工艺物料或产品机械的型号、规格、图号等。

5. 压缩机和鼓风机规格表。表中列有各种离心式、往复式、螺杆式等压缩机和鼓风机及其驱动机的型号、规格、数量、图号等。

6. 泵规格表。表中列有各种泵的型号、规格、扬程、工作温度、驱动方式、电动机或汽轮机型号规格、电压、功率等。

7. 安全阀规格表。表中列有安全阀的型号、规格、喷嘴面积、工作温度、定压以及爆破膜的型号、规格等数据。

8. 调节阀安装资料。列有所有调节阀的型号、规格、结构尺寸、连接型式(法兰、螺纹等)、接管直径、法兰的压力等级和密封面标准等。

9. 上述第3项至第6项的图纸或产品样本。这些图纸和产品样本应能满足配管专业进行配管设计和向其他专业提供委托设计资料的要求。

(1) 塔、罐等自行设计压力容器，初期按工艺专业提供草图(或条件)或者设备专业提供的工程图，配管专业进行管道和平台梯子规划设计，并有可能对资料作出某些修正和调整，如塔裙的高度，人孔的标高、管嘴的位置等。后期应按设备专业的正式制造图纸仔细核对。

(2) 大型的机械、压缩机、鼓风机、泵应由制造厂提供详细图纸，其他一般机泵如果认为样本不可靠或数据不全，也应向制造厂索取图纸。

自行设计的机械由机械专业提供图纸。

加热炉及空气预热系统设备由加热炉专业提供图纸。

10. 技术规定。为本装置配管设计专门编制的技术规定，这些规定是对各种规范、标准、规定的补充和说明，并列入用户的特殊要求。

11. 建筑和结构。在设计的适当阶段由土建专业提供有关图纸和资料，如建筑物的平立面图、梁的平面位置尺寸、梁柱等构件的断面尺寸、斜撑的位置及形式、大型压缩机基础的结构尺寸等以避免管道与建筑、结构的构件发生碰撞，并作为支吊架设计时选择生根点的依据。

第二节　管道敷设的种类和一般要求

一、管道敷设的种类

管道敷设方式可以分为地面以上和地面以下两大类。

（一）地面以上敷设

地面以上敷设又分沿地敷设和架空敷设。

架空敷设是石油化工装置管道敷设的主要方式。只要可能，均应采用这种敷设方式。它具有便于施工、操作、检查、维修以及较为经济的特点。架空敷设大致有下列几种类型。

（1）管道或成排地集中敷设在管廊或管架上。这些管道主要是连接两个或多个距离较远的设备之间的管道，进出装置的工艺管道以及公用工程管道。管廊与管架实际上只是在规模的大小和联系设备数量的多寡上有所差别。前者规模大，连系的设备数量多，后者则较小和较少。正是由于前者规模较大，宽度可以达到10m甚至10m以上，因此可以在管廊下方布置泵和其他设备，上方布置空冷器。管廊可以有各种平面形状及分支。

沿地敷设即管墩敷设实际上是一种低的管架敷设，其特点是在管道的下方不考虑通行。这种低管架可以是混凝土构架或混凝土和钢的混合构架，也可以是枕式的混凝土墩。混凝土墩只适于单层敷设。显然，管墩敷设比管架敷设更经济，但在装置内除了偶而在不通行人员和检修机械的边界附近或小型的中间储罐区内采用管墩敷设外，通常不采用。

（2）管道分散地或小规模成组地敷设在支吊架上，这些支吊架通常生根于建筑物、构筑物、设备外壁和设备平台上。所以这些管道总是沿着建筑物和构筑物的墙、柱、梁、基础、楼板、平台、以及设备（如各种容器）外壁敷设。沿地面敷设的管道，其支架则生根于小混凝土墩子上或放置在铺砌面上。

（3）某些特殊管道，如有色金属、玻璃、搪瓷、塑料等管道，由于其低的强度和高的脆性，因此在支承上要给予特别的考虑。例如将其敷设在以型钢组合成的槽架上，必要时应加以软质材料衬垫等。

（二）地面以下敷设

地面以下敷设可以分为直接埋地敷设和管沟敷设两种。

1. 埋地敷设。埋地敷设的优点是利用了地下的空间，使地面以上空间显得较为简洁，同时一般不需特别的支承措施，但是带来的缺点却不少。这些缺点包括腐蚀性较强，检查和维修困难，在车行道处有时需特别处理以承受大的载荷，低点排液不便以及易凝油品凝固在管内时处理困难等。因此只有在不可能架空敷设时，才予以采用。直接埋地敷设的管道最好是输送无腐蚀性或腐蚀性轻微的介质，常温或温度不高的，不易凝固的（易凝介质应有扫线措施）、不含固体介质、不易自聚的。无绝热层的液体和气体介质管道。下述情况宜采用埋地敷设：

设备或管道的低点自流排液管或排液汇集管；无法架空的泵吸入管；安装在地面的冷却器的冷却水管。泵的冷却水、封油、冲洗油管等架空敷设困难时，可埋地敷设。由于管道的绝热结构在埋地情况下很难保持其良好的绝热功能，因此带绝热层的管道不宜埋地敷设。

2. 管沟敷设。管沟可以分为地下式和半地下式两种。前者整个沟体包括沟盖都在地面以下，后者的沟壁和沟盖有一部分露出在地面以上。半地下式管沟可以具有沟盖，也可以铺格栅或完全敞口。管沟内通常设有支架和排水地漏。除阀井外，一般管沟不考虑人的通行。

与埋地敷设相同，管沟敷设也适用于那些无法架空的管道，与埋地敷设相比，管沟敷设提供了较方便的检查维修条件，同时可以敷设有绝热层的、温度高的，输送易凝介质或有腐蚀性介质的管道，这是比埋地敷设优越的地方。显然，半地下式要比地下式更易于检查和维修。

管沟敷设的缺点是：费用高，占地面积大，与其他埋地管道交叉时有一定困难，需要设排水点、且这些排水点的相对标高较低，易积聚或串入油气增加了不安全因素，易积聚污物清理困难，半地下管沟会影响通行及地面水的排泄，地下式管沟则检查维修也很不便等。因此在装置内只在必要时才采用管沟敷设。对于支管多，阀门多的管沟敷设管系通常采用半地下有格栅盖板的管沟。

二、管道敷设的一般要求

工艺装置的工艺过程、设备型式和数量、设备的平面和立面布置以及不同设计单位长期形成自己的设计风格和惯例尽管千差万别，但是管道的安装设计都有其共同的规律。对于一个经验丰富充分掌握了管道设计客观规律的设计单位来说，一套工艺装置或一个配管设计分区，由不同的设计人员来进行配管设计，其最终成品可能是大同小异。这就意味着其中存在一个最优设计。为了获得配管的最优设计就须遵循配管设计的客观规律。除了后面若干节中所叙述的单元设备的管道布置设计的一般规律外，还有下列一些共同的一般要求。

1. 应符合有关的规范、标准和技术规定。这些规范和标准有不同的级别。技术规定则是在规范、标准的范围以外各个设计单位自己的做法。由于较高级别的规范和标准通常涉及的面较广，很难完全协调所涉及的各个行业、专业的要求，因此通常由较低级别的规范和标准针对本行业、专业的特点制定更具体的要求。即使如此，在进行某个项目的配管设计时，还要制定适用于本项目的设计技术规定。较低级别的规范、标准、技术规定不应低于高一级规范标准的要求。

如果设计项目是涉外的，尚应执行有关的国外规范和标准，这些规范标准通常由委托设计的客户提出或由客户与设计承担单位协议确定的，并应符合“专利”要求。

2. 应符合工艺要求。工艺专业对配管的要求体现在工艺专业提交给配管专业的设计基础资料中。如工艺管道和仪表流程图(P&ID)表示了管道连接流向，物流的引出或汇入点及其特殊要求，要求分支或汇入的对称布置，管径的放大或缩小，液封的高度，无液袋和/或无气袋的要求，阀门、法兰、仪表元件、取样点、腐蚀检测点等的位置，管道材料选用级别(管道分级)的分界点，管道绝热伴热范围等等。

3. 统筹规划。管道布置应统筹规划，以做到安全、经济及便于施工、操作和维修。目前常常采取分区规划的方式，经常碰到局部看似合理而总体不合理的情况。因此应采取整个装置统一规划或分几个大区规划的方法以做到整体合理。

应优先考虑特殊管道如转油线、合金管道、大直径管道、特殊介质(浆状、粉末状、高黏度等)管道的布置。某些管道的布置与其他专业关系密切，应在设计早期与有关专业协商确定方案。如转油线涉及加热炉、设备和土建专业，应协商解决转油线的热补偿及管架型式等问题。又如地下工艺管道(埋地或管沟)应与给排水管道、地下电缆及道路边沟等的布置协调。

4. 管道布置应整齐有序，横平竖直，成组成排，便于支撑。横平竖直并不排除局部采用斜线连接，尤其是立式容器和管壳式冷换设备的配管。应当在规划布置管道的同时考虑管道的支撑的可能性和合理性。

5. 整个装置的管道，纵向与横向的标高应错开，一般情况下，改变方向同时改变标高，但特殊情况或条件允许时也可平拐。

6. 在保证管道柔性及管道对设备机泵管嘴的作用力和力矩不超出允许值的情况下，应当用最少的管件，最短的长度连接起来，尽量减少焊缝。但不应因此而滥用斜线。

7. 管道应架空或地上敷设；如确有需要，可埋地或敷设在管沟内。

8. 在抗震设防地区管道设计应满足国家现行标准《石油化工非埋地管道抗震设计通则》SH/T 3039 的要求。

9. 管道布置不应妨碍设备、机泵和自控仪表的操作和维修。在布置管道前，对有关设备、机泵和自控仪表的操作维修特点应有足够的了解，以便留出足够的空间。管道不应妨碍吊车的作业。对在停工大检修时，需要整体吊出进行检修的设备，应留出足够的检修吊装区域和空间。

10. 管道布置应满足仪表元件对配管的要求，如孔板前后直管段长度的要求，热电偶温度计套管对管径的要求等。

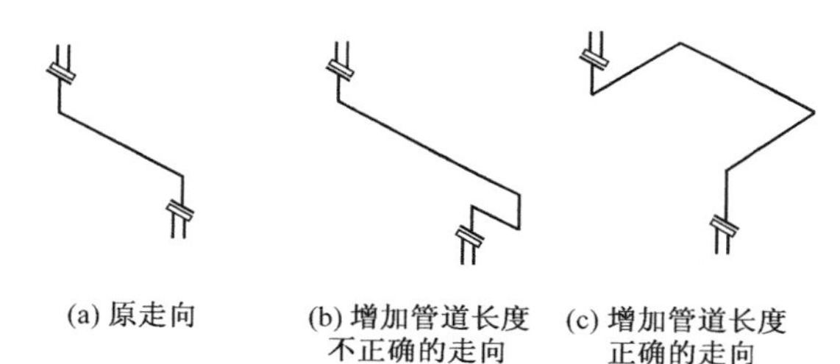

图 5-2-1 改变管道走向增加管道的柔性

11. 管道本身应有足够的柔性。尽量利用管道的自然形状吸收热胀自行补偿。当管道柔性不足时，最常用的方法是改变走向或在某个方向增加管道的长度。应注意，增加的管道长度应垂直于管道原来的主要走向，如图 5-2-1 所示。

12. 管道应尽量“步步高”或“步步低”不出现或少出现气袋和液袋。尽量避免死区。

13. 气体和蒸汽管道的支管应从主管上方引出或汇入。为避免机械杂质进入设备、机泵、自控仪表时，支管宜从主管的侧面或上方接出或汇入。

14. 除了必要的法兰或螺纹连接外，应尽可能采用焊接连接。焊接连接是保证管道避免泄漏的最佳连接。必须采用法兰或螺纹连接的场合包括设备、机泵的管嘴，接口端为法兰或螺纹的阀门、管件、小型设备(过滤器、阻火器、视镜等)和仪表元件，镀锌管，必须经常拆卸清理检修的管道(如易堵塞的浆料管道，焦化装置的转油线等)，夹套管道，衬里管道，管道材料变更点以及需设置盲板的部位等。当同一地点设置两个或两个以上法兰组件时，宜直接连接以省去中间短管和法兰，如图5-2-2所示。但对管径大的梯形槽面、凸凹面和榫槽面法兰则应具体研究。

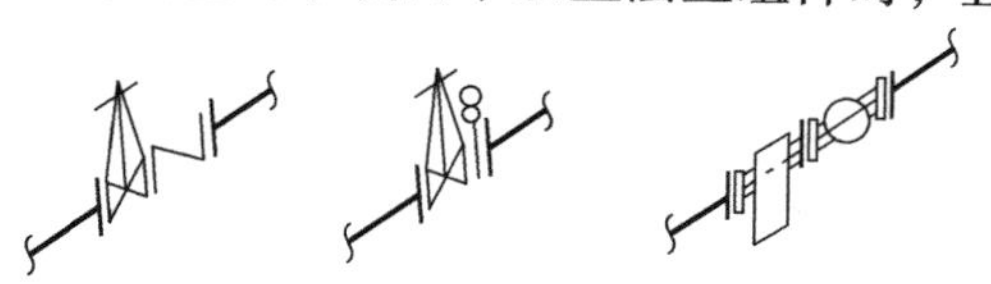
图 5-2-2 两个法兰组件的直接连接

15. 布置腐蚀性介质、有毒介质和高压介质管道时，应避免由于阀门、法兰、螺纹和填料密封等易泄漏管道附件而造成对人身和设备的危害。易发生泄漏部位应避免位于人行通道或机泵上方，否则应设安全防护。

16. 变径管件应紧靠需要变径的位置，以使布置紧凑，节约管材减少焊缝，如图5－2－3所示。

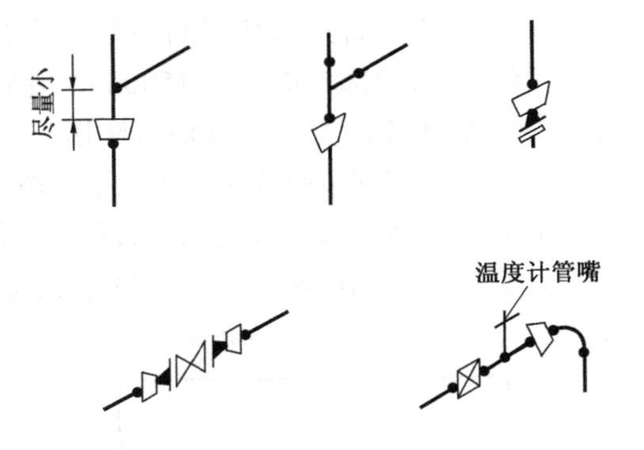

图5－2－3　变径管件的正确布置示例

17. 管道应予妥善支承。尽量利用建筑物、构筑物和设备支撑管道，即使这样会增加管道的拐弯和长度。应根据不同的需要选用具有不同功能的支吊架和支撑部件。有绝热层的管道应加管托，无绝热层者一般不需管托。成排的主管或成排的上下重叠布置的水平管可以采取管外壁对齐的敷设方法，以便支撑。支吊架所生根的设备、建筑物和构筑物应能承受支吊架所施加的荷载，还应考虑生根点产生位移对管道的影响。生根在合金或需热处理的设备上的支吊架应事先焊好支耳等生根件。支吊架的布置应做到检修时不致因拆除设备或部分管道后使其余管道处于无支撑状态。

由于小直径管道的跨距小，要特别注意小直径管道的布置，当设备、建筑物和构筑物不能提供足够的支撑点以满足小管的跨距时，可将小管布置在大管附近，以便利用大管支撑小管。对于多根小管，宜成组布置以便支撑，同时也较美观。

18. 在人员通行处，管道底部的净高不宜小于2.2m。需要通行车辆处，管底的净高视车辆的类型有所不同，通行小型检修机械或车辆时不宜小于3m；通行大型检修机械或车辆时不应小于4.5m；跨越铁道上方的管道，其距轨顶的净高不应小于5.5m。

19. 并排布置管道的间距与下列因素有关：管外径、有法兰管子的法兰外径、有绝热层管的绝热层厚度、两管间的净距。通常按下述原则确定净距：

（1）无法兰裸管，管外壁的净距不应小于50mm；

（2）无法兰有绝热层管，管外壁至邻管绝热层外表面的净距或绝热层外表面至邻管绝热层外表面的净距不应小于50mm；

（3）有法兰裸管，管外壁至邻管法兰外缘的净距不应小于25mm；

（4）有法兰且有绝热层管的情况较为复杂。原则是：

a. 管外壁与绝热层外表面之间或绝热层与绝热层外表面之间的净距不小于50mm；

b. 法兰外缘与管外壁之间或法兰外缘与绝热层外表面之间的净距不小于25mm，两者应同时满足，如图5－2－5所示；

（5）管子外表面或绝热层外表面与构筑物、建筑物（柱、梁、墙等）的最小净距不应小于100mm；法兰外缘与构筑物、建筑物的最小净距不应小于50mm；

（6）阀门手轮外缘之间及手轮外缘与建筑物、构筑物之间的净距不应小于100mm；

（7）如果管道上装有外形尺寸较大的管件、小型设备、孔板，或管道有较大的横向位移时，应加大管间距。为缩小管间距，并排布置的管道的法兰和阀门宜错开排列。

基本管间距见表5－2－2和表5－2－3。

20. 管道穿过建筑物的楼板、屋顶或墙面时，应加套管，套管与管道间的空隙应密封。

套管的直径应大于管道隔热层的外径，并不得影响管道的热位移。管道上的焊缝不应在套管内，并距离套管端部不应小于150mm。套管应高出楼板、屋顶面50mm。管道穿过屋顶时应设防雨罩。管道不应穿过防火墙或防爆墙。

21. 要求自流排净的管道，其水平管段上不应布置孔板，应将孔板布置在立管上。如工艺允许，也可将孔板布置在高的水平管段上，使液体从孔板两侧自流排空，如图5-2-4所示。

22. 管道在现场煨弯的弯管曲率半径应符合表5-2-1的规定。

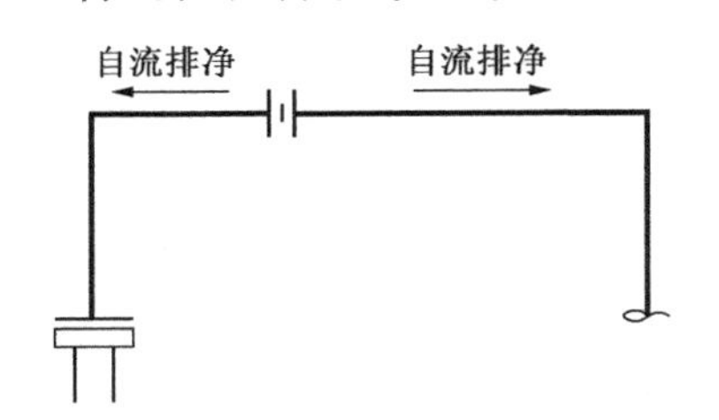

图5-2-4 布置在高点孔板两侧的自流排净

表5-2-1 弯管曲率半径

管道设计压力/MPa	弯管制作方式	曲率半径
<10.0	热　弯	≥3.5D_o
	冷　弯	≥4.0D_o
≥10.0	冷、热弯	≥5.0D_o

注：D_o为管子外径。

23. 管道布置时管道焊缝的设置，应符合下列要求：

(1)除定型弯管外管道对接焊口的中心与弯管起弯点的距离不应小于管子外径，且不得小于100mm；

(2)除定型弯管外管道上两条对接焊缝间的距离，不应小于3倍管子的厚度，需焊后热处理时，不应小于6倍管子厚度。且应符合下列要求：

a. 公称直径小于150mm的管道，焊缝间距不应小于管子外径，且不得小于50mm；

b. 公称直径大于或等于150mm的管道，焊缝间距不宜小于150mm。

24. 装置内埋地管道的埋设深度应根据最大冻土深度、地下水位和管道不受损坏等原则确定，管道的埋设深度宜符合下列规定：

a）无混凝土铺砌的区域，管道的管顶距地面不宜小于0.5m；

b）室内或室外有混凝土铺砌的区域，管道的管顶距地面不宜小于0.3m；

c）机械车辆的通行区域，管道的管顶距车行道路路面不宜小于0.7m。

25. 埋地管道上如有阀门应设阀门井。阀门井应有操作与检修的空间，阀门井井壁顶面应高出地面0.1m，且应设盖板，管道距井底的净空高度不应小于0.2m，阀门井应设排水设施。

26. 输送可燃气体、可燃液体的埋地管道不宜穿越电缆沟，否则应设套管。当管道介质温度超过60℃时，在套管内应充填绝热材料，使套管外壁温度不超过60℃。套管伸出电缆沟外壁的距离不应小于0.5m。

采用管沟敷设时，管沟内管道布置应符合下列规定：

a）无法架空敷设而又不宜埋地敷设的管道可在不通行管沟内敷设；

b）不通行管沟分为全封闭式管沟和敞开式管沟。全封闭式管沟适用于不需经常检查和检修的管道。敞开式管沟适用于需要经常检查和检修的管道，管沟沟壁的顶面应高出地面0.1m，且应有盖板或格栅钢板；

c）全封闭式管沟中的管道如有阀门应设阀井，对阀井的要求与埋地管道相同；

d）管道距沟底的净空高度不应小于0.2m；

e）管沟沟底应有不小于0.003的坡度，沟底最低点应有排水设施；

f）距散发比空气重的可燃气体设备30m以内的管沟应采取防止可燃气体窜入和积聚的

措施；

g）可燃气体、液化烃和可燃液体的管道不宜布置在管沟内，若必须布置在管沟内时，应采取防止可燃气体、液化烃和可燃液体在管沟内积聚的措施，并在进出装置及厂房处应设密封隔断；管沟内污水应经水封井排入生产污水管道。

三、管道布置常用数据

1. 基本管间距表见图 5－2－5 和表 5－2－2、表 5－2－3。A、B、C 分别为无法兰、大管有法兰、小管有法兰的裸管管间距。有绝热层的管间距可由表 5－2－2 和表 5－2－3 经简单计算得到。参看图 5－2－5 交叉管的最小管间距见图 5－2－6。管沟内管道的净距不应小于 80mm，法兰外缘与相邻管道的净距不得小于 50mm。管道上装有外形尺寸较大的管件、小型设备、仪表测量元件或有侧向位移的管道应加大管道间的净距。

表 5－2－2　管道的间距（A）表

法兰 O. D.		管　子		A/mm																	管　子
PN40	PN50	O. D. ↓	DN ↓	508	530	457	480	406. 4	426	355. 6	377	325	273	219	168	114	89	60	48	34	←O. D.
				500	500	450	450	400	400	350	350	300	250	200	150	100	80	50	40	25	←DN
115	125	34	25	330	340	300	310	280	280	250	260	230	210	180	160	130	120	100	100	90	
150	155	48	40	340	340	310	320	290	290	260	270	240	220	190	160	140	120	110	110		
165	165	60	50	340	350	310	320	290	300	260	270	250	220	190	170	140	130	110			
200	210	89	80	350	360	330	340	300	310	280	290	260	240	210	180	160	140				
235	255	114	100	370	380	340	350	320	320	290	300	270	250	220	200	170					
300	320	168	150	390	400	370	380	340	350	320	330	300	280	250	220						
375	380	219	200	420	430	390	400	370	380	340	350	330	300	270							
450	445	273	250	450	460	420	430	400	400	370	380	350	330								
515	520	325	300	470	480	450	460	420	430	400	410	380									
580	—	377	350	—	510	—	480	—	460	—	430										
580	585	355. 6	350	490	—	460	—	440	—	410											
660	—	426	400	—	530	—	510	—	480												
660	650	406. 4	400	510	—	490	—	460													
685	—	480	450	—	560	—	530														
685	710	457	450	540	—	510															
755	—	530	500	—	580																
755	775	508	500	560																	

2. 有 45°弯头的连续拐弯尺寸（弯头均为长半径）见图 5－2－7 和表 5－2－4～表5－2－5。

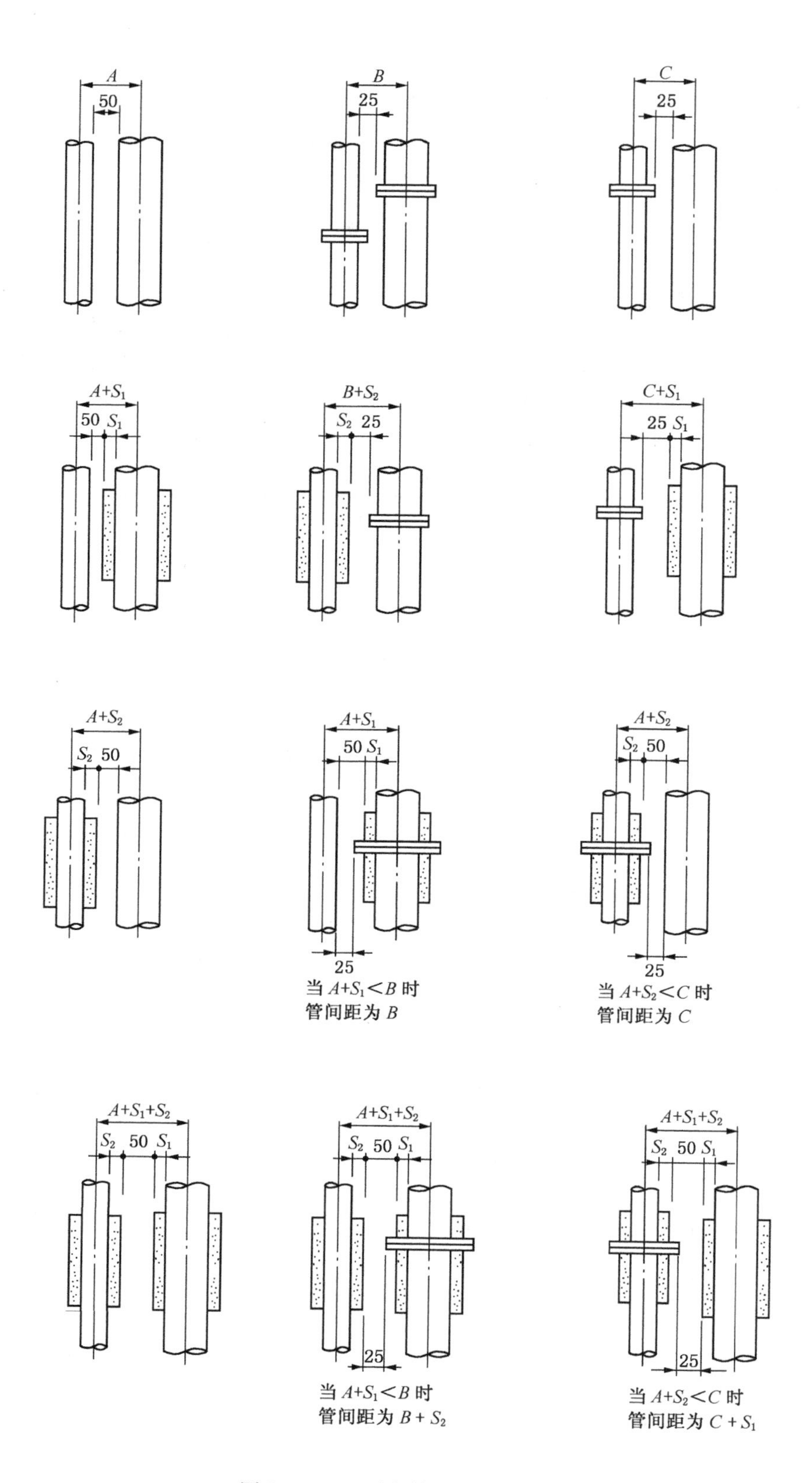

图 5－2－5　平行管道的最小间距

表5-2-3 管道的间距(*B*和*C*)表

法兰O. D.		管子		*B*/mm																		管子	
*PN*40	*PN*50	O. D. ↓	*DN* ↓	508	530	457	480	406. 4	426	355. 6	377	325	273	219	168	114	89	60	48	34		←O. D.	
				500	500	450	450	400	400	350	350	300	250	200	150	100	80	50	40	25		←*DN*	
115	125	34	25	430	420	400	390	370	370	340	330	310	270	240	210	170	150	130	120	110	670	500	508
150	155	48	40	440	430	410	390	380	380	350	430	310	280	240	210	180	160	140	130	670	—	500	530
165	165	60	50	450	440	410	400	380	390	350	340	320	280	250	220	190	160	140	610	—	640	450	457
200	210	89	80	460	450	430	410	400	400	370	360	330	300	260	230	200	180	610	—	630	—	450	480
235	255	114	100	470	460	440	430	410	410	380	370	350	310	280	250	210	560	—	580	—	610	400	406. 4
300	320	168	150	500	490	470	450	440	440	410	400	370	340	300	270	570	—	600	—	620	—	400	426
375	380	219	200	530	520	490	480	460	470	430	420	400	360	330	500	—	530	—	550	—	580	350	355. 6
450	445	273	250	550	540	520	510	490	490	460	450	430	390	500	—	530	—	550	—	580	—	350	377
515	520	325	300	580	570	550	530	520	520	490	480	450	450	480	470	500	490	530	520	550	540	300	325
580	—	377	350	—	600	—	560	—	550	—	500	390	420	440	430	470	460	490	480	520	510	250	273
580	585	355. 6	350	600	—	560	—	530	—	500	330	360	380	410	400	430	420	460	450	480	470	200	219
660	—	426	400	—	620	—	580	—	570	270	300	330	350	380	370	400	390	430	420	450	440	150	168
660	650	406. 4	400	620	—	590	—	560	210	240	270	290	320	350	340	370	360	400	390	420	410	100	114
685	—	480	450	—	650	—	610	180	190	220	240	270	300	320	310	350	340	370	360	400	390	80	89
685	710	457	450	650	—	610	140	160	170	200	220	250	280	300	290	330	320	350	340	380	370	50	60
755	—	530	500	—	670	130	140	150	160	190	220	240	270	300	290	320	310	350	340	370	360	40	48
755	775	508	500	670	110	120	120	140	150	180	200	230	260	280	270	310	300	330	320	360	350	25	34
		DN→			25	40	50	80	100	150	200	250	300	350	350	400	400	450	450	500	500	↑	↑
		O. D. →			34	48	60	89	14	168	219	273	325	377	355. 6	426	406. 4	480	457	530	508	*DN*	O. D.
		管子		*C*/mm																		管子	

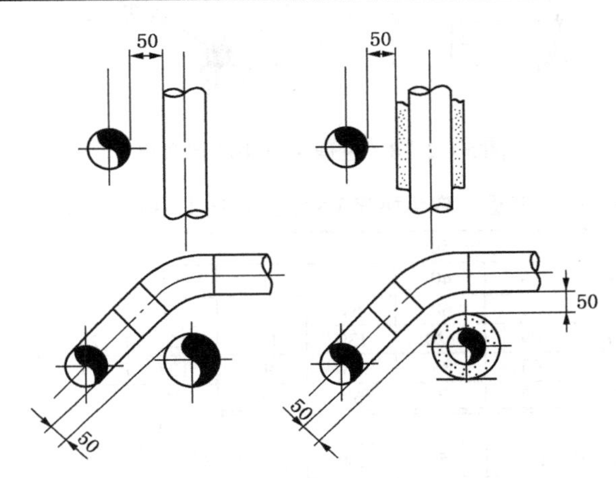

图5-2-6 交叉管的最小管间距

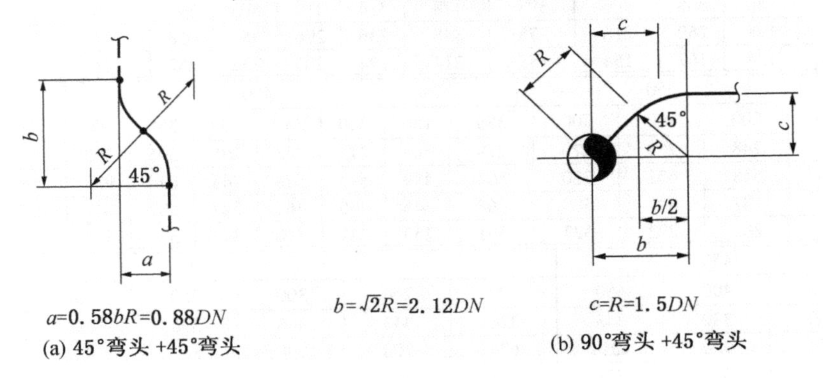

$a=0.58bR=0.88DN$ $b=\sqrt{2}R=2.12DN$ $c=R=1.5DN$

(a) 45°弯头+45°弯头 (b) 90°弯头+45°弯头

图5-2-7 有45°弯头的拐弯尺寸

表 5-2-4　旧规格弯头（$R=1.5DN$）的拐弯尺寸　　（mm）

DN	25	32	40	50	65	80	100	125	150	200
a	22	28	35	44	57	70	88	110	132	176
b	53	68	85	106	138	170	212	265	318	424
DN	250	300	350	400	450	500	600	700	800	1000
a	220	264	308	352	395	439	527	615	703	879
b	530	636	742	849	955	1061	1273	1485	1697	2121

表 5-2-5　适用于 SH/T 3408—2012 和 ASME B16.9 弯头的拐弯尺寸　　（mm）

DN	25	32	40	50	65	80	100	125	150	200
a	31	35	41	49	62	72	91	112	134	180
b	75	85	99	119	150	174	219	270	324	434
C=*R*	38	48	57	76	95	114	152	190	229	305
DN	250	300	350	400	450	500	600	700	800	1000
a	225	269	314	359	404	450	539	619	710	894
b	543	649	758	867	976	1085	1301	1495	1714	2158
C=*R*	381	457	533	610	686	762	914	1067	1219	1524

3. 三通接 90°弯头或 45°弯头的尺寸（弯头为长半径）见图 5-2-8，表 5-2-6 和表 5-2-7。

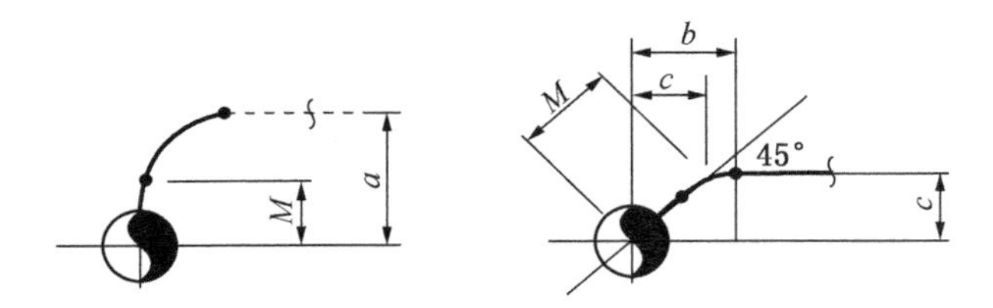

图 5-2-8　三通+弯头的拐弯尺寸

表 5-2-6　三通+弯头拐弯尺寸（适用于旧规格弯头，$R=1.5DN$）　　（mm）

DN 主管	25	40		50			80			100			
DN 支管	25	25	40	25	40	50	40	50	80	40	50	80	100
M	38	57	57	51	60	64	73	76	86	86	89	98	105
a	76	95	117	89	120	139	133	151	206	146	164	218	255
b	54	67	83	63	85	98	95	107	146	104	116	154	180
c	38	51	58	47	60	67	70	76	96	79	85	104	118

DN 主管	150			200			250				300			
DN 支管	80	100	150	100	150	200	100	150	200	250	150	200	250	300
M	124	130	143	156	168	178	184	194	203	216	219	229	241	254
a	224	280	368	306	393	478	334	419	503	591	444	529	616	704
b	173	198	260	216	278	338	236	296	356	418	314	374	435	498
c	123	134	167	154	185	214	174	203	232	262	221	250	280	312

DN 主管	350					400						450		
DN 支管	150	200	250	300	350	150	200	250	300	350	400	200	250	300
M	238	248	257	270	279	264	273	283	295	305	305	299	308	321
a	463	548	632	720	804	489	573	658	745	830	905	599	683	771
b	327	387	447	509	568	346	405	465	527	587	641	423	483	545
c	234	263	292	323	351	253	281	310	341	370	392	299	328	359

DN 主管	450			500						
DN 支管	350	400	450	200	250	300	350	400	450	500
M	330	330	343	324	333	346	356	356	368	381
a	855	930	1018	624	708	796	881	956	1043	1131
b	604	658	721	441	500	563	623	677	738	801
c	387	409	441	317	345	377	406	428	458	489

表 5-2-7　三通+弯头拐弯尺寸(适用于 SH/T 3408—2012 和 ASME B16.9)　　(mm)

DN 主管	25	40		50			80			100			
DN 支管	25	25	40	25	40	50	40	50	80	40	50	80	100
M	38	57	57	51	60	64	73	73	86	86	89	98	105
a	76	95	114	89	117	140	130	149	200	143	165	212	257
b	54	67	81	63	83	99	93	108	142	102	117	150	182
c	38	51	57	47	59	68	69	76	95	78	86	103	119

DN 主管	150			200			250				300			
DN 支管	80	100	150	100	150	200	100	150	200	250	150	200	250	300
M	124	130	143	155	168	178	184	194	203	216	219	229	241	254
a	238	282	372	307	397	483	336	423	508	597	448	534	622	711
b	169	200	263	218	281	342	238	299	260	423	317	278	440	503
c	122	137	168	155	186	216	175	204	234	265	222	252	282	314

DN 主管	350					400						450		
DN 支管	150	200	250	300	350	150	200	250	300	350	400	200	250	300
M	238	248	257	270	279	264	273	283	295	305	305	298	308	321
a	467	553	638	727	812	493	578	664	752	838	915	603	689	778
b	330	391	452	514	574	349	409	470	532	593	648	427	488	550
c	235	265	294	325	353	254	283	312	343	372	395	301	330	361

DN 主管	450			500						
DN 支管	350	400	450	200	250	300	350	400	450	500
M	330	330	343	324	333	346	356	356	368	381
a	863	940	1029	629	714	803	889	966	1054	1143
b	610	665	728	445	505	568	629	684	745	808
c	389	412	444	319	347	379	408	431	461	492

第三节　管廊(桥)上管道的布置设计

一、敷设在管廊上管道的种类

(1) 工艺管道：进出装置的原料、成品、中间产品、溶剂、化学药剂、工艺用水和催化剂等管道；联系较远(*DN*≥50mm，长度大于10m)设备之间的工艺管道；安全泄放和工艺过程产生的烟气、废气和废水等管道。

(2) 公用物料管道：蒸汽、凝结水、仪表空气和装置空气、氮气、循环水和新鲜水[1]软化水、热载体油、燃料气和燃料油等。

(3) 仪表槽架和电气电缆槽架。

二、管廊上管道的布置原则

(1) 大直径输送液体的管道应布置在靠近管架柱子的位置或布置在管架柱子的上方，以使管架的梁承受较小的弯矩。小直径、气体轻管道，宜布置在管架的中央部位。由于小直径管道的跨距常小于管架的间距，因此这些小管的位置还应考虑能利用大管来设置中间支架。

(2) 比较经济合理的设备布置都是在管廊的两侧按工艺流程顺序布置设备，因此顺理成

[1] 经技术经济比较，确认循环水管、新鲜水管架空敷设合理时。

章与管廊左侧设备联系的管道布置在管廊的左侧而与右侧设备联系的管道布置在管廊的右侧。管廊的中部宜布置公用物料管道。

(3) 对于双层管廊，通常气体管道、热的管道宜布置在上层，液体的、冷的、液化烃、化学药剂及其他有腐蚀性介质的管道宜布置在下层。因此公用工程管道中的蒸汽、装置空气、仪表空气，燃料气及其他工艺气体管道布置在上层，其余的公用物料管道可以布置在上层或下层。工艺管道根据两端所联系的设备管嘴的标高可以布置在上层或下层以便做到步步高或步步低。

(4) 在支管根部设有切断阀的蒸汽、热载体油等公用工程管道，其位置应便于设置阀门操作平台。对于单侧布置设备的管廊，这些管道宜靠近有设备的那一侧布置。

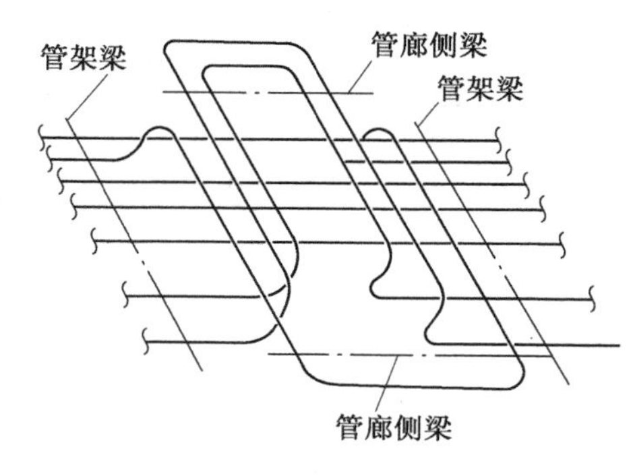

图 5-3-1　管廊上"冂"形补偿器的布置

(5) 需要热补偿的管道不能局限于在管廊范围内考虑其补偿方式，应当从管道的起点至终点对整个管系进行分析，以便确定合理的补偿方案，例如分段自然补偿或自然补偿加"冂"形补偿器。多根需要设置"冂"形补偿器的管道宜并排布置。管径较大，温度较高需要较大的"冂"形补偿器的管道宜放在外侧，反之放在内侧以便于成组地设置"冂"形补偿器。当管廊宽度较大时，这些需补偿的管道的位置应适中，以免弯管伸出的臂长过大。因为弯管的臂通常是支承在管廊的侧梁上的。参看图 5-3-1。

(6) 低温冷冻管道，液化烃管道和其他应避免受热的管道不宜布置在热管道的上方或紧靠不保温的热管道。

(7) 个别大直径管道进入管廊改变标高有困难时可以平拐进入，此时该管道应布置在管廊的边缘。

(8) 管廊在进出装置处通常集中有较多的阀门，应设置操作平台，平台宜位于管道的上方。对于双层的管廊，在装置边界处应尽可能将双层合并成单层以便布置平台。必要时沿管廊走向也应设操作检修通道(走台)。

(9) 管道上阀门、法兰或活接头应靠近管廊布置。有孔板的管道宜布置在管廊上方靠近走台处或靠近管廊的柱、梁，以便设平台、梯子。

(10) 沿管廊两侧柱子的外侧，通常布置调节阀组、伴热用的蒸汽分配站、蒸汽疏水站、热水分配站、热水回水站及取样冷却器、过滤器等小型设备。

(11) 敷设在管廊上的管道改变管径时应采用偏心大小头以保持管底标高不变。

(12) 敷设在管廊上要求有坡度的管道，可通过调整管托高度或在管托下加型钢或钢板垫枕等措施。对于放空气体总管(或去火炬总管)宜布置在管廊的顶层或柱子的上方，以便于调整标高。

(13) 在布置管廊的管道时，要同仪表专业协商为仪表槽架留好位置。当装置内的电缆槽架架空敷设时，也要同电气专业协商并为电缆槽架留好位置。

(14) 当泵布置在管廊下方且泵的进出口管嘴在管廊内时，双层管廊的下层应留有供管道上下穿越所需的间隙。

(编制　林树镗)

第四节 塔、容器的管道布置设计

一、塔的类别

塔是用于气相和液相间或液相和液相间的传质或传热过程的设备，石油化工企业中广泛应用的气－液相间的传质设备，有精馏塔、吸收塔和解吸塔等；液－液间的传质设备有萃取塔等，塔的类型很多，根据其结构可分为两大类：即板式塔和填料塔。

板式塔内气、液组成呈梯级式变化，而填料塔内气、液组成沿塔的高度呈连续式变化。

板式塔又可按塔板上气、液流向不同分为：

(1) 气、液呈错流的塔板；

(2) 气、液呈逆流的塔板；

(3) 气、液呈并流的塔板。

气、液呈错流的塔板上装有降液管，液体自上板的降液管落下，进入塔板之后，沿着塔板横向流过一定距离，经本塔板的降液管流入下一块塔板。而气体则通过塔板的开孔，与液体呈错流方式进行传质和传热。气、液呈错流方式的塔板在生产上用得最多，根据其气、液接触元件形式的不同，又可分为泡罩型塔板、筛孔型塔板、浮阀型塔板和喷射型塔板。

气、液呈逆流的塔板它的结构非常简单，不设溢流管，气、液从塔板缝中上下穿流而过，在板上的流体为上升蒸汽所搅动而形成泡沫，进行两相间的传质，这类塔板的塔有栅板塔、穿流式波纹筛板塔。气、液呈并流的塔板在每一块塔板上，气、液呈并流接触方式，但对整个塔而言，气、液呈逆流操作方式。

填料塔可根据工艺特点、介质的特性选用不同类型的填料。

根据各种工艺流程和特点，在同一塔内，可以采用板式及填料共存的塔型，即混合塔型。这种塔型适用于工艺装置的技术改造和沿塔高气、液变化较大的工况。

二、塔体开口的布置

塔体上的开口数量与其他的设备相比要多得多。在塔体上开口时，应详细了解工艺要求和塔的内部结构。塔体的开口方位应满足工艺要求并便于操作及检修，同时，也应考虑与塔开口连接的管道的布置。通常，可将塔的四周大致划分为操作和检修所需的操作侧（检修侧）和配管所需的管道侧，见图5－4－1。然而，由于塔内构件复杂和开口数量多，有时难以将上述两侧严格分清。

塔体上的开口方位的布置如下：

1. 塔顶气相（馏出线）开口布置在塔顶头盖中部，安全阀开口、放空管开口一般布置在塔顶气相开口的附近，也可将放空管开口布置在塔顶气相管道最高水平段的顶部。

2. 塔的回流开口：顶回流或中段回流的开口，一般布置在塔板上方的管道侧，回流管的内部结构和开口方位与塔板溢流方式有关。

(1) 单溢流塔板

带有挡板的开口，见图5－4－2。开口和降液管之间的定位关系为相对方向。

带有分配管或三通的开口。

a. 开口与降液管之间的定位关系为相对方向，见图 5 -4 -3。

b. 开口与降液管之间的定位关系为相对方向，见图 5 -4 -4。

(2) 双溢流塔板

图 5 -4 -5 为带有挡板的回流开口。

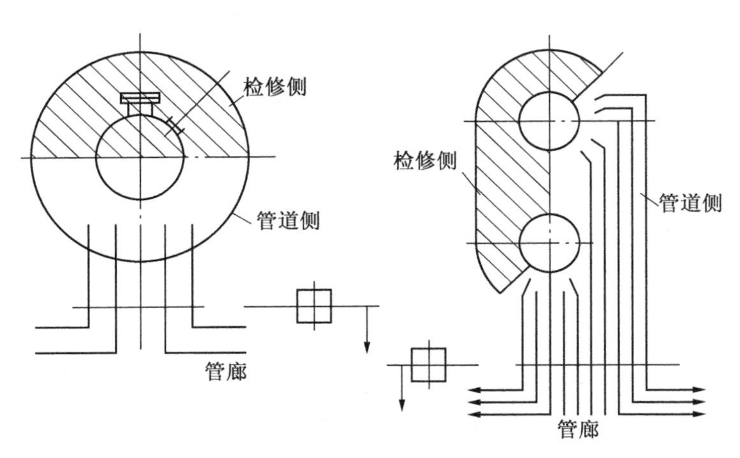

图 5 -4 -1　检修侧和管道侧

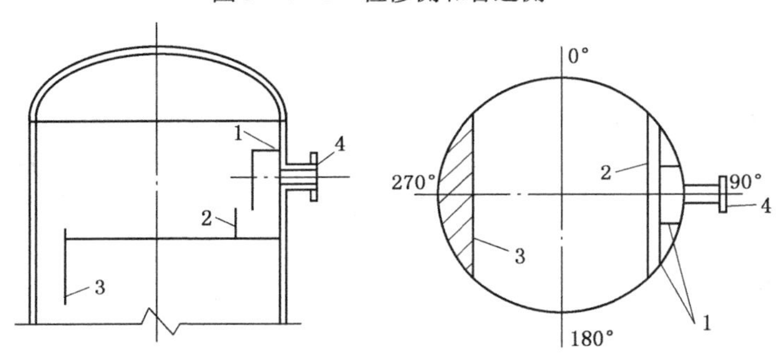

图 5 -4 -2　回流开口(单溢流塔板)

1—挡板；2—入口堰；3—降液管；4—开口

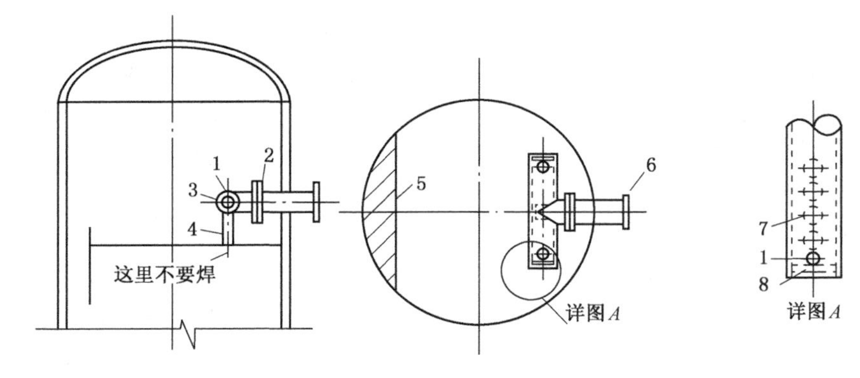

图 5 -4 -3　回流开口(单溢流塔板)

1—排气孔；2—法兰；3—分配管；4—支架；

5—降液管；6—开口；7—出口；8—端板

图 5 -4 -6 ~ 图 5 -4 -10 为带有分配管或三通的回流开口。

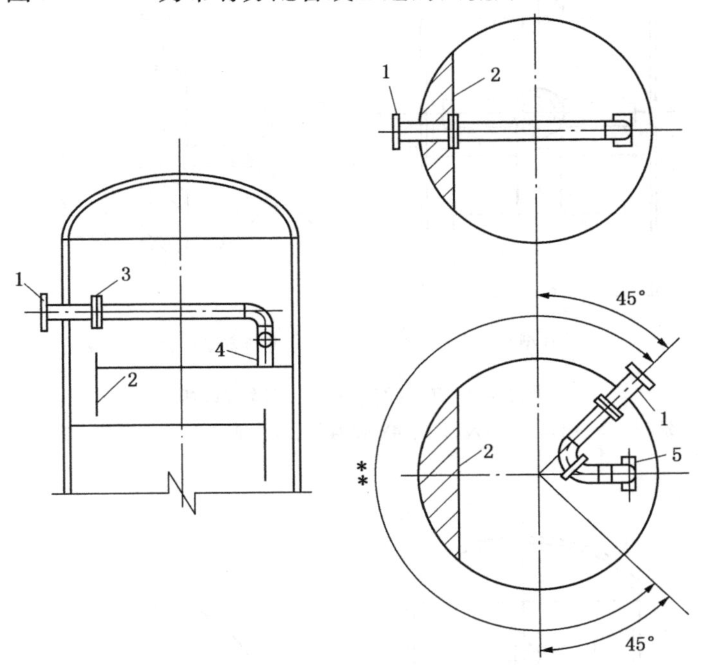

图 5 -4 -4　回流开口（单溢流塔板）

1—开口；2—降液管；3—法兰；4—支架；5—三通；**—能设置开口的范围

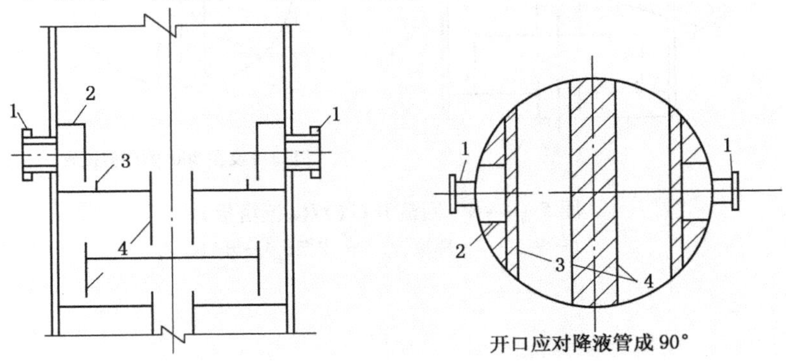

图 5 -4 -5　回流开口（双溢流塔板）

1—开口；2—挡板；3—入口堰；4—降液管

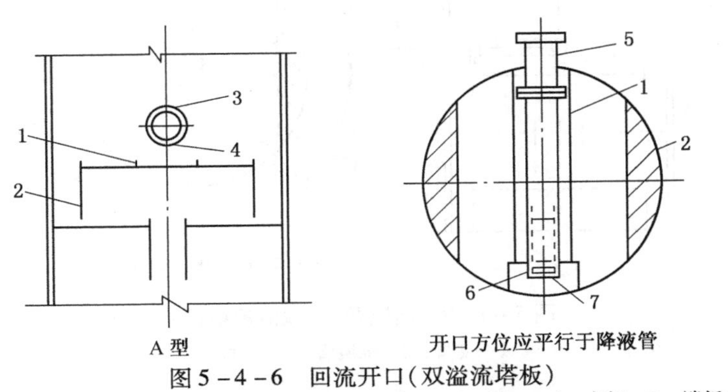

图 5 -4 -6　回流开口（双溢流塔板）

1—入口堰；2—降液管；3—排气孔；4—出口；5—开口；6—支架；7—端板

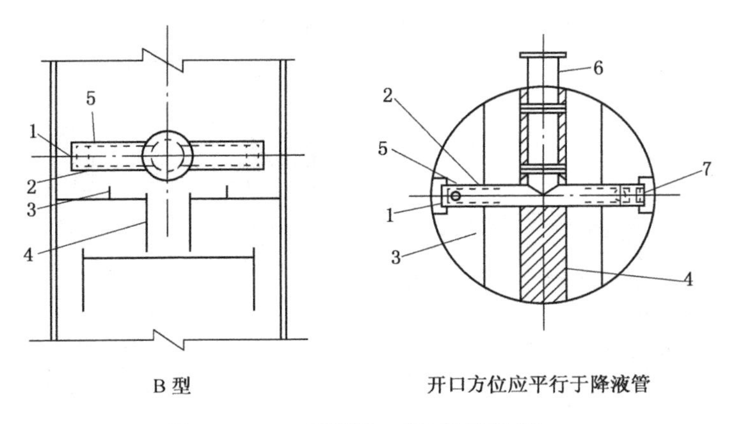

图 5-4-7　回流开口（双溢流塔板）

1—端板；2—出口；3—入堰口；4—降液管；5—排气孔；6—开口；7—支架

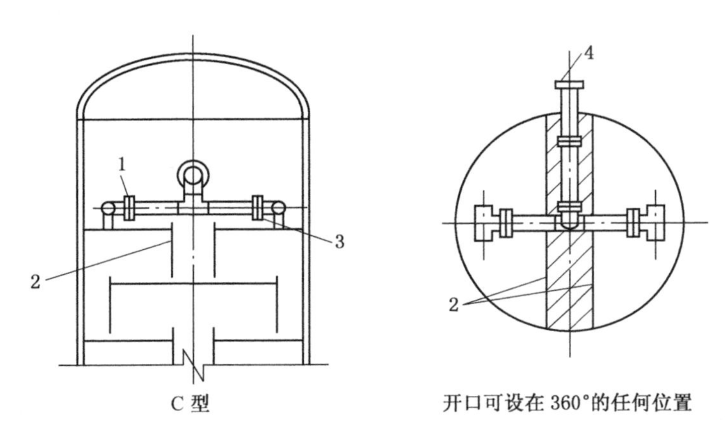

图 5-4-8　回流开口（双溢流塔板）

1—法兰；2—降液管；3—支架；4—开口

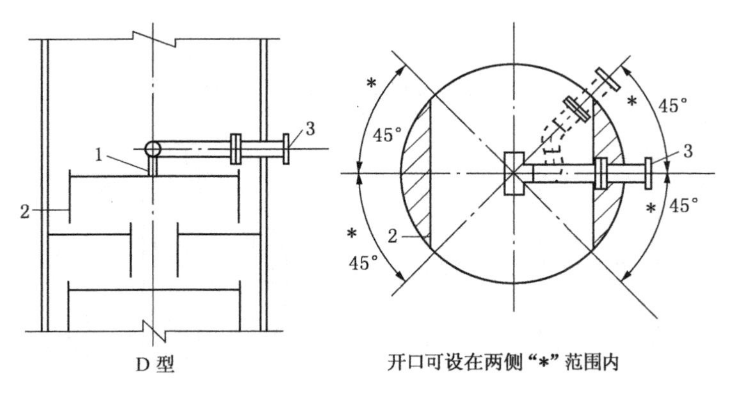

图 5-4-9　回流开口（双溢流塔板）

1—支架；2—降液管；3—开口

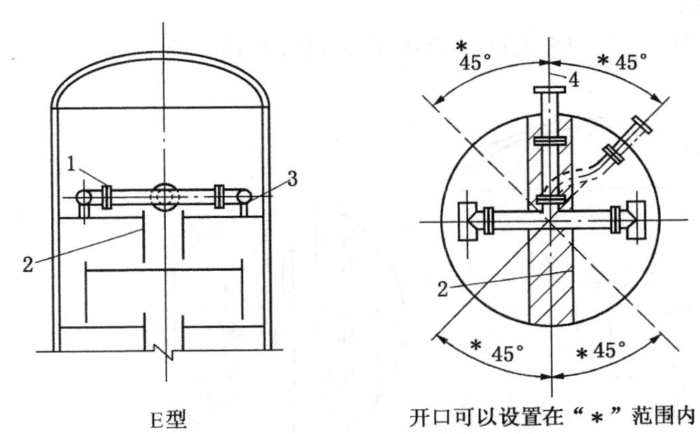

图 5-4-10 回流开口(双溢流塔板)

1—法兰；2—降液管；3—支架；4—开口

(3) 三溢流塔板

图 5-4-11、图 5-4-12 为三溢流塔板的回流开口。

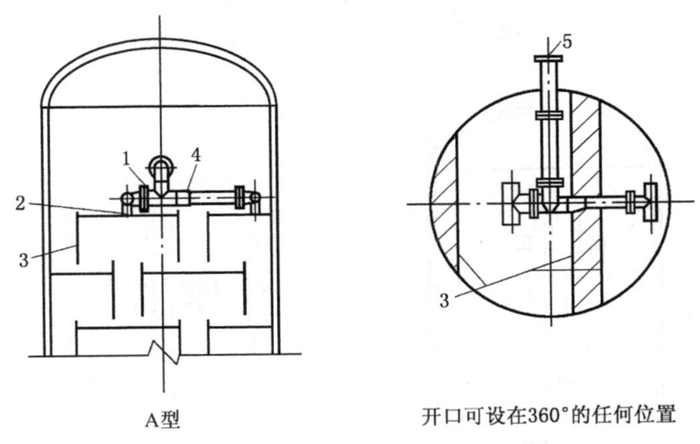

图 5-4-11 回流开口(三溢流塔板)

1—法兰；2—支架；3—降液管；4—异径管；5—开口

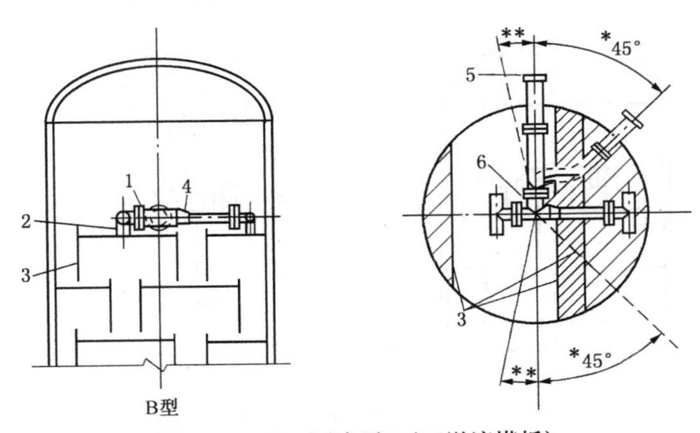

图 5-4-12 回流开口(三溢流塔板)

1—法兰；2—支架；3—降液管；4—异径管；5—开口；6—三通

注：“*”开口可以设在这个范围；
“**”开口可以设在不妨碍三通出口的范围。

（4）四溢流塔板

图 5－4－13～图 5－4－15 为四溢流塔板的回流开口。

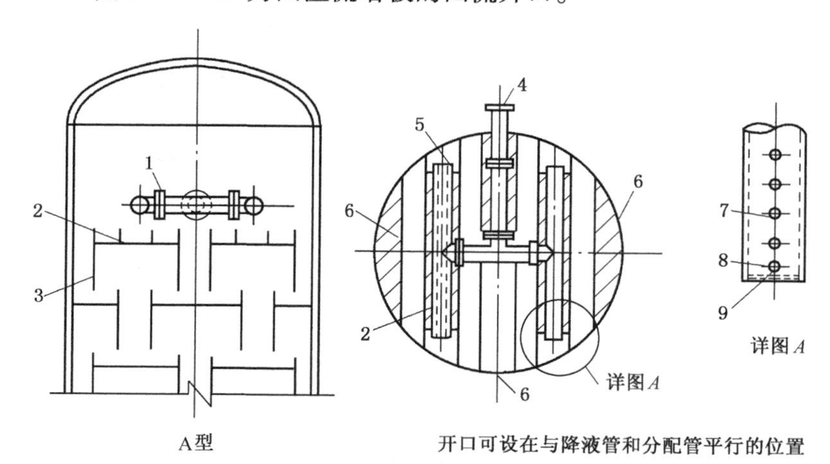

图 5－4－13　回流开口（四溢流塔板）

1—法兰；2—入口堰；3—降液管；4—开口；5—支架；
6—降液面积；7—出口；8—排气孔；9—端板

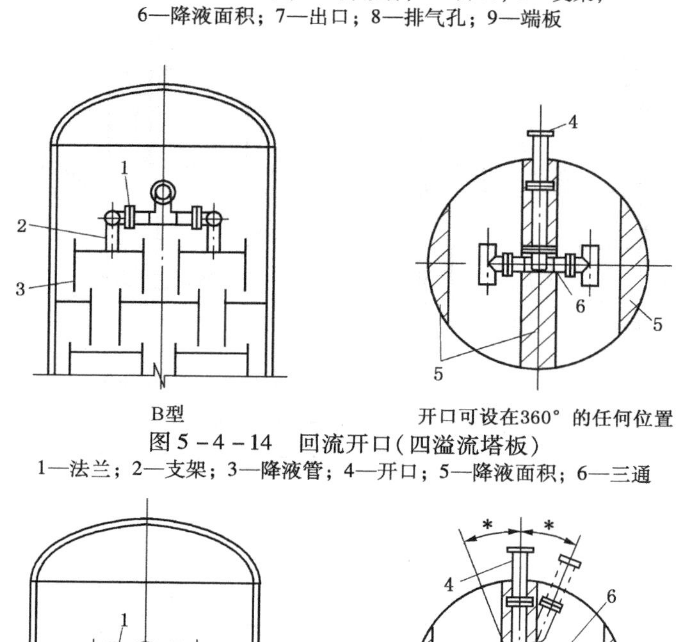

图 5－4－14　回流开口（四溢流塔板）

1—法兰；2—支架；3—降液管；4—开口；5—降液面积；6—三通

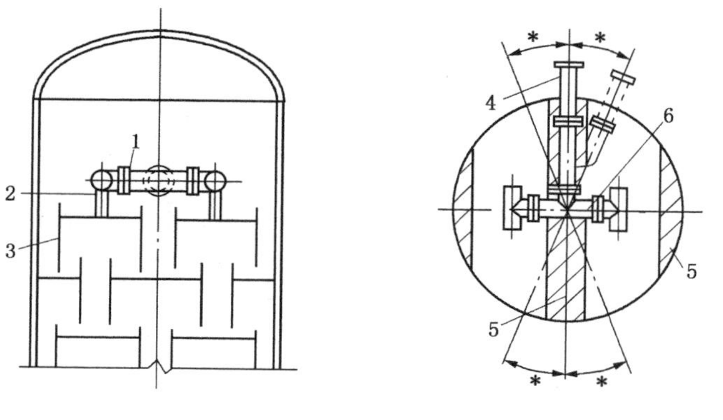

图 5－4－15　回流开口（四溢流塔板）

1—法兰；2—支架；3—降液管；4—开口；5—降液面积；6—三通

3. 进料开口：气相进料开口一般布置在塔板上方，与降液管平行，当气流速度较高时，应设分配管。

气液混相进料开口一般布置在塔板上方，并设分配管，当流速较高时应切线进入，并设螺旋导板。

汽提蒸汽开口一般布置在汽提段塔板下方，并加气体分配管。

（1）单溢流塔板进料开口，见图5－4－16～图5－4－17。

（2）双溢流塔板的进料开口，见图5－4－18～图5－4－21。

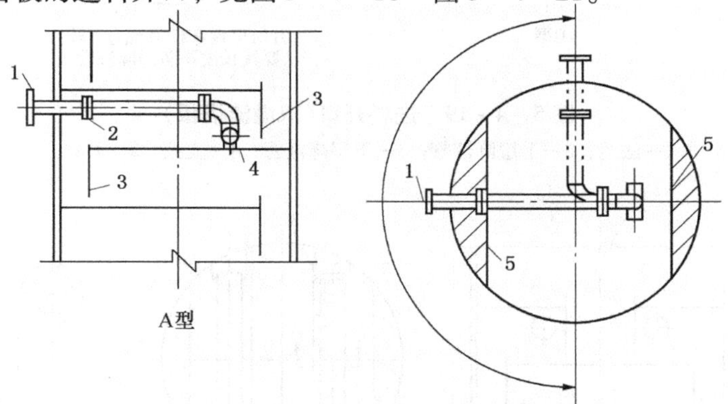

图5－4－16　进料口开（单溢流塔板）

1—开口；2—法兰；3—降液管；4—支架；5—下层降液管

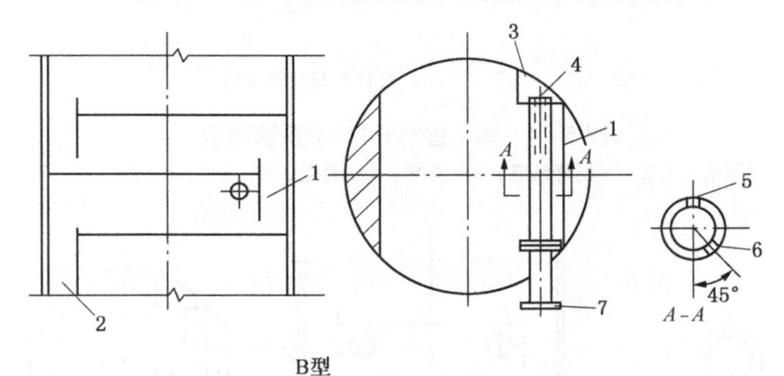

图5－4－17　进料开口（单溢流塔板）

1—上层塔板降液管；2—下层塔板降液管；3—支架；4—端板；5—排气孔；6—出口；7—开口

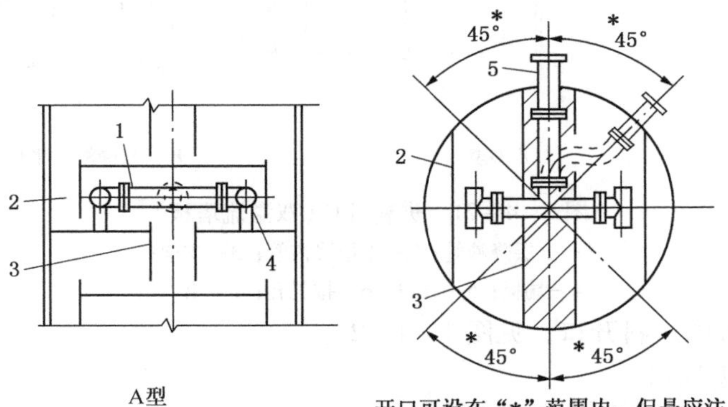

图5－4－18　进料开口（双溢流塔板）

1—法兰；2—上层降液管；3—下层降液管；4—支架；5—开口

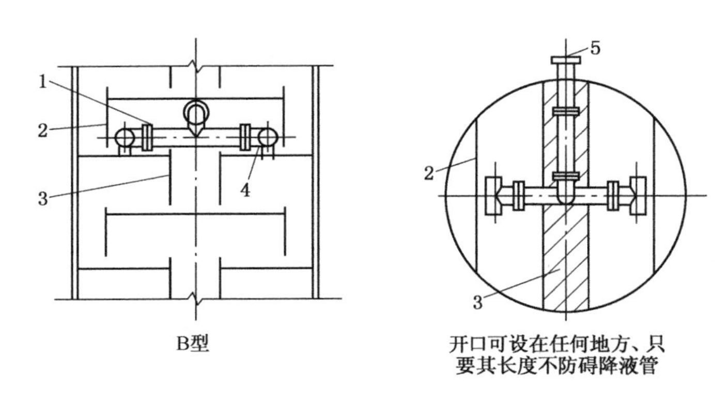

图 5 - 4 - 19　进料开口（双溢流塔板）

1—法兰；2—上层降液管；3—下层降液管；4—支架；5—开口

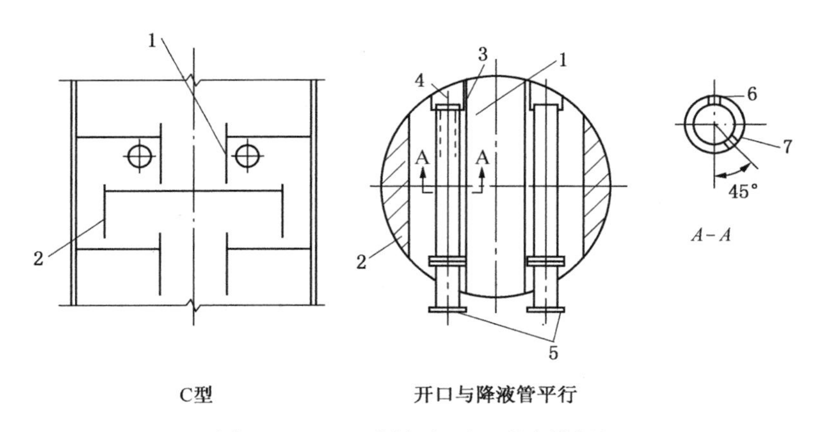

图 5 - 4 - 20　进料开口（双溢流塔板）

1—上层降液管；2—下层降液管；3—支架；4—端板；5—开口；6—排气孔；7—出口

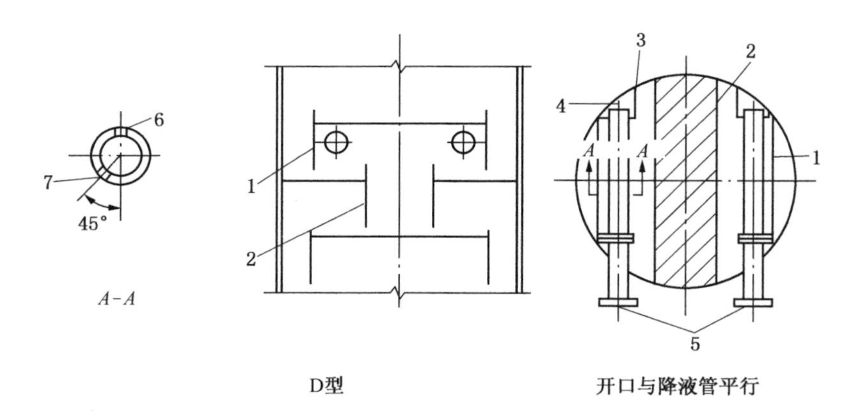

图 5 - 4 - 21　进料开口（双溢流塔板）

1—上层降液管；2—下层降液管；3—支架；

4—端板；5—开口；6—排气孔；7—出口

（3）四溢流塔板的进料开口，见图 5 - 4 - 22。

4. 重沸器油气返回口

（1）单溢流塔板的重沸器油气返回口，见图 5 - 4 - 23。

开口应设在塔中心线上，并与受液槽平行布置。如果不可能，就设在与受液槽平行的另一侧，当有两个重沸器返回口时，两个开口均与受液槽平行布置，两个开口呈相对方向。

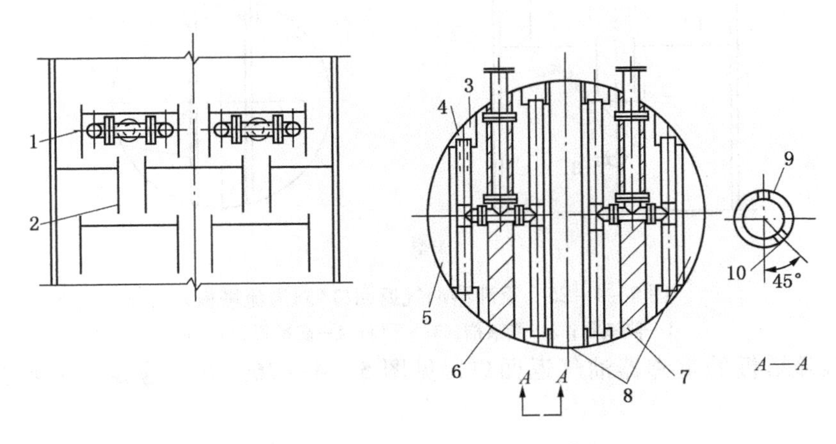

图 5－4－22　进料开口(四溢流塔板)

1—上层降液管；2—下层降液管；3—支架；4—端板；5—上层塔板降液面积；6—下层塔板降液面积；7—下层塔板降液区；8—上层塔板降液区；9—排气口；10—出口

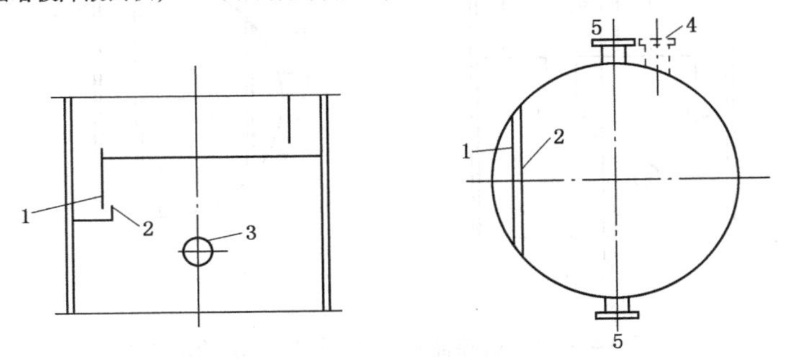

图 5－4－23　重沸器油气返回口(单溢流塔板)

1—降液管；2—受液槽；3—开口；4—不能设置在中心线上时的位置；5—二个返回口的位置

(2) 双溢流塔板的重沸器油气返回口，见图 5－4－24 和图 5－4－25。

开口应设在与塔受液槽平行的塔中心线上，当有两个重沸器返回口时，两个开口均与受液槽平行布置并呈相反方向。

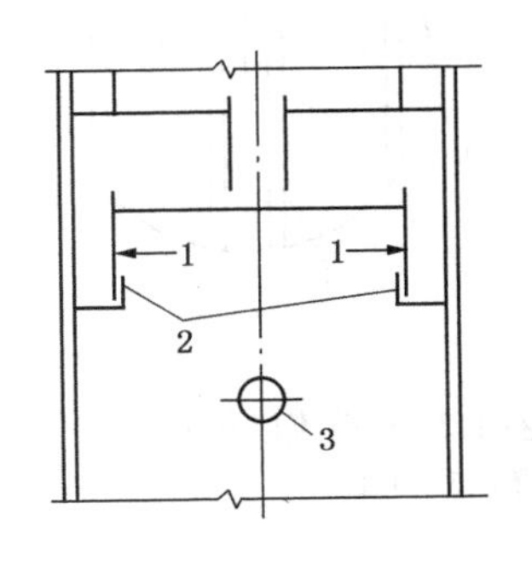

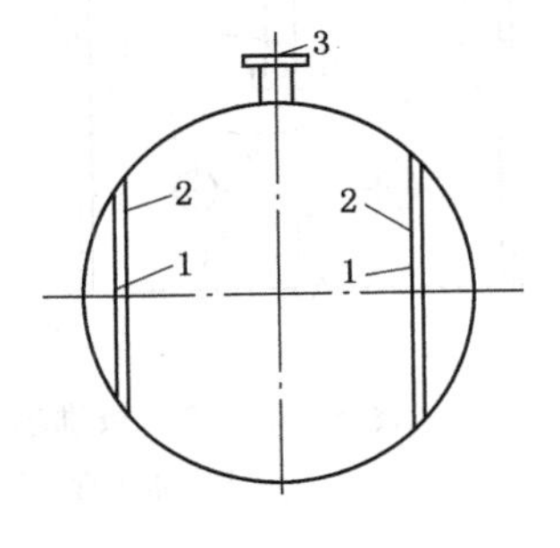

A型

图 5－4－24　重沸器油气返回口(双溢流塔板)

1—降液管；2—受液槽；3—开口

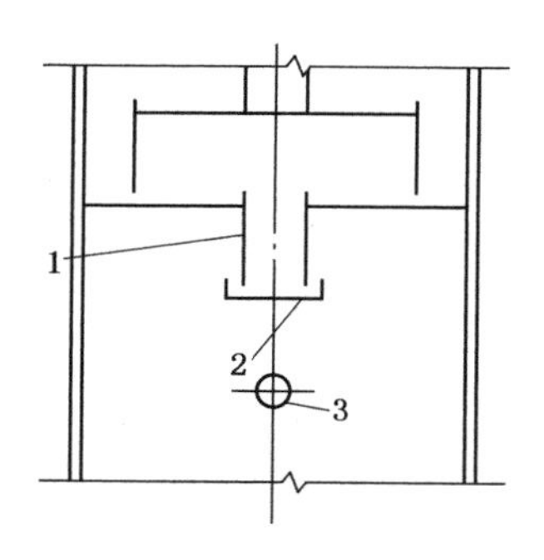

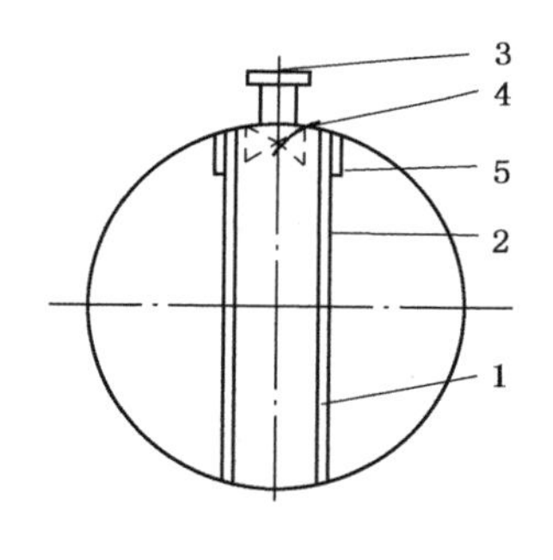

B型

图 5－4－25　重沸器油气返回口(双溢流塔板)

1—降液管；2—受液槽；3—开口；4—防冲板；5—堰

(3) 三溢流塔板的重沸器油气返回口，见图 5－4－26。开口应设在受液槽之间并与其平行。

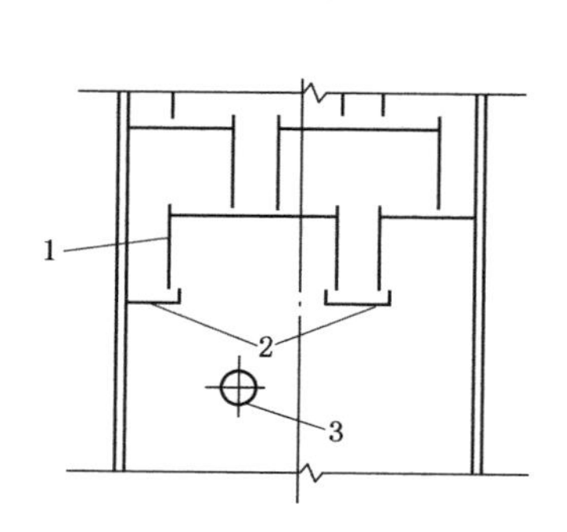

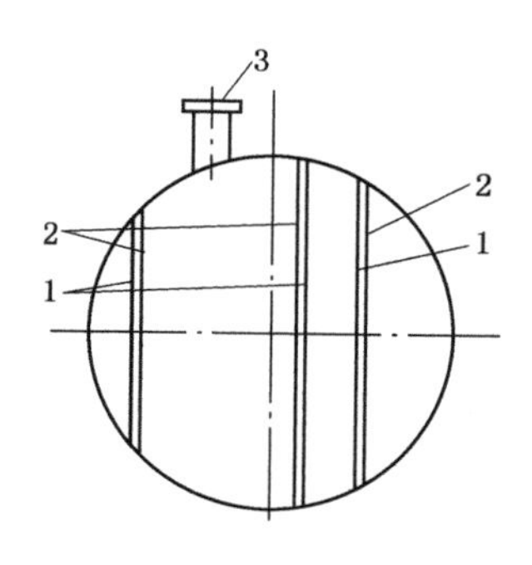

图 5－4－26　重沸器油气返回口(三溢流塔板)

1—降液管；2—受液槽；3—开口

(4) 四溢流塔板的重沸器油气返回口，见图 5－4－27 和图 5－4－28。

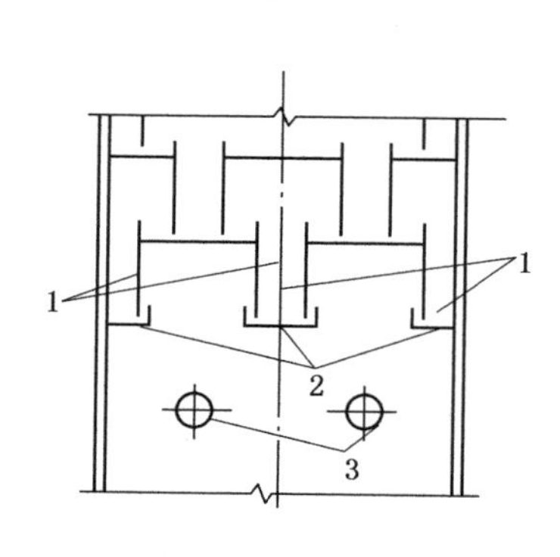

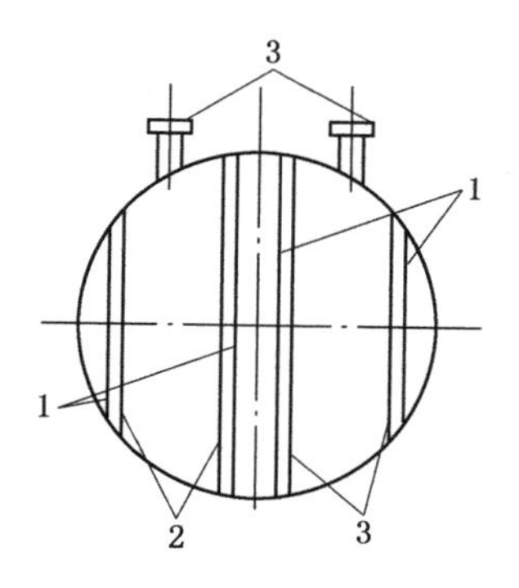

图 5－4－27　重沸器油气返回口(四溢流塔板)

1—降液管；2—受液槽；3—开口

开口应设在受液槽之间并与其平行。当有二个重沸器返回口时，第二个开口应在第一个开口的相反方向。

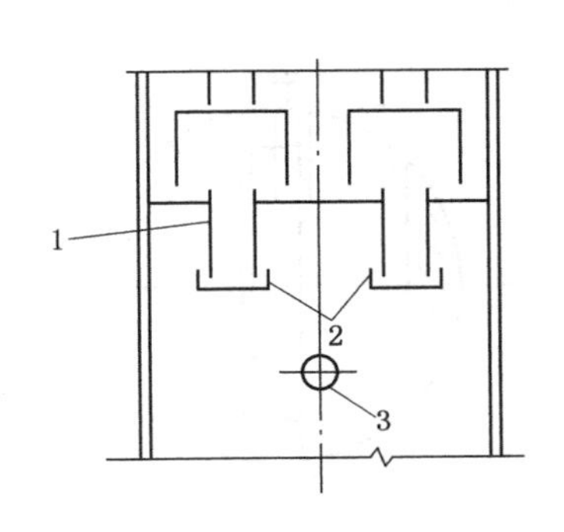

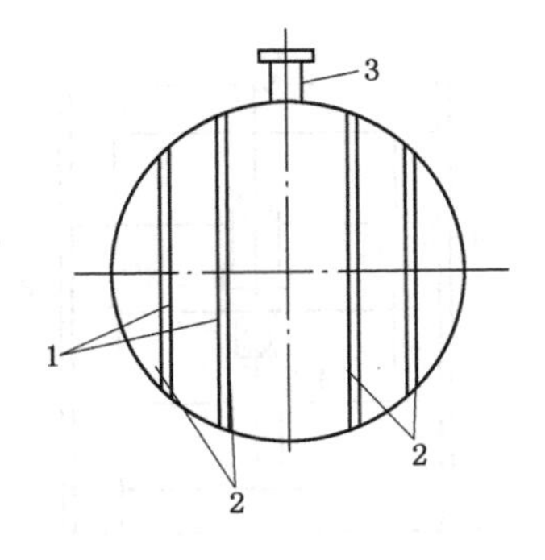

B型

图 5-4-28　重沸器油气返回口（四溢流塔板）

1—降液管；2—受液槽；3—开口

5. 抽出开口

侧线产品抽出口应布置在降液管下方的弓形弧范围内，一般宜设抽出斗，对于中间降液管的双溢流塔板，其抽出口可布置在该处任意角度，抽出斗深度应不小于抽出口直径的 1.5 ~ 2 倍，最小为 150mm。

（1）单溢流塔板的抽出口，见图 5-4-29 和图 5-4-30。

从流体的均衡性考虑，开口应与受液槽垂直布置。

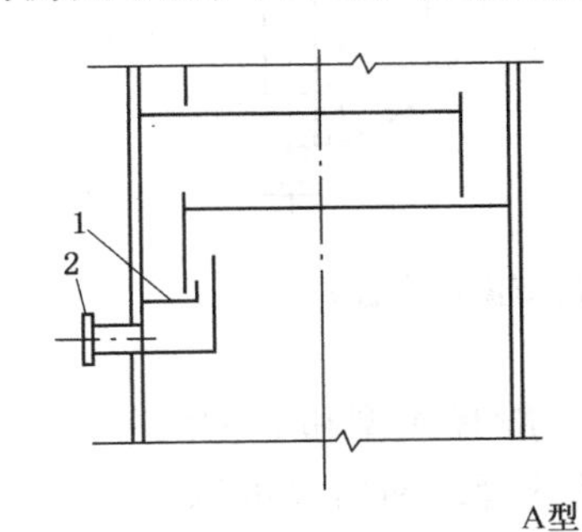

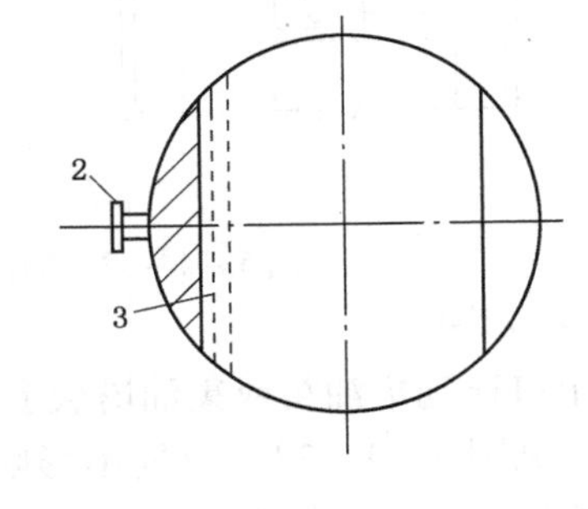

A型

图 5-4-29　抽出口（单溢流塔板）

1—受液槽；2—抽出口；3—降液管

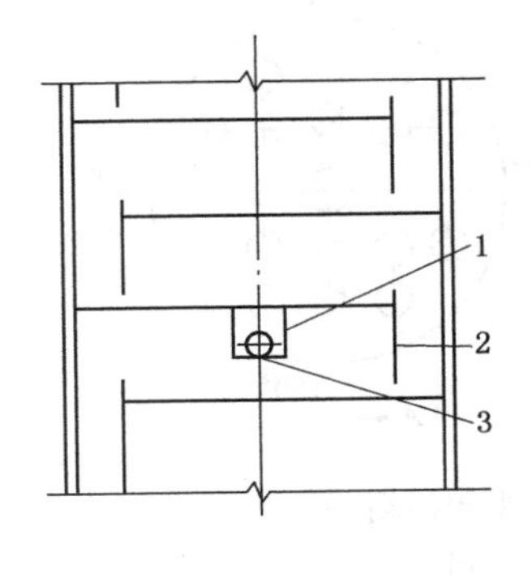

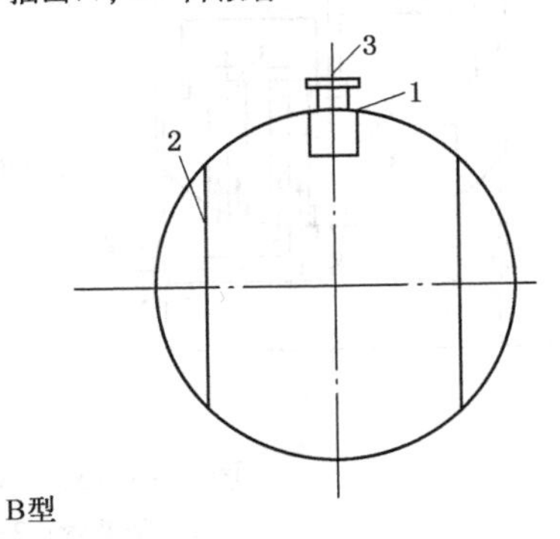

B型

图 5-4-30　抽出口（单溢流塔板）

1—抽出斗；2—降液管；3—抽出口

（2）双溢流塔板的抽出口，见图 5-4-31 和图 5-4-32。

不论是一个开口或两个开口，开口都宜布置在与降液管平行的塔中心线上。

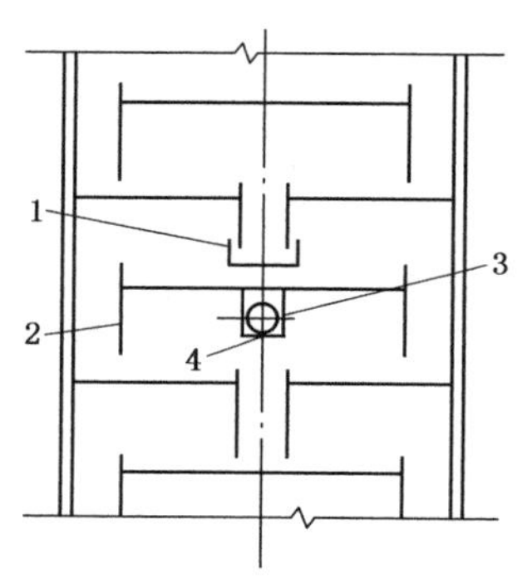

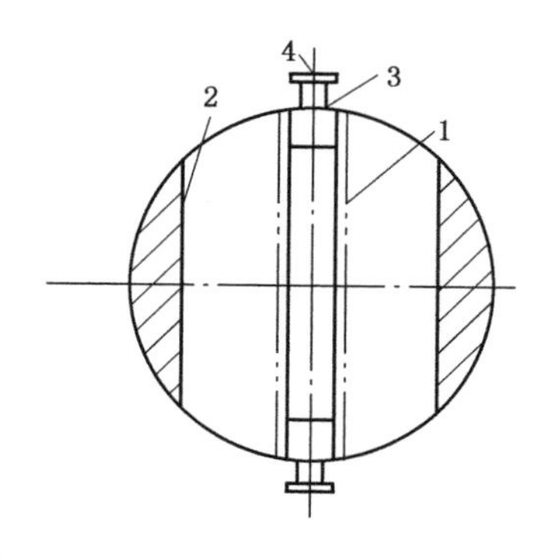

A型

图 5-4-31　抽出口（双溢流塔板）

1—受液槽；2—降液管；3—抽出斗；4—抽出口

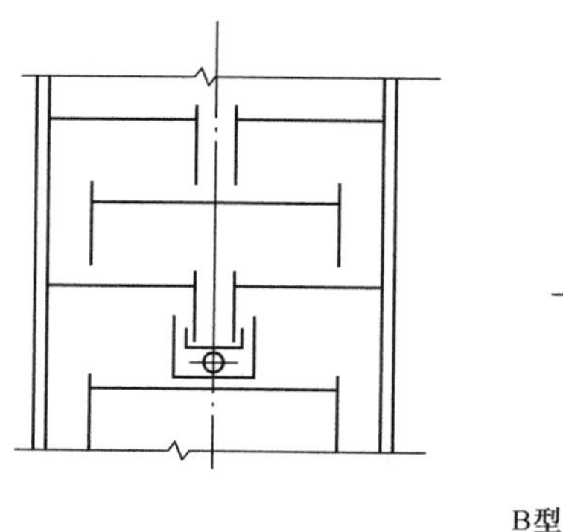
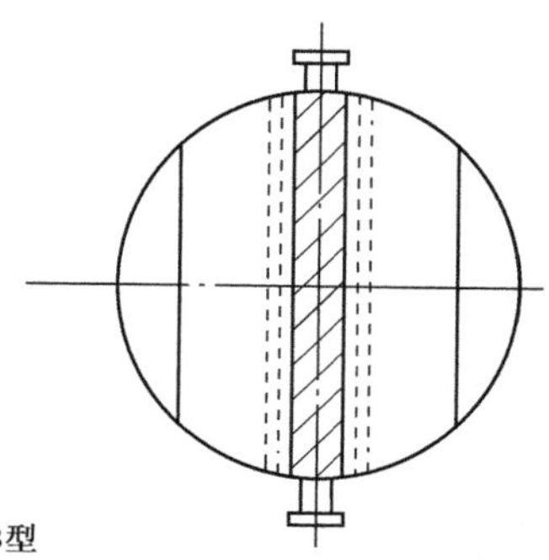

B型

图 5-4-32　抽出口（双溢流塔板）

6. 集油箱或集油塔板

通常，将抽出口连到集油箱或集油塔板上。一般有 A 型和 B 型两种。

A 型集油箱，见图 5-4-33。只要不影响降液管，抽出口可以布置在集油箱底部并从图中 0～180°范围内的任何方位抽出。

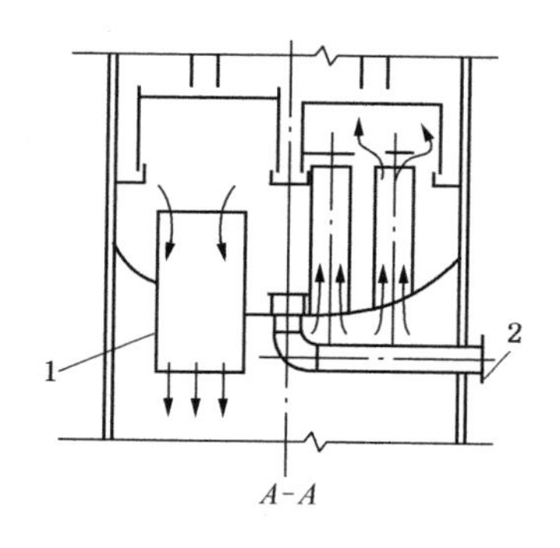

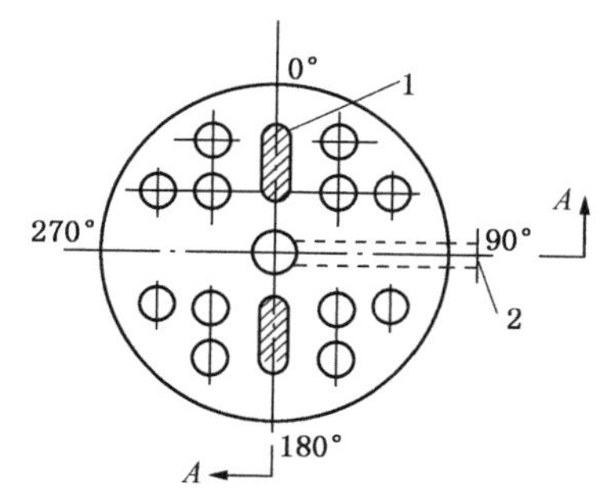

图 5-4-33　A 型集油箱

1—降液管；2—抽出口

B 型集油塔板见图 5-4-34。抽出斗（图 5-4-35）及其开口方位布置在与降液管垂直的交叉方向。

（1）单溢流集油塔板抽出口，见图 5-4-36。

为了使抽出口和降液管液流的分布均匀，抽出口应设在受液槽另一侧，并与其呈垂直位置，受液槽平行于降液管。

（2）双溢流集油塔板抽出口，见图5－4－37、图5－4－38。

抽出口应平行于受液槽，并垂直于集油塔板的降液管，受液槽和集油塔板的降液管偏转90°，彼此垂直。

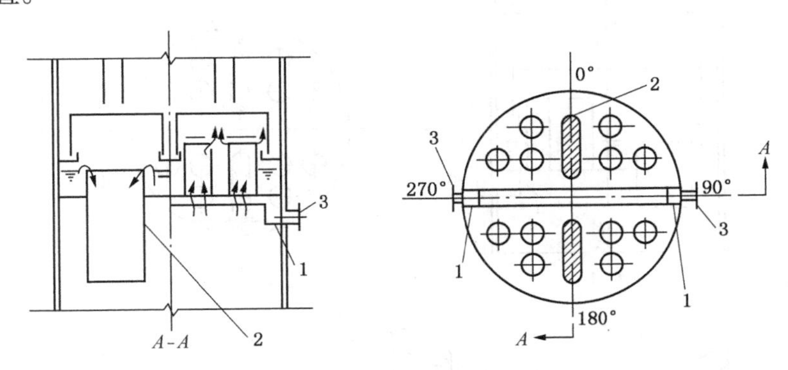

图5－4－34　B型集油塔板

1—抽出斗；2—降液管；3—抽出口

7. 塔底抽出口

一般设在塔底头盖的中部，并设防涡流板，对可能携带固体介质的分馏塔则需设过滤器。塔底用泵抽出的抽出口，其标高应满足塔底泵的有效汽蚀余量的要求，并应延伸到塔的裙座外，塔裙内不应设置法兰。

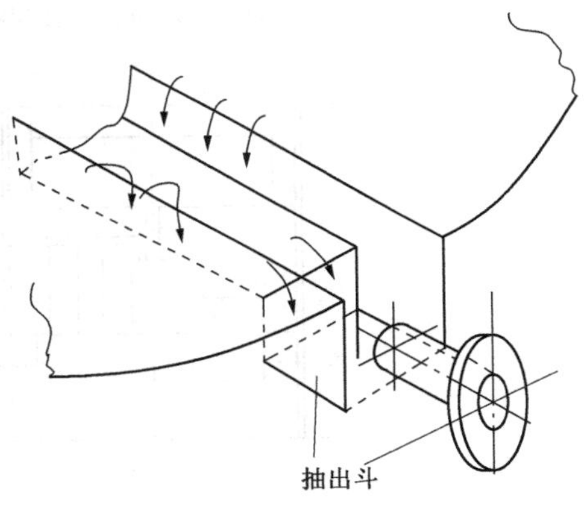

图5－4－35　集油塔板抽出口

8. 仪表开口

液面计和液面调节器的开口应布置在便于观察、检查的位置，且液面应不受流入液体冲击的影响。

（1）液面调节变送器应设在平台或梯子操作方便的地方，站在梯子上操作的液位调节器和液位计宜安装在梯子的右侧。

（2）液位调节器最适宜的位置，是在检查液位调节器时，可以看到液面计的地方；并应考虑由于液相进料影响的液位波动。当设置的挡板不能避免液位波动时，应与设备专业协商解决。

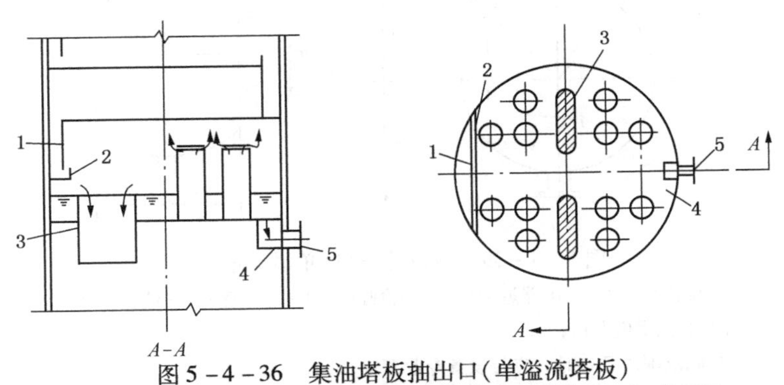

图5－4－36　集油塔板抽出口（单溢流塔板）

1—上层塔板降液管；2—受液槽；3—降液管；4—抽出斗；5—抽出口

（3）液位计的方位，取决于受液槽与重沸器返回口之间的关系，如图 5－4－39 和图 5－4－40所示。

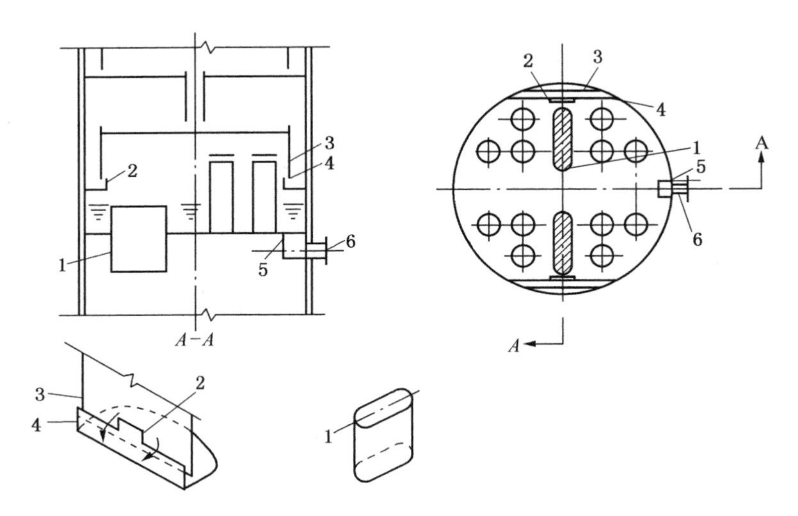

图 5－4－37　集油塔板开口（双溢流塔板）

1—降液管；2—堰；3—上层塔板降液管；4—受液槽；5—抽出斗；6—抽出口

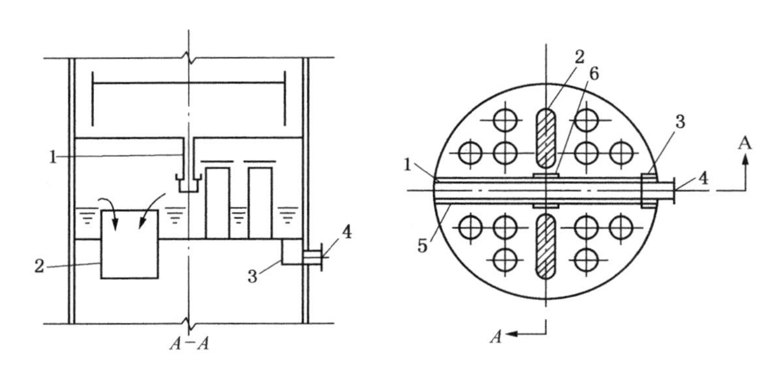

图 5－4－38　集油塔板开口（双溢流塔板）

1—上层塔板降液管；2—降液管；3—抽出斗；4—抽出口；5—受液槽；6—堰

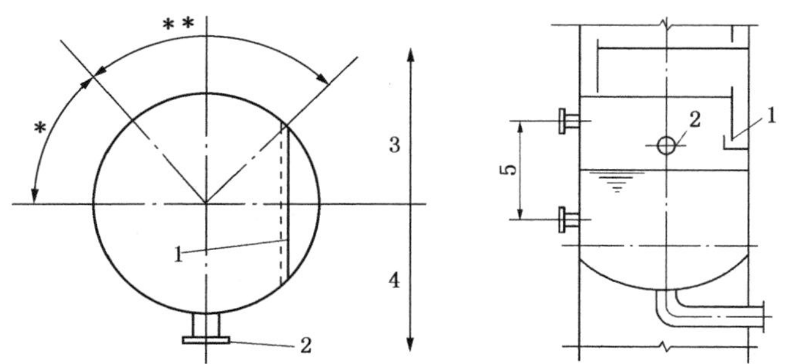

图 5－4－39　液位计开口（单溢流塔板）

1—受液槽；2—重沸器返回口；3—检修则；4—管道侧；5—液位计开口

注：* 宜在此范围内开口；

** 在此范围内开口时，应与设备专业商定。

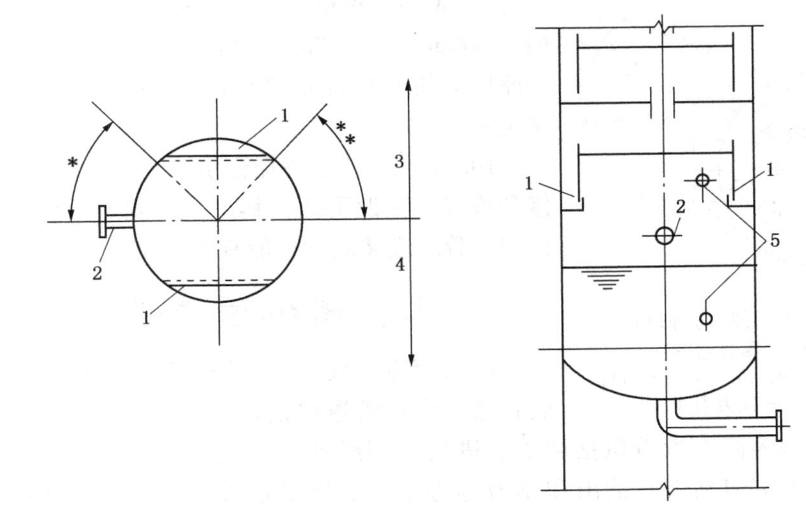

图 5 -4 -40　液位计开口(双溢流塔板)

1—受液槽；2—重沸器返回口；3—检修侧；4—管道侧；5—液位计开口

注：* 宜在此范围内开口；

* * 在此范围内开口时，应与设备专业商定。

(4) 热偶、温度计和压力表开口

a. 当塔内温度是用热偶测量降液管中的液相温度或是塔盘下的气相温度时，如果没有特别注明，测量液相温度的开口位置应不高于塔板上 100mm；当高于 100mm 时，测量的是气相温度。在图 5 -4 -41 中，测量液相温度的开口可在 *A* 处。如果测量气相温度，则开口可在 * 号范围内(*B*)处。压力表开口和差压计上部开口应布置在气相区。

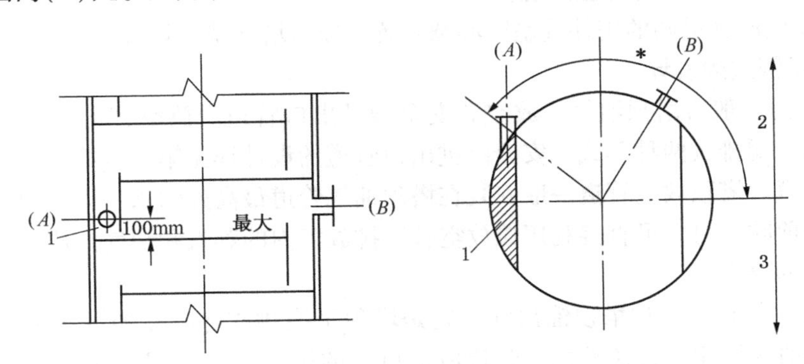

图 5 -4 -41　温度计开口

1—降液管；2—操作侧；3—管道侧

温度计、压力表的开口位置与直梯的关系，如图 5 -4 -42 所示。

b. 应注意温度计管口不得与降液管及其他内件碰撞。

c. 为了抽出和安装热电偶，其开口的前方应保证 600mm 的最小空间，还应考虑人孔、梯子和其他的影响。

9. 人孔：塔的人孔应设在操作侧，设置人孔的部位必须注意塔的内部构件，一般应设在塔板上方的鼓泡区，不得设在降液管上或降液管嘴的上方。塔体上的人孔(或手孔)，一

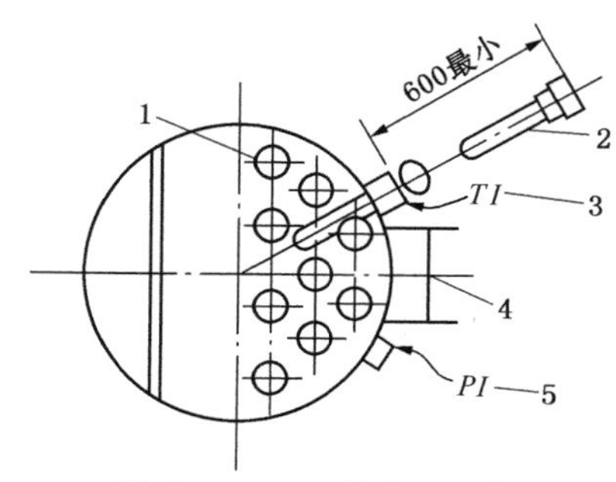

图 5-4-42 仪表开口与直梯的关系示意图
1—泡帽；2—热偶；3—温度计开口；4—直梯；5—压力表开口

般每3~8层塔板布置一个。人孔中心距平台面的高度一般为600mm到1000mm之间，最适宜的高度为800mm。一座塔上的人孔宜布置在同一垂直线上，既操作方便，又美观。

10. 手孔：由于塔径较小，无法开设人孔时，为了维修和检查，宜设手孔，其位置的确定原则与确定人孔的位置一致。安装高度一般宜为1000~1500mm。

三、塔的管道布置设计

塔的管道一般可分为塔顶管道、塔体侧面管道和塔底管道。塔顶管道包括塔顶油气、安全阀进出口、油气放空等管道；塔体侧面管道包括回流、进料、侧线抽出、汽提蒸汽、重沸器入口和返回等管道；塔底管道包括塔底抽出和排液等管道。上述管道都与塔体上的开口相连接，且一般都是沿塔体敷设的。

沿塔管道的布置设计应注意如下几个方面：

1. 应满足工艺、管道及仪表流程图（P&ID）的要求；

2. 管道布置应从塔顶部到塔底部自上而下进行规划，并且应优先考虑塔顶和大直径的管道的位置和有特殊要求管道的走向，再布置一般管道，最后考虑塔底和小直径管道；

3. 应考虑方便操作、检修和安全的要求；

4. 每一条管道按照它的起止点都应尽可能的短，但必须满足管道柔性的要求；

5. 每一条管道应尽量沿塔体布置，并且注意有一个“好的外观”：

a. 有两种情况可考虑：一是每一根管道分别布置；二是按成组布置（这种方式如管道的集中荷载较大时应取得设备专业同意）。

b. 还可以按沿管道侧的塔外壁呈同心圆布置，或与塔外壁呈切线布置。

（一）塔顶管道的设计

1. 塔顶管道一般有塔顶油气、放空和安全阀进出口管道。放空管道和安全阀出口管道有直接排放和密闭排放两种形式。安全阀进出口管道的设计详见第九章第一节，放空管道的设计详见第十章。塔顶放空管道一般安装在塔顶油气管道最高处的水平管段的顶部，在开工前暖塔或检修前吹扫时，可直接利用该放空管以排放塔内的蒸汽和油气。放空口高度应符合有关防火规范的要求。

2. 塔顶油气管道，又称塔顶馏出线，它是塔顶至换热或冷凝冷却设备之间的管道。管道内的介质一般为气相，管径较大，管道应尽可能的短，且应按“步步低”的要求布置，不得出现袋形管，并应具有一定的柔性。每一根沿塔管道需在上部设承重支架，并在适当位置设导向支架，以免设备管嘴受力过大。分馏塔顶油气管道一般不保温，只在操作人员接近管道的地方，才设防烫保温措施。如该管道至多台冷换设备，为避免偏流，应采用对称布置，详见本章第六节。

3. 塔顶为两级冷凝过程时，塔顶管道布置应使冷凝液能逐级自流，冷凝器入口支管应采用对称布置，使流量均匀。

4. 当设热旁路控制塔顶压力时，热旁路管应保温，尽量短。热旁路调节阀应布置在回流罐上部，其管道不得出现袋形，以避免积液，如图 5-4-43 所示。

5. 减压蒸馏装置的减压塔顶油气管道直接与塔体开口焊接而不用管法兰连接，以减少泄漏。

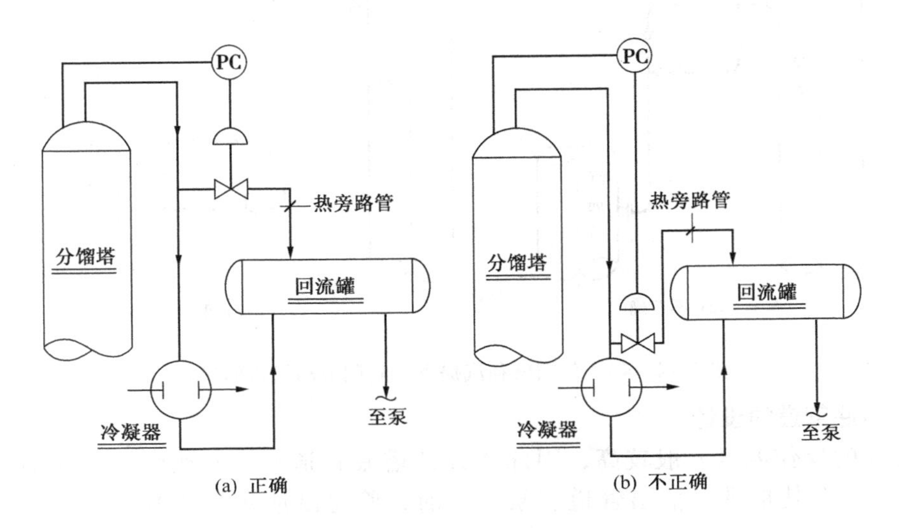

图 5－4－43　热旁路布置

（二）塔体侧面管道的设计

1. 塔体侧面管道一般有回流、进料、侧线抽出、汽提蒸汽、重沸器入口和返回管道等。为使阀门关闭后无积液，上述这些管道上的阀门宜直接与塔体开口直接相接，如图 5－4－44 所示。进(出)料管道在同一角度有 2 个以上的进(出)料开口时，不应采用刚性连接，而应采用柔性连接，如图 5－4－45 所示。

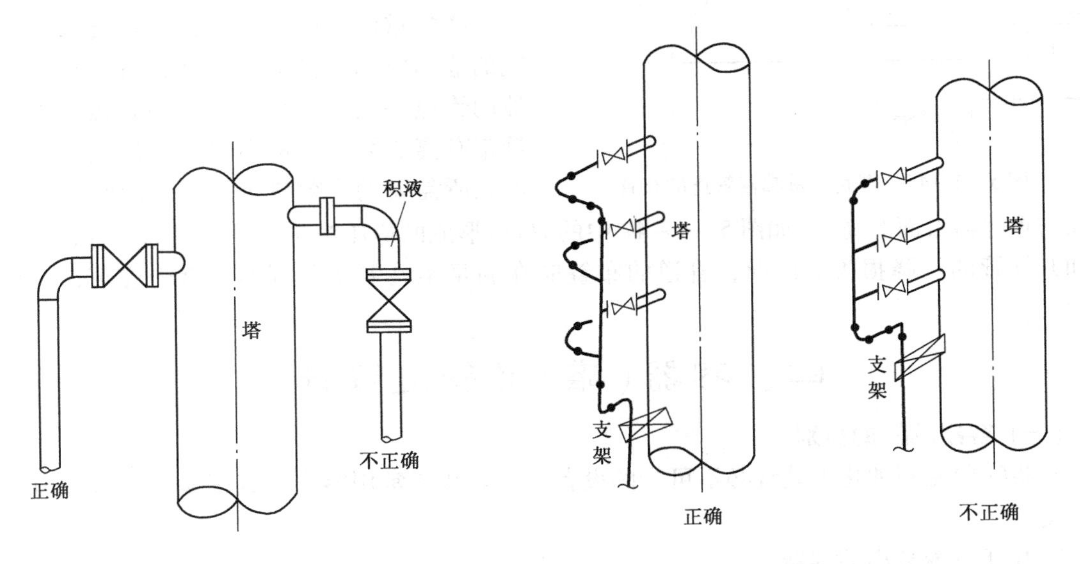

图 5－4－44　管道上阀门的安装位置

图 5－4－45　2 个以上进(出)料开口的管道布置

2. 分馏塔侧线到汽提塔的管道上如有调节阀，其安装位置应靠近汽提塔，以保证调节阀前有一段液柱，如图 5－4－46(b)所示。液柱的高度应满足工艺要求。

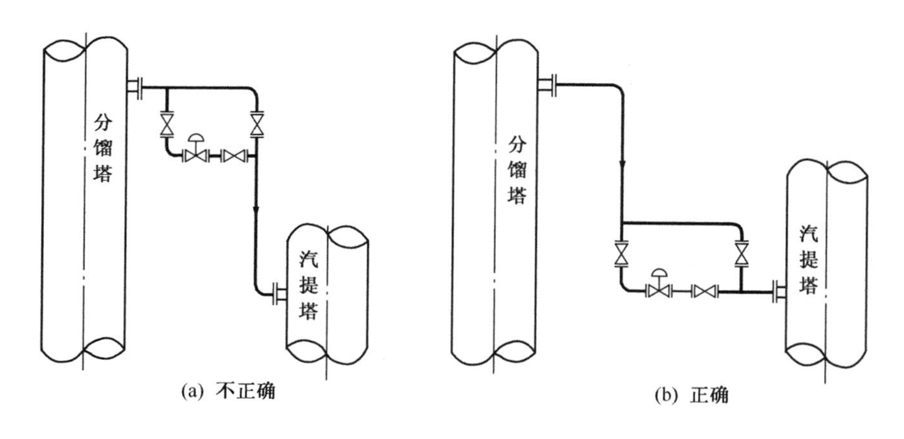

图5-4-46 分馏塔和汽提塔之间调节阀管道的布置

（三）塔底管道的设计

1. 塔底的操作温度一般较高，因此在设计塔底管道时，其柔性应满足有关标准或规范的要求。尤其是塔底抽出管道和泵相连时，管道既应短而少拐弯，又需有足够的柔性以减少泵口的受力。塔底抽出线应引至塔裙或底座外，塔裙内严禁设置法兰或仪表接头等部件。塔底到塔底泵的抽出管道在水平管段上不得有袋形管，应是“步步低”，以免塔底泵产生汽蚀现象。抽出管上的隔断阀应尽量靠近塔体，并便于操作。

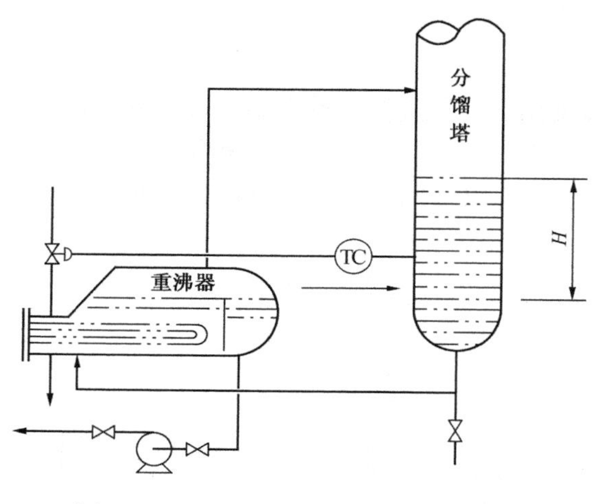

图5-4-47 塔底到重沸器管道的布置

2. 除非是辅助重沸器，或者是两个以上并联的重沸器同时操作，而且要求在较宽的范围内调节其热负荷者，塔底到重沸器的管道一般不宜设阀门。塔底罐式重沸器带有离心泵时，重沸器的标高应满足离心泵所需要的有效汽蚀余量，同时使塔底液面与重沸器液面的高差（如图5-4-47中的*H*）所形成的静压头应足以克服降液管、重沸器和升气管的压降损失。因此，管道的布置应在满足柔性要求的同时，直管应短，弯头应少。

四、容器（罐）的管道设计

（一）容器（罐）的类别

容器（罐）是石油化工装置必不可少的设备之一。装置常用容器按其用途大致可分为下列三类：

1. 用于气液分离的容器

这一类容器用来分离气体和液体。属于这类容器的有油气分离器、蒸汽分水器、压缩机入口分液罐、压缩空气罐、瓦斯罐等；紧急放空罐用于装置发生紧急事故时接受和分离从设备中放出的液体和气体。

2. 用于液液分离的容器

这类容器用来分离互不相溶的液体，主要包括洗涤沉降罐、油水分离罐等。洗涤沉降罐用于油品的酸洗、碱洗、水洗等过程；油水分离罐包括原油脱水罐、塔顶回流罐等。

3. 用于缓冲的容器(储罐)

这一类容器用于上下工序之间介质的缓冲、装置储罐或储存装置所需的燃料油、化学药剂、溶剂等。

按其外形大致可分为卧罐、立罐和球形罐：球形罐多用来储存大量的液化烃，属于石油化工厂的储运系统，在装置内较少采用。

卧罐的优点是液体流动方向与重力的作用方向相垂直，有利于沉降分离、液面波动小，液面稳定性好，其缺点是气液分离空间小，占地面积大，高位架设不便，不适宜用作要求缓冲容积太大的罐。一般多用作塔顶回流罐、汽油、煤油洗涤沉降罐、液体中间缓冲罐、油水分离罐等。

立罐的优点是气液分离空间大，有足够的垂直高度，有利于出现中间混合层的连续分离，占地小，高位架设方便；其缺点是液体流动方向与重力方向相反，不利于沉降，液面波动大，液面稳定性较卧罐差。立罐一般用于气体缓冲罐，气体洗涤罐、气体分液罐、柴油洗涤沉降罐，有大量气体的塔顶回流罐等。

（二）容器开口的位置

容器的开口数量一般比塔要少得多，另外开口的位置包括方位和标高与塔相比受限制的因素也少得多。容器的进出口的直径一般应与连接的管道相同，如需减少出口的压力降，或者避免产生涡流，出口直径可大于连接管径。容器开口应满足的要求与塔体开口相同，一般对立罐也可将罐体的四周分为检修所需的操作侧和管道侧来设置开口。通常将立罐的侧面开口尽量靠近并朝向管道侧，立罐的顶和底部开口都设在封头的中心。仪表开口布置在罐体的侧面易操作和能观察的地方。一般卧罐的开口是气液混合物入口的开口与气相出口的开口设在罐的顶部，它们间的距离应取最大值(或使气相在罐内的行程为最大)；液体入口与出口分别设在相对方向，尽可能相隔远一些；罐的出口设在罐的底部，其管与泵相连接时开口设在靠近泵的一侧；安全阀开口设在靠近放空系统总管的一侧，人孔设在操作侧以便于操作和检修，一般容器直径等于或大于800mm时，设人孔；容器直径小于800mm时，设手孔。人孔和手孔的位置以检修时便于进出和方便操作为原则，一般设置在容器顶部或侧面。液面计设在卧罐的侧面远离入口的地方，分水斗的出口设在分水斗封头的中心，容器底部的放空口设在罐的最低点且与液体出口的位置相对称，见图5－4－48。

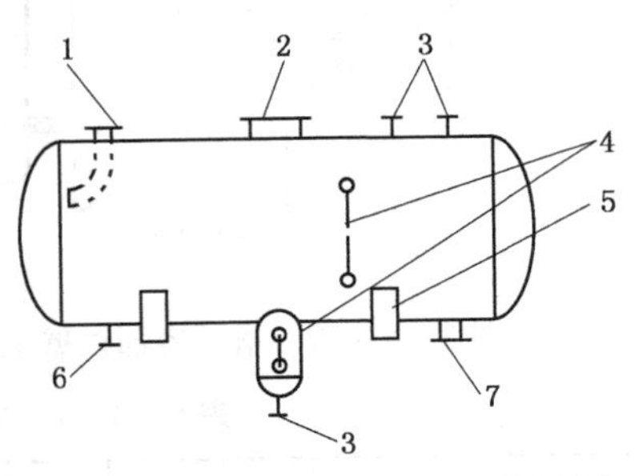

图5－4－48　卧式容器开口位置图
1—气液混合物进料口；2—人孔；
3—开口；4—液面计；5—支座；
6—放空口；7—物料出口

（三）容器(罐)的管道设计

容器(罐)的管道比较简单，立式容器的管道布置大体上与塔的管道布置相似，也采取沿罐壁进行设计，管道上的阀门也要求直接与开口相接，这样可避免积液。卧式容器设备布置时，一般将罐与管廊的长方向相垂直，所以其管道如气体出口管道、安全阀出口管道、液体出口管道等都朝向管廊，并与管廊上的有关主管相连接。容器顶部开口接出的管道，其标高宜高于与管廊上相接的主管，以便于接在主管的顶部。容器底部的液体出口管道与管廊下的泵相连接时，其管底标高应不影响人的通行。

五、塔和容器的管道支架

沿塔和容器敷设管道的支架，一般生根在塔和容器的外壁上，由于塔或容器的热胀或基础下沉产生的位移与管道的热胀量不同会产生相对位移。因此，生根在塔或容器外壁上的承重支架的设计应按最能够满足工况条件确定其位置、型式。

1. 从塔、容器顶部出来的管道或侧线进出口的管道，应在靠近设备管嘴处的第一个支架为承重支架，如再设第二个承重支架时应为弹簧支吊架。一般在承重支架之下，按规定间距设导向支架。

塔、容器外壁上的支架设置，如图 5－4－49 所示。导向支架的间距，如表5－4－1所示。

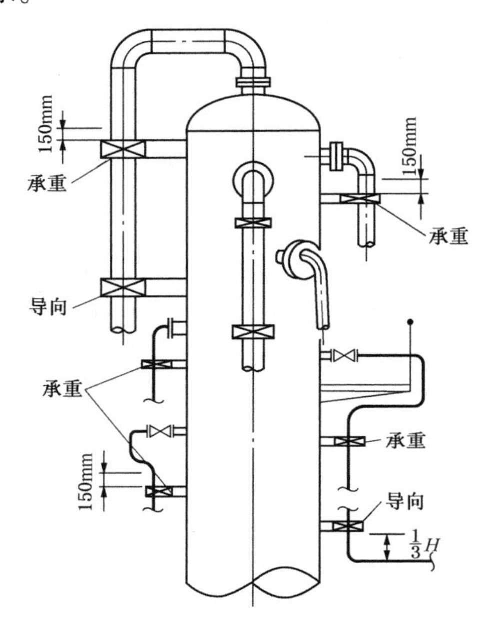

图 5－4－49　塔、容器外壁上的支架

应特别注意最下面的一个导向支架距管道转弯处至少为 1/3H，以免影响管道的自然补偿。

2. 直接与塔或容器管嘴相连接的 DN 大于或等于 150mm 的阀门下面宜设支架，如图 5－4－50 所示。

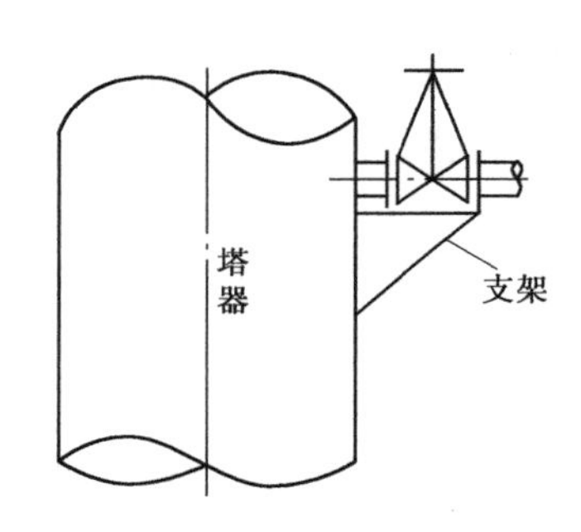

图 5－4－50　阀门下的支架

表 5－4－1　塔器上的垂直管道的导向支架间最大间距 H

管径 DN/mm	15	20	25	40	50	80	100	150	200	250	300	350	400	600	800
最大间距 H/m	3.5	4	4.5	5.5	6	7	8	9	10	11	12	13	14	16	18

（编制　师酉云）

第五节　加热炉管道布置设计

管式加热炉是石油化工厂主要工艺设备之一，其作用一般是将炉管中通过的物料加热至所需温度，然后进入下一工艺设备进行分馏、裂解或反应等。热源来自燃烧气体或液体燃料。

常用的管式加热炉按其外形结构型式分为圆筒形加热炉（见图 5－5－1）、卧管立式加热炉（见图 5－5－2）、立管立式加热炉（见图 5－5－3）等。

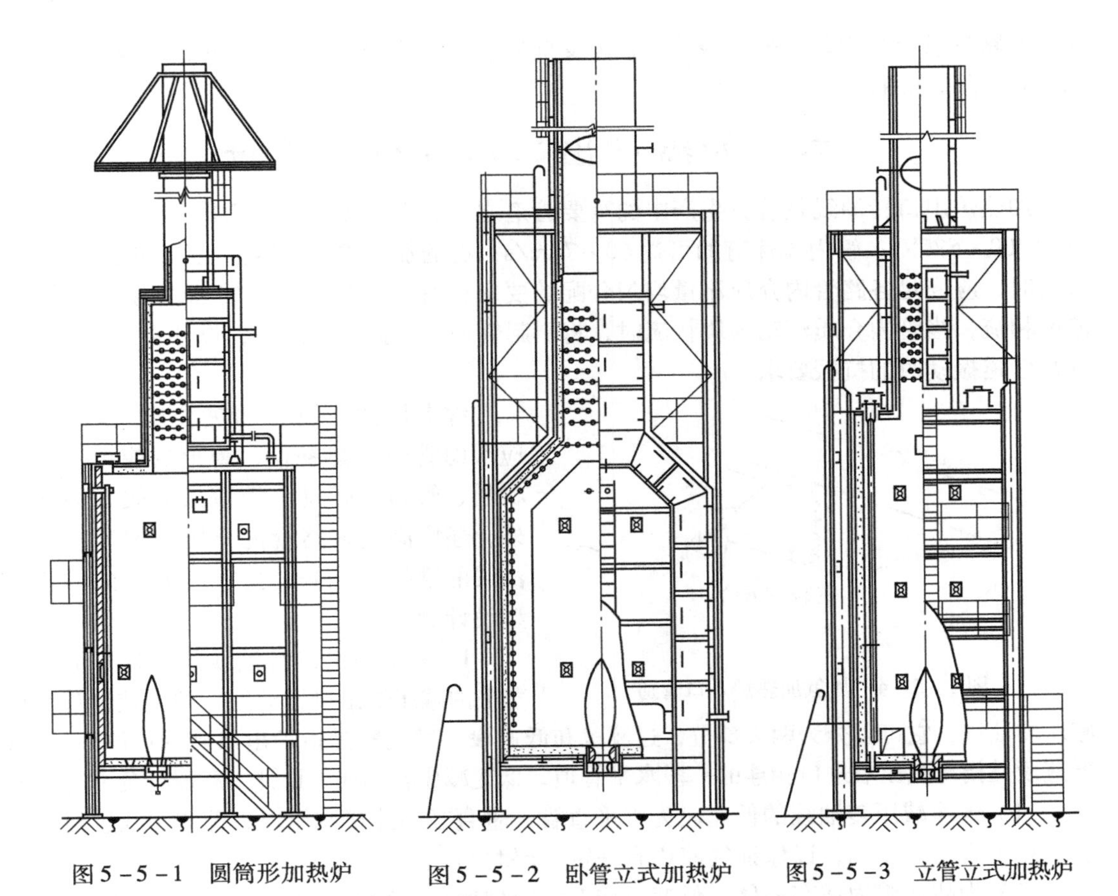

图5-5-1　圆筒形加热炉　　图5-5-2　卧管立式加热炉　　图5-5-3　立管立式加热炉

管式加热炉一般由辐射段和对流段组成。在辐射段内，由燃料燃烧释放出热量以辐射的方式将热量传给辐射管。烟气上升进入对流段，在对流段中烟气主要以对流的方式将热量传给对流管。为了提高加热炉的热效率，普遍采用余热回收系统，并采用集中排烟的高烟囱以减少环境污染。

一、加热炉管道布置设计一般要求

1. 加热炉的管道布置随加热炉的炉型不同而异。在布置加热炉的管道时，应对加热炉进出口管道、燃料系统管道、吹灰器管道、蒸汽灭火管道等统一考虑。

2. 加热炉的管道要易于检查和维护，燃烧喷嘴和管道（包括燃料油、燃料气和雾化蒸汽）要易于拆卸。燃料油和燃料气的调节阀要装在地面易于观察和维修之处。

3. 加热炉的进料管道应保持各路流量均匀；对于全液相进料管道，一般各路都设有流量调节阀调节各路流量，否则应对称布置管道。气液两相的进出管道，必须采用对称布置，以保证各路压降相同。

4. 除工艺有特殊要求外，加热炉密切相关的可燃气体和可燃液体及燃料总管上的切断阀与炉体的防火间距不应小于7.5m。

5. 转油线应以最高温度（如烧焦温度）计算热补偿量，并利用管道自然补偿来吸收其热膨胀量。

6. 加氢装置加热炉进口管道通常为原料与氢气的混合物，当两路（或多路）进料时，为保证两路流量分配均匀、减少振动，在分支前应有20～25倍公称直径的直管段，并有至少2m的高差，如图5－5－4所示。

二、加热炉出口转油线的设计

加热炉出口转油线是装置生产中的重要管道之一。它的操作条件比较苛刻，如操作温度可达400～520℃；管内流速有的可达60～70m/s；有的加热炉出口转油线为多路操作。设计管道时，应满足各路管内介质流量均匀分配的要求；有的加热炉出口转油线内的介质为气、液两相流，当管内介质流动为块状流时，将引起管道产生振动。因此，设计管道支架时，应满足管道振动时的抗振要求。

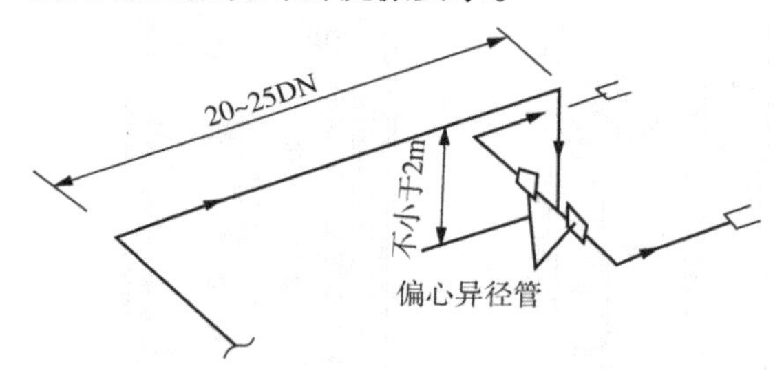

图5－5－4　加氢加热炉入口管道

综上所述，设计加热炉出口转油线时，应考虑管道的热补偿、管道的应力、管道的材质、管道的振动、管道的支架等因素。另外，还应满足多路管内介质均匀流动以及转油线的维护和检修的要求，下面试举两个典型设计例子。

1. 减压炉出口转油线的设计。干式减压蒸馏的减压炉出口转油线，按工艺设计为低速减压转油线，它可以分为两大部分，过渡段和低速段。过渡段是指炉出口到低速段间的管道，低速段是指与减压塔进口相连的一段水平管道，低速减压转油线的设计一般需符合下列原则：

（1）低速减压转油线的低速段为水平直管，垂直径向连接减压塔，即非切线进料。其长度最短不宜小于15m，以保证气液相有一定分层时间。

（2）为防止管内残存液体，低速段应有一定坡度，一般$i=0.001\sim0.005$，坡向减压塔。

（3）低速段的热膨胀由过渡段吸收，所以过渡段应有一定的柔性。转油线的压降主要在过渡段，因此，在满足热补偿要求的前提下，过渡段应尽量缩短和减少弯头。

（4）为减少局部阻力，过渡段与低速段的连接应当径向斜接或采用裤形三通。

（5）减压转油线是在真空下操作，低速段的管径又大似一个卧式容器，因此，它的壁厚应按钢制石油化工压力容器采用外压圆筒设计方法确定，过渡段和低速段连接处的支管补强，可采用设备设计中常用的补强方法解决。

（6）减压转油线与减压塔用焊接连接，这样既省工又省料，并减少了油品泄漏点。

（7）减压转油线的管架不宜设置过多，一般*DN*1000以上管径的允许跨度不少于18m，故只需设置一个管架即可满足要求。该管架可采用柔性管架。

（8）采用炉管位移吸收减压转油线部分热膨胀量的效果是好的。具体做法是将炉出口处的炉顶盖板孔按电算所得的炉出口的附加位移量的大小扩孔。扩径炉管下端的支托导向套管的大小以起导向作用为主，这样在生产时，炉管不会摆动。

（9）管道受热膨胀可能是任意方向的，为满足多向变化，低速段水平管的管托应采用滚珠盘式多向滑动装置。

（10）为了降低转油线压力降，减压炉出口管上不设阀门，可用“8”字盲板代替。

（11）减压转油线低速段上应设置人孔，人孔的公称压力*PN*一般为2.5MPa。

典型的低速减压转油线立体图如图5－5－5所示。

2. 延迟焦化加热炉出口转油线的设计。延迟焦化是将重质油在管式加热炉中加热，采用较高的流速及较高的热强度，使油品在加热炉中短时间内达到焦化反应所需的温度，同时迅速离开加热炉，进入焦炭塔，使焦化反应不在加热炉中发生，而延迟到焦炭塔中进行，加热炉辐射管出口温度一般控制在495～505℃。延迟焦化加热炉出口转油线立体图，如图5－5－6所示。加热炉出口管采用法兰连接的主要原因是为了便于清除管内的焦子。直管段的长度一般为2m左右，两端为法兰连接，法兰密封面一般选用梯形槽式，垫片采用八角型垫圈。

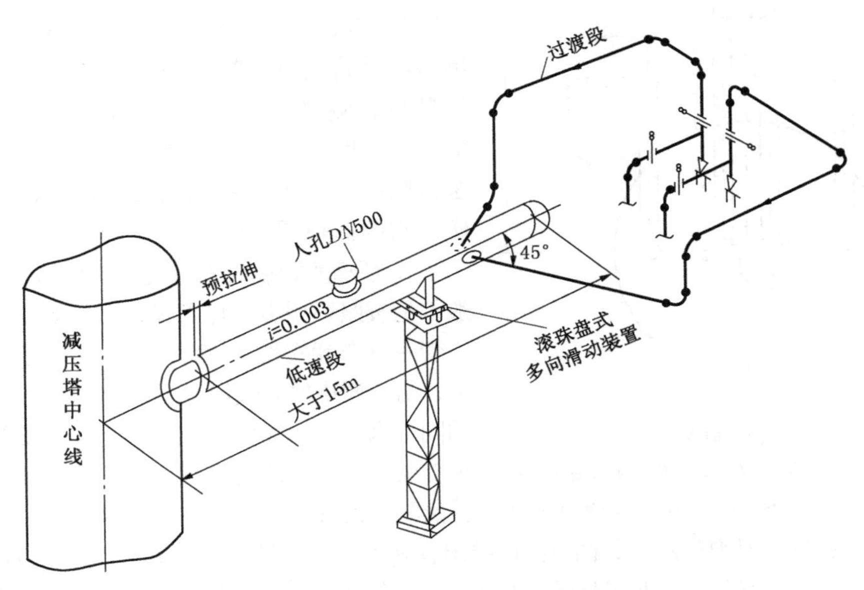

图5－5－5　减压转油线立体图

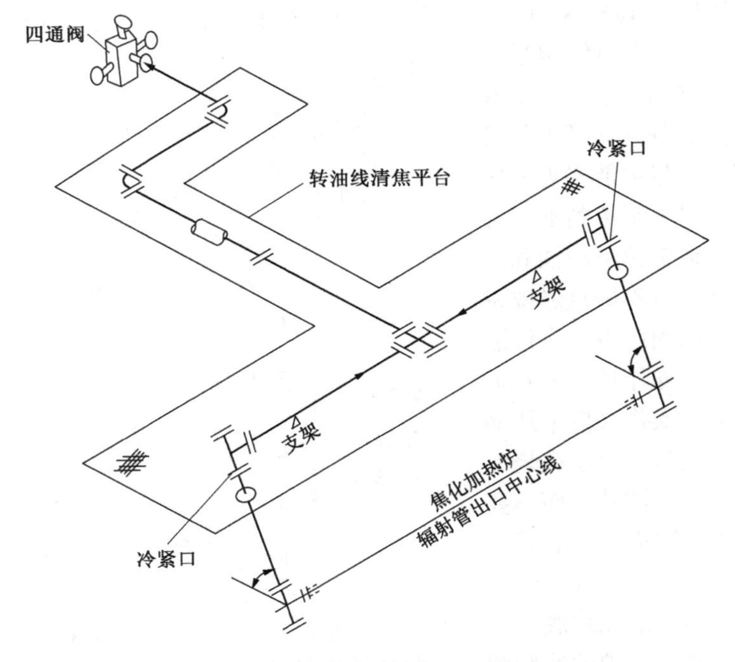

图5－5－6　延迟焦化加热炉出口转油线立体图

三、油气联合喷嘴的管道设计

加热炉的燃烧喷嘴一般有两种：气燃烧喷嘴和油气联合喷嘴。前者用气体作燃料；后者则油、气均可。油气联合喷嘴一般都采用Ⅵ－B 型。

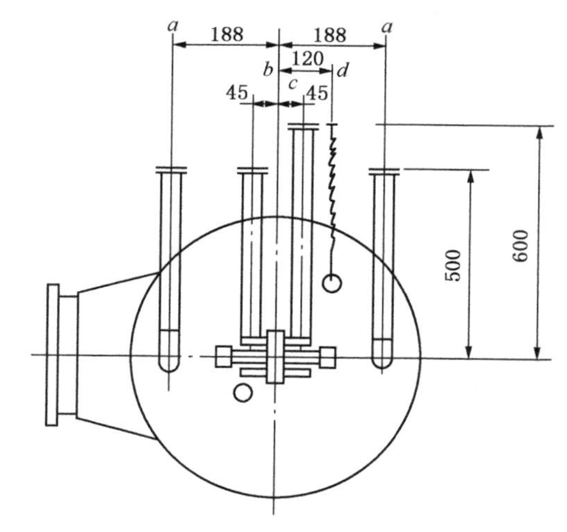

图 5－5－7　Ⅵ－B300 油气联合喷嘴图

a—燃料气接管嘴；DN25；b—雾化蒸汽接管嘴，DN20；c—燃料油接管嘴，DN20；d—长明灯接管嘴，φ18×3

Ⅵ－B 型油气联合喷嘴一共有 5 个接管嘴子：2 个燃料气接管嘴设在 5 个嘴子中的左右两侧；1 个雾化蒸汽接管嘴设在喷嘴中心线的左侧；1 个燃料油接管嘴设在喷嘴中心线的右侧；燃料油接管嘴与右侧燃料气接管嘴之间设有长明灯接管嘴。除长明灯接管嘴用螺纹联接外，其他的均为法兰联接。以上各接管嘴的排列以Ⅵ－B300 为例，它的仰视图如图 5－5－7 所示。

1. 喷嘴所联接的燃料气、燃料油、蒸汽主管一般都是按照炉型沿炉体敷设。对于底烧圆筒炉这些主管一般布置在距炉底平台 2.2m 高度的同一水平上，对于底烧的立式炉一般布置在距地面 2.2m 高度的同一水平上。雾化蒸汽和燃料气的支管自主管的顶部引出，燃料油的支管可自主管的侧面引出，炉膛蒸汽灭火管的支管自主管的顶部引出。长明灯所需的燃料气管必须在燃料气总管的调节阀前接出，其支管从主管的顶部引出，长明灯燃料气管的直径一般较小，尽量靠近炉体敷设比较容易支撑。卧管立式炉喷嘴接管上的阀门一般都在地面上操作，其阀门布置在至喷嘴接管的竖管上或在其水平段上，应考虑它们的可操作性。

2. 喷嘴接管应不妨碍热风道，看火孔，检查门和喷嘴本身的安装和检修。

3. 燃料气管道上的操作阀最好采用带有刻度的旋塞阀。它可以对阀门的开度一目了然。各种管道上的切断阀可采用闸阀，应尽可能接近各主管。以防止该阀门以上至燃料油、雾化蒸汽主管那段管道中留下冷油和凝结水，在下一次开工时不好点燃或发生淌流现象，但这道阀门也不允许装得太高，要考虑到可操作性。燃料油和雾化蒸汽管道上的操作阀应采用截止阀或球阀，以便调节。对于底烧的喷嘴这些阀门应设在炉体外，而不要紧靠喷嘴。以防喷嘴回火或炉底着火对操作人员造成危险。对于底烧的立式圆筒炉的这些阀门一般在炉底平台上操作；对于底烧的立式炉的这些阀门一般在炉体外两侧的地面上操作。油气联合喷嘴管道布置，见图 5－5－8。

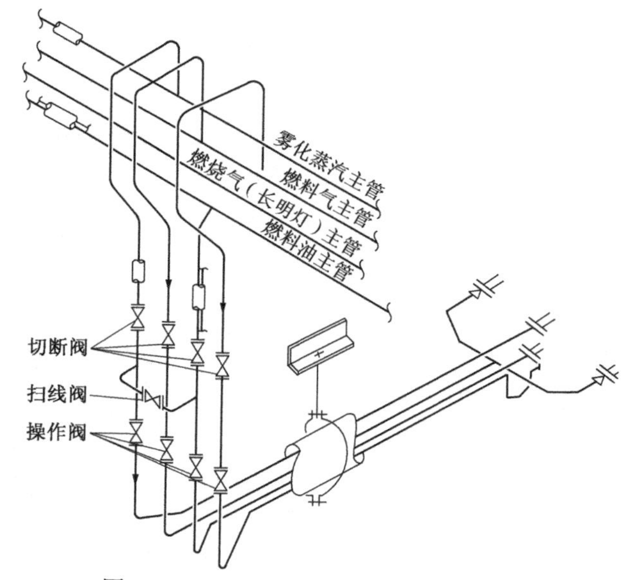

图 5－5－8　油气联合喷嘴管道示意图

四、吹灰器的管道设计

1. 吹灰器通常设置在加热炉的对流段，吹灰器蒸汽接口口径一般为 *DN*50，接管法兰为 1.6MPa。为了避免蒸汽冷凝水进入对流段，蒸汽管道设计时应有坡度，如图 5 -5 -9 所示。

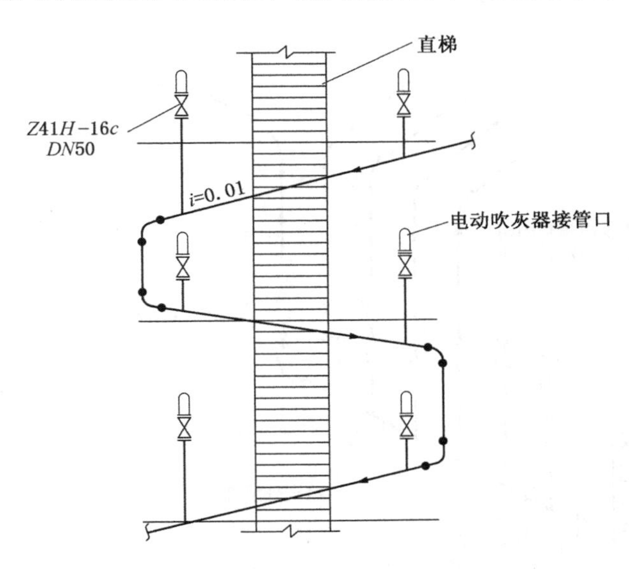

图 5 -5 -9 吹灰器管道竖面图

2. 在布置蒸汽管道时，应注意不要与自辐射段顶部平台到对流段上部平台间的直梯相碰或影响直梯的正常通行。

五、蒸汽分配管、灭火蒸汽管道的设计

加热炉区所需要的工作蒸汽主要是喷嘴雾化、炉体灭火、吹灰器吹灰、消防、吹扫和管道伴热等蒸汽。这些部位所需要的蒸汽，可从蒸汽分配管上接出。蒸汽分配管的汽源来自装置中的蒸汽总管。按照操作情况，可将上述部位所需要的蒸汽分别引自二组蒸汽分配管：一组为炉体灭火蒸汽分配管，其余的可组合为一组蒸汽分配管；也可合并为一组蒸汽分配管。

1. 蒸汽分配管一般水平布置在地面上，其管中心标高距地面约 500mm，两端设有支架，用管卡卡住，蒸汽分配管的底部应设置疏水阀。

2. 炉体灭火蒸汽分配管是由装置蒸汽主管上引出的一根专用管道，管道上的总阀应是常开着的。接至加热炉的炉膛及回弯头箱内的灭火蒸汽管均应从蒸汽分配管上引出。蒸汽分配管距加热炉不宜小于 7.5m，为的是当加热炉着火时，人能安全地去开启那些阀门进行灭火操作。各灭火蒸汽管上的阀门的出口到炉体之间的管道上可不保温，灭火蒸汽分配管见图 5 -5 -10。各灭火蒸汽管上的阀门的下游管上，在紧靠阀门处宜设泄放孔，以便及时排掉管中的凝结水，泄放孔的方位应布置在阀门手轮反方向 180°的位置上，泄放孔为 ϕ6 ~ ϕ10mm，泄放孔位置如图 5 -5 -11 所示。

六、燃料油管道的设计

1. 为了在负荷波动时，仍然保证稳定地供给各加热炉的喷嘴燃料油，供油量应比用油

量大 2 ~3 倍。因此，燃料油系统管道要设循环管，燃料油管道引自主管架，绕加热炉一周再返回主管架，在主管架上有燃料油来回的管道。在喷嘴的燃料油管由燃料油主管的侧面或下部引出。

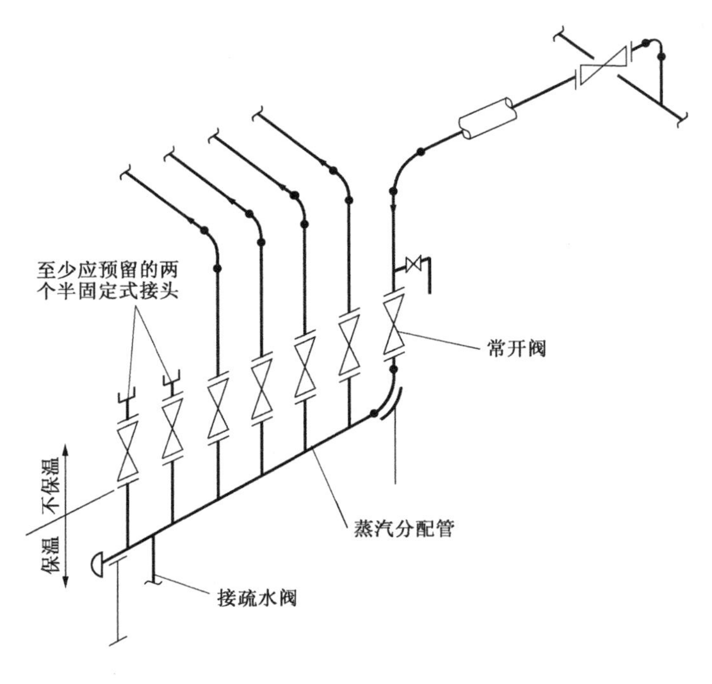

图 5 -5 -10　炉体灭火蒸汽分配管立体图

2. 为了防止机械杂质磨损泵叶轮和堵塞喷嘴，应在燃料油管道的适当部位设置过滤器。过滤网的规格应视燃料油泵的类型及喷嘴的最小流通截面而定。

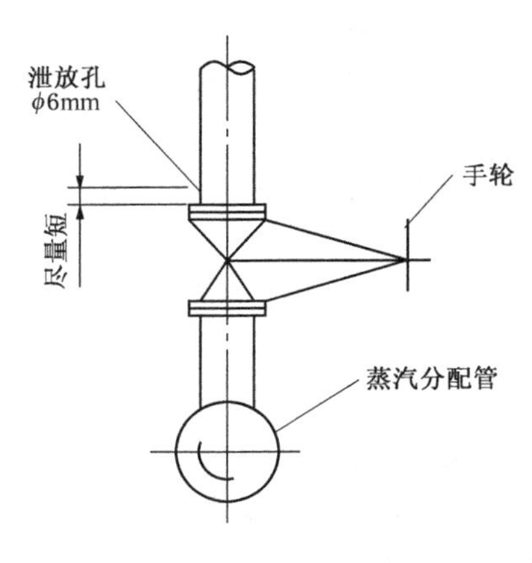

图 5 -5 -11　泄放孔位置图

3. 为了保证喷嘴有良好的雾化效果，燃料油在喷嘴前的黏度应小于喷嘴要求的黏度。另外燃料油系统的管道上都应伴热，以防散热后燃料油黏度升高。

4. 通向喷嘴的燃料油支管应在靠近主管的地方设置阀门并接扫线蒸汽，以便在个别喷嘴停运时将支管内的燃料油全部扫尽。

七、燃料气管道的设计

1. 燃料气要设分配主管，使每个喷嘴的燃料气都能均匀分布；燃料气支管由分配主管上部引出，以保证进喷嘴的燃料气不携带水或凝缩油，在燃料气分配主管末端装有 *DN*20 的排液阀，便于试运冲洗及停工扫线后排液，以及开工时取样分析管道内的氧含量、排液管上应设两道排液阀以免泄漏，该阀能在地面或平台上操作。

2. 在燃料气管道上应设置阻火器，以阻止火焰蔓延，阻火器按作用原理可分为干式阻火器和安全水封两种。石油化工装置中加热炉的燃料气管道上一般采用多层铜丝网的干式阻火器。阻火器应放置在尽可能靠近喷嘴的地方。这样，阻火器就不致于处在严重的爆炸条件下，使用寿命可以延长。阻火器距喷嘴的距离不宜大于12m。

八、加热炉的梯子和平台

1. 圆筒炉的平台一般有炉底，炉腰和炉顶平台，它们大都是围绕炉体敷设，底腰平台成圆形(见图5－5－12)。炉体直径较小如4柱圆筒炉则没有炉腰平台。炉底平台设在炉底钢结构环梁的上方，并在炉底看火门中心以下约1.4m处，距炉底平台不太高的位置设有炉膛灭火蒸汽接管嘴，距炉腰平台不太高的位置一般设有热电偶套管和测压套管。炉顶平台设在炉顶钢结构环梁的上方。炉底平台的宽度约为1.2m，炉腰平台和炉顶平台的宽度约为0.8m，地面到炉底平台采用45°钢斜梯，炉底平台到炉腰和炉顶平台一般采用盘梯。另外在对流段的电动吹灰器处和烟囱的烟囱挡板执行机构处均设有平台，它们之间的联系和到烟囱的顶端均采用直梯，炉顶平台到地面在与盘梯不同的方位处设有安全直梯。多座加热炉布置在一起时，应在各平台之间设联系平台以便操作。

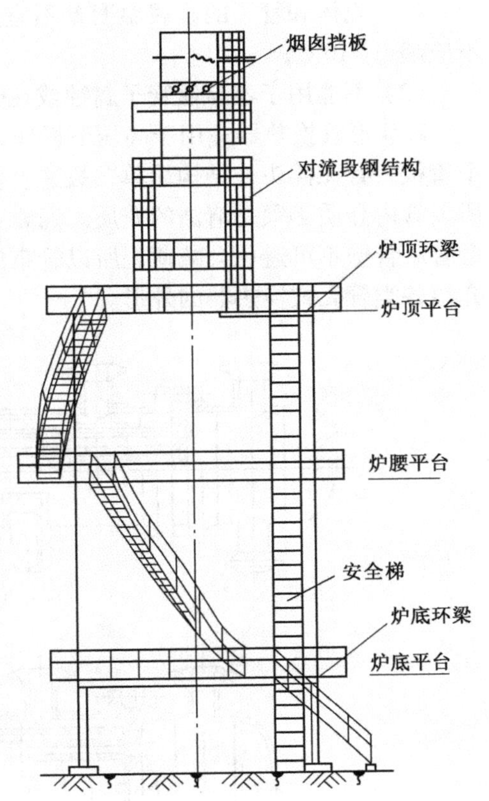

图5－5－12　圆筒型加热炉平台图

2. 立式炉的底层平台一般布置在辐射室可拆墙的同一侧，从地面到底层平台用钢斜梯，从底层平台到辐射室顶部平台用炉体侧面的钢斜梯，从辐射室顶部平台到对流室和烟囱挡板处的平台则用附着在这些钢结构上的直梯。此外，辐射室顶部平台应设置通地面的安全梯。

(编制　师西云)

第六节　冷换设备的管道布置设计

一、冷换设备的类别

冷换设备广泛地用于炼油、石油化工、化学工业和其他工业中。由于工艺过程和使用条件(包括容量、压力、温度等)的不同，它们有多种多样的型式。本节仅对几种常用的冷换设备简述如下。

(一) 换热器种类

换热器的种类很多，按其结构分主要有管壳式、管箱式、套管式等。

1. 管壳式换热器适应性最大，使用最广泛。在中等压力(～4MPa公称压力)情况下，采用管壳式换热器最为合适。管壳式换热器主要有浮头式和固定管板式两种。浮头式的优点是壳体与管束的温度差不受限制，管束便于更换，壳程可以用机械方法进行清扫；固定管板式的优点是结构简单、造价低。其缺点是：

（1）壳体和管子的金属温度差不宜超过30℃，冷流进口和热流进口之间的极限温度差不应超过110℃；

（2）不能用于容易使管子腐蚀或在壳程中容易结垢的介质。

2. U形管换热器适用于高压下操作，由于壳体与管子分开，可不考虑热膨胀。它只有一个管板，且无浮头，结构简单，故造价较便宜。虽然管束容易抽出，但U形管束清洗困难。所以管内介质必须是清洁的介质。通常U形管的最小曲率半径为传热管外径的2倍，由于弯管后管壁不可避免会减薄，所以管束的管子必须采用厚壁管，这是它的缺点。图5－6－1介绍各类管壳式换热器的外形。

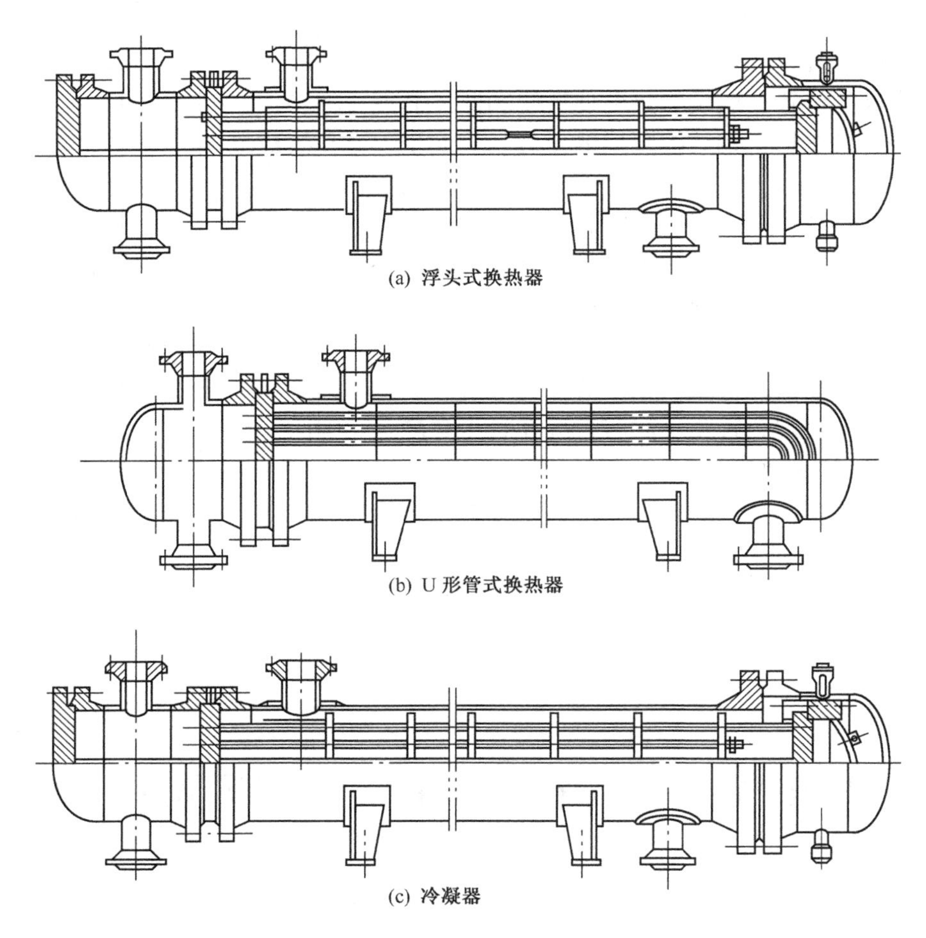

(a) 浮头式换热器

(b) U形管式换热器

(c) 冷凝器

图5－6－1　多管圆形换热器

3. 管箱式换热器比较陈旧，水箱冷却器就是其中的一种。它体积大，占地多，金属耗量多，传热效率低。只用于极个别生产装置。采用水箱冷却器时，还要考虑水汽蒸发，影响周围环境的问题。

4. 套管式换热器一般可用于流量很小，且操作压力较高的场所。其结构为将传热管以同心圆状插入外管中，然后在传热管内及传热管与外管的环形空腔内分别通入介质进行热交换。

5. 板式换热器：板式换热器分为换热器、冷凝器和蒸发器三大类。板式换热器是一种新型高效换热器，它是由上下梁支承或定位，并被固定板和活动板夹紧的一组波纹金属板片组成的。介质由每片板的四角上的开孔进出，其中两个孔道可以和板面上的流道相通，另外两孔靠特制垫片与板面流道隔开，不同用途的孔，在相邻的两板上是错开的。冷、热流体分别在同一块板片的两侧流过，每一个板面都是传热面。两块板片由特制的垫片隔开形成介质流道，可以通过垫片的厚度来调整流道的宽度。如图5-6-2所示。板式换热器的结构和板片形状，如图5-6-3和图5-6-4所示。

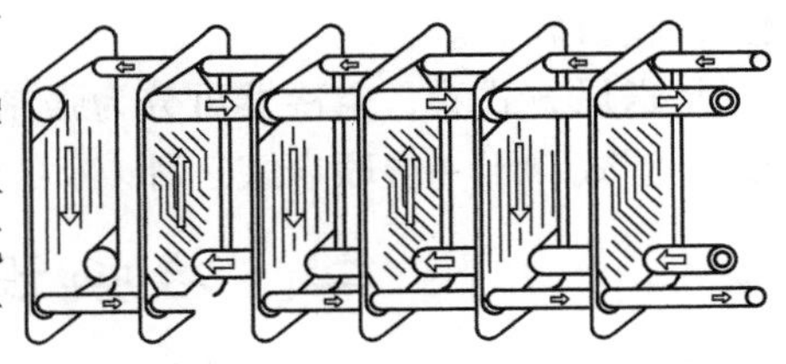

图5-6-2　流体在板式换热器中的流动情况

板式换热器的特点：

(1) 结构紧凑、占地小。每块板片很薄，一般为0.6~1.0mm，板间距一般只有2~8mm，单位体积内的换热面积比管壳式换热器高几倍。

(2) 供热效率高，传热系数K值可达2300~7000W/(m^2·K)。

(3) 金属耗量低。板式换热器每m^2换热面积金属耗量只有管壳式换热器的40%~50%。

(4) 便于拆卸、清洗、更换板片和调整换热面积。

(5) 操作压力和温度较低。操作压力≤2.5MPa，操作温度≤250℃。

(6) 主要适用于较清洁的液-液相热交换。由于板片是由不锈钢、钛材等压制的，对腐蚀性介质具有更多的优点。

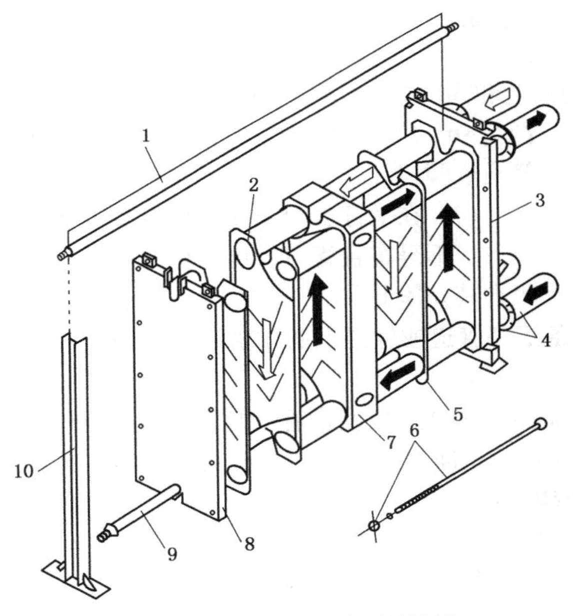

图5-6-3　板式换热器结构图

1—上导杆；2—密封垫片；3—固定板体；4—接管；5—板片；6—夹紧螺栓；7—中间隔板；8—活动压紧板；9—下导杆；10—前支柱

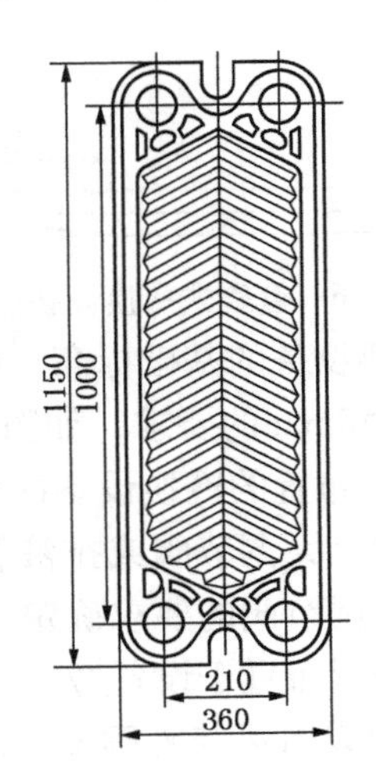

图5-6-4　人字形波纹板结构

(二) 空气冷却器种类

空气冷却器(以下简称空冷器)是用空气作为冷却介质，强迫空气通过传热管外面的翅片以冷却管内介质的换热设备。它与水冷却器相比，其优点是节省了大量的冷却用水，减少了工业地区水的污染问题。第二个优点是节省了工厂投资和维修费用。它的缺点是占地面积较大，造价较高。

从送风方式看，空冷器可分为强制式通风和抽风式两种。从结构方面看，空冷器可分为干式、湿式、干－湿联合式三种。

二、冷换设备的管道布置设计

冷换设备的管道布置，应根据冷换设备的结构特点、工艺操作和维修要求进行设计。

（一）管壳式和套管式冷换设备

1. 管壳式和套管式冷换设备的工艺管道布置应注意冷热物流的流向，一般被加热介质(冷流)应由下而上，被冷凝或被冷却介质(热流)应由上而下。

2. 冷换设备管道的布置应方便操作和不妨碍设备的检修，并为此创造必要的条件。

(1) 管道布置不应影响设备的抽芯(管束或内管)如图5－6－5、图5－6－6所示。

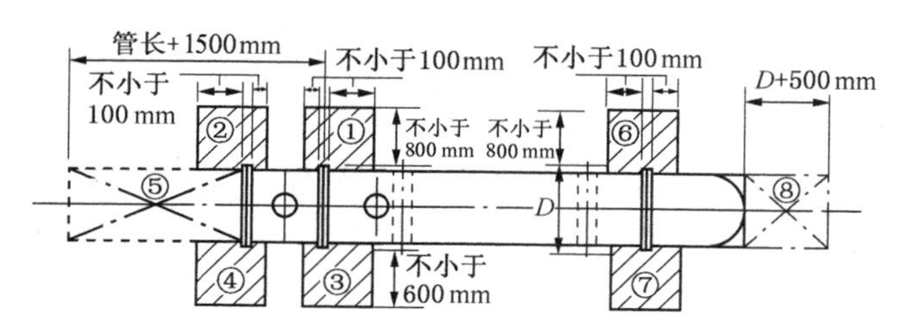

图5－6－5　管壳式冷换设备的检修空间示意图

①～⑧是检修空间，对于U型管冷换设备不必考虑⑥～⑧

(2) 管道和阀门的布置，不应妨碍设备的法兰和阀门自身法兰的拆卸或安装。通常，在图5－6－5中的检修空间范围内，不得布置管道或阀门。

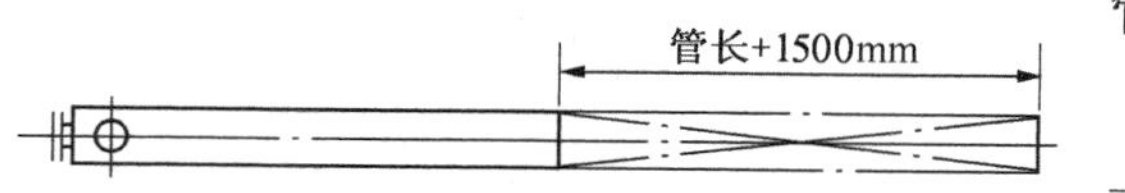

图5－6－6　套管式冷换设备抽芯空间示意图

(3) 在平行于管壳式冷换设备轴线的正上方，不得布置管道，也不得将管道支架生根在其壳体上。

3. 冷换设备的基础标高，应满足冷换设备下部管道或管道上的排液管距地面或平台面至少净空150mm的要求，如图5－6－7所示。

4. 成组布置的冷换设备区域内，可在地面(平台面)上敷设管道。但不应妨碍通行和操作。如管道上无调节阀或排液管时，管底距地面至少净空150mm，当有调节阀时，其管底标高应根据调节阀的要求确定。冷换设备区域内调节阀组一般平行布置于设备旁。

5. 冷换设备区与管廊连接的管道标高，一般由管廊需要确定；由冷换设备至其他工艺设备的管道，只能出现一个高点和一个低点，避免中途出现气束与液袋；在冷换设备区域内应尽量避免管道交叉和绕行，管道架空布置的层数不宜过多，一般为2～3层。

6. 成组布置的冷换设备的管道布置的间距宜如图5－6－8所示。

7. 当单相流体进入并联的冷换设备而又无调节手段时，管道宜对称布置，出入口管道应按图5－6－9(a)或

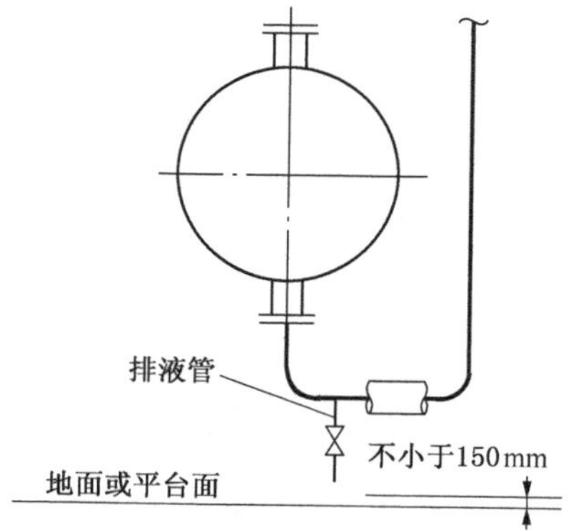

图5－6－7　冷换设备下部的管道最小净距

图5－6－9(b)布置，不宜按图5－6－9(c)布置，进出口汇集管不应缩径。

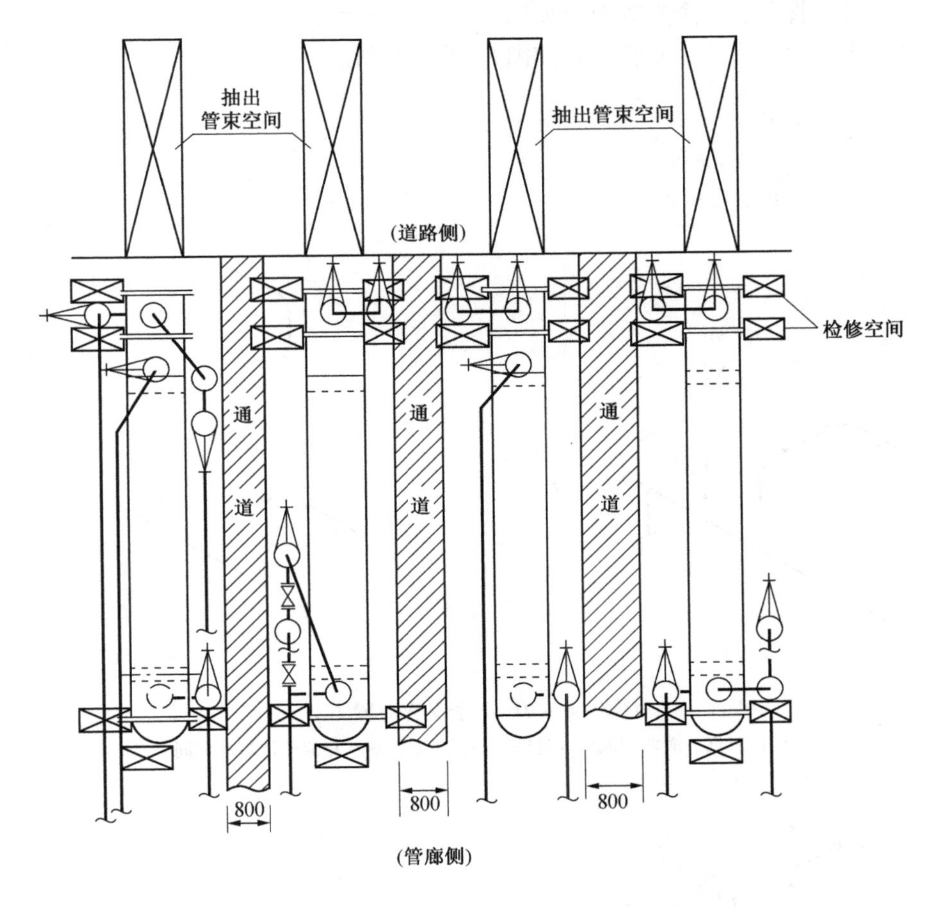

图5－6－8　成组布置冷换设备的管道布置

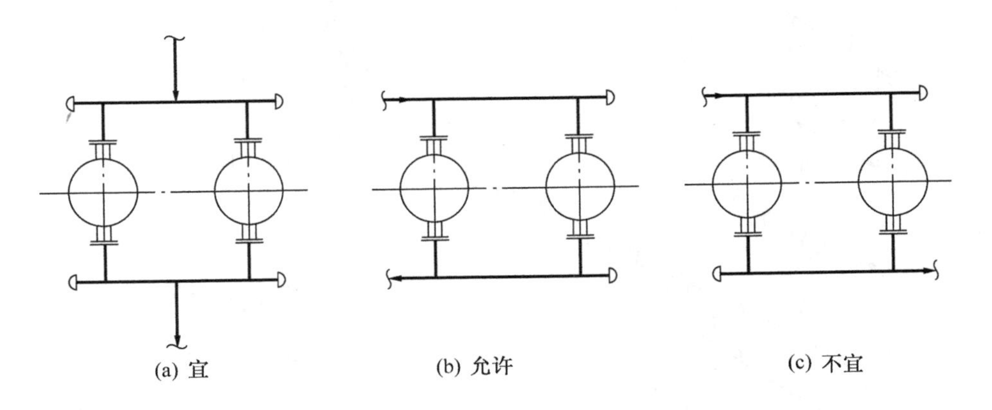

图5－6－9　并联换热器进出口管道布置图

8. 两台或两台以上并联的冷换设备的入口管道宜对称布置，对汽液两相流冷换设备则必须对称布置，才能达到原设计的传热效果。

9. 并联的冷换设备其入口和出口管道，当不设切断阀时，宜对称布置。另外，在分支前的主管应具有一定长度的直管，使之能够等量分配流量(如图5－6－10～图5－6－12所示)。

（1）将一根主管分成2个支管（D是管道内径）布置如图5－6－10所示。

（2）将一根主管分成3个支管布置如图5－6－11所示。

（3）将一根主管分成4个支管布置如图5－6－12所示。

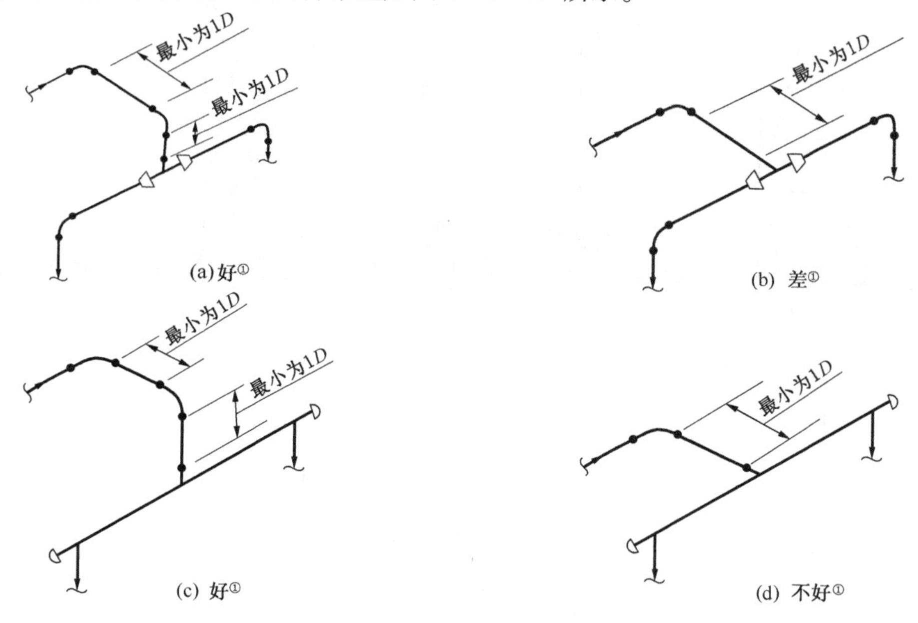

图5－6－10　2个支管布置图

① 仅对汽、液两相流而言是好、不好、差；对单相流液体基本相同

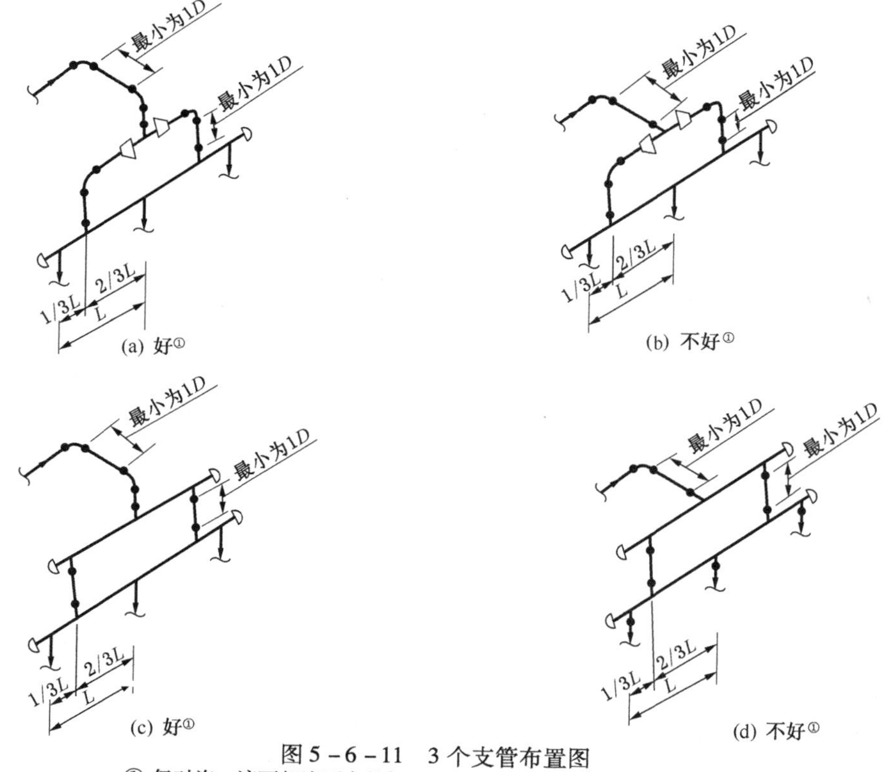

图5－6－11　3个支管布置图

① 仅对汽、液两相流而言是好、不好、差；对单相流液体基本相同

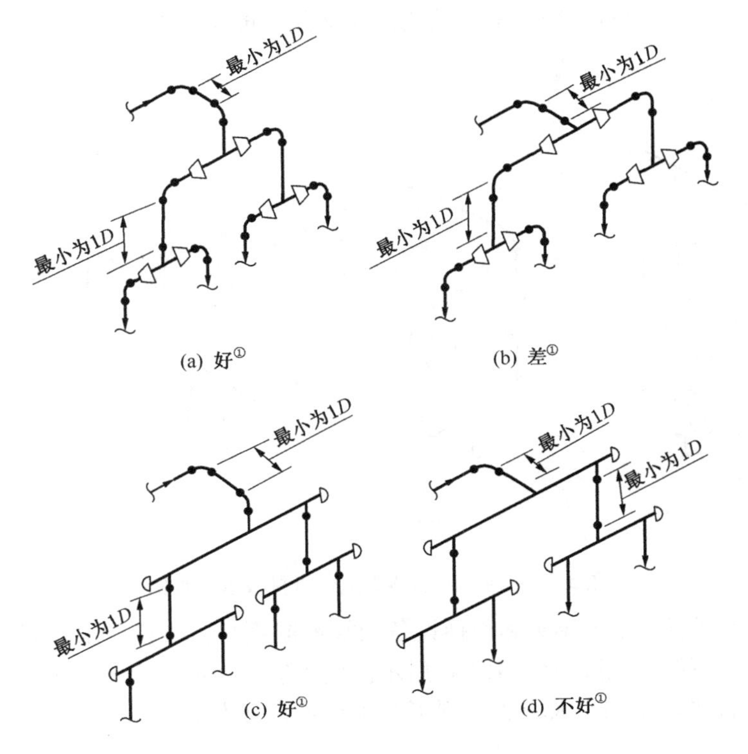

图 5 - 6 - 12　4 个支管布置图

① 仅对汽、液两相流而言是好、不好、差；对单相流液体基本相同

10. 与冷换设备相接的易凝介质的管道或含有固体颗粒介质的管道旁路，其切断阀应设在水平管道上，并应防止形成死角积液。

11. 在冷换设备的进出口管道上，各种测量仪表，如温度计、压力表、孔板、变送器等，应设置在靠近操作通道及易于观测和检修的地方。必要时应设置操作平台。

12. 在冷换设备区内的地平面上，应成组设置蒸汽、空气和水的软管接头。这些接头设置在主要操作面易于接近的地方。如果邻区的软管站能正常地为该冷换区服务，则该冷换区内可不另设这些接头。

13. 管壳式冷却器和冷凝器、套管式冷却器等的冷却水入口，通常从管程下部管嘴进入，顶部管嘴排出，这样，既符合逆流换热的原则又能使管程充满水。当冷却水总管埋地敷设时，冷却器水入口支管不宜直接与设备管嘴相接。当冷却水总管架空敷设时，冷却器水入口支管宜直接相接。

14. 在寒冷地区室外布置的水冷却器的上下水管道上，应设置排液阀和防冻连通管，以便在停工或检修时，将设备和管内的存水排净，以免冻裂设备。如图 5 - 6 - 13 所示。

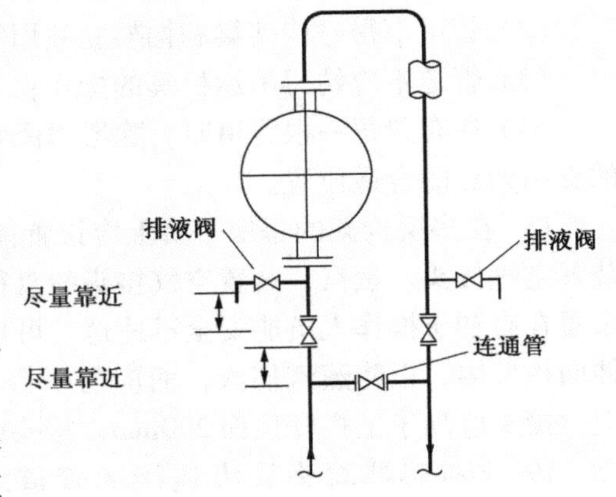

图 5 - 6 - 13　上下水管道的排液阀布置图

15. 管程和壳程的下部管嘴与管道和阀门连接时，应在管道的低点设置排液阀。当阀门装在设备管嘴下的垂直管上时，则在设备管嘴和阀门

之间的管上还应设置供设备放净用的排液阀。排液阀一般均为 *DN*20，见图 5-6-14。

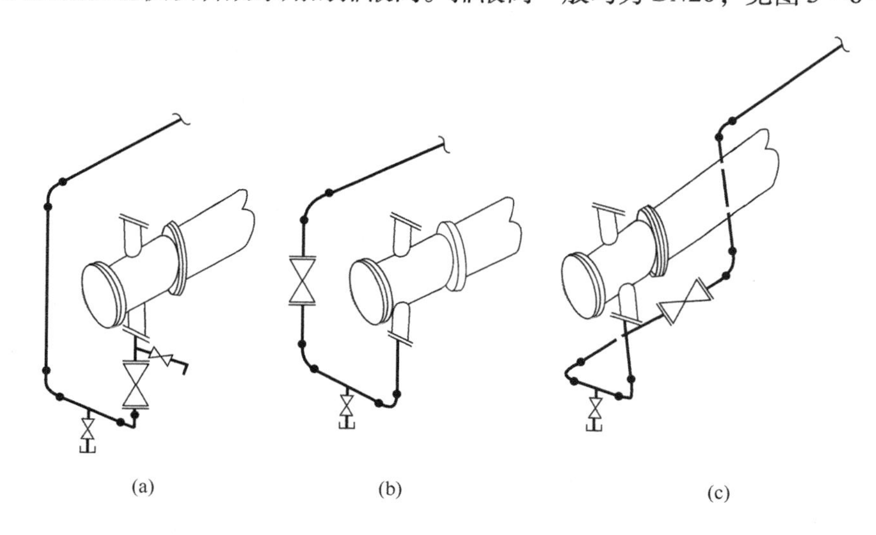

图 5-6-14　换热器管道低点排液管布置图

16. 当在工艺管道上用大小头和冷换设备的管嘴连接时；布置在水平管道上的大小头应采用偏心大小头(底平)如图 5-6-15(a)所示。而不应采用同心大小头如图 5-6-15(b)所示，以免存液。若要采用同心大小头，则可布置在垂直管道上，如图 5-6-15(c)所示。

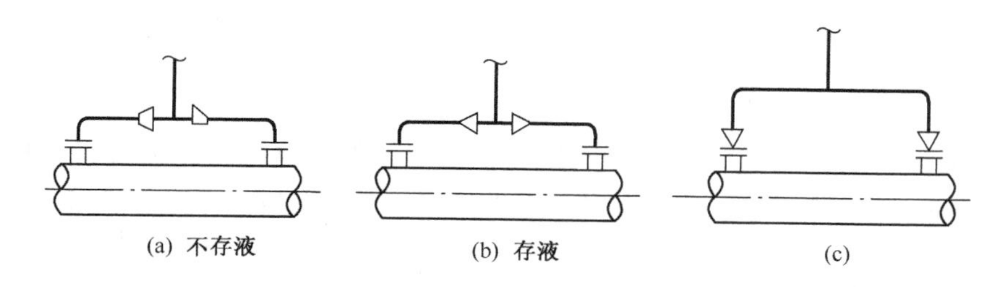

图 5-6-15　换热器进口管道上大小头布置图

17. 冷换构架上的配管设计应注意以下几点：

(1) 管道穿过平台板时应避开平台板下的梁，不要与构架的梁碰；

(2) 管道不得碰构架梁和构架立柱周围的牛腿；

(3) 管道不应妨碍吊运机具的操作；

(4) 在布置每一根管道时，除考虑配管的一些布置原则外，还应同时考虑满足管道所需的支吊架点的合适位置。

18. 在多层构架的每层平台上应设置能通过 20m 长的软管到达该平台各操作面的蒸汽、装置空气接头。蒸汽、装置空气接头的直径为 *DN*20。当蒸汽接头兼作消防用时，该接头应布置在有利于操作人员能安全迅速地，可接近的地方；如布置在平台的楼梯口等。接头不应伸向构架内，以防蒸汽伤人，而应与平台栏杆成平行方向布置。接头上的阀应装在水平管上。接头应高于上栏杆顶面 200mm。接头的干管应从总管上部引出。

19. 与换热器端头管嘴连接的管道，应考虑能将管道拆除，以便设备的检修。如图 5-6-16所示。

（二）水箱式冷却器的管道布置

1. 水箱式冷却器的管道布置不应妨碍水箱内盘管的起吊、安装和检修。设在水箱上的操作平台应是可折卸式的。若水箱的冷却水入口接自埋地管道，则应在该管的最高点处设一 *DN*15 向下弯向水箱的小管或开一个直径为 10mm 的孔，藉以检查供水情况，并在断水时，防止水箱内的存水被虹吸倒流。

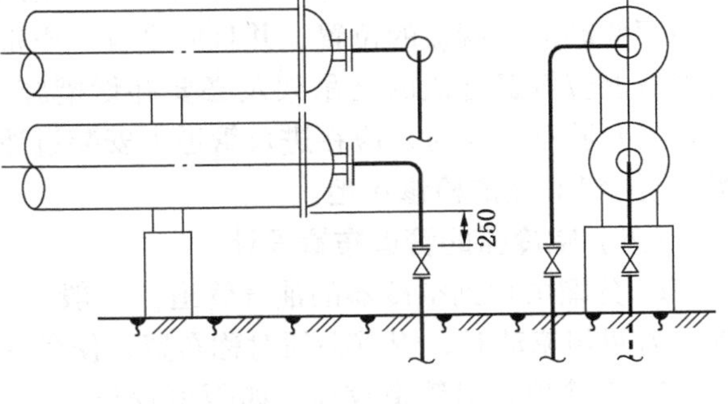

图 5－6－16　换热器端头管道布置图

2. 水箱式冷却器进出口管道上的阀门手轮中心离操作地面高于 2m 时，应设操作平台或带链条操纵。当布置穿越水箱平台的架空管道时，其管底到平台面的净距不应小于 2.2m。当需要在水箱的壁或其构架上设置荷载较大的管道支架时，应取得设备设计专业的同意。

（三）管壳式卧式重沸器的管道布置

1. 在热胀许用应力范围内，重沸器的降液管和升汽管，应尽可能短而直减少弯头数量，以减少压降。

2. 当重沸器有 2 个升汽口时，为使其管内流量相等，升汽管应对称布置。若升汽管管径不同和布置不对称时，应尽量使这 2 根管段的阻力相等。否则，阻力大的升汽管的流量小会使热量分配不匀。

3. 从重沸器内抽出的液体为饱和液体，如果管道系统产生压降，液体就将开始闪蒸，产生汽液两相流体流动，影响控制和测量仪表的操作和精度。因此在布置饱和液体管道时，其基本原则是使压力降最小，并在测量或控制仪表前不出现垂直上升管段。如图 5－6－17 和图 5－6－18 所示。

4. 重沸器管程加热介质的进口管道上通常装有温度调节阀及其阀组，这些阀门一般布置在靠近重沸器管程进口的地面或平台面上。

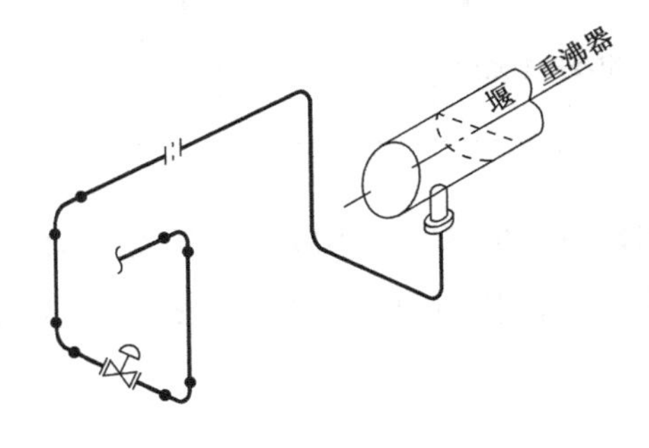

图 5－6－17　不正确的饱和液体管道布置

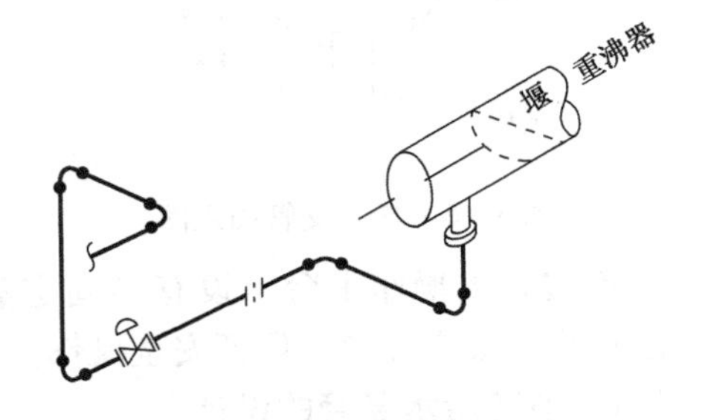

图 5－6－18　正确的饱和液体管道布置

（四）板式换热器的管道布置

板式换热器垂直安装在基础上，固定板端为固定点，活动端板侧为自由端。4 个进出管嘴可布置在固定端板上或分别布置在固定端板和活动端板上，主要根据工艺流程来确定。

阀门、压力表、温度计等只能安装在管道上，不能安装在换热器上。

在出口管道靠近换热器处应设排气阀。在进出口管道的低点处应设排液阀。当活动端板侧设有进出口接管时，管道布置必须具有一定的柔性，以便在操作过程中由补偿板片热胀等原因而变动活动端板的位置，并且应设置一段带法兰的可拆卸短管，以便换热器的检修。进出管道上应设置合适的支吊架及必要补偿措施，以防止换热器上接管受约束，造成较大应力。当介质不干净时，应在进口管道上安装过滤器。设备和管道布置时，应在换热器的两侧留有至少1m宽的检修场地。

（五）空冷器的管道布置设计

1. 分馏塔顶到空冷器的油气管道，一般不宜出现U形弯。当空冷器出入口没有阀门控制或为两相流动时，管道必须对称布置，使各片空冷器流量均匀。

2. 空冷器入口管道较高，如距离较长，往往需在中间设置专门的管架以支承管道；如管道根数不多，在工艺允许情况下，可用放大管径的办法来取消中间专用管架或由空冷器的构架本身来支承。

3. 空冷器的入口集合管应靠近空冷器管嘴连接，如果由于应力或安装的需要，出口集合管可不靠近管嘴连接，集合管的截面积宜大于各分支管截面积之和的1.5倍。

4. 空冷器入口为汽液两相进料时，管道的分配布置见换热器管道设计的有关部分。为使入口集合管底的流体分配均匀，每根支管可从下面插入入口集合管内，使提高液面溢流，如图5-6-19所示。

5. 在有汽液两相的入口集合管下方，可设置停工排液管道，接至空冷器出口管道上。

6. 湿式空冷器的软化水回水系统为自流管道，因此，应注意管系的布置，拐弯不宜太多。其控制标高见图5-6-20。

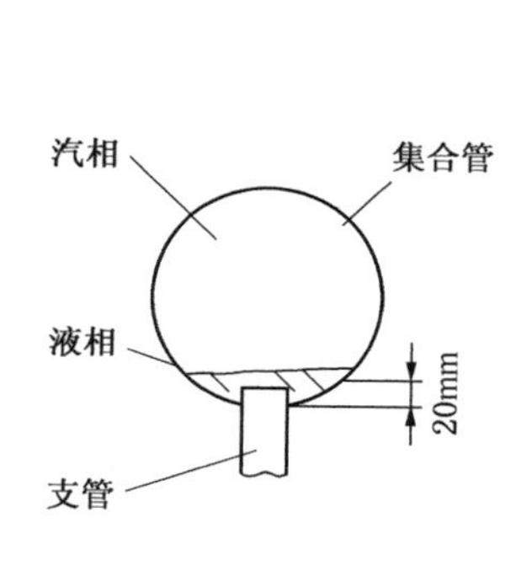

图5-6-19 支管插入图

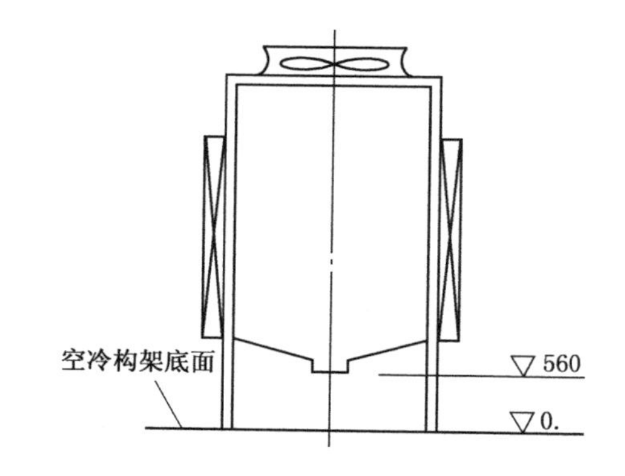

图5-6-20 湿式空冷器软化水系统标高示意图

7. 空冷器的操作平台上设有半固定蒸汽吹扫接头管，其阀门宜设在易于接近的地方，并应注意蒸汽接头方向，保证安全操作。

（六）消防给水竖管的设计

按照《石油化工企业设计防火规范》GB 50160的要求，对甲、乙类工艺装置内，高于15m的构架平台，宜沿梯子敷设消防给水竖管，并应符合下列规定：

1. 按各层需要设置带阀门的管牙接口；

2. 平台面积小于或等于50m^{2}时，管径不宜小于80mm；平台面积大于50m^2，管径不宜小于100mm；

3. 构架平台平台长度大于25m时，宜在另一侧梯子处增设消防给水竖管，且消防给水竖管的间距不宜大于50m。消防给水竖管的设计，见图5-6-21。

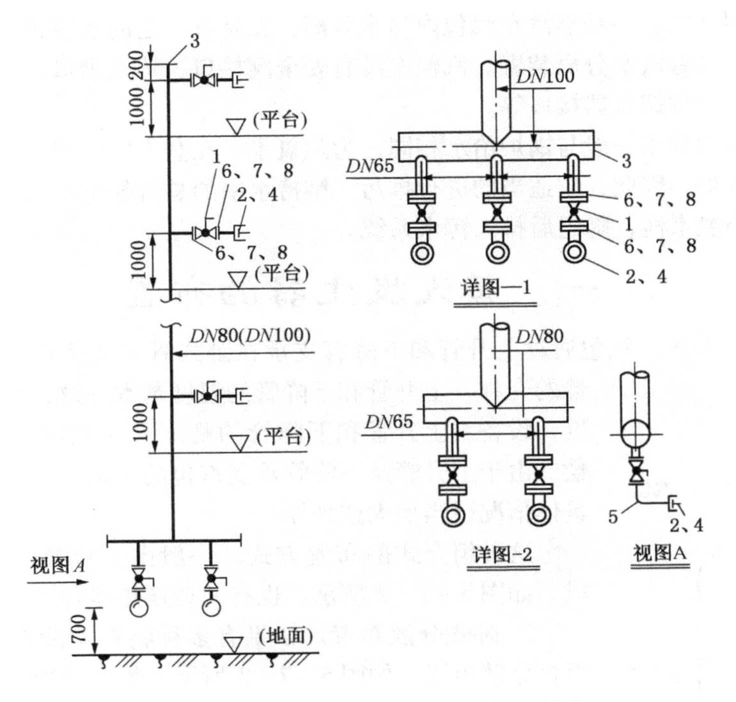

图 5-6-21 消防给水竖管布置

1—法兰直通式球阀 Q41*F*—16*C*，*DN*65；2—管牙接口 *KY*65；3—平盖封头；
4—出水口闷盖 *KM*65；5—无缝弯头 *DN*65；6—光滑面平焊钢法兰 *PN*1.6，*DN*65；
7—螺栓，螺母 *M*16×70；8—中压橡胶石棉垫片 *PN*1.6，*DN*65

（编制　师酉云）

第七节　蒸汽发生器的管道布置设计

随着节约能源工作的深入，在工艺装置中回收余热的主要措施之一是采用蒸汽发生器。蒸汽发生器由换热器上升管、下降管和汽包组成，如图 5-7-1 所示。

温度大于 150℃ 的工艺物流，在冷却过程中，可以利用其热量在蒸汽发生器中产生饱和蒸汽。当工艺物流的温度大于 270℃时，可产生 $p=3.5$MPa 的蒸汽；当工艺物流的温度大于 200℃时，可产生 $p=1.0$MPa 的蒸汽；当工艺物流的温度大于 150℃时，可产生 $p=0.3\sim0.4$MPa 的蒸汽。

工艺物流在换热器中走管程，沸腾状态的水走壳程，汽包置于换热器的上部，设置下降管和上升管构成自然循环回路。

换热器的壳程隔板的作用与一般换热器不同，只起支持换热器管子的作用。同时不能妨碍水侧的自然循环，并与上升管和下降管相配合，使饱和水均匀的进入换热器壳程，并能均匀的使汽水混合物进入汽包。

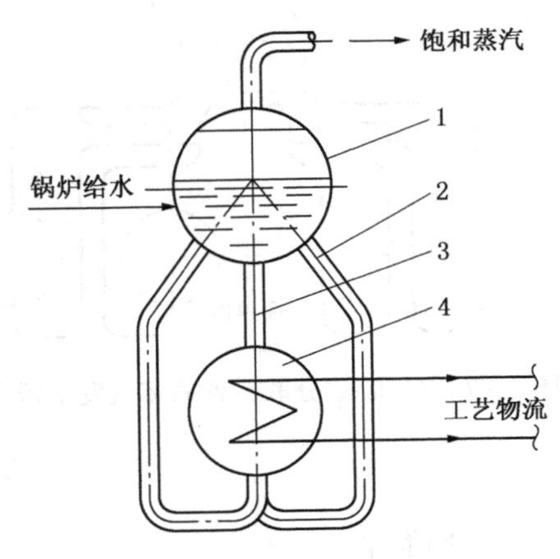

图 5-7-1　蒸汽发生器工作原理图

1—汽包；2—下降管；3—升汽管；4—换热器

汽包的作用有二：一是蒸汽在汽包内与水分离，二是有一定的水容积，使蒸汽发生器安全运行。汽包内设有汽水分离装置。汽包上设有安全阀接口、蒸汽出口、给水入口、压力表口、液位计口和液位调节器接口等。

蒸汽发生器的给水一般与锅炉给水相同，为除氧水。在蒸汽发生器内除氧水蒸发后，水中的溶解物将浓缩。因此，应适当的进行排污，维持水中的总含盐量不大于2500ppm。排污水应经过排污降温水池，降温后排入污水系统。

一、蒸汽发生器的布置

1. 卧式组合布置。汽包通过上升管和下降管支承在卧式管壳式换热器上。汽包、换热器的壳程、上升管和下降管的温度基本一致，等于蒸汽的饱和温度，设备与上升管和下降管的膨胀是一致的，不需要考虑热补偿。由于上升管及下降管承受汽包的重量，其直径与壁厚可根据具体情况适当加大或加厚。

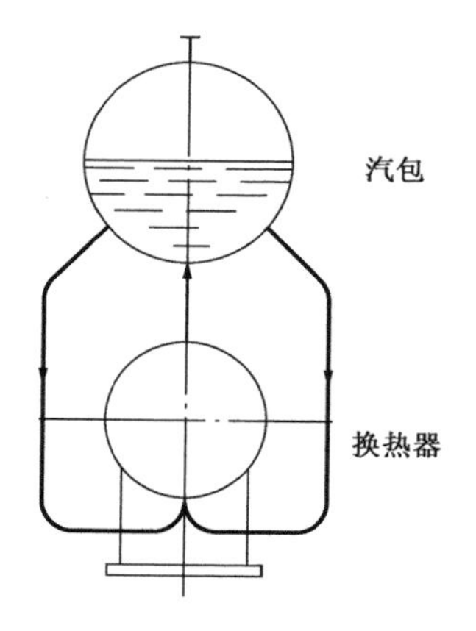

图5－7－2　卧式组合布置的蒸汽发生器示意图

这种组合式的布置方式，一般由一台换热器和一台汽包组成。如图5－7－2所示。也有两台换热器合用一台汽包的。

2. 卧式分散布置。如果有多种物料均能发生蒸汽，可采用组合分散布置，如图5－7－3所示。集中设置一个汽包，位于比换热器高的构架上，每台换热器分别有自己的上升管和下降管，以形成独立的循环回路。此时上升管和下降管应考虑管道的热补偿。如果由于工艺要求，某个换热器可能单独停止运行，可在上升管和下降管上安装闸阀，这些闸阀应为铅封开，在正常运行时严禁关闭。

3. 立式布置。当采用立式换热器时，工艺物料可走壳程，汽水混合物走管程，立式蒸汽发生器的示意图见图5－7－4。

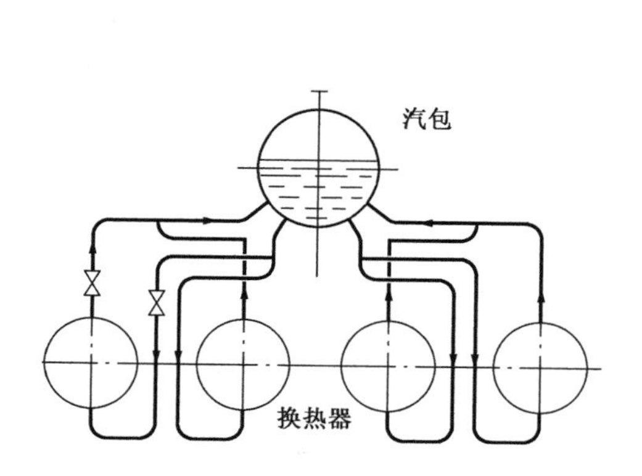

图5－7－3　卧式分散布置的蒸汽发生器示意图

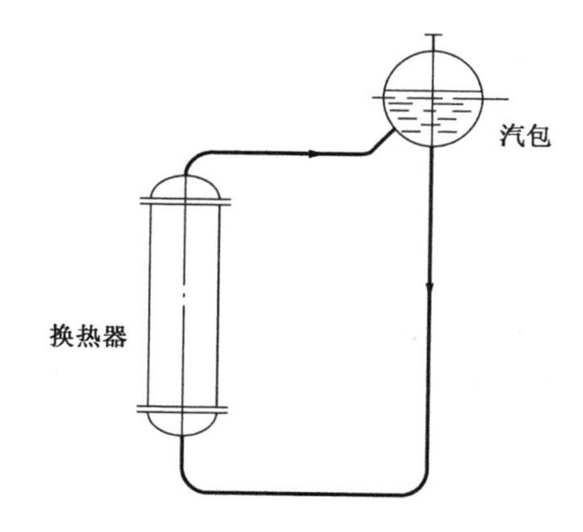

图5－7－4　立式蒸汽发器示意图

二、管道布置

1. 下降管

（1）下降管的出口应低于汽包最低水位100mm。

（2）对于卧式换热器，至少有两根下降管，应对称布置，以利于水的均匀分配。

(3) 下降管应与上升管保持适当的距离，以防止下降管中吸入蒸汽。

2. 上升管

(1) 上升管一般应由汽包的水下部分引入，当汽包的位置比较高，循环压头足够时，也可由汽包空间引入。

(2) 上升管应沿汽包和卧式换热器纵向均匀布置。

3. 排污管

(1) 排污方式有连续排污和定期排污两种。蒸汽发生器是炼油工艺中的设备之一，为了简化运行管理可只设定期排污管，定期排污的目的是排除系统最低点可能积存的污物和给水浓缩后的溶解盐。

(2) 排出的污水温度为饱和温度、经排污阀、减压并形成汽水混合物，同时温度降低，但温度仍高于100℃。在排入下水道之前应予先冷却。

(3) 最简单的冷却方法是设置排污降温水箱，经常补充少量冷水。排污水与冷水混合降温后从水箱溢出排至下水道。经常补充的冷水为下次排污作好准备。

(4) 定期排污阀易于磨损，应设置双阀。

4. 给水管道。给水管道上应设置给水调节阀组，给汽包供水，以保持汽包稳定的液面。

5. 其他管道。其他管道包括蒸汽管道、安全阀排汽管等，以及换热器管壳物料管道的设计可参照有关章、节设计要求进行布置。

（编制　刘耕戊）

第八节　泵的管道设计

一、石油化工常用泵的种类

石油化工装置用泵主要分三大类，即离心泵、往复泵和旋转泵。泵的类型见表5－8－1。

表5－8－1　泵的类型

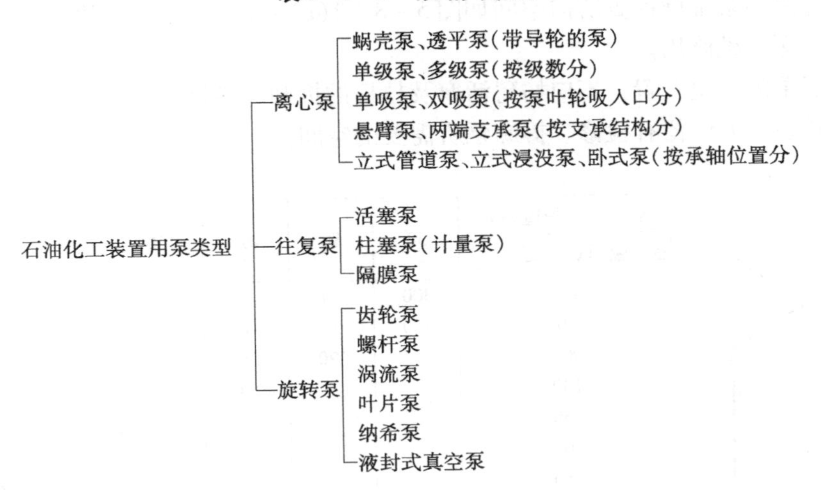

（一）离心泵

石油化工厂中多采用离心泵，约占工艺用泵总量的80%～90%。离心泵的操作费用最省，维修工作量小。当液体进入转动叶轮中，离心力使输送液体的压力升高，从而在管道系统中形成一种平稳而无脉动的流动。

各种离心泵都有气蚀余量或允许吸入真空高度的要求，管道设计必须充分考虑这一重要因素。

（二）往复泵

往复泵有前后移动的柱塞，以置换液体迫使液体由出口嘴子流出。这种泵在很低的冲程数下操作，推动一次就在泵出口管道上引起一次脉动。在管道设计中要考虑防振措施。

（三）旋转泵

旋转泵用以输送较重或黏度较大的物料，如润滑脂、沥青、重燃料油等。旋转泵用各种机械方法代替离心力或往复作用以输送液体。

二、管道设计

（一）一般要求

1. 充分理解 P&ID 所示泵的管道流程，在满足工艺要求的前提下，尚需考虑泵正常运行及维修检查的要求。

2. 泵是回转机械，属精密机械，一旦受到外力作用会发生变形、振动和噪声，是轴承烧毁和损坏的主要原因。应充分考虑热膨胀对泵出入口管道的要求，以减少管道作用在泵管嘴处的应力和力矩。

泵制造厂规定了泵管嘴允许受力的数值，这是设计泵管道时的依据。当缺少制造厂的数据时，泵进出口管道对泵管嘴允许受力值应符合 API610 的要求。

3. 在充分满足管道柔性的前提下，设计时应使出入口管道最短。根据设计及现场操作经验，对泵在允许的最高操作温度下，泵出入口管道的管道形状作了初略的描述，供泵出入口管道设计初步规划用，详见管道图形如图 5－8－1(a)～(h)所示。

4. 往复泵的管道存在着由于流体脉动而发生振动的现象，管道形状应尽量减少拐弯。

5. 应考虑泵管道上的阀门及仪表同按钮操作柱的关系，便于泵的启动和切换操作。

6. 要考虑泵维修检查所需空间，使泵的管道、阀门手轮不影响其维修和检查。

（1）各种离心泵维修检查所需空间如图 5－8－2(a)～(c)所示。管道布置时，泵的两侧至少要留出一侧作维修用。

（2）往复泵的管道布置，不应妨碍活塞及拉杆的拆卸和检修。

（3）立式泵上方应留有检修、拆卸泵所需要的空间。

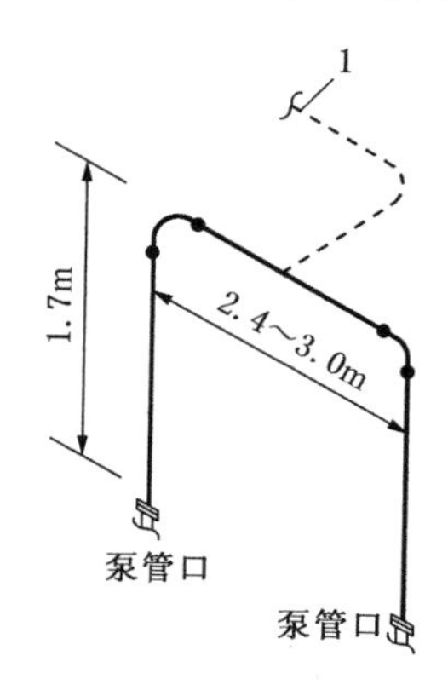

℃ 管道 *DN* / 泵管嘴 *DN*	50	80	100	150	200	250	300
40	300	80					
50	450	95	60*				
80		270	130	50*			
100			200	65*	50*		
150				100	65*	46*	
200					80	55*	43*
250						63	50*
300							55*

图 5－8－1(a)　形状 I 最高允许操作温度

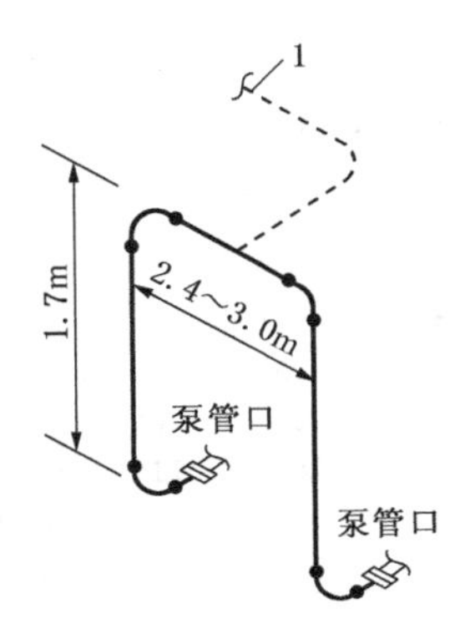

泵管嘴 *DN* \ 管道 *DN*（℃）	50	80	100	150	200	250	300
40	540	140					
50	540	175	100	43*			
80		540	250	82	55*		
100			395	120	75	70*	
150				190	120	105	80
200					150	135	100
250						160	120
300							135

图 5－8－1(b)　形状Ⅱ最高允许操作温度

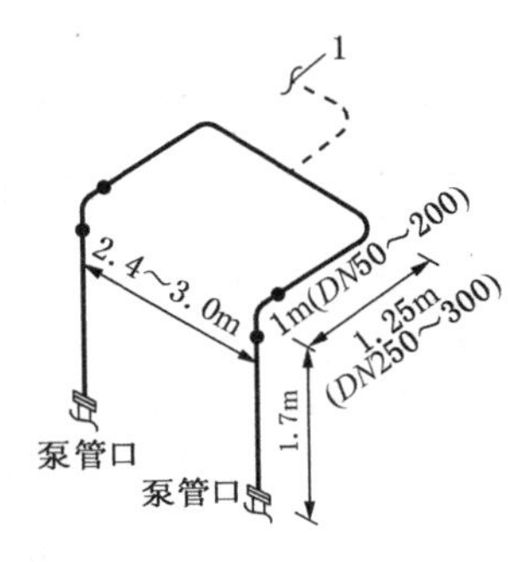

泵管嘴 *DN* \ 管道 *DN*（℃）	50	80	100	150	200	250	300
40	540	340					
50	540	435	240	85			
80		540	540	205	140		
100			540	325	210	135	
150				515	460	300	215
200					540	465	310
250						540	420
300							490

图 5－8－1(c)　形状Ⅲ最高允许操作温度

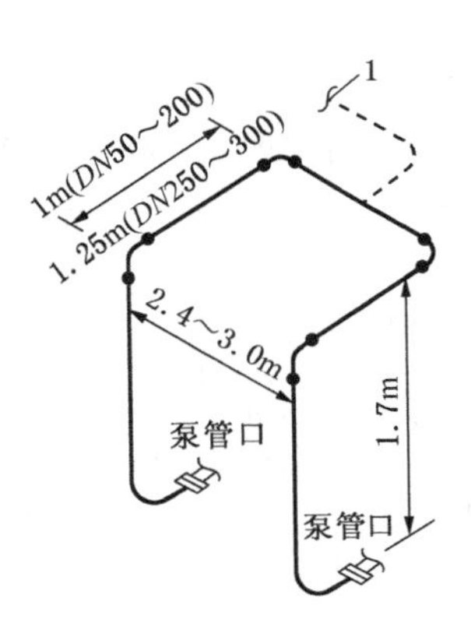

泵管嘴 *DN* \ 管道 *DN*（℃）	50	80	100	150	200	250	300
40	540	540					
50	540	540	520	180			
80		540	540	460	300		
100			540	540	540	540	
150				540	540	540	540
200					540	540	540
250					540	540	540
300							540

图 5－8－1(d)　形状Ⅳ最高允许操作温度

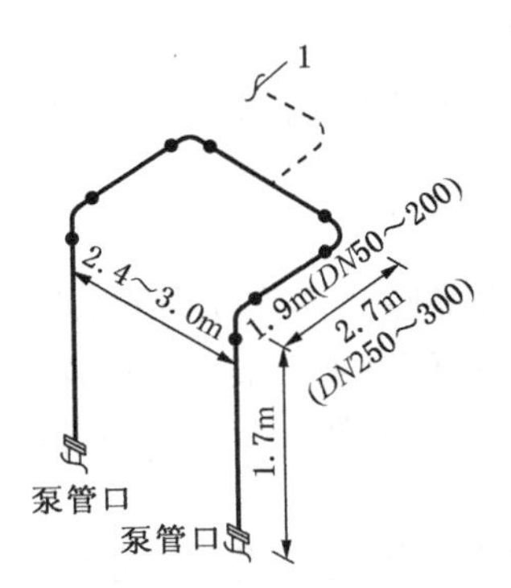

泵管嘴 *DN* \ 管道 *DN*（℃）	50	80	100	150	200	250	300
40	520	145					
50	540	185	115				
80		540	285	110			
100			450	165	115		
150				275	145	135	
200					250	165	135
250						265	160
300							190

图 5－8－1(e)　形状Ⅴ最高允许操作温度

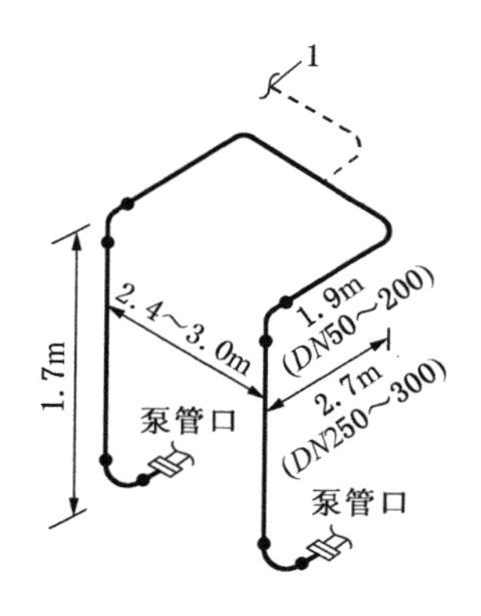

℃ 管道 DN / 泵管嘴 DN	50	80	100	150	200	250	300
40	540	200					
50	540	250	150				
80		540	380	130			
100			540	200	125		
150				350	220	165	
200					285	215	150
250						265	185
300							220

图 5－8－1(f) 形状Ⅵ最高允许操作温度

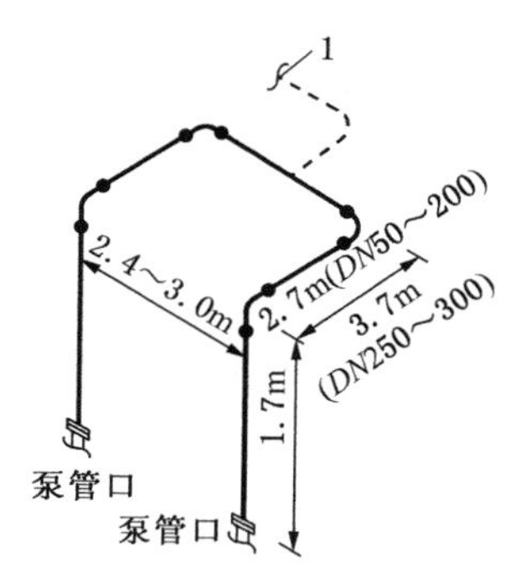

℃ 管道 DN / 泵管嘴 DN	50	80	100	150	200	250	300
40	540	390					
50	540	510	280				
80		540	540	240			
100			540	390	250		
150				540	540	420	
200					540	540	390
250						540	430
300							540

图 5－8－1(g) 形状Ⅶ最高允许操作温度

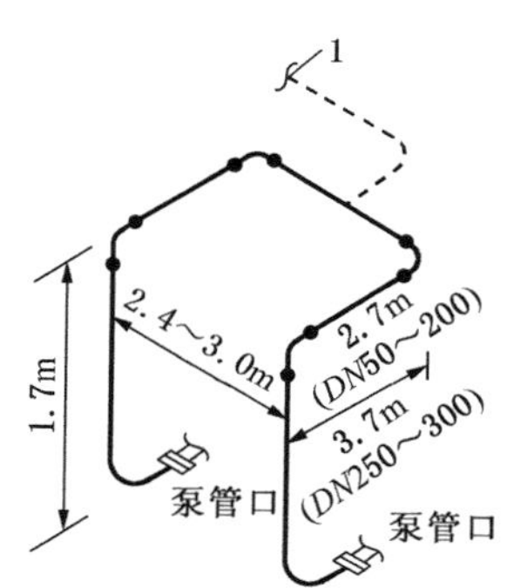

℃ 管道 DN / 泵管嘴 DN	50	80	100	150	200	250	300
40	540	540					
50	540	540	540				
80		540	540	490			
100			540	540	520		
150				540	540	540	
200					540	540	540
250						540	540
300							540

图 5－8－1(h) 形状Ⅷ最高允许操作温度

图 5－8－1(a)～(h)注：1—根据应力分析，管道有足够的柔性；
＊—除标记"＊"号者外，允许用 150℃蒸汽扫线和伴热。

（4）当管道布置在泵和电动机上方时，管道要有足够的高度，不应影响起重设备的吊装。输送腐蚀性介质的管道，不应布置在泵和电动机的上方。

（二）泵管嘴方位

制造厂生产的泵种类很多，泵的进出口位置是根据输送液体的特性和操作条件（流量、扬程）等的要求，分别有：顶－顶（出入口均在泵体上部）；端－顶；侧－侧；侧－顶四种。单级泵一般出口在顶部，位于泵中心线的某一侧，而入口侧可以根据订货要求，位于顶部或轴向吸入。多级泵常采用侧向进出，也有顶－顶、侧－顶的形式。

泵进出口的位置，一般由制造厂决定。应根据泵的出入口位置进行管道布置，但亦可按管道布置的要求，选择出入口位置合适的泵。如采用 3 台泵输送两种不同介质时，中间 1 台为共用的备用泵，采用顶部吸入管嘴，可以简化共用的备用管道；对输送高温介质的泵，往往选用轴向吸入的泵，它有一个很大的优点，即它的吸入管道很容易支撑，壳体不承受载荷，热管道的热胀推力，一般可以不直接传给泵体。

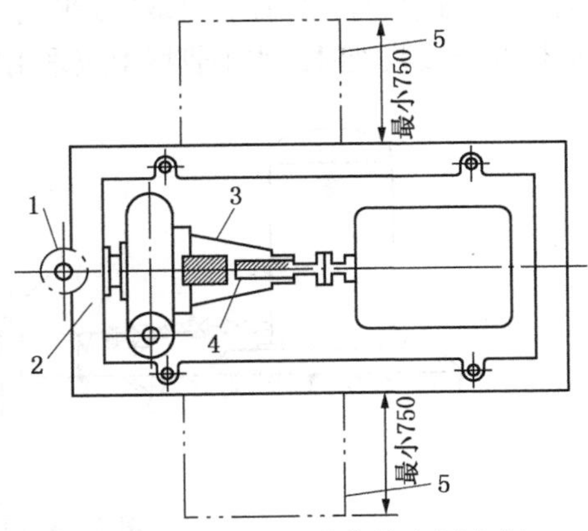

图 5-8-2(a)　维修检查用空间
(单级，端-顶，顶-顶)
1—顶部吸入；2—轴向水平吸入；3—密封压盖；
4—填料箱；5—维修检查用空间

(三) 泵吸入管道设计

1. 防止泵产生汽蚀现象

泵吸入管道的设计是确保泵经常处于正常工作状态的关键，应从设计上采取措施防止产生汽蚀现象。因而需注意下列各点：

(1) 泵吸入管道的有效汽蚀余量,至少是泵需要的汽蚀余量1.2倍。输送在操作温度下容易蒸发的液体或处于泡点(或平衡)状态下的液体时,应设法增加有效汽蚀余量。当塔或容器的最低液面与泵入口中心线的高差确定后,为提高有效汽蚀余量,应减少入口管道系统的阻力,尽可能缩短管道长度,减少弯头数。

(2) 由于吸入管系统气体的积聚，也会产生汽蚀，因此吸入管道中途不得有气袋。如难以避免，应在高点设放气阀。

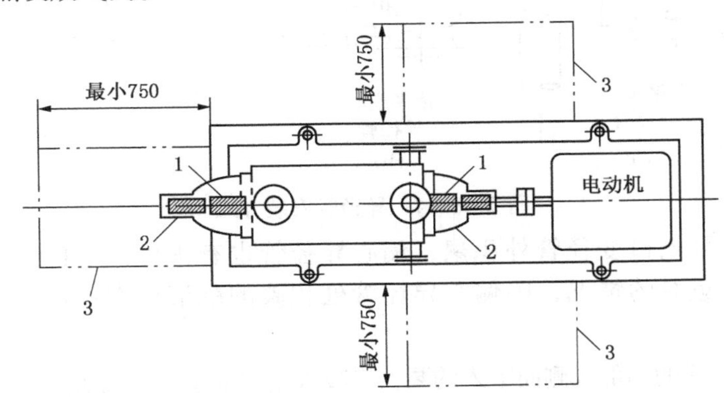

图 5-8-2(b)　维修检查用空间(多级，顶-顶，侧-顶)
1—密封压盖；2—填料箱；3—维修检查用空间

图 5-8-2(c)　维修检查用空间
(双吸,单级,侧-侧)
1—密封部分;2—填料箱;
3—密封压盖;4—维修检查用空间

由装置外储罐至泵的吸入管道，为了不出现气袋，应穿越防火堤，且使管墩上的管道在最低的位置。见图5-8-3。

输送密度小于650kg/m^{3}的液体，如液化烃汽、液氨等，泵的吸入管道应有1/50~1/100的坡度坡向泵。由于日照的原因，管道内介质会部分气化，所以需设计成重力流动管道，使气化产生的气体返回罐内。

(3) 泵入口变径管的安装应使气体不在变径处积聚，避免因安装不当而产生汽蚀。泵的水平入口管变径时，应选用偏心异径管。当管道从下向上水平进泵时，异径管应取顶平如图5-8-4(a)所示。当管道从上向下水平进泵时，异径管宜取“顶平”，应在低点加排液阀，如图5－8－4(b)所示；但输送含有固体介质或浆液时，水平管段上应采用“底平”安装，如图5－8－4(c)所示。

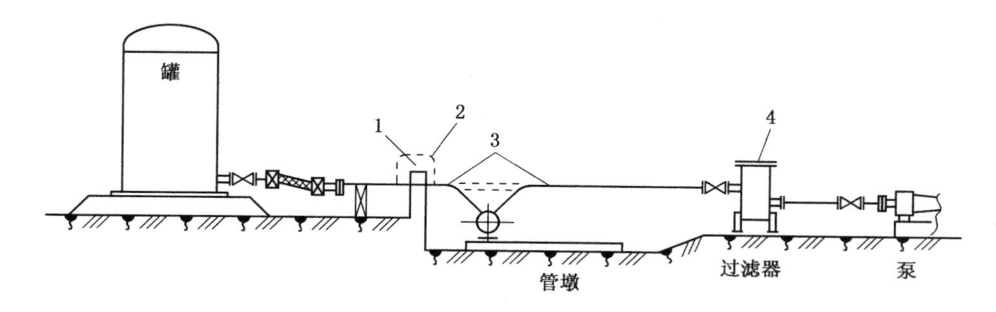

图5－8－3　罐进泵吸入管道的布置

1—防火堤；2—应尽量避免气袋；3—不得高于罐出口嘴；

4—采用桶式过滤器应注意轻质油会出现气袋，引起泵汽蚀

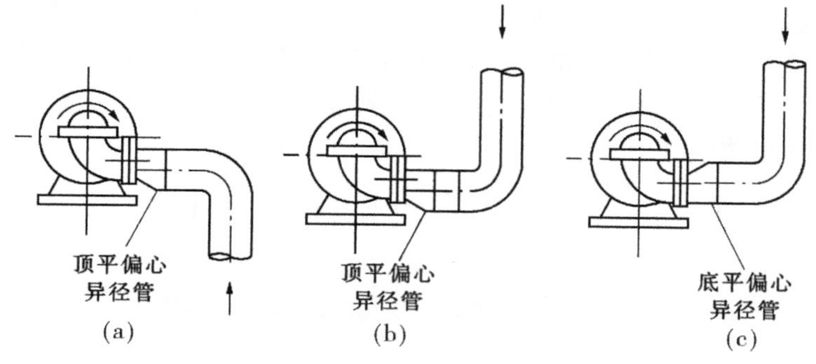

图5－8－4　异径管安装方式

为防止气体在泵入口变径管外积聚，偏心异径管也有采用顶平的安装方式，即使是管道从上向下水平进泵的情况，因偏心异径管处积聚的凝液可在过滤器底部的放凝阀处排净。

输送介质带有杂质的端部或侧面吸入的泵，当吸入速度低于其杂质沉降速度时，变径管应取“底平”。

2. 高温吸入管道

高温吸入管道除了热介质管道外，还包括蒸汽伴热及蒸汽吹扫的管道。这些入口管道均需进行热应力计算，作用于泵入口管嘴处的力和力矩不得超过管嘴允许值。

图5－8－5所示是塔底泵的几种管道布置方案，从(a)～(f)，柔性逐个增加。可根据泵的操作温度选择适宜的管道形状。

图5－8－6(a)、(b)为高温吸入管道设计的两个例子。管道应具有柔性，以便吸收热胀量。一般的经验公式是$\sum A$应尽可能与$\sum B$相等。

图5－8－7为管道最短、压力损失最小的理想形状。但在热介质的管道中，存在着A、B泵运行状态不同，一台运转，一台备用，备用侧温度较低，往往使热应力解析有问题。

图5－8－8是入口管道对称布置，增加了管道的柔性，并使互为备用的A、B两台泵的热应力大体相等，但增加了管子和弯头，因而增加压力损失和投资。

3. 含有固体颗粒的管道

对输送含有固体颗粒的管道，为避免颗粒沉降堵塞管道，泵的分支管可采用大坡度或

45°角连接，阀门尽量靠近分支处安装，见图5－8－9。

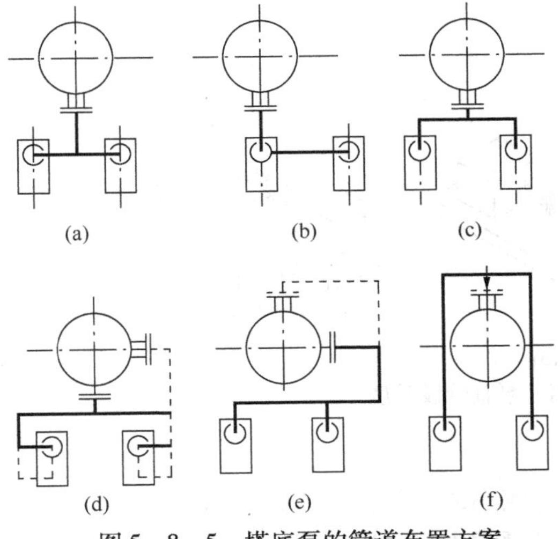

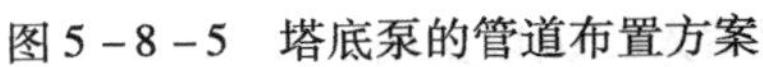
图5－8－5　塔底泵的管道布置方案

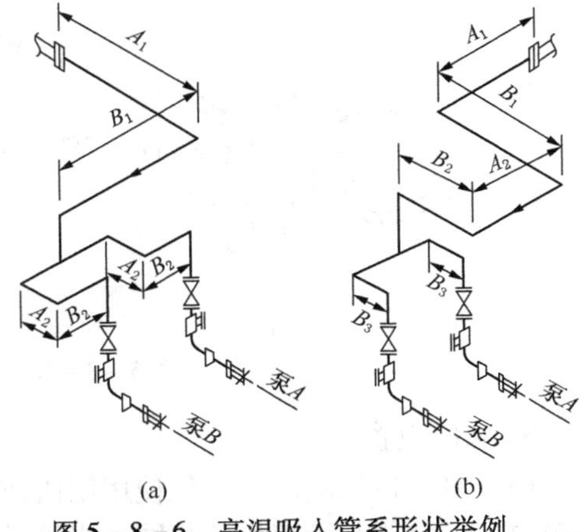

图5－8－6　高温吸入管系形状举例

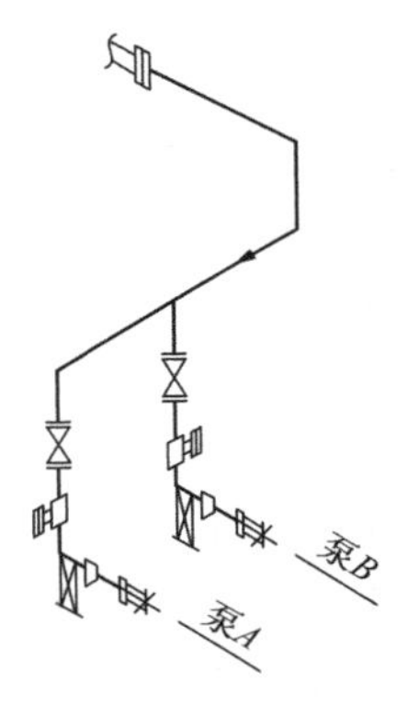

图5－8－7　吸入管道

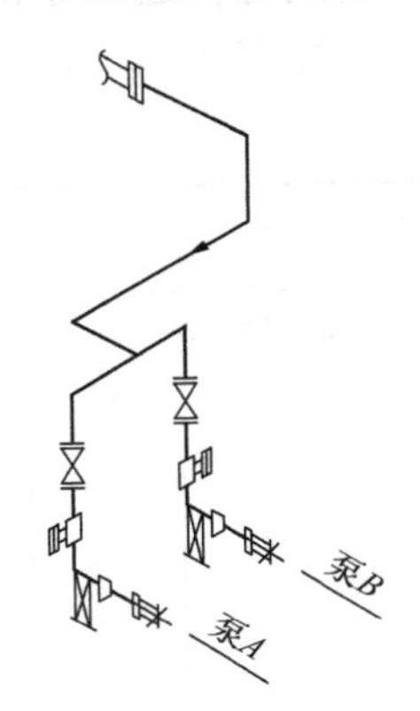

图5－8－8　高温吸入管道

4. 侧向吸入的泵

当泵出入口管道压差较大时，往往选用侧向吸入的泵，这种泵一般是多级泵。当液体进入泵管嘴时，如有偏流、旋涡流时，则会破坏液体在叶轮内的流动平衡，影响泵的扬程和轴功率，同时由于流体进入叶轮的角度与设计要求不同，会出现气阻，造成振动和噪声，因而使泵的性能变劣，泵的寿命缩短。为防止这种现象的发生，侧面吸入的离心泵入口和第1个管件之间要有一段长度大于三倍管径的直管段，然后才能连接弯头。

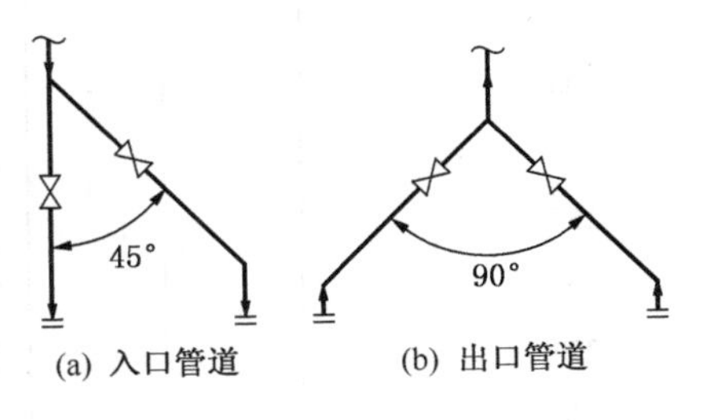

图5－8－9　泵的分支接管

5. 双吸离心泵

对于双吸离心泵，为使泵轴两侧推力相等，叶轮平衡，吸入管道应有一段直管段。如图5－8－10所示。当吸入管道与泵轴平行，在同一平面与泵连接时，泵吸入口法兰前方应有7*DN*以上的直管段，以防止由弯头引起介质偏流，从而降低泵效率和损伤叶轮；当吸入管道与泵轴成直角和泵吸入口相接时，直管段可包括弯头，也可把大小头和切断阀视作直管，见图 5－8－10(c)。若安装直管段确有困难时，应在泵管嘴附近安装整流管或加导流板以防止偏流和涡流。

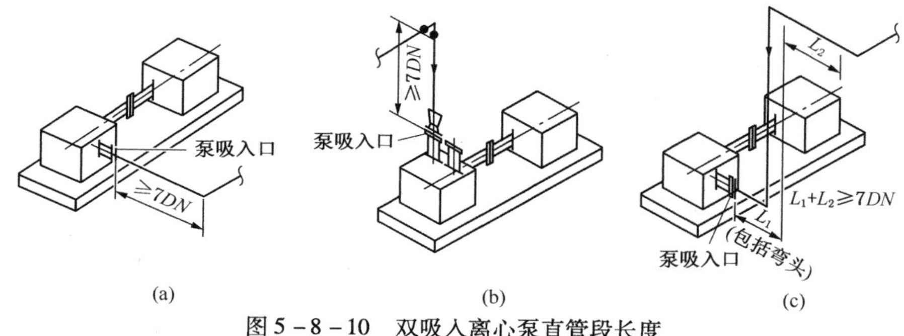

图 5－8－10　双吸入离心泵直管段长度

6. 阀门设置

(1) 泵入口切断阀，一般使用闸阀或其他阻力较小的阀门。当入口管道尺寸比泵管嘴大一级时，切断阀与管道尺寸相同；当管道尺寸比泵管嘴大二级以上时，切断阀尺寸比管道尺寸小一级。详见表 5－8－2。

表 5－8－2　泵入口切断阀选用　(mm)

主管 DN / 泵管嘴 DN	15	20	25	40	50	80	100	150	200	250	300
15	15	20	20	25	40						
20		20	25	25	40						
25			25	40	40	50					
32				40	40	50	80				
40				40	50	50	80				
50					50	80	80	100			
65						80	80	100	150		
80						80	100	100	150	200	
100							100	150	150	200	250
125								150	150	200	250
150								150	200	200	250
200									200	250	250
250										250	300
300											300

(2) 泵入口切断阀主要用于切断流体流动。因此，切断阀应尽可能靠近泵入口管嘴设置，以便最大限度地减少阀与泵管嘴之间的滞留量。

(3) 当阀门高度在 2.0～2.5m 时，应设移动式操作平台，如图 5－8－11 所示；阀门操作高度超过 2.5m 时，宜设固定式操作平台，如图 5－8－12 所示。也可采用链轮操作，但阀门的位置不允许链条接触泵及电动机的转轴，以防产生火花，引起爆炸或火灾事故。

(4) 装置外管墩上的泵管道，应考虑阀门的操作及通行性，一般情况下应按图 5－8－13设操作走廊式平台，阀门统一布置在操作走廊的两侧。

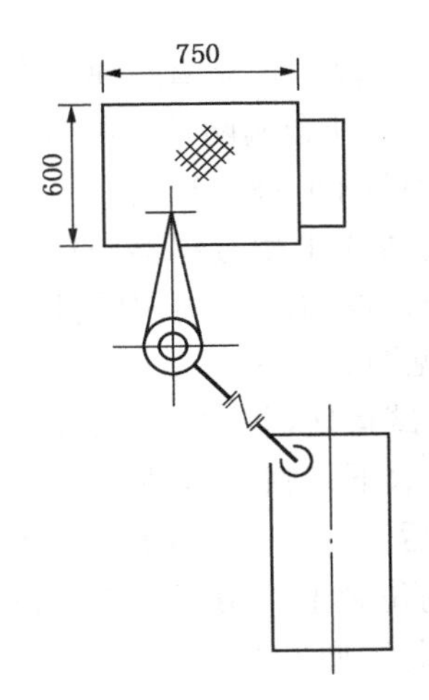

图 5-8-11　移动式操作平台

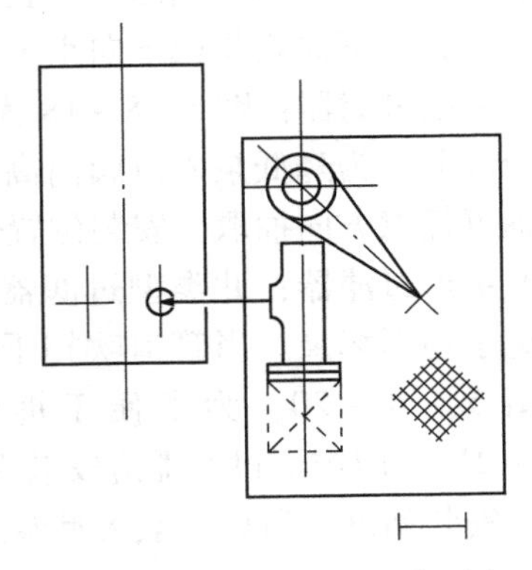

图 5-8-12　固定式操作平台

7. 过滤器的设置

在施工过程中，管内不可避免地会残留焊渣等杂物，因此在紧靠泵吸入管道切断阀的下游，一般设置过滤器，并应确保清扫时取出金属网所需空间。抽取金属网的方向及所需空间，因过滤器形式而异，因此必须很好地了解过滤器的构造再进行管道设计，特别要注意过滤器安装方式受介质流向的限制。

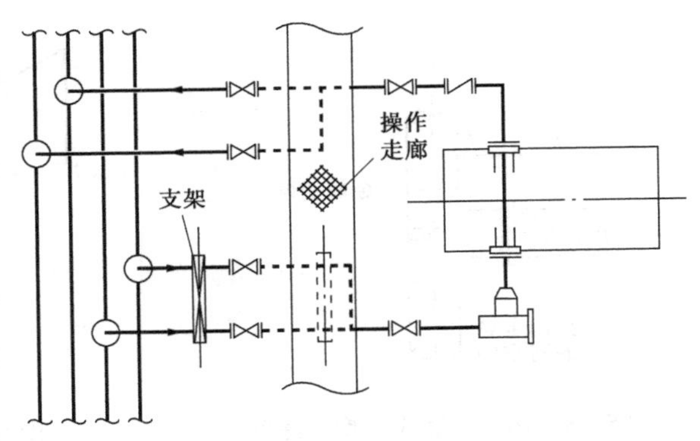

图 5-8-13　操作走廊式平台

（1）T 型过滤器：T 型过滤器正在逐渐推广使用，其过滤面积较大，且在拆除过滤器时不必卸下螺栓和取下一段短管，只要卸下一块盲板就能取出过滤网，不需要重新对泵的轴线进行找正。

图 5-8-14 为角式 T 型过滤器，必须安装在管道 90° 拐弯的场合。管道举例见图 5-8-15。为降低泵入口阀门安装高度，可选用折流式异径过滤器。

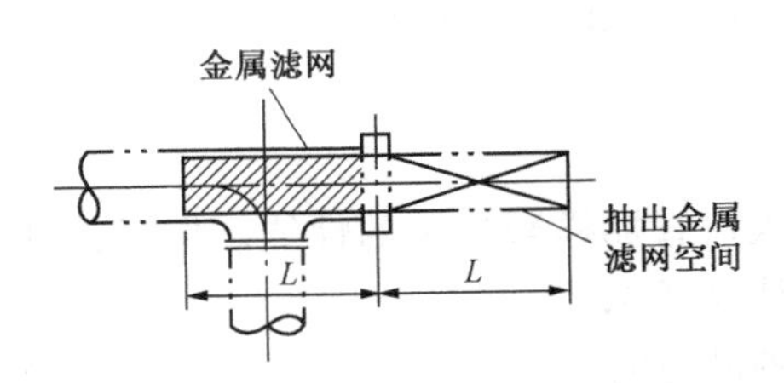

图 5-8-14　角式 T 型过滤器

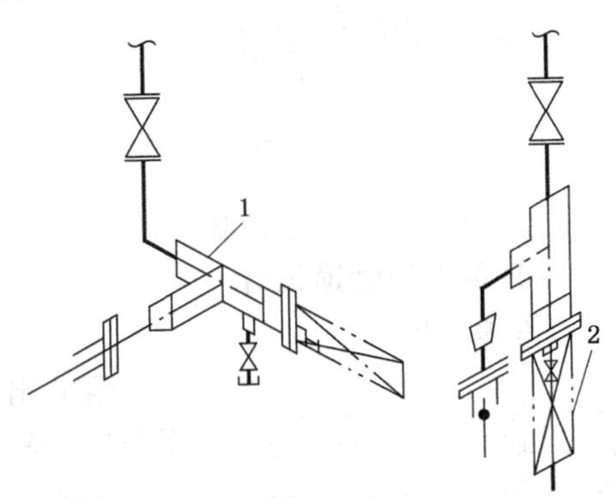

图 5-8-15　角式 T 型过滤器安装示意图
1—采用同径 T 型过滤器，避免出现气袋；
2—检查过滤器下面有无抽取过滤网用的空间

图 5－8－16 为直通式 T 型过滤器，必须安装在管道的直管上，金属网抽取方向以管道为轴，任何一个方向均可抽出。安装在垂直管上时，应选择方便金属网抽出的方向；安装在水平管上时，应下向安装或下向小于斜 30°安装。管道举例见图 5－8－17。

（2）Y 型过滤器：图 5－8－18 为 Y 型过滤器，它和直通式 T 型过滤器一样，安装于管道的直管部分。为降低泵入口阀门高度，可采用异径 Y 型过滤器。金属网的抽出方向，以管道为轴可任意方向抽取。安装位置也同直通式过滤器。见图 5－8－19。

（3）锥形过滤器：此类型过滤器也称临时过滤器。在试运转时，泵吸入口装临时过滤器，以免杂物损坏泵。当管道吹扫干净后，再把此过滤器取下，临时过滤器插入两法兰之间。见图 5－8－20。为了便于拆卸，临时过滤器前后要有一段可拆卸的短管，见图 5－8－21。一般锥形过滤器应安装在对泵调校影响较小的位置上。由于拆装锥形过滤器要影响泵的安装精度，所以一般大型泵或热油泵多选用 T 型或 Y 型过滤器。

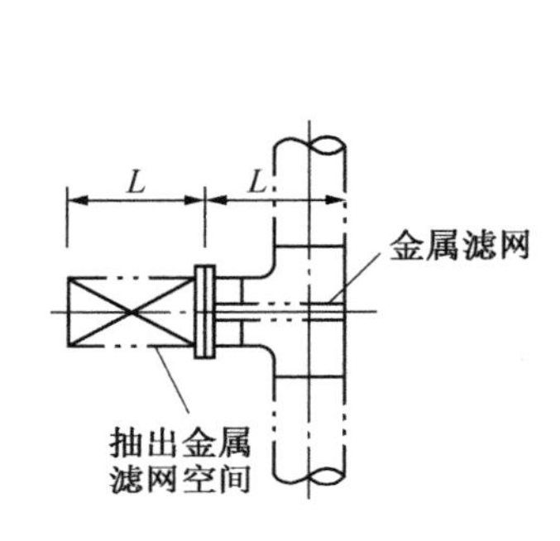

图 5－8－16　直通式 T 型过滤器

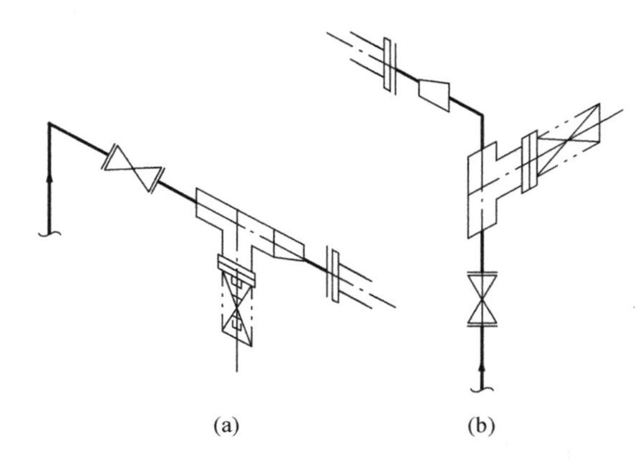

图 5－8－17　直通式 T 型过滤器安装示意图

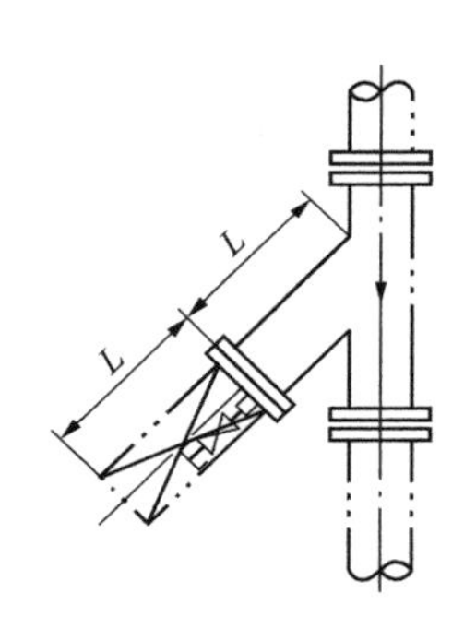

图 5－8－18　Y 型过滤器

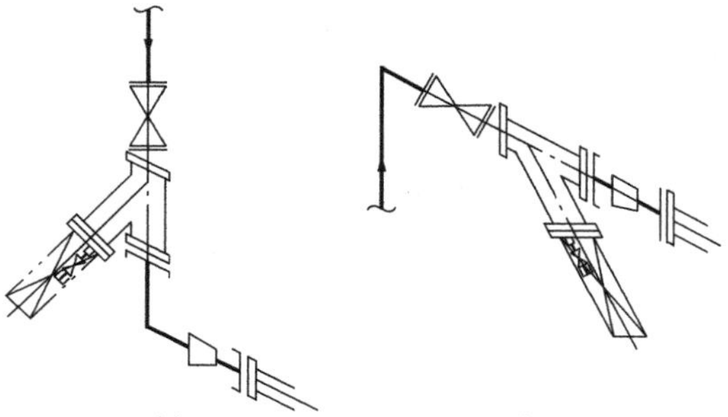

图 5－8－19　Y 型过滤器安装示意图

（四）泵出口管道设计

1. 管道走向

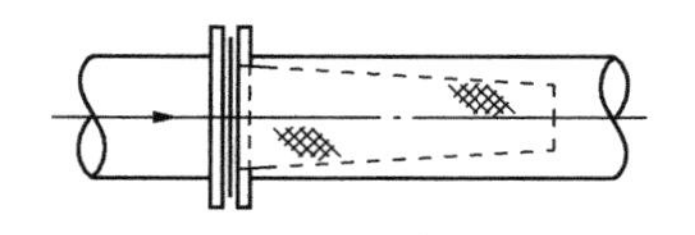

图 5－8－20　锥型临时过滤器安装方式

泵的出口管道虽不像入口管那样影响泵的性能。但是，管系的压降和热应力，仍须认真考虑。

当输送带有固体颗粒的液体时，出口管宜采用大曲率半径弯头和小交角的接管方式，见图 5－8－22。

2. 阀门设置

基本同入口管道的阀门设置。为防止流体倒流引起事故，在泵出口与第一道切断阀之间设止回阀，其管径与切断阀相同。泵出口管垂直向上时，在止回阀上方应设排液阀，若止回阀较大，可直接在阀盖上钻孔安装，否则应在止回阀与切断阀之间加一短管以便安装排液阀。对于泵出口压头不高或停泵后不致发生叶轮倒转时可不设止回阀。

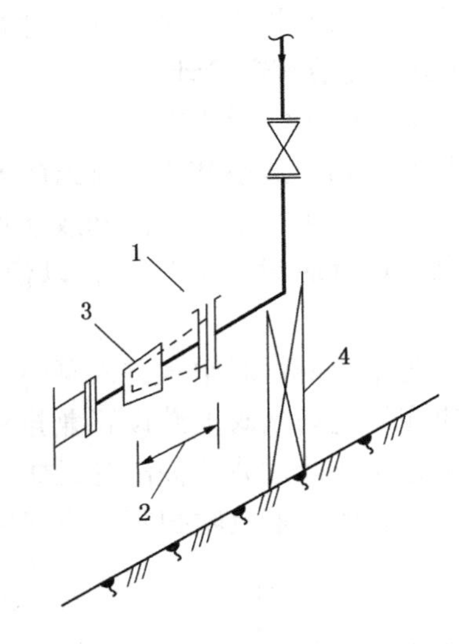

图5－8－21　锥型临时过滤器安装示意图
1—临时过滤器；2—确保临时过滤器插入长度；3—取下这段管道，便可取出过滤器，应确保取管空间；4—在承受管道荷载的位置上设置支架

出口阀门设置的位置一般有三种型式。见图5－8－23。从支架安装难易等情况看，止回阀设置在水平段较好，旋启式止回阀设置在介质从下而上流动的立管上也是可行的。但是，管道布置时应考虑切断阀增高这一因素，如使用对夹式止回阀或异径止回阀可降低切断阀的标高。对大型泵不管使用何种止回阀，切断阀位置均很高，可采用图5－8－23(b)的布置形式，以方便操作阀门和支架的设置。

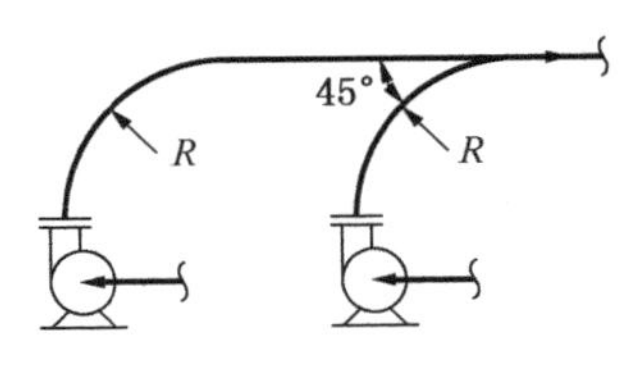

图5－8－22　泵出口管大半径弯头

切断阀位置最好设在易接近电动机按钮操作柱的位置，即阀组布置在按钮操作柱的同侧。

离心泵出口切断阀直径可与管道相同，也可比管道直径小，但不得小于泵管嘴直径，视具体情况而定。一般泵出口管道与泵管嘴直径相同或大一级时，切断阀直径与管道直径相同；当大于泵管嘴二级时，切断阀直径比泵管嘴大一级。

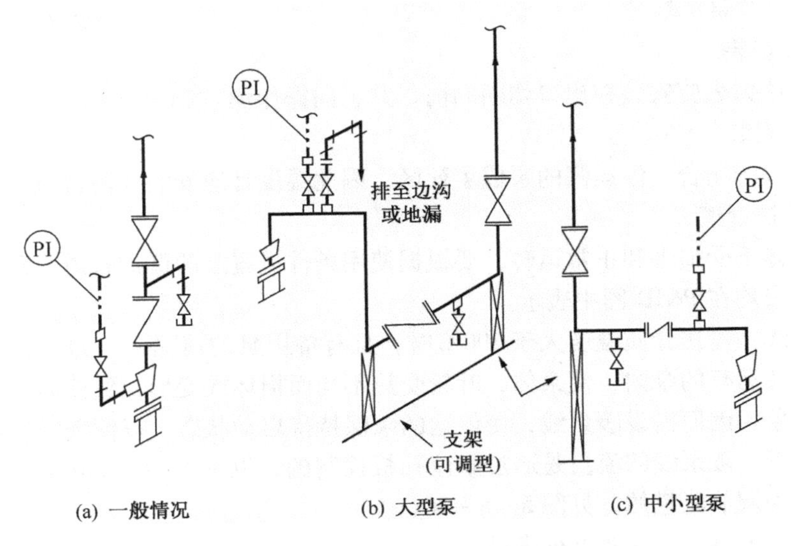

图5－8－23　出口阀安装示意图

3. 变径管的设置

与吸入管道相比，出口管道的压力损失不是严重问题，所以异径管可安装在泵管嘴与止回阀间的任意位置。

顶部吸入和排出的泵，在尺寸很小时，可采用偏心异径管以加大间距，见图 5－8－24。

（五）辅助管道设计

1. 吹扫、放空和排液

泵的吹扫、放空和排液管道的安装方式应根据输送介质的特性及温度决定。管道的吹扫见本篇第十章第一节，排液和放空见第十章第二节。

泵出口管应设置放气管，以便泵开工时排气。液化烃泵的进出口放气管应排入火炬总管。

为防止误操作时空气进入泵内，泵附近吸入管道一般不安装排液管，但是，易堵、易凝流体应在靠近切断阀上游设置兼排液作用的吹扫管，见图 5－8－25。排液管应安装在对切断阀手轮操作及过滤器抽出等无妨碍的位置上。

出口管的排液及吹扫管，应安装在止回阀与切断阀之间，应不影响切断阀的操作。

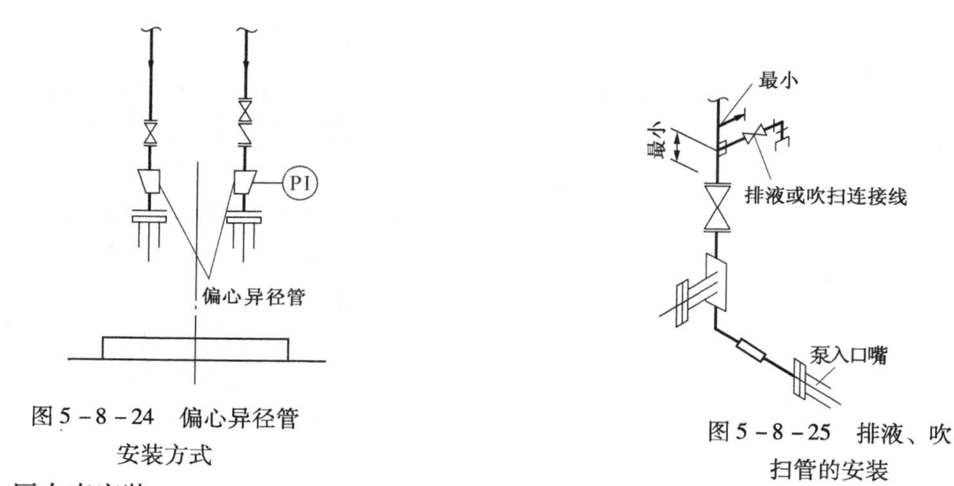

图 5－8－24　偏心异径管安装方式

图 5－8－25　排液、吹扫管的安装

2. 压力表安装

泵出口的压力表应安装在出口切断阀前，并朝向操作侧。

3. 温度计安装

在有备用泵的场合，停运侧的泵成了死区，因此温度计应安装在两台泵合流的管道上。

4. 泵的保护管道

为了使泵体不受损害和正常运转，要根据使用条件设置泵的保护管道。泵的保护管道有以下 6 种，一般均在 P&ID 图中表示。

（1）暖泵线：输送介质温度大于 200℃时，且有备用泵的情况下，为避免切换泵时高温液体急剧涌入待运行的泵内，使泵体、叶轮受热不均而损坏或变形，致使固定部分和旋转部分出现卡住现象，因而需设暖泵线，使停运的泵保持待启动状态，以便随时切换。

一般情况下，暖泵线的流量是通过限流孔板控制的，见图 5－8－26（a）、（b），也有用针形阀或截止阀调节流量的，见图 5－8－26（c）。

布置暖泵管道时，要注意下列事项：

a. 管道的阀门或限流孔板的安装要注意介质的流向；

b. 尽量减少管道死区。对易凝介质，暖泵线的阀门应安装在水平管上，且尽量靠近出口管安装；

c. 要确保阀门间的净距应不妨碍止回阀、切断阀的拆卸；

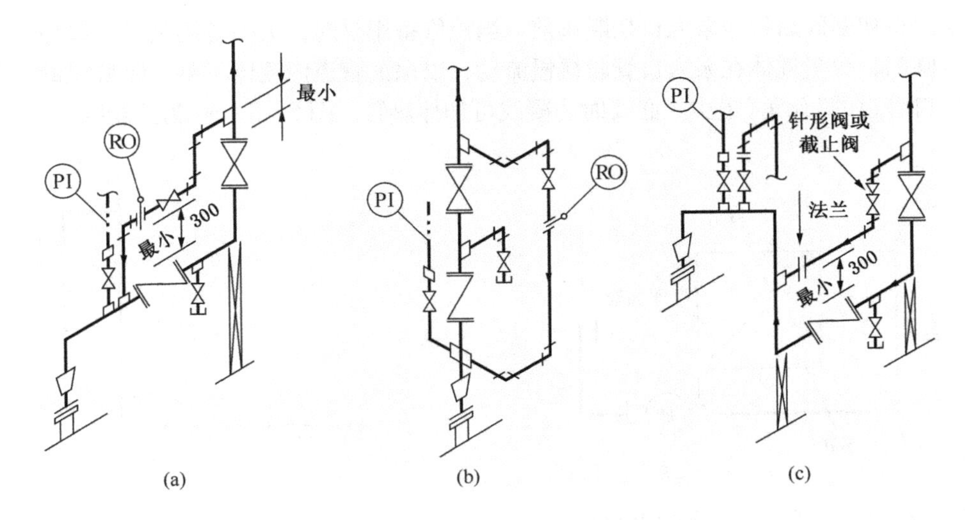

图 5－8－26　暖泵线示意图

d. 要考虑泵的维修、检查，且管道不应布置在泵的上方。

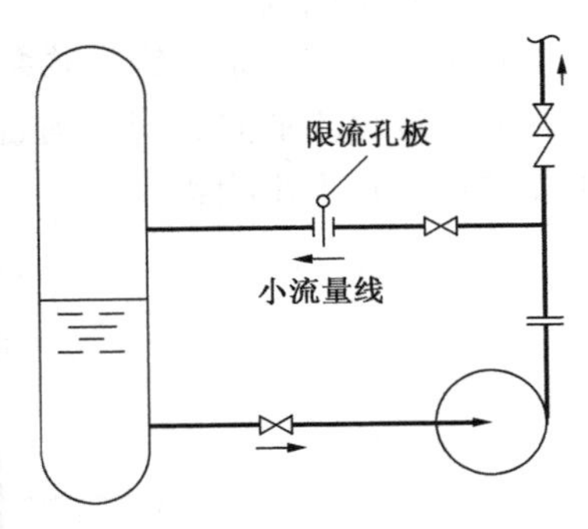

图 5－8－27　泵的最小流量线

（2）小流量线：当泵的工作流量低于泵的额定流量 30% 时，就会产生垂直于轴方向的力——径向推力。而且，由于泵在低效率下运转，使入口部位的液温升高，蒸气压增高，容易出现汽蚀。为了预防发生汽蚀，应设置泵在最低流量下正常运转的小流量线。图5－8－27是最小流量线一例。

小流量线原则上宜按最短管道设计，但用于冷却目的时，也有按较长管道设计的，所以要注意 P&ID 图上的要求。

（3）平衡线：对于输送常温饱和蒸气压高于大气压的液体或处于泡点状态的液体，为防止进泵液体产生蒸气或有气泡进入泵内引起汽蚀，一般宜设平衡线。平衡线是由泵入口接至吸入罐（塔）的气相段。气泡靠相对密度差向上返回吸入罐（塔）内。特别是立式泵，由于气体容易积聚在泵内，所以采用平衡管。

使用这种辅助管道时，气泡仅仅靠本身密度差而移动，所以要由泵向罐（塔）上坡，接到吸入罐（塔）的气相部位。图 5－8－28 是平衡管的一例，左下边的平衡管走向弯头太多，容易积聚气泡，应尽量不按此设计。

（4）旁通线：启动高扬程泵时，出口阀门前后压差较大，不易打开，若强制开启，将有损坏阀杆、阀座的危险。在出口阀前后设置带有限流孔板的旁通线，便可容易开启。同时，旁通线还有减少管道振动和噪声的作用。图 5－8－29 是泵出口旁通线。旁通线的安装要求与暖泵线基本相同，但介质流向不同。

（5）防凝线：输送在常温下易凝固的高倾点或高凝固点的液体时，其备用泵和管道应设防凝线，以免备用泵和管道堵塞。一般设 2 根管径 *DN*20 防凝线。其中一根从泵出口切断阀后接至止回阀前，与上述旁通线基本相同。为防止备用泵和管道内液体凝固，打开防凝线阀门和备用泵入口阀门，于是少量液体通过泵体流向泵的入口管，使液体呈缓慢流动状态；另一根防凝线是从泵出口切断阀后接至泵入口切断阀前，当检修备用泵时，关闭备用泵出入口切断阀，打开防凝线阀门，少量液体在泵入口管段缓慢流动，以保证管道内流体不凝。防凝线的安装，应使泵进出口管道的“死角”最少。必要时防凝线可加伴热管。图 5-8-30 为防凝线。

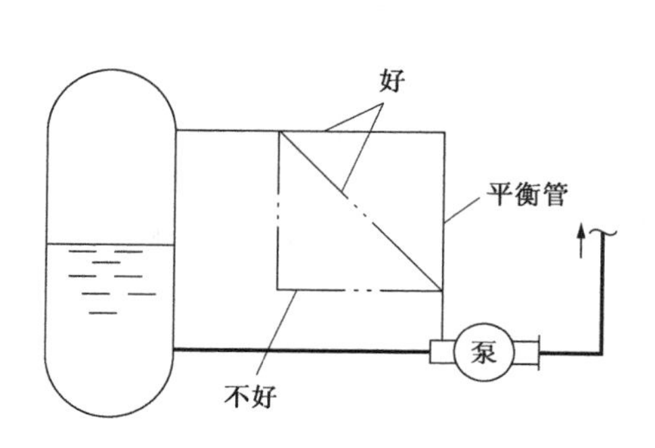

图 5-8-28　泵吸入口平衡管的位置

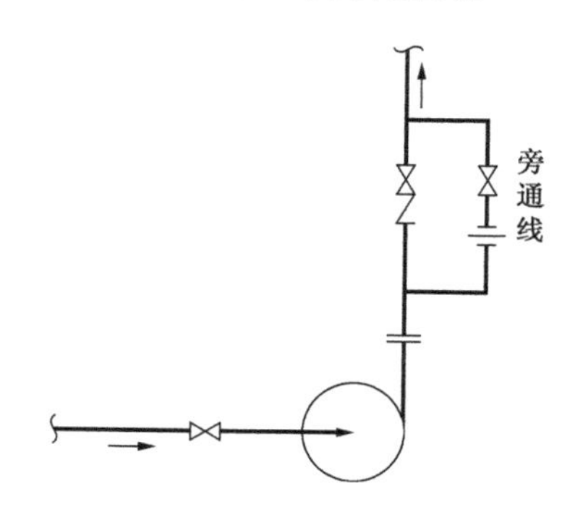

图 5-8-29　泵出口旁通线

（6）安全阀线

对于电动往复泵和容积式泵，应在出口侧设安全阀（泵本身已带安全阀者除外），当出口压力超过定压值时，安全阀启跳，流体返回入口侧。例如图 5-8-31 所示，管道应尽量布置紧凑，且不影响操作。

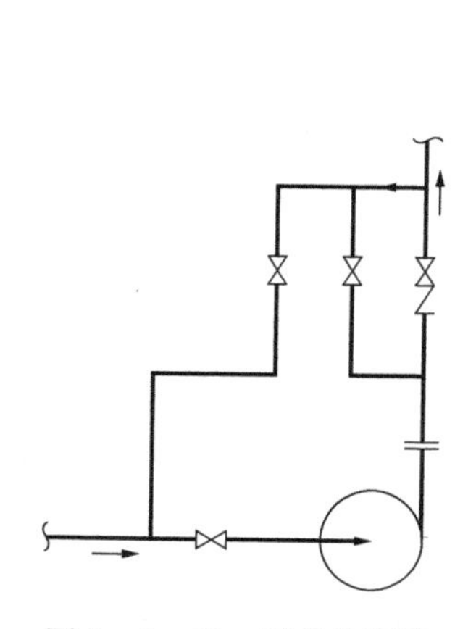

图 5-8-30　泵的防凝线

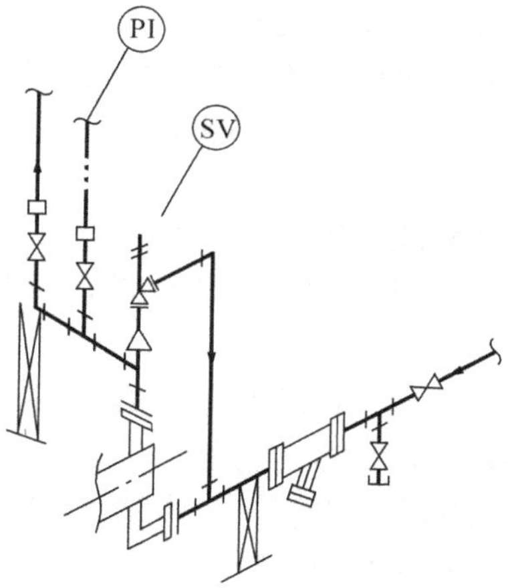

图 5-8-31　往复泵安全阀安装示意图

（六）泵的附属管道

1. 各类泵的附属管道种类

图 5-8-32 为简略的附属管道图，说明一台具有密闭的放空和排液系统的离心泵的完整的附属管道系统。用开放系统时，放空和排液以同样方式布置，但放空口不与排液管连接，而应单独排放。

往复泵较离心泵需要较少的附属管道系统，填料箱的冷却水和冲洗油管，可能需要管道，但是密封压盖的油系统管道通常是制造厂供给。在每个气缸的各端设置工艺用放净管和凝液排放口。除了真空状态下使用的泵外，不需要放空管，因为容积式泵是通过排液口放空的，在真空状态下使用时，泵的放空应返回吸入的真空设备的气相空间。

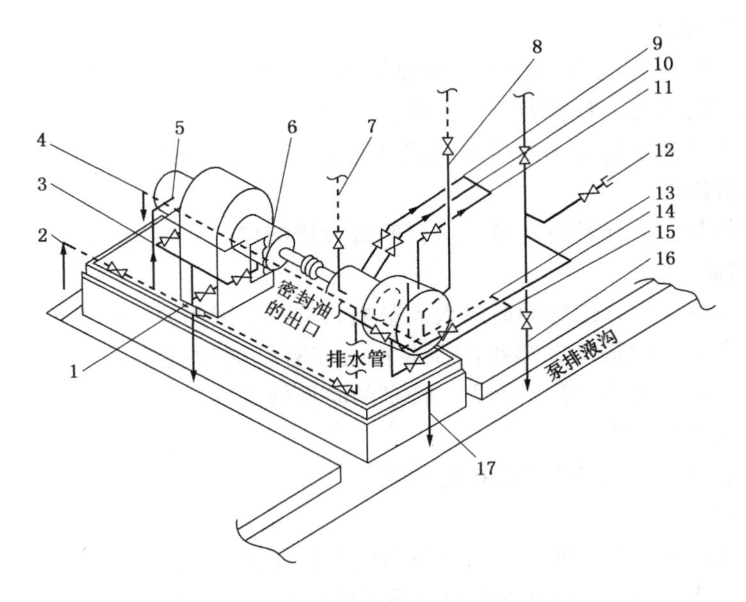

图5-8-32　在泵上的辅助管道

1—泵壳排液管；2—冷却水入口；3—密封前后盖填料排液管；4—冷却水出口；
5—冷却水入口；6—密封回路之间尺寸150mm；7—至机械密封的蒸汽或水或机械密封润滑油入口；
8—冲洗用油入口；9—辅助填料排气管；10—机械密封排气管；11—泵壳排气；12—蒸汽吹扫连接口；
13—机械密封排液管；14—蜗壳排液管；15—泵壳排液管；16—密封式的放净系统；17—泵底座排液管

2. 管道的功能和用途

泵类附属管道的功能和用途见表5-8-3。

表5-8-3　泵类附属管道

名　　称	用　　途
泵壳放空	便于开车 消除泵体中的气囊，气体不排净，将影响泵的工作效率
泵壳排液管	排净泵中不能以原有管道排净的所有积存的物料
蜗壳的放净管	排净离心泵蜗壳吸入口内积存的物料
蒸汽吹扫或惰性气体的接管	为吹扫泵供给的蒸汽或惰性气体
冲洗用油（冲洗用水）	为防止产品中腐蚀性介质进入磨损环和喉部衬套，通过一股一定量的油（水）经磨损环和喉部衬套流入产品中
机械密封和（或）填料密封	防止在泵壳和大气之间有工艺物料或空气串通
机械密封的放净管	放净来自机械密封腔的工艺物料
机械密封的排气管	排除来自机械密封腔的气囊
辅助填料	防止在机械密封损坏时，机械密封腔和大气之间串通
辅助填料排气管	消除由于机械密封损坏时的漏气
用于辅助填料密封的蒸汽	熔化当停车期间在机械密封腔（用于低温的泵）内形成的任何冻结的或固化物料
用于填料密封的蒸汽	一个附加的安全措施以冷却填料和防止任何来自泵的泄漏
机械密封润滑油（也叫润滑油）	润滑机械密封的密封面
冷却水	防止泵的轴承、填料函和（或）轴架、支座过热

3. 管道设计

（1）泵的附属管道供货有两种情况，一种是泵制造厂家作为附属品和泵一起交货，另一种是由设计单位把接至管嘴的管道包括在设计范围内，一般以前者情况居多。不管属哪种情况，设计者必须充分掌握设计范围、制造厂提供的接口方位、功能、管子、管件以及连接方式等资料，再进行管道设计。

（2）泵的附属管道均是小口径管，所以管道布置时，可沿大的工艺管道布置，便于支撑，但不得影响泵的维修、检查及正常操作。

（3）与泵连接的附属管道一般多采用螺纹连接，所以应在距连接处最短距离内安装活接头或法兰，便于拆卸。

（4）离心泵的泵体上部常设有放气口，底部设排液口，一般均用丝堵堵死。

（七）防振措施

通常，离心泵不会对管道振动造成太大影响，有时会因为泵的制造精度不符合标准，而使旋转部分不平衡而产生振动，多级高压泵也会伴有机械性振动。不管哪种情况引发的振动，特点是高频且起动力小，管系不必做特别的防振处置。但是装置外长距离管道，也可能产生振动，应采取防振措施。

当采用往复泵时，必须采取防振措施制振。

1. 往复泵接管

对于活塞泵及隔膜泵等，如果管系上没有设置缓冲器这一防振措施，则应研究由于介质周期性压力变化引起管系振动的情况以及采取相应的防振措施，详见第九节“压缩机管道设计”。

应指出，计量泵因其流量小，振动小，可按一般小口径管对待。

2. 长距离管道

当装置外管道、冷却水管道和泵出入口管道距离过长时，会因罐底阀或鹤管根阀紧急开闭或泵的事故停泵而出现水锤及液柱分离现象，管内就会出现压力变化，过大的轴向压力差产生的推力会使管道沿轴向移动和振动。因此，长距离泵进出口管道，原则上要对喘振进行分析，采取防振措施。

（八）管道支架

1. 管道支架的型式

（1）靠近泵管嘴处的支架，一般应选可调式支架或弹簧支架，便于泵的管道找正。

（2）伴有热伸缩管道的支架，为了减轻热伸缩对泵管嘴的力及力矩，在研究止动卡、导向支架设置的基础上，选择最佳的支架形式，此时应取对外力有足够强度和刚性的结构型式。

（3）与松软地基上的泵及大型泵的相连接管道，应考虑泵和管道的相对下沉量。若相对下沉量较大时，应研究泵基础和支架基础一体化的可能性。

（4）为检修泵而需拆下管道时，管支架应取易拆装的形式和结构。

管道支架形式举例：

泵周围设置支架的几种形式见图5－8－33。

2. 支架的设置

各类泵管嘴均有荷载限制，支架的设置必须充分考虑这一因素。

（1）为使泵体少受外力的作用，应在靠近泵的管段上设置恰当的支、吊架，或设置必要的弹簧支、吊架，做到泵移走时管道不加临时支架。

（2）泵出口管嘴垂直向上时，应如图5－8－34所示，在距泵管嘴最近拐弯处，于泵基础以外的位置由下向上设支架。或如图5－8－35所示，在泵管嘴的正上方的拐弯处由上向下设吊架。由下向上支承的方法，其优点是支架易生根和拆装，缺点是对高温管道，泵体与支架有相对位移而产生热应力（可使用弹簧管托予以解决）；由上向下吊的方法，仅限于在管架及构架易于设置支架处，缺点是支架不好安装，优点是热应力设计优于前者。采用何种形式，应权衡各种因素后决定。

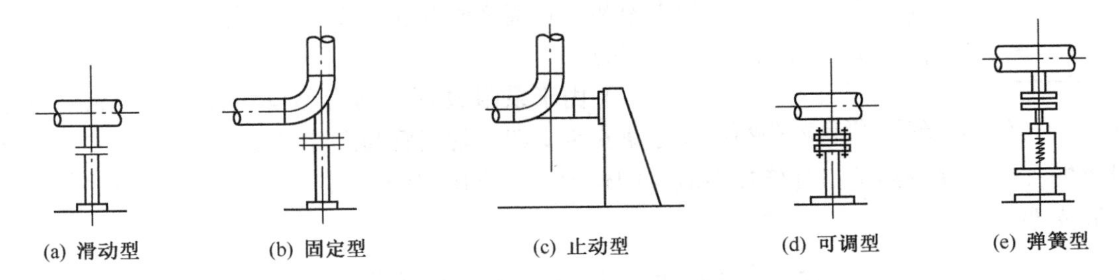

图 5－8－33　管道支架形式举例

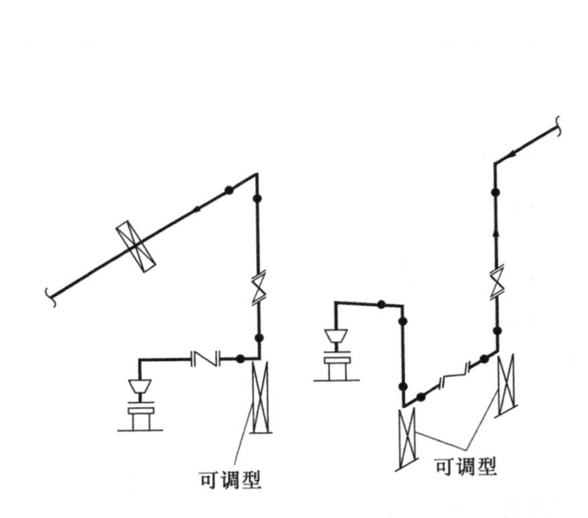

图 5－8－34　由下支承形式

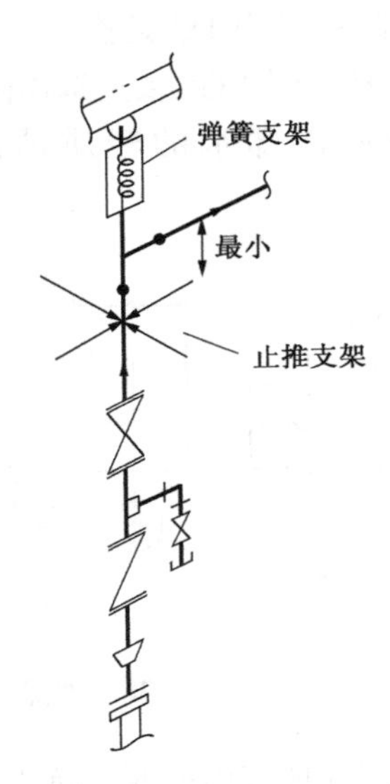

图 5－8－35　从上下吊形式

（3）对大型泵的高温进出口管道，为减轻泵管嘴的受力而设置的支架，应尽量使约束点和泵管嘴之间的相对热伸缩量最小。图 5－8－36(a)、(b)是分别以热油泵出口管、入口管为例设置支架的情况。

（4）泵的水平吸入管道宜在靠近泵的管段上设置可调可拆支架，如图 5－8－37 所示。如条件许可，也可采用吊架或弹簧吊架。

（5）为防止往复泵管道的脉动，应缩短管道支架之间的距离，尽量采用固定支架或弹簧支架，不宜采用吊架。

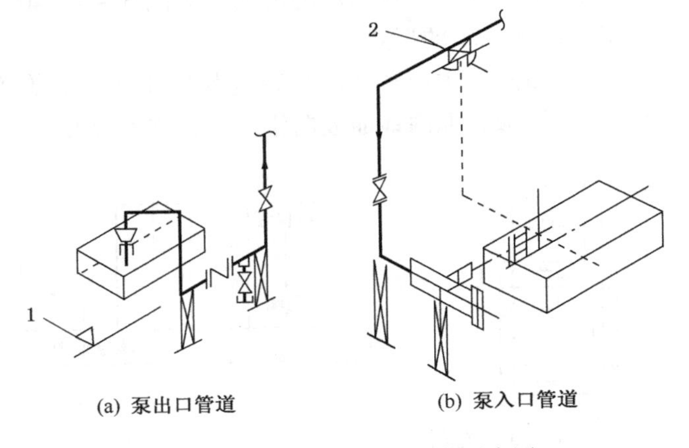

图 5－8－36　高温管道支架安装示意图

1—支架高度宜与泵轴中心高度相等，减少相对位移量；
2—轴向止动卡的位置应尽量与泵体固定点的位置在一直线上

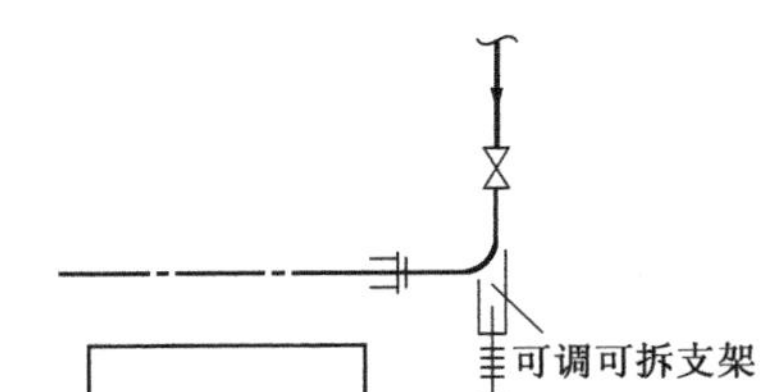

图 5－8－37　水平吸入管道支架设置

（6）管道温度接近常温时，也会由于气温不同及日照而出现热伸缩。为使作用于泵嘴上的外力最小，应在泵管嘴最近处设固定支架（或导向架及止动卡），此时虽在固定支架和泵管嘴之间存在有热伸缩问题，但量很小，不必进行研究。

（7）由于泵附属管道均为小口径管，尽量成组布置，以方便安装支架。附属管与泵连接多采用螺纹连接，所以设置的支架不允许给接口处施加不应有的外力。应指出未经泵制造厂许可，不得在泵底座上安装支架。

三、地漏及排污沟的设置

（一）地漏（漏斗）的设置

（1）地漏（漏斗）的位置应选择在有利于泵的排液、放空及过滤器排污的地方，见图 5－8－38。

（2）对有冷却水的轻质油品泵可设排污地漏，地漏直接接至埋地排污管，见图5－8－39。

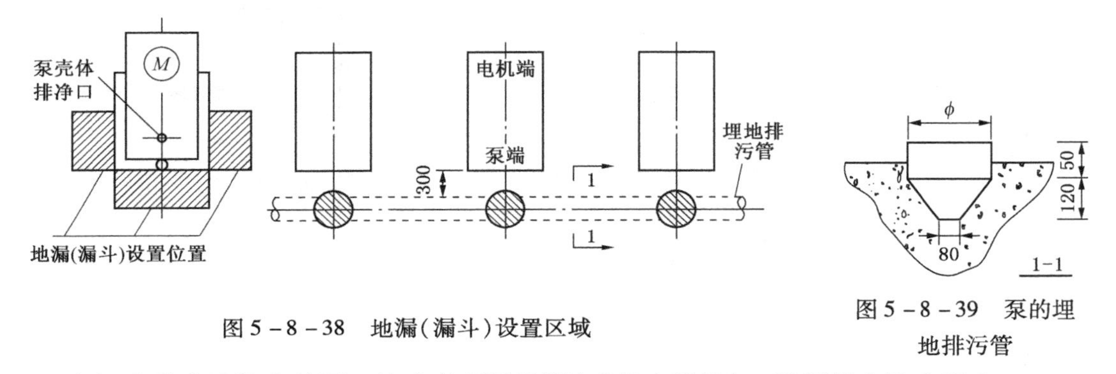

图 5－8－38　地漏（漏斗）设置区域

图 5－8－39　泵的埋地排污管

（3）安装在地坑内的泵，坑内必须设地漏（或抽水设施），以便排出坑内积水。

（二）排污沟的设置

（1）泵基础周围排污沟的形式，见图 5－8－40。采用泵基础端对齐集中布置的泵亦可采用图 5－8－41 的形式。

（2）室外集中布置的酸、碱或其他化学药剂等腐蚀介质的泵区，应考虑铺砌耐酸碱地面，并设围堰，堰内地面坡向排污沟，排入含酸、含碱或其他污水系统。

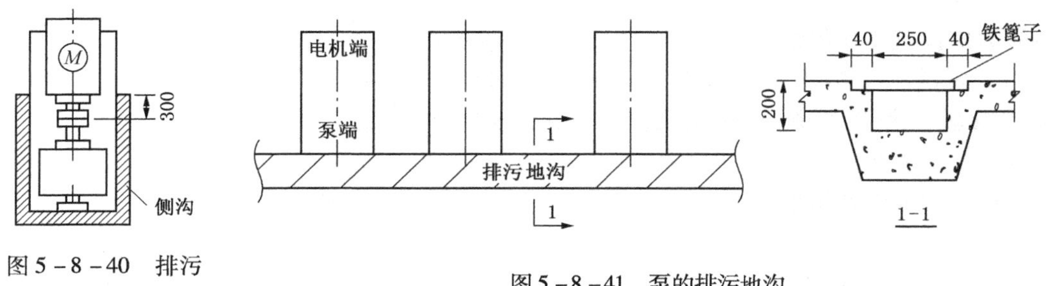

图 5－8－40　排污沟设置位置

图 5－8－41　泵的排污地沟

四、泵的密封、冲洗和冷却

（一）泵的密封

1. 密封的作用

泵的密封是用来防止正压下液体漏出泵外，或防止负压下空气侵入泵内，或减少泵内部泄漏。

泵密封的好坏不仅关系到介质的漏损，而且关系到泵能否安全正常地工作。所以，尽管它是一种附属设施，但却是保证泵正常运转的重要设施。

2. 常用密封的类型

泵的密封有：固定部分的密封称为静密封（如泵盖与泵体、格兰与填料函等）；运动部分的密封称为动密封。动密封中有：(a)轴封——如活塞杆或旋转轴与填料函之间的密封；(b)口环密封——如活塞与泵缸或叶轮与泵体等工作件之间的密封；(c)油封——轴承与箱体之间的密封。

泵的密封类型与使用部位如表5-8-4所示。

表5-8-4 泵的密封类型及使用部位

类型	型式	类别			使用部位
		静密封	动密封		
			往复	旋转	
接触式密封	垫片密封	○	—	—	泵体与泵盖、填料函与压盖、轴承箱体与盖
	无垫片密封	○	—	—	泵体与泵盖、填料函与压盖、轴承箱体与盖
	O形垫圈密封	○	○	○	泵体与泵盖、填料函与压盖、轴承箱体与盖、活塞、活塞杆密封、机械密封的辅助密封件
	V形、U形碗状密封	—	○	○	活塞、活塞杆密封、机械密封的辅助密封件
	机械密封	—	—	○	离心泵、旋涡泵、齿轮泵、螺杆泵等泵的轴封
	软填料密封	○	○	○	离心水泵、液下泵、旋涡泵等泵的轴封，蒸汽泵拉杆用轴封和阀门的密封
	骨架橡胶密封	—	—	○	滚动轴承油封、齿轮泵的轴封
间隙节流密封	分瓣式密封	—	○	○	汽轮机的轴封、活塞杆密封
	浮动环密封	—	—	○	高压、高速离心泵轴封
	口环密封	—	—	○	离心泵叶轮和泵体或压盖的口环密封
	胀圈密封	—	○	○	活塞与泵缸的密封、离心泵的轴封
	节流套密封	—	○	○	离心泵和往复泵填料函底环减压密封
流体动力密封	抽子（射流）密封	—	—	○	离心油泵、酸泵的轴封
	叶轮筋片密封	—	—	○	离心泵（油浆泵）填料函减压密封
	封油密封	—	○	○	离心泵和往复泵填料函封油

在选泵时，一般只考虑根据不同条件选用泵的轴封，至于泵其他部分的密封型式，在设计泵时，已由泵制造厂考虑确定。

石油化工装置常见泵的轴封有机械密封，碗式密封、软垫料密封、抽子（射流）密封和浮动环密封等五种型式，其中前三种轴封应用较广。这五种轴封的比较列于表5-8-5中。

表5-8-5 各种密封比较表

项目		型式				
		机械密封	碗式密封	软填料密封	抽子(射流)密封	浮动环密封
适用范围	泵类型	旋转式	往复式或旋转式	旋转式或往复式	旋转式	旋转式
	介质温度①/℃	≤420	≤400	≤400	≤100	—
	填料函压力/MPa	≤4.0	≤4.0	≤4.0	≤0.5	>4.0
	介质名称	除特殊介质外(如橡胶液),可用于各种介质	一般用于无颗粒介质	可用于各种介质	无颗粒介质	水
密封性能		好	较好	较差	较好	较差
使用寿命		长	较长	较短	长	长
结构		复杂	简单	简单	简单	较复杂
拆、装维修		较麻烦	方便	较麻烦	方便	较麻烦
价格		高	较低	低	低	较高
金属材料耗量		高	低	低	低	高
摩擦功率消耗		小	较大	大	最小	小
轴或套的磨损		无磨损	磨损	磨损	无磨损	无磨损

① 目前国内石油化工厂使用的最高温度。

(二)封油及封油系统

1. 封油的作用

封油一般用作密封、冷却及润滑，分述如下。

(1) 密封：防止高温、有毒及贵重介质从泵内漏出；防止含有固体颗粒的介质泄入填料函内，磨损密封面；防止易汽化结冰的介质(如液化烃)泄入填料函内汽化结冰，造成干摩擦而磨损密封面；在负压下防止空气或冲洗水泄入泵内。

(2) 冷却：防止高温介质进入填料函内，并将动环与静环工作时产生的摩擦热导走，以降低密封元件温度，延长其寿命。

(3) 润滑：保持密封面之间有一层液膜而起润滑作用。

2. 封油系统及其管道布置

(1) 封油设置原则：由于机械密封具有密封性能好、使用寿命长、适应范围广等优点，在石油化工厂已广泛应用。为了更好地发挥机械密封的作用，有时需设置封油。一般情况下，双端面机械密封需设置封油，单端面密封应视情况而定。如油浆泵、高温泵及含腐蚀性或有毒性介质的泵也需设置封油。

封油的供应不允许长时间中断。封油冷却器的设置应视封油温度而定，若高温油品作封油需设冷却器时，为防止气阻，冷却水应为自流回水。每个需要密封的端面都应有单独的阀门控制，阀后应设压力表，封油过滤器过滤网应采用200目。若封油凝固点高于环境温度时，应有周密的绝热和伴热设施。若用循环式流程时，循环量一般为正常用量的2倍。应尽量优先采用装置工艺泵兼作封油泵，例如轻柴油。

封油具有冷却、冲洗、密封和润滑等多种作用。因此，封油应为清洁、不含颗粒的无毒、无腐蚀性的，不影响输送介质质量的油品，其凝固点一般应低于周围环境温度。应尽量采用本装置内易于大量得到的工艺油品作封油。

封油用量是转速和轴径的函数。一般情况下，对注入式，每个端面用量为0.1~0.25m^3/h，对循环式，每个端面用量为0.25~0.5m^3/h；对油浆泵，每个端面用量增加到0.7~1.1m^3/h。

(2) 封油管道的典型布置：离心泵封油管道一般分自封注入式、自封循环式、外封注入式和外封循环式四种类型。其管道典型布置举例如下：

a. 自封注入式：用于输送温度小于或等于200℃清洁液体密封[图5-8-42(a)]。

b. 自封循环式：用于输送温度小于或等于200℃清洁液体密封[图5-8-42(b)]。

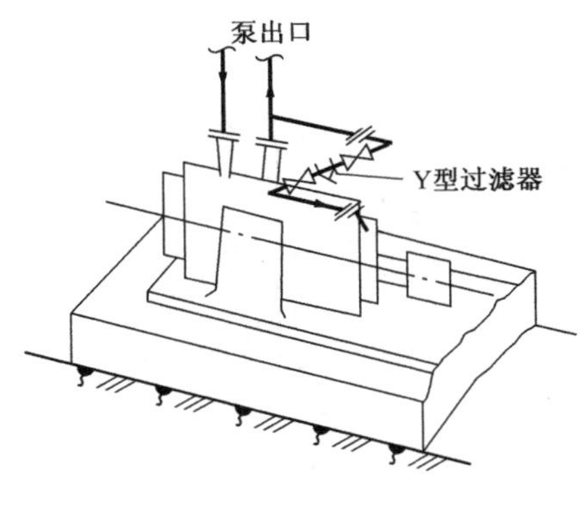

图 5－8－42(a)　自封注入式

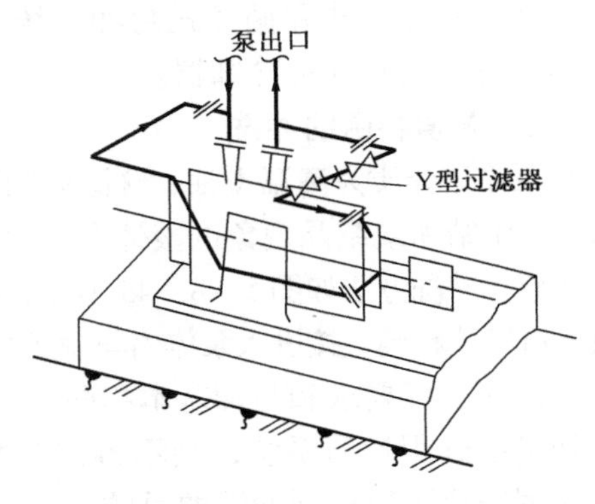

图 5－8－42(b)　自封循环式

c. 自封冷却注入式：用于输送温度小于或等于300℃清洁液体密封[图 5－8－42(c)]。

d. 悬臂泵外封注入式：用于单端面密封[图 5－8－42(d)]。

e. 两端支承节段式泵外封注入式：用于单端面密封[图 5－8－42(e)]。

f. 悬臂泵外封循环式：用于单端面密封[图 5－8－42(f)]。

g. 两端支承节段式泵外封循环式：用于双端面密封[图 5－8－42(g)]。

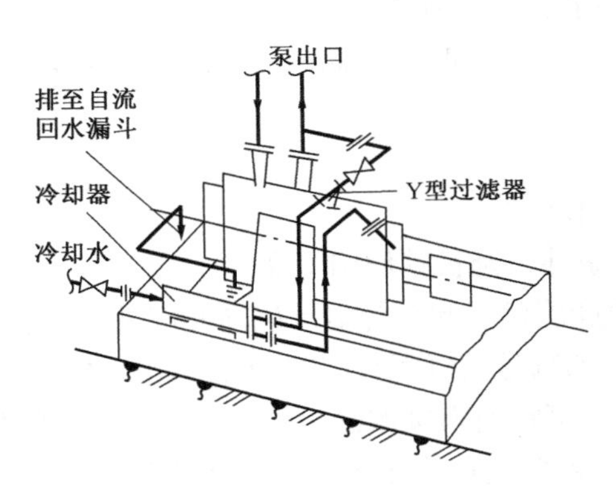

图 5－8－42(c)　自封冷却注入式

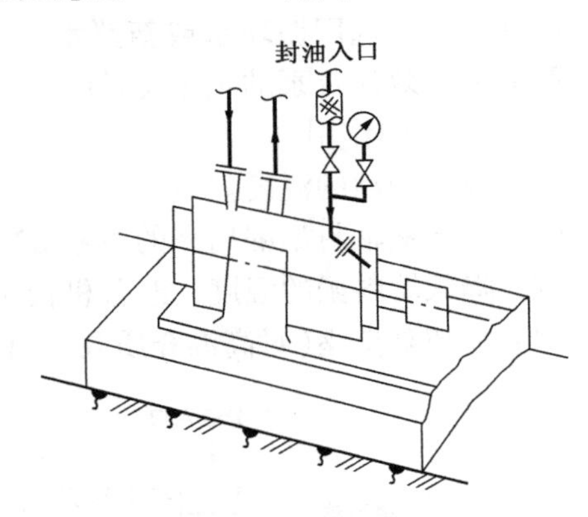

图 5－8－42(d)　悬臂泵外封注入式

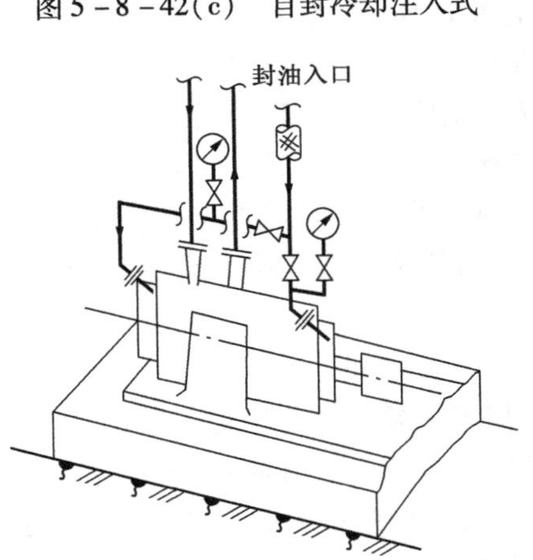

图 5－8－42(e)　两端支承节段式泵外封注入式

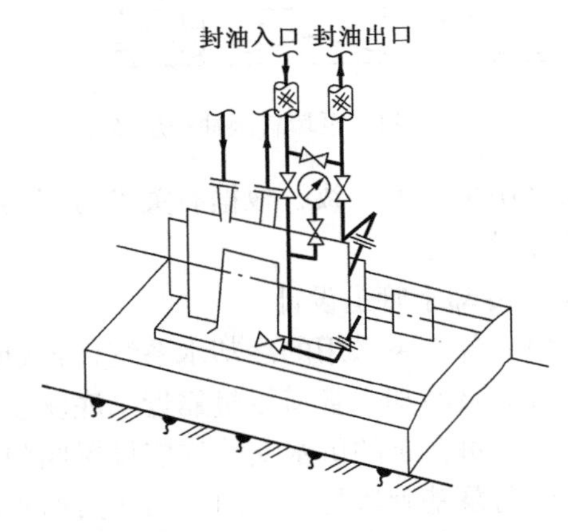

图 5－8－42(f)　悬臂泵外封循环式

上述外封注入式和循环式封油系统应根据介质温度确定是否设置封油冷却器。

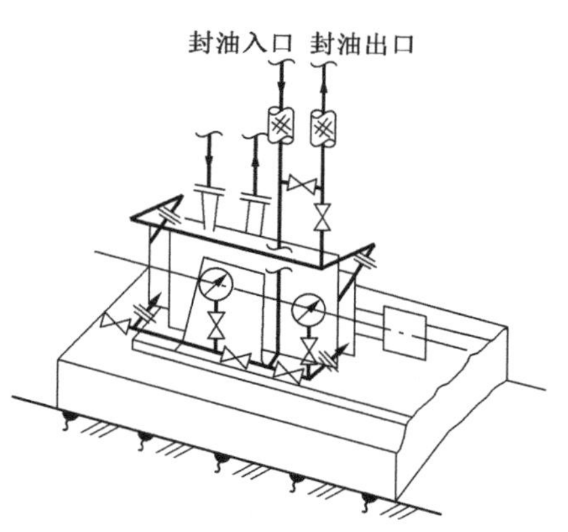

（三）泵填料函的冲洗

当泵输送介质为高温重油、含固体颗粒液体及泄漏后易产生结冰或结晶现象的液体介质时，一般宜采用冲洗液。冲洗方法如图5－8－43所示，冲洗液从冲洗液入口经填料函直接进入泵体内与输送介质相混合。

冲洗液选择要求和封油基本相同。

如果已选用封油系统，则不再需要冲洗油。封油的作用完全可以达到冲洗的目的。

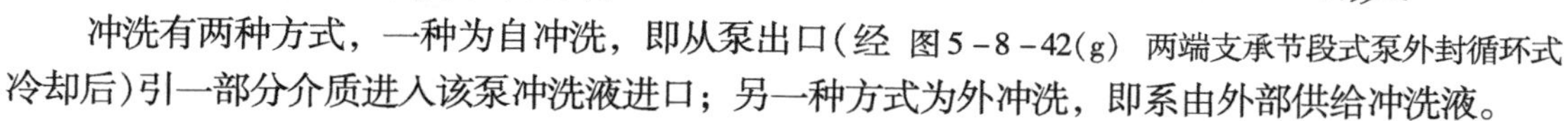

图5－8－42(g)　两端支承节段式泵外封循环式

冲洗有两种方式，一种为自冲洗，即从泵出口(经冷却后)引一部分介质进入该泵冲洗液进口；另一种方式为外冲洗，即系由外部供给冲洗液。

（四）泵的冷却及其管道设计

当泵输送液体介质温度大于或等于100℃，以及输送原油、液化烃、液氨的泵均应对泵的轴承、填料函盖、填料函冷却室进行水冷。当液体温度大于250℃时，还应对泵支座进行水冷。

1. 冷却水质和水压

冷却水可以选用循环水或新鲜水，一般均选用循环水。如果循环水含杂质及悬浮物较多，影响密封效果及泵的正常运转时，可选用新鲜水。冷却水压力应不小于0.3MPa(G)。

2. 冷却水的作用

（1）降低轴承的温度。

（2）带走从轴封渗漏出来的少量液体，并传导出摩擦热。

（3）降低填料函的温度，改善机械密封的工作条件，延长其使用寿命。

（4）冷却泵支座(对高温介质泵)，以防止因热膨胀而引起泵与电动机同心度的偏移。

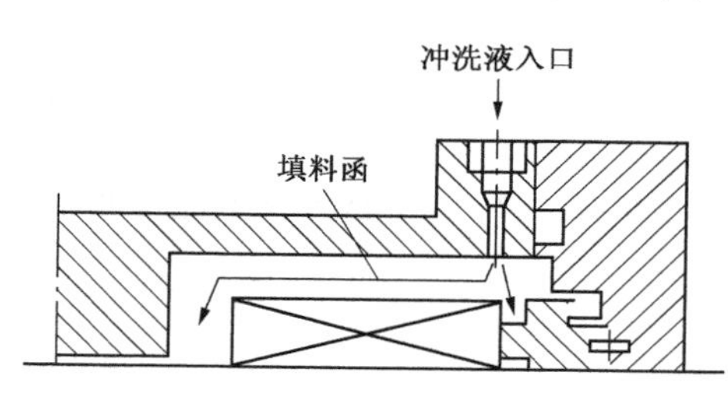

图5－8－43　泵填料函冲洗示意图

（5）如输送蒸气压较高的液体(如液化烃、液氨等)时，可将通入机械密封静环背面或水套的冷却水改为40℃左右的热水，防止液化烃或液氨等因降压汽化而结冰，并防止橡胶或聚四氟乙烯密封圈变硬发脆，失去密封作用。

3. 冷却水用量、冷却部位、冷却水管连接方式

泵的冷却水管道大小决定于机械密封，而不是水量，目前石油化工厂泵的冷却水管连接方式，冷却水用量均不一致，根据有关参考资料归纳了一个近似值和一般连接方式列于表5－8－6，供设计时参考。

4. 冷却水管道设计

（1）各类泵采用的冷却水系统(开式或闭式)需根据工艺要求进行管道安装设计。

（2）泵冷却水管道尽量靠近泵底座或泵基础侧面布置，以免影响泵的维修和检查。

（3）每台泵的供水支管均应设置阀门，对闭式回水线上也应设置阀门和看窗，开式回水线引应向泵基础边的小沟内。当压力回水时，进出口总管应有连通管。在最低点有排液阀。

（4）泵的冷却水管道与驱动设备或封油冷却器的冷却水管道应并联，不应串联。

（5）有可能造成结冰的冷却水管应有保温和排液措施。

表 5-8-6　冷却水用量、冷却部位、冷却水管连接方式表

泵类型	介质温度/℃	冷却部位	冷却水管联接方式	冷却水近似用量/[m^3/(h·台)]	去含油污水管网近似量/[m^3/(h·台)]
两端支承泵多级节段式泵（悬臂式泵）	0~200	轴承、填料格兰、填料函冷却室	冷却水→轴承[填料压盖→漏斗→含油污水管网 填料函冷却室→看窗→循环水管网]	0.6~1.2 (0.3~0.6)①	0.1~0.2 (~0.1)①
	>200	轴承、填料格兰、填料函冷却室、泵支座	冷却水→轴承→[填料压盖→漏斗→含油污水管网 填料函冷却室→[泵支座 泵支座]→看窗→循环水管网]	1.0~1.6 (0.6~1.0)①	0.15~0.3 (0.1~0.2)①
转子泵	0~100	轴承、填料格兰、填料函冷却室	冷却水→轴承→[填料压盖→漏斗→含油污水管网 填料函冷却室→看窗→循环水管网]	0.3~0.6	0.1~0.2
往复泵	0~200	填料函	冷却水→填料函→漏斗→含油污水管网	0.4~0.6	0.4~0.6
	>200	填料函、泵支座	冷却水→[填料函→漏斗→含油污水管网 泵支座→看窗→循环水管网]	1.0~1.5	0.4~0.6
往复式真空泵	35	气缸塞	冷却水→气缸套→看窗→循环水管网	1.0	
水环式真空泵	40			0.1	

① 括号中数字为悬臂式离心泵的数字。

5. 冷却水管道典型布置

石油化工装置离心泵的冷却水管道安装典型图举例见图 5-8-44(a)~(f)。并作如下说明：

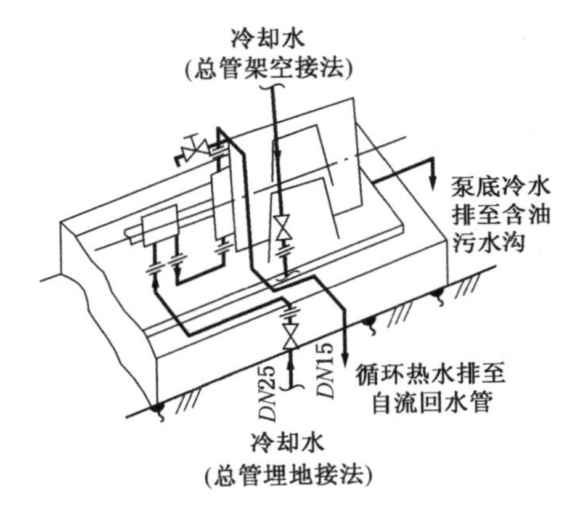

图 5-8-44(a)　单面冷却自流回水

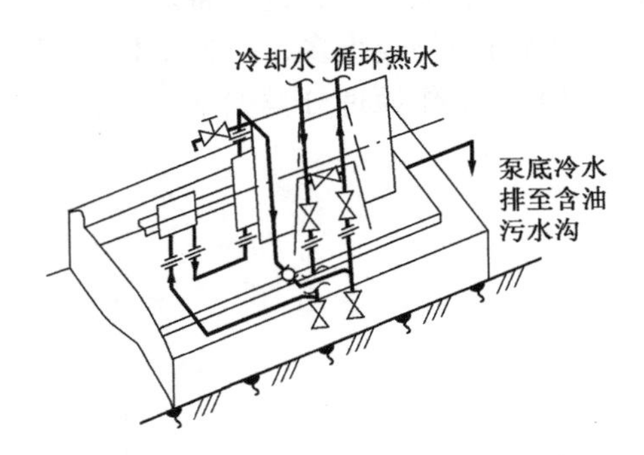

图 5-8-44(b)　单面冷却压力回水

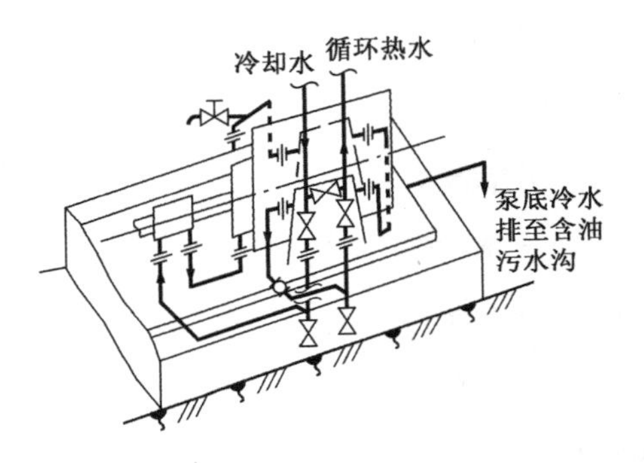

图 5-8-44(c)　单面冷却(泵座冷却)压力回水

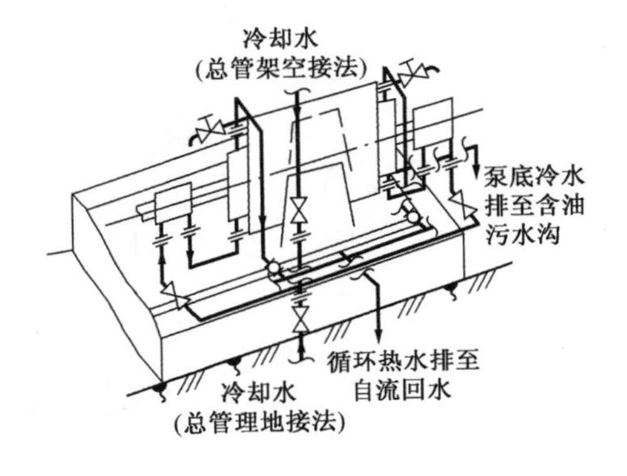

图 5-8-44(d)　双面冷却自流回水

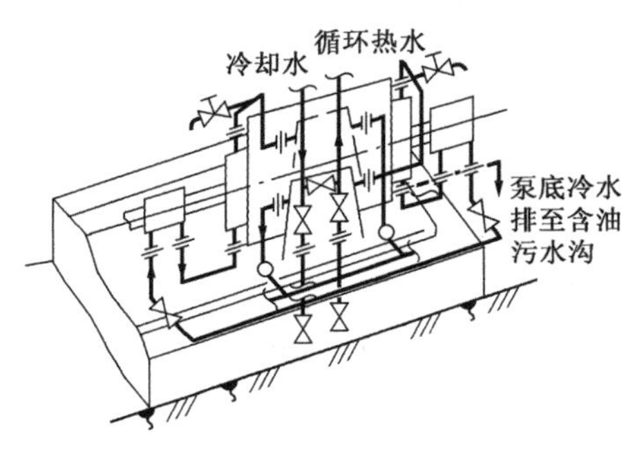

图 5－8－44(e)　双面冷却压力回水

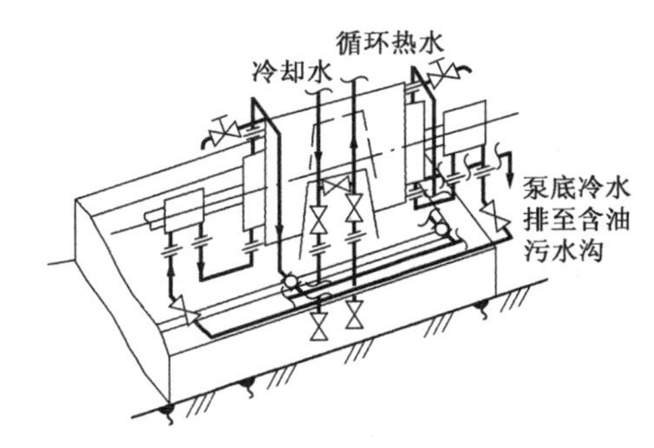

图 5－8－44(f)　双面冷却(泵座冷却)压力回水

(1) 泵的冷却水管道一般由制造厂供货；

(2) 除寒冷地区外，水管道宜为低压流体输送用焊接钢管。填料函盖冷却水管为 *DN*10，泵的冷却水管为 *DN*15。填料函盖冷却水管阀门为 *DN*10 针形阀，其余阀门为 J11T－16 截止阀；

(3) 因泵的型式大小不同，具体安装尺寸应根据现场实际情况决定。

（编制　康美琴）

第九节　压缩机管道设计

随着炼油工业的迅速发展，压缩机获得越来越广泛的应用。许多炼油装置都设有压缩机，并成为该装置的关键设备。

压缩机的种类很多，可按工作原理分类或按排气压力分类。

(1) 按工作原理分类如下：

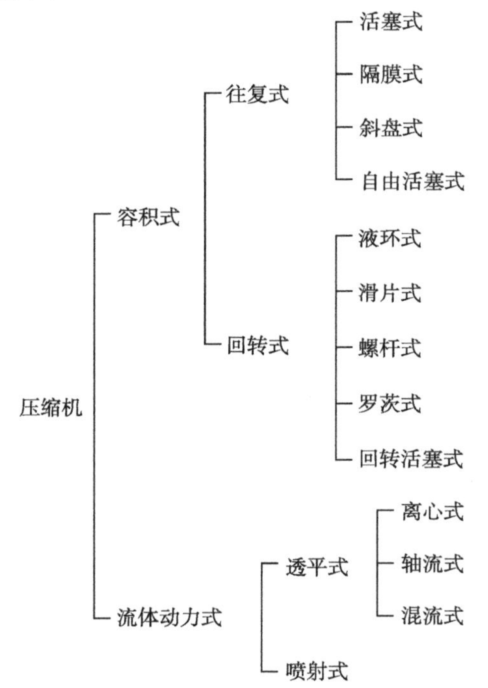

(2) 按排气压力分类，见表 5－9－1。

表 5－9－1　按排气压力分类

名　称	压力/bar	名　称	压力/bar
鼓风机	<3	高压压缩机	100～100
低压压缩机	3～10	超高压压缩机	>1000
中压压缩机	10～100		

本节仅介绍离心式、轴流式、往复式压缩机管道的设计。

一、离心式、轴流式压缩机管道设计

在离心式压缩机中，气体从轴向进入，由于叶轮的旋转，气体被离心力高速甩出叶轮，然后进入流通面积逐渐扩大的扩压器中，将动能转化为压力能。

轴流式压缩机的叶片类似于飞机的螺旋桨，相对于主轴垂直面有一个偏转角，气体进入压缩机后，沿主轴的轴向流动，由于气流的流动摩擦损耗比离心机小，其效率比离心机高，体积小，占地面积小，绝热效率比离心机高 10% 左右。

离心式压缩机、轴流式压缩机是高速运转的机械，被压缩的气体密度小，所以压缩机应有较高的精度，进出口管嘴的受力及力矩均有一定限制，若受力或力矩过大，轻者机器振动，重者造成机器损坏。因此管道的走向，支架和补偿器的设置均应考虑到减小管嘴的受力和力矩。

（一）管道布置的一般要求

1. 管道布置

（1）离心式压缩机壳体有两种基本形式：垂直剖分型用于高压；水平剖分型用于低压或中压。垂直剖分型压缩机前面不得有管道及其他障碍物，水平剖分型压缩机上部不得有管道和其他障碍物。如果必须设置管道，应采用法兰连接，以便拆卸。

（2）进出口管道的布置，在满足热补偿和允许受力力矩的条件下，应使管道短，弯头数量少，以减少压降。

（3）离心式压缩机、轴流式压缩机进出口管嘴一般朝下，压缩机壳体中心支撑。机器运行中，自机器中分面至出口法兰向下的热胀量均应由管道上设置的补偿器吸收。

（4）管道设计时应首先按自然补偿的方式考虑。当自然补偿无法减少对压缩机管嘴的受力时，方可在管道上设置补偿器。

（5）厂房内设置的上进、上出的离心式或轴流式压缩机，在其进出口管道上必须设置可拆卸短节，以便吊车可以通过，压缩机得以解体检修。

2. 阀门的布置

（1）轴流式、离心式压缩机进出口均应设置切断阀。

（2）轴流式、离心式压缩机出口管道应设置止回阀，以防压缩机切换或事故停机时物流倒回机体内。

（3）压缩机进出口管道架空布置时，其管道上阀门手轮或执行机构中心距地面高度大于 2.2m 时，宜设操作（检修）平台。

（二）离心式压缩机入口管道的设计

1. 压缩机入口管道一般设计要点

（1）压缩机组应尽量靠近上游设备，使压缩机入口管道短而直，所用弯头最少。

（2）压缩机吸入气体可能夹带液体或易产生凝液时，应在入口管道上设置分液罐或分液包,分液罐或分液包后的管道应予保温。

(3) 压缩机入口管道上应设置人孔或可拆卸短节,以便开机前安装临时过滤器和清扫管道。

2. 催化裂化装置主风机入口管道

(1) 主风机吸入口顶部应设置吸风帽,吸风帽的安装位置应高过屋顶1.5~2.0m,吸风帽的设计应满足下列要求:

a. 风帽四周环形面积应满足压缩机入口风量的要求;

b. 采取一定的消声措施;

c. 防止雨水和其他杂物被吸入。

(2) 主风机入口管道上应采取以下消声措施,以使噪声声压级符合现行国家标准《工业企业噪声控制设计规范》GBJ 87 和行业标准《石油化工噪声控制设计规范》SH/T 3146 的有关规定:

a. 管道中气体流速不得超过25m/s;

b. 管道上应设置消声器;

c. 管道外壁敷设吸声材料。

(3) 主风机吸入口与反飞动放空管嘴的间距应不小于4m,防止热风循环。

(4) 为避免或减小入口管道对压缩机入口管嘴的力和力矩,入口管道和入口管嘴宜采用软连接,即在入口管道靠近入口法兰处留出40~50mm 的间隙,采用尼龙橡胶带套上,两边用管卡固定在管道上,或在入口管子弯头支架处加20mm 橡胶垫,以增加柔性。

(5) 主风机入口管道,当 *DN*≥500mm 时,需设置人孔,当 *DN*<500mm 时,需设置法兰短节以便检查和清扫管道。

3. 可燃气体压缩机入口管道

(1) 多台并联压缩机的各入口管道应从总管的顶部接出。

(2) 当吸入介质为饱和气体时,入口管道应保温或伴热。

(3) 可燃气体压缩机入口应设置切断阀,切断阀应为闸阀。氢气压缩机入口应设置双道切断阀,切断阀宜为球阀,两阀中间设置 *DN*20 放空管(包括阀),各放空支管接至放空总管。

(4) 可燃气体压缩机入口放火炬管道上应设置快速开、关的切断阀。

(5) 可燃气体压缩机应有供开停工使用的惰性气体置换设施,惰性气体入口接至压缩机入口管切断阀后,靠近阀门布置以减小死角。出口放空管由压缩机出口管切断阀前接出,引至放空集合管。惰性气体管道应设置三阀组,见图5-9-1。

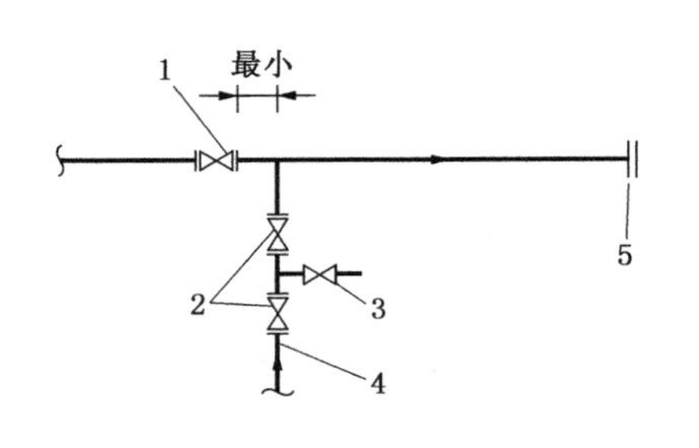

图5-9-1 惰性气体三阀组示意图

1—压缩机入口切断阀;2—切断阀;3—检查阀
4—惰性气体管道;5—压缩机入口法兰

(三) 离心式压缩机出口管道的设计

1. 压缩机出口管道一般设计要点

(1) 压缩机出口管道在热态时所产生的力和力矩,必须小于压缩机出口管嘴所允许承受的外力和力矩,否则应改变管道的布置,或在出口管道上设置补偿器,或采取其他措施。

(2) 两台或两台以上的离心式压缩机并联操作时,为减少并机效率损失,以及避免由于每台压缩机的流量与压力不同，而使气流发生“顶牛”，两台压缩机出口管道流体合流处应按图5－9－2进行连接，或按图5－9－3斜接。

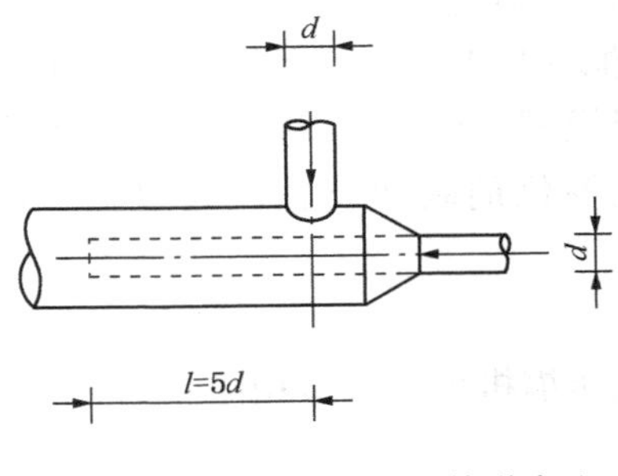

图5－9－2　压缩机出口管道合流连接示意图(一)

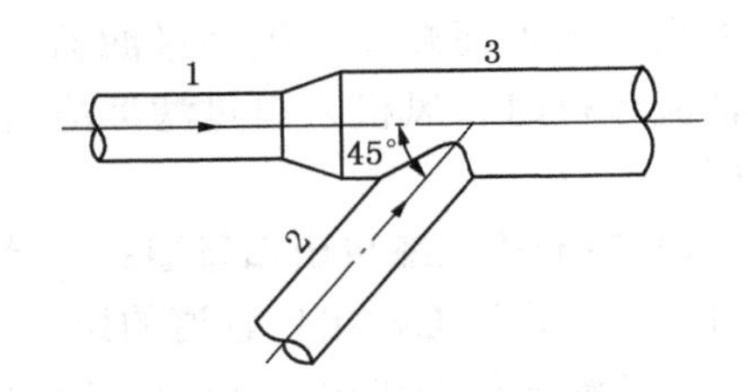

图5－9－3　压缩机出口管道合流连接示意图(二)
1—支管；2—支管；3—主管

2. 催化裂化装置主风机出口管道

(1) 主风机出口管道内介质温度为200℃左右，一般应优先考虑自然补偿的方式，使管道自身具有一定的柔性，热态时能吸收管道的热胀，减小管系各点的应力，使管道的热胀推力和力矩小于主风机管嘴所允许承受的外力和力矩。

(2) 当采用自然补偿无法满足管系的推力和力矩的要求时，可在管道上设置波型补偿器，其布置形式如图5－9－4所示。

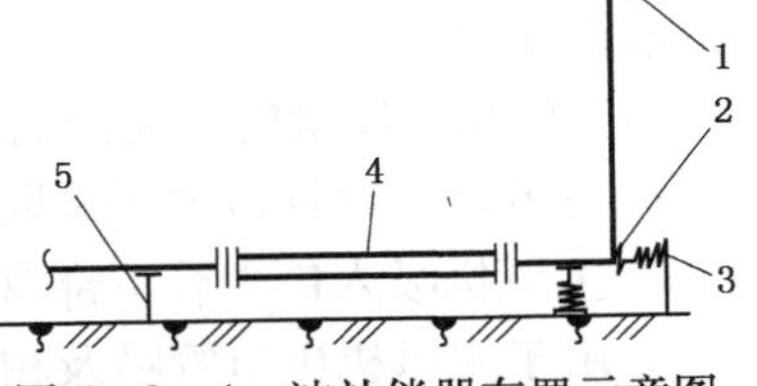

图5－9－4　波补偿器布置示意图
1—出口法兰；2—弹簧支架；3—止推支架；4—复式铰链型波型补偿器；5—滑动支架

(3) 主风机出口立管上不宜设置自由型波型补偿器，以防止内压盲板力作用于机壳上。

(4) 为防止再生器内高温催化剂在突然停机时倒流入机体内，除在主风出口管道切断阀前设置止回阀外，还应在主风出口总管上设置阻尼止回阀，止回阀应能迅速关闭，气体正常流动时，止回阀压降较小。主风机出口切断应能迅速关闭，宜选用零泄漏三偏心蝶阀。

(5) 为降低噪声，在主风机出口管嘴处应设置管道消声器。

(6) 主风出口管道应采取外保温措施，采用多孔软质材料或纤维材料，以达到绝热和吸声的效果。

3. 可燃气体压缩机出口管道

(1) 由于波型补偿器为薄壁结构，达到一定疲劳寿命后就会破裂，不锈钢波节易发生Cl^-应力开裂，因此可燃气体压缩机出口管道不宜设置波型补偿器。

(2) 为保护压缩机，可燃气体压缩机出口止回阀前应设安全阀，安全阀的出口管道应接入密闭系统排放。安全阀的排放管道不得处于系统低点，以防存液而影响安全阀的动作。

4. 离心式压缩机反飞动管道

(1) 为防止离心压缩机的飞动，在出口切断阀前应设置反飞动控制管道。

(2) 空气压缩机的反飞动放空管道可接至高出压缩机房顶放空，顶端设置放空消声器。

(3) 可燃气体压缩机反飞动控制管道有两种形式：

a. 经压缩机旁路冷却器冷却后，接至压缩机入口管道，并在管道上设置调节阀组；

b. 采用大循环的方式，将反飞动线接至压缩机入口前冷却器入口管处，管道上设置调节阀组，调节阀组应布置在冷却器平台上，并减少调节阀组后的压力降。

（四）轴流式压缩机入口管道的设计

（1）轴流式压缩机入口管道的设计基本上与离心式压缩机入口管道相同。

（2）由于轴流式压缩机的叶片对灰尘的污染敏感，入口应设置过滤器。过滤器为特制的，气体通过之处设置可卷式玻璃棉毡(或等效的其他材料)。由于空气中含尘量及颗粒大小随高度增加而减少，因而过滤器的位置应尽可能设置高一些。催化裂化装置主风机选用轴流风机时，风机入口过滤器应远离催化剂罐及催化剂装卸设施，其位置宜高于主风机厂房。

（五）轴流式压缩机出口管道的设计

（1）轴流式压缩机出口管道的设计基本上与离心式压缩机出口管道相同。

（2）轴流式压缩机出口切断阀前应设置反阻塞阀。

（六）压缩机进出口管道支架设计要点

（1）无论是离心式压缩机还是轴流式压缩机，其进出口管道支架设置合理与否，直接关系到压缩机管嘴受力和力矩的大小，支架设置不合理易造成机组振动。

（2）由于压缩机进出口管嘴一般均向下，机体热膨胀及管道热膨胀均向下，因此，管道支架宜采用弹簧支架或弹簧吊架。

（3）为防止管道热胀致使进出口管嘴产生弯矩，在靠近进出口管嘴的管道上应设置导向支架或止推支架。

（4）催化主风机管道支架的设置：

a. 主风机入口管道由于采取软连接，入口管嘴下的弯头处应设置固定弯头支托；

b. 主风机吸入口立管下部弯头处设固定支架，上部设导向支架；

c. 由于主风机出口管嘴及相连管道向下膨胀，出口管第一个弯头处应设置弹簧止推支架，以减小热态管系作用在管嘴上的侧向力矩。

二、往复式压缩机管道设计

往复式压缩机依靠活塞的往复运动将气体升压，一般常用于小容量或高压的压缩机。往复式压缩机的结构形式有卧式、立式、W 形、星形和对称平衡型等。

由于往复式压缩机气体的吸入及排出均是脉动流动。因此，造成进出口管道脉冲性振动，如不加以限制或排除，易造成机器的损坏、管道的破裂。

（一）管道布置的一般要求

（1）管道内气体凝液不得留在管内，管道的布置应考虑到液体的自流。当管道出现“U”形时，应在低点采取排净措施。

（2）压缩机进出口管道布置应使管道短，弯头数量少。但出口管道的温升产生热胀对压缩机管嘴及机壳有影响时，出口管道更应具有柔性。

（3）多台压缩机并排布置，为了便于进行切换，需把压缩机进、出口管道上的阀门和仪表布置在便于切换操作、容易接近的地方。

（4）由于活塞的往复运动造成流体的脉动，使得压缩机进出口管道产生振动。因此管道的设计应注意以下几点：

a. 进行管道的振动分析，详细地进行支架规划，确定支架形式和支架间距；

b. 自压缩机管道上引出的 $DN \leqslant 40$ 的分支管道及仪表管嘴应采取加强措施；

c. 为防止振动和振动的传递，管道布置应尽量低，支架敷设在地面上，并且是独立基础，加大支架的刚性，增多支架数量；

d. 管道布置应尽量直，弯头数量少，弯头曲率半径 $R \geqslant 1.5DN$。

（5）可燃气体压缩机的管道设计应注意以下事项：

a. 管道的低点排凝、高点放空阀门应设丝堵或管帽或法兰盖，以防泄漏；

b. 压缩机周围的管沟内应充砂避免可燃气体的积聚。

（6）压缩机及其周围的管道不应妨碍压缩机的操作和维修。

（7）压缩机厂房内一般设有检修吊车，布置压缩机的进出口管道时，不应影响吊车的行走。

（8）压缩机的管道应布置在操作平台下，使压缩机周围有较宽敞的操作和检修空间。

（二）往复式压缩机入口管道的布置

1. 管道布置

从入口分液罐到入口管嘴间的管道应最短，压力损失最小，管道内应不存凝液。

（1）为防止管道内凝液进入压缩机气缸，管道应有坡度，低点在入口分液罐处，或入口集合管处，见图5－9－5。

（2）管道布置在自地面生根的低管墩上，并用管卡固定管道或防振管托，有利于防振。且阀门和仪表安装高度合适，并布置在操作平台的两侧，操作方便，节省投资。见图5－9－5。

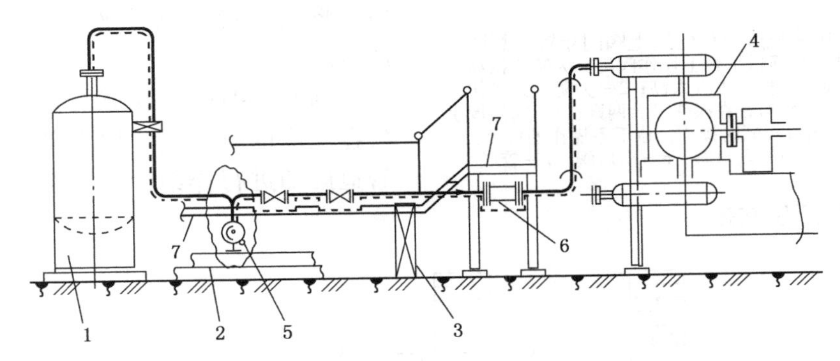

图5－9－5　压缩机入口管道布置示意图

1—入口分液罐；2—管墩；3—阀门支架；4—往复压缩机；
5—蒸汽伴热管；6—过滤器；7—操作检修平台

（3）易产生凝液的管道应予伴热。

（4）为减小气体压力脉动，应在压缩机入口管道上设置缓冲罐或孔板。

2. 阀门的布置

一般入口阀门和出口阀门均集中布置在压缩机四周平台便于操作的位置，如无平台，则集中布置在压缩机附近的地面上。由于阀门的自重改变了管系的载荷平衡，容易发生振动。为防振应将阀门布置在最低位置，阀门前后均设支架，支架在地面生根。出入口阀门组宜与压缩机轴垂直布置，见图5－9－6；也可平行布置，见图5－9－7。

3. 过滤器的布置

往复式压缩机开工前入口管道应设细网目临时过滤器；正常运行时，为减小阻力，用粗网目（10～30网眼）更换，或取出滤网。因此，过滤器的安装应注意以下几点（见图5－9－8）：

（1）过滤器安装在靠近压缩机管嘴处；

（2）设置在容易操作、容易拆装的位置；

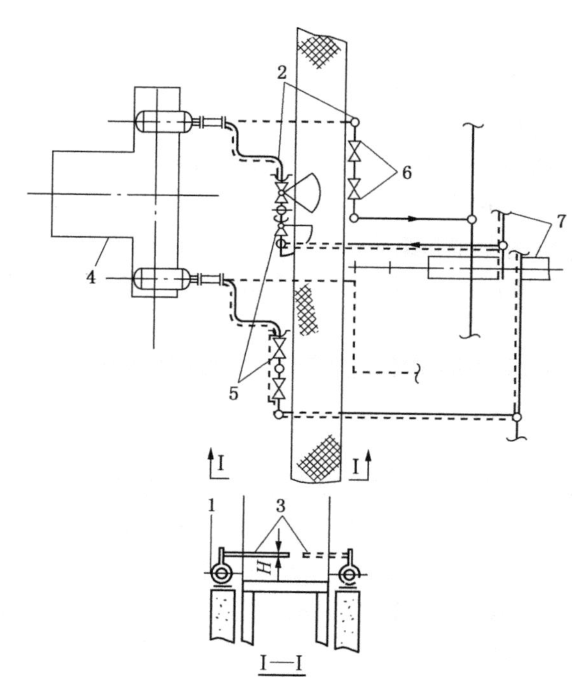

图5-9-6　压缩机进出口管道上阀门布置示意图(一)
1—考虑从操作通道平台上操作阀门，为防止振动，支架在地面上生根，不宜太高；2—为防止误操作，将进出口阀组分别布置在操作平台两则；3—阀门扳手：不考虑进出口阀同时操作，取下不操作的扳手；4—压缩机；5—入口阀；6—出口阀；7—管墩

(3) 尽量设置在水平管上。不宜设置在介质自下而上流动的立管上,因滤网留不住杂质。

4. 空气压缩吸入口管道

空气压缩机布置在封闭式厂房内时，空气吸入口的位置取决于厂房周围的环境，应避免吸入其他气体，该管道的设计应注意以下几点。

(1) 空气吸入的方式由压缩机制造厂确认，特别需要确认过滤器的形状及其安装位置。

(2) 吸入管道应最短，弯头应最少。由于管道压降大直接影响压缩机的性能，所以需将入口管系形状通知制造厂，请制造厂确认。

(3) 应能自流排凝，如不可避免出现“U”形时，应设排凝阀，如图5-9-9所示。

(4) 压缩机的管道支架应尽量避免生根在厂房的梁柱上。如不可避免时，应对管道振动进行详细计算分析，使管道的振动不得与厂房产生共振。

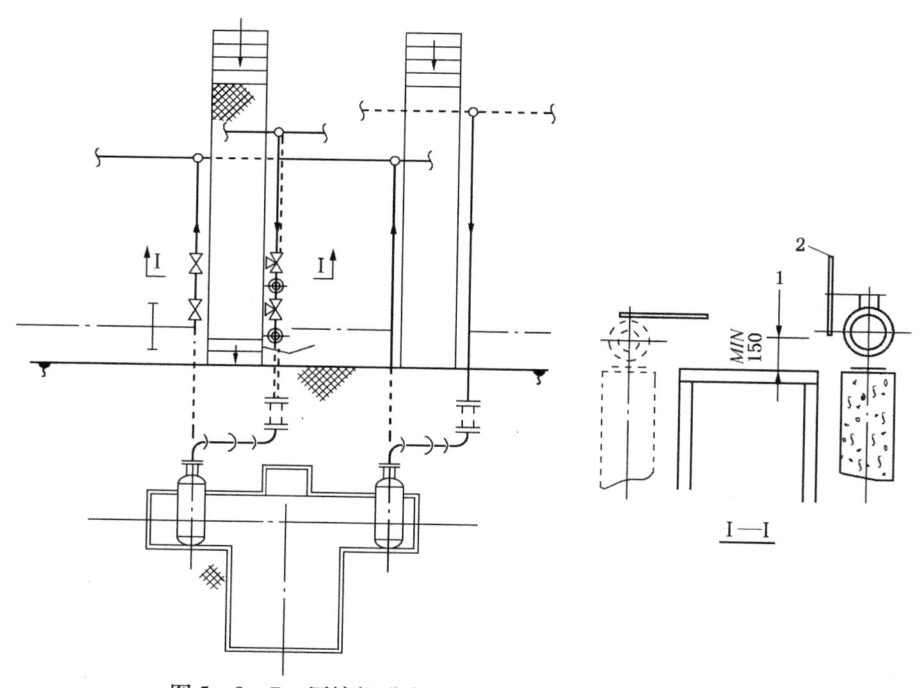

图5-9-7　压缩机进出口管道上阀门布置示意图(二)
1—操作阀门的可能范围；2—齿轮操作把手

（三）往复式压缩机出口管道的设计

（1）由于流体的脉动，致使出口管道产生振动。同时由于被压缩介质的温升，使管道热胀产生应力。因此，压缩机出口管道设计应注意以下几点：

a. 靠近出口管嘴处应设置缓冲罐，以减小脉冲振动；

b. 在不妨碍检修操作情况下，管道沿地面布置对防振有利。以减小压缩机管嘴反力和力矩为目的的止推支架，设置在地面上比架空设置更容易；

c. 弯头、阀门以及其他附加载荷集中点，特别容易引起振动。管道布置时，应考虑在这些部位设置支架；

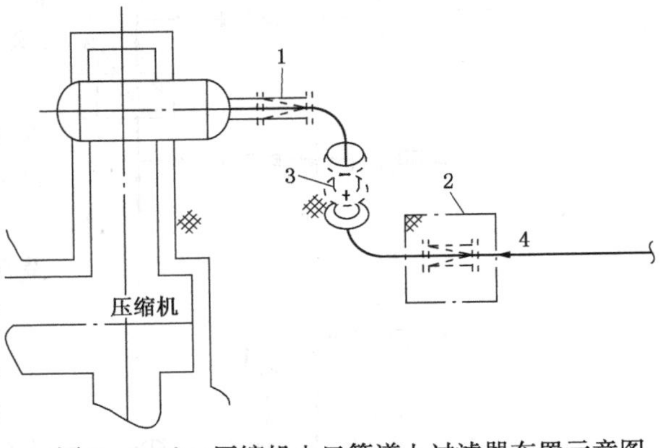

图5-9-8　压缩机入口管道上过滤器布置示意图

1—过滤器适宜的安装位置；2—过滤器也可安装于此，但此处楼板应为活动楼板；3—不适宜安装过滤器的位置

d. 沿管廊布置的振动管道应设置弹簧减振器；

e. 并排布置多台压缩机，其振动管道应统一考虑，统一规划，沿同一走向成组布置，统一设置支架。

（2）阀门的布置。往复式压缩机出口阀门与入口阀的布置原则相同。如图5-9-6、图5-9-7所示。

空气压缩机出口管道阀门布置如图5-9-10所示。

阀门的手轮、阀门上带有的电动头或气动头均有一定的质量，若设置方位不合适，由于振动会影响连接部位的强度。如不可避免应采取适当支撑措施(如图5-9-11所示)。

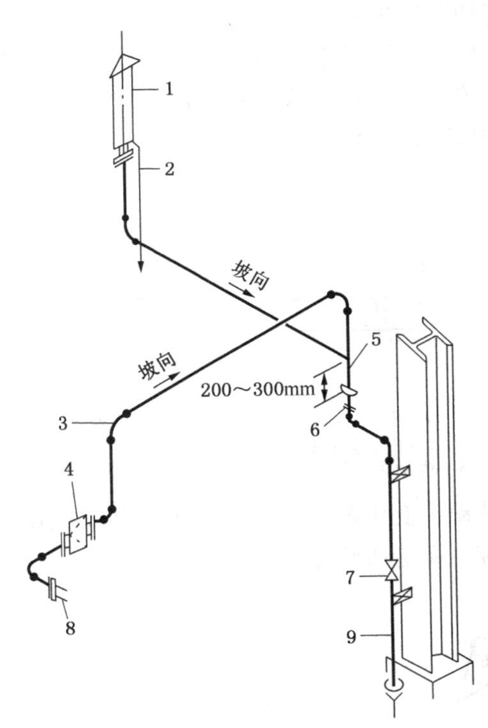

图5-9-9　压缩机入口管道排凝管示意图

1—带防护罩消声器；2—1/2″~3/4″排凝管通至地面；3—从此点坡向凝液斗；4—过滤器；5—凝液斗；6—法兰；7—排凝阀安装在易操作处；8—压缩机进口管嘴；9—3/4″~1″排凝管

1. 安全阀

在出口阀关闭的状态下启动压缩机，以及在压缩机正常运行中误操作，关闭出口阀门，都会使压缩机和管道内压上升，为安全起见，在出口阀前应设置安全阀。

（1）安全阀应靠近出口阀门设置，其主要原因如下：

a. 安全阀的动作与出口阀的开关状态相关联；

b. 往复式压缩机开工前机体与管道要用氮气置换，为了利用此旁路阀进行管道的氮气吹扫，要求出口阀与安全阀间死角最小。

（2）如图5-9-12和图5-9-13所示，在安全阀出入管道上设排凝管，安全阀出口管道与放火炬总管应从顶部45°斜接，当安全阀动作时，出口管受高速气流冲击，仍不致因存液而产生水锤现象。

（3）安全阀远离出口管嘴布置时，安全阀入口会产生压降，其值不得超过定压值的3%，否则应由工艺专业核定。

（4）空气压缩机的安全阀出口直接排向大气，安全阀的安装位置和管道设计应注意以下几点：

a. 当安全阀设在厂房内时，其排放口应设在厂房外，并高过厂房顶2.2m以上；

b. 宜采用单独放空管排向大气。

2. 止回阀

为防止压缩机突然停机时，出口管道内的介质倒流，压缩机出口管道上应设止回阀。

（1）止回阀应设置在压缩机出口管嘴与出口切断阀之间。

（2）由于流体的脉动，旋启式止回阀阀板开关频繁，易造成损坏，出口管道不宜选用旋启式止回阀。

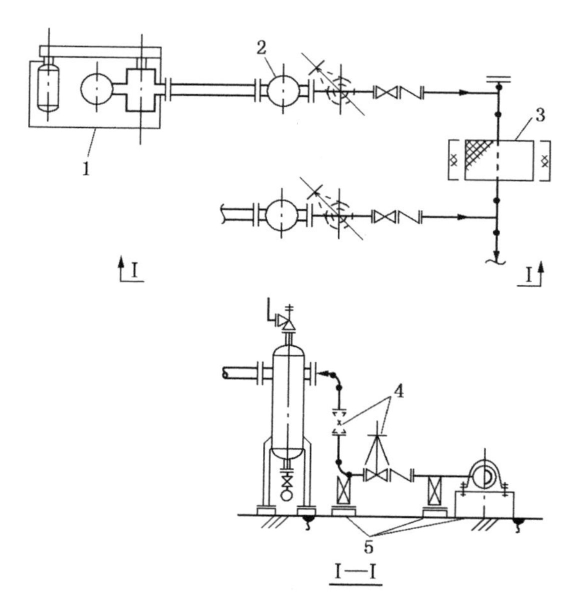

图5-9-10　空气压6缩机出口管道上阀门布置示意图
1—空气压缩机；2—后冷却器；3—走桥；4—尽可能不在垂直管道上安装阀门，应安装在水平管道上；5—支架

（四）管道的热胀与防振

压缩机的管道在热胀的同时又伴有振动，为防止振动，对热胀管道必须固定，但固定又会限制热胀，因此应从以下各方面综合考虑。

（1）为减小往复式压缩机的间歇吸入和排出产生的压力脉冲而引起的振动，应在压缩机吸入和排出口设置缓冲罐，并尽量靠近压缩机进出口管嘴。

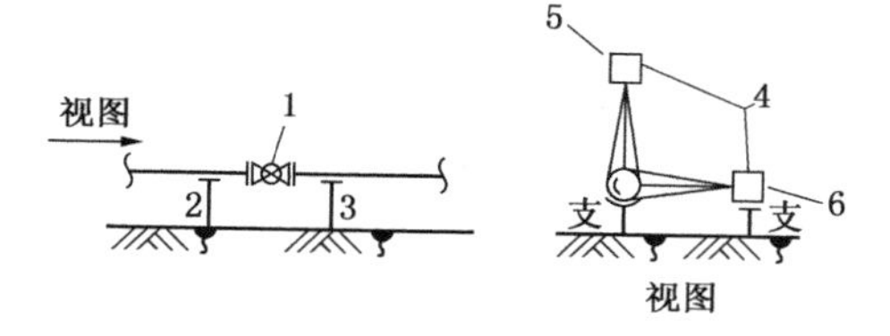

图5-9-11　电动阀支撑示意图
1—电动阀；2、3—支架；4—电动头；
5—电动头立放(好)；6—电动头平放(不好)

（2）由于压缩机出口管道内的脉动流引起压力波动，变化范围较大。因此，出口管道上不得设置波型补偿器，以防在高压力时产生过大的应力而造成破坏。

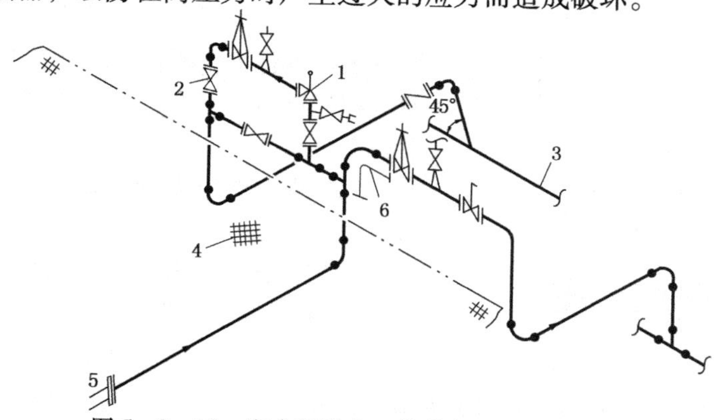

图5-9-12　安全阀进出口管道布置示意图(一)
1—安全阀；2—由于阀上部容易存液应避免在垂直管道上设阀；
3—火炬总管；4—阀门操作平台；5—压缩机管嘴；6—最小

(3) 除小管径($DN \leqslant 40$)管道外，原则上振动管道的支架不应在厂房、构架、平台和设备上生根。

(4) 压缩机管道应具有一定柔性，以自然补偿吸收管道的热胀。

(5) 管道若用蒸汽吹扫，蒸汽温度高于介质温度时，应按蒸汽的饱和温度考虑管道的柔性。

(6) 与压缩机进出口管道相接的小直径($DN \leqslant 40$)分支管道接头处应采用加强管接头和角撑板，使其有一定强度，以防焊缝破裂。如图5-9-14所示。

(五) 振动管道支架

(1) 振动管道宜沿地面敷设，一般将管道固定于生根在管墩的型钢上，见图5-9-15。

(2) 应合理设置导向支架和管卡，既要抗振，又不妨碍管道的热位移。

(3) 固定管托、管卡应有一定的弹性，吸收管道的振动，例如在固定管卡与管道之间衬以软木或橡胶垫等。

(4) 不得在压缩机机壳上和支承压缩机的底座上设置管道支架。

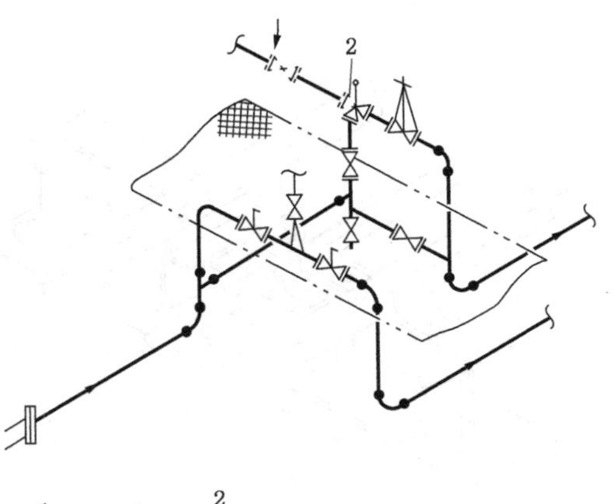

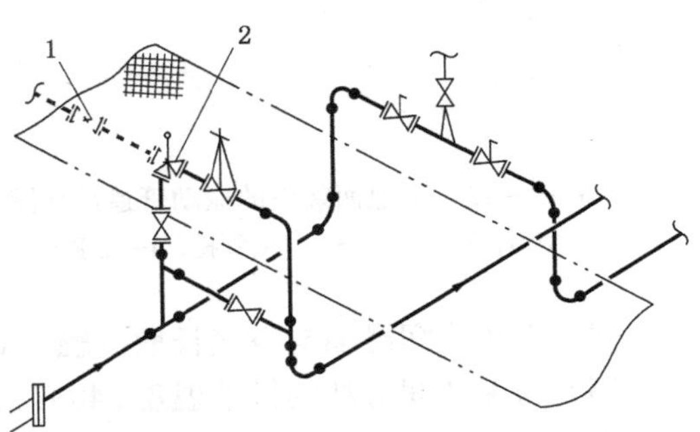

图5-9-13 安全阀进出口管道布置示意图(二)

1—左右都可安装；2—安全阀

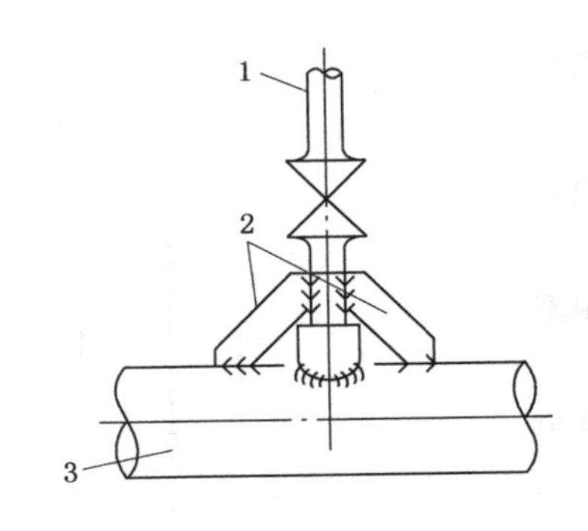

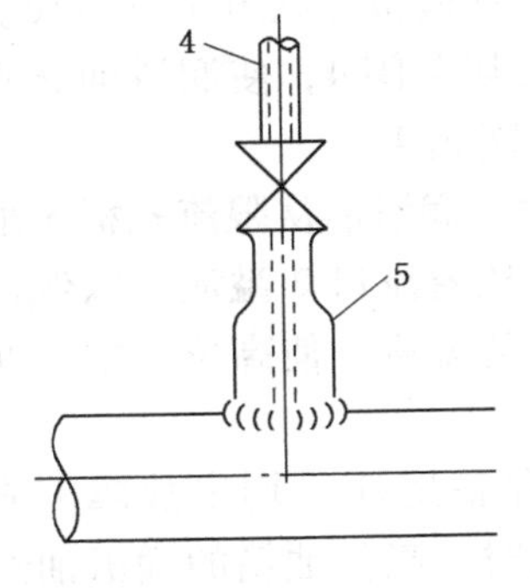

图5-9-14 分支管道接头加强示意图

1—分支管；2—角撑板；3—主管；4—分支管；5—整体加强接头

三、润滑油系统、封油系统及其管道设计

(一) 润滑油系统及其管道设计

石油化工装置用离心式压缩机组、发电机组、能量回收机组等均为高速运转机械，轴承、轴瓦处转动摩擦发热，为防止轴承、轴瓦超温烧损，保证机组正常运行，必须设置润滑油系统，通常称为油站。

一般引进压缩机组或引进国外技术、国内生产的压缩机组，润滑油系统均应成套供货，管道设计仅考虑机组供油和回油总管与油站之间管道的设计。

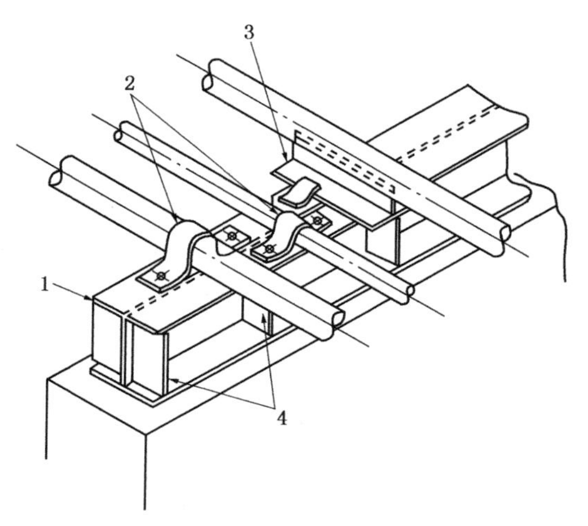

图 5－9－15　沿地面敷设的振动管道示意图

1—型钢；2—管卡；3—导向管托；4—加强筋

如果非成套供货，即厂家只提供润滑油系统中的单体设备，应考虑各单体设备之间的连接管道。

为节省管道、方便操作和检修，系统中各单体设备一般以油箱为中心，按流程顺序紧凑布置。

1. 油箱

（1）油箱中油量必须包括机组正常运行 8 分钟所需油量（不包括经安全阀直接回油箱的油量）和油管道中及高位油箱充满油时的油量。

（2）正常操作油箱的最高油位应为油箱容积的 80%，最低油位为油箱容积的 60%。同时油箱应设有最高或最低油位报警系统。

（3）油箱最低点应设排污阀门。

（4）为防止润滑油与空气长期接触，氧化变质，油箱上部空间应充氮气。

（5）为保证润滑油的供油温度（40℃），油箱必须设置加热设施。可燃气体压缩机一般采用蒸汽加热，空气或其他惰性气体压缩机也可采用电加热器。

2. 高位油箱

（1）当主油泵和备用油泵均出故障，或突然停电、停汽造成被迫停机的情况下，如无其他手段保证轴承的润滑油供给，应设高位油箱。

a. 高位油箱的管道布置见图 5－9－16。

b. 试机前打开切断阀 4，使润滑油充满高位油箱，后关闭切断阀 4。

c. 正常操作时，润滑油从限流孔板 5 限量进入高位油箱，后从溢流口 2 溢流，以保证高位油箱中的润滑油的温度，使高位箱中的润滑油处于流动状态。

d. 当主油泵和备用油泵均出故障，或停电、停汽被迫停机时，高位油箱的润滑油经止回阀 6 进入机组的润滑油系统，以满足机组 5min 的润滑油用油。

（2）高位油箱应位于机组上方，一般可设在室外，在寒冷地区宜设在室内，其安装高度应符合制造厂的要求。如制造厂未规定其安装高度，可按下述原则确定：高位油箱入口法兰（事故状态为出口）距压缩机轴中心线的垂直距离应不小于 6m。

（3）室外设置的高位油箱应采取保温措施，寒冷地区高位油箱应设外蒸汽加热盘管。

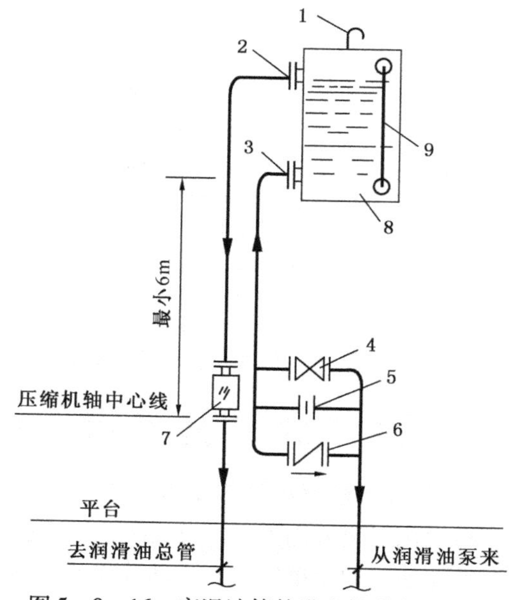

图 5－9－16　高温油箱的进出管道布置示意

1—通气孔；2—溢流口；3—润滑油入口；
4—切断阀；5—限流孔板；6—止回阀；
7—视镜；8—高温油箱；9—液位计

3. 油泵

(1)为保证润滑油连续供给，除主油泵外，应设备用泵。当润滑油压力低于机组运行所允许最低压力时，备用泵应自启动。

(2)主油泵为汽轮机驱动时，备用泵应为电动油泵。主油泵为机组原动机—汽轮机所带轴头泵时，应设电动泵为备用泵。主油泵为机组原动机—电机所带轴头泵时，应设汽轮油泵为备用泵。

(3) 每台油泵入口应设永久过滤器，过滤器网眼宜为30目/in。

(4) 每台油泵出口管嘴与切断阀间应设止回阀，防止突然停电或泵切换过程中叶轮倒转。

4. 润滑油冷却器(简称冷油器)

(1)应设两台互为备用的冷油器，其管道应并联布置，可以单独切断。

(2)冷油器应留有检修空间，卧式冷油器管箱端的抽芯空间至少应为芯长加1m。立式冷油器上方不得布置管道。

5. 润滑油过滤器(简称滤油器)

(1) 应设两台互为备用的滤油器。

(2) 滤油器安装在便于切换操作和清洗的位置。

(3) 滤油器进出口管道上均应设置压力表，并有差压报警设施。

6. 润滑油供油总管和回油总管应分别布置在靠近机组的两侧，宜将供油总管和回油总管沿机组底座布置在基础边缘上；也可在基础边缘上开沟，将管道放在沟内，沟上设钢盖板。

7. 供油管道的设计

(1) 为保证润滑油的质量，从过滤器出口至机组各供油点的所有管道、管件、阀门等的材质均应为不锈钢和对焊连接形式。

(2) 各供油支管上应设流量调节器和压力表，压力表设于调节器之后。

(3) 为保证供油压力的稳定，在供油总管上应设压控调节阀。

(4) 供油支管与供油总管应采用法兰连接，并分段组装。

8. 回油管道的设计

(1) 全部回油管道及其管件的材质均应为不锈钢。

(2) 回油管道管径应保证油在管内1/2截面内流动，并畅通无阻地流入油箱，回油总管在流动方向上应有向下4% ~5%的坡度。

(3) 各回油支管上应在易于观察的部位设置视镜，以观察回油情况。

(4) 各回油支管上应设置温度计，以了解各轴承温度的变化。

(5) 回油支管与回油总管应用法兰连接，并分段组装。

(6) 回油管道上不得设置阀门。

9. 如主油泵为汽轮机带轴头泵，油箱注油器出口至轴头泵吸入口管道应尽量短，并少用弯头。

10. 高位油箱与机组供油总管相接管道应短而直，减少弯头，不得出现“U”形。

11. 机组调速器用高压调节油应从油泵出口管上压控调节阀前接出。

12. 润滑油管道不得与蒸汽管道或其他高温管道相邻布置，交叉布置时净空不得小于200mm。

13. 为便于润滑油管道去污清洗及酸洗钝化，管道应分段用法兰连接，管道最长段不宜大于4m，每根管道弯头数量不应多于2个。

（二）封油系统及其管道设计

为防止机内气体自轴封处外泄，对于可燃、易爆、有毒的气体压缩机，必须设置封油系统。

（1）封油系统及其管道设计与润滑油系统基本一致。但封油系统应是一独立系统。

（2）内封油压力回油管道应有4%～5%的向下坡度，坡向气液分离器。

（3）内封油应单独回到封油污油罐，被污染的封油经处理合格后才可重新使用。

（4）封油脱气槽应高于封油油箱，以便经脱气后的封油从脱气槽自流回油箱。

（5）为防止被压缩气体窜入封油内，前后轴封上的密封氮气应自总管上分别引出，并设切断阀，阀后设压力表，调节氮气压力略高于被压缩气体压力。

四、管道的氮气吹扫/置换

1. 吹扫的目的和方法

（1）压缩机检修完毕后，工艺管道内和压缩机内残存空气，启动压缩机吸入油气或其他可燃、易爆气体时，可能产生爆炸危险。因此，应在开机前引入氮气置换。

（2）直接通入氮气置换空气或用抽空设备使管内或机体内形成真空后，再通入氮气。

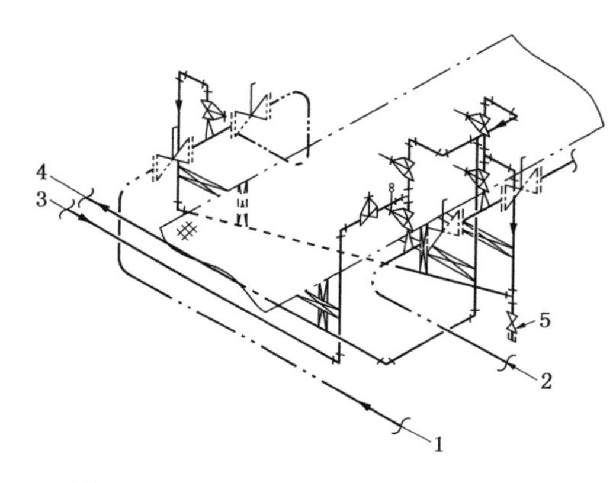

图5－9－17　氮气吹扫管道布置示意图

1—压缩机出口管道；2—压缩机入口管道；3—氮气；4—出口放空；5—排凝阀

2. 氮气管道的布置

（1）氮气吹扫管道口径较小，并且直接和工艺管道相连接，工艺管道的振动直接传递给这些小管道，引起振动。因此，这些小管道应与工艺管道并排布置，共用支墩，并用管卡固定在支墩上，尽可能避免架空布置。

（2）氮气管道与工艺管道相接的位置应尽量避免死角，管道经过吹扫后，剩余空气最少。

（3）氮气吹扫的阀门应如图5－9－17所示，与工艺管道相接距离最小。

（4）氮气吹扫应采用三阀组，其中一个为检查阀。如图5－9－17所示。

（5）吹扫出口如排向大气，应通向安全区域。有厂房时，排出口应超过房顶2.2m。无厂房时排出口应沿周围的塔或构架引至高处放空。

（编制　李苏秦）

第十节　蒸汽轮机管道的设计

石油化工厂中，蒸汽轮机作为原动机驱动压缩机、发电机和大型油泵。按其排汽型式分为凝汽式和背压排汽式两种。

由于蒸汽轮机属于高转速机器，受力敏感，因此在冷、热态情况下，进出口管道作用于蒸汽轮机进出口管嘴上的力和力矩均应小于蒸汽轮机进出口管嘴所允许承受的力和力矩。

由于蒸汽轮机是精密复杂的机器，因此，蒸汽轮机的进出口管道、疏水管道、润滑油管道的布置均不应妨碍操作及检修。

蒸汽轮机进出口的切断阀和疏水阀应尽可能集中布置，以便于操作。

一、入口管道的设计

1. 管道上应有排凝设施，防止凝结水带入汽轮机造成叶片的损坏。

2. 为减小热态管系对入口管嘴的推力和力矩，入口管道的设计应有一定的柔性，靠管系自身的柔性吸收管系的热胀量和汽轮机入口管嘴的附加位移量。

3. 对背压式蒸汽轮机，如蒸汽压力过高，会造成汽轮机转速过高或外壳超压损坏。所以蒸汽入口管道上应设安全阀或调节阀，保证蒸汽压力稳定，以保持恒定的汽轮机转速。

4. 蒸汽轮机在较高温度下运行，开机前应对机壳、转子进行预热。因此，进汽管道上的切断阀应设预热旁路阀。旁路阀的直径可按表 5－10－1、表 5－10－2 确定，所通过的蒸汽量既能达到预热的目的，又不会使汽轮机转动。

表 5－10－1　1.0MPa 蒸汽管道上主切断阀的旁通阀直径　　（mm）

主切断阀直径 *DN*	≤150	200	250	300	350
旁通阀直径 *DN*	25	40	40	50	50

表 5－10－2　3.5MPa 蒸汽管道上主切断阀的旁通阀直径　　（mm）

主切断阀直径 *DN*	≤150	200	250	300	350
旁通阀直径 *DN*	40	50	50	80	80

旁路阀的另一重要作用是平衡主切断阀两边的压力，使主阀容易开启。

5. 靠近汽轮机进口管嘴的管道上应设置一个可以拆卸的带法兰短节，以便在试运前安装吹扫用临时管道。

6. 中压蒸汽轮机启动前对引入的中压蒸汽参数应有一定的要求（$p > 3.0$MPa，$T > 320$℃），当蒸汽轮机距产汽锅炉或其他产汽系统较远时，进汽管道产生的压降和温降较大，因此在将蒸汽引入汽轮机前，采用蒸汽大量放空的方法以提高蒸汽的温度，为此需在蒸汽进口法兰前，即主汽门前的管道上接出一个带阀门的分支管道，其直径为 *DN*50～100（视主管管径而定），管道引至厂房外放空，支管上的切断阀靠近主管设置。放空管宜设消声器。

二、出口管道的设计

1. 凝汽式汽轮机

（1）凝汽式汽轮机排汽管道不得设置阀门。

（2）如果采用水冷凝器，汽轮机出口与冷凝器入口直联，中间设波纹管补偿器。

（3）如果采用空气冷却器的冷凝方式，空冷器应靠近汽轮机布置，排汽管道应尽量短而直。

（4）由于冷凝器在真空状态下工作，凝结水泵的安装位置与标高应充分考虑泵的汽蚀余量的要求，凝结水泵一般应选低汽蚀余量离心泵，系统提供的有效汽蚀余量应大于该泵所需汽蚀余量。

2. 背压式汽轮机

（1）为防止蒸汽轮机突然停机时，与排汽管道相连的管网中蒸汽倒流，造成汽轮机反转，排汽管道上必须设置止回阀。

（2）当蒸汽轮机排汽温度高于所并蒸汽管网的温度时，排汽管道上必须设置减温器，经过减温器后的蒸汽才可并入管网。

（3）为保证蒸汽轮机的有效出力，排汽管道切断阀前应设置安全阀，安全阀出口管道应引至厂房外，并设置消声器，放空口应高出房顶2.2m以上。

（4）排汽管道的布置应有一定柔性，其热补偿应与系统管网分开考虑，即在管道上设置固定支架，分段考虑其热补偿，靠近排汽管嘴这段管道应具有较大的柔性，在热态情况下管系对排汽管嘴的推力和力矩应小于其允许值。

三、蒸汽管排凝与疏水管道的设计

（1）蒸汽轮机进汽、排汽管道的低点、主汽门、汽轮机机壳、以及轴封处均应设置排凝结水管道。

（2）高、中压蒸汽轮机进汽管道上的排凝管道、机壳排凝管道上均应设置双阀。

（3）为方便操作、美观整齐，蒸汽轮机附近的所有排凝管道及阀组均应集中布置，集中排放。

（4）排凝阀组示意如图5－10－1。

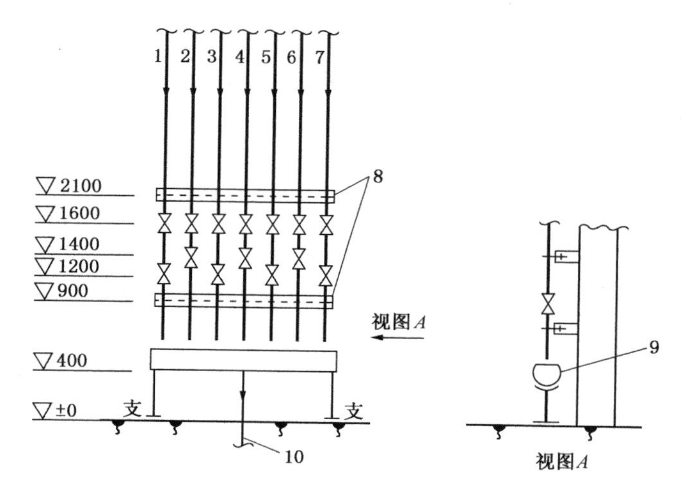

图5－10－1　中压汽轮机排凝管道示意图

1—进口管疏水；2—排汽管疏水；3—机壳疏水；4—前汽封疏水；5—机壳疏水；6—后汽封疏水；7—主汽门疏水；8—导向支架；9—*DN*200管；10—排至指定地点

四、支架的设计

（1）蒸汽轮机进汽、排汽管嘴均朝下，进汽、排汽管道靠近管嘴处均应设置弹簧支、吊架。

（2）为减小管系对汽轮机进出口管嘴上的力矩，应在与管嘴直接相联的立管上或靠近管嘴的水平管道上设置导向支架，只允许管道上、下位移，以防止水平位移而造成的力矩。

（3）靠近汽轮机的管道支架可生根在蒸汽轮机基础柱上。

五、其　　他

（1）蒸汽轮机的蒸汽管道、润滑油管道、动力调节油管道应分开布置，如必须并行成交叉布置时，应保持一定的间距，净空不应小于200mm。

（2）中、高压蒸汽轮机均设置有汽封冷却器。进冷却器的汽封排汽管道的热补偿计算时，应按其可能达到的最高温度计算管道的热胀量，并使管系在热态下作用在汽封排汽管嘴上的力和力矩最小。

（编制　李苏秦）

第十一节　烟气轮机管道的设计

催化裂化装置的再生烟气含有大量可回收的能量，约为800MJ/t原料，约占全装置能耗的26%。再生烟气具有较高压力（~0.2MPa，相对于排放压力~0.07MPa）及较高的温度（600~700℃），将再生烟气引入烟气轮机（简称烟机）回收其压力能带动主风机做功，或带动发电机做功，以回收再生烟气能量，达到节能目的。

烟机在高温及含催化剂粉尘的烟气中工作，操作条件极为苛刻，因此对烟机进出口管嘴所受的外力和力矩的要求极为严格。

一、管道设计一般要求

（1）烟机进出口管道在冷态或热态所产生并作用于进出口管嘴上的力和力矩应小于烟机所允许承受的力和力矩。

（2）在设备布置和管道设计中，应使管道布置简单，产生的力和力矩最小。

二、入口管道的设计

1. 由于烟气温度高（600~700℃），且不得有异物进入烟机，烟机入口管道不得采用冷壁设计，即不得采用衬里管道，应采用耐热不锈钢钢板卷管。

2. 耐热奥氏体不锈钢在高温下热胀量较大，为吸收管道的热胀量，减小热态作用在烟机入口管嘴上的力和力矩，入口管道上宜设置铰链型波型补偿器，一般采用三铰链的布置形式，利用波型补偿器的角变形来吸收管道各个方向上的热胀量。由于补偿器的刚度系数很小，因此变形后的弹性反力也很小。

3. 平面三铰链的布置形式，即入口管道在同一平面内，见图5-11-1。

4. 立体三铰链的布置形式，即入口管道不在同一平面内，见图5-11-2。

立管上的波2、波3为万向铰链型波型补偿器，水平管上的波1为单式铰链型，此种布置形式可以吸收三个方向上管道的热胀量，产生的力和力矩较平面三铰链复杂。

以上两种方案均可以有效吸收管系在热态情况下所产生的各个方向的热胀量，并减小作用在烟机入口管嘴上的力和力矩。两者相比较，平面三铰链的布置更简化一些。因此，在管道布置时，首先考虑这一布置方案。

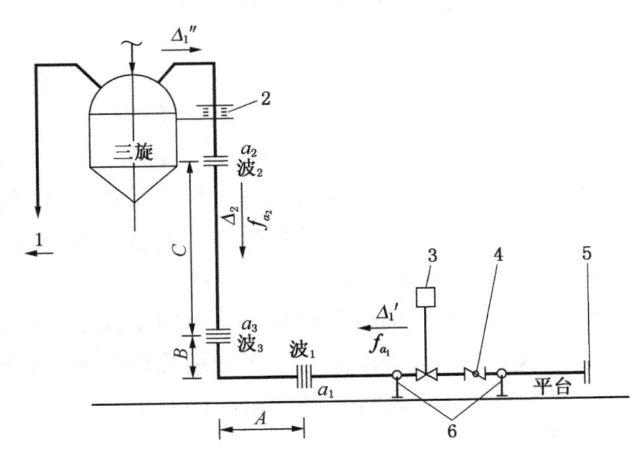

图5-11-1　平面三铰链波纹管补偿器布置形式

1—至双动滑阀旁路；2—弹簧支架；3—高温闸阀；4—高温蝶阀；5—烟机入口法兰；6—摆式支架

5. 为减小热态工况下管道作用于管嘴上的力和力矩，延长补偿器的使用寿命，入口管道应冷态预变形，即将铰链型波型补偿器冷态预变形一个角度，预变形量为各个方向热胀量的二分之一。

6. 变形角度的计算

（1）平面三铰链（见图 5－11－1）变形角度计算式：

$$\sin\alpha_1 = \frac{\Delta_2}{2 \cdot A} \qquad (5-11-1)$$

$$\sin\alpha_2 = \frac{\Delta_1 - B \cdot \frac{\Delta_2}{A}}{2 \cdot C} \qquad (5-11-2)$$

$$\alpha_3 = a_1 + a_2 \qquad (5-11-3)$$

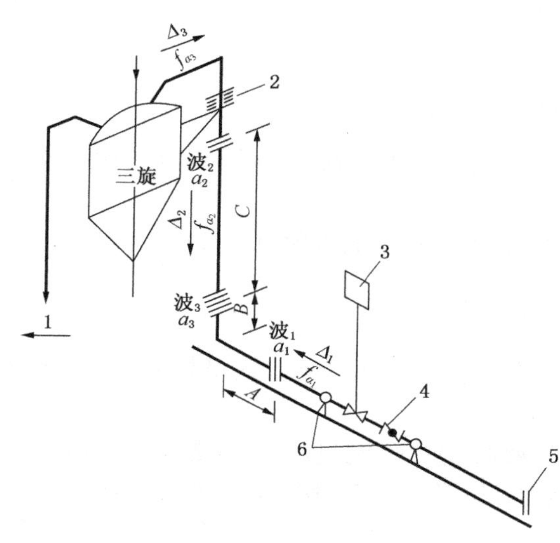

图 5－11－2　立体三铰链波型补偿器布图形式

1—至双动滑阀的旁路；2—弹簧支架；3—高温闸阀；4—高温蝶阀；5—入口法兰；6—摆式支架

式中　α_1——第一个单式铰链型波型补偿器操作时弯曲角度，（°）；

α_2——第二个单式铰链型波型补偿器操作时弯曲角度，（°）；

α_3——第三个单式铰链型波型补偿器操作时弯曲角度，（°）；

Δ_1——管段 1 位移量（可由两个分位移组成 $\Delta_1 = \Delta'_1 + \Delta''_1$），mm；

Δ_2——管段 2 位移量，mm；

A、B、C——铰点间距离，mm。

（2）立体三铰链（见图 5－11－2）变形角度计算式：

$$\sin\alpha_1 = \frac{\Delta_2}{2 \cdot A} \qquad (5-11-4)$$

$$\cos\alpha_2 = \cos\alpha_2' \cdot \cos\alpha_2'' \qquad (5-11-5)$$

$$\sin\alpha_2' = \frac{\Delta_1}{2 \cdot C} + \frac{B \cdot \sin\alpha_1}{C} \qquad (5-11-6)$$

$$\sin\alpha_2'' = \frac{\Delta_3}{2 \cdot C} \qquad (5-11-7)$$

$$\cos\alpha_3 = \cos(\alpha_1 + \alpha_2') \cdot \cos\alpha_2'' \qquad (5-11-8)$$

式中　α_1——第一个补偿器，单式铰链型波型补偿器操作时弯曲角度，（°）；

α_2——第二个补偿器，万向型铰链型波型补偿器操作时弯曲角度，（°）；

α_2'、α_2''——α_2 的分角，（°）；

α_3——第三个补偿器，万向型铰链型波型补偿器操作时弯曲角度，（°）；

Δ_1、Δ_2、Δ_3——管段 1，2，3 分别总位移量（可能由两个分位移组成），mm；

A、B、C——两铰点间距离，mm。

7. 铰点间距离的计算

（1）平面三铰链计算式：

$$A = \frac{\Delta_2}{2 \cdot \sin\alpha_1} \qquad (5-11-9)$$

$$C = \frac{\Delta_1}{2 \cdot \sin\alpha_2} + B \cdot \frac{\sin\alpha_1}{\sin\alpha_2} \quad (5-11-10)$$

（2）立体三铰链计算式：

$$A = \frac{\Delta_2}{2 \cdot \sin\alpha_1} \quad (5-11-11)$$

$$C = \frac{\Delta_1}{2 \cdot \sin\alpha_2{}'} + B \cdot \frac{\sin\alpha_1}{\sin\alpha_2{}'} \quad (5-11-12)$$

8. 铰链型波型补偿器变形反力的计算

（1）平面三铰链

偏转力矩计算式：

$$M_{\alpha_1} = \frac{K \cdot D_M}{4} \cdot \frac{\pi \cdot D_m \cdot \alpha_1}{2n_1 \cdot 180} \quad (5-11-13)$$

$$M_{\alpha_2} = \frac{K \cdot D_M}{4} \cdot \frac{\pi \cdot D_m \cdot \alpha_2}{2n_2 \cdot 180} \quad (5-11-14)$$

$$M_{\alpha_3} = \frac{K \cdot D_M}{4} \cdot \frac{\pi \cdot D_m \cdot \alpha_2}{2n_3 \cdot 180} \quad (5-11-15)$$

弯形反力计算式：

$$f_{\alpha_1} = \frac{M_{\alpha_2} + M_{\alpha_3}}{C} \quad (5-11-16)$$

$$f_{\alpha_2} = \frac{M_{\alpha_1} + M_{\alpha_3}}{A} \quad (5-11-17)$$

式中　M_{α_1}、M_{α_2}、M_{α_3}——补偿器弯曲变形所产生的力矩，N·m；

D_m——波型补偿器的平均直径，mm；

D_M——波型补偿器的平均直径，mm；

n_1、n_2、n_3——波数；

f_{α_1}、f_{α_2}——补偿器的变形反力，N；

K——补偿器的刚度系数，即每变形1mm所生的反力，N/mm。

（2）立体三铰链

偏转力矩计算式：

$$M_{\alpha_1} = \frac{K \cdot D_M}{4} \cdot \frac{\pi \cdot D_m \cdot \alpha_1}{2n_1 \cdot 180} \quad (5-11-18)$$

$$M_{\alpha_2{}'} = \frac{K \cdot D_M}{4} \cdot \frac{\pi \cdot D_m \cdot \alpha_2{}'}{2n_2 \cdot 180} \quad (5-11-19)$$

$$M_{\alpha_2{}''} = \frac{K \cdot D_M}{4} \cdot \frac{\pi \cdot D_m \cdot \alpha_2{}''}{2n_1 \cdot 180} \quad (5-11-20)$$

$$M_{\alpha_3{}'} = \frac{K \cdot D_M}{4} \cdot \frac{\pi \cdot D_m \cdot (\alpha_2{}' + \alpha_1)}{2n_3 \cdot 180} \quad (5-11-21)$$

$$M_{\alpha_3{}''} = \frac{K \cdot D_M}{4} \cdot \frac{\pi \cdot D_m \cdot \alpha_2{}''}{2n_3 \cdot 180} \quad (5-11-22)$$

变形反力计算式：

$$f_{\alpha_1} = \frac{M_{\alpha_2{}'} + M_{\alpha_3{}'}}{C} \quad (5-11-23)$$

$$f_{\alpha_2} = \frac{M_{\alpha_1} + M_{\alpha_3{}'}}{A} \quad (5-11-24)$$

$$f_{\alpha_3} = \frac{M_{\alpha_2''} + M_{\alpha_3''}}{C} \qquad (5-11-25)$$

式中 M_{α_1}——α_1 补偿器弯曲变形所产生弯矩，N·m；

$M_{\alpha'_2}$、$M_{\alpha''_2}$——α_2 补偿器两个方向弯曲变形，分别产生弯矩，N·m；

$M_{\alpha'_3}$、$M_{\alpha_3''}$——α_3 补偿器两个方向弯曲变形，分别产生弯矩，N·m；

f_{α_1}、f_{α_2}、f_{α_3}——补偿器的变形反力，N。

9. 根据以上补偿器变形角度计算，变形反力计算可以看出，无论是平面三铰链，还是立体三铰链，铰点间的距离大小直接决定变形角度和变形力的大小，A，C 数值越大变形角度、变形力越小，而 B 值应取尽可能小的数值。

10. 由于烟气中含有催化剂粉尘，为防止对叶轮的局部磨损过大，使进烟机的烟气处于稳流状态，烟机入口前应有大于或等于 6DN 的直管段。

11. 根据烟机的结构形式，解体检修方式有前抽轴和后抽轴两种，如为前抽轴形式，应在入口前的管道上设一个可以拆卸的法兰短节，其长度一般为 2m 左右。

12. 烟机开机前需暖机，烟气经高温闸阀、高温蝶阀的旁通管道进入烟机，或只在高温闸阀设旁通管。旁通管应按自然补偿设计，其应力分析应按两种工况计算，其一为暖机工况，即烟气走旁路，即旁路热，高温闸阀、高温蝶阀不热；其二为正常工况，即主管上高温闸阀、高温蝶阀热，旁路阀不热。

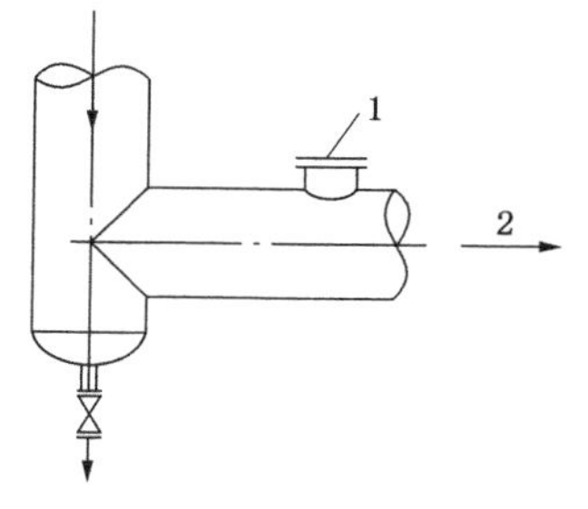

图 5-11-3　三旋出口立管与入烟机水平管的连接
1—人孔，DN450；2—进烟机

13. 自三旋出口下来的立管与入烟机的水平管连接处宜采用三通结构，见图 5-11-3，在封头处可以留存异物，以免带入烟机内。

14. 烟机入口管道的高温闸阀前应设置人孔，以便在开机前进入管道内进行清理焊缝和清扫异物。

15. 凡与烟机入口管道直接相连的其他辅助管道，如：波型补偿器的保护蒸汽管道、高温闸阀吹扫冷却蒸汽管道、高温闸阀和高温蝶阀的动力风管道等，均应有一定的柔性，能随主管道一同位移，绝不能限制主管道的热胀位移。

16. 为减少管系的自重，降低摩擦力，管道上应设置耐高温轻型保温材料，保温材料密度不应大于 200kg/m³。

三、出口管道的设计

根据烟机的结构，其出口可为上排气和下排气两种。因此出口管道的布置也有不同的方式。

（1）无论是上排气或是下排气的烟机均应柔性连接，即在出口管道上设置压力平衡型或轴向型波型补偿器，用以吸收烟机出口管嘴及管道垂直向上或向下的热胀量。见图 5-11-4、图 5-11-5。

（2）设置压力平衡型波型补偿器，内压所产生的盲板力由长拉杆所承受，避免传递到烟机出口管嘴上。

（3）出口管道应采取分段补偿的方式，一般分为两段，出口立管上的轴向型或压力平衡型波型补偿器作为补偿出口管嘴及立管膨胀量的独立系统，三通之后至水封罐入口为另一系统，采用长拉杆复式铰链型或三铰链式波型补偿器的补偿方式。

（4）为防止异物落入烟机内，出口立管应采用热壁设计，即采用耐热不锈钢管外保温。立管之后的水平管段可采用冷壁设计，即碳钢管内衬有龟甲网双层隔热衬里或无龟甲网双层隔热衬里。

（5）如果出口立管上设置轴向型波型补偿器，为减少热态时补偿器变形而产生的反力，宜采用冷态对补偿器预拉，预拉数值一般为垂直热胀量的一半。

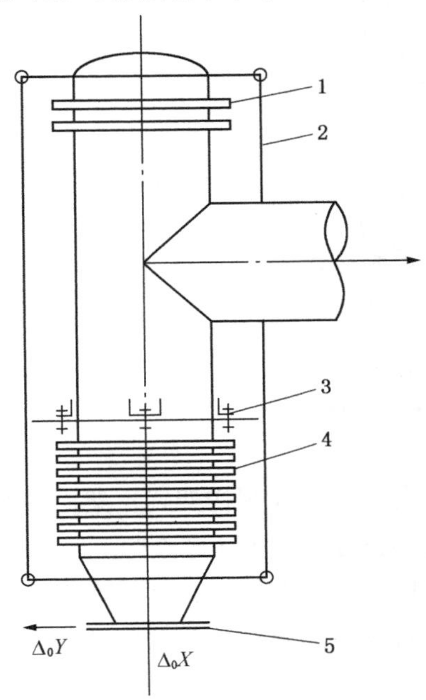

图5－11－4　烟机出口压力平衡型波型补偿器
1—平衡波；2—长拉杆；3—支座；
4—波型补偿器；5—出口管嘴

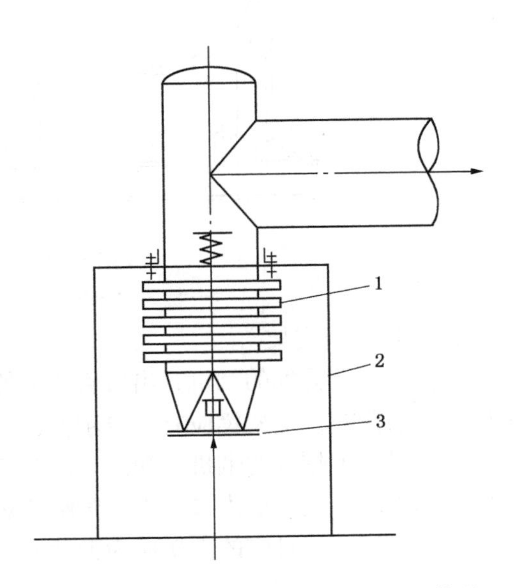

图5－11－5　烟机出口轴向型波型补偿器
1—轴向型波型补偿器；2—支架；3—出口管嘴

四、支架的设计原则

1. 进口管道支架

（1）由于烟机的机壳为中心支撑，为保证其转子在热态时的水平度，烟机进口管道上的支架也应采用中心支撑。

（2）为减小热胀位移情况下支架摩擦反力，支架的设计应考虑摩擦系数小的结构，如采用滚动摩擦或带轴承的滚动支架。

也可采用弹簧吊架，为减小摩擦力，吊杆应有一定长度。考虑管系的稳定性，入口水平管道上的支架不宜全部采用弹簧吊架，应采用弹簧吊架与滚动支架结合的方式。

近年来也有采用中心支撑的摆式支架的支撑方式，热胀位移过程中可保持管道中心位置不变，且摩擦力最小。见图5－11－6。

（3）支架的设置位置应靠近入口管道上的集中荷载处，即在靠近高温闸阀，高温蝶阀的两侧设支架，见图5－11－1、图5－11－2。当高温蝶阀后的支架距入口法兰较远时，在靠近入口法兰处的管道上应设置一弹簧吊架，以减小作用于法兰处的垂直荷重。

（4）高温状态下运转的烟机难于承受较大的侧向力和力矩，为减小或消除侧向力和力矩，应在设置支、吊架的同时，设置导向支架。入口水平管道应设置不少于两个的导向支架，尤其是立体三铰链的波型补偿器的布置形式热态时处于侧向力和力矩的条件下。

（5）为避免产生焊接应力，支架与管道之间采用套筒结构形式，支架与管道不直接焊接。

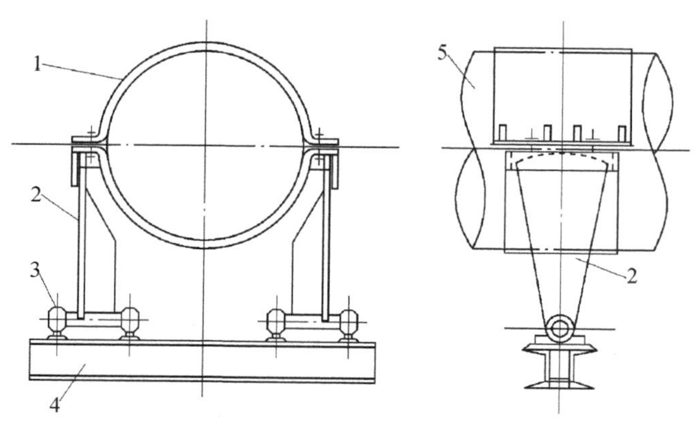

图5－11－6　摆式支架示意图

1—卡环；2—摆板；3—轴承；4—支架梁；5—烟气管道

2. 出口管道支架

（1）对于上排气的烟机，出口管道上的支架至关重要，一般采用构架式支架，主要承受出口管道的荷载，支架梁应有一定刚度，其梁中心部位的挠曲度应不大于2‰。

（2）对于下排气的烟机，如出口法兰直接连接一轴向型波型补偿器，其承重支架可设置在机组基础底板上；如出口立管及管嘴的热胀量靠水平管段上的复式长拉杆波型补偿器来吸收，与出口管嘴相对应的支架应为弹簧支架。

（编制　李苏秦）

第十二节　液化烃管道的设计

所谓液化烃系指在15℃时蒸气压大于0.1MPa的烃类液体及其类似的液体，包括液化石油气。通常也包括通过加压或降温，使在标准状态下呈气态的碳氢化物变成液态的烃类，例如乙烯、丙烯等。

当液化烃内含有腐蚀性介质时，本节的主要管道器材的选用，可按有关规定修改。

一、主要管道器材的选用

（1）液化烃管道的法兰、法兰管件、阀门的最低公称压力为*PN*25，而国外一般为*PN*20（150LB）；最薄管壁厚度为Sch30，而国外则为Sch40，一般$DN \leqslant 2''$为Sch80，$DN > 10''$应通过计算确定。

（2）一般液化烃管道，常用低碳钢无缝钢管。当介质温度等于或高于－20℃，应采用20号钢无缝钢管；低于－20～－40℃，应采用16Mn无缝钢管。如仍用20号钢应符合低温低应力工况或按有关规定作低温冲击试验。介质温度低于－40℃时，应采用低温用无缝钢管。

（3）液化烃管道的分支管连接件必须采用无缝或锻制管件。当支管公称直径差超过三级时，支管连接件应按管道的压力等级采用不同的加强管接头。

二、管道设计

（1）液化烃管道应在地面以上敷设。如条件限制采用在管沟内敷设时，管沟内应充沙、采取其他能防止气体积聚的措施或防火措施，并在进、出装置及厂房处密封隔断，沟内污水应经水封井排入生产污水管道。

（2）液化烃管道布置在多层管廊上时，应布置在下层，并不得与高温管道相邻布置，与氧气管道至少有500mm的净距。

（3）液化烃管道不得穿过与其无关的建筑物。

（4）下列部位的液化烃管道应绝热或伴热。

a. 长时间处于太阳照射的泵入口管道应绝热；

b. 长时间处于太阳照射的泵出口管道，没有安全阀保护时，应绝热；

c. 调节阀、安全阀后的管段应绝热，或根据生产经验增设伴热；

d. 生产工艺需要绝热，例如液烃气塔顶馏出线，热旁路、回流线等应绝热。

（5）在两端有可能关闭且因外界影响可能导致升压的液化烃管道上，应设绝热层和安全阀，安全阀出口管应接至低压气体放空总管。

（6）液化烃管道的停工泄压管应从上方顺流向45°斜接至低压气体放空总管。

（7）液化烃管道的停工吹扫，应连接固定氮气吹扫管(兼气密用)。凡考虑停工切割或焊接的，还应设蒸汽吹扫接头并加盲板或丝堵。

（8）凡带有蒸汽吹扫接头的液化烃管道，其柔性设计温度应按吹扫蒸汽的饱和温度确定。

（9）液化烃管道的低点放净和高点放空用闸阀，应加实心丝堵或管帽。（含HF等强腐蚀性介质不得使用管帽）。

（10）液化烃管道穿越铁路或道路时，应加保护套管。套管上方的最小复盖层厚度，从套管顶至轨底为1.4m；从套管顶至道路表面为1.0m，套管应伸出铁路或道路两侧边线2.0m。

（11）液化烃管道的热补偿，宜为自然补偿或采用“⊓”形补偿器，不得采用填料型补偿器。

（12）液化烃管道，除必须用法兰连接外，凡等于或大于*DN*50的应焊接连接；等于或小于*DN*40的宜采用承插焊连接；必要时可采用锥管螺纹连接并加密封焊，但含有HF等强腐蚀性介质除外。

三、其他

（1）液化烃管道宜用氩弧焊(TIG)打底，焊条电弧焊盖面。

（2）液化烃管道虽属SHB类管道，但为安全考虑，射线探伤数量应予增加，转动口为20%；固定口为100%。

（编制　王怀义）

第十三节　公用工程管道设计

一、蒸汽和凝结水管道设计

国外石油化工厂蒸汽系统的压力大致分为10.0MPa、6.0MPa、4.0MPa、2.0MPa、1.0MPa、0.6MPa和0.35MPa，凝结水系统压力大致分为0.35～0.07MPa。

国内石油化工厂蒸汽系统的压力大致分为10.0MPa、4.0MPa、1.0MPa、0.3MPa，凝结水系统压力多为0.3MPa。

表5-13-1是国内常用的蒸汽和凝结水系统压力。

表5-13-1　国内常用的蒸汽和凝结水系统的压力

系　统	蒸汽/MPa	排汽/MPa	用　途
高　压	10.0	4.0	动力、汽轮机、发电机
中　压	4.0	1.0	动力、汽轮机、发电机
低　压	1.0	0.3	动力、加热、吹扫
	0.3		加热、灭火
	凝结水/MPa		
低　压	0.3		回　收

一般石油化工装置用蒸气，主要用途为：动力用、加热用、工艺用、吹扫用、灭火/消防用、稀释用、事故用。

（一）蒸汽管道

1. 蒸汽管道的布置

一般装置的蒸汽管道，大多是架空敷设，很少有管沟敷设，不埋地敷设。其主要原因是不易解决保温层的防潮和吸收管道热胀变形。

由工厂系统进入装置的主蒸汽管道，一般布置在管廊的上层。

（1）各种用途的蒸汽支管均应自蒸汽主管的顶部接出，当工艺要求在支管上设置切断阀时，切断阀应安装在靠近主管的水平管段上，以避免存液。

（2）在动力、加热及工艺等重要用途的蒸汽支管上，不得再引出灭火/消防，吹扫等其他用途的蒸汽支管。

（3）一般从蒸汽主管上引出的蒸汽支管均应采用二阀组。而从蒸汽主管或支管引出接至工艺设备或工艺管道的蒸汽管上，必须设三阀组，即两切断阀之间设一常开的*DN*20检查阀，以便随时发现泄漏。

（4）凡饱和蒸汽主管进入装置，在装置侧的边界附近应设蒸汽分水器，在分水器下部设经常疏水措施。过热蒸汽主管进入装置，一般可不设分水器。

（5）成组布置的蒸汽伴热管，应由蒸汽分配管（或称集合管Manifold）接出，分配管是由伴热蒸汽供汽管供汽，伴热蒸汽供汽管由装置内的蒸汽主管上部引出或从各设备区专用伴热蒸汽支管上部引出。当蒸汽分配管的位置比蒸汽主管高时，可按图5-13-1上部的图形设计。

当蒸汽分管道的位置比蒸汽主管低时，可按图5-13-1下部图形设计。

（6）在蒸汽管道的“冂”形补偿器上，不得引出支管。在靠近“冂”形补偿器两侧的直管上引出支管时，支管不应妨碍主管的变形或位移。因主管热胀而产生的支管引出点的位移，不应使支管承受过大的应力或过多的位移。

（7）直接排至大气的蒸汽放空管，应在该管下端的弯头附近开一个$\phi 6 \sim \phi 10$mm的排液孔，并接*DN*15的管子引至边沟、漏斗等合适的地方，如图5-13-2(a)所示。如果放空管上装有消声器，则消声器底部应设*DN*15的排液管并与放空管相接，如图5-13-2(b)所示。放空管应设导向和承重支架。

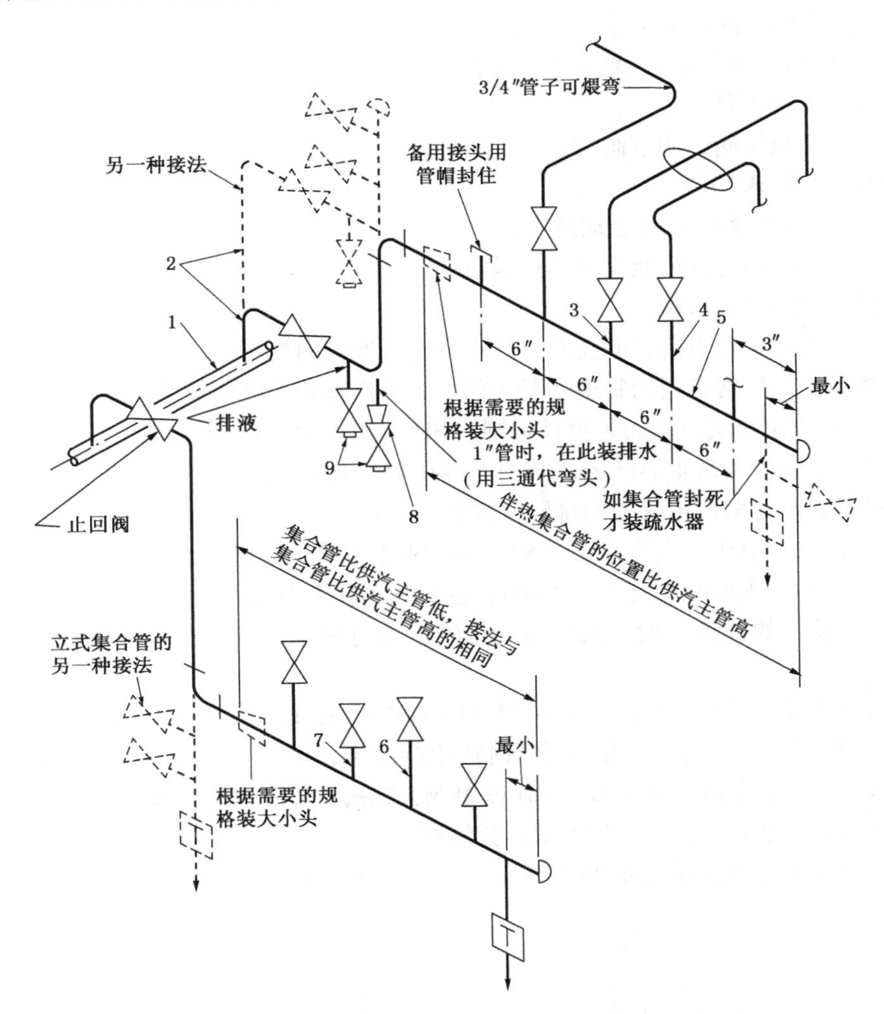

图5-13-1　成组布置的蒸汽伴热管

1—供汽主管；2—伴热蒸汽供汽；3—2″长短管；4—6″长短管；5—3″集合管；6—6″长短管；7—2″长短管；8—1″×3/4″大小头；9—带丝堵3/4″排液阀

（8）连续排放或经常排放的乏汽管道，应引至非主要操作区和操作人员不多的地方。

2. 蒸汽管道的疏水

（1）由于散热损失，蒸汽管道内产生凝结水，若不及时排除，在管道改变走向处可能产生水击，造成振动、噪声甚至管道破裂。因此，蒸汽管道需要疏水。

一般有两种疏水方式：

a. 经常疏水　在运行过程中所产生的凝结水通过疏水阀自动阻汽排水；

b. 启动疏水　在启动，暖管过程中所产生的

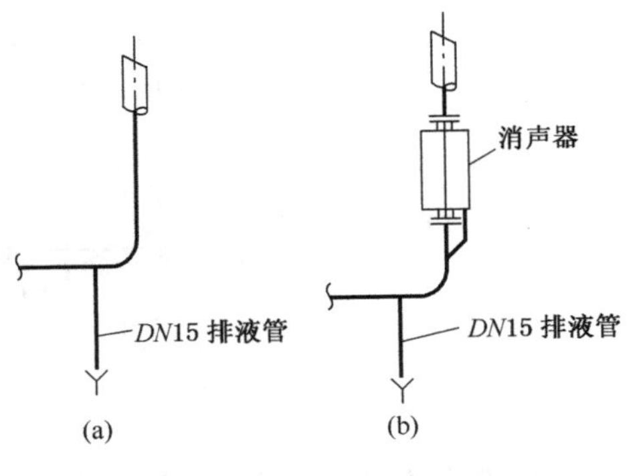

图5-13-2　直接排大气的蒸汽放空管

凝结水通过手动阀门排去。

下列蒸汽管道的各处应设经常疏水：

a. 饱和蒸汽管道的末端、最低点、立管下端以及长距离管道的每隔一定距离；

b. 蒸汽分管道下部；

c. 蒸汽管道减压阀、凋节阀前；

d. 蒸汽伴热管末端。

下列蒸汽管道的各处应设启动疏水：

a. 蒸汽管道启动时有可能积水的最低点；

b. 分段暖管的管道末端；

c. 水平管道流量孔板前，但在允许最小直管长度范围内不得设疏水点；

d. 过热蒸汽不经常疏通的管道切断阀前，入塔汽提管切断阀前等。

根据《石油化工金属管道布置设计通则》(SH 3012—2011)规定：

(1) 蒸汽主管进入装置界区的切断阀上游和主管末端应设排液设施。

(2) 水平敷设的蒸汽主管上的排液设施的间隔宜符合下列要求：

a) 在装置内，饱和蒸汽不宜大于80m，过热蒸汽不宜大于160m；

b) 在装置外，顺坡时不宜大于300m，逆坡时不宜大于200m。

(3) 蒸汽管道的低点宜设排液设施。排液设施应根据不同情况设放净阀、分液包或疏水阀。

根据资料和设计经验，蒸汽管道每隔90～240m，在低点处和末端设分液包(或称集液管)并疏水。过热蒸汽管道只在开始暖管时产生凝结水，正常运行时不产生凝结水，故不需设经常疏水，只需在分液包下部设双阀(或单阀)排液；而饱和蒸汽管的分液包，则应在其侧面引出管进行经常疏水，并在其底部设排液阀。

凝结水分液包的型式及尺寸如图5－13－3及表5－13－2所示。

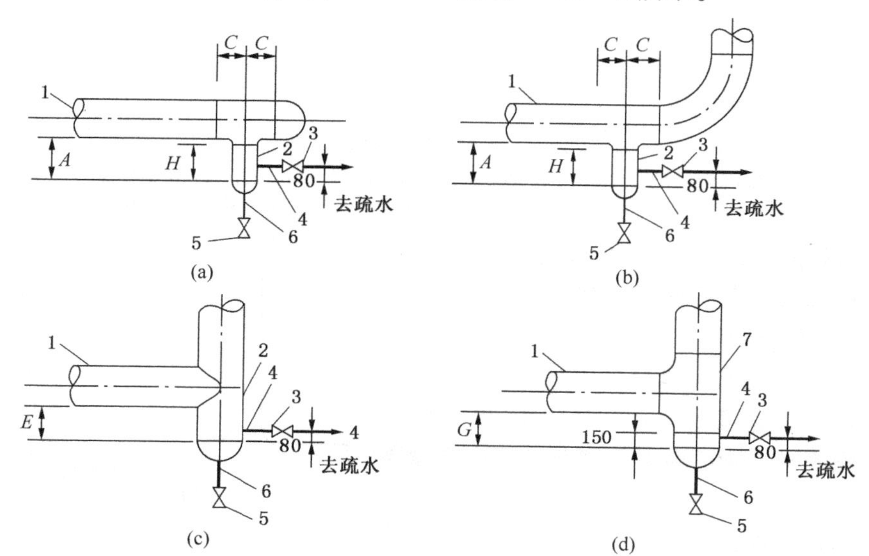

图5－13－3 凝结水分液包

1—总管 DN；2—分液包 dN；3—闸阀；4—4″长短管；5—闸阀；6—DN25 短管长100mm；7—无缝三通

表 5-13-2　凝结水分液包的尺寸

蒸汽主管 DN/mm	分液包 dN/mm	分液包长 A/mm	C/mm	H/mm	E/mm		G/mm
					无加强圈	有加强圈	
50	50	200	64	166	200	—	184
80	50	200	76	169	200	200	192
100	80	200	99	158	200	200	198
150	100	200	130	154	200	200	209
200	100	200	156	153	200	250	219
250	100	200	184	152	200	300	230
300	150	250	219	193	200	350	242
350	150	250	238	190	200	375	251
400	200	250	273	180	225	425	252
450	200	250	299	179	250	475	265
500	200	250	324	180	275	525	277
600	250	250	384	171	300	600	277

当蒸汽主管小于或等于 *DN*80 时，与主管径相同；当蒸气主管径 *DN*≥100 时为 *DN*80，如图 5-13-4 所示。去疏水阀的管道，必须设置如图中所示的管卡。分液包的详图如图 5-13-5所示。

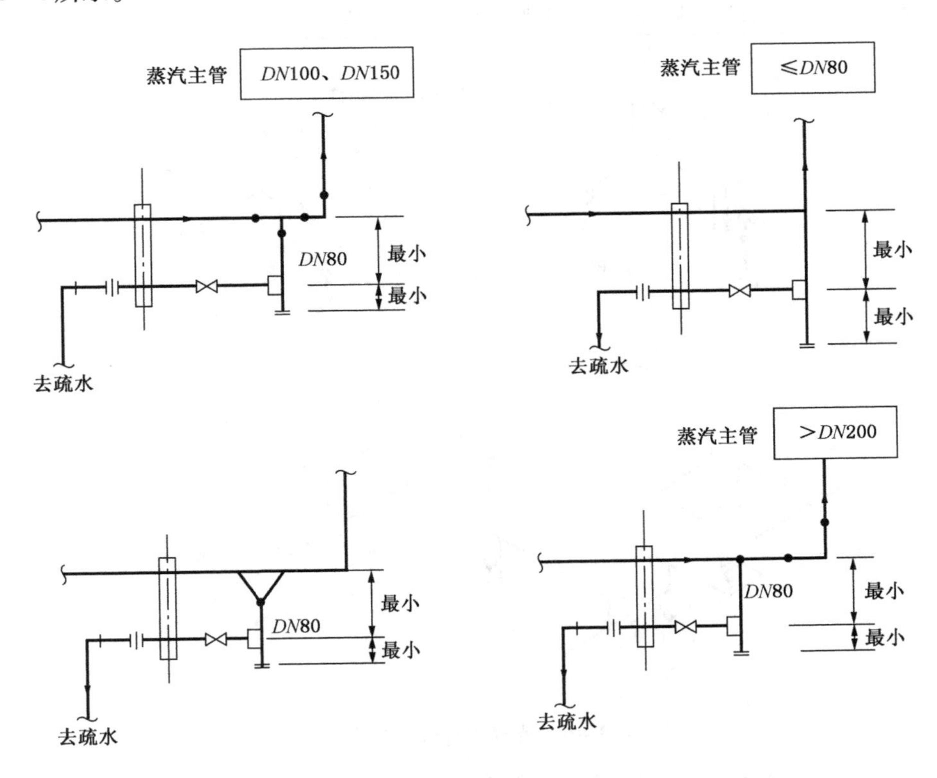

图 5-13-4　凝结水分液包

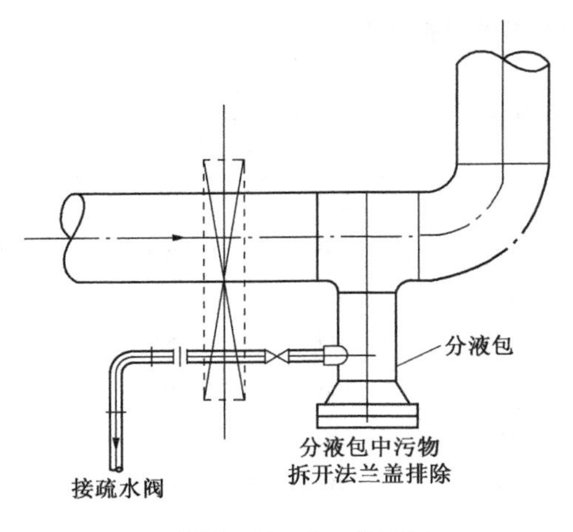

图 5－13－5　分液包

（2）蒸汽支管的低点一般应根据不同情况设置启动疏水或经常疏水。当蒸汽支管为间断操作，或仅在暖管过程产生凝结水时，可设排液阀做为启动疏水，例如扫线用蒸汽和消防用蒸汽；当蒸汽支管为连续操作或处于经常待用状态时，应设疏水阀经常疏水，例如蒸汽伴热管的分管道和加热炉灭火蒸汽分管道等。

蒸汽管道应设置疏水点的场所，大致归纳如下见表 5－13－3 和图 5－13－6。

表 5－13－3　蒸汽管道设置疏水点的场所

设置场所	设　置　部　位	注(图 5－13－6)
液囊处	在管道液囊的下游侧	A. 2,B. 5,C. 3
停止流动部分	在管道的末端的盲板或管帽(封头)处	A. 1
管道上关闭部分	由主管至各设备区或单元的支管根阀处或边界切断阀处	B. 1,B. 3,B. 4
流向改变处	由于装置的操作条件改变流向或管道走向改变	C. 2,C. 4
长管道	直管长的水平管道,在 U 形或波纹管补偿器的前面	B. 2,C. 1,D. 1 ~ D. 4

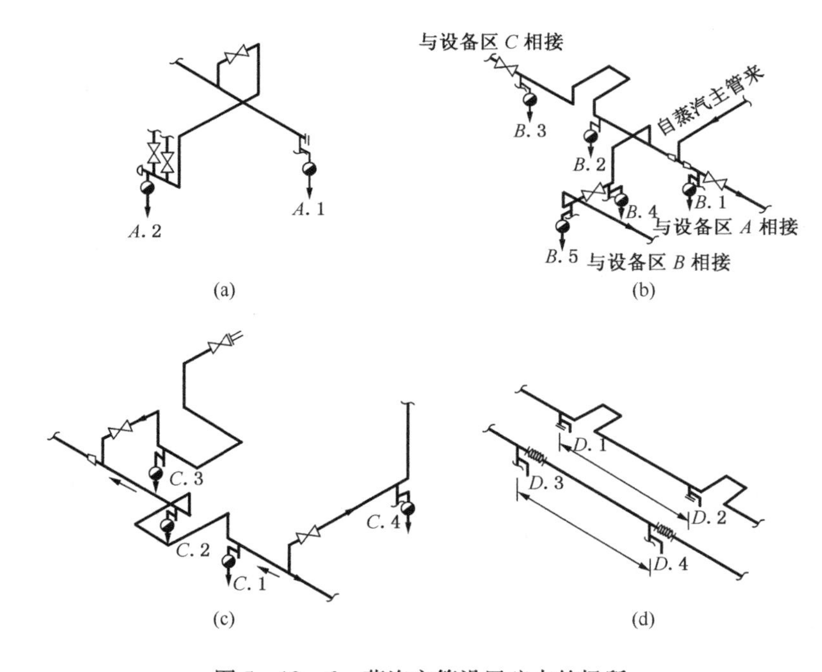

图 5－13－6　蒸汽主管设置疏水的场所

（3）蒸汽管道的疏水量可按下列公式估算

a. 蒸汽管道起动疏水的凝结水量：

$$W = \frac{q_1 c_1 \Delta t_1 + q_2 c_2 \Delta t_2}{i_1 - i_2} \times 60n \qquad (5-13-1)$$

式中 W——凝结水量，kg/h；

q_1——单位长度钢管质量或单个阀门质量，kg/m 或 kg/个；

q_2——单位长度钢管或单个阀门的保温材料质量，kg/m 或 kg/个；

c_1——钢管的比热容，kJ/(kg·K)；对于碳素钢可取 $c_1 = 0.4689$，合金钢 $c_1 = 0.4856$；

c_2——保温材料比热容，kJ/(kg·K)，可近似地取 $c_2 = 0.8374$；

Δt_1——钢管升温速度，℃/min；一般按5℃/min 计算；

Δt_2——保温材料升温速度，℃/min；一般取 $\Delta t_2 = \Delta t_1/2$；

i_1，i_2——操作压力下过热蒸汽的焓或饱和蒸汽的焓和饱和水的焓，kJ/kg；

n——管道长度或阀门数量，m 或个。

b. 蒸汽管道经常疏水的凝结水量：

$$W = \frac{3.6Q}{i_1 - i_2} n \qquad (5-13-2)$$

式中 Q——蒸汽管道单位长度散热量，W/m。

其他符号同式(5－13－1)。

(4) 蒸汽疏水管径一般可按表5－13－4选用。

表5－13－4 蒸汽疏水管的公称直径 DN(mm)

蒸汽主管	50	80	100	150	200	250	300	400	500
经常疏水	20	20	20	20	20	20	20	25	25
起动疏水	20	20	20～25	20～40	25～40	25～40	25～40	25～40	25～40

(5) 蒸汽管道的疏水管切断阀应选用闸阀，当蒸汽的表压力大于或等于2MPa时，疏水管应装两个串联闸阀。

3. 伴热蒸汽供汽管的直径(详见第十三章工艺管道伴热设计)

(1) 伴热蒸汽供汽管的直径是根据蒸汽主管的蒸汽压力和分管道(或称集合管)上引出的伴热管根数确定的。一般可按图5－13－7查取。

由伴热管的总根数和供汽压力定出的座标点，在点上面的线即为供汽管的直径。

(2) 一般集合管的直径均为DN80，其长度受安装地点的通道及操作通道等限制，不应超过3m。

(3) 确定夹套伴热供汽管直径时，一根蒸汽夹套伴热管可按4根伴热管考虑。

(4) 伴热供汽管直径不得比蒸汽主管直径大。

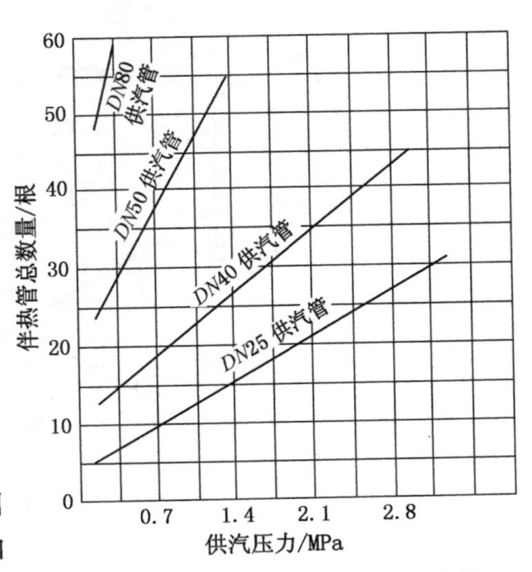

图5－13－7 伴热蒸汽供汽管的直径

(二) 蒸汽凝结水管道

为减少能耗，我国石油化工厂的蒸汽凝结水回收系统设施比较齐全。一般在装置内设凝结水罐和泵，将凝结水送往动力站。也有设扩容器，回收

0.3MPa 闪蒸蒸汽，并入 0.3MPa 蒸汽主管内，大部分 0.3MPa 凝结水送往动力站。没有回收价值或可能混入油品或其他腐蚀介质的凝结水经处理后排入污水管网。

蒸汽凝结水在流动过程中，因压降而产生二次蒸汽，形成汽液混相流，当流速增加或改变流向时会引起水击，导致管道发生振动甚至破裂。所以，在确定凝结水管径时，应充分估计汽液的混相率，并应留有充分的裕量。同时，在布置凝结水管道时应防止产生水击。

当回收凝结水时，装置内凝结水管道多架空敷设，一般布置在管廊上。

从不同压力的蒸汽疏水阀出来的凝结水应分别接至各自的凝结水回收总管，例如从使用 1MPa 蒸汽加热或伴热的疏水阀出来的凝结水与使用 0.3MPa 蒸汽加热或伴热的疏水阀出来的凝结水，由于压差较大，不应接至同一凝结水回收总管。但是，蒸汽压力虽不同、而疏水阀后的背压较小且不影响低压疏水阀的排水时，可合用一个凝结水回收总管。此时，各疏水阀出来的凝结水支管与凝结水回收总管相接处应设止回阀以防止压力波动的相互影响。

为减少压降，凝结水支管应在凝结水回收总管上部顺介质流向呈 45°斜接，小于或等于 *DN*40 的支管可垂直插入总管，并在靠近总管的支管水平管段上设止回阀，有止回作用的疏水阀可不设止回阀。

成组布置的蒸汽伴热管，其疏水阀后凝结水管应集中接至凝结水集合管，集合管与凝结水回收总管之间的管道，可称为回水管。当集合管标高高于凝结水回收总管时，可按图 5－13－8 上部图形设计；当集合管标高低于凝结水回收总管时，可按图 5－13－8 下部图形设计。

伴热管的疏水与集合管的连接，一般如图 5－13－9 所示。详见第十三章工艺管道伴热设计。

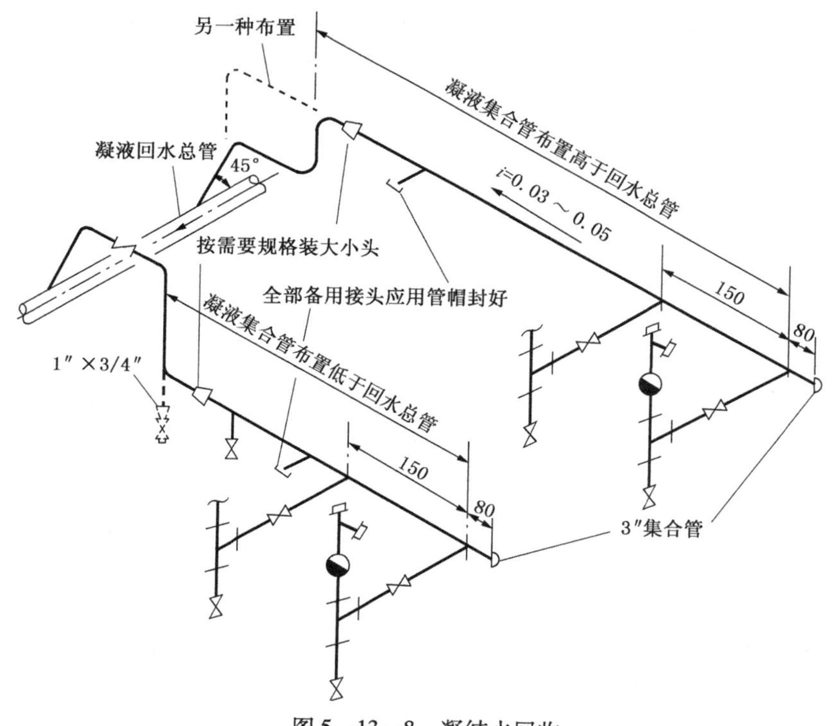

图 5－13－8　凝结水回收

二、氢气和氧气管道设计

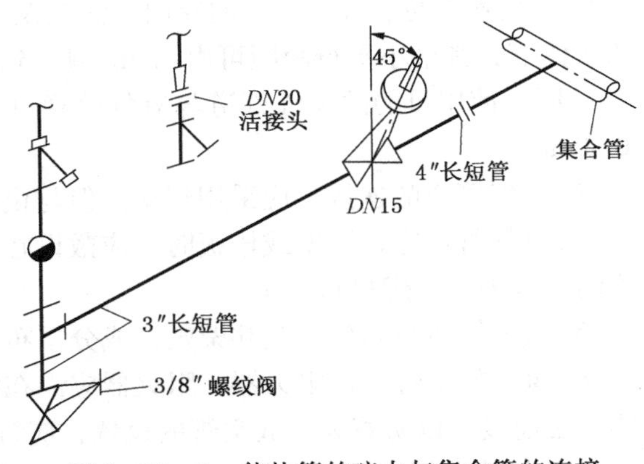

图 5－13－9　伴热管的疏水与集合管的连接

(一)氢气管道的布置

氢气是石油化工厂中的重要工业原料，如合成氨、加氢精制、加氢裂化等都需要大量的氢气：

a)合成氨：由氢和氮在高温、压力和催化剂存在下化合成氨：

b)加氢精制：石油产品在氢压下进行催化改质提高汽油、煤油、柴油的氧化安定性和脱硫脱氮，提高润滑油的黏度指数；

c)加氢裂化：在较高的压力和温度下，氢气经催化剂作用使重质油发生加氢、裂解和异构化反应，转化为轻质油的加工过程。

工业上制氢方法有：水电解制氢、含氢气体为原料的变压吸附提纯氢气、烃裂解制氢、烃蒸气转化制氢、甲醇蒸气转化制氢及各种副产氢气的回收利用等。

1. 氢气管道的最大流速

(1)碳素钢管中氢气最大流速应符合表 5－13－5 的规定。

表 5－13－5　碳素钢管中氢气最大流速

设计压力/MPa	最大流速/(m/s)
>3	10
0.1～0.3	15
<0.1	按允许压力降确定

(2)氢气设计压力为 0.1～3MPa 时。在不锈钢管中最大流速可为 25m/s。

2. 管道布置

(1)氢气管道的布置应符合现行国家标准 GB/T 4962《氢气使用安全技术规程》、GB 16912《深度冷冻法生产氧气及相关气体安全技术规程》和 GB 50177《氢气站设计规范》的有关规定。

(2)氢气管道宜架空敷设，不宜采用地沟及埋地敷设。架空敷设时应符合下列要求：

a. 应敷设在不燃烧体的支架上：

b. 寒冷地区，湿氢管道应采取防冻设施：

c. 氢气管道与其他架空管道的最小净距应符合表 5－13－6 的规定：

表 5－13－6 架空氢气管道与其他架空管道之间的最小净距

名　称	平行净距/m	交叉净距/m
给水管、排水管	0.25	0.25
热力管(蒸汽压力不超过 1.3MPa)	0.25	0.25
不燃气体管	0.25	0.25
燃气管、燃油管和氧气管	0.50	0.25
滑触线	3.00	0.50
裸导线	2.00	0.50
绝缘导线和电气线路	1.00	0.50
穿有导线的电线管	1.00	0.25
插接式母线，悬挂干线	3.00	1.00

d. 氢气管道与氧气管道上的阀门、法兰及其他机械接头(如焊接点等)，在错开一定距离的条件下，其最小平行净距可由0.5m减少到0.25m；

e. 同一使用目的的氢气管道与氧气管道并行敷设时，其最小平等净距可由0.5m减少到0.25m。

(3)氢气管道的连接，应采用焊接。但与设备、阀门的连接，可采用法兰连接。

(4)氢气管道穿过墙壁或楼板时，应敷设在套管内，套管内的管段不应有焊缝。管道与套管间，应采用不燃材料填满。

(5)氢气管道与其他管道共架敷设或分层布置时，氢气管道宜布置在外侧并在上层。

(6)氢气放空管应设阻火器，阻火器应设在管口处。凡条件允许，可与灭火蒸汽或惰性气体管道连接，以防着火。放空管的设置，应符合下列要求：

a. 氢气放空管应引至室外，放空管管口应高出屋顶2m以上。室外设备的放空管应高于附近操作平台的最高设备2m以上；

b. 放空管口应有防雨雪侵入和杂物堵塞的措施；

c. 氢气放空管压力大于0.1MPa时，阻火器后的管材，应采用不锈钢管；

d. 放空管应采取静电接地，并在避雷针保护范围之内。

(7)输送湿氢或需做水压试验的管道，应有不小于3‰的坡度，在管道最低点处应设排水装置。

(8)氢气使用时，严禁与空气、氧气等气体混合而形成爆炸气体。

(9)氢气所用的仪表及阀门等零部件的密封必须良好，并定期检查，发现泄漏点应及时处理。

(10)室内氢气易泄漏和积聚处，宜设置浓度报警装置。

(11)氢气系统应设氮气置换吹扫接头，使用时用软管与氮气管道连接，用毕拆除。

(12)氢气管道在进装置处应设切断阀，并宜设流量记录累计仪表。

(13)接至用氢设备的支管，应设切断阀，有明火的用氢设备还应设阻火器。

3. 管道器材的选用

(1)氢气管道的管材应采用无缝钢管。对氢气纯度有严格要求时，其管材、阀门、附件和敷设，应按现行国家标准《氢气站设计规范》GB 50177中有关规定执行。

(2)氢气管道阀门的采用，应符合下列规定：

a. 氢气管道的阀门，宜采用球阀、截止阀；

b. 阀门的材料，应符合表5-13-7的要求。

表5-13-7 氢气阀门材料

设计压力/MPa	材　料
<0.1	阀体采用铸钢 密封面采用合金钢或与阀体一致①
0.1~2.5	阀杆采用碳钢 阀体采用铸钢 密封面采用合金钢或与阀体一致①
>2.5	阀体、阀杆、密封面均采用不锈钢

注：①当密封面与阀体直接时，密封面材料可以与阀体一致。

(3)氢气管道法兰、垫片的选择，宜符合表5－13－8的要求。

表5－13－8 氢气管道法兰、垫片

设计压力/MPa	法兰密封面型式	垫 片
<2.5	突面式	聚四氟乙烯板
2.5～10	凹凸式或榫槽式	金属缠绕式垫片
>10	凹凸式或梯形槽式	二号硬钢纸板、退火紫铜板

(二)氧气管道的布置

石油化工厂所使用的氧气一般为空分站分离的产品之一，储存分为中压、高压氧气储罐和高压氧气实瓶储存。也可用管道输送给所需氧气的生产装置。

1. 氧气管道管径的确定

(1)氧气管道的管径应按下列条件计算确定：

a)流量应采用该管系最低工作压力、最高工作温度时的实际流量。

b)流速应是在不同工作压力范围内的管内氧气流速，其最高流速不应超过表5－13－9中的规定值。

表5－13－9 管道中氧气的最高允许流速

氧气工作压力/MPa	≤0.1	>0.1～≤3	>3～<10	≥10
最高允许流速/(m/s)	根据管系允许压力降确定	15(碳钢管)	10(不锈钢管)	6(铜管)

(2)如果氧气管道用量少时，可采用瓶装氧气，由氧气站供应或外购。氧气瓶的数量可按用户一昼夜用气瓶数的3倍确定，但不包括备用储气瓶。

2. 管道布置

(1)氧气管道的布置应符合GB 16912和GB 50030的有关规定。

(2)氧气管道直架空敷设。架空敷设时，必须架设在非燃烧体的支架上。由于氧气重度大于空气，易在低洼处聚积，只有当架空有困难时，方可采用不通行地沟敷设或直接埋地敷设。

(3)氧气管道上的过滤器宜布置在开阔区域，不宜布置在管廊、构架等钢结构下方。

(4)氧气管道上的法兰(如孔板、流量计、法兰连接的阀门等)的位置应远离钢结构。

(5)氧气管道应考虑温度差变化的热补偿。补偿方法宜采用自然补偿。

(6)氧气管道的连接，应采用焊接，但与设备、阀门连接处可采用法兰或螺纹连接。螺纹连接处，应采用一氧化铅、水玻璃或聚四氟乙烯薄膜作为填料，严禁用涂铅红的麻或棉丝，或其他含油脂的材料。

(7)架空氧气管道每隔80～100m应设有防雷、防静电接地措施；厂房内氧气管道应有防静电接地措施。氧气管道的法兰、螺纹接口两侧应用导线作跨接，其电阻应小于0.03Ω。

(8)氧气主管道，直配置阻火铜管。

(9)氧气管道不应穿过生活间、办公室，也不宜穿过不使用氧气的房间，当必须穿过不使用氧气的房间，则在该房间内不应有法兰或螺纹连接口，并且该房间应为一、二级耐火等级。

(10)氧气管道不宜穿过高温及火焰区域，必须通过时，应在该管段增设隔热措施，管壁温度不应超过70℃。严禁明火及油污靠近氧气管道及阀门。

(11)氧气管道的弯头、分岔头不应与阀门出口直接相连。阀门出口侧的碳钢管、不锈钢管宜有长度不小于5倍管外径且不小于1.5m的直管段。

(12)架空的氧气管道可沿生产氧气或使用氧气的建筑物构件上敷设，且该建筑物应为一、二级耐火等级。与建、构筑物特定地点的最小间距要求按现行国家标准《深度冷冻生产氧气及相关气体安全技术规程》(GB 16912—2008)的表6规定执行。

(13)架空氧气管道与其他管道之间最小间距要求应按表5-13-10选用。

表5-13-10 架空氧气管道与其他架空管道之间的最小净距

名称	最小并行净距/m	最小交叉净距/m
给水管、排水管	0.25	0.10
热力管	0.25	0.10
不燃气体管	0.25④	0.10
可燃气体、液化烃、可燃液体管②	0.50①②	0.25
滑触线⑤	1.50	0.50
裸导线	1.00	0.50
绝缘导线或电缆	0.50	0.30
穿有导线的电缆管	0.50	0.10
插接式母线、悬挂式干线	1.50	0.50
非防爆开关、插座、配电箱	1.50	1.50

注：①氧气管道与同一使用目的的可燃气体管道并行敷设时，最小并行净距可减小到0.25m。

②氧气管道的阀门及管件接头与可燃气体、液化烃和可燃液体管道上的阀门及管件接头，应沿管道轴线方向错开一定距离；当必须设置一处时，则应适当的扩大管道间的净距；但当管道采用焊接结构并无阀门时．其平行布置的净距可减少50%，即取0.25m。

③电气设备与氧气引出口不能满足上述距离要求时，可将两者安装在同一柱子的相对侧面：当柱子为空腹时，应在柱子上装设非燃烧体隔板局部隔开。

④DN≤80mm的氧气管道，与不燃介质的管道最小并行净距可小于0.25m，但不应小于0.15m。

⑤与滑触线的净距系指氧气管在下方时的要求，此时在氧气管及滑触线之间宜设隔离网。

(14)氧气管道与乙炔、氢气管道共架敷设时，应在乙炔、氢气管道的下方或支架两侧；与油品、有可能泄漏腐蚀性介质的管道共架时，应设在该类管道的上方或支架两侧。

除为氧气管道服务的电控、仪控电缆(或共架敷设的为该类管道服务的专用电缆)外，其余电气线路不准与氧气管道共架敷设。

(15)氧气管道在不通行地沟敷设时，应符合下列要求：

a. 地沟上应设防止可燃物料、火花和雨水侵入的盖板、地沟及盖板应是非燃烧体材料制作；地沟应能排除积水，严禁油脂及可燃液体漏入地沟内；

b. 地沟内氧气管道不宜设阀门或法兰连接口；

c. 地沟内氧气管道与同沟敷设的管道间距参照表5-13-10选用：

d. 地沟内氧气管道与非燃气、水管道同沟敷设时，氧气管道应在上面；

e. 为同一目的服务的氧气管道、可燃气体管道，可同沟敷设，此时地沟内应填满沙子，并严禁与其他地沟相通；

f. 严禁氧气管道与液化烃、可燃液体、腐蚀性介质管道和电缆线同沟敷设；并严禁氧气管道地沟与该类管道地沟相通。

(16)厂房内氧气管道不宜埋地敷设。

(17)氧气管道架空困难，必须埋地敷设时应符合下列要求：

a. 埋地深度，应根据地面上荷载决定。管顶距地面不宜小于0.7m。含湿气体管道，应敷设在冻土层以下，并宜在最低点设排水装置；穿过铁路和道路时，其交叉角不宜小于45°；

b. 直接埋地管道，应根据埋设地带土壤的腐蚀等级采取相应等级防腐蚀措施；

c. 埋地管道上不宜装设阀门或法兰连接点，必须设置时应设阀门井；

d. 埋地氧气管道与建筑物、管路及其他埋地管道之间的最小净距，应按现行国家标准《深度冷冻法生产氧气及相关气体安全技术规程》GB 16912—2008 表8 规定执行，且不应埋设在露天堆场下面或穿过烟道和地沟。

(18)进入装置的氧气总管，应在进装置便于接近操作地方设切断阀。并宜在适当位置设放空管，放空管口应设在高出平台4m以上的空旷、无明火的地方。

(19)通往氧气压缩机的氧气管道以及装有压力、流量调节阀的氧气管道上，应在靠近压缩机入口或压力、流量调节阀的上游侧装设过滤器，过滤器的材料应为不锈钢或铜基合金。

3. 管道器材的选用

(1)氧气管道管材的选用宜符合表5-13-11的要求。

表5-13-11　氧气管道管材的选用

敷设方式	工作压力/MPa			
	≤1.6	>1.6～≤3	>3～≤10	>10
	管　材			
架空或地沟敷设	无缝钢管、焊接钢管、钢板卷管	无缝钢管	不锈无缝钢管、铜基合金管	铜基合金管
埋地敷设	无缝钢管	无缝钢管	—	—

注：①钢板卷管只宜用于工作压力小于0.1MPa，且管径 $DN>500$mm。

②铜基合金管是指铜管或黄铜管。

(2)氧气管道上的压力或流量调节阀组范围内的连接管道应采用不锈钢或铜基合金材料。以免调节阀节流，高速气流撞击管壁上铁锈产生燃烧危险。

(3)位于氧气放空阀下游侧的工作压力大于0.1MPa的管段，应采用不锈钢管。

(4)氧气管道上的弯头、分岔头及变径管的选用，应符合下列要求：

a. 氧气管道严禁采用折皱弯头。当采用冷弯或热弯制碳钢弯头时，弯曲半径不应小于管外径的5倍；当采用无缝或压制焊接碳钢管弯头时，弯曲半径不应小于管外径的1.5倍：当采用不锈钢或铜基合金无缝或压制弯头时，弯曲半径不应小于管外径。对工作压力不大于0.1Mpa的钢板卷焊管，可以采用弯曲半径不小于管外径的1.5倍的焊制弯头，弯头内壁应平滑，无锐边、毛刺及焊瘤；

b. 氧气管道的变径管，宜采用无缝或压制焊接异径管。当焊接制作时，变径部分长度不宜小于两端管外径差值的3倍：其内壁应平滑，无锐边、毛刺及焊瘤；

c. 氧气管道的分岔头，宜采用无缝或压制焊接三通，当不能取得时，宜在工厂或现场预制，但应加工到无锐角，无突出部位及焊瘤。不宜在现场开孔、插接。当支管尺寸小于主管尺寸时，应用等径三通之后加异径管的连接。

(5)氧气管道上的法兰，应按国家有关的现行标准选用；管道法兰的垫片，宜按表5-13-12选用。

表 5-13-12　氧气管道法兰的垫片

工作压力/MPa	垫　片
≤0.6	橡胶石棉板
>0.6~≤3.0	缠绕式垫片、聚四氟乙烯垫片
>3.0~≤10	波形金属包石棉垫片、缠绕式垫片、聚四氟乙烯垫片、退火软化铝片、铜片
>10	退火软化铜片

(6)氧气管道不应使用异径法兰。

(7)氧压机入口处应设氧气过滤器、调节阀前宜设氧气过滤器。氧气过滤器壳体应用不锈钢，滤网应用铜基合金或纯铜材质制作。其网孔尺寸宜为160~200μm。

(8)氧气管道的阀门应选用专用氧气阀门，并应符合下列要求：

a. 工作压力大于0.1MPa的阀门，严禁采用闸阀；

b. PN≥1MPa、DN≥150mm的氧气阀门宜选用带旁通的阀门；

c. 阀门的材料应符合表5-13-13的要求；

d. 经常操作的PN≥1MPa、DN≥150mm大直径氧气阀门，宜采用气动遥控阀门。

表 5-13-13 阀门材料选用要求

工作压力/MPa	材　料
≤0.6	阀体、阀盖采用可锻铸铁、球墨铸铁或铸钢，阀杆采用碳钢或不锈钢，阀瓣采用不锈钢
>0.6~≤10	采用全不锈钢、全铜基合金或不锈钢与铜基合金组合(优先选用铜基合金)
>10	采用全铜基合金

注：①工作压力为0.1MPa以上的压力或流量调节阀的材料，应采用不锈钢或铜基合金或以上两种的组合。

②阀门的密封填料，应采用石墨处理过的石棉或聚四氟乙烯材料，或膨胀石墨。

(9)氧气管道的管子、管件、阀门、仪表、垫片及其他附件都必须脱脂，阀门及仪表当在制造厂已经脱脂，并有可靠的密封包装及证明时，可不再脱脂：

a. 对黑色及有色金属的脱脂件，宜采用四氯化碳或其他无机溶剂脱脂；

b. 石棉垫片等非金属脱脂件，宜采用四氯化碳脱脂。

脱脂合格后的管道，应及时封闭管口并宜充入干燥氮气。

三、可燃气体排放管道设计

按GB 50160《石油化工企业设计防火规范》要求，可燃气体应排放至密闭系统或火炬总管。但是下述的可燃气体可向大气排放：

(1) 操作压力等于或大于6MPa的氢气；

(2) 操作压力低于火炬总管压力或无法回收处理的可燃气体；

(3) 甲、乙、丙类设备，在停工检修前经过泄压排放后，设备上的放空管排出的气体。

因此，装置内的可燃气体排放管道有两种：

(1) 接至密闭系统或火炬总管的排放管道；

(2) 经集中或分散向大气排放的管道。

（一）排入火炬总管的可燃气体管道

（1）生产装置无法利用而必须排出的可燃性气体；

（2）事故排出或泄压排出的可燃性气体；

（3）开停工及检修时泄压排出的可燃性气体；

（4）液化烃泵等短时间间断排放的可燃性气体。

（二）不得进入火炬总管的可燃气体

（1）能排放系统内的介质发生化学反应的气体；

（2）浓度在爆炸极限范围内的可燃性气体混合物；

（3）能与排放系统内的其他物料发生化学反应的气体；

（4）易聚合、对排放系统的管道通过能力有不利影响的气体；

（5）未经处理含有硫酸、硫化氢等腐蚀性介质和剧毒介质的气体；

（6）热值低于 8.37MJ/Nm^3（2000kcal/Nm^3）的可燃性气体。

（三）经处理后可进入火炬总管的可燃气体

（1）当甲、乙类设备的安全阀出口排放大量液化烃时，需先经分液后，方可排入火炬总管；

（2）为防止火炬总管的腐蚀，泄放后可能携带腐蚀性液滴的可燃性气体，应经分液后接至火炬总管；

（3）含有 H_2SO_4、H_2S、HF 等腐蚀性介质的可燃性气体。必须经中和、分液等处理后方可接至火炬总管；

（4）含有沥青、渣油、粉末或固体颗粒的可燃性气体应在装置内分离处理，分离后方可排入火炬总管。

（5）泄压后可能立即燃烧的可燃气体或可燃液体，经冷却后接至放空总管。

（四）不同排放压力的可燃气体

由于可燃气体的排放压力不同，在一个石油化工厂或炼油厂里可能有高，低压两个火炬管网系统，各自有一套管网和分液罐，由分液罐出来的气体可合并进入一个火炬或分别进入各自设立的火炬。因此，装置内可能设高、低两个火炬总管。

不同排放压力的可燃性气体可排入同一排放系统；但系统的总压力降不得高于排入该系统的所有装置中所要求的最小允许背压。当高压排放的排放量较大时，应进行经济比较以确定设置一个排放管网或分设高、低压两个排放管网。

（五）装置内火炬总管的布置

（1）由于火炬总管应有 3‰的坡度要求，所以应在管桥上单独敷设，或通过调整管托高度和管托下加型钢或钢板垫枕的办法来实现。如图 5－13－10 所示。

（2）火炬总管应坡向装置边界线外的分液罐或全厂火炬总管。

（3）接至火炬系统总管的管道，应在总管上方顺流向 45°斜接，尽可能地减少局部阻力，如图 5－13－11所示。小于或等于 *DN*40 的支管可垂直插入总管。

（4）当火炬总管在装置边界线处设有“8”字盲板和切断阀时，应在切断阀前（装置内侧）设 *DN*20～40 排凝管，并在根部设双道切断阀。凝液应回收，不得随意排放。

（5）火炬总管应在可能吹扫全部管道的端部设蒸汽或氮气吹扫管。当扫线介质为蒸汽时，火炬总管应敷设“冂”形补偿器或波型补偿器，“冂”形补偿器应水平安装。

（6）在地震设防地区，火炬总管应有防止滑落的管卡或挡铁。

（7）在火炬总管上，不得有死角，当改变管道走向时，应采用 $R=1.5DN$ 弯头，尽可能地不使用三通。如图 5－13－12 所示。

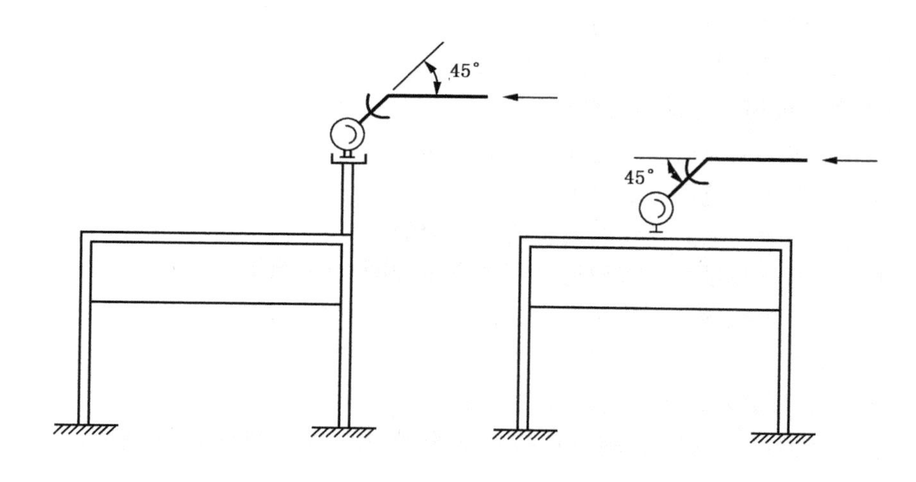

图 5－13－10　火炬总管敷设示意图

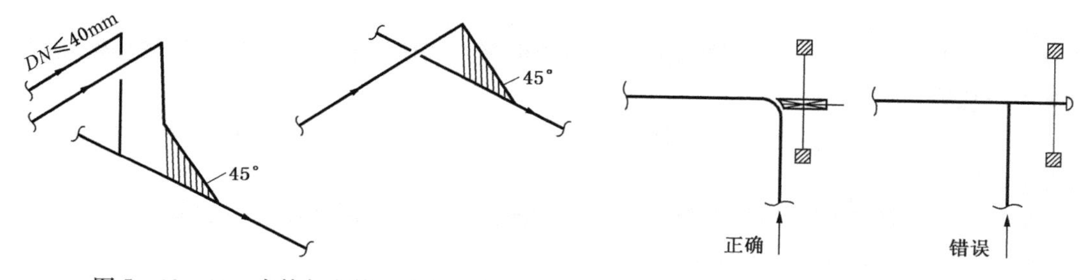

图 5－13－11　支管与主管的连接方式

图 5－13－12　总管改变走向的支撑方法

（六）向大气排放的管道布置

可燃气体排气筒，放空管的高度，按《石油化工金属管道布置设计规范》(SH 3012—2011)规定：

(1)直接向大气排放的非可燃气体放空管的高度应符合下列规定：

a）设备或管道上的放空管口应高出邻近的操作平台 2.2m 以上；

b）紧靠建筑物、构筑物或其内部布置的设备或管道的放空口，应高出建筑物或构筑物顶 2.2m 以上。

（2）受工艺条件或介质特性所限，无法排入火炬或装置处理排放系统的可燃气体．当通过排气筒、放空管直接向大气排放时，排气筒、放空管的高度应符合下列规定：

a）连续排放的排气筒顶或放空管口应高出 20m 范围内的操作平台或建筑物顶 3.5m 以上，位于 20m 以外的操作平台或建筑物，应符合图 5－13－13 的要求。

b）间歇排放的排气筒顶或放空管口应高出 10m 范围内的操作平台或建筑物顶 3.5m 以上，位于 10m 以外的操作平台或建筑物，应符合图 5－13－13 的要求。

（3）设备上开停工用的放空管可就地向大气排放，放空管的高度应高出操作平台 2.2m 以上。放空口不得朝向邻近设备或有人通过的地方。

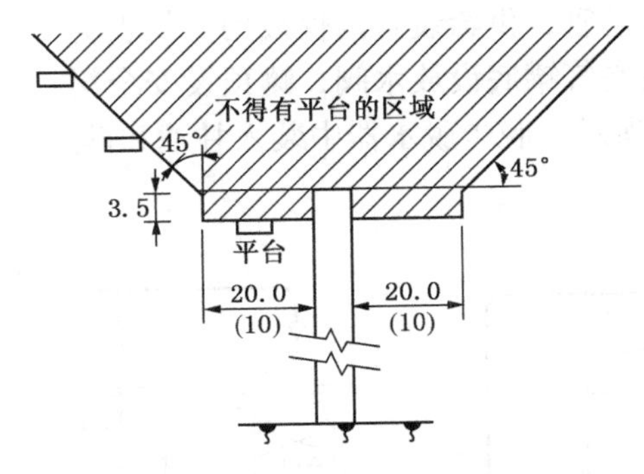

图 5－13－13　可燃气体排气筒或放空管高度示意图

(4)可燃气体放空管道在接入火炬前，应设置分液和阻火等设备。

(5) 可燃气体排放管和去火炬总管应有防静电接地设施。

四、压缩空气、氮气等气体管道设计

(一) 压缩空气管道的设计

装置内一般都设有非净化压缩空气(装置空气)和仪表用净化压缩空气(仪表空气)，压力一般为0.35～0.8MPa，由工厂压缩空气站供给，也可由装置内自行解决。

1. 装置空气

(1) 装置空气可用于吹扫、反吹等，一般在装置内的软管站设装置空气软管接头，支管由总管上部引出。当支管长度较长时，在总管引出处需设切断阀。

(2) 对于塔、反应器以及多层冷换设备构架，为了便于检修时使用风动扳手，应在有人孔和设备头盖法兰的平台上设置装置空气螺纹软管接头。

(3) 催化裂化装置催化剂的松动风和流化风，一般用装置空气。为了避免催化剂倒流窜入松动风和流化风管中堵塞管道，应把松动风和流化风管抬高，高出松动点12倍 DN，但不小于1m，并在最高处设置止回阀。具体设计方法见第十章第一节。

(4) 装置内的空气压缩机(或鼓风机)等吸气管道顶部应设防雨罩，并用铜丝网保护。布置空气压缩机的吸、排气管道时，应考虑管道振动对建、构筑物的影响，应在进出口管道设置单独基础的支架。空气压缩机的放空管和吸气管应尽量考虑降低噪声。

(5) 管道气压试验用风管，一般作为施工时临时管道，也有作为永久性管道敷设在管廊上，此时应在装置内以适当的间隔距离靠近主管设几个阀门，可在建成后保留供检修时用。

(6) 装置空气进入装置后，可根据工艺需要设装置空气罐，罐底设放水阀，罐顶设安全阀[1]，在压缩空气罐入口管上设置止回阀。装置内的装置空气总管的低点要考虑放水。

2. 仪表空气

(1) 仪表的讯号风和动力风要求用仪表空气，又称净化风或仪表风。

(2) 仪表空气管道必须与装置空气管道分开设置。

(3) 仪表空气用无油压缩机加压，经干燥、过滤后进入仪表空气储罐，然后送往各个装置。为了保证在事故条件下仪表空气的供应，进装置的仪表空气一般先进入仪表空气罐，经

---

[1] 当装置空气罐的设计压力大于0.9MPa时，可不设安全阀。因为压缩机出口的装置空气罐上已有安全阀，故装置内可不设。

脱尘脱水器，进入仪表空气总管，供给装置内仪表用。仪表空气罐的容量要根据事故时需要的保证供风时间而定。仪表空气罐底设放水阀，罐顶设安全阀，在仪表空气罐入口管道上应装止回阀。如图5－13－14所示。脱尘脱水器中装入甘油和硅胶。

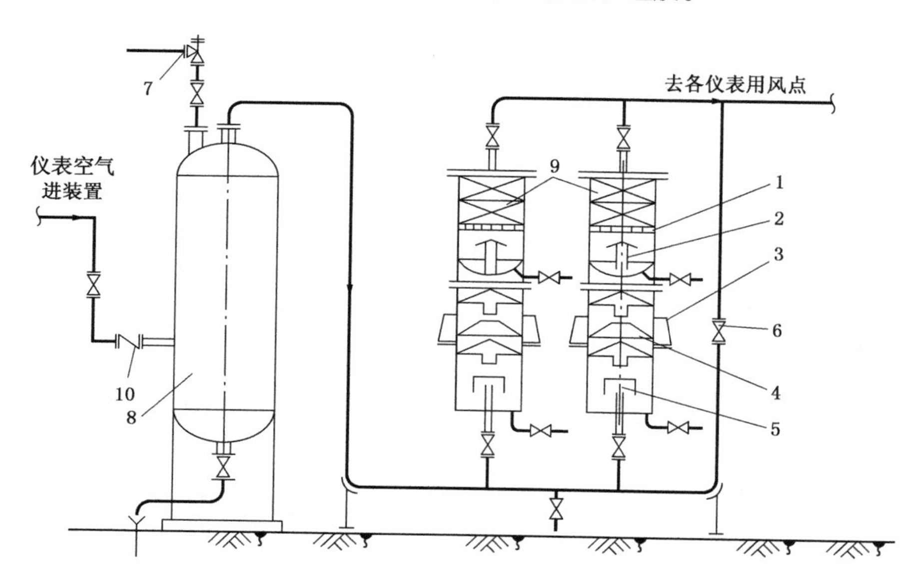

图5－13－14　仪表空气系统

1—铜丝网；2—帽罩；3—支耳；4—折流帽；5—升气管；6—旁通阀；7—安全阀；8—仪表空气罐；9—脱尘脱水器；10—止回阀

（4）仪表空气管道一般用镀锌钢管，原则上 *DN*80 以下都要用螺纹连接，管件要求用镀锌螺纹管件，如镀锌螺纹弯头，镀锌螺纹三通和镀锌螺纹异径管等。直管段较长和有分支的管道还应在适当位置加双接头螺纹管箍或活接头连接，以便分段拧紧或拆卸。

（5）仪表空气的支管应从总管上部引出，并在水平管段上设切断阀，在安装时必须对管内进行充分的吹扫，防止被杂质堵塞，以保证仪表空气的洁净。

（二）氮气管道的设计

氮气一般用于设备、管道内物料或空气的置换，也可作为储罐隔离密封和保安等。

（1）装置中吹扫用氮气，一般同装置内的软管站一起设置软管接头。大量的氮气泄漏会使人缺氧而窒息。为了安全操作应设置双阀。

（2）由工厂系统的高压氮气进装置后需经减压供给装置使用，可用角式截止阀或减压阀减压。如图5－13－15所示。

（3）氮气管道的设计要求同压缩空气管道，高压氮气管道应根据压力等级择定材质。

（4）催化剂系统需要的高纯度氮气，应从总管上单独接出，不应与其他杂用氮气合用一根支管。

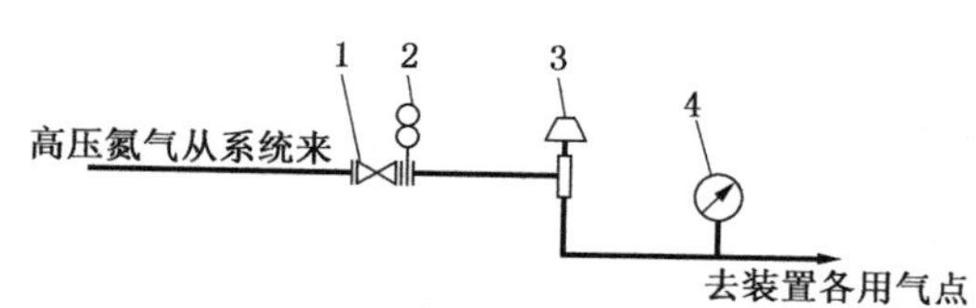

图5－13－15　氮气管道

1—进装置总阀；2—“8”字盲板；3—角式截止阀；4—压力表

（5）气封系统管道的设计

在石油化工厂中，通常用氮气作为气封系统的气源。气封系统可以使储罐内部维持一定的压力，防止外界气体进入后污染储罐内储存的介质或产生化学反应。常规的气封系统如图5－13－16所示。

高压氮气由系统经多级减压后送入储罐，维持罐内一定压力；当罐内储存的介质被泵抽出，同时由于温度降低罐内的气体冷凝或收缩时，要补充气封氮气，以阻止罐外空气的进入；当向罐内进料及气温升高导致罐内压力升高时，装在罐顶的泄压真空阀自动打开，将超压的气体排入大气；为了保证储罐不被抽成真空，当罐内压力低于大气压，而气封系统由于故障不能保证罐内的正压时，真空阀打开，保护储罐不被破坏。

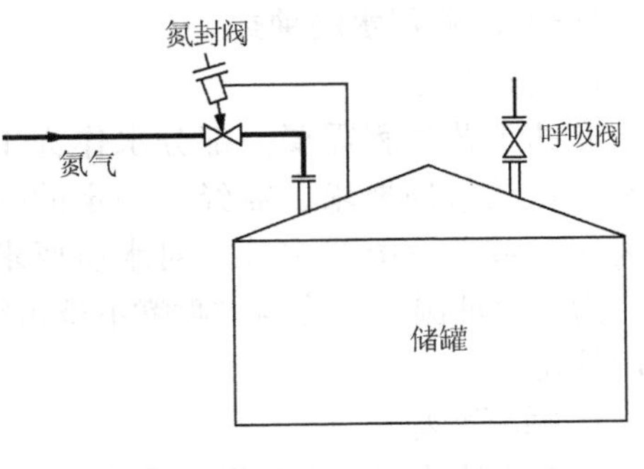

图 5－13－16　氮封系统

储罐气封系统的供气量必须大于或等于由于泵抽出储罐内储存液体所需的补充气量与由于气温变化而产生的罐内气体冷凝和收缩所需气体量总和。

五、地上工业用水管道设计

对石油化工厂来说，水是重要的建厂条件之一。石油化工厂的水可分为生产用水、循环冷却水、锅炉给水、生活用水和消防用水等。

无论炼油厂还是石油化工厂给排水系统的构成基本相同。以炼油厂为例给排水系统图如图 5－13－17 所示。

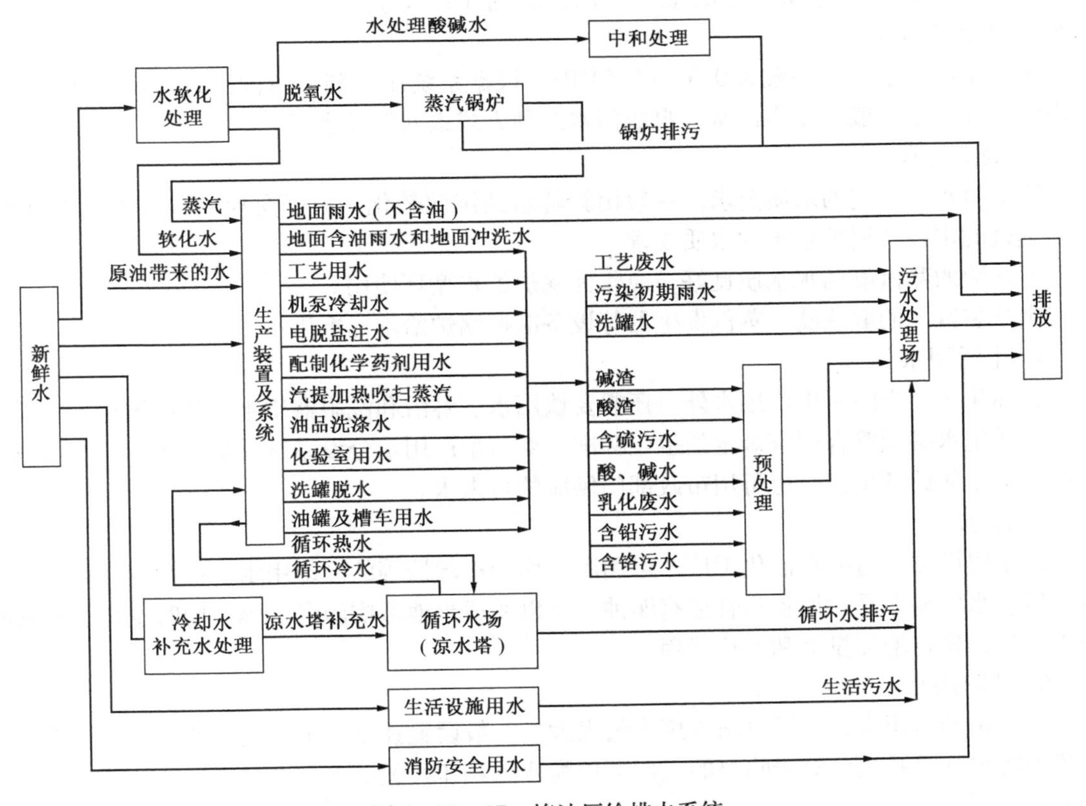

图 5－13－17　炼油厂给排水系统

（一）工业用水的种类

1. 生产用水

有的工艺过程需要一部分水作为工艺物料或作工艺过程的介质。因此生产用水一般都有一定的水质要求，需经过一定的处理，分别按不同水质用管道送至装置。如软化水、无离子水或蒸汽凝结水等。对水质要求不高时，也可直接接自新鲜水系统。

为了保证湿式空冷器的喷嘴不被水结垢堵塞，而影响喷雾效果。湿式空冷器的喷淋用水需用软化水。

2. 循环冷却水

随着石油化工厂的建设、需要大量的工业用水。不管是江河水或地下水，都面临着水源不足的大问题。为此在石油化工厂中已大量采用了空冷器来降低工业用水量。同时还采用工业用水的冷却塔(又称凉水塔)。一般工业用水是经过一次使用后水温上升至45℃左右(根据水的稳定性和换热器的设计而定)，将此热水送至凉水塔与空气换热和部分蒸发后可降温到28℃左右(根据大气温度和凉水塔的设计而定)。此冷却水即可循环使用，故称循环水。在循环水中需要投入水质稳定剂，以防止在循环水系统中产生腐蚀、结垢、生长苔藻等现象，降低传热系数和损坏设备。

循环水凉水塔的冷却原理是把循环热水用泵送到凉水塔上部使水呈喷雾成水滴或水膜状从上向下流动，而空气由下而上或水平方向在凉水塔内流动，利用水的蒸发及空气和水的传热带走水中热量。一般来说，石油化工厂凉水塔的蒸发损失约为2%。凉水塔内水与空气直接接触，大气中的污染物质、尘埃等会进入循环水。另外由于循环水在凉水塔中的蒸发，使盐类等物质不断浓缩。因此，为了维持循环水水质，采用了不断排污和补加新鲜水的方法。

循环水的供水压力一般为0.34～0.5MPa，根据系统压力和装置间的地坪高差而定。装置内的循环热水一般分压力回水、自流回水两种方式送回循环水场。

3. 锅炉给水

锅炉给水有一定的水质要求。一般用新鲜水经沉淀软化、离子交换、除氧等处理过程，使处理过的水符合锅炉给水的水质要求。

不含油的蒸汽凝结水水质良好，应作为锅炉给水循环使用。

生产装置上的取热器、蒸汽发生器等设备应按锅炉给水标准供水。

4. 生活用水

石油化工厂内除了生产用水外，还需要饮用水、淋浴和洗眼器用水，这些统称为生活用水。生活用水必须符合国家规定的卫生标准，要与生产用水分设系统供应，生活用水可以在厂内自设净化设备供给，也可用市政部门供应的自来水。

5. 海水

对于建设在海边的石油化工厂，可用海水作为冷却器等的冷却用水。海水资源可取之不尽。但海水的缺点是对设备和管道有腐蚀，所以要适当地考虑防腐措施，同时也增加维修时的工程量，这将增加投资和运行费用。

6. 消防用水

灭火用消防用水，在短时间内用水量很大，一般设置独立系统，包括消防水池、消防水泵和消防水管道系统。对于临海的工厂可用海水。当工厂附近有大的水库、河流和湖泊时，可不设消防水池。

消防水系统的压力一般为0.7～1.0MPa。

消防水喷淋系统的设计见本节的消防水喷淋系统管道设计。

（二）地上用水管道的布置

工业用水管道一般直径较大，在寒冷地区应考虑防冻，所以埋地敷设较多。但对设备的管道或引出支管较多且连续运行不致冻结时，可地上或架空敷设管道。

1. 冷却水管道的布置

（1）寒冷地区埋地敷设的水管道，引出地面时，应根据冷却器等设备可能间断操作或单独停工检修等特殊要求，考虑在引出地面的水管道总管上设置切断阀、防冻排液阀、防冻循环阀和防冻长流水阀等防冻措施。防冻管道安装型式如图5－13－18所示。

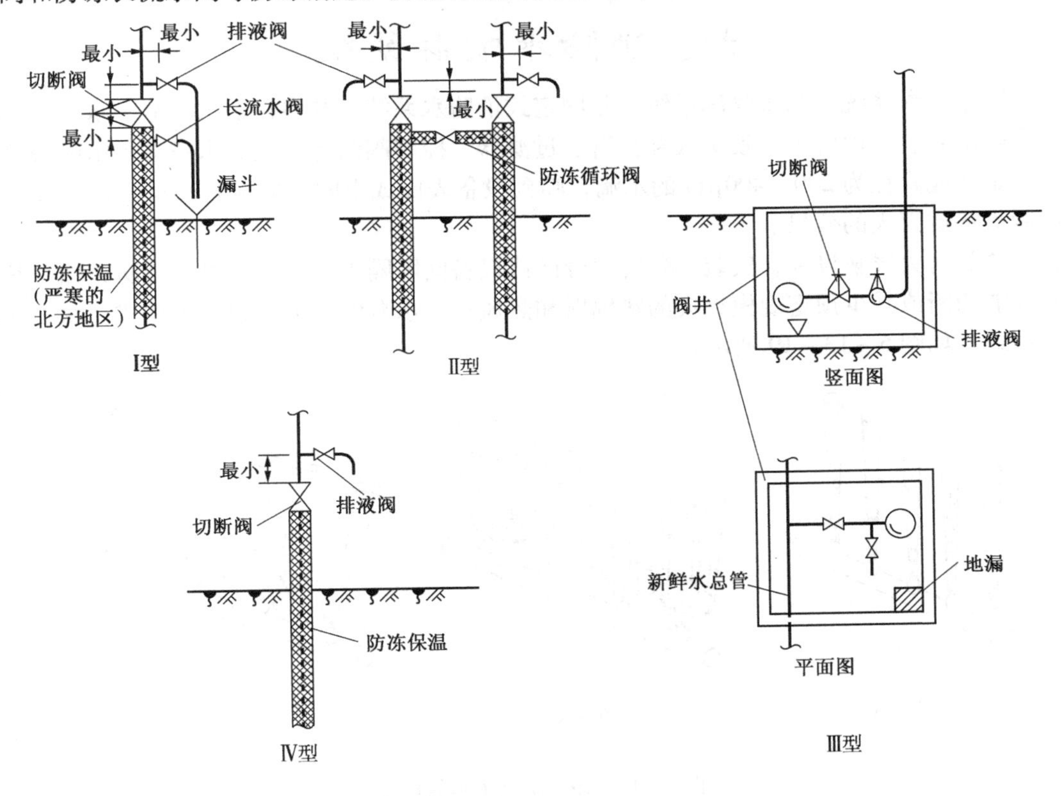

图5－13－18 防冻管道安装型式

在寒冷地区循环水，应尽量采用Ⅱ型防冻措施；对于新鲜水附近无回水管道，可采用Ⅰ型或Ⅲ型。

对于最冷月平均气温为0℃地区的循环水、新鲜水等管道可采用Ⅳ型防冻措施。

（2）寒冷地区架空敷设的水管道应尽量避免死端、盲肠、袋状管段的设计。对于难以避免的袋状管段，应考虑设低点排液阀。对于难以避免的盲肠管段或设备间断操作的管道，应考虑保温、伴热等防冻措施。

（3）寒冷地区的管壳式冷却器或其他冷却设备，其进出管道阀门处的防冻循环旁通管及防冻放空阀应尽量靠近进出阀门。旁通管和阀门也需保温防冻。

2. 装置内的工艺用水和生活用水的管道，一般架空敷设，布置在管廊上。工艺用水要根据水质要求选用碳钢管、镀锌钢管、衬里管或不锈钢管。生活用水一般用镀锌钢管。

3. 机泵的冷却水管道设计

（1）机泵的冷却水管道，一般由机泵自带，管道设计只是根据工艺要求与机泵本身的冷却水进出口连通。

（2）若没有特殊要求时，机泵的冷却系统供水或回水总管，应采用埋地敷设。

（3）每台机泵的供水和压力回水支管均应设置阀门。回水系统分压力回水和自流回水。对压力回水管道上应设看窗，对自流回水管道上可设回水漏斗或直接引向泵基础边的小边沟。

4. 室外地上管道，为防止不用时管道冻裂，应设排水阀。平时没有水流动的管道，如孔板流量计的仪表管，应设蒸汽伴热管，以防冰冻。

六、消防水喷淋系统

消防水喷淋系统也叫水喷淋系统，是固定式消防水系统。其中包括水喷雾、水幕、水喷淋。水喷淋系统是由管道、喷头或穿孔管、过滤器、控制阀门等组成。水喷雾是由喷头喷出具有一定动能直径为200～400μm的水滴，喷到设备表面或空间，能吸收热量降低温度，达到控制火势或灭火的效果。

水幕是防火屏蔽设施，安装于各防火分区或设备间阻隔火灾事故，可代替防火墙。其性能必须能切断或减少预定规模火灾的热辐射和热风等。水幕的种类一般有水柱式、水喷雾式和水帘式。如图5－13－19所示。

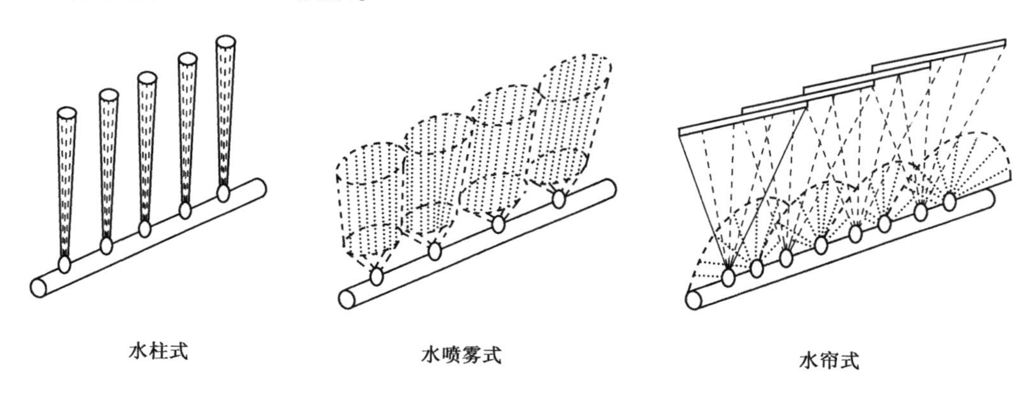

图5－13－19　防火水幕的种类

水喷淋是由喷头或穿孔管，将水喷淋于被防护物的表面，预防由于火焰及热辐射的烘烤而引起的被防护物的变形或破坏。

（一）消防水喷淋系统的设置

根据《石油化工企业设计防火规范》（GB 50160）的规定，工艺装置内固定水炮不能有效保护的特殊危险设备及场所宜设水喷雾或水喷淋系统。

根据法国规范的规定，当储存物料闪点温度在55℃以下的储罐上，应设置固定消防水喷淋系统。

根据国外有的公司消防系统设计规定，装置内水喷淋系统，不是洒水灭火而是冷却设备或构筑物外层表面，减少设备或构筑物吸收辐射热量，防止爆炸或燃烧；控制或延迟燃烧直到消防系统全部启动。当然，也可直接用喷淋水进行局部灭火。

辽阳化纤厂以法国引进的石油化工装置的消防喷淋系统设计，主要用于控制火势、防止火灾蔓延，便于灭火人员的扑救。在装置内设有若干套消防喷淋系统，其功能为：将装置分成几个防火单元(一般约2~5个单元)；其次是设备喷淋，凡使用或产生闪点小于55℃的液态烃类的设备(相当于我国的甲、乙A类设备)，设固定水喷淋进行冷却保护；对环氧乙烷装置，为防止环氧乙烷从法兰或动密封处泄漏而造成火灾，设固定水喷雾系统以扑救局部火灾或防止蔓延。

根据国外有的公司标准规定：

(1) 对装有闪点 <37.8℃可燃液体且不保温的容器或设备应使用喷淋冷却；

(2) 喷淋水可用于冷却仪表架或包括火灾期间必须操作的主要仪表槽盒的外部。

对下列条件的泵，应提供控制火势的水喷淋：

(1) 输送烃类的温度≥200℃的泵；

(2) 输送可燃液体且其压力≥3.5MPa 的泵；

(3) 位于空冷器的下方或在空冷器外边缘投影水平距离3m以内的输送液化烃或闪点 <60℃或闪点≥60℃但操作温度高于闪点的Ⅰ类烃[1]和Ⅱ类烃[2]的泵。

同时还规定，对于可燃液体且温度 >260℃的热油干管或压力为3.5MPa的高压干管，可用控制火势的水喷淋保护；在干管集中布置区具有大量阀门、法兰和调节阀，或干管设有过滤器，它在装置运行期间须清扫而走旁路时，可采用水喷淋。

润滑油装置内的过滤机应设高强度水喷淋，当过滤机设在建筑物内时，在观察孔上也应设高强度水喷淋。

此外，尚有固定泡沫－水喷淋系统。即由泡沫－水两用喷头、泡沫储罐和相应的固定管道组成，并与消防水干管相接。当邻罐着火时，可由消防干管供水，对罐实行水喷淋保护；对着火罐，可由消防干管上的在线比例混合器吸取泡沫罐中的泡沫液与水形成6%的泡沫混合液，供给泡沫－水两用喷头实行泡沫灭火。

国外的装置设计，一般都有消防设备系统图。图5－13－20所示是国外某公司设计的某芳烃装置消防设备系统图。该图所示设备的喷淋，可以用水喷淋，亦可以用泡沫灭火，是固定泡沫－水喷淋系统。

(二) 消防水喷淋管道设计

1. 管道材料

管道材料一般宜为镀锌钢管。所有水喷雾、喷淋的喷头均应用防腐蚀材料制造。

2. 管道布置要点

(1) 喷雾、喷淋系统的进水总管，除另有规定外，一般均为环形管网供水，有两个供水点。为确保安全使用，所有喷雾、喷淋系统的手动控制阀门均应设在装置边界之外的道路边侧。

控制阀门，原则上采用地上、手动控制阀门。当设置自动控制系统时，手动控制设施也要保证。

自动控制系统应由高效的，可靠的火灾探测系统启动。

[1] 闪点在37.8℃以下的液体为Ⅰ类。

[2] 闪点大于或等于37.8~60℃的液体为Ⅱ类。

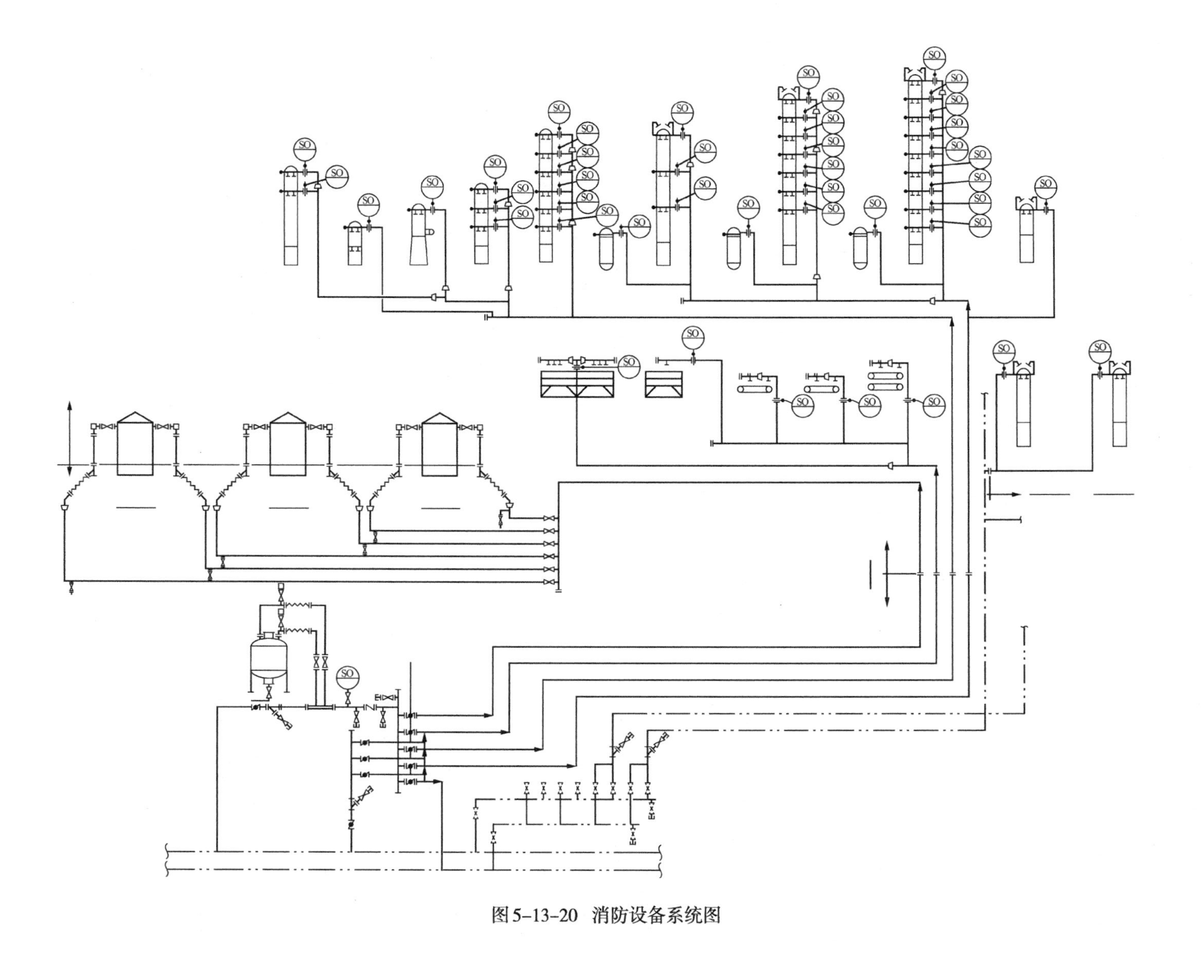

图 5-13-20 消防设备系统图

手动控制系统由电子或气动的信号就地操作或遥控。

（2）在供给喷雾、喷淋系统的水管上，应设过滤器以防止因水中固体杂质堵塞喷头。

设置的喷嘴，其孔径小于3mm时，在所有的喷嘴前也应设置过滤器。

过滤器可作用筒式、Y形或自清洗式。

（3）消防喷淋系统水管与地下消防水干管连接处，应有防冻和切断喷淋系统后的放空设施。

3. 设备的水喷雾、喷淋的布置

（1）换热器、波型膨胀节的水喷雾、喷淋布置，如图5－13－21所示。

（2）卧式贮罐的喷淋冷却系统由两个或更多个轴向喷头集合管组成。如图5－13－22所示。

（3）对于立式设备，可设多层喷头环管，环管的间距约3.5m，最上层的环管到顶部最大距离为2.7m。

为保证设备顶部和底部的冷却，设备顶底部均应设喷头。如图5－13－23所示。

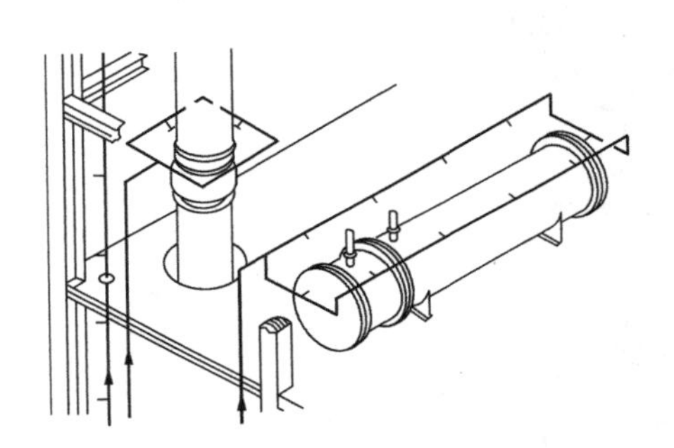

图5－13－21　设备喷雾、喷淋的布置

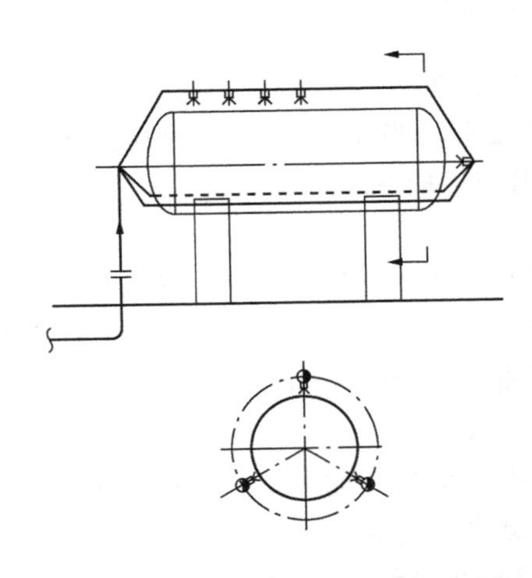

图5－13－22　卧式贮罐的喷淋系统

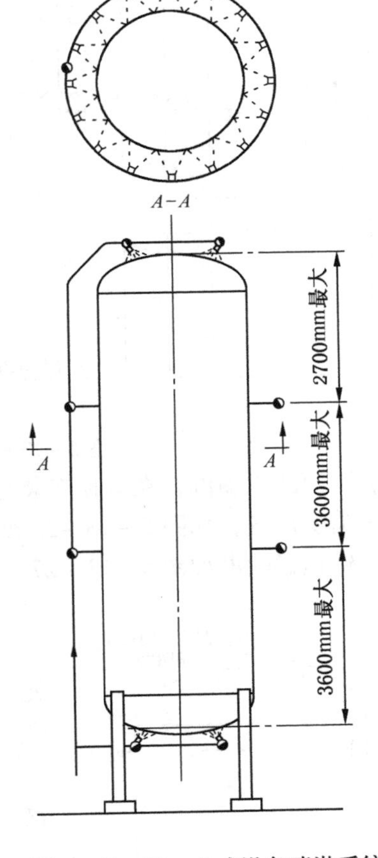

图5－13－23　立式设备喷淋系统

但是国外某公司对塔的喷淋冷却用喷头环管的布置和喷头的布置却略有不同。如图5－13－24所示。

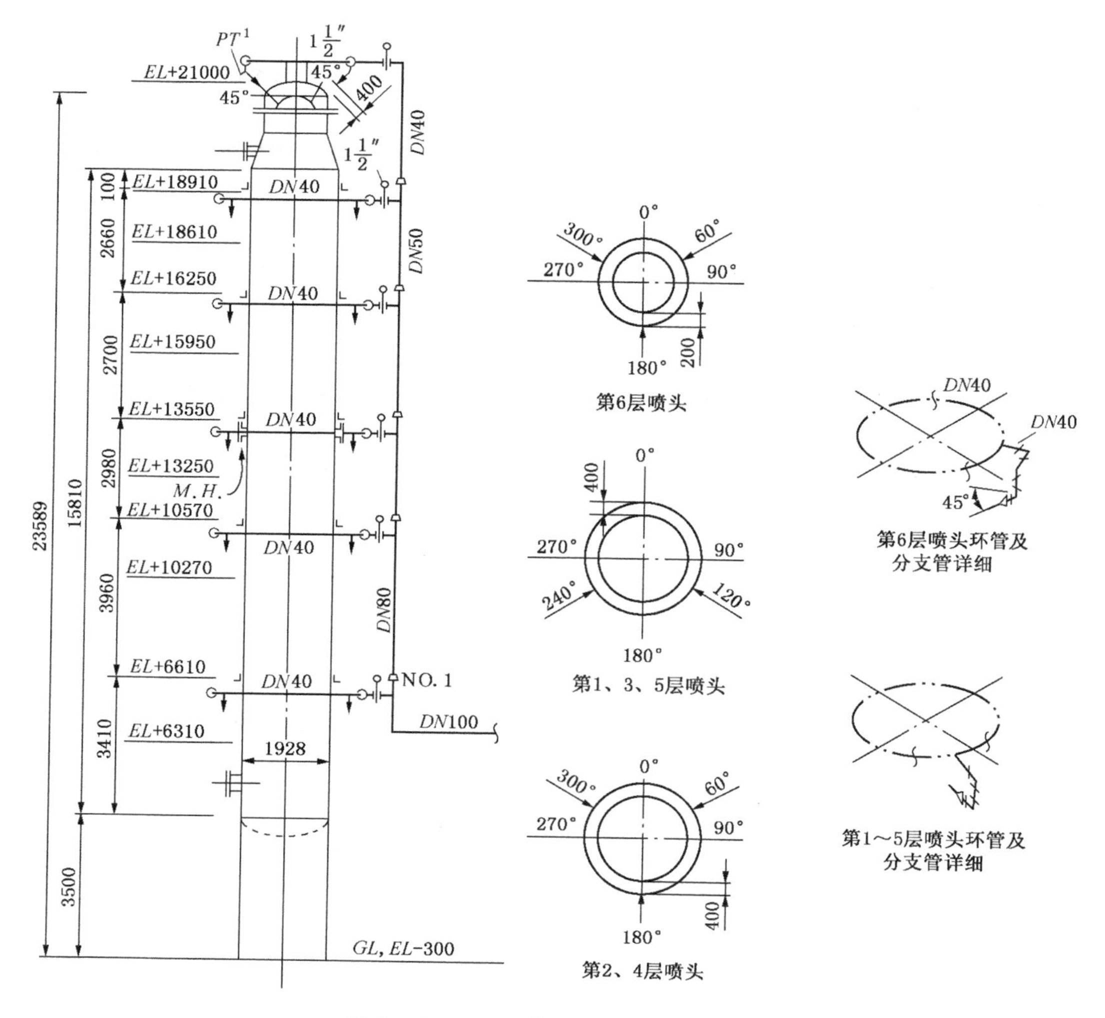

图 5－13－24　国外某公司的喷淋系统

（4）圆顶罐水喷淋，在罐顶安装导流罩定向射流喷嘴，当超过 20m 高的圆顶罐，在罐体上部设喷嘴环管，如图 5－13－25 所示，其详图见图 5－13－26。

（5）锥顶罐喷淋如图 5－13－27 所示。

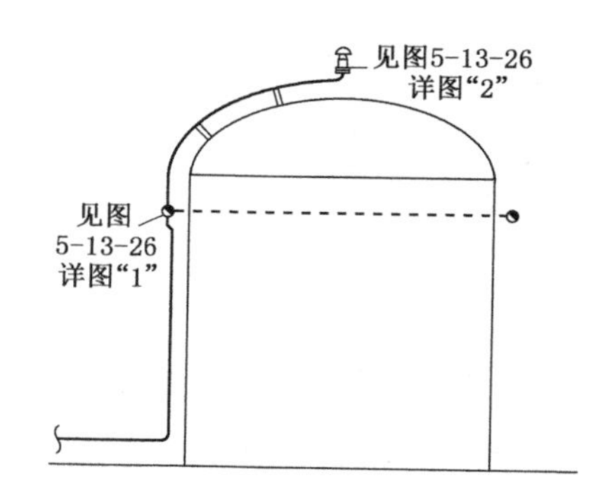

图 5－13－25　圆顶罐水喷头

（6）管廊（管架）的喷淋如图 5－13－28 所示。

（7）水幕喷淋。将设备区与管桥分隔为两个防火单元，一般设水幕喷淋集合管于管桥上，其高度应使喷雾全部覆盖管桥上各层管道。

可燃气体压缩机厂房与其他设备区分隔为防火单元。这时应沿厂房四周设水幕喷淋。如图 5－13－29。

（三）喷淋强度的确定和喷头的选择

固定或半固定式的水喷雾或水喷淋的喷淋强度按保护设备的表面积计算，不宜于小 9L/(min · m^2)。

根据国外某些公司的规定，为减少热量吸收从而阻

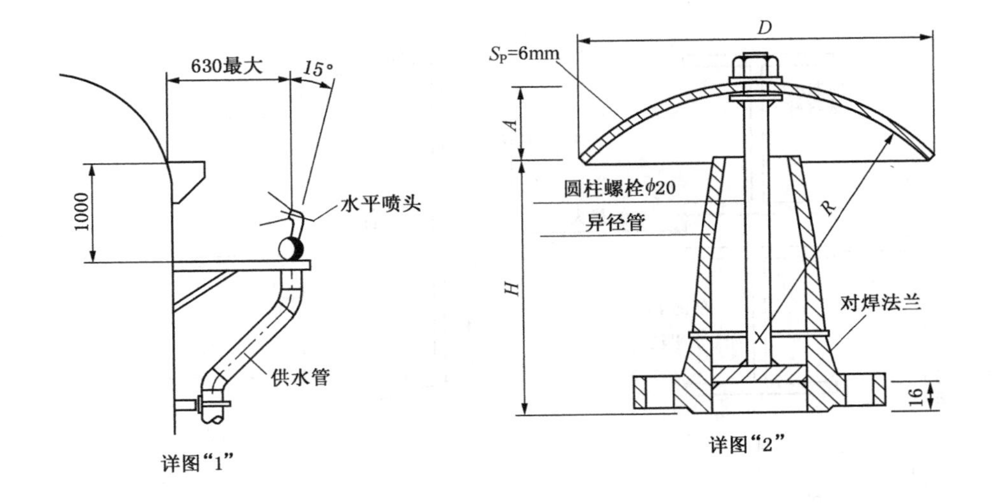

图 5－13－26　圆顶罐水喷头详图

罐体尺寸/m	供水管	异径管	D/mm	A/mm	R/mm	H/mm
≤15	3″	3″×1½″	230	50	150	171
16～20	4″	4″×2″	365	67	200	224
≥21→	6″	6″×3″	460	100	305	328

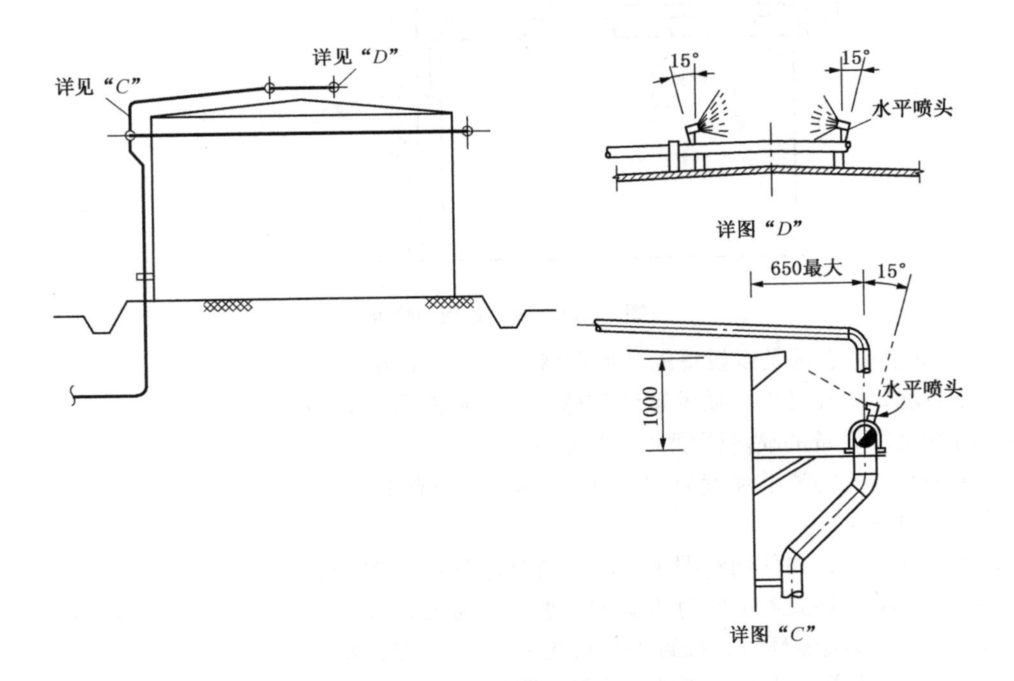

图 5－13－27　锥顶罐喷淋

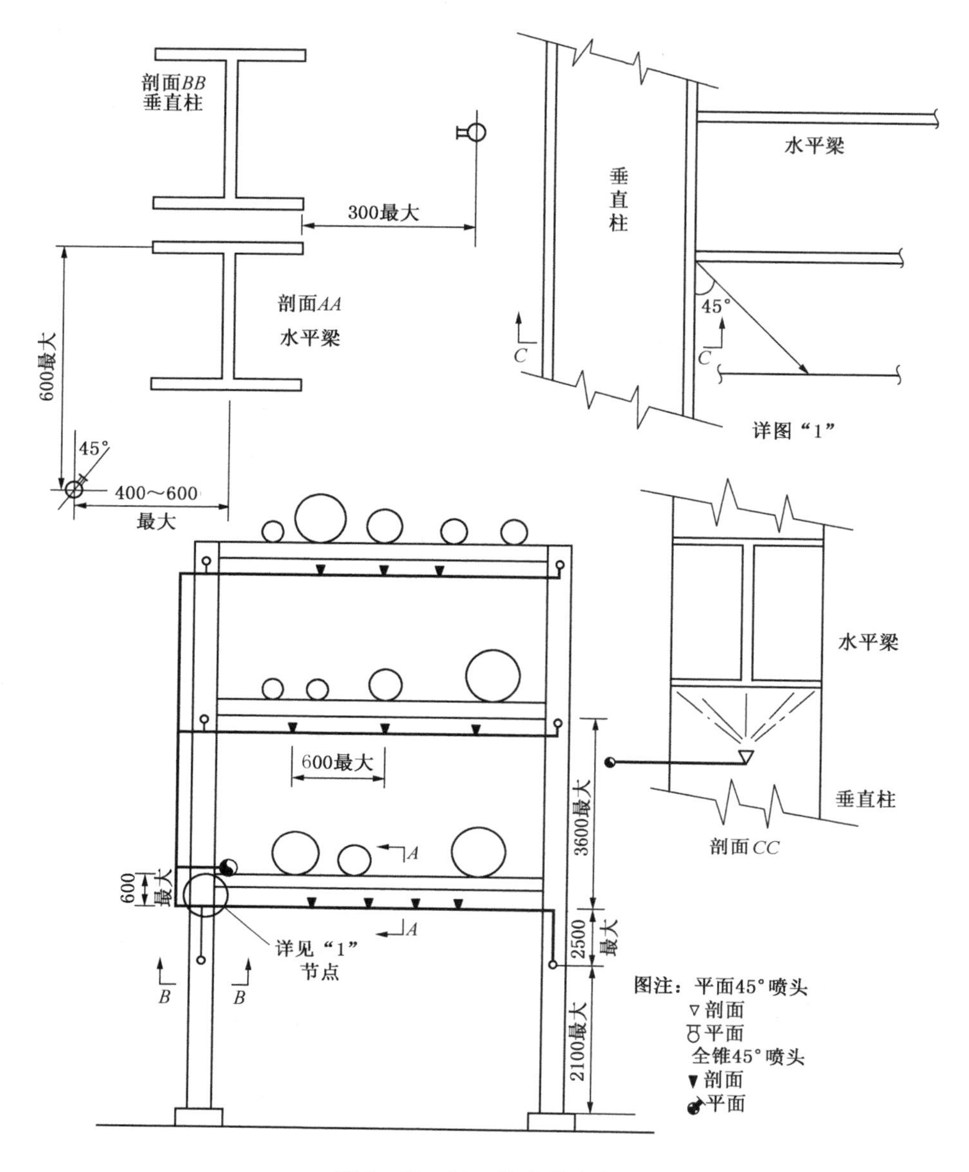

图 5-13-28 管廊的喷淋

止爆炸形成所需的水量是以设备的几何形状、体积及其安装高度为依据。

a. 盛装液化烃和类似介质的罐体和球罐，其喷淋强度为 9L/(min · m^2)。

b. 特殊生产设备的喷淋强度为 10L/(min · m^2)。

c. 保护钢结构的喷淋强度为 4L/(min · m^2)，当有垂直支架时，采用潮湿表面的喷淋强度为 10L/(min · m^2)。

d. 为控制燃烧，在任何情况下，喷雾流量不能低于 21L/(min · m^2)。

e. 在圆顶罐上导流罩定向射流喷嘴的水流量为 4L/(min · m^2)圆顶表面积；超过 20m 高的圆顶罐，应增设喷嘴环管，按罐的环形表面 1/2 面积计算，流量为 4L/(min · m^2)。

f. 为隔离防火单元用水幕喷淋，其供水强度为 10L/(min · m^2)，其隔离高度为 4m，长度按需要确定。

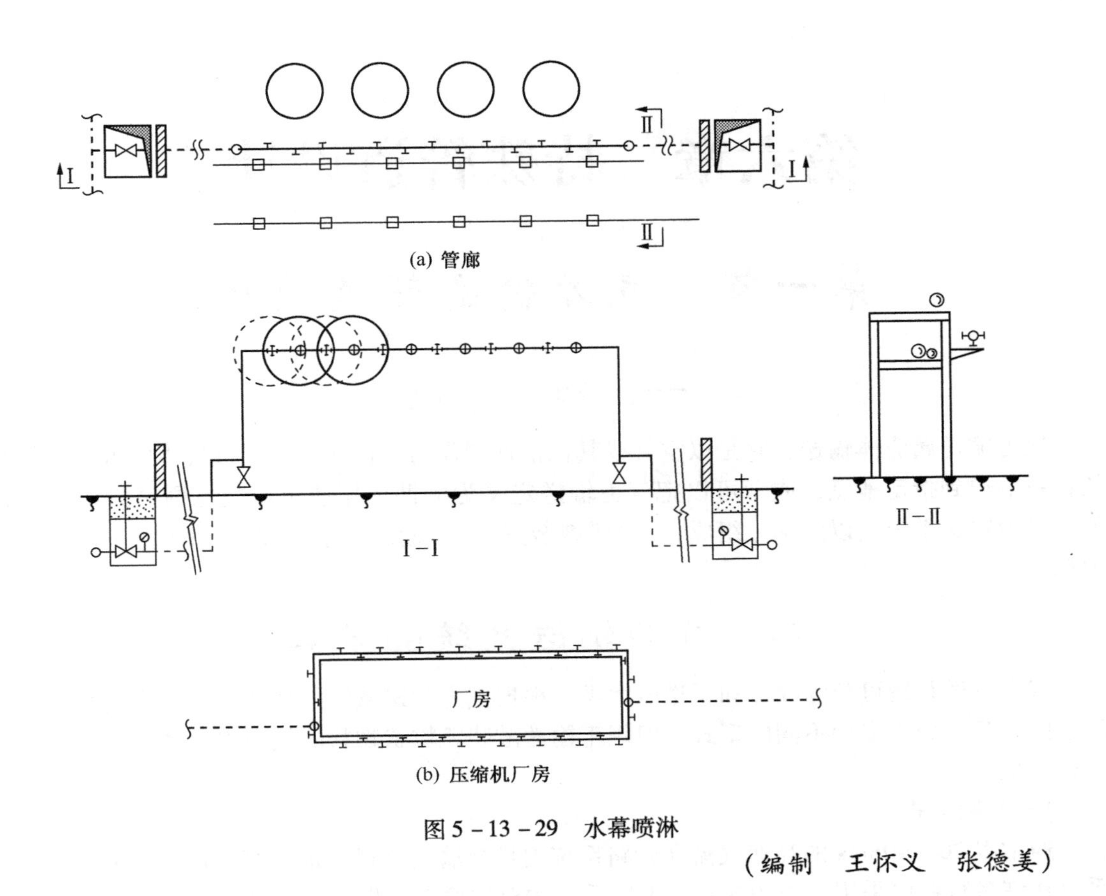

(a) 管廊

(b) 压缩机厂房

图 5-13-29 水幕喷淋

（编制 王怀义 张德姜）

第六章　特殊管道设计

第一节　气力输送管道设计

一、概　　述

气力输送属流体输送，它是以空气或其他惰性气作为工作介质，通过气体的流动将粉粒状物料输送到指定地点，或者可以把气力输送定义为借助正压或负压气流通过管道输送物料。气力输送系统由以下部分组成；(1)供料装置；(2)输送管道；(3)分离机；(4)气体动力源。

二、气力输送系统的分类

气力输送系统可分为吸送和压送两大类。根据气力输送系统的特征，所需风量和压力等的不同，又可分为多种不同的型式，但用于输送散装粉粒状物料的气力输送系统主要是以下三种类型。

（一）吸送式

通常以 20～40m/s 的高速气流在管路系统内悬浮输送物料，最高真空度可达 60kPa。该系统在许多行业中采用，如图 6－1－1 所示，物料的输送过程是在风机的一侧完成的，该系统具有以下特点。

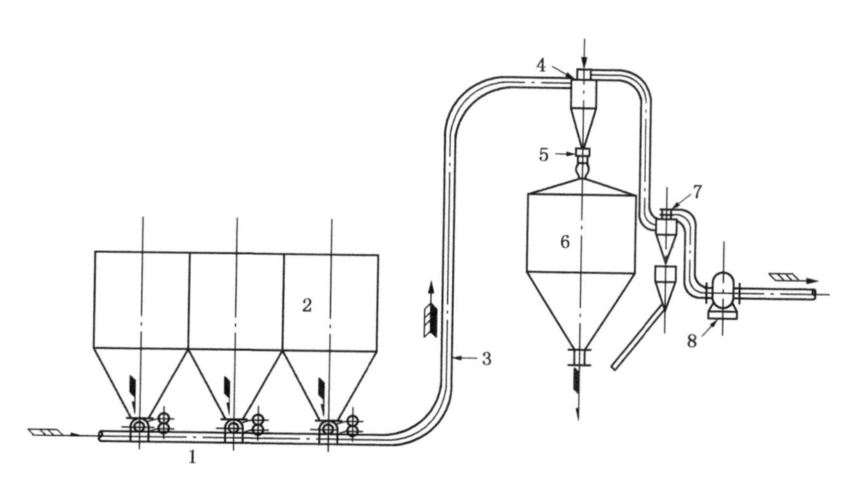

图 6－1－1　吸送式气力输送系统示意图

1—回转式供料器；2—料仓；3—输料管；4—一次旋风分离器；
5—排料器；6—料罐；7—二次旋风分离器；8—罗茨鼓风机

1. 保证物料和灰尘不会飞逸外扬。
2. 适宜于物料从几处向一处集中输送。

3. 适用于堆积面广或存放在深处的物料输送。

4. 进料方式比压送系统中的供料器简单。

5. 对卸料口、除尘器的严密性要求高，致使这两种设备构造较复杂。

6. 输送量、输送距离受到限制，且动力消耗较高。

（二）压送式

压送式气力输送系统是靠压气机械产生的正压在气流化输送管道中进行输送。如图6－1－2所示，物料的输送过程是在压气机械的压气段一侧完成的。该系统具有以下特点：

a. 适合于大流量、长距离输送；

b. 卸料器结构简单；

c. 能够防止杂质和油、水浸入系统；

d. 容易造成粉尘外扬。

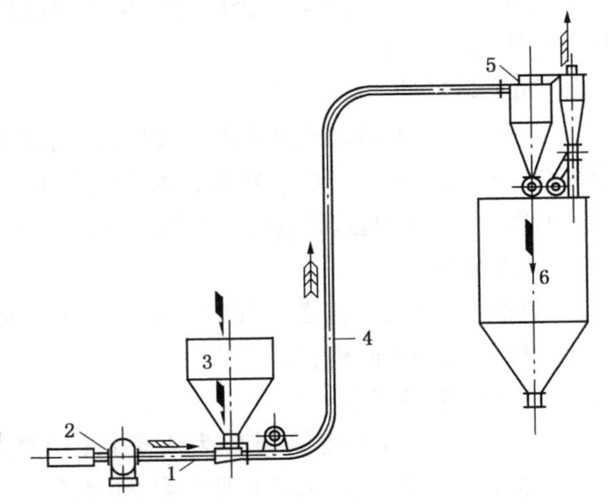

图6－1－2　压送式气力输送系统示意图

1—回转式供料器；2—罗茨鼓风机；3—料斗；4—输料管；5—旋风分离器；6—料仓

压送式气力输送可分为低压压送式、中压压送式和高压压送式三类。

（1）低压压送式用低速气流在管路系统中悬浮输送物料，操作表压一般为82kPa以下，最高约达100kPa。

（2）中压压送采用中速气流，操作表压可达310kPa。

（3）高压压送也采用中速气流，但操作表压可达860kPa。

（三）混合式

混合式气力输送是吸送和压送两种方式组合在一起而构成的，该系统具有两者的共同特点，较适宜于长距离输送物料。

除了以上三种气力输送系统外，还有一些特殊类型的气力输送系统，如脉冲栓流式、文丘里供料式低压压送系统、循环输送式、空气槽等。

三、物料的性质

（一）真实密度

真实密度是指物料在密实状态下单位体积所具有的质量，以符号r'_s表示，它的单位为kg/m^3。

（二）松散密度或堆积密度

松散密度或堆积密度，以r_s表示。孔隙率ε是指物料颗粒之间的空间体积与包含空间的物料的整个体积之比，真实密度与松散密度之间存在以下的关系：

$$r_s = (1 - \varepsilon) r'_s \tag{6-1-1}$$

在气力输送设计中，储料斗和供料器所需的容积、输送器等直接与物料的容重有关。

（三）湿度

湿度是指物料中水分的含量，通常以湿态材料的质量分数表示，即：

$$W = \frac{G - G'}{G} \times 100\% \tag{6-1-2}$$

式中　W——物料含水率的百分数；

G——物料干燥前的质量，kg；

G'——物料干燥后的质量，kg。

气力输送设计时，要注意材料的湿度，材料越湿，输送中越可能发生粘壁现象，设计时采用的安全系数应该越大，否则会发生堵塞现象。对于易潮解的物料，则需要用干燥空气或其他气体作输送介质。

（四）黏附性

实践表明，细粉末或水分多或有显著带电性的物料，在设备和输料管中黏附严重。对一般的物料，孔隙率越小，水分越大，附着应力越大。为了减少物料的黏附，避免造成输料管堵塞，通常应根据经验选择合适的气流速度，同时将管壁加工光滑，以尽可能降低其危害程度。

（五）脆性

脆性物料可能在输送过程中发生破碎而影响使用效果，为此，对输送风速的选择要格外谨慎，以免物料破碎受损。

（六）粒度与形状

一般可通过目测将物料分为4类：(1)微细粉末(50～100μm)，(2)粉粒，(3)颗粒(1mm以上)，(4)块状或不规则形状的物料。

将大小不同的物料粒子进行粒度分级时，一般可用筛分法。我国常用泰勒标准筛。在选择气力输送系统型式、风速、除尘设备时，物料的粒度和形状是重要的参考因素。

（七）爆炸性

粉尘的爆炸性可以用它的爆炸危险级别来表示，如表6－1－1所示。表6－1－2列出了一些粉尘在空气中的爆炸危险指数。针对易爆的粉尘物料，设计时要注意消除静电，采用防爆型的电器设备，有时要用惰性气体作输送介质。

表6－1－1　粉尘爆炸危险级别

爆炸级别	起爆敏感指数	爆炸猛烈指数	爆炸性指数
弱	<0.2	<0.5	<0.1
中　等	0.2～1.0	0.5～1.0	0.1～1.0
强	1.0～5.0	1.0～2.0	1.0～10.0
剧　烈	>5.0	>2.0	>10.0

表6－1－2　粉尘爆炸危险指数

粉尘名称	起爆敏感指数	爆炸猛烈指数	爆炸性指数
乙缩醛	6.5	1.9	>10.0
丙烯酰胺	4.1	0.6	2.5
丙烯腈	8.1	2.3	>10.0
纤维素	1.0	2.8	2.8
醋酸纤维素	3.0	2.0	>10.0
环氧树脂	6.0	2.0	1.9～>10.0
有机玻璃原料	10.0	2.0	6.0～>10.0
耐　纶	4.0	2.0	6.0～>10.0
酚　醛	5.0	2.0	0.1～>10.0
聚乙烯	8.0	1.5	3.5～>10.0

续表

粉尘名称	起爆敏感指数	爆炸猛烈指数	爆炸性指数
聚丙烯	3.0	1.0	<0.1 ~10.0
聚氨酯	3.0	1.6	>10.0
聚　酯	3.0	2.0	4.9 ~ >10.0
聚氯乙烯	≪0.1 ~5.0	<0.1 ~1.7	<0.1 ~ >10.0
聚苯乙烯	4.0	1.5	0.9 ~ >10.0

（八）静止角

在设计气力输送系统时，静止角是重要的因素，其数值定义为物料通过小孔连续地下落到水平面上时，堆积成的锥体母线与水平面的夹角。对同一种物料，粒径越小，则静止角越大。

（九）磨琢性

与其他物性相比，物料的磨琢性对气力输送系统影响更大。物料对设备的磨琢性可用莫氏硬度来表示，对各种被输送的物料，可按其莫氏硬度值分成4类磨琢性不同的物料，见表6－1－3，莫氏硬度大于7的物料一般不宜采用气力输送，因为这些物料对设备部件的金属材料磨琢过于剧烈，使管道、设备的使用寿命缩短，当需要气力输送磨琢性强的物料时，要在选型和选材上注意采用相应的措施。

表6－1－3　物料磨琢性分类

莫氏硬度	物料分类	莫氏硬度	物料分类
1	非磨琢性的物料	5	中等磨琢性的物料
2	非磨琢性的物料	6	磨琢性强的物料
3	轻微磨琢性的物料	7	磨琢性强的物料
4	中等磨琢性的物料		

四、物料的输送状况

（一）输送量

在设计气力输送系统时，一般是根据单位时间的输送量确定系统的容量和规格。输送系统往往是作为整套设备的组成部分进行设计的。如果输送能力比额定值大，则后部的设备就没有能力处理，反之，如果输送能力过小，则会影响设备的正常操作。因此，一般宜使瞬时的输送量控制在额定的范围内。对连续运转的设备，当输送装置万一发生故障时，会造成整套设备的停车，带来过大的损失。因此输送系统应具有承受连续运转的结构，并要设置中间料斗，以便在紧急修理时，允许暂停运转。当供给量不连续时，在瞬时内会供给大量的物料所以系统的容量应加大。

（二）输送的起点和终点状况

输送的起点情况将决定气力输送的供料方式，起点处的物料可能有两种情况：一种是处于静止状况，如料斗、仓库或车船内的物料，另一种是处于运动状态，如由其他输送线或加工设备中卸出的物料。起点处于静态的物料必须依靠气流的作用力起动加速，而本来已具有一定运动速度的物料则可能减少起点压损和所需的功率。

如果气力输送系统用来接运由其他输送机械或加工设备送来的物料，在设计时必须使气力输送的输送量留有足够的安全系数，当前面设备的输送量发生波动而瞬时增大时不致于发生堵塞。如果前面的设备是间歇工作的，则要在气力输送系统的前部设置缓冲料斗。

气力输送终点的状况关系到输送管道的布置，卸料点可能是一个，也可能有好几个，必须了解所有的位置。包括它的平面布置和高度位置。

（三）输送距离和路线

在确定输送方式和所需动力时，除按输送距离合理选择输送方式外，对输送路线亦需进行合理布置，因为气力输送系统随管道的布置不同，所需功率或输出能力差别很大。

（四）吸气口、排气口以及检查孔

吸气口、排气口和检查修理孔必须不受外部灰尘、雨雪等的侵入，排气口的含尘量不应超过规定值，要根据情况安排灰尘滤清器和除尘装置。

压气机械的噪声主要产生在吸气口和排气口，并且具有方向性。根据周围的情况，在需要降低其噪声时，可以把压气机械安置在单独的屋内，或采用适当的消声器，也可以将排气排入专门的隔离室或朝向周围不受噪声影响的地方。

五、气力输送设计的计算方法

（一）一般设计程序

1. 输送系统的布置。在合理选定气力输送系统型式后，便可进行系统布置。布置时可根据厂房的设备布置图，首先确定始点的供料器或吸嘴的位置和终点分离器的位置，其次确定空压机和附属设备的位置，再确定空气管道和输送管道的配管、管件和弯管的数目等。完成布置后，就可以开始进行详细工程设计。

在管道布置时，注意减少弯管的数目，在长距离输送时要注意使每段水平管不宜过长。通过室外的管段，必要时需进行保温，以防因温差悬殊而造成管内壁结露使物料黏壁。在物料输送管上，不应安装有碍输送的管件等。

2. 确定各工作参数。气力输送的主要工作参数包括输送量、混合比(输送浓度)和气流速度等，这些参数的正确确定，对气力输送系统的选择和运行的经济性有很大的影响。

3. 确定各主要部件的型式和结构尺寸，如选用吸送式气力输送型式，则要注意吸嘴的选型，绘制出系统示意图。

4. 计算出系统各部分的压力损失及管道总压力损失。

5. 根据风网总风量和总压力损失选择合适的风机，并计算风机所需功率配用电机。

（二）主要工作参数的确定

1. 输送物料量 G_s

作为气力输送计算依据的物料输送量 G_s，应该是各输料管在单位时间内通过的最大输送量，即：

$$G_s = \alpha G_{平} \tag{6-1-3}$$

式中 $G_{平}$——各物料管设计平均输送量，kg/h；

α——储备系数。

储备系数是考虑到由于工艺原因，可能引起的流量变化而附加的系数，α 值一般在 1.05 ~ 1.20 之间。

2. 混合比(输送浓度)μ_s

在气力输送计算中，一般采用的混合比或称输送浓度，以质量浓度 μ_s 表示，它是指单位时间内通过输料管某一截面物料的质量与输送气体质量的比值，以下公式均以空气代表输送气体。

$$\mu_s = \frac{G_s}{G_a} = \frac{G_s}{Q_a \cdot r_a} = \frac{G_s}{3600 r_a \cdot u_a \cdot F} \tag{6-1-4}$$

式中　r_a——空气的密度，kg/m^3；

u_a——气流速度，m/s；

F——输料管的截面积，m^2；

G_s——物料的输送量，kg/h；

Q_a——空气量，m^3/h。

式(6－1－4)表明：在相同的输送物料量下，提高混合比，可减少空气量，从而节约动力消耗和管材，在相同的空气量时，提高混合比，可以增加物料的输送能力。但混合比过大会带来输送状态的不均匀，从而降低设备的可靠性。在表6－1－4中，推荐了各种输送方式的合适混合比。

表6－1－4　各种输送方式的合适混合比

输送方式	输送压力	混合比 μ_s
吸送式	低真空	1～8
吸送式	高真空	8～20
压送式	低　压	1～10
压送式	高　压	10～40

3. 气流速度 u_a

气力输送系统中的实际输送风速的大小，是根据理论研究、实验结果以及气力输送系统运行中的经验数据综合选取的。输送风速过高会造成物料的破碎、管件的磨损和动力消耗的增加等缺点。而输送风速太低则容易引起掉料和管道堵塞，影响连续生产，因此恰当地选择输送风速是重要的。输送风速与粒子的悬浮速度有着密切的关系，一般按下面的原则选用：

(1) 对粒度均匀的物料，气流速度取其悬浮速度的1.5～2.5倍；

(2) 对粒度不均匀的物料，取粒度分布占最多比例的颗粒所测定的悬浮速度大一倍的风速；

(3) 对粉状物料，为避免残留于管壁和易粘结成团的现象，往往需采用比悬浮速度大5～10倍的输送风速；

(4) 建议采用的气流速度　见表6－1－5。

表6－1－5　输送风速与悬浮速度的关系

输送物料情况	输送气流速度/(m/s)
松散物料在垂直管中	$u_a \geqslant (1.3 \sim 2.5) v_f$
松散物料在水平管中	$u_a \geqslant (1.5 \sim 2.5) v_f$
松散物料在倾斜管中	$u_a \geqslant (1.5 \sim 1.9) v_f$
有弯头的垂直或倾斜管	$u_a \geqslant (2.4 \sim 4.0) v_f$
管道布置较复杂时	$u_a \geqslant (2.6 \sim 5.0) v_f$
大比重成团的黏性物料	$u_a \geqslant (5.0 \sim 10.0) v_f$
细粉状物料	$u_a \geqslant (50 \sim 100) v_f$

注：表中 v_f 为颗粒的悬浮速度(m/s)。

（三）气力输送设计计算的一般步骤

1. 根据物料特性计算悬浮速度或沉降速度

如果流体以等于颗粒自由下降时的恒定速度向上运动，则颗粒处于某一水平面上呈摆动状态恒位而不上不下，此时流体的速度称为该粒子的悬浮速度，对球形颗粒，它的大小可用下式表示：

$$v_f = \sqrt{\frac{4gd_s}{3C}\frac{r'_s - r_a}{r_a}} \quad (6-1-5)$$

式中 v_f——颗粒的悬浮速度，m/s；

r_a——流体的密度，kg/m^3；

r'_s——粒子的密度，kg/m^3；

C——阻力系数；

d_s——球形颗粒的直径，m；

g——重力加速度，m/s^2。

根据近代相似理论的研究，已经证明，阻力系数 C 不是一个常数，而是随雷诺数(Re)、物体粒子的形状及表面状况等许多因素变化。C 与 Re 关系可由下式近似地概括为：

$$C = \frac{\beta}{Re^k} \quad (6-1-6)$$

（1）在工程上对粉状物料的输送可以采用斯托克斯(Stokes)公式。

取：

$$C = \frac{24}{Re} \quad (6-1-7)$$

即：

$$\beta = 24 \quad k = 1, 且\ Re = \frac{d_s \cdot v_f \cdot r_a}{\mu}$$

代入式(6-1-5)，得：

$$v_f = \frac{gd_s^2(r'_s - r_a)}{18\mu} \quad (6-1-8)$$

式中 μ 为流体的黏度，Pa·s。

在工程上，由于 $r'_s \gg r_a$，所以

$$v_f = \frac{g \cdot d_s^2 \cdot r'_s}{18\mu} \quad (6-1-9)$$

（2）如果输送中等颗粒物料($d_s = 0.06 \sim 1mm$)可用阿仑(Allen)公式。

即：

$$C = \frac{10}{Re^{0.5}} \quad (6-1-10)$$

$$\beta = 10 \quad k = 0.5$$

将 C 代入式(6-1-5)，则可得：

$$v_f = d_s \cdot \sqrt[3]{0.1744\frac{[g \cdot (r'_s - r_a)]^2}{\mu \cdot r_a}} \quad (6-1-11)$$

同样，由于 $r'_s \gg r_a$，所以

$$v_f = d_s\sqrt[3]{0.1744 \cdot \frac{(g \cdot r'_s)^2}{\mu \cdot r_a}} \quad (6-1-12)$$

（3）输送大颗粒物料($d_s = 1 \sim 1.5mm$ 以上)可用牛顿公式。

$$C = 0.44$$

代入式(6－1－5)可得：

$$v_f = s \cdot 42\sqrt{\frac{g \cdot d_s(r'_s - r_a)}{r_a}} \qquad (6-1-13)$$

在工程上，此式可简化为：

$$v_f = s \cdot 42\sqrt{\frac{gd_s r'_s}{r_a}} \qquad (6-1-14)$$

对于形状不规则的物料，可用形状修正系数 ψ 对相应的球形物料悬浮速度修正：

$$v_f' = \frac{v_f}{\sqrt{\psi}} \qquad (6-1-15)$$

式中　v_f'——形状不规则物料的悬浮速度，m/s；

ψ——形状修正系数，见表6－1－6。

表6－1－6　形状修正系数表

物料形状	ψ	物料形状	ψ
表面光滑的球形物料	1	椭圆形物料	3.08
近似球形的物料	1.71	扁形物料	4.97
表面粗糙的圆形物料	2.42		

2. 根据悬浮速度和经验数据选定气流速度

根据理论计算或实测的粒子悬浮速度，再根据管道配置情况及混合比的大小，选取经验系数，并且参考已有成功的实例，确定合适的气流速度。

当温度改变时，由于空气的密度随之改变，所以必须对气流速度进行修正，可以用式(6－1－16)进行修正：

$$r = 1.293 \cdot \frac{273}{273 + t} \qquad (6-1-16)$$

式中　r——当温度为 t 时的空气密度，kg/m^3；

1.293——为标准状态下空气的密度，kg/m^3。

$$u_a = u_{a0}\frac{r_0}{r} = u_{a0}\frac{273 + t_0}{273 + t} \qquad (6-1-17)$$

式中　u_{a0}——当空气温度为 t_0 时的气流速度，m/s；

u_a——当空气温度为 t 时的气流速度，m/s。

3. 输送空气量 Q_a 的计算

根据式(6－1－4)可得：

$$Q_a = \frac{G_a}{r_a} = \frac{G_s}{\mu_s \cdot r_a} \qquad (6-1-18)$$

按上式计算出空气量以后，还要根据输送方式和选用的设备类型，附加一定的漏气量。通常实际选用的空气量为理论计算得出的空气量的110%～120%。

4. 输送管直径 D 的计算

若输送的气流速度为 u_a，则输料管内径 D 可按式(6－1－19)求得：

$$D = \sqrt{\frac{4Q_a}{3600\pi u_a}} = \sqrt{\frac{4G_s}{3600\pi\mu_s r_a u_a}} \quad (6-1-19)$$

在设计时，输送管一般采用低压流体输送用焊接钢管。在输送食品、化学药品或石油化工的合成树脂等要求绝对避免混入铁锈的物料时，可采用不锈钢管或铝管。在任何场合均需选用与式(6－1－19)的计算值接近的标准管径。如果计算值与实选管径不一致，则必须按选用的管径和适当的气流速度及混合比，对空气量进行修正。

5. 计算系统的压力损失

对任何一种输送方式，选择的压力机械的最大排出压力(对吸送式为最大真空度)，必须大于以下各项压力损失之和Δp。

(1) 空气管的压力损失Δp_{ai}，它是指空气压气机至供料器(对吸送式为从吸气口至供料器)的压力损失。

$$\Delta p_{ai} = \lambda_{ai}\frac{L_{ai}}{D_{ai}}\frac{r_{ai}}{2}u_{ai}^2 \quad (6-1-20)$$

式中　Δp_{ai}——空气管的压力损失，Pa；

λ_{ai}——摩擦阻力系数；

L_{ai}——空气管的长度，m；

D_{ai}——空气管的内径，m；

r_{ai}——空气的密度，kg/m^3；

u_{ai}——管路中i处的气流速度，m/s。

如在空气的吸入口设置过滤器或节流阀时，还要加上这些部件产生的压力损失。

对于一般的气力输送管道，摩擦阻力系数可近似地按式(6－1－21)计算。

$$\lambda = m\cdot(0.0125 + \frac{0.0011}{D}) \quad (6-1-21)$$

式中　m——取决于输送管道内壁粗糙的系数；

对内壁光滑管，$m=1.0$；

对新焊接管，$m=1.3$；

对旧焊接管，$m=1.6$

在工程计算中，空气管道的摩擦阻力系数一般均在$\lambda=0.02\sim0.04$的范围。

(2) 加速损失Δp_{ac}，是由于送到(或吸到)输料管的物料在流动方向的初速度一般为零，要靠输送空气将它加速到一定的速度，所以会产生压力损失。加速压力损失一般可按式(6－1－22)计算。

$$\Delta p_{ac} = (C+\mu_s)\frac{r_a}{2}u_a^2 \quad (6-1-22)$$

其中C是取决于供料方式的系数，其值约在1～10的范围选取。对回转式供料器定量供料取其最小值；如不连续从吸嘴吸料时，则取最大值。

加速压损的大小，与压气机械的排气压力的大小有关，对高压压送式输送系统，由于最大排气压力很高所以加速损失影响不大。而对低压压送或吸送式输送系统，最大排气压力或吸引压力在±5000～6000mmH_2O的范围，加速损失占很大的比例。因此，应尽可能采用定量供料的供料器或吸嘴，减少加速损失，以利于输送更多的物料。

(3) 输料管中的压力损失Δp_m，是指以稳定状态输送物料时的输料管内的压力损失。输料管一般由水平管、倾斜管及弯管组成，而单位长度的压力损失是随管子的坡度和形状而变化，垂直管比同样长度的水平管压力损失大，倾斜管则介于二者之间，在弯管处产生更为显著的压力损失。弯管处的压力损失随物料的性质、混合比、气流速度、曲率半径与管内径之比等因素而变化，以水平管转为垂直向上的弯管压力损失为最大。

输送物料时，在直管部分的压力损失 Δp_m，一般可以根据纯气体时的压力损失 Δp_a 乘以压损比 l 来计算。

即：

$$\Delta p_a = \lambda_a \cdot \frac{L}{D} \cdot \frac{r_a}{2} u_a^2 \quad (\mathrm{Pa}) \tag{6-1-23}$$

$$\Delta p_m = l \Delta p_a \quad (\mathrm{Pa}) \tag{6-1-24}$$

l 的大小是随物料的物理性质、输料管内径 D、气流速度 u_a、速度比 φ、料气混合比 μ_s 等因素而变化，有下面一些经验公式：

$$l = 1 + K\mu_s^n \tag{6-1-25}$$

对同一种物料，在同一条管道内，一般可以认为 l 与混合比 μ_s 成正比，即 $n=1$。不同的实验条件下得出的系数 K 值如表6-1-7所示。

此外，还有一些计算压损比 l 的公式：

对水平管：

$$l = \sqrt{\frac{30}{u_a}} + 0.2\mu_s \tag{6-1-26}$$

或

$$l = 1 + \frac{1.25D \cdot \mu_s}{\varphi} \tag{6-1-27}$$

表6-1-7 不同 μ_s 和 u_a 条件下的 K 值

物料种类	u_a/(m/s)	μ_s	K
细状物料	25~35	3~5	0.5~1.0
粒状物料(低真空吸送)	16~25	3~8	0.5~0.7
粒状物料(高真空吸送)	20~30	15~25	0.3~0.5
粉状物料	16~22	1~4	0.5~1.5
纤维状物料	15~18	0.1~0.6	1.0~2.0

对垂直管：

$$l = \frac{250}{u_a^{3/2}} + 0.15\mu_s \tag{6-1-28}$$

弯管的压力损失可按下式计算近似值：

$$\Delta p_b = \xi_{sb} \cdot \mu_s \cdot \frac{r_a}{2} \cdot u_a^2 \quad (\mathrm{Pa}) \tag{6-1-29}$$

弯管的阻力系数可按表6-1-8选取。

表6-1-8 弯管的阻力系数 ξ_{sb}

曲率半径比(R/D)	ξ_{sb}	曲率半径比(R/D)	ξ_{sb}
2	1.5	6	0.5
4	0.75	7	0.38

（4）分离除尘器的压力损失 Δp_{sep}，它是随分离器的类型和结构以及使用条件等因素而

变化，可按式 6－1－30 计算：

$$\Delta p_{sep} = \xi \cdot \frac{r_a}{2} \cdot u_{sep}^2 \quad (\text{Pa}) \tag{6-1-30}$$

式中 u_{sep}——分离器入口的气流速度，m/s；

ξ——由分离器的类型和结构决定的阻力系数，其值由表 6－1－9 选取。

表 6－1－9 阻力系数 ξ 的值

分离器型式	阻力系数 ξ	分离器型式	阻力系数 ξ
沉降式	1.0～2.0	CLP/B－X 型旋风分离器	5.8
CLT 型旋风分离器，蜗壳分离器	4.6～5.0	ϕ1400～1600 旋风分离器	2.5～3.8
CLT/A－X 型旋风分离器	8.0		

（5）排气管的压力损失 Δp_{ex}，是指从分离除尘器出口（吸送式为抽气机出口）至排气口的压力损失，由下式计算得到：

$$\Delta p_{ex} = \lambda_{ex} \frac{L_{ex}}{D_{ex}} \quad \frac{r_{aex}}{2} u_{aex}^2 \quad (\text{Pa}) \tag{6-1-31}$$

（6）排气损失 Δp_d，其值为排气具有的压力，因为排气处的压力起着背压的作用，必须加在损失之中。

风机最大的吸引真空度或最高的排气压力 p 要大于上述各部分压力损失之和 Δp，即：

$$p > \Delta p = \Delta p_{ai} + \Delta p_{ac} + \Delta p_m + \Delta p_b + \Delta p_{sep} + \Delta p_{ex} + \Delta p_d \tag{6-1-32}$$

从理论上说，只要 $p = \Delta p$ 就可以了，但在决定风机的容量时，必须考虑到设计误差和输送条件改变时的安全性，一般应加 10%～20% 的裕量。

以上的计算是不考虑空气的可压缩性，即空气在输料管中膨胀很小，将气流速度及其密度看作不变时的计算方法。但是，对长距离的高压压送式或高真空吸送式，空气的压缩性不能忽略，可以将输料管划分成短的区段，每一区段依次用上述方法来求得总的压力损失。

考虑了空气的可压缩性计算的压力损失值比不考虑时要小，因此按前者选定的压气机械功率可比后者小，所以按精确的计算是合理的，当采用同一台压气机械时，可以利用其剩余压力，尽可能提高其混合比，以高效输送物料。

6. 计算压气机械所需的功率 N

若确定了输送所需的空气量 Q_a 和压力，则可以计算出压气机械所需的功率 N 为：

$$N = \frac{Q_a p}{60 \times 102\eta} \quad (\text{kW}) \tag{6-1-33}$$

式中 Q_a——空气流量，m³/h；

η——0.5～0.7。

η 是根据压气机械的总效率、输送时脉动引起的瞬时压力升高以及考虑输送条件变化时的安全性等因素综合决定的系数。

实际上，根据产品样本选择的压气机械所具有的空气量和压力，一般要比计算的大一些，因此，由于空气量与产品样本所给的数值不一致，从而会影响压力损失的变化。如果按产品样本所给定的空气量进行输送，必须验算此时所需的输送压力是否在压气机械的最高排气压力（吸送式为最大真空度）的限度内，如果超过了最大值，必须重新设计，可加大输料管内径，以减少混合比，或改变输料路线，缩短当量长度。或改用压力损失小的分离器，以降低输送压力。

六、气力输送管道的布置与安装

气力输送管道本身构造简单，除磨损外几乎不发生什么问题。但在布置输送管道时，为了保证其安全可靠和节能，应注意以下几点。

（1）要使输送管道尽可能短，沿输送方向不应有缩径。

（2）由于容易堵塞的集块均发生在水平直管部分，所以水平直管段不宜过长。

（3）由于弯管的压力损失特别大，造成输送不稳定并使物料颗粒易于破碎，所以，应尽量减少弯管数量，并且要选用曲率半径大的煨弯弯管，通常取输送管内径的6倍至12倍为宜。

（4）在供料器后应设置10m左右的加速用水平管，如果忽略这一点，而直接连接上弯管就容易产生堵塞。

上面各项也有相互矛盾的情况，这时应权衡输送条件和压力损失等。然后适当地加以取舍和选择。特别是由水平转为垂直上升的弯管，压力损失较大，对流动方式的影响也大，应尽量少用。还有，此时曲率半径应比其他弯管稍大一些，取煨弯半径 $R=10DN$ 左右比较安全，而对于其他由水平转为垂直下降或由垂直上升转为水平的弯管。一般采用曲率半径 $R\approx6\sim10DN$ 左右。但是，其中由垂直下降转为水平的弯管，由于弯曲前后粒子速度的差别甚大，压力损失也大，要注意弯曲后的再加速。

对于管道的布置，试举一例说明，（见图6-1-3），当 P 点到 Q 点进行水平及垂直输送时，可以选择不同的方法。当采用压送输送时，供料器一般可布置在料斗的下面，物料体往往是下落供给，因此混入段大都装在水平管中，此时管道布置可考虑采用①②③④等型式。①的管道最短是比较理想的，但当管道架空敷设时，则需要较多的支架，这时的压力损失依倾角而变，有可能做到和水平管相同。实际上，通常按②型布置管道，但当 L 特别长时，可能会产生脉动。因此，如果像③那样将水平部分分为两段，则输送就会稳定些。采用③型时，在供料器后应设置10米左右的混入段水平管（即助走距离）后再接入垂直管。

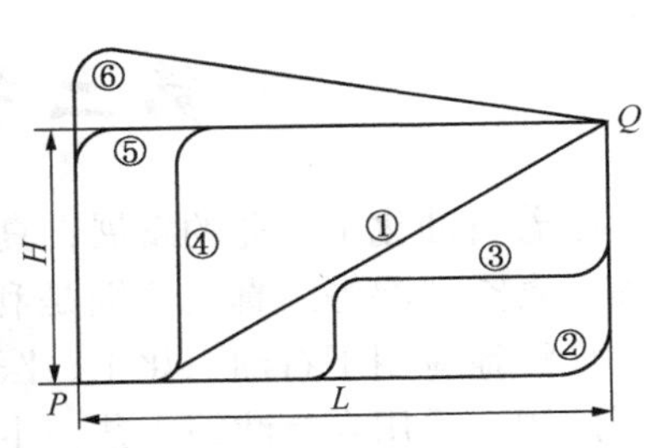

图6-1-3　各种方式的管道布置

当采用吸送输送时，吸嘴构造中的混合部分多装在垂直上升管中，所以，管道布置如图6-1-3中。⑤⑥型所示。⑤型中有水平输送区段，而⑥型则下倾斜落下的输送区段，这两种型式主要用于港口等处的装卸作业。根据作业的性质，往往采用⑥型，并且以输送理论上来看，⑥型也比较有利。

管道布置在厂房内墙壁上或地板上，虽有利于维护和管理，但根据输送条件，也可安装在天花板上、屋顶上或在地下敷设。此外，如果输送距离较长，压力损失较大，由于空气膨胀，在中途须加大管径，为了防止管道因脉动流而产生振动，还须设置牢固的支架。

本节符号表

C——流体绕颗粒流动时的黏性摩擦阻力系数；

D——输送管道管径，m；

d_s——颗粒直径，m；

F——输料管的截面积，m；

G——气体的质量流量，kg/m^3；

G_s——物料的质量流量，kg/m^3；

H——管路的高度，m；

K——压损比与混合比的关系系数；

k——阻力法则指数；
L——管长，m；
l——压损比；
N——压气机械的功率，kW；
n——指数；
p——绝对压力，Pa；
Δp_a——纯空气流动压损，Pa；
Δp_{ac}——加速压损，Pa；
Δp_m——输送物料在稳态时的压损，Pa；
Δp_{sep}——分离除尘器的压损，Pa；
Δp_{ex}——排气口的压损，Pa；
Q_a——空气或其他输送气体的流量，m^3/h；
Re——雷诺数；
t——温度，K；
u_a——气流速度，m/s；
v_f——颗粒的悬浮速度，m/s；
α——储备系数；
β——C 与 Re 的关系系数；
r'_s——物料的密实密度，kg/m^3；
r_s——物料的松散密度，kg/m^3；
r_a——气体的密度，kg/m^3；
ε——空隙率；
ξ——局部阻力系数；
η——压气机械的总效率；
λ——空气的摩擦压损系数；
μ——流体黏度，Pa·s；
μ_s——料气的混合比；
φ——料气速度比；
ψ——颗粒的形状修正系数；
ω——物料含水率的百分数。

（编制　吴建康）

第二节　真空管道设计

随着石油化工工业的发展，真空技术随之也得到广泛的应用和发展。如真空蒸馏、真空浓缩、真空调湿等。真空蒸馏是利用在不同压强下介质沸点不同的原理进行介质分离的过程，广泛地应用于石油、化工、医药等工业。真空浓缩在化工、化纤、医药、食品工业得到广泛应用。采用真空浓缩工艺，生产的产品质量好，生产率高。

真空调湿是在真空条件下，调节某些产品含水量，使之恒定均匀。主要用于人造纤维、丝产品、烟草等工业。

还有真空结晶、真空干燥、真空过滤、真空制冷等工艺过程。

本节重点介绍低真空和中真空技术，对高真空和超高真空的技术只作简单介绍。

真空技术中，使用的压强范围很宽，从 760mmHg 直到 10^{-13}mmHg，人们为了技术交流方便，常常把它划分为几个真空区域——低真空、中真空、高真空、超高真空(见表 6－2－1)。

表 6－2－1　真空区域划分

真空区域	机械工业部部颁标准
低真空	$750 \sim 7.5 \times 10^{-1}$mmHg $10^5 \sim 100$Pa
中真空	$7.5 \times 10^{-1} \sim 7.5 \times 10^{-4}$mmHg $100 \sim 10^{-1}$Pa
高真空	$7.5 \times 10^{-4} \sim 7.5 \times 10^{-8}$mmHg $10^{-1} \sim 10^{-5}$Pa
超高真空	7.5×10^{-8}mmHg 以下 10^{-5}Pa 以下

各真空区域的物理特点见表6－2－2。为了便于引用图表，本节中的公式仍采用mmHg或大气压来表示。

表6－2－2　各真空区域的物理特点

真空区域 类别	低真空	中真空	高真空	超高真空
	$750 \sim 7.5\times10^{-1}$ mmHg	$7.5\times10^{-1} \sim 7.5\times10^{-4}$ mmHg	$7.5\times10^{-4} \sim 7.5\times10^{-8}$ mmHg	$<7.5\times10^{-8}$ mmHg
分子密度	分子密度大 与大气压下的气体物性相同	分子密度减小		气体分子运动服从麦克斯韦统计分布规律
换热方式	对流换热	传导和辐射换热	自由分子热传导和热辐射换热	自由分子热传导和热辐射换热
平均自由程不同	气体流动状态为黏滞流以分子间互相作用的内摩擦形式	气体流动状态为黏滞流以分子间互相作用的内摩擦形式	分子流，分子间不发生内摩擦而存在着与容器壁之间相互作用的外摩擦	分子流，分子间不发生内摩擦而存在着与容器壁之间相互作用的外摩擦
分子间运动	分子间碰撞的气体主要存在于空间，真空泵容易将气体抽走	分子间碰撞的气体主要存在于空间真空泵容易将气体抽走	分子的平均自由程大，分子之间几乎不发生碰撞，但分子主要与器壁碰撞，真空泵主要抽走器壁解吸分子，高真空需要抽气时间长	
单分子层形成时间			较短	较长，二个光滑表面接触时出现冷焊现象
分子组成	气体组成近似大气压	主要是水蒸气	70%～90%水蒸气由容器壁释放	主要是氢气，是从材料内部释放的

一、真空设备选用

1. 选用基本指南

图6－2－1可作为真空系统选用真空设备的基本指南。此图所示为工业生产的各种产生真空的通用设备，每一种设备都有其大致的操作范围。图中心的对数标尺所表示的为绝对压力，其单位以mmHg表示。右边标尺给出水或冰在其相对应的压力下汽化温度，为了获得极低的压力，需要组合使用各种真空设备。

2. 喷射泵的一般压力范围(见表6－2－3)

表6－2－3　喷射泵的压力范围

级　数	实用的最小绝对压力/mmHg	吸入压力操作范围/mmHg	气密性试验压力/mmHg
1	50	75～75以上	37～50
2	5	10～100	5
3	2	1～25	1
4	0.2	0.25～3	0.05～0.1
5	0.03	0.03～0.3	0.005～0.01
6	0.003		
7	0.001～0.0005		

3. 真空泵的性能指标及选型

真空泵是用来获得、改善和保持真空的设备。真空泵可以分为干式和湿式两大类，干式真空泵只能从容器中抽出干燥气体，一般可达到96%～99.6%的真空度；湿式真空泵的抽吸气体时，允许带有较多的液体，它只能达到85%～90%的真空度。常用真空泵有往复式、水环式等机械真空泵和喷射真空泵。

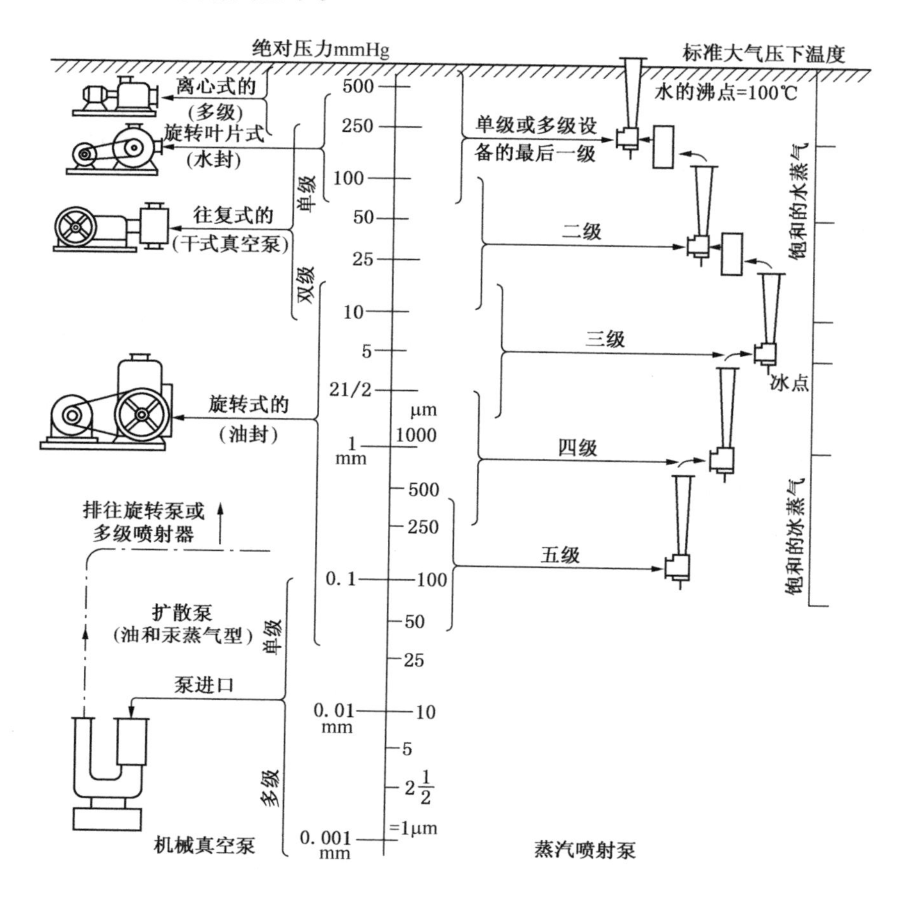

图6－2－1　真空设备的应用

注：图中列出每一种真空设备的常用范围，这并不一定是它能维持气密系统的最高真空度或最小压力，还有特殊设计型式以及这些通用型设备的改进型式，能得到比图中所示更低的压力。

（1）真空度

a. 以真空度百分数表示：

$$真空度(\%) = 760 - p/760 \times 100\% \qquad (6-2-1)$$

式中　p——真空系统的绝对压力，mmHg

b. 以绝对压力表示。

c. 以真空度 p_v 表示：

$$p_v = 760 - p \qquad (6-2-2)$$

式中　p_v——系统的真空度，mmHg；

p——系统的绝对压力，mmHg。

（2）抽气速率

抽气速率指单位时间由真空泵直接从真空系统抽出气体体积数。以 m^3/h 表示。它与真空系统的操作条件有关，当泵进口的气体绝压愈低（或真空度愈大），泵抽出气体体积流率愈大，反之，泵进口的气体绝压愈高（或真空度愈小），泵抽气的体积流率愈小。与抽气速率有关的指标有：

a. 气量：定量的气体分子在指定的温度下所依据的空间体积与气体压强有关。在真空技术中，气量一般用气体容积与气体压力的乘积表示（$p \cdot V$），如压力单位为 mmHg、气体容积单位为 m^3，则气量单位为 $mmHg \cdot m^3$。

b. 流量 q：指单位时间内通过真空系统某一断面的气量如时间以小时为单位，气量单位同上，则流量单位为 $mmHg \cdot m^3/h$。

c. 抽气速率 S：指单位时间内，从真空系统抽出气体体积数，真空系统气体体积与真空度有关，故可以用流量与压力比值表示。在采用上述单位时抽气速率的单位为 m^3/h。

$$S = q/p \tag{6-2-3}$$

式中 q——流量，$mmHg \cdot m^3/h$；

p——压力（真空泵入口处），mmHg（A）；

S——抽气速率，m^3/h。

4. 真空系统的极限真空

真空系统空载时，经过较长时间抽气后，真空系统达到稳定的最低压强，被称之为真空系统的极限真空。

$$p_j = p_o + q/S \tag{6-2-4}$$

式中 p_j——真空系统的极限真空，mmHg；

p_o——真空泵的极限真空，mmHg；

q——气体负荷（对于低、中真空系统，该值为漏气量），$mmHg \cdot m^3/h$；

S——真空泵的有效抽气速率，m^3/h。

从上式中可见，泵的极限真空越高，有效抽气速率愈大，则系统的极限真空越高。

同时，当真空系统确定之后，漏气量便是影响极限真空的重要因素。

5. 空气泄漏量估算

对于任何一个真空系统，完全气密是不可能的，事实上总有空气泄漏入真空系统。空气泄漏量最好是用试验来测定，但对一个新的设计或不能进行试验的场合，只能用计算得出。以下介绍各种可能泄漏处，空气泄漏量的估算方法。

（1）图 6-2-2 给出了严密的工业生产系统的最大空气泄漏值，但不包括任何搅拌系统。

（2）表 6-2-4 给出了漏入真空系统设备的空气量。

表 6-2-4 真空系统装置中渗漏的空气量估计值

附件型式	估计平均空气渗漏量/（kg/h）
丝扣连接 2″以下	0.045
2″以上	0.09
法兰连接 6″以下	0.23
6″～24″（包括人孔）	0.36
24″～6″	0.50

续表

附　　件　　型　　式	估计平均空气渗漏量/(kg/h)
6″以上	0.91
阀门(有密封圈)	
阀杆直径 1/2″以下	0.23
1/2″以上	0.45
润滑旋塞	0.045
小型旋塞(放泄用)	0.09
视镜	0.45
玻璃液位计(包括旋塞)	0.91
有液封填料箱的搅拌器、泵等的轴，每英寸轴直径	0.14
普通填料箱每英寸轴直径	0.68
安全阀、放气口，每英寸公称直径	0.45

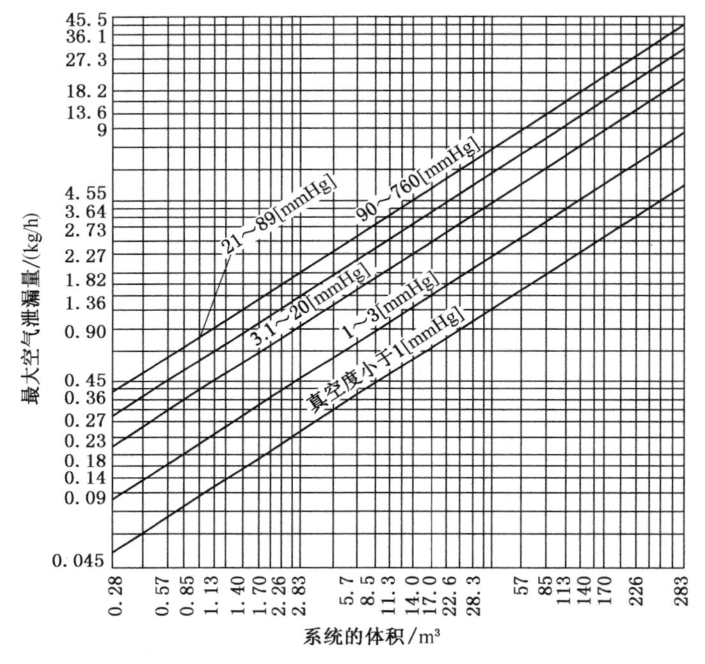

图 6－2－2　工业上严密系统的最大空气泄漏值(无搅拌)

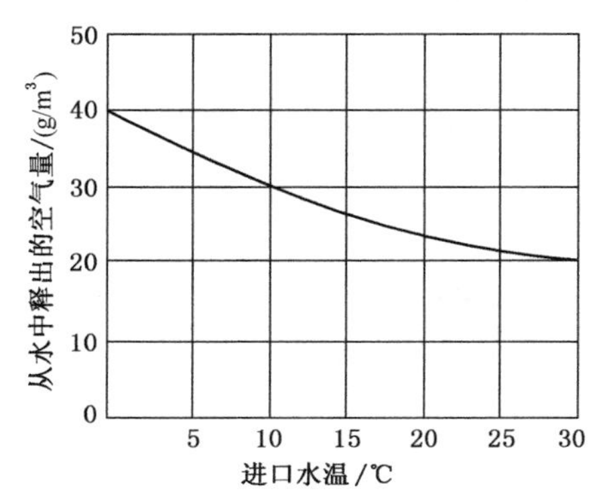

图 6－2－3　在真空系统中和水直接接触时释出的溶解空气

(3) 水中释出的溶解气体：当从直接式冷凝器中抽出不凝气体及其他蒸气时，也会从水中释出一些溶解气体，在真空系统中和水直接接触时释出的溶解空气量可查图 6－2－3。由图中所示，因为水中所溶解的空气量在标准大气压下随水温的升高而降低，所以不同温度下水中所能放出的空气量亦不相同。简单估算时，通常亦可直接按 2.5×10^{-2} kg(空气)/m³(水)来计算。

(4) 喷射泵、气压冷凝器、表面冷凝器漏入空气量见表 6－2－5。

表 6-2-5　喷射泵、冷凝器漏入空气量

喷射泵		气压冷凝器		表面冷凝器	
喉径/mm	漏入量/(kg/h)	内径/mm	漏入量/(kg/h)	内径/mm	漏入量/(kg/h)
10~20	0.2	300	0.6	300	0.7
25~32	0.2	400	0.8	400	1.0
40~50	0.5	500	1.0	500	1.5
64~80	1.0	600	1.2	600	2.0
100~150	1.5	800	1.5	800	3.0
200 以上	2.0	1000	2.0	1000	4.0

6. 喷射真空泵的影响因素

喷射真空泵的设计计算本文不加讨论，只对喷射真空泵的影响因素加以介绍。

(1) 蒸汽压力：动力蒸汽设计压力的选择，必须根据喷射泵蒸汽喷嘴处要求的最低压力考虑。如蒸汽压力低于设计压力时，则喷射泵的操作将不稳定。

推荐设计采用的蒸汽压力等于进喷嘴的蒸汽管道上出现的最小压力减去 0.069MPa。按此设计基准，在压力波动较小的情况下，可获得稳定的操作。

蒸汽压力升高超过设计值时，对常用的“固定抽气量”喷射泵来说，并不会增加抽气量。通常在增加压力时反而会减小抽气量，这是由于在扩散器中添加了额外的蒸汽量之故。当蒸汽喷嘴与扩散器按特定的性能成适当的比例时，可得最佳的蒸汽消耗定额。

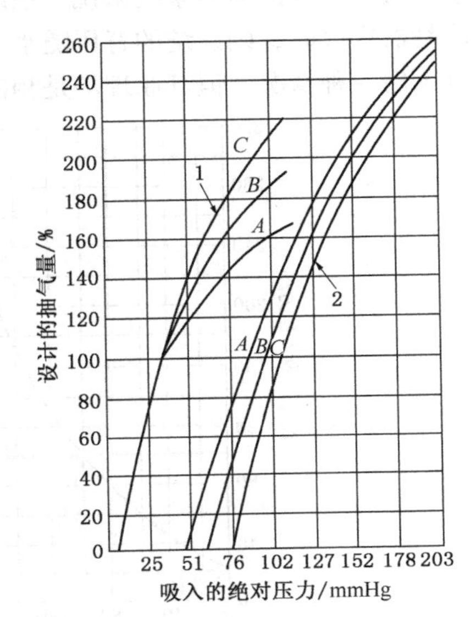

图 6-2-4　过高的蒸汽压力对喷射泵抽气量的影响

1—带有中向冷凝器的双级喷射泵；2—单级喷射泵，$A=1.0$MPa 压力(设计基准) $B=1.38$MPa压力　$C=1.72$MPa 压力

对一给定的喷射泵，当蒸汽压力增加到超过设计数值时，通过喷嘴的蒸汽流量也将增加，并与蒸汽绝对压力的增加成正比。喷射泵切力蒸汽的实际压力越高，蒸汽消耗量就越低，这点对于单级和双级喷射泵更为明显。可是当压力超过 2~3MPa(G)左右时，减少的蒸汽耗量就微不足道了。当绝对吸入压力降低时，高压蒸汽的优点就变得更小了。在很小的装置中，蒸汽喷嘴的几何尺寸可能使蒸汽压力限制在一个较低的上限。图 6-2-4所示是过高的蒸汽压力对单级和双级喷射泵抽气量的影响。

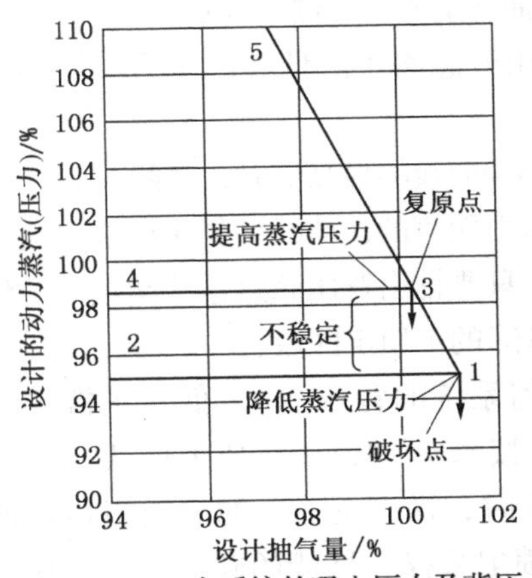

图 6-2-5　在系统的吸入压力及背压恒定的情况下蒸汽压力对抽气量的影响

对于向大气排出的喷射泵当使用的动力蒸汽压力低于 0.4MPa(G)时，一般是不经济的。像在多级喷射泵中那样，如排出压力较低，则进口的蒸汽压力也可以低些。按吸入压力低于 200mmHg(A)设计的单级喷射器，使用低于 0.17MPa(G)的动力蒸汽就不能有效地操作。

为了保证稳定操作，蒸汽压力必须维持在某一最小值以上。这一最小压力称为动力蒸汽的复原压力，在此压力以下为不稳定区。图 6-2-5 示出了这一点，以及当压力

从稳定区继续下降时所达到的第二个更低的破坏压力点。当压力沿直线5－3－1下降，直到点1以前，都属于稳定操作。在点1处喷射泵抽气量迅速地沿线段1—2下降。当蒸汽压力再增加，它并不能立即恢复稳定操作，直至到达点4后，抽气量不沿着线段4—3增加。到达点3，如压力再进一步增加，就沿3—5上升。这才是稳定区。在区域3—1操作是不稳定的，压力稍微降低就可能导致系统的真空度遭到破坏。利用喷射泵的设计可以在一定程度上控制点3和点1的相对位置；当喷射泵的压缩比较低时，这些点甚至可能不存在。

图6－2－6表示喷射泵的背压（反压）和蒸汽压力变化，影响稳定操作区域的变化情况。对于向大气排放的喷射系统来说，系统的背压随大气压力变化；当喷射系统是向一封闭系统或冷凝器排气时，则系统的背压随水（或其他）冷凝器的操作压力变化。图6－2－6是以数字表示后一种情况，但其原理却是相同的。

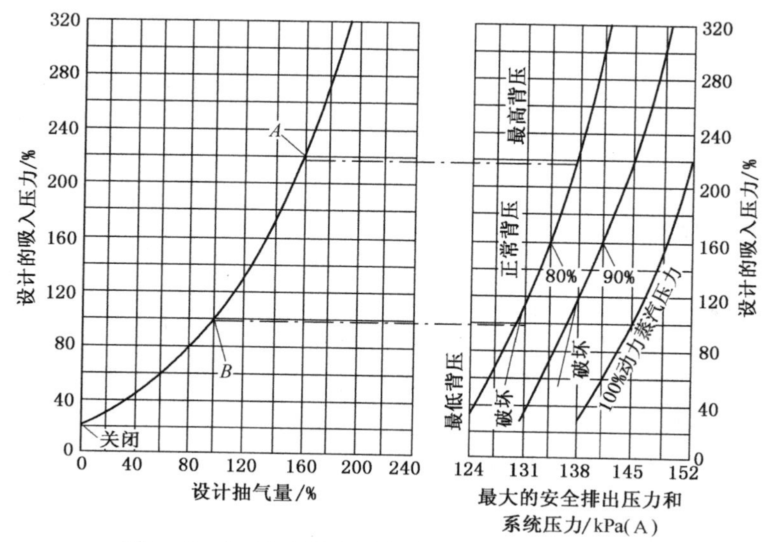

图6－2－6　改变蒸汽压力对系统背压变化的影响

A—80%蒸汽压力、背压138Pa（A）时的破坏点；

B—80%蒸汽压力、背压131Pa（A）时和90%蒸汽压力、背压138kPa（A）时的破坏点

图中的三条100%、90%、80%动力蒸汽压力曲线和一条吸入压力对喷射泵设计抽气量的百分数的性能曲线，都是喷射泵制造厂得来的。对一实际系统来说，后一条曲线是表示实际的绝对吸入压力对抽气量的关系，抽气量可用kg/h或l/s或按设计抽气量的百分数来表示。

图中注有最低、正常和最高的三条直线均代表背压。由于忽略了降低蒸汽压力所增加的抽气量，因此图中抽气量曲线只有一条。

当系统沿着抽气量曲线操作，只要从喷射泵排出的压力小于曲线的最高值时，曲线1、2及3就代表最高的安全排出压力，所有这些条件都是对给定吸入压力而言的，曲线的斜率取决于喷射泵的类型，它的几何尺寸以及相对压力条件。无论什么时候，只要排出背压超过这些曲线中的任一条所代表的最高安全排出压力时，喷射泵的操作就处于“破坏”的不稳定区域。

图6－2－6中，100%的动力蒸汽压力曲线不穿过任何系统的背压线（最低、正常或最高），喷射泵可望在直到关闭的整个范围内都能稳定操作，按90%动力蒸汽压力曲线，在最高背压下，喷射泵的吸入压力和抽气量都是设计值的100%时，操作是稳定的。而当负荷低于设计值时，只有降低背压，操作才能稳定。应该注意，喷射泵操作性能的破坏点发生在排出压力为138kPa（A）及100%的设计吸入压力相交处。如排出压力下降到131kPa（A），此喷

射装置直到关闭(抽气量为零)时操作都是稳定的。只要背压不超过124kPa(A)，80%蒸汽压力将使喷射泵从关闭到全开的抽气量范围内操作稳定。要对系统操作条件变化的喷射泵性能作出正确的评价时，这种分析是需要的。

当动力蒸汽压力和背压都处于稳定条件下，喷射泵从关闭(抽气量为零)到全开操作都是稳定的，并有一条能稳定地抽出1.5倍的设计抽气量的操作曲线时，一般认为，此系统具有50%的超载抽气量。

(2) 湿蒸汽：湿蒸汽能侵蚀喷射泵喷嘴并由于有水滴堵塞喷嘴而妨碍了操作。这对操作来说影响是很重大的，通常表现为真空度发生波动。

(3) 过热蒸汽：动力蒸汽采用适当的过热度是可取的(如2.8~8.4℃)，但如采用过热蒸汽，则必须在喷射泵的设计中考虑其影响。高度的过热是没有好处的，因为可用能量的增加为蒸汽密度的降低所抵消。

(4) 吸入压力：喷射泵的吸入压力以绝对单位表示。如给出的单位是mmHg真空度，则必须用当地的或作为基准的气压计，将它换算为绝对单位。吸入压力遵循喷射泵抽气量曲线，随喷射系统的不凝气体和蒸汽负荷而改变。

(5) 排出压力：如上所述，喷射泵的性能随背压变化。为了保证良好性能，大多数制造厂设计的喷射泵，向大气排出的压力为3.4~6.9kPa(G)。通过任何排出管道和后冷凝器的压力降都必须加以考虑。排出管道不许有存冷凝液的下凹部分。

图6-2-7所示为在不同的吸入压力情况下，提高单级喷射泵背压所产生的影响。图6-2-8所示为提高动力蒸汽压力以克服背压影响的情况。当动力蒸汽压力不能予以提高时，可重新设计喷嘴，使之在较高的背压下进行操作。

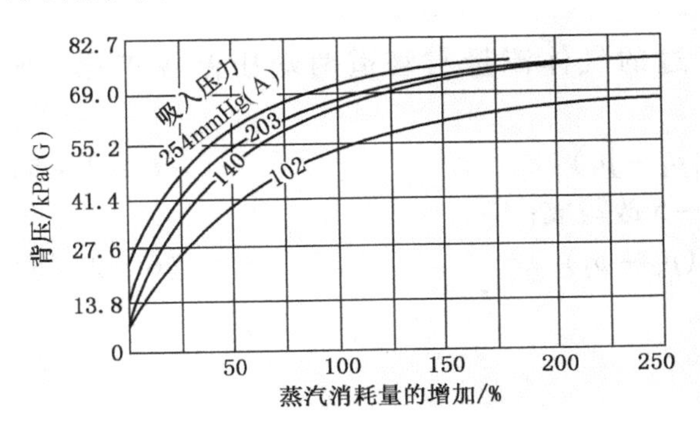

图6-2-7 不同吸入压力提高背压的情况

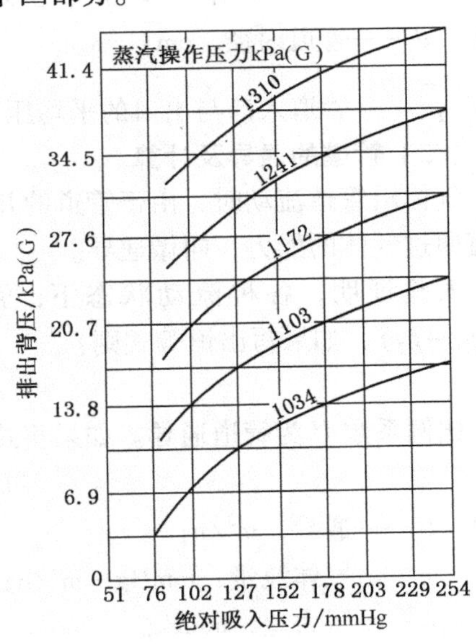

图6-2-8 提高动力蒸汽压力以克服背压影响的情况

二、真空管路的计算

(一) 气体的流动状态及判别式

真空系统使用的真空泵，总是要通过管路接到系统上。气体沿管道流向泵时，由于受到管道的阻力，会使真空泵的抽气速率发生损失。损失的大小，不仅与管道的几何形状有关，而且与气体性质及流动状态有关。低压下的气体流动状态与常压及高压时不同，可以分为四种流态：湍流、黏滞流、分子流、黏滞-分子流。

（1）真空系统的真空泵从大气压开始工作后，就产生了气体流动，开始一段时间内气体交错而混乱的沿管道流动，有时还会出现漩涡。气体中个别质点的速度和方向与整体气体的速度和方向大小相同，质点的流线是弯曲形状，并随时间而改变，速度随时间而脉动。我们把这样的流动状态称为湍流。

经过一段时间抽气后，管道中的气体转入有规律地流动。漩涡消失，各部分气体互不干扰地按确定的轨迹流动，气体流线近似于平行直线或曲线，这种流动状态称为层流即黏滞流。黏滞流发生在低真空和中真空区域，在这两个区域中，分子密度比较高，因而，分子间的碰撞仍极为频繁。此时，碰撞所引起的内摩擦力决定了气体运动规律。

随着抽气的进行，真空系统中的分子密度越来越小，分子的平均自由程不断增大，以致使分子间的互相碰撞与分子同器壁碰撞相比可以忽略。这时，我们称为分子流。

黏滞流与分子流之间的过渡状态，既表现出黏滞流性质，又表现出分子流性质，我们称之为黏滞－分子流。

黏滞－分子流常发生在中真空区域，在进行计算时，只能用试验得出的经验公式。

（2）用于20℃的空气，可以用管道中的平均压强 $\bar{p}$ 与管道直径 d 之积来判别：

$d\bar{p} > 5 \times 10^{-1}$　　黏滞流

$d\bar{p} \leqslant 5 \times 10^{-3}$　　分子流

$5 \times 10^{-1} > d\bar{p} > 5 \times 10^{-3}$　　黏滞－分子流

式中　d——管道内径，cm；

$\bar{p}$——管道入口与出口的平均压强，mmHg。

（二）管道的通导及计算

气体沿管道流动时，由于管道的几何形状不同，因而其通过气体的能力也不同。一般把管道通过气体的能力，叫做通导。

实验证明，各种流动状态下，管道通过的气体流量与管道两端压差成正比，即 $q\alpha(p_1 - p_2)$，如果写出恒等式则：

$$q = U(p_1 - p_2) \tag{6-2-5}$$

式中比例系数 U 为管道通导。如果将式6－2－5改写成：

$$U = q/(p_1 - p_2) \tag{6-2-6}$$

式中　U——通导，m^3/h；

q——气体流量，$mmHg \cdot m^3/h$；

$p_1 - p_2$——压力差，mmHg。

可见，通导的物理意义是：表示管道二端压强降单位值时，管道所能通过的气体流量。

利用管道各截面流量恒等关系，可以导出泵的有效抽气速率与泵的名义抽气速率及管道通导的关系：

$$1/S = 1/S_p + \frac{1}{U} \tag{6-2-7}$$

$$K_S = S/S_p = (U/S_p)/[1 + (U/S_p)] \tag{6-2-8}$$

式中　S——真空泵的有效抽气速率，m^3/h；

S_p——真空泵的名义抽气速率，m^3/h；

U——管道通导，m^3/h；

K_S——泵的利用系数。

式(6-2-8)确定了真空系统三个重要参数：即泵的有效抽气速率 S、泵的名义抽气速率 S_p、管道通导 U 之间的关系。是真空技术中基本方程之一。

S/S_p 与 U/S_p 的关系可由图6-2-9的曲线求得，当 U/S_p 采用4时，$S/S_p=0.8$；如果 $S/S_p=1$ 则 $U/S_p=\infty$。

由此可见，配管愈短粗愈好。在一般情况下 $S/S_p=0.6\sim0.8$ 此值在设计上是很重要的。

(1) 通导 U 的值，可以通过经验公式和各种图表进行计算。例如在20℃时空气在圆导管中的通导可由下式计算：

分子流 $$U=12.1d^3/L \tag{6-2-9}$$

分子-黏滞流 $$U=12.1(d^3/L)J \tag{6-2-10}$$

黏滞流 $$U=0.182\bar{p}d^4/L \tag{6-2-11}$$

式中 $\bar{p}$——平均压强，mmHg；

U——通导，L/s；

d——管道内径，cm；

L——管长，cm；

J——修正系数。

在低真空的情况下，一般属于黏滞流状态。在高真空的情况下，属于分子流状态。

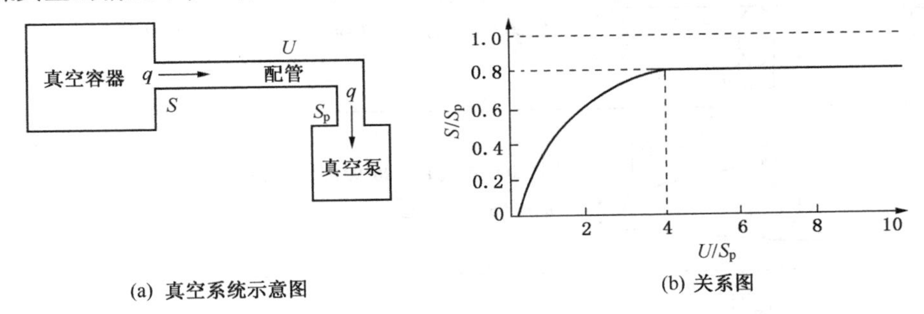

(a) 真空系统示意图　(b) 关系图

图6-2-9　通导与排气速度的关系

各种形状的管道的通导计算公式如表6-2-6所示。

表6-2-6　通导计算公式

项目	简图	计算公式
		分子流
长圆筒		$U(20℃空气)=12.1d^3/L$
薄板上的圆孔(测流孔)		$U_0(20℃空气)=9.1d^2=11.6A$
短圆筒		$U_s(20℃空气)=K\cdot U_0(20℃空气)$（见下表） K系数

L/d	0	0.05	0.1	0.2	0.4	0.6	0.8	1.0	2
K	1	0.965	0.931	0.870	0.769	0.690	0.625	0.572	0.400
L/d	4	6	8	10	20	40	60	80	100
K	0.25	0.182	0.143	0.117	0.0625	0.032	0.020	0.001	0

项目	简图	计算公式
分子流		
正三角形断面导管	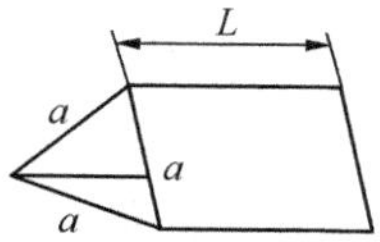	U(20℃ 空气) $= 4.79a^3/L$
扁宽状断面导管	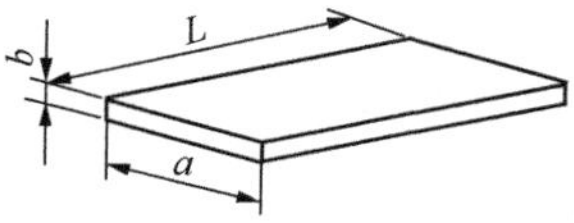	U(20℃ 空气) $= 30.9K_S \cdot ab^2/L$（K_S 见下表） 长度较长时为 C(20℃空气) $=27(ab^2/L)\ln(\frac{b}{L})$

L/b	0.1	0.2	0.4	0.8	1	2	3	4	5	10	>10
K_S	0.036	0.068	0.13	0.22	0.26	0.40	0.52	0.60	0.67	0.94	$\ln\frac{3}{8}(\frac{L}{b})$

项目	简图	计算公式
同心圆筒（气体走两圆筒之间）	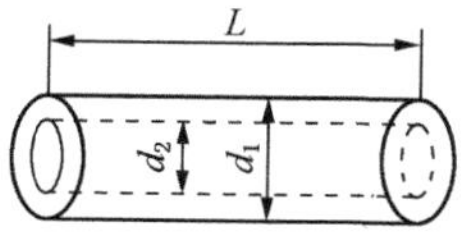	U(20℃ 空气) $= 21.1K_A(d_1 - d_2)^2 \cdot (d_1 + d_2)/L$（$K_A$ 见下表）

d_2/d_1	0	0.259	0.500	0.707	0.866	0.966
K_A	1	1.072	1.154	1.254	1.430	1.675

项目	简图	计算公式
椭圆形断面的导管	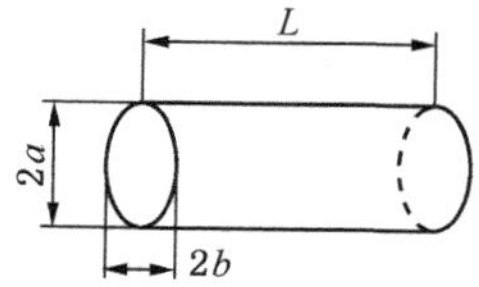	U(20℃ 空气) $= 137.06\{a^2b^2/[L(a^2+b^2)^{1/2}]\}$
喇叭状管	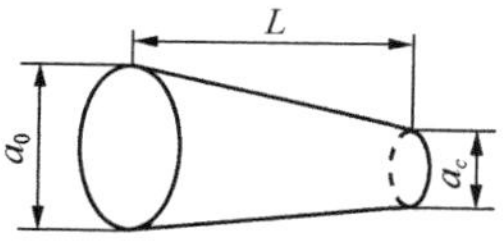	U(20℃ 空气) $= 96.93[a_0^2 \cdot a_c^2/\bar{a}L]$ $\bar{a} = (a_0 + a_c)/2$
圆筒的直角弯头	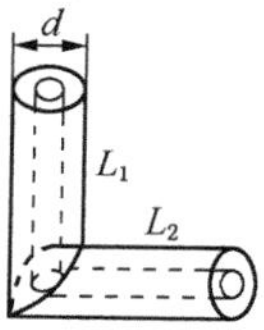	圆筒的当量长度为 $L' = L + (4/3)d$ 式中 $L = L_1 + L_2$ 然后按圆筒求得
急剧膨胀或收缩	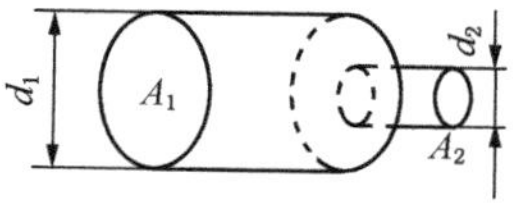	U(20℃ 空气) $= 9.1d_1^2d_2^2/(d_1^2 - d_2^2)$ $= 11.64A_1A_2/(A_1 - A_2)$
黏性流		
长圆筒	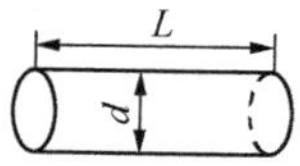	U(20℃空气) $=0.182d^4\bar{P}/L$
短圆筒	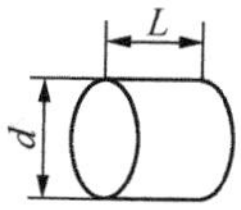	U(20℃空气) $=0.182d^4\bar{P}/[L+3.83\times10^{-4}Q]$

续表

<table>
<tr><th>项　目</th><th>简　图</th><th>计　算　公　式</th></tr>
<tr><td colspan="3">黏 性 流</td></tr>
<tr><td>矩形断面导管</td><td></td><td>$U(20℃空气) = 0.26Y(a^2b^2/L)\bar{P}$
<table><tr><td>a/L</td><td>1.0</td><td>0.9</td><td>0.8</td><td>0.7</td><td>0.6</td><td>0.5</td><td>0.4</td><td>0.3</td><td>0.2</td><td>0.1</td></tr><tr><td>Y</td><td>1.00</td><td>0.99</td><td>0.98</td><td>0.95</td><td>0.90</td><td>0.82</td><td>0.71</td><td>0.58</td><td>0.42</td><td>0.23</td></tr></table></td></tr>
<tr><td>同心圆筒
（气体走两
圆筒之间）</td><td></td><td>$U(20℃空气) = 0.182(\bar{P}/L)[d_1^4 - d_2^4 - (d_1^2 - d_2^2)^2/\ln(d_1/d_2)]$</td></tr>
<tr><td>椭圆形断面的导管</td><td></td><td>$U(20℃空气) = 5.68\bar{P}/L[a^3b^3/(a^2 + b^2)]$</td></tr>
</table>

注：表内式中 U——通导，L/s；A——断面积，cm^2；L——管长，cm；d——管内径，cm；$\bar{P}$——平均压力，mmHg。

（2）计算通导的列线图：图 6-2-10 是计算真空管路通导的列线图，用它可以很方便的求出通导的近似值。连接 L 和 d，可以查出 U_m 和 γ，U_m 是分子流状态下的通导，γ 是短管的修正系数（克劳辛系数）；连接 d 和 p，可查出 α，α 为高真空修正系数。实际的通

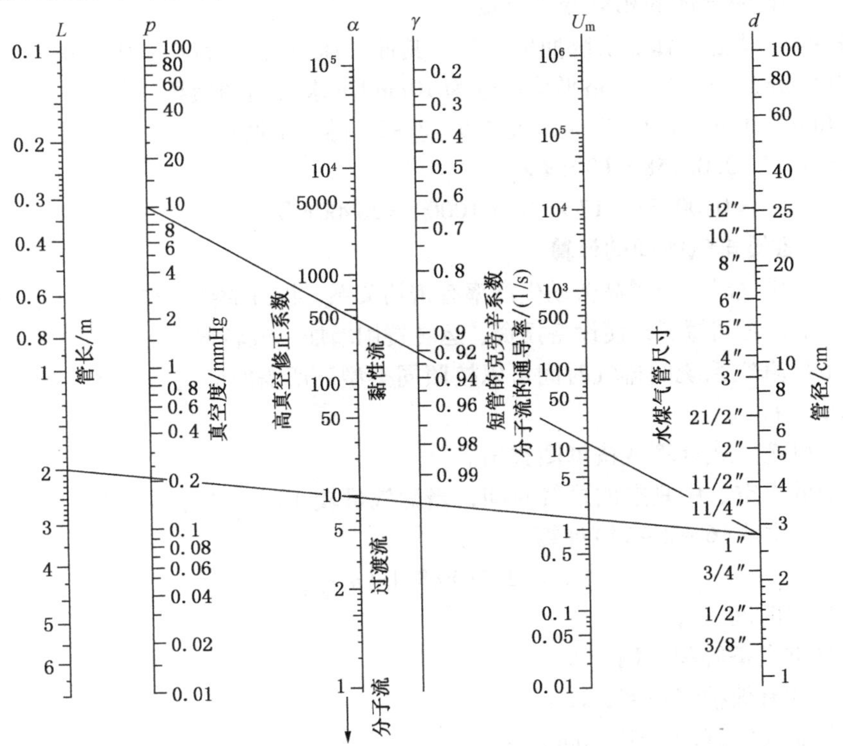

图 6-2-10　真空管道的通导计算图

导$U=\alpha\cdot\gamma\cdot U_m$。

例6-2-1 内径为ϕ2.76cm、长2m的低压流体输送用焊接钢管，求真空度在10mmHg时通导。

解：从图6-2-10，将$d=2.76$cm与$L=2$m相连，查出$U_m=1.2$ L/s，$\gamma=1$；另外，将$d=2.76$cm与$p=10$mmHg相连，查得$\alpha=400$。再用公式$U=\alpha\gamma U_m$，得$U=400\times1\times1.2=480$ L/s

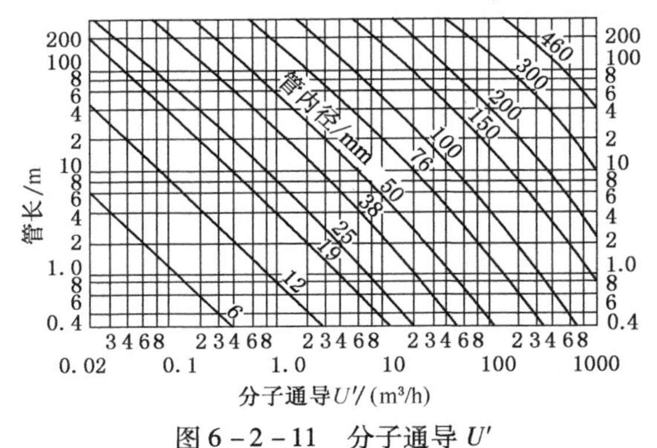

图6-2-11 分子通导U'

（3）当管内为20℃空气，采用图6-2-11,依据管长和管径求取流体分子通导U'，再按下式求取黏滞流的流体通导：

$$U=0.00158\times U'\times d\times\bar{p}\quad m^3/h \tag{6-2-12}$$

式中 $\bar{p}$——平均压强，μmHg；

d——管道内径，mm；

U'——分子通导，m³/h；

U——通导，m³/h。

当管内为其他气体时，由式(6-2-12)计算结果再乘校正系数F。

$$F=\sqrt{\frac{M_{空气}}{M_{气}}} \tag{6-2-13}$$

式中 $M_{空气}$——空气相对分子质量($M=29$)；

$M_{气}$——管内气体的相对分子质量。

例6-2-2 设由一真空系统抽出空气，其抽气速率为$S=500$m³/h，联接至真空泵的管道，其$d=100$mm，$L=30$m管路平均压强为10mmHg求管路的通导。

解：已知$d=100$mm，$L=30$m，查图6-2-11得分子通导$U_m=17$m³/h。

管道通导：$U=0.00158\times U'\times d\times\bar{p}$

$=0.00158\times17\times100\times10000=26900$m³/h

（三）真空容器排气时间的计算

真空系统的排气时间与提高劳动生产率有密切关系，设计时要提得切合实际。时间长了不利于提高生产率；时间短了，使设备投资、运转费用增加，或者根本达不到要求的真空度。

石油化工厂真空系统的排气时间可以按照同类型厂所需时间进行设计。通常对于中大型装置在1~2h左右。

排气时间可按下式计算或按算图查出。

(1) 对于低真空、中真空的排气时间，当漏气量较小时，真空设备从压强p_1降到p_2所需的排气时间可由式(6-2-14)计算：

$$t=2.3(V/S)\lg(p_1/p_2) \tag{6-2-14}$$

式中 t——排气时间，s；

V——真空设备容积，L；

S——泵的有效抽气速率，L/s；

p_1——开始时容器的压强，mmHg；

p_2——抽至所需的压强，mmHg。

（2）用列线图 6－2－12 可以求得真空容器的排气时间。从容器的容积 V(L)，泵的排气速率或者考虑了真空配管的通导(U)时的实际排气速率 Se(L/min 或 L/s)，可得时间常数 τ(s)，若从大气压抽到某个压力 p(mmHg)真空度情况下，则从 τ 和 p 查得排气时间 t(s 或 min)。若从某一真空度 p_1(mmHg)抽到另一真空度 p_2(mmHg)，则从 p_1 和 p_2 之比 K 与 τ，查得排气时间 t(s)。

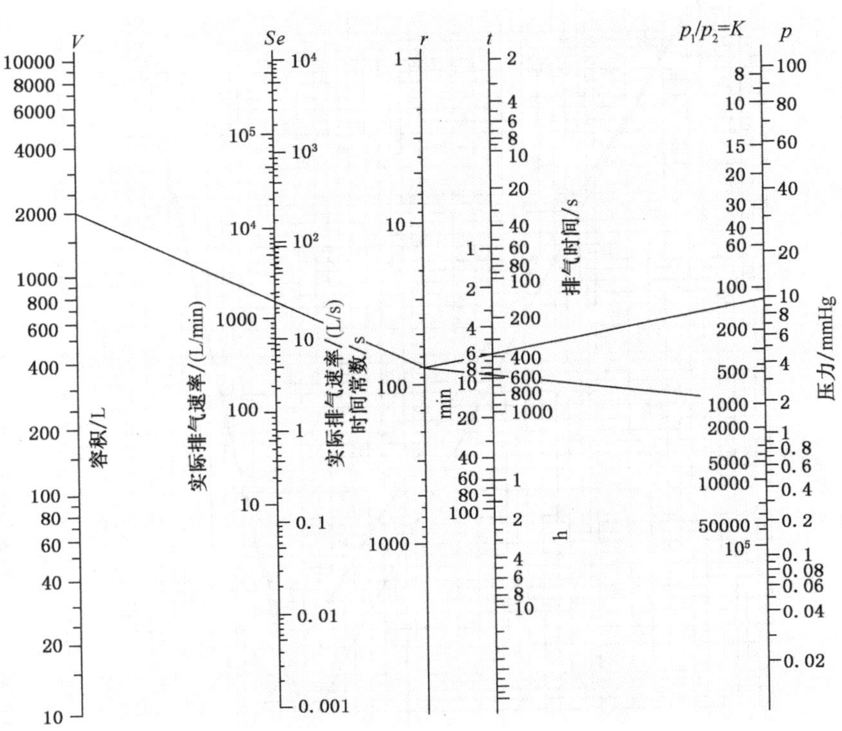

图 6－2－12　真空容器排气时间的计算图

例 6－2－3　容积为 2000L 的槽，用容量为 1500L/min 真空泵，从一个大气压抽到 10(mmHg)真空度，求排气时间。

解：① 查图法：

由图 6－2－12，将 $V=2000$L 和 $Se=1500$L/min 连接，查得 $\tau=80$，再用 $\tau=80$ 与 $P=10$mmHg连接，就可查得 $t=6.5$min

② 用公式计算：

$$t = 2.3V/s \quad \lg p_1/p_2 = 2.3\frac{2000}{\frac{1500}{60}}\lg 760/10 = 346\text{s 或 } 5.76\text{min}$$

（四）真空管道压力降的计算

在真空条件下，管道的压力降可按下式计算：

$$\Delta p = 155.5(F_1 \cdot C_{d_1} \cdot C_{T1} + F_2 \cdot C_{d2} \cdot C_{T2})/p_1 \qquad (6-2-15)$$

式中　Δp——压力降，mmHg/100m 管长；

p_1——管道起始点压力，mmHg；

F_1、F_2——摩擦系数，查图 6－2－14；

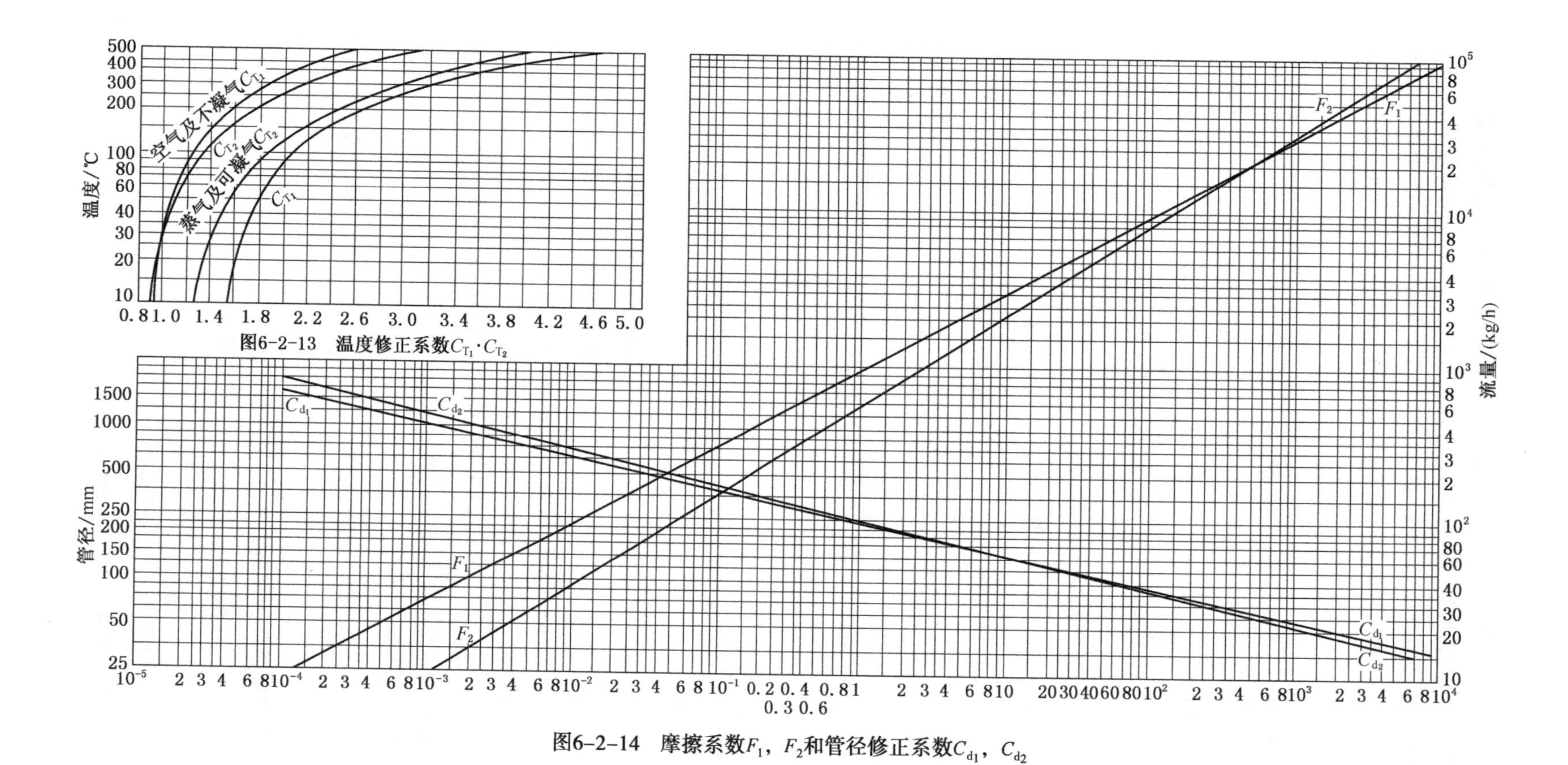

图6-2-13 温度修正系数C_{T_1}·C_{T_2}

图6-2-14 摩擦系数F_1，F_2和管径修正系数C_{d1}，C_{d2}

C_{d1}、C_{d2}——管径修正系数，查图6－2－14；

C_{T1}、C_{T2}——温度修正系数，查图6－2－13。

该公式仅适用于湍流情况。

即：

$$W/d > 360 \qquad (6-2-16)$$

式中 W——气体流量，kg/h；

d——管内径，m。

该公式只适用于压力降小于最终压力10%的范围。如果压力降大于最终压力的10%，则需将管道长度分成若干段，使每段的压力降小于各该段的最终压力的10%，然后将各段压力降相加，求出管道的总压力降。

管道上的阀门和管件均需按表6－2－7，折算成当量管长度，然后与管道的直管段相加，求出管道的总长度。

表6－2－7 管件阀门的相当直管长度（仅适用于湍流）

管件阀门			公称直径DN													
			20	25	40	50	80	100	150	200	250	300	350	400	450	500
90°弯头	螺纹	钢	1.34	1.58	2.25	2.6	3.4	4.0	—	—	—	—	—	—	—	—
		铸铁	—	—	—	—	2.75	3.4	—	—	—	—	—	—	—	—
	法兰	钢	0.37	0.49	0.73	0.95	1.34	1.8	2.72	3.7	4.3	5.2	5.5	6.4	7.0	7.6
		铸铁	—	—	—	—	1.1	1.46	2.2	3.0	3.7	4.6	5.2	5.8	6.7	7.3
90°长弯头	螺纹	钢	0.7	0.79	1.02	1.1	1.22	1.4	—	—	—	—	—	—	—	—
		铸铁	—	—	—	—	1.0	1.13	—	—	—	—	—	—	—	—
	法兰	钢	0.4	0.49	0.7	0.82	1.02	1.28	1.74	2.13	2.44	2.75	2.86	3.1	3.4	3.7
		铸铁	—	—	—	—	0.85	1.02	1.44	1.74	2.08	2.38	2.62	2.93	3.4	3.4
45°弯头	螺纹	钢	0.28	0.4	0.64	0.82	1.22	1.68	—	—	—	—	—	—	—	—
		铸铁	—	—	—	—	0.1	1.37	—	—	—	—	—	—	—	—
	法兰	钢	0.18	0.25	0.4	0.52	0.79	1.07	1.71	2.35	2.75	3.4	4.0	4.6	4.9	5.5
		铸铁	—	—	—	—	0.64	0.89	1.37	1.92	2.5	2.96	3.7	4.0	4.6	5.2
直流三通	螺纹	钢	0.72	0.98	1.71	2.35	3.7	5.2	—	—	—	—	—	—	—	—
		铸铁	—	—	—	—	3.02	4.3	—	—	—	—	—	—	—	—
	法兰	钢	0.25	0.31	0.46	0.55	0.67	0.85	1.16	1.44	1.58	1.83	1.95	2.2	2.32	2.5
		铸铁	—	—	—	—	0.58	0.67	0.95	1.19	1.4	1.58	1.8	1.98	2.2	2.35
折流三通	螺纹	钢	1.62	2.0	3.02	3.7	5.2	6.4	—	—	—	—	—	—	—	—
		铸铁	—	—	—	—	4.3	5.2	—	—	—	—	—	—	—	—
	法兰	钢	0.79	1.0	1.58	2.0	2.86	3.7	5.5	7.3	9.3	10.2	11.3	13.2	14.4	15.8
		铸铁	—	—	—	—	2.35	3.1	4.6	6.2	7.6	9.3	10.7	11.9	13.4	14.9
180°回转弯头	螺纹	钢	1.34	1.58	2.26	2.6	3.4	4.0	—	—	—	—	—	—	—	—
		铸铁	—	—	—	—	2.75	3.4	—	—	—	—	—	—	—	—
	法兰	钢	0.37	0.49	0.73	0.95	1.34	1.8	2.72	3.7	4.3	5.2	5.5	6.4	7.0	7.6
		铸铁	—	—	—	—	1.1	1.46	2.2	3.0	3.7	4.5	5.2	5.8	6.7	7.3
	长径法兰	钢	0.4	0.49	0.7	0.82	1.02	1.28	1.74	2.1	2.44	2.75	2.86	3.1	3.4	3.7
		铸铁	—	—	—	—	0.85	1.02	1.44	1.74	2.08	2.38	2.62	2.93	3.4	3.4

续表

管件阀门			公称直径DN													
			20	25	40	50	80	100	150	200	250	300	350	400	450	500
截止阀	螺纹	钢	7.3	8.8	12.8	16.5	24.0	34.0	—	—	—	—	—	—	—	—
		铸铁	—	—	—	—	19.8	26.2	—	—	—	—	—	—	—	—
	法兰	钢	12.2	13.7	18.0	21.3	28.6	37	58	79	94	119				
		铸铁	—	—	—	—	23.5	30.2	46	64	82	100	—	—	—	—
闸板阀	螺纹	钢	0.2	0.26	0.37	0.46	0.85	0.76	—	—	—	—	—	—	—	—
		铸铁	—	—	—	—	0.49	0.61	—	—	—	—	—	—	—	—
	法兰	钢	—	—	—	0.79	0.85	0.89	0.98	0.98	0.98	0.98	0.98	0.98	0.98	0.98
		铸铁	—	—	—	—	0.7	0.73	0.79	0.82	0.85	0.89	0.89	0.92	0.92	0.92
角阀	螺纹	钢	4.6	5.2	5.5	5.5	5.5	5.5	—	—	—	—	—	—	—	—
		铸铁	—	—	—	—	4.6	4.6	—	—	—	—	—	—	—	—
	法兰	钢	4.6	5.2	5.5	6.4	8.5	11.6	19.2	27.5	37	43	49	58	64	73
		铸铁	—	—	—	—	7.0	9.5	15.8	22.6	30	37	46	52	61	70
止回阀	螺纹	钢	2.68	3.4	4.6	5.8	8.2	11.6	—	—	—	—	—	—	—	—
		铸铁	—	—	—	—	6.7	9.5	—	—	—	—	—	—	—	—
	法兰	钢	1.62	2.2	3.7	5.2	8.2	11.6	19.2	27.5	37	43	—	—	—	—
		铸铁	—	—	—	—	6.7	9.5	15.8	22.6	30	37	—	—	—	—
活接头	螺纹	钢	0.07	0.09	0.12	0.14	0.16	0.2	—	—	—	—	—	—	—	—
		铸铁	—	—	—	—	0.13	0.16	—	—	—	—	—	—	—	—
	喇叭形进口	钢	0.04	0.06	0.1	0.13	0.2	0.29	0.49	0.7	0.89	1.07	1.22	1.44	1.62	1.86
		铸铁	—	—	—	—	0.17	0.24	0.4	0.58	0.73	0.92	1.1	1.32	1.53	1.74
	直角形进口	钢	0.4	0.55	0.95	1.32	2.04	2.9	4.9	7.0	8.9	10.7	12.2	14.4	16.2	18.6
		铸铁	—	—	—	—	1.68	2.35	4.0	5.8	7.3	9.2	11	13.2	15.3	17.4
	直角形进口	钢	0.79	1.1	1.89	2.6	4.0	5.8	9.8	13.7	17.7	21.3	24.4	29	34	37
		铸铁	—	—	—	—	3.4	4.6	7.9	11.3	14.9	18.6	22.3	26.2	30.5	34
v_1 → v_2	突然扩大	$\Delta R=\frac{(v_1-v_2)^2}{2g}\cdot$ m液柱，如 $v_2=0$，则 $\Delta p=\frac{v_1^2}{2g}\cdot$ m液柱式中 v_1，v_2——介质在小，大管中流速m/s，g——9.81m/s^2															

例6-2-4 管道总长40m，管内径150mm，气体流量200kg/h，气体温度30℃，起始点压力为40mmHg，求管道总压力降。

解：$W/d=200/0.15=1340>360$

查图 6-2-14 当 $W=200$kg/h，$d=150$mm 温度30℃ 时，

6-2-13，$F_1=4.5\times10^{-2}$，$F_2=0.17$，

$C_{d1}=12.5$，$C_{d2}=12.5$，

$C_{T1}=1.66$，$C_{T2}=1.41$，

$F_1\cdot C_{T1}\cdot C_{d1}=0.935$；$F_2\cdot C_{T2}\cdot C_{d2}=3$。

按式(6－2－15)计算：

$$\Delta p = 155.5 \times [(0.935 + 3)/40] \times 40/100 = 6.10\text{mmHg}$$

$$[6.10/(40 - 6.10)] \times 100\% = 18\% > 10\%$$

压力降超过10%，此时需分段计算压力降。现将管路分为4段，每段长10m。

1段：F_1、F_2、C_{T1}、C_{T2}、C_{d1}、C_{d2}数值同前

$$\Delta p = [155.5(0.935 + 3)/40] \times 10/100 = 1.53\text{mmHg}$$

$$[1.53/(40 - 1.53)] \times 100\% = 3.98\% < 10\%$$

2段：$\Delta p = [155.5(0.935 + 3)/40 - 1.55] \times 10/100 = 1.59\text{mmHg}$

$[1.59/(38.47 - 1.59)] \times 100\% = (1.59/36.88) \times 100\% = 4.32\% < 10\%$

3段：$\Delta p = [155.5 \times (0.935 + 3)/36.88] \times 10/100 = 1.66\text{mmHg}$

$[1.66/(36.88 - 1.66)] \times 100\% = (1.66/35.22) \times 100\% = 4.71\% < 10\%$

4段：$\Delta p = [155.5 \times (0.935 + 3)/35.22] \times 10/100 = 1.74\text{mmHg}$

$[1.74/(35.22 - 1.74)] \times 100\% = (1.74/33.48) \times 100\% = 5.18\% < 10\%$

总压力降：$\Delta P_{总} = 1.53 + 1.59 + 1.66 + 1.74 = 6.52\text{mmHg}$

三、真空管道的设计原则

造成真空的有各种类型的机械真空泵、水喷射泵和蒸汽喷射泵等。在实际生产中能否达到预期的真空度，除设备设计是否合理外，管道配管设计和操作就显得更加重要。

(一) 气体管

(1) 管道应根据气体物料的性质、操作压力、温度来确定管道材料，采用碳钢、不锈钢、非金属材料。

(2) 管道直径应根据管道的通导来决定，采用无缝钢管。

(3) 管道壁厚应按照受外压的计算公式来决定，还要考虑腐蚀裕量和加工裕量。

(4) 管道的公称压力：管道中介质若是空气或蒸汽操作温度 < 100℃时，一般为1.6MPa；若是含有有毒或石油气体操作温度 > 100℃时，则应为2.5MPa，并且根据公称压力和介质的温度来决定管路附件的型式。

(5) 碳钢衬胶管只适用于真空度小于300mmHg的情况，否则衬胶易松脱而被腐蚀。

(6) 为了减少管道中物料的压力降损失，要求配管设计时管道应尽量缩短，并尽量减少阀门及管道附件。

(7) 要注意阀门、管道焊接及法兰连接处的严密性。

(8) 管道应当有独立支架，不要使法兰连接处受力，尤其是不要使法兰受力。

(9) 管道应尽可能避免拐弯和弯曲，为防止形成“气袋”，应有0.01的坡度。

(10) 气体物料管道不要配置在蒸汽管道和其他热管道附近，以免气体受热，使真空泵的抽气速率降低。

(11) 管道周围环境温度要求在20℃，当温度低时，可引起气体管道内小气体冷凝，必要时可采取保温。

(12) 配管时应考虑物料管道的热补偿，若自然补偿不能满足时，应设置补偿器。

(二) 蒸汽管道

(1) 在蒸汽喷射泵的配管设计时，工作蒸汽管道应独立进入各喷射泵，不得与其他用汽点相连，以免互相影响，造成蒸汽压力波动。

（2）进入蒸汽喷射泵的工作蒸汽管道上应设置汽水分离器及过滤器。

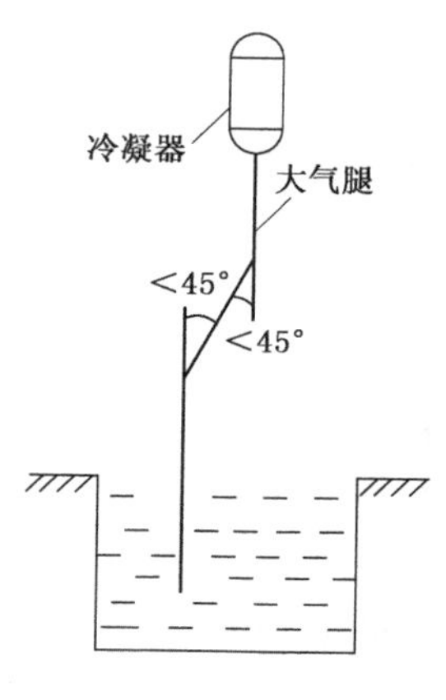

图6－2－15 蒸汽喷射泵的大气腿

（三）排空、冷凝液排除管

（1）如果单级喷射泵或多级喷射泵的最后一级的气体直接排入大气，则放空管道一定要短。

（2）放空管道的直径应大于喷射泵扩散器的气体排出口直径。

（3）从喷射泵排出的部分蒸汽有可能在排出管道中冷凝，因此水平的排出管道应向排出端倾斜。

（4）凡机械真空泵或蒸汽喷射泵向外排出的气体，若是可燃性气体应排至低压燃料气管网或单独排至烧嘴，若是有毒气体应集中排放，并经处理后方可排至室外最高处。

（5）多级蒸汽喷射泵的中间冷凝器的冷凝液排出管(俗称大气腿)不宜共用，而应该每级喷射泵有各自的大气腿，这些大气腿最好能垂直插入水封池中，尽量避免弯曲段和水平段，如果各级喷射泵的大气腿共用一个水封池时，而某根大气腿又不能垂直插入水封池时，应采用小于45°的煨弯，不得采用90°弯头，如图6－2－15所示。

本节符号表

p_v——系统的真空度，mmHg；
p——系统的绝对压力，mmHg；
p_j——系统的极限真空，mmHg；
p_o——真空泵的极限真空，mmHg；
q——气体负荷，mmHg・L/s；
S_p——真空泵的名义抽气速率，L/s；
$\bar{p}$——平均压强，mmHg；
d——管道内径，m或cm；
U——管道通导，L/D；
S——真空泵的有效抽气速率，L/s；
K_s——泵的利用系数；
L——管长，m；
J——修正系数；
A——断面积，cm^2；
U_m——分子流状态的通导，L/s；
r——克劳辛系数；
α——高真空修正系数；
U'——分子通导，m^3/h；
M——相对分子质量；
V——真空设备容积，L；
t——排气时间，s或min；
τ——时间常数；
Δp——管路压力降，mmHg；
$F_{1,2}$——摩擦系数；
$C_{d1,2}$——管径修正系数；
$C_{T1,2}$——温度修正系数；
W——气体流量，kg/h；
S_e——排气速率，L/s或L/m；
F——气体性质(分子量)校正系数。

（编制　胡人勇）

第三节　导生管道设计

“导生”是“DOWTHERM”的译音。它是一种以联苯和联苯衍生物组成的有机化合物的统称，具有高温下热稳定性好、操作压力低、温度控制范围大的特点，能够为生产装置提供长期、稳定的热源。在石油化工企业的聚酯、聚酰胺、聚烯烃等生产装置中，广泛用作加热、伴热、冷却等传热过程的热载体。

一、导生特性及分类

（一）导生特性

导生作为一种热载体，是根据工艺装置的不同要求而配备的。国内目前使用几种导生的物化性能，见表6－3－1，它们的产品牌号和生产厂家见表6－3－2。

表6－3－1　国内使用的几种导生的物化数据

项　　目	标　　准				
主要使用形式	气　　相①	液　　相	液　　相	液　　相	液　　相
组成/%	26.5 联苯 73.5 联苯醚 （S－300）	100 烷基联苯 （S－700）	100 烷基联苯 （S－600）	改良联苯	<27.2 联苯 <54.4 氢化三联苯 <18.4 间三联苯 其他
相对密度 d_4^{25}	1.061	0.986	1.003	1.004（25/15.5℃）	1（20℃）
外观	淡黄色液体	黄色液体	淡黄色液体	淡黄色液体	
凝固点/℃	12	≤－30	≤－30	－26.1	
沸点/℃	257	315	286	353	
黏度（25℃）/mPa·s	4.0	9	4.4	62（27℃）	95（20℃）
比热容（沸点）/（J/g·℃）	2.20	2.81	2.51	2.72（343℃）	
闪点/℃	115	150	130	177	200
自燃点/℃	621	450	450	374	
爆炸极限（体积分数）/%	1.05～1.99	1.0～2.5	1.1～2.6		
饱和含水量/ppm（30℃）	800	237	273	100	
体积膨胀率/（1/℃）	0.00084	0.0009	0.00086	0.00085	
临界值 T_c/℃	497	528	525		
p_c/MPa	3.10	2.15	2.56		
v_c/（m^3/kg）	0.00312	0.00333	0.00325		

① 以该组分组成的导生液由于生产厂家不同，各厂家的物性数据略有不同，表6－3－1为“S－300”的数据。

表6－3－2　各国生产的导生商品牌号

组　　分	牌　　号	生 产 厂 家
26.5%联苯 73.5%联苯醚	S－300 DOWTHERM－A DIPHYL THERMINOL VP－1 THERMEX GILOTHERM－DO 导生 A	新日本制铁化学工业 株式会社（日本） DOW CHEMICAL COMPANY（美国） BAYER.（德国） MONSANTO.（美国） I. C. I.（英国） PROGIL.（法国） 苏州溶剂厂
100%烷基联苯	S－600 S－700	新日本制铁化学工业 株式会社（日本）
改良联苯	THERMINOL－66	MONSANTO.（美国）
27.2%联苯 54.4%氢化三联苯 18.4%间三联苯	GILOTHERM－TH	PROGIL.（法国）

1. 导生的热稳定性

导生与一般的有机化合物相比，能较好地保持长期高温下的热稳定性。但在长期高温循环使用后，部分导生需进行再生处理。在高温下，如与空气接触，由于空气中氧的作用，会出现恶化的起始温度降低或恶化的速度加快等现象。因此，应采用密闭的循环系统，即使对某些必需敞开的管道或设备也需用惰性气体保护。

在各种导生中，以联苯和联苯醚组成的导生的热稳定性最好，在380℃高温下可以长期使用，在395℃下该混合物的分解度平均每天为0.18%。牌号“S－300”导生的应用实例见表6－3－3。

2. 导生的安全性

由于导生的使用温度一般都在其闪点温度以上，因此，长期少量或短时严重的泄漏，都存在着潜在的火灾危险，导生可燃，但无爆炸危险，可用干粉、CO_2 或泡沫灭火。

导生是一种低毒性有机化合物，S－300的毒性较其他几种牌号大一些。导生蒸气可经口或皮肤接触被吸入，皮肤短时单纯的接触，不会造成严重的刺激，连续吸入少量导生蒸气时会感觉轻度迟钝，对眼有刺激，大量吸收入导生蒸气时会产生头痛、呕吐和腹泻。各国对操作场所的允许浓度标准各不相同，我国的控制指标为7mg/m^3。

表6－3－3　牌号S－300导生的应用实例

使用温度/℃	350(气相)	350(液相)	320(气相)	280～300(液相)
使用时间/a	4.5	3.0	3.6	6.5
相对密度 d_4^{20}	1.065	1.065	1.064	1.066
253～260℃馏出物(体积分数)/%	96.5	97.0	97.0	97.0
残渣量(质量分数)/%	0.26	0.10	0.02	0.04
苯酚/ppm	630	610	80	150
pH值	5.7/6.4	6.7/6.8	6.5/6.7	6.0/6.7
凝固点/℃	11.7	11.8	12.1	11.7

3. 导生的腐蚀性

导生对钢、生铁、铜、镍等普通金属不起化学反应，但在加热装置系统中，因导生的流动性很强，易穿过金属壁上的微孔结构。因此，不宜采用生铁及有色金属材料。另外，导生能溶解皮革和橡胶。

（二）导生系统分类

导生的应用可分为外循环式和封闭式两大类。由于封闭式加热系统一般均用于小规模的生产装置，温度控制较单一、管道较简单，本节主要介绍外循环式导生系统。外循环式导生系统主要有以下三种类型。

1. 气相自然循环式导生系统(见图6－3－1)是较简单的气相加热系统。由于使用点的冷凝液完全靠自流返回蒸发器，所以，使用点与蒸发器液面之间的位差(图中的 H)须大于导生循环系统压力降。

哈脱福特杯是为了防止循环系统的压降过大，使用点液面上升，使蒸发器内液面下降而设的安全措施。喷射器是为开工时抽走管道系统的空气而设置的。

2. 气相强制循环式导生系统(见图6－3－2、图6－3－3)用于温度控制较复杂的系统。强制循环式的温度控制，根据各使用点的不同要求，在使用点入口处调节。根据加热条件的不同，有蒸发器加热和加热炉加热两种形式。

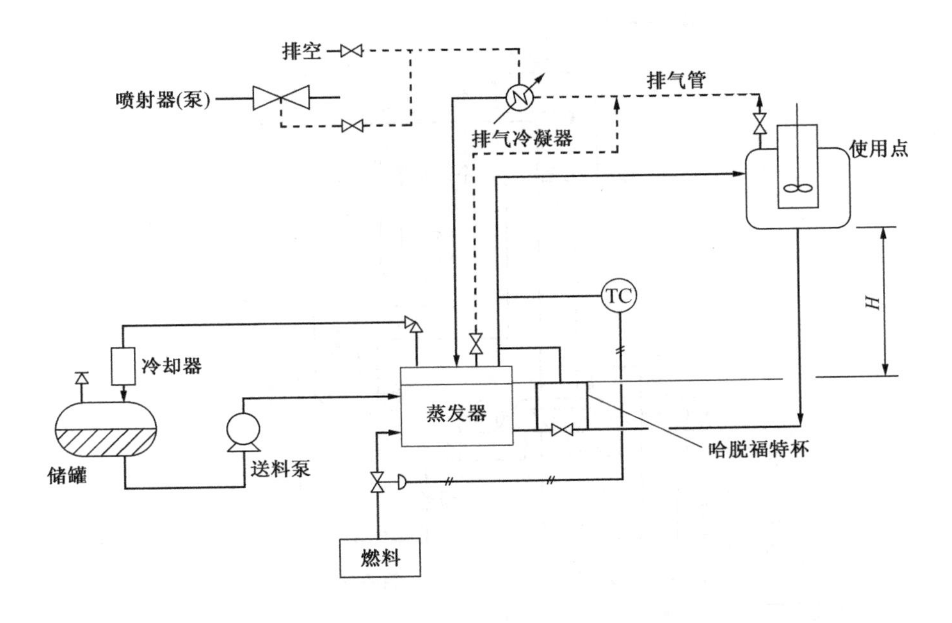

图6-3-1　气相自然循环式导生系统

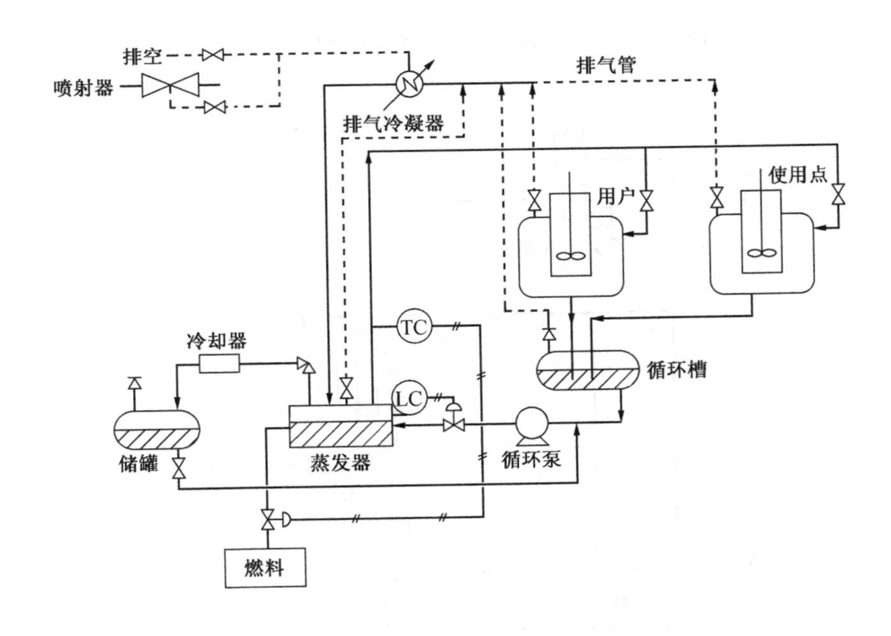

图6-3-2　气相强制循环式导生系统(蒸发器加热)

3. 液相强制循环式导生系统(见图3-6-4)导生液体受热膨胀，体积增大，须有一个平衡液体的膨胀槽。各使用点的温度可根据进口的流量来调节。

以上所述是较典型的使用形式，对于某些规模较大、温度要求较复杂的生产系统，一个导生系统可以由两组或两组以上温控系统组合在一起(如图6-3-5)。为了能更有效的利用热能实际的导生循环系统，还有很多其他辅助设备。

气相或液相系统的选择，主要是从经济性、可操作性、日常维修量和温度控制精度等来

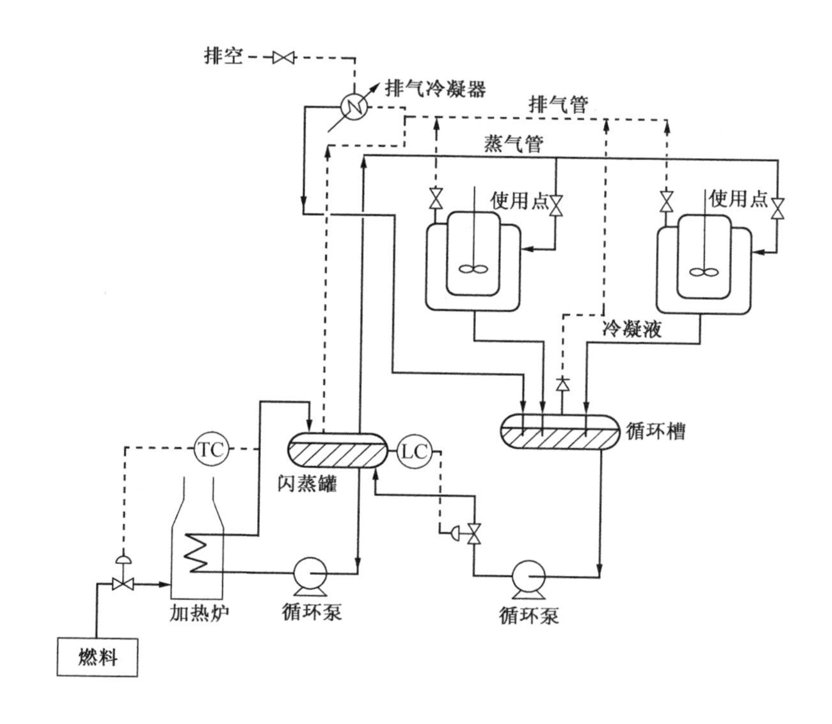

图 6-3-3　气相强制循环式导生系统(加热炉加热)

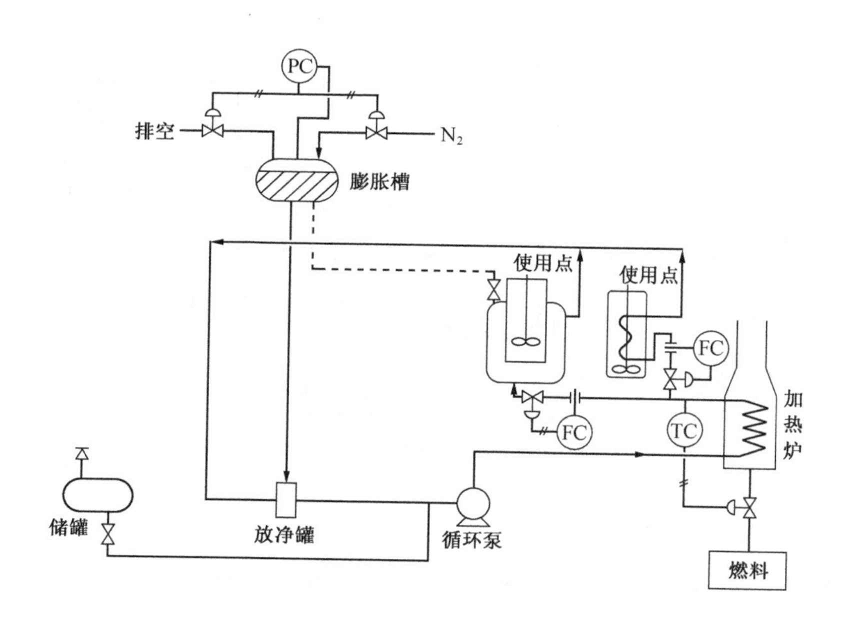

图 6-3-4　液相强制循环式导生系统

考虑。液相加热循环系统较简单、投资费用较低、日常的导生补充量很小、不易泄漏，但温度控制精度不高。气相循环系统主要应用于温度控制要求严格，传热要求均匀的生产装置。同时，气相系统使用的导生一次投入量要比液相系统少得多，管道系统虽较复杂，但操作控制方便。两种系统各有利弊，须根据生产装置的实际情况综合考虑。

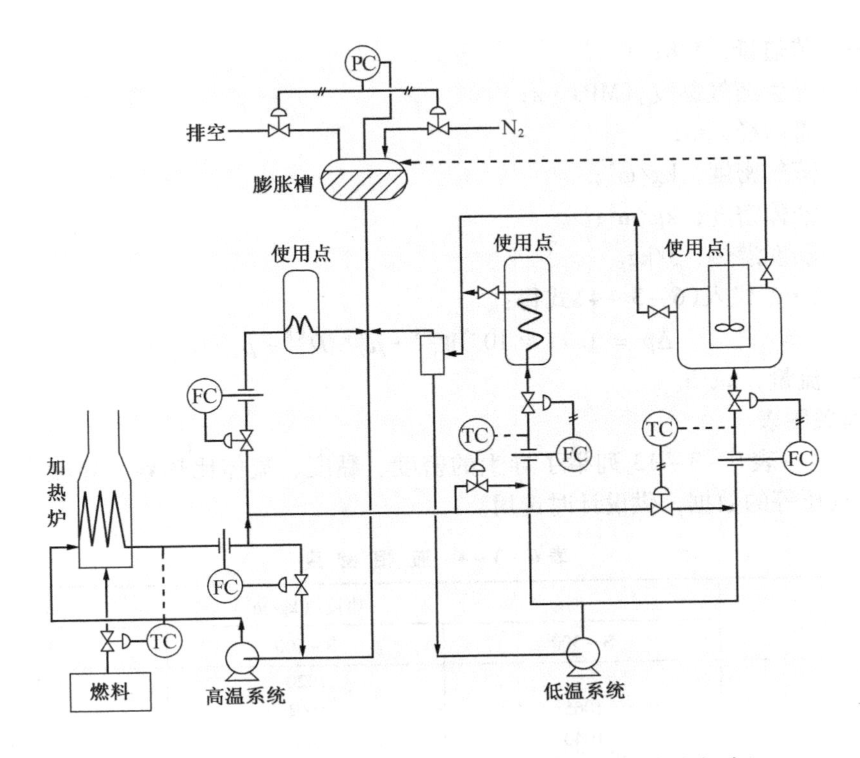

图 6-3-5　液相强制循环导生系统(用于温度控制复杂场合)

二、导生管道压力降计算

(一) 直管道压力降

导生直管道压力降的计算与一般流体的计算略有不同。

1. 液相压力降计算:

$$\Delta p = 0.2 \cdot f \cdot \rho \cdot \bar{u}^2/g \cdot D \qquad (6-3-1)$$

式中　Δp——1m 管长的当量压力降, MPa;

f——摩擦系数,

ρ——液体密度, kg/m^3;

$\bar{u}$——平均流体速度, m/s;

g——重力加速度, m/s^2;

D——管内径, m。

摩擦系数 f 可根据不同流型, 采用下列经验式计算:

$Re < 2100$　(层流)

$$f = 16/Re \qquad (6-3-2)$$

$Re \geqslant 2100$　(湍流)

$$1/f = 3.2\lg(Re \cdot \sqrt{f}) + 1.2 \qquad (6-3-3)$$

2. 气相压力降计算:

$$\Delta p = 1.77 \times 10^{-5} \cdot Q^{1.8} \cdot \mu_v^{0.2}/D^{4.8} \cdot \rho_v \cdot \rho \cdot \lambda^{1.8} \qquad (6-3-4)$$

式中　Δp——1m 管长的当量压力降, Pa;

Q——传热量，J/h；

μ_v——导生蒸气黏度，MPa·s；

D——管内径，m；

ρ_v——蒸气密度，kg/m^3；

ρ——液体密度，kg/m^3；

λ——蒸发潜热，J/kg。

将 $Q = W_t \cdot \lambda$ 代入(6-3-4)式得：

$$\Delta p = 1.77 \times 10^{-5} W_t^{1.8} \cdot \mu_v^{0.2} / D^{4.8} \cdot \rho_v \cdot \rho \quad (6-3-5)$$

式中 W_t——流量，kg/h。

（二）有关图表

表6-3-4～表6-3-13列举了导生的密度、黏度、流体比热容、导热系数、汽化潜热、焓、蒸气压等的数据，供设计时选用。

表6-3-4 液相密度

温度/℃	密度/(kg/m^3)		
	S-300	S-600	S-700
0	—	1020	1006
20	1065	1004	990
50	1040	981	964
100	998	939	923
150	955	902	880
200	911	863	839
220	894	847	822
240	876	832	804
260	857	817	787
280	838	801	770
300	818	783	753
320	797	764	734
340	775	744	713
360	752	723	691
380	727	701	667
400	700	678	642

表6-3-5 S-300气相密度

温度/℃	150	200	250	300	350	400
密度/(kg/m^3)	0.18	0.96	3.3	8.6	18	32

表6-3-6 液相黏度

温度/℃	黏度/mPa·s		
	S-300	S-600	S-700
-10	—	12.0	28.4
0	—	8.2	21.0
10	—	6.3	14.0
20	4.44	5.0	10.0
30	3.55	4.0	7.50
40	2.85	3.20	5.65

续表

温度/℃	黏度/mPa·s		
	S-300	S-600	S-700
50	2.30	2.50	4.30
60	1.84	2.10	3.55
70	1.48	1.77	2.90
80	1.22	1.49	2.44
90	1.01	1.28	1.12
100	0.83	1.10	1.70
120	0.64	0.85	1.40
140	0.52	0.71	1.10
160	0.44	0.60	0.93
180	0.38	0.52	0.81
200	0.34	0.47	0.72
220	0.30	0.42	0.67
240	0.27	0.39	0.62
260	0.25	0.37	0.59
280	0.23	0.35	0.55
300	0.22	0.33	0.53
320	0.21	0.32	0.51
340	0.20	0.31	0.49
360	0.19	0.30	0.48
380	0.19	0.30	0.46
400	0.18	0.29	0.44

表6-3-7 液相比热容

温度/℃	比热容/(kJ/kg·℃)		
	S-300	S-600	S-700
0	—	1.52	1.71
20	1.62	1.60	1.78
50	1.71	1.70	1.89
100	1.83	1.87	2.06
150	1.96	2.05	2.24
200	2.09	2.22	2.41
220	2.14	2.29	2.48
240	2.19	2.36	2.55
260	2.25	2.43	2.62
280	2.30	2.49	2.69
300	2.35	2.56	2.76
320	2.40	2.63	2.83
340	2.46	2.70	2.90
360	2.50	2.77	2.97
380	2.56	2.80	3.04
400	2.61	2.91	3.11

表6-3-8 S-300气相黏度

温度/℃	150	200	250	300	350	400
黏度/mPa·s	0.0085	0.0095	0.0106	0.0115	0.0125	0.0135

表 6-3-9　导生的导热系数

温度/℃	导热系数/(J/m·h·℃)		
	S-300	S-600	S-700
0	—	535.8	506.5
20	514.89	523.2	493.9
50	502.32	506.5	481.4
100	485.57	477.2	452.1
150	468.8	447.9	431.1
200	452.1	418.6	401.9
220	443.7	406	393.5
240	435.3	397.7	380.9
260	431.1	385.1	372.5
280	422.8	372.5	360
300	414.4	364.2	351.6
320	410.2	351.6	339.1
340	401.9	343.2	330.7
360	393.5	330.7	318.1
380	385.1	318.1	309.8

表 6-3-10　导生的汽化潜热

温度/℃	汽化潜热/(kJ/kg)		
	S-300	S-600	S-700
0	—	384.3	360.8
20	362.1	379.7	355
50	355.4	370.4	347.4
100	342.4	355.8	332.8
150	328.6	339.1	319
200	312.3	321.1	300.6
220	304.7	313.5	291.6
240	297.2	305.6	284.6
260	289.7	297.2	278.4
280	281.3	288.8	270.0
300	272.1	279.6	261.2
320	261.6	269.6	252
340	251.6	258.7	242.8
360	239.4	246.5	232.4
380	224.4	234.4	221.9
400	206.8	221.9	210.1

表 6-3-11　导生的热焓

温度/℃	热焓/(kJ/kg)					
	S-300		S-600		S-700	
	液体	气体	液体	气体	液体	气体
20	13.0	375	31.4	411	35.1	390.1
50	62.8	418.2	80.8	451.2	90	437.4
100	150.3	492.7	169.5	525.3	189.2	522
150	245.3	573.9	268.3	607.4	296.8	615.8
200	345.8	658	374.2	695.3	412.7	709.9

温度/℃	热焓/(kJ/kg)					
	S－300		S－600		S－700	
	液体	气体	液体	气体	液体	气体
220	388.4	693.2	419.4	733	461.7	755.1
240	421.6	728.8	466.3	771.9	512.4	798.3
260	475.9	765.6	513.6	810.8	563.8	842.2
280	521.1	802.4	562.6	815.4	617	887
300	567.2	839.7	613.7	893.3	671.8	933.1
320	614.9	876.5	665.2	934.7	727.5	979.5
340	661	912.5	718.7	977.4	785.7	1028.5
360	712.9	952.3	774	1020.5	843.9	1076.6
380	763.9	988.3	829.7	1064.1	903.3	1125.2
400	815.4	1022.2	886.6	1108.4	965.3	1175.4

注：1. 表中液体和气体均指饱和状态。

2. S－300以12℃为基准，其他以0℃为基准。

表6－3－12　导生的蒸气压

温度/℃	蒸气压/MPa		
	S－300	S－600	S－700
120	0		
140	0.003	0.0006	
160	0.007	0.003	
180	0.013	0.007	0.002
200	0.023	0.01	0.004
220	0.041	0.022	0.008
240	0.068	0.035	0.015
260	0.108	0.058	0.026
280	0.164	0.089	0.044
300	0.241	0.134	0.073
320	0.34	0.194	0.113
340	0.49	0.274	0.17
360	0.65	0.377	0.025
380	0.87	0.51	0.355
400	1.13	0.67	0.494

表6－3－13　THERMIVOL－66物化性能

温度	密度	比热容	导热系数	黏　度		蒸气压
℃	kg/m³	J/g·℃	J/m·h·℃	mPa·s	mm²/s	kPa
－18	1033	1.45	438.7	51670	50000	
4	1017	1.53	434.9	496.03	500	
60	980.0	1.73	422.8	11.57	11.93	
104	949.0	1.88	410.2	3.431	3.62	0.034
127	934.0	1.96	406	2.27	2.41	0.138
149	919.0	2.04	399.8	1.60	1.74	0.345
171	904.0	2.12	393.1	1.195	1.32	0.827
204	881.0	2.23	381.8	0.839	0.95	2.689

续表

温度	密度	比热容	导热系数	黏　　度		蒸气压
℃	kg/m^3	J/g·℃	J/m·h·℃	mPa·s	mm^2/s	kPa
227	866.0	2.31	374.2	0.694	0.80	5.585
249	851.0	2.39	366.3	0.587	0.69	11.032
260	844.0	2.43	362.1	0.542	0.64	14.480
271	836.0	2.47	357.5	0.50	0.60	19.306
282	828.0	2.51	353.3	0.471	0.57	26.201
304	813.0	2.59	344.5	0.413	0.51	44.128
316	806.0	2.63	339.5	0.397	0.49	57.918
338	791.0	2.71	330.3	0.356	0.45	89.635
343	787.0	2.73	327.8	0.347	0.44	103.425
360	775.0	2.78	319.4	0.327	0.42	144.79

注：表中数据为实验样品的数据，仅供参考。

三、导生管道设计

（一）设计要求

1. 一般要求

（1）系统中各使用点的导生是靠重力或管道系统剩余压力返回加热系统，故返回的管道应遵循步步低的原则，尽量避免袋形管。如果管道布置确有困难，在不能自流返回的管道最低点应接放液管并设置切断阀，但S－300的管道不允许。

（2）水平布置的管道须有一定坡度，当直管段长度大于500mm时，坡度2%左右。坡度方向见图6－3－6、图6－3－7。

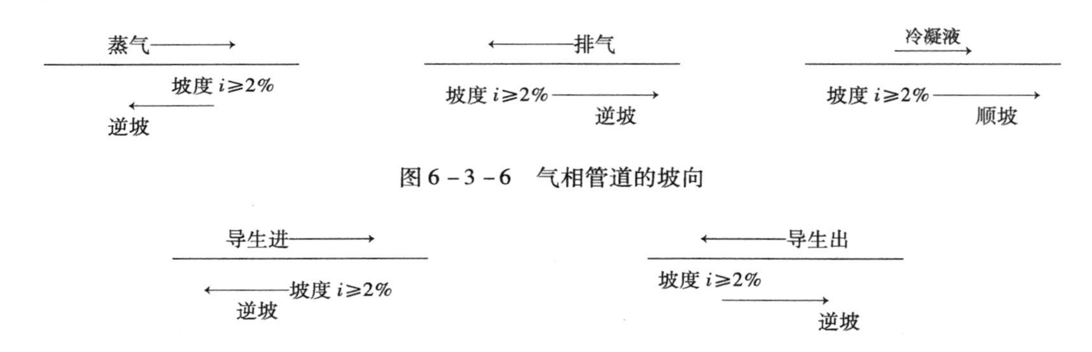

图6－3－6　气相管道的坡向

图6－3－7　液相管道的坡向

（3）为了防止导生管的泄漏，管道的连接应尽量采用焊接避免或减少使用法兰连接。采用承插焊和对焊的管接头，不采用螺纹接头。使用无缝弯头，不采用焊接弯头。不采用法兰盖，而采用焊接封头。

（4）为了了解和控制工艺的温度情况，在导生管道系统中要安装相当数量的温度检测元件。温度计套管与导生管道的连接形式主要有以下几种：

a. 法兰式套管：用于自身带保护管的检测元件。可安装在直管道上，也可安装在弯头上。液相、汽相导生系统均可使用；

b. 螺纹式套道：用于自身带保护管的检测元件。易产生泄漏，仅用于导生使用温度低于导生沸点较大的液相系统；

c. 保护管直接焊接：用于安装软性铠装热电偶、热电阻，能更有效地防止导生的泄漏，最适合气相导生系统。

温度计套管的安装要求详见第十二章。

（5）导生的使用温度一般都在250℃以上，为了防止泄漏，一般不使用波型补偿器，而是采用自然补偿，尤其是气相系统。因此，管道布置时，应充分考虑管道系统的柔性。

（6）两段夹套管段之间一般采用跨接线，以便导生的送入和输出，跨接线的开口位置主要有以下几种形式，见图6－3－8、图6－3－9、图6－3－10。

L_2 的尺寸需根据夹套法兰的形式、法兰和接管焊缝的距离以及安装操作的可能性等综合考虑。表6－3－14系ASME标准中活套法兰为夹套管法兰的 L_2 尺寸，仅供参考。

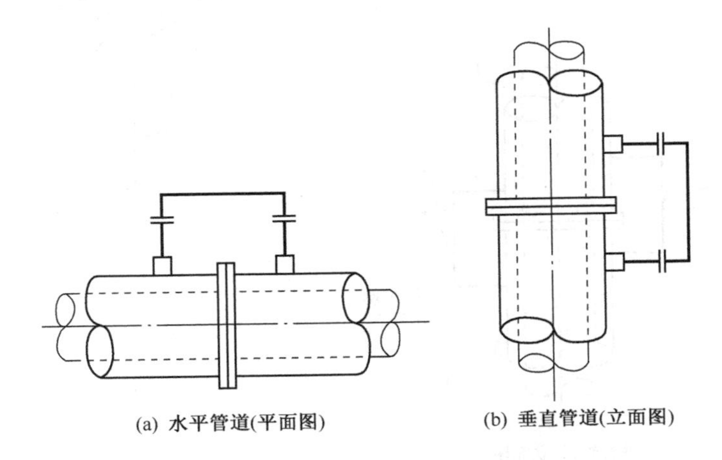

(a) 水平管道(平面图)　　(b) 垂直管道(立面图)

图6－3－8　液相夹套管跨接线

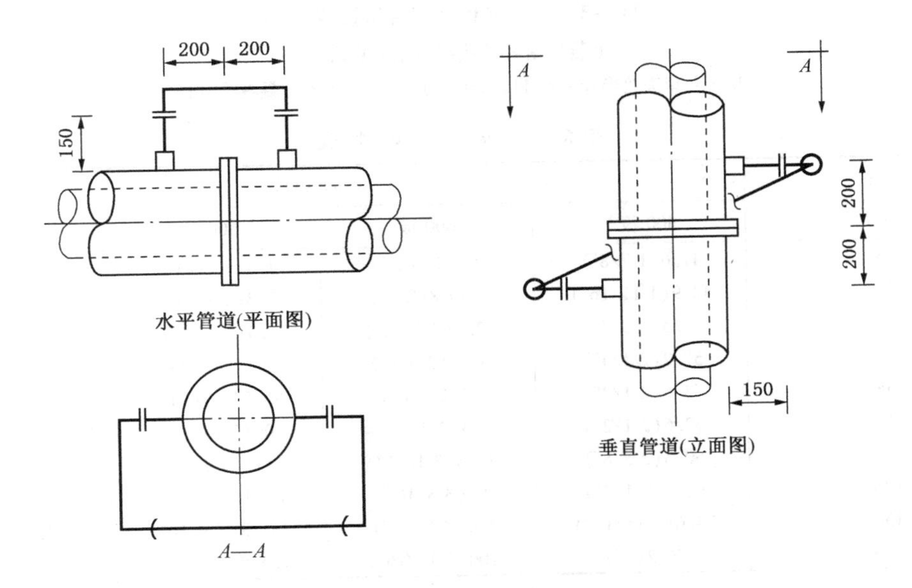

水平管道(平面图)　　垂直管道(立面图)

图6－3－9　气相夹套管跨接线(一)

(蒸气和冷凝液混流的型式)

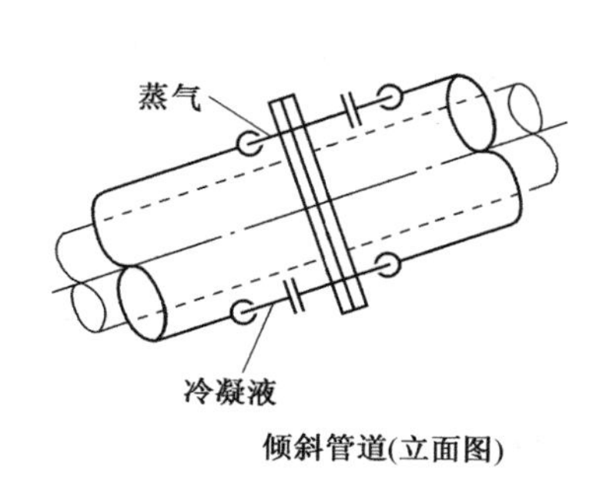

倾斜管道(立面图)

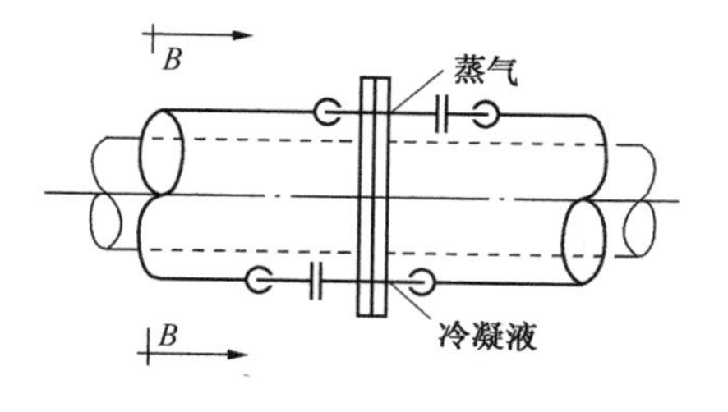

水平管道(立面图)

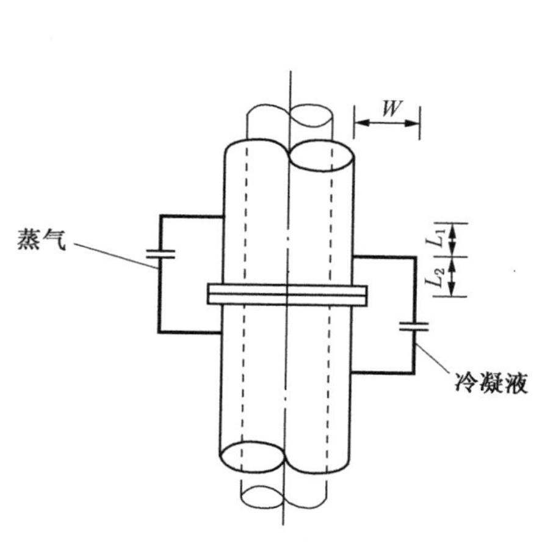

垂直管道(立面图)

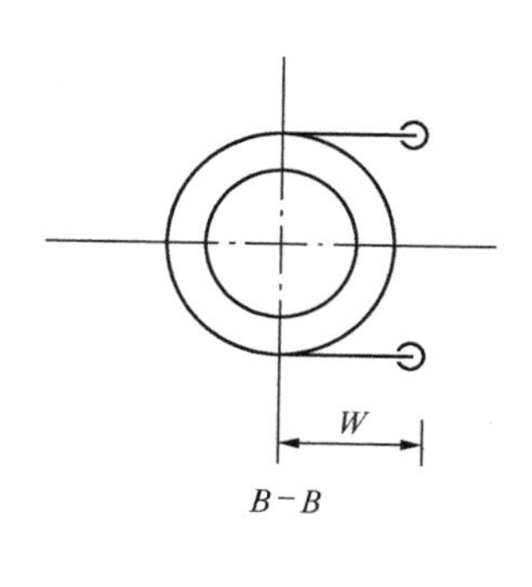

图6－3－10　气相夹套管跨接线(二)

(蒸气和冷凝液分流的型式)

W＝夹套法兰半径＋约115mm(最小)；L_1＝2倍冷凝液管直径

表6－3－14　L_2 尺寸表

法兰公称直径	L_2/mm(in)			
	300级①	600级	1500级	2500级
25	47.6(1 7/8″)	54(2 1/8″)	71.4(2 13/16″)	74.6(2 15/16″)
32	42.9(1 11/16″)	50.8(2″)	68.3(2 11/16″)	73(2 7/8″)
40	44.5(1 3/4″)	52.4(2 1/16″)	71.4(2 13/16″)	79.4(3 1/8″)
50	57.2(2 1/4″)	66.7(2 5/8″)	85.7(3 3/8″)	101.6(4″)
65	63.5(2 1/2″)	73(2 7/8″)	90.5(3 9/16″)	114.3(4 1/2″)
80	63.5(2 1/2″)	73(2 7/8″)	100(3 15/16″)	127(5″)
100	60.3(2 3/8″)	77.8(3 1/16″)	111(4 3/8″)	142.9(5 5/8″)
125	63.5(2 1/2″)	81(3 3/16″)	125.4(4 15/16″)	165.1(6 1/2″)
150	74.6(2 15/16″)	95.3(3 3/4″)	141.3(5 9/16″)	187.3(7 3/8″)
200	76.2(3″)	100(3 15/16″)	163.5(6 7/16″)	212.7(8 3/8″)

① 300级即300lbf/in^{2}级。

2. 气相循环管道

(1) 由于“导生A”的凝固点在12℃左右，在冬季停工时，管道中残留的导生会凝固，安全阀的进口管，排气放空管，仪表导压管，正常运转时不流动的管道，一般情况下时常有滞留的管道等需设置蒸汽伴热或电伴热措施。

（2）强制循环的气相导生系统，开工前应先预热总管和分总管达到一定温度后，再将导生送到每一个使用点，为了尽量缩短管道的预热时间，在进各使用点以前的总管、分总管的终点必须与导生冷凝液系统接通，见图6－3－11。

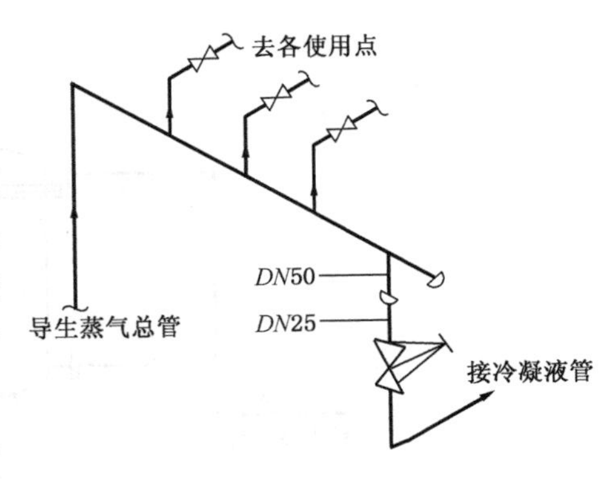

图6－3－11　蒸气与冷凝液管的连接

（3）对于温度控制较严的气相循环导生系统，每一个加热单元一般都应单独设置蒸气供应、放空和冷凝液接受管，见图6－3－12、图6－3－13。

3. 液相循环管道

（1）液相导生进加热单元一般采用下进上出的原则。

（2）在无喷射器的循环系统中，为了能在开车时放走管路系统中的空气，在导生管路各处的最高点需考虑一定数量的排空阀。

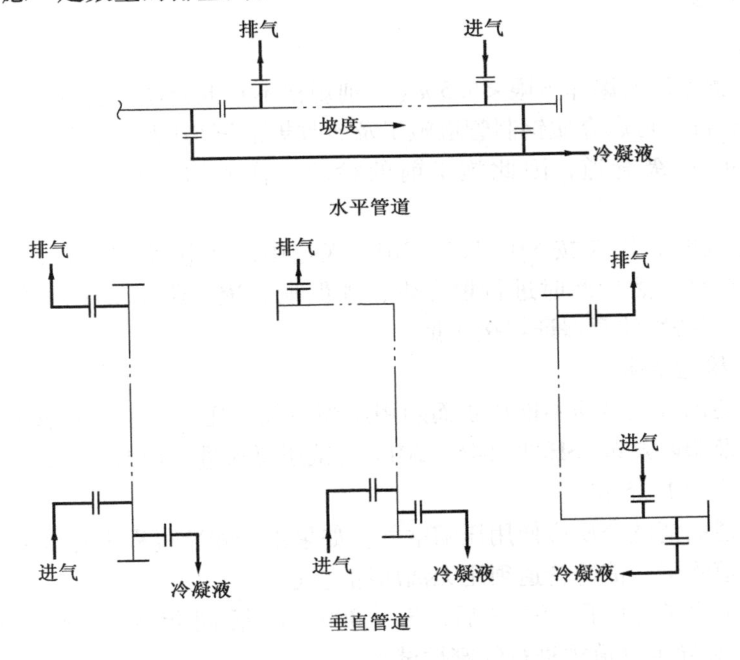

图6－3－12　夹套管导生供应

（二）管道器材选用要求

导生管道器材的选择一般应注意以下几点：

（1）注意防泄漏；

（2）注意管道使用温度和压力对材料的综合影响；

（3）管子、管件、法兰、阀门等不能选用有色金属和生铁材质；

（4）垫片和填料等填充材料不能采用橡胶类制品；

（5）管道的保温材料应选用阻燃型。

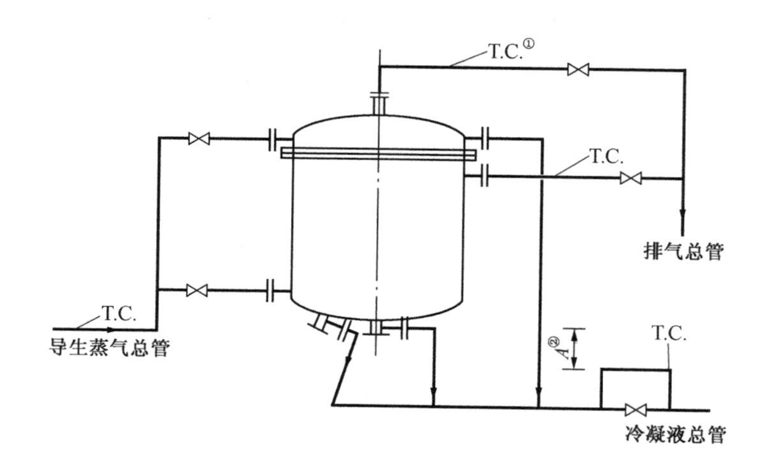

图 6-3-13　设备导生供应管

①—T. C. 是温度检测元件；②—冷凝液排放口与冷凝液管道距离

“A”必须 >780mm，以保证温度检测的正确性。

（三）施工要求

1. 安装要求

（1）因导生类流体的爆炸下限 <5.5%（个别规格不在此范围可另行考虑），按国家现行标准《石油化工有毒、可燃介质钢制管道施工及验收规范》（SH 3501—2011）的管道分级表分级，导生属于 SH B 级管道，因此施工前的检验、管道加工和安装等要求必须按此规范执行。

（2）导生管道的焊接应按 SH 3501—2011 规范中的焊接要求进行，一般采用氩弧焊（TIG）进行打底焊接，然后及时进行填充焊，须保证焊透，避免发生焊接缺陷出现，尤其对 <*DN*40的管子应特别注意保证焊接质量。

2. 管道系统检验要求

（1）导生管道的强度试压不能用水而须用压缩空气试压，导生夹套管的试压应按《石油化工夹套管施工及验收规范》SH/T 3546—2011 的试压要求进行（FJJ21—86）。测试压力应为导生系统设计压力的 1.15 倍。

（2）导生管道的清洗介质应使用压缩空气。如果由于安装过程中有水进入导生管道，须用压缩空气将管道吹干，清洗管道须用无油压缩空气。

（3）导生管道在试压、清洗后，S-300（包括同组份其他牌号）、S-700、THERMINOL-66寻导生管道须进行气密性试验。

一般的气密性试验法：用 0.35MPa（表压）的压缩空气充满试验管道，然后用肥皂泡检查泄漏，检查出的泄漏点经修理后须再重复试验，直至不再发生泄漏。

国外也有采用氨和二氧化硫作为泄漏检查的介质，但操作需特别小心。

（4）导生系统安装测试后，开车时，当导生温度升到 200℃ 以上时，需对管法兰、阀门的螺栓进行热紧，以防泄漏。

（编制　凌镭）

第四节　低温管道设计

一、概　　述

低温管道在石油化工企业中经常有所应用，一般把 +5℃以下的物料管道统称为低温管道。实际上，低碳钢在 +5℃至 -20℃范围内可正常使用，因在此条件下钢材主要处在延性状态。如果使用温度低于 -20℃，碳钢管就逐渐变为以脆性状态为主，使用应有一定条件的限制。所以，低于或等于 -20℃的管道属于低温管道。

低温管道设计主要考虑两个问题。第一是“低温脆性”，这就要求设计人员合理选择“冲击韧性”高的钢材，同时从配管设计和管道制作上防止脆裂和脆断。第二是保冷结构设计和由于保冷需求而产生的一系列设计要求，也是非常重要的，它直接关系到能耗和设备、管道的操作、施工和检修等。

二、低温管道的设计要点

1. 低温管道的布置

（1）低温管道的布置要考虑整个管道有足够的柔性，要充分利用管道的自然补偿。当设计温度很低又无法自然补偿时，应设置补偿器。

（2）布置低温管道时，应避免管道振动，尤其泵、压缩机和排气管，必须防止管道的振动。若有机械的振源，应采取消振设施，此外，接近振源处的管道应设置弹性元件，如波型补偿器等以隔断振源。

（3）在低碳素钢，低合金钢的低温管道上，装有安全阀或排气，排污物的支管时，需注意该低温液体介质排出后是否可能汽化，若汽化就需大量吸热，就要结霜直至结冰，使管道温度降到很低，故此类支管在容易结冰范围内应采用奥氏体不锈钢材料，使用法兰连接不同材质的支管。

（4）低温管道弯头处因应力最大，所以弯头处最易脆裂，不应焊接支吊架。

（5）低温管道上，靠近弯头或三通处，一般不允许直接焊接法兰，为了拆卸螺栓时不破坏主管道上的保冷层，需再延长一段长度（接一段短管）后再焊接法兰。主管上仪表管嘴焊接法兰时，同样有此要求。对接法兰中只需保证法兰一端留有卸螺栓的间距即可。图 6-4-1说明一组控制阀，为了能顺利卸下其中任何一个阀而不影响管道保冷结构，而需恰当布置阀门位置。

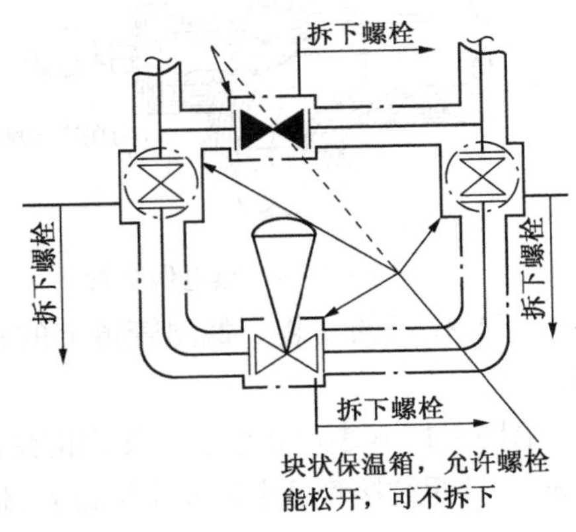

图 6-4-1　低温管道上控制阀组

（6）设备的连接管

a. 当设备管嘴是螺纹连接时，其螺纹短节应有足够的长度伸出设备的保冷层外。如果螺纹管嘴连接螺纹阀门时，应按图 6-4-2 所示将管嘴伸至保冷层外侧，其距离将取决于阀门手轮的操作，图中所示尺寸是必须的最小尺寸。

b. 当设备管嘴为法兰时，必须使法兰面伸出设备保冷层外侧并留有一定的距离，以便能顺利卸下螺栓。法兰管嘴如图 6－4－3 所示，如设置阀门，则应考虑拆卸螺栓所需间距，同时还必须考虑到手轮操作所需间距。

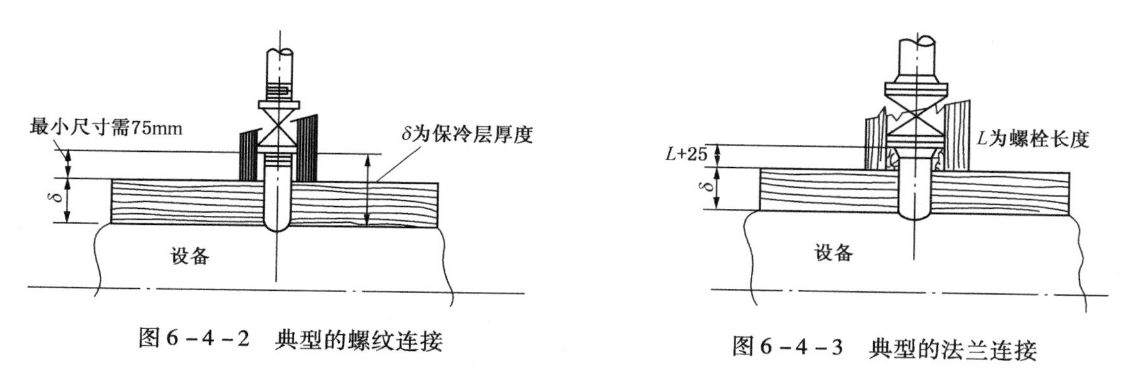

图 6－4－2　典型的螺纹连接

图 6－4－3　典型的法兰连接

（7）管道上的仪表管嘴除与设备管嘴的安装要求相同外，还有以下的要求：

a. 热电偶套管一般为法兰管嘴，法兰管嘴的长度如图 6－4－4 所示，约为 4 倍保冷层厚度。低温管道中，热电偶套管不应安装在垂直位置上，要考虑到保冷层最终被破坏时底座上将会结冰；

b. 在低温设备上，仪表测定往往需要暖柱，如图 6－4－5 所示。在设计时，应考虑到安装暖柱所需的间距和仪表保冷层所需空间。

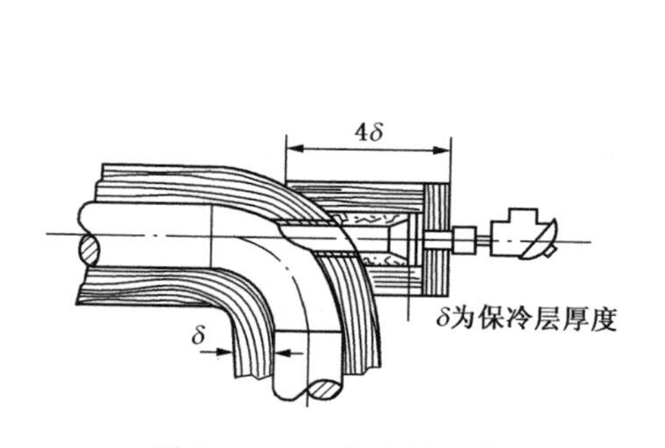

图 6－4－4　热电偶套管

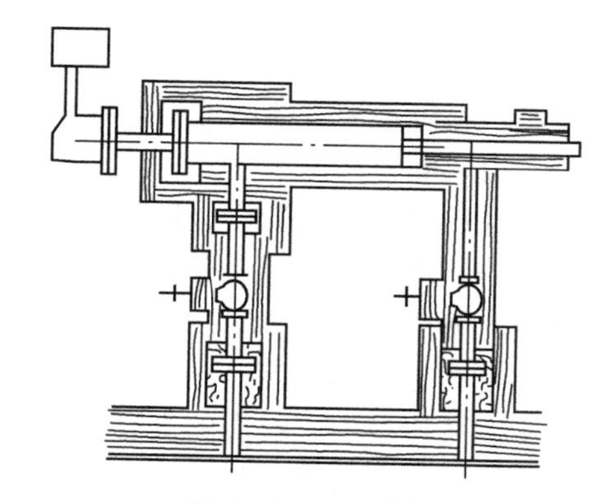

图 6－4－5　暖柱

（8）孔板的安装。低温管道上的孔板保冷结构是块状保冷结构，中间填充碎料，所需空间较大。

图 6－4－6 表示孔板法兰接出的螺纹阀门必须离孔板法兰保冷层外侧有足够的净距，至少 76mm。故螺纹接管最小长度应是卸下阀门和操作阀门的距离再加上孔板法兰保冷层厚度。

（9）控制阀的安装。低温设备上的控制阀带有暖柱装在阀盖上，增加了阀中心到顶端的距离。因此，控制阀组总高度较高。如图 6－4－7 所示。

（10）低温保冷管道的支架，必须有防止产生“冷桥”的措施。

当水平敷设时，一般在管底用木块或硬质隔热材料块，如图 6－4－8 所示，或按第十五章隔热型管托系列。

当沿低温保冷设备垂直敷设时，生根在设备上的支架应按图 6－4－9 所示的结构，在设备和管道上均应设木块或硬质隔热材料块。

（编制　姜德巽）

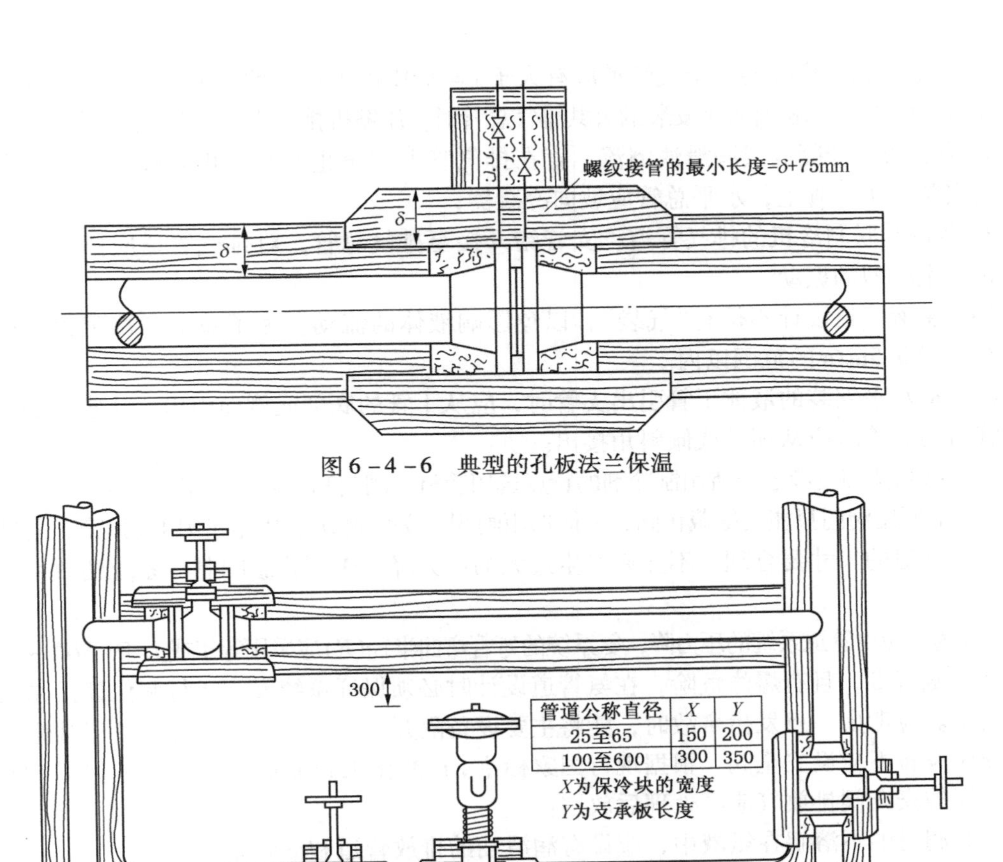

图 6-4-6　典型的孔板法兰保温

管道公称直径	X	Y
25至65	150	200
100至600	300	350

图 6-4-7　典型的控制阀支架和保冷层结构

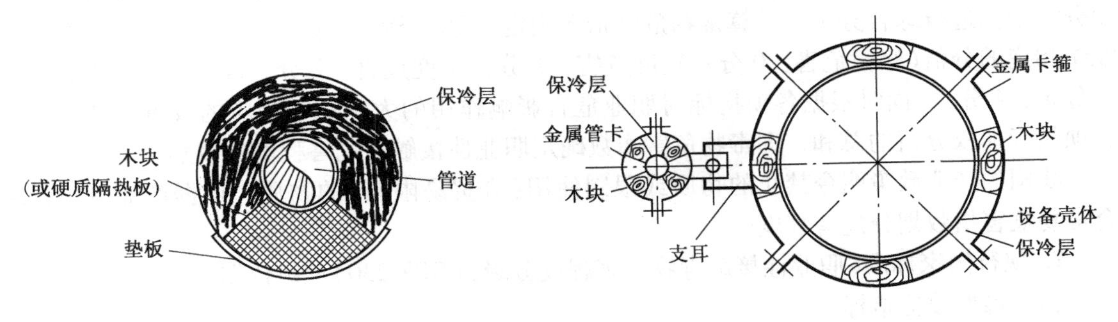

图 6-4-8　保冷结构典型图

图 6-4-9　沿塔敷设保冷管道支架示意图

2. 氨制冷系统管道的布置

（1）制冷压缩机吸入管道的设计应防止管道中的液体制冷剂返流回压缩机而造成液机。

（2）制冷压缩机排出管道的设计应防止制冷机停车时，制冷剂蒸气冷凝，在排出管道中产生积液；

a. 自压缩机至冷凝器的排气管道应有大于 $i=0.01$ 的坡度，坡向油分离器或冷凝器；

b. 多台制冷压缩机有水平安装的公共排气总管时，压缩机排气管应从上方接入排气总管；

c. 为了防止冷凝液或润滑油倒流，直在排气管上装设止回阀。止回阀不应装在垂直管上，而安装在水平管上，水平总管应坡向冷凝器；

d. 多台并联制冷机的排气管道，支管错开接至排气总管，对排气管道应留有伸缩余地并防止产生剧烈的振动。

（3）供液管道设计不得有“气袋”，以免影响液体的流动。为了减少摩擦阻力，流速应控制在小于 0.5m/s 的范围以内。

（4）从水平安装的液体干管引出支管时，应从干管的底部或侧面引出，从水平安装的气体干管引出支管时应从顶部或倾斜角接出。

（5）必须按照制冷系统所用制冷剂的特点选用管材、阀门和仪表。氨用阀门应选用氨专用阀门，管道上所用阀门只能用氨截止阀，不能选用闸阀。安全阀应选用氨用微启式弹簧安全阀。

（6）管道的尺寸要合理，不允许产生过大的压力降，否则将影响制冷系统的效率和制冷能力。

（7）为了减少管道系统的压力降，氨系统的弯管弯曲半径(R)应采用等于或大于3.5DN~4DN。

（8）氨有毒，且有爆炸危险，在氨管道设计时必须保证系统安全运行和保证操作人员的人身安全。应考虑一旦发生事故时，能将主要设备隔开，以减少泄漏，并且便于维修，同时在各受压设备上应设安全阀。根据现行国家标准《石油化工企业设计防火规范》(GB 50160)规定：氮的安全阀排放气应经处理后放空。

（9）润滑油不溶解在氨液中，应设有润滑油的排放管道和回收系统。

第五节　极度危害介质管道设计

现行国家标准《职业性接触毒物危害程度分级》(GBZ 230)是以毒物的急性毒性、扩散性、蓄积性、致癌性、生殖毒性、致敏性、刺激与腐蚀性、实际危害后果与预后等 9 项指标为基础的定级标准。

分级原则是依据急性毒性、影响毒性作用的因素、毒性效应、实际危险后果等 4 大类 9 项分级指标进行综合分析、计算毒物危害指数确定。每项指标均按照危害程度分 5 个等级并赋予相应的分值(轻微危害：0 分；轻度危害：1 分；中度危害：2 分；高度危害：3 分；极度危害：4 分)；同时根据各项指标对职业危害影响作用的大小赋予相应的权重系数，依据各项指标加权分值的总和，即毒物危害指数确定职业性接触物危害程度的级别。

我国的产业政策明令禁止的物质或限制使用(含贸易限制)的物质，依据产业政策，结合毒物危害指数划分危害程度。

1. 现行国家标准《职业性接触毒物危害程度分级》(GBZ 230)分级依据

（1）毒性效应指标

1）急性毒性：包括急性吸入半数致死浓度 LC_{50}，急性经皮半数致死量 LD_{50}。

2）刺激与腐蚀性：根据毒物对眼睛、皮肤或黏膜刺激作用的强弱划分评分等级。

3）致敏性：根据对人致敏报告及动物实验数据划分评分等级。

4）生殖毒性：根据对人生殖毒性的报告及动物实验数据划分评分等级。

5）致癌性：根据 IARC 致癌性分类划分评分等级；属于明确人类致癌物的，直接列为极度危害。

(2)影响毒物作用的因素指标

1)扩散性：以毒物常温下或工业中使用时状态及其挥发性(固体为扩散性)作为评分指标。

2）蓄积性：以毒物的蓄积性强度或在体内的代谢速度作为评分指标，根据蓄积系数或生物半减期划分评分等级。

(3）实际危害后果指标

根据中毒病死率和危害预后情况划分评分等级。

$$THI = \sum_{i=1}^{n} k_i \sigma F_i \quad (6-5-1)$$

式中 THI——毒物危害指数；

k_i——分项指数权重系统，见表6－5－1；

F_i——分项指数积分值，见表6－5－1。

(4)危害程度的分级范围

轻度危害(Ⅳ级)：$THI<35$；

中度危害(Ⅲ级)：$THI \geq 35 \sim <50$；

高度危害(Ⅱ级)：$THI \geq 50 \sim <65$；

极度危害(Ⅰ级)：$THI \geq 65$。

表6－5－1　职业性接触毒物危害程度分级和评分依据

分项指标		极度危害	高度危害	中度危害	轻度危害	轻微危害	权重系数
积分值		4	3	2	1	0	k_i
急性吸入 LC_{50}	气体/(cm^3/m^3)	<100	≥100～<500	≥500～<2500	≥2500～<20000	≥20000	
	蒸气/(mg/m^3)	<500	≥500～<2000	≥2000～<10000	≥10000～<20000	≥20000	5
	粉尘和烟雾/(mg/m^3)	<50	≥50～<500	≥500～<1000	≥1000～<5000	≥5000	
急性经口 LD_{50}/(mg/kg)		<5	≥5～<50	≥50～<300	≥300～<2000	≥2000	
急性经皮 LD_{50}/(mg/kg)		<50	≥50～<200	≥200～<1000	≥1000～<2000	≥2000	1
刺激与腐蚀性		pH≤2或pH≥11.5；腐蚀作用或不可逆损伤作用	强刺激作用	中等刺激作用	轻刺激作用	无刺激作用	2
致敏性		有证据表明该物质能引起人类特定的呼吸系统致敏或重要脏器的变态反应性损伤	有证据表明该物质能导致人类皮肤过敏	动物试验证据充分，但无人类相关证据	现有动物试验证据不能对该物质的致敏性做出结论	无致敏性	2
生殖毒性		明确的人类生殖毒性：已确定对人类的生殖能力、生育或发育造成有害效应的毒物，人类母体接触后可引起子代先天性缺陷	推定的人类生殖毒性：动物试验生殖毒性明确，但对人类生殖毒性作用尚未确定因果关系，推定对人的生殖能力或发育产生有害影响	可疑的人类生殖毒性：动物试验生殖毒性明确，但无人类生殖毒性资料	人类生殖毒性未定论：现有证据或资料不足以对毒物的生殖性作出结论	无人类生殖毒性：动物试验阴性，人群调查结果未发现生殖毒性	3

续表

分项指标	极度危害	高度危害	中度危害	轻度危害	轻微危害	权重系数
致癌性	Ⅰ组，人类致癌物	ⅡA组，近似人类致癌物	ⅡB组，可能人类致癌物	Ⅲ组，未归入人类致癌物	Ⅳ组，非人类致癌物	4
实际危害后果与预后	职业中毒病死率≥10%	职业中毒病死率 < 10%；或致残（不可逆损害）	器质性损害（可逆性重要脏器损害），脱离接触后可治愈	仅有接触反应	无危害后果	5
扩散性（常温或工业使用时状态）	气态	液态，挥发性高（沸点 < 50℃）；固态，扩散性极高（使用时形成烟或烟尘）	液态，挥发性中（沸点≥50 ~ < 150℃）；固态，扩散性高（细微而轻的粉末，使用时可见尘雾形成，并在空气中停留数分钟以上）	液态，挥发性低（沸点≥150℃）：固态，晶体、粒状固体，扩散性中，使用时能见到粉尘但很快落下，使用后粉尘留在表面	固体，扩散性低（不会破碎的固体小球（块），使用时几乎不产生粉尘）	3
蓄积性（或生物半减期）	蓄积系数（动物实验，下同）<1；生物半减期≥4000h	蓄积系数≥1 ~ <3；生物半减期≥400 ~ <4000h	蓄积系数≥3 ~ <5；生物半减期≥40 ~ <400h	蓄积系数≥5；生物半减期≥4 ~ <40h	生物半减期<4h	1

注：① 急性毒性分级指标以急性吸入毒性和急性经皮毒性为分级依据，无急性吸入毒性数据的物质，参照急性经口毒性分级。无急性经皮毒性数据、且不经皮吸收的物质，按轻微危害分级；无急性经皮毒性数据，但可经皮肤吸收的物质．参照急性吸入毒性分级。

② 强、中、轻和无刺激作用的分级依据现行国家标准《化学品　急性皮肤刺激/腐蚀性试验方法》GB/T 21604 和《化学品　急性眼刺激/腐蚀性试验方法》GB/T 21609。

③ 缺乏蓄积性、致癌性、致敏性、生殖毒性分级有关数据的物质的分项指标暂按极度危害赋分。

④ 工业使用在5a内的新化学品，无实际危害后果资料的，该分项指标暂按极度危害赋分；工业使用在5a以上的物质，无实际危害后果资料的，该分项指标按轻微危害赋分。

⑤ 一般液态物质的吸入毒性按蒸气类划分。

⑥ $1cm^3/m^3=1ppm$，ppm与mg/m^3在气温为20℃，大气压为101.3kPa（760mmHg）的条件下的换算公式为：$1ppm=24.04M_r mg/m^3$，其中M_r为该气体的相对分子质量。

（5）常见职业性接触毒物危害程度分级参见表6－5－2。

表6－5－2　常见职业性接触毒物危害程度分级

级　别	毒物名称
极度危害	汞及其化合物，砷及其无机化合物①，氯乙烯，铬酸盐，重铬酸盐，黄磷，铍及其化合物，对硫磷，羰基镍，八氟异丁烯，氯甲醚，锰及其无机化合物，氰化物，苯
高度危害	三硝基甲苯，铅及其化合物，二硫化碳，氯，丙烯腈，四氯化碳，硫化氢，甲醛，苯胺，氟化氢，五氯酚及其钠盐，镉及其化合物，敌百虫，氯丙烯，钒及其化合物，溴甲烷，硫酸二甲酯，金属镍，甲苯二异氰酸酯，环氧氯丙烷，砷化氢，敌敌畏，光气，氯丁二烯，一氧化碳，硝基苯
中度危害	苯乙烯，甲醇，硝酸，硫酸，盐酸，甲苯，二甲苯，三氯乙烯，二甲基甲酰胺，六氟丙烯，苯酚，氮氧化物
轻度危害	溶剂汽油，丙酮，氢氧化钠，四氟乙烯，氨

① 非致癌的无机砷化合物除外。

注：1. 接触多种毒物时，以产生危害程度最大的毒物的级别为准。

2. 本表选自原国家标准《职业性接触毒物危害程度分级》（GB 5044—85）。

2. 极度危害介质管道布置的要求

(1) 除有特殊需要外，极度危害介质的管道应采用焊接连接；管道不宜埋地敷设。当工艺要求埋地敷设时，应有监测泄漏、防止腐蚀、收集有害流体等的安全措施。

(2) 设置在安全隔墙或隔板内极度危害介质管道上的手动阀门应采用阀门伸长杆，且引至隔墙或隔板外操作。

(3) 极度危害介质的管道不应布置在可通行管沟内。

(4) 在极度危害介质的生产区和使用区内，应设置安全喷淋洗眼器。

第六节　高压管道设计

目前国内在化肥装置与甲醇装置中，还一直引用化工部1967年编制的“高压管、管体及紧固件通用设计“(H_{xx}—67)标准(以下称“H标准”)。因此本手册中有关章节自行设计的高压管、管件及紧固件仍以“H标准”为依据，今后如果“H标准”进行修改和补充，则应执行修改后的新标准。

高压系统的管道设计与中、低压系统的管道设计基本一致，但由于高压管道设计执行“H标准”及习惯作法，固而除惯例外还有其特殊要求。例如管道的设计标准、管道间的连接形式、管子与设备的连接形式、高压系统与低压系统的过渡、以及高压管道上一次仪表的安装等均与中低压管道设计有所不同。

一、压力范围

按目前使用情况和以往的习惯，以*PN*10.0～100.0MPa为高压，高压等级以*PN*16.0、20.0、22.0和32.0为多见。在“H标准”中，将*PN*16.0提级到*PN*22.0系列中，实际使用时*PN*10.0也提级到*PN*22.0系列中，故高压管道的常用压力等级分为*PN*22.0和*PN*32.0两种系列。

二、温度等级及试验压力

由于20钢受耐氢腐蚀性能的限制，最高温度用到200℃；在空分管道中－50℃[1]以上采用碳钢，因此温度等级分为：

Ⅰ级：－50～200℃

Ⅱ级：201～400℃

对于Ⅰ级温度试验压力为1.5倍的公称压力，对于Ⅱ级温度，由于试验压力是在常温下进行的，故试验压力应比在Ⅰ级温度下高，一般以Ⅰ级温度下的试验压力乘以耐高温材料在20℃与400℃下屈服限之比为宜，如在Ⅱ级温度范围采用的材料为18Cr3MoWVA和15CrMo两种，18Cr3MoWVA在20℃与400℃下屈服极限之比为45/30＝1.5，则其试验压力P_s＝1.5×1.5×32.0＝72.0MPa，圆整后取75.0MPa；15CrMo由于其20℃与400℃的屈服极限很相近，故其试验压力仍取32.0×1.5＝48.0MPa。

三、材料选择

高压管，管件及紧固件材料选择是根据输送介质操作条件所决定。

1. 高压无缝钢管的选择

一般按表6－6－1选择高压无缝钢管的材料。

---

[1]“H标准”中规定，实际设计并未执行。

表 6-6-1　高压无缝钢管

介质	公称压力 PN/MPa	工作温度/℃	钢管标准号及材料		
			原一机部 原燃化部	化工部 H标准	原一机部通 用化工设备
			标准 JB 1216—71	H4—67	标准 Q/TH57—64
合成氨	16.0	-40①~220	20	—	20
	22.0	-40①~220	20	20	20
	32.0	-40①~200	15MnV	20	20
			12MnMoV 10MoVNbTi	15CrMo	18CrMoWVA
		301~400	12SiMoVNb 10MoWVNb （革106）	18Cr2MoWVA	18CrMoWVA
尿素	22.0	-40①~200	Cr17Mn13Mo2N$_{(A4)}$ Cr18Ni13Mo2Ti	Cr18Ni12Mo2Ti	—
甲醇	32.0	-40①~200	15MnV （管端与透镜垫上镀隔）	1Cr18Ni9Ti	1Cr18Ni9Ti

①"H标准"规定为-40℃，而新标准已改为-20℃。

2. 高压管件及紧固件的选择

一般按表6-6-2选择高压管件及紧固件。

表 6-6-2　高压管件及紧固件

零件名称	公称压力 PN/MPa	工作温度/℃	标准号及材料		
			原一机部 原燃化部	化工部 H标准	原一机部通 用化工设备
			标准 JB××××-71	H××-67	标准 Q/TH57-64
螺纹法兰	16.0、22.0、32.0	-40~200	JB1230-71	H12-67	
			35	35	35
	32.0	201~400	40MnVB	35CrMo	35CrMoA
双头螺栓	16.0、22.0、32.0	-40~200	JB1237-71	H16-67	
			40MnVB	40	35CrMoA
	32.0	201~400	40MnVB	35CrMo	35CrMoA
螺母	16.0、22.0、32.0	-40~200	GB52-66	H17-67	
			35、40Mn	25	35
	32.0	201~400	35、40Mn	20CrMn	20CrMn
管件	材料与管子材料相同，标准号 JB1234-67（原一机部、原燃化部）H16-67（H标准）				

注：管件包括弯头、三通、透镜垫、单、双引出口垫圈、差压板等。

四、连接形式

连接形式分为固定与可拆两种形式，固定是指焊接连接，在工程设计可能的情况下，应尽量采用焊接，焊接管道无漏泄弊端，可拆形式是用螺纹法兰连接。

1. 法兰连接

管子与管子，管子与管件（包插阀门）的螺纹法兰连接，其连接形式和尺寸见"法兰连接（H9-67）"，法兰与法兰间的距离按 e_1 值计算，双头螺栓长变按 L 值计算。见第二篇表3-4-5和表3-4-6。

2. 管子与设备的螺纹法兰连接

管子与设备的螺纹法兰连接，其连接形式和尺寸见“拧入式法兰连接（H10－67）”，其间距按 e_1 值计算，所用螺栓长度按 L 值计算。见第二篇表3－4－7和表3－4－8。

3. 管子、管件与设备之间用带专用透镜垫和差压板的法兰连接

需用带专用透镜垫和差压板的法兰连接形式和尺寸见“带专用透镜垫和差压板法兰连接（H11－67）”，间距按 e_1 值计算，其螺栓长度按 L 值计算。见第二篇表3－4－10和表3－4－11。

五、高压管道系统与中、低压管道系统的连接

在高压管道系统设计中，常常会有与中低压管道系统相连接的情况如放空，排液或转到中，低压系统例如从压力为32.0MPa或22.0MPa的高压管道系统，过渡到2.5MPa以下的低压管道系统中，其过渡形式为高低压异径管，规格按H24－67，见第二篇图2－8－5。异径管材料一般为20号钢，高压端法兰为35号钢。

六、高压管道上一次仪表的安装

1. 流量计的设置

在高压管道中安装流量计时，在适当位置（由自控专业提供），预先设置一对与管道直径相匹配的螺纹法兰，并将透镜垫式的高压孔板标注尺寸，应保证管道的可调长度大于或等于“焊接高压三通（H23－67）的 L 值。见第二篇图2－8－6。

2. 温度计的设置

在高压管道上安装温度计时，须先设置温度计套管，套管螺纹为 *G*1/2″和 *G*1″，一般为 *G*1″。该温度计套管在直管道上开孔焊接。所预留的开孔直管段长度不得小于与该管段等径的“焊接高压三通（H23－67）的 L 值。当主管小于 *DN*65 时，应用两个异径管扩径，扩径部分大于或等于 *DN*65 的直管段，并使该直管段长度按”焊接高压三通（H23－67）的 L 值确定。开孔时，孔径按支管外径加工，允许比支管外径大0.5～1.0mm，另外，电阻温度计套管焊接后，其焊缝可不进行热处理和透视检查，但必须满足有关技术要求规定。

3. 压力计与取样点的设置

在高压系统中，压力计与取样点，一般连接在焊接高压单（双）引出口垫圈（插入式）（H20－67，H21－67）的引出管上。见第二篇表3－4－14和表3－4－15。其引出管的公称直径为 *DN*3 或 *DN*6。

4. 管道可调尺寸的要求

在高压管道设计中，无论是水平管道还是垂直管道，一般要有一段可调尺寸，以方便安装。其可调长度不得小于该管径“焊接高压三通（H23－67）的 L 值，在管道设计中，难免有小于“焊接高压三通（H23－67）”L 值的情况，此时可设置特殊短管，该特殊短管，须在管段材料一览表中作为管件统计在内，并注明压力等级，管径，管材与长度。特殊短管也可以采用弯管，其弯管半径按“大弯曲半径的弯管（H27－67）”弯制，见第二篇图2－8－8。

七、高压设备管嘴的转向

一般高压设备多层圆筒式设备，当设备之间的距离无法调整，而装设阀门又有一定的困难时，可将设备筒体或顶盖旋转某个角度，使阀门的设置趋于合理。

八、双阀的设置

在高压管道设计中，必须设置阀门时，无论其管径大小，一般均需设置双阀，以防止介质泄漏；双阀的安装宜紧密相连，以减少管件又便于操作。如系角式阀，其手轮方向和标高应符合操作与检修的要求。角式阀或底进侧出或侧进底出。应注意安装方向。国产角式阀多为底进侧出。其安装方法如图 6－6－1 所示。

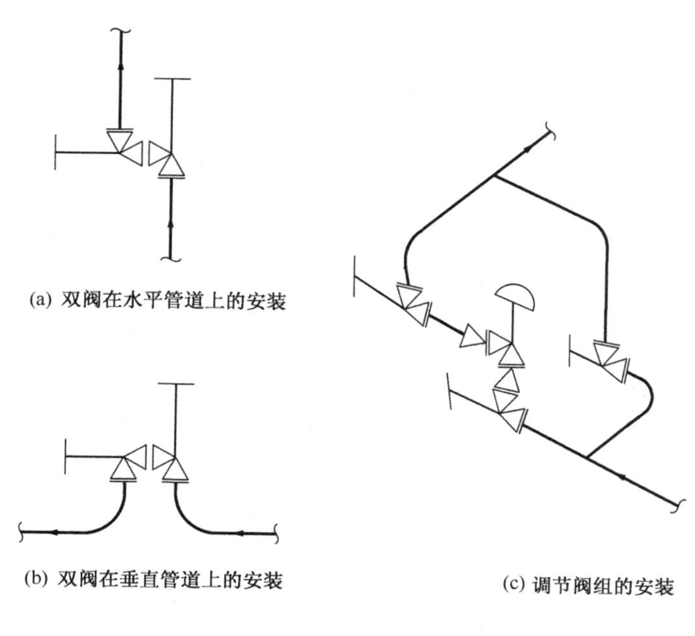

(a) 双阀在水平管道上的安装

(b) 双阀在垂直管道上的安装

(c) 调节阀组的安装

图 6－6－1　角式阀的安装

（编制　毛杏之）

第七章 非金属和衬里管道设计

随着石油和石油化工工业的发展，使用和产生的流体种类繁多，物化性质各异，如何选用既经济耐久又安全可靠的管道器材，尤其是耐腐蚀性器材更为重要。目前世界各国家均已大量开发塑料、钢塑复合、涂塑管道器材。本章仅简述石油化工工业常用的非金属和衬里管道的布置和连接方法的设计要点。a. 塑料管：如聚乙烯管(PE管)、聚氯乙烯管(PVC管)、硬聚氯乙烯管(PVC－U管)、聚丙烯管(PP管)、玻璃钢管(FRP管)和硬聚氯乙烯/玻璃钢复合管(PVC/FRP)、聚丙烯/玻璃钢复合管(PP/FRP)、聚四氟乙烯管(PTEE管)，耐酸酚醛塑料管、ABS❶管；b. 钢塑复合管(衬塑钢管)：如钢管内衬聚氯乙烯、聚丙烯、聚乙烯，聚四氟乙烯等；c. 涂塑钢管：如钢管内外涂环氧树脂、聚乙烯；d. 不透性石墨管；e. 衬橡胶管等。

上述各种管道器材的品种规格、技术性能。适用范围等详见第二篇第一、二、三章。

第一节 连接方法

一、塑料管的连接

1. 硬聚氯乙烯管、聚丙烯管的连接

一般有黏接、焊接、法兰、管螺纹连接等方法。凡采用黏接和焊接连接方法时，必须采用承插口形式，当设计压力较高(～1.0MPa)，可先黏接，外口再用焊条补强。相当于日本的TS法(正确的名称为Taper sized solvent welding——黏合焊接法)。用承插口黏接的方法，在日本又分为一次插入法和二次插入法。一次插入法适用于管径等于或小于50mm，而二次插入法适用于大于*DN*50的管道。在施工场地不得用火或狭窄的地方多用插入法连接。

(1) 法兰连接法，可分为焊环活套法兰连接、扩口活套法兰连接和焊接平焊法兰连接、翻边法兰连接。翻边法兰连接仅适用于小管径管道现场操作，大直径管翻边时容易产生裂缝。

(2) 焊环活套法兰，施工方便，密封面比平焊法兰窄，焊环的焊缝容易拉断，仅适用于大直径管。扩口活套法兰连接能承受一定压力，使用安全可靠、拆卸方便。

(3) 焊接平焊法兰连接，仅适用于常压管道，这种连接方法结构简单、拆卸方便。

(4) 管螺纹连接方法既不牢固又易渗漏，不能用于有腐蚀性介质的管道连接。

(5) 此外尚有带凸缘接管活套法兰连接、螺纹法兰连接等。

2. 聚乙烯(高密度和低密度)管的连接

(1) 热熔对接。利用热挤压焊原理，在焊接面紧贴加热板，加热至管端呈熔融“翻浆”后撤去加热板，以一定压力使两熔融面紧压在一起，冷却后即成坚固焊缝。无毒塑料管材熔点如下：

---

❶ABS——丙烯腈·丁二烯·苯乙烯共聚物。

高压聚乙烯（低密度）	105～110℃
低压聚乙烯（高密度）	125～130℃
乙、丙烯共聚体	220～240℃

热熔对接法焊缝强度可超过一般热风焊。但对加有多量炭黑及其他填料的管材不宜采用。

（2）承插连接。高压聚乙烯管道使用压力较低时，采用一次插入法连接，为提高连接强度也可以承插黏接或承插焊接。

（3）钢管插入连接。将管端加热软化后，趁热将钢管接头插入，冷却后用铁丝绑扎，此法适用于使用压力较低的场合。不能用于可燃性物料。

（4）法兰连接。可采用翻边活套法兰连接或焊环活套法兰连接。

（5）活接式连接。利用特制管箍螺母，加密封圈以螺纹拧紧。

3. 玻璃钢管（FRP 管）的连接

玻璃钢管的连接一般有承插（O 形密封圈连接、承插黏接）法、玻璃布带树脂接头法、螺纹承插法、圆锥环带法兰连接法、承插带法兰法等如图 7－1－1 所示。

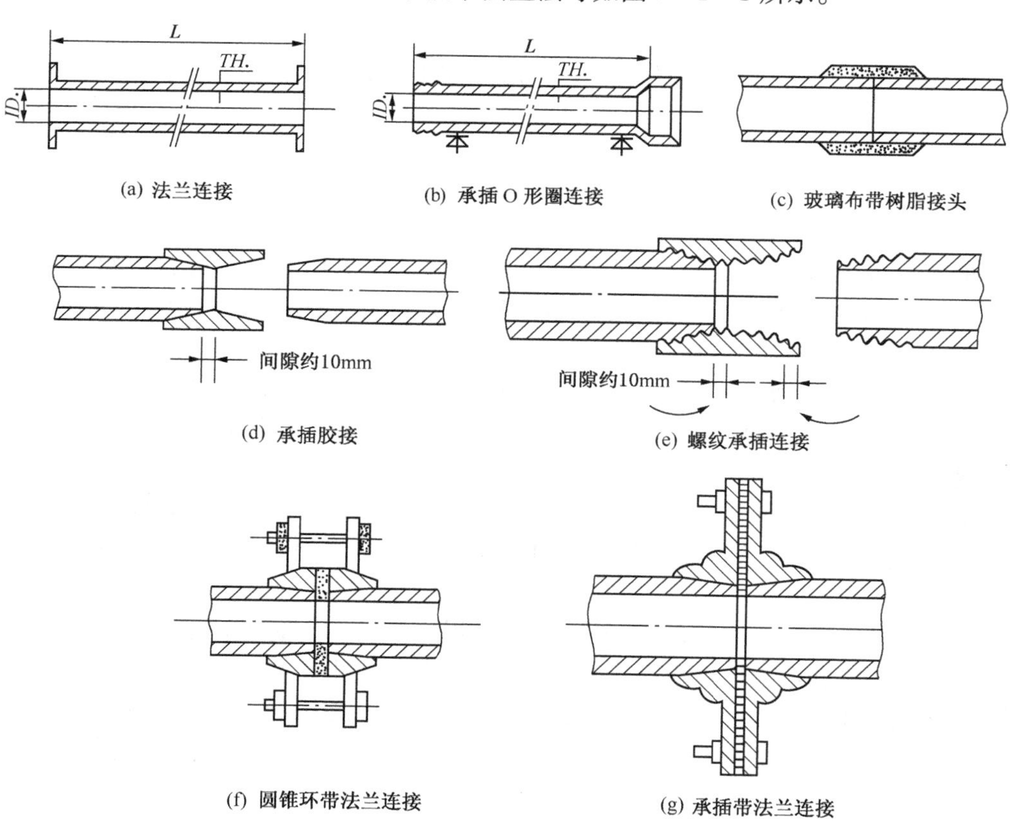

图 7－1－1　玻璃钢管的连接示意图

承插 O 形密封圈连接仅适用于水和非燃烧性介质管道的连接。

承插黏接，连接可靠。法兰连接适用于管道与法兰阀、设备的连接。

4. 聚丙烯/玻璃钢复合管（PP/FRP 复合管）、聚氯乙烯/玻璃钢复合管（PVC/FRP 复合管）一般采用承插黏接和法兰连接。

5. 不透性石墨管道的连接

(1) 法兰连接(石墨管凸缘连接)

适用于有腐蚀或燃烧性介质的管道设计压力≤0.3MPa

(2) 螺纹连接

适用于常压，旋紧螺纹时并以石墨酚醛胶粘剂胶结。

二、钢塑复合钢管的连接

一般应用卡圈式法兰、螺纹法兰和钢塑复合法兰管件等法兰连接。

三、涂塑钢管的连接

一般应用法兰连接，适用于设计压力≤1.6MPa。

四、橡胶衬里管的连接

一般应用法兰连接，法兰密封面上不得有水线。也可用翻边活套法兰连接，不得用螺纹或焊接连接。

第二节 管道布置

塑料、钢塑、涂塑、橡胶衬里管等，与钢管一样可布置在露天、室内、架空、管沟或埋地敷设。但是，塑料与橡胶在氧、紫外线的作用下容易老化。所以塑料管、钢塑和涂塑管、橡胶衬里管等宜布置在室内或管沟内。当在室外、露天架空敷设时，应采取措施防止太阳光线直接照射，寒冷或严寒地区则应采取防冻措施以延长使用寿命和防止破裂。

1. 为防止非金属和衬里管道在输送流体时产生静电积聚而引起爆炸和火灾危险，应采用低速输送；输送可燃介质的非金属管道应采取有效的防静电措施。

2. 非金属管道不得敷设在有剧烈震动的地方，严禁敷设在易受到撞击的地面，应采用架空敷设。管沟敷设时应避免穿越防火墙或防火堤。非金属和衬里管道不适用于火灾爆炸危险区内地上敷设。当不可避免在火灾危险区内地上敷设时，应为其设置安全防护措施。

3. 非金属管道敷设应远离热源或采取防护措施，确保管道温度不超过材料所允许的使用温度。露天敷设时，应采取防止太阳光直接照射、防止老化的措施。非金属管道与金属管道敷设在一起时，应敷设在金属管道的下侧或侧面，且不得安装在大于材料许用温度上限的热源附近。

4. 由于塑料管的线胀系数较大，约为金属管的3~10倍。因此，塑料管的布置应具有良好的柔性。由热胀或端点位移引起的二次应力过大时，宜采用管系自补偿的方法增加管系的柔性，必要时可选用“П”形补偿器或采用聚四氟乙烯波型补偿器。

5. 由于塑料管道机械强度较小，其支吊架的基本跨距亦小，所以在布置管道时，应充分考虑支吊架的生根点和支吊方法后，才能确定管道的走向。塑料管道一般沿建筑物或构筑物敷设。当管道通过距离超过基本跨距又无支吊架生根位置时，可将管道布置在连续托架(桥架)上。

6. 塑料、钢塑、涂塑、橡胶衬里等管道不应敷设在操作温度高于介质自燃点的设备上方，否则应有防火措施。

7. 在人行道且不通行机动车道的地段埋地敷设的塑料管道的最小埋深为0.6m；在车行

道下最小埋深为0.9m，并在冰冻线以下。当穿越道路时，应采用钢制套管保护。埋地敷设的塑料管道应采用连续托架，并应防止硬物与管道直接接触。管道周围应采用经过选择的回填材料填充。

8. 穿越墙壁和楼板的塑料、涂塑、钢塑和橡胶衬里管等应设金属套管保护，套管与管道间应填充弹性材料。

9. 硬质聚氯乙烯管(PVC－U管)，管内介质温度在40℃以下时，支吊架间距为：$DN<50$mm约1～1.5m；$DN\geqslant50$mm约为1.5～2.5m；$DN\geqslant125$mm约为2.5～4m。这是极限的间距，尚应考虑流体内压、使用温度、管道形状、有无振动和外力等情况而适当缩小间距。硬聚氯乙烯管(PVC－U管)不得用于输送气体介质。

据《管道施工简明手册》推荐的支架间距如表7－2－1所示。

表7－2－1　硬聚氯乙烯管道支架间距　(m)

工作温度/℃		<40			>40	
介质名称		液　体		气　体	液　体	气　体
工作压力/10^5Pa		0.5	2.5～6	<6	<2.5	<2.5
公称直径/mm	20以下	1	1.2	1.5	0.7	0.8
	25～40	1.2	1.5	1.8	0.8	1.0
	50以上	1.5	1.8	2.0	1.0	1.2

注：工作温度高于40℃时应尽量采用连续托架。

10. 聚丙烯管道的布置，同其他塑料管一样，首先确定管道的支撑方法和支架间距。

除固定、导向支架外，其他管道支架不得妨碍管道的上下、横向变形。管道支吊架与管子连接(或接触)外应按图7－2－1所示。

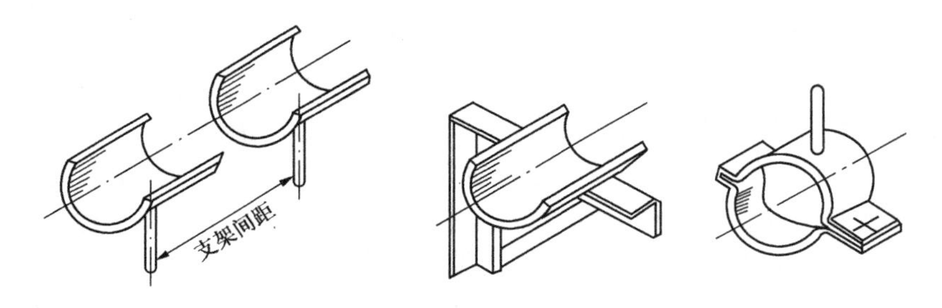

图7－2－1　塑料管支吊的半圆形托和管卡

一般塑料管的支架距离可按式(7－2－1)计算：

$$y=\frac{WL^4}{384EI} \tag{7-2-1}$$

式中　y——挠度，cm；

W——管子及管内流体每1cm的质量，kg/cm；

E——弹性模量，MPa；

I——惯性矩，cm^4；

L——支吊架间距，cm。

E是根据使用温度、时间确定的。

当小直径管在温度较高时，其支撑间距过小，凡不满1m者应采用连续支撑的方法。

表7－2－2是在挠度≤10mm时的支架距离。

表 7-2-2　支架距离　(m)

介质温度/℃	常温		60		80		100	
DN/mm	液体	气体	液体	气体	液体	气体	液体	气体
15	1.0	1.2	0.7	0.9	0.7	0.9	0.6	0.8
20	1.0	1.5	0.8	1.0	0.8	0.9	0.7	0.8
25	1.3	1.7	0.9	1.2	0.8	1.1	0.8	1.0
40	1.4	2.0	1.0	1.4	0.9	1.2	0.8	1.3
50	1.5	2.3	1.1	1.6	1.0	1.4	0.9	1.3
65	1.7	2.5	1.2	1.8	1.0	1.6	1.0	1.5
80	1.8	2.8	1.4	2.0	1.2	1.8	1.1	1.7
100	2.0	3.0	1.6	2.2	1.4	2.0	1.3	1.9
125	2.5	3.5	1.7	2.5	1.5	2.4	1.4	2.2
150	2.5	4.0	1.8	3.0	1.7	2.6	1.6	2.3
200	2.9	4.5	2.1	3.1	1.9	2.8	1.8	2.4
250	3.0	5.0	2.2	3.5	2.0	3.2	1.9	3.0

注：本表是以室温 30℃计。

11. 聚乙烯管道的敷设

(1) 聚乙烯管道强度较低，因此应尽量避免承受额外荷载。对于阀门等管道附件，以及重量较大的部件均必须给予支撑或固定，管道中的伸缩接头如径向密封圈型接头部位，亦需支撑或固定，以防止因内压或震动而脱出。

(2) 管子在支架处允许沿纵轴向移动，水平管道可采用角钢支架，也可用吊架。

(3) 长度超过 6m 的直管段，一般应考虑伸缩装置，可利用管道转弯进行自然补偿，也可设置伸缩器。遇到二端固定的较长管段时，若在热天安装，在长度方向上应稍松一些，使其中间有下垂，由中间支架来找平管道。

(4) 管内外温度差应不超过 40～45℃，并应避免与高温体接近。

(5) 沟槽回填土，管底下 100～150mm，管顶及两侧 150～200mm 范围内的回填土中不应含有石块、碎砖及其坚硬物，最好用砂将管道埋没再回填土。

12. 聚乙烯管道的支撑

水平敷设的软质聚乙烯管支架距离一般是管外径的 8～12 倍；垂直敷设的是管外径的 25 倍左右,硬质管约为软质管的 2 倍。当管内流动的液体的密度和温度变化时，应适当缩短距离。

13. 玻璃钢管(FRP 管)的支撑距离，可按式(7-2-1)计算或由图 7-2-2 查取。

14. 非金属管和橡胶衬里管的管壁不得焊接金属的支吊架的连接件或其他构件。

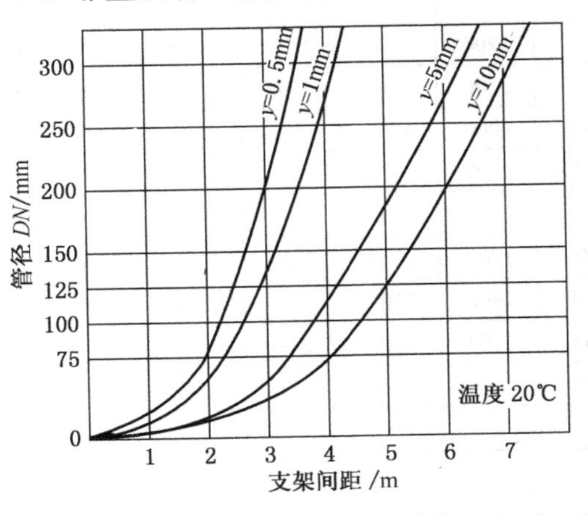

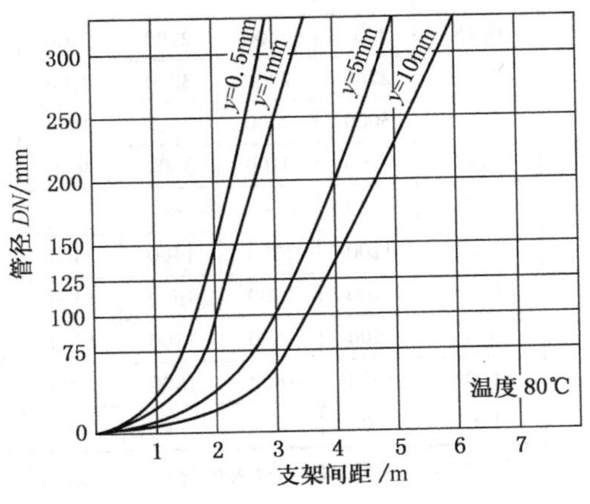

图 7-2-2　玻璃钢管支架距离

15. 聚氯乙烯管(PVC)、聚丙烯管(PP)和聚乙烯管(PE)的水平管道的支架跨距和垂直管导向间距的要求见表7－2－3～表7－2－6。

（1）非金属水平管道气体管跨距见表7－2－3。

表7－2－3 非金属水平管道气体管跨距

材料	公称压力/MPa	公称直径/mm										
		10	15	20	25	40	50	65	80	100	125	150
		气体管跨距(L)/mm										
PVC	0.25	—	—	—	—	—	1700	1700	1700	2200	2200	2300
	0.4	—	—	—	—	1600	1600	1900	1900	2400	2400	2900
	0.6	—	—	1300	1300	1700	1700	2000	2000	2400	2400	2900
	1.0	1100	1100	1300	1300	1800	1800	2200	2200	2700	2700	3100
	1.6	1200	1200	1300	1300	2000	2000	2400	2400	2600	—	—
PP	0.25	—	—	—	—	—	1300	1300	1300	1700	1700	1900
	0.4	—	—	—	—	1400	1400	1600	1600	1900	1900	2000
	0.6	—	—	1100	1100	1500	1500	1700	1700	2100	2100	2300
	1.0	900	900	1100	1100	1500	1500	1800	1800	2200	2200	2600
	1.6	900	900	1100	1100	1500	1500	1800	1800	2400	2400	2600
PE	0.25	—	—	—	—	—	700	700	700	800	800	1000
	0.4	—	—	—	—	650	650	800	800	1000	1000	1100
	0.6	—	—	500	500	700	700	900	900	1000	1000	1200
	1.0	450	450	500	500	700	700	900	900	1100	1100	1300
	1.6	500	500	600	600	900	900	1000	1000	1200	1200	1300

材料	公称压力/MPa	公称直径/mm										
		200	250	300	350	400	500	600	700	800	900	1000
		气体管跨距(L)/mm										
PVC	0.25	2900	2900	3400	3400	3900	3900	4600	—	—	—	—
	0.4	3200	3200	3800	3800	4100	—	—	—	—	—	—
	0.6	3500	3500	3900	—	—	—	—	—	—	—	—
	1.0	—	—	—	—	—	—	—	—	—	—	—
	1.6	—	—	—	—	—	—	—	—	—	—	—
PP	0.25	2400	2400	2700	2700	3200	3200	3900	3900	4400	4400	4700
	0.4	2700	2700	3200	3200	3700	3700	4300	4300	5100	5100	5400
	0.6	3000	3000	3400	3400	4000	4000	4800	4800	5100	—	—
	1.0	3100	3100	3600	3600	4300	4300	—	—	—	—	—
	1.6	3200	—	—	—	—	—	—	—	—	—	—
PE	0.25	1200	1200	1400	1400	1700	1700	2000	2000	2200	2200	2500
	0.4	1400	1400	1600	1600	1900	1900	2200	2200	2500	2500	2900
	0.6	1500	1500	1800	1800	2100	2100	2500	2500	—	—	—
	1.0	1600	1600	1800	1800	2100	—	—	—	—	—	—
	1.6	1700	—	—	—	—	—	—	—	—	—	—

注：PVC—聚氯乙烯管；PP—聚丙烯管；PE—聚乙烯管。

（2）非金属水平管道液体管跨距见表7－2－4。

表7-2-4　非金属水平管道液体管跨距

材料	公称压力/MPa	公称直径/mm										
		10	15	20	25	40	50	65	80	100	125	150
		液体管跨距(*L*)/mm　(密度 $1kg/dm^3$)										
PVC	0.25	—	—	—	—	—	1000	1000	1000	1300	1300	1400
	0.4	—	—	—	—	1000	1000	1200	1200	1500	1500	1800
	0.6	—	—	900	900	1200	1200	1400	1400	1700	1700	2000
	1.0	850	850	1000	1000	1400	1400	1700	1700	2100	2100	2400
	1.6	900	900	1100	1100	1700	1700	2000	2000	2200	—	—
PP	0.25	—	—	—	—	—	750	750	750	1000	1000	1100
	0.4	—	—	—	—	850	850	1000	1000	1200	1200	1400
	0.6	—	—	750	750	1000	1000	1100	1100	1400	1400	1500
	1.0	700	700	850	850	1100	1100	1400	1400	1700	1700	2000
	1.6	750	750	900	900	1200	1200	1500	1500	2000	2000	2200
PE	0.25	—	—	—	—	—	400	400	400	500	500	600
	0.4	—	—	—	—	400	400	500	500	600	600	700
	0.6	—	—	350	350	500	500	650	650	700	700	950
	1.0	350	350	400	400	550	550	700	700	950	950	1000
	1.6	400	400	500	500	750	750	850	850	1000	1000	1100

材料	公称压力/MPa	公称直径/mm										
		200	250	300	350	400	500	600	700	800	900	1000
		液体管跨距(*L*)/mm　(密度 $1kg/dm^3$)										
PVC	0.25	1700	1700	2000	2000	2300	2300	2700	—	—	—	—
	0.4	2000	2000	2400	2400	2600	—	—	—	—	—	—
	0.6	2500	2500	2800	—	—	—	—	—	—	—	—
	1.0	—	—	—	—	—	—	—	—	—	—	—
	1.6	—	—	—	—	—	—	—	—	—	—	—
PP	0.25	1400	1400	1600	1600	1900	1900	2300	2300	2600	2600	2900
	0.4	1700	1700	2000	2000	2300	2300	2700	2700	3200	3200	3400
	0.6	2000	2000	2300	2300	2700	2700	3200	3200	3400	—	—
	1.0	2400	2400	2800	2800	3300	3300	—	—	—	—	—
	1.6	—	2700	—	—	—	—	—	—	—	—	—
PE	0.25	700	700	850	850	1000	1000	1200	1200	1300	1300	1500
	0.4	900	900	1000	1000	1200	1200	1400	1400	1600	1600	1800
	0.6	1000	1000	1200	1200	1400	1400	1700	1700	—	—	—
	1.0	1200	1200	1400	1400	—	—	—	—	—	—	—
	1.6	1400	—	—	—	—	—	—	—	—	—	—

注：PVC—聚氯乙烯管；PP—聚丙烯管；PE—聚乙烯管。

(3) 非金属垂直管道气体管导向间距见表7-2-5。

表7－2－5　非金属垂直管道气体管导向间距

材　料	公称压力/MPa	公称直径/mm										
		10	15	20	25	40	50	65	80	100	125	150
		气体管跨距（L）/mm										
PVC	0. 25	—	—	—	—	—	2200	2400	3500	3000	4000	4500
	0. 4	—	—	—	—	2000	2300	2700	3000	3500	5000	5500
	0. 6	—	—	1200	1400	2200	2800	3400	4000	4500	6000	7000
	1. 0	950	1100	1300	1700	2700	3400	4000	4500	6000	7500	8500
	1. 6	1000	1200	1600	2000	3100	4000	4700	5500	7000	—	—
PP	0. 25	—	—	—	—	—	1600	1800	2000	2500	3000	3500
	0. 4	—	—	—	—	1400	1800	2200	2500	3500	4000	4500
	0. 6	—	—	950	1100	1700	2100	2500	3000	4000	4500	5500
	1. 0	700	850	1000	1500	2000	2600	3100	3500	4500	5500	6500
	1. 6	750	950	1100	1500	2300	2900	3500	4000	5000	6500	7500
PE	0. 25	—	—	—	—	—	850	950	1200		2000	
	0. 4	—	—	—	—	750	950	1100	1500		2200	
	0. 6	—	—	500	600	900	1100	1300	2000		2500	
	1. 0	350	400	550	700	1000	1300	1600	2000		3000	
	1. 6	400	500	600	800	1200	1500	1800	2200		3500	

材　料	公称压力/MPa	公称直径/mm										
		200	250	300	350	400	500	600	700	800	900	1000
		气体管跨距（L）/mm										
PVC	0. 25	6500	8500	9000	10500	12000	15000	19000	—	—	—	—
	0. 4	8000	10000	11000	12500	14000	—	—	—	—	—	—
	0. 6	10000	12500	14000	—	—	—	—	—	—	—	—
	1. 0	—	—	—	—	—	—	—	—	—	—	—
	1. 6	—	—	—	—	—	—	—	—	—	—	—
PP	0. 25	5000	6500	7000	8000	9000	11000	14000	16500	18500	20000	23000
	0. 4	6000	8000	9000	10000	11000	14000	18000	20000	22000	25000	28000
	0. 6	7500	9500	10000	12000	13000	16000	21000	22000	—	—	—
	1. 0	9000	11000	12000	14000	16000	20000	—	—	—	—	—
	1. 6	10500	—	—	—	—	—	—	—	—	—	—
PE	0. 25	2000	3500	4500	6000	7500	8500	9500	11000	12000	—	—
	0. 4	3500	4000	4500	5000	6000	7500	9500	10000	12000	13000	15000
	0. 6	4000	5000	5500	6000	7000	8500	11000	12500	—	—	—
	1. 0	5000	6000	6500	7500	8500	—	—	—	—	—	—
	1. 6	5500	—	—	—	—	—	—	—	—	—	—

注：PVC—聚氯乙烯管；PP—聚丙烯管；PE—聚乙烯管。

（4）非金属垂直管道液体管导向间距见表7－2－6。

表 7-2-6　非金属垂直管道液体管导向间距

材料	公称压力/MPa	公称直径/mm										
		10	15	20	25	40	50	65	80	100	125	150
		液体管跨距(L)/mm　（密度 1kg/dm³）										
PVC	0.25	—	—	—	—	—	2200	2400	2500	3000	4000	4500
	0.4	—	—	—	—	2000	2300	2700	3000	3500	5000	5500
	0.6	—	—	1200	1400	2200	2800	3400	4000	4500	6000	7000
	1.0	950	1100	1300	1700	2700	3400	4000	4500	6000	7500	8500
	1.6	1000	1200	1600	2000	3100	4000	4700	5500	7000	—	—
PP	0.25	—	—	—	—	—	1600	1800	2000	2500	3000	3500
	0.4	—	—	—	—	1400	1800	2200	2500	3500	4000	4500
	0.6	—	—	950	1100	1700	2100	2500	3000	4000	4500	5500
	1.0	700	850	1000	1500	2000	2600	3100	3500	4500	5500	6500
	1.6	750	950	1100	1500	2300	2900	3500	4000	5000	6500	7500
PE	0.25	—	—	—	—	—	850	950	1200		2000	
	0.4	—	—	—	—	750	950	1100	1500		2200	
	0.6	—	—	500	600	900	1100	1300	2000		2500	
	1.0	350	400	550	700	1000	1300	1600	2000		3000	
	1.6	400	500	600	800	1200	1500	1800	2200		3500	

材料	公称压力/MPa	公称直径/mm										
		200	250	300	350	400	500	600	700	800	900	1000
		液体管跨距(L)/mm　（密度 1kg/dm³）										
PVC	0.25	6500	8500	9500	10500	12000	15000	19000	—	—	—	—
	0.4	8800	10000	11000	12500	14000	—	—	—	—	—	—
	0.6	10000	12500	14000	—	—	—	—	—	—	—	—
	1.0	—	—	—	—	—	—	—	—	—	—	—
	1.6	—	—	—	—	—	—	—	—	—	—	—
PP	0.25	5000	6500	7000	8000	9000	11000	14000	15000			
	0.4	6000	8000	9000	10000	11000	14000	18000	20000	22000	23000	
	0.6	7500	9500	10000	12000	13000	16000	21000	22000	—	—	—
	1.0	9000	11000	12000	14000	16000	20000	—	—	—	—	—
	1.6	10500	—	—	—	—	—	—	—	—	—	—
PE	0.25	2000	3500		4200							
	0.4	3500	4000	4500	5000	6000	6500					
	0.6	4000	5000	5500	6000	7000	8500	9500		—	—	—
	1.0	5000	6000	6500	7500	8500	—	—	—	—	—	—
	1.6	5500	—	—	—	—	—	—	—	—	—	—

注：PVC—聚氯乙烯管；PP—聚丙烯管；PE—聚乙烯管。

16. 聚氯乙烯/玻璃钢复合管(PVC/FRP 复合管)管道支架跨距见表 7-2-7。

表 7-2-7　PVC/FRP 复合管道支架间距

公称管内径/mm	15	20	25	32	40	50	65	80	100	125	150	200	250
支架间距/m	1.5	1.5	1.5	1.5	1.8	2.0	2.2	2.4	2.6	2.8	3.0	3.2	3.5

17. 橡胶衬里管的布置，应充分考虑分段方式，如图 7-2-3 所示。为便于现场预制、安装和检修，应将弯头的一端、弯头(含弯管)、三通、四通的主、支管各有一端为活套法兰连接，如图 7-2-4 所示。分段最大允许长度如表 7-2-8 所示。

法兰间应留有衬胶和垫片的净空为 9mm。

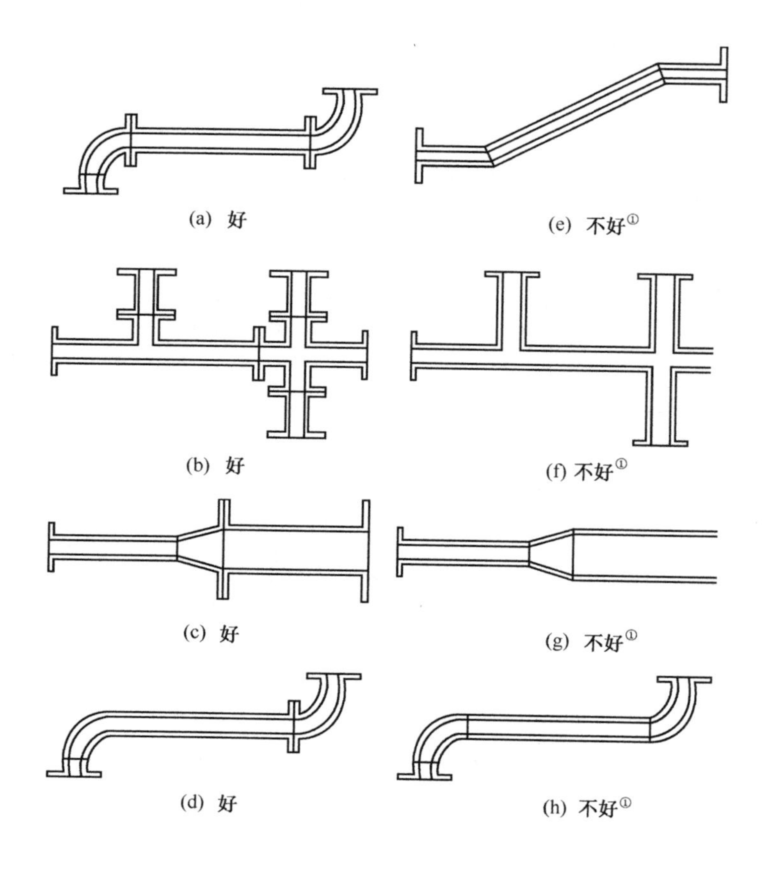

图 7－2－3　橡胶衬里管的分段方式示意图

① 指衬里困难或无法衬里

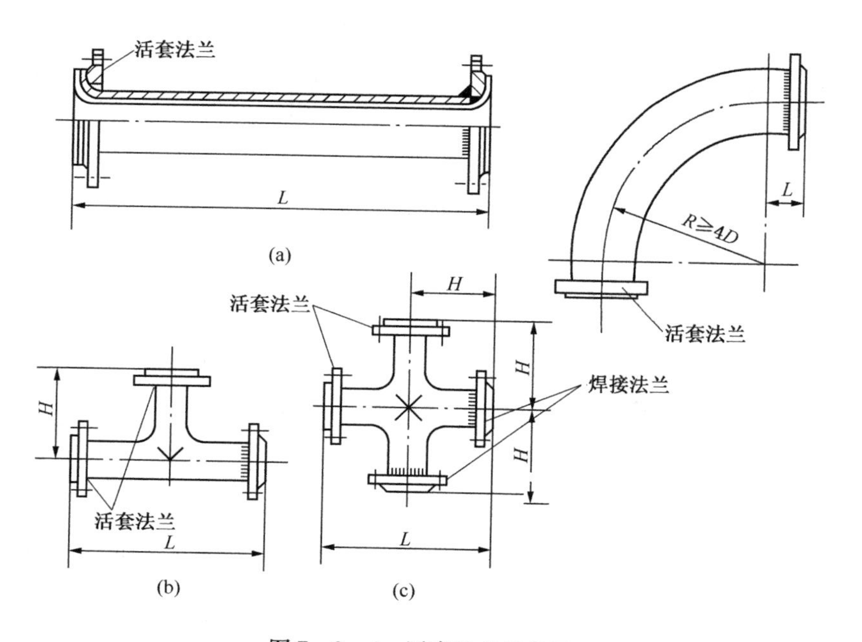

图 7－2－4　活套法兰的位置

表7-2-8 直管及三通、四通的最大允许长度

序号	公称直径/mm	直管长/mm	三通、四通/mm	
			L	H
1	25	500	500	70
2	40	1000	1000	85
3	50	1500	1500	100
4	70	2000	2000	120
5	80	2000	2000	140
6	100	2000	2000	160
7	125	3000	3000	190
8	150	3000	3000	220
9	200	3000	3000	250
10	250	3000	3000	290
11	300	3000	3000	330

18. 橡胶衬里管道的仪表管嘴、支管、支吊架生根结构等，在设计时不得遗漏，在衬胶之前必须焊好，并经质量检查合格后方可衬胶。

19. 橡胶衬里的弯头只允许在一个平面上弯曲，当 $DN \leqslant 200$mm 时，可用 $R=1.5DN$ 无缝弯头衬胶，当≥250mm 时，可用 $R=1.5DN$ 冲压焊制弯头衬胶，当需弯管时，应采用 $R=4DN$煨弯弯管。

20. 橡胶衬里、涂塑、钢塑等复合管的支架间距，可按基材钢管的壁厚计算，其挠度 y 应比一般钢管道小，约为管道公称直径的0.02倍，对输送黏度较大的流体 $y \leqslant 0.25iL$，(i——管道的坡度，一般为0.03，L——支架间距，m)此计算式也适用其他非金属管。

（编制　王怀义）

主要参考资料

1　森本美佐男著. 装置用配管材料とその选定法. 日本工业出版，1976

2　王旭编. 管道施工简明手册. 上海科技出版社，1990

3　中国石油化工集团公司标准 SH/T 3161《石油化工非金属管道技术规范》，2011

第八章　管道上阀门的安装

第一节　管道上常用阀门的安装

阀门的主要功能是接通或截断流体、调节和节流介质、调节介质压力及释放管道过剩压力和防止介质倒流等。在石油化工厂中，阀门可用于控制原料、成品、中间成品和水、压缩空气、蒸汽等公用工程介质的流量及压力，可用于管道和设备的安全及停工放空，也可用于检修或事故时切断介质等。因此，所有阀门的安装位置均应便于操作、维护和检修，符合工艺流程的要求。

一、阀门的安装位置

（一）进出装置管道上的阀门

一般从全厂工艺和系统管廊引入装置或由装置内送出的管道在与全厂管廊上的主管相接处，均须设置切断用阀门，阀门的位置应集中布置在边界线内。根据现行国家标准《石油化工企业设计防火规范》GB 50160—2008 规定："进、出装置的可燃气体、液化烃和可燃液体的管道，在装置的边界处应设隔断阀和 8 字盲板，在隔断阀处应设平台，长度等于或大于 8m 的平台应在两个方向设梯子。"如图 8－1－1 所示。并设置必要的操作平台和/或检修平台。

（二）操作阀门适宜安装位置

1. 操作阀门适宜的安装位置如图 8－1－2 所示。

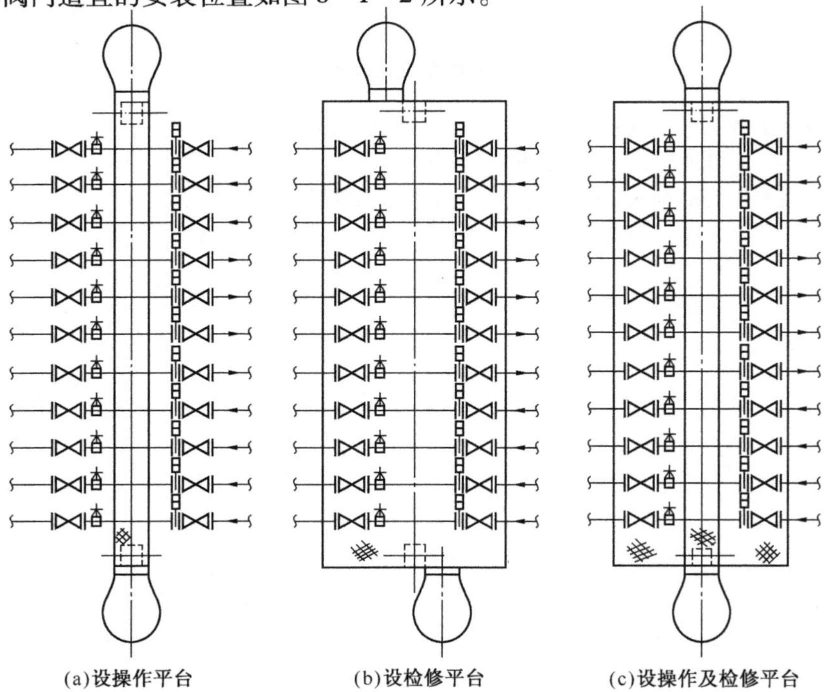

图 8－1－1　进出装置管道上的阀门

阀门应布置在容易接近、便于操作和检修的地方。成排管道上的阀门应集中布置，并设操作和梯子。阀门最适宜的安装高度为距离操作面宜为1.2m，不应超过2m。当阀门手轮中心的高度超过操作面2m时，对于集中布置的阀组或操作频繁的单独阀门以及安全阀应设置平台，对不经常操作的单独阀门也应采取适当的措施(如链轮、延伸杆、活动平台和活动梯子等)。链轮的链条不应妨碍通行。危险介质的管道和设备上的阀门，不得在人的头部高度范围内安装，以免碰伤人头部，或由于阀门泄漏时直接伤害人的面部。

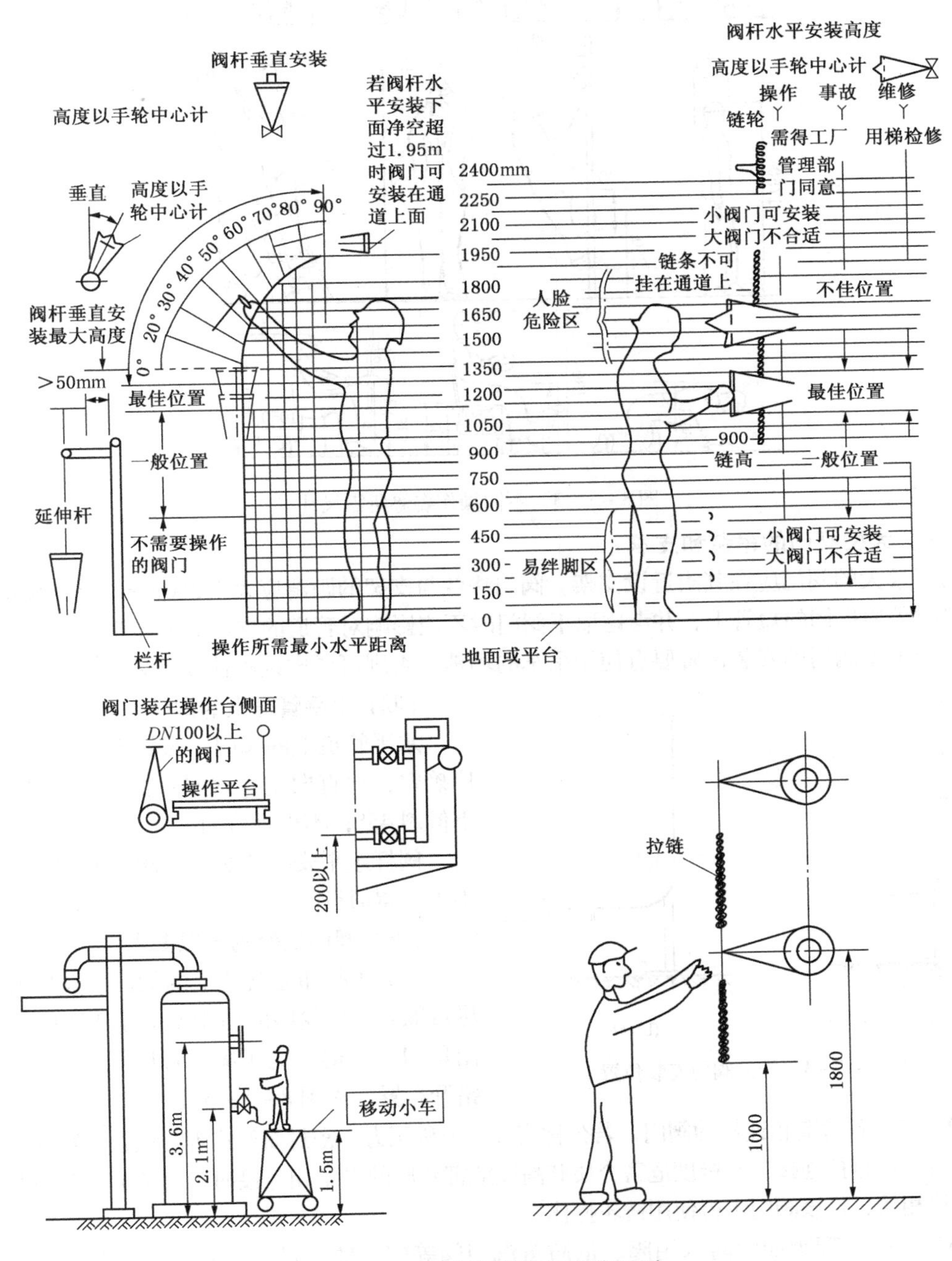

图8-1-2 阀门操作适宜位置图

2. 不同操作姿势所需的操作空间尺寸如图 8-1-3 所示。

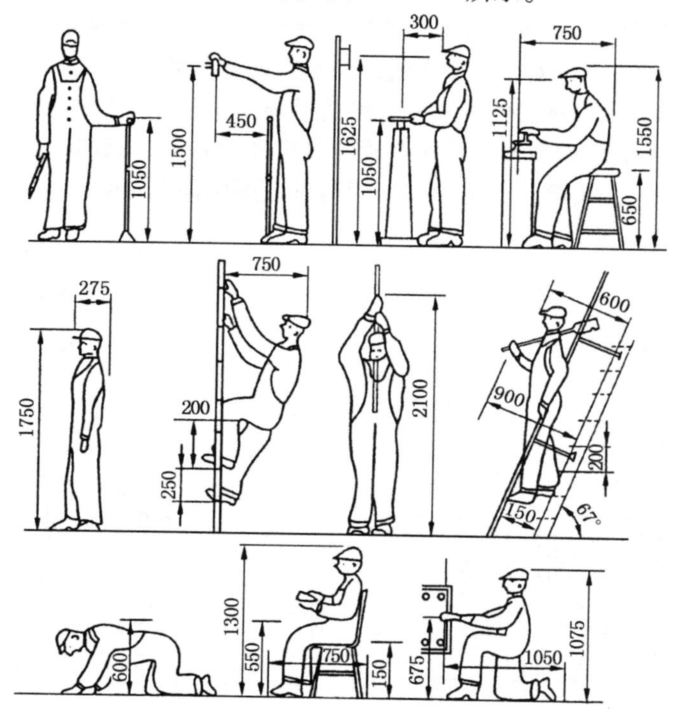

图 8-1-3　不同操作姿势所需尺寸

（三）大型阀门的吊装和支承

对于较大的阀门应在其附近设支架。阀门法兰与支架的距离应大于300mm。该支架不应设在检修时需要拆卸的短管上，并考虑取下阀门时不应影响对管道的支承。如图 8-1-4 所示。

对于大型阀门的安装位置要有使用吊车的场地，否则可考虑设吊柱或吊梁。

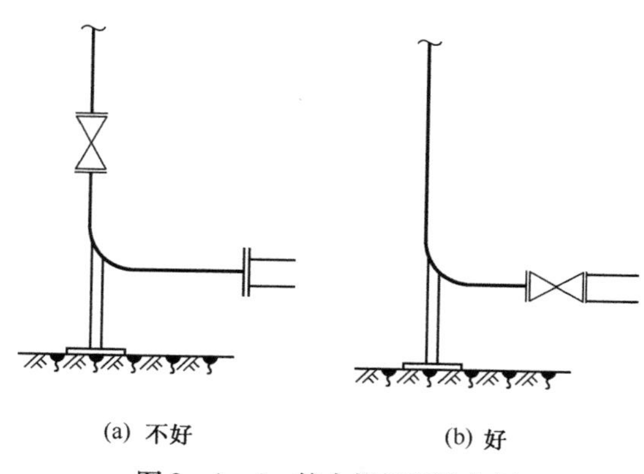

(a) 不好　　(b) 好

图 8-1-4　较大阀门安装位置

（四）水平管道上的阀门

水平管道上的阀门，阀杆方向可按下列顺序确定：垂直向上；水平；向上倾斜 45°；向下倾斜 45°；不得垂直向下。

阀杆水平安装的明杆式阀门开启时，阀杆不得妨碍通行。

（五）阀门安装的一般要求

（1）平行布置管道上的阀门，其中心线应尽量取齐。手轮间的净距不应小于 100mm，见图 8-1-5(a)。为了减少管道间距，可把阀门错开布置，见图 8-1-5(b)。

（2）与设备管嘴相连接的阀门，若公称直径、公称压力、密封面型式等与设备管嘴法兰相同或对应时，可直接连接。与极度危害介质和高度危害介质的设备相连接时，管道上阀门应与设备管口直接相接，且该阀门不得使用链轮操作。

（3）事故处理阀如消防水用阀、消防蒸汽用阀等应分散布置，且要考虑到事故时的安全操作。这类阀门要布置在控制室后、安全墙后、厂房门外或与事故发生处有一定安全距离的地带。以便发生火灾事故时，操作人员可以安全地操作。

(4) 阀门应尽量靠近主管或设备安装。这样在系统水压试验时可试验较多的管道，检修时也可拆下(或隔开)设备而不影响系统。

(5) 除工艺有特殊要求外，塔、反应器、立式容器等设备底部管道上的阀门，不得布置在裙座内。

(6) 从主管上引出的支管的切断阀，宜设在靠近主管的水平管段上。

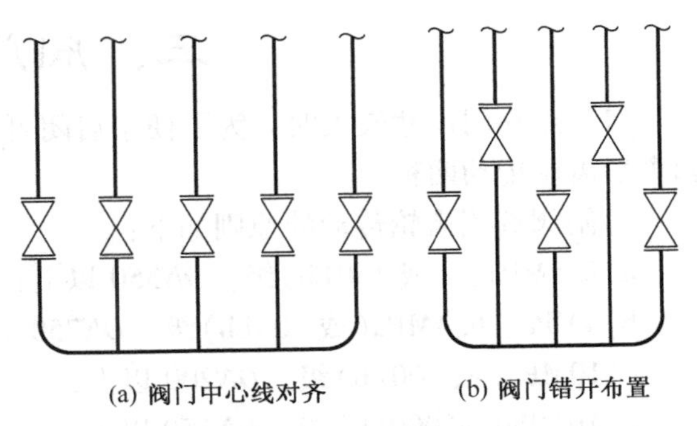

图 8-1-5 平行布置的管道上的阀门

(7) 两种不同介质、不同操作条件管道相接处的阀门材质和压力等级，应按较高要求者选用。

(8) 为了安装和检修方便，应尽量选用法兰连接的阀门。螺纹连接的阀门宜使用在排气、排液、扫线等场所，但不得用于可能产生缝隙腐蚀的介质管道。

(9) 要求铅封开(或锁开)的阀门应选用单闸板闸阀。

(10) 升降式止回阀应装在水平管道上，立式升降式止回阀可装在管内介质自下而上流动的垂直管道上。旋启式止回阀应优先安装在水平管道上，也可安装在管内介质自下而上流动的垂直管道上。为降低泵出口切断阀的安装高度，可选用蝶形止回阀。泵出口与所连接管道直径不一致时，可选用异径止回阀，异径止回阀也可降低泵出口切断阀的安装高度。

底阀应装在离心泵吸入管的立管端。

(11) 经常加润滑脂或密封填料的阀门，即使不经常操作也要布置在易于接近的地方。

(12) 阀门安装时，应尽量不要使阀门承受过大的载荷，以免应力过大损坏阀门。除非经过应力分析，否则低压阀门不可用于厚壁钢管的管道上。

(13) 地下管道的阀门应布置在管沟内或阀井内，若工艺有要求时，可设置阀门延伸杆。消防水阀井应有明显的标志。

(14) 大口径长距离的液体管道快速打开或关闭阀门时，可能引起水击、损坏管道，可在阀前设一充有空气或其他气体的立管，形成气垫，借以吸收液体的动能。

二、旁通阀门

对于蒸汽加热的设备，可在蒸汽入口处设一小的旁通线，以免开始送汽时加热太快。大口径的闸阀要设旁通阀，以平衡闸板两侧压力，减少开启力矩。

(1)设置旁通的具体要求如下：

1.6MPa、2.5MPa(或150Lb)级，*DN*400以上；

4MPa、6.4MPa(或300Lb)级，*DN*250以上；

10MPa(或600Lb)级，*DN*150以上；

16MPa(或900Lb)级，*DN*100以上。

(2)旁通管和道通阀的尺寸按下列要求选用：

*DN*150～*DN*250的阀门，其旁通管和旁通阀为*DN*20～*DN*25；

*DN*300～*DN*600的阀门，其旁通管和旁通阀为*DN*25～*DN*40；

*DN*600以上的阀门，其旁通管和旁通阀为*DN*40～*DN*50。

三、阀门的传动

（1）当阀门尺寸较大时，为了便于启闭可选用齿轮传动的阀门，齿轮传动有正齿轮传动和伞形齿轮传动两种。

1）闸阀选用齿轮传动的原则如下：

a）2.5MPa、（或150Lb）级，*DN*350以上；

b）4MPa、6.4MPa（或300Lb）级，*DN*250以上；

c）10MPa（或600Lb）级，*DN*200以上；

d）16MPa（或900Lb）级，*DN*150以上。

e）25MPa（或1500Lb）级，*DN*150以上；

f）42MPa（或2500Lb）级，*DN*100以上；

2）截止阀选用齿轮传动的原则如下：

a）2.5MPa（或150Lb）级，*DN*300以上；

b）4MPa、6.4MPa（或300Lb）级，*DN*250以上；

c）10MPa（或600Lb）级，*DN*200以上；

d）16MPa（或900Lb）级，*DN*150以上。

e）25MPa（或1500Lb）级，*DN*100以上；

f）42MPa（或2500Lb）级，*DN*80以上；

（2）安装在低处（如楼面下）的切断阀门，操作不频繁者，可接延伸杆，延伸到楼面上操作。

（3）当阀门手轮距地面2～4m时，可用链轮启闭，链条离地1m并在其附近设挂钩，将链条挂在钩上，以免影响走道。离地超过4m的阀门应设操作平台或用遥控阀。

螺纹连接的阀门和*DN*40以下的小型阀门不得使用链轮，以免损坏阀门。

（4）当阀门尺寸较大时，为了便于启闭，或者为了远距离操作，可选用电动阀。用于易爆介质的场所或在爆炸危险区内，应选用防爆型电动阀，也可选用气动阀。

四、减压阀的安装要求

减压阀是用以降低蒸汽或压缩气体的压力，使之成为所需稳定的较低压力的蒸汽或压缩气体。阀组不应设置在靠近转动设备或容易受冲击的地方，应设置在振动较小、周围较空之处，以便于检修。

为了检修需要，减压阀组应设切断阀和旁路阀。为了避免管道中杂质对减压阀磨损，可在减压阀前设置过滤器。阀组前后应装压力表指示压力以便于调节。为保证压力稳定，阀组后应设置安全阀，当压力超过时能起泄压作用。减压阀宜安装在水平管道上。减压阀前后应设直管段，阀前直管段为600mm，阀后直管段为1500mm。当减压比（阀后压力与阀前压力之比）小于25%时，阀后管径可扩大为阀前直径的2倍。减压阀后的管段应合理设置支架。常用的减压阀有膜片活塞式和波纹管式两种。

1. 膜片活塞式（Y43H）减压阀

膜片活塞式减压阀的减压范围有0.1～0.3MPa、0.2～0.8MPa、0.7～1MPa三种，超过此范围应采用二级减压。为了防止产生严重水锤，应将减压阀底丝堵改装排水闸阀，在投入运行时放净减压阀底存水。

2. 波纹管式(Y44T)减压阀

波纹管式减压阀阀前后压差不大于0.6MPa，且不小于0.05MPa，压差超过0.6MPa应采用二级减压。波纹管式减压阀用于蒸汽时，波纹管应朝下安装；用于空气时，波纹管应朝上安装。

第二节　疏水阀及其管道的安装

疏水阀是排除蒸汽加热设备或蒸汽管道中的蒸汽凝结水及空气等不凝气体，且不漏出蒸汽的一种阻汽排水的自动阀门。

由于疏水阀具有阻汽排水作用，可使蒸汽加热设备均匀给热，充分利用蒸汽潜热提高热效率；可防止凝结水对设备的腐蚀，并可防止蒸汽管道中发生水锤、震动、结冰胀裂等现象。

对疏水阀的要求如下：

(1) 及时排除凝结水；

(2) 尽量减少蒸汽泄漏损失；

(3) 动作压力范围大，即压力变化后不影响疏水；

(4) 对背压影响要小；

(5) 能自动排除空气；

(6) 动作敏感、可靠、耐久、噪声小；

(7) 安装方便、维护容易、不必调整；

(8) 外形小、重量轻、价格便宜。

一、疏水阀的使用

在蒸汽管道或蒸汽加热设备的下述各点应安装疏水阀：

(1) 饱和蒸汽管道的末端或最低点，蒸汽伴热管的末端。如蒸汽管道很长时，中途亦应疏水，如图8－2－1(a)～(d)所示；

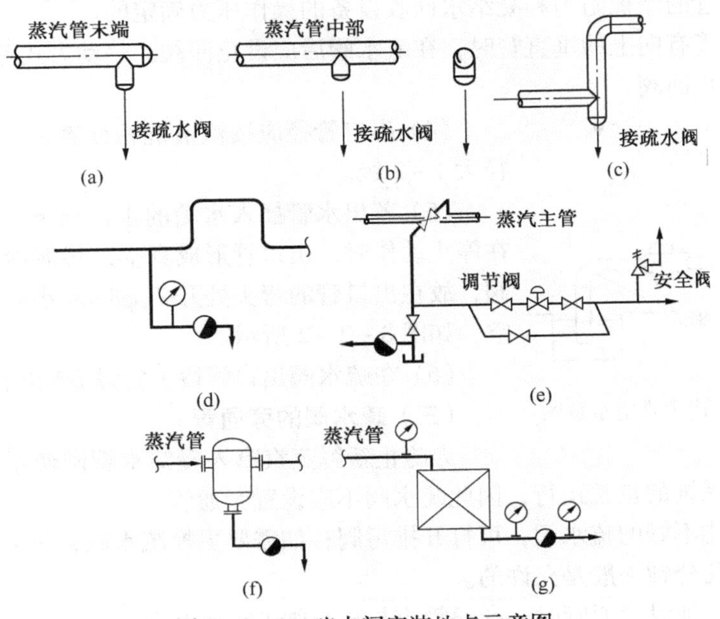

图8－2－1　疏水阀安装地点示意图

(2) 蒸汽系统的减压阀前、调节阀前，如图 8－2－1(e)所示；

(3) 蒸汽分水器及蒸汽加热设备等低点，如图 8－2－1(f)、(g)；

(4) 经常处于热备用状态的设备进汽管的最低点；

(5) 扩容器的下部，分汽缸(蒸汽分配管)的下部以及水平安装的波型补偿器的波峰下部。

二、疏水阀的管道设计

(一) 疏水阀的入口管

(1) 疏水阀的入口管应设在加热设备的最低点，这样凝结水不会在设备内积聚。

对于蒸汽管疏水，应从管底部接至疏水阀。

(2) 从凝结水出口至疏水阀的入口管段应尽可能的短，且使凝结水自流进入疏水阀。

(3) 对于恒温型疏水阀为得到动作需要的温度差，应有一定的过冷度，疏水阀前应有1m 长的不保温管段。

(4) 疏水阀入口管段如为水平敷设，则应坡向疏水阀。这样，在超负荷时可以防止流动不畅或产生水锤。

(5) 疏水阀入口管径应按凝结水量计算，管道布置应尽量减少拐弯。

(6) 疏水阀安装的位置一般都应比凝结水出口低，必要时，在采取防止积水措施后，允许将疏水阀安装在比凝结水出口高的位置上。

(7) 如疏水阀本体没有过滤器时，应在疏水阀入口前安装 Y 型过滤器，采用不锈钢板冲制过滤网，其通道面积应为凝结水管截面积的两倍。

(8) 一般宜在凝结水出口管的最低点进疏水阀前设 *DN*20 排污闸阀。

(二) 疏水阀的出口管

(1) 为使疏水阀的出口管段尽量减少背压，故管径要大而短，少拐弯，并尽量减少向上的立管。

(2) 疏水阀后凝结水管的抬升高度是根据疏水阀在最低入口压力时所能提供的克服疏水阀阻力、凝结水管的摩擦阻力和凝结水回收设备的操作压力确定的。

(3) 如出口管有向上的垂直管时，在疏水阀后应设止回阀。热动力式疏水阀能起止回作用，其后可不设止回阀。

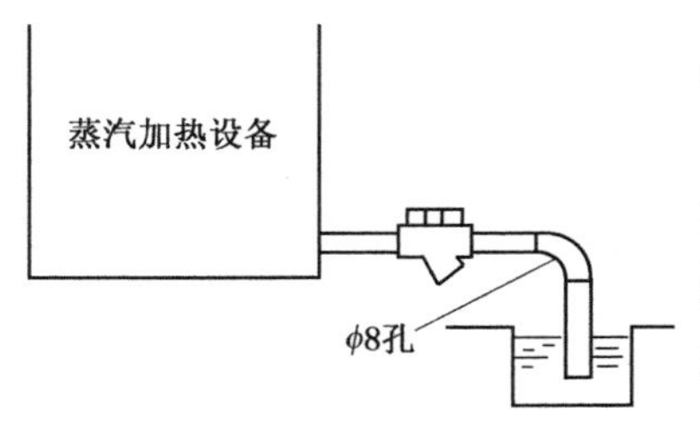

图 8－2－2　防止产生真空示意图

(4) 出口管径应按汽液混相计算，一般应比疏水阀口径大 1～2 级。

(5) 若出水管插入水箱的水面以下时，为防止疏水阀在停止动作时，出口管形成真空，将泥沙等异物吸进疏水阀，故在出口管的弯头处开一 φ8mm 小孔防止管内产生真空，如图 8－2－2 所示。

(6) 在疏水阀出口管段上宜设 *DN*20 检查阀。

(三) 疏水阀的旁通管

为防止新鲜蒸汽窜入凝结水管网使系统背压升高，从而干扰了凝结水系统的正常运行，因此疏水阀不应设置旁通管。

对于排气性能不好的疏水阀，可打开排污阀；如需要更换疏水阀，只要事先准备好疏水阀，更换时停用几分钟一般是允许的。

如工艺要求必须设旁通管时，旁通管应与疏水阀平行或在上部安装，同时应保证旁通阀不漏气。

（四）凝结水集合管（凝结水管网）

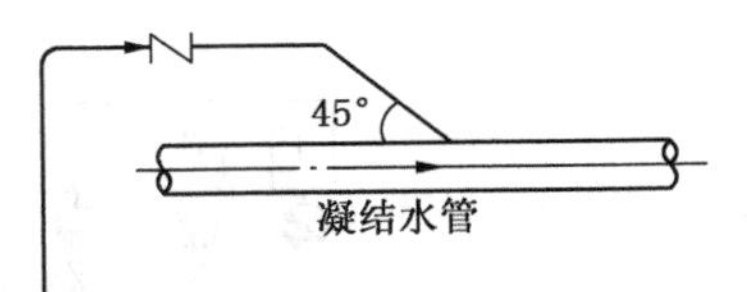

图 8－2－3　疏水阀出口管与凝结水总管斜交示意图

（1）为保证凝结水畅通，各支管大于或等于 50mm 与集合管相接宜采用顺流，由管道上方顺流向 45°斜接进入，如图 8－2－3 所示。支管小于或等于 40mm 时，可垂直连接入总管。

（2）凝结水集合管应坡向回收设备方向。为了不增加静压和防止水锤现象的产生，集合管不宜向上抬升，如图 8－2－4(a)所示。当在地面上集合时，宜在进入凝结水总管上方加止回阀，如图 8－2－4(b)所示。

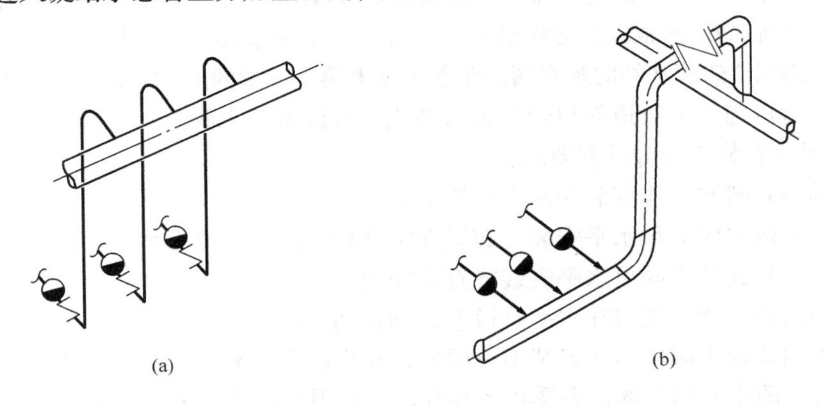

图 8－2－4　凝结水管（集合管）的敷设示意图

（3）疏水阀的出口压力取决于疏水阀后系统的压力，因此高、低压蒸汽疏水系统的凝结水可合用一个凝结水系统，不会相互干扰。但是当疏水阀设置旁通管时必须将凝结水排入两个系统。凝结水系统选用示意图见图 8－2－5。

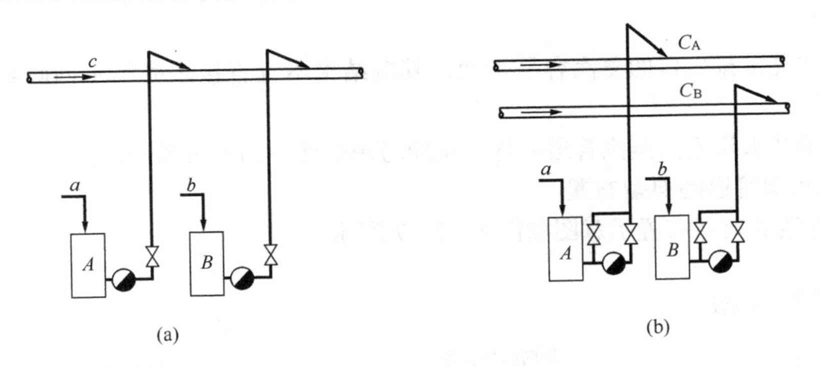

图 8－2－5　凝结水系统选用示意图

A—高中压加热设备；B—低压加热设备；C_A—高中压凝结水管；

C_B—低压凝结水管；a—高中压蒸汽；b—低压蒸汽；c—凝结水管

（五）疏水阀的安装

1. 为保证蒸汽加热设备的正常工作，每个加热设备应单独设疏水阀，如图 8－2－6(a)所示；不应共用一个疏水阀，如图 8－2－6(b)所示。

2. 如果凝结水量超过单个疏水阀的最大排水量时，可选用相同型式的疏水阀并联安装。如图 8－2－6(c)所示。

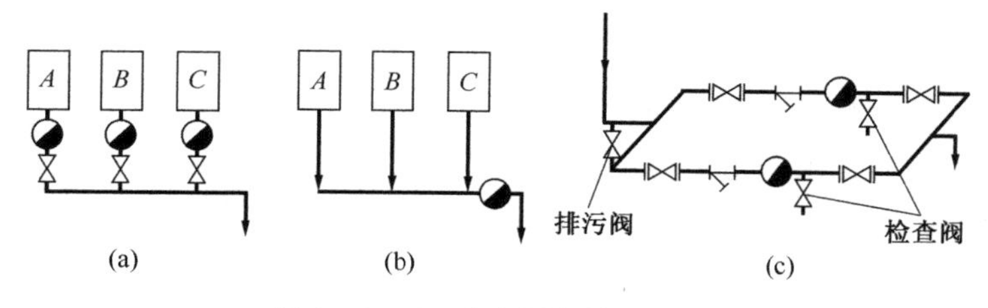

图 8 –2 –6　疏水阀安装示意图

3. 疏水阀的安装位置应便于操作和检修。

4. 蒸汽伴热管的疏水阀。为了排除伴热管中的凝结水,在伴热管末端设疏水阀,原则上每根伴热管设一个疏水阀,两根以上的伴热管不可合用一个疏水阀。带传热胶泥的伴热管应独自设置疏水阀。蒸汽伴热疏水站的疏水阀的布置可参考第十三章的图 13 –2 –14 和图 13 –2 –15。仪表伴热管可与工艺管道伴热合用疏水站或独自设置疏水阀。

5. 疏水阀的安装应符合下列要求:

(1) 热动力式疏水阀应安装在水平管道上;

(2) 浮球式疏水阀必须水平安装，布置在室外时，应采取必要的防冻措施;

(3) 双金属片式疏水阀可水平安装或直立安装;

(4) 脉冲式疏水阀一般装在水平管道上，阀盖朝上;

(5) 倒吊桶式疏水阀应水平安装不可倾斜，在启动前可充水或打开疏水阀入口阀，待凝结水充满后再开疏水阀出口阀。冬季停止操作时，应及时排出存水以免冻裂疏水阀;

(6) 凝结水回收系统的冷凝水主管高于疏水阀时，除热动力式疏水阀外，应在疏水阀后设止回阀。

(7) 多个疏水阀同时使用时应并联安装。

6. 安装疏水阀时，其本体上指示的流向箭头必须与管道内凝结水流向一致，否则疏水阀即失去作用。

7. 蒸汽往复泵排出口的蒸汽容易带油，其凝结水不宜直接入凝结水回收系统，以免污染凝结水回水。

8. 蒸汽凝结水管道同蒸汽管道一样，也应考虑热胀应力和补偿问题。

(六) 疏水阀管道的典型布置

疏水阀管道的典型布置示意图如图 8 –2 –7 所示。

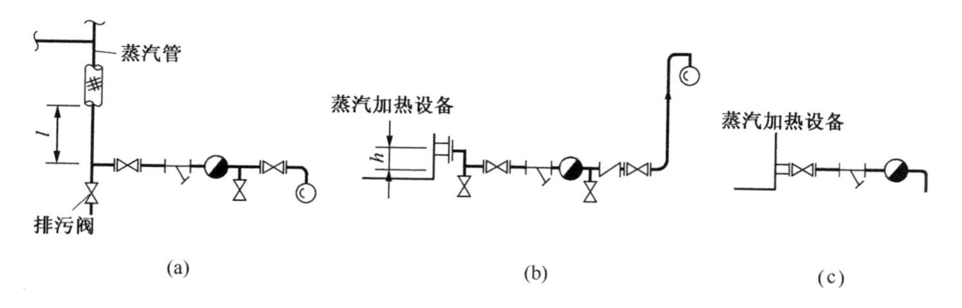

图 8 –2 –7　疏水阀管道的典型布置示意图

注：对于恒温型疏水阀要求：$l=1\text{m}$、$h=0.3\text{m}$。

（编制　张德姜）

主要参考资料

1 炼油装置工艺管线安装设计手册编写组. 炼油装置工艺管线安装设计手册. 石油化学出版社，1976

2 蔡尔辅编. 石油化工管线设计. 化学工业出版社，1986

3 中国石化北京设计院编. 工艺安装常用设计资料. 1978

4 中国石化总公司洛阳石化工程公司编. 炼厂设计相关专业基本知识(工艺安装专业). 1987

5 《石油化工金属管道布置设计规范》(SH 3012—2011)

第九章　安全泄压装置

安全泄压装置的主要作用是防止压力设备、锅炉和管道等因火灾、操作故障、温度变化或停水、停电造成其压力超过其设计压力而发生爆炸事故。当介质的压力达到预定值时，安全泄压装置立即动作，泄放出压力介质。一但压力恢复正常，它即自行关闭，以保证设备的正常运行。

石化工业常用的安全泄压装置有阀型(安全阀)、断裂型(爆破片)和熔化型(易熔塞)等。熔化型在使用条件上有很大的局限性，一是由于易熔合金强度低，泄压面积很小，只适用于小型客器，二是由于它是靠温度的升高而动作的，只适用于压力随温度而增大的容器。因此，石化工艺装置常用的安全泄压装置一般均选用安全阀或爆破片，或这两种类型的组合，但常压设备则选用呼吸阀。

第一节　安　全　阀

安全阀是一种自动阀门，它不借助任何外力而利用介质本身的力来排出一定数量的流体，以防止系统内压力超过额定的安全值。当压力恢复正常后，阀门再行关闭阻止介质继续流出。

一、安全阀分类

安全阀分类方法有以下四种：

1. 按现行国家标准《安全阀　一般要求》GB/T 12241 分类

(1) 直接载荷式。一种仅靠直接的机械加载装置如重锤、杠杆加重锤或弹簧来克服由阀瓣下介质压力所产生作用力的安全阀。

(2) 带动力辅助装置式。该安全阀借助一个动力辅助装置，可以在压力低于正常的整定压力时开启。即使该装置失灵，阀门仍满足本标准对安全阀的所有要求。

(3) 带补充载荷式。该安全阀在其进口处压力达到整定压力前始终保持有一个用于增强密封的附加力。该附加力可由外来的能源提供，而在安全阀进口压力达到整定压力时应可靠地释放。

(4) 先导式。一种依靠从导阀排出介质来驱动或控制的安全阀。该导阀本身应符合直接载荷式安全阀标准要求。

2. 按阀瓣开启高度分类

(1) 全启式，$h \geqslant \frac{1}{4}d_0$。

(2) 微启式，$\frac{1}{4}d_0 > h \geqslant \frac{1}{40}d_0$。

h 表示开启高度，d_0 表示喷嘴直径。

3. 按结构不同分类

(1) 封闭弹簧式和不封闭弹簧式　一般可燃、易爆或有毒介质应选用封闭式；蒸汽或惰性气体等可选用不封闭式。

（2）带扳手和不带扳手　扳手的作用主要是检查阀瓣的灵活程度，有时也可用作紧急泄压用。

（3）带散热片和不带散热片　介质温度大于300℃时应选用带散热片的安全阀。

（4）有波纹管和没有波纹管　一般安全阀都没有波纹管。有波纹管结构的安全阀称为平衡型安全阀，适用于介质腐蚀性较严重或背压波动较大的情况。

4. 按平衡内压的方式不同分弹簧式、杠杆式和先导式。

二、安全阀结构

安全阀的典型结构见图9－1－1～图9－1－7。

（1）弹簧封闭全启式见图9－1－1。

（2）弹簧封闭带扳手全启式见图9－1－2。

（3）弹簧封闭微启式见图9－1－3。

（4）弹簧封闭带扳手微启式见图9－1－4。

（5）波纹管式见图9－1－5。

（6）先导式（Ⅰ）见图9－1－6。

（7）先导式（Ⅱ）见图9－1－7。

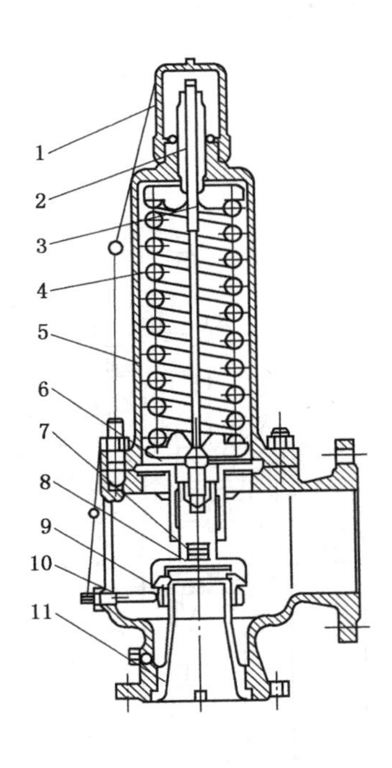

图9－1－1　弹簧封闭全启式安全阀

1—保护罩；2—调整螺杆；3—阀杆；4—弹簧；5—阀盖；6—导向套；7—阀瓣；8—反冲盘；9—调节圈；10—阀体；11—阀座

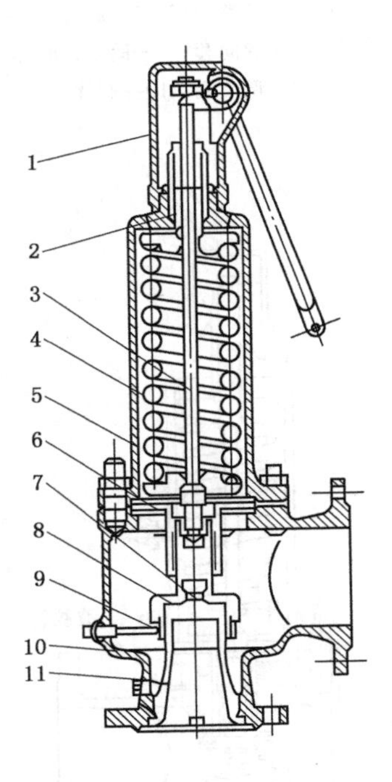

图9－1－2　弹簧封闭带扳手全启式安全阀

注：各部件名称同图9－1－1。

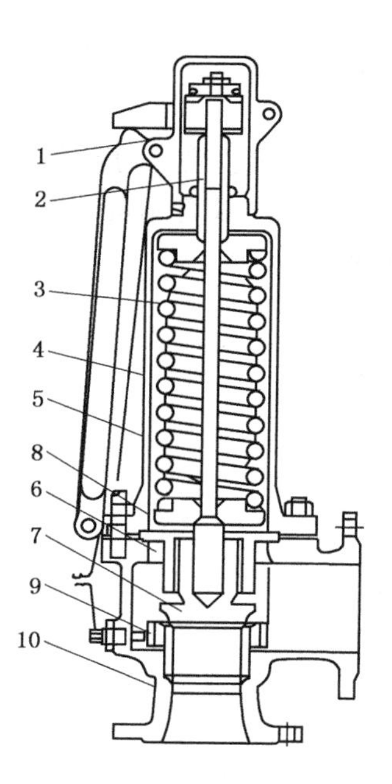

图9－1－3　弹簧封闭微启式安全阀

1—保护罩；2—调整螺杆；3—阀杆；4—弹簧；5—阀盖；6—导向套；7—阀瓣；8—衬套；9—调节圈；10—阀体

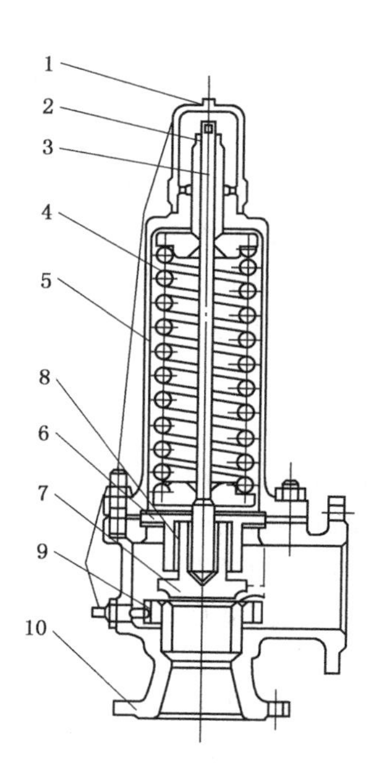

图9－1－4　弹簧封闭带扳手微启式安全阀

注：图中各部件名称同图9－1－3。

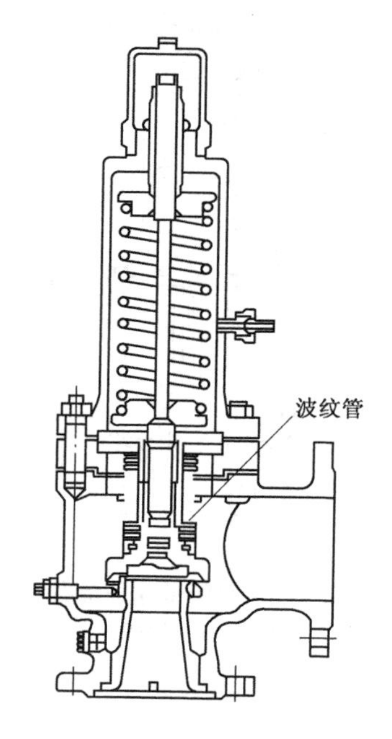

图9－1－5　波纹管安全阀

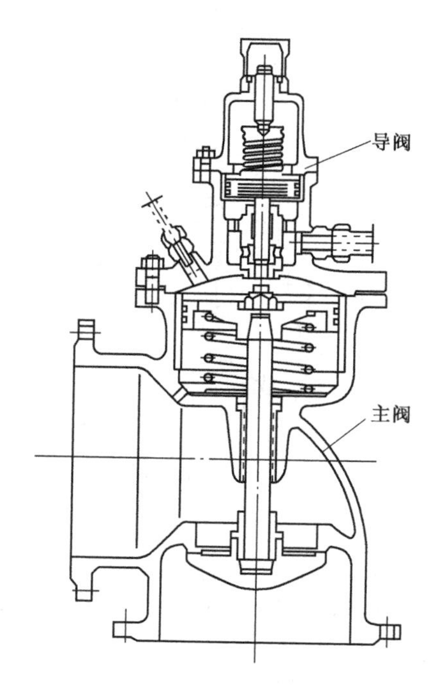

图9－1－6　先导式安全阀（Ⅰ）

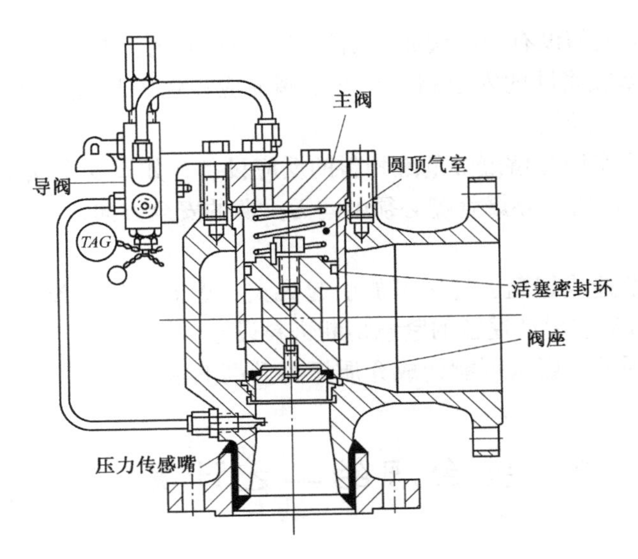

图9－1－7　先导式安全阀(Ⅱ)

三、安全阀的设置原则

1. 按现行国家标准《石油化工企业设计防火规范》GB 50160—2008 的规定，在非正常条件下，可能超压的下列设备应设安全阀：

(1) 顶部最高操作压力大于等于0.1MPa 的压力容器；

(2) 顶部最高操作压力大于0.03MPa 的蒸馏塔，蒸发塔和汽提塔(汽提塔顶蒸汽通入另一蒸馏塔者除外)；

(3) 往复式压缩机各段出口或电动往复泵、齿轮泵、螺杆泵等容积式泵的出口(设备本身已有安全阀者除外)；

(4) 凡与鼓风机、离心式压缩机、离心泵或蒸汽往复泵出口连接的设备不能承受其最高压力时，上述机泵的出口；

(5) 可燃气体或液体受热膨胀，可能超过设计压力的设备；

(6) 顶部最高操作压力0.03～0.1MPa 的设备应根据工艺要求设置。

2. 下列的工艺设备不宜设安全阀：

(1) 加热炉炉管；

(2) 在同一压力系统中，压力来源处已有安全阀，则其余设备可不设安全阀；

(3) 对扫线蒸汽不宜作为压力来源。

3. 为保证压力管道的安全，下列压力管道应设安全阀：

(1) 在电动往复泵、齿轮泵、螺杆泵等容积泵的出口管道。安全阀的放空管应接至泵入口管道上，并宜设事故停车联锁装置(如设备本身已有安全阀者除外)；

(2) 在可燃气体往复式压缩机的各段出口。安全阀的放空管应接至压缩机各段入口管道上或压缩机一段入口管道上；

(3) 可燃气体和可燃液体受热膨胀，可能超过设计压力的管道；

(4) 在两端有可能关闭，而导致升压的液化烃管道；

(5) 凡与鼓风机、离心式压缩机、离心泵或蒸汽往复泵出口连接的设备不能承受其最高压力时，上述机泵的出口管道；

（6）加热炉出口管道上如设有切断阀或控制阀时，在该阀的上游管道。

4. 有可能被物料堵塞或腐蚀的安全阀，在安全阀前应设爆破片或在其出入口管道上采取吹扫、加热或保温等防堵措施。

5. 有突然超压或发生瞬时分解爆炸危险物料的反应设备，如设安全阀不能满足要求时，应装爆破片或爆破片和导爆管，导爆管嘴必须朝向无火源的安全方向；必要时应采取防止二次爆炸、火灾的措施。

6. 因物料爆聚、分解造成超温、超压可能引起火灾、爆炸的反应设备，应设报警信号和泄压排放设施，以及自动或手动遥控的紧急切断进料设施。

7. 两端阀门关闭且因外界影响可能造成介质压力升高的液化烃、甲$_B$、乙$_A$类液体管道应采取泄压安全措施。

四、安全阀的工艺计算

（一）泄放量的确定

在计算安全阀时，应先确定工艺所需的泄放量。

造成设备超压的原因：一是火灾；二是操作故障；三是动力故障。确定安全阀的泄放量时，应视工艺过程的具体情况确定，并按可能发生危险情况中的最大一种考虑，但不应机械地将各种不利情况考虑在同一时间发生。

下面列举一些常见情况，可供确定安全阀泄放量时参考。

1. 当设备的出口阀因误操作而关闭时，安全阀的泄放量应考虑为进入设备的物料总量。

2. 冷凝器给水中断时，分馏塔顶安全阀的泄放量应考虑为塔顶馏出物总量（包括回流）。如果汽提蒸汽的压力高于安全阀的定压时，还应包括正常使用的蒸汽量。

3. 回流中断时，热源仅由原料带进塔者，安全阀的泄放量可考虑为原料进塔气体量。如果有其他热源（如重沸器）时，还要考虑传入热能所产生的气体量。

4. 塔顶空冷器的电机发生故障时，塔顶安全阀的泄放量可按给水中断的情况考虑（事实上当电机发生故障时，空冷器靠空气自然对流仍能担负一部分负荷。因此，选用时可适当考虑此因素）。

5. 容器出口发生故障时，容器上安全阀的泄放量为在容器进口压力和安全阀定压的压差下，可能进入容器的介质流量。如果容器内设有加热管，泄放量还应包括传入热能所产生的气体量。

6. 换热器管破裂时，安全阀泄放量可按式（9-1-1）、式（9-1-2）计算。

介质为气相时

$$G_v = 246.3 \times 10^4 \times d_i^2 (\Delta p \cdot \rho_v)^{0.5} \qquad (9-1-1)$$

介质为液相时

$$G_L = 16.8 \times 10^4 \times d_i^2 (\Delta p / \rho_L)^{0.5} \qquad (9-1-2)$$

式中 G_v——气体泄放量，kg/h；

G_L——液体泄放量，m^3/h；

d_i——换热器管内径，m；

Δp——高低压侧压力差，MPa；

ρ_v——气体密度，kg/m^3；

ρ_L——液体相对密度。

7. 液体膨胀。充满液体的容器或长管道由于液体受热膨胀而要求的泄放量，可按式（9-1-3）计算。

$$G_L = 0.00361 \times \frac{\omega \cdot Q}{\rho_L \cdot C_p} \qquad (9-1-3)$$

式中　Q——传入热量，W；

C_p——液体比热容，kJ/(kg·℃)；

ω——液体每升高1℃体积膨胀系数，对于水为0.00018；对于轻烃为0.0018；对于汽油为0.00144；对于馏分油为0.00108；对于渣油为0.00072。

其他符号意义同前。

8. 火灾情况下容器的安全泄放量。可分别具体情况按式(9-1-4)和式(9-1-5)计算。

(1) 介质为可燃液化气体或装在有可能发生火灾的环境下的非可燃液化气体。

a. 对无保温层的容器

$$G_v = \frac{25.5 \times 10^4 F \cdot A^{0.82}}{H_v} \qquad (9-1-4)$$

式中　F——系数，容器设在地面下用砂土覆盖时，取$F=0.3$；容器在地面上时，取$F=1$；容器设置在大于101/m²·min喷淋设施下时，取$F=0.6$；

A——容器的受热面积(m²)，按下列公式计算(D_o外径，m；L长度，m，L'容器内最高液位，m)：

对半球形封头的卧式容器$A = \pi \cdot D_o \cdot L$；

对椭圆形封头的卧式容器$A = \pi \cdot D_o(L + 0.3D_o)$；

对立式容器$A = \pi \cdot D_o \cdot L'$；

对球形容器$A = \frac{1}{2}\pi \cdot D_o^2$或从地平面起到7.5m高度以下所包括的外表面积，取二者中较大的值；

H_v——在泄放压力下液体的蒸发潜热，kJ/kg。(低于93kJ/kg不能用)。

b. 对有完善的保温层的液化气体容器

$$G = \frac{9.4(650 - t)\lambda \cdot A^{0.82}}{\delta \cdot H_v} \qquad (9-1-5)$$

式中　G——容器的安全泄放量，kg/h；

t——泄放压力下的饱和温度，℃；

λ——常温下隔热材料的导热系数，W/m·K；

δ——保温层厚度，m；

其他符号同前。

(2) 介质为非易燃液化气体的容器，而且装在无火灾危险的环境下，安全泄放量可根据其有无保温层分别选用不低于按式(9-1-4)和式(9-1-5)计算值的30%。

9. 安全阀的泄放量也可以按表9-1-1确定。

表9-1-1　操作故障或火灾所要求的泄放量

序号	条件	泄放量	
		用于液体泄放的安全阀	用于气体泄放的安全阀
1	容器出口关闭	最大的液体进入量	蒸气和水蒸气进入总量，再加上正常操作下产生的蒸气量
2	冷凝器供水中断	—	第一项要求的总量减去被侧线回流所冷凝的蒸气量

续表

序号	条件	泄放量	
		用于液体泄放的安全阀	用于气体泄放的安全阀
3	塔顶回流故障	—	塔顶冷凝器蒸气进入总量
4	侧线回流故障	—	进入和离开该侧线部位的蒸气差值
5	吸收塔贫油故障	—	吸收效率降低而增加的蒸气量
6	高挥发物进入热油中		
	(1)水	—	(1) 对塔类，无法预测
	(2)轻质烃	—	(2) 对换热器，按2倍于一根管子的横截面积的进入量考虑
7	储罐或缓冲罐过满	最大的液体进入量	—
8	自动控制故障		
	(1) 塔的压力控制器(设在冷凝器后)达到关闭位置	—	不凝蒸气总量
	(2)除了水和回流阀外，其他阀都有关闭位置	无操作上的要求	无操作上的要求
9	不正常热量输入或蒸汽输入:		
	(1) 火焰加热器和蒸汽重沸器	—	所计算的最大气体发生量，包括因过热产生的不凝气
	(2) 重沸器管子裂开	—	按2倍于一根管子的横截面积进入的水蒸气或热介质量
10	内部爆炸	—	不用常规的泄压设备，应消除产生此类事故的各种条件
11	化学反应	—	根据正常的和失去控制的两种情况估计产生的蒸气量
12	动力故障(蒸汽、电或其他动力故障)		
	(1) 分馏塔	—	应根据具体设备可能出现的最坏情况考虑其泄放能力 所有泵停运，按本表第一项要求的泄放量
	(2) 反应器	—	急冷介质或阻滞剂中断，搅拌停运，应为失去控制的反应产物生成量
	(3) 空冷器	—	风扇停运，应为正常操作和风扇停运时未冷凝物量的差值
	(4) 缓冲容器	最大液体进入量	—
13	火灾事故	—	按国家劳动局现行的《压力容器安全监察规程》确定

(二) 操作条件的确定

1. 定压p_a。安全阀开启的压力。安全阀定压必须等于或稍小于设备或管道的设计压力；一般设备或管道可根据不同工艺操作压力按设备或管道设计压力的要求确定其安全阀的定压。当安全阀定压等于设备或管道设计压力时，定压p_s：

当$p \leqslant 1.8$MPa时，$p_s = p + 0.18 + 0.1$

当$1.8 < p < 4$MPa时，$p_s = 1.1p + 0.1$

当$4 < p \leqslant 8$MPa时，$p_s = p + 0.4 + 0.1$

当 $p > 8$ 时 $p_s = 1.05p + 0.1$

p 为设备(或管道)最高操作压力，MPa(G)

p_s 为安全阀定压，MPa(A)

对有特殊要求者，应根据其要求确定 p_s 值；但设备(或管道)的设计压力必须等于或稍大于所选定的安全阀定压值。

2. 积聚压力 p_a。安全阀的最高泄放压力与其定压之间有一差值，此压力差即为积聚压力。可根据以下不同情况选取：

无火压力容器上的安全阀 $p_a = 0.1p_s$；

着火有爆炸危险容器上的安全阀 $p_a = 0.2p_s$；

蒸汽锅炉上的安全阀 $p_a = 0.03p_s$。

3. 最高泄放压力 p_m。安全阀达到最大泄放能力时的压力，一般可按下式确定：

$$p_m = p_s + p_a$$

p_m、p_s、p_a 分别为最高泄放压力，定压、积聚压力，MPa(A)

4. 背压 p_2(即安全阀出口压力)。安全阀开启前泄压总管的压力与安全阀开启后介质流动所产生的流动阻力之和。背压值一般应小于气体的临界流动压力 p_x 值。对普通型(非平衡型)安全阀，p_2 不宜大于定压值 p_s 的 10%；对波纹管型(平衡型)安全阀，p_2 不宜大于定压值 p_s 的 30%。

5. 回座压差。安全阀回座压差必须小于定压和操作压力之差。如果安全阀定压高于操作压力 10%，则回座压差一般应规定为操作压力的 5%。有时需在订购安全阀表中注明此值。

6. 温度。按工艺操作温度考虑。

(三) 喷嘴面积计算

1. 介质为气体

(1) 临界流动压力和临界压力比　当安全阀的进出口压力 $p_2/p_1 = \sigma_x$ 时，进一步降低出口压力 p_2 而流量却不再增加。此时的流量称之为临界流量，而临界流动压力可按式(9-1-6)计算：

$$p_x = p_1\sigma_x \tag{9-1-6}$$

式中　p_x——气体的临界流动压力，MPa(A)；

σ_x——气体的临界流动压力比，仅与气体的绝热系数有关，其关系见式(9-1-7)：

$$\sigma_x = \left(\frac{2}{K+1}\right)^{\frac{K}{K-1}} \tag{9-1-7}$$

式中　K——气体的绝热系数(C_p/C_v)；

p_1、p_2——进出口压力；MPa(A)。

一般烃类气体 σ_x 值大都在 0.5~0.6 之间，其与 K 值的关系见下表 9-1-2。

表 9-1-2　K 值与 σ_x 值关系表

K	1.1	1.2	1.3	1.4	1.5	1.6	1.7	1.8
σ_x	0.585	0.564	0.546	0.528	0.512	0.497	0.482	0.469

(2) 喷嘴面积计算。按式(9-1-8)计算：

$$A_o = \frac{0.1 \times G_v}{C \cdot K_F \cdot p_m \cdot K_b}\sqrt{\frac{ZT_1}{M}} \tag{9-1-8}$$

式中 A_o——喷嘴面积，cm^2；

G_v——气体最大泄放量，kg/h；

K_F——流量系数，与安全阀的结构有关，最好由制造厂提供，需要时，可按下述规定选用：全启式 $K_F=0.6\sim0.7$；

带调节圈的微启式 $K_F=0.4\sim0.5$；

不带调节圈的微启式 $K_F=0.25\sim0.35$；

p_m——最高泄放压力，MPa(A)；

T_1——进口处介质温度，K；

M——气体分子量；

Z——气体在 p_m 时的压缩系数；

C——气体特性系数，仅与气体的绝热系数有关，可按式(9－1－9)计算。

$$C = 387\sqrt{K\left(\frac{2}{K+1}\right)^{\frac{K+1}{K-1}}} \tag{9-1-9}$$

K——气体绝热系数，即 C_p/C_v。

不同 K 值与 C 值的关系见表9－1－3。

表9－1－3 不同 K 值与 C 值的关系

K	1.02	1.06	1.10	1.14	1.18	1.22	1.26	1.30	1.34	1.38	1.40	1.42
C	236	240	243	246	250	252	255	258	261	264	265	266

K	1.46	1.50	1.54	1.58	1.62	1.66	1.70	1.8	1.9	2.0
C	268	271	274	276	278	280	283	288	293	298

不同性质气体的 C 值也可从表9－1－4中查得。

表9－1－4 不同性质气体的 C 值

名称	C 值	名称	C 值	名称	C 值	名称	C 值	名称	C 值
甲烷	259	1－丁烯	244	乙醛	246	氨	261	乙醇	245
乙烷	252	顺－2－丁烯	245	空气	265	天然气	255	氯	262
丙烷	246	反－2－丁烯	244	氢	266	氧	265	氦	281
丁烷	242	异丁烯	244	氮	265	SO_2	258	二氧化氮	265
戊烷	240	1，3－丁二烯	239	CO_2	258	水蒸气	260	一氧化氮	258
己烷	234	氯甲烷	249	CS_2	252	盐酸	266	甲基丁烷	241
乙烯	254	氯乙烷	250	CO	245	醋酸	247	环己烷	242
丙烯	247	乙炔	255	氩	281	甲醇	251	苯	245

K_b——背压校正系数，对普通型安全阀，随着 p_2 值的增大，安全阀的理论泄放量将随之减少。但当 $p_2/p_m<\sigma_x$ 时，对泄放量的影响较小。而普通结构安全阀的 p_2 值一般要求小于 $0.1p_s$，在此条件下，K_b 值可取为1。但对波纹管式（平衡型）安全阀，K_b 值可按表9－1－5选用。

表9－1－5 K_b 选用表（波纹管安全阀）

p_2/p_s ①	0.31	0.34	0.37	0.43	0.49
K_b	1.0	0.95	0.90	0.80	0.70

① p_s 值小于0.34MPa时，应与制造厂协商选用合适的 K_b 值。

2. 介质为水蒸气。可按式(9－1－10)计算：

$$A_o = \frac{G_v}{450 \cdot p_m \cdot \varphi} \qquad (9-1-10)$$

式中　φ——蒸汽过热度校正系数，可从图9－1－8查得，饱和蒸汽，$\varphi=1$。

3. 介质为液体。可按式(9－1－11)计算：

$$A_o = \frac{G_L \cdot \rho_L^{0.5}}{6.9K_b \cdot K_\mu \sqrt{p_s - p_2}} \qquad (9-1-11)$$

式中　G_L——液体泄放量，m^3/h；

ρ_L——液体相对密度；

p_s，p_2——安全阀定压，背压，MPa(A)；

K_μ——黏度校正系数，可从表9－1－6查得。

表9－1－6　黏度校正系数

黏度/(mm^2/s)	35	36～70	71～140	雷诺数 Re	60	100	200	400	1000	2000	3800	10000	80000
K_μ	1.0	0.90	0.75	K_μ	0.45	0.60	0.75	0.85	0.91	0.935	0.95	0.975	1.00

K_b——背压校正系数，对于普通型安全阀，$K_b=1$，对于波纹管式安全阀，一般由制造厂给出 K_b 值，必要时，可从表9－1－7查得。

表9－1－7　波纹管式安全阀 K_b 值

p_2/p_s	0.15	0.20	0.25	0.30	0.35	0.40	0.45	0.50
K_b	1.0	0.97	0.92	0.87	0.82	0.77	0.72	0.67

4. 液体膨胀时的安全阀。可按式(9－1－12)计算。

$$A_o = \frac{G_L}{2.72\rho_L^{0.5}(p_s - p_2)^{0.5}} \qquad (9-1-12)$$

式中　G_L——液体泄放量，m^3/h；

其他符号同前。

5. 介质为气、液两相流体。按前述方法分别计算气体和液体排放所需的喷嘴面积，再将两者所需面积相加即为安全阀喷嘴的总面积。

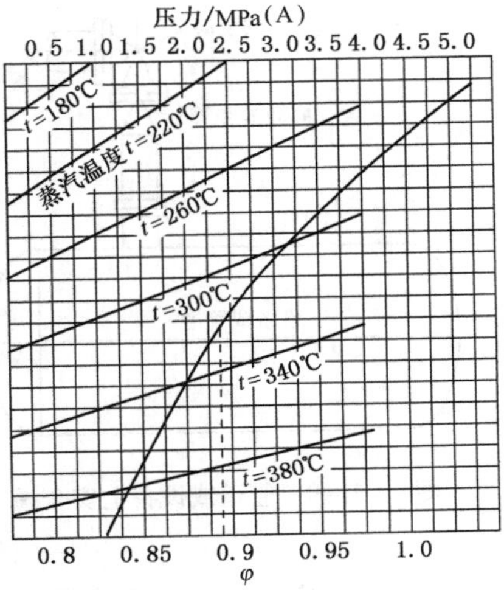

图9－1－8　蒸汽过热度校正系数 φ

五、安全阀的选用

(1) 石油化工装置所用安全阀一般均选用弹簧全启式，在一般情况下，可选用普通型(国产安全阀大都为普通型)安全阀。当背压变化较大时，可选用波纹管(平衡型)式安全阀。但波纹管型不适用于酚、蜡液、重石油馏分、含焦粉等介质以及往复式压缩机等场所。因为在这些情况下，波纹管有可能被污染或被损坏。

(2) 根据介质的操作温度和安全阀定压值确定安全阀的公称压力和最高泄放压力 p_m。

(3) 根据计算所得出的喷嘴面积，可从安全阀样本或其他资料中选用安全阀，选用的安全阀喷嘴面积必须大于计算面积。如果一个安全阀的喷嘴面积不能满足需要，可选用两个或多个安全阀并联，并使其总面积大于计算面积。

（4）弹簧安全阀定压应按不同结构的安全阀的要求确定。普通型安全阀在常压下调整弹簧时，其弹簧定压应调整为安全阀定压 p_s 减去其背压 p_2 的差值，即弹簧定压值为 $p_s - p_2$；对波纹管安全阀，弹簧定压值即为安全阀的定压值 p_s。

在选用安全阀时，应注明其定压范围或确定其弹簧号。

六、安全阀的安装设计

（一）安全阀的安装

（1）在设备或管道上的安全阀应垂直安装。对设置在液体管道、换热器或容器等处的安全阀，当阀门关闭后，可能由于热膨胀而使压力升高的场所，可水平安装。

（2）安全阀不应安装在长的水平管道的死端，因死端容易积聚固体物和液体。

（3）安全阀应安装在易于检修和调节之处，周围要有足够的工作空间，如：立式容器的安全阀，*DN*80 以下者，可安装在平台内靠外侧；*DN*100 以上者安装在平台外靠平台处，借平台可以对阀门进行维护和检修。

（4）由于大直径安全阀重量大，故在布置时要考虑大直径安全阀拆开后吊装的可能，必要时要设置吊柱或其他吊装设施。

（二）安全阀入口管的设计

美国 API RP520（Ⅱ）推荐安全阀入口管道最大压力损失不超过安全阀定压的3%，它是按通过安全阀的最大流量计算得出的（包括入口压力损失、管道阻力和切断阀阻力之和）。为了减少入口压力降，可采取下列措施：

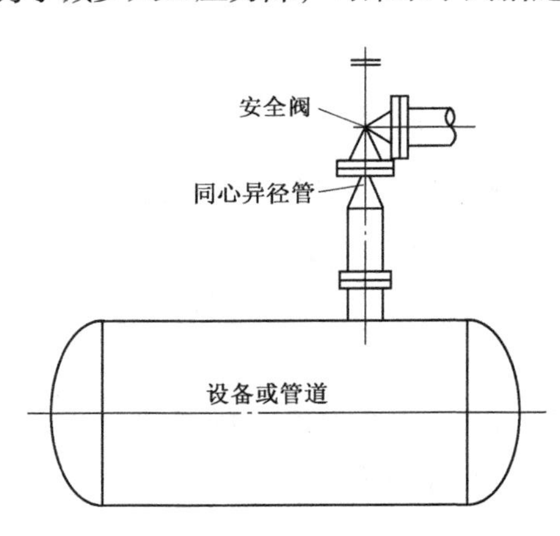

图9－1－9　管道或设备上安全阀

1. 安全阀的安装位置应尽量靠近被保护的设备或管道。

2. 管道或设备上安全阀接管公称直径可大于安全阀入口直径1～3级图9－1－9所示。

3. 安全阀入口管道的管径必须大于或等于安全阀入口管径，其连接异径管尽量设在靠近安全阀的入口处。

4. 采用长半径弯头（$R \geqslant 1.5DN$）。

5. 如果采用先导式安全阀，由容器或管道直接取压时，可不受入口管的压力降不大于安全阀定压3%的限制，如图9－1－10所示。此时需要有两个连接管，分别接到主阀和导阀上。

6. 考虑压力脉动的影响

（1）由于安全阀入口不宜受脉动压力影响，在往复式压缩机或往复泵出口处应采用脉冲衰减器，但此时对管道内介质的流动有一定的影响。若采用先导式安全阀，将脉冲衰减器加装在导阀取压管上时，介质在管道内的流动不受影响，如图9－1－11所示。

（2）管道上安装的安全阀，应位于压力比较稳定，距波动源有一定距离的地方。由于安全阀入口不宜受脉动压力影响，在往复式压缩机或往复泵出口处应采用脉冲衰减器。若采用先导式安全阀，将脉冲衰减器加装在导阀取压管上时，介质在管道内的流动不受影响。管道上安装的安全阀，应位于压力比较稳定、距波动源有一定距离的地方，如图9－1－12所示；国家现行标准《化工装置管道布置设计规定》HG/T 20549中规定安全阀距波动源的最小距离见表9－1－8；《炼油厂压力泄放装置尺寸、选型和安装第Ⅱ部分：安装》APIRP520（Ⅱ）规定安全阀距波动源的最小距离为10*DN*。

表9－1－8　安全阀距波动源的距离（HG/T 20594规定值）

压力波动源	最小直管段直径倍数	压力波动源	最小直管段直径倍数
调节阀或截止阀	25*D*	一个弯头或缓冲罐	10*D*
两个弯头不在同一平面上	20*D*	脉动衰减器（流量孔板）	10*D*
两个弯头在同一平面上	15*D*		

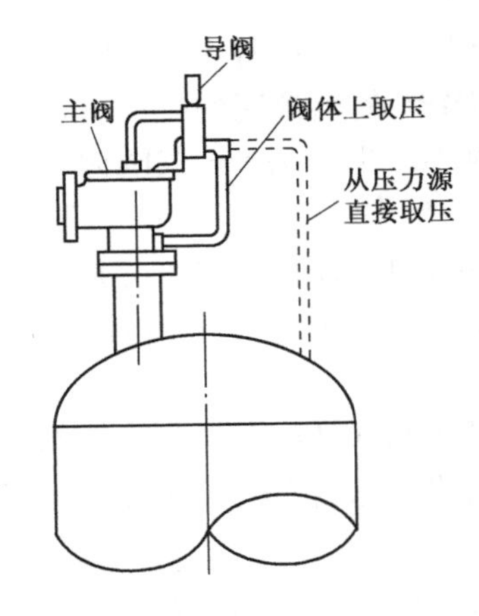

图9－1－10　导阀型安全阀由容器或管道直接取压

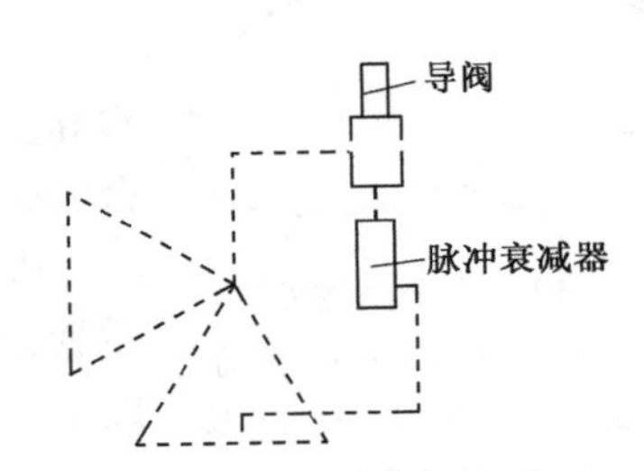

图9－1－11　用于往复式压缩机管道上的取压

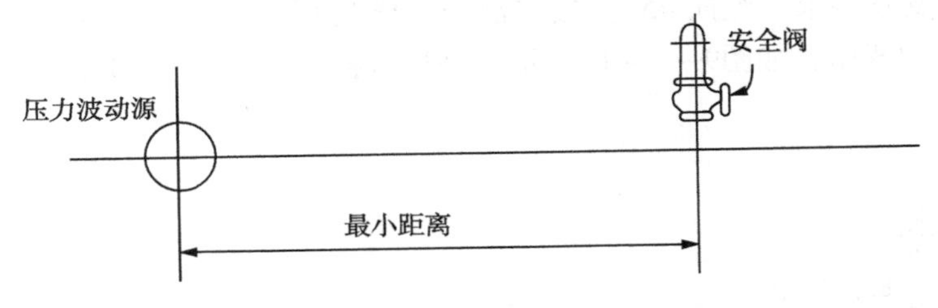

图9－1－12　安全阀波动源的最小距离

（三）安全阀出口管的设计

安全阀出口管的设计应考虑背压不超过安全阀定压的一定值。对于弹簧式安全阀，普通型其背压不超过安全阀定压的10%，波纹管型（平衡型）其背压一般不宜超过安全阀定压的30%；对于先导式安全阀，其背压不超过安全阀定压的50%。具体数值应查阅制造厂样本，由工艺计算决定。

安全阀出口管道在安装时，应注意下列各点：

1. 安全阀排放管向大气排放时，要注意其排出口应排向安全地点，不能朝向设备、平台、梯子、电缆等。

2. 安全阀排放管排入大气时，端部切成平口。使排出物直接向上高速排出，远离平台等有人之处，减少对周围环境的影响。这种方法近年来得到广泛应用替代了管嘴切成45°斜口。此时，在安全阀出口弯头附近的低处开设 $\phi6\sim\phi10mm$ 的小孔，以免雨、雪或冷凝液积聚在排出管内，如图9－1－13所示。

3. 安全泄压装置的出口介质允许向大气排放时：

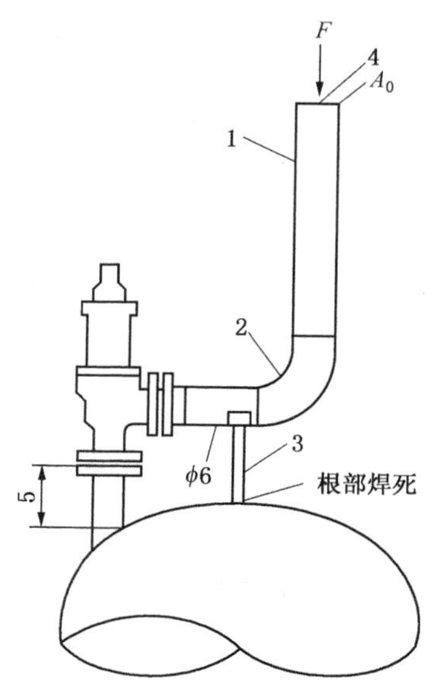

图9－1－13　安全阀的安装

1—排放管；2—长径弯头；3—滑动支架；4—端部切成平口；5—此处压降不超过定压的3%

（1）设备和管道上的可燃气体安全泄压装置允许向大气排放时，应满足下列要求：

a. 排放管口不得朝向邻近设备或有人诵过的地区；

b. 排放管口的高度应高出以安全泄压装置为中心，半径为8m的范围内的操作平台或建筑物顶3m以上。

（2）设备和管道上的蒸汽及其他非可燃介质安全泄压装置向大气排放时，宜满足下列要求：

a. 排放管口不得朝向邻近设备或有人通过的地区：

b. 操作压力大于4. 0MPa蒸汽管道的排放管口的高度应高出以安全泄压装置为中心，半径为8m范围内的操作平台或建筑物顶3m以上；

c. 操作压力为0. 6～4. 0MPa蒸汽管道的排放管口的高度宜高出以安全泄压装置为中心，半径为4m范围内的操作平台或建筑物顶3m以上；

d. 操作压力小于或等于0. 6MPa的蒸汽及其他非可燃介质管道排放管口高度宜高出邻近操作平台或建筑物顶2. 2m以上；

e. 工业用水管道上的放空管口宜就地朝下排放。

4. 对石油化工装置大多数工艺介质的安全阀排出口都是接至火炬总管上，公称直径大于或等于50mm支管要求顺流向45°斜接在泄压总管的顶部，以免总管内的凝液倒入支管，并可减少安全阀的背压，如图9－1－14所示。公称直径小于或等于40mm的支管可垂直接入总管。

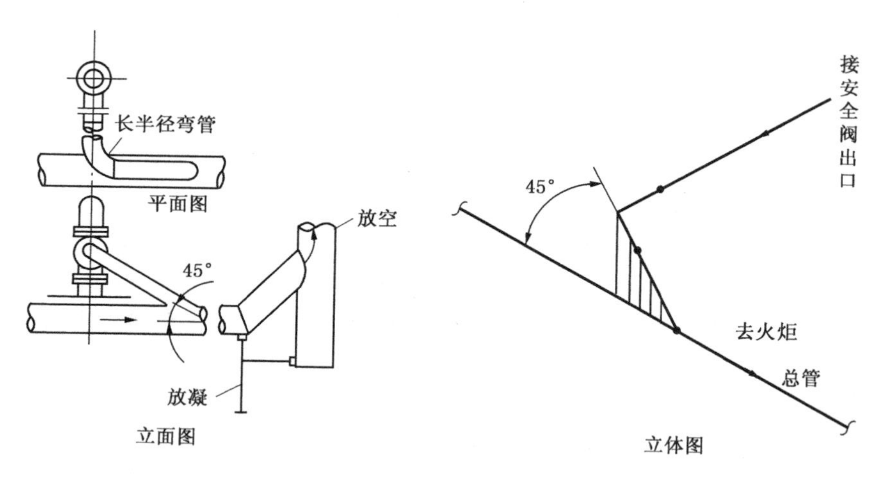

图9－1－14　安全阀出口管与总管连接

5. 湿气体泄压系统排放管内不应有袋形积液处，安全阀的安装高度应高于泄压系统。

若安全阀出口低于泄压总管或排出管需要抬高接入总管时，应在低处易于接近处排液措施，以免袋形管段积液，如图 9 – 1 – 15 所示。

6. 安全阀出口管道和火炬总管宜设 $i = 0.002$ 的坡度，但对于气系统可不设坡度。

7. 泄压管道使用闸阀时，阀杆应水平安装，不可朝上，以免阀杆和阀板连接的销钉腐蚀或松动时，滑板下滑。

8. 对可能有液化烃类排入的泄压管道，因介质汽化而导致低温的管道，应考虑采用低温钢，并保温和伴热，具体要求见本篇第五章第十二节。

9. 对有可能用蒸汽吹扫的泄压管道，应考虑由于蒸汽吹扫产生的热膨胀。

（四）安全阀的反作用力

气体或蒸汽由安全阀出口排入大气时，在出口管中心线上产生与流向相反的作用力称为安全阀的反作用力。管道布置时应考虑由于泄压排放引起的反作用力，并合理设置支架。

反作用力的计算详见本篇第十七章第四节。

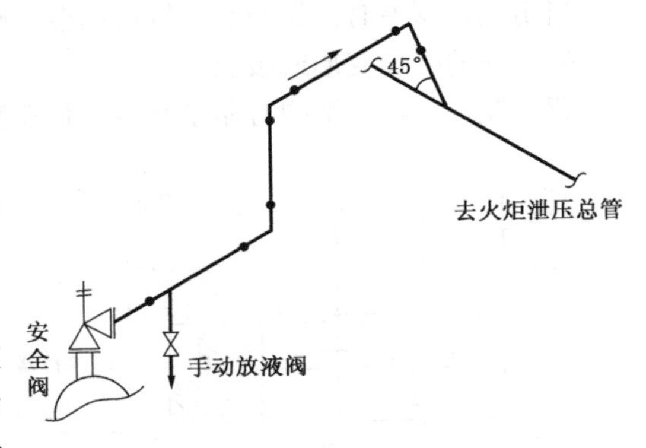

图 9 – 1 – 15　泄压系统放液阀

第二节　爆　破　片

爆破片可在容器或管道压力突然升高尚未引起爆炸前先行破裂，排出设备或管道内的高压介质，从而防止设备或管道破裂的一种安全泄压装置。

爆破片是由爆破片、夹持器、背压托架等零件装配组成的一种非重闭式压力泄放安全装置。当爆破片两侧压力差达到预定温度下的预定值时，爆破片即会破裂，泄放出压力介质。

爆破片是爆破片组合件中，能够因超压而迅速动作的压力敏感元件。其形状有平板形、碟形或帽形膜片等，最薄的膜片厚度小于 0.1mm，它可以由金属或非金属材料制成。如图 9 – 2 – 1所示。

图 9 – 2 – 1　爆破片的形状和安装示意图

夹持器是用以固定爆破片的具有定位、支承、密封及保证泄放面积等功能，并能够保证爆破片准确动作的独立夹紧部件，如图9－2－2所示。有法兰型、活接头型和螺塞型等。

背压组合式爆破片中，用来防止爆破片由于出现背压差而发生意外破坏的支撑架。

当出现背压差时，组装在正拱形爆破片凹面的背压托架可防止爆破片凸面受压失稳。当系统压力可能出现真空时，此种背压托架也称为真空托架。

当出现背压差时，组装在反拱形爆破片凸面的背压托架可防止爆破片凹面受压而使爆破片发生意外的拉伸变形或破裂。

背压托架的典型结构有非张开型和张开型两种。如图9－2－3所示。

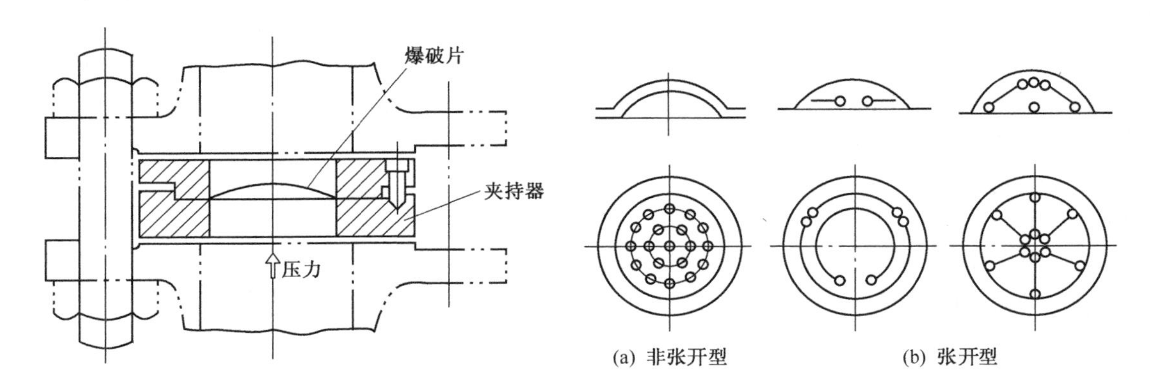

图9－2－2　爆破片与夹持器组装示意图

图9－2－3　背压托架的典型结构

爆破压力是爆破片组合件在设定的爆破温度下，爆破片动作时两侧的压力差值。

爆破片的最小泄放面积是爆破片在泄压时最小的几何流通面积，用以计算爆破片的理论泄放量。

爆破片与安全阀相比较，具有结构简单、灵敏、可靠、经济、无泄漏，适应性强等优越性，但也有其局限性，有以下特点：

（1）密封性能好，在设备和管道正常工作压力下能保持严密不漏。

（2）泄压反应迅速，爆破片的动作一般在2～10ms内完成，而安全阀则因为机械滞后作用，全部动作时间要高1～2个数量级。

（3）对黏稠性或粉末状污物不敏感。即使气体中含有一定量的污物也不致影响它的正常动作，不像安全阀那样，容易黏结或堵塞。

(4)爆破元件(膜片)动作后不能复位，不但设备内介质全部流失，设备也得中止运行。

（5）动作压力不太稳定，爆破片的爆破压力允许偏差一般都比安全阀的稳定压力允差大一些。

（6）爆破片的使用寿命较短，常因疲劳而早期失效。

一、爆破片的结构型式

（一）爆破片的类别、型式

爆破片按失效方式及材料的不同分为如下1）～4)4个类别。每种类别按结构特点的不同，又分为不同的型式。

1. 正拱形爆破片

爆破片呈拱形，凹面处于压力系统的高压侧，动作时因拉伸而破裂，如图9－2－4所示。根据正拱形爆破片的结构形式特点，分为以下 3 种型式(如表 9 – 2 – 1 所示)：

a. 正拱普通型爆破片；

b. 正拱开缝型爆破片；

c. 正拱带槽型爆破片。

2. 反拱形爆破片

爆破片呈拱形，凸面处于压力系统的高压侧，动作时因压缩失稳而破裂，如图 9 – 2 – 5 所示。反拱形爆破片按爆破片结构的不同，分为以下 5 种型式(如表 9 – 2 – 1 所示)：

a. 反拱带刀型爆破片；

b. 反拱鳄齿型爆破片；

c. 反拱带槽型爆破片；

d. 反拱开缝型爆破片；

e. 反拱脱落型爆破片。

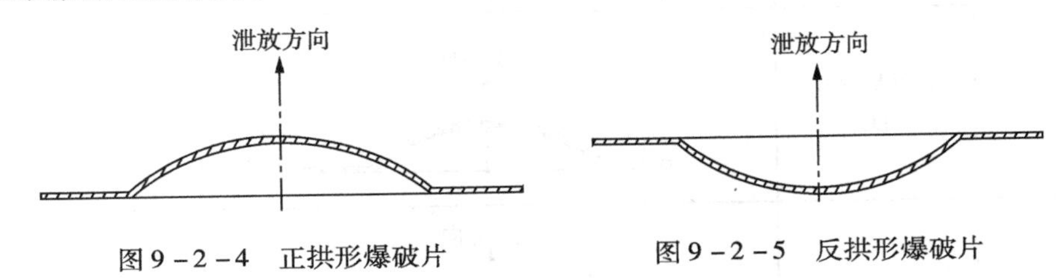

图 9 – 2 – 4　正拱形爆破片　　图 9 – 2 – 5　反拱形爆破片

3. 平板形爆破片

爆破片呈平板形，动作时因拉伸、剪切或弯曲而破裂，如图 9 – 2 – 6 所示。平板形爆破片按爆破片结构的不同，分为以下 3 种型式(如表 9 – 2 – 1 所示)：

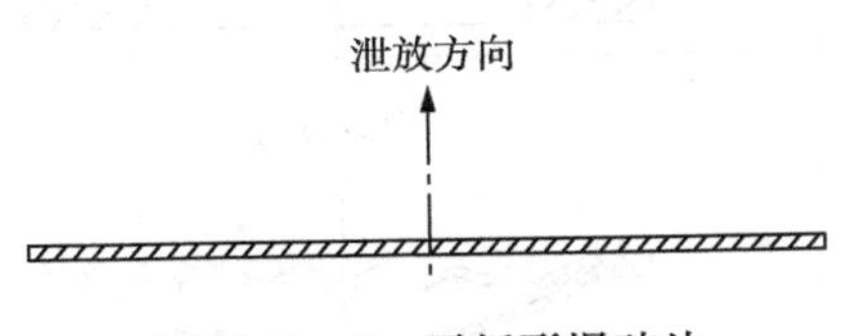

图 9 – 2 – 6　平板形爆破片

a. 平板普通型爆破片；

b. 平板开缝型爆破片；

c. 平板带槽型爆破片。

4. 石墨爆破片

爆破片由石墨、浸渍石墨、柔性石墨或复合石墨等以石墨为基体的材料制成，动作时因剪切或弯曲而破裂，如图 9 – 2 – 7 所示。石墨爆破片按安装方式的不同，分为以下 2 种型式(如表 9 – 2 – 1 所示)：

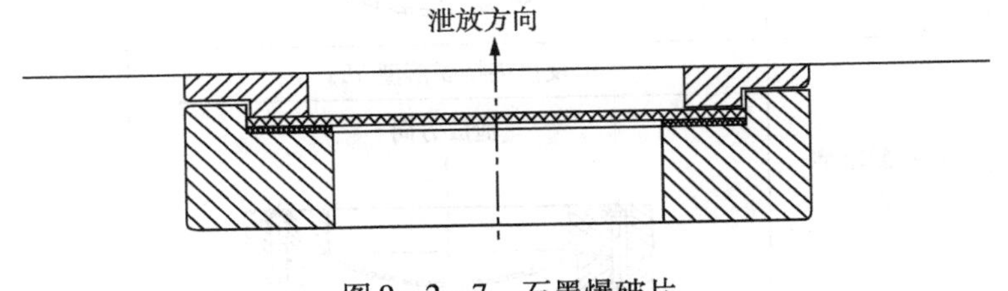

图 9 – 2 – 7　石墨爆破片

a. 单片可更换型石墨爆破片；

b. 整体不可更换型石墨爆破片。

表 9-2-1 爆破片类别、型式及代号

类别及代号	型式及代号	示意图	组件中带附件的型式及代号
正拱形爆破片 L	正拱普通型 LP	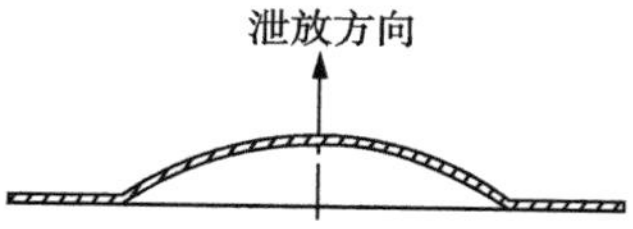 泄放方向	正拱普通型带托架 LPT
	正拱开缝型 LF	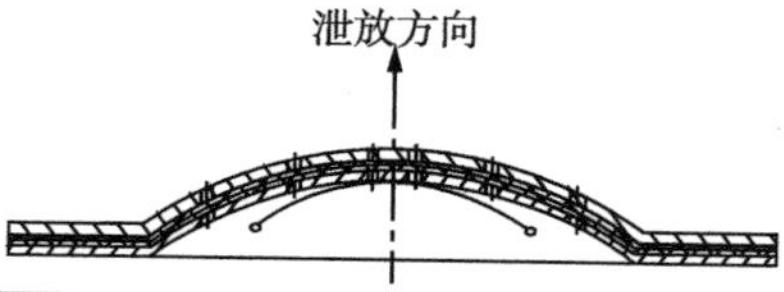 泄放方向	正拱开缝型带托架 LFT
	正拱带槽型 LC	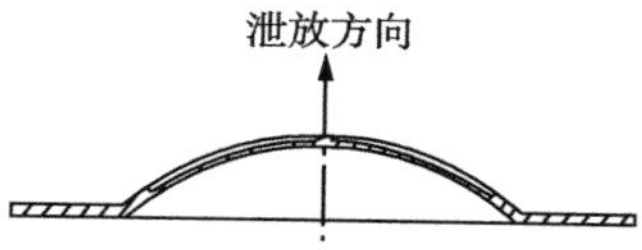 泄放方向	
反拱形爆破片 Y	反拱带刀型 YD	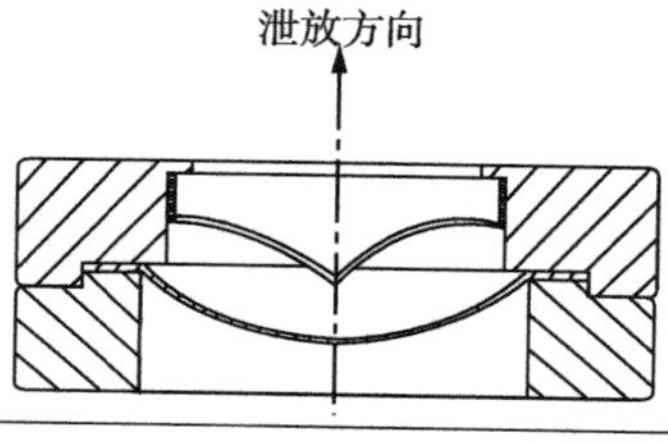 泄放方向	
	反拱鳄齿型 YE	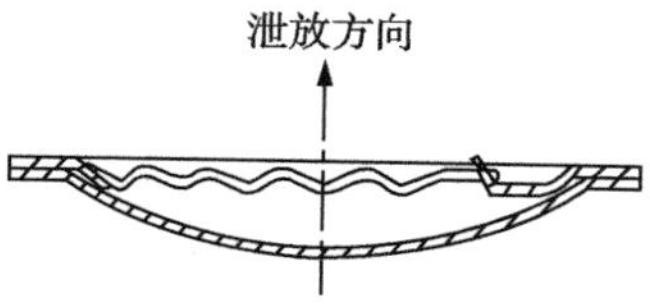 泄放方向	
	反拱带槽型 YC	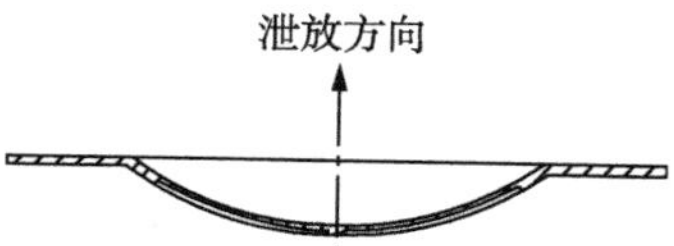 泄放方向	反拱带槽型带托架 YCT
	反拱开缝型 YF	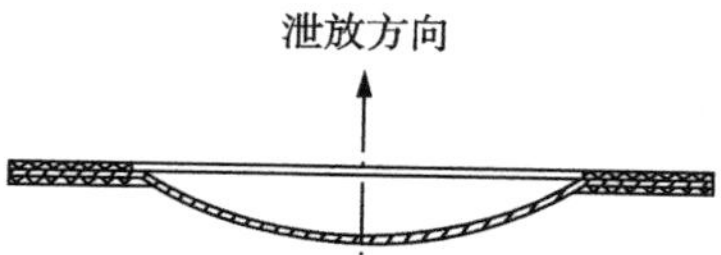 泄放方向	
	反拱脱落型 YT	反拱夹持脱落型 YTJ 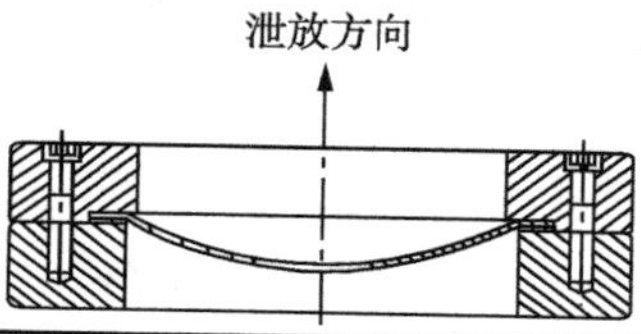 泄放方向	

续表

类别及代号	型式及代号	示意图	组件中带附件的型式及代号
反拱形爆破片 Y	反拱脱落型 YT	反拱卡簧脱落型 YTH 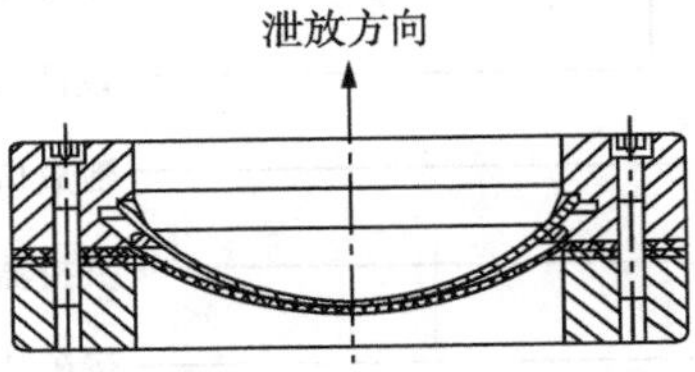 泄放方向	
平板形爆破片 P	平板开缝型 PF	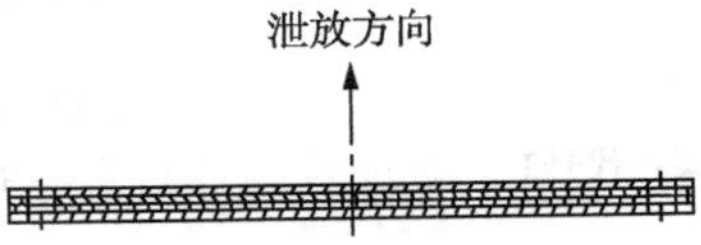 泄放方向	
	平板带槽型 PC	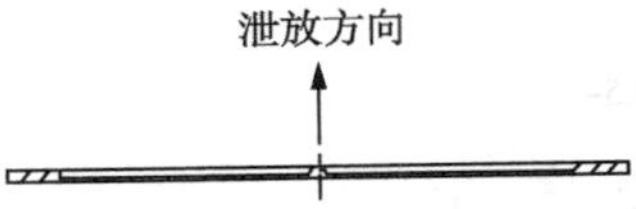 泄放方向	
	平板普通型 PP	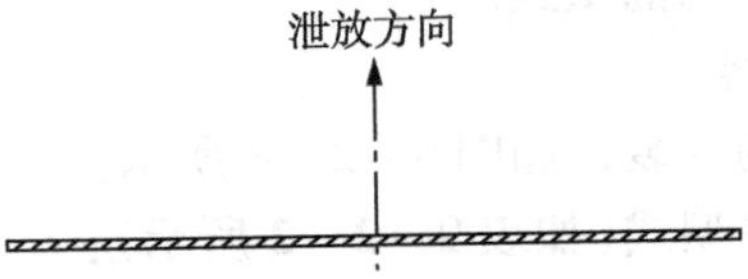 泄放方向	
石墨爆破片 PM	可更换型 PMT	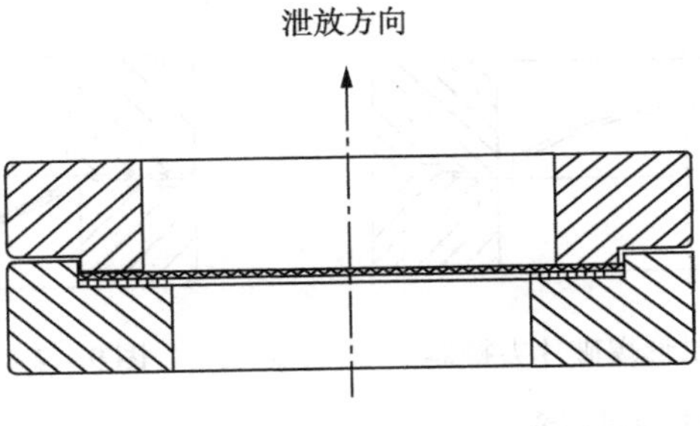 泄放方向	
	不可更换型 PMZ	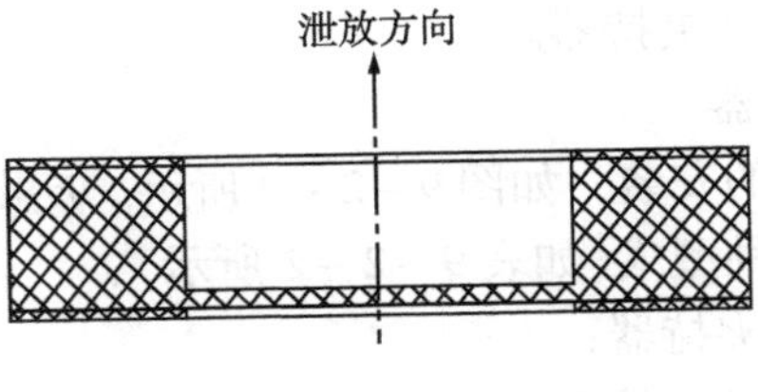 泄放方向	

注：爆破片代号标记方法

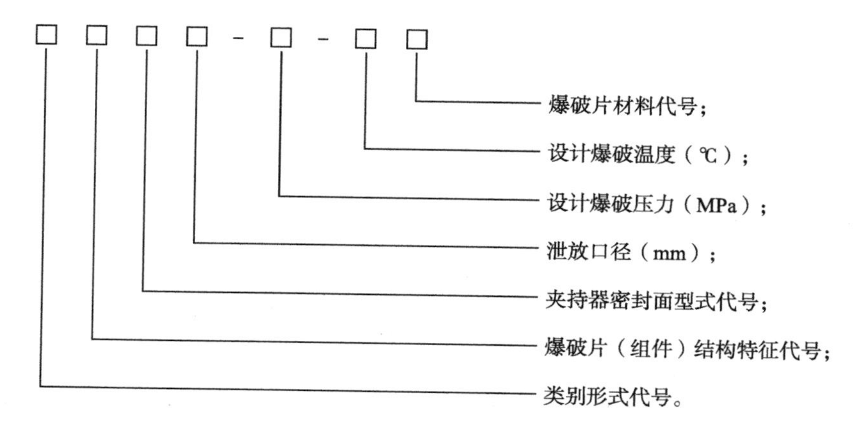

示例1：爆破片为正拱开缝型：代号LF

爆破片组件结构特征为带托架：代号T

夹持器密封面型式：代号A

泄放口径：100 mm

设计爆破压力：0.5 MPa

设计爆破温度：80℃

爆破片的标记为：LFTA100-0.5-80

示例2：爆破片为反拱带槽型：代号YC

爆破片(组件)结构特征为“十”字刻槽：代号S

夹持器密封面型式：代号A

泄放口径：100 mm

设计爆破压力：0.5 MPa

设计爆破温度：80℃

爆破片的标记为：YCSA100-0.5-80

(二)夹持器的类别、型式

夹持器按安装爆破片类别的不同分为如下 1) ~5)5 个类别。每种类别按夹持器密封面型式的不同，又分为下列不同的型式。

1. 正拱形爆破片夹持器

适用于正拱形爆破片的安装，如图 9-2-8 所示。正拱形爆破片夹持器按夹持器密封面型式的不同，分为以下 3 种型式(如表 9-2-2 所示)：

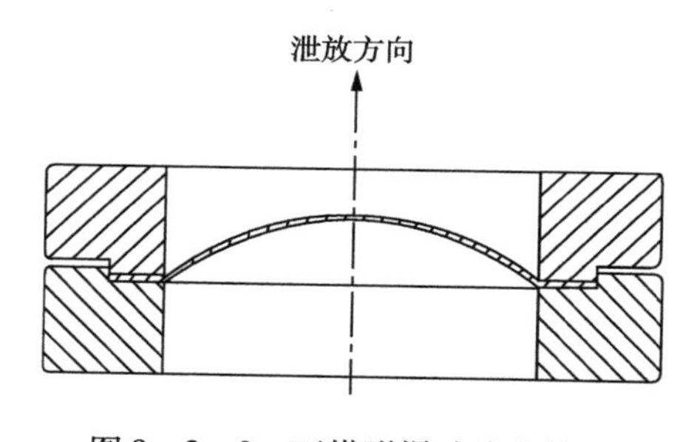

图 9-2-8　正拱形爆破片夹持器

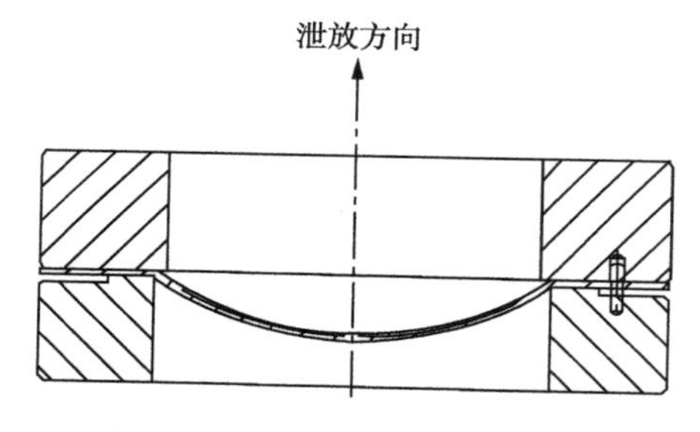

图 9-2-9　反拱形爆破片夹持器

a. 平面型正拱爆破片夹持器；

b. 锥面型正拱爆破片夹持器；

c. 榫槽面型正拱爆破片夹持器。

2. 反拱形爆破片夹持器

适用于反拱形爆破片的安装，如图 9-2-9 所示。反拱形爆破片夹持器按夹持器密封面型式的不同，分为以下 2 种型式(如表 9-2-2 所示)：

a. 平面型反拱爆破片夹持器；

b. 榫槽面型反拱爆破片夹持器。

3. 反拱刀架型爆破片夹持器

适用于反拱刀架型爆破片的安装，如图 9 –2 –10 所示。反拱刀架型爆破片夹持器按夹持器密封面型式的不同，分为以下 2 种型式(如表 9 –2 –2 所示)：

a. 平面型反拱带刀爆破片夹持器；

b. 榫槽面型反拱带刀爆破片夹持器。

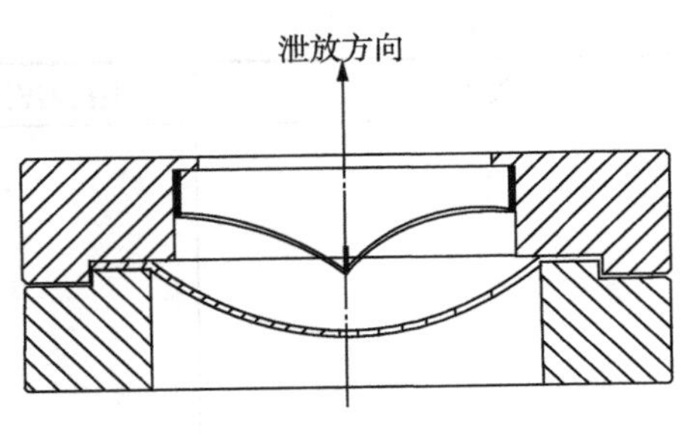

图 9 –2 –10　反拱刀架型爆破片夹持器

4. 平板形爆破片夹持器

适用于平板形爆破片的安装，如图 9 –2 –11 所示。平板形爆破片夹持器为以下 1 种型式(如表 9 –2 –2 所示)：

——平面型平板爆破片夹持器。

5. 石墨爆破片夹持器

适用于单片可更换石墨爆破片的安装，如图 9 –2 –12 所示。石墨爆破片夹持器为以下 1 种型式(如表 9 –2 –2 所示)：

——平面型石墨爆破片夹持器。

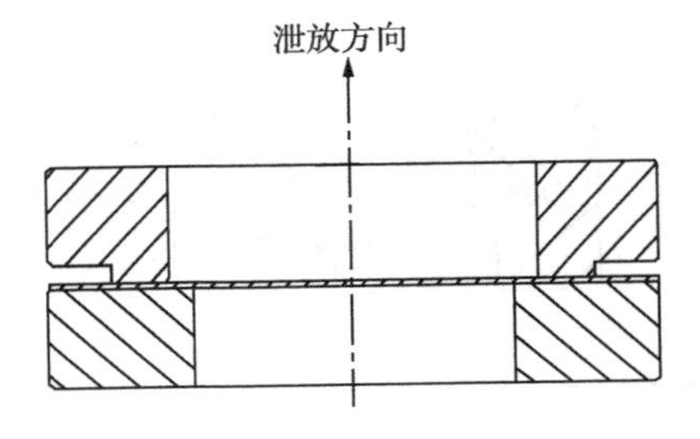

图 9 –2 –11　平板形爆破片夹持器

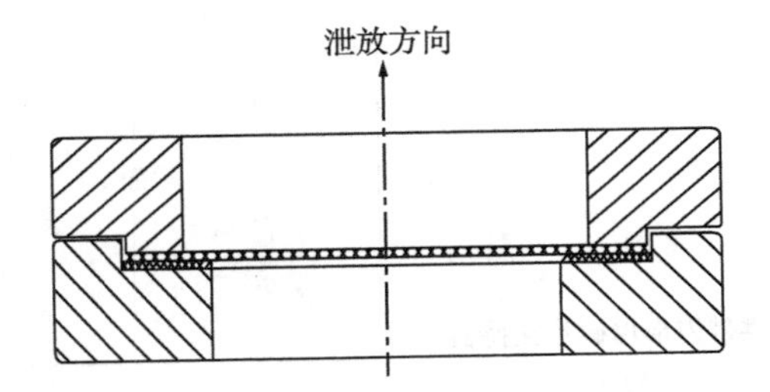

图 9 –2 –12　单片可更换型石墨爆破片夹持器

表 9 –2 –2　夹持器类别、型式及代号

类别及代号	夹持器密封面型式及代号	示意图
正拱形爆破片夹持器 LJ	平面 A	
	锥面 B	
	榫槽面 C	

续表

类别及代号	夹持器密封面型式及代号	示意图
反拱形爆破片夹持器 YJ	平面 A	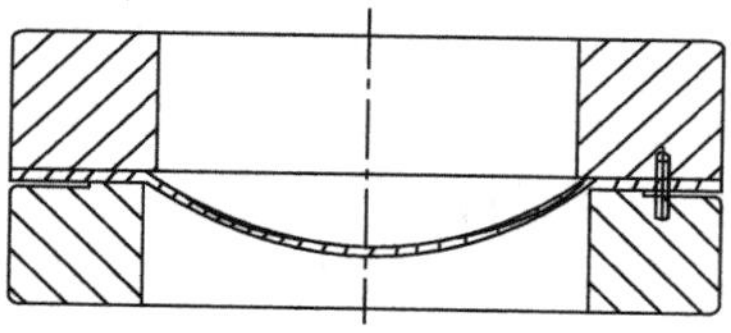
	榫槽面 C	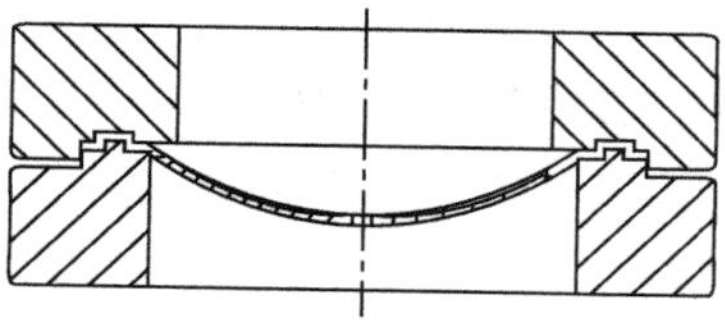
反拱带刀形爆破片夹持器 YDJ	平面 A	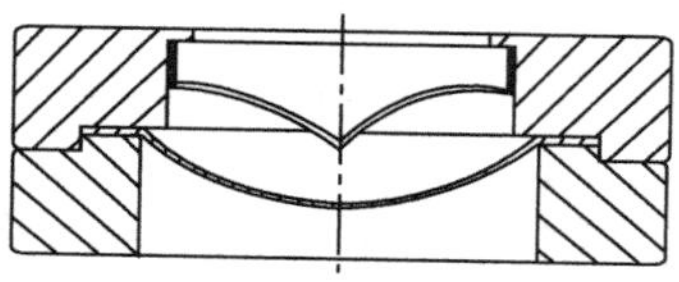
	榫槽面 C	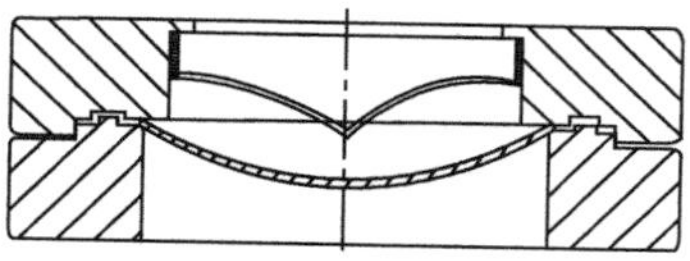
平板形爆破片夹持器 PJ	平面 A	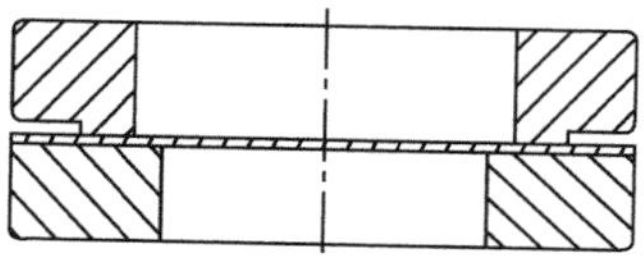
石墨爆破片夹持器 PMJ	平面 A	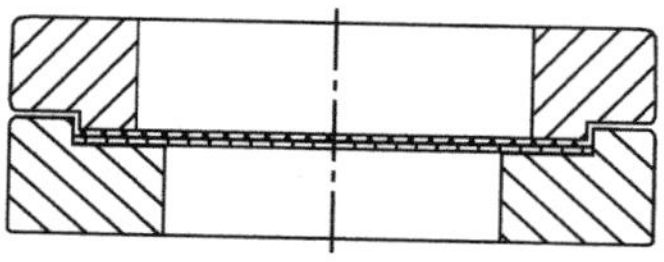

注：夹持器代号标记方法

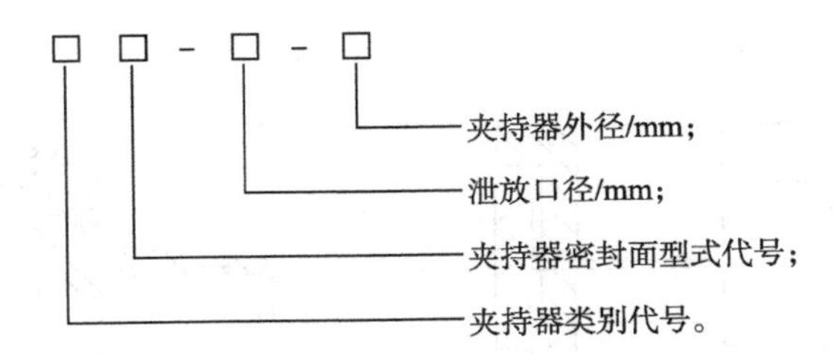

示例：夹持器为正拱形爆破片夹持器：代号LJ
夹持器密封面型式为平面：代号A
夹持器的泄放口径为：100mm
夹持器的外径为：158mm
夹持器的标记为：LJA-100-158

（三）夹持器安装型式与尺寸

1. 根据爆破片安全装置的使用要求，可选用合适的夹持器安装型式。爆破片安全装置安装尺寸，由该爆破片安全装置夹持器的外形尺寸确定。

2. 夹持器的基本安装结构型式包括普通型、增大型、螺纹型及其他结构类型，其安装尺寸的确定见表9－2－3和表9－2－4的规定，夹持器的设计应符合现行国家标准《爆破片安全装置　第1部分：基本要求》GB567. 1—2012的相应规定。

1）普通型爆破片夹持器

普通型夹持器（见图9－2－13）可居中安装在法兰螺栓孔内侧，夹持器直径不大于法兰螺栓圆直径减去法兰螺栓孔直径，爆破片安全装置应准确地居中装入法兰间。

2）增大型爆破片夹持器

增大型夹持器（见图9－2－14）一般与其配合的法兰有相同的外径，通过法兰螺栓定位，居中装入法兰间。

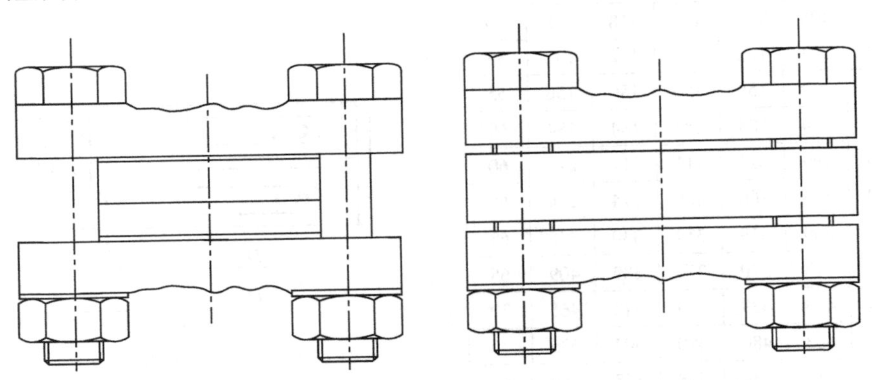

图9－2－13　普通型爆破片夹持器　　图9－2－14　增大型爆破片夹持器

3）螺纹型爆破片夹持器

螺纹型爆破片夹持器（见图9－2－15）一般与螺纹接头配合使用，通过螺纹接头的轴向定位孔定位，居中装入螺纹接头间。

4）管接头型爆破片夹持器

管接头型爆破片夹持器（见图9－2－16）一般与标准螺纹管接头配合使用，通过标准螺纹管接头的端面定位，居中装入管螺纹接头间。

3. 爆破片安全装置基本安装尺寸应由制造单位和使用单位协商确定，但应符合现行国家标准《爆破安全装置 第1部分：基本要求》GB 567. 1—2012的规定。常用爆破片安全装置安装尺寸见表9－2－3。

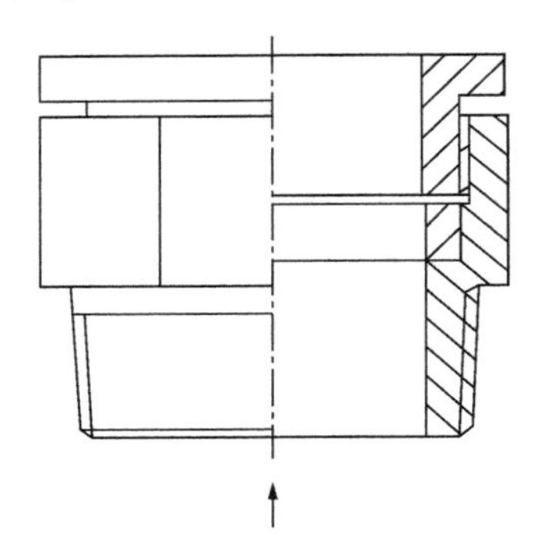

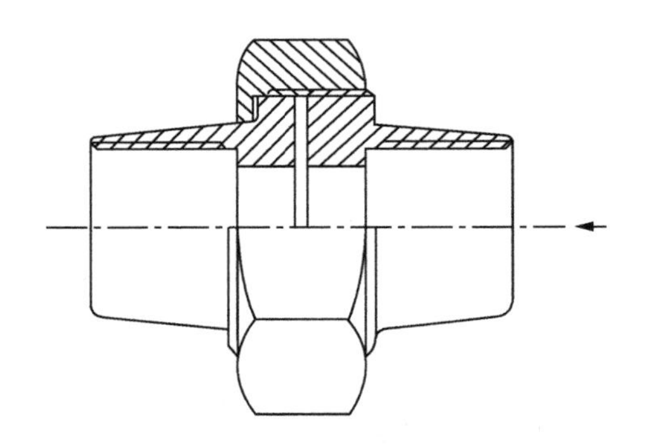

图9－2－15　螺纹型爆破片夹持器　　　　图9－2－16　管接头型爆破片夹持器

表9－2－3　夹持器的安装尺寸　　　　mm

泄放口径 *DN*	*PN*/MPa						厚度 *H*	示意图
	0.25	0.6	1.0	1.6	2.5	≥4.0		
	夹持器外径 *D*							
10	33	33	41	41	41	41	30	H DN D 泄放方向
15	38	38	46	46	46	46	30	
20	48	48	56	56	56	56	40	
25	58	58	65	65	65	65	40	
32	69	69	76	76	76	76	45	
40	78	78	84	84	84	84	45	
50	88	88	99	99	99	99	50	
65	108	108	118	118	118	118	50	
80	124	124	132	132	132	132	55	
100	144	144	156	156	156	156	55	
125	174	174	184	184	184	184	60	
150	199	199	211	211	211	211	60	
200	254	254	266	266	274	284	65	
250	309	309	319	319	330	345	65	
300	363	363	370	370	389	409	65	
350	413	413	429	429	448	465	70	
400	463	463	480	480	503	535	70	
450	518	518	530	548	548	560	80	
500	568	568	582	609	609	615	80	
600	667	667	682	720	720	735	90	
700	772	772	794	794	820		90	
800	878	878	901	901	928		100	
900	978	978	1 001	1 001	1 028		100	
1 000	1 078	1 078	1 112	1 112	1 140		110	
1 200	1 295	1 295	1 328	1 328	1 350		120	
1 400	1 510	1 510	1 530	1 530			120	

注：表中规定了爆破片夹持器的最小外径 *D*，最小厚度 *H*。夹持器的安装尺寸是以国家现行标准《钢制管法兰(PN 系列)》(HG/T 20592—2009)为依据的。

表 9-2-4 夹持器的安装尺寸 mm

泄放口径 *DN*	*PN*/MPa				厚度 *H*	示意图
	2.0 (Class150)	5.0 (Class300)	11.0 (Class600)	15.0 (Class900)		
	夹持器外径 *D*					
10					30	
15	35	35	35	35	30	
20	43	43	43	43	40	
25	51	51	51	51	40	
32	63.5	63.5	63.5	63.5	45	
40	73	73	73	73	45	
50	92	92	92	92	50	
65	105	105	105	105	50	
80	127	127	127	127	55	
100	157.5	157.5	157.5	157.5	55	
125	186	186	186	186	60	
150	216	216	216	216	60	
200	270	270	270	270	65	
250	324	324	324	324	65	
300	381	381	381	381	65	
350	413	413	413	413	70	
400	470	470	470	470	70	
450	533.5	533.5	533.5	533.5	80	
500	584	584	584	584	80	
600	692	787	784	819	90	
700	762	787	784	819	90	
800	864	902	895	927	100	
900	972	1 010	1 010	1 029	100	
1 000	1 080	1 114			110	
1 200	1 289	1 327			120	
1 400	1 492	1 537			120	

注：表中规定了爆破片夹持器的最小外径 *D*，最小厚度 *H*。夹持器的安装尺寸是以国家现行标准《钢制管法兰（Class 系列）》HG/T 20615—2009 为依据的。

二、爆破片的适用场所

爆破片适用于以下场所：

（1）化学反应将使压力急剧升高的设备；

（2）高压、超高压容器优先使用；

（3）昂贵或剧毒介质的设备；

（4）介质对安全阀有较强的腐蚀性；

（5）介质中含有较多的黏稠性或粉末状、浆状物料的设备；

由于爆破片为一次性使用的安全设施，动作后（爆破后）该设备必须停止运行，因此，一般广泛应用于间断生产过程。

爆破片不宜用于液化气体储罐，也不宜用于经常超压的场所。

三、爆破片装置的选用

（一）爆破片型式的选定

1. 一般要求

（1）选择爆破片安全装置时，应考虑爆破片安全装置的入口侧和出口侧两面承受的压力及压力差等因素。

（2）当被保护承压设备存在真空和超压两种工况时，应选用具有超压和负压双重保护作用的爆破片安全装置，或者选用具有超压泄放和负压吸入保护作用的两个单独的爆破片安全装置。

（3）爆破片安全装置的入口侧可能会有物料粘结或固体沉淀的情况下，选择的爆破片类型应与这种工况条件相适应。

（4）选用带背压托架的爆破片时，爆破片泄放面积的计算应考虑背压托架影响。

（5）当爆破片的爆破压力会随着温度的变化而变化时，确定该爆破片的爆破压力时应考虑温度变化的影响。

（6）爆破片安全装置用于液体时，应选择适合于全液相的爆破片安全装置，以确保爆破片爆破时系统的动能将膜片充分开启。

2. 爆破片类型选择

（1）选择爆破片型式时，应综合考虑被保护承压设备的压力、温度、工作介质、最大操作压力比等因素的影响。爆破片的选型可参照表9－2－5。

表9－2－5　爆破片选型

类　别	型　式	操作压力比	抗疲劳性	爆破时有无碎片	是否引起撞击火花	工作相	与安全阀串联
正拱形	正拱普通型	0.7	一般	有（少量）	可能	气、液两相	不推荐
	正拱开缝型	0.8	好	有（少量）	可能性小	气、液两相	不推荐
	正拱带槽型	0.8	好	无	否	气、液两相	可以
反拱形	反拱带刀型	0.9	优	无	可能	气相	可以
	反拱带槽型	0.9	优	无	否	气相	可以
	反拱鳄齿型	0.9	优	无	可能性小	气相	可以
	反拱脱落型	0.9	优	无	可能	气相	不推荐
平板形	平板带槽型	0.5	较差	无	否	气、液两相	可以
	平板开缝型	0.5	较差	有（少量）	可能性小	气、液两相	不推荐
	平板普通型	0.5	较差	有（少量）	可能性小	气、液两相	不推荐
石墨	石墨爆破片	0.8	较差	有大量碎片	否	气、液两相	不推荐

注：1. 采用特殊结构设计时，反拱带槽型爆破片也可以用于液相。

2. 表中所给出的操作压力比适合于爆破温度在15～30℃。

3. 操作压力比同时还与爆破片材料、压力脉动或循环有关，为了能使爆破片有尽可能长的使用寿命，应由制造单位和使用单位双方协商一个与操作工况相适应的操作压力比。

（2）应合理选择爆破片的类型与结构型式，以便获得较长使用周期的爆破片安全装置。

（3）用于爆炸危险介质的爆破片安全装置还应满足如下要求：

a. 爆破片爆破时不应产生火花；

b. 与安全阀串联时，爆破片爆破时不应产生碎片。

3. 爆破片材料选择

（1）根据被保护承压设备的工作条件及结构特点，爆破片可选用铝、镍、奥氏体不锈钢、因康镍、蒙乃尔、石墨等材料。有特殊要求时，也可选用钛、哈氏合金等材料。常用材料的最高允许使用温度见表9－2－6和表9－2－7。

表9－2－6　爆破片常用材料最高允许使用温度

爆破片材料	最高允许使用温度/℃
铝	100
铜	200
镍	400
奥氏体不锈钢	400
蒙乃尔	430
因康镍	480
哈氏合金	480
石墨	200

注：当爆破片表面覆盖密封膜或保护膜时，应考虑该类覆盖材料对使用温度的影响。

表9－2－7　爆破片常用密封膜材料的允许使用温度范围

密封膜材料	允许使用温度范围/℃
聚四氟乙烯	－40～260
聚全氟乙丙烯	－40～200
铝	－196～400
镍	－196～530
奥氏体不锈钢	－196～530

（2）用于腐蚀环境，且有可能导致爆破片安全装置提前失效的，可采用在爆破片表面进行电镀、喷涂或衬膜等防腐蚀处理措施，防止爆破片安全装置腐蚀失效。

（3）综合考虑爆破片在使用环境中入口侧和出口侧的化学和物理条件，合理地选择爆破片材料。

4. 爆破压力的选择

（1）爆破片安全装置中爆破片的设计爆破压力应由被保护承压设备的设计单位根据承压设备的工作条件和相关安全技术规范的规定确定。

（2）爆破片安全装置的设计单位应根据被保护承压设备的工作条件、结构特点、使用单位的要求、相应类似工程使用结果、相关安全技术规范的规定及制造范围的影响等因素综合考虑，合理地确定爆破片的最小爆破压力和最大爆破压力。

（3）爆破片安全装置中爆破片爆破压力的确定还应符合以下要求：

a. 爆破片安全装置中爆破片的设计爆破压力应由被保护承压设备的设计单位根据承压设备的承载能力、工作条件和相关安全技术规范的规定确定。

b. 爆破片安全装置的设计单位应根据被保护承压设备的承载能力、工作条件、结构特点、使用单位的要求、相应类似工程试验结果、相关安全技术规范的规定及与制造单位商定的制造范围和爆破压力允差等因素综合考虑，合理地确定爆破片的最小爆破压力和最大爆破压力。

c. 被保护承压设备装有爆破片安全装置时，对于每一种类型的爆破片，设备的工作压力与爆破片最小爆破压力之间的关系应参照表9－2－8的规定，以防止由于疲劳或蠕变而使爆破片过早失效。

d. 当被保护承压设备的设计图样或产品铭牌上标注有最大允许工作压力时，可用最大允许工作压力代替承压设备的设计压力确定爆破片的爆破压力。

表9－2－8　最小爆破压力与容器工作压力关系

爆破片型式	载荷性质	最小爆破压力 p_{bmin}
正拱普通型	静载荷	$\geqslant 1.43p_w$
正拱开缝(带槽)型	静载荷	$\geqslant 1.25p_w$
正拱型	脉冲载荷	$\geqslant 1.7p_w$
反拱型	静载荷、脉冲载荷	$\geqslant 1.1p_w$
平板型	静载荷	$\geqslant 2.0p_w$
石墨	静载荷	$\geqslant 1.25p_w$

注：p_{bmin}——最小爆破压力。

p_w——工作压力。

5. 爆破片泄放量的确定

（1）当爆破片安全装置为唯一超压泄放装置时，其泄压系统的泄放量可采用5. 的(2)或(3)规定来进行计算。

（2）爆破片安全装置在泄压系统的设置满足下列条件时，其泄放量的计算按6. 爆破片泄放量计算的规定：

a. 直接向大气排放；

b. 爆破片安全装置离承压设备本体的距离不超过8倍管径；

c. 爆破片安全装置泄放管道长度不超过5倍管径；

d. 爆破片安全装置上、下游接管的公称直径不小于爆破片安全装置的泄放口公称直径。

（3）爆破片安全装置在泄压系统的设置不满足上面(2)中要求或由于爆破片安全装置及其上、下游配置若干管道和配件时，可能会形成较大的流体阻力，这时可以用分析总的系统流通阻力，即考虑爆破片安全装置、管路和包括承压设备上的出口接管、弯头、三通、变径段和阀门等元件的流体阻力来确定泄放量。泄放量的计算采用可接受的工程实践方法进行，结果应乘一个不大于0.9的系数进行修正。

爆破片安全装置流体阻力系数的测定方法按现行国家标准《爆破片安全装置　第4部分：型式试验》GB 567.4的规定。

6. 爆破片泄放量计算

（1）爆破片的泄放量

a. 临界条件$\frac{p_0}{p_1}\leqslant\left(\frac{2}{k+1}\right)^{\frac{k}{k-1}}$时，泄放量按式(9－2－1)计算：

$$W = 7.6 \times 10^{-2} CKp_f A\sqrt{\frac{M}{ZT_f}} \quad (9-2-1)$$

b. 亚临界条件$\frac{p_0}{p_1} > (\frac{2}{k+1})^{\frac{k}{k-1}}$时，泄放量按式(9－2－2)计算：

$$W = 55.84Kp_f A\sqrt{\frac{k}{k-1}\left[\left(\frac{p_0}{p_f}\right)^{\frac{2}{k}} - \left(\frac{p_0}{p_f}\right)^{\frac{k+1}{k}}\right]}\sqrt{\frac{M}{ZT_f}} \quad (9-2-2)$$

c. 水蒸气(饱和与过热)介质的泄放量按式(9－2－3)计算：

$$W = 5.25KC'Ap_f \quad (9-2-3)$$

d. 液体介质的泄放量按式(9－2－4)计算：

$$W = 5.1\zeta AK'\sqrt{\rho \Delta p} \quad (9-2-4)$$

注：对于黏滞性流体的泄放量计算程序如下：

a) 假设为非黏滞性流体，即 $\zeta = 1.0$ 按式(9－2－4)计算出泄放量；

b) 根据 a)计算出的泄放量按式 $Re = 0.3134\frac{W}{\mu\sqrt{A}}$计算雷诺数；

c) 根据 b)计算出的雷诺数从图 9－2－17 查得 ζ 值，并按式(9－2－4)重新计算泄放量；

d) 若按 c)计算的泄放量不能满足泄放需求(即小于安全泄放量)，则采用增大泄放口径(面积)的方法重新计算；

e) 重复 a)～d)的计算，直至满足所需要的泄放量为止。

式中：

A——爆破片的最小泄放面积，mm^2；

C——气体特性系数，查表 9－2－9 或按式(9－2－5)计算；

$$C = 520\sqrt{k\left(\frac{2}{k+1}\right)^{\frac{k+1}{k-1}}} \quad (9-2-5)$$

C'——水蒸气特性系数，蒸汽压力小于 11MPa 的饱和水蒸气，$C' \approx 1$；过热水蒸气随过热温度增加而减小，查表 9－2－10；

Z——在爆破片的泄放压力和泄放温度下气体的压缩系数，查图 9－2－18 或按式(9－2－6)计算：

$$Z = 10^6 p_f \cdot v\frac{M}{RT_f} \quad (9-2-6)$$

ζ——液体动力黏度校正系数，查图 9－2－17，当液体的黏度不大于 20℃水的黏度时，取 $\zeta = 1.0$；

μ——液体动力黏度，Pa · s；

p——泄放温度下的液体密度，kg/m^3；

v——在爆破片的泄放压力和泄放温度下气体的比容，m^3/kg；

K——泄放系数，与爆破片装置入口管道形状有关的系数，查表 9－2－11，当管道形状不易确定时，可按实测值确定或取 $K = 0.62$；

K'——液体泄放系数，取 0.62 或按有关安全技术规范的规定；

k——气体绝热指数(C_p/C_v)，查表 9－2－12，情况不明时，取 $k = 1.0$；

M——气体的摩尔质量，查表 9－2－12，kg/kmol；

p_0——爆破片的泄放侧压力(绝对)，MPa；

p_f——爆破片的泄放压力(绝对)，MPa；

p_c——气体临界压力(绝对)，查表 9－2－12，MPa；

p_r——气体对比压力，$p_r = p_f/p_c$；

Δp——爆破片爆破时内、外侧的压差，MPa；

R——通用气体常数，$R = 8\ 314$ J/(kmol · K)；

Re——雷诺数，$Re = 0.313\ 4\dfrac{W}{\mu\sqrt{A}}$；

T_f——爆破片的泄放温度，K；

T_c——气体临界温度，查表 9－2－12，K；

T_r——气体对比温度，$T_r = T_f/T_c$；

W——泄放量，kg/h。

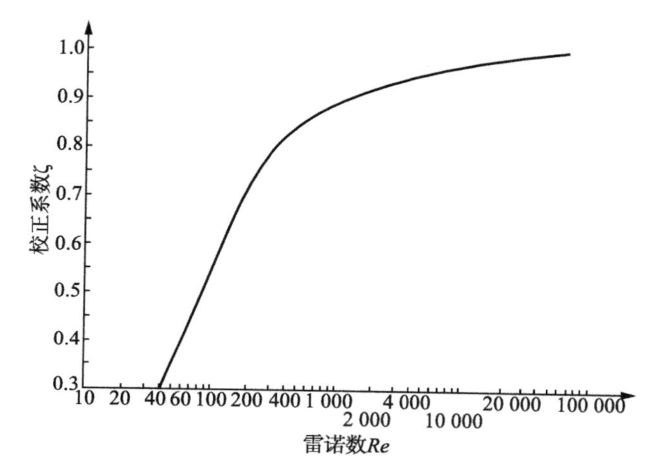

图 9－2－17　液体动力黏度校正系数 ξ

表 9－2－9　气体特性系数 *C*

k	*C*	*k*	*C*	*k*	*C*	*k*	*C*
1.00	315	1.20	337	1.40	356	1.60	372
1.02	318	1.22	339	1.42	358	1.62	374
1.04	320	1.24	341	1.44	359	1.64	376
1.06	322	1.26	343	1.46	361	1.66	377
1.08	324	1.28	345	1.48	363	1.68	379
1.10	327	1.30	347	1.50	364	1.70	380
1.12	329	1.32	349	1.52	366	2.00	400
1.14	331	1.34	351	1.54	368	2.20	412
1.16	333	1.36	352	1.56	369	—	—
1.18	335	1.38	354	1.58	371	—	—

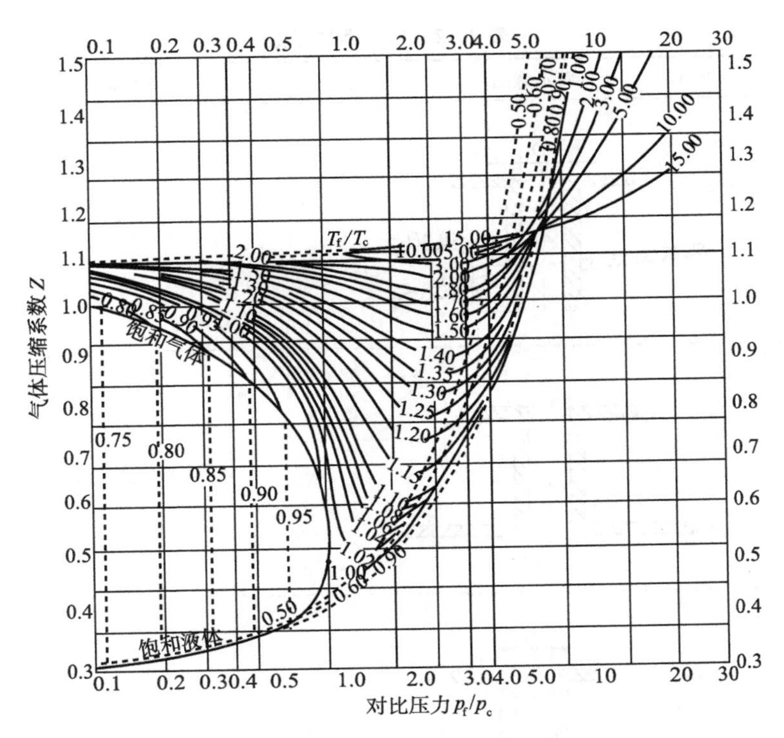

图 9 −2 −18　气体压缩系数 Z

表 9 −2 −10　水蒸气特性系数 C′

绝对压力/MPa	温度/℃													
	饱和	200	220	260	300	340	380	420	460	500	560	600	660	700
	系数 C′													
0. 5	1. 005	0. 996	0. 972	0. 931	0. 896	0. 864	0. 835							
1	0. 978	0. 981	0. 983	0. 938	0. 901	0. 868	0. 838							
1. 5	0. 977	0. 976	0. 970	0. 947	0. 906	0. 872	0. 841							
2	0. 972		0. 967	0. 955	0. 912	0. 876	0. 845	0. 817	0. 792	0. 768				
2. 5	0. 969			0. 961	0. 918	0. 880	0. 848	0. 819	0. 793	0. 770				
3	0. 967			0. 957	0. 924	0. 885	0. 851	0. 822	0. 795	0. 774	0. 742	0. 721	0. 695	0. 679
4	0. 965			0. 958	0. 934	0. 894	0. 857	0. 826	0. 799	0. 775	0. 744	0. 725	0. 696	0. 680
5	0. 966				0. 953	0. 904	0. 865	0. 832	0. 803	0. 778	0. 747	0. 723	0. 697	0. 681
6	0. 968				0. 953	0. 911	0. 872	0. 838	0. 808	0. 781	0. 747	0. 729	0. 698	0. 682
7	0. 971				0. 958	0. 924	0. 881	0. 844	0. 812	0. 785	0. 749	0. 731	0. 702	0. 683
8	0. 975				0. 967	0. 937	0. 888	0. 850	0. 817	0. 789	0. 752	0. 731	0. 701	0. 684
9	0. 980					0. 957	0. 897	0. 856	0. 822	0. 792	0. 754	0. 733	0. 702	0. 685
10	0. 986					0. 961	0. 909	0. 863	0. 827	0. 796	0. 757	0. 735	0. 703	0. 686
12	0. 999					0. 975	0. 926	0. 876	0. 838	0. 805	0. 762	0. 739	0. 706	0. 688
14	1. 016					1. 002	0. 956	0. 893	0. 846	0. 811	0. 768	0. 743	0. 711	0. 691
16	1. 063						0. 988	0. 907	0. 858	0. 819	0. 774	0. 748	0. 714	0. 693
18	1. 063						1. 004	0. 929	0. 873	0. 828	0. 779	0. 752	0. 717	0. 697
20	1. 094						1. 028	0. 953	0. 885	0. 835	0. 786	0. 757	0. 720	0. 700
22	1. 129						1. 072	0. 982	0. 900	0. 849	0. 793	0. 761	0. 724	0. 702
24								1. 106	0. 915	0. 861	0. 797	0. 766	0. 727	0. 705
26								1. 055	0. 935	0. 871	0. 804	0. 772	0. 731	0. 708
28								1. 096	0. 956	0. 883	0. 811	0. 776	0. 735	0. 710
30								1. 132	0. 977	0. 895	0. 821	0. 781	0. 735	0. 715
32								1. 169	1. 009	0. 908	0. 824	0. 787	0. 742	0. 714

注：压力和温度处于中间值时，C′可以用内插法计算。

表 9-2-11 泄放系数

编号	接管示意图	接管形状	泄放系数 K
1	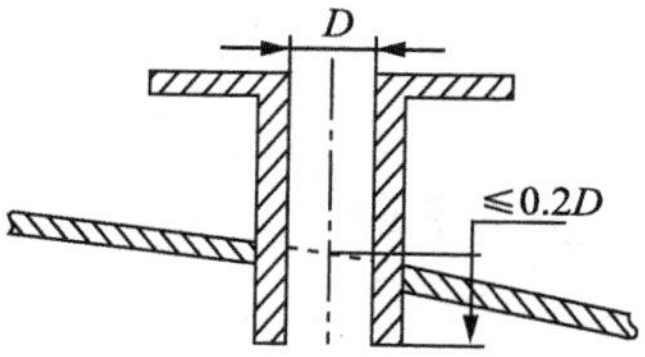 D; $\leqslant 0.2D$	插入式接管	0.68
2	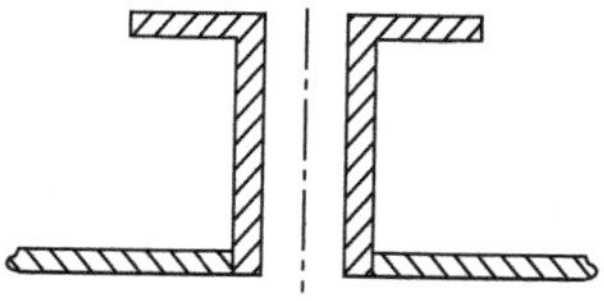	平齐式接管	0.73
3	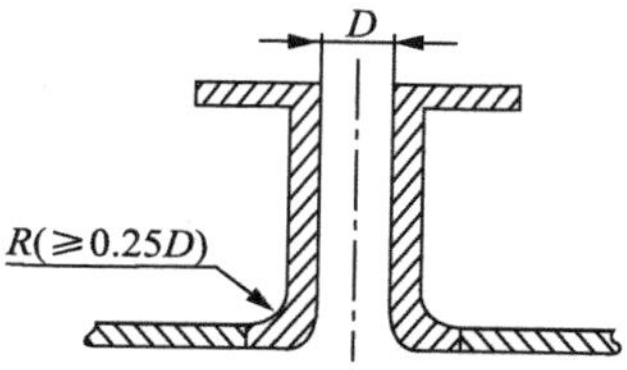 D; $R(\geqslant 0.25D)$	带过渡圆角接管	0.80

表 9-2-12 部分气体的性质

气体	分子式	摩尔质量 M/(kg/kmol)	绝热指数 k(0.013 MPa，15℃时)	临界压力 p_c/MPa(绝对)	临界温度 T_c/K
空气	—	28.97	1.40	3.769	132.45
氮气	N_2	28.01	1.40	3.394	126.05
氧气	O_2	32.00	1.40	5.036	154.35
氢气	H_2	2.02	1.41	1.297	33.25
氯气	Cl_2	70.91	1.35	7.711	417.15
一氧化碳	CO	28.01	1.40	3.546	134.15
二氧化碳	CO_2	44.01	1.30	7.397	304.25
氨	NH_3	17.03	1.31	11.298	405.55
氯化氢	HCl	36.46	1.41	8.268	324.55
硫化氢	H_2S	34.08	1.32	9.008	373.55
一氧化二氮	N_2O	44.01	1.30	7.265	309.65
二氧化硫	SO_2	64.06	1.29	7.873	430.35
甲烷	CH_4	16.04	1.31	4.641	190.65
乙炔	C_2H_2	26.02	1.26	6.282	309.15
乙烯	C_2H_4	28.05	1.25	5.157	282.85
乙烷	C_2H_6	30.05	1.22	4.945	305.25
丙烯	C_3H_6	42.08	1.15	4.560	365.45
丙烷	C_3H_8	44.10	1.13	4.357	368.75
正丁烷	C_4H_{10}	58.12	1.11	3.648	426.15
异丁烷	$CH(CH_3)_3$	58.12	1.11	3.749	407.15

（2）爆破片安全装置实际泄放面积

1）爆破片安全装置的实际泄放面积应不小于要求的爆破片最小泄放面积。

2）当爆破片安全装置的实际泄放面积大于进口管的截面积时，进口管的截面积应不小于要求的爆破片最小泄放面积。

7. 爆破片更换周期的确定

（1）选用爆破片安全装置时要考虑爆破片的更换周期，更换周期取决于爆破片的类别、型号、材料、使用工况等因素，爆破片更换周期的确定可参考现行国家标准《爆破片安全装置　第2部分：应用、选择与安装》（GB 567.2—2012）附录D的规定。

（2）属于下列情况之一的，应更换爆破片：

a. 超过最小爆破压力而未爆破的爆破片应立即更换；

b. 设备检修且拆卸的爆破片应更换；

c. 苛刻条件或重要场合下使用的爆破片应每年定期更换。

四、爆破片的布置形式

爆破片可以单独使用，也可以安装在安全阀和容器中间或安装在安全阀出口处。根据《炼油厂压力泄放装置的安装》（API RP520 PT Ⅱ—2003（R2011））的规定，安全阀和爆破片一起安装时，安全阀的泄放能力要减少20%。

正常情况下，爆破片和设备或管道之间是不允许设置阀门的。如果工艺过程必须设置阀门或其他的布置形式，则可按下列几种情况考虑。

（一）金属爆破片的布置

1. 爆破片的单独及其组合布置

爆破片可单独、并联或串联使用，此时爆破片起主要的安全作用。

（1）符合下列条件之一的被保护承压设备，应单独使用爆破片安全装置作为超压泄放装置；

a）容器内压力迅速增加，安全阀来不及反应的；

b）设计上不允许容器内介质有任何微量泄漏的；

c）容器内介质产生的沉淀物或粘着胶状物有可能导致安全阀失效的；

d）由于低温的影响，安全阀不能正常工作的；

e）由于泄压面积过大或泄放压力过高（低）等原因安全阀不适用的。

（2）爆破片的布置

1）爆破片单独使用。如图9-2-19（a）所示，在爆破片入口侧设置一个切断阀，该阀处于常开状态，只是在更换爆破片时才关闭，以防止介质外流。但是切断阀的泄放能力应大于爆破片的泄放能力。

2）爆破片并联（带双向切换阀）布置。如图9-2-19（b）所示，必须在两个爆破片连接管的中部设置一个双向切换阀，其中一向处于常关闭状态，只有在更换爆破片时才打开，不致影响设备的连续运转。

3）爆破片并联（带切断阀）布置。如图9-2-19（c）所示，在两个爆破片入口侧各串联一个切断阀，截过阀的泄放能力必须大于爆破片的泄放能力。

4）爆破片串联布置。如图9-2-19（d）所示，在两个爆破片之间设置压力表和放气阀，主要用于强腐蚀性流体。

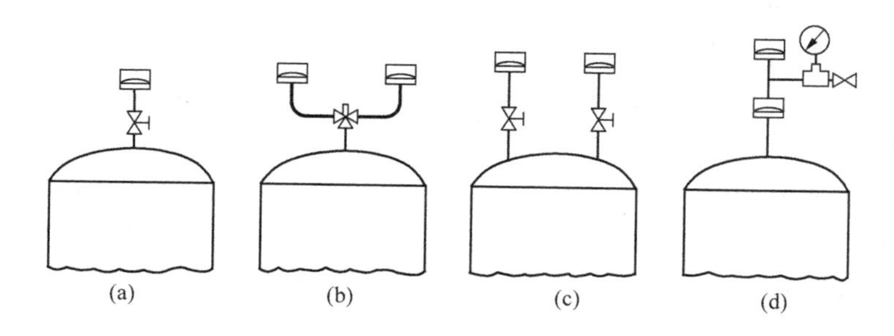

图 9－2－19　爆破片与安全阀的组合布置

2. 爆破片与安全阀的组合布置

爆破片与安全阀可并联或串联。爆破片串联在安全阀入口侧或出口侧时，爆破片起辅助的安全作用。

（1）爆破片与安全阀的组合布置

1）爆破片与安全阀的并联布置。如图 9－2－20(a)所示，爆破片的爆破压力比安全阀定压稍高。安装爆破片是为了防止安全阀失效，并延长爆破片本身的寿命。

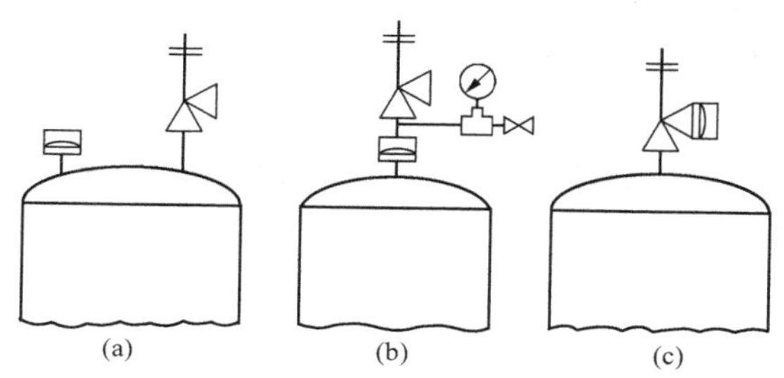

图 9－2－20　爆破片与安全阀的组合布置

2）爆破片串联在安全阀的入口侧。如图 9－2－20(b)所示，必须在爆破片和安全阀之间设置压力表和放气阀，通过爆破片密封压力系统，将安全阀与介质隔开，避免安全阀受介质的腐蚀，这样既可防止安全阀泄漏，又可保证安全阀的正常操作。

3）爆破片串联在安全阀的出口侧。如图 9－2－20(c)所示，这样布置可使安全阀在爆破片破裂之前不受爆破片后面泄放管内或其他外部背压的影响，防止泄放管中腐蚀性介质对安全阀的侵蚀和安全阀的蠕变，又可延长爆破片的寿命。

（2）爆破片安全装置串联在安全阀入口侧

1）属于下列情况之一的被保护承压设备，爆破片安全装置应串联在安全阀入口侧：

a. 为避免因爆破片的破裂而损失大量的工艺物料或盛装介质的；

b. 安全阀不能直接使用场合(如介质腐蚀、不允许泄漏等)的；

c. 移动式压力容器中装运毒性程度为极度、高度危害或强腐蚀性介质的。

2）当爆破片安全装置安装在安全阀的入口侧时，应满足下列要求：

a. 爆破片安全装置与安全阀组合装置的泄放量应不小于被保护承压设备的安全泄放量；

b. 爆破片安全装置公称直径应不小于安全阀入口侧管径，并应设置在距离安全阀入口侧 5 倍管径内，且安全阀入口管线压力损失(包括爆破片安全装置导致的)应不超过其设定压力的 3%；

c. 爆破片爆破后的泄放面积应大于安全阀的进口截面积；

d. 爆破片在爆破时不应产生碎片、脱落或火花，以免防碍安全阀的正常排放功能；

e. 爆破片安全装置与安全阀之间的腔体应设置压力指示装置、排气口及合适的报警指示器。

3）入口侧串联爆破片安全装置的安全阀，其额定泄放量应以单个安全阀额定泄放量乘以系数0.9作为组合装置泄放量。

（3）爆破片安全装置串联在安全阀的出口侧

1）若安全阀出口侧有可能被腐蚀或存在外来压力源的干扰时，应在安全阀出口侧设置爆破片安全装置，以保护安全阀的正常工作。

2）移动式压力容器设置的爆破片安全装置不应设置在安全阀的出口侧。

3）当爆破片安全装置设置在安全阀的出口侧时，应满足下列要求：

a. 爆破片安全装置与安全阀组合装置的泄放量应不小于被保护承压设备的安全泄放量；

b. 爆破片安全装置与安全阀之间的腔体应设置压力指示装置、排气口及合适的报警指示器；

c. 在爆破温度下，爆破片设计爆破压力与泄放管内存在的压力之和应不超过下列任一条件：

a）安全阀的整定压力；

b）在爆破片安全装置与安全阀之间的任何管路或管件的设计压力；

c）被保护承压设备的设计压力。

d. 爆破片爆破后的泄放面积应足够大，以使流量与安全阀的额定排量相等；

e. 在爆破片以外的任何管道不应因爆破片爆破而被堵塞。

（4）爆破片安全装置与安全阀并联使用

1）属于下列情况之一的被保护承压设备，可设置1个或多个爆破片安全装置与安全阀并联使用：

a. 防止在异常工况下压力迅速升高的；

b. 作为辅助安全泄放装置，考虑在有可能遇到火灾或接近不能预料的外来热源需要增加泄放面积的。

2）安全阀及爆破片安全装置各自的泄放量均应不小于被保护承压设备的安全泄放量。

3）爆破片的设计爆破压力应大于安全阀的整定压力。

（二）石墨爆破片的布置

石墨爆破片爆破时会产生碎片，不但容易污染流体，而且会影响安全阀的动作。因此，石墨爆破片的布置除与金属爆破片的布置基本相同以外，还应着重考虑防止爆破片碎片落入设备内。三种典型的石墨爆破片布置形式如图9-2-21所示。

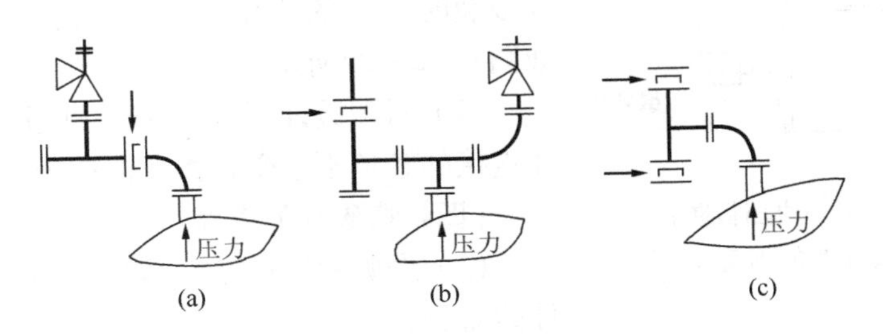

图9-2-21　石墨爆破片的布置

五、爆破片的安装设计

爆破片安装设计原则与安全阀相类似。例如：与安全阀连接的切断阀的使用，需要具备为安全阀所推荐的相同的设计方法。对于防止爆破片进口管产生堵塞，结冰及出口管的放空和处理闪蒸液体的方法亦和安全阀出入口管相类似，但在某些方面却不完全相同。

（一）出入口配管

（1）由于爆破片排放时速度很高，对人和设备都可能产生损害，所以在安装爆破片时首先要考虑爆破片的安装位置必须使介质排放到安全区域，这样可以避免爆破片排出的介质对工作人员或者对设备产生损害。

（2）爆破片的安装位置应尽量接近压力源，爆破片前的管道要求短、直而粗，且管道截面积应不小于膜片的泄放面积，以减少爆破片入口阻力。

（3）爆破片管道设计应满足定期更换爆破片的要求，应提供一个快速简便和尽可能安全的操作条件，在需要的地方设置操作平台。

（4）对高黏度介质，爆破片不应安装在一根长管道的一端或远离容器。

（5）当系统内为可燃气体时，应采取措施防止在管道中产生燃烧。如：加设阻火器、管道静电接地等措施。

（二）背压

爆破片后接管道时，对爆破片可能产生背压。

配管设计人员应将爆破片管系草图提供给工艺设计人员进行校核，检查背压可能对爆破片性能的影响。

（三）反作用力

由于爆破片没有活动部件，对爆破片破裂时由于排出口高速流体产生的应力不像安全阀那样敏感，但也应采取措施防止爆破片入口管和容器或管道连接处产生过大的力和力矩，具体措施除参考本篇第十七章“安全阀的反作用力”部分以外，还应注意下列各点：

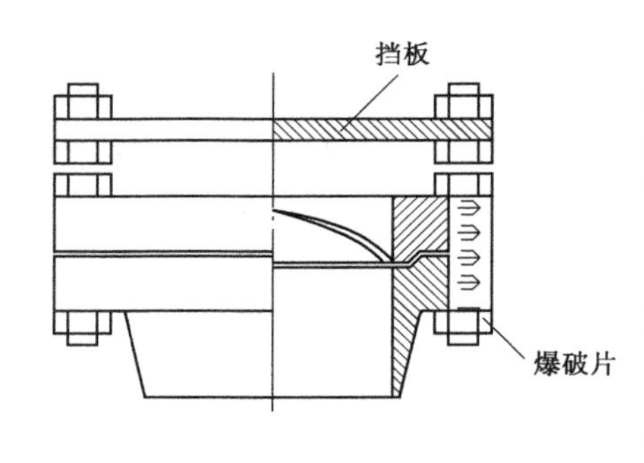

图 9－2－22　用一块挡板防止爆破片爆炸时的损害

（1）爆破片排放时的反作用力近似等于爆破片的爆破压力乘以 2 倍的爆破面积。所以，必须对管道和连接点设置合适的支撑。若爆破后直接排放到大气，可以在爆破片后面设置一块挡板，这样可以减少爆破片破裂时产生的作用力，也可防止附近设备的损坏。如图 9－2－22所示；

（2）对爆破片后的管道加以适当支撑，使与爆破片连接的管道不承受过大弯曲应力的影响。

（四）爆破片的安装

（1）爆破片的法兰和爆破片材料必须满足工艺条件的需要。

（2）组装爆破片时小心谨慎，不应降低爆破片有效截面积。

（3）仔细清除夹持器两侧接触面的脏物，严防损伤爆破片。

（4）安装爆破片时，应均匀拧紧螺栓，防止爆破片在夹持器中松动，最好采用力矩扳手，以免由于较高的或不均匀的法兰压力而损害爆破片。

(5) 爆破片必须安装在相应的夹持器上，并严格按说明书和铭牌箭头指示方向安装，必须使铭牌字面朝泄放侧，切勿装反，否则会影响爆破压力，导致重大事故。

(6) 未经制造厂同意，不允许在爆破片两侧加保护膜、垫圈或涂层。

(7) 爆破片应储存在干燥、无腐蚀环境中，防止碰撞，不允许压伤、变形。

(8) 爆破片一旦从夹持器上拆下，不论它是否损坏，都不能再使用。

(9) 由于爆破片在容器工作压力下的应力远高于材料的应力，以及其他物理、化学因素的作用，爆破片的爆破压力会逐渐降低，因此在正常使用条件下，即使不破裂也应定期更换（一般是一年至少更换一次），对于超压未爆破的爆破片应立即更换。

目前爆破片的使用寿命还不能用公式进行计算，只能根据各自的使用条件如：介质性质、压力波动范围、爆破片材料及容器里温度等，综合情况一起考虑决定；也可以在设备运转一定时间后，取出爆破片，重新做爆破试验，这样积累相当的数据后，根据情况决定爆破片的使用期限。

第三节 呼 吸 阀

一、呼吸阀的种类

呼吸阀是一种用来降低常压储罐内挥发性液体的蒸发损耗，保护储罐免受超压或真空破坏的安全设施。

1. 呼吸阀的结构

（1）呼吸阀为呼气阀和吸气阀并为一体后的总称，主要由阀体、阀盘、阀座、阀杆、导向套等组成。呼吸阀结构见图 9-3-1。图中所示呼吸阀呼气端与吸气端为同轴结构，呼气端与吸气端也可为并列结构。呼吸阀的开启压力取决于阀盘的重量。

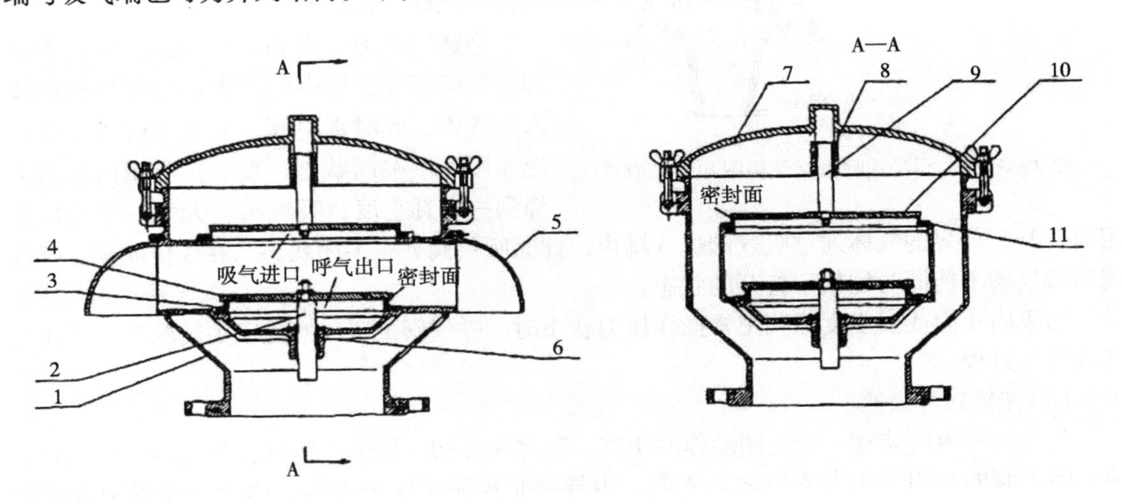

图 9-3-1 呼吸阀结构示意图

1—阀体；2—呼气端阀杆；3—呼气端阀座；4—呼气端阀盘；5—呼气端阀罩；6—呼气端导向衬套及阀杆衬套；7—吸气端阀盖；8—吸气端导向衬套及阀杆衬套；9—吸气端阀杆；10—吸气端阀盘；11—吸气端阀座

（2）呼吸阀按开启压力分为五级，见表 9-3-1。

（3）呼吸阀按适用温度范围分为两类，见表9－3－2。

（4）呼吸阀的规格用连接法兰的公称直径表示，见表9－3－3。

表9－3－1 呼吸阀开启压力分级表

等 级	开启压力 p_s/Pa	等级代号
1	+355，－295	A
2	+665，－295	B
3	+980，－295	C
4	+1375，－295	D
5	+1765，－295	E

注：正号表示呼出时开启压力、负号表示吸入时开启压力。

表9－3－2 呼吸阀适用温度

产品型式	适用操作温度/℃	型式代号
全天候型	－30～60	Q
普通型	0～60	P

表9－3－3 呼吸阀规格

连接法兰公称通径 DN/mm							
50	80	100	150	200	250	300	350

2. 呼吸阀的类型

（1）阀盘式呼吸阀(或称重力式呼吸阀)

这种呼吸阀的外部有一个阀体，内部有一个压力阀(即呼气阀)和一个真空阀(即吸气阀)。压力阀盘和真空阀盘既可并排布置，也可以重叠布置。其结构如图9－3－2所示。

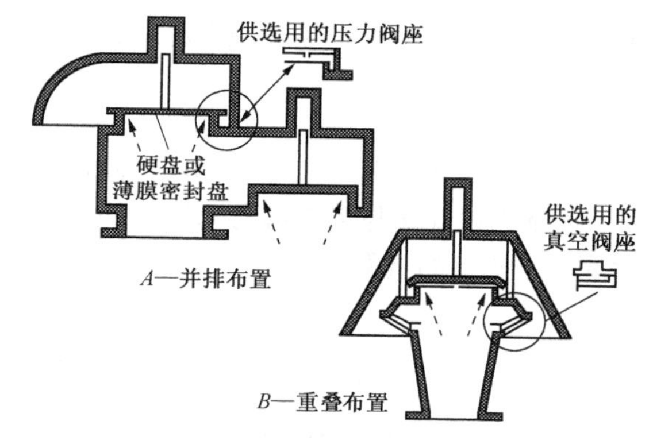

图9－3－2 阀盘式呼吸阀结构图和工作原理

当储罐压力和大气压力相等时，压力阀和真空阀的阀盘和阀座密切配合，阀座边上密封结构具有“吸附”效应，使阀座严密不漏。

当压力或真空度增加时，阀盘开始开启，由于在阀座边上仍存在着“吸附”效应，所以仍能保持良好的密封。

当罐内压力升高到定压值时，将压力阀即呼气阀打开，罐内的蒸汽通过呼气阀侧排入大气中，此时真空阀，即吸气阀由于受正压作用处于关闭状态。反之，当罐内压力下降到一定真空度，吸气阀受大气压的正压作用而打开，外界的气体通过吸气阀进入罐内，此时呼气阀处于关闭状态。在任何时候，呼气阀和吸气阀不能同时均处于打开的状态。

当罐内压力或真空度降到正常操作压力状态时，呼气阀或吸气阀处于关闭状态，停止呼气或吸气过程。

(2)先导式呼吸阀

先导式呼吸阀装有一个强制动作的小阀，称之为导阀，借助合适材料制成的薄膜来开启或关闭大阀的作用，此大阀称之为主阀。由导阀来控制主阀的动作，由于导阀采用薄膜结构，薄膜面积大，故在很低的工作压力下仍可达到一定的作用力来控制主阀的动作。此外，在导阀开启前，主阀不受控制流的作用，严密关闭，无泄漏现象。由于主阀采用软密封，故先导式呼吸阀可达到气泡级密封，其结构如图9－3－3所示。

其工作原理简述如下：

在正常情况下作用在主阀膜片上下的压力 p_1、p_2 和作用在导阀膜片上的压力是相同的，主阀膜片处于关闭状态,而导阀上的弹簧作用力大于导阀膜片向上作用力,使导阀也处于关闭状态。

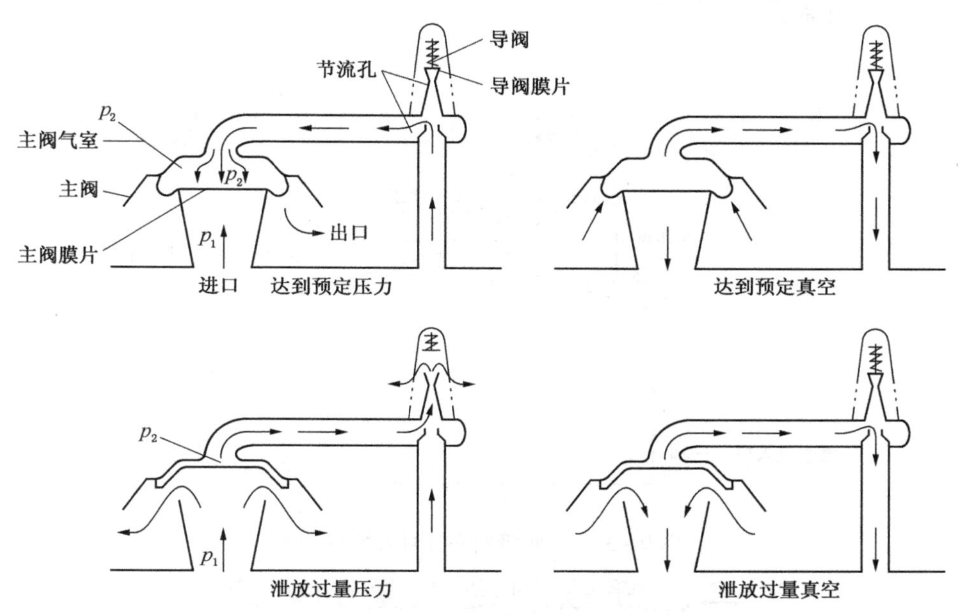

图 9－3－3　先导式呼吸阀结构图和工作原理

当系统压力达到定压值时，作用在导阀膜片向上作用力刚好超过弹簧作用力时，使导阀开启，封闭在主阀气室内的气体通过导管经过节流孔向外泄出，使主阀气室内的压力降低，此时作用在主阀膜片上、下的压力 $p_1 > p_2$，使主阀膜片迅速打开，使系统超高的压力得到泄放。当系统压力降低到定压值以下时，作用在导阀膜片下方的压力小于弹簧作用力时，导阀被关闭，系统内的气流通过导管进入主阀气室，使压力 $p_1 = p_2$，由于主阀膜片上方(气室内一侧)受压面积大于阀座下方的受压面积，使两侧受力不等而使主阀膜片关闭并密封。

当系统处于真空状态并达到设定点时,存在于主阀上面气室内的气压 $p_2 > p_1$,气室内的气体通过导管经过节流孔进入储灌,使气室压力 p_2 下降,外部的大气压力就使主阀膜片开启,并在阀内形成气流,从而解除系统真空。大气压力又再通过导管经过节流孔而进入气室使主阀关闭。

二、呼吸阀的应用

当储罐内介质的闪点≤60℃，应选用呼吸阀。呼吸阀适用于较低的压力范围，由于工作压力非常接近定压，易造成阀门早期泄漏。另外，在超压状态下，有时得不到为确保全开所需要的作用力，导致阀门无法开足，流量较低，影响了阀的排放能力。为此，在 API 620《大型焊接低压储罐的设计与建造》中对低压工况推荐使用先导式呼吸阀代替阀盘式呼吸阀，这样可以保证储罐能切实地在低的定压范围内工作，达到某些储罐所需要的精密控制的要求，有利于保证产品质量和增进工业安全，故近年来在引进装置中已大量采用了先导式呼吸阀。

呼吸阀还可与气封系统一起使用。气封系统是使储罐内维持一定的压力，防止外界气体进入，污染储罐内储存的介质或与其起化学和生物反应。常用的气封气有氮气、燃料气等。当罐内储存的介质被泵抽出，或由于温度降低，罐内的气体冷凝或收缩时，要补入气封气，以杜绝罐外空气的进入。当向罐内进料及气温升高导致罐内压力升高时，装在罐顶的呼吸阀自动打开，将超压的气体排入大气。为保证储罐不被抽成真空，当罐内压力低于大气压，而气封系统由于故障不能保证罐内的正压时，真空阀打开，空气进入储罐，保护储罐不受破坏，如图9－3－4所示。

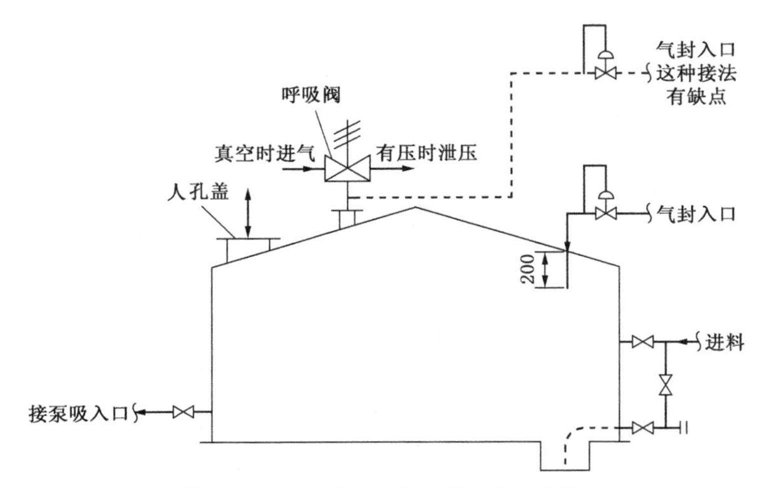

图9－3－4　呼吸阀和气封系统的安装

三、呼吸阀通气量的确定

储罐呼吸阀通气量按下列条件确定：

（1）储罐向外输出物料时所造成的吸入；

（2）向储罐内灌装物料时所造成的呼出；

（3）由于气候等影响引起储罐内物料蒸气压增大或减少所造成的呼出和吸入（通称热效应）；

（4）火灾时储罐受热，引起蒸发量骤增而成的呼出。

（一）正常通气量

正常通气量应使储罐不超过额定的操作压力或真空度，以防储罐的物理损坏或变形。它是泵的抽出量和储罐的进料量和热效应之和。

1. SH/T 3007—2007 的规定

通气管或呼吸阀的通气量，不得小于下列各项的呼出量之和及吸入量之和：

a. 液体出罐时的最大出液量所造成的空气吸入量，应按液体最大出液量考虑。

b. 液体进罐时的最大进液量所造成的管内液体蒸发呼出量，当液体闪点（闭口）高于45℃时，应按最大进液量的1.07倍考虑；当液体闪点（闭口）低于或等于45℃时，应按最大进液量的2.14倍考虑。

c. 因大气最大温降导致罐内气体收缩所造成储罐吸入的空气量和因大气最大温升导致罐内气体膨胀而呼出的气体，可按表9－3－4确定。

2. 美国标准 API Std 2000 的规定

a. 闪点低于37.8℃的油品：

$$Q_i = 0.94V_o + Q_t \quad (9-3-1)$$

$$Q_o = 2.02V_i + Q_t \quad (9-3-2)$$

b. 闪点高于或等于37.8℃的油品：

$$Q_i = 0.94V_o + Q_t \quad (9-3-3)$$

表 9-3-4 储罐热呼吸通气需要量

储罐容量/ m^3	吸入量(负压)/ (m^3/h)	呼出量(正压)/(m^3/h)	
		闪点 >45℃	闪点≤45℃
100	16.9	10.1	16.9
200	33.7	20.2	33.7
300	50.6	30.3	50.6
400	71.2	40.5	71.2
500	84.3	50.6	84.3
700	118.0	70.8	118.0
1 000	169.0	101.0	169.0
2 000	337.0	202.0	337.0
3 000	506.0	303.0	506.0
4 000	647.0	472.0	647.0
5 000	787.0	537.0	787.0
10 000	1 210.0	807.0	1 210.0
20 000	1 877.0	1 307.0	1 877.0
30 000	2 495.0	1 497.0	2 495.0
50 000	4 320.0	2 590.0	4 320.0

$$Q_o = 1.01V_i + Q_t \tag{9-3-4}$$

式中 Q_i——吸入时总通气量(已换算成15℃，一个大气压下的空气)，m^3/h；

Q_o——排出时总通气量(已换算成15℃，一个大气压下的空气)，m^3/h；

Q_t——在吸气或排气的同时，由于气温变化(包括骤降大雨致使的油气温度下降)引起的通气量(已换算成15℃，一个大气压下的空气)，m^3/h；

V_i——最大进油量，m^3/h；

V_o——最大出油量，m^3/h；

V——油罐容积，m^3；

S——油罐壁板与顶板表面积之和，m^2。

气温变化引起的通气量 Q，如表9-3-5所示。

表 9-3-5 气温变化引起的通气量 Q_t

储罐容量/ m^3	吸入量/ (m^3/h)	呼气量/(m^3/h)	
		闪点≥37.8℃	闪点 <37.8℃
100	16.9	10.1	16.9
200	33.7	20.2	33.7
300	50.6	30.3	50.6

续表

储罐容量/m^3	吸入量/(m^3/h)	呼气量/(m^3/h)	
		闪点≥37.8℃	闪点<37.8℃
500	84.3	50.6	84.3
700	118.0	70.8	118.0
1 000	169.0	101.0	169.0
2 000	337.0	202.0	337.0
3 000	506.0	303.0	506.0
4 000	647.0	472.0	647.0
5 000	787.0	537.0	787.0
10 000	1 210.0	807.0	1 210.0
20 000	1 877.0	1 307.0	1 877.0
30 000	2 495.0	1 497.0	2 495.0

3. 日本通气设备标准 HPLS－G－103—1997 的规定

闪点低于40℃的油品：

$$Q_i = V_o + Q_t \tag{9-3-5}$$

$$Q_o = 2.14V_i + Q_t \tag{9-3-6}$$

闪点高于或等于40℃的油品：

$$Q_i = V_o + Q_t \tag{9-3-7}$$

$$Q_o = 1.07V_i + 0.6Q_t \tag{9-3-8}$$

在吸气或排气的同时，由于气温变化(包括骤降大雨致使的油气温发下降)引起的通气量：

a. 容积小于3200m^3 的油罐：

$$Q_t = 0.178V \tag{9-3-9}$$

b. 容积大于或等于3200m^3 的油罐：

$$Q_t = 0.61S \tag{9-3-10}$$

式中：Q_i，Q_o，Q_t，V_i，V_o 的含义同前。

可以看出，三个不同规范规定的通气量虽然有些差异，但一般情况下都相当保守。

HPIS－G－103—1997 和 API Std 2000 规定的通气量计算方法基本一致，仅有三点区别：第一，油品闪点分界点。前者为 37.8℃(100°F)，后者为 40℃；第二，HPIS－G－103—1997 中进油和出油时引起的通气量略高于 API Std 2000；第三，气温变化引起的通气量，两者表达形式不一样，但结果基本一致。SH/T 3007—2007 和 API Std 2000 相比。油品闪点分界点由 37. 8℃(100°F)变为了 45℃，进油和出油时引起的通气量略高。

按本标准规定的额定通气量计算出的流速在 15m/s～16m/s，由于通气量的取值偏保守，所以实际流速较计算流速小得多。

(二) 紧急排气量(即火灾时的呼出量)

对于不设保护措施的储罐，如喷淋、保温等，火灾时的排气量见表 9－3－6 所示。

表 9-3-6　火灾时紧急排气量与湿润面积的关系[在 760mmHg(A)、15℃条件下]

湿润面积		排气量		湿润面积		排气量	
ft^2	m^3	ft^3/h	m^3/h	ft^2	m^3	ft^3/h	m^3/h
20	1.858	21100	597.5	350	32.52	288000	8155.24
30	2.787	31600	894.81	400	37.161	312000	8834.842
40	3.716	42100	1192.14	500	46.452	354000	10024.15
50	4.625	52700	1492.3	600	55.742	392000	11100.2
60	5.574	63200	1789.62	700	65.032	428000	12119.59
70	6.503	73700	2086.95	800	74.322	462000	13082.36
80	7.432	84200	2384.275	900	83.613	493000	13960.18
90	8.361	94800	2684.432	1000	92.903	524000	14838
100	9.290	105000	2973.3	1200	111.484	557000	15772.46
120	11.148	126000	3567.92	1400	130.06	587000	16621.96
140	13.006	147000	4162.57	1600	148.645	614000	17386.52
160	14.86	168000	4757.22	1800	167.23	639000	18094.44
180	16.723	190000	5380.2	2000	185.806	662000	18745.72
200	18.581	211000	5974.845	2400	22.967	704000	19935.03
250	23.226	239000	6767.72	2800	260.130	742000	21011.07
300	27.871	265000	7503.95	2800* 以上	260.13 以上		

对于设计压力超过 1 lb/in^2($700mmH_2O$)的储罐和容器当湿润表面积大于 $2800ft^2$($\sim 260m^2$)时，火灾时总的排气量可按下列公式计算：

$$CFH = 1107A^{0.82} \qquad (9-3-11)$$

式中　CFH——排气量，ft^3/h[以 14.7lb/ft^2(A)，60℉空气表示]；

　　A——湿润表面积，ft^2。

四、呼吸阀的选用

石油化工企业的储罐，配置呼吸阀时应按上一节的计算方法确定呼吸量。对照呼吸阀制造厂提供的各种规格的不同定压值的性能曲线，选用呼吸阀尺寸。也就决定了呼吸阀的起跳压力和通气压力。当单个的呼吸量不能满足要求时，可安装两个以上的呼吸阀。

目前已生产的呼吸阀一般都不附产品的性能曲线，但也不能按照理论计算进行选用。根据国家现行标准《石油化工储运系统罐区设计规范》(SH/T 3007—2007)可以按进出储罐的最大液体量(m^3/h)选用通气管(或呼吸阀)的规格尺寸，见表 9-3-7。

表 9-3-7　储罐的通气管(或呼吸阀)规格的选用

储罐容量/m^3	设有阻火器的通气管(或呼吸阀)规格尺寸		未设阻火器的通气管规格尺寸	
	进(出)储罐的最大液体量/(m^3/h)	通气管(或呼吸阀)个数×DN/mm	进(出)储罐的最大液体量/(m^3/h)	通气管个数×DN/mm
100	≤60	1×50(1×80)	≤60	1×50
200	≤50	1×50(1×80)	≤50	1×50
300	≤150	1×80(1×100)	≤160	1×80
400	≤135	1×80(1×100)	≤140	1×80
500	≤260	1×100(1×150)	≤130	1×80
700	≤220	1×100(1×150)	≤270	1×100
1000	≤520	1×150(1×200)	≤220	1×100
2000	≤330	1×150(2×150)	≤750	1×150

续表

储罐容量/m^3	设有阻火器的通气管（或呼吸阀）规格尺寸		未设阻火器的通气管规格尺寸	
	进（出）储罐的最大液体量/（m^3/h）	通气管（或呼吸阀）个数×*DN*/mm	进（出）储罐的最大液体量/（m^3/h）	通气管个数×*DN*/mm
3000	≤690	1×200（2×200）	≤550	1×150
4000	≤660	2×150（2×200）	≤1500	2×150
5000	≤1600	2×200（2×250）	≤1400	2×150
10000	≤2600	2×250（2×300）	≤3400	2×200
20000	≤3500	2×300（3×300）	≤2700	2×200
30000	≤5600	3×300（4×300）	≤5200	2×250
50000	≤4100	3×300（4×300）	≤8500	2×300

注：1. 罐内介质的闪点（闭口）低于或等于60℃时，应选用呼吸阀。

2. 选用呼吸阀时，应同时选用相应直径的液压安全阀，但当呼吸阀有防冻措施或建罐地区历年一月份平均温度的平均值高于0℃时，可不设液压安全阀。

3. 呼吸阀、液压安全阀必须配有阻火器。

4. 选用呼吸阀时尚应选用呼吸阀挡板。

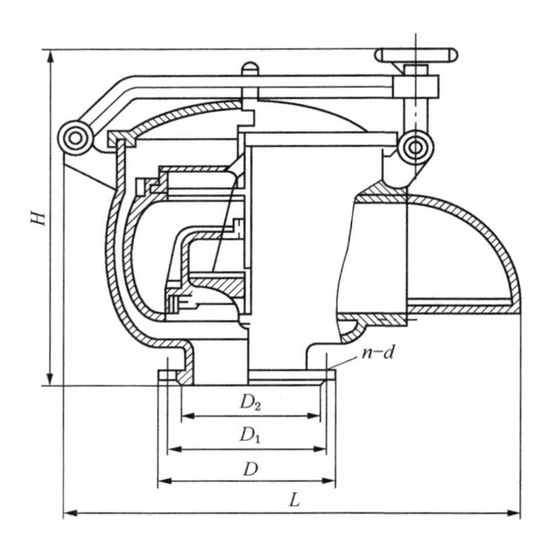

图9－3－5　HXF－88型呼吸阀

按照上表确定呼吸阀的个数及公称直径，同时还要根据工艺要求及地区的气象条件选用条件合适的呼吸阀型号，国内常用的呼吸阀型号和规格如下。

1. 标准型呼吸阀：适用于非冰冻地区

（1）该阀是安装在固定顶罐上的通风装置，起减少油品蒸发损耗，控制储罐压力的作用，其阀盘为硬质铝合金。

（2）该阀分HXF－88A型和HXF－88B型。

（3）该阀具有通风量大，耐腐蚀等特点，并有静电接地线，使阀与罐体保持等电位。

（4）操作压力：正压，B级980.7Pa（100mmH_2O），A级1765.2Pa（180mmH_2O）；负压，294.2Pa（30mmH_2O）。

呼吸阀的结构见图9－3－5，规格和尺寸见表9－3－8和表9－3－9。

表9－3－8　HXF－88型呼吸阀的规格

图　号	名　称	规　　格	材　质	单　位	质量/kg	生　产　厂
HXF－50	呼吸阀	*DN*50 HXF－88型	组合件	台	35	高州机件厂
HXF－80	呼吸阀	*DN*80 HXF－88型	组合件	台	55	东海石油机械厂
HXF－100	呼吸阀	*DN*100 HXF－88型	组合件	台	60	东海石油机械厂
HXF－150	呼吸阀	*DN*150 HXF－88型	组合件	台	100	东海石油机械厂
HXF－200	呼吸阀	*DN*200 HXF－88型	组合件	台	120	东海石油机械厂
HXF－250	呼吸阀	*DN*250 HXF－88型	组合件	台	180	东海石油机械厂
B_1～B_8	呼吸阀	*DN*40～*DN* 250	组合件			温州市四方化工机械厂

表 9-3-9 HXF-88 型呼吸阀结构尺寸

规　格	尺寸/mm						
	H	L	D	D_1	D_2	n	d
DN 50	270	330	ϕ140	ϕ110	ϕ90	4	14
DN 80	440	490	ϕ185	ϕ150	ϕ125	4	18
DN 100	450	490	ϕ205	ϕ170	ϕ145	4	18
DN 150	550	610	ϕ260	ϕ225	ϕ200	8	18
DN 200	570	700	ϕ315	ϕ280	ϕ255	8	18
DN 250	660	900	ϕ370	ϕ335	ϕ310	12	18

2. 防水型呼吸阀(或称全天候呼吸阀)：适用于寒冷地区

(1) 该阀是安装在固定顶罐上的通风装置，起减少油品蒸发损耗，控制储罐压力的作用。其阀盘结构为空气垫型膜式阀盘。

(2) 该阀具有通风量大，泄漏量小，耐腐蚀等特点，并有静电接地线，使该阀与罐体保持等电位。

(3) 该阀具有防冻性能，适用于寒冷地区。

(4) 操作压力：正压：353Pa ($36mmH_2O$)，980.7Pa($100mmH_2O$)；负压：294.2Pa($30mmH_2O$)。

呼吸阀的结构见图 9-3-6，规格和尺寸见表 9-3-10 和表 9-3-11。

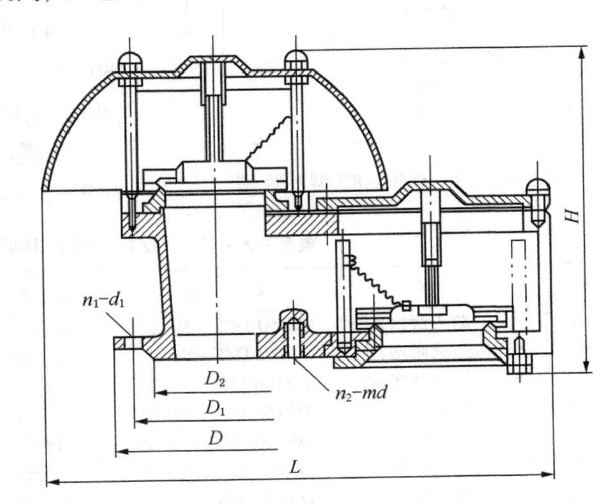

图 9-3-6 QHXF-89 型呼吸阀(P_N=0.6MPa)

表 9-3-10 QHXF-89 型呼吸阀的规格

图　号	名　称	规　格	材　质	单　位	质量/kg	生　产　厂
QHXF-50	全天候呼吸阀	DN50 QHXF-89 型	组合件	台	18	抚顺石油学院机械厂
QHXF-80	全天候呼吸阀	DN80 QHXF-89 型	组合件	台		东海石油机械厂
QHXF-100	全天候呼吸阀	DN100 QHXF-89 型	组合件	台	32	东海石油机械厂
QHXF-150	全天候呼吸阀	DN150 QHXF-89 型	组合件	台	49	东海石油机械厂
QHXF-200	全天候呼吸阀	DN200 QHXF-89 型	组合件	台	66	东海石油机械厂
QHXF-250	全天候呼吸阀	DN250 QHXF-89 型	组合件	台	90	东海石油机械厂

表 9-3-11 QHXF-89 型呼吸阀结构尺寸

规　格	尺寸/mm								
	H	L	D	D_1	D_2	n		d	
						n_1	n_2	d_1	d_2
DN50	255	362	ϕ140	ϕ110	ϕ90	3	1	14	12
DN80	342	508	ϕ185	ϕ150	ϕ125	3	1	18	16
DN100	342	508	ϕ205	ϕ170	ϕ145	3	1	18	16
DN150	460	640	ϕ260	ϕ225	ϕ200	3	1	18	16
DN200	545	770	ϕ315	ϕ280	ϕ255	6	2	18	16
DN250	648	918	ϕ370	ϕ335	ϕ310	9	3	18	16

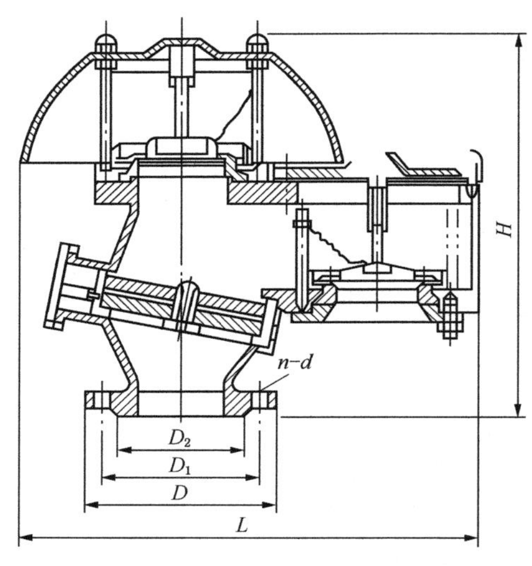

图 9－3－7　QZF－89 型呼吸阀

3. 防冻型防火呼吸阀（或称全厂候防火呼吸阀）：适用于寒冷地区并不需配置阻火器

（1）该阀是安装在固定顶罐上的通风装置，起减少油品蒸发损耗、控制储罐压力及阻止外界火焰传入的作用。

（2）该阀具有通风量大、泄漏量小和耐腐蚀等特点，并有静电接地线，使该阀与罐体保持等电位。

（3）该阀具有防冻性能，适用于寒冷地区。

（4）操作压力：正压：353Pa（36mmH_2O），980.7Pa（100mmH_2O）；负压：294.2Pa（30mmH_2O）。

呼吸阀的结构见图 9－3－7，规格和尺寸见表 9－3－12 和表 9－3－13。

表 9－3－12　QZF－89 型呼吸阀的规格

图　号	名　称	规　格	材　质	单　位	质量/kg	生　产　厂
QZF－50	全天候防火呼吸阀	*DN*50 QZF－89 型	组合件	台	25	东海石油机械厂
QZF－80	全天候防火呼吸阀	*DN*80 QZF－89 型	组合件	台		东海石油机械厂
QZF－100	全天候防火呼吸阀	*DN*100 QZF－89 型	组合件	台	47	东海石油机械厂
QZF－150	全天候防火呼吸阀	*DN*150 QZF－89 型	组合件	台	71	东海石油机械厂
QZF－200	全天候防火呼吸阀	*DN*200 QZF－89 型	组合件	台	98	东海石油机械厂
QZF－250	全天候防火呼吸阀	*DN*250 QZF－89 型	组合件	台	130	东海石油机械厂
BF_1～BF_2	全天候防火呼吸阀	*DN*40～*DN*250	组合件	台		温州市四方化工机械厂

表 9－3－13　QZF－89 型呼吸阀结构尺寸

规　格	尺寸/mm						
	H	*L*	*D*	D_1	D_2	*n*	*d*
*DN*50	360	362	φ140	φ110	φ90	4	14
*DN*80	445	513	φ185	φ150	φ125	4	18
*DN*100	445	513	φ205	φ170	φ145	4	18
*DN*150	610	640	φ260	φ225	φ200	4	18
*DN*200	700	770	φ315	φ280	φ255	8	18
*DN*250	828	918	φ370	φ335	φ310	12	18

4. 呼吸人孔（$XXYA^{500}_{600}$型）

工作压力吸入－392.2Pa，呼出＋1961.2Pa，环境温度－30～60℃，主体材质有不锈钢、碳钢二种，生产厂温州市四方化工机械厂。

5. 真空泄压阀

（1）该阀是安装在储罐上的负压通风装置，可与呼吸阀配套使用，以用于增加储罐空气吸入量以防储罐抽瘪。也可单独使用。

（2）该阀具有通风量大，泄漏量小，耐腐蚀等特点，并有静电接地线，使该阀与罐体保持等电位。

（3）该阀具有防冻性能、也适用于寒冷地区。

（4）操作压力－392.2Pa（－40mmH_2O）或按用户要求定。

真实泄压阀的结构见图9-3-8、规格和尺寸见表9-3-14和表9-3-15。

表9-3-14　ZXF-89型真空泄压阀的规格

图　号	名　称	规　格	材　质	单　位	质量/kg	生　产　厂
ZXF-50	真空泄压阀	DN50 ZXF-89型	组合件	台	17	东海石油机械厂
ZXF-100	真空泄压阀	DN100 ZXF-89型	组合件	台	44	高州机件厂
ZXF-150	真空泄压阀	DN150 ZXF-89型	组合件	台	77	无锡市石化设备配件厂
ZXF-200	真空泄压阀	DN200 ZXF-89型	组合件	台	106	无锡市石化设备配件厂
ZXF-250	真空泄压阀	DN250 ZXF-89型	组合件	台	148	无锡市石化设备配件厂

表9-3-15　ZXF-89型真空泄压阀的结构尺寸

规　格	尺寸/mm						
	H	L	D	D_1	D_2	n	d
DN50	258	284	φ140	φ110	φ90	4	14
DN100	372	446	φ205	φ170	φ145	4	18
DN150	400	632	φ260	φ225	φ200	8	18
DN200	461	736	φ315	φ280	φ255	8	18
DN250	520	876	φ370	φ335	φ310	12	18

6. 泄压阀

（1）该阀是安装在储罐上的正压通风装置，可与呼吸阀配套使用或用于增加储罐正压通风量以防超压。也可用于氮封罐和安装在管道上以控制压力。

（2）该阀具有防冻性能，也适用于寒冷地区。

（3）操作压力：+1863.3Pa（+190mmH_2O）或按用户要求定。

泄压阀的结构见图9-3-9，规格和尺寸见表9-3-16和表9-3-17。

表9-3-16　XYF-89型泄压阀的规格

图　号	名　称	型　号	材　质	单　位	质量/kg	生　产　厂
XYF-50	泄压阀	DN50 XYF-89型	组合件	台	17	东海石油机械厂
XYF-100	泄压阀	DN100 XYF-89型	组合件	台	24	高州机件厂
XYF-150	泄压阀	DN150 XYF-89型	组合件	台	39	无锡市石化设备配件厂
XYF-200	泄压阀	DN200 XYF-89型	组合件	台	52	无锡市石化设备配件厂
XYF-250	泄压阀	DN250 XYF-89型	组合件	台	73	无锡市石化设备配件厂

表9-3-17　XYF-89型泄压阀的结构尺寸

规　格	尺寸/mm						
	H	L	D	D_1	D_2	n	d
DN50	266	242	φ140	φ110	φ90	4	14
DN100	296	332	φ205	φ170	φ145	4	18
DN150	390	372	φ260	φ225	φ200	8	18
DN200	468	452	φ315	φ280	φ255	8	18
DN250	544	532	φ370	φ335	φ310	12	18

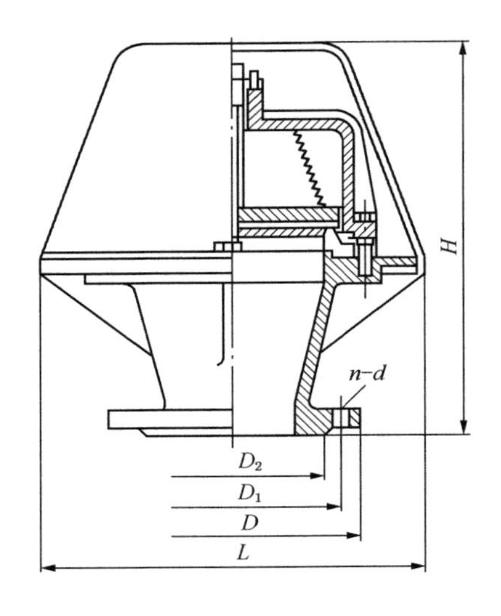

图9－3－8　ZXF－89型真空泄压阀
（PN＝0.6MPa）

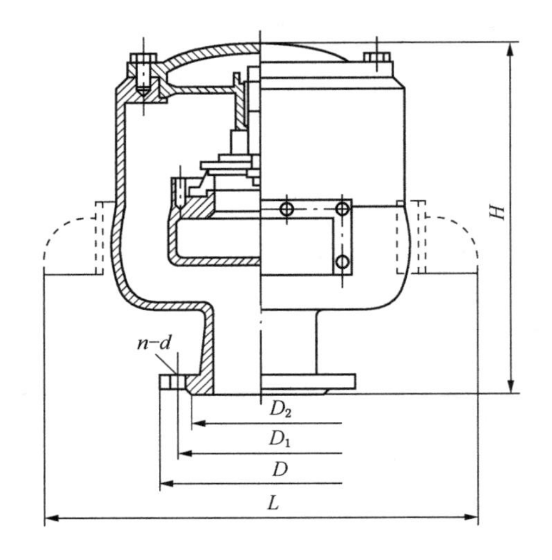

图9－3－9　XYF－89型泄压阀
（PN＝0.6MPa）

五、呼吸阀的安装

（1）呼吸阀的安装位置应设在储罐顶部高点以降低蒸发损耗和其他的排气，呼吸阀应该安装在储罐气相空间的最高点，以便顺利地提供通向呼吸阀最直接和最大的通道。通常对于立式罐，呼吸阀应尽量安装在罐顶中央顶板范围内，对于罐顶需设隔热层的储罐、可安装在梯子平台附近。

（2）当需要安装两上呼吸阀时，它们与罐顶的中心距离应相等。

（3）若呼吸阀用在氮封罐上，则氮气供气管的接管位置一定要远离呼吸阀接口，并由罐顶部插入储罐内约200mm，这样氮气进罐后不直接排出，达到氮封的目的。

（编制　龚世琳、佟振业、李征西）

主要参考资料

1　API·RP520 PTⅠ—2008“炼油厂压力泄放装置尺寸、选型和安装　第Ⅰ部分：尺寸和选型”
2　API·RP520 PTⅡ—2008（R2011）“炼油厂压力泄放装置尺寸、选型和安装　第Ⅱ部分：安装”
3　API·RP521—2008“压力泄压和减压系统指南”
4　API·Std 620—2008“大型焊接低压储罐设计与建造”
5　《石油化工金属管道布置设计规范》（SH 3012—2011）
6　《爆破片安全装置》（GB 567.1～GB567.4—2012）
7　《石油储罐附件　第1部分：呼吸阀》（SY/T 0511.1—2010）
8　《石油化工储运系统罐区设计规范》（SH 3007—2007）

第十章　工艺设备和管道的吹扫、放空与放净

第一节　设备和管道的吹扫/水洗

一、吹扫方式

（一）管道的吹扫方式

（1）对汽油、煤油、轻柴油等凝固点低的介质及不经常吹扫的管道，可采用半固定式吹扫。半固定吹扫接头为 *DN* 20 短管及阀门（接 HC－20 或 QJ $^{A}_{B}$－20 吹扫接头），吹扫时临时接上软管通入吹扫介质。吹扫接头管径等于或大于 *DN* 40 者，应采用固定式吹扫。如图 10－1－1(a)所示。

（2）对重柴油、蜡油、油浆、渣油等凝固点较高的介质及需要经常吹扫或需要用轻质油顶线的管道，应采用固定式吹扫。固定式吹扫接头采用三阀组，如图 10－1－1(a)所示。

（3）对液化烃、芳烃等管道的吹扫，采用半固定式吹扫，吹扫接管采用双阀，如图 10－1－1(b)所示。属于停工吹扫，采用半固定式吹扫，吹扫接管采用单阀加管帽，如图 10－1－1(c)所示。

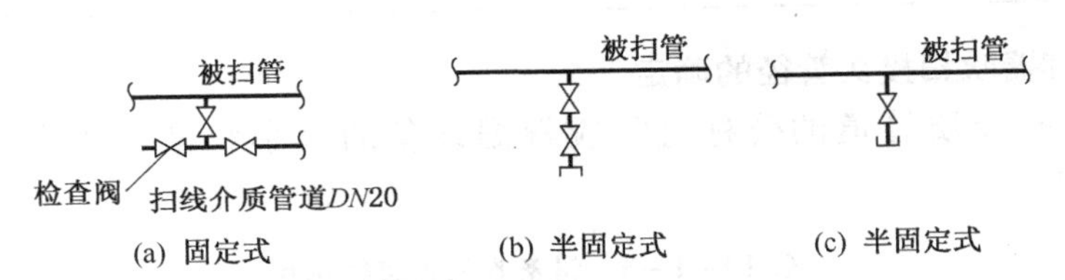

图 10－1－1　吹扫接头示意图

（二）设备的吹扫/水洗方式

（1）塔和容器底部开停工蒸汽吹扫管道小于或等于 *DN*25 时，可采用半固定式吹扫接头，在吹扫阀和快速接头之间加“8”字盲板，如图 10－1－2(a)所示；吹扫管径大于 *DN*25 时，应采用固定式吹扫，在靠近塔或容器吹扫阀前加“8”字盲板，如图 10－1－2(b)所示。

（2）塔和容器底部经常性操作的蒸汽管道（如塔底汽提蒸汽）也可作为开停工蒸汽吹扫，应采用固定式吹扫，在吹扫管道两个切断阀之间应设止回阀，如图 10－1－2(c)所示。

（3）需要水洗的设备结合开工前的水运，可根据需要设固定或半固定接头。固定接头一般在塔的顶回流泵、中段回流泵入口管上接固定水管，切断阀后加“8”字盲板，如图 10－1－3 所示。

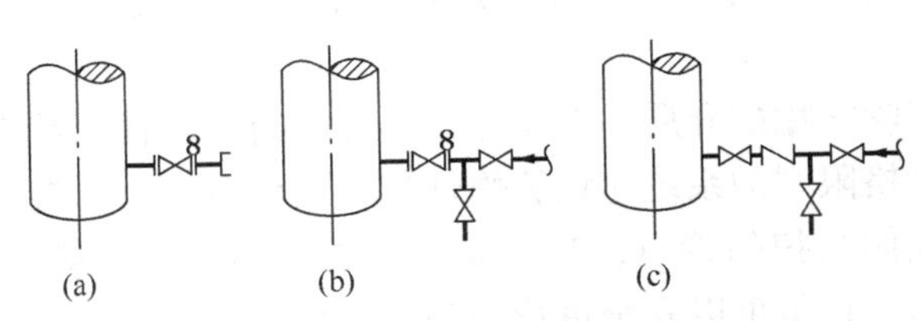

图 10－1－2　塔和容器底部的吹扫示意图

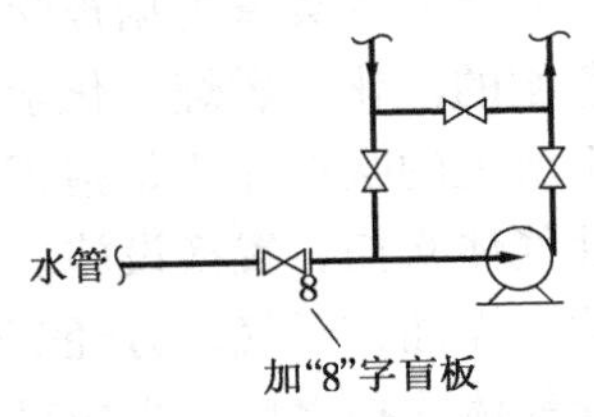

图 10－1－3　设备水洗固定接头示意图

二、吹扫接头管径的确定

(一) 管道吹扫接头管径的确定

吹扫接头的管径系根据被吹扫的介质、管径、长度等因素确定的。除渣油、沥青和油浆等以外的管道的吹扫接头管径可按表 10－1－1 选用。

表 10－1－1　吹扫接头管径选用　(mm)

被扫管道直径 *DN*	<100	100～200	200～250	>250
吹扫接头直径 *DN*	20～25	25～40	40～50	50～80

对于渣油、沥青和油浆等介质，管道的吹扫接头管径可按表 10－1－1 适当加大一级。

根据不同资料介绍吹扫接头管径可按被吹扫管道长度和直径确定，如表 10－1－2 所示。

表 10－1－2　吹扫接头管径　(mm)

被吹扫管长 / 吹扫接头 *DN* / 被吹扫管 *DN*	≤100m	>100m
≤100	*DN*20	*DN*25
>100～200	*DN*25	*DN*40
250	*DN*40	*DN*50
>250	*DN*50	*DN*80

(二) 塔和容器吹扫接头管径的确定

塔和容器吹扫介质管道的公称直径应根据设备的大小和排空能力决定。一般可按表 10－1－3选用。

表 10－1－3　设备吹扫管直径选用

被吹扫设备		被吹扫管直径 *DN*/mm
设备形式	设备直径/m	
立式容器 卧式容器①	≤1	20～25
	1～3	40
	3～5	50
	>5	80

① 对卧式容器有按 m^3 容器确定吹扫管径的，如：≤$2m^3$，*DN*20；2～$50m^3$，*DN* 25；>$50m^3$，*DN* 40。

三、吹 扫 介 质

吹扫介质的种类系根据被吹扫介质的性质确定的。当吹扫介质与被吹扫介质接触时，不应产生急剧的汽化、燃烧、化学反应等。

这里所说的吹扫介质是指正常开、停工吹扫用的介质。对易燃、易爆、有毒气体系统宜设置惰性气体吹扫、置换设施。对含水有严格限制的系统应设置惰性气置换设备。对于液化烃、汽油、煤油、干气、芳烃等使用惰性气体吹扫的管道，当需要停工进行切割、焊接时，除用惰性气体吹扫之后，尚应采用蒸汽吹扫，直至可以安全进行切割、焊接为止。

吹扫介质的选用如表 10－1－4 所示。

表 10-1-4　吹扫介质选用

初扫介质 \ 吹扫介质	蒸汽	空气	水	惰性气体	轻柴油顶线
原　油	—		✓(热水)		✓
汽油、煤油		×	✓	✓	
航　煤		×	—	✓	
柴　油	✓	×	—		
润滑油馏分	✓	—	×	—	
润滑油成品		—	×	✓	
渣油、燃料油	✓	—	×		—
一般沥青/热沥青	✓	—	×		—/✓
蜡　液	✓	—	×		
干　气		×	—	✓	
芳　烃	—	×	✓	✓	
液化烃		×		✓	
氢　气		×		✓	
含氢气体		×		✓	
糠　醛	✓			—	
酮苯溶剂	✓			—	
酸　液	×	✓	×	—	
碱　液	—	✓	×		
乙醇胺	✓		—		
氨　气	—		×	✓	
酸性气	—		×	✓	
碱　渣	✓	×	—	✓	
Na_2SO_3 溶液		—	✓		
Na_2CO_3 溶液	✓		—		
氢氰酸			×	✓	

注：表中符号“✓”为推荐用，“—”为可以用，“×”为不能用。

在设计设备或管道的吹扫管道时，应注意：

（1）原油管道一般不吹扫，必须吹扫时可先用轻质油或热水顶线，必要时再用蒸汽吹扫。

（2）航煤管道一般停工时不吹扫，必须吹扫时应用惰性气体吹扫。无惰性气体时，可用水扫往污油罐区，然后用干空气将水除净。

（3）不含水分的油品，如润滑油成品，当惰性气体来源不足时，应采用经脱水的干燥空气（如仪表空气）吹扫。

（4）渣油、沥青管道停工后，有时先用轻油顶线，再用蒸汽吹扫。

（5）氢气及含氢气体的设备和管道，一般均用惰性气体置换。

（6）对氨气、酸性气（如 H_2S、SO_2）的设备及管道，在工艺过程允许情况下，当惰性气体量不足时，宜先用蒸汽吹扫，再用空气吹干或用惰性气体保护。

（7）在寒冷地区，为了防冻，用蒸汽或水扫线后，还需用压缩空气吹扫以除去存水。

四、装置内吹扫方法

（1）泵入口阀前接固定吹扫接头可向两个方向吹扫，一侧扫往与泵连接的塔或容器，另一侧可经由泵的跨线（或短时间通过泵体）及冷换设备扫往工厂系统，亦可在泵出口线上连接固定吹扫或半固定吹扫接头。如果管道长度过长影响吹扫效果或介质为渣油、原油等，一般宜在冷换设备或加热炉增加接力吹扫接头。互为备用的泵可合用一个吹扫接头，如图 10-1-4及图 10-1-5 所示。

（2）分馏塔抽出管道和汽提塔连接时，吹扫接头应设在该管道切断阀后，如图10-1-6

所示。

（3）塔或容器底部抽出管道吹扫接头，停工后先用塔底泵退油后再吹扫，污油经泵入出口连通线扫出装置，如图 10－1－7 所示。如被吹扫管道过长，宜设接力吹扫接头。

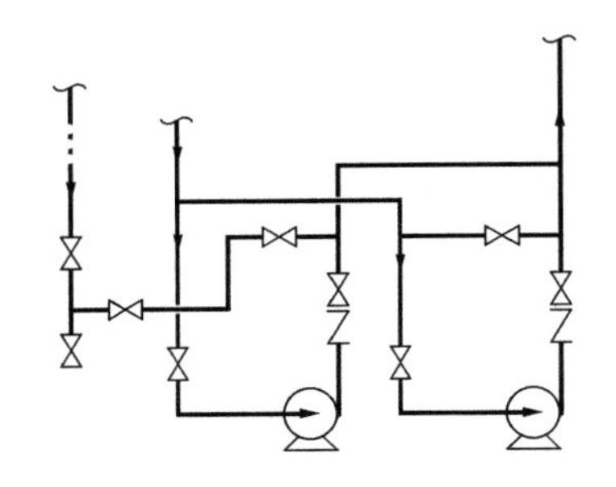

图 10－1－4　泵入口接固定吹扫管示意图

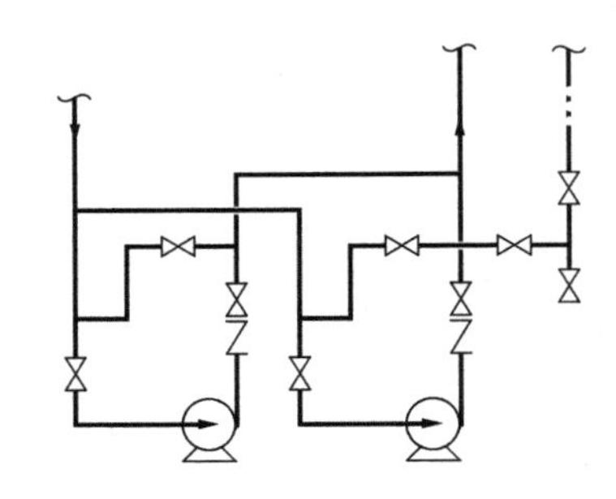

图 10－1－5　泵出口接固定吹扫管示意图

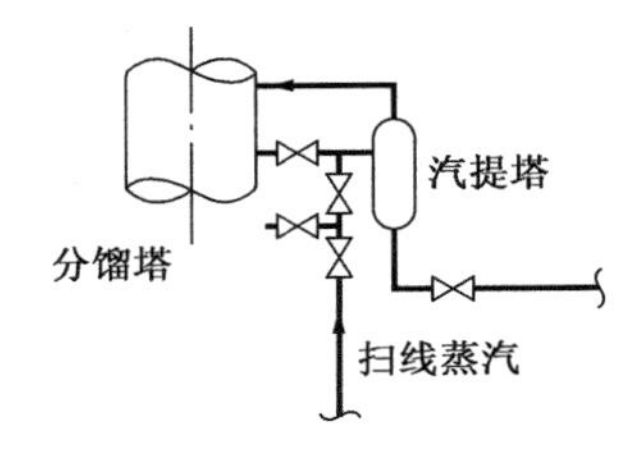

图 10－1－6　有汽提塔的侧线吹扫示意图

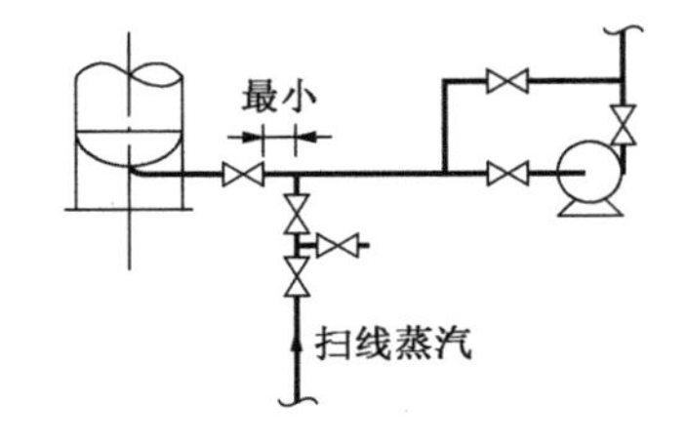

图 10－1－7　塔底抽出管或各侧线抽出管的吹扫示意图

（4）加热炉入口切断阀后设吹扫蒸汽管道，宜与烘炉用蒸汽管道合用，因此需适当加大吹扫管道直径。（按表 10－1－1 适当加大一至二级），如图 10－1－8 所示。

（5）冷换设备前后一般不设吹扫管，只在下列两种情况下设吹扫接头。

a. 轻油管道接力吹扫时，应设半固定式吹扫接头。重油管道吹扫时，应设固定式吹扫接头。

b. 当单独切断检修时，轻油管道应设半固定式吹扫接头。重油管道如原油一渣油换热器应设固定式吹扫接头，并且冷流与热流均设副线，如图 10－1－9 所示。

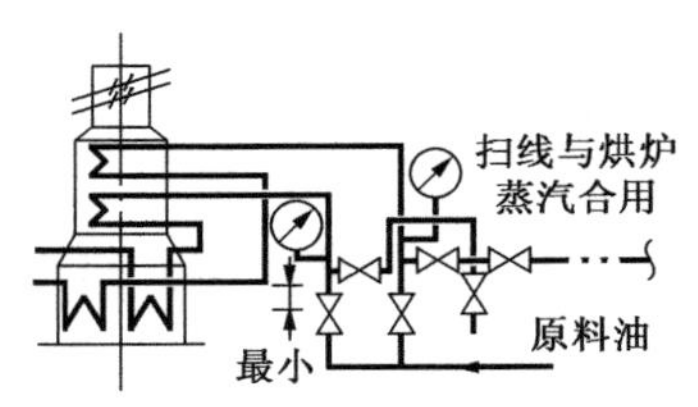

图 10－1－8　加热炉入口吹扫示意图

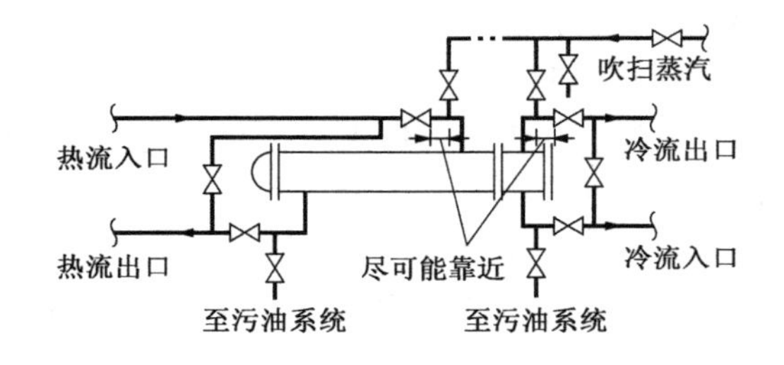

图 10－1－9　带副线的冷换设备及管道吹扫示意图

（6）空冷器如不考虑单独切断时，一般不设吹扫接头。需单独切断时，可利用设备丝堵或进口切断阀后设半固定式吹扫接头。

（7）进出装置的管道，如需接力吹扫时，其吹扫接头均设在主管廊与装置边界线的切断阀前后。

（8）由工厂系统送入装置的燃料油、燃料气、化学药剂等管道和由装置送出的轻重污油、不合格油等管道，通常在装置边界线处设切断阀，同时加固定吹扫接头，向装置内或外扫线。

（9）输送固体物料的管道，为防止物料堵塞，应连接必要的吹气管道进行松动、疏通、反吹或清扫。例如流化催化裂化装置的催化剂输送管、U 形管、提升管等的松动、反吹等，经多年的实践经验，一般有以下几种方式，如图 10－1－10 所示。

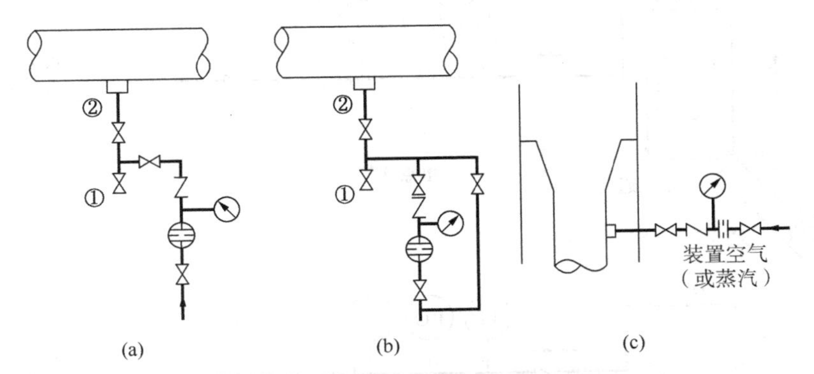

图 10－1－10　输送固体物料的管道的吹气管道

① 两道阀必须保持成直线，一旦堵塞可用铁丝插入疏通；② 如该处直管段较长，则应照原样再接一点吹气线

图 10－1－10(a)是一般的松动/反吹的吹气管道，限流孔板的孔径足以满足正常操作流量的需要。

图 10－1－10(b)是在有可能增加吹气量，或更换限流孔板时，不停吹气的条件下采用的。

图 10－1－10(c)是不可能像(a)那样的安装条件下采用的。

图 10－1－10(a)、(b)两种连接方式足以满足做取样管的要求，故目前已不再另设取样管。

现在多采用闸阀在闸板上开孔代替了限流孔板和旁通阀，或在活接头内加限流孔板，简化了吹气管的设计。

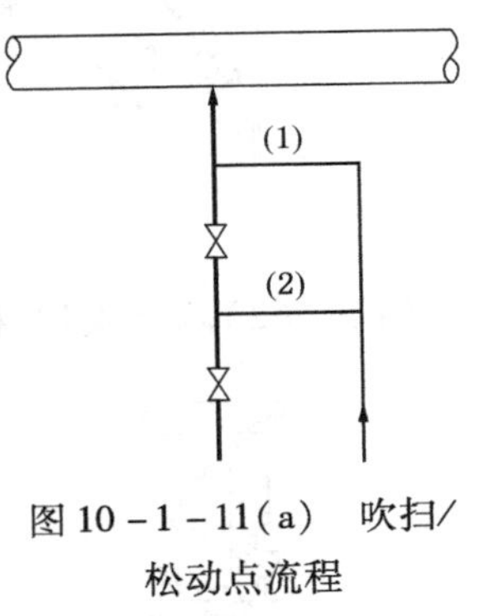

图 10－1－11(a)　吹扫/松动点流程

图 10－1－11(b)　松动/流化用吹气管安装方式

近年来从国外引进的装置，其典型吹扫、松动点的连接方法，如图 10 – 1 – 11 所示。

图 10 – 1 – 11(a)是吹扫/松动点的流程示意图。

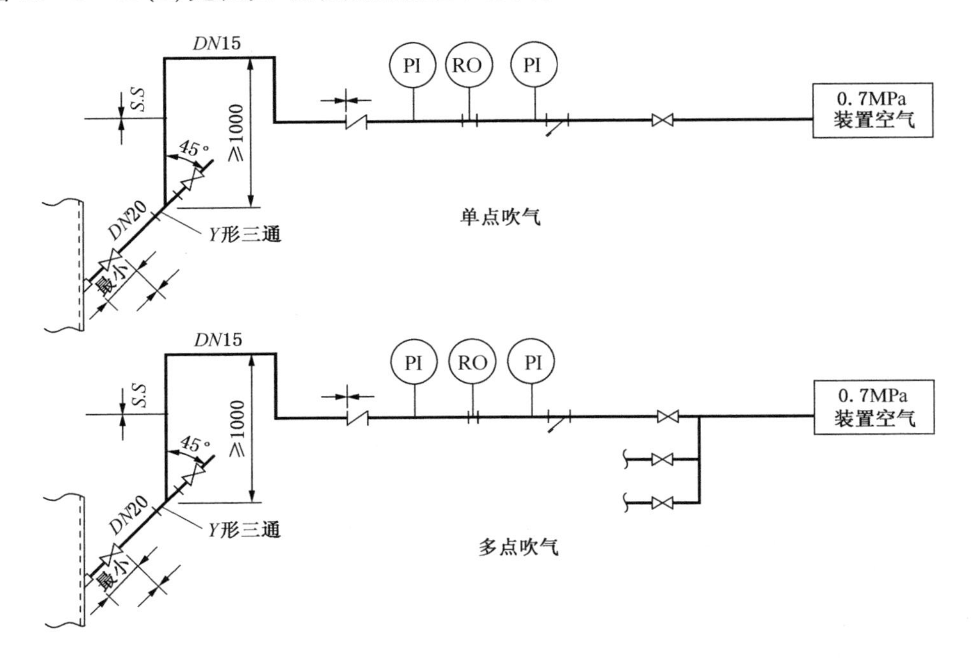

图 10 – 1 – 11(c)　吹扫用吹气管的安装方式

(1)、(2)两个吹扫/松动点的管道安装方式，根据不同需要，其安装方式各异。

图 10 – 1 – 11(b)是松动/流化吹气管的安装方式。

图 10 – 1 – 11(c)是吹扫用吹气管的安装方式。

图 10 – 1 – 11 中的 RO 阀是将闸阀的闸板开孔作为限流孔板，也可安装限流孔板。

限流孔板的开孔是位于闸阀的全关闭时的闸板中心线上。孔径由工艺计算确定。

图 10 – 1 – 11(d)是阀板开孔示意图。

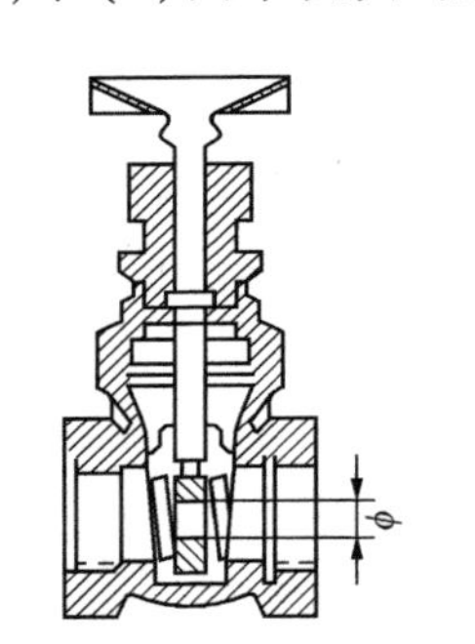

图 10 – 1 – 11(d)　阀板开孔示意图

(10) 装置内各区一般设吹扫软管站，以便半固定式吹扫使用。软管站应安装在检修、使用方便的地方。在主管桥下，一般每 3 跨(约 18 ~ 20m)设一组吹扫软管站。

五、固定和半固定式吹扫管道设计

(1) 在管道布置安装比较集中处，几个固定式吹扫接头的 3 阀组可共用一个检查阀及切断阀。

(2) 固定式三阀组在吹扫合金或不锈钢管道时，靠近主管道的阀门应为合金或不锈钢阀，与其连接的短管也应为合金或不锈钢管，如图 10 – 1 – 12 所示。

(3) 固定式吹扫接头不得安装在设备或管道的低点，防止造成堵塞。吹扫阀应尽量靠近被吹扫管道。

(4) 吹扫蒸汽总管应从装置蒸汽总管上方引出，并加切断阀。在靠近切断阀后加排液管。

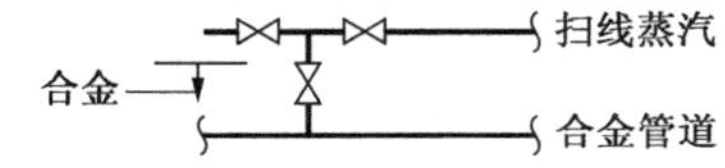

图 10 – 1 – 12　合金管道吹扫的三阀组示意

(5) 吹扫蒸汽一般选用1MPa蒸汽。

(6) 当大气温度低于吹扫介质冰点时，各区吹扫管道总管上应接装置空气，作为最终吹扫用。

(7) 被吹扫管道的操作温度如低于吹扫介质的温度，其管道柔性设计温度应按吹扫介质的操作温度确定。

第二节 设备和管道的放净、放空

一、设备的放净和放空

(一) 设备的放净和放净管的设计

(1) 装置内各种设备均应在其低点或与其连接的管道的最低点设放净管。一般容器的放净管安装在容器底部，而塔类、冷换设备、加热炉等一般设在与其底部相连接的管道的最低点，且在出口切断阀前。泵体下部的放净口一般为自带的丝堵，宜安装闸阀和接管并引至地漏或泵前的排污沟，机泵底盘上的放净口也宜接管并引至地漏或泵前的排污沟。空冷器下部放净口有自带的丝堵，一般不接管。

塔及容器的放净管尺寸，一般根据设备的直径确定，但也有根据设备的容积确定的。同时还有根据立式容器的直径或卧式容器的容积确定的，一般可按表10-2-1确定。

表10-2-1(a) 塔及容器放净尺寸

立式容器直径/m	放净口直径/mm	卧式容器直径/m	放净口直径/mm
≤1.0	40	≤1.0	40
1.2~3.0	50	1.2~3.0	50
>3.0~5.0	80	>3.0	80
>5.0	100		

表10-2-1(b)

设备容积/m^3	放净管直径/mm	设备容积/m^3	放净管直径/mm
<1.5	25	>6~17	50
>1.5~6.0	40	>17	80

不同确定放净管直径的方法，主要是设计经验不同或“习惯势力”。不同的放净管直径，排尽容器中的介质时间不同，如果有严格的时间要求，自流放净管直径可用式(10-2-1)~式(10-2-3)计算。

立式容器
$$t = 7.257 \times 10^{-4}\left(\frac{D^2}{d^2}\right)H^{1/2} \quad (10-2-1)$$

卧式容器
$$t = 6.260 \times 10^{-4}L \cdot r^{1.5}/d^2 \quad (10-2-2)$$

球形容器
$$t = 7.950 \times 10^{-5}L \cdot r^{2.5}/d^2 \quad (10-2-3)$$

式中 t——时间，min；

D——容器直径，m；

d——放净管直径，mm；

r——圆柱形或球形容器的半径，m；

H——立式容器中的液体高度，mm；

L——卧式容器的长度，m。

(2) 塔和容器开停工经水冲洗后，污水经底部放净管排至含油污水系统，放净管阀后加盲板。如果放净管作为正常操作用其放净管应加双阀，如图 10－2－1～图 10－2－3 所示。

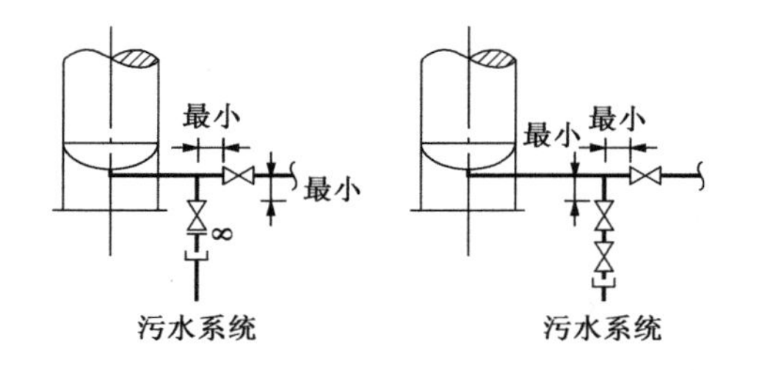

图 10－2－1　塔类放净

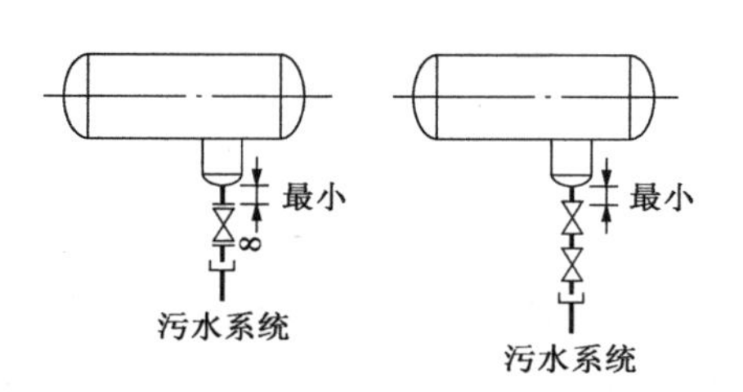

图 10－2－2　卧式容器放净

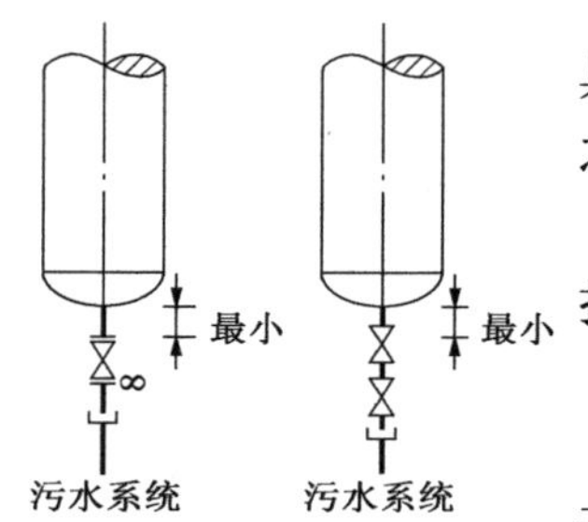

图 10－2－3　立式容器放净

(3) 凡输送含有毒性、腐蚀性的液体，特别是对人体有害、具有毒性、腐蚀性的化学药剂，应设置回收或特殊处理设施，使之达到国家有关标准的规定后，方可排放。

(4) 泵体内污油，一般在装置全部停工时，利用泵出入口吹扫蒸汽短时间通过泵体，将其扫净。

（二）设备的放空和放空管的设计

(1) 塔和立、卧式容器应设置放空管，供停工时吹扫放空及开工放空。放空管的大小，也有不同的标准。根据经验，放空管直径宜选较大值，尽可能少用 DN20、25，可按表 10－2－2 确定。

表 10－2－2(a)　塔、容器放空管尺寸(一)

塔、容器直径/m	放空管公称直径 DN/mm
≤1.0	40(20～25)
1.2～3.0	40
3.0～5.0	50
>5.0	80

表 10－2－2(b)　塔，容器放空管尺寸(二)

设备容积/m^3	放空管直径 DN/mm
≤1.5	20
>1.5～17	25
>17～70	40
>70	50

(2) 容器放空管设计

a. 塔和容器在停工吹扫或开工放空时用的放气管，宜在塔顶和容器顶部就地排放，放空管高度应符合国家现行标准《石油化工金属管道布置设计规范》(SH 3012)要求。

b. 塔和容器或其主管上的放空阀门，其温度、压力等级和材质，应与塔、容器或其主管的温度、压力等级和材质相匹配。

c. 塔和容器顶管道放空要求如图10－2－4 所示。

塔和容器之间的连接管不得出现 U 形，否则应在 U 形管高点设放空管。

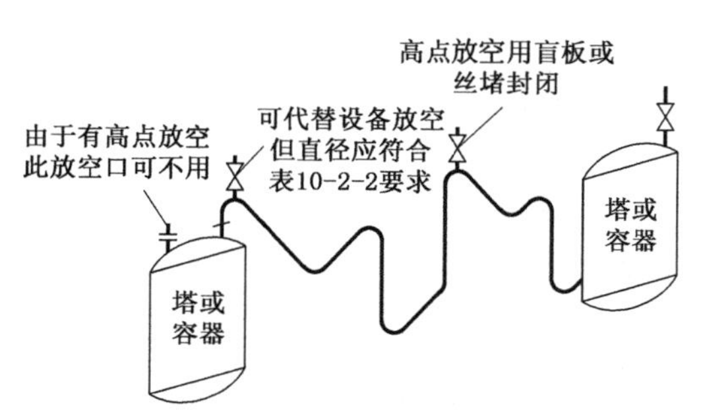

图 10－2－4　容器和管道的放空示意图

塔和容器顶有引出管道时，可在引出管高点设放空管。

塔和容器顶无引出管道时，放空管可设在塔和容器的顶部，放空管高度等应符合国家现行标准的《石油化工金属管道布置设计规范》(SH 3012)要求。

d. 放空管上的阀门应在平台上操作，不得在梯子上操作。

二、管道的放空/放净

(一) 放空的目的

(1) 当泵的入口管道有气袋形成时，应在泵的启动之前排出空气；

(2) 为停工时管道吹扫，而在管系的高点排出气体；

(3) 为管道水压试验而在管系的高点排出空气。

(二) 放净的目的

(1) 为排除管道内液体：

a. 水压试验后放净；

b. 停工检修前的放净；

c. 管道防冻时放净。

(2) 水压试验时用作流体的注入管；

(3) 作为管系的空气和蒸汽吹扫出口使用。

三、需设置放空/放净的地方

(一) 放净

下列的地方需设置放净：

(1) 管道呈“液袋”的地方；

(2) P&ID 标注的地方；

(3) 主管的末端，例如加热炉的燃料油、燃料气管道的末端；管廊上蒸汽管、低压可燃气体管等的末端；

(4) 其他，例如当最冷月平均温度为0℃或低于介质凝固点(冰点)时，应在阀后设放净管，如图 10－2－5 所示。

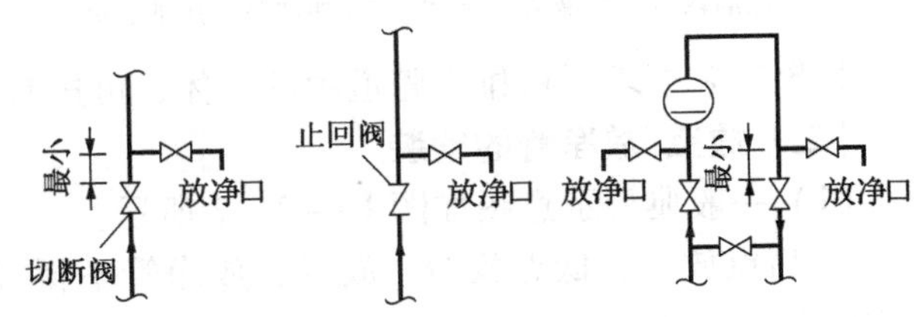

图 10－2－5　易凝、易冻管道放净

图中所示为水管道或水冷却器的水管道放净，其放净管应靠近切断阀，放净阀门应靠近主管；

(5) 仪表调节阀前与切断阀之间应加放净管，如图10－2－6所示，液面控制仪表的放净应尽可能回收，集中排至轻污油系统。

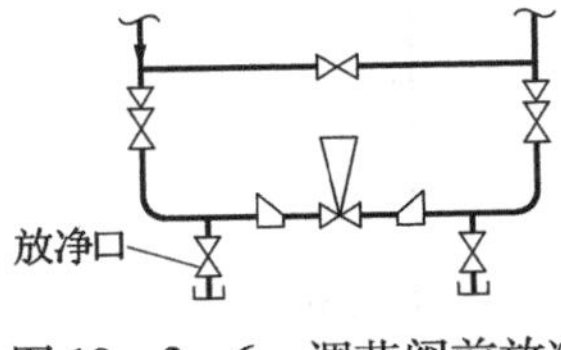

图 10－2－6　调节阀前放净

注：HF 及含 HF 介质管道的调节阀放净管应设在下游方向，以便带出氟化铁等锈垢

国外也有,在调节阀前后均设放净管的规定,这是最好的方法。

(6) 大直径的管道(如原油管道等)不易吹扫干净，应加低点放净管，并加双阀或单阀后加盲板。

(二) 放空

下列的地方应设置放空：

(1) 液体管道呈“气袋”的地方，例如泵的入口管道，在不可避免出现∩形的上部；

（2）P&ID 标注的地方；

（3）其他，例如在管桥上的燃料气管道末端上部应设放空管，作开停工吹扫用；液化烃或燃料气管道在无法避免∩形时，应在∩形管高外设放空管。

四、放净/放空管的设计

（一）放净/放空管的管径

1. 放净管管径

（1）除管道的最低点作为设备或容器的放净管时，其放净管径可按表 10－2－1 确定。

（2）管道的最低点或末端的放净管径一般为 *DN* 20，如在 P&ID 标注时，应按标准的 *DN*。也可采用国内的某院规定，如表 10－2－3 所示。

2. 放空管管径

（1）在管道的最高点设置设备或容器的放空管时，其放空管径可按表 10－2－2 确定。

（2）根据管道放空目的的需要确定放空管直径，一般为 *DN* 20，如 P&ID 上标注有管径时，应按标注的管径设置。

表 10－2－3　放空或放净的最小公称直径

管道公称直径 *DN*/mm	放空 公称直径 *DN*/mm	放净 公称直径 *DN*/mm	管道公称直径 *DN*/mm	放空 公称直径 *DN*/mm	放净 公称直径 *DN*/mm
≤25	—	15	≥400～600	20	40
40～350	20	20	>600	20	50

注：催化剂颗粒、浆液或高黏度介质（如油浆、焦油、沥青、重质燃料油等）管道的放净口公称直径不得小于 25mm。

如果工艺要求尽快排出管道中的气体，可按有关公式计算放空管直径。

（二）放空/放净管的安装

（1）一般典型示意图如图 10－2－7 所示。

a. 高点放空，低点放净。放空、放净管不得设在弯头处，应设在物料流向的下游。见图 10－2－7(a)。

b. 水压试验的要求，见图 10－2－7(b)。

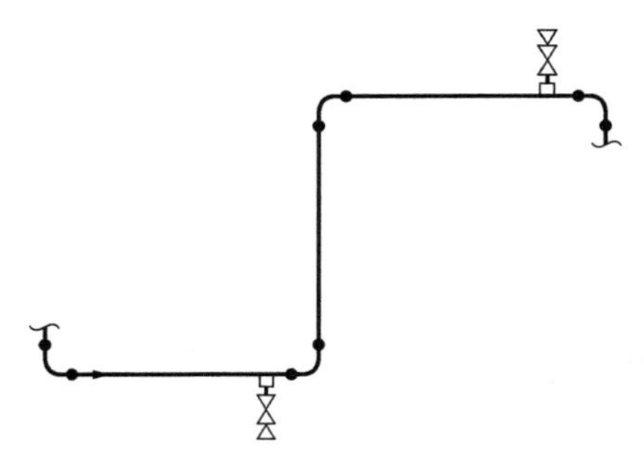

图 10－2－7(a)　高点放空、低点放净

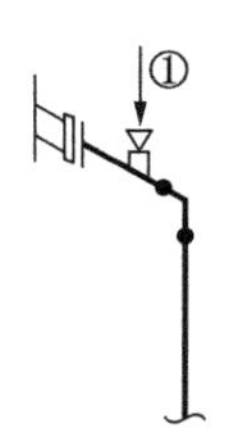

图 10－2－7(b)　水压试验要求

① 可根据水压试验的要求，设放空口，不装阀门，仅装丝堵

c. 根据 P&ID 要求，见图 10－2－7(c)。

d. 不同的管道布置时，见图 10－2－7(d)。
e. 垂直配管时，见图 10－2－7(e)。
f. 管道末端，见图 10－2－7(f)。
g. 切断阀前，见图 10－2－7(g)。
h. 切断阀前(密闭排放)，见图 10－2－7(h)。

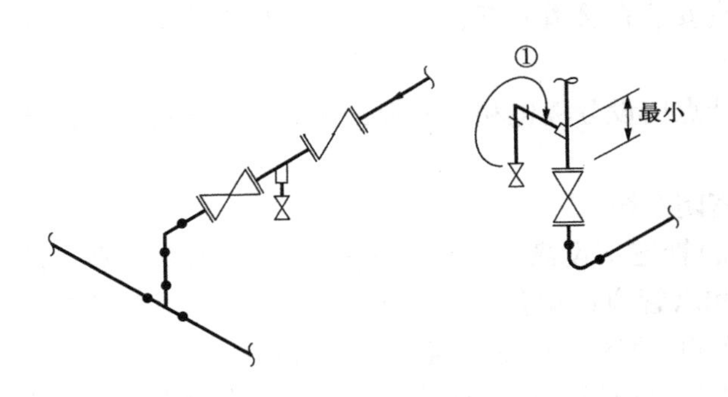

图 10－2－7(c) 根据 PI&D 要求

① 为防凝、防冻，应将阀门移至水平管段上。

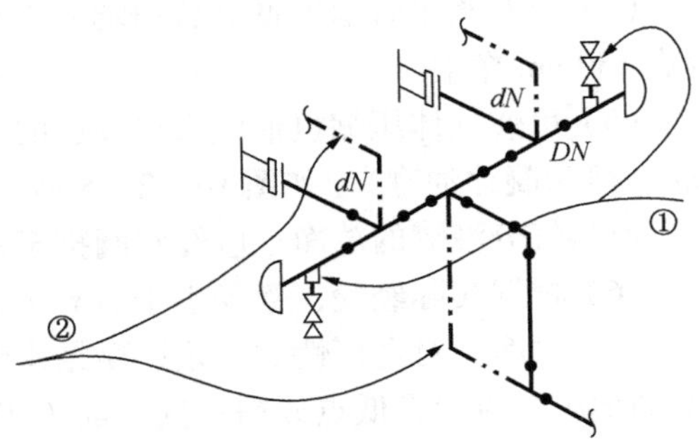

图 10－2－7(d) 不同的管道布置时

① 当主管 *DN* 大于支管 *DN* 时，应在高点放空、低点放净。但是，根据管道布置的改变，不可能存液、存气时，则应不设；② 当管道布置如虚线时，在主管上不应设高点放空、低点放净阀门

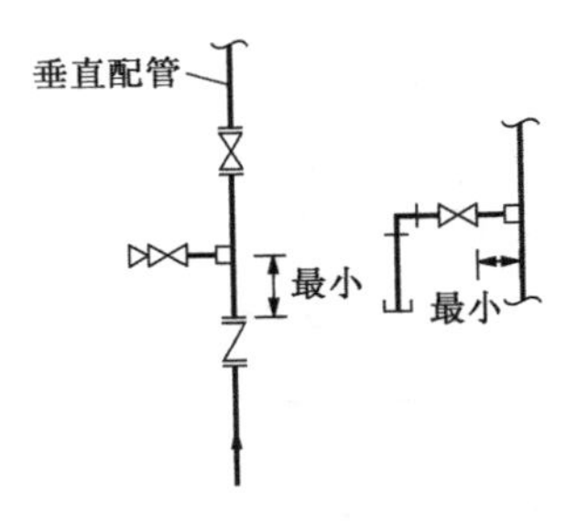

图 10－2－7(e) 垂直配管时

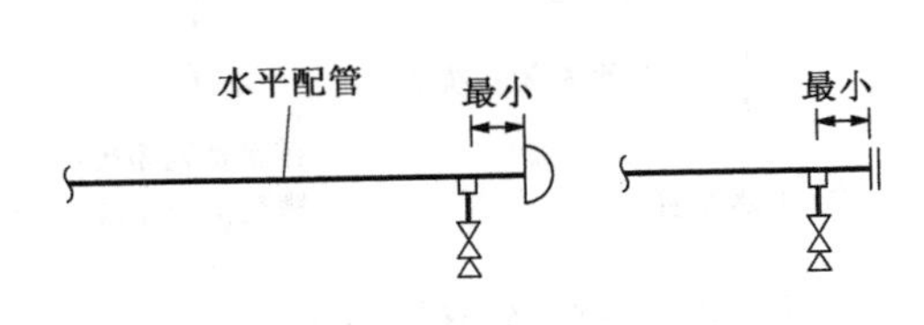

图 10－2－7(f) 管道末端

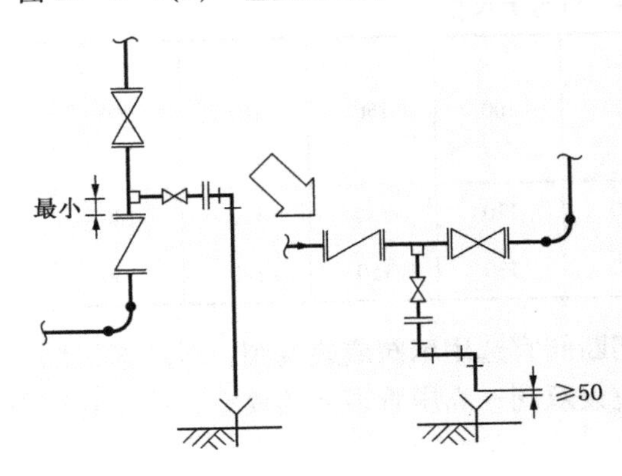

图 10－2－7(g) 切断阀前

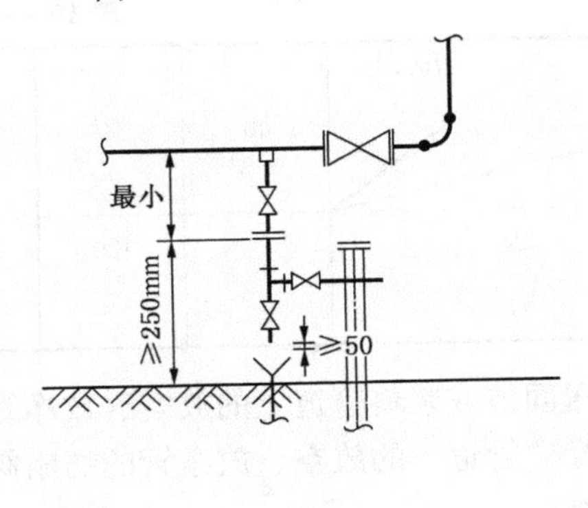

图 10－2－7(h) 切断阀前(密闭排放)

(2) 放净/放空管的阀门应为闸阀或 DV、DVW 型放净放空阀，可燃液体和可燃气体管道的放净/放空阀门上应加实心管堵，如为无腐蚀性介质，亦可用管帽。特殊要求可设盲板。

(3) 放净/放空管的连接一般应由管箍或加强管接头(BOSS)或高压管接头(O－let)、双头螺纹短节、螺纹闸阀和实心螺纹丝堵或管帽组成；仅在水压试验用的放净/放空管，可不用闸阀，而用实心管堵或盲法兰。

(4) 所有水平管道的低点放净均应垂直安装在管道底部，放净阀底至地面或平台面应至少有 150mm 净空。

(5) 可燃气体压缩机油气入口管道的低点应设分液包和放净管，并应经双阀排至密闭系统(一般为凝缩油罐)，如图 10－2－8 所示。

燃料气分液罐的放净也应经双阀排至密闭系统。

(6) 根据实际经验，管径小于 *DN* 40 的管道不设高点放空；氢气管道上不宜设高点放空、低点放净；对全厂性的工艺、凝结水和水管道(非埋地)，在历年一月份平均温度高于 0℃的地区，应少设低点放净；低于或等于 0℃地区，应在适当位置设低点放净；对输送催化剂颗粒或高黏度的物料如油浆焦油、沥青、重质燃料油等管道的放空、放净管直径不应小于*DN* 25；对于浆液管道不宜设置放空和放净管。如需要设置放净管时，应按图 10－2－9 方法安装。管箍或加强接头与短节的长度如表 10－2－4 所示。

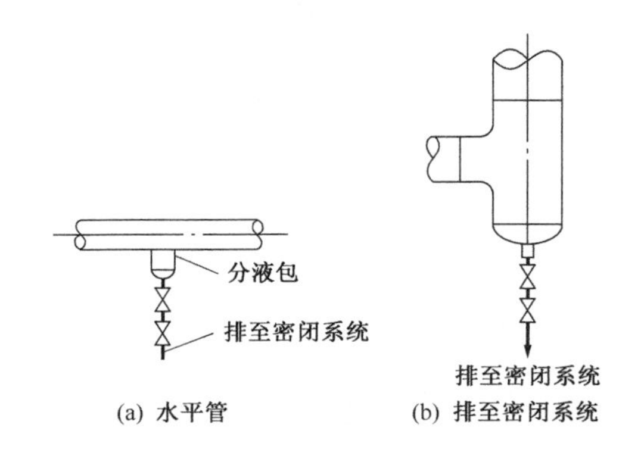

图 10－2－8　分液包放净示意

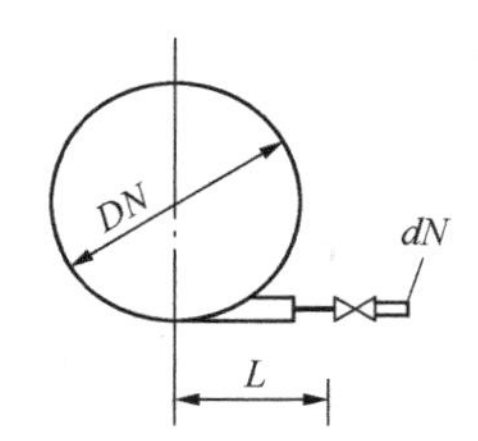

图 10－2－9　浆液管道放净管示意

表 10－2－4　管箍等尺寸　(mm)

dN \ L \ DN	40	50	80	100	150	200	250	300
25		100	120	120	140	170	180	200
40			130	130	150	180	200	220

输送固体或浆料管道上的放空、放净管切断阀宜选用球阀或旋塞阀，对液态丁烷和更轻的液化烃类管道上的放空、放净管的切断阀应设双阀；高压管道上的放空、放净管切断阀亦应设双阀。

放空/放净管的安装方法和典型图很多，摘其主要并认为合理的汇编如图 10－2－10，供使用时参考。

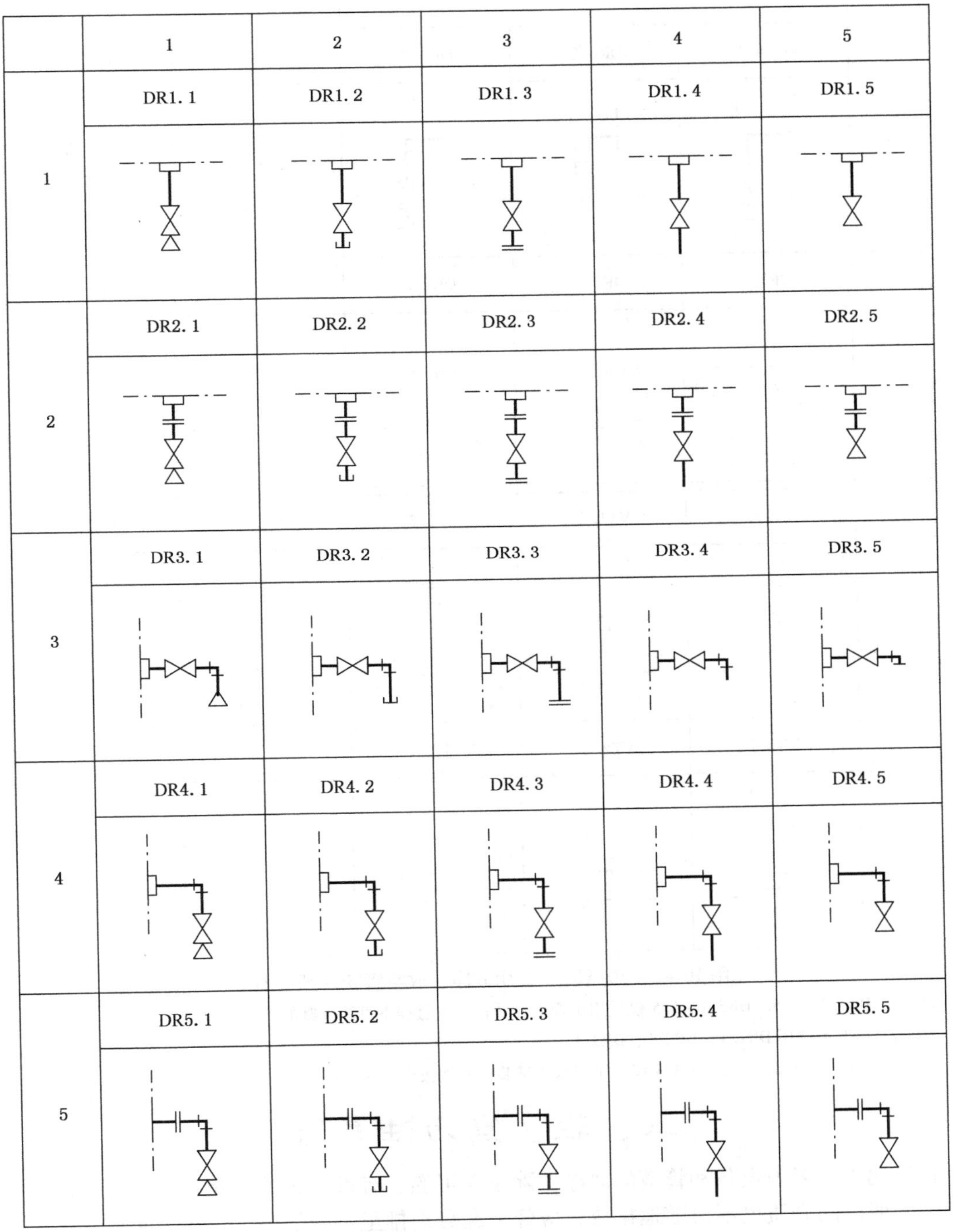

	1	2	3	4	5
1	DR1. 1	DR1. 2	DR1. 3	DR1. 4	DR1. 5
2	DR2. 1	DR2. 2	DR2. 3	DR2. 4	DR2. 5
3	DR3. 1	DR3. 2	DR3. 3	DR3. 4	DR3. 5
4	DR4. 1	DR4. 2	DR4. 3	DR4. 4	DR4. 5
5	DR5. 1	DR5. 2	DR5. 3	DR5. 4	DR5. 5

图 10－2－10　常用放净、放空管安装基本图形

	1	2	3	4	5
6	DR6. 1 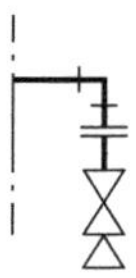	DR6. 2 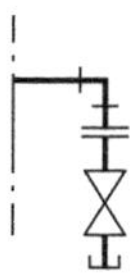	DR6. 3 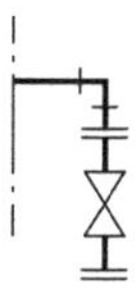	DR6. 4 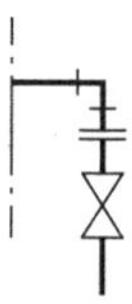	DR6. 5 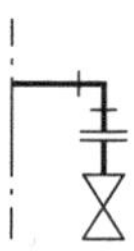
7	DR7. 1 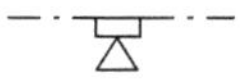	DR7. 2 	DR7. 3 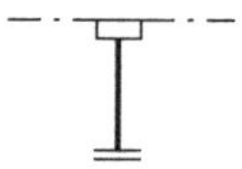	DR7. 4	DR7. 5
1	VT1. 1 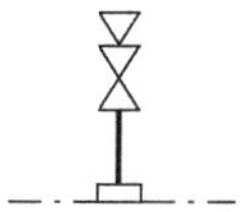	VT1. 2 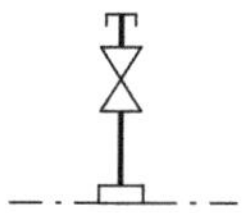	VT1. 3 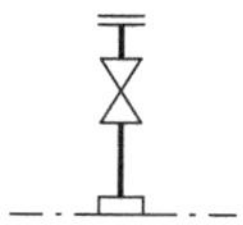	VT1. 4 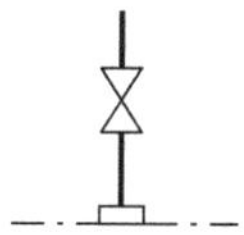	VT1. 5 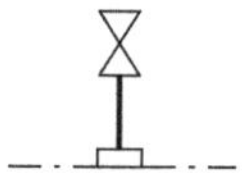
2	VT2. 1 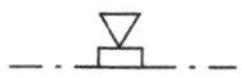	VT2. 2 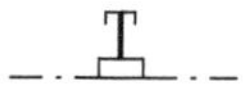	VT2. 3 		

图 10－2－10(续)　常用放净、放空管安装基本图形

注：1. DR4. 1～4. 5、DR5. 1～5. 5 仅适用于管内介质在生产过程不可能冻凝的管道。

2. 一般可选用 DR1. 1、DR2. 1、DR3. 1。

3. DR7. 1～7. 3，VT2. 1～2. 3 仅适用于水压试验或其他极少使用的场所。

五、轻、重污油系统

石油化工装置内设备和管道的放净，除不含可燃、有毒、腐蚀性介质的凝液外，即使在设备区围堰内的介质也不得随地排放，应经地漏分别排至不同的污水管网，而轻、重污油则应分别回收排至轻、重污油系统。

(一) 轻污油系统

装置内各设备及管道中抽不尽的轻污油(包括柴油、煤油、汽油及比轻柴油轻的馏分油)由各低点经埋地集合管，自流到装置的地下轻污油罐，再由液下泵抽送或用惰性气体压

送，经不合格线送出装置。轻污油流程示意图见图10－2－11。

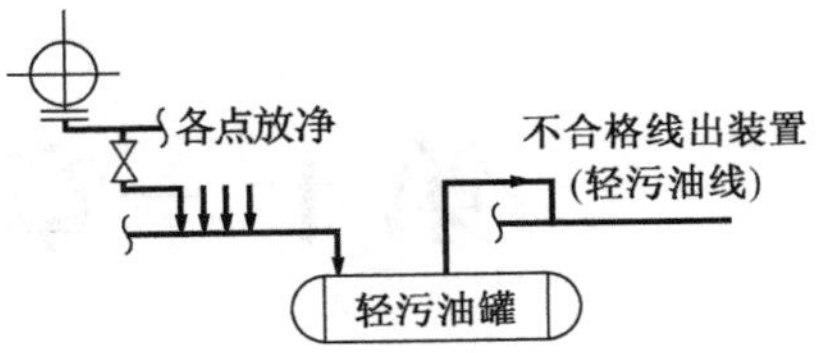

图10－2－11　轻污油流程示意图

（二）重污油系统

装置内重污油(包括重柴油、蜡油、回炼油等)均不得进入轻污油系统，而应通过重污油线扫往工厂重污油罐。

吹扫后剩余含油凝液经漏斗排至含油污水管网或排至设备区围堰内地漏或水沟经水封井排至含油污水管网。

一般不设重污油罐，主要是重油易凝。

（三）事故状态的放净

(1) 当装置内设备处于事故状态、对设备内的高温油品必须紧急排放时，应通过紧急放空线经冷却器冷却至~90℃再排入工厂污油罐。

(2) 当大气温度低于介质凝固点/冰点时，紧急放空管道或污油管道均应保温伴热(埋地者除外)。

(3) 紧急放空管道的设计应按排放介质的最高温度考虑。例如管道的热补偿、防烫或保温。

（四）轻污油管道的连接

一般汽油、煤油、轻柴油等轻馏分的冷却器、换热器的底部管道的放净管，为防止互相串油或背压过大，应分别接至污油管道总管，不宜将几台设备的放净管相互连接然后与污油总管连接。

（编制　王怀义）

第十一章　采样系统设计

第一节　采样系统的工艺流程

一、采样系统流程

采样流程有直接采样流程和差压式采样流程。差压式采样流程中又有差压式循环流程和差压式非循环流程。

差压式流程即采样时上游管和下游管有一定的压力差，如图 11－1－1 所示。ΔP 可以是阀门或是调节阀，也可以是设备所形成的压力降。

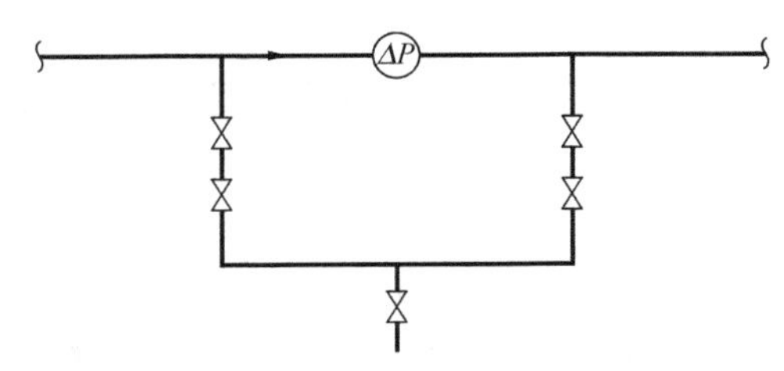

图 11－1－1　差压式循环采样流程

差压式循环流程即介质从下游管回到自身管道的系统，见图 11－1－1。

差压式非循环流程即下游管接至其他低压的工艺管道或火炬。

直接采样即采样管直接从工艺主管道接出至采样设备。

二、采样要求

(1) 所采样品必须干净，并且有代表性，因为它代表这个时期的产品质量。

(2) 采样系统的设置应满足正常生产操作、开工、停工和标定等的要求。

(3) 在可能条件下，应在较低温度下采样。除特殊要求外，采样点宜设在有关管道上。

(4) 采样时应避免介质排入大气，若是有毒介质应避免对周围环境的污染，若是爆炸危险物质应避免形成爆炸危险区域。

(5) 采样时要做到人身安全，避免烫伤，避免有毒介质接触皮肤或吸入体内。

三、采样系统流程选择

采样系统流程设计一般注意事项如下：

(1) 采样点应选择在压力管道上，并应在流动的工艺物料主管道的低温部位引出。

(2) 对人体有害介质应设有防护措施，例如采用人身防护箱、防护服等。

设有人身防护箱系统时，防护箱内需设灭火水管和放空管，放空管设装置空气吹扫。

(3) 流体采样。一般情况下宜选用循环流程，在满足采样要求的情况下也可采用直接采样流程。

(4) 采样介质温度。一般介质应小于或等于 40℃ 为宜。

对于液化烃，由于其闪点和爆炸下限低，采样温度应不高于 40℃。若介质温度高于 40℃，需设采样冷却器。

对于油品采样温度可按下列要求选取。

汽油馏分	≯40℃
煤油馏分	≯45℃
柴油馏分	≯70℃
润滑油组分	≯60℃
蜡油馏分	≯90℃
渣油或燃料油	≯90℃

如果介质温度超过上列数值，应设采样冷却器。

国外某公司规定液体采样温度不高于80℃，也有的国外工程公司规定烃和化学药剂、含蜡油不高于150℉（66℃）。

（一）直接采样流程

下列介质可选用直接采样流程。

（1）一般无害不冷凝气体，其采样管可以直接从工艺主管道上方接出，如图11－1－2所示。

（2）带有固体粉尘的气体，如催化裂化装置的再生烟气。其采样系统需设过滤器，以滤掉气体携带出来的催化剂粉尘。采样管可以从设备或管道直接引出，切断阀紧靠设备或工艺主管道。切断阀前短管可能因长时间不采样积存粉尘而堵塞，可在切断阀前设吹扫管，以便疏通管道。吹扫介质根据工艺需要决定，过滤器设在采样阀后，以便及时拆卸清理，如图11－1－3所示。

（3）无害的液体和油品，但含蜡油选用直接采样时，置换采样管内的滞留油不得排入地漏，应排入桶内，如图11－1－4所示。

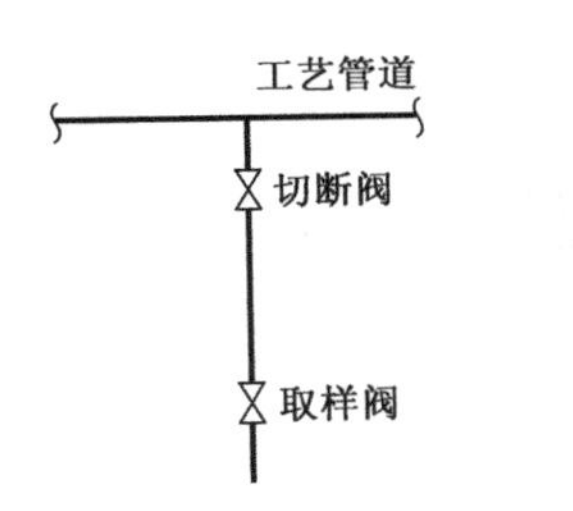

图11－1－2　直接采样式流程

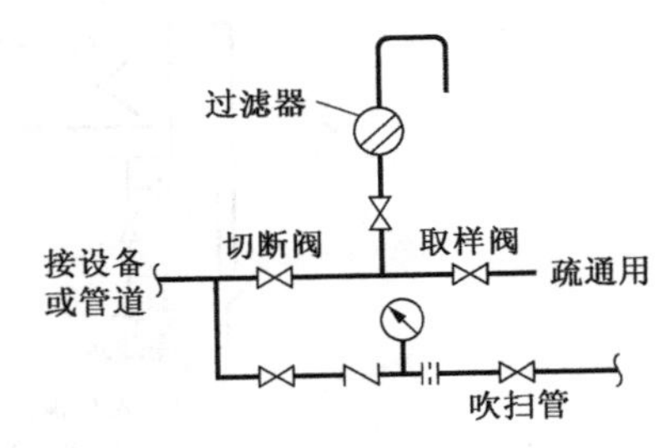

图11－1－3　带有固体粉尘的气体采样流程

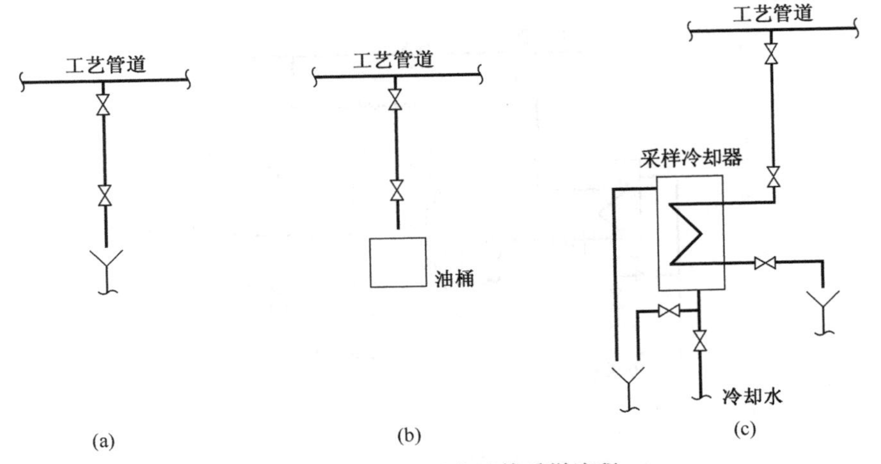

图11－1－4　无害液体采样流程

（二）差压式采样流程

下列介质可选用差压式采样流程。

（1）对人体有害的气体或油气，宜采用差压式循环流程，如图 11－1－5 所示。人身防护箱视需要而定。

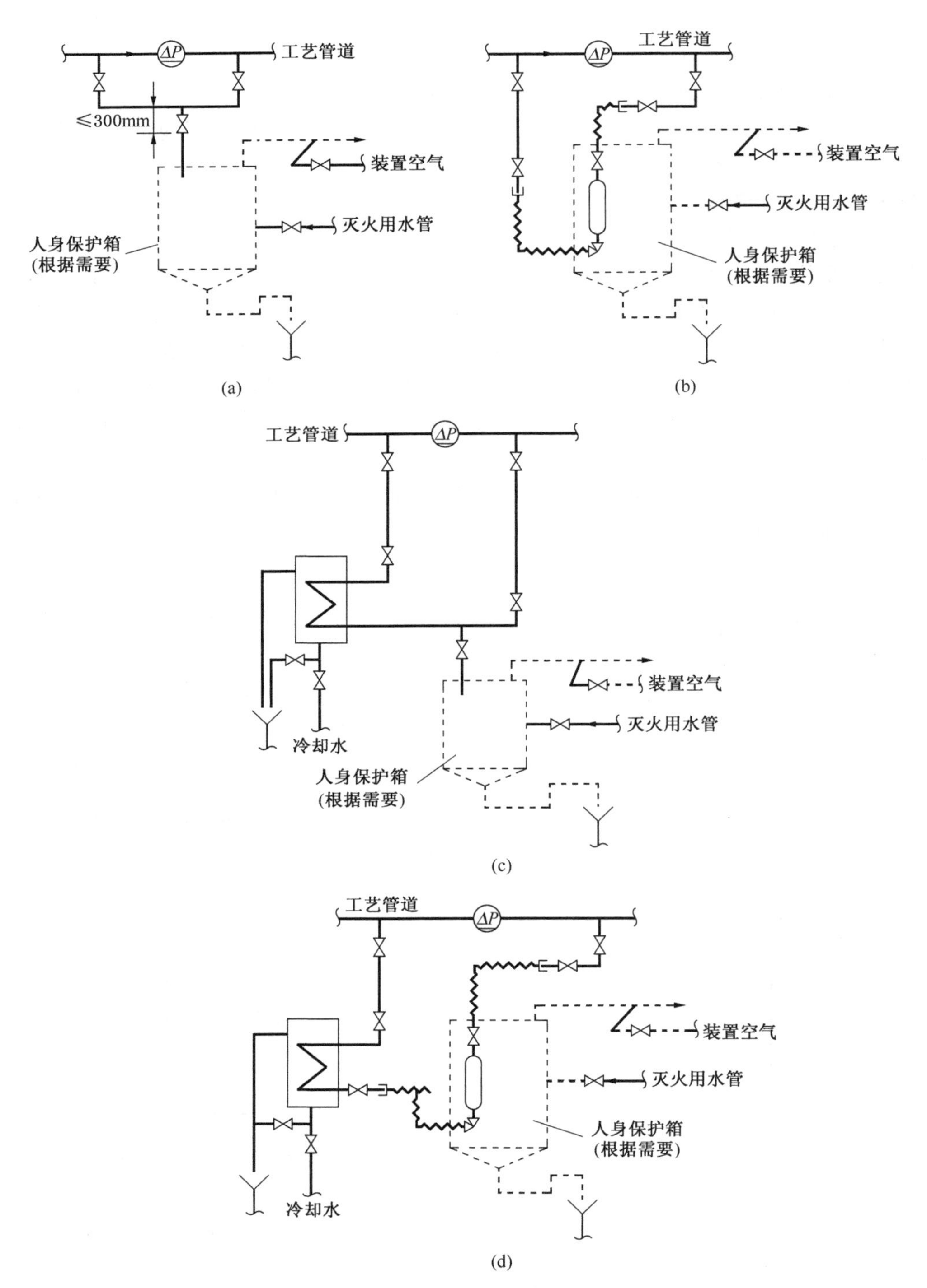

图 11－1－5　有害气体差压式循环采样流程

(2) 高温高压气体，如加氢精制装置的高温油气，宜采用差压式非循环流程，如图11－1－6所示，其采样系统需增设采样冷却器以及降压孔板或降压阀门。如果气体中还含有催化剂粉尘，尚需设过滤器。若含有少量可凝油气，应在采样冷却器内设伸入其底部的低压蒸汽管，以便调节水温，防止重油因低温凝固。放空管一般可接大气，若含油气，则放空管宜接至火炬。

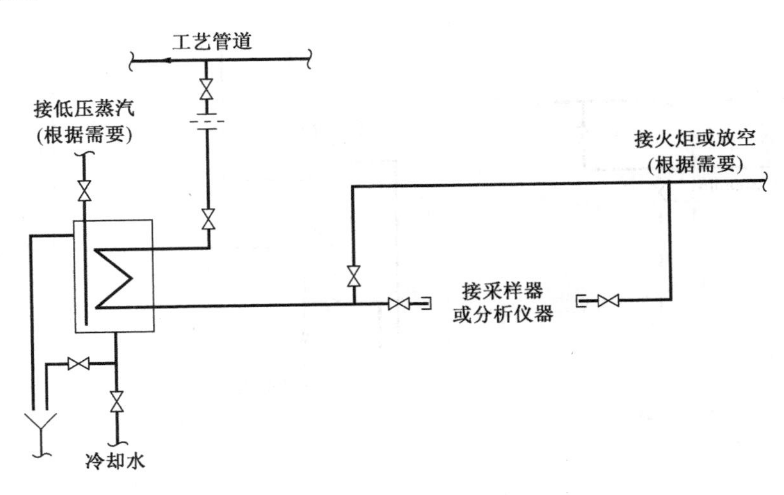

图11－1－6　高温、高压气体差压式非循环采样流程

(3) 液化烃(包括气态)或含氢烃气，根据具体情况可采用差压式循环或非循环流程，如图11－1－7所示。

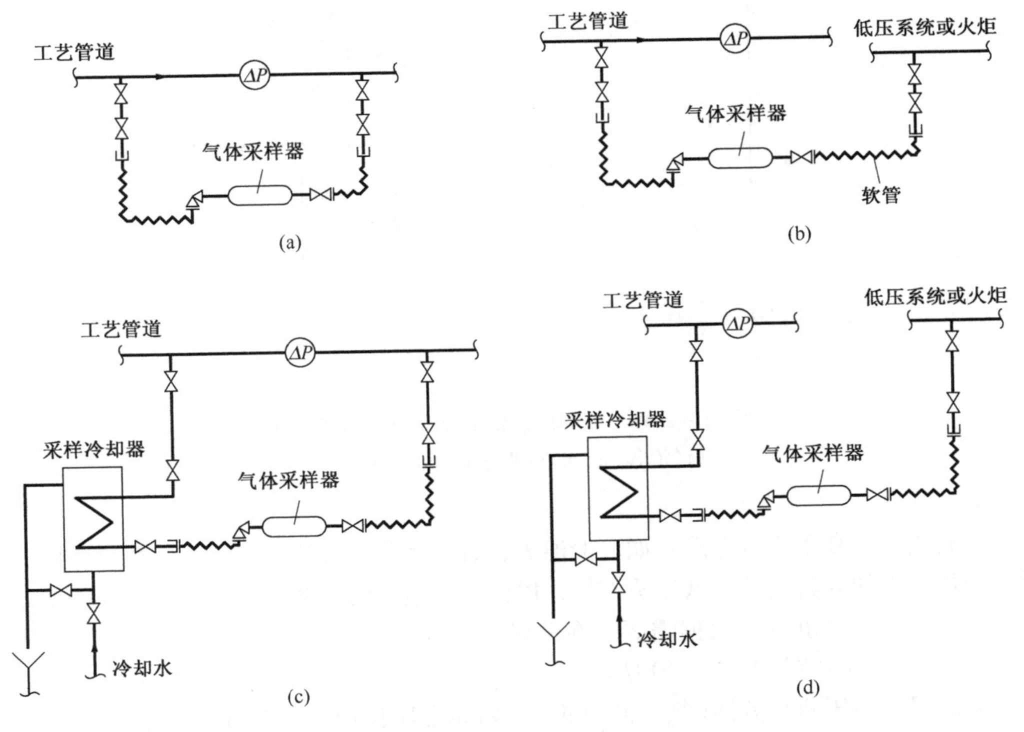

图11－1－7　液化烃(包括气态)或含氢烃气差压式采样流程

(4) 低黏度、低凝固点介质，如汽油、煤油等，宜采用差压式循环流程，如图11－1－8所示。根据介质的具体条件，也可采用直接采样。但对闪点低、挥发度大的介质就不够安全。

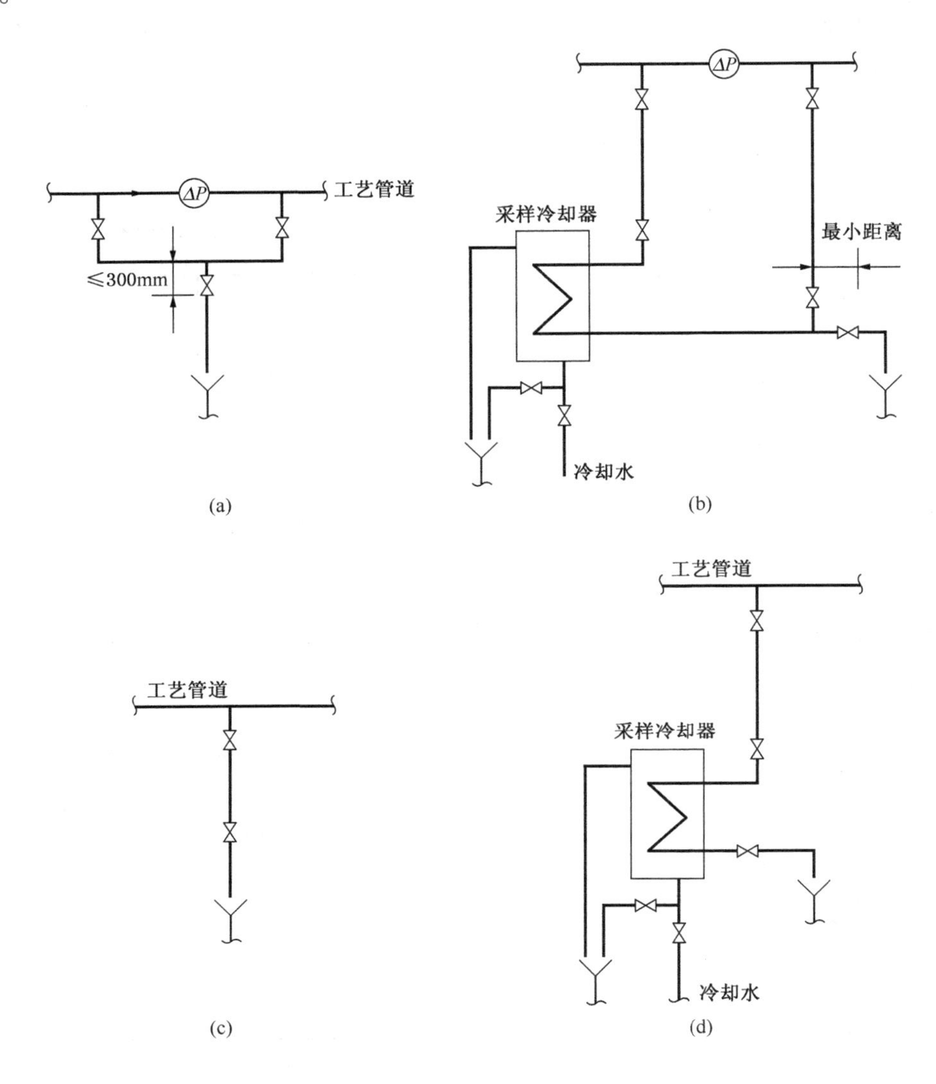

图11－1－8　低黏度、低凝固点介质差压式循环采样流程(a、b)或直接采样流程(c、d)

(5) 高黏度、高凝固点介质，如润滑油等，宜采用差压式循环流程。因介质黏度大，在采样冷却器内设伸入其底部的低压蒸汽管，以调节水温，防止介质因低温流动性能变差，导致采样不顺利。另外也可以根据需要，在采样冷却器前紧靠闸阀后，设冲洗油或蒸汽吹扫管，如图11－1－9和图11－1－10所示。

(6) 高温、高压两相流体(气、液两相)，如固定床反应器出口流体，其采样系统需设采样冷却器、分离器，并根据需要设置过滤器，如图11－1－11所示。

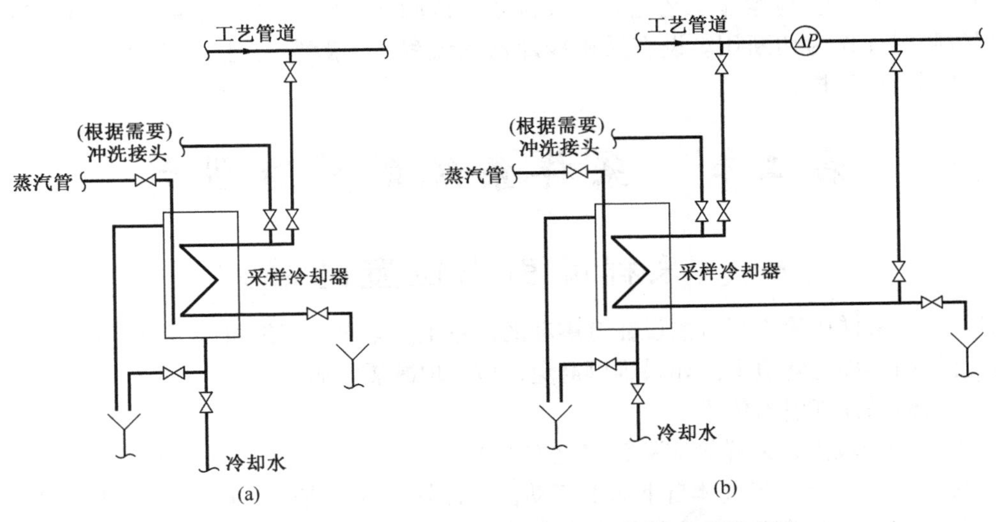

图 11－1－9　高黏度、高凝点介质差压循环式采样流程

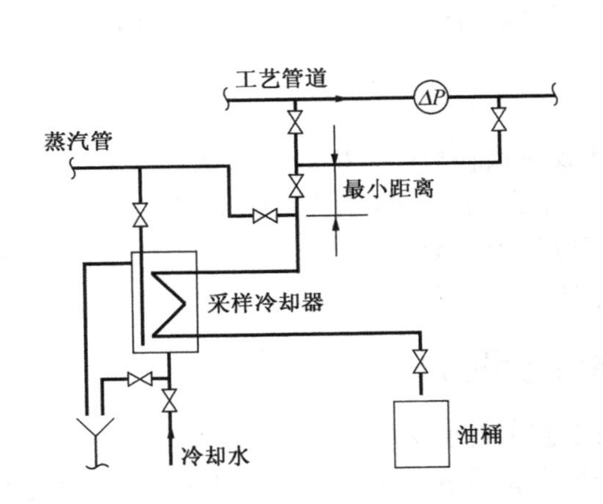

图 11－1－10　高黏度、高凝点介质差压循环式采样流程(带蒸汽吹扫管)

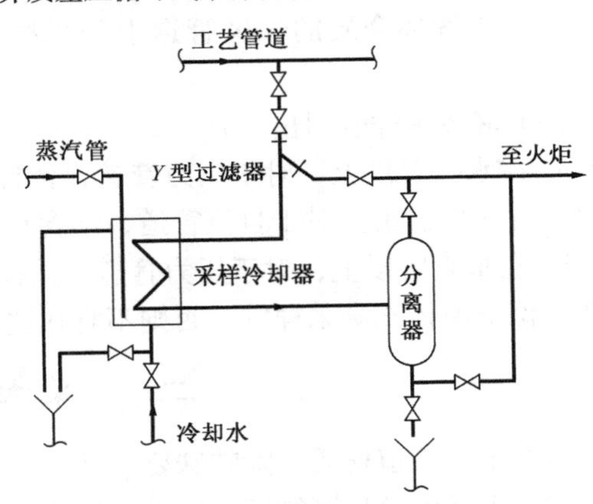

图 11－1－11　高温、高压气液两相流采样流程

四、采样管径和阀门的确定

1. 采样管径确定

采样管道的直径，一般选用 *DN*15，如果需要缩小管径宜在采样阀后缩小，加一个 *DN*6 终端接头。对于易堵塞介质也可以选用大于 *DN*15 管径。国内有的设计院采用 *DN*20 管径，在切断阀后缩小到 *DN*10。国外有的工程公司采用$\frac{3}{4}$″管径，对于低黏度、低凝固点介质，在采样阀前缩小到$\frac{1}{4}$″，对高黏度、高凝固点介质，在采样阀前缩小到$\frac{1}{2}$″。

2. 采样阀的确定

采样阀的直径通常与采样管直径相同。

采样阀门的设置，一般为双阀或三阀，无采样冷却器的流程为双阀(切断阀和采样阀)。

切断阀(又称根部阀)应紧靠工艺主管道或设备，该阀在正常情况下为常开，只有在采样系统出现故障时才作为切断用。设有采样冷却器的流程，一般为三阀，在冷却器前设双切断阀，冷却器后设采样阀。

第二节　采样系统的管道设计

一、采样管引出位置的确定

(1) 一般采样接管不得直接设在有震动的设备上，如泵、压缩机等。也应避免设在与震动设备直接相连接的管道上。如果难以避免，应采取减震措施。

(2) 气体采样管引出位置

a. 在水平管段上，采样管应从管道上方引出。

b. 在垂直管段上，当气体自下而上流动，采样管应从垂直管斜向上45°夹角引出，当气体自上而下流动，采样管与垂直管垂直引出。

c. 含有固体介质的气体管道上的采样管应设在垂直管道上，并将采样管伸入管道的中心。

(3) 液体采样管引出位置

a. 在水平管段上，对于压力管道，含有粒状或粉状颗粒，采样管可以从管道侧面引出，不得从管底部引出。对于自流管道，不含粉状或粒状颗粒，采样管应从管下部引出。

b. 在垂直管段上，对于压力管道，采样管可以从管道侧面引出，介质自上而下流动时，除非能保证液体充满采样管，否则不宜在这种情况下设采样点。

二、采样管道设计

(1) 采样管道材质，除特殊要求外，一般与工艺主管道材质相同。

(2) 采样管道尽可能短，如果采样管长，介质滞留量多，采样时必须把滞留介质放掉。国外某石油公司规定，采样管道长度不超过8m。从工艺主管道引出的管段应固定在主管道上，防止焊缝晃裂，避免发生事故。如图11-2-1所示。

(3)有毒气体采样时，凡设有人身防护箱的，其放空管要高于附近建筑物平台2.2m以上。

(4) 采样管出口距漏斗顶面大于300mm。如图11-2-2所示。

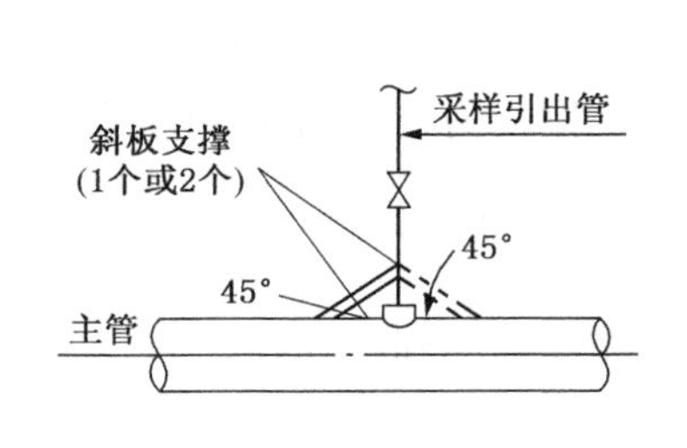

图11-2-1　采样引出管固定示意图

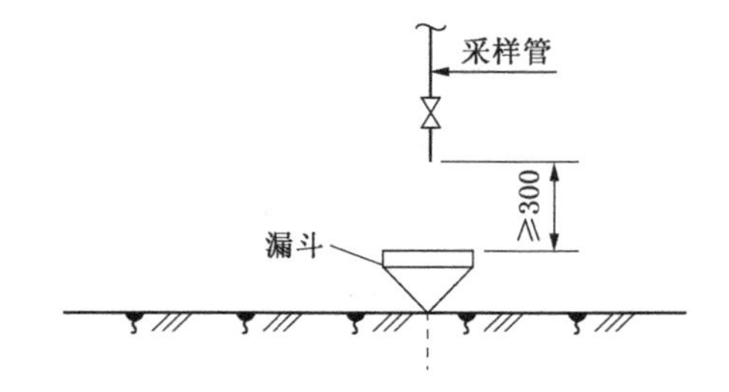

图11-2-2　采样管出口示意图

三、采样管道保温

（1）介质温度大于或等于60℃的采样管道应予隔热。

（2）高凝固点、高黏度的管道应予保温或伴热，或设有蒸汽吹扫。

（3）液化烃采样管道应予保温，以防结霜。

四、采样系统阀门选择及设置

（1）采样用的切断阀一般采用闸阀，阀门直径与相连接的管子直径相同，一般采用*DN*15。国内某设计院和国外某公司均采用*DN*20。

（2）采样阀一般采用针形阀，阀门直径与相连接的采样管道直径相同，一般采用*DN*15，国内某设计院采用*DN*10。国外某石油公司对低凝固点、低黏度的介质采用$\frac{1}{4}$″（*DN*8），对高黏度、高凝固点的介质采用$\frac{1}{2}$″（*DN*15），并紧靠采样阀前缩径。

（3）温度小于350℃无腐蚀或轻微腐蚀性介质，切断阀一般采用Z41H－40或300Lb锻钢法兰闸阀，采样阀一般采用J13H－160Ⅲ或800Lb锻钢针形阀。

温度小于350℃有腐蚀性介质，切断阀一般采用Z41Y－40或300Lb锻钢法兰闸阀。采样阀一般采用J13W－160ⅢCr或800Lb合金钢锻钢针形阀。

（4）温度大于350℃、小于550℃无腐蚀性介质，切断阀一般采用Z41Y－160Ⅰ或300Lb钢锻钢法兰闸阀，采样阀一般采用J13H－160Ⅲ或800Lb锻钢针形阀。

温度大于350℃，小于550℃有腐蚀性介质，切断阀采用Z41W－160PⅢ或300Lb不锈钢锻钢法兰闸阀，采样阀一般采用J13W－160ⅢCr或800Lb合金钢锻钢针形阀。

（5）带有粉尘和固体颗粒的采样阀应采用闸阀。

（6）当采样阀引出点距采样冷却器很近时，也可只设一个切断阀，切断阀宜靠近主工艺管道，并与主艺管道保持最小距离。

五、采样管道系统布置

（1）采样管道系统应设在方便操作，易于检修的地方，否则需设平台。

（2）一般情况下，采样系统尽可能布置在管廊两侧，调节阀组附近。其优点是：接管容易；采样人员操作方便；轻油放净便于集中回收。

（编制　王毓斌）

第十二章　工艺管道上一次仪表的安装及其管道设计

第一节　概　述

要实现石油化工装置的生产过程自动化，在设计过程中不仅要有合理的控制方案和正确的测量方法，而且还需要根据工艺数据正确选择自动化仪表。

近年来，由于电子技术的发展，集成电路的不断改进提高，促进了电动仪表元器件更新换代的速度，使其不仅仍具有信号便于远距离传送的固有优点，其可靠性、安全性也有了很大的提高，而且它与计算机配合较为方便。此外，由于它具有本质安全防爆措施，目前在石油化工装置中已普遍使用。气动仪表具有防爆性能、结构简单、维护检修方便和价格低廉等优点，仍然普遍地用于中小型企业和现场就地指示、调节的场合。

在工程设计中，究竟采用气动仪表还是采用电动仪表，应根据以下的具体条件和两者的特点进行综合分析：

（1）集中操作程度；

（2）是否与计算机相配合操作；

（3）要求响应速度；

（4）经济性；

（5）可靠性及使用维护方便；

（6）安全性(防爆、停电、气源故障等)；

（7）环境条件及传输距离。

一般来说，下列条件宜选用气动仪表：

（1）自变送器至显示调节仪表间的距离较短，通常以不超过150m较为合适；

（2）工艺物料是可燃、易爆介质及相对湿度很高的场合；

（3）要求仪表投资小；

（4）一般中小型企业；

（5）在以电动仪表为主的大型装置里，有些现场就地调节回路不要求引入中央控制室集中操作时。

下列条件宜选用电动仪表：

（1）变送器至显示调节单元间的距离超过150m；

（2）大型企业要求高度集中管理的中央控制；

（3）设置有计算机进行控制及管理的对象；

（4）要求响应速度快，信息处理及运算的对象。

安装在工艺管道上的仪表或仪表元件应便于观察、测量和维修。为了保证仪表测量的准确性，在设计有孔板、文丘里管、喷嘴、温度计、转子流量计、涡轮流量计等的工艺管道，应按有关仪表对工艺管道安装的要求如直管段长度、扩大管径、切断阀、旁通阀、过滤器等的要求进行配管设计。

第二节　流量测量仪表的安装

一、流量测量仪表的分类

流量测量可分流体的流量测量与固体流量测量两大类。

通常称流量测量仪表指的是流体的流量测量，按其作用原理又可分为面积式、差压式、流速式、容积式。

固体流量测量仪表用于块状、粒状、粉末类固体计量，有称重式、冲量式、电子皮带式。

二、流量测量仪表的特征

（一）节流设施的特点

节流设施与差压变送器配套测量流体的流量，是目前石油化工厂中应用最广的一种流量测量仪表。节流设施形式很多，但不一定都有定型产品。目前，工业上大量采用的是标准孔板和标准喷嘴，但也常用一些特殊节流设施的形式。各种节流设施的特点见表 12－2－1。

表 12－2－1　各种节流设施特征表

名　称		适用条件	特　点	应用场合
标准节流设施	孔　板	角接取压　$0.22\leqslant\beta\leqslant0.80$ $Re=5\times10^3\sim5\times10^7$ $D=50\sim1000$mm 法兰取压　$0.2\leqslant\beta\leqslant0.75$ $Re=8\times10^3\sim8\times10^7$ $D=50\sim750$mm	结构简单，能保证一定使用精度，加工安装及更换方便，价格低廉	测量洁净，无腐蚀，无固体颗粒的流体和蒸汽
	喷　嘴	管道内径　$D=50\sim500$mm $0.32\leqslant\beta\leqslant0.80$ $Re=2\times10^4\sim2\times10^6$	加工较复杂，价格较高，耐冲蚀性能比孔板好	测高压、过热蒸汽及其他高速气流量
特殊节流设施	文丘里管	管道内径 $D=200\sim1000$mm $PN\leqslant0.98$MPa 永久压损为所测差压的 8%～18%	与孔板比，体积大较笨重，安装麻烦、价格高	适用于低压损精确测量洁净的流体
	偏心孔板 圆缺孔板	$D=50\sim500$mm	水平管安装时，对含固体颗粒流体和含冷凝液气相偏心孔板优于圆缺孔板	适用于测精度要求不高而介质中含有沉淀物，悬浮物并有气泡析出
	1/4 圆喷嘴	$D=25\sim150$mm $200\leqslant Re\leqslant100000$	与孔板比较加工较麻烦	适用于黏度大，流速低，雷诺数小的流体
	双重孔板	$300\leqslant Re\leqslant3000$		用于雷诺数小的流体
	端头孔板 端头喷嘴	$Re\geqslant5500$ 时 $a=0.6169-0.0009\sqrt{D}$	结构简单，能保证一定使用精度，加工安装及更换方便，价格低廉	测量管道吸入口和通大气出口处的流量
	限流孔板	$0.05\leqslant\beta\leqslant0.75$	结构简单，制造安装方便，成本低	用于减压或限流
	内藏孔板	流量范围：10～1400 l/h（按水） 根据不同孔径和差压而不同	安装在变送器内，使用方便	适用于洁净流体小流量的测量
	道尔管	$0.35\leqslant\beta\leqslant0.80$ $50000\leqslant Re\leqslant1000000$ $600\geqslant D\geqslant150$mm	压损最低	适用于低压损精确测量洁净的流体

注：表中 $\beta=\dfrac{d}{D}$，d—节流体的开孔直径 mm；D—安装节流设施的管道内径 mm；Re—雷诺数。

（二）常用流量计技术性能比较

流量测量仪表的种类繁多，目前国内生产定型的各类流量计的主要技术性能如表12－2－2所示。

表12－2－2　常用流量计性能表

<table>
<tr><th colspan="2" rowspan="2">名　称</th><th colspan="2">操作条件</th><th rowspan="2">仪表口径范围/mm</th><th rowspan="2">流量计基本误差/%</th><th colspan="2">直管段要求</th><th rowspan="2">要否装设旁路</th><th rowspan="2">推荐使用场用</th><th rowspan="2">主要优缺点</th></tr>
<tr><th>PN/MPa</th><th>t/℃</th><th>仪表前</th><th>仪表后</th></tr>
<tr><td rowspan="2">标准节流设施</td><td>孔　板</td><td rowspan="2">10～32</td><td rowspan="2">200～400</td><td>φ50～1000</td><td rowspan="2">±0.5～±1.5</td><td rowspan="2">15～50D</td><td rowspan="2">5～10D</td><td rowspan="2">可不装</td><td rowspan="2">干净的黏度不大的单相气体、液体、蒸汽的大、中流量测量。适于流量控制</td><td rowspan="2">可不进行实际标定，按标准进行设计、制造、安装。输出非线性、精度低</td></tr>
<tr><td>喷　嘴</td><td>φ50～600</td></tr>
<tr><td rowspan="2">靶式流量计</td><td>气动式</td><td rowspan="2">6.4～16</td><td>200</td><td rowspan="2">φ15～300</td><td rowspan="2">±1～±4</td><td rowspan="2">15～40D</td><td rowspan="2">5D</td><td rowspan="2">要</td><td rowspan="2">含少量杂质或黏度大的大、中流量的测量和控制</td><td rowspan="2">结构简单、安装方便，应用范围广，误差较大</td></tr>
<tr><td>电动式</td><td>120</td></tr>
<tr><td rowspan="5">容积式流量计</td><td>椭圆齿轮</td><td rowspan="3">1.6～10</td><td rowspan="4">60～120</td><td>φ15～500</td><td rowspan="5">±0.2～±0.5</td><td rowspan="5">关系很小</td><td rowspan="5">无关</td><td rowspan="5">要</td><td rowspan="3">油品及黏滞液体的测量及控制。
腰轮适用于气体</td><td rowspan="5">测量精度较高，复现性好，但需日常维护，大口径仪表较笨重、成本高</td></tr>
<tr><td>腰　　轮</td><td>φ15～250</td></tr>
<tr><td>刮　　板</td><td rowspan="2">φ15～500</td></tr>
<tr><td>圆　　盘</td><td>0.4～4.5</td><td rowspan="2">洁净的有润滑性的流体的精确计量或定量控制</td></tr>
<tr><td>旋转活塞</td><td>0.6、1.6</td><td>120</td><td>25</td></tr>
<tr><td colspan="2">电磁流量计</td><td>1.6～32</td><td>60～100</td><td>φ2～2400</td><td>±0.2～1</td><td>均匀磁场20D 非均匀磁场5D</td><td>5D</td><td>可不装</td><td>导电率大于界限值的各种流体流量</td><td>压力损失很小，应用范围广，但变送器要良好接地</td></tr>
<tr><td rowspan="2">涡轮流量计</td><td>气体涡轮</td><td rowspan="2">6.4～50</td><td rowspan="2">50～120</td><td>φ10～200</td><td rowspan="2">±0.2～1</td><td rowspan="2">15～40D</td><td rowspan="2">5D</td><td rowspan="2">要</td><td rowspan="2">干净气体、黏度不高的液体的精密测量、控制</td><td rowspan="2">测量精度高、复现性好，不受压力影响反应迅速。被测流体要干净，涡轮轴承易磨损</td></tr>
<tr><td>液体涡轮</td><td>φ10～600</td></tr>
<tr><td rowspan="2">面积式流量计</td><td>玻璃转子流量计</td><td>6.4</td><td>200</td><td>φ1～100</td><td rowspan="2">±1～5</td><td rowspan="2">关系不大</td><td rowspan="2">关系很小</td><td rowspan="2">要</td><td>要求介质透明不黏附表面</td><td rowspan="3">适合中、小、微量的测量。但是要实际标定，介质不能含磁性、磨损性、纤维类杂质</td></tr>
<tr><td>远传转子流量计</td><td>1.6～40</td><td>60～400</td><td>φ6～250</td><td>不含磁性物质的黏度不大的流体流量测量控制</td></tr>
<tr><td colspan="2">冲塞式</td><td>1.2</td><td>200</td><td>φ25～100</td><td>±3</td><td></td><td></td><td></td><td></td></tr>
<tr><td rowspan="3">旋涡流量计</td><td>旋进式</td><td rowspan="3">1.6～6.4</td><td rowspan="3">60～120</td><td>φ25～150</td><td rowspan="3">±0.5～±1.5</td><td>15～20D</td><td>3D</td><td rowspan="3">可不设</td><td rowspan="3">黏度较低的气体或液体的大、中流量的测量、控制</td><td rowspan="3">结构简单、安装方便、量积较宽、要实流标定，直管长度长，不宜用于低速</td></tr>
<tr><td>卡门涡街型 热丝检测</td><td rowspan="2">φ150～1500</td><td rowspan="2">15～40D</td><td rowspan="2">5D</td></tr>
<tr><td>卡门涡街型 超声检测</td></tr>
</table>

根据被测介质的性质按表12－2－3选用合适的节流体。

（三）特殊流量测量仪表的选用

随着技术的发展，工业装备正向大机组、大容量、多参数方面发展，因此，对流量测量就相应地提出了大管道流量测量的问题。如输油、输气、管道及石油化工装置中已用到大于700mm的管径。另一方面，也提出了某些特殊要求的小管道（$DN<15$mm），小流量测量的要求。

表 12-2-3　各类节流体对被测介质的适应性

适应性 / 介质 / 种类	锐孔板	喷嘴	文丘里管	1/4 圆喷嘴	锥形入口也板	圆缺孔板	道尔管	均速管
净液	○	○	○				○	○
净气	○	○	○				○	○
蒸汽	○	○	○				○	○
浆液						○		
黏液				○	○			
腐蚀液	⊖	⊖						
脏液气						○		

注：适用○，可用⊖。

特殊流量测量仪表性能比较见表 12-2-4。

表 12-2-4　特殊流量测量仪表性能比较

	流量计	结构	安装维修	灵敏度	压力损失	误差	适用介质	仪表口径/mm	流量范围/(L/h)
大管道流量测量仪表	毕托管	简单	方便	低	非常小	5%	洁净液、气	>100	
	笛形均速管	简单	方便	高	差压的0.25%~8%	<2.5%	洁净液、气	100~450	
	双翼式均速管	较复杂	方便	高	<4mmHg	3%	洁净气	150~600	
	文丘里毕托管	较复杂	方便	最高	<20mm H_2O	<5%	洁净液、气（蒸汽除外）	>150	
	旋涡流量计	简单	方便	高	非常小	<2%	气、液	25~300	
	电磁流量计	复杂	不太方便	高	无	1%	导电液	ϕ6~300	
	弯管流量计	简单	方便	低	无	5%（未标定）0.5%（经标定）	液	任意	
	分流式流量计	简单	方便	高	大		气、液	50~300	
	标准节流装置	简单	方便	高	大		气、液	50~1000	
小管道小流量测量仪表	玻璃转子流量计	简单	方便	高	不大	1%~1.5%	气、液	4~100	≥10
	内藏孔板差压变送器	简单	方便	高	大	2%	液		10~1400
	热流量计	简单	方便	较低	很小	2.5%	气	4~6	2~250
	微型椭圆齿轮流量计	简单	不方便	高	不大	0.5%	液	10	30~120
	涡轮流量计	较复杂	不方便	高	无	0.5%~1%	洁净气、液	4~500	40~6×10^6
	小孔板	简单	方便	高	大	2.5%	气、液	孔板孔径 0.5~4	气：50~8000 液：5~300
	层流流量计	简单	方便	高	大	1.5%~5%	洁净气、液		气：2.5~50 液：2.5~1500ml/h

目前流量测量除采用差压变送器与节流设施配合以外，在石油化工厂中还广泛采用涡轮、涡街、椭圆齿轮等。

三、孔板的安装

（一）孔板的原理

孔板差压流量计是根据伯努利定律工作原理和连续性原理工作的。

连续性原理说明流体流过管子任一截面的流量是恒定的，如果该截面在某一点收缩，则该点流速加快。

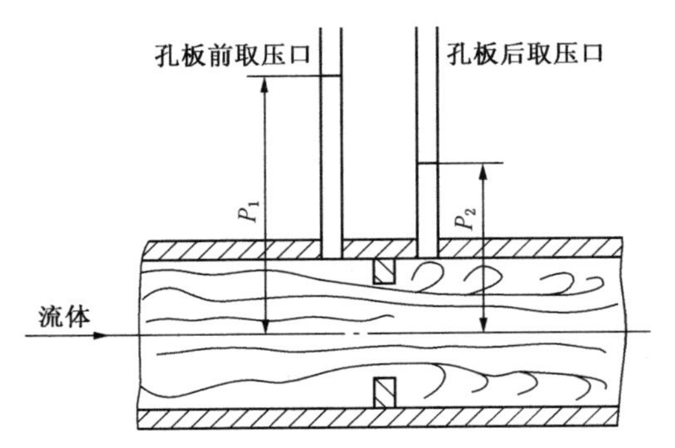

图 12-2-1 孔板和取压管示意图

伯努利定律说明充满管道的任一流体所含有能量不变，因此在流速加快处，表现动压头(动能)增大，必然引起静压头(位能)降低，孔板前后就产生差压。在同一孔板的条件下，流量愈大，压降也愈大，所以可以通过测量压降来计算流量的大小，孔板和取压管示意图见图 12-2-1。

(二)孔板的分类

在石油化工装置中孔板是最简单、最便宜和最通用的测量物料流量的元件。

(1) 同心孔板。一般情况下都选用同心孔板。

(2) 偏心孔板。偏心孔板的锐孔中心与管道中心是非同轴的，偏心孔板的一侧与管道内壁相齐，这种孔板的特点是使用时能通过介质中夹带的杂质。

(3) 双重孔板。双重孔板是有相互按一定距离装在管道中的两块标准孔板组成。依流体流动方向，前面的孔板称为辅助孔板，后面的孔板称为主孔板。辅助孔板与管内径的截面比大于主孔板与管内径的截面比，两块孔板间的距离一般为 0.5 倍的管内径。

(4) 圆缺孔板。圆缺孔板适用于测量脏污介质和泥浆等的流量，它宜安装在水平管道中。

(5) 文丘里管。传统的文丘里管是在两个直径逐渐变小的锥管之间设置一个短狭的管，俗称喉管，当出口直径近似下游的管道直径时，则称缩短了的文丘里管。文丘里管适用于低压损，以及介质中含有固体悬浮物质时的流量测量。

(6) 1/4 圆喷嘴。可用来测量雷诺数(Re)200~100000 范围内的流量。

(7) 90°弯管流量计。在圆形管道弯头的内侧和外侧处取压，可以测得差压，这差压是由流体的离心力所产生，用它可以测定流量。

90°弯管流量计，是一种简单而价廉的流量测定仪表，无压力损失，使用时要求管道最小直径 $D/k>50$(D 管道内径、k 绝对粗糙度)。管道雷诺数(Re)不能低于 50000。取压孔分别设在弯管内侧和外侧相对并与终端成 45°的位置处。取压孔的直径不大于 0.125D。

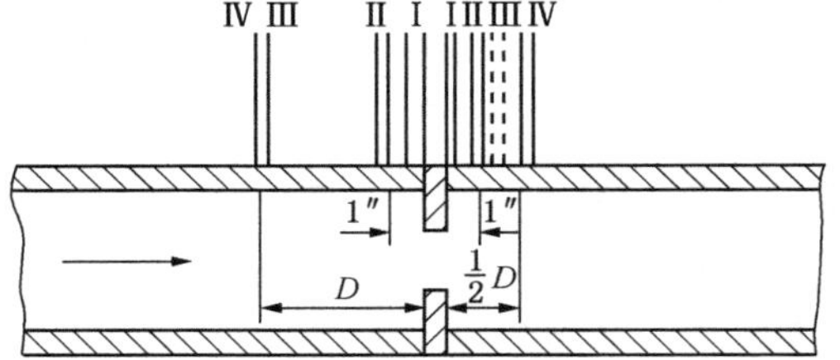

图 12-2-2 各种取压方式接管相对位置
Ⅰ—Ⅰ 角接取压；Ⅱ—Ⅱ 1″法兰取压；
Ⅲ—Ⅲ 理论取压；Ⅳ—Ⅳ 径距取压

(三)孔板的取压方式

孔板的取压方式大致有以下四种。各种取压方式的连接管的相对位置可参见图 12-2-2。

(1) 角接取压法。上下游取压管位于孔板前后端面处，如图 12-2-2 中的Ⅰ—Ⅰ所示。

(2) 1″法兰取压法。上下游取压管中心均位于距孔板二侧相应端面 1in(25.4mm)处，如图 12-2-2 中的Ⅱ—Ⅱ所示。由于有加工、安装方便等优点目前国内应用逐渐增多。

(3) 理论取压法。又称“缩流法”。上游取压管中心位于孔板前端面距离为 D 处。下游取压管中心在流束收缩到最小的截面处。如图 12-2-2 中的Ⅲ—Ⅲ所示。

(4) 径距取压法。上游取压管中心位于孔板前端面距离 D 处，下游取压管中心位于孔板后端面距离 1/2D 处，如图 12－2－2 中的Ⅳ－Ⅳ所示。它与理论取压法不同之点，在于下游取压点是固定的。

当工艺管道为 DN50～500 时，一般用法兰取压，孔板法兰取压接管见图 12－2－3。当孔板安装在水平管道上时，气体管道接管宜由管子上方或侧面引出，蒸汽管道由侧面或上方引出，液体管道由侧面或下方引出。当孔板安装在垂直管道上时，液体流向一般由下往上流（当管道充满液体时，也可由上往下流），气体流向一般由上往下流。

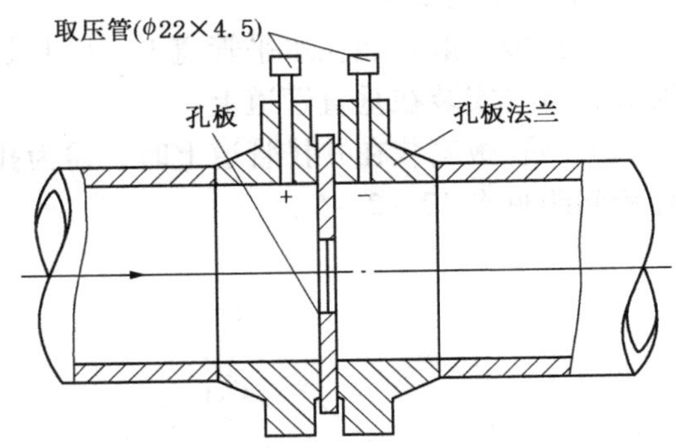

图 12－2－3　孔板法兰取压接管

（四）孔板需要的直管段

为了保证孔板流量计正确工作，在孔板前后必须留有足够的直管段长度。

（1）法兰取压孔板前后要求直管段的长度如表 12－2－5 所示。

表 12－2－5　法兰取压孔板前后要求直管段长度

孔板前管件情况	孔板前 d/D						孔板后
	0.3	0.4	0.5	0.6	0.7	0.8	
弯头、三通、四通、分支	6D	6D	7D	9D	14D	20D	3D
两个转弯在一个平面上	8D	9D	10D	14D	18D	25D	3D
全开闸阀	5D	6D	7D	8D	9D	12D	2D
两个转弯不在一个平面上	16D	18D	20D	25D	31D	40D	3D
截止阀、调节阀、不全开闸阀	19D	22D	25D	30D	38D	50D	5D

注：d—孔板的锐孔直径；D—工艺管道的内径；粗定直管段时一般以 d/D＝0.7 为准。

（2）环室孔板前后直管段的长度可由图 12－2－4 查得。

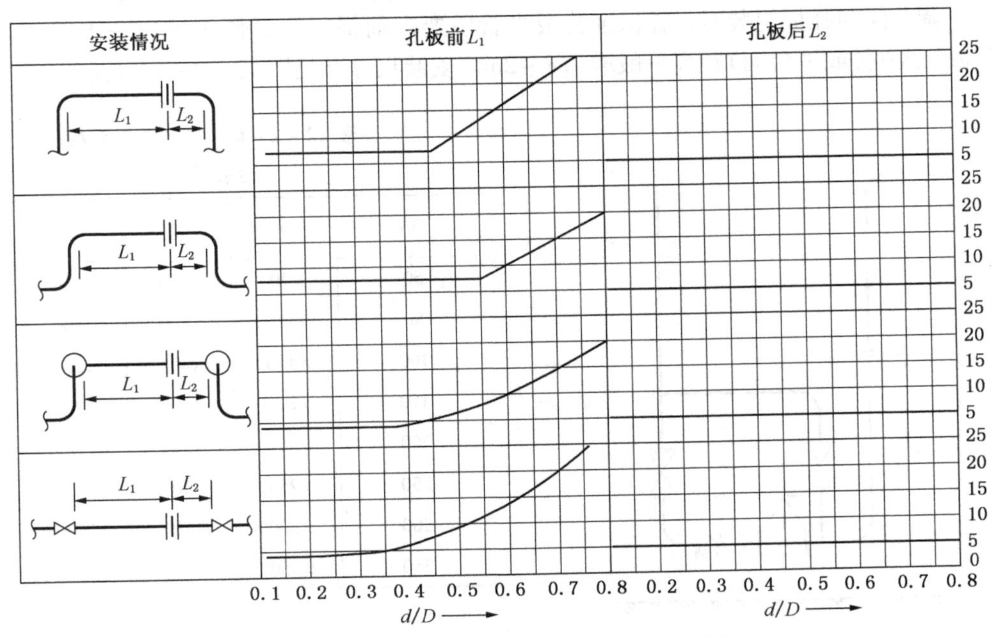

图 12－2－4　环室孔板前后直管段长度要求

(3) 一般孔板前直管段的长度宜为15～20D，最小不应小于10D。孔板后直管长度为5D。

(五) 孔板的安装要求

(1) 孔板一般安装在水平管道上，因其易于满足前后直管段长度的要求。为了便于检修和安装，也可安装在垂直管道上。

(2) 当孔板安装在并排管道上时，需为孔板及其引线的安装留下足够的位置。相邻管道的孔板间距见图12－2－5。

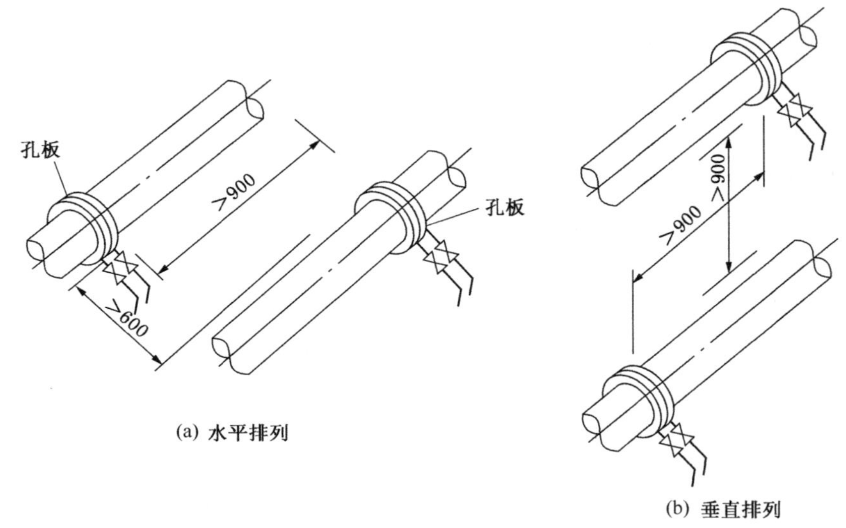

图12－2－5　相邻管道孔板间距

(3) 孔板的安装位置应尽量便于操作和检修，测量引线的阀门，应尽量靠近一次仪表。

(4) 管廊上水平管道的孔板应安装在管架梁附近，避免安装在两管架中间。

(5) 工艺管道$DN<50$安装孔板时，除测量小流量的孔板外，应将工艺管道扩径到DN 50。

(6) 调节阀与孔板组装时，在保证孔板直管段要求前提下为了便于操作一次阀和仪表引线，孔板与地面(或平台面)距离一般取1.8～2m。安装尺寸参见图12－2－6和表12－2－6。

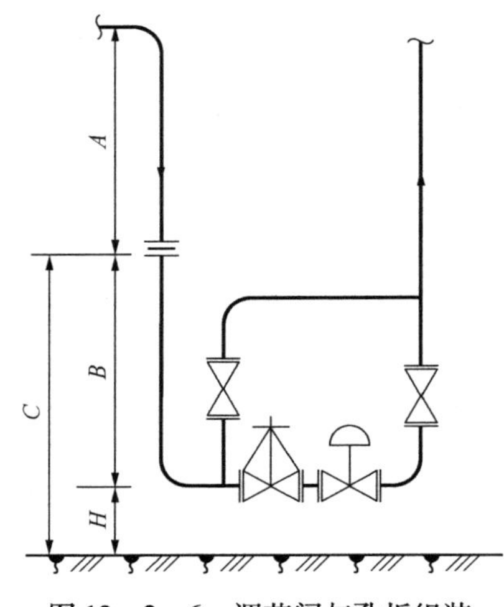

图12－2－6　调节阀与孔板组装

表12－2－6　调节阀与孔板组装尺寸　(mm)

DN	*A*	*B*	*C*	*H*
50	>700	1400	1800	400
80	>1200	1400	1800	400
100	>1400	1400	1800	400
150	>2000	1300	1800	500
200	>2000	1300	1800	500
250	>2500	1300	1800	500
300	>3000	1500	2000	500
350	>3500	1500	2000	500

（六）SH/T3104 对流量测量仪表的安装要求

1. 差压流量测量节流装置的安装

（1）《石油化工仪表安装设计规范》SH/T 3104—2000 要求节流装置应安装在被测介质完全充满的管道上。

（2）节流装置的上、下游侧应有一定长度的直管段。上游侧的最小直管段与上游侧的局部阻力件形式和节流孔直径与管道内径的比值($\beta = d/D$)有关。

a. 孔板、喷嘴和文丘里喷嘴所要求的上、下游侧最短直管段长度见表 12－2－7。

表 12－2－7　孔板、喷嘴和文丘里喷嘴所要求最短直管段长度

最小直管段 / 阻力件 / 直径比 $\beta(d/D)\leqslant$	节流件上游侧阻流件形式和最短直管段长度							下游侧（包括表中所列的所有阻流件）
	一个90°弯头或三通（流体仅从一个支管流出）	在同一平面上的两个或多个90°弯头	在不同平面上的两个或多个90°弯头	渐缩管（在1.5D到3D长度内，由2D变为D）	渐扩管（在1D至2D长度内由0.5D变为D）	球型阀全开	全孔球阀或闸阀全开	
0.20	10(6)	14(7)	34(17)	5	16(8)	18(9)	12(6)	4(2)
0.25	10(6)	14(7)	34(17)	5	16(8)	18(9)	12(6)	4(2)
0.30	10(6)	16(8)	34(17)	5	16(8)	18(9)	12(6)	5(2.5)
0.35	12(6)	16(8)	36(18)	5	16(8)	18(9)	12(6)	5(2.5)
0.40	14(7)	18(9)	36(18)	5	16(8)	20(10)	12(6)	6(3)
0.45	14(7)	18(9)	38(19)	5	17(9)	20(10)	12(6)	6(3)
0.50	14(7)	20(10)	40(20)	6(5)	18(9)	22(11)	12(6)	6(3)
0.55	16(8)	22(11)	44(22)	8(5)	20(10)	24(12)	14(7)	6(3)
0.60	18(9)	26(13)	48(24)	9(5)	22(11)	26(13)	14(7)	7(3.5)
0.65	22(11)	32(16)	54(27)	11(6)	25(13)	28(14)	16(8)	7(3.5)
0.70	28(14)	36(18)	62(31)	14(7)	30(15)	32(16)	20(10)	7(3.5)
0.75	36(18)	42(21)	70(35)	22(11)	38(19)	36(18)	24(12)	8(4)
0.80	46(23)	50(25)	80(40)	30(15)	54(27)	44(22)	30(15)	8(4)

对于所有的直径比 β	阻流件	上游侧最短直管段
	直径大于或等于 0.5D 的对称骤缩	30(15)
	直径小于或等于 0.03D 的温度计套管和插孔	5(3)
	直径在 0.03D 和 0.13D 之间的温度计套管和插孔	20(10)

注：① 表列数值为位于节流件上游或下游的各种阻流件与节流件之间所需的最短直管段长度。

② 不带括号的值为“零附加不确定度”的值。

③ 采用括号内的值为“0.5% 附加不确定度”的值。

④ 直管段长度均以工艺管道内径 D 的倍数表示。它应从节流件上游端面量起。

b. 经典文丘里管所要求的上游侧最短直管段长度见表 12－2－8，下游侧直管段，从喉部取压孔处起计算，应为喉管直径的 4 倍。

（3）如在水平或倾斜管道上安装节流装置，取压孔位于管道横截面上的方位应符合下列规定：

a. 测量气体时，对于湿气体，应在与垂直中心线夹角为 α 范围内；对于干气体，应在水平中心线上半部及水平中心线下方 α 角范围内，α 小于 45°；

b. 测量蒸汽时，在水平中心线上；

表 12－2－8　经典文丘管要求上游侧最小直管段

直径比 β（d/D）	单个 90°短半径弯头	在同一平面上两个或多个 90°弯头	在不同平面上两个或多个 90°弯头	在 3.5D 长度内由 3D 变为 D 的渐缩管	在 D 长度范围内由 0.75D 变为 D 的渐扩管	全开球阀或闸阀
0.30	0.5	1.5(0.5)	(0.5)	0.5	1.5(0.5)	1.5(0.5)
0.35	0.5	1.5(0.5)	(0.5)	1.5(0.5)	1.5(0.5)	2.5(0.5)
0.40	0.5	1.5(0.5)	(0.5)	2.5(0.5)	1.5(0.5)	2.5(1.5)
0.45	1.0(0.5)	1.5(0.5)	(0.5)	4.5(0.5)	2.5(1.0)	3.5(1.5)
0.50	1.5(0.5)	2.5(1.5)	(8.5)	5.5(0.5)	2.5(1.5)	3.5(1.5)
0.55	2.5(0.5)	2.5(1.5)	(12.5)	6.5(0.5)	3.5(1.5)	4.5(2.5)
0.60	3.0(1.0)	3.5(2.5)	(17.5)	8.5(0.5)	3.5(1.5)	4.5(2.5)
0.65	4.0(1.5)	4.5(2.5)	(23.5)	9.5(1.5)	4.5(2.5)	4.5(2.5)
0.70	4.0(2.0)	4.5(2.5)	(27.5)	10.5(2.5)	5.5(3.5)	5.5(3.5)
0.75	4.5(3.0)	4.5(3.5)	(29.5)	11.5(3.5)	6.5(4.5)	5.5(3.5)

注：① 最短直管段的长度均以工艺管道内径 D 的倍数表示。

② 上游侧直管段从上游取压口平面量起。管道粗糙度应不超过市场上可买到的光滑管子的粗糙度（约 $K/D \leqslant 10^{-3}$）。

③ 不带括号的值为“零附加不确定度”，括号内的值为“0.5% 的附加不确定度”。

④ 弯头的弯曲半径等于或大于管道直径。

⑤ 位于喉部取压口下游至少 4 倍喉部直径处的管件或其他阻流件不影响测量的不确定度。

c. 测量液体时，在水平中心线上下 α 角范围内，当液体中含有固体颗粒时，在水平中心线上方；液体中含有气体时，在水平中心线的下方，α 小于 45°。

图 12－2－7 为取压孔方位。

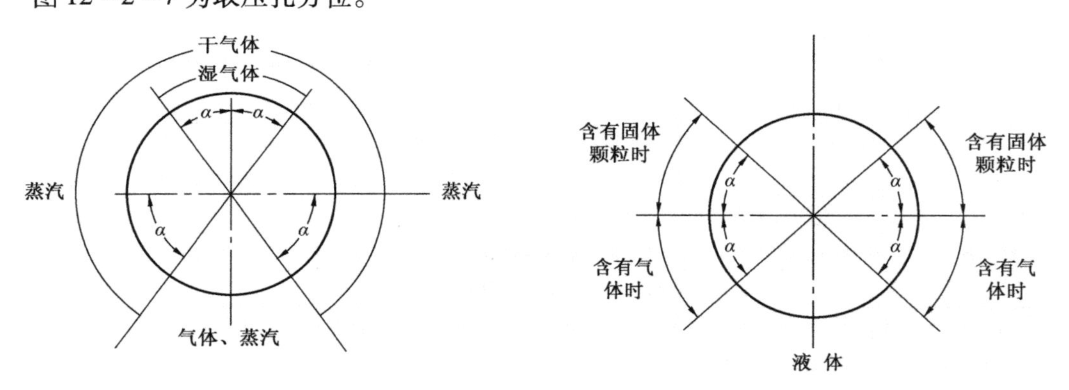

图 12－2－7　取压孔方位

（4）节流装置宜安装在水平管道上，亦可装在垂直管道上（偏心或圆缺孔板除外），应考虑便于安装维护，必要时应设置操作平台。安装在埋地管道时，应设置地井。

（5）偏心锐孔板必须安装在水平管道上。如被测液体中含有气体，锐孔应与工艺管道内圆顶点相切，取压孔位于管道横截面的水平中心线上；如测量含凝液的气体或含固体颗粒的液体，锐孔应与工艺管道内圆底点相切，取压孔位于管道顶部或水平中心线上。

2. 均速管流量计的安装

均速管流量计上下游侧要求最小直管段见表 12－2－9。

注：本条适用于均速管类(例 ITABAR、VERABAR、ANUBA 等)流量计、比托管流量计及其变形产品如 V 形比托管(v－cone)流量计和比托式文丘里管的安装。

表 12－2－9　均速管流量计上下游侧要求最小直管段

阻力件型式 / 最小直管段 / 管道安装方案	上游直管段长度		下游直管段长度
	阻力件在同一平面	阻力件不在同一平面	
上游 1 个 90°弯头 下游 1 个 90°弯头	7	9	3
上游具有同一平面内连续 2 个 90°弯头， 下游 1 个 90°弯头	9	14	3
上游具有不同平面内连续 2 个 90°弯头， 下游 1 个 90°弯头	19	24	4
上游缩径，下游扩径 (工艺管径大于仪表 D 径)	8		3
上游扩径，下游缩径 (工艺管径小于仪表口径)	8		3
上游装有调节阀	24		4

注：最小直管段的长度为表中数值乘以工艺管道直径 D。

(1) 均速管流量计应安装在被测介质完全充满的管道上。

(2) 均速管流量计宜安装于水平管道上：当测量气体、蒸汽时，也可安装于垂直管道上。

(3) 均速管流量计在工艺管道上截面上的插入方位应满足下列要求：

a. 在水平管道上安装、测量气体时；应在水平线以上且与水平线夹角 30°～150°的范围内；

b. 在水平管道上安装、测量液体和蒸汽时，应在水平线以下且与水平线夹角－50°～－130°的范围内；

c. 在垂直管道上安装时，可在与管道中心线垂直的平面内的任意位置；

d. 均速管流量计测压孔开孔中心线与管道中心线的偏差应小于 3°；均速管杆中心线与管线垂直度偏差应小于 5°，与管道中心线的偏差应小于 3°。

(4) 测量精度要求为 ±1% 时，均速管流量计上、下游测直管段长度应符合表 5.0.2 的要求。测量精度要求为 ±3% 时，至少应有上游侧 3D、下游侧 2D 的直管段长度。

(5) 均速管流量计不可用于测量两相流及工作温度低于饱和温度的蒸汽流量测量。

3. 涡轮流量计的安装：

(1) 涡轮流量计宜安装在水平管道上。

(2) 需要精确计量的场合，上游侧直管段(包括整流器)不应小于 20D。下游侧为 5D。一般场合上游侧直管段可为 10D，下游侧为 5D。

(3) 在连续操作的场合，应安装旁路阀和前后切断阀。

(4) 上游侧宜装过滤器，如被测液体中含有气体，则上游侧还应装除气器。过滤器、除气器应位于直管段之前。

4. 电磁流量计的安装

(1) 电磁流量计应安装于被测介质完全充满的管道上。

(2) 一般计量场合，上游直管段长度不应小于 3D，下游直管段长度不小于 2D：需要精

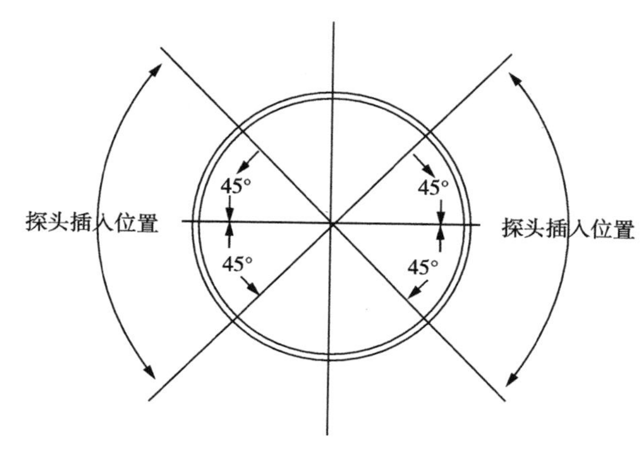

图 12-2-8　电磁流量计探头在水平管道上的安装

确计量的场合，上游直管段长度不应小于10D，下游直管段长度不小于3D。

（3）插入式电磁流量计在水平或倾斜管道上安装时，探头应安装于管道中心线平面上下45°的范围内，如图12-2-8所示。

（4）插入式电磁流量计探头中心线应与管道中心线相垂直。

（5）当被测流体不接地时，电磁流量计应与工艺管道绝缘隔离，其电源及输出信号应采用变压器隔离，如图12-2-9所示。

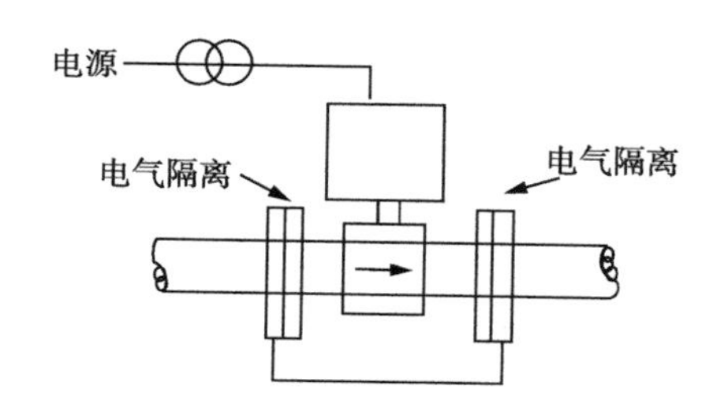

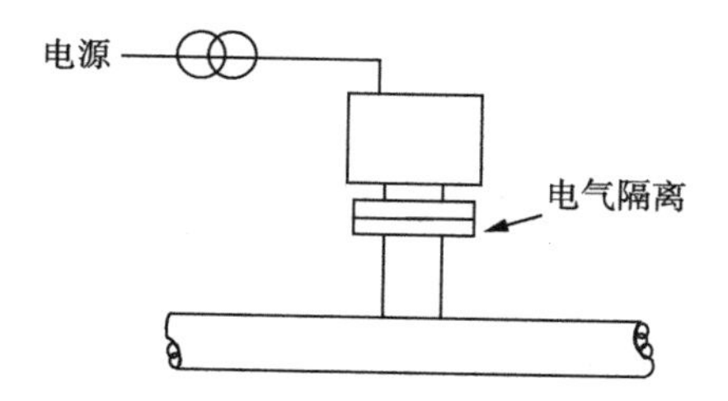

图 12-2-9　不接地流体的电气连接

（6）当被测流体接地时，电磁流量计表体与工艺管道应良好地连接并接地，如图12-2-10所示。

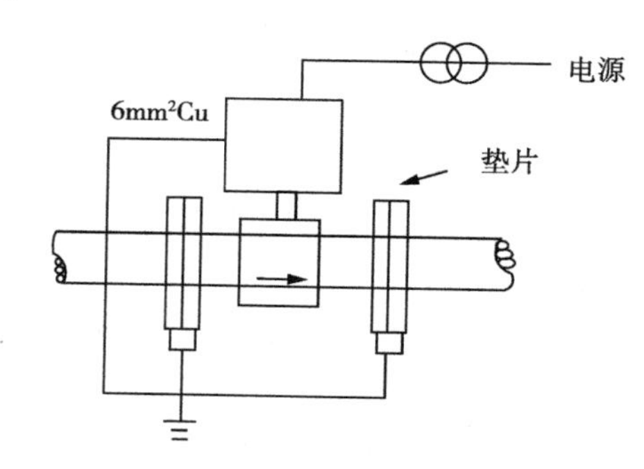

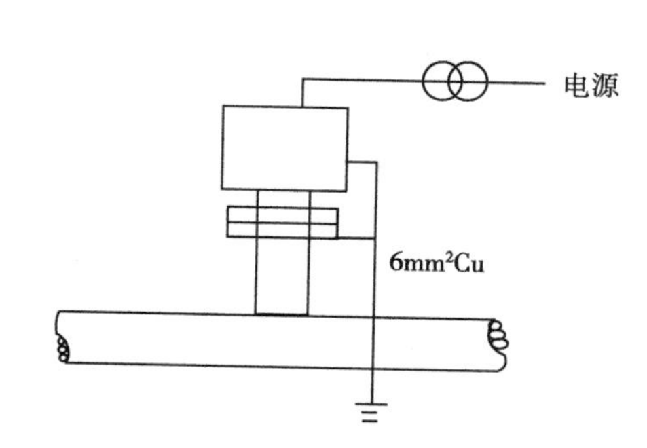

图 12-2-10　接地流体的电气连接

5. 涡街流量计的安装

（1）测量液体时涡街流量计应安装于被测介质完全充满的管道上。

（2）涡街流量计在水平敷设的管道上安装时，应充分考虑介质温度对变送器的影响。

（3）涡街流量计在垂直管道上安装时，应符合以下规定：

a. 测量气体时，流体可取任意流向；

b. 测量液体时，液体应自下而向上流动。

（4）涡街流量计下游应具有不小于5D（流量计直径）的直管段长度，涡街流量计上游直管段长度应符合以下规定：

a. 当工艺管道直径大于仪表直径（D）需缩径时，不小于15D；

b. 当工艺管道直径小于仪表直径(D)需扩径对，不小于18D；

c. 流量计前具有一个90°弯头或三通时，不小于20D；

d. 流量计前具有在同一平面内的连续两个90°弯头时，不小于40D；

e. 流量计前具有不同平面内的连接两个90°弯头时，不小于40D；

f. 流量计装于调节阀下游时，不小于50D；

g. 流量计前装有不小于2D长度的整流器，整流器前应有2D，整流器后应有不小于8D的直管段长度。

(5) 被测液体中可能出现气体时，应安装除气器。

(6) 涡街流量计应安装于不会引起液体产生气化的位置。

(7) 涡街流量计前后直管段内径与流量计内径的偏差应不大于3%。

(8) 对有可能损坏检测元件(旋涡发生体)的场所，管道安装的涡街流量计应加前后截止阀和旁路阀，插入式涡街流量计应安装切断球阀。

(9) 涡街流量计不宜安装在有震动的场所。

6. 质量流量计的安装

(1) 质量流量计应安装于被测介质完全充满的管道上。

(2) 质量流量计宜安装于水平管道上；当在垂直管道上安装时，流体宜自下而上流动，且出口留有适当的直管长度。

(3) 当用于测量易挥发性液体(如轻烃，液化气等)，应使流量计出口处压力高于液体的饱和蒸汽压力；流量计不宜安装于泵入口管道上；当安装于垂直管道上时，应安装于管道的最低处。

(4)U、Δ、Ω管型质量流量计在水平管道上的安装，应符合以下规定：

a. 测量气体时，U、Δ、Ω型管应置于管道上方：

b. 测量液体时，U、Δ、Ω型管应置于管道下方。

(5) 直管型质量流量计在水平管道上安装时，应充分考虑介质温度对变送器的影响。交送器处的环境温度不应高于60℃。

(6) 直径大于等于80mm的质量流量计应加支撑。

(7) 被测液体中可能含有气体时，应加除气器。

(8) 质量流量计宜加前后切断阀和旁路阀。

7. 气体热质量流量计的安装

(1) 气体热质量流量计宜安装于水平管道上：当气体流速较低或水平直管段长度不能满足要求时，可安装于垂直管道上。

(2) 气体热质量流量计下游直管段长度应不少于5D(工艺管径)，上游直管段应符合以下规定：

a. 上游扩径、缩径、具有一个90°弯头或三通时，不小于10D；

b. 上游具有同一平面内连续两个90°弯头时，不小于15D；

c. 上游具有不同平面内连续两个90°弯头时，不小于30D；

d. 上游装有调节阀时，不小于40D。

(3) 插入式气体热质量流量计宜安装切断阀。

8. 超声波流量计应按照制造厂的规定进行安装设计。

四、转子流量计的安装

（一）转子流量计的作用原理

转子流量计是最简单的流量测量设施。转子流量计主要有一向上扩大的锥管和在其中随流量大小上下移动的转子所组成，见图 12-2-11 所示。

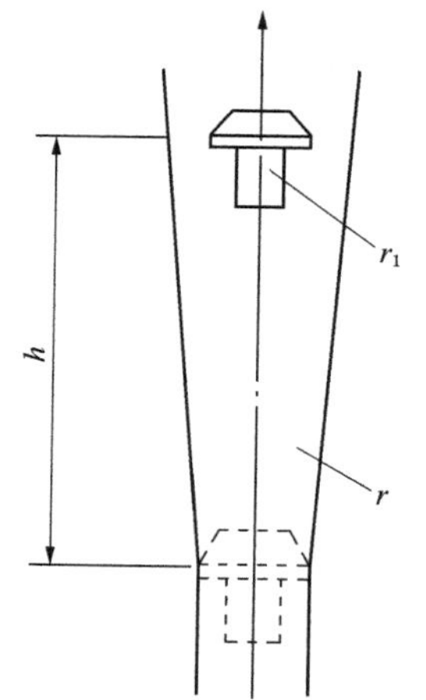

图 12-2-11 转子流量计
h—转子位移；r—介质密度；r_1—转子密度

当流体流过锥管和转子所构成的环隙时，转子因节流作用而被流体动压力顶起，直至与转子质量平衡为止。一定的流量对应一定的转子位移，当流量增加时，转子上升，流过面积增加，转子的位置指出了流量。玻璃转子流量计可直接读出流量，当用金属管时用电感测出它的位置。

（二）转子流量计的分类

（1）LZB 玻璃转子流量计的连接形式分为法兰连接形（F 形），软管连接型（Y 形）和螺纹连接型（R 形）三种。连接型式见图 12-2-12。

（2）金属管转子流量计分气远传（LZQ）和电远传（LZD）两种。并分为基型（不锈钢）、T 形（夹套保温）、F_1 形（耐腐蚀）、F_2 形（耐硝酸腐蚀）、Y 形（高压）和 W 形（高温）等。

（三）转子流量计的安装要求

（1）转子流量计必须安装在垂直、无震动、介质的流向必须由下向上的管道上，其安装示意图见图 12-2-13。

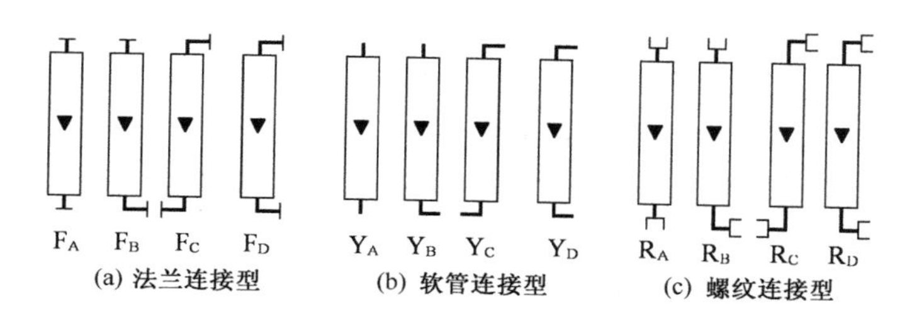

图 12-2-12 LZB 玻璃转子流量的连接类型

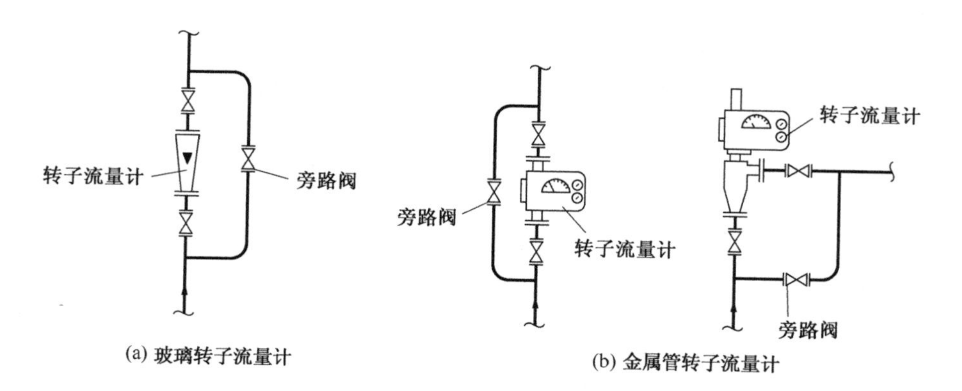

图 12-2-13 转子流量计的安装

（2）为了在转子流量计拆下清洗或修理时，系统管道仍可继续运行，转子流量计宜设旁路和前后切断阀。转子流量计附近要宽敞些，以方便于拆卸和检修。

（3）转子流量计安装前，应检查流量的刻度值是否与实际相符，其误差不应超过规定值。

（4）流量计的锥形管和转子要经常清洗，不允许有任何沾污，否则影响流量精度。对于介质脏的管道，在流量计之前应加过滤器。

（5）为了保证测量精度，安装时要保证流量计前有5D的直管段，但不应小于300mm。

五、靶式流量计的安装

（一）靶式流量计的分类

靶式流量计有LBQ型气动远传靶式流量变送器和DBL型电动靶式流量变送器两种。

LBQ型靶式流量变送器是气动力矩平衡式变送器。由于流体的流动而作用于靶上的力和流体的速度压头成比例，即流量和作用于靶上的力的平方根成正比。而此力通过杠杆，喷嘴挡板机构转换为气压信号，经放大器放大后，一路由波纹管反馈到杠杆上，产生反馈力和作用力相平衡，同时另一路输出对应的气压信号。

DBL型靶式流量变送器是矢量机构力平衡式电动变送器。用来连续测量高黏度及带悬浮颗粒介质的流量。也适用于一般气体、液体和蒸汽的流量测量。

（二）靶式流量计的安装要求

（1）靶式流量计可以水平或垂直安装于管道中，当测量介质中含有固体悬浮物时，靶式流量计需要水平安装。靶式流量计安装在垂直管道上时，一般流体方向应由下而上，对于充满液体的管道也可由上而下。

（2）为了提高测量精度，入口端前直管段不应小于5D，出口端后的直管段不应小于3D，见图12－2－14。

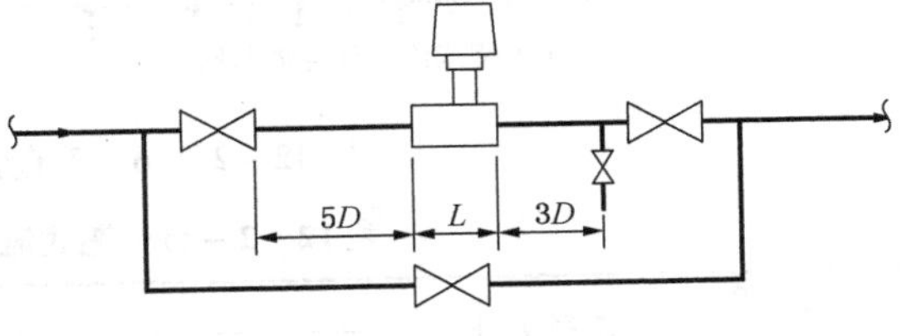

图12－2－14　靶式流量计的安装要求

（3）靶式流量计应设旁路和前后切断阀（见图12－2－14），以便于调整、校对仪表的零位及维修。

（4）应注意流量计的安装方向，流体应对准靶面流动，亦即靶式较长的一端为流体的入口端，安装时要注意靶的中心应与管道的轴线同心。

（5）如果该管道有调节阀，为了节省管子和阀门，靶式流量计可与调节阀放在同一管道上，但安装时必须保证进出口直管段的要求。

（6）测量易凝、易结晶或含悬浮颗粒的介质时，如流量计备有冲洗管嘴，应接上冲洗管道。

（7）当靶式流量计与调节阀共用一个旁路时，在流量计出口应装一压力表，以备在调节阀切换时监视流量用。

（8）当调节阀的压差较大时（即阀前后两个压力系统），靶式流量计与调节阀最好不合用一个旁路，以避免当调节阀切换时由于不能指示流量而出事故。

（三）靶式流量计与调节阀组装

（1）*DN*15～40的靶式流量计一般安装在水平管道上，如图12－2－15所示，其安装尺寸可参照表12－2－10确定。

（2）*DN*15～300 靶式流量计安装在垂直管道上时，如图 12－2－16 所示，其安装尺寸可参照表 12－2－11 确定。

（3）对于 *DN*≥150 的靶式流量计，其 H_0、H_1 较高，若平面位置允许宜安装在水平管道上。

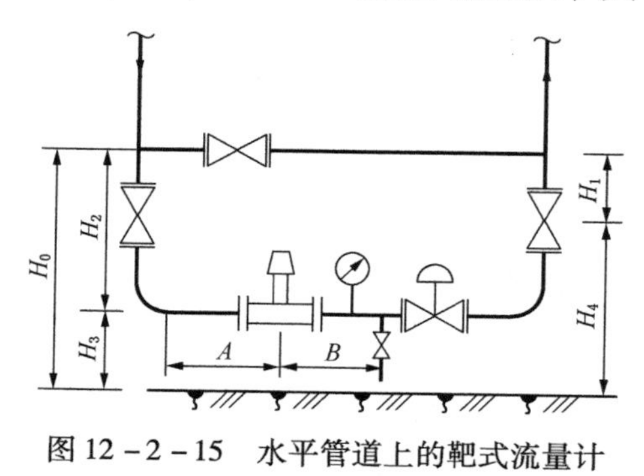

图 12－2－15　水平管道上的靶式流量计

表 12－2－10　靶式流量计的安装尺寸(一)　(mm)

工艺管道 DN	靶径 d	安装尺寸							
		A	B	L	H_1	H_2	H_3	H_4	H_0
15	15	>300	100	1200	200	800	400	1000	1200
20	20	>300	150	1200	250	900	400	110	1400
25	25	>300	150	1200	250	1000	400	1150	1400
40	40	>400	200	1500	300	1400	400	1500	1800

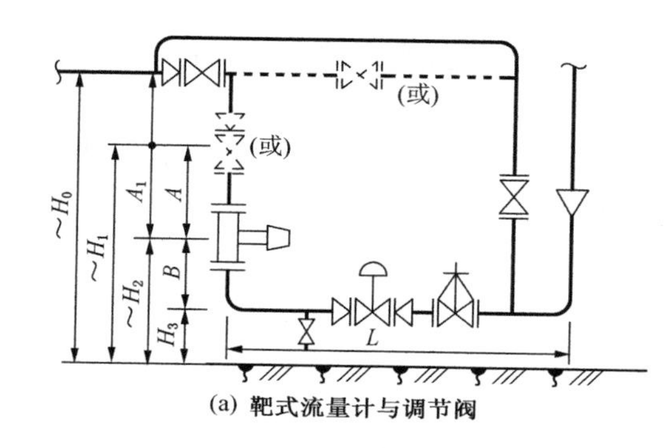

(a) 靶式流量计与调节阀

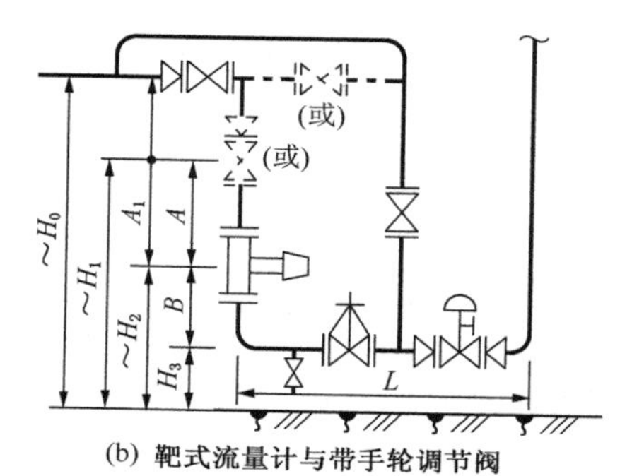

(b) 靶式流量计与带手轮调节阀

图 12－2－16　垂直管道上的靶式流量计

表 12－2－11　靶式流量计的安装尺寸(二)　(mm)

工艺管道 DN	靶径 d	安装尺寸							
		H_3	$\sim H_2$	$\sim H_1$	$\sim H_0$	A	A_1	B	L
15	15	400	500	>900	>900	>400	>400	>100	1000
20	20	400	500	>900	>1000	>400	>500	>100	1000
25	25	400	550	>950	>1050	>400	>500	>150	1000
40	25. 40	400	600	1100	1250	>500	>650	>200	1400
50	40. 50	400	650	1150	1250	>500	>650	>250	1400
80	50～80	400	700	1400	1550	>700	>850	>300	1800
100	65～100	400	900	1700	1850	>800	>950	>500	2000
150	80～150	500	1250	2450	2650	>1200	>1450	>750	2500
200	100～200	500	1500	3000	3300	>1500	>1800	>1000	3200
250	150～250	500	1750	3650	4100	>1900	>2350	>1250	3900
300	200～300	500	2000	4250	4700	>2250	>2700	>1500	4200

六、齿轮和腰轮流量计的安装

（一）齿轮和腰轮流量计的组成

齿轮和腰轮流量计是容积流量计的一种，目前国内已有许多仪表厂生产。齿轮和腰轮流量计的寿命长，又可测量高黏度油品。腰轮流量计由过滤器、分气器、流量计组成。

（1）过滤器　为了减少流量计磨损，保证测量精度，在流量计前都要安装过滤器。过滤器的口径同流量计的口径一致。

（2）分气器　当介质中含有气体时，对流量测量精度影响很大，因此对含有气体的介质，如液化烃、原油等，若需精确测量应在过滤器前装设分气器。

（3）过滤器、分气器和流量计串联安装，三者共用一个旁路。

（二）齿轮和腰轮流量计的安装要求

（1）齿轮和腰轮流量计应尽量安装在调节阀前，以防止因压力降造成汽化影响测量精度。

（2）为满足流量计现场校验，每个流量计需加 2 个检验阀；如送仪表厂校验，可不必加校验阀。

（3）在连续操作的场合，应安装旁路和前后切断阀。流量计的安装形式推荐图 12－2－14安装图。

（4）对于 *DN* 20～50 的齿轮和腰轮流量计一般安装在垂直管道上，如图 12－2－17(a)；对于 *DN* 20～100 的齿轮和腰轮流量计安装在水平管道上，其旁通应设在齿轮和腰轮流量计的正下方，如图 12－2－17(b)；*DN*125～300 的齿轮和腰轮流量计应安装在水平管道上，齿

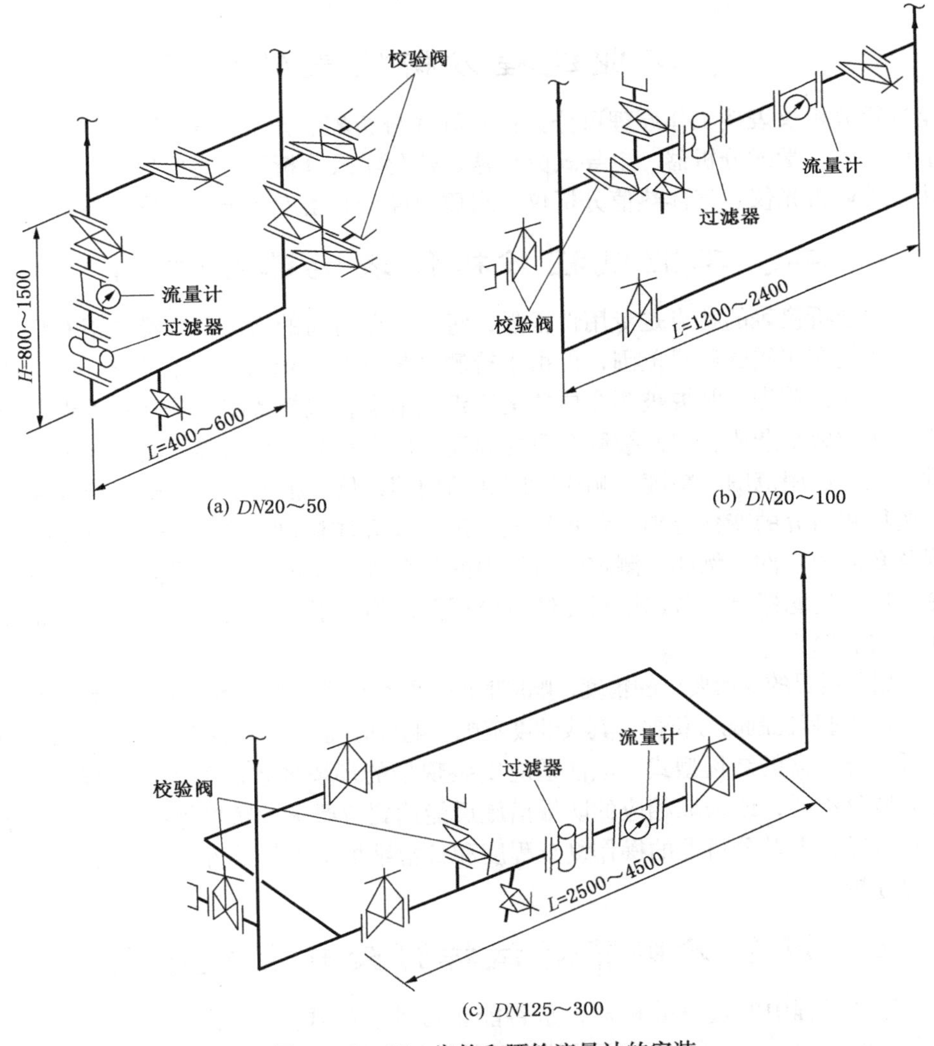

图 12－2－17　齿轮和腰轮流量计的安装

轮和腰轮流量计和过滤器需设置支架或基础，如图12－2－17(c)。

(5) *DN* 20～50的齿轮和腰轮流量计的校验阀应为工艺管道大小一样的带快速接头的闸阀；*DN* 50～100的校验阀为*DN* 50的带管牙接口的闸阀；*DN*125～300的校验阀为*DN* 100的带管牙接口的闸阀。

(6) 齿轮和腰轮流量计可安装在水平或垂直(直径较小时)管道上，安装在垂直管道上时，转子(腰轮)应处于水平位置。齿轮和腰轮流量计安装时，应注意管道介质的流向需与流量计壳体上的流向标记一致。

(7) 应根据工艺管道的管径、压力、流量和被测量的介质的性质，选择齿轮和腰轮流量计的规格和材质。

(8) 齿轮和腰轮流量计作为计量仪表，除就地指示瞬时流量和积算体积流量外，并能发出脉冲信号到仪表室进行指示和累计。

第三节　工业过程分析仪表的选用

一、工业过程分析仪表的种类

工业过程分析仪表按工作原理可分为：磁导式分析器、热导式分析器、红外线分析器、工业色谱仪、电化学式分析器、电导式分析器、热化学式分析器、光电比色式分析器、超声波黏度计、工业折光仪、气体热值分析仪，水质浊度计和密度式硫酸浓度计等等。

二、工业过程分析仪表的选型原则

工业过程分析仪表的特点是专用性很强，每一种分析器的适用范围都是很有限的。同一类分析器，即使有相同的测量范围，但由于待测试样的背景组成不同，并不一定都能适用。因此在选型以前，首先要掌握被测介质的全部组成情况，包括待测组分和背景组分的变化范围及可能存在的微量杂质，以及被测介质的温度、压力和分析目的等。其次要了解各类分析器的测量原理，适用范围、精度、响应时间和结构等，然后根据下列原则进行选择。

(1) 按待测组分的变化范围、背景组成、杂质及介质温度、压力来选择分析器的类型、测量范围及必需的附件。例如：测定烟道气中的氧含量，如选用磁氧式分析器、则需要有抽吸泵、冷却器、过滤器等；若选用氧化锆氧分析器，则可根据烟气温度，采用直插式氧探头或定温插入式氧探头。

(2) 根据分析目的及所要求的精度、响应时间，线性度等选择技术性能能满足其要求的分析器。例如：用于过程控制的分析器，其线性度范围、响应时间、精度应符合控制系统的要求。

(3) 所选分析器的结构型式，应能适应安装现场的环境要求。例如：在爆炸危险场所，应选用防爆型分析器，或采取相应的防爆措施后能达到所要求的防爆等级的普通分析器。

(4) 应从经济上及分析器的操作复杂程度和日常维护工作量等方面进行综合考虑，选择比较理想的分析器。

三、过程分析器对试样预处理系统的要求

安装在生产过程中的过程分析器，是否能正常地发挥作用，往往不由分析器本身来决定，在很大程度上取决于采样预处理系统设计的好坏，因此，应予重视。

试样预处理系统包括采样、输送、预处理，以及样品的排放等整个系统。目的是要得到一个有代表性的、干净的、压力、温度和流量都符合分析器要求的样品，供给分析器进行分析。

（一）对试样预处理的要求

（1）使样品从采样点流到分析器的滞后时间最短。

（2）从采样点取出的试样应当有代表性，即与工艺管道(或设备)中的流体组成相符合。

（3）除去试样中能造成仪器内部及管道堵塞和腐蚀的物质，以及对测量有干扰的物质，并调整样品的压力、温度和流量，使处理后的样品清洁干净，压力、温度、流量符合分析器的工作要求，而待测组分的含量不致因此而发生变化。

（二）采样要求

选择采样点，最重要的是使取出的样品具有代表性，并且响应速度最快。

（1）如果分析器用于过程控制，所选的采样点应该是响应最快的。要特注意采样点不应选在工艺管道死角处和低流速区。

（2）尽量缩短采样点到分折器之间的距离，使滞后时间最小。

（3）尽量把采样点选在不需要预处理设备，就可以得到一个清洁、干燥的样品的地方。

（4）从工艺管道上采样，采样口应开在工艺管道的一侧，以减少气体样品中可能夹带的液滴和固体杂质；或液体样品中可能夹带的气泡和固体杂质。如果工艺管道的管壁易附着脏物，应从工艺管道中心采样。典型采样点结构见图 12－3－1。

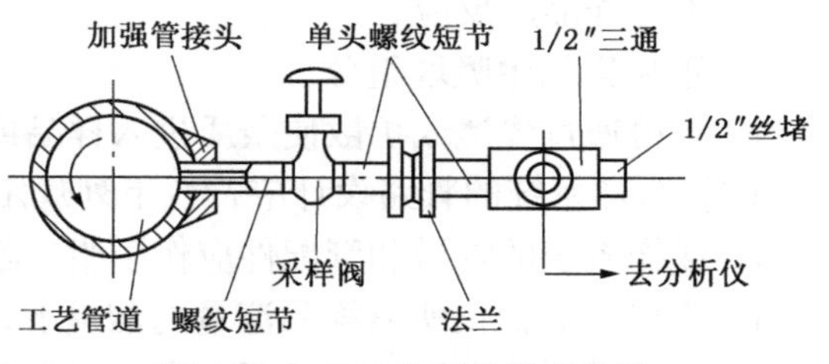

图 12－3－1　典型采样点结构

（5）样品如果容易凝结，应采取保温伴热措施，但要注意不可因此而引起样品组成的变化。

（6）采样点不应紧靠减压阀的下游，避免出现气－液混相。

（7）根据采样点的工艺状况，采样管道上应设置相应的减压稳流、超压放空、负压抽吸、故障报警等设施。

（三）样品输送系统

对样品输送系统的基本要求是：

1. 为了得到最佳的响应速度，样品输送系统的时滞，应当不超过 60s。

2. 样品输送系统的整个容积，应尽可能小，而线速度在一定的流量和允许的压降下，尽可能提高。一个好的样品输送系统，其线速度应保持在 1.5～3.5m/s。

常用的样品输送系统有：

（1）单线系统；

（2）快速回路系统；

（3）样品回收系统；

（4）在线调合使用的试样再循环系统；

（5）多流路采样系统。

四、SH/T 3104 对工业过程分析仪表的要求

1. 取样点位置的确定

（1）该点样品能及时、准确地反映过程流体的被测参数的变化，是可测量的工艺流体。

（2）该点与过程校正点(一般为调节阀、加热或冷却器)之间的工艺过程滞后时间短。

（3）能提供清洁、干燥的样品。

（4）能得到适当的样品压力和温度。

（5）易于接近、维护。

（6）取样器头部宜伸至管道的中心，且取样口背向样品流向。

（7）取样点应取在工艺管道的项部或侧面，不可取在工艺管道底部。

2. 分析仪表的位置

（1）尽量靠近取样点，易于接近和维护。

（2）尽量避开下列场合：

a. 热设备或管道的影响；

b. 冲击或振动的影响；

c. 可能产生机械损伤的场合；

d. 强电磁干扰的场合。

3. 取样系统的安装

（1）取样系统的材质应符合以下规定：

a. 不与样品起反应；

b. 不从样品中吸取组分；

c. 不得通过渗透或扩散使杂质进入样品或从取样系统组件浸出来物质进入样品。

（2）取样系统的管路设计应符合下列规定：

a. 取样系统的管道和管配件应作脱脂、除油和除污处理，无机械损伤和泄漏；

b. 在保证分析仪所需样品流量的前提下，应使取样系统各组件及管容量最小；

c. 在管道压降允许的前提下，应使取样系统中样品流速尽可能高；

d. 应采取隔热、伴热或冷却措施，保证样品在取样系统中不发生相变或反应；

e. 当工艺系统为负压操作时，应采用泵吸法进行采样；

f. 工艺过程物流中含有颗粒或粉状催化剂时，取样管路应有除尘、过滤和反吹措施。

（3）取样系统应设置快速取样回路，以下情况除外：

a. 分析仪直接安装于取样点或靠近取样点；

b. 分析可直接放空的气体(如空气，烟道气等)的分析仪表；

c. 分析可直接排入污水系统的水分析仪表。

（4）快速取样回路应将从工艺物料中取出的样品送回到工艺系统中去。快速取样回路中样品流动的动力宜采用下列方式：

a. 工艺管道上取样点与返样点之间的差压；

b. 采样和返样机械泵(或气体、蒸汽喷射泵)。

（5）对无法经济地送回工艺系统中的分析后废样品的处理应符合下列规定：

a. 不允许就地排放烃类和化学类液体，应设专用的样品回收系统；

b. 符合卫生排放标准的水样可排入地下雨水排放系统；

c. 符合卫生排放标准的气体可就地放空；

d. 少量轻烃气体或氢气可引至高处排放到大气中。使其迅速扩散至低于爆炸性气体混合物的下限浓度；

e. 有毒气体应采取措施排放至安全地点．不得就地直接排入大气。

4. 样品处理系统应具有下述的部分或全部功能：

（1）将样品减压或增压为分析仪所要求的入口压力。

（2）将样品减温或增温为分析仪所要求的入口温度。

（3）提高样品温度，使气体至少高出其露点10℃，防止高沸点样品成分冷凝；使液体样品至少高出其凝固点20℃，防止结晶析出。

（4）将液相样品加热气化为气相分析仪所要求的气态样品。

（5）采用分离器、聚集器或干燥器除去非样品水分。

（6）滤除样品中的杂质和固体颗粒。

5. 分析仪的安装

（1）远传取样的分析仪应相对集中地安装于现场分析仪柜、分析仪棚或自动分析器室内。

（2）自动分析器室应具有以下功能：

a. 处在寒冷地区应具有加热保温设施；

b. 处在暑热地区应具有降温设施；

c. 通风良好或具有强制通风设施；

d. 自动分析器室结构材料应不会产生影响分析仪稳定工作的因素或影响安全的因素；

e. 自动分析器室应有供水和排污措施；

f. 易于操作人员进入和维护；

g. 附设有标准样品钢瓶安装设施；

h. 自动分析器室内供电、供风、供汽应设计完善，照明条件良好。

（3）自动分析器室内引入有可燃气体或有毒气体样品时。应设可燃气体或有毒气体检测报警仪表。

（4）自动分析器室内的出口位置应使工作人员在装置区内发生紧急事故时可以安全撤离。

（5）自动分析器室应由专业生产厂制造及内部安装。

（6）自动分析器室内的安装位置应符合下列要求：

a. 宜放在非爆炸危险场所，如设在1区或2区爆炸场所，必须采用相应的防爆措施：

b. 自动分析器室内宜设在管廊附近，尽量缩短取样点及公用工程的距离：

c. 自动分析器室内应避开能造成室内震动幅度大于0.1mm，频率超过25Hz的震源，否则应采取减振措施；

d. 自动分析器室内不应设在对分析仪造成连续的强磁场干扰的场所；

e. 自动分析器室内的位置应方便巡检及操作、维护、检修。

6. 分析仪电气配线的设计应满足有关防爆规范的规定。并采取措施避免电磁干扰及电源对信号的干扰。

五、过程分析器的选用

过程分析器的选用参见表12－3－1。

表 12－3－1　过程分析器选用表

介质类别	待测组分（或物理量）	含量范围	背景组成	可选用的过程分析器
气体	H_2	常量 V%	Cl_2	热导式氢分析器
			N_2	
			Ar	
			O_2	
	O_2	常量 V%	烟道气（CO_2、N_2 等）	1. 热磁式氧分析器 2. 磁力机械式氧分析器 3. 氧化锆氧分析器 4. 极谱式氧分析器
			含过量氢	热化学式氧分析器
			SO_2	氧化锆氧分析器
		微量 ppm	Ar、N_2、He	1. 氧化锆氧分析器 2. 电化学式微量氧分析器
	Ar	常量 V%	N_2、O_2	热导式氩气分析器
	SO_2	常量 V%	空气	1. 热导式 SO_2 分析器 2. 工业极谱式 SO_2 分析器 3. 红外线 SO_2 分析器
	CH_4	常量 V% 微量 ppm	H_2、N_2	红外线 CH_4 分析器
	CO_2	常量 V%	烟道气（N_2、O_2） 窑气（N_2、O_2）	1. 热导式 CO_2 分析器 2. 红外线 CO_2 分析器
		微量 ppm	H_2、N_2、CH_4、Ar、CO、NH_3	1. 红外线 CO_2 分析器 2. 电导式微量 CO_2、CO 分析器
	CO	微量 ppm	CO_2、H_2、N_2、CH_4、Ar、NH_3	1. 红外线 CO 分析器 2. 电导式微量 CO_2、CO 分析器
	C_2H_2	微量 ppm	空气或 O_2 或 N_2	红外线 C_2H_2 分析器
	NH_3	常量 V%	H_2、N_2 等	电化学式（库仑滴定）分析器
	H_2S	微量 ppm	天然气等	光电比色式 H_2S 分析器
	可燃性气体	爆炸下限 %	空气	可燃性气体检测报警器
	多组分	常量或微量	各种气体	工业气相色谱仪
	水分	微量 ppm	空气或 H_2 或 O_2	1. 电解式微量水分分析器 2. 压电式微量水分分析器
			惰性气体	
			CO 或 CO_2	
			烷烃或芳烃等气体	
	热值	800～10000kcal/Nm^3	燃气、天然气或煤气	气体热值仪
液体	溶解氧	微量 μg/L	除氧器锅炉给水	电化学式水中氧分析器
		微量 mg/L	水、污水等	极谱式水中溶解氧分析器
	硅酸根	微量 μg/L	蒸汽或锅炉给水	硅酸根分析器
	磷酸根	微量 mg/L	锅炉给水	磷酸根分析器
	酸（HCl 或 H_2SO_4 或 H_2CO_3）	常量 V%	H_2O	1. 电磁式浓度计 2. 密度式硫酸浓度计 3. 电导式酸碱浓度计
	碱（NaOH）			
	盐	微量 mg/L	蒸汽	盐量计
	Cu^{2+}	gmol/L	铜氨液	Cu^{2+} 光电比色式分析器
	对比电导率		阳离子交换器出口水	阳离子交换器失效监督仪
			阴离子交换器出口水	阴离子交换器失效监督仪
	电导率		水或离子交换后的水	工业电导仪
	浊度	微量 mg/L	自来水、工业用水	水质浊度计
	pH		各种溶液	工业酸度计（测量电极为玻璃电极）
			不含氧化还原性物质和重金属离子或与锑电极能生成负离子物质的溶液	锑电极酸度计
	钠离子	4～7PNa	纯水	工业钠度计
		常量滴度	联碱生产过程盐析结晶器液体	钠离子浓度计
	黏度	0～50000cP·g/cm^3	牛顿型液体	超声波黏度计
	折光率或浓度		各种溶液	工业折光仪（光电浓度变送器）

注：本表是根据目前国内已生产的工业过程分析仪表编制的。

第四节　压力测量仪表

一、压力测量仪表的分类和特点

(一) 压力测量仪表的分类

压力测量仪表按其作用原理可分为液柱式、弹簧式、压力传感式及活塞式四大类。

(二) 压力测量仪表的特点和应用场合

压力测量仪表的分类、特点和应用场合见表 12-4-1。

表 12-4-1　压力测量仪表的分类、特点和应用场合

分类		压力表名称	特　点	测量范围	精确度	应用场合
液柱式		U 形压力计	结构简单制作方便但易损坏	1~20kPa	1.5	用于测量气体的压力及压差，也可用于测量对充填工作液不起作用的介质压力。可用于差压流量、气动单元组合仪表的校验
		杯形压力计(单管)		0~15kPa		
		杯形压力计(多管)		±6.3kPa		
		斜管压力计		40~1250Pa	1	测量气体微压、炉膛微压及压差
		补偿式压力计		0~1.5kPa	0.1	
弹簧式	工业用压力表	真空表	结构简单、成本低廉，使用维护方便、产品品种多，使用最广泛	-0.1~0MPa	1.5	测非腐蚀、无爆炸危险的非结晶的气体、液体压力、负压。防爆介质应选用防爆型
		普通压力表		0~1000MPa		
		电接点压力表(防爆)		0~100MPa	1.5	
		电接点压力表(非防爆)		0~100MPa		
		电接点真空表		-0.1~0MPa	1.5	
		双针双管压力表		0.4~6MPa	1.5	非腐蚀性介质，同时可测二点表压及压差
		双面压力表		0~2.5MPa	1.5	用于蒸汽机车锅炉蒸汽压力
		矩形压力表		0.16~2.4MPa	2.5	供埋入安装在仪表盘上测非腐蚀性介质的压力
		膜盒压力表(有带电接点产品)		±20kPa	2.5	供埋入安装在仪表上测非腐蚀介质的压力，可用于位式控制
		膜片式压力表(可配电接点，远传压力表、真空表等)	膜片为 07Cr19Ni11Ti 不锈钢或含钼不锈钢	接所配表头	2.5	测腐蚀性、非凝固黏性较大的酸碱等介质
		隔膜式耐蚀压力表	塑料壳体，膜片为 07Cr19Ni11Ti 不锈钢含钼不锈或涂四氟乙烯	0.1~6MPa	1.5	测量腐蚀，环境腐蚀严重区域的介质
		隔膜式压力表	具有防堵特点	16~120MPa	1.5	测量高黏度、高粒度、易凝固等介质压力，如油浆、渣油等
					2.5	
		标准压力表 精密压力表	结构严密精密压力表弹簧材料为 Ni42Cr6Ti 不锈钢	-0.1~0MPa	0.2	检验普通压力表或精确测量非腐蚀性介质，精密压力表可用于硝酸、醋酸、大部分有机酸、无机酸的介质测量
				6~250MPa	0.25	
				6~60MPa	0.4	
					0.25	
	专用压力表	氨用压力表(电接点属非防爆)	弹簧管材料为 Ni42Cr6Ti 不锈钢	-0.1~0MPa	1.0	液氨、氨气及混合物和对不锈钢不起腐蚀性作用的介质
				0~160MPa	1.5	
		乙炔压力表	表壳直径只有 φ60	0.25~2.5MPa	2.5	测乙炔压力
		氢气压力表	铜弹簧管压力表	0.16~60MPa	2.5	测氢气压力
		耐酸压力表	弹簧管材料为镍铬，钛铝合金和奥氏体类不锈钢	0.06~60MPa	1.5	测硝酸，醋酸及部分有机酸、无机酸或其他碱类介质压力
					2.5	

续表

分类		压力表名称	特点	测量范围	精确度	应用场合
弹簧式	专用压力表	方根刻度出风压力表	有径向、轴向直接安装式	输入0.02～0.1MPa	1.5	与气动压力变送器配套使用
				刻度0～10方根		
		耐硫压力表	径向、直接安装式	0.1～60MPa	1.5	测含硫化氢大气及天然气压力
		线性刻度出风压力表	凸装、嵌装式	输入0.02～0.1MPa	1.5	与气动压力变送器配套使用
				刻度0～100%线性		
	远传压力表	压力真空变送器{霍尔 电感}（差动）	无刻度、不防爆，输出0～20mV	±40kPa	1.5	把非腐蚀性介质压力传在远距离测量的显示仪表，不耐震
				-0.1～40MPa		
			有刻度、输出0～10mV	-40～60kPa	1.5	
				-0.1～25MPa		
		电阻远传压力表	有刻度、不防爆，输出15～400Ω	-0.1～60MPa	1.5	
传感式		光电编码压力表	输出八位循环二进制	0～60MPa	1	与远传装置（FYL系列）配套测量分散多点介质压力，适用于油井、气井、泵站等
		数字编码压力变送器	输出八位循环二进制	-0.1～+0.9MPa	1	与巡回检测（JXJ-1-2型）配套测多点分散介质压力、真空、差压，适用于油井，气井，泵站等
传感式压力表		变磁阻压力变送器	无刻度，输出0～10mV	0.3～20kPa	1	远距离测定各种气体，液体的压力
				0.1～1kPa	1.5	
		应变式压力传感器	电阻应变式输出0～20mV	0～500MPa	重复误差0.1%～0.5%	能在较恶劣的环境下测量介质压力，能用于高温
		压力控制器	接近元件为微动开关，有防爆型	0～20kPa	0.1	测非腐蚀介质压力并可传至远离测量点的声、光讯号系统和联锁系统
				0～4MPa	0.2	
活塞式压力表		压力表校验仪	结构严密、精度高	-1～60MPa	0.05	用于校验各类压力表、真空表
		真空表校验仪		-0.1MPa	0.5	
		双活塞压力计		0～0.1MPa	0.05	
				0～0.25MPa		
其他		数字式振动管压力仪		0～0.1MPa	0.16	气动仪表校验用

二、压力测量仪表的选用

（一）刻度选择

压力测量仪表的选用应考虑量程、介质性质和对显示仪表的要求。

量程选择一般在稳定压力状况下，仪表刻度上限为正常操作压力的1/2～2/3处；在脉动压力状况下应为1/3～1/2处。测量高压时，正常操作压力不应超过仪表刻度上限的1/2。泵出口阀前压力表的量程，必须大于泵的最大扬程。显示仪表有指示式，记录式也可带报警接点等功能，有的需经变送远传至他处去显示，应根据要求选择合适的仪表。

（二）就地测量仪表的选用

1. 精确度等级的选择。弹簧管压力表，膜盒及膜片式压力表，一般选用1.5级或2.5级。在科研，精密测量和校验压力表时，则需用0.5级或0.25级以上的精密压力表和标准压力表。

2. 考虑使用环境及介质性能

（1）腐蚀性：稀硝酸、醋酸、氨类及其他一般腐蚀介质用耐酸压力表、精密压力表、氨用压力表，可选用07Cr19Ni11Ti不锈钢为膜片的膜片压力表。

（2）易结晶，黏度大的介质：用膜片压力表。

（3）有爆炸危险的场所需用电接点讯号时应选用防爆型电接点压力表。

（4）机械震动强的场所需用船用压力表或耐震压力表。测脉动压力时需装螺旋形减震器或阻尼装置。

（5）带粉尘气体的测量需设置除尘器。

（6）强腐蚀性、含固体颗粒、黏稠液的介质如稀盐酸、盐酸气、重油类及其类似介质可用膜片式或隔膜式压力表。

（7）在恶劣环境，强大气腐蚀的场所可用隔膜式耐蚀压力表。

（8）以下介质需用专用压力表：

气氨、液氨用氨用压力表；

氧气用氧气压力表；

氢气用氢气压力表；

乙炔用乙炔压力表；

硫化氢需用耐硫压力表。

（9）用于测量温度 >60℃以上的蒸汽或其他介质的压力表需装螺旋形或U形弯管。

（10）测量易液化的气体时应装分离器。

3. 根据工艺要求选用

（1）现场指示测定0.04MPa以下非危险性介质的压力、真空、差压的测定时用玻璃管压力计，膜盒式微压计。0.04MPa以上用一般弹簧管压力表，双管双针压力表，波纹管压力计。

（2）远距离指示需要远距离指示，就地也要有指示的可用电阻远传压力表，不必要就地指示的可用各类压力变送器。

（3）信号报警及联锁与位式调节可用电接点压力表，压力控制器和压力开关。

（4）科研积累数据或易出事故场所及车间经济核算总结和累计备查（如蒸汽压力）时可用记录式压力仪表。

4. 压力变送器、传感器的选用

（1）需要在控制室内显示压力的仪表，一般选用变送器或压力传感器。

（2）对于爆炸危险场所选用气动压力变送器，防爆型电动Ⅱ型或Ⅲ型压力变送器。

（3）对于微压力的测量可采用微压或微差压变送器。

（4）对黏稠、易堵、易结晶、腐蚀性强的测量介质，宜选用带法兰膜片式变送器。

（5）具有大气腐蚀的场所及强腐蚀性等介质还可用1151系列，820系列压力变送器。

（6）环境条件较好，且测量精度要求不高的场合，可选用电阻式、电感（差动）式，远传压力表或霍尔压力变送器。

三、压力测量仪表的安装要求

（一）常用的压力测量开口规格

工艺管道上的压力表及测压用仪表取压管嘴，一般为*DN*15的接管，即用ZG1/2″的管嘴。常用的压力测量仪表开口规格见表12－4－2。

表 12－4－2　常用的压力测量仪表开口规格

仪 表 名 称	规 格
压力表、压力计、压力变送器开口	ZG1/2″—160
对极黏、结焦、含颗粒催化剂压力表、压力计、压力变送器开口	ZG1″—160
催化反应器、再生器测压开口	ZG1″—160

注：不保温的工艺管道和设备上用短形管嘴，$l=80$mm；保温的工艺管和设备上用长形管嘴，$l=120$mm，规格后加“I”。

（二）常用压力表的型号和规格

常用压力表的型号和规格见表 12－4－3。

表 12－4－3　常用压力表的型号和规格

压力表名称	型　号	精　度	规　格
普通压力表	Y－100	1.5	0～0.1、0.16、0.25、0.4、0.6、1、1.6、2.5、4、6、10、16、25
氨用压力表	YA－100	1.5	
压力真空表	YZ－100	1.5	－0.1～0MPa
电接点压力表	YX－150	1.5	0～0.1、0.16、0.25、0.4、0.6、1、1.6、2.5、4、6、10、16、25
防爆电接点压力表	YX－160－B_3C	1.5	
耐酸压力表	YC－150	1.5	0～4、6、10、25、40
膜片压力表	YM－100	1.5	0～0.06、0.01、0.16、0.25、0.4、0.6、1、1.6、2.5

（三）压力表的安装要求

（1）为了准确的测得静压，压力表取压点应设在直管段上，不宜设在管道弯曲或流速呈旋涡状处，并设切断阀，如图 12－4－1(a)，对清洁无腐蚀介质切断阀用针形阀(如：J13H－160Ⅲ)。对黏度大，有腐蚀介质等用闸阀(如：Z11H－40)，可免除突然的压力波动和消除脉动。使用于腐蚀性介质和重油时，可在压力表和阀门间装隔离器，隔离器内装隔离液，隔离液可为轻柴油或甘油水溶液等。当工艺管道内介质比隔离液重时采用图 12－4－1(b)接法；当工艺管道内介质比隔离液轻时采用图 12－4－1(c)的接法。对于水平或倾斜管道上，压力取压点不应设在管道的底部；对于垂直管道上，压力取压点可设在任何方位。

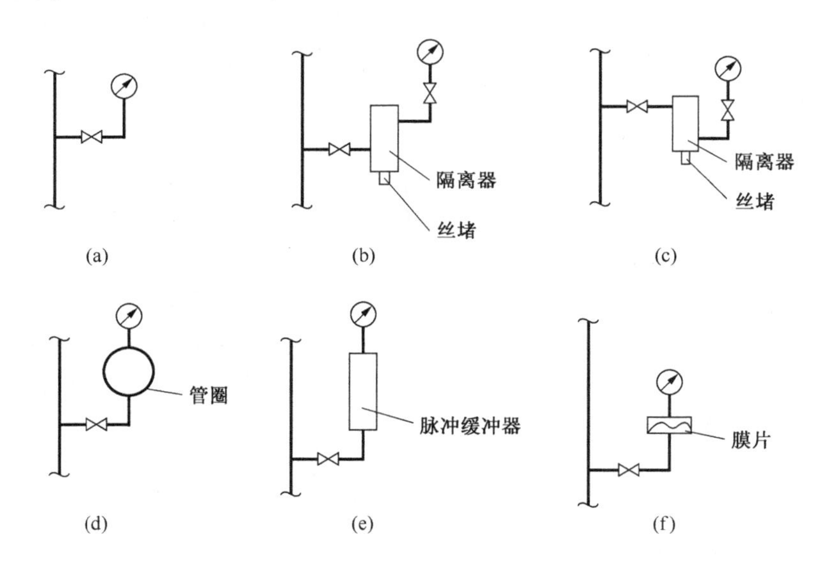

图 12－4－1　压力表的安装形式

(2) 压力表应在常温下测量(60℃以下)，在高温下压力表内的焊口会损坏。为此，高温管道的压力表要设置管圈，见图12－4－1(d)。

(3) 流体脉动的地方，应设置脉冲缓冲器，以免脉动传给压力表，见图12－4－1(e)。

(4) 对于腐蚀性流体应设置隔离膜片式压力表，以免该流体进入压力表内。见图12－4－1(f)。

(5) 对用于振动设备的压力表，可装在墙上、柱上或仪表盘上，用软管与设备上的取压口连接。

(6) 现场指示的压力表的设置位置，高度宜为1200～1800mm，过高时(≥2500mm)应有平台或直梯，以便维护一次阀。

(7) 泵出口的压力表应装在止回阀前并朝向操作侧，当开启出口阀门时能看见所指示的压力。

(8) 测量设备的微压或真空或介质有沉淀物时，应使开口的标高低于仪表和尽可能靠近仪表，以减少附加误差或避免沉淀物进入压力表内。

(9) 工艺设备上的测压点开口应在气相段。对立式高设备(例如分馏塔)的顶部压力可在设备上开口，也可沿塔顶出口管在其较低处取压，以便于维护检修。

(10) 取压点的位置要注意工艺管道分叉、阀前、阀后，严格按工艺流程要求。

(11) 同一处测压点上压力表和压力变送器可合用一个取压口，但当同一处测压点上有2台或2台以上压力变送器时，应分别设置取压口及根部阀。

(12) 压力表管嘴安装位置一般离焊缝不宜小于100mm、距法兰不宜小于300mm、距卧式容器上管口离切线不宜小于100mm。

第五节　温度测量仪表

一、温度测量仪表的分类和特点

温度测量仪表按其测量方式可分为接触式和非接触式两大类，其特点和测量范围见表12－5－1。

表12－5－1　温度测量仪表的分类、特点及测量范围

<table>
<tr><th rowspan="2">测量方式</th><th rowspan="2" colspan="2">简单原理</th><th rowspan="2">温度计名称</th><th colspan="2">特　点</th><th rowspan="2">常用测量范围(可能测量范围)/℃</th><th colspan="5">可行性功能</th></tr>
<tr><th>优点</th><th>缺点</th><th>指示</th><th>记录</th><th>控制与变送</th><th>报警</th><th>远距传送</th></tr>
<tr><td rowspan="4">接触式</td><td rowspan="4">体积或压力变化</td><td>固体热膨胀</td><td>双金属温度计</td><td>示值清楚、机械强度较好</td><td>精确度较低</td><td>－80～600(－100～600)</td><td>✓</td><td></td><td></td><td>✓</td><td></td></tr>
<tr><td rowspan="2">液体热膨胀</td><td>玻璃液体温度计</td><td>价廉、精确度高</td><td>易破损、观察不便</td><td>－100～600(－200～600)</td><td>✓</td><td></td><td></td><td>✓</td><td></td></tr>
<tr><td>压力式(充液体)温度计</td><td rowspan="2">价廉、容易就地集中</td><td rowspan="2">毛细管机械强度差，损坏后不易修复</td><td rowspan="2">－100～600(－120～600)</td><td rowspan="2">✓</td><td rowspan="2">✓</td><td rowspan="2">✓</td><td rowspan="2">✓</td><td rowspan="2"></td></tr>
<tr><td>气体热膨胀</td><td>压力式温度计</td></tr>
</table>

续表

测量方式	简单原理		温度计名称	特点		常用测量范围(可能测量范围)/℃	可行性功能				
				优点	缺点		指示	记录	控制与变送	报警	远距传送
接触式	电阻变化	金属热电阻	铂热电阻	测量准确	振动场合易坏	-200~650(-258~900)	✓	✓	✓	✓	✓
			铜热电阻			-50~150(-200~150)					
			镍热电阻			-60~180(-150~300)					
		半导体热敏电阻	锗、碳金属氧化物半导体热敏电阻	反应快	安装不便	-40~150(-50~300)	✓	✓	✓	✓	✓
	热电势变化	廉金属热电偶	铜—康铜热电偶	测量范围广，测量准确，不易损坏	需要补偿导线，测较低温时电势小	-200~400(-200~400)	✓	✓	✓	✓	✓
			镍铬—镍硅热电偶			0~1300(0~1300)					
		贵金属热电偶	铂铑—铂热电偶			0~1600(0~1600)	✓	✓	✓	✓	✓
			铂铑—铂铑热电偶			0~1800(0~1800)					
		难溶金属热电偶	钨铼热电偶			1000~2800(1000~2800)					
非接触式	辐射	亮度法	光学式高温计	测温范围广，携带方便	只能目测	800~3200(700~3200)		✓			
		全辐射法	辐射式高温计(热电堆)	反应速度快，可测高温	构造复杂，价高，读数麻烦	100~2000(100~3200)		✓			
		比色法	比色温度计			50~2000(50~3200)		✓			
		部分辐射法	红外线测温仪 光电高温计			0~1500(0~3200)	✓	✓	✓	✓	

温度测量仪表的精确度等级见表12-5-2。

表12-5-2　温度测量仪表的精确度等级

仪表名称	精确度等级	仪表名称	精确度等级
双金属温度计	1、1.5、2.5	光学式高温计	1~1.5
压力式温度计	1、1.5、2.5	辐射式高温计	1.5
玻璃液体温度计	0.5~2.5	比色温度计	1~1.5
热电阻(包括热敏电阻)	0.5~3	部分辐射式高温计(包括红外线测温仪，光电高温计)	1.5
热电偶	0.5~1		

二、温度测量仪表的选用

（一）选用原则

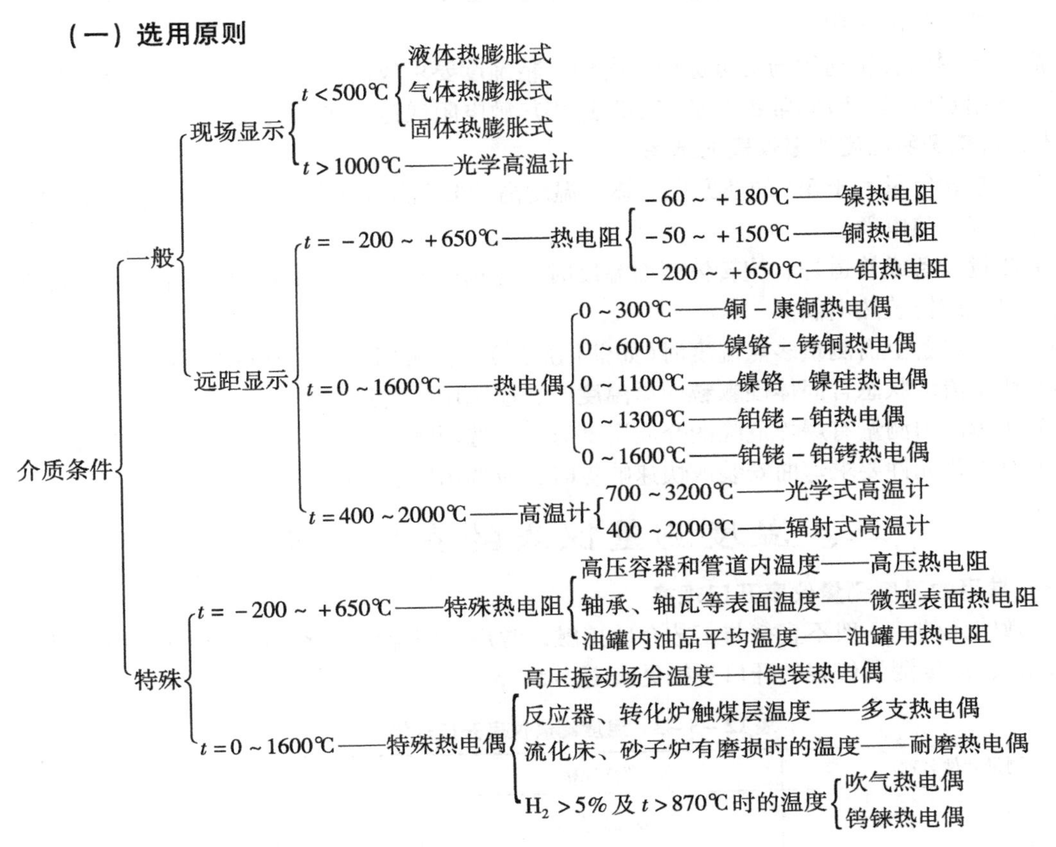

（二）温度测量仪表的量程选择

（1）最高操作温度为仪表最大刻度的 80% ~90%；

（2）正常操作温度为仪表刻度的 30% ~70%

（三）就地温度测量仪表的选用

（1）一般情况下就地温度仪表选用双金属温度计，刻度盘直径一般选用 ϕ100mm，安装地点较高或观察距离较远时选用 ϕ150mm。

（2）精度要求较高，振动较小，读数方便的场所推荐选用双金属温度计，也可选用玻璃温度计。

（3）−80℃以下低温、无法近距离读数且有振动的场所，精确度要求不高的就地温度显示可采用低温压力式温度计。当毛细管敷设距离超过 20m 的就地温度显示按显示仪表选型选用。

（四）集中控制的温度仪表选用

（1）集中温度控制系统且以标准信号传输的场所，一般选用温度变送器与单元组合显示仪表配套。

（2）单参数就地温度调节可选用基地式小型长图自动平衡记录调节仪与热电偶或热电阻配套。

（3）在被测介质小于 300℃非关键且无剧烈振动的场所可选用温包式温度变送器；防爆

场所可选用气动式或隔爆型或本安型变送器。

(4) 在与计算机配套或中央集中控制场所，可选用电动 DDZ—Ⅲ型或其他的相应的系列。

(5) 检测元件的选用

在高温范围内有振动的场所可选用热电偶。精确度要求较高，在低温范围内无剧烈振动的场所可选用热电阻。时间常数要求较小时选用热敏电阻或铠装热电阻或铠装热电偶。

(五) 特殊场所温度测量仪表的选用

(1) 测量含氢量大于 5% 的还原性气体，温度高于 EU 测量范围时，应选用钨铼热电偶，也可选用吹气式热电偶。

(2) 测量设备或管道外、旋转体表面温度时，应选用表面热电偶或表面热电阻。也可选用铠装热电阻或铠装热电偶。

(3) 一个设备上需测量多点温度时(如催化剂层)，应选用多点式或多支式热电偶。

(4) 测量流动状态含固体硬颗粒介质温度时，应选用耐磨热电偶。

(5) 防爆区内测量有爆炸危险的介质温度时，应选用隔爆型热电阻或隔爆型热电偶。

(6) 对检测元件要求弯曲安装或快速响应时，应选用铠装热电偶。

三、温度测量仪表的安装要求

(一) 常用的温度测量仪表开口规格

温度敏感元件，一般不直接与工艺介质接触，常用套管保护敏感元件。套管可用管螺纹或法兰连接，温度测量仪表的开口规格见表 12－5－3。

表 12－5－3 温度测量仪表开口规格

测量元件名称	推荐规格	其他规格
热电偶、热电阻	*DN*25 法兰	M33×2－160，G1″－160 M27×2－160
隔爆型热电偶 隔爆型热电阻	M33×2－160	M27×2－160，G1″－160 G3/4″－160
小惰性热电偶	M33×2－160	G1″－160
耐磨耐电偶	*DN*50 法兰	—
双金属温度计	M33×2－160	M27×2－160
压力式温度计(包括电接点式)	M33×2－160	M27×2－160
温度计套	M33×2－160	G1″－160，G3/4″－160
工业水银温度计	M27×2－160	G3/4″－160

注：1. 对不保温的设备和管道选用短形管嘴，$l=80$mm；

2. 对保温的设备和管道选用长形管嘴，$l=120$mm，规格后加“Ⅰ”。

(二) 温度计，热电偶的安装要求

1. 温度计、热电偶宜安装在直管段上，其安装要求最小管径如下：

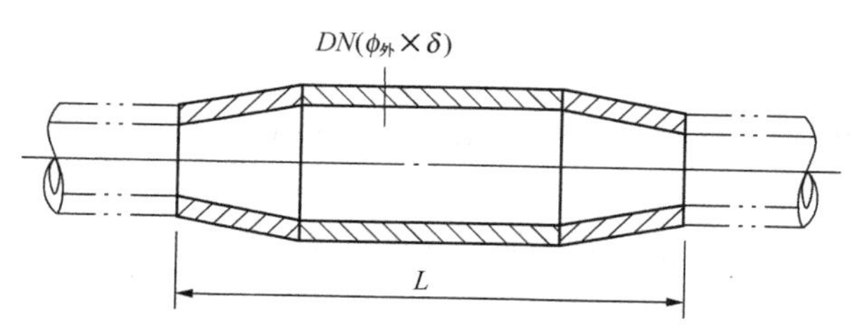

图 12－5－1 温度计、热电偶的扩大管

工业水银温度计：*DN*50；

热电偶、热电阻、双金属温度计：*DN*100

压力式温度计的扩管管径根据计算后的浸没长度决定；

当工艺管道的管径小于以上要求时，可按图 12－5－1 和表 12－5－4 的尺寸扩大管径。

在管道拐弯处安装时，其最小管径为 *DN*40 且与管内流体流动方向逆向接触。

表 12-5-4 温度计，热电偶的扩大管尺寸 *L* (mm)

L ＼ *DN* $\phi_{外}\times\delta$	15	20	25	32	40	50	65	80
ϕ60.3×3.5	500	400	400	400	400	—	—	—
ϕ114.3×5.0	600	600	600	600	450	450	450	450

2. 温度计可垂直安装和倾斜 45°水平安装，倾斜 45°安装时，应与管内流体流动方向逆向接触。温度计管嘴的安装见图 12-5-2。

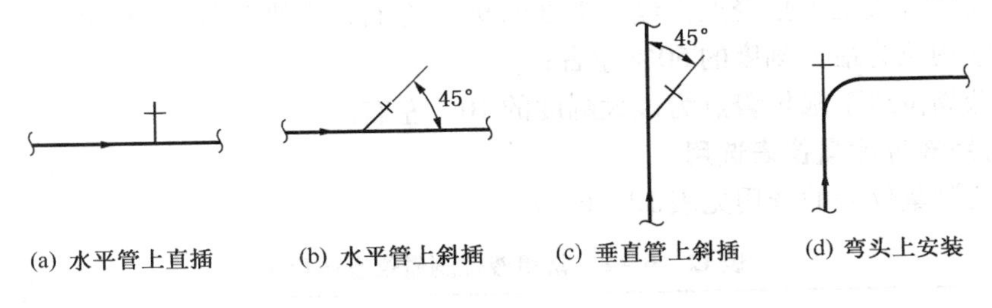

图 12-5-2 温度计管嘴的安装

3. 热电偶的长度因工艺管道的公称直径、测量地点不同而异，且应安装在易于抽出热电偶的地方。推荐的热电偶最小长度应为保护套管外径的 10 倍，如果空间允许，这个数字还可增加。

4. 现场指示的温度计的位置其安装高度宜为 1200～2000mm。为了便于检修，测温元件离平台高度不宜小于 300mm。若高于 2500mm 时宜设直梯或平台。当安装在平台外边时，其管嘴离平台边不应超过 500mm。

5. 为了便于配管引线，塔上的各热电偶应尽量布置在同一方位上。塔上热电偶的插入位置：

(1) 测塔盘，塔底温度应插入液相，液相传热比气相灵敏；

(2) 测塔顶温度要插入油气流出口附近，此处流速快；

(3) 测中段回流温度应插入气相，气相能较灵活反应热交换状态。

6. *PN*≥6.4MPa 管道或设备上安装热电偶或热电阻时，应预先焊一高压保护套管。

7. 热电偶、热电阻的接线盒和引出导线(即补偿导线)的环境温度不得超 100℃。

8. 对于有分叉的工艺管道，安装温度计或热电偶时要特别注意安装位置与工艺流程相符。

9. 温度计管嘴开口距焊缝不应小于 100mm，距法兰不应小于 300mm。

第六节 物位测量仪表

物位测量包括液位测量和料位测量。液位测量仪表按其工作原理分为直读式、浮力式、差压式、电学式、声波式、核辐射式等。而料位测量仪表分为电气式和机械式两类。

一、物位测量仪表的选用

（一）介质条件和量程的选择

1. 介质条件

在石油化工装置中，广泛应用物位的测量及控制。如何正确选择物位仪表通常要考虑下列因素。

（1）物位测量范围；

（2）介质工况，是否脏污、是否含杂物、液体是否汽化；

（3）介质是否有腐蚀性或爆炸危险；

（4）介质在容器壁是否会结焦或黏附，在测量区域内，物位是否波动频繁。

2. 量程的选择

（1）最高物位或上限报警点为最大刻度的90%左右，个别条件下为80%左右；

（2）正常物位为最大刻度的50%左右；

（3）最低物位或下限报警点为最大刻度的10%左右。

（二）常用液位测量仪表选用

常用液位测量仪表的选用见表12－6－1。

表12－6－1　常用液位测量仪表选用表

仪表名称	使用要求							
	位式测量		就地指示		就地调节		远传变送	
	清洁液体	泡沫	计量	一般指示	清洁流体	难处理流体	清洁流体	难处理流体
差压式仪表	好		差/可	好	好	差/可	优/好	优/好
浮筒式仪表	可		差/可	好/可	优/好	差/可	可	差/可
浮子液面开关	好							
浮子液位指示仪表			差/可	可			差/可	差/可
翻板液面计	可	可	优					
浮子式钢带液位表	好		优	好			好	差/可
电容式仪表	好	好/可	差/可	可			可	
电阻式仪表	可	差						
超声式仪表	好	差/可	差/可	可			好	差/可
核辐射仪表	好	好	优	好			好	优
吹气式仪表	差/可		差/可	差/可	差/可	差/可	差/可	差/可

（三）常用料位测量仪表选用

常用料位测量仪表的选用见表12－6－2。

表12－6－2　常用料位测量仪表选用表

分类	方　式	功　能	特　点	注　意　点	适　用　对　象
电气式料位表	电容式	位式测量 连续测量	无可动部件，耐腐蚀，易于应付高温、高压，体积小	电磁干扰，含水率的变化，电极被介质粘附，多个电容式仪表在同一场所相互干扰	导电性和绝缘性物料、煤、塑料单体、肥料、沙、水泥等
	电阻式	位式测量	价廉、无可动部件，易于应付高温、高压，体积小	导电率变化，电极被介质附着	导电性物料、焦炭、煤、金属粉，含水的沙等

续表

分类	方式	功能	特点	注意点	适用对象
电气式料位表	音叉式	位式测量	不受物性变化的影响，灵敏度高，气密性、耐压性都好，无可动部件，可靠性高	容器振动，音叉被介质附着，荷重	粒度10mm以下的粉粒体
	超声波（声阻断式）	位式测量	不受物性变化的影响，无可动部件，在容器内所占的空间小	杂音、乱反射、附着	粒度5mm以下粉粒体
	核辐射式	位式测量 连续测量	非接触测量，不必插入容器，可靠性高	需有使用许可证，核放射源的寿命	高温、高压，粘附性大、腐蚀性大、毒性大的粉状、颗粒状、大块状物料
机械式料位表	阻旋式	位式测量	价廉、受物性变化影响	由于物料流动引起误动作，粉尘侵入荷重、寿命	相对密度0.2以上的小粒度物料
	重锤探测式	位式测量 连续测量	大量程，精度高	索带的寿命，重锤的埋没，测定周期	附着性不大的物料、煤、焦炭、塑料、肥料，量程可达70m

（四）液－液界面的测量

（1）浮球法：在浮球上装平衡块以调整浮球及力矩使适应于不同密度液体的相界面控制。

（2）浮筒法：浮筒上装平衡块。

（3）差压法：利用差压法测量液－液相界面。

（4）电极法：利用两种介质导电与非导电的差异而感知相界面。

（5）γ射线密度计：测量化肥厂炭黑回收工艺中油水界面。

（五）特殊物位的测量

（1）球罐液位：浮子式钢带液位计、数字式浮球液位计。

（2）悬浮液及结焦介质液位的测量：核辐射液位计、吹气式液位计。

（3）气柜的高度测量：差压测量气柜高度，感应式差压计及所配用气柜指示报警仪。

（4）低温液位的测量：在空气分离中液氧温度为－183℃、液氢温度为－254℃、冷冻中液氨蒸发温度为－33.3℃，用于这些介质的液位测量，专用仪表有：

a）现场指示用直读式的低沸点液位计；

b）连续测定用电容式的低温液面计。

（5）高压容器内的液位测量：浮筒式液位计、γ射线液位计。

（6）流化床固体的密度和藏量的测量：流化床内固体的平均密度可以用单位床高的差压来量度。固体藏量是指流化床上、下两个测压点之间固体持有量。

二、常用物位测量仪表的安装要求

（一）玻璃板液面计和玻璃管液面计

玻璃板液面计和玻璃管液面计是一种最直观的液位计，在炼油、石油化工设备上应用最广。在安装差压液位计、外浮筒液位计、内浮筒液位计的设备，一般都装有玻璃板液面计或玻璃管液面计，以便就地对差压、外浮筒、内浮筒液位计进行校验。

（1）玻璃管液面计结构简单、价格低廉，通常用于温度低于100℃、压力低于0.35MPa，并且介质是无毒、无危险的设备上。

（2）玻璃板液面计有反射型式和透光型式两种，适用于介质温度≤250℃，压力小于0.35MPa。反射式玻璃板液面计用于C_3或更轻的烃类介质、酸、碱或污脏物质、高压蒸汽设备，也可用于其他干净介质包括 C_4 或更重的烃类物质。并且可测液体之间的界面。

（3）透光型玻璃板液面计安装方向必须使光线正对可视方向。

（4）玻璃管液面计需要保护，应设在容器上比较安全的一侧，要避免设在通道、工作区一边，以免被外力碰坏。

（5）玻璃板和玻璃管液面计的开口管嘴为 GZ3/4″—160，或 *DN*20 法兰连接。管嘴安装间距为 500mm、800mm、1100mm 和 1400mm 四种规格。几个液位计安装在一个设备上时，两个液位计垂直方向应重迭 150～250mm，水平方向间距宜为 200mm。

（6）玻璃板和玻璃管液面计应直接安装在设备上，不应安装在流体流动的管线上或管嘴上，以免测得的液面不准。

（7）塔底液位测量范围大，玻璃板个数多，经常穿平台，设计时应与平台统一考虑，把玻璃板放在靠平台的外边，以避免液面计穿平台。

（8）玻璃板和玻璃管液面计与设备之间设有切断阀、法兰或活接头等，故设备在操作中液面计亦能拆卸，在液面计上、下还设 *DN* 15 或 *DN* 20 的放空阀和放净阀。所用阀门的材质，压力－温度等级应不低于与该设备连接的管道用阀。

（二）差压液位计

当用差压液位计测量液面时，一般采用 GZ1/2″—160 管嘴，用 $\phi18\times3$ 钢管接出。对介质黏度较大的油品可以用冲洗油，吹气或加大管嘴及引线的管径的方法测量。

（1）电动(Ⅱ型或Ⅲ型)、气动单法兰液位差压计适用于黏性、有沉淀易结晶介质的液位测量。其测量范围电动式为 600～6000mm，气动式为 100～20000mm。适用温度－200～200℃，测量压力 6.4MPa。

（2）电动(Ⅱ型或Ⅲ型)、气动双法兰液位差压计，当测量气相不结晶的一般黏性流体用平面法兰较合适。测结晶性、沉淀性流体宜用承插焊法兰。如气相易结晶而流体不能用导压管引出宜用插入式双法兰。

（3）吹气式测液位用于敞开容器强腐蚀、悬浮状介质的液位测定。结构简单，安装方便，需气源。

（4）要求测量范围大，密度变化不大的一般介质均可采用差压测液位。

（三）外浮筒液位计

外浮筒液位计直接安装在容器或塔外壁上，有两个切断阀和一个放液阀，一个放气阀。管嘴为 GZ1/2″—160 或 *DN*40 法兰连接，正常液位计上下管嘴之间的间距见表 12－6－3。

表 12－6－3 外浮筒液位计上下管嘴间距

外浮筒的测量范围/mm	上、下管嘴间距/mm	外浮筒的测量范围/mm	上、下管嘴间距/mm
300	800	1200	1700
500	1000	1600	2100
800	1300	2000	2500

（1）测量范围 2000mm 以下，要求连续控制或远距变送场所，特别是就地调节系统宜选用外浮筒液位计。但在液面剧烈波动或液体严重腐蚀要用耐腐蚀材料，对高黏度、高温或易凝固介质不宜选用。

（2）液位计的表头上端距地面或平台一般不高于 1600～1800mm，超过 2500mm 应增设平台。

（3）当塔底有重沸器时，外浮筒液位计管嘴方位不能直接对着重沸器蒸气入口，一定要错开90°方位。或增设液位防冲板，以免产生假液位。

（4）对于塔内液位有直接蒸汽汽提时，为防止液位冲击，需要设置防冲板。

（5）液位计的安装位置不应妨碍人员通行，一般宜放在塔平台的一端，如图12－6－1(a)或回转90°安装，如图12－6－1(b)。

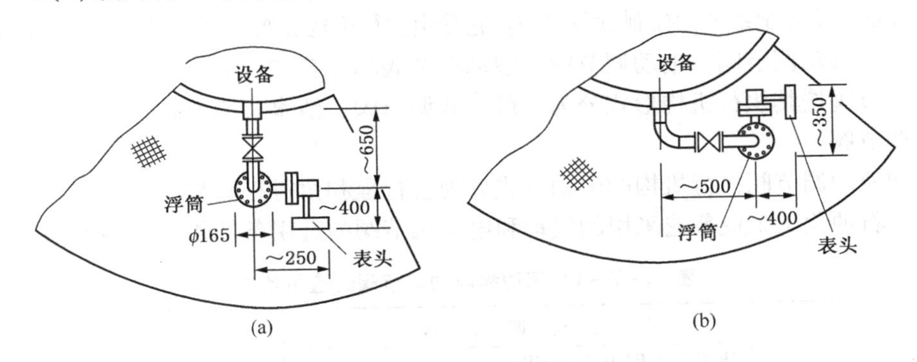

图12－6－1　外浮筒液位计的安装尺寸(单位：mm)

（四）内浮球液位计

内浮球液位计用于黏度大，温度高且不宜引出的介质，浮球在容器内动作和指示部分隔离，可避免渗漏，表盘刻度直接指示，不受介质黏度和颜色影响，指示明显。要求被测介质不含导磁杂质，液位不能波动频繁、测量范围较小。例如用于测量减压分馏塔的液位等。

（1）介质温度可达450℃。

（2）测量范围为170mm、250mm、350mm、其杠杆长度分别为300mm、500mm、800mm。

（3）设备上开口为*DN*250、法兰连接。

（4）液位计距平台或地面较合适的高度为1000～1500mm。

（5）在设备内部，凡是浮球活动的范围内不应有障碍物，在物流冲击较大的场合应加防冲板。

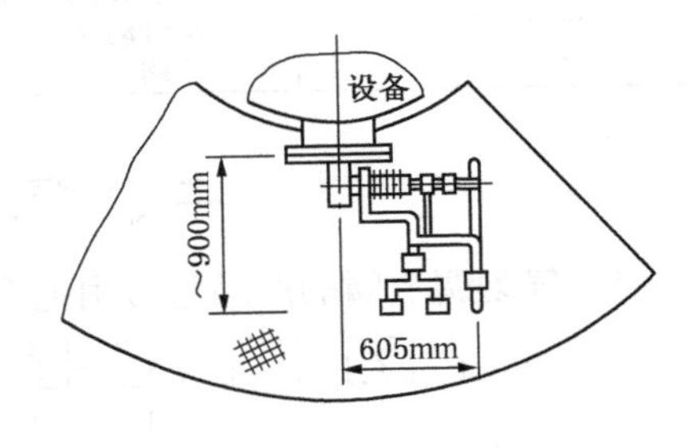

图12－6－2　内浮球液位计的安装尺寸

（6）安装内浮球液位计要留有足够的位置，安装的地方应便于检修和调整。液位计的安装位置不应妨碍人员通行，一般布置在塔平台一端为好。设计时表头的方位按制造厂考虑，但施工安装时如碰到障碍物时表头可以调向。安装尺寸见图12－6－2。

（五）其他

（1）静压式液位测量仪表的布置宜符合以下规定：

a. 单法兰式液位计的管口距罐底距离应大于300mm，且处于易于维护的方位；

b. 双法兰远传式差压液位计的安装高度不宜高于设备上的下取压法兰口；

c. 差压变送器测液位的上下取压管口之间距离应大于所需测量范围。

（2）放射性物位测量仪表的安装应按照制造厂的要求进行，并应符合现行国家标准《含密封源仪表的卫生防护标准》GBZ 125的有关规定。放射源安装方位不应朝向主要操作通道。

（3）对于内浮球式、音叉式、电容式或振动棒式等插入式物位开关，在拔出的方向上应有安装和拆卸空间。

第七节　气动调节阀的安装

一、调节阀的分类

调节阀是自动控制系统的控制设备之一。它是由执行机构和阀(或称阀体组件)两部分组成。

调节阀分气动调节阀、电动调节阀、液动调节阀和混合型调节阀四大类。

气动调节阀按其执行机构形式分为：薄膜式调节阀、活塞式调节阀、长行程调节阀和增力型薄膜调节阀。

电动和液动调节阀执行机构的运动方式分为直行程和角行程两类。

炼油、石油化工工业普遍采用的气动和电动调节阀的选用条件如表 12－7－1。

表 12－7－1　气动和电动调节阀的选用条件

项　目		气　动　调　节　阀	电　动　调　节　阀
动　力　源		压缩空气 *PN* 0.3～1MPa *t*：常温 露点：在带压条件下，低于当地最低温度 40℃	电源 交流单相 220^{+20}_{-30}V，50Hz 交流三相 380V，50Hz
规格	公称压力(*PN*)/MPa	1.6；4；6.4；16；32；175；350	1.6；4；6；10
	工作温度 *t*/℃	－60～450	－40～450
	口径范围	1/4～3/4in；20～400mm	1/4″～3/4in；20～400mm
辅助装置		1. 电/气阀门定位器　2. 气动阀门定位器 3. 气动继动器　4. 三通电磁阀 5. 锁住阀　6. 保位阀	1. 伺服放大器 2. 限位开关

二、气动调节阀的型号

(1) 气动调节阀的产品型号由七个单元组成，按下列须序编制：

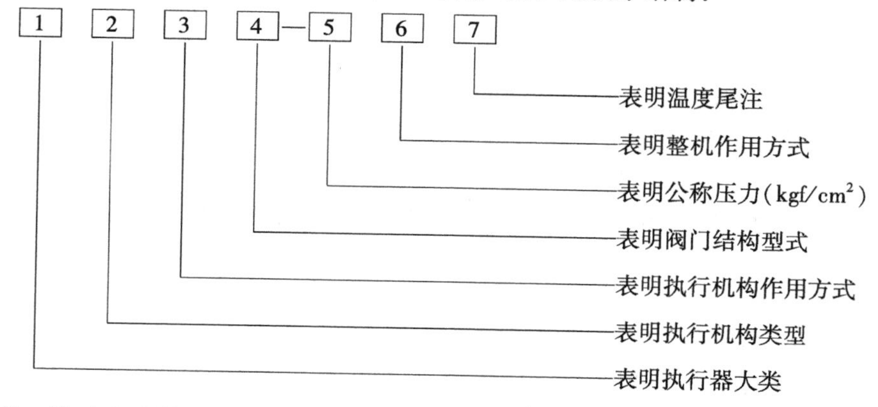

(2) 第一单元表明执行器四大类，其中气动调节阀用英文字母 Z 表示。

(3) 第二单元按表 12－7－2 规定表明执行机构类型。

表 12－7－2　执行机构类型代号

执行机构类型	薄　膜　式	活　塞　式
代　　号	M	S

(4) 第三单元按表 12－7－3 规定表明执行机构作用方式。

表 12－7－3　执行机构作用方式代号

执行机构作用方式	正　作　用	反　作　用
代　　号	A	B

(5) 第四单元按表 12－7－4 规定表明气动调节阀的结构型式。

表 12－7－4　气动调节阀结构型式代号

气动调节阀结构型式	直通单座	直通双座	三通阀		直角阀	隔膜阀	阀体分离	蝶阀	套筒阀	O 型切断阀	偏心旋转阀
			合流	分流							
代　　号	P	N	Q	X	S	T	U	W	M	O	Z

(6) 第五单元用数字表示公称压力值，该数字为 MPa 值的 10 倍，并用“—”与第四单元隔开。

(7) 第六单元按表 12－7－5 规定表明整机作用方式。

表 12－7－5　整机作用方式代号

整机作用方式	气　关　式	气　开　式	双　作　用
代　　号	B	K	S

(8) 第七单元按表 12－7－6 规定表明温度尾注。

表 12－7－6　温度尾注代号

温度尾注	－20～225℃	－40～450℃	－61～250℃	波纹管密封(剧毒)
代　　号	无	G	D	W

三、气动调节阀的结构特点

气动调节阀由执行机构、阀体、上阀盖组件、下阀盖和阀内件组成。上阀盖组件包括上阀盖和填料函。阀内件系指阀体内部与介质按触的零部件，包括阀芯、阀座和阀杆等。

按阀结构形式分为：普通单双座阀、角阀、蝶阀、三通阀、Y 型阀、隔膜阀、软管阀等。每一类又因阀内件的不同型式而派生出不同阀型。

气动调节阀按其供风中断时的动作可分为气关、气开和双作用。

目前国产的气动调节阀的工作条件及适用场合见表 12－7－7。

表 12－7－7　国产调节阀的工作条件及适用场合

工作条件 / 阀型号	公称通径 DN/mm	公称压力 PN/MPa	工作温度 t/℃	流量特性	适用场合										备　注
					一般	高压降	高黏度	含悬浮物	腐蚀流体	剧毒或易挥发	闪蒸	空化	真空	严密封	
小流量阀	1/4in	10	－60～450	近似线性	✓	✓									
小口径阀	3/4in	4、6.4、10	－60～450	线性	✓									✓	普通型 －60～25℃
普通单座阀	20～300	1.6、4、6.4	－60～450	线性等百分比	✓										低温阀 －250～－60℃
普通双座阀	25～300	1.6、4、6.4	－60～450	线性等百分比	✓										低温阀 －250～－60℃

续表

阀型号		公称通径 DN/mm	公称压力 PN/MPa	工作温度 t/℃	流量特性	适用场合：一般	高压降	高黏度	含悬浮物	腐蚀流体	剧毒或易挥发	闪蒸	空化	真空	严密封	备注
套筒阀		25～300	1.6、6.4、LJIS、10K、20K、30K、40K、ASME:150#、300#、900#	-200～520	线性等百分比	✓						✓	✓			
高压套筒阀		40～300	PN 16、JIS:100K、200K、320K、ASME:900#、1500#、2500#	0～530	线性等百分比		✓									
波纹管密封阀	单座	3/4in～100	1	-60～150	线性等百分比						✓			✓	✓	
	双座	25～100														
低噪声阀		40～300	ASME: 150# 300#、600#	0～520	线性等百分比							✓	✓			
角型阀	普　通	20～200		-60～450				✓	✓							
	高　压	6～100	22;32	-20～200	线性等百分比		✓	✓	✓							
	多级降压	15～100	16;32	-30～200	线性		✓	✓	✓			✓	✓			
	文丘里型	20;25;40	ASME:2500#	0～450	线性			✓	✓							
	超高压	5	350		线性;两位式		✓									
		阀座3;6.4	175	-20～225	线性		✓									
蝶阀	普通型	50～1000	0.6	-40～450	近似等百分比	✓			✓							
	高压型	250,300	37	0～425												
三通阀	分流型	25～300	4;6.4	0～425	线性	✓										
	合流型	25～300	4;6.4	0～425	线性	✓										温差不大于150℃
隔膜阀	铸铁阀体	15～200	1	-20～200	近似快开			✓	✓	✓	✓					
	酚醛阀体	15～80	1		近似快开					✓						
球阀	偏心旋转阀	25～400	6.4	-40～450		✓	✓									
	V型阀	25～400		-40～180				✓	✓							

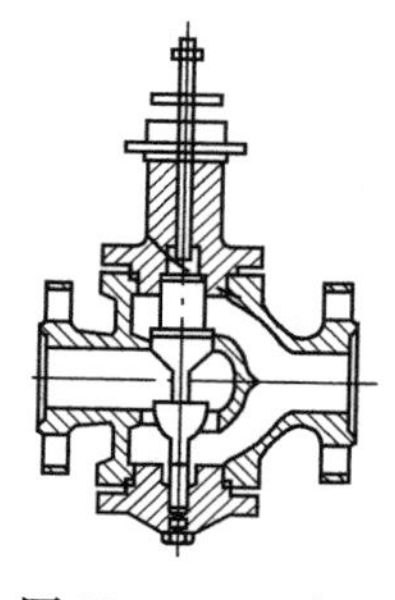

图12-7-1　直通双座调节阀

（一）调节阀的特点和适用场合

1. 直通双座调节阀

直通双座调节阀，阀体内有上、下两个阀芯和阀座。如图12-7-1所示、流体流入阀体时，经上、下两个阀芯、阀座后再汇合起来。由于流体对上、下两个阀芯作用力的方向相反，所以流体对阀杆的纵向推力(即不平衡力)较小，除适用于一般场所外，也可用于大压降的场所。其流通能力比直通单座阀大，即比同样口径的直通单座阀能流过更多的流体。改变直通双座阀的阀杆与阀芯连接，可以改变调节阀的正、反作用。

直通双座阀的缺点是：两个阀芯不易保证同时关严，泄漏量较大，一般为 0.1% C。用于高压差时，因阀体内部流道复杂，对阀内件的冲蚀损伤较严重。另外也不宜用于高黏度和含悬浮颗粒或含纤维的流体。

2. 直通单座调节阀

直通单座阀分调节型和切断型。阀体内只有一个阀座和阀芯如图 12－7－2 所示调节型阀芯为仿形柱塞。它可做成直线、等百分比和抛物线等流量特性。切断型阀芯为平板型，结构简单，关闭时泄漏极小。阀处于全关时，最大泄漏量小于 0.01% C。一般用于工艺要求严密切断的场合，如加热炉燃料油、燃料气调节，容器放水调节等。

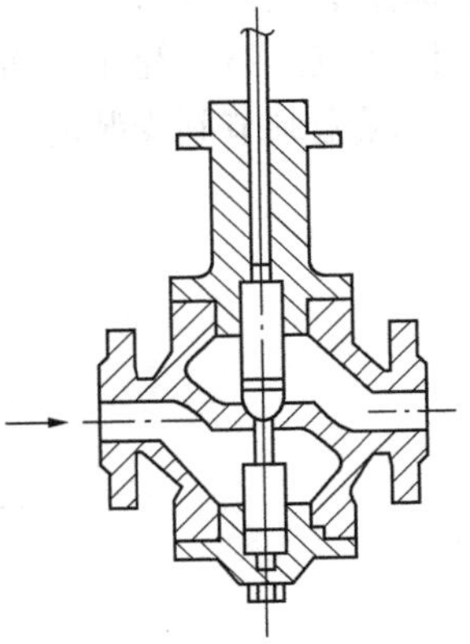

直通单座阀的缺点是：不平衡力大，在高差压或大口径时，要选用足够推力的执行机构或阀门定位器。

图 12－7－2　直通单座调节阀

3. 角型调节阀

角型调节阀是为适应特殊配管或流动需要而设计的单座阀型，角阀的阀体的两接管成直角形。图 12－7－3(a)表示流线型普通角型调节阀结构；图12－7－3(b)表示高压角型调节阀的结构。

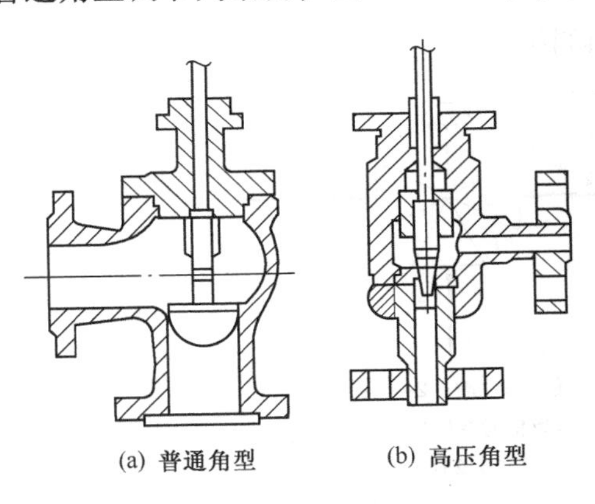
(a) 普通角型　　(b) 高压角型

图 12－7－3　角型调节阀

普通角型调节阀，阀体流路简单，阻力小，受高速流的冲刷较小，阀体内腔的流线型通道可以防止流体的堆积，所以适用于高黏度、含悬浮颗粒物的流体，并且可以自净和清洗。也可用于汽液混相，易闪蒸，汽蚀的场合。

高压角型调节阀适用于高静压和高压降的场合。高压降时，高速流体对阀内件的冲蚀作用较严重，因而要慎重选择阀内件的材质和结构型式，以延长其使用寿命。超高压角形阀，用于控制高静压($PN = 350$MPa)、高压差和小流量的场合。阀体为不锈钢锻件，阀芯为碳化钨或其他硬质合金。

角形调节阀的流向可分为侧进底出和底进侧出两种。一般选用底进侧出，此时调节性能好，但阀芯、密封面损伤较快。在高压降时(此时汽蚀严重)选用侧进底出，这样阀芯、密封面损伤较小，但小开度时容易产生振荡。

4. 三通调节阀

三通调节阀是由直通单座或双座阀改型而成，阀体有三个通道与管道连接，有分流式和合流式两种，见图 12－7－4。

三通调节阀既可用于混合两种流体，又可以将一种流体分为两股。并且多用于配比调节或旁路调节，具有节省投资、减少安装费用等优点，如换热器的温度调节系统中更显其优越性。合流式用于换热器的温度控制时，温度滞后小，调节灵敏，但两股温差不宜大于150℃，操作温度不宜大于 300℃。分流式则用于不能用合流式的场所。三通调节阀一般采用正作用执行机构。并以此来确定工艺配管，同时尽可能让冷流体靠近上阀盖一侧流过。三通调节阀的信号与动作如图 12－7－5 所示。

5. 蝶型调节阀

蝶型调节阀是旋转型凋节阀中最常用的一种。按结构分为普通型和低转矩型。

蝶型调节阀结构简单，体积小，价格便宜，流路平滑，流动阻力小，特别适用于低压降大流量的气体调节，且不要求完全切断流体的管道上，也可用于含少量悬浮物或黏度不大的液体调节。石油化工装置多用于压缩机，鼓风机入口流量调节。

蝶型调节阀安装时，要注意流体的流向。

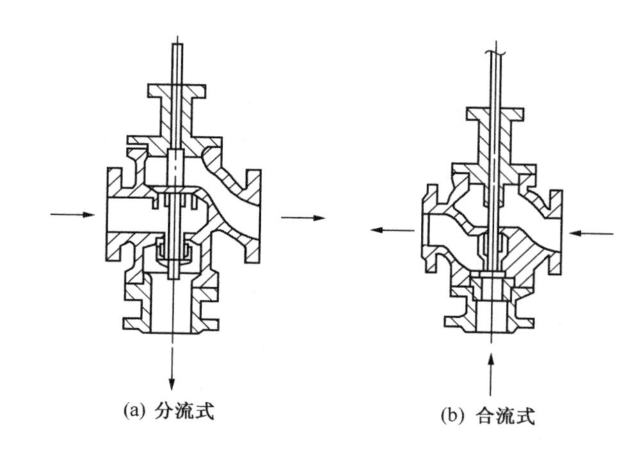

图 12－7－4　三通调节阀

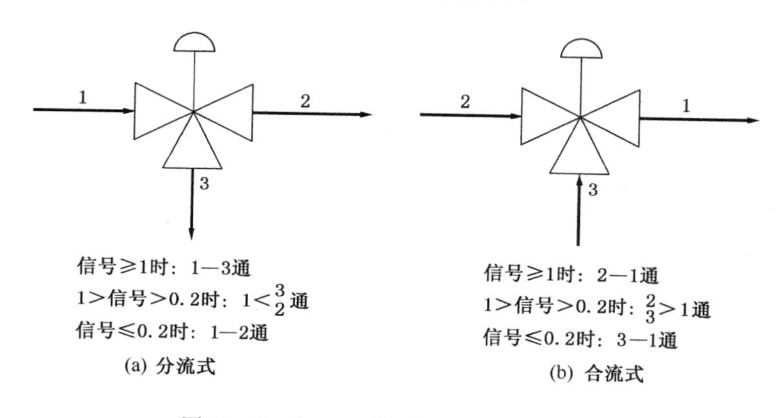

图 12－7－5　三通调节阀的信号与动作

6. 气动偏心旋转调节阀

气动偏心旋转调节阀又叫凸轮挠曲阀，其阀芯呈扇形球面形。它与挠曲臂及轴套一起铸成，固定在转动轴上，转角为50°左右。其结构图见图 12－7－6。

主要特点：

（1）依靠阀芯臂杆的弹形变形，使阀芯紧密接触阀座，因此具有很好的密封性，硬密封泄漏量为 0.01% C，软密封的泄漏量近似为零；

（2）阀体流路简单，流动阻力小，流通能力为同口径的双座阀的 1.2 倍；

（3）不平衡力小，允许压降比单座阀大

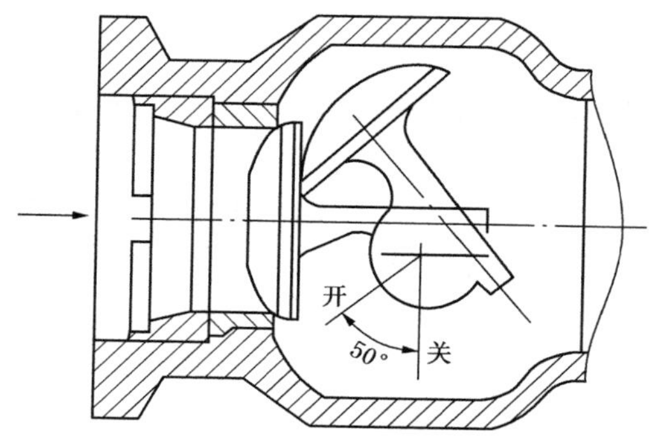

图 12－7－6　偏心旋转调节阀

10～15倍；

(4) 对夹式阀体采用法兰夹紧式结构体积小，重量轻、整机重量为同口径的单、双座阀的$\frac{1}{4}$～$\frac{1}{2}$左右；

(5) 固有流量特性近似为线性，必须通过定位器反馈凸轮来实现其流量特性；

(6) 安装灵活，正、反两种作用型式都可以在水平或垂直管道的四个方位上安装；

(7) 适用于较高工作压差，介质黏度较大含有固体的介质及易黏结和要求填料函密封较好的场合。

(8) 它的阀盖与阀体整体铸成。一般工作温度为－40～250℃，高温型可达450℃。

7. 球型调节阀

球型调节阀按结构分为两种：V形球阀和球阀。其结构见图12－7－7。

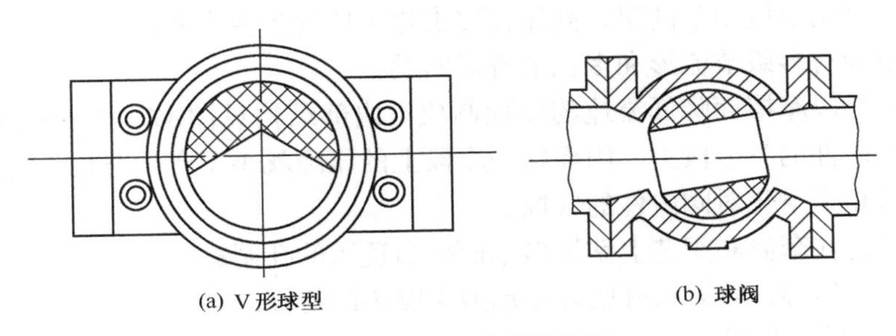

图12－7－7 球型调节阀

V形球型调节阀的节流件是V形缺口球形体。转动球心使V形缺口起节流和剪切的作用。它可切断纤维状的流体，如纸浆、纤维等。并能达到严密关闭的作用。V形球阀的流量特性为等百分比，可调范围为300:1。流动能力比普通阀高两倍以上。该阀广泛应用于造纸工业、石油、化工和污水处理装置。

普通球型调节阀的节流件是带圆孔的球形体，转动球体可起调节和切断作用。常用于两位式控制。目前因受密封面材料限制，一般用于温度小于200℃。压力小于1MPa，介质为水、油品等非腐蚀性流体。该阀流通能力高，但不宜用于高速气流的节流控制，否则噪声大，密封环也易损坏。

8. 隔膜调节阀

隔膜调节阀是由阀杆带动隔膜起调节作用，其结构图见图12－7－8。

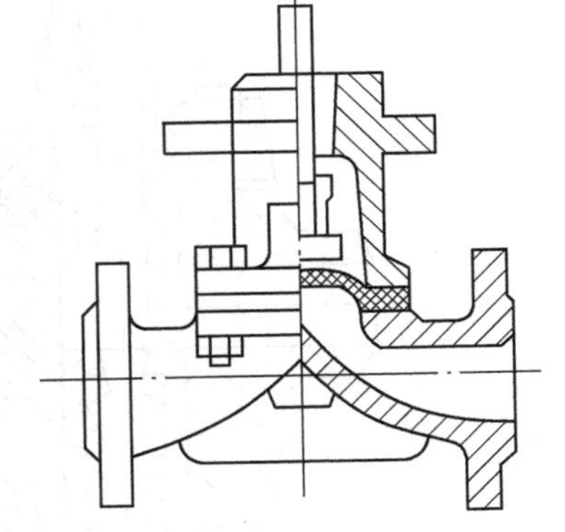

图12－7－8 隔膜调节阀

隔膜调节阀具有结构简单，流道阻力小，流通能力大、无外泄漏等优点。广泛用于高黏度、含悬浮颗粒、纤维以及有毒的流体。因阀体可衬橡胶、聚乙烯、陶瓷等，所以特别适用强酸，强碱等腐蚀性流体。

隔膜调节阀由于受隔膜和衬里材质的限制，温度不宜大于150℃，压力不高于1MPa。

隔膜调节阀配用的执行机构要有足够大的推力。通过阀的压降越大，或阀的通径越大，隔膜受到的不平衡也就越大。一般通径大于100mm，均采用活塞式执行机构。

9. 套筒形调节阀

套筒形调节阀是在原有上下双导向单，双座调节阀基础上改进的新型结构调节阀，用一个圆形的套筒代替原来的阀座，周围开有2个或4个流通窗口，阀芯相当于一个活塞，可在套筒上下移动，改变活塞在套筒内位置，就改变了遮盖套筒开孔的流通面积，从而控制了流量。活塞上有均压孔，能有效地消除作用于阀塞上下部分的轴向不平衡力，它的性能比双座调节阀有更多的优点：阀体结构流路简单，便于加工，改变套筒开孔形状就可方便地改变流量特性，在使用双座调节阀的场合一般都可以用套筒形调节阀代替。

使用套筒形调节阀，一般要求流体清洁，不宜含颗粒状悬浮物，以免阀芯卡死。

10. 低噪声调节阀

低噪声调节阀主要是为降低可压缩流体在高流速时产生的噪声和不可压缩流体在空化时产生的噪声。这种调节阀用于高温、高压且要求噪声低的各生产装置上。

低噪声调节阀有多级节流形和多孔节流形两类。

多级节流形是以摩擦而降低流速的原理制成。内部结构见图12－7－9。它是把系统总压降分别降到阀内件的各分段上。因而每一小段上的压降就小于产生空化所需的压降，从而降低了噪声和防止了空化对阀内件的气蚀。

多孔节流形是在套筒和阀芯上钻许多小而分布适当的孔制成。对于控制可压缩流体，如蒸汽，空气、乙烯气等，具有很好的降低动力学噪声的特性。

11. 阀体分离形调节阀

阀体分离形调节阀是把阀体分离成两部分，用法兰连接起来，其结构图见图12－7－10。

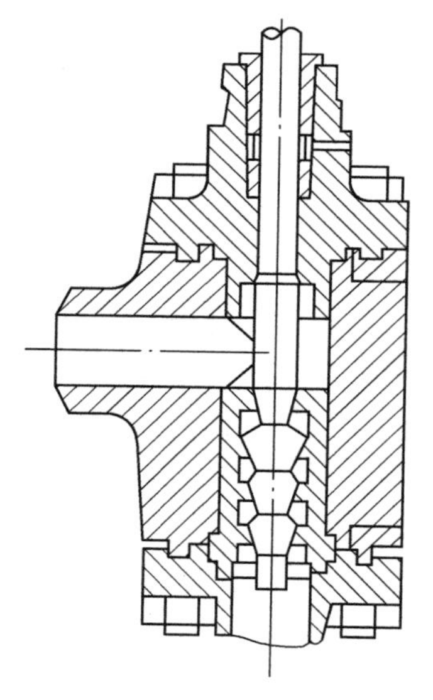

图12－7－9　多级降压阀

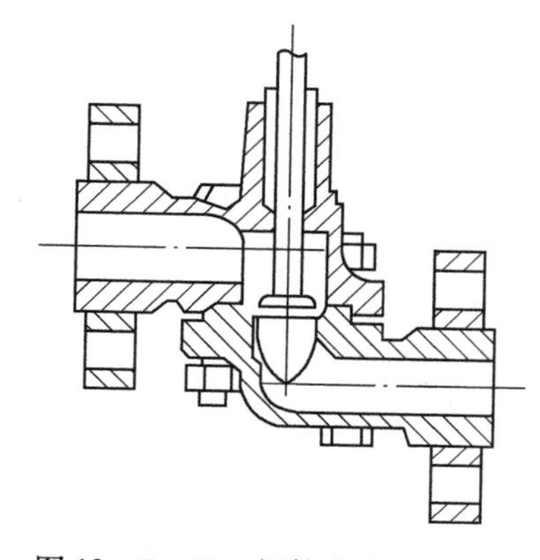

图12－7－10　阀体分离形调节阀

阀体分离形调节阀结构简单，便于拆卸，便于进行内部清洗和内部衬里。阀体流道呈流线形或S形，流体阻力小，减少了积存沉淀物的可能性，适用于高黏度和含悬浮物流体的调节。衬里采用聚全氟乙丙烯（F－46）时，可用于腐蚀性流体，温度范围为－200～200℃。

阀体分离形调节阀可安装在与轴线成90°角的位置。安装阀杆时，不能有过大的应力加于衬里。

12. 高压抗空化调节阀

空化是阀的液体动力学噪声的主要来源之一，也是对阀内件产生汽蚀的重要因素。抗空化是降低噪声和延长阀使用寿命的主要措施。外国某公司研制了一种可变阻力阀芯的高压抗空化调节阀，其结构见图12－7－11。

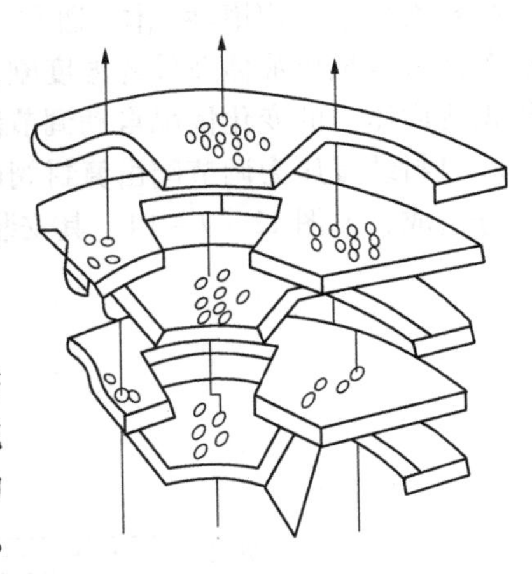

图12－7－11　高压抗空化调节阀结构

13. 自力式压力调节阀

自力式调节阀又称直接作用调节阀。它是一种不需要任何外加能源，并且把测量、调节、执行三种功能统一在一体，利用被调对象本身的能量带动其调节机构的调节阀。它具有结构简单、价格便宜、动作可靠等特点。适用于调节精度要求不高或仪表气源供给困难的场合。

自力式调节阀按用途可分为：压力调节阀、差压调节阀、液位调节阀，温度调节阀和流量调节阀。目前大量生产的有自力式压力调节阀和氮封装置用的调节阀。

自力式压力调节阀（TZY型）是利用被调对象本身压力变化，直接移动调节机构达到调节压力的目的。具有结构简单，操作维护方便，无须外来能源，自行进行调节等特点。

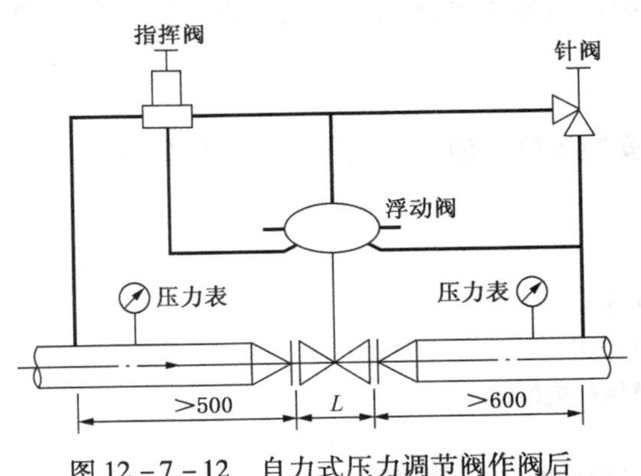

图12－7－12　自力式压力调节阀作阀后压力调节的构造原理图

自力式压力调节阀由指挥阀、浮动阀、针阀三部分组成。见图12－7－12。它们之间用内径不小于8mm的无缝钢管、接头、接头螺母作各种用途的联结。

自力式压力调节阀主要用作阀后压力调节，即作减压阀使用，稳定阀后管道介质压力。将指挥器作适当改装亦可作阀前压力调节，保持调节阀前面管道或设备压力为稳定值。联入孔板可作恒差压调节，保持流过孔板前后的差压为恒定值。自力式压力调节阀的安装图见图12－7－13。

氮封装置压力调节阀（ZDFT型）也是一种自力式压力调节阀。石油化工产品或其他化学液体储存在储罐中，为了防止液体挥发或空

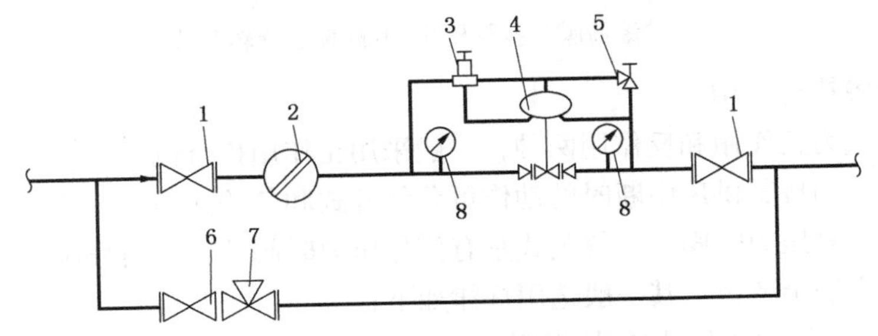

图12－7－13　自力式压力调节阀安装图

1—闸阀；2—过滤器；3—指挥阀；4—浮动阀；5—针阀；6—截止阀；7—节流阀；8—压力表

气接触而变质，用惰性气体（通常用氮气）充入储罐，使之覆盖在液体表面之上。此外，当储罐注入或抽出液体及外界温度剧变时，罐内压力也会随之变化。氮封装置压力调节阀可以根据罐内压力的变化情况自动调节氮气量，使罐内压力保持在给定范围之内。

氮封装置压力调节阀由氮封阀（又称主阀），信号阀（又称控制阀），减压阀和针阀等四部分组成，见图12－7－14。其安装方式根据用户的不同要求决定。

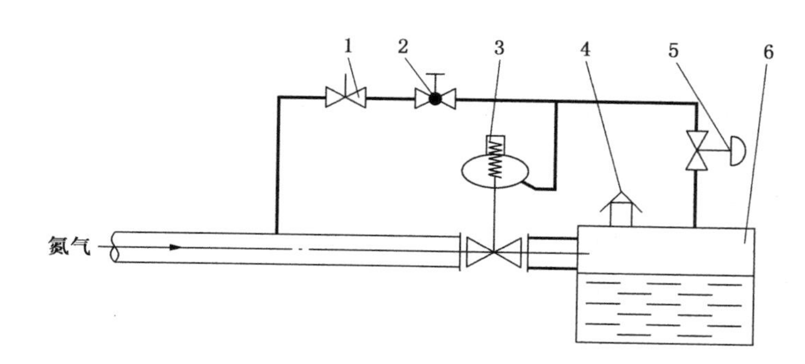

图12－7－14　氮封装置压力调压阀组成示意图

1—减压阀；2—针阀；3—氮封阀；4—呼吸阀；5—信号阀；6—储罐

（二）执行机构

执行机构是调节阀的推动装置。按驱动能源，可分为气动执行机构、电动执行机构和液动执行机构三大类。

1. 气动执行机构

气动执行机构由于结构简单、动作可靠、安装维修方便，适用于防火防爆场合，故广泛用于石油化工生产装置。

气动执行机构分类如下：

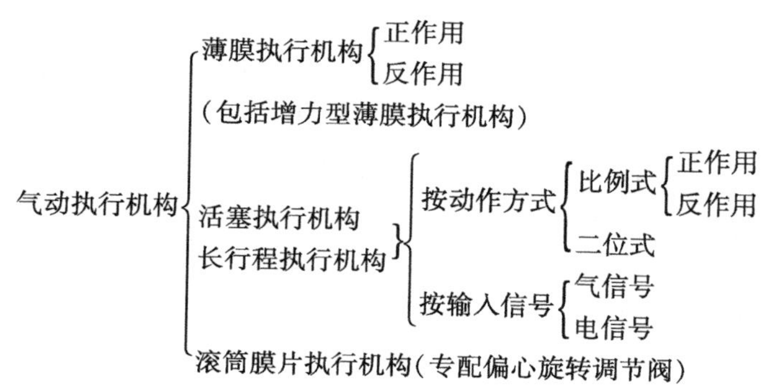

（1）气动薄膜执行机构

按其作用方式为正作用和反作用两种，一般采用正作用执行机构。

气动薄膜调节阀按其供风中断时的动作可分气开式和气关式两种。气开式即膜上有信号压力时阀开，无信号压力时阀关。气关式是有信号压力时阀关，无信号压力时阀开。两种型式选择主要从生产安全考虑。其一般选用规律如下：

a. 加热炉进料用气关阀，加热炉燃料油、燃料气用气开阀。当调节阀故障时即切断燃料油或燃料气的供应而不停止进料，以避免炉内温度继续升高。

b. 装置或设备进料、产品输出一般采用气开阀。

c. 蒸馏塔的进料通常采用气开阀，而控制外部回流量则采用气关阀。

d. 塔和容器的液位调节一般采用气开阀。

e. 放水阀一般采用气开阀。

(2) 气动活塞执行机构

气动活塞执行机构，操作压力可达0.5MPa，且无弹簧抵消推力，具有输出力大，结构简单，安全防爆，维护方便等特点。主要用于大口径，高静压，高压差阀和蝶阀的推动装置。

无弹簧活塞式执行机构按动作可分为：二位式和比例式两种。

(3) 气动长行程执行机构

气动长行程执行机构具有行程长和转矩大的特点，因此适合于角行程式调节阀的需要。

气动长行程执行机构是根据力矩平衡原理工作的，具有结构简单，维修调整方便，采用滑阀放大器，功率放大系数大，静态误差小，灵敏度高等特点。适用于大转矩的蝶阀、闸阀和风门等的控制。

(4) 滚筒膜片执行机构(专配偏心旋转阀)

2. 电动执行机构

电动执行机构是接受电动调节器输出的电信号，把它变为执行机构输出轴的角位移或直行程位移，以推动阀动作实现自动调节。

电动执行机构与气动执行机构相比，能源取用方便，信号传输迅速和传送距离远等优点。目前，除生产一般产品外，尚可生产隔爆型结构适用于防爆场合。

电动执行机构有：直行程滚切式(ZDA 型)，直行程式(DKZ 型)，角行程式(DKJ 型)，角行程滚切式(ZDC 型)，隔爆型(DKJ－B_2C 型)。

(三) 调节阀选型原则

调节阀选型一般应考虑以下原则：

(1) 根据工艺条件，选择合适的调节阀的结构型式和材质；

(2) 根据工艺的特点，选择合理的流量特性；

(3) 根据工艺参数，计算出合理的阀门口径；

(4) 根据阀杆受不平衡力大小，选择足够推力的执行机构；

(5) 根据工艺过程的要求，选择合适的辅助装置。即阀门定位器、保位阀、三通电磁阀、二位四通电磁阀，手轮机构和阻尼机构等；

(6) 当工艺介质的温度大于200℃时，选用带散热片的调节阀，当温度小于－20℃时，为防止填料函处结冰，应选用带吸热片的低温调节阀。

四、调节阀的安装位置

(一) 调节阀安装的一般要求

(1) 调节阀的安装位置应满足工艺流程设计要求，并应尽量靠近与其有关的一次指示仪表，并尽量接近测量元件位置，便于在用旁路阀手动操作时能观察一次仪表。

(2) 调节阀应正立垂直安装于水平管道上，特殊情况下才可水平或倾斜安装，但须加支撑。对于气动偏心旋转调节阀，其执行机构可根据需要安装。

(3) 为便于操作和维护检修，调节阀应尽量布置在地面或平台上且易于接近的地方，与平台或地面的净空应不小于250mm。

(4) 调节阀应安装在环境温度不高于60℃，不低于-40℃的地方。

(5) 调节阀应安装在离振动源较远的地方。

(6) 遥控阀、自动调节阀及其控制系统的安装位置要尽量避开火灾危险和火灾的影响。

(7) 为避免调节阀鼓膜受热及便于就地取下膜头，膜头与旁路管外壁(或隔热层外壁)净距不应小于250mm。

(8) 为避免旁路阀泄漏介质落在调节阀上和便于就地折卸膜头，安装时调节阀与旁路阀应错开布置。

(9) 隔断阀的作用是当调节阀检修时关闭管道之用，故应选用闸板阀；旁路阀主要是当调节阀检修停用时作调节流量之用，故一般应选用截止阀，但旁路阀 $DN > 150$mm 时，可选用闸板阀。

为了调节阀在检修时需将两隔断阀之间的管道泄压和排液，一般可在调节阀入口侧与调节阀上游的切断阀之间管道的低点设排液闸阀。当工艺管道 $DN > 25$mm 时，排液阀公称直径 DN 应等于或大于20mm；当工艺管道 $DN \leq 25$mm 时，排液阀的公称直径 DN 应为15mm。

(10) 输送含有固体颗粒介质的管道上的调节阀或 $DN < 25$mm 小口径的调节阀容易堵塞，应在入口隔断阀后增设过滤器或将旁路阀布置在调节阀的下方。

(11) 在一个区域内有较多的调节阀时，应考虑形式一致，整齐、美观及操作方便。

(12) 调节阀与隔断阀的直径不同时，异径管应尽量靠近调节阀安装。

(13) 安装调节阀时要注意它的流向，一般无特殊要求时调节阀的流向应与调节阀箭头所示流向一致。

(14) 当管道施工后进行清扫时，调节阀应从管道上卸下，用短管代替。

(15) 高温、低温管道上的调节阀组的支架，两个支架中应有一个是固定支架，另一个是滑动支架。

(16) 具备下列情况之一者可不装切断阀和旁路阀：

a. 操作条件不恶劣(温度不高于225℃、压力不大于0.1MPa 的干净介质)、控制非重要参数的、直径大于或等于80mm 带手轮的调节阀；

b. 顺序控制调节阀；

c. 紧急停车联锁阀；

d. 直径大于350mm 的蝶形调节阀；

e. 三通调节阀；

f. 有备用电机驱动的蒸汽透平泵的蒸汽调节阀；

g. 需要减少危险介质(如氢氟酸、苯酚等)泄漏的场所。

(17) 要特别注意工艺过程对调节阀位置有无要求。如常压分馏塔到汽提塔侧线上的调节阀，应装在靠近汽提塔的水平管道上，以保证分馏塔的出口到调节阀有一定液柱高度，而不应把调节阀装在靠近分馏塔的水平管道上或垂直管道上。

又如气体分馏塔顶采用热旁路调节压力时，则调节阀应设在保证阀前后接管内没有凝液存在的位置，即必须安装在油气分离罐上方的气相管道上。

（二）调节阀组直径的确定

为了节约，调节阀的隔断阀和旁路阀可比工艺管道小，如果工艺流程无要求者，其具体规格可按表 12－7－8 选用。

表 12－7－8　调节阀组隔断阀和旁路阀直径选用表　　（mm）

调节阀 DN ＼ 隔断阀/旁路阀 ＼ 主管 DN	15	20	25	40	50	80	100	150	200	250	300
15	15/15	20/20	25/25	40/40							
20		20/20	25/25	40/40	50/50						
25			25/25	40/40	50/50	50/50					
32				40/40	50/50	50/50					
40				40/40	50/50	50/50	80/80				
50					50/50	80/50	80/80	100/100			
65						80/80	100/80	100/100			
80						80/80	100/80	100/100	150/150		
100							100/100	150/100	150/150	200/200	
125								150/150	200/150	200/200	
150								150/150	200/150	200/200	250/250
200									200/200	250/200	250/250
250										250/250	300/250
300											300/300

（三）调节阀组的布置

1. 调节阀组的布置方案

调节阀组的布置方案见图 12－7－15。

（1）方案—1　是最常用的安装形式，阀组布置紧凑，所占空间小，维修时便于拆卸，整套阀组放空简便；

（2）方案—2　是常用的安装形式，旁路阀的操作维修方便，适合于 $DN>100$ 的阀组，但对易凝、有腐蚀性介质不宜采用；

（3）方案—3　也是一个常用安装形式，维修时便于拆卸，当调节阀在上方时，由于位置过高，不易接近；

（4）方案—4　调节阀容易接近，但二个隔断阀与调节阀在一根直管上，比较难于拆卸和安装，旁路上有死角，不得用于易凝、有腐蚀性介质，阀组安装要占较大空间，仅用于低压降调节阀；

（5）方案—5　阀组布置紧凑，但调节阀位置过高，不易接近，适用于较小口径调节阀；

（6）方案—6　二个隔断阀与调节阀在一根直管上，比较难于拆卸和安装，旁路上有死角，安装要占较大空间，适用较小口径调节阀和易堵塞，易结焦介质调节阀的安装。

2. 调节阀组的安装尺寸

（1）直通单、双座及三通调节阀的外形尺寸和安装尺寸见图 12－7－16、表 12－7－9。

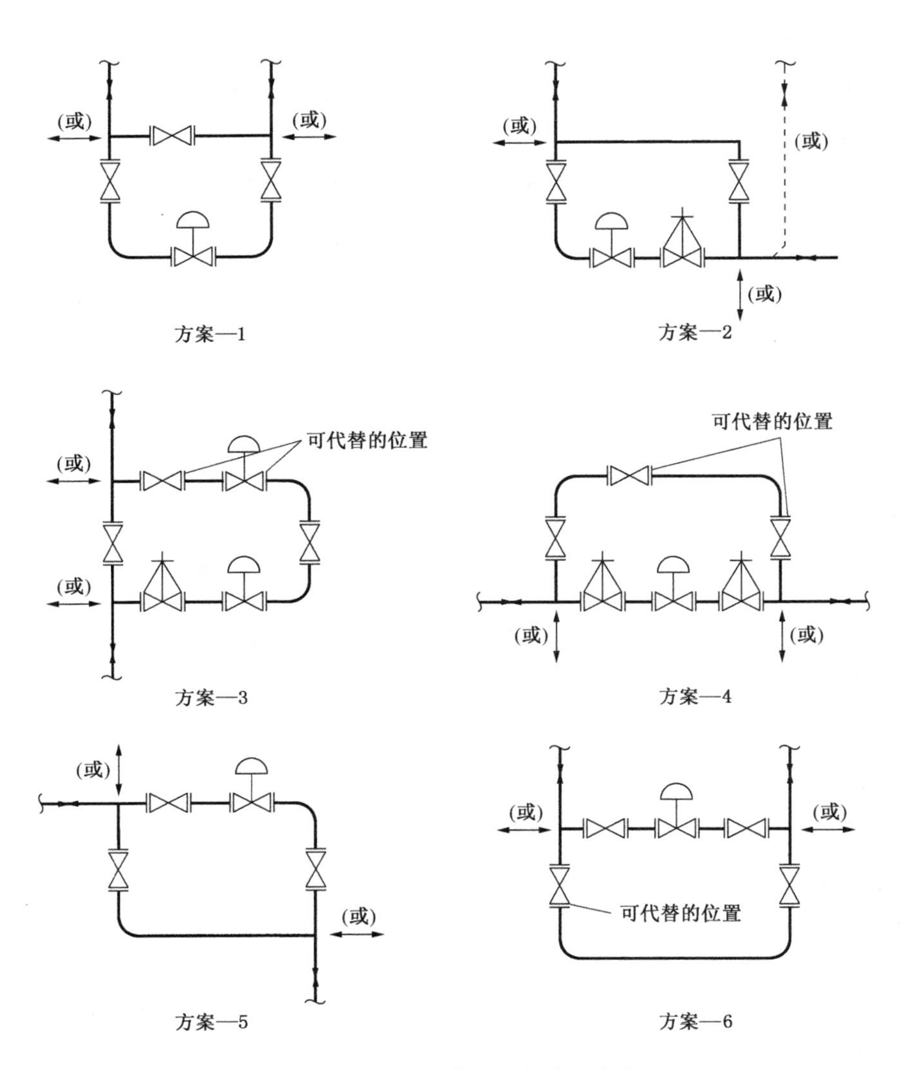

图 12－7－15　调节阀组的布置方案

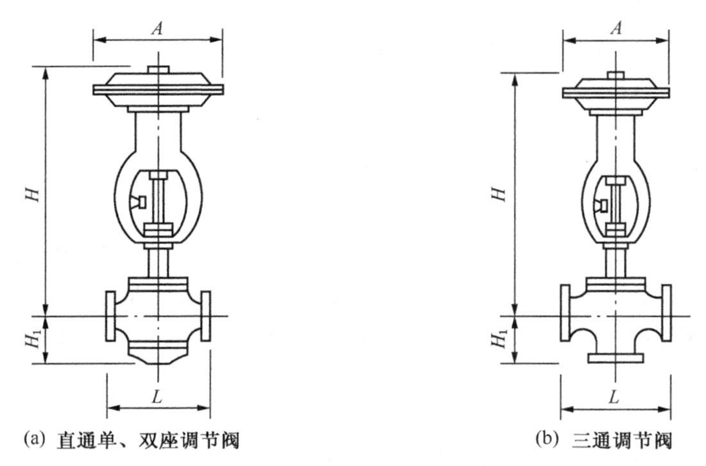

图 12－7－16　直通单、双座、三通调节阀外形示意图

表 12-7-9 ZM_B^AN、ZM_B^AP、ZM_B^AQ、ZM_B^AX 型调节阀外形尺寸和安装尺寸

公称直径 DN	A/mm	L/mm			H/mm								H_1/mm								参考质量/kg																	
					普通型				热片型						三通合流			三通分流			直通双座			直通单座			三通分流,合流					
																						PN 4.0、6.4			PN 4.0、6.4		普通型			热片型		
		PN 1.6	PN 4.0	PN 6.4	直通双座	三通分流	直通单座	三通合流	直通双座	三通分流	直通单座	三通合流	直通双座	直通单座	PN 1.6	PN 4.0	PN 6.4	PN 1.6	PN 4.0	PN 6.4	PN 1.6	普通型	热片型	PN 1.6	普通型	热片型	PN 1.6	PN 4.0	PN 6.4	PN 1.6	PN 4.0	PN 6.4
G3/4″	φ230		80	80			气开 468 气关 422				气开 545 气关 500			32																		
20	φ280	180	198	206			气开 590 气关 543				气开 700 气关 650			93																		
25		185	200	210	562		560		715		695		117	112	140	155	160				30	34	37	28	32	35	30	34	34	36	40	40
32		200	220	230	565		565		720		700		120	120	150	165	170				32	35	38	30	33	36	32	35	36	38	40	40
40	φ325	220	241	251	633		635		785		755		140	130	160	175	180				38	48	52	37	46	50	38	48	50	50	55	55
50		250	276	286	638		650		790		770		145	145	180	195	200				42	52	56	40	50	54	42	52	55	55	60	60
65	φ410	275	301	311	874		865		1030		1025		190	180	200	215	220				76	95	103	72	91	99	76	95	101	105	110	110
80		300	321	337	885		870		1050		1030		210	190	210	232	240	225	252	265	92	115	125	87	110	120	92	115	115	120	130	130
100		350	380	394	900		875		1060		1035		220	195	220	252	260	245	277	285	110	135	146	100	124	135	110	130	131	145	150	150
125	φ495	410	435	450	1055		1030		1255		1235		270	245	260	300	300	285	320	325	175	200	218	165	180	195	175	200	210	215	220	220
150		450	492	508	1065		1035		1275		1235		280	250	280	320	320	305	340	345	210	254	274	192	236	256	210	250	250	270	275	275
200		550	600	610	1105		1095		1320		1275		320	290	320	380	380	350	405	410	280	407	440	247	370	400	280	400	400	430	440	440
250	φ600	670	740	752	1515		1455		1800		1645		440	380		444	450		505	510	580	700	760				580	700	700	750	760	760
300		770	803	819	1575		1510		1820		1690		502	435		489	497		578	585	730	850	920				730	850	900	900	920	920

注:表中 H 值在 DN≥25 时均为正作用执行机构的数据,若为反作用执行机构则应在表中数据上再附加一个数值:对于 DN25 ~ 32 应加 55mm;DN40、50 应加 75mm;DN65 ~ 100mm,应加 100mm;DN125 ~200 应加 120mm;DN250、300 应加 150mm。

（2）隔膜调节阀外形尺寸和安装尺寸见图 12－7－17 表12－7－10。

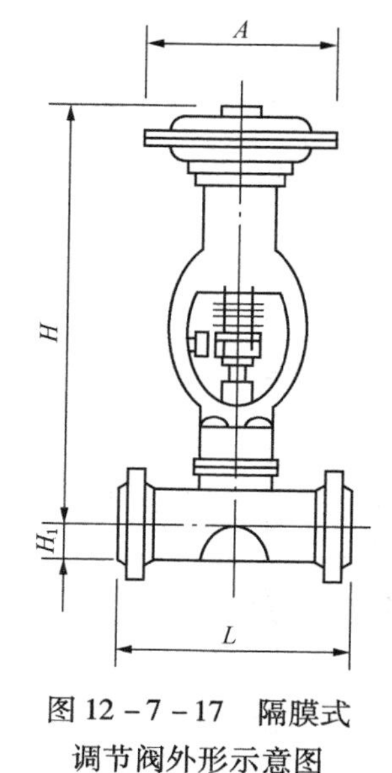

图 12－7－17　隔膜式调节阀外形示意图

表 12－7－10　ZM_B^AT、ZS_B^AT 型隔膜调节阀外形尺寸和安装尺寸

（mm）

公称直径 DN	膜头直径 A	汽缸外径 $D_外$	L		H				H_1	
			PN 0.6	PN 1.0	ZMAT	ZMBT	ZSAT	ZSBT	PN 0.6	PN 1.0
15	φ280	φ155	140	140	478	525	503	689	40	48
20			145	145	478	525	503	689	45	53
25			155	155	482	531	507	695	50	58
32			165	165	484	531	508	695	60	68
40	φ325	φ205	186	190	558	608	528	714	65	73
50			200	208	564	614	534	720	70	80
65			230	238	576	626	546	732	80	90
80	φ410	φ260	260	268	775	835	694	949	93	98
100			325	335	857	917	776	1030	103	108
125	φ495	φ310	365	375			865	1162	118	123
150		φ350	400	410			900	1212	130	140
200			530	540			976	1282	158	168
250	φ620								185	193

（3）低温调节阀外形尺寸和安装尺寸见图 12－7－18、表 12－7－11。

表 12－7－11　ZM_B^AN、ZM_B^AD 型低温调节阀外形尺寸和安装尺寸

（mm）

公称直径 DN	A	L	H			H_2			D_1	D	H_1	
		PN、0.6 1.6	－100℃	－200℃	－250℃	－100℃	－200℃	－250℃			单座	双座
20	φ280	180	1186	1386	1586	600	800	1000	250		91	
25		185	1208	1408	1608				280	240	112	117
32		200									118	120
40	φ325	220	1263	1463	1663				320	280	129	139
50		250									144	144
65	φ410	275	1551	1751	1951	700	900	1100	380	340	178	188
80		300							470	430	191	208
100		350									195	220
125	φ495	410	1822	2022	2222	800	1000	1200	540	500	243	268
150		450							580	540	251	278
200		550							680	640	290	320
250	φ620	670	2268	2468	2668	900	1100	1300	840	800	380	440
300		770							950	900	435	502

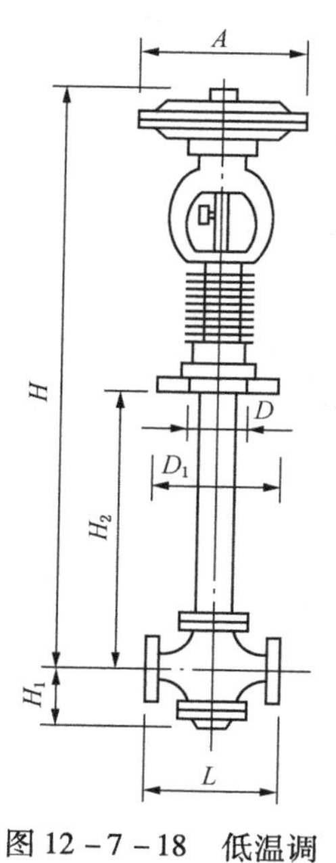

图 12－7－18　低温调节阀外形示意图

（4）调节阀组的安装图和安装尺寸见图 12－7－19、表 12－7－12。

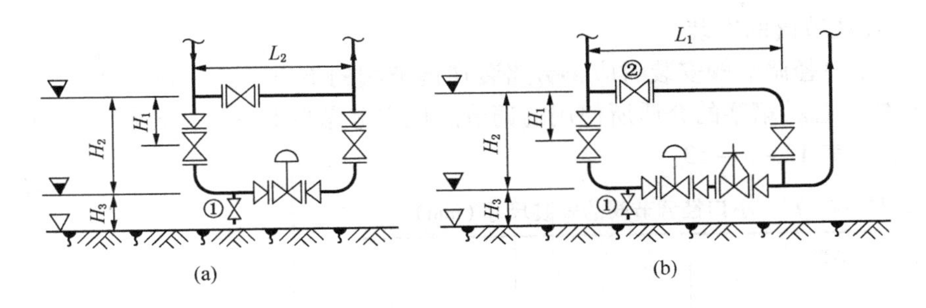

图 12－7－19　调节阀组安装图

注：1. 对于 HF 管道系统，排液阀应设在调节阀后，即出口侧。

2. 易凝、有腐蚀性介质旁路阀应设在水平管道上。

表 12－7－12　调节阀组安装尺寸表　　（mm）

序号	主管 DN	调节阀 DN	隔断阀 DN	旁路阀 DN	$H_1$①	H_2		H_3	$L_1$①	L_2
						不带散热片	带散热片			
1	25	25	25	25	250	1000	1200	400	1000	600
2	40	25	40	40	250	1000	1200	400	1250	750
3	40	32	40	40	250	1000	1200	400	1250	750
4	40	40	40	40	250	1000	1200	400	1150	650
5	50	25	50	50	300	1000	1200	500	1350	750
6	50	32	50	50	300	1000	1200	500	1350	850
7	50	40	50	50	300	1000	1250	500	1350	850
8	50	50	50	50	300	1000	1250	500	1350	750
9	80	40	50	50	450	1000	1250	500	1450	850
10	80	50	80	50	400	1000	1250	500	1350	750
11	80	65	80	80	400	1250	1500	500	1600	1050
12	80	80	80	80	350	1250	1500	500	1400	850
13	100	50	80	80	450	1000	1250	500	1700	1050
14	100	65	100	80	450	1250	1500	500	1700～1750	1150
15	100	80	100	80	450	1250	1500	500	1700～1750	1150
16	100	100	100	100	400	1300	1550	500	1500～1550	950
17	150	80	100	100	600	1250	1500	500	1900～1950	1150
18	150	100	150	100	550	1300	1550	600	1950～2050	1500
19	150	125	150	150	650～700	1450	1700	600	2100～2200	1600
20	150	150	150	150	650～700	1450	1750	600	2050～2150	1400
21	200	100	150	150	650～700	1450	1550	600	2200～2300	1500
22	200	125	200	150	650～700	1700	1800	600	2250～1450	1800
23	200	150	200	150	650～700	1700	1800	600	2350～2550	1900
24	200	200	200	200	800～850	1800	1900	600	2250～2450	1600
25	250	125	200	200	800～850	1800	1900	600	2550～2750	1800
26	250	150	200	200	800～850	1800	1900	600	2700～2800	1900
27	250	200	250	200	900～1000	2000	2100	600	2800～3000	2300
28	250	250	250	250	900～1000	2200	2300	600	2600～2800	1900
29	300	150	250	250	900～1000	2200	2300	600	3000～3200	2200
30	300	200	250	250	900～1000	2200	2300	600	3100～3300	2300
31	300	250	300	250	1000～1150	2350	2450	600	3100～3400	2600
32	300	300	300	300	1000～1150	2500	2600	600	2850～3100	2200

① H_1、L_1 数字，前面用于 PN1.6、2.5（或 150Lb）；后面用于 PN4.0（或 300Lb）的阀门（调节阀均按 PN6.4（或 400Lb）考虑）

注：主管 $DN \leqslant 100$ 推荐采用图 12－7－19（a）形式；主管 $DN \geqslant 150$ 推荐采用图 12－7－19（b）形式。

3. 小口径调节阀的安装

DN≤25 小口径调节阀安装时应将旁路装在调节阀的下方，从而避免调节阀堵塞。对于输送容易结焦，容易堵塞的介质所使用的调节阀也应考虑在上方，安装示意图和安装尺寸见图 12-7-20、表 12-7-13。

表 12-7-13　小口径调节阀的安装尺寸（mm）

主管 DN	调节阀接管 DN	H_1	H_2	H_3	L
15	20(G3/4″)	250	600	400	800
20	20(G3/4″)	250	600	400	900
20	20	250	600	400	900
25	20	250	600	400	1000
25	25	250	600	400	1000

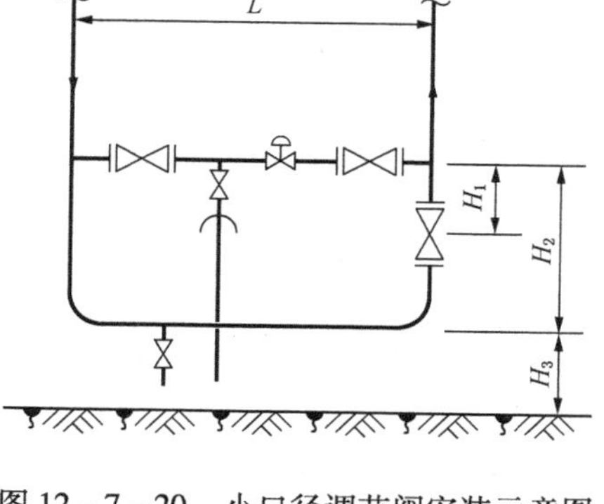

图 12-7-20　小口径调节阀安装示意图

4. 角型调节阀的安装

对于角型调节阀，在安装时要特别注意调节阀的流向必须与工艺流程规定相符合。角型调节阀的安装形式见图 12-7-21。

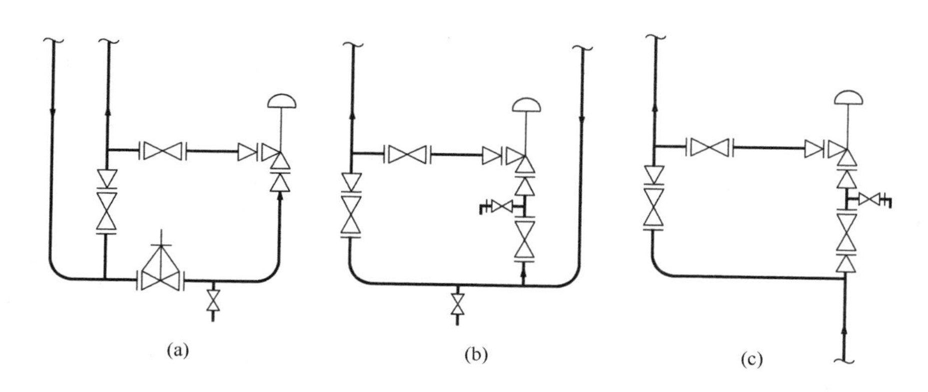

图 12-7-21　角型调节阀的安装形式

5. 三通调节阀的安装

三通调节阀分为合流式和分流式两种(图 12-7-22)，一般不设隔断阀，安装时要特别注意三个接口的流向必须与工艺管道流程完全一致。

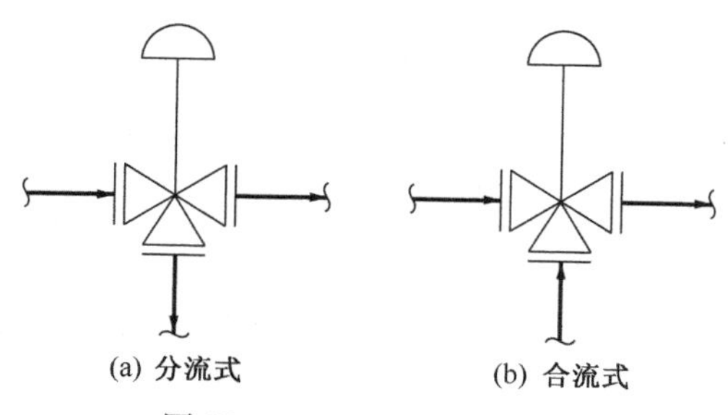

图 12-7-22　三通调节阀

（编制　张德姜　欧阳琨）

主要参考资料

1 陆德民主编．石油化工自动控制设计手册(第二版)．化学工业出版社，1988
2 化学工程手册编辑委员会编．化学工程手册第25篇《化工自动控制》．化学工业出版社，1982
3 川四裕郎等编著，罗秦等译．流量测量手册．计量出版社，1982
4 上海化学工业设计院．化工工艺设计手册．商务印书馆，1975
5 王骥程主编．化工过程控制工程．化学工业出版社，1981
6 石油化工自动控制设计手册编写组编．石油化工自动控制设计手册．石油化学工业出版社，1978
7 《石油化工仪表安装设计规范》(SH/T 3104—2000)

第十三章　工艺管道伴热设计

第一节　伴热方式及其选用

石油化工企业中的管道，常用伴热的方法以维持生产操作及停输期间管内介质的温度。它的特点是伴热介质取用方便，除某些特殊的热载体外，都是由企业的公用工程系统供给。伴热方式多种多样，适用于输送各种介质及操作条件下的工艺管道。通过几十年的实际运行，证实安全可靠。由于工艺管道内介质的生产条件复杂，因此选用伴热介质，确定伴热方式都应取决于工艺条件，现分述如下。

一、伴热介质

1. 热水

热水是一种伴热介质，适用于在操作温度不高或不能采用高温伴热的介质的条件下，作为伴热的热源。当企业有这一部分余热可以利用，而伴热点布置比较集中时，可优先使用。有些厂用于原油或添加剂罐的加热，前者是为了节省蒸汽利用余热，后者是控制热源介质的温度，防止添加剂分解变质。

2. 蒸汽

蒸汽是国内外石油化工企业中广泛采用的一种伴热介质，取用方便，冷凝潜热大，温度易于调节，适用范围广。石油化工企业中蒸汽可分高压、中压及低压三个系统，而用于伴热的是中、低压两个系统，基本上能满足石化企业中工艺管道的使用要求。

3. 热载体

当蒸汽(指中、低压蒸汽)温度不能满足工艺要求时，才采用热载体作为热源。这些热载体在炼油厂中常用的有重柴油或馏程大于300℃馏分油；在石油化工企业中有联苯－联苯醚或加氢联三苯等。

热载体作伴热介质，一般用于管内介质的操作温度大于150℃的夹套伴热系统。

4. 电热

电热是一种利用电能为热源的伴热技术。电伴热安全可靠，施工简便，能有效地进行温度控制，防止管道介质温度过热。

二、伴热方式

1. 内伴热管伴热

伴热管安装在工艺管道(以下亦称主管)内部，伴热介质释放出来的热量，全部用于补充主管内介质的热损失。这种结构的特点：

(1) 热效率高，用蒸汽作为热源时，与外伴热管比较，可以节省15%～25%的蒸汽耗量；

(2) 内伴热管的外侧膜传热系数 h_i，与主管内介质的流速、黏度有关；

(3) 由于它安装在工艺管道内部，所以伴热管的管壁应加厚。无缝钢管的自然长度一般为8～13m，伴热管的焊缝又不允许留在工艺管道内部，因此弯管的数量大大增多，施工工程量随之加大；

(4) 伴热管的热变形问题应予重视，否则将引起伴热管胀裂事故，既影响产品质量，又要停产检修；

(5) 这种结构型式不能用于输送有腐蚀性及热敏性介质的管道。一般很少用于石油化工企业的工艺管道。

2. 外伴热管伴热

外伴热管是目前国内外石油化工企业普遍采用的一种伴热方式，其伴热介质一般有蒸汽和热水两种。伴热管放出的热量，一部分补充主管(或称被伴管)内介质的热损失，另一部分通过保温层散失到四周大气中。在硬质圆形保温预制管壳中，主管与伴热管之间有一最大的保温空间，也就是伴热管放出的热量，几乎全部代替主管的热损失，因而这种型式的伴热保温结构，热源的耗量是最省的。

当伴热所需的传热量较大(主管输送温度大于150℃)或主管要求有一定的温升时，常规伴热设计将难以满足工艺要求，需要多管(伴热管根数超过3根)伴热。在这种情况下，应采用传热系数大的伴热胶泥，填充在常规的外伴热管与主管之间，使它们形成一个连续式的热结合体(如图13－1－1所示)，这样的直接传热优于一般靠对流与辐射的传热。因此，一根带传热胶泥的外伴热管相当于用3根同直径的常规伴热管的作用。其结构如图13－1－1所示。

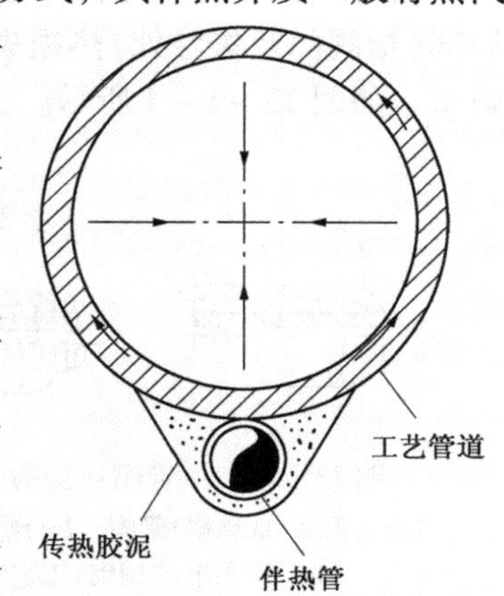

图13－1－1　带传热胶泥的外伴热管

实践证明带传热胶泥的外伴热管伴热可以代替投资昂贵的夹套管及多根伴热管。它能提供与夹套管一样的传热效果如图13－1－2所示。

综上所述，外伴热管在石油化工企业中能得到广泛的应用，其主要原因有以下几点：

(1) 适应范围广，一般操作温度在170℃以下的工艺管道都可以采用。输送有腐蚀性或热敏性介质的管道，不能用内伴热及夹套伴热，但对于常规的外伴热管，只要在主管与伴热管之间用石棉板隔热后，仍可采用；

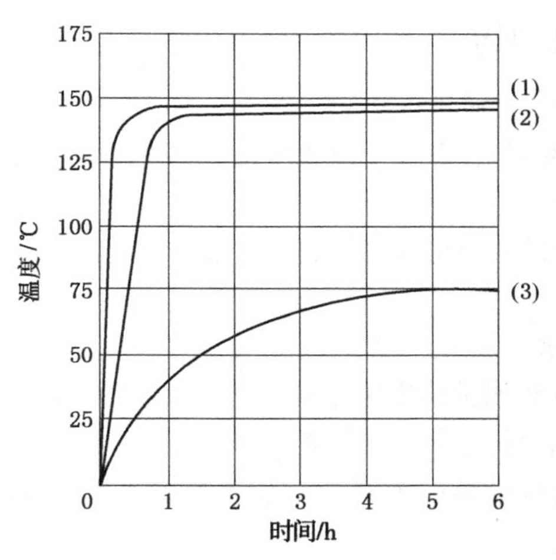

图13－1－2　伴热曲线

(1)—ϕ50/ϕ75的夹套管伴热；(2)—ϕ9.5mm的铜管带传热胶泥外伴热；(3)—ϕ9.5mm的铜管外伴热

(2) 施工、生产管理及检修都比较方便。伴热管损坏后，可以及时修理、既不影响生产，又不会出现产品质量事故；

(3) 带传热胶泥的外伴热管，它的热传导率非常接近于夹套管。同时传热胶泥能对任何部分维持均匀的温度；

(4) 传热胶泥使用寿命长,具有优良的抗震能力。在加热与冷却交替循环的操作条件下,不会发生破裂、剥落及损坏现象。传热胶泥也可用于电伴热系统。

3. 夹套伴热

夹套伴热管即在工艺管道的外面安装一套管，类似套管式换热器进行伴热。在理论上只要伴热介质温度与内管介质的温度相同，或略高一些，就能维持内管介质的温度，这时蒸汽消耗量只需满足本身的热损失，因而伴热效率是比较高的。

常用的夹套管基本上分为管帽式和法兰式两种类型。

(1) 管帽式夹套管

管帽式夹套管要求内管焊缝全部在夹套外侧。这种结构又称内管焊缝外露型，如图 13－1－3所示。

(2) 法兰式夹套管

法兰式夹套管的内管焊缝全部在夹套内部，法兰及阀门处都能通过伴热介质，不会产生局部(指阀门及法兰处)热损失，达到全线在夹套下伴热的目的。这种类型又称内管焊缝隐蔽型。如图 13－1－4 所示。

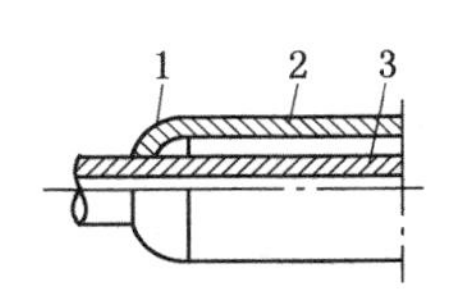

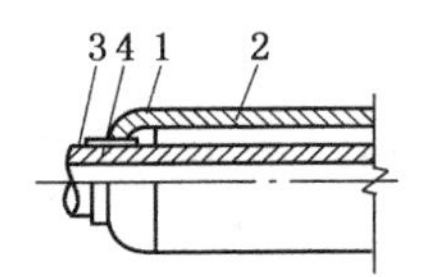

图 13－1－3　管帽连接的夹套管

1—不锈钢(或碳钢)管帽；2—碳钢夹套管；

3—不锈钢(或碳钢)工艺管；

4—不锈钢套管短节

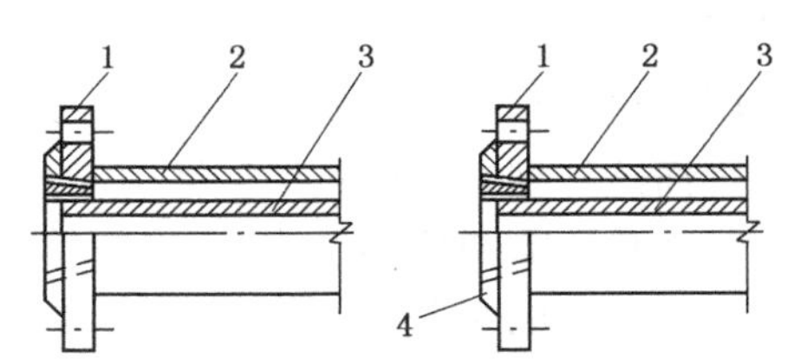

图 13－1－4　夹套法兰连接的夹套管

1—不锈钢(或碳钢)法兰；2—碳钢夹套管；

3—不锈钢(或碳钢)工艺管；

4—奥 307 堆焊后加工

夹套管伴热耗钢量大，施工工程量亦大。但它能应用于外伴热管不能满足工艺要求的介质管道。如石油化工企业中输送高凝固点，高熔点介质的管道，需采用这种伴热方式。

4. 电伴热

以往管道伴热多用蒸汽作外供热源，通过伴热管补偿其散热损失。这种传统的伴热方式，伴热所需维持的温度无法控制；耗热量大，安装和维修的工作量大，生产管理不方便。采用电伴热可以有效利用能量，有效控制温度。电伴热方式有感应加热法、直接通电法、电阻加热法等。

三、设计原则

1. 伴热设计的原则

(1) 管道伴热设计，一般情况下仅考虑补充管内介质在输送过程或停输期间的热损失，以维持所需的操作温度，不考虑管内介质的升温。

(2) 对于工艺有特殊要求，介质需要升温的管道，可以选用特殊的伴热方式进行升温输送。

(3) 下列管道应采用伴管或夹套管伴热：

a. 需从外部补偿管内介质热损失，以维持被输送介质温度的管道；

b. 在输送过程中，由于热损失而产生凝液，并可能导致腐蚀或影响正常操作的气体管道；

c. 在操作过程中，由于介质压力突然下降而自冷，可能冻结导致堵塞的管道；

d. 在切换操作或停运期间，管内介质由于热损失造成温度下降，介质不能放净吹扫而可能凝固的管道；

e. 在输送过程中，由于热损失可能引起管内介质析出结晶的管道；

f. 由于热损失导致输送介质黏度增高，系统阻力增加，输送量下降，达不到工艺最小允许量的管道；

g. 输送介质的凝固点等于或高于环境温度的管道。

2. 伴热方式的选用原则如下：

（1）输送介质的终端温度、环境温度接近或低于其凝固点的管道应进行伴热，伴热方式选用要求如下：

a. 介质凝固点低于50℃时，宜选用伴管伴热；

b. 介质凝固点为50～100℃时，宜选用夹套管伴热；

c. 介质凝固点高于100℃时，应选用内管焊缝隐蔽型夹套管（全夹套）伴热。管道上的阀门、法兰、过滤器等应为夹套型。

（2）输送气体介质的露点高于环境温度需伴热的管道，宜选用伴管伴热；

（3）输送介质温度要求较低的工艺管道、输送介质温度、环境温度接近或低于其凝固点的管道，宜采用热水伴管（全夹套）伴热；

（4）液体介质凝固点低于40℃的管道、气体介质露点高于环境温度且低于40℃的管道及热敏性介质管道，宜采用热水伴管伴热；

（5）输送有毒介质且需夹套管伴热的管道，应选用内管焊缝外露型夹套管（半夹套）伴热；

（6）经常处于重力自流或停滞状态的易凝介质管道，宜选用夹套管伴热或带导热胶泥的蒸汽伴管伴热。

3. 伴热介质的温度宜按下列要求确定：

（1）伴管的介质温度宜高于被伴介质温度30℃以上，当采用导热胶泥时，宜高于被伴介质温度10℃以上；

（2）伴热热水温度宜低于100℃，当被伴介质温度较高时，热水温度可高于100℃，但不得高于130℃。当利用高温热水伴热时，被伴介质温度可相应提高。伴热热水回水温度不宜低于70℃；

（3）套管的介质温度可等于或高于被伴介质温度，但温差不宜超过50℃；

（4）对于控制温降或最终温度的夹套管伴热的管道，伴热介质的温度应根据被伴介质的凝固点或最终温度要求确定。

4. 热水伴热系统应采用闭式循环系统，热水的供水压力宜为0.35～1.0MPa，回水压力宜控制在0.2～0.3MPa。

第二节　外伴热管设计

一、工艺设计

（一）蒸汽外伴热管

1. 伴热管直径计算

外伴热管的计算公式受保温结构的影响，现分述如下。

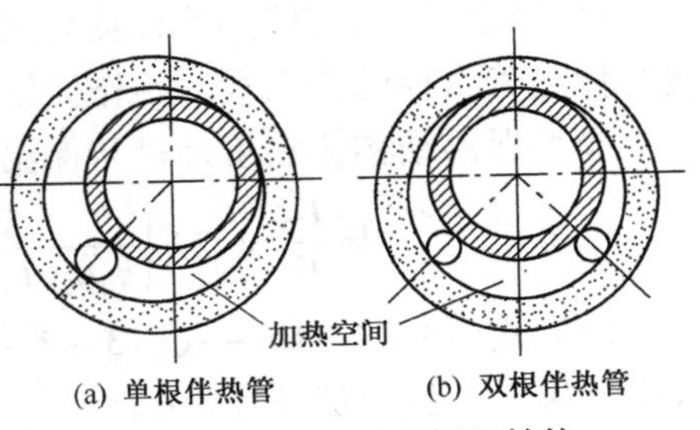

图13－2－1　圆形保温结构

（1）圆形保温壳的伴热计算，这种保温结构（如图13－2－1所示）相当于一圆管内壳，在保温层内壁与工艺管道（或简称主管）的外壁（包括伴热管的外壁）之间有一“加热空间”，这样主管通过保温层散失到四周大气中的热量，在伴热计算中可以略去不计。据此，计算公式大为简化。

蒸汽伴管的热损失

$$q_1 = \frac{2\pi K(t - t_a)}{\frac{1}{\lambda}\ln\frac{D_0}{D_i} + \frac{2}{\alpha D_0} + \frac{2}{\alpha_i D_i}} \tag{13-2-1}$$

则外伴热管所需要的伴热外径

$$d = \frac{K(t - t_a)}{\left(\frac{1}{2\lambda}\ln\frac{D_0}{D_i} + \frac{1}{\alpha D_0} + \frac{1}{\alpha_i D_i}\right)\alpha_t(t_{st} - t)} \tag{13-2-2}$$

伴热管的根数

$$n \geqslant \frac{d}{d_0} \tag{13-2-3}$$

（2）非圆形保温结构的伴热计算　这种结构系指软质保温材料，加入某种黏合剂后，制成的圆形保温管壳，安装经紧扎后变形为非圆形的保温结构（如图13-2-2和图13-2-3所示），亦称异形保温壳。

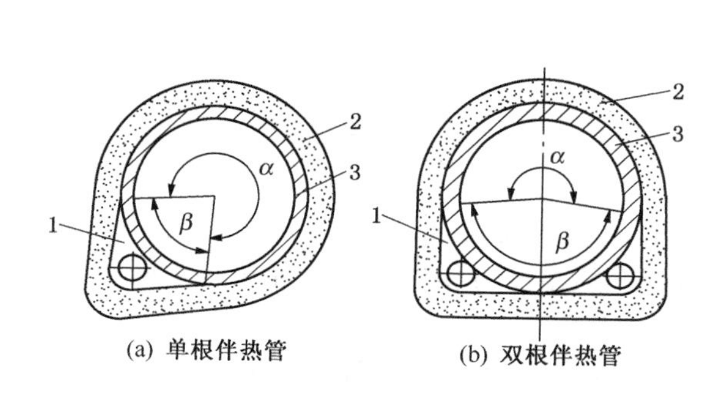

图13-2-2　异形保温结构

1—加热空间；2—保温层；3—工艺管道

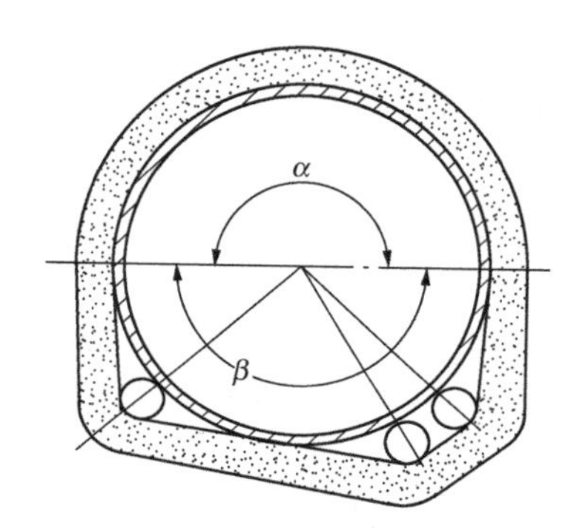

图13-2-3　三根伴热管安装图

这时管壳出现一个散热角 α，它是主管与保温层接触部分，也就是主管通过这部分把热量散失到四周大气中去。另一个加热角 β，由它传热于主管以补充主管内介质的热损失。

值得注意的问题是：在施工过程中异形保温结构下部加热空间不得用保温材料或勾缝用料加以堵塞或填充（采用传热胶泥例外）。否则所有的加热角绝大部分要转变为散热角，大大降低伴热效果。如果要用某种软质保温材料，一定要在主管与伴热管的外围包覆一层铁丝网，以保证它的加热空间。

这种结构形式的伴热管计算公式较圆形结构复杂。本手册仅列出异形保温结构的保温厚度与伴热管直径的关系式，不作详细推导。

异型保温结构伴热管外径与保温厚度的关系式：

$$\ln\frac{D_0}{D_i} = 2\lambda\left\{\frac{K}{d_0\alpha_t(t_{st} - t_k)}\left[\frac{\alpha(t - t_a)}{360} + \frac{\beta(t_k - t_a)}{360}\right] - \frac{1}{\alpha D_0}\right\} \tag{13-2-4}$$

（3）式（13-2-1）~式（13-2-4）中符号意义及有关参数取值。

式中　D_0——保温层外径，m；

D_i——保温层内径；m；

d——伴热管计算外径，m；

d_0——伴热管实际外径，m；

K——热损失附加系数；一般取1.15～1.25；

n——伴热管根数，根；

q_1——带外伴热管的管道热损失，W/m；

α——散热角，度；

β——加热角，度；

t——主管内介质温度,℃；

t_{st}——伴管介质温度,℃；

t_k——加热空间温度,℃；

在异形保温结构中，$t_k > t$，一般高于 t 约10～40℃。主管内介质的操作温度越高，则 $t_k - t$ 的差值越小。

t_a——环境温度,℃；

取历年一月份月平均温度的平均值；

α——保温层外表面向大气的放热系数；

$\alpha = 1.163(10 + 6\sqrt{V_w})$，W/(m²·K)；

V_w——风速，m/s；

取历年年平均风速的平均值；

α_i——保温层内加热空间空气向保温层的放热系数：

一般取 $\alpha_i = 13.95$，W/(m²·K)；

α_t——伴热管向保温层内加热空间的放热系数，W/(m²·K)；

在不同蒸汽压力下的 α_t 值见表13-2-1。

表13-2-1　在不同被伴介质温度下 α_t 值

伴管直径/mm	蒸汽压力/[MPa(kgf/cm²)]	W/(m²·K)	
		被伴介质温度/℃	
		≤70	≥90
15	0.294～0.49(3～5)	21.28	
	0.589～0.981(6～10)	22.91	23.14
20	0.294～0.49(3～5)	20.12	
	0.589～0.981(6～10)	21.63	22.10
25	0.294～0.49(3～5)	19.54	
	0.589～0.981(6～10)	20.91	21.40

λ——保温材料制品的导热系数，W/(m·K)。

2. 带外伴热管管道的保温层经济厚度计算，

计算公式见式(13-2-5)～式(13-2-6)：

$$D_0 \ln \frac{D_0}{D_i} + \frac{2\lambda D_0}{\alpha_i D_i} = 2\sqrt{\frac{3.6 f_n \cdot \tau \cdot \lambda (t - t_a)}{10^6 P_i S_i} + \frac{\rho \delta_t S_t P_t \lambda K (t - t_a)}{P_i S_i \alpha_t (t_{st} - t)}} - \frac{2\lambda}{\alpha} \qquad (13-2-5)$$

$$\delta = \frac{D_0 - D_i}{2} \qquad (13-2-6)$$

式中 f_n——热能价格，元/10^6kJ；

P_i——保温层结构的单位造价，元/m^3；

P_t——伴热管单位造价，元/kg；

S_i——保温层结构投资贷款年分摊率，按复利计算：

$$S_i = \frac{i(1+i)^{n_i}}{(1+i)^{n_i}-1}$$

S_t——伴管投资贷款年分摊率，按复利计算：

$$S_t = \frac{i(1+i)^{n_t}}{(1+i)^{n_t}-1}$$

n_i——保温工程贷款计息年数，年；

n_t——伴管工程贷款计息年数，年；

i——年利率（复利），%；

δ_t——伴热管管壁厚度，m；

τ——年运行时间，h；

ρ——钢材密度，kg/m^3；

δ——保温层厚度，m；

t_a——环境温度，℃；

取历年夏季空气调节室外计算干球温度。

其他符号同前。

3. 伴热管直径及根数的选用

a. 伴管的管径宜为 $\phi10$、$\phi12$、*DN*15、*DN*20、*DN*25，伴管根数不宜超过 4 根。

b. 在不同环境温度及工艺操作条件下，蒸汽伴管管径及根数可按表 13－2－2 选用。

表 13－2－2　蒸汽伴管根数和管径（$n \times DN$）

被伴热管径（*DN*）	被伴热介质维持温度 150℃时			伴热管根数及管径（$n \times DN$）蒸汽温度 151℃时[a]						伴热管根数及管径（$n \times DN$）蒸汽温度 183℃时[a]						
	环境温度/℃			被伴热介质维持温度/℃						被伴热介质维持温度/℃						
	大庆 3.2	北京 11.4	广州 21.8	70	80	90	100	110	120	90	100	110	120	130	140	150
	保温厚度/mm															
15	50	50	40	1×15	1×15	1×15	1×15	1×15	1×15	1×15	1×15	1×15	1×15	1×15	1×15	1×15
20	50	50	40	1×15	1×15	1×15	1×15	1×15	1×15	1×15	1×15	1×15	1×15	1×15	1×15	1×15
25	50	50	50	1×15	1×15	1×15	1×15	1×15	1×15	1×15	1×15	1×15	1×15	1×15	1×15	1×15
40	50	50	50	1×15	1×15	1×15	1×15	1×15	1×15	1×15	1×15	1×15	1×15	1×15	1×15	1×15
50	50	50	50	1×15	1×15	1×15	1×15	1×15	1×15	1×15	1×15	1×15	1×15	1×15	1×15	2×15
80	60	50	50	1×15	1×15	1×15	1×15	1×15	2×15	1×15	1×15	1×15	1×15	1×15	1×15	2×15
100	60	60	50	1×15	1×15	1×15	1×15	1×15	2×15	1×15	1×15	1×15	1×15	1×15	1×15	2×15
150	60	60	60	1×15	1×15	1×15	1×15	2×15	2×15	1×15	1×15	1×15	1×15	1×15	2×15	2×15
200	60	60	60	1×15	1×15	1×15	2×15	2×15	2×15	1×15	1×15	1×15	1×15	2×15	2×15	3×15
250	60	60	60	1×15	1×15	1×15	2×15	2×15	3×15	1×15	1×15	1×15	1×15	2×15	2×15	3×15
300	60	60	60	1×15	1×15	1×15	2×15	2×15	3×15	1×15	1×15	1×15	2×15	2×15	3×15	4×15
350	70	60	60	1×15	1×15	2×15	2×15	2×15	3×15	1×15	1×15	1×15	2×15	2×15	3×15	4×15
400	70	60	60	1×15	1×15	2×15	2×15	2×15	3×15	1×15	1×15	2×15	2×15	2×15	3×15	4×15
450	70	60	60	1×20	1×20	2×20	2×20	2×20	3×20	1×20	1×20	2×20	2×20	2×20	3×20	4×20
500	70	60	60	1×20	1×20	2×20	2×20	2×20	3×20	1×20	2×20	2×20	2×20	2×20	3×20	4×20

a 伴热管根数及管径计算的参数取值应符合下列要求：

1）热损失附加系统 K 取 1.25；保温材料制品的导热系统按下式计算；

$\lambda = 0.044 + 0.00018(Tm - 70)$；

2）保温层内加热空间空气向保温层的放热系数 α_i 取 13.95W/(m²·K)。对于伴管的公称直径为 *DN*15，蒸汽温度 151℃，伴管向保温层内加热空间的放热系数 α_t 取 21.28W/(m²·K)；对于蒸汽温度 183℃，伴管向保温层内加热空间的放热系数 α_t 取 23.14W/(m²·K)。对于伴管的公称直径为 *DN*20，蒸汽温度 151℃，伴管向保温层内加热空间的放热系数 α_t 取 20.12W/(m²·K)；对于蒸汽温度 183℃，伴管向保温层内加热空间的放热系数 α_t 取 22.10W/(m²·K)。保温层外表面向大气的放热系数 α 按下式计算：

$\alpha = 1.163 \times (10 + 6\sqrt{w})$

c. 环境温度、伴管介质的操作条件、保温材料制品的导热系数及放热系数等数据与表 13－2－2不同时，伴管管径及根数应按式(13－2－2)和式(13－2－3)计算。

4. 伴热长度

蒸汽伴管最大允许有效伴热长度宜按下列原则确定：

a. 伴管沿被伴热管的有效伴热长度(包括垂直管道)可按表 13－2－3 选用。

表 13－2－3 蒸汽伴管最大允许有效伴热长度

伴管直径/mm	蒸汽压力为 P MPa 时的最大允许有效伴热长度/m	
	0.3≤P≤0.6	0.6＜P≤1.0
φ10	30	40
φ12	40	50
*DN*15	50	60
*DN*20	60	70
*DN*25	70	80

b. 当伴热蒸汽的凝结水不回收时，表 13－2－3 中的最大允许有效伴热长度可延长 20%；

c. 采用导热胶泥时，表 13－2－3 中的最大允许有效伴热长度宜缩短 20%；

d. 当伴管在最大允许有效伴热长度内出现 U 形弯时，累计上升高度不宜大于表 13－2－4中规定的数值。若超过表 13－2－4 中数值时，宜适当减少最大允许有效伴热长度，但伴管累计上升高度不宜超过 10m。

表 13－2－4 蒸汽伴管允许 U 形弯累计上升高度

蒸汽压力/MPa	累计上升高度/m	蒸汽压力/MPa	累计上升高度/m
0.3≤p≤0.6	4	0.6＜p≤1.0	6

5. 伴热管的蒸汽耗量

（1）计算公式：

$$g_1 = \frac{3.6Kq_1}{H_v - H_i} \qquad (13-2-7)$$

式中 g_1——蒸汽用量，kg/m·h；

q_1——带外伴热管的管道热损失，w/m；

H_v——饱和蒸汽的焓，kJ/kg；

H_i——饱和水的焓，kJ/kg；

K——热损失附加系数，一般取1.15～1.25。

（2）推荐数值　为了方便设计，单位长度和单位时间内外伴热管的蒸汽用量可按表13－2－5选用。

表13－2－5　外伴热管的蒸汽用量　（kg/m·h）

蒸汽压力/MPa	伴管直径 *dN*/mm	各种工艺管径 *DN*		
		≤100	150～300	350～500
0.3	15	0.15	0.25	0.3
	20		0.30	0.32
	25			
0.6～1.0	15	0.17		
	20	0.18	0.30	0.32
	25	0.21	0.32	0.36

（二）带传热胶泥外伴热管

1. 传热胶泥的技术指标

（1）有机型传热胶泥技术指标见表13－2－6。

表13－2－6　有机型传热胶泥技术指标

项　　目		有机型传热胶泥型号	
		T－85（日本）	TM－Ⅱ（中国）
最高使用温度/℃		190	190
线膨胀系数/（10^{-6}/℃）		30～40	16～24
压缩强度/MPa		8.75	5.75
剪切强度/MPa		4.22	6.3
导热系数/ $\left[W/m\cdot K\left(\frac{kcal}{m\cdot h\cdot ℃}\right)\right]$	室　温	9.42 >（8.1）	11.97（10.3）
	190℃		10.12（8.7）
水溶性		不　溶	不　溶
储存期限/月		3～6	6

（2）无机型传热胶泥技术指标见表 13－2－7。

表 13－2－7 无机型传热胶泥技术指标

项　　目	传热胶泥型号	
	STD/T－3	TM－Ⅰ（中国）
最高使用温度/℃	370	370
线膨胀系数/（10^{-6}/℃）	3.73	
抗压强度/MPa	7.7～8.4	15.1
导热系数/[W/M·K(kcal/m·h·℃)]	12.8～16.3（11～14）	17.45（15）
黏结力/MPa	0.71	1.1

（3）斯蒙传热胶泥技术指标见表 13－2－8。

表 13－2－8 斯蒙传热胶泥技术指标

	STD/T－3	T－63	T－80	T－85
适用范围	适用带钩槽附件的伴热系统①也适用于电伴热系统如阀门、泵体及设备		适用极潮湿及腐蚀性气候区域特别适用于伴热阀门和类似的设备	
温度极限 最　大 最　低	371℃ －190℃	675℃ －190℃	162℃ －190℃	190℃ －190℃
从伴管至主管壁的总传热系数/（W/m²·℃） 加热 冷却	110～225	110～225	110～140 55～110	110～140 55～110
搭接底层的抗剪强度/kPa	1380～1725	1380～1725	6900～12400	6900～12400
开始工作要求	如采用构槽系统不需要固化一般在 70～100℃下 4～12h	如采用构槽系统不需要固化一般在 70～100℃下 4～12h	不需要特殊的固化步骤	不需要特殊的固化步骤
电　阻	0.11　OHMS/cm	1.3　OHMS/cm	57　OHMS/cm	57　OHMS/cm
储存期限	一年	一年	30 天在冷藏下达一年	30 天在冷藏下达一年

① 如果采用钢伴热管、自安装日期起 60 天固化。

2. 工程应用

带有传热胶泥的外伴热管直径及根数可参考表 13－2－2 选用。

（三）热水外伴热管

1. 伴热管直径计算

a. 热水伴管的热损失按式（13－2－1）和式（13－2－4）计算。

b. 热水伴管管径及根数按式（13－2－2）和式（13－2－3）计算。

c. 保温层经济厚度按式（13－2－5）和式（13－2－6）计算。

2. 伴热管直径及根数的选用

a. 伴管的管径宜为 $\phi10$、$\phi12$、*DN*15、*DN*20、*DN*25，伴管根数不宜超过 4 根。

b. 在不同环境温度及工艺操作条件下，热水伴管管径及根数可按表13－2－9选用。

c. 环境温度、伴管介质的操作条件、保温材料制品的导热系数及放热系数等数据与表 13－2－9不同时，应按式(13－2－2)和式(13－2－3)计算。

表 13－2－9　热水伴热管根数和管径

(*n*×*DN*)被伴热管管径(*DN*)	被伴热介质维持温度 100℃时			伴热管根数及管径(*n*×*DN*)蒸汽温度 90℃时[a]				伴热管根数及管径(*n*×*DN*)蒸汽温度 100℃时[a]				
	环境温度/℃			被伴热介质维持温度/℃				被伴热介质维持温度/℃				
	大庆 3.2	北京 11.4	广州 21.8	30	40	50	60	30	40	50	60	70
	保温厚度/mm											
15	40	40	30	1×15	1×15	1×15	1×15	1×15	1×15	1×15	1×15	1×15
20	40	40	30	1×15	1×15	1×15	1×15	1×15	1×15	1×15	1×15	1×15
25	40	40	40	1×15	1×15	1×15	1×15	1×15	1×15	1×15	1×15	1×15
40	40	40	40	1×15	1×15	1×15	1×15	1×15	1×15	1×15	1×15	1×15
50	40	40	40	1×15	1×15	1×15	1×15	1×15	1×15	1×15	1×15	1×15
80	50	40	40	1×15	1×15	1×15	1×15	1×15	1×15	1×15	1×15	1×15
100	50	40	40	1×15	1×15	1×15	1×15	1×15	1×15	1×15	1×15	1×15
150	50	50	40	1×15	1×15	1×15	1×15	1×15	1×15	1×15	1×15	2×15
200	50	50	40	1×15	1×15	1×15	2×15	1×15	1×15	1×15	1×15	2×15
250	50	50	40	1×15	1×15	1×15	2×15	1×15	1×15	1×15	1×15	2×15
300	50	50	40	1×15	1×15	2×15	2×15	1×15	1×15	1×15	2×15	2×15
350	50	50	40	1×15	1×15	2×15	2×15	1×15	1×15	1×15	2×15	2×15
400	50	50	40	1×15	1×15	2×15	2×15	1×15	1×15	2×15	2×15	3×15
450	50	50	40	1×20	1×20	2×20	2×20	1×20	1×20	2×20	2×20	3×20
500	50	50	40	1×20	1×20	2×20	2×20	1×20	1×20	2×20	2×20	3×20

a　伴热管根数及管径计算的参数取值应符合下列要求：

1）热损失附加系统 K 取 1.25；保温材料制品的导热系统按下式计算；

$\lambda = 0.044 + 0.00018(Tm - 70)$；

2）保温层内加热空间空气向保温层的放热系数 α_i 取 13.95W/(m^2·K)。对于伴管的公称直径为 *DN*15，蒸汽温度 90℃，伴管向保温层内加热空间的放热系数 α_t 取 18.35W/(m^2·K)；对于热水温度 100℃，伴管向保温层内加热空间的放热系数 α_t 取 18.81W/(m^2·K)。对于伴管的公称直径为 *DN*20，热水温度 90℃，伴管向保温层内加热空间的放热系数 α_t 取 17.00W/(m^2·K)；对于热水温度 100℃，伴管向保温层内加热空间的放热系数 α_t 取 17.49W/(m^2·K)。保温层外表面向大气的放热系数 a 按下式计算：

$\alpha = 1.163 \times (10 + 6\sqrt{w})$

3. 热水伴管沿被伴热管的有效伴热长度(包括垂直管道)，可按表 13－2－10 选用。

表 13－2－10　热水伴管最大允许有效伴热长度

伴管直径/mm	热水压力为 P MPa 时的最大允许有效伴热长度/m		
	$0.3 \leq P \leq 0.5$	$0.5 < P \leq 0.7$	$0.7 < P \leq 1.0$
ϕ10、ϕ12	40	50	60
*DN*15	60	70	80
*DN*20	60	70	80
*DN*25	70	80	90

4. 控制流程见图 13－2－4。

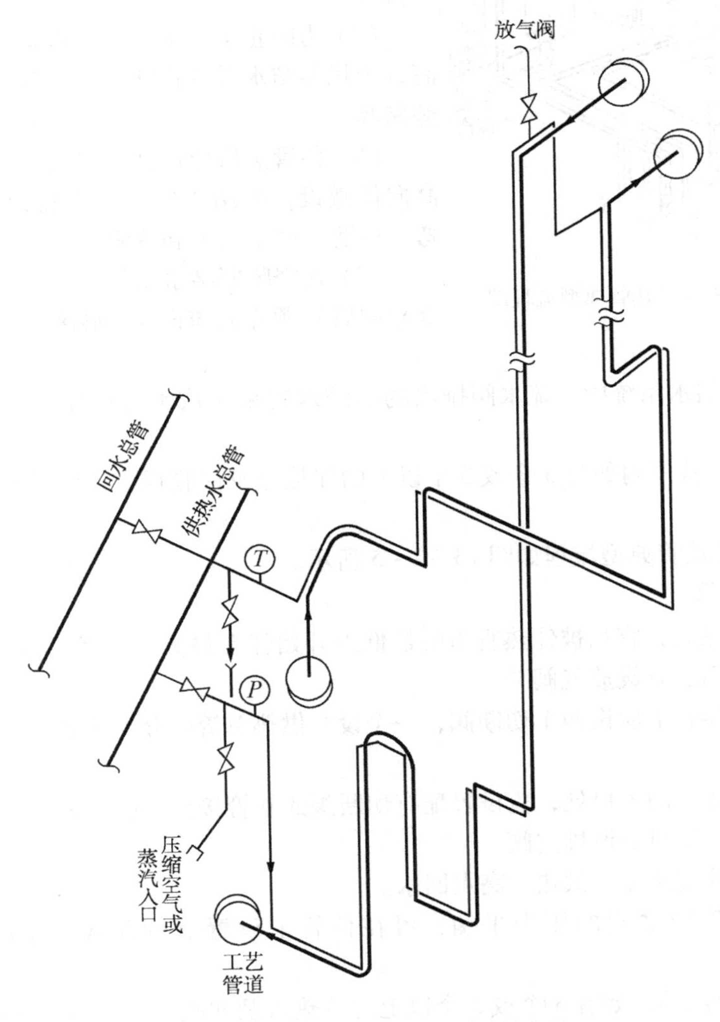

图 13－2－4　热水伴热控制流程

二、伴热管的安装设计

（一）一般要求

1. 蒸汽外伴热管

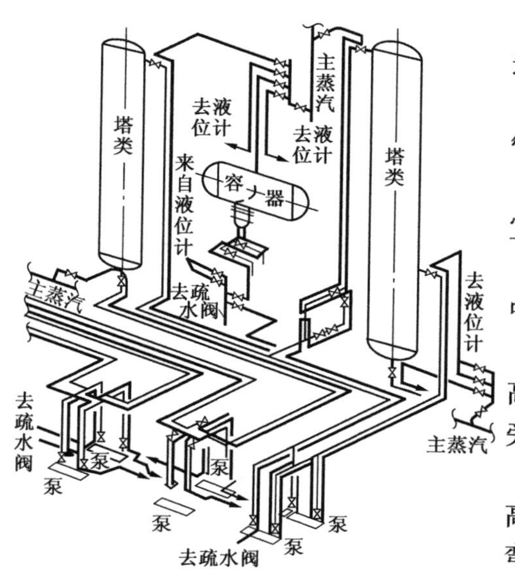

图 13－2－5　蒸汽外伴热管典型流程图

（1）伴管蒸汽应从主蒸汽管顶部引出，并在靠近引出处设切断阀，切断阀宜设置在水平管道上。

（2）每根伴管宜单独设疏水阀，不宜与其他伴管合并疏水。

（3）伴管疏水阀宜选用本体带过滤器型，否则宜在疏水阀前设置 Y 型过滤器。

（4）通过疏水阀后的不回收凝结水，宜集中排放。

（5）为防止蒸汽窜入凝结水管网使系统背压升高，干扰凝结水系统正常运行，疏水阀组不宜设置旁路阀。

（6）伴管蒸汽应从高点引入，沿被伴热管道由高向低敷设，凝结水应从低点排出，宜减少 U 形弯，以防止产生气阻和液阻。

（7）在密闭凝结水系统中，$DN \geqslant 50$mm 的凝结水返回管宜顺介质流向 45°斜接在凝结水回收总管的顶部。

（8）在敞开凝结水系统中，疏水阀排出的凝结水宜采用汽水分离器经冷却后排至下水系统。

（9）在 3m 半径范围内如有 3 个或 3 个以上的伴热点及回收点时，应设置蒸汽分配站和疏水站。

（10）蒸汽外伴热管典型流程如图 13－2－5 所示。

2. 热水外伴热管

（1）热水管伴热时，宜从被伴热管道的最低点开始伴至最高点，然后返回至热水系统。每根热水伴管的最高点宜设放气阀。

（2）每根热水伴管上应设两个切断阀，一个设在供热总管的分支线处，一个设在回水总管的入口处。

（3）每根热水伴管的入口处，应设置配有切断阀的软管接头，以作为扫线用压缩空气或化冰用蒸汽的入口，出口处设排空阀。

（4）热水伴热管应从低点供热，高点回水。

（5）考虑热水伴管之间的压力平衡，可在伴管上设置节流孔板，孔板直径不宜小于 5mm。

（6）在 3m 半径范围内如有 3 个或 3 个以上的伴热点及回收点时，热水伴热系统应设置热水分配站和热水回水站。

3. 带传热胶泥的伴管

（1）传热胶泥应根据产品性能确定使用方法。

（2）有机型传热胶泥应采用填角法，把胶泥填充在主管与伴管之间，如图 13－2－6(b)所示。

（3）无机型传热胶泥应采用抹子把胶泥在伴管四周抹匀，保证伴管在胶泥之中如图 13－2－6(a)所示。

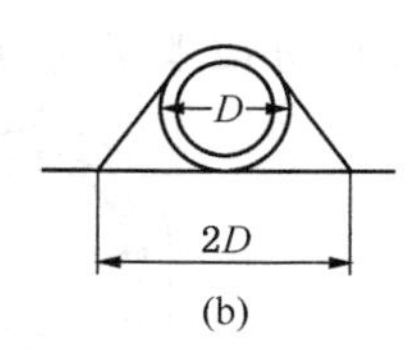

图 13－2－6　传热胶泥填充尺寸

4. 外伴热管必须采用无缝钢管。

5. 伴管连接应采用焊接。当经过被伴管的阀门、设备和法兰时，为便于拆卸检修应采用法兰连接。

6. 被伴管为水平敷设时,伴管应安装在被伴管下方一侧或两侧。当被伴管为垂直敷设而伴管等于或多于两根时,宜沿被伴管四周均匀布置。

7. 伴管宜用金属扎带或镀锌铁丝捆扎在被伴管道上，捆扎间距宜为 1～1.5m。有隔离块的伴管在隔离块处捆扎；当伴管捆孔材料与被伴管有接触腐蚀时，在接触处应加隔离垫。见图 13－2－7 所示。

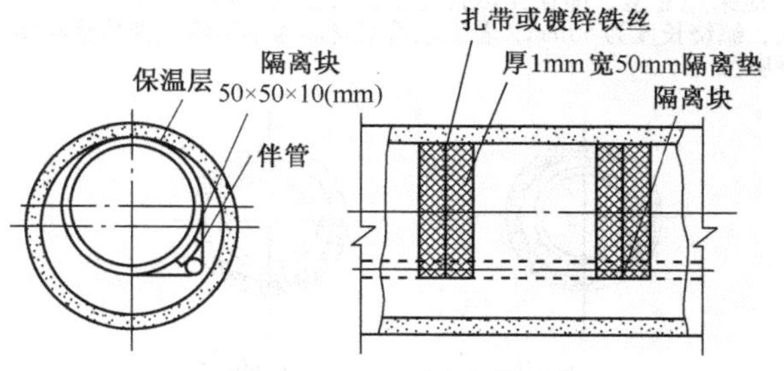

图 13－2－7　隔离垫安装

8. 伴管不得直接焊在被伴管上作固定点。

9. 伴热管的热补偿,可按下列要求设计：

（1）除能自然补偿外，伴管直管段应每隔 20～30m 设一个补偿器，补偿器可采用 U 形、Ω 形或螺旋缠绕形；

（2）伴管随被伴管转弯作自然补偿时,伴管固定点的设置应使被伴管的保温结构不受损坏；

（3）伴管固定点宜采用管卡型式固定。当被伴热管道为不锈钢时，则被伴热管道和固定管卡之间应夹入隔离垫，隔离垫厚 1mm 宽 50mm。

（二）伴热管安装结构图

1. 伴热的敷设要求

（1）外伴热管水平安装见图 13－2－8、图 13－2－9。

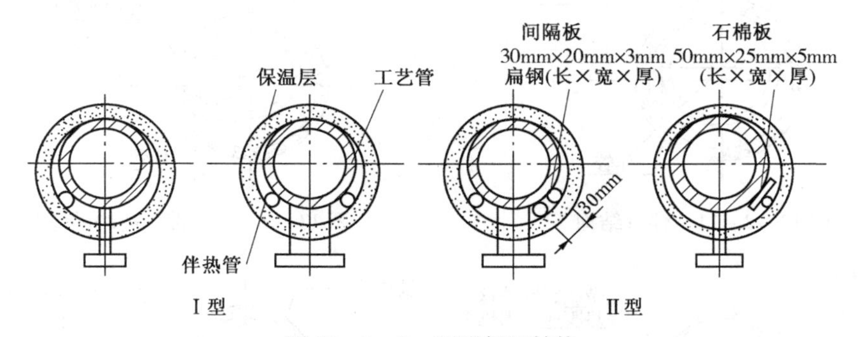

图 13－2－8　圆形保温结构

（2）被伴管垂直敷设时，伴管等于或多于 2 根时宜围绕被伴管均匀敷设，伴管敷设见图 13－2－10。

（3）伴管经过阀门或管件时，伴管应沿其外形敷设，且宜避免或减少“U”形弯；

（4）当主管伴热，支管不伴热时，支管上的第一个切断阀应伴热；

（5）被伴热管道上的取样阀、排液阀、放空阀和扫线阀等应伴热；

（6）伴管连接应采用焊接，在经过被伴管的阀门、法兰等处可采用法兰或活接头连接。ϕ10、ϕ12 紫铜管或不锈钢伴管宜采用卡套式接头连接。

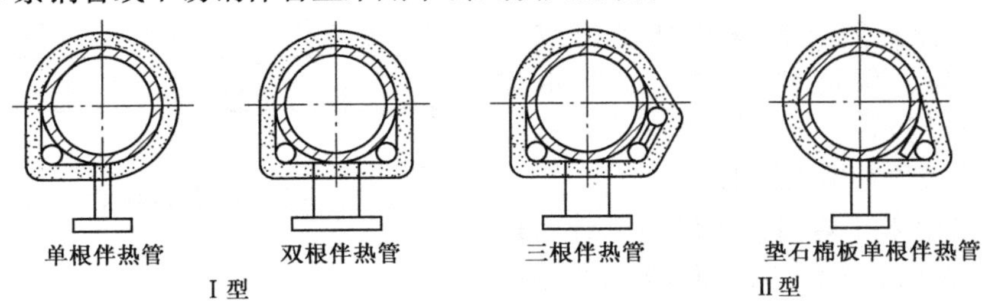

图 13－2－9　异形保温结构

注：1. 外伴热管应安装在工艺管道的侧下方（一侧或两侧），并使伴热管与工艺管道两管管底相平。
2. 安装在同一侧的两根伴热管，每隔 5m 设置一个间隔板（焊在伴热管上），以控制两管间距。
3. 若工艺管道内输送腐蚀性或热敏性介质时，应采用Ⅱ型，即在伴热管与工艺管之间每隔 1.0m 夹入一块石棉板，或用 ϕ5mm 的石棉绳缠绕在伴热管上，缠绕长度为 50mm，若工艺管道材质为不锈钢，伴热管材质为碳钢时，用同样方法处理，以避免产生接触腐蚀。

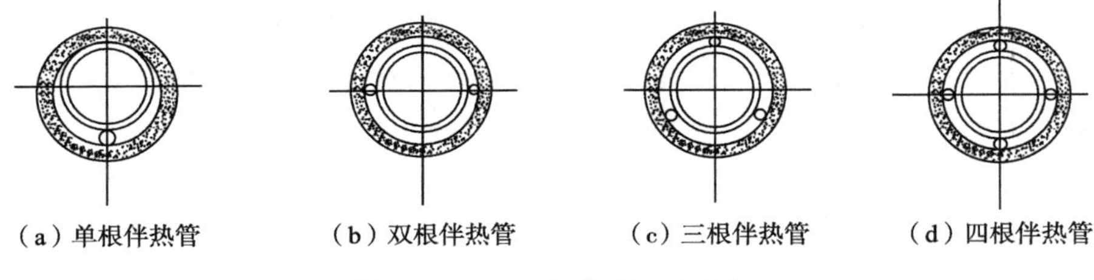

图 13－2－10　被伴管垂直敷设

2. 伴管的结构型式

（1）伴管的结构见图 13－2－11。

（2）当被伴介质为热敏性物料或被伴管与伴管产生接触腐蚀时，应加隔离块，带隔离块的伴管结构见图 13－2－12。

（3）带导热胶泥的伴热结构见图 13－2－13。

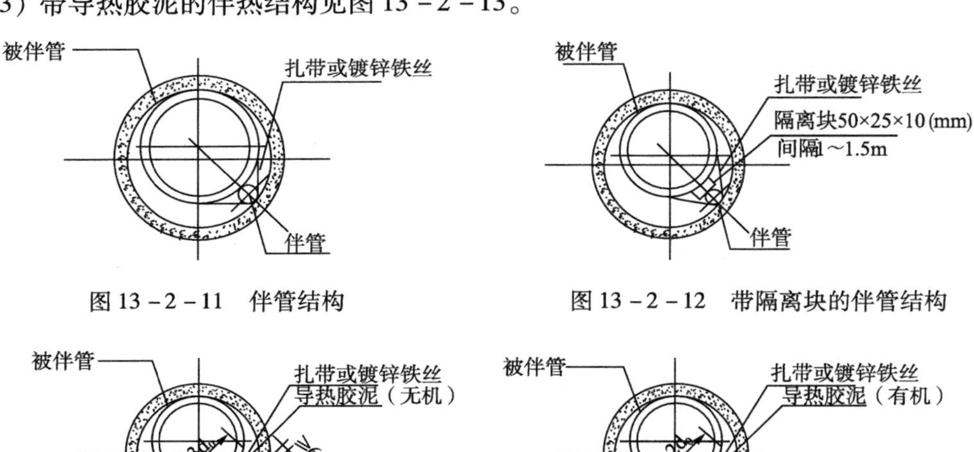

图 13－2－11　伴管结构

图 13－2－12　带隔离块的伴管结构

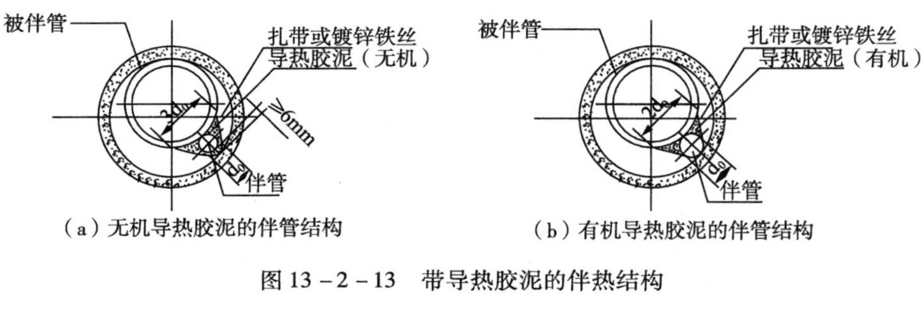

（a）无机导热胶泥的伴管结构

（b）有机导热胶泥的伴管结构

图 13－2－13　带导热胶泥的伴热结构

3. 蒸汽分配站(或称集合管)安装图例

(1) 适用于管架敷设的工艺管道

a. 蒸汽分配站垂直安装见图 13-2-14；蒸汽分配站水平安装见图 13-2-15。

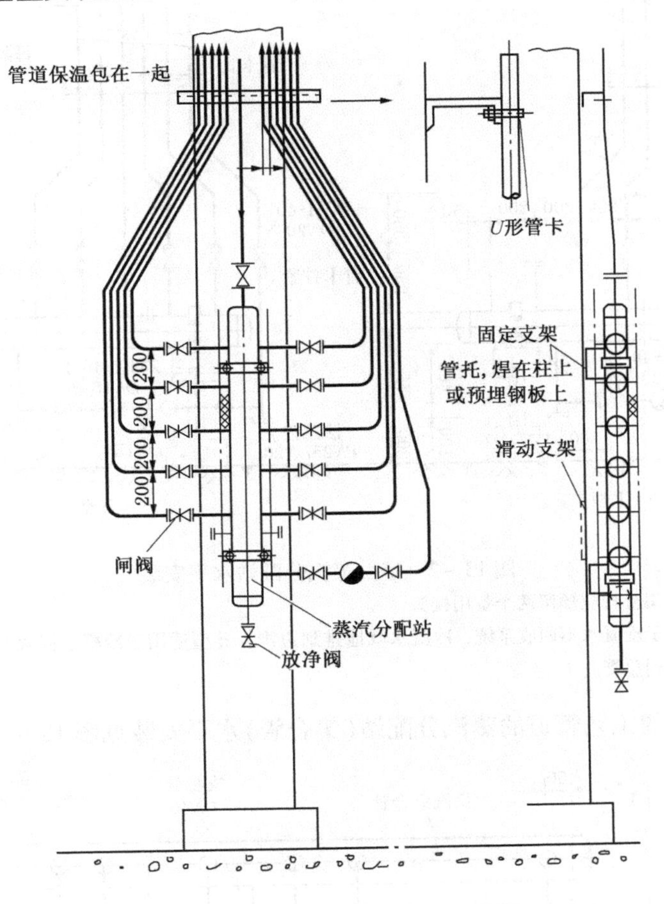

图 13-2-14　蒸汽分配站垂直安装

b. 蒸汽分配站的管径可按式(13-2-8)计算出“S”值，然后按表 13-2-11 查取。

$$S = A + 2B + 3C \qquad (13-2-8)$$

式中 A——$DN15$、$\phi12$、$\phi10$ 伴管根数；

B——$DN20$ 伴管根数；

C——$DN25$ 伴管根数。

表 13-2-11　蒸汽分配站管径 *DN*　(mm)

S	蒸汽分配管	蒸汽引入管
4~8	50	25
9~12	50	40
13~16	80	50

注：“*S*”值超过“16”时，宜设立 2 个或 2 个以上蒸汽分配站。

c. 蒸汽分配站应预留 1 至 2 个备用接头，“*S*”值应包括备用接头的管径和数量；

d. 在同一个蒸汽分配站的蒸汽伴管的当量长度宜大致相等，最短蒸汽伴管的当量长度不宜小于最长伴管当量长度的70%左右；

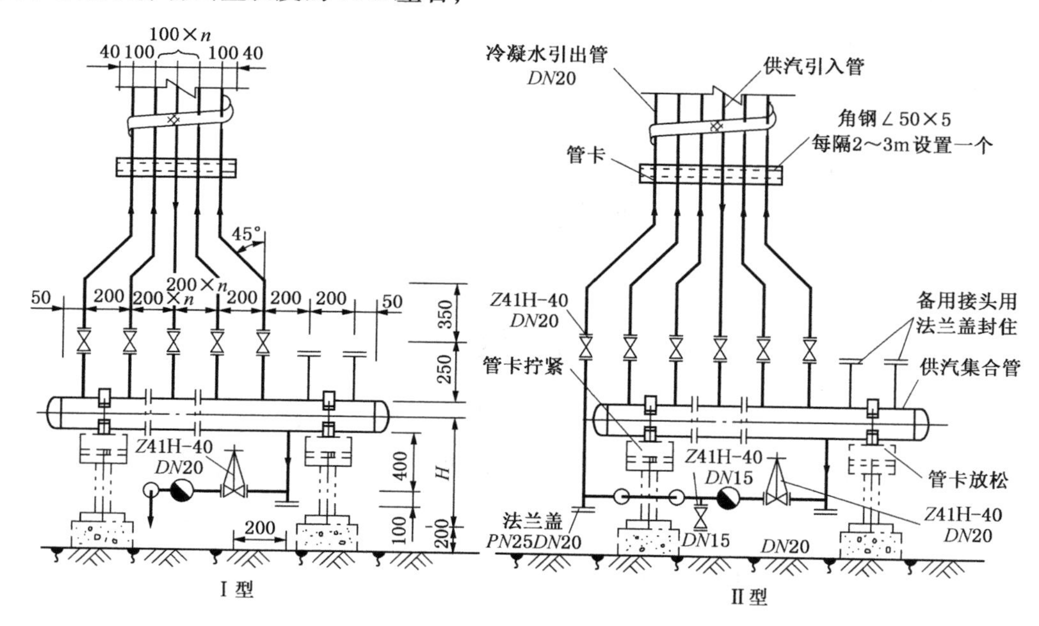

图13-2-15　蒸汽分配站水平安装

注：1. 每根供汽集合管应预留两个备用接头。

2. Ⅰ型适用于冷凝水不回收系统，冷凝水就地排到边沟，Ⅱ型适用于冷凝水回收系统，冷凝水通过引出管排到总管。

（2）管墩敷设的工艺管道的蒸汽分配站（集合管）水平安装见图13-2-16。

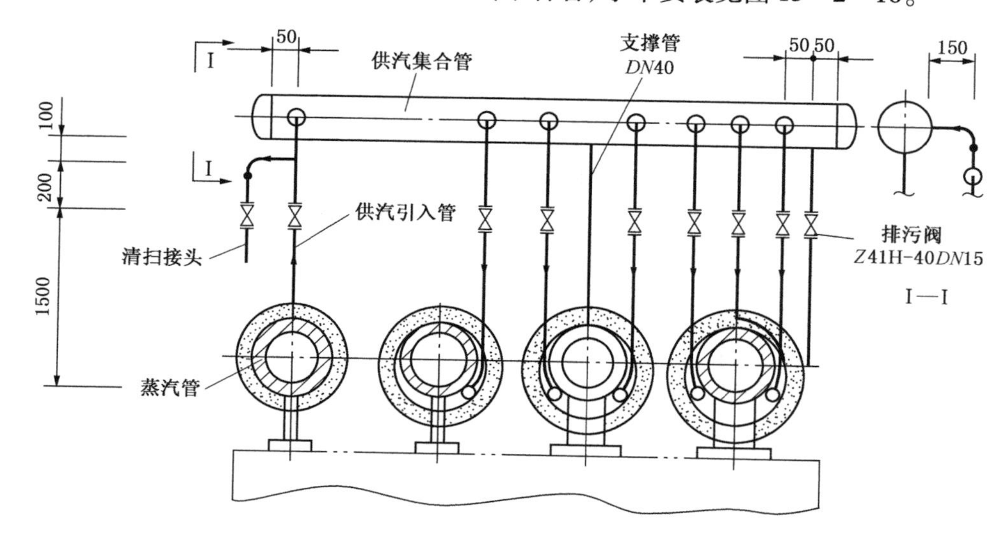

图13-2-16　蒸汽分配站（集合管）水平安装

注：1. 集合管管帽采用椭圆形封头。

2. 供汽集合管系统均应保温（包括支撑管）。

3. 支承管为低压流体输送用焊接钢管，钢管材质为Q235A。

4. 供汽集合管及供汽引入管的直径见表13-2-17。

4. 疏水站安装图例

（1）适用于管架敷设的工艺管道

a. 垂直安装的疏水站见图 13－2－17。

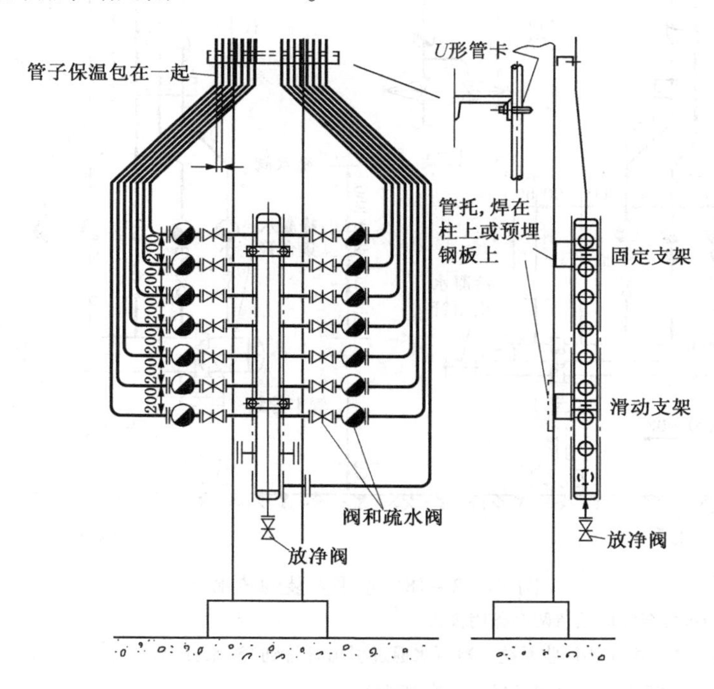

图 13－2－17　垂直安装的疏水站

b. 水平安装的疏水站见图 13－2－18。疏水站的管径可按公式（13－2－8）计算出"S"值，然后按表 13－2－12 查取。

表 13－2－12　疏水站管径 DN　　（mm）

S	凝结水集合管	凝结水引出管
4～8	50	25
9～12	50	40
13～16	80	50

注："S"值超过"16"时，宜设立 2 个或 2 个以上疏水站。疏水站应预留 1 至 2 个备用接头。

（2）在管墩敷设的工艺管道的水平安装的疏水站见图 13－2－19。

5. 热水分配站和热水回水站的设置

a. 热水分配站和热水回水站的管径可按式（13－2－8）计算出"S"值，然后按表 13－2－13 查取。

表 13－2－13　热水分配站、热水回水站管径 DN　　（mm）

S	热水分配站		热水回水站	
	热水分配管	热水引入管	热水回水集合管	热水回水管
4～8	50	40	50	40
9～12	80	50	80	50

注："S"值超过"12"时，宜设立 2 个或 2 个以上热水分配站或热水回水站。

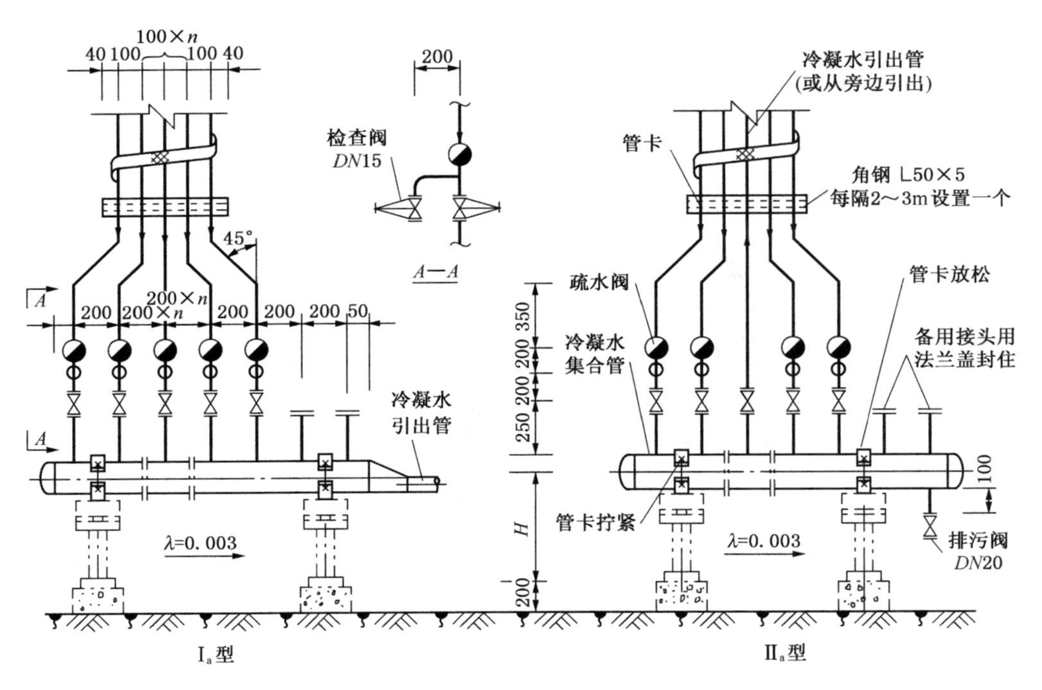

图 13－2－18　水平安装的疏水站

注：1. 每根冷凝水集合管应预留两个备用接头。

2. I_a型适用于冷凝水不回收系统，冷凝水通过引出管排到“汽水分离器”中，就地排入边沟。II_a型适用于冷凝水回收系统，冷凝水通过引出管排到总管。

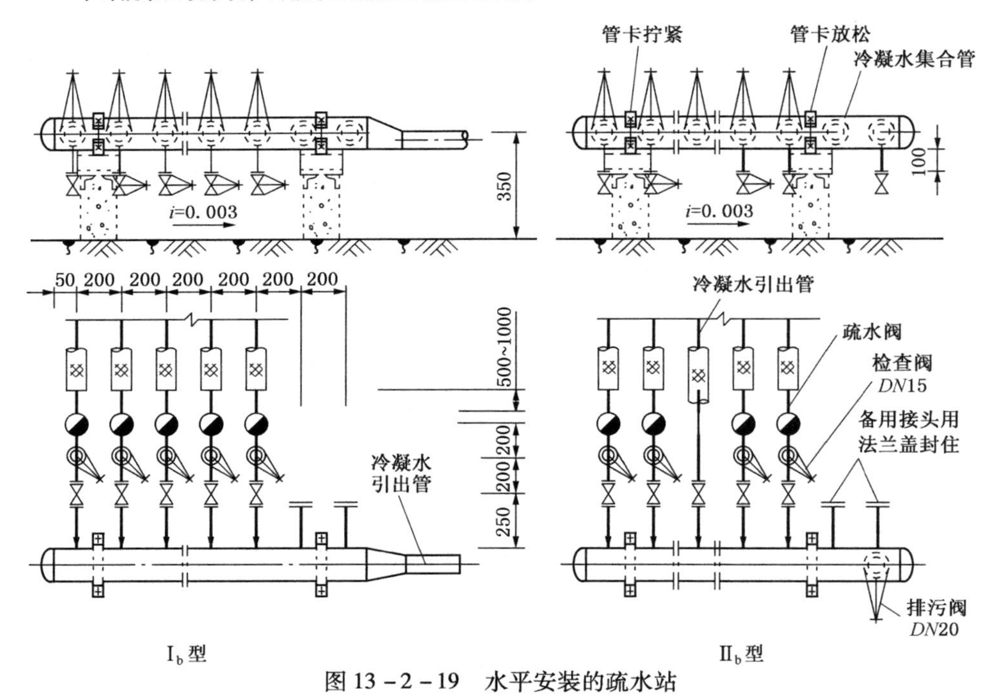

图 13－2－19　水平安装的疏水站

注：1. 每根冷凝水集合管应预留两个备用接头。2. I_b型适用于冷凝水不回收系统，冷凝水通过引出管排到“汽水分离器”中，就地排入边沟。II_b型适用于冷凝水回收系统，冷凝水通过引出管排到总管。3. 冷凝水集合管的直径见表 13－2－11。

b. 热水分配站和热水回水站应预留 1 至 2 个备用接头，“S”值应包括备用接头的管径和数量。

c. 在同一个热水分配站上的热水伴管当量长度宜大致相等，最短热水伴管当量长度不宜小于最长伴管当量长度的 70%，否则宜设置限流孔板或截止阀以控制热水量分配均匀。

d. 热水分配站和热水回水站可水平安装或垂直安装，见图 13－2－20～图 13－2－23。

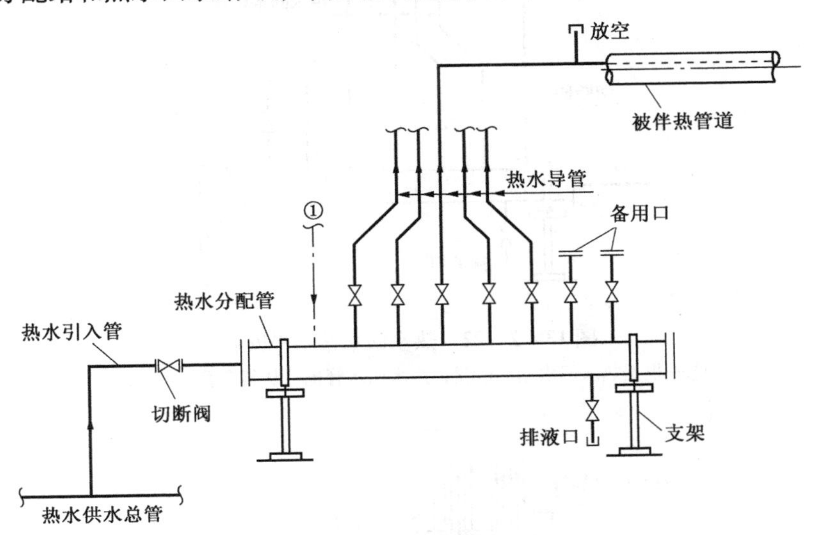

图 13－2－20　热水分配站水平安装

①—根据热水分配站的位置，热水引入管也可从分配管上部引入

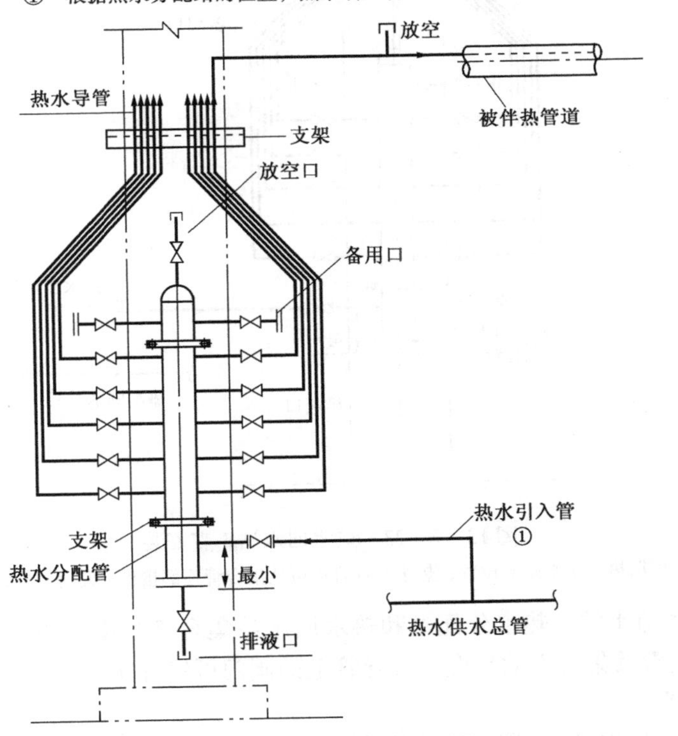

图 13－2－21　热水分配站垂直安装

①—根据热水分配站的位置，热水引入管也可从分配管顶部引入，此时放空口取消

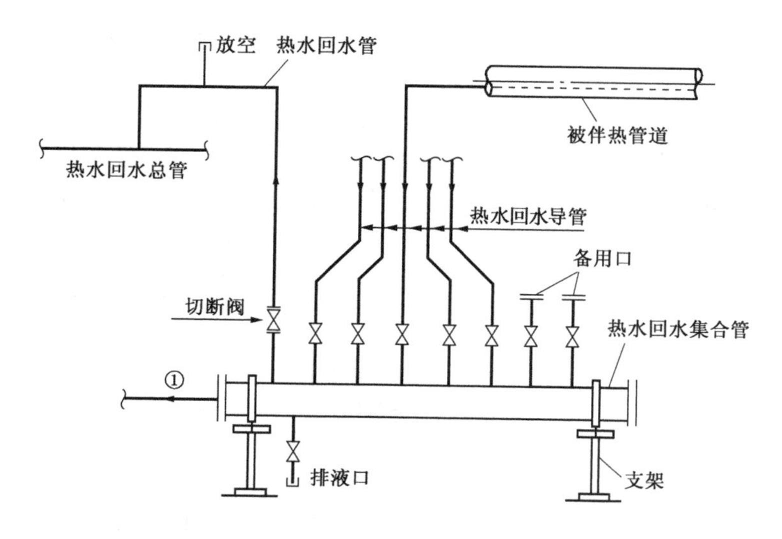

图 13－2－22　热水回水站水平安装

①—根据热水回水站的位置，热水回水管也可从集合管侧面引出

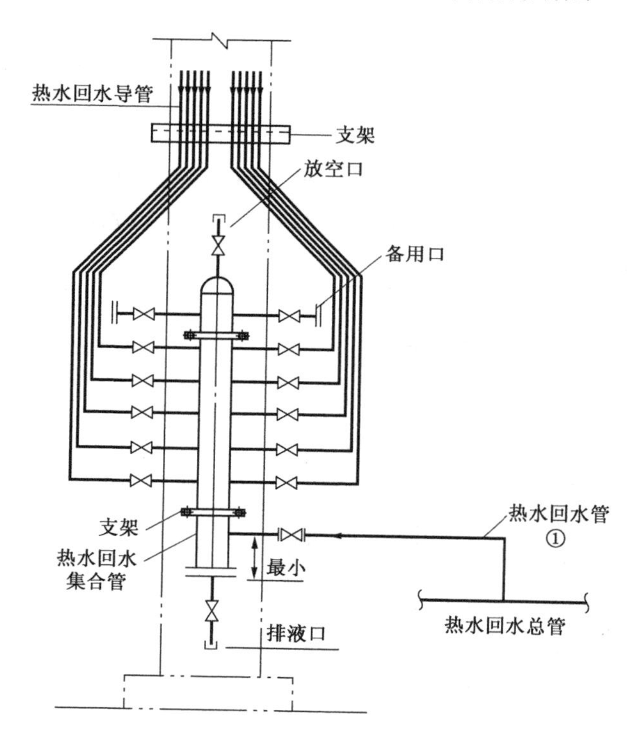

图 13－2－23　热水回水站垂直安装

①—根据热水回水站的位置，热水回水管也可从集合管顶部接出，此时放空口取消

e. 汽分配站和疏水站、热水分配站和热水回水站集合管长度由引入、引出导管的数量确定。为缩短分配管及集合管的长度，其导管上的阀门可错开布置。

6. 汽水分离器

（1）适用于 6 根（以及 6 根以下）伴热管的汽水分离器如图 13－2－24 所示。

（2）7 根以上的伴热管的汽水分离器如图 13－2－25 所示。

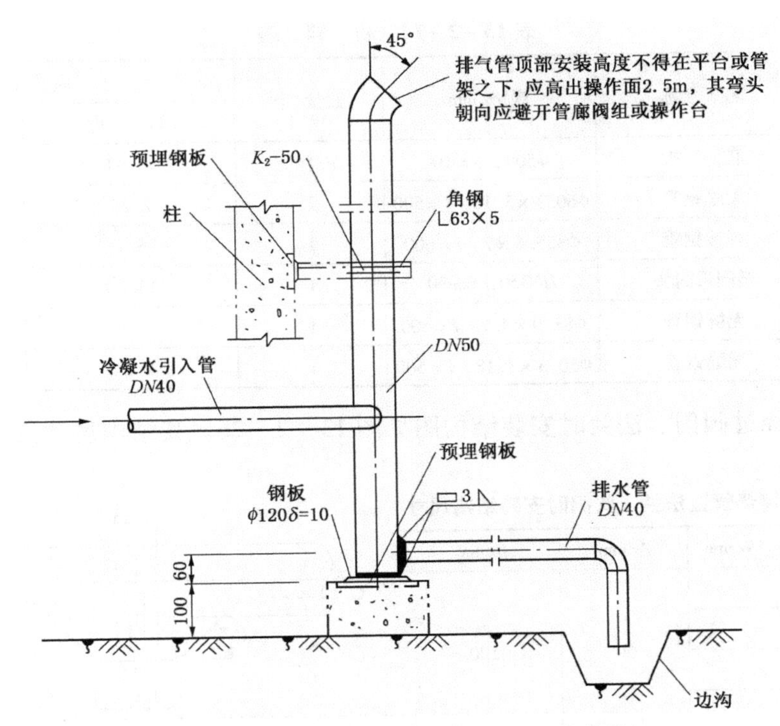

图 13－2－24　汽水分离器(6 根以下伴热管)

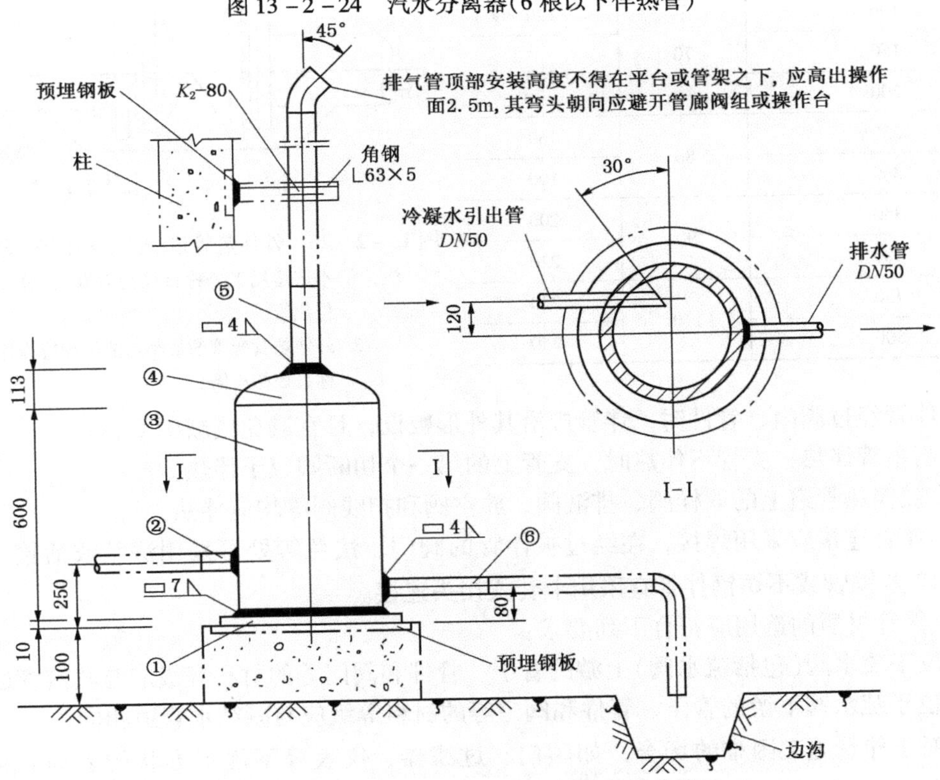

图 13－2－25　汽水分离器(7 根以上伴热管)

注：1. 图中尺寸均以 mm 计。2. 钢板、角钢材质为 Q235AF，螺旋焊缝钢管材质为 Q235A，无缝钢管材质为 20 号钢。3. 材料见表 13－2－14。

表 13-2-14 材 料 表

件 号	名 称	规格/mm	数量/个	质量/kg	
				单 重	总 重
1	底 板	ϕ500，$\delta=10$	1	15.41	73.96
2	无缝钢管	ϕ60.3×3.18，$l=500$	1	2.24	
3	焊接钢管	ϕ355.6×7，$l=600$	1	36.11	
4	椭圆形封头	*DN*350，Sch30	1	13.00	
5	无缝钢管	ϕ88.9×4.78，$l=500$	1	4.96	
6	无缝钢管	ϕ60.3×3.18，$l=500$	1	2.24	

7. 伴热管经过阀门、法兰时安装结构图见图 13-2-26。其结构尺寸按表 13-2-15 选定。

表 13-2-15 外伴热管过法兰、阀门时安装结构尺寸

工艺管线公称直径 *DN*/mm	*A*/mm	*B*/mm
25	60	100
40		
50		
80		
100	70	120
150		140
200		
250	80	160
300		190
350	90	200
400		220
450	110	220
500		250

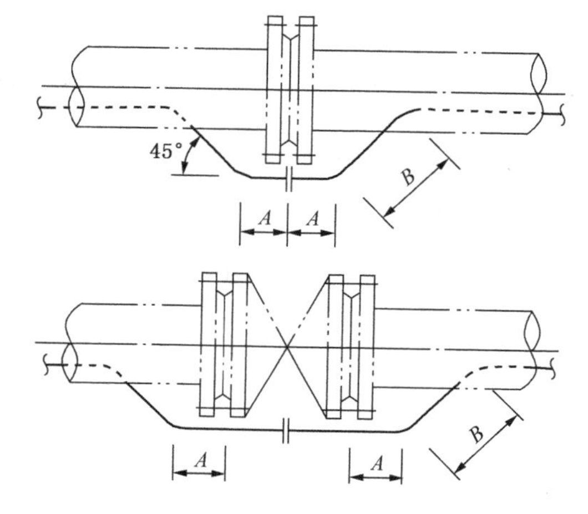

图 13-2-26 外伴热管过法兰、阀门时安装结构

注：1. 本表适用于公称直径为 *DN*15、20、25 的外伴热管。

2. 外伴热管弯管的最小弯曲半径应为伴热管公称直径的 4 倍。

8. 伴管经过阀门、管件时，伴管应沿其外形敷设，且宜避免或减少 U 形。

9. 当主管伴热，支管不伴热时，支管上的第一个切断阀应予伴热。

10. 被伴热管道上的取样阀、排液阀、放空阀和扫线阀等均应伴热。

11. 伴管连接应采用焊接，在经过被伴管的阀门、法兰等处可采用法兰或活接头连接。ϕ10、ϕ12 紫铜管或不锈钢伴管宜采用卡套式接头连接。

12. 伴管材质的选用应符合下列要求：

a. 位于疏水阀(包括疏水阀)上游的管子、管件和阀门等的材料等级应与蒸汽管道相同；

b. 位于疏水阀下游的管子、管件和阀门等的材料等级应与凝结水管道相同；

c. 对于伴管施工困难的场合，如阀门、过滤器、仪表等不规则形状的表面宜采 ϕ10、ϕ12 管道伴热，伴管材质宜采用紫铜管或不锈钢管；

d. 当被伴热介质及伴管介质的设计温度超过 200℃，或周围环境条件及工艺物料要求不允许使用紫铜管伴热时，应使用不锈钢管伴热；

e. 为避免不锈钢管与富锌材质接触的电化学腐蚀，不锈钢伴管应使用不锈钢丝捆扎。

13. 外伴热管捆扎图见图 13－2－27。

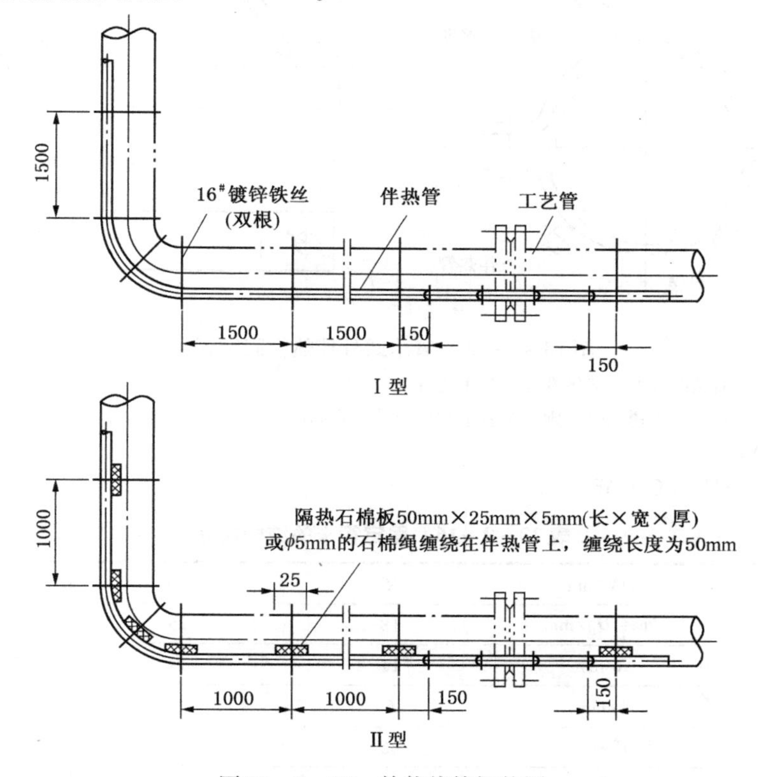

图 13－2－27 外伴热管捆扎图

注：1. 外伴热管安装时，在工艺管道每个弯头处的捆扎应不少于 3 处。

2. 当工艺管道内输送腐蚀性或热敏性介质，或工艺管道材质为不锈钢，伴热管材质为碳钢时，应采用Ⅱ型，其他采用Ⅰ型。

14. 外伴热管固定管卡图见图 13－2－28、图 13－2－29。固定管卡的结构尺寸按表 13－2－16、表 13－2－17 确定。

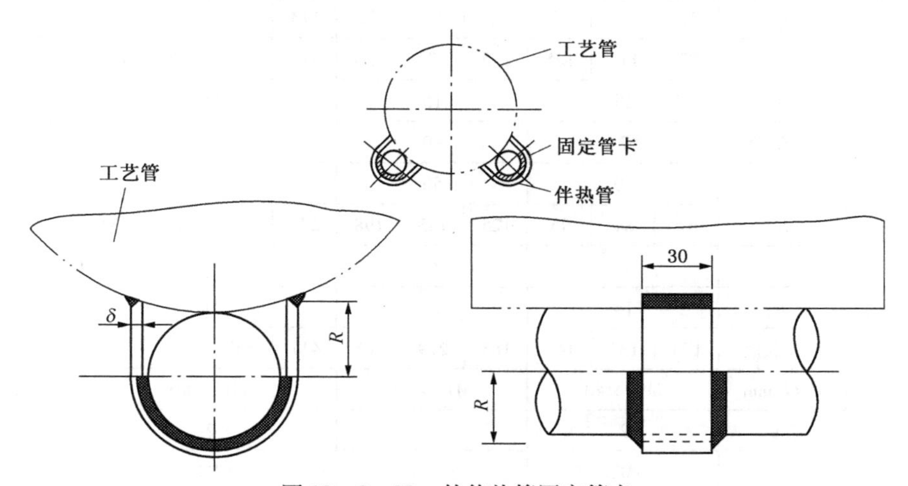

图 13－2－28 外伴热管固定管卡

注：1. 本图除工艺管道内输送腐蚀性，热敏性介质及工艺管道材质为不锈钢以外，其他均可适用。

2. 扁钢材质为 Q235AF。

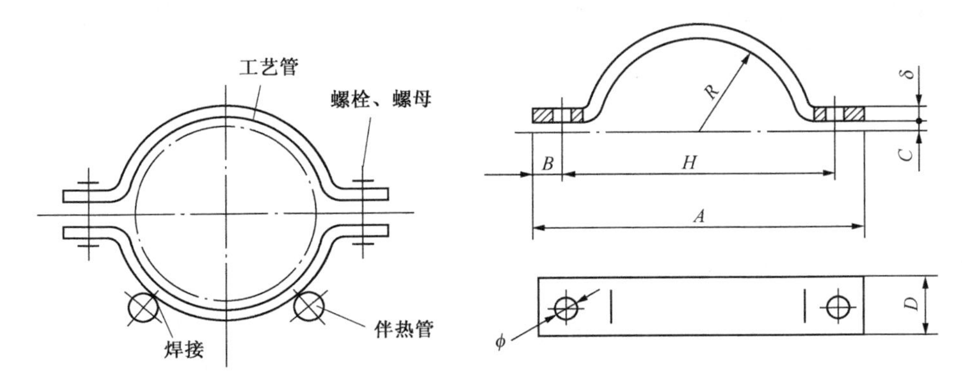

图 13－2－29　管卡式外伴热管固定管卡

注：1. 本图适用于输送腐蚀性，热敏性介质的工艺管道。

2. 当工艺管道材质为不锈钢时，则工艺管道和固定管卡之间应夹入一条石棉板，其规格为 50mm × 5 （宽 × 厚）mm。

3. 扁钢及螺栓材质为 Q235AF。

表 13－2－16　固定管卡的结构尺寸

伴热管管径	*DN*/mm	15	20	25
	外径 D_H/mm	18	25	32
扁钢(一个)	*R*/mm	11	14	1
	δ/mm	6	6	6
	展开长/mm	66	81	102
	质量/kg	0.09	0.11	0.14

表 13－2－17　固定管卡的结构尺寸

工艺管管径/mm	*DN*	25	40	50	80	100	150	200	250	300	350	400	450	500
	D_H	32	45	57	89	108	159	219	273	325	377	426	480	529
半边管卡（扁钢）2 个/mm	*R*	18	26	31	46	56	82	113	140	166	192	217	244	269
	A	97	114	125	155	175	228	314	368	420	473	522	577	627
	B	15			15			20				20		
	C	7			10			12				14		
	D	50			50			50				50		
	H	67	84	95	125	145	198	274	328	380	433	482	537	587
	δ	6			6			10				10		
	φ	14			14			18				18		
	展开长度	105	131	147	188	219	301	417	501	583	665	739	824	903
螺　栓	*d* × *l*/mm	M12 × 40			M12 × 40			M16 × 60				M16 × 60		
	数量	2			2			2				2		
螺　母	*d*	BM12			BM12			BM16				BM16		
	数量	2			2			2				2		
管卡质量/kg		0.62	0.75	0.82	1.02	1.16	1.55	3.58	4.24	4.89	5.53	6.11	6.78	7.40

15. 安装要求

（1）蒸汽伴管和热水伴管的安装应符合下列要求：

a. 蒸汽伴管和热水伴管的安装应符合《石油化工管道伴管及夹套管设计规范》（SH/T 3040—2012）的有关规定；

b. 伴管上可拆卸的法兰、活接头及伴管补偿器应安装在保温层外侧，保温层上开缝尺寸不应影响伴管补偿器的热变形；

c. 伴管改变方向时宜采用现场煨弯。

（2）蒸汽分配站和疏水站、热水分配站和热水回水站的安装应符合下列要求：

a. 蒸汽、热水分配站的蒸汽、热水引入管应从蒸汽、热水总管顶部引出，且装一切断阀，切断阀应安装在靠近取汽、取水点的水平管段上；

b. 蒸汽、热水分配站引出的伴管上的阀门及进入疏水、热水回水站的伴管上阀门应便于操作；

c. 伴管宜集中敷设安装。集中敷设的伴管管束不应妨碍对阀门、设备、电气和仪表等的操作和维修，并满足操作和维修所需净空的要求；

d. 集中敷设的伴管管束不应与无关的管道或设备一起保温；

e. 伴管管束的敷设应排列整齐，不宜互相跨越或就近斜穿；

f. 疏水站宜安装在较低的位置，以便凝结水自动流入，疏水站的管底宜高出地面或平台 500mm；

g. 接至疏水站的凝结水导管应分别设置疏水阀。疏水阀的安装位置应协调、整齐且便于维修、拆卸和更换；

h. 蒸汽分配站和疏水站、热水分配站和热水回水站上备用接头应用管帽或法兰盖封堵。

（3）导热胶泥的敷设应按导热胶泥制造商的要求进行施工。

（4）为了识别伴管走向，对蒸汽分配站和疏水站、热水分配站和热水回水站以及与其相连的伴管应按设计编号作标记，将编号压印在铝或不锈钢制的标牌上，牢系在相应的伴管中。不允许用油漆书写。

（5）伴管的施工及验收应符合 国家标准《石油化工金属管道工程施工质量验收规范》GB 50517 的有关规定。

第三节　内伴热管设计

一、工艺设计

1. 内伴热管直径计算

内伴热管的直径与被伴管内介质的黏度及流速有关。在同一操作条件（介质温度及被伴管直径）下，内伴管的直径随介质的黏度增大而加大，随介质的流速加大而减小。具体计算公式如下：

$$d=\frac{K(t-t_{\mathrm{a}})}{\left(\frac{1}{2\lambda}\ln\frac{D_0}{D_{\mathrm{i}}}+\frac{1}{\alpha D_0}\right)k_{\mathrm{i}}(t_{\mathrm{Q}}-t)} \tag{13-3-1}$$

式中　d——内伴热管直径，m；

k_i——内伴热管的传热系数；

$$k_i = \frac{1}{\frac{1}{h_i} + \frac{1}{h_0} + r_i}$$

h_i——伴热管外侧膜传热系数，$W/(m^2 \cdot K)$；

h_0——伴热管内侧膜传热系数，$W/(m^2 \cdot K)$。

h_i 可参照一般传热学中的计算公式进行计算。而 h_0 的数值，当伴热介质为蒸汽时，$h_0 = 5000 \times 1.163 W/(m^2 \cdot K)$，因而 $1/h_0$ 可以略去不计，这样 k_i 可以简化为：

$$k_i = \frac{1}{\frac{1}{h_i} + r_i}$$

r_i——伴热管外侧介质的污垢系数，一般取 $r_i = 0.0017 m^2 \cdot K/W$；

其他符号同前。

由于安装时弯头的数量剧增，为了避免锈渣杂物堵塞管子，内伴热管的最小直径以 *DN*20 为宜，最大不超过 *DN*25。原则上只设一根内伴管。

被伴管的直径一般大于 *DN*150，便于安装及弯曲要求。内伴热管的直径可根据实际经验归纳如下：

被伴管直径 *DN*	内伴管直径 *dN*
≤400	20
450～500	25

2. 伴热长度及蒸汽耗量

（1）内伴热管的伴热长度一般控制在150m左右，但不应超过200m。

（2）内伴热管的蒸汽耗量为同直径外伴热管耗量的90%。

二、内伴热的安装设计

1. 安装设计要求

（1）内伴管应选用加厚的无缝钢管。

（2）内伴管的焊缝应尽量在被伴管的外侧；如果出现焊缝时，必须100%探伤检查。

（3）内伴管经过被伴管的阀门或需拆卸的地方时，应加一对法兰。

（4）内伴管在进出被伴管管壁时，应采用煨弯。

（5）每根伴热管应单独设置疏水阀。

（6）每根被伴管内的内伴热管应先预制组焊，后组对被伴管。同时内伴管在被伴管内一定要有足够的柔性，以满足它因热变形的需要。

（7）内伴热管在主管内要有可靠的并能适应胀缩能力的支座。

（8）其他技术要求可参考外伴热管设计。

2. 蒸汽内伴热管的安装结构图

（1）内伴热管设膨胀环见图13－3－1。

（2）内伴热管安装法兰见图13－3－2。

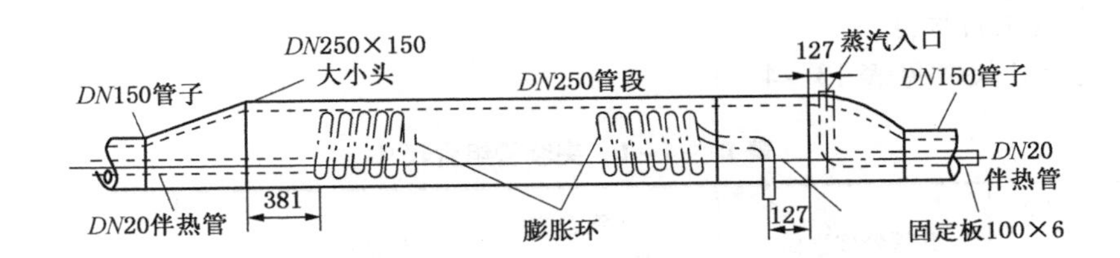

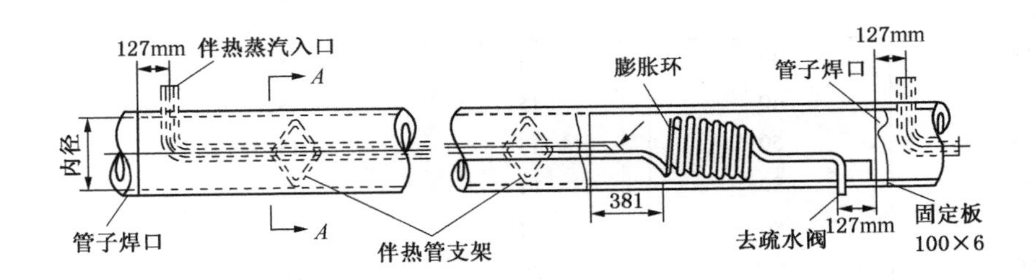

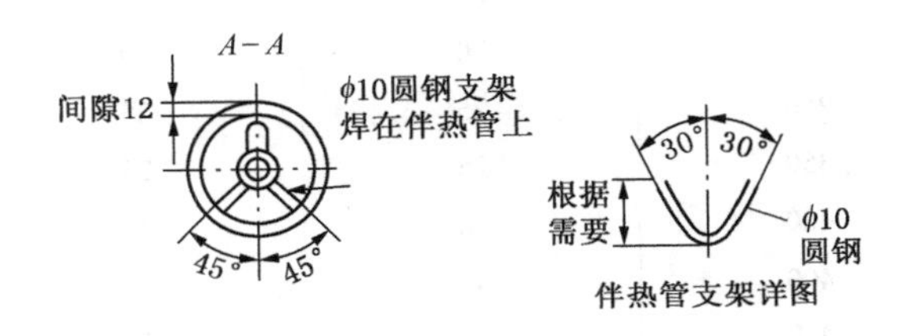

图 13－3－1　蒸汽内伴热管安装结构

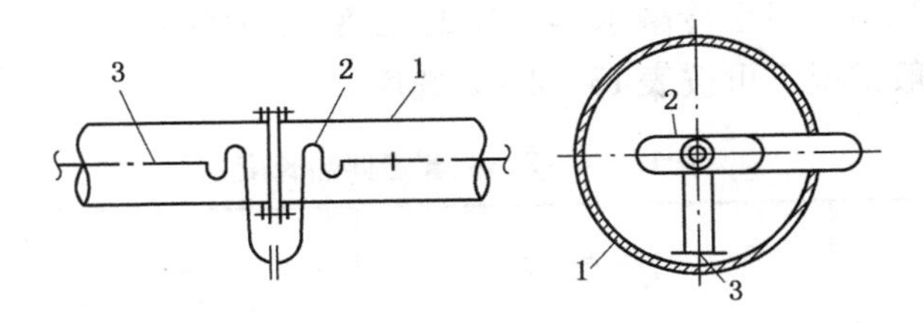

图 13－3－2　内伴热管安装法兰

1—主管；2—内伴热管；3—支座

第四节　夹套管设计

一、工艺设计

1. 夹套管管道热损失可按式(13－4－1)计算。

$$q_2 = \frac{2\pi(t - t_a)}{\frac{1}{\lambda}\ln\frac{D_o}{D_i} + \frac{2}{\alpha D_o}} \tag{13-4-1}$$

式中　q_2——夹套管管道热损失，W/m；

其他符号同前。

2. 夹套管的组合尺寸

夹套管的组合尺寸见表13－4－1。

表13－4－1　夹套管组合尺寸

名称 / 套管公称直径DN / 内管直径dN	套管公称直径/mm	供汽管或排凝管公称直径/mm	跨越管公称直径/mm	备　注
15	40	15	15	
20	40	15	15	
25	50	15	15	
40	80	15	15	
50	80	15	15	
80	150	20	20	
100	150	20	20	
150	200	20	20	
200	250	25	25	
250	350	25	25	
300	400	40	40	
350	400	40	40	
350	450	50	50	

3. 伴热长度及蒸汽耗量

（1）夹套管的蒸汽引入口至冷凝水排出口的距离（称为伴热长度），应根据供汽压力及供汽管直径确定，一般情况下可按表13－4－2选用。

表13－4－2　夹套管伴热长度　　m

套管DN	供汽管dN	蒸汽压力/MPa	
		0.3≤P≤0.6	0.6＜P≤1.0
≤100	15	45	55
125～200	20	55	65
250～350	25	55	65
400	40	100	110
450	50	100	110

（2）蒸汽耗量可按式（13－4－2）计算

$$g_2 = \frac{3.6K\Sigma Q_i}{H_v - H_i} \tag{13-4-2}$$

式中　g_2——夹套管蒸汽耗量，kg/m·h；

ΣQ_i——夹套管系统总的热损失或所需的热量总和，W/m，

$$\Sigma Q_i = q_2 + q_3 + q_4$$

q_3——无夹套部分管道的热损失，W/m；

q_4——被伴介质温升所需热量，W/m；

其他符号同前。

二、蒸汽夹套管的安装设计

（一）一般要求

（1）夹套管的内管应采用无缝钢管，套管可采用无缝钢管或焊制钢管。

（2）在夹套中与内管连接的零件材质应与内管相同。

（3）当套管与内管材质不同，而两者热胀差异产生的热应力超过其许用应力时，则可改用同种材质或线膨胀系数相近的材质。

（4）内管与套管可按图 13－4－1 所示的金属材质组合，否则需采取隔离措施，以免产生接触腐蚀。

（5）每节夹套管的管段长度不宜超过 6m。

（6）水平敷设的夹套管要求有坡度时，套管内介质流向应与坡度一致。

（7）蒸汽应由套管上部引入，凝结水由套管下部排出，供汽管、凝结水管应分别设切断阀；疏水阀后宜设置检查阀。

（8）每节夹套管的长度取决于管道布置，并受内管与套管热胀量差的限制，每节夹套管的长度不宜超过 6m。

（9）夹套管的布置不应有死角或 U 形弯。当 U 形弯不可避免时，宜在其低点处设排液口。

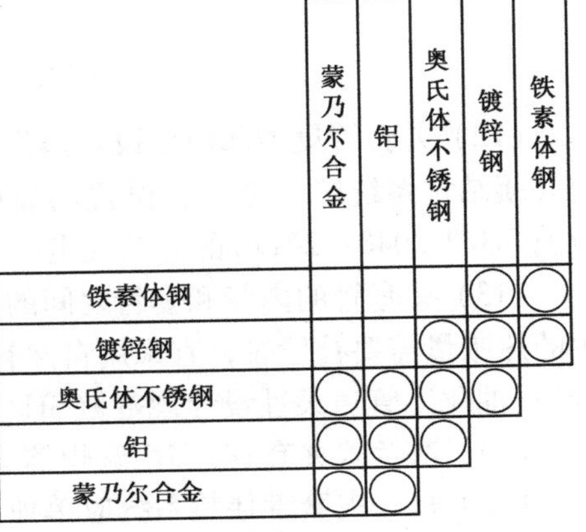

图 13－4－1　通用金属组合

（10）在规定长度范围内，每节夹套管之间的蒸汽管宜采用跨接管进行串接，跨接管应采用法兰连接。如图 13－4－2 所示。

（11）跨接管连接应防止积液和堵塞，并考虑跨接管的安装空间。跨接管拐弯处宜采用煨弯弯头。

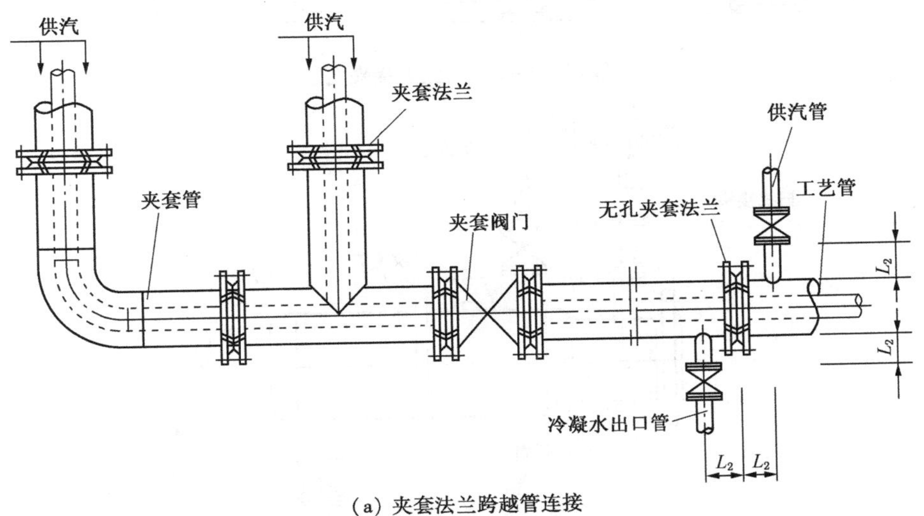

(a) 夹套法兰跨越管连接

图 13－4－2　跨接管的连接

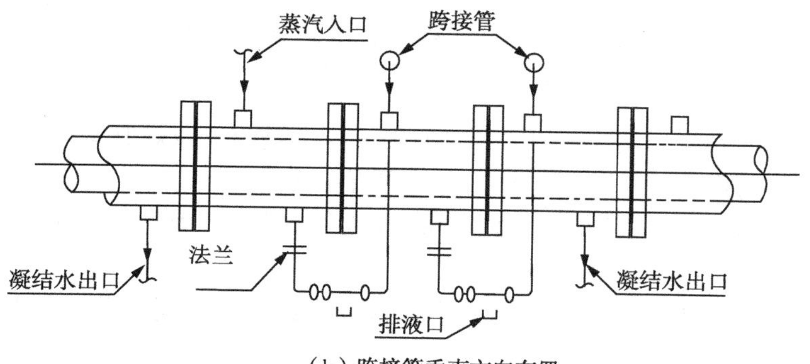

（b）跨接管垂直方向布置

图 13－4－2　跨接管的连接(续)

（12）夹套管集中部位应设置蒸汽分配站和疏水站，也可与邻近相同操作压力的蒸汽伴管和凝结水系统统一考虑，设置的原则和要求应符合《石油化工管道伴管及夹套管设计规范》(SH/T 3040—2012)的有关规定。

（13）夹套管的内管和套管之间的温度差过大或材质不同时，应进行应力校核。内管产生的热胀量需要补偿时，宜采用自然补偿或设“Ω”形补偿器。夹套管的管道热应力计算应符合《石油化工管道柔性设计规范》(SH/T 3041—2002)的要求。

（14）法兰式夹套管(即内管焊缝隐蔽型夹套管)的内管焊缝应100%探伤。

（15）每一夹套管伴热系统应单独设置疏水阀。

（二）蒸汽夹套管的安装结构图

1. 供汽管、排凝管及跨越管安装图见图 13－4－3～图 13－4－7，其安装尺寸按表 13－4－3选定。

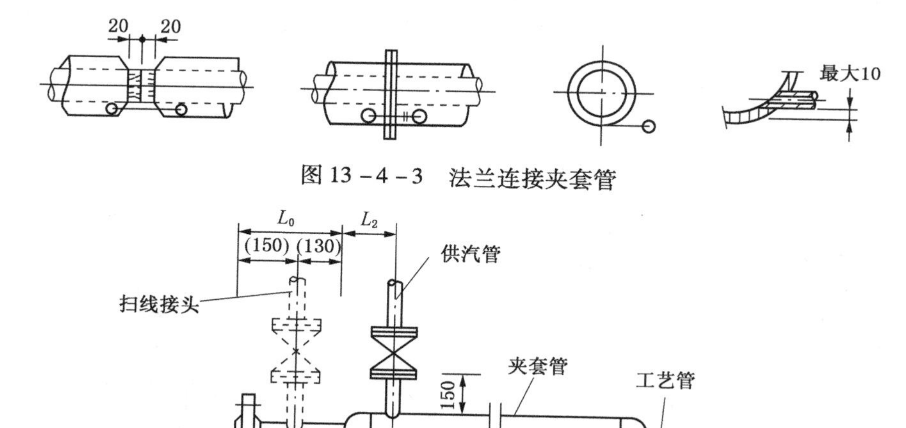

图 13－4－3　法兰连接夹套管

图 13－4－4　管帽连接夹套管

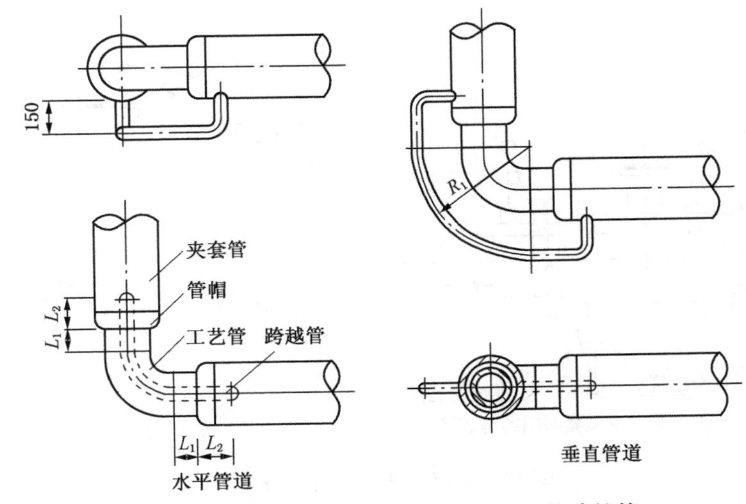

图 13－4－5　管帽连接夹套管—跨弯头的跨越管

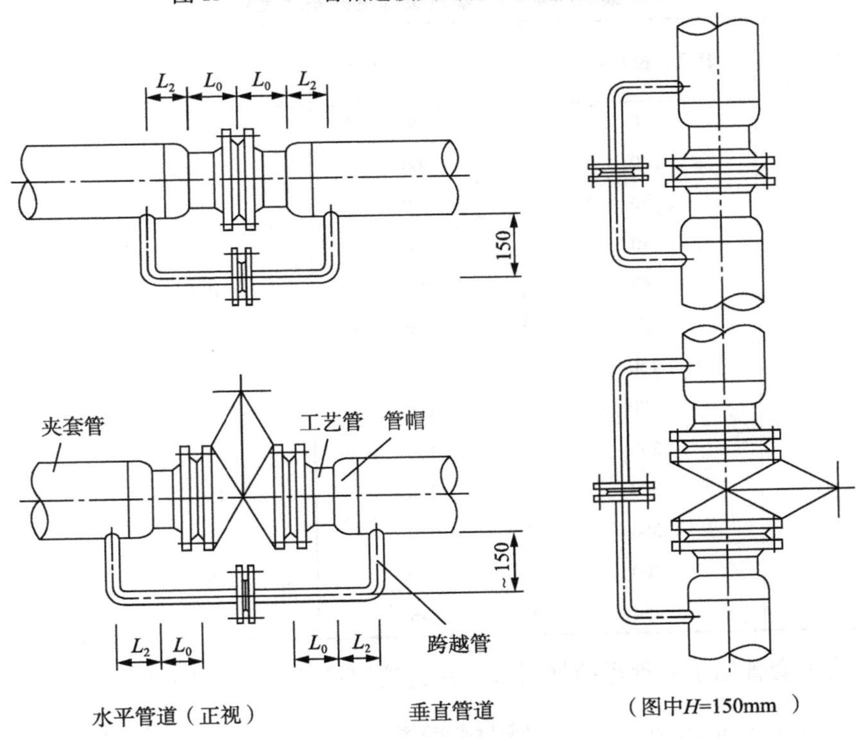

图 13－4－6　管帽连接夹套管—跨法兰阀门的跨越管

2. 夹套管组装

（1）内管焊缝隐蔽型夹套管，在组装时，内管焊缝处套管须留一段长度为 150mm 的缺口，待内管焊缝检验，试压合格后，再用两半管段的套管将缺口予以焊接封闭。

（2）分成两半套管的接缝位置必须避开供汽及排凝接管。

（3）内管与套管的连接型式分为内管焊缝隐蔽型（全夹套）和内管焊缝外露型（半夹套）。

a. 法兰式夹套管用于内管焊缝隐蔽型时，其连接型式见图 13－4－8。

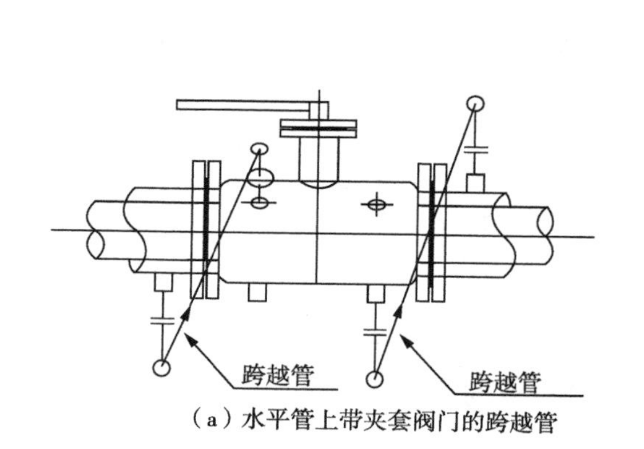

(a) 水平管上带夹套阀门的跨越管

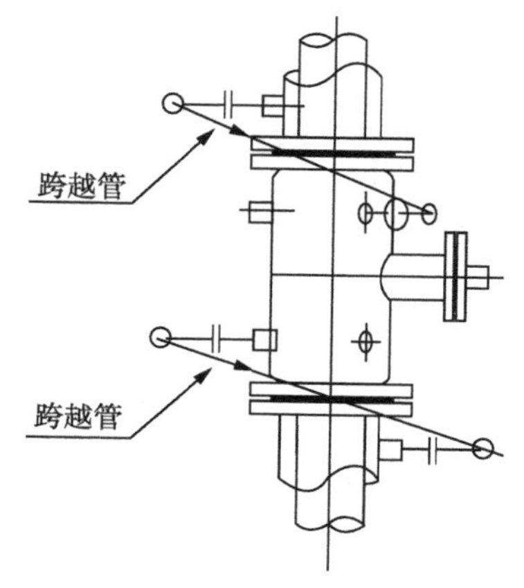

(b) 垂直管上带夹套阀门的跨越管

图 13－4－7　夹套阀门的跨越管

表 13－4－3　蒸汽夹套管的安装尺寸

内管直径 DN/mm	套管直径 DN/mm	安装尺寸/mm		
		L_0	L_1	L_2
15	40	100	100	75
20	40	100	100	75
25	50	100	100	95
40	80	100	100	95
50	80	100	100	95
80	125	120	100	120
100	150	120	100	125
150	200	150	150	145
200	250	180	150	155
250	300	200	150	170
300	350	210	150	180
350	400	220	150	225
350	450	245	150	250

b. 管帽式夹套管用于内管焊缝外露型，其连接型式见图 13－4－9。

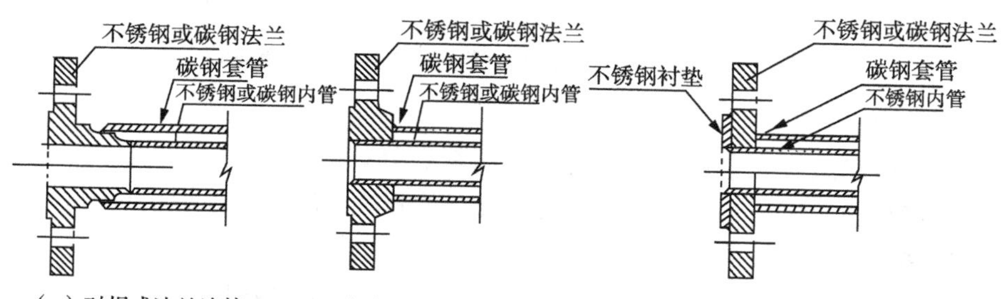

(a) 对焊式法兰连接　(b) 平焊式法兰连接　(c) 不锈钢衬垫承插式法兰连接

图 13－4－8　内管与套管法兰连接型式

c. 端板式夹套管用于内管焊缝外露型，其连接型式见图 13－4－10。

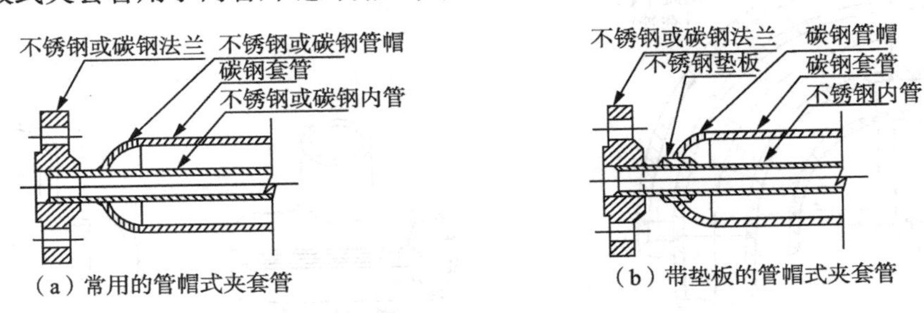

图 13－4－9　管帽式夹套管连接

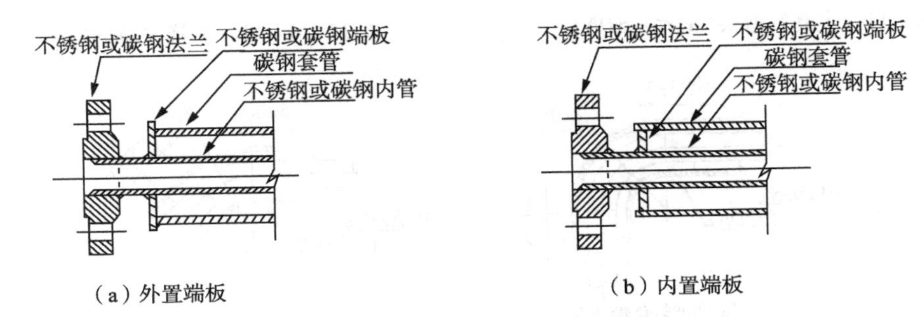

图 13－4－10　端板式夹套管连接型式

d. 夹套管专用法兰的密封面及端部连接型式应根据输送介质的特性确定。

3. 管件安装图

（1）夹套管弯头

夹套管弯头结构形式见图 13－4－11，而套管与内管弯头的曲率半径 R_1、R_2，可按表 13－4－4确定。内管弯头曲率半径≥3*DN* 时，结构形式见图 13－4－12 套管与内管曲率半径相等，可按表 13－4－5 确定。

（2）夹套管三通

套管三通可采用剖切型见图 13－4－13。

表 13－4－4　内管套管弯头的曲率半径尺寸（$R_1 \leq 1.5DN$）

内管	管径 *DN*/mm	25	40	50	80	100	150	200	250	300	350	350
	R_1/mm	37.5	60	75	120	150	225	300	250	300	350	350
	R_1:*DN* 比值	1.5	1.5	1.5	1.5	1.5	1.5	1.5	1	1	1	1
套管	管径 *DN*/mm	50	80	80	125	150	200	250	350	400	400	450
	R_2/mm	50	80	80	125	150	200	250	350	400	400	450
	R_2:*DN* 比值	1	1	1	1	1	1	1	1	1	1	1

表 13－4－5　内管和套管弯头曲率半径尺寸（$R \geq 3DN$）

内　管	*DN*1	25	40	50	80	100	150	200	250	300	350	350
套　管	*DN*2	50	80	80	150	150	200	250	350	400	400	450
曲率半径 $R_1=R_2=R$	$R=3DN$	75	120	150	240	300	450	600	750	900	1 050	1 050
	$R=5DN$	125	200	250	400	500	750	1 000	1 250	1 500	1 750	1 750
	$R=6DN$	150	240	300	480	600	900	1 200	1 500	1 800	2 100	2 100

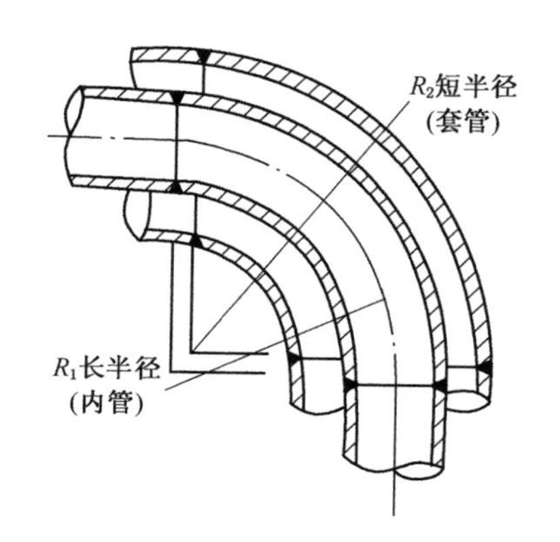

图 13－4－11　夹套管弯头($R_1 \leqslant 1.5DN$)

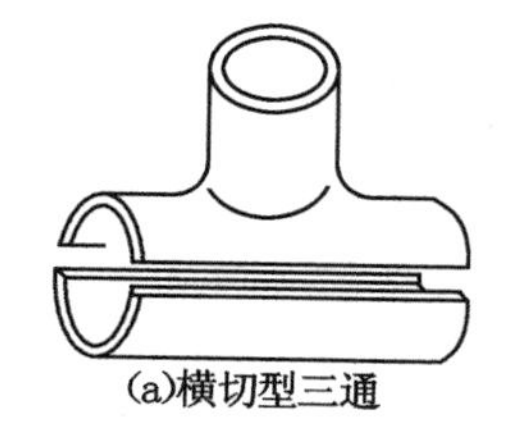

图 13－4－13　套管三通剖切型式

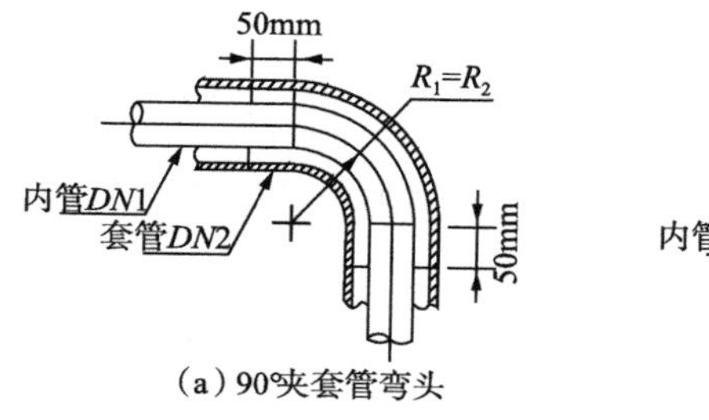

(a) 90°夹套管弯头

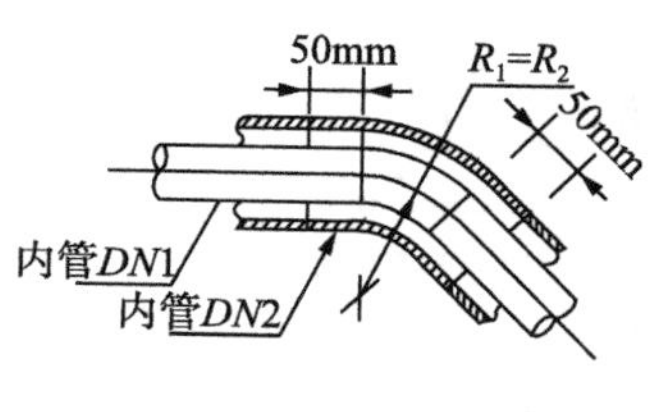

(b) 45°夹套管弯头

图 13－4－12　90°、45°夹套管弯头($R_1 \geqslant 3DN$)

(3) 夹套管异径管

夹套管异径管可用标准无缝异径管接头进行组装,见图 13－4－14(a)、图 13－4－14(b)。

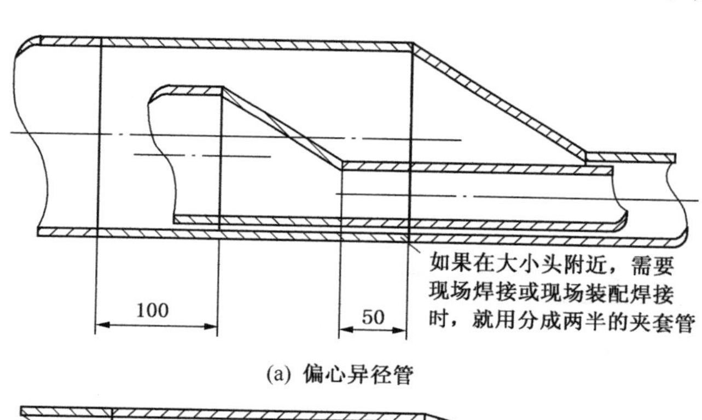

(a) 偏心异径管

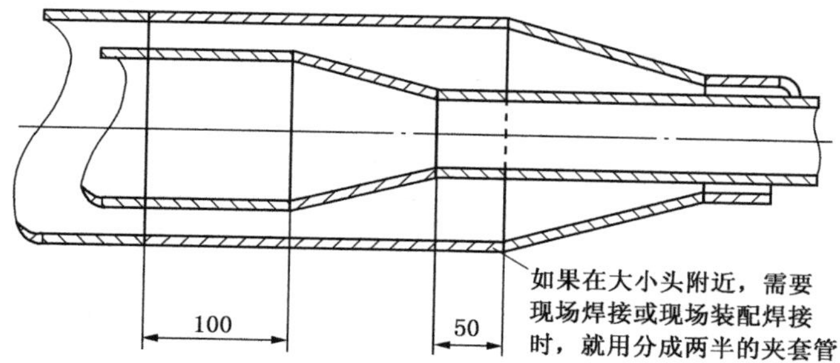

(b) 同心异径管

图 13－4－14　夹套异径管

（4）夹套管内管的仪表管嘴、管顶放气口及管底排液口的连接形式见图13－4－15。

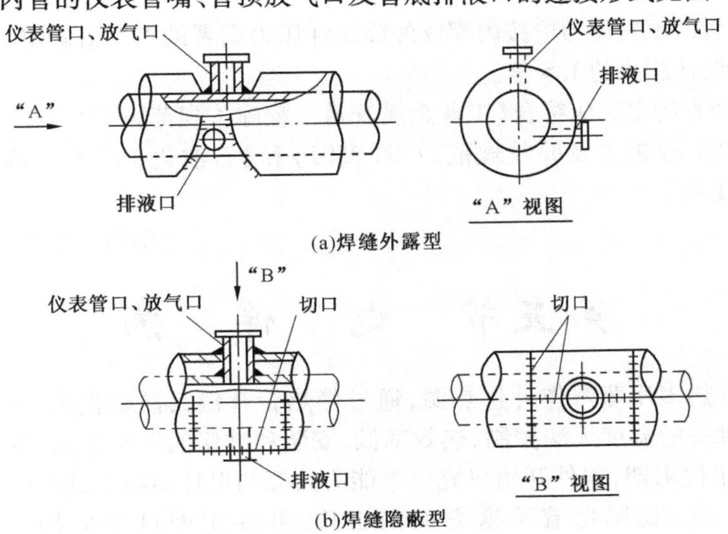

图13－4－15　管嘴连接

（5）夹套管的内管应采用定位板定位，内管的三块定位板在水平配管时，布置方位如图13－4－16所示；垂直配管时为120°均布、方位不限。定位板间距可按表13－4－6取值。

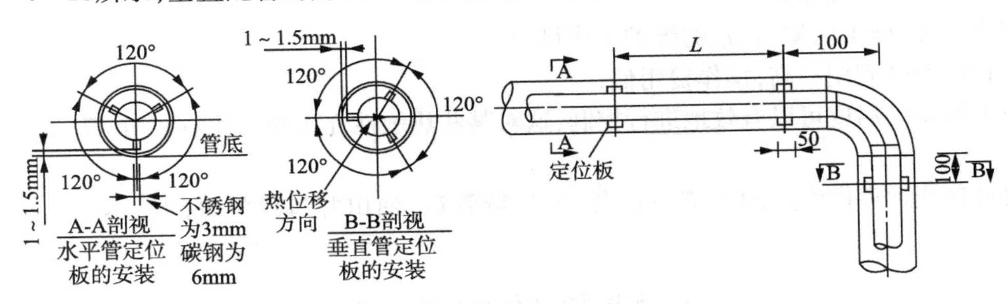

图13－4－16　定位板布置

表13－4－6　定位板间距

内管直径/mm	L/m	内管直径/mm	L/m
20～25	2.0	100	5.0
40	3.0	150～300	5.0
50～80	4.0	350	5.5

4. 夹套管的安装应符合下列要求：

a. 除夹套管的供给蒸汽管和疏水管外，夹套管的主体部分应进行预制；

b. 夹套管预制时，应预留调整管段，其调节裕量宜为50～100mm，调整管段的接缝位置必须避开套管开口处；

c. 内管焊缝隐蔽型夹套管，在内管焊缝处的套管应留150mm长缺口，待内管焊缝经100%射线检测，经试压合格后方可进行隐蔽作业；

d. 夹套管经剖切后安装时，纵向焊缝应置于易检修部位；

e. 套管与内管间的间隙应均匀，并应按设计文件的要求焊接定位板。定位板不得妨碍内

管与套管的伸缩;

f. 夹套管内管的试验压力应按内部或外部设计压力高者的1.5倍确定,夹套管套管的试验压力应为套管设计压力的1.5倍。

5. 伴管、夹套管的安装应符合《工业金属管道工程施工规范》(GB 50235)、《石油化工有毒、可燃介质管道工程施工及验收规范》(SH 3501)和《石油化工夹套管施工及验收规范》(SH/T 3546)的要求。

(编制　康美琴　李征西)

第五节　电　伴　热

以往,管道伴热多用蒸汽作外供热源,通过伴热管补偿其散热损失。这种传统的伴热方式,伴热所需维持的温度无法控制,热效率低,安装和维修的工作量大,生产管理不方便。

20世纪50年代末期,国外开始研究以电能为热源的电伴热技术,60年代开始在工业上应用。60年代中期,我国也着手这方面的工作,并在工业试验应用上取得了可喜的进展。

随着现代工业的发展,伴热的需求增长,而社会劳动力的价格和能源费用越来越高;同时,电加热技术和材料科学的进步,为电伴热的广泛应用创造了条件。

电伴热的主要优点是:

安全可靠、施工简便、日常的维护工作量少;

能量的有效利用率高,操作费用低;

所需维持的温度可以有效地进行控制,这对某些热敏性介质管道伴热,尤其显示出它的优越性;

对分散或远离供汽点的管道或设备,如长输管道、油田井口设施等的伴热,有它独到的优点:

一、电伴热的方法与应用

(一)电伴热的方法

1. 感应加热法

感应加热法是在管道上缠绕电线或电缆,当接通电源后,由于电磁感应效应产生热量。以补偿管道的散热损失。1964年,抚顺石油二厂前甸中转站向厂区输送原油的管道,在穿越浑河段的管道伴热就是采用这种方式。

电感应加热虽有热能密度高的优点,但费用太高,限制了它的发展。

2. 直接通电法

直接通电法是在管道上通以低压交流电,利用交流电的表皮效应产生的热量,维持管道温度,使之不出现温降。

直接通电法的优点是:投资省,加热均匀。但在有支管、环管(成闭路的管道)、变径和阀件的管道上,很难应用。只适于长输管道上应用。

3. 电阻加热法

这种电伴热方式,是利用电路上电阻体发热的原理开发的,最易于为人们所了解。目前国内外广为应用的也是这类电伴热产品。

利用电阻体发热的电伴热带又分两种基本类型：一种是电阻体串联在电路上，如图 13－5－1所示。另一种是在并联两平行电路上跨接电阻，如图 13－5－2 所示。

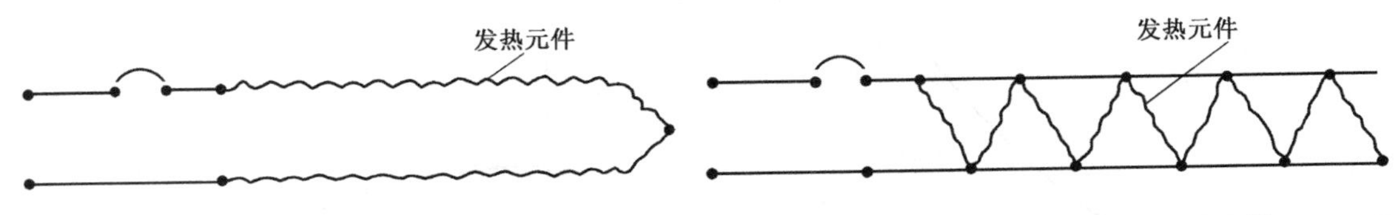

图 13－5－1　串联电阻型电热电缆　　图 13－5－2　并联电阻型电热电缆

这种电热电缆发热元件是金属电阻丝，其材料为铜－镍合金或镍－铬合金，材料选择主要取决于所需维持管道温度的高低。高温矿物材料绝缘电热电缆（MI 型），维持温度达427℃，表面可经受 593℃高温，所用电阻体材料就得采用高温稳定的镍－铬耐热合金（NI-CHROME）。

并联电阻电热电缆，具有连续、稳定的操作性能，与管道温度和气候条件无关。由于是并联电阻，所以在现场施工时，可以根据需要任意进行切割，而不影响其正常使用和输出功率的密度。

串联电阻电热电缆的输出功率是由串联电阻、电源电压和线路的长度来确定的。与其他恒功率电热电缆一样，不受管道温度和气候条件的影响。

随着材料科学的发展，电阻体材料也有用经过射线处理过的高分子半导体塑料，这种半导体塑料具有特殊的分子记忆能力，它可以根据环境温度的变化，自动进行电流量的调节。因此，派生出一种新型的电伴热产品：自限性电伴热带（SELF LIMITING TRACERS）。

自限性电伴热带是在两平行线路中间充填半导电塑料作芯线，当电源接通后，电流经一导线通过芯线到另一导线，形成回路，芯线通电后发热，以补偿管道的散热损失。

这种半导电塑料，在温度上升时，受热膨胀，使得部分电流通道断开，通过的电流减少，发热量也随之减少；当温度上升到某个范围时，半导电塑料中电流通道因受热膨胀，几乎都成断路，电伴热带电源等于切断；而在温度降低时，芯线收缩，电流通道接通，电伴热带又开始供给热量。这就是自限性电伴热带实现自动调节的原理。图 13－5－3 是自限性电伴热带原理形象。图中：

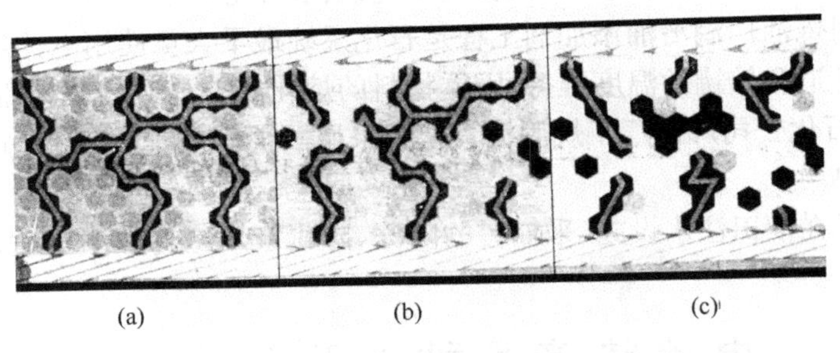

图 13－5－3　自限性电伴热带自动调节原理图

（1）环境温度低时，半导电塑料微观收缩，电流通道增加，电阻体发热量增加。

（2）环境温度中等时，半导电塑料微观膨胀，部分电流通道断开，电阻体发热量减少。

（3）环境温度高时，半导电塑料有较大的热膨胀，几乎所有电流通道被切断，电流几乎不通，故发热量近于零。

正因为如此，自限性电伴热带与其他固定输出功率的电热电缆有不同的使用特性：电热电缆的电阻和输出功率不随壳壁温度改变。自限性电伴热带的电阻与壳壁温度成正比，输出功率与壳壁温度成反比。见图 13－5－4 和图 13－5－5。

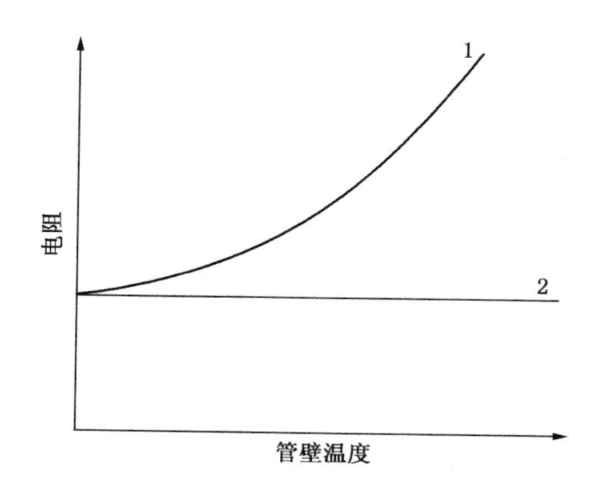

图 13－5－4　电阻－温度图

1—自限性电伴热带；2——般电热电缆

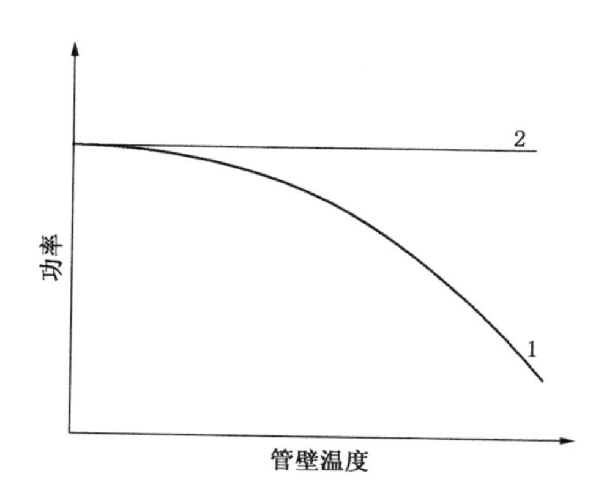

图 13－5－5　功率－温度图

1—自限性电伴热带；2——般电热电缆

（二）电伴热的应用

电伴热具有的优点，以及电伴热产品质量的不断改进，品种的不断增加，以及防爆防腐蚀和抗机械破损措施的不断完善，使得电伴热产品使用更加安全可靠，应用范围越来越宽广。它不但适用于蒸汽伴热的各种情况，而且能解决蒸汽伴热难以解决的很多问题。如：a. 对于热敏介质管道，电伴热能有效的进行温度控制，可以防止管道温度过热；b. 需要维持较高温度的管道伴热，一般超过 150℃，蒸汽伴热就难以实现，电伴热则有充分的条件；c. 非金属管道（如塑料管）的伴热，一般无法采用蒸汽伴热；d. 无规则外型的设备（如泵），电伴热产品柔软、体积小，可以有效地进行伴热；e. 较边远地区，如油田井场，井口装置的管道和设备的伴热；f. 长输管道的伴热；g. 较窄小空间内管道的伴热等等。

电伴热产品的应用，已不再局限于管道伴热的范围。电伴热已广泛应用于炼油、石油化工、化工、塑料、食品、医药、电力、矿山、机械甚至建筑，农业等产业部门。

锦州石化公司炼油厂润滑油添加剂工程是石化系统最早大量使用电伴热的。它主要用于热敏性介质工艺管道和储罐的温度维持，固体物料的熔化和输送系统以及部分仪表管道的防冻。90 年代兰州石化公司炼油厂丁烷脱沥青装置采用了瑞侃（Raychem）公司生产的Chemelex自限性电热带伴热。

石油系统最早在油田注水设施、采油树的防冻、防凝应用电伴热。以后，推广应用在输油泵站的管道。

二、电伴热产品种类及其技术性能

（一）电伴热产品种类

1. 电热电缆

（1）华能无锡电热器材厂生产的 RDP_2 恒功率电热电缆结构图，如图 13－5－6 所示。

（2）索芒（THERMON）公司的 MI 型高温电热电缆，最高维持温度为 427℃，表面所能承受的最高温度达 593℃（属恒功率电热电缆）。其结构图如图 13－5－7 所示。

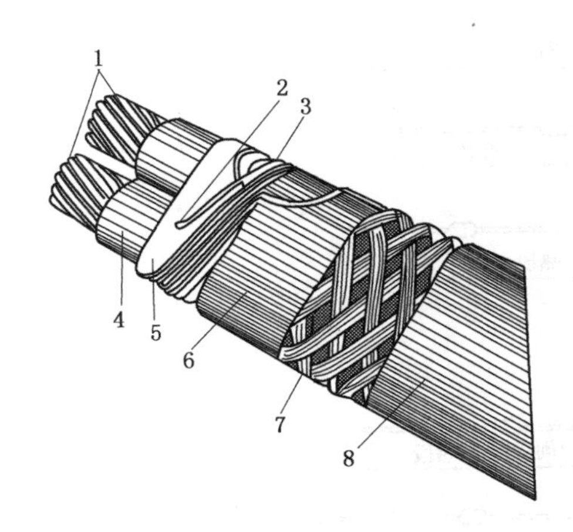

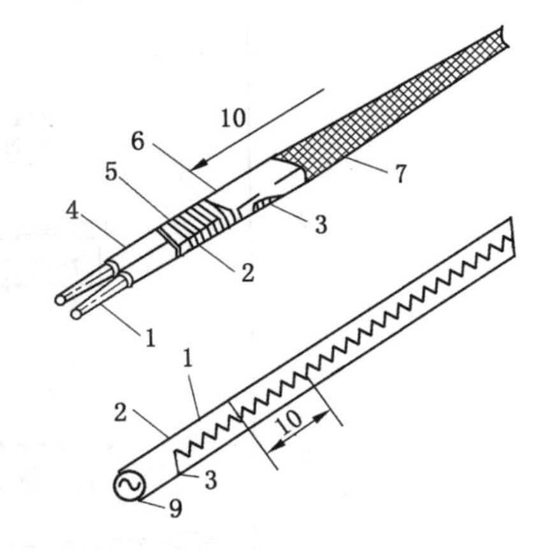

图 13-5-6 RDP$_2$ 电热电缆结构图

1—母线(铜绞线);2—电阻发热丝;3—母线连接处;4—电源线绝缘层;5—内护套绝缘层;6—外护套绝缘层;7—镀锡铜编织护套;8—绝缘层(加强型);9—电源;10—发热节长

(3) 纳尔逊(NELSON)电热电缆有如图 13-5-8四种类型,电阻体是金属丝。*A*、*E* 形主要用于管道伴热,*E* 形用于多段线路(包括一条主管道和一条或一条以上的支管道)。*G*、*H* 形除中间有一 300mm 的中间段外,其他与 *A*、*E* 相似,当冷热温差超过 250℃(482℉)时,采用这种型式。使用 *A*、*E* 形电热电缆时,需应用高温转换接头。*A*、*G* 形电热电缆没有单导线。

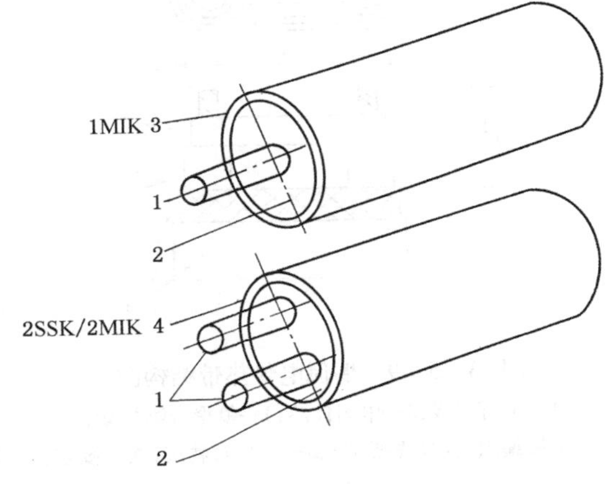

图 13-5-7 MI 型电热电缆结构示意图

1—芯线;2—MgO 绝缘;3—INCONEL 护套;4—不锈钢护套

2. 自限性电伴热带

(1) 瑞侃(Raychem)公司生产的Chemelex 自限性电热带结构如图 13-5-9 所示。

(2) 华能无锡电热器材厂生产的自限性电热带,可维持管道温度为 60~120℃,高温型可达到 205℃。

(3) 合肥科富新型线缆材料厂生产的"DXW"型自限性电伴热带,可维持管道温度为 70℃。

3. 自限性电伴热板

瑞侃公司 AUTOPAD 系列自限性电伴热板,其最高维持温度为 80℃,表面允许承受的最高温度为 110℃,电热板输出功率 1000W、2000W、4000W 其结构见图 13-5-10 示意图。

华能无锡电热器材厂生产的 LDB 型挠性电热板,其性能与瑞侃公司 AUTOPAD 系列相似。

(二) 电伴热产品的技术性能

(1) 单相恒功率电热带,RDP$_2$ 系列技术参数如表 13-5-1 所示。

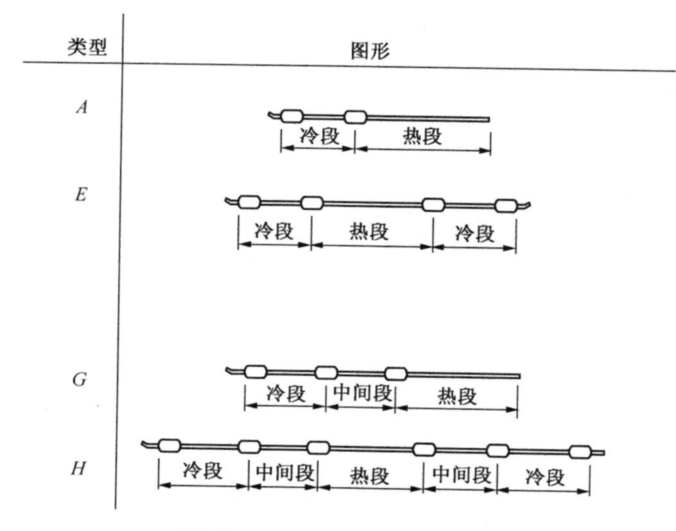

图 13－5－8　电热电缆的类型

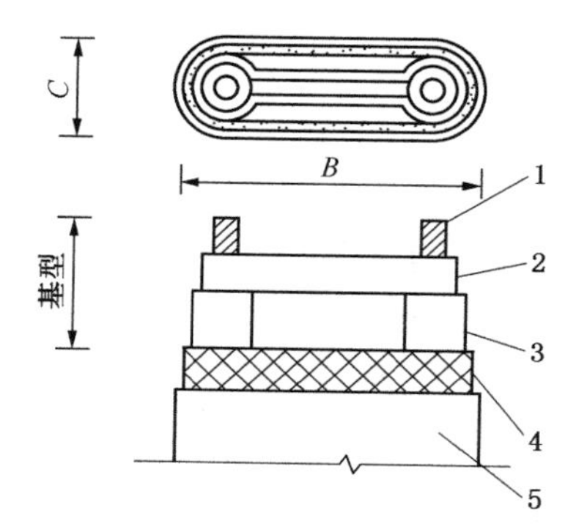

图 13－5－9　瑞侃电伴热带结构图

1—平行母线;2—电阻体芯;3—氟聚合物护套;

4—金属编织套(视需要定);5—氟聚合物层(视需要定)

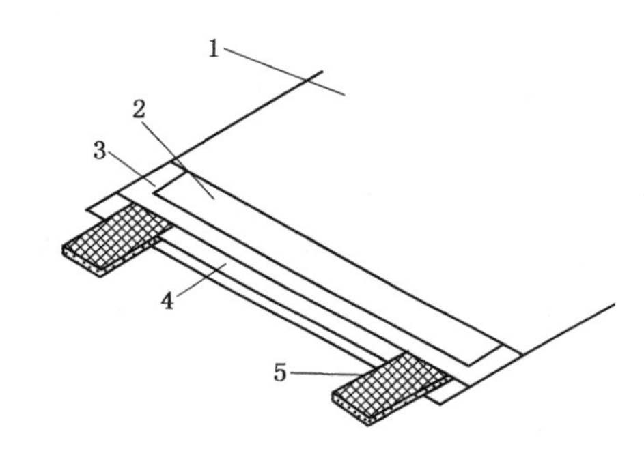

图 13－5－10　电热板结构示意图

1—氟聚合物外壳;2—铜接地薄板;3—绝缘内套;

4—导电聚合物;5—扁平铜导线

表 13－5－1　电热电缆 RDP_2 系列技术参数

型　　号	额定电压/V	额定功率/(W/m)	绝缘层材料		流体维持温度①/℃	最大使用长度/m
			材　　料	最高耐温/℃		
RDP_2(Q)②－J_1－15	220	10	复合丁腈 PVC	90	30	220
RDP_2(Q)－J_1－15	220	15	复合丁腈 PVC	90	30	150
RDP_2(Q)－J_2－20	220	20	PVC－105	105	35	110
RDP_2(Q)－J_3－20	220	20	F46	205	120	110
RDP_2(Q)－J_3－25	220	25	F46	205	110	90
RDP_2(Q)－J_2－30	220	30	F46	205	95	75
RDP_2(Q)－J_3－35	220	35	F46	205	85	65
RDP_2(Q)－J_3－40	220	40	F46	205	75	55
RDP_2(Q)－J_3－45	220	45	F46	205	65	50

① 指管道内介质要维持的最高工艺温度。

② (Q)代表加强型,普通型不注。

注:华能无锡电热器厂生产。

(2) 三相恒功率电热带,RDP_3 系列技术性能如表 13－5－2 所示。

表 13－5－2　电热电缆 RDP_3 系列技术参数

型　号	额定电压/V	额定功率/(W/m)	绝缘层材料		流体维持温度/℃	最长使用长度/m
			材　质	最高耐温/℃		
RDP_3(Q)－J_3－30	380	30	F46	205	120	220
RDP_3(Q)－J_3－40	380	40	F46	205	100	170
RDP_3(Q)－J_3－50	380	50	F46	205	80	130
RDP_3(Q)－J_3－60	380	60	F46	205	60	110

注:华能无锡电热器厂生产。

(3) 高温电热电缆 RDC 系列技术参数如表 13－5－3 所示。最高耐热温度450℃,推荐使用温度 <350℃。

表 13－5－3　高温电热电缆 RDC 系列技术参数

产品型号	电压/V	功率/kW	长度/m	电源线引出方向
RDC－J_4－1－220/0.5	220	0.5	1.5	单端引出
RDC－J_4－2－220/0.5	220	0.5	3	两端引出
RDC－J_4－1－220/0.7	220	0.7	2	单端引出
RDC－J_4－2－220/0.7	220	0.7	4	两端引出
RDC－J_4－1－220/1	220	1	3	单端引出
RDC－J_4－2－220/1	220	1	6	两端引出
RDC－J_4－1－220/1.4	220	1.4	4	单端引出
RDC－J_4－2－220/1.4	220	1.4	8	两端引出
RDC－J_4－1－220/1.8	220	1.8	5	单端引出
RDC－J_4－2－220/1.8	220	1.8	10	两端引出

注:华能无锡电热器厂生产。

(4) 纳尔逊电热电缆的技术参数如表 13－5－4 所示。

表 13－5－4　电热电缆主要技术参数

电缆编号	型式	护套材料	25℃电阻/Ω/m	T－R 曲线号	工作电压/V	电缆外径/mm	25℃输出功率/(W/m)	高温转换器输出功率/(W/m)
双 铜 导 线								
122A	A,E	铜	0.092	2	600	~8	144	N. A.
142A	A,E	铜	0.144	3	600	~8	144	N. A.
162A	A,E	铜	0.230	N. A.	600	~8	144	N. A.
172A	A,E	铜	0.367	N. A.	600	~8	144	N. A.

续表

电缆编号	型式	护套材料	25℃电阻/Ω/m	T－R曲线号	工作电压/V	电缆外径/mm	25℃输出功率/(W/m)	高温转换器输出功率/(W/m)
铜和 Inconel① 600 单进线								
239K	E	Inconel	0.128	N.A.	600	~5	98.4	164
250K	E	Inconel	0.164	N.A.	600	~5	98.4	164
279K	E	Inconel	0.259	N.A.	600	~5	98.4	164
310K	E	Inconel	0.312	N.A.	600	~5	98.4	164
316K	E	Inconel	0.515	N.A.	600	~5	98.4	164
326K	E	Inconel	0.853	N.A.	600	~5	98.4	164
333K	E	Inconel	1.082	N.A.	600	~5	98.4	164
346K	E	Inconel	1.499	N.A.	600	~5	98.4	164
372K	E	Inconel	2.394	N.A.	600	~5	98.4	164
412K	E	Inconel	3.838	N.A.	600	~5	98.4	164
415K	E	Inconel	4.854	N.A.	600	~5	98.4	164
423K	E	Inconel	7.741	N.A.	600	~5	98.4	164
430K	E	Inconel	9.184	N.A.	600	~5	98.4	164
447K	E	Inconel	14.76	N.A.	600	~5	98.4	164
121A	E	铜	0.046	3	600	~8	144	N.A.
141A	E	铜	0.072	3	600	~8	144	N.A.
161J	E	铜	0.115	3	600	~8	144	N.A.
Inconel① 600 双导线								
627B	A.E.		0.089	1	600			N.A.
640B	A.E.		0.141	1	600			N.A.
670B	A.E.		0.230	1	600			N.A.
710B	A.E.		0.341	N.A.	600			229.6
715B	A.E.		0.531	N.A.	600			229.6
720B	A.E.		0.672	N.A.	600			229.6
732B	A.E.		1.066	N.A.	600			229.6
750B	A.E.		1.640	N.A.	600			229.6
774B	A.E.		2.296	N.A.	600			229.6
810B	A.E.		3.811	N.A.	600			229.6
819B	A.E.		6.134	N.A.	600			229.6
830B	A.E.		9.742	N.A.	600			229.6
840B	A.E.		14.10	N.A.	600			229.6
859B	A.E.		19.61	N.A.	600			229.6

续表

电缆编号	型式	护套材料	25℃电阻/Ω/m	T-R曲线号	工作电压/V	电缆外径/mm	25℃输出功率/(W/m)	高温转换器输出功率/(W/m)
Inconel① 600 双导线								
721K	A. E.		0. 699	3	300			N. A.
722K	A. E.		0. 699	1	300			164
732K	A. E.		1. 046	N. A.	300			164
742K	A. E.		1. 364	N. A.	300			164
752K	A. E.		1. 706	N. A.	300			164
774K	A. E.		2. 427	N. A.	300			164
810K	A. E.		3. 280	N. A.	300			164
813K	A. E.		4. 264	N. A.	300			164
818K	A. E.		5. 904	N. A.	300			164
824K	A. E.		7. 675	N. A.	300			164
830K	A. E.		9. 709	N. A.	300			164
838K	A. E.		12. 14	N. A.	300			164
846K	A. E.		15. 48	N. A.	300			164
865K	A. E.		21. 65	N. A.	300			164
894K	A. E.		29. 52	N. A.	300			164

① Inconel 为因康镍合金(镍 80%、铬 14%、铁 6%)。

纳尔逊电热电缆护管温升曲线如图 13－5－11 所示。

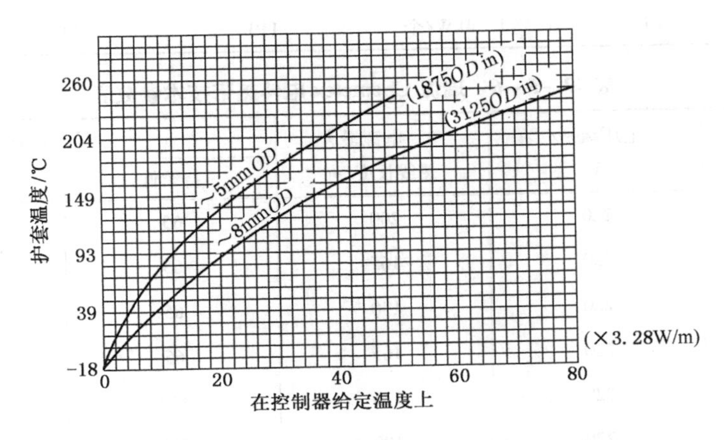

图 13－5－11　纳尔逊电热电缆护管温升曲线

纳尔逊电热电缆电阻温度系数如图 13－5－12 所示。

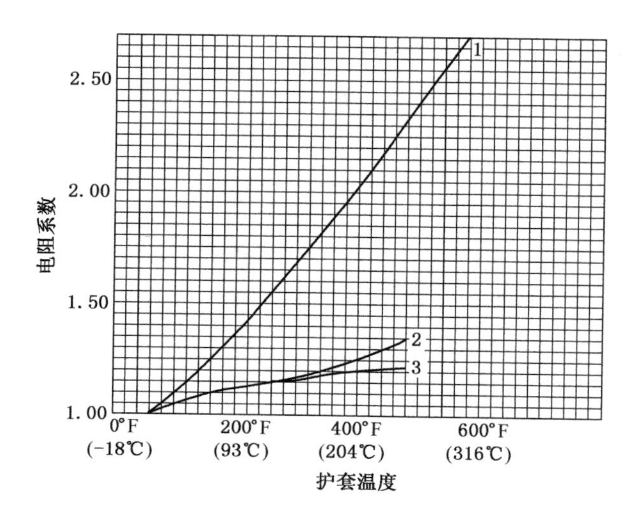

图 13－5－12 纳尔逊电热电缆电阻温度系数

注:1、2、3 为 T－R 曲线号,见表 13－5－4。

（5）瑞侃自限性电伴热带的技术参数如表 13－5－5～表 13－5－7 所示。

表 13－5－5 瑞侃 Chemelex 电伴热带系列及技术参数

系 列 号	工作电压/V	输出功率/(W/m)	最高承受温度/℃	维持温度/℃	最大长度/m
BTV	120/240	10～32	85	65	200～100
QTV	120/240	32～65	135	110	100～120
PTV	120	32～65	160	110	15～48
HTV	120	45～49	180	120	20～55
STV	120/240	13～32	185	110	100～135
XTV	120/240	16～65	215	120	15～230
KTV	120/240	16～65	215	150	110～230
AUTOPAD	240	1～4kW/个	110	80	1.0～6.4

表 13－5－6 瑞侃 Chemelex 电伴热带技术参数表

热线型号	电压级别/V	单一电源最大热线长度/m	最高耐温/℃	
			持续性	偶然性
3BTV2	220	200	65	85
5BTV2	220	165	65	85
8BTV2	220	130	65	85
10BTV2	220	105	65	85
10QTV2	220	115	110	135
15QTV2	220	100	110	135
20QTV2	220	110	110	135
6STV2	220	130	110	185

续表

热线型号	电压级别 V	单一电源最大热线长度/m	最高耐温/℃	
			持续性	偶然性
8STV2	220	115	110	185
10STV2	220	105	110	185
5KTV－2	220	235	150	215
8KTV－2	220	180	150	215
15KTV－2	220	130	150	215
20KTV－2	220	110	150	215

注:世界各地安全单位都认可瑞侃公司有屏蔽的热线可在危险区使用,不需要装恒温器。

表 13－5－7　伊顿(EATON)公司 Dekoron 自限性电伴热产品主要技术参数

规　　格	2503	2505	2508	2510	2305	2310	2315
工作电压/V	120/240	120/240	120/240	120/240	120	120	120
最大长度/m	85/200	67/165	64/128	55/110	73	55	41
额定功率/(W/m)	9.8	16.4	26.2	32.8	16.4	32.8	49.2
维持温度/℃	65	65	65	65	185	185	185
最大承受温度/℃	82	82	82	82	185	185	185

(6) 挠性电热板 LDB 系列技术参数如表 13－5－8 所示。

表 13－5－8　电热板 LDB 系列技术参数

技 术 指 标		产 品 规 格		
		LDB－A	LDB－B	LDB－C
额定电压/V		~220		
额定功率/W		600	1200	2400
罐体最高维持工作温度/℃		120		
产品最低安装环境温度/℃		－30		
产品最高耐温/℃		230		
外形尺寸	板厚/mm	2.3		
	长×宽/mm	610×305	610×610	1220×610

注:华能无锡电热器厂生产。

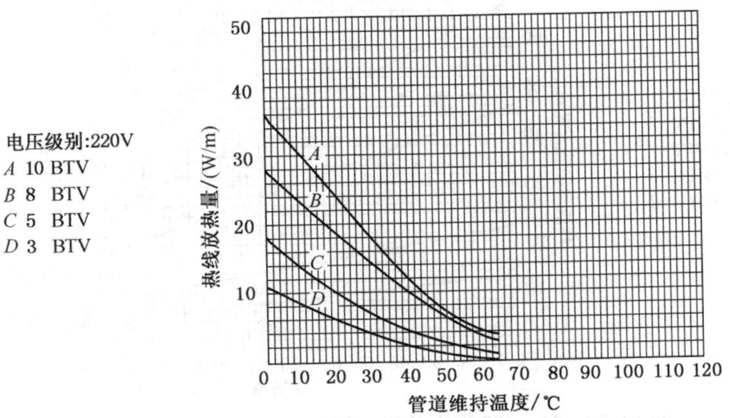

图 13－5－13　BTV2 电热带不同维持温度时功率输出曲线

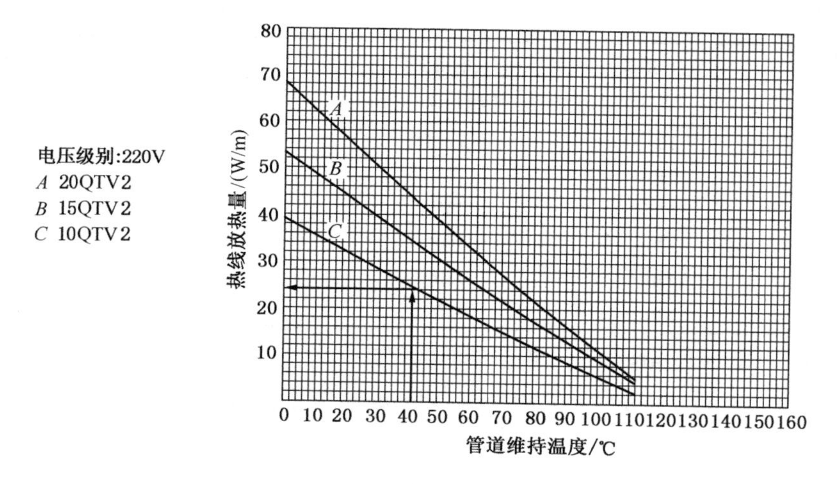

图 13-5-14 QTV2 电热带不同维持温度时功率输出曲线

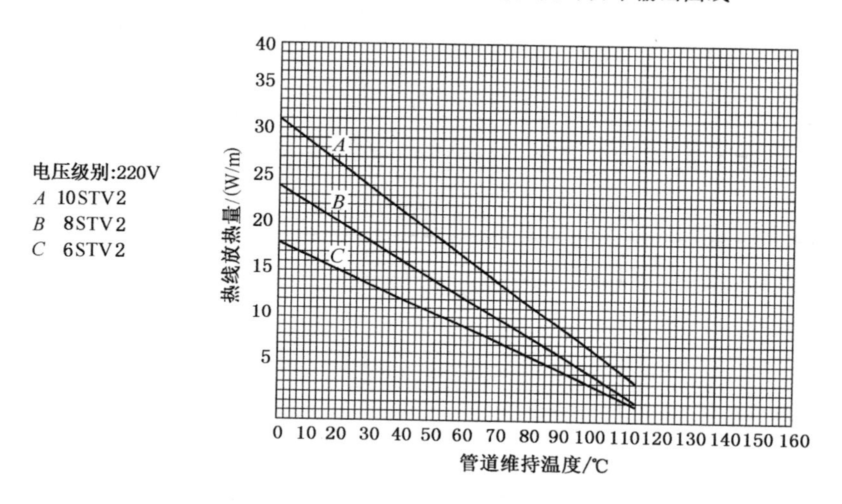

图 13-5-15 STV2 电热带不同维持温度时功率输出曲线

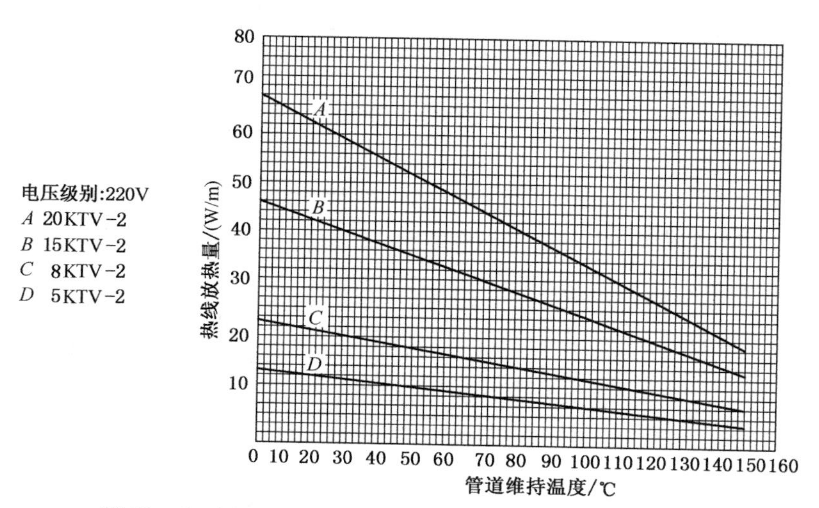

图 13-5-16 KTV2 电热带不同维持温度时功率输出曲线

表 13－5－9　瑞侃 Chemelex 电伴热带结构特征

自控热线的操作环境	化学环境干燥与非腐蚀				无机化学液污染				有机化学液污染			
电气环境 一般区，无须屏蔽层	BTV *	QTV *	STV *	KTV *	BTV *	QTV *	STV *	KTV	BTV －CT	QTV *	STV *	KTV *
需要屏蔽层的环境 —危险区 —塑料管伴热 —不锈钢管伴热 —涂漆管道伴热	BTV －C	QTV －C	STV －C	KTV －C	BTV －CT	QTV －CT	STV －CT	KTV －CT	BTV －CT	QTV －CT	STV －CT	KTV －CT

* 用基本型热线即可，无须加屏蔽或胶皮层。

结构种类：

—C 类

热线外层有镀锌铜网屏蔽作为接地线（塑料管，不锈钢，或涂漆管道）

—CT 类

热线外层有镀锌铜网再加上含氟塑料外层胶皮，这类产品最适合在非常潮湿，或有可能接触有机和无机药品污染的危险区环境使用。

表 13－5－10　单一电源最大热线长度（L_{max}）

$T_s = 10℃$（热线启动时最低管道温度 = 10℃）220V 电压

热线种类	3BTV2 —C —CR —CT	5BTV2 —C —CR —CT	8BTV2 —C —CR —CT	10BTV2 —C —CR —CT	10QTV2 —C —CT	15QTV2 —C —CT	6STV2 —C —CT	8STV2 —C —CT	10STV2 —C —CT	20KTV2 —C —CT	
电气保护	L_{max}(m) = 单一电源最大热线长度										开关安培 A
气动开关	65	45	25	25	20	16	40	30	25	10	4
	85	60	35	30	25	20	50	35	30	14	5
	100	70	40	35	30	25	55	45	40	16	6
	165	115	65	55	50	40	95	75	65	25	10
	200	165	100	85	75	60	130	110	95	40	15
	200	—	105	90	80	65	130	115	105	40	16
	—	—	130	105	105	80	—	115	—	50	20
	—	—	—	—	—	100	—	—	—	65	25
	—	—	—	—	—	—	—	—	—	80	30
	—	—	—	—	—	—	—	—	—	85	32
	—	—	—	—	—	—	—	—	—	105	40
保险丝	55	35	14	12	20	16	40	30	25	12	4
	100	65	35	25	30	25	55	45	40	18	6
	150	80	50	40	50	40	95	75	65	30	10
	200	150	85	60	80	65	130	115	105	50	16
	—	165	120	75	105	80	—	115	—	60	20
	—	—	130	105	115	100	—	—	—	70	25
	—	—	—	—	—	—	—	—	—	100	35

表 13-5-11　单一电源最大热线长度(L_{max})

T_s=0℃(热线启动时最低管道温度=0℃)220V

热线种类	3BTV2 —C —CR —CT	5BTV2 —C —CR —CT	8BTV2 —C —CR —CT	10BTV2 —C —CR —CT	10QTV2 —C —CT	15QTV2 —C —CT	6STV2 —C —CT	8STV2 —C —CT	10STV2 —C —CT	20KTV2 —C —CT	
电气保护	L_{max}(m)=单一电源最大热线长度										开关安培 A
气动开关	55	40	25	20	20	14	35	25	25	10	4
	65	50	30	25	25	18	45	35	30	12	5
	80	55	35	30	30	20	55	40	35	16	6
	135	95	55	50	50	35	90	70	60	25	10
	200	145	85	75	70	55	130	100	90	40	15
	200	150	90	80	75	60	130	110	95	40	16
	—	165	115	100	95	75	—	115	105	50	20
	—	—	130	105	115	90	—	—	—	65	25
	—	—	—	—	—	100	—	—	—	75	30
	—	—	—	—	—	100	—	—	—	80	32
	—	—	—	—	—	—	—	—	—	100	40
	—										
保险丝	45	25	12	10	20	14	35	25	25	12	4
	80	50	30	25	30	20	55	40	35	16	6
	120	65	45	35	50	35	90	70	60	30	10
	200	120	70	50	75	60	130	110	95	45	16
	—	150	100	65	95	75	—	115	105	55	20
	—	165	130	105	115	90	—	—	—	70	25
	—	—	—	—	—	—	—	—	—	95	35

表 13-5-12　单一电源最大热线长度(L_{max})

T_s=-10℃(热线启动时最低管道温度=-10℃)220V

热线种类	3BTV2 —C —CR —CT	5BTV2 —C —CR —CT	8BTV2 —C —CR —CT	10BTV2 —C —CR —CT	10QTV2 —C —CT	15QTV2 —C —CT	6STV2 —C —CT	8STV2 —C —CT	10STV2 —C —CT	20KTV2 —C —CT	
电气保护	L_{max}(m)=单一电源最大热线长度										开关安培 A
气动开关	45	35	20	16	18	14	35	25	20	10	4
	55	40	25	20	20	16	40	30	25	12	5
	65	50	30	25	25	20	50	35	30	14	6
	110	85	50	40	45	35	85	65	55	25	10
	165	125	75	65	65	50	125	95	80	35	15
	180	135	80	70	70	55	130	100	85	40	16

热线种类	3BTV2 —C —CR —CT	5BTV2 —C —CR —CT	8BTV2 —C —CR —CT	10BTV2 —C —CR —CT	10QTV2 —C —CT	15QTV2 —C —CT	6STV2 —C —CT	8STV2 —C —CT	10STV2 —C —CT	20KTV2 —C —CT	
气动开关	200	165	100	85	85	65	130	115	105	50	20
	—	—	130	105	110	85	—	—	—	60	25
	—	—	—	—	115	100	—	—	—	70	30
	—	—	—	—	—	100	—	—	—	75	32
	—	—	—	—	—	—	—	—	—	95	40
保险丝	35	25	10	10	18	14	35	25	20	10	4
	65	45	25	20	25	20	50	35	30	16	6
	100	60	40	30	45	35	85	65	55	25	10
	180	105	60	45	70	55	130	100	85	40	16
	200	135	85	55	85	65	130	115	105	55	20
	—	165	120	95	110	85	—	—	—	65	25
	—	—	—	—	—	—	—	—	—	90	35

表 13-5-13 单一电源最大热线长度(L_{max})

$T_s=-20℃$(热线启动时最低管道温度 $=-20℃$)220V

热线种类	3BTV2 —C —CR —CT	5BTV2 —C —CR —CT	8BTV2 —C —CR —CT	10BTV2 —C —CR —CT	10QTV2 —C —CT	15QTV2 —C —CT	6STV2 —C —CT	8STV2 —C —CT	10STV2 —C —CT	20KTV2 —C —CT	
电气保护	L_{max}(m) = 单一电源最大热线长度										开关安培 A
气动开关	40	30	18	15	16	12	30	20	20	10	4
	50	35	20	20	20	15	40	30	25	12	5
	60	45	25	25	25	20	45	35	30	14	6
	100	70	45	40	40	30	75	60	50	25	10
	150	105	65	55	60	45	115	90	75	35	15
	160	115	70	60	65	50	130	95	80	35	16
	200	145	85	75	80	65	130	115	105	45	20
	—	165	105	95	100	80	—	—	—	60	25
	—	—	130	105	115	95	—	—	—	70	30
	—	—	130	105	115	100	—	—	—	75	32
	—	—	—	—	—	—	—	—	—	90	40
保险丝	32	20	10	8	16	12	30	20	20	10	4
	60	40	25	18	25	20	45	35	30	16	6
	90	50	35	25	40	30	75	60	50	25	10
	160	90	55	40	65	50	130	95	80	40	16
	200	115	75	50	80	65	130	115	105	50	20
	—	165	105	85	100	80	—	—	—	65	25
	—	—	—	—	—	—	—	—	—	90	35

三、电伴热产品选型和计算

合理地选用电伴热产品，是安全、经济地使用电伴热的重要条件。选用电伴热产品，主要依据：工艺条件、环境情况、管道设计和管道所在区域的爆炸危险性分类。

一般应通过下述步骤计算和选型

（一）管道的散热损失计算

可参照本书第一篇第二十一章有关公式计算。

（二）产品系列的选择

（1）工作电压，根据我国电力供应与电伴热产品工作电压，确定工作电压为 220V（交流电）。

（2）由散热损失计算，确定需电伴热补偿的热量。

（3）确定电伴热带持续性温度，一般按管内介质温度。

（4）确定电伴热带短时间承受的最高温度，一般按短时间管内介质的最高温度，例如用蒸汽扫线即按蒸汽温度。

（5）根据 1 ~4 项数据，可从电伴热产品技术参数表选用合适的型号。

（6）核算维持温度下的输出功率，为能满足要求即可选定产品型号。

（三）确定产品结构

根据管道所处的区域的爆炸危险性分类，可查电伴热产品的结构特征表等确定。

（四）电伴热带长度计算

（1）管道所需电伴热带长度，一般每米管道所需电伴热带长度按管道长度的 1.05 倍计算。

（2）阀门、法兰、管件及支架所需电伴热带长度。

阀门所需电伴热带长度可按公式（13 -5 -1）计算。

$$L_{\mathrm{v}} = n \cdot Q_{\mathrm{v}} \cdot \Delta T / Q_{\mathrm{M}} \qquad (13-5-1)$$

式中 n——阀门个数，个；

Q_{v}——阀门保温后的散热量，W/℃；

ΔT——温差，℃；

Q_{M}——电伴热带在维持温度时输出的热量，W/m。

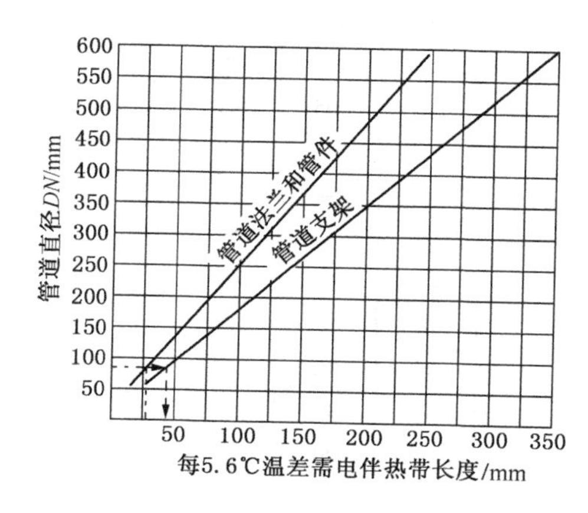

图 13 -5 -17 保温法兰管件、支架需伴热带长度

法兰、管件及支架所需电伴热带长度可按图 13 -5 -17查得。

（3）全线所需电伴热带总长度 L 应按式（13 -5 -2）计算。

$$L = L_{\mathrm{P}} + L_{\mathrm{V}} + L_{\mathrm{F}} + L_{\mathrm{B}} + L_{\mathrm{H}} \qquad (13-5-2)$$

式中 L——电伴热带总长度，m；

L_{P}、L_{V}、L_{F}、L_{B}、L_{H}——分别为管道、阀门、法兰、管件、支架所需的电伴热带长度，m。

（五）电气设备选用

电气设备的选用，首先要根据是否处于爆炸危险场所及其类别确定。

电气保护设备的确定一般按单一电源最大电伴热带长度确定气动开关和保险丝的安培数。

单一电源最大电伴热带长度是指从一个电源接线盒引出的电伴热带的总长度。如图 13－5－18所示。

（六）电力消耗指标

电伴热带的功率消耗，应为维持管道温度条件下的输出功率乘以单一电源伴热带的总长度。不应该用电伴热带的铭牌功率。

为确保人身和设备的安全，在电伴热电气系统设计时，应与电流过载、短路和漏电保护设施配合使用。

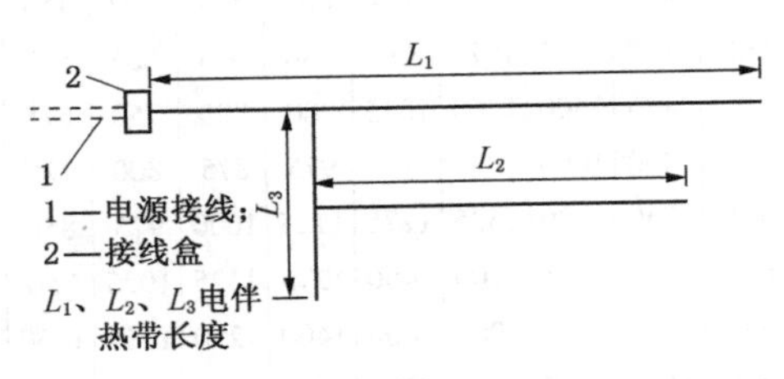

图 13－5－18　单一电源伴热带总长度

$L = L_1 + L_2 + L_3 + \cdots\cdots$

（七）恒温控制器的选用

对热敏介质管道的电伴热，必须设置恒温控制器；对一般管道的电伴热，设置恒温控制器，能有效地控制电力的使用，节约能量。

选用恒温控制器应注意：

（1）要根据所在环境的爆炸危险类别，选择适用该区域应用的恒温控制器。

（2）供电电压和电伴热带负荷，不得超过恒温控制器额定值。

（3）恒温控制器的传感元件，应能承受管道可能出现的最苛刻的温度条件。

（八）弥补措施

在选型和计算过程中，如果出现所选电伴热带输出功率小于管道散热量时，可从如下几方面弥补：

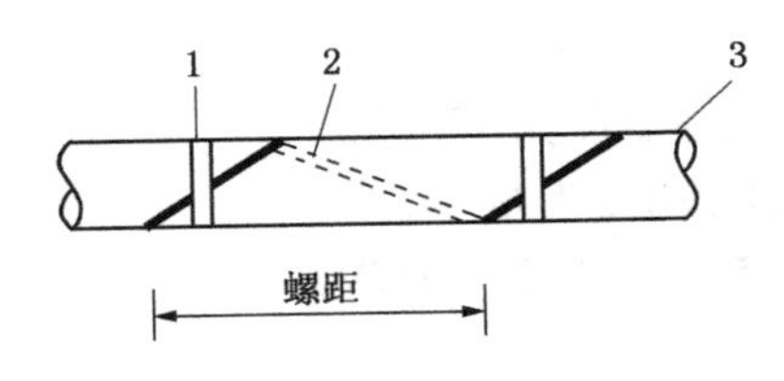

图 13－5－19　缠绕电伴热带螺距

1—托带；2—电伴热带；3—管道

（1）采用传热系数较低的保温材料。

（2）增加保温层厚度。

（3）增加管道上电伴热带数量，其方法通常是并联两条或多条电伴热带；或在管道上缠绕电伴热带。缠绕方式如图 13－5－19 所示。

为保证电伴热带缠绕均匀，以维持管道全线正常需要的温度，缠绕时螺距可按表 13－5－14 确定。

表 13－5－14　电伴热带缠绕螺距　（mm）

管径 DN	Q_T（管道散热损失）/Q_M（电伴热带可供热量）																			
	1.1	1.2	1.3	1.4	1.5	1.6	1.7	1.8	1.9	2.0	2.2	2.4	2.6	2.8	3.0	3.2	3.4	3.6	3.8	4.0
15	150	100	75	73	75	50	50	—	—	—	—	—	—	—	—	—	—	—	—	—
20	175	125	100	100	75	75	50	50	50	50	—	—	—	—	—	—	—	—	—	—
25	225	150	125	100	100	75	75	75	50	50	—	—	—	—	—	—	—	—	—	—
40	325	225	175	150	125	125	100	100	100	75	—	—	—	—	—	—	—	—	—	—
50	400	275	225	175	150	150	125	125	100	100	100	75	75	75	75	50	50	50	50	50
80	600	425	325	275	250	225	200	175	175	150	150	125	125	100	100	75	75	75	75	75

续表

管径 DN	Q_T(管道散热损失)/Q_M(电伴热带可供热量)																			
	1.1	1.2	1.3	1.4	1.5	1.6	1.7	1.8	1.9	2.0	2.2	2.4	2.6	2.8	3.0	3.2	3.4	3.6	3.8	4.0
100	775	525	425	350	325	275	250	225	225	200	175	150	150	125	125	125	100	100	100	100
125	950	650	525	450	400	350	325	300	275	250	225	200	175	175	150	150	125	125	125	100
150	1125	775	625	525	450	425	375	350	325	300	275	250	225	200	175	175	150	150	150	125
200	1475	1025	800	675	600	550	500	450	425	375	350	300	275	250	225	225	200	200	175	175
250	1850	1275	1025	850	750	675	625	575	525	475	425	375	350	325	300	275	250	250	225	200
300	2175	1500	1200	1025	900	800	750	675	625	575	500	450	425	375	350	325	300	300	275	250
350	2400	1650	1325	1125	975	875	800	725	675	625	550	500	450	425	375	350	325	325	300	275
400	2750	1900	1525	1275	1125	1000	925	850	775	675	650	575	525	475	450	400	375	350	350	325
450	3075	2225	1700	1450	1275	1125	1025	950	875	825	725	650	575	525	500	450	425	400	375	350
500	3425	2375	1900	1600	1400	1250	1150	1050	975	900	800	725	650	600	550	525	475	450	425	400
600	4100	2850	2275	1925	1675	1500	1375	1250	1175	1075	950	875	775	725	675	625	575	550	500	475

（九）举例说明

本节以瑞侃 Chemelex 自限性电伴热带为选用对象进行选型和计算。

例 13－5－1 *DN*80 原油管道、室外布置、用矿渣棉保温，保温厚 40mm，保温材料导热系数 0.036W/m℃（10℃时）管道操作温度 $T_0=60$℃，伴热维持温度 $T_M=40$℃；当地最低气温 $T_A=-15$℃；管道全长 30m；其中含闸阀 2 个，法兰 4 对，弯头 2 个，支架 4 个，试选择伴热带及其电气设备。

1. 管道散热损失 Q_T

经计算，$Q_T=20.52$W/m

2. 产品系列的确定

（1）工作电压为 220V，交流电。

（2）已知需由电伴热补偿的热量为 20.52W/m。

（3）考虑到可能用 0.3MPa 蒸汽吹扫，短时间要承受的最高温度为 133℃。

（4）因管道经常操作温度为 60℃。因此，电伴热带持续性温度为 60℃。

根据以上的数据，由瑞侃电伴热带技术参数表（表 13－5－6）查得 10QTV2 可满足使用条件要求。

（5）在维持温度下输出功率核算

10QTV2 额定功率输出值为 32.8W/m（10W/ft）

根据自限性电伴热带输出功率与管道维持温度成反比的特性，按图 13－5－14 查得管壁温度 40℃时 10QTV2 输出功率 $Q_M=24$W/m ＞ 20.52W/m，选择的型号符合要求。

3. 确定产品结构

由于管道处于爆炸危险区，同时存在化学腐蚀。因此，从表 13－5－9 中，选用－CT 类结构是安全的。

4. 电伴热带长度计算

（1）管道所需电伴热带长度

$$L_p = 30 \times 1.05 = 31.5\text{m}$$

（2）阀门所需电伴热带长度

根据公式（13－5－1）

$$L_v = n \cdot Q_v \cdot \Delta T / Q_M$$

经阀门的散热损失 $Q_v = 0.4558 \text{W}/℃$

$$\Delta T = 55℃$$

$$Q_M = 24 \text{W/m}$$

故

$$L_v = 2 \times 0.4558 \times 55/24$$

$$= 2.09 \text{m}$$

(3) 法兰、弯头所需电伴热带长度

由图 13-5-17 查得每个法兰(和弯头)在温差为 5.6℃时所需电伴热带长度分别为:

$$l_F = 0.027 \text{m}$$

$$l_B = 0.027 \text{m}$$

按

$$L_F = n \cdot l_F \cdot \frac{\Delta T}{5.6}$$

$$L_B = n \cdot l_B \cdot \frac{\Delta T}{5.6}$$

得

$$L_F = 8 \times 0.027 \times \frac{55}{5.6}$$

$$= 2.12 \text{m}$$

$$L_B = 2 \times 0.027 \times \frac{55}{5.6}$$

$$= 0.53 \text{m}$$

(4) 支架所需电伴热带长度

由图 13-5-17 查得每个支架在温差 5.6℃时需电伴热带长度

$$l_H = 0.042 \text{m}$$

按

$$L_H = n \cdot l_H \cdot \frac{\Delta T}{5.6}$$

$$= 4 \times 0.042 \times \frac{55}{5.6}$$

$$= 1.65 \text{m}$$

所以　例题所规定的管道全线所需电伴热带长度

$$L = L_P + L_V + L_F + L_B + L_H$$

$$= 31.5 + 2.09 + 2.12 + 0.53 + 1.65$$

$$= 37.89 \text{m}$$

5. 电气设备选用

为满足 37.89m 电伴热带长度要求，根据瑞侃 Chemelex 产品在不同起动温度条件下允许电伴热最大长度表进行确定。

题中电伴热带可能最苛刻的起动温度应是 -15℃，按 -20℃选用是可靠的。

由表 13-5-13 可知，$10QTV_2$ 最大长度为 $L_{max} = 40\text{m}$，可满足 37.89m 的要求。

由同表查得气动开关和保险丝的安培数均为 10A。

6. 电力消耗指标

管道的电伴热计算功率

$$E = Q_M \cdot L = 24 \times 37.89 = 909.4\text{W}$$

消耗指标按10%余量计算

$$E = 909.4 \times 1.1 = 1000.3\text{W}$$

7. 恒温控制器的选用

由电工专业选择。

四、电伴热系统图

每个单一电源供电的电伴热系统，应绘制各自的电伴热系统图。

电伴热系统图以该被伴热管道配管图为依据，用轴侧投影图表示。

电伴热系统图可不按比例绘制，但管道上的阀门、管件、支架、法兰应予表示，管道长度应标出。同时标出接线盒、恒温器位置。

电伴热系统图应列出管道编号、管径、材质、保温材质和保温厚；列出管内介质名称、操作温度、维持温度、可能最高温度、最低环境温度、温差、散热损失、危险区域分类；列出电伴热带规格、数量及其在维持温度时的发热量以及电气设备和恒温器的数量、规格型号及其他附件。

举例如图13-5-20所示。

五、电伴热设施的安装

（一）安装前的准备

（1）所有电伴热带均须进行电路连续性和绝缘性能的测试，不符合规定者，不得使用。

（2）电气设备和控制设备均须进行外观检查，有变形、有裂纹、器件不全又无法修复者，不得使用。

（3）安装时，应先按照图纸(电伴热系统图)逐一核对管道编号、管道规格、工艺条件、电伴热带参数、规格型号、电气设备和控制设备规格型号，确认无误后，才能安装。

（4）没有产品标记，或标记模糊不清，无法辨认者，不得安装。

（5）电伴热系统安装前，被伴热管道必须全部施工完毕，并经水压试验(或/和气密试验)检查合格。

（二）安装注意事项

（1）电伴热带安装时，不要在地面上拖拉，以免被锋锐物损坏；还应注意不要与高温物体接触，防止电焊熔渣溅落到电伴热带上。

（2）电伴热带有良好的柔性，但不允许硬折，需要弯曲时，其曲率半径不得小于电热电缆外径(或自限性电热带厚度)的6倍。

（3）电伴热带切忌用重物硬砸。遇上这种情况，电伴热带应重新进行电气测试，合格后才能使用。

（4）电伴热带应与被伴热管道(或设备)贴紧，并固定。以提高伴热效率。

（5）非金属管道的电伴热，应在管外壁与伴热带之间，夹一金属片(铝箔)，以提高伴热效果。

（6）电伴热带的安装要充分考虑管道附件(或设备)的拆卸可能性，且电伴热带自身又不需要被切断。

（7）安装完后多余的电伴热带可用于其他散热件(阀门、支架等)的补偿用；不足的电伴

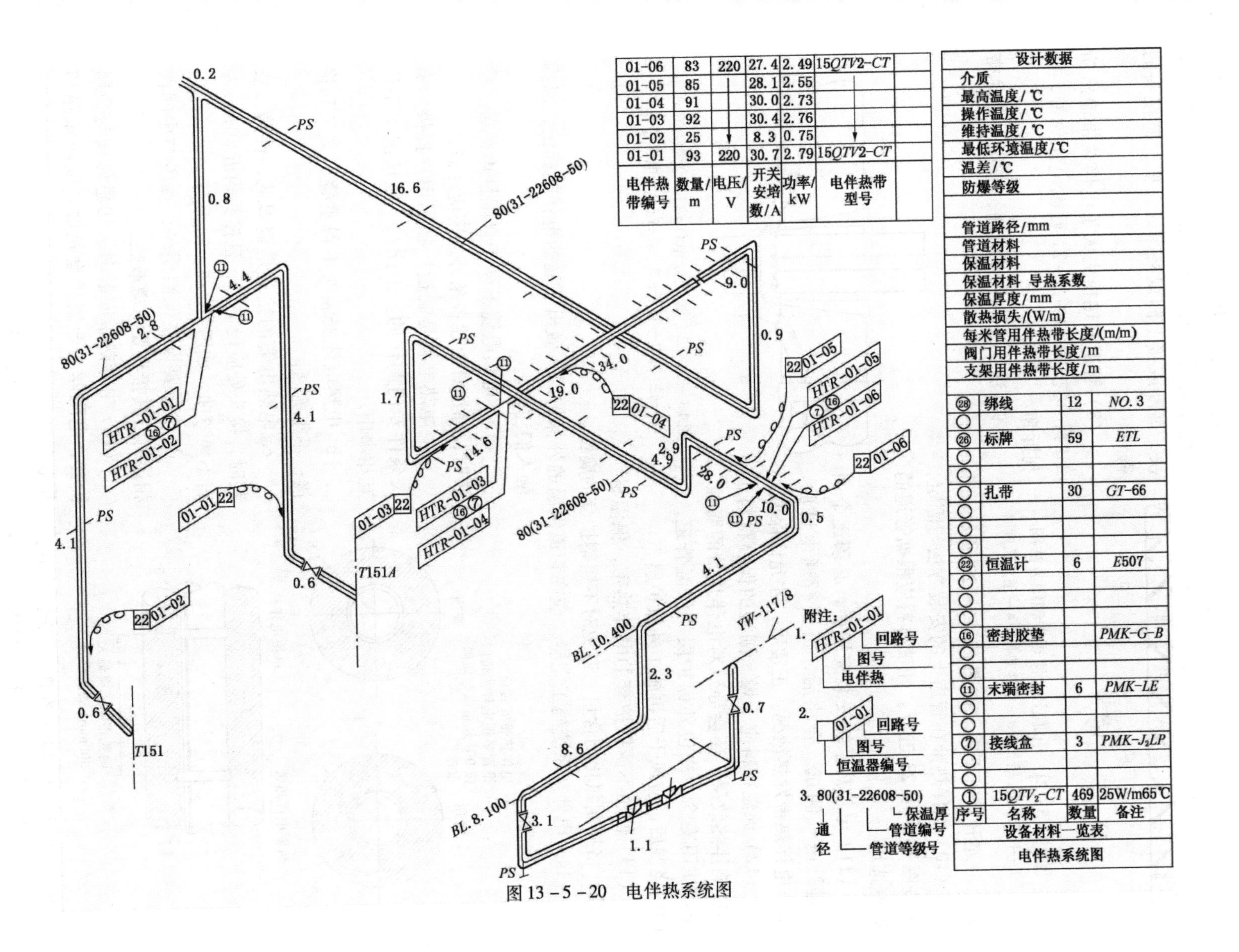

电伴热带编号	数量/m	电压/V	开关安培数/A	功率/kW	电伴热带型号	
01-06	83	220	27.4	2.49	15QTV2-CT	
01-05	85	↓	28.1	2.55	↓	
01-04	91		30.0	2.73		
01-03	92		30.4	2.76		
01-02	25		8.3	0.75		
01-01	93	220	30.7	2.79	15QTV2-CT	

设计数据
介质
最高温度/℃
操作温度/℃
维持温度/℃
最低环境温度/℃
温差/℃
防爆等级
管道路径/mm
管道材料
保温材料
保温材料 导热系数
保温厚度/mm
散热损失/(W/m)
每米管用伴热带长度/(m/m)
阀门用伴热带长度/m
支架用伴热带长度/m

序号	名称	数量	备注
㉘	绑线	12	NO.3
○			
㉖	标牌	59	ETL
○			
○			
○	扎带	30	GT-66
○			
○			
○			
㉒	恒温计	6	E507
○			
○			
○			
⑯	密封胶垫		PMK-G-B
○			
○			
⑪	末端密封	6	PMK-LE
○			
○			
⑦	接线盒	3	$PMK-J_2LP$
○			
○			
①	$15QTV_2-CT$	469	25W/m65℃
设备材料一览表			
电伴热系统图			

图 13-5-20 电伴热系统图

热带可从其他散热件匀出以补短缺。如电热电缆多余或缺的太多，应请制造厂给予解决，剪断或接上同规格带时，要注意接头的密封。

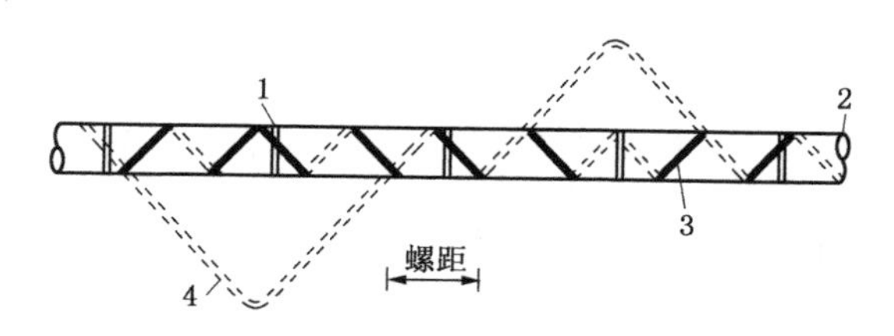

图 13－5－21　管道上电伴热带缠绕方法图

1—扎带；2—管道；3—电伴热带；4—预放长度

（8）管道散热损失大于电伴热带输出功率时，可按图 13－5－21 敷设电伴热带，以利拆卸。

（9）法兰处易产生泄漏，缠绕电伴热带时，应避开其正下方。如图 13－5－22 所示。

（10）电伴热带在管道上的安装方法与固定，可按图 13－5－23 进行。扎带材料应根据管道的温度选用。

（11）电伴热系统安装完毕后，必须逐个回路进行电气测试。合格后，再进行通电试验，检查电伴热带发热情况。正常后，才允许保温。

（12）保温材料应干燥。潮湿的保温材料不但影响伴热效果，还会导致对电伴热带的腐蚀，缩短使用寿命。未包外保护层的保温管道，被雨雪浇湿后，应风干后再施工外保护层。

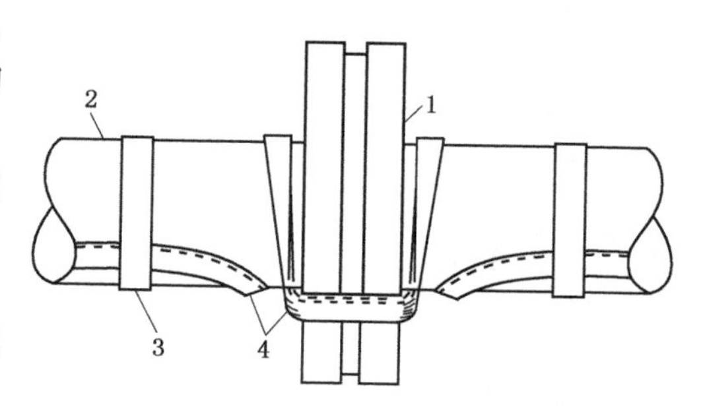

图 13－5－22　法兰处电伴热带的缠绕方式

1—法兰；2—管子；3—扎带；4—电伴热带

（13）使用不锈钢护套的电伴热带，保温材料要严格控制氯化物含量，避免对不锈钢护套的腐蚀。

（14）电伴热系统施工完毕，应在管道保温的外保护层，做出明显的电伴热标记，以提醒人们注意。

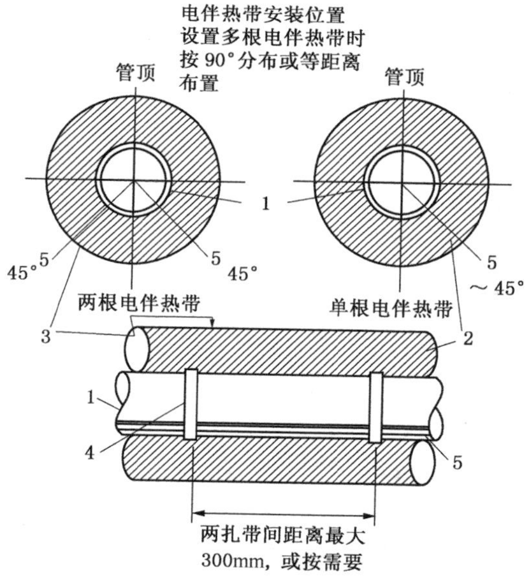

图 13－5－23　电伴热带在管道上安装与固定

1—管道；2—保温层；3—外保护层；4—扎带；5—电伴热带

（15）电热电缆不同于自限性电热带，安装时，除注意上述各条外，还应注意：

a. 电热电缆是制造厂根据用户提供的有关条件专门制作的。因此，一般情况下不许互相串用。

b. 电热电缆安装时不得重叠、交叉和搭接；不得剪断。

c. 电热电缆的接头是铜焊的，性脆，安装时，接头处应设支点，且接头附近 80mm 左右不要弯曲。如图 13－5－24 所示。

d. 冷段要设在保温层外，冷段与中间段相接时，其接点要考虑散热。

（16）电伴热带安装时，切忌母线与金属护套，电阻丝与金属护套接触。以防短路和漏电事故。

（17）多回路电伴热带从同一接线盒接出时，各母线要有绝缘套隔离，以防短路。

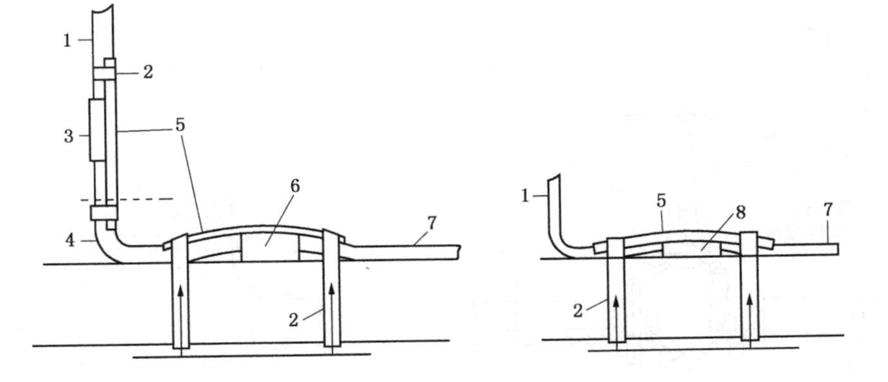

图 13－5－24　电热电缆接头安装要求

1—冷段；2—扎带；3—冷段至中间段接头；4—中间段；5—接点处支点；
6—热段至中间段接点；7—热段；8—热段至冷段接点

（18）接线盒应密封，防止雨水进入。

（19）恒温控制器应安装在没有振动的地方。

（20）恒温控制器经调试合格后，应按规定的温度给定，尔后铅封。

（21）恒温控制器用于控制环境温度时，应安装在对大气温度敏感的地点。

（22）恒温控制器除用于恒温控制外，还可以用作高、低温报警。不同用途，一定要注意接线正确无误。

（23）恒温控制器的传感元件的安装，应注意电伴热带和散热物对它的影响。安装方法可参照图 13－5－25。

（三）电伴热典型安装图（见图 13－5－26～图 13－5－52）

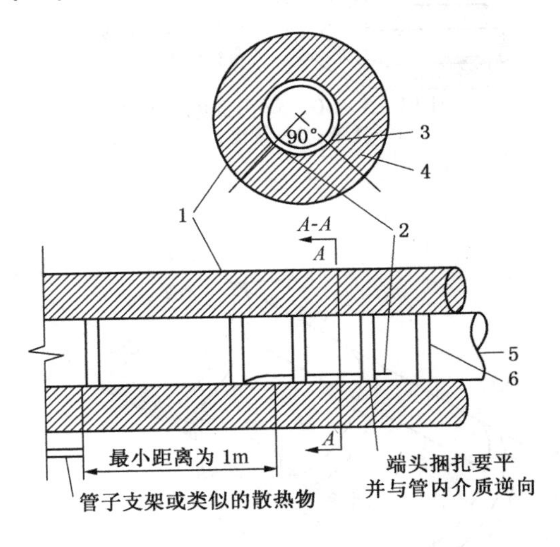

图 13－5－25　恒温控制器传感元件安装图

1—外保护层；2—恒温控制器触头；3—电伴热带；
4—保温层；5—管道；6—扎带

注：1. 安装有多根电伴热带时，控制传感元件距电伴热带最少 90°或将它安装在两电伴热带的正中间。
2. 恒温传感元件距电伴热带最小距离不小于 10°。

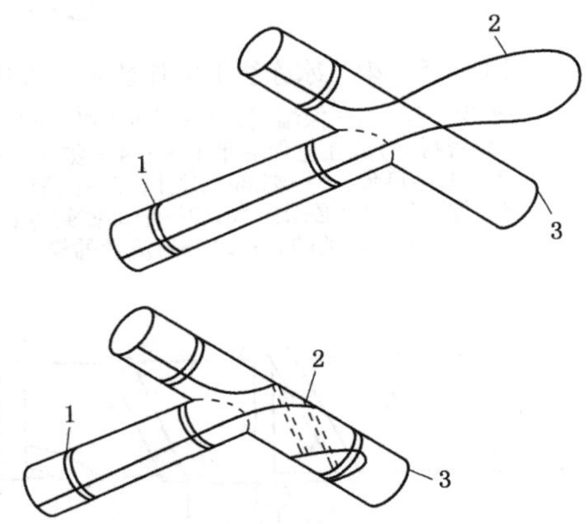

图 13－5－26　三通处电伴热带的安装

1—扎带；2—电伴热带；3—管道

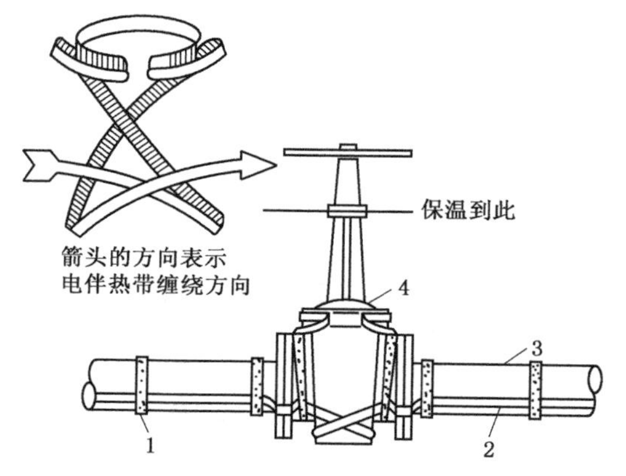

图 13－5－27　阀门上电伴热带的安装

1—扎带；2—电伴热带；3—管道；4—阀体

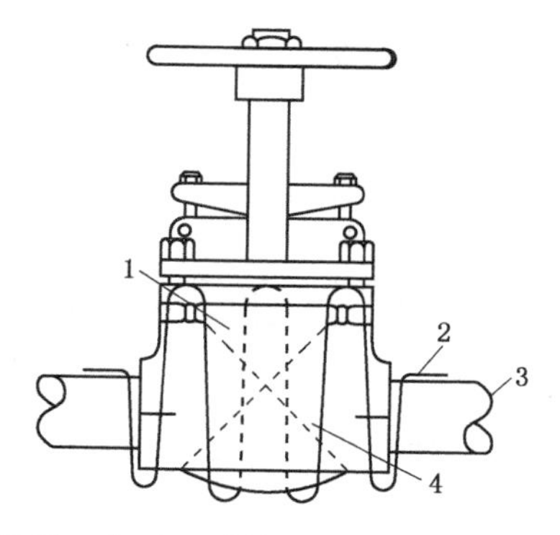

图 13－5－28　阀门上电热电缆的安装

1—阀体；2—电热电缆；3—管道；4—不锈钢扎带

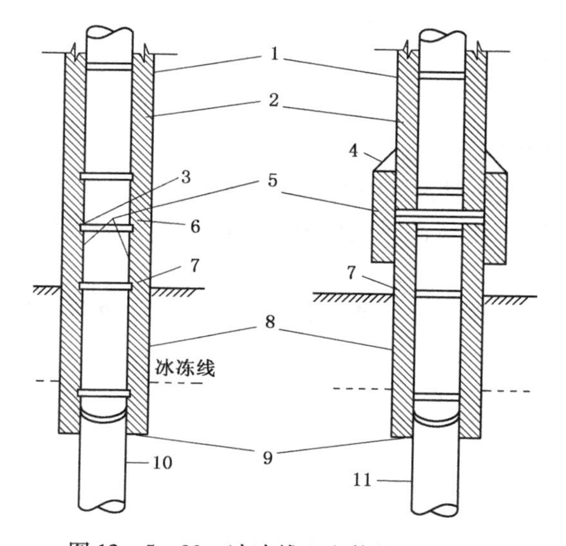

图 13－5－29　冰冻线上电伴热安装方法

1—外保护层；2—保温层；3—不锈钢带（只用于端部密封件）放在电伴热带下面；4—防水层；5—电伴热带；6—端部密封件；7—扎带；8—地下防护套必须防水；9—全部密封好；10—不带法兰的管；11—带法兰的管

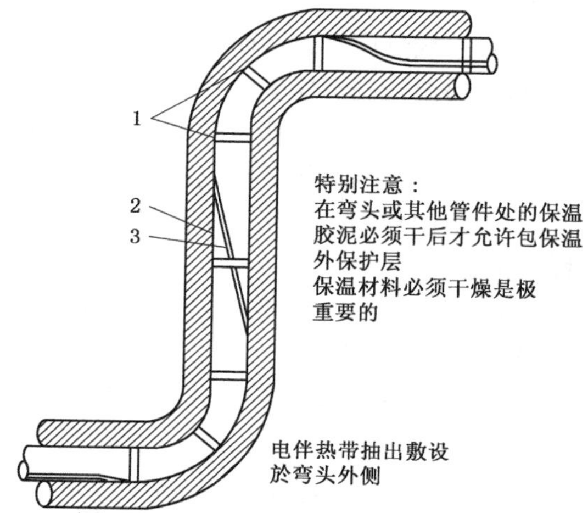

图 13－5－30　弯头处电伴热安装方法

1—扎带；2—管道；3—电伴热带

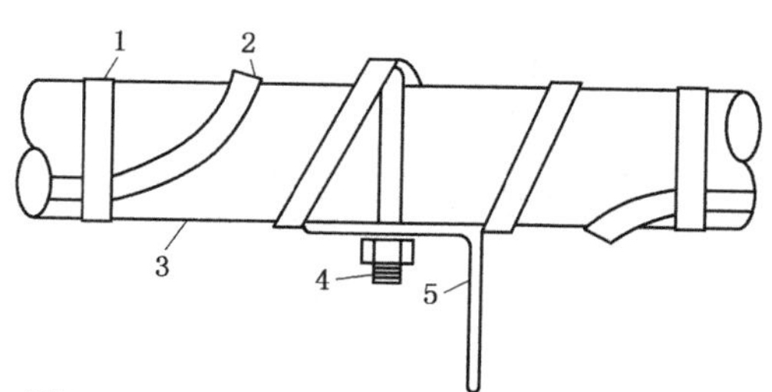

图 13－5－31　"U"形管卡处的电伴热带安装

1—扎带；2—电伴热带；3—管道；4—U 形卡；5—支架

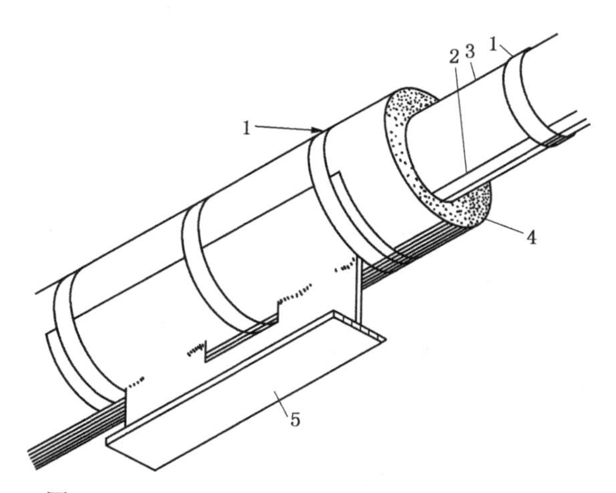

图 13－5－32　管托在保温层外的管道电伴热图

1—扎带；2—电伴热带；3—管道；4—保温管壳；5—T 形管托

注：这类支托，可不额外增加伴热带

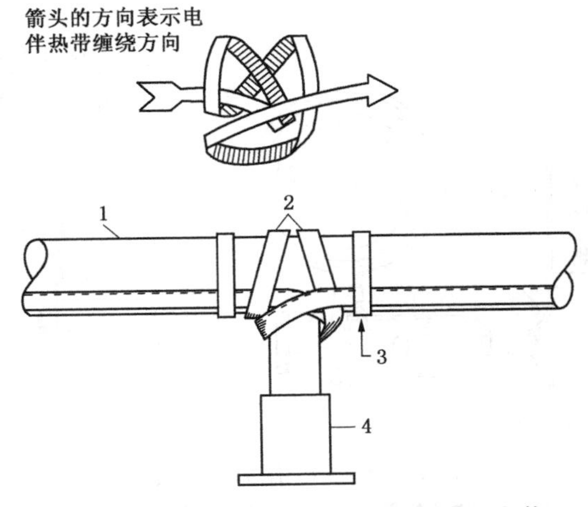

图 13－5－33　平管管托处电伴热带的安装

1—管道；2—电伴热带；3—扎带；4—管托

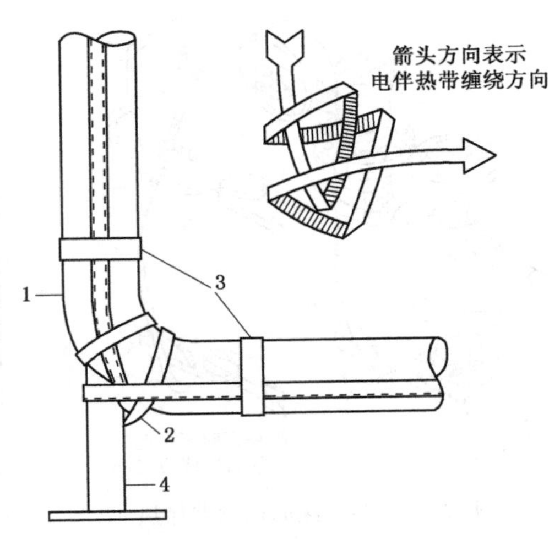

图 13－5－34　弯管托处电伴热带的安装

1—管道；2—电伴热带；3—扎带；4—管托

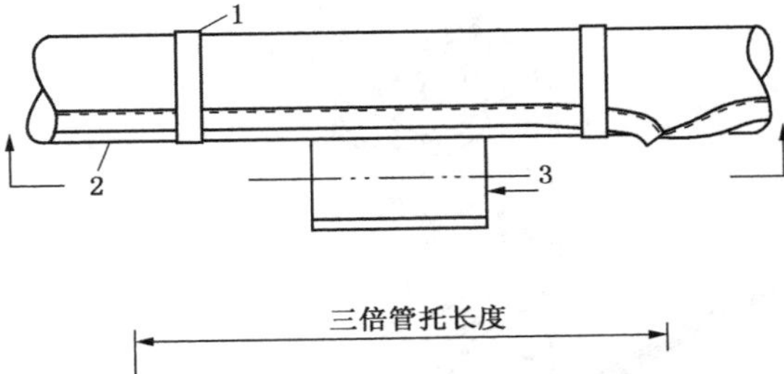

图 13－5－35

注：管托处的保温和外保护层应尽可能做到能全部打开。

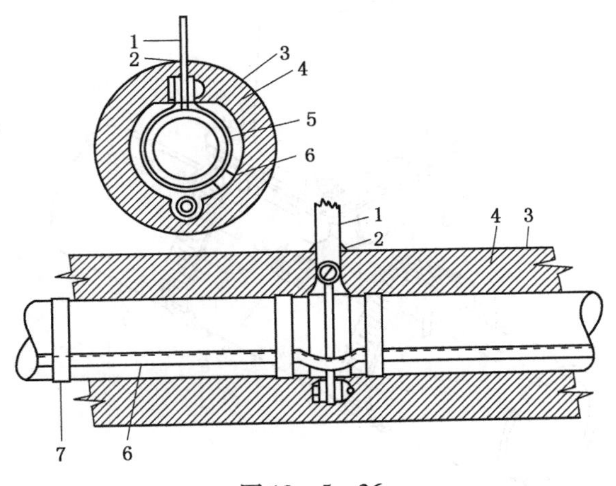

图 13－5－36

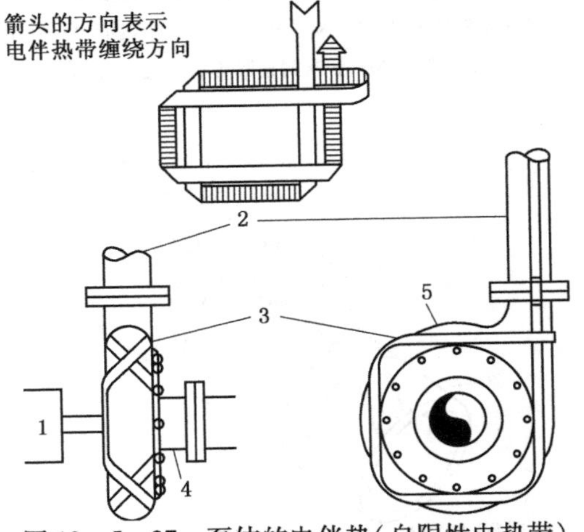

图 13－5－37　泵体的电伴热(自限性电热带)

1—电机；2—泵出口；3—电伴热带；4—泵入口；5—泵体

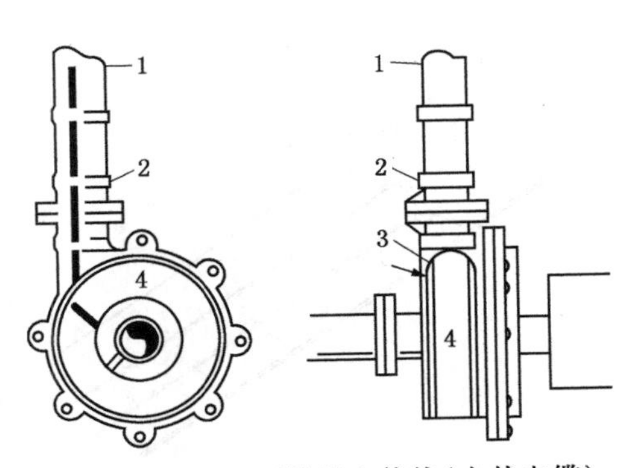

图 13－5－38　泵体的电伴热(电热电缆)

1—管道；2—扎带；3—电伴热带；4—泵体

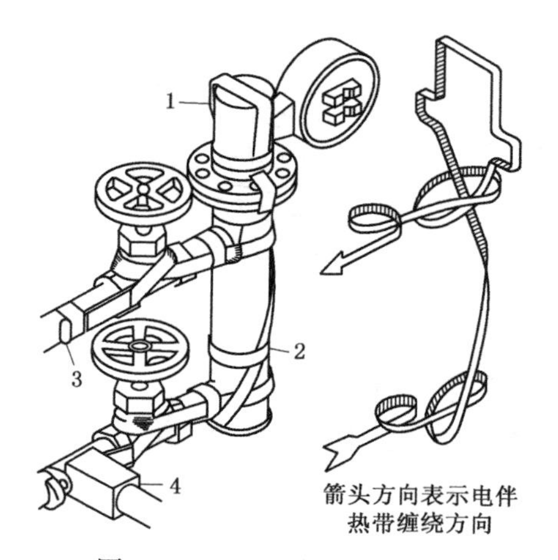

图 13－5－39　液面控制器伴热

1—电伴热带;2—扎带;3—尾端密封;4—接线盒

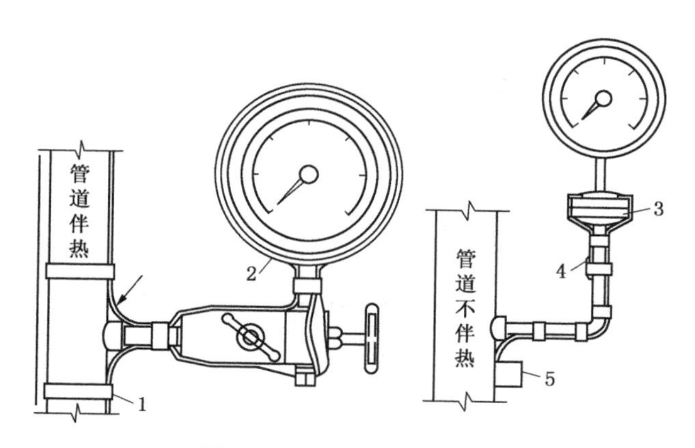

图 13－5－40　压力表伴热

1—扎带;2—电伴热带;3—隔离盒;4—尾端密封;5—接线盒

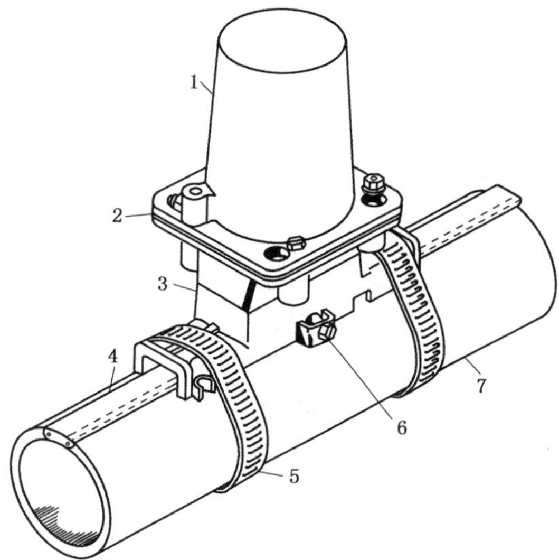

图 13－5－41　防爆接线盒安装图

1—可卸接线盒盖;2—垫片;3—固定座;4—电伴热带;
5—不锈钢带;6—接地螺栓;7—管道

注:为快速方便地卸除盒盖建议用 1/4″螺钉上紧,只要螺钉松开,元件就可卸下来。

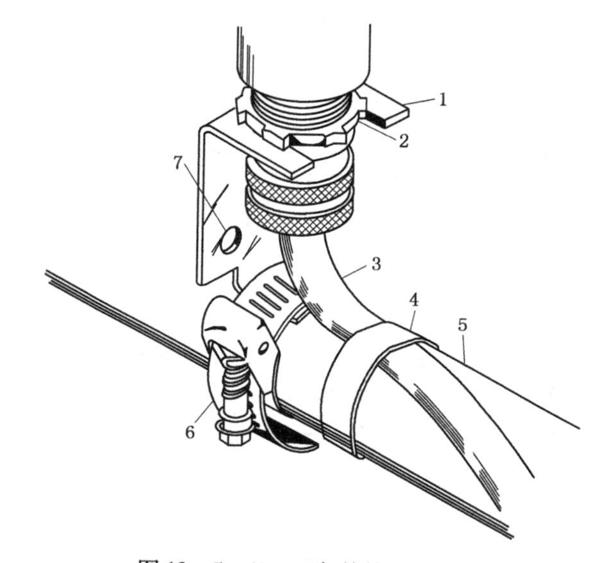

图 13－5－42　一般接线盒的安装

1—不锈钢托架;2—锁紧螺母;3—电伴热带;4—扎带;
5—管道;6—不锈钢夹紧带;7—接地用开孔

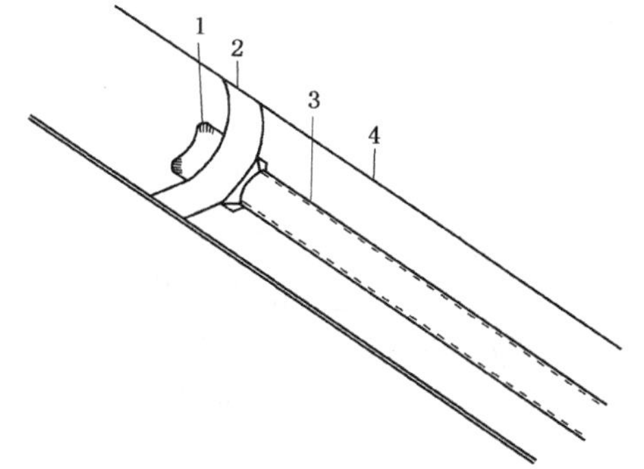

图 13－5－43　一般区域端部密封形式和固定

1—密封件;2—扎带;3—电伴热带;4—管道

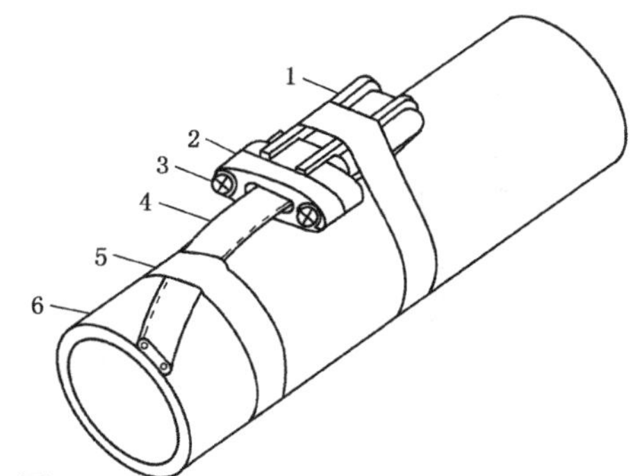

图 13－5－44　防爆区端部密封形式和固定

1—端部密封件;2—压紧型承插密封;3—六角螺钉;
4—电伴热带;5—扎带;6—管道

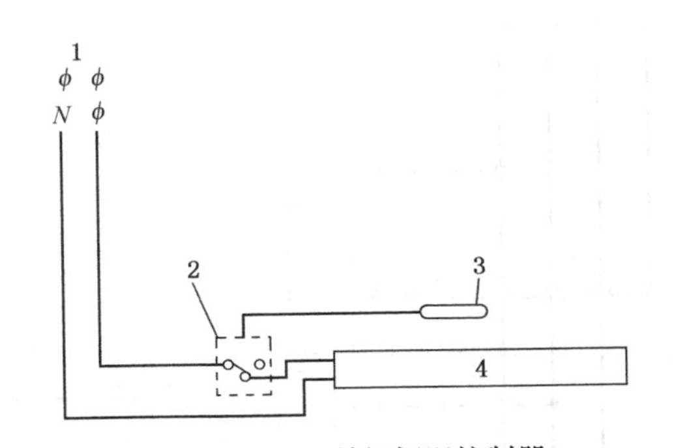

图 13-5-45　单极恒温控制器

1—电源;2—恒温控制器;3—恒温器触头;4—电伴热带

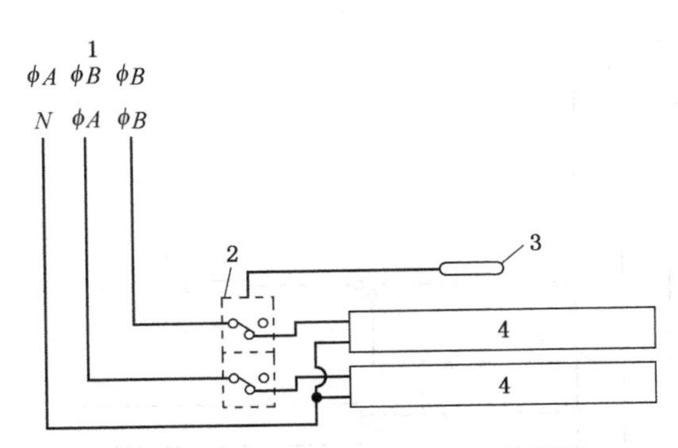

图 13-5-46　双开关单极恒温控制器

1—电源;2—恒温控制器;3—恒温器触头;4—电伴热带

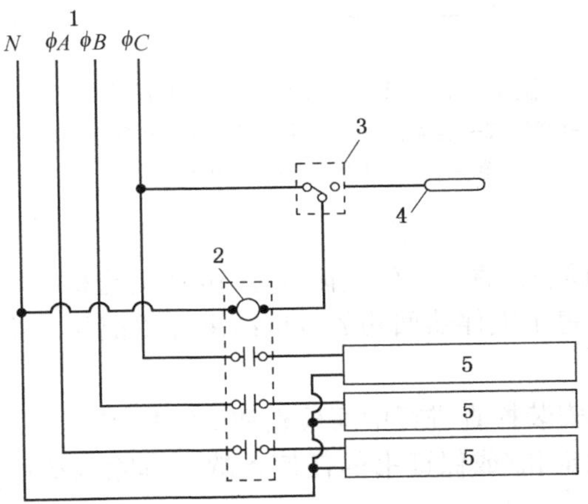

图 13-5-47　三相开关单极恒温控制器

1—电源;2—线圈;3—恒温控制器;

4—恒温控制器触头;5—电伴热带

注:1. 一个回路时,用 ϕC 和电伴热带 C。

2. 二个回路时,用 ϕB 和 ϕC 与电伴热带 B 和 C。

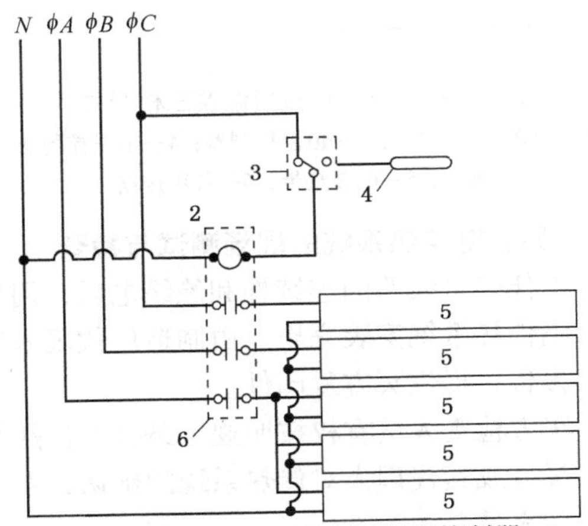

图 13-5-48　三相开关恒温控制器

1—电源;2—线圈;3—恒温控制器;

4—恒温器触头;5—电伴热带;6—接触器

注:1. 对于一个回路,使用 ϕC 和电伴热带 C。

2. 对于二个回路,使用 ϕB 和 ϕC 与电伴热带 B 和 C。

3. 电伴热带 A_1、A_2、A_3 总的负荷不得超过接点的额定值。

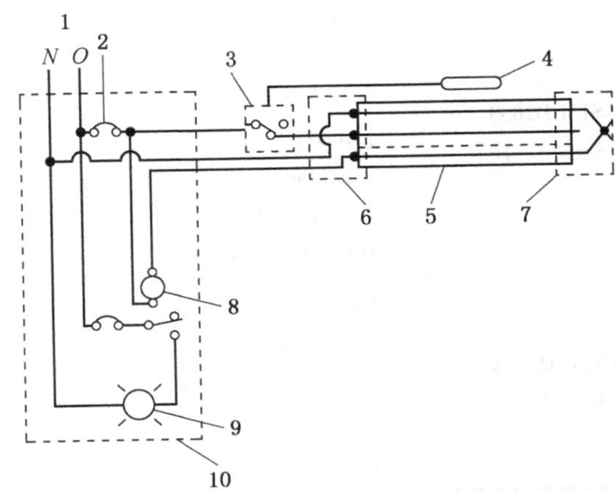

图 13-5-49　带监示线路的 M 电热带电气示意图

1—电源;2—熔断器;3—恒温控制器;4—恒温控制器触头;

5—电伴热带;6—电力接线;7—尾端密封;8—继电器;

9—报警灯;10—配电盘

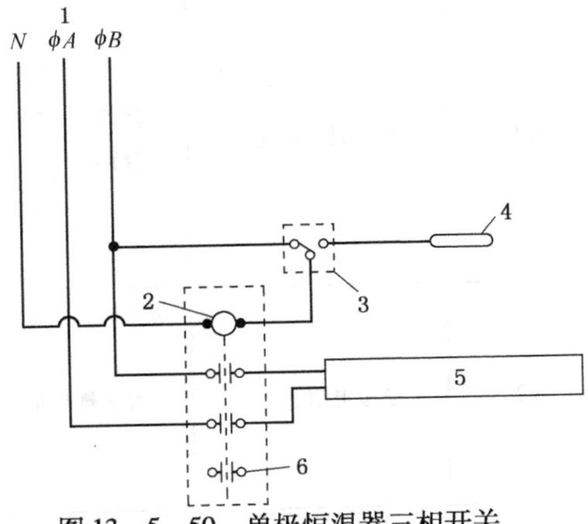

图 13-5-50　单极恒温器三相开关

1—电源;2—线圈;3—恒温控制器;4—恒温控制器触头;

5—电伴热带;6—备用接点

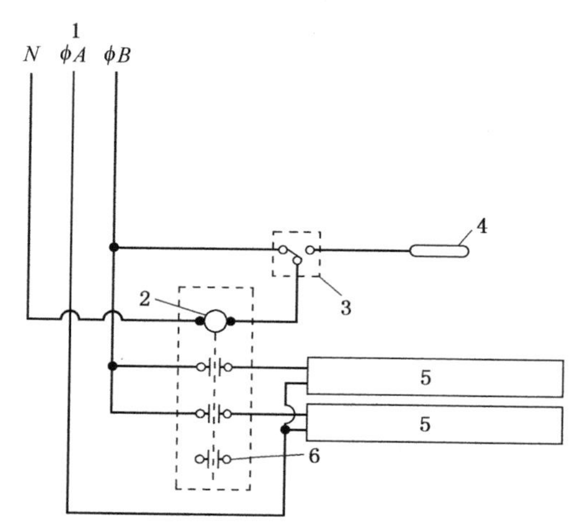

图 13－5－51　单极恒温器三相开关

1—电源；2—线圈；3—恒温控制器；4—恒温控制器触头；5—电伴热带；6—备用接点

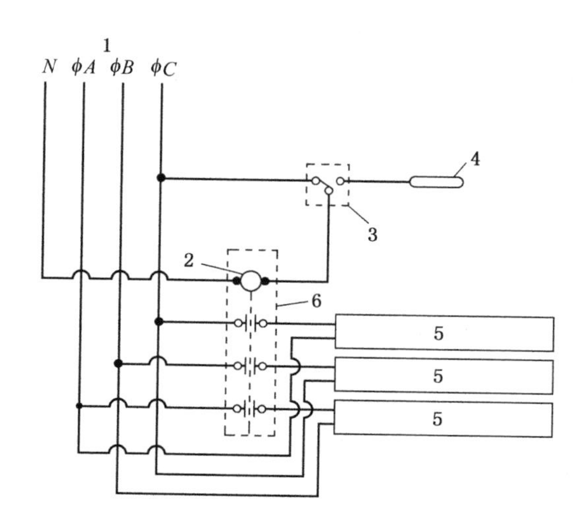

图 13－5－52　单极恒温器三相开关

1—电源；2—线圈；3—恒温控制器；4—恒温控制器触头；5—电伴热带；6—接触器

（四）电伴热系统的现场测试与检查

电伴热带线路的连续性和绝缘电阻，用500V摇表检查，绝缘电阻大于5MΩ为合格。

电伴热系统安装完毕，由制造厂代表来检查，每个电伴热回路的测试结果应予记录，并提出报告，提供买方复印件。

买方检查人员有权按照规定条件对伴热系统的安装检查进行中间检查和最终核实。

买方或其代理人对伴热系统的确认，不应从规定和/或保证书的任何条款中排除制造厂或安装人员。

附表（SH/T 3052）

瑞侃自限性电伴热带试验条件一览表

产品试验标号	试　验	要　求	执行标准	参照标准
5.1	绝缘材料耐电压	经受2500V电压一分钟	ASTM D2633 [Sec. 13－16]	BS 6351：Pt 1. [Clause 8.1.6] VDE 0253 [Clause 7] IEEE Std. 515：1983 [Clause 5.1.1] IEC 540[Clause 16.2]
5.2	绝缘电阻	大于规定值	ASTM D3032 [See. 5]	BS 6351：Pt. 1 [Clause 8.1.6] IEEE Std. 515：1983 [Clause 5.1.2] IEC 540 [Clause 16.3]
5.3	金属编织物电阻	小于规定值	ASTM B193 [See. 5]	BS 6351：Pt. 1. [Clause 8.1.12] VDE 0253 [Clause 6.4.3]

续表

产品试验标号	试　验	要　求	执行标准	参照标准
5.4	热输出（功率输出）	不小于规定值		BS 6351： Pt. 1. [Clause 8.1.4]
5.5	自调节指数	不低于规定值		
5.6	起动电流	不超过规定值		BS 6351： Pt. 1 [Clause 8.1.4]
5.7	最大自生温度	不超过规定值	BS 6351： Pt. 1 [Clause14.3]	IEEE Std. 515：1983 [clause 5.1.8]
5.8	热稳定性	电力保持百分率不低于规定值		UL746B IEC Pub. 216 – 1 Pt. 1 EPR1 NP – 1558 Sect. 4
5.9	外套抗拉强度和伸长率	不超过规定值		ASTM D 2633 [See. 7] VDE 0472[Clause 602] IEC 540[Clause 5.1]
5.10	室温弯曲	不裂，耐规定电压一分钟		
5.11	冷弯	不裂，耐规定电压一分钟	IEEE Std 515 1983[See 5.1.7]	BS 6351： Pt. 1 [Clause 8.1.11] VDE 0472 [Clause 610]
5.12	冲击电阻	不裂，耐规定电压一分钟	BS 6351： Pt. 1 [Clause 8.1.10]	IEEE Std. 515 1983 [See. 5.1.6]
5.13	荷载下变形	不裂，耐规定电压	IEEE Std 515 1983 [See 5.1.5]	BS 6351： Pt. 1 [Clause 8.1.9]
5.14	夹套老化	不裂，耐规定电压一分钟	IEEE Std 515 1983 [See. 5.1.4]	ASTM D 2633 [See. 8]
5.15	升温时耐电压	在规定温度下，耐试验电压一分钟		BS 6351： Pt. 1 [clause 8.1.7]
5.16	浸水	不开裂，基型带绝缘电阻不低于规定值带金属编织物和护套带耐规定电压一分钟		IEEE Std 515 1983 [Sec. 5.1.3] BS 6351：Pt. 1 [Clause 8.1.6]
5.17	抗化学性能	不裂，抗拉强度和伸长率保持规定值		

（编制　陈让曲）

主要参考资料

1 《石油化工管道伴管及夹套管设计规范》(SH/T 3040—2012)

2 瑞侃(Raychem)公司 Chemelex 电伴热带设计手册、技术条件

3 伊顿(EATON)公司 Dekoron 电伴热设计资料

4 UOP 标准“ELECTRICAL HEAT TRACING”(7 - 15 - 0)

5 纳尔逊(NELSON)公司部分资料

6 华能无锡电热器材厂“电伴热系列产品设计使用说明”

第十四章 配管设计图的绘制

第一节 配管设计图的组成

目前国内从事石油化工装置配管设计的单位为数众多，他们都各自按照自己的规定绘制成套的配管设计图纸和编制相应的文字资料表格；

不同设计单位提供的设计图纸组成会有所差别，但图纸部分基本上由下列几项组成：

（1）装置设备平面、立面布置图；

（2）管道平面、立面布置图、剖视图、视图、局部详图；

（3）管道支吊架平面位置图；

（4）管道支吊架图(包括标准支吊架的汇总图表和非标准支吊架施工图)；

（5）伴热系统图、伴热管道布置；

（6）特殊管件图；

（7）管段图；

（8）各种复用的标准图。

上列各项图纸中，第(3)项仅在必要时才绘制。第(7)项除有特别约定者外，设计单位一般不提供。设计单位应用CAD以免除大量的手工绘图。

配管设计文件中的文字资料和表格部分通常包括：

（1）说明书；

（2）管道材料选用等级表；

（3）工艺管道规格表(分区的，按管道编号开列的管道材料规格和数量清单)；

（4）管道材料规格表(分区汇总和按装置汇总的材料清单)；

（5）其他必要的说明资料；

（6）目录。

如果设计单位提供带有详细材料清单的管段图时，不再需要编制工艺管道规格表。

国外引进装置中由外方提供的配管图纸部分的组成通常与国内设计者相近，但如果配有深度足够的模型时，可能省略去一部分图纸(如立面布置图)。国外公司的配管图纸都包括单管管段图。文字资料表格部分，由于成套引进装置由国外承包商负责采购管道材料甚至预制成管段再运至现场，因此不包括供采购用的管道材料清单，但通常含有大量的该公司的通用性规范、标准、规定等文件及手册性的资料，还有针对该工程特别编制的工程标准和说明书(项目规格书)。

第二节 图纸的幅面

现行国家标准《图纸幅面及格式》(GB/T 14689—2008)中对图纸幅面的规定适用于配管

图纸，参看图 14－2－1 及表 14－2－1 ~表 14－2－3。

表 14－2－1　基本幅面（第一选择）（mm）

幅面代号	尺寸 B×L
A0	841×1 189
A1	594×841
A2	420×594
A3	297×420
A4	210×297

表 14－2－2　加长幅面（第二选择）（mm）

幅面代号	尺寸 $B \times L$
A3×3	420×891
A3×4	420×1 189
A4×3	297×630
A4×4	297×841
A4×5	297×1 051

表 14－2－3　加长幅面（第三选择）（mm）

幅面代号	尺寸 $B \times L$
A0×2	1 189×1 682
A0×3	1 189×2 523
A1×3	841×1 783
A1×4	841×2 378
A2×3	594×1 261
A2×4	594×1 682
A2×5	594×2 102
A3×5	420×1 486
A3×6	420×1 783
A3×7	420×2 080
A4×6	297×1 261
A4×7	297×1 471
A4×8	297×1 682
A4×9	297×1 892

配管图的幅面必要时可沿长边加长。对于 *A0* 和 *A2* 幅面，加长量按 *A0* 幅面长边的 1/8 倍数增加；对于 *A1* 和 *A3* 幅面，加长量按 *A0* 幅面短边的 1/4 倍数增加。*A4* 幅面不加长也不加宽。参看图 14－2－2。

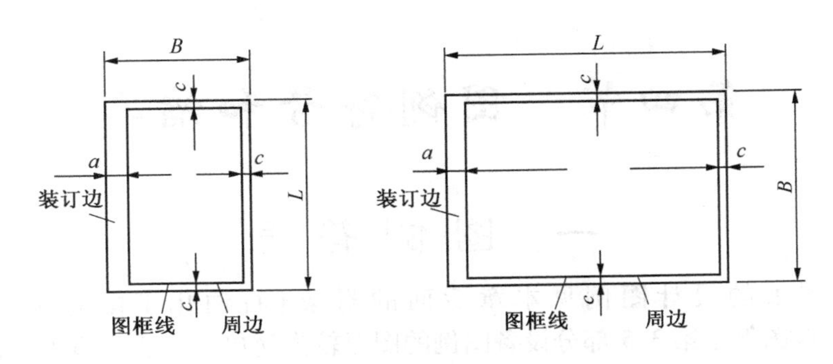

图 14－2－1 有装订边的图样

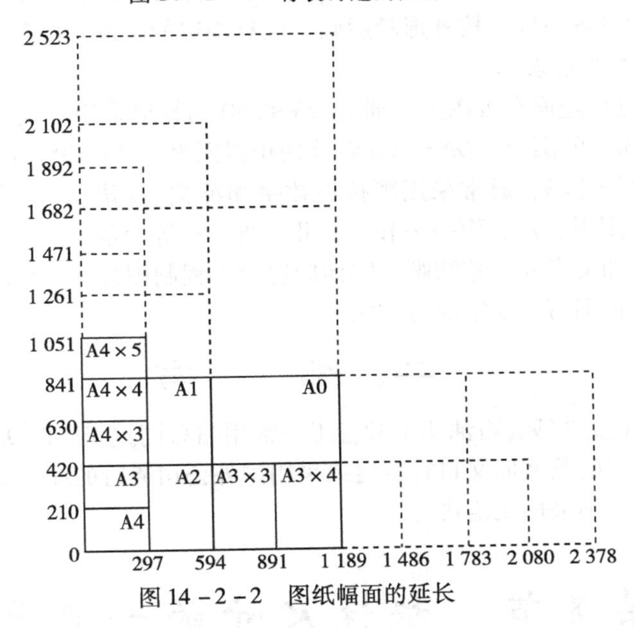

图 14－2－2 图纸幅面的延长

第三节 比 例

设备平立面布置图的常用比例为 1∶100 和 1∶200。对于面积巨大的大型装置，通常需绘制设备总平面布置图和单元平面布置图，前者的比例为 1∶400 后者为 1∶200。

配管图的常用比例为 1∶20、1∶25、1∶33. 3、1∶40、1∶50。对于石油化工装置的管道平立面图，经验证明采用 1∶33. 3（每 3mm 等于 100mm）的比例是恰当的。目前采用的 1∶50 比例造成图形、线条、字符过密，因而绘制及阅读都有困难。但是对于管道比较简单的管廊区，直径较大的塔区采用 1∶50 的比例也是可以的。

详图可采用 1∶20 或 1∶25 的比例。代替立面图的局部立体图没有严格的比例。

管道支吊架平面位置图的常用比例为 1∶50、1∶100。

管道支吊架图通常不严格按比例，但为不使支吊架的图形过分失真，在同一个支吊架安装（施工）图内，管子、型钢、组件等的大小、长短、厚薄等宜大体成比例。非标准的大型支吊架施工图应按比例绘制，常用比例为 1∶10、1∶20、1∶25。

伴热管立体图和单管管段图不按比例绘制。

管道非标准配件制造图的绘制与机械零件的设计制图相同。

第四节　图例符号和缩写

一、图例符号

配管工程图纸的设计图例见本章后面的附录《石油化工配管工程设计图例》(SH/T 3052)。该图例中第3.5部分设备图例的图形较为简单，一般只适用于设备平竖面布置图。对于管道平竖面图，设备的图形应增加深度，除普通泵和小型压缩机按最大外形画成长方块以外，其他设备原则上按外形轮廓画。没有规定的图例，可参照相近的图例或其他标准自行规定(参见本章附录)。

在1:50的管道平竖面布置图上，通常 $DN \leqslant 350$ 的管道采用单线图例；$DN \geqslant 400$ 者采用双线图例。在1:33.3的图上，$DN \leqslant 300$ 者采用单线图例，$DN \geqslant 350$ 者用双线图例。

图纸中需要编号的场合通常采用阿拉伯数字和英文(汉语拼音)字母，如“3—3 立面”、“详图 *B*”等。不采用甲、乙、丙……和Ⅰ、Ⅱ、Ⅲ……等表示。

图纸中的数字和文字应工整清晰，字体应符合工程制图标准。要求高时，阿拉伯数字和英文字母可使用模板书写，汉字应写仿宋体。

二、缩　　写

配管工程术语的缩写见《石油化工配管工程常用缩写词》(SH/T 3902—2004)。该规定中未包括者可参照术语的英文原文自行规定或采用国外公司通行的缩写编写方法。配管工程术语的缩写采用英文，不采用汉语拼音。

第五节　标注尺寸的一般要求

(1) 应整齐有序。相对于被标注的图形来说，分尺寸在内侧总尺寸在外侧。直接地标注出目的物的定位尺寸当然是最好的，但是在复杂的配管图纸中难于完全做到，因此允许经过简单的数学运算求得尺寸。如果图纸组成中包括单管管段图，则管道平立面图中可以标注得浅一些，而在管段图中标注详尽尺寸。

应避免重复标注尺寸，因为这将增加出错的机会和校对的工作量。

(2) 设备、管道、建筑物、构筑物等的定位尺寸均应与某一基准线关联。基准线可以是装置边界线、分区界线、建筑物构筑物的轴线或柱网中心线、设备中心线。

(3) 尺寸由尺寸界线、尺寸线和数字三部分组成。尺寸线两端可以用箭头、45°粗短划或圆点表示。箭头和短划不宜混用，如图14-5-1所示。

(4) 尺寸的数字应正向或右向书写，不得反向或左向书写。

(5) 尺寸应尽量靠近目的物标注。当尺寸标注在离目的物较远处时，尺寸界线应从目的物附近引出，否则将给看图带来不便。

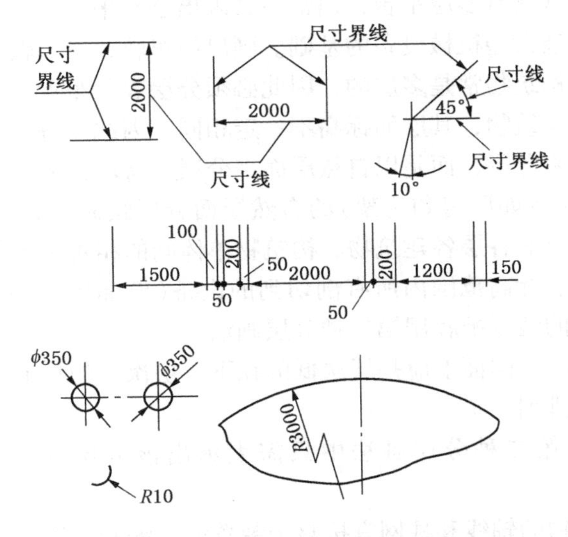

图 14－5－1　尺寸的组成及常见标注方法

第六节　设备布置图的绘制

下述内容适用于详细设计阶段，基础设计阶段可适当简化。

一、设备平面布置图的内容及表示方法

(1) 画出设备、机、泵等规格表中开列的全部设备，但小型的不设基础的设备如小过滤器、阻火器、汽水分离器、混合器等可不绘出。

除了工艺专业的设备外，布置在装置内的其他专业的设备，如能量回收系统、加热炉空气预热系统、水处理系统，焦化装置中的焦炭储运系统、带衬里的烟气管道和变压器等也应绘出。当《石油化工配管工程设计图例》(SH/T 3052) 中没有规定或虽有规定但不完全适用时，设备、机、泵等可按下列原则绘制：

(a) 结构复杂的大型机械、泵、成组设备应画出其最大外形轮廓及安装特点（如基础形式、原动机位置、机组内设备布置等）；

(b) 一般机泵可按其最大外形简化画成矩形图形；

(c) 一般立式卧式容器、换热器等应画出支腿、鞍座、吊耳及这些设备的基础；

(d) 加热炉应画出其外形、立柱及主要钢结构；

(e) 空气冷却器应画出风筒、管束、立柱；

各种设备应表示其安装方位。表示安装方位的方法有：人孔手孔、加料口、卸料口的方位；机泵的吸入口排出口位置；机泵动力端的位置、空气冷却器管箱及其嘴子的位置；搅拌装置的方位；加热炉图纸上的轴线及其编号；其他可以表示安装方位的主要管嘴。必要时应加标注，例如塔类设备的多个人孔不在同一方位时一般应注明是最下面的人孔。

(2) 画出全部建筑物和构筑物及其门、窗、柱子、墙、吊装孔、梯子等，其位置及大小应与土建专业的图纸相一致。

画出平台及其梯子，这些平台可以是附着于建筑物、构筑物和设备上的也可以是单独

的。塔类等立式容器通常具有多层平台，通常不必画出全部平台，参看第(3)条。

画出围堰。画出复杂大型机械设备的基础。画出吊车轨，吊车轨宜用双线表示。

(3) 由于建筑物、构筑物常是多层的，因此必须分层表示布置在不同层面上的设备。装置内常有多座建筑物和构筑物，其层面标高不一定相同，因此设备布置图不能像配管设计图那样以某个标高一刀切来分层，而是以自然层面来分层。有两种分层绘制方法，其一是按某个建筑物或构筑物单体(例如厂房和构架)的自然层面分层绘制；其二是按整个装置的自然层面分层绘制，装置内上面各层各建筑物、构筑物单体间的相对位置关系与底层一样符合尺寸比例，同时在某一分层标高范围内所有剖切到的设备(例如塔器)均应画出。对于具有多座多层建筑物、构筑物的装置推荐用第二种分层画法。

对于第一种分层画法，图面上应是层次低的在下，层次高的在上，并将轴线对齐。不同层次的平面不宜呈左右排列。

塔类等立式容器在第二种分层画法中只需表示出该分层标高范围内最上层的平台及梯子。

(4) 建筑物、构筑物的轴线和柱网宜按整个装置统一编号。通常横向用阿拉伯数字从左向右顺序编列，纵向用大写英文字母从下向上顺序编列，其中I、O和Z三个字母不使用。由于管廊在装置内是最长的构筑物，因此通常先编管廊的柱网，然后再编其他建筑物和构筑物。

(5) 画出检修道路。

(6) 用双点划细线表示出换热器管束抽出检修和压缩机活塞抽出检修所需的场地。必要时还应表示大型机械检修时放置拆卸下来的机壳转子及主要部件的场地。

(7) 标注出所有建筑物、构筑物、设备、机、泵、独立管架等的定位尺寸。这些定位尺寸对于建筑物和构筑物是轴线和柱网中心线；对于立式圆筒形设备、球罐、圆筒炉、烟囱等是中心线；对于卧式圆筒形设备为简体及支座中心线；对于矩形槽类设备为设备外轮廓线；方箱式加热炉为立柱柱网中心线及炉体中心线；对于压缩机类为转子或活塞缸体中心线及原动机中心线；泵类为泵体中心线及进口或出口管嘴中心线；空气冷却器为构架立柱中心线。建筑物、构筑物、设备、机、泵等标注定位尺寸的基准线应为装置边界线、建筑物构筑物的轴线或柱网中心线。

大型建筑物、构筑物除标注柱网分尺寸外尚应标注总尺寸。

标注装置的总尺寸。

尺寸在平面布置图上应妥善安排井然有序。相对于图形来说，应是分尺寸在内总尺寸在外。

(8) 在厂房、构架的自然分层面、平台面及池、槽等的底面应标注标高。

平面布置图一般不标注设备安装标高，但个别设备在设备立面布置图中没有表示时，可在平面布置图上注明，如图 14-6-1 所示。

当一张图上有二个或二个以上分层平面时，应在图形下方标注名称及标高。如：压缩机房 PLEL. 7000 平面、构架一 2PLEL. 10000 平面等(图名及标高下方应画一粗线)，但地面层主平面图不需标注。

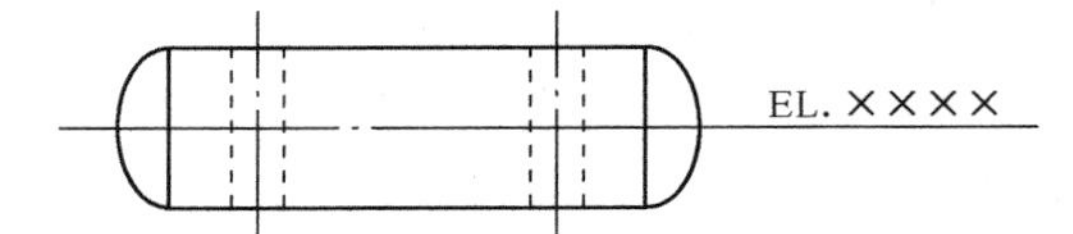

图 14-6-1 平面布置图上设备安装标高的标注

(9) 在地面层平面布置图上应画出与装置竖向布置图相一致的设计等高线，注明绝对标高及相应的设计相对标高如图 14 －6 －2 所示。等高线遇到建筑物、构筑物、设备、道路时应断开。等高线用细实线表示。

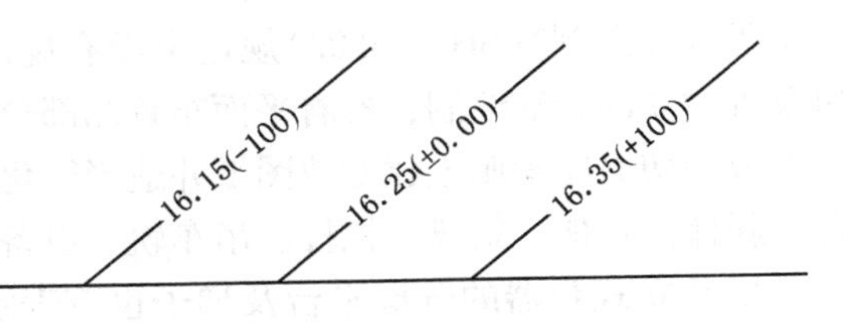

图 14 －6 －2　等高线画法示例

（10）标注装置坐标。对于常见的矩形装置边界，如果边界线与厂区建筑坐标网平行，则只需标注两个对角的坐标值。对于非矩形平面尚应加注某些拐角点的坐标，参看图 14 －6 －3。当装置边界线与厂区建筑坐标网不平行时，应注出所有拐角点的坐标值。

（11）标注设备编号。编号可以标注在设备的图形里面也可以标注在设备图形的外面。标注在外面时，应尽量整齐有序。

（12）标注建筑物的名称，如：压缩机房、热油泵房、控制室、配电室、办公室等。有名称或编号的构架也应标注，如反应器构架等。

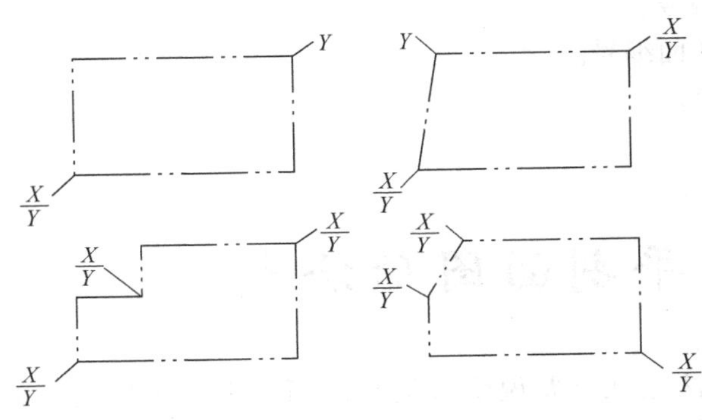

图 14 －6 －3　装置坐标的标注

（13）画出设备立面图的剖切面符号并予以编号。

（14）画出标有建北（CN）的方向针。考虑到复用设计的可能性，必要时尚应标注指 O 方向。方向针通常位于图纸的右上方。

（15）墙、混凝土柱、卧式设备的基础、围堰、砖或混凝土池槽的壁及混凝土管墩应涂以红色。

（16）列出设备机泵表，该表位于角图章上方，从下向上按不同类别的设备及编号顺序排列。类别的顺序大致为：塔、反应器（釜）、管壳式换热器、空气冷却器、其他形式换热设备、容器、油罐、槽、加热炉、压缩机、泵、专用机械、起重运输机械、其他（混合器、抽空器、过滤器等）。

设备机泵表通常有下列栏目：设备编号、设备名称、规格或型号、数量、图纸档案号、备注。

第一列设备机泵表不够时可紧靠第一列从下边框向上延伸安排第二列具有同样表头的设备机泵表，余类推。

当设备平面布置图不止一张时，设备机泵表应优先放在第一张（地面层）上。通常第一张的图面比较满，有困难时也可安排在第二张或设备竖面布置图上，甚至专门安排一张图纸列出设备机泵表，但设备机泵表不得分列在二张图上。

在平面布置图没有画出但列入设备机泵表的设备，应在设备机泵表中的备注栏内注明：“图中未表示”。

（17）写上附注。附注的内容有相对标高 ±0.00 与绝对标高的关系，需要特别说明的事项，有关图纸档案号等。

二、设备竖面布置图的内容及表示方法

（1）画出设备平面布置图剖切符号范围内所有的设备及建筑物、构筑物。在《石油化工配

管工程设计图例》(SH/T 3502)规定中没有规定或虽有规定但不完全适用时，原则上可按设备机泵等的立面轮廓绘制，参看平面布置图部分第(1)条的第 a、c、d、e 款。建筑物、构筑物的立面或剖切面应参照土建专业图纸并适当简化，但应画出建筑物、构筑物的梁柱、门、窗、平台、斜梯、直梯、斜撑、栏杆、吊车轨、设备机泵的基础、围堰等。

塔及立式容器的分层平台及梯子也应表示齐全。油罐、圆筒炉及其他圆筒形设备上的盘梯应基本按投影画出。空气冷却器应画出构架。

(2) 参照设备平面布置图部分第(6)条画出所需检修空间。

(3) 竖面布置图只标注标高，特殊情况下才标注尺寸。需要标注标高的地方有：地面、厂房和构架的分层面、平台面、吊车轨顶、建筑物的檐口、设备机泵等的基础面或支座顶面、卧式圆筒形设备及大型管道的中心、立式圆筒形设备的最高点(通常为顶部管嘴的法兰面或上端切线)、立式设备支耳底面或其支架的顶面、烟囱上口、管架的梁顶、空气冷却器构架顶部(管束底部)等。

(4) 与设备平面布置图一样标注设备编号。

(5) 在每一个竖面布置图下面标注剖切面编号。

(6) 基础、混凝土梁的断面应涂以红色。

(7) 写上必要的附注。

第七节　管道平剖面图的绘制

管道平剖面图的内容、深度及表示方法也就是要说明管道平剖面图需要画什么及如何画的问题。不同设计单位绘制的管道平剖面图其内容大致差别不大，但深浅程度及表示方法的优劣则有相当的不同。本节叙述的内容是按较高的制图标准来要求的，具体实行中可以根据实际情况变通处理，适当简化。国外设计单位与施工单位的责任范围极其清楚，因此图纸极为详尽甚至繁琐，例如单管立体图上常指定现场焊缝的位置及组装裕量等。在国内，除非设计有特殊的要求，施工中许多琐碎问题常由施工单位依据有关施工验收技术规范自行处理。因此，图纸的深度就浅一些。但无论如何应当记住图纸是供施工和生产用的，是给别人看的，不应由于不适当的简化给施工和生产造成困难或将工作推给施工单位去做(例如由于尺寸不全造成困难或施工单位要进行过多的推算)。至于表示方法，主要是“技巧”问题，熟练的设计者可以通过简洁的图形，适量的标注及文字说明即可准确表达设计的意图。表达能力差者则相反，画了许多图形再加上大量的标注和文字说明最终仍不能准确表达设计意图。

一、绘制管道平剖面图的一般要求

1. 按比例

在图例符号规定中只列出了图形的形状，没有尺度概念。在配管图中，除了按比例绘制时图形过小绘制有困难或超出该比例尺表达可能性(如在 1:50 比例中，$DN<100$ 的管子断面圆难于按比例绘出)之外，原则上均应按比例绘制。按比例的主要目的及好处在于正确表达管道组件所占据的空间，避免碰撞或间距过小。

下列两类要求按比例或大致按比例绘制的图例，常被绘图者忽略，应予注意。

（1）构筑物，建筑物的断面形状（如管架的立柱）和尺寸，墙的厚度，门窗梯子的位置等。

（2）管道配件的形状和尺寸。如管子横断面圆的直径，对焊弯头的半径，法兰的外径，阀门的长度和高度，保温的外径等。

2. 分层

配管图经常具有多个标高层次，因此常常按不同的标高平切分层绘图以避免平面图上图形和线条重叠过多造成表示不清。塔及立式容器类管道通常按平台标高分层。如为联合平台且标高错落不齐时，以主要平台（例如楼梯间处的平台或大多数标高相同的平台）分层。管廊以不同层的管排分层。构架按不同标高的平台分层，必要时每层平台还可再分两层（下层通常为设备及周围的管道，上层为纵横向联系管道）。泵房的情况与构架类似。二层或多层厂房按楼面标高分层，必要时每层厂房可再分层。加热炉通常将下层看火平台与火嘴周围管道划为一层，上部则视辐射段进出口，对流段进出口的位置结合上部各平台分层。

分层绘图的配管图，管道应严格按所划分的分层标高范围绘制在所属的平面图内。

3. 剖面（视）图及其层次

目前，不论国内外的配管图都不绘制大剖面图。局部剖面图主要目的在于补充平面图难于表达的管道立面布置情况，因此可繁可简。繁时可以在所要绘制的剖面范围内按投影关系绘出全部设备构筑物，管道的全部内容。这同样有个层次（景深）问题。一般，剖视的层次不宜过深，即不宜“看到”太远的地方，以解决问题为准。简时可以只画想要表明的内容，其他内容即使按投影关系在同一剖面上也可“视而不见”舍去，但应注意不应因这种简化而造成误解或错误。

4. 局部详图和局部视图

平剖面中，在需要绘制放大比例的详图范围内可只示意绘出主要管道，不作任何标注。局部视图是简化了的小范围的剖面图。局部视图如果画成局部立体图将有更好的表达能力。

二、管道平剖面图的内容及表示方法

1. 画出本区范围内所有的建筑物、构筑物，表示出门、窗、吊装孔、平台、梯子、柱、梁、墙和设备机泵基础等的位置及大小。如有斜撑应标明其位置。建筑物和构筑物的纵横向轴线最好按整个装置统一编号。

2. 画出本区范围内所有的设备机泵并予定位。对于复杂的大型机泵最好画出其大致的轮廓外形。设备的管嘴应以双线表示。为了便于判断管道布置和平台梯子的位置是否合理，最好将设备上的仪表管嘴、塔顶吊柱、设备上的附属装置（如搅拌装置、加料装置、卸料装置、减速装置等）画出。

3. 画出本区范围内所有的管道的走向及其所有组成件（包括焊在管道上的所有仪表元件）的位置。表示出组装焊缝的位置。伴热管只画出伴热蒸汽分配站和疏水站或热水分配站和热水回水站。大型复杂的特殊阀门宜画出其大致轮廓外形。

4. 画出就地安装的仪表箱，但不需标注定位尺寸。

5. 标注出表示管道特征的标志如管径、介质类别、材料选用等级、管道编号、隔热、伴热、介质流向、坡度、坡向等。这些标注应整齐有序，适当集中，便于查找，完整。同一根管道走的距离较大时，在适当距离处应重复标注。与邻区相接的管道应在分区界线处加以标注。某些有方向性的管道组成件如止回阀，截止阀，调节阀，孔板，流量计等，宜在该组成件附近标注介质流向。表示管道特征的标志在平立面图上均应标注。

管道特征的标注通常如图 14－7－1 所示。尽可能不采用拉出引线编顺序号的注法。如果采用这种注法，范围不宜太广，涉及的管道不宜太多，引线不宜过长或分支过多，管道上的顺序号和标注上的顺序号方向应一致。

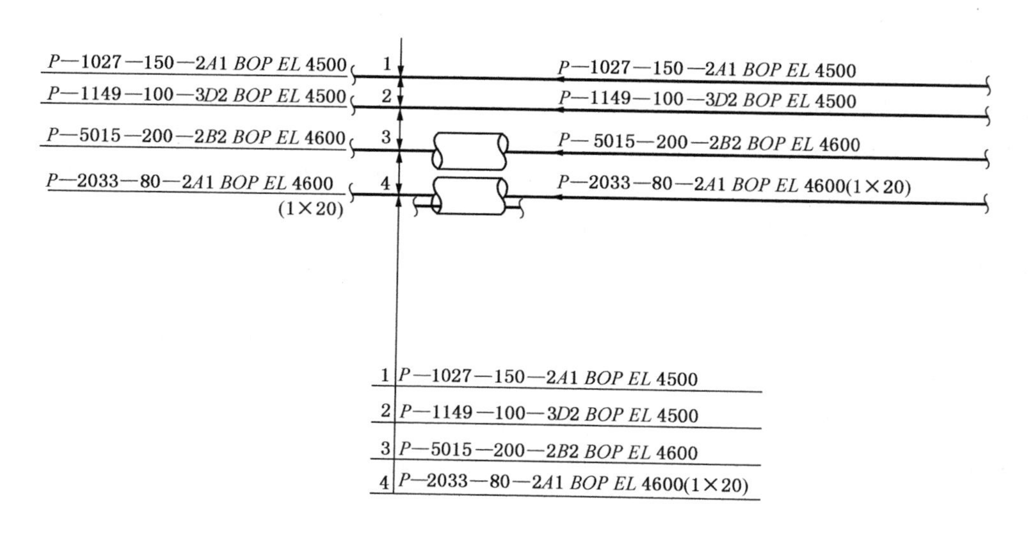

图 14－7－1　管道特征的标注方法

6. 标注出表示某些管道组成件的技术规格数据。如短半径弯头、异径管件和异径法兰的公称直径、阀门的型号、过滤器的型号、仪表管嘴的规格、仪表的编号等。阀门和过滤器的型号在平剖面图上仅需标注一次。

7. 注出管道的定位尺寸、标高和某些管道组成件如阀门、孔板、仪表管嘴的定位尺寸和标高。标注尺寸和标高应达到使管道定位并且不需经过太复杂的运算即能确定组成该管道每一管段的长度及管道组成件的位置。

（1）管道拐弯时，尺寸界线应定在管道轴线的交点上，如图 14－7－2 所示。

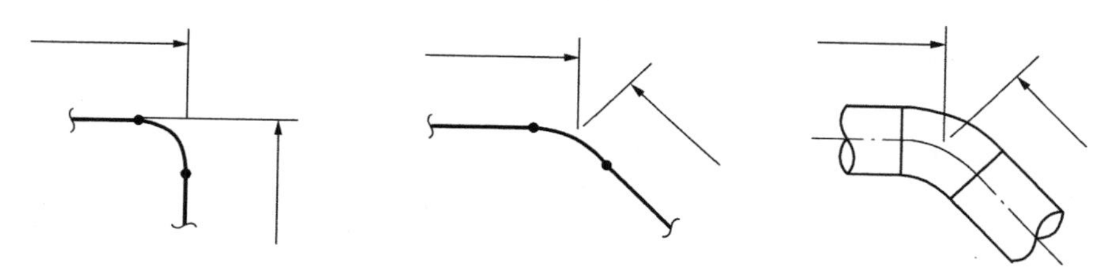

图 14－7－2　管道拐弯点的尺寸界线

（2）在设备管嘴处应注出垫片的厚度。在法兰阀、孔板、盲板、小型设备（如小过滤器、阻火器等）等装有垫片的地方则不需注出，这些管道组件的中心作为尺寸（剖面图上为标高）的定位点。参看图 14－7－3。

（3）管外壁取齐管道尺寸的标注见图 14－7－4。

（4）为使管道定位，定位尺寸应与建筑物、构筑物的轴线，设备机泵的中心线，装置边界线或分区界线关连。建筑物、构筑物的轴线，设备机泵的中心线应单独标注，参看图14－7－5。

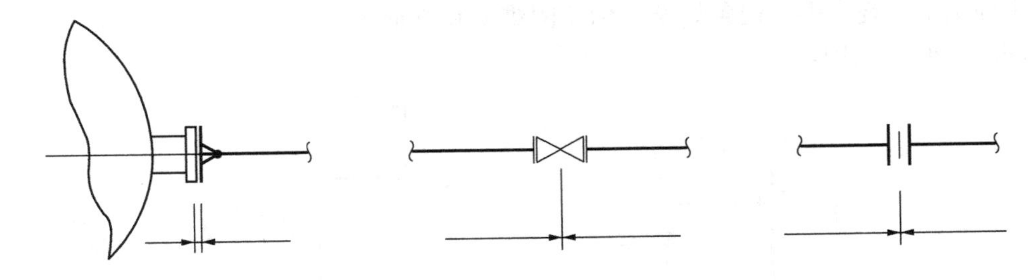

图 14－7－3　管道组件的定位尺寸及垫片厚度的标注

（5）立式圆筒形设备周围的管道，其尺寸的标注参看图 14－7－6。

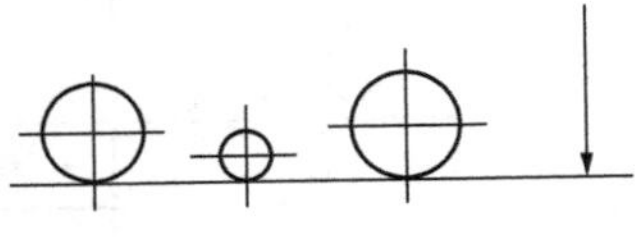

图 14－7－4　管外壁取齐管道的尺寸标注

立式圆筒形设备周围的管道常常是分层绘制的。沿器壁敷设的管道常常穿过多层平面，此类管道应在其上端与设备管嘴连接处及下端拐向管廊或其他设备处注出全部尺寸和角度，中间各层如果管道没有改变其平面位置，尺寸和角度可以省略。

（6）配管尺寸完全相同的多组管道（如加热炉火嘴，多台同型号的压缩机等），可以选择其中的一组标注细部尺寸，其他各组可适当省略。但应在图纸中说明。对称布置的管道不可省略。

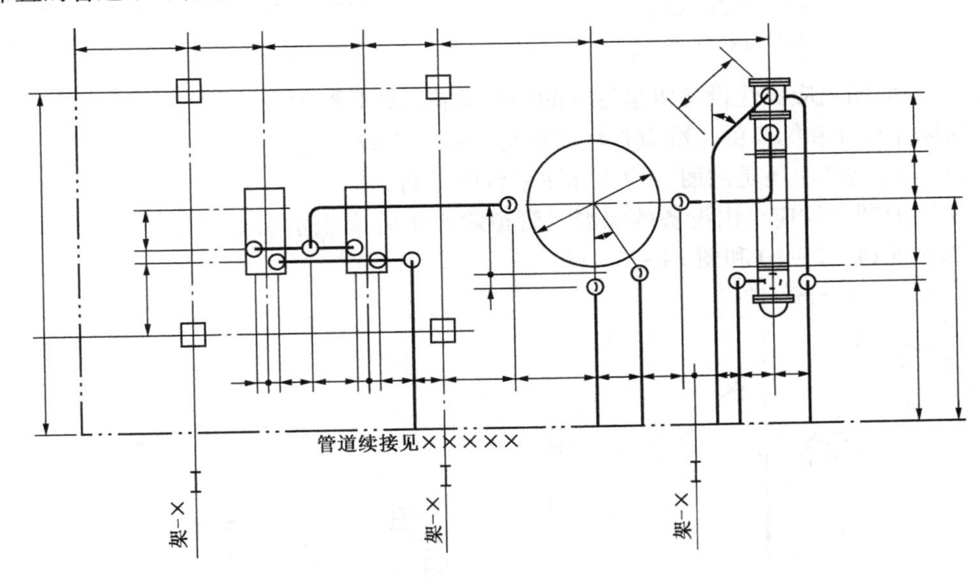

图 14－7－5　管道的定位尺寸

（7）与相邻续接的管道，标注尺寸时宜与邻区某一坐标（如中心线、轴线等）关连，以便核对。参看图 14－7－5 和图 14－7－7。

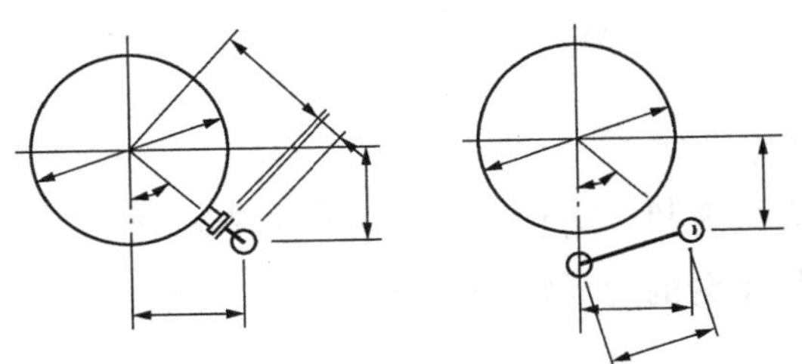

图 14－7－6　立式圆筒形设备管道的尺寸标注

（8）弯管应标注其弯曲半径并画出直线与弧线的切点，管段尺寸则注至直管轴线的交点，参看图 14－7－8。

（9）管道预拉伸的标注参看图 14－7－9。

（10）管道剖面图上表示管道及其组成件安装高度时通常只注相对标高，必要时也可注尺寸

（例如平面图上重叠太多，线条繁杂，标注困难或在立面图上标注更清晰）。阀门注中心标高。参看图 14－7－10。

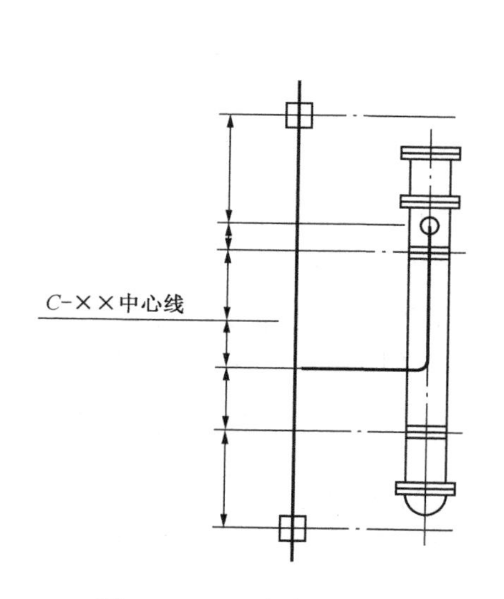

图 14－7－7　与邻区相接管道的尺寸标注

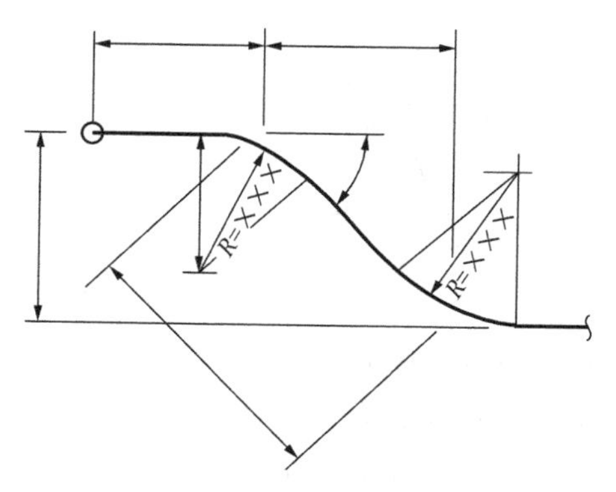

图 14－7－8　弯管尺寸的标注

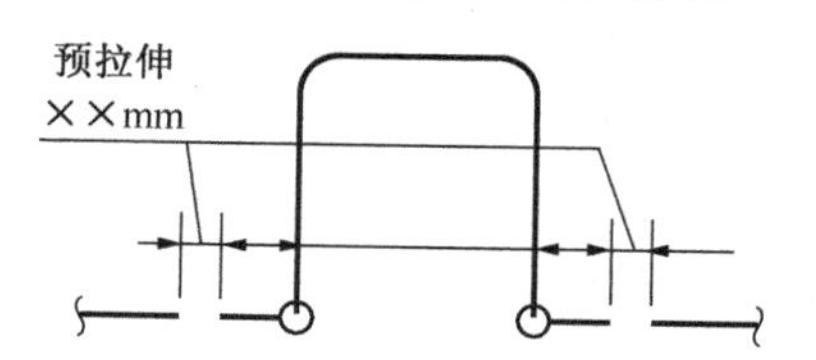

图 14－7－9　预拉伸的标注

（11）剖面图上应标注设备机泵管嘴的中心标高（水平管嘴）或法兰面标高（垂直管嘴）。倾斜管嘴标注尺寸和标高的基准点是法兰面与管嘴中心线的交点，参看图 14－7－10。

（12）不论是平面还是剖面，均应标注平台面标高。

8. 平剖面图上均应绘出设备的保温。管道除水平管应表示保温符号外，立管也宜绘出保温，参看图 14－7－10 和图 14－7－11。

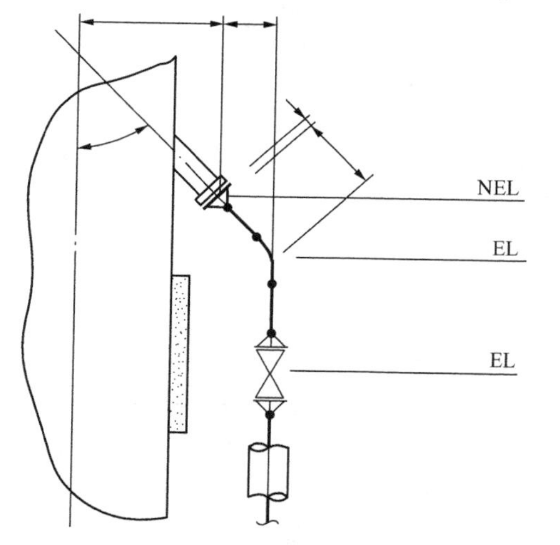

图 14－7－10　剖面图上倾斜管嘴标高和尺寸的标注

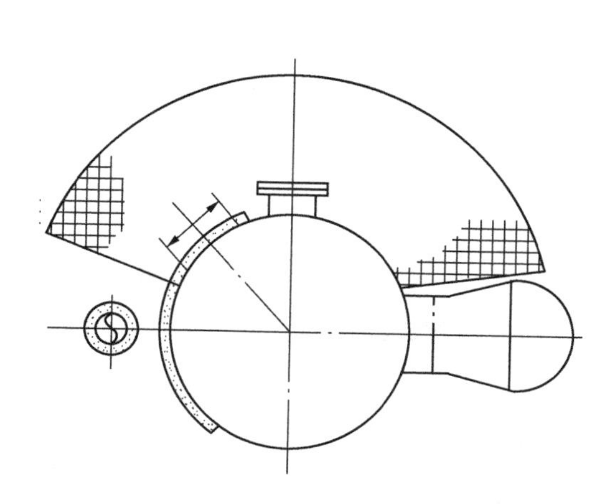

图 14－7－11　立式设备和立管的保温

9. 平台的影线宜画在平台边线的转折处，这样平台的边界将更清晰。参看图 14－7－11 和图 14－7－12。

10. 可能时，剖面图、视图、详图应和主平面图绘制在同一张图纸上。

11. 在管道支承点处画出支吊架并编号。除有特别要求者外，在管道布置图上通常不标注支吊架的定位尺寸和标高。型式和功能不同的管托、管卡、吊卡（如滑动、导向、止推、锚固、弹簧）应用不同的图例表示。

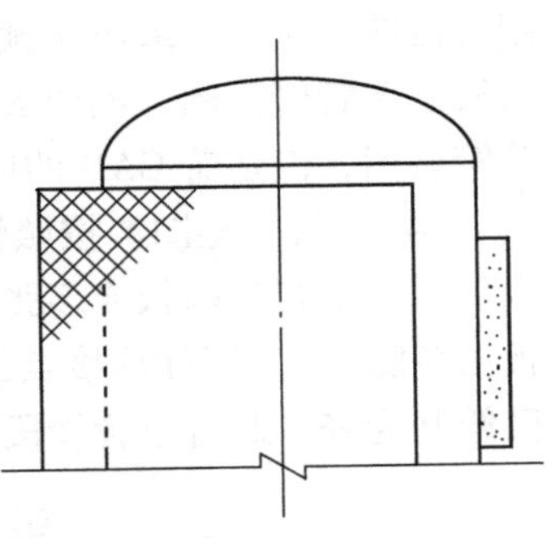

图 14－7－12　卧式设备的保温

12. 剖视图的剖切面，必要时允许转折。参看图 14－7－13。

13. 剖视、视图、详图、支吊架的编号通常从图纸的左上角开始向下向右顺序连续编号。同一根管道有多个支吊架且其型号相同者，可以按管道顺序连续编号，但限在同一平面层次内。

14. 各种标注如设备编号、建筑物构筑物轴线编号、管道组成件型号规格、支吊架编号、剖视视图和详图的编号及其他说明性文字均应正写或尽可能正写。平面图上的纵列尺寸、纵向管道的编号管径等级等的标注、纵向边界线上的管道续接说明等除外。

15. 与给排水、采暖、自控专业相连接的管道，除标注其定位尺寸和标高外，尚应注明介质、起止点和管径。

图 14－7－13　剖切面的转折

16. 在平面图上应有方向针，其位置通常在右上角。

17. 在平剖面图上应有必要的附注。附注的内容通常包括：

（1）相对标高与绝对标高的关系；

（2）特殊的图例符号；

（3）特殊的施工要求；

（4）遗留待定的问题；

（5）有关图纸档案号。

18. 对于分区绘制配管图的装置，管道平面图上应有分区索引图。在索引图上应将本区所在位置用醒目的方法如加影线、涂色、加粗本区边界线等加以表示。

分区绘制的管道平面图应画出本区四周的边界线。

第八节　单管管段图的绘制

一、单管管段图的一般要求

单管管段图是供施工单位下料预制并在现场装配的图纸。它的空间位置由管道平立面图确定。所以单管管段图不必考虑碰撞问题，同时也为了便于表达，单管管段图不按比例绘制并采用 120°坐标。

（1）幅面。常用 A3 幅面，为印有 120°正等轴坐标的专用图纸。

（2）图例符号。基本与管道平立面图的图例符号相同，但按 120°坐标呈倾斜形状，参看《石油化工配管工程设计图例》（SH/T 3052—2004）。

单管管段图全部采用单线绘制。线条的粗细及其使用范围与管道平剖面图相同。

（3）需绘制单管管段图的管道。目前国内外各设计单位不尽相同，有的不论管径大小所有管道全部绘制，有的规定 $DN \geqslant 50$ 者绘制，小管为现场配管。有的规定管廊上的管道不绘制管段图。这主要取决于预制厂的要求。通常要求在预制厂加工预制(包括热处理)的管道需绘制单管管段图。国内大多数设计单位，因受条件限制目前除个别工程外，一般不绘制单管管段图，但随着CAD的应用将改变这种情况。

(4)按管号绘图。按照管道一览表上的管道编号，每一个管号一张图。如果较为复杂，也可以一个管号两张或多张图，此时管段的分界点应选在管道的自然连接点上，如法兰(孔板法兰除外)、管件焊接点，支管焊接点等。管段图可以不分区绘制或分区绘制，但以不分区绘制为好，此时单管管段图不受分区界线的限制，但图中最好画出分区界线。

二、单管管段图的内容及表示方法

单管管段图主要包括三部分内容：图形、工程数据和材料单。图形表明所预制管段由哪些组件组成以及它们在三维空间的位置；工程数据包括各种尺寸标高和管道标志、组件规格、编号、制作检验要求等标注说明；材料单开列组成该管段所有组件的型号、规格和数量。

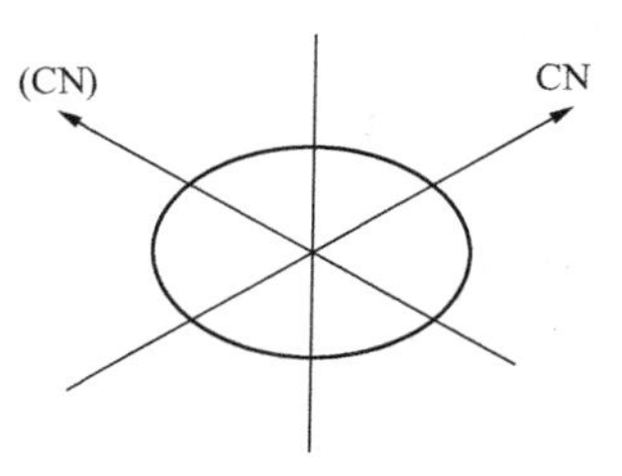

图14－8－1　管段图的方向针

1. 方向针

管段图上的建北(CN)方向通常指向右上方，也可指向左上方，见图14－8－1。同一装置管段图的方向针取向应相同。

2. 管段的起止点

当管段的起止点为设备机泵的管嘴时，应用细实线画出管嘴，注出设备机泵的编号和设备管嘴的编号。管段图的起止点为另一根(另一管号)管道或同一根(同一管号)管道的续接管段时，应用虚线画出一小段该管段并注出该管道的管号、管径、等级号及该管道管段图的图号。参看图14－8－2。

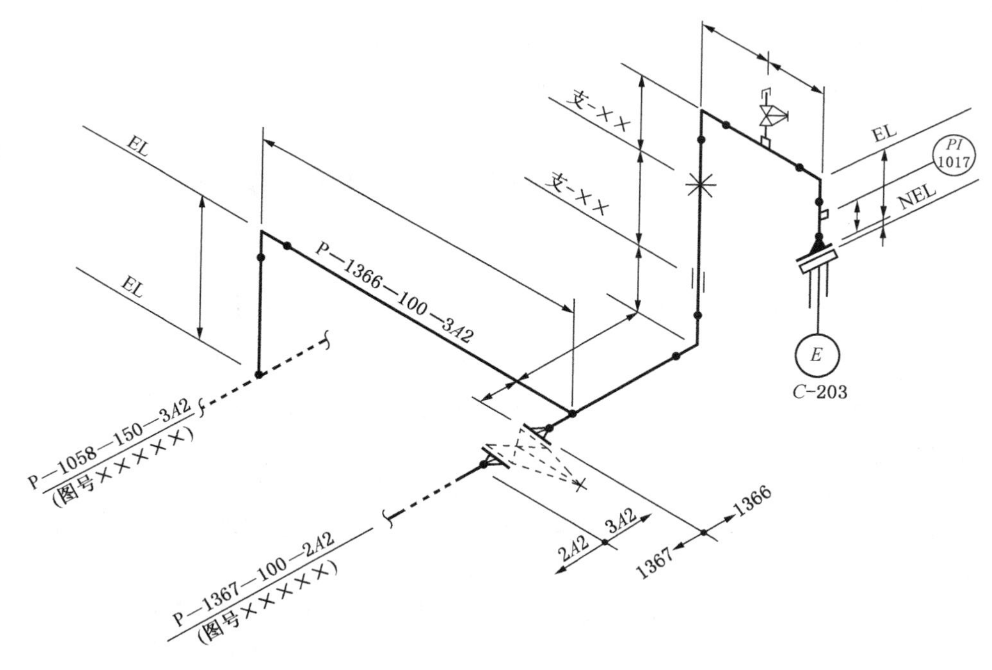

图14－8－2　单管管段图示例

3. 支管

与某管段相接的支管，如果是画在另一张管段图上，也应用虚线画出一小段并注出其管号、管径、等级号及其图号，标注出管号及等级号的分界点。参看图 14－8－2。

4. 绘出管段的图形

依据管道平剖面图的走向，画出管段从起点至终点所有的管道组成件，表示出焊缝位置。有安装方位要求的组成件如阀门、偏心大小头、仪表管嘴、孔板法兰取压管等，应画出其安装方位。绘制管段图形时，原点可以选在管段任何一个拐弯处管道轴线的交点，也可以选在管道的起止点。复杂的图形应仔细安排图面，不但要画下全部管段的图形，还要有足够的图面供各种标注之用。

管道经常在水平面或立面上出现倾斜走向，掌握这些倾斜管道在管段图中的表示方法是绘制管段图的基本要求。下面介绍各种倾斜管的画法。假设顺时针方向从 0°(CN)至 90°为第一象限，90°至 180°为第二象限，180°至 270°为第三象限，270°至 0°为第四象限。

(1) 管道在第一象限内与平面坐标轴有夹角(偏角)。

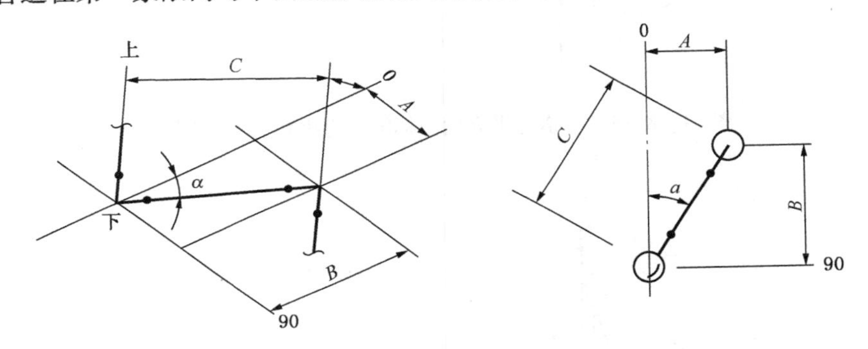

图 14－8－3　管道与平面坐标有夹角

(2) 管道在 0°～180°立面上与坐标轴有夹角(倾角)，见图 14－8－4。

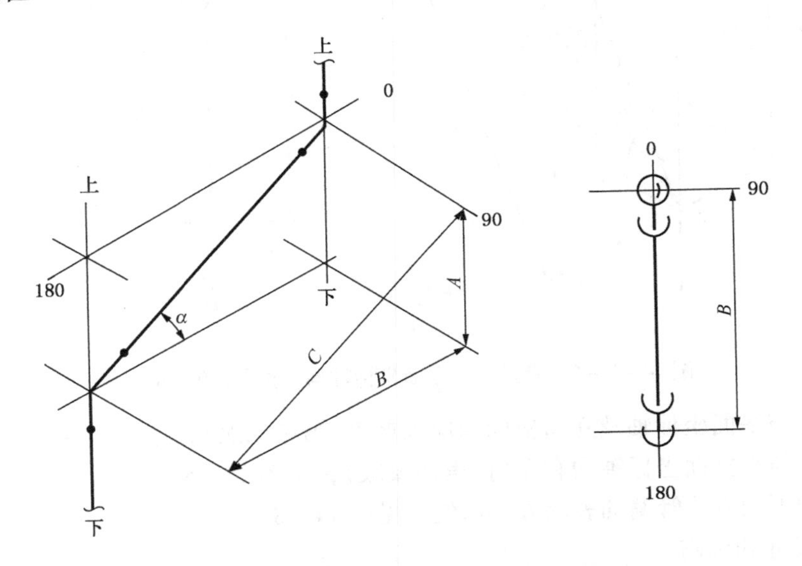

图 14－8－4　管道在立面上与坐标有夹角

（3）管道与平面坐标轴及立面坐标轴均有夹角（第一象限），见图 14－8－5。

（4）管道与平面坐标轴及立面坐标轴均有夹角（第二象限），见图 14－8－6。

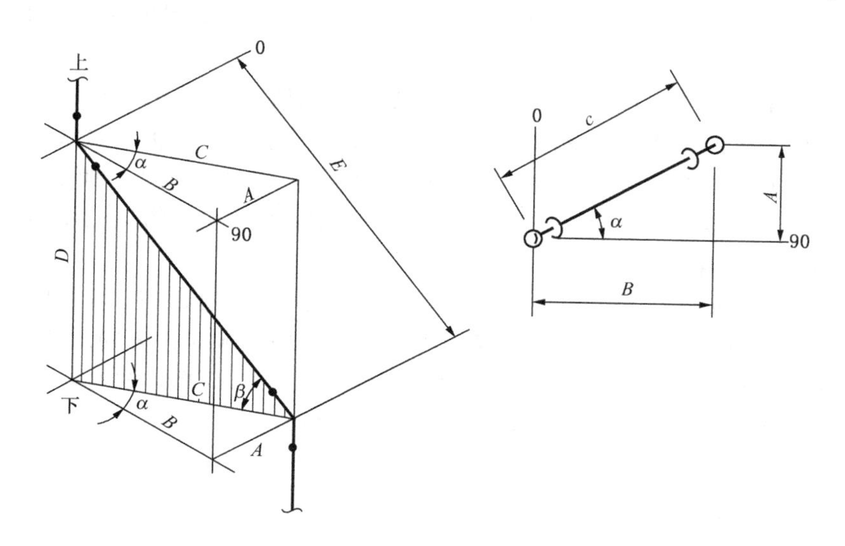

图 14－8－5 管道与平立面坐标轴均有夹角（第一象限）

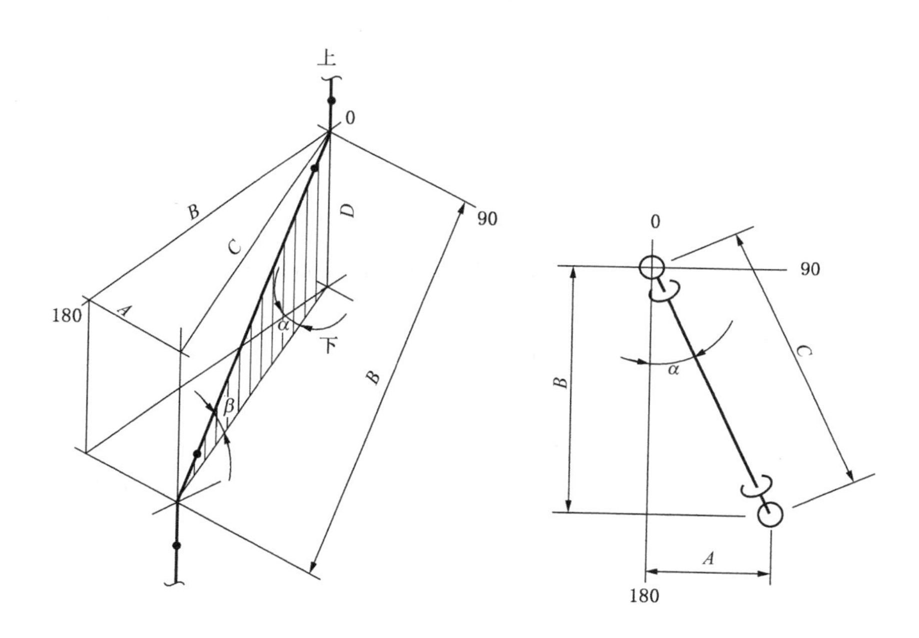

图 14－8－6 管道与平立面坐标轴均有夹角（第二象限）

（5）管道与平面坐标轴及立面坐标轴均有夹角（第三象限），见图 14－8－7。

（6）管道与平立面坐标轴均有夹角（第四象限），见图 14－8－8。

（7）各种不同方位管嘴的表示方法示例，见图 14－8－9。

5. 标注尺寸和标高

参看图 14－8－2 至图 14－8－14。

（1）尺寸界线、尺寸线应与被标注尺寸的管道在同一平面上。参看图 14－8－2 至

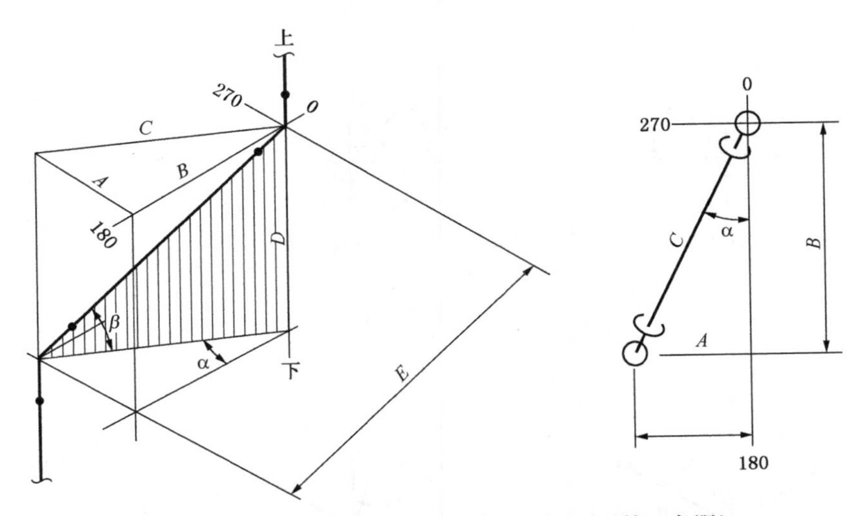

图 14－8－7　管道与平立面坐标轴均有夹角(第三象限)

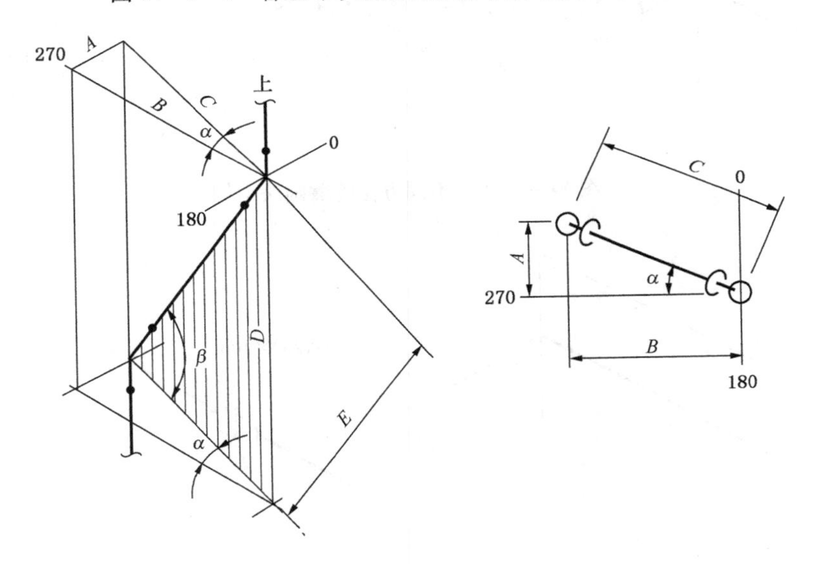

图 14－8－8　管道与平立面坐标轴均有夹角(第四象限)

图 14－8－8。图 14－8－10 是错误的标注方法。

(2) 以管中心、管道轴线的交点、管嘴的中心线、法兰的端面、活接头的中点、法兰阀和法兰组件的端面，作为尺寸界线的引出点。对焊焊接、承插焊焊接、螺纹连接的阀门以阀门中心作为尺寸界线的引出点。

所有在管道平剖面图中标注管底标高的地方均应换算成管中心标高再标注尺寸。

(3) 除了管段的起止点、支管连接点和管道改变标高处需标注标高外，在管段图的其他地方不需标注标高。

(4) 偏心大小头应标注偏心值，如图 14－8－11 所示。

(5) 法兰阀尺寸的标注示例见图 14－8－12。

(6) 孔板法兰标注两法兰面间的尺寸，该尺寸包括孔板和两个垫片的厚度。限流孔板、盲板、8 字盲板尺寸的标注方法同比。

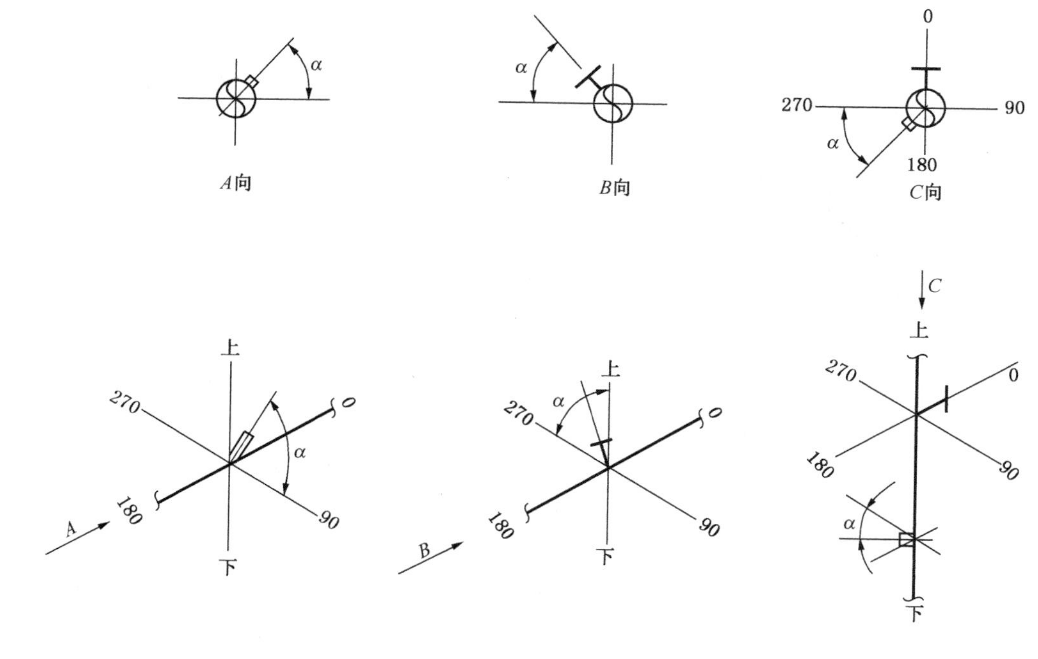

图 14－8－9　不同方位管嘴画法示例

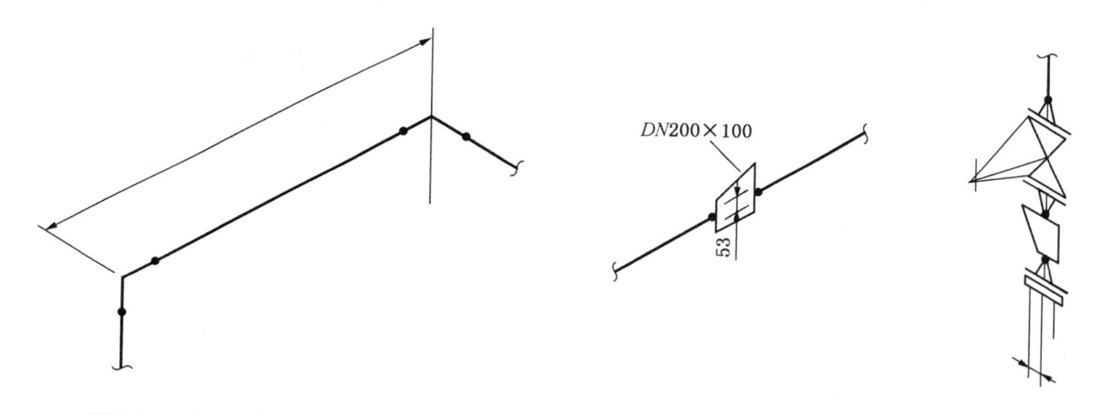

图 14－8－10　错误的标注尺寸方法

图 14－8－11　偏心大小头尺寸的标注

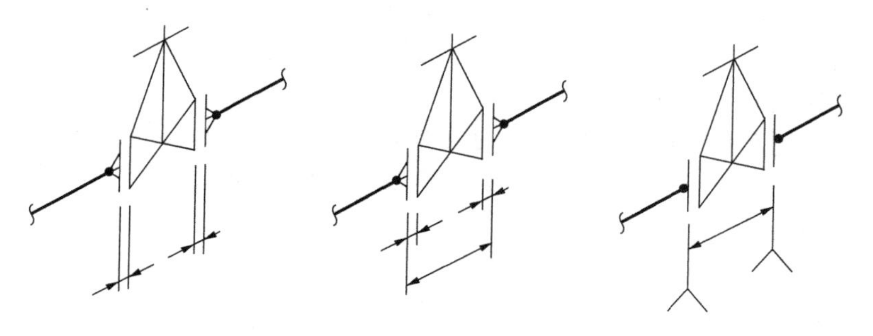

图 14－8－12　法兰阀尺寸的标注

（7）法兰、弯头、大小头、三通、封头等管道组件不注结构长度尺寸。要求指定大小头和封头的位置时，以大小头任一对焊端和封头的对焊端标注尺寸。如图 14 – 8 – 13 所示。

（8）管段穿过平台、楼板、墙洞时，在管段图中应予表示并标注尺寸。目的是预制时避免将焊缝布置在穿洞处，以及考虑长管段现场分段组装焊缝的合适位置。管段穿过分区界线时应标注分区界线位置尺寸以方便管段图的校核。参看图 14 – 8 – 14。

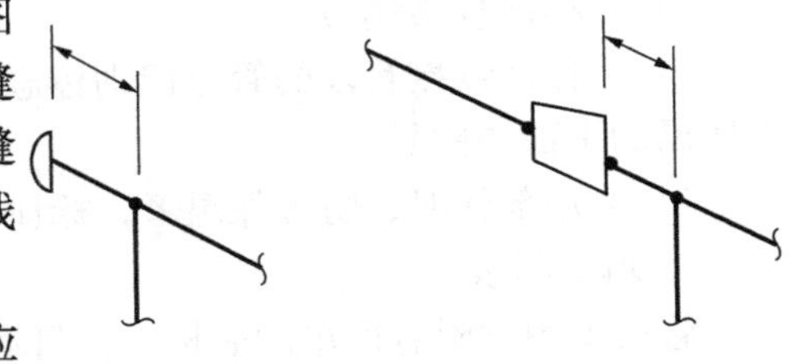

图 14 – 8 – 13　大小头和封头标注尺寸示例

（9）有预拉伸的管段除标注图面长度外，尚应标注实际制作长度及预拉伸值。

（10）焊在管子上的外部附加件如吊耳、吊板、管托、假管支架等，如果是在预制厂焊接（例如需焊后热处理的管段），应在管段图标注支吊点位置尺寸。

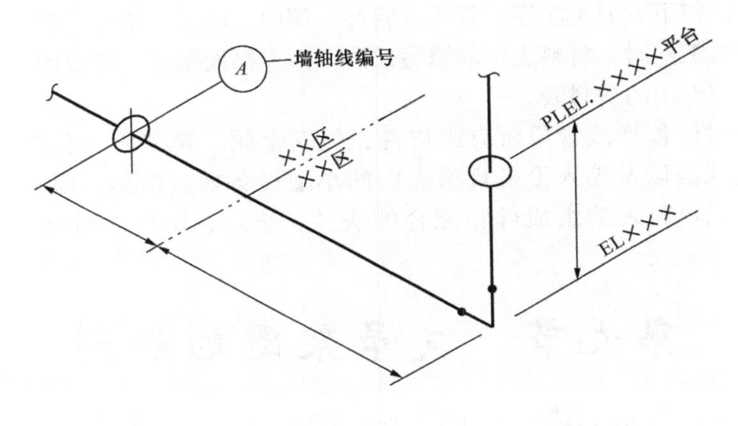

图 14 – 8 – 14　管道穿洞及穿过分界线的尺寸标注

如果管段图不仅供预制用，还作为安装用图纸（例如管道平面图加管段图，不绘制管道剖面图时），则管段图也应表示出支吊架的位置。参看图 14 – 8 – 2。

（11）阀杆与三维坐标轴有倾斜夹角的阀门应标注夹角值，以便预制时布置法兰螺栓孔跨中轴线方位。在管段图标注角度有困难时，可画局部视图以平剖面的方式表示。

6. 管道识别标志、组件规格等的标注

（1）管道的识别标志（管号、管径、介质、材料选用等级、保温、伴热等）可直接标注在管段上，同时应填写在角图章内。

（2）标注介质流向、坡度、坡向。

（3）标注与管段连接的设备机泵的编号和管嘴编号。

（4）标注管件规格如大小头、三通和其他变径管件的公称直径、短半径弯头、补强板、特殊的支管连接管嘴、仪表管嘴等。

（5）标注阀门的型号规格。标注安全阀、爆破片等的编号。

（6）标注与本管段材料选用等级不相符的法兰压力等级和密封面。与设备机泵管嘴及调节阀相配的法兰常有这种情况。标注大小法兰的规格。

（7）标注由设备机泵自带的管段或组件。

（8）配孔板法兰、盲板、蝶阀等的加长螺柱应在管段图上装配处加以标注。

（9）标注非标准螺纹规格或螺纹标准号。

（10）螺纹连接点需密封焊者，应在管段图上该螺纹所在之处加以标注。

（11）标注仪表编号。

（12）标注续接管段的管道识别标志及其图号，标注管道材料等级分界点。标注本管段图所属的平面图图号。

（13）局部保温、防烫保温者，标注出保温范围。

7. 填写附表

管段图中常附有简单的表格，栏目通常有管道的设计温度、设计压力、水压试验压力、焊缝热处理要求、无损检验要求、硬度测试要求等，制图者视需要加以填写。如果有其他特别要求也可以在适当地方注明，如管道的化学清洗要求等。

8. 填写材料表

管段图上通常附有材料表。栏目有组件名称、型号或规格、材料、公称直径、数量等。填写组件名称时应按下列分类顺序：管子、管件、阀门、法兰、垫片、螺柱、螺母。

当使用计算机汇料时，材料表中应填写代码。由于幅面限制，管段图中的材料表常常不够用，此时可使用专用的材料表。

填写材料表时应包括该管段所有组成件，但安全阀、调节阀、孔板和孔板法兰、流量计和其自带过滤器以及编入设备规格表内的小型设备如过滤器、阻火器、混合器等除外。与这些不列入材料表的组成件相配合的法兰、垫片、螺柱、螺母除确实自带者外，仍应开列。

第九节　支吊架图的绘制

支吊架图可能由三部分组成：支吊架平面位置图、定型支吊架图（表）和非定型支吊架施工图。

支吊架平面位置图的意图是在管道安装之前先将支吊架就位，然后在安装管道时可以将管道直接支承在已经就位的支吊架上。但实际上由于管道施工存在一定的偏差，预先就位的水平管支架的架顶标高和立管支架的平面位置（如立式容器上的立管支架）就可能偏离实际安装的管道。因此现场施工通常都是支架与管道同时安装，例如塔上立管一般是在塔吊装前预先安装立管，找好位置后安装支架，然后整体吊装。其他许多管道也是先吊装管道，找好位置后再焊接支架或调节吊杆使其承载。因此目前一般不绘制支吊架平面位置图。

一、定型支吊架图（表）

定型支吊架图（表）通常是一种预先印好的空白图（表）（一般为A3幅面），图中分类绘有各种定型支吊架，选用者在图（表）中按实际需要填上尺寸、标高、支吊架部件的型号规格等。也有相当多的设计单位尚未采用这种空白图（表）的支吊架图，而是在普通图纸上自行绘制综合支吊架图，图中列有定型支吊架表，表中列出选用的定型支吊架型号规格，安装标高，管道的管号管径等数据。必要时在表格外绘制简单的支吊架图形与表格配合对照。这种支吊架图的好处是篇幅少，缺点是效率低，表达能力不如定型支吊架图（表）。

所有的定型支吊架图册都难于包罗万象，因此通常或多或少都需要绘制非定型支吊架。简单的非定型支吊架图可以绘制在定型支吊架图(表)的空白栏内或绘制在综合支吊架图中。复杂的，大型的非定型支吊架宜单独绘图。

二、非定型支吊架图的绘制

1. 幅面

单独绘制时常用A3或A4幅面。

2. 比例

简单的非定型支吊架可不按比例，但各部件图形的大小，长短，不宜偏离实际过多，以致造成错觉。复杂的，大型的非定型支吊架宜按比例绘制。

3. 图线

支吊架本体用粗线。被支承的管道、设备、建筑物、构筑物等用细假想线(图形小时为细实线)。

4. 非定型支吊架必须表示的内容及方法

(1) 绘出全部构件，局部绘出支吊架的生根部位如地面、设备以及建筑物构筑物的墙、基础、柱、梁等并加标注(如PR—15立柱)

(2) 绘出被支承的管道，并标注其管号管径。

(3) 标注支吊架的构造尺寸、管道位置尺寸、梁底标高、架顶标高、管底或管中心标高、平台面标高、地面标高。生根于圆筒形设备上的支架应标注设备外径。

(4) 标注定型部件如管托、吊杆、吊卡、管卡、弹簧等的型号规格。标注弹簧安装数据。

(5) 标注构件如型钢、钢管、钢板、紧固件等的规格和材料。

(6) 用标准图例标注焊缝要求。

(7) 如果多个支吊架共用一个图形时，则上述各种尺寸和标注可采用列表方法来表示。

(编制　林树镗)

附录 石油化工配管工程设计图例（SH/T 3052）[1]

1 范围

本标准规定了石油化工配管工程设计用的图例。

本标准适用于石油化工建设工程项目的配管工程设计。

2 基本规定

2.1 石油化工配管工程设计应使用本标准规定的图例，用于绘制装置布置图和管道布置图及单线图。当本标准的图例不能满足绘图需要时，可在本标准的基础上派生、组合。

2.2 配管工程设计使用的线型可分为实线、虚线、点划线和双点划线等类型。

线型宽度可根据需要进行调整，同一建设工程项目相同用途的线型宽度应统一。

2.3 管道的绝热可用局部绝热图例或代号表示隔热的类别。

2.4 伴热管道可用伴热图例或代号表示。当有伴热系统图时，也可不在管道布置图上表示。

2.5 绘制管道布置图或管段图时，应标注以下内容

a）弯管和短半径弯头的曲率半径；

b）异径弯头两端的公称直径 *DN*（大）×*DN*（小）；

c）异径三通两端的公称直径 *DN*（大）×*DN*（中）；

d）异径管、异径短节两端的公称直径 *DN*（大）×*DN*（小）；

e）偏心异径管顶平或底平，必要时标注偏心距；

f）支管座（台）母管与支管的公称直径 *DN*（母）×*DN*（支）。

2.6 有安装方向要求的阀门应在阀门附近的管道上标识安装方向。

2.7 图形和符号，可根据需要对现有图形符号在不同方向按相同比例或不同比例作适用调整。

2.8 本标准没有规定的设备和管道附件应按实际外形轮廓线绘制。

3 典型图例

3.1 线型的类型与用途应符合表 3.1 的要求。

表 3.1 线型及用途

编号	名称	线型	用途		线型宽度/mm
			装置布置图	管道布置图及透视图	
1	实线	———	尺寸线、断开线、栏杆	尺寸线、建筑物、构筑物、设备、仪表、管道坡向符号、标注线、波浪线	0.35
			建筑物、构筑物	双线表示的管子、支吊架	0.5
			设备、建北符号、剖视符号、范围符号	单线表示的管子、管件、法兰，建北符号、软管、向视符号、剖视范围符号	0.7

[1] 编者注：本附录《石油化工配管工程设计图例》（SH/T 3052），根据2013年送审稿进行编写。

续表

编号	名称	线型	用途		线型宽度/mm
			装置布置图	管道布置图及透视图	
2	虚线	- - - - -	被遮蔽的建筑物、构筑物	伴热管及被遮蔽的建筑物、构筑物、设备、仪表、支吊架	0.35
				被遮蔽的用双线表示的管子、支吊架	0.5
			被遮蔽的设备	被遮蔽的单线表示的管子、管件、法兰	0.7
3	点划线	—— · ——	中心线	中心线	0.3
4	双点划线	— · · —	换热器、过滤器等抽芯区、梁	预定要设置的及原有的建筑物、构筑物、设备、仪表、支吊架	0.35
			预定要设置的及原有的建筑物构筑物、设备	图线(区域)分界线外的或预定要设置的及原有的管道	0.35
			装置单元边界线或接续分界线	装置(单元)边界线或接续分界线(图纸分界线)	0.7

3.2 尺寸线、尺寸界线、断开线、装置边界线、图纸分界线或区域分界线的基本图形见表3.2。

表3.2 尺寸线、断开线、边界线

编号	名称	基本图形
1	尺寸线和尺寸界线	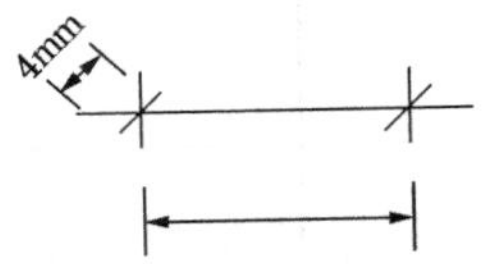 4mm
2	断开线	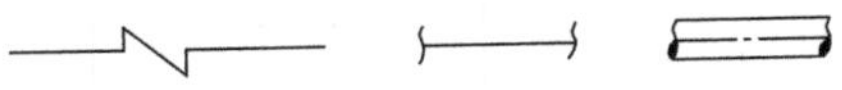
3	装置边界线	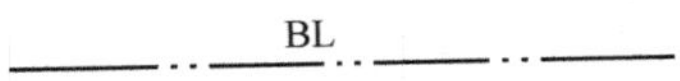 BL
4	图纸分界线(区域分界线)	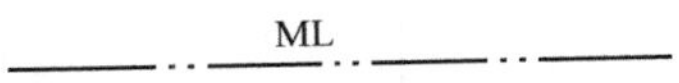 ML

3.3 配管工程设计图中使用的符号基本图形见表3.3。

表 3.3 符号

编　号	名　称	基本图形
1	建　北[a]	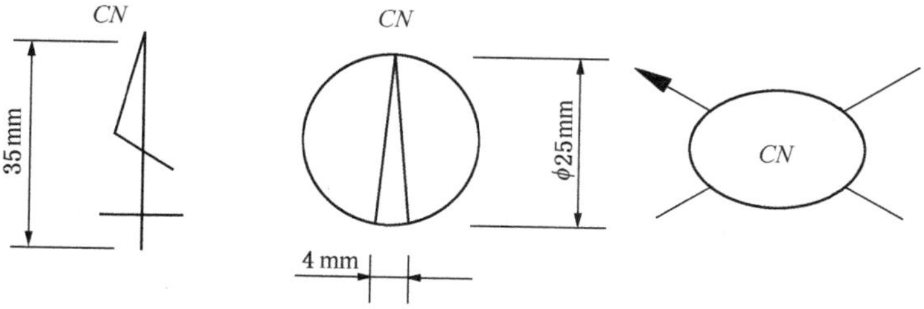 CN 35 mm CN ϕ25mm 4 mm CN
2	剖视范围	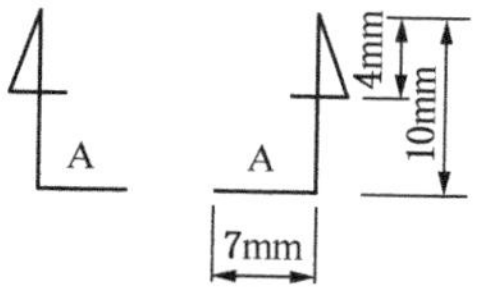 A A 4mm 10mm 7mm
3	向示符号	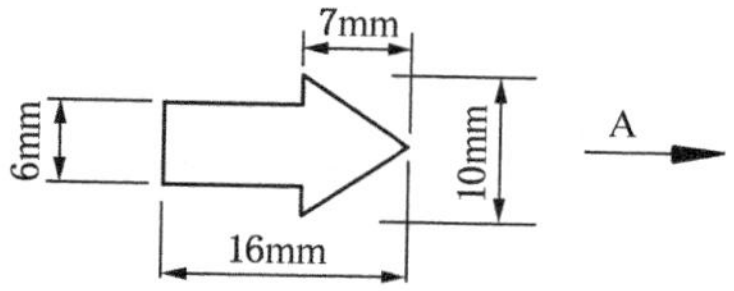 7mm 6mm 10mm 16mm A
4	管道坡向	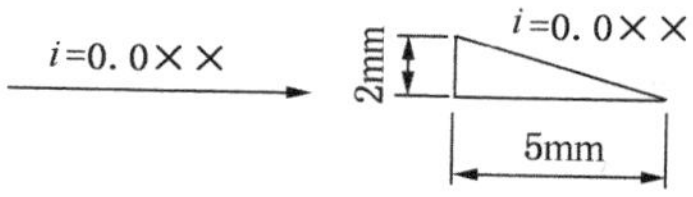 i=0.0×× 2mm i=0.0×× 5mm
5	介质流向	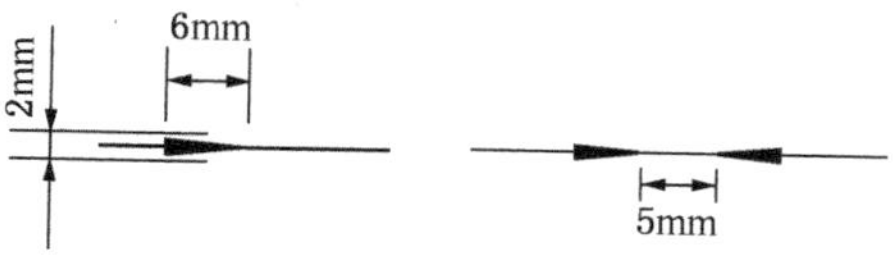 6mm 2mm 5mm
6	修改范围[b]	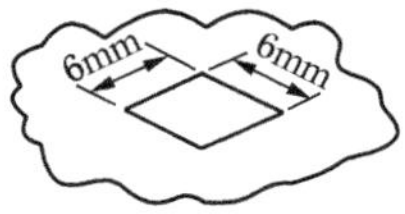 6mm 6mm
7	电　机	 M M
8	位　号	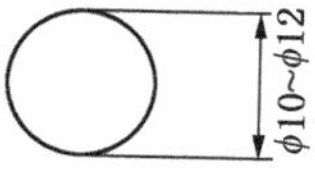 ϕ10~ϕ12

[a] 三种建北符号分别用于平面图及管段图。

[b] 在菱形符号内用阿拉伯数字注明修改次数。

3.4　配管工程设计图中对焊焊缝、承插焊及螺纹连接点的基本图形见表3.4。

表 3.4 焊缝及螺纹连接点

编 号	名 称	基 本 图 形
1	双线管道对焊焊缝	—
2	承插焊焊缝、螺纹连接点	⊔
3	单线管对焊焊缝	ϕ1●

3.5 配管工程设计采用的标高及其表示方法见表 3.5。

表 3.5 标 高

编 号	名 称	表示方法	
1	管顶标高	EL×××TOP	TOPUEL.×××
2	管底标高	EL×××BOP	BOPUEL.×××
3	管中心标高	EL×××	
4	管口标高	NEL×××	
5	平台标高	PFEL×××	
6	点标高	PTEL×××	

3.6 设备及附件的典型图例应符合下列规定：

a）容器的图例应符合表 3.6－1 的要求；

表 3.6－1 容 器

编 号	名 称	顶 视		侧 视	
1	塔式容器	 塔体无变径	 塔体变径	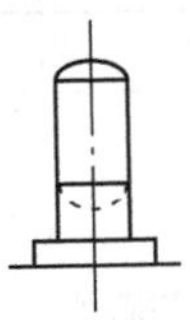	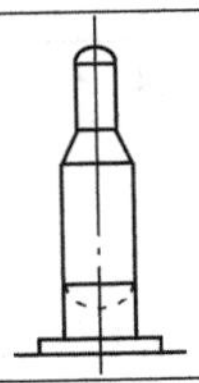
2	立式容器			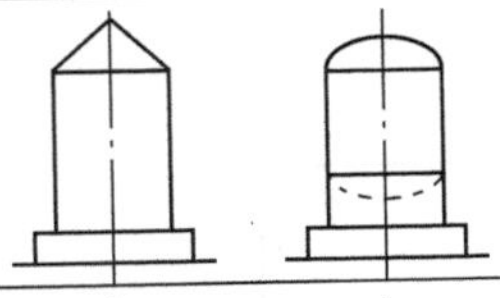	
3	悬挂式容器	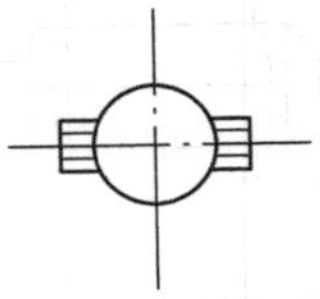		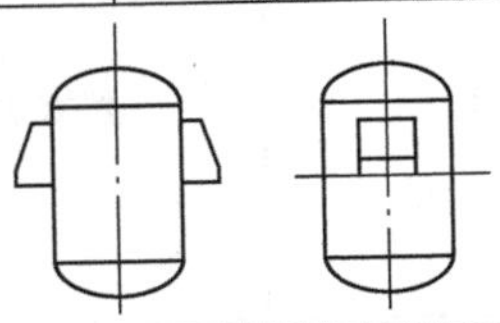	
		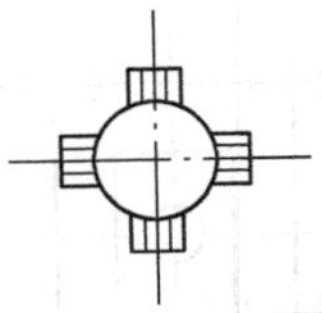		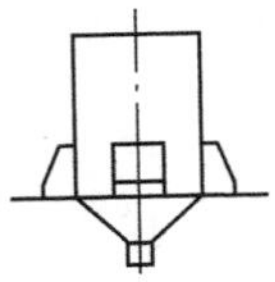	

编　号	名　　称	顶　　视	侧　　视
4	卧式容器	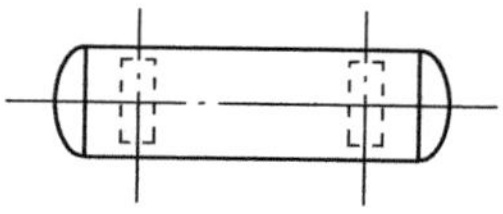	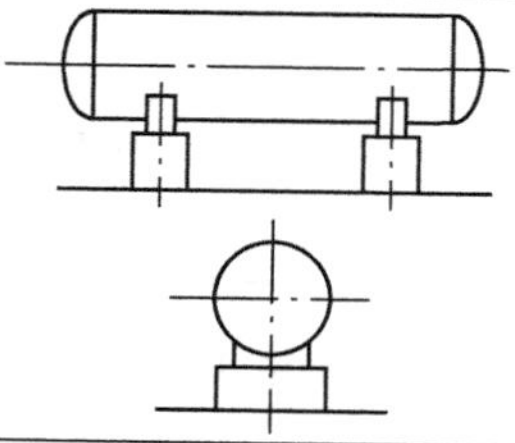
5	箱式容器	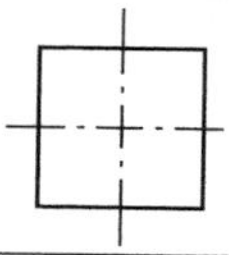	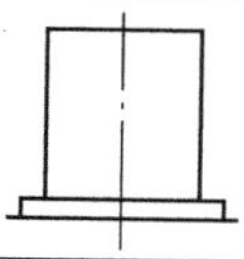
6	球形容器	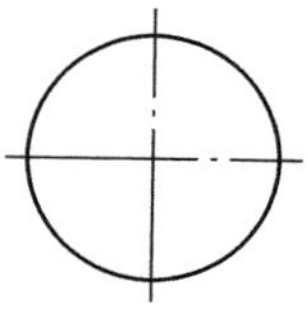	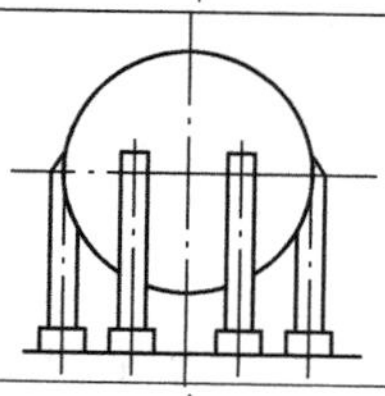
7	旋风分离器	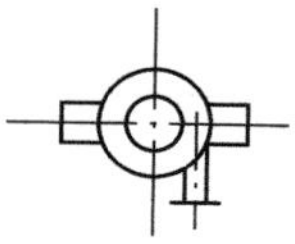	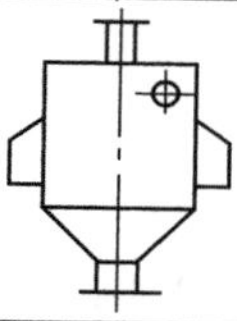

b）加热炉的图例符号应符合表3.6－2的要求；

表3.6－2　加热炉

编　号	名　　称	顶　　视	侧　　视
1	圆筒炉	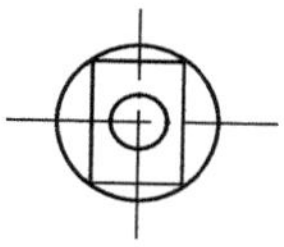	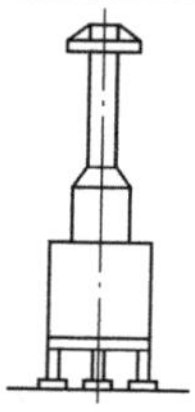
2	卧式炉	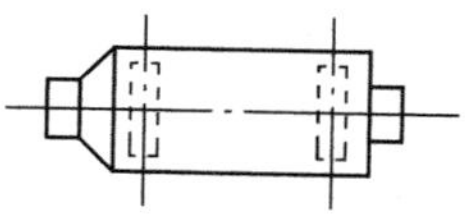	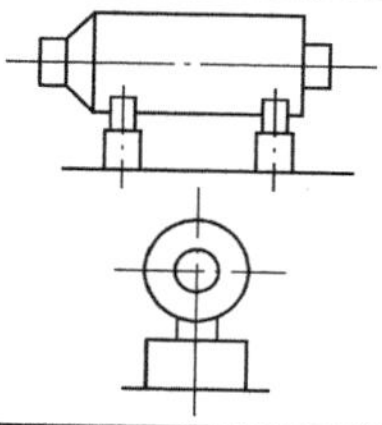
3	箱式炉	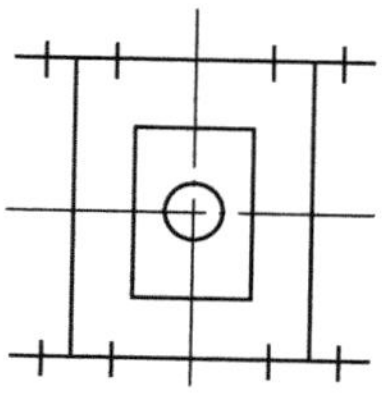	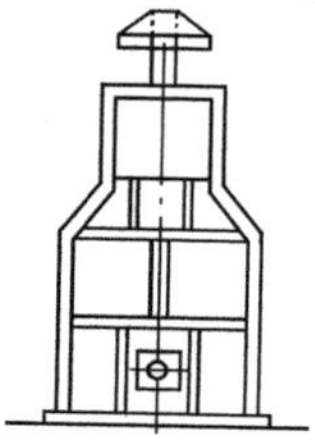

c）换热器的图例符号应符合表3.6－3的要求；

表3.6－3　换热器

编　号	名　称	顶　视	侧　视
1	浮头式换热器	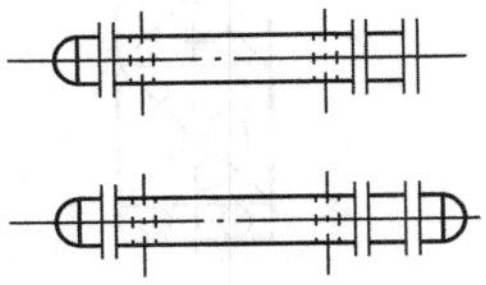	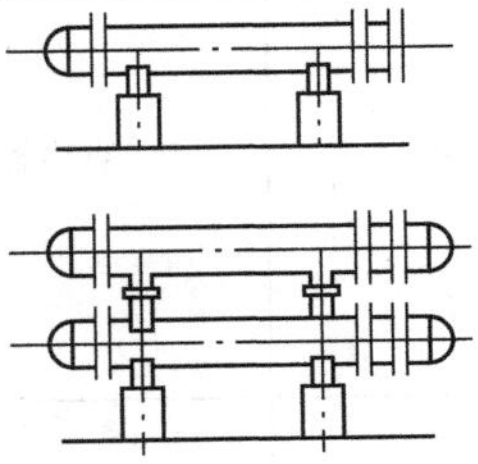
2	U形管式换热器	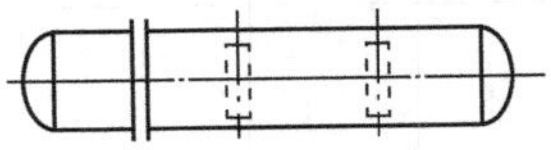	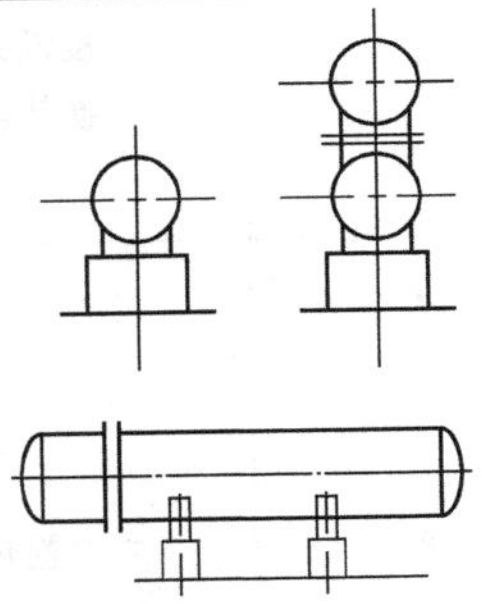
3	套管式换热器	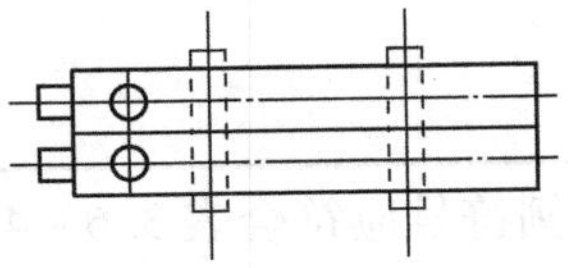	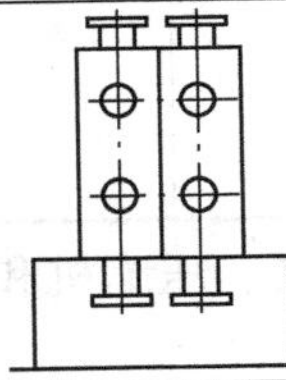
4	固定管板式换热器	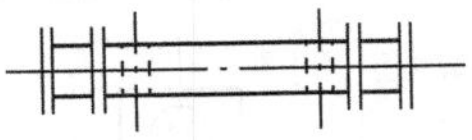	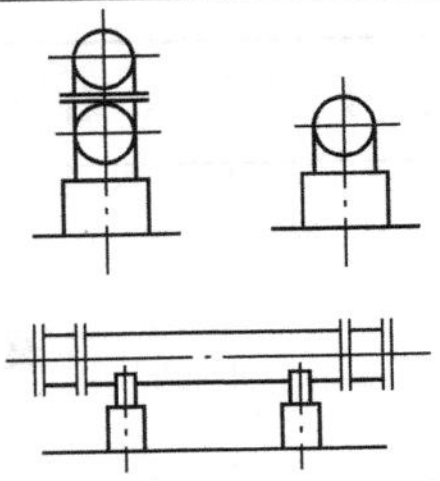
5	重沸器	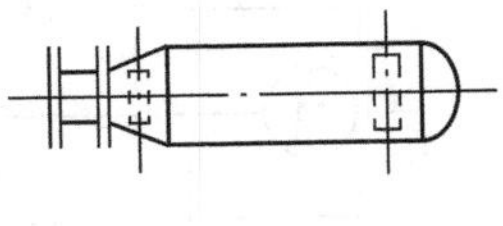	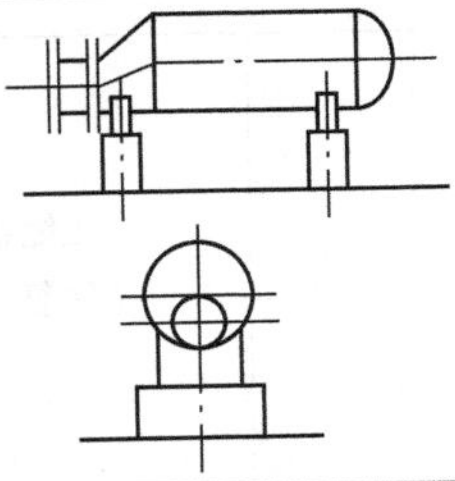
		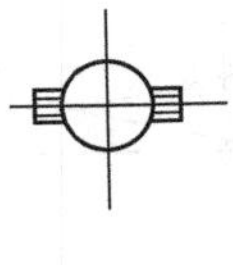	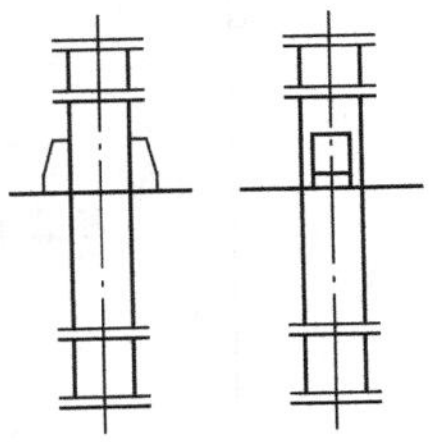

续表

编　号	名　　称	顶　　视	侧　　视
6	空冷器	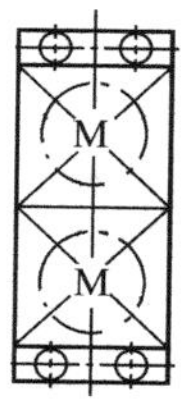	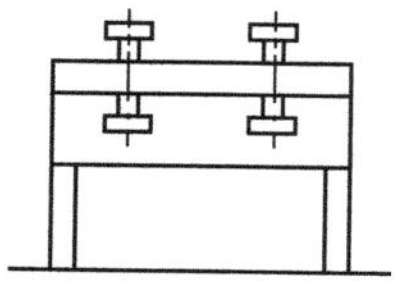
7	浸没式换热器	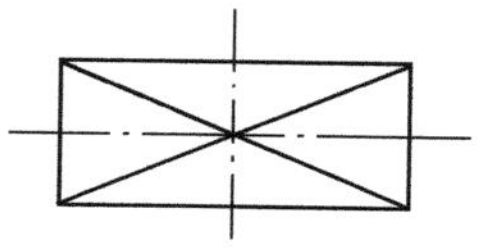	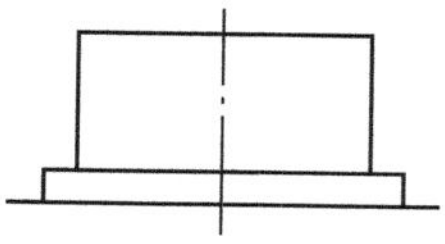
8	立式换热器	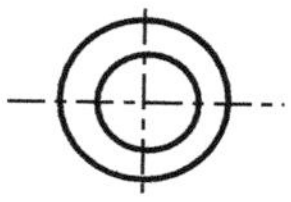	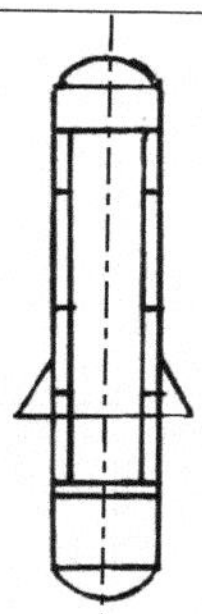

d）泵、压缩机和桥式吊车图例符号应符合表3.6-4的要求；

表3.6-4　泵、压缩机和桥式吊车

编　号	名　　称	顶　　视	侧　　视
1	泵	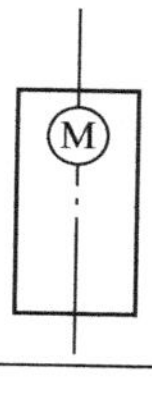	
2	压缩机（往复式）	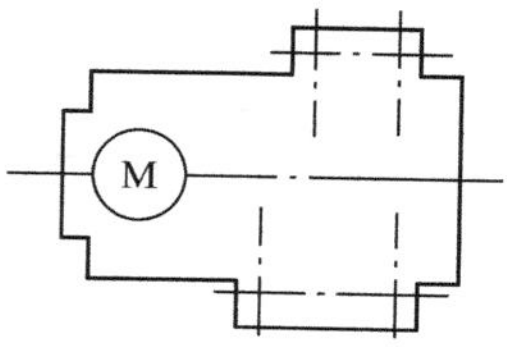	
3	桥式吊车	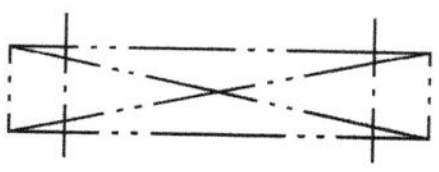	

e）设备管口图例应符合表3.6－5的要求；

表3.6－5　设备管嘴

编　号	名　称	顶视或侧视	透　视
1	带法兰管嘴	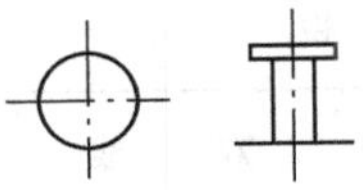 45°	
2	不带法兰管嘴	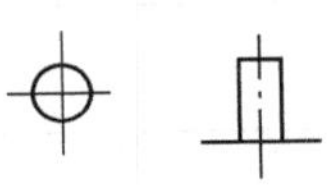 45°	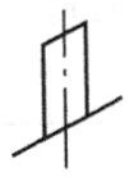

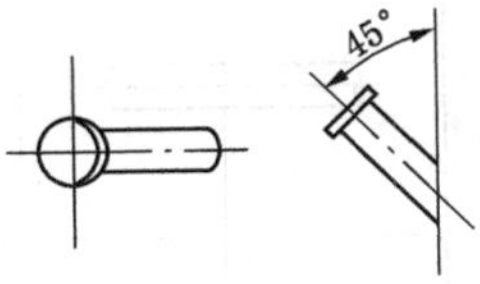

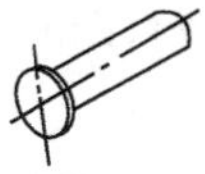

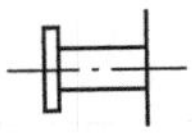

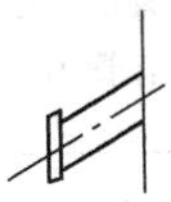

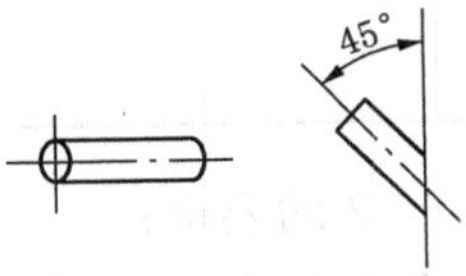

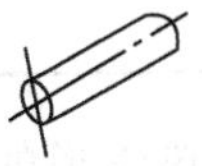

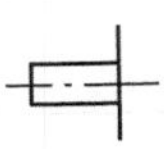

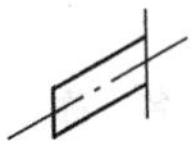

f）人孔或手孔图例应符合表3.6－6的要求；

表3.6－6　人孔（手孔）

编　号	名　称	顶　视	侧　视
1	回转盖型	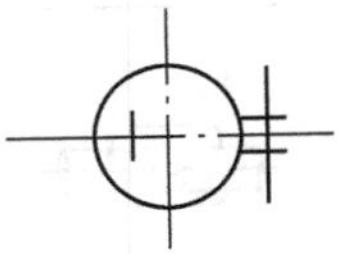	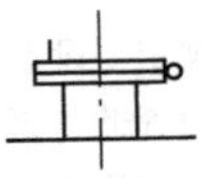
2	普通型	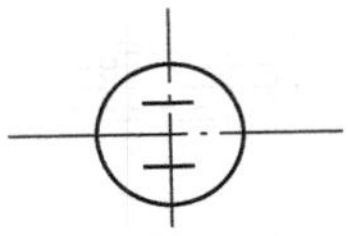	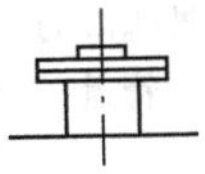

3.7 管道的典型图例应符合下列规定：

a）管道的图例应符合表3.7－1的要求；

表3.7－1 一般管道

编号	名称	顶视		侧视		透视
		单线	双线	小管径	大管径	单线
1	新设管道		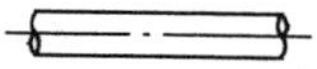		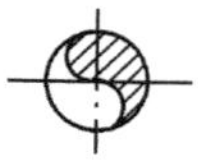	
2	预定要设置的管道、已有管道		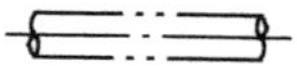		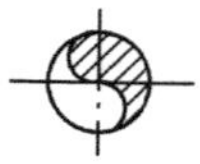	
3	被遮蔽的管道		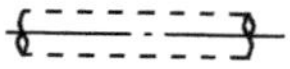			
4	拆除管道	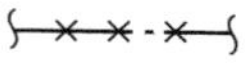	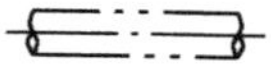			

b）绝热管道的图例应符合表3.7－2的要求；

表3.7－2 绝热管道

编号	名称	顶视		侧视		透视
		单线	双线	小管径	大管径	单线
1	新设管道	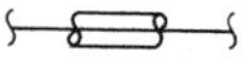	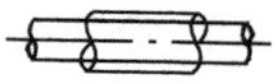		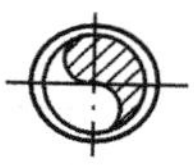	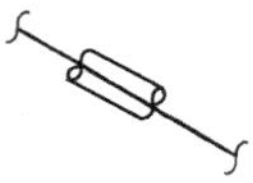
2	预定要设置的管道、原有管道	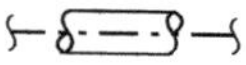	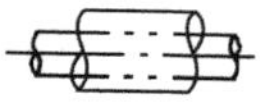			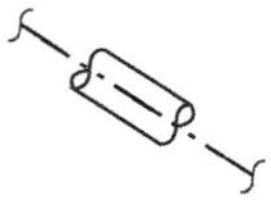
3	被遮蔽的管道	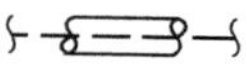	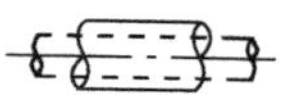			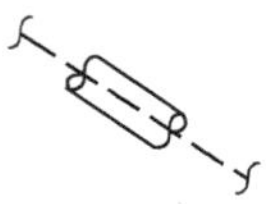

注：本标准未规定管道的隔热图例，需要时可用局部隔热图形表示隔热的类型和范围。

c）伴热管道的图例应符合表 3.7－3 的要求；

表 3.7－3 伴热管道

编号	名称	顶视		正视		单线
		单线	双线	小管径	大管径	
1	新设管道					
2	预定要设置的管道、原有管道					
3	被遮蔽的管道					

注：伴热管道可全程表示或局部表示；当有伴热系统图时，管道布置图上也可以不表示。

d）夹套管的图例应符合表 3.7－4 的要求；

表 3.7－4 夹套管

编号	名称	顶视		正视		单线
		单线	双线	大管径	小管径	
1	新设管道					
2	预定要设置的管道、原有管道					
3	被遮蔽的管道					

注：夹套管的外套可只画一小段表示。

e）管道重叠、交叉的图例应符合表 3.7－5 的要求。

表 3.7－5 管道重叠、交叉

编号	名称	顶视或侧视		透视
		单线	双线	单线
1	管道重叠	上(前) 上(前)	上(前) 上(前)	
		下(后) 中 上(前) 下(后) 中 上(前)		

续表

编　号	名　称	顶视或侧视		透　视
		单　线	双　线	单　线
2	管道交叉	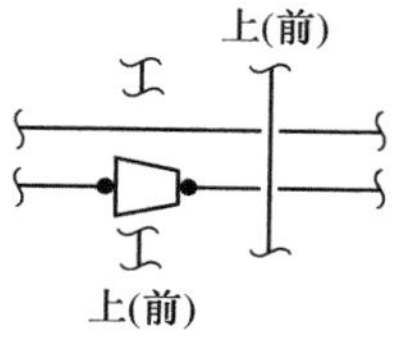 上(前) 上(前)	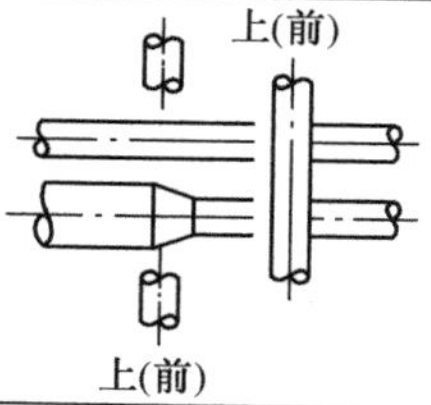 上(前) 上(前)	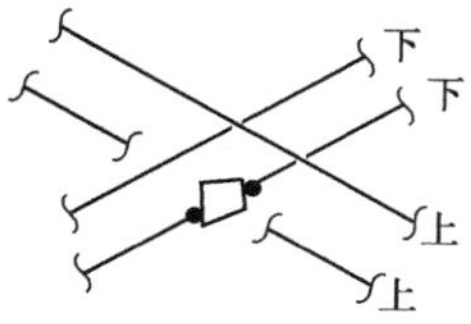 下 下 上 上
		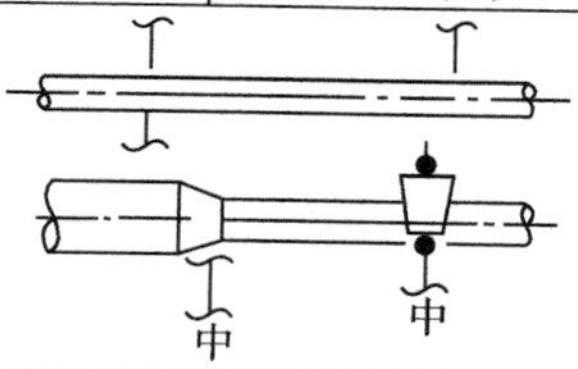 上（前） 下（后） 中 中		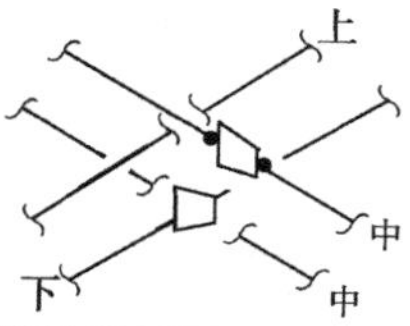 上 中 下 中

3.8　管件管道的图例应符合下列规定：

a）对焊弯头的图例应符合表3.8－1的要求；

表3.8－1　对焊弯头

编　号	名　称	顶　视		正　视		透　视
		单　线	双　线	单　线	双　线	
1	90°斜接弯头		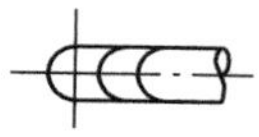		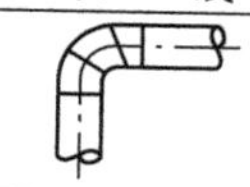	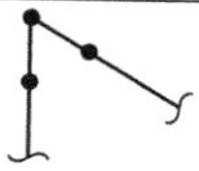
2	90°弯头	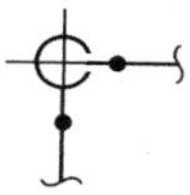	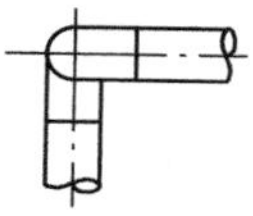		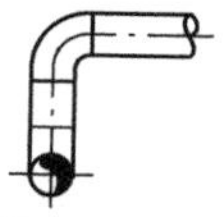	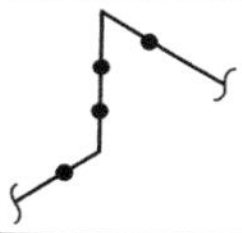
3	90°异径弯头	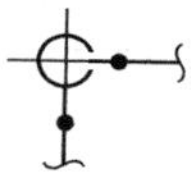	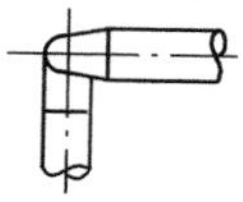		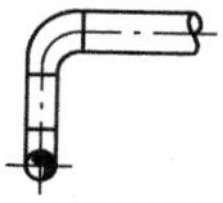	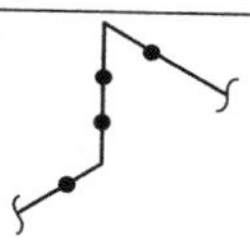
4	45°弯头	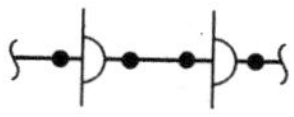	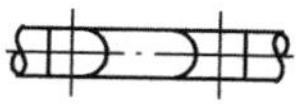		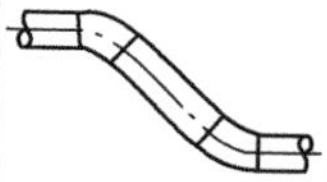	

b）承插焊弯头、螺纹弯头的图例应符合表3.8－2的要求；

表3.8－2　承插焊弯头、螺纹弯头

编　号	名　称	顶　视		正　视		透　视
		单　线	双　线	单　线	双　线	
1	90°弯头	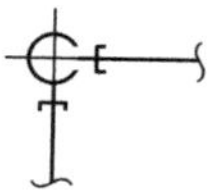		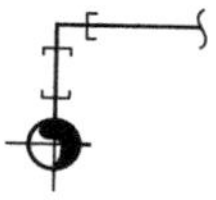		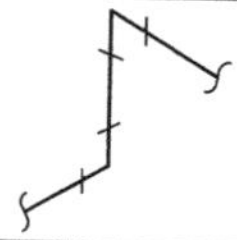
2	45°弯头	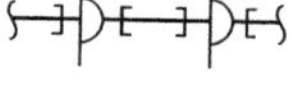		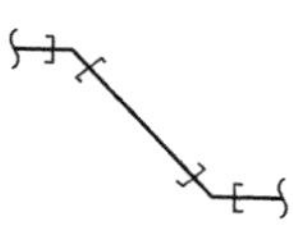		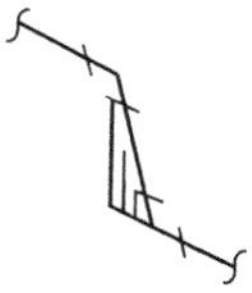

c）三通见表3.8－3；

表3.8－3　三通

编号	名称	顶视		正视		透视
		单线	双线	单线	双线	
1	对焊三通					
2	承插焊三通、螺纹三通					

d）异径管（大小头）的图例应符合表3.8－4的要求；

表3.8－4　异径管（大小头）

编号	名称	顶视		正视		透视
		单线	双线	单线	双线	
1	同心异径管					
2	偏心异径管					
3	异径短节					

e）管帽（封头）的图例应符合表3.8－5的要求；

表3.8－5　管帽（封头）

编号	名称	顶视		正视		透视
		单线	双线	单线	双线	
1	对焊管帽					
2	平封头					
3	承插焊管帽、螺纹管帽					

f）支管座（台）的图例应符合表 3.8－6 的要求；

表 3.8－6　支管座（台）

编　号	名　称	顶　视		正　视		透　视
		单　线	双　线	单　线	双　线	
1	对焊支管座（台）			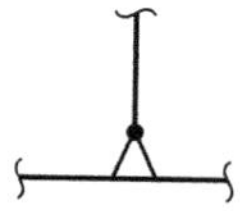		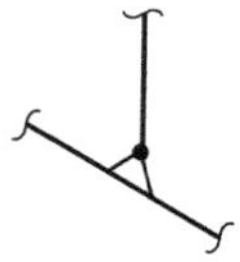
2	承插焊支管座（台）、螺纹支管座（台）			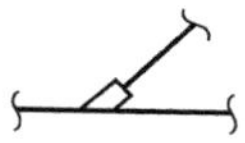	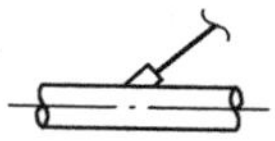	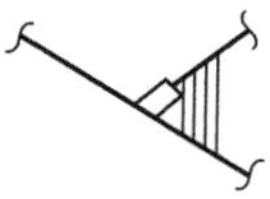
				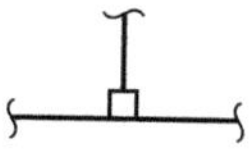	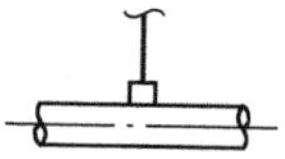	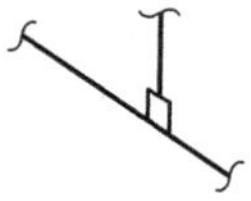
		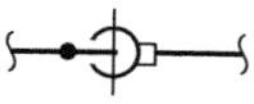	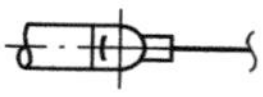	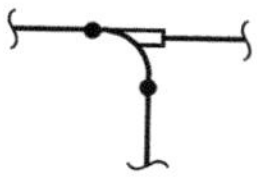	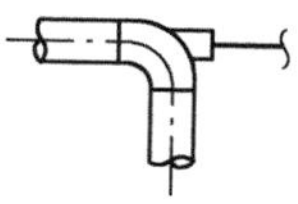	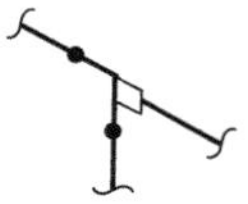

g）法兰的图例应符合表 3.8－7 的要求；

表 3.8－7　法　　兰

编　号	名　称	顶　视		正　视		透　视
		单　线	双　线	单　线	双　线	
1	对焊法兰		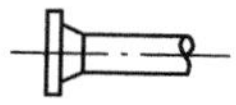		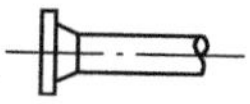	
2	平焊法兰、承插焊法兰、螺纹法兰		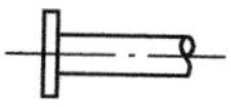		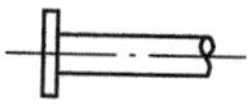	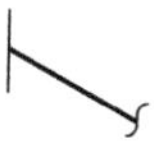
3	松套法兰		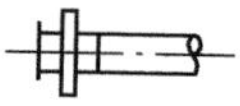		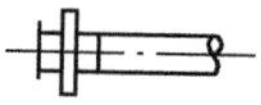	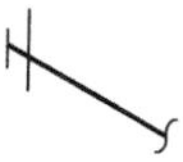
4	法兰盖		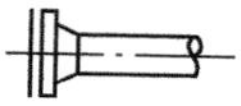		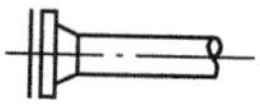	

h）其他管件的图例应符合表3.8－8的要求。

表3.8－8　其他管件

编号	名称	顶视		正视		透视
		单线	双线	单线	双线	
1	承口管箍、螺纹管箍					
2	承插焊活接头、螺纹活接头					
3	管堵（丝堵）					

3.9　管道中阀门的图例应符合下列规定：

a）一般阀门的图例应符合表3.9－1的要求；

表3.9－1　一般阀门

编号	名称	基本图形	连接形式	顶视	正视	侧视	透视
1	闸阀		法兰				
			对焊				
			承插焊、螺纹				
2	截止阀		法兰				
			对焊				
			承插焊、螺纹				
3	止回阀		法兰				
			对焊				
			承插焊、螺纹				

续表

编号	名称	基本图形	连接形式	顶视	正视	侧视	透视
4	角阀		法兰				
			对焊				
			承插焊、螺纹				
5	球阀		法兰				
			对焊				
			承插焊、螺纹				
6	蝶阀		法兰				
			对焊				
7	旋塞阀		法兰				
			承插焊、螺纹				
8	三通阀		法兰				
			对焊				
			承插焊、螺纹				
9	减压阀		法兰				
			对焊				
			承插焊、螺纹				

续表

编号	名称	基本图形	连接形式	顶视	正视	侧视	透视
10	隔膜阀		法兰				
			承插焊、螺纹				
11	疏水阀		法兰				
			对焊				
			承插焊、螺纹				
12	插板阀		法兰				
13	针形阀	N	对焊	N			
			承插焊、螺纹	N			
14	呼吸阀		法兰				
15	底阀		法兰				
			承插焊、螺纹				
16	四通阀		法兰				
			对焊				
			承插焊、螺纹				

续表

编号	名称	基本图形	连接形式	顶视	正视	侧视	透视
17	四通球阀		法兰	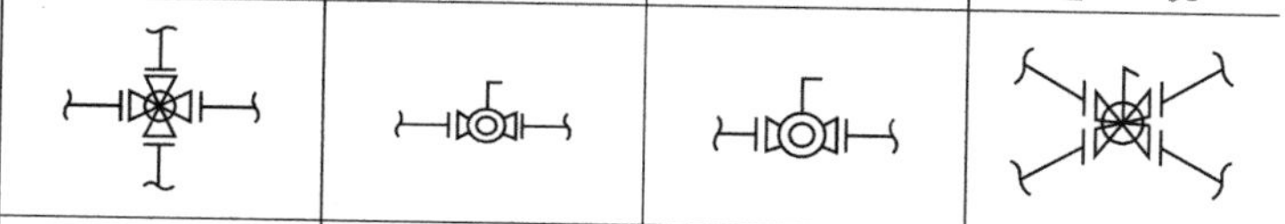			
			对焊	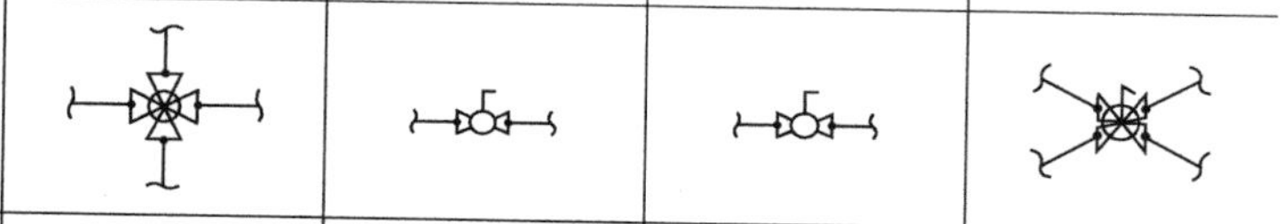			
			承插焊、螺纹	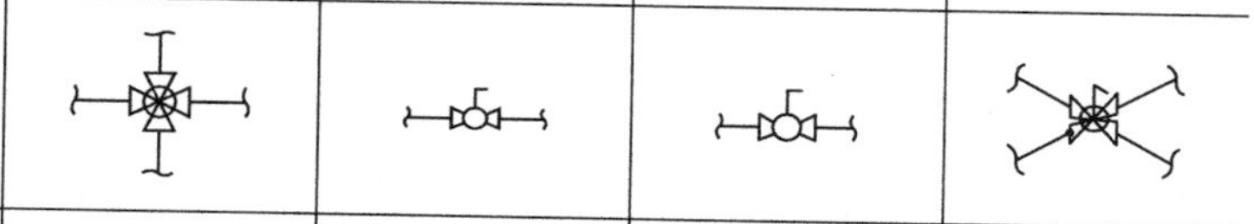			
18	截止止回阀	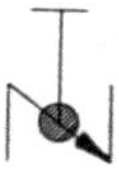	法兰	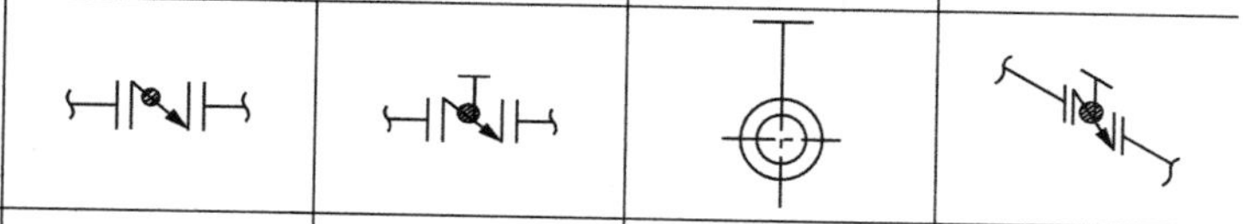			
			对焊	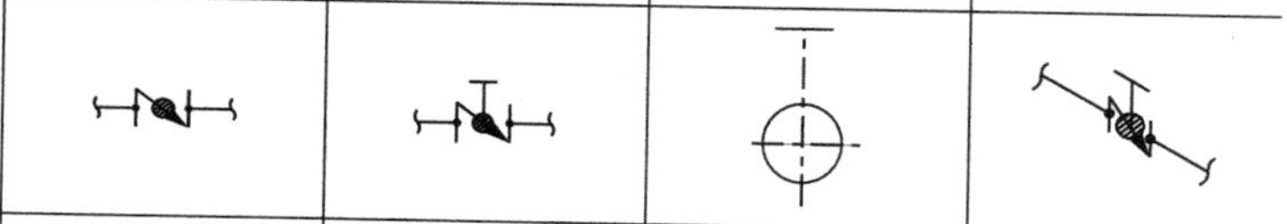			
			承插焊、螺纹	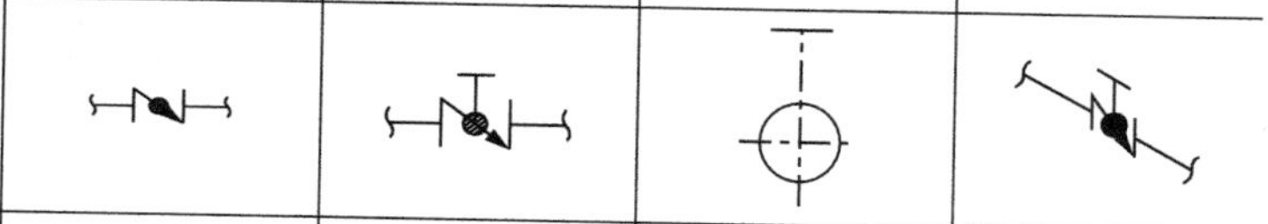			
19	Y型截止阀	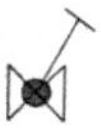	法兰	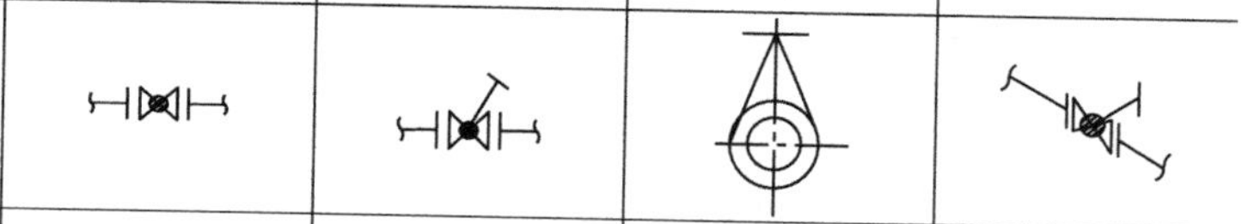			
			对焊	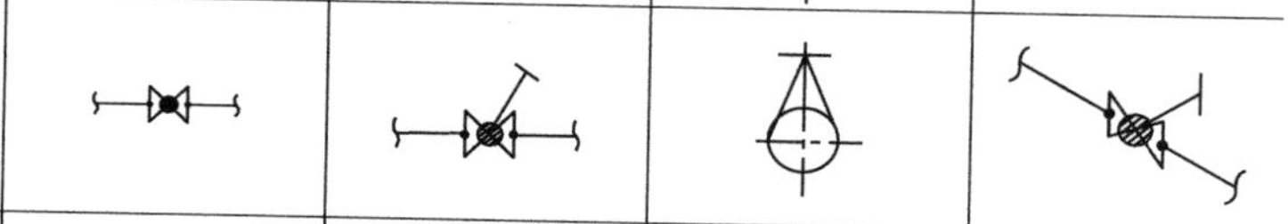			
			承插焊、螺纹	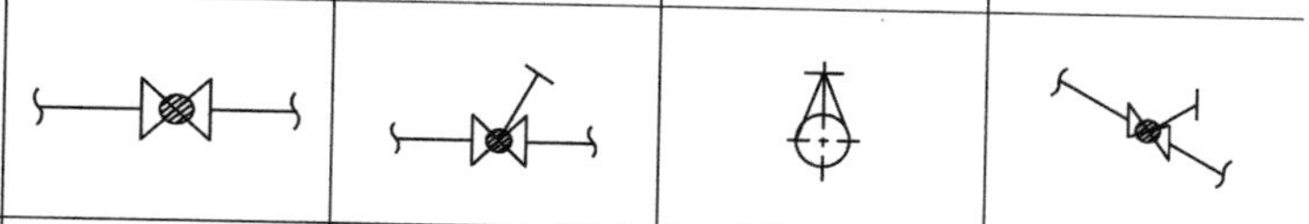			
20	Y型截止回阀	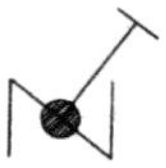	法兰	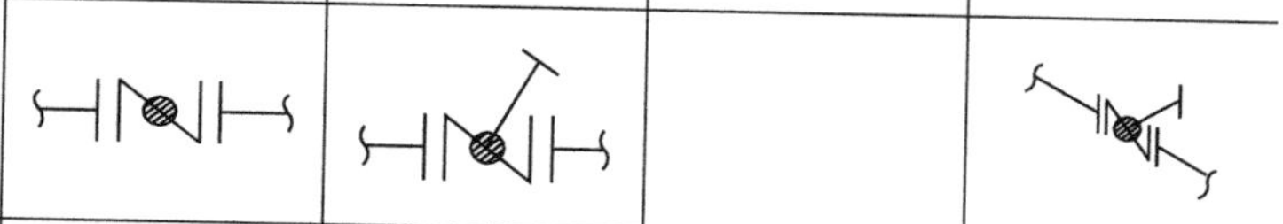			
			对焊	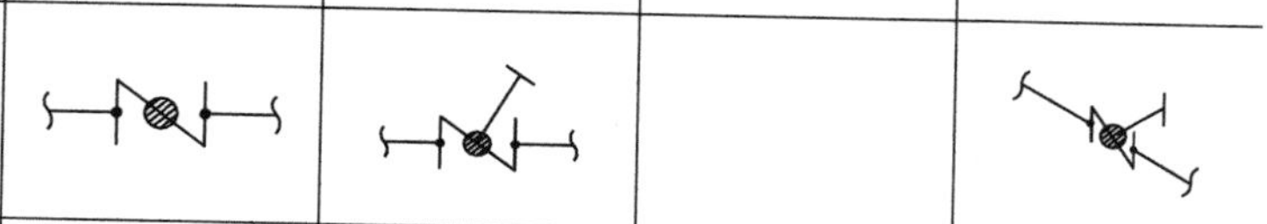			
			承插焊、螺纹	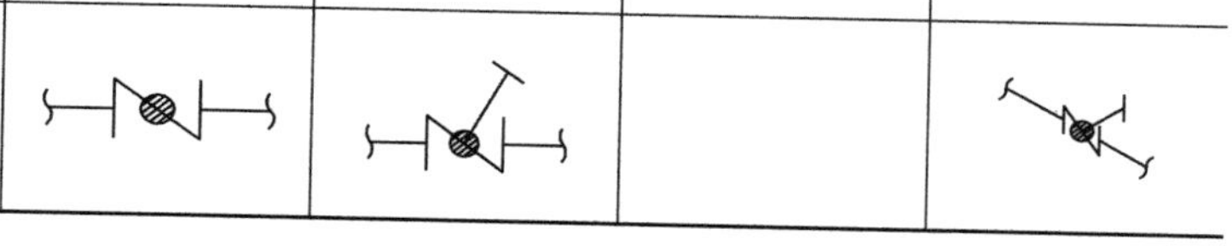			

b）调节阀的图例应符合表3.9－2的要求；

表3.9－2　调节阀

编　号	名　称	基本图形	连接形式	顶　　视	正　　视	侧　　视	透　　视
1	直通调节阀		法　兰	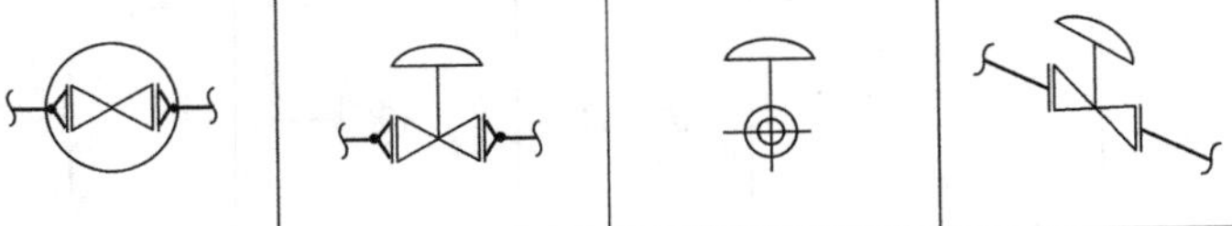			
			对　焊	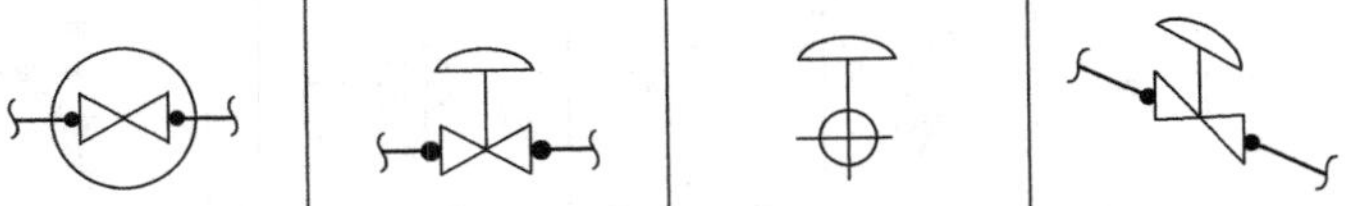			
			承插焊、螺　纹	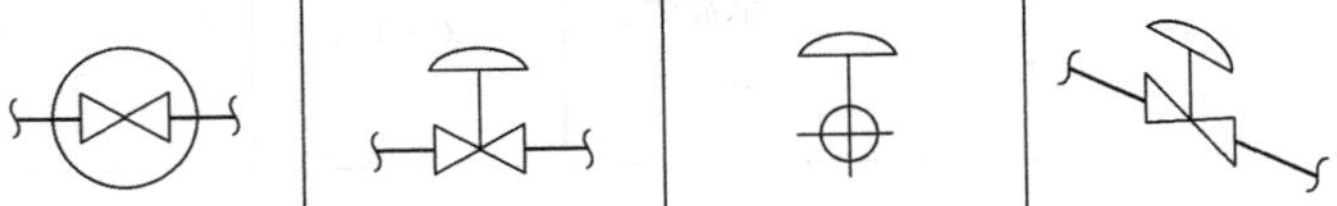			
2	三通调节阀		法　兰	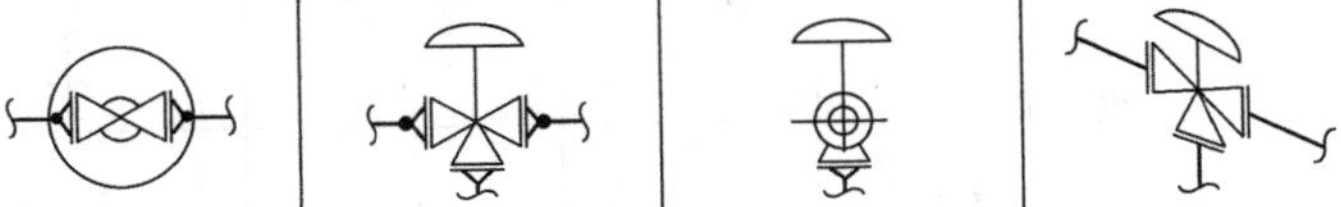			
			对　焊	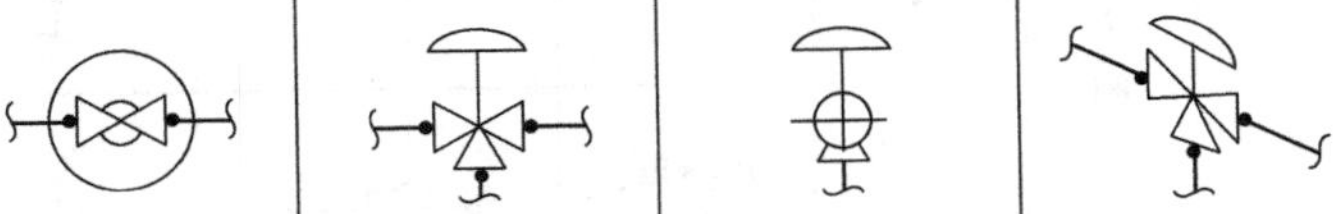			
			承插焊、螺纹	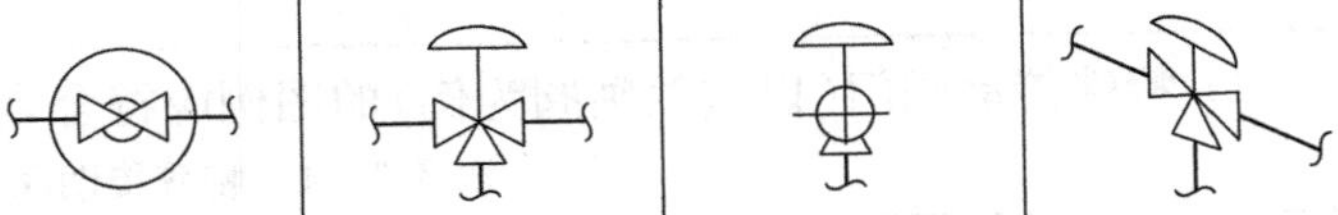			
3	蝶形调节阀		法　兰	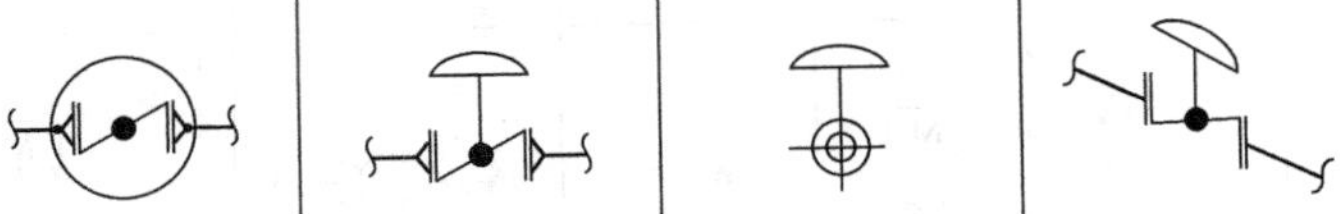			
4	角型调节阀		法　兰	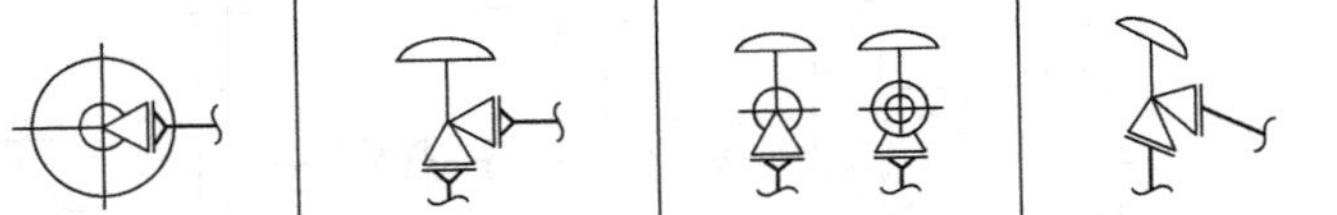			
			对　焊	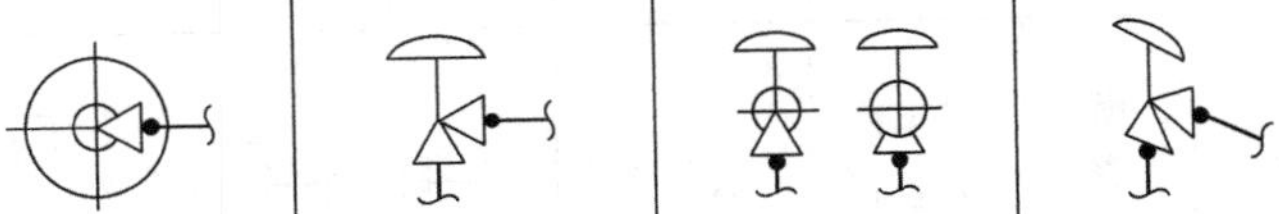			
			承插焊、螺　纹	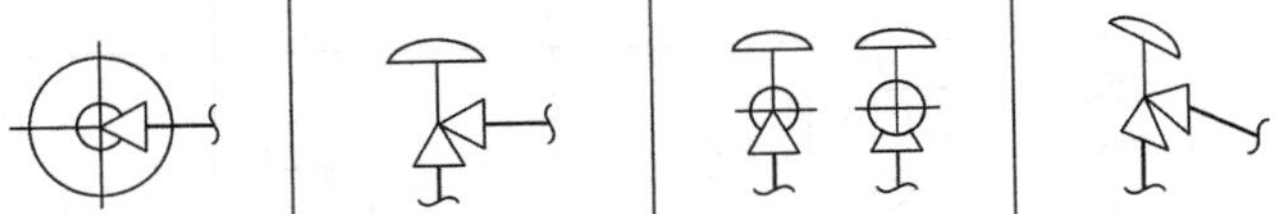			

c）安全阀的图例应符合表3.9－3的要求；

表3.9－3　安全阀

编　号	名　称	基本图形	连接形式	顶　　视	正　　视	侧　　视	透　　视
1	弹簧安全阀		法　兰				
			对　焊				
			承插焊、螺　纹				
2	重锤安全阀		法　兰				
			对　焊				
			承插焊、螺　纹				

d）特殊传动阀门（以法兰闸阀为例）的图例应符合表3.9－4的要求。

表3.9－4　特殊传动阀

编　号	名　称	基本图形	连接形式	顶　　视	正　　视	侧　　视	透　　视
1	电动阀		法　兰				
2	气动阀		法　兰				
3	电磁阀		法　兰				
4	液压阀		法　兰				

续表

编 号	名 称	基本图形	连接形式	顶 视	正 视	侧 视	透 视
5	齿轮阀		法 兰	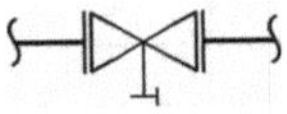	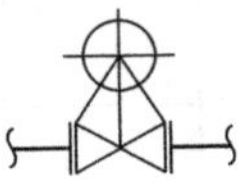		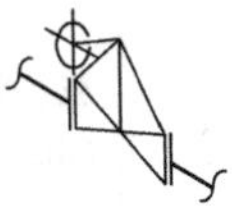

3.10 管道用小型设备和特殊管件的图例应符合下列规定：

a）过滤器的图例应符合表3.10－1的要求；

表3.10－1 过滤器

编 号	名 称	基本图形	连接形式	顶 视	正 视	侧 视	透 视
1	篮式过滤器	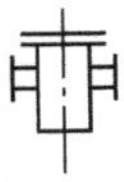	法 兰		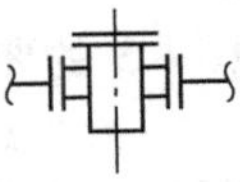		
2	临时过滤器		法 兰	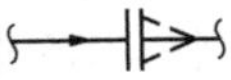			
3	Y型过滤器	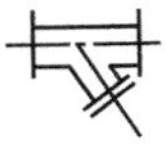	法 兰				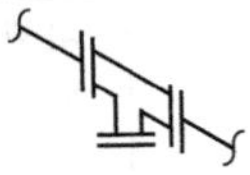
			对 焊	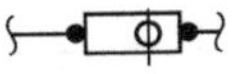			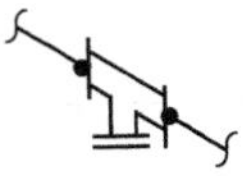
			承插焊、螺 纹	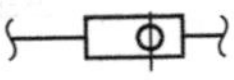			
4	T型侧流式过滤器		对 焊	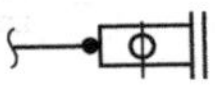	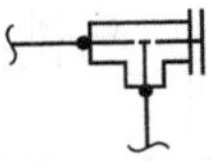		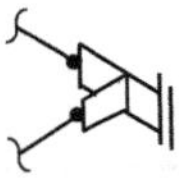
			法 兰	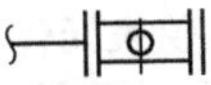	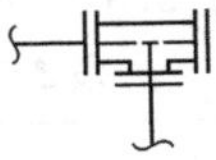		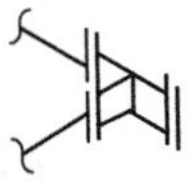
5	T型直通式过滤器	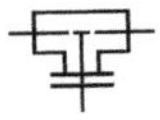	对 焊	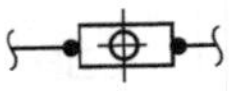	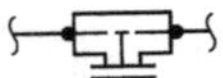		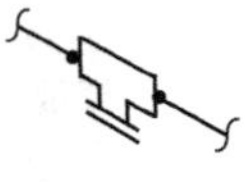
			法 兰				

注：Y型、T型过滤器可以用单线表示。

b）补偿器的图例应符合表3.10－2的要求；

表 3.10－2　补偿器

编　号	名　称	基本图形	连接形式	顶　　视	正　　视	侧　　视	透　　视
1	波纹管膨胀节		法　兰				
			对　焊				
2	球　形补偿器		法　兰				

注：波纹管膨胀节可按实际波数绘制

c）视镜的图例应符合表 3.10－3 的要求；

表 3.10－3　视　　镜

编号	名称	基本图形	连接形式	顶　　视	正　　视	侧　　视	透　　视
1	角型视镜		法　兰				
			螺　纹				
2	直通视镜		法　兰				
			螺　纹、承插焊				

d）仪表元件的图例应符合表 3.10－4 的要求；

表 3.10－4　仪表元件

编号	名称	基本图形	连接形式	顶　　视	正　　视	侧　　视	透　　视
1	容积式流量计、涡轮式流量计、靶式流量计、电磁式流量计		法　兰				
			螺　纹				
2	孔　板						

续表

编号	名称	基本图形	连接形式	顶视	正视	侧视	透视
3	转子流量计		法兰				
			螺纹				
4	文丘里管流量计		法兰				
5	玻璃板液面计		法兰				
6	浮筒式液面计		法兰				

e）特殊管件的图例应符合表3.10－5的要求；

表3.10－5 特殊管件

编号	名称	基本图形	连接形式	顶视	正视	侧视	透视
1	软管接头		承插焊、螺纹				
2	金属软管		法兰				
			对焊				
			承插焊、螺纹				

续表

编号	名称	基本图形	连接形式	顶视	正视	侧视	透视
3	限流孔板		法兰				
4	8字盲板		法兰				
5	盲板		法兰				
6	爆破片（爆破膜）		法兰				
7	漏斗						

f）其他的图例应符合表3.10-6的要求。

表3.10-6 其他

编号	名称	基本图形	连接形式	顶视	正视	侧视	透视
1	阻火器		法兰				
			螺纹				
2	消声器						

3.11 管道支吊架的图例应符合表3.11的要求。

表3.11 管道支吊架

编号	名称	基本图形	顶视	透视
1	轴向导向支架	=		
2	轴向限位支架	‖		

续表

编　　号	名　　称	基本图形	顶　　视	透　　视
3	滑动支架			
4	固定支架			
5	弹簧支吊架			

注：由于支吊架的种类较多，可以根据需要加以补充。

3.12　绘制配管关联的建筑物、构筑物的典型图例应符合表3.12的要求。

表3.12　建筑物、构筑物

编　　号	名　　称	顶　　视	正　　视	备　　注
1	梁			
2	柱			
3	钢平台			
4	栏　杆			
5	斜　梯			

续表

编号	名称	顶视	正视	备注
6	直梯	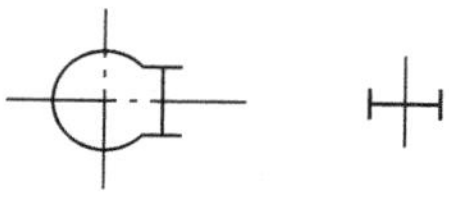	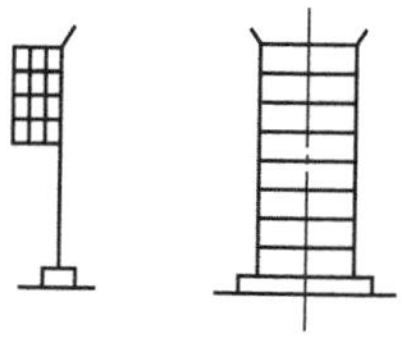	
7	梯凳	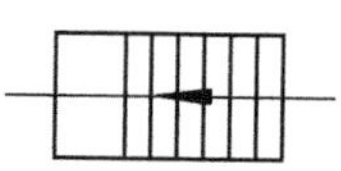	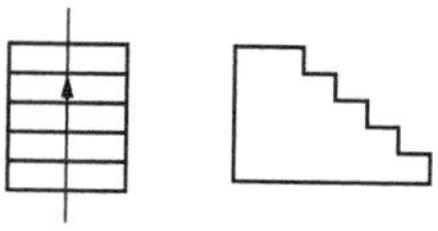	
8	围堰	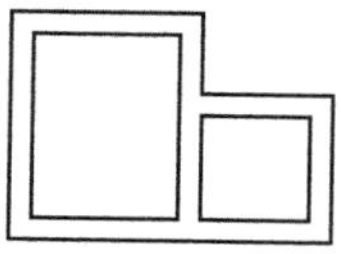		
9	围墙			
10	门	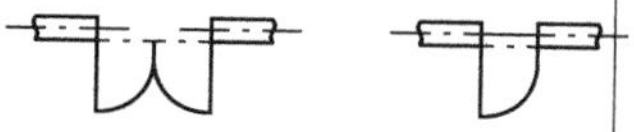		
11	窗			
12	烟囱		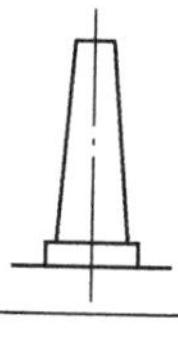	
13	道路	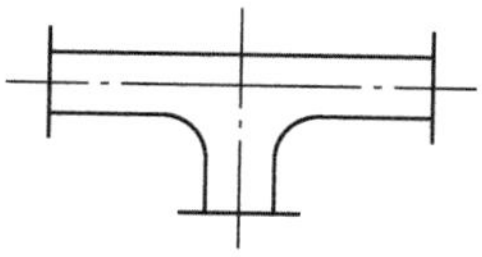		

3.13 常用给排水井的图例应符合表3.13的要求。

表3.13 常用给排水井

编号	名称	顶视	正视	备注
1	普通井 检查井	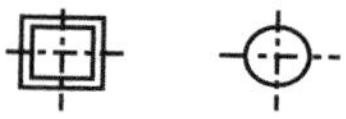		
2	水封井	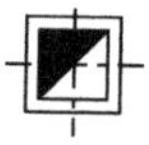		

编　号	名　称	顶　视	正　视	备　注
3	计量井			
4	阀门井			
5	渗水井			
6	雨水捕集口			
7	一般地面			
8	重型铺砌地面			

3.14 常用沟渠的图例应符合表3.14的要求。

表3.14 常用沟渠

编　号	名　称	顶　视	正　视	备　注
1	直埋电缆沟			
2	电缆沟			
3	套管电缆			
4	明沟(渠)			
5	管沟			

第十五章 管道支吊架

第一节 概 述

一、支吊架在管道设计中的重要性

配管设计，既要满足工艺过程的要求，还要考虑设备、机泵、管道及其组成件的受力情况，保证长周期安全运转。

一般认为，一次应力的大小是衡量管系能否安全运行的标准之一。一次应力如果过大，管系可能会被破坏。一次应力是由管道的内压和外载产生的，其大小与作用在管系上的荷载及管道或配件的截面有关。当装置的规模确定后，管径的大小也就确定了，配管时是不能任意改变的，而管道应力和支架承受荷载的大小却可以通过设置支吊架加以调整。因此，支吊架的设置对管系一次应力的大小有着直接的关系。

二次应力是由于管系变形受阻而引起的，正确选用支吊架，能够起到使管系适应变形的需要，同时还可以根据需要，选择某种支架去限制管系某个方向的位移，以减少设备管嘴的受力。

管系振动会引起管道和管架的疲劳损坏，因此配管设计还要考虑防止或控制管系发生振动。支吊架的正确选型和设置，对改善管系的振动也起着重要作用。

二、管道支吊架的种类及型式

管道支吊架的种类就其结构而言型式众多，但仅考虑其功能和用途时，可分为以下几类，见表 15 - 1 - 1。

表 15 - 1 - 1 管道支架的分类

序号	大分类		小分类	
	名称	用途	名称	用途
1	承重支吊架	支吊管道的重量	(1) 刚性支吊架	用于无垂直位移的场合
			(2) 可调刚性支吊架	用于无垂直位移但要求安装误差严格的场合
			(3) 可变弹簧支吊架	用于有垂直位移的场合
2	限制性支吊架		(4) 固定支架	用于在固定点处不允许有线位移和角位移的场合
			(5) 限位支架	用于限制某一方向位移的场合
			(6) 导向支架	用于允许管道有轴向位移但不允许有横向位移的场合
3	恒力弹簧支吊架	用于垂直位移大或希望保持管道在冷热状态下支吊点的荷载不能变化很大的场合		

续表

序号	大分类		小分类	
	名称	用途	名称	用途
4	防振支架	用于限制或缓和往复式机泵进出口管道和由地震、风压、水击、安全阀排出反力引起的管系振动	(7) 减振装置	用于需要弹簧减振的地方
			(8) 阻尼装置	缓和往复式机泵、地震、水击、安全阀排出反力等引起的油压式振动

第二节　管道支吊架的选用原则和系列

一、管道支吊架的选用原则

(1) 在选用管道支吊架时，应按照支承点所承受的荷载大小和方向、管道的位移情况、工作温度、是否保温或保冷、管道的材质等条件选用合适的支吊架。

(2) 为便于工厂成批生产,加快建设速度,设计时应尽可能选用标准管卡、管托和管吊。

(3) 焊接型的管托、管吊比卡箍型的管托、管吊省钢材，且制作简单，施工方便。因此，除下列情况外，应尽量采用焊接型的管托和管吊：

(a) 管内介质温度≥400℃的碳素钢材质的管道；

(b) 输送冷冻介质的管道；

(c) 输送浓碱液的管道；

(d) 合金钢不锈钢管道以及需要进行焊后热处理的管道；

(e) 生产中需要经常拆卸检修的管道；

(f) 架空敷设且不易施工焊接的管道和不宜与管托、管吊直接焊接的管道；

(g) 非金属衬里管道。

(4) 为防止管道过大的横向位移和可能承受的冲击荷载，一般在下列地方设置导向管托，以保证管道只沿着轴向位移：

(a) 安全阀出口的高速放空管道和可能产生振动的两相流管道；

(b) 横向位移过大可能影响邻近管道时;固定支架之间的距离过长,可能产生横向不稳定时；

(c) 为防止法兰和活接头泄漏要求管道不宜有过大的横向位移时；

(d) 为防止振动管道出现过大的横向位移时。

(5) 当架空敷设的管道热胀量超过 100mm 时，应选用加长管托，以免管托滑到管架梁下。

(6) 支架生根焊在钢制设备上时，所用垫板应按设备外型成型。当碳钢设备壁厚大于 38mm 时，应取得设备专业的同意。当生根在合金设备上时，垫板材料应与设备材料相同，并应取得设备专业的同意。

(7) 对于荷载较大的支架位置要事先与有关专业设计人联系，并提出支架位置、标高和荷载情况。

(8) 下列情况应选用可变弹簧支吊架：

(a) 由于管道在支承点处有向上垂直位移，致使支架失去其承载功能，荷载的转移将造成邻近支架超过其承载能力，或造成管道跨距超过其最大允许值时；

（b）当管道在支承点有向下的垂直位移，选用一般刚性支架将阻挡管道的位移时；

（c）选用的弹簧其荷载变化率不应大于25%。荷载变化率按下式计算：

$$f_s = \frac{\Delta K_s}{F_H} \times 100\% \tag{15-2-1}$$

式中 f_s——荷载变化率,%；

Δ——管道垂直位移，mm；

K_s——弹簧刚度，N/mm；

F_H——工作荷载，N。

（d）当选用的弹簧不能满足上述荷载变化率时，可选用最大允许荷载相同的可变弹簧串联安装。串联弹簧每个弹簧承受的荷载相同，总的位移量按每个弹簧的最大压缩量的比例进行分配；

（e）当实际荷载超过选用表中最大允许荷载时可选用两个或两个以上相同型号的可变弹簧并联安装。荷载按并联弹簧数平均分配。

（9）当管道在支承点有垂直位移较大，且要求支承力的变化范围必须限制在6%以内或有特殊要求时，管系应采用恒力弹簧支吊架。恒力弹簧支吊架可并联安装。

（10）当管道在支承点处不得有任何位移时，应选用固定支架。

二、支吊架的布置

（一）一般要求

（1）管道支吊架应在管道的允许跨距内设置，并应满足下列要求：

（a）靠近设备；

（b）设在集中荷载附近；

（c）设在弯管和大直径三通式分支管附近；

（d）宜利用建筑物或构筑物的梁、柱等设置支吊架的生根构件；

（e）不应妨碍管道与设备的连接和检修。

（2）有隔热层的管道，在管墩或管架处应设管托。无隔热层的管道，如无要求，可不设管托。当隔热层厚度小于或等于80mm时，宜选用高100mm的管托；隔热层厚度大于80mm时，宜选用高150mm的管托；隔热层厚度大于130mm时，宜选用高200mm的管托。保冷管道应选用保冷管托。

（3）管道的支承点在垂直方向无位移时应采用刚性支吊架；有位移时可采用可变弹簧支吊架；位移量大时宜采用恒力弹簧支吊架。

（4）水平敷设在支架上带管托的管道，当管道的位移量等于或大于100mm时，管托应选用加长管托或偏置安装，采用偏置安装时，偏置量及偏置方向应注明。

（5）允许管道有轴向位移，且需限制横向位移时，管道应设置导向支架，导向支架的设置不应影响管道的自然补偿。

（6）导向支架的位置应满足下列要求：

（a）安全阀出口的管道和可能产生振动的两相流管道；

（b）横向位移过大可能影响邻近管道的场合；

（c）管道距离过长，可能产生横向不稳定的场合；

(d)防止法兰和活接头泄漏要求的管道；

(e)"Π"型补偿器两侧的管道，导向支架距补偿器的弯头宜为管道公称直径的32～40倍；

(f)柔性较大、直管段较长的管道。

(7)导向支架不宜设置在靠近弯头和支管的连接处。

(8)振动管道宜采用卡箍型支架，管道上不得支撑其他管道。

(9)生根于建筑物、构筑物上的支吊架，支吊架的生根点宜设在立柱或主梁等承重构件上。当在钢结构上生根时，生根部位应有足够的强度。

(10)支架生根件焊在钢制设备上时，所用垫板应按设备外型成型。对于整体热处理的设备需焊接支架垫板时，应向设备专业提出垫板的条件。

(11)管道需要限制位移时，应设置限位支架。

(12)管道的支吊架不得生根在高温介质管道、低温介质管道和蒸汽管道上。

(13)低温介质管道的支架应满足下列规定：

(a)水平管道敷设时，管道的底部或支架的底部应垫置木块或硬质隔热材料块，以免管道中冷量损失；

(b)垂直管道敷设时，支架若生根在低温介质设备上时，在设备和管道上均应垫置木块或硬质隔热材料块。

(14)阀门、法兰或活接头的附近宜设置支吊架；直接与设备管口相接或靠近设备管口的公称直径等于或大于150mm的水平安装阀门，应在阀门附近的管道上设置支架。

(15)沿直立设备布置的立管应设置承重支架和导向支架。立管导向支架间的最大间距应符合表15－2－1的规定。承重支架应设置在靠近设备管口处，如果管道荷载过大，可增设可变弹簧支吊架。

表15－2－1　立管支架间的最大间距

立管公称直径/mm	≤50	80	100	150	200	250	300	350	400	600	800
最大间距/m	5	7	8	9	10	11	12	13	14	16	18

(16)支吊架边缘与管道焊缝的间距不应小于50mm，需要热处理的管道焊缝与支吊架的距离应不小于焊缝宽度的5倍，且不得小于100mm。

(17)当支吊架或管托需与合金钢、不锈钢管道直接焊接时，连接构件的材质应与管道材质一致或相当。

(二)管道支吊架的设置

(1)泵、压缩机等敏感设备的管口附近应设置支吊架。

(2)泵进出口管道的支吊架应满足下列要求：

(a)支吊架的位置应靠近泵进出口处；

(b)泵的水平吸入管段宜布置可调支架或弹簧支架；

(c)往复式泵的出口管道应选用合适的支吊架型式和合理的跨距。第一个支架不应采用吊架。

(3)往复式压缩机的管道支架，宜设在靠近集中荷载(如切断阀、安全阀、法兰等)、管道拐弯、分支以及标高有变化处。

(4)往复式压缩机进出口管道支架的型式和位置宜满足下列要求：

(a)采用卡箍型支架；

(b)支架的间距宜通过计算确定，管道支架的位置和型式应满足柔性计算和/或振动分析的要求；

(c)第一个支架应靠近压缩机，但不得设置在机壳和底座上；

(d)宜设置限位支架，并控制管道位移方向和承受管道热胀时对压缩机管口的推力或力矩。

(5)当离心式压缩机进出管口均向下时，靠近管口的进出口管道上宜设置弹簧支吊架。

(6)大中型压缩机进出口管道支架的基础应与厂房的基础分开。

(7)管道固定支架的位置应满足下列要求：

(a)满足管道柔性计算的要求；

(b)在能充分利用管道自然补偿处；

(c)"Π"形补偿器的两侧管道；

(d)靠近需要限制分支管位移处；

(e)需要承受管道振动、冲击载荷或需要限制管道多方向位移处。

(8)操作温度等于或大于100℃和需用蒸汽吹扫的进出装置管道，应在装置边界附近设置固定支架。固定支架的位置应与装置外的管道布置协调。

(9)安全泄压装置出口管道宜设刚性支架。

三、支吊架的系列

本系列包括支架、管托、管卡、管吊等四大类，适用于石油化工企业的工艺装置、油品储运、热工以及给排水等专业的管道安装设计。本系列施工图见《石油化工装置工艺管道安装设计手册(第五篇)设计施工图册》第三章"管道支吊架"，下列表中施工图图号与图册相对应，可配合使用。

(一) 支架系列

1. 种类

本系列包括悬臂支架(表15-2-2、表15-2-3)、悬臂固定支架(表15-2-4)、悬臂导向支架(表15-2-5、表15-2-6)、三角支架(表15-2-7、表15-2-8)、三角固定支架(表15-2-9)、单柱支架(表15-2-10、表15-2-11)、双柱支架(表15-2-12)、单柱及双柱支架(表15-2-13)。

2. 适用范围

适用于 *DN*15~600 的碳钢及合金钢的保温和不保温管道，不适用于非金属及保冷管道。

3. 型号说明

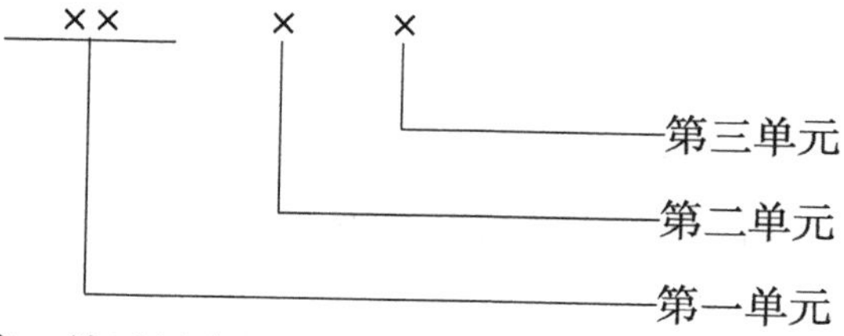

第一单元用大写的汉语拼音字母 ZJ 表示支架。

第二单元用阿拉伯数字表示支架类别：

1——代表悬臂支架；

2——代表三角支架；

3——单柱支架；

4——双柱支架；单柱及双柱支(吊)架

第三单元表示支架流水号。

表 15-2-2 生根在柱子上的悬臂支架

型　号	ZJ-1-1	ZJ-1-2	ZJ-1-3	ZJ-1-4	ZJ-1-5 ZJ-1-7	ZJ-1-6 ZJ-1-8	ZJ-1-9 ZJ-1-11	ZJ-1-10 ZJ-1-12	ZJ-1-13	ZJ-1-14	ZJ-1-15	ZJ-1-16
施工图图号	S1-15-1		S1-15-2		S1-15-3		S1-15-4		S1-15-5		S1-15-6	
简图	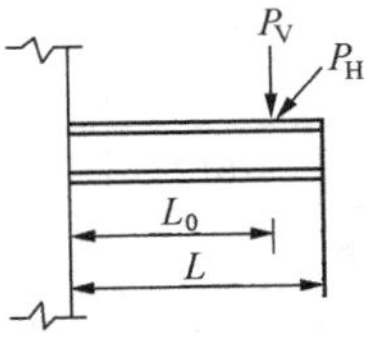				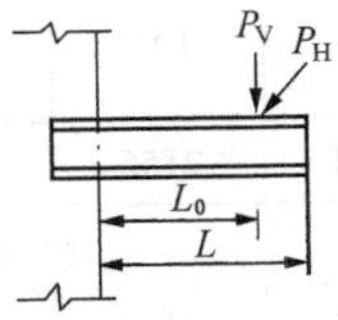				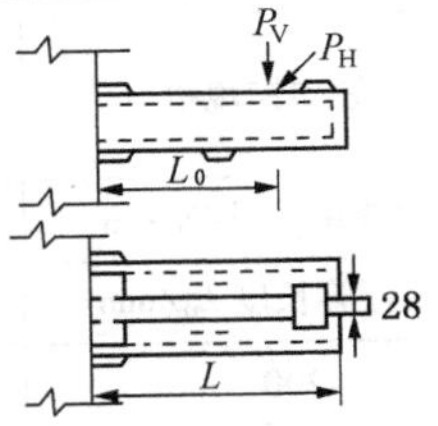			
支架根部结构	焊在柱子正面				焊在柱子侧面				焊在柱子正面			
支架型钢规格	∠63×6	∠75×8	[10	[12.6	∠63×6	∠75×8	[10	[12.6	∠63×6 ╥ 120	∠75×8 ╥ 120	[8 [ ] *120	[10 [ ] *120
允许弯矩 [M]/N·m	550	1030	1880	2640	550	1030	1880	2640	1400	2610	5540	13090
支架计算长度 L_0/mm	允　许　垂　直　荷　载/N											
200	2750	5150	9400	13200	2750	5150	9400	13200	7000	13050	27700	6545
300	1833	3433	6267	8800	1833	3433	6267	8800	4667	8700	18467	43633
400	1375	2575	4700	6600	1375	2575	4700	6600	3500	6525	13850	32725
500	1100	2060	3760	5280	1100	2060	3760	5280	2800	5220	11080	26180
600	917	1716	3133	4400	917	1716	3133	4400	2333	4350	9233	21817
700		1471	2686	3771		1471	2686	3771	2000	3729	7914	18700
800		1288	2350	3300			2350	3300	1750	3263	6925	16363
900			2089	2933			2089	2933	1556	2900	6156	14544
1000			1880	2640			1880	2640	1400	2610	5540	13090
1100				2400				2400	1273	2373	5036	11900
1200				2200				2200	1167	2175	4617	10908

注：1. 当支架上布置有多根管道时，可按公式 $M=\sum P_i \times L_i \leqslant [M]$ 选用。P_i—每根管道的垂直荷载，N。L_i—每根管道离柱边距离，mm。

2. 水平推力 $P_H=0.3P_V$。

3. ZJ-1-5 与 ZJ-1-7 型的区别为前者生根部位不需要垫板。

4. 若选用 ZJ-1-3 型 $L_0=600$ 的支架可标为 ZJ-1-3-600。

表 15－2－3　生根在墙上的悬臂支架

型　号	ZJ－1－17	ZJ－1－18	ZJ－1－19	ZJ－1－20	ZJ－1－21	ZJ－1－22	ZJ－1－23	ZJ－1－24
施工图图号	S1－15－7		S1－15－8		S1－15－9		S1－15－10	
名　称	单肢悬臂墙架				双肢悬臂墙架			
简图								
支架型钢规格	∠63×6	∠75×8	[10	[12.6	∠63×6 ╗╔	∠75×8 ╗╔	[8 [ ]	[12.6 [ ]
允许弯矩[M]/N·m	676	1264	2156	2910	1400	2610	5540	13090
支架计算长度 L_0/mm	允许垂直荷载,N							
200	2750	5150	9400	13200	7000	13050	27700	65450
300	1833	3433	6267	8800	4667	8700	18467	43633
400	1375	2575	4700	6600	3500	6525	13850	32725
500	1100	2060	3760	5280	2800	5220	11080	26180
600	917	1716	3133	4400	2333	4350	9233	21817
700		1471	2686	3771	2000	3729	7914	18700
800		1288	2350	3300	1750	3263	6925	16363
900			2089	2933	1556	2900	6156	14544
1000			1880	2640	1400	2610	5540	13090
1100				2400	1273	2373	5036	11900
1200				2200	1167	2175	4617	10908

注：1. 表中的允许弯矩为支架本身的允许弯矩，墙体是否能承受，应根据具体情况而定。
2. 若选用 ZJ－1－19 型 L_0＝600 的支架可标为 ZJ－1－19－600。

表 15－2－4　单、双肢悬臂固定支架

型　号	ZJ－1－25	ZJ－1－26	ZJ－1－27	ZJ－1－28	ZJ－1－29	ZJ－1－30	ZJ－1－31	ZJ－1－32	ZJ－1－33
施工图图号	S1－15－11		S1－15－12		S1－15－13		S1－15－14		
简图									
支架型钢规格	∠63×6	∠75×8	[10	[12.6	[10	[12.6	]a[12.6		
钢板规格/mm	200×200×8		200×200×8		200×200×8		a＝400	a＝500	a＝600

续表

型　　号	ZJ－1－25	ZJ－1－26	ZJ－1－27	ZJ－1－28	ZJ－1－29	ZJ－1－30	ZJ－1－31	ZJ－1－32	ZJ－1－33
施工图图号	S1－15－11		S1－15－12		S1－15－13		S1－15－14		
支架计算长度 L_0/mm	允许垂直荷载,N								
200	2750	5150	9400	13200	9400	13200			
300	1833	3433	6267	8800	6267	8800			
400	1375	2575	4700	6600	4700	6600			
500	1100	2060	3760	5280	3760	5280	28020	28380	28620
600	917	1716	3133	4400	3133	4400	23350	23650	23850
700		1471	2686	3771	2686	3771	20020	20280	20450
800		1288	2350	3300	2350	3300	17520	17740	17890
900			2089	2933	2089	2933	15570	15770	15900
1000			1880	2640	1880	2640	14010	14190	14310
1100						2400	12740	12900	13010
1200						2200	11680	11830	11920
适用范围	保温及不保温管道		保温管道		合金钢管道		保温管道		
管径 DN/mm	15～40		50～100		50～100		150～500		

若选用 ZJ－1－28 型[12.6,L_0＝600 被支承管管径为 DN100 的支架时,可标为 ZJ－1－28－600－DN100。

表 15－2－5　单、双肢悬臂导向支架

型　号	ZJ－1－34	ZJ－1－35	ZJ－1－36
施工图图号	S1－15－15	S1－15－16	S1－15－17
简图	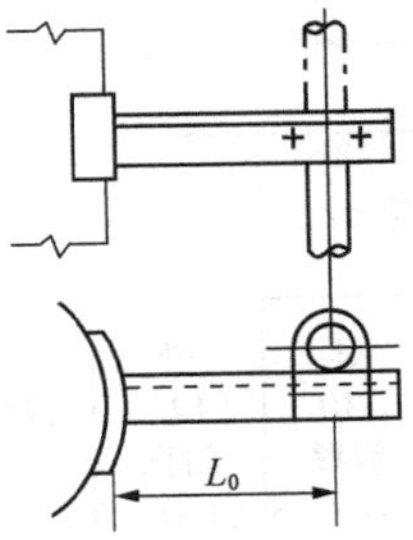	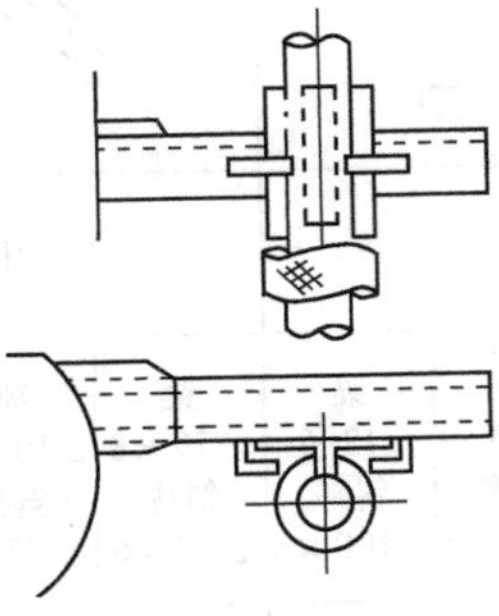	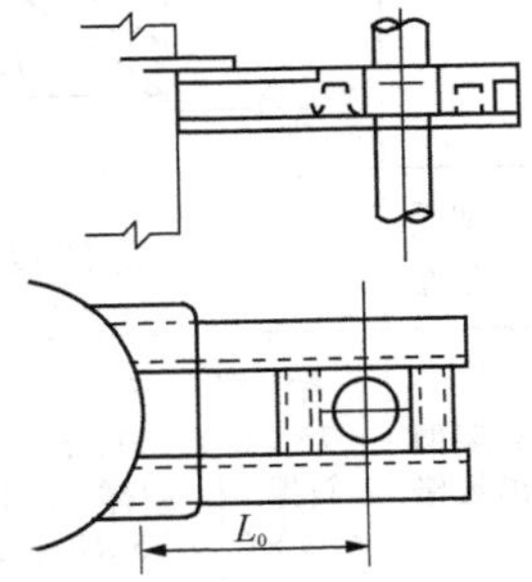
支架型式	导向支架	导向支架	导向支架
型钢规格	∠63×6	[10	[12.6][550
钢板规格	200×200×8		
支架计算长度 L_0/mm	200～600	400～1000	500～1200
允许弯矩[M]/N·m 水平力产生的	550	1880	13090
适用范围	不保温管道	保温及不保温管道	不保温管道
管径 DN/mm	15～40	15～150	200～500

如选用 ZJ－1－34 型∠63,L_0＝400,被支承管管径为 DN40 的支架时,可标为 ZJ－1－34－400－DN40

表 15-2-6 双肢悬臂导向支架

型　　号	ZJ-1-37
施工图图号	S1-15-18
简　　图	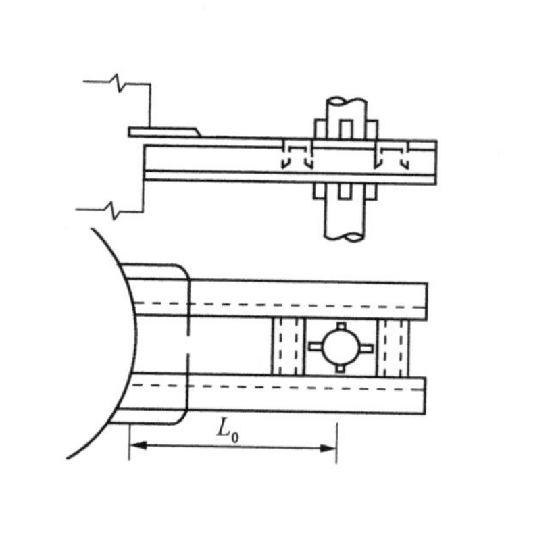
支架型式	导向支架
型钢规格	12.6］［
钢板规格	
支架计算长度 L_0/mm	800～1200
允许弯矩［M］/N·m 水平力产生的	13090
适用范围	保温管道
管径 DN/mm	200～500

若选用 ZJ-1-38 型［10，L_0=1500，被支承管管径为 DN300 的支架时可标为 ZJ-1-38-1500-DN300

表 15-2-7 生根在柱子上的三角支架

型　号	ZJ-2-1	ZJ-2-2	ZJ-2-3	ZJ-2-4	ZJ-2-5	ZJ-2-6	ZJ-2-7	ZJ-2-8	ZJ-2-9	ZJ-2-10	ZJ-2-11	ZJ-2-12
施工图图号	S1-15-19				S1-15-20				S1-15-21			
简图	P_V P_H 30° L_0				P_V P_H $\frac{L_0}{2}$ L_0				P_V P_H L_0 300			
支架受力分布	端部受力				中部受力				悬臂端受力			
支架型钢规格	梁∠75×8 斜撑∠63×6	梁∠100×8 斜撑∠75×8	梁［10 斜撑∠100×8	梁［12.6 斜撑∠100×8	梁∠75×8 斜撑∠63×6	梁∠100×8 斜撑∠75×8	梁［10 斜撑∠100×8	梁［12.6 斜撑∠100×8	梁∠75×8 斜撑∠63×6	梁∠100×8 斜撑∠75×8	梁［10 斜撑∠100×8	梁［12.6 斜撑∠100×8
许用弯矩［M］/N·m P_V 产生的弯矩	4030	7100	12900	13800	3850	6970	14820	16520	1570	2820	1600	2120
支架计算长度 L_0/mm	允许垂直荷载 P_V/N											
500	8060	14200	15800	17600	7700	13950	19650	113050	3150	5650	3200	4250
600	6800	1212	14900	16400	6450	11700	18100	110950	2950	5300	2900	3900
700	5900	1055	4200	5550	5550	10050	6950	9400	2800	5000	2650	3550
800	5200	9350	3700	4900	4850	8850	6100	8250	2650	4750	2450	3300

续表

型　号	ZJ－2－1	ZJ－2－2	ZJ－2－3	ZJ－2－4	ZJ－2－5	ZJ－2－6	ZJ－2－7	ZJ－2－8	ZJ－2－9	ZJ－2－10	ZJ－2－11	ZJ－2－12
900	4650	8350	3300	4350	4350	7900	5450	7350	2500	4500	2300	3050
1000	4200	7600	3000	3950	3900	7100	4900	6650	2350	4250	2150	2850
1100		6950	2750	3600		6450	4450	6050		4050	2000	2650
1200		6400	2500	3300		5950	4100	5550		3850	1850	2500
1300			2300	3050			3800	5100			1750	2350
1400			2150	2850			3500	4750			1650	2200
1500			2000	2650			3300	4450			1600	2100
1600			1900	2500			3050	4150			1500	2000
1700			1800	2350			2900	3950			1450	1900

注：1. 当支架上只有一根管道时可按上表选用；

2. 当支架上布置有多根管道时，按公式 $M=\sum P_i \times L_i \leqslant [M]$；

3. 双肢组合支架的垂直荷重 $=2P_V$；

4. 水平推力 $P_H=0.3P_V$；

5. 若选用 ZJ－2－4 型 $L_0=1100$ 的支架，可标为 ZJ－2－4－1100。

表 15－2－8　生根在墙上的三角支架

型　号	ZJ－2－13	ZJ－2－14	ZJ－2－15	ZJ－2－16	ZJ－2－17	ZJ－2－18	ZJ－2－19	ZJ－2－20	ZJ－2－21
施工图图号	S1－15－22			S1－15－23			S1－15－24		
名　称	简型三角墙架			单肢三角墙架					
简图									
支架受力分布	端部受力			中部受力			悬臂端受力		
支架型钢规格	梁 ∠63×6 斜撑 ∠50×5	梁 ∠75×8 斜撑 ∠63×6	梁 [10 斜撑 ∠100×8	梁 ∠63×6 斜撑 ∠50×5	梁 ∠75×8 斜撑 ∠63×6	梁 [10 斜撑 ∠100×8	梁 ∠63×6 斜撑 ∠50×5	梁 ∠75×8 斜撑 ∠63×6	梁 [10 斜撑 ∠100×8
许用弯矩 [M]/N·m（P_H 产生的弯矩）	2190	4030	2900	2080	3850	4820	865	1570	1600
支架计算长度 L_0/mm	允许垂直荷载 P_V/N								
500	4380	8060	5800	4160	7700	9650	1730	3150	3200
600	3650	6800	4900	3470	6450	8100	1441	2950	2900
700	3128	5900	4200	2970	5550	6950	1236	2800	2650
800		5200	3700		4850	6100		2650	2450
900		4650	3300		4350	5450		2500	2300
1000		4200	3000		3900	4900		2350	2150
1100			2750			4450			2000
1200			2500			4100			1850

注：1. 表中的允许荷载为支架本身的允许荷载，墙体是否能承受应根据具体情况而定。

2. 若选用 ZJ－2－15 型 $L_0=900$ 的支架可标为 ZJ－2－15－900。

表 15－2－9　单、双肢三角固定支架

型　号	ZJ－2－22	ZJ－2－23	ZJ－2－24	ZJ－2－25	ZJ－2－26
施工图图号	S1－15－25	S1－15－26	S1－15－27	S1－15－28	S1－15－29
简图	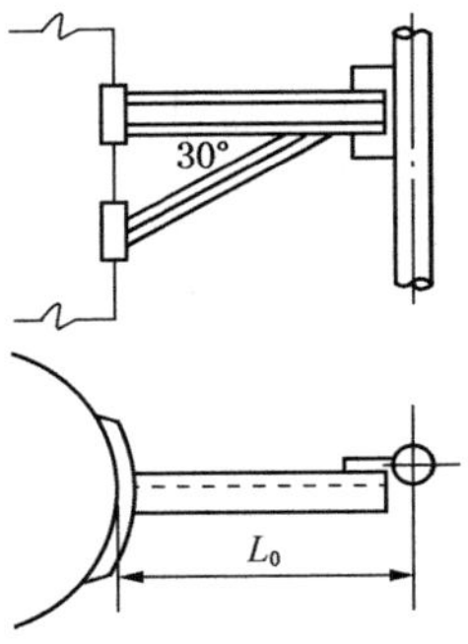		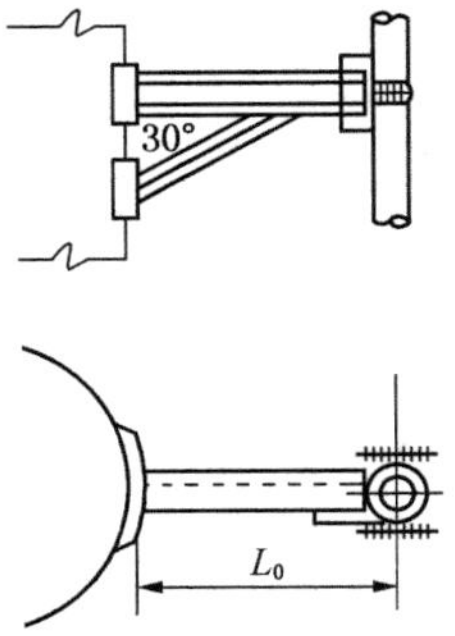		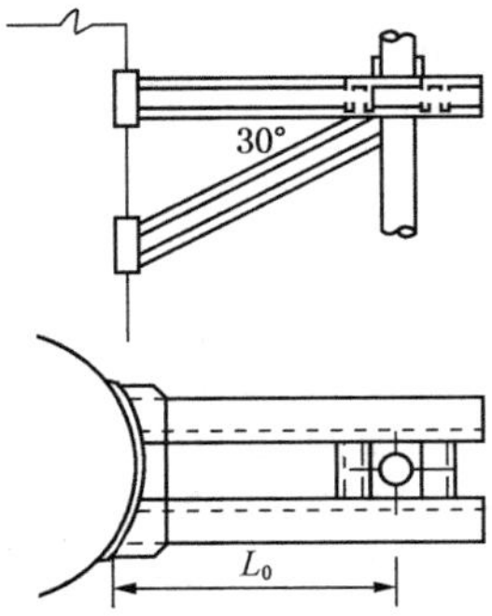
支架型式	固定承重		固定承重		固定承重
型钢规格	梁∠75×8 斜撑∠63×6	梁[10 斜撑∠100×8	梁∠75 斜撑∠63	梁[10 斜撑∠100×8	梁[10 斜　撑∠100×8
钢板规格					
支架计算长度 L_0/mm	允　许　垂　直　荷　重/N				
500	8050	5800	8050	5800	46700
600	6800	4900	6800	4900	40700
700	5900	4200	5900	4200	36100
800	5200	3700	5200	3700	32400
900	4650	3300	4650	3300	29400
1000	4200	3000	4200	3000	26900
1100		2750		2750	24800
1200		2500		2500	23000
1300		2300		2300	21400
1400		2150		2150	20100
1500		2000		2000	18900
1600		1900		1900	17800
1700		1800		2800	16900
适用范围	保温管道		合金钢管道		保温管道
管径 DN/mm	50～100		50～100		150～500
若选用 ZJ－2－24　∠75L_0＝900 被支承管管径为 DN80 的支架时，可标为 ZJ－2－24－900－DN80					

表15－2－10 单柱支架

型号	ZJ－3－1	ZJ－3－2	ZJ－3－3	ZJ－3－4	ZJ－3－5	ZJ－3－6
简图						
型钢规格	横梁∠50×3 支柱∠63×6	横梁∠63×6 支柱∠75×8	横梁∠50×3 支柱∠63×6	横梁∠63×6 支柱∠75×8	横梁∠50×3 支柱∠63×6	横梁∠63×6 支柱∠75×8
适用范围	1. 允许荷载：1350N 水平推力:550N 2. $H \leqslant 500$mm $L \leqslant 500$mm	1. 允许荷载：1600N 水平推力:650N 2. $H \leqslant 800$mm $L \leqslant 800$mm	1. 允许荷载：1350N 水平推力:550N 2. $H \leqslant 500$mm $L \leqslant 500$mm	1. 允许荷载：1600N 水平推力:650N 2. $H \leqslant 800$mm $L \leqslant 800$mm	1. 允许荷载：1350N 水平推力:550N 2. $H \leqslant 500$mm $L \leqslant 500$mm	1. 允许荷载：1600N 水平推力:650N 2. $H \leqslant 800$mm $L \leqslant 800$mm
施工图图号	S1－15－30		S1－15－31		S1－15－32	

若选用ZJ－3－2 ∠63H＝600的支架时，可标为ZJ－3－2－600

表15－2－11 Π型支架

型号	ZJ－4－1	ZJ－4－2	ZJ－4－3	ZJ－4－4	ZJ－4－5	ZJ－4－6	ZJ－4－7	ZJ－4－8	ZJ－4－9
简图									
型钢规格	横梁[8 支柱∠63×6	横梁[10 支柱∠63×6	横梁[12.6 支柱∠75×8	横梁[8 支柱∠63×6	横梁[10 支柱∠63×6	横梁[12.6 支柱∠75×8	横梁[8 支柱∠63×6	横梁[10 支柱∠63×6	横梁[12.6 支柱∠75×8
适用范围	1. 允许荷载5200N水平推力:1560N 2. $H \leqslant 800$ $L \leqslant 800$	1. 允许荷载5400N水平推力:1620N 2. $H \leqslant 800$ $L \leqslant 1000$	1. 允许荷载6700N水平推力:2100N 2. $H \leqslant 800$ $L \leqslant 1200$	1. 允许荷载5200N水平推力:1560N 2. $H \leqslant 800$ $L \leqslant 800$	1. 允许荷载5400N水平推力:1620N 2. $H \leqslant 800$ $L \leqslant 1000$	1. 允许荷载6700N水平推力:2100N 2. $H \leqslant 800$ $L \leqslant 1200$	1. 允许荷载5200N水平推力:1560N 2. $H \leqslant 800$ $L \leqslant 800$	1. 允许荷载5400N水平推力:1620N 2. $H \leqslant 800$ $L \leqslant 1000$	1. 允许荷载6700N水平推力:2100N 2. $H \leqslant 800$ $L \leqslant 1200$
施工图图号	S1－15－35			S1－15－36			S1－15－37		

表 15-2-12 生根在梁上的钢吊架

型号	ZJ-4-10	ZJ-4-11
简图		
适用范围	1. 吊梁和吊架均为∠75×8 的等边角钢 2. P_{max}=4500N，P_H=1350N L_{max}=1000mm H=800mm 3. 生根在钢构件或带预埋件的混凝土构件上	1. 吊梁和吊架均为［10 槽钢 2. P_{max}=7500N P_H=2250N L_{max}=1000mm H=800mm 3. 生根在钢构件或带预埋件的混凝土构件上
施工图图号	S1-15-38	S1-15-39

表 15-2-13 单柱及双柱支（吊）架

型号	ZJ-4-12			ZJ-4-13				ZJ-4-14			ZJ-4-15			
简图														
支架型式	组合支架 A 型							组合支架 B 型						
型钢规格	［10							［10						
支架计算长度 L/mm	800	1000	1200	1400	1600	1800	2000	800	1000	1200	1400	1600	1800	2000
允许垂直荷载/N	9400	7530	6300	5400	4700	4100	3700	9400	7530	6300	5400	4700	4100	3700
适用范围	H 最大为 1200mm							H 最大为 1200mm						
施工图图号	S1-15-40							S1-15-41						

（二）管托系列

1. 种类

管托系列包括滑动管托（表 15-2-14、表 15-2-15）、固定管托（表 15-2-16）、止推管托（表 15-2-17、表 15-2-18 及表 15-2-21）及导向管托（表 15-2-19、表 15-2-20）四种类型。每类管托又因管道材质不同而在结构上又有焊接型与卡箍型的区别。

2. 适用范围

本系列适用于 DN15～600 的保温或不保温的管道，不适用于非金属及保冷管道。焊接型适用于碳钢管道，卡箍型适用于合金钢管道。

3. 型号说明

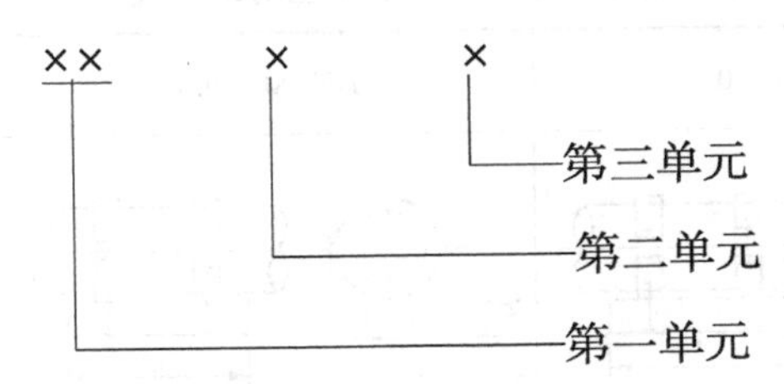

第一单元用大写的汉语拼音字母表示管托型式：

HT——表示滑动管托；

HK——表示卡箍型滑动管托；

GT——表示固定管托；

ZD——表示止推挡块；

ZT——表示止推管托；

ZK——表示卡箍型止推管托；

DT——表示导向管托；

DK——表示卡箍型导向管托。

第二单元用阿拉伯数字表示托高：

1——托高为100mm；

2——托高为150mm；

3——托高为200mm。

第三单元用阿拉伯数字表示被支承管的管径。

表15－2－14　焊接型滑动管托

管　径	DN15～150	DN200～300		DN350～500
简图				
型号	HT－1－DN　H＝100mm　L＝250mm HT－2－DN　H＝150mm　L＝250mm	HT－1－DN H＝100mm L＝350mm HT－2－DN H＝150mm L＝350mm	HT－3－DN H＝200mm L＝350mm	HT－1－DN H＝100mm L＝350mm HT－2－DN H＝150mm L＝350mm HT－3－DN H＝200mm L＝350mm
适用范围	1. HT－1型适用于保温厚度≤75mm的碳钢保温管道 2. HT－2型适用于保温厚度≤125mm的碳钢保温管道	1. HT－1型适用于保温厚度≤75mm的碳钢保温管道 2. HT－2型适用于保温厚度≤125mm的碳钢保温管道		1. HT－1型适用于保温厚度≤75mm的碳钢保温管道 2. HT－2型适用于保温厚度≤125mm的碳钢保温管道
施工图图号	S1－15－42	S1－15－43		S1－15－44

表 15-2-15　卡箍型滑动管托

管径	*DN*50~150		*DN*200~300			*DN*350~500	
简图	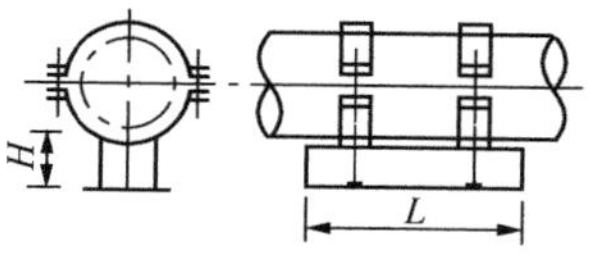		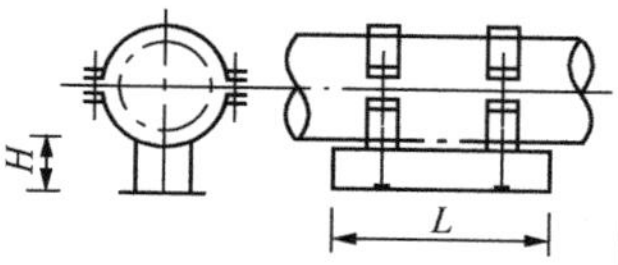			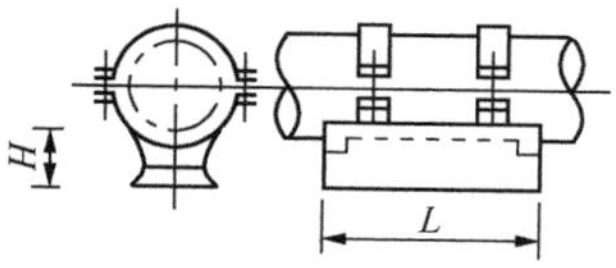	
型号	HK-1-*DN* *H*=100mm *L*=250mm	HK-2-*D* *H*=150mm *L*=250mm	HK-1-*DN* H=100mm *L*=350mm	HK-2-*DN* *H*=150mm *L*=350mm	HK-3-*DN* *H*=200mm *L*=350mm	HK-1-DN_a HK-1-*DN* *H*=100mm *L*=350mm HK-2-DN_a HK-2-*DN* *H*=150mm *L*=350mm	HK-3-DN_a HK-3-*DN* *H*=200mm *L*=350mm
适用范围	1. HK-1 型适用于保温厚度≤75mm的合金钢保温管道 2. HK-2 型适用于保温厚度≤125mm的合金钢保温管道		1. HK-1 型适用于保温厚度≤75mm的合金钢保温管道 2. HK-2 型适用于保温厚度≤125mm的合金钢保温管道 3. HK-3 型适用于保温厚度≤175mm的合金钢保温管道			1. HK-1 型适用于保温厚度≤75mm的合金钢保温管道 2. HK-2 型适用于保温厚度≤125mm的合金钢保温管道 3. HK-3 型适用于保温厚度≤175mm的合金钢保温管道带脚标 a 的用于小外径	
施工图图号	S1-15-45		S1-15-46			S1-15-47	

表 15-2-16　螺栓固定管托

管　径	*DN*50~150
简图	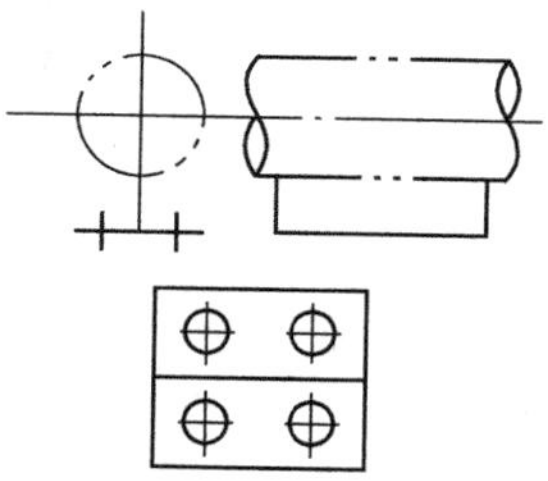
型　号	GT-1-*DN*　　GT-2-*DN*
适用范围	1. 允许水平推力为 20000N 2. *T*1 型适用于保温厚度≤75mm的碳钢保温管道 3. 最大允许荷载 60000N 4. *T*2 型适用于保温厚度≤125mm的碳钢保温管道 5. 适用于宽边工字钢梁 6. 适用于有振动的管道，如压缩机出口管道
施工图图号	S1-15-48

表 15-2-17 焊接型轴向止推管托（一）

<table>
<tr><td>管　径</td><td>DN200～300</td><td>DN350～500</td></tr>
<tr><td>简
图</td><td>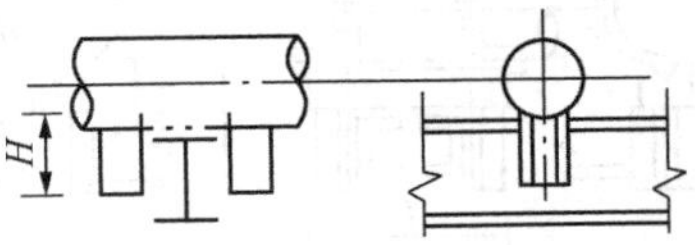</td><td>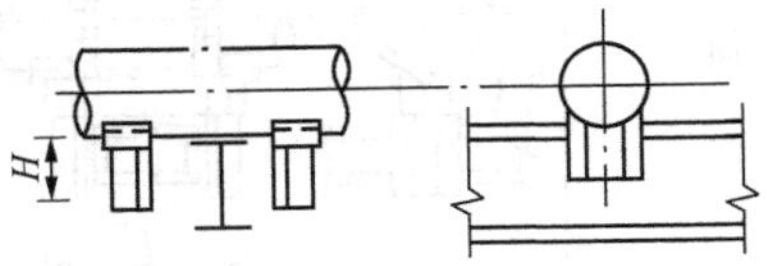</td></tr>
<tr><td>型
号</td><td>ZD－1－200　H＝113mm
ZD－1－250　H＝110mm
ZD－1－300　H＝108mm</td><td>ZD－1－350
ZD－1－400
ZD－1－450
ZD－1－500　H＝100mm</td></tr>
<tr><td>适用
范围</td><td>1. 适用于碳钢不保温管道
2. 挡块承受最大剪力 28000N</td><td>1. 适用于碳钢不保温管道
2. 挡块承受最大剪力 67000N</td></tr>
<tr><td>施工图图号</td><td>S1－15－49</td><td>S1－15－50</td></tr>
</table>

表 15-2-18 焊接型轴向止推管托（二）

<table>
<tr><td>管　径</td><td>DN15～150</td><td colspan="2">DN200～300</td><td>DN350～500</td></tr>
<tr><td>简
图</td><td>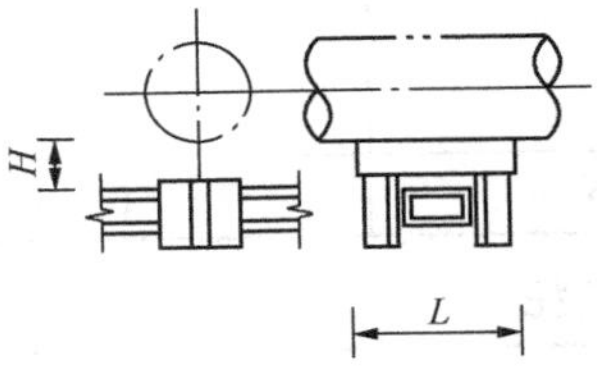</td><td colspan="2">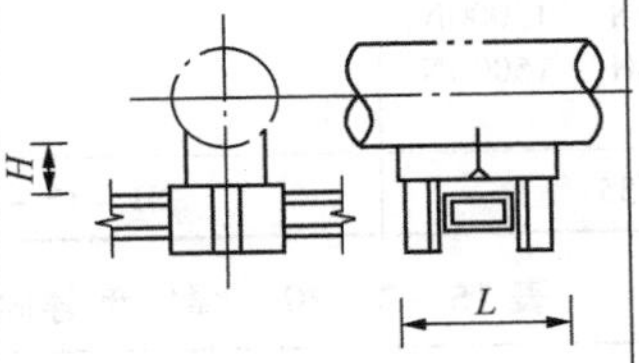</td><td>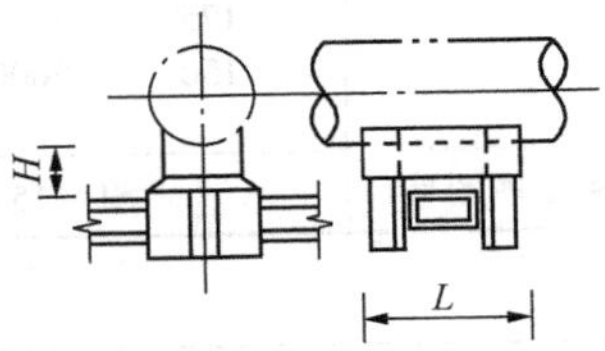</td></tr>
<tr><td>型
号</td><td>ZT－1－DN
H＝100mm
L＝600mm
ZT－2－DN
H＝150mm
L＝600mm</td><td>ZT－1－DN
H＝100mm
L＝600mm
ZT－2－DN
H＝150mm
L＝600mm</td><td>ZT－3－DN
H＝200mm
L＝600mm</td><td>ZT－1－DN
H＝100mm　L＝600mm
ZT－2－DN
H＝150mm　L＝600mm
ZT－3－DN
H＝200mm　L＝600mm</td></tr>
<tr><td>适用范围</td><td>1. ZT－1 型适用于保温厚度≤75mm的碳钢保温管道
2. ZT－2 型适用于保温厚度≤125mm的碳钢保温管道
3. ＜400℃的最大轴向荷载
DN　15～65　20000N
80～100　25000N
125～150　35000N</td><td colspan="2">1. ZT－1 型适用于保温厚度≤75mm的碳钢保温管道
2. ZT－2 型适用于保温厚度≤125mm的碳钢保温管道
3. ZT－3 型适用于保温厚度≤175mm的碳钢保温管道
4. ＜400℃的最大轴向荷载为55000N</td><td>1. ZT－1 型适用于保温厚度≤75mm的碳钢保温管道
2. ZT－2 型适用于保温厚度≤125mm的碳钢保温管道
3. ZT－3 型适用于保温厚度≤175mm的碳钢保温管道
4. ＜400℃的最大轴向荷载为100000N</td></tr>
<tr><td>施工图图号</td><td>S1－15－51</td><td>S1－15－52</td><td>S1－15－53</td><td>S1－15－54</td></tr>
</table>

表 15-2-19 卡箍型轴向止推管托

管径	DN15~150		DN200~300		DN350~500	
简图	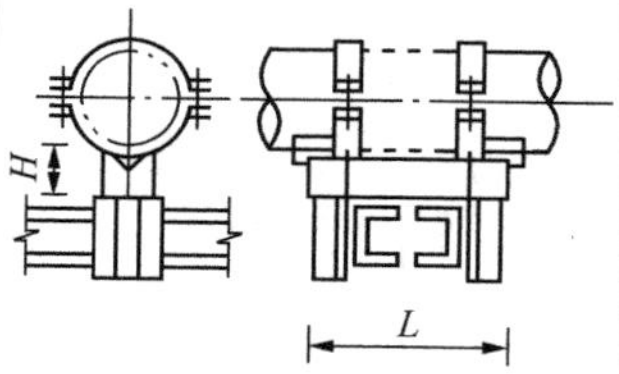		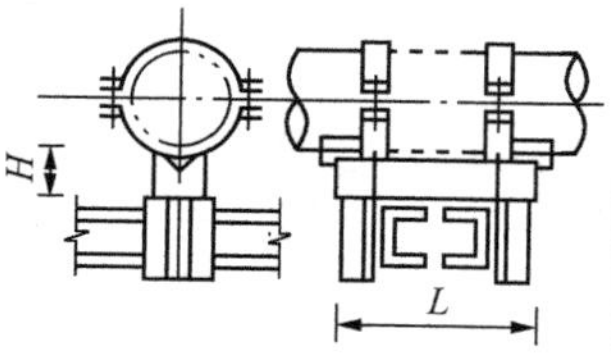		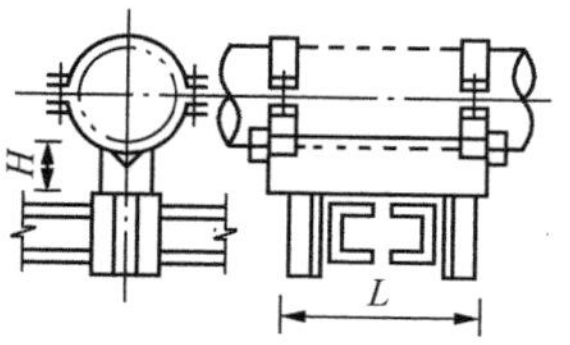	
型号	ZK-1-DN H=100mm L=600mm	ZK-2-DN H=150mm L=600mm	ZK-1-DN H=100mm L=600mm ZK-2-DN H=150mm L=600mm	ZK-3-DN H=200mm L=600mm	ZK-1-DN_a ZK-1-DN H=100mm L=600mm ZK-1-DN_a ZK-2-DN H=100mm L=600mm	ZK-3-DN_a ZK-2-DN H=200mm L=600mm
适用范围	1. ZT-1型适用于保温厚度≤75mm的合金钢保温管道 2. ZT-2型适用于保温厚度≤125mm的合金钢保温管道 3. 最大轴向荷载 475℃ 500℃ DN15~65 12000N 10000N 80~100 14000N 12000N 125 16000N 13000N 150 20000N 15000N		1. ZT-3型适用于保温厚度≤175mm的合金钢保温管道 2. 最大轴向荷载 475℃ 500℃ 50000N 40000N		最大轴向荷载 475℃ 500℃ 100000N 75000N 带脚标a的用于小外径	
施工图图号	S1-15-55		S1-15-56		S1-15-57	

表 15-2-20 焊接型导向管托

管径	DN15~150	DN200~300		DN350~500	
简图	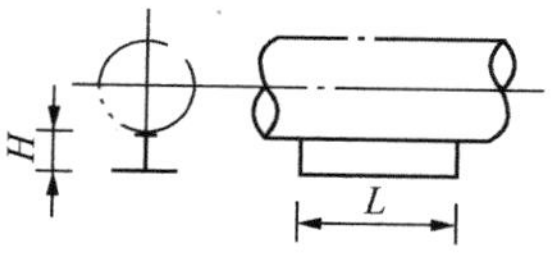	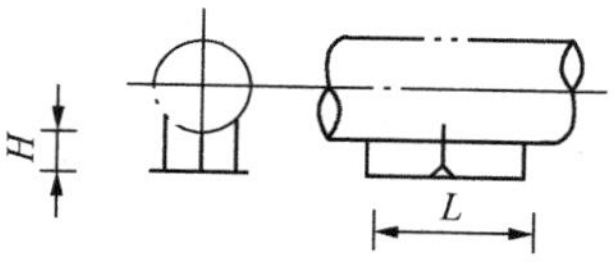		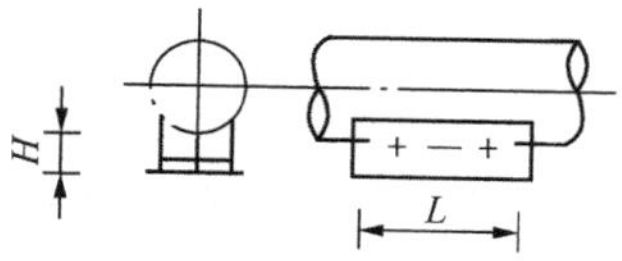	
型号	DT-1-DN H=100mm L=250mm DT-2-DN H=150mm L=250mm	DT-1-DN H=100mm L=350mm DT-2-DN H=150mm L=350mm	DT-3-DN H=200mm L=350mm	DT-1-DN H=100mm L=350mm DT-3-DN H=150mm L=350mm	DT-3-DN H=200mm L=350mm
适用范围	1. DT-1型适用于保温厚度≤75mm的碳钢保温管道 2. DT-2型适用于保温厚度≤125mm的碳钢保温管道	DT-3型适用于保温厚度≤175mm的碳钢保温管道		DT-3型适用于保温厚度≤175mm的碳钢保温管道	
施工图图号	S1-15-58	S1-15-59		S1-15-60	

表 15-2-21　卡箍型导向管托

管　径	DN50 ~ 150		DN200 ~ 300			DN350 ~ 500	
简图							
型号	DK-1-DN H=100mm L=250mm	DK-2-DN H=150mm L=250mm	DK-1-DN H=100mm L=350mm	DK-2-DN H=150mm L=350mm	DK-3-DN H=200mm L=350mm	DK-1-DN_a DK-1-DN H=100mm L=350mm DK-2-DN_a DK-2-DN H=150mm L=350mm	DK-3-DN_a DK-3-DN H=200mm L=350mm
适用范围	1. DK-1 型适用于保温厚度≤75mm的合金钢保温管道 2. DK-2 型适用于保温厚度≤125mm的合金钢保温管道 3. 最大轴向荷载		DK-3 型适用于保温厚度≤175mm的合金钢保温管道			DK-3 型适用于保温厚度≤175mm的合金钢保温管道 带脚标 a 的用于小外径	
施工图图号	S1-15-61		S1-15-62			S1-15-63	

（三）管吊管卡系列

1. 种类

管卡管吊系列包括以下几类：

（1）管吊的生根构件；

（2）吊板、吊卡、吊耳、吊杆等管吊的连接构件；

（3）管卡、包括圆钢管卡和扁钢管卡，（按用途可分为导向管卡和固定管卡）。

2. 适用范围

用于 DN15 ~ 600 的碳钢和合金钢的保温或不保温管道，不适用于非金属及保冷管道，设计人可根据本系列提供的各类部件，组合成管吊的装配图。

3. 型号说明

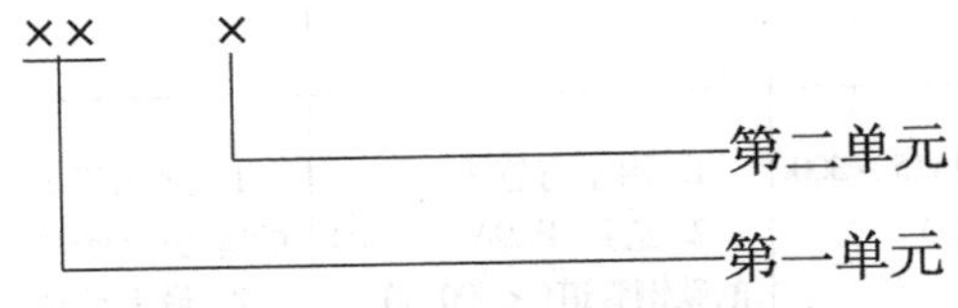

第一单元用大写的汉语拼音字母表示管吊、管卡的类型：

DG——管吊的生根部件；

DB——管吊的组成部件；

DL——管吊的连接件；

PK——表示管卡。

第二单元用阿拉伯字母表示管吊管卡的流水号。

4. 管吊、管卡系列

管吊系列见表 15-2-22 ~ 表 15-2-25，管卡系列见表 15-2-26、表 15-2-27。

表 15-2-22　管吊生根部件

型　号	DG-1	DG-2	DG-3
名　称	生根构件	生根构件	生根构件
简　图	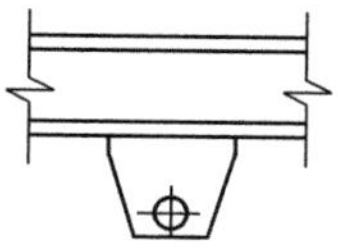		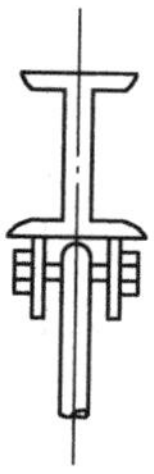
适用范围	1. 适用于 M12、16、20、24、30 的吊杆 2. 最大荷载以吊杆荷载为准	1. 适用于 M12、16、20、24、30 的吊杆 2. 最大荷载以吊杆荷载为准	1. 适用于 M12、16、20、24、30 的吊杆 2. 最大荷载以吊杆荷载为准
施工图图号	S1-15-64	S1-15-65	S1-15-66

表 15-2-23　吊板、吊耳（一）

型　号	DB-1	DB-2	DB-3	DB-4
名　称	平管吊板	弯管吊板	立管吊板	立管吊板
简　图	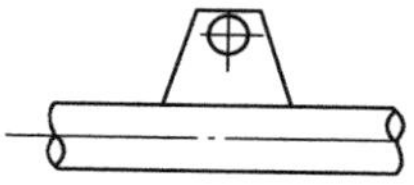	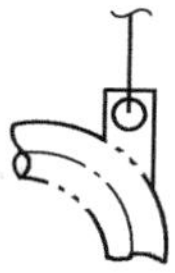	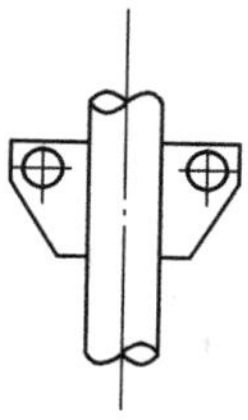	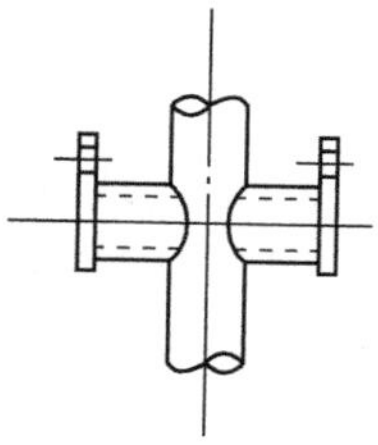
适用范围	1. 适用于 DN15～300 的管道（<400℃） 2. 最大荷载 DN/mm　P/N 15～80　5500 100～150　12000 200～300　20000	1. 用于弯管上 2. 适用于 DN15～300 的碳钢管道（<400℃） 3. 最大荷载 DN/mm　P/N ≤50　5500 80～150　12000 200～300　20000	1. 适用于 DN15～300 的管道（<400℃） 2. 最大荷载 DN/mm　P/N 15～80　5500 100～150　12000 200～300　20000	1. 适用于 M12,16,20,24,30 的吊杆 2. 最大荷载 吊杆/mm　P/N M12　5500 16　12000 20　20000 24　31000 30　47000
施工图图号	S1-15-68	S1-15-69	S1-15-70	S1-15-71

表 15-2-24 吊卡、吊耳（二）

型号	DB-5	DB-6	DB-7
名称	吊卡	吊卡	立管吊板
简图			
适用范围	1. 适用于 *DN*25～500 的保温管道 2. 最大荷载 *DN*/mm；*P*/N（400℃ / 450℃） 25～80：7000 / 5000 100～150：16000 / 12000 200～300：24000 / 18000 350～500：36000 / 28000	1. 适用于 *DN*100～500 的保温管道 2. 最大荷载 *DN*/mm；*P*/N（475℃ / 500℃） 100～150：16000 / 12000 200～300：26000 / 24000 350～500：36000 / 32000	1. 适用于 *DN*50～500 的管道 2. 最大荷载 *DN*/mm；*P*/N（475℃ / 500℃） 50～80：7000 / 5000 100～125：12000 / 9000 150：14000 / 10000 200：25000 / 20000 250～300：30000 / 24000 350～500：55000 / 40000
施工图图号	S1-15-72	S1-15-73	S1-15-74

表 15-2-25 吊杆连接件系列

型号	DL-1	DL-2	DL-3	DL-4
名称	吊杆	吊杆	吊杆	吊杆
简图				
备注	1. L 由 300～1000 以 100 进位 2. 当 $L \leqslant 400$ 时 $L_0=100$ 当 $L \geqslant 500$ 时 $L_0=150$	1. L 由 200～2000 以 100 进位 2. 当 $L \leqslant 400$ 时 $L_0=100$ 当 $L \geqslant 500$ 时 $L_0=150$	L 由 200～2000 以 100 进位	1. L 由 200～2000 以 100 进位 2. 当 $L \leqslant 400$ 时 $L_0=100$ 当 $L \geqslant 500$ 时 $L_0=150$
施工图图号	S1-15-75	S1-15-76	S1-15-77	S1-15-78

吊杆直径 *d*/mm	允许荷载/N
12	6000
16	11600
20	18300
24	26300
30	42600
36	63000
42	87200
48	115000
56	161000
64	214300

表 15-2-26　管卡

型　　号	PK-1	PK-2	PK-3
名　　称	管　　卡	管　　卡	管　　卡
简　　图	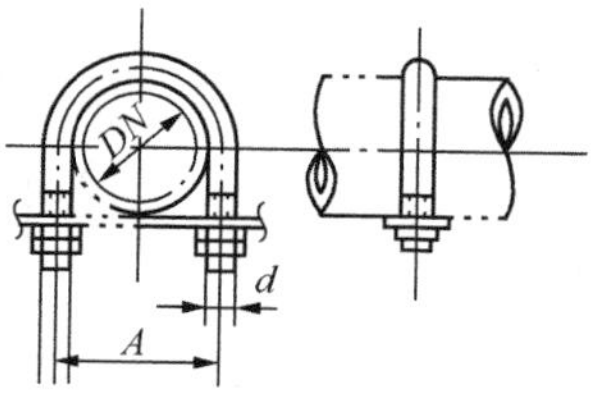	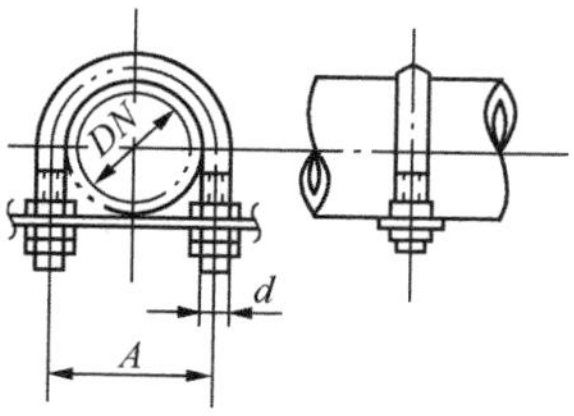	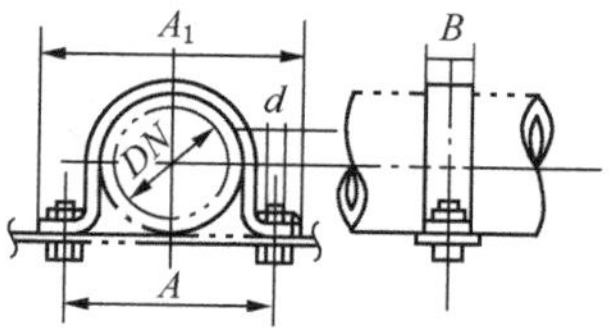
适用范围	适用于 DN15～600 的管道	适用于 DN15～600 的管道，可作导向用	适用于 DN15～600 的管道
施工图图号	S1-15-79	S1-15-80	S1-15-81

表 15-2-27　管卡

型　　号	PK-4	PK-5	PK-6
名　　称	管　　卡	管　　卡	管　　卡
简　　图		DN≤250 DN300～600	DN≤150 DN200～600
适用范围	适用于 DN15～50mm 的管道	1. 适用于 DN80～600mm 的管道 2. 适用于梁上不允许开孔或开孔不方便时选用	1. 适用于 DN≤50 和 DN80～600 的管道 2. H 值见下表 3. PK-6 型管卡适用于管道与梁底距离较小时
施工图图号	S1-15-82	S1-15-83	S1-15-84

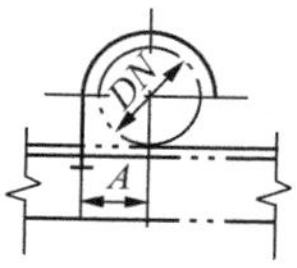

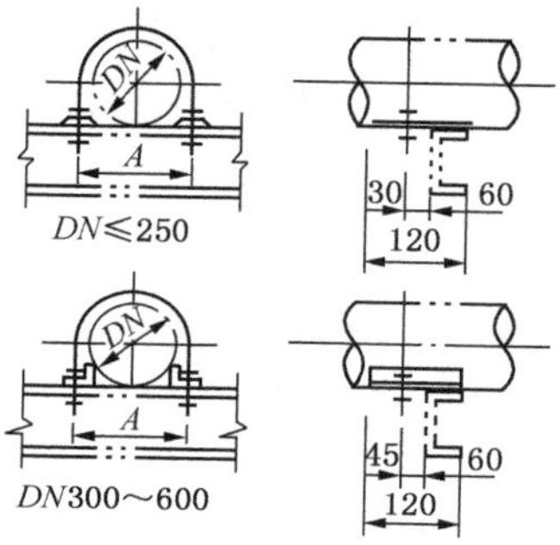

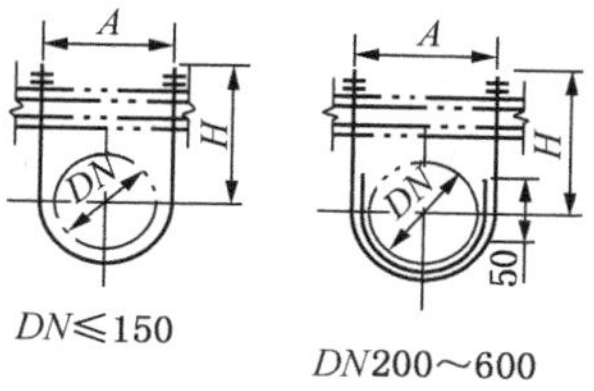

PK-6 型管卡高度系列

管子公称直径/DN	H																
	100	150	200	250	300	350	400	450	500	550	600	650	700	750	800	850	900
15～25	○	○	○	○	○												
40～80	○	○	○	○	○	○	○										
100～150	○	○	○	○	○	○	○	○	○								
200～350			○	○	○	○	○	○	○	○	○	○					
400～600					○	○	○	○	○	○	○	○	○	○	○	○	○

（四）平管及弯头支托

1. 种类

本系列包括平管支托、弯头支托及可调弯头支托。

2. 适用范围

本系列适用于 DN15～600 的碳钢及合金钢的保温或不保温管道，不适用于非金属或保冷管道。

3. 型号说明

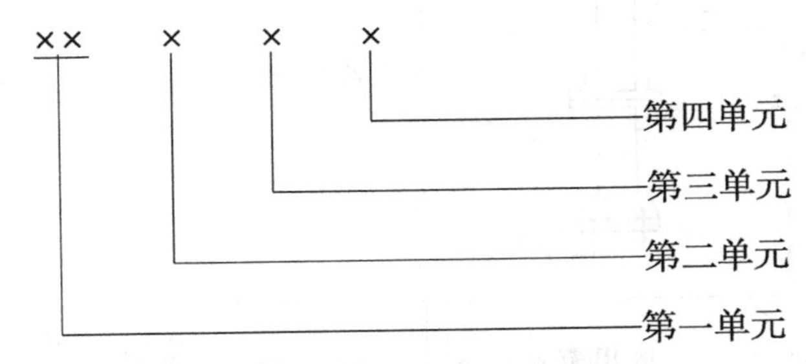

第一单元用大写的汉语拼音字母表示平管及弯头支托：

PT——平管支托；

WT——弯头支托。

第二单元用阿拉伯字母表示管托的流水号。

第三单元表示管径。

第四单元表示托高。

4. 平管、弯头支托系列

见表 15－2－28～表 15－2－33。

表 15－2－28　平管弯头支托

型　号		PT－1－DN－H	PT－2－DN－H	WT－1－DN－H
简　图				
管子公称直径 DN/mm	支承管直径 DN/mm	适用范围	适用范围	适用范围
≤50	25	适用于碳钢水平管道 H≤1000	适用于合金钢水平管道 H≤1000	适用于可直接焊接的碳钢弯管 H≤1000
80～150	50			
200～350	80			
400	100			
施工图图号		S1－15－85	S1－15－86	S1－15－87
如选用 PT－1 型支架，被支承管直径为 DN80，H 为 800 时，标为 PT－1－80－800				

表 15－2－29　碳钢管道的弯头支托（一）

型　号	管子 DN/mm	支承管 DN/mm	适用范围
简　图			
WT－2－50－H	50	40	1. 被支撑管道为碳钢管道 2. 允许管道滑动
WT－2－65－H	65	50	
WT－2－80－H	80	50	
WT－2－100－H	100	80	
WT－2－125－H	125	100	
WT－2－150－H	150	100	
WT－2－200－H	200	150	
WT－2－250－H	250	150	
施工图图号			S1－15－88

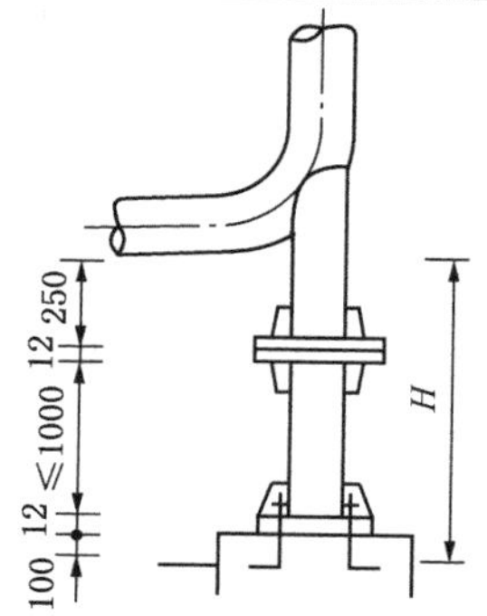

型　号	管子 DN/mm	支承管 DN/mm	适用范围	
简　图				
WT－3－50－H	50	40	1. 被支承管道为碳钢管道 2. 不允许有任何方向的移动 3. 由水平推力产生的允许弯矩[*M*]	
WT－3－65－H	65	50		
WT－3－80－H	80	50	*DN*/mm	[*M*]/N · m
WT－3－100－H	100	80	40	610
WT－3－125－H	125	100	50	1120
WT－3－150－H	150	100	80	3400
WT－3－200－H	200	150	100	6280
WT－3－250－H	250	150	150	16200
施工图图号			S1－15－89	

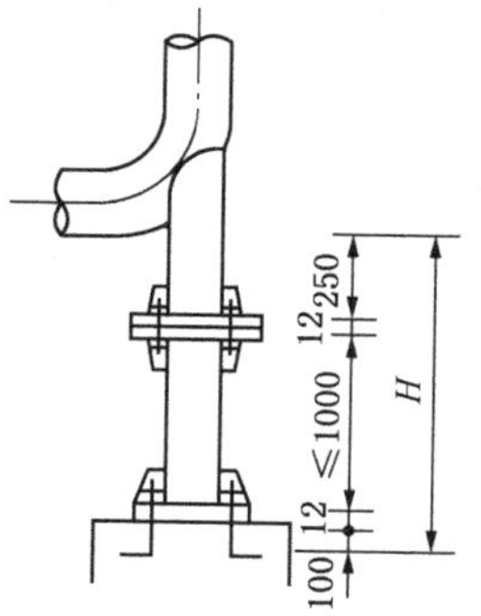

注：如选用 WT－2 型被支承管道的管径为 *DN*50，H 为 800 的管托，可标为 WT－2－50－800。

表 15－2－30　碳钢管道的弯头支托（二）

型　号	管子 DN/mm	支承管 DN/mm	适用范围
简　图			
WT－4－300－H	300	200	1. 被支承管道为碳钢管道 2. 允许管道滑动
WT－4－350－H	350	250	
WT－4－400－H	400	250	
WT－4－450－H	450	250	
WT－4－500－H	500	250	
施工图图号			S1－15－90

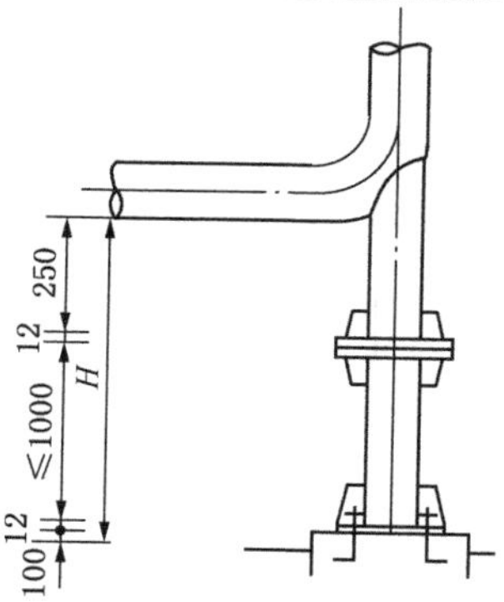

型　号	管子 DN/mm	支承管 DN/mm	适用范围		
简　图					
WT－5－300－H	300	200	1. 被支承管道为碳钢管道 2. 不允许有任何方向的移动 3. 由水平推力产生的允许弯矩[*M*]		
WT－5－350－H	350	250			
WT－5－400－H	400	250			
WT－5－450－H	450	250	*DN*/m	200	250
WT－5－500－H	500	250	[*M*]/N · m	32170	59920
施工图图号			S1－15－91		

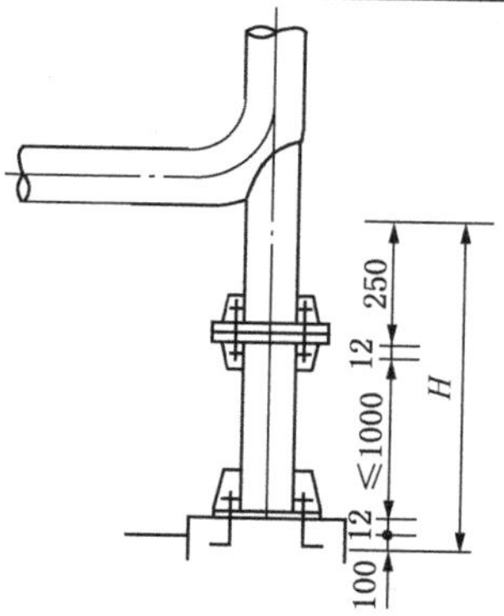

注：如选用 WT－4 型，被支承管道的管径为 *DN*300，H＝800 可标为 WT－4－300－800。

表 15－2－31　合金钢管道的弯头支托(一)

型　号	管子 DN/mm	支承管 DN/mm	适用范围
简　图			
WT－6－50－H	50	40	1. 被支承管为合金钢管道 2. 允许管道滑动
WT－6－65－H	65	50	
WT－6－80－H	80	50	
WT－6－100－H	100	80	
WT－6－125－H	125	100	
WT－6－150－H	150	100	
WT－6－200－H	200	150	
WT－6－250－H	250	150	
施工图图号			S1－15－92

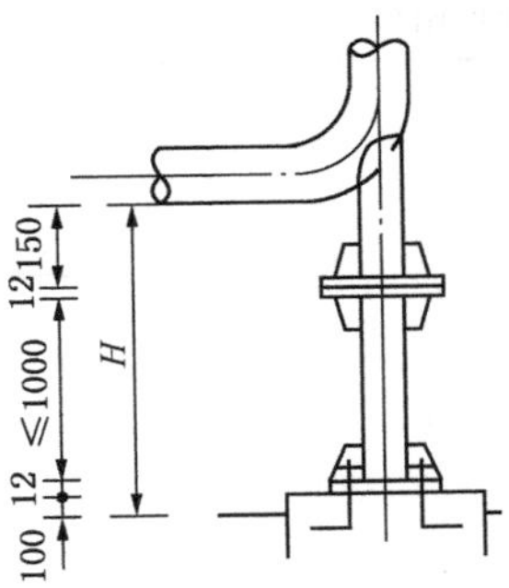

型　号	管子 DN/mm	支承管 DN/mm	适用范围	
简　图				
WT－7－50－H	50	40	1. 被支承管为合金钢管道 2. 不允许管道有任何方向的移动 3. 由水平推力产生的允许弯矩 *M*	
WT－7－65－H	65	50		
WT－7－80－H	80	50		
WT－7－100－H	100	80	*DN*/mm	[*M*]/N·m
WT－7－125－H	125	100	40	610
WT－7－150－H	150	100	50	1120
WT－7－200－H	200	150	80	3400
WT－8－250－H	250	150	100	6280
			150	16200
施工图图号			S1－15－93	

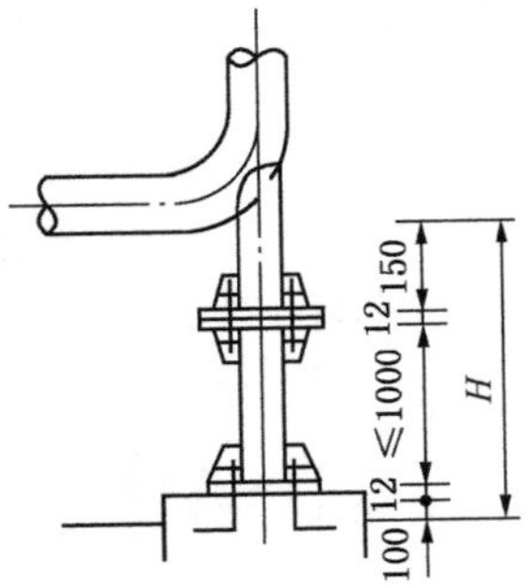

注：如选用 WT－6 型被支承管为 *DN*50，H＝800 的管托时可标为 WT－6－50－800。

表 15－2－32　合金钢管道的弯头支托（二）

型　号	管子 DN/mm	支承管 DN/mm	适用范围
简　图			
WT－8－300－H	300	200	1. 被支承管为合金钢管道 2. 允许管道滑动
WT－8－350－H	350	250	
WT－8－400－H	400	250	
WT－8－450－H	450	250	
WT－8－500－H	500	250	
施工图图号			S1－15－94

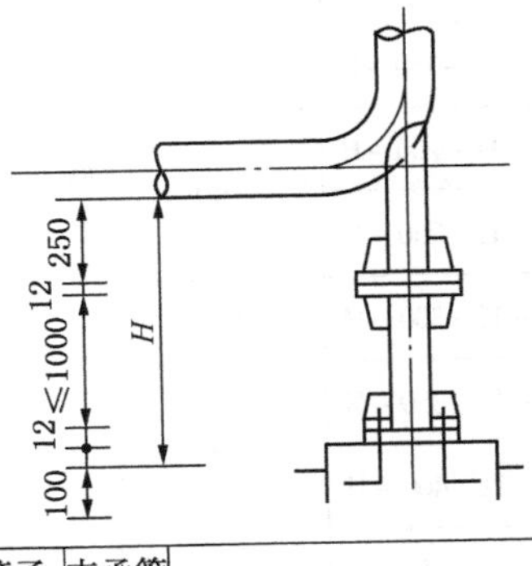

型　号	管子 DN/mm	支承管 DN/mm	适用范围
简　图			
WT－9－300－H	300	200	1. 被支承管为合金钢管道 2. 不允许有任何方向的移动 3. 由水平推力产生的允许弯矩[*M*] *DN*/mm　[*M*]/N·m 200　32170 250　59920
WT－9－350－H	350	250	
WT－9－400－H	400	250	
WT－9－450－H	450	250	
WT－9－500－H	500	250	
施工图图号			S1－15－95

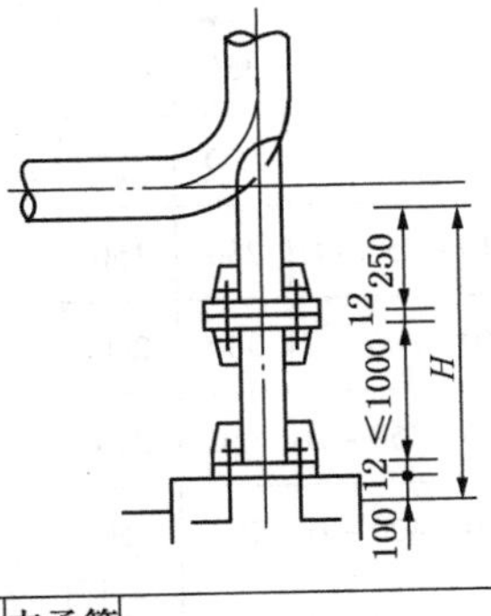

注：如选用 WT－8 型被支承管为 *DN*300，H＝800 的管托可标为 WT－8－300－800。

表 15－2－33　可调弯头支托

施工图图号	S1－15－96	施工图图号	S1－15－97
简　图	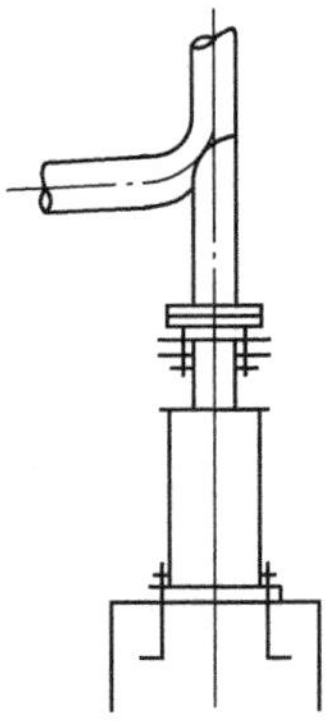	简　图	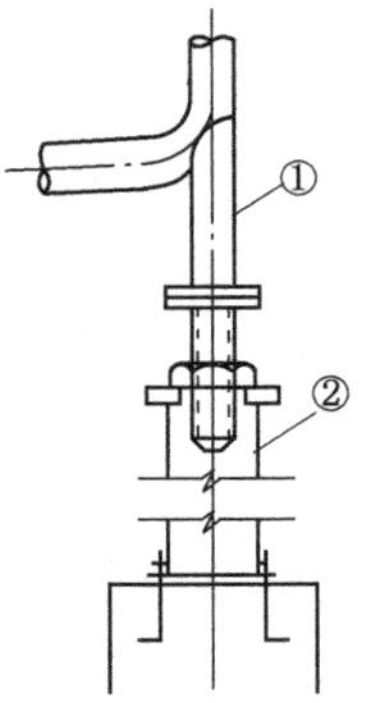

型　号	管子 DN/mm	支承管 DN/mm	适用范围	型　号	支承管管径 DN/mm ①	支承管管径 DN/mm ②	适用范围
	15		1. 可用于碳钢管道及合金钢管道 2. 允许管道滑动 3. 管托高度可作一些调节	WT－11－15－H	15	40	1. 可用于碳钢管道也可用于合金钢管道 2. 允许管道滑动 3. 管托高度可以作一些调节
	20			WT－11－20－H	20		
	25			WT－11－25－H	25		
	40			WT－11－40－H	40		
	50			WT－11－50－H	50		
	80			WT－11－80－H			
	100			WT－11－100－H			
	150			WT－11－150－H	80		
	200			WT－11－200－H	100		
WT－10－250－H	250	150		WT－11－250－H			
WT－10－300－H	300	200		WT－11－300－H	150		
WT－10－350－H	350	250		WT－11－350－H	200		
WT－10－400－H	400	250		WT－11－400－H			
WT－10－450－H	450	250		WT－11－450－H	250		
WT－10－500－H	500	250		WT－11－500－H			

(五) 立管支托

1. 种类

本系列包括单支立管支架、双支立管支架、及卡箍型立管支架。

2. 适用范围

本系列适用于 $DN15\sim600$ 的碳钢及合金钢的保温或不保温管道，不适用于非金属或保冷管道。

3. 型号说明

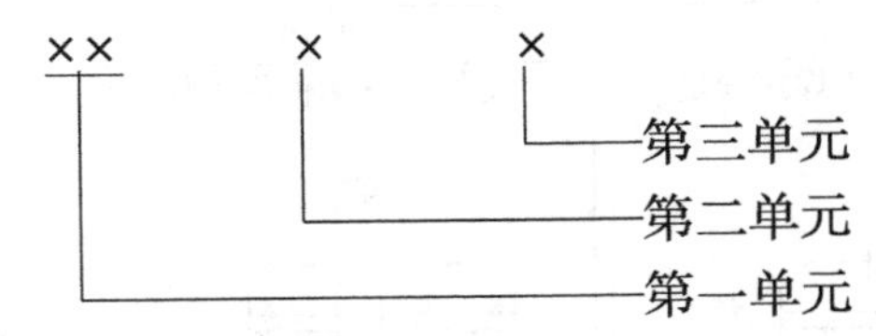

第一单元用大写的汉语拼音字母表示立管支托。

LT——立管支托。

第二单元用阿拉伯字母表示立管支托的型式：

1——单支立管支架；

2——双支立管支架；

3——卡箍型立管支架。

第三单元用阿拉伯字母表示支架的流水号。

4. 立管支托系列

见表 15－2－34～表 15－2－36。

表 15－2－34　单支立管支架

型　　号	LT－1－1			LT－1－2			LT－1－3		
简　　图	支架与支承件用焊接固定 P　L　100			支架与支承件用螺栓固定 P　型钢或钢板　L　100			支架与支承件用地脚螺栓固定 P　h　G　L　100		
适用范围	管子直径 DN/mm	允许值 L/mm	允许荷载 P/N	管子直径 DN/mm	允许值 L/mm	允许荷载 P/N	管子直径 DN/mm	允许值 L/mm	允许荷载 P/N
	15～25 32～50 65～150 200～300	L≤200	3700 6400 16500 22000	15～25 32～50 65～150 200～300	L≤200	3700 6400 16500 22000	15～25 32～50 65～150 200～300	L≤200	3700 6400 16500 22000
	15～25 32～50 65～150 200～300	200＜L≤400	3700 6400 16500 22000	15～25 32～50 65～150 200～300	200＜L≤400	3700 6400 16500 22000	15～25 32～50 65～150 200～300	200＜L≤400	3700 6400 16500 22000
施工图图号	S1－15－98			S1－15－99			S1－15－100		

注：1. 单肢立管支架适用于管内介质温度不高于 400℃，能与碳钢焊接的管子。

2. 地脚螺栓必须请土建专业预先埋在混凝土梁上，其规格、个数、伸出梁的高度，以及预埋位置相应地在图上或备注栏中给出。

表 15-2-35　双支立管支架

型　号	LT-2-1			LT-2-2			LT-2-3		
简　图	支架与支承件用焊接固定 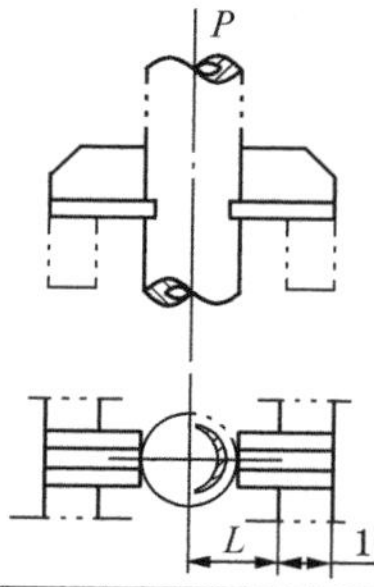			支架与支承件用螺栓固定 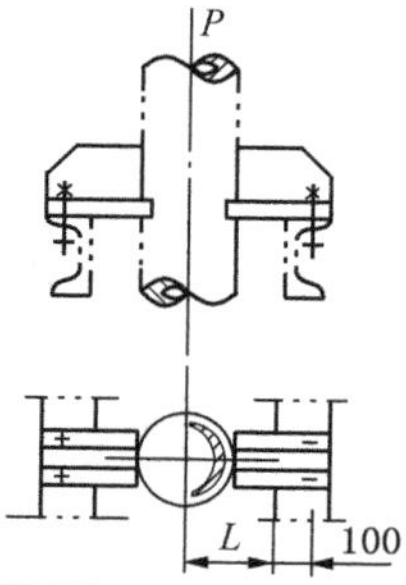			支架与支承件用地脚螺栓固定 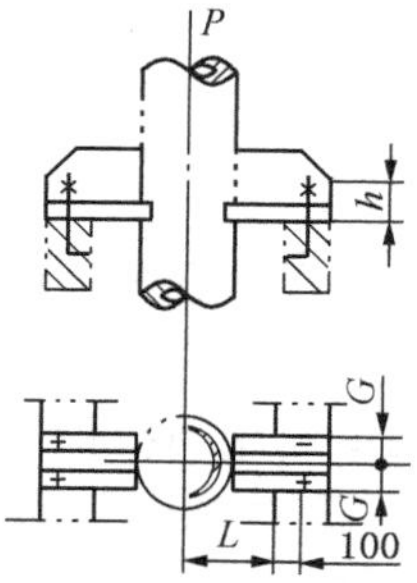		
适用范围	管子直径 DN/mm	允许值 L/mm	允许荷载 P/N	管子直径 DN/mm	允许值 L/mm	允许荷载 P/N	管子直径 DN/mm	允许值 L/mm	允许荷载 P/N
	15~32	L≤200	5700	15~32	L≤200	5700	15~32	L≤200	5700
	40~65		8400	40~65		8400	40~65		8400
	80~125		14500	80~125		14500	80~125		14500
	150~350		41300	150~350		41300	150~350		41300
	15~32	200<L≤400	5700	15~32	200<L≤400	5700	15~32	200<L≤400	5700
	40~65		8400	40~65		8400	40~65		8400
	80~125		14500	80~125		14500	80~125		14500
	150~350		41300	150~350		41300	150~350		41300
	400~600		68500	400~600		68500	400~600		68500
施工图图号	S1-15-101			S1-15-102			S1-15-103		

注：1. 双肢立管支架适用于管内介质温度不高于400℃，能与碳钢焊接的管子。

2. 地脚螺柱必须请土建专业预先埋在钢筋混凝土梁上。（螺栓规格个数伸出梁的高度，以及预埋位置给出在图上或备注栏内）。

3. 螺栓个数 DN≤125，2 个，DN≥150，4 个。

表 15-2-36　卡箍型立管支架

型　号	LT-3-1			LT-3-2			LT-3-3		
简　图	支架与支承件用焊接固定 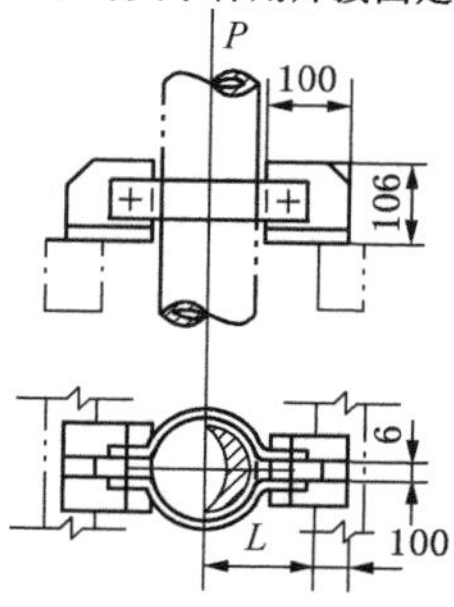			支架与支承件用螺栓固定 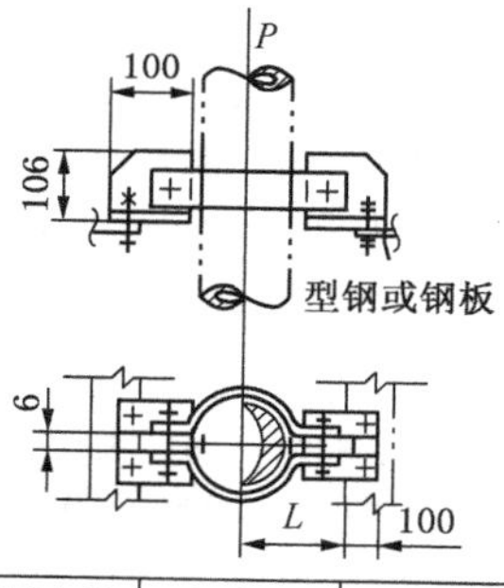			支架与支承件用地脚螺栓固定 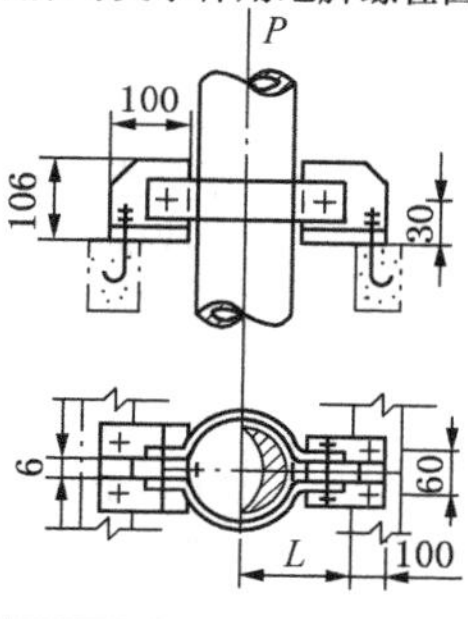		
适用范围	管子直径 DN/mm	允许值 L/mm	允许荷载 P/N	管子直径 DN/mm	允许值 L/mm	允许荷载 P/N	管子直径 DN/mm	允许值 L/mm	允许荷载 P/N
	25~50	L≤200	2500	25~50	L≤200	2500	25~50	L≤200	2500
	65~100		5000	65~100		5000	65~100		5000
	125~150		8000	125~150		8000	125~150		8000
施工图图号	S1-15-104			S1-15-105			S1-15-106		

注：1. 本支架适用于钢管内衬里的管子，不锈钢管和铸铁管。

2. 地脚螺栓必须提请土建专业预先埋在混凝土梁上，其规格个数、伸出梁的高度以及预埋位置，相应地在图上和备注栏内给出。

（六）假管支托

1. 种类

本系列包括碳钢管道的假管支托和合金钢管道的假管支托。

2. 适用范围

适用于 *DN*25 ~600 的碳钢、合金钢、保温及不保温管道，不适用于非金属及保冷管道。

3. 型号说明

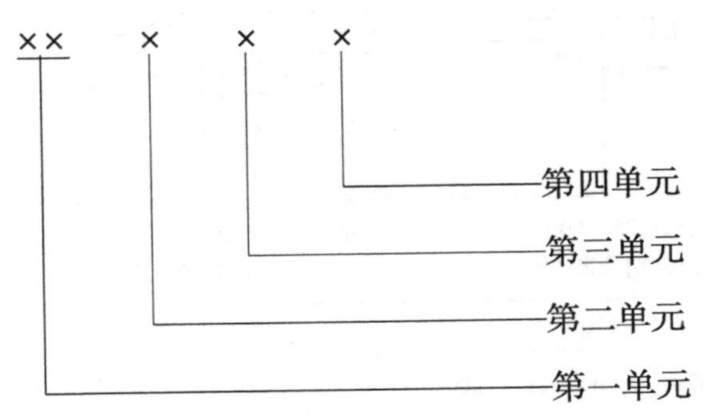

第一单元用大写的汉语拼音字母表示假管支托：

JT——假管支托。

第二单元用阿拉伯字母表示管托的种类：

1——表示碳钢管道的假管支托；

2——表示合金钢管道的假管支托。

第三单元为管公称直径 *DN*，mm。

第四单元为支架长度，mm。

4. 假管支托系列

见表 15 –2 –37、表 15 –2 –38。

表 15 –2 –37　碳钢管道的假管支托

型　号	JT –1 –DN –L	JT –1 –DN –L	JT –1 –DN –L
简　图			
适用范围	适用于 *DN*25 ~500 的碳钢管道	适用于 *DN*25 ~500 的碳钢管道	适用于 *DN*25 ~500 的碳钢管道
施工图图号	S1 –15 –107	S1 –15 –108	S1 –15 –109
如选用 JT –1 型被支承管径为 *DN*150、*L* =2000 的管托标为 JT –1 –150 –2000			

表 15－2－38　合金钢管道的假管支托

型　　号	JT－2－DN－L	JT－2－DN－L	JT－2－DN－L
简　　图	100 L	100 L	100 L
适用范围	适用于 DN25～600 的合金钢管道	适用于 DN25～600 的合金钢管道	适用于 DN25～600 的合金钢管道
施工图图号	S1－15－110	S1－15－111	S1－15－112
如选用 JT－2 型被支承管管径为 DN150，L＝2000 标为 JT－2－150－2000			

（七）邻管支架

1. 型号说明

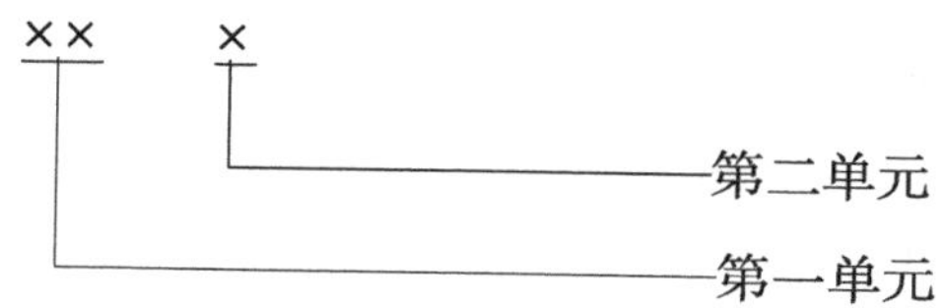

第一单元用大写的汉语拼音字母 *LP* 表示邻管支架；

第二单元用阿拉伯字母表示支架的流水号。

2. 邻管支架系列

见表 15－2－39、表 15－2－40。

表 15－2－39　邻 管 支 架

型　　号	LP－1	LP－2	LP－3
简　　图	L　100 DN　dN	L　100 dN　DN	DN　dN　H L　100
型　　号	LP－4	LP－5	LP－6
简　　图	100　dN $L_0 \leqslant 500$ DN	DN　$L_0 \leqslant 500$ dN　100	L/2　L/2　dN $L_0 \leqslant 500$ DN

续表

型钢规格	∠63×6								
支架计算长度 L/mm	200	250	300	350	400	450	500	550	600
允许垂直荷载/N	2300	1800	1500	1300	1100	1000	900	850	800
施工图图号	S1－15－113								

1. 支承管 $DN \geqslant 150$
2. 选用 LP－3 型 $DN=300$　$dN=100$　$H=200$　$L=400$

标为 LP－3－$\frac{100-200}{300}$－400

选用 LP－4 型 $DN=200$　$dN=100$　$H=300$　$L=250$

标为 LP－4－$\frac{100-300}{200}$－250

表 15－2－40　邻管支架

型　号	LP－7	LP－8	LP－9	LP－10
简　图				

型钢规格	[8		[10		[12.6	
	支架允许荷载/N					
支架计算长度 L_0/m	LP－7 LP－8	LP－9 LP－10	LP－7 LP－8	LP－9 LP－10	LP－7 LP－8	LP－9 LP－10
1～1.5	3500	8100	5000	12710	7000	19870
1.6～2.0	2600	6100	3770	9530	5280	14900
2.1～2.5	2100	4860	3000	7620	4230	11920
2.6～3.0	1750	4050	2500	6350	3520	9930
3.1～3.5	1500	3470	2150	5450	3000	8520
施工图图号	S1－15－114		S1－15－115		S1－15－116	

如选用 LP－7 型［10　$L_0=1500$，标为 LP－7－1500－［10

如选用 LP－8 型［8　$L_0=1400$，支承管管径为 $DN200$，$DN150$

标为 LP－8－1400－［8－$DN200$，150；

如选用 LP－9 型［10　$L_0=1000$ 支承管管径为 $DN100$，$DN200$ 吊钩为 $\phi12$　$H=800$，标为 LP－9－1000－［10－$DN100$、200DL－2－12－800

（八）止推支架

1. 适用范围

适用于 *DN*50 ~ 300 的碳钢及合金钢管道。不适用于非金属及保冷管道。

2. 型号说明

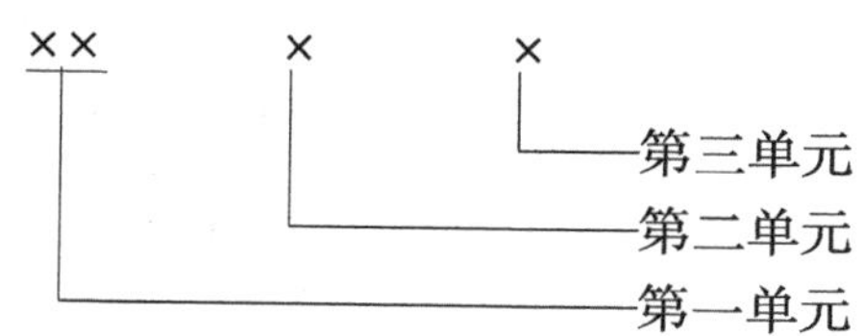

第一单元用大写的汉语拼音字母表示：

ZJ——表示止推支架；

第二单元表示管道的公称直径；

第三单元表示支架的长度。

3. 止推支架系列

见表 15 - 2 - 41。

表 15 - 2 - 41　止推支架

型　号	ZJ - DN - L							
简　图								
支架型式	止推支架							
型钢规格	L40 × 4							
支架计算长度 *L*/mm	*L*≤1500							
允许水平推力/N	*DN*/mm	50	80	100	125	150	200	250	300
	P/N	550	1350	2350	4000	5700	13500	21000	30100
适用范围	泵出入口管道								
管径 *DN*/mm	50 ~ 500								
施工图图号	S1 - 15 - 117								
如选用 ZJ 型，被支承管 *DN*50、支承管管长 *L* = 1500 的支架标为 ZJ - 50 - 1500									

（九）弹簧支吊架

管段在垂直方向的热位移，引起管道支点的变位，如该支点为刚性支吊架，将会妨碍管段的变位，或使管段脱离支吊架，致使管道产生过大的力和应力。如果采用弹簧管托、管吊则不会产生这种现象。弹簧支吊架分为两大类：

可变弹簧支吊架和恒力弹簧支吊架。

1. 可变弹簧支吊架

可变弹簧支吊架的特性之一是当管系在垂直方向发生位移后弹簧压缩或伸长，支点受力发生变化，管系在支点处的荷载将重新分配给附近支点。

目前选用可变弹簧支吊架依据的技术标准是 JB/T 8130.2—1999 系列，该系列规定可变弹簧支吊架的位移范围分为 30、60、90、120mm 四档；荷载范围为27 ~24036N，使用温度为 -20 ~200℃。

a. 结构类型和选择

可变弹簧支吊架主要由圆柱螺旋弹簧、位移指示板、壳体及花篮螺母等构件组成，典型结构见图 15 -2 -1。

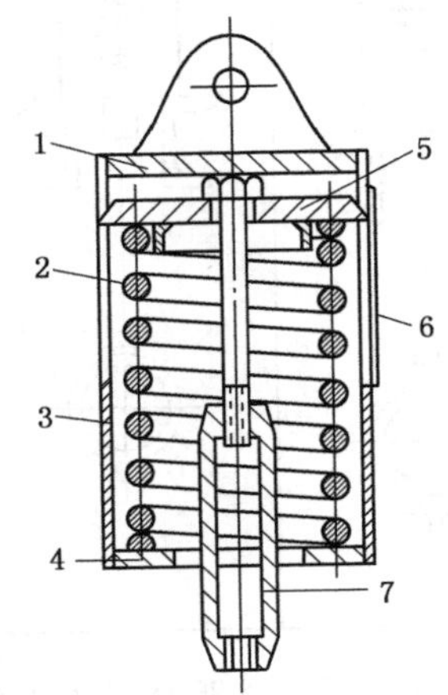

图 15 -2 -1　可变弹簧支吊架典型结构图
1—顶板；2—弹簧；3—壳体；4—底板；
5—位移指示板；6—铭牌；7—花篮螺母

根据安装型式可分为 A、B、C、D、E、F、G 七种类型，其典型安装示意图见表 15 -2 -42。

A、B、C 三种为悬吊型吊架，吊架上端用吊杆生根在梁或楼板上，下端用花篮螺母和吊杆与管道连接。

D、E 型为搁置型吊架，底座搁置在梁或楼板上，下方用吊杆悬吊管道。

F 型为支撑型支架，座于基础、楼面或钢结构上，管道支撑在支架顶部。F 型分为普通型(F_{I}型)和带滚轮型(F_{II})两类 F_{II}型摩擦力较小。当管道水平轴向位移量大于 6mm 时宜采用带滚轮型支架。

G 型为并联悬吊型，当管道上方不能直接悬挂或没有足够高度悬挂弹簧吊架，或管道的垂直荷载超出单个弹簧吊架所能承受的范围时，可采用 G 型吊架。

表 15 -2 -42　典型安装示意图例

A 型	B 型	C 型
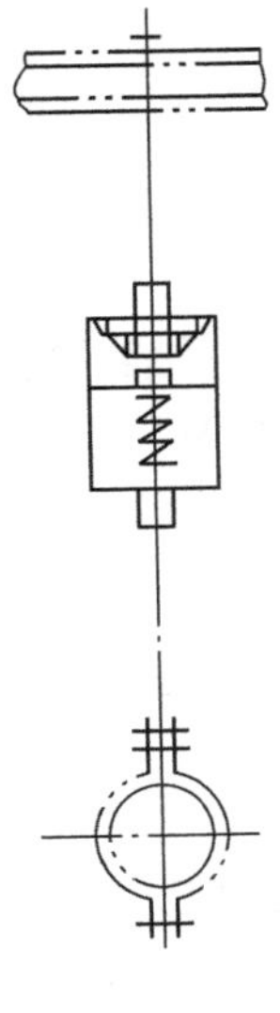	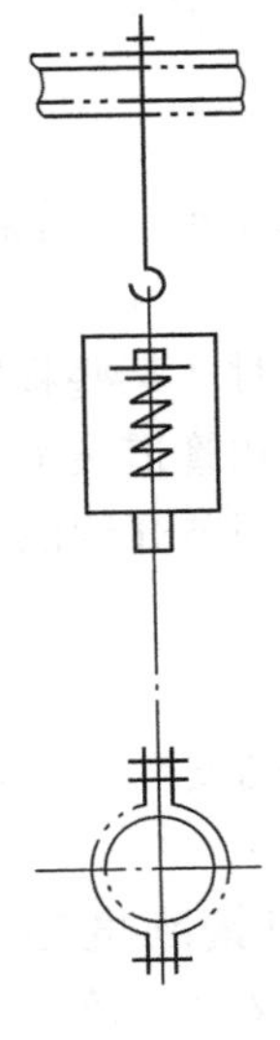	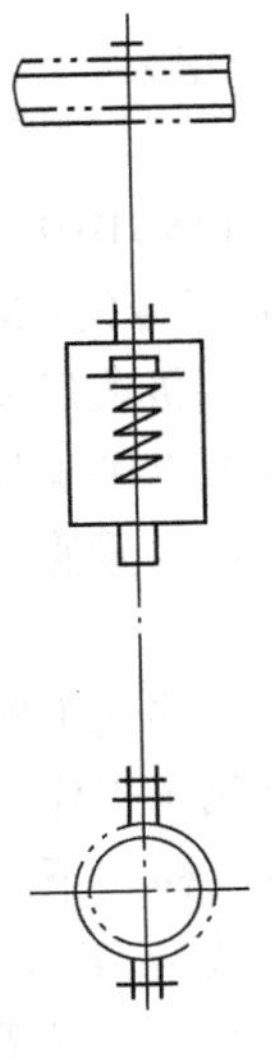

续表

D型	E型	F型	G型
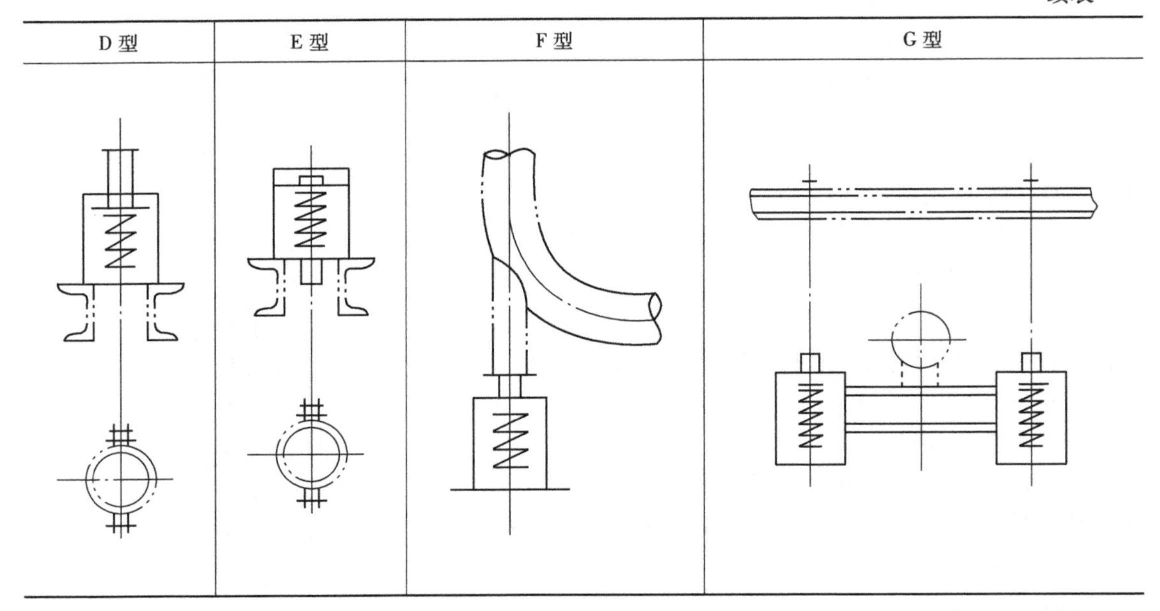			

选用弹簧支吊架时可根据生根的结构型式、管道空间位置和管道支吊方式等因素确定支吊架的类型。

b. 型号表示方法

可变弹簧支吊架的型号由下列四个部分组成：

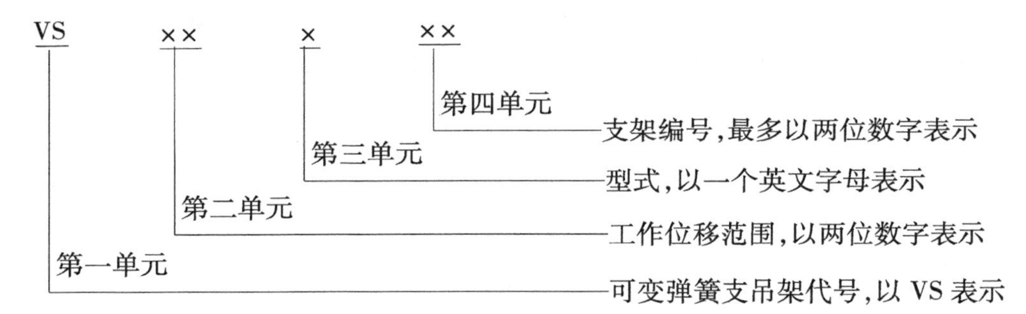

例如：VS90B10表示允许位移量为90mm，单耳悬吊型，10号可变弹簧支吊架。

c. 支架编号(弹簧号)的选定

当用计算机程序对管道进行应力分析时，某些程序有自动选择弹簧支吊架的功能，人工计算时，可根据弹簧所能承受的最大荷载和管道最大的垂直位移量选择弹簧。

管道的最大垂直位移置，可按本章第四节介绍的方法计算，弹簧所承受的最大荷载由下述原则确定。

管道热位移向上时：

安装荷载 = 工作荷载 + 位移量 × 弹簧刚度

管道热位移向下时：

安装荷载 = 工作荷载 - 位移量 × 弹簧刚度国家现行标准《可变弹簧支吊架》JB/T 8130.2—1999系列弹簧荷载选用见表15-2-43。使用此表时，把管道的基本荷载视为弹簧的工作荷载，再根据位移方向及大小，在表中查出安装荷载。

表 15-2-43　可变弹簧荷载位移选用表(JB/T 8130.2—1999)　(N)

	支吊架类别				支吊架编号										
	TD120	TD90	TD60	TD30	0	1	2	3	4	5	6	7	8	9	10
					127	170	234	296	411	558	745	1022	1376	1862	2411
					134	179	246	312	433	588	784	1076	1448	1960	2538
					141	188	259	327	454	617	824	1130	1521	2058	2665
					148	197	271	343	476	646	863	1184	1593	2156	2792
工作位移范围/mm(铭牌刻度值)	0	0	0	0	154	206	283	359	498	676	902	1237	1665	2254	2919
					158	210	289	366	508	690	922	1264	1702	2303	2982
					161	215	296	374	519	705	941	1291	1738	2352	3046
					164	219	302	382	530	720	961	1318	1774	2401	3109
					168	224	308	390	541	735	981	1345	1810	2450	3172
	20	15	10	5	171	228	314	398	552	749	1000	1372	1847	2499	3236
					174	233	320	405	562	764	1020	1399	1883	2548	3299
					178	237	326	413	573	779	1039	1426	1919	2597	3363
					181	241	333	421	584	793	1059	1453	1955	2646	3426
					184	246	339	429	595	808	1079	1480	1991	2695	3490
	40	30	20	10	188	250	345	437	606	823	1098	1506	2028	2744	3553
					191	255	351	444	617	837	1118	1533	2064	2793	3617
					195	259	357	452	627	852	1138	1560	2100	2842	3680
					198	264	363	460	638	867	1157	1587	2136	2891	3743
					201	268	370	468	649	881	1177	1614	2172	2940	3807
中线	60	45	30	15	205	273	376	476	660	896	1196	1641	2209	2989	3870
					208	277	382	483	671	911	1216	1668	2245	3038	3934
					211	282	388	491	681	925	1236	1695	2281	3087	3997
					215	286	394	499	692	940	1255	1722	2317	3136	4061
					218	291	400	507	703	955	1275	1749	2353	3185	4124
	80	60	40	20	221	295	406	515	714	970	1294	1775	2390	3234	4188
					225	300	413	522	725	984	1314	1802	2426	3283	4251
					228	304	419	530	736	999	1334	1829	2462	3332	4315
					231	309	425	538	746	1014	1353	1856	2498	3381	4378
					235	313	431	546	757	1028	1373	1883	2534	3430	4461
	100	75	50	25	238	318	437	554	768	1043	1393	1910	2571	3479	4505
					241	322	443	561	779	1058	1412	1937	2607	3528	4568
					245	326	450	569	790	1072	1432	1964	2643	3577	4632
					248	331	456	577	800	1087	1451	1991	2679	3626	4695
					252	335	462	585	811	1102	1471	2018	2715	3675	4759
	120	90	60	30	255	340	468	592	822	1116	1491	2044	2752	3724	4822
					262	349	480	608	844	1146	1530	2098	2824	3822	4949
					268	358	493	624	865	1175	1569	2152	2896	3920	5076
					275	367	505	639	887	1205	1608	2206	2969	4018	5203
					282	376	517	655	909	1234	1647	2260	3041	4115	5325
					弹簧刚度/(N/mm)										
TD30					3.354	4.472	6.159	7.796	10.817	14.69	19.613	26.90	36.206	48.994	63.449
TD60					1.677	2.236	3.08	3.898	5.409	7.345	9.8067	13.45	18.103	24.497	31.725
TD90					1.118	1.491	2.053	2.599	3.606	4.897	6.538	8.967	12.069	16.331	21.15
TD120					0.839	1.118	1.54	1.949	2.704	3.673	4.903	6.125	9.052	12.249	15.862

注:1N=0.10197kgf。

	支吊架类别				支吊架编号									
	TD120	TD90	TD60	TD30	11	12	13	14	15	16	17	18	19	20
					3312	4479	5683	7677	9544	12231	17150	24126	31582	42110
					3486	4715	5982	8081	10046	12874	18052	25395	33245	44326
					3660	4951	6281	8485	10548	13518	18955	26665	34907	46543
					3835	5187	6580	8889	11051	14162	19857	27935	36569	48759
工作位移范围/mm（铭牌刻度值）	0	0	0	0	4009	5422	6879	9293	11553	14805	20760	29205	38231	50975
					4096	5540	7029	9495	11804	15127	21211	29840	39063	52083
					4183	5658	7178	9697	12055	15449	21662	30475	39894	53192
					4270	5776	7328	9899	12306	15771	22114	31109	40725	54300
					4358	5894	7478	10101	12558	16093	22565	31744	41556	55408
	20	15	10	5	4445	6012	7627	10303	12809	16415	23017	32379	42387	56516
					4532	6130	7777	10505	13060	16737	23468	33014	43218	57624
					4619	6247	7926	10707	13311	17058	23919	33649	44049	58732
					4706	6365	8076	10909	13562	17380	24370	34284	44880	59840
					4793	6483	8225	11111	13813	17702	24822	34919	45711	60949
	40	30	20	10	4881	6601	8375	11313	14064	18024	25273	35554	46543	62057
					4968	6719	8524	11515	14316	18346	25724	36189	47374	63165
					5055	6897	8674	11717	14567	18668	26176	36823	48205	64273
					5142	6955	8823	11919	14818	18990	26627	37458	49036	65381
					5229	7073	8973	12121	15069	19311	27078	38093	49867	66489
中线	60	45	30	15	5316	7190	9123	12323	15320	19633	27530	38728	50698	67598
					5403	7308	9272	12525	15571	19955	27981	39363	51529	68706
					5491	7426	9422	12727	15822	20277	28432	39998	52360	69814
					5578	7544	9571	12929	16074	20599	28883	40633	53192	70922
					5665	7663	9721	13131	16325	20921	29335	41268	54023	72030
	80	60	40	20	5752	7780	9870	13333	16576	21242	29786	41902	54854	73138
					5839	7898	10020	13535	16827	21564	30237	42537	55685	74247
					5926	8016	10170	13737	17078	21886	30689	43172	56516	75355
					6013	8133	10319	13939	17329	22208	31140	43807	57347	76463
					6101	8251	10469	14141	17581	22530	31591	44442	58178	77571
	100	75	50	25	6188	8369	10618	14343	17832	22852	32043	45077	59009	78679
					6275	8687	10786	14545	18083	23174	32494	45712	59840	79787
					6362	8605	10917	14747	18334	23495	32945	46347	60672	80895
					6449	8723	11067	14949	18585	23817	33396	46982	61503	82004
					6536	8841	11216	15151	18836	24139	33848	47616	62334	83112
	120	90	60	30	6624	8959	11366	15353	19087	24461	34299	48251	63165	84220
					6798	9194	11665	15757	19590	25105	35201	49521	64827	86436
					6972	9430	11964	16161	20092	25748	36104	50791	66489	88653
					7146	9666	12263	16565	20594	26392	37007	52061	68152	90869
					7321	9902	12562	16970	21097	27036	37910	53330	69814	93085
					弹簧刚度/(N/mm)									
					87.152	117.877	149.552	202.018	251.15	321.856	451.304	634.886	831.118	1108.157
					43.576	58.939	74.776	101.009	125.575	160.928	225.652	317.443	415.559	554.079
					29.051	39.292	49.851	67.339	83.717	107.285	150.435	211.628	277.039	369.386
					21.788	29.469	37.388	50.505	62.7875	80.464	112.826	158.72	207.78	277.039

注：1N = 0.10197kgf。

续表

工作位移范围/mm（铭牌刻度值） 支吊架类别 TD120	TD90	TD60	TD30	支吊架编号 21	22	23	24	弹簧变形量/mm 支吊架类别 TD30	TD60	TD90	TD120
				54817	69873	86568	108692	38	76	114	152
				57702	73550	91124	114413	40	80	120	160
				60588	77228	95680	120133	42	84	126	168
				63473	80905	100236	125854	44	88	132	176
0	0	0	0	66358	84583	104792	131575	46	92	138	184
				67800	86422	107071	134435	47	94	141	188
				69243	88260	109349	137295	48	96	144	192
				70685	90099	111627	140156	49	98	147	196
				72128	91938	113905	143016	50	100	150	200
20	15	10	5	73571	93777	116183	145876	51	102	153	204
				75013	95676	118461	148737	52	104	156	208
				76456	97454	120739	151597	53	106	159	212
				77898	99293	123017	154457	54	108	162	216
				79341	101132	125295	157318	55	110	165	220
40	30	20	10	80783	102971	127573	160178	56	112	168	224
				82226	104809	129851	163038	57	114	171	228
				83668	106643	132130	165899	58	116	174	232
				85111	108487	134408	168759	59	118	177	236
				86554	110325	136686	171619	60	120	180	240
中线 60	45	30	15	87996	112164	138964	174480	61	122	183	244 中线
				89439	114003	141242	177340	62	124	186	248
				90881	115842	143520	180200	63	126	189	252
				92324	117680	145798	183060	64	128	192	256
				93766	119519	148076	185921	65	130	195	260
80	60	40	20	95209	121358	150354	188781	66	132	198	264
				96652	123197	152632	191641	67	134	201	268
				98094	125035	154911	194502	68	136	204	272
				99637	126874	157189	197362	69	138	207	276
				100979	128713	159467	200222	70	140	210	280
100	75	50	25	102422	130552	161745	203083	71	142	213	284
				103864	132390	164023	205943	72	144	216	288
				105307	134229	166301	208803	73	146	219	292
				106749	136068	168579	211664	74	148	222	296
				108192	137907	170857	214524	75	150	225	300
120	90	60	30	109635	139745	173135	217384	76	152	228	304
				112520	143423	177691	223105	78	156	234	312
				115405	147100	182248	228826	80	160	240	320
				118290	150778	186804	234546	82	164	246	328
				121175	154456	191360	240267	84	168	252	336

弹簧预压缩量←

支吊架类别	21	22	23	24
弹簧刚度/(N/mm)				
TD30	1442.566	1838.756	2278.096	2860.32
TD60	721.283	919.378	1139.048	1430.16
TD90	480.855	612.919	759.365	953.44
TD120	360.641	459.689	569.524	715.08

注：1N = 0.10197kgf。

查出安装荷载后，再根据式(15－2－2)计算荷载变化率，使其小于或等于25%：

$$荷载变化率 = \frac{|P_g - P_a|}{P_g} \times 100\% \leqslant 25\% \qquad (15-2-2)$$

式中 P_g——工作荷载；

P_a——安装荷载。

例15－2－1 某根管道的工作荷载为9123N，运行时位移向上，位移量为10mm，根据管道安装要求，需采用*A*型吊架，试选择吊架型号：

解 （1）查表15－2－43暂定该吊架位移范围为VS30

（2）在表15－2－43的中线和上粗线之间查得工作荷载（基本荷载）为9123N的弹簧编号为13。

（3）以9123N对应的VS30刻度值向下10mm查得安装荷载为8375N。

（4）验算弹簧荷载变化率：

$$\frac{|9123 - 8375|}{9123} \times 100\% = 8.2\% < 25\%$$

（5）选用吊架型号为VS30A13。

当所选用的弹簧其荷载变化率>25%时，应减小弹簧刚度，另选位移范围大一级的弹簧。

例15－2－2 某管道工作荷载为18248N，运行时位移向上，位移量为12mm。根据管道安装要求需采用G型吊架，试选择吊架型号：

解 （1）查表15－2－43，确定该吊架位移范围为VS30。

（2）G型吊架每个吊架实际仅承受管道荷载的一半，即18248/2＝9124N。

（3）在表15－2－43的中线和上粗线间查得工作荷载为9124N的弹簧编号为13。

（4）以9124N对应的VS30刻度值向下12mm查得安装荷载为8674N。

（5）验算弹簧荷载变化率：

$$\frac{|9124 - 8674|}{9124} \times 100\% = 4.93\% < 25\%$$

（6）选用吊架型号为VS30G13。

2. 恒力弹簧吊架

恒力弹簧吊架是管系上下（垂直）位移时，其荷载不变，即它的荷载变化率在理论上为零，（但实际上这种状态很难达到，目前不同厂家生产的恒力弹簧吊架，荷载变化率一般为6%，有的甚至高达10%以上）。此类支吊架适用于垂直位移量较大的管系，或者荷载变化率要求严格的场合，对用恒力吊架支承的管道和设备，在发生位移时，亦可获得恒定的支承力，因而不会给管道和设备带来附加的力和应力。可避免管道系统产生不利的力转移，以保证管道及设备正常运行。其外形见图15－2－2，其内部构造见图15－2－3。

其工作原理见图15－2－4。

恒力弹簧吊架是以力矩平衡原理为基础，平衡系由固定构架上的弹簧组来完成的，在允许荷载和位移下，当外荷载作用于回转构架并产生位移时，回转构架将以吊架主轴为中心转动某一角度后停止，此时外力矩与弹簧组力矩相平衡。如图15－2－4所示外力矩*M*为：

$$M = W \cdot P \cdot \sin\theta, \mathrm{N \cdot m}$$

平衡力矩M'为：

$$M' = \frac{K\Delta}{\cos\beta} h \qquad \text{N·m}$$

$$h = \frac{bc\sin\alpha}{a} \qquad \text{m}$$

式中 W——支架荷载，N；

P——杠杆长度，m；

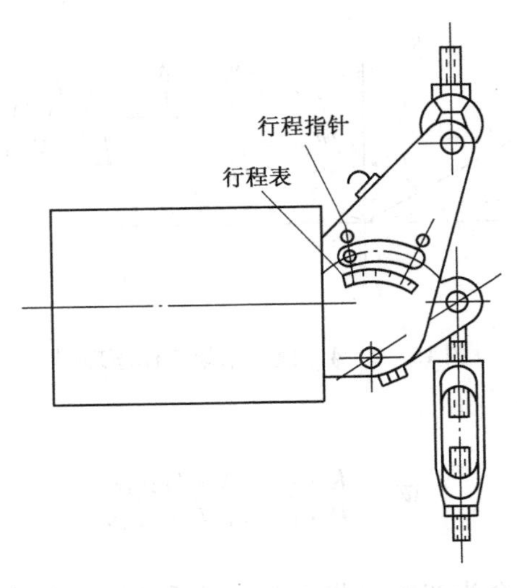

图 15－2－2 恒力弹簧吊架外形图

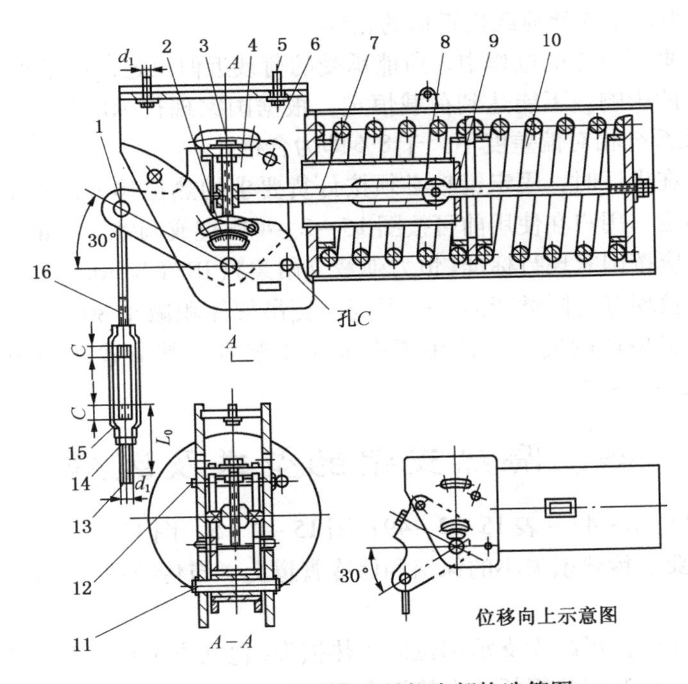

图 15－2－3 平式恒力吊架内部构造简图

1—载荷轴；2—位移指示牌；3—调整螺栓；4—回转框架；5—生根螺栓；6—固定框架；7—拉板；8—滚轮；9—拉杆螺栓；10—弹簧；11—主轴；12—固定销轴；13—吊杆螺栓；14—螺母；15—松紧螺母；16—载荷螺栓

注：①当 $d_1 \leqslant 20$ 时、$C = 10$；当 $d_1 \geqslant 24$ 时、$C = 30$；②当 $d_1 \leqslant 24$ 时、$L_0 \geqslant 100$；当 $d_1 > 24$ 时、$L_0 \geqslant 150$。

K——弹簧刚度，N/mm；

Δ——弹簧压缩量，mm；

h——A 点至 BC 的垂直距离，m；

a，b，c——ΔABC 对应边长，m。

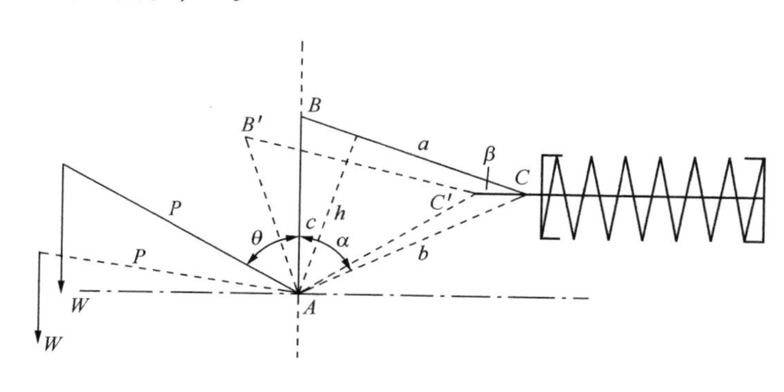

图 15－2－4　恒力吊架工作原理图

因为力距平衡，$M=M'$

所以
$$W=\frac{K\cdot c}{P\cdot a}\cdot\frac{\Delta\cdot b\sin\alpha}{\cos\beta\cdot\sin\theta}$$

式中，$\frac{K\cdot c}{P\cdot a}$为常数，其余为变数，若 Δ 与 b 的乘积近似的成为定值，$\angle\alpha$ 与 $\angle\theta$ 近似相等，$\angle\beta$ 的数值很小，则支架荷载也近似的相等。

恒力支架在其垂直位移的过程中，所能承受的荷载近似恒定，由于机构尺寸在调整过程中的变化及摩擦力的影响，不能达到荷载恒定，根据国家现行标准《恒力弹簧支吊架》JB/T 8130.1—1999 标准系统相对偏差度不大于 8% 即为合格。

恒力弹簧吊架在出厂时，固定销轴必须按订货要求的热位移方向（向上或向下）插入相应的孔中，予以固定，用户在使用前可按图 15－2－4 检查或调整固定销轴的插入位置。

恒力弹簧吊架应按国家现行标准《恒力弹簧支吊架》（JB/T 8130.1—1999）选用。

恒力弹簧吊架较现有的同类产品——可变弹簧吊架体积减小 80% 以上，质量减少 65% 以上，大大方便施工现场的安装。适用于石油化工装置，其荷载选用表见表 15－2－44、表 15－2－45、表 15－2－46。

四、隔热支架的型式及选择

隔热管托（表 15－2－47～表 15－2－49；图 15－2－5、图 15－2－6）具有隔热和承重的双重作用，可用于要求传热损失小的保温和保冷管道上。与传统的普通管托相比，隔热型管托有以下几个优点：

（1）节能：隔热管托可减少支承部位的传热损失（包括支托传导和支托裸露件的散热），据研制单位测算，它比非隔热管托减少热损失 70%。

（2）滑动灵活：隔热型管托的下底板面是一块经过抛光的不锈钢板，它与其下面的聚四氟乙烯支座形成一对摩擦副，摩擦系数 <0.1，因此管托便可灵活地随管道作轴向或横向滑动。

（3）产品定型安装简便。

表 15－2－45　荷载位移系列表

编　号		最大回转力矩/kgf·mm	位　移/mm												
			50	60	70	80	90	100	110	120	130	140	150	160	170
			载　荷/kgf												
PH－1	LH－1	26479	530	441	378	331	294	265	241	221	204	189	177	165	156
PH－2	LH－2	33908	678	565	484	424	377	339	308	283	261	242	226	212	199
PH－3	LH－3	41383	828	690	591	517	460	414	376	345	318	296	276	259	243
PH－4	LH－4	45796	917	763	654	572	509	458	416	382	352	327	305	286	269
PH－5	LH－5	52957	1060	883	757	662	588	530	481	441	407	378	353	331	312
PH－6	LH－6	56705	1135	945	810	709	630	567	516	473	436	405	378	354	334
PH－7	LH－7	69248	1386	1154	989	866	769	693	630	577	533	495	462	433	407
PH－8	LH－8	76578	1533	1276	1094	957	851	766	696	638	589	547	511	479	450
PH－9	LH－9	93678		1561	1338	1171	1041	937	852	781	721	669	625	585	551
PH－10	LH－10	112287		1871	1604	1404	1248	1123	1021	936	864	802	749	702	661
PH－11	LH－11	131008		2183	1872	1638	1456	1310	1191	1092	1008	936	873	819	771
PH－12	LH－12	149556		2493	2137	1869	1662	1496	1360	1246	1150	1068	997	935	880
PH－13	LH－13	174914				2186	1943	1749	1590	1458	1345	1249	1166	1093	1029
PH－14	LH－14	204207				2553	2269	2042	1856	1702	1571	1459	1361	1276	1201
PH－15	LH－15	233405				2918	2593	2334	2122	1945	1795	1667	1556	1450	1373
PH－16	LH－16	249680				3121	2774	2497	2270	2081	1921	1783	1665	1560	1469
PH－17	LH－17	261296				3641	3237	2913	2648	2427	2241	2081	1942	1821	1714
PH－18	LH－18	332945				4162	3699	3330	3027	2775	2561	2378	2220	2081	1959
PH－19	LH－19	364870				4561	4054	3649	3317	3041	2807	2606	2432	2280	2146
PH－20	LH－20	386559				4832	4295	3866	3514	3221	2974	2761	2577	2416	2274
PH－21	LH－21	408459				5106	4538	4085	3713	3404	3142	2918	2723	2553	2403
PH－22	LH－22	456401				5705	5071	4564	4149	3803	3511	3260	3034	2853	2685
PH－23	LH－23	612933						6129	5572	5108	4715	4738	4086	3831	3606
PH－24	LH－24	707537						7075	6472	5896	5443	5054	4717	4422	4162
PH－25	LH－25	799232						7992	7266	6660	6148	5709	5328	4995	4701
PH－26	LH－26	831667						8317	7561	6931	6397	5940	5544	5198	4892
PH－27	LH－27	933331							8485	7778	7179	6667	6222	5833	5490
PH－28	LH－28	1035456							9413	8629	7965	7396	6903	6472	6091
PH－29	LH－29	1137841							10341	9479	8750	8125	7583	7109	6691
PH－30	LH－30	1161683							10561	9681	8936	8298	7745	7261	6833
PH－31	LH－31	1287600							11705	10730	9905	9197	8584	8047	7574
PH－32	LH－32	1415508							12868	11796	10889	10111	9436	8847	8327
PH－33	LH－33	1542221							14020	12852	11863	11016	10281	9639	9072
PH－34	LH－34	1718909							15626	14324	13222	12278	11459	10743	10111
PH－35	LH－35	1873715							17034	15614	14413	13384	12491	11711	11022
PH－36	LH－36	2027494							18432	16896	15596	14482	13517	12672	11926

续表

编号		位移/mm																	
		180	190	200	210	220	230	240	250	260	270	280	290	300	310	320	330	340	350
		载荷/kgf																	
PH－1	LH－1	147	139	132															
PH－2	LH－2	188	178	170															
PH－3	LH－3	230	218	207															
PH－4	LH－4	254	241	229															
PH－5	LH－5	294	279	265	252	241	230	221	212										
PH－6	LH－6	315	298	284	270	258	247	236	227										
PH－7	LH－7	385	364	346	330	315	301	289	277										
PH－8	LH－8	425	403	383	365	348	333	319	306										
PH－9	LH－9	520	493	468	446	426	407	390	375										
PH－10	LH－10	624	591	561	535	510	488	468	449										
PH－11	LH－11	728	690	655	624	595	570	546	524										
PH－12	LH－12	831	787	748	712	680	650	623	598										
PH－13	LH－13	972	921	875	833	795	760	729	700										
PH－14	LH－14	1134	1075	1021	972	928	888	851	817	785	756	729	704	681	659	638	619	601	583
PH－15	LH－15	1297	1228	1167	1111	1061	1015	937	934	898	864	834	805	778	753	729	707	686	667
PH－16	LH－16	1387	1314	1248	1189	1135	1086	1040	999	960	925	892	861	832	805	780	757	734	713
PH－17	LH－17	1618	1533	1457	1387	1324	1267	1214	1165	1120	1079	1040	1005	971	940	910	883	887	832
PH－18	LH－18	1850	1752	1665	1585	1513	1448	1387	1332	1281	1233	1189	1148	1110	1074	1040	1009	979	951
PH－19	LH－19	2027	1920	1824	1737	1659	1586	1520	1459	1403	1351	1303	1258	1216	1177	1140	1106	1073	1042
PH－20	LH－20	2148	2035	1933	1841	1757	1681	1611	1546	1487	1432	1381	1333	1289	1247	1209	1171	1137	1104
PH－21	LH－21	2269	2150	2042	1945	1857	1776	1702	1634	1571	1513	1459	1408	1362	1318	1276	1283	1203	1167
PH－22	LH－22	2536	2402	2282	2173	2075	1984	1902	1826	1755	1690	1630	1574	1521	1472	1426	1383	1342	1304
PH－23	LH－23	3405	3226	3065	2919	2786	2665	2554	2452	2357	2270	2189	2114	2043	1977	1915	1857	1803	1751
PH－24	LH－24	3931	3724	3538	3369	3216	3076	2948	2830	2721	2621	2527	2440	2359	2282	2211	2144	2081	2022
PH－25	LH－25	4440	4207	3969	3806	3633	3475	3330	3176	3074	2960	2854	2756	2664	2578	2498	2422	2351	2284
PH－26	LH－26	4620	4377	4158	3960	3780	3616	3465	3327	3199	3080	2970	2868	2772	2583	2599	2520	2446	2376
PH－27	LH－27	5185	4912	4667	4444	4242	4058	3889	3733	3590	3457	3333	3218	3111	3011	2917	2808	2745	2667
PH－28	LH－28	5753	5450	5177	4931	4703	4502	4314	4132	3983	3835	3698	3571	3451	3340	3236	3138	3045	2958
PH－29	LH－29	6319	5987	5687	5417	5170	4946	4740	4550	4375	4213	4062	3922	3792	3669	3555	3447	3346	3250
PH－30	LH－30	6454	6114	5808	5532	5280	5051	4840	4647	4468	4302	4149	4006	3872	3747	3630	3520	3417	3319
PH－31	LH－31	7153	6777	6438	6131	5853	5598	5365	5150	4952	4769	4599	4440	4292	4154	4024	3902	3787	3679
PH－32	LH－32	7864	7450	7078	6741	6434	6154	5898	5662	5444	5243	5055	4881	4718	4566	4423	4289	4163	4044
PH－33	LH－33	8568	8117	7711	7344	7010	6705	6426	6169	5932	5712	5508	5318	5141	4975	4819	4673	4536	4406
PH－34	LH－34	9549	9047	8595	8185	7813	7474	7162	6876	6611	6366	6139	5927	5730	5545	5372	5209	5056	4911
PH－35	LH－35	10409	9862	9369	8922	8517	8147	7808	7495	7207	6940	6692	6461	6246	6044	5855	5678	5511	5353
PH－36	LH－36	11264	10671	10137	9655	9216	8815	8448	8110	7798	7509	7241	6991	6758	6540	6336	6544	5963	5793

注：*A* 型位移—位移量为 50～150mm；*B* 型位移—位移量为 160～250mm；*C* 型位移—位移量为 260～350mm。

表 15-2-47 滑动型隔热管托

管径	DN50~150		DN200~300			DN350~500		
简图								
型号	SI1—A2	SI2—A2	SI1—B8	SI2—B8	SI3—B8	SI1—B14	SI2—B14	SI3—B14
	SI1—A2½	SI2—A2½	SI1—B10	SI2—B10	SI3—B10	SI1—B16	SI2—B16	SI3—B16
	SI1—A3	SI2—A3	SI1—B12	SI2—B12	SI3—B12	SI1—B18	SI2—B18	SI3—B18
	SI1—A4	SI2—A4	$H=150$mm	$H=150$mm	$H=200$mm	SI1—B20	SI2—B20	SI3—20
	SI1—A5	SI2—A5	$L=350$mm	$L=350$mm	$L=350$mm	$H=150$mm	$H=150$mm	$H=200$mm
	SI1—A6	SI2—A6				$L=350$mm	$L=350$mm	$L=350$mm
	$H=150$mm	$H=150$mm						
	$L=250$mm	$L=250$mm						
适用范围	1. SI1 型适用于保温厚度≤75mm的保温管道，隔热管托保温厚度≤50mm 2. SI2 型适用于保温厚度≤125mm的保温管道，隔热管托保温厚度≤80mm 3. 字母 *A* 代表托长 $L=250$mm的隔热管托，后面数字为管道直径(in) 4. 如有特殊要求，*L* 可以加长到≥500mm 5. 如有特殊要求，可另配摩擦系数≤0.1 的滑动机构		1. SI1 型适用于保温厚度≤75mm的保温管道，隔热管托保温厚度≤50mm 2. SI2 型适用于保温厚度≤125mm的保温管道，隔热管托保温厚度≤80mm 3. SI3 型适用于保温厚度≤175mm 的管道，隔热管托保温厚度≤120mm 4. 字母 *B* 代表托长 $L=350$mm 的隔热管托，后面数字为管道直径(in) 5. 如有特殊要求，*L* 可以加长到≥500mm 6. 如有特殊要求，可另配摩擦系数≤0.1 的滑动机构			1. SI1 型适用于保温厚度≤75mm的保温管道，隔热管托保温厚度≤50mm 2. SI2 型适用于保温厚度≤125mm的保温管道，隔热管托保温厚度≤80mm 3. SI3 型适用于保温厚度≤175mm 的管道，隔热管托保温厚度≤120mm 4. 字母 *B* 代表托长 $L=350$mm 的隔热管托，后面数字为管道直径(in) 5. 如有特殊要求，*L* 可以加长到≥500mm 6. 如有特殊要求，可另配摩擦系数≤0.1的滑动机构		
图号	安机/001		安机/002			安机/003		
生产厂家	中国石油天然气总公司工程技术研究所							

表 15-2-48　导向型隔热管托

管径	DN50~150		DN200~300			DN350~500		
图形	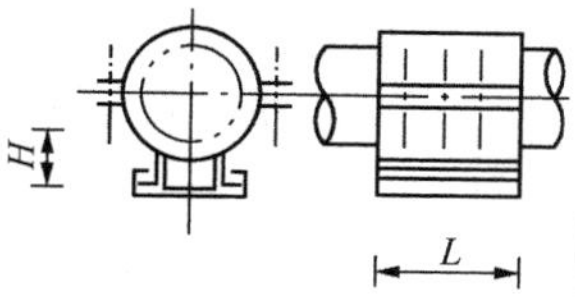		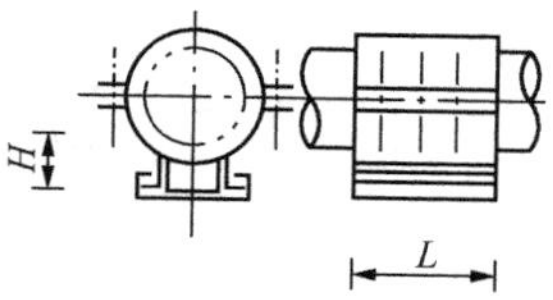			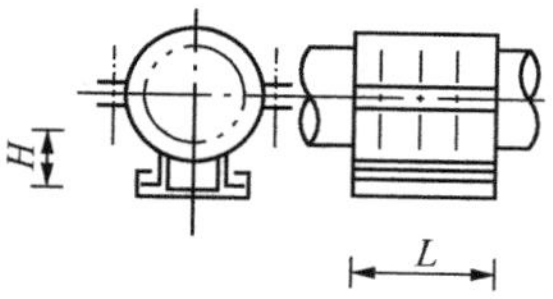		
型号	GI1—A2	GI2—A2	GI1—B8	GI2—B8	GI3—B8	GI1—B14	GI2—B14	GI3—B14
	GI1—A2½	GI2—A2½	GI1—B10	GI2—B10	GI3—B10	GI1—B16	GI2—B16	GI3—B16
	GI1—A3	GI2—A3	GI1—B12	GI2—B12	GI3—B12	GI1—B18	GI2—B18	GI3—B18
	GI1—A4	GI2—A4	H=150mm	H=150mm	H=200mm	GI1—B20	GI2—B20	GI3—B20
	GI1—A5	GI2—A5	L=350mm	L=350mm	L=350mm	H=150mm	H=150mm	H=200mm
	GI1—A6	GI2—A6				L=350mm	L=350mm	L=350mm
	H=150mm	H=150mm						
	L=250mm	L=250mm						
适用范围	1. GI1 型适用于保温厚度≤75mm的保温管道，隔热管托保温厚度≤50mm 2. GI2 型适用于保温厚度≤125mm的保温管道，隔热管托保温厚度≤80mm 3. 字母 A 代表托长 L=250mm的隔热管托，后面数字为管道直径(in) 4. 如有特殊要求，L 可以加长到≥500mm 5. 如有特殊要求，可另配摩擦系数≤0.1 的滑动机构		1. GI1 型适用于保温厚度≤75mm 的保温管道，隔热管托保温厚度≤50mm 2. GI2 型适用于保温厚度≤125mm 的保温管道，隔热管托保温厚度≤80mm 3. GI3 型适用于保温厚度≤175mm 的管道，隔热管托保温厚度≤120mm 4. 字母 B 代表托长 L=350mm 的隔热管托，后面数字为管道直径(in) 5. 如有特殊要求，L 可以加长到≥500mm 6. 如有特殊要求，可另配摩擦系数≤0.1的滑动机构			1. GI1 型适用于保温厚度≤75mm 的保温管道，隔热管托保温厚度≤50mm 2. GI2 型适用于保温厚度≤125mm 的保温管道，隔热管托保温厚度≤80mm 3. GI3 型适用于保温厚度≤175mm 的管道，隔热管托保温厚度≤120mm 4. 字母 B 代表托长 L=350mm 的隔热管托，后面数字为管道直径(in) 5. 如有特殊要求，L 可以加长到≥500mm 6. 如有特殊要求，可另配摩擦系数≤0.1的滑动机构		
图号	安机/004		安机/005			安机/006		
生产厂家	中国石油天然气总公司工程技术研究所							

表 15-2-49 轴向止推型隔热管托

<table>
<tr><td>管径</td><td colspan="2">DN50 ~ 150</td><td colspan="3">DN200 ~ 300</td><td colspan="3">DN350 ~ 500</td></tr>
<tr><td>图形</td><td colspan="2">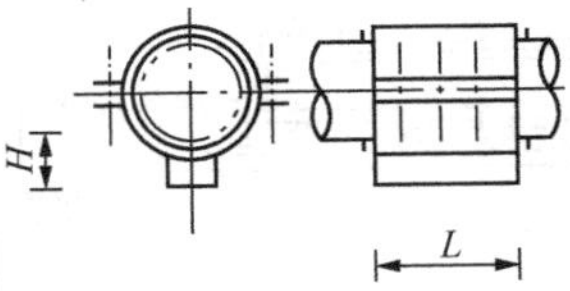</td><td colspan="3">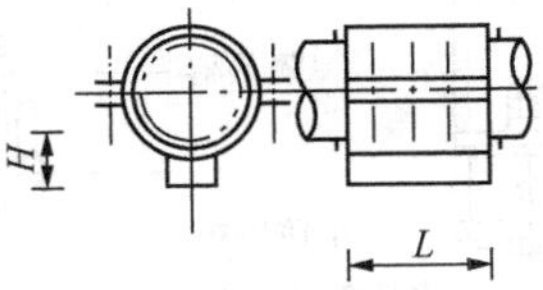</td><td colspan="3">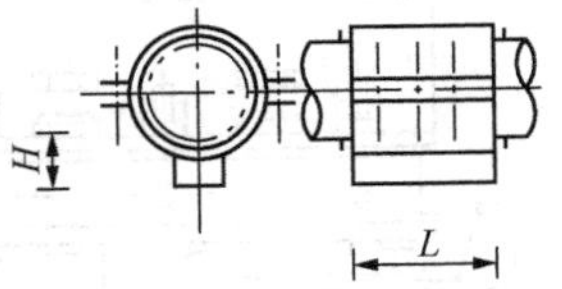</td></tr>
<tr><td rowspan="7">型号</td><td>FI1—C2</td><td>FI2—C2</td><td>FI1—C8</td><td>FI2—C8</td><td>FI3—C8</td><td>FI1—C14</td><td>FI2—C14</td><td>FI3—C14</td></tr>
<tr><td>FI1—C2½</td><td>FI2—C2½</td><td>FI1—C10</td><td>FI2—C10</td><td>FI3—C10</td><td>FI1—C16</td><td>FI2—C16</td><td>FI3—C16</td></tr>
<tr><td>FI1—C3</td><td>FI2—C3</td><td>FI1—C12</td><td>FI2—C12</td><td>FI3—C12</td><td>FI1—C18</td><td>FI2—C18</td><td>FI3—C18</td></tr>
<tr><td>FI1—C4</td><td>FI2—C4</td><td>H = 150mm</td><td>H = 150mm</td><td>H = 200mm</td><td>FI1—C20</td><td>FI2—C20</td><td>FI3—C20</td></tr>
<tr><td>FI1—C5</td><td>FI2—C5</td><td>L = 600mm</td><td>L = 600mm</td><td>L = 600mm</td><td>H = 150mm</td><td>H = 150mm</td><td>H = 200mm</td></tr>
<tr><td>FI1—C6</td><td>FI2—C6</td><td></td><td></td><td></td><td>L = 600mm</td><td>L = 600mm</td><td>L = 600mm</td></tr>
<tr><td>H = 150mm
L = 600mm</td><td>H = 150mm
L = 600mm</td><td></td><td></td><td></td><td></td><td></td><td></td></tr>
<tr><td>适用范围</td><td colspan="2">1. FI1 型适用于保温厚度≤75mm的保温管道，隔热管托保温厚度≤50mm
2. FI2 型适用于保温厚度≤125mm的保温管道，隔热管托保温厚度≤80mm
3. 字母 C 代表托长 L = 600mm的隔热管托，后面数字为管道直径(in)
4. 最大轴向荷载：
475℃ 500℃
DN50 ~ 65 12000N 10000N
80 ~ 100 14000N 12000N
125 16000 13000N
150 20000N 15000N</td><td colspan="3">1. FI1 型适用于保温厚度≤75mm 的保温管道，隔热管托保温厚度≤50mm
2. FI2 型适用于保温厚度≤125mm 的保温管道，隔热管托保温厚度≤80mm
3. FI3 型适用于保温厚度≤175mm 的管道，隔热管托保温厚度≤120mm
4. 字母 C 代表托长 L = 600mm 的隔热管托，后面数字为管道直径(in)
5. 最大轴向荷载
475℃ 500℃
50000N 40000N</td><td colspan="3">1. FI1 型适用于保温厚度≤75mm 的保温管道，隔热管托保温厚度≤50mm
2. FI2 型适用于保温厚度≤125mm 的保温管道，隔热管托保温厚度≤80mm
3. FI3 型适用于保温厚度≤175mm 的管道，隔热管托保温厚度≤120mm
4. 字母 C 代表托长 L = 600mm 的隔热管托，后面数字为管道直径(in)
5. 最大轴向荷载
475℃ 500℃
100000N 75000N</td></tr>
<tr><td>图号</td><td colspan="2">安机/007</td><td colspan="3">安机/008</td><td colspan="3">安机/009</td></tr>
<tr><td>生产厂家</td><td colspan="8">中国石油天然气总公司工程技术研究所</td></tr>
</table>

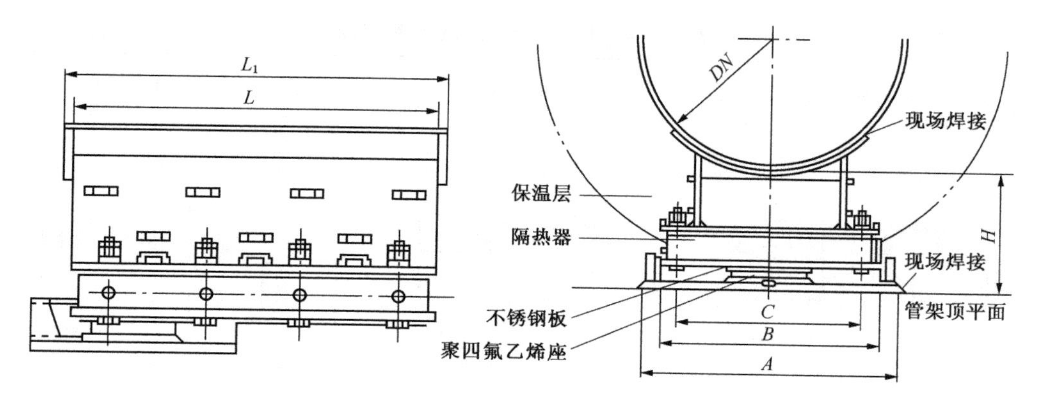

图 15－2－5　导向型隔热管托

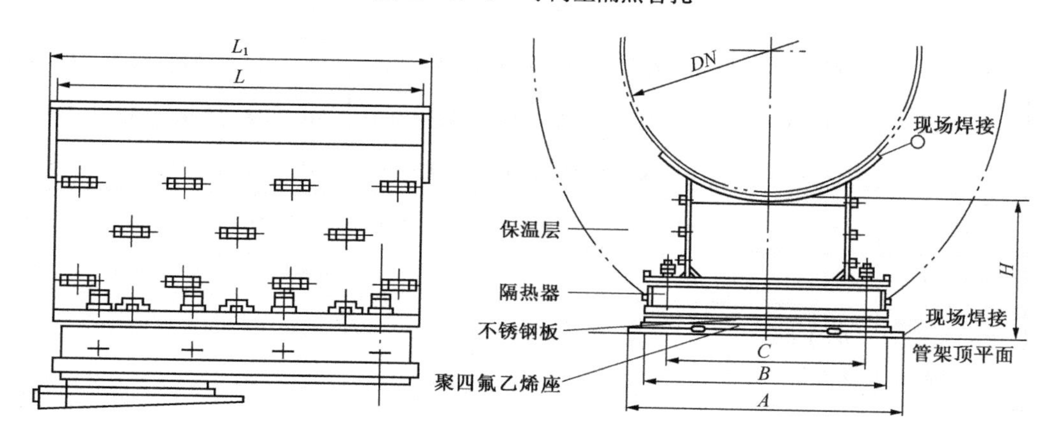

图 15－2－6　滑动型隔热管托

注：生产厂家：北京重型机器厂腾飞实业公司。

第三节　管道荷载计算法

一、荷载种类和组合

支吊架荷载种类，可分为以下几类：

1. 管道基本荷载和管道计算荷载

管道基本荷载是指管道、隔热结构、管内介质的重量。

在计算支吊架承受的荷载时，常将管道的基本荷载乘一经验系数(一般为 1.2～1.4)。作为计算荷载。此经验系数应包括管道壁厚的误差，保温材料容重的误差以及热补偿引起支架受力的变化等。

2. 风荷载

从塔或立式容器上引出的垂直管道，在设置支架时要考虑风荷载的影响，在风压较大的地区，在水平管道上设置导向支架时，也要考虑风荷载。

3. 雪荷载

寒冷地区，由于管道上积雪较厚，时间又长，所以对于支架，还要考虑雪荷载。

4. 地震荷载

根据《石油化工非埋地管道抗震设计通则》(SH/T 3039—2003)规定，在抗震设防烈度为6度及以上的地区的管道，必须进行抗震设计。

5. 安全阀排气管道的反推力

计算安全阀排气管道支吊架的荷载时，应考虑排气时产生的反作用力。

6. 管架水平力

(1) 刚性活动管架的水平力：刚性活动管架允许敷设在管架上的管道，当发生位移时，能够在活动管架的横梁上自由移动，因此它所承受的水平力应为管道由于热胀冷缩而产生位移时的摩擦力。

(2) 固定管架的水平推力:固定管架所承受的水平推力,包括补偿器的弹性变形力,由活动支架传来的摩擦反力,以及管道的不平衡内压力(如波形补偿器,套管补偿器产生的力。)

荷载组合时，不应同时考虑地震荷载、风荷载及冲击荷载。

二、荷载计算法

(一) 管道基本荷载的近似计算方法

管道荷载的精确计算可用管道计算机应力分析程序求得，下面介绍管道基本荷载的近似计算方法。首先对要计算的管道定出其相邻两支架的位置，然后再根据两支点间管道的形状，算出支点承受的基本荷载，乘以1.2~1.4的系数即得计算荷载。

大致有以下七种情况。

1. 水平直管无集中荷载(如图15-3-1所示)

$$G_B = \frac{q(a+b)}{2} \tag{15-3-1}$$

式中 G_B——B点所承受的荷载，N；

q——管道单位长度的基本荷载，N/m；

a，b——支，吊架间距，m。

2. 带有集中荷载的水平直管(如图15-3-2所示)

$$\left.\begin{aligned} G_A &= \left(\frac{qL}{2}+\frac{Pb}{L}\right) \\ G_B &= \left(\frac{qL}{2}+\frac{Pa}{L}\right) \end{aligned}\right\} \tag{15-3-2}$$

式中 G_A、G_B——A点、B点承受的荷载，N；

q——管道单位长度的基本荷载，N/m；

a、b——支吊架间距，m。

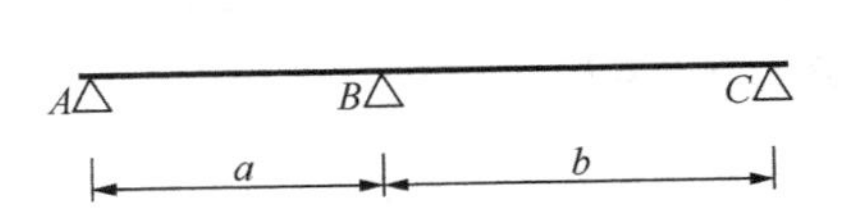

图15-3-1 水平直管示意图(无集中荷载)

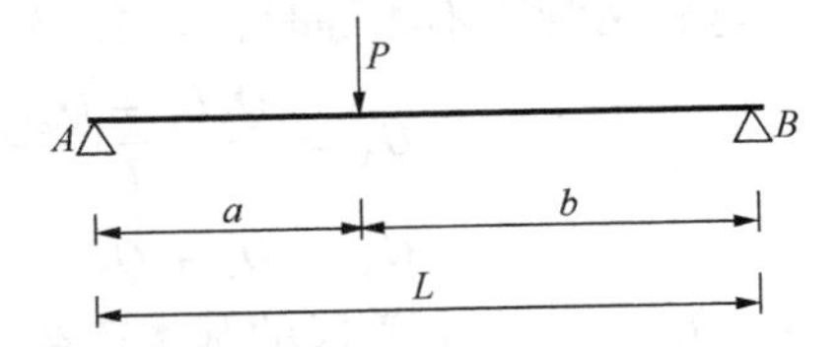

图15-3-2 水平直管示意图(有集中荷载)

3. 带有阀门等集中荷载的水平管道(如图 15－3－3 所示)

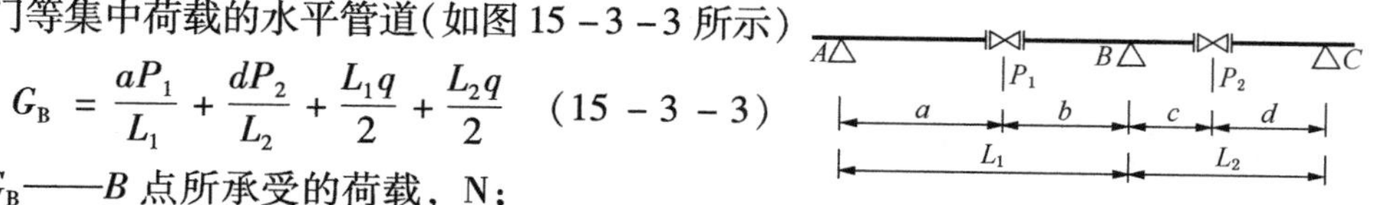

图 15－3－3　带有阀门等集中荷载的水平管道

$$G_B = \frac{aP_1}{L_1} + \frac{dP_2}{L_2} + \frac{L_1 q}{2} + \frac{L_2 q}{2} \quad (15-3-3)$$

式中　G_B——B 点所承受的荷载，N；

q——管道单位长度的基本荷载，N/m；

a、b、c、d、L——支吊架间距，m。

4. 垂直管道的集中荷载(如图 15－3－4 所示)

(1) 在垂直管道上有承重支架时，其集中荷载是垂直管道的荷载与水平管道长度的 1/2 的荷载之和，即

$$G_B = \frac{qa}{2} + \frac{qb}{2} + ql \quad (15-3-4)$$

(2) 当没有支架 B 时，可将垂直管段当做集中荷载，此集中荷载按比例分配到 A 和 C 两个支点上，计算式如下：

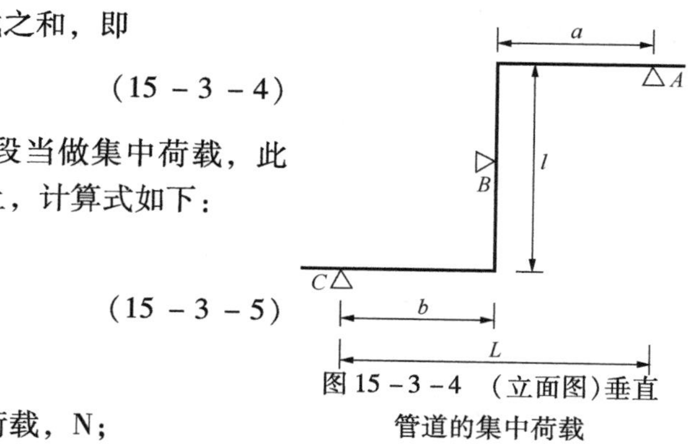

图 15－3－4　(立面图)垂直管道的集中荷载

$$\left.\begin{aligned} G_A &= \left(\frac{qbl}{L} + \frac{qL}{2}\right) \\ G_C &= \left(\frac{qal}{L} + \frac{qL}{2}\right) \end{aligned}\right\} \quad (15-3-5)$$

式中　G_A、G_B、G_C——A 点 B 点 C 点的荷载，N；

q——管道单位长度的基本荷载，N/m；

a、b、l、L——管段长度，m。

5. L 形垂直弯管(如图 15－3－5 所示)

$$G_A = qa + \frac{qb}{2}$$
$$G_B = qb/2 \quad (15-3-6)$$

式中　G_A、G_B——A 点 B 点的荷载，N；

q——管道单位长度的基本荷载，N/m；

a、b——管段长度，m。

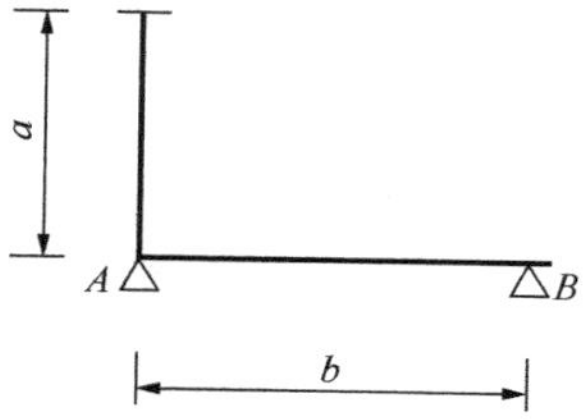

图 15－3－5　L 型垂直弯管(立面图)

6. 水平弯管(如图 15－3－6 所示)

(1) 在弯管两段接近相等的条件下，按下式计算：

$$G_A = G_B = \frac{q(a+b)}{2} \quad (15-3-7)$$

式中　G_A、G_B——A 点 B 点的荷载，N；

q——管道单位长度的基本荷载，N/m；

a、b——管段长度，m。

(2) 弯管两管段不相等时，如图 15－3－7 所示。

$$\left.\begin{aligned} G_A &= \frac{Q_1 L_1 + Q_2 L_2}{L} \\ G_B &= Q_1 + Q_2 - G_A \end{aligned}\right\} \quad (15-3-8)$$

式中　Q_1、Q_2——a、b 管段的基本荷载，N；

a——管段长度，m；

b——管段长度，m；

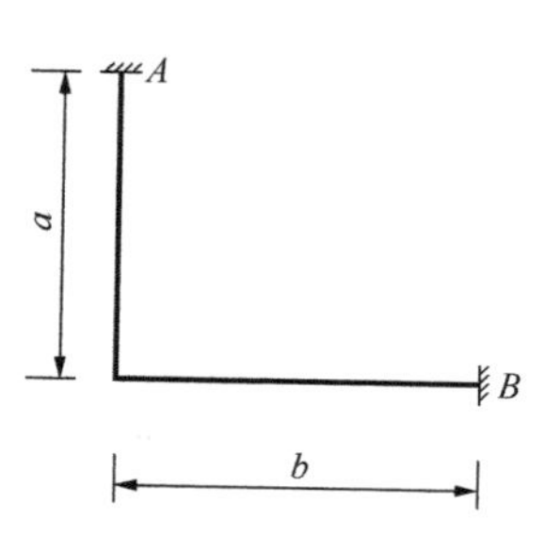

图 15－3－6　水平弯管(平面图)

L——A、B 两端间垂直距离，m；

L_1——$a/2$ 处距 B 端的垂直距离，m；

L_2——$b/2$ 处距 B 端的垂直距离，m。

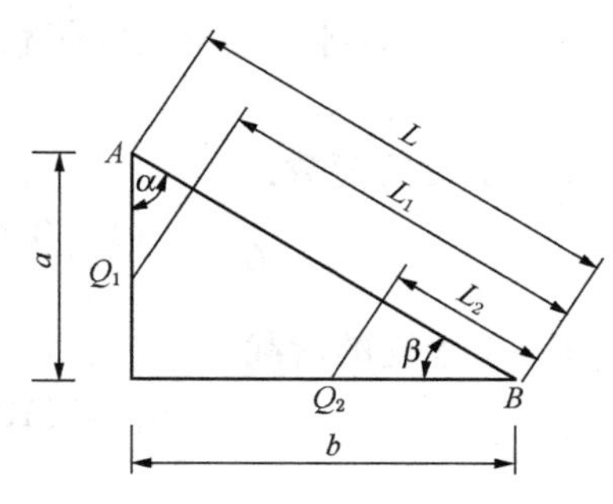

图 15－3－7　弯管两管段不相等（平面图）

7. 带分支的水平管（如图 15－3－8 所示）

（1）分支在同一平面上：

$$\left.\begin{aligned}G_A&=\frac{q_1L}{2}+\frac{q_2bc}{2L}\\G_B&=\frac{q_1L}{2}+\frac{q_2ac}{2L}\\G_C&=\frac{q_2c}{2}\end{aligned}\right\}\qquad(15-3-9)$$

式中　G_A、G_B、G_C——A、B、C 点的荷载，N；

q_1、q_2——管道单位长度的基本荷载，N/m；

a、b、c、L——管段长度或支吊架间距，m。

（2）分支管不在同一平面（带有垂直管段）如图 15－3－9 所示。

$$\left.\begin{aligned}G_A&=\left[\frac{q_1L}{2}+\frac{q_2b}{L}\left(\frac{c}{2}+l\right)\right]\\G_B&=\left[\frac{q_1L}{2}+\frac{q_2a}{L}\left(\frac{c}{2}+l\right)\right]\\G_C&=\frac{q_2c}{2}\end{aligned}\right\}\qquad(15-3-10)$$

式中　G_A、G_B、G_C——A、B、C 点的荷载，N；

q_1、q_2——管道单位长度的基本荷载，N；

a、b、c、L——管段长度或支吊架间距，m；

l——垂直管段的长度，m。

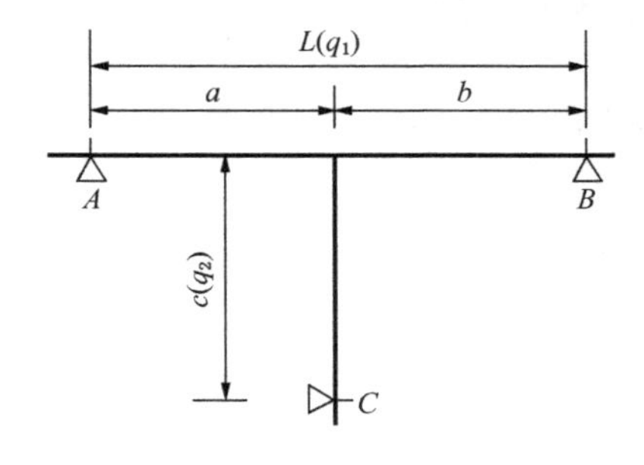

图 15－3－8　带分支的水平弯管

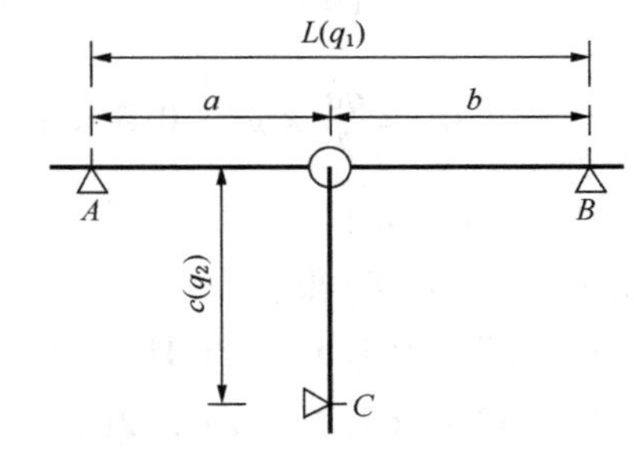

图 15－3－9　分支管不在同一平面

例 15－3－1　已知蒸汽管 ϕ168.3×7.11，保温材料密度 200kg/m^3，保温厚度 70mm，管系上的法兰为 *PN*16 对焊钢法兰，阀门为 Z41H—16C，管系图形如图 15－3－10 所示，求各支架的垂直荷载：

解　1. 查出每米管道的质量 q 和阀门法兰的质量。

查表 15－6－3 得 q＝57.4kg/m。法兰加保温取 10kg/个，阀门加保温取 114kg/个。

2. 分段计算各支架承受的荷载：

（1）A～架－1

A 点承受的荷载：

$$G_A = \frac{10 \times 0.6 + 31 \times 0.27}{0.6} = 23.95\text{kgf} = 239.5\text{N}$$

架－1 承受的荷载：

$$G_1 = (10 + 31) \times 10 - 239.5 = 170.5\text{N}$$

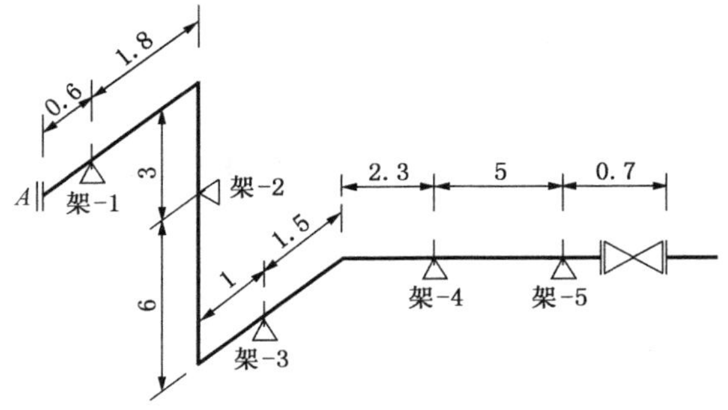

图 15－3－10　例 15－3－1 管系图

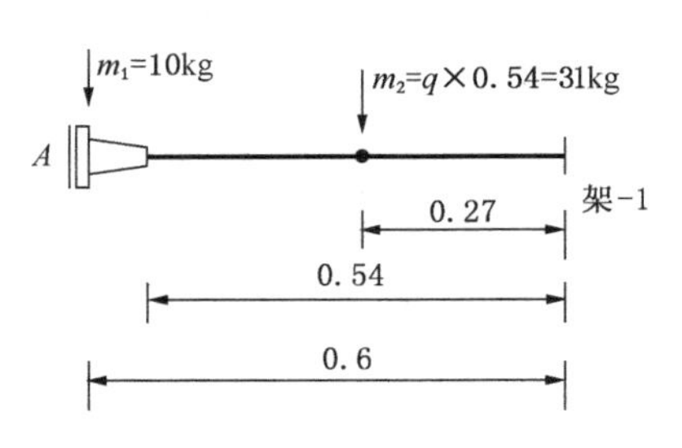

图 15－3－11　A～架－1 管段（例 15－3－1）

（2）架－1～架－2

根据式（15－3－6）

$$G'_1 = G_B = \frac{qb}{2} = \left(\frac{57.4 \times 1.8}{2}\right) \times 10 = 516.6\text{N}$$

$$G_2 = \left(qa + \frac{qb}{2}\right) \times g = \left(57.4 \times 3 + \frac{1.8}{2} \times 57.4\right) \times 10 = 2238.6\text{N}$$

（3）架－2～架－3

根据式（15－3－6）得

$$G'_2 = \left(qa + \frac{bq}{2}\right) \times g = \left(57.4 \times 6 + \frac{1}{2} \times 57.4\right) \times 10 = 3731\text{N}$$

$$G_3 = \frac{qb}{2} \times g = 0.5 \times 57.4 \times 10 = 287\text{N}$$

（4）架－3～架－4

根据式（15－3－8）得：

$$Q_1 = 57.4 \times 1.5 = 86.1\text{kg}$$

$$Q_2 = 57.4 \times 2.3 = 132.02\text{kg}$$

$$L = \sqrt{1.5^2 + 2.3^2} = 2.74\text{m}$$

$$L_1 = L - \frac{1.5}{2} \times \cos\alpha = 2.74 - 0.75 \times \frac{1.5}{2.74} = 2.33\text{m}$$

$$L_2 = \frac{2.3}{2} \times \cos\beta = 1.15 \times \frac{2.3}{2.74} = 0.96\text{m}$$

$$G'_3 = \left(\frac{Q_1L_1 + Q_2L_2}{L}\right) \times g = \left(\frac{86.1 \times 2.33 + 132.02 \times 0.96}{2.74}\right) \times 10 = 1194.71\text{N}$$

$$G_4 = Q_1 + Q_2 - G'_3 = (86.1 + 132.02) \times 10 - 1194.7 = 986.5\text{N}$$

(5) 架－4～架－5

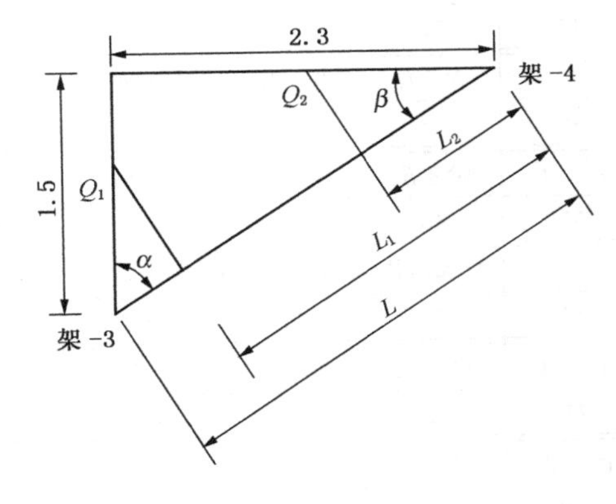

图 15－3－12 架－3～架－4 管段(例 15－3－1)

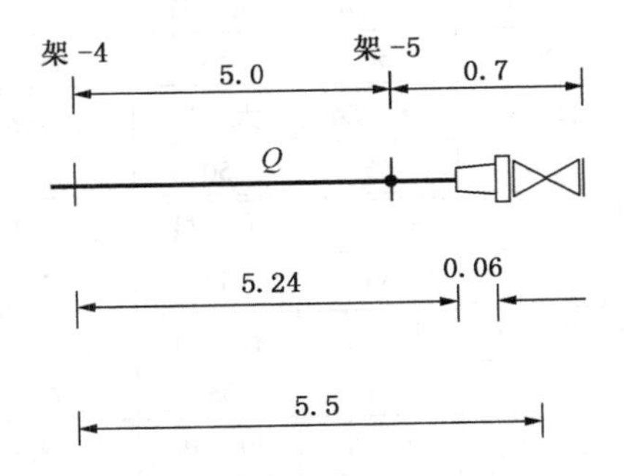

图 15－3－13 架－4～架－5 管段(例 15－3－1)

根据力矩平衡的原理

$$G_5 = \left(\frac{5.24 \times 57.4 \times 2.62 + 10 \times 5.3 + 114 \times 5.5}{5}\right) \times 10 = 2936.1\text{N}$$

$$G'_4 = (5.24 \times 57.4 + 10 + 114) \times 9.8 - 2936.1 = 1226.74\text{N}$$

(6) 各支点所承受的垂直荷载见表 15－3－1(例 15－3－1)。

表 15－3－1 各支点所承受的垂直荷载(例题 15－3－1)

支架编号	A～架－1 N	架－1～架－2 N	架－2～架－3 N	架－3～架－4 N	架－4～架－5 N	合 计 N
A 点	239.5					239.5
架－1	170.5	516.6				687.1
架－2		2238.6	3731			5969.6
架－3			287	1194.71		1481.71
架－4				986.5	1226.74	2213.24
架－5					2936.1	2936.1

(二) 风荷载的计算

作用在垂直管道或水平管道的风荷载，可按式(15－3－11)进行计算：

$$P_W = W_0 K K_z A \qquad (15-3-11)$$

式中 P_W——风荷载，N；

W_0——所在地区的基本风压(见表 15－3－2，表中风压单位为 kg/m^2)，N/m^2；

K——风载体型系数，垂直管道取 0.7，水平管道见表 15－3－3；

K_z——风压高度变化系数，见表 15－3－4；

A——垂直于风向的管段投影面积，m^2；

$$A = d \cdot S$$

d——管道外径(包括保温层)，m；

S——支吊架所支承管段的长度，m。

表 15－3－2　我国各地在 10m 高度处的基本风压值 W_0　（kg/m²）

地　区	上　海	南　京	徐　州	扬　州	南　通	杭　州	宁　波	衢　县	温　州
W_0	45	25	35	35	40	30	50	40	55
地　区	福　州	广　州	茂　名	湛　江	北　京	天　津	保　定	石家庄	沈　阳
W_0	60	50	55	85	35	35	40	30	45
地　区	长　春	抚　顺	大　连	吉　林	四　平	哈尔滨	济　南	青　岛	郑　州
W_0	50	45	50	40	55	40	40	50	35
地　区	洛　阳	蚌　埠	南　昌	武　汉	包　头	呼和浩特	太　原	大　同	兰　州
W_0	30	30	40	25	45	50	30	45	30
地　区	银　川	长　沙	株　州	南　宁	成　都	重　庆	贵　阳	西　安	延　安
W_0	50	35	35	40	25	30	25	35	25
地　区	昆　明	西　宁	拉　萨	乌鲁木齐	台　北	台　东			
W_0	20	35	35	60	120	150			

表 15－3－3　风载体型系数 K

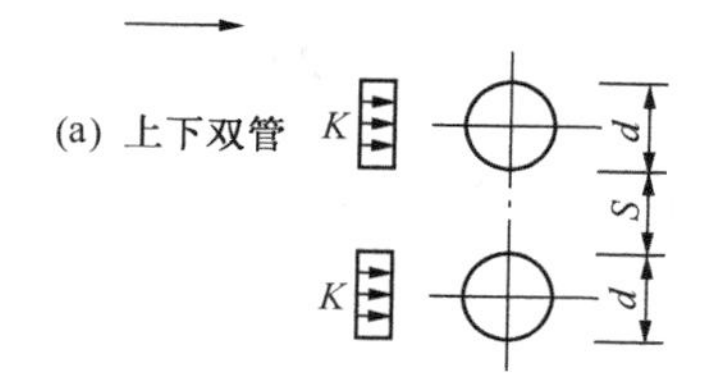

本图适用于 $W_0d \geqslant 0.015$ 的情况

S/d	≤0.25	0.5	0.75	1.0	1.5	2.0	≥3.0
K	+1.4	+1.05	+0.88	+0.82	+0.76	+0.73	+0.7

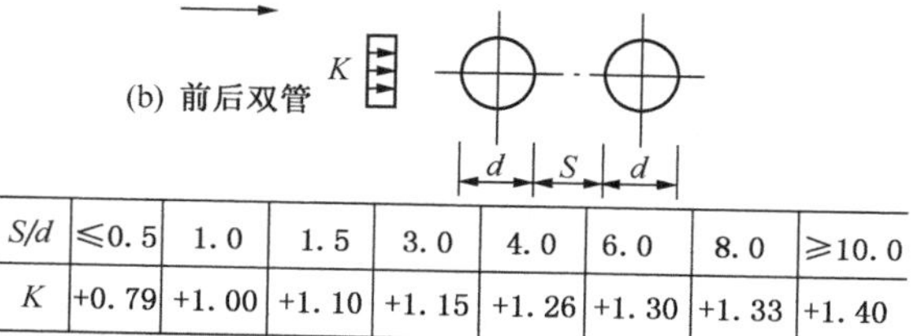

S/d	≤0.5	1.0	1.5	3.0	4.0	6.0	8.0	≥10.0
K	+0.79	+1.00	+1.10	+1.15	+1.26	+1.30	+1.33	+1.40

表列 K 值为前后二管之和，其中前管为 +0.7

K 值为各管之总和

表 15－3－4　风压高度变化系数 K_z

离地面或海平面高度/m	地面粗糙度类别			离地面或海平面高度/m	地面粗糙度类别		
	A	B	C		A	B	C
5	1.17	0.80	0.54	80	2.27	1.95	1.64
10	1.38	1.00	0.71	90	2.34	2.02	1.72
15	1.52	1.14	0.84	100	2.40	2.09	1.79
20	1.63	1.25	0.94	150	2.64	2.38	2.11
30	1.80	1.42	1.11	200	2.83	2.61	2.46
40	1.92	1.56	1.24	250	2.99	2.80	2.58
50	2.03	1.67	1.36	300	3.12	2.97	2.78
60	2.12	1.77	1.46	350	3.12	3.12	2.96
70	2.20	1.86	1.55	≥400	3.12	3.12	3.12

注：A. 指近海海面、海岛、海岸、湖岸及沙漠地区。

B. 指田野、乡村、丛林、丘陵以及房屋比较稀疏的中小城镇和大城市郊区。

C. 指有密集建筑群的大城市市区。

（三）雪荷载的计算

雪荷载可按式(15－3－12)进行计算：

$$P_S = D \cdot q \cdot L \qquad (15-3-12)$$

式中 P_S——雪荷载，N；

D——管道的直径(包括隔热层厚度)，m；

q——积雪荷载，N/m^2 见表(15－3－5)；

L——管道垂直方向的投影长度，m。

表 15－3－5　地　震　系　数

设 防 烈 度	6	7	8	9
地震系数 K	0.04	0.08	0.16	0.32

对于水平管道，L 为支点前后两支点之间长度的 1/2。

确定 D 的方法如下：

a. 单根管道见图 15－3－14；

b. 布置在同一层上的多根管道见图 15－3－15；

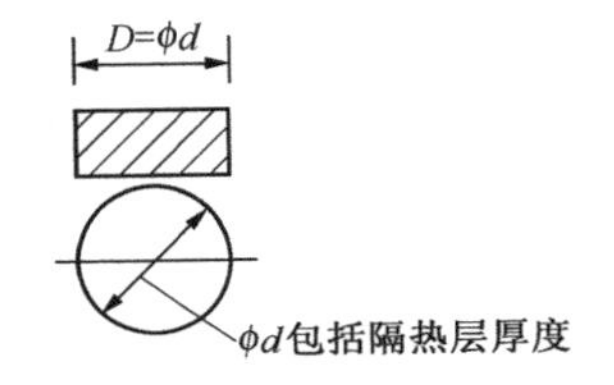

图 15－3－14　单根管道的 D

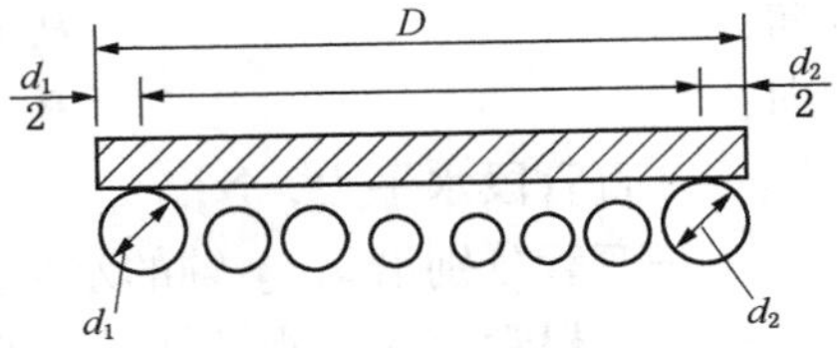

图 15－3－15　多根管道的 D

c. 布置在上下两层多根管道见图 15－3－16；

d. 并排布置的管道“D”与管道间隔之间的关系见图 15－3－17。

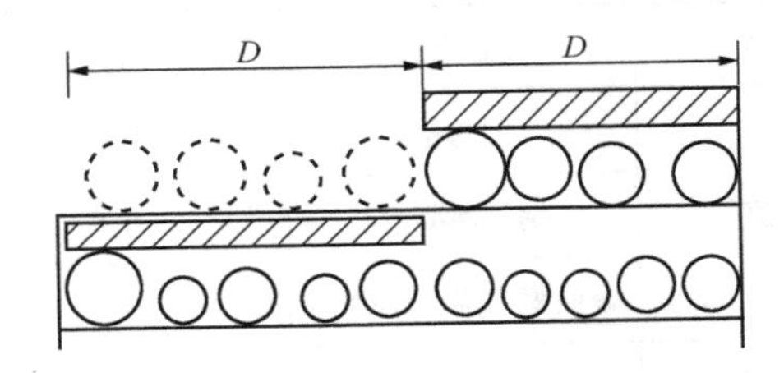

图 15－3－16　上下两层多根管道的 D

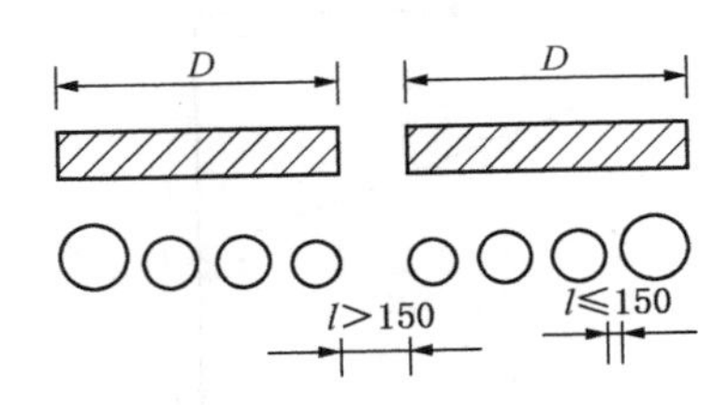

图 15－3－17　并排布置管与 D 的关系间距

当间距 $l>150$mm 时，“D”的尺寸要扣除此尺寸；当间距 $l \leq 150$mm 时，“D”的尺寸可不扣除此尺寸。

(四) 地震荷载的计算

$$F_E = C_z \alpha_1 m g \qquad (15-3-13)$$

式中 F_E——管道水平地震力，N；

C_z——综合影响系数，取 $C_z=0.4$；

α_1——地震影响系数；

$$\alpha_1 = K\beta_1 \qquad \beta_1 = \beta_{max} = 2.25$$

m——计算范围内的管道总重量，kg；

g——重力加速度，m/s^2。

进行管道抗震验算时，地震荷载应与管道的基本荷载组合，不考虑风荷载影响。

（五）安全阀排气管道的反推力的计算

见17章第四节应力分析的动力分析部分。

（六）管架水平力的计算

1. 刚性活动管架水平力的计算

（1）直管段管架（见图15－3－18）

$$P_H = K\Sigma\mu G \tag{15-3-14}$$

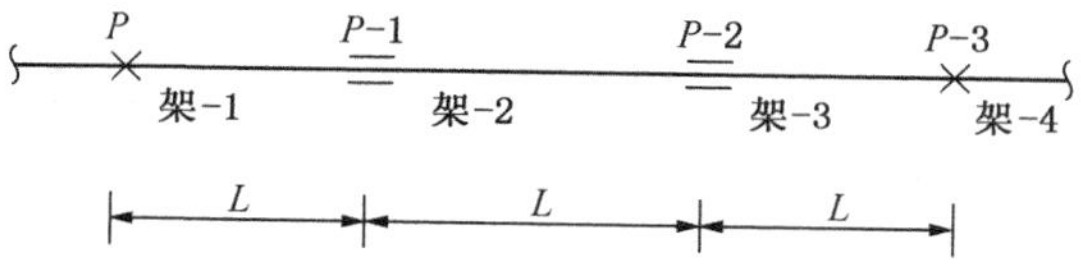

图15－3－18　直管段管架水平力计算示意图

（2）对拐弯管段管架，分别有轴向摩擦力和侧向摩擦力（见图15－3－19）。

轴向：
$$P_x = K\Sigma(\mu G\cos\alpha) \tag{15-3-15a}$$

侧向：
$$P_y = K\Sigma(\mu G\sin\alpha) \tag{15-3-15b}$$

式中　P_H——直管段水平力，N；

P_x、P_y——弯管分别沿x、y轴的水平力，N；

G——单根管道在该刚性活动支架的垂直荷载，N；

μ——摩擦系数，按表15－3－6选用。

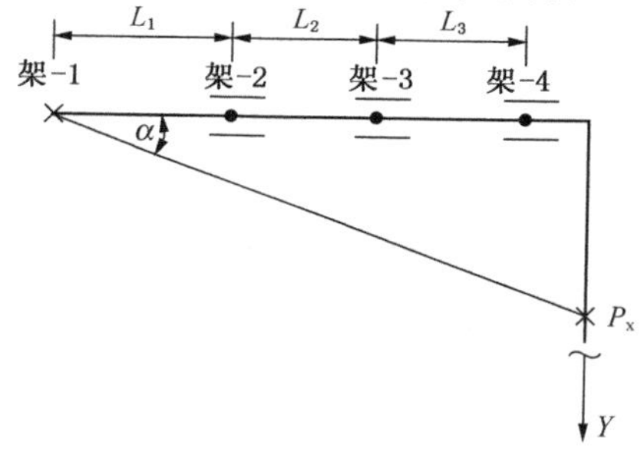

图15－3－19　弯管管架水平力计算示意图

表15－3－6　摩　擦　系　数

摩擦类型	接触情况	μ
滑动摩擦	钢与钢	0.3
	钢与混凝土	0.6
	聚四氟乙烯与不锈钢	0.1
滚动摩擦	钢与钢	0.1
当管道吊在吊架上时（见图15－3－20）		$\mu=\frac{\Delta}{H}$

注：Δ——管道水平位移量，m；

H——吊杆长度，m；

K——牵制系数：当管架上敷设多根管道时，管道与管道之间存在有相互牵制的作用，热管道推动管架位移，冷管和已结束位移的热管则阻止管架的变位，因此管道所产生的水平推力相互抵消了一部分，这种牵制作用可用一个系数K表示，据经验，当平行敷设1～2根管道时，牵制系数K取1；并排敷设3根或3根以上的管道，在计算管架的水平推力时要考虑。

3根管道的牵制系数K应按表15－3－7选用。4根及4根以上的管道按图15－3－21确定K值。

2. 固定管架水平推力的计算

固定管架一般可分为重载和减载两类，重载固定管架，是指设置在管道末端的固定管架，它所受的轴向水平推力是单方向的。

表 15－3－7　三根管道牵制系数 K

α 值	$\alpha<0.5$	$0.5\leqslant\alpha\leqslant0.7$	$0.7<\alpha$
K	0.5	0.67	1.00

$$\alpha=\frac{\text{主要热管道重量}}{\text{全部管道重量}}$$

注：主要热管道，一般指介质温度≥100℃的较大的管道。

减载固定支架，是指设置在两补偿器（或自补偿弯管）之间的中间固定管架，它所受的轴向水平推力是两个方向相反的力。

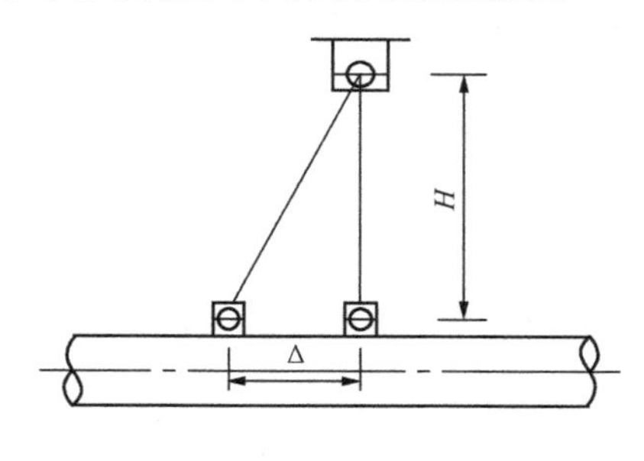

图 15－3－20　吊杆长度示意图

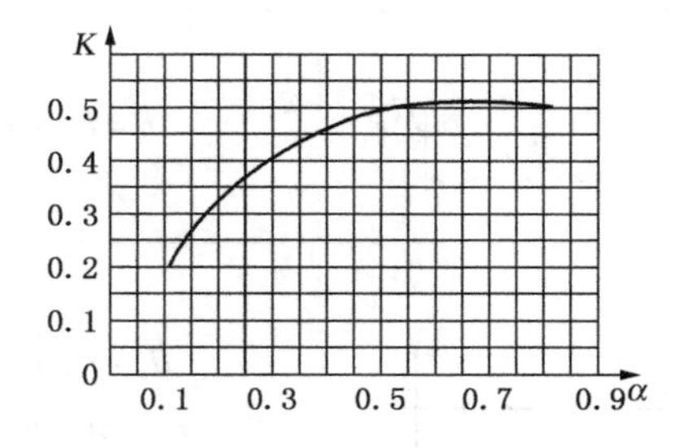

图 15－3－21　K 与 α 的关系

（1）计算方法

a. 两固定管架之间的活动管架，按刚性支架考虑，其摩擦反力作用在固定管架上。如果用柔性管架（包括半铰接管架）则无摩擦反力，但柔性支架与半铰接管架变形反力作用到固定管架上。

b. 减载固定管架所承受的轴向水平推力是管架两侧轴向水平推力之差。考虑到由于管道在刚刚开始输送介质时，因固定管架两侧管道温度不同所引起的差值，所以在计算两侧水平推力之差时，引进了一个不均衡系数（我国取 0.8，前苏联取 0.5，日本不考虑不均衡力的影响）。我们现在使用的计算公式为：两侧轴向水平推力中较大者减去较小者的 0.8 倍。

c. 安装不带拉杆或铰链的波形补偿器和不平衡的填料补偿器的管系，若在固定的一侧有盲板或关闭的阀门时，其水平推力应加上由管道内压所产生的轴向推力 $\frac{\pi}{4}D^2\cdot P_0$。$D$ 系指波型补偿器的有效直径。

d. 同上，若固定点的两侧管径不同时，其水平推力应加上 $\frac{\pi}{4}(D^2-d^2)P_0$。

e. 自补偿的直管段 >25m 时仍按 25m 计算。

（2）计算公式见表 15－3－8。

表 15－3－8　固定管架受力计算

a. 带Ⅱ型补偿器及弹性自然补偿管道的推力计算			
安装条件图	刚性管架计算式①	柔性、半铰接管架计算式②	备　注（计算考虑条件）
P_K　H　P'_K　l_1　l_2	$H=P_K+q\mu l_1g-0.8(P'_K+q\mu l_2g)$	$H=P_K+P_R-0.8(P'_K+P'_R)$	左侧水平力之和大于右侧水平力之和

续表

a. 带Ⅱ型补偿器及弹性自然补偿管道的推力计算

安装条件图	刚性管架计算式①	柔性、半铰接管架计算式②	备　注 （计算考虑条件）
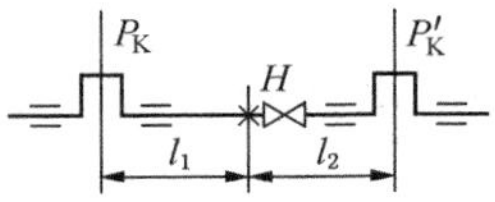 P_K　P'_K　H　l_1　l_2	$H=P_K+P_{K0}+q\mu lg$	$H=P_K+P_{K0}+P_R$	阀门关闭$L_1>L_2$ $P_K>P'_K$
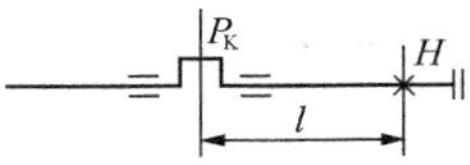 P_K　H　l	$H=P_K+q\mu lg$	$H=P_K+P_R$	—
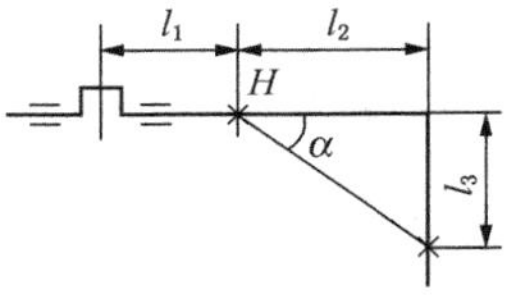 l_1　l_2　H　α　l_3	$H_x=P_K+q\mu l_1 g$ $-0.8[P_x+q\mu\cos\alpha g(l_2+l_3/2)]$ $H_y=P_y+q\mu\sin\alpha(l_2/2)g$	$H=P_K+P_R-0.8(P_{Rx2}$ $+\frac{1}{2}P_{Rx3})$ $H_y=P_y+\frac{1}{2}P_{Ry2}$	—
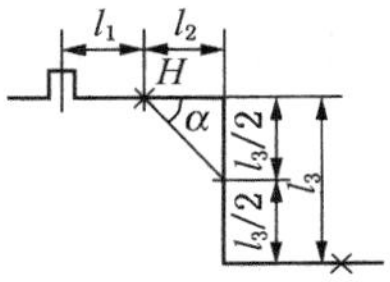 l_1　l_2　H　α　$l_3/2$　$l_3/2$　l_3	$H=P_K+q\mu l_1 g-$ $0.8[P_x+q\mu\cos\alpha g(l_2+l_3/4)]$ $H_y=P_y+q\mu\sin\alpha(l_2/2)g$	$H=P_K+P_R-0.8(P_x$ $+P_{Rx2}+\frac{1}{4}P_{Rx3})$ $H_y=P_y+\frac{1}{2}P_{Ry2}$	—
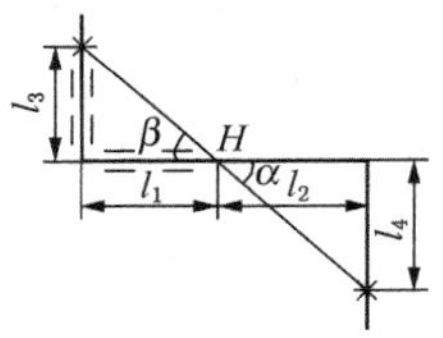 l_3　β　H　l_1　α　l_2　l_4	$H=P_x+q\mu[\cos\beta(l_1+l_3/2)]g$ $-0.8[P_x+q\mu\cos\alpha(l_2+l_4/2)g]$ $H_y=P_y+q\mu\sin\beta(l_1/2)g$ $-0.8[P'_y+q\mu\sin\alpha(l_2/2)g]$	$H=P_x+P_{Rx1}+P_{Rx3}/2$ $-0.8(P'_x+P_{Rx2}+P_{Rx4}/2)$ $H_y=P_y+P_{Ry1}/2$ $-0.8(P'_y-P_{Ry2}/2)$	—

① 系指中间滑动管架为刚性管架；

② 系指中间滑动管架为柔性半铰接管架。

b. 带填函式补偿器管道的推力计算

安装条件图	刚性管架计算式	柔性、半铰接管架计算式	备　注 （计算考虑条件）
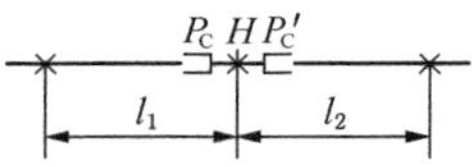 P_C　H　P'_C　l_1　l_2	$H=P_C-0.8P'_C$	$H=P_C-0.8P'_C$	$P_C>P'_C$
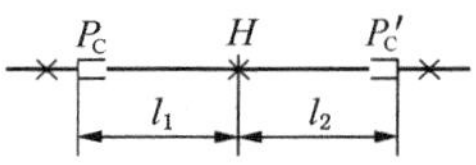 P_C　H　P'_C　l_1　l_2	$H=P_C+q\mu l_1 g-$ $0.8(P'_C+q\mu l_2 g)$	$H=P_C+P_{R1}-$ $0.8(P'_C+P_{R2})$	$P_C>P'_C$ $l_1>l_2$

b. 带填函式补偿器管道的推力计算			
安装条件图	刚性管架计算式	柔性、半铰接管架计算式	备　注（计算考虑条件）
P_C　H　P_C'　l_1　l_2	$H=P_C+q\mu l_1 g+P_0 F$	$H=P_C+P_0 F+P_{R1}$	当阀门关闭时
c. 带波型补偿器管道的推力计算			
P_A　H　P_A'　l_1　l_2	$H=P_A+P_0(F-F')+q\mu l_1 g$ $-0.8(P'_A+q\mu l_2 g)$	$H=P_A+P_0(F-F')+P_R$ $-0.8(P'_A+P'_R)$	—
H　l_1　l_2	$H=P_A+P'_{KO}+q\mu l_1 g+P_0 F$	$H=P_A+P'_{KO}+P_0 F+P_R$	阀门关闭
H　l　H	$H=P_A+q\mu l g+P_0 F$	$H=P_A+P_0 F$	—
H　α　l_1　l_2　l_3	$H_x=P_A+P_0 F+q\mu l_1 g$ $-0.8[P_X+q\mu\cos\alpha(l_2+l_3/2)g]$ $H_y=P_y+qM\sin\alpha(l_2/2)g$	$H_X=P_A+P_0 F+P_{Rx1}$ $-0.8(P_X+P_{Rx2}+\frac{1}{2}P_{Rx3})$ $H_y=P_y+\frac{1}{2}P_{Ry2}$	—

式中　H_x—固定管架承受的轴向推力，N；

H_y—固定管架承受的侧向推力，N；

P_K—U 形补偿器的弹性力，N；

P_{KO}—补偿器的预拉力，N；

P_x—自然补偿管路 x 轴方向弹性力，N；

P_y—自然补偿管路 y 轴方向弹性力，N；

P_C—填函式补偿器的摩擦力，N；

P_A—波型补偿器的弹性力，N；

P_O—管内介质的工作压力，MPa；

q—管道单位长度质量，kg/m；

μ—摩擦系数，见表 15-3-6；

F—波型补偿器的有效截面积，mm^2；

P_R—柔性和半铰接支架的弹性反力在某管段的总和，N(下标 x、y 表示力的方向,1、2 表示管段)。

第四节　垂直位移量的计算

在计算和选择弹簧支吊架时，首先要确定在支吊点处管道的垂直热位移，用近似法计算管道热位移的方法较多，繁简不一，但与实际均有差异。为了便于手算，通常采用一种简单的近似的计算方法，即悬臂挠度法。

运用这种方法需作一些假定：弯头可以用直角来代替，每个水平管段可以认为是具有嵌入端的直悬臂梁。从悬臂梁挠度的公式中$\left(\Delta=\frac{PL^3}{3EJ}\right)$可以看到，水平管段吸收位移的能力与其长度($L$)的三次方成正比，与刚度 EJ 成反比，当刚度相同时即可得出求任意一个水平管段转角点热位移的基本公式：

$$\Delta i = \frac{\Delta Z}{\Sigma L_n^3} \cdot L_i^3 \tag{15-4-1}$$

式中 Δi——任一计算管段的转角点的位移量，mm；

ΔZ——管系在 Z 方向(垂直方向)的总位移量，mm；

ΣL_n——全管系各水平管段的总长度，m；

L_i——要计算的水平管段长度，m。

一、具有一段垂直管段的计算

对于如图 15-4-1(a)所示图形，其位移量应按式(15-4-2a)计算。

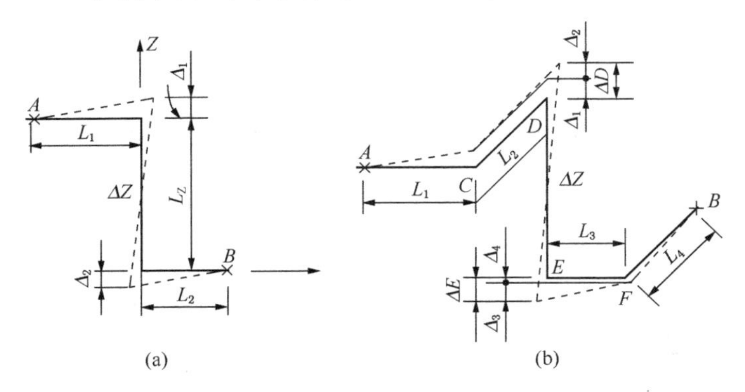

图 15-4-1

$$\left.\begin{aligned}\Delta_1 &= \frac{\Delta Z}{L_1^3 + L_2^3} L_1^3 \\ \Delta_2 &= \frac{\Delta Z}{L_1^3 + L_2^3} L_2^3 \\ &= \Delta Z - \Delta_1\end{aligned}\right\} \tag{15-4-2a}$$

对于如图 15-4-1(b)所示的图形其位移量应按(15-4-2b)计算。

$$\left.\begin{aligned}\Delta C = \Delta_1 &= \frac{\Delta Z}{L_1^3 + L_2^3 + L_3^3 + L_4^3} L_1^3 \\ \Delta_2 &= \frac{\Delta Z}{L_1^3 + L_2^3 + L_3^3 + L_4^3} L_2^3 \\ \Delta D = \Delta_1 + \Delta_2 &= \frac{(L_1^3 + L_2^3)\Delta Z}{L_1^3 + L_2^3 + L_3^3 + L_4^3} \\ \Delta_3 &= \frac{\Delta Z}{L_1^3 + L_2^3 + L_3^3 + L_4^3} L_3^3 \\ \Delta_4 &= \frac{\Delta Z}{L_1^3 + L_2^3 + L_3^3 + L_4^3} L_4^3 \\ \Delta E = \Delta_3 + \Delta_4 &= \frac{(L_3^3 + L_4^3)\Delta Z}{L_1^3 + L_2^3 + L_3^3 + L_4^3}\end{aligned}\right\} \tag{15-4-2b}$$

二、具有两段或多段垂直管段的计算

对于如图 15－4－2 所示图形，可按式(15－4－3)计算。

$$\left.\begin{aligned}
\Delta_1 &= \Delta C = \frac{\Delta Z}{L_1^3 + L_2^3 + L_3^3 + L_4^3} L_1^3 \\
\Delta_2 &= \Delta D = \Delta Z - \Delta C \\
\Delta_3 &= \frac{\Delta Z}{L_1^3 + L_2^3 + L_3^3 + L_4^3} L_3^3 \\
\Delta_4 &= \frac{\Delta Z}{L_1^3 + L_2^3 + L_3^3 + L_4^3} L_4^3 \\
\Delta F &= \Delta_3 + \Delta_4 = \frac{(L_3^3 + L_4^3)\Delta Z}{L_1^3 + L_2^3 + L_3^3 + L_4^3} \\
\Delta E &= \Delta Z_2 - \Delta F \\
\Delta Z &= \Delta Z_1 + \Delta Z_2
\end{aligned}\right\} \tag{15-4-3}$$

对于如图 15－4－3 所示图形，可按式(15－4－4)计算。

$$\left.\begin{aligned}
\Delta C &= \frac{\Delta Z L_1^3}{L_1^3 + L_2^3 + L_3^3 + L_4^3} \\
\Delta D &= \Delta Z_1 - \Delta C \\
\Delta E &= \frac{(L_1^3 + L_2^3)\Delta C}{L_1^3} - \Delta Z_1 \\
\Delta F &= \Delta Z_2 - \Delta E \\
\Delta H &= \frac{L_4^3 \Delta Z}{L_1^3 + L_2^3 + L_3^3 + L_4^3} \\
\Delta G &= \Delta Z_3 - \Delta H
\end{aligned}\right\} \tag{15-4-4}$$

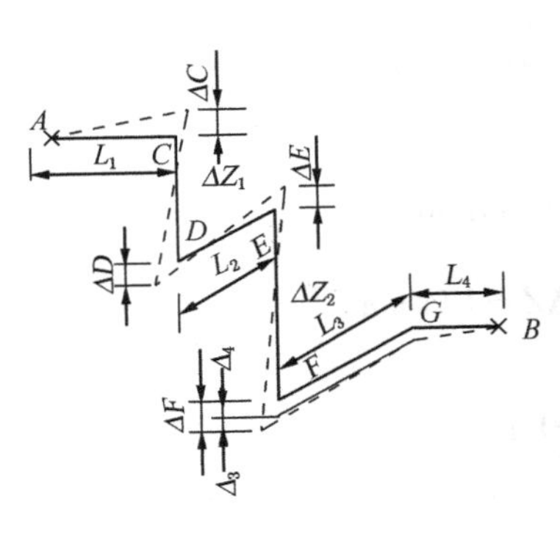

图 15－4－2

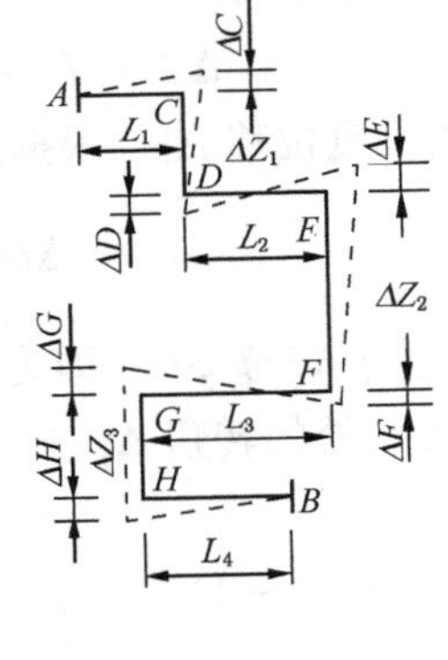

图 15－4－3

三、管系的端点有附加位移时，分配到支吊架位移的计算

1. 管系的一端有附加位移，另一端无附加位移时，如图 15－4－4(a)所示，按式(15－4－5)计算。

$$\Delta_X = \frac{L_X \times \Delta_A}{L} \tag{15-4-5}$$

2. 管系的两端有相同方向的附加位移时，如图 15－4－4(b)所示，可按式(15－4－6)计算。

$$\Delta_X = \frac{L_X(\Delta_A - \Delta_B)}{L + \Delta_B}(\Delta_A > \Delta_B) \tag{15-4-6}$$

3. 管系的两端有相同方向的附加位移时，如图 15－4－4(c)所示，可按式(15－4－7)计算。

$$\Delta_X = \frac{L_X(\Delta_A + \Delta_B)}{L} - \Delta_B \tag{15-4-7}$$

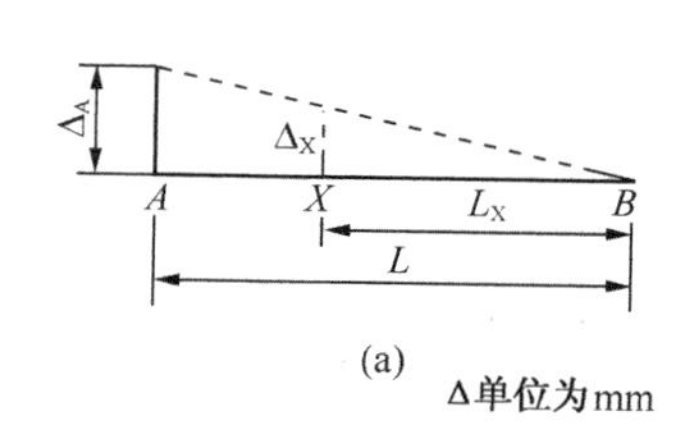

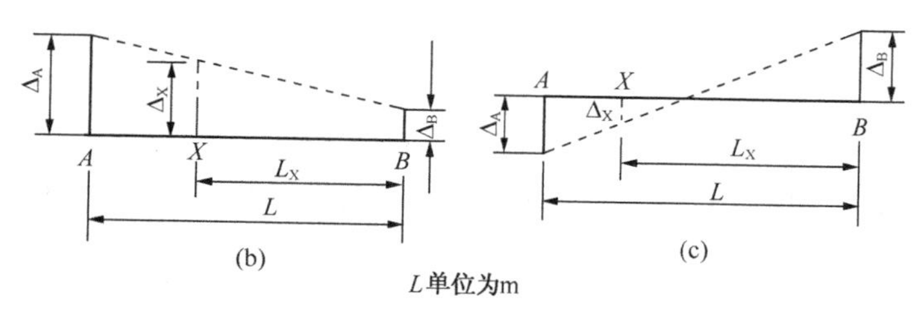

图 15－4－4　端点附位移示意图

四、应用举例

例 15－4－1　如图15－4－5(a)所示管系为 20 号钢无缝钢管，操作温度为 450℃，试求各转角点的垂直位移量。

解　由第十七章图 17－1－3 查得 $e_{450}=0.6\text{cm/m}$

管系垂直位移量为

$$\Delta Z = L_Z \cdot e_t = 29 \times 0.6 = 17.4\text{cm} = 174\text{mm}$$

转角 D 的垂直位移 Δ_1，根据式(15－4－2)

$$\Delta D = \Delta_1 = \frac{174 \times 13^3}{17^3 + 13^3} = 54\text{mm}$$

转角 C 的垂直位移 ΔC，即为管系总垂直位移量 $\Delta Z = 174\text{mm}$

管段 L_2 在 C 处的转角 Δ_2：

$$\Delta_2 = 174 - 54 = 120\text{mm}$$

或根据式(15－4－2)

$$\Delta_2 = \frac{17^3 \times 174}{17^3 + 13^3} = 120\text{mm}$$

例 15－4－2　如图15－4－5(b)所示管系为 20 号钢无缝钢管，操作温度为 450℃，试求转角点 D、E 的垂直位移量。

解　由第十七章图 17－1－3 查得 $e_{450}=0.6\text{cm/m}$

管系垂直位移量为

$$\Delta Z = L_Z e_t = 29 \times 0.6 = 17.4\text{cm} = 174\text{mm}$$

根据式(15－4－2)

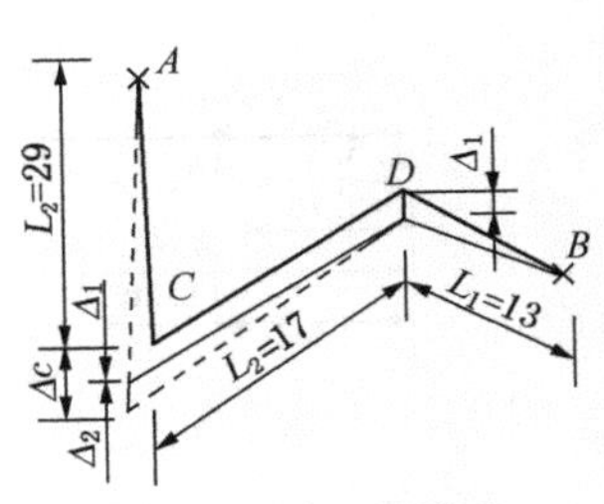

(a)例题15-4-1图管系

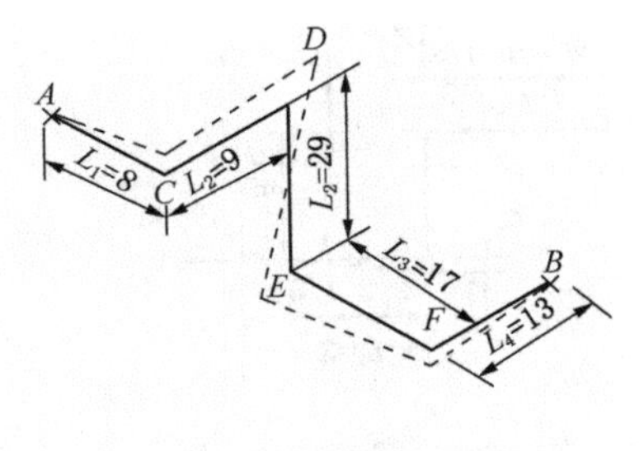

(b)例题15-4-2图管系

管系长度单位为m，位移单位为mm

图15－4－5 例题图

$$\Delta D = \frac{(8^3 + 9^3)174}{8^3 + 9^3 + 17^3 + 13^3} = 26\text{mm}$$

$$\Delta E = \frac{(17^3 + 13^3)174}{8^3 + 9^3 + 17^3 + 13^3} = 148\text{mm}$$

例15－4－3 如图15－4－3所示管系，钢号为20号钢，操作温度425℃，端点A向上位移15mm；端点B向上位移35mm，求各支点$J-1 \sim J-4$的垂直位移量。

解 由第十七章图17－1－3查得$e_{425}=0.55\text{cm/m}$，

$$\Delta Z = 5.6 \times 5.5 = 30.8\text{mm}$$

$$\Delta C = \frac{11.56^3 \times 30.8}{11.56^3 + 3.7^3} = 29.8\text{mm}$$

$$\Delta D = \Delta Z - \Delta C = 1.0\text{mm}$$

根据式(15－4－5)求

$A \sim C$间各支点的位移量[本例(b)图]

$$\Delta X_1 = \frac{1.5 \times 29.8}{11.56} = 3.86\text{mm}\uparrow$$

$$\Delta X_2 = \frac{3.76 \times 29.8}{11.56} = 9.70\text{mm}\uparrow$$

$$\Delta X_3 = \frac{9.76 \times 29.8}{11.56} = 25.2\text{mm}\uparrow$$

$D \sim B$间支点的位移量[本例(c)图]

$$\Delta X_4 = \frac{1.5 \times 1}{3.7} = 0.405\text{mm}\downarrow$$

由于端点位移根据公式(15－4－6)求各支点的位移量[本例(d)图]

$$y_1 = \frac{1.5 \times 20}{15.26} + 15 = 16.97\uparrow$$

$$y_2 = \frac{3.76 \times 20}{15.26} + 15 = 19.94\uparrow$$

$$y_3 = \frac{9.76 \times 20}{15.26} + 15 = 27.8\uparrow$$

$$y_4 = \frac{13.76 \times 20}{15.26} + 15 = 33\uparrow$$

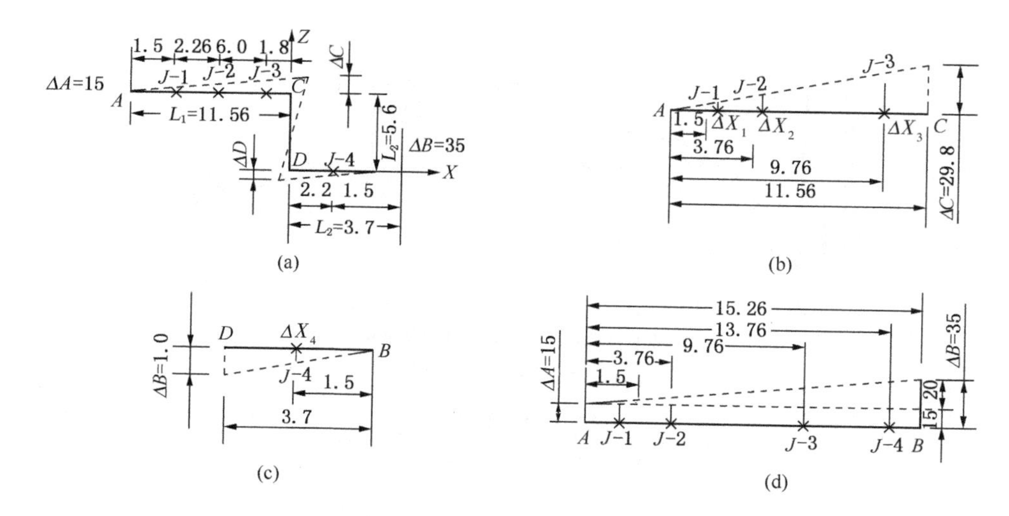

图 15－4－6 （例题 15－4－3 的图）

管系单位为 m，位移单位为 mm。

于是各支点的综合位移量为：

支点编号	Δ_X/mm	y/mm	Δ_X+y/mm
J－1	+3.86	+16.97	
J－2	+9.72	+19.94	+29.66
J－3	+25.2	+27.80	+53.00
J－4	－0.405	+33.0	+32.595

注：[+]—向上位移；[－]—向下位移。

例 15－4－4 如图15－4－7所示的管系分别在管段 L_1、L_2 上设支架 J－1、J－2，求支点的位移量。

解 由例 15－4－1 中已知 $\Delta C=174\text{mm}$

$$\Delta D = \Delta_1 = 54\text{mm}$$

J－1 点的垂直位移

$$\Delta X_1 = \frac{12\times 120}{17} + 54 = 138.7\text{mm}$$

J－2 点的垂直位移

$$\Delta X_2 = \frac{9\times 54}{13} = 37.4\text{mm}$$

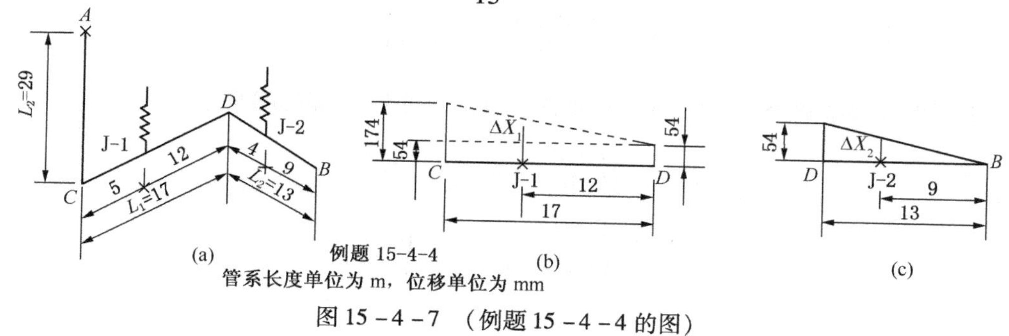

图 15－4－7 （例题 15－4－4 的图）

第五节　管道支吊架结构设计

一、材　　料

支吊架所用材料的技术性能应符合国家现行的技术标准。在建筑物、构筑物上生根构件的材料，可选用 Q235 – A · F；在设备壁上、碳钢管道上的生根构件的材料，可选用 Q235 – A；焊接在合金钢管道或设备上的构件应采用与管道或设备相同的材质。

二、设计温度

支吊架结构设计温度范围，一般可按以下几种情况确定：

（1）直接与管道、设备焊接连接或生根于平贴的垫板上的构件，其设计温度可按下述情况确定：

a. 与无内衬里的保温管道、设备相连的构件，其设计温度应取介质温度；

b. 与无内衬里的不保温管道、设备相连的构件，其设计温度宜取介质温度的 95%；

c. 与有内衬里的管道，设备相连接的构件，其设计温度应取实际壁温。

（2）紧固在隔垫层外的管卡，其设计温度取隔热层表面温度，一般可按 60℃ 计算。对于保冷管道可取环境的露点温度加 2℃；

（3）在建筑物、构筑物上的生根构件，其设计温度宜取环境温度。

（4）与管道用管卡连接或与设备上的连接板用螺栓连接的支吊架构件，其设计温度应按下列两种情况选用：

a. 与无内衬里的保温管道，设备连接时，应取介质温度；

b. 设备或管道无内衬里保温时，宜取介质温度的 80%；

c. 设备或管道有内衬里不保温时，宜取壁温的 80%。

三、许用应力

支吊架用钢材的许用应力见第十七章第一节，抗剪许用应力 $[\tau]=0.8[\sigma]$。

四、焊缝强度计算

管道的钢支架与其生根构件的连接一般采用贴角焊，其焊缝强度可按（15 – 5 – 1）式计算。

$$\tau = \frac{P}{0.7h(a-10)} \leqslant [\tau] \qquad (15-5-1)$$

式中　τ——焊缝的剪切应力，MPa；

$[\tau]$——许用的剪切应力，MPa；

P——荷载，N；

h——焊缝直角边高度，mm，一般取较薄的连接件厚度；

a——焊缝的实际长度，mm。

考虑到焊缝始点可能局部未焊透及焊缝的终端有喷火口的形成，因此焊缝的计算长度比实际长度小 1cm，即焊缝计算长度为 $a-1$，常用焊接生根结构的焊缝强度计算见表 15 – 5 – 1。

表 15-5-1 焊缝强度计算

简图	计算公式
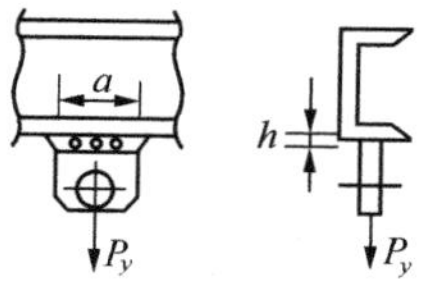	$\tau=\dfrac{P_y}{1.4h(a-10)}\leqslant[\tau]$
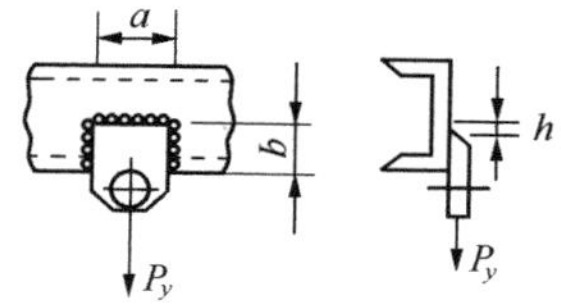	$\tau=\dfrac{P_y}{0.7h(2b+a-10)}\leqslant[\tau]$
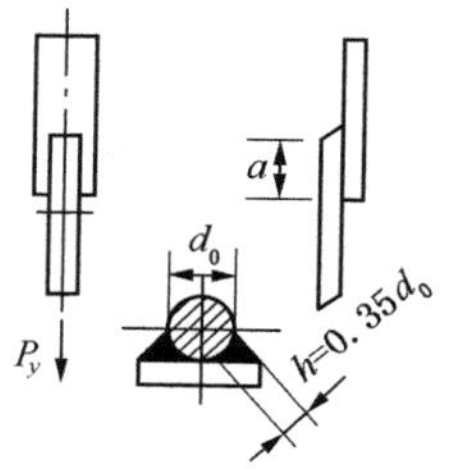	$\tau=\dfrac{P_y}{(2a-1)\times 0.35d_0}\leqslant[\tau]$ 取 $a\geqslant 2.3d_0+1$ 即可满足要求
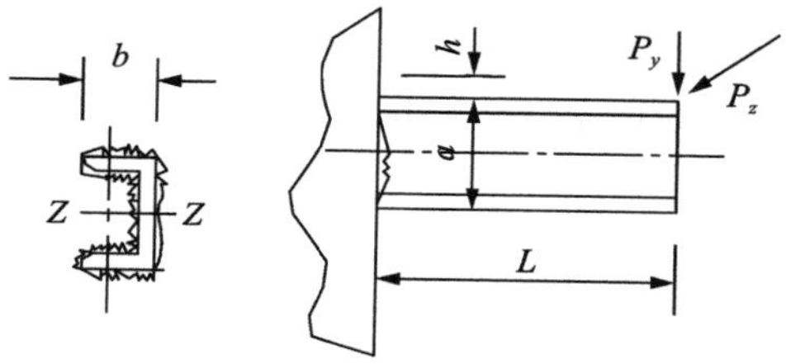	$\tau=\sqrt{\tau_x^2+\tau_y^2+\tau_z^2}\leqslant[\tau]$ $\tau_y=\dfrac{P_y}{0.7F}$ $\tau_x=\dfrac{L(P_y/W_z+P_z/W_y)}{0.7}\cdots$ $\tau_z=\dfrac{P_z}{0.7F}$ $F=2h(2b+a-3h)\cdots\cdots$
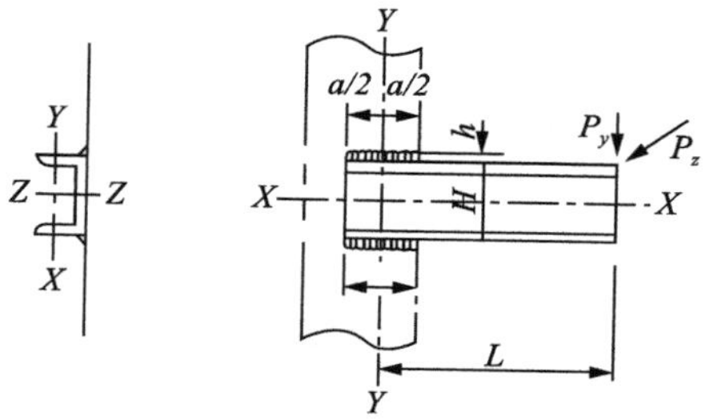	$\tau=\sqrt{\tau_x^2+\tau_y^2+\tau_z^2}\leqslant[\tau]$ $\tau_x=\dfrac{P_yLH}{1.4I_p}$ $F=2h(a-10)$ $\tau_y=\dfrac{P_y}{0.7}(\dfrac{aL}{2I_p}+\dfrac{1}{F})$ $W_y=\dfrac{ha^2}{3}$ $\tau_z=\dfrac{P_z}{0.7}(\dfrac{L}{W_y}+\dfrac{1}{F})$ $I_p=\dfrac{ha(a^2+3H^2)}{6}$ 注:在一般条件下,大于 H 很多,P_2 产生的扭矩对焊缝的影响未考虑

注:表中 F——焊缝计算断面面积,mm^2;
H——型钢高度,mm;
L——悬臂长度,mm;
I_p——焊缝断面极惯性矩,mm^4;
P_x——X 方向作用力,N;
P_y——Y 方向作用力,N;
P_z—Z 方向作用力,N;
W_y——Y 轴焊缝断面系数,mm^3;
W_z——Z 轴焊缝断面系数,mm^3;
a——焊缝实际长度或焊缝中心距,mm;
b——焊缝实际长度,mm;
h——焊缝直角边高度,一般取较薄的连接件厚度,mm;
l——焊缝计算(有效)长度,mm;
τ——焊缝的剪切应力,MPa;
τ_x——X 方向焊缝剪切应力,MPa;
τ_y——Y 方向焊缝剪切应力,MPa;
τ_z——Z 方向焊缝剪切应力,MPa;
$[\tau]$——许用剪切应力,MPa。

五、支架计算

在设计和选用支架时，通常已知支架所承受的垂直荷载，水平推力（摩擦力，弯管或补偿器弹性变形力）和管道与支架生根处的距离。根据已知条件，既可通过计算选用合适的型钢规格，组合成合理的结构型式，也可以在现有的支架系列中选取出适用的支架，然后再对其进行强度核算。

（一）一般规定

1. 支吊架的设计温度，应符合下列要求：

1）直接与管道、设备焊接连接或焊接于平贴的垫板上的构件，其设计温度应按下列情况确定：

（1）与无内衬里的保温管道、设备相连的构件，应取介质温度；

（2）与无内衬里的不保温管道、设备相连的构件，宜取介质温度的95%；

（3）与有内衬里的管道、设备相连的构件，应取实际壁温；

2）紧固在隔热层外的管卡，应取隔热层表面温度；对于保温管道可按60℃计算；对于保冷管道可取环境的露点温度加2℃；

3）在建筑物、构筑物上生根的构件，宜取环境温度；

4）与管道用管卡连接或与设备上的预焊件用螺栓连接的支吊架构件，其设计温度应按下列情况确定：

（1）与无内衬里的保温管道、设备连接时，应取介质温度；

（2）设备或管道无内衬里不保温时，宜取介质温度的80%；

（3）设备或管道有内衬里时，宜取壁温的80%。

2. 支吊架梁在垂直方向的最大挠度，应符合式（15－5－2）要求：

$$f_{max} \leqslant 0.004L_n \tag{15-5-2}$$

式中 f_{max}——支吊架梁的最大挠度值，m；

L_n——对简支支架为两支承点的间距，对悬臂支架为垂直力与悬臂点间距的两倍，m。

3. 焊接连接及螺栓连构件的允许承载力，应按现行国家标准《钢结构设计规范》GB 50017的有关规定计算。

（二）支架计算

1. 支架结构计算应符合下列要求：

1）在设计温度下，受拉、受压、受弯、受剪的构件，其最大组合应力，不应大于材料在设计温度下的许用应力：

2）受压构件的长细比小应大于120。

2. 悬臂支架，应按下列公式计算：

1）当悬臂长度与型钢高度之比大于5时，横梁截面的最大组合应力应按式（15－5－3）～式（15－5－5）进行计算；

$$\sigma = \frac{10^3 M_x}{W_x} + \frac{10^3 M_y}{W_y} \leqslant [\sigma]^t \tag{15-5-3}$$

$$M_x = 10^{-3} P_v L_b \tag{15-5-4}$$

$$M_y = 10^{-3} P_H L_b \tag{15-5-5}$$

上列式中　L_b——横梁长度，mm；

M_x——垂直荷载 P_V 在 B 点产生的弯矩，N·m；

M_y——水平荷载 P_H 在 B 点产生的弯矩，N·m：

P_v——作用于支架梁的垂直荷载，N：

P_H——作用于支架梁的水平荷载，N；

W_x——型钢截面对 X 轴的抗弯断面系数，mm^3：

W_y——型钢截面对 Y 轴的抗弯断面系数，mm^3；

σ——最大组合应力，MPa；

$[\sigma]^t$——支架梁在设计温度下的许用应力（按表 15－6－8 连用），MPa。

2）横梁的挠度见图 15－5－1，由垂直荷载产生的挠度应按式（15－5－6）计算；

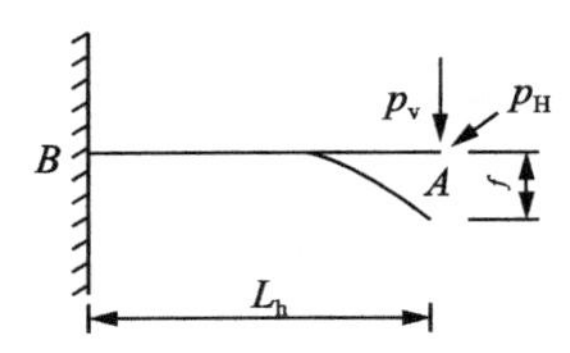

图 15－5－1　悬臂支架

$$f=\frac{P_vL_b^3}{3E_tI}\leqslant 0.004L_b \tag{15-5-6}$$

式中　I——型钢截面惯性矩，mm^4；

E_t——钢材在设计温度下的弹性模量，MPa；

L_b——横梁长度，mm：

P_v——作用于支架梁的垂直荷载，N；

f——由垂直荷载产生的挠度，mm。

3）悬臂支架生根结构的强度，应按下列公式计算；（1）用六角头铰制孔螺栓连接的悬臂支架见图 15－5－2 螺栓的承剪力及根部截面积应按式（15－5－7）～式（15－5－10）进行计算；

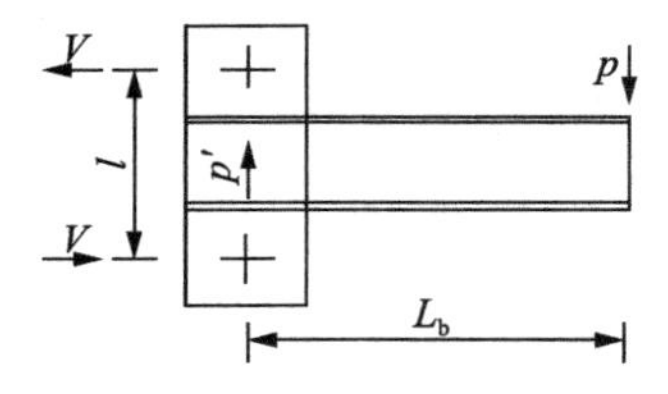

图 15－5－2　螺栓连接悬臂支架

$$F_2=\sqrt{V^2+l/4P^{12}} \tag{15-5-7}$$

$$P'=P \tag{15-5-8}$$

$$V\geqslant\frac{PL_b}{l} \tag{15-5-9}$$

$$A_s=\frac{F_2}{[\tau]} \tag{15-5-10}$$

上列式中　P——外部作用力，N；

V——由弯矩产生的剪力，N；

A_s——螺栓根部截面积，mm^2；

F_2——螺栓承受的剪力，N；

L_b——横梁长度，mm；

P'——螺栓承受的与外力 P 相平衡的反作用力，N；

l——两螺栓间距，mm；

$[\tau]$——螺栓材料许用剪应力，MPa。

4）焊接在梁柱侧面的悬臂支架生根结构见图 15－5－3，其角焊缝的承剪力，应按式（15－5－11）、式（15－5－12）进行计算。

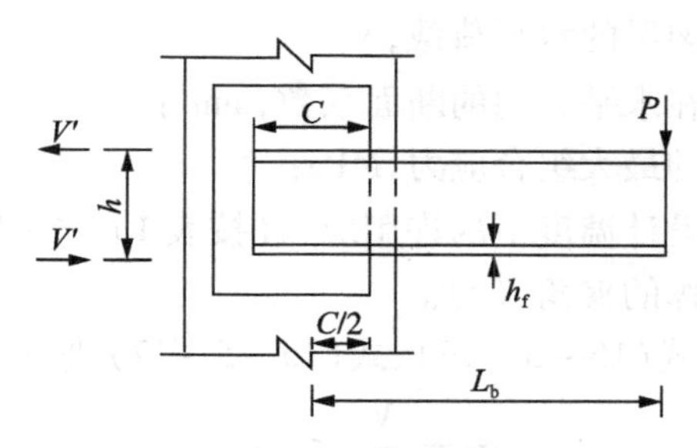

图 15－5－3　侧面角焊缝悬臂支架

$$V' = \frac{PL_b}{h} \tag{15-5-11}$$

$$h_f \geqslant \frac{V'}{0.7(C-10)[\tau]} \tag{15-5-12}$$

上列式中　C——焊缝长度，mm；

P——外部作用力，N；

L_b——横梁长度，mm；

V'——单面焊缝承剪能力，N；

h——梁的高度，mm；

h_f——焊角尺寸，mm；

$[\tau]$——焊缝许用剪应力，MPa。

3. 端部受力的三角支架见图 15－5－4，其横梁和斜撑的应力应按式（15－5－13）～式（15－5－17）计算：

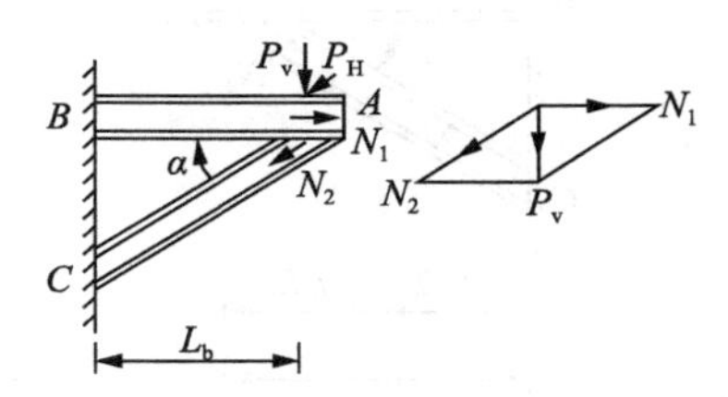

图 15－5－4　端部受力的三角支架

1）横梁截面的最大组合应力应按式（15－5－13）～式（15－5－15）进行计算；

$$\sigma_1 = \frac{N_1}{A_b} + \frac{10^3 M_H}{W_H} \leqslant [\sigma]^t \tag{15-5-13}$$

$$N_1 = \frac{P_V}{\tan\alpha} \tag{15-5-14}$$

$$M_H = 10^{-3} P_H L_b \tag{15-5-15}$$

上列式中 A_b——横梁截面积，mm^2；

L_b——受力点到生根点的距离，mm；

M_H——水平荷载在 B 点产生的弯矩，N·m；

N_1——垂直荷载的水平分力（轴向拉力），N；

P_v——作用于支架梁的垂直荷载，N；

P_H——作用于支架梁的水平荷载，N；

W_H——型钢截面在水平方向的断面系数，mm^3；

σ_1——横梁截面的最大组合应力，MPa；

$[\sigma]^t$——支架梁在设计温度下的许用应力（按表 15－6－8 选用），MPa；

α——横梁与斜撑的夹角，（°）。

2）斜撑截面的应力应按式（15－5－16）、式（15－5－17）进行计算。

$$\sigma_2 = \frac{N_2}{\phi A_L} \leqslant [\sigma]^t \tag{15-5-16}$$

$$N_2 = \frac{P_v}{\sin\alpha} \tag{15-5-17}$$

上列式中 A_L——斜撑的截面积，mm^2；

N_2——斜撑承受的轴向压力，N；

P_v——作用于支架梁的垂直荷载，N；

$[\sigma]^t$——支架梁在设计温度下的许用应力（按表 15－6－8 用），MPa；

σ_2——斜撑截面的应力，MPa；

ϕ——斜撑轴心受压时的稳定系数，按本章附录六选用；

α——横梁与斜撑的夹角，（°）。

4. 中间受力的三角支架见图 15－5－5，横梁和斜撑的截面应力、横梁的挠度应按式（15－5－18）～式（15－5－23）计算：

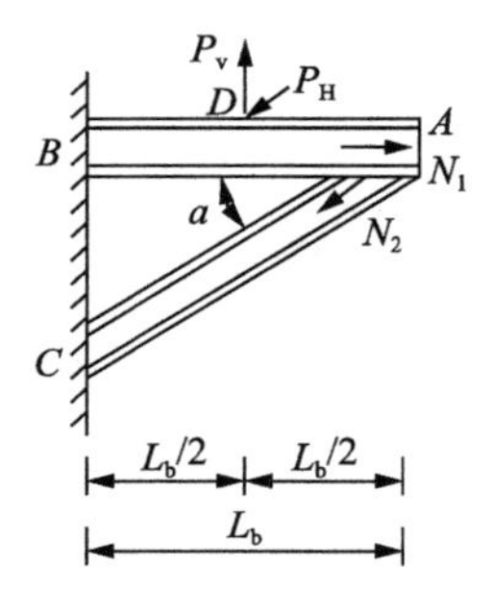

图 15－5－5 中间受力的三角支架

1）横梁截面的最大组合应力应按式（15－5－18）～式（15－5－20）进行计算；

$$\sigma_1 = \frac{N_1}{A_b} + \frac{10^3 M_v}{W_v} + \frac{10^3 M_H}{W_H} \leqslant [\sigma]^t \tag{15-5-18}$$

$$M_{\mathrm{v}}=-\frac{3P_{\mathrm{v}}L_{\mathrm{b}}10^{-3}}{16} \tag{15-5-19}$$

$$M_{\mathrm{H}}=\frac{P_{\mathrm{H}}L_{\mathrm{b}}\times10^{-3}}{2} \tag{15-5-20}$$

上列式中 A_{b}——横梁截面积,mm^2;

L_{b}——横梁长度,mm:

M_{H}——水平荷载在 B 点产生的弯矩,N·m:

M_{v}——在截面 B 处由垂直荷载产生的弯矩,N·m;

N_1——垂直荷载的水平分力(轴向拉力),N;

P_{v}——作用于支架梁的垂直荷载,N;

P_{H}——作用于支架梁的水平荷载,N;

W_{H}——型钢截面在水平方向的断面系数,mm^3:

W_{v}——型钢截面在垂直方向的断面系数,mm^3;

σ_1——支架梁在设计温度下的许用应力(按表 15-6-8 选用),MPa;

$[\sigma]^{\mathrm{t}}$——横梁截面的最大组合应力,MPa。

2)横梁挠度应按式(15-5-21)进行计算;

$$f_{\mathrm{D}}=\frac{7P_{\mathrm{v}}L_{\mathrm{b}}^3}{768EI}\leqslant0.004L_{\mathrm{b}} \tag{15-5-21}$$

式中 E——梁的弹性模量,MPa;

I——梁的惯性矩,mm^4;

f_{D}——由 P_{v} 在 D 点产生的挠度,mm;

L_{b}——横梁长度,mm;

P_{v}——作用于支架梁的垂直荷载,N。

3)斜撑截面应力应按式(15-5-22)、式(15-5-23)进行计算。

$$\sigma_2=\frac{N_2}{\phi A_{\mathrm{L}}}\leqslant[\sigma]^{\mathrm{t}} \tag{15-5-22}$$

$$N_2=\frac{5P_{\mathrm{v}}}{16\sin\alpha} \tag{15-5-23}$$

上列式中 A_{L}——斜撑的截面积,mm^2;

P_{v}——作用于支架梁的垂直荷载,N;

N_2——斜撑承受的轴向压力,N;

$[\sigma]^{\mathrm{t}}$——支架梁在设计温度下的许用应力(按表 15-6-8 选用),MPa;

σ_2——斜撑截面的应力,MPa;

ϕ——斜撑轴心受压时的稳定系数,按本章附录六选用;

a——横梁与斜撑的夹角,(°)。

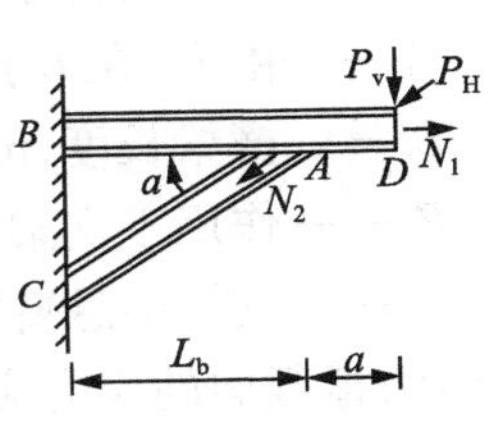

图 15-5-6 端面受力的三角悬臂支架

5. 端部受力的三角悬臂支架见图 15-5-6,其横梁和斜撑的截面应力、横梁的挠度应按式(15-5-24)~式(15-5-33)计算。

1)横梁 A 及 B 点处的截面最大的组合应力应按式(15-5-

24）~式（15－5－30）进行计算；

$$\sigma_1 = \frac{N_1}{A_b} + \frac{10^3 M_v}{W_v} + \frac{10^3 M_H}{W_H} \leqslant [\sigma]^t \qquad (15-5-24)$$

$$N_1 = \frac{P_A}{\tan\alpha} \qquad (15-5-25)$$

$$P_A = P_v(1 + \frac{3a}{2L_b}) \qquad (15-5-26)$$

在 A 点

$$M_v = -aP_v \times 10^{-3} \qquad (15-5-27)$$

$$M_H = -aP_H \times 10^{-3} \qquad (15-5-28)$$

在 B 点

$$M_v = \frac{aP_v}{2} \times 10^{-3} \qquad (15-5-29)$$

$$M_H = P_H(a + L_b) \times 10^{-3} \qquad (15-5-30)$$

上列式中 A_b——横梁截面积，mm^2；

L_b——生根点与斜撑支点的距离，mm；

M_H——水平荷载在 B 点产生的弯矩，N · m；

M_v——在截面 B 处由垂直荷载产生的弯矩，N · m；

N_1——垂直荷载的水平分力（轴向拉力），N；

P_A——在 A 点的作用力，N；

P_v——作用于支架梁的垂直荷载，N；

P_H——作用于支架梁的水平荷载，N；

W_H——型钢截面在水平方向的断面系数，mm^3；

W_v——型钢截面在垂直方向的断面系数，mm^3；

$[\sigma]^t$——支架梁在设计温度下的许用应力（按表 15－6－8 选用），MPa；

σ_1——横梁截面的最大组合应力，MPa；

α——横梁与斜撑的夹角，(°)；

a——支架梁悬臂端长度，mm。

2）横梁的端部挠度应按式（15－5－31）进行计算；

$$f_D = \frac{P_v a^2}{12EI}(3L_b + 4a) \leqslant 0.004(L_b + a) \qquad (15-5-31)$$

式中 E——梁的弹性模量，MPa：

I——梁的惯性矩，mm^4：

f_D——由 P_v 在 D 点产生的挠度，mm；

L_b——横梁长度，mm；

P_v——作用于支架梁的垂直荷载，N：

a——支架梁悬臂端长度，mm。

3）斜撑截面的应力应按式（15－5－32）~式（15－5－33）进行计算。

$$\sigma_2 = \frac{N_2}{\phi A_L} \leqslant [\sigma]^t \qquad (15-5-32)$$

$$N_2 = \frac{P_A}{\sin\alpha} \tag{15-5-33}$$

上列式中 A_L——斜撑的截面积,mm^2;

N_2——斜撑承受的轴向压力,N;

P_A——作用于支架梁 A 点的垂直荷载,N;

$[\sigma]^t$——支架梁在设计温度下的许用应力(按表 15-6-8 选用),MPa;

σ——斜撑截面的应力,MPa;

ϕ——斜撑轴心受压时的稳定系数,按本章附录六选用;

α——横梁与斜撑的夹角,(°)。

6. 挡块见图 15-5-7,其最大承剪力应按式(15-5-34)进行计算。

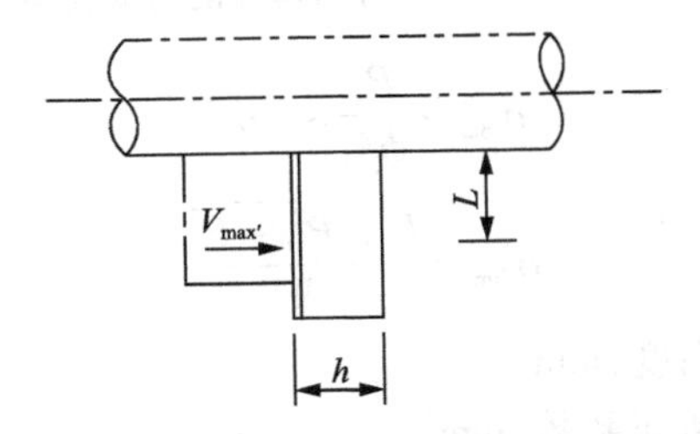

图 15-5-7　挡块

$$V_{max}' = A_n[\tau] \tag{15-5-34}$$

式中 A_h——焊缝抗剪截面积,mm^2;

V_{max}'——构件可承受的最大剪力,N;

$[\tau]$——焊缝许用剪应力,MPa。

7. 垂直管道管式托架见图 15-5-8,其弯矩产生的正应力应按式(15-5-35)进行计算。

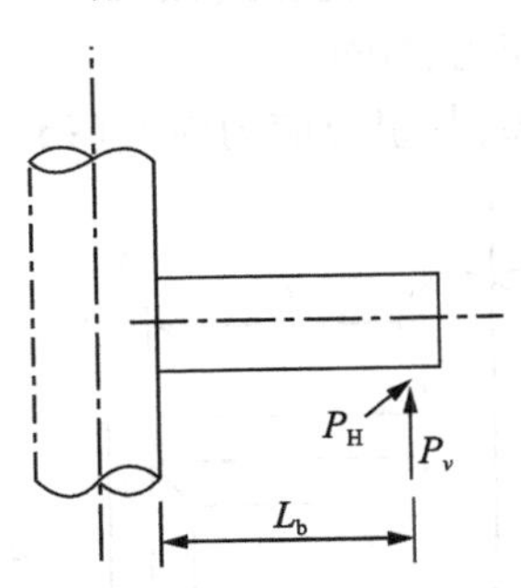

图 15-5-8　管式托架

$$\sigma_{bm} = \frac{L_b\sqrt{P_v^2 + P_H^2}}{W} \leqslant [\sigma]^t \tag{15-5-35}$$

式中 W——托架的抗弯断面系数,mm^3;

L_b——管道与支点的距离,mm;

P_H——垂直作用于支架轴向的水平荷载,N;

P_v——平行于管子轴向施加于托架的总荷载(即管道的垂直荷载),N;

$[\sigma]^t$——管道在设计温度下的许用应力(按表 15-6-8 选用),MPa:

σ_{bm}——由弯矩产生的正应力,MPa。

8. 平管与弯管的管式托架见图 15－5－9，由弯矩产生的正应力，应按式（15－5－36）、式（15－5－37）进行计算。

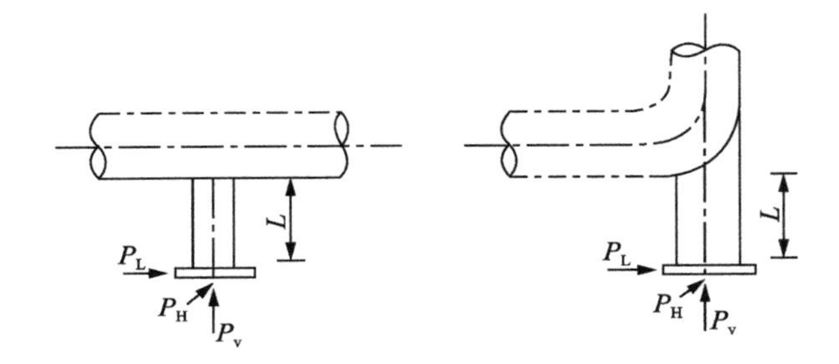

图 15－5－9　平管与弯管的管式托架

$$\sigma_{bm} + \frac{P_v}{\phi A_t} \leqslant [\sigma]^t \tag{15-5-36}$$

$$\sigma_{bm} = \frac{L\sqrt{P_H^2 + P_L^2}}{W} \tag{15-5-37}$$

上列式中　L——管式托架的高度，mm；

W——托架的抗弯断面系数，mm^3：

A_t——托架截面面积，mm^2；

P_H——作用于支架与水平管道轴向相垂直的水平荷载，N；

P_L——作用于支架与水平管道轴向平行的水平荷载，N；

P_v——垂直于托架底座同时加于托架的总荷载（即管道的垂直荷载），N；

ϕ——压杆的稳定系数，应按本章附录六选用；

$[\sigma]^t$——管道在设计温度下的许用应力（按表 15－6－8 选用），MPa；

σ_{bm}——由弯矩产生的正应力，MPa。

9. L 型管式托架见图 15－5－10，其组合应力应按（15－5－38）进行计算。

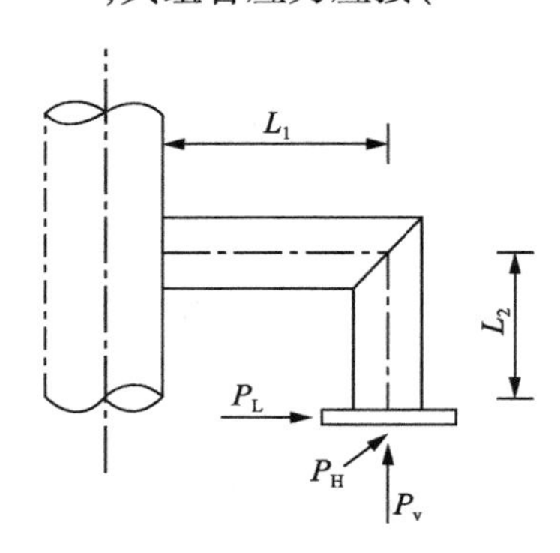

图 15－5－10　L 型管式托架

$$\sigma_b = \frac{\sqrt{(P_L L_1 + P_v L_2)^2 + (P_H L_2)^2 + (P_H L_1)^2}}{W} \leqslant [\sigma]^t \tag{15-5-38}$$

式中　W——托架的抗弯断面系数，mm^3；

P_v——作用于支架点的总荷载（即管道的垂直荷载），N；

L_1、L_2——L 型管架梁的尺寸，mm；

P_L、P_H——作用于支架点的水平塔载,N;

$[\sigma]^t$——管道在设计温度下的许用应力(按 15-6-8 选用),MPa;

σ_b——L 型管架的组合应力,MPa。

10. 焊接板式托架见图 15-5-11,当筋板的高厚比 h/b 小于或等于 40,且筋板厚不小于 10mm 时,其组合应力按式(15-5-39)~式(15-5-42)进行计算。

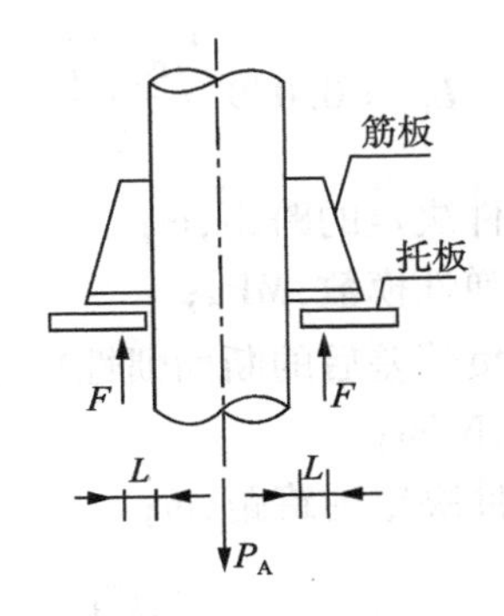

图 15-5-11 焊接板式托架

$$\sigma_b = \sqrt{\sigma_f^2 + 3\tau_f^2} \leqslant [\sigma]^t \tag{15-5-39}$$

$$\sigma_f = \frac{M}{W} \tag{15-5-40}$$

$$M = FL \tag{15-4-41}$$

$$\tau_f = \frac{F}{A_g} \tag{15-5-42}$$

上列式中 F——支架反力,N;

L——支架反力与焊缝的距离,mm;

M——弯矩;N·m;

W——筋板与管道连接处的断面系数,mm^3;

A_g——筋板与管道连接处的截面积,mm^2;

σ_b——组合应力值,MPa;

σ_f——筋板在荷载作用下产生的弯曲应力,MPa;

$[\sigma]^t$——管道在设计温度下的许用应力(按表 15-6-8 选用),MPa;

τ_f——筋板在荷载作用下产生的剪切应力,MPa。

第六节 管道支吊架位置的确定

管道支吊架的设置,一般应根据管径、管道形状、阀门和管件的位置,以及可生根的部位等因素确定。设置时应满足下述要求。

一、管道最大允许跨距的计算

一般连续敷设的管道允许跨距 L 应按三跨连续梁承受均布荷载时的刚度条件计算,按强度条件校核，取两者中的小值。

1. 刚度条件

装置内管道的固有振动频率宜不低于 4Hz，装置外管道的固有振动频率不宜低于 2.55Hz。相应管道允许挠度装置内为 1.6cm，装置外为 3.8cm。其跨距 L_1、L'_1 应按式(15－6－1)和式(15－6－2)计算。

$$L_1 = 0.039\sqrt[4]{\frac{E_t \cdot I}{q}} \qquad (15-6-1)$$

式中 L_1——装置内管道由刚度条件决定的跨距，m；

E_t——管材在设计温度下的弹性模数，MPa；

I——管道扣除腐蚀裕度及负偏差后的断面惯性矩，mm^4；

q——每米管道的基本荷载，N/m；

L'_1——装置外管道由刚度条件决定的跨距，m；

$$L'_1 = 0.048\sqrt[4]{\frac{E_t I}{q}} \qquad (15-6-2)$$

2. 强度条件

(1) 在不计管内压力的条件下其跨距应按式(15－6－3)计算

$$L_2 = \sqrt{\frac{10 \cdot [\sigma]^t \cdot W_p}{q}} \qquad (15-6-3)$$

式中 L_2——按强度条件计算的跨距，m；

W_p——管子扣除腐蚀裕度及负偏差后的断面抗弯模数，mm^3；

$[\sigma]^t$——管材设计温度下的许用应力，MPa，由表 15－6－8 查得；

q——每米管道的基本荷载，N/m。

(2) 考虑管道内压产生的环向应力达到许用应力值，即轴向应力达到 1/2 许用应力时，装置内外的管道由管道质量荷载及其他垂直持续荷载在管壁中引起的一次轴向应力不应超过额定许用应力的二分之一，即(管材的许用应力) $[\sigma] = 0.5[\sigma_t]$ 的前提下其跨距 L_2 应按式(15－6－4)计算。

$$L_2 = 0.0707\sqrt{\frac{W_p \cdot [\sigma]^t}{q}} \qquad (15-6-4)$$

式中 $[\sigma]^t$——管材在设计温度下的许用应力，MPa，由表 15－6－8 查得。

3. 根据上述的计算方法，编制了保温及不保温管道的无缝钢管及大直径焊接管的允许跨距表，表 15－6－1 ~ 表 15－6－7，分别列出了钢管自重、水重、管重＋充水重。以及保温管道的管重＋充水重＋保温重。

除运用公式计算管道的基本跨度外，还可直接查表确定管道的允许跨距。

该表使用说明：(1) 编制的原始数据是：操作温度 $t = 250℃$，管材为 20 号钢，根据现行国家标准《压力容器第 2 部分：材料》(GB 150.2—2011)第 52 页表 6 中钢管许用应力为：

$$[\sigma_{250}] = 117MPa(壁厚 \leq 16mm)$$

$$[\sigma_{250}] = 111\text{MPa}(\text{壁厚} > 16 \sim 40\text{mm})$$

由第十七章表 17－1－15 查得：$E_{250} = 1.828 \times 10^5$，MPa

因此，如果温度高于 250℃时，表列跨距应根据实际的$[\sigma]^t$适当减少。

（2）对于末端直管的允许跨距应为水平直管跨距的 0.7～0.8 倍。

（3）水平管道的弯管部分，其两支架间的管道展开长度，应为水平直管跨距的 0.6～0.7 倍。

（4）如果管道工作压力较低，由内压产生的轴向应力远低于许用应力的 1/2，则$[\sigma_w]$（管材在重力荷载下的许用应力）可相应地加大，表 15－6－1～表 15－6－7 中的跨距亦应相应地加大，如表 15－6－9 所示。

表 15－6－9　不同$[\sigma_w]$下跨距的修正值

$[\sigma_w]$/MPa	$0.6[\sigma_t]$	$0.7[\sigma_t]$	$0.8[\sigma_t]$	$0.9[\sigma_t]$	$[\sigma_t]$
L/m	$1.09L_2$	$1.18L_2$	$1.26L_2$	$1.34L_2$	$1.414L_2$

（5）无缝钢管主要考虑 Sch30、Sch40、Sch80 三种等级，大直径焊接管按其壁厚分为三个级别，LG 级，STD 级和 XS 级。

（6）考虑到新标准刚刚实施，原标准还在使用，对无缝钢管 DN350～500 另增加了一种常用壁厚。

（7）本跨距表主要是根据 SH 3405—2012《石油化工钢管尺寸系列》编制的。

由强度条件控制的带三通或其他分支连接管段，其最大允许跨距应按三通的应力加强系数作必要的调整，即：

$$L' = L/\sqrt{i}$$

式中　L'——考虑应力加强影响的最大允许跨距，m；

L——不考虑应力加强影响的最大允许跨距，m；

i——三通的应力加强系数见第十七章第二节。

对直接支承于管架构件的大直径薄壁管道（一般指大于 DN400 的管道）需按下式对管壁支承点作局部应力核算：

$$\sigma_{att} = 1.17\sqrt{R/t'} \cdot \frac{f_A}{t'} \leqslant 0.5[\sigma]^t$$

式中　σ_{att}——支承点管壁的局部应力，MPa；

R——管子外半径，mm；

t'——管子扣除腐蚀裕量后的壁厚，mm；

f_A——支承反力作用于管壁的线荷载，N/mm；$f_A = 9.81 \times q_0 L/B$；

L——管道跨距，m；

q_0——每米管道的质量，kg/m；

B——管壁与管架构件的支承线长度，mm；

$[\sigma]^t$——管材在设计温度下的额定许用应力，MPa。

若不能满足上式要求，就要考虑设置加强板，或采取其他局部加强措施，否则就要采取缩小管道跨距的办法来减小支承点的荷载。

表 15-6-1(一)　无缝钢管不保温管道允许跨距表

公称直径 *DN*	外径①/mm	Sch30						Sch40						Sch80					
		壁厚①/mm	管自重/(kg/m)	水重/(kg/m)	总重/(kg/m)	允许跨距/m③		壁厚①/mm	管自重/(kg/m)	水重/(kg/m)	总重/(kg/m)	允许跨距/m③		壁厚①/mm	管自重/(kg/m)	水重/(kg/m)	总重/(kg/m)	允许跨距/m③	
						装置内	装置外					装置内	装置外					装置内	装置外
25	33.4	2.9	2.18	0.60	2.78	4.0	5.0	3.38	2.5	0.56	3.06	4.2	5.2	4.55	3.24	0.46	3.70	4.3	5.3
(32)	42.2	2.97	2.87	1.03	3.90	4.4	5.4	3.56	3.39	0.97	4.36	4.6	5.6	4.85	4.47	0.83	5.30	4.8	5.8
40	48.3	3.18	3.53	1.38	4.91	5.0	6.0	3.68	4.05	1.32	5.37	5.2	6.2	5.08	5.41	1.14	6.55	5.3	6.3
50	60.3	3.18	4.48	2.28	6.76	5.5	6.8	3.91	5.44	2.51	7.95	5.6	6.9	5.54	7.48	1.90	9.38	5.7	7.0
(65)	73.0	4.78	8.04	3.16	11.2	6.2	7.8	5.16	8.63	3.45	12.08	6.3	7.8	7.01	11.41	3.10	14.51	6.4	7.9
80	88.9	4.78	9.92	4.95	14.87	6.7	8.3	5.49	11.29	4.77	16.06	6.8	8.4	7.62	15.27	4.26	19.53	6.9	8.5
100	114.3	4.78	11.41	8.80	20.21	7.5	9.3	6.02	16.08	8.21	24.29	7.7	9.5	8.56	22.32	7.41	29.73	7.8	9.6
(125)	141.3							6.55	21.77	11.95	33.72	8.4	10.3	9.53	30.57	11.43	42.0	0.6	10.6
150	168.3							7.11	28.26	18.65	46.91	9.1	11.2	10.97	42.56	16.82	59.38	9.4	11.6
200	219.1	7.04	36.82	33.02	69.84	10.0	12.3	8.18	42.55	32.29	74.84	10.3	12.6	12.70	64.64	29.47	94.11	10.7	13.1
250	273.0	7.80	51.01	52.04	103.05	10.8	13.3	9.27	60.29	50.85	111.14	11.3	13.9	15.09	95.98	46.31	142.29	11.9	14.7
300	323.9	8.38	65.19	78.13	143.32	11.5	14.2	10.31	79.71	72.25	151.96	12.2	15.1	17.48	132.05	65.57	197.62	12.9	15.9
350	355.6	9.53	81.33	88.96	170.29	12.3	15.2	11.13	94.55	87.27	181.82	12.8	15.8	19.05	158.11	79.17	237.28	13.6	16.7
	377.0②	9.0②	81.68	101.22	182.90	12.0	15.7	12.0	108.02	97.87	205.89	13.3	16.3	20.0	176.08	89.20	265.28	13.7	16.8
400	406.4	9.53	93.27	117.83	211.10	12.9	15.9	12.7	123.31	114.0	237.31	13.7	16.9	21.44	203.54	103.78	307.32	14.5	17.8
	426.0②	10.0②	102.59	129.46	232.05	12.6	16.7	14.0	142.25	124.41	266.66	14.1	17.4	22.0	219.19	114.61	333.80	14.5	17.9
450	457.0	11.13	122.38	148.44	270.82	13.4	16.6	14.27	155.81	144.18	299.99	14.6	17.9	23.83	254.57	131.59	386.16	15.4	18.9
	480.0②	11.0②	127.23	164.75	291.88	13.0	17.7	15.0	172.01	159.04	331.06	14.9	18.4	24.0	269.90	146.57	416.47	15.3	18.8
500	508.0	12.7	155.13	182.92	338.05	14.4	17.8	15.09	183.43	179.31	362.74	15.4	18.9	26.19	311.19	163.04	474.23	16.2	19.9
	530.0②	12.0	153.30	201.09	354.39	14.1	18.5	16.0	202.82	194.78	397.60	15.6	19.2						

注：①除注②外径和壁厚均选自国家现行标准 SH/T 3405—2012 的表-2。

②外径为国家现行标准 HG 20553—2011 的Ⅱ系列，壁厚为 Sch20。

③允许跨距按刚度条件计算。

表 15-6-1(二) LG 级大直径焊接钢管不保温管道允许跨距表

公称直径 *DN*	外径/mm	壁厚/mm	管自重/(kg/m)	水重/(kg/m)	总重/(kg/m)	允许跨距/m	
						刚度	强度
400	406.4	8	78.60	119.70	198.31	12.9	14.2
450	457.0	8	88.58	152.75	241.33	13.4	14.5
500	508.0	8	98.64	190.12	288.76	13.9	14.8
600	610.0	8	118.76	277.12	395.88	14.8	15.2
700	711.0	8	138.69	379.37	518.06	15.6	15.6
800	813.0	8	158.85	498.89	657.70		15.8
900	914.0	8	178.74	633.35	812.09		16.1
1000	1016.0	8	198.87	785.40	984.27		16.2

表 15-6-1(三) STD 级大直径焊接钢管不保温管道允许跨距表

公称直径 *DN*	外径/mm	壁厚/mm	管自重/(kg/m)	水重/(kg/m)	总重/(kg/m)	允许跨距/m	
						刚度	强度
400	406.4	10	97.75	117.26	215.01	13.3	15.1
450	457.0	10	110.23	149.99	260.21	13.9	15.5
500	508.0	10	122.81	187.04	309.85	14.4	15.9
600	610.0	10	147.96	273.40	421.36	15.4	16.4
700	711.0	10	172.87	375.01	547.88	16.2	16.9
800	813.0	10	198.02	493.90	691.92	16.9	17.2
900	914.0	10	222.93	627.72	850.65	17.5	17.5
1000	1016.0	10	248.08	779.13	1027.21		17.7
1200	1219.0	10	298.14	1129.09	1427.23		18.1
1400	1422.0	10	348.20	1543.78	1891.98		18.3
1600	1626.0	10	398.51	2025.73	2424.24		18.6

表 15-6-1(四) XS 级大直径焊接钢管不保温管道允许跨距表

公称直径 *DN*	外径/mm	壁厚/mm	管自重/(kg/m)	水重/(kg/m)	总重/(kg/m)	允许跨距/m	
						刚度	强度
400	406.4	12	116.71	114.85	231.5	13.6	15.9
450	457.0	12	131.68	147.25	278.9	14.3	16.3
500	508.0	12	146.78	183.98	330.7	14.8	16.7
600	610.0	12	176.96	269.70	446.6	15.8	17.4
700	711.0	12	206.85	370.68	577.5	16.7	17.9
800	813.0	12	237.03	488.93	725.9	17.4	18.3
900	914.0	12	266.92	622.11	889.0	18.1	18.7
1000	1016.0	12	297.10	772.88	1069.98	18.8	19.0
1200	1219.0	12	357.18	1121.56	1478.74		19.4
1400	1422.0	12	417.25	1534.98	1952.23		19.7
1600	1626.0	12	477.61	2015.65	2493.26		20.0

表 15－6－2　Sch30 管道允许跨距表

公称直径 DN	保温、保冷材料密度/(kg/m³)			200			150			100			50		
	外径①/mm	壁厚①/mm	保温层厚/mm	管质量、充水质量及保温质量/(kg/m)	允许跨距/m（按刚度条件）		管质量、充水质量及保温质量/(kg/m)	允许跨距/m（按刚度条件）		管质量、充水质量及保温质量/(kg/m)	允许跨距/m（按刚度条件）		管质量、充水质量及保温质量/(kg/m)	允许跨距/m（按刚度条件）	
					装置内	装置外		装置内	装置外		装置内	装置外		装置内	装置外
25	33.4	2.9	30	4.2	3.8	4.9	3.9	3.8	5.0	3.6	3.9	5.1	3.3	4.0	5.2
			40	4.9	3.6	4.7	4.4	3.7	4.8	3.9	3.8	5.0	3.5	4.0	5.1
			50	5.6	3.5	4.6	5.0	3.6	4.7	4.3	3.7	4.9	3.7	3.9	5.1
			60	6.5	3.4	4.4	5.7	3.5	4.6	4.8	3.7	4.7	3.9	3.8	5.0
40	48.3	3.18	30	67	4.6	5.9	6.3	5.8	6.0	5.9	5.9	6.1	5.6	6.0	6.2
			40	7.4	4.5	5.8	6.9	5.7	5.9	6.3	5.8	6.0	5.8	5.9	6.1
			50	8.3	4.4	5.6	7.5	5.5	5.7	6.9	5.7	5.9	6.0	5.9	6.1
			60	9.3	4.2	5.5	8.3	5.4	5.6	7.2	5.6	5.8	6.3	5.8	6.0
			80	11.6	4.0	5.2	10.0	5.2	5.4	8.4	5.4	5.6	6.8	5.7	5.9
50	60.3	3.18	30	8.5	5.3	6.5	8.1	5.3	6.6	7.6	5.4	6.6	7.2	5.5	6.7
			40	9.3	5.1	6.3	8.7	5.2	6.4	8.0	5.3	6.6	7.4	5.4	6.7
			50	10.3	5.0	6.2	9.4	5.1	6.3	8.5	5.3	6.5	7.7	5.4	6.6
			60	11.3	4.9	6.0	10.2	5.0	6.2	9.1	5.2	6.4	7.9	5.4	6.6
			70	12.5	4.8	5.9	11.1	4.9	6.1	9.7	5.1	6.3	8.2	5.3	6.5
			80	13.8	4.7	5.7	12.1	4.8	5.9	10.3	5.0	6.2	8.6	5.3	6.5
			90	15.3	4.5	5.6	13.2	4.7	5.8	11.0	4.9	6.1	8.9	5.2	6.4
			110	18.6	4.3	5.3	15.6	4.5	5.6	12.7	4.8	5.9	9.7	5.1	6.3
65	73.0	4.78	30	13.5	6.1	7.4	13.0	6.1	7.5	12.5	6.2	7.6	12.0	6.2	7.7
			40	14.4	6.0	7.3	13.7	6.0	7.4	12.9	6.1	7.5	12.2	6.2	7.6
			50	15.4	5.8	7.2	14.5	5.9	7.3	13.5	6.1	7.4	12.5	6.2	7.6

续表

公称直径 DN	保温、保冷材料密度/(kg/m³)			200			150			100			50		
	外径①/mm	壁厚①/mm	保温层厚/mm	管质量、充水质量及保温质量/(kg/m)	允许跨距/m（按刚度条件）		管质量、充水质量及保温质量/(kg/m)	允许跨距/m（按刚度条件）		管质量、充水质量及保温质量/(kg/m)	允许跨距/m（按刚度条件）		管质量、充水质量及保温质量/(kg/m)	允许跨距/m（按刚度条件）	
					装置内	装置外		装置内	装置外		装置内	装置外		装置内	装置外
65	73.0	4.78	60	16.6	5.7	7.1	15.3	5.9	7.2	14.1	6.0	7.4	12.8	6.1	7.5
			70	17.9	5.6	6.9	6.3	5.8	7.1	14.7	5.9	7.3	13.1	6.1	7.5
			80	19.3	5.5	6.8	17.4	5.7	7.0	15.4	5.9	7.2	13.4	6.1	7.5
			90	20.9	5.4	6.7	18.5	5.6	6.9	16.2	5.8	7.1	13.8	6.0	7.4
			110	24.3	5.2	6.4	21.1	5.4	6.7	17.9	5.6	6.9	14.7	15.9	7.3
80	88.9	4.78	40	17.6	6.4	7.9	16.8	6.5	8.0	16.0	6.6	8.1	15.2	6.6	8.2
			50	18.7	6.3	7.8	17.7	6.4	7.9	16.6	6.5	8.0	15.5	6.6	8.1
			60	20.0	6.2	7.6	18.6	6.3	7.8	17.2	6.4	7.9	15.8	6.6	8.1
			70	21.4	6.1	7.5	19.6	6.2	7.7	17.9	6.4	7.8	16.1	6.5	8.1
			80	22.9	6.0	7.4	20.7	6.1	7.6	18.6	6.3	7.8	16.5	6.5	8.0
			90	24.5	5.9	7.3	22.0	6.1	7.5	19.4	6.2	7.7	16.9	6.5	8.0
			100	26.2	5.8	7.1	23.3	6.0	7.3	20.3	6.2	7.6	17.4	6.4	7.9
			120	30.1	5.6	6.9	26.2	5.8	7.1	22.3	6.0	7.4	18.3	6.3	7.8
100	114.3	4.78	40	25.9	7.2	8.9	24.9	7.3	9.0	24.0	7.4	9.1	23.0	7.5	9.2
			50	27.2	7.2	8.8	25.9	7.2	8.9	24.6	7.3	9.0	23.3	7.4	9.2
			60	28.6	7.1	8.7	27.0	7.2	8.8	25.3	7.3	9.0	23.7	7.4	9.1
			70	30.1	7.0	8.6	28.1	7.1	8.7	26.1	7.2	8.9	24.1	7.4	9.1
			80	31.8	6.9	8.5	29.3	7.0	8.6	26.9	7.2	8.8	24.5	7.3	9.0
			90	33.6	6.8	8.4	30.7	6.9	8.5	27.8	7.1	8.8	24.9	7.3	9.0
			100	35.5	6.7	8.2	32.1	6.9	8.4	28.8	7.1	8.7	25.4	7.3	9.0
			120	39.7	6.5	8.0	35.3	6.7	8.3	30.9	6.9	8.5	26.4	7.2	8.9

续表

公称直径 DN	保温、保冷材料密度/(kg/m³)			200			150			100			50		
	外径①/mm	壁厚①/mm	保温层厚/mm	管质量、充水质量及保温质量/(kg/m)	允许跨距/m(按刚度条件)		管质量、充水质量及保温质量/(kg/m)	允许跨距/m(按刚度条件)		管质量、充水质量及保温质量/(kg/m)	允许跨距/m(按刚度条件)		管质量、充水质量及保温质量/(kg/m)	允许跨距/m(按刚度条件)	
					装置内	装置外		装置内	装置外		装置内	装置外		装置内	装置外
200	219.1	7.04	40	73.1	9.8	12.0	71.4	9.8	12.1	69.8	9.9	12.1	68.2	9.9	12.2
			50	75.0	9.7	11.9	72.9	9.8	12.0	70.8	9.8	12.1	68.7	9.9	12.2
			60	77.1	9.6	11.8	74.4	9.7	12.0	71.8	9.8	12.1	69.2	9.9	12.2
			70	79.3	9.6	11.8	76.1	9.7	11.9	72.9	9.8	12.0	69.7	9 9	12.1
			80	81.6	9.5	11.7	77.8	9.6	11.8	74.1	9.7	12.0	70.3	9.9	12.1
			100	86.6	9.4	11.5	81.6	9.5	11.7	76.6	9.6	11.9	71.6	9.8	12.1
			110	89.3	9.3	11.4	83.6	9.4	11.6	77.9	9.6	11.8	72.2	9.8	12.0
			130	95.1	9.1	11.2	87.9	9.3	11.5	80.8	9.5	11.7	73.7	9.7	12.0
			140	98.1	9.1	11.2	90.2	9.3	11.4	82.3	9.5	11.7	74.5	9.7	12.0
250	273.0	7.80	40	102.6	10.6	13.1	100.6	10.7	13.1	98.6	10.7	13.2	96.7	10.8	13.3
			50	104.8	10.6	13.0	102.3	10.6	13.1	99.8	10.7	13.2	97.2	10.8	13.2
			60	107.2	10.5	12.9	104.1	10.6	13.0	101.0	10.7	13.1	97.8	10.7	13.2
			70	109.8	10.4	12.8	106.0	10.5	13.0	102.2	10.6	13.1	98.5	10.7	13.2
			80	112.4	10.4	12.8	108.0	10.5	12.9	103.6	10.6	13.0	99.1	10.7	13.2
			100	118.1	10.2	12.6	112.3	10.4	12.8	106.4	10.5	12.9	100.6	10.7	13.1
			110	121.2	10.2	12.5	114.5	10.3	12.7	107.9	10.5	12.9	101.3	10.6	13.1
			130	127.6	10.1	12.4	119.4	10.2	12.6	111.1	10.4	12.8	102.9	10.6	13.1
			140	131.0	10.0	12.3	121.9	10.2	12.5	112.9	10.4	12.8	103.8	10.6	13.0
300	323.9	8.38	40	134.6	11.3	13.9	132.3	11.4	14.0	130.0	11.4	14.0	127.7	11.5	14.1
			50	137.2	11.3	13.8	134.3	11.3	13.9	131.3	11.4	14.0	128.4	11.4	14.1
			70	142.8	11.1	13.7	138.4	11.2	13.8	134.1	11.3	13.9	129.8	11.4	14.0

续表

公称直径 DN	保温、保冷材料密度/(kg/m³)			200			150			100			50		
	外径①/mm	壁厚①/mm	保温层厚/mm	管质量、充水质量及保温质量/(kg/m)	允许跨距/m（按刚度条件）		管质量、充水质量及保温质量/(kg/m)	允许跨距/m（按刚度条件）		管质量、充水质量及保温质量/(kg/m)	允许跨距/m（按刚度条件）		管质量、充水质量及保温质量/(kg/m)	允许跨距/m（按刚度条件）	
					装置内	装置外		装置内	装置外		装置内	装置外		装置内	装置外
300	323.9	8.38	80	145.7	11.1	13.6	140.7	11.2	13.8	135.6	11.3	13.9	130.5	11.4	14.0
			90	148.8	11.0	13.6	143.0	11.1	13.7	137.2	11.3	13.9	131.3	11.4	14.0
			100	152.1	11.0	13.5	145.4	11.1	13.6	138.8	11.2	13.8	132.1	11.4	14.0
			110	155.4	10.9	13.4	147.9	11.0	13.6	140.4	11.2	13.8	132.9	11.3	14.0
			130	162.5	10.8	13.3	153.2	10.9	13.5	144.0	11.1	13.7	134.7	11.3	13.9
			150	170.1	10.7	13.1	158.9	10.8	13.3	147.8	11.0	13.6	136.6	11.3	13.9
350	355.6	9.53	40	169.1	12.1	14.9	166.6	12.2	15.0	164.1	12.2	15.0	161.6	12.3	15.1
			50	171.9	12.1	14.9	168.7	12.1	14.9	165.5	12.2	15.0	162.3	12.3	15.1
			60	174.8	12.0	14.8	170.9	12.1	14.9	167.0	12.2	15.0	163.1	12.2	15.1
			70	177.9	12.0	14.7	173.2	12.1	14.8	168.5	12.1	14.9	163.8	12.2	15.0
			80	181.0	11.9	14.7	175.6	12.0	14.8	170.1	12.1	14.9	164.6	12.2	15.0
			90	184.3	11.9	14.6	178.1	12.0	14.7	171.8	12.1	14.9	165.5	12.2	15.0
			100	187.8	11.8	14.5	180.6	11.9	14.7	173.5	12.1	14.8	166.3	12.2	15.0
			110	191.3	11.8	14.5	183.3	11.9	14.6	175.2	12.0	14.8	167.2	12.2	15.0
			130	198.8	11.7	14.3	188.9	11.8	14.5	179.0	12.0	14.7	169.1	12.1	14.9
			150	206.8	11.5	14.2	194.9	11.7	14.4	183.0	11.9	14.6	171.1	12.1	14.9
400	406.4	9.53	40	209.5	12.7	15.7	206.7	12.8	15.7	203.9	12.8	15.8	201.1	12.9	15.8
			50	212.6	12.7	15.6	209.1	12.7	15.7	205.5	12.8	15.8	201.9	12.9	15.8
			60	215.9	12.6	15.6	211.5	12.7	15.6	207.1	12.8	15.7	202.7	12.8	15.8
			80	222.7	12.5	15.4	216.6	12.6	15.5	210.5	12.7	15.7	204.4	12.8	15.8
			90	226.4	12.5	15.4	219.3	12.6	15.5	212.3	12.7	15.6	205.3	12.8	15.8

续表

公称直径 DN	保温、保冷材料密度/(kg/m³)			200			150			100			50		
	外径①/mm	壁厚①/mm	保温层厚/mm	管质量、充水质量及保温质量/(kg/m)	允许跨距/m（按刚度条件）		管质量、充水质量及保温质量/(kg/m)	允许跨距/m（按刚度条件）		管质量、充水质量及保温质量/(kg/m)	允许跨距/m（按刚度条件）		管质量、充水质量及保温质量/(kg/m)	允许跨距/m（按刚度条件）	
					装置内	装置外		装置内	装置外		装置内	装置外		装置内	装置外
400	406.4	9.53	110	234.0	12.4	15.2	225.1	12.5	15.4	216.1	12.6	15.6	207.2	12.8	15.7
			120	238.0	12.3	15.2	228.1	12.5	15.3	218.1	12.6	15.5	208.2	12.8	15.7
			140	246.3	12.2	15.1	234.3	12.4	15.2	222.3	12.5	15.4	210.3	12.7	15.7
			160	255.2	12.1	14.9	241.0	12.3	15.1	226.8	12.5	15.4	212.5	12.7	15.6
450	457.0	11.13	40	253.8	13.3	16.3	250.7	13.3	16.4	247.6	13.4	16.4	244.4	13.4	16.5
			50	257.2	13.2	16.3	253.3	13.3	16.4	249.3	13.3	16.4	245.3	13.4	16.5
			60	260.8	13.2	16.2	255.9	13.3	16.3	251.1	13.3	16.4	246.2	13.4	16.5
			80	268.3	13.1	16.1	261.6	13.2	16.2	254.8	13.3	16.3	248.1	13.4	16.4
			90	272.2	13.0	16.1	264.5	13.1	16.2	256.8	13.2	16.3	249.0	13.3	16.4
			110	280.5	13.0	15.9	270.7	13.1	16.1	260.9	13.2	16.2	251.1	13.3	16.4
			120	284.8	12.9	15.9	273.9	13.0	16.0	263.1	13.2	16.2	252.2	13.3	16.4
			140	293.8	12.8	15.8	280.7	12.9	15.9	267.6	13.1	16.1	254.4	13.3	16.3
			160	303.3	12.7	15.6	287.8	12.9	15.8	272.3	13.0	16.1	256.8	13.2	16.3
500	508.0	12.7	40	323.6	14.3	17.6	320.2	14.3	17.6	316.7	14.4	17.7	313.3	14.4	17.7
			50	327.4	14.2	17.5	323.0	14.3	17.6	318.6	14.3	17.6	314.2	14.4	17.7
			60	331.3	14.2	17.5	325.9	14.3	17.5	320.6	14.3	17.6	315.2	14.4	17.7
			80	339.4	14.1	17.4	332.0	14.2	17.5	324.6	14.3	17.6	317.2	14.4	17.7
			90	343.7	14.1	17.3	335.2	14.2	17.4	326.8	14.2	17.5	318.3	14.3	17.7
			110	352.5	14.0	17.2	341.9	14.1	17.3	331.2	14.2	17.5	320.5	14.3	17.6
			120	357.2	13.9	17.1	345.3	14.1	17.3	333.5	14.2	17.4	321.7	14.3	17.6
			140	366.8	13.8	17.0	352.6	14.0	17.2	338.3	14.1	17.4	324.7	14.3	17.6
			60	377.0	13.7	16.9	360.2	13.9	17.1	343.4	14.1	17.3	326.6	14.2	17.5

续表

公称直径 DN	保温、保冷材料密度/(kg/m³)			200			150			100			50		
	外径[①]/mm	壁厚[①]/mm	保温层厚/mm	管质量、充水质量及保温质量/(kg/m)	允许跨距/m（按刚度条件）		管质量、充水质量及保温质量/(kg/m)	允许跨距/m（按刚度条件）		管质量、充水质量及保温质量/(kg/m)	允许跨距/m（按刚度条件）		管质量、充水质量及保温质量/(kg/m)	允许跨距/m（按刚度条件）	
					装置内	装置外		装置内	装置外		装置内	装置外		装置内	装置外
350	377.0[②]	9.0[②]	40	193.4	12.6	15.5	190.8	12.7	15.6	188.2	12.7	15.6	185.5	12.7	15.7
			50	196.3	12.6	15.5	193.0	12.6	15.5	189.6	12.7	15.6	186.3	12.7	15.7
			60	199.4	12.5	15.4	195.3	12.6	15.5	191.1	12.6	15.6	187.0	12.7	15.7
			70	202.6	12.5	15.3	197.7	12.5	15.4	192.7	12.6	15.5	187.8	12.7	15.6
			80	205.9	12.4	15.3	200.1	12.5	15.4	194.4	12.6	15.5	188.7	12.7	15.6
			90	209.3	12.4	15.2	202.7	12.5	15.3	196.1	12.6	15.5	189.5	12.7	15.6
			100	212.9	12.3	15.2	205.4	12.4	15.3	197.9	12.5	15.4	190.4	12.7	15.6
			110	216.6	12.3	15.1	208.1	12.4	15.2	199.7	12.5	15.4	191.3	12.6	15.6
			130	224.3	12.2	15.0	214.0	12.3	15.1	203.6	12.4	15.3	193.3	12.6	15.5
			150	232.6	12.0	14.8	220.1	12.2	15.0	207.7	12.4	15.2	195.3	12.6	15.5
400	426.0[②]	10.0[②]	40	243.8	13.4	16.5	240.8	13.4	16.5	237.9	13.5	16.6	235.0	13.5	16.6
			50	247.0	13.4	16.4	243.3	13.4	16.5	239.5	13.5	16.6	235.8	13.5	16.6
			60	250.4	13.3	16.4	245.8	13.4	16.5	241.2	13.4	16.5	236.6	13.5	16.6
			70	253.9	13.3	16.4	248.4	13.3	16.4	243.0	13.4	16.5	237.5	13.5	16.6
			80	257.5	13.2	16.3	251.1	13.3	16.4	244.8	13.4	16.5	238.4	13.5	16.6
			90	261.2	13.2	16.2	253.9	13.3	16.3	246.6	13.4	16.4	239.4	13.5	16.6
			110	269.1	13.1	16.1	259.8	13.2	16.2	250.6	13.3	16.4	241.3	13.4	16.5
			120	273.2	13.0	16.0	262.9	13.1	16.2	252.6	13.3	16.3	242.4	13.4	16.5
			140	281.8	12.9	15.9	269.4	13.1	16.1	256.9	13.2	16.3	244.5	13.4	16.5
			160	290.9	12.8	15.8	276.2	13.0	16.0	261.5	13.2	16.2	246.8	13.4	16.4

续表

公称直径 DN	保温、保冷材料密度/(kg/m³)			200			150			100			50		
	外径①/mm	壁厚①/mm	保温层厚/mm	管质量、充水质量及保温质量/(kg/m)	允许跨距/m（按刚度条件）		管质量、充水质量及保温质量/(kg/m)	允许跨距/m（按刚度条件）		管质量、充水质量及保温质量/(kg/m)	允许跨距/m（按刚度条件）		管质量、充水质量及保温质量/(kg/m)	允许跨距/m（按刚度条件）	
					装置内	装置外		装置内	装置外		装置内	装置外		装置内	装置外
450	480.0②	11.0②	40	305.1	14.2	17.5	301.8	14.2	17.5	298.5	14.3	17.6	295.3	14.3	17.6
			50	308.6	14.1	17.4	304.5	14.2	17.5	300.3	14.2	17.5	296.2	14.3	17.6
			60	312.3	14.1	17.4	307.3	14.2	17.4	302.2	14.2	17.5	297.1	14.3	17.6
			80	320.1	14.0	17.3	313.1	14.1	17.4	306.1	14.2	17.5	299.0	14.3	17.6
			90	324.2	14.0	17.2	316.2	14.1	17.3	308.1	14.2	17.4	300.0	14.2	17.5
			110	332.7	13.9	17.1	322.6	14.0	17.2	312.4	14.1	17.4	302.2	14.2	17.5
			120	337.2	13.8	17.0	325.9	14.0	17.2	314.6	14.1	17.3	303.3	14.2	17.5
			140	346.5	13.7	16.9	332.9	13.9	17.1	319.2	14.0	17.3	305.6	14.2	17.5
			160	356.3	13.7	16.8	340.2	13.8	17.0	324.1	14.0	17.2	308.1	14.2	17.4
500	530.0②	12.0②	40	368.7	14.9	18.3	363.1	14.9	18.4	361.6	15.0	18.4	358.0	15.0	18.5
			50	372.6	14.9	18.3	360.1	14.9	18.3	363.5	15.0	18.4	359.0	15.0	18.5
			60	376.6	14.8	18.2	371.1	14.9	18.3	365.5	14.9	18.4	360.0	15.0	18.5
			80	385.0	14.7	18.1	377.4	14.8	18.2	369.7	14.9	18.3	362.1	15.0	18.4
			90	389.4	14.7	18.1	380.7	14.8	18.2	371.9	14.9	18.3	363.2	15.0	18.4
			110	398.6	14.6	18.0	387.6	14.7	18.1	376.5	14.8	18.2	365.5	14.9	18.4
			120	403.4	14.6	17.9	391.1	14.7	18.1	378.9	14.8	18.2	366.6	14.9	18.4
			140	413.3	14.5	17.8	398.6	14.6	18.0	383.9	14.8	18.2	369.1	14.9	18.3
			160	423.7	14.4	17.7	406.4	14.5	17.9	389.1	14.7	18.1	371.7	14.9	18.3

注：①见表 15－6－1 的注。

表 15－6－3　Sch40 管道允许跨距表

公称直径 DN	保温 保冷材料密度/(kg/m³)			200			150			100			50		
	外径①/mm	壁厚①/mm	保温层厚/mm	管质量、充水质量及保温质量/(kg/m)	允许跨距/m (按刚度条件)		管质量、充水质量及保温质量/(kg/m)	允许跨距/m (按刚度条件)		管质量、充水质量及保温质量/(kg/m)	允许跨距/m (按刚度条件)		管质量、充水质量及保温质量/(kg/m)	允许跨距/m (按刚度条件)	
					装置内	装置外		装置内	装置外		装置内	装置外		装置内	装置外
25	33.4	3.38	30	4.4	4.0	4.9	4.1	4.0	5.0	3.8	4.1	5.1	3.5	4.2	5.2
			40	5.1	3.8	4.7	4.6	3.9	4.8	4.1	4.0	5.0	3.7	4.2	5.1
			50	5.8	3.7	4.6	5.2	3.8	4.7	4.5	3.9	4.9	3.9	4.1	5.1
			60	6.7	3.6	4.4	5.9	3.7	4.6	5.0	3.9	4.7	4.1	4.0	5.0
40	48.3	3.68	30	7.1	4.8	5.9	6.7	6.0	6.0	6.3	6.1	6.1	6.0	6.2	6.2
			40	7.8	4.7	5.8	7.3	5.9	5.9	6.7	6.0	6.0	6.2	6.1	6.1
			50	8.7	4.6	5.6	7.9	5.7	5.7	7.1	5.9	5.9	6.4	6.1	6.1
			60	9.7	4.4	5.5	8.7	5.6	5.6	7.6	5.8	5.8	6.6	6.0	6.0
			80	12.0	4.2	5.2	10.4	5.4	5.4	8.8	5.6	5.6	7.2	5.9	5.9
50	60.3	3.91	30	9.4	5.4	6.6	9.0	5.4	6.7	8.6	5.5	6.8	8.1	5.6	6.9
			40	10.2	5.3	6.5	9.6	5.3	6.6	9.0	5.4	6.7	8.3	5.5	6.8
			50	11.2	5.1	6.3	10.3	5.2	6.5	9.4	5.4	6.6	8.6	5.5	6.8
			60	12.2	5.0	6.2	11.1	5.2	6.3	10.0	5.3	6.5	8.8	5.5	6.7
			70	13.4	4.9	6.0	12.0	5.1	6.2	10.6	5.2	6.4	9.1	5.4	6.7
			80	14.8	4.8	5.9	13.0	5.0	6.1	11.2	5.1	6.3	9.5	5.4	6.6
			90	16.2	4.7	5.8	14.1	4.9	6.0	12.0	5.1	6.2	9.8	5.3	6.5
			110	19.5	4.5	5.5	16.5	4.7	5.7	13.6	4.9	6.0	10.6	5.2	6.4
65	73.0	5.16	30	14.2	6.1	7.5	13.7	6.2	7.6	13.2	6.2	7.6	12.7	6.3	7.7
			40	15.1	6.0	7.4	14.4	6.1	7.5	13.7	6.2	7.6	12.9	6.2	7.7
			50	16.2	5.9	7.3	15.2	6.0	7.4	14.2	6.1	7.5	13.2	6.2	7.6

续表

公称直径 DN	保温保冷材料密度/(kg/m³)			200			150			100			50		
	外径①/mm	壁厚①/mm	保温层厚/mm	管质量、充水质量及保温质量/(kg/m)	允许跨距/m(按刚度条件)		管质量、充水质量及保温质量/(kg/m)	允许跨距/m(按刚度条件)		管质量、充水质量及保温质量/(kg/m)	允许跨距/m(按刚度条件)		管质量、充水质量及保温质量/(kg/m)	允许跨距/m(按刚度条件)	
					装置内	装置外		装置内	装置外		装置内	装置外		装置内	装置外
65	73.0	5.16	60	17.3	5.8	7.1	16.0	5.9	7.3	14.8	6.0	7.4	13.5	6.2	7.6
			70	18.6	5.7	7.0	17.0	5.8	7.2	15.4	6.0	7.4	13.8	6.1	7.6
			80	20.0	5.6	6.9	18.1	5.7	7.1	16.1	5.9	7.3	14.2	6.1	7.5
			90	21.6	5.5	6.8	19.2	5.7	7.0	16.9	5.8	7.2	14.6	6.1	7.5
			110	25.1	5.3	6.5	21.8	5.5	6.7	18.6	5.7	7.0	15.4	6.0	7.4
80	88.9	5.49	40	19.5	6.5	8.0	18.7	6.6	8.1	17.9	6.7	8.2	17.1	6.8	8.3
			50	20.6	6.4	7.9	19.5	6.5	8.0	18.4	6.6	8.1	17.3	6.7	8.3
			60	21.9	6.3	7.8	20.5	6.5	7.9	19.1	6.6	8.1	17.7	6.7	8.2
			70	23.2	6.2	7.7	21.5	6.4	7.8	19.7	6.5	8.0	18.0	6.7	8.2
			80	24.7	6.2	7.6	22.6	6.3	7.7	20.5	6.4	7.9	18.4	6.6	8.2
			90	26.4	6.1	7.5	23.8	6.2	7.6	21.3	6.4	7.9	18.8	6.6	8.1
			100	28.1	6.0	7.3	25.1	6.1	7.5	22.2	6.3	7.8	19.2	6.6	8.1
			120	32.0	5.8	7.1	28.1	6.0	7.3	24.1	6.2	7.6	20.2	6.5	8.0
100	114.3	6.02	40	28.8	7.4	9.1	27.8	7.5	9.2	26.8	7.5	9.3	25.9	7.6	9.4
			50	30.1	7.3	9.0	28.8	7.4	9.1	27.5	7.5	9.2	26.2	7.6	9.3
			60	31.5	7.2	8.9	29.8	7.3	9.0	28.2	7.4	9.2	26.6	7.6	9.3
			70	33.0	7.2	8.8	31.0	7.3	9.0	29.0	7.4	9.1	26.9	7.5	9.3
			80	34.7	7.1	8.7	32.2	7.2	8.9	29.8	7.3	9.0	27.4	7.5	9.2
			90	36.5	7.0	8.6	33.6	7.1	8.8	30.7	7.3	9.0	27.8	7.5	9.2
			100	38.4	6.9	8.5	35.0	7.1	8.7	31.6	7.2	8.9	28.3	7.4	9.2
			120	42.6	6.7	8.3	38.2	6.9	8.5	33.7	7.1	8.8	29.3	7.4	9.1

续表

公称直径 DN	保温 保冷材料密度/(kg/m³)			200			150			100			50		
	外径①/mm	壁厚①/mm	保温层厚/mm	管质量、充水质量及保温质量/(kg/m)	允许跨距/m (按刚度条件)		管质量、充水质量及保温质量/(kg/m)	允许跨距/m (按刚度条件)		管质量、充水质量及保温质量/(kg/m)	允许跨距/m (按刚度条件)		管质量、充水质量及保温质量/(kg/m)	允许跨距/m (按刚度条件)	
					装置内	装置外		装置内	装置外		装置内	装置外		装置内	装置外
125	141.3	6.55	40	37.9	8.1	10.0	36.8	8.2	10.0	35.7	8.2	10.1	34.6	8.3	10.2
			50	39.4	8.0	9.9	37.9	8.1	10.0	36.4	8.2	10.1	34.9	8.3	10.2
			60	40.9	7.9	9.8	39.1	8.0	9.9	37.2	8.1	10.0	35.3	8.2	10.2
			70	42.6	7.9	9.7	40.3	8.0	9.8	38.0	8.1	10.0	35.7	8.2	10.1
			80	44.5	7.8	9.6	41.7	7.9	9.7	38.9	8.0	9.9	36.2	8.2	10.1
			90	46.4	7.7	9.5	43.2	7.8	9.7	39.9	8.0	9.8	36.7	8.2	10.1
			100	48.5	7.6	9.4	44.7	7.8	9.6	40.9	7.9	9.8	37.2	8.1	10.0
			120	53.0	7.5	9.2	48.1	7.6	9.4	43.2	7.8	9.7	38.3	8.1	9.9
150	168.3	7.11	40	52.1	8.9	10.9	50.8	8.9	11.0	49.5	9.0	11.1	48.2	9.1	11.2
			50	53.7	8.8	10.9	52.0	8.9	10.9	50.3	9.0	11.0	48.6	9.0	11.1
			60	55.5	8.7	10.8	53.3	8.8	10.9	51.2	8.9	11.0	49.0	9.0	11.1
			70	57.4	8.7	10.7	54.7	8.8	10.8	52.1	8.9	10.9	49.5	9.0	11.1
			80	59.4	8.6	10.6	56.2	8.7	10.7	53.1	8.8	10.9	50.0	9.0	11.0
			90	61.5	8.5	10.5	57.8	8.7	10.7	54.2	8.8	10.8	50.5	9.0	11.0
			100	63.7	8.4	10.4	59.5	8.6	10.6	55.3	8.8	10.8	51.1	8.9	11.0
			120	68.6	8.3	10.2	63.2	8.5	10.4	57.8	8.7	10.7	52.3	8.9	10.9
200	219.1	8.18	40	80.6	10.0	12.4	78.9	10.1	12.4	77.3	10.2	12.5	75.7	10.2	12.6
			50	82.5	10.0	12.3	80.4	10.1	12.4	78.3	10.1	12.5	76.2	10.2	12.5
			60	84.6	9.9	12.2	81.9	10.0	12.3	79.3	10.1	12.4	76.7	10.2	12.5
			70	86.8	9.9	12.1	83.6	10.0	12.3	80.4	10.1	12.4	77.2	10.2	12.5
			80	89.1	9.8	12.1	85.3	9.9	12.2	18.6	10.0	12.3	77.8	10.1	12.5

续表

公称直径 DN	外径①/mm	壁厚①/mm	保温层厚/mm	200			150			100			50		
				管质量、充水质量及保温质量/(kg/m)	允许跨距/m(按刚度条件)		管质量、充水质量及保温质量/(kg/m)	允许跨距/m(按刚度条件)		管质量、充水质量及保温质量/(kg/m)	允许跨距/m(按刚度条件)		管质量、充水质量及保温质量/(kg/m)	允许跨距/m(按刚度条件)	
					装置内	装置外		装置内	装置外		装置内	装置外		装置内	装置外
200	219. 1	8. 18	100	94. 1	9. 7	11. 9	89. 1	9. 8	12. 1	84. 1	9. 9	12. 2	79. 1	10. 1	12. 4
			110	96. 8	9. 6	11. 8	91. 1	9. 7	12. 0	85. 4	9. 9	12. 2	79. 7	10. 1	12. 4
			130	102. 6	9. 5	11. 6	95. 4	9. 6	11. 9	88. 3	9. 8	12. 1	81. 2	10. 0	12. 3
			140	105. 6	9. 4	11. 6	97. 7	9. 6	11. 8	89. 8	9. 8	12. 0	82. 0	10. 0	12. 3
250	273. 0	9. 27	40	116. 4	11. 1	13. 7	114. 5	11. 2	13. 7	112. 5	11. 2	13. 8	110. 6	11. 2	13. 8
			50	118. 7	11. 1	13. 6	116. 2	11. 1	13. 7	113. 7	11. 2	13. 7	111. 1	11. 2	13. 8
			60	121. 1	11. 0	13. 5	118. 0	11. 1	13. 6	114. 9	11. 1	13. 7	111. 7	11. 2	13. 8
			70	123. 7	10. 9	13. 5	119. 9	11. 0	13. 6	116. 1	11. 1	13. 7	112. 4	11. 2	13. 8
			80	126. 3	10. 9	13. 4	121. 9	11. 0	13. 5	117. 5	11. 1	13. 6	113. 0	11. 2	13. 8
			100	132. 0	10. 8	13. 2	126. 2	10. 9	13. 4	120. 3	11. 0	13. 6	114. 4	11. 2	13. 7
			110	135. 0	10. 7	13. 2	128. 4	10. 8	13. 3	121. 8	11. 0	13. 5	115. 2	11. 1	13. 7
			130	141. 5	10. 6	13. 0	133. 3	10. 7	13. 2	125. 0	10. 9	13. 4	116. 8	11. 1	13. 7
			140	144. 9	10. 5	12. 9	135. 8	10. 7	13. 2	126. 7	10. 9	13. 4	117. 7	11. 1	13. 6
300	323. 8	10. 31	40	159. 1	12. 1	14. 9	156. 8	12. 1	14. 9	154. 5	12. 2	15. 0	152. 3	12. 2	15. 0
			50	161. 7	12. 0	14. 8	158. 8	12. 1	14. 9	155. 8	12. 1	14. 9	152. 9	12. 2	15. 0
			70	167. 3	11. 9	14. 7	163. 0	12. 0	14. 8	158. 6	12. 1	14. 9	154. 3	12. 2	15. 0
			80	170. 3	11. 9	14. 6	165. 2	12. 0	14. 7	160. 1	12. 0	14. 8	155. 0	12. 1	14. 9
			90	173. 4	11. 8	14. 5	167. 5	11. 9	14. 7	161. 7	12. 0	14. 8	155. 8	12. 1	14. 9
			100	176. 6	11. 8	14. 5	169. 9	11. 9	14. 6	163. 3	12. 0	14. 8	156. 6	12. 1	14. 9
			110	179. 9	11. 7	14. 4	172. 5	11. 8	14. 6	165. 0	12. 0	14. 7	157. 5	12. 1	14. 9
			130	187. 0	11. 6	14. 3	177. 8	11. 7	14. 4	168. 5	11. 9	14. 6	159. 2	12. 1	14. 8
			150	194. 6	11. 5	14. 1	183. 5	11. 6	14. 3	172. 3	11. 8	14. 6	161. 1	12. 0	14. 8

续表

公称直径 *DN*	保温保冷材料密度/(kg/m³)			200			150			100			50		
	外径①/mm	壁厚①/mm	保温层厚/mm	管质量、充水质量及保温质量/(kg/m)	允许跨距/m（按刚度条件）		管质量、充水质量及保温质量/(kg/m)	允许跨距/m（按刚度条件）		管质量、充水质量及保温质量/(kg/m)	允许跨距/m（按刚度条件）		管质量、充水质量及保温质量/(kg/m)	允许跨距/m（按刚度条件）	
					装置内	装置外		装置内	装置外		装置内	装置外		装置内	装置外
350	355.6	11.13	40	190.9	12.7	15.6	188.4	12.7	15.6	185.9	12.7	15.7	183.4	12.8	15.7
			50	193.7	12.6	15.5	190.5	12.7	15.6	187.3	12.7	15.7	184.1	12.8	15.7
			60	196.6	12.6	15.5	192.7	12.6	15.6	188.7	12.7	15.6	184.8	12.8	15.7
			70	199.6	12.5	15.4	194.9	12.6	15.5	190.3	12.7	15.6	185.6	12.8	15.7
			80	202.8	12.5	15.4	197.3	12.6	15.5	191.9	12.6	15.6	186.4	12.7	15.7
			90	206.1	12.4	15.3	199.8	12.5	15.4	193.5	12.6	15.5	187.2	12.7	15.7
			100	209.5	12.4	15.2	202.4	12.5	15.4	195.2	12.6	15.5	188.1	12.7	15.6
			110	213.1	12.3	15.2	205.0	12.4	15.3	197.0	12.6	15.5	189.0	12.7	15.6
			130	220.6	12.2	15.0	210.6	12.4	15.2	200.7	12.5	15.4	190.8	12.7	15.6
			150	228.5	12.1	14.9	216.6	12.3	15.1	204.7	12.4	15.3	192.8	12.6	15.5
400	406.4	12.7	40	246.9	13.6	16.7	244.1	13.6	16.7	241.3	13.6	16.8	238.5	13.7	16.8
			50	250.0	13.5	16.6	246.5	13.6	16.7	242.9	13.6	16.8	239.3	13.7	16.8
			60	253.3	13.5	16.6	248.9	13.5	16.6	244.5	13.6	16.7	240.1	13.6	16.8
			80	260.1	13.4	16.5	254.0	13.5	16.6	247.9	13.5	16.7	241.8	13.6	16.8
			90	263.8	13.3	16.4	256.8	13.4	16.5	249.7	13.5	16.6	242.7	13.6	16.8
			110	271.4	13.2	16.3	262.5	13.3	16.4	253.5	13.5	16.6	244.6	13.6	16.7
			120	275.4	13.2	16.2	265.5	13.3	16.4	255.5	13.4	16.5	245.6	13.6	16.7
			140	283.8	13.1	16.1	271.7	13.2	16.3	259.7	13.4	16.5	247.7	13.5	16.7
			160	292.6	13.0	16.0	278.4	13.2	16.2	264.2	13.3	16.4	249.9	13.5	16.6

续表

公称直径 DN	保温、保冷材料密度/(kg/m³)			200			150			100			50		
	外径①/mm	壁厚①/mm	保温层厚/mm	管质量、充水质量及保温质量/(kg/m)	允许跨距/m(按刚度条件)		管质量、充水质量及保温质量/(kg/m)	允许跨距/m(按刚度条件)		管质量、充水质量及保温质量/(kg/m)	允许跨距/m(按刚度条件)		管质量、充水质量及保温质量/(kg/m)	允许跨距/m(按刚度条件)	
					装置内	装置外		装置内	装置外		装置内	装置外		装置内	装置外
450	457.0	14.27	40	311.9	14.4	17.7	308.8	14.4	17.8	305.6	14.5	17.8	302.5	14.5	17.9
			50	315.3	14.4	17.7	311.3	14.4	17.7	307.3	14.5	17.8	303.4	14.5	17.9
			60	318.9	14.3	17.6	314.0	14.4	17.7	309.1	14.4	17.8	304.3	14.5	17.8
			80	326.4	14.2	17.5	319.6	14.3	17.6	312.9	14.4	17.7	306.1	14.5	17.8
			90	330.3	14.2	17.5	322.6	14.3	17.6	314.8	14.4	17.7	307.1	14.5	17.8
			110	338.6	14.1	17.4	328.8	14.2	17.5	319.0	14.3	17.6	309.2	14.4	17.8
			120	342.9	14.1	17.3	332.0	14.2	17.5	321.1	14.3	17.6	310.3	14.4	17.8
			140	351.9	14.0	17.2	338.8	14.1	17.4	325.6	14.3	17.5	312.5	14.4	17.7
			160	361.4	13.9	17.1	345.9	14.0	17.3	330.4	14.2	17.5	314.9	14.4	17.7
500	508.0	15.09	40	385.9	15.2	18.7	382.5	15.3	18.8	379.0	15.3	18.8	375.6	15.3	18.9
			50	389.7	15.2	18.7	385.3	15.2	18.8	380.9	15.3	18.8	376.5	15.3	18.9
			60	393.5	15.2	18.7	388.2	15.2	18.7	382.8	15.3	18.8	377.5	15.3	18.9
			80	401.7	15.1	18.6	394.3	15.2	18.6	386.9	15.2	18.7	379.5	15.3	18.8
			90	405.9	15.0	18.5	397.5	15.1	18.6	389.0	15.2	18.7	380.6	15.3	18.8
			110	414.8	15.0	18.4	404.2	15.1	18.5	393.5	15.2	18.7	382.8	15.3	18.8
			120	419.5	14.9	18.4	407.6	15.0	18.5	395.8	15.1	18.6	384.0	15.3	18.8
			140	429.1	14.8	18.3	414.9	15.0	18.4	400.6	15.1	18.6	386.4	15.2	18.7
			160	439.3	14.7	18.2	422.5	14.9	18.3	405.7	15.0	18.5	388.9	15.2	18.7

续表

公称直径 DN	保温 保冷材料密度/(kg/m³)			200			150			100			50		
	外径①/mm	壁厚①/mm	保温层厚/mm	管质量、充水质量及保温质量/(kg/m)	允许跨距/m(按刚度条件)		管质量、充水质量及保温质量/(kg/m)	允许跨距/m(按刚度条件)		管质量、充水质量及保温质量/(kg/m)	允许跨距/m(按刚度条件)		管质量、充水质量及保温质量/(kg/m)	允许跨距/m(按刚度条件)	
					装置内	装置外		装置内	装置外		装置内	装置外		装置内	装置外
350	377.0	12.0	40	216.4	13.1	16.1	213.8	13.1	16.2	211.2	13.2	16.2	208.5	13.2	16.3
			50	219.3	13.1	16.1	216.0	13.1	16.1	212.6	13.2	16.2	209.3	13.2	16.3
			60	222.4	13.0	16.0	218.3	13.1	16.1	214.2	13.1	16.2	210.0	13.2	16.2
			70	225.6	13.0	16.0	220.7	13.0	16.0	215.7	13.1	16.1	210.8	13.2	16.2
			80	228.9	12.9	15.9	223.1	13.0	16.0	217.4	13.1	16.1	211.7	13.2	16.2
			90	232.3	12.9	15.8	225.7	13.	15.9	219.1	13.1	16.1	212.5	13.2	16.2
			100	235.9	12.8	15.8	228.4	12.9	15.9	220.9	13.0	16.0	213.4	13.1	16.2
			110	239.6	12.8	15.7	231.1	12.9	15.9	222.7	13.0	16.0	214.3	13.1	16.2
			130	247.3	12.7	15.6	237.0	12.8	15.8	226.6	12.9	15.9	216.3	13.1	16.1
			150	255.6	12.6	15.5	243.2	12.7	15.7	230.7	12.9	15.9	218.3	13.1	16.1
400	426.0	14.0	40	278.4	14.0	17.2	275.5	14.0	17.3	272.6	14.1	17.3	269.6	14.1	17.4
			50	281.7	14.0	17.2	277.9	14.0	17.2	274.2	14.0	17.3	270.4	14.1	17.4
			60	285.0	13.9	17.1	280.4	14.0	17.2	275.9	14.0	17.3	271.3	14.1	17.3
			80	292.1	13.8	17.0	285.8	13.9	17.1	279.4	14.0	17.2	273.1	14.1	17.3
			90	295.9	13.8	17.0	288.6	13.9	17.1	281.3	14.0	17.2	274.0	14.1	17.3
			110	303.7	13.7	16.9	294.5	13.8	17.0	285.2	13.9	17.1	276.0	14.0	17.3
			120	307.9	13.6	16.8	297.6	13.8	16.9	287.3	13.9	17.1	277.0	14.0	17.2
			140	316.5	13.6	16.7	304.0	13.7	16.8	291.6	13.8	17.0	279.1	14.0	17.2
			160	325.6	13.5	16.6	310.9	13.6	16.8	296.1	13.8	17.0	281.4	14.0	17.2

续表

公称直径 DN	保温.保冷材料密度/(kg/m³)			200			150			100			50		
	外径①/mm	壁厚①/mm	保温层厚/mm	管质量、充水质量及保温质量/(kg/m)	允许跨距/m（按刚度条件）		管质量、充水质量及保温质量/(kg/m)	允许跨距/m（按刚度条件）		管质量、充水质量及保温质量/(kg/m)	允许跨距/m（按刚度条件）		管质量、充水质量及保温质量/(kg/m)	允许跨距/m（按刚度条件）	
					装置内	装置外		装置内	装置外		装置内	装置外		装置内	装置外
450	480.0	15.0	40	344.2	14.8	18.2	340.9	14.8	18.2	337.6	14.9	18.3	334.4	14.9	18.3
			50	347.8	14.7	18.2	343.6	14.8	18.2	339.4	14.8	18.3	335.3	14.9	18.3
			60	351.5	14.7	18.1	346.4	14.8	18.2	341.3	14.8	18.2	336.2	14.9	18.3
			80	359.2	14.6	18.0	352.2	14.7	18.1	345.2	14.8	18.2	338.1	14.9	18.3
			90	363.3	14.6	18.0	355.3	14.7	18.1	347.2	14.8	18.2	339.2	14.8	18.3
			110	371.9	14.5	17.8	361.7	14.6	18.0	351.5	14.7	18.1	341.3	14.8	18.2
			120	376.3	14.5	17.8	365.0	14.6	17.9	353.7	14.7	18.1	342.4	14.8	18.2
			140	385.6	14.4	17.7	372.0	14.5	17.8	358.4	14.6	18.0	344.7	14.8	18.2
			160	395.4	14.3	17.6	379.3	14.4	17.8	363.3	14.6	18.0	347.2	14.8	18.2
500	530.0	16.0	40	412.0	15.5	19.1	408.4	15.5	19.1	404.8	15.6	19.1	401.2	15.6	19.2
			50	415.9	15.5	19.0	411.3	15.5	19.1	406.8	15.5	19.1	402.2	15.6	19.2
			60	419.9	15.4	19.0	414.3	15.5	19.0	408.8	15.5	19.1	403.2	15.6	19.2
			80	428.3	15.3	18.9	420.6	15.4	19.0	413.0	15.5	19.0	405.3	15.5	19.1
			90	432.7	15.3	18.8	423.9	15.4	18.9	415.2	15.5	19.0	406.4	15.5	19.1
			110	441.9	15.2	18.7	430.8	15.3	18.8	419.8	15.4	19.0	408.7	15.5	19.1
			120	446.6	15.2	18.7	434.4	15.3	18.8	422.1	15.4	18.9	409.9	15.5	19.1
			140	456.6	15.1	18.6	441.8	15.2	18.7	427.1	15.3	18.9	412.4	15.5	19.1
			160	467.0	15.0	18.5	449.7	15.2	18.6	432.3	15.3	18.8	415.0	15.5	19.0

注：①见表 15－6－1 的注。

表 15－6－4　Sch80 管道允许跨距表

公称直径 DN	保温/保冷材料密度/(kg/m³)			200			150			100			50		
	外径/mm	壁厚/mm	保温层厚/mm	管质量、充水质量及保温质量/(kg/m)	允许跨距/m（按刚度条件）		管质量、充水质量及保温质量/(kg/m)	允许跨距/m（按刚度条件）		管质量、充水质量及保温质量/(kg/m)	允许跨距/m（按刚度条件）		管质量、充水质量及保温质量/(kg/m)	允许跨距/m（按刚度条件）	
					装置内	装置外		装置内	装置外		装置内	装置外		装置内	装置外
25	33.4	4.55	30	5.0	4.0	4.9	4.7	4.1	5.0	4.4	4.1	5.1	4.1	4.2	5.2
			40	5.6	3.9	4.8	5.2	4.0	4.9	4.7	4.1	5.0	4.2	4.2	5.1
			50	6.4	3.8	4.6	5.7	3.9	4.8	5.1	4.0	4.9	4.4	4.1	5.1
			60	7.3	3.6	4.5	6.4	3.8	4.6	5.5	3.9	4.8	4.7	4.1	5.0
40	48.3	5.08	30	7.9	4.9	6.0	7.5	6.0	6.0	7.2	6.1	6.1	6.8	6.2	6.2
			40	8.7	4.7	5.8	8.1	5.9	5.9	7.5	6.0	6.0	7.0	6.2	6.2
			50	9.5	4.6	5.7	8.7	5.8	5.8	8.0	6.0	6.0	7.2	6.1	6.1
			60	10.5	4.5	5.6	9.5	5.7	5.7	8.5	5.9	5.9	7.5	6.1	6.1
			80	12.9	4.3	5.3	11.3	5.5	5.5	9.7	5.7	5.7	8.0	5.9	5.9
50	60.3	5.54	30	11.2	5.5	6.8	10.7	5.5	6.8	10.3	5.6	6.9	9.9	5.7	7.0
			40	12.0	5.4	6.6	11.3	5.5	6.7	10.7	5.5	6.8	10.1	5.6	6.9
			50	12.9	5.3	6.5	12.1	5.4	6.6	11.2	5.5	6.7	10.3	5.6	6.9
			60	14.0	5.2	6.4	12.9	5.3	6.5	11.7	5.4	6.7	10.6	5.6	6.8
			70	15.2	5.1	6.2	13.7	5.2	6.4	12.3	5.4	6.6	10.9	5.5	6.8
			80	16.5	5.0	6.1	14.7	5.1	6.3	13.0	5.3	6.5	11.2	5.5	6.7
			90	17.9	4.9	6.0	15.8	5.0	6.2	13.7	5.2	6.4	11.6	5.4	6.7
			110	21.2	4.7	5.7	18.3	4.8	6.0	15.3	5.1	6.2	12.4	5.3	6.6
65	73.0	7.01	30	17.1	6.2	7.7	16.6	6.3	7.7	16.1	6.3	7.8	15.6	6.4	7.8
			40	18.0	6.1	7.6	17.3	6.2	7.6	16.6	6.3	7.7	15.8	6.3	7.8
			50	19.1	6.1	7.5	18.1	6.1	7.6	17.1	6.2	7.7	16.1	6.3	7.8
			60	20.2	6.0	7.3	18.9	6.1	7.5	17.7	6.2	7.6	16.4	6.3	7.7

续表

公称直径 DN	保温/保冷材料密度/(kg/m³)			200			150			100			50		
	外径/mm	壁厚/mm	保温层厚/mm	管质量、充水质量及保温质量/(kg/m)	允许跨距/m（按刚度条件）		管质量、充水质量及保温质量/(kg/m)	允许跨距/m（按刚度条件）		管质量、充水质量及保温质量/(kg/m)	允许跨距/m（按刚度条件）		管质量、充水质量及保温质量/(kg/m)	允许跨距/m（按刚度条件）	
					装置内	装置外		装置内	装置外		装置内	装置外		装置内	装置外
65	73.0	7.01	70	21.5	5.9	7.2	19.9	6.0	7.4	18.3	6.1	7.5	16.7	6.3	7.7
			80	22.9	5.8	7.1	21.0	5.9	7.3	19.0	6.1	7.5	17.1	6.2	7.7
			90	24.5	5.7	7.0	22.1	5.8	7.2	19.8	6.0	7.4	17.4	6.2	7.6
			110	28.0	5.5	6.8	24.7	5.7	7.0	21.5	5.9	7.2	18.3	6.1	7.5
80	88.9	7.62	40	23.4	6.7	8.2	22.6	6.7	8.3	21.8	6.8	8.4	21.0	6.9	8.5
			50	24.5	6.6	8.1	23.4	6.7	8.2	22.3	6.8	8.3	21.2	6.8	8.4
			60	25.8	6.5	8.0	24.4	6.6	8.1	23.0	6.7	8.3	21.5	6.8	8.4
			70	27.1	6.4	7.9	25.4	6.5	8.1	23.6	6.7	8.2	21.9	6.8	8.4
			80	28.6	6.4	7.8	26.5	6.5	8.0	24.4	6.6	8.1	22.3	6.8	8.3
			90	30.3	6.3	7.7	27.7	6.4	7.9	25.2	6.6	8.1	22.7	6.7	8.3
			100	32.0	6.2	7.6	29.0	6.3	7.8	26.1	6.5	8.0	23.1	6.7	8.2
			120	35.9	6.0	7.4	32.0	6.2	7.6	28.0	6.4	7.9	24.1	6.6	8.2
100	114.3	8.56	40	34.1	7.6	9.3	33.2	7.6	9.4	32.2	7.7	9.5	31.2	7.8	9.6
			50	35.4	7.5	9.3	34.1	7.6	9.3	32.8	7.7	9.4	31.5	7.7	9.5
			60	36.8	7.4	9.2	35.2	7.5	9.3	33.5	7.6	9.4	31.9	7.7	9.5
			70	38.4	7.4	9.1	36.3	7.5	9.2	34.3	7.6	9.3	32.3	7.7	9.5
			80	40.0	7.3	9.0	37.6	7.4	9.1	35.1	7.5	9.3	32.7	7.7	9.4
			90	41.8	7.2	8.9	38.9	7.3	9.0	36.0	7.5	9.2	33.1	7.6	9.4
			100	43.7	7.1	8.8	40.3	7.3	9.0	37.0	7.4	9.2	33.6	7.6	9.4
			120	47.9	7.0	8.6	43.5	7.1	8.8	39.1	7.3	9.0	34.7	7.6	9.3

续表

公称直径 DN	保温 保冷材料密度/(kg/m³)			200			150			100			50		
	外径/mm	壁厚/mm	保温层厚/mm	管质量、充水质量及保温质量/(kg/m)	允许跨距/m（按刚度条件）		管质量、充水质量及保温质量/(kg/m)	允许跨距/m（按刚度条件）		管质量、充水质量及保温质量/(kg/m)	允许跨距/m（按刚度条件）		管质量、充水质量及保温质量/(kg/m)	允许跨距/m（按刚度条件）	
					装置内	装置外		装置内	装置外		装置内	装置外		装置内	装置外
125	141.3	9.53	40	47.8	8.4	10.4	46.6	8.5	10.4	45.5	8.5	10.5	44.4	8.6	10.5
			50	49.2	8.3	10.3	47.7	8.4	10.4	46.2	8.5	10.4	44.7	8.6	10.5
			60	50.8	8.3	10.2	48.9	8.4	10.3	47.0	8.4	10.4	45.1	8.5	10.5
			70	52.5	8.2	10.1	50.2	8.3	10.2	47.9	8.4	10.3	45.6	8.5	10.5
			80	54.3	8.1	10.0	51.5	8.3	10.2	48.8	8.4	10.3	46.0	8.5	10.4
			90	56.2	8.1	9.9	53.0	8.2	10.1	49.7	8.3	10.2	46.5	8.5	10.4
			100	58.3	8.0	9.8	54.5	8.1	10.0	50.8	8.3	10.2	47.0	8.4	10.4
			120	62.8	7.9	9.7	57.9	8.0	9.9	53.0	8.2	10.1	48.2	8.4	10.3
150	168.3	109.7	40	64.7	9.2	11.4	53.4	9.3	11.4	62.1	9.3	11.5	60.8	9.4	11.5
			50	66.4	9.2	11.3	54.6	9.2	11.4	62.9	9.3	11.4	61.2	9.4	11.5
			60	68.1	9.1	11.2	56.0	9.2	11.3	63.8	9.3	11.4	61.7	9.3	11.5
			70	70.0	9.0	11.1	67.4	9.1	11.2	64.7	9.2	11.4	62.1	9.3	11.5
			80	72.0	9.0	11.1	68.9	9.1	11.2	65.7	9.2	11.3	62.6	9.3	11.4
			90	74.1	8.9	11.0	70.5	9.0	11.1	66.8	9.2	11.3	63.2	9.3	11.4
			100	76.4	8.9	10.9	72.1	9.0	11.1	67.9	9.1	11.2	63.7	9.3	11.4
			120	81.2	8.7	10.7	75.8	8.9	10.9	70.4	9.0	11.1	64.9	9.2	11.3
200	219.1	12.7	40	99.8	10.5	12.9	98.2	10.5	13.0	96.6	10.6	13.0	94.9	10.6	13.1
			50	101.8	10.4	12.8	99.6	10.5	12.9	97.5	10.5	13.0	95.4	10.6	13.0
			60	103.8	10.4	12.8	101.2	10.4	12.9	98.6	10.5	12.9	95.9	10.6	13.0
			70	106.0	10.3	12.7	102.8	10.4	12.8	99.7	10.5	12.9	96.5	10.6	13.0
			80	108.3	10.3	12.6	104.6	10.4	12.8	100.8	10.5	12.9	97.1	10.6	13.0

续表

公称直径 DN	保温.保冷材料密度/(kg/m³)			200			150			100			50		
	外径/mm	壁厚/mm	保温层厚/mm	管质量、充水质量及保温质量/(kg/m)	允许跨距/m（按刚度条件）		管质量、充水质量及保温质量/(kg/m)	允许跨距/m（按刚度条件）		管质量、充水质量及保温质量/(kg/m)	允许跨距/m（按刚度条件）		管质量、充水质量及保温质量/(kg/m)	允许跨距/m（按刚度条件）	
					装置内	装置外		装置内	装置外		装置内	装置外		装置内	装置外
200	219. 1	12. 7	100	113. 4	10. 2	12. 5	108. 3	10. 3	12. 6	103. 3	10. 4	12. 8	98. 3	10. 5	13. 0
			110	116. 0	10. 1	12. 4	110. 4	10. 2	12. 6	104. 7	10. 4	12. 7	99. 0	10. 5	12. 9
			130	121. 8	10. 0	12. 3	114. 7	10. 1	12. 5	107. 6	10. 3	12. 7	100. 4	10. 5	12. 9
			140	124. 9	9. 9	12. 2	117. 0	10. 1	12. 4	109. 1	10. 3	12. 6	101. 2	10. 4	12. 9
250	273. 0	15. 09	40	154. 9	11. 8	14. 5	153. 0	11. 8	14. 5	151. 0	11. 8	14. 6	149. 0	11. 9	14. 6
			50	157. 2	11. 7	14. 4	154. 7	11. 8	14. 5	152. 2	11. 8	14. 5	149. 6	11. 9	14. 6
			60	159. 6	11. 7	14. 4	156. 5	11. 7	14. 4	153. 4	11. 8	14. 5	150. 2	11. 9	14. 6
			70	162. 2	11. 6	14. 3	158. 4	11. 7	14. 4	154. 6	11. 8	14. 5	150. 8	11. 8	14. 6
			80	164. 8	11. 6	14. 3	160. 4	11. 7	14. 4	155. 9	11. 7	14. 5	151. 5	11. 8	14. 6
			100	170. 5	11. 5	14. 1	164. 6	11. 6	14. 3	158. 8	11. 7	14. 4	152. 9	11. 8	14. 5
			110	173. 5	11. 4	14. 1	166. 9	11. 6	14. 2	160. 3	11. 7	14. 4	153. 7	11. 8	14. 5
			130	180. 0	11. 3	14. 0	171. 8	11. 5	14. 1	163. 5	11. 6	14. 3	155. 3	11. 8	14. 5
			140	183. 4	11. 3	13. 9	174. 3	11. 4	14. 1	165. 2	11. 6	14. 3	156. 2	11. 7	14. 5
300	323. 8	17. 48	40	207. 0	12. 8	15. 7	204. 7	12. 8	15. 8	202. 4	12. 8	15. 8	200. 1	12. 9	15. 8
			50	209. 6	12. 7	15. 7	206. 7	12. 8	15. 7	203. 7	12. 8	15. 8	200. 8	12. 9	15. 8
			70	215. 2	12. 6	15. 6	210. 8	12. 7	15. 6	206. 5	12. 8	15. 7	202. 2	12. 8	15. 8
			80	218. 1	12. 6	15. 5	213. 1	12. 7	15. 6	208. 0	12. 8	15. 7	202. 9	12. 8	15. 8
			90	221. 2	12. 6	15. 5	215. 4	12. 6	15. 6	209. 6	12. 7	15. 7	203. 7	12. 8	15. 8
			100	224. 5	12. 5	15. 4	217. 8	12. 6	15. 5	211. 2	12. 7	15. 6	204. 5	12. 8	15. 8
			110	227. 8	12. 5	15. 3	220. 3	12. 6	15. 5	212. 8	12. 7	15. 6	205. 3	12. 8	15. 7
			130	234. 9	12. 4	15. 2	225. 6	12. 5	15. 4	216. 4	12. 6	15. 5	207. 1	12. 8	15. 7
			150	242. 5	12. 3	15. 1	231. 3	12. 4	15. 3	220. 2	12. 6	15. 5	209. 0	12. 7	15. 7

续表

公称直径 DN	保温保冷材料密度/(kg/m³)			200			150			100			50		
	外径/mm	壁厚/mm	保温层厚/mm	管质量、充水质量及保温质量/(kg/m)	允许跨距/m（按刚度条件）		管质量、充水质量及保温质量/(kg/m)	允许跨距/m（按刚度条件）		管质量、充水质量及保温质量/(kg/m)	允许跨距/m（按刚度条件）		管质量、充水质量及保温质量/(kg/m)	允许跨距/m（按刚度条件）	
					装置内	装置外		装置内	装置外		装置内	装置外		装置内	装置外
350	355.6	19.05	40	253.8	13.4	16.5	251.3	13.5	16.6	248.8	13.5	16.6	246.3	13.5	16.7
			50	256.6	13.4	16.5	253.4	13.4	16.5	250.2	13.5	16.6	247.0	13.5	16.6
			60	259.5	13.4	16.4	255.6	13.4	16.5	251.7	13.5	16.6	247.8	13.5	16.6
			70	262.6	13.3	16.4	257.9	13.4	16.5	253.2	13.4	16.5	248.5	13.5	16.6
			80	265.7	13.3	16.3	260.3	13.3	16.4	254.8	13.4	16.5	249.3	13.5	16.6
			90	269.0	13.2	16.3	262.7	13.3	16.4	256.4	13.4	16.5	250.1	13.5	16.6
			100	272.5	13.2	16.2	265.3	13.3	16.4	258.1	13.4	16.5	251.0	13.5	16.6
			110	276.0	13.2	16.2	268.0	13.3	16.3	259.9	13.4	16.4	251.9	13.5	16.6
			130	283.5	13.1	16.1	273.6	13.2	16.2	263.7	13.3	16.4	253.8	13.4	16.5
			150	291.5	13.0	16.0	279.6	13.1	16.1	267.7	13.3	16.3	255.8	13.4	16.5
400	406.4	21.44	40	324.6	14.4	17.7	321.8	14.4	17.7	319.0	14.4	17.7	316.2	14.4	17.8
			50	327.7	14.3	17.6	324.1	14.4	17.7	320.5	14.4	17.7	317.0	14.4	17.8
			60	330.9	14.3	17.6	326.6	14.3	17.6	322.2	14.4	17.7	317.8	14.4	17.8
			80	337.8	14.2	17.5	331.7	14.3	17.6	325.6	14.3	17.6	319.5	14.4	17.7
			90	341.4	14.2	17.4	334.4	14.2	17.5	327.4	14.3	17.6	320.4	14.4	17.7
			110	349.0	14.1	17.3	340.1	14.2	17.5	331.2	14.3	17.6	322.3	14.4	17.7
			120	353.0	14.1	17.3	343.1	14.2	17.4	333.2	14.3	17.5	323.3	14.4	17.7
			140	361.4	14.0	17.2	349.4	14.1	17.3	337.4	14.2	17.5	325.4	14.3	17.7
			160	370.3	13.9	17.1	356.1	14.0	17.3	341.8	14.2	17.4	327.6	14.3	17.6
450	457.0	23.83	40	409.1	15.2	18.8	405.9	15.3	18.8	402.8	15.3	18.8	399.7	15.3	18.9
			50	412.5	15.2	18.7	408.5	15.2	18.8	404.5	15.3	18.8	400.6	15.3	18.8
			60	416.1	15.2	18.7	411.2	15.2	18.7	406.3	15.3	18.8	401.5	15.3	18.8
			80	423.6	15.1	18.6	416.8	15.2	18.7	410.1	15.2	18.7	403.3	15.3	18.8

续表

公称直径 DN	保温保冷材料密度/(kg/m³)			200			150			100			50		
	外径/mm	壁厚/mm	保温层厚/mm	管质量、充水质量及保温质量/(kg/m)	允许跨距/m（按刚度条件）		管质量、充水质量及保温质量/(kg/m)	允许跨距/m（按刚度条件）		管质量、充水质量及保温质量/(kg/m)	允许跨距/m（按刚度条件）		管质量、充水质量及保温质量/(kg/m)	允许跨距/m（按刚度条件）	
					装置内	装置外		装置内	装置外		装置内	装置外		装置内	装置外
450	457.0	23.83	90	427.5	15.1	18.5	419.8	15.1	18.6	412.0	15.2	18.7	404.3	15.3	18.8
			110	435.8	15.0	18.5	426.0	15.1	18.6	416.2	15.2	18.7	406.4	15.3	18.8
			120	440.1	15.0	18.4	429.2	15.1	18.5	418.3	15.1	18.6	407.5	15.2	18.8
			140	449.1	14.9	18.3	435.9	15.0	18.5	422.8	15.1	18.6	409.7	15.2	18.7
			160	458.6	14.8	18.2	443.1	14.9	18.4	427.6	15.1	18.5	412.1	15.2	18.7
500	580.0	26.19	40	505.8	16.1	19.8	502.4	16.1	19.8	499.0	16.1	19.9	495.5	16.2	19.9
			50	509.6	16.1	19.8	505.2	16.1	19.8	500.8	16.1	19.8	496.5	16.2	19.9
			60	513.5	16.0	19.7	508.1	16.1	19.8	502.8	16.1	19.8	497.4	16.2	19.9
			80	521.6	16.0	19.6	514.2	16.0	19.7	506.9	16.1	19.8	499.5	16.1	19.9
			90	525.9	15.9	19.6	517.4	16.0	19.7	509.0	16.1	19.8	500.5	16.1	19.8
			110	534.8	15.9	19.5	524.1	15.9	19.6	513.4	16.0	19.7	502.8	16.1	19.8
			120	539.4	15.8	19.5	527.6	15.9	19.6	515.7	16.0	19.7	503.9	16.1	19.8
			140	549.1	15.8	19.4	534.8	15.9	19.5	520.6	16.0	19.7	506.3	16.1	19.8
			160	559.2	15.7	19.3	542.4	15.8	19.5	525.6	15.9	19.6	508.9	16.1	19.8
350	377.0	16.0	40	246.5	13.5	16.6	243.8	13.5	16.7	241.2	13.6	16.7	238.6	13.6	16.8
			50	249.4	13.5	16.6	246.0	13.5	16.6	242.7	13.6	16.7	239.3	13.6	16.8
			60	252.5	13.4	16.5	248.3	13.5	16.6	244.2	13.5	16.7	240.1	13.6	16.7
			70	255.6	13.4	16.5	250.7	13.5	16.6	245.8	13.5	16.6	240.9	13.6	16.7
			80	258.9	13.3	16.4	253.2	13.4	16.5	247.5	13.5	16.6	241.7	13.6	16.7
			90	262.4	13.3	16.4	255.8	13.4	16.5	249.2	13.5	16.6	242.6	13.6	16.7
			100	265.9	13.3	16.3	258.5	13.4	16.4	251.0	13.5	16.6	243.5	13.6	16.7

续表

公称直径 *DN*	保温保冷材料密度/(kg/m³)			200			150			100			50		
	外径/mm	壁厚/mm	保温层厚/mm	管质量、充水质量及保温质量/(kg/m)	允许跨距/m (按刚度条件)		管质量、充水质量及保温质量/(kg/m)	允许跨距/m (按刚度条件)		管质量、充水质量及保温质量/(kg/m)	允许跨距/m (按刚度条件)		管质量、充水质量及保温质量/(kg/m)	允许跨距/m (按刚度条件)	
					装置内	装置外		装置内	装置外		装置内	装置外		装置内	装置外
350	377.0	16.0	110	269.6	13.2	16.3	261.2	13.3	16.4	252.8	13.4	16.5	244.4	13.5	16.7
			130	277.4	13.1	16.1	267.0	13.2	16.3	256.7	13.4	16.5	246.3	13.5	16.6
			150	285.6	13.1	16.0	273.2	13.2	16.2	260.8	13.3	16.4	248.4	13.5	16.6
400	426.0	18.0	40	312.4	14.4	17.7	309.4	14.4	17.7	306.5	14.4	17.8	303.6	14.5	17.8
			50	315.6	14.3	17.6	311.9	14.4	17.7	308.1	14.4	17.8	304.4	14.5	17.8
			60	319.0	14.3	17.6	314.4	14.4	17.7	309.8	14.4	17.7	305.2	14.5	17.8
			80	326.1	14.2	17.5	319.7	14.3	17.6	313.4	14.4	17.7	307.0	14.4	17.8
			90	329.8	14.2	17.5	322.5	14.3	17.5	315.2	14.3	17.7	307.9	14.4	17.8
			110	337.7	14.1	17.4	328.4	14.2	17.5	319.2	14.3	17.6	309.9	14.4	17.7
			120	341.8	14.1	17.3	331.5	14.2	17.4	321.2	14.3	17.6	310.9	14.4	17.7
			140	350.4	14.0	17.2	338.0	14.1	17.4	325.5	14.2	17.5	313.1	14.4	17.7
			160	359.5	13.9	17.1	344.8	14.0	17.3	330.1	14.2	17.5	315.4	14.3	17.7
450	480.0	19.0	40	382.6	15.2	18.7	379.3	15.2	18.7	376.1	15.2	18.8	372.8	15.3	18.8
			50	386.2	15.1	18.6	382.0	15.2	18.7	377.9	15.2	18.7	373.7	15.3	18.8
			60	389.9	15.1	18.6	384.8	15.2	18.7	379.7	15.2	18.7	374.6	15.3	18.8
			80	397.7	15.0	18.5	390.6	15.1	18.6	383.6	15.2	18.7	376.6	15.2	18.8
			90	401.8	15.0	18.5	393.7	15.1	18.6	385.6	15.2	18.6	377.6	15.2	18.7
			110	410.3	14.9	18.4	400.1	15.0	18.5	389.9	15.1	18.6	379.7	15.2	18.7
			120	414.8	14.9	18.3	403.4	15.0	18.4	392.1	15.1	18.6	380.8	15.2	18.7
			140	424.0	14.8	18.2	410.4	14.9	18.4	396.8	15.0	18.5	383.2	15.2	18.7
			160	433.8	14.7	18.1	417.8	14.9	18.3	401.7	15.0	18.5	385.6	15.2	18.6

表 15－6－5　LG 级大直径焊接管道允许跨距表

公称直径 DN	保温保冷材料密度/(kg/m³)			200			150			100			50		
	外径/mm	壁厚/mm	保温层厚/mm	管质量、充水质量及保温质量/(kg/m)	允许跨距/m（按刚度条件）		管质量、充水质量及保温质量/(kg/m)	允许跨距/m（按刚度条件）		管质量、充水质量及保温质量/(kg/m)	允许跨距/m（按刚度条件）		管质量、充水质量及保温质量/(kg/m)	允许跨距/m（按刚度条件）	
					装置内	装置外		装置内	装置外		装置内	装置外		装置内	装置外
400	406.4	8.0	40	209.5	12.7	13.8	206.7	12.8	13.9	203.9	12.8	14.0	201.1	12.9	14.1
			50	212.6	12.7	13.7	209.1	12.7	13.8	205.5	12.8	14.0	201.9	12.9	14.1
			60	215.9	12.6	13.6	211.5	12.7	13.8	207.1	12.8	13.9	202.7	12.8	14.1
			80	222.7	12.5	13.4	216.6	12.6	13.6	210.5	12.7	13.8	204.4	12.8	14.0
			90	226.4	12.5	13.3	219.3	12.6	13.5	212.3	12.7	13.7	205.3	12.8	14.0
			110	234.0	12.4	13.1	225.1	12.5	13.3	216.1	12.6	13.6	207.2	12.8	13.9
			120	238.0	12.3	13.0	228.1	12.5	13.3	218.1	12.6	13.5	208.2	12.8	13.9
			140	246.3	12.2	12.7	234.3	12.4	13.1	222.3	12.5	13.4	210.3	12.7	13.8
			160	255.2	12.1	12.5	241.0	12.3	12.9	226.8	12.5	13.3	212.5	12.7	13.7
450	457.0	8.0	40	253.8	13.3	14.2	250.7	13.3	14.3	247.6	13.4	14.3	244.4	13.4	14.4
			50	257.2	13.2	14.1	253.3	13.3	14.2	249.3	13.3	14.3	245.3	13.4	14.4
			60	260.8	13.2	14.0	255.9	13.3	14.1	251.1	13.3	14.2	246.2	13.4	14.4
			80	268.3	13.1	13.8	261.6	13.2	14.0	254.8	13.3	14.1	248.1	13.4	14.3
			90	272.2	13.0	13.7	264.5	13.1	13.9	256.8	13.2	14.1	249.0	13.3	14.3
			110	280.5	13.0	13.5	270.7	13.1	13.7	260.9	13.2	14.0	251.1	13.3	14.2
			120	284.8	12.9	13.4	273.9	13.0	13.6	263.1	13.2	13.9	252.2	13.3	14.2
			140	293.8	12.8	13.2	280.7	12.9	13.5	267.6	13.1	13.8	254.4	13.3	14.2
			160	303.3	12.7	13.0	287.8	12.9	13.3	272.3	13.0	13.7	256.8	13.2	14.1

续表

公称直径 DN	保温保冷材料密度/(kg/m³)			200			150			100			50		
	外径/mm	壁厚/mm	保温层厚/mm	管质量、充水质量及保温质量/(kg/m)	允许跨距/m(按刚度条件)		管质量、充水质量及保温质量/(kg/m)	允许跨距/m(按刚度条件)		管质量、充水质量及保温质量/(kg/m)	允许跨距/m(按刚度条件)		管质量、充水质量及保温质量/(kg/m)	允许跨距/m(按刚度条件)	
					装置内	装置外		装置内	装置外		装置内	装置外		装置内	装置外
500	508.0	8.0	40	302.5	13.8	14.5	299.1	13.8	14.5	295.6	13.9	14.6	292.2	13.9	14.7
			50	306.3	13.7	14.4	301.9	13.8	14.5	297.5	13.8	14.6	293.1	13.9	14.7
			60	310.1	13.7	14.3	304.8	13.8	14.4	299.4	13.8	14.5	294.1	13.9	14.7
			80	318.3	13.6	14.1	310.9	13.7	14.3	303.5	13.8	14.4	296.1	13.9	14.6
			90	322.5	13.6	14.0	314.1	13.6	14.2	305.6	13.7	14.4	297.2	13.8	14.6
			110	331.4	13.5	13.8	320.8	13.6	14.0	310.1	13.7	14.3	299.4	13.8	14.5
			120	336.1	13.4	13.7	324.2	13.5	14.0	312.4	13.7	14.2	300.6	13.8	14.5
			140	345.7	13.3	13.5	331.5	13.5	13.8	317.2	13.6	14.1	303.0	13.8	14.5
			160	355.9	13.2	13.3	339.1	13.4	13.7	322.3	13.6	14.0	305.5	13.7	14.4
600	610.0	8.0	40	412.2	14.7	14.9	403.1	14.7	15.0	404.0	14.7	15.1	399.9	14.8	15.2
			50	416.6	14.6	14.9	411.4	14.7	15.0	406.2	14.7	15.1	401.0	14.8	15.1
			60	421.1	14.6	14.8	414.8	14.6	14.9	408.5	14.7	15.0	402.1	14.7	15.1
			80	430.5	14.5	14.6	421.8	14.6	14.8	413.2	14.6	14.9	404.5	14.7	15.1
			90	435.4	14.5	14.5	425.5	14.5	14.7	415.6	14.6	14.9	405.7	14.7	15.1
			110	445.6	14.4	14.4	433.1	14.5	14.6	420.7	14.6	14.8	408.3	14.7	15.0
			120	450.8	14.3	14.3	437.1	14.4	14.5	423.3	14.6	14.7	409.6	14.7	15.0
			140	461.8		14.1	445.3	14.4	14.4	428.8	14.5	14.6	412.3	14.7	14.9
			160	473.2		13.9	453.9		14.2	434.5	14.5	14.6	415.2	14.6	14.9

续表

公称直径 DN	保温保冷材料密度/(kg/m³)			200			150			100			50		
	外径/mm	壁厚/mm	保温层厚/mm	管质量、充水质量及保温质量/(kg/m)	允许跨距/m（按刚度条件）		管质量、充水质量及保温质量/(kg/m)	允许跨距/m（按刚度条件）		管质量、充水质量及保温质量/(kg/m)	允许跨距/m（按刚度条件）		管质量、充水质量及保温质量/(kg/m)	允许跨距/m（按刚度条件）	
					装置内	装置外		装置内	装置外		装置内	装置外		装置内	装置外
700	711.0	8.0	50	541.9		15.2	535.9		15.3	529.9		15.4	524.0	15.5	15.5
			60	547.0		15.2	539.8		15.3	532.5	15.4	15.4	525.2	15.5	15.5
			70	552.3		15.1	543.7		15.2	535.1		15.3	526.6	15.5	15.5
			80	557.7		15.0	547.8		15.1	537.8		15.3	527.9		15.4
			90	563.2		14.9	551.9		15.1	540.6		15.2	529.3		15.4
			110	574.7		14.8	560.5		15.0	546.3		15.2	532.2		15.4
			130	586.6		14.6	569.5		14.9	552.3		15.1	535.1		15.3
			150	599.1		14.5	578.8		14.7	558.5		15.0	538.3		15.3
			170	612.0		14.3	588.5		14.6	565.0		14.9	541.5		15.2
800	813.0	8.0	50	684.7		15.5	677.9		15.6	671.1		15.7	664.4		15.8
			60	690.5		15.5	682.3		15.6	674.0		15.6	665.8		15.7
			70	696.4		15.4	686.7		15.5	677.0		15.6	667.3		15.7
			80	702.4		15.3	691.2		15.5	680.0		15.6	668.8		15.7
			90	708.6		15.3	695.9		15.4	683.1		15.5	670.3		15.7
			110	721.3		15.1	705.4		15.3	689.5		15.5	673.5		15.7
			130	734.6		15.0	715.3		15.2	696.1		15.4	676.8		15.6
			150	748.3		14.9	725.6		15.1	702.9		15.3	680.3		15.6
			170	762.5		14.7	736.3		15.0	710.1		15.2	683.8		15.5

续表

公称直径 DN	保温、保冷材料密度/(kg/m^3)			200			150			100			50		
	外径/mm	壁厚/mm	保温层厚/mm	管质量、充水质量及保温质量/(kg/m)	允许跨距/m（按刚度条件）		管质量、充水质量及保温质量/(kg/m)	允许跨距/m（按刚度条件）		管质量、充水质量及保温质量/(kg/m)	允许跨距/m（按刚度条件）		管质量、充水质量及保温质量/(kg/m)	允许跨距/m（按刚度条件）	
					装置内	装置外		装置内	装置外		装置内	装置外		装置内	装置外
900	914.0	8.0	50	842.2		15.8	834.6		15.8	827.0		15.9	819.5		16.0
			60	848.6		15.7	839.4		15.8	830.3		15.9	821.1		16.0
			70	855.2		15.6	844.4		15.7	833.5		15.8	822.7		15.9
			80	861.8		15.6	849.4		15.7	836.9		15.8	824.4		15.9
			90	868.7		15.5	854.5		15.7	840.3		15.8	826.1		15.9
			110	882.6		15.4	865.0		15.6	847.3		15.7	829.6		15.9
			130	897.1		15.3	875.8		15.5	854.5		15.7	833.2		15.8
			150	912.1		15.1	887.1		15.4	862.0		15.6	837.0		15.8
			170	927.6		15.0	898.7		15.3	869.8		15.5	840.8		15.8
1000	1016.0	8.0	60	1024.6		15.9	1014.4		16.0	1004.3		16.1	994.2		16.2
			70	1031.8		15.9	1019.8		15.9	1007.9		16.0	996.0		16.1
			80	1039.1		15.8	1025.3		15.9	1011.6		16.0	997.8		16.1
			90	1046.5		15.7	1030.9		15.9	1015.3		16.0	999.7		16.1
			100	1054.1		15.7	1036.6		15.8	1019.1		16.0	1001.5		16.1
			120	1069.6		15.6	1048.2		15.7	1026.8		15.9	1005.4		16.1
			140	1085.7		15.5	1060.2		15.6	1034.8		15.8	1009.4		16.0
			160	1102.2		15.3	1072.6		15.5	1043.1		15.8	1013.6		16.0
			180	1119.2		15.2	1085.4		15.5	1051.6		15.7	1017.8		16.0

表 15－6－6　STD 级大直径焊接管道允许跨距表

公称直径 DN	保温/保冷材料密度/(kg/m³)			200			150			100			50		
	外径/mm	壁厚/mm	保温层厚/mm	管质量、充水质量及保温质量/(kg/m)	允许跨距/m		管质量、充水质量及保温质量/(kg/m)	允许跨距/m		管质量、充水质量及保温质量/(kg/m)	允许跨距/m		管质量、充水质量及保温质量/(kg/m)	允许跨距/m	
					刚度	强度		刚度	强度		刚度	强度		刚度	强度
400	406.4	10.0	40	226.3	13.2	14.8	223.4	13.2	14.9	220.6	13.2	14.9	217.8	13.3	15.0
			50	229.4	13.1	14.7	225.8	13.2	14.8	222.2	13.2	14.9	218.6	13.3	15.0
			60	232.6	13.1	14.6	228.2	13.1	14.7	223.8	13.2	14.8	219.4	13.3	15.0
			80	239.5	13.0	14.3	233.4	13.1	14.5	227.3	13.1	14.7	221.1	13.2	14.9
			90	243.1	12.9	14.2	236.1	13.0	14.5	229.1	13.1	14.7	222.1	13.2	14.9
			110	250.7	12.8	14.0	241.8	12.9	14.3	232.9	13.1	14.6	224.0	13.2	14.8
			120	254.7	12.8	13.9	244.8	12.9	14.2	234.9	13.0	14.5	225.0	13.2	14.8
			140	263.1	12.7	13.7	251.1	12.8	14.0	239.1	13.0	14.4	227.0	13.2	14.7
			160	271.9	12.6	13.5	257.7	12.7	13.8	243.5	12.9	14.2	229.3	13.1	14.7
450	457.0	10.0	40	272.7	13.7	15.2	269.6	13.8	15.3	266.5	13.8	15.4	263.4	13.9	15.5
			50	276.2	13.7	15.1	272.2	13.8	15.2	268.2	13.8	15.3	264.2	13.9	15.4
			60	279.7	13.7	15.0	274.8	13.7	15.1	270.0	13.8	15.3	265.1	13.8	15.4
			80	287.2	13.6	14.8	280.5	13.7	15.0	273.7	13.7	15.2	267.0	13.8	15.3
			90	291.1	13.5	14.7	283.4	13.6	14.9	275.7	13.7	15.1	268.0	13.8	15.3
			110	299.4	13.4	14.5	289.6	13.5	14.7	279.8	13.7	15.0	270.0	13.8	15.3
			120	303.7	13.4	14.4	292.8	13.5	14.7	282.0	13.6	14.9	271.1	13.8	15.2
			140	312.7	13.3	14.2	299.6	13.4	14.5	286.5	13.6	14.8	273.4	13.7	15.2
			160	322.2	13.2	14.0	306.7	13.3	14.3	291.2	13.5	14.7	275.7	13.7	15.1

续表

公称直径DN	保温保冷材料密度/(kg/m³)			200			150			100			50		
	外径/mm	壁厚/mm	保温层厚/mm	管质量、充水质量及保温质量/(kg/m)	允许跨距/m		管质量、充水质量及保温质量/(kg/m)	允许跨距/m		管质量、充水质量及保温质量/(kg/m)	允许跨距/m		管质量、充水质量及保温质量/(kg/m)	允许跨距/m	
					刚度	强度		刚度	强度		刚度	强度		刚度	强度
500	508.0	10.0	40	323.6	14.3	15.5	320.2	14.3	15.6	316.7	14.4	15.7	313.3	14.4	15.8
			50	327.4	14.2	15.5	323.0	14.3	15.6	318.6	14.3	15.7	314.2	14.4	15.8
			60	331.3	14.2	15.4	325.9	14.3	15.5	320.6	14.3	15.6	315.2	14.4	15.8
			80	339.4	14.1	15.2	332.0	14.2	15.3	324.6	14.3	15.5	317.2	14.4	15.7
			90	343.7	14.1	15.1	335.2	14.2	15.3	326.8	14.2	15.5	318.3	14.3	15.7
			110	352.5	14.0	14.9	341.9	14.1	15.1	331.2	14.2	15.4	320.5	14.3	15.6
			120	357.2	13.9	14.8	345.3	14.1	15.0	333.5	14.2	15.3	321.7	14.3	15.6
			140	366.8	13.8	14.6	352.6	14.0	14.9	338.3	14.1	15.2	324.1	14.3	15.5
			160	377.0	13.7	14.4	360.2	13.9	14.7	343.4	14.1	15.1	326.6	14.2	15.5
600	610.0	10.0	40	437.7	15.2	16.1	433.6	15.3	16.2	429.5	15.3	16.3	425.4	15.3	16.4
			50	442.1	15.2	16.1	436.9	15.2	16.1	431.7	15.3	16.2	426.5	15.3	16.3
			60	446.6	15.2	16.0	440.3	15.2	16.1	434.0	15.3	16.2	427.7	15.3	16.3
			80	456.0	15.1	15.8	447.3	15.1	16.0	438.7	15.2	16.1	430.0	15.3	16.3
			90	460.9	15.0	15.7	451.0	15.1	15.9	441.1	15.2	16.1	431.2	15.3	16.3
			110	471.1	15.0	15.5	458.6	15.1	15.8	446.2	15.2	16.0	433.8	15.3	16.2
			120	476.4	14.9	15.5	462.6	15.0	15.7	448.8	15.1	15.9	435.1	15.3	16.2
			140	487.3	14.8	15.3	470.8	15.0	15.6	454.3	15.1	15.8	437.8	15.2	16.1
			160	498.7	14.7	15.1	479.4	14.9	15.4	460.0	15.0	15.7	440.7	15.2	16.1

续表

公称直径 DN	保温/保冷材料密度/(kg/m³)			200			150			100			50		
	外径/mm	壁厚/mm	保温层厚/mm	管质量、充水质量及保温质量/(kg/m)	允许跨距/m		管质量、充水质量及保温质量/(kg/m)	允许跨距/m		管质量、充水质量及保温质量/(kg/m)	允许跨距/m		管质量、充水质量及保温质量/(kg/m)	允许跨距/m	
					刚度	强度		刚度	强度		刚度	强度		刚度	强度
700	711.0	10.0	50	571.7	16.0	16.5	565.8	16.0	16.6	559.8	16.1	16.7	553.8	16.1	16.8
			60	576.9	16.0	16.4	569.6	16.0	16.5	562.4	16.1	16.6	555.1	15.1	16.8
			70	582.2	15.9	16.4	573.6	16.0	16.5	565.0	16.1	16.6	556.4	16.1	16.7
			80	587.6	15.9	16.3	577.6	16.0	16.4	567.7	16.0	16.6	557.8	16.1	16.7
			90	593.1	15.9	16.2	581.8	15.9	16.4	570.5	16.0	16.5	559.2	16.1	16.7
			110	604.5	15.8	16.1	590.4	15.9	16.2	576.2	16.0	16.4	562.0	16.1	16.7
			130	616.5	15.7	15.9	599.3	15.8	16.1	582.2	15.9	16.4	565.0	16.1	16.6
			150	628.9	15.6	15.7	608.7	15.8	16.0	588.4	15.9	16.3	568.1	16.0	16.6
			170	641.9	15.6	15.6	618.4	15.7	15.9	594.9	15.8	16.2	571.3	16.0	16.5
800	813.0	10.0	50	718.9	16.7	16.9	712.2	16.8	17.0	705.4	16.8	17.0	698.6	16.9	17.1
			60	724.7	16.7	15.8	716.5	16.8	16.9	708.3	16.8	17.0	700.1	16.8	17.1
			70	730.6	16.7	16.7	720.9	16.7	16.9	711.2	16.8	17.0	701.5	16.8	17.1
			80	736.7	16.6	16.7	725.5	16.7	16.8	714.3	16.8	16.9	703.0	16.8	17.1
			90	742.9	16.6	16.6	730.1	16.7	16.7	717.3	16.7	16.9	704.6	16.8	17.0
			110	755.6	16.5	16.5	739.7	16.6	16.6	723.7	16.7	16.8	707.8	16.8	17.0
			130	768.8	16.5	16.3	749.6		16.5	730.3	16.7	16.7	711.1	16.8	17.0
			150	782.5	16.4	16.2	759.9		16.4	737.2	16.6	16.7	714.5	16.8	16.9
			170	796.8	16.3	16.0	770.5		16.3	744.3	16.6	16.6	718.1	16.7	16.9

续表

公称直径 *DN*	保温、保冷材料密度/(kg/m³)			200			150			100			50		
	外径/mm	壁厚/mm	保温层厚/mm	管质量、充水质量及保温质量/(kg/m)	允许跨距/m		管质量、充水质量及保温质量/(kg/m)	允许跨距/m		管质量、充水质量及保温质量/(kg/m)	允许跨距/m		管质量、充水质量及保温质量/(kg/m)	允许跨距/m	
					刚度	强度		刚度	强度		刚度	强度		刚度	强度
900	914.0	10.0	50	880.8		17.2	873.2		17.3	865.6		17.3	858.1		17.4
			60	887.2		17.1	878.0		17.2	868.9		17.3	859.7		17.4
			70	893.8		17.1	883.0		17.2	872.1		17.3	861.3		17.4
			80	900.4		17.0	888.0		17.1	875.5		17.2	863.0		17.4
			90	907.3		16.9	893.1		17.1	878.9		17.2	864.7		17.3
			110	921.2		16.8	903.6		17.0	885.9		17.1	868.2		17.3
			130	935.7		16.7	914.4		16.9	893.1		17.1	871.8		17.3
			150	950.7		16.5	925.7		16.8	900.6		17.0	875.6		17.2
			170	966.2		16.4	937.3		16.7	908.4		16.9	879.4		17.2
1000	1016.0	10.0	60	1067.6		17.4	1057.4		17.5	1047.3		17.5	1037.2		17.6
			70	1074.8		17.3	1062.8		17.4	1050.9		17.5	1039.0		17.6
			80	1082.1		17.3	1068.3		17.4	1054.5		17.5	1040.8		17.6
			90	1089.5		17.2	1073.9		17.3	1058.3		17.4	1042.6		17.6
			100	1097.1		17.1	1079.6		17.3	1062.1		17.4	1044.5		17.6
			120	1112.6		17.0	1091.2		17.2	1069.8		17.4	1048.4		17.5
			140	1128.7		16.9	1103.2		17.1	1077.8		17.3	1052.4		17.5
			160	1145.2		16.8	1115.6		17.0	1086.1		17.2	1056.6		17.5
			180	1162.2		16.7	1128.4		16.9	1094.6		17.2	1060.8		17.4

续表

公称直径 DN	保温保冷材料密度/(kg/m³)			200			150			100			50		
	外径/mm	壁厚/mm	保温层厚/mm	管质量、充水质量及保温质量/(kg/m)	允许跨距/m		管质量、充水质量及保温质量/(kg/m)	允许跨距/m		管质量、充水质量及保温质量/(kg/m)	允许跨距/m		管质量、充水质量及保温质量/(kg/m)	允许跨距/m	
					刚度	强度		刚度	强度		刚度	强度		刚度	强度
1200	1219.0	10.0	70	1485.7		17.7	1471.6		17.8	1457.4		17.9	1443.2		18.0
			80	1494.3		17.7	1478.0		17.8	1461.7		17.9	1445.4		18.0
			90	1503.1		17.6	1484.6		17.7	1466.1		17.8	1447.5		18.0
			100	1511.9		17.6	1491.2		17.7	1470.5		17.8	1449.8		17.9
			110	1520.9		17.5	1497.9		17.7	1475.0		17.8	1452.0		17.9
			130	1539.2		17.4	1511.7		17.6	1484.1		17.7	1456.6		17.9
			150	1558.1		17.3	1525.8		17.5	1493.6		17.7	1461.3		17.9
			170	1577.4		17.2	1540.3		17.4	1503.2		17.6	1466.1		17.8
			190	1597.3		17.1	1555.2		17.3	1513.2		17.6	1471.1		17.8
1400	1422.0	10.0	80	1962.0		18.0	1943.1		18.1	1924.3		18.2	1905.4		18.3
			90	1971.9		17.9	1950.6		18.0	1929.3		18.1	1907.9		18.2
			100	1982.0		17.9	1958.2		18.0	1934.3		18.1	1910.5		18.2
			110	1992.3		17.8	1965.9		18.0	1939.4		18.1	1913.0		18.2
			120	2002.6		17.8	1973.6		17.9	1944.6		18.1	1915.6		18.2
			140	2023.7		17.7	1989.5		17.9	1955.2		18.0	1920.9		18.2
			160	2045.4		17.6	2005.7		17.8	1966.0		18.0	1926.3		18.2
			180	2067.5		17.5	2022.2		17.7	1977.0		17.9	1931.8		18.1
			200	2090.1		17.4	2039.2		17.6	1988.3		17.9	1937.5		18.1

续表

公称直径 DN	保温保冷材料密度/(kg/m³)			200			150			100			50		
	外径/mm	壁厚/mm	保温层厚/mm	管质量、充水质量及保温质量/(kg/m)	允许跨距/m		管质量、充水质量及保温质量/(kg/m)	允许跨距/m		管质量、充水质量及保温质量/(kg/m)	允许跨距/m		管质量、充水质量及保温质量/(kg/m)	允许跨距/m	
					刚度	强度		刚度	强度		刚度	强度		刚度	强度
1600	1626. 0	10. 0	80	2492. 4		18. 2	2471. 0		18. 3	2449. 7		18. 4	2428. 3		18. 5
			90	2503. 6		18. 2	2479. 4		18. 3	2455. 3		18. 4	2431. 1		18. 5
			100	2515. 0		18. 1	2488. 0		18. 2	2461. 0		18. 3	2434. 0		18. 4
			110	2526. 5		18. 1	2496. 6		18. 2	2466. 7		18. 3	2436. 8		18. 4
			120	2538. 1		18. 1	2505. 3		18. 2	2472. 5		18. 3	2439. 7		18. 4
			140	2561. 7		18. 0	2523. 0		18. 1	2484. 3		18. 3	2445. 6		18. 4
			160	2585. 8		17. 9	254. 1		18. 1	2496. 4		18. 2	2451. 7		18. 4
			180	2610. 4		17. 8	2559. 6		18. 0	2508. 7		18. 2	2457. 8		18. 4
			200	2635. 5		17. 7	2578. 4		17. 9	2521. 3		18. 1	2464. 1		18. 3

表 15 –6 –7　XS 级大直径焊接管道允许跨距表

公称直径 DN	保温保冷材料密度/(kg/m³)			200			150			100			50		
	外径/mm	壁厚/mm	保温层厚/mm	管质量、充水质量及保温质量/(kg/m)	允许跨距/m		管质量、充水质量及保温质量/(kg/m)	允许跨距/m		管质量、充水质量及保温质量/(kg/m)	允许跨距/m		管质量、充水质量及保温质量/(kg/m)	允许跨距/m	
					刚度	强度		刚度	强度		刚度	强度		刚度	强度
400	406. 4	12. 0	40	242. 8	13. 5	15. 5	240. 0	13. 5	15. 6	237. 2	13. 6	15. 7	234. 4	13. 6	15. 8
			50	245. 9	13. 4	15. 4	242. 3	13. 5	15. 5	238. 8	13. 5	15. 6	235. 2	13. 6	15. 7
			60	249. 2	13. 4	15. 3	244. 8	13. 5	15. 4	240. 4	13. 5	15. 6	236. 0	13. 6	15. 7
			80	256. 0	13. 3	15. 1	249. 9	13. 4	15. 3	243. 8	13. 5	15. 5	237. 7	13. 6	15. 7
			90	259. 7	13. 3	15. 0	252. 6	13. 4	15. 2	245. 6	13. 4	15. 4	238. 6	13. 5	15. 6
			110	267. 3	13. 2	14. 8	258. 4	13. 3	15. 0	249. 4	13. 4	15. 3	240. 5	13. 5	15. 6
			120	271. 3	13. 1	14. 7	261. 3	13. 2	14. 9	251. 4	13. 4	15. 2	241. 5	13. 5	15. 5
			140	279. 6	13. 0	14. 4	267. 6	13. 2	14. 8	255. 6	13. 3	15. 1	243. 6	13. 5	15. 5
			160	288. 5	12. 9	14. 2	274. 3	13. 1	14. 6	260. 1	13. 3	15. 0	245. 8	13. 4	15. 4

续表

公称直径 DN	保温保冷材料密度/(kg/m³)			200			150			100			50		
	外径/mm	壁厚/mm	保温层厚/mm	管质量、充水质量及保温质量/(kg/m)	允许跨距/m		管质量、充水质量及保温质量/(kg/m)	允许跨距/m		管质量、充水质量及保温质量/(kg/m)	允许跨距/m		管质量、充水质量及保温质量/(kg/m)	允许跨距/m	
					刚度	强度		刚度	强度		刚度	强度		刚度	强度
450	457.0	12.0	40	291.5	14.1	16.0	288.3	14.1	16.1	285.2	14.2	16.2	282.1	14.2	16.2
			50	294.9	14.1	15.9	290.9	14.1	16.0	286.9	14.2	16.1	283.0	14.2	16.2
			60	298.5	14.0	15.8	293.6	14.1	15.9	288.7	14.1	16.1	283.8	14.2	16.2
			80	306.0	13.9	15.6	299.2	14.0	15.8	292.5	14.1	16.0	285.7	14.2	16.1
			90	309.9	13.9	15.5	302.2	14.0	15.7	294.4	14.1	15.9	286.7	14.2	16.1
			110	318.1	13.8	15.3	308.3	13.9	15.5	298.6	14.0	15.8	288.8	14.1	16.1
			120	322.5	13.8	15.2	311.6	13.9	15.5	300.7	14.0	15.7	288.8	14.1	16.0
			140	331.5	13.7	15.0	318.3	13.8	15.3	305.2	13.9	15.6	292.1	14.1	16.0
			160	341.0	13.6	14.8	325.5	13.7	15.1	310.0	13.9	15.5	294.5	14.1	15.9
500	508.0	12.0	40	344.6	14.7	16.4	341.1	14.7	16.5	337.7	14.7	16.6	334.2	14.8	16.7
			50	348.3	14.6	16.3	343.9	14.7	16.4	339.5	14.7	16.5	335.2	14.8	16.6
			60	352.2	14.6	16.2	346.8	14.6	16.4	341.5	14.7	16.5	336.1	14.8	16.6
			80	360.3	14.5	16.0	352.9	14.6	16.2	345.6	14.7	16.4	338.2	14.7	16.6
			90	364.6	14.5	15.9	356.1	14.6	16.1	347.7	14.6	16.3	339.2	14.7	16.5
			110	373.5	14.4	15.8	362.8	14.5	16.0	352.1	14.6	16.2	341.5	14.7	16.5
			120	378.1	14.3	15.7	366.3	14.4	15.9	354.5	14.6	16.2	342.6	14.7	16.5
			140	387.8	14.2	15.5	373.5	14.4	15.8	359.3	14.5	16.1	345.0	14.7	16.4
			160	397.9	14.2	15.3	381.1	14.3	15.6	364.3	14.5	16.0	347.6	14.5	16.3

续表

公称直径 DN	保温/保冷材料密度/(kg/m³)			200			150			100			50		
	外径/mm	壁厚/mm	保温层厚/mm	管质量、充水质量及保温质量/(kg/m)	允许跨距/m		管质量、充水质量及保温质量/(kg/m)	允许跨距/m		管质量、充水质量及保温质量/(kg/m)	允许跨距/m		管质量、充水质量及保温质量/(kg/m)	允许跨距/m	
					刚度	强度		刚度	强度		刚度	强度		刚度	强度
600	610.0	12.0	40	463.0	15.7	17.1	458.9	15.7	17.2	454.8	15.7	17.2	450.8	15.8	17.3
			50	467.4	15.6	17.0	462.2	15.7	17.1	457.0	15.7	17.2	451.9	15.8	17.3
			60	471.9	15.6	16.9	465.6	15.7	17.0	459.3	15.7	17.2	453.0	15.8	17.3
			80	481.3	15.5	16.8	472.7	15.6	16.9	464.0	15.7	17.1	455.3	15.7	17.2
			90	486.2	15.5	16.7	476.3	15.6	16.9	466.5	15.6	17.0	456.6	15.7	17.2
			110	496.4	15.4	16.5	484.0	15.5	16.7	471.5	15.6	16.9	459.1	15.7	17.2
			120	501.7	15.4	16.4	487.9	15.5	16.7	474.2	15.6	16.9	460.4	15.7	17.1
			140	512.6	15.3	16.2	496.1	15.4	16.5	479.6	15.5	16.8	463.2	15.7	17.1
			160	524.0	15.2	16.1	504.7	15.3	16.4	485.4	15.5	16.7	466.0	15.7	17.0
700	711.0	12.0	50	601.4	16.5	17.6	595.4	16.5	17.6	589.5	16.6	17.7	583.5	16.6	17.8
			60	606.6	16.5	17.5	599.3	16.5	17.6	592.0	16.6	17.7	584.8	16.6	17.8
			70	611.8	16.4	17.4	603.3	16.5	17.5	594.7	16.6	17.7	586.1	16.6	17.8
			80	617.3	16.4	17.3	607.3	16.5	17.5	597.4	16.5	17.6	587.4	16.6	17.8
			90	622.8	16.4	17.3	611.5	16.4	17.4	600.2	16.5	17.6	588.8	16.6	17.7
			110	634.2	16.3	17.1	620.1	16.4	17.3	605.9	16.5	17.5	591.7	15.6	17.7
			130	646.2	16.2	16.9	629.0	16.3	17.2	611.8	16.4	17.4	594.7	16.6	17.7
			150	658.6	16.1	16.8	638.3	16.3	17.0	618.1	16.4	17.3	597.8	16.5	17.6
			170	671.6	16.1	16.6	648.1	16.2	16.9	624.5	16.4	17.2	601.0	16.5	17.6

续表

公称直径 DN	保温 保冷材料密度/(kg/m^3)			200			150			100			50		
	外径/mm	壁厚/mm	保温层厚/mm	管质量、充水质量及保温质量/(kg/m)	允许跨距/m		管质量、充水质量及保温质量/(kg/m)	允许跨距/m		管质量、充水质量及保温质量/(kg/m)	允许跨距/m		管质量、充水质量及保温质量/(kg/m)	允许跨距/m	
					刚度	强度		刚度	强度		刚度	强度		刚度	强度
800	813.0	12.0	50	753.0	17.3	18.0	746.2	17.3	18.1	739.5	17.4	18.2	732.7	17.4	18.2
			60	758.8	17.3	17.9	750.6	17.3	18.0	742.4	17.3	18.1	734.1	17.4	18.2
			70	764.7	17.2	17.9	755.0	17.3	18.0	745.3	17.3	18.1	735.6	17.4	18.2
			80	770.8	17.2	17.8	759.6	17.2	17.9	748.3	17.3	18.1	737.1	17.4	18.2
			90	776.9	17.2	17.7	764.2	17.2	17.9	751.4	17.3	18.0	738.7	17.4	18.2
			110	789.7	17.1	17.6	773.7	17.2	17.8	757.8	17.3	17.9	741.8	17.3	18.1
			130	802.9	17.0	17.4	783.6	17.1	17.6	764.4	17.2	17.9	745.2	17.3	18.1
			150	816.6	16.9	17.3	793.9	17.1	17.5	771.3	17.2	17.8	748.6	17.3	18.1
			170	830.9	16.9	17.1	804.6	17.0	17.4	778.4	17.1	17.7	752.1	17.3	18.0
900	914.0	12.0	50	919.2	18.0	18.4	911.6	18.0	18.4	904.1	18.1	18.5	896.5	18.1	18.6
			60	925.6	17.9	18.3	916.5	18.0	18.4	907.3	18.0	18.5	898.1	18.1	18.6
			70	932.2	17.9	18.2	921.4	18.0	18.3	910.6	18.0	18.4	899.8	18.1	18.6
			80	938.9	17.9	18.2	926.4	17.9	18.3	913.9	18.0	18.4	901.4	18.1	18.5
			90	945.7	17.8	18.1	931.5	17.9	18.2	917.3	18.0	18.4	903.1	18.1	18.5
			110	959.7	17.8	18.0	942.0	17.9	18.1	924.3	18.0	18.3	906.6	18.0	18.5
			130	974.2	17.7	17.8	952.9	17.8	18.0	931.6	17.9	18.2	910.2	18.0	18.4
			150	989.2	17.6	17.7	964.1	17.8	17.9	939.1	17.9	18.2	914.0	18.0	18.4
			170	1004.7	17.6	17.6	975.7	17.7	17.8	946.8	17.8	18.1	917.9	18.0	18.4

续表

公称直径 DN	保温/保冷材料密度/(kg/m^3)			200			150			100			50		
	外径/mm	壁厚/mm	保温层厚/mm	管质量、充水质量及保温质量/(kg/m)	允许跨距/m		管质量、充水质量及保温质量/(kg/m)	允许跨距/m		管质量、充水质量及保温质量/(kg/m)	允许跨距/m		管质量、充水质量及保温质量/(kg/m)	允许跨距/m	
					刚度	强度		刚度	强度		刚度	强度		刚度	强度
1000	1016.0	12.0	60	1110.4	18.6	18.6	1100.2	18.6	18.7	1090.1	18.7	18.8	1080.0	18.7	18.9
			70	1117.6		18.5	1105.6	18.6	18.6	1093.7	18.7	18.7	1081.8	18.7	18.9
			80	1124.9	18.5	18.5	1111.1	18.6	18.6	1097.4	18.6	18.7	1083.6	18.7	18.8
			90	1132.4		18.4	1116.7	18.6	18.6	1101.1	18.6	18.7	1085.5	18.7	18.8
			100	1139.9		18.4	1122.4	18.5	18.5	1104.9	18.6	18.7	1087.4	18.7	18.8
			120	1155.4		18.2	1134.0		18.4	1112.6	18.6	18.6	1091.2	18.7	18.8
			140	1171.5		18.1	1146.1		18.3	1120.7	18.5	18.5	1095.2	18.6	18.7
			160	1188.0		18.0	1158.5		18.2	1128.9	18.5	18.5	1099.4	18.6	18.7
			180	1205.0		17.9	1171.2		18.1	1137.4		18.4	1103.6	18.6	18.7
1200	1219.0	12.0	70	1537.4		19.0	1523.2		19.1	1509.0		19.2	1494.8		19.3
			80	1546.0		19.0	1529.6		19.1	1513.3		19.2	1497.0		19.3
			90	1554.7		18.9	1536.2		19.1	1517.7		19.2	1499.2		19.3
			100	1563.5		18.9	1542.8		19.0	1522.1		19.1	1501.4		19.3
			110	1572.5		18.8	1549.6		19.0	1526.6		19.1	1503.6		19.3
			130	1590.9		18.7	1563.3		18.9	1535.8		19.1	1508.2		19.2
			150	1609.7		18.6	1577.4		18.8	1545.2		19.0	1512.9		19.2
			170	1629.0		18.5	1591.9		18.7	1554.8		18.9	1517.7		19.2
			190	1648.9		18.4	1606.8		18.6	1564.8		18.9	1522.7		19.1

续表

公称直径 DN	保温保冷材料密度/(kg/m³)			200			150			100			50		
	外径/mm	壁厚/mm	保温层厚/mm	管质量、充水质量及保温质量/(kg/m)	允许跨距/m		管质量、充水质量及保温质量/(kg/m)	允许跨距/m		管质量、充水质量及保温质量/(kg/m)	允许跨距/m		管质量、充水质量及保温质量/(kg/m)	允许跨距/m	
					刚度	强度		刚度	强度		刚度	强度		刚度	强度
1400	1422.0	12.0	80	2022.2		19.4	2003.3		19.5	1984.5		19.5	1965.7		19.6
			90	2032.2		19.3	2010.8		19.4	1989.5		19.5	1968.2		19.6
			100	2042.3		19.3	2018.4		19.4	1994.5		19.5	1970.7		19.6
			110	2052.5		19.2	2026.1		19.3	1999.7		19.5	1973.2		19.6
			120	2062.9		19.2	2033.9		19.3	2004.8		19.5	1975.8		19.6
			140	2084.0		19.1	2049.7		19.2	2015.4		19.4	1981.1		19.6
			160	2105.6		19.0	2065.9		19.2	2026.2		19.3	1986.5		19.5
			180	2127.7		18.9	2082.5		19.1	2037.3		19.3	1992.0		19.5
			200	2150.3		18.8	2099.4		19.0	2048.6		19.2	1997.7		19.5
1600	1626.0	12.0	80	2561.2		19.7	2539.9		19.7	2518.5		19.8	2497.1		19.9
			90	2572.4		19.6	2548.3		19.7	2524.1		19.8	2500.0		19.9
			100	2583.8		19.6	2556.8		19.7	2529.8		19.8	2502.8		19.9
			110	2595.3		19.5	2565.4		19.5	2535.6		19.8	2505.7		19.9
			120	2606.9		19.5	2574.1		19.6	2541.4		19.7	2508.6		19.9
			140	2630.5		19.4	2591.9		19.5	2553.2		19.7	2514.5		19.8
			160	2654.7		19.3	2609.9		19.5	2565.2		19.6	2520.5		19.8
			180	2679.3		19.2	2628.4		19.4	2577.5		19.6	2526.7		19.8
			200	2704.4		19.1	2647.2		19.3	2590.1		19.6	2532.9		19.8

表 15-6-8 常用钢材和许用应力[1]

材料牌号	标准号	使用状态	材料尺寸/mm	常温强度指标		使用温度范围/℃																			
				σ_{bmin}/MPa	σ_{smin}/MPa	-20~20	100	150	200	250	300	325	350	375	400	425	450	475	500	525	550	575	600	625	650
钢板						最大许用应力/MPa																			
Q235-A.F[2]	GB912	热轧	3~4	375	235	83	83	83	83	83	—	—	—	—	—	—	—	—	—	—	—	—	—	—	—
Q235-B.F[2]	GB3247	热轧	4.5~16	375	235	83	83	83	83	83	—	—	—	—	—	—	—	—	—	—	—	—	—	—	—
Q235-A[2] Q235-B[2]	GB912	热轧	3~4	375	235	83	83	83	83	83	80	73	66	—	—	—	—	—	—	—	—	—	—	—	—
	GB3247		4.5~16	375	235	83	83	83	83	83	80	73	66	—	—	—	—	—	—	—	—	—	—	—	—
			17~40	375	225	83	83	83	83	82	76	70	63	—	—	—	—	—	—	—	—	—	—	—	—
			41~60	375	215	83	83	83	83	79	72	66	60	—	—	—	—	—	—	—	—	—	—	—	—
			61~100	375	205	83	83	83	83	74	66	63	57	—	—	—	—	—	—	—	—	—	—	—	—
Q235-C Q235-D	GB912	热轧	3~4	375	235	93	93	93	93	93	89	81	73	—	—	—	—	—	—	—	—	—	—	—	—
	GB3247		4.5~16	375	235	93	93	93	93	93	89	81	73	—	—	—	—	—	—	—	—	—	—	—	—
			16~40	375	225	93	93	93	93	92	85	77	70	—	—	—	—	—	—	—	—	—	—	—	—
			41~60	375	215	93	93	93	93	85	81	74	66	—	—	—	—	—	—	—	—	—	—	—	—
			61~100	375	205	93	93	93	93	81	77	70	63	—	—	—	—	—	—	—	—	—	—	—	—
20R	GB 6654	热轧或正火	6~16	400	245	100	100	100	100	100	100	96	92	89	86	79	57	38	—	—	—	—	—	—	—
			17~36	400	235	100	100	100	100	100	95	90	86	82	79	78	57	38	—	—	—	—	—	—	—
			37~60	400	225	100	100	100	100	100	92	88	83	80	77	75	57	38	—	—	—	—	—	—	—
			61~100	390	205	97	97	97	97	89	79	76	74	71	68	66	57	38	—	—	—	—	—	—	—
20g	GB 713	热轧或正火	6~16	400	245	100	100	100	100	100	100	96	92	89	86	79	57	38	—	—	—	—	—	—	—
			17~25	400	235	100	100	100	100	100	95	90	86	82	79	78	57	38	—	—	—	—	—	—	—

[1] 编者注：本表摘自国家现行标准《石油化工管道支吊架设计规范》(SH/T 3073—2004)，仅作为计算支吊架时选用。

续表

材料牌号	标准号	使用状态	材料尺寸/mm	常温强度指标		使用温度范围/℃																			
				σ_{bmin}/MPa	σ_{smin}/MPa	-20~20	100	150	200	250	300	325	350	375	400	425	450	475	500	525	550	575	600	625	650
钢板						最大许用应力/MPa																			
20g	GB 713	热轧或正火	26~36	400	225	100	100	100	100	100	92	88	83	80	77	75	57	38	—	—	—	—	—	—	—
			37~60	400	225	100	100	100	100	100	92	88	83	80	77	75	57	38	—	—	—	—	—	—	—
			61~100	390	205	97	97	97	97	91	82	79	76	74	70	68	57	38	—	—	—	—	—	—	—
			101~120	380	185	97	97	97	97	85	76	73	70	68	64	62	57	38	—	—	—	—	—	—	—
16MnR	GB 6654	热轧或正火	6~16	510	345	127	127	127	127	127	127	127	127	127	125	87	61	40	—	—	—	—	—	—	—
			17~36	490	325	122	122	122	122	122	122	122	122	122	119	87	61	40	—	—	—	—	—	—	—
			37~60	470	305	122	122	122	122	122	122	122	119	116	113	87	61	40	—	—	—	—	—	—	—
			61~100	460	285	117	117	117	117	117	117	116	113	110	107	87	61	40	—	—	—	—	—	—	—
16Mng	GB 713	热轧或正火	6~16	510	345	127	127	127	127	127	127	127	127	127	125	87	61	40	—	—	—	—	—	—	—
			17~25	490	325	122	122	122	122	122	122	122	122	122	119	87	61	40	—	—	—	—	—	—	—
			26~36	470	305	117	117	117	117	117	117	117	117	116	113	87	61	40	—	—	—	—	—	—	—
			38~60	470	285	117	117	117	117	117	117	116	113	110	107	87	61	40	—	—	—	—	—	—	—
			61~100	440	265	110	110	110	110	110	110	110	107	104	101	87	61	40	—	—	—	—	—	—	—
			105~120	440	245	110	110	110	110	110	107	104	101	108	95	87	61	40	—	—	—	—	—	—	—
16MnVR	GB 6654	热轧或正火	6~16	530	390	132	132	132	132	132	132	132	132	132	132	—	—	—	—	—	—	—	—	—	—
			17~36	510	370	127	127	127	127	127	127	127	127	127	127	—	—	—	—	—	—	—	—	—	—
			37~60	490	350	122	122	122	122	122	122	122	122	122	122	—	—	—	—	—	—	—	—	—	—
18MnMoNbR	GB 6654		30~60	590	440	147	147	147	147	147	147	147	147	147	147	147	147	110	—	—	—	—	—	—	—
18MnMoNbR	GB 6654	正火加回火	61~100	570	410	142	142	142	142	142	142	142	142	142	142	142	142	110	—	—	—	—	—	—	—
13MnNiMoNb-R			≤100	570	390	142	142	142	142	142	142	142	142	142	142	—	—	—	—	—	—	—	—	—	—
			101~120	570	380	142	142	142	142	142	142	142	142	142	140	—	—	—	—	—	—	—	—	—	—

续表

材料牌号	标准号	使用状态	材料尺寸/mm	常温强度指标 σ_{bmin}/MPa	σ_{smin}/MPa	使用温度范围/℃ -20~20	100	150	200	250	300	325	350	375	400	425	450	475	500	525	550	575	600	625	650
钢板						最大许用应力/MPa																			
16MnDR	GB 3531	正火加回火	6~16	490	315	122	122	—	—	—	—	—	—	—	—	—	—	—	—	—	—	—	—	—	—
			17~36	470	295	117	117	—	—	—	—	—	—	—	—	—	—	—	—	—	—	—	—	—	—
			37~60	450	275	112	112	—	—	—	—	—	—	—	—	—	—	—	—	—	—	—	—	—	—
			61~100	450	255	112	109	—	—	—	—	—	—	—	—	—	—	—	—	—	—	—	—	—	—
15CrMoR	GB 6654	正火加回火	6~16	450	295	112	112	112	112	112	112	112	112	112	112	112	111	110	82	54	35	—	—	—	—
			61~100	450	275	112	112	112	112	112	112	112	112	112	110	107	105	103	82	54	35	—	—	—	—
12Cr2Mo1R	GB 150		6~150	515	310	128	128	260	245	230	221	213	206	125	122	119	116	113	83	56	43	35	—	—	—
12Cr1MoVg	GB713[3]	正火加回火	6~16	440	245	117	117	117	117	117	117	117	117	117	117	117	117	117	115	90	68	50	34	—	—
			17~100	430	235	117	117	117	117	117	117	117	117	117	117	117	117	117	115	90	68	50	34	—	—
0Cr13	GB/T 4237	退火	2~60	410	205	102	102	102	102	102	102	102	102	102	101	97	93	88	83	75	67	—	—	—	—
0Cr18Ni9		固溶	2~60	520	205	128	106	96	90	84	79	78	76	75	74	72	71	70	69	67	66	—	—	—	—
0Cr18Ni10Ti		固溶	2~60	520	205	128	106	96	90	84	79	78	76	75	75	73	73	71	71	70	69	—	—	—	—
0Cr17Ni12Mo2		固溶	2~60	520	205	128	109	100	93	86	81	80	78	77	76	76	75	75	74	73	73	—	—	—	—
0Cr19Ni13Mo3		固溶	2~60	520	205	128	109	100	93	86	81	80	78	77	76	76	75	75	74	73	73	—	—	—	—
00Cr19Ni10		固溶	2~60	480	177	110	90	81	76	71	68	66	65	63	63	61	61	—	—	—	—	—	—	—	—
00Cr17Ni14Mo2	GB/T 4237	固溶	2~60	480	177	110	90	81	75	69	65	63	62	61	60	58	58	—	—	—	—	—	—	—	—
00Cr19Ni13Mo3		固溶	2~60	480	177	110	109	100	93	86	81	80	78	77	76	76	75	—	—	—	—	—	—	—	—

续表

材料牌号	标准号	使用状态	材料尺寸/mm	常温强度指标		使用温度范围/℃																			
				σ_{bmin}/MPa	σ_{smin}/MPa	-20~20	100	150	200	250	300	325	350	375	400	425	450	475	500	525	550	575	600	625	650
钢管						最大许用应力/MPa																			
10	GB 3087	热轧或正火	≤26	335	195	83	83	83	83	83	76	72	69	68	68	67	56	38	—	—	—	—	—	—	—
	GB 6479		≤15	335	205	83	83	83	83	83	82	79	76	73	70	68	56	38	—	—	—	—	—	—	—
	GB/T 8162[3] GB/T 8163		16~40	335	195	83	83	83	83	83	79	76	73	70	67	65	56	38	—	—	—	—	—	—	—
	GB 9948		≤16	330	205	82	83	83	83	83	82	79	76	73	70	68	56	38	—	—	—	—	—	—	—
			17~40	330	195	82	83	83	83	83	79	76	73	70	67	65	56	38	—	—	—	—	—	—	—
20	GB 3087	热轧或正火	<15	392	245	98	98	98	98	98	93	89	85	84	83	79	56	38	—	—	—	—	—	—	—
			≥15	392	226	98	98	98	98	86	81	77	73	72	71	67	56	38	—	—	—	—	—	—	—
	GB/T 8162[3] GB/T 8163		≤15	390	245	97	97	97	97	97	97	96	91	88	85	79	56	38	—	—	—	—	—	—	—
			>15	390	235	97	97	97	97	97	95	90	85	82	79	78	56	38	—	—	—	—	—	—	—
	GB 9948		≤16	410	245	102	102	102	102	102	101	96	91	88	85	79	56	38	—	—	—	—	—	—	—
			>16	410	235	102	102	102	102	102	95	90	85	82	79	78	56	38	—	—	—	—	—	—	—
20G	GB 5310	正火	≤16	410	245	102	102	102	102	102	102	102	98	91	80	61	46	33	24	—	—	—	—	—	—
			17~40	410	235	102	102	102	102	102	102	96	92	85	79	61	46	33	24	—	—	—	—	—	—
			>40	410	225	102	102	102	102	102	96	90	86	79	73	61	46	33	24	—	—	—	—	—	—
16Mn	GB 6479	正火	≤16	490	320	122	122	122	122	122	122	122	122	122	116	87	61	40	—	—	—	—	—	—	—
			17~40	490	310	122	122	122	122	122	122	122	119	117	116	87	61	40	—	—	—	—	—	—	—
16Mn	GB/T 8163	正火	≤16	490	325	122	122	122	122	122	122	122	122	122	116	87	61	40	—	—	—	—	—	—	—
			>16	490	315	122	122	122	122	122	122	122	120	119	116	87	61	40	—	—	—	—	—	—	—
20MnG	GB 5310	正火	≤16	415	240	103	103	103	103	103	103	103	103	103	103	79	54	36	24	—	—	—	—	—	—
			17~40	415	230	103	103	103	103	103	103	103	97	97	97	73	55	36	24	—	—	—	—	—	—
			>40	415	220	103	103	103	103	103	97	97	91	91	91	67	55	36	24	—	—	—	—	—	—

续表

材料牌号	标准号	使用状态	材料尺寸/mm	常温强度指标		使用温度范围/℃																			
				σ_{bmin}/MPa	σ_{smin}/MPa	-20~20	100	150	200	250	300	325	350	375	400	425	450	475	500	525	550	575	600	625	650
钢管						最大许用应力/MPa																			
25MnG	GB 5310	正火	≤16	485	275	121	121	121	121	121	121	121	121	121	120	87	55	36	24	—	—	—	—	—	—
			17~40	485	265	121	121	121	121	121	121	121	119	116	114	81	55	36	24	—	—	—	—	—	—
			>40	485	255	121	121	121	121	121	115	115	113	110	108	75	55	36	24	—	—	—	—	—	—
15MnV	GB 6479	正火	≤16	510	350	127	127	127	127	127	127	127	127	127	127	125	122	—	—	—	—	—	—	—	—
			17~40	510	340	127	127	127	127	127	127	127	127	127	125	122	119	—	—	—	—	—	—	—	—
15MoG	GB 5310	热轧或正火	≤16	450	270	112	112	112	112	112	112	109	106	103	100	98	96	77	58	33	19	—	—	—	—
			17~40	450	260	112	112	112	112	112	106	103	100	97	94	92	90	71	58	33	19	—	—	—	—
			>40	450	250	112	112	112	112	112	100	97	94	91	88	86	84	65	58	33	19	—	—	—	—
20MoG	GB 5310	热轧或正火	≤16	440	235	103	103	103	103	103	103	103	103	103	103	102	100	82	65	40	25	—	—	—	—
			17~40	440	225	103	103	103	103	103	103	103	103	103	99	96	94	76	65	40	25	—	—	—	—
			>40	440	215	103	103	103	103	103	101	99	98	95	93	90	88	70	65	40	25	—	—	—	—
12CrMo	GB 6479	正火加回火	≤16	410	205	102	102	102	101	95	88	85	82	79	76	75	73	71	69	46	—	—	—	—	—
			17~40	410	195	102	102	102	98	91	85	82	79	76	73	71	70	68	67	46	—	—	—	—	—
12CrMo	GB 9948	正火加回火	≤16	410	205	102	102	102	101	95	88	85	82	79	76	75	73	71	69	46	—	—	—	—	—
			>16	410	195	102	102	102	98	91	85	82	79	76	73	71	70	68	67	46	—	—	—	—	—
12CrMoG	GB 5310	正火加回火	≤16	410	205	102	102	102	101	95	88	85	82	79	76	75	73	71	69	46	—	—	—	—	—
			17~40	410	195	102	102	102	98	91	85	82	79	76	73	71	70	68	67	46	—	—	—	—	—
			>40	410	185	102	102	101	95	88	82	79	76	73	70	67	67	65	65	46	—	—	—	—	—
15CrMo	GB 6479	正火加回火	≤15	440	235	110	110	110	110	110	101	98	95	91	88	86	85	83	82	54	35	—	—	—	—
			16~40	440	225	110	110	110	110	104	95	91	88	86	85	83	82	80	79	54	35	—	—	—	—

续表

材料牌号	标准号	使用状态	材料尺寸/mm	常温强度指标		使用温度范围/℃																			
				σ_{bmin}/MPa	σ_{smin}/MPa	-20~20	100	150	200	250	300	325	350	375	400	425	450	475	500	525	550	575	600	625	650
钢管						最大许用应力/MPa																			
15CrMo	GB 9948	正火加回火	≤16	440	235	110	110	110	110	110	101	98	95	91	88	86	85	83	82	54	35	—	—	—	—
			>16	440	225	110	110	110	110	104	95	91	88	86	85	83	82	80	79	54	35	—	—	—	—
15CrMoG	GB 5310	正火加回火	≤16	440	235	112	112	112	112	112	112	112	112	112	112	112	112	112	90	61	38	—	—	—	—
			17~40	440	225	112	112	112	112	112	112	112	112	112	112	112	112	112	90	61	38	—	—	—	—
			>40	440	205	112	112	112	112	112	112	112	112	112	112	112	112	112	90	61	38	—	—	—	—
12Cr2Mo	GB 6479	正火加回火	≤15	450	280	112	112	112	112	112	112	112	112	112	112	112	112	108	83	56	43	35	—	—	—
			16~40	450	270	112	112	112	112	112	112	112	112	112	112	112	112	102	83	56	43	35	—	—	—
12Cr1MoVG	GB 5310	正火加回火	≤16	470	255	117	117	117	117	117	117	117	117	117	117	117	117	117	115	90	68	50	34	—	—
			17~40	470	245	117	117	117	117	117	117	117	117	117	117	117	117	117	115	90	68	50	34	—	—
			>40	470	235	117	117	117	117	117	117	117	117	117	117	117	117	117	113	90	68	50	34	—	—
1Cr5Mo	GB 6479	退火	≤16	390	195	97	97	97	97	97	95	93	91	90	88	86	85	78	58	43	33	24	16	—	—
			17~40	390	185	97	97	97	95	91	88	86	85	83	82	80	79	78	58	43	33	24	16	—	—
1Cr5Mo	GB 9948	退火	≤16	390	195	97	97	97	97	97	95	93	91	90	88	86	85	78	58	43	33	24	16	—	—
			>16	390	185	97	97	97	95	91	88	86	85	83	82	80	79	78	58	43	33	24	16	—	—
0Cr19Ni9	GB/T 12771	固溶	≤16	520	210	128	106	90	90	85	80	78	77	75	74	73	71	70	69	67	66	62	59	48	39
0Cr18Ni11Nb	GB/T12771	固溶	≤16	520	210	128	128	128	128	128	125	123	121	120	119	118	118	118	118	117	117	99	82	65	51
锻件						最大许用应力/MPa																			
20	JB 4726	正火	≤200	390	215	123	119	113	104	95	85	82	79	76	73	71	56	38	—	—	—	—	—	—	—
35	JB4726	正火①	≤100	510	265	127	127	127	125	113	104	99	95	91	88	79	56	38	—	—	—	—	—	—	—
			101~300	490	245	122	122	122	119	107	98	93	89	85	82	73	56	38	—	—	—	—	—	—	—
16Mn	JB4726		≤300	450	275	112	112	112	112	112	112	112	110	107	104	87	61	40	—	—	—	—	—	—	—

续表

材料牌号	标准号	使用状态	材料尺寸/mm	常温强度指标		使用温度范围/℃																			
				σ_{bmin}/MPa	σ_{smin}/MPa	-20~20	100	150	200	250	300	325	350	375	400	425	450	475	500	525	550	575	600	625	650
锻件						最大许用应力/MPa																			
20MnMo	JB4726	淬火加回火	≤300	530	370	132	132	132	132	132	132	132	132	132	132	132	122	78	46	—	—	—	—	—	—
			301~500	510	350	127	127	127	127	127	127	127	127	127	127	127	122	78	46	—	—	—	—	—	—
			501~700	490	330	122	122	122	122	122	122	122	122	122	122	122	122	78	46	—	—	—	—	—	—
20MnMoNb	JB4726	淬火加回火	≤300	620	470	155	155	155	155	155	155	155	155	155	155	155	155	110	—	—	—	—	—	—	—
			301~500	610	460	152	152	152	152	152	152	152	152	152	152	152	152	110	—	—	—	—	—	—	—
15CrMo	JB4726	淬火加回火[①]	≤300	440	275	110	110	110	110	110	110	110	110	110	110	106	104	102	82	54	35	—	—	—	—
			301~500	430	255	107	107	107	107	107	107	106	104	101	98	96	95	93	82	54	35	—	—	—	—
35CrMo	JB4726	淬火加回火	≤300	620	440	155	155	155	155	155	155	155	155	155	155	155	140	104	73	46	—	—	—	—	—
			301~500	610	430	152	152	152	152	152	152	152	152	152	152	152	140	104	73	46	—	—	—	—	—
12Cr1MoV	JB4726	正火加回火或淬火加回火	≤300	440	255	110	110	110	110	110	110	106	104	101	98	96	95	91	88	76	53	32	—	—	—
			301~500	430	245	107	107	107	107	107	107	106	104	101	98	96	95	91	88	76	53	32	—	—	—
12Cr1Mo1	JB4726		≤300	510	310	127	127	127	127	127	127	127	127	127	127	127	127	127	83	56	43	35	—	—	—
			301~500	500	300	125	125	125	125	125	125	125	125	125	125	125	125	125	83	56	43	35	—	—	—
1Cr5Mo	JB4726		≤500	590	390	147	147	147	147	147	147	147	147	147	147	145	100	78	58	43	33	24	—	—	—
螺栓						最大许用应力/MPa																			
35	GB/T 699	正火	<M24	530	315	121	121	121	121	121	115	110	106	—	—	—	—	—	—	—	—	—	—	—	—
			M24~M56	510	295	127	127	127	127	127	119	114	110	—	—	—	—	—	—	—	—	—	—	—	—
40MnB	GB/T 3077	调质	<M24	805	685	201	201	201	201	201	201	201	201	201	201	—	—	—	—	—	—	—	—	—	—
			M24~M56	765	635	191	191	191	191	191	191	191	191	191	191	—	—	—	—	—	—	—	—	—	—
40MnVB	GB/T 3077	调质	<M24	835	735	208	208	208	208	208	208	208	208	208	208	—	—	—	—	—	—	—	—	—	—
			M24~M56	805	685	201	201	201	201	201	201	201	201	201	201	—	—	—	—	—	—	—	—	—	—

续表

材料牌号	标准号	使用状态	材料尺寸/mm	常温强度指标		使用温度范围/℃																			
				σ_{bmin}/MPa	σ_{smin}/MPa	-20~20	100	150	200	250	300	325	350	375	400	425	450	475	500	525	550	575	600	625	650
螺栓						最大许用应力/MPa																			
40Cr	GB/T 3077	调质	<M24	805	685	201	201	201	201	201	201	201	201	201	201	—	—	—	—	—	—	—	—	—	—
			M24~M56	765	635	191	191	191	191	191	191	191	191	191	191	—	—	—	—	—	—	—	—	—	—
35CrMoA	GB/T 3077	调质	<M24	835	735	208	208	208	208	208	208	208	208	208	140	104	73	—	—	—	—	—	—	—	—
			M24~M80	805	685	201	201	201	201	201	201	201	201	201	140	104	73	—	—	—	—	—	—	—	—
			M85~M105	735	590	183	183	183	183	183	183	183	183	183	140	104	73	—	—	—	—	—	—	—	—
25Cr2MoVA	GB/T 3077	调质	≤M48	835	735	208	208	208	208	208	208	208	208	208	208	208	122	67	36	—	—	—	—	—	—
			M52~M105	805	685	201	201	201	201	201	201	201	201	201	201	201	122	67	36	—	—	—	—	—	—
			M110~M140	735	590	183	183	183	183	183	183	183	183	183	183	183	122	67	36	—	—	—	—	—	—
1Cr5Mo	GB/T 1221	调质	≤M48	590	390	147	147	147	147	147	147	147	147	147	100	78	58	43	33	24	16	—	—	—	—

注：表中粗实线左侧为材料推荐使用温度范围。

①使用状态为正火加回火。

②所列材料的许用应力值，已乘质量系数0.9，其使用温度下限为-20℃。

③这些材料的许用应力是基于相似化学特性的材料。

二、管道最大导向间距的确定

当对管道需要考虑约束由风载、地震、温度变形等引起的横向位移，或要避免因不平衡内压、热胀推力及支承点摩擦力造成管段轴向失稳时，应设置必要的导向架，并限制最大导向间距。

（1）垂直管段的导向间距按表15-6-10选用。

表15-6-10　立管支架间的最大间距

公称直径/mm	15	20	25	40	50	80	100	150	200	250	300	350	400	600	800
最大间距/m	3.5	4	4.5	5.5	6	7	8	9	10	11	12	13	14	16	18

（2）水平管段的导向支架间距（见图 15－6－1、图 15－6－2）按表 15－6－11 选用。

表 15－6－11　导向支架最大间距表

（m）

管道公称直径 *DN*	导向支架最大间距/m	管道公称直径 *DN*	导向支架最大间距/m
25	12.7	250	30.5
40	13.7	300	33.5
50	15.2	350	36.6
65	18.3	400	38.1
80	19.8	450	41.4
100	22.9	500	42.7
150	24.4	600	45.7
200	27.4		

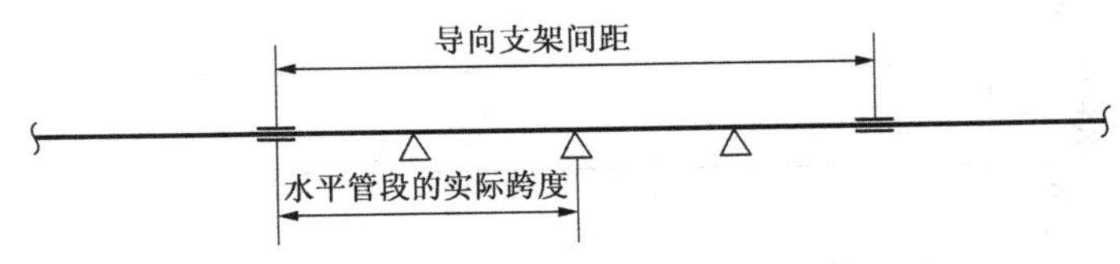

图 15－6－1　水平管段导向支架间距

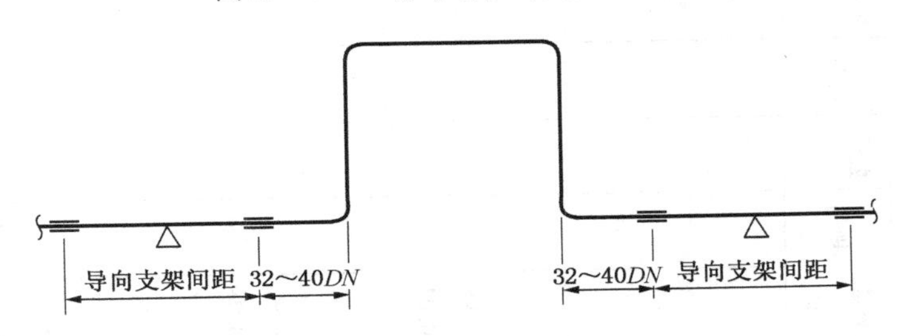

图 15－6－2　水平管段导向支架间距（带Π形补偿器）

三、确定管道支吊架位置的要点

（1）首先要满足管道最大允许跨度的要求。

（2）在有集中荷载时，支架宜布置在靠近荷载的地方，以减少偏心荷载和弯曲应力。

（3）在敏感设备（泵、压缩机等）附近，应设置支架，以防管道荷载作用于设备管嘴。

（4）往复式压缩机的吸入或排出管道以及其他有强烈振动的管道，宜单独设置支架，（支架生根于地面上的管墩、管架上）并与建筑物隔离，以避免将振动传递到建筑物上。

（5）承重支架应安装在靠近设备管嘴处，以减少管嘴受力。如果管道重量过重，一个承重支架承重有困难时，可增设一个弹簧承重支架。

（6）除振动管道外，应尽可能利用建筑物、构筑物的梁柱作为支架的生根点，且应考虑生根点所能承受的荷载。生根点的面积和形状应满足生根构件的要求。必要时应减小跨距以降低生根点的荷载。

（7）对于复杂的管系，尤其需要作较精确的热应力计算的管系，宜按下面步骤设置支架：

第一步将复杂管系用固定支架或导向支架划分为几个较为简单的管段；

第二步在集中荷载点附近配置支架；

第三步按规定的最大允许跨距设置其余支架；

第四步进行热应力核算，根据核算结果调整支吊架的位置。

第七节　支　架　估　料

表15－7－1　支架估料表

支架型号	型钢				钢板				圆钢		螺母		螺栓		无缝钢管		施工图图号
	规格	数量/m	规格	数量/m	规格	数量/m^2	规格	数量/m^2	规格	数量/m	规格	数量/个	规格	数量/个	规格	数量/m	
ZJ－1－1	∠63×6	*L*															S1－15－1
ZJ－1－2	∠75×8	*L*															S1－15－1
ZJ－1－3	[10	*L*															S1－15－2
ZJ－1－4	[12.6	*L*															S1－15－2
ZJ－1－5	∠63×6	*L*															S1－15－3
ZJ－1－6	∠75×8	*L*															S1－15－3
ZJ－1－7	∠63×6	*L*			δ＝8	0.04											S1－15－3
ZJ－1－8	∠75×8	*L*			δ＝8	0.04											S1－15－3
ZJ－1－9	[10	*L*															S1－15－4
ZJ－1－10	[12.6	*L*															S1－15－4
ZJ－1－11	[10	*L*			δ＝8	0.04											S1－15－4
ZJ－1－12	[12.6	*L*			δ＝8	0.04											S1－15－4
ZJ－1－13	∠63×6	2*L*			δ＝8	0.11											S1－15－5
ZJ－1－14	∠75×8	2*L*			δ＝8	0.11											S1－15－5
ZJ－1－15	[8	*L*			δ＝8	0.13											S1－15－6
ZJ－1－16	[10	*L*			δ＝8	0.13											S1－15－6
ZJ－1－25 *DN*15～40	∠63×6	*L*			δ＝8	0.04	δ＝6	0.0012	φ12	0.22	M12	4					S1－15－11
ZJ－1－26 *DN*15～40	∠75×8	*L*			δ＝8	0.04	δ＝6	0.0012	φ12	0.22	M12	4					S1－15－11
ZJ－1－27 *DN*50～100	[10	*L*			δ＝6	0.03	δ＝8	0.04									S1－15－12

续表

支架型号	型钢				钢板				圆钢		螺母		螺栓		无缝钢管		施工图图号
	规格	数量/m	规格	数量/m	规格	数量/m^2	规格	数量/m^2	规格	数量/m	规格	数量/个	规格	数量/个	规格	数量/m	
ZJ－1－28　*DN*50～100	[12.6	*L*			$\delta=6$	0.03	$\delta=8$	0.04									S1－15－12
ZJ－1－29　*DN*50～80	[10	*L*			$\delta=6$	0.09	$\delta=8$	0.04			M12	2	M12×50	2			S1－15－13/1.2
*DN*100	[12.6	*L*			$\delta=6$	0.09	$\delta=8$	0.04			M16	2	M16×60	2			S1－15－13/1.2
ZJ－1－30　*DN*50、80	[10	*L*			$\delta=6$	0.09	$\delta=8$	0.04			M12	2	M12×50	2			S1－15－13/3
*DN*100	[12.6	*L*			$\delta=6$	0.09	$\delta=8$	0.04			M12	2	M16×60	2			S1－15－13/3
ZJ－1－31　*DN*150、200	[12.6	2*L*	[8	0.8	$\delta=8$	0.3											S1－15－14/1.2
ZJ－1－32　*DN*250、300	[12.6	2*L*	[8	1.0	$\delta=10$	0.09	$\delta=8$	0.26									S1－15－14/3.4
ZJ－1－33　*DN*350、400	[12.6	2*L*	[8	1.2	$\delta=8$	0.3									ϕ168.3×7.11	0.4	S1－15－14/5.6
*DN*450、500	[12.6	2*L*	[8	1.2	$\delta=8$	0.3									ϕ219.1×7.04	0.3	S1－15－14/7.8
ZJ－1－34																	S1－15－15
*DN*15～40	∠63×6	*L*			$\delta=8$	0.04			ϕ12	0.22	M12	4					
ZJ－1－35　*DN*15～150.	[10	*L*	I20a	0.25/2个	$\delta=6$	0.015	$\delta=16$	0.006									S1－15－16
DT－1. DT－2			I32a	0.25/2个	$\delta=6$	0.015	$\delta=16$	0.006									
ZJ－1－36　*DN*200～500	[12.6	2*L*	[8	1.1	$\delta=8$	0.1											S1－15－17
ZJ－1－37　*DN*200～500	[12.6	2*L*	[8	1.6	$\delta=8$	0.15	$\delta=6$	0.1									S1－15－18
ZJ－2－1	∠75×8	*L*	∠63×6	$\frac{2\sqrt{3}}{3}L_0$	$\delta=8$①	0.04											S1－15－19/1
ZJ－2－2	∠100×8	*L*	∠75×8	$\frac{8\sqrt{3}}{3}L_0$	$\delta=8$①	0.04											S1－15－19/2
ZJ－2－3	[10	*L*	∠100×8	$\frac{2\sqrt{3}}{3}L_0$	$\delta=8$①	0.04											S1－15－19/3

注：①用于 B 型。

续表

支架型号	型钢				钢板				圆钢		螺母		螺栓		无缝钢管		施工图图号
	规格	数量/m	规格	数量/m	规格	数量/m^2	规格	数量/m^2	规格	数量/m	规格	数量/个	规格	数量/个	规格	数量/m	
ZJ－2－4	[12.6	L	∠100×8	$\frac{2\sqrt{3}}{3}L_0$	$\delta=8$①	0.04											S1－15－19/3
ZJ－2－5	∠75×8	L	∠63×6	$\frac{2\sqrt{3}}{3}L$	$\delta=8$①	0.04											S1－15－20/1
ZJ－2－6	∠100×8	L	∠75×8	$\frac{2\sqrt{3}}{3}L$	$\delta=8$①	0.04											S1－15－20/2
ZJ－2－7	[10	L	∠100×8	$\frac{2\sqrt{3}}{3}L$	$\delta=8$①	0.04											S1－15－20/3
ZJ－2－8	[12.6	L	∠100×8	$\frac{2\sqrt{3}}{3}L$	$\delta=8$①	0.04											S1－15－20/3
ZJ－2－9	∠75×8	$L_0+0.5$	∠63×6	$\frac{2\sqrt{3}}{3}L_0$	$\delta=8$①	0.04											S1－15－21/1
ZJ－2－10	∠100×8	$L_0+0.5$	∠75×8	$\frac{2\sqrt{3}}{3}L_0$	$\delta=8$①	0.04											S1－15－21/2
ZJ－2－11	[10	$L_0+0.5$	∠100×8	$\frac{2\sqrt{3}}{3}L_0$	$\delta=8$①	0.04											S1－15－21/3
ZJ－2－12	[12.6	$L_0+0.5$	∠100×8	$\frac{2\sqrt{3}}{3}L_0$	$\delta=8$①	0.04											S1－15－21/3
ZJ－2－13	∠63×6	$L+0.22$	∠50×5	$\frac{L}{\sin60^\circ}+0.1$													S1－15－22
ZJ－2－14	∠75×8	$L+0.22$	∠63×6	$\frac{L}{\sin60^\circ}+0.1$													S1－15－22
ZJ－2－15	[10	$L+0.22$	∠100×8	$\frac{L}{\sin60^\circ}+0.1$													S1－15－22

注："①"用于B型。

续表

支架型号	型钢				钢板				圆钢		螺母		螺栓		无缝钢管		施工图图号
	规格	数量/m	规格	数量/m	规格	数量/m^2	规格	数量/m^2	规格	数量/m	规格	数量/个	规格	数量/个	规格	数量/m	
ZJ－2－16	∠63×6	$L+0.4$	∠50×5	$\frac{L-0.2}{\sin 45°}+0.25$													S1－15－23
ZJ－2－17	∠75×8	$L+0.22$	∠63×6	$\frac{L-0.2}{\sin 45°}+0.28$													S1－15－23
	∠50×5	0.15															
ZJ－2－18	[10	$L+0.22$	∠100×8	$\frac{L-0.2}{\sin 45°}+0.1$													S1－15－23
	∠63×6	0.18	∠50×5	0.15													
ZJ－2－19	∠63×6	$L+0.48$	∠50×5	$\frac{L-0.3}{\sin 45°}+0.25$													S1－15－24
ZJ－2－20	∠75×8	$L+0.3$	∠63×6	$\frac{L-0.3}{\sin 45°}+0.28$													S1－15－24
ZJ－2－21	[10	$L+0.3$	∠100×8	$\frac{L-0.3}{\sin 45°}+0.1$													S1－15－24
			∠63×6	0.18													
			∠50×5	0.15													
ZJ－2－22*DN*50～100	∠75×8	L_1	∠63×6	$\frac{2\sqrt{3}}{3}L_1$	$\delta=6$	0.03	$\delta=8$	0.04									S1－15－25
ZJ－2－23*DN*50～100	[10	L_1	∠100×8	$\frac{2\sqrt{3}}{3}L_1$	$\delta=6$	0.03	$\delta=8$	0.04									S1－15－26
ZJ－2－24 *DN*50、80	∠75×8	L_1	∠63×6	$\frac{2\sqrt{3}}{3}L_1$	$\delta=6$	0.62	$\delta=8$	0.8			M12	2	M12×50	2			S1－15－27/1.2

续表

支架型号	型钢				钢板				圆钢		螺母		螺栓		无缝钢管		施工图图号
	规格	数量/m	规格	数量/m	规格	数量/m^2	规格	数量/m^2	规格	数量/m	规格	数量/个	规格	数量/个	规格	数量/m	
DN100	∠75×8	L_1	∠63×6	$\frac{2\sqrt{3}}{3}L_1$	δ=6	0.62	δ=8	0.8			M16	2	M16×60	2			S1-15-27/3
ZJ-2-25DN50、80	[10	L_1	[10	$\frac{2\sqrt{3}}{3}L_1$	δ=6	0.62	δ=8	0.3			M12	2	M12×50	2			S1-15-28/1.2
DN100	[10	L_1	[10	$\frac{2\sqrt{3}}{3}L_1$	δ=6	0.62	δ=8	0.8			M16	2	M16×50	2			S1-15-28/3
ZJ-2-26DN150~300	[10	$2L+\frac{4\sqrt{3}}{3}L$	[8	1.8	δ=6	0.2	δ=8	0.34									S1-15-29/1~4
					δ=10①	0.1											
ZJ-2-26DN350~450	[10	$2L+\frac{4\sqrt{3}}{3}L$	[8	1.8			δ=8	0.34							φ168.3×7.11	0.4	S1-15-29/5~7
ZJ-2-26DN500	[10	$2L+\frac{4\sqrt{3}}{3}L$	[8	2			δ=8	0.34							φ219.1×7.04	0.3	S1-15-29/8
ZJ-3-1	∠50×3	L	∠63×6	H	δ=6	0.01											S1-15-30
ZJ-3-2	∠63×6	L	∠75×8	H	δ=6	0.012											S1-15-30
ZJ-3-3	∠50×3	L	∠63×6	H	δ=6	0.02					M12	8	M12×50②	4			S1-15-31
ZJ-3-4	∠63×6	L	∠75×8	H	δ=6	0.023					M12	8	M12×50②	4			S1-15-31
ZJ-3-5	∠50×3	L	∠63×6	H	δ=6	0.02											S1-15-32

注："①"用于DN250.300。

②双头螺栓；未注明的为单头螺栓。

续表

支架型号	型钢				钢板				圆钢		螺母		螺栓		无缝钢管		施工图图号
	规格	数量/m	规格	数量/m	规格	数量/m^2	规格	数量/m^2	规格	数量/个	规格	数量/m	规格	数量/个	规格	数量/m	
ZJ－3－6	∠63×6	L	∠75×8	H	$\delta=6$	0.023											S1－15－32
ZJ－4－1	[8	L	∠50×5	$2H$	$\delta=6$	0.02											S1－15－35
ZJ－4－2	[10	L	∠50×5	$2H$	$\delta=6$	0.02											S1－15－35
ZJ－4－3	[12.6	L	∠63×6	$2H$	$\delta=6$	0.02											S1－15－35
ZJ－4－4	[8	L	∠50×5	$2H$	$\delta=6$	0.034					M12	8	M12×50①	4			S1－15－36
ZJ－4－5	[10	L	∠50×5	$2H$	$\delta=6$	0.034					M12	8	M12×50①	4			S1－15－36
ZJ－4－6	[12.6	L	∠63×6	$2H$	$\delta=8$	0.04					M12	8	M12×50①	4			S1－15－36
ZJ－4－7	[8	L	∠50×5	$2H$	$\delta=6$	0.034											S1－15－37
ZJ－4－8	[10	L	∠50×5	$2H$	$\delta=6$	0.034											S1－15－37
ZJ－4－9	[12.6	L	∠63×6	$2H$	$\delta=8$	0.04											S1－15－37
ZJ－4－10	∠75×8	$A+2B+2H$															S1－15－38
ZJ－4－11	[10	$A+2B+2H$															S1－15－39
ZJ－4－12	[10	$L+2H$															S1－15－40
ZJ－4－13	[10	$L+2H$			$\delta=6$	0.012											S1－15－40
ZJ－4－14	[10	$L+H$			$\delta=6$	0.006											S1－15－41
ZJ－4－15	[10	$L+H$															S1－15－41
HT－1－*DN*15～150	I20a	0.25/2 个															S1－15－42
HT－2－*DN*15～150	I32a	0.25/2 个															S1－15－42
HT－1－*DN*200～300	I20a	0.35/2 个			$\delta=10$	0.009											S1－15－43/1
HT－2－*DN*200～300	I32a	0.35/2 个			$\delta=10$	0.012											S1－15－43/1
HT－3－*DN*200～300					$\delta=10$	0.14											S1－15－43/2
HT－1－*DN*350～500					$\delta=12$	0.2											S1－15－44
HT－2－*DN*350～500					$\delta=12$	0.24											S1－15－44
HT－3－*DN*350～500					$\delta=12$	0.3											S1－15－44

注：①双头螺栓；未注明的为单头螺栓。

续表

支架型号	型钢				钢板				螺母		弹簧垫圈		螺栓		扁钢		施工图图号
	规格	数量/m	规格	数量/m	规格	数量/m^2	规格	数量/m^2	规格	数量/个	规格	数量/个	规格	数量/个	规格	数量/m	
HK－1－15～50	I20a	0.25/2个			δ=10	0.015			M12	4	12	4	M12×50	4	60×6	0.37	S1－15－45
HK－1－65	I20a	0.25/2个			δ=10	0.015			M12	4	12	4	M12×50	4	60×6	0.42	S1－15－45
HK－1－80	I20a	0.25/2个			δ=10	0.015			M12	4	12	4	M12×50	4	60×6	0.46	S1－15－45
HK－1－100	I20a	0.25/2个			δ=10	0.015			M16	4	16	4	M16×60	4	60×6	0.54	S1－15－45
HK－1－125	I20a	0.25/2个			δ=10	0.015			M16	4	16	4	M16×60	4	60×6	0.62	S1－15－45
HK－1－150	I20a	0.25/2个			δ=10	0.015			M16	4	16	4	M16×60	4	60×6	0.68	S1－15－45
HK－2－15～50	I32a	0.25/2个			δ=10	0.022			M12	4	12	4	M12×50	4	60×6	0.37	S1－15－45
HK－2－65	I32a	0.25/2个			δ=10	0.022			M12	4	12	4	M12×50	4	60×6	0.42	S1－15－45
HK－2－80	I32a	0.25/2个			δ=10	0.022			M12	4	12	4	M12×50	4	60×6	0.46	S1－15－45
HK－2－100	I32a	0.25/2个			δ=10	0.022			M16	4	16	4	M16×60	4	60×6	0.54	S1－15－45
HK－2－125	I32a	0.25/2个			δ=10	0.022			M16	4	16	4	M16×60	4	60×6	0.62	S1－15－45
HK－2－150	I32a	0.25/2个			δ=10	0.022			M16	4	16	4	M16×60	4	60×6	0.68	S1－15－45
HK－1－200	I20a	0.35/2个			δ=10	0.014			M20	4	20	4	M20×80	4	80×12	0.94	S1－15－46
HK－1－250	I20a	0.35/2个			δ=10	0.014			M20	4	20	4	M20×80	4	80×12	1.12	S1－15－46
HK－1－300	I20a	0.35/2个			δ=10	0.014			M20	4	20	4	M20×80	4	80×12	1.28	S1－15－46
HK－2－200	I32a	0.35/2个			δ=10	0.021			M20	4	20	4	M20×80	4	80×12	0.94	S1－15－46
HK－2－250	I32a	0.35/2个			δ=10	0.021			M20	4	20	4	M20×80	4	80×12	1.12	S1－15－46
HK－2－300	I32a	0.35/2个			δ=10	0.021			M20	4	20	4	M20×80	4	80×12	1.28	S1－15－46
HK－3－200					δ=10	0.14			M20	4	20	4	M20×80	4	80×12	0.94	S1－15－46
HK－3－250					δ=10	0.14			M20	4	20	4	M20×80	4	80×12	1.12	S1－15－46
HK－3－300					δ=10	0.14			M20	4	20	4	M20×80	4	80×12	1.28	S1－15－46
HK－1－350					δ=12	0.18			M24	4	24	4	M24×90	4	80×12	1.43	S1－15－47
HK－1－400					δ=12	0.18			M24	4	24	4	M24×90	4	80×12	1.6	S1－15－47
HK－1－450					δ=12	0.18			M24	4	24	4	M24×90	4	80×12	1.76	S1－15－47
HK－1－500					δ=12	0.18			M24	4	24	4	M24×90	4	80×12	1.92	S1－15－47
HK－2－350					δ=12	0.24			M24	4	24	4	M24×90	4	80×12	1.43	S1－15－47

续表

支架型号	型钢				钢板				螺母		弹簧垫圈		螺栓		扁钢		施工图图号
	规格	数量/m	规格	数量/m	规格	数量/m^2	规格	数量/m^2	规格	数量/个	规格	数量/个	规格	数量/个	规格	数量/m	
HK－2－400					δ＝12	0.24			M24	4	24	4	M24×90	4	80×12	1.6	S1－15－47
HK－2－450					δ＝12	0.24			M24	4	24	4	M24×90	4	80×12	1.76	S1－15－47
HK－2－500					δ＝12	0.24			M24	4	24	4	M24×90	4	80×12	1.92	S1－15－47
HK－3－350					δ＝12	0.29			M24	4	24	4	M24×90	4	80×12	1.43	S1－15－47
HK－3－400					δ＝12	0.29			M24	4	24	4	M24×90	4	80×12	1.6	S1－15－47
HK－3－450					δ＝12	0.29			M24	4	24	4	M24×90	4	80×12	1.76	S1－15－47
HK－3－500					δ＝12	0.29			M24	4	24	4	M24×90	4	80×12	1.92	S1－15－47
GT－1－*DN*50～150					δ＝10	0.06			M20	8			M20×80	4			S1－15－48
GT－2－*DN*50～150					δ＝10	0.08			M20	8			M20×80	4			S1－15－48
ZD－1－200	I20a	0.11															S1－15－49
ZD－1－250	I20a	0.11															S1－15－49
ZD－1－300	I20a	0.11															S1－15－49
ZD－1－350	I20a	0.12			δ＝6	0.06											S1－15－50
ZD－1－400	I20a	0.12			δ＝6	0.07											S1－15－50
ZD－1－450	I20a	0.12			δ＝10	0.08											S1－15－50
ZD－1－500	I20a	0.12			δ＝10	0.08											S1－15－50
ZT－1－*DN*15～150	I20a	0.15	I20a	0.6/2个													S1－15－51
ZT－2－*DN*15～150	I20a	0.16	I32a	0.6/2个													S1－15－51
ZT－1－*DN*200～300	I20a	0.15	I20a	0.6/2个	δ＝10	0.008											S1－15－52
ZT－2－*DN*200～300	I20a	0.15	I32a	0.6/2个	δ＝10	0.012											S1－15－52
ZT－3－*DN*200～300	I20a	0.15			δ＝10	0.21											S1－15－53
ZT－1－*DN*350～500	I20a	0.15			δ＝12	0.29											S1－15－54
ZT－2－*DN*350～500	I20a	0.15			δ＝12	0.37											S1－15－54
ZT－3－*DN*350～500	I20a	0.15			δ＝12	0.45											S1－15－54
ZK－1－50	I20a ∠50×5	0.15 0.2	I20a	0.6/2个			δ＝10	0.018	M12	4	12	4	M12×50	4	60×6	0.37	S1－15－55

续表

支架型号	型钢				钢板				螺母		弹簧垫圈		螺栓		扁钢		施工图图号
	规格	数量/m	规格	数量/m	规格	数量/m^2	规格	数量/m^2	规格	数量/个	规格	数量/个	规格	数量/个	规格	数量/m	
ZK－1－65	I20a ∠50×5	0.15 0.2	I20a	0.6/2个			δ=10	0.018	M12	4	12	4	M12×50	4	60×6	0.42	S1－15－55
ZK－1－80	I20a ∠50×5	0.15 0.2	I20a	0.6/2个			δ=10	0.018	M12	4	12	4	M12×50	4	60×6	0.45	S1－15－55
ZK－1－100	I20a ∠50×5	0.15 0.2	I20a	0.6/2个			δ=10	0.018	M16	4	16	4	M16×60	4	60×6	0.54	S1－15－55
ZK－1－125	I20a ∠50×5	0.15 0.2	I20a	0.6/2个			δ=10	0.018	M16	4	16	4	M16×60	4	60×6	0.616	S1－15－55
ZK－1－150	I20a ∠50×5	0.15 0.2	I20a	0.6/2个			δ=10	0.018	M16	4	16	4	M16×60	4	60×6	0.68	S1－15－55
ZK－2－50	I32a ∠50×5	0.6/2个 0.2	I20a	0.15			δ=10	0.03	M12	4	12	4	M12×50	4	60×6	0.37	S1－15－55
ZK－2－65	I32a ∠50×5	0.6/2个 0.2	I20a	0.15			δ=10	0.03	M12	4	12	4	M12×50	4	60×6	0.42	S1－15－55
ZK－2－80	I32a	0.60/2个	I20a ∠50×5	0.15 0.2			δ=10	0.03	M12	4	12	4	M12×50	4	60×6	0.45	S1－15－55
ZK－2－100	I32a	0.60/2个	I20a ∠50×5	0.15 0.2			δ=10	0.03	M16	4	16	4	M16×60	4	60×6	0.54	S1－15－55
ZK－2－125	I32a	0.60/2个	I20a ∠50×5	0.15 0.2			δ=10	0.03	M16	4	16	4	M16×60	4	60×6	0.616	S1－15－55
ZK－2－150	I32a	0.60/2个	I20a ∠50×5	0.15 0.2			δ=10	0.03	M16	4	16	4	M16×60	4	60×6	0.68	S1－15－55
ZK－1－200	I20a	0.6/2个	I20a ∠75×8	0.15 0.3	δ=10	0.017			M20	4	20	4	M20×80	4	80×12	0.94	S1－15－56
ZK－1－250	I20a	0.6/2个	I20a ∠75×8	0.15 0.3	δ=10	0.017			M20	4	20	4	M20×80	4	80×12	1.12	S1－15－56

支架型号	型钢				钢板				螺母		弹簧垫圈		螺栓		扁钢		施工图图号
	规格	数量/m	规格	数量/m	规格	数量/m²	规格	数量/m²	规格	数量/个	规格	数量/个	规格	数量/个	规格	数量/m	
ZK-1-300	I20a	0.6/2个	I20a ∠75×8	0.15 0.3	δ=10	0.017			M20	4	20	4	M20×80	4	80×12	1.28	S1-15-56
ZK-2-200	I20a	0.15	I32a ∠75×8	0.6/2个 0.3	δ=10	0.021			M20	4	20	4	M20×80	4	80×12	0.94	S1-15-56
ZK-2-250	I20a	0.15	I32a ∠75×8	0.6/2个 0.3	δ=10	0.021			M20	4	20	4	M20×80	4	80×12	1.12	S1-15-56
ZK-2-300	I20a	0.15	I32a ∠75×8	0.6/2个 0.3	δ=10	0.021			M20	4	20	4	M20×80	4	80×12	1.28	S1-15-56
ZK-3-200	I20a	0.15	∠75×8	0.3			δ=10	0.22	M20	4	20	4	M20×80	4	80×12	0.94	S1-15-56
ZK-3-250	I20a	0.15	∠75×8	0.3			δ=10	0.22	M20	4	20	4	M20×80	4	80×12	1.12	S1-15-56
ZK-3-300	I20a	0.15	∠75×8	0.3			δ=10	0.22	M20	4	20	4	M20×80	4	80×12	1.28	S1-15-56
ZK-1-350	I20a	0.15	∠75×8	0.6			δ=12	0.29	M24	4	24	4	M24×90	4	80×12	1.428	S1-15-57
ZK-1-400	I20a	0.15	∠75×8	0.6			δ=12	0.29	M24	4	24	4	M24×90	4	80×12	1.6	S1-15-57
ZK-1-450	I20a	0.15	∠75×8	0.6			δ=12	0.29	M24	4	24	4	M24×90	4	80×12	1.76	S1-15-57
ZK-1-500	I20a	0.15	∠75×8	0.6			δ=12	0.29	M24	4	24	4	M24×90	4	80×12	1.92	S1-15-57
ZK-2-350	I20a	0.15	∠75×8	0.6			δ=12	0.37	M24	4	24	4	M24×90	4	80×12	1.428	S1-15-57
ZK-2-400	I20a	0.15	∠75×8	0.6			δ=12	0.37	M24	4	24	4	M24×90	4	80×12	1.6	S1-15-57
ZK-2-450	I20a	0.15	∠75×8	0.6			δ=12	0.37	M24	4	24	4	M24×90	4	80×12	1.76	S1-15-57
ZK-2-500	I20a	0.15	∠75×8	0.6			δ=12	0.37	M24	4	24	4	M24×90	4	80×12	1.92	S1-15-57
ZK-3-350	I20a	0.15	∠75×8	0.6			δ=12	0.45	M24	4	24	4	M24×90	4	80×12	1.428	S1-15-57
ZK-3-400	I20a	0.15	∠75×8	0.6			δ=12	0.45	M24	4	24	4	M24×90	4	80×12	1.6	S1-15-57
ZK-3-450	I20a	0.15	∠75×8	0.6			δ=12	0.45	M24	4	24	4	M24×90	4	80×12	1.76	S1-15-57
ZK-3-500	I20a	0.15	∠75×8	0.6			δ=12	0.45	M24	4	24	4	M24×90	4	80×12	1.92	S1-15-57
DT-1-*DN*15~150	I20a	0.25/2个			δ=16	0.007											S1-15-58
DT-2-*DN*15~150	I32a	0.25/2个			δ=16	0.007											S1-15-58
DT-1-*DN*200~300	I20a	0.25/2个			δ=10	0.007	δ=16	0.007									S1-15-59

续表

支架型号	型钢				钢板				螺母		弹簧垫圈		螺栓		扁钢		施工图图号
	规格	数量/m	规格	数量/m	规格	数量/m^2	规格	数量/m^2	规格	数量/个	规格	数量/个	规格	数量/个	规格	数量/m	
DT－2－*DN*200～300	I32a	0.25/2个			$\delta=10$	0.01	$\delta=16$	0.007									S1－15－59
DT－3－*DN*200～300					$\delta=10$	0.13	$\delta=16$	0.007									S1－15－59
DT－1－*DN*350～500					$\delta=12$	0.19	$\delta=16$	0.007									S1－15－60
DT－2－*DN*350～500					$\delta=12$	0.24	$\delta=16$	0.007									S1－15－60
DT－3－*DN*350～500					$\delta=12$	0.3	$\delta=16$	0.007									S1－15－60
DK－1－50	I20a	0.25/2个			$\delta=10$	0.02	$\delta=16$	0.007	M12	4	12	4	M12×50	4	60×6	0.37	S1－15－61
DK－1－65	I20a	0.25/2个			$\delta=10$	0.02	$\delta=16$	0.007	M12	4	12	4	M12×50	4	60×6	0.42	S1－15－61
DK－1－80	I20a	0.25/2个			$\delta=10$	0.02	$\delta=16$	0.007	M12	4	12	4	M12×50	4	60×6	0.46	S1－15－61
DK－1－100	I20a	0.25/2个			$\delta=10$	0.02	$\delta=16$	0.007	M12	4	12	4	M12×50	4	60×12	0.54	S1－15－61
DK－1－125	I20a	0.25/2个			$\delta=10$	0.02	$\delta=16$	0.007	M12	4	12	4	M12×50	4	60×12	0.62	S1－15－61
DK－1－150	I20a	0.25/2个			$\delta=10$	0.02	$\delta=16$	0.007	M12	4	12	4	M12×50	4	60×12	0.68	S1－15－61
DK－2－50	I32a	0.25/2个			$\delta=10$	0.02	$\delta=16$	0.007	M16	4	16	4	M16×60	4	60×6	0.37	S1－15－61
DK－2－65	I32a	0.25/2个			$\delta=10$	0.02	$\delta=16$	0.007	M16	4	16	4	M16×60	4	60×6	0.42	S1－15－61
DK－2－80	I32a	0.25/2个			$\delta=10$	0.02	$\delta=16$	0.007	M16	4	16	4	M16×60	4	60×6	0.46	S1－15－61
DK－2－100	I32a	0.25/2个			$\delta=10$	0.02	$\delta=16$	0.007	M16	4	16	4	M16×60	4	60×12	0.54	S1－15－61
DK－2－125	I32a	0.25/2个			$\delta=10$	0.02	$\delta=16$	0.007	M16	4	16	4	M16×60	4	60×12	0.62	S1－15－61
DK－2－150	I32a	0.25/2个			$\delta=10$	0.02	$\delta=16$	0.007	M16	4	16	4	M16×60	4	60×12	0.68	S1－15－61
DK－1－200	I20a	0.35/2个			$\delta=10$	0.02	$\delta=16$	0.007	M20	4	20	4	M20×80	4	80×12	0.94	S1－15－62
DK－1－250	I20a	0.35/2个			$\delta=10$	0.02	$\delta=16$	0.007	M20	4	20	4	M20×80	4	80×12	1.12	S1－15－62
DK－1－300	I20a	0.35/2个			$\delta=10$	0.02	$\delta=16$	0.007	M20	4	20	4	M20×80	4	80×12	1.28	S1－15－62
DK－2－200	I32a	0.35/2个			$\delta=10$	0.025	$\delta=16$	0.007	M20	4	20	4	M20×80	4	80×12	0.94	S1－15－62
DK－2－250	I32a	0.35/2个			$\delta=10$	0.025	$\delta=16$	0.007	M20	4	20	4	M20×80	4	80×12	1.12	S1－15－62
DK－2－300	I32a	0.35/2个			$\delta=10$	0.025	$\delta=16$	0.007	M20	4	20	4	M20×80	4	80×12	1.28	S1－15－62
DK－3－200					$\delta=10$	0.15	$\delta=16$	0.007	M20	4	20	4	M20×80	4	80×12	0.94	S1－15－62
DK－3－250					$\delta=10$	0.15	$\delta=16$	0.007	M20	4	20	4	M20×80	4	80×12	1.12	S1－15－62
DK－3－300					$\delta=10$	0.15	$\delta=16$	0.007	M20	4	20	4	M20×80	4	80×12	1.28	S1－15－62

续表

支架型号	型钢				钢板				螺母		弹簧垫圈		螺栓		扁钢		施工图图号
	规格	数量/m	规格	数量/m	规格	数量/m^2	规格	数量/m^2	规格	数量/个	规格	数量/个	规格	数量/个	规格	数量/m	
DK-1-350					$\delta=12$	0.18	$\delta=16$	0.007	M24	4	24	4	M24×90	4	80×12	1.43	S1-15-63
DK-1-400					$\delta=12$	0.18	$\delta=16$	0.007	M24	4	24	4	M24×90	4	80×12	1.6	S1-15-63
DK-1-450					$\delta=12$	0.18	$\delta=16$	0.007	M24	4	24	4	M24×90	4	80×12	1.76	S1-15-63
DK-1-500					$\delta=12$	0.18	$\delta=16$	0.007	M24	4	24	4	M24×90	4	80×12	1.92	S1-15-63
DK-2-350					$\delta=12$	0.24	$\delta=16$	0.007	M24	4	24	4	M24×90	4	80×12	1.43	S1-15-63
DK-2-400					$\delta=12$	0.24	$\delta=16$	0.007	M24	4	24	4	M24×90	4	80×12	1.6	S1-15-63
DK-2-450					$\delta=12$	0.24	$\delta=16$	0.007	M24	4	24	4	M24×90	4	80×12	1.76	S1-15-63
DK-2-500					$\delta=12$	0.24	$\delta=16$	0.007	M24	4	24	4	M24×90	4	80×12	1.92	S1-15-63
DK-3-350					$\delta=12$	0.29	$\delta=16$	0.007	M24	4	24	4	M24×90	4	80×12	1.43	S1-15-63
DK-3-400					$\delta=12$	0.29	$\delta=16$	0.007	M24	4	24	4	M24×90	4	80×12	1.6	S1-15-63
DK-3-450					$\delta=12$	0.29	$\delta=16$	0.007	M24	4	24	4	M24×90	4	80×12	1.76	S1-15-63
DK-3-500					$\delta=12$	0.29	$\delta=16$	0.007	M24	4	24	4	M24×90	4	80×12	1.92	S1-15-63
DG-1-12、16、20					$\delta=10$	0.02											S1-15-64
DG-1-24					$\delta=16$	0.025											S1-15-64
DG-1-30					$\delta=20$	0.03											S1-15-64
DG-2-12、16、20					$\delta=12$	0.01											S1-15-65
DG-1-24					$\delta=16$	0.03											S1-15-65
DG-1-30					$\delta=20$	0.04											S1-15-65
DG-3-12					$\delta=10$	0.022			M12	1	M12	1	M12×55	1			S1-15-66
DG-3-16					$\delta=10$	0.022			M16	1	M16	1	M16×60	1			S1-15-66
DG-3-20					$\delta=12$	0.031			M20	1	M20	1	M20×80	1			S1-15-66
DG-3-24					$\delta=14$	0.034			M24	1	M24	1	M24×90	1			S1-15-66
DG-3-30					$\delta=16$	0.038			M30	1	M30	1	M30×115	1			S1-15-66

续表

支架型号	型钢				钢板				圆钢		螺母		螺栓		弹簧垫圈		施工图图号
	规格	数量/m	规格	数量/m	规格	数量/m^2	规格	数量/m^2	规格	数量/个	规格	数量/个	规格	数量/个	规格	数量/个	
DB－1－12					$\delta=8$	0.008											S1－15－68
DB－1－16					$\delta=8$	0.01											S1－15－68
DB－1－20					$\delta=12$	0.03											S1－15－68
DB－2　*DN*≤50					$\delta=8$	0.008											S1－15－69
*DN*80～150					$\delta=8$	0.02											S1－15－69
*DN*200～300					$\delta=12$	0.03											S1－15－69
DB－3　*DN*15～150					$\delta=10$	0.046											S1－15－70
*DN*200～300					$\delta=16$	0.08											S1－15－70
DB－4　*DN*200～300	88.9×5.56	0.5	焊接钢管		$\delta=10$	0.5											S1－15－71
*DN*350、400	114.3×6.02	0.5	焊接钢管		$\delta=12$	0.64											S1－15－71
*DN*450、500	168.3×7.1	0.5	焊接钢管		$\delta=12$	0.64											S1－15－71
DB－5　*DN*15～80	□60×6	0.60									M12	2	M12×50	2	12	2	S1－15－72
*DN*100～150	□60×6	0.84									M16	2	M16×60	2	16	2	S1－15－72
*DN*200～300	□80×12	1.50									M20	2	M20×80	2	20	2	S1－15－72
*DN*350～500	□80×12	2.20									M24	2	M24×90	2	24	2	S1－15－72
DB－6　*DN*100～150	□60×6	1.00									M16	3	M16×60	3	16	3	S1－15－73
*DN*200～300	□80×12	1.70									M20	3	M20×80	3	20	3	S1－15－73
*DN*350～500	□80×12	2.40									M24	3	M24×90	3	24	3	S1－15－73
DB－7　*DN*50～80	□60×6	0.60	$\delta=10$	0.07							M12	4	M12×50	4	12	4	S1－15－74
*DN*100～150	□60×6	0.84	$\delta=10$	0.07							M16	4	M16×60	4	16	4	
*DN*200～300	□80×12	1.50	$\delta=16$	0.13							M20	4	M20×80	4	20	4	
*DN*350～500	□80×12	2.20	$\delta=16$	0.15							M24	4	M24×90	4	20	4	
DL－1																	S1－15－75

续表

支架型号	型钢				钢板				圆钢		螺母		螺栓		扁螺母		施工图图号
	规格	数量/m	规格	数量/m	规格	数量/m^2	规格	数量/m^2	规格	数量/m	规格	数量/个	规格	数量/个	规格	数量/个	
DL-2									φ12	L							S1-15-76
									φ16	L							
									φ20	L							
									φ24	L							
									φ30	L							
									φ36	L							
									φ42	L							
									φ48	L							
									φ56	L							
									φ64	L							
									φ12	$L+0.2$							
									φ16	$L+0.2$							
									φ20	$L+0.3$							
									φ24	$L+0.3$							
									φ30	$L+0.4$							
									φ36	$L+0.5$							
									φ42	$L+0.5$							
									φ48	$L+0.5$							
									φ56	$L+0.5$							
									φ64	$L+0.5$							
DL-3									φ12	$L+0.2$							S1-15-77
									φ16	$L+0.2$							

续表

支架型号	型钢				钢板				圆钢		螺母		螺栓		扁螺母		施工图图号
	规格	数量/m	规格	数量/m	规格	数量/m^2	规格	数量/m^2	规格	数量/m	规格	数量/个	规格	数量/个	规格	数量/个	
DL－4									φ20	$L+0.3$							S1－15－78
									φ24	$L+0.3$							
									φ30	$L+0.4$							
									φ36	$L+0.5$							
									φ42	$L+0.5$							
									φ48	$L+0.5$							
									φ56	$L+0.5$							
									φ64	$L+0.5$							
									φ12	L							
									φ16	L							
									φ20	L							
									φ24	L							
									φ30	L							
									φ36	L							
									φ42	L							
									φ48	L							
									φ56	L							
									φ64	L							
PK－1																	S1－15－79

续表

支架型号	型钢				钢板				圆钢		螺母		螺栓		扁钢		施工图图号
	规格	数量/m	规格	数量/m	规格	数量/m^2	规格	数量/m^2	规格	数量/m	规格	数量/个	规格	数量/个	规格	数量/m	
*DN*15 ~ 80									φ12	0.34	M12	4					
*DN*100 ~ 150A									φ16	0.55	M16	4					
*DN*200 ~ 300									φ20	1.0	M20	4					
*DN*350 ~ 500									φ24	1.5	M24	4					
*DN*600									φ30	1.8							S1 – 15 – 80
PK – 2																	
*DN*15 ~ 80									φ12	0.34	M12	4					
*DN*100 ~ 150A									φ16	0.55	M16	4					
*DN*200 ~ 300									φ20	1.0	M20	4					
*DN*350 ~ 500									φ24	1.5	M24	4					
*DN*600									φ30	1.8	M30	4					S1 – 15 – 81
PK – 3																	
*DN*15 ~ 80											M12	2	M12 × 50	2	60 × 6	0.36	
*DN*100 ~ 150A											M16	2	M16 × 60	2	60 × 6	0.56	
*DN*200 ~ 300											M20	2	M20 × 80	2	80 × 6	1.1	
*DN*350 ~ 500											M24	2	M24 × 90	2	80 × 12	1.6	
*DN*600											M30	2	M30 × 110	2	80 × 12	1.9	S1 – 15 – 82
PK – 4																	
*DN*15 ~ 50									φ12	0.20	M12	1					S1 – 15 – 83
PK – 5																	
*DN*80					δ = 8	0.006			φ12	0.41	M12	4					
*DN*100 ~ 150					δ = 8	0.006			φ16	0.84	M16	4					
*DN*200 ~ 300	∠63 × 6*	0.2			δ = 8	0.006			φ20	1.0	M20	4					
*DN*350 ~ 500	∠63 × 6	0.2							φ24	1.5	M24	4					
*DN*600	∠63 × 6	0.2							φ30	1.8	M30	4					S1 – 15 – 84
PK – 6																	
DN≤80									φ12	1.17	M12	4					
*DN*100 ~ 150									φ16	2.1	M16	4					
*DN*200 ~ 300									φ20	2.3	M20	4			50 × 10	0.62	
*DN*350 ~ 500									φ24	2.6	M24	4			80 × 10	1.0	
*DN*600									φ30	2.8	M30	4			80 × 10	1.2	

注：“ * ”仅用于 *DN*300 ~ 600。

续表

支架型号	钢板				焊接钢管				圆钢		螺母		螺栓		扁钢		施工图图号
	规格	数量/m^2	规格	数量/m^2	规格	数量/m	规格	数量/m	规格	数量/m	规格	数量/个	规格	数量/个	规格	数量/m	
PT－1－*DN*－H																	S1－15－85
DN≤50	$\delta=8$	0.023			25	H											
*DN*80～150	$\delta=8$	0.04			50	H											
*DN*200～350	$\delta=8$	0.09			80	H											
*DN*400	$\delta=8$	0.16			100	H											
PT－2－*DN*－H																	S1－15－86
DN≤50	$\delta=8$	0.045			25	H			$\phi12$	0.25	M12	4					
*DN*80～150	$\delta=8$	0.08			50	H			$\phi16$	0.55	M16	4					
*DN*200～300	$\delta=8$	0.18			80	H			$\phi20$	1.0	M20	4					
*DN*350/400	$\delta=8$	0.32			80/100	H			$\phi24$	1.20	M24	4					
WT－1－*DN*－H																	S1－15－87
DN≤50	$\delta=8$	0.023			25	$H+0.05$											
*DN*80～150	$\delta=8$	0.04			50	$H+0.07$											
*DN*200～350	$\delta=8$	0.09			80	$H+0.12$											
*DN*400	$\delta=8$	0.16			100	$H+0.14$											
WT－2－*DN*－H																	S1－15－88
*DN*50	$\delta=12$	0.10	$\delta=6$	0.06	40	$H+0.22$											
*DN*65	$\delta=12$	0.10	$\delta=6$	0.06	50	$H+0.24$											
*DN*80	$\delta=12$	0.10	$\delta=6$	0.06	50	$H+0.25$											
*DN*100	$\delta=12$	0.10	$\delta=6$	0.06	80	$H+0.29$											
*DN*125	$\delta=12$	0.21	$\delta=6$	0.07	100	$H+0.33$											
*DN*150	$\delta=12$	0.21	$\delta=6$	0.07	100	$H+0.34$											
*DN*200	$\delta=12$	0.21	$\delta=6$	0.07	150	$H+0.39$											
*DN*250	$\delta=12$	0.21	$\delta=6$	0.07	150	$H+0.44$											
WT－3－*DN*－H																	S1－15－89

续表

支架型号	钢板				焊接钢管				圆钢		螺母		螺栓		扁钢		施工图图号
	规格	数量/m^2	规格	数量/m^2	规格	数量/m	规格	数量/m	规格	数量/m	规格	数量/个	规格	数量/个	规格	数量/m	
*DN*50	$\delta=12$	0.10	$\delta=6$	0.06	40	$H+0.22$					M12	8	M12×50	4			
*DN*65	$\delta=12$	0.10	$\delta=6$	0.06	50	$H+0.24$					M12	8	M12×50	4			
*DN*80	$\delta=12$	0.10	$\delta=6$	0.06	50	$H+0.25$					M12	8	M12×50	4			
*DN*100	$\delta=12$	0.10	$\delta=6$	0.06	80	$H+0.29$					M12	8	M12×50	4			
*DN*125	$\delta=12$	0.21	$\delta=6$	0.06	100	$H+0.33$					M12	8	M12×50	4			
*DN*150	$\delta=12$	0.21	$\delta=6$	0.06	100	$H+0.34$					M12	8	M12×50	4			
*DN*200	$\delta=12$	0.21	$\delta=6$	0.06	150	$H+0.39$					M16	8	M16×60	4			
*DN*250	$\delta=12$	0.21	$\delta=6$	0.06	150	$H+0.45$					M16	8	M16×60	4			
WT-4-*DN*-H																	S1-15-90
*DN*300	$\delta=12$	0.29	$\delta=6$	0.06	200	$H+0.46$											
*DN*350	$\delta=12$	0.41	$\delta=6$	0.06	250	$H+0.54$											
*DN*400	$\delta=12$	0.41	$\delta=6$	0.06	250	$H+0.54$											
*DN*450	$\delta=12$	0.41	$\delta=6$	0.06	250	$H+0.54$											
*DN*500	$\delta=12$	0.41	$\delta=6$	0.06	250	$H+0.54$											
WT-5-*DN*-H																	S1-15-91
*DN*300	$\delta=12$	0.29	$\delta=6$	0.06	200	$H+0.45$					M20	8	M20×60	4			
*DN*350	$\delta=12$	0.41	$\delta=6$	0.06	250	$H+0.54$					M20	8	M20×60	4			
*DN*400	$\delta=12$	0.41	$\delta=6$	0.06	250	$H+0.54$					M20	8	M20×60	4			
*DN*450	$\delta=12$	0.41	$\delta=6$	0.06	250	$H+0.54$					M20	8	M20×60	4			
*DN*500	$\delta=12$	0.41	$\delta=6$	0.06	250	$H+0.54$					M20	8	M20×60	4			
WT-6-*DN*-H																	S1-15-92
*DN*50	$\delta=12$	0.10	$\delta=6$	0.06	40	$H+0.22$											
*DN*65	$\delta=12$	0.10	$\delta=6$	0.06	50	$H+0.24$											
*DN*80	$\delta=12$	0.10	$\delta=6$	0.06	50	$H+0.25$											
*DN*100	$\delta=12$	0.10	$\delta=6$	0.06	80	$H+0.29$											

续表

支架型号	钢板				焊接钢管				圆钢		螺母		螺栓		扁钢		施工图图号
	规格	数量/m^2	规格	数量/m^2	规格	数量/m	规格	数量/m	规格	数量/m	规格	数量/个	规格	数量/个	规格	数量/m	
*DN*125	$\delta=12$	0.21	$\delta=6$	0.06	100	$H+0.33$											
*DN*150	$\delta=12$	0.21	$\delta=6$	0.06	100	$H+0.34$											
*DN*200	$\delta=12$	0.21	$\delta=6$	0.06	150	$H+0.39$											
*DN*250	$\delta=12$	0.21	$\delta=6$	0.06	150	$H+0.44$											
WT－7－*DN*－H																	S1－15－93
*DN*50	$\delta=12$	0.10	$\delta=6$	0.06	40	$H+0.22$					M12	8	M12×50	4			
*DN*65	$\delta=12$	0.10	$\delta=6$	0.06	50	$H+0.24$					M12	8	M12×50	4			
*DN*80	$\delta=12$	0.10	$\delta=6$	0.06	50	$H+0.25$					M12	8	M12×50	4			
*DN*100	$\delta=12$	0.10	$\delta=6$	0.06	80	$H+0.29$					M12	8	M12×50	4			
*DN*125	$\delta=12$	0.21	$\delta=6$	0.06	100	$H+0.33$					M12	8	M12×50	4			
*DN*150	$\delta=12$	0.21	$\delta=6$	0.06	100	$H+0.34$					M12	8	M12×50	4			
*DN*200	$\delta=12$	0.21	$\delta=6$	0.06	150	$H+0.39$					M16	8	M16×60	4			
*DN*250	$\delta=12$	0.21	$\delta=6$	0.06	150	$H+0.44$					M16	8	M16×60	4			
WT－8－*DN*－H																	S1－15－94
*DN*300	$\delta=12$	0.29	$\delta=6$	0.06	200	$H+0.45$											
*DN*350	$\delta=12$	0.41	$\delta=6$	0.06	250	$H+0.54$											
*DN*400	$\delta=12$	0.41	$\delta=6$	0.06	250	$H+0.54$											
*DN*450	$\delta=12$	0.41	$\delta=6$	0.06	250	$H+0.54$											
*DN*500	$\delta=12$	0.41	$\delta=6$	0.06	250	$H+0.54$											
WT－9－*DN*－H																	S1－15－95
*DN*300	$\delta=12$	0.29	$\delta=6$	0.06	200	$H+0.45$					M20	8	M20×60	4			
*DN*350	$\delta=12$	0.41	$\delta=6$	0.06	250	$H+0.54$					M20	8	M20×60	4			
*DN*400	$\delta=12$	0.41	$\delta=6$	0.06	250	$H+0.54$					M20	8	M20×60	4			
*DN*450	$\delta=12$	0.41	$\delta=6$	0.06	250	$H+0.54$					M20	8	M20×60	4			
*DN*500	$\delta=12$	0.41	$\delta=6$	0.06	250	$H+0.54$					M20	8	M20×60	4			

续表

支架型号	钢板				焊接钢管				圆钢		螺母		螺栓		扁钢		施工图图号
	规格	数量/m^2	规格	数量/m^2	规格	数量/m	规格	数量/m	规格	数量/m	规格	数量/个	规格	数量/个	规格	数量/m	
WT－10－*DN*－H																	S1－15－96
*DN*250	$\delta=12$	0.34			150	0.44	250	*H*			VEF－1	1组					
*DN*300	$\delta=12$	0.47			200	0.46	300	*H*			VEF－2	1组					
*DN*350	$\delta=12$	0.63			250	0.54	350	*H*			VEF－3	1组					
*DN*400	$\delta=12$	0.66			250	0.54	350	*H*			VEF－4	1组					
*DN*450	$\delta=12$	0.71			250	0.54	350	*H*			VEF－5	1组					
*DN*500	$\delta=12$	0.75			250	0.54	350	*H*			VEF－6	1组					
WT－11－*DN*－H											螺柱						S1－15－97
*DN*15	$\delta=8$	0.11			40	1.0	15	0.175			M24	1					
*DN*20	$\delta=8$	0.11			40	1.0	20	0.180			M24	1					
*DN*25	$\delta=8$	0.11			40	1.0	25	0.190			M24	1					
*DN*40	$\delta=8$	0.11			40	1.21					M24	1					
*DN*50	$\delta=10$	0.16			50	1.73					M24	1					
*DN*80	$\delta=10$	0.16			50	1.73					M24	1					
*DN*100	$\delta=10$	0.16			50	1.73					M24	1					
*DN*150	$\delta=10$	0.23			80	1.77					M30	1					
*DN*200	$\delta=10$	0.29			100	1.8					M56	1					
*DN*250	$\delta=10$	0.29			100	1.8					M56	1					
*DN*300	$\delta=10$	0.40			150	1.88					M80	1					
*DN*350	$\delta=10$	0.40			200	1.95					M80	1					
*DN*400	$\delta=10$	0.40			200	1.95					M80	1					
*DN*450	$\delta=10$	0.70			250	2.03					M80	1					
*DN*500	$\delta=10$	0.70			250	2.03					M80	1					

续表

支架型号	型钢				钢板				圆钢		扁钢		螺母		螺栓		施工图图号
	规格	数量/m	规格	数量/m	规格	数量/m^2	规格	数量/m^2	规格	数量/m	规格	数量/m	规格	数量/个	规格	数量/个	
LT－1－1																	
$L\leqslant200$																	S1－15－98
$DN15\sim25$					$\delta=8$	0.04											
$DN32\sim50$					$\delta=8$	0.04											
$DN65\sim150$					$\delta=14$	0.06											
$DN200\sim300$					$\delta=16$	0.07											
$200<L\leqslant400$																	
$DN15\sim25$					$\delta=10$	0.08											
$DN32\sim50$					$\delta=12$	0.08											
$DN65\sim150$					$\delta=18$	0.12											
$DN200\sim300$					$\delta=18$	0.14											
LT－1－2																	
$L\leqslant200$																	S1－15－99
$DN15\sim25$					$\delta=8$	0.04							M12	4	M12×55	2	
$DN32\sim50$					$\delta=8$	0.04							M16	4	M16×60	2	
$DN65\sim150$					$\delta=14$	0.06							M20	4	M20×80	2	
$DN200\sim300$					$\delta=16$	0.07							M24	4	M20×90	2	
$200<L\leqslant400$																	
$DN15\sim25$					$\delta=10$	0.08							M12	4	M12×60	2	
$DN32\sim50$					$\delta=12$	0.08							M18	4	M18×75	2	
$DN65\sim150$					$\delta=18$	0.12							M27	4	M27×95	2	
$DN200\sim300$					$\delta=18$	0.14							M30	4	M30×100	2	
LT－1－3																	
$L\leqslant200$																	S1－15－100
$DN15\sim25$					$\delta=8$	0.04							M12	4			
$DN32\sim50$					$\delta=8$	0.04							M16	4			
$DN65\sim150$					$\delta=14$	0.06							M20	4			
$DN200\sim300$					$\delta=16$	0.07							M24	4			
$200<L\leqslant400$																	
$DN15\sim25$					$\delta=10$	0.08							M16	4			
$DN32\sim50$					$\delta=12$	0.08							M20	4			
$DN65\sim150$					$\delta=16$	0.12							M30	4			
$DN200\sim300$					$\delta=18$	0.14							M30	4			

续表

支架型号	型钢				钢板				圆钢		扁钢		螺母		螺栓		施工图图号
	规格	数量/m	规格	数量/m	规格	数量/m^2	规格	数量/m^2	规格	数量/m	规格	数量/m	规格	数量/个	规格	数量/个	
LT-2-1																	
$L \leqslant 200$																	S1-15-101
DN15~32					$\delta=6$	0.08											
DN40~65					$\delta=8$	0.08											
DN80~125					$\delta=8$	0.12											
DN150~350					$\delta=12$	0.12											
$200 < L \leqslant 400$																	
DN15~32					$\delta=6$	0.16											
DN40~65					$\delta=10$	0.16											
DN80~125					$\delta=12$	0.16											
DN150~350					$\delta=18$	0.26											
DN400~600					$\delta=22$	0.32											
LT-2-2																	
$L \leqslant 200$																	S1-15-102
DN15~32					$\delta=6$	0.08							M10	8	M10×45	4	
DN40~65					$\delta=8$	0.08							M12	8	M12×50	4	
DN80~125					$\delta=8$	0.12							M16	8	M16×60	4	
DN150~350					$\delta=12$	0.12							M20	8	M20×70	4	
$200 < L \leqslant 400$																	
DN15~32					$\delta=6$	0.16							M12	8	M12×50	4	
DN40~65					$\delta=10$	0.16							M16	8	M16×60	4	
DN80~125					$\delta=12$	0.16							M20	8	M20×70	4	
DN150~350					$\delta=18$	0.26							M24	8	M24×80	4	
DN400~600					$\delta=22$	0.32							M27	8	M27×85	4	
LT-2-3																	
$L \leqslant 200$																	S1-15-103
DN15~32					$\delta=6$	0.08							M10	4			
DN40~65					$\delta=8$	0.08							M12	4			
DN80~125					$\delta=8$	0.12							M16	4			
DN150~350					$\delta=12$	0.12							M20	4			

续表

支架型号	焊接钢管				钢板				六角头螺栓		扁钢		螺母		螺栓		施工图图号
	规格	数量/m	规格	数量/m	规格	数量/m^2	规格	数量/m^2	规格	数量/个	规格	数量/m	规格	数量/个	规格	数量/个	
200 < *L*≤400																	
*DN*15 ~ 32					δ = 6	0.16							M12	4			
*DN*40 ~ 65					δ = 6	0.16							M16	4			
*DN*80 ~ 125					δ = 12	0.16							M20	4			
*DN*150 ~ 350					δ = 18	0.26							M24	4			
*DN*400 ~ 600					δ = 22	0.32							M30	4			
LT - 3 - 1																	S1 - 15 - 104
*DN*25 ~ 50					δ = 6	0.04			M12 × 50	2	40 × 4	0.5	M12	2			
*DN*65 ~ 80					δ = 6	0.04			M12 × 50	2	60 × 6	0.6	M12	2			
*DN*100					δ = 6	0.04			M12 × 60	2	60 × 6	0.7	M16	2			
*DN*125 ~ 150					δ = 6	0.04			M12 × 60	2	60 × 6	0.85	M16	2			
LT - 3 - 2																	S1 - 15 - 105
*DN*25 ~ 50					δ = 6	0.04			M12 × 50	2	40 × 4	0.5	M12	4	M12 × 50	4	
*DN*65 ~ 80					δ = 6	0.04			M12 × 50	2	60 × 6	0.6	M12	4	M12 × 50	4	
*DN*100					δ = 6	0.04			M16 × 60	2	60 × 6	0.7	M16	4	M16 × 60	4	
*DN*125 ~ 150					δ = 6	0.04			M16 × 60	2	60 × 6	0.85	M16	4	M16 × 60	4	
LT - 3 - 3																	S1 - 15 - 106
*DN*25 ~ 50					δ = 6	0.04			M12 × 50	2	40 × 4	0.5	M12	6			
*DN*65 ~ 80					δ = 6	0.04			M12 × 50	2	60 × 6	0.6	M12	6			
*DN*100					δ = 6	0.04			M16 × 60	2	60 × 6	0.7	M12	6			
*DN*125 ~ 150					δ = 6	0.04			M16 × 60	2	60 × 6	0.85	M16	6			
JT - 1 - *DN* - *L* *DN*25 ~ 150	同被支管	*L* + 0.46															S1 - 15 - 107 - 109
*DN*200 ~ 250	同被支管	*L* + 0.74															
*DN*300 ~ 600	同被支管	*L* + 1.1															
JT - 2 - *DN* - *L* *DN*25 ~ 150	同被支管	*L* + 0.1	*DN* 及材质同被支管	0.41	δ = 6	0.02					盲板 δ = 6 ϕ = *DN*	1					S1 - 15 - 110 - 112
*DN*200 ~ 250	同被支管	*L* + 0.1	*DN* 及材质同被支管	0.72	δ = 6	0.08					δ = 6 ϕ = *DN*	1					
*DN*300 ~ 600	同被支管	*L*	*DN* 及材质同被支管	1.1	δ = 6	0.2					δ = 6 ϕ = *DN*	1					

续表

支架型号	型钢				钢板				圆钢		扁钢		螺母		螺栓		施工图图号
	规格	数量/m	规格	数量/m	规格	数量/m^2	规格	数量/m^2	规格	数量/m	规格	数量/m	规格	数量/个	规格	数量/个	
LP－1																	
*DN*15～25	∠63×6	*L*							ϕ8	0.18			BM8	4			S1－15－113
LP－2																	
*DN*40～100									ϕ12	0.41			BM12	4			
LP－3																	
*DN*15～25	∠63×6	*L*							ϕ8	0.18			BM8	4			S1－15－113
*DN*40～100									ϕ12	0.41			BM12	4			
LP－4																	
*DN*15～25	∠63×6	*L*＋*H*							ϕ8	0.18			BM8	4			S1－15－113
*DN*40～100	∠63×6	*L*＋*H*							ϕ12	0.41			BM12	4			
LP－5																	
*DN*15～25	∠63×6	*L*＋*H*							ϕ8	0.18			BM8	4			S1－15－113
*DN*40～100	∠63×6	*L*＋*H*							ϕ12	0.41			BM12	4			
LP－6																	
*DN*15～25	∠63×6	*L*＋*H*							ϕ8	0.18			BM8	4			S1－15－113
*DN*40～100									ϕ12	0.41			BM12	4			
LP－7	[8	*L*＋0.2			δ＝8	0.06											S1－15－114
	[10	*L*＋0.2			δ＝8	0.06											
	[12.6	*L*＋0.2			δ＝8	0.07											
LP－8																	
*DN*40～80	[8([10	*L*							ϕ12	0.8			BM12	4×2			
*DN*100～150	12.6)								ϕ16	1.1			BM16	4×2			S1－15－115

续表

支架型号	型钢				钢板				圆钢		扁钢		螺母		螺栓		施工图图号
	规格	数量/m	规格	数量/m	规格	数量/m^2	规格	数量/m^2	规格	数量/m	规格	数量/m	规格	数量/个	规格	数量/个	
*DN*200~300									ϕ20	1.96			BM20	4×2			
*DN*350~500									ϕ24	2.93			BM24	4×2			
*DN*600									ϕ30	3.57			BM30	4×2			
LP-9	[8([10	*L*+0.1			δ=8	0.01			ϕ12	2.2			BM12	4			S1-15-116
	[12.6)				δ=8	0.01			ϕ16	2.2			BM16	4			
LP-10	[8([10	*L*+0.1			δ=8	0.01			ϕ12	2.2			BM12	4			S1-15-116/2
	[12.6)				δ=8	0.01			ϕ16	2.2			BM16	4			

支架型号	型钢				钢板				圆钢		扁钢		螺母		焊接钢管		施工图图号
	规格	数量/m	规格	数量/m	规格	数量/m^2	规格	数量/m^2	规格	数量/m	规格	数量/m	规格	数量/个	规格	数量/个	
ZJ-*DN*-*L*																	S1-15-117
*DN*50~150	∠40×4	1.4	120a	0.25											*DN*40~100	1.9	
			132a	0.25													
*DN*200~300	∠40×4	1.8	120a	0.35											*DN*150~200	2.1	
			132a	0.35													
*DN*350~500	∠40×4	1.8			δ=12	0.3									*DN*250	2.3	

（韩英劭、李月莉、王斌斌、王怀义、张德姜　编）

附录一　各种型钢承载能力

等边角钢承载能力选用表见附表1－1，槽钢承载能力选用表见附表1－2；工字钢承载能力选用表见附表1－3。

两端简支的钢梁在承载均布荷载时，可直接查下表选用材料：

（1）符号　跨度单位：m；承载能力单位为：kg/m；

（2）表内的分子为按挠度$\left(n_0=\frac{1}{250}\right)$计算所得承载能力，分母为按强度计算所得承载能力。

附表1－1　等边角钢承载能力选用表　（kgf/m）

规格	跨度/m														
	0.5	0.8	1.0	1.3	1.5	1.8	2.0	2.3	2.5	3.0	3.5	4.0	4.5	5.0	6.0
∠40×40×4	3736/819	791/320	296/204	135/121	87/91										
∠45×45×5	4149/1285	1012/502	519/321	236/190	153/143										
∠50×50×5	5784/1602	1411/626	723/400	329/237	214/178	123									
∠56×56×5	8266/1635	2017/794	1033/508	470/300	306/226	177/156	129/127								
∠63×63×6	13994/3072	3451/1200	1749/768	797/454	518/341	300/237	218/192	143/145	112/123						
∠63×63×8	17781/3963	4338/1550	2223/992	911/587	658/440	381/306	277/248	182/187	142/167	82/110					
∠70×70×6	9480/3829	4759/1496	2436/957	1110/566	721/425	417/295	304/239	200/180	156/153	90/106					
∠70×70×8	24840/4956	6065/1936	3105/1239	1415/733	919/550	532/382	388/309	255/234	198/198	115/138					
∠75×75×6	24226/4423	5915/1728	3282/1105	1380/654	896/491	519/341	378/276	249/209	193/177	112/123					
∠75×75×8	30945/5734	7554/2240	3867/1433	1760/848	1145/637	663/442	483/358	318/271	247/220	143/159					
∠80×80×6	29592/5053	7225/1974	3699/1236	1686/747	1095/561	6342/389	4620/316	304/238	236/202	137/140					
∠80×80×8	37920/6568	9252/2566	4740/1642	2157/971	1404/729	814/506	592/410	389/310	303/262	175/182	110/134				
∠90×90×7	48932/7444	11947/2908	6116/1861	2788/1101	1811/827	1048/574	764/465	506/351	391/297	226/256	142/160				
∠90×90×10	66347/10275	16073/4014	3898/2568	3780/1520	2455/1141	1422/793	1036/642	681/485	531/411	307/284	193/210	129/150			

续表

规格	跨度/m														
	0.5	0.8	1.0	1.3	1.5	1.8	2.0	2.3	2.5	3.0	3.5	4.0	4.5	5.0	6.0
∠100×100×7	68039/9267	16601/3620	8504/2316	3876/1671	2518/1029	1458/715	1063/579	698/438	544/311	315/257	197/189	133/110			
∠100×100×10		22616/5012	11578/3208	5277/1898	3428/1425	1985/989	1447/802	951/606	741/513	429/356	269/262	180/200	127/158		
∠100×100×12		26300/5896	13474/3773	6141/2232	3989/1677	2310/1165	1683/943	1107/713	862/604	499/419	314/308	210/235	147/186		
∠110×110×8		25114/4990	12868/3193	5856/1889	3810/1411	2206/986	1607/798	1057/603	823/511	476/355	200/260	201/199	141/157		
∠110×110×10		30490/6120	15621/3917	7120/2317	4625/1740	2678/1209	1952/979	1284/740	999/627	578/435	364/320	244/245	171/193		
∠110×110×12		35573/7210	18224/4614	8306/2730	5396/2050	3125/1424	2277/1153	1497/872	1166/738	675/513	424/377	284/288	200/227	146/184	
∠125×125×10		45534/7994	23327/5116	10634/3027	6908/2273	4000/1579	2915/1279	1916/967	1493/818	864/568	543/418	364/320	256/253	186/105	
∠125×125×12		53314/8234	27293/5270	12441/3116	8082/2342	4684/1626	3411/1317	2242/996	1746/843	1093/585	636/430	426/329	299/260	218/210	126/146
∠140×140×10		64794/10116	33194/6474	15130/3831	9830/2877	5692/1997	4148/1618	2727/1223	2124/1036	1229/719	772/528	518/405	364/319	265/259	153/179
∠140×140×12			38943/7654	17729/4529	11530/3402	6676/2362	4865/1913	3199/1446	2491/1224	1442/849	907/625	608/478	427/378	311/306	170/212
∠160×160×10			40279/8537	22918/5052	14889/3794	8621/2635	6283/2134	4131/1613	3217/1366	1862/948	1172/697	785/533	551/421	402/341	232/236
∠160×160×12			59120/10109	26947/5982	17506/4492	10137/3119	7387/2527	4857/1910	3785/1617	2189/1123	1378/825	924/631	648/499	473/404	273/280

附表1-2 槽钢承载能力选用表

(kgf/m)

规格	跨度/m											
	0.5	0.8	1.0	1.5	2.0	2.5	3.0	3.5	4.0	4.5	5.0	6.0
5	13418/5324	3275/2080	1677/1331	496/591	209/332	107/212	62/147					
6.3	26211/8253	6399/3224	3276/2063	970/916	409/515	209/330	121/230	76/168				
8	52278/12953	12854/5060	6535/3238	1935/1439	816/809	418/518	242/359	152/264	102/202	72/159		
10	97177/20326	25000/7940	12792/5081	3787/2258	1600/1270	8185/813	4737/564	298/414	202/317	140/250	102/203	

续表

规　格	跨　　度/m											
	0.5	0.8	1.0	1.5	2.0	2.5	3.0	3.5	4.0	4.5	5.0	6.0
12.6	101029/31815	48061/12428	24610/7953	7286/3534	3075/1988	1575/1272	913/883	574/649	384/497	270/392	197/318	114/220
14a	290914/41216	70969/16100	36364/10304	10767/4578	4543/2576	2327/1648	1347/1144	848/841	568/644	399/508	291/412	168/285
14b	314500/44595	76723/17420	39310/11148	11640/4954	4912/2787	2516/1783	1456/1038	916/910	614/696	431/550	315/445	120/309
16a			55880/13862	16540/6160	6982/3465	3576/2217	2069/1540	1303/1131	873/866	613/684	447/554	259/384
16b			60280/14950	17850/6643	7532/3737	3858/2392	2233/1660	1405/1220	942/934	662/738	482/598	279/414
18a			82102/18099	24308/8042	10257/4524	5254/2895	3040/2010	1914/1477	1283/1131	901/893	657/723	380/501
18b			88372/19481	26165/8657	11041/4870	5655/3113	3273/2164	2060/1590	1380/1217	969/961	707/799	409/540
20a			114827/22784	33998/10124	14346/5696	7347/3645	4252/2531	2677/1860	1794/1424	1260/1124	918/911	531/631
20b			123453/24499	36551/10886	15424/6124	7900/3919	4571/2721	2878/2000	1928/1531	1354/1209	987/979	571/679
22a				45723/12377	19295/6963	9882/4456	5719/3094	3600/2273	2413/1740	1694/1375	1235/1114	715/772
22b				49112/13298	20725/7481	10614/4788	6143/3324	3867/2443	2592/1870	1820/1477	1327/1197	769/829
25a				64360/15534	27160/8627	13910/5521	8050/3833	5068/2817	3396/2156	2385/1703	1739/1380	633/957
25b				67423/16060	28452/9036	14572/5783	8433/4015	5309/2951	3558/2259	2499/1784	1821/1445	1054/1002
28a					38402/10880	19668/6963	11382/4834	7166/3553	4802/2720	3373/2148	2460/1740	1422/1207
28b					41351/11726	21178/7505	12256/5211	7716/3829	5171/2931	3631/2316	2647/1876	1532/1300
32a					61240/15196	31364/9725	18151/6752	11427/4962	7658/3799	5378/3001	3921/2431	2269/1685
32b					65642/16288	33619/10424	19456/7238	12248/5319	8209/4272	5765/3216	4203/2606	2433/1806
36a						49016/13510	28367/9380	17858/6893	11969/5277	8405/4169	6128/3377	3546/2341
36b						52226/14395	30225/9995	19028/7345	12752/5623	8956/4442	6529/3598	3778/2495
40a						72561/17981	41993/12485	26437/9175	17718/7024	9072/5548	7072/4495	5249/3116

附表 1－3　工字钢承载能力选用表

（kgf/m）

规格	跨度/m											
	0.5	0.8	1.0	1.5	2.0	2.5	3.0	3.5	4.0	4.5	5.0	6.0
10	126400/25088	30870/9800	15800/6272	4683/2787	1975/1568	1011/1003	583/696	369/512	247/392	173/309	126/250	73/173
12.6		61537/15506	31508/9923	9335/4409	3937/2480	2016/1587	1167/1087	735/810	492/620	346/489	252/396	146/275
14		89705/20400	45931/13056	13599/5801	5738/3264	2940/2088	1701/1450	1071/1065	718/816	504/644	367/522	294/362
16		142368/28200	72896/18046	21583/8020	9107/4512	4666/2887	2700/2005	1700/1473	1137/1128	800/891	583/721	466/500
18			107866/23680	31706/10522	13380/5920	6852/3788	3966/2630	2498/1933	1673/1480	1175/1169	857/947	685/656
20a			152865/30336	45267/13480	19102/7584	9783/4853	5563/3370	3566/2476	2389/1896	1678/1497	1223/1213	708/841
20b			161275/32000	47750/14220	20150/8000	10320/5120	5972/3555	3762/2612	2520/2000	1770/1580	1290/1280	747/887
22a				64940/17575	27404/9888	14035/6328	8122/4393	5116/3229	3427/2472	2407/1952	1755/1582	1015/1096
22b				68187/18486	28742/10400	14739/6656	8528/4621	5372/3396	3600/2600	2527/2054	1840/1664	1066/1153
25a				95950/22858	40489/12860	20737/8230	12001/5714	7554/4199	5064/3215	3556/2539	2593/2057	1500/1426
25b				100924/24044	42589/13527	21812/8657	12623/6011	7947/4417	5326/3381	3741/2671	2727/2164	1573/1500
28a					57400/16260	29367/10406	16996/7225	10699/5310	7170/4065	5036/3211	3672/2601	2125/1803
28b					60288/17099	30877/10942	17870/7597	11249/5583	7539/4274	5295/3376	3860/2735	2234/1896
32a					89269	45720/14176	26459/9843	16658/7233	11164/5537	7841/4374	5716/3544	3308/2457
32b						47973/14875	27763/10328	17478/7590	11714/5810	8227/4590	5998/3718	3471/2578
36a						65057/17920	37651/12442	23703/9143	15886/7000	11157/5530	8134/4480	4707/3106
36b						68236/18821	39490/13068	24816/9603	16662/7352	11702/5808	8531/4705	4937/3262

单轨吊车梁选用见附表 1－4、附表 1－5。

说明：所用梁均为 A_3 材料的热轧普通工字钢。手动吊车梁最大允许挠度 1/500；电动吊车梁 1/600。

附表 1－4　手动吊车梁选用表

跨度/m	吊　重/t				
	0.5	1.0	2.0	3.0	5.0
2.0	14	14	14	16	16
2.5	14	14	16	16	20a
3.0	14	14	16	18	22a
3.5	14	14	18	20a	22a
4.0	14	16	20a	22a	25a
4.5	16	18	20a	25a	28a
5.0	16	18	22a	25a	28a
5.5	18	20a	25a	25a	32a
6.0	18	20a	25a	28a	32a

附表 1－5　单轨吊车梁选用表（电动）

跨度/m	吊　重/t					
	0.25	0.5	1.0	2.0	3.0	5.0
2.0	10	10	12.6	16	16	20
2.5	10	14	14	16	20	22
3.0	10	14	16	18	22	25
3.5	12	14	18	20	22	28
4.0	14	16	18	22	25	32
4.5	14	18	20	22	28	32
5.0	16	18	22	25	32	32
5.5	16	18	22	25	32	36
6.0	18	20	25	28	32	36

附录二　型钢规线参考尺寸

附表 2－1　热轧轻型工字钢开洞位置及大小

型　号	翼　缘			腹　板		
	a	T	孔　径	c	h	孔　径
10	32	7.1	9	30	70	11
12	36	7.2	11	36	88	13
14	40	7.4	11	40	107	13
16	45	7.7	13	40	125	15
18	50(55)	8.0(8.2)	15(17)	50	143(142)	17
20	55(60)	8.3(8.5)	17(19)	50	161(160)	17
22	60(65)	8.6(8.8)	19(21)	60	178	21
24	60(70)	9.5	19(21)	60	196(195)	21
27	70	9.5(9.9)	21(23)	60	224(222)	21(23)
30	70(80)	9.9(10.4)	23	65	251(248)	23

续表

型号	翼缘			腹板		
	a	T	孔径	c	h	孔径
33	80	10.8	23	65	277	23
36	80	12.1	23	70	302	23
40	80	12.8	23	70	339	25
45	90	13.9	23	70	384	25
50	100	14.9	25	80	430	25
55	100	16.2	25	80	475	25
60	110	17.2	25	90	518	25
65	110	19.0	25	90	561	25
70	120	20.3(23.6)	28.5	100	604(598)	28.5

附表2－2　热轧普通工字钢开洞位置及大小

型号	翼缘			腹板		
	a	T	最大孔径	c	h	最大孔径
10	36	7.6	12	40	70	17
(12)	42	8.2	12	41	85	17
12.6	42	8.2	12	41	85	17
14	44	9.0	12	42	105	17
16	44	9.7	14	44	120	17
18	44	10.7	17	45	140	17
20	54	11.4	17	47	155	17
22	54	12.1	17	48	175	17
(24)	64	12.8	20	54	190	20
25	64	12.8	20	54	195	20
(27)	64	13.7	20	56	215	20
28	64	13.7	20	56	220	20
(30)	64	14.7	20	57	245	20
32	70	15.0	20	60	255	20
36	74	15.8	23	64	300	23
40	84	15.9	23	65	300	23
45	84	17.8	23	67	325	23
50	94	19.2	23	70	430	23
(55)	104	19.8	23	72	475	23
56	104	19.8	23	72	480	23
60	104	21.2	23	74	520	23
63	110	21.2	23	80	540	23

注：1. 上表括号内数字为用于“a”型者，下表括号内数字为保留品种，不推荐使用。

2. T—翼缘在规线处的厚度，h—联接件的最大高度。

附表 2－3　角钢开位置及大小

b	a	孔径	b	a	a_1	a_2	孔径
45	25	14	100	60			24
50	30	14	110	65			26
56	35	16	125	(75)	50	30	(28)24
63	38	18	140		55	40	26
70	40	20	160		65	50	28
75	45	22	180		70	70	30
80	45	22	200		75	80	30
90	55	22					

附表 2－4　槽钢开孔位及大小

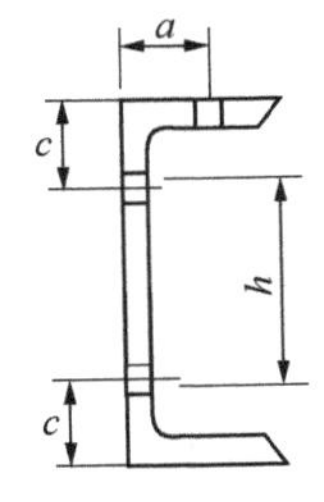

热轧普通槽钢

型号	翼缘 a	翼缘 T	翼缘 最大孔径	腹板 c	腹板 h	腹板 最大孔径
5					20	
6.3			10	32	30	17
(6.5)			10	32	30	17
8	25	7.9	14	35	45	17
10	28	8.4	14	40	60	17
(12)	30	9.0	17	45	80	17
12.6	30	9.0	17	45	85	17
14	35	9.2	17	47	95	17
16	35	10.0	20	49	115	20
18	40	10.2	20	53	130	20
20	45	10.5	20	54	150	20
22	45	11.2	20	55	165	20
(24)	50	11.2	20	56	185	20
25	50	12.0	20	60	195	20
(27)	50	12.0	23	62	215	23
28	50	12.0	23	62	225	23
(30)	50	13.1	23	64	240	23
32	50	13.8	23	66	260	23
36	60	15.3	23	70	290	23
40	60	17.7	23	74	322	23

热轧轻型槽钢

型号	翼缘 a	翼缘 T	翼缘 最大孔径	腹板 c	腹板 h	腹板 最大孔径
5	20	6.8	9	25	22	7
6.5	20	7.2	11	32.5	37	11
8	25	7.1	11	40	50	13
10	30	7.1	13	33	68	9
12	30	7.6	17	40	86	13
14	35	7.7 (8.5)	17	45	104 (102)	15
16	40	8.4 (8.6)	19	50	122 (120)	17
18	40 (45)	8.0 (8.8)	21	55	140 (138)	19
20	45 (50)	8.6 (9.0)	23	60	158 (156)	21
22	50	8.9 (9.8)	23 (25)	65	175 (173)	23
24	50 (60)	9.8 (9.7)	25	65	192 (190)	25
27	60	9.6		70	220	25
30	60	10.3	25	70	247	25
33	60	11.3	25	70	373	25
36	70	11.5	25	75	300	25
40	70	12.7	25	75	335	25

注：1. 括号内型号为保留品种，不推荐使用。括号内数字用于“a”型号。

2. T—翼缘在规线处的厚度，h—联接件的最大高度。

附录三 屋面板允许开洞位置

（1）空心板：长 1.8～3.9m. 30cm 进位。宽 600、900、1200，厚 120，可打一个筋，最大洞 ϕ150。

（2）大型屋面板：长 6m、宽 1.5m、高 240m，用小筋分 4 块，每块开洞最大 1100×1100。

（3）折板：宽 1000 最大跨度为 18m；宽 1500 跨度为 12～24m。

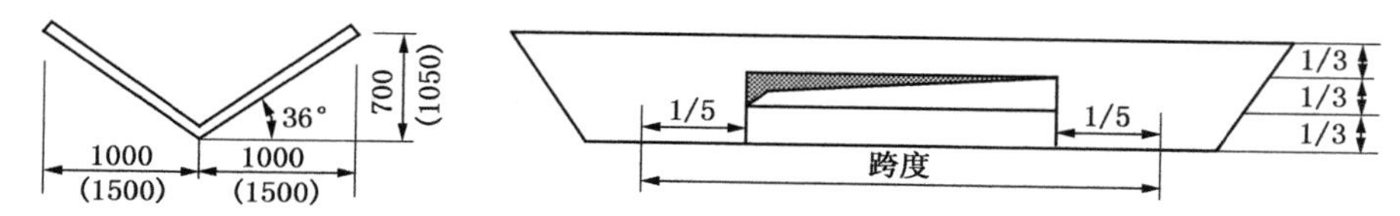

附录四 压杆结构稳定性计算长度系数 μ 推荐值

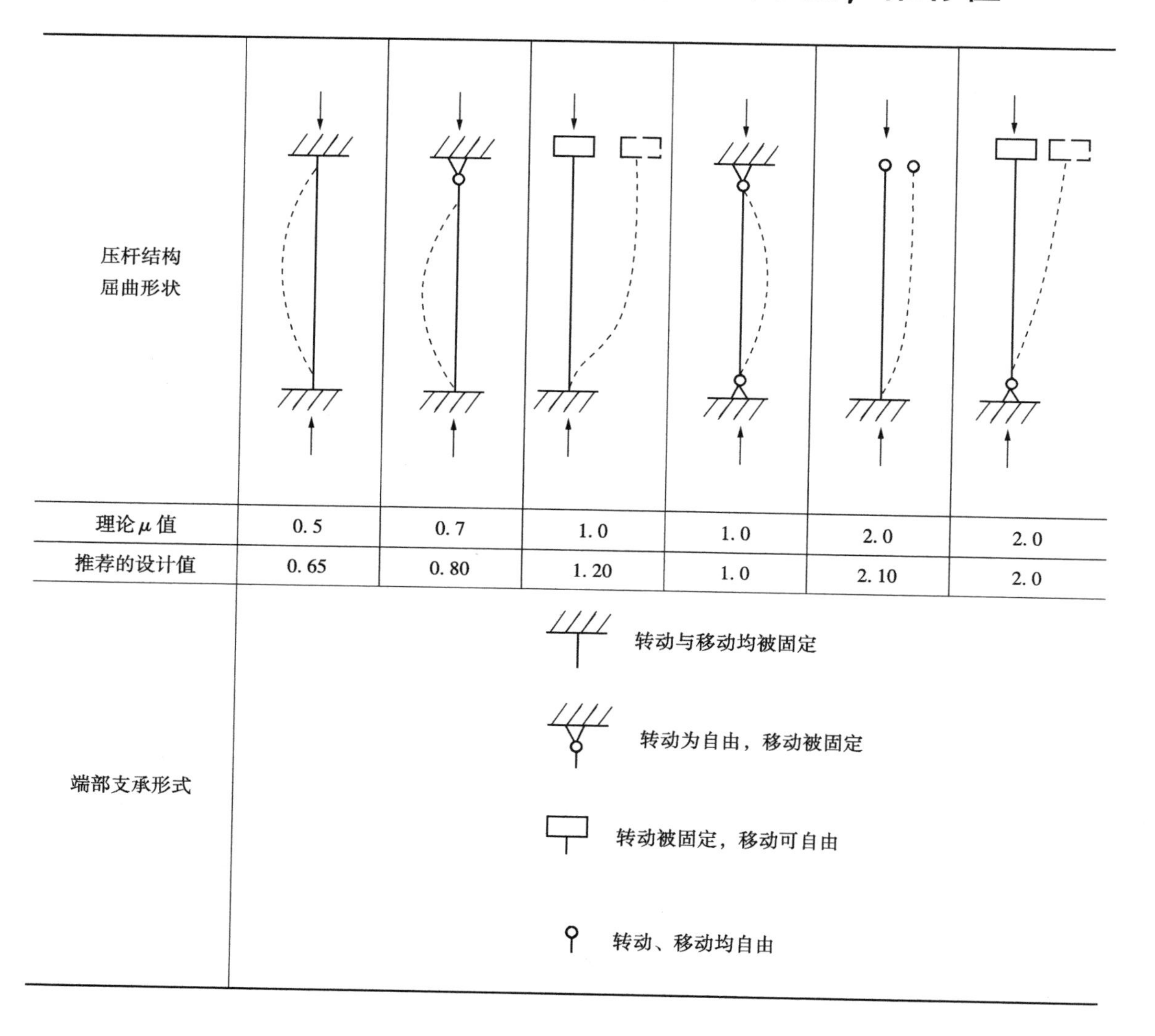

压杆结构屈曲形状						
理论 μ 值	0.5	0.7	1.0	1.0	2.0	2.0
推荐的设计值	0.65	0.80	1.20	1.0	2.10	2.0
端部支承形式	转动与移动均被固定 转动为自由，移动被固定 转动被固定，移动可自由 转动、移动均自由					

附录五　螺纹吊杆最大使用荷载

对于材料为 Q235 – B 或 20 优质碳素钢的吊架螺纹吊杆的最大使用荷载附表 5 所示。最大使用荷载应按螺纹的根部截面积计算。

螺纹吊杆材料可为 Q235 – B 级、C 级、D 级或 20 号优质碳素钢，但直径大于或等于 72mm 的吊杆应采用 20 号优质碳素钢。

附表 5　螺纹吊杆最大使用荷载

吊杆螺纹公称直径/mm	螺距/mm	螺纹根部截面积/mm^2	最大使用荷载/kN	吊杆螺纹公称直径/mm	螺距/mm	螺纹根部截面积/mm^2	最大使用荷载/kN
10	1.50	52.99	3.25	56	5.50	1921.00	118
12	1.75	77.23	4.75	64	6.00	2539.00	155
16	2.00	145.70	9.00	72	6.00	3304.00	00
20	2.50	227.60	14.0	80	6.00	4169.00	258
24	3.00	327.70	20.0	90	6.00	5392.00	335
30	3.50	524.10	32.5	100	6.00	6772.00	412
36	4.00	766.30	47.5	110	6.00	8309.00	515
42	4.50	1054.00	65.0	125	6.00	10909.00	670
48	5.00	1388.00	85.0				

注：本表基于许用拉伸应力为 83MPa 再降低 25% 再降低 25%，即为 62MPa（83MPa 为吊杆材料代用创造条件，降低 25% 是对正常的安装和使用条件而言）。螺纹吊杆最大使用荷载按许用应力为 62MPa 计算，并将荷载值圆整至优先数。

附表六　碳钢构件轴心受压时的稳定系数

附表 6 给出了碳钢构件轴心受压时的稳定系数。

附表 6　碳钢构件轴心受压时的稳定系数

长细比 λ	稳定系数 ϕ	长细比 λ	稳定系数 ϕ
—	1.000	110	0.536
10	0.995	120	0.466
20	0.991	130	0.400
30	0.958	140	0.349
40	0.927	150	0.306
50	0.888	160	0.272
60	0.842	170	0.243
70	0.789	180	0.218
80	0.731	190	0.197
90	0.669	200	0.180
100	0.604	—	—

注：中间值按插入法计算。

第十六章　架空[1]管道的抗震设计

第一节　概　　述

1. 石油化工架空管道抗震设防的意义

石油化工管道的抗震设防是根据国内外众多地震造成管道损坏的事实而在最近十年提出来的。一个石油化工装置的管道总长度一般长达十几公里至几十公里，其中绝大多数的工艺管道及热力管道都是架空敷设的。管道中的介质大部分是温度较高、压力较大、可燃易爆的石油化工物料，更有少量的管道输送剧毒物质。这些可燃、易爆、有毒物质一旦泄漏出来，将造成火灾、爆炸或中毒的恶性事故。

工厂的汽、水管道属于生命线管道，一旦发生火灾爆炸事故，汽、水的充分供应是控制事故和减少灾害的重要手段，也是十分重要的管道。因此在石油化工管道设计中，除了保证工艺要求和管道的静力要求外，还必须考虑管道在地震时能否基本上保证管道系统的安全，不致因为地震造成管道破坏而发生次生灾害。这就是石油化工架空管道需要抗震设防的原因。

2. 架空管道抗震设防的原则及设防范围

架空管道的抗震设防要以预防为主。设防设计应按所设计工厂地区的设防烈度进行设防。设防烈度必须按国家颁布的地震基本烈度或国家抗震主管部门批准的城市抗震防灾规划的设防区划。设防后的管道在遇到低于设防烈度1.5度的地震时，应不发生破坏，在遇到相当于设防烈度的地震时，不发生大的破坏，只要经一般修理后仍可恢复使用。即使遇到高于设防烈度1度的地震时，也不应发生重大破坏，并酿成严重的次生灾害，危及人民生命，造成巨大经济损失。但由于地震不是经常发生，尤其是罕遇的大地震。因为地震作用是一种临时性短期的随机现象。又因为管道一般采用钢质材料，延性较好，允许出现小范围内的局部塑性变形。因此一般不因抗震设防而额外增加管道的壁厚，而是在应力校核时适当地降低管道的安全系数，即将管道的许用应力值提高15%～33%。

按照石油化工标准“石油化工非埋地管道抗震设计通则”（SH/T 3039—2003）的规定，抗震设防烈度为6度及以上地区的管道，必须进行抗震设计。

第二节　石油化工工厂架空管道的地震反应

石油化工管道在遭遇到地震作用后发生两种地震反应：一种是直接的地震反应或称第一次反应；另一种是间接的地震反应式称为二次反应，现分述如下。

1. 直接的地震反应

严格地说管道直接接受地震作用的情况是不存在的。理由是架空管道不直接接触地面而

[1]指非埋地管道。

是通过某些支撑物支撑，例如通过管嘴与设备相连，通过地面上或者设备上生根的管道支吊架将管道架空。因此管道所接受的地震作用与原始的地面地震作用有所不同，它是原始地面地震作用经过设备与管架的动力放大后的地震作用。尽管作用于管道上的地震作用已不相同，但在此处仍按管道直接接受地面地震作用来解释管道的一次地震反应。动力放大随具体环境不同千变万化很难定量描述。在这种地震作用下管道的破坏可分为以下两种：

（1）设备与管道的相对位移造成的破坏

在地震的作用下，设备发生地震响应，一方面将地震响应传给管道，另一方面自身发生水平和垂直位移，例如油罐基础下沉，高塔大幅度晃动。此时如果管道的柔性不好，一些薄弱环节例如设备开口处、法兰连接处、弯头、三通等，这些地方的应力能大大超过管道的基本许用应力而发生破坏。

（2）共振破坏

当一种物体刚度与质量固定后，这种物体就有了若干阶自振频率，称为此物体的固有频率，其中自振频率最主要。地震能是以波的形式传播的，因此也就有其特定的地震动频率，虽然地震动频率是许多频率叠加的综合效应，但存在一个最大加速度频率区域。如果管道和支承构架的低阶固有频率与地震最大加速度频率相同或相近，则必然导致管道在地震作用下发生共振。共振可以几倍甚至十几倍的放大原振幅，使管道发生剧烈振动，这种振动对管道十分有害，设计中应尽可能避免管道发生共振。一般地震的最大加速度发生的区段为周期0.1～0.7s范围内，而管道的固有周期在0.1～0.3s范围内。两者存在相同和相近的可能性。为了避免发生共振，应对一些重要管道进行自振频率的测定或计算。

2. 间接地震反应

根据国内外对许多著名的大地震破坏结果的调查统计资料，石油化工管道的地震破坏，绝大多数属于间接破坏。因此间接破坏是管道安全的主要威胁因素。间接破坏是被动破坏，主要表现为以下几个方面：

（1）建构筑物倾倒造成的破坏

在管道附近的建构筑物，由于经受不住地震力的作用发生倾倒，大量物体倾卸到管道上而将管道砸坏；这是最常见的现象。例如我国唐山和海城的地震中，就有很多管道连同管架一起被附近的建构筑物砸倒，造成管道断裂。

（2）管道支承失效造成的破坏

支承管道的支吊架或管架在地震中自身被破坏，或管道在地震中剧烈晃动而滑出支承体，这两种现象造成大段大段的管道支承失效。因而造成管道很大的位移，很容易使管道的拉应力超过管材的抗拉强度而发生破坏。例如1975年海城地震中鞍钢*DN*250蒸汽管道滑落管架100多米，有多处开裂。1906年美国旧金山大地震也有900多米长*DN*600管道滑离管架的记录。

沿海地震还可以引发海啸，巨浪可将装置的架空管道或码头栈桥上的管道浮起或冲离管架，甚至冲断管道，此类破坏亦可归入管道支承失效造成的破坏。

（3）地震后处理不当造成的破坏

冬季发生地震时，有相当一部分管道是由于未能及时排除管道中的易冻易凝的物料而造成破坏。例如输送水的管道，又如输送高黏度油的管道，油料虽不能直接冻坏管道，但油料能在管道中凝结而将管道堵死，从而不得不人为的将管道切下来处理，亦是管道间接破坏的一个实例。

第三节　架空管道的抗震验算

工程抗震作为一门科学已有六七十年的历史，经历了静力理论和反应谱理论两个阶段，并朝着第三阶段理论——动力理论发展。管道的抗震验算是工程抗震的一个部分，理论上与工程抗震是一致的，它属于管道的动力分析范畴，是一个较新的课题，不论国内外都处在研究阶段。因此它与管道静力分析比较还不够成熟。

在石油化工装置的配管设计中，开展地震反应分析工作的时间不长，更没有普遍地运用到设计中。过去设计管道的抗震重点主要放在管道的布置以及连接处理方面，除针对个别极为重要的管道作特别考虑外，一般不做专门的详细分析。主要原因可归结为以下三个方面：a. 实际震害表明，只要管道的支承体系不在强震中受到破坏，管道自身一般不会遭到严重损害；b. 采用适当的管道布置及良好的连接方式，确实能够减弱管道所受的损害；c. 管系的地震分析相当复杂，在一般情况下，石油化工管道被支撑于土建结构及各类设备上，因而管道受到的地震作用不是地面的地震作用，而是经过支承体放大后的地震反应，而整个管系的地震输入也不是单点单维的，而是多点多维的。因此根据管道的重要性和危险程度，有选择的进行管道系统的地震反应分析是合理的。

由于不同的理论所引导出来的抗震验算方法不同，为使设计人员对工程抗震有一个较全面的了解，现逐一介绍如下：

1. 静力理论

静力理论是发展得最早的一种理论，它把地震对结构的影响主要归结为地面最大加速度。因为地震作用是一种惯性作用，它符合牛顿第二定律即 $F = ma$，该式又可改写为 $F = \frac{a}{g} \cdot mg = KW$。后一公式中 $K = \frac{a}{g}$ 是以重力加速度为单位的质点加速度反应。人们称 K 为地震系数。对结构物来说，其物理意义是：结构是刚体，其最大加速度等于地震地面最大加速度。

静力理论是将结构抽象成一个绝对刚体，而实际上结构是有弹性的。试验表明结构的地震反应与结构的自振特性有着密切的关系。静力理论把决定结构自振特性的刚度抽象为无限大，从而使地震反应与结构自振特性相脱离，显然会使分析结果与实际数值存在着较大的误差。

2. 反应谱理论

由于静力理论存在着较大的缺陷，从而出现了反应谱理论。大约在五十年代，反应谱理论曾被普遍接受。这种理论的表达式为：

$$F = KW\beta(T\xi) \tag{16-3-1}$$

式中，$\beta(T\xi)$ 称为动力放大系数，是结构自振周期 T 和阻尼比 ξ 的函数。物体包括管道的自振周期越长，β 值越小，物体阻尼比越大，β 值也越小。反应谱理论不仅考虑了地面最大加速度对结构的影响，同时还计入了结构的动力特性对反应的影响，从而较正确的描述了物体结构对地震做出的反应。

3. 动力理论

动力理论即时程分析法，这种理论是近期发展起来的。由于有了大量的地震记录以及某些重要工程方面的需要，例如核电站工程、海洋石油平台工程以及地下工程等等，抗震理论已步入了动力理论阶段。动力理论主要表现为以下几个特点：a. 激振的最大加速度不是地震特征的惟一参数，地震特征一定还与地震持续的时间有关；b. 制作或选择多个满足反应谱要求，又满足持时要求的加速度时程曲线，然后分别作为地震参数输入计算机，按既定的程序进行计算从而使分析结果具有相当的代表性；c. 考虑到震级大小和计算点与震中距离远近有关，而取用与之相适应的反应谱曲线来分析地震反应，等等。显然这种理论更真实的描述了物体结构受地震作用后作出的反应。根据实验测定，计算值已非常接近于实测数值。但这种分析方法比较复杂，对于管道震害的分析很难尽如人意，还需要做大量的研究工作方能逐步完善。

目前的管道抗震验算，按现行的抗震设计通则规定，只计算地震对管道两个主轴方向的水平地震作用，即将地震作用转化为作用于管道的水平地震作用并与管道的其他静力载荷按一定的规律进行组合，以求出管道在地震作用下的综合反应，但在综合反应中没有考虑地震的垂直作用，其原因是：实例结果表明垂直地震作用除对大型油罐影响较大外，对其他设备和管道，垂直地震作用与设备和管道的自重相比可以忽略不计，管道水平地震作用的计算式如下：

$$q = \alpha_1 mg \tag{16-3-2}$$

式中 q——管道水平地震作用，N/m；

α_1——与管系基本自振周期相对应的水平地震影响系数；

m——管道每米长度的质量，kg/m；

g——重力加速度，m/s^2，取 9.81。

水平地震作用与由压力、重力和其他持续荷载所引起的管道纵向应力之合，不得大于管道在计算温度下许用应力的 1.33 倍(对于 SHA1 级中毒性程度为极度危害的管道，取 1.2 倍)。

进行管道抗震验算时，地震作用应与管道自重、内压、保温等持续载荷进行组合，但不同时考虑风载荷的影响。

如前所述，地震对管道直接破坏的情况很少，这是因为管道在满足工艺要求和静力等其他要求时，已具备了一定的强度，也就是具备了一定的抗震能力。因此，需要进行抗震验算的管道只是一些极为重要的或危险性很大的管道，例如剧毒介质管道。即使这种管道也只是验算罕遇地震时的安全性，具体做法见表 16-3-1。

表 16-3-1 管道抗震验算条件

管道级别	公称直径/mm	介质温度/℃	设防烈度
SHA 级中毒性程度为极度危害	80~125		9
	>125		8、9
SHA2~4 级中毒性程度为非极度危害、SHB1~4 级	≥200 且 <300	≥300	9
	≥300	≥200	
	≥500 且≥0.8 倍设备直径		
	≥800		
SHC1~4 级	≥300	≥370	9

注：管道级别按照国家现行标准《石油化工管道设计器材选用规范》SH/T 3059—2012 进行划分。

第四节　架空管道的设计要求及抗震措施

石油化工管道的设计安装要求很多，从抗震角度来说，绝大多数管道的抗震设计是从管道的材质、柔性、支承体的刚度及施工质量要求等方面加以考虑，并辅以若干抗震措施。

1. 对管道材质的要求

构成石油化工装置的管道及配件应选用延性及韧性良好的金属材料，因为延性韧性良好的金属材料，在地震冲击载荷和反复载荷作用下，允许发生一定量的塑性变性，这样可以吸收较大的地震能量，管道不易损坏。对操作温度或环境温度较低的管道，还应该选择脆性转变温度较低的材料。

2. 对管道强度的要求

管道应具有足够的强度，足够的强度一方面是靠正确的选材选型，另一方面是靠施工质量来保证的。根据非地震情况的统计：由于选材不当或选型不对造成的事故约占设计事故的一半以上。而施工质量事故又占事故总数的三分之一左右。在施工中又以焊接质量最为主要，大约施工质量事故的85%是由于焊接质量不合格而造成的。通常只要焊接质量合格，管道就具有了足够的强度。因为焊接强度比法兰连接或丝扣连接的强度均高。因此管道抗震规范中强调了除非迫不得已，一般管道接口均应采用焊接。虽然以上统计数据是非地震情况下的结果，当然也适用于地震作用的情况。

3. 对管道柔性的要求

由管道组成的管系应具有一定的柔性，即管道在外力作用下除了管道局部的小的塑性变型外，整个管系可借自身弹性变形来适应与之相连接的设备或构筑物的振动。例如油罐与管道的连接，水池的进出口管道以及贯通建筑物或构筑物的管道都必需具有一定的柔性，以适应可能产生较大的相对位移。用以保护管道中的若干薄弱环节不受破坏。管道的这种柔性可以通过管道自身的拐弯绕行在三维空间的敷设方法来实现，例如U形补偿器、空间Z形补偿器等。这种补偿方法通常称为自然补偿。当自然补偿受限时，则可设置各种专门的补偿器来增加管系的柔性。例如各种型式的波纹补偿器，用来满足管道轴向、横向和角向的变形需要。但抗震设计通则中指出，不宜采用带填料函的补偿器。在补偿器选型时，还应考虑地震作用对补偿器的承载构件带来的影响，换句话说补偿器的承载构件是否也考虑了附加的地震作用。

4. 对管道支架的要求

支承管道的支架或管架应具有足够的强度和一定的刚度，事实证明管架的破坏是管道破坏的主要原因之一。在地震的作用下，管架若有足够的强度不被震坏，这就起着保护管道的作用。增加管架的刚度也很重要，在一般的管道应力分析时，往往不输入管架的刚度参数，此时，计算程序自动取10^{10}值进行计算，但实际的管架刚度是远远小于此值，因而使计算结果出现误差，为减少这种误差，设计中应尽可能增加管架的刚度。在对重要管道或设备嘴子推力有严格要求的管道做应力分析时，应尽可能准确的计算出相关管架的刚度值输入计算机，以提高计算结果的正确性和可靠性。增加管架刚度的另一个意义是如果管架的刚度足够大，则可提高整个管道系统的自振频率，其结果是可以有效地避开地震的振动频率区域，使管道更趋于安全。

5. 对管道动力分析的要求

前面提到过石油化工装置最重要的管道要进行抗震验算，也就是说这些管道除进行常规的静力分析外，还要做有关的动力分析。在新设计的装置中，管道抗震验算的基本许用应力按计算温度下材料基本许用应力的1.15～1.33倍取值。而对旧有装置的架空管道进行抗震鉴定时，则取计算温度下材料基本许用应力的1.55倍。但不管是1.33倍还是1.55倍，都不允许超过材料在此温度下的屈服极限。

6. 管道的其他抗震措施

（1）管架上的管道要有防止侧向滑离管架的措施。支承管道的管架的强度和刚度在满足抗震要求之后，若没有防止管道甩出管架的措施，管道同样会因地震作用力而离开管架。因此管架的端部应加设挡铁，防止管架最边沿的管道滑出管架，或者对这些管道加管卡，但这些管卡不能妨碍管道在正常生产过程中必要的位移。铺设在港口码头、引桥上的管道应设置有防止管道被水浮起、冲落的措施，应采用各种措施将管道固定在管架或管墩上，也是抗震的措施之一。

（2）自力跨越道路的拱形管道应有防止倾倒的措施。自力跨越的拱形管道是靠拱形保持平衡和稳定的，但它不能承受水平方面的力。设防烈度为8度、9度时，不应采用自力跨越道路的拱形管道。为使其不失稳倾倒必需额外增加一些防倾倒的装置或构件，例如一些横向限位装置或若干个拱形管集中布置并使其相互牵连等等。

（3）易凝易冻介质的管道应具备将管内介质及时排空的设施，以防在管道停产期间被冻坏或堵塞管道。这类管道应比一般管道多增加一些放空口，排放出来的介质也要妥善处理以免引起其他灾害。

（4）管件、阀门等管道组成件应采用钢质制品。管道的补偿器宜采用非填料函式补偿器；对有毒及可燃介质管道中严禁采用填料函式补偿器。

（5）管道与储罐等设备的连接应具有柔性。

（6）管道穿过建、构筑物构件时应加套管，管道与套管之间应填塞软质不可燃材料。

（7）沿立式设备布置的竖直管道和采用吊架吊挂的管道应合理设置导向支架。

管道抗震措施除上面介绍的几种以外，还有很多，这些都是在历次地震救灾中总结出来的经验，根据不同的需要和不同的地理环境，因地制宜地采取不同的抗震措施，以达到抗震防灾目的。因为抗震措施多种多样，而且还在不断的发展。今后将在适当的时候进行总结，并绘制出典型的有效的抗震措施标准图集，方便设计人员参考采用。

（编制　王斌斌　魏礼谨）

第十七章　管道应力分析

第一节　管道应力分析基础

一、管道承受的荷载及其应力状态

1. 压力荷载

石油化工管道多承受内压，也有少数管道在负压状态下运行，承受外压，例如常减压蒸馏装置中与减压塔相连接的一些管道。

一般管道的设计压力应按本手册第四章第三节确定。

可能在几种不同压力、温度组合条件下运行的管道，应根据最不利的压力温度组合确定管道的设计压力。

外压管道的设计压力应取内外最大压差。与常减压蒸馏装置减压塔相接的负压管道其设计压力可取0.1MPa。

内压和外压是确定管壁厚度的主要依据。

内压在管壁上产生环向拉应力和纵向拉应力。其纵向拉应力约为环向拉应力的一半。外压管道则产生环向压应力和纵向压应力。在确定外压管道壁厚时，主要是考虑管壁承受外压的稳定性和加强筋的设置情况。

2. 持续外荷载

包括管道基本荷载(管子及其附件的重量，管内介质的重量和管外保温的重量)、支吊架的反作用力、以及其他集中和均布的持续荷载。

持续外荷载可使管道产生弯曲应力，扭转应力，纵向应力和剪应力。

压力荷载和持续外荷载在管道上产生的应力属于一次应力，其特征是非自限性的。即应力随着荷载的增加而增加。当管道产生塑性变形时，荷载并不减少。

3. 热胀和端点位移

管道由安装状态过渡到运行状态，由于管内介质的温度变化，管道产生热胀或冷缩使之变形。与设备相连接的管道，由于设备的温度变化而出现端点位移，端点位移也使管道变形。这些变形使管道承受弯曲、扭转、拉伸和剪切等应力。这种应力属于二次应力，其特征是自限性的。当局部超过屈服极限而产生少量塑性变形时，可使应力不再成比例的增加，而限定在某个范围内。当温度恢复到原始状态时，则产生反方向的应力。

4. 偶然性荷载

包括风雪荷载、地震荷载、水冲击以及安全阀动作而产生的冲击荷载。这些荷载都是偶然发生的临时性荷载，而且不致于同时发生。在一般静力分析中，可不考虑这些荷载。对于大直径、高温、高压、剧毒、可燃、易爆介质的管道应加以核算。偶然性荷载与压力荷载、持续外荷载组合后，允许达到许用应力的1.33倍。

二、管道的许用应力和许用应力范围

1. 许用应力和安全系数

安全系数是机械工程中有关材料安全裕度的一种传统、经典的表示方法，其定义为极限应力(抗拉强度、屈服强度等)与设计应力之比。

管道的许用应力是管材的基本强度特性除以安全系数。不同的标准有不同的安全系数，但其差别不大。在现行国家标准《压力管道规范 第3部分：设计和计算》GB/T 20801.3—2006中规定金属材料许用应力和螺栓材料许用应力应符合表17-1-1和表17-1-2的规定。表17-1-1和表17-1-2以外的金属材料和螺栓材料应按表17-1-3和表17-1-4规定的准则确定各自的许用应力。表17-1-1和表17-1-2中许用应力值未包括材料的纵向焊接接头系数Φ_w和铸件质量系数Φ_c。

1)拉伸许用应力按表17-1-1和表17-1-2取值。

2)压缩许用应力应符合结构稳定性的要求，且不大于拉伸许用应力。

3)剪切许用应力取拉伸许用应力的80%，接触许用应力取拉伸许用应力160%。

4)管子和对焊管件的纵向焊接接头系数Φ_w应按表17-1-5规定的准则确定。

5)铸铁件(灰铸铁、球墨铸铁、可锻铸铁)的铸件质量系数Φ_c取1.0。

除铸铁外，表17-1-6中金属静态铸件应按国家现行标准《阀门铸钢件外观质量要求》JB/T 7927进行外观检查，且不低于B级要求，铸件质量系数取0.8。

对需要进行附加无损检测的铸件可取表17-1-6中的铸件质量系数，但铸件质量系数Φ_c的改变并不影响管道组成件的压力-温度额定值。

2. 热胀许用应力范围、应力松弛与自冷紧

管道承受荷载所产生的一次应力是非自限性的。一次应力值不超过管材的许用应力即认为是可靠的。而对于自限性的二次应力、则用热胀许用应力范围来判断。

如果钢管和管件所用的材料都是延展性很好的材料，在运行初期，初始应力超过屈服强度而发生塑性变形，不致引起管道的破坏。在高温的持续作用下，管道的某个局部进一步产生塑性变形而产生应力松弛。当管道重新回到冷态时，则产生反方向的应力，这种作用与管道的冷紧相似，称为自冷紧。自冷紧的结果使冷态与热态的应力相互平衡。如果冷态与热态的应力分别小于其屈服强度，则管道在弹性范围内工作是可靠的。热态与冷态应力的代数差，称为应力范围。

热胀许用应力范围不应大于按式(17-1-1)计算所得的数值。

$$\sigma_A = f(1.25\sigma_c + 0.25\sigma_h) \tag{17-1-1}$$

式中 σ_A——热胀许用应力范围，MPa；

σ_h，σ_c——热态和冷态管材的许用应力，MPa；

f——在全部工作年限内，根据管道伸缩的总循环次数确定的应力降低系数，如表17-1-7所示。

表 17－1－1　材料许用应力表

材料	标准	牌号	厚度/mm	最低使用温度/℃或图1的曲线号°	标准规定最小强度值/MPa		在下列温度(℃)下的许用应力/MPa															脚注
					σ_b	σ_s	20	100	150	200	250	300	350	400	425	450	475	500	525	550	575	
1　铸铁																						
1.1　灰铸铁																						
	GB/T 9439	HT200		－10	200		20	20	20	20	20 (230℃)											⑫
	GB/T 9439	HT250		－10	250		25	25	25	25	25 (230℃)											⑫
	GB/T 9439	HT300		－10	300		30	30	30	30	30 (230℃)											⑫
	GB/T 9439	HT350		－10	350		35	35	35	35	35 (230℃)											⑫
1.2　球墨铸铁																						
	GB/T 1348	QT400－18		＞－20	400	250	50	50	50	50	50	50	50									⑫
	GB/T 1348	QF400－15		＞－20	400	250	50	50	50	50	50	50	50									⑫
1.3　可锻铸铁																						
	GB/T 9440	KTH300－06		＞－20	300		37	37	37	37	37	37										⑫
	GB/T 9440	KTH350－10		＞－20	350	200	43	43	43	43	43	43										⑫
2　碳钢(包括碳锰钢)																						
2.1　无缝管、焊管(ERW)、管件(无缝管制)																						
2.1.1　无缝管																						
	GB/T 8163	10	≤16	B	335	205	112	112	112	112	110	104	100	73	65	56	47	(36	24	15	10)	②④⑬
	GB/T 8163	10	＞16	B	335	195	112	112	112	112	110	99	95	70	62	53	45	(36	24	15	10)	②④⑬

续表

材料	标准	牌号	厚度/mm	最低使用温度/℃或图1的曲线号°	标准规定最小强度值/MPa		在下列温度(℃)下的许用应力/MPa															脚注
					σ_b	σ_s	20	100	150	200	250	300	350	400	425	450	475	500	525	550	575	
	GB/T 9711.1	L210	全部	B	335	210	112	112	112	112	110	104	100	73	65	56	47	(36	24	15	10)	②④⑬
	GB 9948	10	≤16	B	330	205	110	110	110	110	110	104	100	73	65	56	47	(36	24	15	10)	②④
	GB 9948	10	>16	B	330	195	110	110	110	110	110	99	95	70	62	53	45	(36	24	15	10)	②④
	GB 6479	10	≤16	B	335	205	112	112	112	112	110	104	100	73	65	56	47	(36	24	15	10)	②④
	GB 6479	10	17~40	B	335	195	112	112	112	112	110	99	95	70	62	53	45	(36	24	15	10)	②④
	GB 3087	10	全部	B	335	195	112	112	112	112	110	99	95	70	62	53	45	(36	24	15	10)	②④⑬
	GB/T 9711.1	L245	全部	B	415	245	138	138	138	138	132	122	116	89	76	62	49	(36	24	15	10)	②④⑬
	GB/T 8163	20	≤16	B	410	245	137	137	137	137	132	122	116	89	76	62	49	(36	24	15	10)	②④⑬
	GB/T 8163	20	>16	B	410	235	137	137	137	137	129	119	114	87	74	61	48	(36	24	15	10)	②④⑬
	GB 3087	20	<15	B	410	245	137	137	137	137	132	122	116	89	76	62	49	(36	24	15	10)	②④⑬
	GB 3087	20	≥15	B	410	225	137	137	137	137	124	114	109	83	71	58	46	(36	24	15	10)	②④⑬
	GB 5310	20G	全部	B	410	245	137	137	137	137	132	122	116	89	76	62	49	(36	24	15	10)	②④
	GB 5310	20MnG	全部	B	415	240	138	138	138	138	132	122	116	89	76	62	49	(36	24	15	10)	②④
	GB 6479	20	≤16	B	410	245	137	137	137	137	132	122	116	89	76	62	49	(36	24	15	10)	②④
	GB 6479	20	>16~40	B	410	235	137	137	137	137	129	119	114	87	74	61	48	(36	24	15	10)	②④
	GB 9948	20	≤16	B	410	245	137	137	137	137	132	122	116	89	76	62	49	(36	24	15	10)	②④
	GB 9948	20	>16~40	B	410	235	137	137	137	137	129	119	114	87	74	61	48	(36	24	15	10)	②④
	GB/T 9711.1	L290	全部	A	415	290	138	138	138	138												②④⑬
	GB/T 8163	Q345	≤16	B	490	325	163	163	161	158	151	140	133	101	84							②⑬
	GB/T 8163	Q345	>16	B	490	315	163	163	161	158	151	140	133	101	84							②⑬
	GB 5310	25MnG	全部	B	485	275	161	161	161	158	151	140	133	101	84							②

续表

材料	标准	牌号	厚度/mm	最低使用温度/℃或图1的曲线号°	标准规定最小强度值/MPa		在下列温度(℃)下的许用应力/MPa															脚注
					σ_b	σ_s	20	100	150	200	250	300	350	400	425	450	475	500	525	550	575	
	GB 6479	16Mn	≤16	B	490	320	163	163	161	158	151	140	133	101	84							②
	GB 6479	16Mn	17~40	B	490	310	163	163	161	158	151	140	133	101	84							②
2.1.2 焊管(ERW)																						
	GB/T 3091	Q215A	≤16	A	335	215	103	103	103	103	101	96	92									①②⑭
	GB/T 9711.1	L210	全部	B	335	210	112	112	112	112	110	104	100	73	65	56	47	(36	24	15	10)	②④⑬
	GB/T 3091	Q235A	≤16	A	375	235	115	115	115	115	115	109	105									①⑭
	GB/T 3091	Q235B	≤16	A	375	235	125	125	125	125	125	119	114									⑭
	GB/T 9711.1	L245	全部	B	415	240	138	138	138	138	132	122	116	89	76	62	49	(36	24	15	10)	②④⑬
	GB/T 9711.1	L290	全部	A	415	290	138	138	138	138												⑬
2.1.3 管件(无缝管制)																						
GB/T 9711.1,L245	GB/T 12459	L245	全部	B	415	245	138	138	138	138	132	122	116	89	76	62	49	(36	24	15	10)	②④⑬
GB/T 8163,20	GB/T 12459	20	≤16	B	410	245	137	137	137	137	132	122	116	89	76	62	49	(36	24	15	10)	②④⑬
GB/T 8163,20	GB/T 12459	20	>16	B	410	235	137	137	137	137	129	119	114	87	74	61	48	(36	24	15	10)	②④⑬
GB 3087,20	GB/T 12459	20	<15	B	410	245	137	137	137	137	132	122	116	89	76	62	49	(36	24	15	10)	②④⑬
GB 3087,20	GB/T 12459	20	≥15	B	410	225	137	137	137	137	124	114	109	83	71	58	46	(36	24	15	10)	②④⑬
GB 5310,20G	GB/T 12459	20G	全部	B	410	245	137	137	137	137	132	122	116	89	76	62	49	(36	24	15	10)	②④
GB 5310,20MnG	GB/T 12459	20MnG	全部	B	415	240	138	138	138	138	132	122	116	89	76	62	49	(36	24	15	10)	②④
GB 6479,20	GB/T 12459	20	≤16	B	410	245	137	137	137	137	132	122	116	89	76	62	49	(36	24	15	10)	②④
GB 6479,20	GB/T 12459	20	>16~40	B	410	235	137	137	137	137	129	119	114	87	74	61	48	(36	24	15	10)	②④
GB 9948,20	GB/T 12459	20	≤16	B	410	245	137	137	137	137	132	122	116	89	76	62	49	(36	24	15	10)	②④
GB 9948,20	GB/T 12459	20	>16~40	B	410	235	137	137	137	137	129	119	114	87	74	61	48	(36	24	15	10)	②④

续表

材料	标准	牌号	厚度/mm	最低使用温度/℃或图1的曲线号。	标准规定最小强度值/MPa		在下列温度(℃)下的许用应力/MPa															脚注
					σ_b	σ_s	20	100	150	200	250	300	350	400	425	450	475	500	525	550	575	
GB/T 8163,Q345	GB/T 12459	Q345	≤16	B	490	325	163	163	161	158	151	140	133	101	84							②⑬
GB/T 8163,Q345	GB/T 12459	Q345	>16	B	490	315	163	163	161	158	151	140	133	101	84							②⑬
GB 5310,25MnG	GB/T 12459	25MnG	全部	B	485	275	161	161	161	158	151	140	133	101	84							②
GB 6479,16Mn	GB/T 12459	16Mn	≤16	B	490	320	163	163	161	158	151	140	133	101	84							②
GB 6479,16Mn	GB/T 12459	16Mn	16~40	B	490	310	163	163	161	158	151	140	133	101	84							②
2.2 钢板、板焊管(EFW/SAW)、管件(板焊制)																						
2.2.1 钢板																						
	GB/T 700	Q215A	≤16	A	335	215	103	100	96	92	87	83	79									①②⑭
	GB/T 700	Q215A	>16~40	A	335	205	103	100	96	92	87	83	79									①②⑭
	GB/T 700	Q235A	≤16	A	375	235	115	110	105	101	96	91	86									①②⑭
	GB/T 700	Q235A	>16~40	A	375	235	115	110	105	101	96	91	86									①②⑭
	GB/T 700	Q235B	≤16	A	375	235	125	125	122	119	113	105	100									②⑭
	GB/T 700	Q235B	>16~40	A	375	225	125	125	122	119	113	105	100									②⑭
	GB 6654	20R	6~16	B	400	245	133	133	130	126	121	112	107	88	76	62						②
	GB 6654	20R	17~25	B	400	235	133	133	130	126	121	112	107	88	76	62						②
	GB 6654	20R	26~36	B	400	225	133	133	130	126	121	112	107	88	76	62						②
	GB 713	20g	6~16	B	400	245	133	133	130	126	121	112	107	88	76	62	49	(36	24)			②④
	GB 713	20g	>16~25	B	400	235	133	133	130	126	121	112	107	88	76	62	49	(36	24)			②④
	GB 713	20g	>25~60	B	400	225	133	133	130	126	121	112	107	88	76	62	49	(36	24)			②④
	GB 713	16Mng	6~16	A	510	345	170	159	155	150	143	132	127	101	84	66	49	(36	24)			②④
	GB 713	16Mng	>16~25	A	490	325	163	159	155	150	143	132	127	101	84	66	49	(36	24)			②④

续表

材料	标准	牌号	厚度/mm	最低使用温度/℃或图1的曲线号°	标准规定最小强度值/MPa		在下列温度(℃)下的许用应力/MPa															脚注
					σ_b	σ_s	20	100	150	200	250	300	350	400	425	450	475	500	525	550	575	
	GB 713	16Mng	>25~36	A	470	305	157	157	155	150	143	132	127	101	84	66	49	(36	24)			②④
	GB 713	16Mng	>36~60	A	470	285	157	157	155	150	143	132	127	101	84	66	49	(36	24)			②④
	GB 6654	16MnR	6~16	B	510	345	170	159	155	150	143	132	127	101	84	66						②
	GB 6654	16MnR	>16~36	B	490	325	163	159	155	150	143	132	127	101	84	66						②
	GB 6654	16MnR	>36~60	B	470	305	157	157	155	150	143	132	127	101	84	66						②
	GB 713	22Mng	>25	A	515	275	172	168	163	158	151	140	133	107	88	67	50	(36	24	15	10)	②④
2.2.2 板焊管(EFW/SAW)																						
GB/T700,Q215A	GB/T 3091	Q215A	≤16	A	335	215	103	100	96	92	87	83	79									①②⑭
GB/T700,Q215A	GB/T 3091	Q215A	>16~40	A	335	205	103	100	96	92	87	83	79									①②⑭
GB/T700,Q235A	GB/T 3091	Q235A	≤16	A	375	235	115	110	105	101	96	91	86									①②⑭
GB/T700,Q235A	GB/T 3091	Q235A	>16~40	A	375	225	115	110	105	101	96	91	86									①②⑭
GB/T700,Q235B	GB/T 3091	Q235B	≤16	A	375	235	125	125	122	119	113	105	100									⑭
GB/T700,Q235B	GB/T 3091	Q235B	>16~40	A	375	225	125	125	122	119	113	105	100									②⑭
	GB/T 9711.1	L245		B	415	245	138	138	138	138	132	122	116	89	76	62	49	(36	24	15	10)	②④⑬
GB 6654,20R	h	20R	6~16	B	400	245	133	133	130	126	121	112	107	88	76	62	49	(36	24)			②④⑧
GB 6654,20R	h	20R	17~25	B	400	235	133	133	130	126	121	112	107	88	76	62	49	(36	24)			②④⑧
GB 6654,20R	h	20R	26~36	B	400	225	133	133	130	126	121	112	107	88	76	62	49	(36	24)			②④⑧
GB 713,20g	h	20g	≤16	B	400	245	133	133	130	126	121	112	107	88	76	62	49	(36	24	15	10)	②④⑧

续表

材料	标准	牌号	厚度/mm	最低使用温度/℃或图1的曲线号°	标准规定最小强度值/MPa		在下列温度(℃)下的许用应力/MPa															脚注
					σ_b	σ_s	20	100	150	200	250	300	350	400	425	450	475	500	525	550	575	
GB 713,20g	h	20g	>16~25	B	400	235	133	133	130	126	121	112	107	88	76	62	49	(36	24	15	10)	②④⑧
GB 713,20g	h	20g	>25~60	B	400	225	133	133	130	126	121	112	107	88	76	62	49	(36	24	15	10)	②④⑧
GB 713,16Mng	h	16Mng	6~16	A	510	345	170	159	155	150	143	132	127	101	84	66	49	(36	24	15	10)	②④⑧
GB 713,16Mng	h	16Mng	>16~36	A	490	325	163	159	155	150	143	132	127	101	84	66	49	(36	24	15	10	②④⑧
GB 713,16Mng	h	16Mng	>25~36	A	470	305	157	157	155	150	143	132	127	101	84	66	49	(36	24	15	10)	②④⑧
GB 713,16Mng	h	16Mng	>36~60	A	470	285	157	157	155	150	143	132	127	101	84	66	49	(36	24	15	10)	②④⑧
GB 6654,16MnR	h	16MnR	6~16	B	510	345	170	159	155	150	143	132	127	101	84	66	49	(36	24)			②④⑧
GB 6654,16MnR	h	16MnR	>16~36	B	490	325	163	159	155	150	143	132	127	101	84	66	49	(36	24)			②④⑧
GB 6654,16MnR	h	16MnR	>36~60	B	470	305	157	157	155	150	143	132	127	101	84	66	49	(36	24)			②④⑧
GB 713,22Mng	h	22Mng	>25	A	515	275	172	168	163	158	151	140	133	107	88	67	50	36	24	15	10	②④⑧
	GB/T 9711.1	L290		A	415	290	138	138	138	138												②⑬
2.2.3 管件(板焊制)																						
GB/T 700,Q235A	GB/T 13401	Q235A	≤16	A	375	235	115	110	105	101	96	91	86									①②⑭
GB/T 700,Q235A	GB/T 13401	Q235A	>16~40	A	375	225	115	110	105	101	96	91	86									①②⑭
GB/T 700,Q235B	GB/T 13401	Q235B	≤16	A	375	235	125	125	122	119	113	105	100									②⑭
GB/T 700,Q235B	GB/T 13401	Q235B	>16~40	A	375	225	125	125	122	119	113	105	100									②⑭
GB 6654,20R	GB/T 13401	20R	6~16	B	400	245	133	133	130	126	121	112	107	88	76	62	46	(36	24	15	10)	②④

续表

材料	标准	牌号	厚度/mm	最低使用温度/℃或图1的曲线号。	标准规定最小强度值/MPa		在下列温度(℃)下的许用应力/MPa															脚注
					σ_b	σ_s	20	100	150	200	250	300	350	400	425	450	475	500	525	550	575	
GB 6654,20R	GB/T 13401	20R	17~25	B	400	235	133	133	130	126	121	112	107	88	76	62	46	(36	24	15	10)	②④
GB 6654,20R	GB/T 13401	20R	26~36	B	400	225	133	133	130	126	121	112	107	88	76	62	46	(36	24	15	10)	②④
GB 713,20g	GB/T 13401	20g	≤16	B	400	245	133	133	130	126	121	112	107	88	76	62	46	(36	24	15	10)	②④
GB 713,20g	GB/T 13401	20g	>16~25	B	400	235	133	133	130	126	121	112	115	87	74	61	48	(36	24	15	10)	④
GB 713,20g	GB/T 13401	20g	>25~60	B	400	225	133	133	130	126	121	112	110	83	71	55	46	(36	24	15	10)	④
GB 713,16Mng	GB/T 13401	16Mng	6~16	A	510	345	170	159	155	150	143	132	127	101	84							
GB 713,16Mng	GB/T 13401	16Mng	>16~≤25	A	490	325	163	159	155	150	143	132	127	101	84							
GB 713,16Mng	GB/T 13401	16Mng	>25~36	A	470	305	157	157	155	150	143	132	127	101	84							②
GB 713,16Mng	GB/T 13401	16Mng	>36~60	A	470	285	157	157	155	150	143	132	127	101	84							②
GB 6654,16MnR	GB/T 13401	16MnR	6~16	B	510	345	170	159	155	150	143	132	127	101	84							②
GB 6654,16MnR	GB/T 13401	16MnR	>16~36	B	490	325	163	159	155	150	143	132	127	101	84							②
GB 6654,16MnR	GB/T 13401	16MnR	>36~60	B	470	305	157	157	155	150	143	132	127	101	84							②
2.3 锻件																						
	JB 4726	20	≤200	>-20	390	215	130	126	122	119	113	105	100	89	76	62	49	(36	24	15	10)	②④
	JB 4726	16Mn	≤300	>-20	450	275	150	150	146	142	135	126	120	101	84	67	50	(36	24	15	10)	②④
2.4 铸件																						
	GB/T 12229	WCA		>-20	415	205	138	126	122	119	113	105	100	89	76	62	48					②
	GB/T 12229	WCB		>-20	480	250	160	150	146	142	135	126	120	101	84	67	50	(36	24	15	10)	②④
	GB/T 12229	WCC		>-20	485	275	161	161	161	158	151	140	133	101	84	67	50	(36	24)			②④

续表

材料	标准	牌号	厚度/mm	最低使用温度/℃	标准规定最小强度值/MPa		在下列温度(℃)下的许用应力/MPa							脚注
					σ_b	σ_s	20	100	150	200	250	300	350	
3 低温钢														
3.1 低温无缝管、低温管件(无缝管制)														
3.1.1 低温无缝管														
	GB 6479	10	≤16	-30	335	205	112	112	112	112	110	104	100	⑪
	GB 6479	10	17~40	-30	335	195	110	110	110	110	110	104	100	⑪
	GB 6479	20	≤16	-20	410	245	137	137	137	137	132	122	116	⑪
	GB 6479	20	17~40	-20	410	235	137	137	137	137	129	119	114	⑪
	GB 6479	16Mn	≤16	-40	490	320	163	163	161	158	151	140	133	⑪
	GB 6479	16Mn	17~40	-40	490	310	163	163	161	158	151	140	133	⑪
	GB/T 18984	10MnDG	—	-46	400	240	133	133	133	133	132	122	116	
	GB/T 18984	16MnDG	≤16	-46	490	325	163	163	161	158	151	140	133	
	GB/T 18984	16MnDG	>16	-46	490	315	163	163	161	158	151	140	133	
	GB/T 18984	06Ni3MoDG	—	-101	445	250	152	135	135	129	124	118	111	
3.1.2 低温管件(无缝管制)														
GB 6479,10	GB/T 12459	10	≤16	-30	335	205	112	112	112	112	110	104	100	⑪
GB 6479,10	GB/T 12459	10	17~40	-30	335	195	110	110	110	110	110	104	100	⑪
GB 6479,20	GB/T 12459	20	≤16	-20	410	245	137	137	137	137	132	122	116	⑪
GB 6479,20	GB/T 12459	20	17~40	-20	410	235	137	137	137	137	129	119	114	⑪
GB 6479,16Mn	GB/T 12459	16Mn	≤16	-40	490	320	163	163	161	158	151	140	133	⑪
GB 6479,16Mn	GB/T 12459	16Mn	17~40	-40	490	310	163	163	161	158	151	140	133	⑪

续表

材料	标准	牌号	厚度/mm	最低使用温度/℃	标准规定最小强度值/MPa		在下列温度(℃)下的许用应力/MPa							脚注
					σ_b	σ_s	20	100	150	200	250	300	350	
GB/T 18984，10MnDG	GB/T 12459	10MnDG	—	-46	400	240	133	133	133	133	132	122	116	
GB/T 18984，16MnDG	GB/T 12459	16MnDG	≤16	-46	490	325	163	163	161	158	151	140	133	
GB/T 18984，16MnDG	GB/T 12459	16MnDG	>16	-46	490	315	163	163	161	158	151	140	133	
GB/T 18984，06Ni3MoDG	GB/T 12459	06Ni3MoDG	—	-101	455	250	152	135	135	129	124	118	111	
3.2 低温钢板、板焊管(EFW/SAW)、管件(板焊制)														
3.2.1 低温钢板														
	GB 6654	20R	6~36	-20	400	245~225	133	133	130	126	121	112	107	⑪
	GB 6654	16MnR	6~16	-20	510	345	170	159	155	150	143	132	127	⑪
	GB 6654	16MnR	>16~36	-20	490	325	163	159	155	150	143	132	127	⑪
	GB 3531	16MnDR	6~16	-40	490	315	163	163	163	161	160	153	143	
	GB 3531	16MnDR	>16~36	-40	470	295	157	157	157	149	148	139	133	
	GB 3531	16MnDR	>36~60	-30	450	275	150	150	150	150	148	139	133	
	GB 3531	09MnNiDR	6~16	-70	440	300	147	147	147	147	148	139	133	
	GB 3531	09MnNiDR	>16~36	-70	430	280	143	143	143	143	143	139	133	
3.2.2 板焊管(EFW/SAW)														
GB 6654，20R	h	20R	6~36	-20	400	245~225	133	133	130	126	121	112	107	⑧⑪
GB 6654，16MnR	h	16MnR	6~16	-20	510	345	170	159	155	150	143	132	127	⑧⑪

续表

材料	标准	牌号	厚度/mm	最低使用温度/℃	标准规定最小强度值/MPa		在下列温度(℃)下的许用应力/MPa							脚注
					σ_b	σ_s	20	100	150	200	250	300	350	
GB 6654,16MnR	h	16MnR	>16~36	-20	490	325	163	159	155	150	143	132	127	⑧⑪
GB 3531,16MnDR	h	16MnDR	6~16	-40	490	315	163	163	163	161	160	153	143	⑧
GB 3531,16MnDR	h	16MnDR	>16~36	-40	470	295	157	157	157	149	148	139	133	⑧
GB 3531,16MnDR	h	16MnDR	>36~60	-30	450	275	150	150	150	150	148	139	133	⑧
GB 3531,09MnNiDR	h	09MnNiDR	6~16	-70	440	300	147	147	147	147	148	139	133	⑧
GB 3531,09MnNiDR	h	09MnNiDR	>16~36	-70	430	280	143	143	143	143	143	139	133	⑧
3.2.3 管件(板焊制)														
GB 6654,20R	GB/T 13401	20R	6~36	-20	400	245~225	133	133	130	126	121	112	107	⑪
GB 6654,16MnR	GB/T 13401	16MnR	6~16	-20	510	345	170	159	155	150	143	132	127	⑪
GB 6654,16MnR	GB/T 13401	16MnR	>16~36	-20	490	325	163	159	155	150	143	132	127	⑪
GB 3531,16MnDR	GB/T 13401	16MnDR	6~16	-40	490	315	163	163	163	161	160	153	143	
GB 3531,16MnDR	GB/T 13401	16MnDR	>16~36	-40	470	295	157	157	157	149	148	139	133	
GB 3531,16MnDR	GB/T 13401	16MnDR	>36~60	-30	450	275	150	150	150	150	148	139	133	
GB 3531,09MnNiDR	GB/T 13401	09MnNiDR	6~16	-70	440	300	147	147	147	147	147	139	133	
GB 3531,09MnNiDR	GB/T 13401	09MnNiDR	>16~36	-70	430	280	143	143	143	143	143	139	133	
3.3 锻件														
	JB 4727	16MnD	≤300	-40	450	275	150	150	146	142	135	126	120	
	JB 4727	09MnNiD	≤300	-70	420	260	140	140	140	140	135	126	120	
3.4 铸件														
	JB/T 7248	LCB		-46	450	240	150	146	143	138	132	122	117	
	JB/T 7248	LC3		-101	485	275	161	161	161	158	151			

续表

材料	标准	牌号	厚度/mm	最低使用温度/℃	标准规定最小强度值/MPa		在下列温度(℃)下的许用应力/MPa																								脚注
					σ_b	σ_s	20	100	150	200	250	300	350	400	425	450	475	500	525	550	575	600	625	650	675	700	725	750	775	800	
4 合金钢																															
4.1 无缝管、管件(无缝管制)																															
4.1.1 无缝管																															
	GB 6479	15CrMo	≤16	> -20	440	235	147	128	124	121	119	116	111	105	104	100	91	82	63	42	(27	18	12	8)							④
	GB 6479	15CrMo	>16~40	> -20	440	225	147	128	124	121	119	116	111	105	104	100	91	82	63	42	(27	18	12	8)							④
	GB 5310	15CrMoG	全部	> -20	440	235	147	128	124	121	119	116	111	105	104	100	91	82	63	42	(27	18	12	8)							④
	GB 9948	15CrMo	≤16	> -20	440	235	147	128	124	121	119	116	111	105	104	100	91	82	63	42	(27	18	12	8)							④
	GB 9948	15CrMo	>16~40	> -20	440	225	147	128	124	121	119	116	111	105	104	100	91	82	63	42	(27	18	12	8)							④
	GB 5310	12Cr2Mo	≤16	> -20	450	280	150	150	150	150	149	148	146	143	140	136	113	92	65	46	31	(20	13	8)							④
	GB 5310	12Cr2Mo	>16~40	> -20	450	270	150	150	147	145	144	143	141	138	135	132	109	92	65	46	31	(20	13	8)							④
	GB 5310	12Cr2Mo	>40	> -20	450	260	150	150	142	139	138	138	136	133	130	127	105	92	65	46	31	(20	13	8)							④
	GB 6479	12Cr2Mo	≤16	> -20	450	280	150	150	150	150	149	148	146	143	140	136	113	92	65	46	31	(20	13	8)							④
	GB 6479	12Cr2Mo	>16	> -20	450	270	150	150	147	145	144	143	141	138	135	132	109	92	65	46	31	(20	13	8)							④
	GB 6479	10MoWVNb	≤16	> -20	470	295	157	157	157	156	153	147	141	135	130	126	121	97													⑯
	GB 6479	10MoWVNb	>16	> -20	470	285	157	157	156	150	147	141	135	129	124	119	111	97													⑯
	GB 6479	1Cr5Mo	≤16	> -20	390	195	130	118	114	113	112	110	108	87	83	80	73	62	47	35	26	18	12	7							
	GB 6479	1Cr5Mo	>16	> -20	390	185	130	112	108	107	106	105	103	82	79	76	69	62	47	35	26	18	12	7							

材料	标准	牌号	厚度/mm	最低使用温度/℃	标准规定最小强度值/MPa		在下列温度(℃)下的许用应力/MPa																								脚注
					σ_b	σ_s	20	100	150	200	250	300	350	400	425	450	475	500	525	550	575	600	625	650	675	700	725	750	775	800	
	GB 9948	1Cr5Mo	≤16	> -20	390	195	130	118	114	113	112	110	108	87	83	80	73	62	47	35	26	18	12	7							
	GB 9948	1Cr5Mo	>16	> -20	390	185	130	112	108	107	106	105	103	82	79	76	69	62	47	35	26	18	12	7							
4.1.2 管件(无缝管制)																															
GB 6479,15CrMo	GB/T 12459	15CrMo		> -20	440	225	147	128	124	121	119	116	111	105	104	100	91	82	63	42	(27	18	12	8)							④
GB 5310,15CrMoG	GB/T 12459	15CrMoG		> -20	440	225	147	128	124	121	119	116	111	105	104	100	91	82	63	42	(27	18	12	8)							④
GB 9948,15CrMo	GB/T 12459	15CrMo		> -20	440	225	147	128	124	121	119	116	111	105	104	100	91	82	63	42	(27	18	12	8)							④
GB 5310,12Cr2Mo	GB/T 12459	12Cr2Mo		> -20	450	270	150	150	147	145	144	143	141	138	135	132	109	92	65	46	31	(20	13	8)							④
GB 6479,12Cr2Mo	GB/T 12459	12Cr2Mo		> -20	450	270	150	150	147	145	144	143	141	138	135	132	109	92	65	46	31	(20	13	8)							⑭
GB 6479,10MoWVNb	GB/T 12459	10MoWVNb		> -20	470	285	157	157	156	150	147	141	135	129	124	119	111	97													⑯
GB 6479,1Cr5Mo	GB/T 12459	1Cr5Mo		> -20	390	185	130	112	108	107	106	105	103	82	79	76	69	62	47	35	26	18	12	7							
GB 9948,1Cr5Mo	GB/T 12459	1Cr5Mo		> -20	390	185	130	112	108	107	106	105	103	82	79	76	69	62	47	35	26	18	12	7							
4.2 合金钢板、板焊管(EFW)、管件(板焊制)																															
4.2.1 合金钢板																															
	GB 6654	15CrMoR	6~60	> -20	450	295	150	150	150	150	150	146	141	136	133	129	125	94	63	42	(27	18	12	8)							④
	GB 150	14Cr1MoR	16~120	> -20	515	310	172	172	172	172	168	164	159	153	149	146	107	75	53	37	(26	18	12	8)							④
	GB 150	12Cr2Mo1R	6~150	> -20	515	310	172	172	169	166	165	164	162	158	155	151	125	92	65	46	31	(20	13	8)							④
4.2.2 板焊管(EFW)																															

续表

材料	标准	牌号	厚度/mm	最低使用温度/℃	标准规定最小强度值/MPa		在下列温度(℃)下的许用应力/MPa																								脚注
					σ_b	σ_s	20	100	150	200	250	300	350	400	425	450	475	500	525	550	575	600	625	650	675	700	725	750	775	800	
GB 6654,15CrMoR	h	15CrMoR	6~60	>-20	450	295	150	150	150	150	150	146	141	136	133	129	125	94	63	42	(27	18	12	8)							④⑧
GB 6654,14Cr1MoR	h	14Cr1MoR	16~120	>-20	515	310	172	172	172	172	168	164	159	153	149	146	107	75	53	37	(26	18	12	8)							④⑧
GB 150 12Cr2MolR	h	12Cr2Mo1R	6~150	>-20	515	310	172	172	169	166	165	164	162	158	155	151	125	92	65	46	31	(20	13	8)							④⑧
4.2.3 管件(板焊制)																															
GB 6654,15CrMoR	GB/T 13401	15CrMoR		>-20	450	295	150	150	150	150	150	146	141	136	133	129	125	94	63	42	(27	18	12	8)							④
GB 150 14Cr1MoR	GB/T 13401	14Cr1MoR		>-20	515	310	172	172	172	172	168	164	159	153	149	146	107	75	53	37	(26	18	12	8)							④
GB 150 12Cr2Mo1R	GB/T 13401	12Cr2Mo1R		>-20	515	310	172	172	169	166	165	164	162	158	155	151	125	92	65	46	31	(20	13	8)							④
4.3 合金钢锻件																															
	JB 4726	15CrMo	≤300	>-20	440	275	147	147	147	147	147	146	141	136	133	129	125	94	63	42	(27	18	12	8)							④
	JB 4726	14Cr1Mo	≤300	>-20	490	290	163	163	161	156	151	146	141	136	133	129	103	75	53	37	(26	18	12	8)							④
	JB 4726	12Cr2Mo1	≤300	>-20	510	310	170	170	169	166	165	164	162	158	155	151	125	92	65	46	31	(20	13	8)							④
	JB 4726	1Cr5Mo		>-20	590	390	197	193	189	187	186	184	179	128	124	104	81	62	47	35	26	18	12	7							
4.4 合金钢铸件																															
	GB/T 16253	ZG15Cr1MoG		>-20	490	290	163	163	161	156	151	146	141	136	133	129	107	84	61	41	(28	19	16	9)							④
	GB/T 16253	ZG12Cr2Mo1G		>-20	510	280	170	160	159	155	155	154	153	148	145	138	122	92	65	46	31	(20	13	8)							④
	GB/T 16253	ZG16Cr5MoG		>-20	630	420	210	205	201	199	198	196	191	136	132	104	81	62	47	35	26	18	12	7							

续表

材料	标准	牌号	厚度/mm	最低使用温度/℃	标准规定最小强度值/MPa		在下列温度(℃)下的许用应力/MPa																								脚注
					σ_b	σ_s	20	100	150	200	250	300	350	400	425	450	475	500	525	550	575	600	625	650	675	700	725	750	775	800	
5 不锈钢																															
5.1 不锈钢无缝管、焊管(EFW,无填充金属)、管件(无缝管及焊管制)																															
5.1.1 不锈钢无缝管																															
	GB/T 14976	0Cr18Ni10Ti (321)		-253	520	205	138	138	138	138	134	128	123	119	117	115	115	114	112	92	60	44	33	25	18	13	9	6	4	3	②③
	GB/T 14976	0Cr18Ni10Ti (321H)		-196	520	205	138	138	138	138	134	128	123	119	117	115	115	114	112	98	75	59	46	37	29	23	18	15	12	9	②③⑥
	GB/T 14976	00Cr19Ni10 (304L)		-253	480	175	115	115	115	109	103	98	94	92	90	88	84	73	61	49	41	33	27	22	18	15	12	9	7	7	②③
	GB/T 14976	00Cr17Ni14Mo2 (316L)		-253	480	175	115	115	115	107	101	95	90	87	86	84	82	80	78	76	73	68	58	44	33	25	19	14	11	8	②③
	GB/T 14976	0Cr18Ni9 (304/304H)		-253	520	205	138	138	138	130	122	115	111	107	105	103	101	100	97	90	78	63	51	41	33	27	21	17	14	11	②③⑥
	GB 5310	1Cr18Ni9 (304H)		-196	520	205	138	138	138	130	122	115	111	107	105	103	101	100	97	90	78	63	51	41	33	27	21	17	14	11	②③⑥
	GB 9948	1Cr19Ni9 (304H)		-196	520	205	138	138	138	130	122	115	111	107	105	103	101	100	97	90	78	63	51	41	33	27	21	17	14	11	②③⑥
	GB/T 14976	0Cr17Ni12Mo2 (316/316H)		-253	520	205	138	138	138	133	125	119	114	111	110	108	107	106	106	103	95	81	65	51	39	30	23	19	14	11	②③⑥
	GB/T 14976	0Cr18Ni11Nb (347)		-253	520	205	138	138	138	138	137	134	130	128	127	126	125	125	124	107	77	58	40	30	23	16	12	9	7	6	②③

续表

材料	标准	牌号	厚度/mm	最低使用温度/℃	标准规定最小强度值/MPa		在下列温度(℃)下的许用应力/MPa																								脚注
					σ_b	σ_s	20	100	150	200	250	300	350	400	425	450	475	500	525	550	575	600	625	650	675	700	725	750	775	800	
	GB 5310	1Cr19Ni11Nb (347H)		-196	520	205	138	138	138	138	137	134	130	128	127	126	125	125	124	121	111	92	70	54	42	32	24	19	15	11	②③⑥
	GB 9948	1Cr19Ni11Nb (347H)		-196	520	205	138	138	138	138	137	134	130	128	127	126	125	125	124	121	111	92	70	54	42	32	24	19	15	11	②③⑥
	GB/T 14976	0Cr23Ni13 (309S)		-196	520	205	138	138	138	138	138	134	129	124	121	104	97	90	79	66	54	42	33	26	20	16	13	10	7	6	②③⑥
	GB/T 14976	0Cr25Ni20 (310S)		-196	520	205	138	138	138	138	138	134	129	124	121	104	97	90	81	64	44	32	24	17	11	6	4	3	2	22	②③
	GB/T 14976	0Cr25Ni20 (310H)		-196	520	205	138	138	138	138	138	134	129	124	121	104	97	90	81	72	65	57	49	41	34	25	18	13	9	7	②③⑥
5.1.2 焊管(EFW,无填充金属)																															
	GB/T 12771	0Cr18Ni10Ti (321)		-253	520	210	138	138	138	138	134	128	123	119	117	115	115	114	112	92	60	44	33	25	18	13	9	6	4	3	②③
	HG/T 20537.3	0Cr18Ni10Ti (321)		-253	520	205	138	138	138	138	134	128	123	119	117	115	115	114	112	92	60	44	33	25	18	13	9	6	4	3	②③
	GB/T 12771	0Cr18Ni10Ti (321H)		-196	520	210	138	138	138	138	134	128	123	119	117	115	115	114	112	98	75	59	46	37	29	23	18	15	12	9	②③⑥
	HG/T 20537.3	0Cr18Ni10Ti (321H)		-196	520	205	138	138	138	138	134	128	123	119	117	115	115	114	112	98	75	59	46	37	29	23	18	15	12	9	②③⑥
	GB/T 12771	00Cr19Ni10 (304L)		-253	480	180	115	115	115	109	103	98	94	92	90	88	84	73	61	49	41	33	27	22	18	15	12	9	7	7	②③

材料	标准	牌号	厚度/mm	最低使用温度/℃	标准规定最小强度值/MPa		在下列温度(℃)下的许用应力/MPa																								脚注
					σ_b	σ_s	20	100	150	200	250	300	350	400	425	450	475	500	525	550	575	600	625	650	675	700	725	750	775	800	
	HG/T 20537.3	00Cr19Ni10 (304L)		-253	480	175	115	115	115	109	103	98	94	92	90	88	84	73	61	49	41	33	27	22	18	15	12	9	7	7	②③
	GB/T 12771	00Cr17Ni14Mo2 (316L)		-253	480	180	115	115	115	107	101	95	90	87	86	84	82	80	78	76	73	68	58	44	33	25	19	14	11	8	②③
	HG/T 20537.3	00Cr17Ni14Mo2 (316L)		-253	480	175	115	115	115	107	101	95	90	87	86	84	82	80	78	76	73	68	58	44	33	25	19	14	11	8	②③
	GB/T 12771	0Cr18Ni9 (304/304H)		-253	520	210	138	138	138	130	122	115	111	107	105	103	101	100	97	90	78	63	51	41	33	27	21	17	14	11	②③⑥
	HG/T 20537.3	0Cr18Ni9 (304/304H)		-253	520	205	138	138	138	130	122	115	111	107	105	103	101	100	97	90	78	63	51	41	33	27	21	17	14	11	②③⑥
	GB/T 12771	0Cr17Ni12Mo2 (316/316H)		-253	520	210	138	138	138	133	125	119	114	111	110	108	107	106	106	103	95	81	65	51	39	30	23	19	14	11	②③⑥
	HG/T 20537.3	0Cr17Ni12Mo2 (316/316H)		-253	520	205	138	138	138	133	125	119	114	111	110	108	107	106	106	103	95	81	65	51	39	30	23	19	14	11	②③⑥
	GB/T 12771	0Cr18Ni11Nb (347)		-253	520	210	138	138	138	138	137	134	130	128	127	126	125	125	124	107	77	58	40	30	23	16	12	9	7	6	②③
	GB/T 12771	0Cr18Ni11Nb (347H)		-196	520	210	138	138	138	138	137	134	130	128	127	126	125	125	124	121	111	92	70	54	42	32	24	19	15	11	②③⑥
	GB/T 12771	0Cr23Ni13 (309S)		-196	520	205	138	138	138	138	138	134	129	124	121	104	97	90	79	66	54	42	33	26	11	16	13	10	7	6	②③⑥
	GB/T 12771	0Cr25Ni20 (310S)		-196	520	210	138	138	138	138	138	134	129	124	121	104	97	90	81	64	44	32	24	17	11	64	32	2			②③
	GB/T 12771	0Cr25Ni20 (310H)		-196	520	210	138	138	138	138	138	134	129	124	121	104	97	90	81	72	65	57	49	41	34	25	18	13	9	7	②③⑥

续表

材料	标准	牌号	厚度/mm	最低使用温度/℃	标准规定最小强度值/MPa		在下列温度(℃)下的许用应力/MPa																								脚注
					σ_b	σ_s	20	100	150	200	250	300	350	400	425	450	475	500	525	550	575	600	625	650	675	700	725	750	775	800	
5.1.3 管件(无缝管及焊管制)[q]																															
	GB/T 12459	0Cr18Ni10Ti (321)		-253	520	205	138	138	138	138	134	128	123	119	117	115	115	114	112	92	60	44	33	25	18	13	9	6	4	3	②③
	GB/T 12459	0Cr18Ni10Ti (321H)		-196	520	205	138	138	138	138	134	128	123	119	117	115	115	114	112	98	75	59	46	37	29	23	18	15	12	9	②③⑥
	GB/T 12459	00Cr19Ni10 (304L)		-253	480	175	115	115	115	109	103	98	94	92	90	88	84	73	61	49	41	33	27	22	18	15	12	9	7	7	②③
	GB/T 12459	00Cr17Ni14Mo2 (316L)		-253	480	175	115	115	115	107	101	95	90	87	86	84	82	80	78	76	73	68	58	44	33	25	19	14	11	8	②③
	GB/T 12459	0Cr18Ni9 (304/304H)		-253	520	205	138	138	138	130	122	115	111	107	105	103	101	100	97	90	78	63	51	41	33	27	21	17	14	11	②③⑥
	GB/T 12459	1Cr18Ni9 (304H)		-196	520	205	138	138	138	130	122	115	111	107	105	103	101	100	97	90	78	63	51	41	33	27	21	17	14	11	②③⑥
	GB/T 12459	0Cr17Ni12Mo2 (316/316H)		-196	520	205	138	138	138	133	125	119	114	111	110	108	107	106	106	103	95	81	65	51	39	30	23	19	14	11	②③⑥
	GB/T 12459	0Cr18Ni11Nb (347)		-253	520	205	138	138	138	138	137	134	130	128	127	126	125	125	124	107	77	58	40	30	23	16	12	9	7	6	②③
	GB/T 12459	1Cr19Ni11Nb (347H)		-196	520	205	138	138	138	138	137	134	130	128	127	126	125	125	124	121	111	92	70	54	42	32	24	19	15	11	②③⑥
	GB/T 12459	0Cr23Ni13 (309S)		-196	520	205	138	138	138	138	138	134	129	124	121	104	97	90	79	66	54	42	33	26	20	16	13	10	7	6	②③⑥

续表

材料	标准	牌号	厚度/mm	最低使用温度/℃	标准规定最小强度值/MPa		在下列温度(℃)下的许用应力/MPa																								脚注
					σ_b	σ_s	20	100	150	200	250	300	350	400	425	450	475	500	525	550	575	600	625	650	675	700	725	750	775	800	
	GB/T 12459	0Cr25Ni20 (310S)		-196	520	205	138	138	138	138	138	134	129	124	121	104	97	90	81	64	44	32	24	17	11	6	4	3	2	2	②③
	GB/T 12459	0Cr25Ni20 (310H)		-196	520	205	138	138	138	138	138	134	129	124	121	104	97	90	81	72	65	57	49	41	34	25	18	13	9	7	②③⑥

5.2 不锈钢板、板焊管(EFW)、管件(板焊制)

5.2.1 不锈钢板

材料	标准	牌号	厚度/mm	最低使用温度/℃	标准规定最小强度值/MPa		在下列温度(℃)下的许用应力/MPa																								脚注
					σ_b	σ_s	20	100	150	200	250	300	350	400	425	450	475	500	525	550	575	600	625	650	675	700	725	750	775	800	
	GB/T 4237	0Cr18Ni10Ti (321)		-253	520	205	138	138	138	138	134	128	123	119	117	115	115	114	112	92	60	44	33	25	18	13	9	6	4	3	②③
	GB/T 4237	0Cr18Ni10Ti (321H)		-196	520	205	138	138	138	138	134	128	123	119	117	115	115	114	112	98	75	59	46	37	29	23	18	15	12	9	②③⑥
	GB/T 4237	00Cr19Ni10 (304L)		-253	480	177	115	115	115	108	103	98	94	92	90	88	84	73	61	49	41	33	27	22	18	15	12	9	7	7	②③
	GB/T4237	00Cr17Ni14Mo2 (316L)		-253	480	177	115	115	115	107	101	95	90	87	86	84	82	80	78	76	73	68	58	44	33	25	19	14	11	8	②③
	GB/T 4237	0Cr18Ni9 (304/304H)		-253	520	205	138	138	138	130	122	115	111	107	105	103	101	100	97	90	78	63	51	41	33	27	21	17	14	11	②③⑥
	GB/T 4237	0Cr17Ni12Mo2 (316/316H)		-253	520	205	138	138	138	133	125	119	114	111	110	108	107	106	106	103	95	81	65	51	39	30	23	19	14	11	②③⑥
	GB/T 4237	0Cr18Ni11Nb (347)		-253	520	205	138	138	138	138	137	134	130	128	127	126	125	125	124	107	77	58	40	30	23	16	12	9	7	6	②③
	GB/T 4237	0Cr18Ni11Nb (347H)		-196	520	205	138	138	138	138	137	134	130	128	127	126	125	125	124	121	111	92	70	54	42	35	25	19	15	11	②③⑥

续表

材料	标准	牌号	厚度/mm	最低使用温度/℃	标准规定最小强度值/MPa		在下列温度(℃)下的许用应力/MPa																								脚注
					σ_b	σ_s	20	100	150	200	250	300	350	400	425	450	475	500	525	550	575	600	625	650	675	700	725	750	775	800	
	GB/T 4237	0Cr23Ni13 (309S)		-196	520	205	138	138	138	138	138	134	129	124	121	104	97	90	79	66	54	42	33	26	20	16	13	10	7	6	②③⑥
	GB/T 4237	0Cr25Ni20 (310S)		-196	520	205	138	138	138	138	138	134	129	124	121	104	97	90	81	64	44	32	24	17	11	6	4	3	2	2	②③
	GB/T 4237	0Cr25Ni20 (310H)		-196	520	205	138	138	138	138	138	134	129	124	121	104	97	90	81	72	65	57	49	41	34	25	18	13	9	7	②③⑥
5.2.2 板焊管(EFW)																															
GB/T 4237 0Cr18Ni10Ti	HG/T 20537.4	0Cr18Ni10Ti (321)		-253	520	205	138	138	138	138	134	128	123	119	117	115	115	114	112	92	60	44	33	25	18	13	9	6	4	3	②③
GB/T 4237 0Cr18Ni10Ti	HG/T 20537.4	0Cr18Ni10Ti (321H)		-196	520	205	138	138	138	138	134	128	123	119	117	115	115	114	112	98	75	59	46	37	29	23	18	15	12	9	②③⑥
GB/T 4237 00Cr19Ni10	HG/T 20537.4	00Cr19Ni10 (304L)		-253	480	177	115	115	115	108	103	98	94	92	90	88	84	73	61	49	41	33	27	22	18	15	12	9	7	7	②③
GB/T 4237 00Cr17Ni14Mo2	HG/T 20537.4	00Cr17Ni14Mo2 (316L)		-253	480	177	115	115	115	107	101	95	90	87	86	84	82	80	78	76	73	68	58	44	33	25	19	14	11	8	②③
GB/T 4237 0Cr18Ni10	HG/T 20537.4	0Cr18Ni9 (304/304H)		-253	520	205	138	138	138	130	122	115	111	107	105	103	101	100	97	90	78	63	51	41	33	27	21	17	14	11	②③⑥
GB/T 4237 0Cr17Ni12Mo2	HG/T 20537.4	0Cr17Ni12Mo2 (316/316H)		-253	520	205	138	138	138	133	125	119	114	111	110	108	107	106	106	103	95	81	65	51	39	30	23	19	14	11	②③⑥
GB/T 4237 0Cr18Ni11Nb	HG/T 20537.4	0Cr18Ni11Nb (347)		-253	520	205	138	138	138	138	137	134	130	128	127	126	125	125	124	107	77	58	40	30	23	16	12	9	7	6	②③

续表

材料	标准	牌号	厚度/mm	最低使用温度/℃	标准规定最小强度值/MPa		在下列温度(℃)下的许用应力/MPa																								脚注
					σ_b	σ_s	20	100	150	200	250	300	350	400	425	450	475	500	525	550	575	600	625	650	675	700	725	750	775	800	
GB/T 4237 0Cr18Ni11Nb	HG/T 20537.4	0Cr18Ni11Nb (347H)		-196	520	205	138	138	138	138	137	134	130	128	127	126	125	125	124	121	111	92	70	54	42	35	25	19	15	11	②③⑥
GB/T 4237 0Cr23Ni13	HG/T 20537.4	0Cr23Ni13 (309S)		-196	520	205	138	138	138	138	138	134	129	124	121	104	97	90	79	66	54	42	33	26	20	16	13	10	7	6	②③⑥
GB/T 4237 0Cr25Ni20	HG/T 20537.4	0Cr25Ni20 (310S)		-196	520	205	138	138	138	138	138	134	129	124	121	104	97	90	81	64	44	32	24	17	11	6	4	3	2	2	②③
GB/T 4237 0Cr25Ni20	HG/T 20537.4	0Cr25Ni20 (310H)		-196	520	205	138	138	138	138	138	134	129	124	121	104	97	90	81	72	65	57	49	41	34	25	18	13	9	7	②③⑥
5.2.3 管件(板焊制)																															
GB/T 4237 0Cr18Ni10Ti	GB/T 13401	0Cr18Ni10Ti (321)		-253	520	205	138	138	138	138	134	128	123	119	117	115	115	114	112	92	60	44	33	25	18	13	9	6	4	3	②③
GB/T 4237 0Cr18Ni10Ti	GB/T 13401	0Cr18Ni10Ti (321H)		-196	520	205	138	138	138	138	134	128	123	119	117	115	115	114	112	98	75	59	46	37	29	23	18	15	12	9	②③⑥
GB/T 4237 00Cr19Ni10	GB/T 13401	00Cr19Ni10 (304L)		-253	480	177	115	115	115	108	103	98	94	92	90	88	84	73	61	49	41	33	27	22	18	15	12	9	7	7	②③
GB/T 4237 00Cr17Ni14Mo2	GB/T 13401	00Cr17Ni14Mo2 (316L)		-253	480	177	115	115	115	107	101	95	90	87	86	84	82	80	78	76	73	68	58	44	33	25	19	14	11	8	②③
GB/T 4237 0Cr18Ni10	GB/T 13401	0Cr18Ni9 (304/304H)		-253	520	205	138	138	138	130	122	115	111	107	105	103	101	100	97	90	78	63	51	41	33	27	21	17	14	11	②③⑥
GB/T 4237 0Cr17Ni12Mo2	GB/T 13401	0Cr17Ni12Mo2 (316/316H)		-253	520	205	138	138	138	133	125	119	114	111	110	108	107	106	106	103	95	81	65	51	39	30	23	19	14	11	②③⑥

续表

材料	标准	牌号	厚度/mm	最低使用温度/℃	标准规定最小强度值/MPa		在下列温度(℃)下的许用应力/MPa																								脚注
					σ_b	σ_s	20	100	150	200	250	300	350	400	425	450	475	500	525	550	575	600	625	650	675	700	725	750	775	800	
GB/T 4237 0Cr18Ni11Nb	GB/T 13401	0Cr18Ni11Nb (347)		-253	520	205	138	138	138	138	137	134	130	128	127	126	125	125	124	107	77	58	40	30	23	16	12	9	7	6	②③
GB/T 4237 0Cr18Ni11Nb	GB/T 13401	0Cr18Ni11Nb (347H)		-196	520	205	138	138	138	138	137	134	130	128	127	126	125	125	124	121	111	92	70	54	42	35	25	19	15	11	②③⑥
GB/T 4237 0Cr23Ni13	GB/T 13401	0Cr23Ni13 (309S)		-196	520	205	138	138	138	138	138	134	129	124	121	104	97	90	79	66	54	42	33	26	20	16	13	10	7	6	②③⑥
GB/T 4237 0Cr25Ni20	GB/T 13401	0Cr25Ni20 (310S)		-196	520	205	138	138	138	138	138	134	129	124	121	104	97	90	81	64	44	32	24	17	11	6	4	3	2	2	②③
GB/T 4237 0Cr25Ni20	GB/T 13401	0Cr25Ni20 (310H)		-196	520	205	138	138	138	138	138	134	129	124	121	104	97	90	81	72	65	57	49	41	34	25	18	13	9	7	②③⑥
5.3 不锈钢锻件																															
	JB 4728	0Cr18Ni10Ti (321)	≤100	-253	520	205	138	138	138	138	134	128	123	119	117	115	115	114	112	92	60	44	33	25	18	13	9	6	4	3	②③
	JB 4728	0Cr18Ni10Ti (321)	>100~200	-253	490	205	138	138	138	138	134	128	123	119	117	115	115	114	112	92	60	44	33	25	18	13	9	6	4	3	②③
	JB 4728	0Cr18Ni10Ti (321H)	≤100	-196	520	205	138	138	138	138	134	128	123	119	117	115	115	114	112	98	75	59	46	37	29	23	18	15	12	9	②③⑥
	JB 4728	0Cr18Ni10Ti (321H)	>100~200	-196	490	205	138	138	138	138	134	128	123	119	117	115	115	114	112	98	75	59	46	37	29	23	18	15	12	9	②③⑥
	JB 4728	00Cr19Ni10 (304L)	≤100	-253	480	175	115	115	115	109	103	98	94	92	90	88	84	73	61	49	41	33	27	22	18	15	12	9	7	7	②③

续表

材料	标准	牌号	厚度/mm	最低使用温度/℃	标准规定最小强度值/MPa		在下列温度(℃)下的许用应力/MPa																								脚注
					σ_b	σ_s	20	100	150	200	250	300	350	400	425	450	475	500	525	550	575	600	625	650	675	700	725	750	775	800	
	JB 4728	00Cr19Ni10 (304L)	>100～200	-253	450	175	115	115	115	109	103	98	94	92	90	88	84	73	61	49	41	33	27	22	18	15	12	9	7	7	②③
	JB 4728	00Cr17Ni14Mo2 (316L)	≤100	-253	480	175	115	115	115	107	101	95	90	87	86	84	82	80	78	76	73	68	58	44	33	25	19	14	11	8	②③
	JB 4728	00Cr17Ni14Mo2 (316L)	>100～200	-253	450	175	115	115	115	107	101	95	90	87	86	84	82	80	78	76	73	68	58	44	33	25	19	14	11	8	②③
	JB 4728	0Cr18Ni9 (304/304H)	≤100	-253	520	205	138	138	138	130	122	115	111	107	105	103	101	100	97	90	78	63	51	41	33	27	21	17	14	11	②③⑥
	JB 4728	0Cr18Ni9 (304/304H)	>100～200	-253	490	205	138	138	138	130	122	115	111	107	105	103	101	100	97	90	78	63	51	41	33	27	21	17	14	11	②③⑥
	JB 4728	0Cr17Ni12Mo2 (316/316H)	≤100	-253	520	205	138	138	138	133	125	119	114	111	110	108	107	106	106	103	95	81	65	51	39	30	23	19	14	11	②③⑥
	JB 4728	0Cr17Ni12Mo2 (316/316H)	>100～200	-253	490	205	138	138	138	133	125	119	114	111	110	108	107	106	106	103	95	81	65	51	39	30	23	19	14	11	②③⑥
5.4 不锈钢铸件																															
	GB/T 12230	CF3		-253	485	206	138	138	136	122	115	109	105	103	101																②③
	GB/T 12230	CF3M		-253	485	206	138	124	120	115	111	107	103	99	97	92															②③
	GB/T 12230	CF8		-253	485	206	138	138	138	130	122	115	111	107	104	100	98	97	90	76	61	49	40	33	27	23	20	17	15	13	②③⑥
	GB/T 12230	CF8M		-253	485	206	138	138	138	134	126	120	114	108	108	102	100	98	93	86	74	62	54	46	37	29	22	18	15	12	②③⑥
	GB/T 12230	CF8C		-196	485	206	138	138	138	133	129	128	127	125	125	125	125	125	124	121	111	92	70	54	38	31	24	19	15	11	②③⑥

续表

材料	标准	牌号	状态或厚度/mm	最低使用温度/℃	标准规定最小强度值/MPa		在下列温度(℃)下的许用应力/MPa																												脚注
					σ_b	σ_s	20	100	150	200	250	300	350	400	425	450	475	500	525	550	575	600	625	650	675	700	725	750	775	800	825	850	875	900	
6 镍及镍合金																																			
6.1 镍及镍合金管																																			
	GB/T 2882	N6	M	-195	370	(85)	57	57	57	57	54	50																							⑦
	JB 4742	NCu30	M	-196	460	195	130	113	106	103	102	102	102	101	99	79	60																		⑦
	GB/T 2882	NS312	M	-196	550	240	160	160	160	160	160	160	160	160	160	141	117	86	60	41	28	19	14												③⑦
	GB/T 2882	NS111	M	-196	520	205	137	137	137	137	137	137	137	137	137	128	126	124	122	120	108	84	64	45	30	16	12	9	8	6					③⑦
	GB/T 2882	NS112	M	-196	450	170	113	113	113	113	113	113	109	106	106	104	103	101	100	96	90	76	62	51	41	34	28	23	18	15	12	10	8	7	③⑦
	GB/T 2882	NS334	M	-196	690	285	190	190	190	190	189	178	170	163	159	158	154	153	151	143	120	99	82	67	55										③⑩
6.2 镍及镍合金管件																																			
GB/T 2882 N6	GB/T 12459	N6	M	-196	370	(85)	57	57	57	57	54	50																							⑦
JB 4742 NCu30	GB/T 12459	NCu30	M	-196	460	195	130	113	106	103	102	102	102	101	99	79	60																		⑦
GB/T 2882 NS312	GB/T 12459	NS312	M	-196	550	240	160	160	160	160	160	160	160	160	141	117	86	60	41	28	19	14													③⑦
GB/T 2882 NS111	GB/T 12459	NS111	M	-196	520	205	137	137	137	137	137	137	137	137	128	126	124	122	120	108	84	64	45	30	16	12	9	8	6						③⑦
GB/T 2882 NS112	GB/T 12459	NS112	M	-196	450	170	113	113	113	113	113	113	109	106	106	104	103	101	100	96	90	76	62	51	41	34	28	23	18	15	12	10	8	7	③⑦
GB/T 2882 NS334	GB/T 12459	NS334	M	-196	690	285	190	190	190	190	189	178	170	163	159	158	154	153	151	143	120	99	82	67	55										③⑩
6.3 镍及镍合金板																																			
	GB/T 2054	N6	M	-196	392	(105)	70	70	70	70	67	62																							⑦
	JB 4741	NCu30	M	-196	460	195	130	113	106	103	102	102	102	101	99	79	60																		⑦
	YB/T 5353	NS312	M	-196	550	240	161	161	161	161	161	161	161	161	141	117	86	60	41	28	19	15													③⑦
	YB/T 5353	NS111	M	-196	520	205	137	137	137	137	137	137	137	137	128	126	124	122	120	108	84	64	45	30	16	12	9	8	6						③⑦
	YB/T 5353	NS112	M	-196	450	170	113	113	113	113	113	113	109	106	106	104	103	101	100	96	90	76	62	51	41	34	28	23	18	15	12	10	8	7	③⑦
	YB/T 5353	NS334	M	-196	690	285	190	190	190	190	189	178	170	163	159	158	154	153	151	143	120	99	82	67	55										③
6.4 镍及镍合金锻件																																			⑦⑩
	YB/T 5264	N6	—	-196	370	(85)	57	57	57	57	54	50																							⑦⑩
	YB/T 5264	NS111	M	-196	515	205	137	137	137	137	137	137	137	137	128	126	124	122	120	108	84	64	45	30	16	12	9	8	6						③⑦
	YB/T 5264	NS112	M	-196	450	170	113	113	113	113	113	113	109	106	106	104	103	101	100	96	90	76	62	51	41	34	28	23	18	15	12	10	8	7	③⑦
	JB 4743	NCu30	M, ≤200	-196	450	172	115	99	93	91	91	91	90	89	88	78	60																		⑦

续表

材料	标准	牌号	厚度/mm	最低使用温度/℃	标准规定最小强度值/MPa		在下列温度(℃)下的许用应力/MPa												脚注
					σ_b	σ_s	20	40	75	100	125	150	175	200	225	250	275	300	
7 钛及钛合金																			
7.1 钛及钛合金管(无缝管及无填充金属 EFW 焊管)																			
	GB/T 3624	TA0		-60	280	170	93	93	81	75	69	62	55	48	43	38	35	31	
	GB/T 3624	TA1		-60	370	250	123	123	113	105	97	89	83	77	70	62	55	51	
	GB/T 3624	TA2		-60	440	320	147	147	132	121	111	100	92	83	76	69	65	60	
	GB/T 3624	TA9		-60	370	250	123	123	113	105	97	89	83	77	70	62	55	51	
	GB/T 3624	TA10		-60	440	320	147	147	138	130	122	114	106	98	94	90	86	82	
7.2 钛及钛合金板																			
	GB/T 3621	TA0		-60	280	170	93	93	81	75	69	62	55	48	43	38	35	31	
	GB/T 3621	TA1		-60	370	250	123	123	113	105	97	89	83	77	70	62	55	51	
	GB/T 3621	TA2		-60	440	320	147	147	132	121	111	100	92	83	76	69	65	60	
	GB/T 3621	TA9		-60	370	250	123	123	113	105	97	89	83	77	70	62	55	51	
	GB/T 3621	TA10		-60	485	345	162	162	151	144	135	126	117	108	106	104	102	100	
7.3 钛及钛合金锻件																			
	GB/T 16598	TA0		-60	280	170	93	93	81	75	69	62	55	48	43	38	35	31	
	GB/T 16598	TA1		-60	370	250	123	123	113	105	97	89	83	77	70	62	55	51	
	GB/T 16598	TA2		-60	440	320	147	147	132	121	111	100	92	83	76	69	65	60	
	GB/T 16598	TA9		-60	370	250	123	123	113	105	97	89	83	77	70	62	55	51	
	GB/T 16598	TA10		-60	485	345	162	162	151	144	135	126	117	108	106	104	102	100	
7.4 钛及钛合金铸件																			
	GB/T 6614	ZTi1		-60	345	275	115	115	105	93	86	78	73	66	63	58			
	GB/T 6614	ZTi2		-60	440	370	148	148	133	121	111	100	93	83	78	70			
7.5 钛及钛合金无缝管件																			
	HG/T 3651	TA0		-60	280	170	93	93	81	75	69	62	55	48	43	38	35	31	
	HG/T 3651	TA1		-60	370	250	123	123	113	105	97	89	83	77	70	62	55	51	
	HG/T 3651	TA2		-60	440	320	147	147	132	121	111	100	92	83	76	69	65	60	
	HG/T 3651	TA9		-60	370	250	123	123	113	105	97	89	83	77	70	62	55	51	
	HG/T 3651	TA10		-60	440	320	147	147	138	130	122	114	106	98	94	90	86	82	

续表

材料	标准	牌号	状态	厚度/mm	最低使用温度/℃	标准规定最小强度值/MPa		在下列温度(℃)下的许用应力/MPa									脚注
						σ_b	σ_s	20	40	65	75	100	125	150	175	200	
8 铝及铝合金																	
8.1 铝及铝合金管																	
	GB/T 6893	1060	O,H112	0.5~5	-269	60	(15)	12	12	12	11	11	10	9	8	6	
	GB/T 4437.1	1060	O,H112	5~50	-269	60	(15)	12	12	12	11	11	10	9	8	6	
	GB/T 6893	1050A	O	0.5~5	-269	60	(20)	13	13	13	13	12	11	10	8	6	
	GB/T 4437.1	1050A	O	5~50	-269	60	(20)	13	13	13	13	12	11	10	8	6	
	GB/T 6893	1200	O	0.5~5	-269	75	(25)	16	16	15	14	14	12	10	8	6	
	GB/T 4437.1	1200	O,H112	5~50	-269	75	(25)	16	16	15	14	14	12	10	8	6	
	GB/T 6893	3003	O,H112	0.75~5	-269	95	(35)	23	23	23	23	22	21	16	13	10	
	GB/T 4437.1	3003	O,H112	5~50	-269	95	(35)	23	23	23	23	22	21	16	13	10	
	GB/T 6893	5052	O	0.5~5	-269	170	70	46	46	46	46	45	42	38	29	18	
	GB/T 4437.1	5052	O		-269	170	70	46	46	46	46	45	42	38	29	18	
	GB/T 6893	5083	O,H112	0.5~5	-269	270	110	74	74	74							
	GB/T 4437.1	5083	O,H112	5~50	-269	270	110	74	74	74							
	GB/T 4437.1	5454	O,H112	5~50	-269	215	85	55	55	55	55	54	49	38	29	22	
	GB/T 6893	6061	T4	>1.2~5	-269	205	110	69	69	69	69	69	67	63	55	41	⑤
	GB/T 6893	6061	T6	0.75~5	-269	290	240	97	97	97	97	95	89	77	56	41	⑤
	GB/T 6893	6061	T4,T6 焊		-269	165		55	55	55	55	55	54	51	43	31	
	GB/T 4437.1	6061	T4	5~0	-269	180	110	60	60	60	60	60	58	55	55	41	⑤
	GB/T 4437.1	6061	T6	5~50	-269	260	240	88	88	88	88	87	82	72	56	41	⑤
	GB/T 4437.1	6061	T4,T6 焊		-269	165		55	55	55	55	55	54	51	43	31	

续表

材　料	标　准	牌　号	状态	厚度/mm	最低使用温度/℃	标准规定最小强度值/MPa		在下列温度(℃)下的许用应力/MPa									脚注
						σ_b	σ_s	20	40	65	75	100	125	150	175	200	
	GB/T 6893	6063	T6	0.75～5	-269	230	195	76	76	76	75	71	63	47	25	15	⑤
	GB/T 6893	6063	T6 焊		-269	115		39	39	39	39	39	38	35	22	15	
	GB/T 4437.1	6063	T6	5～50	-269	205	175	69	69	69	68	66	60	45	25	15	⑤
	GB/T 4437.1	6063	T6 焊		-269	115		39	39	39	39	39	38	35	22	15	
8.2　铝及铝合金管件																	
	i	WP1060	O,H112		-269	55	15	12	12	12	11	11	10	9	8	6	⑨
	i	WP3003	O,H112		-269	95	35	23	23	23	23	22	21	16	13	10	⑨
	i	WP 5083	O,H112		-269	270	110	74	74	74							⑨
	i	WP 6061	T4		-269	180	110	60	60	60	60	60	58	55	55	41	⑤⑨
	i	WP 6061	T6		-269	260	240	88	88	88	88	87	82	72	56	41	⑤
	i	WP 6061	T4,T6 焊		-269	165		55	55	55	55	55	54	51	43	31	
	i	WP 6063	T6		-269	205	175	69	69	69	68	66	60	45	25	15	⑤
	i	WP 6063	T6 焊		-269	115		39	39	39	39	39	38	35	22	15	
8.3　铝及铝合金板																	
	GB/T 3880.2	1060	O	≤10(80)	-269	55	15	12	12	12	11	11	10	9	8	6	
	GB/T 3880.2	1060	H112	≤25	-269	70	35	23	23	22	21	18	13	12	10	7	⑤
	GB/T 3880.2	1050A	O	≤10(80)	-269	60	20	13	13	13	13	12	11	10	8	6	
	GB/T 3880.2	1050A	H112	≤25	-269	70	35	23	23	23	23	23	20	16	13	10	⑤
	GB/T 3880.2	1200	O	≤10(80)	-269	75	25	16	16	15	14	14	12	10	8	6	
	GB/T 3880.2	1200	H112	≤25	-269	85	35	23	23	23	23	23	20	16	13	10	⑤
	GB/T 3880.2	3003	O	≤10(80)	-269	95	35	23	23	23	23	22	21	16	13	10	
	GB/T 3880.2	3004	O	≤10(80)	-269	150	60	39	39	39	39	39	39	39	27	17	
	GB/T 3880.2	5052	O	≤10(80)	-269	170	65	43	43	43	43	43	42	38	29	18	
	GB/T 3880.2	5052	H112	≤75	-269	170	65	43	43	43	43	43	42	38	29	18	⑤
	GB/T 3880.2	5083	O	≤38	-269	275	125	83	83	83							
	GB/T 3880.2	5083	H112	≤40	-269	275	125	83	83	83							
	GB/T 3880.2	5086	O	≤4.5(80)	-269	240	95	64	64	64							
	GB/T 3880.2	5086	H112	≤25	-269	240	110	64	64	64							⑤

续表

材料	标准	牌号	状态	厚度/mm	最低使用温度/℃	标准规定最小强度值/MPa		在下列温度(℃)下的许用应力/MPa									脚注
						σ_b	σ_s	20	40	65	75	100	125	150	175	200	

注1:表17-1-1中的许用应力未计入管子和对焊管件的纵向焊接接头系数以及铸件质量系数。

注2:剪切、接触、压缩应力应符合GB/T 20801.3—2006中4.2.4.4和4.2.4.5的规定。

注3:表17-1-1未列温度的许用应力可采用内插法计算。

注4:小于20℃的许用应力取20℃的值。

①A级结构钢许用应力值已乘质量系数0.92。

②许用应力值旁的直线(|)表示材料高于相应温度时,尚应符合GB/T 20801.2—2006第6、7章的规定。

③采用黑体字表述的奥氏体不锈钢和镍基合金许用应力值取相应温度下材料屈服强度90%,当用于非标法兰或按GB/T 20801.2—2006中7.3.2计算时应将该值乘以75%;标有下横线的许用应力值大于相应温度下材料屈服强度三分之二,当用于非标法兰或按GB/T 20801.3—2006中7.3.2计算时应适当降低。

④材料不宜长期、满负荷地在带括号许用应力值所对应的温度下使用,且应符合GB/T 20801.2—2006第7章的规定。

⑤焊接后该铝合金材料的许用应力应按T4焊和T6焊选取。

⑥高温条件下的奥氏体不锈钢应符合GB/T 20801.2—2006表2的规定。

⑦高温条件下的镍及镍基合金应符合GB/T 20801.2—2006表3的规定。

⑧板焊管标准可参照ASTM A671《常温和较低温用电熔焊钢管》、ASTM A672《中温高压用电熔焊钢管》、ASTM A691《高温高压用碳素钢和合金钢电熔焊钢管》。

⑨铝制管件标准可参照ASTM B361《铝及铝合金焊接管件》。

⑩括号内标准或牌号系参照使用。

⑪应附加低温冲击试验要求。

⑫尚应符合GB/T 20801.2—2006第6.1条的规定。

⑬尚应符GB/T 20801.2—2006表1的规定。

⑭尚应符合GB/T 20801.2—2006表4和第6.2条的规定。

⑮数字表示最低使用温度,英文字母A或B表示G8/T 20801.12—2006图1中的曲线。材料尚应满足第8.1.3~8.1.5条规定。

⑯大于500℃,缺乏数据。

⑰管件用原材料的标准有GB/T 12771、GB/T 14976、GB 5310、GB 9948、HG/T 20537.3。

表 17－1－2　螺栓许用应力表①

材料	标准	牌号等级	尺寸范围/mm	最低使用温度/℃	标准规定最小强度值/MPa		在下列温度(℃)下的许用应力/MPa																								脚注
					σ_b	σ_s	20	100	150	200	250	300	350	400	425	450	475	500	525	550	575	600	625	650	675	700	725	750	775	800	
9　紧固件																															
9.1　标准紧固件																															
	GB/T 3098.1	5.6	≤M39	＞－20	500	300	125	125	125	125	125	125																			
	GB/T 3098.1	8.8	≤M39	＞－20	800	640	160	160	160	160	160	160																			
	GB/T 3098.6	A2－50	≤M39	－253	520	210	130	114	103	96	90	85	82	79	77	76	75	74	72	71	69	64	51	41	33	27	21	17	14	11	
	GB/T 3098.6	A4－50	≤M39	－196	520	210	130	120	107	99	93	88	84	82	81	80	79	79	78	78	77	74	65	51	39	30	23	19	14	11	
	GB/T 3098.6	A2－70	≤M24	－196	700	450	130	114	113	113	113	113	113	113																	
	GB/T 3098.6	A4－70	≤M24	－196	700	450	130	120	113	113	113	113	113	113																	
9.2　专用紧固件																															
	GB/T 3077	35CrMo	≤22	－101	835	735	167	167	167	167	167	167	167	162	146	121	94	68	44												
	GB/T 3077	35CrMo	24～80	－101	805	685	161	161	161	161	161	161	161	159	153	139	116	93	68	44											
	GB/T 3077	25Cr2MoV	≤48	＞－20	835	735	167	167	167	167	167	167	167	167	167	164	147	121	92	62	35										
	GB/T 3077	25Cr2MoV	52～105	＞－20	805	685	161	161	161	161	161	161	161	161	152	146	132	113	90	62	35										

续表

材料	标准	牌号 等级	尺寸范围/mm	最低使用温度/℃	标准规定最小强度值/MPa		在下列温度(℃)下的许用应力/MPa																								脚注
					σ_b	σ_s	20	100	150	200	250	300	350	400	425	450	475	500	525	550	575	600	625	650	675	700	725	750	775	800	
	GB/T 1220	0Cr18Ni9 (304)		-253	515	205	130	114	103	96	90	85	82	79	77	76	75	74	72	71	69	64	51	41	33	27	21	17	14	11	
	GB/T 1220	0Cr17Ni14Mo2 (316)		-253	515	205	130	120	107	99	93	88	84	82	81	80	79	79	78	78	77	74	65	51	39	30	23	19	14	11	
	—	B8-2	≤20	-196	860	690	172	172	172	172	172	172	172	172	172	172	172	171	168												②
	—	B8-2	>20~25	-196	795	550	138	138	138	138	138	138	138	138	138	138	138	138	138												②
	—	B8-2	>25~32	-196	725	450	130	115	112	112	112	112	112	112	112	112	112	112	112												②
	—	B8-2	>32~40	-196	690	345	130	118	110	104	98	94	86	86	86	86	86	86	86												②
	—	B8M-2	≤20	-196	760	665	152	152	152	152	152	152	152	152	152	86	75	74	73												②
	—	B8M-2	>20~25	-196	690	550	138	138	138	138	138	138	138	138	138	84	75	74	73												②
	—	B8M-2	>25~32	-196	655	450	130	112	112	112	112	112	112	112	112	81	75	74	73												②
	—	B8M-2	>32~40	-196	620	345	130	112	112	112	112	112	86	86	86	77	75	74	73												②

①表中所给的许用应力仅满足一般的强度要求，如长期使用后无需重新上紧仍能保证泄漏率，则应考虑法兰和螺栓的挠性和应力松弛，许用应力可适当降低。

②应变强化不锈钢紧固件可参照 ASTM A193《高温用合金钢和不锈钢螺栓材料》。

表 17-1-3　金属材料许用应力准则

材　料	许用应力应不大于下列各值中的最小值				
	抗拉强度下限值 σ_b/MPa	屈服强度下限值 σ_s/MPa	设计温度下屈服强度 σ_s^t/MPa	持久强度平均值或持久强度最低值 σ_D^t 或 σ_{Dmin}^t/MPa	蠕变极限平均值 σ_n^t/MPa
灰铸铁	$\frac{\sigma_b}{10}$	—	—	—	—
球墨铸铁 可锻铸铁	$\frac{\sigma_b}{5}$	—	—	—	—
碳钢②、合金刚、铁素体不锈钢、延伸率小于35%的奥氏体不锈钢、双相不锈钢、钛和钛合金、铝和铝合金	$\frac{\sigma_b}{3}$	$\frac{\sigma_s}{1.5}$	$\frac{\sigma_s^t}{1.5}$	$\frac{\sigma_D^t}{1.5}$，$\frac{\sigma_{Dmin}^t}{1.25}$	$\frac{\sigma_n^t}{1.0}$
延伸率大于等于35%的奥氏体不锈钢和镍基合金	$\frac{\sigma_b}{3}$	$\frac{\sigma_s}{1.5}$	$0.90\sigma_s^t$①	$\frac{\sigma_D^t}{1.5}$，$\frac{\sigma_{Dmin}^t}{1.25}$	$\frac{\sigma_n^t}{1.0}$

注：①对于法兰或其他有微量永久变形就引起泄漏或故障的场合不能采用。

②A级碳素结构钢的许用应力取表中最小值再乘以0.92。

表 17-1-4　螺栓材料许用应力准则

材料	许用应力应不大于下列各值中的最小值				
	抗拉强度下限值 σ_b/MPa	屈服强度下限值 σ_s/MPa	设计温度下屈服强度 σ_s^t/MPa	持久强度平均值或持久强度最低值 σ_D^t 或 σ_{Dmin}^t/MPa	蠕变极限平均值 σ_n^t/MPa
非热处理或应变强化的螺栓材料	$\frac{\sigma_b}{4}$	$\frac{\sigma_s}{1.5}$	$\frac{\sigma_s^t}{1.5}$	$\frac{\sigma_D^t}{1.5}$，$\frac{\sigma_{Dmin}^t}{1.25}$	$\frac{\sigma_n^t}{1.0}$
热处理或应变强化的螺栓材料①	$\frac{\sigma_b}{5}$	$\frac{\sigma_s}{4}$	$\frac{\sigma_s^t}{1.5}$	$\frac{\sigma_D^t}{1.5}$，$\frac{\sigma_{Dmin}^t}{1.25}$	$\frac{\sigma_n^t}{1.0}$

注：①对于热处理或应变强化处理的螺栓材料，许用应力取表中最小值。若该许用应力小于材料退火状态下的许用应力，应取非热处理或应变强化(即退火状态)螺栓材料的许用应力。

表 17-1-5　纵向焊接接头系数 Φ_w

序号	焊接型式	焊缝类型	检　查	Φ_w
1	连续炉焊①	直缝	按材料标准规定	0.60
2	电阻焊(ERW)①	直缝或螺旋缝	按材料标准规定	0.85
3	电熔焊(EFW)			
	a)单面对接焊（带或不带填充金属）	直缝或螺旋缝	按材料标准或本部分规定不作RT	0.80
			局部(10%)RT	0.90
			100% RT	1.00
	b)双面对接焊（带或不带填充金属）	直缝或螺旋缝（除序号4外）	按材料标准或本部分规定不作RT	0.85
			局部(10%)RT	0.90
			100% RT	1.00
4	GB/T 9711.1 埋弧焊、气体保护金属弧焊或两者结合	直缝(一条或二条)或螺旋缝	按GB/T 9711.1规定	0.95

注：①不得通过附加元损检测来提高纵向焊接接头系数。

表 17-1-6 铸件质量系数及附加无损检测要求

序号	附加无损检测要求	铸件质量系数 Φ_c
1	铸件表面加工至 $Ra6.3$，提高目视检查的清晰度，并满足 JB/T 7927—1999 中 B 级的要求	0.85
2	铸件表面按 JB/T 6902—1993(PT)中的 4 级或 JB/T 6439(MT)进行着色渗透检测或磁粉检测	0.85
3	铸件按 GB/T 7233—1987(UT)或 JB/T 6440(RT)进行超声或射线照相检测，按 GB/T 7233—1987(UT)检测的缺陷的底波反射波高应不大于 V5 型对比试块所得的底波反射波高	0.95
4	同序号 1 和序号 2	0.90
5	同序号 1 和序号 3	1.00
6	同序号 2 和序号 3	1.00

表 17-1-7 应力降低系数 f

工作年限内总循环次数	f	工作年限内总循环次数	f
<7000	1.0	22000~45000	0.7
7000~14000	0.9	45000~100000	0.6
14000~22000	0.8	>100000	0.5

石油化工厂工艺装置和辅助系统的管道，绝大多数均为长周期连续运行的管道。冷热总循环次数超过 7000 次的很少。因此一般情况下 $f=1$。

当一次应力小于许用应力值，其剩余部分可加到式(17-1-1)中的 $0.25\sigma_h$ 项内，增大热胀许用应力范围的数值。

当一次应力达到许用应力值，二次应力达到热胀许用应力范围值，一、二次应力之和为 $1.25(\sigma_c+\sigma_h)$。而按屈服强度的安全系数为 1.5 或 1.6。因此按式(17-1-1)计算的热胀许用应力范围是安全的。

常用钢材的热胀许用应力范围见表 17-1-1。

为了改善和平衡冷热态时管道的受力情况，可在安装时采取冷紧措施(预拉伸或压缩)。冷紧可降低管道对固定支架的推力，也可防止法兰连接处弯矩过大而发生泄漏。但冷紧对于由延性良好的材料制成的管道的可靠性没有影响。对于延性良好的管道而言，只要一次应力不超过许用应力，二次应力不超过热胀许用应力范围，不论冷紧与否都是可靠的。

从理论上讲，对平面管系在 X，Z 两个方向冷紧是有利的。对立体管系而言，在 X，Y，Z 三个方向冷紧是有利的。但在具体施工中有一定的困难，一般只在一个方向冷紧。

当管系实施冷紧或产生自冷紧时，对固定点推力可按式(17-1-2)计算：

$$P_h = \left(1 - \frac{2}{3}c\right)\frac{E_h}{E_c} \cdot P_k \qquad (17-1-2)$$

$$P_c = c \cdot P_k \text{ 或 } P_c = c_1 \cdot P_k \text{ 取二者中的最大值} \qquad (17-1-3)$$

式中 P_h，P_c——作用于固定点上的热态、冷态推力，N；

P_k——以冷态弹性模数 E_c，100% 热胀量计算的推力，N；

E_h，E_c——管材热态、冷态的弹性模数，MPa(见表 17-1-8)；

c——冷紧比，不冷紧时 $c=0$。当采取冷紧措施时，建议冷紧比按下列数值选用：$t \leqslant 250℃, c=0.5$；

$t=250\sim400℃, c=0.5\sim0.6$；

$t>400℃, c=0.6\sim0.7$。

c_1——应力松弛系数或自冷紧比；

$$c_1 = 1 - \frac{\sigma_h}{\sigma_E} \cdot \frac{E_c}{E_h}，当 c_1 为负值时取 c_1 = 0；$$

σ_E——计算所得最大热胀应力范围，MPa；

σ_h——热态钢材许用应力，MPa。

式(17－1－2)和式(17－1－3)适用于两端固定中间无约束的简单管系，对于多分支管系和中间有约束的管系应根据具体情况，研究其应力分布对支架反力的影响。式(17－1－2)中的2/3为冷紧有效系数，是考虑到冷紧的误差而增加的一个系数。某些计算机程序有考虑冷紧的功能，但未考虑应力松弛对支架推力的影响。因为对复杂管系需根据具体情况考虑。

图17－1－1(a)表示应力松弛时推力与时间的关系。上图实线表示初始状态未冷紧。第一次加热产生的应力很大，可能超过屈服强度，随时间的延续而发生应力松弛，推力值下降。冷却后产生自冷紧，出现反方向的推力。以后每个周期的变化不大。图中虚线：初始状态已进行了冷紧，但冷紧值偏小。第一次加热产生的应力仍较大，发生部分应力松弛。冷却后产生少量自冷紧。以后每个周期变化不大。

图17－1－1(b)中的实线表示管道未冷紧，但最大应力未超过管材的屈服强度，每个周期的变化相同。虚线表示管道安装时已进行了冷紧。热态与冷态的应力均小于未冷紧状态的最大值，但应力范围与未冷紧状态相同。

图17－1－1(c)中的实线表示管道未冷紧，初始热态已超过屈服强度，产生了应力松弛。虚线表示冷紧后的管道应力状态。

图17－1－1(d)是用应力应变曲线说明应力松弛与自冷紧现象。当管道温度上升而产生应变 ε。根据胡克定律，其应力应为 σ_E，由于 σ_E 大于屈服强度 σ_S，管道产生塑性变形，即产生应力松弛。σ_E 并不存在而只是达到 B 点的应力。当停工温度下降时，应力沿 BC 线降至常温下的 C 点，则产生反方向的应力。以后每个循环的应力在 BC 之间做弹性变化。

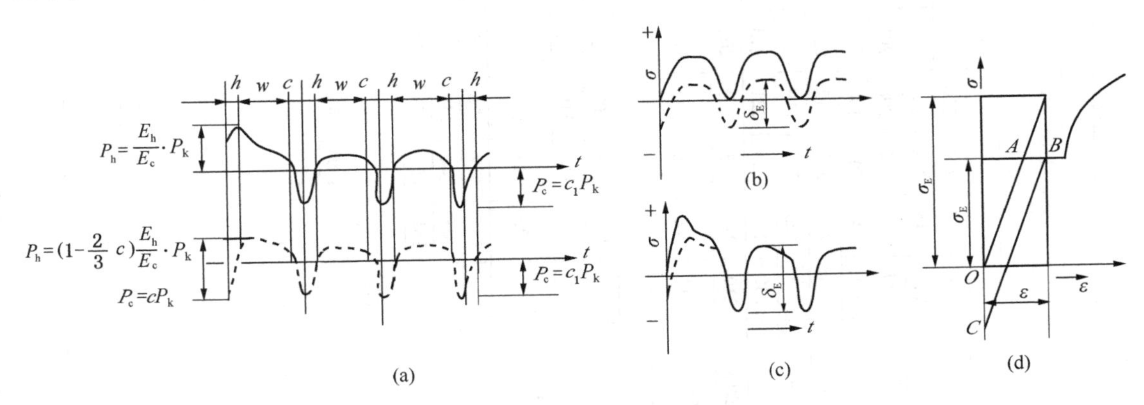

图17－1－1　应力松弛现象图

h—加热；w—操作；c—冷却；t—时间；σ—应力；ε—应变；σ_E—应力范围；σ_S—屈服点；其余符合同式(17－1－2)

［图(a)(b)(c)中虚线为冷紧时的曲线；实线为无冷紧时的曲线］

表 17－1－8　金属弹性模量

材料名称	在下列温度(℃)下的弹性模量 E/(10^3N/mm^2)																				
	－254	－198	－150	－100	20	100	150	200	250	300	350	400	450	500	550	600	650	700	750	800	816
铁基金属																					
灰铸铁					92	91	89	87	84	81	77	73									
碳钢，C≤0.3%	220	217	214	210	203	198	195	191	188	185	178	172	162	150	137	123					
碳钢，C＞0.3%	219	215	212	209	202	197	193	190	187	183	178	170	160	149	135	122	106				
C－Mo 钢	219	215	212	208	201	196	193	189	186	183	178	170	160	148	135	121	105				
Ni 钢，Ni2%～9%	208	204	202	198	192	186	184	180	178	175	172	164									
Cr－Mo 钢，Cr0.5%～2%	221	218	215	212	205	199	196	192	190	186	183	178	174	169	164	158	150	142	132		
Cr－Mo 钢，Cr2.25%～3%	228	225	222	219	211	205	203	199	196	192	188	184	179	175	169	163	155	146	136		
Cr－Mo 钢，Cr5%～9%	230	227	224	221	213	207	205	200	198	194	190	184	176	166	153	139	126	108	91		
Cr 钢，Cr12%、17%、27%	219	215	213	210	201	196	192	188	184	181	178	174	163	152	144	129	114				
奥氏体钢（304、310、316、321、347 等）	212	209	206	202	195	190	186	183	178	176	173	169	165	161	156	152	146	140	133	127	125
铜及铜合金																					
海军黄铜(C4640)		110	108	107	103	100	99	97	95	93	90										
铜(C1100)		117	115	114	111	107	106	104	102	99	96										
铜，红铜，铝青铜（C1020、C1220、C2300、C6140）		125	123	122	118	114	113	111	108	105	102										
90Cu－10Ni(C7060)		131	129	128	125	121	120	117	115	112	108										
80Cu－20Ni(C7100)		146	144	143	138	134	132	129	127	124	120										
70Cu－30Ni(C7150)		161	159	157	152	148	145	143	140	136	131										
镍及镍合金																					
镍 200、201	225	221	218	215	207	202	199	197	194	192	190	186	182	179	175	173	169				
蒙耐尔 400	195	191	189	186	179	175	173	171	168	167	165	161	158	155	152	149	146				
Ni－Cr－Fe 合金 600	233	228	226	223	214	208	206	204	201	198	196	192	188	184	181	178	175				
Ni－Fe－Cr 合金 800、800H	214	210	208	204	196	191	189	187	184	182	179	177	174	170	167	164	160				
合金 C276	224	218	217	214	206	200	197	195	193	191	188	184	181	178	174	172	168				
钛及钛合金																					
TA0～TA3、TA9					107	103	101	97	92	88	84	79									
铝及铝合金																					
1060、3003、3004、6061、6063	79	76	76	74	69	66	64	60													
5052、5454	80	77	76	75	71	67	65	62													
5083、5086	81	78	77	76	71	68	66	63													

三、管道热胀及其补偿

（一）管道的热胀量和热胀方向

如管系为一直管，由常温（20℃）受热后将沿着轴向膨胀，如图 17－1－2（a）。其热胀量可按公式 17－1－4 计算。

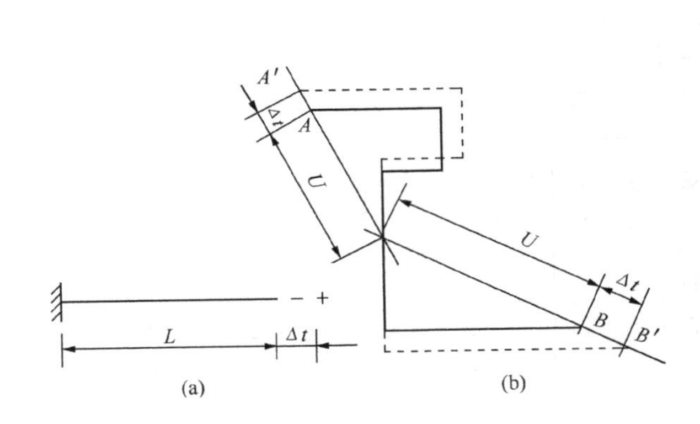

图 17－1－2　管系热胀方向示意图

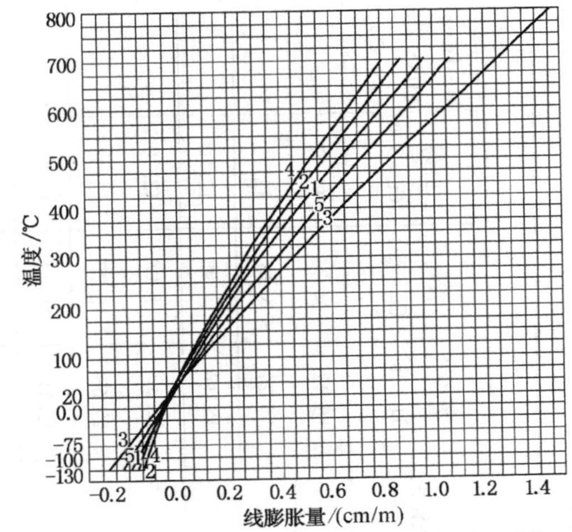

图 17－1－3　钢材的单位线膨胀量 e_t 图

1—碳钢；2—中铬钢；3—奥氏体钢；4—铬钢；5—Cr25Ni20

$$\Delta_t = L \cdot \alpha_t \Delta T = L \cdot e_t \tag{17-1-4}$$

式中　Δ_t——管系的热胀量，cm；

ΔT——管系的温升，℃；

α_t——线膨胀系数，由 20℃至 t℃的每温升 1℃的平均线膨胀量，cm/（m·℃），见表 17－1－9；

L——管系的长度，m；

e_t——单位线膨胀量，由 20℃至 t℃的每米热膨胀量，cm/m，见表 17－1－10 和图17－1－3。

如管系为任意形状，由常温（20℃）受热后将沿管系两端点连线方向膨胀，如图 17－1－2（b），其热胀量按式（17－1－5）计算。

$$\Delta_t = U \cdot \alpha_t \cdot \Delta T = Ue_t \tag{17-1-5}$$

式中　U——管系两端点的直线距离，m。

（二）管系沿坐标轴 X，Y，Z 方向上的热胀量

管系在坐标轴 X，Y，Z 方向上的热胀量是管系两端点 A，B 的直线长度在 X，Y，Z 轴上的投影长度与该管单位热胀量的乘积。图 17－1－4 为一立体管道示意图。A，B 为管系的两个端点。该 A 点固定，B 点为热胀前的端点位置，B' 点为热胀后的端点位置，管系受热后在 X，Y，Z 向的热胀量 ΔX_t、ΔY_t、ΔZ_t 可由式（17－1－6）确定。

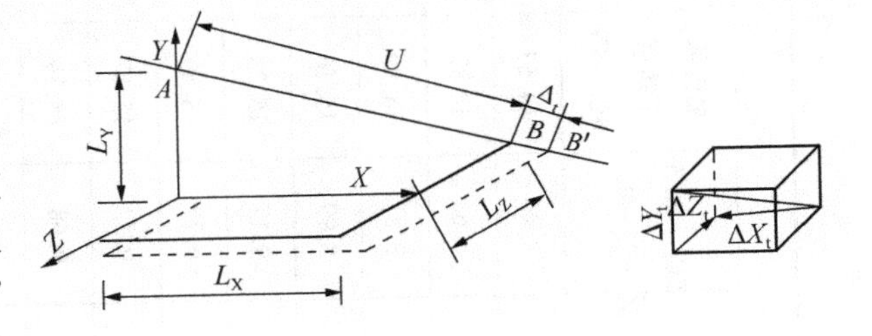

图 17－1－4　立体管系热胀示意图

表 17－1－9　金属热膨胀系数

10^{-6}/℃

温度/℃	材料														
	低碳钢至 3Cr－Mo 钢	5Cr－Mo 至 9Cr－Mo	奥氏体不锈钢 18Cr－8Ni	12Cr、17Cr、27Cr	25Cr－20Ni	蒙乃尔合金 67Ni－30Cu	3.5Ni	铝	灰铸铁	青铜（Cu－Sn）	黄铜（Cu－Zn）	白铜 70Cu－30Ni	Ni－Fe－Cr（UNS N08XXX 系列）	Ni－Cr－Fe（UNS N06XXX 系列）	球墨铸铁
－198	9.00	8.46	14.67	7.74		10.00	8.57	17.83		15.12	14.76	11.97			
－180	9.17	8.63	14 82	7.88		10.39	8.88	18.15		15.24	4.86	12.23			
－160	9.35	8.81	14.99	8.02		10.83	9.21	18.53		15.37	14.98	12.50			
－140	9.53	8.99	15.16	8.18		11.28	9.59	18.90		15.50	15.08	12.78			8.37
－120	9.71	9.17	15.33	8.32		11.72	9.89	19.27		15.63	15.20	13.06			8.50
－100	9.91	9.37	15.49	8.47		12.16	10.07	19.65		15.76	15.32	13.33			8.78
－80	10.10	9.52	15.67	8.67		12.42	10.31	20.10		16.02	15.61	13.59			9.08
－60	10.29	9.68	15.89	8.87		12.68	10.49	20.56		16.28	15.90	13.85			9.35
－40	10.48	9.85	16.05	9.04		12.92	10.63	20.97		16.53	16.17	14.09			9.61
－20	10.61	9.99	16.15	9.17		13.09	10.78	21.31		16.75	16.37	14.27			9.87
0	10.75	10.14	16.27	9.28		13.26	10.98	21.65		16.97	16.65	14.47			10.08
20	10.92	10.31	16.39	9.43		13.46	11.25	22.03		17.23	16.81	14.69		12.83	10.33
40	11.05	10.44	16.50	9.54		13.61	11.40	22.34		17.41	16.98	14.85		12.97	10.49
60	11.21	10.61	16.61	9.68		13.80	11.48	22.71		17.66	17.20	15.04		13.10	10.62
80	11. 36	10.77	16.73	9.81	15.82	13.99	11.56	23.07	10.35	17.88	17.43	15.23	14.22	13.23	10.75
100	11.53	10.91	16.84	9.93	15.84	14.16	11.65	23.32	10.39	18.07	17.62	15.41	14.32	13.35	10.89
120	11.67	11.01	16.93	10.04	15.89	14.27	11.78	23.60	10.51	18.14	17.78	15.53	14.60	13.46	11.04

续表

温度/℃	材料														
	低碳钢至3Cr－Mo钢	5Cr－Mo至9Cr－Mo	奥氏体不锈钢18Cr－8Ni	12Cr、17Cr、27Cr	25Cr－20Ni	蒙乃尔合金67Ni－30Cu	3.5Ni	铝	灰铸铁	青铜（Cu－Sn）	黄铜（Cu－Zn）	白铜70Cu－30Ni	Ni－Fe－Cr（UNS N08XXX系列）	Ni－Cr－Fe（UNS N06XXX系列）	球墨铸铁
140	11.81	11.10	17.01	10.14	15.94	14.39	11.91	23.81	10.63	18.19	17.93	15.63	14.90	13.56	1119
160	11.98	11.20	17.09	10.25	15.99	14.51	12.03	24.02	10.73	18.26	18.09	15.75	15.19	13.67	11.34
180	12.10	11.30	17.17	10.34	16.02	14.62	12.13	24.23	10.85	18.33	18.22	15.88	15.48	13.75	11.49
200	12.24	11.39	17.25	10.44	16.05	14.74	12.22	24.43	10.96	18.40	18.38	15.99	15.78	13.84	11.64
220	12.38	11.49	17.32	10.54	16.06	14.86	12.30	24.64	11.08	18.46	18.53		15.83	13.90	11.85
240	12.51	11.60	17.39	10.63	16.06	14.99	12.38	24.83	11.19	18.52	18.69		15.95	13.97	IZ.08
260	12.64	11.70	17.46	10.73	16.07	15.12	12.47	25.02	11.30	18.58	18.85		16.02	14.04	12.33
280	12.77	11.80	17.54	10.84	16.07	15.24	12.58	25.22	11.43	18.65	18.99		16.08	14.10	12.42
300	12.90	11.91	17.62	10.95	16.07	15.36	12.67	25.42	11.55	18.73	19.14		16.14	14.18	12.50
320	13.04	12.01	17.69	11.06	16.09	15.47	12.77	25.56	11.67	18.80	19.28		16.21	14.23	12.59
340	13.17	12.10	17.76	11.15	16.11	15.60	12.87		11.79	18.86	19.43		16.28	14.30	12.66
360	13.31	12.20	17.83	11.22	16.11	15.73	12.95		11.91	18.91	19.57		16.34	14.37	12.75
380	13.45	12.29	17.89	11.30	16.13	15.86	13.03		12.03	18.97	19.73		16.40	14.42	12.83
400	13.58	12.39	17.99	11.40	16.13	15.97	13.12		12.14	19.03	19.88		16.47	14.49	IZ.93
420	13.72	12.49	18.06	11.48	16.14	16.09	13.19		12.26	19.10	20.04		16.53	14.56	13.02
440	13.86	12.60	18.14	11.55	16.15	16.21	13.26		12.36	19.17	20.19		16.59	14.58	13.08
460	13.98	12.68	18.21	11.65	16.17	16.34	13.34		12.48	19.23	20.35		16.66		13.18
480	14.10	12.77	18.28	11.73	16.20	16.47	13.40		12.59	19.29	20.50		16.73		13.26

续表

温度/℃	材料														
	低碳钢至3Cr－Mo钢	5Cr－Mo至9Cr－Mo	奥氏体不锈钢18Cr－8Ni	12Cr、17Cr、27Cr	25Cr－20Ni	蒙乃尔合金67Ni－30Cu	3.5Ni	铝	灰铸铁	青铜（Cu－Sn）	黄铜（Cu－Zn）	白铜70Cu－30Ni	Ni－Fe－Cr（UNS N08XXX系列）	Ni－Cr－Fe（UNS N06XXX系列）	球墨铸铁
500	14.19	12.85	18.36	11.81	16.32	16.60	13.46		12.72	19.34	20.66		16.79		13.35
520	14.28	12.93	18.45	11.87	16.44	16.71	13.52		12.83	19.39	20.80		16.86		13.43
540	14.36	13.00	18.53	11.94	16.53	16.83	13.59		12.94	19.45	20.95		16.93		13.50
560	14.46	13.07	18.60	12.00	16.58	16.95				19.52	21.10		16.99		
580	14.55	13.14	18.67	12.06	16.63	17.07				19.59	21.24		17.05		
600	14.63	13.19	18.72	12.11	16.68	17.18				19.65	21.38		17.12		
620	14.69	13.26	18.79	12.15	16.73	17.29				19.71	21.54		17.19		
640	14.72	13.31	18.84	12.19	16.87	17.41				19.78	21.69		17.25		
660	14.77	13.37	18.89	12.23	16.96	17.53							17.34		
680	14.84	13.42	18.93	12.28	17.06	17.64							17.44		
700	14.89	13.47	18.97	12.32	17.14	17.76							17.53		
720	14.94	13.52	19.01	12.35	17.16	17.86							17.63		
740	15.00	13.56	19.05	12.39	17.18	17.97							17.72		
760	15.05	13.59	19.08	12.42	17.21	18.07							17.82		
780			19.18										17.92		
800			19.25										18.01		
815			19.35										18.09		

注：本表所给出的金属热膨胀系数系指由20℃变化至表中所示温度时的平均热膨胀系数。

表 17-1-10　金属的总热膨胀量

mm/m

温度/℃	材料														
	低碳钢至 3Cr-Mo 钢	5Cr-Mo 至 9Cr-Mo	奥氏体不锈钢 18Cr-8Ni	12Cr、17Cr、27Cr	25Cr-20Ni	蒙乃尔合金 67Ni-30Cu	3.5Ni	铝	灰铸铁	青铜（Cu-Sn）	黄铜（Cu-Zn）	白铜 70Cu-30Ni	Ni-Fe-Cr（UNS N08XXX 系列）	Ni-Cr-Fe（UNS N06XXX 系列）	球墨铸铁
-198	-1.97	-1.85	-3.21	-1.70		-2.19	-1.89	-3.91		-3.31	-3.23	-2.62			
-180	-1.84	-1.73	-2.98	-1.58		-2.09	-1.79	-3.65		-3.06	-2.99	-2.46			
-160	-1.69	-1.60	-2.71	-1.45		-1.96	-1.67	-3.36		-2.78	-2.71	-2.26			
-140	-1.54	-1.45	-2.44	-1.32		-1.82	-1.55	-3.04		-2.50	-2.43	-2.06			-1.35
-120	-1.37	-1.29	-2.16	-1.17		-1.65	-1.40	-2.72		-2.21	-2.14	-1.84			-1.20
-100	-1.20	-1.13	-1.88	-1.03		-1.47	-1.22	-2.38		-1.91	-1.85	-1.61			-1.06
-80	-1.02	-0.96	-1.58	-0.88		-1.26	-1.04	-2.03		-1.62	-1.58	-1.37			-0.92
-60	-0.83	-0.79	-1.29	-0.72		-1.03	-0.85	-1.67		-1.32	-1.29	-1.12			-0.76
-40	-0.64	-0.60	-0.98	-0.55		-0.79	-0.65	-1.28		-1.01	-0.99	-0.86			-0.59
-20	-0.44	-0.41	-0.66	-0.38		-0.54	-0.44	-0.88		-0.69	-0.67	-0.59			-0.41
0	-0.23	-0.21	-0.34	-0.20		-0.28	-0.23	-0.46		-0.36	-0.35	-0.31			-0.21
20	0.0	0.0	0.0	0.0	0.0	0.0	0.0	0.0	0.0	0.0	0.0	0.0	0.0	0.0	0.0
40	0.21	0.20	0.31	0.18	0.30	0.26	0.22	0.42	0.20	0.33	0.32	0.28	0.27	0.25	0.20
60	0.44	0.41	0.65	0.38	0.62	0.54	0.45	0.88	0.40	0.69	0.67	0.59	0.55	0.51	0.41
80	0.67	0.63	0.99	0.58	0.93	0.82	0.68	1.36	0.61	1.05	1.03	0.90	0.84	0.78	0.63
100	0.91	0.86	1.33	0.78	1.25	1.12	0.92	1.84	0.82	1.43	1.39	1.22	1.13	1.05	0.86
120	1.15	1.09	1.67	0.99	1.57	1.41	1.17	2.33	1.04	1.79	1.76	1.54	1.44	1.33	1.09
140	1.40	1.32	2.02	1.21	1.90	1.71	1.42	2.83	1.26	2.16	2.13	1.86	1.77	1.61	1.33

续表

温度/℃	材料														
	低碳钢至3Cr－Mo钢	5Cr－Mo至9Cr－Mo	奥氏体不锈钢18Cr－8Ni	12Cr、17Cr、27Cr	25Cr－20Ni	蒙乃尔合金67Ni－30Cu	3.5Ni	铝	灰铸铁	青铜（Cu－Sn）	黄铜（Cu－Zn）	白铜70Cu－30Ni	Ni－Fe－Cr（UNS N08XXX系列）	Ni－Cr－Fe（UNS N06XXX系列）	球墨铸铁
160	1.66	1.56	2.37	1.42	2.22	2.02	1.67	3.34	1.49	2.54	2.51	2.19	2.11	1.90	1.57
180	1.92	1.80	2.73	1.64	2.55	2.32	1.93	3.85	1.72	2.91	2.90	2.52	2.46	2.19	1.83
200	2.19	2.04	3.09	1.87	2.87	2.64	2.19	4.37	1.96	3.29	3.29	2.86	2.82	2.48	2.08
220	2.46	2.29	3.45	2.10	3.19	2.96	2.45	4.90	2.20	3.67	3.69		3.16	2.77	2.36
240	2.74	2.54	3.81	2.33	3.51	3.28	2.71	5.44	2.45	4.05	4.09		3.49	3.06	2.64
260	3.02	2.80	4.17	2.56	3.84	3.61	2.98	5.98	2.70	4.44	4.50		3.83	3.35	2.95
280	3.30	3.06	4.54	2.81	4.16	3.95	3.26	6.53	2.96	4.83	4.92		4.16	3.65	3.21
300	3.60	3.32	4.91	3.05	4.48	4.28	3.53	7.09	3.22	5.22	5.34		4.50	3.95	3.49
320	3.90	3.59	5.29	3.30	4.81	4.62	3.82	7.64	3.49	5.62	5.76		4.85	4.25	3.76
340	4.20	3.86	5.66	3.55	5.14	4.98	4.10		3.76	6.01	6.20		5.19	4.56	4.04
360	4.51	4.13	6.04	3.80	5.46	5.33	4.39		4.04	6.41	6.63		5.54	4.87	4.32
380	4.83	4.41	6.42	4.06	5.79	5.69	4.68		4.32	6.81	7.08		5.89	5.18	4.61
400	5.15	4.69	6.81	4.32	6.11	6.05	4.97		4.60	7.21	7.53		6.24	5.49	4.90
420	5.47	4.98	7.21	4.58	6.44	6.42	5.26		4.89	7.62	7.99		6.60	5.81	5.20
440	5.80	5.28	7.60	4.84	6.76	6.79	5.56		5.18	8.03	8.46		6.95	6.11	5.48
460	6.14	5.57	7.99	5.11	7.10	7.17	5.86		5.48	8.44	8.93		7.31		5.78
480	6.47	5.86	8.39	5.38	7.43	7.56	6.15		5.78	8.85	9.41		7.68		6.08
500	6.79	6.15	8.79	5.65	7.81	7.95	6.44		6.09	9.26	9.89		8.04		6.39

温度/℃	材料														
	低碳钢至3Cr－Mo钢	5Cr－Mo至9Cr－Mo	奥氏体不锈钢18Cr－8Ni	12Cr、17Cr、27Cr	25Cr－20Ni	蒙乃尔合金67Ni－30Cu	3.5Ni	铝	灰铸铁	青铜（Cu－Sn）	黄铜（Cu－Zn）	白铜70Cu－30Ni	Ni－Fe－Cr（UNS N08XXX系列）	Ni－Cr－Fe（UNS N06XXX系列）	球墨铸铁
520	7.12	6.45	9.21	5.92	8.20	8.34	6.75		6.40	9.68	10.38		8.41		6.70
540	7.45	6.75	9.62	6.20	8.58	8.73	7.05		6.72	10.09	10.87		8.78		7.01
560	7.79	7.04	10.02	6.47	8.94	9.13				10.52	11.37		9.16		
580	8.13	7.34	10.43	6.74	9.30	9.54				10.95	11.87		9.53		
600	8.47	7.64	10.84	7.01	9.66	9.94				11.37	12.38		9.91		
620	8.79	7.94	11.25	7.28	10.05	10.36							10.29		
640	9.11	8.24	11.66	7.55	10.44	-10.78							10.67		
660	9.44	8.54	12.07	7.82	10.84	11.20							11.08		
680	9.78	8.84	12.47	8.09	11.24	11.63							11.49		
700	10.11	9.15	12.88	8.36	11.63	12.06							11.90		
720	10.4	9.45	13.29	8.63	11.99	12.49							12.32		
740	10.78	9.75	13.69	8.91	12.35	12.92							12.74		
760	11.12	10.04	14.10	9.18	12.71	13.35							13.17		
780			14.56										13.60		
800			15.02										14.03		
815			15.39										14.33		

注：本表所给出的金属总热膨胀量系指由20℃变化至表中所示温度时所产生的总的单位长度热膨胀量。

$$\left.\begin{aligned}\Delta X_t &= L_X(e_{t2}-e_{t1}) = L_X[\alpha_{t2}(t_2-20)-\alpha_{t1}(t_1-20)]\\ \Delta Y_t &= L_Y(e_{t2}-e_{t1}) = L_Y[\alpha_{t2}(t_2-20)-\alpha_{t1}(t_1-20)]\\ \Delta Z_t &= L_Z(e_{t2}-e_{t1}) = L_Z[\alpha_{t2}(t_2-20)-\alpha_{t1}(t_1-20)]\end{aligned}\right\}\quad(17-1-6)$$

$$\Delta_t = \sqrt{(\Delta X_t)^2+(\Delta Y_t)^2+(\Delta Z_t)^2}$$

式中 L_X、L_Y、L_Z——管系两固定点间的直线长度在 X、Y、Z 轴上的投影长度，m；

t_1、t_2——管系冷态、热态的温度,℃；

α_{t1}、α_{t2}——由20℃至 t_1，t_2 之间的平均热胀系数，cm/(m·℃)；

e_{t1}、e_{t2}——由20℃至 t_1，t_2 之间的单位热胀量，cm/m。

(三) 端点位移(端点附加位移)

无端点位移时，管系的补偿值与热胀量相等，有端点位移时可按式(17－1－7)计算。

$$\left.\begin{aligned}\Delta X &= \Delta X_t + \Delta X_{GA} - \Delta X_{GB}\\ \Delta Y &= \Delta Y_t + \Delta Y_{GA} - \Delta Y_{GB}\\ \Delta Z &= \Delta Z_t + \Delta Z_{GA} - \Delta Z_{GB}\end{aligned}\right\}\quad(17-1-7)$$

$$\Delta = \sqrt{(\Delta X)^2+(\Delta Y)^2+(\Delta Z)^2}$$

式中 ΔX_{GA}、ΔY_{GA}、ΔZ_{GA}——固定点 A 在 X，Y，Z 向的附加位移量，cm；

ΔX_{GB}、ΔY_{GB}、ΔZ_{GB}——固定点 B 在 X，Y，Z 向的附加位移量，cm；

Δ——管系的总补偿值。

(四) 计算温度

管道柔性设计的计算温度，一般应按本手册第四章第三节设计温度确定。

在确定计算温度时，不仅要考虑正常操作条件的温度，还应考虑吹扫、开工、停工，除焦，再生等情况下最不利的温度。例如用1.0MPa过热蒸汽吹扫常温油品的管道，宜取1.0MPa饱和温度为计算温度并应考虑可能出现的过热蒸汽温度。

(五) 管道的热补偿

为了防止管道热膨胀而产生的破坏作用，在管道设计中需考虑自然补偿或设置各种形式的补偿器以吸收管道的热胀和端点位移。除少数管道采用波形补偿器等专用补偿器外，大多数管道的热补偿是靠自然补偿实现的。

1. 自然补偿

管道的走向是根据具体情况呈各种弯曲形状的。利用这种自然的弯曲形状所具有的柔性以补偿其自身的热胀和端点位移称为自然补偿。有时为了提高补偿能力而增加管道的弯曲，例如：设置U形补偿器等也属于自然补偿的范围。自然补偿构造简单、运行可靠、投资少，所以被广泛采用。自然补偿的计算较为复杂。有简化的计算图表，也可用计算机进行复杂的模拟计算，详见本章第三节静力分析及其简化方法。

2. 波形补偿器

随着大直径管道的增多和波形补偿器制造技术的提高，近年来在许多情况下得到采用。波形补偿器适用于低压大直径管道。但制造较为复杂，价格高。波形补偿器一般用0.5～3mm薄不锈钢板制造，耐压低，是管道中的薄弱环节与自然补偿相比较，其可靠性较差。

波形补偿器有下述几种型式：

（1）单式波形补偿器

这是最简单的一种波形补偿器，由一组波形管构成，如图 17－1－5 所示。一般用来吸收轴向位移，也可吸收角位移和横向位移以及上述三种位移的组合。

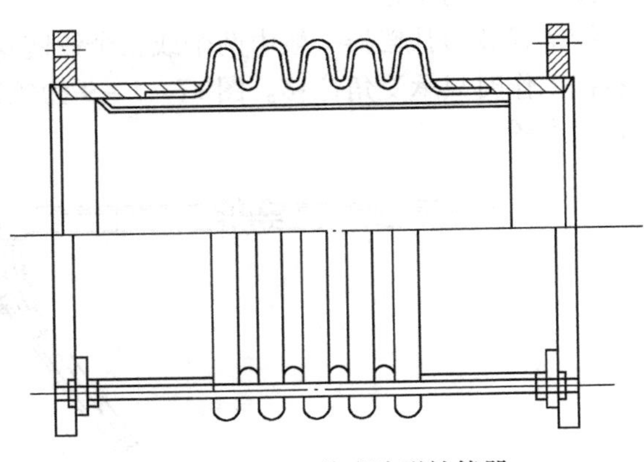

图 17－1－5　单式波形补偿器

图 17－1－6 为吸收轴向位移的单式波形补偿器的典型布置图。波形补偿器布置在两固定支架之间，并靠近一个固定支架。它的另一侧附近设置一个导向支架，以保证波形补偿器两侧的管子处于同心状态。

（2）复式波形补偿器

复式波形补偿器由两个单式波形补偿器组成，可用来吸收轴向和或横向位移。图 17－1－7 为一带拉杆的复式波形补偿器的安装示意图。管道成 Z 形，补偿器可吸收拉杆之间管道的轴向膨胀量，内压推力由拉杆承受。两侧的管道的膨胀使补偿器产生横向位移。两个波形管均产生角位移。

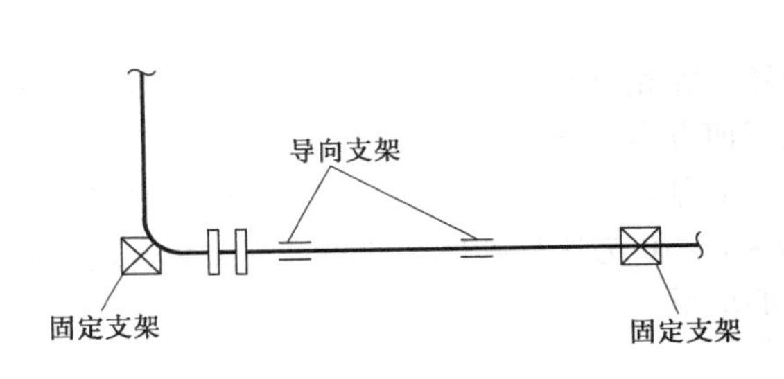

图 17－1－6　单式波形补偿器示意图

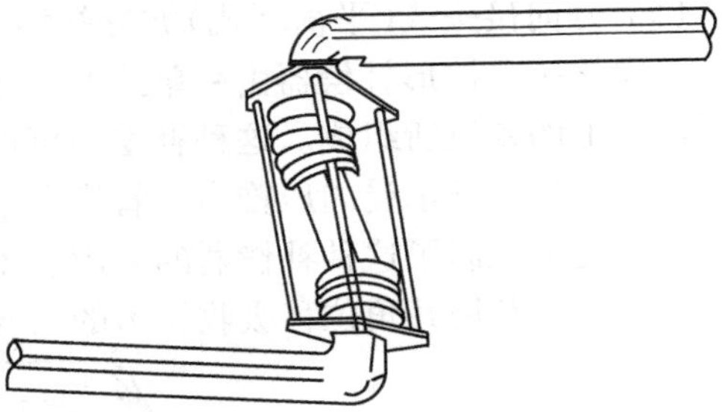

图 17－1－7　带拉杆复式波形补偿器安装示意图

（3）压力平衡式波形补偿器

图 17－1－8 为一典型的压力平衡式波形补偿器。这种补偿器可避免内压推力作用于固定支架，机泵或工艺设备上。虽然两侧波形管的弹力有所增加，但与内压推力相比是很小的。这种补偿器可吸收轴向位移和横向位移以及二者的组合。

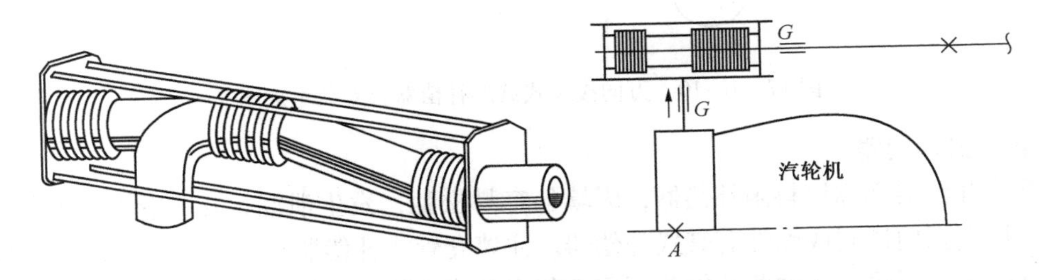

图 17－1－8　压力平衡式波形补偿器及安装示意图

G—导向支架；×—固定点

（4）铰链式波形补偿器

铰链式波形补偿器由一单式波形补偿器在两侧加一对铰链组合而成。这种补偿器可在一个平面内承受角位移。

铰链式波形补偿器一般由两个或三个铰链式波形补偿器成组布置在一个平面内。每个补偿器在工作时只承受角位移。图 17－1－9 为铰链式波形补偿器的简图和三个波形补偿器的安装示意图。

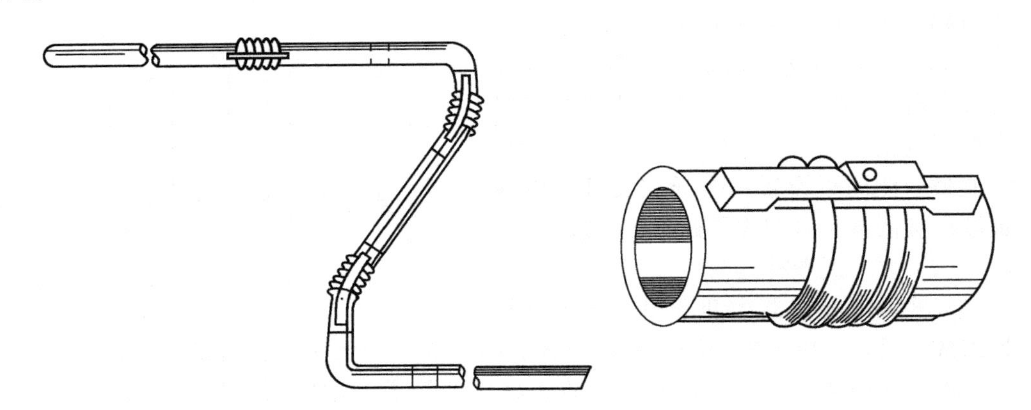

图 17－1－9　铰链式波形补偿器及安装示意图

（5）万向接头式（平衡环式）波形补偿器

万向接头式波形补偿器由一单式波形补偿器和在相互垂直的方向加两组连接在同一个浮动平衡环上的铰链所组成。这种补偿器可承受任何方向的角位移。

铰链和平衡环承受内压推力。管道自重以及其他外力。平衡环受力条件差，比较笨重，在一定程度上限制了这种补偿器的采用。图 17－1－10 为这种补偿器的示意图和装有两个补偿器的管道，利用其角位移吸收管道的热膨胀的情况。

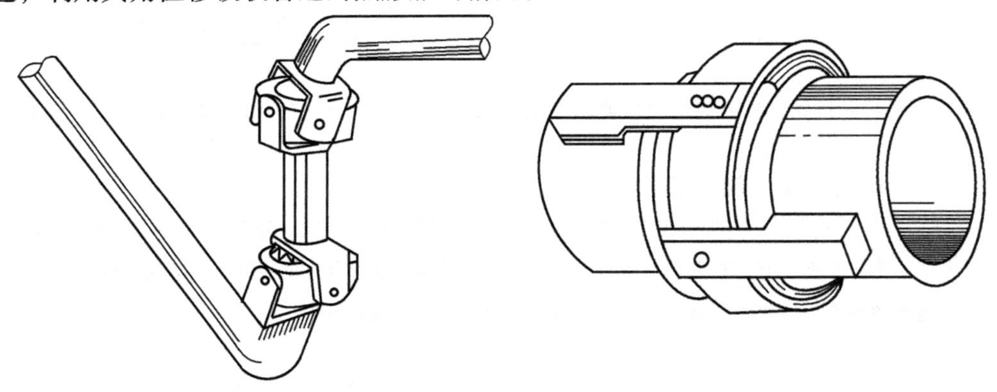

图 17－1－10　万向接头式波形补偿器及安装示意图

3. 套管式补偿器

套管式补偿器亦称填料函补偿器，因填料容易松弛，发生泄漏，在石化企业很少采用，八十年代后期国内试制成弹性套管式补偿器。注填套管式补偿器和无推力套管式补偿器，均在原有基础上有所改进。这些补偿器可用于蒸汽和热水管道。因为填料密封终究有泄漏的可能，故不应用于可燃、易爆的油、气管道。

（1）弹性套管式补偿器

图 17－1－11 为弹性套管式补偿器。利用弹簧维持对填料的压紧力以防填料松弛泄漏。

某厂生产的有关规格尺寸见表 17－1－11。

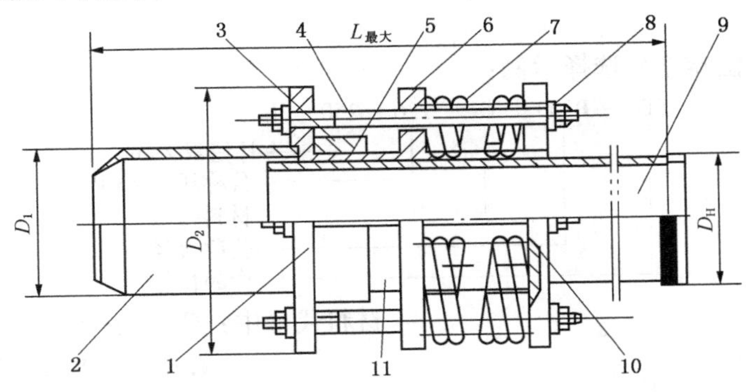

图 17－1－11　弹性套管式补偿器

1—外套管法兰；2—外套管；3—填料外筒；4—螺杆；5—填料；6—压紧法兰；7—弹簧；8—螺母；9—内套管；10—压紧法兰；11—压紧填料内筒

表 17－1－11　弹性套管式补偿器

（mm）

公称直径 DN	外径 D_H	D_1	法兰 D_2	补偿量 AL_{max}	安装长度 L_{max}
25	32	42	100	150	750
32	38	48	120	150	860
(32)	42	50	135	200	860
40	45	59	135	200	860
50	57	68	150	200	860
(50)	60	70	150	200	860
65	73	83	160	200	860
(70)	78	89	160	200	860
80	89	102	185	200	860
100	108	121	205	250	830
125	133	146	235	250	830
150	159	173	260	250	830
(175)	194	210	310	250	830
200	219	245	335	300	950
(225)	245	273	340	300	950
250	273	291	390	300	950
300	325	346	440	350	1080
350	377	400	500	350	1080
400	426	450	565	400	1180
450	478	500	615	400	1180
500	529	550	670	400	1180
600	630	660	780	450	1280
700	720	750	895	450	1280
800	820	850	1010	500	1380
900	920	950	1110	500	1380
1000	1020	1050	1220	500	1380

注：1. 公称直径 *DN* 中带（　）者为非常用规格。

2. *DN*1000 以上，最大补偿量、安装长度与 *DN*1000 相同。

推荐应用范围：$PN \leqslant 2.0$MPa 时，$DN \leqslant 300$；$PN \leqslant 1.6$MPa 时，$DN \leqslant 400$；$PN \leqslant 1.0$MPa 时，$DN \leqslant 600$mm。

弹性套管式补偿器型号选择示例：

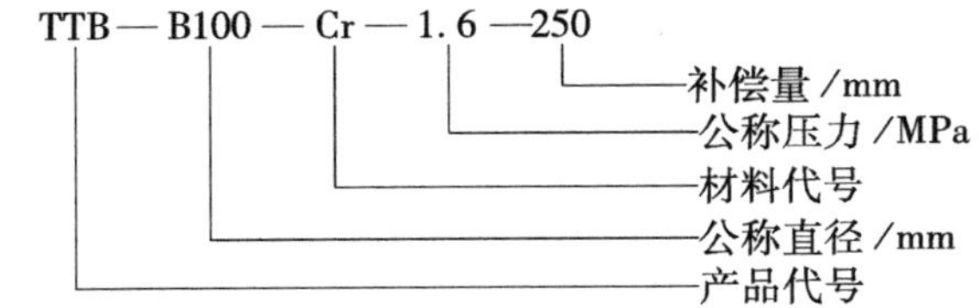

材料代号中：Cr——铬不锈钢

Crb——伸缩部分用不锈钢

A——碳钢

(2) 注填套管式补偿器

注填套管式补偿器见图 17-1-12。这种补偿器的外壳上有密封剂注入口。密封剂的适用范围见表 17-1-12。

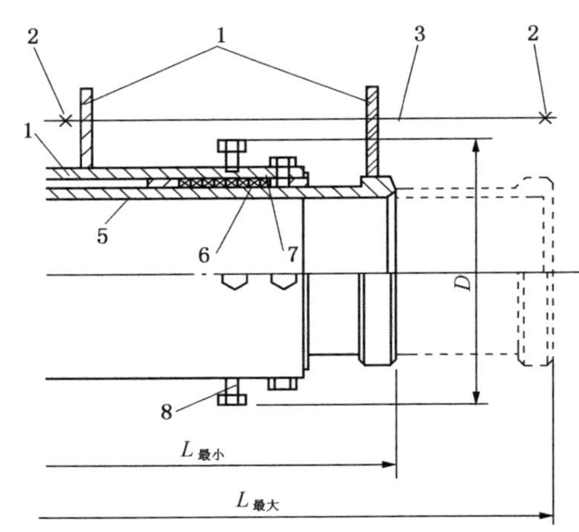

图 17-1-12 注填套管式补偿器

1—限位板；2—限位螺母；3—限位螺杆；4—外套管；5—内套管；6—密封填料箱；7—导向轴承；8—注入密封剂入口

表 17-1-12 密封剂适用范围表

型 号	名 称	工作温度/℃	工作极限压力/MPa	备 注
LTW-1	高温密封剂	300~600	15	
LTW-2	低温密封剂	150~450	10	

密封剂具有自润滑性能，不渗透、耐老化、回弹性好、可在正常运行状态下多次不停产注入，实现不停产维修。

这种补偿器可用在工作压力≤1.6MPa，工作温度≤300℃的条件下。

(3) 无推力套管式补偿器

无推力套管式补偿器见图 17-1-13。常用的套管式补偿器作用于固定支架上的内压推力很大，有时达十几吨到几十吨。无推力套管式补偿器使其内压推力由自身平衡。

(4) 套管式补偿器的摩擦力

套管式补偿器的摩擦力可按式(17-1-8)计算：

$$P = A \cdot PN \cdot \pi \cdot D_0 \cdot B \cdot \mu \qquad (17-1-8)$$

式中 P——摩擦力，N；

PN——管道内介质压力，MPa❶；

D_0——内套管外径，cm；

B——沿补偿轴线的填料长度❷，cm；

---

❶当 $DN \leqslant 150$mm，$PN \leqslant 0.6$MPa 取 $PN = 0.6$MPa。

当 $DN = 200 \sim 400$mm，$PN \leqslant 1.2$MPa。取 $PN = 1.2$MPa

当 $DN > 400$mm，$PN \leqslant 2.0$MPa 取 $PN = 2.0$MPa。

❷当 $DN \leqslant 80$mm，$B = 3.5$cm。

当 $DN = 100 \sim 150$mm，$B = 6$cm。

当 $DN = 200 \sim 600$mm，$B = 8$cm。

μ——填料与管道的摩擦系数，$\mu=0.1$；

A——系数，当 $DN\leqslant 400$mm 时，$A=200$，$DN>400$mm 时，$A=175$。

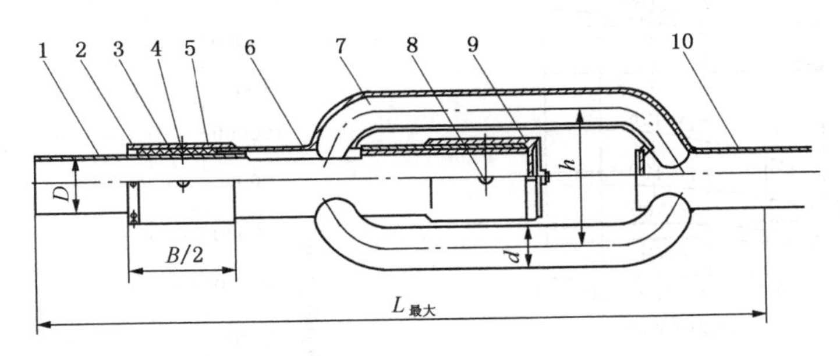

图 17－1－13　无推力套管式补偿器

1—内套管，2—压紧圈；3—石棉盘根；4—高温密封剂；5—垫圈；6—双头填料管；7—旁通管；8—密封剂注入口；9—压紧圈；10—连接管

4. 球形补偿器

球形补偿器亦称球形接头，从20世纪60年代开始，日本、美国等利用球形补偿器解决管道的热胀和设备基础的不均匀下沉等使管道变形的问题。我国多用于热力管网，效果较好。球形补偿器的补偿能力是U形补偿器的5～10倍；变形应力是U形补偿器的1/3～1/2；流体阻力是U形补偿器的60%～70%。

球形补偿器的构造见图17－1－14。其关键部件为密封环，国内多用聚四氟乙烯制造，并以铜粉为填加剂，可耐温250℃，球体表面镀0.04～0.05mm厚硬铬。

球形补偿器可使管段的连接处呈铰接状态，利用两球形补偿器之间的直管段的角变位以吸收管道的变形，国产球形补偿器的全转角 $\theta\leqslant 15°$，在此角度内可任意转动，如图17－1－15所示。

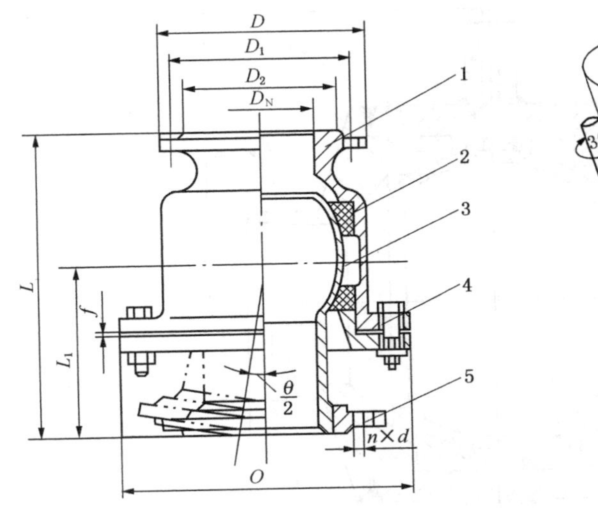

图 17－1－14　球形补偿器

1—壳体；2—密封环；3—球体；4—压盖；5—法兰

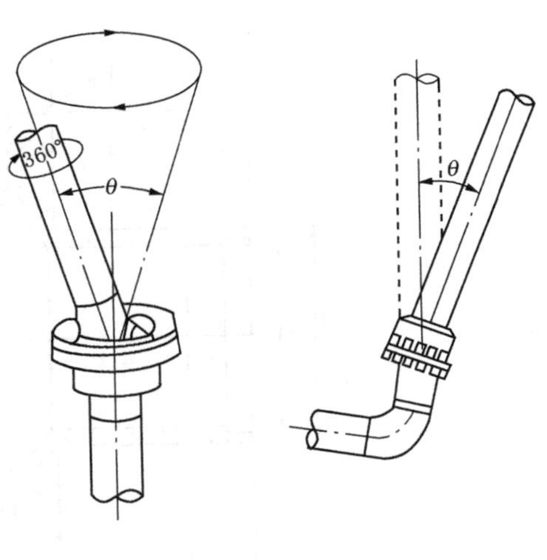

图 17－1－15　球形补偿器动作

国产球形补偿器的使用范围为工作压力≤2.5MPa，工作温度≤250℃；当使用耐高温的密封环时，工作温度可达320℃。工作介质为无毒，非可燃的热流体。例如蒸汽，热水等。

不同压力下，不同规格的球形补偿器的最大转动扭矩见图 17－1－16。

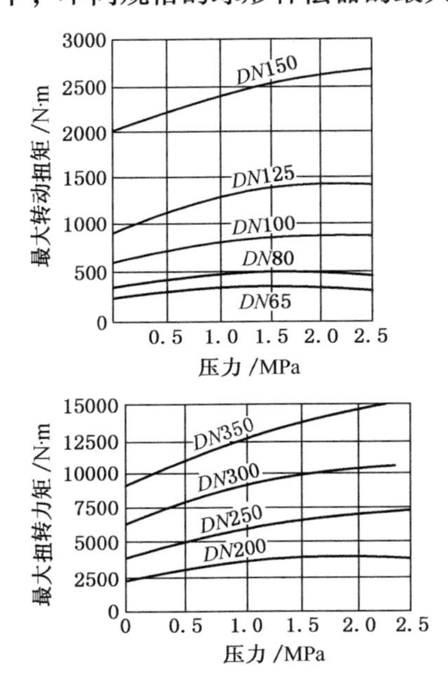

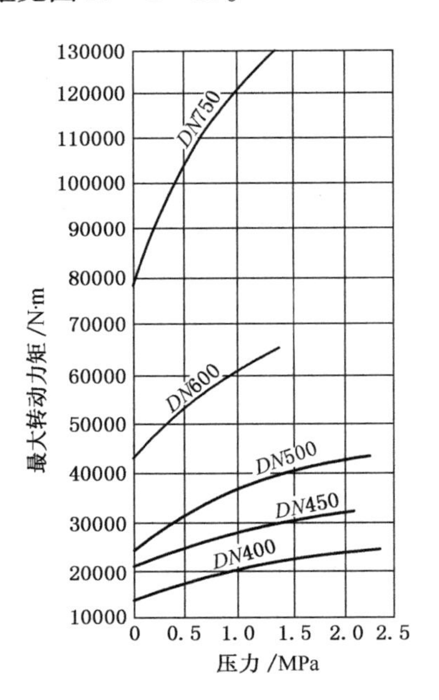

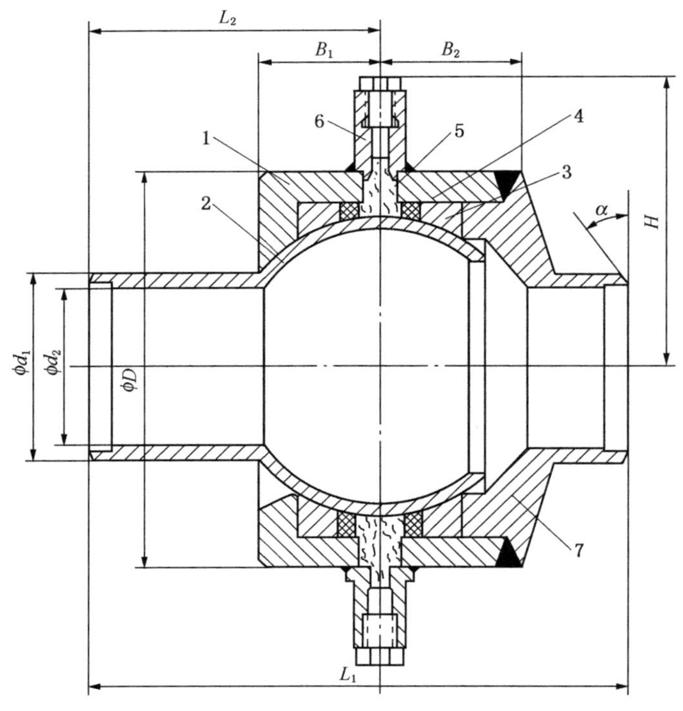

图 17－1－16　球形补偿器不同压力下的最大转动力矩

另一种球形补偿器为注填式的如图 17－1－17 所示。其特点是将既承受轴向力又起密封作用的密封环分解为承受轴向力的自润滑轴承和起密封作用的密封环并注入密封剂。密封剂的适用范围如表 17－1－12 所示。此种球形补偿器可在运行条件下补充注填密封剂。

图 17－1－17　注填式球形补偿器

1—外壳体；2—球头；3—球面轴承；4—密封环；5—注入式密封剂；6—注入口；7—后座

通常将两个或三个球形补偿器布置在Z、U、L形管道上。球形补偿器的安装方法有预变形法和非预变形法两种，如图17－1－18所示。

球形补偿器的全转角θ，球心距L(m)和补偿能力Δ(m)三者之间的关系见式(17－1－9)、式(17－1－10)关联式。

（a）对预变形法

$$\Delta = 2L \cdot \sin\frac{\theta}{2} \tag{17-1-9}$$

（b）对非预变形法

$$\Delta = L \cdot \sin\frac{\theta}{2} \tag{17-1-10}$$

球形补偿器的球心距L越大，补偿能力越大。正常运行时不得使转角大于球形补偿器的允许值。考虑到安装误差和操作温度等误差，按球形补偿器全转角θ计算所得的Δ，应比实际补偿量大1.5倍。球心距L值不得超过两个活动支架间距的80%。

球形补偿器的变形推力F按式(17－1－11)计算：

$$F = \frac{2M}{L} \tag{17-1-11}$$

式中　F——球形补偿器变形所需的推力，N；

M——球形补偿器转动扭距(见图17－1－16)，N·m；

L——球心距，m。

同一平面使用三个球形补偿器吸收相互垂直的两个方向的位移。如图17－1－19所示，其转角可按下式计算：

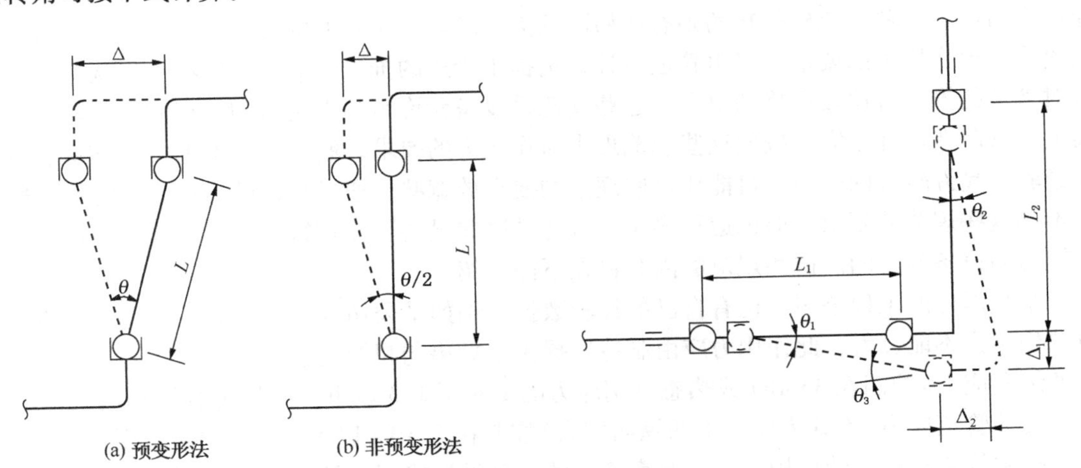

图17－1－18　球形补偿器安装方法示意图

图17－1－19　三个球形补偿器动作示意图

$$\theta_1 = \sin^{-1}\left(\frac{\Delta_1}{L_1}\right) \tag{17-1-12}$$

$$\theta_2 = \sin^{-1}\left(\frac{\Delta_2}{L_2}\right) \tag{17-1-13}$$

$$\theta_3 = \theta_1 + \theta_2 \tag{17-1-14}$$

最大转角θ_3不得大于球形补偿器的允许值。

如果上述平面管系的交角为钝角，则此钝角不宜大于135°。

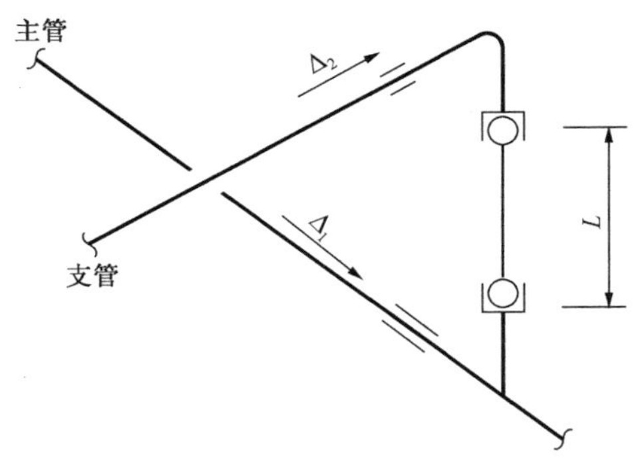

图 17－1－20　两个球形补偿器动作示意图

使用两个球形补偿器以吸收主管与支管互呈直角的两个方向的膨胀量的示意图见图 17－1－20。

设主管与支管的热胀位移量分别为 Δ_1 和 Δ_2 则球形补偿器的转角 θ 可按式(17－1－15)计算：

$$\theta = \sin^{-1}\left(\sqrt{\Delta_1^2 + \Delta_2^2}/L\right) \qquad (17-1-15)$$

当使用两个球形补偿器利用其连接管的偏转吸收管道的热胀位移时，如图 17－1－20 所示，如果主管不能在垂直方向位移，则支管应在垂直方向允许有一定的位移。在设置邻近的支架应加以考虑。

四、管道对法兰、机泵和设备作用力的限制

(一) 概述

管道受膨胀或收缩的影响，对其所连接的设备和机泵可能形成较大的作用力和力矩。对于管道设计而言，应控制这些力和力矩在一定范围内，否则将引起连接法兰的泄漏，设备的变形和局部应力的增大，机泵等转动设备的间隙的改变，机泵转子与定子之间的摩擦和接触、振动的增加，机泵寿命的降低等。随着机泵效率的提高，汽轮机、压缩机内部的制造和安装精度也随之提高，对管道作用力的要求也更严格了。因此，在管道设计中，不仅仅考虑管道自身的应力是否合格问题，还要满足与管道连接的设备允许荷载对管道设计提出的比较苛刻的要求。

由于转动设备类型很多，不同厂家生产的机泵有重型的也有轻型的。其构造比较笨重的允许受力可能大些，比较轻巧的则有严格的受力要求。对于重要的转动设备，制造厂家应提出允许管道作用力的要求，或由管道设计人员提出管道的推力，请制造厂给予确认。国外规范对管道的推力有比较严格的要求。这些规范是设备允许承受作用力和力矩的起码要求，事实上设备制造厂并不完全按照这些规范提出对作用力的要求，制造厂可根据其设备特点与实际经验，允许较大的受力，可能比这些规范的要求放宽些。通过校核已运行设备的管道虽然达不到这些规范的要求，但也运行多年。可能是这些设备还比较笨重，或者这些规范是按比较轻巧的设备制订的。这些规范的内容将在下面介绍。

某些国外的工程公司，也有自己的经验数据。例如某公司规定管道对泵、汽轮机和压缩机的作用力不能过大，此作用力应由制造厂提供。如果与机泵连接的管道应力(不计内压产生的纵向应力)控制在 35MPa 或热态许用应力的 1/4 至 1/3 以下，与压力容器和阀门的法兰连接处的管道应力(不计内压产生的纵向应力)控制在 70MPa 以下，一般可以接受的。

控制管道对机泵的作用力，一要靠管道的正确设计使管道具有较大的柔性，并有合理的支吊架；二要靠正确的安装。在管道安装完毕后，一般应拆开管道与设备连接的法兰。在自由状态下，法兰中心对正，法兰面平行，其偏差应符合国家现行标准《石油化工钢制管道工程施工工艺标准》(SH/T 3517)的规定。

管道与机泵最终连接时，应在联轴器上用千分表监测其径向位移。转速大于 6000r/min 的机泵，应不超过 0.02mm，小于或等于 6000r/min 的机泵应不超过 0.05mm，否则应对管道进行调整，见表 17－1－13。

符合规范规定的安装方法，可认为在安装状态管道对机泵的作用力为零。而在工作状态由于管道的热膨胀，管道对机泵则产生了作用力。

表 17-1-13 转动设备法兰连接的允许偏差 (mm)

转速/(r/min)	法兰面平行偏差	径向位移	间　距
<3000	≤0.40	≤0.80	垫片厚+1.5
3000~6000	≤0.15	≤0.50	垫片厚+1.0
>6000	≤0.10	≤0.20	垫片厚+1.0

靠近机泵的弹簧支吊架应承受管道的全部重量，在用计算程序对管道进行应力分析时，可能在安装状态的机泵管嘴受力和力矩的计算值不是零，但应取其为零。此时工作状态的机泵受力应为工作状态与安装状态的代数差。即机泵管嘴的受力只是管道热膨胀与端点位移而产生的力和力矩。

(二) 防止法兰处的泄漏

防止法兰处泄漏的方法：一是降低法兰处管道的力、力矩和应力：二是提高法兰的压力等级。

如上述，据一般经验，管道上法兰处的应力(不计内压产生的管道应力)应控制在70MPa以下，将不会发生泄漏。进一步较为精确的计算可将法兰所承受的外力和力矩，折合为当量压力，并与管道的设计压力相加作为法兰的设计压力。通过程序计算后，以确定法兰等级。当量压力(P_{eq})可按式(17-1-16)计算：

$$P_{eq} = 16M \cdot 1000/(\pi \cdot D^3) + 4 \cdot F/(\pi \cdot D^2) \qquad (17-1-16)$$

式中 P_{eq}——当量压力，MPa；

M——法兰承受的弯曲力矩，N·m；$M = (M_x^2 + M_y^2)^{0.5}$

M_x——法兰在某一方向承受的弯曲力矩，N·m；

M_y——法兰与上述方向的垂直方向所承受的弯曲力矩，N·m；

F——法兰所承受的拉力(不包括内压产生的拉力)，N；

D——垫片的计算直径；mm。

法兰的计算压力按式(17-1-17)计算：

$$P = P_1 + P_{eq} \qquad (17-1-17)$$

式中 P_1——管道的工作压力，MPa。

法兰的验算可用计算程序"FLANGE·BAS"。该程序可在CCDOS和BASICA语言支持下在IBM PC/XT及其兼容机上运算。法兰的计算方法见现行国家标准《压力容器》(GB 150.1~GB 150.4)。法兰处所承受的力和力矩当用CAESARⅡ程序时，可直接输出不考虑内压时法兰处承受的力和力矩。章末附录列出了法兰验算的源程序，程序中有汉字提示问答式输入，某些在计算中需要查表及线算图的数据也已输入程序中。计算方法见例题。

对焊法兰验算例题

对焊法兰验算

设计压力(MPa)，p=？ 3

设计温度(Deg。C)，t=？ 400

法兰材料1-A3，2-20，3-15CrMo，12Cr1MoV，5-1CrMo，6-12Cr18Ni9Ti？ 2

螺栓材料1-A3，2-35，3-35CrMoA，4-25Cr2MoVA，5-12Cr5Mo，6-06Cr18Ni10，7-06Cr17Ni12Mo2？ 3

法兰接管外径(mm)Dw=？ 273

法兰内径(mm)Dn=？ 255

法兰外径(mm) $D = 445$

螺孔节圆直径(mm) $D1 = ?$ 387.5

法兰凸面外径(mm) $D2 = ?$ 324

法兰颈部外径(mm) $Dm = ?$ 321

法兰厚度(mm) $B = ?$ 48

法兰颈部高度(mm) $H = ?$ 60

螺栓直径(mm) $Db = ?$ 27

螺栓个数，$Nb = ?$ 16

垫片类型，1 - 石棉橡胶板，厚3mm，2 - 厚1，5mm，3 - 厚0.8mm，4 - 缠绕垫，5 - 10号钢金属环垫，6 - 1Cr18Ni9Ti金属环垫，7 - 铁包石棉垫，$Dp = ?$ 4

垫片内径(mm) $Spn = ?$ 284.5

垫片外径(mm) $Dpw = ?$ 325

是否考虑外力和力矩 $WL\$(Y/N) = Y$

法兰在某一方向承受的弯曲力矩 MX(N·m) = 10000

法兰在另一方向承受的弯曲力矩 MY(N·m) = 5000

法兰承受的拉力(不包括内压产生的拉力) F(N) = 5000

法兰承受的当量压力 $PEQ = 1.998575$ MPa

计算需要螺栓断面 $AM = 3382.156 mm^2$

实际螺栓断面 $AB = 6833.6 mm^2$

允许垫片最小宽度 $NM = 11.64016$ mm

轴向应力，$SH = 74.6237$ MPa　许用应力 = 102/102MPa

径向应力，$SR = 64.80445$ MPa　许用应力 = 68/102MPa

环向应力，$ST = 47.4919$ MPa　许用应力 = 68/102MPa

综合应力，$SS = 69.71541$ MPa　许用应力 = 68/102MPa

(三) 对离心泵作用力的限制

离心泵管嘴受力不应超过制造厂提供的允许值。API - 610(美国石油学会标准)有关于管嘴受力的规定。这是管嘴允许受力的最严格标准，制造厂可根据其实际经验数据，允许较大的受力。美国石油学会标准API - 610《石油、化工及气体工业用离心泵(第11版)》与以前相比较有较大修改，本手册也作相应的修改。

用碳钢或合金钢制造的泵，其管嘴公称直径在400mm及其以下时，制造厂应保证在表17 - 1 - 14所示的力和力矩的作用下运行良好，对于大于400mm的法兰管嘴和不足碳钢或合金钢壳体的泵，制造厂应提出允许荷载。

表17 - 1 - 14　管嘴荷载

	力/力矩	法兰管嘴的公称直径/mm								
		50	80	100	150	200	250	300	350	400
顶部管嘴	每个顶部管嘴									
	F_x/N	710	1070	1420	2490	3780	5340	6670	7120	8450
	F_y/N	580	890	1160	2050	3111	4450	5340	5780	6670
	F_z/N	890	1330	1780	3110	4890	6670	8000	8900	10230
	F_R/N	1280	1930	2560	4480	6920	9630	11700	12780	14850

续表

	力/力矩	法兰管嘴的公称直径/mm								
		50	80	100	150	200	250	300	350	400
侧向管嘴	每个侧向管嘴									
	F_x/N	710	1070	1420	2490	3780	5340	6670	7120	8450
	F_y/N	890	1330	1780	3110	4890	6670	8000	8900	10230
	F_z/N	580	890	1160	2050	3111	4450	5340	5780	6670
	F_R/N	1280	1930	2560	4480	6920	9630	11700	12780	14850
端部管嘴	每个端部管嘴									
	F_x/N	890	1330	1780	3110	4890	6670	8000	8900	10230
	F_y/N	710	1070	1420	2490	3780	5340	6670	7120	8450
	F_z/N	580	890	1160	2050	3111	4450	5340	5780	6670
	F_R/N	1280	1930	2560	4480	6920	9630	11700	12780	14850
管口	每个管嘴									
	M_x/N·m	460	950	1330	2300	3530	5020	6100	6370	7320
	M_y/N·m	230	470	680	1180	1760	2440	2980	3120	3660
	M_z/N·m	350	720	1000	1760	2580	3800	4610	4750	5420
	M_R/N·m	620	1280	1800	3130	4710	6750	8210	8540	9820

与卧式泵连接的管道不应引起泵和原动机不对中，管道对管嘴的荷载限制在表17－1－14给定的范围内。

如果满足下列三个条件，管道引起荷载允许超过表17－1－14给定的数值，而不必和制造厂协商，满足这些条件可保证壳体的变形在制造厂设计标准的范围内，泵轴的位移小于0.38mm。

（1）在泵每个管嘴法兰上所承受的分力和分力矩不能超过表17－1－14中规定数值的二倍。

（2）在泵每个管嘴法兰上所承受的合力（$FRSa$，$FRDa$）和合力矩（$MRSa$，$MRDa$）应满足相应的公式即式（17－1－18a）和式（17－1－18b）。

$$(FRSa/1.5FRSt2)+(MRSa/1,5MRSt2)\leqslant 2 \qquad (17-1-18a)$$

$$(FRDa/1.5FRDt2)+(MRDa/1,5MRDt2)\leqslant 2 \qquad (17-1-18b)$$

（3）作用于泵每个管嘴法兰上的力和力矩转移并折算至泵中心线，其合力（$FRCa$）合力矩（$FRCa$）和Z向力矩（$FRCa$）应满足式（17－1－18c），式（17－1－18d）和式（17－1－18e）（其符号见图17－1－21，采用右手定则）。

$$FRCa<1.5(FRSt2+FRDt2) \qquad (17-1-18c)$$

$$MZCa<2.0(MZSt2+MZDt2) \qquad (17-1-18d)$$

$$MRCa<1.5(MRSt2+MRDt2) \qquad (17-1-18e)$$

式中 $FRCa=[(FXCa)^2+(FYCa)^2+(FzCa)^2]^{0.5}$

$FXCa=FXSa+FXDa$

$FYCa=FYSa+FYDa$

$FZCa=FZSa+FZDa$

$MRCa=((MXCz)^2+(MYCa)^2+(MZCa)^2)^{0.5}$

$MXCa=MXSa+MXDa-(((FYSa)(zS)+(FYDa)(zD)-(FZSa)(yS)-(FZDa)(yD))/1000$

$$MYCa = MYSa + MYDa - ((FXSa)(zS) + (FXDa)(zD) - (FZSa)(xS) - (FZDa)(xD))/1000$$

$$MZCa = MZSa + MZDa - ((FXSa)(yS) + (FXDa)(yD) - (FYSa)(xS) - (FYDa)(xD))/1000$$

荷载超过以上两条规定的允许值应得到买卖双方的确认。

立式管道泵是由与其相连接的管道所支撑，管道作用在泵管嘴的荷载可大于

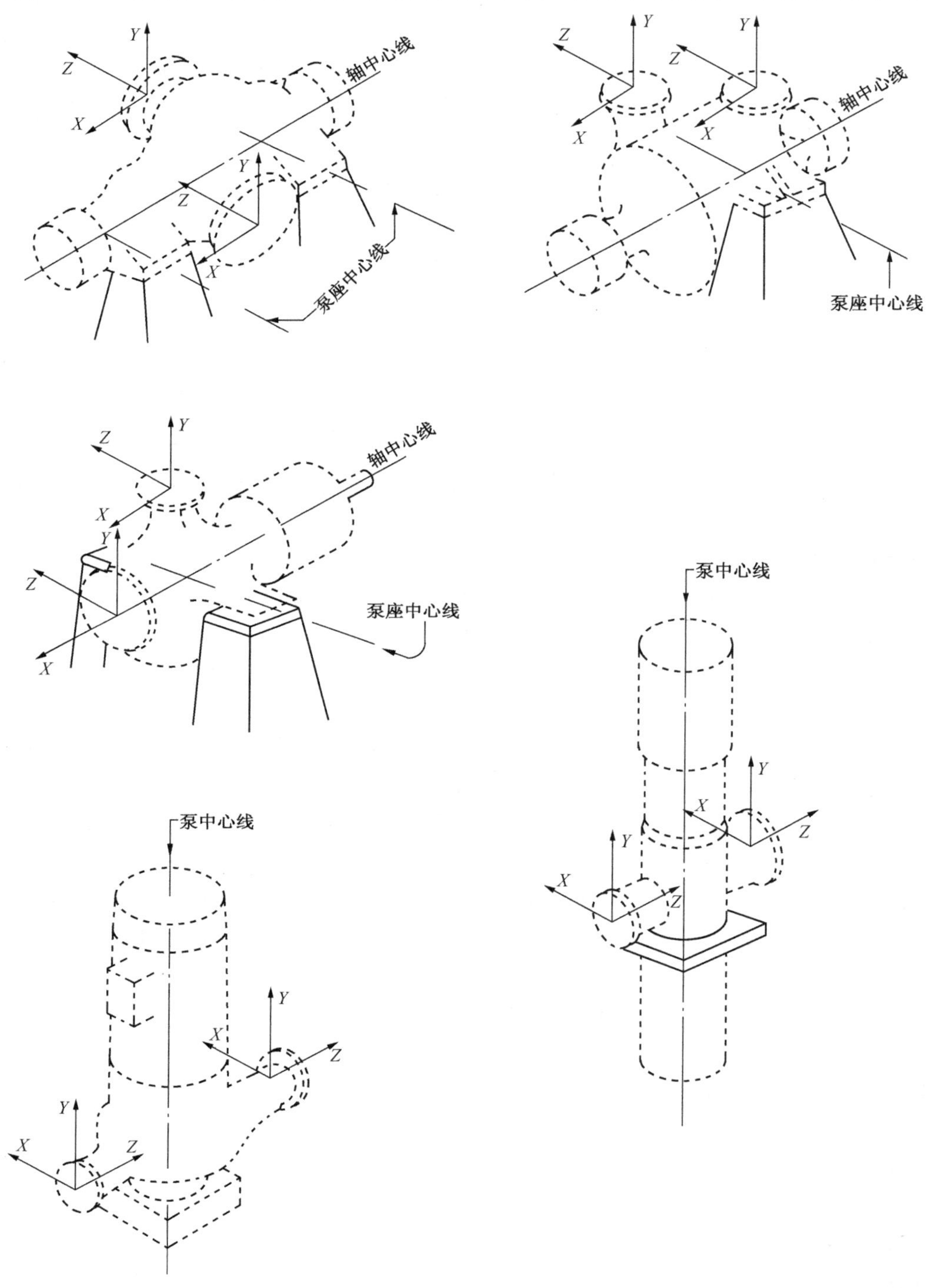

图 17-1-21

表 17－1－17所示数值的两倍，规定此荷载在每个管嘴上所产生的综合应力不大于 40MPa，为了计算的要求，管嘴的断面系数按 Sch40 考虑，式(17－1－19a)，式(17－1－19b)和式(17－1－19c)可用来计算管嘴上的综合应力，纵向应力和剪应力。

$$S(C/2)+(C^2/4+T^2)^{0.5}) \quad (17-1-19a)$$

$$C=(1.27FZ/(D_o^2-D_i^2))+(10186D_o(M_X^2+M_Y^2)^{0.5})/(D_o^4-D_i^4) \quad (17-1-19b)$$

$$T=(5093D_o*ABS(M_Z)/(D_o^4-D_i^4)+(1.27(F_X^2+F_Y^2)^{0.5})/D_o^2-D_i^2) \quad (17-1-19c)$$

注：F_X，F_Y，F_Z，M_X，M_Y 和 M_Z 是作用在进口和出口的荷载，在公式中省略了后缀 S_a 和 D_a，如果对管嘴为拉力荷载，F_Z 的符号为正；如果为压力荷载，F_Z 的符号为负，式(17－1－19c)中的 M_Z 用绝对值。

D——出口管嘴；

D_i——表号 40 的管子内径，mm；

D_o——表号 40 管子的外径，mm；

F——力，N；

F_R——合力，（FRS_a 和 FRD_a 用作用于法兰上的分力的平方之和的平方根求得，$FRSt2$ 和 FRD_{t2}为表 17－1－14 中查得的数值，N；

M——力矩，N·m；

M_R——合力矩，（$FRSa$ 和 $FRDa$ 用作用于法兰上的分力矩的平方之和的平方根求得，$MRSt2$ 和 $MRDt2$ 为表 17－1－14 中查得的数值，N·m；

S——吸入口管嘴综合应力，MPa；

x，y，z——管嘴法兰对泵中心的坐标，cm；

X，Y，Z——荷载的方向(见图 17－1－21)；

C——纵向应力，MPa；

T——剪应力，MPa；

$_\alpha$——作用荷载；

$_{t2}$——表 17－1－14 中的荷载。

(四) 对蒸汽轮机作用力的限制

蒸汽轮机管嘴受力不应超过制造厂提供的允许值。《机械驱动用汽轮机》NEMA SM23(美国电气制造商协会标准)中关于管嘴受力的规定是管嘴允许受力的最严格标准，制造厂可根据其实际经验数据，允许较大的受力。NEMA SM23 的规定如下：

(1) 任一管道作用于汽轮机管嘴的力和力矩应满足以下不等式的条件：

$$0.673F+0.737M\leqslant 197De \quad (17-1-20)$$

式中 F——作用于管嘴的合力，当接管上有波纹形补偿器(无铰链及拉焊)时，应包括内压产生的作用力，N；

$$F=(F_X^2+F_Y^2+F_Z^2)^{0.5} \quad (17-1-21)$$

M——作用于管嘴的合力矩，N·m；

$$M=(M_x^2+M_y^2+M_z^2)^{0.5} \quad (17-1-22)$$

De——管嘴的当量直径，cm。当公称直径(DN)不大于 20cm 时

取 $De=DN$，大于 20cm 时，取 $De=(40+DN)/3$ (17－1－23)

(2) 作用于进排汽管嘴的力的力矩，折算至排汽管嘴中心线，应符合下列条件

a. 合力和合力矩应符合以下条件：

$$0.45F_c + 0.737M_c \leq 98.4D_c \quad (17-1-24)$$

式中 F_c——作用于进排汽管嘴的力的总和，N；

M_c——作用于进排汽管嘴的力和力矩，折算至排汽管嘴中心线的力矩之和，N·m；

D_c——进排气管嘴的当量直径，cm。当进排汽管嘴的总面积折合成圆形的折算直径 D_{zs} 不大于22.5cm时取 $D_c = D_{zs}$；当 $D_c > 22.5$cm时，

$$D_c = (45 + D_{zs})/3 \quad (17-1-25)$$

b. 上述 F_c，M_c 在 X_1Y_1Z 三个方向的分力和分力矩应符合下列规定：

$$\left.\begin{array}{ll} 0.225F_x \leq 19.7D_c & 0.737M_x \leq 98.4D_c \\ 0.225F_y \leq 49.2D_c & 0.737M_y \leq 49.2D_c \\ 0.225F_z \leq 39.4D_c & 0.737M_z \leq 49.2D_c \end{array}\right\} \quad (17-1-26)$$

式中 F_x、F_y、F_z——F_c 在x、y、z三个方向的分力，N；

F_x、M_y、M_z——M_c 在x、y、z三个方向的分力矩，N·m。

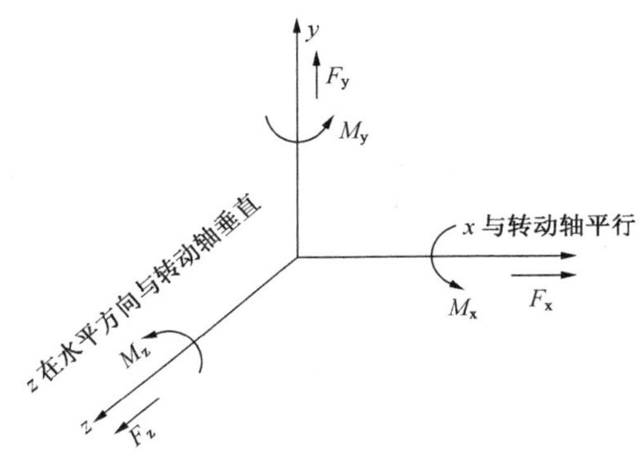

图17－1－22 力和力矩的坐标方向

力和力矩的坐标方向见图17－1－22。

坐标原点可取在汽轮机蒸汽出口中心。力和力矩的折算方法可参照上述对泵基准点的折算方法。

c. 对于有垂直排汽管嘴的汽轮机，并在排汽管上设有波形补偿器（无拉杆或铰链），允许增加由内压（正压或负压）而产生的附加力。

对于垂直排汽管嘴的汽轮机，先不计压力荷载，计算出排汽管嘴的垂直分力，并与排汽管嘴压力荷载的1/6相比较。取二者的较大值作为排汽管嘴的垂直分力，进行上述a、b两项计算。

排汽管嘴垂直分力的最大值（N），包括压力荷载为排汽管嘴面积（cm^2）的10.35倍。

（五）对离心式或轴流式压缩机作用力的限制

离心式轴流式压缩机的管嘴受力不应超过制造厂提供的允许值，在《石油、化工及气体工业用离心压缩机以及膨胀机—压缩机》API－617（美国石油学会标准）中关于管嘴受力的规定，这是管嘴受力的最严格标准。制造厂可根据实际经验数据，可允许较大的受力。API－617与NEMA SM23的原则相同，只是其允许受力为NEMA SM23的1.85倍。

汽轮机或压缩机的可应用计算程序“TUR&COM.BAS”计算。该程序可在CCDOS和BASICA语言的支持下计算。章末附录列出了源程序。程序中有汉字提示，问答式输入。计算中需要的比较数据也均输入程序内，使用方法见例题。

汽轮机管嘴综合受力计算例题

汽轮机或压缩机管嘴综合受力计算（按NEMA SM23或API－617规定）

计算汽轮机（TUR）或压缩机（COM）JI $ ＝TUR

汽轮机管嘴综合受力计算（按NEMA SM23规定）

计算管嘴数量N＝？ 2

输入出口数据

FX(N) = ?　873

FY(N) = ?　-31.8

FZ(N) = ?　50

MX(N·M) = ?　-511

MY(N·M) = ?　723

MZ(N·M) = ?　-54

D(CM) = ?　20

管嘴2输入数据

FX(N) = ?　-491

FY(N) = ?　-305

FZ(N) = ?　-423

MX(N·M) = ?　-225

MY(N·M) = ?　65

MZ(N·M) = ?　667

D(CM) = ?　10

在X向与出口的距离X(M) = ?　-0.8636

在Y向与出口的距离Y(M) = ?　0

在Z向与出口的距离Z(M) = ?　0.381

进出口受力均小于允许值

管嘴编号	合力(N)	合力矩(N·M)	综合值	允许值	百分数/%
1	875.0086	886.9983	1243.474	3940	31
2	716.2643	706.9216	1003.763	1970	50

设备管嘴综合受力合格

项目	计算值	允许值	百分比/%
FX(N)	382	1957.802	19
FY(N)	-336.8	4889.535	-7
FZ(N)	-373	3915.604	-10
F(N)	631.2584		
MX(N·M)	-619.795	2985.449	-21
MY(N·M)	235.6262	1492.735	15
MZ(N·M)	876.398	1492.735	58
M(N·M)	1098.971		
F*.225 + M*.3685	1094.008	2200.291	49

设备管嘴受力合格。

（六）对加热炉管嘴作用力的限制

管道对加热炉的作用力一般应由配管专业与加热炉专业协商确定。近年来在不少设计项目中把加热炉管作为管道的一部分，即利用加热炉炉管以吸收外部连接管道的热膨胀，取得了比较成功的经验。

在 API－560（美国石油学会标准）中规定：除买方另有规定外，加热炉管嘴应能承受表 17－1－15中的力和力矩。

表 17－1－15　加热炉管嘴允许的作用力（N）和力矩（N·m）

公称直径/mm	F_x	F_y	F_z	M_x	M_y	M_z
50	445	890	890	475	339	339
80	667	1334	1334	610	475	475
100	890	1779	1779	813	610	610
125	1001	2002	2002	895	678	678
150	1112	2224	2224	990	746	746
200	1334	2669	2669	1166	881	881
250	1557	2891	2891	1261	949	949
300	1779	3114	3114	1356	1017	1017

（七）对空冷器管嘴作用力的限制

按照 API－661（美国石油学会标准），空冷器每个管嘴应能承受表 17－1－16 的力和力矩。

表 17－1－16　空冷器管嘴允许的作用力（N）和力矩（N·m）

公称直径/mm	F_x	F_y	F_z	M_x	M_y	M_z
40	669	1126	669	109	150	109
50	1026	1338	1026	150	245	150
80	2006	1694	2006	408	612	408
100	3344	2675	3344	816	1224	816
150	4013	5038	5038	2148	3059	1631
200	5707	13377	8026	3059	6118	2243
250	6689	13377	10033	4078	6118	2559
300	8383	13377	13377	5098	6118	3059
350	10033	16722	16722	6118	7137	3575

作用力和力矩的坐标方向见图 17－1－23。

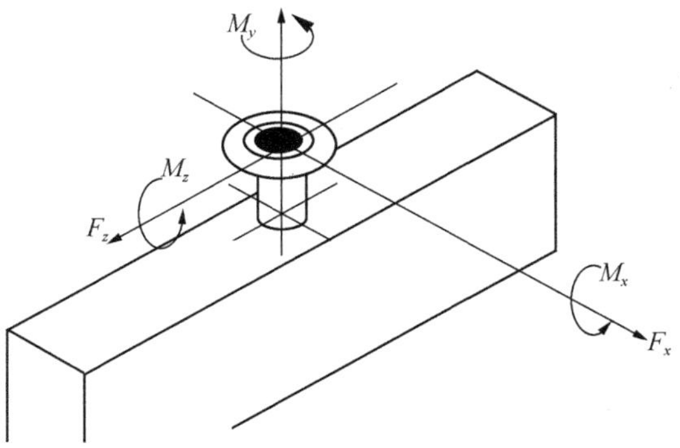

图 17－1－23　空冷器力和力矩坐标的方向

在一个固定集箱上可承受各个管嘴受力的总和为

F_x	F_y	F_z
5791N	13364N	11136N
M_x	M_y	M_z
4074N·m	5432N·m	2716N·m

活动集箱上的受力与制造厂协商确定。

（八）对塔、换热器的压力容器管嘴受力的限制

管道对压力容器的作用力和力矩，将使设

备管嘴处产生局部应力，其允许应力的计算一般用凯洛格（Keillogg）的近似公式。在Caesar Ⅱ管道计算程序中，则采用WRC－107的计算方法。

凯洛格按下列公式计算：

$$S = 0.83 \cdot (D/T)^{0.5} \cdot t/T \cdot (F_1 + 1.5F_2) \leqslant Sa \qquad (17-1-27)$$

式中 S——管嘴应力，MPa；

D——容器内径，cm；

T——容器有效壁厚(包括加强圈的厚度)，cm；

t——管嘴的壁厚，cm；

$F_1 = M/J$，管嘴的弯曲应力，MPa；

M——管嘴的弯曲力矩，N·m；

J——管嘴的断面系数，cm^3；

$F_2 = 0.1F/A$，管嘴的轴向应力，MPa；

F——管嘴的轴向力，N；

A——管壁的截面积，cm^2；

Sa——管材的许用应力范围，MPa。

五、管道支吊架在应力分析中的影响

支吊架与管道原是一个不可分割的整体，管道的应力分析与支吊架更是密切相关。为满足管系的应力分析，除管道自身设计合理外，还要合理的设置支吊架。例如分割管道体系的全固定支架，限制管道在某个方向位移的限位支架，允许管道垂直位移的弹簧支吊架等。现将各种支吊架在应力分析中的作用介绍如下：

1. 固定支架

固定支架可将管道分为若干段，每段可单独进行应力分析。由于管道与支架的连接结构不同，有的支架既可限制线位移，又可限制角位移。有的支架只能限制线位移，不能限制角位移。固定支架要求有较大的刚度，否则对管道起不到固定作用。

2. 限位支架

限位支架可限制管道在某个方向的位移。虽然滑动支架、固定支架也都可以说是限位支架，但习惯上限位支架是指除垂直方向外在其他方向受限制的支架。在新的应力分析程序中可以处理非线性问题。限位支架可以是有间隙的，也可以是无间隙的。有间隙的限位支架可在解决热补偿的同时，控制固定点管嘴受力在一定范围内。对于管嘴受力有严格限制的精密设备，例如汽轮机、压缩机等，其附近的限位支架也应有适当的精度。零件之间应选择适当的公差配合，不应有过大的间隙。

3. 活动支架

活动支架又可分为滑动支架和滚动支架。一般情况下可选用滑动支架。当管道重量很大，滑动摩擦力使支架和设备管嘴所受推力过大时，可用滚动支架。滑动与滚动摩擦的摩擦系数见表15－3－6。摩擦力随移动方向而改变，是非线性的。在某些计算程序中无此功能。较新的计算程序中有此功能，但计算慢，有时还不能收敛。在应力分析过程中是否需要考虑摩擦力，应视具体情况而定。当支架摩擦力对计算结果影响较大时，摩擦力是不能忽略不计的。如果计算程序中没有计算摩擦力的功能。则应人工加以补充计算。

滚动支架又可分为两种：用滚子架的滚动支架，与滚子轴线垂直的方向为滚动摩擦，沿滚子轴线方向为滑动摩擦；有滚珠盘的滚动支架在任意方向均为滚动摩擦。

4. 吊架

吊架不存在管道与支架的摩擦接触面，所以可不考虑摩擦力的影响。吊架多被用于设备管嘴有限制的管道上，吊杆长度不宜小于管道水平位移的10倍。吊杆两端应为铰接。

5. 弹簧支吊架

弹簧支吊架用于有垂直位移的管道上。又可分为可变弹簧和恒力弹簧两种，详见本手册第十五章。对应力分析有影响的是弹簧刚度和荷载变化率。较小的荷载变化率对管道的受力情况是有利的。对可变弹簧而言，荷载变化率一般取25%。弹簧可串联使用，也可并联使用。串联使用可降低弹簧刚度，并联使用可提高弹簧刚度。恒力弹簧可使管道有垂直位移时，管道的垂直荷载不变。在理论上其荷载变化率均为0，但实际荷载变化率约为6%左右。

6. 支架的刚度

支架均具有一定的刚度，在某些情况下，支架的刚度在管道应力分析中影响很大。例如用一个刚度很大的限位支架或固定支架来保护设备管嘴受力，使支架以远的管系传来的推力全部由支架承担，从而使设备管嘴受力不超过允许值。如果支架刚度不够，将导致支架以远管系的部分推力作用于设备管嘴上。在管道应力分析程序中，一般均假定刚性支架的刚度为一相当大的值。这样计算的结果在多数情况下是可以接受的。但对连接于机泵上的管道，因其对推力要求严格，应将计算支架的实际刚度输入程序中，使计算结果更趋近于实际。

六、应力分析的安全性判断

正确的管道应力分析是确保管道安全的重要部分，此外正确选用管材和配件以及它们的制造质量、施工及焊接质量等也是重要的。在应力分析中应考虑以下各点：

（1）由内压而产生的环向应力不得大于其最高设计参数下的许用应力。

（2）受外压的管道应核算管壁的稳定性，以及是否需要增设加强筋以提高其稳定性。

（3）经常性荷载，即内压，管道自重和经常作用于管道上的其他荷载（不包括热胀和端点位移），在管道上所产生的纵向应力不得大于其在最高设计参数下的许用应力。

（4）偶然性荷载，如风力、地震等荷载，与经常性荷载相组合，其纵向应力不得大于在最高设计参数下许用应力的1.33倍。风力和地震作用可不考虑同时发生。

（5）热胀和端点位移所产生的应力不大于在最高设计参数下的许用应力范围。当经常性荷载所产生的纵向应力小于许用应力时，其多余部分可加在许用应力范围内使用。

（6）管道对设备的作用力和力矩不得大于该设备允许的力和力矩。

（7）管道上法兰所承受的由管道自重和热胀等所产生的力和力矩。折合成当量压力后，校核法兰的承载能力，使之不致泄漏。

（8）安全阀管道应能承受安全阀排放时流体的冲击及其反作用力。

（9）与往复式机泵连接的管道，由于流体脉动而产生的反复应力不得大于50MPa，与经常性荷载产生的纵向应力组合后不得大于最高设计参数下的许用应力。

（10）管道的支吊架应满足管道应力分析结果所提出的要求，例如强度、刚度、固定或限位的功能和摩擦系数等。

（11）用计算机进行计算时，在计算程序中未考虑的因素，在设计过程中也应加以考虑。例如：摩擦力的影响，两相流的影响和支吊之间荷载的分配偏差等。

（12）管道上所选用的管件和阀门应满足最高设计参数的要求。

第二节　金属管和管件的强度计算

（一）一般规定

1. 管道受压元件的设计应符合本规范的规定。

2. 管道受压元件的壁厚选用应符合下列要求：

1）管道受压元件的最小壁厚应考虑腐蚀、浸蚀、磨损、负偏差及螺纹或开槽深度裕量：

2）按强度计算管道受压元件的壁厚时，应考虑由于支撑、结冰、回填土等附加荷载的影响，当由此增加的壁厚产生过大的局部应力和在结构上无法解决时，应通过增设支撑、拉杆等不增加壁厚的措施来保证其强度。

（二）金属直管

1. 受内压直管的壁厚计算应符合下列规定：

1）当直管的计算壁厚 t 小于管子外径 D_0 的 1/6 时，直管的计算壁厚应按式(17－2－1)计算，管子的名义壁厚应按式(17－2－2)计算：

$$t=\frac{pD_0}{2[\sigma]^t\phi W+2PY} \tag{17-2-1}$$

$$\overline{T}=t+C_1+C_2+C_3+C_4$$

式中　t——直管的计算壁厚，mm；

p——设计压力，MPa；

D_0——管子外径，mm；

$[\sigma]^t$——设计温度下管子材料的许用应力，MPa；

ϕ——焊缝系数，对无缝钢管取1；

W——焊缝接头强度降低系数；

Y——温度对计算直管壁厚公式的修正系数；

$\overline{T}$——名义厚度，标准规定的厚度，mm；

C_1——材料厚度负偏差，按材料标准规定，mm；

C_2——腐蚀、冲蚀裕量，mm；

C_3——机械加工深度。对带螺纹的管道组成件，取公称螺纹深度；对未规定公差的机械加工表面或槽，取规定切削深度加0.5mm，mm；

C_4——厚度圆整值，mm。

2）焊接钢管的焊缝系数应按表17－2－1的规定取值；

表17－2－1　焊接钢管的焊缝系数

序号	焊接方法	接头型式	焊缝形式	检验要求	焊缝系数 ϕ
1	锻焊（炉焊）	对焊	直焊缝	按标准要求	0.6
2	电阻焊	对焊	直焊缝或螺旋焊缝	按标准要求	0.85
3	电弧焊	单面对焊	直焊缝或螺旋焊缝	无X射线探伤	0.8
				10%X射线探伤	0.9
				100%X射线探伤	1.0
		双面对焊	直焊缝或螺旋焊缝	无X射线探伤	0.85
				10%X射线探伤	0.90
				100%X射线探伤	1.0

3）焊缝接头强度降低系数，应按表 17－2－2 的规定取值。当温度高于 816℃时，由设计者确定；

表 17－2－2　焊缝接头强度降低系数

材料	设计温度/℃														
	427	454	482	510	538	566	593	621	649	677	704	732	760	788	816
铬钼合金钢	1	0.95	0.91	0.86	0.82	0.77	0.73	0.68	0.64	—	—	—	—	—	—
不带填充金属的奥氏体钢[a]	—	—	—	1	1	1	1	1	1	1	1	1	1	1	1
带填充金属的奥氏体钢	—	—	—	1	0.95	0.91	0.86	0.82	0.77	0.73	0.68	0.64	0.59	0.55	0.5

[a] 成品进行固溶化热处理且焊缝进行 100% 射线检验。

4）温度对计算直管壁厚公式的修正系数应按表 17－2－3 的规定取值：

表 17－2－3　温度对计算直管壁厚公式的修正系数

材料	温度/℃					
	≤482	510	538	566	593	≥621
铁素体钢	0.4	0.5	0.7	0.7	0.7	0.7
奥氏体钢	0.4	0.4	0.4	0.4	0.5	0.7

5）当直管的计算壁厚 t 等于或大于管子外径 D_0 的 1/6 时，或设计压力 p 与在设计温度下材料的许用应力 $[\sigma]_t$ 和焊缝系数 ϕ 乘积之比 $\{p/([\sigma]_t\phi)\}$ 大于 0.385 时，直管的计算壁厚应根据断裂理论、疲劳、热应力及材料特性等因素综合考虑确定。

2. 受外压直管的壁厚和加强圈计算可采用《压力容器 第 3 部分：设计》GB 150.3—2011 第 4 章外压圆筒和外压球壳的有关规定。

（三）弯管、弯头及斜接弯头

1. 受内压的弯管及弯头的壁厚计算应符合下列规定：

①弯管及弯头的计算壁厚 t_w，应按式(17－2－3)计算；当弯管或弯头计算内侧壁厚时，计算系数 I 按式(17－2－4)计算；当弯管或弯头计算外侧壁厚时，计算系数 I 按式(17－2－5)计算；当弯管或弯头计算中心线处壁厚时，计算系数 I 取 1.0；

$$t_w = \frac{pD_0}{2[\sigma]^t \phi W/I + 2PY} \quad (17-2-3)$$

$$I = \frac{4(R/D_0) - 1}{4(R/D_0) - 2} \quad (17-2-4)$$

$$I = \frac{4(R/D_0) + 1}{4(R/D_0) + 2} \quad (17-2-5)$$

式中　t_w——弯管或弯头在内侧、外侧或弯管中心线处的计算壁厚，mm；

I——计算系数；

R——弯管或弯头曲率半径，mm；

D_0——管子外径，mm；

②弯管弯曲后的最小厚度不应小于相连直管扣除壁厚负偏差后的壁厚值；

③当弯管或弯头的壁厚无法计算时，也可采用验证性试验决定最大许用工作压力；

④采用爆破法验证最大许用工作压力时，爆破压力可按式(17－2－6)和式(17－2－7)计算：

$$p_2=p_1\sigma_b^a/\sigma_b^n \quad (17-2-6)$$

$$p_1=2\sigma_b\overline{T}/D_0 \quad (17-2-7)$$

式中 p_2——管件的爆破试验压力，MPa；

p_1——管件的计算爆破压力，MPa；

σ_b——直管材料的规定抗拉强度，MPa；

$\overline{T}$——直管名义壁厚，mm；

σ_b^a——试验管件材料的实际抗拉强度，MPa；

σ_b^n——试验管件材料的规定抗拉强度，MPa。

2. 斜接弯头的外形见图17－2－1，斜接角度α大于3°且小于或等于45°(3°＜α≤45°)斜接弯头的最大许用内压力应符合下列规定：

1)斜接角度α小于或等于3°时按直管计算；

2)角度θ不大于22.5°的多接缝斜接弯头，最大许用内压力应按式(17－2－8)和式(17－2－9)计算，并取两者计算结果的较小值，其中弯头曲率半径R应按式(17－2－10)计算；

$$p_m=\frac{[\sigma]^t\phi WT_e}{r_c}\left[\frac{T_e}{T_e+0.643\tan\theta\sqrt{r_cT_e}}\right] \quad (17-2-8)$$

$$p_m=\frac{[\sigma]^t\phi WT_e}{r_c}\left[\frac{R-r_c}{R-0.5r_c}\right] \quad (17-2-9)$$

$$R\geqslant\frac{A}{\tan\theta}+\frac{D_0}{2} \quad (17-2-10)$$

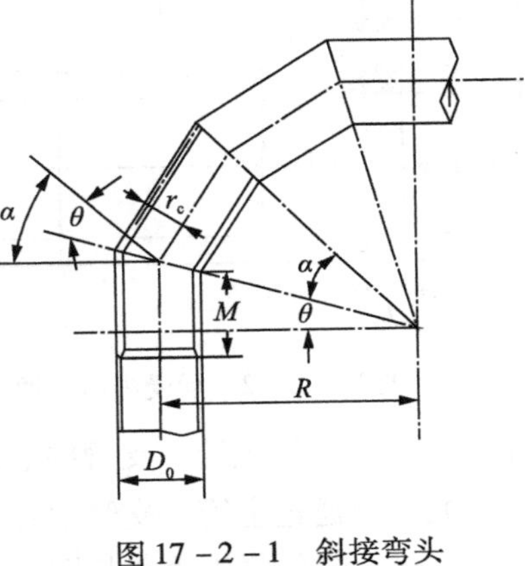

图17－2－1 斜接弯头

式中 p_m——斜接弯头最大许用内压力，MPa；

T_e——有效厚度，为名义厚度减去腐蚀、冲蚀裕量和材料厚度负偏差，以及机械加工深度以后的厚度，mm；

R——弯头曲率半径，mm；

r_c——管子平均半径，mm；

A——经验值，按表17－2－4的规定查取。

表17－2－4 经验值A

斜接弯头的有效厚度T_e/mm	经验值A
≤13	25
$13<T_e<22$	$2T_e$
≥22	$[2T_e/3]+30$

3)单弯斜接弯头的最大许用内压力的计算应符合下列要求：

(1)角度θ小于或等于22.5°的单弯斜接弯头的最大许用内压力应按式(17－2－8)计算；

(2)角度θ大于22.5°的单弯斜接弯头的最大许用内压力应按式(17－2－11)计算；

$$p_m = \frac{[\sigma]^t \phi W T_e}{r_c}\left[\frac{T_e}{T_e + 1.25\tan\theta\ \sqrt{r_c T_e}}\right] \quad (17-2-11)$$

4)图 17－2－1 中斜接弯头切线段长度 M 取下列两式计算结果的较大值；斜接弯头的斜接角 α 取 θ 的 2 倍。

$$M = 2.5\sqrt{r_c \cdot T_w} \quad (17-2-12)$$

$$M = \tan\theta(R - r_c) \quad (17-2-13)$$

式中 M——斜接弯头切线段长度，mm；

T_w——最小厚度，实测厚度或为名义厚度减去材料厚度负偏差以后的厚度，mm。

3. 承受外压的弯头和斜接弯头，壁厚的计算可按本规范第 8.2.2 条的规定。

（四）三通

1. 挤压三通的壁厚计算应采用压力面积法，计算时，应控制三通承载截面上的一次应力不超过材料在工作温度下的许用应力，许用应力应按式（17－2－14）计算。承受内压的三通外形见图 17－2－2，承载区的尺寸应按式（17－2－15）和式（17－2－16）计算。

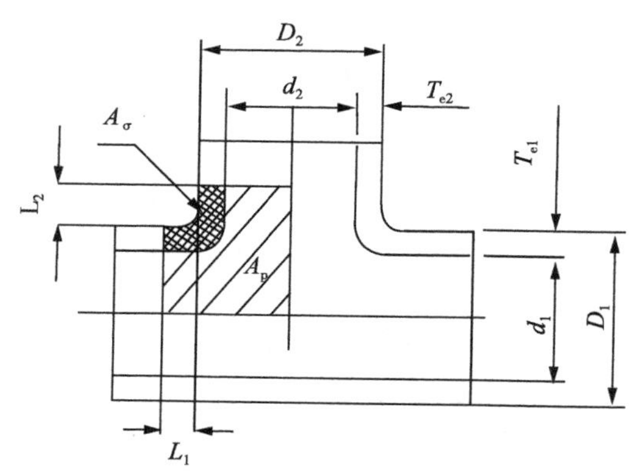

图 17－2－2 承受内压三通

$$[\sigma]^t \geqslant p\left(\frac{A_p}{A_\sigma} + \frac{1}{2}\right) \quad (17-2-14)$$

$$L_1 = \sqrt{(d_1 + T_{e1})T_{e1}} \quad (17-2-15)$$

$$L_2 = \sqrt{(d_2 + T_{e2})T_{e2}} \quad (17-2-16)$$

式中 A_p——通过主管、支管中心线的纵向截面在最大承载范围内的承压面积，mm^2；

A_σ——通过主管、支管中心线的纵向截面在最大承载范围内的钢材承载面积，mm^2；

L_1——主管最大承载长度，mm；

L_2——支管最大承载长度，mm；

d_1——主管内径，mm；

d_2——支管内径，mm；

T_{e1}——主管有效厚度，mm；

T_{e2}——支管有效厚度，mm。

2. 挤压三通主管最小壁厚 T_t 应按式（17－2－17）和式（17－2－18）计算。

$$T_t = \frac{pd_1 + 2[\sigma]^t \phi W C_2 + 2PYC_2}{2[\sigma]^t \phi W - 2P(1-Y)} \quad (17-2-17)$$

$$\phi = \frac{d_1 A_\sigma}{2T_{e1}A_p} \leqslant 1 \quad (17-2-18)$$

式中 T_t——最小厚度，实测厚度或为名义厚度减去材料厚度负偏差以后的厚度，mm。

ϕ——三通强度减弱系数。

3. 三通的最大许用工作压力，也可采用验证性试验确定。

（五）盲板与平盖

1. 夹在法兰间的盲板外形见图 17－2－3，盲板的计算厚度应按式（17－2－19）计算，盲板的设计厚度应按式（17－2－20）计算。

$$t_m = D_g \sqrt{\frac{3p}{16[\sigma]^t WE_j}} \tag{17-2-19}$$

$$T_{pd} = t_m + C \tag{17-2-20}$$

式中 t_m——盲板的计算厚度，mm；

D_g——对于突面、凹凸面或平面法兰，为垫片内径；对于环连接面和榫槽面法兰，为垫片的平均直径，mm；

p——设计压力，MPa；

$[\sigma]^t$——在设计温度下材料的许用应力，MPa；

W——焊缝接头强度降低系数：

E_j——焊接接头系数，对整体成型盲板，E_j 取 1.0；

T_{pd}——盲板的设计厚度，mm；

C——厚度附加量，为腐蚀、冲蚀裕量(C_2)和机械加工深度(C_3)的总和，mm。

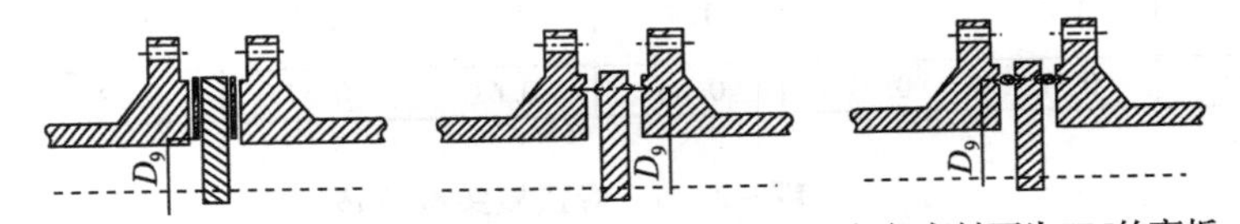

（a）密封面为FF或RF的盲板（b）密封面为MRJ的盲板 （c）密封面为FRJ的盲板

图 17－2－3 法兰间的盲板

2. 平盖的厚度计算应符合现行国家标准《压力容器 第3部分：设计》GB 150.3—2011 第5章中"5.9 平盖"的有关规定。

(六)凸形封头

凸形封头包括椭圆形封头、碟形封头、球冠形封头[见图 17－2－4(a)、(b)、(c)]和半球形封头。球冠形封头壁厚计算应符合现行国家标准《压力容器 第3部分：设计》GB 150.3—2011 的有关规定。

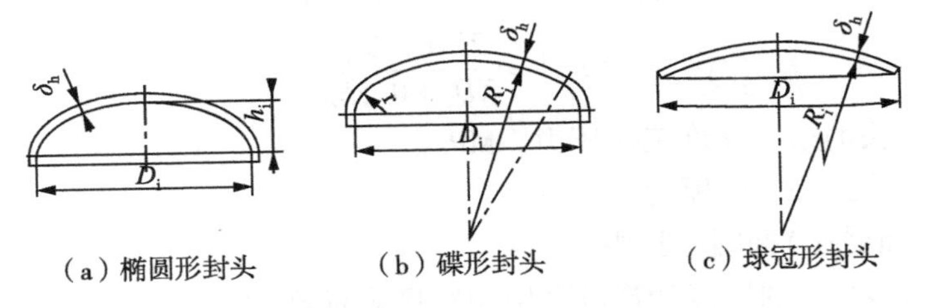

（a）椭圆形封头 （b）碟形封头 （c）球冠形封头

图 17－2－4 凸形封头

1. 椭圆形封头

1)椭圆形封头一般采用长短轴比值为 2 的标准型。

2)受内压(凹面受压)椭圆形封头

封头计算厚度按式(17－2－2)或式(17－2－22)计算：

$$\delta_h = \frac{Kp_c D_i}{2[\sigma]^t \phi - 0.5p_c} \tag{17-2-21}$$

$$\delta_h = \frac{Kp_c D_o}{2[\sigma]^t \phi + (2K - 0.5)p_c} \tag{17-2-22}$$

式中 δ_h——凸形封头计算厚度，mm；

K——椭圆形封头形状系数 $K=\frac{1}{6}\left[2+\left(\frac{D_i}{2h_i}\right)^2\right]$，其值见表 17-2-5；

D_i——封头内径或与其连接的圆筒内直径，mm；

D_o——封头外径或与其连接的圆筒外直径，mm；

h_i——凸形封头内曲面深度，mm；

p_c——计算压力，MPa；

$[\sigma]^t$——设计温度下封头材料的许用应力，MPa；

ϕ——焊接接头系数；按表 17-2-6 取值。

表 17-2-5　椭圆形封头形状系数 K 值

$\frac{D_i}{2h_i}$	2.6	2.5	2.4	2.3	2.2	2.1	2.0	1.9	1.8
K	1.46	1.37	1.29	1.21	1.14	1.07	1.00	0.93	0.87
$\frac{D_i}{2h_i}$	1.7	1.6	1.5	1.4	1.3	1.2	1.1	1.0	
K	0.81	0.76	0.71	0.66	0.61	0.57	0.53	0.50	

表 17-2-6　焊接接头系数 ϕ

序号	焊接接头型式	检验要求	焊接接头系数 ϕ
1	双面焊对接接头和相当于双面焊的全焊透对接接头	全部无损检测	1.0
		局部无损检测	0.85
2	单面焊对接接头（沿焊缝根部全长有紧贴基本金属的垫板）	全部无损检测	0.9
		局部无损检测	0.8

$D_i/2h_i \leqslant 2$ 的椭圆形封头的有效厚度应不小于封头内直径的 0.15%，$D_i/2h_i>2$ 的椭圆形封头的有效厚度应不小于封头内直径的 0.30%。但当确定封头厚度时已考虑了内压下的弹性失稳问题，可不受此限制。

椭圆形封头的最大允许工作压力按式(17-2-23)计算：

$$[p_w]=\frac{2[\sigma]_t\phi\delta_{eh}}{KD_i+0.5\delta_{eh}} \tag{17-2-23}$$

式中　$[p_w]$——封头的最大允许工作压力，MPa；

δ_{eh}——凸形封头有效厚度，mm；

3）受外压（凸面受压）椭圆形封头

凸面受压椭圆形封头的厚度计算可采用现行国家标准《压力容器 第 3 部分：设计》（GB 150.3—2011）第 4 章外压球壳设计方法，其中 R_o 为椭圆形封头的当量球壳外半径，$R_o=K_1D_o$。

K_1——由椭圆形长短轴比值决定的系数，见表 17-2-7。

表 17-2-7　系数 K_1 值

$\frac{D_o}{2h_o}$	2.6	2.4	2.2	2.0	1.8	1.6	1.4	1.2	1.0
K_1	1.18	1.08	0.99	0.90	0.81	0.73	0.65	0.57	0.50

注：①中间值用内插法求得。

②$K_1=0.9$ 为标准椭圆形封头。

③$h_0=h_i+\delta_{nh}$。

2. 碟形封头

1）碟形封头球面部分的内半径应不大于封头的内直径，通常取0.9倍的封头内直径。封头转角内半径应不小于封头内直径的10%。且不得小于3倍的名义厚度δ_{nh}。

2）受内压（凹面受压），碟形封头厚度计算可采用现行国家标准《压力容器 第3部分：设计》（GB 150.3—2011）第5章"5.4碟形封头"的计算方法。

（七）锥形封头和非标准异径管

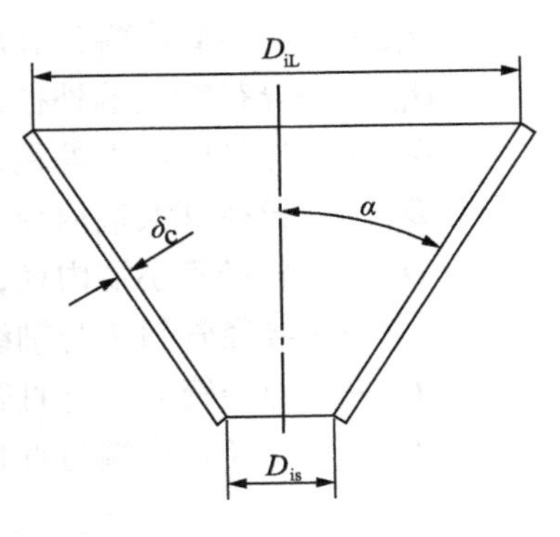

图17－2－5 锥形封头

1. 锥形封头（见图17－2－5）与异径管的形状相同，前者半锥角大，与管道连接处应局部补强，后者半锥角小。两者壁厚的计算采用相同的公式。详见第2～4的非标准异径管的壁厚计算。

2. 无折边的非标准异径管外形见图17－2－6，无折边非标准异径管的设计应符合下列规定：

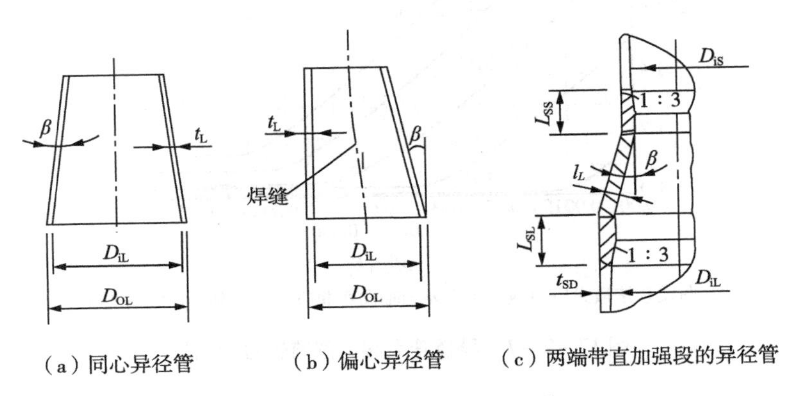

图17－2－6 无折边的异径管

1）无折边的非标准异径管可采用钢板卷焊，对偏心异径管的焊缝宜位于图17－2－6中（b）所示位置；

2）无折边异径管的设计压力不宜超过2.5MPa；

3）同心异径管，斜边与轴线的夹角β不宜大于15°。偏心异径管斜边与端部轴线的夹角β不宜大于30°。

3. 受内压无折边异径管的厚度计算应符合下列要求：

1）应按设定的斜边与轴线的夹角β，以下列3个公式计算异径管各部的厚度，并选取三者中的厚度最大值；

$$t_{LC}=\frac{pD_{OL}}{2([\sigma]^t\phi W+PY)\cos\beta} \tag{17-2-24}$$

$$t_{LL}=\frac{Q_L PD_{iL}}{2[\sigma]^t\phi W-p} \quad 或 \quad t_{LL}=\frac{Q_L PD_{OL}}{2[\sigma]^t\phi W-(2Q_L-1)p} \tag{17-2-25}$$

$$t_{LS}=\frac{Q_S PD_{iS}}{2[\sigma]^t\phi W-p} \quad 或 \quad t_{LS}=\frac{Q_S PD_{OS}}{2[\sigma]^t\phi W-(2Q_S-1)p} \tag{17-2-26}$$

式中 t_{LC}——异径管锥部计算厚度，mm；

t_{LL}——异径管大端计算厚度，mm；

t_{LS}——异径管小端计算厚度，mm；

D_{OL}——异径管大端外径，mm；

D_{OS}——异径管小端外径，mm；

D_{iL}——异径管大端内径，mm；

D_{iS}——异径管小端内径，mm；

β——异径管斜边与轴线的夹角，(°)；

Q_L——异径管大端与直管连接的应力增值系数，按图 17－2－7 选取；

Q_S——异径管小端与直管连接的应力增值系数，按图 17－2－8 选取；

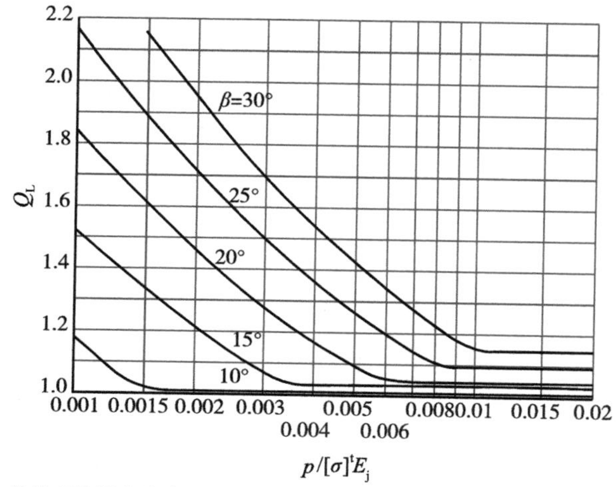

注：曲线系按最大应力强度（主要为轴向弯曲应力）绘制，控制值为$3[\sigma]^t$

图 17－2－7　异径管大端与圆筒连接 Q_L 值

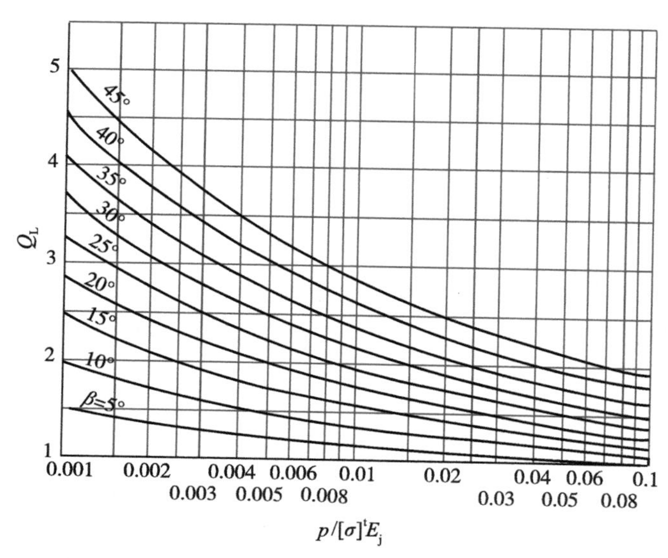

注：曲线系按连接处每侧 $0.25\sqrt{0.5D_{iS}{}^tLS}$ 范围内的薄膜应力强度（由平均环向应力和平均径向压应力计算所得）绘制，控制值为$1.1[\sigma]^t$

图 17－2－8　异径管小端与圆筒连接处 QS 值

2)异径管厚度的选取应符合下列规定：

(1)当计算的厚度最大值小于或等于大端连接的直管有效厚度时，异径管的名义厚度可
SH/T 3059—2011

取与直管相同的名义厚度；

(2)当计算的厚度最大值大于大端连接的直管有效厚度时，允许减小斜边与轴线夹角时，可重新计算；当不能减小斜边与轴线夹角时，可采用3. 中1)款计算的厚度最大值，并采用图17－2－6中c)的结构，该异径管应在两端增加直管的加强段；

(3)异径管名义厚度应包括计算厚度、厚度附加量及厚度圆整值；

3)直管加强段的长度应按式(17－2－27)和式(17－2－28)计算。

$$L_{SL}=2\sqrt{0.5D_{iL}t_{LL}} \tag{17-2-27}$$

$$L_{SS}=\sqrt{D_{iS}t_{LS}} \tag{17-2-28}$$

式中 L_{SL}——与异径管大端连接的直管加强段的长度，mm；

L_{SS}——与异径管小端连接的直管加强段的长度，mm。

4. 承受外压的异径管厚度及加强要求，可采用现行国家标准《压力容器 第3部分：设计》(GB 150.3—2011)的第5章“5.5.6受外压锥壳”的有关规定。

(八) 弯管、三通的柔性系数和应力增强系数

在管道中，弯管(或弯头)及焊接三通在弯矩作用下，与直管相比刚度将降低，即柔性增大，同时应力也将有所增加。此外，因为结构不连续，还要出现应力集中，因此在管道应力计算中引入了柔性系数和应力增强系数来考虑这一问题。

柔性系数表示弯管相对于直管，在承受弯矩时柔性增大的程度，其数值等于在相同变形条件下，按一般弯曲理论求出的弯矩与考虑了弯管截面扁平效应时求出的弯矩之比。

弯管的应力加强系数是指弯管在弯矩作用下的最大弯曲应力和直管受同样弯矩产生的最大弯曲应力之比。

在工程上一般采用由试验研究得出的经验公式来计算柔性系数和应力增强系数。

各种管件的柔性系数和应力增强系数可按表17－2－8所列公式计算。

表17－2－8 柔性系数 *K* 和应力增强系数 *i*

说明	柔性系数 K	应力增强系数(1、8)		柔性特性 h	简图
		平面外 i_0	平面内 i_1		
焊接弯头(1)(3)(6)(9)或弯管	$\frac{1.65}{h}$	$\frac{0.75}{h^{2/3}}$	$\frac{0.9}{2/3}$	$\frac{tR_1}{(r_2)^2}$	R_1= 弯曲半径
小间距斜接弯管(1)～(3) $s<r_2(1+\tan\theta)$	$\frac{1.52}{h^{5/6}}$	$\frac{0.9}{h^{2/3}}$	$\frac{0.9}{h^{2/3}}$	$\frac{\mathrm{ctan}\theta}{2}\frac{ts}{(r_2)^2}$	$R_1=\frac{s\mathrm{ctan}\theta}{2}$
单节斜接弯管(1)(2)或大间距斜接弯管 $s\geqslant r_2(1+\tan\theta)$	$\frac{1.52}{h^{5/6}}$	$\frac{0.9}{h^{2/3}}$	$\frac{0.9}{h^{2/3}}$	$\frac{1+\mathrm{ctan}\theta}{2}\frac{t}{r_2}$	$R_1=\frac{r_2(1+\mathrm{ctan}\theta)}{2}$

续表

说明	柔性系数 K	应力增强系数(1、8)		柔性特性 h	简图
		平面外 i_0	平面内 i_1		
焊接三通[(1)(2)(6)]按 ANSI B16.9，其中 $r_x>1/8D_b$ $t_c\geqslant1.5\bar{t}$	1	$\dfrac{0.9}{h^{2/3}}$	$\dfrac{3}{4}i_0+\dfrac{1}{4}$	$4.4\dfrac{\bar{t}}{r_2}$	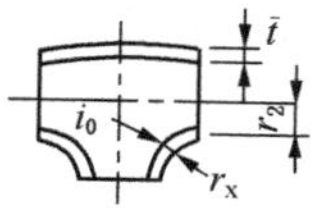 $\bar{t}$ i_0 r_2 r_x
带垫板或鞍板的加强预制三通(1)(2)(5)	1	$\dfrac{0.9}{h^{2/3}}$	$\dfrac{3}{4}i_0+\dfrac{1}{4}$	$\dfrac{(\bar{t}+1/2t_r)^{5/2}}{\bar{t}^{3/2}r_2}$	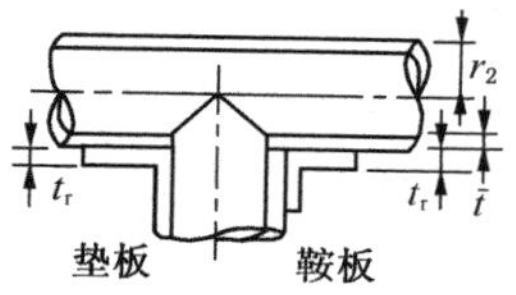 r_2 t_r t_r $\bar{t}$ 垫板 鞍板
未加强的焊接支管三通(1)(2)	1	$\dfrac{0.9}{h^{2/3}}$	$\dfrac{3}{4}i_0+\dfrac{1}{4}$	$\dfrac{\bar{t}}{r_2}$	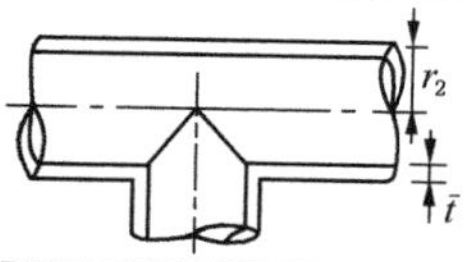 r_2 $\bar{t}$
挤压成形的焊接三通(1)(2) $r_x\geqslant0.05D_b$ $t_c<1.5\bar{t}$	1	$\dfrac{0.9}{h^{2/3}}$	$\dfrac{3}{4}i_0+\dfrac{1}{4}$	$\left(1+\dfrac{r_x}{r_2}\right)\dfrac{\bar{t}}{r_2}$	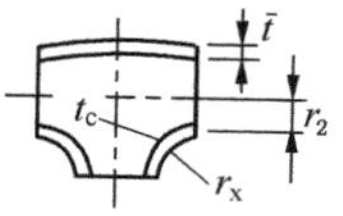 $\bar{t}$ t_c r_2 r_x
嵌入焊接管座(1)(2) $r_x\geqslant1/8D_b$ $t_c\geqslant1.5\bar{t}$	1	$\dfrac{0.9}{h^{2/3}}$	$\dfrac{3}{4}i_0+\dfrac{1}{4}$	$4.4\dfrac{\bar{t}}{r_2}$	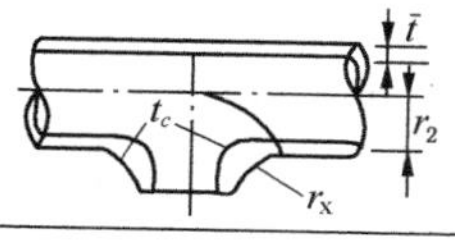 $\bar{t}$ t_c r_2 r_x
焊接分支管座(1)(2)(7)(整体加强)	1	$\dfrac{0.9}{h^{2/3}}$	$\dfrac{0.9}{h^{2/3}}$	$3.3\dfrac{\bar{t}}{r_2}$	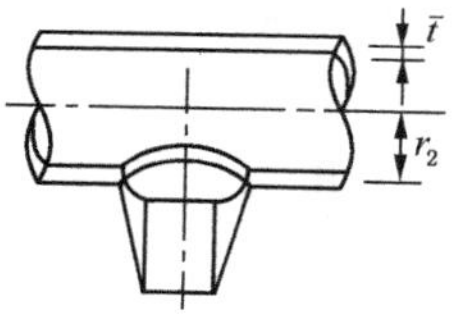 $\bar{t}$ r_2

说明	柔性系数 K	应力增强系数 i
对接焊接头、异径管或焊颈法兰	1	1.0
双面焊接平焊法兰	1	1.2
角焊接头或承插焊法兰	1	1.3
翻边接头法兰(带 ASME B16.9 翻边管接头)	1	1.6
螺纹管接头或螺纹法兰	1	2.3
波纹直管或波纹弯管或折皱的弯管[4]	5	2.5

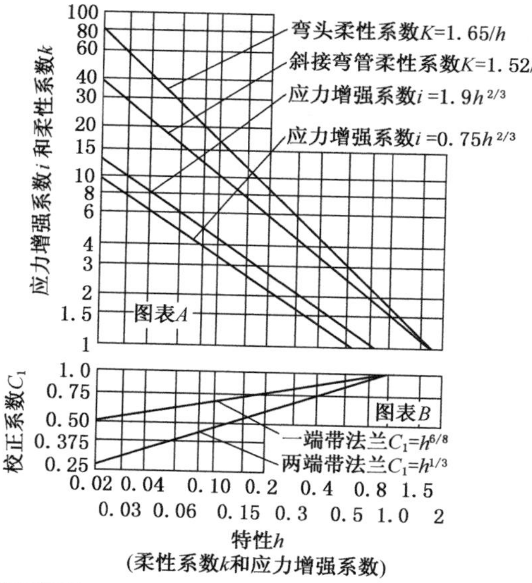

弯头柔性系数$K=1.65/h$
斜接弯管柔性系数$K=1.52/h^{5/6}$
应力增强系数$i=1.9h^{2/3}$
应力增强系数$i=0.75h^{2/3}$
应力增强系数i和柔性系数k
100 80 60 40 30 20 15 10 8 6 4 3 2 1.5 1
图表A
校正系数C_1
1.0 0.75 0.50 0.375 0.25
图表B
一端带法兰$C_1=h^{6/8}$
两端带法兰$C_1=h^{1/3}$
0.02 0.04 0.10 0.2 0.4 0.8 1.5
0.03 0.06 0.15 0.3 0.5 1.0 2
特性h
(柔性系数k和应力增强系数)

注：1. 表中柔性系数K适用于任何平面的弯曲，柔性系数(K)和应力增强系数(i)均不得小于1、扭力系数等于1，这两个系数应用于曲线和斜接弯头的有效弧长(在简图中用粗的中心线表示者)上和三通的交点上。

2. K 和 i 的值可利用从上述公式中计算出的特性 h 值，从图表 A 上直接读出。式中符号意义如下：

$\bar{t}$——对弯头和斜接弯头，系指管件公称壁厚，对三通，系指相接管子的公称壁厚；

t_c——三通的叉口厚度；

t_r——垫板或鞍板厚度；

θ——斜接弯头相邻轴线之间夹角的一半；

r_2——接管的平均半径；

R——焊接弯头或弯管的弯曲半径；

r_x——在主管和支管轴线主要平面范围内三通外轮廓的曲率半径；

S——斜接弯头在中心线上的间距；

D_b——支管外径。

3. 当法兰装在一端或两端时，表中的 K 和 i 值按系数 C_1 来校正。系数 C_1 的值，可利用计算所得的 h 值直接从图表 B 上读取。

4. 所示系数适用于弯曲，扭曲的柔性系数等于0.9。

5. 当 $t_r < 1.5\,\bar{t}$时，采用 $h = 4\bar{t}/r_2$

6. 应注意，铸造对焊管件的壁厚可能比与其一起使用的管子的管壁厚得多，如不考虑这些影响，就可能造成较大的误差。

7. 设计人员应确保这种配件的压力参数值与直管相同。

8. 如果需要时，i_i 和 i_0 都可采用等于 $0.9/h^{2/3}$ 的一种增强系数。

9. 对于直径大、管壁薄的弯头和弯管，压力会明显的影响其 K 和 i 的数值，因此，必需将表中的值校正如下：

K 除以 $\left[1+6\left(\frac{P}{Ec}\right)\left(\frac{r_2}{\bar{t}}\right)^{7/3}\left(\frac{R}{r_2}\right)^{1/3}\right]$；

i 除以 $\left[1+3.25\left(\frac{P}{Ec}\right)\left(\frac{r_2}{\bar{t}}\right)^{5/2}\left(\frac{R}{r_2}\right)^{2/3}\right]$。

(九)支管连接与开孔补强

1. 支管连接与补强要求

1)支管连接的补强计算可采用等面积补强法，等面积补强法是开孔补强计算的最低要求，适用于以下支管连接结构：

(1)图 17－2－7、图 17－2－8 所示的焊接支管；

(2)非标准的支管连接管件。

2)等面积补强法计算时应符合下列规定：

(1)当主管外径与主管最小壁厚之比小于100 时，支管外径与主管外径之比不应大于 1.0；当主管外径与主管最小壁厚之比等于或大于100 时，支管外径与主管外径之比应小于0.5；

(2)支管轴线和主管轴线相交，其夹角 β 不应小于 45°。

3)外加补强材料应符合以下规定：

(1)外加补强材料可不同于主管材料，但应和主管、支管材料具有相似的焊接性能、热处理要求、电位差和热膨胀系数等；

(2)当外加补强材料的许用应力低于主管材料的许用应力时，用于补强的截面积 A_4 应乘以二者许用应力的比值后再进行校核；当补强材料的许用应力高于主管材料的许用应力时，材料强度的影响可不予考虑。

4)符合下列情况之一者，不需要进行补强计算，也不需要采取其他补强措施：

(1)直接焊于主管上的螺纹及承插焊半管箍，应符合下列各项要求：

a)支管的公称直径不应大于 $DN50$；

b)支管的外径 D_b 与主管的外径 D_h 之比小于或等于 1/4；

c)螺纹及承插焊半管箍应符合国家现行标准《石油化工锻钢制承插焊和螺纹管件》SH/T 3410 或与其相当标准的规定；

(2)直接焊于主管上的支管座，支管座应符合现行国家标准《钢制承插焊、螺纹和对焊支管座》GB/T 19326 的规定；

(3)经验证性压力试验的三通或四通应符合国家现行标准《石油化工钢制对焊管件》SH/T 3408 或与其相当标准的规定；

(4)采用对比经验分析、应力分析或试验应力分析方法确定符合要求的支管连接。

5)对于 GC1 级压力管道和剧烈循环工况，不宜采用补强板进行补强。

6)下列管件或连接结构不得用于剧烈循环工况：

(1)非轧制或非锻造成型的三通；

(2)图 17 –2 –8(b)和图 17 –2 –9(b)所示的支管连接结构；

(3)管表号为 Sch10S 及以下的管件。

7)多个支管连接的补强计算应符合下列规定：

(1)如果任意两相邻支管的中心距等于或大于该支管平均直径的 2 倍，则每个支管应分别符合规定的补强计算要求；

(2)如果任意两相邻支管的中心距小于该支管平均直径的 2 倍，则两个支管的补强设计应符合下列要求：

a)任意两相邻支管的中心距不应小于该两支管平均直径的 1.5 倍；

b)两支管补强范围内相互重叠的面积不能重复计入，且两支管之间的补强面积不应小于该两支管所需补强面积总和的 50%；

c)相邻两支管应分别符合规定的补强计算要求。

2. 开孔补强

有支管连接的管子因开孔而被削弱，除非管子周向应力小于管材屈服强度的 20%，否则必须进行补强。焊接支管连接的补强一般均采用补强圈结构进行补强。

1)焊接支管连接设计的要求

(1) 焊接支管连接结构应按表 17 –2 –9 选择并符合图 17 –2 –9，图 17 –2 –10 及图 17 –2 –11的要求。

表 17 –2 –9 焊接支管连接结构型式选择

周向应力	连接支管开孔直径/主管公称直径		
管材料屈服强度	≤25%	>25% ~50%	>50%
≤20%	④	④	④、⑤
>20% ~50%	②、③	②	①
>50%	②、③	②	①

注：①当不使用三通、四通或整体加强挤压成型的联箱管时，应当采用环绕主管周围的加强构件，如图 17 –2 –7 所示。开孔内边缘宜倒圆角，圆角半径为 3mm。如果加强构件壁厚比主管厚、而且其边缘要与主管焊接时，应以 45°的坡度削薄其边缘，使边缘厚度不大于主管壁厚，并用连续角焊缝连接。不宜采用补强圈、局部鞍板或其他局部补强构件。

②补强构件可以是全环绕型(见图 17 –2 –7)补强圈或者局部鞍板或局部补强圈(见图 17 –2 –8)，当用角焊缝接到主管上时，应将加强构件的边缘削薄(大约 45°)、使其厚度不超过主管壁厚。主管上连接支管的开孔直径不应比支管外径大 6mm 以上。

③公称直径等于或小于 50mm 的支管连接用开孔不需要补强(见图 17 –2 –9)，但应注意对经常承受振动和其他外力的小支管提供适当的防护措施。

④不强制规定开孔补强。但对压力超过 0.7MPa 的薄壁管、或者承受苛刻外载荷的工况，可能需要补强。

⑤如果需要设置补强构件，而且支管直径要求补强构件围绕主管超过半周时，不管计算周向应力大小均应采用全环绕型补强构件，或者采用锻钢制三通、四通、或挤压成型联箱管。

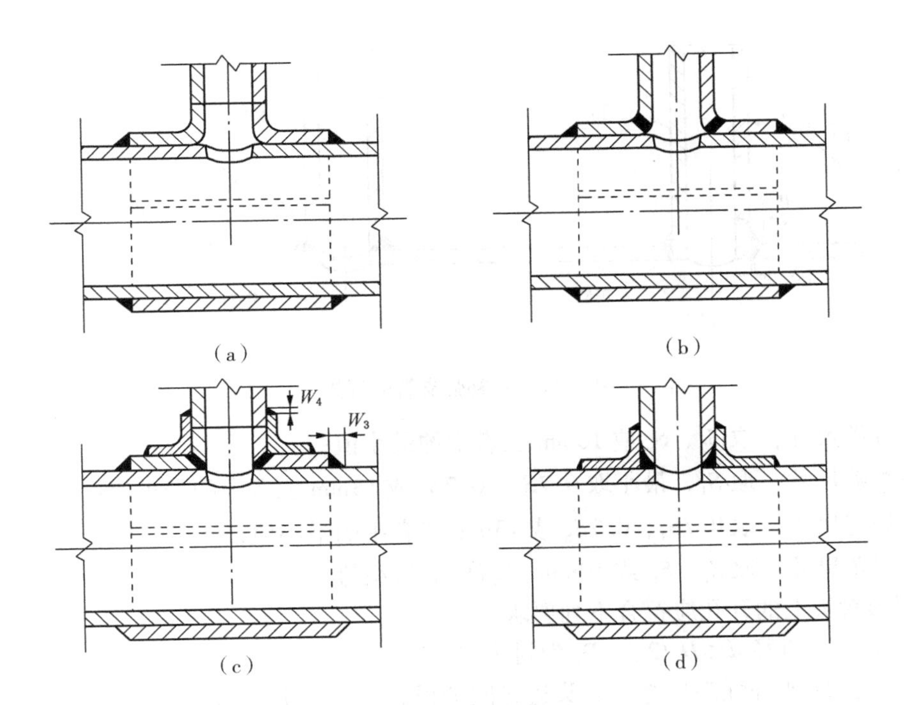

图 17－2－9　全环绕型补强

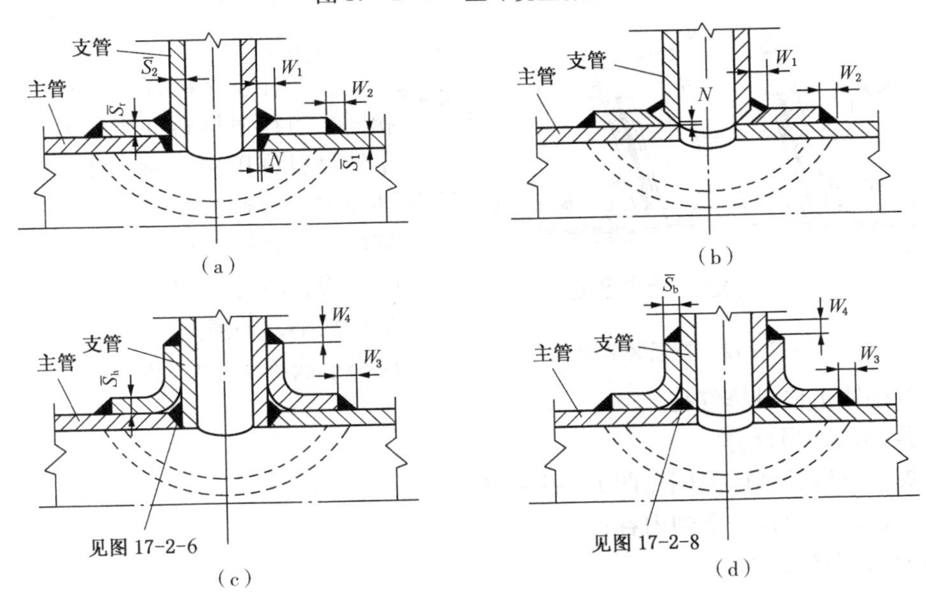

图 17－2－10　补强圈、局部鞍板补强图

图中　$\overline{S}_r$——补强板名义厚度，mm；

$\overline{S}_b$——鞍板在支管端的名义厚度，mm；

$\overline{S}_h$——鞍板在主管端的名义厚度，mm；

N——最小 1.5mm，最大 3mm(除采用背面焊外)；

$\overline{S}_1$——主管名义壁厚，mm；

$\overline{S}_2$——支管名义壁厚，mm；

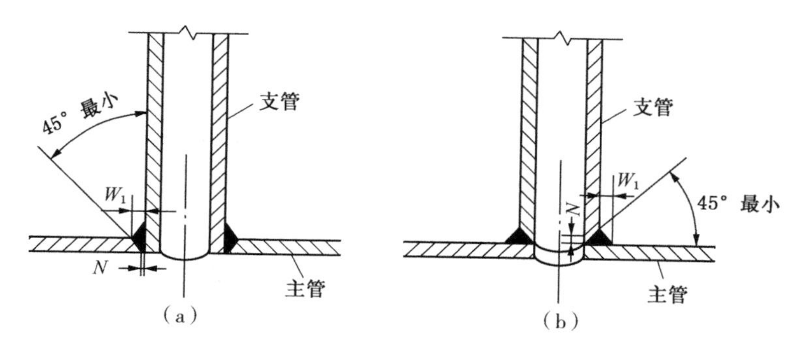

图 17-2-11　不补强支管的焊接

W_1——焊缝尺寸，取 $\bar{S}_2$、$\bar{S}_r$ 或 10mm 三者中的最小值；

W_2——焊缝尺寸，取 $\bar{S}_1$，最小取 $0.7\bar{S}_1$、$0.7\bar{S}_r$ 或 13mm 三者中的最小值；

W_3——焊缝尺寸，取 $0.7\bar{S}_1$，$0.7\bar{S}_h$ 或 13mm 三者中的最小值；

W_4——焊角尺寸，取 $\bar{S}_r$、$\bar{S}_b$ 或 10mm 三者中的最小值。

（2）椭圆形封头上的开孔应符合下列要求：

a. 最大开孔直径 $d \leqslant D_i/2$，（D_i 为封头内径）；

b. 开孔边缘或补强圈边缘与封头边缘间的投影距离不小于 $0.1D_i$。

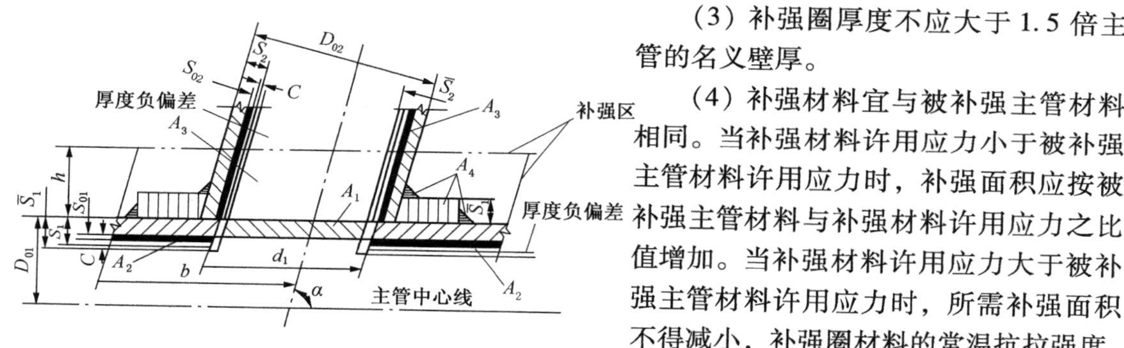

图 17-2-12　补强区范围

（3）补强圈厚度不应大于 1.5 倍主管的名义壁厚。

（4）补强材料宜与被补强主管材料相同。当补强材料许用应力小于被补强主管材料许用应力时，补强面积应按被补强主管材料与补强材料许用应力之比值增加。当补强材料许用应力大于被补强主管材料许用应力时，所需补强面积不得减小，补强圈材料的常温抗拉强度，应小于或等于 540MPa。

（5）补强圈上应设排气孔。

2）补强圈的补强计算

（1）焊接支管补强区范围见图 17-2-12。

（2）补强计算应包括下列内容：

a. 有效补强区范围：

$$h = 2.5(S_1 - C) \tag{17-2-29}$$

$$h = 2.5(S_2 - C) + \bar{S}_r \tag{17-2-30}$$

取两者中的较小值

$$b = d_1 = [D_{02} - 2(S_2 - C)]/\sin\alpha \tag{17-2-31}$$

$$b = d_1/2 + (S_1 - C) + (S_2 - C) \tag{17-2-32}$$

取两者中的较大值，但不得大于 D_{01}；

b. 需补强面积 A_1：

内压

$$A_1 = S_{01} d_1 (2 - \sin\alpha) \tag{17-2-33}$$

外压 $$A_1 = S_{01} d_1 (2 - \sin\alpha)/2 \tag{17-2-34}$$

c. 补强面积：

补强区内主管管壁超厚部分形成的面积 A_2

$$A_2 = (2b - d_1)(S_1 - S_{01} - C) \tag{17-2-35}$$

补强区内支管管壁超厚部分形成的面积 A_3

$$A_3 = 2h(S_2 - S_{02} - C)/\sin\alpha \tag{17-2-36}$$

补强区内焊缝金属及其他紧贴在主管或支管上的补强金属的总面积 A_4；

d. 补强核算：

当 $A_2 + A_3 + A_4 \geqslant A_1$ 时，开口不需补强；

当 $A_2 + A_3 + A_4 < A_1$ 时，开口需补强。

$$补强面积\ \Delta A = A_1 - (A_2 + A_3 + A_4) \tag{17-2-37}$$

式中 A_1——需补强面积，mm^2；

A_2——补强区内主管管壁超厚部分形成的面积，mm^2；

A_3——补强区内支管管壁超厚部分形成的面积，mm^2；

A_4——补强金属的总面积，mm^2；

ΔA——补强面积，mm^2；

b——补强区的半宽度，mm；

C——腐蚀裕量，mm；

d_1——在支管处从主管上切除的有效长度，mm；

D_{01}——主管外径，mm；

D_{02}——支管外径，mm；

h——主管外表面补强区高度，mm；

S_{01}——主管计算壁厚，mm；

S_1——减去钢材厚度负偏差的主管壁厚，mm；

$\overline{S}_1$——主管名义壁厚，mm；

S_{02}——支管计算壁厚，mm；

S_2——减去钢材厚度负偏差的支管壁厚，mm；

$\overline{S}_2$——支管名义壁厚，mm；

$\overline{S}_r$——补强圈名义厚度，mm；

α——支管轴线与主管轴线间夹角(°)。

（十）波形补偿器

不带加强结构的单层或多层波形补偿器，一般由波形管、直边段和加强圈组成，其结构见图 17-2-13。

1. 应力计算

确定波形补偿器的结构尺寸，并进行各项应力计算：

（1）内压引起的无加强圈；补偿器直边段的周向薄膜应力按式(17-2-38)计算：

$$\sigma_z = \frac{pD_0k}{2m\delta_p}, \text{MPa} \tag{17-2-38}$$

（2）内压引起的加强圈周向薄膜应力按式(17-2-39)计算：

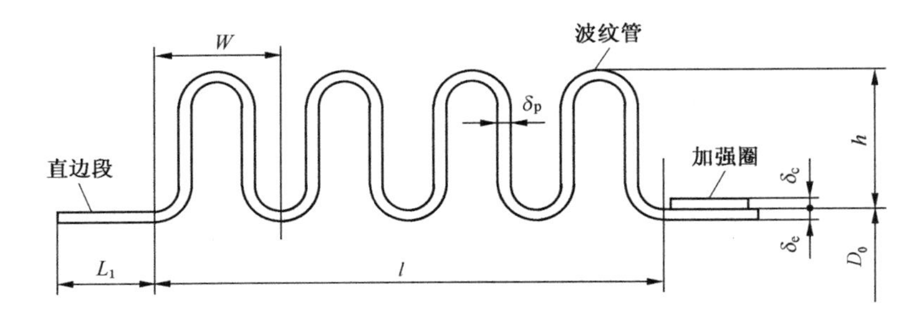

图 17－2－13　波形补偿器

$$\sigma_c = \frac{pD_0E_c}{2(\delta_cE_c + m\delta_pE_b)}, \text{MPa} \tag{17－2－39}$$

（3）内压引起的波形管周向薄膜应力按式（17－2－40）计算：

$$\delta_1 = \frac{pD_m}{2m\delta_p}\left(\frac{1}{0.571 + 2h/W}\right), \text{MPa} \tag{17－2－40}$$

（4）内压引起的波形管径向薄膜应力按式（17－2－41）计算：

$$\sigma_2 = \frac{ph}{2m\delta_p}, \text{MPa} \tag{17－2－41}$$

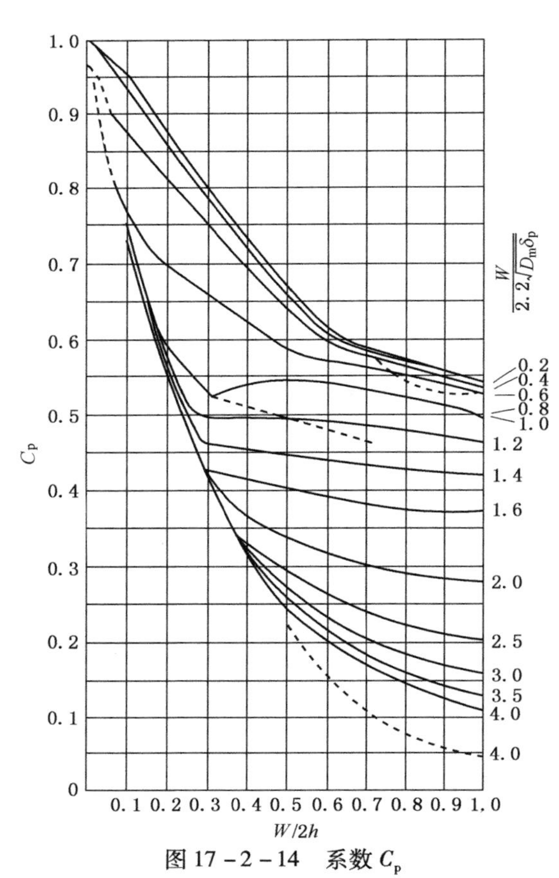

图 17－2－14　系数 C_p

（5）内压引起的波形管径向弯曲应力按式（17－2－42）计算：

$$\sigma_3 = \frac{p}{2m}\left(\frac{h}{\delta_p}\right)^2 C_p, \text{ MPa} \tag{17－2－42}$$

（6）轴向位移引起的波形管径向薄膜应力按式（17－2－43）计算：

$$\sigma_4 = \frac{E_b(\delta_p + C_2)^2 e}{2h^3C_f}, \text{ MPa} \tag{17－2－43}$$

（7）轴向位移引起的波形管径向弯曲应力按式（17－2－44）计算：

$$\sigma_5 = \frac{5E_b(\delta_p + C_2)e}{3h^2C_d}, \text{ MPa} \tag{17－2－44}$$

（8）组合应力：

$$\left.\begin{aligned} \sigma_p &= \sigma_2 + \sigma_3, \text{MPa} \\ \sigma_d &= \sigma_4 + \sigma_5, \text{MPa} \\ \sigma_R &= 0.7\sigma_p + \sigma_d, \text{MPa} \end{aligned}\right\} \tag{17－2－45}$$

式中　C_2——腐蚀裕量，mm；

C_p——系数，由图 17－2－14 查得；

C_f——系数，由图 17－2－15 查得；

C_d——系数，由图 17－2－16 查得；

C_m——波形管平均直径，mm；

$$D_m = D_0 + h$$

式中 D_0——补偿器直边段外直径，mm；

E_c——设计温度下加强圈材料的弹性模量，MPa；

E_b——设计温度下波形管材料的弹性模量，MPa；

e——单波当量轴向位移，mm；

h——波形管波高，mm；

k——$k = \dfrac{L_1}{1.5\sqrt{D_0 t_e}}$，如果 $k > 1$，采用 $k = 1$；

L_1——补偿器直边长度，mm；

m——波形管管壁层数，对单层补偿器 $m = 1$；

p——设计压力，MPa；

W——波形管一个波的波长，mm；

δ_c——加强圈的有效厚度，mm；

δ_e——成形前波形管一层材料的有效厚度，mm；

δ_p——成形后波形管一层材料的最小有效厚度，mm；

$$\delta_p = \left(\frac{D_0}{D_m}\right)^{1/2} \cdot \delta_e$$

亦可采用成形减薄后的实测值；

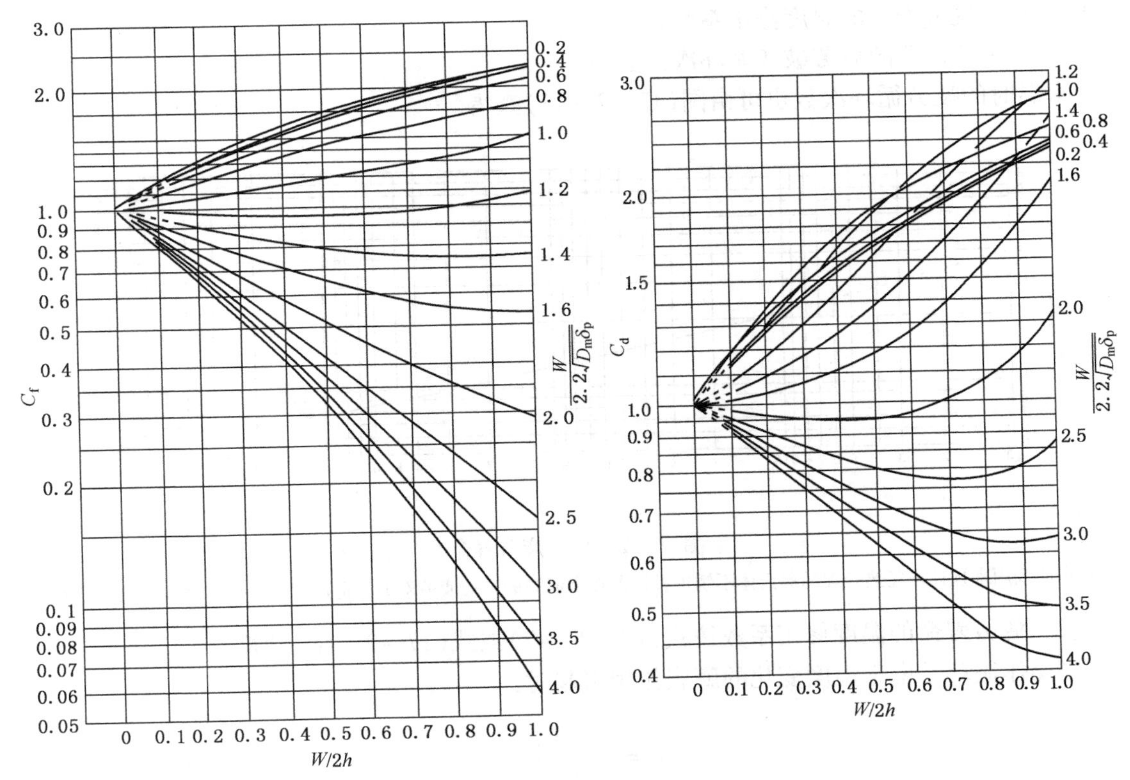

图 17-2-15　系数 C_f

图 17-2-16　系数 C_d

σ_1——内压引起的波形管周向薄膜应力，MPa；

σ_2——内压引起的波形管径向薄膜应力，MPa；

σ_3——内压引起的波形管径向弯曲应力，MPa；

σ_4——位移引起的波形管径向薄膜应力，MPa；

σ_5——位移引起的波形管径向弯曲应力，MPa；

σ_c——内压引起的加强圈周向薄膜应力，MPa；

σ_z——内压引起的补偿器直边周向薄膜应力，MPa。

2. 应力校核

补偿器的各项应力应满足下列条件：

（1）σ_c、σ_z、σ_1、σ_2 应分别小于$[\sigma]^t$，$0.35\sigma_3<[\sigma]^t$

（2）$\sigma_p \leqslant 1.5\sigma_s^t$；

（3）$\sigma_R \leqslant 2\sigma_s^t$；

式中　$[\sigma]^t$——设计温度下补偿器材料的许用应力，MPa；

σ_s^t——设计温度下补偿器材料的屈服点，MPa。

3. 疲劳寿命校核

对于奥氏体不锈钢制造的波形补偿器，当 $\sigma_R>2\sigma_s$ 时，应进行疲劳寿命校核。

（1）对于未经热处理的奥氏体不锈钢波形管疲劳寿命按式(17－2－46)计算：

$$N=\left(\frac{12820f}{\sigma_R-370}\right)^{3.4} \qquad (17-2-46)$$

式中　f——疲劳寿命的温度修正系数；

N——补偿器的疲劳破坏循环次数。

常温时的疲劳循环次数也可由图(17－2－17)查得。

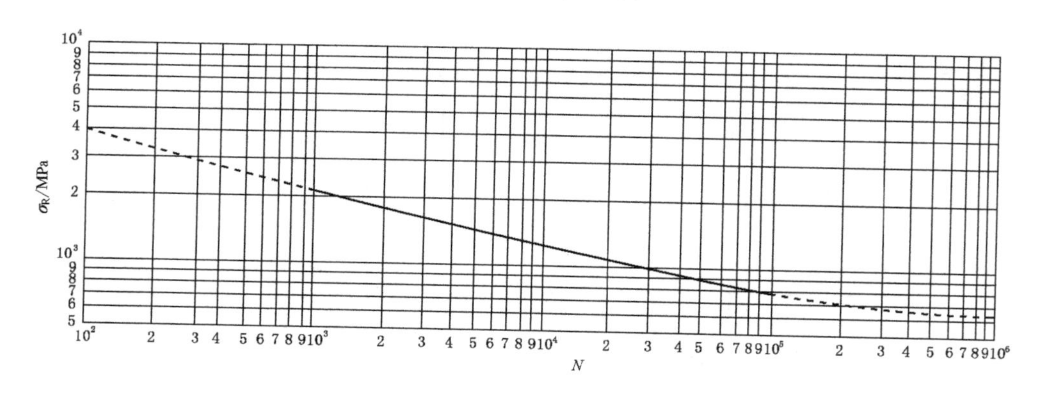

图 17－2－17　疲劳寿命

注：本曲线用来预计未经热处理的奥氏体不锈钢补偿器在常温时的平均疲劳寿命，适用于 $10^3\sim10^5$ 循环次数范围内。

（2）疲劳寿命的温度修正系数按式(17－2－47)或式(17－2－48)计算：

当操作循环是由于温度变化的膨胀作用引起时：

$$f=\frac{\sigma_{bL}+\sigma_{bH}}{2\sigma_{bL}} \qquad (17-2-47)$$

当操作循环是由于恒定温度下的机械循环载荷引起时：

$$f = \frac{\sigma_{bH}}{\sigma_{bH}} = 1 \tag{17-2-48}$$

（3）许用循环次数按式（17－2－49）确定：

$$[N] = \frac{N}{n_f} \tag{17-2-49}$$

式中 $[N]$——补偿器的许用循环次数；

n_f——疲劳寿命安全系数，$n_f \geqslant 20$；

σ_{bH}——操作温度变化范围内波形管材料在上限温度时的抗拉强度，MPa；

σ_{bL}——操作温度变化范围内波形管材料在下限温度时的抗拉强度，MPa。

设计要求的补偿器操作循环次数应小于许用循环次数$[N]$。

4. 外压校核

当补偿器用于真空操作或承受外压时，除应进行应力和疲劳寿命校核外，还应对波形管、直边段以及与其相连接的筒体作外压稳定校核（图 17－2－18）。

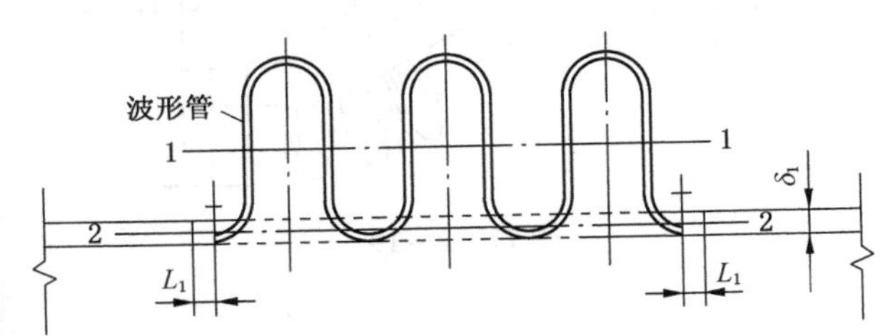

图 17－2－18 波形补偿器

（1）波形管截面对 1－1 轴的惯性矩 I_{1-1} 按式（17－2－50）计算：

$$I_{1-1} = nm\delta p\left[\frac{(2h-W)^3}{48} + 0.4W(h-0.2W)^2\right] \quad \text{mm}^4 \tag{17-2-50}$$

（2）被波形管取代的圆筒部分对 2－2 轴的惯性矩按式（17－2－51）计算：

$$I_{2-2} = \frac{1}{12}l\delta_1^3 \quad \text{mm}^4 \tag{17-2-51}$$

式中 δ_1——容器圆筒有效厚度，mm；

l——波形管长度，mm，$l = nW$。

（3）当 $I_{1-1} < I_{2-2}$ 时，将波形管视为当量圆筒按 GB 150.3—2011《压力容器 第 3 部分：设计》第 4 章“4.3 外压圆筒的稳定性校核进行外压校核”，当量圆筒直径取为 D_m，长度为波形管长度，厚度按式（17－2－52）确定：

$$\delta_{eg} = \sqrt[3]{12\frac{I_{1-1}}{l}} \quad \text{mm} \tag{17-2-52}$$

式中 δ_{eg}——波形管的当量圆筒厚度，mm。

同时，对于内侧无支承的直边段以及补偿器每一侧圆筒也应按 GB 150.3—2011《压力容器 第 3 部分：设计》第 4 章“4.3 外压圆筒的稳定性校核”进行校核。

5. 补偿器的刚度和位移

（1）补偿器一个波的理论轴向刚度按式（17－2－53）计算：

$$K = 1.7\frac{mD_m E_b^t}{C_f}\left(\frac{\delta_p + C_2}{h}\right)^3 \quad \text{N/mm} \tag{17-2-53}$$

（2）补偿器的整体轴向刚度按式（17－2－54）或式（17－2－55）计算：

单式补偿器

$$K_x = \frac{K}{n} \quad \text{N/mm} \tag{17-2-54}$$

复式补偿器 $$K_x=\frac{K}{2n}\quad \text{N/mm} \tag{17-2-55}$$

（3）补偿器的弯曲刚度按式（17－2－56）计算：

$$K_\theta=\frac{\pi D_m^2K}{1.44\times10^6n}\quad \text{N·m/度} \tag{17-2-56}$$

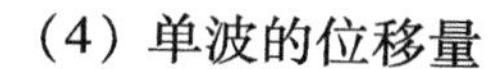

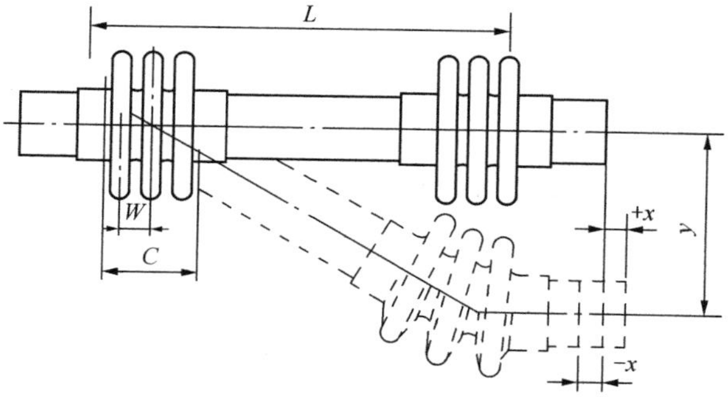

图 17－2－19

（4）单波的位移量

a. 轴向位移 X 引起的单波轴向位移：

单式膨胀节按式（17－2－57）计算：

$$e_x=\frac{X}{n}\quad \text{mm} \tag{17-2-57}$$

复式膨胀节按式（17－2－58）计算：

$$e_x=\frac{X}{2n}\quad \text{mm} \tag{17-2-58}$$

b. 角位移“θ”引起的单波轴向位移按式（17－2－59）计算：

$$e_\theta=\frac{\pi\theta D_m}{360n}\quad \text{mm} \tag{17-2-59}$$

c. 横向位移“Y”引起的单波最大轴向位移按式（17－2－60），或式（17－2－61）计算：

单式补偿器

$$e_y=\frac{3D_mY}{n(L\pm X)}\quad \text{mm} \tag{17-2-60}$$

复式补偿器

$$e_y=\frac{\beta D_mY}{2n(L-C\pm X/2)}\quad \text{mm} \tag{17-2-61}$$

式中：$C=nW$； $$\beta=\frac{3L^2-3CL}{3L^2-6CL+4C^2}$$

轴向拉伸时采用“＋”号，轴向压缩时采用“－”号。见图 17－2－19。

（5）组合位移

当补偿器同时存在几种位移时，其单波当量组合位移范围按式（17－2－62）计算：

$$e=e_x+e_y+e_\theta\leqslant e_0\quad \text{mm} \tag{17-2-62}$$

当横向位移与角位移在同一平面时，e_y 和 e_θ 为代数和，不在同一平面时，先求出 e_y 和 e_θ 的矢量和，再与 e_x 相加。

式中 E_b^t——设计温度下波形管材料的弹性模数，MPa；

e_0——单波额定轴向位移，mm；

e_x——轴向位移“X”引起的单波轴向位移，mm；

e_y——横向位移“Y”引起的单波轴向位移，mm；

e_θ——角位移“θ”引起的单波轴向位移，mm；

K_x——补偿器整体轴向刚度，N·m/度；

K_θ——补偿器整体弯曲刚度，N·m/度；

L——单式、复式或外压补偿器中波纹最外端间的距离，mm；

n——波形管波数；

X——轴向位移，mm；

Y——横向位移，mm。

6. 波形补偿器对管道的作用力

（1）轴向位移作用力按式(17－2－63)计算：

$$F_x = Ke_x, \mathrm{N} \tag{17-2-63}$$

（2）横向位移作用力按式(17－2－64)计算：

$$F_y = \frac{Ke_y D_m}{2L}, \mathrm{N} \tag{17-2-64}$$

a. 单式补偿器

将式(17－2－38)代入式(17－2－65)得出：

$$F_y = \frac{1.5KD_m^2}{Ln(L \pm x)} Y = K_y \cdot Y$$

则

$$K_y = \frac{1.5KD_m^2}{Ln(L \pm X)} \quad \mathrm{N/mm} \tag{17-2-65}$$

b. 复式补偿器

将式(17－2－61)代入式(17－2－64)得出：

$$F_y = \frac{\beta KD_m}{4Ln(L - C \pm X/2)} Y$$

$$F_y = K_y Y$$

则

$$K_y = \frac{K\beta D_m^2}{4Ln(L - C \pm x/2)} \quad \mathrm{N/mm} \tag{17-2-66}$$

（3）横向位移力矩按式(17－2－67)计算：

$$M_y = \frac{Ke_y D_m}{4000} \quad \mathrm{N \cdot m} \tag{17-2-67}$$

（4）角位移力矩按式(17－2－68)计算：

$$M_\theta = \theta K_\theta \quad \mathrm{N \cdot m} \tag{17-2-68}$$

（5）压力推力按式(17－2－69)计算

$$F_p = A_m P \quad \mathrm{N} \tag{17-2-69}$$

式中 $A_m = \frac{\pi}{4} D_m^2$

F——补偿器轴向弹性反力，下标表示所对应的轴，N；

F_p——压力推力，N；

K_y——补偿器整体横向刚度，N/mm；

M_y——横向位移力矩，N · m；

M_θ——角位移力矩，N · m；

β——系数；

$$\beta = \frac{3L^2 - 3LC}{3L^2 - 6CL + 4C^2}$$

第三节 管道静力分析及其简化方法

一、静力分析的基本方法

管道的应力主要是由于管道承受内压力和外部载荷以及热膨胀而引起的。管道在这些载荷的作用下具有相当复杂的应力状态。一般管道应力分析与计算由两部分构成。

(1) 研究管系在上述各载荷作用下所产生的应力，将其归类，并施以相应的判断数据，以评价管系本身的安全性。这部分内容包括一次应力、二次应力和应力集中等等，这些应力以不同的验算方法和判断数据进行检验，管系应满足这些验算条件。

(2) 计算出管系在上述各载荷作用下对其约束物的作用力。(例如设备管嘴及各类支吊架等等)，这些作用力可作为委托资料提供给有关专业，而且对某些约束点(如泵和烟机等)有较苛刻的受力要求时，它们还是判断该管系设计是否合理的依据，并可据此对管系进行调整。这部分内容都属于静力计算，它是应力计算的基础。

管道的静力计算，是计算由于外力和变形受约束而产生的力和力矩，可以按照超静定结构静力计算法计算。早在20世纪40年代，经典的力法就被引入了管系静力解析。根据卡氏定理，一个力的作用点沿此力方向的线位移，等于其变形能对该力的偏导数，即 $\delta_i = \frac{\partial U}{\partial P_i}$；一个力矩作用点沿此力矩方向的角位移，等于其变形能对该力矩的偏导数，即 $\theta_i = \frac{\partial U}{\partial M_i}$。然后，列出由弹性变形能求线位移和角位移的方程式，将端点的多余约束力作为未知数，未知数的数目等于管系的超静定数，由相应数量的变形协调方程来求解，求得计算管系端点的作用力和力矩。这种方法的应用范围广，可以计算具有外力载荷、位移载荷和具有不同约束条件的简单管系或多分支管系或环形管系，它是管系作用力和力矩计算的基本方法。这种方法，可将管系上各类元件(直元件和弧元件)在集中载荷或均布载荷作用下的变形系数预先推导出来，并用表格列出，适用于笔算，也是矩阵方法的基础。

在20世纪50年代，结构分析的矩阵方法开始用于管系静力计算中，矩阵理论表述简洁，便于描述多种载荷对复杂管系的作用，也便于利用计算机进行计算。通常把建立在经典结构分析原理，利用矩阵方法并在计算机上实现的方法称为详细解析法，详细解析计算量浩繁，用人工求解几乎是不可能的。

二、计算机分析程序

随着计算机的应用日益普遍，目前管道的详细应力分析主要依赖于计算机程序。下面对常用的几个程序作一简单介绍，程序的详细使用方法见各个程序的使用说明。

目前常用的管道静力分析程序主要有下列几种：

(1) 等值刚度法计算程序：该程序由电力系统开发，可计算管道内压、自重、热膨胀、端点位移等荷载所产生的应力和各点位移，还可自动选择弹簧支架。

(2) SAP5 程序：SAP5 是由国外引进的大型结构线弹性计算通用程序，可用于各种结构计算。因为其中有管单元，也可用于管道的静力分析和动力分析。可计算管道由内压、自重、热膨胀和端点位移等荷载所产生的内力和位移。还可计算管道的自振频率和对管系进行动力分析。因为该程序不是管道的专用计算程序，其输出结果只能给出结点内力，而不能给出管道的应力。在输入方法上也比较繁琐，在使用上不太方便。国内不少单位在此基础上增加了前处理和后处理，简化了输入方法，并可直接得到各结点的应力。

(3) 石油化工非埋地管道抗震设计与鉴定程序(PBAA)：该程序是原中国石化北京设计院与中国石油天然气集团总公司施工技术研究所合作编制的。其计算功能与SAP5程序基本相同，数据输入比较方便，并可直接输出管道的应力、位移和内力等数据。该程序还具有图形功能，可显示输入的管道形状，以及管道受力后的变形情况。该程序是为管道抵抗地震而编制的，除可进行管道的抗地震验算外，也可进行管道的静力分析。

(4) CAESARⅡ管道应力分析程序：该程序由美国COADE公司编制，石化系统有许多单位引进了这个程序。该程序是进行管道静力分析和动力分析的专用程序，功能相当齐全，并可在微机上运算。该程序除具有上述三个程序的功能外，还可考虑管道的非线性约束，例如管道与支架之间的摩擦力，限位支架的间隙等。可计算有波形补偿器的管道，计算管道与设备连接的管嘴柔性和设备管嘴处的局部应力。可把管架与管道作为一个整体进行应力分析和对法兰连接进行泄漏的分析验算等。该程序还具有灵活的荷载组合和图形显示功能。程序还可按照指定的各种国际通用规范进行计算。目前此程序已成为石油化工压力管道应力分析的首选程序。

在利用计算程序进行管道应力分析时，应注意程序的功能和假定条件与管道实际情况的差别。例如管道与活动支架之间是有摩擦力的，但许多弹性分析程序中都不能考虑摩擦力的影响，而需人工加以考虑。许多转动设备对管道的推力有严格的要求，如果与之相连的管道上有活动支架而且计算程序又无法考虑摩擦力时，则应由人工计算摩擦力后。予以综合判断，必要时可将支架改为吊架。

CAESARⅡ程序虽然可考虑摩擦力，但计算时要经过多次循环，有时形成死循环计算不出结果，此时也需要人工加以考虑。

在转动设备附近有时设置限位支架或固定支架以阻止管道传来的推力作用在转动设备上。在程序中往往假定此支架的刚度非常大。如果支架的实际刚度小，受力后有较大的变形，转动设备仍可能受力很大。

管道的分析程序均为线弹性分析程序，程序中往往未考虑应力松弛和应力自平衡，因此程序给出的固定点推力可能比实际的推力大。

三、简化方法

在装置设计过程中，所有的应力问题若都用计算机处理是很不经济的，实际上装置中大部分的一般管道已具有较好的柔性，同时在现场施工时未必有良好的计算机环境。因此，用简化方法迅速对一些管道进行安全性判断就显得非常重要了。简化方法虽然不精确，但对于有经验的设计师来说，借助它来对整个管系进行判断一般也可以满足要求。

所谓简化方法是相对于基于严格数学力学的详细分析方法而言的，而在简化方法中省略掉的因素(如自重等)，在实际情况中都是相当重要的。而且简化方法所能应用的管系几何形状也有所限制，一般只适用于无分支的管系。

管系的走向千差万别，用简化方法计算的结果产生的误差无法用简单的数学方法进行估计。

由于简化方法的局限性，一般在下列情况下不宜采用：

（1）与要求苛刻的设备（如高速旋转的动设备）相连的管道；

（2）在高温下输送危险介质的管道；

（3）大管径管道和厚壁管道；

（4）价格昂贵的合金钢管道；

（5）停工频繁的管道。

上述的限制是原则性的，对于具体的问题，尚应根据具体情况从强度要求、推力要求、介质情况和经济性等方面做出判断，因为有些问题是相对的。例如对于输送危险介质的管道，其重要程序既与介质本身性质有关，也与操作条件、管道的位置有关。同样的一种烃类介质，在操作温度接近和超过其闪点时就认为该管道是重要管道，需进行详细分析，而当操作温度远低于介质闪点时，该管道就可以当做一般管道对待。管系的布置方式也影响简化方法的选择。当管系中主要的直管段距离过固定点的推力线太近时，不宜采用简化方法。应注意的是，简化方法一般不给出端点反力。如果某些简化方法的结果中含有反力时，此反力均未包括自重、摩擦力等对反力的影响，应人工加以修正。

在什么条件下可以应用简化方法，目前尚难以给出一个统一的标准。许多设计单位都有应力分析工作规定，凡符合下列条件的，一般应进行详细应力分析：

（1）*DN*80 及以上的管道，设计温度高于 450℃时；

（2）*DN*150 及以上的管道，设计温度 250℃以上时；

（3）*DN*650 以上的大口径管道；

（4）与旋转设备（泵、压缩机、透平等）相连接管道；

（5）两相流管道；

（6）脉动流管道。

本节介绍三种简化方法：判断式分析法、导向悬臂法和 Mitchell 方法，并提供一些典型图形的图表。在使用简化方法时，一定要注意简化方法的使用条件。

1. ASME 判断式分析法

对一般输送非有毒介质的管系，通常采用美国国家标准 ASME B31.1 及 B31.3 介绍的判断式（17－3－1）进行判断，满足该判断式的规定则说明管系有足够的柔性，热膨胀和端点位移所产生的应力在许用范围内，可不再进行详细计算。这种判断结果是偏安全的。对价格昂贵的合金钢管系可能还需进行详细计算，使在确保安全的前提下设计出最经济的管系。

应用 ASME 这一判断式的管系必须满足如下假定：

（1）管系两端为固定点；

（2）管系内的管径、壁厚、材质均一致；

（3）管系无支管和支吊架；

（4）管系使用寿命期间的冷热循环次数少于 7000 次。

ASME 的判断公式为：

$$\frac{D \cdot \Delta}{(L-U)^2} \leqslant 2.083 \qquad (17-3-1)$$

式中 D——管子外径，cm；

Δ——管系总变形量，cm；

L——管系在两端固定端之间的展开长度，m；

U——管系两固定点之间的直线距离，m。

例 17－3－1 如例题图17－3－1所示，管子外径 16.8cm，材质为碳钢，设计温度为 325℃。两固定点的附加位移见例题图 17－3－1。

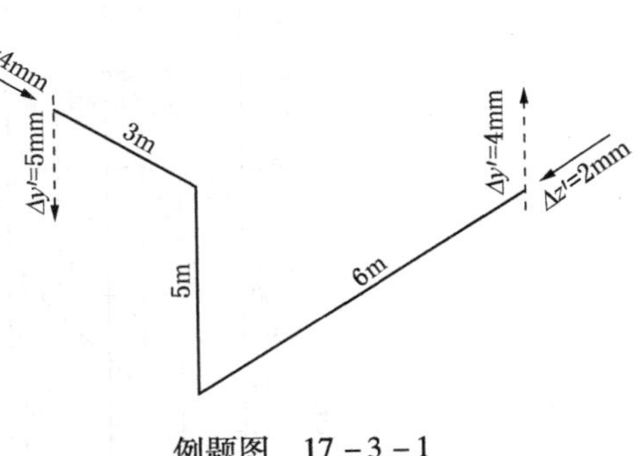

例题图 17－3－1

解 $D=16.8\text{cm}$，$L=3+5+6=14\text{m}$

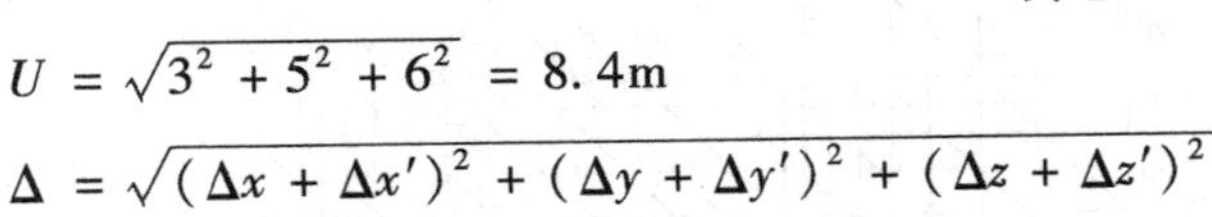

$$U=\sqrt{3^2+5^2+6^2}=8.4\text{m}$$

$$\Delta=\sqrt{(\Delta x+\Delta x')^2+(\Delta y+\Delta y')^2+(\Delta z+\Delta z')^2}$$

Δx、Δy、Δz 是管系 X、Y、Z 三个方向的热胀量，cm；

$\Delta x'$、$\Delta y'$、$\Delta z'$是 X、Y、Z 三个方向上固端的附加位移，cm。末端附加位移与管系膨胀方向相同时取"－"，相反时取"＋"。始端附加位移与管系膨胀方向相同时取"＋"，相反时取"－"。

查表 17－1－12，碳钢在 325℃下的平均线胀系数为 $13.07\times10^{-4}\text{cm/m}\cdot℃$

所以 $\Delta x=3.00\times13.07\times(325-20)\times10^{-4}\approx1.2\text{cm}$

$\Delta y=5.00\times13.07\times(325-20)\times10^{-4}\approx2.0\text{cm}$

$\Delta z=6.00\times13.07\times(325-20)\times10^{-4}\approx2.4\text{cm}$

$\Delta x'=0.4-0=0.4\text{cm}$

$\Delta y'=0.4+0.5=0.9\text{cm}$

$\Delta z'=0+0.2=0.2\text{cm}$

所以 $\Delta=\sqrt{(1.2+0.4)^2+(2.0+0.9)^2+(2.4+0.2)^2}=4.21\text{cm}$

代入式(17－3－6)

$$\frac{D \cdot \Delta}{(L-U)^2}=\frac{16.8\times4.21}{(14-8.4)^2}=2.255>2.083$$

所以必须进行详细分析。

为了计算方便，还可将式(17－3－1)绘制成线算图。

令 $R=\frac{L}{U}$，则式(17－3－1)成为：

$$\frac{D \cdot \Delta}{U^2(R-1)^2} \leqslant 2.083 \qquad (17-3-2)$$

据式(17－3－2)即可绘制成图 17－3－1，计算时，先算出比值 $R=\frac{L}{U}$，再由图 17－3－1查得 R'。若 $R>R'$，则管系安全。

由式(17－3－1)不能直接计算应力。然而，当不等式的左边比值达到 2.083 时，说明管系的允许挠度已达到了极限，其应力已达到许用应力范围 σ_A。因此，计算应力范围可用式(17－3－3)求得。

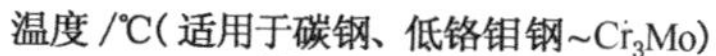

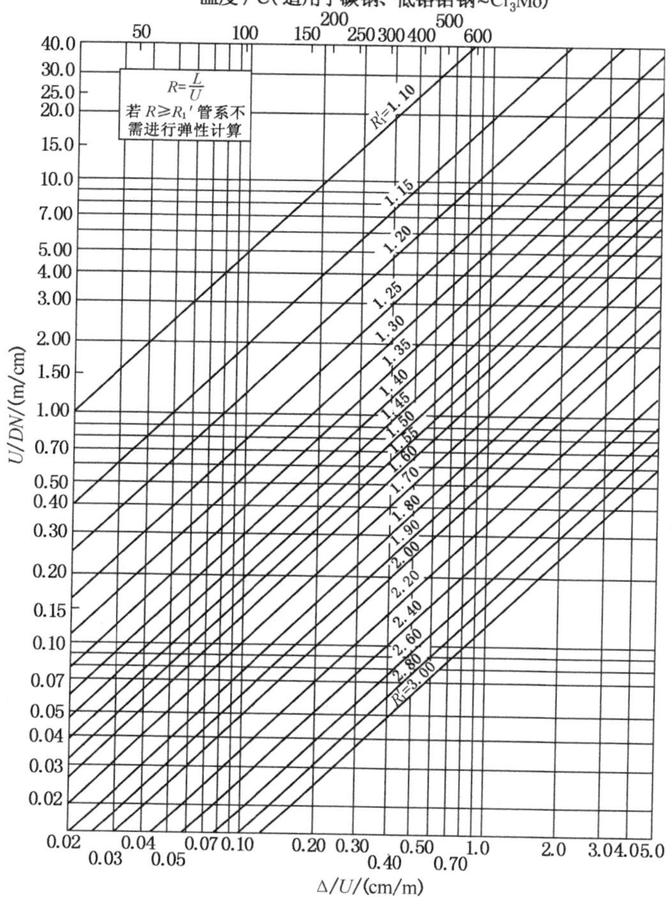

图 17－3－1　ASME 判断法线算图

$$\sigma_E = \frac{D \cdot \Delta}{2.083(L-U)^2}\sigma_A \qquad (17-3-3)$$

式中　σ_A——许用应力范围，MPa；

σ_E——计算应力范围，MPa。

表 17－3－1　ASME 判断法计算表

		例题 17－3－2
1	公称直径 $DN=25$cm；管子外径 $D=27.3$cm	
2	材料　碳钢	4.6　3　4.6　15.2　17.8　2.54　7.6　5.08　y　x　z
3	设计温度　$T=345$℃	
4	单位线膨胀量　$e=0.433$cm/m	
5	总长度　$L=35$cm	
6	固定点间距 $L_x=12.2$m，$L_y=12.2$m，$L=4.6$m $U=\sqrt{12.2^2+12.2^2+4.6^2}$ $=17.8$m	
7	$U/D=17.8/25=0.702$	

1	公称直径 $DN=25$cm；管子外径 $D=27.3$cm		例题 17-3-2
8	热膨胀量	$\Delta x=ex$，cm $\Delta y=ey$，cm $\Delta z=ez$，cm	$0.433\times12.2=5.28$ $0.433\times12.2=5.28$ $0.433\times4.6=1.99$
9	固定端位移	$\Delta x'$，cm $\Delta y'$，cm $\Delta z'$，cm	0 $5.08-2.54=2.54$ 0
10	补偿量	$\Delta=\sqrt{(\Delta x+\Delta x')^2+(\Delta y+\Delta y')^2+(\Delta z+\Delta z')^2}$，cm	$\sqrt{(5.28+0)^2+(5.28+2.54)^2+(1.99+0)^2}=9.65$
11	Δ/U	cm/m	$9.65/17.8=0.542$
12	R'	由图 17-3-1 查得	1.61
13	R	L/U	$35/17.8=1.97$
14	$\frac{R'}{R}=\frac{1.61}{1.97}=0.817<1$		不必作进一步计算
15	σ_A	MPa	152
16	σ_E	$\frac{0.48D\cdot\Delta}{U^2(R-1)^2}\sigma_A$，MPa	$\frac{0.48\times27.3\times9.65}{17.8^2(1.97-1)^2}\times152=64.5$

2. 导向悬臂法

导向悬臂法适用于任何形状的两端固定的管系。该方法不但对应力进行安全性检验，而且还给出端点的力矩。此方法未考虑弯管的柔性系数和应力加强系数，其计算结果与详细分析法比较有一定的出入。导向悬臂法基于以下的假设：

(1) 管系由直管段构成，并只有两个固定端。管系中所有管段的直径和壁厚不变，管段之间以直角转向；

(2) 所有管段均与坐标轴平行；

(3) 某一管段的热位移，只能被垂直于该方向的管段所吸收；

(4) 管段所能吸收的热胀量与该管段刚度成反比。由于各管段截面均相同，故其刚度与管段长度的立方成反比；

(5) 管段在吸收热变形时，其结构被看作一端固定，另一端带导向架的悬臂梁。这样，管段只承受端部线位移所引起的弯矩，而不允许端部有角位移。这种简化条件如图17-3-2和图 17-3-3 所示。

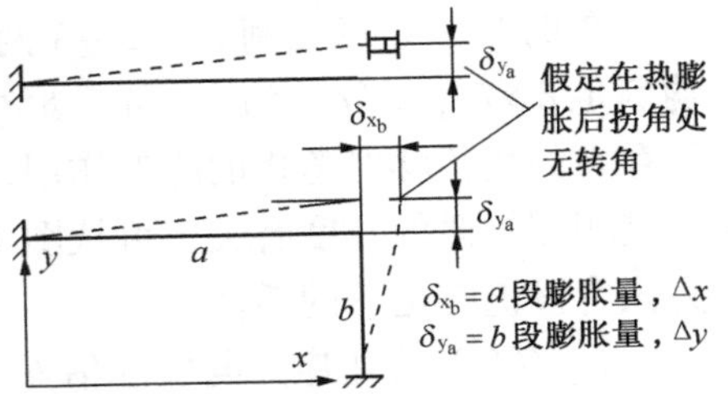

图 17-3-2 单平面管系导向悬臂法示意图

根据上述假设(3)和(4)，每个管段所能吸收的各方向位移量为：

$$\delta_x=\frac{L^3}{\Sigma L_y^3+\Sigma L_z^3}\Delta x \qquad (17-3-4)$$

$$\delta_y=\frac{L^3}{\Sigma L_x^3+\Sigma L_z^3}\Delta y \qquad (17-3-5)$$

$$\delta_z = \frac{L^3}{\Sigma L_x^3 + \Sigma L_y^3}\Delta z \quad (17-3-6)$$

式中 δ_x、δ_y、δ_z——x、y、z方向的变形量，cm；

L——计算管段的长度，m；

Δx、Δy、Δz——x、y、z三个方向上管系的总位移量。

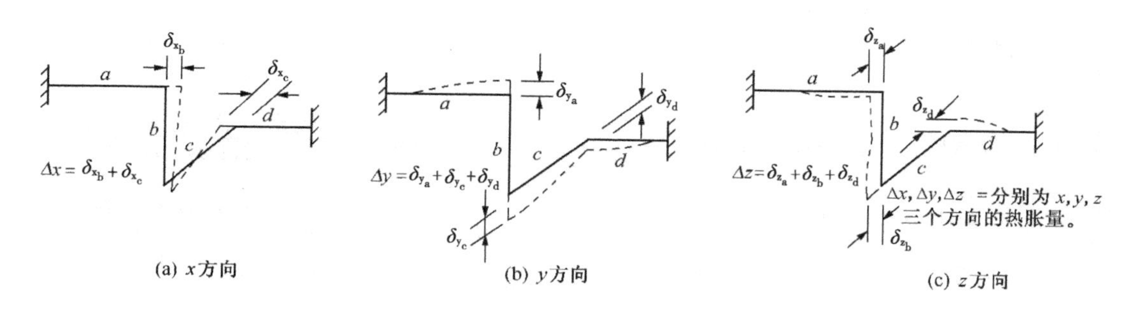

(a) x方向　(b) y方向　(c) z方向

图 17-3-3　多平面管系导向悬臂法示意图

$\left.\begin{array}{l}\Sigma L_y^3 + \Sigma L_z^3 \\ \Sigma L_x^3 + \Sigma L_y^3 \\ \Sigma L_x^3 + \Sigma L_z^3\end{array}\right\}$——计算与管方向垂直的所有管段长度的立方和。

由假设(5)所规定的悬臂梁结构，其允许变形量为：

$$\delta = \frac{L^2\sigma_A}{3ED}10^4 \quad (17-3-7)$$

式中 δ——允许变形量，cm；

σ_A——许用应力范围，MPa；

L——计算管段的长度，m；

E——弹性模量，MPa；

D——管段外径，cm。

为了便于计算，将上式按 $E = 2.04 \times 10^5$MPa 绘制成曲线。见图 17-3-4。

计算时，先由式(17-3-4)、式(17-3-5)、式(17-3-6)算出 δ_x、δ_y、δ_z，再由图 17-3-4查得每一管段的 δ 值。如果 δ_x、δ_y、δ_z 都小于 δ 值，则表示整个管系具有足够的柔性。计算步骤和内容如表 17-3-2 ~ 表 17-3-3 所示。

在例 17-3-2、例 17-3-3 两个例题中，除例题 17-3-2 最末一段管道外，其余各段均满足 $\delta > \delta_{max}$，(δ_{max}为 δ_x、δ_y、δ_z 中的最大值)。在这种情况下，就需要考虑由于拐点处实际存在的角位移对弯矩的降低作用，从而需用一个系数 f 进行修正。f 值与计算管段的位置和其相邻管段的长度有关，可从图 17-3-5 中查得。如果修正后的位移量 $f\delta > \delta_{max}$，则认为该管段仍有足够的柔性。

$\delta_{max}/f\delta$ 为许用应力与实际估算应力的比值，由此可得：

$$\sigma_E = \frac{\delta_{max}}{f\delta} \cdot \sigma_A \quad (17-3-8)$$

式中 f——校正系数。

表 17－3－2　导向悬臂法计算表

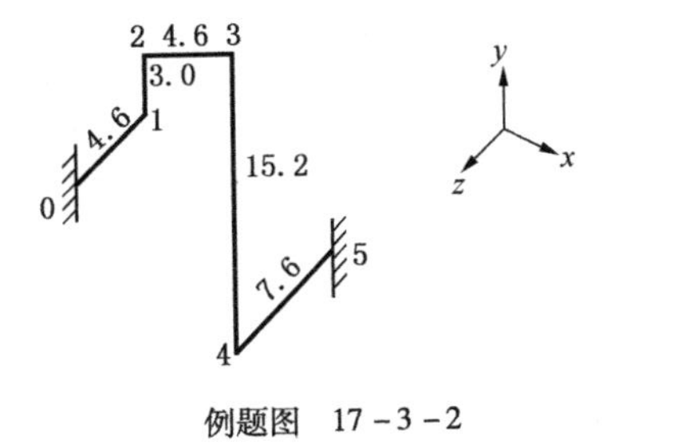

例题图　17－3－2

管子数据		管段号	坐标系	L	L^3	$\delta_x=\frac{\Delta x L^3}{\Sigma L_y^3+\Sigma L_z^3}$	$\delta_y=\frac{\Delta y L^3}{\Sigma L_x^3+\Sigma L_z^3}$	$\delta_z=\frac{\Delta z L^3}{\Sigma L_x^3+\Sigma L_y^3}$	$\frac{L\sqrt{\sigma_A}}{25.32}$	δ/cm 由图 17－3－4	形状	$\frac{L}{L_A}$	f	$f\delta$/cm	$\sigma_E=\frac{\sigma_A\delta_{max}}{f\delta}$ MPa
											由图 17－3－5				
公称直径	DN = 25cm	0—1	z	4.6	97.3	0.071	1.22	—	2.21	1.93	Ⅰ	1.5	1.43	2.76	67.0
管壁厚度	t = 0.93cm	1—2	y	3.0	27	0.020	—	0.059	1.473	0.85	—	—	—	—	—
断面系数	W = 490cm^3	2—3	x	4.6	97.3	—	1.22	0.212	2.21	1.93	—	—	—	—	—
材　料	20 钢	3—4	y	15.2	3511.8	2.57	—	7.65	7.37	21.34	—	—	—	—	—
设计温度	T = 480℃	4—5	z	7.6	438.9	0.32	5.49	—	3.68	5.33	Ⅰ	0.50	1.70	9.07	93.0
单位线膨胀量	e = 0.65cm/m														
介　质	油														
σ_A	152MPa														
Δx/cm	4.6×0.65 = 2.97			$\Sigma L_y^3+\Sigma L_x^3$		4075		固定点最大力矩/N·m		点	$\sigma\cdot W$				
Δy/cm	12.2×0.65 = 7.92			$\Sigma L_x^3+\Sigma L_z^3$		633				0	32830				
Δz/cm	12.2×0.65 = 7.92			$\Sigma L_x^3+\Sigma L_y^3$		3636				5	45570				

表 17－3－3 导向悬臂法计算表

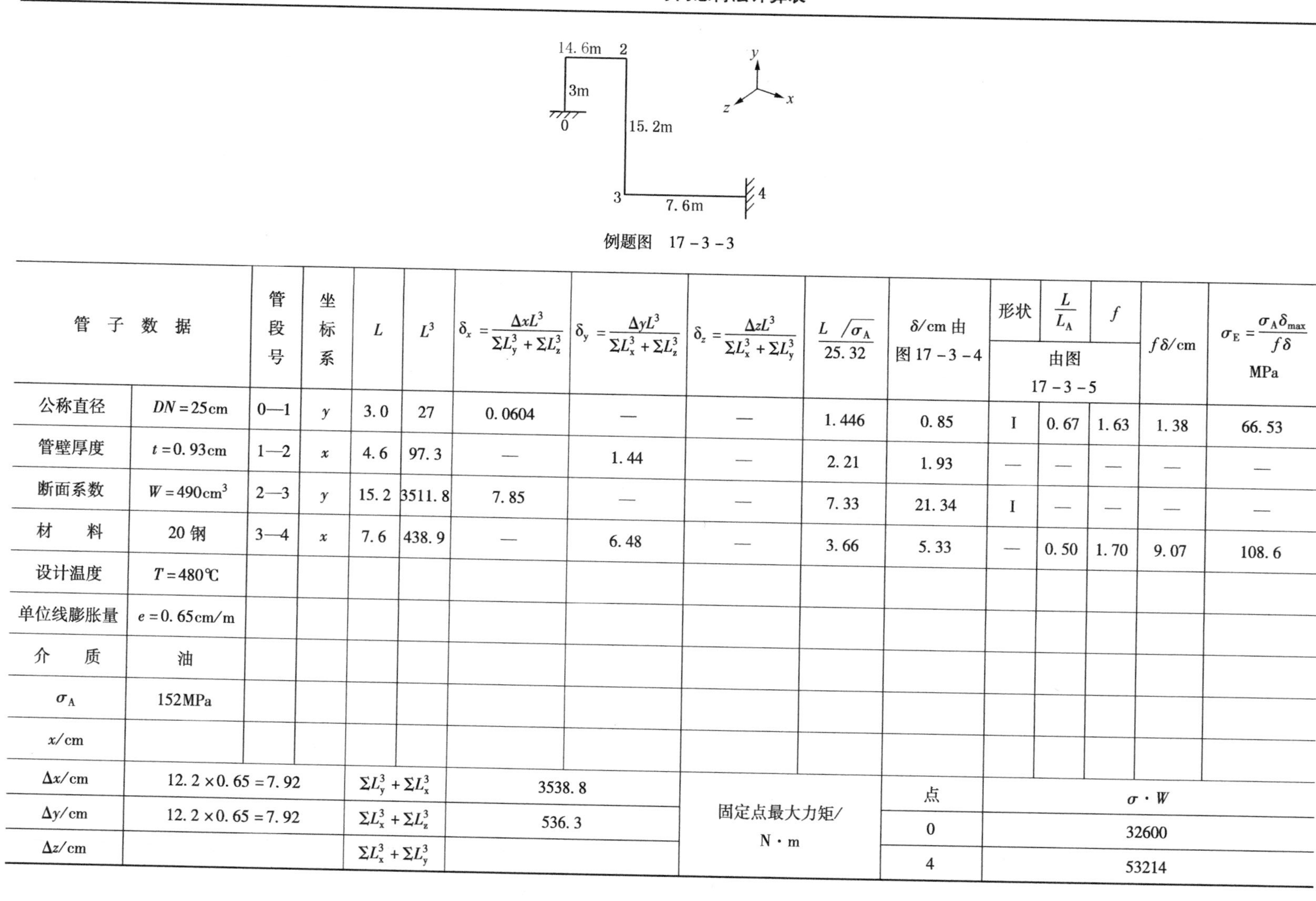

例题图 17－3－3

管子数据		管段号	坐标系	L	L^3	$\delta_x=\dfrac{\Delta xL^3}{\Sigma L_y^3+\Sigma L_z^3}$	$\delta_y=\dfrac{\Delta yL^3}{\Sigma L_x^3+\Sigma L_z^3}$	$\delta_z=\dfrac{\Delta zL^3}{\Sigma L_x^3+\Sigma L_y^3}$	$\dfrac{L\sqrt{\sigma_A}}{25.32}$	δ/cm 由图 17－3－4	形状	$\dfrac{L}{L_A}$	f	$f\delta$/cm	$\sigma_E=\dfrac{\sigma_A\delta_{max}}{f\delta}$ MPa
											由图 17－3－5				
公称直径	$DN=25$cm	0—1	y	3. 0	27	0. 0604	—	—	1. 446	0. 85	I	0. 67	1. 63	1. 38	66. 53
管壁厚度	$t=0.93$cm	1—2	x	4. 6	97. 3	—	1. 44	—	2. 21	1. 93	—	—	—	—	—
断面系数	$W=490\text{cm}^3$	2—3	y	15. 2	3511. 8	7. 85	—	—	7. 33	21. 34	I	—	—	—	—
材　料	20 钢	3—4	x	7. 6	438. 9	—	6. 48	—	3. 66	5. 33	—	0. 50	1. 70	9. 07	108. 6
设计温度	$T=480$℃														
单位线膨胀量	$e=0.65$cm/m														
介　质	油														
σ_A	152MPa														
x/cm															
Δx/cm	12. 2×0. 65＝7. 92			$\Sigma L_y^3+\Sigma L_x^3$		3538. 8		固定点最大力矩/N·m		点	σ·W				
Δy/cm	12. 2×0. 65＝7. 92			$\Sigma L_x^3+\Sigma L_z^3$		536. 3				0	32600				
Δz/cm				$\Sigma L_x^3+\Sigma L_y^3$						4	53214				

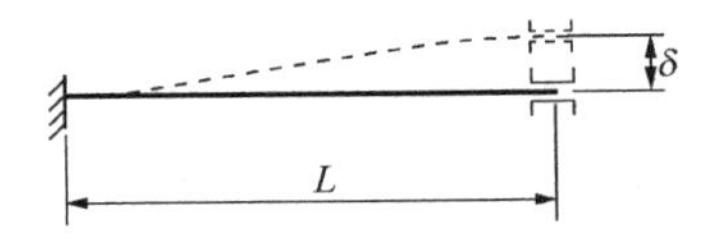

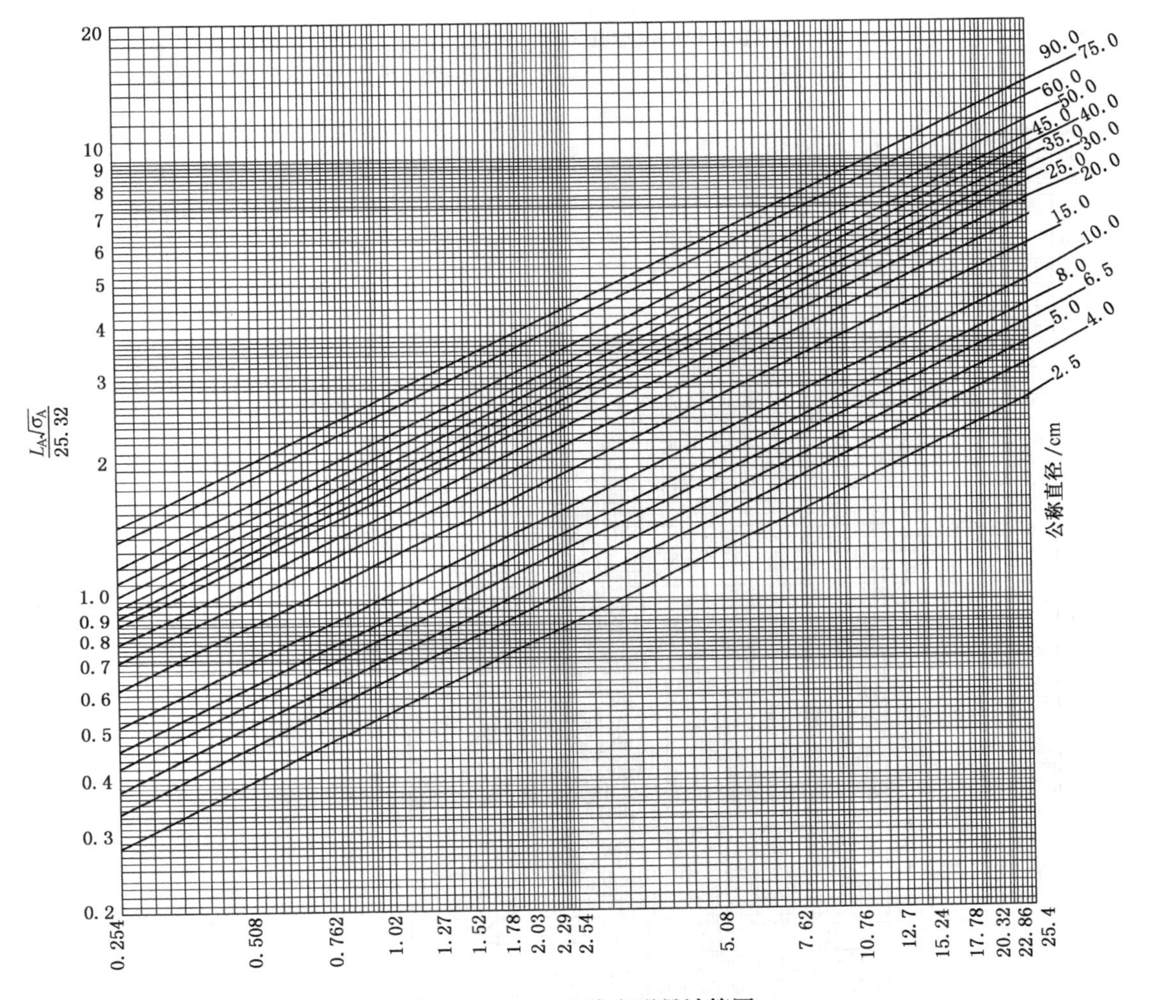

图 17－3－4　允许变形量计算图

端点最大弯矩可由下式得出：

$$M = \sigma_{E} \cdot W \qquad (17-3-9)$$

式中　M——端点最大弯矩，N·m；

W——抗弯断面系数，cm^3。

上述的悬臂导向法未考虑弯管的柔性系数和应力加强系数，计算结果固定点受力偏大，应力也有一定误差。表 17－3－4 给出了悬臂导向管段位移 1cm 时，带弯管的固定点所受的力和应力，以及弯管处的应力。

3. Mitchell 法

Mitchell 法可在一定程度上判断无端点位移等径、等厚度管道的柔性、大致的应力分布、弹性中心、最大应力点和零力矩线的位置。

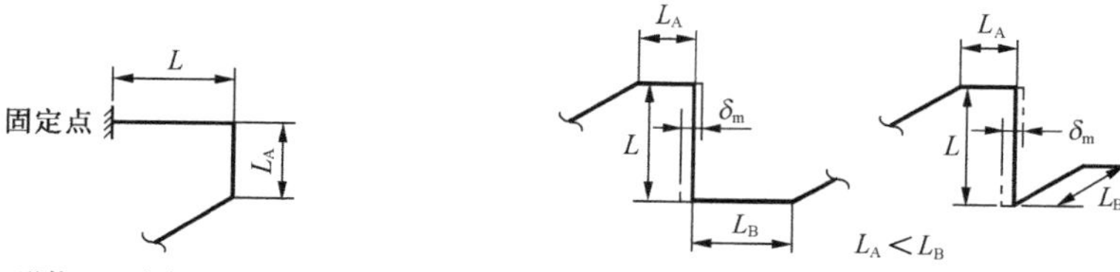
固定点
形状I：L为任一端管段
形状II：L为任一中间管段，其最大位移δ_m在由L和L_A(相邻较短管段)构成的平面内。
$L_A < L_B$

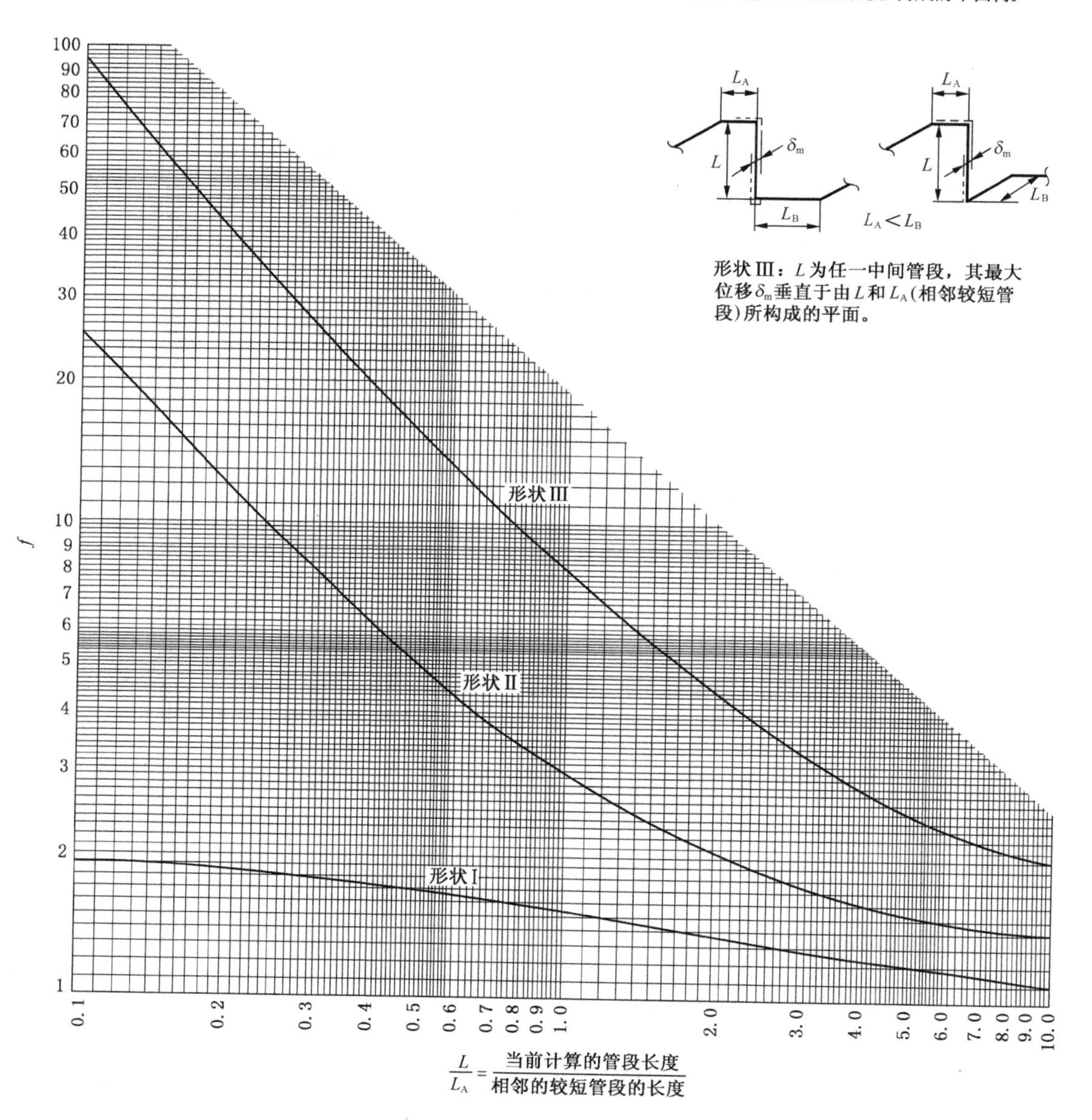
形状III：L为任一中间管段，其最大位移δ_m垂直于由L和L_A(相邻较短管段)所构成的平面。
$L_A < L_B$
形状III
形状II
形状I
f
$\frac{L}{L_A}=\frac{当前计算的管段长度}{相邻的较短管段的长度}$

图 17－3－5　校正系数f图

图 17－3－6 是一个两端固定的平面管系，在热载荷作用下，当其一端的约束全部放松后，该端点就会产生位移，如果要将这个自由端点完全恢复到原来的位置，则需在该点上施加力和力矩，这些力和力矩可表达为一个复原力，其作用线称为推力线即零力矩线，它通过

整个管系的质量中心即弹性中心。零力矩线的位置可以通过弹性中心法计算，但对绝大多数管系来说，用观察法即可得到比较准确的零力矩线为实用起见，列出一些典型管系图形供参考。

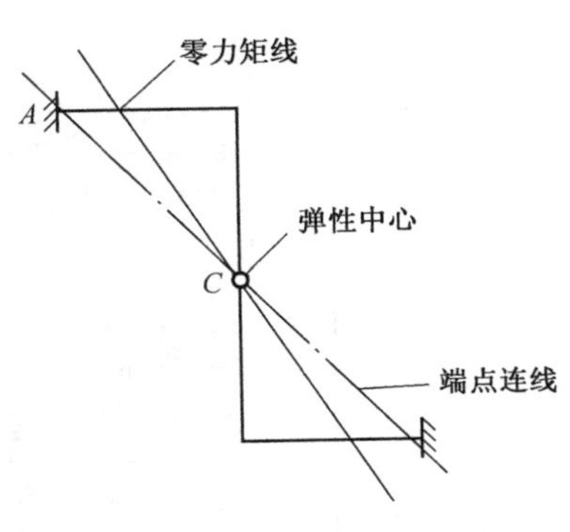

图 17－3－6　平面管系图

图 17－3－7 是 27 个典型简单的平面管道图形。每个图中都用圆点表示弹性中心。对于轴对称弯曲的管道，其零力矩线平行于连接固定点的直线。对于非轴对称的弯曲管道，零力矩线需要以弹性中心为圆心旋转一个角度。图 17－3－7中还对每一种管道弯曲给定了比率 L/d 值。L 表示固定点之间管道的展开长度，d 表示固定点之间的距离，单位为 m。比值 L/d 与表 17－3－4 配合使用是一种确定管道柔性的方便办法。

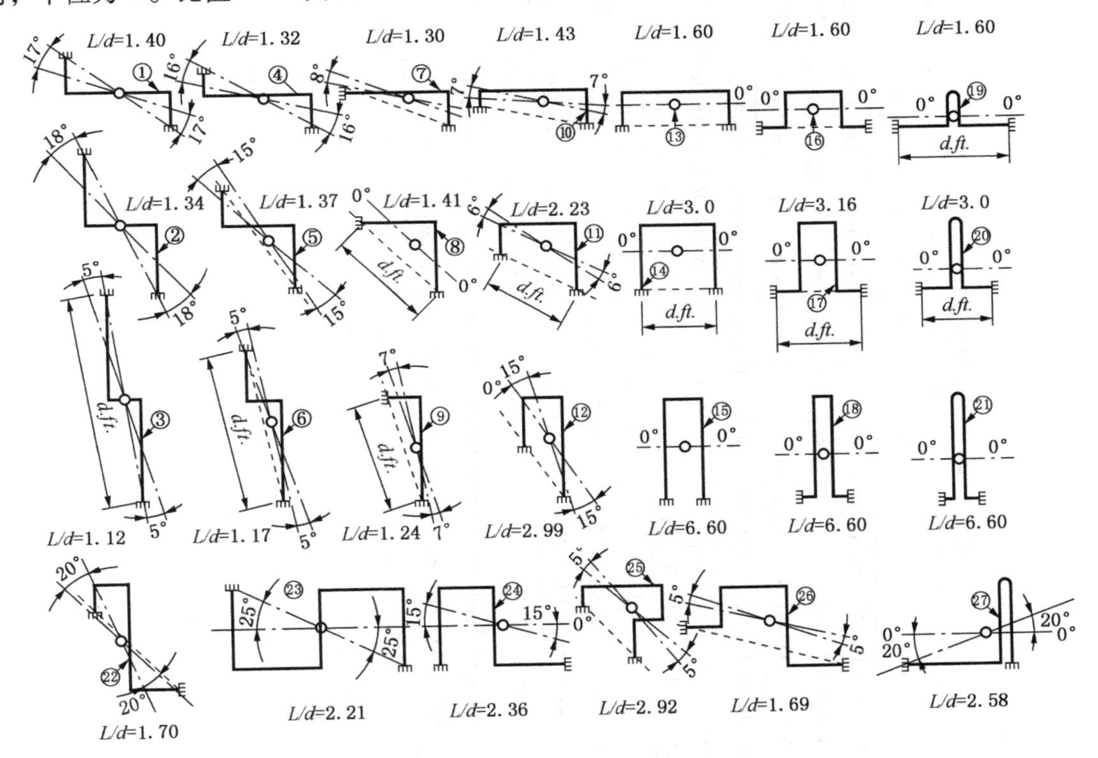

图 17－3－7　27 种平面布置的管子的弯曲受力示例

注：其中 2、3、5、7、8、10、13、16、17、19、23、24、25 和 26 还在图 17－3－8 中表示了其应力分布情况。

要增加管系柔性，应增加 L/d 的比值，并且不能布置成锯齿形。

对于图 17－3－7 中的图形 8 和 13 至 21 的轴对称弯曲管道，所画零力矩线通过弹性中心并平行于固定点的连线。对于图 17－3－7 中的 7、9 至 12 和 24 至 27 不对称弯曲管道，零力矩线通过弹性中心但与固定点的连线成一倾斜角。弹性中心两边的零力矩线两侧管道按重量应处于平衡状态。对大多数图形来说，用这种目测法所测得的零力矩线与固定点的连线的倾斜角在 5°～15°之间。

这种图解方法有助于设计者了解管道的应力分布。零力矩线与管道交点的力矩为零。管道上任意一点与零力矩线的距离愈大，即力臂愈长，弯曲应力愈大。最大应力一般发生在管道的固定端或弯管的拐角处。

表 17-3-4　悬臂导向管段的推力和应力表

DN/mm	管段尺寸		长度 L/m	0.5	1.0	1.5	2.0	2.5	3.0	3.5	4.0	4.5	5.0	5.5	6.0	6.5	7.0	7.5	8.0	8.5	9.0	9.5	10.0
40	D/mm	48	固定点推力/kN	12.21	1.826	0.602	0.272	0.146	0.088	0.057	0.039	0.028	0.021	0.016	0.012								
	S/mm	3.5	固定点应力/MPa	391.1	139.3	74.25	46.64	32.16	23.56	18.03	14.25	11.55	9.556	8.038	6.856								
	J/cm^4	12.19	弯管应力/MPa	623.6	222.1	118.4	74.35	51.27	37.57	28.74	22.72	18.42	15.23	12.81	10.93								
50	D/mm	60	固定点推力/kN	25.56	3.768	1.248	0.568	0.308	0.186	0.121	0.083	0.060	0.044	0.034	0.026								
	S/mm	4.0	固定点应力/MPa	403.2	145.4	79.33	50.83	35.61	26.43	20.43	16.29	13.30	11.07	9.360	8.021								
	J/cm^4	27.72	弯管应力/MPa	688.5	248.2	135.5	86.80	60.80	45.13	34.89	27.81	22.71	18.90	15.98	13.70								
80	D/mm	89	固定点推力/kN	107.8	15.20	4.978	2.271	1.237	0.752	0.493	0.341	0.246	0.184	0.141	0.111								
	S/mm	5.5	固定点应力/MPa	485.5	166.3	91.92	60.10	42.92	32.40	25.43	20.53	16.95	14.25	12.15	10.49								
	J/cm^4	126.3	弯管应力/MPa	834.9	286.0	158.1	103.3	73.81	55.72	43.72	35.31	29.15	24.50	20.90	18.05								
100	D/mm	114	固定点推力/kN	233.1	32.05	10.32	4.679	2.547	1.552	1.021	0.710	0.516	0.387	0.298	0.235								
	S/mm	6.0	固定点应力/MPa	505.6	162.1	89.47	59.27	42.99	32.95	26.22	21.45	17.91	15.22	13.10	11.41								
	J/cm^4	297.7	弯管应力/MPa	996.3	319.4	176.3	116.8	84.72	64.94	51.68	42.27	35.30	29.98	25.82	22.48								
150	D/mm	168	固定点推力/kN	723.8	109.9	34.22	15.16	8.141	4.925	3.230	2.246	1.631	1.226	0.947	0.749	0.603	0.493	0.409	0.343	0.291	0.249	0.215	0.187
	S/mm	7.0	固定点应力/MPa	584.8	169.8	88.20	57.62	41.95	32.49	26.19	21.72	18.39	15.82	13.80	12.16	10.81	9.691	8.743	7.934	7.240	6.630	6.100	5.633
	J/cm^4	1149.4	弯管应力/MPa	1351.5	392.3	203.8	133.2	96.94	75.08	60.53	50.19	42.49	36.57	31.89	28.10	24.99	22.40	20.20	18.33	16.72	15.32	14.10	13.02
200	D/mm	219	固定点推力/kN	1281.6	263.6	82.47	35.97	19.05	11.41	7.425	5.134	3.715	2.786	2.149	1.696	1.366	1.117	0.927	0.779	0.661	0.567	0.489	0.426
	S/mm	8.0	固定点应力/MPa	589.7	192.2	93.63	58.97	42.22	32.49	26.16	21.73	18.47	15.96	13.99	12.39	11.08	9.981	9.052	8.255	7.567	6.967	6.440	5.974
	J/cm^4	2955.5	弯管应力/MPa	1476.0	481.2	234.3	147.6	105.7	81.31	65.48	54.40	46.22	39.95	35.01	31.02	27.73	24.98	22.65	20.66	18.94	17.44	16.12	14.95

注：表中的数值为悬臂导向管段端点横向位移 10mm 的固定点的力和应力，以及弯管应力。

符号说明：

D—管子外径，mm；

S—管子壁厚，mm；

J—管子的惯性矩，cm^4；

DN—管子的公称直径，mm。

续表

DN/mm	管段尺寸		长度 L/m	0.5	1.0	1.5	2.0	2.5	3.0	3.5	4.0	4.5	5.0	5.5	6.0	6.5	7.0	7.5	8.0	8.5	9.0	9.5	10.0
250	D/mm	273	固定点推力/kN	1892.6	560.1	183.9	80.08	42.07	24.99	16.15	11.11	8.005	5.981	4.602	3.626	2.914	2.381	1.974	1.657	1.406	1.205	1.041	0.906
	S/mm	9.5	固定点应力/MPa	543.8	224.2	106.5	64.73	45.30	34.40	27.50	22.76	19.31	16.69	14.63	12.98	11.63	10.50	9.541	8.723	8.015	7.398	6.855	6.374
	J/cm^4	6834.4	弯管应力/MPa	1406.7	579.9	275.5	167.4	117.2	88.98	71.13	58.86	49.94	43.16	37.85	33.58	30.08	27.15	24.68	22.56	20.73	19.14	17.73	16.49
300	D/mm	325	固定点推力/kN	1972.5	851.7	310.7	137.5	72.00	42.48	27.28	18.65	13.37	9.943	7.621	5.985	4.798	3.912	3.238	2.714	2.300	1.969	1.700	1.479
	S/mm	10.0	固定点应力/MPa	432.4	233.9	114.0	67.19	45.75	34.10	26.93	22.12	18.68	16.11	14.11	12.52	11.22	10.15	9.236	8.460	7.789	7.205	6.691	6.236
	J/cm^4	12287	弯管应力/MPa	1214.4	656.8	320.1	188.7	128.5	95.76	75.63	62.12	52.46	45.24	39.64	35.17	31.52	28.49	25.94	23.76	21.88	20.23	18.79	17.52
350	D/mm	351	固定点推力/kN	1996.0	1054.0	421.1	190.4	100.2	59.08	37.87	25.84	18.48	13.73	10.50	8.240	6.597	5.375	4.444	3.722	3.153	2.697	2.327	2.024
	S/mm	11.0	固定点应力/MPa	390.3	248.0	127.6	75.01	50.45	37.19	29.12	23.76	19.97	17.16	14.99	13.27	11.87	10.72	9.749	8.922	8.210	7.590	7.047	6.566
	J/cm^4	16996	弯管应力/MPa	1027.8	653.0	336.1	197.5	132.9	97.92	76.67	62.57	52.59	45.18	39.47	34.94	31.27	28.23	25.67	23.49	21.62	19.99	18.56	17.29
400	D/mm	402	固定点推力/kN	2516.5	1582.5	708.2	331.6	176.0	103.9	66.49	45.26	32.01	23.94	18.28	14.32	11.45	9.316	7.694	6.438	5.448	4.657	4.016	3.491
	S/mm	13.0	固定点应力/MPa	358.7	261.3	145.0	85.78	57.11	41.62	32.28	26.15	21.86	18.70	16.29	14.39	12.85	11.59	10.53	9.632	8.860	8.189	7.602	7.084
	J/cm^4	30085	弯管应力/MPa	924.8	673.8	374.0	221.2	147.3	107.3	83.23	67.44	56.37	42.01	42.01	37.11	33.15	29.89	27.16	24.84	22.85	21.12	19.60	18.26
450	D/mm	450	固定点推力/kN	2618.6	1905.6	976.4	482.3	260.3	154.3	98.73	67.08	47.77	35.31	26.91	21.03	16.78	13.63	11.23	9.390	7.936	6.776	5.838	5.070
	S/mm	14.0	固定点应力/MPa	307.5	250.2	152.8	92.30	61.06	43.98	33.74	27.10	22.50	19.15	16.62	14.64	13.05	11.75	10.66	9.746	8.961	8.282	7.688	7.165
	J/cm^4	45615	弯管应力/MPa	812.4	660.9	403.7	243.8	161.3	116.2	89.13	71.58	59.43	50.59	43.90	38.66	34.47	31.03	28.17	25.75	23.67	21.88	20.31	18.93
500	D/mm	500	固定点推力/kN	2722.8	2192.3	1277.0	673.2	372.5	222.7	142.8	96.97	68.95	50.87	38.69	30.17	24.03	19.49	16.04	13.39	11.30	9.637	8.294	7.196
	S/mm	15.0	固定点应力/MPa	266.5	233.6	157.0	98.34	65.20	46.58	35.39	28.18	23.23	19.66	16.98	14.91	13.25	11.91	10.79	9.854	9.053	8.362	7.760	7.231
	J/cm^4	67267	弯管应力/MPa	722.4	633.3	425.7	266.6	176.7	126.3	95.94	76.38	62.67	53.30	46.04	40.41	35.93	32.28	29.26	26.71	24.54	22.67	21.04	19.60

如图 17－3－7 中所示的部分平面管道，在图 17－3－8 中给出了相应的应力分布图。

按表 17－3－5 所列相应的管道尺寸，固定点距离（d）和工作温度（按碳钢钢管）对照所推荐的管道布置的 L/d 值，就能检验管道的柔度是否足够。如果一种管道布置的 L/d 值等于或大于表中所列的数值，那么按应力分析可能表明它具有足够的柔度，反之，如果小于表中所列的数值，这种管道布置的刚性太大，需要增加管道长度。

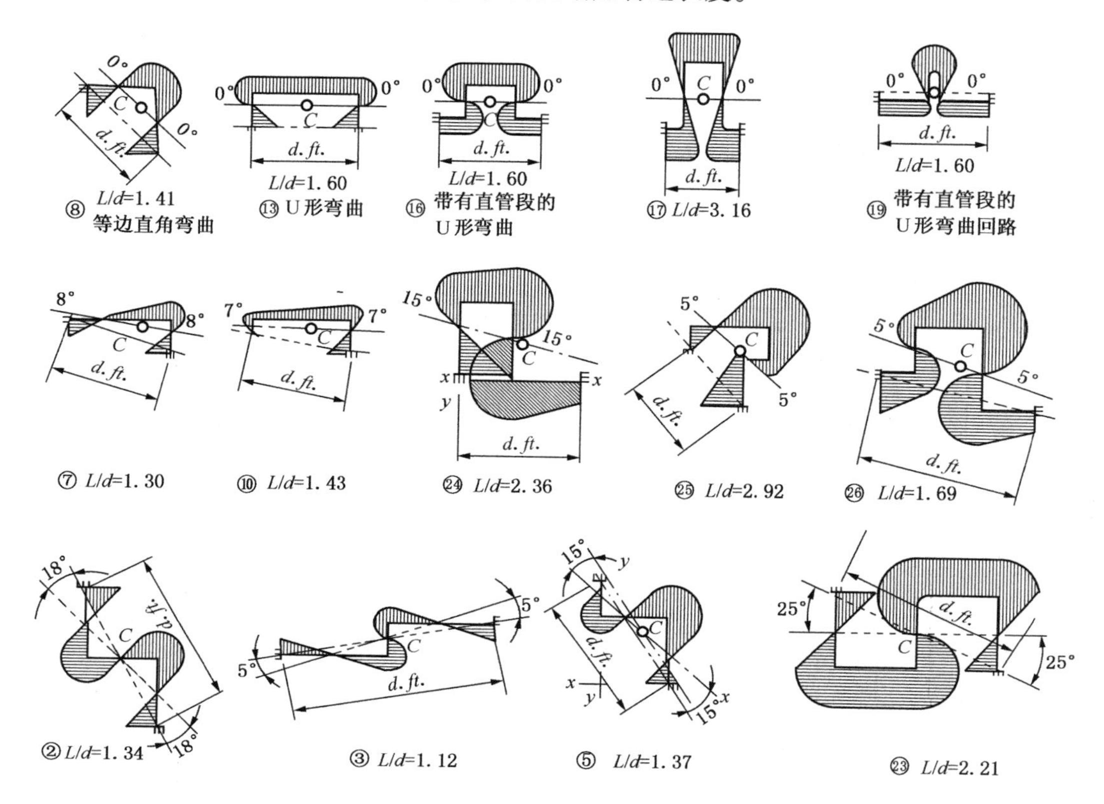

图 17－3－8　管道应力分布图

表 17－3－5　比值 L/d

管子工作温度/℃	当量管道热膨胀量 Δ/cm	固定点之间的距离 d/m	几种公称管径(mm)的比值 L/d					
			DN80	DN100	DN150	DN200	DN250	DN300
150	0.46	3.050	1.50	1.55	1.65	1.75	1.80	1.90
	0.68	4.57	1.43	1.46	1.55	1.63	1.68	1.78
	0.91	6.1	1.35	1.36	1.45	1.50	1.55	1.65
	1.04	7.62	1.31	1.33	1.41	1.47	1.51	1.59
	1.4	9.1	1.27	1.30	1.37	1.44	1.47	1.53
	1.85	12.2	1.23	1.25	1.32	1.38	1.40	1.45
	2.31	15.2	1.20	1.24	1.28	1.32	1.36	1.40
	2.77	18.31	1.18	1.22	1.25	1.30	1.32	1.35
	3.23	21.3	1.17	1.20	1.24	1.29	1.30	1.34
	3.71	24.4	1.16	1.19	1.21	1.27	1.29	1.32
	4.17	27.4	1.16	1.18	1.21	1.25	1.27	1.30
	4.62	30.5	1.14	1.17	1.23	1.26	1.26	1.28

续表

管子工作温度/℃	当量管道热膨胀量 Δ/cm	固定点之间的距离 d/m	几种公称管径(mm)的比值 L/d					
			*DN*80	*DN*100	*DN*150	*DN*200	*DN*250	*DN*300
200	0. 60	3. 05	1. 60	1. 70	1. 80	1. 90	2. 00	2. 10
	1. 04	4. 57	1. 50	1. 58	1. 68	1. 78	1. 85	1. 95
	1. 27	6. 1	1. 40	1. 45	1. 55	1. 75	1. 70	1. 80
	1. 73	7. 62	1. 35	1. 43	1. 50	1. 59	1. 64	1. 72
	2. 06	9. 1	1. 30	1. 38	1. 45	1. 53	1. 57	1. 63
	2. 74	12. 2	1. 27	1. 35	1. 42	1. 45	1. 53	1. 55
	3. 43	15. 24	1. 24	1. 27	1. 34	1. 40	1. 44	1. 50
	4. 11	18. 3	1. 23	1. 26	1. 31	1. 37	1. 42	1. 45
	4. 8	21. 3	1. 21	1. 24	1. 30	1. 34	1. 37	1. 41
	5. 49	24. 4	1. 20	1. 23	1. 27	1. 32	1. 35	1. 39
	6. 17	27. 4	1. 18	1. 22	1. 26	1. 30	1. 33	1. 37
	6. 86	30. 5	1. 17	1. 20	1. 24	1. 28	1. 31	1. 34
260	0. 91	3. 05	1. 70	1. 80	1. 90	2. 10	2. 20	2. 23
	1. 37	4. 57	1. 58	1. 65	1. 78	1. 93	2. 00	2. 07
	1. 83	6. 1	1. 45	1. 50	1. 65	1. 75	1. 80	1. 90
	2. 31	7. 62	1. 41	1. 47	1. 56	1. 68	1. 74	1. 82
	2. 77	9. 1	1. 37	1. 44	1. 47	1. 60	1. 67	1. 73
	3. 68	12. 2	1. 32	1. 37	1. 45	1. 52	1. 58	1. 63
	4. 6	15. 2	1. 28	1. 32	1. 40	1. 46	1. 52	1. 56
	5. 51	18. 3	1. 27	1. 30	1. 37	1. 42	1. 47	1. 52
	6. 43	21. 3	1. 24	1. 27	1. 34	1. 38	1. 43	1. 57
	7. 37	24. 4	1. 22	1. 26	1. 32	1. 37	1. 41	1. 45
	8. 28	27. 4	1. 21	1. 24	1. 31	1. 34	1. 39	1. 42
	9. 2	30. 65	1. 20	1. 23	1. 30	1. 33	1. 36	1. 40
315	1. 17	3. 05	1. 80	1. 90	2. 00	2. 20	2. 30	2. 40
	2	4. 57	1. 65	1. 75	1. 85	2. 03	2. 13	2. 20
	2. 34	6. 1	1. 50	1. 60	1. 70	1. 85	1. 95	2. 00
	2. 92	7. 62	1. 45	1. 53	1. 65	1. 76	1. 86	1. 92
	3. 51	9. 1	1. 40	1. 47	1. 60	1. 67	1. 77	1. 83
	4. 61	12. 2	1. 35	1. 43	1. 50	1. 57	1. 65	1. 70
	5. 84	15. 2	1. 32	1. 38	1. 46	1. 52	1. 58	1. 64
	7. 41	18. 3	1. 26	1. 37	1. 42	1. 46	1. 53	1. 58
	8. 18	21. 3	1. 25	1. 31	1. 38	1. 44	1. 49	1. 54
	9. 35	24. 4	1. 24	1. 28	1. 35	1. 42	1. 46	1. 50
	10	27. 4	1. 23	1. 27	1. 33	1. 38	1. 42	1. 46
	11. 68	30. 5	1. 22	1. 26	1. 32	1. 37	1. 41	1. 45
370	1. 42	3. 05	1. 80	1. 90	2. 10	2. 30	2. 50	2. 60
	2. 18	4. 57	1. 70	1. 78	1. 95	2. 10	2. 25	2. 35
	2. 87	6. 1	1. 60	1. 65	1. 80	1. 90	2. 00	2. 10
	3. 58	7. 62	1. 54	1. 59	1. 74	1. 80	1. 93	2. 00
	4. 3	9. 1	1. 47	1. 53	1. 67	1. 70	1. 86	1. 90
	5. 72	12. 2	1. 40	1. 45	1. 57	1. 67	1. 73	1. 78
	7. 16	15. 2	1. 36	1. 40	1. 50	1. 58	1. 64	1. 70
	8. 58	18. 3	1. 33	1. 35	1. 46	1. 52	1. 58	1. 65
	10. 62	21. 3	1. 30	1. 34	1. 43	1. 50	1. 56	1. 62
	11. 43	24. 4	1. 28	1. 33	1. 39	1. 45	1. 51	1. 55
	12. 88	27. 4	1. 27	1. 30	1. 37	1. 42	1. 48	1. 52
	14. 3	30. 5	1. 25	1. 29	1. 35	1. 40	1. 45	1. 50

续表

管子工作温度/℃	当量管道热膨胀量 Δ/cm	固定点之间的距离 d/m	几种公称管径(mm)的比值 L/d					
			DN80	DN100	DN150	DN200	DN250	DN300
425	1.7	3.05	1.90	2.00	2.20	2.40	2.60	2.70
	2.57	4.57	1.75	1.85	2.04	2.20	2.35	2.45
	3.4	6.1	1.60	1.70	1.85	2.00	2.10	2.20
	4.52	7.62	1.55	1.64	1.78	1.90	2.00	2.10
	5.1	9.1	1.50	1.57	1.70	1.80	1.90	2.00
	6.8	12.2	1.42	1.50	1.60	1.70	1.78	1.85
	8.5	15.2	1.38	1.42	1.54	1.62	1.70	1.76
	10.21	18.3	1.35	1.40	1.50	1.56	1.63	1.70
	11.91	21.3	1.33	1.38	1.46	1.53	1.59	1.66
	13.6	24.4	1.30	1.35	1.42	1.50	1.55	1.60
	15.31	27.4	1.29	1.33	1.40	1.47	1.52	1.57
	17	30.5	1.27	1.31	1.38	1.44	1.50	1.54

如果在管道布置规划时，对每种平面弯曲管道找出其弹性中心，并画出零力矩线。这样，不仅能找出最大弯曲应力点的位置，而且，对顺利通过详细应力分析是大有好处的，它还常常能够对管道布置提出增加管系柔性的改进意见，而不必增加管道总长。知道了零力矩线的位置，就可以在现场提出焊接接头、法兰、阀门和管子吊架在管道系统上的最佳安装位置。法兰等连接件应尽可能位于弯曲应力小的位置，弯曲应力过大，可能造成法兰泄漏。

比较图 17－3－7 和图 17－3－8 中的管道图形⑬、⑯和⑲，这三种布置具有相同的 L/d 值，我们可以假定管道具有同样的壁厚及几何尺寸。并且，支承点的距离相同。

U 形管道⑬的弹性中心和零力矩线距离固定点连线最远，其最大的力臂长度是在固定端。如果不考虑弯管的柔性系数和应力加强系数，固定端是产生最大弯曲应力的地方。

U 形管道⑯的固定点连线和顶部直管与零力矩线距离相等，弯曲应力也相等，柔性和受力情况良好。U 形管道⑲在其上部有 1.5*DN* 的对焊 180°弯头，零力矩线距离固定点的连线最近的弯曲应力较小，但在上部的 180°弯头处弯曲应力最大。

上述表明，即使在 L/d 值相同的情况下，由于管道的不同布置而引起的轴向推力和弯曲应力也有不少差别。

表 17－3－5 在 L/d 值的基础上，为设计者提供了各种管道布置的所需管道长度，这种方法有助于管道规划阶段。确定管道的最小近似长度 L 值。一般说来，保证该长度，就可以得到足够的管道柔性，其弯曲应力将下降到允许的范围内。

四、图　表　法

利用图表可以迅速对管系的柔性进行初步的判断，以确定补偿器的尺寸，必要时再依据给定的尺寸进行详细的计算机分析。下面给出 L 形及 U 形补偿器的图表。L 形补偿器未考虑弯管的柔性系数和应力加强系数。U 形补偿器考虑了上述系数，用于水平布置的补偿器，其结果与详细分析法出入不大，对于垂直布置的 U 形补偿器，如果支架用恒力弹簧其出入也不大，用一般支架则有一定的误差。

1. L形管系图表

（1）两端固定，端点无位移

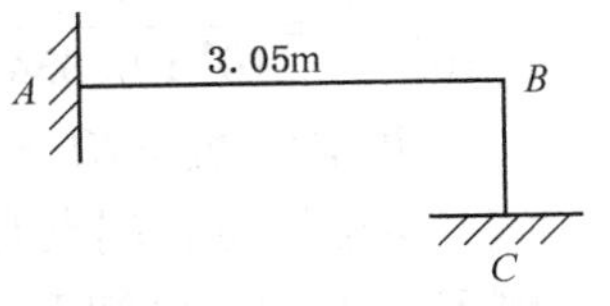

例题图 17－3－2　管道示意图

例 17－3－2　已知一L形管系，$DN100$，碳素钢无缝钢管，设计温度为276℃，许用应力范围 $\sigma_A=163\text{MPa}$。求 BC 段的长度。

解： 碳钢由20℃升至276℃时的单位线胀量 $e=0.334\text{cm/m}$。由图17－3－9可查得。

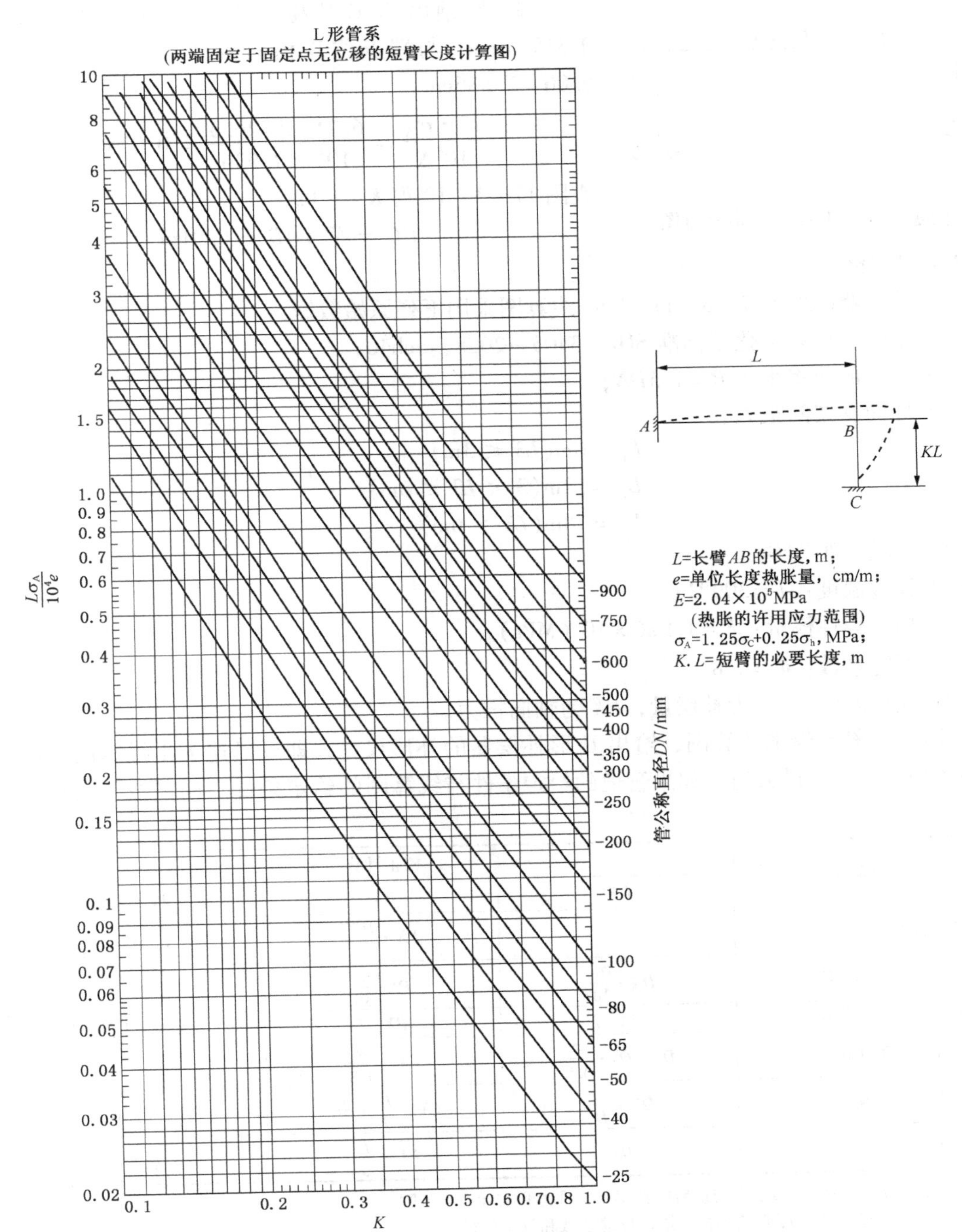

图 17－3－9　确定90°L形管系(两端固定)短臂长度的算图

当$\frac{L \cdot \sigma_A}{10^4 \cdot e}=\frac{3.05 \times 163}{10^4 \times 0.334}=0.148$时，$K=0.59$

∴　BC段长度$=KL=0.59 \times 3.05=1.8\text{m}$

（2）两端固定，端点有位移

例17－3－3　已知L形管系的$AB=6.71\text{m}$，端点位移$\Delta=5.06\text{cm}$，$DN150$碳素钢无缝钢管设计温度305℃，许用应力范围$\sigma_A=126.5\text{MPa}$，求：BC段长度。

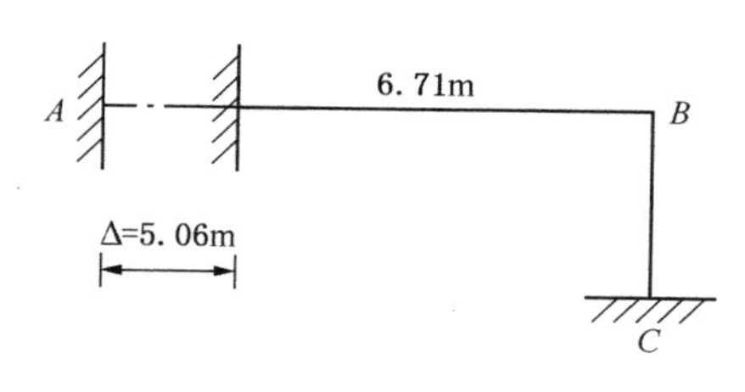

例题图17－3－3　管道示意图

解：碳钢由20℃升高至305℃的单位线胀量为0.369cm/m，与端点位移相加得$\Delta=0.369 \times 6.71+5.06=7.536\text{cm}$。

$$\frac{L^2 \cdot \sigma_A}{10^4 \Delta}=\frac{6.71^2 \times 126.5}{10^4 \times 7.536}=0.0756$$

查图17－3－10得$K=1.03$

$$BC=K \times AB=6.91\text{m}$$

2. U形补偿器

U形补偿器（如图17－3－11所示）线算图采用下列原始数据：

（1）钢管选用石油化工标准SH/T 3405—2008，Sch40；

（2）弯头的曲率半径$R=1.5DN$；

（3）导向支架间距L_1：

$$L_1=6\text{m}(L3 \leqslant 3\text{m})$$

$$L_1=12\text{m}(3<L3 \leqslant 6\text{m})$$

$$L_1=18\text{m}(L3>6\text{m})$$

（4）材质：20号钢；

（5）计算温度：$T=300$℃；

（6）杨氏弹性模量：$E=1.926 \times 10^5$（MPa）；

（7）焊缝系数：$\phi=0.8$；

（8）线算图中：DX为补偿量，PX为轴向推力。

利用U形补偿器的线算图，给出U形补偿器的外形尺寸，即可迅速求出线算图的给定条件下的DX和PX最大值，如果管道的给定条件与线算图的给定条件不同可按下表进行校正计算：

改变的条件	校正计算公式		
	DX'	PX'	说　明
实际热胀量$DX'<DX$		$PX \cdot \frac{DX'}{DX}$	$\sigma'_A=\sigma_A \cdot \frac{DX'}{DX}$
实际温度不等于300℃	$DX \cdot \frac{\sigma'_A}{188}$	$PX\frac{\sigma_A}{188}$	
热胀循环次数大于7000次	$DX \cdot f$	$PX \cdot f$	f为小于1的系数
焊缝系数不等于0.8	$DX \cdot \phi' \cdot \frac{\phi}{0.8}$	$PX \cdot \frac{\phi}{0.8}$	
管径D有少量变化	$DX \cdot \frac{D}{D'}$	$PX \cdot \frac{J'}{J} \cdot \frac{D}{D'}$	近似值
管壁厚度少量变化	DX	$PX \cdot \frac{J'}{J}$	近似值

注：1. 式中DX'、PX'和σ'_A为校正后的补偿量，推力和实际应力范围。

2. J'、ϕ'和D'为实际管道的惯性矩，焊缝系数和管子外径。

3. 管径和壁厚变化的校正未考虑弯管柔性系数和应力加强系数的改变因此为近似值。

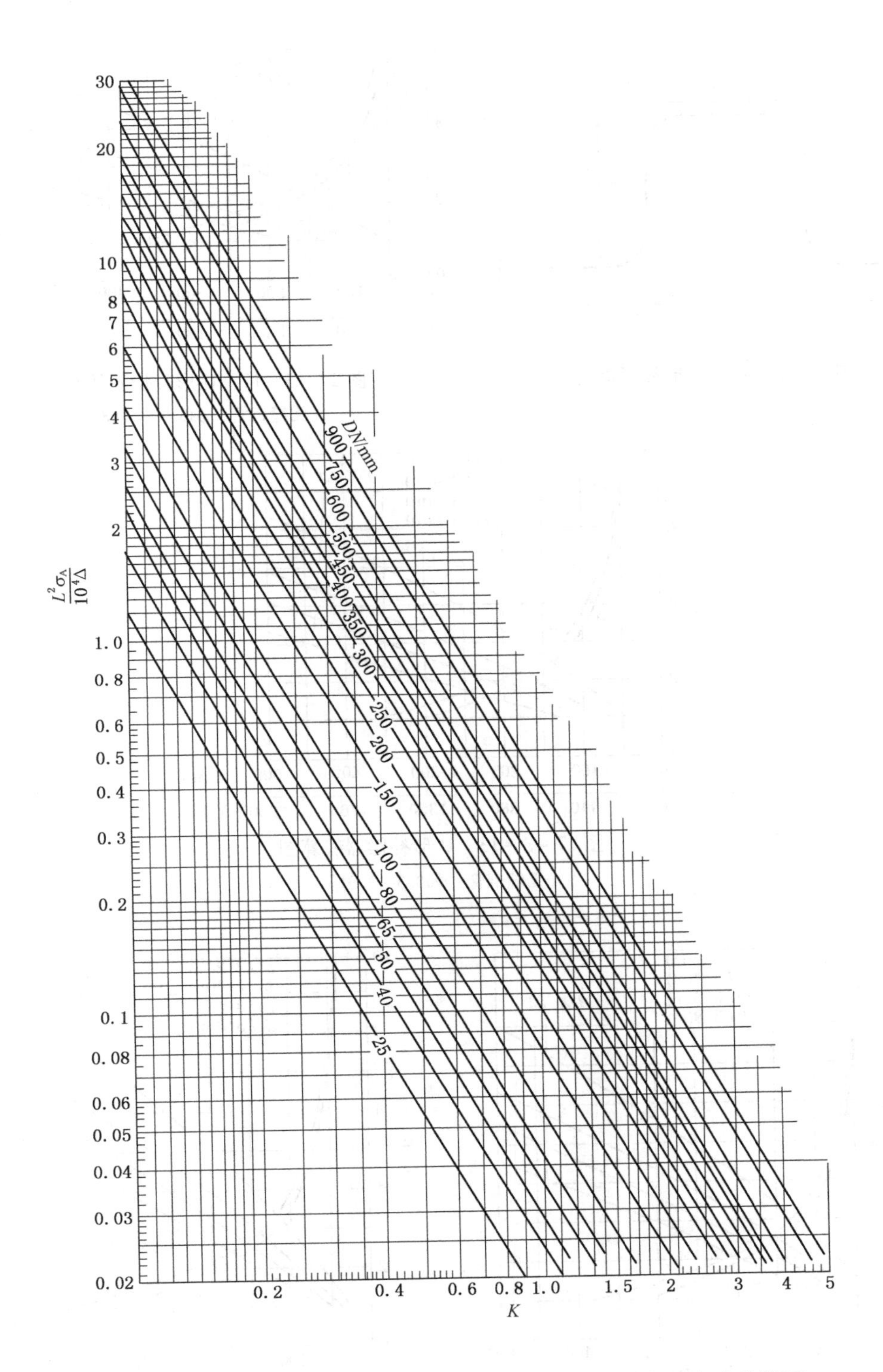

图 17－3－10　L 形管系（两端固定于一固定点有位移时）短臂长度的算图

图中：L—AB 的长度，m；Δ—固定点 A 的位移量，cm；

$E=2.04\times10^5$ MPa；$\sigma_A=1.25\sigma_c+0.25\sigma_h$ MPa

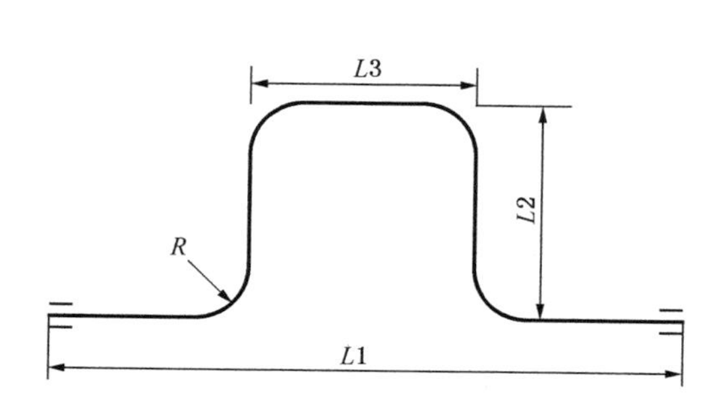

图 17－3－11　U 形补偿器

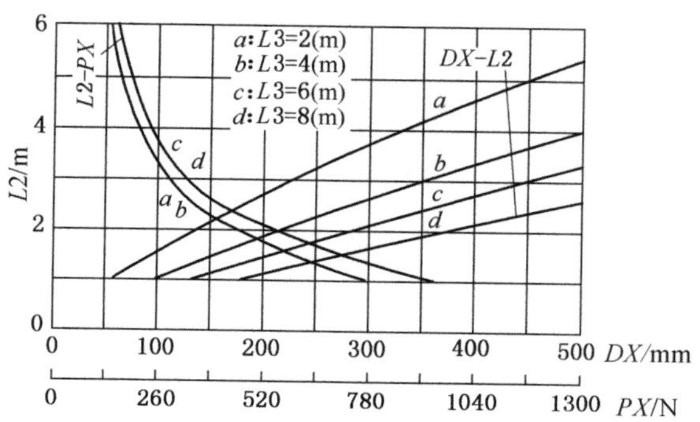

图 17－3－12　U 形补偿器线算图
（无缝钢管：ϕ48.3×3.68）

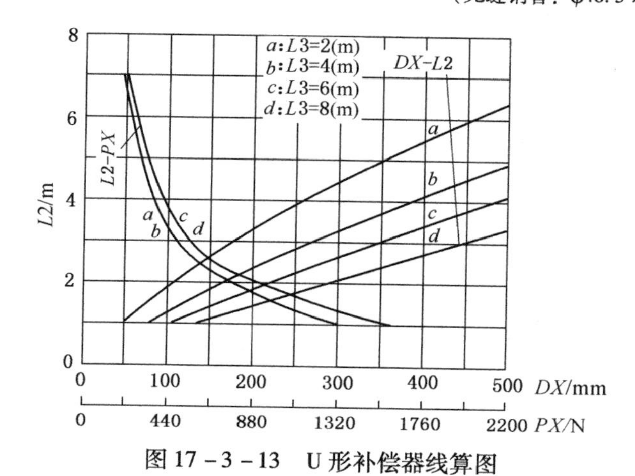

图 17－3－13　U 形补偿器线算图
（无缝钢管：ϕ60.3×3.91）

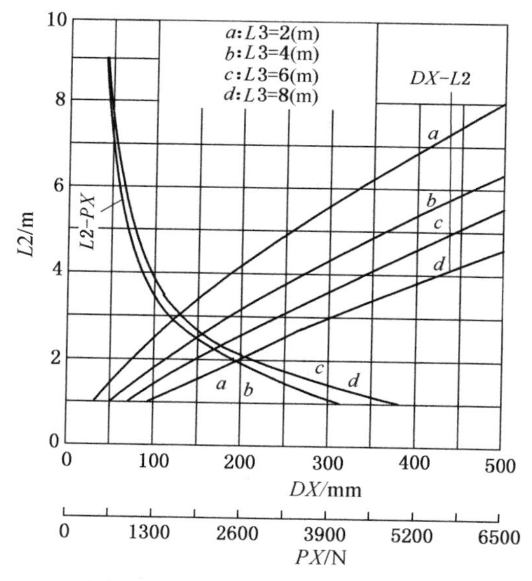

图 17－3－14　U 形补偿器线算图
（无缝钢管：ϕ88.9×5.49）

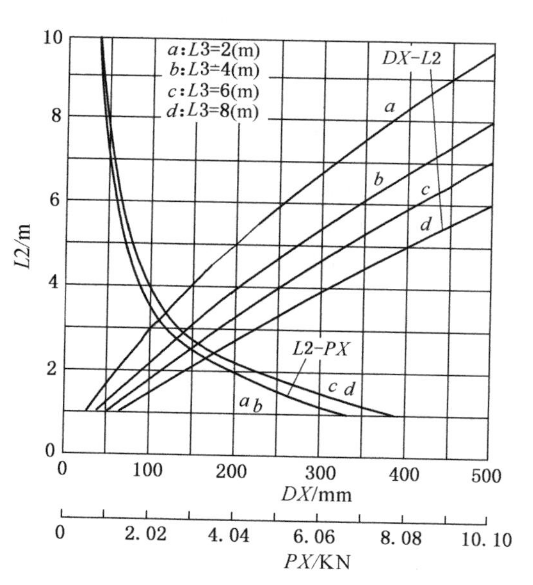

图 17－3－15　U 形补偿器线算图
（无缝钢管：ϕ114.3×6.02）

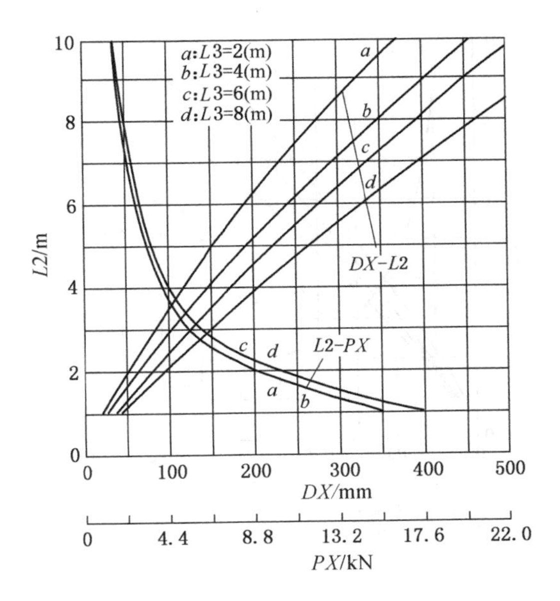

图 17-3-16　U 形补偿器线算图

（无缝钢管：ϕ168.3×7.11）

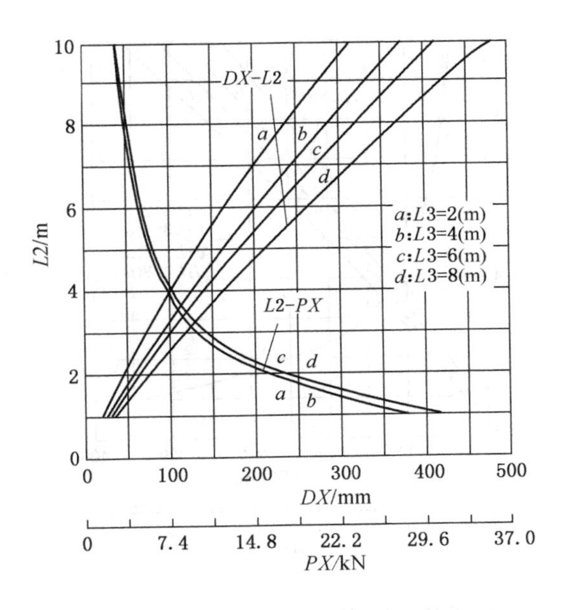

图 17-3-17　U 形补偿器线算图

（无缝钢管：ϕ219.1×8.18）

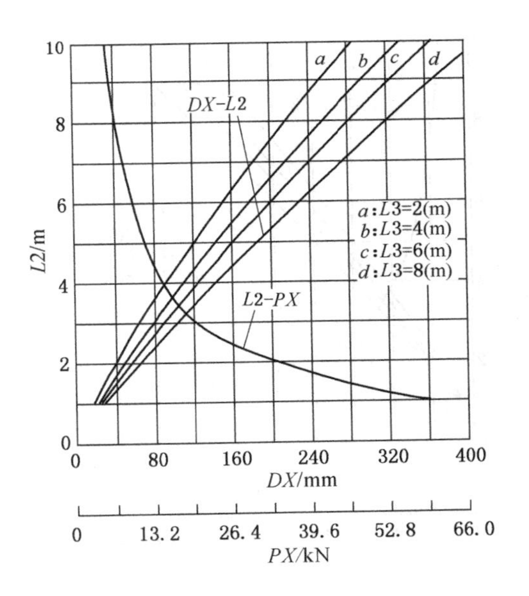

图 17-3-18　U 形补偿器线算图

（无缝钢管：ϕ273×9.27）

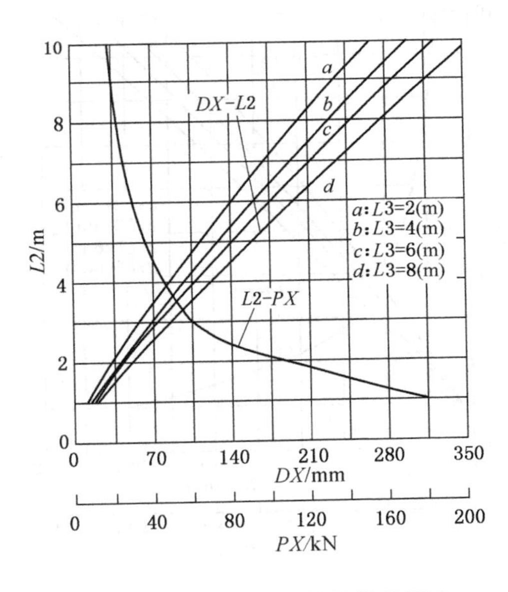

图 17-3-19　U 形补偿器线算图

（无缝钢管：ϕ323.8×10.31）

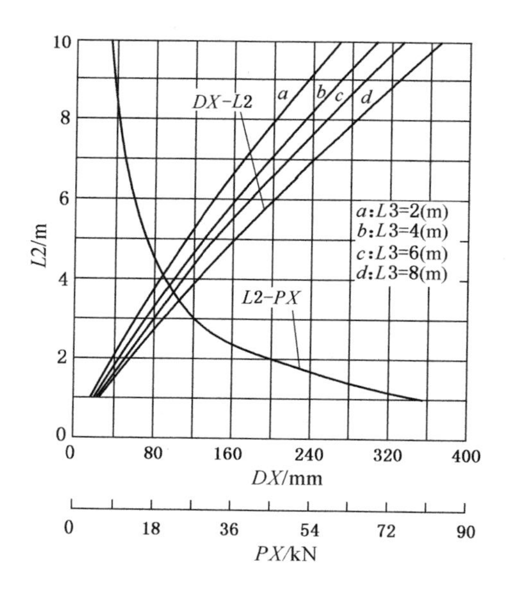

图 17-3-20　U 形补偿器线算图

（无缝钢管：ϕ355.6×11.13）

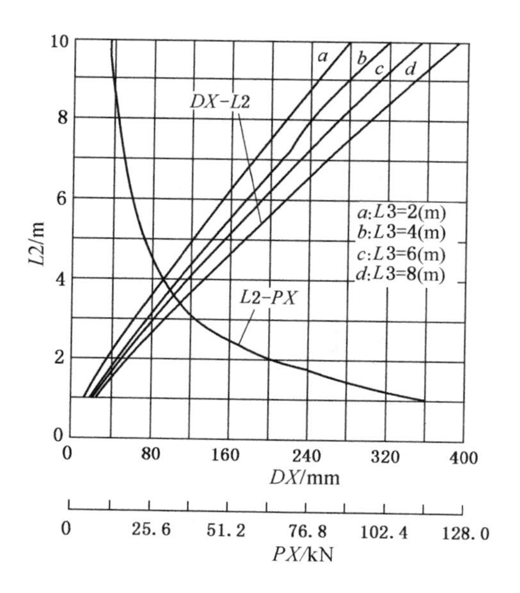

图 17-3-21　U 形补偿器线算图

（无缝钢管：ϕ406.4×12.7）

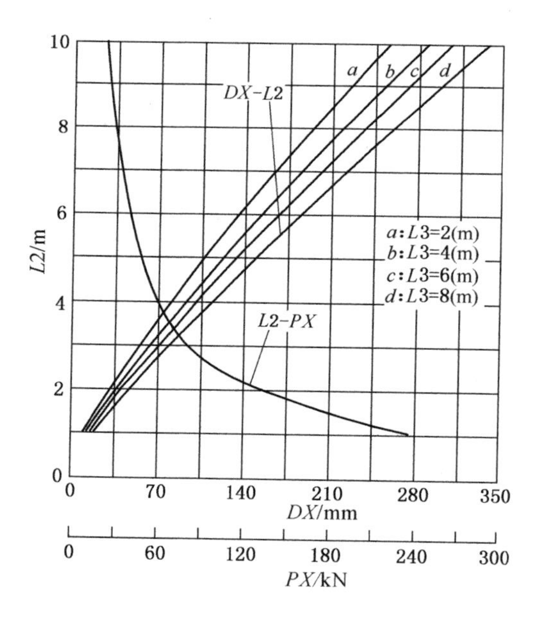

图 17-3-22　U 形补偿器线算图

（无缝钢管：ϕ457×12.27）

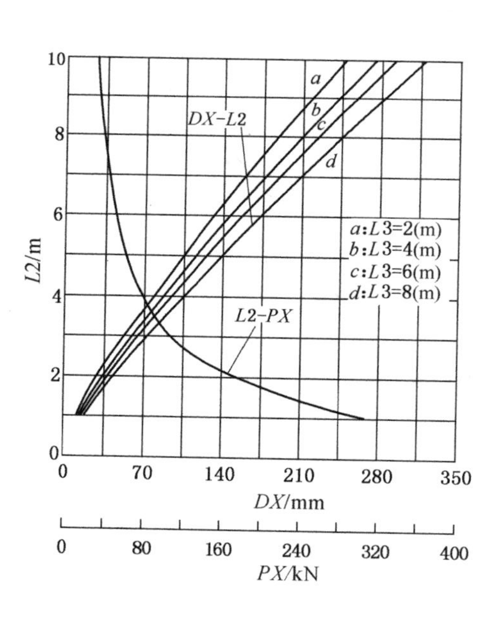

图 17-3-23　U 形补偿器线算图

（无缝钢管：ϕ508×15.09）

例 17－3－4　某管系 $\phi 219.1\times8.18$，20 号钢，操作温度 300℃，U 形补偿器 $L_2=4\text{m}$，$L_3=4\text{m}$，求最大补偿量。

解：查线算图 17－3－17，$DX=125\text{mm}$。

例 17－3－5　同上题求冷态和热态对固定点的推力。

解：查线算图 17－3－17，$PX=7.3\text{kN}$

管道未冷紧 $c=0$。

热态推力 $P_h=(1-2/3\cdot c)\times\dfrac{E_h}{E_c}\times P_x$

$$=\frac{1.785}{1.926}\times7.3=6.77\text{kN}$$

冷态推力 $c_1=1-\dfrac{\sigma_h}{\sigma_A}\cdot\dfrac{E_c}{E_h}=1-\dfrac{101}{188}\cdot\dfrac{1.926}{1.785}=0.42$

$$P_c=c_1\times P_x=0.42\times7.3=3.07\text{kN}$$

例 17－3－6　同上题，设操作温度为 450℃，冷紧 70%，求最大补偿量和冷热态轴向推力。

解：

$$D_x=125\cdot\frac{178}{188}=118.4\text{mm}$$

$$P_x=7.3\cdot\frac{178}{188}=6.91\text{kN}$$

$$P_h=7.3\times\left(1-\frac{2}{3}\cdot0.7\right)\times\frac{1.471}{1.926}=2.97\text{kN}$$

$$c=0.7\quad c_1=1-\frac{61}{188}\cdot\frac{1.926}{1.471}=0.55\quad c>c_1$$

$$P_c=7.3\times0.7=5.11\text{kN}$$

例 17－3－7　同上题，设管内操作压力为 1.175MPa，支架跨距为 8m，求允许的最大补偿量及冷热态轴向推力。

解：内压轴向应力 σ_1

$$\sigma_1=\frac{P[D-(S-C)]}{4(s-c)}=\frac{1.175\times[219.1-(8.18-2)]}{4\times(8.18-2)}=10.12\text{MPa}$$

管子及保温等每米质量 67kg/m。

自重弯矩 $M=\dfrac{1}{12}ql^2=\dfrac{1}{12}\times67\times8^2\times9.81=3505.4\text{N}\cdot\text{m}$

自重应力 $\sigma_2=\dfrac{3505.4}{W}=\dfrac{3505.4}{269}=13.03\text{MPa}$

许用应力范围 $\sigma_A=1.25(130+61)-23.46=215.29\text{MPa}$

最大补偿量 $D_x=125\times\dfrac{215.29}{188}=143.14\text{mm}$

最大补偿量下的弹性力

$$P_x=7.3\times\frac{215.29}{188}=8.36\text{kN}$$

热态推力：$P_h=8.36\times\left(1-\dfrac{2}{3}\times0.7\right)\times\dfrac{1.471}{1.926}=3.41\text{kN}$

冷态推力：$P_c = 0.7 \times 8.36 = 5.85\text{kN}$

例 17－3－8 同上题管道实际膨胀量为50mm，不冷紧，求冷态与热态的轴向推力。

解： 热态推力：$P_h = 7.3 \times \dfrac{50}{125} \times \dfrac{1.471}{1.926} = 2.23\text{kN}$

$$c_1 = 0.575$$

冷态推力：$P_c = 7.3 \times \dfrac{50}{125} \times 0.575 = 1.68\text{kN}$

五、PC－1500 简易二次应力计算程序

除了利用图表和判断法等以外，还可以在袖珍计算器上编制简单管系的热应力计算程序。由于受袖珍计算器硬件条件的限制，这种应力计算程序只进行无分支管系的计算，略去了自重和分支等因素。然而，在程序所规定的计算范围内，其计算结果是精确的解析解。本手册给出这种程序的应用范围和使用方法源程序见本章末附录。程序可在 PC－1500 袖珍计算器上运行。

（一）应用范围

本程序可计算两端固定，中间无约束的无分支管系的热胀应力和端点推力，即程序中没有考虑自重和支吊架，计算管系可以是空间任意走向，管系可由多种截面多种弯头半径构成，并可含有阀门等刚性元件，由于程序仅计算由热胀及端点位移引起的二次应力，故用许用应力范围来判断管系的可靠性。

（二）使用方法

1. 原始数据

（1）节点编号与坐标系

整条管道被分成不同的直管段和弯管段，在所有直管段与弯管段结合处编节点号。管段的须序号由 0 号开始，因此所有直管段顺序号为 0、2、4 等偶数，而弯管段为 1、3、5 等奇数，如果两直管段为方向不变的两段直线，则弯管角度为 0，但其仍占用一个编号，如果管道有几个直段，管道最末一个段号为 $M=(n-1)\times 2$。

管道的始端和末端必须是直管段，且弯管与弯管之间必须有直管段，假如实际管道情况不是这样，则应加上一长度足够小的直管段，例如 0.001m。管段或管段投影与坐标轴的方向相同时取正号，相反时取负号，当管道系统中各管段均平行于 X、Y、Z 轴，输入管段标记为 1、2、3 时，只要求给出管段长度即可，如果管段标记为 4、5、6 时，则要求给出管段在 X、Y、Z 三坐标轴的投影长度。

（2）管段柔度因素改变的描述

如果管段的柔度因素有所改变，即管子外径，壁厚和弯管半径等其中一个或几个与基本数据不同时，则管段标记 6。在计算管段实长，柔度矩阵与结点应力之前要求输入管子外径（DU）、直管壁厚（TU）、弯管壁厚（EU）和弯管半径（RU）。如果弯管半径改变，需将改变管前一段直管段分为两段进行计算，弯管前这一段的管标记为 6，即在这一段计算中要求输入 DU、TU、EU 和 RU，以便计算此管段的实长。

管径的改变需位于直管段上，其分界线建议取大小头的中心，即一半按大管径计算，另一半按小管径计算。

（3）冷紧

为了简化计算，程序中采用输入冷紧比的方法考虑冷紧，并且假定三个方向的冷紧比相

同，如果无冷紧则冷紧比为0。

2. 原始数据的输入

（1）基本数据

在RUN状态下按DEF A键，显示屏出现SI $=。此时输入计量单位：

① 输入Y为法定计量单位；

② 输入N为公制计量单位。

描述管道的坐标系为三维直角坐标系。坐标系原点为管道的起始点。

（2）管段标记

① 表示管段平行于X轴；

② 表示管段平行于Y轴；

③ 表示管段平行于Z轴；

④ 表示管段为斜走向；

⑤ 表示刚性管段；

⑥ 柔度因素变更标记。

（3）管段的坐标描述

管段长度及其投影长度取两直线延长线交点之间的长度及其在X、Y、Z三坐标轴的投影长度，输入管道长度时，应沿管道逐段前进，然后按照提示，D_T=（管子外径）、S_T=（直管壁厚）、E_T=（弯管壁厚）……依次输入数据，直至基本数据输入完毕。

（4）管段数据

当基本数据输入完毕后，屏幕继续提示输入管段数据。

$$B_1(\mathrm{I})=\begin{cases}\text{输入1、2、3，则提示 C(I)=，输入管段长度；}\\ \text{输入4、5、6，则提示 D2(I, 0)，D2(I, 1)，D2(I, 2)；}\\ \text{分别输入管段的 } X\text{、}Y\text{、}Z \text{ 三个方向的投影。}\end{cases}$$

原始数据输入完毕后，程序打印出所有输入数据供检查用。

（5）计算

按DEF B即开始进行计算，如果管段标记为6，则在计算该管段时中途停机显示DU=，TU=，EU=，RU=，依次输入直管外径，直管壁厚，弯管壁厚和直管段后的弯曲半径，如果管段标记为6，而实际DU，TU，EU和RU并无变化时，直接按回车继续运算。

在输出应力过程中，遇到柔度因素改变的管段时，程序再次中断前提问DU，TU，EU和RU，此时重复上述的输入即可。

3. 计算结果

计算结果中包括每个管段两端的二次应力值以及冷态和热态下管系对首末两端点的推力和力矩。

在直管与弯管连接处打印两个应力值：一个为直管应力，未考虑应力加强系数；另一个为弯管应力，考虑了应力加强系数。

计算的二次应力与许用应力范围进行比较，如果安全则打印“SAFE”。

计算给出的推力和力矩考虑了管道的应力松弛、自冷紧的影响和冷紧有效系数。

4. 例题

例17－3－9 某管系如例题图17－3－8管道示意图所示，其基本数据如例17－3－9原始数据表所示。

例 17 –3 –9 原始数据表：

基　本　数　据							
名　　称	符号	单位	数　量	名　　称	符号	单位	数　量
管子直径	*DT*	cm	27.3	直管壁厚	*ST*	cm	2
弯管壁厚	*SE*	cm	2	弯管半径	*R*	m	1.37
计算温差	*TD*	℃	520	线胀系数	*AT*	$\frac{cm}{m \cdot ℃}$	0.001458
20℃弹性模数	*E2*	MPa	207972				
X 向端点位移差	*XI*	cm	1.744	工作温度下弹性模数	*ET*	MPa	158530
Z 向端点位移差	*ZI*	cm	0	*Y* 向端点位移差	*YI*	cm	0
常温许用应力	*SB*	MPa	157	末段段号	*M*	—	6
冷紧比值	*GA*	—	0.7	工作温度许用应力	*SC*	MPa	78.5

管　段　数　据

顺序号	管段标记 B1(I)	*X* 向投影长度 D2(I, 0) 或管段长度 C(I)	*Y* 向投影长度 D2(I, 1)	*Z* 向投影长度 D2(I, 2)	柔度因素变更值			
					管径 *DU*/cm	直管壁厚 *TU*/cm	弯管壁厚 *EU*/cm	弯管半径 *RU*/m
0	1	2.87						
2	2	3.5						
4	3	5.4						
6	2	–3.5						
8								

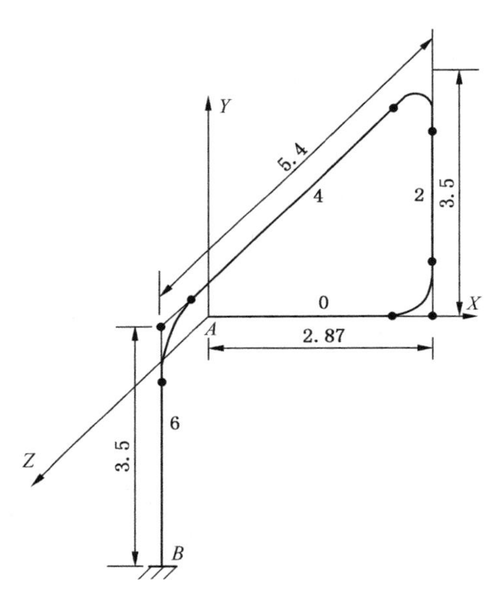

例题图 17 –3 –9　管道示意图

例 17 –3 –10　计算结果(输出并打印)

27.3	2	2	1.37	520	原始数据
0.001458		207972			
158530		1.744	0	0	
6	157	78.5	0.7		
1	2.87				
2	3.5				
3	5.4				
2 ~3.5					

0　95.7585723　0 段　始点直管应力 MPa

1　63.09985425　1 段　始点直管应力 MPa　始点弯管应力 MPa
　63.09985425

2　47.2510908　2 段　始点直管应力 MPa　始点弯管应力 MPa
　47.2510908

3　54.98053021　3 段　始点直管应力 MPa　始点弯管应力 MPa
　54.90053021

4　81.2725502　4 段　始点直管应力 MPa　始点弯管应力 MPa
　81.2725502

5　56.63881536　5 段　始点直管应力 MPa　始点弯管应力 MPa
　53.62881536

6　40.15690202　6 段　始点直管应力 MPa　始点弯管应力 MPa
　40.15690202

7　121.461707　6 段　末点直管应力 MPa
　204.1　许用应力范围 MPa

	5531.252581	3770.3	
	97634	16038.77084	热态对固定点的推力(N)和对末端 B 的力矩(N·m)
B	42509.06294	-12754.0	
	6856	-13186.54624	
	-9523.930369	-649.2	
	020388	-27616.19262	冷态对固定点的推力(N)和对末端 B 的力矩(N·m)
	-73193.79283	21960.46178	
		22705.11902	
A	22148.91571	-28916.57693	热态对始端 A 的力矩(N·m)
		-2365.505035	
A	-38136.88272	49789.71059	冷态对始端 A 的力矩(N·m)
		4073.020515	

SAFE　计算合格安全

例 17-3-11　同例题17-3-9在 *XY* 平面内管道旋转一角度在第一管段上，增加一刚性元件(阀门)，末段加一大小头，大小头后管径减小至中 $\phi 219 \times 16$，弯管壁厚为 18mm，弯管半径为 1.2m，用公制单位进行计算。

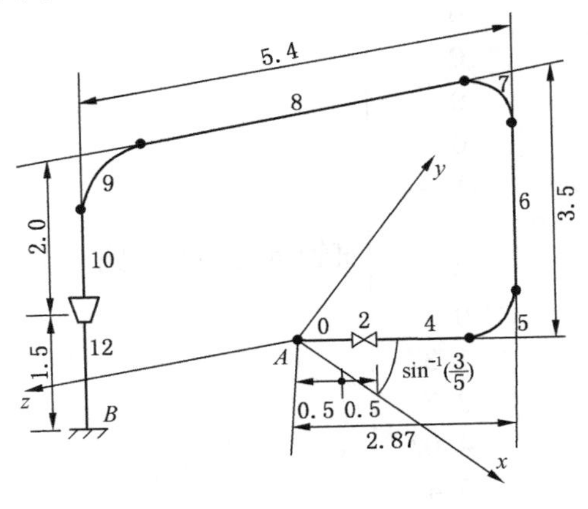

例题图 17-3-11　管道示意图

例 17 -3 -11 原始数据表

基本数据							
名　　称	符号	单位	数　量	名　　称	符号	单位	数　量
管子直径	*DT*	cm	27.3	直管壁厚	*ST*	cm	2
弯管壁厚	*SE*	cm	2	弯管半径	*R*	m	1.37
计算温差	*TD*	℃	520	线胀系数	*AT*	$\frac{cm}{m \cdot ℃}$	0.001458
20℃弹性模数	*EZ*	kgf/cm^2	2120000	工作温度下弹性模数	*ET*	kg/cm^2	1616000
X 向端点位移差	*XI*	cm	1.3952	*Y* 向端点位移差	*YI*	cm	1.0464
Z 向端点位移差	*ZJ*	cm	0	末段段号	*M*	—	12
常温许用应力	*SB*	kgf/mm^2	16	工作温度许用应力	*SC*	kgf/mm^2	8
冷紧比值	*GA*	—	0.7				

管段数据								
顺序号	管段标记 B1(I)	*X* 向投影长度 D2(I, 0) 或管段长度 C(I)	*Y* 向投影长度 D2(I, 1)	*Z* 向投影长度 D2(I, 2)	柔度因素变更值			
					管径 *DU*/cm	直管壁厚 *TU*/cm	弯管壁厚 *EU*/cm	弯管半径 *RU*/cm
0	4	0.4	0.3	0				
2	5	0.4	0.3	0				
4	4	1.496	1.122	0				
6	4	-2.1	2.8	0				
8	4	0	0	5.4				
10	4	0.9	-1.2	0				
12	6	1.2	-1.6	0	21.9	1.6	1.8	1.2
14								

例 17 -3 -11 计算结果

原始数据：

```
27.3        2        2        1.37      520
0.001458             2120000
1616000              1.3952   1.0
464         0        12       16        80.7
4           0.4      0.3      0
5           0.4      0.3      0
4           1.496    1.122    0
4 ~2.1               2.8      0
4           0        0        5.4
4           0.9 ~1.2          0
6           1.2 ~1.6          0
```

直管重心和弯管圆心坐标(m)：

```
0.2         0.15              0
0.4         0.3               0
0.6         0.45              0
0.8         0.6               0
1           7.499999999       E -01
0
0.378       1.996             0
1.246       3.122             0
1.018       3.426             1.37
0.196       4.522             2.7
1.018       3.426             4.03
1.057       3.374             5.4
```

```
21.9      1.6      1.8      1.2
```
中间改变的管径，壁厚，弯管壁厚和弯管半径

1. 096　　3. 322　　5. 4　直管重心和弯管圆心坐标(m)
1. 696　　2. 522　　5. 4

0　9. 617601397
1　8. 295216739
2　8. 295216739
3　7. 256874974
4　7. 256874974
5　6. 637250756　6. 637250756　0～11 段始点直管和弯管的应力(kg/mm²)
6　4. 096310061　4. 096310061
7　4. 42004162　4. 42004162
8　7. 531208996　7. 531208996
9　6. 421499204　6. 421499204
10　2. 07966042　2. 07966042
11　2. 016312671

21. 9　1. 6　1. 8　1. 2　　中间变更的管径、壁厚，弯管壁厚和弯管半径

12　3. 914161404　12 段始点和末点的直管应力范围(kg/mm²)
13　16. 13701873

20. 8　　许用应力范围(kg/mm²)

270. 0370539　　337. 4068564
1476. 218027　热态对固定点的推力(kg)和对末端 B 的力矩(kg · m)
B　2816. 641189
1153. 392252—881. 1410426

464. 9616971—580. 9619913—
2541. 81724　冷态对固定点的推力(kg)和对末端 B 的力矩(kg · m)
B　4849. 816899—1985. 961597
1517. 18747

A　3536. 691608—777. 8042481—571. 4587074　热态对始端 A 的力矩(kg · m)

A　6089. 631435　冷态对始端 A 的力矩(kg · m)
1339. 257624　983. 9627805

SAFE　计算合格安全

第四节　管系的动力分析

本节主要介绍往复式压缩机和往复泵进出口管道的振动，两相流管道的振动，管道上因阀门突然关闭或离心泵突然停运而产生的水锤现象和安全阀起跳时管道的受力情况。管道的地震动力分析见第十五章。

一、往复式压缩机和往复泵进出口管道的振动

（一）往复式机泵进出口管道的振源

流体(气体或液体)脉动是往复式机泵进出口管道振动的主要原因。现场绝大多数管道振动均属此类。由于往复式机泵的工作特点是吸排流体呈间歇性和周期性，因此不可避免的要激起管内流体呈脉动状态，致使管内流体参数，例如压力、速度、密度等既随位置变化，又随时间作周期性变化。这种现象对于气体压缩机管道称之气流脉动，对往复泵管道谓之液流脉动。脉动的流体沿管道输送时，遇到弯头，异径管、控制阀、盲板等元件后将产生随时间变化的激振力，受此激振力作用，管道结构及附件便产生一定的机械振动响应。压力脉动越大，管道振动的位移峰值和应力也越大。因此，降低气流脉动或液流脉动是机泵和管道设计的主要任务之一。

管道振动的第二个原因是共振。由管道与内部流体构成的系统具有一系列固有频率，当往复式机泵激发频率与某阶固有频率相等时，系统即产生对应于该阶频率的共振。共振时，管道将产生较大的位移和应力，管内流体的脉动达到极大值。工程上常把(0.2～1.2)fn的频率范围作为共振区，其中 fn 为系统固有频率，只要激发频率落在该频率区内，系统就发生较大的振动。对于往复式压缩机管道，通常把管道结构本身和内部气流看成两个系统，它们均有各自的固有频率，管道设计时既要避免气流共振，又要避免结构共振。对于往复泵进出口管道，应考虑管道与内部液流的较强耦合❶，分析时宜将他们视为一个流固耦合系统❷。

管道振动的第三个原因常常是由于机泵本身的振动引起。机组本身的动平衡性能差、安装不对中、基础设计不当等均可引起机泵振动，从而使与之连接的管道也发生振动。

（二）往复式机泵进出口管道的防振设计

（1）在往复式机泵的订货阶段，应明确向制造厂提出在进出口管道法兰连接处，由于流体脉动而产生的压力不均匀度的允许值(要参照美国石油协会标准《石油、化工及气体工业用往复压缩机》API 618—2008)。由制造厂采取抑制流体脉动的措施，在靠近气缸处设置缓冲罐或采取其他有效措施。制造厂应明确向设计单位提供可能达到的压力不均匀度。

（2）根据工艺流程和设备布置等条件，并考虑静力分析的要求，拟定初步的管道设计方案。

（3）根据压力不均匀度以及管道的结构尺寸计算各管段的激振力。

（4）参照求得的激振力，在管道的适当位置设置具有一定刚度的支架。

（5）计算管道结构的固有频率，判断是否有机械共振的可能，避开共振后，计算管道在激振力作用下的应力和振幅。

（6）验算管内气柱的固有频率，判断是否有气柱共振的可能。

（7）当缺乏制造厂提供的压力不均匀度时，可对管内流体的压力不均匀度进行核算。

（三）往复式机泵进出口管道的压力脉动及允许值

1. 气缸对管道的激发作用

往复式压缩机进出口管道内的气流，受气缸吸气和排气的激发，脉动状态与气缸对管道

---

❶耦合——结构与流体之间的相互作用。

❷流固耦合系统——由结构与流体组成的耦合系统。

的作用方式直接有关。气缸对管道的作用方式是指各气缸气阀开启时间的长短及相位差。开启时间的长短与压力比有关，相位差则取决于气缸的结构与曲柄错角的配置。了解这一点对压力脉动的计算是有益的。表 17－4－1 给出了不同结构与不同配置的气缸对同一管道的作用方式以及相应的激发谐量的主要阶次。

从降低压力脉动的观点来看，方案 2、6、7、10 较好，供气较为均匀，所要求的缓冲罐容积也较小。最不利的是方案 3，两个气缸同时向管道送气，形成不均匀的气流，所需缓冲罐的容积为一个气缸时的两倍。

表 17－4－1　气缸对管道的激发作用

方案序号	作用于管道上的气缸数	气缸作用方式	在排气管道和吸气管道上激发的方式	激发谐量的主要阶次 m
1	1	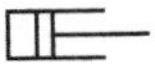	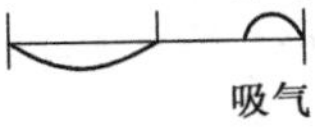 排气 吸气	1，2，3……
2	2	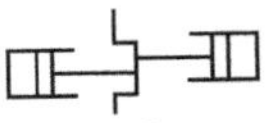 $\alpha=180°$		2，4，6……
3	2	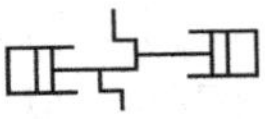 $\alpha=0°$	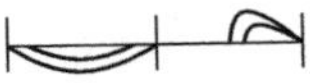	1，2，3……
4	4	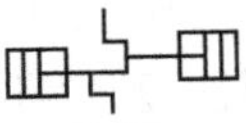 $\alpha=0°$		2，4，6……
5	2	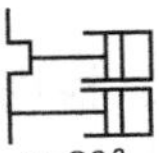 $\alpha=90°$		1，2，3……
6	3	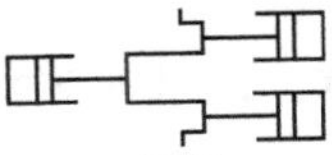 $\alpha=120°$	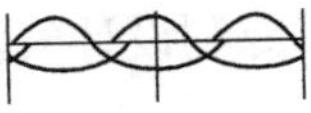	3，6，9……
7	4	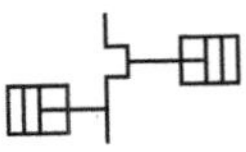 $\alpha=90°$	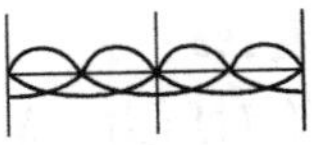	4，8，12……
8	2	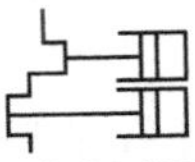 $45°\leqslant\alpha\leqslant60°$	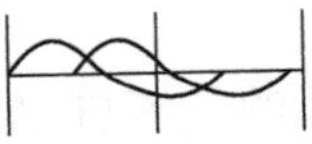	1，2，3……
9	2	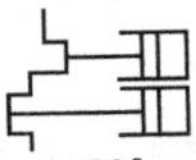 $\alpha=120°$	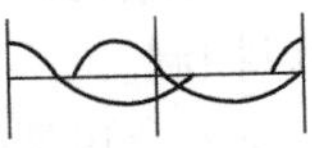	2，4，6……

续表

方案序号	作用于管道上的气缸数	气缸作用方式	在排气管道和吸气管道上激发的方式	激发谐量的主要阶次 m
10	3	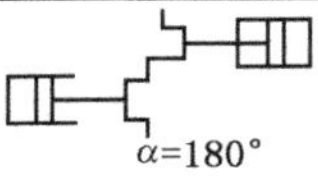 $\alpha=180°$		2，4，6……
11	4	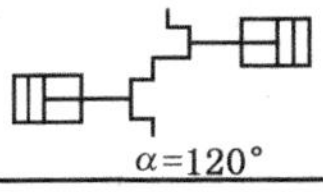 $\alpha=120°$	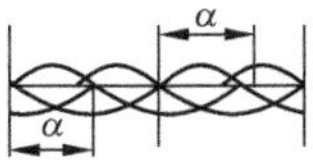 α	2，4，6……

2. 压力不均匀度及其许用值

当流体处于脉动状态时，管内的压力就在平均值附近上下波动，如图 17－4－1 所示。

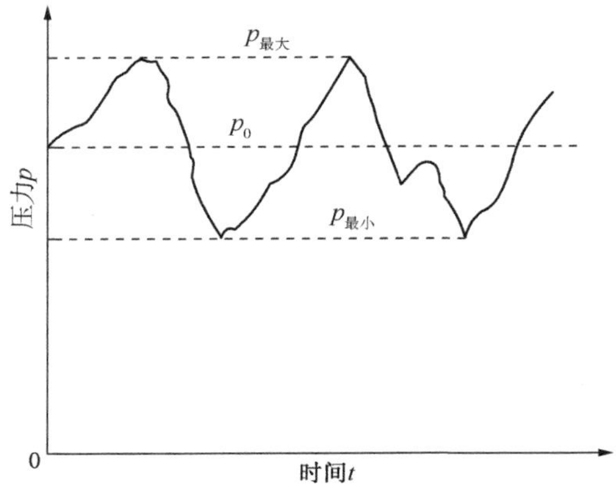

压力脉动的强度用压力不均匀度 δ 来表征：

$$\delta=\frac{p_{\max}-p_{\min}}{p_0}\times 100\% \qquad (17-4-1)$$

式中 $p_{\max}$、$p_{\min}$——不均匀压力的最大、最小值，MPa；

p_0——平均压力，$p_0=1/2\ (p_{\max}+p_{\min})$，MPa。

图 17－4－1　压力脉动图

关于压力不均匀度的许用值，目前国内尚无标准，国外也很不统一，下面介绍两种国外的标准：

（1）美国石油学会标准《石油、化工及气体工业用往复压缩机》API 618－2008 是美国石油学会为便于往复式压缩机的采购而制订的标准，是对压缩机的最低技术要求。此标准在国内外是比较通用的。

在此标准中，对由气流脉动而产生的压力不均匀度，根据其设计方法不同而提出不同的要求。标准规定了三种设计方法，方法一最简单，但对压力不均匀度的要求最严格，方法二、三较复杂，但对压力不均匀度的要求则较宽。

方法一：根据经验或专利设计气流脉动抑制装置，由气流脉动而产生的压力不均匀度应满足下式要求。

$$\delta\leqslant 1.9/p^{1/3} \qquad (17-4-2)$$

式中 δ——压力不均匀度，%；

p——管内的平均绝对压力，MPa。

本方法不作气流脉动的模拟分析。当有要求时，可对管道系统进行简单分析以确定气柱共振管长。

方法二：用经过验证的气流脉动模拟分析方法设计气流脉动抑制装置和相应的管道系统，分析中应包括压缩机气缸、气流脉动抑制装置和管道相互之间的作用，确定气流脉动对压缩机性能的影响，确定气流脉动在各激振点上（包括弯头、异径管、关闭的阀门、盲板等）产生的激振力，并加以控制。

方法三：同方法二，但还应包括分析管道的固有频率及其振型，不平衡激振力在管道中形成的循环应力范围，气流脉动频率和管道机械振动固有频率的相互影响。

用方法二和方法三设计的管道系统，包括压缩机进出口管道和级间管道，当压力在0.345～20.7MPa之间时。允许压力不均匀度可按下式计算：

$$[\delta] = 40/(p \cdot d \cdot f)^{1/2} \tag{17-4-3}$$

式中 $[\delta]$——允许压力不均匀度,%；

p——管内平均绝对压力，MPa；

d——管道内径，cm；

f——脉动频率，Hz。

脉动频率f按式(17－4－4)计算。

$$f = \frac{n \cdot m}{60} \tag{17-4-4}$$

式中 n——压缩机转速，r/min；

m——压缩机每转的激发次数。

当压力小于0.345MPa时，按0.345MPa计算；当压力大于20.7MPa时，应详细计算其循环应力范围。

对于多级或多缸的压缩机可用第二或第三种方法，对于单级单缸或单级双缸的压缩机可用第一或第二种方法。

(2) 原苏联列宁格勒化工机械研究院对大型对置式压缩机的允许压力不均匀度提出如下标准，见表17－4－2。

表17－4－2 允许压力不均匀度

压力范围/MPa	<0.5	0.5～10	10～20	20～50
$[\delta]$/%	2～8	2～6	2～5	2～4

注：氢气或含氢混合气可取较大值。

(四) 由管内压力脉动引起的不平衡力

在往复式机泵的进出口管道上，流体受到机泵的周期性激发而呈现压力脉动，这种脉动以压力波的形式在管内传播，对不同的位置，达到压力脉动峰值的时间是不同的，当遇到弯头、三通、异径管、盲板等元件后，将产生随时间变化的激振力，从而引起管道机械振动。

在CAESAR程序中，由压力脉动产生的最大不平衡力是按下述方法计算的。

如果作用在弯头a处的压力为$p_{a(t)}$，作用在弯头b处的压力为$p_{b(t)}$，单位均为MPa，则作用在连接两弯头的直管上的不平衡力为：

$$F_{(t)} = S \cdot (p_{a(t)} - p_{b(t)}) \tag{17-4-5}$$

式中 $F_{(t)}$——不平衡力，MN；

S——管道的流通面积，m^2。

假定在弯头a处，处于压力脉动峰值的时间$t=0$，则$p_{a(t)}$的表达式为：

$$p_{a(t)} = p_0 + 0.5(\Delta p)\cos\omega t \tag{17-4-6}$$

式中 p_0——管内流体的平均压力，MPa；

$\Delta p = p_{max} - p_{min} = \delta \cdot p_0$ 管内流体的压力脉动值，MPa；

δ——压力不均匀度,%；

ω——机泵激发圆频率，rad/s；

$$\omega = 2\pi \cdot n \cdot m/60$$

其中 n——往复式机泵的转速，r/min；

m——往复式机泵每转的激发次数，次/转。

设弯头 a 和 b 之间的连接直管长度为 L，则弯头 a 处的压力峰值以声速传播至弯头 b 处的时间（t_s）：

$$t_s = L/a \tag{17-4-7}$$

式中　a——流体中的声速，m/s，按式(17-4-18)或式(17-4-19)计算。

因此，弯头 b 处的压力为：

$$p_{b(t)} = p_0 + 0.5(\Delta p)\cos(\omega t + \omega t_s) \tag{17-4-8}$$

不平衡力为：

$$F_{(t)} = 0.5(\Delta p)\cdot S\cdot[\cos\omega t - \cos(\omega t + \omega t_s)]$$

最大不平衡力为：

$$F_{max} = \Delta p\cdot S\cdot \sin(\omega t_s/2) \tag{17-4-9}$$

例 17-4-1　设氢气压缩机出口压力为 $p=8$MPa，$t=100$℃，压缩机转速为330r/min，压缩机为单缸双作用，出口管规格为 ϕ114.3×6.55，压缩机用氮气开工，压缩机厂提供的压力不均匀度为3%，出口管的布置如图 17-4-2 所示，求管长为 8m 段所受的最大不平衡力。

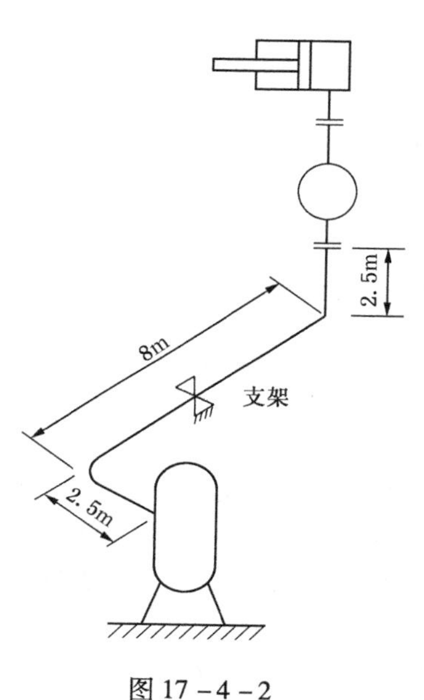

图 17-4-2

解：由图17-4-2 可知，两端 2.5m 段直接连接于设备上，一般设备的刚度很大不致产生沿管道方向的振动，所以主要应考虑 8m 段。

管道的激振圆频率为：

$$\omega = 2\pi nm/60 = 2\pi\cdot 330\cdot 2/60 = 22\pi(\mathrm{rad/s})$$

当介质为氮气时，声速为：

$$a = \left(g\times 1.4\times\frac{848}{28}\times 373\right)^{1/2} = 393.9(\mathrm{m/s})$$

$$t_s = 8/393.9 = 0.0203(\mathrm{s})$$

$$\omega t_s = 0.0203\times 22\pi = 1.404(\mathrm{rad})$$

最大不平衡力为：

$$F_{max} = 8\times 0.03\times 0.1012^2\times 0.7854\times\sin\left(\frac{1.404}{2}\times\frac{180}{\pi}\right)$$

$$= 0.001246(\mathrm{MN}) = 1246(\mathrm{N})$$

当介质为含氢气体，其平均相对分子质量为 8 时可计算出：

$$a = 788(\mathrm{m/s}),\ t_s = 0.01015(\mathrm{s})$$

$$\omega t_s = 0.7015(\mathrm{rad})\quad F_{max} = 674(\mathrm{N})$$

由计算可知，用氮气操作时，管道受到的不平衡力较大，为 1246N，可使连接的管支架承受此力。支架应具有一定刚度，刚度太小容易产生过大的变形，因此支承点的变形控制在 2~3mm 之内为宜，同时还需校核支架危险部位的应力，使其不超过许用应力。

由上述分析得到的最大不平衡力不仅可用于支架的设计，同时也可作为管系动力响应分析的外加载荷。

（五）控制流体脉动的主要措施

1. 选择合理的气缸作用方式

气流脉动是由于气缸的周期性激发所致，不同的气缸作用方式将产生不同的气流脉动情况。因此，选择合理的气缸作用方式，可从根本上降低进出口管道的气流脉动。在表17－4－1中，方案2、6、7、10是较好的气缸作用方式。当然，压缩机选型还必须综合考虑其他条件。

对往复泵来说，上述考虑亦同样重要。

2. 管系重要区段的设计

管系重要区段是指压缩机或泵的进出口到缓冲罐的连接管段。这一管段属于压力不均匀度较高的区段，管道振动常常发生在这一区段。重要区段的设计一般应考虑下列原则：

（1）重要区段的长度应避开共振管长，共振管长的计算可按式（17－4－20b）和式（17－4－20d）进行；

（2）在满足（1）的条件下，尽可能缩短重要区段的管长，管长愈短，消振效果愈显著。最好是气缸进出口法兰直接与缓冲罐连接；

（3）在无法改变重要区段的管长时，也可采用扩径的办法。一般取气缸接头管的1.5倍。

（4）尽可能减少重要区段的弯头，最好不设弯头。

3. 往复压缩机的缓冲罐

在压缩机气缸附近设置缓冲罐是最简单而有效的消振措施。缓冲罐能使后继管道内的气流脉动得以缓和，降低吸排气期间因气流脉动所造成的功率损耗，以及降低管道内的阻力损失。使用缓冲罐时要满足两个条件：

（1）缓冲罐容积要足够大；

（2）缓冲罐位置要尽量靠近气缸。

缓冲罐容积的确定有几种方法可资借鉴，常用的有以下几种方法。

1）图表法：

用图表法计算缓冲容积的步骤见表17－4－3。

表17－4－3　缓冲容积计算步骤

名称 / 步骤	已知量	计算所用图号	待求量
第一步	n 或 n_1 $\varepsilon = p_d^1/p_s$	图17－4－3	$M=(1/\varepsilon)^{1/n}$
第二步	M $\alpha = V_c/V_d$	排气阀： 图17－4－4(a)	X/S——活塞相对位置
第三步	X/S l/s	图17－4－5	r_t——气阀开启时间与曲轴旋转一周所需时间之比
第四步(a)	V_T/V_S K，r_t	单个容器缓冲器： 图17－4－6 滤波形缓冲器： 图17－4－7	δ
第四步(b)	$[\delta]$ K，r_t	单个容器缓冲器： 图17－4－6 滤波形缓冲器： 图17－4－7	V_T/V_S

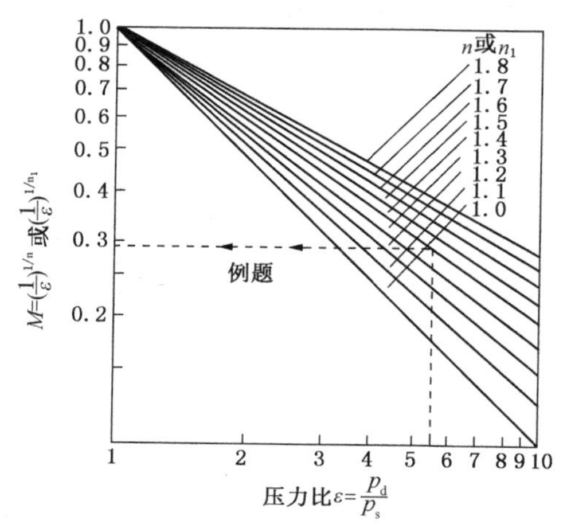

图 17-4-3　供决定中间变量 M 之值用

表中　p_s、p_d——吸、排气压力，MPa；

V_c、V_d——气缸余隙容积、行程容积；m^3；

α——相对余隙容积；

V_s——每行程吸入的气体容积，m^3；

V_T——缓冲罐容积，m^3；

L——连杆长度，m；

S——活塞行程，m；

n 或 n_1——多变指数；

K——绝热指数(比热比)。

对二原子气体 $K=1.4$，三原子气体 $K=1.29$，对过热蒸汽 $K=1.3$，对饱和蒸汽 $K=1.135$。

根据许用的压力不均匀度求缓冲罐容积 V_T；或者根据已选取的缓冲罐容积求 δ，然后判断：

$$\delta \leqslant [\delta] \tag{17-4-10}$$

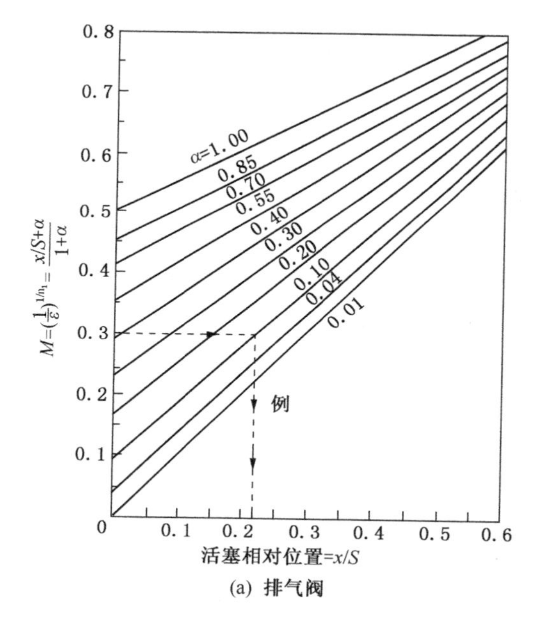

(a) 排气阀

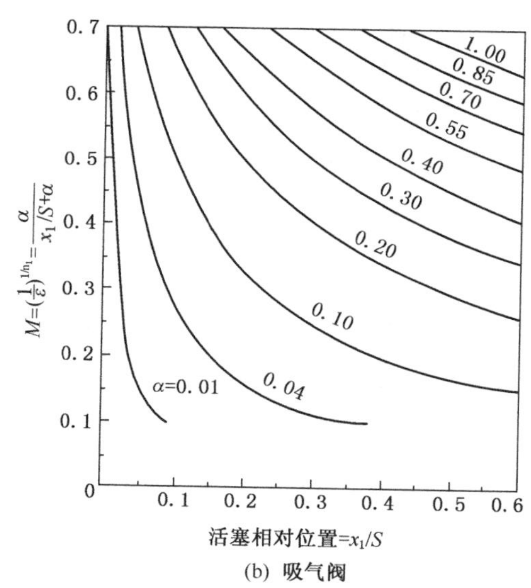

(b) 吸气阀

图 17-4-4　供决定活塞的相对位置用

是否成立。这两类问题的求解方法，前三步一样，仅第四步查图 17-4-6 或图 17-4-7时方向相反。

使用图表法时应注意以下几点：

a. 图 17-4-7 只适用于单作用气缸，对双作用气缸，所需的缓冲容积可取排气量相同的单作用气缸缓冲容积的 1/2.5。相位差为 90°的两个双作用气缸且共用同一缓冲罐，其容积可取单作用气缸缓冲容积的 1/6.2；

b. 上述计算方法是由 Chilton 给出的，只是一种近似的方法。

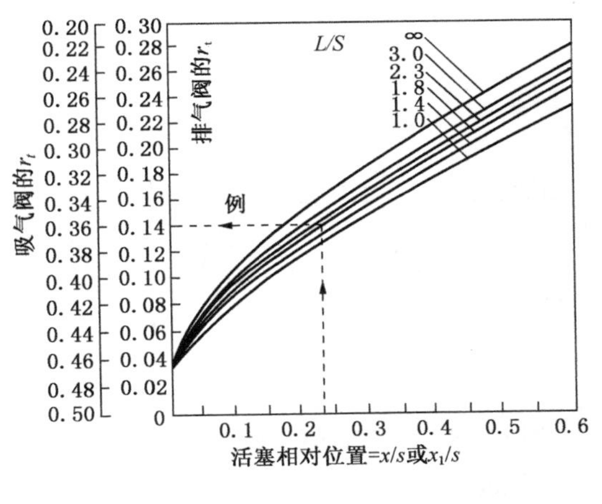

图 17－4－5　供确定气阀开启时间比 r_t 用

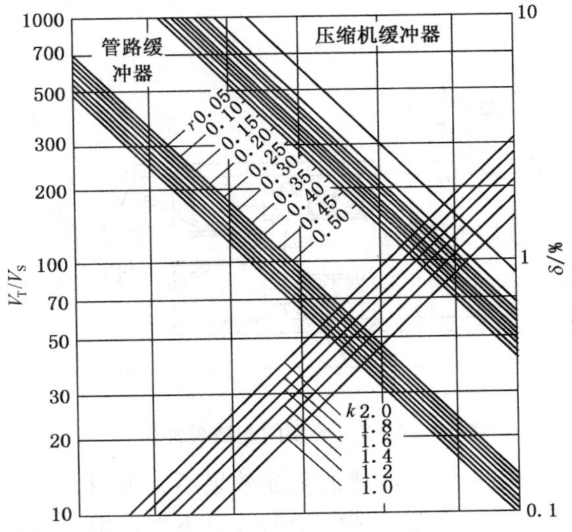

图 17－4－6　V_T/V_S 与 δ 的关系图（单个容器的缓冲器）

2）经验法

根据经验，缓冲缸容积可按式（17－4－11）估取。

$$V_r=(20\sim35)\text{气缸工作容积} \quad (17-4-11)$$

3）API－618 法

API－618 规定缓冲罐的容积不得小于按式（17－4－12）计算的容积，且不应小于 0.028m³。

$$V_r^s=9.27V(KT_s/M)^{1/4} \quad (17-4-12a)$$

$$V_r^d=V_r^s/R^{1/4} \quad (17-4-12b)$$

式中　V_r^s——需要的最小吸入缓冲罐容积，m³；

V_r^d——需要的最小排出缓冲罐容积，m³；

K——绝热指数；

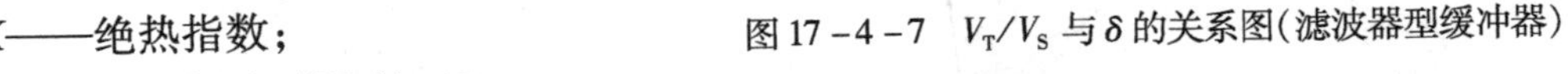

T_s——吸入侧绝对温度，K；

M——气体相对分子质量；

V——与缓冲罐相连的气缸总容积，m³/转；

R——气缸的压缩比。

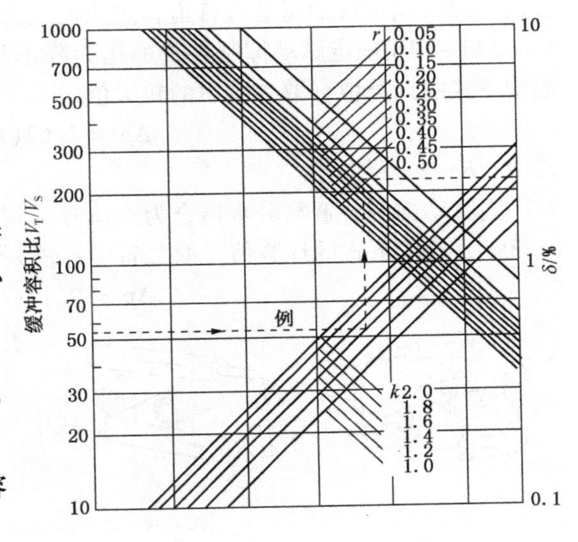

图 17－4－7　V_T/V_S 与 δ 的关系图（滤波器型缓冲器）

常用的缓冲罐有两种型式，一种是空腔缓冲罐，另一种是滤波缓冲罐（又称 π 型滤波器）。若希望缓冲罐前的管路内有较小的 δ，可选空腔缓冲罐；若希望缓冲罐后的管路内有较小的 δ，就选滤波缓冲罐。典型的滤波缓冲罐如图 17－4－8 所示。需要指出的是滤波缓冲罐的使用也有共振区的问题，因此必须尽量靠近气缸的进出口。

空腔缓冲罐与管道的连接方式对消振效果有显著影响。图 17－4－9 表示缓冲罐与管道的三种连接方式。实践表明，方案（a）的消振效果不显著，方案（b）的消振效果提高

15% ~20%，方案(c)比方案(b)的消振效果提高2~3倍。因此，方案(c)是一种较理想的连接方式。

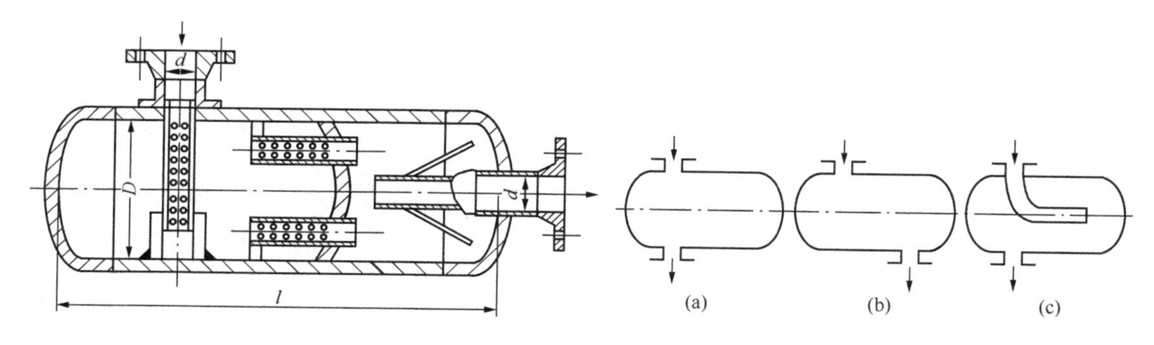

图 17-4-8 典型的滤波缓冲罐

图 17-4-9 缓冲罐与管道的连接方式

如果一个缓冲罐的消振效果不太理想，可串上一个缓冲罐，这样的消振效果就会倍增。

如果一个缓冲罐的消振效果不太理想，串联一个缓冲罐又有困难，那么，可在非振源侧加一孔板，提高缓冲效果。需要指出的是这种孔板型缓冲器的使用效果是以增加压力降为代价的，对长期运行的压缩机管道，过大的压降是不经济的，应控制其压降在允许范围内。

API-618 规定脉动抑制装置的压力降不得超过其正常操作条件下绝对压力的 0.25%，或按下式的计算值，取二者中的较大值。

$$\Delta p = 1.67(R-1)/R,\% \qquad (17-4-13)$$

式中 R——压缩比。

当脉动抑制装置与分水器合为一体时，其总压降不得超过其正常操作条件下绝对压力的 0.33%，或按下式的计算值，取二者中的较大值。

$$\Delta p = 2.17(R-1)/R,\% \qquad (17-4-14)$$

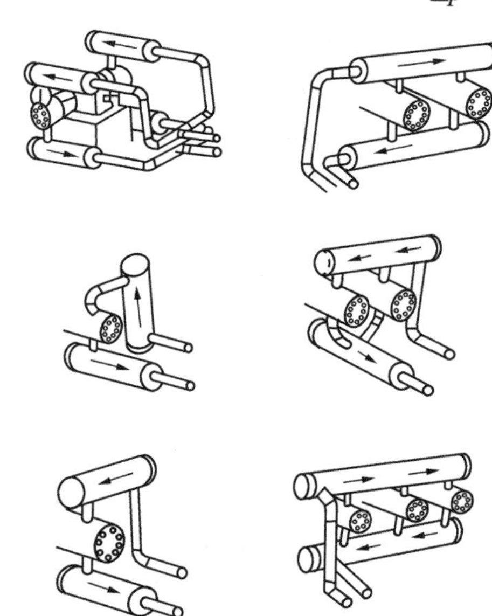

(a) 一个气缸上单独的缓冲罐　(b) 组合缓冲罐

图 17-4-10 缓冲罐在气缸旁的布置方式

孔板的压降可按下式计算：

$$\Delta p = \zeta \cdot V^2 \cdot \gamma/2 \qquad (17-4-15)$$

式中 Δp——孔板压降，Pa；

V——管内介质流速，m/s；

γ——介质密度，kg/m^3；

ζ——孔板局部阻力系数。

$$\zeta = \left(1 + \frac{0.707}{\sqrt{1-\left(\frac{d}{D}\right)^2}}\right)^2 \left[\left(\frac{D}{d}\right)^2 - 1\right]^2$$

式中 D——管子内径，cm；

d——孔板内径，cm。

孔板的 d/D 一般为 0.5 左右。

图 17-4-10 表示几种比较合理的缓冲罐布置方式，供设计参考。

4. 往复泵的缓冲罐

往复泵管道的振动主要是由于液流脉动引起的。为抑制这种脉动，可在往复泵出口处设置缓冲罐。

常用的缓冲罐及其与管道的连接方式如图 17 -4 -11 所示。

这种缓冲罐由立式空腔圆筒和滤波管两部分组成。圆筒内上部充满不与介质起反应的气体，脉动的液流经滤波管流入缓冲罐，并从后继管道流出，滤波管的管壁上钻有不规则排列的小孔，端部安一孔板，孔板内径可取入口管内径的 1/4，即 $d_0=0.25d$ 小孔的数目按小孔的总面积与孔板流通面积之和大于入口管的流通面积确定。

圆筒上部的气体具有弹性，使后继管内的液柱与振源(往复泵)隔离，从而减小后继管的振动。

为使这种缓冲罐有较好的消振效果，应使后继管内液流振动的固有频率 f_L 远远低于往复泵对管道的激发频率。固有频率 f_L 按式(17 -4 -16)计算。激发频率按式(17 -4 -4)计算。

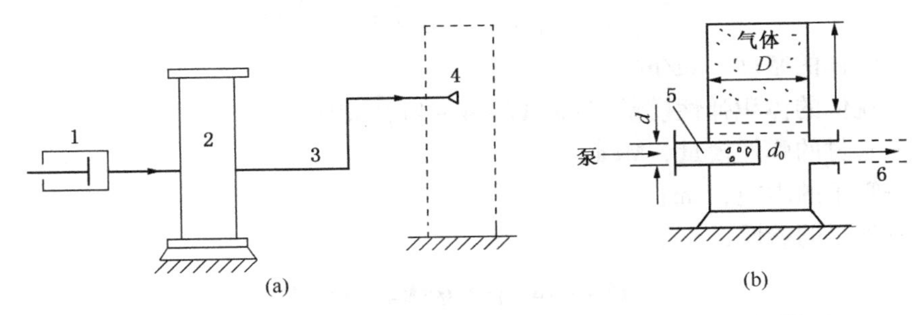

图 17 -4 -11　管系布置与液流脉动缓冲罐

1—往复泵；2—缓冲罐；3—主管道；4—工艺设备；5—滤波管；6—后继管道

$$f_L=\frac{1}{2\pi}\sqrt{\frac{\rho_0 a^3 A}{\rho_1 L_c S l}} \tag{17-4-16}$$

式中 f_L——固有频率，Hz；

ρ_0——平均压力下的气体密度，kg/m³；

ρ_1——液体密度，kg/m³；

a——气体声速，m/s；

A——后继管道的流通面积，m²；

S——缓冲罐截面积(按内径计算)，m²；

l——缓冲罐内充气高度，m；

L_c——等效脉动管长，m，按式(17 -4 -17)计算；

$$L_c=\frac{a_1}{\omega}\left|\sin\frac{\omega l}{a_1}\right| \tag{17-4-17}$$

式中 a_1——液体的声速，m/s；

ω——泵的激发圆频率，rad/s；

$$\omega=2\pi\frac{mN}{60}$$

N——泵的转速，r/min；

m——泵每转的激发次数；

L——后继管道的长度，m。

介质的声速可按式(17 -4 -18)和式(17 -4 -19)进行计算。对于气体，其声速为：

$$a = (k \cdot g \cdot 848/M \cdot T)^{1/2} \qquad (17-4-18)$$

式中 a——气体声速，m/s；

g——重力加速度，$g=9.81\text{m/s}^2$；

k——绝热指数；

M——气体相对分子质量；

T——气体的绝对温度，K。

对于液体，其声速为：

$$a_1 = (E \cdot 10^6/\gamma)^{1/2} \qquad (17-4-19)$$

式中 a_1——液体声速，m/s；

$$E = \frac{E_f}{D \cdot E_f/(t \cdot E_p) + 1} \quad \text{MPa}$$

γ——流体的密度，kg/m^3；

E_f——流体的体积弹性模量(见表17-4-4)，MPa；

E_p——管材的弹性模量，MPa；

D——管子的内径，cm；

t——管子的壁厚，cm。

表17-4-4 液体的体积弹性模量

介质名称	体积弹性模量	介质名称	体积弹性模量
新鲜水	2191MPa	水银	24895MPa
盐水	2350MPa	乙醇	901MPa
机械油	1311MPa	四氯化碳	964MPa
煤油	1304MPa	甘油	4535MPa
汽油	1068MPa		

（六）管内气柱的固有频率

往复式压缩机管道内充满了气体，气体既有质量也有弹性，因而是一振动系统，该系统具有一系列固有频率(亦称气柱固有频率)。有压缩机的周期性激发下，气柱作强迫振动，若激发力的频率与某阶气柱固有频率重合，则将发生对应于该阶频率的气柱共振。此时，管内气体的压力不均匀度 δ 将达到极大值，致使管道强烈振动。气柱固有频率取决于管道长度、直径、缓冲罐容积大小及安放位置、以及气体的种类和操作条件等。

1. 简单管道的气柱固有频率及共振管长

共振管长是指当激发频率 f_e［按式(17-4-4)计算］一定时，导致管道气柱共振的管道长度。

(1) 一端为闭端，另一端为开端的管道

这种管道的模型如图17-4-12所示，当压缩机的阀腔容积很小时，气缸进出口至缓冲罐(容积足够大，一般应大于管道容积的10倍)的连接管道便是其中一例。气缸端为闭端，缓冲罐端为开端。

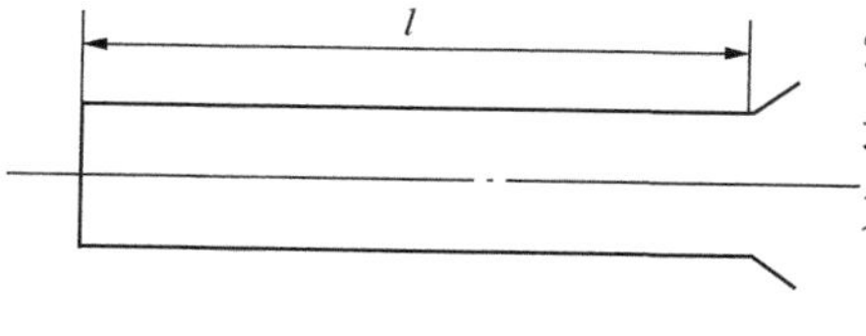

图17-4-12 闭端—开端管道

第一阶气柱固有频率为：

$$f_1 = \frac{1}{4}\frac{a}{l}(\text{Hz}) \qquad (17-4-20a)$$

一阶共振管长为：

$$l = \frac{1}{4}\frac{a}{f_e}(\mathrm{m}) \tag{17-4-20b}$$

或按共振区的概念写成：

$$l = (0.8 \sim 1.2)\frac{a}{4f_e}(\mathrm{m}) \tag{17-4-20c}$$

式中　a——气体声速，m/s，按式 17－4－18 计算。

二阶共振管长为：

$$l = (0.8 \sim 1.2)\frac{3}{4}\frac{a}{f_e}(\mathrm{m}) \tag{17-4-20d}$$

（2）两端均为闭端的管道

这种管道如图 17－4－13 所示，两个阀腔很小的气缸之间仅用管道连接的情况便是其中一例。

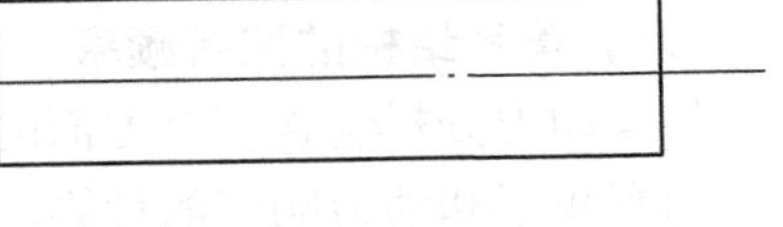

图 17－4－13　闭端—闭端管道

第 n 阶气柱固有频率为：

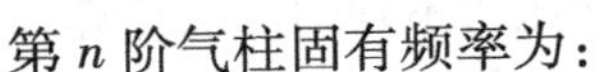

$$f_n = n/2 \cdot a/l(\mathrm{Hz}) \quad n = 1,2,3,\cdots \tag{17-4-21a}$$

一阶共振管长为：

$$l = (0.8 \sim 1.2)\frac{1}{2}\frac{a}{f_e}(\mathrm{m}) \tag{17-4-21b}$$

二阶共振管长为：

$$l = (0.8 \sim 1.2)\frac{a}{f_e}(\mathrm{m}) \tag{17-4-21c}$$

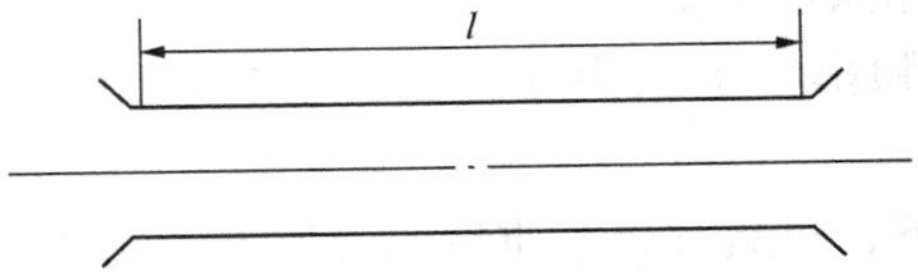

（3）两端均为开端的管道

这种管道如图 17－4－14 所示，两个大容器之间的连接管道便是其中一例。这种管道的气柱固有频率与共振管长同两端均为闭端的管道一样。

图 17－4－14　开端—开端管道

2. 简单管道共振管长的计算实例

例 17－4－2　设空气压缩机转速 $n = 600\mathrm{r/min}$，气缸为单缸、单作用，排气温度为 80℃，排气管与储气罐相连，试计算排气管的前二阶共振管长。

解： $a = \sqrt{kgRT} = 1.4 \times 9.8 \times 29.3 \times (273 + 80)$

$= 376.7(\mathrm{m/s})$

计算激发主频率 f_e，由式(17－4－4)得：

$$f_e = 1 \times 600/60 = 10(\mathrm{Hz})$$

所以一阶共振管长

$$l_1 = (0.8 \sim 1.2) \times (1/4 \times a/f_e) = (0.8 \sim 1.2) \times 1/4 \times 376.7/10$$

$$= 7.53 \sim 11.3(\mathrm{m})$$

二阶共振管长

$$l_2 = (0.8 \sim 1.2) \times 3/4 \times 376.7/10 = 22.6 \sim 33.9(\mathrm{m})$$

计算表明，排气管长不能取在 7.53～11.3m 或 22.6～33.9m 的范围内，否则将发生一阶或二阶气柱共振。

3. 复杂管系的气柱固有频率计算

复杂管道系统的气柱固有频率一般借助电子计算机计算。计算程序可采用西安交通大学研制的气柱固有频率计算程序 F 999，或采用原中国石化北京设计院研制的程序 FGASR，两者基于同一理论，即小波动理论，但求解方法不同，前者采用 Prohl 传递矩阵法；后者采用 Riccati 传递矩阵法，使用方法见该程序的使用说明。

（七）管内压力不均匀度的计算

实际的压缩机管道总是比较复杂的，因此，压力不均匀度的计算一般借助于电子计算机进行。国内比较流行的计算程序是由西安交通大学研制的往复式压缩机气流脉动程序。该程序采用一维非定常流动理论，考虑了摩擦、热交换等影响因素，是一个较好的计算程序。该程序适用于往复式压缩机气体管道。具体使用可见该程序的使用说明。

（八）管系结构的固有频率

管系动力分析包含两个方面的内容，即管内流体固有频率和压力不均匀度的计算，管系结构固有频率和动力响应的计算。减小压力脉动可以降低激振力的幅值，避免过大的振动位移，但在某些情况下，尽管压力脉动很小，由于管系结构接近机械共振状态，仍能引起较大的机械振动。设计时除了分析压力脉动外，还应对管系结构振动进行分析。管系结构振动计算的主要内容是计算调整管系结构的固有频率，使其避开机械共振，验算管系在压力脉动作用下的振动位移和应力，使其在允许范围内。

1. 几个基本概念

（1）结构固有频率：结构作同步自由振动时的频率称为结构固有频率。

（2）自由振动：系统由初始干扰所引起，而后仅在恢复力作用下的振动称为自由振动。

（3）强迫振动：系统在外加激振力作用下的振动称强迫振动。

（4）管道机械共振：当作用在管道系统上的激发频率等于或接近管道系统的固有频率时，管道的振幅会急剧增大，这种现象称为机械共振。

（5）等效集中质量：在保持固有频率不变的条件下，将具有分布质量的管道等效成具有集中质量的管道，这种集中质量称为等效集中质量。

2. 简单管道的固有频率

（1）单跨管道的固有频率

对于不同支承方式的单跨管道，其固有频率按式(17－4－22)计算。

$$f = a\sqrt{\frac{EI}{(M_{eq} + M)l^3}} \qquad (17-4-22)$$

式中 f——固有频率，Hz；

a——频率系数，单跨管道固有频率的频率系数见表 17－4－5；

E——管材弹性模量，MPa；

I——管道截面惯性矩，cm^4；

l——管长，cm；

M_{eq}——等效集中质量，kg；

M——集中质量，kg。

（2）利用等效集中质量的概念可以方便地计算既有均布质量又有集中质量的管道固有频率。等效集中质量按式(17－4－23)计算。

$$M_{eq}=\left(\frac{a_1}{a_2}\right)^2\cdot m \tag{17-4-23}$$

式中 M_{eq}——等效集中质量，kg；

m——均布荷载的总质量，kg；

a_1——集中荷载的频率系数；

a_2——均布荷载的频率系数。

表 17－4－5 单跨管道固有频率的频率系数

支承情况	质量分布情况	频率系数 α	
		一阶	二阶
一端固定一端自由	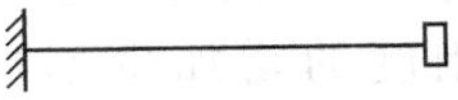 集中质量	27.6	
	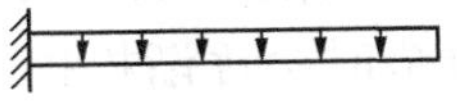 均布质量	55.9	350.6
二端简支	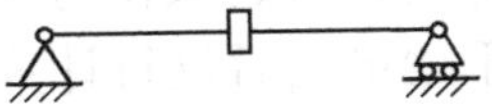 集中质量	110.3	
	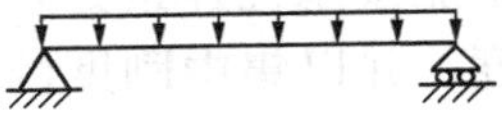 均布质量	157.5	628
二端固定	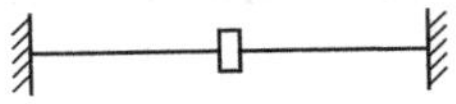 集中质量	220.5	
	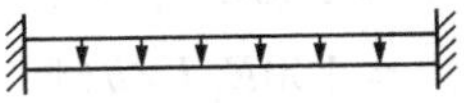 均布质量	356.1	981.5
一端固定一端简支	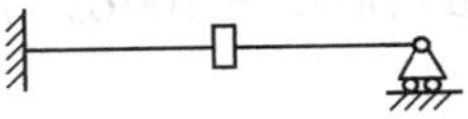 集中质量	166.7	
	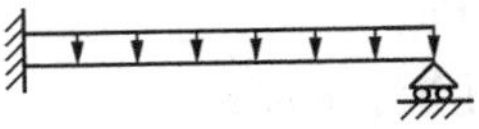 均布质量	245.4	795.3

3. 复杂管道的固有频率计算

复杂管道的固有频率计算一般先采用有限单元法把管道离散成一个多自由度系统，然后采用子空间迭代法、同时迭代法、Lanczos 矢量法或 Ritz 矢量法等特征值分析方法进行求解。目前，Lanczos 法和 Ritz 矢量法被认为是效率较高的特征值求解方法。下面介绍实际计算过程中的一些要点和原则。

（1）用有限单元法建立管系的总刚度矩阵和总质量矩阵

① 单元的划分与有限元离散

实际的压缩机、泵进出口管道系统一般由下列元件组成：直管、弯头、缓冲罐、冷却器、分离器、法兰、阀门以及支吊架等。有限元分析的第一步就是合理的划分单元，确定各元件的弹性和惯性，这是决定有限元计算精确度的关键步骤之一。

（a）直管和弯管　直管作为直管单元处理，这种单元的刚度矩阵和质量矩阵可在有限元法的书中查到。弯管作为弯管单元处理。

对于往复泵液流管道，适当考虑内部流体与管道之间的耦合是必要的。实践表明，管道系统的固有频率随内部流体流速的增加而下降。因此，对于液流管道，建议采用含内流的直、弯管单元。

(b) 法兰与阀门　这种元件对管道的主要作用是惯性，而对系统的弹性影响则很小。通常，把法兰与阀门处选为有限元节点，并将它们的质量作为附加集中质量加在这些节点上。

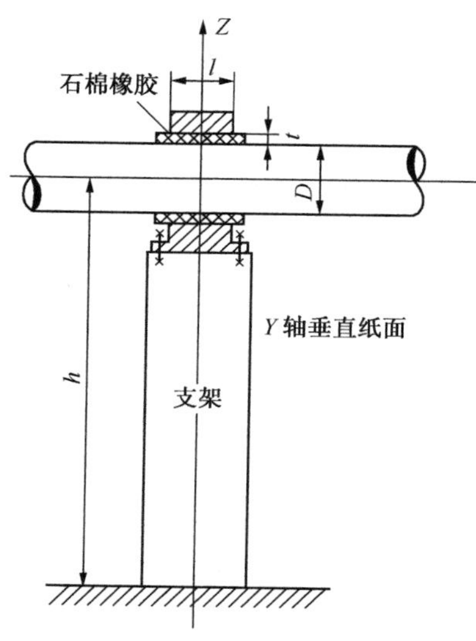

图 17－4－15　典型的管道支架

(c) 容器类元件　对于圆柱形缓冲罐、冷却器或分离器因其刚性较大通常可按刚体处理，也可按截面较粗的管单元处理。对于球形缓冲罐或其他刚性较大的容器可按刚体处理。

(d) 支架　支架可以提高管系的刚度。由于支架的结构形式不同以及管道与支架之间所用的衬垫材料不同，因此，刚度的增加也不尽一致。典型的管道支架如图 17－4－15所示。若用石棉橡胶板作为衬垫材料(由于木块作衬垫时会逐渐松掉，故一般不用)，当厚度较薄(≤3mm)时，可近似作为刚性连接，此时，支柱可以简化成若干梁单元后进行计算。当衬垫材料较厚时，支架与管道不能按刚性连接处理，应计算支架与衬垫材料的串联刚度，并以集中刚度的形式附加在支承点上。下面给出附加刚度系数的计算公式。

支柱的刚度：

$$K_{x1}=300E_1J_y/h^3(\mathrm{N/cm}),K_{y1}=300E_1J_x/h^3(\mathrm{N/cm})$$

$$K_{z1}=100E_1A/h(\mathrm{N/cm}),K\theta_{x1}=100E_1J_x/h(\mathrm{N\cdot cm/rad})$$

$$K\theta_{y1}=100E_1J_y/h(\mathrm{N\cdot cm/rad}),K\theta_{z1}=100GJ_z/h(\mathrm{N\cdot cm/rad})$$

式中　E_1——支柱材料的弹性模量，MPa；

G——支柱材料的剪切弹性模量，MPa；

J_x、J_y——支柱截面对 X 轴和 Y 轴的惯性矩，cm^4；

J_z——支柱截面对 Z 轴的极惯性矩，cm^4；

h——支架高度，cm；

A——支架截面积，cm^2。

衬垫材料的刚度：

$$K_{x2}=50\pi DlE_2/t(\mathrm{N/cm}),K_{y2}=K_{z2}=100DlE_2/t(\mathrm{N/cm})$$

$$K_{\theta x2}=12.5\pi D^3lE_2/t(\mathrm{N\cdot cm/rad})$$

$$K_{\theta y2}=K_{\theta z2}=8.33Dl^3E_2/t(\mathrm{N\cdot cm/rad})$$

式中　E_2——衬垫材料的弹性模量，MPa，对石棉橡胶可取 1500～2000MPa；

D，l，t——尺寸，cm。支承点的总附加刚度按式(17－4－24)计算。

$$K=\frac{K_1\cdot K_2}{K_1+K_2}\tag{17-4-24}$$

② 建立单元的刚度矩阵[Ke]和质量矩阵[Me]。

③ 对[Ke]和[Me]进行坐标变换。

④ 考虑管系所受的约束，建立总刚度矩阵[K]和总质量矩阵[M]。

第②～④步均为标准化步骤，一般的有限元程序均可自动完成。

（2）固有频率和主振型的求解

通过有限元离散得到总刚度矩阵和总质量矩阵后，解广义特征值问题：

$$[K]\{x\}-\omega^2[M]\{x\}=0 \qquad (17-4-25)$$

即可求得各阶固有频率与主振型。一般的有限元程序都具有特征值求解功能。因此，这也是标准化了的过程。

（3）常用的有限元程序简介

常用的有限元程序如表17－4－6所示。

表17－4－6 常用的有限元程序

程序名	主要功能	适用单元	研制单位
ADINA	线性、非线性、静、动、特征值分析	直管单元	美国
SAP－V	线性、静、动、特征值分析	直弯管单元	美国
ENSA－NUPS	线性、非线性、静、动、特征值分析	含内流直弯管单元	清华大学振动研究室
CAESER	线性、非线性、静、动、特征值分析	直弯管单元	美国
XZX6	线性、动、特征值分析	直管单元	西安交通大学

因为CAESAR程序是管道分析的专用程序，使用方便，程序中有计算固有频率的功能，下面对其使用方法简介如下。

计算固有频率属于动力分析。对管道进行动力分析之前程序规定首先进行静力分析。静力分析完成后，在主菜单下调用动力分析（Dynamic）则出现动力分析菜单，选择控制参数（Control Parameter）栏，屏幕出现可供选择的各种参数。其中第一行是动力分析种类（DynamicAnalysis Type），计算固有频率时输入Modes。当题目中有非线性约束时应在第二行中输入静力分析中的一种工况号，一般输入承载状态下的工况号。如果没有非线性约束则可空白。第四行为计算固有频率的最大数量。（Max. No. of Eigenvalues Calculated），第五行为计算的终止频率（Frequency Cutoff），其缺省值为33。

上述参数输入完毕后，返回动力分析菜单，键入D，如果没有错误即可按程序计算出所要求的管道固有频率和振型。

计算完毕后，可通过输出文件，在屏幕上看到各个频率的振型。

对于压缩机进出口管道，如果气流脉动限制在允许范围内，管道的固有频率在6Hz以上，根据经验，管道一般不会出现强烈振动。

管道固有频率所对应的振型往往只在某些方向上占主导作用，有些与压力脉动引起的激振力方向相同，有些则不同，设计中主要应考虑前者。但对于靠近压缩机的管道，因受压缩机本身振动的影响，两者都应加以考虑。

（九）管系的动力响应

管系的动力响应分析主要包括管道在流体压力脉动作用下的位移和应力计算，并限制在允许的变形和强度范围内。

1. 振动位移和应力的计算

经有限元离散后，管道系统的运动方程可以写成：

$$[M]\{\ddot{x}\}+[C]\{\dot{x}\}+[K]\{x\}=\{f\} \qquad (17-4-26)$$

式中 $[M]$、$[C]$、$[K]$——系统的质量、阻尼、刚度矩阵；

$\{x\}$——节点位移矢量；

$\{f\}$——流体压力脉动产生的激振力矢量。

在求得若干阶最低的固有频率和振型向量后，利用振型叠加法（假设阻尼矩阵可对角化）即可方便地解出位移随时间的变化规律。得到位移后，应力的计算是很容易的。表17－4－6介绍的若干有限元程序均可圆满求解这一问题。现将CAESAR程序的动力响应计算方法简述如下。

在完成管系静力分析之后，即可进行动力响应分析。在主菜单下调用动力分析（Dynamic），屏幕出现动力分析菜单，选择控制参数（Control Parameter）栏，屏幕上出现可供选择的各种参数，其中第一行为动力分析种类（Dynamic Analysis Type）。计算动力响应分析时输入Harmonic（谐振分析）。返回动力分析菜单后，选择7－Harmonic Load（谐振荷载），按程序的提示在管道的某些节点上输入不平衡激振力及其方向和频率。然后再在动力分析菜单下选择D－Perform Dynamic Analysis（执行动力分析）。如果输入正确即可完成管道的动力响应分析。其计算结果包括位移和应力，均可在屏幕上或在打印机上输出。

2. 管道振动的安全性判断

管道因振动而损坏的可能性主要取决于振幅和频率，也就是说取决于交变应力的大小和循环次数。

（1）对温度不超过370℃的碳钢和低合金钢管道，设计疲劳强度不应超过50MPa。

（2）由压力脉动和其他荷载产生的综合一次应力不应超过管道的热态许用应力。

（3）对动力管道，过大的振幅是不允许的。图17－4－16给出了管道（双）振幅的许用值和危险值，供设计参考。

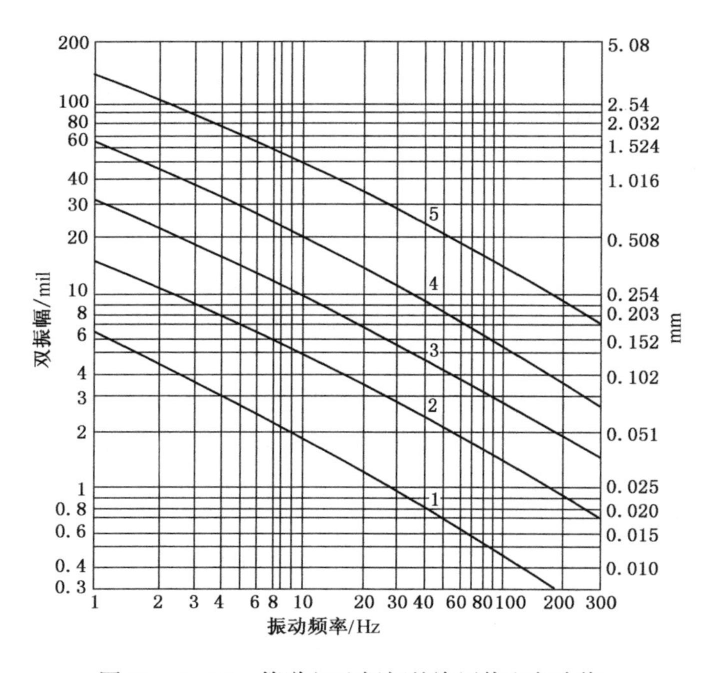

图17－4－16 管道（双）振幅的许用值和危险值

1—平均感觉界线；2—设计；3—介乎二者之间；4—要修改；5—危险（注：1mil＝25.4×10^{-3}mm＝25.4μm）

二、两相流管道的振动

两相流是指管内的流体既有液相又有气相。由于气相和液相的比重相差很大，因此有可能产生管道的振动。两相流在管内的流动状态随管内的流速以及液相、气相介质的密度、表面张力等性质不同，可分为分层流、柱状流、塞状流、环状流、分散流等。对管道的激振力最大的为柱状流和塞状流，而均匀的分散流则较轻。在管内流速的选择上应尽量避免出现柱状流和塞状流。

两相流所产生的激振力的频率是不可预测的。在装置运行过程中，负荷的高低，使管内的流速也有变化。管内的流动状态也不是固定不变的。为了避免两相流管道的振动，在管道支架的设置上应给予必要的注意。一般不宜用柔性吊架。支架也应具有一定的刚度。两相流的流态判断可参见有关资料，两相流可能产生的激振力可参照下述方法计算。

假定一条直管的两端各有一个弯头，流体在通过弯头时将产生离心力。流体通过90°弯头时，产生的离心力沿管道轴向的分力可按式(17－4－27)计算。

$$F = \frac{\pi}{4}D^2 \cdot \rho \cdot \omega^2 \qquad (17-4-27)$$

式中 F——轴向分力，N；

ρ——流体的平均密度，kg/m³；

D——管道内径，m；

ω——管内流体平均流速，m/s(一般可取3～5m/s)。

假设管内流体的流速不变，如果两端弯头处在某一瞬时分别充满气体和液体，此时产生的离心力之差将达到最大值，用此值设计管道支架是可靠的。为了使管道不致产生明显的振动，建议按上述最大值计算的支架位移不超过2～3mm。

式(17－4－27)与弯头的转弯半径无关，但用较大的弯曲半径可能还是有利的，因为转弯半径大，其展开长度也比较长，在弯头处全部为液体或全部为气体的可能性比较小。

三、水锤及其防止方法

液体在管道输送中，有时会出现水锤。水锤是管道瞬变流动中的一种压力波，它的产生是由于管道中某一截面的流速发生改变，这种改变可能是正常的流量调节，或因事故而使管道堵塞，从而使该处压力产生突然的跃升或下降，并以波的形式，以波速 a 向全系统传播，这种现象就称为水锤。例如有一输水管道，管内流速为 V_0，倘若由于某种原因阀门突然关闭，则阀前便会出现压力突然升高，出现正水锤 $+\Delta p$，而阀后出现 $-\Delta p$。按照水锤理论，若关闭时间 T_v 小于 $2L/a$ 秒，其中 L 为管长(单位：m)，a 为波速(单位：m/s)，这时水锤压力最大，并可按式(17－4－28)计算。

$$\Delta p = 10^{-6} \cdot \rho \cdot a \cdot \Delta V(\text{MPa}) \qquad (17-4-28)$$

式中 a——水锤传播的波速，m/s，可按式(17－4－19)进行计算；

ρ——液体的密度，kg/m³；

ΔV——流速的瞬间变化量，m/s。

一般钢管的 a 大约在1000～1400m/s之间，若管内流速为3～4m/s，突然关闭的水锤压力将有300～400MPa之高，并以1000m/s的速度传遍全管，这时管道若某处有缺陷或管道强度不够，便会发生水锤爆破，损坏设备或管道。

在输液管道系统中，能够引起流速变化而导致水锤的因素很多，如：

（1）阀门的正常开、关或调节，事故的开、关和损坏堵塞；

（2）泵的启动和停运；

（3）蒸汽管道在暖管过程中出现凝结水。

防止水锤的方法是多种多样的，如：缓慢开启或关闭阀门，蒸汽管道启动时放慢暖管速度，在管道上安装安全阀或水锤消除器等。

水锤的分析和计算应基于瞬变流理论。这里给出泵停运时最大水锤压力的计算方法。

停泵时，水泵出口处的压力迅速下降，最大压力降为：

$$\Delta p = a \cdot V_0 \cdot \rho \cdot 10^{-6}(\mathrm{MPa}) \tag{17-4-29}$$

式中 V_0——停泵前的管内流速，m/s；

a，ρ——同前。

压力下降的结果也可能形成负压，然后压力又迅速升高，计算最大水锤压力时，应根据下面三种不同情况分别计算：

（1）当 $\Delta p \geqslant p_1 - p_a$ 时，

$$p_{\max} = 2p_0 - p_a + \frac{aV \times 10^{-3}}{\sqrt{1 + \frac{p_f}{p_0 - p_a}\left(\frac{V}{V_0}\right)^2}} \tag{17-4-30}$$

（2）当$(p_1 - p_a) > \Delta p > (p_4 - p_a)$时，忽略摩擦阻力，

$$p_{\max} = 2\Delta p - p_a + 1/2p_z\left[1 + \left(\frac{p_0 + p_a - \Delta p}{p_z}\right)^2\right] \tag{17-4-31}$$

（3）当 $\Delta p \leqslant p_4 - p_a$ 时

$$p_{\max} = p_0 + \Delta p - p_f \tag{17-4-32}$$

式中 $p_{\max}$——最大水锤压力，MPa；

Δp——泵出口最大压力降，MPa，按式(17-4-29)计算；

p_1——泵出口工作压力，MPa；

p_a——泵入口工作压力，MPa；

p_0——泵出口静压，MPa；

p_f——管道沿程压降，MPa；

p_z——管道起点止回阀中心至管末端的高差所形成的压力，MPa；

$$p_z = 0.00981 \cdot \mathrm{H}_z \cdot \rho$$

H_z——管道起点止回阀中心至管末端的标高差，m；

p_4——管道终点的工作压力，MPa；

V——管道水锤始冲流速，m/s。

$$V = V_0 - \frac{(p_0 + p_1) \times 100}{a} + \frac{(p_f + p_z) \times 100}{2a}(\mathrm{m/s})$$

四、安全阀排气系统

（一）安全阀的排气形式

1. 开式排气系统

开式排气系统指安全阀开启时，气体直接排放到大气或与安全阀不连接的放空管。这种

排气系统要求满足如下几何条件(见图 17-4-17):

$$l \leqslant 4D_0, m \leqslant 6D_0$$

典型的开式排气系统如图 17-4-17 所示。

2. 闭式排气系统

闭式排气系统指安全阀开启时，气体通过直接与安全阀相连接的排气管排放至远地。典型的闭式排气系统如图 17-4-18 所示。

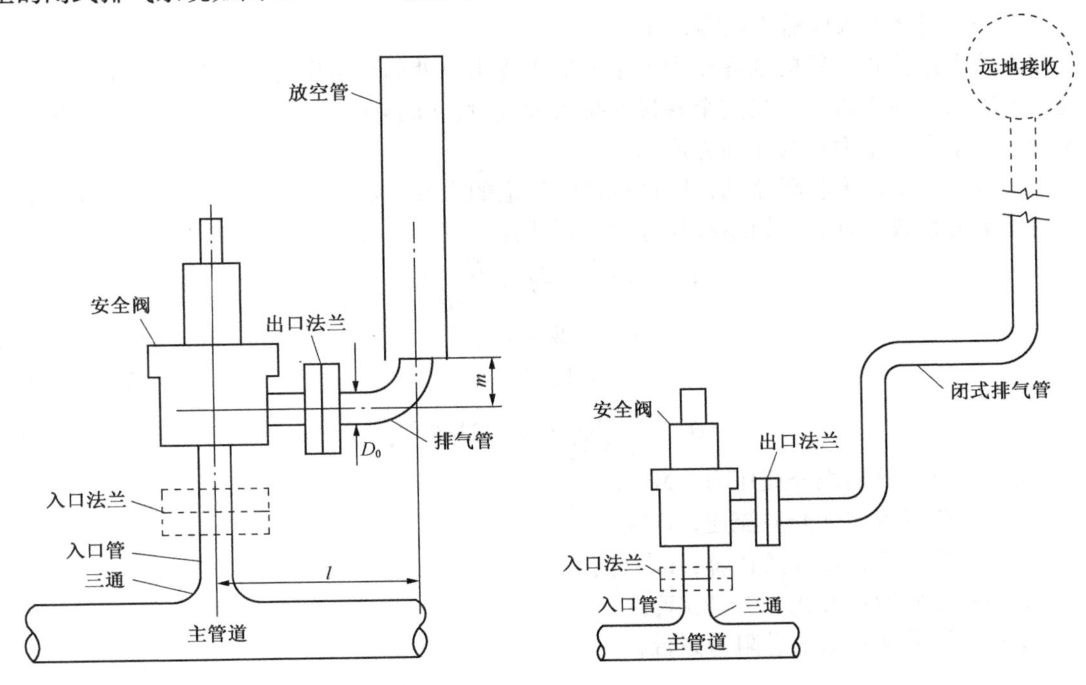

图 17-4-17　典型的开式排气系统　　图 17-4-18　典型的闭式排气系统

对于无毒、非可燃、无爆炸危险的气体可采用开式排气系统；有毒、可燃、有爆炸危险的气体应采用闭式排气系统。

(二) 荷载分析及计算方法

安全阀的排气管除承受内压，自重等静荷载外，还要承受排气的反作用力等动力荷载，下面给出了排气管动力荷载的计算方法。

安全阀排气管出口的流动状态可能是临界流动，也可能是亚临界流动，二者的计算方法是不同的。因此首先应根据安全阀前介质的滞止参数计算排气管出口的临界压力，临界流速和临界比容。

$$p_c = \sqrt{\frac{2}{K(K+1)}} \cdot \frac{G}{f} \cdot \sqrt{p_0 V_0} \cdot 10^{-3} \tag{17-4-33}$$

$$W_c = \sqrt{\frac{2K}{K+1} \cdot p_0 V_0} \cdot 10^3 \tag{17-4-34}$$

$$V_c = W_c \cdot f/G \tag{17-4-35}$$

式中　p_c——临界压力，MPa；

W_c——临界流速，m/s；

V_c——临界比容，m^3/kg；

K——介质的比热比(绝热指数)，对于空气，O_2，N_2，CO 等 $K=1.4$；对 H_2，$K=1.41$；对过热水蒸气，CO_2，H_2S 等，$K=1.3$，对 CH_4，$K=1.31$，对 C_2H_6，$K=1.2$，对饱和水蒸气 $K=1.13$；

G——介质流量，kg/s；

f——排气管出口流通截面，m^2；

p_0——安全阀入口滞止压力，MPa；

V_0——安全阀入口滞止比容，m^3/kg。

如果按上述公式求得的临界压力大于或等于排出口处的环境压力，则为临界流动，小于环境压力则为亚临界流动。当安全阀排气排入大气时，临界压力大于或等于大气压力则为临界流动，小于大气压力则为亚临界流动。

如果排气管出口为临界流动，则这段排气管道的末端参数为临界参数，始端参数与这段管道的总阻力系数 ζ 有关，始端参数可按下式计算：

$$p_s=p_c\left(\frac{K+1}{2}\beta-\frac{K-1}{2\beta}\right) \tag{17-4-36}$$

$$W_s=W_c/\beta \tag{17-4-37}$$

$$V_s=V_c/\beta \tag{17-4-38}$$

$$\beta^2=\frac{2K}{K+1}\zeta+1+2\ln\beta \tag{17-4-39}$$

式中 p_s——排气管始端介质压力，MPa；

W_s——排气管始端介质流速，m/s；

V_s——排气管始端介质比容，m^3/kg；

β——介质的比容比，$\beta=V_c/V_s$；

ζ——等截面管道的总阻力系数；

$$\zeta=\frac{\lambda}{D}L+\Sigma\zeta$$

λ——管道的摩擦系数；

D——管道的内径，m；

L——管道的长度，m；

$\Sigma\zeta$——管道局部阻力系数的总和。

用式(17-4-39)求 β 值时可采用试算法或叠代法。

如果排气管的直径是逐级扩大的，则应分段计算，因为在每段扩径处的流动状态可能是临界状态，也可能是亚临界状态。

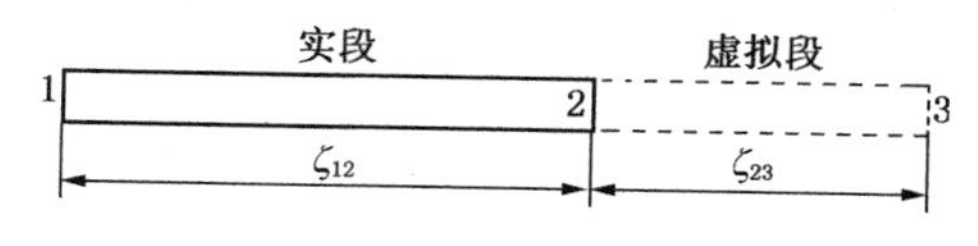

图 17-4-19

如果排气管的直径较大，则出口流速较低，将出现亚临界流动状态。计算亚流动条件下的参数比临界流动的参数更复杂些。可采用虚拟法。

设排气管道 1-2 为亚临界流动过程，在终点 2 未达到临界状态。现将管道等截面延长一虚拟段 2-3 如图 17-4-19 所示。在流量不变的条件下使末端 3 处达到临界状态，则可按上述式(17-4-33)、式(17-4-34)、式(17-4-35)计算 3 处的参数 p_3、W_3 和 V_3。根据式(17-4-36)可得出虚拟段 2-3 的比容比为：

$$\beta_{23}=\frac{p_2/p_3+\sqrt{(p_2/p_3)^2+K^2-1}}{K+1} \tag{17-4-40}$$

根据公式(17-4-39)可求出虚拟段的阻力系数和实段与虚拟段阻力系数的总和：

$$\zeta_{23} = \frac{K+1}{2K}(\beta_{23}^2 - 2\ln\beta_{23} - 1) \quad (17-4-41)$$

$$\zeta_{13} = \zeta_{12} + \zeta_{23} \quad (17-4-42)$$

与临界流动状态的计算方法相同，可进一步求得在排气管始端和末端的各项参数。

详细计算步骤可参见例题 17-4-3。

闭式系统与开式系统的计算方法相同。如果安全阀出口接有较长的管道，则当安全阀开启时会产生一段不稳定的瞬态流，受此瞬态影响，流体的压力和流速都是不均匀的。从安全阀最初开启所发射的压力波在传播到达管道终端之前可能形成冲击波。为考虑这种影响，排气系统的操作压力建议取 2 倍稳态操作压力。

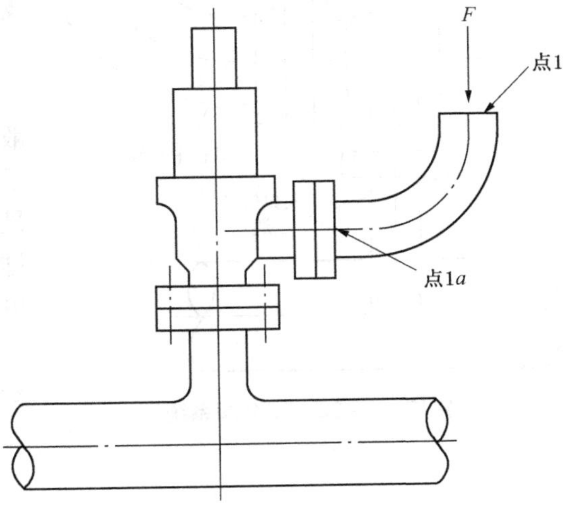

（三）安全阀排气管的反作用力

1. 开式排气系统的反作用力

（1）排气弯头

图 17-4-20

在稳态流动的条件下，安全阀开启时的反力 F 包括动量效应和压力效应两部分。如图 17-4-20所示。

$$F = GW + (p - p_a)f \cdot 10^6 (\mathrm{N}) \quad (17-4-43)$$

式中 F——点 1 的反作用力，N；

G——质量流率，kg/s，按安全阀开启时最大流率的 1.1 倍；

W——点 1 的出口流速 m/s；

p——点 1 的静压，MPa；

f——点 1 处的通流面积，m^2；

p_a——大气压力，MPa。

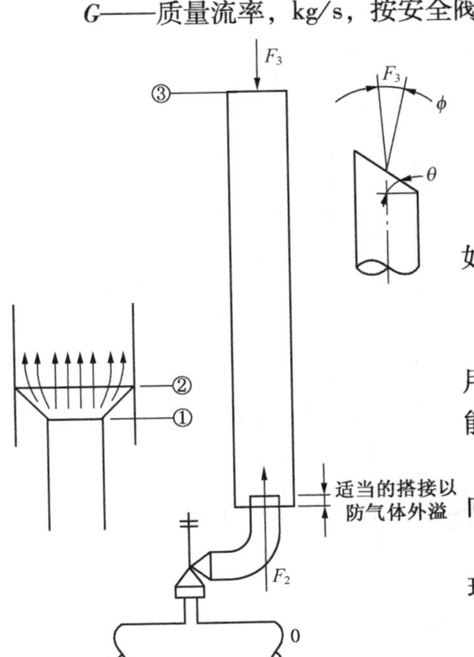

图 17-4-21

为考虑瞬态流动的影响，还应计入动载因子 DLF，如何确定 DLF 将在后面介绍。

（2）放空管如图 17-4-21 所示。

放空管在安全阀开启时，受到 F_2 和 F_3 两个力的作用。F_2 和 F_3 可按式(17-4-43)计算，放空管的支架应能承受垂直方向和水平方向的不平衡力和力矩。

如果放空管出口设计成斜面，则反力将沿斜面的方向作用。

放空管的设计应避免出现“反喷”现象。为防止这种现象的产生应满足下列条件：

$$G(W_1 - W_2) > (p_2 - p_a) \cdot f_2 \cdot 10^6 - (p_1 - p_a)f_1 \cdot 10^6$$

2. 闭式排气系统的反作用力

在稳态流动条件下，闭式系统的排出口有一较大

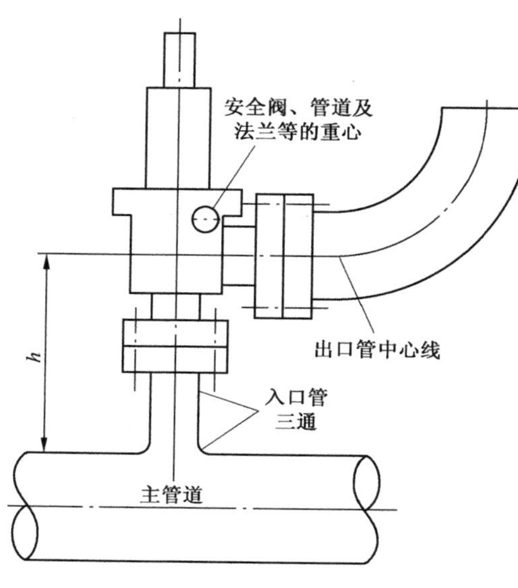

图 17－4－22　安全阀系统

的反作用力，管系其他部位所受的力具有自平衡性。其数值可用式(17－4－43)计算。但在安全阀开始开启时，由于是不稳定流动，管系要承受较大的冲击力，因此应在管道上设置适当的固定支架。

（四）反作用力的动力放大特性

管系在瞬态载荷作用下受到的力和弯矩一般大于静态值，这种动力放大特性可用动载因子 *DLF* 来表征。*DLF* 定义为动挠度与静挠度的最大比值。如果主管道刚性支撑，那么安全阀排气系统（如图 17－4－22 所示）可简化成一个单自由度系统，此时，*DLF* 可按下述方法确定。

（1）安全阀系统的振动周期 T，参见图17－4－22。

$$T = 0.03627\sqrt{\frac{Wh^3}{EI}}\,(\mathrm{s}) \qquad (17-4-44)$$

式中　T——安全阀系统的振动周期，s；

W——安全阀、入口管、出口管及法兰等的总质量，kg；

h——主管道至出口管中心线的距离，cm；

E——设计温度下入口管材料的弹性模量，MPa；

I——入口管的惯性矩，cm^4。

（2）计算安全阀开启时间 t_0 与周期 T 的比值 t_0/T，t_0 为安全阀从全闭到全开的时间。

（3）由 t_0/T 从图 17－4－23 中查出动载因子 *DLF*。

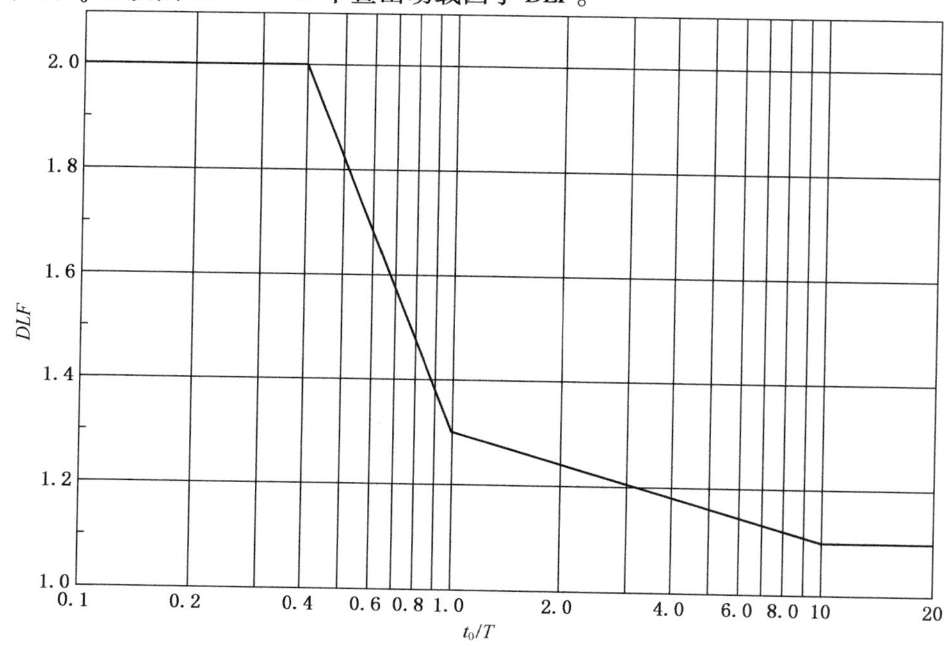

图 17－4－23　开式排气系统的动载因子

安全阀排气管中应严格避免积存液体。当安全阀开启后，高速气流携带积液将形成严重的水锤现象。但在放空管表面附着少量冷凝液是可能的，这也可能增加气流对管系的作用力，同时考虑到安全阀开启时间难于确定，以及存在不稳流动等因素，建议 DLF 取 2 为宜。

（五）安全阀出口的反作用力矩

由反作用力引起的弯矩可按式(17-4-45)计算。

$$M_1 = F \cdot d \cdot DLF (\mathrm{N \cdot m}) \qquad (17-4-45)$$

式中 M_1——弯矩，N·m；

F——反力，N；

d——分析点到反力作用线的距离，m；

DLF——动载因子。

例 17-4-3 一安全阀如图17-4-24所示。排放介质为过热蒸汽。排放量为55t/h。安全阀开启压力为 $P_0 = 10.4\mathrm{MPa}$。过热温度为540℃，比容为 $V_0 = 0.033676\mathrm{m^3/kg}$，求排汽系统各部参数，安全阀和排汽管固定点所受的力和力矩。

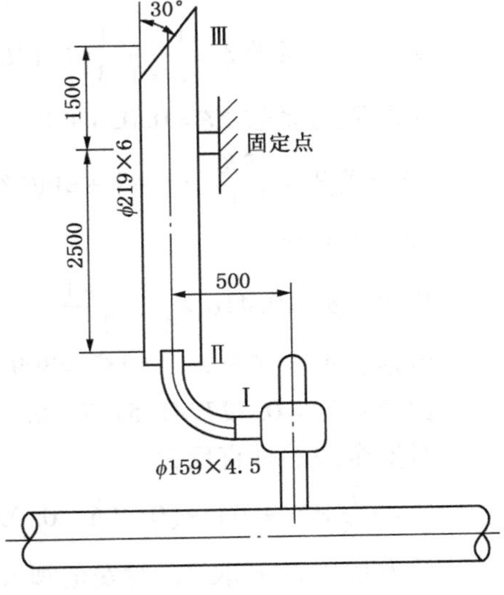

图 17-4-24

各管段的特性数据如下表：

管 段	Ⅰ-Ⅱ	Ⅱ-Ⅲ	管 段	Ⅰ-Ⅱ	Ⅱ-Ⅲ
管 径	φ159×4.5	φ219×6	总阻力系数	0.4677	1.5
流通截面/m²	0.01767	0.03365	质量流率 $G/f/(\mathrm{kg/m^2 \cdot s})$	864.6	454.02

首先计算管段Ⅱ-Ⅲ

过热蒸汽的比热容比 $K = 1.3$。

临界压力 $p_c = \sqrt{\dfrac{2}{1.3(1.3+1)}} \times 454.02 \times \sqrt{10.4 \times 0.033676} \times 10^{-3} = 0.2198\mathrm{MPa}$

临界流速 $W_c = \sqrt{\dfrac{2 \times 1.3}{(1.3+1)}} \times \sqrt{10.4 \times 0.033676} \times 10^3 = 629.2\mathrm{m/s}$

临界比容 $V_c = 629.2/454.02 = 1.386\mathrm{m^3/kg}$。

因为 p_c 大于大气压力，所以为临界流动，管段Ⅱ-Ⅲ按临界流动状态计算。

按公式 $\beta^2 = \dfrac{2K}{K+}\xi + 1 + 2\ln\beta$ 经试算求得管段Ⅱ-Ⅲ的比容比 $\beta = 2.027$。

截面Ⅱ的参数为

压力：$p_2 = 0.2198 \times \left(\dfrac{1.3+1}{2} \times 2.027 - \dfrac{1.3-1}{2 \times 2.027}\right) = 0.496\mathrm{MPa}$；

流速：$W_2 = 629.2/2.027 = 310.4\mathrm{m/s}$；

比容：$V_2 = 1.386/2.027 = 0.684\mathrm{m^3/kg}$

计算管段Ⅰ-Ⅱ

临界压力：$p_c = \sqrt{\dfrac{2}{1.3(1.3+1)}} \times 864.6 \times \sqrt{10.4 \times 0.033676} \times 10^{-3} = 0.418\mathrm{MPa}$

临界流速：$W_c = 629.2\mathrm{m/s}$

临界比容：$V_c = 629.2/864.6 = 0.7277\mathrm{m^3/s}$

因为 p_c 小于 p_2，所以为亚临界流动。

虚段比容比 $\beta=\dfrac{0.496/0.418+\sqrt{(0.496/0.418)^2+1.3^2-1}}{1.3+1}=1.146$

虚段阻力系数 $\xi=\dfrac{1.3+1}{2\times1.3}(1.146^2-2\ln1.146-1)=0.036$

全段阻力系数 $\Sigma\xi=0.036+0.4677=0.5037$

按公式 $\beta^2=\dfrac{2K}{K+1}\cdot\xi+1+2\ln\beta$ 经试算求得全段比容比 $\beta=1.5737$

截面Ⅰ参数

压力：$p_1=0.418\times\left(\dfrac{1.3+1}{2}\times1.5737-\dfrac{1.3-1}{2\times1.5737}\right)=0.7166\text{MPa}$；

流速：$W_1=629.2/1.5737=399.8\text{m/s}$；

比容：$V_1=0.7277/1.5737=0.462\text{m}^3/\text{kg}$。

对安全阀的垂直反力

$F=\dfrac{55}{3.6}\times549.04+(0.496-0.0981)\times0.01767\times10^6=15419\text{N}$

动力系数 DLF 取2，对安全阀入口接管根部的弯矩：

$M=15419\times0.5\times2=15419\text{N}\cdot\text{m}$，$F_v=15419\times2=30838\text{N}$。

放空管固定点受力计算：

截面Ⅲ受力

$F_3=\dfrac{55}{3.6}\times629.2+(0.2198-0.0981)\times0.03365\times10^6=13708\text{N}$

垂直分力 $F_{3v}=F_3\times\cos30°=11871\text{N}$

水平分力 $F_{3H}=F_3\times\sin30°=6854\text{N}$

截面Ⅱ受力

$F_2=\dfrac{55}{3.6}\times310.4+(0.496-0.0981)\times0.03365\times10^6=18131\text{N}$

动力系数取2，求固定点受力：

垂直力 $F_v=2\times(18131-11871)=12520\text{N}$

水平力 $F_H=2\times6854=13708\text{N}$

弯矩 $M=2\times(6260\times0.1095+6854\times1.5)=21933\text{N}\cdot\text{m}$

附录　程　　序

一、对焊法兰验算源程序

```
5:PPINT"对焊法兰验算"
8:INPUT"设计压力(MPa),p =";P
10:INPUT"设计温度(Deg. C),t =";T
11:DIM SF(5,19),SL(16,19),TO(19)
12:FOR I=0 TO 5:FOR J=0 TO 19:READ SF(I,J):NEXT J:NEXT I
14:FOR I=0 TO 16:FOR J=0 TO 19:READ SL(I,J):NEXT J:NEXT I
15:INPUT"法兰材料 1-A3,2-20,3-15CrMo,4-12Cr1MoV,5-1Cr5Mo,6-1Cr18Ni9Ti";FAC
16:IF FAC=1 AND T>250 THEN PRINT"温度太高,法兰选材不当"
```

```
17:IF FAC =2 AND T >475 THEN PRINT "温度太高,法兰选材不当"
18:IF FAC =3 AND T >550 THEN PRINT "温度太高,法兰选材不当"
19:IF FAC =4 AND T >575 THEN PRINT "温度太高,法兰选材不当"
20:IF FAC =5 AND T >600 THEN PRINT "温度太高,法兰选材不当"
21:INPUT "螺栓材料 1 - A3,2 - 35,3 - 35CrMoA,4 - 25Cr2MoVA,5 - 1Cr5Mo,6 - 0Cr18Ni9,7 - 0Cr17Ni12Mo2";
   LSC
22:IF LSC =1 AND T >300 THEN PRINT "温度太高,螺栓选材不当"
23:IF LSC =2 AND T >350 THEN PRINT "温度太高,螺栓选材不当"
24:IF LSC =3 AND T >500 THEN PRINT "温度太高,螺栓选材不当"
25:IF LSC =4 AND T >550 THEN PRINT "温度太高,螺栓选材不当"
26:IF LSC =5 AND T >600 THEN PRINT "温度太高,螺栓选材不当"
27:IF T >700 THEN PRINT "温度太高,无法选材"
45:INPUT "法兰接管外径,(mm),Dw =";DW
50:INPUT "法兰内径,(mm),Dn =";DN
55:INPUT "法兰外径,(mm),D =";D
60:INPUT "螺孔节圆直径,(mm),D1 =";D1
65:INPUT "法兰凸面外径,(mm),D2 =";D2
70:INPUT "法兰颈部外径,(mm),Dm =";DM
75:INPUT "法兰厚度,(mm),B =";B
80:INPUT "法兰颈部高度,(mm),H =";H
85:INPUT "螺栓直径,(mm),Db =";DB
90:INPUT "螺栓个数,Nb =";NB
92:GOTO 900
95:INPUT "垫片类型,1 - 石棉橡胶板,厚 3mm,2 - 厚 1.5mm,3 - 厚 0.8mm,4 - 缠绕垫,5 - 10 号钢金属环垫,
   6 - 1Cr18Ni9Ti 金属环垫,7 - 铁包石棉垫,Dp =";DP
100:INPUT "垫片内径,(mm),Spn =";DPN
105:INPUT "垫片外径,(mm),Dpw =";DPW
110:IF DPN =0 THEN LET DPN = DW
115:IF DPW =0 THEN LET DPW = D2
120:BO = (DPW - DPN)/4
125:IF DP =5 THEN LET BO = (DPW - DPN)/8
130:IF BO < =6.4 THEN LET B1 = B0:DG = (DPW - DPN)/2
135:IF BO >6.4 THEN LET B1 =2.53 * (B0)^.5:DG = DPW -2 * B1
137:INPUT "是否考虑外力和外力矩 WL¥&(Y/N) =";WL¥
138:IF WL¥ ="Y" OR WL¥ ="y" THEN GOSUB 600
140:IF DP =1 THEN LET M =2:Y =11
145:IF DP =2 THEN LET M =2.75:Y =25.5
150:IF DP =3 THEN LET M =3.5:Y =44.8
155:IF DP =4 THEN LET M =3:Y =69
160:IF DP =5 THEN LET M =5.5:Y =124.1
165:IF DP =6 THEN LET M =6.5:Y =179.3
170:IF DP =7 THEN LET M =3.75:Y =52.4
175:WA =3.1415926# * B1 * DG * Y
180:FP =6.28 * B1 * M * P * DG
```

```
185:F =3.1415926#/4 * DG^2 * P
190:IF DB =10 THEN LET FB =52.3
195:IF DB =12 THEN LET FB =76.3
200:IF DB =14 THEN LET FB =104.7
205:IF DB =16 THEN LET FB =144.1
210:IF DB =20 THEN LET FB =225.2
215:IF DB =18 THEN LET FB =174.4
220:IF DB =22 THEN LET FB =281.5
225:IF DB =24 THEN LET FB =324.3
230:IF DB =27 THEN LET FB =427.1
235:IF DB =30 THEN LET FB =518.9001
240:IF DB =33 THEN LET FB =633
245:IF DB >33 THEN LET FB =(DB -4 +.752)^2 * .7854
250:AM = WA/SB:AM1 = (FP + F)/STB
255:IF AM1 > AM THEN LET AM = AM1
260:AB = NB * FB
262:PRINT "计算需要螺栓断面 AM =";AM;"mm^2"
263:PRINT "实际螺栓断面 AB =";AB;"mm^ 2"
265:IF AM > AB THEN PRINT "螺栓断面不够":STOP
270:W =.5 * (AM + AB) * SB
275:FD =3.1415926#/4 * DN^ 2 * P:SD = (D1 - DM)/2 + (DM - DN)/4
277:NM = AB * SB/6.28/Y/DG
278:PRINT "允许垫片最小宽度 NM =";NM;"mm^2"
279:IF NM > (DPW - DPN)/2 THEN PRINT "垫片宽度不够":STOP
280:FG = FP:SG =.5 * (D1 - DG)
285:FT = F - FD:ST =.5 * (SD + (DM - DN)/4 + SG)
290:MP = FD * SD + FG * SG + FT * ST
295:MO = W * (D1 - (DPW + DPN)/2)/2 * STF/SF:MO1 = MO/W * FG
300:IF MP > MO THEN LET MO = MP
302:IF MP > M01 THEN LET M01 = MP
305:DDO = (DW - DN)/2:HO = (DN * DDO)^.5
310:HH = H/H0:K = D/DN:DD1 = (DM - DN)/2:DD = DD1/DDO
315:TT = (K^2 * (1 +8.55246 * LOG(K)/2.3026) - 1)/(1.0472 + 1.9448 * K^2)/(K - 1)
320:U = (K^ 2 * (1 +8.55246 * LOG(K)/2.3026) - 1)/1.36136/(K^2 - 1)/(K - 1)
325:Y = 1/(K - 1) * (.66845 + 5.7169 * K^ 2 * LOG(K)/2.3026/(K^ 2 - 1):Z = (K^ 2 + 1)/(K^ 2 - 1)
330:A = DD - 1:C = 43.68 * HH^ 4:C1 = 1/3 + A/12:C2 = 5/42 + 17 * A/336
335:C3 = 1/210 + A/360:C4 = 11/360 + 59 * A/5040 + (1 + 3 * A)/C
340:C5 = 1/90 + 5 * A/1009 - (1 + A)^ 3/C:C6 = 1/120 + 17 * A/5040 + 1/C
345:C7 = 215/2772 + 51 * A/1232 + (60/7 + 225 * A/14 + 75 * A^ 2/7 + 5 * A^ 3/2)/C
350:C8 = 31/6930 + 128 * A/45045! + (6/7 + 15 * A/7 + 12 * A^ 2/7 + 5 * A^ 3/11)/C
355:C9 = 533/30240 + 653 * A/73920! + (1/2 + 33 * A/14 + 39 * A^ 2/28 + 25 * A^ 3/84)/C
360:C10 = 29/3780 + 3 * A/704 - (1/2 + 33 * A/14 + 81 * A^ 2/28 + 13 * A^ 3/12)/C
365:C11 = 31/6048 + 1763 * A/665280! + (1/2 + 6 * A/7 + 15 * A^ 2/28 + 5 * A^ 3/42)/C
370:C12 = 1/2925 + 71 * A/300300! + (8/35 + 18 * A/35 + 156 * A^ 2/385 + 6 * A^ 3/55)/C
```

```
375:C13 =761/831600! +937 * A/1663200! +(1/35 +6 * A/35 +11 * A^ 2/70 +3 * A^ 3/70)/C
380:C14 =197/415800! +103 * A/332640! -(1/35 +6 * A/35 +17 * A^ 2/70 + A^ 3/10)/C
385:C15 =233/831600! +97 * A/554400! +(1/35 +3 * A/35 + A^ 2/14 +2 * A^ 3/105)/C
390:C16 = C1 * C7 * C12 + C2 * C8 * C3 + C3 * C8 * C2 - (C3^ 2 * C7 + C8^ 2 * C1 + C2^ 2 * C12)
395:C17 = (C4 * C7 * C12 + C2 * C8 * C13 + C3 * C8 * C9 - C13 * C7 * C3 - C8^ 2 * C4 - C12 * C2 * C9)/C16
400:C18 = (C5 * C7 * C12 + C2 * C8 * C14 + C3 * C8 * C10 - C14 * C7 * C3 - C8^ 2 * C5 - C12 * C2 * C10)/C16
405:C19 = (C6 * C7 * C12 + C2 * C8 * C15 + C3 * C8 * C11 - C15 * C7 * C3 - C8^ 2 * C6 - C12 * C2 * C11)/C16
410:C20 = (C1 * C9 * C12 + C4 * C8 * C3 + C3 * C13 * C2 - C3^ 2 * C9 - C13 * C8 * C1 - C12 * C4 * C2)/C16
415:C21 = (C1 * C10 * C12 + C5 * C8 * C3 + C3 * C14 * C2 - C3^ 2 * C10 - C14 * C8 * C1 - C12 * C5 * C2)/C16
420:C22 = (C1 * C11 * C12 + C6 * C8 * C3 + C3 * C15 * C2 - C3^ 2 * C11 - C15 * C8 * C1 - C12 * C6 * C2)/C16
425:C23 = (C1 * C7 * C13 + C2 * C9 * C3 + C4 * C8 * C2 - C3 * C7 * C4 - C8 * C9 * C1 - C2^ 2 * C13)/C16
430:C24 = (C1 * C7 * C14 + C2 * C10 * C3 + C5 * C8 * C2 - C3 * C7 * C5 - C8 * C10 * C1 - C2^ 2 * C14)/C16
435:C25 = (C1 * C7 * C15 + C2 * C11 * C3 + C6 * C8 * C2 - C3 * C7 * C6 - C8 * C11 * C1 - C2^ 2 * C15)/C16
440:C26 = -(C/4)^.25:C27 = C20 - C17 -5/12 - C17 * (C/4)^.25:C28 = C22 - C19 - 1/12 - C19 * (C/4)^.25
445:C29 = -(C/4)^.5:C30 = -(C/4)^.75:C31 = 1.5 * A + C17 * (C/4)^.75:C32 = .5 + C19 * (C/4)^.75
450:C33 = .5 * C26 * C32 + C28 * C31 * C29 - .5 * C30 * C28 - C32 * C27 * C29
455:C34 =1/12 + C18 - C21 + C18 * (C/4)^.25:C35 = - C18 * (C/4)^.75
460:C36 = (C28 * C35 * C29 - C32 * C34 * C29)/C33
465:C37 = (.5 * C26 * C35 + C34 * C31 * C29 - .5 * C30 * C34 - C35 * C27 * C29)/C33
470:E1 = C17 * C36 + C18 + C19 * C37:E2 = C20 * C36 + C21 + C22 * C37:E3 = C23 * C36 + C24 + C25 * C37
475:E4 = .25 + C37/12 + C36/4 - E3/5 - 1.5 * E2 - E1
480:E5 = E1 * (.5 + A/6) + E2 * (.25 + 11 * A/84) + E3 * (1/70 + A/105)
485:E6 = E5 - C36 * (7/120 + A/36 +3 * A/C) - 1/40 - A/72 - C37 * (1/60 + A/120 + 1/C)
490:FI = - E6/(C/2.73)^.25/(1 + A)^ 3 * C
495:VI = E4/(2.73/C)^.25/(1 + A)^ 3
500:FF = C36/(1 + A):E = FI/H0
502:IF FF < 1 THEN LET FF = 1
505:DDD = U/VI * H0 * ((DW - DN)/2)^ 2
510:KC = B * E + 1:BB = 4/3 * B * E + 1:GG = KC/TT:ETA = B^ 3/DDD:LAM = GG + ETA
515:SH = FF * M0/LAM/((DM - DN)/2)^ 2/DN:SR = BB * M0/LAM/B^ 2/DN
520:ST = M0 * Y/B^ 2/DN - Z * SR:SS = .5 * (SH + SR):SSS = .5 * (SH + ST)
522:SH1 = SH/M0 * M01:SR1 = SR/M0 * M01:ST1 = ST/M0 * M01:SS1 = SS/M0 * M01:SSS1 = SSS/M0 * M01
525:IF SSS > SS THEN LET SS = SSS
528:IF SSS1 > SS1 THEN LET SS1 = SSS1
530:PRINT "轴向应力,SH =";SH;"MPa";" 许用应力 =";1.5 * STF;"/";1.5 * STF:"MPa"
535:PRINT "径向应力,SR =";SR;"MPa";" 许用应力 =";STF;"/";1.5 * STF;"MPa"
540:PRINT "环向应力,ST =";ST;"MPa";" 许用应力 =";STR;"/";1.5 * STF;"MPa"
545:PRINT "综合应力,SS =";SS;"MPa";" 许用应力 =";STF;"/";1.5 * STF;"MPa"
548:PRINT "注:不考虑外力和外力矩的许用应力取/前数值."
549:PRINT "考虑外力和外力矩的许用应力取/后数值."
550:END
600:INPUT "法兰在某一方向承受的弯曲力矩 MX(N - m) =";MX
605:INPUT "法兰在另一方向承受的弯曲力矩 MY(N - m) =";MY
610:M = (MX^ 2 + MY^ 2 + MZ^ 2)^.5
```

```
615:INPUT "法兰承受的拉力(不包括内压产生的拉力 F(N) =";F
620:PEQ = 16 * M/3.1415926#/DG^ 3 * 1000 + 4 * F/3.1415926#/DG^ 2
625:PRINT "法兰承受的当量压力 PEQ =";PEQ;"MPa"
630:P = P + PEQ
635:RETURN
900:IF LSC = 1 AND DB > = 24 THEN LET LSC = 2:GOTO 980
905:IF LSC = 2 AND DB < 24 THEN LET LSC = 3:GOTO 980
910:IF LSC = 2 AND DB > = 24 THEN lET LSC = 4:GOTO 980
915:IF LSC = 3 AND DB < 24 THEN LET ISC = 5:GOTO 980
920:IF LSC = 3 AND DB < = 48 THEN LET LSC = 6:GOTO 980
925:IF LSC = 3 AND DB < = 80 THEN LET LSC = 7:GOTO 980
930:IF LSC = 3 AND DB > 80 THEN LET LSC = 8:GOTO 980
935:IF LSC = 4 AND DB < 24 THEN LET LSC = 9:GOTO 980
940:IF LSC = 4 AND DB < = 48 THEN LET LSC = 10:GOTO 980
945:IF LSC = 4 AND DB > 48 THEN LET LSC = 11:GOTO 980
950:IF LSC = 5 AND DB < 24 THEN LET LSC = 12:GOTO 980
955:IF LSC = 5 AND DB > = 24 THEN LET LSC = 13:GOTO 980
960:IF LSC = 6 AND DB < 24 THEN LET LSC = 14:GOTO 980
965:IF LSC = 6 AND DB > = 24 THEN LET LSC = 15:GOTO 980
970:IF LSC = 7 AND DB < 24 THEN LET LSC = 16:GOTO 980
975:IF LSC = 7 AND DB > = 24 THEN LET LSC = 17
980:FAC = FAC - 1:LSC = LSC - 1:FOR I = 0 TO 19:READ T0(I):NEXT I
982:FOR J = 1 TO 18
983:IF T > = TO(J) AND T < = TO(J + 1) THEN GOTO 985
984:NEXT J
985:SF = SF(FAC,0):SB = SL(LSC,0)
986:STF = SF(FAC,J) + (SF(FAC,J + 1) - SF(FAC,J))/(TO(J + 1) - TO(J)) * (T - TO(J))
988:STB = SL(LSC,J) + (SL(LSC,J + 1) - SL(LSC,J)/(TO(J + 1) - TO(J)) * (T - TO(J))
990:GOTO 95
1000:DATA 111,111,111,105,94,86,77,0,0,0,0,0,0,0,0,0,0,0,0,0
1005:DATA 122,110,104,98,89,79,74,68,66,61,41,0,0,0,0,0,0,0,0,0
1010:DATA 147,144,135,126,119,110,104,98,96,95,93,88,58,37,0,0,0,0,0,0
1015:DATA 147,144,135,126,119,110,104,98,96,95,92,89,82,57,35,0,0,0,0,0
1020:DATA 197,197,197,197,197,197,196,190,136,107,83,62,46,35,26,18,0,0,0,0
1025:DATA 131,111,101,95,89,85,82,80,79,78,77,76,75,74,68,59,46,37,28,23
1030:DATA 87,78,74,69,62,56,0,0,0,0,0,0,0,0,0,0,0,0,0,0
1035:DATA 94,84,80,74,67,61,0,0,0,0,0,0,0,0,0,0,0,0,0,0
1040:DATA 117,105,98,91,82,74.69,0,0,0,0,0,0,0,0,0,0,0,0,0
1045:DATA 118,106,100,92,84,76,70,0,0,0,0,0,0,0,0,0,0,0,0,0
1050:DATA 210,190,185,179,176,174,165,154,147,140,111,79,0,0,0,0,0,0,0,0
1055:DATA 228,206,199,196,193,189,180,170,162,150,111,79,0,0,0,0,0,0,0,0
1060:DATA 254,229,221,218,214,210,200,189,180,150,111,79,0,0,0,0,0,0,0,0
1065:DATA 219,196,189,185,181,178,171,160,153,145,111,79,0,0,0,0,0,0,0,0
1070:DATA 210,190,185,179,176,174,168,160,156,151,144,131,72,39,0,0,0,0,0,0
```

```
1075:DATA 245,222,216,209,206,203,196,186,181,176,168,131,72,39,0,0,0,0,0,0
1080:DATA 254,229,221,218,214,210,203,196,191,185,176,131,72,39,0,0,0,0,0,0
1082:DATA 111,101,97,94,92,91,90,87,84,81,77,62,46,35,26,18,0,0,0,0
1083:DATA 130,118,113,109,108,106,105,101,98,95,83,62,46,35,26,18,0,0,0,0
1085:DATA 129,107,97,90,84,79,77,74,72.5,71,70,69,68,66,63,58,52,42,32,27
1090:DATA 137,114,103,96,90,85,82,79,77.5,76,75,74,73,71,67,62,52,42,32,27
1095:DATA 129,109,101,93,87,82,79,77,76.5,76,75.5,75,74,73,71,68,65,50,38,30
1100:DATA,137,117,107,99,93,87,84,82,81.5,81,80,79,78,78,76,73,65,50,38,30
1105:DATA 20,100,150,200,250,300,350,400,425,450,475,500,525,550,575,600,625,650,675,700
1182:DATA 111,101,97,94,92,91,90,87,84,81,77,62,46,35,26,18,0,0,0,0
1183:DATA 130,118,113,109,108,106,105,101,98,95,83,62,46,35,26,18,0,0,0,0
```

二、卧式离心泵和立式管道泵管嘴验算源程序

```
2 CLS:LOCATE 3,10
4 PRINT"卧式和立式离心泵进出口综合受力计算(根据 API-610 第 7 版)"
5 CLEAR:RESTORE:GOSUB 1000
6 PRINT"    1,卧式离心泵计算"
8 PRINT"    2,立式离心泵(管道泵)计算"
10 INPUT"    泵的类型";BDLX
12 IF BDLX=2 THEN GOTO 1500
15 CLS:PRINT"卧式离心泵进出口综合受力计算"
18 CLEAR:RESTORE:GOSUB 1000
20 DIM FJ(1,5)
22 PRINT"--------------------------------------------------------------------------------"
25 PRINT"输入入口数据"
30 INPUT"FX(N)=";FJ(0,0)
35 INPUT"FY(N)=";FJ(0,1)
40 INPUT"FZ(N)=";FJ(0,2)
45 INPUT"MX(N-M)=";FJ(0,3)
50 INPUT"MY(N-M)=";FJ(0,4)
55 INPUT"MZ(N-M)=";FJ(0,5)
60 INPUT"DI(CM,5,8,10,15,20,25,30,35,40)=";DI
62 IF DI>40 THEN PRINT"管嘴受力需要和制造厂协商":END
65 INPUT"XI(M)=";XI
70 INPUT"YI(M)=";YI
75 INPUT"ZI(M)=";ZI
80 INPUT"入口位置 TI(0-顶部,1-侧面,2-端面)=";TI
82 PRINT"--------------------------------------------------------------------------------"
85 PRINT"输入出口数据"
90 INPUT"FX(N)=";FJ(1,0)
95 INPUT"FY(N)=";FJ(1,1)
100 INPUT"FZ(N)=";FJ(1,2)
105 INPUT"MX(N-M)=";FJ(1,3)
110 INPUT"MY(N-M)=";FJ(1,4)
115 INPUT"MZ(N-M)=";FJ(1,5)
```

```
120 INPUT "DO(CM,5,8,10,15,20,25,30,35,40) = ";DO
122 IF DO >40 THEN PRINT "管嘴受力需要和制造厂协商":END
125 INPUT "XO(M) = ";XO
130 INPUT "YO(M) = ";YO
135 INPUT "ZO(M) = ";ZO
140 INPUT "出口位置 TJ(0 - 顶部,1 - 侧面) = ";TJ
142 PRINT "-----------------------------------------------------------------------"
145 GOTO 700
150 IF D =5! THEN I =0
155 IF D =8! THEN I =1
160 IF D =10! THEN I =2
165 IF D =15! THEN I =3
170 IF D =20! THEN I =4
175 IF D =25! THEN I =5
180 IF D =30! THEN I =6
185 IF D =35! THEN I =7
190 IF D =40! THEN I =8
192 PETURN
195 IF ABS(FJ(0,0)) >2 * FXI THEN GOTO 300
225 IF ABS(FJ(0,1)) >2 * FYI THEN GOTO 300
230 IF ABS(FJ(0,2)) >2 * FZI THEN GOTO 300
235 IF ABS(FJ(0,3)) >2 * MXI THEN GOTO 300
240 IF ABS(FJ(0,4)) >2 * MYI THEN GOTO 300
245 IF ABS(FJ(0,5)) >2 * MZI THEN GOTO 300
255 GOTO 345
300 GOSUB 301:PRINT "泵的出入口管受力不合格":END
301 PRINT "泵的进出口管嘴受力或力矩大于 API - 610 允许值的两倍,不合格"
302 PRINT "符号力(N)或力矩(N - M)API - 610 允许值百分数%"
304 PRINT "入口管嘴"
310 PRINT "FX"TAB(10) FJ(0,0) TAB(32) FXI TAB(50) INT(FJ(0,0)/FXI * 100)
315 PRINT "FY"TAB(10) FJ(0,1) TAB(32) FYI TAB(50) INT(FJ(0,1)/FYI * 100)
320 PRINT "FZ"TAB(10) FJ(0,2) TAB(32) FZI TAB(50) INT(FJ(0,2)/FZI * 100)
325 PRINT "MX"TAB(10) FJ(0,3) TAB(32) MXI TAB(50) INT(FJ(0,3)/MXI * 100)
328 PRINT "MY"TAB(10) FJ(0,4) TAB(32) MYI TAB(50) INT(FJ(0,4)/MYI * 100)
330 PRINT "MZ"TAB(10) FJ(0,5) TAB(32) MZI TAB(50) INT(FJ(0,5)/MZI * 100)
331 GOTO 405
345 IF ABS(FJ(1,0)) >2 * FXO THEN GOTO 300
360 IF ABS(FJ(1,1)) >2 * FYO THEN GOTO 300
365 IF ABS(FJ(1,2)) >2 * FZO THEN GOTO 300
370 IF ABS(FJ(1,3)) >2 * MXO THEN GOTO 300
375 IF ABS(FJ(1,4)) >2 * MYO THEN GOTO 300
380 IF ABS(FJ(1,5)) >2 * MZO THEN GOTO 300
385 PRINT "泵的进出口管嘴受力小于 API - 610 允许值的两倍,还需进一步核算"
388 GOSUB 302
```

```
390 GOTO 441
405 PRINT "出口管嘴"
410 PRINT "FX"TAB(10) FJ(1,0) TAB(32) FXO TAB(50) INT(FJ(1,0)/FXO * 100)
415 PRINT "FY"TAB(10) FJ(1,1) TAB(32) FYO TAB(50) INT(FJ(1,1)/FYO * 100)
420 PRINT "FZ"TAB(10) FJ(1,2) TAB(32) FZO TAB(50) INT(FJ(1,2)/FZO * 100)
425 PRINT "MX"TAB(10) FJ(1,3) TAB(32) MXO TAB(50) INT(FJ(1,3)/MXO * 100)
428 PRINT "MY"TAB(10) PJ(1,4) TAB(32) MYO TAB(50) INT(FJ(1,4)/MYO * 100)
430 PRINT "MZ"TAB(10) FJ(1,5) TAB(32) MZO TAB(50) INT(FJ(1,5)/MZO * 100)
431 PRINT "------------------------------------------------------------------------":
RETURN
441 FRS = ((FJ(0,0))^2 + (FJ(0,1))^2 + (FJ(0,2))^2)^.5
442 MRS = ((FJ(0,3))^2 + (FJ(0,4))^2 + (FJ(0,5))^2)^.5
443 FRD = ((FJ(1,0))^2 + (FJ(1,1))^2 + (FJ(1,2))^2)^.5
444 MRD = ((FJ(1,3))^2 + (FJ(1,4))^2 + (FJ(1,5))^2)^.5
463 FRS1 = 1.5 * FRI
464 MRS1 = 1.5 * MRI
465 SS = FRS/FRS1 + MRS/MRS1
468 FRD1 = 1.5 * FRO:MRD1 = 1.5 * MRO
469 DD = FRD/FRD1 + MRD/MRD1
470 IF DD < =2 AND SS < =2 THEN GOTO 915
475 GOTO 965
498 PRINT "名称          计算值          API-610 允许值          百分数%"
499 PRINT "入口合力和力矩      "TAB(23)SS TAB(36) 2 TAB(58) INT(SS/2 * 100)
553 PRINT "出口合力和力矩      "TAB(23)DD TAB(36) 2 TAB(58) INT(DD/2 * 100)
555 PRINT "------------------------------------------------------------------------":
RETURN
556 PRINT "进出口管嘴合力或合力矩小于 API-610 的规定":GOSUB 495
663 IF RM > QM THEN GOTO 680
700 D = DI:GOSUB 150
701 IF TI =0 THEN LET FXI = F(I,0):FYI = F(I,1):FZI = F(I,2):FRI = F(I,3):MXI = F(I,12):MYI = F(I,13):
    MZI = F(1,14):MRI = F(1,15)
702 IF TI = 1 THEN LET FXI = F(I,4):FYI = F(I,5):FZI = F(I,6):FRI = F(I,7):MXI = F(I,12):MYI = F(I,
    13):MZI = F(I,14):MRI = F(I,15)
703 IF TI = 2 THEN LET FXI = F(I,8):FYI = F(I,9):FZI = F(I,10):FRI = F(I,11):MXI = F(I,12):MYI = F
    (I,13):MZI = F(I,14);MRI = F(I,15)
705 D = DO:GOSUB 150
706 IF TJ =0 THEN LET FXO = F(1,0):FYO = F(I,1):FZO = F(I,2):FRO = F(I,3):MXO = F(I,12):MYO = F(I,13):
    MZO = F(I,14):MRO = F(I,15)
707 IF TJ =1 THEN LET FXO = F(I,4):FYO = F(I,5):FZO = F(I,6):FRO = F(I,7):MXO = F(I,12):MYO = F(I,13):
    MZO = F(I,14):MRO = F(I,15)
710 IF ABS(FJ(0,0)) > FXI THEN GOTO 195
725 IF ABS(FJ(0,1)) > FYI THEN GOTO 195
730 IF ABS(FJ(0,2)) > FZI THEN GOTO 195
735 IF ABS(FJ(0,3)) > MXI THEN GOTO 195
```

```
740 IF ABS(FJ(0,4)) >MYI THEN GOTO 195
745 IF ABS(FJ(0,5)) >MZI THEN GOTO 195
748 GOTO 810
810 IF ABS (FJ(0,0)) >FXO THEN GOTO 195
825 IF ABS (FJ(0,1)) >FYO THEN GOTO 195
830 IF ABS (FJ(0,2)) >FZO THEN GOTO 195
835 IF ABS (FJ(0,3)) >MXO THEN GOTO 195
840 IF ABS (FJ(0,4)) >MYO THEN GOTO 195
845 IF ABS (FJ(0,5)) >MZO THEN GOTO 195
852 PRINT "泵的进出口管嘴分力和分力矩不大于 API - 610 允许值,合格"
854 GOSUB 302
856 PRINT "泵的出入口管受力合格":END
915 PRINT "进出口管嘴的合力和合力矩小于允许值"
920 GOSUB 498
925 PRINT "泵的出入口管的合力和合力矩合格"
930 GOTO 1300
965 PRINT "进出口管嘴合力或合力矩大于允许值"
970 GOSUB 498
975 PRINT "进出口管嘴合力或合力矩大于的允许值,不合格。"
978 END
1000 DIM F(8,15)
1005 FOR I =0 TO 8:FOR J =0 TO 15:READ F(I,J):NEXT J:NEXT I
1010 DATA 713,892,580,1293,713,580,892,1293,892,580,713,1292,462,353,231,625
1015 DATA 1070,1338,892,1873,1070,892,1338,1873,1338,892,1070,1873,952,721,476,1292
1020 DATA 1427,1784,1159,2542,1427,1159,1784,2542,1784,1159,1427,2542,1332,1006,680,1808
1025 DATA 2494,3121,1605,4504,2497,1605,3121,4504,3121,1605,2497,4504,2311,1767,1182,3140
1030 DATA 3790,4905,3121,6956,3790,3121,4905,6956,4905,3121,3790,6956,3535,2583,1767,4758
1035 DATA 5351,6689,4459,9810,5351,4459,6689,9810,6689,4459,5351,9810,5030,3807,2447,6797
1040 DATA 6689,8026,5351,11594,6689,5351,8026,11594,8026,5351,6689,11594,6118,4622,2991,8293
1045 DATA 7135,8918,5797,12931,7135,5797,8918,12831,8918,5797,7135,12931,6390,4758,3127,8564
1050 DATA 8472,10255,6689,14715,8472,6689,10255,14716,10256,6689,8472,14715,7341,5438,3671,9788
1055 RETURN
1300 FXC = PJ(0,0) + FJ(1,0):FYC = FJ(0,1) + FJ(1,1):FZC = FJ(0,2) + FJ(1,2)
1305 MXC = FJ(0,3) + FJ(1,3) - (FJ(0,1) * ZI + FJ(1,1) * ZO - FJ(0,2) * YI - FJ(1,2) * YO)
1310 MYC = FJ(0,4) + FJ(1,4) + (FJ(0,0) * ZI + FJ(1,0) * ZO - FJ(0,2) * XI - FJ(1,2) * XO)
1315 MZC = FJ(0,5) + FJ(1,5) - (FJ(0,0) * YI + FJ(1,0) * YO - FJ(0,1) * FI - FJ(1,1) * XO)
1320 FRC = (FXC^ 2 + FYC^ 2 + FZC^2)^. 5
1325 MRC = (MXC^ 2 + MYC^ 2 + MZC^2)^. 5
1330 FRCC = 1. 5 * (FRI + FRO)
1335 MZCC = 2! * (MZI + MZO)
1340 MRCC = 1. 5 * (MRI + MRO)
1345 IF FRC < FRCC AND MZC < MZCC AND MRC < MRCC THEN GOTO 1390
1360 PRINT "力和力矩转移至泵中心的计算参数不合格"
1362 GOSUB 1365
```

```
1363 PRINT"泵受力不合格":END
1365 PRINT"名称      符号      计算值      API-610 允许值      百分数%"
1370 PRINT"合力 FRC(N)"TAB(23) FRC TAB(36) FRCC TAB(58) INT(FRC/FRCC*100)
1375 PRINT"Z 向力矩 MZC(N)"TAB(23) MZC TAB(36) MZCC TAB(58) INT(MZC/MZCC*100)
1380 PRINT"合力矩 MRC(N)"TAB(23) MRC TAB(36) MRCC TAB(58) INT(MRC/MRCC*100)
1382 PRINT"--------------------------------------------------------------------------------"
1385 RETURN
1390 PRINT"力和力矩转移至泵中心的计算参数合格"
1395 GOSUB 1365
1400 PRINT"泵的受力计算合格":END
1465 RETURN
1470 PRINT"合力 FRC(N)"TAB(23) FRC TAB(36) FRCC TAB(58) INT(FRC/FRCC * 100)
1475 PRINT"Z 向力矩 MZC(N)"TAB(23) MZC TAB(36) MZCC TAB(58) INT(MZC/MZCC * 100)
1480 PRINT"合力矩 MRC(N)"TAB(23) MRC TAB(36) MRCC TAB(58) INT(MRC/MRCC * 100)
1485 RETURN
1500 CLS:PRINT"立式离心泵(管道泵)进出口综合受力计算"
1505 DIM GJ(1,8)
1510 FOR J=0 TO 1:FOR I=0 TO 8:READ GJ(J,I):NEXT I:NEXTJ
1515 DIM FJ(1,5)
1520 PRINT"--------------------------------------------------------------------------------"
1525 PRINT"输入入口数据"
1530 INPUT"FX(N)=";FJ(0,0)
1535 INPUT"FY(N)=";FJ(0,1)
1540 INPUT"FZ(N)=";FJ(0,2)
1545 INPUT"MX(N-M)=";FJ(0,3)
1550 INPUT"MY(N-M)=";FJ(0,4)
1555 INPUT"MZ(N-M)=";FJ(0,5)
1560 INPUT"DI(CM,5,8,10,15,20,25,30,35,40)=";DI
1570 PRINT"--------------------------------------------------------------------------------"
1585 PRINT"输入出口数据"
1590 INPUT"FX(N)=";FJ(1,0)
1595 INPUT"FY(N)=";FJ(1,1)
1600 INPUT"FZ(N)=";FJ(1,2)
1605 INPUT"MX(N-M)=";FJ(1,3)
1610 INPUT"MY(N-M)=";FJ(1,4)
1615 INPUT"MZ(N-M)=";FJ(1,5)
1620 INPUT"DO(CM,5,8,10,15,20,25,30,35,40)=";DO
1625 PRINT"--------------------------------------------------------------------------------"
1630 D=DI:GOSUB 150
1635 DOS=GJ(0,I):DIS=GJ(1,I)
1640 D=DO:GOSUB 150
1645 DOD=GJ(0,I):DID=GJ(1,I)
1650 CS=(1.27 * FJ(0,2)/(DOS^2-DIS^2))+(10186 * DOS * (FJ(0,3)^2+FJ(0,4)^2)^.5)/DOS^
     4-DIS^4)
```

```
1655 CD = (1.27 * FJ(1,2)/(DOD^2 - DID^2)) + (10186 * DOD * (FJ(1,3)^2 + FJ(1,4)^2)^.5)/DOD
     ^4 - DID^4)
1660 TS = (5093 * DOS * ABS(FJ(0,5))/(DOS^4 - DIS^4)) + (1.27 * (FJ(0,0)^2 - FJ(0,1)^2)^.5)/
     DOS^2 - DIS^2)
1665 TD = (5093 * DOD * ABS(FJ(1,5))/(DOD^4 - DID^4)) + (1.27 * (FJ(1,0)^2 - FJ(1,1)^2)^.5)/
     (DOD^2 - DID^2)
1670 SS = CS/2 + ((CS^2)/4 + TS^2)^.5
1675 SD = CD/2 + ((CD^2)/4 + TD^2)^.5
1680 IF SS >40 OR SD >40 THEN PRINT "管嘴应力过大,不合格";GOTO 1690
1685 PRINT "管嘴应力合格"
1690 PRINT "名称      计算值      允许值      百分数%"
1695 PRINT "入口管嘴应力      "TAB(23) SS TAB(40) 40 TAB(54) INT(SS/40 * 100)
1700 PRINT "出口管嘴应力      "TAB(23) SD TAB(40) 40 TAB(54) INT(SD/40 * 100)
1800 DATA 60,89,114,168,219,273,325,351,402
1805 DATA 52,78,102,154,203,254,305,329,376
OK
```

例题1：

```
卧式离心泵进出口综合受力计算
------------------------------------------------------------------
输入入口数据
FX(N) =? 12931
FY(N) =? -8874
FZ(N) =? 0
MX(N-M) =? -1359
MY(N-M) =? -7477
MZ(N-M) =? -4893
DI(CM,5,8,10,15,20,25,30,35,40) =? 25
XI(M) =? .2667
YI(M) =? 0
ZI(M) =? 0
入口位置 TI(0-顶部,1-侧面,2-端面) =? 2
------------------------------------------------------------------
输入出口数据
FX(N) =? 7135
FY(N) =? 8695
FZ(N) =? 446
MX(N-M) =? 680
MY(N-M) =? -4894
MZ(N-M) =? 3399
DO(CM,5,8,10,15,20,25,30,35,40) =? 20
XO(M) =? 0
YO(M) =? .381
ZO(M) =? .3112
出口位置 TJ(0-顶部,1-侧面) =? 0
```

泵的进出口管嘴受力小于 API－610 允许值的两倍，还需进一步核算

符号	力(N)或力矩(N－M)	API－610 允许值	百分数%
入口管嘴			
FX	12931	6689	193
FY	－8874	4459	－200
FZ	0	5351	0
MX	－1359	5030	－28
MY	－7477	3807	－197
MZ	4893	2447	199
出口管嘴			
FX	7135	3790	188
FY	8695	4905	177
FZ	446	3121	14
MX	680	3535	19
MY	－4894	2583	－190
MZ	3399	1767	192

进出口管嘴的合力和合力矩小于允许值

管嘴应力过大，不合格

名称	计算值	允许值	百分数%
入口管嘴应力	35.3052	40	88
出口管嘴应力	94.72666	40	236

三、汽轮机或离心式压缩机管嘴综合受力计算源程序

```
2 PRINT"汽轮机或压缩机管嘴综合受力计算(按 NEMA SM23 或 API－617 规定)"
5 INPUT"计算汽轮机(TUR)或压缩机(COM)JI￥=",JI￥
10 IF JI￥="TUR" THEN PRINT"汽轮机管嘴综合受力计算(按 NEMA SM23 规定)"
15 IF JI￥="COM"THEN PRINT"压缩机管嘴综合受力计算(按 API－617 规定)"
20 INPUT"计算管嘴数量 N=";N
30 DIM FX(N),FY(N),FZ(N),MX(N),MY(N),MZ(N),D(N),X(N),Y(N),Z(N),D1(N)
40 PRINT"-----------------------------------------------"

50 PRINT"输入出口数据"
60 INPUT"FX(N)=";FX(1)
70 INPUT"FY(N)=";FY(1)
80 INPUT"FZ(N)=";FZ(1)
90 INPUT"MX(N－M)=";MX(1)
100 INPUT"MY(N－M)=";MY(1)
110 INPUT"MZ(N－M)=";MZ(1)
120 INPUT"D(CM)=";D1(1)
125 IF D1(1)<=20 THEN D(1)=D1(1)
128 IF D1(1)>20 THEN D(1)=(D1(1)+40)/3
130 X(1)=0:Y(1)=0:Z(1)=0
140 PRINT"-----------------------------------------------"
```

```
150 FOR I = 2 TO N
160 PRINT " 管嘴";I;"输入数据"
170 INPUT " FX(N) =";FX(I)
180 INPUT " FY(N) =";FY(I)
190 INPUT " FZ(N) =";FZ(I)
200 INPUT " MX(N - M) =";MX(I)
210 INPUT " MY(N - M) =",MY(I)
220 INPUT " MZ(N - M) =";MZ(I)
230 INPUT " D(CM) =";D1(I)
235 IF D1(I) < =20 THEN D(I) = D1(I)
238 IF D1(I) >20 THEN D(I) = (D1(I) +40)/3
240 INPUT " 在 X 向与出口的距离 X(M) =";X(I)
250 INPUT " 在 Y 向与出口的距离 Y(M) =";Y(I)
260 INPUT " 在 Z 向与出口的距离 Z(M) =";Z(I)
270 PRINT "----------------------------------------------------"

280 NEXT I
290 DIM F(N),M(N),S(N),A(N),DD(N)
300 FOR I = 1 TO N
310 F(I) = (FX(I)^2 + FY(I)^2 + FZ(I)^2)^.5
320 M(I) = (MX(I)^2 + MY(I)^2 + MZ(I)^2)^.5
330 IF JI¥ ="TUR" THEN LET S(I) =.674 * F(I) +.737 * M(I):A(I) =197 * D(I)
335 IF JI¥ ="COM" THEN LET S(I) =.674 * F(I) +.737 * M(I):A(I) =364.5 * D(I)
340 DD(I) = INT(S(I)/A(I) * 100)
350 NEXT I
360 FOR I = I TO N:IF ABS(DD(I)) >100 THEN GOTO 390
370 NEXT I
380 PRINT " 进出口受力均小于允许值"
385 GOTO 400
390 PRINT " 某些进出口受力大于允许值"
400 PRINT " 管嘴编号 合力(N) 合力矩(N - M) 综合值 允许值 百分数% "
410 SX = 0:SY = 0:SZ = 0:TX = 0:TY = 0:TZ = 0:SD = 0
420 FOR I = 1 TO N
425 PRINT TAB(4)I TAB (11)F(I) TAB(22)M(I) TAB(38)S(I) TAB(48)A(I) TAB(58)DD(I)
430 SX = SX + FX(I):SY = SY + FY(I):SZ = SZ + FZ(I)
440 TX = TX + MX(I) - FY(I) * Z(I) + FZ(I) * Y(I)
450 TY = TY + MY(I) - FZ(I) * X(I) + FX(I) * Z(I)
460 TZ = TZ + MZ(I) - FX(I) * Y(I) + FY(I) * X(I)
465 SD = SD + 3.1416/4 * D1(I)2
470 NEXT I
475 PRINT "----------------------------------------------------"

480 DE = (SD/.7854)^.5
```

```
485 IF DE > 22.5 THEN DE = (DE + 45)/3
490 IF JI￥ = "TUR" THEN LET AX = 19.7 * DE/.225 : AY = 49.2 * DE/.225 : AZ = 39.4 * DE/.225 : BX = 98.4
    * DE/.737 : BY = 49.2 * DE/.737 : BZ = 49.2 * DE/.737
495 IF JI￥ = "COM" THEN LET AX = 36.5/225 : AY = 91 * DE/.225 : AZ = 72.9 * DE/.225 : BX = 182 * DE/
    .737 : BY = 91 * DE/.737 : BZ = 91 * DE/.737
502 IF JI￥ = "TUR" THEN LET SS = (SX^2 + SY^2 + SZ^2)^.5 : TS = (TX^2 + TY^2 + TZ^2)^.5 : MS = .45 *
    SS + .737 * TS : IS = 98.4 * DE
503 IF JI￥ = "COM" THEN LET SS = (SX^2 + SY^2 + SZ^2)^.5 : TS = (TX^2 + TY^2 + TZ^2)^.5 : MS = .45 *
    SS + .733 * TS : IS = 182 * DE
505 IX = INT(SX/AX * 100) : IY = INT(SY/AY * 100) : IZ = INT(SZ/AZ * 100) : JS = INT(MS/IS * 100)
508 JX = INT(TX/BX * 100) : JY = INT(TY/BY * 100) : JZ = INT(TZ/BZ * 100)
510 IF ABS(IX) > 100 OR ABS(IY) > 100 OR ABS(IZ) > 100 OR ABS(JX) > 100 OR ABS(JY) > 100 OR ABS
    (JZ) > 100OR ABS(JS) > 100 THEN GOTO 540
520 PRINT "设备管嘴综合受力合格"
530 GOTO 550
540 PRINT "设备管嘴综合受力不合格"
550 PRINT "项目    计算值    允许值    百分比%"
560 PRINT "FX(M)" TAB(12)SX TAB(24)AX TAB(36)IX
570 PRINT "FY(N)" TAB(12)SY TAB(24)AY TAB(36)IY
580 PRINT "FZ(N)" TAB(12)SZ TAB(24)AZ TAB(36)IZ
585 PRINT "F(N)" TAB(12)SS
590 PRINT "MX(N-M)" TAB(12)TX TAB(24)BX TAB(36)JX
600 PRINT "MY(N-M)" TAB(12)TY TAB(24)BY TAB(36)JY
610 PRINT "MZ(N-M)" TAB(12)TZ TAB(24)BZ TAB(36)JZ
620 PRINT "M(N-M)" TAB(12)TS
630 PRINT "F*.225+" TAB(12)MS TAB(24)IS TAB(36)JS
635 PRINT "M*.3685"
640 PRINT "-----------------------------------------------"

650 FOR I = 1 TO N : IF ABS(DD(1)) > 100 THEN GOTO 690
660 NEXT I
670 IF ABS(IX) > 100 OR ABS(IY) > 100 OR ABS(IZ) > 100 OR ABS(JX) > 100 OR ABS(JY) > 100 OR
ABS(JZ) > 100 OR ABS(JS) > 100 THEN GOTO 690
680 PRINT "设备管嘴受力合格" : END
690 PRINT "设备管嘴受力不合格" : END
```

四、PC－1500管道二次应力计算源程序

```
4 : "A" : CLEAR
6 : REM P-3
8 : INPUT "SI ; SI$ = ",
9 : IF SI$ = "Y"THEN LPRINT "SI"
10 : INPUT "DT = " ; DT, "ST = " ; ST, "SE = " ; SE, "R = " ; R, "TD = " ; TD, "AT = " ; AT, "E2 = " ; E2, "ET = " ; ET
15 : INPUT "X1 = " ; X1, "Y1 = ", Y1, "Z1 = " ; Z1, "M = " ; M, SB = " ; SB, "SC = " ; SC, "GA = " ; GA
16 : RR = R
20 : DIM B1(M+1), C(M+1), D(M+2,2), D1(2), BA(5,5), ZB(5,5), O(2), D2(M,2)
```

```
25:FOR I =0TO M STEP 2
30:INPUT "B1(I) =";B1(I)
35:IF B1(I) <4THEN INPUT "C(I) =";C(I):GOTO 45
40:INPUT "D2(I,0) =";D2(I,0),"D2(I,1) =";D2(I,1),"D2(I,2) =";D2(I,2)
45:NEXT I
50:LPRINT DT;ST;SE;R;TD;AT;E2;ET;X1;Y1;Z1;M;SB;SC;GA
51:IF SI $ ="Y"LET E2 = E2/.0981,ET = ET/.0981
52:FOR I =0TO M STEP 2
54:IF B1(I) <4THEN LPRINT B1(I);C(I)
56:IF B1(I) >3THEN;LPRINT B1(I);D2(I,0);D2(I,1);D2(I,2)
60:NEXT I
62:DIM F(5,6),F1(5,5),F2(5,5)B(5,5),BT(5,5),X1(5):STOP
80:"B":RADIAN:FOR I =0TO M STEP 2
82:FOR J =0TO 2
84:D(I+2,J) = D(I,J) + D2(I,J)
86:NEXT J:NEXT I
90:FOR I =0TO 5:FOR J =0TO 5
92:F(I,J) =0
94:NEXT J:NEXT I
106:GOTO 340
115:S0 = ABS C(V),SH =0,SK = ABS C(V)^3/12,SQ =0,SD =0,SF =0,Q =0,UA = ABS C(V),UB =0
120:UC = ABC C(V)^3/12,VA =1.3 * ABS C(V),VB =0,VC =0
125:S1 = X * S0 + SH,S2 = X * X * S0 +2 * X * SH + SK,S3 = Y * S0 + SQ,S4 = Y * Y * S0 +2 * Y * SQ + SD
130:S5 = X * Y * S0 + X * SQ + Y * SH + SF,U0 = X * UA - Y * Q + UB,V0 = Y * VA - X * Q + VB
132:U1 = X * X * UA + Y * Y * VA -2 * X * Y * Q +2 * X * UB +2 * Y * VB + UC + VC
134:GOTO 148
136:CB = π/4,CD = π/4
138:GOSUB 180
140:S0 = K * R * π/2,SH = K * R * R * CA,SK = K * R^3 * CB,SQ = K * R * R * CC,SD = K * R^3 * CD,
    SF = K * R^3 * CE
142:Q = (K -1.3) * R * CE,UA = R * (1.3 + K) * π/4,UB =1.3 * R * R * CA,UC =1.3 * R^3 * CB
144:VA = R * (1.3 + K) * π/4,VB =1.3 * R * R * CC,VC =1.3 * R^3 * CD
146:GOTO 125
148:F1(0,0) = S4 + Z * Z * UA,F1(0,1) = - S5 - Z * Z * Q,F1(0,2) = - Z * U0,F1(0,3) = - Z * Q
150:F1(0,4) = - Z * UA,F1(0,5) = S3
152:F1(1,0) = F1(0,1),F1(1,1) = S2 + Z * Z * VA,F1(1,2) = - Z * V0
154:F1(1,3) = Z * VA,F1(1,4) = Z * Q,F1(1,5) = - S1
156:F1(2,0) = F1(0,2),F1(2,1) = F1(1,2),F1(2,2) = U1
158:F1(2,3) = - V0,F1(2,4) = U0,F1(2,5) =0
160:F1(3,0) = F1(0,3),F1(3,1) = F1(1,3),F1(3,2) = F1(2,3)
163;F1(3,3) = VA,F1(3,4) = Q,F1(3,5) =0
165:F1(4,0) = F1(0,4),F1(4,1) = F1(1,4),F1(4,2) = F1(2,4)
168:F1(4,3) = F1(3,4),F1(4,4) = UA,F1(4,5) =0
170:F1(5,0) = F1(0,5),F1(5,1) = F1(1,5),F1(5,2) = F1(2,5)
```

```
173:F1(5,3) =F1(3,5),F1(5,4) =F1(4,5),F1(5,5) =S0
175:GOTO 289
180:IF N =0THEN 210
185:IF N =2THEN 200
190:IF B1(V -2) =3 THEN 240
195:GOTO 215
200:IF B1(V -2) =2 THEN 240
205:GOTO 215
210:IF B1(V -2) =1 THEN 240
215:IF C(V -2) >0 THEN 230
220:IF C(V) >0THEN 280
225:IF C(V) <0THNE 265
230:IF C(V) >0THEN 275
235:IF C(V) <0THEN 270
240:IF C(V -2) >0THEN 255
245:IF C(V) >0THEN 280
250:IF C(V) <0THEN 275
255:IF C(V) >0THEN 265
260:IF C(V) <0THNE 270
265:CA =1,CC = -1,CE = -.5
268:RETURN
270:CA =1,CC =1,CE =.5
273:RETURN
275:CA = -1,CC =1,CE = -.5
278:RETURN
280:CA = -1,CC = -1,CE =.5
283:RETURN
289:FOR I =0TO 2
290:FOR J =0TO 2
291:A =I +N,B =J +N
292:IF A >2THEN LET A =A -3
293:IF B >2THEN LET B =B -3
294:F(I,J) =F(I,J) +F1(A,B)
295:NEXT J
296:NEXT I
297:FOR I =0TO 2
298:FOR J =3TO 5
299:A =I +N,B =J +N
300:IF A >2THEN LET A =A -3
301:IF B >5THEN LET B =B -3
302:F(I,J) =F(I,J) +F1(A,B)
303:NEXT J
304:NEXT I
305:FOR I =3TO 5
```

```
306:FOR J =0TO 2
307:A = I + N,B = J + N
308:IF A >5THEN LET A = A - 3
309:IF B >2THEN LET B = B - 3
310:F(I,J) = F(I,J) + F1(A,B)
311:NEXT J
312:NEXT I
313:FOR I =3TO 5
314:FOR J =3TO 5
315:A = I + N,B = J + N
316:IF A >5THEN LET A = A - 3
317:IF B >5THEN LET B = B - 3
318:F(I,J) = F(I,J) + F1(A,B)
319:NEXT J
320:NEXT I
321:RETURN
340:DN = DT - 2 * ST,DE = DT - 2 * SE
345:JT = π/64 * (DT^ 4 - DN^ 4),JE = π/64 * (DT^ 4 - DE^ 4)
350:WT = JT *  2/DT,WE = JE *  2/DT
355:K = 1. 65 * (DT - SE)^ 2/400/SE/R
360:IF K < 1THEN LET K = 1
365:K = K * JT/JE
366:QQ = 1
370:FOR I =0TO 2
375:D(0,I) =0,D1(I) =0
380:NEXT I
385:FOR V =0TO M STEP 2
386:BEEP 2
388:IF B1(V) =6 GOSUB 1510
389:IF B1(V) >3GOTO 1000
390:ON B1(V)GOTO 495,520
400:IF V =0GOTO 485
401:IF B1(V) =B1(V -2)LET D(V,0) =D(V -1,0),D(V,1) =D(V -1,1),D(V,2) =D(V -1,2):GOTO 485
402:IF C(V) >0LET C(V -1) =R
403:IF C(V) <0LET C(V -1) = -R
404:D1(2) =D(V -1,2) +C(V -1),D(V,2) =D1(2),D1(0) =D(V -1,0),D1(1) =D(V -1,1)
405:IF B1(V -2) =2 THEN 420
406:D(V,1) =D(V -1,1)
407:IF C(V -2) <0 THEN LET C(V,0) =D(V -1,0) -R
408:IF C(V -2) >0 THEN LET D(V,0) =D(V -1,0) +R
409:X = D1(2),Y = D1(0),Z = D1(1),N = 1
410:GOSUB 136
415:GOTO 485
420:D(V,0) =D(V -1,0)
```

```
425:IF C(V-2) >0 THEN LET D(V,1) =D(V-1,1) +R
430:IF C(V-2) <0 THEN LET D(V,1) =D(V-1,1) -R
431:X=D1(1),Y=D1(2),Z=D1(0),N=2
433:GOTO 410
435:GOSUB 445
437:D1(0) =D(V,0) +C(V)/2,D1(1) =D(V,1),D1(2) =D(V,2)
438:D(V+1,0) =D(V,0) +C(V),D(V+1,1) =D(V,1),D(V+1,2) =D(V,2)
440:X=D1(0),Y=D1(1),Z=D1(2),N=0
441:GOSUB 115
442:NEXT V
443:GOTO 555
445:IF V=0OR V=M GOTO 447
446:IF B1(V) =B1(V-2)AND B1(V) =B1(V+2)GOTO 460
447:IF V=MGOTO 449
448:IF V=0AND B1(V) =B1(V+2)GOTO 460
449:IF V=0GOTO 451
450:IF V=MAND B1(V) =B1(V-2)GOTO 460
451:IF C(V) <0GOTO 462
452:C(V) =C(V) -2*R
454:IF V=0OR V=M GOTO 458
456:IF B1(V) =B1(V-2)OR B1(V) =B1(V+2)LET C(V) =C(V) +R
458:IF V=0OR V=M LET C(V) =C(V) +R
459:IF C(V) <0THEN LPRINT V;"THE STREET LINE IS NOT ENOUGH":STOP
460:RETURN
462:C(V) =C(V) +2*R
463:IF V=0OR V=M GOTO 466
464:IF B1(V) =B1(V-2)OR B1(V) =B1(V+2)LET C(V) =C(V) -R
466:IF V=0OR V=M LET C(V) =C(V) -R
468:IF C(V) >0THEN LPRINT V;"THE STREET LINE IS NOT ENOUGH":STOP
470:RETURN
475:GOSUB 445
477:D1(1) =D(V,1) +C(V)/2,D1(2) =D(V,2),D1(0) =D(V,0)
478:D(V+1,0) =D(V,0),D(V+1,1) =D(V,1) +C(V),D(V+1,2) =D(V,2)
480:X=D1(1),Y=D1(2),Z=D1(0),N=2
481:GOTO 441
485:GOSUB 445
487:D1(2) =D(V,2) +C(V)/2,D1(0) =D(V,0),D1(1) =D(V,1)
488:D(V+1,0) =D(V,0),D(V+1,1) =D(V,1),D(V+1,2) =D(V,2) +C(V)
490:X=D1(2),Y=D1(0),Z=D1(1),N=1
491:GOTO 441
495:IF V=0COTO 435
496:IF B1(V) =B1(V-2)LET D(V,0) =D(V-1,0),D(V,1) =D(V-1,1)D(V,2) =D(V-1,2):GOTO 435
497:IF C(V) >0LET C(V-1) =R
498:IF C(V) <0LET C(V-1) = -R
```

```
499:D1(0) =D(V-1,0) +C(V-1),D1(1) =D(V-1,1),D1(2) =D(V-1,2),D(V,0) =D1(0)
500:IF B1(V-2) =3 THEN 505
501:D(V,2) =D(V-1,2)
502:IF C(V-2) <0 THEN LET D(V,1) =D(V-1,1) -R
503:IF C(V-2) >0 THEN LET D(V,1) =D(V-1,1) +R
504:X =D1(0),Y =D1(1),Z =D1(2),N =0:GOTO 510
505:D(V,1) =D(V-1,1)
506:IF C(V-2) >0 THEN LET D(V,2) =D(V-1,2) +R
507:IF C(V-2) <0 THEN LET D(V,2) =D(V-1,2) -R
508:X =D1(2),Y =D1(0),Z =D1(1),N =1
510:GOSUB 136
515:GOTO 435
520:IF V =0GOTO 475
521:IF B1(V) =B1(V-2)LET D(V,0) =D(V-1,0),D(V,1) =D(V-1,1),D(V,2) =D(V-1,2):GOTO 475
522:IF C(V) >0LET C(V-1) =R
523:IF C(V) <0LET C(V-1) = -R
524:D1(1) =D(V-1,1) +C(V-1),D(V,1) =D1(1),D1(2) =D(V-1,2),D1(0) =D(V-1,0)
525:IF B1(V-2) =1 THEN 530
526:D(V,0) =D(V-1,0)
527:IF C(V-2) >0 THEN LET D(V,2) =D(V-1,2) +R
528:IF C(V-2) <0 THEN IET D(V,2) =D(V-12) -R
529:X =D1(1),Y =D1(2),Z =D1(0),N =2:GOTO 545
530:D(V,2) =D(V-1,2)
531:IF C(V-2) >0 THEN LET D(V,0) =D(V-1,0) +R
533:IF C(V-2) <0 THNE LET D(V,0) =D(V-1,0) -R
535:X =D1(0),Y =D1(1),Z =D1(2),N =0
545:GOSUB 136
550:GOTO 475
555:F(0,6) = -(AT * TD * D(M+1,0) +X1) * E2 * JT * 1E-6
560:F(1,6) = -(AT * TD * D(M+1,1) +Y1) * E2 * JT * 1E-6
565:F(2,6) = -(AT * TD * D(M+1,2) +Z1) * E2 * JT * 1E-6,F(3,6) =0,F(4,6) =0,F(5,6) =0
570:FOR K1 =0TO 4
575:FOR I =K1 +1TO 5
580:FOR J =K1 +1TO 6
585:F(I,J) =F(I,J) -F(I,K1) * F(K1,J)/F(K1,K1)
590:NEXT J
595:NEXT I
600:NEXT K1
610:X1(5) =F(5,6)/F(5,5)
615:FOR K1 =4TO 0 STEP -1
620:C1 =0
625:FOR J =K1 +1TO 5
630:C1 =C1 +F(K1,J) * X1(J)
635:NEXT J
```

```
640:X1(K1) = (F(K1,6) - C1)/F(K1,K1)
645:NEXT K1
655:GOTO 680
660:MX = X1(3) + X1(1) * D(I,2) - X1(2) * D(I,1)
665:MY = X1(4) + X1(2) * D(I,0) - X1(0) * D(I,2)
670:MZ = X1(5) + X1(0) * D(I,1) - X1(1) * D(I,0)
675:RETURN
680:IF QQ = 1AND R = R RTHEN GOTO 682
681:GOSUB 1510
682:FOR I = 0TO M + 1
685:GOSUB 660
690:MS = √ (MX^ 2 + MY^ 2 + MZ^ 2)
695:MM = . 9 * ( ( DT - SE)^ 2/400/SE/R)^ (2/3)
700:IF MM < 1 THEN LET MM = 1
701:S1 = MS/WT,S2 = MS * MM/WE
702:IF SI $ = "Y"LET S1 = S1 * 9. 81,S2 = S2 * 9. 81
703:IF I = 0GOTO 707
704:IF B1(I) = 6 GOSUB 1510
705:IF B1(I) = 6OR B1(I - 1) = 6LET S1 = MS/WU,S2 = MS * MM/VU
707:IF S1 > SMTHEN LET SM = S1
708:IF I = 0OR I = M + 1 THEN 723
709:IF B1(I) > 3OR B1(I + 1) > 3GOTO 711
710:GOTO 715
711:IF I = INT(1/2) * 2GOTO 714
713:IF D(I,0) = D(I + 1,0)AND D(I,1) = D(I + 1,1)AND D(I,2) = D(I + 1,2)GOTO 723
714:IF D(I,0) = D(I - 1,0)AND D(I,1) = D(I - 1,1)AND D(I,2) = D(I - 1,2)GOTO 723
715:IF S2 > SMTHEN LET SM = S2
720:LPRINT I;S1;S2
721:GOTO 725
723:LPRINT I;S1
725:NEXT I
730:SA = 1. 2 * SB + . 2 * SC
735:LPRINT SA
740:NT = - (1 - 2 * GA/3) * ET/E2
745:PX = NT *  X1(0),PY = NT * X1(1),PZ = NT * X1(2),MX = MX * NT,MY = MY * NT,M2 = MZ * NT
748:IF SI $ = "Y"LET PX = PX * 9. 81,PY = PY * 9. 81,PZ = PZ * 9. 81,MX = MX * 9. 81,MY = MY * 9. 81,
    MZ = MZ * 9. 81
750:LPRINT PX;PY;PZ;"B";MX;MY;MZ
755:N2 = 1 - SC * E2/SM/ET
760:IF GA > N2THEN LET N2 = GA
765:PX = PX * N2/NT,PY = PY * N2/NT,PZ = PZ * N2/NT,MX = MX * N2/NT,MY = MY * N2/NT,MZ = MZ
    * N2/NT
770:PRINT PX;PY;PZ;"B";MX;MY;MZ
775:I = 0
```

```
780:GOSUB 660
785:MX = MX * NT,MY = MY * NT,MZ = MZ * NT
788:IF SI $ = "Y"LET MX = MX * 9. 81 ,MY = MY * 9. 81 ,MZ = MZ * 9. 81
790:LPRINT "A";MX;MY;MZ
795:GOSUB 660
800:MX = MX * N2,MY = MY * N2,MZ = MZ * N2
802:IF SI $ = "Y"LET MX = MX * 9. 81 ,MY = MY * 9. 81 ,MZ = MZ * 9. 81
805:LPRINT "A";MX;MY;MZ
825:IF SM < SATHEN LPRINT "SAFE"
830:R = RR:DEGREE:END
1000:IF V =0GOTO 1026
1002:IF VV =1GOTO 1032
1003:IF VV =0GOTO 1065
1026:XQ = D(V +2,0) - D(V,0) ,YQ = D(V +2,1) - D(V,1) ,ZQ = (D(V +2,2) - D(V,2)
1030:LQ = (XQ^ 2 + YQ^ 2 + ZQ^ 2)^ . 5
1031:GOTO 1035
1032:XQ = XH,YQ = YH,ZQ = ZH,LQ = LH,FB = FA
1033:IF V = MGOTO 1065
1035:XH = D(V +4,0) - D(V +2,0) ,YH = D(V +4,1) - D(V +2,1) ,ZH = D(V +4,2) - D(V +2,2)
1040:LH = (XH^ 2 + YH^ 2 + ZH^ 2)^ . 5
1043:FA = (XQ * XH + YQ * YH + ZQ * ZH)/LQ/LH
1044:WAIT 1:PRINT FA
1045:FA = ACS FA
1046:IF V =0LET VV =1
1047:IF VV =1GOTO 1065
1065:FOR I =0TO 5:FOR J =0TO 5
1070:BA(I,J) =0
1075:NEXT J:NEXT I
1076:BA(1,0) = XQ/LQ,BA(1,1) = YQ/LQ,BA(1,2) = ZQ/LQ
1077:IF VV =0GOTO 1085
1078:IF BA(1,2) =0 AND BA(1,0) =0GOTO 1082
1079:BA(2,0) = BA(1,2)/(BA(1,2)^ 2 + BA(1,0)^ 2)^ . 5,BA(2,1) =0
1080:BA(2,2) = BA(1,0)/(BA(1,2)^ 2 + BA(1,0)^ 2)^ . 5
1081:GOTO 1110
1082:IF BA(1,1) >0LET BA(2,0) =0,BA(2,2) =1
1083:IF BA(1,1) <0LET BA(2,0) =0,BA(2,2) = -1
1084:GOTO 1110
1085:BA(2,0) = BA(1,1) * ZH/LH - YH/LH * BA(1,2)
1090:BA(2,1) = BA(1,2) * XH/LH - ZH/LH * BA(1,0)
1095:BA(2,2) = BA(1,0) * YH/LH - XH/LH * BA(1,1)
1098:BB = √ (BA(2,0)^ 2 + BA(2,1)^ 2 + BA(2,2)^ 2)
1100:IF BB =0LET BA(2,2) =1:GOTO 1110
1102:FOR J =0TO 2
1104:BA(2,J) = BA(2,J)/BB
```

```
1106:NEXT J
1110:BA(0,0) =BA(1,1) * BA(2,2) - BA(1,2) * BA(2,1)
1115:BA(0,1) =BA(1,2) * BA(2,0) - BA(1,0) * BA(2,2)
1120:BA(0,2) =BA(1,0) * BA(2,1) - BA(1,1) * BA(2,0)
1125:FOR I =0TO 2:FOR J =0TO 2
1130:BA(I +3,J +3) =BA(I,J)
1135:NEXT J:NEXT I
1140:FOR I =0TO 5:FOR J =0TO 5
1150:ZB(I,J) =0
1155:NEXT J:NEXT I
1156:FOR I =0TO 5
1157:ZB(I,I) =1
1158:NEXT I
1160:IF VV =1GOTO 1170
1161:FOR I =0TO 2
1165:O(I) =D(V -1,I) - R * BA(0,I)
1166:NEXT I
1167:X =O(0) ,Y =O(1) ,Z =O(2)
1168:GOTO 1202
1170:FOR I =0TO 2
1172:IF V =0LET FB =0
1173:IF V =MLET FA =0
1175:IF ABS (D(V +2,I) - D(V,I)) <ABS (R * (TAN(FA/2) +TAN (FB/2)) * BA(1,I))THEN GOTO 1500
1178:IF V =0GOTO 1184
1182:D(V,I) =D(V,I) +R * TAN(FB/2) * BA(1,I)
1183:IF V =MLET D(V +1,I) =D(V +2,I):GOTO 1191
1184:D(V +1,I) =D(V +2,I) - R * TAN(FA/2) * BA(1,I)
1191:NEXT I
1193:X =(D(V,0) +D(V +1,0))/2
1194:Y =(D(V,1) +D(V +1,1))/2
1195:Z =(D(V,2) +D(V +1,2))/2
1202:ZB(3,1) =Z,ZB(3,2) = -Y,ZB(4,0) = -Z,ZB(4,2) =X,ZB(5,0) =Y,ZB(5,1) = -X
1203:FOR I =0TO 5:FOR J =0TO 5
1204:B(I,J) =0
1205:FOR K1 =0TO 5
1210:B(I,J) =B(I,J) +BA(I,K1) * ZB(K1,J)
1215:NEXT K1:NEXT J:NEXT I
1218:LPRINT X;Y;Z
1220:FOR I =0TO 5:FOR J =0 TO 5
1225:BT(I,J) =B(J,I)
1230:NEXT J:NEXT I
1235:FOR I =0TO 5:FOR J =0TO 5
1240:F1(I,J) =0
1245:NEXT J:NEXT I
```

```
1246:IF VV =0GOTO 1260
1247:IF B1(V) =5 LET VV =0:GOTO 1405
1248:C(V) = ((D(V +1,0) - D(V,0))^2 + (D(V +1,1) - D(V,1))^2 + (D(V +1,2) +D(V,2))^2)^.5
1250:F1(0,0) =QQ * ABS C(V)^3/12,F1(1,1) =QQ * 10^ -4 * C(V) * JT/(π/4 * (DT^2 - (DT -2 * ST)^2))
1252:IF B1(V) =6 LET F1(1,1) =10^ -4 * C(V) * JU/(π/4 * (DU^2 - (DU -2 * TU)^2))
1255:F1(2,2) =QQ *  ABS C(V)^3/12,F1(3,3) =QQ * ABS C(V),F1(4,4) =QQ * 1.3 * ABS C(V)
1256:VV =0,F1(5,5) =QQ * ABS C(V)
1258:GOTO 1340
1260:CA =SIN FA,CB =1 - COS FA,CC =.5 * (FA + SINFA * COS FA)
1265:CD =.5 * (FA - SIN FA * COS FA),CE =.5 * SIN FA^2
1270:S =K * QQ * R,S1 =S * FA,S2 =S * R * CA,S3 =S * R * R * CC
1275:S4 =S * R * CB,S5 =S * R * R * CD,S6 =S * R * R * CE
1280:QU =(K -1.3) * QQ * R * CE
1285:U1 =QQ * R * (1.3 * CC +K * CD),U2 =1.3 * QQ * R^2 * CA,U3 =1.3 * QQ * R^3 * CC
1290:V1 =QQ * R * (1.3 * CD +K * CC),V2 =1.3 * QQ * R^2 * CB,V3 =1.3 * QQ * R^3 * CD
1310:F1(0,0) =S5,F1(0,1) = -S6,F1(0,5) =S4
1315:F1(1,0) = -S6,F1(1,1) =S3,F1(1,5) = -S2
1320:F1(2,2) =U3 +V3,F1(2,3) = -V2,F1(2,4) =U2
1325:F1(3,2) = -V2,F1(3,3) =V1,F1(3,4) =QU
1330:F1(4,2) =U2,F1(4,3) =QU,F1(4,4) =U1
1335:F1(5,0) =S4,F1(5,1) = -S2,F1(5,5) =S1
1337:VV =1
1340:FOR I =0TO 5:FOR J =0TO 5
1345:F2(I,J) =0
1350:FOR K1 =0TO 5
1355:F2(I,J) =F2(I,J) +BT(I,K1) * F1(K1,J)
1360:NEXT K1:NEXT J:NEXT I
1365:FOR I =0TO 5:FOR J =0TO 5
1370:F1(I,J) =0
1375:FOR K1 =0TO 5
1380:F1(I,J) =F1(I,J) +F2(I,K1) * B(K1,J)
1385:NEXT K1:NEXT J:NEXT I
1390:FOR I =0TO 5:FOR J =0TO 5
1395:F(I,J) =F(I,J) +F1(I,J)
1400:NEXT J:NEXT I
1405:IF VV =1GOTO 1000
1410:NEXT V
1415:GOTO 555
1500:LPRINT V;"THE STREET LINE IS NOT ENOUGH":STOP
1510:INPUT "DU =";DU,"TU =";TU,"EU =";EU,"RU =";RU
1511:LPRINT DU;TU;EU;RU
1513:NU =DU -2 * TU,NV =DU -2 * EU
1515:JU =π/64 * (DU^4 - NU^4),IU =π/64 * (DU^4 - NV^4)
1520:WU =JU * 2/DU,VU =IU * 2/DU
```

```
1525:KU = 1.65 * (DU - EU)^2/400/EU/RU
1530:IF KU < 1LET KU = 1
1540:KU = KU * JU/IU
1545:QQ = JT/JU,K = KU,RR = R,R = RU
1550:RETURN
```

（编制　刘耕戊　于浦义　魏礼谨　谢泉　赵国桥　顾比仑）

第十八章　配管设计的 CAD

第一节　概　　述

随着计算机技术的发展。计算机辅助设计已广泛应用于绘制工艺流程图、工艺管道及仪表流程图、装置的设备平面布置图、管道平面布置图和竖面布置图、管段图三维管道模型设计等。

20 世纪 60 年代初期，各工程公司间竞争加剧，为了节省人力和提高效率，美国最早研究开发了利用计算机和绘图仪绘制管段图的自动绘图系统 ADS。不到几年的时间，美国就开发并试用了约 30 个系统，并在 60 年代后半期传到日本。日本于 1970 年开始使用 ADS 系统。我国在 60 年代末，70 年代初，也有许多单位研究 ADS 系统，但没有得到推广、应用。

自动绘图系统 ADS 的功能是画管段图，进行材料汇总以及编制材料表。材料表包括单根管道，每个区以及整个装置的材料。另外还有设计审核及概算等功能。但由于软件本身不够成熟，适应设计变动的能力太差，加上操作上的不方便，该系统很快就消声匿迹了。

到了 70 年代 ADS 系统就开始向人——机对话系统计算机辅助设计即 CAD（Computer Aided Design）系统转移。美国在 70 年代中期研制成功，后半期即传入日本。我国在 80 年代初也开始引进 CAD 系统，在 1983 年以后，原北京石化工程公司、原中国石化北京设计院和洛阳石化工程公司等相继从美国 CV 公司引进了 CDS4101 计算机及相应软件 PLANTDESIGN 等。该系统在当时国际同类软件中，具有较高的水平。这个系统是交互式绘图系统，不需要使用者编制程序，因而操作方便，易学易懂。因此很快就得到推广和普及。

近年来，国内各工程设计单位相继引进了美国 INTERGRAPH 公司 PDS、Smart Plant、英国AVEVA 公司 PDMS 等系统。国内软件公司和设计单位相继推出了一系列二维和三维工厂设计软件，如中科辅龙计算机技术有限公司 PDSOFT 软件等，因其操作简单、实用，具有针对性，在相关领域得到推广应用，在国内市场中占有一席之地。

随着计算机技术的发展，参数化和变量化技术、人工智能技术、虚拟现实技术，逆向工程技术以及软件集成技术在工厂设计中的应用和推广，其使用和普及将会更方便更简单。

第二节　工厂设计系统

本节以从美国 CV 公司引进的 CADDS 4X 装置设计系统为例详细介绍各软件包的功能。此系统包括六个应用程序包，这种模块式的程序包为装置设计提供了灵活和完整的方法。它具有许多简化设计过程的特性，可以建立和修改管道、设备、结构、通风管道和电缆等的模型。可以根据模型生成各种图纸，作出各种相应报告和分析结果。根据模型制定采购计划、施工进度，以及工厂生命周期的管理等。

一、工厂设计系统软件包

（一）工厂模型、详图和报告软件包

本软件包功能：做管道、设备及支撑结构的模型；绘制带隐线消除的单线及双线详图；

建立表面实现模型；复制各种报告；检查间隙和执行管道设计规范情况。

这个软件包还包括：扩充的管件库，它具有三维和二维功能；某些准备好的技术规格、参数和步骤文件(参考 ASME 标准和经选择的一定范围的制造厂家标准)，它表示带有管道组合件的自动选择、插入、作详图、删除、报告、标注尺寸和间隙检查；AISC(美国钢结构学会)全部产品目录；各种能提高生产率和特别是对编制设备和结构模型培训有用的菜单和执行文件，CVPDC(CV工厂)设计教程目录包括工厂模型实例，以及为工厂、设计培训所用的其他文件。

(二) 管道规格软件包

管道规格软件包包括生成执行文件的命令和 CADDS 4X 配管规格用户指南。根据该指南用户可以建立管道模型所需要的规格和参数文件。

下列为可供选择的管道标准，把主目录、输入文件和部件库(如果需要的话)附加在管道规格软件包上。

(1) ASME。通常使用 ASME 标准的管子、管件(管道配件)的主目录和选定范围的制造厂家的管子和管件主目录。目录中部件是库部件，它带有模块，详图和报告程序。

(2) 公制标准管子和管件的主目录，是以毫米(mm)为单位的，在模型、详图和报告中还包括管嘴、结构和管件库部分。

(3) 其他标准管子和管件的主目录，描述目录，输入文件、描述文件，参数文件和广泛的结点图库。

(4) 上下水管道软件包。对于上下水管件的生产目录和结点图库。

(三) 智能 P&ID(工艺管道和仪表流程图)软件包

智能 P&ID 软件包是由软件、用户辅助程序以及用它们高效绘制 P&ID 图和自动生成报告的文件组成。包括：

(1) 带有选择文件的广泛符号库；

(2) 绘制智能的 P&ID 的工艺流程或提供各种报告的执行文件；

(3) 为用户提供菜单；

(4) 文件 CADDS 4X 智能 P&ID 管理员指南，含有为系统管理员提供的详细参考资料。

(四) 管段图软件包

管段图软件包根据三维模型或从整个装置的三维总体模型自动地绘出管段图。该软件为自动地改变比例和标注管道尺寸。另外，对于缩小的管件、变更等级、现场焊接和焊接符号可自动作出注解。

(五) 电气和仪表软件包

电气和仪表软件包包括两个子程序包：Automcc 及 CWD 图和自动回路图。

AutomccTM 及 CWD 软件包包括为绘制 MCC(马达控制中心)和 CWD(控制线路)电路图的 CADDS 指令，库部件数据文件。其文件驱动对处理 MCC 图，会大大提高绘制速度且更容易用它产生一线和三线 MCC 图。《CADDS 4X Automcc 和 CWD 参考文件》给出了电气和仪表的特性的概述，也对电气和仪表的 CADDS 命令的功能、结构、支撑参数，电路文件和部件库作了详细概述。

自动回路软件包包括一个对用户友好的 NEWVAR 程序、库部件及数据文件。这个 NEWVAR 程序要求最小输入，且利用 CADDS 命令自动产生回路图。P&ID、回路图被用来作为使用本软件包例子。为了使软件包满足设计、生产要求，需要熟悉《CADDS 4X 自动回路图用户指南》。

（六）应力接口软件包

TRIFLEX 是一个进行管道柔性和应力分析的计算机程序，TRIFLEX 计算管道系统在各种载荷条件下(如温度变化、压力、重力、风载和地震载荷的挠度，力、力矩和应力)，它能够提供管道代码和转动设备的载荷报告。

CV 公司的 TRIFLEX 接口允许你提供一个 CADDS 4X 管道系统模型给 TRIFLEX，通过插入约束条件，数据点标记和应力参数，即可建立管道系统的应力模型，并进行分析，应力分析和作出相应报告。

二、工厂设计方法

CADDS 图形软件的基本原理是采用了一个模型和许多图形的概念。模型可以是用户建立起来的任何图形实体、支撑结构、设备和管道。根据这个模型用户可以生成各种各样的图形，每个图形还可以包含多个视图，每个视图表示你观察这个模型的一个窗口。对每个视图可以采用单独比例。图形实际上就是将模型表示在图纸上，可以再加上边框、角图章、可以标注上各种尺寸，写上说明文字以及其他有用的信息。

工厂设计模型主要由文字、连接节点、文字节点、节点文字、节点线和节点子图等实体构成的。这些实体还可以赋予非图形信息，如尺寸规格、厂家、材质、颜色、价格等特性，用户可以抽提这些信息。

工厂设计软件包是建立在 CADDS 图形软件基础上的，它具有许多特点，能简化设计过程，提高设计质量和效率。用户可以用该软件包的命令建立和修改由钢结构、设备、管子和管件等构成的模型，并从该模型出发、生成大量的图纸。另外，该模型存放的大量信息，可以用来进行碰撞干扰检查，或生成各种报表。

（一）模型特征

1. 生成管道规格文件

可以根据主目录文件自动地生成管道规格文件和参数文件。这些文件用于配管的自动插入，生成详图和间隙检查。除此之外，既可参考单个的也可以参考多规格选择文件，也可参考用于不同层次上部件的参数文件。

2. 设备的制作

用户可以用命令交互地制作各种设备并自动生成过程文件和间隙检查。根据设备外型的形状而选择修饰词(如柱状、锥状、斜锥状、球状、盒式、椭球、半球等)来建立设备外形的三维模型。然后把设备外型上的管嘴，按照要求和规格插到设备外形上，经图形处理完成三维设备模型外形。

3. 钢结构

一个方便用户的程序可帮助用户插入 A. I. S. C 型钢材库中插入和确定各种钢材。

4. 敷设管道

用户可以用命令方便地敷设管子，并给管道加上管号。可以自动地选择并插入管件和弯头。相反也可以用命令分别删除有关管件、管子和弯头，不留任何痕迹。

5. 自动插入配件

用相应的命令能将单个配件、一组配件和组合配件插入到管道上。还可以自动地为配件提供法兰和垫片；在指定管子上拐弯处插入 90°弯头和大小头；检查端面类型和尺寸的一致性；用参数指定三通弯头的长度；按比例参数绘出支管或带有不等长的拐角配件。

6. 通风管道

可用来敷设通风管道并插入各种通风管件，管道可以是方形的也可以是圆形的。其方法与配管设计大致相同。

7. 设计规定检查

用户进行模型设计和报告管道时，可进行下面的检查：

（1）邻接管件端面形式的互配性；

（2）管道中流向的一致性；

（3）最小的短管长度；

（4）根据管道上的特性和标记检查尺寸和规格的一致性；

（5）当管道自管嘴接出时，管子尺寸和管嘴尺寸的一致性；

（6）检查弯头处是否存在合适的管件；

（7）检查管嘴尺寸和封头形式的一致性。

8. 分层

可以使用工厂设计分层的惯例以使模型建立，生成详图和报告更有效。可以指定每种元件在某一个层的范围。

9. 缺省参数

用户对模型中数据不作规定时，软件可自动补充相应数据。

（二）图形特点

1. 自动地绘制详图

通过产生双线和单线图来变更管道的外形，并进行编辑，对设备、钢结构和管道也会给出三维外形。可自动消除隐线，并能获得相交面的详图，还可建立有阴影的图。

2. 交互式地绘制详图

为具有灵活性，在更新工厂系统设计图时，可以增加或删除指定的详图。还可在指定点建立单线或双线详图。

3. 剖视图

为了特殊要求而作剖视图时，可以删除和恢复隐线。

4. 注释

可交互式地插入北偏、东偏和带有延长参照线的倾角，还可以交互方式插入标高。可以在图纸上加上材料表。还可以给管道加注管号、管径和尺寸。

5. 绘制管段图

用户可以由三维工厂模型或三维独立管道模型绘制出管段图。前者首先要从大型的工厂模型中将要绘制管段图的管道抽出来，后者则直接生成管道模型。不管那种情况，系统都能将按比例生成的三维管道模型的图形表示转换成不按比例的管段图。

（三）报告的特点

1. 项目发展和报告

汇集对项目来说是共同的数据并合并部件信息以形成单个的装置模型。此外，还可报告各种类型的图纸，如设备平面图、管道平面图、工艺管道和仪表流程图。管段图和短管图或报告它们的全部。还可以在规格文件中查找管道元件的库存号。

2. 碰撞检查

用户可对选择的管道进行碰撞检查，有问题的管道在终端上用红颜色显示，并可给出报告。

3. 螺栓

在用户自动生成的规格文件中可以包括螺栓，当插入垫片或需要垫片的管件时，系统会自动地到规格文件中去寻找这些信息，用户可以汇集这些螺栓。

4. 为后处理抽提数据

用户可以从配管系统中抽提有关数据，作为输入管道应力分析程序的数据。

5. 管道的柔性和应力分析

通过接口从管道模型中，以适合于应力分析程序的格式提取参数，建立应力输入数据文件。还可用选择出的分析结果注释模型。

6. 管道的报告

管道的报告指令是高效而灵活的。允许用户用它生成管道表、材料汇总表和仪表一览表（管道上的仪表）。表格形式能够容易改变，如螺栓、配件、阀门、装配件、法兰等项目也可有选择性地作出报告。通过指令的智能可使管网易于构成。用标记的办法能区分管网中的不同管道，而且可以说明复杂管道的起、止点。

7. 正文文件处理

一般的 CADDS 4X 指令，使用户能重新组织报告，统计和汇总资料。

（四）支撑文件

CV 工厂设计软件包（CVPD）包含大量的支撑文件。

1. 部件库文件

部件库是工厂设计软件包中的管件（阀门、法兰、弯头等）、管嘴和支撑钢结构等部件的图形表示（节点图），这些库部件是建立工厂模型的基础。一张节点图可以表示所有不同尺寸、不同压力等级的某种管件。

部件库的主要作用是：第一为学习使用软件提供了基础；第二为建立与工厂设计软件相适应的库部件提供实例。这些实例是为满足生产需要而建立库的基础。

对于在管道和通风管道组件有四组库部件。

2. 数据文件

数据文件中包括有确定和使用库部件所需要的资料，数据文件分类如下：

（1）主目录文件

主目录文件包含了大量的 ASME 标准管子和管件的尺寸，以及管件的制造厂和尺寸。

（2）管道规格输入文件

管道规格输入文件包含了用户为某工程项目准备的从产品主目录中挑选出来的标准部件的尺寸。输入文件也是部件的材料号的来源。在 CV 模型设计系统中，这些文件是为生成要求执行管道规格的其他文件的手段。

（3）管道规格自动选择文件

管道规格自动选择文件是从主目录中选择标准部件。该文件用于这些部件的自动选择或插入。可以是单个或多个的管道规格，每种管道规格都有相应的自动选择文件。

（4）指导文件

在指导文件范围内，确定你的管道标注格式和指定各种指令提供规格目录或管件的自动选择文件；管件端面型式一致性检查的表格；被指定所在层的范围涉及到管件与管嘴相装配时或不同的规格标准时，可选择不同的指导文件。

(5) 参数文件

这些文件为作管子和管件详图、透视图、或进行碰撞检查时提供尺寸信息。

(6) 过程文件

过程文件描述管件、风道管件、管嘴、压力容器和支撑钢结构的三维几何图形。这些几何图形是用简单的几何体表示的。形状的尺寸可由参数文件中所存储的数值确定。对于所有的库部件都提供过程文件，这些过程文件是与管道规格软件生成的参数文件相一致的。

3. 描述文件

描述文件是把元件通过其存储号与附加信息(如材料类别)连起来，这些文件不是自动生成的，需要时由用户建立。

4. 执行文件

执行文件的提供是为了各种目的，如说明模型编制技巧和生成，修改及汇总报告。可采用这些文件或使用它们来作为编制自己的执行文件的指南。

5. 程序

为了易于实现象插入管道(DUCT)、计算重心及斜管上配件的定位这样的步骤，而由用户交互式地按顺序输入的一连串工厂模型设计指令。

(五) 菜单

工厂设计系统有两种菜单：动态菜单和图形输入板。菜单包括了使你得以在系统上工作的键。数字化这些键即可减少你在键盘上的输入量。你可以编程这些键，使其发挥多种作用，并输入各种变量。

(1) 动态菜单用以通过建造设备的过程来引导你，按相应指令使这个菜单起作用。

(2) 图形输入板菜单，它有工厂软件包的许多特征，并能设计自己专用的菜单。按相应命令使这个菜单起作用。

如 P&ID 图形输入板菜单可帮助你快速地制作、修改和报告 P&ID 图。

(六) 装置设计系统

1. 模型设计的基本方法

部件库和有关的数据文件是建立智能装置模型或 P&ID 图所用的基本方法的中心问题。

对于三维模型设计，用一组杠图形表示管件、管嘴和结构型钢以节点图的形式存储在库中。然后使用插入软件(INSERT FITTING)从库中选择元件并按你所希望的位置和比例插入到模型中。可使插入的杠图形表示许多参变量的真实几何图形。图形定为二维，因此它们没有相关的过程文件和参数文件。

2. 建立管道规格

可以使用主目录和部件库中的资料建立管道规格。为使管道规格对管子和管件的插入软件起作用，必须建立规格文件(自动选择)和参数文件。

3. 自动选择文件

在管道系统的设计中，自动选择文件起多种作用。当规划管道时，要给出包括尺寸和规格的标记。使用此标记来查找适合管道的自动选择文件，以获得它的内、外径以及存储号。这资料是以特性形式和管道相联系的。规划完管道后，需要从自动选择文件将管件插入管道。完成模型后，通过命令从数字化的管道中取出各种管道的尺寸和规格，插入和确定比例。见图 18-2-1。

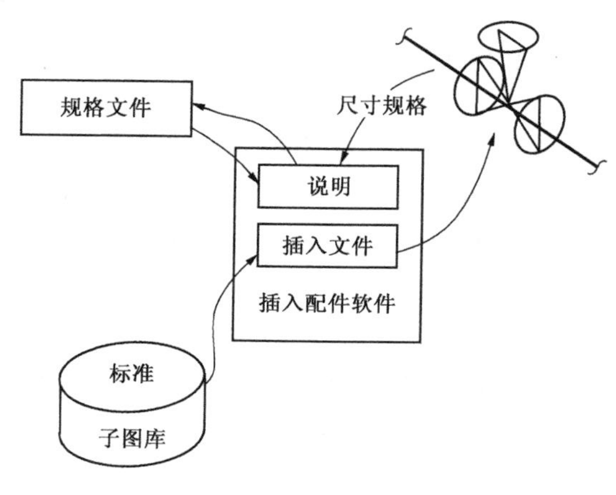

图 18－2－1　自动选择过程

4. 参数文件和步骤文件

为了进行碰撞检查和制作详图，参数和步骤文件在确定管件的图形形状时起了重要作用。对一个管件的特殊变化，参数文件为步骤文件提供管件的尺寸。

对于少数图形库参数文件可以按比例表示，一定范围的元件仅在尺寸上不同。对于管件、管嘴和参数变化的构件，此文件为用户预先规定了图形库。

模型、详图和报告软件包包括支持库符号的参数文件和步骤文件。在使用设备模型软件时，可自动地生成步骤文件。

5. 制作设备

用户可用设备制作软件制作一个独特的设备，插入所需的设备上的管嘴。并可自动存储图形。

6. 工艺管道和仪表流程图(P&ID)

P&ID 和三维模型两者都是工厂设计系统的主要部分。它们可通过项目软件发生联系和比较，然而，它们各自有独立的数据库。无需应用参数程序可直接地建立 P&ID 图。二维模型是 P&ID 的基本图形，选择好适当的二维范围，使用软件来制作 P&ID 图。

P&ID 图与管道规格有关，在 P&ID 图中所确定的工艺条件提供了指导你建立管道规格文件的资料；一旦作出了 P&ID 图就可以返过来在你所作的规格文件中存取资料。但无尺寸和规格。

7. 确定设计(Project)方案

在 CADDS 系统的设计工厂中，需要建立一些 CADDS 部件和图形，P&ID 模型和等角图贮存在独立的数据库中。在同一个部件中进行处理，模型自身可能太大了。因此，软件提供了一个将模型拆散成块的手段，每一块都作为独立的部件来做模型。

本软件系统将这些块组合到一块。然后可使用其他命令来比较 P&ID 等角图和三维模型。也可得到报告。

8. 制图

绘制有关工厂设计系统的直角和等角图的基本方法。

（1）直角图

需要三维模型和由参数及过程文件组成的相似数据库来生成直角图。直角图是通过有关的不同视图作出的。

（2）管段图

根据三维的装置模型或三维的单独管道模型作出管段图。管道可从较大的模型中取出或管道直接模型化，按比例作出的三维管道模型图转换成可接受的无比例的管段图。

9. 报告

（1）三维模型报告

三维模型是自动碰撞检查、管道应力分析、材料和管线表报告的来源。专门化的报告软件自动地作出管道的这些类型的报告。

（2）由 P&ID 所得的报告

用相应的命令从 P&ID 图得到管道表、材料单和仪表报告。在管道上表示出管子的尺寸和规格。

（七）汉字系统

由于配管设计要求，应开发一套汉字系统。建立汉字库以满足国内工程设计图纸中的说明所需要的汉字。

第三节　自动设计制图系统

一、数　据　库

工厂设计系统配管工程数据库是结合具体工程建设项目的要求逐步建立起来的，其内容应满足较复杂装置的设计需要，可供三维配管模型设计用。其中包括管子、管件、法兰、螺栓、垫片、阀门及其他小型设备等。表 18－3－1 的数据库文件目录是原中国石化北京设计院二次开发数据库文件目录。

表 18－3－1　数据库文件目录

序号	文件目录	长度	备注	序号	文件目录	长度	备注
1	配管元件主编目	5176 行		5	末端类型文件	56 行	
2	管道输入文件	9000 行		6	指南文件	9 行	
3	自动选择文件	15000 行		7	配管元件子图库		126 个
4	参数文件	7000 行		8	过程文件	1000 行	

二、CAD 系统配置

1. 硬件配置

以 CDS4101 系统为例，硬件主要包括服务器、工作站（终端）、系统控制台、磁盘机、绘图仪。打印机、硬拷贝机等，如图 18－3－1 所示。

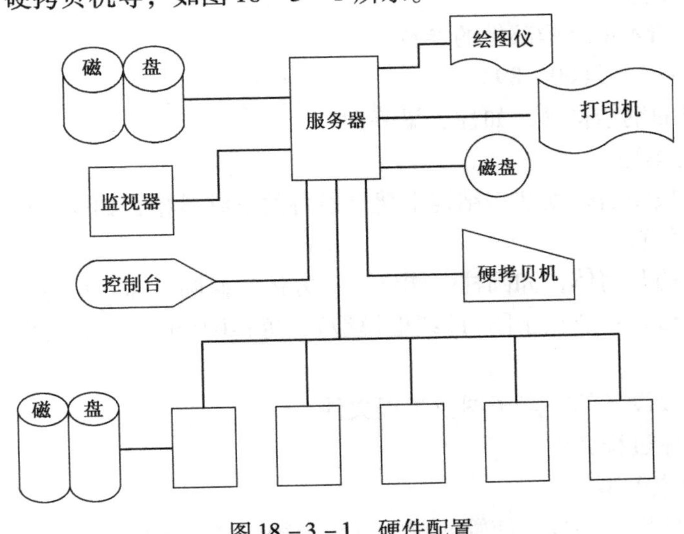

图 18－3－1　硬件配置

2. 软件配置

（1）系统软件

（2）应用软件

a. 工厂设计软件包包括配管设计、建筑设计、机械工程、电气工程、结构工程、场地工程等应用软件。

b. CADDS 有限元前后处理软件。

c. 图像设计软件用于建立有阴影的彩色图片。

三、CAD 系统的构成

1. 准备工作

工厂设计软件包提供的部件库是基本的，用户在应用时需要对它做大量的修改和扩充。

在进行工厂模型设计之前，首先应确定模型的规模，一般可以分区进行。其次应作些统一规定，如可规定层的使用习惯，如表 18－3－2 所示。

表 18－3－2　分层规定

序　号	层　号	内　容	序　号	层　号	内　容
1	0	图形边框	4	90～129	管　子
2	1～29	设　备	5	130～159	管　件
3	60～89	钢结构			

（1）激活——部件（PART），并指定合适的模型单位（m 或 ft）；

（2）激活——图形（DRAWING），大小可随意指定；

（3）定义——视图可以选择用户认为最舒服的视图，如顶视图（TOP）、前视图（FRONT）或等角视图（ISOMETRIC）等。

（4）选择构造平面工厂模型设计应选择 CPLTOP 或者与 CPL TOP 平行的构造平面。这样便于插入钢结构、压力容器，便于敷设管道。在这种情况下，Y 的正值指向北方，X 的正值指向东方，Z 的正值指向上方。

2. 建立钢结构模型

（1）设定用于插入钢结构部件的参数。

（2）选定合适的层号（60～89）。

（3）插入所要的钢结构构件，如柱、梁等。

3. 建立设备的模型

建立好钢结构模型后，就在钢结构上建立设备的三维模型，如塔、压力容器、冷换设备等。并安放到指定位置。

（1）采用简单的几何体，如圆柱、圆锥、立方体、椭圆头盖、球体等，用相应命令能生成设备的三种表示形式：节点子图（即线框模型），透视图（消除了隐藏线）和占用空间（供碰撞检查用）。

（2）生成所构成设备的节点子图及过程文件。

（3）修改并编译过程文件。

4. 建立三维管道模型

（1）为配管设计设定参数。如管间距、弯头半径、法兰名称、垫片名称，是否要自动插入法兰和垫片等。

（2）敷设管道。

（3）如果有必要的话，改变管子和管件所在层号，或删除某条管道。

（4）插入弯头，可以用一条命令在某条管道的所有拐弯处都插入弯头，或删除某个弯头。

（5）在管子上插入各种管件。插入管件时，管子会自动断开。或删除管道上的某些管件。

四、图形处理

工厂设计系统三维模型建立之后，还需要进行立体图形的处理：透视图画法、重叠线条、相交线条的处理，相贯体图线的表明和曲面的整形等。还需及时处理和解决对尺寸线、数字、符号、图面密度调整等问题。因此，还需进行：

图面密度调整；

空间的检索；

最佳位置的确定。

用这些方法可以得到较佳的图面布置，然后再进行立体处理，在管道交点消去一段，显示出立体感。

对管系的图形处理就是对各部件的图形在已决定的管系中心轨迹坐标上描绘图形，其配管图形处理过程，如图 18－3－2 所示。

五、绘制三维透视图和管段图

1. 绘制三维透视图

（1）生成三维的消除隐藏线的透视图，包括钢结构、设备、管子和各种管件。用这种方法表示的模型立体感很强。

（2）消除隐藏线。

（3）标注东南西北各方的坐标及标高。也可产生平面图和管段图。

2. 绘制管段图

工厂模型建立完毕后，就可以将每根管道作为单独的部件从模型中抽取出来。CV 工厂设计软件包能重新按比例绘制管道，并标上尺寸和焊接等号。

（1）从模型中抽取某根管道(包括主管和支管)，生成新的部件(PART)，而原来的模型则保持不变。

（2）保存原始尺寸。

（3）生成不标尺寸的管段图。这种管段图是不按比例绘制的，用户可以指定管子、管件、阀门等各种符号的尺寸。

（4）指定标尺寸的各种参数，如箭头的大小、尺寸数值的写法等。

（5）为管段图自动标注尺寸。

六、生成各种报表和进行碰撞检查

（1）生成三维模型和 P&ID 图的各种报表，主要包括总的管道说明和材料说明，管道说明即“管道表”包括管号、管径、等级、保温层、介质及起止点、管道的操作压力和操作温度。材料说明即“材料规格表”包括构成管道的各种部件，如管子、阀门、管件、螺栓等。

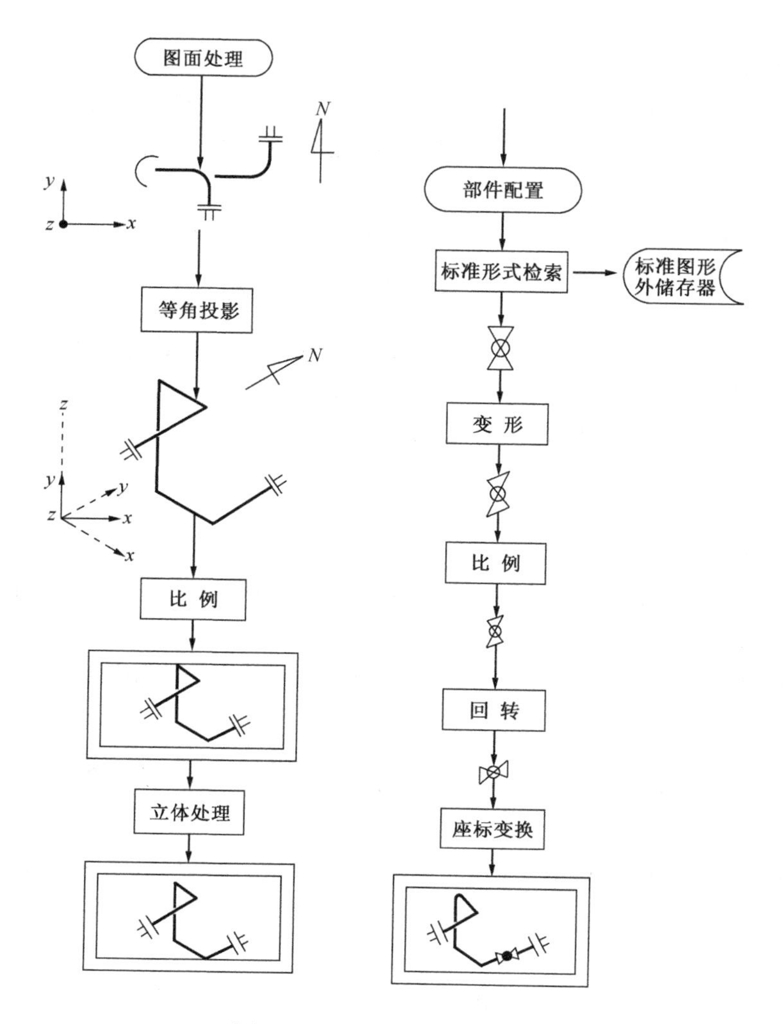

图 18－3－2　配管图形处理

（2）进行碰撞检查。用以发现所选择的管道部件之间是否发生碰撞，管道与设备之间、设备与构架之间、管道与构架之间是否发生碰撞。一旦发现碰撞、就在碰撞报告中详细说明。

七、生成带阴影的彩色图片

为了改善视觉效果，可以再进一步加工，生成形象非常逼真的带阴影的彩色图片。

（1）生成管子、管件、设备和钢结构的表面实体。

（2）生成带阴影的彩色图片。为了增强视觉效果，可以在适当的位置设置几个光源，并可指定某种颜色（包括背景颜色和管道本身的颜色）。

（3）对该彩色图片进行编辑，如改变背景的颜色，改变管道的颜色和明亮程度等。

八、配管自动设计制图

配管自动设计制图系统组成可分两种：一种叫联机式；另一种叫脱机式。联机式用主计算机直接控制制图机。因为计算机准备和输出制图用的数据速度很快，而制图机绘图的速度较慢，为了使主计算机更好地发挥效率，发展了脱机式系统。脱机式系统制图时制图机与主计算机脱开，而用控制机（小型计算机）控制制图机。

用这种脱机方式制图时，输入的数据先用主计算机处理，经过处理的中间数据通过磁带或纸带输入制图机一侧的控制机，然后用自动制图机作出所需的图纸。图 18－3－3 是脱机式自动制图机的设备组成图。

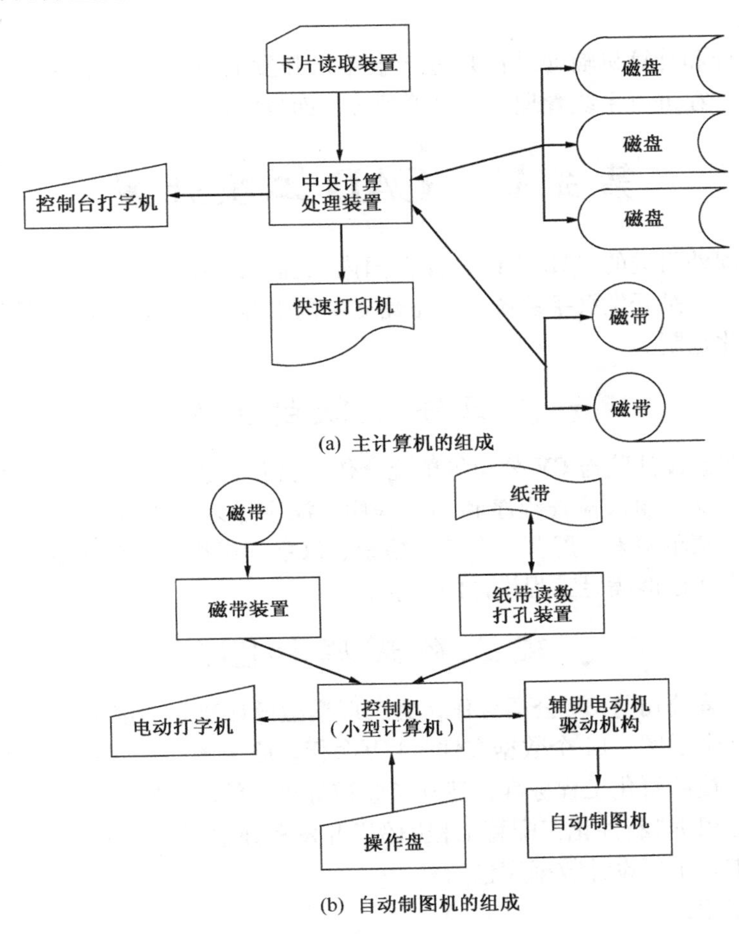

图 18－3－3　脱机式自动制图机系统

第四节　配管自动设计效果

各工程公司和设计单位的自动设计效果虽是各种各样的，但都能绘出配管图形，标注出尺寸，统计材料量，提高配管设计效率和质量。使用自动设计系统有下列优点：

（1）提高精度。可以提高图面和材料统计的精度，减少图面错误，使管段预制和施工过程的麻烦减到最少。

（2）缩短设计所需周期。可以减少制图、计算作业的校对工作量，使设计周期缩短。

（3）节省设计工时。配管详细工程设计工作量是很大的，一个装置的图纸约有 1000 张，采用自动设计系统后，可大幅度的节省人力。

（4）提高生产率。使用自动制图系统后，不要增加配管设计人员就可增加生产量。

（5）降低成本。采用自动设计系统所统计的材料量极为准确，一般可以节省材料3%～5%，可削减材料费，降低建设成本，便于材料管理。但由于计算机机时较昂贵，如单从制图费用来看用计算机制图可能比人工制图会贵些。

（6）如果实现工厂预制自动化，通过计算机可把设计和施工联成一个整体，可得到现在无法预见的效果。

配管自动设计和计算机辅助设计是近十余年来开发的技术，还在继续发展中。CAD除进行工程设计外，在进行系统管理、项目管理等方面也将得到更广泛的应用。

第五节　CAD二次开发

任何一个从国外引进的CAD系统，要在国内工程建设项目中推广应用，都必须做大量的二次开发工作。一是开发汉字系统；二是建立中国工程标准的数据库、图形库和设计系统软件；三是标准化定制。

一、汉字系统的开发

原中国石化北京设计院与CV公司等单位合作，已开发了汉字系统，某中包括一套国家一、二级汉字库，汉字输入检查程序和编辑程序。汉字输入检索程序提供用户拼音组合检索、数字化板汉字菜单检索、屏幕汉字菜单检索、汉字词组拼音字头检索等功能，并具有编辑功能。这套汉字库已能满足工程设计的要求。

二、建立数据库和图形库

原北京石化工程公司与CV公司合作，为工厂模型设计建立了按中国石化工程标准建立的数据库，共220个子图，14个数据文件，4万余行。原中国石化北京设计院在CV数字库基础经二次开发，按照石化工程标准，建立了管道等级、管子、阀门和配件标准外形尺寸等参数的数字库。还根据“石油化工配管工程图例”开发和建立了子图库(图形库)，满足了炼油工程设计的要求。工厂设计数据库包括：

工艺配管数据库；

储运系统数据库；

给排水数据库；

设备三维模型数据库；

土建构架三维模型数据库。

三、设计软件系统的开发

原北京石化工程公司于1983年从美国CV公司开始引进CAD系统，已开始在化工装置的设计上得到了应用和发展。原中国石化北京设计院和洛阳石化工程公司也相继从CV公司引进CAD系统，在炼油工程设计上进行二次开发和应用。原中国石化北京设计院也已开发出一套可用于炼油装置和工厂系统详细工程设计的软件系统。该软件容量大、功能齐全，在继续保留了原CAD系统的优点的基础上，大大增加了系统功能，增加了系统的实用性，实现了系统的国产化，利用该软件在炼油装置中最复杂的管道系统，难度最大、复杂程度最高的常压渣油催化裂化装置的反应——再生系统完成了三维模型设计，自动抽取分层管道平面图，管段图和各种材料单的统计工作。并可进行自动碰撞检查。并相继在MTBE、常减压蒸馏、催化重整和加氢精制等装置上应用。

随着计算机技术的发展，人们熟练地使用计算机的时代已经到来。由于CAD具有丰富的智能、精确的自检功能、多变的出图方式、快速自动进行碰撞检查、快速又准确的料单。因此，在配管设计中得到广泛的应用，它将大大提高设计质量，提高设计速度。今后全面开展专家系统，实现计算机设计，将对管道的工程设计，更上一层楼。

第六节　三维工厂设计软件的应用

一、软件使用前的准备工作

1. 参考数据库的修改(Reference Data Base)

无论进口软件还是国产软件，由于国内使用的标准繁多，比如法兰标准，有机械电子工业部标准JB、化工部标准HG、中国石化标准SH、国际GB以及美国标准ASME等，管径分为大外径、小外径以及国外标准等，另外各单位管道材料等级也不一样，服务的客户要求不同，材料标准选用也不一样，因此针对具体项目，需要编制或修改参考数据库。参考数据库主要包括以下内容：管道材料等级，图形数据库，管道配件尺寸，相关内容的修改。

2. 软件系统的补充和完善

(1) 图纸和材料表的后处理。

(2) 其他功能的完善。

对开放性软件，其灵活性较高，用户需要根据需要，重新编排界面等。

3. 图表的标准化及定制

二、三维模型的并行协同设计

三维模型并行协同设计是项目有关专业在同一设计平台或以一种平台为主多个可相互共享的不同设计平台上并行进行的设计。使得项目组各专业设计数据实现共享，减少重复工作，提高工作效率，在项目组的共同努力下完成完整的三维模型设计，使三维模型的质量大幅度提高，彻底解决碰撞、专业交叉所引起的错误。中国石化工程建设公司等单位在20世纪末开始推行三维协同设计，无论是工作效率还是设计质量都取得了显著的效果。

三、设计检查

1. Review

模型Review分成以下几个阶段：

(1) 模型设计前期

主要针对以下内容Review平面布局、设备、建、构筑物位置、主要管道、仪表槽架、电缆槽架等。

(2) 模型设计中期和后期

主要针对以下内容Review操作检修通道、预留空间、洗眼器、消防安全设施、设备管嘴及方位、所有管道、管架、构架、梯子平台、地下管道、电缆沟、室外仪表、照明、通讯设施，确认前期 Review。

（3）模型设计结束

前面未查的其余项，确认中、后期 Review。

2. 碰撞检查

分不同阶段在三维模型内检查管道、设备、结构、建筑、电缆、室外仪表照明等的碰撞。

3. PID 与三维模型的一致性检查

检查模型与 PID 是否完全一致。

4. 设计规范的检查

检查三维模型是否符合有关标准规范的要求。

四、图纸和材料表

模型中储存的信息，直接转成各种图和材料表，如设备平面布置图、管道平竖面布置图、单管图、支吊架图、电缆桥架布置图、设备开口方位图、立体图、透视图等，以及器材规格表、焊缝规格表、设备管嘴数据表等。

五、生命周期工程设计

施工阶段，利用三维工程设计数据库为采购、施工进度计划、施工方案、检查和验收以及装置培训、运行、维修等提供更简单更直观的服务。

六、软件集成

随着计算机技术的发展和广泛应用，工程设计各相关专业应用的不同种类的软件移植到公用平台上，使应用不同种类软件的相关专业数据实现完全共享，从而减少设计错误，提高工程设计效率。

（编制　牛中军　张德姜　解芙蓉）

主要参考资料

1　洛阳石化工程公司技术部情报组编.《配管计算机辅助设计》(一)、(二). 1986

2　蔡尔辅编. 石油化工管线设计. 化学工业出版社,1986

3　中国石化北京设计院编. 工厂设计软件 CAD 系统(三维 CAD 二次开发). 1991

4　中国石化北京设计院技术处编译. PLANT DESIGN 用户手册. 1989

第十九章　工程模型设计

第一节　概　　述

一、工程模型和工程模型设计

将实物按一定比例缩小（或放大）而能准确地表达原型形态的模仿物，通称模型。模型的特点是从三维空间模拟原型形态，揭示和描述原型的性质及某些规律，是供人们认识事物的一种手段。模型本身可按其性质、功能、用途等区分成各种不同类型，如教育模型、机械模型、产品模型、建筑模型、展览模型、工程模型等。对石油化工设计者来说，在工程设计项目中，用于工程规划、设计、施工的模型，它既可反映石油化工厂厂区规划，装置布局、平面布置、配管实况，还包括地形、地貌、环境、设备、建筑物、框架、管道，并符合一定比例。这种反映工程全貌，并按比例制作的模型，通称为工程模型。

工程模型，可以使我们对拟建或在建的工程（或装置）的全貌或局部作直观的、全面的、形象的、清晰的、三维空间的描述。它与图纸的描述方法比较，具有明确、容易理解和掌握的特点，但是不如图纸那样准确和细致。

在工程设计程序中，采用模型作为设计工具，辅助工程设计，表达设计意图和设计思想，并在模型上完成最终设计的方法，称为工程模型设计。

工程模型设计已是一种较为成熟和完善的设计方法，广泛应用于化工、石油化工、医药、船舶、核电等工程的设计中。文章所述内容只涉及石油化工厂的工程模型设计。

二、工程模型设计优点

近三十年来的实践证明，在工程设计中采用模型设计方法，可以弥补图纸设计的不足，对提高设计质量，加快基建速度，降低工程费用，均取得了显著的效果。

工程模型设计的主要优点有：

（1）对全厂厂区、装置的平面布置，可随意改变平面，做多方案比较，便于综合考虑各方面的因素，从而选用最佳方案。

（2）对新工艺或新装置的工程，用模型进行设计，能更好地集思广益。

（3）能一目了然的看清设备布置情况，在配管设计过程中，能布置得最经济、合理。

（4）有效的避免管道设计的错、漏、碰、缺。

（5）有利于全面考虑操作位置、检修场地、安全通道等。

（6）由于模型较直观、清晰，方便校审。用流程图来核对配管模型设计，既快又方便，且不会出现设计中的遗漏，容易发现施工时可能出现的问题，并事先获得解决。

（7）有利于各专业协调，沟通设计意图。有问题时可以在模型上及时解决。如仪表管缆、电缆走向、照明设置、地下管道是否与基础相碰等。

（8）生产管理人员借助模型做好生产准备工作——制订操作手册。

(9) 工厂安全人员可以参考模型检查和完善劳动保护，消防设施和安全措施。

(10) 维修人员依据模型编制、划分维修保护设施的范围。

(11) 在生产装置建设前，生产部门可借助模型从开工、操作、检修、安全等方面对设计提出建议和要求，避免在施工后修改和返工，减少不必要的浪费。

(12) 在工程模型前培训操作人员，根据流程来熟悉装置，提高培训质量，加快培训速度，可节省培训费用。

(13) 在施工现场，借助模型向施工单位进行设计交底，从而能较快地做出施工组织设计。根据模型，能制订大型设备吊装方案，指导施工。并可加快施工进度、避免不必要的返工，提高施工质量。

总之，工程模型设计能提高设计质量，有利于生产管理，加快施工进度。

三、工程模型设计分类

(一) 按模型的性质来分

1. 基础模型

提供方案模型和配管模型的“模型”，通称基础模型。

基础模型是方案模型和配管模型的基础，应符合基础工程设计和详细工程设计的布置要求。基础模型的内容和深度，应该在模型底盘上固定好全部工艺设备、厂房、建筑物、构筑物、构架、管廊、平台、梯子等。根据实际尺寸，按比例制作。方案模型的基础模型应该比配管模型做得简单，只要貌似就行，但是应该符合基础工程设计阶段设备平面布置图的要求。

2. 工作模型

在详细工程设计阶段，只供配管设计使用的模型称为工作模型。设计人员在基础模型上进行配管设计，其深度应符合工程设计要求。使用的材料按节约的原则可以差些，外观可以粗些。辅助的、次要的管道可以不必配制，管道的编号可以用纸条随意贴在管道上。工作模型只在详细工程设计过程中具有使用价值，当设计文件完成后，工作模型的使命也就完成了，没有保留的价值。

3. 成品模型

作为设计文件之一，发往施工单位或提供给设计委托人所要求的模型，称为成品模型。模型的深度应符合设计委托人的要求，基本上达到工艺安装图的深度。成品模型可以通过工作模型一次完成，也可以用工作模型进一步加工成为一个成品模型。成品模型可供设计、施工、生产、培训等使用。

(二) 按设计阶段(或内容)来分

1. 总体模型

在工程规划设计阶段使用的模型，称总体模型或总图模型。

总体模型用来描述工厂或装置与周围环境的关系。如公路、铁路、河流、生活区、高压电线路、码头等。将厂区内的建筑物、装置、罐区、变配电所、循环水场、污水处理场、机修厂等，采用按比例又貌似的手法制成一块块总体模型的基本元件。设计人员使用这些元件，也可以说是设计的工具，来进行规划、布置和多方案的构思设计，最后确定总平面布置。总体模型可供规划设计、方案论证和审查使用。亦可供参观。

2. 方案模型

基础工程设计阶段使用的模型称为方案模型。装置的布置是基础工程设计阶段重要的内容，通过模型论证设备布局，进行多方案比较，经审查批准取得最终方案。方案模型要有一定的深度，全部冷换设备、塔、容器、空冷器、机泵、构架、平台、建(构)筑物等均需形象地按比例制作，置于简易的底盘上，进行方案模型设计。由于直观、立体性强，能随时搬动设备，因此能优选出既经济、又合理的方案。方案模型经基础工程设计批准后，就可作为详细工程设计绘制设备平立面布置图的依据。此时，方案模型的任务就完成了，无保留必要，可保存其各种照片。

3. 配管模型

在工艺配管详细工程设计阶段使用的模型称为配管模型。配管模型是模型设计的关键，是主要设计成品之一，关系到工艺配管的合理布局、走向和美观。可借助模型的特点，取得最佳的设计成果。它是绘制配管图、管段图及统计管道材料的依据，可供现场施工和生产培训用，亦可作为参观或展览用。因此，它制作的深度和精度、外观与美工等均有较高要求，且必须反映工艺管道和仪表流程图(P&ID)的全部内容。需按比例、正确地表示出所有的管道、阀门、管件、仪表及在设计中应该说明的、模型统一技术措施中所规定的内容。

第二节　工程模型设计

一、总体模型设计

通过总体模型设计，能够反映厂区的总体概貌和与周围环境的关系。利用总体模型，为审查设计提供方便，并为充分论证创造条件。

(一) 总体模型设计的工程准备

进行总体模型设计需准备的技术资料：

(1) 总体模型设计规定 GD 43A3—89。

(2) 界区总图(应标有界区范围内的建、构筑物、道路、河流、码头、铁路等位置)。

(3) 界区地形图(应注有地形等高线和厂区竖向布置)。

(4) 各装置、单元明细表。

(5) 各装置、单元特征的主要平、立面图。

(6) 主要建、构筑物条件图。

(7) 界区内主要外管布置图。

(二) 总体模型设计的物质准备

物质准备主要是准备使用的材料及制作的工具。目前还没有标准的预制元件可供总体模型设计时选用，均需要自行设计、加工、制作。所以在进行总体模型设计时，需准备一些质量轻、变形小、易加工，易黏接成型、色彩明快及配色方便的透明或有色的有机玻璃管及其板材、塑料(聚氯乙烯)管和塑料板材、各种颜色的即时贴纸、聚苯乙烯泡沫板、聚氨酯大孔泡沫板等材料。还需准备一些常用的黏接剂(如聚醋酸乙烯乳胶、三氯甲烷等)和各种颜色的油漆与稀料。

除了一般的刀、锯、钳、锉、刨、钻等手动工具外，还需备有台钻、电热丝切割机、曲线锯等机具。

以上的材料及工具是常用的，实际上在进行总体模型设计时，还有许多想像不到、品种繁杂的材料，如制作树木需用铜丝作树杆，用油画颜色染色。设备喷漆前需用腻子找平、抛光等。总之，所需各种材料无法买全备用，也不必买全，可根据模型工作的需要，随时到市场上去购买。

（三）总体模型设计的设计程序

见框图 19－2－1。

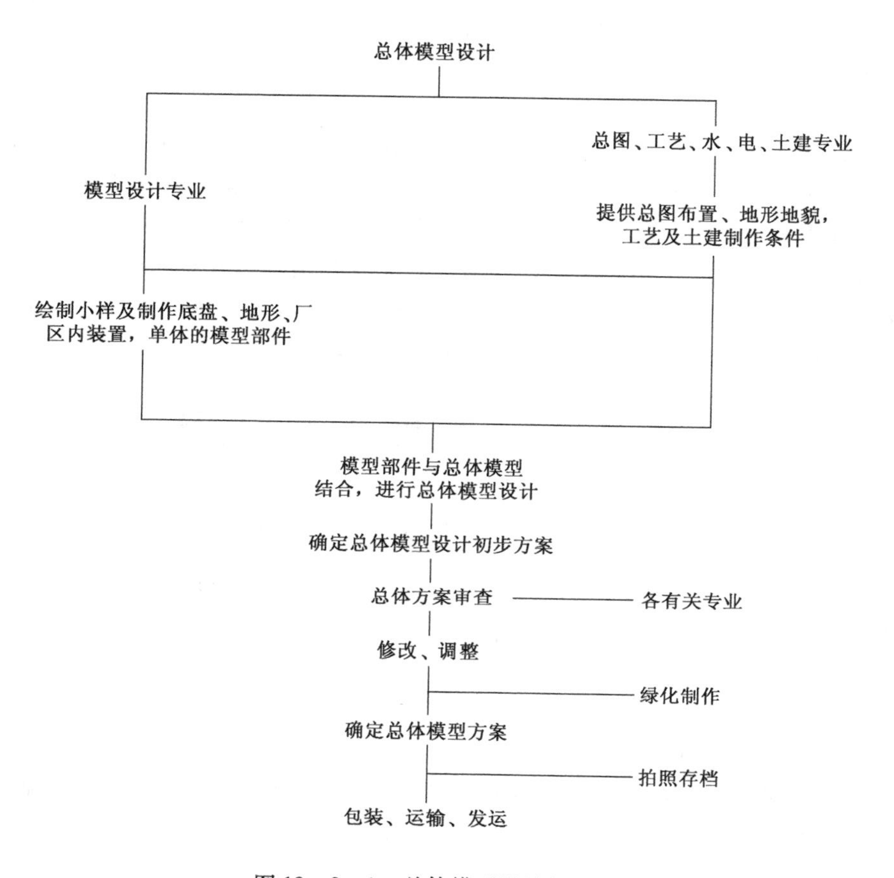

图 19－2－1　总体模型设计框图

（四）总体模型设计的具体做法和内容

在总体模型设计项目确定后，首先组织一个临时小组。任命专业技术负责人及模型专业负责人。由专业技术负责人介绍总体模型设计制作内容和设计要求，商讨并确定设计和制作方案、模型比例、制作深度及完成任务的期限。模型专业负责人应熟悉有关技术文件、设计制作的技术条件，收集有关各专业的设计文件和图纸资料，制订制作工序、分工计划、材料清单及采购计划，并按照总进度的要求同各专业签订计划进度并报计划管理部门。

由于厂区规模较大，模型不宜分块，还要有利于布置、审查、运输。因此，总体模型设计的比例，一般选择 1:（300～500）为宜。如厂区较大，亦可选择 1:1000。

模型专业负责人首先根据确定的比例，把总图提供的总平面布置图进行总图模型效果设计，把厂区按区域、工期、装置部分、单元部分、厂前区、地形等绘制彩色稿，这样就能一目了然地分辨出装置区、厂前区、罐区，那里是一期工程，那里是二期工程。之后，按缩小后的比例设计小样。按用户要求、设计需要和运输条件来考虑模型底盘的大小和式样。底盘一般不分块，采用板式或框式的结构形式。按总图专业提供的资料，设计地形、地貌、铁路、公路、码头、桥涵、交通设施等；根据工艺专业提供的资料图纸，把一个装置或一个单元制作成一个模型单体（亦可叫模型元件），单体内可由塔、炉子、设备、构架、油罐、厂房、控制室、泵房等组成。这种模型单体内的设备，由于比例较小，均应简化设计；根据土建提供的图纸资料，设计厂前区的办公楼、食堂等辅助建筑物；根据系统工程专业提供的图纸资料，设计全厂性的管架、管网、变配电所、循环水场、污水处理场、锅炉房等设施。以上的设计比例较小，内容繁杂，且提供设计的深度达不到制作模型的要求。因此，很难表达得具体和实际，只能简化设计，采取实和意（即求形似及神似）的表现手法。实者，要求创作后的模型单体，能使专业人员一眼看出这个单体是什么装置或什么单体。意者，即在设计时要有省略，不必把装置区内的泵、设备等全部表达出来。而且还必须把塔、构架、建筑物等竖向比例适当放大，这样才能增加立面的外形艺术感。

设计小样后，就可以分工制作了。单体制作要严格控制质量，严格执行专业工序管理，即要做到事先指导，中间检查，事后审查。

总体模型有它的特殊性。如地形、地貌占模型的总面积较大，表面上似工作量大，但是在加工制作时，相对的是简单的重复。而装置区、罐区、辅助区等占模型的面积较小，但却是杂而繁，制作时并不轻松。因此应考虑选用重量轻、易修整、观感佳、形态自然逼真，加工一次即可完成的材料。

总体模型的厂区内最好不考虑有竖向设计，用平面表示。马路选用彩色即时贴粘贴。

制作好的模型单体，按设计彩稿喷涂上色彩，干后，就可请工艺、总图等专业人员在模型底盘上进行模型设计，随时变动模型单体，进行多方案比较，布置一个初步的总图方案。组合后的方案可请各专业技术人员在模型上进行第一次的校审。对不合理的位置、间距、通道、预留地等，可以调整模型单位，以达到相对合理。然后固定模型单体，安装管架、管网，最后制作并安装绿化。其间可以安排中间审查，局部进行修改或调整，模型全部完工后，请有关人员在文件上会签，确认总体模型设计的最终成品。总体模型的照片，是存档入库的技术资料之一，应该拍摄各种不同角度的总体和典型单体的照片，整理后存档。

最后，按照设计要求进行模型包装，包装前做好清理和加固工作，然后外运到现场。模型专业人员需赴现场开箱检查，并进行整修，听取用户意见，总结经验，作为改进工作之用。

二、方案模型设计

通过方案模型设计，能够确定一个经济、合理的平面布置，也可为配管设计提供一个立体设计的工具。

1. 方案模型设计的工程准备

进行方案模型设计需具备下列技术资料：

（1）平面布置草图。

（2）工艺管道和仪表流程图。

（3）塔、容器、加热炉、冷换设备、空冷器的外形尺寸及数量。

（4）机泵的型号、规格、数量。

（5）建、构筑物的简图。

2. 方案模型设计的物质准备

基本上与总体模型设计的物质准备相同。所不同的是方案模型设计比总体模型设计的比例要大，因此准备的材料要增多。

3. 方案模型设计的设计程序见框图 19－2－2。

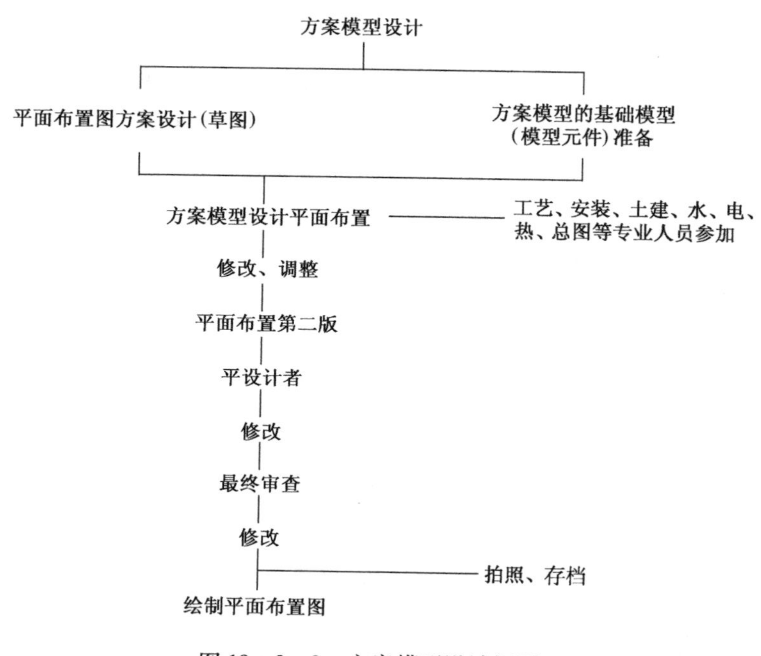

图 19－2－2　方案模型设计框图

4. 方案模型设计的具体做法和内容

根据方案模型设计要求，会同项目负责人与模型设计负责人共同确定制作模型的比例。如果方案模型仅作为方案布置图使用时，一般选用 1∶100 的比例；如果不仅用作设备布置，而且要具有辅助配管作为规划设计的多功能用途时，可选用 1∶50 的比例。比例确定后，模型设计负责人根据提供的技术资料，设计并绘制底盘、全部设备、构架等模型单体小样图。底盘的外形尺寸，可按设计草图提供的尺寸各边加上 100～150mm。设备的设计深度只要按标准塑料筒体的规格控制其外形尺寸，即高度与直径就行了。平台、梯子、人孔等均不必表示。构架与管廊可采用标准的方案模型元件组装。元件应满足不同柱网和层高的多层构架和建筑物布置的要求，可以灵活的进行柱网和层高的调整。

底盘可以采用五合板上打腻子，刷上油漆，或直接选用厚的有机玻璃，上面用刀划出坐标尺寸，使有明显的坐标标记。塔、冷换设备可以用塑料管及标准元件的封头、鞍座按比例组装而成。空冷器、加热炉等大型设备可以采用聚苯乙烯泡沫苯块用电阻丝切割以最大边缘的外形尺寸表示。办公楼、控制室同样可用聚苯块切割成与实际相仿的方块或长方块。建筑物的门、窗用即时贴贴成。制作后的方案模型元件可按实际及美观的原则，喷或刷成不同的色彩以示区别，并增加美观。

模型专业人员把制作完，并配以色彩的模型元件提供给专业设计人员，原则在底盘上进行平面布置，元件数量应满足多方案布置之用。围墙、马路、管沟可以选用不同颜色的即时贴表示。模型元件可随不同方案随便移动。在符合安全、环保要求又便于安装、检修、操作的前提下，在模型上进行综合设计，待方案模型设计的平面布置较为成熟时，可请各有关专业的技术人员在模型上展开进一步讨论，使设计基本上能满足各专业的要求。修改后的平面布置图及模型即可报请审批，批准后就可以绘制正式平面图。

方案模型设计特别适用于新流程、新工艺、新装置的方案设计。对不熟悉工艺的其他专业人员，由于有了立体而又直观性强的模型装置，可从不同角度提出更好的建议，使设计更加完善。

三、配管模型设计

通过配管模型设计，能提高设计质量，加快校审速度，有效的避免管道设计的错、漏、碰、缺。能一目了然地了解装置或单元的全貌。

（一）配管模型设计的工程准备

除需准备国家制订的各工程通用的技术文件，国家及行业标准规范外，同时需收集有关该工程的技术文件，如：

（1）模型技术统一措施；

（2）设计院制定的院级工程标准和规定；

（3）工程负责人就本工程特点而制订的技术规定和技术措施；

（4）工艺管道和仪表流程图；

（5）方案模型设计或基础工程设计确定的平面布置图；

（6）塔、容器、空冷器、加热炉、冷换设备等详细工程设计图纸；

（7）设备表或清单；

（8）机泵的型号、规格、数量；

（9）建筑物、构筑物、管架的详细工程设计图。

（二）配管模型设计的物质准备

配管模型设计是一个系统工程，需要准备各种规格及数量较多的材料。

1. 模型元件

目前国内已有多家生产，其品种及规格基本上能满足配管模型设计的要求。对于每个设计单位，应有一定的元件库存容量。库存量可以根据各单位每年制作模型的数量来确定。模型元件系列中规定四种颜色：翠绿、鹅黄、桔红、深蓝。各种颜色的元件数量，占元件库存数的百分数，可根据“模型技术统一措施”规定的内容确定。这里所指带彩色的模型元件，只是管道与弯头。其他如阀类、型钢类、梯子、栏杆、封头、鞍座等均是灰色。另外，个别的元件由于材料及装配时的原因而造成损耗较大，如管架、管托、细管子等，应在库存数的基础上增加一定数量的损耗率。

2. 其他材料

配管模型除了为配合工程上使用之外，同时也是一个展览艺术品。因此使用的其他材料很难，如底盘可以用木制，也可以用铝制。木制底盘上可以根据甲方要求用油漆刷面，也可以用有机玻璃复面。制作好的模型，在色彩上不能同工程上一样，基本上是灰基调，需要配置各种色彩。制作建筑物、构筑物、管架、构架及设备平台，需要不同厚度的透明、彩色有机玻璃。管道及设备需要根据不同介质，不同要求刷上各种颜色以示区别。所以要准备各种颜色的油漆和稀料、黏接用的各种黏接剂、固定设备用的各种规格的钉子、螺丝和螺栓等。以上各种零星的、特殊的材料，在市场上均能随时购到，库存不必太多。可以在接到某项工程后，估算和开列清单，再进行外出购买。

3. 模型加工设备及工具

制作模型的工具、机具是开展配管模型设计的必要手段。是提高工作效率、提高模型质量的重要一环。应由有经验的模型专业人员去选购，并进行日常的维修保养。

制作模型的手工工具应有：测量用的钢直尺、钢角尺、钢卷尺、内及外卡尺；加工用的钢锉(扁、方、圆)、什锦锉、钢丝钳、长嘴钳、剪刀、锤子等；其他为手摇钻、电铬铁等。这些工具最好人手一套，以利工作。

常用的机具要求小巧、多功能，一般应具备：木工开料机(换上细齿的锯片可加工有机玻璃)、加工大小头或圆形特殊设备的小车床、砂轮机(兼作有机玻璃的抛光机)、端磨机、小型空气压缩、电吹风、手电钻、台钻等。

(三) 配管模型设计的设计程序

见框图 19－2－3。

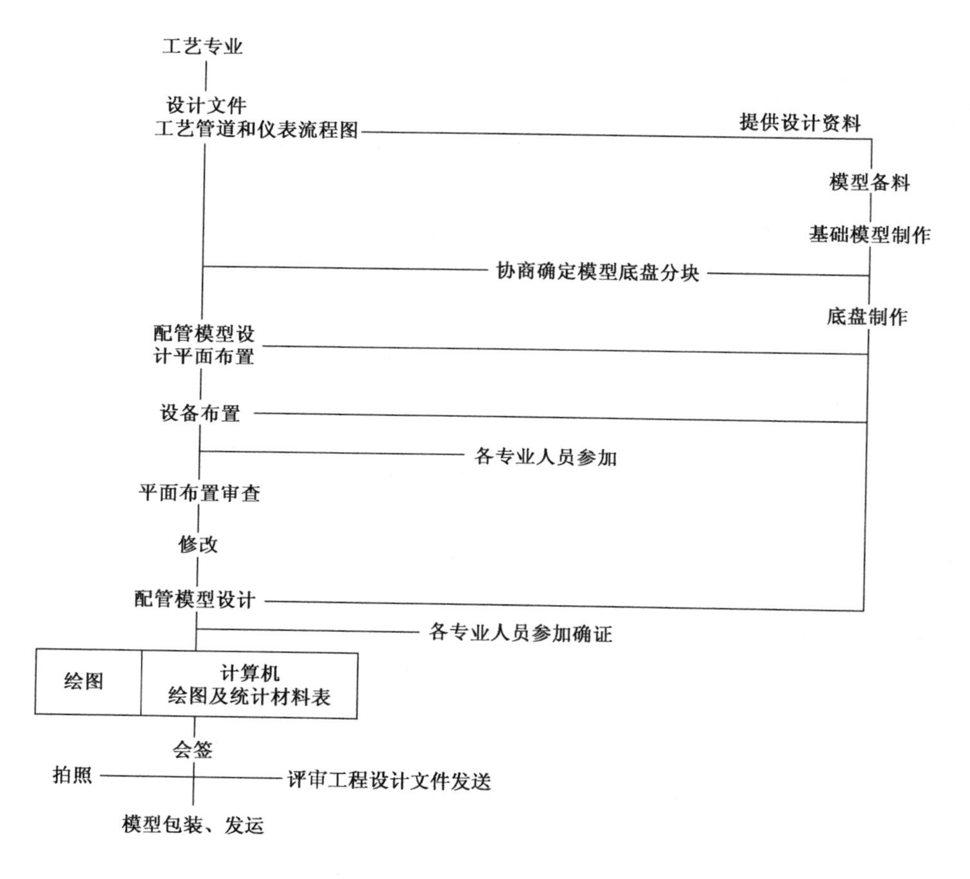

图 19－2－3　配管模型设计框图

(四) 配管模型设计的具体做法

配管模型设计除了做好技术及物质准备外，在组织上一定要落实。由配管设计人员和模型组指派专人组成一个临时小组，统一领导，统一计划，统一调度，共同来完成配管模型设计工作。设计组要控制好整个模型设计的进度，并且要协调工艺、设备、土建、结构、电气、仪表等各专业的条件关系。

组织落实后，首先确定配管模型的比例。一般小型工程由于规模范围小，工艺设备及操作岗位大部分在厂房内，配管模型的比例选用1∶20较为合适。而大、中型工程，模型制作范围和单体设备均较大，工艺设备和操作岗位大部分在室外，配管模型的比例可以适当选择得小些，以1∶33⅓的比例较为合适。目前，绝大部分石油化工装置的配管模型均选择1∶33⅓的比例制作。比例确定后，应根据平面布置草图，共同协商确定模型底盘的分块。底盘的分块应考虑方便配管安装及包装运输等问题。配管模型设计一般分成基础模型设计和配管模型布置两个部分。前者通常在模型组内制作，后者在设计组内共同完成。基础模型设计一般的做法是：根据所提供的全部设备、土建资料及底盘分块的尺寸，按模型比例绘制设计小样，经核对无误后，进行加工制作，加工后的设备、构架、底盘等应作表面处理，使表面光滑，尺寸正确，然而按统一技术措施的配色要求，分门别类的喷上各种颜色。如塔、容器等为银灰，空气冷却器为浅绿色等。并贴上临时标注的编号，以便就位时寻找。在制作模型设备的同时，要把设备的基础做出来。

基础模型制作完后，根据工艺设备布置图，按先构架、管廊后设备的程序，临时就位于底盘上。安装就位时，应尽量保证尺寸的正确，使其误差达到最小。因为以后的配管均将以设备或构架的中心线作为基准点。

由于在考虑平面图之前，配管设计人员尚未进行配管的详细设计，基础模型就位后，局部不合理及某些缺陷会暴露出来。如设备、机泵之间的间距不合适，检修通道局部不畅通，水、电的地下位置较挤，构架的高度较矮等。所以在配管模型设计之前，一定要进行一次中间审查，经校、审并修改后，然后把与底盘直接接触的构架、设备等用螺丝固定于底盘上，与构架平台接触的设备用黏接剂固定。接着就可以进行第二步，即模型配管布置。配管前，首先应对整个装置有一个完整的设计，对模型进行构思，确定管道走向和细节后，再在模型上直接安装管道。如果遇到复杂的管道，可以先画草图，然后在模型上安装管道。对某些大应力的合金管道、大口径管道、重要的工艺管道，需经应力计算后，在模型上配管模拟，经调整修改后，再正式配管。其他管道可以根据流程图直接在模型上配管，并在管道上注上管号标记。

配管模型设计的基本程序是：先下后上，先里后外；先工艺管道，后公用工程管道和仪表管道；先大管道，后小管道；先塔后泵；先换热设备，后储罐设备；先地上管道，后地下设施等等。以上只是一般的规律，制作时应根据工程的具体情况，个人经验和复杂程度来确定合理的安装程序。管廊上成排的管道可用透明有机玻璃穿孔固定，以保证管道的平齐和间距，每根管道的长度和弯角处的尺寸应保证整齐和准确。

塔的高度较高，考虑到包装和运输，一般高于1m的塔(缩小比例后的模型高度)，需分段制作后拼装而成。竖向管道靠筒体或平台固定，要求垂直、坚固，采取在筒体上接口固定或穿插于平台上的固定法。筒体对接处断开的管道切口需严整，严格控制尺寸，以保证设备拆装方便和对接准确。冷换设备、机泵的配管特点是管件多、密度大，特别是有放水管的配管，应事先组装好一次安装。阀组基本上是有一定的规律性，可事先把管子、管件、放水阀、阀门、支架等装配在一起成组安装。

电缆槽架、仪表槽架可用彩色有机玻璃条按走向及槽板尺寸敷设于管架上。仪表箱可按比例以外形尺寸制作，贴上标注后按设计位置就位。

最后设计地下设施。如管沟、电缆沟或需要标注的大管径的地下管道，可用不同颜色的即时贴纸贴在底盘上并加以标注。

当配管模型全部完成后。管道上要用标签表示出管道的管号、等级、管径、介质流向。设备上用标签表示出编号，如P-1(泵-1)……，T-1(塔-1)……，V-1(容-1)……等。管架、构架的架号，平台的标高均需一一标注清楚。

为发挥模型设计的优越性，提高设计质量。模型设计的中间审查是必不可少的，审查时可请各有关专业一起参加，或单独某一专业参加。由于模型的直观性强，便于提意见并进行修改。但是对模型修改时需慎重，因为修改时要拆装，可能会破坏原来模型的整体性和强度。拆装的顺序应是先里后外，先上后下，一定要小心从事，避免碰掉其他邻近的管子或管件，拆装、修改后的标记应同时更换。

最后，模型专业人员应该对模型进行最终整理。如清除模型上的污痕及灰尘，校整管子、管件及用黏接剂固定全部部件，使模型的外观达到整洁及牢固。整理后的模型用照相的形式存档或供有关部门参考。照相可以摄取拼装后的整体模型，分块的单体模型及局部细节等三种内容。然后包装发运到现场供指导施工安装和培训生产操作使用。模型运到现场后应待模型人员到现场按编号顺序开箱，并经整修、组装后移交给建设单位或使用单位。

第三节　工程模型设计深度

一、模型的底盘

安放模型的座通称底盘。虽然总体模型、方案模型、配管模型底盘的功能和大小均不同，但是其外形及构造基本上是一致的。

底盘材料应选择易加工、变形小、重量轻、具有良好的强度与刚度的木材、轻金属(铝合金)或塑木混合材料。

模型底盘的高度一般设计为600~800mm。每一块底盘的面板一定要求保证直角，并加工精细，这样，拼装组合后的底盘尺寸就能保证准确无误。

1. 底盘构架

一般选用经干燥处理后的松木开榫拼装而成。如用金属作构架，可用轻质铝合金，下料后用螺丝固定。构架加工完后，铺设底盘的面料，可选用细腻光洁的白杨五合板用钉子固定在构架上。如果用刨花板或塑胶板，用木螺丝从反面将面板固定在构架上。后两种板刚性好，不易变形，但是容重大，切割后的边不美观，需要贴板处理。

2. 底盘的敷面

用五合板作面料时，需经打磨处理并油漆，油漆干后用刀划出坐标网，以利于设备及框架的安装就位。在做总体模型时，因为需要制作地形、地貌、绿化，所以面板上不必油漆。如果选用有机玻璃或聚氯乙烯(PVC)板作敷面时，表面可采取打磨处理，用刀刻划坐标网。刻划后的线痕，用油漆或墨水上色，坐标网就非常清楚了。用有机玻璃敷面的底盘，立体感强，坐标线清晰，并便于黏接固定。

3. 底盘支腿

支承模型的支腿，一般用四只支腿支承。材料有木质的、金属的。形式有方形或圆形，一般选择硬质木材为宜。支腿需安装调节螺丝，使地面不平坦时能保证底盘面的平整。

二、模型的分块分层

一台比较大的模型由于配管安装及包装运输的需要，均需要对模型作分块分层处理，拼装成为一个整体。只有总体模型、方案模型、尺寸小于1m×1.5m的模型可不用分块。

分块分层应予考虑的因素：

（1）工艺条件。模型分块应尽量与工艺设计的分区相符，这样设计人员的设计构思和分块模型配管设计相一致，管道的断开部分也最少。另外还要避免在建筑物的中间、柱中心或设备之间分块。

（2）安装组装。在配管模型设计时，制作人员需要在两旁进行配管操作，所以分块后的宽度不宜超过1m，其长度主要考虑包装运输及底盘的变形，不宜超过1.5m。

（3）包装运输。一般模型组操作间的门不会超过1.5m，单扇门的正常宽度为0.9m，所以模型的宽度不宜太宽。另外，模型包装箱不宜太大，以方便搬运。

（4）一个装置模型，其设备及管道最密集处均在0.5m高度以下，个别的塔、烟囱会较高。当设备及土建构架高度超过0.8m时需要考虑分层。即将超高部分分段做成承插式，装配时把上半段卸下临时固定在箱内即可。

三、机泵设备的制作

机泵设备品种繁多，外形复杂，制作比较麻烦。常用的离心泵、水泵、漩涡泵和电动机均有标准元件供选用。而对大型的水泵、油泵、压缩机、汽轮机或不符合标准模型元件比例的机泵，就得按工程需要临时加工制作。

总体模型或方案模型因比例较小，要求不高，只要貌似就行。可采用聚苯乙烯苯块或塑料板切割成同泵最大尺寸的方块即可。配管模型则要求制作得较细，基本上要求达到形似的程度。加工时，首先按比例画出简化的机泵小样图，将机泵分拆成容易一次加工成型的若干小部件，选用塑料板、塑料管、塑料棒或标准模型元件分别加工成型，黏接拼装成所需机泵元件，然后用腻子填补缝隙，砂纸打光，喷涂所需色彩的油漆。

较复杂的大型压缩机、电动机，同样分拆成若干小部件，分别拼装黏接而成。

四、设备模型的制作

设备模型的主要用途是用于配管专业进行设备布置和配管模型设计进行配管，不需要表达设备的细节。因此，在制作前应在原设计图上进行外形简化处理（即画出设备小样图），以满足模型加工需要。简化后的外形及其主要联接管道的管嘴的位置，应与设备图完全一致。设备模型在制作前必须要有设备的名称、编号和施工详图，并且要确定模型比例及涂色要求。

设备模型制作的材料，基本上采用标准的塑料系列元件。这些元件符合模型设计的比例。规格齐全并能配套使用，因而组装设备时速度快、质量高、费用低、误差小。

石油化工装置的设备，大部分属圆筒形设备。如塔、冷换设备、容器等。它由标准模型元件的圆形筒体、大小头、封头，鞍座等黏接组成。如塔，可用圆筒体和椭圆封头标准元件及非标准的大小头、底座组装而成。非标准的大小头、底座可以用干燥后的木材，经车、削、抛、磨后成型。或用木材做一个形状相似的大小头木模，用有机玻璃加热、软化后压制而成。设备平台及底座可用符合比例厚度的有机玻璃按图加工。平台的支架选用标准模型元件，按标高划线黏接在圆筒体上，再将平台黏接在支架上。塔上的人孔、立梯、栏杆、管嘴也均选用标准元件按图黏接在固定位置上。冷换设备、容器等可采用和塔同样的方法进行组装。如遇到特殊的水箱、空气冷却器、圆筒炉、方形炉等设备，可以采用有机玻璃板、塑料板等切割或卷制成所需外形，拼接成型。以上各类设备组装成型后均需用腻子填缝隙，砂子打磨抛光后喷漆或涂上规定色彩的油漆。

五、建、构筑物的制作

总体模型、方案模型、配管模型的建、构筑物的做法，由于反映的深度、比例、要求有所不同，因此表现的手法和制作方法亦不同。

总体模型的建筑物绝大部分是成片的，如仓库区、机修厂房、厂前的办公区、泵房、变配电所等。由于比例较大，制作时可简化，主要应把外形特征和色彩效果协调一致。采用聚苯乙烯块切割成与建筑物外形相同的方块，用带色彩的有机玻璃分层黏接成二层、三层或四层的建筑物。装置区内的构架较小，无法按比例制作，采用无色有机玻璃切割成2mm 直径方形小条，按构架高度和宽度黏接。

方案模型的建筑物可用聚苯乙烯块切割成与其外形相同的矩形块，并用彩色即时贴贴上表示门、窗。厂房与框架应易于组装，并且能够局部修改，以满足方案设计时变动的需要。所以，其梁、柱可选用标准元件中方案模型的土建元件或型钢进行组合，楼板用透明有机玻璃铺设。制作的模型应反映厂房或构架的外形跨度、层高及安全通道等的位置，以便进行方案设计。

配管模型的建、构筑物的制作要求较高。建筑物主要是主控制室和办公室。制作的模型应表达原设计的建筑体形，色彩还需要比原设计更丰富。建筑物的门窗、檐口、台阶、建筑物的装饰条均应按比例、按图纸用彩色有机玻璃加工制作。为了表达厂房内的设备，除制作厂房的四周结构及梁、柱、墙面外，屋面可以局部剖开或制作成一个可以搬动的屋顶，移开后能见到厂房内的设备及配管。楼板可用透明有机玻璃表示。在配管模型中用管架和构架支托管道和安放设备，同时还要检查管道是否与梁、柱、斜撑相碰。为此，要求牢固和精确。构架的柱子、梁、斜撑可选用标准模型元件的工字钢、槽钢、角钢。如果尺寸较大，可采用厚度与柱子相等的有机玻璃加工成方条，按要求加工、拼接成构架或管架。这样加工后的构架，强度大，不变形。平台可选用透明或带色彩的有机玻璃。梯子、栏杆选用标准模型元件组装，既形象又省时。构架、管架的加工制作一定要求外形尺寸精确，误差要小，这样就能保证配管的高质量。

六、模型配色

模型除了在工程上使用外，还带有展览的性质。所以，制作后的模型不能和实际工程一样，一片银灰色。为了增加模型的美观，模型需要一定的色彩。但是颜色要柔和、协调，还要有区分，能一目了然地分清这是容器，那是空气冷却器，这是油管道，那是水管道。

建议有关配管模型设计的配色：塔配银灰色，罐、容器、冷换设备配浅蓝色，机泵设备配淡绿色，加热炉配浅灰色，空气冷却器配浅绿色，工艺管道配桔红色，消防蒸汽管道配红色，空气管道配天蓝色，水管配绿色，冷凝水罐配白色，其他如阀件、栏杆、梯子等均用本色(即元件的原色)。

模型的配色不是确定不变的，可随工程或模型的使用要求、甲方的要求不同而有所变化。每一个工程项目应该把配色要求写入“模型技术统一措施”中去。

七、模型标记

为了对模型进行各种说明和介绍，所以要用标记，一般分下列几种：

(1) 模型铭牌。其内容应有模型名称，比例、设计或制作单位名称。铭牌的大小应视模型的大小而定，材质应根据模型的使用要求而定，可采用有机玻璃或铜制。

（2）设备和机泵的模型标记。应该与设计图上的编号一致。把编号打印在即时贴的纸上，贴在设备和机泵上的醒目处。

（3）建、构筑物模型标记。在建筑物的顶部标注建筑物的名称，如办公室、仪表控制室等。构筑物应标注构架或管架的编号以及构架平台和设备平台的标高。

（4）仪表标记。仪表的标记内容较多，有表示参量、功能的字母符号，辅助仪表的字母符号，流量、液位、压力、温度、调节阀等仪表的字母符号。其符号内容可参考自动控制专业的符号，编制一份供模型使用的技术统一标准。如$\frac{\mathrm{PG}}{124}$，PG 表示就地指示压力计，124 为与设计图纸相同的顺序号。

（5）管道标记。在每根管道上均要有一个标签标注此管道的管号、管径、管道类别、物料代号和物料流向。标签可贴在二块底盘交接处的管道上或在醒目位置上。

（6）方向针。应在模型底盘上表示出装置的朝向，一般以指 O 或指 N(指北)表示。方向针应醒目，其大小和颜色应与整套模型相协调。

（编制　钟景云）

第四节　工程模型元件标准

工程模型元件标准包括管道类、管件类、阀件类、机泵类、设备类、土建结构类等，其中管道类、管件类和阀件类是原北京石化工程公司根据“美国工程模型协会”的标准系列，重新开发一套比例为 1∶33⅓新系列标准元件。但是由于这类元件目前还不完善，其中部分机泵类、设备类和土建结构类暂时还需使用化工部模型设计中心站生产的老系列模型元件标准代用，有待今后补充完善。

一、1∶33⅓模型元件系列标准

原北京石化工程公司开发的比例为 1∶33⅓模型元件系列标准如表 19－4－1～表 19－4－8所示。

表 19－4－1　管子元件系列(比例 1∶33⅓)

元件系列代号	公称直径	尺寸/mm	管子代号
1	15、20、25	0.8	P－1
2	32、40、50	1.6	P－2
3	65、80	2.4	P－3
4	100、125	3.2	P－4
6	150	4.8	P－6
8	200	6.4	P－8
10	250	7.9	P－10
12	300	9.5	P－12
14	350	11.1	P－14
16	400	12.7	P－16
18	450	14.3	P－18
20	500	15.9	P－20
24	600、650	19.1	P－24
28	700、750	22.2	P－28
32	800、850	25.4	P－32
36	900、950	28.6	P－36
40	1000	31.8	P－40

表 19－4－2　弯头元件系列

元件系列代号	尺寸 D/mm	45°弯头 代号	45°内插弯头 代号	90°弯头 代号	90°内插弯头 代号
3	2.4	A－3	AF－3	E－3	EF－3
4	3.2	A－4	AF－4	E－4	EF－4
6	4.8	A－6	AF－6	E－6	EF－6
8	6.4	A－8	AF－8	E－8	EF－8
10	7.9	A－10	AF－10	E－10	EF－10
12	9.5	A－12	AF－12	E－12	EF－12
14	11.1	A－14	AF－14	E－14	EF－14
16	12.7	A－16	AF－16	E－16	EF－16
18	14.3	A－18	AF－18	E－18	EF－18
20	15.9	A－20	AF－20	E－20	EF－20
24	19.1	A－24	AF－24	E－24	EF－24
28	22.2	A－28	—	E－28	—
32	25.4	A－32	—	E－32	—
36	28.6	A－36	—	E－36	—
40	31.8	A－40	—	E－40	—

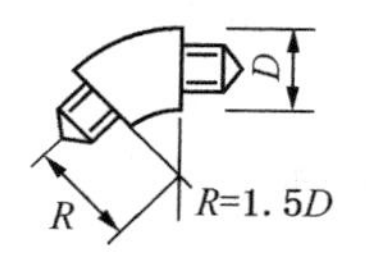

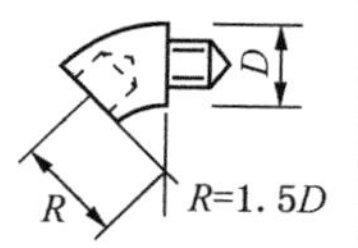

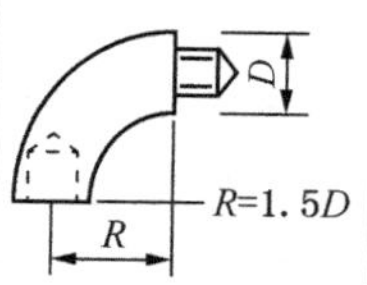

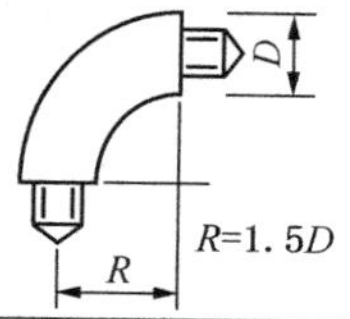

表 19－4－3　三通元件系列

元件系列代号	尺寸 D/mm	骑跨三通 代号	45°骑跨三通 代号	异径内插三通 代号	D_1	D_2
3	2.4	—	—	T－3	0.8	2.4
4	3.2	—	—	T－4	1.6	3.2
6	4.8	TS－6	TSA－6	T－6	2.4	4.8
8	6.4	TS－8	TSA－8	T－8	3.2	6.4
10	7.9	TS－10	TSA－10	T－10	4.8	7.9
12	9.5	TS－12	TSA－12	T－12	6.4	9.5
14	11.1	TS－14	TSA－14	T－14	7.9	11.1
16	12.7	TS－16	TSA－16	T－16	9.5	12.7
18	14.3	TS－18	TSA－18	T－18	11.1	14.3
20	15.9	TS－20	TSA－20	T－20	12.7	15.9
24	19.1	TS－24	TSA－24	T－24	15.9	19.1
28	22.2	TS－28	—	—	—	—
32	25.4	TS－32	—	—	—	—
36	28.6	TS－36	—	—	—	—
40	31.8	TS－40	—	—	—	—

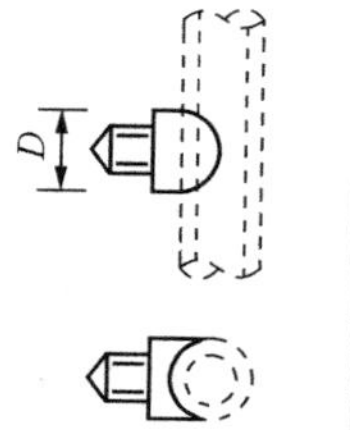

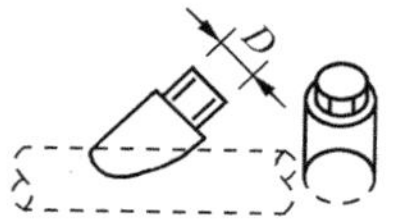

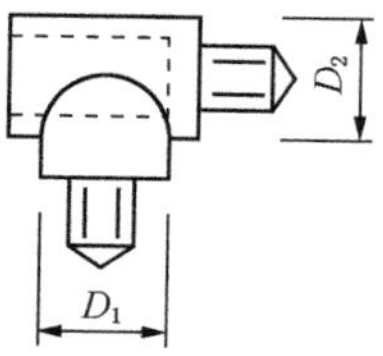

表 19-4-4 异径管元件系列

元件系列代号	尺寸 $D_1 \times D_2$/mm	同心异径管代号	偏心异径管代号
3×4	2.4×3.2	R-3×4	—
3×6	2.4×4.8	R-3×6	RE-3×6
4×6	3.2×4.8	R-4×6	—
4×8	3.2×6.4	R-4×8	RE-4×8
6×8	4.8×6.4	R-6×8	—
4×10	3.2×7.9	R-4×10	—
6×10	4.8×7.9	R-6×10	RE-6×10
8×10	6.4×7.9	R-8×10	—
6×12	4.8×9.5	R-6×12	—
8×12	6.4×9.5	R-8×12	RE-8×12
10×12	7.9×9.5	R-10×12	—
6×14	4.8×11.1	R-6×14	—
8×14	6.4×11.1	R-8×14	—
10×14	7.9×11.1	R-10×14	RE-10×14
12×14	9.5×11.1	R-12×14	—
8×16	6.4×12.7	R-8×16	—
10×16	7.9×12.7	R-10×16	—
12×16	9.5×12.7	R-12×16	RE-12×16
14×16	11.1×12.7	R-14×16	—
10×18	7.9×14.3	R-10×18	—
12×18	9.5×14.3	R-12×18	—
14×18	11.1×14.3	R-14×18	RE-14×18
16×18	12.7×14.3	R-16×18	—
12×20	9.5×15.9	R-12×20	—
14×20	11.1×15.9	R-14×20	RE-14×20
16×20	12.7×15.9	R-16×20	—
18×20	14.3×15.9	R-18×20	—
16×24	12.7×19.1	R-16×24	RE-16×24
18×24	14.3×19.1	R-18×24	RE-18×24
20×24	15.9×19.1	R-20×24	—
18×28	14.3×22.2	R-18×28	—
20×28	15.9×22.2	R-20×28	—
24×28	19.1×22.2	R-24×28	—
24×32	19.1×25.4	R-24×32	—
28×32	22.2×25.4	R-28×32	—
24×36	19.1×28.6	R-24×36	—
28×36	22.2×28.6	R-28×36	—
32×36	25.4×28.6	R-32×36	—

表 19-4-5　法兰元件系列表

元件系列代号	尺寸D/mm	法兰代号	法兰代号	法兰代号	法兰代号
1	0.8	F-1	—	—	—
2	1.6	F-2	—	—	—
3	2.4	—	F-3	—	—
4	3.2	—	F-4	—	—
6	4.8	—	F-6	—	—
8	6.4	—	—	F-8	—
10	7.9	—	—	F-10	—
12	9.5	—	—	F-12	—
14	11.1	—	—	F-14	—
16	12.7	—	—	F-16	—
18	14.3	—	—	F-18	—
20	15.9	—	—	F-20	—
24	19.1	—	—	F-24	—
28	22.2	—	—	—	F-28
32	25.4	—	—	—	F-32
36	28.6	—	—	—	F-36
40	31.8	—	—	—	F-40

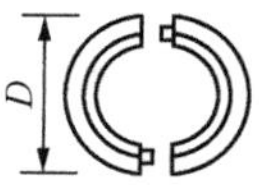

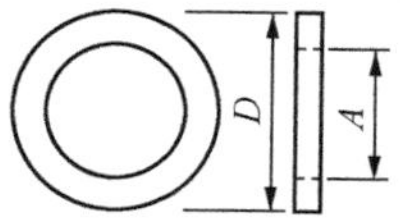

表 19-4-6　保温套元件系列表

元件系列代号	尺寸D/mm	保温套代号
2	1.6	LS-2
3	2.4	LS-3
4	3.2	LS-4
6	4.8	LS-6
8	6.4	LS-8
10	7.9	LS-10
12	9.5	LS-12
14	11.1	LS-14
16	12.7	LS-16
18	14.3	LS-18
20	15.9	LS-20
24	19.1	LS-24
28	22.2	LS-28
32	25.4	LS-32
36	28.6	LS-36
40	31.8	LS-40

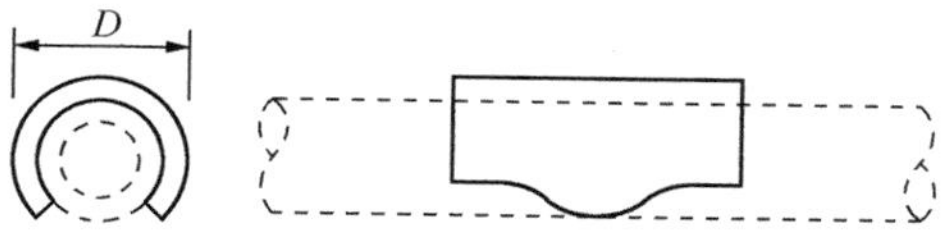

表 19-4-7 管箍、管箍支座、管接头元件系列表

元件系列代号	尺寸D/mm	管箍 代号	管箍支座 代号	管接头 代号
1	0.8			CS-1
2	1.6			CS-2
3	2.4	PS-3	SX-2	CS-3
4	3.2	PS-4	SX-2	CS-4
6	4.8	PS-6	SX-3	
8	6.4	PS-8	SX-3	
10	7.9	PS-10	SX-3	
12	9.5	PS-12	SX-3	
14	11.1	PS-14	SX-4	
16	12.7	PS-16	SX-4	
18	14.3	PS-18	SX-4	
20	15.9	PS-20	SX-4	
24	19.1	PS-2.4	SX-4	

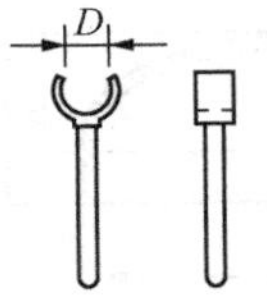

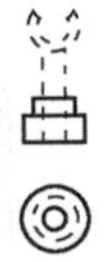

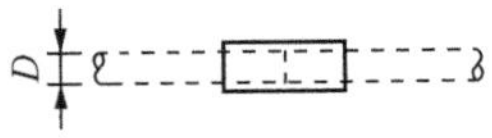

表 19-4-8 阀门元件系列表

元件系列代号	尺寸D/mm	闸阀 代号	止回阀 代号	调节阀 代号	安全阀 代号	D_1	D_2	球阀 代号
1	0.8	GV3-1	—	—	RV-1×1	0.8	0.8	
2	1.6	GV3-2	CV-2	—	RV-1×2	0.8	1.6	—
3	2.4	GV3-3	CV-3	MV-3	RV-2×3	1.6	2.4	PV-3
4	3.2	GV3-4	CV-4	MV-4	RV-2×4	1.6	3.2	PV-4
6	4.8	GV3-6	CV-6	MV-6	RV-3×4	2.4	3.2	—
8	6.4	GV3-8	CV-8	MV-8	RV-4×6	3.2	4.8	—
10	7.9	GV3-10	CV-10	—	RV-6×8	4.8	6.4	—
12	9.5	GV3-12	CV-12	—	—	—	—	
14	11.1	GV3-14	—	—	—	—		
16	12.7	GV3-16	—	—	—	—		
18	14.3	GV3-18	—	—	—	—		
20	15.9	GV3-20	—	—	—	—		
24	19.1	GV3-24	—	—	—	—		

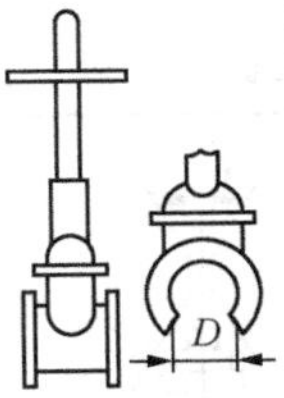

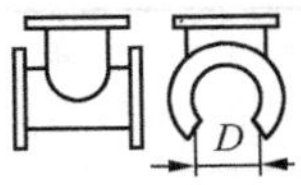

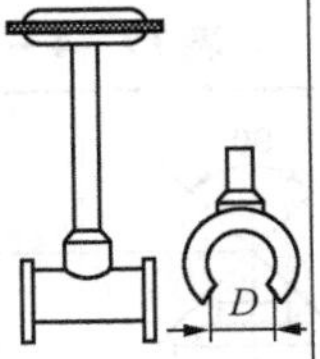

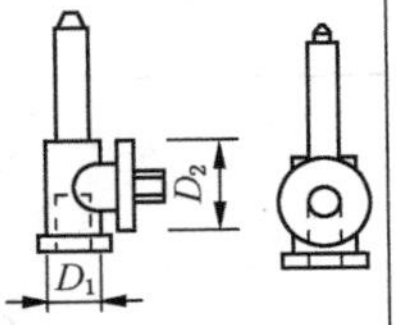

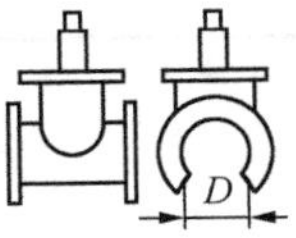

二、化工部模型元件标准

化工部模型设计中心站模型元件标准见表 19-4-9~表 19-4-26。

表 19－4－9　椭圆形封头系列　（mm）

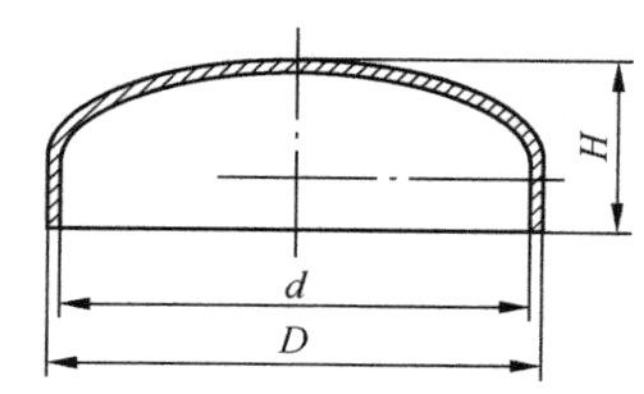

规格	φ4	φ6	φ8	φ11	φ14	φ17	φ20	φ25	φ30	φ35	φ40	φ45	φ50	φ60	φ70	φ80	φ90	φ100	φ110	φ120	φ130	φ140	φ150	φ160
H	2	2.5	3	4.3	5	5.3	10	11.3	12.5	13.3	15	19	20.5	23	25.5	28	30.5	35	37.5	40	42.5	50	52.5	55
D	4	6	8	11	14	17	20	25	30	35	40	45	50	60	70	80	90	100	110	120	130	140	150	160
d	2.3	4.4	6.4	8	11	14	16	21	26	31	35	40	45	55	65	75	85	94	104	114	124	134	144	154

表 19－4－10　设备筒体系列　（mm）

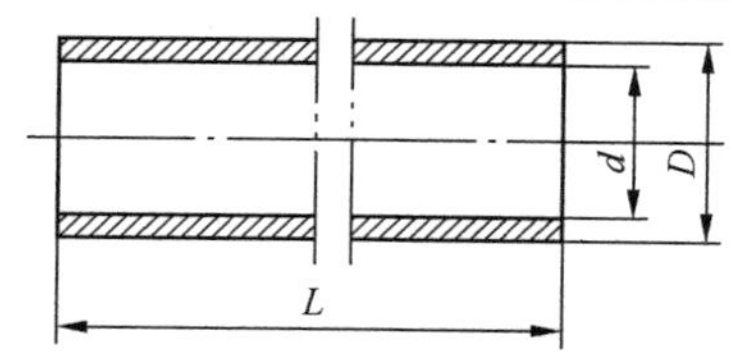

规格	φ4	φ6	φ8	φ11	φ14	φ17	φ20	φ25	φ30	φ35	φ40	φ45	φ50	φ60	φ70	φ80	φ90
D	4	6	8	11	14	17	20	25	30	35	40	45	50	60	70	80	90
d	2	4	6	8	11	14	17	20	25	30	35	40	45	55	65	75	85
L	1200				2000												

表 19－4－11　锥形封头系列　（mm）

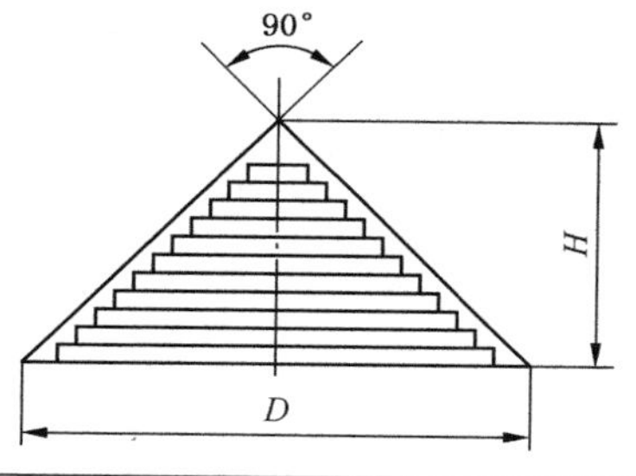

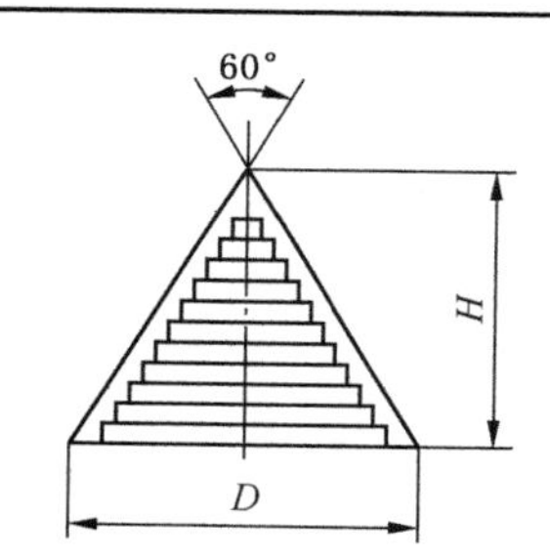

规格	90°			60°		
H	25	40	55	17	35	55
D	50	80	110	20	40	63

表 19－4－12　电动机系列　（mm）

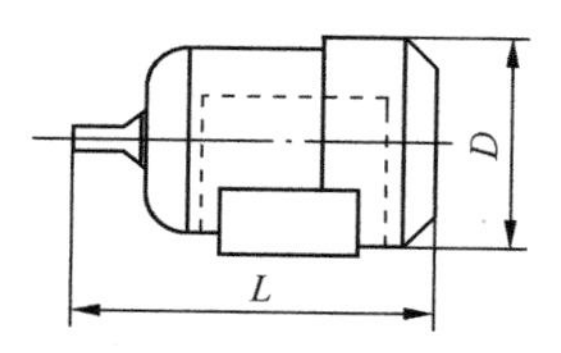

规格	$JO_2 11$	JO31.32	JO41.42	JO51.52	JO62.63	JO72.78	JO82.83	JO93.94
L	16	23	26	32	40	45	55	60
D	9	12	14	18	20	25	30	35
S	7	10	13	18	20	22	26	30

表 19-4-13 回转盖人孔 (mm)

规格	$\phi 25$
H	16
D	32
R	50

表 19-4-14 垂直吊盖人孔 (mm)

规格	$\phi 16$
H	16.5
D	19
R	15

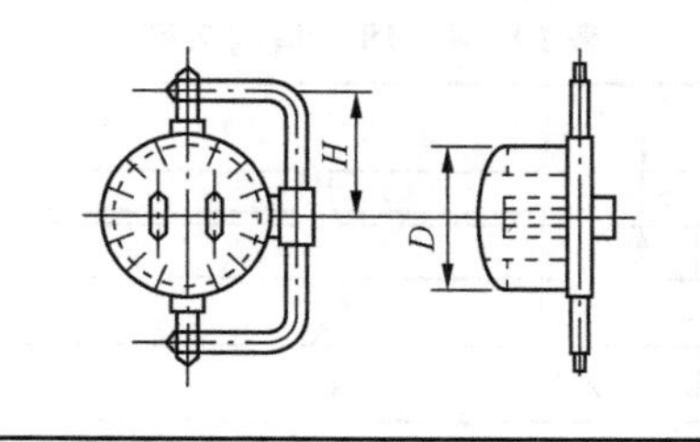

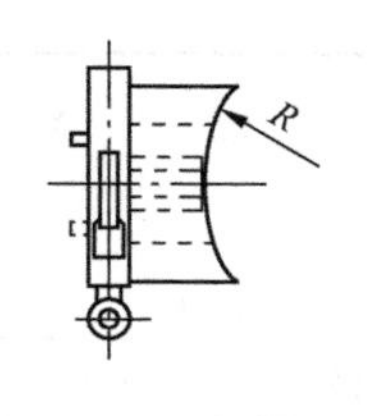

表 19-4-15 鞍式支座系列 (mm)

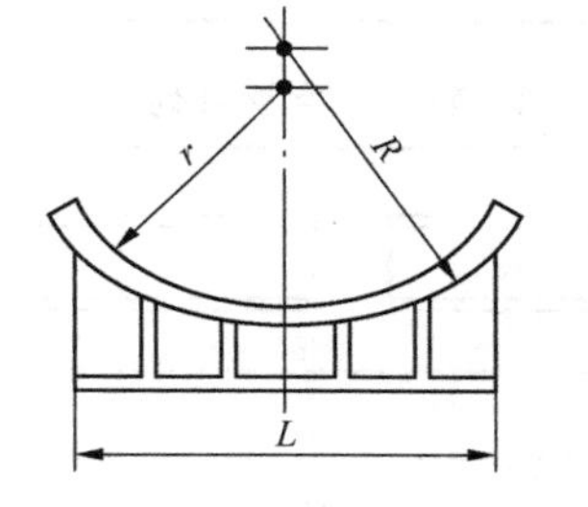

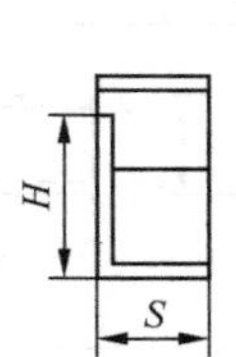

规格	$\phi 20 \sim 25$	$\phi 30 \sim 35$	$\phi 40 \sim 45$	$\phi 50 \sim 60$	$\phi 70 \sim 80$	$\phi 90 \sim 100$	$\phi 110 \sim 120$	$\phi 130 \sim 140$	$\phi 150 \sim 160$
L	22	30	40	50	70	85	100	120	140
H	16	16	21	23	27	32	36	44	50
S	10	10	12	12	15	15	15	15	15

表 19-4-16 设备耳架系列 (mm)

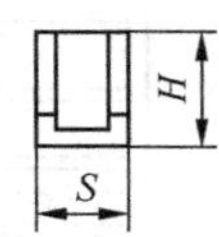

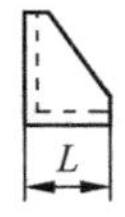

规格	大	中	小
L	11	9	7
H	12	10	8
S	9	7	5

表 19-4-17 槽钢系列 (mm)

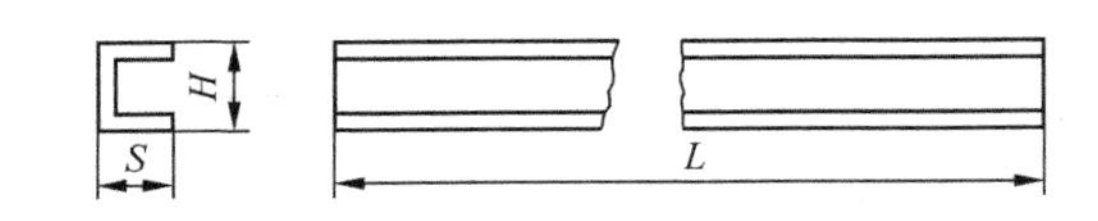

规格	[6	[8	[10	[12	[14	[16	[20	[25	[30
L	320								
H	6	8	10	12	14	16	20	25	30
S	3.5	4	5	5.5	6	6.5	6.5	7	8

表 19-4-18 角钢系列 (mm)

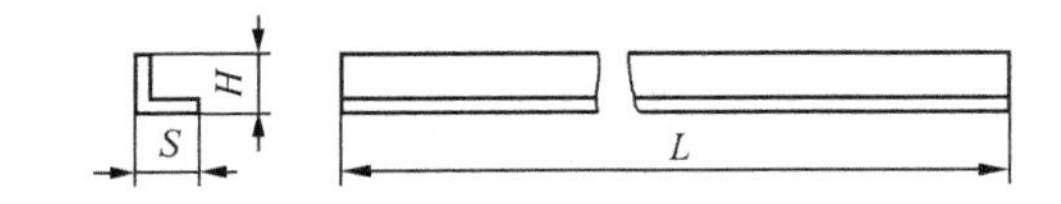

规格	∠3	∠4	∠5	∠6	∠7	∠3.5×5.5	∠4.5×6.5
L	320						
H	3	4	5	6	7	3.5	4.5
S	3	4	5	6	7	5.5	6.5

表 19-4-19 工字钢系列 (mm)

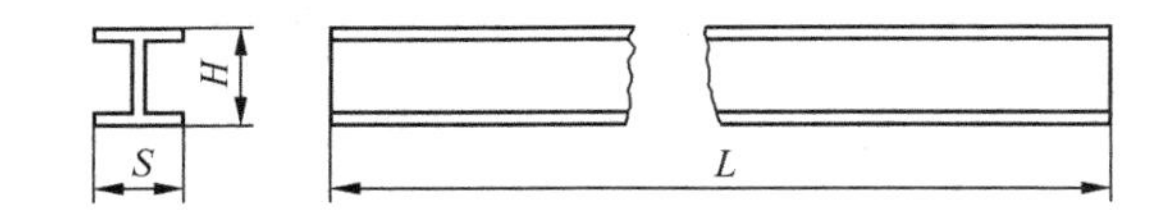

规格	$I_{7.5}$	I_{10}	I_{16}	I_{20}
L	320			
H	7.5	10	16	20
S	4	5.5	8	9

表 19-4-20 斜梯系列

规格	外形尺寸/mm		
	L	B	S
$B=24$	312	24	6
$B=30$		30	9
$B=40$		40	12

表 19－4－21　斜梯栏杆

规格	外形尺寸/mm	
	L	H
H＝30	240	30
H＝50	240	50

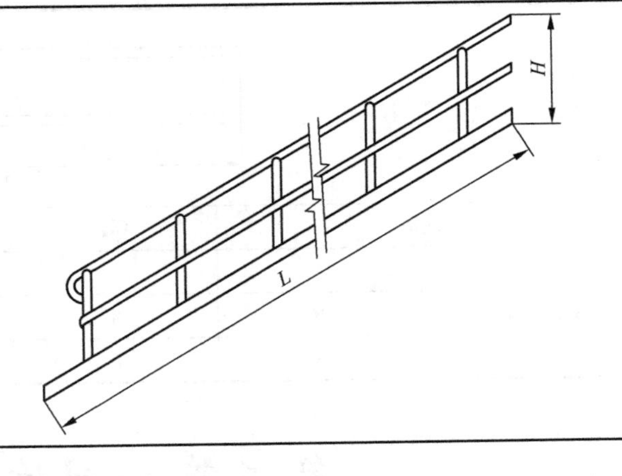

表 19－4－22　直爬梯

规格	外形尺寸/mm		
	H	B	S
B18	318	18	8.5
B30	320	30	15

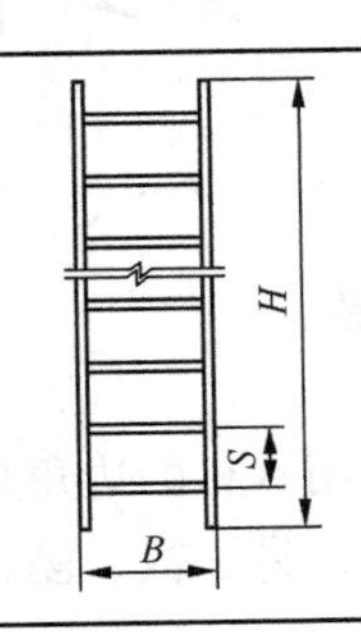

表 19－4－23　直爬梯固定卡

规格	外形尺寸/mm		
	L	B	S
1:33⅓	30	21	5
1:20	30	33	5

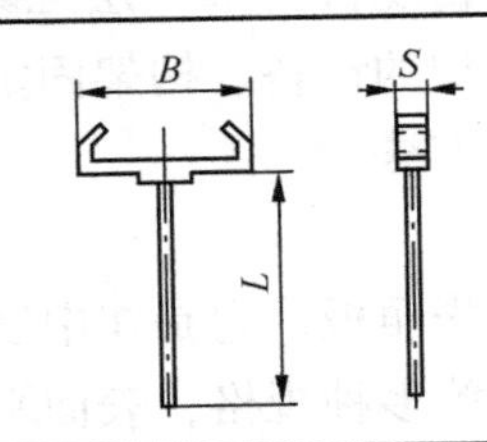

表 19－4－24　平台支架

规格	外形尺寸/mm		
	L	H	S
5×40	42.5	8	5

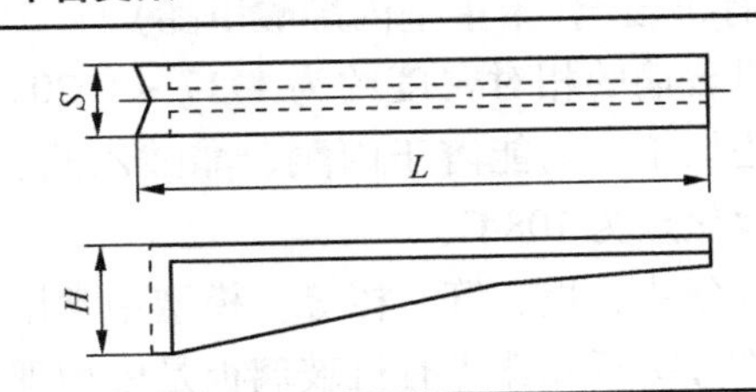

表 19－4－25　平台栏杆

规格	外形尺寸/mm	
	L	H
H30	312	30
H50	312	50

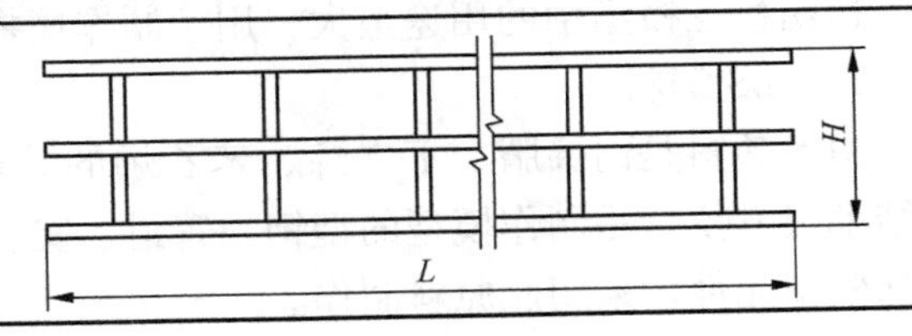

表 19-4-26　宽翼缘工字钢

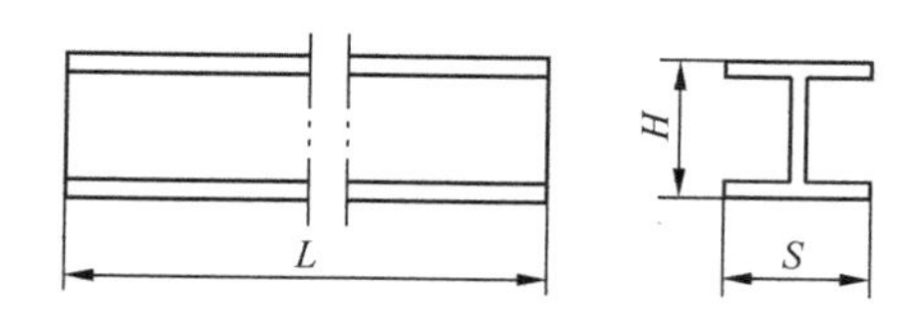

规格		CI_8	CI_{12}	CI_{16}	CI_{20}
外形尺寸/mm	L	320			
	H	8	12	16	20
	S	8	12	16	20

第五节　制作模型的材料

一、制作模型常用的材料

（一）木材制品

1. 中密度板

中密度板是利用木材的边角余料，经加工处理，掺入胶料制成型的木材代用品，此板表面平整，不易变形，易于裁、刨，在其上敷有机玻璃板，便于黏合底盘上的设备和构架。

2. 华丽板

华丽板是中密度板上敷一层三聚氰胺塑料，有各种颜色，很美观，无需再敷有机玻璃面，可直接将模型的设备、构架固定在华丽板的底盘上，但在固定设备、构架时需选用合适的黏接剂和固定方法。

3. 防火板

这种板类似华丽板，它是在中密度板上敷聚氰胺防火片机制成型的，具有颜色丰富、有光、无光、花纹等多种规格，表面平整、易加工、耐火、耐酸碱，是模型理想的底板材料。

（二）常用合成材料

1. 有机玻璃(聚甲基丙烯酸甲酯)

有机玻璃的相对密度约为1.17~1.20，易于加工，可热成型，可用刨、磨、钻、抛等各种方法加工。它能溶于丙酮、醋酸乙酯、芳族烃和氯化烃类、耐稀酸、稀碱、石油和乙醇，其软化点为108℃。

型材分片、板、管、棒等。模型中常用片、板和少量棒材，以板材用量较大。

彩色透明板和珠光有机玻璃板是模型理想的装饰材料，并用于电缆槽架，仪表槽架及展览模型设备等。

透明板在模型中的用途最大，用于制作楼板、平台、地面及非定型设备等。

2. ABS 塑料

ABS 塑料是丙烯腈、丁二烯、苯乙烯的共聚物的简称，可做涂敷装饰、加工、成型和黏结都很方便，是制作模型的型钢、管道、安装元件、设备筒体、封头、阀件的好材料。新系列模型元件均采用此原料制作。

3. 硬聚氯乙烯

硬聚氯乙烯具有便于挤塑成型的特点，其产品色彩比较鲜艳，强度好，又容易切割和黏接。第一代老系列元件中大于 ϕ8mm 的各种彩色管道及设备筒体均用硬聚氯乙烯挤塑成型加工的。

4. 聚苯乙烯

聚苯乙烯是苯乙烯的聚合物、透明、无定型热塑性塑料。溶解于苯、甲苯、四氯化碳、氯仿、酮类(除丙酮外)、酯类和一些油类。接触一些酸、油、润滑脂会造成裂纹、开裂和部分分解。模型中用于制造透明的墙架、型钢及土建元件。

5. 改性聚苯乙烯

聚苯乙烯与橡胶共聚，经过共混，橡胶以粒子的形态分散在聚苯乙烯中以改进聚苯乙烯的脆性，称之为改性聚苯乙烯。它是一种注塑加工模型元件的材料，旧系列元件中应用得比较普通，例如各种型钢、安装元件、彩色小管道、各种管件、设备封头等模型元件，都是用改性聚苯乙烯注塑成型的。

6. 高压聚乙烯

老系列元件的各种阀件均用高压聚乙烯注塑成型加工的。

（三）钢丝

本系列元件 ϕ1mm 和 ϕ1. 6mm 的管道，用带钢性铁丝涂漆而成。

二、模型常用黏合剂和溶剂

模型常用黏合剂和溶剂是根据模型材料选择的，也是根据黏合面的实际情况和黏合要求确定的。因此在选择黏接剂时，主要使被黏接件能快速牢固，其次是黏接剂的配制要方便，容易保存。

（一）黏合剂

1. 聚醋酸乙烯乳胶

俗称白胶，水溶性，平时可用水封保存，以免干涸，冬天要防冻。用以黏合木材、苯块等。

2. 过氯乙烯黏合剂

过氯乙烯和二氯乙烷调配成糊状，用以黏合有机玻璃和木材接触面，有很高的黏结力，干固迅速。

3. 502 黏合剂

是一种高强度瞬间黏合剂，学名 2 - 氰基丙烯酸乙酯。它具有黏接范围宽、固化速度快、强度高的特点，用于模型不同材质间黏合及模型加固作用。

（二）溶剂

1. 三氯甲烷

俗称氯仿、是有机玻璃的溶剂。微溶于水、易溶于乙醇、乙醚、苯等。

2. 二氯乙烷

沸点 83. 5℃、剧毒、难溶于水、溶于乙醇等多种溶剂，与氯仿混配黏合有机玻璃，起降低黏合速度的作用。

3. 冰醋酸

溶点 16. 7℃，沸点 118℃，用以黏合有机玻璃。

4. 四氢呋喃

沸点66℃，易燃，在空气中能生成爆炸性过氧化物，是乙烯基树脂的溶剂，用以黏合聚氯乙烯。

三、常用涂料

（一）漆料

1. 硝基清漆

快干、耐水、耐油，装饰性好，漆膜坚硬，光亮，固体含量低、耐气候性差、遇潮易泛白。

2. 硝基磁漆

快干、光亮、耐磨、耐水、遮着力和附着力强。磁漆应常备红色、蓝色、黄色、白色、黑色，以白色用量最多。

（二）稀释剂

硝基稀释剂俗称香蕉水。用来稀释硝基漆，易燃，与空气混合能形成爆炸混合物，有毒。

（三）辅料

辅料有大白粉、石膏粉、立德粉、珠光粉、珠光浆。

第六节　模型的包装与运输

一、包装箱的设计

（一）一般要求

包装箱的设计，一般要求保证模型能安全、可靠、完好无损地从制作工场运输到施工现场，包装箱要坚实、牢固、装拆方便，能够承受运输途中的颠簸和装卸吊装，不致损坏模型及包装箱；每只包装箱上部要设置观察孔，以供随运人员在运输途中检查箱内模型。

（二）特殊要求

在设计包装箱时要有防震措施，如填设防震材料等。应将模型固定在包装箱的底板上，与固定包装箱组成一体，牢固、可靠。

（三）确定包装箱的基本尺寸

包装箱的外形尺寸，主要受运输方式的限制。公路、铁路、航空、船舶各运输部门，对于装运的最大外形尺寸有统一规定。

包装箱内壁与模型的间隙尺寸　模型底盘边框与箱壁间距为30～40mm；模型顶部净空距离为80～100mm；如模型底盘的底部垫有泡沫塑料层，则留50～100mm间隙。

二、模型包装箱的制作

（一）备料

1. 箱板材料的选择

（1）胶合板系木材制成品，有五合板、刨花板（纤维板）、选用厚度为5～10mm，四边框用40～50mm板条加固。

（2）松木和杂木之类板材，选用厚度为10～15mm，一般在包装箱内侧的六个板面上衬以涤纶薄膜或聚氯乙烯薄膜。

2. 压条

压条主要作用是将模型底盘固定在包装箱底板上，使之成为一体，在运输模型中的激烈震动和装卸时，不致松动，避免损坏的危险。

压条所需的材料可以使用松木或杂木，一般情况每箱需安置二根，其断面尺寸为40～50mm的方料。

3. 枕木

枕木的主要作用有两个，首先是承受包装箱的负重，保护箱底板在装运过程中不受损坏；其次是吊装方便。

枕木所需的材料可以使用松木或杂木。一般情况每箱安置二根，其断面尺寸为60～80mm的方料。

4. 观察孔材料

观察孔专供检查箱内模型，故要求透明材料，一般都采用有机玻璃，厚度4～5mm。

5. 防震材料

在国内市场上购买的聚苯乙烯泡沫塑料，地毯或5mm胶皮等，均可作包装箱防震材料。

6. 连接材料

模型包装箱的连接，一般使用圆钉或者木螺钉；压条和枕木之类较厚的材料可以采用普通螺栓连接。

7. 包角或加固材料

为加固包装箱可用8根板条作为斜撑钉在包装箱的四侧，其断面尺寸为40～50mm或长200mm、宽20mm、厚2mm的扁铁(包装铁皮)弯成直角，每箱8只，用圆钉钉牢。

（二）包装箱组合

当箱板、枕木、安装板条等全部备料完毕，可以进行包装箱的拼装、组合。

为加强箱底板的承载能力，应在箱底板下面加衬板条3根，其高度与箱底板四边的加固条一样为40～50mm，再在板条下面横搁2根枕木，并用螺栓固定。

（三）成品模型的装箱

1. 准备工作

装箱前准备工作的重点是对模型进行检查和加固，对于多层模型的托底板及高大的分段设备安置等，都要求在装箱前做好统筹安排。

凡悬空管道，应设临时支、吊架，以不晃动为准，要使整个管道系统比较牢固、稳定。

模型固定后需进行一次抗震检验；将每块模型底盘一端抬至200mm高度，使其自由落下；两端各反复二次后，对模型进行仔细地复查，将其松动、脱落处再次加固。

塔区设备一般来讲，对实际尺寸低于1m的设备可用胶带缠上或线绳拉上作为拉索，并与四周箱壁系牢以防止晃动。

分层的模型通常不能作为一个整体单元进行运输。因此建筑模型的分层楼板用10mm左右的透明有机玻璃，在装箱可以用压条固定在箱底板上。

2. 包装箱标记

模型包装箱在吊装、运输和存放过程中要防止撞击、倒置、淋雨和曝晒，须用统一标记以示警告、保证安全。

3. 模型及包装箱的编号

一个大型工程要包括若干个装置，很可能有几部模型发往同一建设单位。为此，模型分块时要采用不同字母为代号，以区别不同装置的模型，编号可按顺序排列。

4. 模型装箱

当模型进入装箱工作时，还需要做好检查、清理、设置防震块等工作，在这最后一道工序中，要求有顺序地进行。

5. 包装箱的涂刷标记

包装箱的最后一道工序是涂刷标记，如托运、首先是收货和发货单位及地址。其次是包装箱编号，体积重量和日期、第三是运输、装卸的警告标志。

（四）装卸和运输

模型的运输方式有：汽车运输；大车运输；船舶运输；航空运输以及由上述方式组合的联运。

装卸模型的包装箱一般采用机械吊装，如汽车吊或采用叉车，对于较轻的小型包装，也可以人工装卸。

（编制人　苏艳菊）

第二十章　设备与管道的涂料防腐和表面色

第一节　设备与管道的涂料防腐

一、概　　述

为了防止工业大气、水及土壤对金属的腐蚀，设备及管道外部涂漆是石油化工企业防腐蚀的重要措施之一。

一般以碳钢、低合金钢、铸铁为材料的设备、管道、支架、平台、栏杆、梯子等均应涂漆防腐。有色金属铝、铜、铅等、奥氏体不锈钢、镀锌表面、涂防火水泥的金属表面以及塑料和涂塑料的表面均不涂漆。在制造厂制造的非定型设备、管道及附属钢结构应在出厂前先涂两道防腐底漆，在施工现场涂面漆。在施工现场组装的设备、管道及附属钢结构应在现场涂漆。对制造厂已涂面漆的设备，如因运输中涂漆被损坏，对损坏的部位应在现场进行补涂。对设备的铭牌及其他标志板或标签，其表面不应涂漆。

涂料的选用，应遵守下列原则：

(1)与被涂物的使用环境相适应；

(2)与被涂物表面的材质相适应；

(3)与运行工况条件相适应；

(4)各道涂层间应具有良好的配套性和相容性；

(5)具备施工条件；

(6)安全可靠，经济合理，追求最佳的性/价比；

(7)符合国家环保与安全法规要求，宜选择高固体份、低 VOC 含量的环境友好型涂料。

各类防腐涂层的底漆宜采用刷涂，涂装表面必须干燥。前一道漆膜实干后，方可涂下一道漆。判断漆膜实干的方法；以手指用力按漆膜不出现指纹为准，对溶剂挥发后成膜的漆，如过氯乙烯漆、硝基漆等则应喷漆。压力容器必须在完成全部热处理、水压试验合格后才能涂漆。设备和管道焊缝质量检查不合格时，不得在焊缝处涂漆。涂底漆前应对组装符号、焊接坡口、螺纹等特殊部位加以保护，以免涂上油漆。

二、常用涂料的种类

1. 设备和管道防腐蚀常用涂料的性能与用途参见表 20－1－1。
2. 防腐蚀涂料配套方案见表 20－1－2。
3. 防火涂料配套方案见表 20－1－3。
4. 浸水部位腐蚀涂料的选择与涂层配套系统的设计应符合表 20－1－2 的规定。
5. 设备和管道常用防腐蚀涂料技术指标应符合附录 A 的规定。
6. 涂料的使用量参见附录 B 计算。

表 20-1-1　设备和管道常用防腐蚀涂料的性能与用途

涂料种类	名称	特性	使用温度/℃	每道最小干膜厚度/μm	主要用途
酚醛树脂涂料	酚醛耐酸漆	耐酸、耐水、耐油、耐溶剂、不耐碱，与其他涂料兼容性较差	-40～120	30	用于酸性气体环境作面漆
	酚醛磁漆	漆膜坚硬，光泽较好，耐水耐候性一般		30	用于耐潮湿、干湿交替的部位
	酚醛底漆	具有良好的防腐性，与其他涂料兼容性较差		30	用于室内钢材表面防锈打底
	环氧酚醛漆	优异的耐化学品性能、防腐蚀性能及耐冷热循环	-50～230	100	用于设备和管道外防腐
沥青类涂料	石油沥青漆	耐水、防潮、耐腐蚀性好。但机械性能差，耐候性不好，不耐有机溶剂	-20～70	100	用于管道外壁的防潮、耐水、防腐蚀，与玻璃布同时使用
	铝粉沥青底漆	附着力良，防潮、耐水、耐润滑油	-20～90	120	用于设备和管道的表面打底
	环氧煤沥青漆	具有良好的耐水性能，防腐性好，能够与阴极保护相兼容	-20～90	100	主要用于地下管道和埋地储罐外表面的长效防腐
醇酸树脂涂料	醇酸底漆	漆膜坚韧，附着力良，防腐性能良好，易施工	<80	40	用于钢材表面作防锈底漆
	醇酸磁漆	漆膜坚韧，附着力良，防腐性能好，耐候性一般，耐水性稍差	<80	40	用于内、外钢材表面对于耐老化性能无特殊要求或要求不高的面漆涂装
环氧树脂涂料	环氧酯底漆	漆膜坚硬耐久，附着力强，与磷化底漆配套使用，可提高漆膜的耐潮、耐盐雾和防腐性能	≤120	30	用于沿海地区和湿热带气候的金属表面打底
	环氧富锌底漆	有阴极保护作用，优异的防腐性能，优异的附着力和耐冲击性，耐油、耐潮湿、干燥快	≤120	50	用于环境恶劣，且防腐要求比较高的金属表面作底漆
	环氧磷酸锌底漆	具有良好的防腐蚀性能，漆膜干燥快，附着力强	≤120	50	用于钢铁表面打底漆及地上设备和管道的防腐
	环氧厚浆漆	附着力良，具有良好的耐盐水性，有一定的耐强溶剂性能，耐碱液腐蚀，漆膜坚硬耐久		100	分为聚酰胺固化和聚胺固化两种类型，适用于大型钢铁设备和管道的防锈打底或中间防腐涂层

续表

涂料种类	名称	特性	使用温度/℃	每道最小干膜厚度/μm	主要用途
环氧树脂涂料	环氧封闭漆	具有优异的润湿性和附着力	≤120	25	用于无机富锌或热喷金属涂层表面，封闭孔隙，防止后继涂层产生起泡等弊病
	环氧云铁漆	附着力、耐盐水性优异，有一定的耐强溶剂性能，耐碱液腐蚀，漆膜坚硬耐久	≤120	100	用于石油化工设备、管道及钢结构的中间涂层
	环氧玻璃鳞片涂料	漆膜附着力好，耐久性、耐候性优异、耐水、耐化工大气腐蚀，该漆具有极为优异的硬度和耐磨性；防腐蚀性能极佳	≤120	150	用于防腐性能和抗机械性能要求较高的钢材表面作防腐漆
	改性厚浆型环氧涂料	厚浆型，单道漆膜成膜厚度高，附着力好，耐水浸泡，耐化工大气性能极为优异，具有优异的硬度和耐磨性；防腐蚀性能极佳，可与阴极保护相兼容	≤120	120	用于严酷的腐蚀大气环境防腐或水浸泡，土壤掩埋环境的防腐，也可作为外防腐涂层的中间漆
	耐磨环氧漆	漆膜附着力好，耐久性、耐候性优异、耐水、耐化工大气腐蚀，该漆具有极为优异的硬度和耐磨性；防腐蚀性能极佳，且可以在潮湿环境中固化	≤120	150	用于浪溅区域、水位变动区域及对耐磨性要求较高的部位
	双组份铁红环氧底漆	具有良好的抗水性能和防腐蚀性能，漆膜干燥快，附着力好	≤120	30	用于一般防腐要求的设备和管道底漆
	环氧树脂防腐漆	附着力、耐盐水性良好，有一定的耐溶剂性能，耐碱液腐蚀，漆膜坚硬耐久		40	用于大型钢铁设备和管道的防化学腐蚀
	环氧面漆	各色环氧面漆，耐碱性溶液，耐化学品泼溅性良好	≤120	50	用于室内结构的面漆
无机硅酸锌涂料	水基无机富锌	高温，超常效防腐，耐水性差，漆膜脆	≤400	50	用于钢结构设备的常温大气区域防腐的底漆，同时也可用作200～450℃条件下的耐高温底漆使用
	无机富锌底漆	漆膜干燥快、具有优异的防腐性能和耐热性能，优良的耐磨性，耐冲击性能优异，但与其他各类涂料不易配套	≤400	50	用于防腐性能要求和耐候性能要求较高的钢材表面作防腐底漆

续表

涂料种类	名称	特性	使用温度/℃	每道最小干膜厚度/μm	主要用途
有机硅耐热涂料	有机硅铝粉耐热漆	常温干燥，漆膜附着力好，具有良好的耐水、耐候性和耐久性，具有一定的耐化工大气腐蚀性能	≤600	20	用于烟囱排气管、烘箱等高温设备；也可用于发动机外壳、烟囱排气管、烘箱火炉等的外部防腐蚀
	丙烯酸改性有机硅耐热漆	常温干燥，漆膜附着力好，具有良好的耐水、耐候性和耐久性，具有一定的耐化工大气腐蚀性能	≤260	20	用于烟囱排气管、烘箱等高温设备；也可用于发动机外壳、烟囱排气管、烘箱火炉等的外部防腐蚀
聚氨酯涂料	聚氨酯防腐底漆	附着力强、防锈性好、适用于金属制品的防腐和打底	≤120	40	可作为严重腐蚀条件环境下钢板的长效保护涂料，可在施工温度低于10℃环境下施工
	脂肪族聚氨酯面漆	高光泽，保色性和保光性强，良好的耐酸、碱、盐类腐蚀性、良好的物理机械性能，优秀的装饰性能	≤120	40	用于海洋大气、化工大气等环境，要求耐候性、耐腐蚀性兼备的多种设备设施的防护涂装、石油化工设备以及其他钢结构制品的户外设施
聚硅氧烷面漆	丙烯酸聚硅氧烷面漆	漆膜坚韧、耐久、光泽好，具有优异的耐冲击性、耐磨性、耐水性和耐化学药品性能，耐各种油类，耐候性极为优异	≤120	40	用于防腐性能要求较高并且对于涂料耐老化性能要求很高的钢材表面作防腐面漆
冷喷铝涂料	环氧聚硅氧烷面漆	漆膜坚韧、耐久、光泽好，具有优异的耐冲击性、耐磨性、耐水性和耐化学药品性能，耐各种油类，耐候性极为优异	≤120	40	用于防腐性能要求较高并且对于涂料耐老化性能要求很高的钢材表面作防腐面漆
高氯化聚乙烯涂料	高氯化聚乙烯铁红防腐底漆	施工方便，具有良好的耐酸碱盐、耐水等性能，也具有良好的耐候性	<80	30	用于大气腐蚀环境钢铁防腐蚀底漆
	各色高氯化聚乙烯面漆	施工方便，具有良好的耐酸碱盐、耐水等性能，也具有良好的耐候性。替代以前常用的氯磺化聚乙烯防腐涂料	<80	30	用于大气腐蚀环境钢铁防腐蚀涂装，也可以用于常温含有低浓度酸碱盐腐蚀性介质的防腐蚀涂装
丙烯酸涂料	丙烯酸面漆(各色)	保光保色性一般，适用于一般性防腐	<80	30	用于内、外钢材表面对于耐老化性能无特殊要求或要求不高的面漆涂装

表 20-1-2　防腐蚀涂料配套方案

代号	适用温度/℃	被涂漆表面材质	涂层构成	涂料名称	建议道数道	每道涂层最小干膜厚度/μm	涂层最小总干膜厚度①/μm	用途	备注
A-1	-20~80	碳钢、低合金钢	底漆 面漆	醇酸防锈底漆 醇酸磁漆	2 1	40 40	120	弱腐蚀环境下，一般室外防腐	—
A-2	-20~120		底漆 面漆	环氧磷酸锌底漆 脂肪族聚氨酯面漆	1 2	50 40	130	弱腐蚀环境下，室外防腐涂装	—
B-1	-20~120	碳钢、低合金钢	底漆 中间漆 面漆	环氧磷酸锌底漆 环氧厚浆漆 脂肪族聚氨酯面漆	1 1 1	50 100 40	190	中等腐蚀环境下，室外防腐涂装	—
B-2	-20~120		底漆 中间漆 面漆	环氧富锌底漆 环氧云铁漆 脂肪族聚氨酯面漆	1 1 1	50 100 40	190		
C-1	-20~120		底漆 中间漆 面漆	环氧磷酸锌底漆 环氧云铁漆 脂肪族聚氨酯面漆	2 1 2	50 100 40	280	强腐蚀环境下，室外防腐涂装	—
C-2	-20~120		底漆 中间漆 面漆	环氧富锌或无机富锌底漆 环氧云铁漆 脂肪族聚氨酯面漆	1 1~2 2	50 150b 40	280		
D-1	-20~120	碳钢、低合金钢	防腐漆	环氧厚浆漆	3	100	300	水下部位防腐涂装	不适用长期露天设备的防腐
D-2	-20~90		防腐漆	环氧煤沥青	3	100	300		

续表

代号	适用温度/℃	被涂漆表面材质	涂层构成	涂料名称	建议道数道	每道涂层最小干膜厚度/μm	涂层最小总干膜厚度①/μm	用途	备注
E－1	－20～120	碳钢、低合金钢	防腐漆	耐磨环氧漆	3	150	450	干湿交替部位防腐涂装	不适用长期露天设备的防腐
E－2	－20～120		防腐漆	环氧玻璃鳞片漆	3	150	450		
F－1	－20～120	碳钢、低合金钢	底漆 中间漆	环氧富锌底漆 环氧厚浆漆或环氧云铁漆	1 1	50 100	150	保温设备、管道的防腐	双组份
F－2	≤400		底漆 中间漆 面漆	无机富锌底漆 400℃有机硅耐热漆 400℃有机硅耐热漆	1 1 1	50 20 20	90	保温/不保温设备、管道的防腐	保温层下防腐可仅涂底漆及中间漆；也可根据腐蚀环境仅涂底漆，并适当增加厚度
F－3	≤500		底漆 面漆	500℃有机硅铝粉耐热漆 500℃有机硅铝粉耐热漆	2 1	20 20	60	保温/不保温设备、管道的防腐	
F－4	≤600		底漆 面漆	600℃有机硅铝粉耐热漆 600℃有机硅铝粉耐热漆	2 1	20 20	60	保温/不保温设备、管道的防腐	
F－5	－50～230		底漆 面漆	环氧酚醛漆 环氧酚醛漆	1 1	100 100	200	冷热循环工况	—
F－6	231～600		底漆 面漆	600℃有机硅铝粉耐热漆 600℃有机硅铝粉耐热漆	2 1	20 20	60	热循环工况	—
F－7	－29～550		底漆	冷喷铝	1	100	100	保温层下的冷热循环工况	—
F－8	－50～230		防腐漆	环氧酚醛漆	2	100	200	保冷设备、管道的防腐	—
F－9	－100～20		防腐漆	聚氨酯防腐漆	2	40	80	保冷设备、管道的防腐	—
F－10	－196～20		底漆	冷底子油	2	—	—	保冷设备、管道的防腐	—
H－1	－20～120	不锈钢	底漆 中间漆 面漆	环氧树脂底漆 环氧云铁漆 脂肪族聚氨酯面漆	1 1 1	40 100 40	180	强腐蚀环境下防腐涂装（氯化物，氯碱环境等）	—

续表

代号	适用温度/℃	被涂漆表面材质	涂层构成	涂料名称	建议道数道	每道涂层最小干膜厚度/μm	涂层最小总干膜厚度①/μm	用途	备注
H－2	－20～120	不锈钢	底漆 中间漆	环氧树脂底漆 环氧云铁漆	2 1	40 100	180	保温设备、管道的防腐（仅用于保温材料氯离子超标的情况）	—
I－1	－20～80	碳钢、低合金钢	底漆	醇酸防锈底漆	2	40	120	弱腐蚀环境下防腐（室内）	—
			面漆	醇酸磁漆	1	40			
I－2	－20～120		底漆	环氧磷酸锌底漆	2	50	150		
			面漆	环氧面漆	1	50			
J－1	－20～80		底漆	环氧磷酸锌底漆	2	50	160	中等腐蚀环境下防腐（室内）	—
			面漆	丙烯酸面漆	2	30			
J－2	－20～120		底漆	环氧磷酸锌底漆	2	50	200		
			面漆	环氧面漆	2	50			
K－1	－20～120	碳钢、低合金钢	底漆	环氧磷酸锌底漆	1	50	200	强腐蚀环境下防腐（室内）	—
			中间漆	环氧云铁漆	1	100			
			面漆	环氧面漆	1	50			
K－2	－20～120		底漆	环氧富锌底漆	1	50	250		
			中间漆	环氧云铁漆	1	100			
			面漆	环氧面漆	2	50			
K－3	－20～120		底漆	无机富锌底漆	1	50	225		
			封闭漆	环氧封闭漆	1	25			
			中间漆	环氧云铁漆	1	100			
			面层	环氧面漆	1	50			

注：①对于局部环境腐蚀较严重或维修困难部位，可在本附录规定的厚度基础上适当增加涂装道数1～2道，提高漆膜总厚度。
②若一道达不到规定干膜厚度需增加1道。

表 20-1-3 防火涂料配套方案

代号	被涂漆表面(基材)	腐蚀环境	涂层构成	油漆种类	建议道数	干膜厚度/μm	设计用途
H-1	碳钢、低合金钢表面	强腐蚀、中等腐蚀或弱腐蚀	底漆	环氧磷酸锌底漆	1	75	钢结构防火
			防火涂料	水泥砂浆类防火涂料		根据防火时限决定	
H-2	碳钢、低合金钢表面	强腐蚀、中等腐蚀或弱腐蚀	底漆	环氧磷酸锌底漆	1	50	钢结构防火
			防火涂料	丙烯酸膨胀型防火涂料		根据防火时限决定	
H-3	碳钢、低合金钢表面	强腐蚀、中等腐蚀或弱腐蚀	底漆	环氧富锌底漆	1	50	钢结构的烃类火灾防火保护
			防火涂料	环氧膨胀型防火涂料		根据防火时限决定	

注：石油化工行业所选择的防火涂料应经过《钢结构防火涂料》GB 14907—2002 测试并取得型式认可检验证书。所选择防火涂料应与防腐底漆相兼容，耐火时限满足相关标准要求。

三、钢材表面腐蚀程度分类及钢材表面处理

(一)钢材表面腐蚀程度分类

1. 大气对钢材表面腐蚀程度分类应符合下列规定：

大气中腐蚀介质可分为腐蚀性气体、酸雾、颗粒物、滴溅液体等。大气中腐蚀性气体和颗粒物分类应符合现行国家标准 GB/T 15957 的有关规定，分类见表 20-1-4 和表 20-1-5。

2. 大气对钢材表面腐蚀可按腐蚀性介质的腐蚀程度分为强腐蚀、中等腐蚀或弱腐蚀三类，分类见表 20-1-6；当大气中含有两类或两类以上腐蚀性介质时，腐蚀程度应取其中腐蚀程度最高的一种。

当几类腐蚀性物质的腐蚀程度相同时，腐蚀程度应提高一级；关键或维护困难的设备和管道，防腐蚀程度应提高一级。

表 20-1-4 大气中腐蚀性气体的分类 mg/m^3

腐蚀性物质名称	气体类别			
	A	B	C	D
二氧化碳	<2000	>2000	>2000	>2000
二氧化硫	<0.5	0.5~10	10~200	200~1000
氟化氢	<0.05	0.05~5	5~10	5~10
硫化氢	<0.01	0.01~5	5~100	5~100
氮的氧化物	<0.1	0.1~5	5~25	5~25
氯	<0.1	0.1~1	1~5	1~5
氯化氢	<0.05	0.05~5	5~10	5~10

表 20-1-5 大气中颗粒物的特性

特性	名称
难溶解	硅酸盐，铝酸盐，磷酸盐，钙、钡、铅的碳酸盐和硫酸盐，镁、铁、铬、铝、硅的氧化物和氢氧化物
易溶解、难吸湿	钠、钾、锂、铵的氯化物、硫酸盐和亚硫酸盐、铵、镁、钠、钾、钡、铅的硝酸盐、钠、钾、铵的碳酸盐和碳酸氢盐
易溶解、易吸湿	钙、镁、锌、铁、铟的氯化物，镉、镁、镍、锰、锌、铜、铁的硫酸盐，钠、锌的亚硝酸盐，钠、钾的氢氧化物，尿素

表 20－1－6　大气中腐蚀物质对钢材表面的腐蚀程度

腐蚀性物质及作用条件				腐蚀程度①		
类别		作用量	空气相对湿度/%	强腐蚀	中等腐蚀	弱腐蚀
腐蚀性气体②	A	—	<60	—	—	√
	B	—		—	—	√
	C	—		—	√	—
	D	—		√	—	—
	A	—	60～75	—	—	√
	B	—		—	√	—
	C	—		—	√	—
	D	—		√	—	—
	A	—	>75	—	√	—
	B	—		—	√	—
	C	—		√	—	—
	D	—		√	—	—
酸雾酸雾	无机酸	大量	>75	√	—	—
		少量	>75	√	—	—
			≤75	—	√	—
	有机酸	大量	>75	√	—	—
		少量	>75	√	—	—
			≤75	—	√	—
颗粒物③	难溶解	大量	<60	—	—	√
	易溶解、难吸湿			—	—	√
	易溶解、易吸湿			—	√	—
	难溶解	大量	60～75	—	—	√
	易溶解、难吸湿			—	√	—
	易溶解、易吸湿			—	√	—
	难溶解	大量	>75	—	—	√
	易溶解、难吸湿			√	—	—
	易溶解、易吸湿			√	—	—
滴溅液体	工业水	pH>3	—	—	√	—
		pH≤3	—	√	—	—
	盐溶液	—	—	√	—	—
	无机酸	—	—	√	—	—
	有机酸	—	—	√	—	—
	碱溶液	—	—	√	—	—
	一般有机液体	—	—	—	—	√

注：①表中“√”表示所在条件下的腐蚀程度。
②腐蚀性气体的类别见表 20－1－4。
③颗粒物的类别见表 20－1－5。

（二）钢材表面处理

钢材表面锈蚀等级和除锈等级，应与《涂覆前钢材表面处理—表面清洁度的目视评定第2部分：已涂覆的钢材表面局部清除原有涂层后的处理等级》GB 8923.2—2008中典型样板照片对比确定。

1. 钢材表面原始锈蚀分级

钢材表面锈蚀等级分A、B、C、D四级：

A级　钢材表面全面地覆盖着氧化皮且几乎没有铁锈；

B级　钢材表面已发生锈蚀且部分氧化皮已经剥落；

C级　钢材表面氧化皮因锈蚀而剥落或者可以刮除且有少量点蚀；

D级　钢材表面氧化皮因锈蚀而全面剥落且已普遍发生点蚀。

2. 钢材表面除锈质量等级

钢材表面除锈等级分St2、St3、Sa2、Sa2.5和Sa3五级。除锈要求见表20-1-7。

表20-1-7　钢材表面除锈等级

级别	除锈工具	除锈程度	除锈要求
St2	手工和动力工具除锈	彻底	钢材表面无可见的油脂和污垢，且没有附着不牢的氧化皮、铁锈和涂料涂层等附着物
St3	手工和动力工具除锈	非常彻底	钢材表面无可见的油脂和污垢，且没有附着不牢的氧化皮、铁锈和涂料涂层等附着物，除锈应比St2更为彻底，底材显露部分的表面应具有金属光泽
Sa2	喷射或抛射除锈	彻底	钢材表面无可见的油脂和污垢，且氧化皮、铁锈和涂料涂层等附着物已基本清除，其残留物应是牢固附着的
Sa2.5	喷射或抛射除锈	非常彻底	钢材表面无可见的油脂、污垢、氧化皮、铁锈和涂料涂层等附着物，任何残留的痕迹应仅是点状或条纹状的轻微色斑
Sa3	喷射或抛射除锈	使金属表观洁净	钢材表面无可见的油脂、污垢，氧化皮、铁锈和涂料涂层等附着物，该表面应显示均匀的金属色泽

3. 钢材表面处理

为了使钢材表面与涂层之间有较好的附着力，并能更好地起到防腐作用，涂漆前应对金属设备、管道等钢材表面进行下列各种处理：

1）除油污

钢材表面除油污的方法有溶剂法、碱液法、电化学法、乳液法等。

2）除旧漆

钢材表面除旧漆的方法有机械法、碱液溶解法、有机溶剂法和喷灯烧掉法等。

3）除锈

钢材表面除锈的方法有手工法、机械法、火烧法、化学清洗法和电化学法等。

设备及管道的钢材表面处理后，需进行检查并评定处理等级。应符合表20-1-7或国家现行标准《石油化工设备和管道涂料防腐蚀设计规范》SH 3022—2011中所规定的钢材表面除锈等级。所有经表面处理后的表面，应在处理后的同一天涂底漆。钢材表面处理后未及时涂底漆而放置过夜时（或在其上有新锈时）应在涂底漆之前重新进行表面处理。

四、地上设备与管道的防腐蚀

(一)涂料的选用

1. 地上设备与管道常用防腐蚀涂料性能和用途见表 20-1-8。

表 20-1-8　常用防腐蚀涂料性能和用途

涂料用途		涂料种类和性能①												
		沥青涂料	高氯化聚乙烯涂料	醇酸树脂涂料	环氧磷酸锌涂料	环氧富锌涂料	无机富锌涂料	环氧树脂涂料	环氧酚醛树脂涂料	聚氨酯涂料	聚硅氧烷涂料	有机硅涂料	冷喷铝涂料	热喷铝(锌)
一般防腐		✓	✓	✓	✓	✓	△	✓	✓	✓	△	△	△	△
耐化工大气		✓	✓	○	✓	✓	✓	✓	✓	✓	✓	○	✓	✓
耐无机酸	酸性气体	○	✓	○	○	○	○	✓	✓	○	✓	○	○	○
	酸雾	○	✓	×	○	○	○	○	✓	○	✓	×	○	○
耐有机酸酸雾及飞沫		✓	○	×	○	○	○	○	✓	○	✓	×	○	○
耐碱性		○	✓	×	○	○	×	✓	✓	○	✓	✓	○	×
耐盐类		○	✓	○	✓	✓	✓	✓	✓	✓	✓	○	✓	✓
耐油	汽油、煤油等	×	✓	×	○	✓	✓	✓	✓	✓	✓	×	✓	✓
	机油	×	✓	○	○	✓	✓	✓	✓	✓	✓	○	✓	✓
耐溶剂	烃类溶剂	×	×	×	○	○	○	✓	✓	✓	✓	○	○	○
	酯、酮类溶剂	×	×	×	×	×	○	×	○	×	○	×	○	○
	氯化溶剂	×	×	×	×	×	×	○	✓	○	✓	×	×	×
耐潮湿		✓	○	○	✓	✓	✓	✓	✓	✓	✓	✓	✓	✓
耐水		✓	○	×	○	○	○	✓	✓	✓	✓	○	✓	○
耐温/℃	常温	✓	✓	✓	✓	✓	✓	✓	✓	✓	✓	△	△	✓
	≤100	×	×	○	✓	✓	✓	✓	✓	✓	✓	△	△	✓
	101~200	×	×	×	×	○	✓	○②	○	○②	○②	△	✓	✓
	201~350	×	×	×	×	×	✓	×	×	×	×	✓	✓	✓
	351~600	×	×	×	×	×	○③	×	×	×	×	✓	○④	○③
耐候性		×	○	×	○	×	✓	×	×	✓	✓	✓	○	○
耐热循环性/℃	≤100	✓	✓	×	✓	×	×	○	✓	✓	✓	✓	✓	×
	101~200	×	×	×	×	×	×	×	✓	×	×	✓	✓	×
	201~350	×	×	×	×	×	×	×	×	×	×	✓	✓	×
	351~500	×	×	×	×	×	×	×	×	×	×	✓	✓	×
附着力		✓	○	○	✓	✓	○	✓	✓	✓	✓	○	✓	✓

注：①表中"✓"表示性能较好，宜选用；"○"表示性能一般，可选用；"×"表示性能较差，不宜选用；"△"表示由于价格或施工等原因，不宜选用。

②最高使用温度 120℃。

③最高使用温度 400℃。

④最高使用温度 550℃。

2. 除下列情况外，绝热的设备和管道应涂 1 ~2 道酚醛或醇酸防锈漆。

a. 沿海、湿热地区保温的重要设备和管道，应按使用条件涂耐高温底漆；

b. 保冷的设备和管道可选用冷底子油、石油沥青或沥青底漆，且宜涂 1 ~2 道。

3. 地上设备和管道防腐蚀涂层总厚度，应符合表 20 -1 -9 中的规定。

表 20 -1 -9　地上设备和管道防腐蚀涂层干膜总厚度

<table>
<tr><th rowspan="2">腐蚀程度</th><th colspan="2">涂层体系总干膜厚度/μm</th><th rowspan="2">重要部位或维修困难部位</th></tr>
<tr><th>室内</th><th>室外</th></tr>
<tr><td>强腐蚀</td><td>≥160(其中底漆为富锌)
≥200(其中底漆为非富锌)</td><td>≥240(其中底漆为富锌)
≥280(其中底漆为非富锌)</td><td rowspan="3">提高漆膜总厚度
(增加涂装道数 1 ~2)</td></tr>
<tr><td>中等腐蚀</td><td>≥160</td><td>≥160(其中底漆为富锌)
≥200(其中底漆为非富锌)</td></tr>
<tr><td>弱腐蚀</td><td>≥120</td><td>≥160</td></tr>
</table>

注:耐高温涂层的漆膜总厚度为 40 ~60μm。

4. 地上设备和管道的防腐蚀涂层使用寿命应与装置的检修周期相适应，且不宜少于 5 年。

(二)防腐蚀涂料对钢材表面除锈质量等级的要求

各种防腐蚀涂料对管道、设备等钢材表面除锈质量等级要求应符合表 20 -1 -10 的规定。对原始锈蚀等级为 D 级的表面，应采用喷射或抛射除锈。

表 20 -1 -10　底层涂料对钢材表面除锈等级的要求

底层涂料种类	除锈等级		
	强腐蚀	中等腐蚀	弱腐蚀
醇酸树脂底漆	Sa2. 5	Sa2 或 St3	St3
环氧铁红底漆	Sa2. 5	Sa2. 5	Sa2 或 St3
环氧磷酸锌底漆	Sa2. 5 或 Sa2	Sa2	Sa2
醇酸树脂底漆	Sa2. 5	Sa2 或 St3	St3
环氧铁红底漆	Sa2. 5	Sa2. 5	Sa2 或 St3
环氧磷酸锌底漆	Sa2. 5 或 Sa2	Sa2	Sa2
环氧酚醛底漆	Sa2. 5	Sa2. 5	Sa2. 5
环氧富锌底漆	Sa2. 5	Sa2. 5	Sa2. 5
无机富锌底漆	Sa2. 5	Sa2. 5	Sa2. 5
聚氨酯底漆	Sa2. 5	Sa2. 5	Sa2 或 St3
有机硅耐热底漆	Sa3	Sa2. 5	Sa2. 5
热喷铝(锌)	Sa3	Sa3	Sa3
冷喷铝	Sa2. 5	Sa2. 5	Sa2. 5

注:不便于喷射除锈的部位,手工和动力工具除锈等级不低于 St3 级。

五、埋地设备与管道的防腐蚀

(一)土壤的腐蚀性及防腐措施

地下管道和埋地设备的防腐蚀应根据土壤的腐蚀性等级决定防腐等级。土壤腐蚀性等级及防腐蚀等级按表 20－1－11 确定。

表 20－1－11　土壤腐蚀等级及防腐蚀等级

防腐蚀等级	土壤腐蚀性等级	土壤腐蚀性质				
		电阻率/Ω·m	含盐量(质量分数)/%	含水量(质量分数)/%	电流密度/(mA/cm²)	pH 值
特加强级	强	<50	>0.75	>12	>0.3	<3.5
加强级	中	50～100	0.75～0.05	5～12	0.3～0.025	3.5～4.5
普通级	弱	>100	<0.05	<5	<0.025	4.5～5.5

当其中任何一项超过表 20－1－8 中的指标时，防腐蚀等级应提高一级。厂区埋地管道穿越河流、铁路、电气铁路、公路、山洞、盐碱沼泽地或靠近电气铁路以及改变埋设深度的弯管处等地段的管道的防腐蚀等级应为特加强级防腐层。

(二)埋地设备与管道的表面处理

埋地设备和管道表面处理的除锈等级应符合表 20－1－12 的要求。

表 20－1－12　埋地设备和管道底漆表面处理除锈等级的要求

底层涂料种类	除锈等级		
	强腐蚀	中等腐蚀	弱腐蚀
沥青底漆	Sa2 或 St3	St3	St3
环氧类底漆	Sa2 或 St3	St3	St3
环氧煤沥青底漆	Sa2.5	St3	St3
改性厚浆型环氧涂料	Sa2.5	Sa2.5 或 Sa2	Sa2.5 或 Sa2
环氧玻璃鳞片涂料	Sa2.5	Sa2.5	Sa2.5
无溶剂环氧涂料	Sa2.5	Sa2.5	Sa2.5
耐磨环氧涂料	Sa2.5	Sa2.5	Sa2.5

(三)埋地设备与管道的防腐层

1. 埋地管道的外防腐涂层应具有的特性

(1)具有良好的电绝缘性

(a)涂层电阻不应小于 10000Ω·m²；

(b)耐击穿电压强度不得低于电火花检测仪检测的电压标准。

(2)涂层应具有一定的耐阴极剥离强度的能力。

(3)有足够的机械强度

(a)有一定的抗冲击强度，以防止由于搬运和土壤压力而造成损伤；

(b)有良好的抗弯曲性，以确保管道施工时弯曲而不致损坏；

(c)有较好的耐磨性，以防止由于土壤摩擦而损伤；

(d)针入度应达到规定的指标，以确保涂层可抵抗较集中的负荷；

(e)与管道有良好的黏接性。

(4)有良好的稳定性

(a)耐大气老化性能好；

(b)化学稳定性好；

(c)耐水性好，吸水率小；

(d)有足够的耐热性。确保其在使用温度下不变形，不流淌，不加快老化速度：

(e)耐低温性能好，确保其在低温下堆放、拉动和施工时不龟裂、不脱落。

(5)涂层的破损易于修补。

2. 埋地设备和管道可根据储存和输送介质的温度来选择不同材料的外防腐涂层

(1)石油沥青防腐涂层

(a)石油沥青防腐涂层应根据输送或储存介质的温度，选用不同型号的石油沥青。

①当介质温度大于50℃时，应采用管道防腐沥青，但介质温度不得高于80℃。

②当介质温度小于或等于50℃时，可采用10号建筑石油沥青。

(b)石油沥青防腐涂层的等级与结构应符合表20－1－13的规定。

表20－1－13　石油沥青防腐蚀涂层结构

mm

编号	防腐蚀等级	防腐蚀涂层结构	每层沥青厚度	涂层总厚度
M1	特加强级	底漆—沥青—玻璃布—沥青—玻璃布—沥青—玻璃布—沥青—玻璃布—沥青—外包保护层	≈1.5	≥7.0
M2	加强级	底漆—沥青—玻璃布—沥青—玻璃布—沥青—玻璃布—沥青—外包保护层	≈1.5	≥5.5
M3	普通级	底漆—沥青—玻璃布—沥青—玻璃布—沥青—外包保护层	≈1.5	≥4.0

(c)防腐涂层沥青的软化点应比介质温度高45℃以上，沥青的针入度宜小于$20\left(\frac{1}{10}\text{mm}\right)$。

①石油沥青防腐涂层对沥青性能的要求应符合表20－1－14的规定。

表20－1－14　石油沥青防腐涂层对沥青性能的要求

输送介质温度/℃	性能要求			说　明
	软化点（环球法）/℃	针入度(25℃)/(1/10mm)	延度(25℃)/cm	
常温	≥75	15～30	>2	可用30号沥青或30号与10号沥青调配
25～50	≥95	5～20	>1	可用10号沥青或10号沥青与2号、3号专用沥青调配
51～70	≥120	5～15	>1	可用专用2号或专用3号沥青
71～75	≥115	<25	>2	专用改性沥青

②石油沥青性能应符合表20－1－15的规定。

表20－1－15　石油沥青性能

牌　号	软化点（环球法）/℃	针入度(25℃)/(1/10mm)	延度(25℃)/mm
专用2号	135±5	17	1.0
专用3号	125～140	7～10	1.0
10号	≥95	10～25	1.5
30号	≥70	25～40	3.0
专用改性	≥115	≤25	>2

(2)泡沫塑料防腐保温层

(a)硬质聚氨酯泡沫塑料(以下简称泡沫塑料)防腐保温层，应用于有绝热要求的设备或管道。但输送或储存介质的温度不得高于100℃。

(b)泡沫塑料防腐保温层的厚度，应根据保温要求由工艺计算确定。但最薄不宜小于25mm。

(c)泡沫塑料防腐保温层、应采用外保护层的复合结构。外保护层材料应具有抗腐蚀性强、耐水性好、吸水率小、化学稳定性好和足够的机械强度等特性。

(d)泡沫塑料的性能指标应符合表20－1－16的规定。

表20－1－16 泡沫塑料性能指标

项目	条件	单位	指标
抗压强度	泡沫上涨方向压缩10%	MPa	≥0.2
耐　热	高于输送介质温度30℃热空气中恒温8h		不变形
吸水率	200mmH_2O常温水8h	g/cm^3	<0.03
导热系数	60℃	W/(m·℃)	<0.035
容　重		kg/m^3	30～60

(e)埋地泡沫塑料防腐保温管道，应设有纵向防水密封。防水密封材料可采用塑料或沥青。工厂预制时，每根管段两端各设一个；现场施工时，每一个搭接处设一个。但两个防水密封之间的最大长度不宜大于50m。

(3)聚乙烯胶黏带防腐层

(a)聚乙烯胶黏带防腐层的使用温度不得高于70℃。宜采用机械化施工。

(b)聚乙烯胶黏带防腐涂层结构为"一层底胶—两层聚乙烯胶黏带——层外保护带"的复合结构。防腐层耐击穿，电压强度不得低于24kV。

(c)聚乙烯胶黏带防腐层的底漆要求见表20－1－17。

表20－1－17 聚乙烯胶黏带防腐层的底漆要求

项目名称	指　标	测试方法	项目名称	指　标	测试方法
固体含量/%	≥15	GB/T 1725	黏度(涂4杯)/s	10～30	GB/T 1723
表干时间/min	≤5	GB/T 1728			

(d)聚乙烯胶黏带防腐层方案的选择，应该符合表20－1－18。

表20－1－18 聚乙烯胶黏带防腐层的结构

编号	防腐蚀等级	防腐层结构①	涂层总厚度/mm
M13	特加强级②	环氧类底漆－防腐内带－保护外带	≥1.4
M14	加强级③	环氧类底漆－防腐内带－保护外带	≥1.0

注：①底漆应与聚乙烯胶黏带配套使用；胶黏带始末搭接长度不应小于1/4管子周长，且不小于100mm，焊缝处的防腐层厚度应不低于设计防腐层厚度的85%。

②聚乙烯胶黏带的搭接宽度应为胶带宽度的50%～55%。

③聚乙烯胶黏带的搭接宽度应为胶带宽度的20%～25%。

(4)环氧煤沥青防腐涂层

(a)环氧煤沥青适用于石油沥青防腐涂层的补口和补伤，也可用作管道的外防腐涂层。

施工时，应严格执行环氧煤沥青涂料施工技术标准。

（b）环氧煤沥青防腐涂层的等级及结构见表 20－1－19。

表 20－1－19 环氧煤沥青防腐蚀涂层结构

编号	防腐蚀等级	防腐蚀涂层结构	涂层总厚度/mm
M4	特加强级	底漆—面漆—玻璃布—面漆—玻璃布—面漆—玻璃布—两层面漆	≥0.8
M5	加强级	底漆—面漆—玻璃布—面漆—玻璃布—两层面漆	≥0.6
M6	普通级	底漆—面漆—玻璃布—两层面漆	≥0.4

（5）改性厚浆型环氧料涂层

改性厚浆型环氧料涂层方案的选择，应符合表 20－1－20 的要求。

表 20－1－20 改性厚浆型环氧防腐涂料涂层结构

编号	防腐蚀等级	底漆种类	底漆厚度/mm	面漆种类	面漆厚度/mm	涂层总厚度/mm
M7	特加强级	改性厚浆型环氧涂料	0.3	改性厚浆型环氧防腐涂料	0.3	≥0.6
M8		环氧玻璃鳞片涂料	0.3	环氧玻璃鳞片涂料	0.3	≥0.6
M9	加强级	改性厚浆型环氧涂料	0.2	改性厚浆型环氧防腐涂料	0.2	≥0.4
M10		环氧玻璃鳞片涂料	0.2	环氧玻璃鳞片涂料	0.2	≥0.4
M11	普通级	改性厚浆型环氧涂料	0.3	—	—	≥0.3
M12		环氧玻璃鳞片涂料	0.3	—	—	≥0.3

（6）熔结环氧粉末涂料涂层

熔结环氧粉末涂料涂层方案的选择，应符合表 20－1－21。

表 20－1－21 熔结环氧粉末涂料防腐蚀涂层结构

编号	防腐蚀等级	防腐蚀涂层结构	道 数	涂层总厚度
M15	特加强级	熔结环氧粉末	5－6	1mm
M16	加强级	熔结环氧粉末	4－5	0.5－0.8mm
M17	普通级	熔结环氧粉末	3－4	0.3～0.4mm

（7）玻璃布

玻璃布宜采用含碱量不大于 12% 的中碱布，经纬密度为 10×10 根/cm^2，厚度为 0.10～0.12mm，无捻、平纹、两边封边、带芯轴的玻璃布卷。不同管径适宜的玻璃布宽度见表 20－1－22。

表 20－1－22 不同管径的玻璃布适宜宽度

mm

管径（*DN*）	<250	250～500	>500
布 宽	100～250	400	500

（8）聚氯乙烯工业膜

聚氯乙烯工业膜应采用防腐蚀专用聚氯乙烯薄膜，耐热 70℃，耐寒 －30℃，拉伸强度（纵、横）不小于 14.7MPa，断裂伸长率（纵、横）不小于 200%，宽 400～800mm，厚0.2mm±0.03mm。

第二节 设备与管道表面色和标志

一、概　述

为了加强生产管理、方便操作、检修，促进安全生产和美化厂容，石油化工企业的设备和管道的外表面都应涂刷表面色和标志。

设备和管道的表面色应根据其重要程度和不同介质涂刷不同的表面色和标志。

表面系指不绝热的设备、管道、钢结构的外表面及绝热设备、管道、钢结构的外保护层外表面。表面色是涂于上述表面的颜色。

标志是指在外表面局部范围涂刷明显的标识符，包括字样、代号、位号、色环、箭头等。标志可在表面色的基础上再刷色，也可直接在本色或出厂色上刷色。

装置内的建筑物如控制室、配电间、车间办公室、泵房、厂房等在表面色的设计时，应考虑和设备、管道表面色相协调。钢筋混凝土构筑物一般不刷色。

有绝热层的设备、管道及钢结构均应刷表面色。凡表面层采用搪瓷、陶瓷、塑料、橡胶、有色金属、不锈钢、镀锌薄钢板(管)、合金铝板、石棉水泥等材料的设备和管道可保持制造厂出厂色或材料本色，不应刷表面色，但应刷标志。对涂刷变色漆的设备和管道的表面严禁再刷表面色、但标志不得妨碍对变色漆的观察。

石油化工企业中自备电厂设备、管道和钢结构的表面色和标志可按《火力发电厂保温油漆设计规程》(DL/T 5072)执行。

机场和飞行航道附近，根据国防部、交通部61军字18号“关于飞机场附近高大建筑物设置飞行障碍标志的规定”超出航空警戒线高度60m的塔、烟囱、火炬等高耸设备及钢结构，必须根据当地航空管理部门的要求，设置飞行障碍警示标志。

二、设备与管道的表面色和标志

目前国内石油化工厂的设备、管道表面涂刷的识别色比较乱，各设计单位的规定也不统一，众多的颜色给用户涂刷、记忆和识别带来了很大困难。各种颜色之间也比较容易产生混淆。所以应根据介质的不同种类、状态和安全要求规定基本识别色和安全色。当有两种表面色可供选择时，在同一工厂内表面色应一致。

(一)选用设备和管道基本识别色原则

(1)表面色要求美观、雅静、色彩协调，色差不宜过大。

(2)采用比较容易记忆的颜色，例如人们常用“碧波荡漾”来形容江河水，用“蔚蓝天空”来形容天空。故水最好用绿色，空气和氧气用天蓝色。

(3)尽可能采用人们习惯颜色，例如人们习惯用黑色表示废物，故污水应涂黑色。

(4)对危险设备、危险管道、消防管道，应采用容易引起人们注意的红色。

(5)颜色要统一，装置内同一介质的管道应刷同一种颜色，以便于操作管理。

(二)设备、管道表面色和标志的选择

对新建的石油化工厂设备、管道的表面色应按国家现行标准《石油化工设备管道钢结构表面色和标志规定》(SH 3043—2003)选用。对扩建、改建和现有企业可结合具体情况逐步实现。

1. 设备的表面色和标志

(1)石油化工设备及机械的表面色和标志色按表20-2-1选择。

表20-2-1 石油化工设备、机械表面色和标志色

序号	设备类别	表面色	标志色	备注
1	静止设备 一般容器、塔、储罐 重质物料罐 反应器、换热器 其他	 银 中灰 银 银	 大红 大红 大红 大红	
2	工业炉	银	大红	
3	锅炉	银	大红	
4	机械设备 泵 电机 压缩机、离心机 风机	 出厂色或银 出厂色或苹果绿 出厂色或苹果绿 出厂色或天酞蓝	大红	
5	鹤管	银	大红	
6	钢烟囱	银	大红	
7	火炬	银	大红	
8	联轴器防护罩	淡黄		
9	消防设备	大红	白	

(2)电气、仪表设备的表面色和标志色应符合表20-2-2规定。

表20-2-2 电气、仪表设备的表面色和标志色

序号	名称	表面色	标志色	备注
1	开关柜、配电盘	海灰或苹果绿	大红	内表面象牙色
2	变压器	海灰	大红	
3	配电箱	海灰	大红	
4	操作台	海灰或苹果绿		内表面象牙色
5	仪表盘	海灰或苹果绿	大红	内表面象牙色
6	现场仪表箱	海灰或苹果绿	大红	
7	盘装仪表	海灰	大红	
8	就地仪表	海灰	大红	
9	电缆桥架、电缆槽	海灰		镀锌表面或铝表面不涂色

(3)表 20－2－1 和表 20－2－2 中未包括的设备，其表面色宜为出厂色或银色。标志色应为大红。

(4)设备上的标志

a. 设备上的标志以位号表示，位号应与工艺流程图的编号一致。

b. 标志应刷在设备主视方向一侧的醒目部位或基础上。如图 20－2－1 所示并朝向道路、操作通道或检修侧。

c. 标志字体应为印刷体，尺寸适宜，排列整齐。

d. 选用红色作为危险标志，在设备涂刷警告色环，如图 20－2－3 所示。

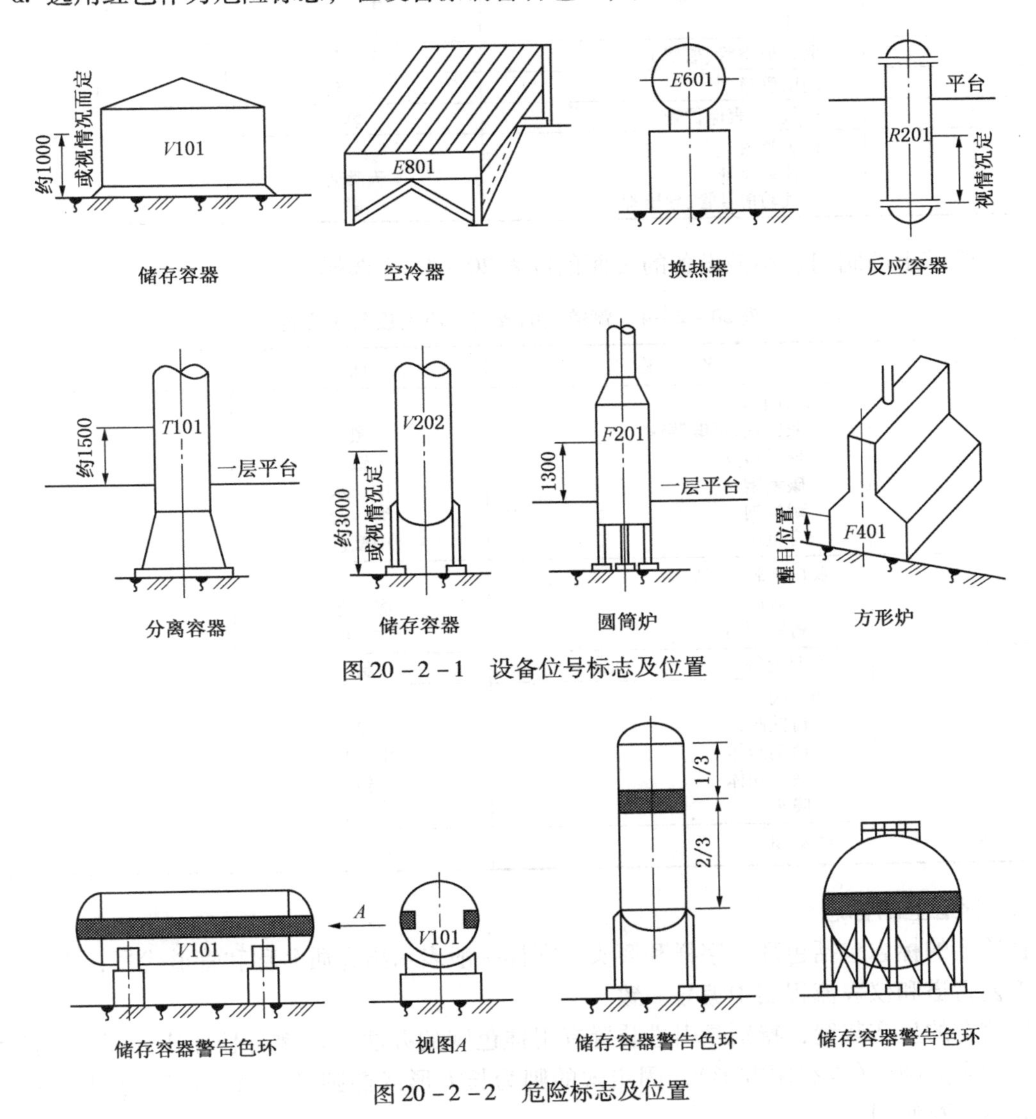

图 20－2－1　设备位号标志及位置

图 20－2－2　危险标志及位置

2. 管道的表面色和标志

(1)地上管道的表面色和标志色按表 20－2－3 选择。

表 20－2－3　管道表面色和标志色

序号	名称	表面色	标志色
1	物料管道		
	一般物料	银	大红
	酸、碱	管道紫	大红
2	公用物料管道		
	水	艳绿	白
	污水	黑	白
	蒸汽	银	大红
	空气及氧	天酞蓝	大红
	氮	中黄	大红
	氨	淡黄	大红
3	紧急放空管(管嘴)	大红	淡黄
4	消防管道	大红	白
5	电气、仪表保护管	黑	
6	仪表管道		
	仪表风管	天酞蓝	
	气动信号管、导压管	银	

(2)管道上的阀门、小型设备的表面色按表 20－2－4 选择。

表 20－2－4　管道上的阀门、小型设备表面色

序号	名称	表面色	备注
1	阀门阀体		或出厂色
	灰铸铁、可锻铸铁	黑	
	球墨铸铁	银	
	碳素钢	中灰	
	耐酸钢	海蓝	
	合金钢	中酞蓝	
2	阀门手轮、手柄		
	钢阀门	海蓝	
	铸铁阀门	大红	或出厂色
3	小型设备	银	
4	调节阀		
	铸铁阀体	黑	
	铸钢阀体	中灰	或出厂色
	锻钢阀体	银	
	膜头	大红	
5	安全阀	大红	

(3)管道上的标志

管道上的标志包括色环、字样和箭头。字样一般表示出介质名称和管道代号，管道代号应与工艺管道和仪表流程图中编号一致。

目前有的生产装置，特别是引进装置有用挂色牌的办法。色牌有悬挂式和固定式两种，悬挂式的多为圆形(也有用方形)，固定式的则为长方形或椭圆形。由于色牌使用中容易丢失，故不推荐使用。

a. 对要求刷色环的管道，应在阀门、管道上分支、设备进出口处 1m 范围内、管道穿越墙壁或障碍物前后、管道跨越装置边界处涂色环。管道色环宽度为 100mm。

b. 装置内水平管道色环的间距宜为 20m，装置外水平管道色环的间距宜为 30m。当多根管道排列在一起时，其色环的设置应考虑整齐、美观。

c. 管道上的阀门、分支、设备进出口处和管道跨越装置边界处要求涂字样和箭头。字样和箭头要求整齐、大小适当。同一装置或单元内的字样表示应一致。

d. 标志式样举例如图 20－2－3 所示。

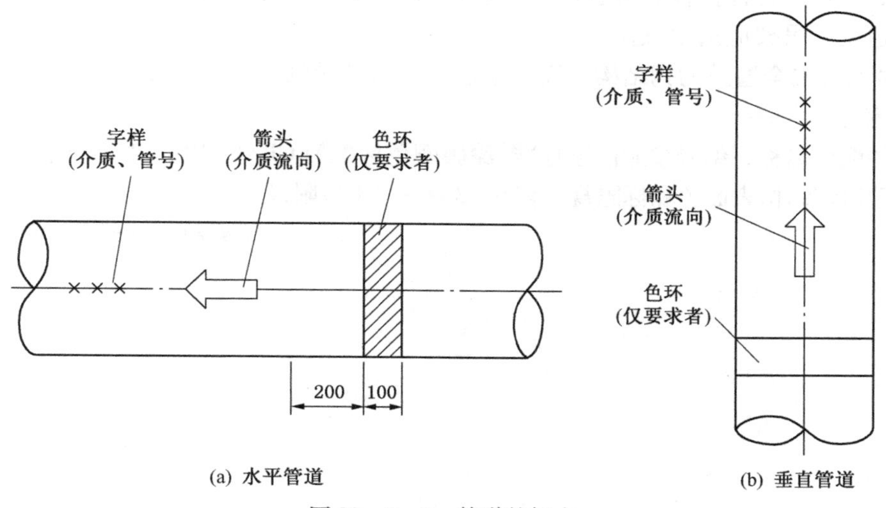

图 20－2－3　管道的标志

(4)对同一个生产装置或单元，同时使用两种或两种以上不同压力等级的流体，为了区别不同压力等级，避免高压的流体窜入低压系统中造成事故，一般可考虑刷 1 个、2 个或 3 个色环来表示流体压力。色环一般选用紫红色，色环的尺寸与压力等级按表 20－2－5 确定。

表 20－2－5　色环尺寸与压力等级

管内流体压力/MPa		
≥0.6～<3.9	≥3.9～<16	≥16
100	100 100 100	100 100 100 100 100

(5)当介质为双向流动时，应采用双向箭头表示。

3. 钢构筑物的表面色

(1)与设备相连的构架、平台、梯子的表面色按表 20－2－6 选择。当有两种表面色可选择时，同一装置或单元内的表面色要一致。

表 20－2－6　构架、平台、梯子表面色

序　号	名　　称	表　面　色
1	梁、柱、支撑、吊柱、管架、管道支吊架	蓝灰或中酞蓝
2	铺板、踏板	蓝灰或中酞蓝
3	栏杆(含立柱)、护栏、扶手	淡黄
4	栏杆挡板	蓝灰或中酞蓝

(2)放空管塔架、避雷针和投光灯架、火炬架等应刷银色。

(3)其他钢结构表面色应与设备、管道的表面色相协调。

(4)管道支、吊架表面色应与钢结构表面色有所区别。当钢结构(包括梁柱、管架、铺板、踏板、支撑、栏杆挡板等)选择中酞蓝时，管道支、吊架应选蓝灰色；当钢结构选蓝灰色时，管道支、吊架应选中酞蓝。

(5)对设有安全通道的钢结构，安全通道一般涂艳绿色，以示为“绿色通道”。

(三)色卡

色卡的颜色名称、编号按照国家标准《漆膜颜色标准》(GB/T 3181—2008)附录 A 或《石油化工设备管道钢结构表面色和标志规定》(SH 3043—2003)附录 A 中确定。

(编制　赵娟莉　张德姜)

附录A[1]
（规范性附录）
设备和管道常用防腐蚀涂料技术指标

A.1 主要防腐底漆

各类富锌底漆的技术要求和测试方法应符合表A.1的规定，各类防腐铁红底漆的技术要求和实验方法应符合表A.2的规定。

表A.1 富锌底漆技术要求和测试方法

序号	项目		技术指标		测试方法
			无机富锌涂料	环氧富锌涂料	
1	容器中状态		搅拌均匀后无硬块，呈均匀状态；粉料呈微小均匀粉末状态		目测
2	不挥发分含量/%		≥75	≥70	GB/T 1725
3	不挥发分中的金属锌含量/%		≥80	≥70	HG/T 3668
4	附着力（拉开法）/MPa		≥3	≥5	GB/T 5210
5	干燥时间	表干/h	≤0.5	≤2	GB/T 1728
		实干/h	≤8	≤24	

表A.2 防腐底漆的技术要求和测试方法

序号	项目		技术指标[a]				测试方法
			HCPE铁红底漆[b]	环氧铁红底漆	聚氨酯铁红底漆	环氧磷酸锌底漆	
1	容器中状态		搅拌均匀后无硬块，呈均匀状态				目测
2	不挥发分含量/%		≥45	≥50	≥50	≥60	GB/T 1725
3	必要的限定		单组分	双组分	双组分	—	—
4	附着力（拉开法）/MPa		≥6	≥6	≥6	≥5	GB/T 5210
5	干燥时间	表干/h	≤0.5	≤2			GB/T 1728
		实干/h	≤8	≤24			

注：[a] 若选用其他底漆，其附着力不应低于5MPa。

[b] HCPE为高氯化聚乙烯。

[1]编者注：摘自国家现行标准《石油化工设备和管道涂料防腐蚀设计规范》（SH/T 3022—2011）附录D。

A.2 石油沥青

石油沥青防腐蚀涂层对沥青性能的要求应符合表 A.3 的规定。石油沥青性能应符合表 A.4 的规定。防腐蚀涂层的沥青软化点应比设备或管道内介质的正常操作温度高 45℃以上，沥青的针入度宜小于 20(1/10mm)。

表 A.3 石油沥青防腐蚀涂层对沥青性能的要求和测试方法

介质温度/℃	性能要求			说 明
	软化点(环球法)/℃	针入度(25℃)/(1/10mm)	延度(25℃)/cm	
常温	≥75	15~30	>2	可用 30 号沥青或 30 号与 10 号沥青调配
25~50	≥95	5~20	>1	可用 10 号沥青或 10 号沥青与 2 号、3 号专用沥青调配
51~70	≥120	5~15	>1	可用专用 2 号或专用 3 号沥青
71~75	≥115	<25	>2	专用改性沥青

表 A.4 石油沥青性能要求和测试方法

牌号	软化点(环球法)/℃	针入度(25℃)/(1/10mm)	延度(25℃)/cm
专用 2 号	135±5	17	1.0
专用 3 号	125~140	7~10	1.0
10 号	≥95	10~25	1.5
30 号	≥70	25~40	3.0
专用改性	≥115	<25	>2.0

A.3 环氧煤沥青涂料

环氧煤沥青涂料宜采用常温固化型的双组份涂料，性能应符合国家现行标准 SY/T 0447 规定的指标。

A.4 厚浆型环氧涂料

改性厚浆型环氧涂料和环氧玻璃鳞片涂料的技术指标和测试方法应符合表 A.5 的规定。

表 A.5 改性厚浆型环氧涂料和环氧玻璃鳞片涂料技术指标

项 目		技术指标		测试方法
		改性厚浆型环氧涂料	环氧玻璃鳞片涂料	
容器中状态		搅拌均匀后无硬块，呈均匀状态；粉料呈微小均匀粉末状态		目测
不挥发分含量/%		≥80	≥80	GB/T 1725
干燥时间	表干/h	≤4	≤4	GB/T 1728
	实干/h	≤24	≤24	
冲击强度/cm		≥50	≥50	GB/T 1732
弯曲性/mm		≤2	—	GB/T 6742
附着力/MPa		≥5	≥3	GB/T 5210
耐磨性(1kg，500r)/mg		≤60	≤60	GB/T 1768

A.5 无溶剂液体涂料

无溶剂环氧、无溶剂聚氨酯等无溶剂液体涂料可应用于管道外防腐涂层，其涂层性能应符合表 A.6 的规定。

表 A.6 无溶剂液体涂料的技术要求和测试方法

序号	项目	性能指标	测试方法
1	涂层外观	平整光滑	目测
2	不挥发份含量(混合液)/%	≥90	GB/T 1725
3	干燥时间(25℃)/h	表干≤8，实干≤24	GB/T 1728
4	附着力(拉开法)/MPa	≥8	GB/T 5210
5	耐冲击性/(kg · cm)	≥50	GB/T 1732
6	柔韧性/mm	≤2	GB/T 1731
7	耐磨性(500r/500g)/g	≤0.05	GB/T 1768
8	硬度	≥0.5	GB/T 1730(B 法)
9	耐水性(7 天)	涂层完好	GB/T 1733
10	耐热盐水性(40℃，3% NaCl，7 天)	涂层完好	GB/T 9274
11	耐酸性(5% 硫酸，7 天)	涂层完好	GB/T 9274
12	耐碱性(5% 氢氧化钠，7 天)		
13	耐盐雾性(3000h)	涂层完好	GB/T 1771

注：序号 1 项 ~8 项为抽检项目，9 项 ~13 项为型式试验项目。

A.6 聚乙烯胶黏带防腐层

聚乙烯胶黏带的性能见表 A.7。

表 A.7 聚乙烯胶黏带的性能

<table>
<tr><th>序号</th><th colspan="3">项目</th><th>性能指标</th><th>测试方法</th></tr>
<tr><td>1</td><td colspan="3">厚度①/mm</td><td>符合厂家规定，厚度偏差≤ ±5%</td><td>GB/T 6672</td></tr>
<tr><td>2</td><td colspan="3">基膜拉伸强度/MPa</td><td>≥18</td><td>GB/T 13022</td></tr>
<tr><td>3</td><td colspan="3">基膜断裂伸长率/%</td><td>≥200</td><td>GB/T 13022</td></tr>
<tr><td rowspan="3">4</td><td rowspan="3">剥离强度/(N/cm)</td><td colspan="2">对底漆钢②</td><td>≥20</td><td>GB/T 2792</td></tr>
<tr><td rowspan="2">对背材</td><td>无隔离纸</td><td>≥5</td><td rowspan="2">GB/T 2792</td></tr>
<tr><td>有隔离纸</td><td>≥20</td></tr>
<tr><td>5</td><td colspan="3">电气强度/(MV/m)</td><td>≥30</td><td>GB/T 1408.1</td></tr>
<tr><td>6</td><td colspan="3">体积电阻率/(Ω · m)</td><td>$\geq 1 \times 10^{12}$</td><td>GB/T 1410</td></tr>
<tr><td>7</td><td colspan="3">耐热老化③/%</td><td>≥75</td><td>SY/T 0414</td></tr>
<tr><td>8</td><td colspan="3">吸水率/%</td><td>≤0.2</td><td>SY/T 0414</td></tr>
<tr><td>9</td><td colspan="3">水蒸汽渗透率/[mg/(24h · cm)]</td><td>≤0.45</td><td>GB/T 1037</td></tr>
<tr><td>10</td><td colspan="3">耐紫外光老化(600h)④/%</td><td>≥80</td><td>SY/T 0413</td></tr>
</table>

注：①厚度可由设计根据防腐层结构选定。
②对于保护胶黏带，不要求对底漆钢的剥离强度性能。
③耐热老化指标是指试样在 100℃，2400h 老化后，基膜拉伸强度、基膜断裂伸长率以及胶带剥离强度的保持率。
④耐紫外光老化指标是指光老化后，基膜拉伸强度、断裂伸长率的保持率。与保护胶黏带配合使用的防腐胶黏带可以不考虑这项指标。

A.7 环氧封闭漆

环氧封闭漆技术要求和测试方法见表A.8。

表A.8 环氧封闭漆技术要求和测试方法

序号	项目		技术指标	测试方法
1	在容器中的状态		搅拌后无硬块，呈均匀状态	目测
2	不挥发分含量/%		50~70	GB/T 1725
3	黏度(ISO-4杯)/s		≤60	GB/T 6753.4
4	干燥时间/h	表干	≤2	GB/T 1728
		实干	≤12	
5	附着力/MPa		≥5	GB/T 5210

A.8 环氧中间漆

各类环氧中间漆技术要求和测试方法见表A.9。

表A.9 各类环氧中间漆技术要求和测试方法

序号	项目		技术指标			测试方法
			环氧(厚浆)漆	环氧(云铁)漆	环氧玻璃鳞片漆	
1	在容器中的状态		搅拌后无硬块，呈均匀状态			目测
2	不挥发分含量/%		≥75	≥75	≥80	GB/T 1725
3	干燥时间/h	表干	≤4	≤4	≤4	GB/T 1728
		实干	≤24	≤24	≤24	
4	弯曲性/mm		≤2	≤2	—	GB/T 6742
5	耐冲击性/cm		≥50		—	GB/T 1732
6	附着力/MPa		≥5			GB/T 5210

A.9 耐候面漆

各类耐候面漆技术要求和测试方法见表A.10，人工加速老化性能涂层试验后不生锈、不起泡、不剥落、不开裂，允许1级粉化、2级变色和2级失光。

表 A.10　各类耐候面漆技术要求和测试方法

序号	项目		技术指标				测试方法
			醇酸磁漆	丙烯酸面漆	丙烯酸脂肪族聚氨酯面漆	聚硅氧烷面漆	
1	不挥发分含量/%		≥40	≥40	≥60	≥70	GB/T 1725
2	干燥时间/h	表干	≤5	≤1	≤2	≤2	GB/T 1728
		实干	≤15	≤8	≤24	≤24	
3	弯曲性/mm		≤2	≤2	≤2	≤2	GB/T 6742
4	耐冲击性/cm		≥40	≥40	≥50	≥50	GB/T 1732
5	耐磨性(500r/500g)/g		≤0.1	≤0.1	≤0.05	≤0.03	GB/T 1768
6	硬度		≥0.3	≥0.3	≥0.5	≥0.6	GB/T 1730(B法)
7	附着力/MPa		≥3	≥3	≥5	≥6	GB/T 5210
8	重涂性		重涂无障碍				HG/T 3792 第3.12条
9	耐候性(人工加速老化试验，配套涂层)/h		300，1级	300，1级	1000，1级	5000，1级	GB/T 1865

注：序号1～9为抽检项目，序号10为型式试验项目。

A.10　耐热涂料

各类耐热涂料，包括有机硅铝粉耐热漆，丙烯酸改性有机硅耐热漆和冷喷铝涂料的技术要求和测试方法见表A.11。

表 A.11　耐热涂料技术要求和测试方法

序号	项目		技术指标			测试方法
			有机硅铝粉耐热漆	丙烯酸改性有机硅耐热漆	冷喷铝涂料	
1	容器中状态		搅拌均匀后无硬块，呈均匀状态			目测
2	不挥发分含量/%		≥45	≥35	≥60	GB/T 1725
3	附着力(拉开法)/MPa		≥3	≥3	≥4	GB/T 5210
4	弯曲性/mm		≤2	≤2	≤2	GB/T 6742
5	干燥时间/h	表干	≤2	≤2	≤2	GB/T 1728
		实干	≤6	≤6	≤16	

A.11　其他涂料产品

A.11.1　醇酸防锈底漆应符合国家现行标准HG/T 2009的要求。

A.11.2　环氧酯底漆应符合国家现行标准HG/T 2239的要求。

A.11.3　酚醛防锈底漆应符合国家现行标准HG/T 3345的要求。

A.11.4　酚醛磁漆应符合国家现行标准HG/T 3349的要求。

A.11.5　高氯化聚乙烯面漆应符合国家现行标准HG/T 2661的要求。

A. 11. 6 相关耐热涂料应符合国家现行标准 HG/T 3362 的要求。

A. 11. 7 聚氨酯涂料应符合国家现行标准 HG/T 2454 中溶剂型聚氨酯涂料(双组分)的要求。

A. 11. 8 其他未列涂料按相关标准的要求。

A. 11. 9 各类涂料的稀释剂应符合涂料供应商的企业标准。

附录B[1]

（资料性附录）

涂料使用量的计算

B.1　涂料的使用量可按下列两种方法中任一种进行计算：

a）方法一

$$G = \frac{CF\delta\rho A\alpha}{m} \tag{B.1}$$

式中　G——涂料的实际使用量，g；

CF——损耗系数；

δ——1道漆膜厚度，μm；

ρ——涂装道数；

A——涂料的密度，g/cm^3；

α——涂敷面积，m^2；

m——涂料中固体的质量分数，%。

b）方法二

$$L = \frac{CF\rho\alpha\delta}{10VS} \tag{B.2}$$

式中　L——涂料的计算使用量，l；

CF——损耗系数；

ρ——涂装道数；

α——涂敷面积，m^2；

δ——1道漆膜厚度，μm；

VS——涂料中固体的体积分数，%。

B.2　损耗系数

在涂装施工过程中，涂料的实际使用量受施工环境、涂装方法、被涂物表面的粗糙度、涂装损失等多个因素的影响。根据施工经验，用式（B.1）或式（B.2）计算使用量时涂料损耗系数可取1.5～1.8。

B.3　涂料所涂刷的面积和漆膜厚度对照见表B.1和表B.2。

表B.1　每1000cm^3涂料（VS为100%）涂刷面积和漆膜厚度对照表

漆膜厚度/μm	200	150	100	80	50	40	33.3	25	20	16.7	14.3	12.5	11.1	10
涂刷面积/m^2	5	6.67	10	12.5	20	25	30	40	50	60	70	80	90	100

表B.2　每1000cm^3涂料（VS为80%）涂刷面积和漆膜厚度对照表

漆膜厚度/μm	200	150	100	80	50	40	33.3	25	20	16.7	14.3	12.5	11.1	10
涂刷面积/m^2	4	5.33	8	10	16	20	24	32	40	47.9	55.94	64	72.1	80

[1]编者注：摘自国家现行标准《石油化工设备和管道涂料防腐蚀设计规范》（SH/T 3022—2011）附录E。

主要参考资料

1 化学工业部化工工艺配管设计技术中心站编．化工管路手册

2 《石油化工设备和管道涂料防腐蚀设计规范》（SH 3022—2011）

3 《石油化工设备管道钢结构表面色和标志规定》（SH 3043—2003）

4 《工业管路的基本识别色和识别符号》国家标准局

5 《工业管路的基本识别色和识别符号》上海市劳动保护科学研究所

6 《船上和陆上装置液体和气体输送管路的识别颜色》国际标准化组织（ISO/R508）

7 《管路识别》日本（JISZ 9102—1976）

8 《管路系统的识别图解》美国（ASME A13. 1—81）

9 《管路识别》英国（BSI 710）

10 《工业企业管路颜色标志、安全符号和标志牌》苏联（ΓOCT 14202—79）

11 《工业管道的基本识别色、识别符号和安全标识》（GB 7231—2003）

12 《漆膜颜色标准》（GB/T 3181—2008）

第二十一章　设备和管道的绝热

第一节　概　　述

为减少设备和管道内介质热量或冷量损失，或为防止人体烫伤、稳定操作等，在其外壁或内壁设置绝热层，以减少热传导的措施称绝热。一般将保温、保冷统称为绝热。虽然保温与保冷的热流传递方向不同，但习惯上也常统称为保温。因此，本章未特别指明保温或保冷时，所说的保温即包括保冷。

一、保温、保冷的定义

对常温以上至1000℃以下的设备或管道，为减少设备、管道及其附件向周围环境散热，在其外表面采取的包覆措施叫保温。

对常温以下的设备或管道，为减少周围环境传入低温设备和管道内部，防止低温设备和管道外壁表面凝露，在其外表面采取的包覆措施叫保冷；对0℃以上，常温以下的设备或管道，为防止其表面结露而采取的措施叫防露也叫保冷。

二、绝热的目的

(1)减少设备、管道及其组成件在工作过程中的热量或冷量损失以节约能源。

(2)减少生产过程中介质的温降或温升以提高设备的生产能力。

(3)避免、限制或延迟设备和管道内介质的凝固、冻结，以维持正常生产。

(4)降低或维持工作环境温度，改善劳动条件、防止因热表面导致火灾和防止操作人员烫伤。

(5)防止设备、管道及其组成件表面结露。

三、保温与节能的关系

设备、管道的散热是供热系统中热量损失的重要组成部分。据计算，每米长裸管的散热损失与一般保温结构的保温管道的散热损失比较如表21－1－1所示。

表21－1－1　每米长裸露管道与保温管道散热损失比较

管道公称直径/mm	管内介质温度/℃	每米管长散热损失/(W/m)		散热损失相比倍数
		裸露管道	保温管道	
100	100	355	52	6.8
	200	1134	105	10.8
	300	2361	159	14.8
	400	4245	212	20.0
	450	5466	238	22.9
200	100	669	81	8.2
	200	2128	154	13.8
	300	4512	228	19.8
	400	8083	302	26.7
	450	10467	337	31.0

续表

管道公称直径/mm	管内介质温度/℃	每米管长散热损失/(W/m)		散热损失相比倍数
		裸露管道	保温管道	
300	100	930	99	9.4
	200	3024	190	15.9
	300	6490	279	23.2
	400	11630	369	31.5
	450	15003	413	36.3

表内数据是按周围环境温度为25℃计算的。不难看出，管径越大、管内介质温度越高，散热损失越大。

表21-1-2是裸露阀门与按一般绝热结构保温阀门的散热损失比较。

表21-1-2　每个裸露阀门与保温阀门散热损失比较

公称直径/mm	介质温度/℃	每个阀门散热损失/W		散热损失相比倍数
		裸露阀门	保温阀门	
100	100	433	163	2.6
	200	1227	407	3.0
	300	2419	744	3.2
	400	4071	1221	3.3
	500	6164	1791	3.4
200	100	733	262	2.8
	200	2024	651	3.1
	300	3008	1204	3.2
	400	6745	1977	3.4
	500	9886	2826	3.5
300	100	1122	395	2.8
	200	3059	965	3.1
	300	5873	1774	3.3
	400	9886	2884	3.4
	500	14538	4164	3.4

表21-1-3介绍了裸露法兰与按一般绝热结构保温法兰的散热损失对比情况。

表21-1-3　每对裸露法兰与保温法兰散热损失比较

公称直径/mm	介质温度/℃	每对法兰散热损失/W		散热损失相比倍数
		裸露法兰	保温法兰	
100	100	188	23	8.1
	200	601	70	8.6
	300	1253	105	11.9
	400	2252	163	13.8
	450	2901	169	17.2
200	100	341	52	6.5
	200	1086	140	7.7
	300	2303	221	10.4
	400	4124	314	13.1
	450	5340	337	15.8
300	100	568	81	6.9
	200	1846	215	8.5
	300	3960	349	11.3
	400	7097	488	14.5
	450	9154	518	17.6

四、保温效果的评价

从不同角度出发，有几种评价保温效果的指标。

(一)保温效率($\eta\%$)

保温效率仅指保温后比裸露状态下散热损失的降低率(或回收率)。

设裸露状态下的散热热流为 Q_{n1}，保温后的散热热流为 Q_1，$Q_1 < Q_{n1}$，则保温效率为：

$$\eta\% = \frac{Q_{n1} - Q_1}{Q_{n1}} \times 100\% = \left(1 - \frac{Q_1}{Q_{n1}}\right) \times 100\% \tag{21-1-1}$$

保温效率只是对散热损失本身的减少程度的评价，不涉及整个设备或系统的工作状况和用能水平。

(二)管道热效率($\eta_t\%$)

用管道输送载热体时，若载热体由前一级设备获得的热流 Q'，由于管道散热损失 Q_1，热载体向后一级设备供出热流为 Q''，而 $Q' = Q'' + Q_1$ 则管道的热效率为

$$\eta_t\% = \frac{Q''}{Q'} \times 100\% = \left(1 - \frac{Q_1}{Q'}\right) \times 100\% \tag{21-1-2}$$

第二节　绝热材料

一、绝热材料的种类

以减少热量损失为目的在平均温度350℃其导热系数不得大于0.10W/(m·K)[1]的材料，称为保温材料。而在20世纪50年代，导热系数不得大于0.23W/(m·K)的材料即称为保温材料。当平均温度低于27℃时，用于保冷层的绝热材料及其制品的导热系数不得大于0.064W/(m·K)的材料为保冷材料。

绝热材料的分类方法很多，又没有国家标准分类方法。一般可按材质、使用温度、形态和结构等分类[2]。

按材质分类，可分为有机绝热材料、无机绝热材料和金属绝热材料三类。

按使用温度分类，可分为高温保温材料(适用于700℃以上)，中温保温材料(适用于100～700℃)常温保温材料(适用于100℃以下)和保冷材料，包括低温保冷材料和超低温保冷材料。实际上许多材料既可在高温下使用亦可在中、低温下使用，并无严格的使用温度界限。

按结构分类，可分为纤维类(固体基质、气孔都连续)，多孔类(固体基质连续而气孔

---

[1] 日本 JIS A 9501 规定，在使用温度下，材料的导热系数在0.15W/(m·K)以下的材料，叫保温材料。

[2] 按密度分类：分为重质，轻质和超轻质三类。
按压缩性分类：分软质(可压缩30%以上)，半硬质，硬质(压缩性小于6%)。
按导热性分类，分为低导热性，中、高导热性三类。

不连续，如泡沫塑料)，粉末类(固体基质不连续而气孔连续如膨胀珍珠岩，膨胀蛭石)。

通常按形态分类，如表21-2-1所示。

表21-2-1　绝热材料按形态分类表

按形态分类	材料名称	制品形状
多孔状	聚苯乙烯泡沫塑料 聚氯乙烯泡沫塑料 聚氨酯泡沫塑料 泡沫玻璃 软质耐火材料 微孔硅酸钙 碳化软木	板、块、筒 板、块、筒 板、块、筒 板、块、筒 块 板、块、筒 板、块
纤维状	岩棉 玻璃棉 矿渣棉 陶瓷纤维	毡、筒、带、板 毡、筒、带、板 毡、筒、板 毡、筒、带、板
粉末状	硅藻土 蛭石 珍珠岩	粉粒状、块、板 粉粒状、块、板 粉粒状、块、板
层　状	金属箔 金属镀膜	夹层蜂窝状 多层状

二、绝热材料的基本性能

(一)组织结构

1. 密度(容重)

一般规定，保温材料的密度是材料试样在110℃时，经烘干呈松散状态的单位体积的重量。

密度是绝热材料性能指标之一。通常，密度小的材料必定有较多的气孔，由于气体的导热系数比固体的导热系数小得多。因此，保温材料密度越小，导热系数就越小。但是对纤维状、松散材料例外。例如沥青玻璃棉在其密度小到110kg/m^{3}之后，导热系数值随密度的减少而增加。因为此时在材料的气孔中，辐射，对流两种传热方式的影响加强了。据测定，玻璃棉和岩棉的密度约为60~100kg/m^{3}时，其导热系数最小。

由于绝热材料和绝热结构的不断发展，密度这个概念也相应产生了变化。通常，硬质绝热材料制品的密度，不管是生产时或安装时，其密度基本一致。但是纤维材料及其制品和松散材料填充的绝热结构出现了弹性恢复问题。此外，矿纤材料或具有层状组织的材料，其纤维或层片分布情况也影响着导热系数。热流方向与纤维或层片结构平行时，热流易于通过；与纤维或层片断面垂直时，接触热阻较大，热流难于通过。所以这类材料及其制品的导热系数在不同的方向上是有差别的。因此需要赋予密度的实用概念：

(1)生产密度

绝热材料厂在一定生产工艺和检验方法下所确定的出厂产品的密度，即称为生产密度。

对于矿纤材料制品还有公称厚度和公称密度的概念。例如德国规定，采用0.0001~0.002MPa平面荷载下测定的厚度为公称厚度，并由此而算出的体积密度称为公称密度。我国目前尚无规定。

（2）使用密度

材料在使用状态下的实际密度叫做使用密度。据测定，松散材料（包括颗粒状和纤维状）的使用密度可达生产密度的1.3～2.5倍；矿纤材料的软质和半硬质制品的使用密度可达生产密度的1.1～1.5倍。

（3）最佳密度

所谓最佳密度就是材料在该密度下具有：较小的导热系数；较高的机械强度；较高的弹性恢复和抗震性能；在包装运输和安装过程中，材料的外形和厚度稳定性较好等。最佳密度对于纤维状材料及其制品尤其具有实用意义。例如岩棉制品的最佳密度为90～150kg/m^3；无碱超细玻璃棉毡的最佳密度为60～90kg/m^3。

2. 气孔率

绝热材料一般为多孔性材料。用来衡量材料体积被气体充实程度的指标称为气孔率或孔隙率。

材料的气孔有不同形状和大小。气孔的形状大致分为开口的，闭口（封闭）的，而开口气孔又有连通的与不连通的两种，如图21－2－1所示。

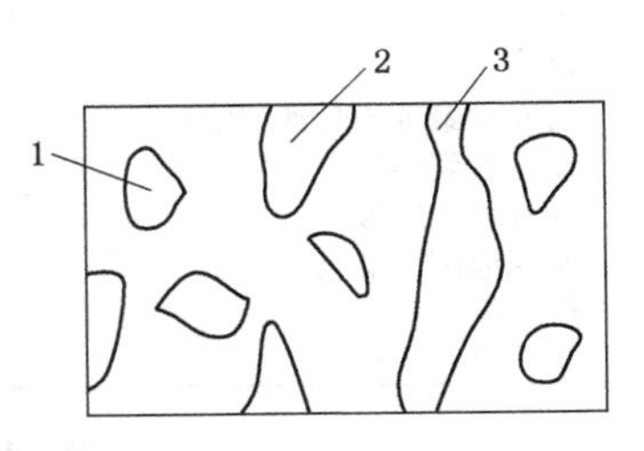

图21－2－1　气孔形状及分布示意

1—闭口气孔；2—开口气孔；3—连通的开口气孔

开门的气孔可被水灌满，而闭口气孔则不能进水。

材料的气孔率与材料的密度相关，气孔率增大时，材料密度减小。至于材料的导热系数和机械强度，则不仅与气孔率有关，还与气孔的大小形状和分布有关。

3. 吸水率、吸湿率、含水率

吸水率表示材料对水的吸收能力，材料的吸湿率是材料从环境空气中吸收湿分的能力。一般材料吸收外来的水分或湿气的性质可称为含水率。用于保温的绝热材料及其制品、含水率应小于7.5%；用于保冷的绝热材料及其制品，含水量应小于1%。

保温材料的含水率对材料的导热系数、机械强度、密度影响很大。材料吸附水分后，材料气孔被水占据了相应的空气位置，由于常温下水的导热系数是空气的24倍，而且水在蒸发时要吸收大量热量。因此，材料的导热系数就会大大增加。

表21－2－2是几种保温材料体积含水率对导热系数的增值的影响。

表21－2－2　保温材料体积含水率对导热系数的增值的影响

材料名称	密度/（kg/m^3）	干燥材料导热系数/[W/（m·K）]	体积含水率每增加1%导热系数的增值/[W/（m·K）]	
			0℃以上	0℃以下
玻璃棉	150	0.0419	0.00233	0.00349
硅藻土砖	630	0.1279	0.01047	0.01396
矿渣棉	205	0.0465	0.00058	0.00233
石棉抹面层	552	0.1279	0.00035	0.02908

一般绝热材料制品说明书上给出的导热系数或导热系数方程的主值是材料在干燥状态下0℃的数值。一般纤维状保温材料，当含水率达到10%～15%时，其导热系数值增加13%～22%，为简化计算，对于可能有水或湿气侵入的保温结构，计算厚度时，可采用通常的导热系数方程计算。但应乘以1.1～1.3的系数，而对于冷库的保冷计算，保冷厚度宜乘以1.5～1.7的系数。

4. 透气度

透气性是材料在各种条件下让空气或蒸汽以及其他气体透过的性能。透气性由透气度测定。

气体只能通过连通的开口气孔。因此，透气率与连通的开口气孔率成直线关系，与闭口气孔率无关。材料的透气性，不但使空气侵入，也会使周围有害气体渗入，从而加速材料的破坏，进而损坏设备或管道。因此，应重视透气率的作用。一般可在绝热层外表面涂沫低透气系数的憎水性保护层或密封良好的金属保护层。

表 21－2－3 是材料的蒸汽渗透系数❶。

表 21－2－4 是材料透气系数与密度的关系❷。

表 21－2－3　保温、保冷材料的蒸汽渗透系数

材　料　名　称	密度/(kg/m³)	蒸汽渗透系数/[mg/(m²·s·Pa)]
沥青		2.5×10^{-3}
油毡		0.375
油漆		0.083
可发性聚苯乙烯泡沫塑料	20～50	16.668
沥青玻璃棉毡	80	135.427
沥青珍珠岩板	350	22.919
水泥泡沫混凝土	511	72.923
软木板	150～250	10.418
水泥珍珠岩板	600	83.34

表 21－2－4　保温材料透气系数与密度的关系

材　料　名　称	密度/(kg/m³)	透气系数/[m²/(h·mmH₂O)]
泡沫混凝土	600	0.10052
硅藻土砖	510	0.20
矿渣棉制品	100	0.33
岩棉制品	70	2.00
	100	1.10
	150	0.60

(二)机械强度

1. 抗压强度

抗压强度是材料受到压缩力作用而破损时每单位原始横截面积上的最大压力荷载。硬质保温材料制品的抗压强度与加工工艺，材料气孔率等密切相关。如材料的气孔率大，存在较多的裂纹，抗压强度则降低。

对于软质、半硬质及松散状保温材料，一般受到压缩荷载时不会被破坏。

2. 抗折强度

抗折强度亦称弯曲强度，是材料受到使其弯曲荷载的作用下破坏时，单位面积上所受的力一般由式(21－2－1)表示。

$$\sigma = \frac{3\cdot W\cdot L}{2b\cdot h^2} \tag{21-2-1}$$

式中　σ——抗折强度，N/cm^2；

❶ 蒸汽渗透系数是指绝热材料的里外两面气体压差为 1mmHg 时，每小时通过厚度为 1m，面积为 $1m^2$ 的保温材料的水蒸气数量。

❷ 空气渗透系数是指绝热材料的里外侧压差为 $1mmH_2O$ 时，每小时通过厚度为 1m，面积为 $1m^2$ 的绝热材料的空气数量。

W——最大荷载，N；

L——支点间距离，cm；

b——材料的宽度，cm；

h——材料的厚度，cm。

对硬质材料有抗折强度的要求，对软质或半硬质材料制品，一般没有抗折强度的要求。

3. 高温残余强度

对于在高温下使用的保温材料，除在常温下的耐压强度外，在高温工作条件下还应具有高温残余强度。高温残余强度是用“高温残余强度比率”测定的。烘干抗压强度与高温抗压强度的比值，即为高温残余强度比率。

（三）热工及化学性能

1. 线膨胀系数，线（热）收缩率

保温材料受热时的膨胀特性，可用线膨胀系数表示，某些保温材料制品在高温下能产生收缩变形。但线（热）收缩系数随温度的增高而有所降低，例如微孔硅酸钙制品线收缩率和线收缩系数，如图 21 -2 -2 和图 21 -2 -3 所示。

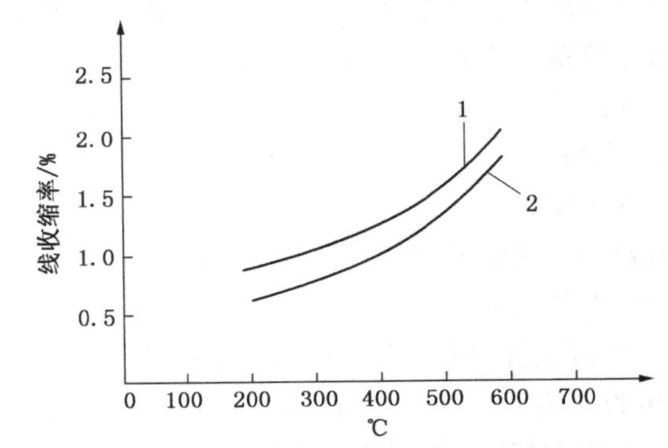

图 21 -2 -2　微孔硅酸钙制品线收缩率曲线

1—浇注成型硅酸钙制品；2—压制成型硅酸钙制品

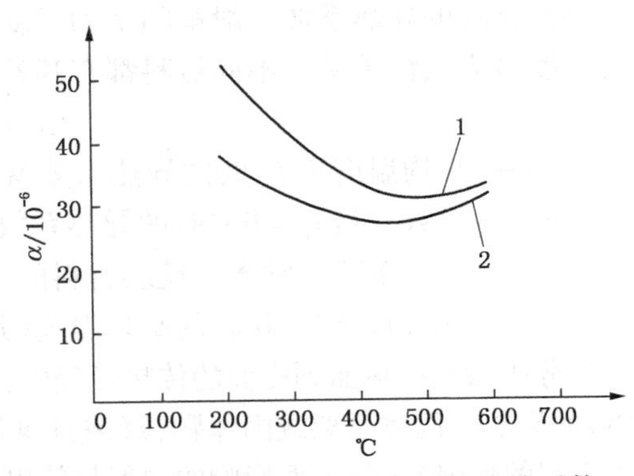

图 21 -2 -3　微孔硅酸钙制品线收缩系数

1—浇注成型硅酸钙制品；2—压制成型硅酸钙制品

保温材料的线膨胀系数与材料的热稳定性有关，如材料的线膨胀系数较大，保温结构受热后，内部因变形产生较大的应力，当温度变化剧烈时，保温结构便受到破坏。

2. 热稳定性

热稳定性是指材料能经受温度的剧烈变化而不生成裂纹、裂缝和碎块的性能。

保温材料的导热性能较低。因此，保温结构在热状态下内部会产生较大的温度差。如保温结构受到外部急热急冷的作用，则会因温度差而产生热应力，当应力超过材料的强度极限时，保温结构将被破坏。材料的热稳定性随材料的抗压或抗折强度的提高而提高，并随热膨胀系数、弹性模数的增大而降低，材料的热稳定性还与导温系数❶成正比。材料的抵抗系数 K 可用式（21 -2 -2）计算。

---

❶导温系数 a 又可称热扩散率。当材料受热时，导温系数愈大则材料中温度变化传播得越迅速。

$$a = \frac{\lambda}{\rho c}$$

式中　λ、ρ、c 分别表示材料的导热系数、密度、比热容。

$$K = \frac{\sigma \cdot \sqrt{a}}{\alpha \cdot E} \quad \text{m} \cdot ℃/\text{s} \tag{21-2-2}$$

式中 K——温度急变抵抗系数；

σ——抗压或抗折强度；

α——线膨胀系数，1/℃；

E——弹性模数；

a——导温系数。

3. 导热系数

导热系数是绝热材料最重要的性能之一。它是对于均质、各向同性的物体，在稳态一维热流情况下，每小时通过两面温差为1℃、厚度为1m，表面积为$1m^2$的热流数量。

保温材料的导热系数与其他物性不同，它不是独立存在的“物性”而是说明材料“输运特性”——即在能量输运（传递）过程中才能显示的特性。因而它与材料的其他一些物性如密度和含水率密切相关，与热量传递时的条件，如温度范围和温差的大小密切相关，还与材料内部结构形式有关。

保温材料的导热系数一般都随平均温度的升高而加大。通常在一定温度范围内，导热系数与温度多为线性关系，不同材料都有其各自的导热系数方程，其关联式为：

$$\lambda = a + bt_m \tag{21-2-3}$$

式中 λ——平均温度为t_m时的导热系数 W/(m·K)；

a——常数，是$t_m=0$℃时的导热系数 W/(m·K)；

b——温度系数，常数，反映材料的λ随温度t_m改变的程度，W/(m·K)；

t_m——$(t_1+t_2)/2$，材料的平均温度（从$t_1=0$℃算起）。

从分析保温层热面到冷面的传热过程中，可以知道这种传热过程是保温层内空气（或其他气体）的导热、固体骨架或固体颗粒（或纤维体）间的导热、空气的对流、辐射传导（颗粒或纤维体之间的辐射），受界面影响的辐射传热以及固体和气体交互作用的传热等综合作用的结果。因此，表征保温材料特性的导热系数，就不仅受材料的影响，还要受到内部结构因素的严重影响（如孔隙大小和孔隙率、颗粒度、纤维直径等影响）。例如材料中气孔直径为0.1mm左右，其孔内空气的导热系数在0℃时为0.024W/(m·K)，100℃时为0.031W/(m·K)，增大了28.5%。若气孔直径为2mm左右，则导热系数在0℃时为0.031W/(m·K)，而在100℃时达到0.051W/(m·K)，即增大了63%。

同一种保温材料的导热系数，不论在高温还是低温下，都与其颗粒度有关，见表21-2-5和表21-2-6。从表21-2-6可以看出，较小的颗粒度，其颗粒之间的距离较小，降低了对流传热的热流，同时颗粒是点接触，使其固体热阻增大，所以呈现出较小的导热系数。

表21-2-5 常温下膨胀珍珠岩颗粒度与导热系数的关系

颗粒度/mm	导热系数/[W/(m·K)]
1.5~5	0.0418
2~2.5	0.0326

4. pH值

由于保温材料的化学成分不纯，并且大多数材料具有一定的吸水性，都能对金属产生腐蚀或充氧性腐蚀。例如含硫氧化物的矿渣棉在温度和水湿作用下，曾经发生过热网管道的腐蚀。地下敷设(不通行沟道或无沟敷设)的管道在持续潮湿的条件下，吸湿性强的保温材料也能扩大金属的腐蚀程度。

表 21-2-6 常压低温下膨胀珍珠岩颗粒度与导热系数的关系

颗粒度/mm	导热系数/[W/(m·K)]
1~2	0.0475
1	0.044
1~0.6	0.0405
0.4~0.2	0.039
<0.2	0.065

据试验，当保温材料的 pH 值小于 13 时，紧贴保温材料的金属表面会生成一层致密的腐蚀产物 $Fe(OH)_2$ 的保护膜，金属表面就不再被腐蚀。

材料的密度小，气孔率大时，必然会较快的输送水和氧气，加速腐蚀过程。因此，当保温材料的 pH 值小于 13，尤其在 7~8 间，密度小气孔率大，并经常有水浸泡时，在较高的温度作用下，金属的腐蚀会很严重。

泡沫塑料或抹面材料内含有可溶性氯化物时，易于对奥氏体不锈钢产生应力腐蚀。因此，要求保温材料必须属于中性或 pH 值不小于 7~8，不得含有可溶性氯化物，硫氧化物的含量不允许大于 0.06%。

表 21-2-7 是一些保温材料的 pH 值。

表 21-2-7 保温材料的 pH 值

材料名称	pH 值	材料名称	pH 值
膨胀珍珠岩	7~8	玻璃棉	7.5~9
憎水性珍珠岩	JIS:10~11		JIS:8~10.5
岩棉	7~9	焙烧硅藻土	8
	ASTM:7~11	水泥泡沫混凝土	12.5
微孔硅酸钙	BS:9.5~11		
	JIS:8~10.5	聚苯乙烯泡沫塑料	6.5~7.5
泡沫玻璃	7~8		

5. 应力腐蚀

用于奥氏体不锈钢设备和管道及其组成件上的绝热层材料或制品中，氯离子含量必须严格限制，以防设备或管道产生应力腐蚀。其氧化物、氟化物、硅酸盐、钠离子的含量应符合《覆盖奥氏体不锈钢用绝热材料规范》GB/T 17393—2008 的有关规定。

中国和日本等国家尚无国家标准规定，但在美国 ASTMC795，美军的 MIL-I-24244A (SHIPS)，美国核能委员会的管理导则 1.36 有此规定。图 21-2-4 是 ASTMC795 的可溶性 Cl^- 与可溶性 $Na^+ + SiO_3^{2-}$ 含量的相关图。此外，并规定 pH 值范围应为 7~11.7。

(四)高温性能

1. 耐火度

保温材料在无荷载时，抵抗高温而不熔化的性质称为耐火度。耐火度是决定材料能否在高温条件下使用的重要指标。

耐火度表示一个极限温度，接近这个温度时，材料就会失掉其本来形状。所以，保温材料不允许在此温度下工作。

2. 高温荷载软化点

也叫做高温荷载软化温度，用于测定保温材料在荷载和高温共同作用下的抵抗能力。这个指标，在多数情况下可用来确定保温材料在高温下使用的相对强度。所以，高温荷载软化点不能直接作为保温材料使用的极限温度。

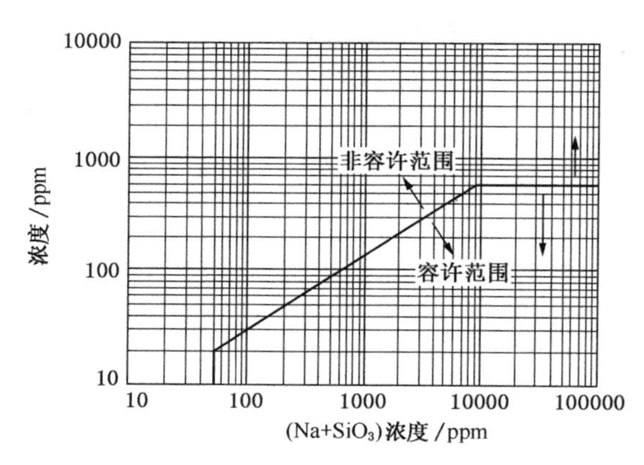

图 21-2-4　保温材料中可溶性 Cl^- 与（$Na^+ + SiO_3^{2-}$）浓度及其使用范围

3. 烧失量

烧失量（灼烧减量）的多少也可以作为确定保温材料耐热性高低的指标。例如石棉制品、树脂黏结的矿纤制品均可以采用烧失量的变化来检定其耐热性能。有些矿纤材料的成型制品在加热过程中烧失量可达到 1.5%～4%，但不影响其规定的使用温度。因其烧失量正好等于所掺加的黏结剂或表面活性剂的数量，同时黏结剂或活性剂受热挥发后材料的机械强度反而有所提高。保温材料中有可燃物成分，会影响其耐热温度。所含的可燃成分可用烧失量指标测定。

4. 最高安全使用温度

最高安全使用温度是指保温材料长期安全使用所能承受的极限温度。当材料在超过最高安全使用温度下长期使用时，可能发生裂纹，松散，失去应有的机械强度和固形能力，甚至被烧毁。

在保温材料样本或说明书中的使用温度一般指保温材料可能承受的耐热温度。由于保温材料或制品的不均一性，长期受热后产生性能衰减，例如有碱超细玻璃棉材料在产品样本或说明书中的使用温度为 400℃，但是，某些使用于 300℃以上的保温经长期使用后，纤维强度降低甚至变成粉状。因此，规定该材料的最高安全使用温度为 300℃，但其制品因黏结剂（淀粉、沥青、酚醛树脂等）的限制，其制品的最高安全使用温度为 250℃。

确定保温材料的安全使用温度方法，目前在我国尚无统一的规定。除按经验确定外，一般可由下列方法确定：

a. 在该温度下长期使用不发生比热容变化；

b. 保温材料经加热后的机械强度下降，其下降值一般不应超过 50%；

c. 外观检查，保温材料在模拟温度下单面连续加热 96 小时以上，检查其外观有无明显的裂纹，局部凹陷、隆起、酥松、分层和炭化等现象；加热过程有无冒烟、冒汽现象，对于有黏结剂的制品，允许有短暂的冒烟现象，随后制品恢复其原料本来的色泽，其机械强度，热工性能保持不变。若对材料整体加热，在规定的加热时间内应无燃烧及发红现象。

比上述任何一种方法所检定的合格温度低 50～100℃即可作为该材料的安全使用温度。

在日本，对矿纤材料制品，以材料在热状态下施加一定的荷载使厚度收（压）缩率达到 10%时的温度作为该材料的安全使用温度。对于微孔硅酸钙制品，以其再热残余线收缩率小于 2%时的温度作为该材料的安全使用温度。

第三节　绝热设计的基本原则

一、保温设计的基本原则

保温设计应符合减少散热损失，节约能源满足工艺要求，保持生产能力，提高经济效益，改善工作环境，防止烫伤等基本原则。

（一）具有下列情况之一的设备、管道及组成件（以下简称管道）应予保温

（1）外表面温度大于50℃以及外表面温度小于或等于50℃但工艺需要保温的设备和管道。例如，可能经常在阳光照射下的泵入口的液化熔管道；精馏塔顶馏出线（塔至冷凝器的管道）塔顶回流管道以及经分液后的燃料气管道等宜保温。

（2）介质凝固点或冰点高于环境温度（系指年平均温度）的设备和管道。例如凝固点约30℃的原油，于年平均温度低于30℃的地区的设备和管道；在寒冷或严寒地区，介质凝固点虽然不高，但介质内含水的设备和管道在寒冷地区，可能不经常流动的水管道等。

（二）具有下列情况之一的设备和管道可不保温

（1）要求散热或必须裸露的设备和管道；

（2）要求及时发现泄漏的设备和管道法兰；

（3）内部有绝热，耐磨衬里的设备和管道；

（4）须经常监视或测量以防止发生损坏的部位；

（5）工艺生产中的排气、放空等不需要保温的设备和管道。

（三）防烫伤保温

表面温度等于或大于60℃的不保温设备和管道，需要经常维护又无法采用其他措施防止烫伤的部位，例如距地面或操作平台面高2.1m以内以及距操作面小于0.75m范围内，均应设防烫伤保温。

防烫伤的保温温度，过去曾以90℃为准，有的国家、公司以70℃、65℃、60℃为准。据医学资料，当皮肤温度达到72℃时立即坏死。又据实验结果，接触不同温度的表面引起烫伤所需的时间如表21－3－1所列。

表21－3－1　引起烫伤的接触时间与表面温度的关系

引起烫伤接触时间/s	表面温度/℃
60	53
15	56
10	58
5	60
2	65
1	70

根据表中数据，表面温度宜限制在60℃，以防止烫伤。

二、保冷设计的基本原则

常温以下的设备和管道，为减少冷量损失（热量侵入）或控制冷损量的保冷，应在减少（控制）冷量损失的同时，并确保保冷层外表面温度高于环境的露点温度，从而达到减少（控制）冷量损失，节约能源，保持或发挥生产能力的目的。

0℃以上，常温以下的设备和管道，为防止外表面凝露的保冷，应确保保冷层外表面温度高于环境的露点温度。

具有下列情况之一的设备和管道必须保冷；

（1）需减少冷介质在生产或输送过程中的温升或气化（包括突然减压而气化产生结冰）；

（2）需减少冷介质在生产或输送过程中的冷量损失，或规定允许冷损失量；

（3）需防止在0℃以上常温以下的设备或管道外表面凝露。

（4）与保冷设备或管道相连的仪表及其附件。

第四节　绝热结构

绝热结构是保温结构和保冷结构的统称。

为减少散热损失，在设备或管道表面上覆盖的绝热措施，以保温层和保护层为主体及其支承、固定的附件构成的统一体，称为保温结构。保温层是利用保温材料的优良绝热性能，增加热阻，从而达到减少散热的目的，是保温结构的主要组成部分。保护层是利用保护层材料的强度、韧性和致密性等以保护保温层免受外力和雨水的侵袭，从而达到延长保温层的使用年限的目的，并使保温结构外形整洁、美观。

为减少（控制）冷量损失和防止表面凝露，在设备或管道表面上覆盖的绝热措施，以保冷层、防潮（隔汽）层和保护层为主体及其支承、固定的附件构成的统一体，称为保冷结构。由于保冷结构处于低温状态，设备或管道的外表面易于锈蚀，因而需要增加防锈层。

一般保冷结构从内至外，由防锈层、保冷层、防潮层（亦称阻汽层）、保护层所组成。

保冷的设备或管道，在其支承或连接处的保冷结构尚应有避免“冷桥”的措施。

一、绝热结构的种类

由于绝热结构是组合结构，很难划分其种类。一般可按绝热层、保护层分别划分，而在使用中根据不同情况加以选择和组合。

根据不同的绝热材料和不同的施工方法，大致可分为十类：

1. 胶泥结构

这是一种较原始的方法，20 世纪 60 年代以后很少应用，现在只偶而用在临时性保温工程，或用在其他保温结构中的接合部位及接缝处。一般将保温材料用水拌成胶泥状，用手团成泥团，密密甩在需保温的器壁上或管壁上，一次即达 30 ~ 50mm 厚，达到设计厚度后再在上面敷设镀锌铁丝网，并抹面或设置其他保护层。此法所用保温材料多为石棉、石棉硅藻土或碳酸钙石棉粉等。

2. 填充结构

用钢筋或扁钢作支承环，套在设备或管道上，在支承环外面包上镀锌铁丝网，在中间填充散状绝热材料，使之达到规定的密度。填充结构中填充的保温材料主要有矿渣棉、玻璃棉及超细玻璃棉等。也有用膨胀珍珠岩或膨胀蛭石散料作填充材料的，但其外套需用薄钢板制作。

3. 捆扎结构

利用在生产厂把保温材料制成厚度均匀的毡或垫状半成品，在工地上加压及裁剪成所需容重及尺寸，然后包覆在设备或管道上，外面用镀锌铁丝或镀锌钢带，缠绕扎紧，一层达不到设计厚度时，可以用二层或三层。包扎时要求接缝严密。捆扎结构所使用的保温材料，主要有矿渣棉毡或垫、玻璃毡、超细玻璃棉毡、岩棉毡和石棉布等。

4. 缠绕结构

将生产厂提供的带状或绳状保温制品，直接缠绕在设备或管道上。作为缠绕结构的保温材料有石棉、岩棉等材料制成的绳带。

5. 预制品结构

把生产厂制成的绝热材料制品——圆形管壳、弧形瓦、弧形块等，用铁丝捆扎在设备或管道上。如设计厚度较厚时，可分二层或多层捆扎。各层保温瓦块的接缝要错开，接缝处用相同材料制成的胶泥黏合。预制品结构使用的保温材料主要有复合硅酸盐、矿渣棉、岩棉、玻璃棉、膨胀蛭石、膨胀珍珠岩，微孔硅酸钙硅酸铝纤维等制成的预制品。用于预制品结构的保冷材料主要有柔性泡沫橡塑，聚异氰脲酸酯，高密度聚异氰脲酸酯、丁腈橡胶发泡制品、二烯烃弹性体发泡制品、酚醛泡沫，硬质闭孔阻燃型聚氨脂泡沫塑料、自熄可发性聚苯乙烯泡沫塑料、闭孔型泡沫玻璃等。

6. 装配式结构

保温层材料及外保护层均由厂家供给定型制品，现场施工只需按规格就位，并加以固定，即为装配式结构。

7. 浇灌结构

主要用于无沟敷设的地下管道，把泡沫混凝土与管道一起浇灌在地槽内。为了使管道在混凝土保温层内自由伸缩，在管道外表面可涂沫一层重油或沥青。

8. 喷涂结构

把绝热材料用特殊设施喷涂在设备或管道上，材料内混有发泡剂，因而形成泡沫状黏附在设备或管道上。喷涂结构使用的材料主要为聚氨脂塑料。

9. 金属反射式结构

金属反射式保温，于1955年英国首先在热力工程上采用。20世纪60年代初，前苏联在600～800℃的燃气轮机上使用多层屏金属反射式保温结构，它是采用厚0.15～0.2mm的1Cr18Ni9Ti不锈钢箔制成多层的热屏，各层热屏的空气间隙约为1.5mm，屏间有点接触的针式、三角形、波纹形的反射衬片，如图21－4－1所示，主要用于降低辐射与对流的传热，特别适合于震动和高温状况下，甚至潮湿环境中发挥其热屏或绝热的作用，为一般常规材料所不及。

10. 可拆卸式结构

可拆卸式保温结构又称活动式保温结构，主要适用于设备和管道的法兰、阀门以及需要经常进行维护监视的部位和支吊架的保温。图21－4－2是管道吊架处的可拆卸式保温结构。

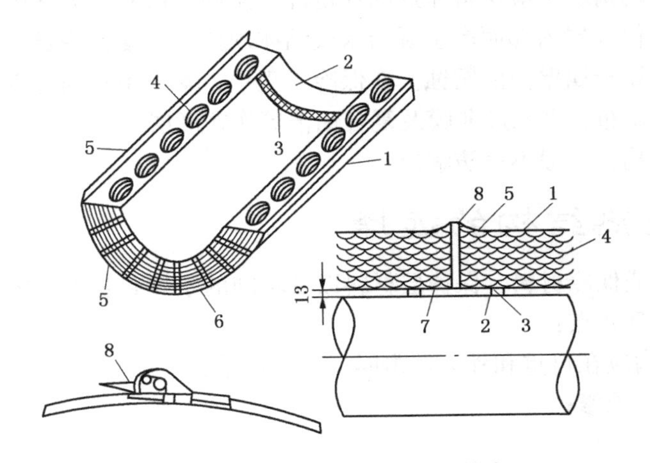

图21－4－1 金属反射式保温管壳

1—外壳；2—内壳；3—Z形衬垫；4—侧面开孔及波纹箔；5—管壳搭口；6—幅条状隔板；7—空气层；8—管壳环向搭接活扣式箍带

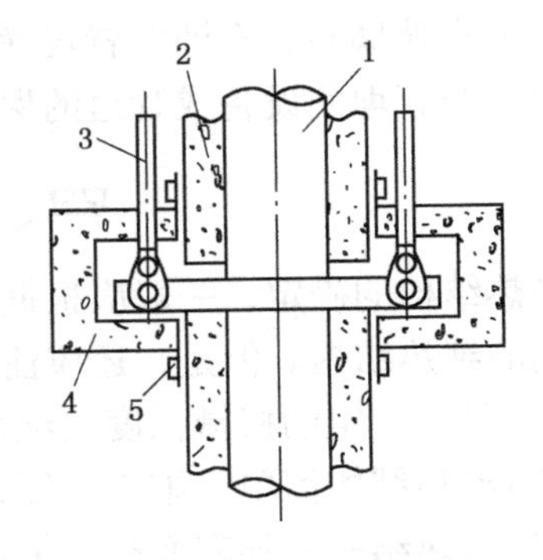

图21－4－2 管道吊架可拆卸式保温结构

1—管道；2—管道保温层(多孔材料硬质制品)；3—吊架；4—金属护壳内填充保温；5—紧固钢箍带

二、保护层的种类

根据用材不同和施工方法不同可分为四类。

1. 涂抹式保护层

有沥青胶泥、石棉水泥砂浆等，其中石棉水泥是常用的一种。用镀锌铁丝网做骨骼，把材料调成胶泥状，直接涂抹在保温层外。为了使其圆整、光洁、一般沥青胶泥需涂抹3～5mm，石棉水泥砂浆需涂抹10～20mm。

2. 金属保护层

根据现行国家标准《工业设备及管道绝热工程施工规范》GB 50126—2008 规定：保护层材料应采用不燃性或难燃性材质。储存或输送易燃、易爆物料的设备和管道，以及与此类管道架设在同一支架上或相交叉处的其他管道，其保护层必须采用不燃性材料。因此一般采用镀锌或不镀锌薄钢板或薄铝板或合金铝板，在特殊场合，也有使用聚氯乙烯复合钢板和不锈钢板。

3. 布毡类保护层

有各种油毡、玻璃布、白布和帆布等等。把材料裁成120～125mm宽的长条，缠绕在保温层外，接缝处需搭缝，一般搭50mm左右，末端及中间每隔500～1000mm左右用铁丝或∩形钉固定。为了延长使用年限，在外面可涂刷油漆或沥青等保护膜。

在石油化工企业中，不得使用油毡、白布、帆布或沥青等可燃性材料做外保护层或保护膜。

4. 其他

近年来某些蒸汽管道上采用了玻璃钢板或带铝箔玻璃钢板作保护层，可黏接或扎带，施工方便，外形美观。但用于石油化工企业，必须是阻燃型，氧指数不得小于30的玻璃钢板。

目前国内尚有新开发的保护层材料，如高阻燃玻纤增强铝板、重防腐保温外护板等。

三、防潮层

设备和管道的保冷，其外表面必须设置防潮层，防潮层应具有良好的抗蒸汽渗透性、密封性、黏结性、防水性、防潮性，并对人体无害。在高温情况下不应软化、流淌或起泡；在低温时不脆裂或起落。在气温变化与振动情况下应保持完好的稳定性。防潮层可防止大气中水蒸气凝结于保冷层外表面上，并渗入保冷层内部而产生凝结水或结冰现象，致使保冷材料的导热系数增大，保冷结构开裂，并加剧金属壁面的腐蚀。在保冷工程中，常采用石油沥青或改性沥青玻璃布、石油沥青玛瑶脂玻璃布、聚乙烯薄膜及复合铝箔等作防潮层。

对于非直埋的设备或管道的保温结构，一般不设防潮层。

四、绝热结构的选择

绝热结构的确定，一般应根据保温或保冷材料、保护层材料以及不同的条件和要求，选择不同的绝热结构。但是，还应注意下列几点：

(1)要求一定的机械强度。绝热结构应在自重和外力冲击时，不致脱落；

(2)绝热结构简单，施工方便，易于维修；

(3)绝热结构的外表面整洁美观；

(4)经济的绝热结构，即绝热材料是“经济”的材料，经济的厚度和经济的外保护层，构成经济的绝热结构。

五、常用的绝热结构

本文所述常用绝热结构的详细施工图，请见《石油化工装置工艺管道安装设计手册(第五篇)设计施工图册》第四章《管道与设备绝热》。

(1)直管的保温(单层)见图 21 -4 -3。

(2)直管的保温(双层)，见图 21 -4 -4。

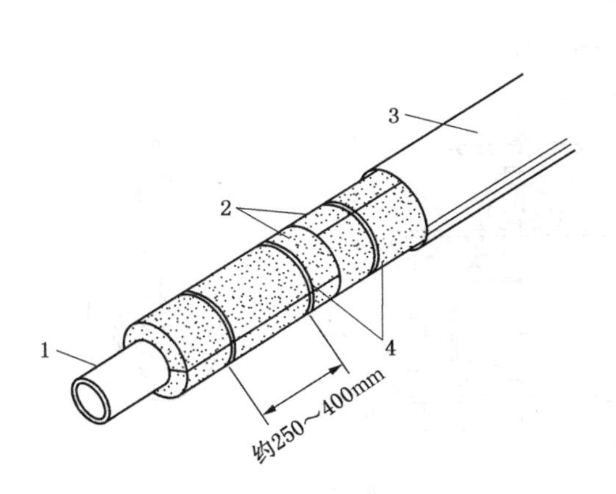

图 21 -4 -3　直管单层保温结构

1—管；2—保温层；3—外保护层；4—捆扎带

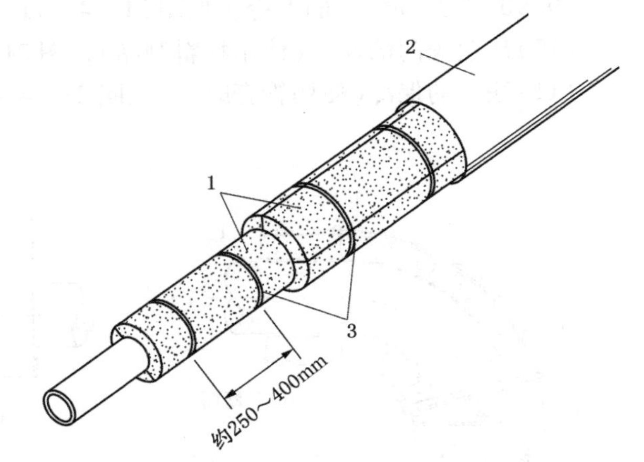

图 21 -4 -4　直管双层保温结构

1—保温层；2—外保护层；3—捆扎带

硬质保温材料制品厚度 >80mm[1] 应分层保温，第一二层的环缝与纵缝必须错开。不同材料的双层仍须错缝。

(3)垂直管的伸缩部的保温，见图 21 -4 -5。

(4)90°弯头的保温(肘形)见图 21 -4 -6。

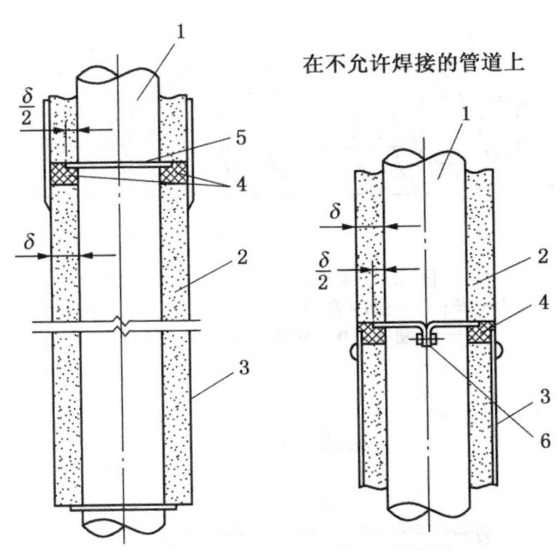

图 21 -4 -5　垂直管保温的伸缩部分

1—管；2—保温层；3—外保护层；4—纤维状保温材料；5—托架；6—卡箍形托架

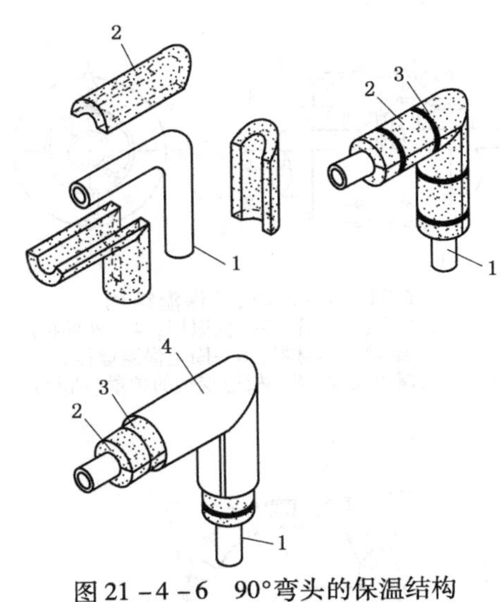

图 21 -4 -6　90°弯头的保温结构

(选用于小直径管)

1—管；2—保温层；3—捆扎带；4—外保护层

(5)90°弯头(弯管)的保温(虾米腰形)，见图 21 -4 -7。

(6)法兰阀门的保温(可拆卸式)，见图 21 -4 -8。

[1] JIS 标准 >75mm 为双层。

(7)法兰的保温(可拆卸式)，见图21-4-9。

(8)直管保冷(使用管壳时)，见图21-4-10。

(9)90°弯头(弯管)的保冷，见图21-4-11。

(10)法兰阀门的保冷(使用材料制品)，图21-4-12。

(11)法兰的保冷(使用管壳时)，见图21-4-13。

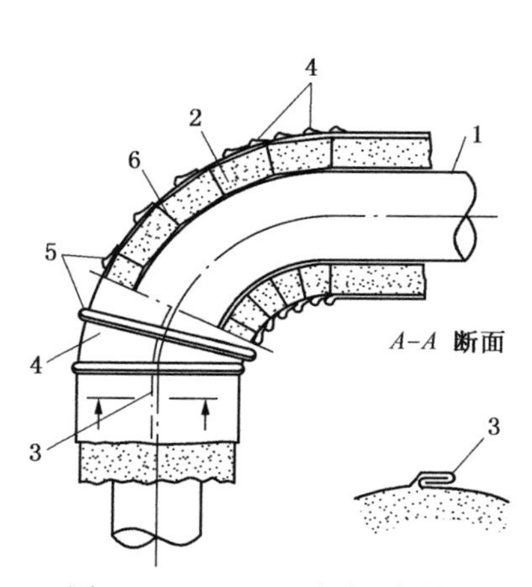

图21-4-7 90°弯头(弯管)

1—管；2—保温层；3—板边咬接；4—外保护层；5—圆线凸筋；6—抹缝

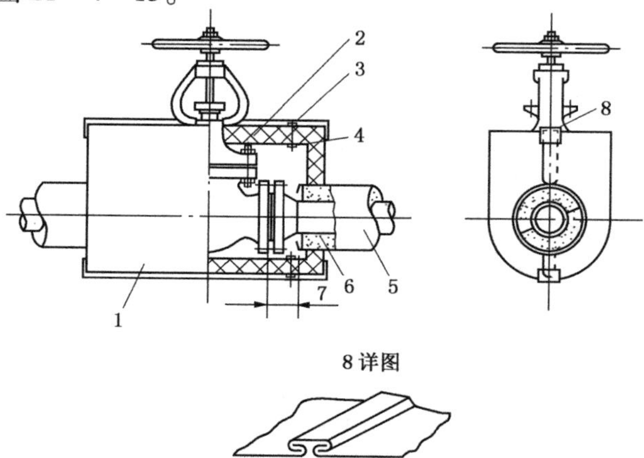

图21-4-8 法兰阀门的保温结构

1—阀门保温壳；2—纤维状保温材料；3—固定保温螺栓；4—压紧板；5—外保护层；6—保温厚；7—取出螺栓的最小尺寸；8—板边咬接的护罩(活套)

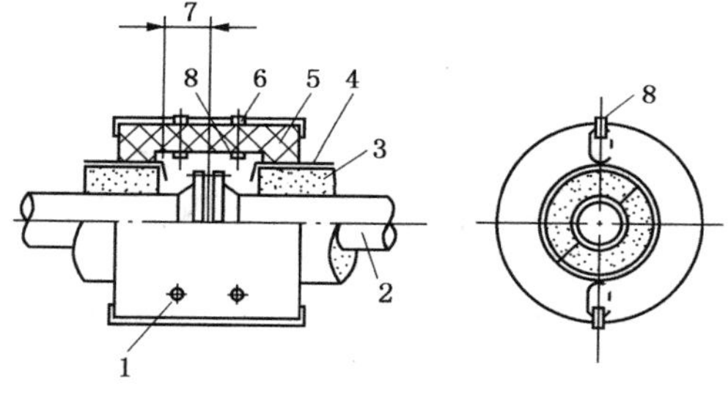

图21-4-9 法兰保温结构

1—法兰保温壳；2—管；3—保温层；4—外保护层；5—纤维状保温材料；6—固定保温螺栓；7—取出螺栓尺寸；8—板边咬接的护罩(活套)

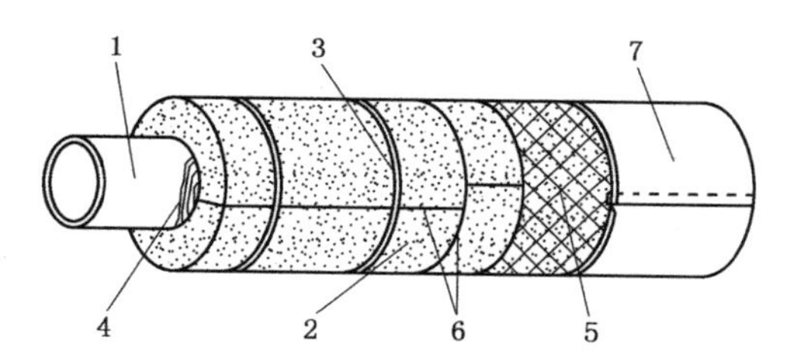

图21-4-10 直管保冷结构

1—管；2—保冷管壳；3—捆扎带；4—粘结剂；5—防潮层；6—接缝密封；7—外保护层

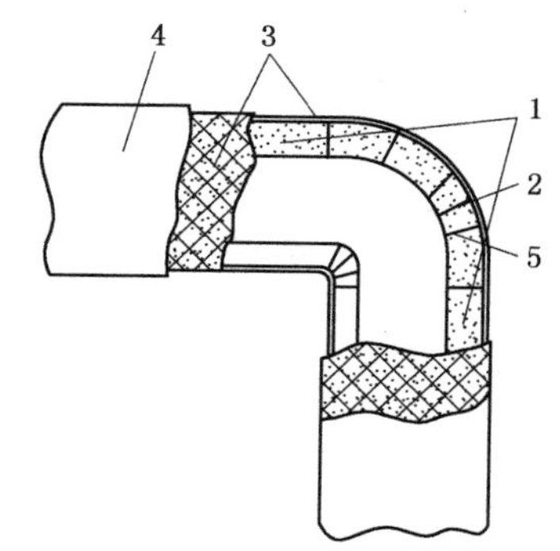

图21-4-11 90°弯头的保冷结构

1—保冷管壳(直管用)；2—保冷管壳(弯管用)；3—防潮层；4—外保护层；5—接缝密封

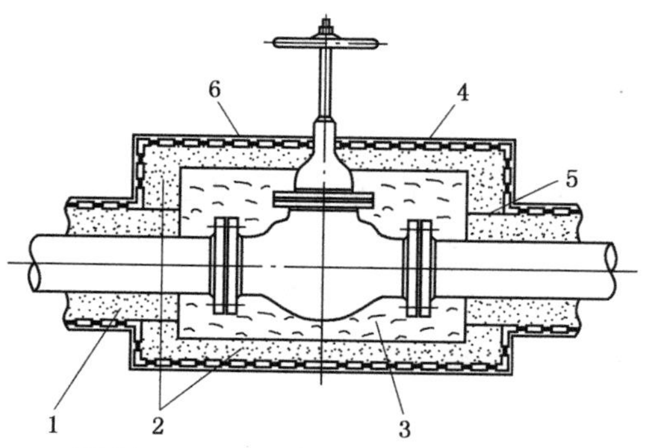

图21-4-12 法兰阀门的保冷结构

1—保冷管壳；2—阀门用保冷壳；3—纤维状保冷材料；4—防潮层；5—接缝密封；6—外保护层

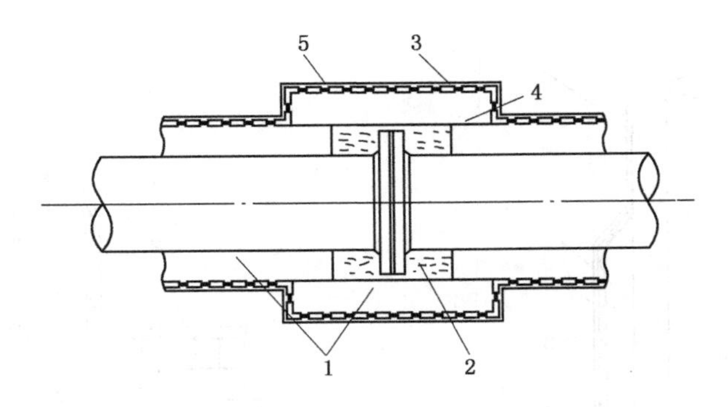

图 21－4－13　法兰的保冷结构

1—保冷管壳；2—纤维状保冷材料；

3—防潮层；4—接缝密封；5—外保护层

(12)直管注塑保冷(硬质聚氨酯泡沫塑料现场发泡施工)见图 21－4－14。

(13)直管注塑保冷(硬质聚氨酯泡沫塑料现场发泡使用临时模板施工)，见图 21－4－15。

(14)法兰阀门注塑保冷，见图 21－4－16。

(15)法兰注塑保冷，见图 21－4－17。

(16)垂直管道托架处的保冷，见图 21－4－18。

(17)水平管道吊杆处的保冷(防止产生冷桥)，见图 21－4－19。

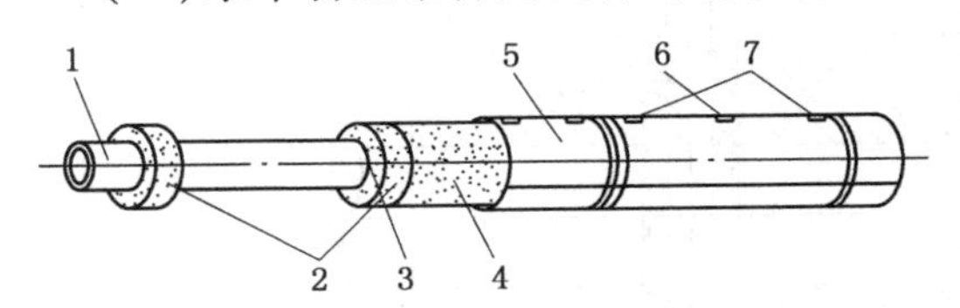

图 21－4－14　直管注塑保冷结构

1—管；2—间隔环；3—黏结剂；

4—注入硬质聚氨酯泡沫发泡；

5—外保护层；6—注入孔；7—排气孔

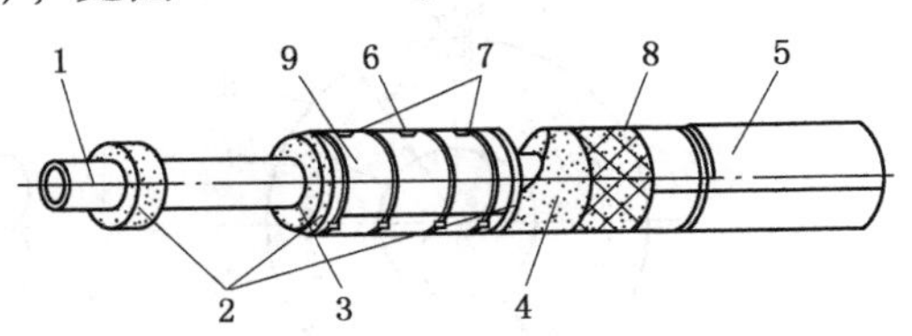

图 21－4－15　直管模板注塑保冷结构

1—管；2—间隔环；3—黏结剂；

4—注入硬质聚氨酯泡沫发泡；

5—外保护层；6—注入孔；7—排气孔；

8—防潮层；9—临时模板

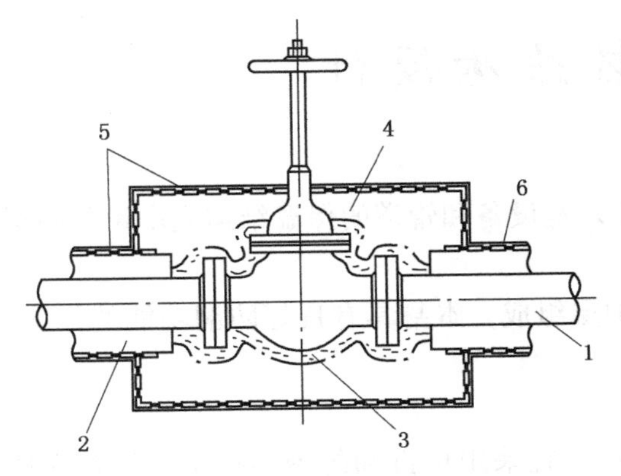

图 21－4－16　法兰阀门注塑保冷结构

1—管；2—保冷管壳；3—纤维状保冷材料；

4—注入硬质聚氨酯泡沫发泡；

5—外保护层；6—防潮层

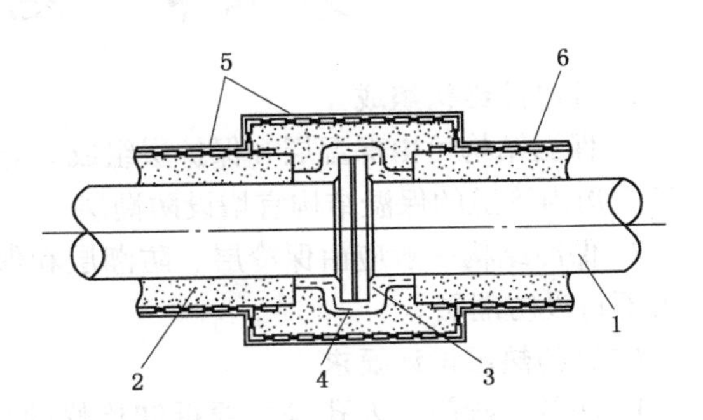

图 21－4－17　法兰注塑保冷结构

1—管；2—保冷管壳；3—纤维状保冷材料；

4—注入硬质聚氨酯泡沫发泡；

5—外保护层；6—防潮层

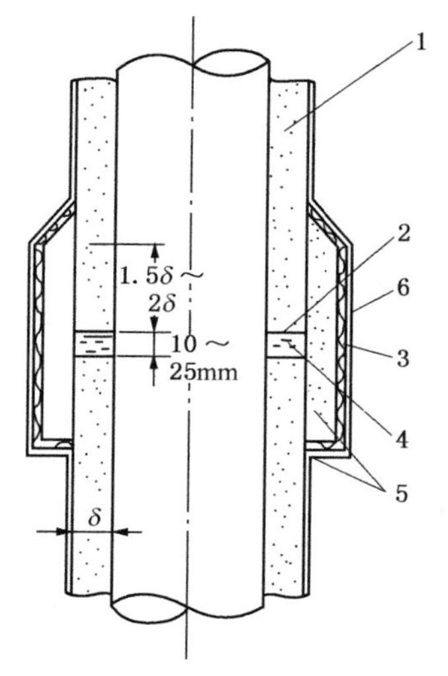

图 21－4－18　垂直管道托架处的保冷结构

1—保冷层；2—保冷托架 2/3δ；3—防潮层；
4—纤维状保冷材料；5—接缝密封；6—外保护层

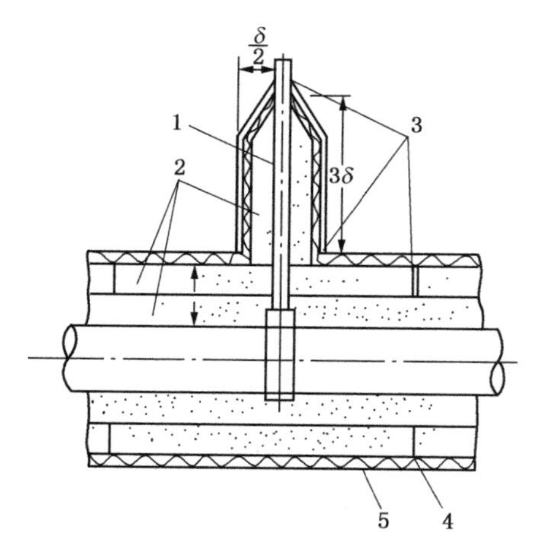

图 21－4－19(a)　吊杆处的保冷结构

1—吊杆；2—保冷材料；3—接缝密封；
4—防潮层；5—外保护层

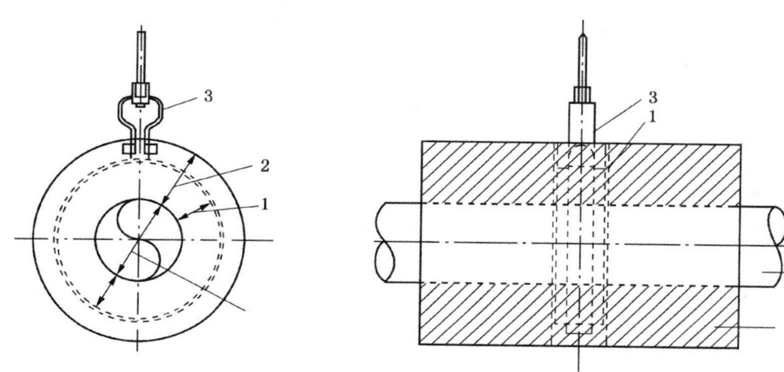

图 21－4－19(b)　吊卡的保冷结构

1—支撑块；2—保冷层厚质；3—吊架

第五节　绝热结构设计

(一)绝热结构组成

1. 保温结构可由保温层和保护层组成。对于埋地设备和管道的保温结构应增设防潮层。对于管沟内管道的保温结构宜增设防潮层。

2. 保冷结构一般应由保冷层、防潮层和保护层组成，本身具有良好防潮功能的保冷材料可不再设防潮层。

(二)绝热层设计要求

1. 法兰、阀门、人孔等需要拆卸检修的部位，宜采用可拆卸的绝热结构；设备筒体、管段等无需检修部位，宜采用固定绝热结构。

2. 公称直径小于或等于 350mm 管道的绝热材料，宜选用硬质或半硬质管壳。

3. 公称直径等于或大于 350mm 管道采用硬质绝热材料时，绝热结构可由多瓣组成。

4. 当需要蒸汽吹扫的保冷设备和管道的保冷材料不能承受吹扫介质温度时，应在其内侧增设厚度不小于20mm的绝热层，以保证其界面温度低于保冷材料所能承受的最高温度。

5. 对于硬质绝热材料，在施工中应预留适当的伸缩缝。伸缩缝间应填塞与硬质材料厚度相同、耐温性能和导热系数相近的软质绝热材料。

6. 绝热结构设计应符合下列要求：

(1)应牢固地固定在本体上；

(2)应有严密的防水措施，如设备和储罐的开口处、设备或储罐与管道的连接处、立管与水平管的三通处等应有防止雨水渗入的措施；

(3)应具有一定的机械强度和刚度，不会因自重或偶然外力作用而破坏；

(4)大型设备的外保护层应考虑防风措施。

7. 立式设备、储罐和管道应设置绝热支托或支承圈。

8. 立式设备采用预制块或毡席保温材料进行卧式安装时，除应符合本规范第8.2.7条要求外，还应焊接保温钉。

9. 卧式保温设备两端的封头、立式设备的封头及支腿式立式设备的底封头均应焊接π形及L形保温钉。

10. 需热处理设备的保温支承构件应在制造厂焊接完毕。

11. 保冷层不应使用钢制钩钉结构。

12. 对有振动的设备和管道，钩钉应适当加密。

13. 绝热层厚度大于80mm时应分层，若采用一种绝热制品时，各层的厚度宜接近；如采用异种绝热制品时，每种材料的厚度应根据计算确定。

(三)防潮层设计要求

1. 设备和管道的防潮层设计应符合下列要求：

(1)设备和管道的保冷层外表面、埋地或地沟内敷设管道的保温层外表面应设防潮层；

(2)在环境变化与振动情况下，防潮层应能保持其结构的完整性和密封性。

2. 常压立式储罐防潮层的设计应符合下列要求：

(1)防潮层的高度不宜小于100mm；

(2)液体储存温度大于120℃时，防潮层用浸石油沥青的硬质保温制品或其他符合耐温要求的防水材料填充；

(3)液体储存温度小于95℃时，防潮层可不用防水材料填充。

3. 防潮层可分为以下几种类型：

(1)内层为石油沥青玛蹄脂，中层为有碱粗格平纹玻璃布，外层为石油沥青玛蹄脂；

(2)橡胶沥青防水冷胶玻璃布防潮层等；

(3)新型冷胶料卷材防潮层、冷涂料防潮层等。

4. 使用聚苯乙烯泡沫塑料做保冷层时，应防止与防潮层起化学反应。

(四)保护层设计要求

1. 保护层设计应符合下列要求：

(1)绝热结构外层应设置保护层。保护层结构应严密牢固，在环境变化与振动情况下，不渗水、不开裂、不散缝、不坠落；

(2)宜选用金属材料作为保护层。在腐蚀性环境下宜采用耐腐蚀材料；

(3)当采用镀锌钢板或铝合金板作为保护层时，不需涂防腐涂料；

(4)当采用非金属材料作为保护层时，应用不燃烧材料抹平或用防腐涂料进行涂装。

2. 常用金属保护层宜按表21－5－1的规定确定。

表21－5－1　常用金属保护层

类别	绝热层外直径 D_0/mm	外保护层			
		材料	标准	型式	厚度/mm
管道	<760	铝合金薄板	GB/T 3880	平板	0.60
		不锈钢薄板	GB/T 3280	平板	0.30
		镀锌薄钢板	GB/T 2518	平板	0.50
	≥760	铝合金薄板	GB/T 3880	平板	0.80
		不锈钢薄板	GB/T 3280	平板	0.40
		镀锌薄钢板	GB/T 2518	平板	0.50
设备	<760	铝合金薄板	GB/T 3880	平板	0.60
		不锈钢薄板	GB/T 3280	平板	0.30
		镀锌薄钢板	GB/T 2518	平板	0.50
	≥760	铝合金薄板	GB/T 3880	平板	0.80～1.00
		不锈钢薄板	GB/T 3280	平板	0.40～0.60
		镀锌薄钢板	GB/T 2518	平板	0.50～0.70
立式储罐[a]	≥3000	铝合金薄板	GB/T 3880	压型板	0.60～1.00
		不锈钢薄板	GB/T 3280	压型板	0.40～0.60
		镀锌薄钢板	GB/T 2518	压型板	0.50～0.70
不规则表面（泵、阀门和法兰可拆卸保温）	所有	铝合金薄板	GB/T 3880	平板	0.60～0.80
		不锈钢薄板	GB/T 3280	平板	0.40～0.60
		镀锌薄钢板	GB/T 2518	平板	0.50～0.70

注：需增加刚度的保护层可采用瓦楞板形式。

[a]立式储罐罐顶的保护层宜采用平板保护层。

3. 金属保护层接缝，可根据具体情况，选用搭接、插接或咬接型式，并符合下列规定：

(1)垂直安装的保护层应有防坠落措施，在水平管道上搭接或插接的保护层的环缝，不宜使用自攻螺钉或抽芯铆钉固定；

(2)保冷结构的金属保护层接缝宜用咬合或钢带捆扎结构，不得使用钢制螺钉或铆钉连接；

(3)金属保护层应有整体防(雨)水功能。对水易渗透进绝热层的部位，应用玛蹄脂或密封胶密封。

4. 用金属做保护层时，保温层的表面应平整、干燥。

5. 露天设备不宜采用抹面保护层。否则，应在保护层外表面上采取防水措施。

6. 裙座式立式设备的底封头应采用抹面保护层。

(五)捆扎结构设计要求

1. 保温层捆扎结构应符合下列规定：

(1)保温结构中捆扎材料宜采用镀锌钢丝、镀锌钢带，当保护层材料为不锈钢薄板时，捆扎材料应采用不锈钢丝或不锈钢带；

(2)对于硬质保温制品，捆扎间距不应大于400mm，半硬质保温制品不应大于300mm，软质保温制品不应大于200mm，每块绝热制品上的捆扎不得少于2道。半硬质制品长度大于800mm时，应至少捆扎3道，软质制品两端50mm长度内应各捆扎1道；

(3)设备和管道采用双层或多层保温时应逐层捆扎，内层可采用镀锌钢带或镀锌钢丝捆扎，外层宜用镀锌钢带捆扎。当保护层材料为不锈钢薄板时，外层捆扎材料应采用不锈钢带；

(4)保温层捆扎件规格宜按表21－5－2的规定确定。

表21－5－2　保温捆扎件规格

序号	材料	标准	规格/mm	应用场合
1	镀锌铁丝	YB/T 5294	ϕ1.2 双股	$D_0 \leqslant 300$ 的管道
			ϕ1.6 双股	$300 < D_0 \leqslant 600$ 的设备和管道
2	镀锌钢带	GB/T 2518	12×0.5(宽×厚)	$600 < D_0 \leqslant 1000$ 的设备和管道
			20×0.5(宽×厚)	$D_0 > 1000$ 的设备和管道
3	不锈钢丝	GB/T 4240	ϕ1.2 双股	$D_0 \leqslant 300$ 的管道
			ϕ1.6 双股	$300 < D_0 \leqslant 600$ 的设备和管道
4	不锈钢带	GB/T 3280	12×0.5(宽×厚)	$600 < D_0 \leqslant 1000$ 的设备和管道
			20×0.5(宽×厚)	$D_0 > 1000$ 的设备和管道

2. 保冷层捆扎结构应符合下列规定：

(1)保冷层捆扎应以不损伤保冷层为原则，捆扎材料宜采用带状材料，不宜采用钢丝；

(2)采用双层或多层保冷时的应逐层捆扎，内层捆扎材料宜采用不锈钢带或胶带。

3. 设备封头的各层捆扎，可利用活动环和固定环呈辐射型固定或“十”字型固定。

4. 球形容器的捆扎应符合下列规定：

(1)球形容器的捆扎应从赤道放射向两极，在赤道带处捆扎间距应小于300mm；

(2)球形容器单层保冷应采用不锈钢带捆扎，采用双层或多层保冷时，内层应采用不锈钢带捆扎。

5. 绝热层不得采用螺旋缠绕法捆扎。

6. 对有振动的设备和管道，绝热层捆扎应加强。

第六节　绝热结构材料的选择

绝热结构材料的选择，包括对绝热层材料、外保护层材料、防潮层等材料的选择。

选择绝热材料，一般宜按下述项目进行比较、选择：

(1)使用温度的范围；

(2)导热系数；

(3)化学性能、物理强度；

(4)使用年数；

(5)单位体积的价格；

(6)对工程现状的适应性；

(7)不燃或阻燃性能；

(8)透湿性；

(9)安全性；

(10)施工性。

一、保温、保冷层材料应具有的主要技术性能

(一)保温层材料应具有的主要技术性能

1. 导热系数小

导热系数是衡量材料或制品绝热性能的重要标志，它与保温层厚度及热损失均成正比关系。导热系数是选择经济保温材料的两个因素之一。当有数种保温层材料可供选择时，可用材料的导热系数乘以单位体积材料价格 A(元/m^3)，其乘值越小越经济，即单位热阻的价格越低越好。

2. 密度小

保温材料或制品的密度是衡量其绝热性能的又一主要标志，与绝热性能关系密切。就一般材料而言，密度越小，其导热系数值亦越小。

但对于纤维类保温材料。应选择最佳密度。

3. 抗压或抗折强度(机械强度)

同一组成的材料和制品，其机械强度与密度有密切关系。密度增加，其机械强度增高，导热系数也增大。因此，不应片面地要求保温材料过高的抗压和抗折强度，但必须符合国家标准规定。

一般保温材料或其制品，在其上覆盖保护层后，在下列情况下不应产生残余变形：

(1)承受保温材料的自重时；

(2)将梯子靠在保温的设备或管道上进行操作时；

(3)表面受到轻微敲打或碰撞时；

(4)承受当地最大风荷载时；

(5)承受冰雪荷载时。

保温材料通常也是一种吸音减震材料，韧性和强度高的保温材料其抗震性一般也较强。

通常在管道设计中，允许管道有不大于6Hz 的固有频率。所以保温材料或保温结构至少应有耐6Hz 的抗震性能。

一般认为：韧性大、弹性好的材料或制品其抗震性能良好，例如纤维类材料和制品，聚氨酯泡沫塑料等。

4. 安全使用温度范围

保温材料的最高安全使用温度或使用温度范围应符合表 21－6－1 的规定，并略高于保

温对象表面的设计温度。

5. 非燃烧性

在石油化工企业内部所使用的保温材料应为非燃烧材料。

6. 化学性能符合要求

化学性能一般系指保温材料对保温对象的腐蚀性；由保温对象泄漏出来流体对保温材料的化学反应；环境流体（一般指大气）对保温材料的腐蚀等。用于碳素钢设备和管道的保温材料的 pH 值应符合表 21－2－7 的规定。用于奥氏体不锈钢设备和管道的保温材中氯离子、钠和硅酸根离子的含量应符合《覆盖奥氏体不锈钢用绝缘材料规范》GB/T 17393—2008 的有关规定。亦可参见图 21－2－4。用于铝制设备和管道的保温，不可使用碱性材料。即使在常温下，Al 与碱也可生成 AlO^-。对于钢、铁虽有类似的反应生成 $NaFeO_2$ 和 Na_2FeO_2，但需具有 pH 值为 14 以上，即需在高浓度碱和高温下才对钢铁产生腐蚀。

值得注意的是，保温的设备和管道在开始运行时，保温材料或/和保护层材料内吸着水开始蒸发或从外保护层侵入的雨水，将保温材料内的酸或碱溶解，引起设备和管道的腐蚀。特别是铝制设备和管道，最容易被碱的凝液腐蚀。为防上这种腐蚀，应采用泡沫塑料，防水纸等将保温材料包覆，使之不直接与铝接触。

7. 保温工程的设计使用年数

保温工程的设计使用年数是计算经济厚度的投资偿还年数。石油化工企业一般取 5～7 年为宜，目前，日本 JIS 9501 规定为 10 年。但是，使用年数常受到使用温度、振动、太阳光线等的影响。

保温材料不仅在投资偿还年限内不应失效，超过投资偿还年限时间越多越好。

8. 单位体积的材料价格

单位体积的材料价低，不一定是经济的保温材料，单位热阻的材料价格低才是经济的材料。

9. 保温材料对工程现场状况的适应性

（1）大气条件：有无腐蚀要素；气象状况。

（2）设备状况：有无需拆除保温；及其频度；

设备或管道有无振动或粗暴处理情况；

有无化学药品的泄漏及其部位；

保温设备或管道的设置场所，是室内、室外或埋地或管沟；运行状况。

（3）建设期间和建设时期。

10. 安全性

由保温材料引起的事故主要有：

（1）保温材料属于碱性时，黏结剂常含碱性物质，铝制设备和管道以及铝板外保护层都应格外注意防腐；

（2）保温的设备或管道内流体一旦泄漏、侵入保温材料内不应导致危险状态；

（3）在室内等场所的设备和管道使用的保温材料，在火灾时可产生有害气体或大量烟气，应充分考虑其影响，尽量选择危险性少的保温材料；

（4）不宜选择含有石棉的保温材料。

11. 施工性能

保温工程的质量往往决定于施工质量。因此，应选择施工性能好的材料，该材料一般具有下列的性能：

(1)不易破碎(在搬运和施工中);(2)加工容易;(3)很少发生粉尘;(4)轻质(密度小);(5)容易维护、修理。

(二)保冷层材料应具有的主要技术性能

保冷材料是用于常温以下的绝热或0℃以上常温以下的防露。其主要技术性能与保温材料相同。由于保冷的热流方向与保温的热流方向相反，保冷层外侧蒸气压大于内侧，蒸汽易于渗入保冷层，致使保冷层内部产生凝结水或结冰。

保冷材料或制品中的含水，不仅无法除掉还会结冰致使材料的导热系数增大，甚至结构被破坏。因此保冷材料应为闭孔型材料，材料的吸水率、吸湿率低、含水率低、透气率(蒸汽渗透系数、透气系数)低，并应有良好的抗冻性，在低温下物性稳定，可长期使用。其主要技术指标如下:

(1)25℃时导热系数 $\lambda \leqslant 0.064W/(m \cdot K)$;

(2)密度 $\leqslant 180kg/m^3$;

(3)含水率≤0.2%(质量);

(4)材料应为非燃烧性或阻燃性，氧指数不小于30。

对于憎水性材料或制品在200℃以下可防止水由外都侵入，但不能阻止蒸汽的渗透，故不能用于防露、保冷。

二、保护层材料应具有的主要技术性能

绝热结构的外保护层的主要作用是:

(1)防止外力损坏绝热层;

(2)防止雨、雪水的侵袭;

(3)对保冷结构尚有防潮隔汽的作用;

(4)美化绝热结构的外观。

保护层应具有严密的防水防湿性能、良好的化学稳定性和不燃性、强度高、不易开裂、不易老化不腐蚀绝热层或防潮层等性能。

三、防潮层材料应具有的主要技术性能

(1)抗蒸汽渗透性好，防潮、防水力强，吸水率不大于1%。

(2)应具有阻燃性、自熄性，其氧指数不应小于30%。

(3)黏结及密封性能好，20℃时黏结强度不低于0.15MPa。

(4)安全使用温度范围大，有一定的耐温性，软化温度不应低于65℃，夏季不软化、不起泡、不流淌、有一定的抗冻性，冬季不脆化、不开裂、不脱落。

(5)化学稳定性好，挥发物不大于30%，无毒且耐腐蚀材料。并不得对绝热层材料和保护层材料产生腐蚀和溶解作用。

(6)干燥时间短，在常温下能使用，施工方便。

四、常用绝热材料及其制品的选择

根据被绝热的石油化工设备和管道的特征和SH 3010—2012的规定，绝热材料及其制品的主要性能应符合表21-6-1的要求。石棉绳的技术性能见表21-6-2和表21-6-3。

表 21－6－1　绝热层材料及其制品的主要性能

序号	材料名称	使用密度 $\rho/(kg/m^3)$	最高使用温度/℃	推荐使用温度/℃	常用导热系数 $\lambda_0/[W/(m \cdot K)]$	导热系数参考方程/$[W/(m \cdot K)]$	抗压强度/MPa	要求
1	硅酸钙制品	170	650（Ⅰ型）	≤550	—	$\rho \leq 170kg/m^3$，$t_m < 800℃$： $0.0479 + 0.00010185t_m + 9.65015 \times 10^{-11} \times t_m^3$	≥0.5	主要性能除满足本章第5.1节要求外，尚应符合GB/T 10699的规定；其质量含湿率不大于7.5%。
			1000（Ⅱ型）	≤900				
		220	650（Ⅰ型）	≤550	—	$\rho > 170kg/m^3$，$t_m < 500℃$： $0.0564 + 0.00007786t_m + 7.8571 \times 10^{-8} \times t_m^2$	≥0.6	
			1000（Ⅱ型）	≤900		$\rho > 170kg/m^3$，$500℃ \leq t_m \leq 800℃$： $0.0937 + 1.67397 \times 10^{-10} \times t_m^3$		
2	复合硅酸盐制品	涂料 180～200（干态）	600	≤500	≤0.070（70℃时）	$\lambda_0 + 0.00017(t_m - 70)$	—	主要性能除满足本章第5.1节要求外，尚应符合GB/T 17371和JC/T990的规定；其质量含湿率不大于2%。
		毡 40～80	550	≤450	≤0.050（70℃时）	$\lambda_0 + 0.00015(t_m - 70)$	—	
		毡 80～130	600	≤500	≤0.050（70℃时）		—	
		管壳 150～180	600	≤500	≤0.055（70℃时）		≥0.3	
3	岩棉制品	毡 80～100	600	≤500	≤0.044（70℃时）	$-20℃ \leq t_m \leq 100℃$：$0.0337 + 0.000151t_m$ $100℃ < t_m \leq 600℃$： $0.0395 + 4.71 \times 10^{-5} \times t_m + 5.03 \times 10^{-7} \times t_m^2$	—	主要性能除满足本章第5.1节要求外，尚应符合GB/T 11835的规定；其质量吸湿率不大于5.0%； 岩棉制品的酸度系数应不低于1.6；并应按GB/T 17430进行最高使用温度的评估，满足GB/T 11835的规定。
		毡 101～130	650	≤550	≤0.043（70℃时） $\lambda \leq 0.09$ （平均温度350℃）	$20℃ \leq t_m \leq 100℃$：$0.0337 + 0.000128t_m$ $100℃ < t_m \leq 600℃$： $0.0407 + 2.52 \times 10^{-5} \times t_m + 3.34 \times 10^{-7} \times t_m^2$		
		板 80～100	600	≤500	≤0.044（70℃时）	$-20℃ \leq t_m \leq 100℃$：$0.0337 + 0.000151t_m$ $100℃ < t_m \leq 600℃$： $0.0395 + 4.71 \times 10^{-5} \times t_m + 5.03 \times 10^{-7} \times t_m^2$		
		板 101～160	650	≤550	≤0.043（70℃时） $\lambda \leq 0.09$ （平均温度350℃）	$-20℃ \leq t_m \leq 100℃$：$0.0337 + 0.000128t_m$ $100℃ < t_m \leq 600℃$： $0.0407 + 2.52 \times 10^{-5} \times t_m + 3.34 \times 10^{-7} \times t_m^2$		
		管≥100	650	≤550	≤0.044（70℃时） $\lambda \leq 0.10$ （平均温度350℃）	$-20℃ \leq t_m \leq 100℃$：$0.0314 + 0.000174t_m$ $100℃ < t_m \leq 600℃$： $0.0384 + 7.13 \times 10^{-5} \times t_m + 3.51 \times 10^{-7} \times t_m^2$		

续表

序号	材料名称	使用密度 ρ/(kg/m³)	最高使用温度/℃	推荐使用温度/℃	常用导热系数 λ_0/[W/(m·K)]	导热系数参考方程/[W/(m·K)]	抗压强度/MPa	要求
4	矿渣棉制品	毡 80～100	400	≤300	≤0.044(70℃时)	$-20℃ \le t_m \le 100℃$: $0.0337+0.000151t_m$ $100℃ < t_m \le 400℃$: $0.0395+4.71\times10^{-5}\times t_m+5.03\times10^{-7}\times t_m^2$	—	主要性能除满足本章第5.1节要求外，尚应符合GB/T11835的规定；其质量吸湿率不大于5.0%。 应按GB/T1 7430进行最高使用温度的评估，满足GB/T 1183中5.7.3的规定。 矿渣棉制品的加热线收缩率(最高使用温度，24小时)不得大于2%。 缝毡、贴面制品最高使用温度均指基材。
		毡 101～130	500	≤400	≤0.043(70℃时)	$-20℃ \le t_m \le 100℃$: $0.0337+0.000128t_m$ $100℃ < t_m \le 500℃$: $0.0407+2.52\times10^{-5}\times t_m+3.34\times10^{-7}\times t_m^2$		
		板 80～100	400	≤300	≤0.044(70℃时)	$-20℃ \le t_m \le 100℃$: $0.0337+0.000151t_m$ $100℃ < t_m \le 400℃$: $0.0395+4.71\times10^{-5}\times t_m+5.03\times10^{-7}\times t_m^2$		
		板 101～130	500	≤400	≤0.043(70℃时)	$-20℃ \le t_m \le 100℃$: $0.0337+0.000128t_m$ $100℃ < t_m \le 500℃$: $0.0407+2.52\times10^{-5}\times t_m+3.34\times10^{-7}\times t_m^2$		
		管 ≥100	500	≤400	≤0.044(70℃时)	$-20℃ \le t_m \le 100℃$: $0.0314+0.000174t_m$ $100℃ < t_m \le 500℃$: $0.0384+7.13\times10^{-5}\times t_m+3.51\times10^{-7}\times t_m^2$		

续表

<table>
<tr><th>序号</th><th>材料名称</th><th colspan="2">使用密度
$\rho/(kg/m^3)$</th><th>最高使用
温度/℃</th><th>推荐使用
温度/℃</th><th>常用导热系数
λ_0/[W/(m·K)]</th><th>导热系数参考方程/[W/(m·K)]</th><th>抗压强度/
MPa</th><th>要求</th></tr>
<tr><td rowspan="12">5</td><td rowspan="12">玻璃棉
制品</td><td colspan="2">毡 24~40</td><td>400</td><td>≤300</td><td>≤0.046(70℃时)</td><td rowspan="12">$-20℃ \leq t_m \leq 100℃$:
$\lambda_0 + 0.00017 \times (t_m - 70)$</td><td rowspan="12">—</td><td rowspan="12">主要性能除满足本章第5.1节要求外，尚应符合GB/T 13350的规定；其质量吸湿率不大于5.0%。
应按GB/T 17430进行最高使用温度的评估，满足GB/T 13350中的有关规定。
贴面制品的最高使用温度均指基材。</td></tr>
<tr><td colspan="2">毡 41~120</td><td>450</td><td>≤350</td><td>≤0.041(70℃时)</td></tr>
<tr><td colspan="2">板 24</td><td>400</td><td>≤300</td><td>≤0.047(70℃时)</td></tr>
<tr><td colspan="2">板 32</td><td>400</td><td>≤300</td><td>≤0.044(70℃时)</td></tr>
<tr><td colspan="2">板 40</td><td>450</td><td>≤350</td><td>≤0.042(70℃时)</td></tr>
<tr><td colspan="2">板 48</td><td>450</td><td>≤350</td><td>≤0.041(70℃时)</td></tr>
<tr><td colspan="2">板 64</td><td>450</td><td>≤350</td><td>≤0.041(70℃时)</td></tr>
<tr><td colspan="2">毡 24</td><td>400</td><td>≤300</td><td>≤0.046(70℃时)</td></tr>
<tr><td colspan="2">毡 32</td><td>400</td><td>≤300</td><td>≤0.046(70℃时)</td></tr>
<tr><td colspan="2">毡 40</td><td>450</td><td>≤350</td><td>≤0.046(70℃时)</td></tr>
<tr><td colspan="2">毡 48</td><td>450</td><td>≤350</td><td>≤0.041(70℃时)</td></tr>
<tr><td colspan="2">管≥48</td><td>450</td><td>≤350</td><td>≤0.041(70℃时)</td></tr>
<tr><td rowspan="7">6</td><td rowspan="7">硅酸铝棉
及其制品</td><td rowspan="2">1#毯</td><td>96</td><td>1000</td><td>≤800</td><td rowspan="7">≤0.044(70℃时)</td><td rowspan="7">$t_m \leq 400℃$:
$\lambda_L = \lambda_0 + 0.0002 \times (t_m - 70)$
$t_m > 400℃$:
$\lambda_H = \lambda_L + 0.00036 \times (t_m - 400)$
(下式中 λ_L 取上式 $t_m = 400℃$ 时的计算结果)</td><td rowspan="7">—</td><td rowspan="7">主要性能除满足本章第5.1节要求外，尚应符合GB/T 16400的规定；其质量吸湿率不大于5.0%。</td></tr>
<tr><td>128</td><td>1000</td><td>≤800</td></tr>
<tr><td rowspan="2">2#毯</td><td>96</td><td>1200</td><td>≤1000</td></tr>
<tr><td>128</td><td>1200</td><td>≤1000</td></tr>
<tr><td>1#毯</td><td>≤200</td><td>1000</td><td>≤800</td></tr>
<tr><td>2#毯</td><td>≤200</td><td>1200</td><td>≤1000</td></tr>
<tr><td>板、管材</td><td>≤240</td><td>1100</td><td>≤1000</td></tr>
</table>

续表

序号	材料名称	使用密度 ρ/(kg/m³)	最高使用温度/℃	推荐使用温度/℃	常用导热系数 λ_0/[W/(m·K)]	导热系数参考方程/[W/(m·K)]	抗压强度/MPa	要求
7	硅酸镁纤维毯	100 ± 15 130 ± 20	900	≤700	≤0.040(70℃时)	70℃ ≤ t_m ≤ 500℃: $0.0397-2.741\times10^{-6}\times t_m+4.526\times10^{-7}\times t_m^2$	—	加热永久线变化(最高使用温度，24小时)不大于4%；其质量吸湿率不大于5.0%。
8	柔性泡沫橡塑制品	40 ~ 60	-40 ~ 105	-35 ~ 85	≤0.036(0℃时)	$\lambda_0+0.0001t_m$	≤0.16(2mm压缩量，-40℃时)	主要性能除满足本章第5.1节要求外，尚应符合GB/T 17794的规定；其抗拉强度：≥0.15，0℃时；≥0.18，-40℃时。
9	硬质聚氨酯泡沫塑料	45 ~ 55	-80 ~ 100	-65 ~ 80	≤0.023(25℃时)	-80℃ ≤ t_m ≤ 100℃: $\lambda_0+0.000122\times(t_m-25)+3.51\times10^{-7}\times(t_m-25)^2$	≥0.2	—
10	酚醛泡沫	40 ~ 50	-196 ~ 130	-100 ~ 100	≤0.035(25℃时)	$0.0288+0.000125t_m$	0.15	主要性能除满足本章第5.1节要求外，尚应符合GB/T 20974的规定。
11	泡沫玻璃	Ⅰ类 120 ± 8	-196 ~ 450	-196 ~ 400	≤0.045(25℃时)	-196℃ ≤ t_m ≤ 200℃: $\lambda_0+0.000150\times(t_m-25)+3.21\times10^{-7}\times(t_m-25)^2$	≥0.8	符合ASTM C552标准
		Ⅱ类 160 ± 10	-196 ~ 450	-196 ~ 400	≤0.064(25℃时)	-196℃ ≤ t_m ≤ 200℃: $\lambda_0+0.000155\times(t_m-25)+1.60\times10^{-7}\times(t_m-25)^2$	≥0.8	主要性能除满足本章第5.1节要求外，尚应符合JC/T647的规定。
12	聚异氰脲酸酯	40 ± 2	-196 ~ 120	170 ~ 100	≤0.022(25℃时)	-196℃ ≤ t_m ≤ 100℃: $\lambda_0+0.000118\times(t_m-25)+3.39\times10^{-7}\times(t_m-25)^2$	≥0.22 ≥0.28(液氮浸8小时)	—

续表

序号	材料名称	使用密度 ρ/(kg/m³)	最高使用温度/℃	推荐使用温度/℃	常用导热系数 λ_0/[W/(m·K)]	导热系数参考方程/[W/(m·K)]	抗压强度/MPa	要求
13	高密度聚异氰脲酸酯	160±10%	-196~120	-196~100	≤0.038(25℃时)	$-196℃ \leq t_m \leq 100℃$：$\lambda_0 + 0.000219 \times (t_m - 25) + 0.43 \times 10^{-7} \times (t_m - 25)^2$	≥1.6(常温) ≥2.0(-196℃)	—
		240±10%			≤0.045(25℃时)	$-196℃ \leq t_m \leq 100℃$：$\lambda_0 + 0.000235 \times (t_m - 25) + 1.41 \times 10^{-7} \times (t_m - 25)^2$	≥2.5(常温) ≥3.5(-196℃)	
		320±10%	—	—	≤0.055(25℃时)	$-196℃ \leq t_m \leq 100℃$：$\lambda_0 + 0.000341 \times (t_m - 25) + 8.1 \times 10^{-7} \times (t_m - 25)^2$	≥5(常温) ≥7.0(-196℃)	
		450±10%			≤0.080(25℃时)	$-196℃ \leq t_m \leq 100℃$：$\lambda_0 + 0.000309 \times (t_m - 25) + 1.51 \times 10^{-7} \times (t_m - 25)^2$	≥10(常温) ≥14(-196℃)	
		550±10%			≤0.090(25℃时)	$-196℃ \leq t_m \leq 100℃$：$\lambda_0 + 0.000338 \times (t_m - 25) + 5.21 \times 10^{-7} \times (t_m - 25)^2$	≥15(常温) ≥20(-196℃)	
14	丁腈橡胶发泡制品	40~60	-100~105	-50~105	≤0.034(0℃时)	$\lambda = \lambda_0 + 0.0001t_m$	≥0.16(-40℃)	符合 ASTM C534 标准和 EN 14304 标准。
15	二烯烃弹性体发泡制品	60~70	-196~125	-196~125	≤0.038(0℃时)	$\lambda = \lambda_0 + 0.0001t_m$	≥0.37(-100℃)	符合 ASTM C534 标准和 EN 14304 标准

表 21-6-2　石棉绳主要技术性能

技术性能 \ 制品种类	石棉绳(扭、圆)
密度/(kg/m³)	不大于 1000
抗拉强度/MPa	285~375(未变形温石棉针状标准纤维)
含湿率/%	≤3.5(如超过允许扣除部分计量,但最高不应大于 5.5)
常温导热系数/[W/(m·K)]　(50℃时)	0.163
导热系数/[W/(m·K)]	$0.128+0.00015t_m$
使用温度/℃	
烧失量　32%	200(石棉含量 75%~85%)
28%	300(石棉含量 85%~90%)
24%	350(石棉含量 90%~95%)
19%	500(石棉含量 99%~100%)
16%	550(石棉含量 99%~100%)
外形尺寸	松紧均匀,表面整洁,花纹致密。背股、外露线头、弯曲及跳线等缺陷的总数,每 10m 长内不应超过 7 处

表 21-6-3　石棉绳的质量

直径/mm	质量/(g/m)	直径/mm	质量/(g/m)
φ6±0.5	33	φ22±1.5	380
φ8±0.5	50.2	φ25±1.5	491
φ10±0.5	78.5	φ32±1.5	804
φ13±1	133	φ38±2	1134
φ16±1	201	φ45±2	1590
φ19±1	283	φ50±2	1962

五、常用保护层材料的选择

保护层材料除需符合保护绝热层的要求外，还应考虑其经济性，并符合 SH 3010—2000 的规定。根据综合经济比较和实践经验，推荐下述的材料。

(1)为保持被绝热的设备或管道的外形美观和易于施工，对软质、半硬质绝热层材料的保护层宜选用 0.5mm 镀锌或不镀锌薄钢板；对硬质绝热层材料宜选用 0.5~0.8mm 铝或合金铝板，也可选用 0.5mm 镀锌或不镀锌薄钢板。

(2)用于火灾危险性不属于甲、乙、丙类生产装置或设备和不划为爆炸危险区域的非燃性介质的公用工程管道的绝热层材料，可用 0.5~0.8mm 阻燃型带铝箔玻璃钢板等材料。

六、常用防潮层材料的选择

防潮层材料应具有规定的技术性能，同时还应不腐蚀绝热层和保护层，也不应与绝热层产生化学反应。一般可选择下述材料：

(1)石油沥青或改质沥青玻璃布；

(2)石油沥青玛瑞脂玻璃布；

(3)油毡玻璃布；

(4)聚乙烯薄膜；

(5)复合铝箔；

(6)CPU 新型防水防腐敷面材料。CPU 是一种聚氨酯橡胶体，可用作设备和管道的防潮层或保护层、埋地管道的防腐层。

第七节　绝热计算

绝热计算的主要内容是计算绝热层厚度、散热损失、表面温度等。

热介质从设备或管道内部，通过绝热结构表面散热或吸热是非稳定传热过程。但是，为简化计算，按稳定传热计算，对一般工程，其精度可满足生产过程和节能的要求。

绝热层的厚度，决定于所需施加的绝热层热阻，而绝热层热阻的确定则取决于由绝热目的所提出的要求和其他限制条件，例如：

(1)限定外表面温度 t_s；

(2)限定金属壁温度 t；

(3)限定散热或吸热热流密度 q；

(4)限定内部介质温降 Δt；

(5)限定内部介质的冻结或凝固温度；

(6)获得最经济效果(全年总费用最低)等。

根据不同的目的和限制条件，可采用不同的计算方法。例如：为减少散热损失并获得最经济效果，应采用经济厚度计算方法；为限定外表面温度，应采用表面温度计算方法；为限定表面散热热流量，应采用最大允许散热损失法计算，除经济厚度法外，都是按热平衡方法计算。

根据大量的计算，当设备或管道直径等于或大于 1020mm 时，按圆筒面计算的厚度与按平面计算十分接近。所以 GB/T 8175—2008、SH 3010—2013 规定：“设备或管道的直径小于或等于 1020mm 时，绝热层厚度应按圆筒面计算；大于 1020mm 时，应按平面计算。”

按圆筒面计算绝热层厚度会遇到超越函数，可按表 21－7－1、表 21－7－2 或图 21－7－1 查取。

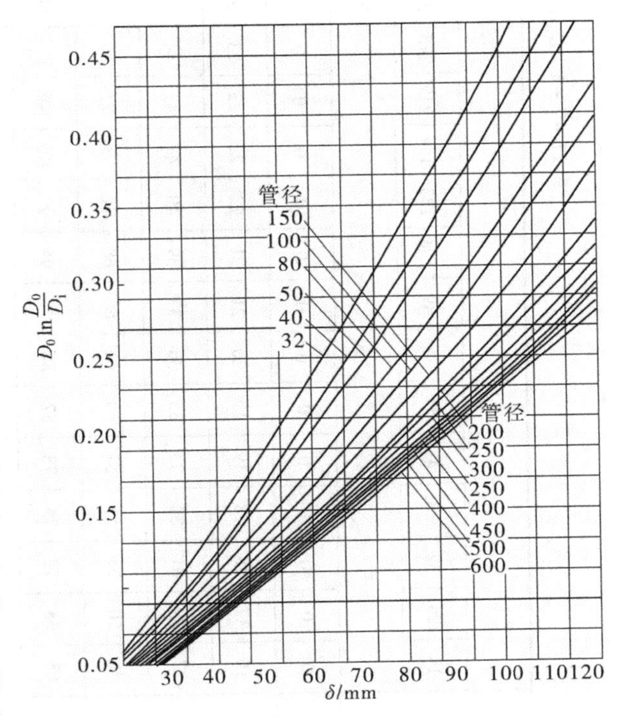

图 21－7－1　$D_0\ln\frac{D_0}{D_i}$与厚度 δ 关系图

表 21-7-1 $D_0 \ln \frac{D_0}{D_i}$与 δ 关系

$D_0 \ln \frac{D_0}{D_i}$	绝热层内径 D_i/mm																									
	18	25	32	38	45	57	76	89	108	133	159	219	273	325	377	426	480	530	630	720	820	920	1020	2020	4020	8020	平整
	厚度 δ/mm																										
0	0	0	0	0	0	0	0	0	0	0	0	0	0	0	0	0	0	0	0	0	0	0	0	0	0	0	0
0.05	16	17	18	18	19	19	20	21	21	22	22	23	23	23	24	24	24	24	24	24	24	24	24	25	25	25	25
0.1	27	29	31	32	33	35	36	37	39	40	41	43	44	44	45	45	46	46	47	47	47	48	48	49	49	50	50
0.2	46	50	53	55	57	60	64	66	68	71	73	77	80	82	84	85	86	87	89	90	91	91	92	96	98	99	100
0.3	63	68	72	75	78	82	88	91	94	99	102	108	113	116	119	121	123	124	127	129	131	133	134	141	145	147	150
0.4	79	85	90	93	97	103	109	113	118	124	128	137	143	147	151	154	157	159	163	166	169	171	173	184	191	195	200
0.5	94	101	107	111	115	122	130	135	141	147	153	164	171	177	182	186	190	193	198	202	205	209	211	226	237	243	250
0.6	108	116	123	126	133	140	150	155	162	170	177	189	198	205	211	216	220	224	231	236	240	244	248	267	281	290	300
0.7	122	131	138	144	150	158	169	175	183	192	199	214	224	232	239	245	250	255	262	268	274	279	283	307	325	336	350
0.8	135	145	153	160	166	175	187	194	203	212	221	237	249	258	266	273	279	284	293	300	307	312	317	346	368	382	400
0.9	148	159	168	175	182	192	205	212	222	233	242	260	273	283	292	300	307	313	323	331	338	345	350	385	411	428	450
1.0	161	173	183	190	197	208	222	230	241	252	263	283	297	308	318	326	334	340	352	361	369	376	383	422	453	473	500

表 21-7-2　$x\ln x$ 值

x	$x\ln x$	x	$x\ln x$	x	$x\ln x$	x	$x\ln x$	x	$x\ln x$
1.00	0.000	1.225	0.245	1.60	0.751	2.05	1.471	2.50	2.290
1.005	0.005	1.23	0.2545	1.61	0.765	2.06	1.488	2.51	2.310
1.01	0.01005	1.235	0.261	1.62	0.782	2.07	1.507	2.52	2.328
1.015	0.01515	1.24	0.266	1.63	0.799	2.08	1.520	2.53	2.344
1.02	0.0202	1.245	0.272	1.64	0.815	2.09	1.542	2.54	2.370
1.025	0.0253	1.25	0.279	1.65	0.827	2.10	1.559	2.55	2.385
1.03	0.0304	1.255	0.285	1.66	0.842	2.11	1.579	2.56	2.405
1.035	0.0356	1.26	0.291	1.67	0.856	2.12	1.592	2.57	2.425
1.04	0.0407	1.265	0.298	1.68	0.872	2.13	1.610	2.58	2.444
1.045	0.046	1.27	0.304	1.69	0.889	2.14	1.630	2.59	2.462
1.05	0.0512	1.275	0.309	1.70	0.902	2.15	1.648	2.60	2.480
1.055	0.0565	1.28	0.316	1.71	0.916	2.16	1.665	2.61	2.503
1.06	0.0617	1.285	0.322	1.72	0.932	2.17	1.681	2.62	2.521
1.065	0.067	1.29	0.328	1.73	0.949	2.18	1.699	2.63	2.540
1.07	0.0724	1.295	0.334	1.74	0.965	2.19	1.720	2.64	2.560
1.750	0.0777	1.30	0.340	1.75	0.980	2.20	1.735	2.65	2.580
1.08	0.0831	1.31	0.354	1.76	0.994	2.21	1.756	2.66	2.600
1.085	0.0885	1.32	0.367	1.77	1.011	2.22	1.771	2.67	2.620
1.09	0.0946	1.33	0.380	1.78	1.029	2.23	1.791	2.68	2.640
1.095	0.0994	1.34	0.389	1.79	1.040	2.24	1.805	2.69	2.660
1.10	0.1048	1.35	0.405	1.80	1.059	2.25	1.825	2.70	2.680
1.105	0.110	1.36	0.417	1.81	1.081	2.26	1.841	2.71	2.700
1.11	0.1162	1.37	0.432	1.82	1.089	2.27	1.861	2.72	2.720
1.115	0.1210	1.38	0.445	1.83	1.108	2.28	1.880	2.73	2.74
1.12	0.1270	1.39	0.457	1.84	1.121	2.29	1.899	2.74	2.76
1.125	0.1327	1.40	0.470	1.85	1.138	2.30	1.920	2.75	2.78
1.13	0.1380	1.41	0.485	1.86	1.152	2.31	1.935	2.76	2.8
1.135	0.1430	1.42	0.499	1.87	1.169	2.32	1.955	2.77	2.82
1.14	0.1492	1.43	0.512	1.88	1.185	2.33	1.970	2.78	2.84
1.145	0.1545	1.44	0.526	1.89	1.205	2.34	1.990	2.79	2.86
1.15	0.1607	1.45	0.539	1.90	1.220	2.35	2.007	2.80	2.88
1.155	0.1665	1.46	0.552	1.91	1.234	2.36	2.027	2.81	2.901
1.16	0.1721	1.47	0.565	1.92	1.251	2.37	2.042	2.82	2.921
1.165	0.1772	1.48	0.580	1.93	1.270	2.38	2.062	2.83	2.940
1.17	0.1846	1.49	0.594	1.94	1.288	2.39	2.080	2.84	2.961
1.175	0.1890	1.50	0.607	1.95	1.302	2.40	2.100	2.85	2.980
1.18	0.195	1.51	0.622	1.96	1.318	2.41	2.120	2.86	3.002
1.185	0.201	1.52	0.637	1.97	1.335	2.42	2.140	2.87	3.021
1.19	0.207	1.53	0.650	1.98	1.351	2.43	2.160	2.88	3.045
1.195	0.213	1.54	0.665	1.99	1.309	2.44	2.180	2.89	3.065
1.2	0.218	1.55	0.679	2.00	1.386	2.45	2.195	2.90	3.085
1.205	0.2245	1.56	0.695	2.01	1.401	2.46	2.217	2.91	3.104
1.21	0.230	1.57	0.708	2.02	1.419	2.47	2.233	2.92	3.130
1.215	0.236	1.58	0.722	2.03	1.439	2.48	2.255	2.93	3.150
1.22	0.242	1.59	0.737	2.04	1.455	2.49	2.270	2.94	3.170

续表

x	xlnx	x	xlnx	x	xlnx	x	xlnx	x	xlnx
2.95	3.190	3.37	4.09	3.79	5.05	4.21	6.05	4.63	7.10
2.96	3.21	3.38	4.12	3.80	5.07	4.22	6.07	4.64	7.12
2.97	3.23	3.39	4.14	3.81	5.09	4.23	6.10	4.65	7.14
2.98	3.25	3.40	4.16	3.82	5.12	4.24	6.13	4.66	7.16
2.99	3.27	3.41	4.18	3.83	5.15	4.25	6.15	4.67	7.19
3.00	3.29	3.42	4.20	3.84	5.17	4.26	6.17	4.68	7.21
3.01	3.31	3.43	4.23	3.85	5.19	4.27	6.19	4.69	7.24
3.02	3.34	3.44	4.25	3.86	5.21	4.28	6.22	4.70	7.26
3.03	3.36	3.45	4.27	3.87	5.24	4.29	6.25	4.71	7.28
3.04	3.38	3.46	4.30	3.88	5.26	4.30	6.27	4.72	7.32
3.05	3.40	3.47	4.32	3.89	5.28	4.31	6.29	4.73	7.35
3.06	3.42	3.48	4.34	3.90	5.31	4.32	6.32	4.74	7.38
3.07	3.44	3.49	4.36	3.91	5.33	4.33	6.35	4.75	7.40
3.08	3.46	3.50	4.38	3.92	5.35	4.34	6.38	4.76	7.42
3.09	3.48	3.51	4.40	3.93	5.37	4.35	6.40	4.77	7.45
3.10	3.50	3.52	4.42	3.94	5.40	4.36	6.42	4.78	7.47
3.11	3.53	3.53	4.45	3.95	5.43	4.37	6.44	4.79	7.50
3.12	3.55	3.54	4.47	3.96	5.45	4.38	6.46	4.80	7.52
3.13	3.57	3.55	4.50	3.97	5.47	4.39	6.48	4.81	7.55
3.14	3.59	3.56	4.52	3.98	5.50	4.40	6.52	4.82	7.58
3.15	3.61	3.57	4.55	3.99	5.53	4.41	6.54	4.83	7.60
3.16	3.64	3.58	4.57	4.00	5.55	4.42	6.57	4.84	7.63
3.17	3.66	3.59	4.59	4.01	5.57	4.43	6.60	4.85	7.65
3.18	3.68	3.60	4.62	4.02	5.60	4.44	6.62	4.86	7.68
3.19	3.70	3.61	4.64	4.03	5.62	4.45	6.64	4.87	7.70
3.20	3.72	3.62	4.66	4.04	5.64	4.46	6.67	4.88	7.73
3.21	3.74	3.63	4.68	4.05	5.66	4.47	6.70	4.89	7.76
3.22	3.76	3.64	4.71	4.06	5.68	4.48	6.72	4.90	7.78
3.23	3.78	3.65	4.73	4.07	5.71	4.49	6.74	4.91	7.80
3.24	3.81	3.66	4.75	4.08	5.74	4.50	6.77	4.92	7.83
3.25	3.83	3.67	4.77	4.09	5.76	4.51	6.79	4.93	7.85
3.26	3.85	3.68	4.80	4.10	5.78	4.52	6.81	4.94	7.86
3.27	3.88	3.69	4.82	4.11	5.81	4.53	6.83	4.95	7.90
3.28	3.90	3.70	4.84	4.12	5.83	4.54	6.86	4.96	7.92
3.29	3.92	3.71	4.86	4.13	5.85	4.55	6.90	4.97	7.95
3.30	3.94	3.72	4.88	4.14	5.88	4.56	6.92	4.98	8.00
3.31	3.96	3.73	4.90	4.15	5.91	4.57	6.94	4.99	8.02
3.32	3.98	3.74	4.93	4.16	5.93	4.58	6.97	5.00	8.05
3.33	4.00	3.75	4.96	4.17	5.95	4.59	6.99		
3.34	4.03	3.76	4.98	4.18	5.98	4.60	7.02		
3.35	4.05	3.77	5.00	4.19	6.01	4.61	7.05		
3.36	4.07	3.78	5.03	4.20	6.03	4.62	7.07		

一、绝热层厚度的计算[1]

（一）一般规定

1. 圆筒形设备和管道的公称直径大于1m时，应按平面计算绝热层厚度；公称直径小于或等于1m时，应按圆筒计算绝热层厚度。

2. 保温层厚度的计算应符合下列原则：

（1）工艺无特殊要求时，应采用经济厚度法计算。当经济厚度偏小，且散热损失量超过最大允许散热损失时，应用最大允许热损失量的厚度公式进行校核；

（2）防烫伤部位的保温层应采用表面温度法计算，保温层的外表面温度不应超过60℃；

（3）延迟冻结、凝固、结晶时间或控制物料温降的保温层应采用热平衡方法计算。

3. 保冷层的厚度计算应符合下列原则：

（1）为减少冷量损失的保冷层应采用经济厚度法计算；

（2）为防止外表面结露的保冷层应采用表面温度法计算；

（3）工艺上允许一定量冷损失的保冷层应采用热平衡法计算，并校核外表面温度，外表面温度应高于露点温度1～3℃。

4. 绝热层的选用厚度不应小于20mm，且宜按10mm递增。

（二）绝热层厚度计算

1. 用经济厚度法计算保温或保冷层厚度时，应符合下列规定：

（1）平面保温或保冷层的厚度应按式（21－7－1）和式（21－7－2）计算；

$$\delta = 1.897 \times 10^{-3}\sqrt{\frac{f_n \lambda \tau \mid t - t_a \mid}{P_i S}} - \frac{\lambda}{\alpha} \qquad (21-7-1)$$

$$S = \frac{i(1+i)^n}{(1+i)^n - 1} \qquad (21-7-2)$$

（2）圆筒保温或保冷层的厚度应按式（21－7－2）～式（21－7－4）计算。

$$D_0 \ln\frac{D_0}{D_i} = 3.795 \times 10^{-3}\sqrt{\frac{f_n \lambda \tau \mid t - t_a \mid}{P_i S}} - \frac{2\lambda}{\alpha} \qquad (21-7-3)$$

$$\delta = \frac{D_0 - D_i}{2} \qquad (21-7-4)$$

注：计算出$D_0 \ln\frac{D_0}{D_i}$值后，D_0可用猜算法求得；δ值也可按本规范附录A的规定取值。

2. 用表面温度法计算保温或保冷层厚度时，应符合下列规定：

（1）平面保温或保冷层的厚度应按式（21－7－5）计算；

$$\delta = \frac{\lambda}{\alpha} \times \frac{t - t_s}{t_s - t_a} \qquad (21-7-5)$$

（2）圆筒保温或保冷层的厚度应按式（21－7－4）和式（21－7－6）计算。

$$D_0 \ln\frac{D_0}{D_i} = \frac{2\lambda}{\alpha} \times \frac{t - t_s}{t_s - t_a} \qquad (21-7-6)$$

3. 球形容器保冷层的厚度应按式（21－7－4）和式（21－7－7）计算。

[1] 绝热层厚度的计算选自国家现行标准《石油化工设备和管道绝热工程设计规范》（SH/T 3010－2012）第7章“绝热计算”。

$$\frac{D_0}{D_i}\delta = \frac{\lambda}{\alpha} \times \frac{t - t_s}{t_s - t_a} \quad (21-7-7)$$

4. 表面热(冷)损失的计算应符合下列规定:

(1)平面保温或保冷层的表面热(冷)损失应按式(21-7-8)计算;

$$Q = \frac{|t - t_a|}{\frac{\delta}{\lambda} + \frac{1}{\alpha}} \quad (21-7-8)$$

(2)圆筒保温或保冷层的表面热(冷)损失应按式(21-7-9)计算;

$$q = \frac{2\pi|t - t_a|}{\frac{1}{\lambda}\ln\frac{D_0}{D_i} + \frac{2}{\alpha D_0}} \quad (21-7-9)$$

(3)球形容器保冷层的表面冷损失应按式(21-7-10)计算。

$$Q_1 = \pi D_0^2 \alpha |t - t_a| \quad (21-7-10)$$

5. 最大允许冷损失量的计算应符合下列规定:

(1)当环境温度 t_a 与露点温度 t_d 之差小于等于4.5时,最大允许冷损失量应按式(21-7-11)计算:

$$[Q] = (t_a - t_d)\alpha \quad (21-7-11)$$

(2)当环境温度 t_a 与露点温度 t_d 之差大于4.5时,最大允许冷损失量应按式(21-7-12)计算。

$$[Q] = 4.5\alpha \quad (21-7-12)$$

6. 最大允许热损失量应符合表21-7-3的规定。

表21-7-3 最大允许热损失量

设备和管道外表面温度 t/℃	绝热层表面最大允许热损失量[Q]/(W/m²)	
	常年运行	季节运行
50	52	104
100	84	147
150	104	183
200	126	220
250	147	251
300	167	272
350	188	—
400	204	—
450	220	—
500	236	—
550	251	—
600	266	—
650	283	—
700	297	—
750	311	—
800	324	—
850	338	—

7. 保冷层外表面温度的计算应符合下列规定：

（1）平面保温层的外表面温度应按式（21－7－13）计算；

$$t_s=\frac{Q}{\alpha}+t_a \qquad (21-7-13)$$

（2）圆筒保温层的外表面温度应按式（21－7－14）计算。

$$t_s=\frac{q}{\pi D_0\alpha}+t_a \qquad (21-7-14)$$

8. 保冷层外表面温度的计算应符合下列规定：

（1）平面保冷层的外表面温度应按式（21－7－15）计算；

$$t_s=t_a-\frac{Q}{\alpha} \qquad (21-7-15)$$

（2）圆筒保冷层的外表面温度应按式（21－7－16）计算；

$$t_s=t_a-\frac{q}{\pi D_0\alpha} \qquad (21-7-16)$$

（3）球形容器保冷层的外表面温度应按式（21－7－17）计算。

$$t_s=t_a-\frac{Q_1}{\pi D_0\alpha} \qquad (21-7-17)$$

9. 在允许温降或指定温降条件下输送流体管道的保温层厚度计算，应符合下列规定：

（1）无分支管道的保温层厚度应符合下列要求：

1）当$\frac{t_1-t_a}{t_2-t_a}\geqslant 2$时，应按式（21－7－4）和式（21－7－18）计算；

$$\ln\frac{D_0}{D_i}=2\pi\lambda\left[\frac{L_c}{G\cdot C\cdot\ln\frac{t_1-t_a}{t_2-t_a}}-\frac{1}{\pi D_0\alpha}\right] \qquad (21-7-18)$$

2）当$\frac{t_1-t_a}{t_2-t_a}<2$时，应按式（21－7－4）、式（21－7－19）和式（21－7－20）计算；

$$\ln\frac{D_0}{D_i}=2\pi\lambda\left[\frac{L_c(t_m-t_a)}{G\cdot C(t_1-t_2)}-\frac{1}{\pi D_0\alpha}\right] \qquad (21-7-19)$$

$$L_c=K_r\cdot L \qquad (21-7-20)$$

（2）分支管道的保温层厚度计算应符合下列要求：

1）分支点处的温度，应按式（21－7－21）计算；

$$t_c=t_{(c-1)}-(t_1-t_n)\times\frac{\frac{L_{(c-1)\to c}}{G_{(c-1)\to c}}}{\sum_{i=2}^{n}\frac{L_{(i-1)\to i}}{G_{(i-1)\to i}}} \qquad (21-7-21)$$

2）当逐段按无分支管道计算保温层厚度时，各分支点的温度计算出后，再按式（21－7－18）和式（21－7－19）计算各分支管道的绝热层厚度。

10. 液体管道防冻结的保温层厚度计算应符合下列规定：

（1）一般液体管道防冻结的保温层厚度应按式（21－7－4）和式（21－7－22）计算；

$$\ln\frac{D_0}{D_i}=2\pi\lambda\left[\frac{K_r\tau_{fr}}{\frac{2(t-t_{fr})(V\cdot\rho\cdot C+V_P\cdot\rho_P\cdot C_P)}{t+t_{fr}-2t_a}-\frac{0.25V\cdot\rho\cdot H_{fr}}{t_{fr}-t_a}}-\frac{1}{\pi D_0\alpha}\right] \qquad (21-7-22)$$

(2)对钢制水管道防冻结的保温层厚度可按式(21－7－4)和式(21－7－23)计算。

$$\ln\frac{D_0}{D_i}=2\pi\lambda\left\{\frac{K_r\cdot\tau_{fr}}{2000\left[\frac{t(V+0.9V_P)}{t-2t_a}+\frac{10V}{t_a}\right]}-\frac{1}{\pi D_0\alpha}\right\} \tag{21－7－23}$$

11. 双层异材保温或保冷层的厚度计算应符合下列规定:

(1)平面双层异材保温(或保冷)层厚度，内层绝热层厚度应按式(21－7－24)计算，外层绝热层厚度应按式(21－7－25)计算;

$$\delta_1=\frac{\lambda_1(t-t_0)}{[Q]} \tag{21－7－24}$$

$$\delta_2=\lambda_2\left[\frac{(t_0-t_a)}{[Q]}-\frac{1}{\alpha}\right] \tag{21－7－25}$$

(2)圆筒双层异材保温(或保冷)层厚度计算，内层绝热层厚度应按式(21－7－26)和式(21－7－27)计算，绝热层的总厚度应按式(21－7－28)和式(21－7－29)计算。

$$\ln\frac{D_0}{D_i}=\frac{2\lambda_1}{D_{mo}}\left(\frac{t-t_0}{[Q]}\right) \tag{21－7－26}$$

$$\delta_1=\frac{D_0-D_i}{2} \tag{21－7－27}$$

$$D_{mo}\ln\frac{D_{mo}}{D_i}=2\left[\frac{\lambda_1(t-t_0)+\lambda_2(t_0-t_a)}{[Q]}-\frac{\lambda_2}{\alpha}\right] \tag{21－7－28}$$

$$\delta=\frac{1}{2}(D_{mo}-D_i) \tag{21－7－29}$$

12. 双层异材保温或保冷的热(或冷)损失量计算应符合下列规定:

(1)平面双层异材保温或保冷的热(或冷)损失量应按式(21－7－30)计算;

$$Q=\frac{t-t_a}{\frac{\delta_1}{\lambda_1}+\frac{\delta_2}{\lambda_2}+\frac{1}{\alpha}} \tag{21－7－30}$$

(2)圆筒双层异材保温或保冷的热(或冷)损失量应按式(21－7－31)计算。

$$Q=\frac{t-t_a}{\frac{D_{mo}}{2\lambda_1}\ln\frac{D_o}{D_i}+\frac{D_{mo}}{2\lambda_2}\ln\frac{D_{mo}}{D_0}+\frac{1}{\alpha}} \tag{21－7－31}$$

13. 双层异材内绝热层的外表面温度计算应符合下列规定:

(1)平面双层异材保温内绝热层的外表面温度应按式(21－7－32)计算;

$$t_0=\frac{\lambda_1 t\delta_2+\lambda_2 t_s\delta_1}{\lambda_1\delta_2+\lambda_2\delta_1} \tag{21－7－32}$$

(2)圆筒双层异材保温内绝热层的外表面温度应按式(21－7－33)计算:

$$t_0=\frac{\lambda_1 t\ln\frac{D_{mo}}{D_0}+\lambda_2 t_s\ln\frac{D_0}{D_i}}{\lambda_1\ln\frac{D_{mo}}{D_0}+\lambda_2\ln\frac{D_0}{D_i}} \tag{21－7－33}$$

(3)计算出双层异材绝热层界面处的温度 t_0 后，应校核其外层绝热材料对温度的承受能力。当 t_0 超出外层绝热材料的安全使用温度的0.9倍时，应重新调整内外层厚度比。

14. 除经济厚度计算法外，采用其他方法计算的保冷层厚度应乘以保冷厚度修正系数 K

修正，作为最终保冷层计算厚度。

以上各式中：

C——介质的比热容，J/(kg·℃)；

C_1——工况系数；

C_2——烟值系数；

C_P——管材的比热容，J/(kg·℃)；

D_0——绝热层的外直径，m；

D_i——设备或管道外直径，m；

D_{mo}——复合绝热外层的外直径，m；

f_n——热能价格，元/(10^6kJ)；

G——介质质量流量，kg/h；

$G_{(c-1)\to c}$——c－1 与 c 两点间管道内介质质量流量，kg/h；

$G_{(i-1)\to i}$——任意结点 i 与前一结点 $i-1$ 两点间管道内介质质量流量，kg/h；

H_{fr}——介质融解热，J/kg；

n——计息年数，年；

i——年利率(复利),%；

K——保冷厚度修正系数；

K_r——管道通过支吊架处的热(或冷)损失的附加系数，可取 1.05～1.15；

L——管道实际长度，m；

L_c——管道计算长度，m；

$L_{(c-1)\to c}$——计算分支结点 c 与前一结点 c－1 之间的管段长度，m；

$L_{(i-1)\to i}$——任意分支结点 i 与前一结点 $i-1$ 之间的管段长度，m；

P_F——燃料到厂价，元/t；

P_i——绝热结构的单位造价，元/m^3；

Q——以每平方米绝热层外表面表示的散热损失量，W/m^2；

Q_1——球形容器保冷层外表面冷量总损失量，W；

$[Q]$——以每平方米绝热层外表面表示的最大允许散热(冷)损失量，W/m^2；

q——以每米长度绝热层外表面表示的散热损失量，W/m；

$[q]$——以每米长度表示的绝热层外表面表示的最大允许散热(冷)损失量，W/m；

q_F——燃料收到基低位发热量，kJ/kg；

R_i——绝热层热阻，平面(m^2·℃)/W，圆筒(m^2·℃)/W；

R_s——绝热层表面热阻，平面(m^2·℃)/W，圆筒(m^2·℃)/W；

S——按复利计算的绝热工程投资偿还年分摊率,%；

t——设备和管道的外表面温度,℃；

t_1——管道 1 点处或管道起点处的介质温度,℃；

t_2——管道 2 点处的介质温度,℃；

t_a——环境温度,℃；

t_c、t_{c-1}——分别为分支结点 c 与前一结点 c－1 处的温度,℃；

t_d——露点温度℃；

t_{fr}——介质在管内冻结温度,℃；

t_m——算术平均温度,℃；

t_n——管道内介质的终点温度,℃；

t_0——复合绝热结构中的内绝热层外表面温度,℃；

t_s——绝热层外表面温度,℃；

V——每米管长介质体积，m^3/m；

V_P——每米管壁介质体积，m^3/m；

α——绝热层外表面向大气的换热系数，W/(m·K)；

δ——绝热层厚度，m；

δ_1——内层绝热层厚度，m；

δ_2——外层绝热层厚度，m；

λ——绝热材料及其制品的导热系数，W/(m·K)；

λ_0——绝热材料及其制品常用导热系数，W/(m·K)；

λ_1——复合绝热结构的内层绝热材料制品导热系数，W/(m·K)；

λ_2——复合绝热结构的外层绝热材料制品导热系数，W/(m·K)；

ρ——介质密度，kg/m^3；

ρ_P——管材密度，kg/m^3；

τ——年运行时间，h；

τ_{fr}——防冻结管道允许液体停留时间，h；

(三)绝热计算数据的选取

1. 保温计算数据的选取应符合下列规定：

(1)设备和管道的表面温度 t 应符合下列要求：

1)无衬里的金属设备和管道的表面温度，应取介质的正常操作温度；

2)有衬里的金属设备和管道的表面温度，应经传热计算确定；

(2)环境温度 t_a 应符合下列要求：

1)室外的设备和管道，在经济保温厚度计算和散热损失计算中的环境温度，常年运行者，取历年年平均温度的平均值；季节性运行者，取历年运行期间日平均温度的平均值；

2)室内的设备和管道，在经济保温厚度计算及散热损失计算中的环境温度均取20℃：

3)在有工艺要求的各种保温计算中的环境温度，应按最不利的条件取值；

4)在防烫伤保温计算中的环境温度，取历年最热月日平均温度的平均值；

保温工程的环境温度 t_a，虽是一个变数。但在一般情况下，介质温度高而稳定，环境温度的变化对计算温差的影响较小。因此，将工业保温的传热过程视为稳定传热，环境温度取其年平均值来代表，并区分为室内、室外及地沟设施等三种情况：

1)在室内的保温设备和管道，其环境温度可按地区年平均温度与采暖温度及采暖时间长短比例折算。一般可按如下数值选用：

常年运行时东北地区　$t_a=10℃$

华北地区　$t_a=13℃$

华东、华南地区　$t_a=16℃$

采暖运行时　$t_a=16℃$

2)室外的保温设备和管道，常年运行时，取其所在地区的年平均温度；采暖运行时，取其所在地区采暖期的平均温度。全国部分城市的气象资料见表21－7－4通常也可选用如下数值：

常年运行时东北地区　$t_a=4℃$

华北地区　　$t_a = 12℃$

华东、华南地区　　$t_a = 16℃$

采暖运行时东北地区　　$t_a = -10℃$

华北地区　　$t_a = -2℃$

表 21－7－4　部分城市有关气象参数表

序号	地名	保温						保冷			室外风速		保温	极端最高温度平均值	最大冻土深度
		常年运行	采暖运行季				防烫伤	室外温度（干球）	相对湿度	露点	v		防冻		
		T_a	日平均温度≤+5℃（+8℃）的天数		T_a		T_a	T_a	ψ	T_d	冬季平均	夏季平均	T_a		
		年平均温度			日平均温度≤+5℃（+8℃）期间内的平均温度/℃		最热月平均	夏季空调	最热月平均	对应露点温度			极低温平均值		
		℃					℃	℃	%	℃	m/s	m/s	℃		cm
1	2	3	4		5		6	7	8	9	10	11	12	13	14
01	北京	11.4	129	(149)	-1.6	(-0.2)	25.8	33.2	78	29	2.8	1.9	-17.1	37.1	85
02	天津	12.2	122	(147)	-0.9	(0.3)	26.4	33.4	78	29.2	3.4	2.6	-11.7	37.1	69
03	河北省														
03.1	承德	8.9	147	(165)	-4.2	(-3.0)	24.4	32.3	72	26	1.4	1.1	-21.3	36.0	126
03.2	唐山	11.1	137	(153)	-1.5	(-0.6)	25.5	32.7	79	28	2.6	2.3	-17.8	36.3	73
03.3	石家庄	12.9	117	(140)	-0.2	(1.0)	26.6	35.1	75	29.9	1.8	1.5	-16.6	39.2	54
04	山西省														
04.1	大同	6.5	165	(186)	-5.0	(-3.7)	21.8	30.3	66	23.5	3.0	3.4	-25.1	34.5	186
04.2	太原	9.5	144	(162)	-2.1	(-1.2)	23.5	31.2	72	25.5	2.6	2.1	-21.4	35.2	77
04.3	运城	13.6	105	(129)	0.3	(1.7)	27.3	35.5	69	28.9	2.6	3.4	-14.7	39.2	43
05	内蒙古自治区														
05.1	海拉尔	-2.1	213	(233)	-14.3	(-12.3)	19.6	28.1	71	22.7	2.6	3.2	-41.2	33.2	242
05.2	二连浩特	3.4	184	(201)	-9.0	(-7.4)	22.9	32.6	49	20.1	3.9	3.9	-33.7	37.0	337
05.3	呼和浩特	5.8	171	(188)	-5.9	(-4.8)	21.9	29.9	64	22.9	1.6	1.5	-27.0	34.1	143
06	辽宁省														
06.1	抚顺	6.6	160	(179)	-6.5	(-5.0)	23.7	31.6	80	27.4	2.8	2.6	-30.7	34.3	143
06.2	沈阳	7.8	152	(177)	-5.7	(-4.0)	24.6	31.4	78	27.0	3.1	2.9	-26.8	34.0	118
06.3	锦州	9.0	147	(168)	-3.9	(-2.5)	24.3	31.0	80	27.0	3.9	3.8	-21.4	31.6	113
06.4	鞍山	8.8	148	(170)	-4.5	(-2.9)	24.8	31.2	76	26.3	3.5	3.1	-25.5	34.5	118
06.5	大连	10.2	132	(158)	-1.5	(-0.1)	23.9	28.4	83	25.7	5.8	4.3	-16.2	31.5	93
07	吉林省														
07.1	吉林	4.4	175	(195)	-9.0	(-7.1)	22.9	30.3	79	27.0	3.0	2.5	-35.0	33.7	190
07.2	长春	4.9	174	(192)	-8.0	(-6.6)	23.0	30.5	78	26.1	4.2	3.5	-30.2	33.8	180
07.3	通化	4.9	173	(193)	-7.4	(-5.9)	22.2	29.4	80	25.8	1.3	1.7	-32.8	32.5	133
08	黑龙江省														
08.1	安达	3.2	182	(202)	-10.3	(-8.6)	22.9	31.1	74	25.8	3.5	3.5	-33.3	35.0	214
08.2	哈尔滨	3.6	179	(198)	-9.5	(-7.6)	22.8	30.3	77	26.0	3.8	3.5	-33.4	34.2	205
08.3	牡丹江	3.5	180	(200)	-9.1	(-7.5)	22.0	30.3	76	25.9	2.3	2.1	-33.1	34.3	191

序号	地名	保温						保冷			室外风速		保温	极端最高温度平均值	最大冻土深度
		常年运行	采暖运行季				防烫伤	室外温度（干球）	相对湿度	露点	v		防冻		
		T_a	日平均温度≤+5℃（+8℃）的天数		T_a		T_a	T_a	ψ	T_d	冬季平均	夏季平均	T_a		
		年平均温度			日平均温度≤+5℃（+8℃）期间内的平均温度/℃		最热月平均	夏季空调	最热月平均	对应露点温度			极低温平均值		
		℃					℃	℃	%	℃	m/s	m/s	℃		cm
1	2	3	4		5		6	7	8	9	10	11	12	13	14
09	上海	15.7	62	（109）	4.1	（5.3）	27.8	34.0	83	30.8	3.1	3.2	-6.7	36.6	8
10	江苏省														
10.1	连云港	14.0	105	（123）	1.8	（2.6）	26.8	38.5	81	34.8	3.0	-3.0	-12.3	36.9	25
10.2	南通	15.0	71	（113）	3.4	（4.5）	27.3	33.0	86	30.3	3.3	3.1	-7.5	35.5	12
10.3	南京	15.3	83	（115）	3.2	（4.3）	28.0	35.0	81	31.4	2.6	2.6	8.6	37.4	9
11	浙江省														
11.1	杭州	16.2	61	（102）	4.2	（5.4）	28.6	35.7	80	31.5	2.3	2.2	-6.0	37.8	—
11.2	宁波	17.9	50	（90）	4.4	（5.5）	28.1	34.5	83	31.0	2.9	2.9	-6.9	36.9	—
11.3	温州	17.9	0	（37）	—	（7.4）	27.9	32.8	84	29.8	2.2	8.1	-2.4	36.4	—
12	安徽省														
12.1	合肥	15.7	75	（109）	3.1	（4.3）	28.3	35.0	81	31.4	2.5	2.6	-9.4	37.6	11
12.2	安庆	16.5	54	（96）	4.0	（5.1）	28.8	35.0	79	30.8	3.5	2.8	-6.9	37.6	10
13	福建省														
13.1	福州	19.6	0	（0）	—	—	28.8	35.2	78	30.7	2.7	2.9	0.9	37.7	—
13.2	厦门	20.9	0	（0）	—	—	28.4	33.4	81	29.9	3.5	3.0	4.1	36.4	—
14	江西省														
14.1	九江	17.0	46	（95）	4.4	（5.6）	29.4	36.4	76	31.4	3.0	2.4	-5.6	38.2	—
14.2	南昌	17.5	35	（83）	5.0	（6.1）	29.6	35.6	75	30.2	3.8	2.7	-5.0	38.1	—
14.3	赣州	19.4	0	（24）	—	（7.7）	29.5	35.4	70	29.0	2.1	2.0	-2.5	38.2	—
15	山东省														
15.1	淄博	12.9	116	（140）	-0.2	（1.1）	26.9	34.7	76	29.4	2.6	2.3	-17.0	38.4	48
15.2	济南	14.2	106	（124）	0.9	（1.8）	27.4	34.8	73	29.2	3.2	2.8	-13.7	38.6	41
15.3	青岛	12.2	111	（141）	0.9	（2.2）	25.1	29.0	85	26.3	5.7	4.9	-10.2	32.6	49
16	河南省														
16.1	洛阳	14.6	95	（119）	1.9	（3.0）	27.5	35.9	75	30.8	2.5	2.5	-11.3	40.2	21
16.2	郑州	14.2	102	（125）	1.6	（2.6）	27.3	35.6	76	30.2	3.4	2.6	-12.5	39.7	27
16.3	南阳	14.9	89	（117）	2.4	（3.4）	27.4	35.2	80	31.0	2.6	2.4	-10.4	38.6	12
17	湖北省														
17.1	宜昌	16.8	43	（92）	4.7	（6.1）	28.2	35.8	80	31.6	1.6	1.7	-4.3	38.6	—
17.2	武汉	16.3	67	（105）	3.7	（5.0）	28.8	35.2	79	31.1	2.7	2.6	-9.1	37.4	10
17.3	黄石	17.0	46	（97）	4.1	（5.7）	29.2	35.7	78	31.2	2.1	2.2	-6.4	33.3	6
18	湖南省														
18.1	岳阳	17.0	49	（90）	4.5	（5.8）	29.2	34.1	75	29.4	2.8	3.1	-6.0	36.6	—
18.2	长沙	17.2	45	（84）	4.6	（5.8）	29.3	35.8	75	30.5	2.8	2.6	-5.4	38.2	5

续表

序号	地名	保温						保冷			室外风速		保温	极端最高温度平均值	最大冻土深度
		常年运行	采暖运行季				防烫伤	室外温度（干球）	相对湿度	露点	v		防冻		
		T_a	日平均温度≤+5℃（+8℃）的天数		T_a		T_a	T_a	ψ	T_d	冬季平均	夏季平均	T_a		
		年平均温度			日平均温度≤+5℃（+8℃）期间内的平均温度/℃		最热月平均	夏季空调	最热月平均	对应露点温度			极低温平均值		
		℃					℃	℃	%	℃	m/s	m/s	℃		cm
1	2	3	4		5		6	7	8	9	10	11	12	13	14
18.3	衡阳	17.9	—	(74)	5.0	(6.4)	29.8	36.0	71	29.7	1.7	2.3	-3.8	38.8	—
19	广东省														
19.1	韶关	20.3	0	(0)	—	—	29.1	35.4	75	30.0	1.8	1.5	-1.2	38.3	—
19.2	广州	21.8	0	(0)	—	—	28.4	33.5	83	30.2	2.4	1.8	1.9	36.3	—
19.3	海口	23.8	0	(0)	—	—	28.4	34.5	83	31.3	3.4	2.8	7.0	36.4	—
20	广西壮族自治区														
20.1	桂林	18.8	0	(41)	—	(7.9)	28.3	33.9	78	29.7	3.2	1.5	-1.8	37.0	—
20.2	南宁	21.6	0	(0)	—	—	28.3	34.2	82	30.5	1.8	1.6	2.0	37.3	—
20.3	北海	22.6	0	(0)	—	—	28.7	32.1	83	28.8	3.6	2.8	4.3	34.9	—
21	四川省														
21.1	南充	17.6	0	(57)	—	(7.0)	27.9	35.5	74	30.0	0.8	1.1	-0.9	38.2	—
21.2	成都	16.2	—	(80)	—	(6.5)	25.6	31.6	85	28.5	0.9	1.1	-3.1	34.7	—
21.3	西昌	17.0	0	(0)	—	—	22.6	30.2	75	25.6	1.7	1.2	-2.0	33.8	—
22	重庆	18.3	0	(32)	—	(7.5)	23.6	36.5	75	31.2	1.2	1.4	0.2	39.1	—
23	贵州省														
23.1	遵义	15.2	47	(95)	4.4	(5.7)	25.3	31.7	77	26.0	1.0	1.1	-4.3	35.3	—
23.2	贵阳	15.3	42	(89)	4.9	(6.2)	24.0	30.0	77	25.8	2.2	2.0	-4.6	33.2	—
23.3	兴仁	15.2	—	(67)	4.9	(6.8)	22.1	28.6	82	25.5	2.1	1.7	-3.7	31.9	—
24	云南省														
24.1	腾冲	14.8	0	(50)	—	(7.7)	19.8	25.4	90	23.7	1.6	1.6	-2.8	29.2	—
24.2	昆明	14.7	0	(44)	—	(7.7)	10.8	25.8	83	23.8	2.5	1.8	-2.9	29.5	—
25	西藏自治区														
25.1	拉萨	7.5	149	(182)	0.7	(1.8)	15.1	22.8	54	13.0	2.2	1.8	-14.8	26.0	26
25.2	日喀则	6.3	160	(196)	-0.4	(0.9)	14.1	22.2	53	12.4	1.9	1.5	-19.0	26.0	67
26	陕西省														
26.1	榆林	8.1	145	(169)	-4.5	(-3.1)	23.4	31.6	62	23.5	1.8	2.5	-25.0	35.5	148
26.2	西安	13.3	101	(127)	1.0	(2.1)	26.6	35.2	72	29.5	1.0	2.2	-11.8	39.4	15
26.3	延安	9.4	133	(163)	-2.2	(-0.7)	22.9	32.1	72	26.4	2.1	1.6	-20.3	36.0	79

续表

序号	地名	保温						保冷			室外风速		保温	极端最高温度平均值	最大冻土深度
		常年运行	采暖运行季				防烫伤	室外温度（干球）	相对湿度	露点	v		防冻		
		T_a	日平均温度≤+5℃（+8℃）的天数		T_a		T_a	T_a	ψ	T_d	冬季平均	夏季平均	T_a		
		年平均温度			日平均温度≤+5℃（+8℃）期间内的平均温度/℃		最热月平均	夏季空调	最热月平均	对应露点温度			极低温平均值		
		℃					℃	℃	%	℃	m/s	m/s	℃		cm
1	2	3	4		5		6	7	8	9	10	11	12	13	14
27	甘肃省														
27.1	敦煌	9.3	140	(163)	−3.8	(−2.6)	24.7	34.1	48	21.6	2.1	2.2	−22.9	38.6	144
27.2	兰州	9.1	135	(160)	−2.5	(−1.1)	22.2	30.5	61	22.0	0.5	1.3	−18.0	35.2	103
27.3	天水	10.7	117	(146)	0.0	(1.3)	22.6	30.3	72	24.6	1.3	1.2	−13.4	34.1	61
28	青海省														
28.1	西宁	5.7	165	(191)	−3.2	(−1.6)	17.2	25.9	65	18.8	1.7	1.9	−20.5	30.6	134
28.2	格尔木	4.2	189	(209)	−4.6	(−3.4)	17.6	26.6	36	10.2	2.6	3.5	−25.7	31.4	88
28.3	玉树	2.9	194	(247)	−3.2	(−1.0)	12.5	21.5	69	15.5	1.2	0.9	−23.4	25.6	103
29	宁夏回族自治区														
29.1	银川	8.5	149	(170)	−3.4	(−2.1)	23.4	30.6	64	22.9	1.7	1.7	−22.5	35.1	103
29.2	盐池	7.7	154	(177)	−3.9	(−2.4)	22.3	31.1	57	21.2	2.7	2.7	−25.5	35.1	128
29.3	固原	6.2	162	(189)	−3.3	(−2.0)	18.9	27.2	71	22.0	2.8	2.7	−23.1	31.1	114
30	新疆维吾尔自治区														
30.1	克拉玛依	8.0	149	(164)	−8.8	(−6.5)	27.4	34.9	32	16.0	1.5	5.1	−30.0	40.4	197
30.2	乌鲁木齐	5.7	157	(177)	−8.5	(−7.3)	23.5	34.1	44	20.1	1.7	3.1	−29.7	38.4	133
30.3	吐鲁番	13.9	121	(139)	−4.2	(−2.6)	32.7	40.7	31	19.8	1.0	2.3	−20.1	45.5	83
30.4	哈密	9.8	138	(161)	−5.6	(−3.9)	27.2	35.8	34	17.5	2.3	3.1	−24.7	40.8	127
30.5	和田	12.2	114	(136)	−1.8	(−0.4)	25.5	34.3	40	19.0	1.6	2.3	−16.3	38.5	67
31	台湾省														
31.1	台北	22.1	0	(0)	—	—	28.6	33.6	77	26.0	3.7	2.8	4.8	36.9	—
32	香港	22.8	0	(0)	—	—	28.6	32.4	81	28.7	6.5	5.3	5.6	34.4	—

3）在地沟内设施时：通行地沟　　$t_a = 40℃$

不通行地沟　　$t_a = 50℃$

（3）表面换热系数 α 应符合下列要求：

1）在经济厚度计算及散热损失计算中，可取 α 为 11.6W/($m^2 \cdot K$)；

2）在保温结构外表面温度计算中，并排敷设时应按式（21－7－34）计算；单根敷设时应按式（21－7－35）计算。

$$a = 7.0 + 3.5\sqrt{V_W} \quad (21-7-34)$$

$$a = 11.63 + 7.0\sqrt{V_W} \quad (21-7-35)$$

式中 V_W——风速，m/s。在经济保温厚度计算中，风速 V_W 取历年年平均风速的平均值；在热平衡计算中，风速 V_W 取历年一月份平均风速的平均值。

2. 保冷计算数据的选取应符合下列规定：

(1)设备和管道外表面温度 t 取介质的最低操作温度；

(2)环境温度 t_a 的选取应符合下列要求：

1)采用经济厚度法计算时，对于常年运行的工况，环境温度取历年年平均温度的平均值；对于季节性运行的工况，环境温度取运行期间历年日平均温度的平均值；

2)在防结露厚度计算和最大允许冷损失的厚度计算时，环境温度应取夏季空气调节室外计算干球温度；

3)在表面温度和热量损失的计算中，环境温度取厚度计算时的对应值：

(3)露点温度 t_d 应根据夏季空气调节室外计算干球温度 t_a 和最热月平均相对湿度 ψ 的数值确定，并符合 GB 50264 的有关规定；

(4)保冷层外表面温度 t_s 应取历年最热月相对湿度平均值下的露点温度加 1～3℃；

(5)表面换热系数 α 可取 8.14W/(m^2·K)。

3. 对于软质材料的导热系数 λ 应取使用密度下的导热系数。

4. 绝热结构的单位造价 P_i 包括主材费、包装费、运输费、损耗、安装费(包括辅助材料)及保护层结构费等。

5. 石油化工装置的计息年限 n 可取 5～7 年。

6. 年利率 i 宜按工程费用的实际贷款利率确定。

7. 热价或冷价 f_n 应根据不同地区、不同企业具体情况确定：

(1)可按实际购价或生产成本取值；

(2)当没有数据时，热价可按式(21-7-36)计算：

$$f_n = 1000\frac{C_1 \cdot C_2 \cdot P_F}{Q_F \cdot \eta_B} \quad (21-7-36)$$

式中 C_1——工况系数，取 1.2～1.4；

C_2——炯值系数，炯值系数可按表 21-7-5 的规定取值。

表 21-7-5 炯值系数

设备及管道种类	炯值系数
利用锅炉出口新蒸汽的设备及管道	1
抽汽管道，辅助蒸汽管道	0.75
疏水管道，连续排污及扩容器	0.50
通大气的放空管道	0

(3)当没有数据时，冷价可按 GB 50264 的有关规定计算，或取热价的 6 倍。

8. 常年运行时运行时间 τ 可取 8000 小时，间歇运行(含季节运行)时运行时间 τ 可按设计或实际规定的时间确定。

9. 保冷厚度修正系数 K 应按表 21-7-6 的规定取值。

表 21-7-6 保冷厚度修正系数 *K*

材料	聚苯乙烯	聚氨酯	聚异氰脲酸酯	泡沫玻璃	泡沫橡塑	酚醛	丁腈橡胶发泡制品	二烯烃弹性体发泡制品
修正系数 *K*	1.2~1.4	1.2~1.4	1.2~1.35	1.1~1.2	1.2~1.4	1.2~1.4	1.1~1.2	1.1~1.2

二、热层厚度选用

(一)管道保温厚度选用

1. 岩棉、矿渣棉及其制品的保温厚度选用

岩棉、矿渣棉及其制品的管道保温厚度可按表 21-7-7 选用。

表 21-7-7 岩棉、矿渣棉及其制品的管道保温厚度选用

环境温度/℃	管道内介质温度/℃	管道公称直径/mm																				
		15	20	25	40	50	80	100	150	200	250	300	350	400	450	500	550	600	700	800	900	1000
-15	100	30	35	35	40	40	45	50	50	55	55	55	60	60	60	60	60	60	65	65	65	55
	150	35	40	40	50	50	55	60	60	65	70	70	70	70	75	75	75	75	80	80	80	80
	200	40	45	50	55	55	65	65	70	70	75	80	80	85	85	85	85	90	90	90	90	90
	250	45	50	55	60	65	70	75	75	80	85	90	90	95	95	95	95	100	100	100	100	105
-10	100	30	35	35	40	40	45	45	50	50	55	55	55	55	60	60	60	60	60	60	60	60
	150	35	40	40	50	50	55	60	60	60	65	65	70	70	70	75	75	75	75	75	75	75
	200	40	45	45	50	55	60	65	65	70	75	75	80	80	80	85	85	85	85	90	90	90
	250	45	50	55	60	60	70	75	75	80	85	85	90	90	95	95	95	95	100	100	100	100
-5	100	30	30	35	40	40	45	45	45	50	50	50	55	55	55	55	55	55	60	60	60	60
	150	35	40	40	45	50	55	55	55	60	65	65	70	70	70	70	70	70	75	75	75	75
	200	40	45	45	55	55	60	65	65	70	75	75	75	80	80	80	80	85	85	85	85	85
	250	45	50	55	60	60	70	70	75	80	85	85	90	90	90	95	95	95	95	95	100	100
0	100	30	30	30	35	40	40	45	45	50	50	50	50	50	55	55	55	55	55	55	55	55
	150	35	40	40	45	45	50	55	55	60	60	65	65	65	70	70	70	70	70	70	70	70
	200	40	45	45	50	55	60	65	65	70	70	75	75	80	80	80	80	80	85	85	85	85
	250	45	50	50	60	60	65	70	70	75	80	85	85	90	90	90	90	90	95	95	95	95
5	100	25	30	30	35	35	40	40	45	45	45	50	50	50	50	50	50	50	50	55	55	55
	150	35	35	40	45	45	50	50	55	55	60	60	65	65	65	65	65	70	70	70	70	70
	200	40	40	45	50	50	60	60	65	65	70	75	75	75	75	80	80	80	80	80	80	85
	250	45	50	50	55	60	65	70	70	75	80	85	85	85	90	90	90	90	95	95	95	95
10	100	25	30	30	35	35	40	40	40	45	45	45	45	45	50	50	50	50	50	50	50	50
	150	35	35	40	40	45	50	50	55	55	60	60	60	60	65	65	65	65	65	65	65	65
	200	40	40	45	50	50	55	60	60	65	70	70	70	75	75	75	75	80	80	80	80	80
	250	45	45	50	55	60	65	70	70	75	80	80	85	85	85	90	90	90	90	95	95	95

续表

环境温度/℃	管道内介质温度/℃	管道公称直径/mm																				
		15	20	25	40	50	80	100	150	200	250	300	350	400	450	500	550	600	700	800	900	1000
20	100	25	25	30	30	30	35	35	35	40	40	40	40	40	45	45	45	45	45	45	45	45
	150	30	35	35	40	40	45	50	50	50	55	55	55	60	60	60	60	60	60	60	65	65
	200	35	40	40	45	50	55	55	60	60	65	65	70	70	70	70	75	75	75	75	75	75
	250	40	45	50	55	55	60	65	65	70	75	80	80	80	85	85	85	85	90	90	90	90
25	100	20	25	25	30	30	30	35	35	35	40	40	40	40	40	40	40	40	40	40	40	40
	150	30	30	35	40	40	45	45	50	50	50	55	55	55	55	60	60	60	60	60	60	60
	200	35	40	40	45	50	55	55	55	60	65	65	65	70	70	70	70	70	70	75	75	75
	250	40	45	50	55	55	60	65	65	70	75	75	80	80	80	85	85	85	85	85	85	85

2. 超细玻璃棉及其制品的保温厚度选用

考虑安装时的压缩量，建议选择玻璃棉及其制品的厚度时，将表中相应厚度值乘以 1.3 倍为宜。

超细玻璃棉及其制品的管道保温厚度可按表 21 －7 －8 选用。

表 21 －7 －8　超细玻璃棉及其制品的管道保温厚度选用

环境温度/℃	管道内介质温度/℃	管道公称直径/mm																				
		15	20	25	40	50	80	100	150	200	250	300	350	400	450	500	550	600	700	800	900	1000
－15	100	30	35	35	40	45	50	50	50	55	55	60	60	60	60	60	60	65	65	65	65	65
	150	40	40	45	50	50	55	60	60	65	70	70	70	75	75	75	75	75	80	80	80	80
	200	40	45	50	55	55	65	65	70	75	75	80	80	85	85	85	85	85	90	90	90	90
	250	45	50	55	60	60	65	75	75	80	85	90	90	90	95	95	95	95	100	100	100	100
	300	50	55	55	65	65	75	80	80	85	90	95	100	100	100	105	105	105	110	110	110	110
－10	100	30	35	35	40	40	45	50	50	50	55	55	55	60	60	60	60	60	60	60	60	60
	150	35	40	40	50	50	55	60	60	65	65	70	70	70	70	75	75	75	75	75	75	75
	200	40	45	50	55	55	60	65	65	70	75	80	80	80	80	85	85	85	85	90	90	90
	250	45	50	50	60	60	70	70	75	80	85	85	90	90	90	95	95	95	95	100	100	100
	300	50	55	55	65	65	75	80	80	85	90	95	95	100	100	100	105	105	105	110	110	110
－5	100	30	30	35	40	40	45	45	45	50	50	55	55	55	55	55	55	60	60	60	60	60
	150	35	40	40	45	50	55	55	55	60	65	65	70	70	70	70	70	70	75	75	75	75
	200	40	45	45	55	55	60	65	65	70	75	75	80	80	80	80	85	85	85	85	85	85
	250	45	50	50	60	60	65	70	70	80	80	85	85	90	90	90	95	95	95	95	95	100
	300	50	50	55	65	65	75	75	80	85	90	95	95	95	100	100	100	105	105	105	105	110
0	100	30	30	35	35	40	40	45	45	50	50	50	50	55	55	55	55	55	55	55	55	55
	150	35	40	40	45	45	50	55	55	60	60	65	65	65	70	70	70	70	70	70	70	75
	200	40	45	45	50	55	60	65	65	70	70	75	75	80	80	80	80	80	85	85	85	85
	250	45	50	50	60	60	65	70	70	80	80	85	85	90	90	90	95	95	95	95	95	100
	300	45	50	55	60	65	70	75	80	85	90	90	95	95	95	100	100	100	105	105	105	105

续表

环境温度/℃	管道内介质温度/℃	管道公称直径/mm																				
		15	20	25	40	50	80	100	150	200	250	300	350	400	450	500	550	600	700	800	900	1000
5	100	25	30	30	35	35	40	45	45	45	50	50	50	50	50	50	50	50	55	55	55	55
	150	35	35	40	45	45	50	55	55	60	60	60	65	65	65	65	65	70	70	70	70	70
	200	40	40	45	50	50	55	60	65	65	70	75	75	75	75	80	80	80	80	80	80	85
	250	45	45	50	55	60	65	70	70	75	80	80	85	85	85	90	90	90	90	95	95	95
	300	45	50	55	60	65	70	75	75	85	85	90	90	95	95	95	100	100	100	105	105	105
10	100	25	30	30	35	35	40	40	40	45	45	45	50	50	50	50	50	50	50	50	50	50
	150	35	35	40	45	45	50	50	55	55	60	60	60	65	65	65	65	65	65	65	70	70
	200	40	40	40	45	50	55	60	60	65	70	70	70	70	75	75	75	75	80	80	80	80
	250	40	45	50	55	55	65	65	70	75	80	80	80	85	85	85	90	90	90	90	90	90
	300	45	50	55	60	60	70	75	75	80	85	90	90	95	95	95	95	100	100	100	100	105
20	100	25	25	30	30	30	35	35	35	40	40	40	40	45	45	45	45	45	45	45	45	45
	150	30	35	35	40	40	45	50	50	55	55	55	60	60	60	60	60	60	60	60	65	65
	200	35	40	40	50	50	55	55	60	65	65	70	70	70	70	70	75	75	75	75	75	75
	250	40	45	50	55	55	60	65	65	70	75	75	80	80	80	85	85	85	85	85	90	90
	300	45	50	50	60	60	70	70	75	80	85	85	90	90	90	95	95	95	95	100	100	100
25	100	25	25	25	30	30	35	35	35	35	40	40	40	40	40	40	40	40	40	40	40	45
	150	30	35	35	40	40	45	45	50	50	55	55	55	55	55	60	60	60	60	60	60	60
	200	35	40	40	45	50	55	55	55	60	65	65	70	70	70	70	70	70	75	75	75	75
	250	40	45	45	55	55	60	65	65	70	75	75	80	80	80	80	85	85	85	85	85	85
	300	45	50	50	60	60	65	70	70	80	80	85	85	90	90	90	90	95	95	95	95	100

3. 硅酸钙绝热制品的保温厚度选用

硅酸钙绝热制品保温厚度可按表 21-7-9 选用。

表 21-7-9 硅酸钙绝热制品保温厚度选用

环境温度/℃	管道内介质温度/℃	管道公称直径/mm																				
		15	20	25	40	50	80	100	150	200	250	300	350	400	450	500	550	600	700	800	900	1000
-15	100	35	35	40	45	45	50	55	55	60	60	60	65	65	65	65	65	65	70	70	70	70
	150	40	40	45	50	50	55	60	60	65	70	70	75	75	75	75	80	80	80	80	80	80
	200	40	45	50	55	55	65	65	70	75	75	80	80	85	85	85	85	85	90	90	90	90
	250	45	50	50	60	60	70	70	75	80	80	85	85	90	90	90	95	95	95	95	95	95
	300	45	50	55	60	65	70	75	75	85	85	90	90	95	95	95	100	100	100	105	105	105
	350	50	55	55	65	65	75	80	80	85	90	95	95	100	100	105	105	105	105	110	110	110
	400	55	55	60	70	70	80	85	85	90	95	100	105	105	110	110	110	110	115	115	115	120
	450	55	60	65	70	75	85	90	90	95	100	105	110	110	115	115	115	120	120	125	125	125
	500	55	60	65	75	75	85	90	95	100	105	110	115	115	120	120	125	125	125	130	130	130
	550	60	65	70	80	80	90	95	100	105	110	115	120	125	125	125	130	130	135	135	135	140

续表

环境温度/℃	管道内介质温度/℃	管道公称直径/mm																				
		15	20	25	40	50	80	100	150	200	250	300	350	400	450	500	550	600	700	800	900	1000
-10	100	35	35	40	45	45	50	50	50	55	60	60	60	60	65	65	65	65	65	65	65	65
	150	40	40	45	50	50	55	60	60	65	70	70	70	70	75	75	75	75	80	80	80	80
	200	40	45	50	55	55	60	65	65	70	75	75	80	80	80	85	85	85	85	85	90	90
	250	45	50	50	60	60	65	70	70	75	80	85	85	90	90	90	90	90	95	95	95	95
	300	45	50	55	60	65	70	75	75	80	85	90	90	95	95	95	95	100	100	100	105	105
	350	50	55	55	65	65	75	80	80	85	90	95	95	100	100	100	105	105	105	105	110	110
	400	50	55	60	70	70	80	85	85	90	95	100	100	105	105	110	110	110	115	115	115	115
	450	55	60	65	70	75	85	85	90	95	100	105	110	110	115	115	115	120	120	120	125	125
	500	55	60	65	75	75	85	90	95	100	105	110	115	115	120	120	120	125	125	130	130	130
	550	60	65	70	80	80	90	95	95	105	110	115	120	120	125	125	130	130	130	135	135	135
-5	100	30	35	35	40	45	45	50	50	55	55	55	60	60	60	60	60	60	65	65	65	65
	150	35	40	45	50	50	55	60	60	65	65	70	70	70	70	75	75	75	75	75	75	75
	200	40	45	45	55	55	60	65	65	70	75	75	80	80	80	80	80	85	85	85	85	85
	250	45	50	50	55	60	65	70	70	75	80	80	85	85	85	90	90	90	90	95	95	95
	300	45	50	55	60	60	70	70	75	80	85	90	90	90	95	95	95	95	100	100	100	100
	350	50	55	55	65	65	75	75	80	85	90	90	95	95	100	100	100	100	105	105	105	105
	400	50	55	60	65	70	80	80	85	90	95	100	100	105	105	105	110	110	110	115	115	115
	450	55	60	65	70	75	80	85	90	95	100	105	105	110	110	115	115	115	120	120	120	125
	500	55	60	65	75	75	85	90	90	100	105	110	115	115	120	120	120	125	125	125	130	130
	550	60	65	70	75	80	90	95	95	105	110	115	120	120	125	125	125	130	130	135	135	135
0	100	30	35	35	40	40	45	45	50	50	55	55	55	55	55	60	60	60	60	60	60	60
	150	35	40	40	45	50	55	55	60	60	65	65	70	70	70	70	70	70	75	75	75	75
	200	40	45	45	50	55	60	65	65	70	70	75	75	75	80	80	80	80	80	80	85	85
	250	45	50	50	55	60	65	70	70	75	80	80	85	85	85	85	90	90	90	90	90	95
	300	45	50	55	60	60	70	70	75	80	85	85	90	90	90	95	95	95	95	100	100	100
	350	50	50	55	65	65	70	75	80	85	90	90	95	95	95	100	100	100	100	105	105	105
	400	50	55	60	65	70	75	80	85	90	95	95	100	100	105	105	105	110	110	110	115	115
	450	55	60	60	70	70	80	85	85	95	100	105	105	110	110	115	115	115	120	120	120	120
	500	55	60	65	75	75	85	90	90	100	105	110	110	115	115	120	120	120	125	125	125	130
	550	60	65	70	75	80	90	95	95	105	110	115	115	120	120	125	125	130	130	130	135	135
5	100	30	30	35	40	40	45	45	45	50	50	50	55	55	55	55	55	55	55	55	60	60
	150	35	40	40	45	45	55	55	55	60	65	65	65	65	70	70	70	70	70	70	70	70
	200	40	45	45	50	50	60	60	65	65	70	75	75	75	75	80	80	80	80	80	80	80
	250	40	45	50	55	55	65	65	70	75	75	80	80	85	85	85	85	85	90	90	90	90
	300	45	50	50	60	60	70	70	75	80	80	85	85	90	90	90	95	95	95	95	100	100
	350	45	50	55	60	65	70	75	75	85	85	90	95	95	95	100	100	100	100	105	105	105
	400	50	55	60	65	70	75	80	80	90	95	95	100	100	105	105	105	105	110	110	110	110
	450	55	60	60	70	70	80	85	85	95	100	105	105	110	110	110	115	115	115	120	120	120
	500	55	60	65	75	75	85	90	90	100	105	110	110	115	115	115	120	120	125	125	125	125
	550	60	65	65	75	80	90	95	95	105	110	115	115	120	120	125	125	125	130	130	135	135

续表

环境温度/℃	管道内介质温度/℃	管道公称直径/mm																				
		15	20	25	40	50	80	100	150	200	250	300	350	400	450	500	550	600	700	800	900	1000
10	100	30	30	35	35	40	40	45	45	45	50	50	50	50	55	55	55	55	55	55	55	55
	150	35	40	40	45	45	50	55	55	60	60	60	65	65	65	65	65	70	70	70	70	70
	200	40	40	45	50	50	60	60	60	65	70	70	75	75	75	75	75	75	80	80	80	80
	250	40	45	50	55	55	65	65	65	70	75	80	80	80	85	85	85	85	85	90	90	90
	300	45	50	50	60	60	65	70	70	75	80	85	85	90	90	90	90	90	95	95	95	95
	350	45	50	55	60	65	70	75	75	80	85	90	90	95	95	95	95	100	100	100	100	105
	400	50	55	60	65	65	75	80	80	85	90	95	100	100	100	105	105	105	110	110	110	110
	450	55	55	60	70	70	80	85	85	95	100	100	105	105	110	110	110	115	115	115	120	120
	500	55	60	65	70	75	85	90	90	100	105	105	110	110	115	115	120	120	120	125	125	125
	550	60	65	65	75	80	90	90	95	100	105	110	115	120	120	125	125	125	130	130	135	135
20	100	25	30	35	35	35	40	40	40	40	45	45	45	45	45	45	45	50	50	50	50	50
	150	35	35	40	40	45	50	50	50	55	55	60	60	60	60	60	65	65	65	65	65	65
	200	35	40	45	50	50	55	60	60	65	65	70	70	70	70	70	75	75	75	75	75	75
	250	40	45	45	55	55	60	65	65	70	75	75	75	80	80	80	80	80	85	85	85	85
	300	45	45	50	55	60	65	70	70	75	80	80	85	85	85	90	90	90	90	90	95	95
	350	45	50	55	60	60	70	75	75	80	85	85	90	90	90	95	95	95	95	100	100	100
	400	50	55	55	65	65	75	80	80	85	90	95	95	100	100	100	100	105	105	105	110	110
	450	50	55	60	70	70	80	85	85	90	95	100	100	105	105	110	110	110	115	115	115	115
	500	55	60	65	70	75	80	85	90	95	100	105	110	110	115	115	115	115	120	120	125	125
	550	55	65	65	75	80	85	90	95	100	105	110	115	115	120	120	120	125	125	130	130	130
25	100	25	30	30	30	35	35	35	40	40	40	40	40	45	45	45	45	45	45	45	45	45
	150	30	35	35	40	40	45	50	50	55	55	55	60	60	60	60	60	60	60	60	60	65
	200	35	40	40	45	50	55	55	55	60	65	65	70	70	70	70	70	70	75	75	75	75
	250	40	45	45	50	55	60	60	65	70	70	75	75	75	80	80	80	80	80	85	85	85
	300	45	45	50	55	55	65	65	70	75	75	80	80	85	85	85	85	90	90	90	90	90
	350	45	50	50	60	60	70	70	75	80	85	85	90	90	90	90	95	95	95	95	100	100
	400	50	55	55	65	65	75	75	80	85	90	90	95	95	100	100	100	100	105	105	105	105
	450	50	55	60	65	70	80	80	85	90	95	100	100	105	105	105	110	110	110	115	115	115
	500	55	60	65	70	75	80	85	90	95	100	105	105	110	110	115	115	115	120	120	120	120
	550	55	60	65	75	75	85	90	90	100	105	110	115	115	120	120	120	125	125	125	130	130

4. 硅酸铝棉及其制品的保温厚度选用

硅酸铝棉及其制品的保温厚度可按表21－7－10选用。

表21－7－10　硅酸铝棉及其制品的保温厚度选用

环境温度/℃	管道内介质温度/℃	管道公称直径/mm																				
		15	20	25	40	50	80	100	150	200	250	300	350	400	450	500	550	600	700	800	900	1000
－15	450	45	50	55	60	65	70	75	75	80	85	90	90	95	95	95	100	100	100	100	105	105
	500	55	60	65	70	75	80	85	90	95	100	105	105	110	110	115	115	115	120	120	120	125
	550	60	65	70	80	80	90	95	100	105	115	115	120	125	125	130	130	130	135	135	140	140
	600	65	70	75	85	90	100	105	110	120	125	130	135	140	140	145	145	150	150	155	155	160
	650	70	80	85	95	100	110	115	120	130	140	145	150	155	155	160	160	165	165	170	175	175
	700	80	85	90	105	105	120	125	130	140	150	155	165	165	170	175	175	180	185	190	190	190
－10	450	45	50	55	60	65	70	75	75	80	85	90	90	95	95	95	95	100	100	100	105	105
	500	55	60	60	70	70	80	85	85	95	100	105	105	110	110	110	115	115	115	120	120	120
	550	60	65	70	80	80	90	95	100	105	110	115	120	125	125	125	130	130	135	135	140	140
	600	65	70	75	85	90	100	105	110	120	125	130	135	135	140	145	145	150	150	155	155	155
	650	70	80	85	95	95	110	115	120	130	135	145	145	150	155	160	160	165	165	170	170	175
	700	80	85	90	105	105	120	125	130	140	150	155	160	165	170	175	175	180	185	185	190	190
－5	450	45	50	55	60	60	70	75	75	80	85	90	90	95	95	95	95	100	100	100	105	105
	500	50	55	60	70	70	80	85	85	95	100	100	105	105	110	110	115	115	115	120	120	120
	550	60	65	70	75	80	90	95	95	105	110	115	120	125	125	125	130	130	135	135	135	140
	600	65	70	75	85	90	100	105	110	115	125	130	135	135	140	140	145	145	150	150	155	155
	650	70	80	85	95	95	110	115	120	130	135	140	145	150	155	155	160	160	165	170	170	170
	700	80	85	90	100	105	120	125	130	140	150	155	160	165	170	170	175	175	180	185	190	190
0	450	45	50	55	60	60	70	75	75	80	85	90	90	90	95	95	95	95	100	100	100	100
	500	50	55	60	70	70	80	85	85	95	95	100	105	105	110	110	110	115	115	115	120	120
	550	60	65	70	75	80	90	95	95	105	110	115	120	120	125	125	130	130	130	135	135	135
	600	65	70	75	85	90	100	105	105	115	125	130	135	135	140	140	145	145	150	150	155	155
	650	70	80	85	95	95	110	115	115	130	135	140	145	150	155	155	160	160	165	165	170	170
	700	80	85	90	100	105	120	125	130	140	150	155	160	165	170	170	175	175	180	185	185	190
5	450	45	50	55	60	60	70	75	75	80	85	85	90	90	95	95	95	95	100	100	100	100
	500	50	55	60	70	70	80	85	85	90	95	100	105	105	110	110	110	110	115	115	115	120
	550	60	65	65	75	80	90	95	95	105	110	115	120	120	125	125	125	130	130	130	135	135
	600	65	70	75	85	85	100	105	105	115	120	130	130	135	135	140	140	145	145	150	155	155
	650	70	75	80	95	95	105	115	115	125	135	140	145	150	150	155	155	160	165	165	170	170
	700	80	85	90	100	105	120	125	125	140	145	155	160	165	165	170	175	175	180	185	185	190
10	450	45	50	50	60	60	70	70	75	80	85	85	90	90	90	95	95	95	95	100	100	100
	500	50	55	60	65	70	80	80	85	90	95	100	100	105	105	110	110	110	115	115	115	115
	550	55	65	65	75	80	90	95	95	105	110	115	115	120	120	125	125	125	130	130	135	135
	600	65	70	75	85	85	100	105	105	115	120	125	130	135	135	140	140	145	145	150	150	150
	650	70	75	80	90	95	105	115	115	125	135	140	145	150	150	155	155	160	160	165	165	170
	700	80	85	90	100	105	115	125	125	140	145	155	160	160	165	170	170	175	180	180	185	190

续表

环境温度/℃	管道内介质温度/℃	管道公称直径/mm																				
		15	20	25	40	50	80	100	150	200	250	300	350	400	450	500	550	600	700	800	900	1000
20	450	45	50	50	60	60	65	70	70	80	80	85	85	90	90	90	95	95	95	95	95	100
	500	50	55	60	65	70	75	80	85	90	95	100	100	105	105	105	110	110	110	110	115	115
	550	55	60	65	75	75	85	90	95	100	105	110	115	115	120	120	125	125	125	130	130	130
	600	65	70	75	85	85	95	100	105	115	120	125	130	130	135	135	140	140	145	145	150	150
	650	70	75	80	90	95	105	110	115	125	130	140	140	145	150	150	155	155	160	165	165	165
	700	80	85	90	100	100	115	120	125	135	145	150	155	160	165	165	170	170	175	180	180	185
25	450	45	50	50	60	60	65	70	70	75	80	85	85	90	90	90	90	90	95	95	95	95
	500	50	55	60	65	70	75	80	80	90	95	95	100	100	105	105	105	110	110	110	115	115
	550	55	60	65	75	75	85	90	95	100	105	110	115	115	120	120	120	125	125	130	130	130
	600	65	70	75	85	85	95	100	105	115	120	125	130	130	135	135	135	140	145	145	150	150
	650	70	75	80	90	95	105	110	115	125	130	135	140	145	150	150	155	155	160	160	165	165
	700	75	80	85	100	100	115	120	125	135	145	150	155	160	165	165	170	170	175	180	180	180

(二)管道保冷厚度选用

1. 泡沫玻璃制品的保冷厚度选用

泡沫玻璃制品的保冷厚度可按表 21 - 7 - 11 选用。表中按冷价 300 元/kJ；导热系数 0.066；材料价格 5000 元/m^3 计算。

表 21 - 7 - 11　泡沫玻璃制品的管道保冷厚度选用

城市名称	环境温度/℃	管径/mm		15	20	25	40	50	80	100	150	200	250	300	350	400	450	500
		保冷层厚度/mm																
哈尔滨	3.6	介质温度/℃	-65	80	80	80	90	100	110	110	120	130	140	140	140	150	150	150
			-50	70	70	80	90	90	100	100	110	120	120	130	130	130	130	140
			-35	60	70	70	80	80	90	90	100	100	110	110	110	120	120	120
			-20	50	60	60	60	70	70	80	80	90	90	90	90	90	100	100
			-10	40	50	50	50	50	60	60	70	70	70	70	70	70	80	80
			0	30	30	30	30	30	40	40	40	40	40	40	40	40	40	40
北京	11.4	介质温度/℃	-65	80	80	90	100	100	110	120	130	140	140	150	150	150	160	160
			-50	70	80	80	90	90	100	110	120	120	130	130	140	140	140	140
			-35	70	70	70	80	90	90	100	110	110	120	120	120	120	130	130
			-20	60	60	60	70	70	80	80	90	100	100	100	100	110	110	110
			-10	50	50	60	60	60	70	70	80	80	80	90	90	90	90	90
			0	40	40	40	50	50	60	60	60	60	70	70	70	70	70	70
南京	15.3	介质温度/℃	-65	80	90	90	100	100	120	120	130	140	140	150	150	160	160	160
			-50	70	80	80	90	100	110	110	120	130	130	140	140	140	150	150
			-35	70	70	80	80	90	100	100	110	120	120	120	130	130	130	130
			-20	60	60	70	70	80	80	90	100	100	100	110	110	110	110	100
			-10	50	60	60	70	70	70	80	80	90	90	90	100	100	100	100
			0	40	50	50	50	60	60	60	70	70	70	80	80	80	80	80

续表

城市名称	环境温度/℃	管径/mm		15	20	25	40	50	80	100	150	200	250	300	350	400	450	500
		保冷层厚度/mm																
洛阳	14.6	介质温度/℃	-65	80	90	90	100	100	110	120	130	140	140	150	150	160	160	160
			-50	70	80	80	90	100	110	110	120	130	130	140	140	140	150	150
			-35	70	70	80	80	90	100	100	110	110	120	120	130	130	130	130
			-20	60	60	70	70	80	80	90	90	100	100	110	110	110	110	110
			-10	50	60	60	60	70	70	80	80	90	90	90	90	100	100	100
			0	40	50	50	50	60	60	60	70	70	70	70	80	80	80	80
大连	10.2	介质温度/℃	-65	80	80	90	100	100	110	120	130	140	140	150	150	150	150	160
			-50	70	70	80	90	90	100	100	110	120	120	130	130	130	130	140
			-35	70	70	70	80	80	90	100	110	110	110	120	120	120	130	130
			-20	60	60	60	70	70	80	80	90	90	100	100	100	100	110	110
			-10	50	50	50	60	60	70	70	80	80	80	90	90	90	90	100
			0	40	40	40	50	50	50	60	60	60	60	60	60	70	70	70
上海	15.7	介质温度/℃	-65	80	90	90	100	100	120	120	130	140	140	150	150	160	160	160
			-50	70	80	80	90	100	110	110	120	130	130	140	140	140	150	150
			-35	70	70	80	80	90	100	100	110	120	120	120	130	130	130	130
			-20	60	60	70	70	80	90	90	100	100	100	110	110	110	110	120
			-10	50	60	60	70	70	80	80	80	90	90	90	100	100	100	100
			0	50	50	50	50	60	60	70	70	70	80	80	80	80	80	80
兰州	9.1	介质温度/℃	-65	80	80	90	100	100	110	120	130	130	140	140	150	150	150	160
			-50	70	80	80	90	90	100	110	120	120	130	130	140	140	140	140
			-35	60	70	70	80	80	90	100	100	110	110	120	120	120	120	130
			-20	60	60	60	70	70	80	80	90	90	100	100	100	100	100	110
			-10	50	50	50	60	60	70	70	80	80	80	80	90	90	90	90
			0	40	40	40	50	50	50	50	60	60	60	60	60	60	60	60
广州	21.8	介质温度/℃	-65	80	90	90	100	110	120	120	140	140	150	150	160	160	160	170
			-50	80	80	90	100	100	110	120	130	130	140	140	150	150	150	150
			-35	70	80	80	90	90	100	110	110	120	130	130	130	140	140	140
			-20	60	70	70	80	80	90	90	100	110	110	110	120	120	120	120
			-10	60	60	60	70	70	80	90	90	100	100	100	100	110	110	104
			0	50	50	60	60	60	70	70	80	80	90	90	90	90	90	90

2. 硬质聚氨酯泡沫塑料制品的保冷厚度选用。

硬质聚氨酯泡沫塑料制品的保冷厚度可按表 21－7－12 选用。表中按冷价 300 元/kJ；导热系数，0.028；材料价格 2300 元/m^3 计算。

表 21-7-12　硬质聚氨酯泡沫塑料制品的管道保冷厚度选用

城市名称	环境温度/℃	管径/mm		15	20	25	40	50	80	100	150	200	250	300	350	400	450	500
		保冷层厚度/mm																
哈尔滨	3.6	介质温度/℃	-65	70	80	80	90	100	110	110	120	130	130	140	140	140	150	150
			-50	70	70	80	80	90	100	100	110	120	120	120	130	130	130	140
			-35	60	60	70	70	80	90	90	100	100	110	110	100	110	110	120
			-20	50	50	60	60	60	70	70	80	80	90	90	90	90	90	100
			-10	40	40	50	50	50	60	60	60	70	70	70	70	70	80	80
			0	30	30	30	30	30	40	40	40	40	40	40	40	40	40	50
北京	11.4	介质温度/℃	-65	80	80	90	90	100	110	120	130	130	140	140	150	150	150	150
			-50	70	80	80	90	90	100	110	120	120	130	130	130	140	140	150
			-35	60	70	70	80	80	90	100	100	110	110	120	120	120	120	130
			-20	60	60	60	70	70	80	80	90	90	100	100	100	100	110	110
			-10	50	50	60	60	60	70	70	80	80	80	90	90	90	90	100
			0	40	40	40	50	50	50	60	60	60	60	70	70	70	70	70
南京	15.3	介质温度/℃	-65	80	80	90	100	100	110	120	130	140	140	150	150	150	160	160
			-50	70	80	80	90	90	100	110	120	120	130	130	140	140	140	140
			-35	70	70	70	80	90	100	100	110	110	120	120	120	130	130	130
			-20	60	60	60	70	80	80	90	90	100	100	100	110	110	110	110
			-10	50	60	60	60	70	70	80	80	90	90	90	90	90	100	100
			0	40	50	50	50	60	60	60	70	70	70	70	80	80	80	80
洛阳	14.6	介质温度/℃	-65	80	80	90	100	100	110	120	130	130	140	140	150	150	150	160
			-50	70	80	80	90	90	100	110	120	120	130	130	140	140	140	140
			-35	70	70	70	80	90	90	100	110	110	120	120	120	130	130	130
			-20	60	60	60	70	70	80	90	90	100	100	100	110	110	110	110
			-10	50	50	60	60	70	70	80	80	90	90	90	90	90	90	100
			0	40	50	50	50	50	60	60	70	70	70	70	70	80	80	80
大连	10.2	介质温度/℃	-65	80	80	90	90	100	110	110	120	130	140	140	150	150	150	150
			-50	70	80	80	90	90	100	110	110	120	130	130	130	140	140	140
			-35	60	70	70	80	80	90	100	100	110	110	120	120	120	120	130
			-20	60	60	60	70	70	80	80	90	90	100	100	100	100	100	100
			-10	50	50	50	60	60	70	70	80	80	80	80	80	90	90	90
			0	40	40	40	50	50	50	50	60	60	60	60	60	70	70	70

续表

城市名称	环境温度/℃	管径/mm		15	20	25	40	50	80	100	150	200	250	300	350	400	450	500
		保冷层厚度/mm																
上海	15.7	介质温度/℃	-65	80	80	90	100	100	110	120	130	140	140	150	150	150	160	160
			-50	70	80	80	90	90	100	110	120	130	130	130	140	140	140	140
			-35	70	70	80	80	90	100	100	110	110	120	120	120	130	130	130
			-20	60	60	70	70	80	80	90	90	100	100	100	110	110	110	110
			-10	50	60	60	60	70	70	80	80	90	90	90	90	100	100	100
			0	40	50	50	50	60	60	60	70	70	70	80	80	80	80	80
兰州	9.1	介质温度/℃	-65	80	80	90	90	100	110	110	120	130	140	140	140	150	150	150
			-50	70	70	80	90	90	100	110	110	120	120	130	130	130	140	140
			-35	60	70	70	80	80	90	90	100	110	110	110	120	120	120	120
			-20	50	60	60	70	70	80	80	90	90	90	100	100	100	100	100
			-10	50	50	50	60	60	70	70	70	80	80	80	80	80	90	90
			0	40	40	40	40	50	50	50	60	60	60	60	60	60	60	60
广州	21.8	介质温度/℃	-65	80	90	90	100	100	120	120	130	140	150	150	150	160	160	160
			-50	80	80	80	90	100	110	110	120	130	130	140	140	150	150	150
			-35	70	70	80	90	90	100	100	110	120	120	130	130	130	130	140
			-20	60	70	70	80	80	90	90	100	100	110	110	110	120	120	120
			-10	60	60	60	70	70	80	80	90	90	100	100	100	100	110	110
			90	50	50	50	60	60	70	70	80	80	80	90	90	90	90	90

3. 聚苯乙烯泡沫塑料制品的保冷厚度

聚苯乙烯泡沫塑料制品的保冷厚度可按表21-7-13选用。表中按冷价300元/kJ；导热系数0.036；材料价格640元/m^3计算。

表21-7-13 聚苯乙烯泡沫塑料制品的管道保冷厚度选用

城市名称	环境温度/℃	管径/mm		15	20	25	40	50	80	100	150	200	250	300	350	400	450	500
		保冷层厚度/mm																
哈尔滨	3.6	介质温度/℃	-65	130	140	150	160	170	180	200	220	230	240	250	260	260	270	270
			-50	120	130	130	150	150	170	180	200	210	220	230	230	240	240	250
			-35	110	110	120	130	140	150	160	170	180	190	200	200	210	210	220
			-20	90	90	100	110	110	130	130	140	150	160	160	170	170	180	180
			-10	70	80	80	90	90	100	110	120	120	130	130	130	140	140	140
			0	50	50	50	50	60	60	70	70	70	80	80	80	80	80	80
北京	11.4	介质温度/℃	-65	140	140	150	170	180	200	210	220	240	250	260	270	280	280	290
			-50	120	130	140	150	160	180	190	210	220	230	240	250	250	260	260
			-35	110	120	130	140	150	160	170	190	200	210	210	220	230	230	240
			-20	100	100	110	120	130	140	150	160	170	180	180	190	190	200	200
			-10	80	90	90	100	110	120	130	140	150	150	160	160	170	170	170
			0	70	70	80	80	90	100	100	110	110	120	120	130	130	130	130

续表

城市名称	环境温度/℃	管径/mm		15	20	25	40	50	80	100	150	200	250	300	350	400	450	500
		保冷层厚度/mm																
南京	15.3	介质温度/℃	-65	140	150	150	170	180	200	210	230	230	260	270	270	280	290	290
			-50	130	140	140	160	170	180	190	210	220	240	240	250	260	260	270
			-35	120	120	130	140	150	170	180	190	200	210	220	230	230	240	240
			-20	100	110	110	130	130	150	150	170	180	190	190	200	200	210	210
			-10	90	100	100	110	120	130	140	150	160	160	170	170	180	180	180
			0	80	80	80	90	100	110	110	120	130	130	140	140	140	150	150
洛阳	14.6	介质温度/℃	-65	140	150	150	170	180	200	210	230	240	250	260	270	280	290	290
			-50	130	140	140	160	170	180	190	210	220	230	240	250	260	260	270
			-35	120	120	130	140	150	170	170	190	200	210	220	230	230	240	240
			-20	100	110	110	120	130	140	140	170	-180	180	190	200	200	200	210
			-10	90	90	100	110	120	130	130	150	150	160	170	170	180	180	180
			0	70	80	80	90	100	110	110	120	130	130	140	140	140	140	150
大连	10.2	介质温度/℃	-65	140	140	150	170	170	190	200	220	240	250	260	270	270	280	290
			-50	120	130	140	150	160	180	190	200	220	230	240	240	250	260	260
			-35	110	120	120	140	140	160	170	180	200	200	210	220	220	230	230
			-20	100	100	110	120	120	140	140	160	170	170	180	180	190	190	200
			-10	80	90	90	100	110	120	120	140	140	150	150	160	160	160	170
			0	60	70	70	80	80	90	100	100	110	110	120	120	120	120	130
上海	15.7	介质温度/℃	-65	140	150	150	170	180	200	210	230	230	260	270	270	280	290	290
			-50	130	140	140	160	170	180	190	210	230	240	250	250	260	270	270
			-35	120	120	130	140	150	150	160	170	200	210	220	230	230	240	240
			-20	100	110	110	130	130	150	150	170	180	190	190	200	200	210	210
			-10	90	100	100	110	120	130	140	150	160	160	170	170	180	180	180
			0	80	80	80	90	100	110	110	120	130	140	140	140	150	150	150
兰州	3.6	介质温度/℃	-65	130	140	150	170	170	190	200	220	240	250	260	260	270	280	280
			-50	120	130	140	150	160	180	190	200	220	230	240	250	250	250	260
			-35	110	120	120	140	140	160	170	180	190	200	210	220	220	230	230
			-20	90	100	110	120	120	140	140	160	160	170	180	180	190	190	190
			-10	80	90	90	100	110	120	120	130	140	150	150	150	160	160	160
			0	60	70	70	80	80	90	90	100	100	110	110	110	120	120	120
广州	21.8	介质温度/℃	-65	140	150	160	180	180	200	220	240	250	260	270	280	290	300	300
			-50	130	140	150	160	170	190	200	220	230	240	250	260	270	270	280
			-35	120	130	140	150	160	170	180	200	210	220	230	240	240	250	250
			-20	110	120	120	130	140	160	160	180	190	200	210	210	220	220	230
			-10	100	100	110	120	130	140	150	160	170	180	180	190	190	200	200
			0	90	90	90	110	110	120	130	140	150	150	160	160	170	170	170

（三）防烫/防冻层厚度选用

1. 管道防烫厚度按表 21－7－14 选用。

表 21－7－14　岩棉/硅酸钙厚度选用

环境温度/℃		管道公称直径/mm														
		15	20	25	40	50	80	100	150	200	250	300	350	400	450	500
20	A①	20	20	20	20	20	20	20	20	20	20	20	20	20	20	20
	B②	20	20	20	20	20	20	20	20	20	20	20	20	20	20	20
25	A	20	20	20	20	20	20	20	20	20	20	20	20	20	20	20
	B	20	20	20	20	20	20	20	20	20	20	20	20	20	20	20
30	A	20	20	20	20	20	20	20	20	20	30	30	30	30	30	30
	B	20	20	20	20	20	30	30	30	30	30	30	30	30	30	30

①A 表示岩棉制品，B 表示硅酸钙制品。

②表中数据是按照表面温度法、取防烫层外表面温度保持 60℃、介质温度为 120℃的条件计算的。

2. 管道防冻厚度

根据国家现行标准《石油化工设备和管道绝热工程设计规范》SH/T 3010－2013 的公式液体管道防冻结的保温层厚度计算应符合下列规定：

（1）一般液体管道防冻结的保温层厚度应按式（21－7－4）和式（21－7－22）计算；

（2）对钢制水管道防冻结的保温层厚度可按式（21－7－4）和式（21－7－23）计算。

以水为介质，保温材料为岩棉，管道材料为碳钢，Sch20。按照在管道内停留 16h 的工艺条件设计管道防冻厚度。计算结果表明防冻层厚度按 30mm 考虑即可。

（四）设备保温厚度选用

设备保温厚度选用见表 21－7－15。

表 21－7－15　设备保温厚度选用　　mm

保温材料	介质温度/℃	环境温度/℃								
		－15	－10	－5	0	5	10	20	25	30
岩棉	100	70	65	65	60	55	55	50	45	40
	150	85	85	80	80	75	75	70	65	60
	200	100	100	95	95	90	90	85	80	80
	250	115	110	110	105	105	105	100	95	95
	300	125	125	120	120	120	115	110	110	105
玻璃棉	100	70	70	65	65	60	60	55	55	50
	150	85	80	80	80	75	75	75	70	70
	200	100	100	95	95	95	90	90	85	85
	250	110	110	105	105	100	100	95	90	90
	300	120	120	120	115	110	110	105	100	100

续表

保温材料	介质温度/℃	环境温度/℃								
		-15	-10	-5	0	5	10	20	25	30
硅酸钙	100	85	80	75	70	70	65	55	55	50
	150	100	100	95	90	90	85	80	75	70
	200	115	110	110	105	100	100	95	90	90
	250	125	120	120	115	115	110	110	105	105
	300	135	135	130	130	125	125	120	115	115
	350	145	140	140	140	135	135	130	130	125
	400	155	155	150	150	150	145	145	140	140
	450	170	165	165	165	160	160	155	155	150
	500	180	180	175	175	170	170	165	165	165
	550	190	190	185	185	185	180	180	175	175
硅酸铝	100	20	20	20	20	20	20	20	20	20
	150	20	20	20	20	20	20	20	20	20
	200	30	30	30	30	30	30	30	30	30
	250	50	50	50	50	50	40	40	40	40
	300	70	70	70	60	60	60	60	60	60
	350	80	80	80	80	80	80	80	70	70
	400	100	100	100	100	100	90	90	90	90
	450	120	120	120	120	110	110	110	110	110
	500	140	140	140	140	130	130	130	130	130
	500	170	160	160	160	160	160	150	150	150

注：设备直径≥ϕ1000 或平面。

第八节　关于临界厚度和临界半径

以减少散热损失为目的的保温，增加保温层厚度可减少散热损失和降低外表面温度。但是，在某种条件下，由于增加保温层厚度，对流辐射散热的表面积扩大，其散热损失增加。例如以平面进行热力计算的设备和管道保温，增加厚度都会减少散热损失。但是，以圆筒面进行热力计算的设备和管道，只有在保温层外半径大于保温临界半径时，增加厚度才能减少散热损失。

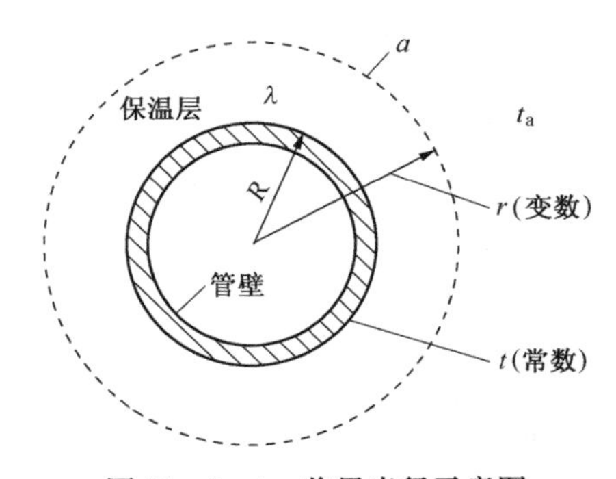

图 21-8-1　临界半径示意图

对于这两种相反的效果，可能存在一个最佳临界保温厚度。

假设保温层材料的导热系数为 λ，与外界(大气)对流辐射散热系数为 α 外界(大气)温度为 t_a 如图 21-8-1 所示。于是每单位管长上通过保温层的热流量等于：

$$\frac{q}{L}=\frac{2\pi(t-t_a)}{\frac{1}{\alpha r}+\frac{1}{\lambda}\ln\frac{r}{R}} \qquad (21-8-1)$$

式中　r、R——分别为保温层外半径和管外半径，m；

q/L——单位长度的散热损失，W/m。

令 q/L 对 r 的一阶导数为零，可求出热损失的最佳值，即：

$$q/L(r)'=2\pi(t-t_a)\left[-\frac{1}{\alpha r^2}+\frac{1}{\lambda r}\right]=0$$

故

$$-\frac{1}{\alpha r^2}+\frac{1}{\lambda r}=0$$

所以

$$r=\frac{\lambda}{\alpha}\quad 令\ r_c=r \tag{21-8-2}$$

式中 r_c——临界半径。

现在对 $r=r_c$，求 q/L 的二阶导数，其结果永远为负。因此，说明式(21－8－1)所定义的临界半径是最大热损失而不是最小热损失的半径。

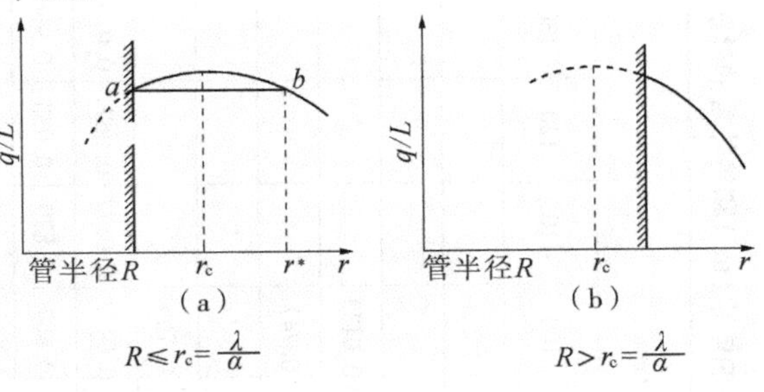

图21－8－2 管道保温的临界厚度

当临界半径 λ/α 大于裸管半径时，增加保温层厚度可能带来热损失的增加，如图21－8－2(a)所示。该图对热损失与保温层厚度的关系描绘出两种不同情况。图21－8－2(a)适用于小管径管道，当管子半径 R 小于 r_e 时，对裸管增加保温层将引起热损失量的增大，直到将保温层厚度加到临界半径处为止。再进一步增加保温层厚度将带来热损失量的减小(从峰值往下降)，但在保温层厚度增大到 r^*[图21－8－2(a)b 点]之前热损失量仍比裸管时为大。因此，保温层厚度应超过(r^*-R)，以便使热损失降到低于裸管的损失。

图21－8－2(b)表述大管径的典型情况，管子外半径 R 大于临界半径 r_c，任意厚度的保温层均带来热损失的减少。

根据定义，在使用温度下其导热系数 λ 小于0.15W/(m·K)(0.13[kcal/(m·h·℃)]才叫保温材料，所以取最大的导热系数 $\lambda=0.15$W/(m·K)。当 $\alpha=11.63$W/(m·K)(10[kcal/(m²·h·℃)]和 $\alpha=23.71$W/(m²·K)(≈20[kcal/(m²·h·℃)])时临界半径 r_c 与 λ 的关系如表21-8－1所示。

表21－8－1(a) r_c 与 λ 的关系 α=11.63W (m²·K)，r_c mm

λ	0.0349 (0.03)	0.0465 (0.04)	0.0581 (0.05)	0.0698 (0.06)	0.0814 (0.07)	0.093 (0.08)	0.105 (0.09)	0.116 (0.10)	0.139 (0.12)	0.15 (0.13)
r_c	3	4	5	6	7	8	9	10	12	13

表21－8－1(b) r_c 与 λ 的关系 α=23.71W (m²·K)，r_c mm

λ	0.0349 (0.03)	0.0465 (0.04)	0.0581 (0.05)	0.0698 (0.06)	0.0814 (0.07)	0.093 (0.08)	0.105 (0.09)	0.116 (0.10)	0.139 (0.12)	0.15 (0.13)
r_c	1.5	2.0	2.5	3.0	3.5	4.0	4.5	5	6	6.5

从表21－8－1(a)可以知道，当 $\lambda=0.15$W/(m·K)，$\alpha=11.63$W/(m²·K)(室内)时，其临界直径为26mm，所以室内管道的保温，凡大于 DN25 的管道都不须考虑临界直径问题。

从表21－8－1(b)可以知道，当 $\lambda=0.15$W/(m·K)、$\alpha=23.7$W/(m²·K)，室外管道的保温，凡大于 DN15 的都不须考虑临界直径问题。

附表一　公称直径小于或等于1m的管道，每米长绝热层的体积(m^3)和绝热层的外表面积(m^2)

管子外径/mm	绝热层厚度/mm																		
	0	10	20	30	40	50	60	70	80	90	100	110	120	130	140	150	160	170	180
32		0.0013	0.0033	0.0058	0.0090	0.0129	0.0173	0.0224	0.0281										
	0.100	0.163	0.226	0.289	0.352	0.414	0.477	0.540	0.603										
38		0.0015	0.0036	0.0064	0.0098	0.0138	0.0185	0.0237	0.0296	0.0362	0.0433								
	0.119	0.182	0.245	0.308	0.371	0.433	0.496	0.559	0.621	0.685	0.747								
45		0.0017	0.0040	0.0070	0.0106	0.0148	0.0196	0.0251	0.0311	0.0379	0.0454								
	0.138	0.201	0.263	0.327	0.390	0.452	0.515	0.578	0.640	0.703	0.766								
57		0.0021	0.0048	0.0082	0.0122	0.0168	0.0220	0.0279	0.0344	0.0415	0.0493	0.0577	0.0677	0.0763	0.0866				
	0.179	0.242	0.304	0.367	0.430	0.493	0.556	0.619	0.681	0.744	0.807	0.870	0.933	0.996	1.058				
76		0.0027	0.0060	0.0100	0.0146	0.0198	0.0256	0.0321	0.0392	0.0469	0.0553	0.0642	0.0739	0.0841	0.0950	0.1064	0.1186		
	0.238	0.301	0.364	0.427	0.490	0.553	0.615	0.678	0.741	0.804	0.867	0.929	0.992	1.055	1.118	1.181	1.243		
89		0.0031	0.0068	0.0112	0.0162	0.0218	0.0281	0.0350	0.0425	0.0506	0.0593	0.0687	0.0788	0.0894	0.1007	0.1126	0.1251		
	0.279	0.342	0.405	0.469	0.532	0.593	0.656	0.720	0.782	0.843	0.908	0.970	1.055	1.096	1.159	1.221	1.284		
108		0.0037	0.0080	0.0130	0.0186	0.0248	0.0317	0.0391	0.0472	0.0560	0.0653	0.0753	0.0859	0.0972	0.1090	0.1215	0.1346	0.1484	0.1628
	0.339	0.402	0.464	0.527	0.590	0.652	0.715	0.780	0.840	0.905	0.967	1.030	1.093	1.115	1.218	1.281	1.343	1.407	1.470
133		0.0050	0.0096	0.0154	0.0127	0.0287	0.0364	0.0446	0.0535	0.0630	0.0732	0.0839	0.0953	0.1074	0.1156	0.1333	0.1472	0.1617	0.1769
	0.417	0.480	0.543	0.606	0.688	0.732	0.795	0.86	0.923	0.385	1.046	1.108	1.171	1.234	1.297	1.360	1.422	1.484	1.548
159		0.0053	0.0112	0.0178	0.0250	0.0328	0.0413	0.0502	0.0600	0.0704	0.0813	0.0929	0.1051	0.1186	0.1314	0.1455	0.1603	0.1703	0.1916
	0.499	0.562	0.625	0.687	0.750	0.813	0.876	0.939	1.002	1.064	1.127	1.190	1.253	1.316	1.378	1.441	1.504	1.567	1.630
219		0.0072	0.0150	0.0235	0.0325	0.0422	0.0526	0.0635	0.0751	0.0837	0.1002	0.1136	0.1277	0.1425	0.1578	0.1738	0.1964	0.2076	0.2255
	0.688	0.750	0.813	0.876	0.940	1.001	1.064	1.128	1.190	1.252	1.325	1.378	1.440	1.502	1.566	1.630	1.693	1.756	1.819

续表

管子外径/mm		绝热层厚度/mm																		
		0	10	20	30	40	50	60	70	80	90	100	110	120	130	140	150	160	170	180
	273		0.0089	0.0184	0.0285	0.0393	0.0507	0.0627	0.0754	0.0887	0.1026	0.1171	0.1323	0.1481	0.1645	0.1816	0.1992	0.2175	0.2365	0.2560
		0.857	0.920	0.983	1.046	1.108	1.171	1.214	1.297	1.360	1.422	1.485	1.548	1.611	1.674	1.736	1.799	1.862	1.925	1.988
	325		0.0105	0.0217	0.0334	0.0458	0.0589	0.0725	0.0868	0.1017	0.1173	0.1335	0.1502	0.1677	0.1857	0.2044	0.2237	0.2437	0.2642	0.284
		1.020	1.083	1.146	1.209	1.271	1.334	1.397	1.461	1.523	1.586	1.648	1.711	1.773	1.837	1.900	1.963	2.025	2.089	2.151
	377		0.0122	0.0249	0.0383	0.0524	0.0670	0.0823	0.0983	0.1148	0.1320	0.1948	0.1682	0.1873	0.2070	0.2273	0.2482	0.2698	0.2920	0.3148
		1.184	1.247	1.309	1.372	1.435	1.497	1.561	1.623	1.685	1.749	1.811	1.875	1.937	2.000	2.063	2.126	2.189	2.251	2.314
	426		0.0137	0.0280	0.0430	0.0585	0.0747	0.0916	0.1090	0.1271	0.1458	0.1652	0.1851	0.2057	0.2270	0.2488	0.2713	0.2944	0.3184	0.3425
		1.338	1.400	1.463	1.526	1.591	1.653	1.715	1.777	1.840	1.903	1.966	2.028	2.091	2.154	2.217	2.280	2.342	2.405	2.468
	476		0.0153	0.0311	0.0477	0.0648	0.0826	0.1011	0.200	0.1397	0.1600	0.1809	0.2024	0.2246	0.2474	0.2708	0.2948	0.3195	0.3448	0.3708
		1.494	1.557	1.620	1.683	1.746	1.809	1.872	1.934	1.997	2.060	2.123	2.186	2.249	2.311	2.374	2.437	2.500	2.563	2.625
	529		0.0169	0.0345	0.0527	0.0715	0.0909	0.1111	0.1317	0.1530	0.1749	0.1975	0.2207	0.2445	0.2694	0.2941	0.3198	0.3562	0.3731	0.4007
		1.661	1.742	1.786	1.850	1.912	1.976	2.038	2.101	2.163	2.225	2.289	2.352	2.414	2.477	2.540	2.603	2.666	2.728	2.791
	630		0.0201	0.0398	0.0623	0.0843	0.1069	0.1302	0.1541	0.1768	0.2037	0.2295	0.2559	0.2830	0.3106	0.3389	0.3679	0.3974	0.4276	0.4584
		1.981	2.044	2.107	2.160	2.233	2.295	2.358	2.421	2.483	2.546	2.608	2.671	2.734	2.797	2.861	2.923	2.985	3.048	3.111
	720		0.0229	0.0465	0.0707	0.0955	0.1209	0.1470	0.1736	0.2010	0.2289	0.2575	0.2867	0.3165	0.3470	0.3781	0.4098	0.4421	0.4751	0.5087
		2.261	2.324	2.386	2.449	2.512	2.575	2.637	2.700	2.763	2.826	2.888	2.950	3.014	3.077	3.139	3.202	3.266	3.328	3.391
	820		0.0261	0.0528	0.0801	0.1080	0.1366	0.1654	0.1956	0.2261	0.2512	0.2889	0.3212	0.3542	0.3878	0.4220	0.4569	0.4924	0.5235	0.5652
		2.575	2.638	2.700	2.763	2.826	2.890	2.952	3.014	3.077	3.139	3.202	3.266	3.329	3.391	3.453	3.517	3.579	3.642	3.704
	920		0.0292	0.0590	0.0895	0.1206	0.1523	0.1847	0.2176	0.2512	0.2854	0.3203	0.3558	0.3919	0.4294	0.4660	0.5040	0.5426	0.5818	0.6217
		2.889	2.952	3.014	3.077	3.140	3.203	3.266	3.328	3.391	3.454	3.517	3.580	3.642	3.705	3.768	3.830	3.893	3.956	4.020
	1020		0.0323	0.0653	0.0989	0.1331	0.1680	0.2036	0.2396	0.2763	0.3137	0.3517	0.3903	0.4296	0.4694	0.5099	0.5511	0.5928	0.6352	0.6782
		3.023	3.266	3.328	3.390	3.454	3.516	3.579	3.642	3.705	3.768	3.830	3.894	3.956	4.019	4.082	4.144	4.208	4.270	4.333

注：表中上一格为体积，下一格为表面积。

附表二 铝箔的主要技术性能

技术性能 \ 材料名称	铝 箔	铝箔波形板
密度/(kg/m³)	2700	1500
辐射系数/[W/(m·K)]	0.465	0.465
导热系数/[W/(m·K)]	0.076(100℃时)	0.063(150℃时)
蒸汽渗透系数/[g/(m·h·mmHg)]	0.078	0.038
抗拉强度/MPa		
厚度 0.04~0.012mm	≥0.98(冷作硬化的)	
厚度 0.011~0.0075mm	≥0.29(退火的)	
抗折强度/MPa		
五层干燥波形板(厚8mm)		0.78
三层干燥波形板(厚4mm)		0.44
使用温度/℃	300~350	

注:1. 铝箔波形板因系高强复合纸,基层波形与铝箔贴面层组合而成,故只能用于低温热力设备和建筑物的保温工程。

2. 特种铝箔的使用温度可达到500℃。一般铝箔的使用温度不超过350℃。因为在较高温度下铝箔将会失去表面光泽,降低对辐射能力,使保温性能劣化。

附表三 铝箔规格及质量

厚度/mm	厚度误差/mm	宽度/mm	理论质量/(g/m)
0.005	±0.001	10~440	13.5
0.0075	±0.0015	10~440	20.25
0.01	+0.001 -0.002	10~440	27~27.3
0.012	+0.001 -0.002	10~460	32.4
0.014	+0.002 -0.003	10~460	37.8~38.2
0.016	+0.002 -0.003	10~460	43.2
0.025	+0.002 -0.006	10~460	67.5
0.03	+0.002 -0.006	10~460	81
0.004	+0.002 -0.006	10~460	108
0.005		10~600	135

注:铝、铜、锡及其他金属经轧制加工成厚度0.2mm以下的薄板,统称为箔。

工业保温用采用0.005~0.2mm的铝箔;热力设备和管道经常采用0.04~0.05mm宽度440~600mm的卷材。国产铝箔分为退火铝箔(软质)和冷作硬化铝箔(硬质)两种,工业保温宜采用软质。

附表四 低温黏结剂性能表

序 号	项 目	指 标	备 注
1	低温黏结强度	大于0.049MPa	-196℃时
2	使用温度范围	-196~+50℃	
3	软化点	大于80℃	环球法
4	延伸性	大于3cm	25℃
5	成型时加热温度	180~200℃	

续表

序　　号	项　　目	指　　标	备　　注
6	闪　点	开口杯大于245℃	
7	针入度	52.51/10mm	25℃
8	密　度	0.99g/cm^3	
9	外　观		黑色韧性固态

附表五　耐磨密封剂性能表

序　　号	项　　目	指　　标	备　　注
1	抗热性	无流淌及变色现象	100℃恒温5h
2	抗冻性	无脱落及变色现象	-196℃液氮中放2h
3	黏结力	无脱落现象	涂在低密度泡沫玻璃上20min即干燥,6h后用手指刮剥
4	使用温度范围	-196~+100℃	

附表六　有碱玻璃布性能规格表

名　　称	用　　途	厚　度	幅　宽	密　度	根/cm	质　量	浸滑剂含量/%
		mm	mm	经　纱	纬　纱	g/m^2	
有碱细格平纹玻璃布	保护层用	0.1~0.15	250	16	14	176	
有碱粗格平纹玻璃布	防潮层用	0.2	250	6	6	180	<2

附表七　石油沥青的种类和性能表

名　　称	牌　　号	针入度	伸长度	软化点	溶解度	闪　点	水　分	蒸发损失	蒸发后
		(25℃100g)	25℃		(苯)	(开口)		(160℃·5)	针入度比
		1/10mm	cm	C	%	C	%	%	%
		不小于	不小于	不低于	不小于	不低于	不大于	不大于	不小于
建筑石油沥青(GB 494—1998)	10号	10~25	1.5	95	99.5	230	痕迹	1	65
	30号	26~35	2.5	75	99.5	230	痕迹	1	65
	40号	36~50	3.5	60	99.5	230	痕迹	1	65
普通石油沥青(SYB 1665—62S)	75号	75	2.0	60	98	230	痕迹	—	—
	65号	65	1.5	80	98	230	痕迹	—	—
	55号	55	1.0	100	98	230	痕迹	—	—

附表八　常用石油沥青油毡技术性能(GB 326—73)

序号	指标名称	粉毡200#	片毡200#	粉毡350#	片毡350#	粉毡500#	片毡500#
1	每卷质量/kg(不小于)	17.5	20.5	28.5	31.5	39.5	42.5
2	幅度/mm	915或1000					
3	每卷总面积/m^2	20±0.3		20±0.3		20±0.3	
4	浸涂材料总量/(g/m^2)(不小于)	600		1000		1400	

续表

序号	指标名称	粉毡200#	片毡200#	粉毡350#	片毡350#	粉毡500#	片毡500#
5	不透水性：动水压法保持15min(不小于)/MPa	0.05		—		—	
	不透水性：动水压法保持30min(不小于)/MPa	—		0.1		0.15	
6	吸水性(油毡浸水24h)/%(不大于)	1.0	3.0	1.0	3.0	1.0	3.0
7	拉力强度/N(在18℃ ±2℃时纵向)(不小于)	313.8		431.5		510	
8	耐热度	在85℃ ±2℃温度下受热5小时,涂盖层应无滑动和集中性气泡					
9	柔度	绕 ϕ20mm 圆棒无裂缝				绕 ϕ25mm 圆棒无裂缝	
10		用作保护层		用作防潮层		用作防潮层	

附表九　热用石油沥青玛𤥄脂

配比(质量)/%					耐热度	用　　途
60号石油沥青	填充料					
	6级石棉	泥炭渣或粉	混合石棉	石灰石粉		
85	15					
87		13			低于65℃	在熔化状态(180℃)下使用,用于粘贴油毡、玻璃布
70			30			
55				45		

附表十　冷用石油沥青玛𤥄脂

配比(质量)/%					用　　途
10号石油沥青	轻柴油	油　酸	熟石灰粉	石　棉	
50	25～27	1	14～15	7～10	常温时可不加热使用,用于粘贴多层油毡,聚苯乙烯泡沫塑料

附表十一　阻燃性玛𤥄脂

序　号	项　目	指　　标
1	组成	以石油沥青为基料,在其中加入阻燃性化合物和不燃性溶剂及石棉等填料组合而成
2	使用温度	-34～+95℃
3	密度	1.6g/cm^3
4	挥发物	30% ±3%
5	干燥时间	手指接触1h,全部干燥70h
6	阻燃性	施工时无引火性,干燥后具有阻燃性,离火源后1s内自熄
7	耐热性	在95℃温度下45°斜搁4h,温度升至120℃下,45°斜搁放置1h,无流淌及起泡现象
8	吸水率	室温浸水24h,吸水量不大于试料质量的1%
9	抗冻性	在-34℃低温下吊挂放置5h无开裂,无脱离
10	氧指数①(OI)	大于或等于30(OI)
11	黏结强度	20℃,0.147MPa
12	施工特征	常温下可以进行施工
13	外观	黑褐色膏状
14	水平燃烧法	I标线

①氧指数:是在规定条件下,试样在氧氮混合气流中维持平稳,燃烧所需的最低氧气浓度,以氧所占的体积百分数的数值表示。

附表十二　聚乙烯薄膜

适用温度/℃	厚度/mm	宽度/mm	每卷质量/kg	用　　途
-40 ~ +60	0.1 +0.001 0.2 +0.02	900 ~ 980	50	1. 防潮层材料 2. 绝热层采用有碱超细玻璃纤维，保护层采用铝板时，在绝热层外包一层聚乙烯薄膜 3. 采用现场浇灌聚氨酯泡沫塑料保冷结构时，在被保冷物体外表面包一层聚乙烯薄膜

附表十三　CPU 新型防水防腐敷面材料技术性能表

A 组分游离异氰酸根含量	3.5% ~5%
拉伸强度	≥1.5MPa
伸长率	(20℃ ±5℃)300%
氧指数	28 ~30
吸水率	<1%
黏结强度	铁与铁 1.1MPa 木与木(光)1.7MPa
固化时间	4 ~8h
使用温度	-40 ~90℃
耐候性	老化测试 2000 小时胶表面无龟裂无变化
耐腐蚀性	耐酸、耐碱、耐油性能优越
导热系数	0.2909W/(m·K)

附表十四　阀门及异型管件保温厚度和材料用量(硅酸镁铝涂料)

阀门公称直径 DN	材料用量/(m^3/台)			备注
	保温厚度			
	10mm(介质温度 $t<200$℃)	20mm(介质温度 $t=200\sim400$℃)	30mm(介质温度 $t\geq400$℃)	
15	0.005	0.01	0.016	
20	0.006	0.012	0.02	
25	0.008	0.015	0.025	
40	0.01	0.02	0.032	
50	0.011	0.021	0.036	
65	0.013	0.026	0.043	
80	0.015	0.03	0.049	
100	0.018	0.035	0.057	
125	0.021	0.042	0.067	
150	0.025	0.049	0.078	
200	0.033	0.066	0.1	
250	0.04	0.08	0.124	
300	0.05	0.095	0.147	
350	0.054	0.107	0.165	
400	0.061	0.122	0.188	
450	0.069	0.137	0.209	
500	0.076	0.151	0.233	

注:1. 阀门保温部位为阀体、阀盖、中法兰和端法兰处。填料函处不应保温。
2. 其他异型管件、小型设备等可根据保温面积确定。

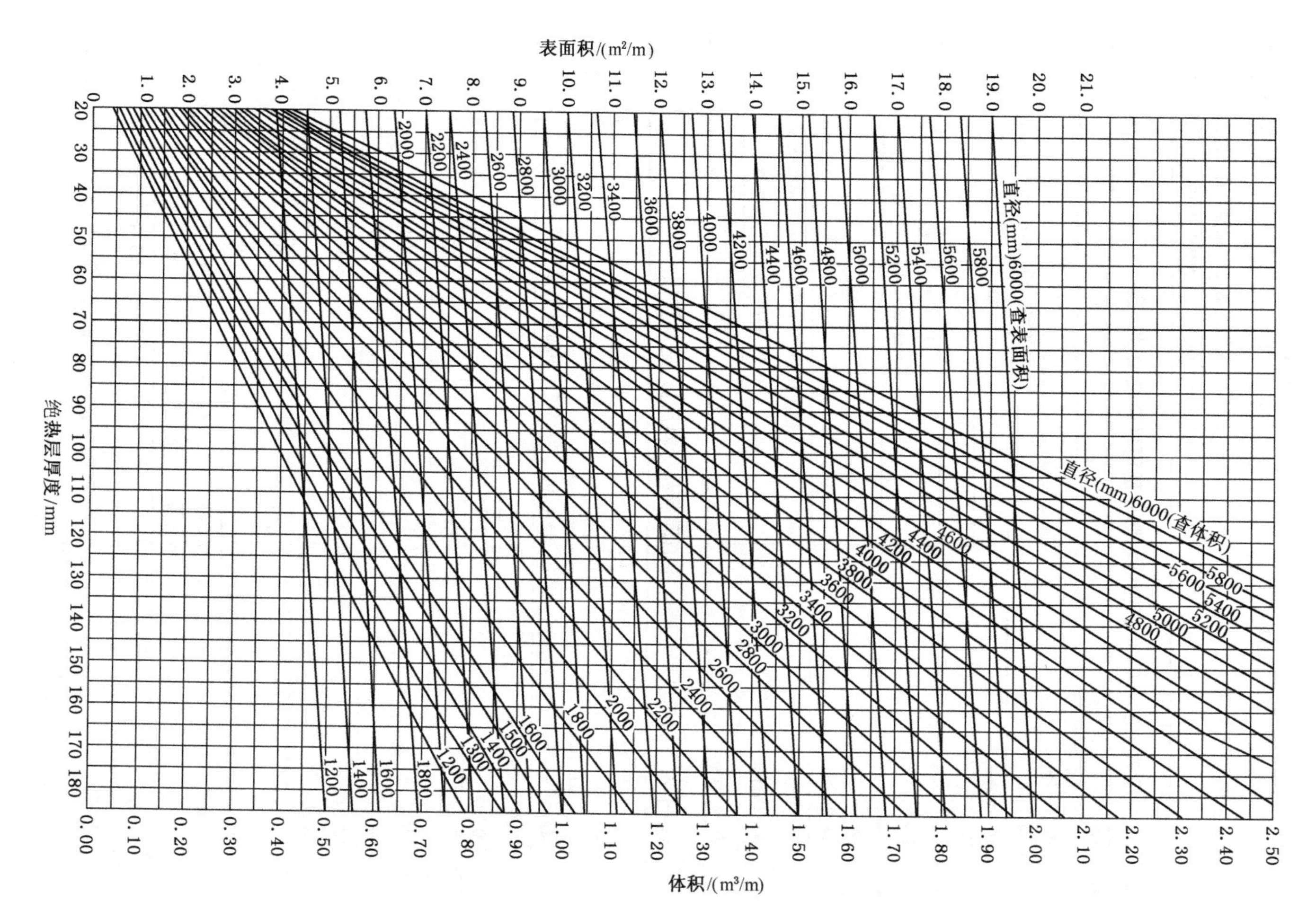

附图1 公称直径大于1mm的管道、设备，每米长绝热层的体积和外表面积

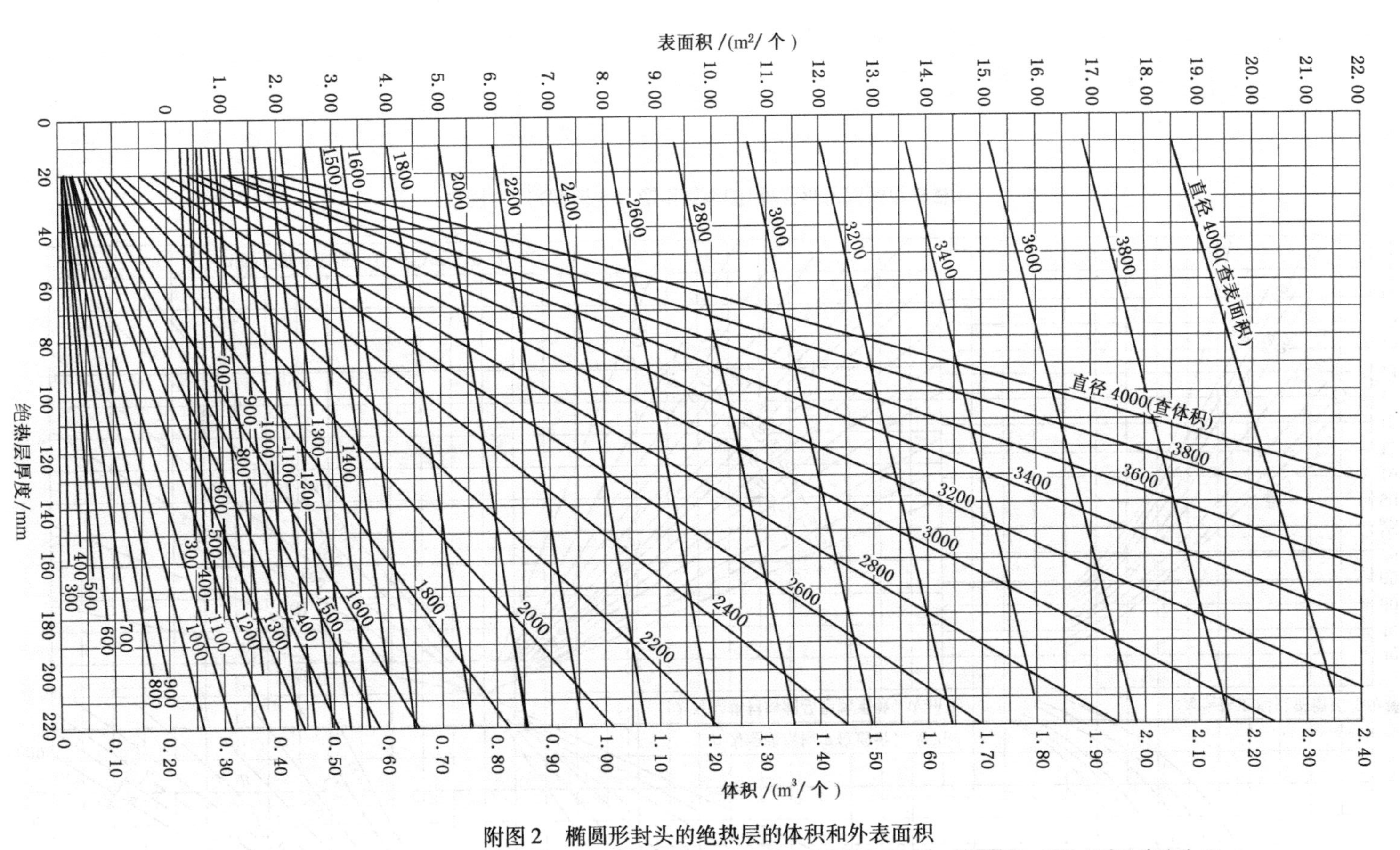

附图2 椭圆形封头的绝热层的体积和外表面积

注：1. 本图系根据三部标准(TH 3007—59)之椭圆形封头数据绘制的，其中直径300、400的直边高度为40mm；直径500～4000的直边高度为50mm。

2. 球形或其他尺寸折边高度的椭圆形封头，其体积量虽有些误差，为了简化也可使用本图。

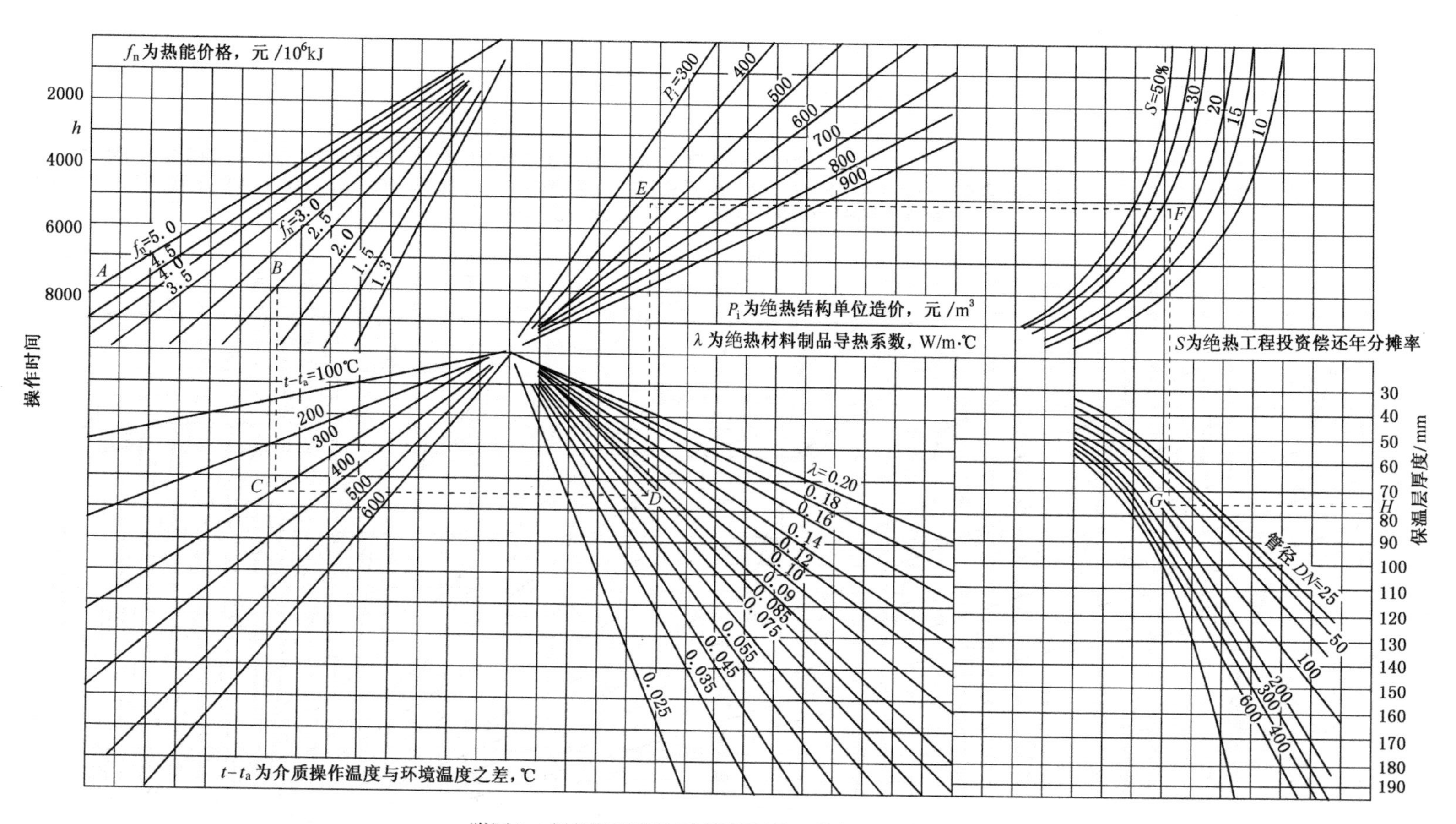

附图3　保温层厚度选用列线图(按经济保温厚度计算)

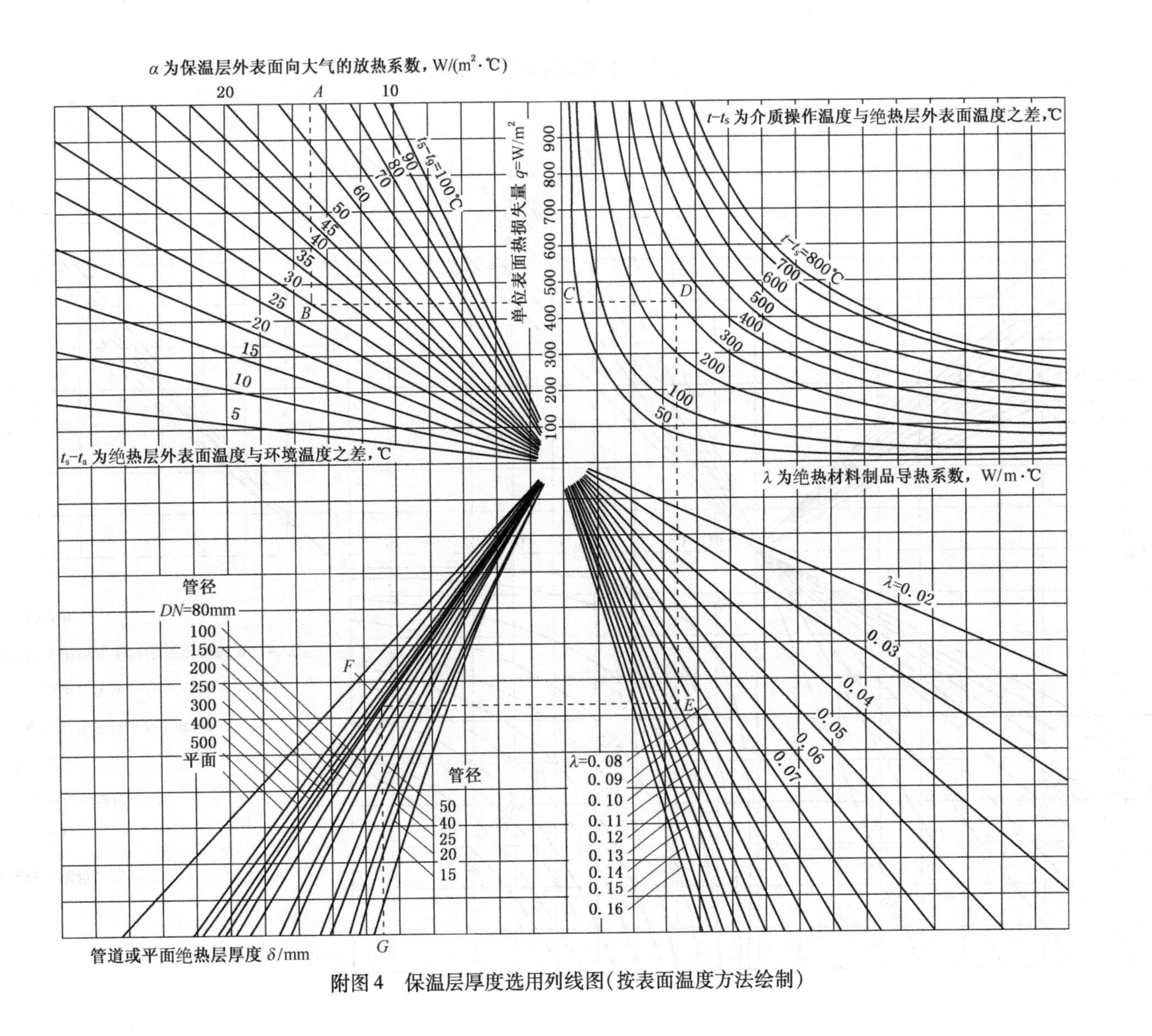

附图 4　保温层厚度选用列线图(按表面温度方法绘制)

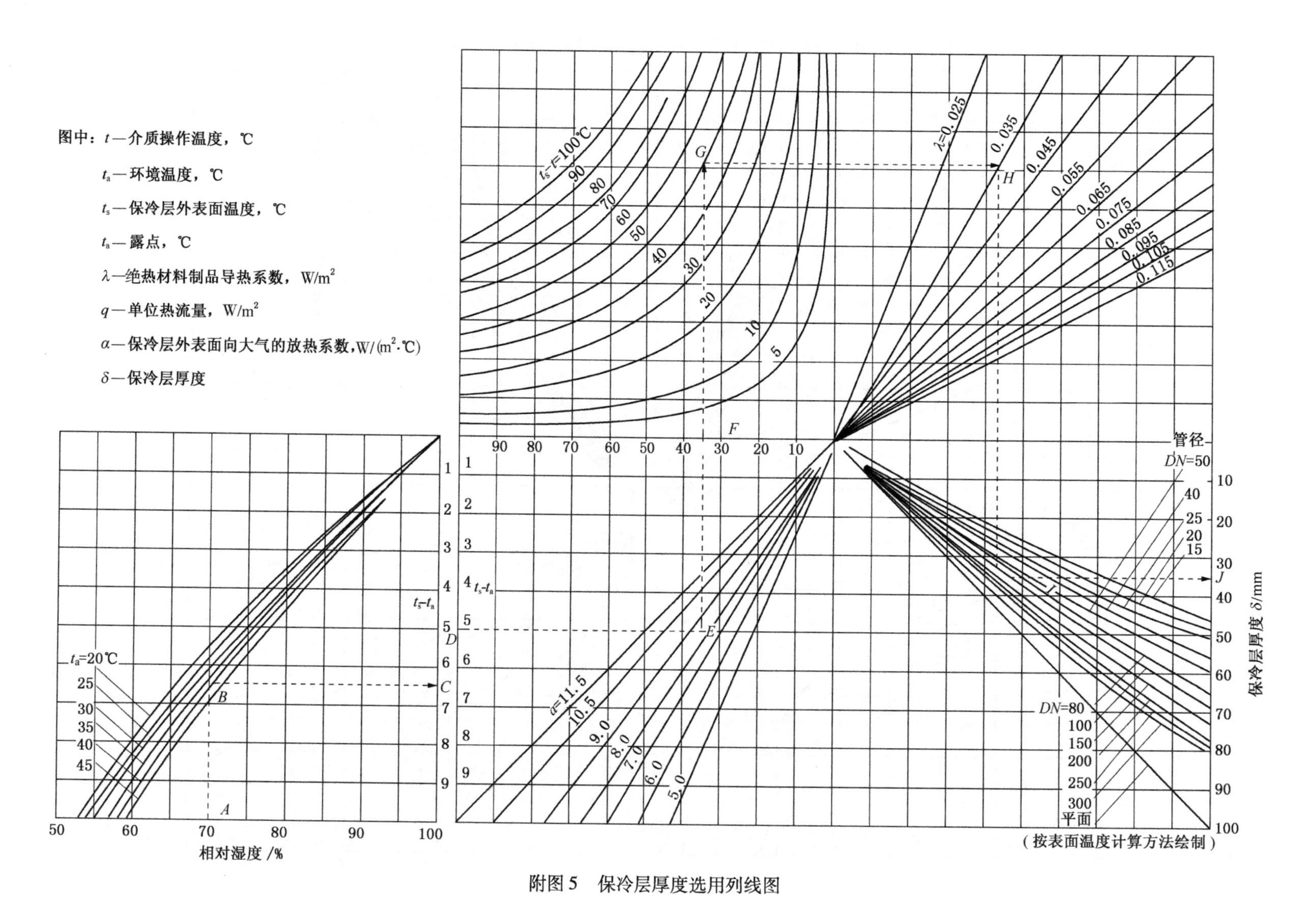

附图 5　保冷层厚度选用列线图

主要参考资料

1　全国能源基础与管理标准化技术委员会，国家建材局标准所研究所合编．设备及管道保温技术概要．1984

2　日本保温保冷工业协会《保温 JIS 解说》1990 年和 JISA9501—90

3　曾大斧，莫松涛等编著．工业设备与管道的保温．水力电力出版社，1982

4　徐烈，方荣生，马庆芳编著．绝热技术．国防工业出版社，1990

5　国家建材局标准化研究所．绝热工程应用技术，1990

6　《石油化工设备和管道绝热工程设计规范》（SH/T 3010—2013）

（编制　王怀义　张德姜）

第二十二章 概 算

第一节 概 述

我国石油化工工程建设费用的计算，按其精度[1]可分为四种：

(1)估算，适用于可行性研究阶段；

(2)概算，适用于基础工程设计阶段，目前也适用于详细工程设计阶段；

(3)预算，适用于详细工程设计阶段；

(4)决算，适用于工程建设结束，一般由建设单位编制。

按我国的政策规定，基础工程设计的概算不得超过可行性研究阶段的估算；详细工程设计阶段的概算不得超过基础工程设计概算的10%[1]。

在日本，对工程建设费用的计算大致分为参考积算、概算积算、普通积算和详细积算四种，与我国的四种大体相当。但是其精度不同，参考积算的精度约为±20%[1]；概算积算约为±12%；普通积算约为±5%；详细积算约为±3%。

按〈石油化工工程建设设计概算编制办法〉规定，“设计概算是基础设计文件的组成部分，经批准的基础工程设计概算是确定和控制投资及制订招标标底的基础，也是编制建设项目计划和安排资金的依据”。因此，概算的编制是十分重要的。

工程建设费用的计算精度，与计算资料、图纸和建设现场的具体情况以及熟练程度、实际工程资料的完善程度等有关。例如，在详细工程设计阶段可编制概算或预算，而在可行性研究阶段只能编制估算，在此阶段比编制概算的资料、数量、质量更为不足，有一部分是根据假定条件计算的。

工程建设费用的不同精度计算，也是由不同计算方法的结果。

在国外，通常有逐项计算法、单价法、比率法、指数法等等。

在我国，概算的编制通常使用单价法(或称指标法)。在日本通常在编制参考积算时使用单价法、比率法及指数法；在编制概算积算时除标准工程项目采用逐项计算法或单价法外，其他则采用比率法、指数法计算；在编制普通积算时以逐项计算法、单价法为主，部分用比率法；在编制详细积算时以逐项计算为主、部分利用单价法。

所谓逐项计算法是按工程项目的材料费、工场制造费(消耗材料费、直接劳务费、设备工具租金、试验检查费、工场管理费等)、现场安装费(消耗材料费、直接劳务费、施工设备、材料租金、间接劳务费等)等分别进行累计的方法。对于工艺管道工程是根据管道的编号，将各种材料分别汇总，计算材料费，并按工场制造费(预制费)、现场安装费(按不同材质、安装地点)算出消耗材料费、劳务费等。

所谓单价法(指标法)就是利用安装工程概算指标、编制单项工程概算的方法，是目前我们使用的方法。

---

[1] 工程建设费用的计算金额与实际金额之差越少，其精度越高，一般以百分数表示。

所谓比率法是与同类装置或单项工程费用比较，按其比率算出工程费用。尽管与单价法不同，没有确切的工程量。但是，可用构置设备费为基准，按比率算出单项工程费（建筑、管道工程、仪表安装等）以及全部安装工程费。

所谓指数法是当工艺装置设备数不变时，装置的某一设备费用不是与它的容量成正比例而是与其幂指数成比例，即：

$$C_1 = C_2 (S_1/S_2)^n$$

式中 C_1——所求装置或设备的费用；

C_2——已知装置或设备的费用；

S_1——所求装置或设备的容量或大小；

S_2——已知装置或设备的容量或大小；

n——装置或设备的特有指数，因装置的内容、设备种类的不同而异，一般可取0.6～0.8。

此外尚有：

（1）操作单元法（又称机能单位法）是以工艺流程为基准，而装置是由几个操作单元所组成的，操作单元的费用是装置的最高和最低温度、最高和最低压力、装置能力及材质的函数。操作单元的工程费用乘以操作单元数，即求出全装置的工程费用；

（2）以每单位生产量所需的设备费用为基准的推算方法；

（3）从资金回收率求出工程费用的方法。对于工艺管道工程费用的估算方法，按PID和设备平面布置图估算出管道重量乘以单价即为管道工程费用的估算值，管件是管子金额的80%～130%（高压、高温或大口径取上限），阀门是管子的150%～250%。这种方法是以每单位占地面积的管子含量为基准，在一般情况下，以30～40kg/m²，乘以装置的占地面积即算出管子的重量，或再细分为管廊上管道为100～200kg/m²、换热器为30～40kg/m²，塔为50～70kg/m²，容器为40～45kg/m² 等。这些方法只能用于估算。

第二节 工艺管道安装工程

一、定额编制说明

（一）概算指标适用范围

1. 本指标适用于石油化工工程建设项目的新建、改扩建安装工程，煤化工、天然气化工等其他项目根据建设特点参照执行。

2. 本指标是完成规定计量单位分项工程所需的人工、辅助材料、施工机械台班的计价标准，是编制设计概算的依据，是实行工程招投标时编制标底和报价的依据，是实行工程量清单计价的参考依据，也是工程施工结算的参考依据。

3. 本指标与《石油化工工程建设设计概算编制办法》、《石油化工工程建设费用定额》、《石油化工安装工程费用定额》、《石油化工安装工程主材费》配套使用。

4. 本指标依据国家和石油化工行业现行的有关设计规范、施工及验收规范、技术操作规程、质量评定标准和安全操作规程等进行编制。其基础为《石油化工安装工程预算定额》（2007版）。

5. 本指标按照目前石油化工行业内大多数施工企业采用的施工方法、机械化装备程度、合理的工期、施工工艺和劳动组织及劳动效率综合取定，除各章节另有说明外，均不得因上述因素有差异而对指标进行调整。

6. 本指标按下列正常的施工条件进行编制

（1）设备、材料、成品、半成品、构件完整无损，符合质量标准和设计要求，附有产品合格证书和试验记录。

（2）安装工程和土建工程之间的交叉作业正常。

（3）安装地点、建筑物、设备基础、预留孔洞等均符合安装要求。

（4）水、电供应均满足安装施工正常使用。

（5）正常的气候、地理条件和施工环境。

7. 本指标适用于海拔高程 2000m 以下，地震烈度七度以下的地区。在边远、高原、高寒、沙漠等特殊地区施工时，编制概算文件增加的费用，结合具体情况按中国石油化工集团公司暨股份公司或省、市、自治区的有关规定执行。

8. 人工费

（1）指标中的人工不分工种和技术等级，一律以综合工日表示，综合工日包括基本用工、超运距用工和人工幅度差，每个综合工日按 8h 工作制考虑。

（2）人工费单价按《石油化工安装工程费用定额》中生产工人人工费单价 39.81 元/工日执行，其中包括：基本工资、辅助工资、劳动保护费和职工福利费。

9. 辅助材料费

指标中的辅助材料包括直接消耗量和规定的损耗量。

10. 施工机械使用费

（1）指标中施工机械使用费包括机械台班使用和施工仪器仪表综合使用费。

（2）指标中施工机械是按照正常合理的机械配备和大多数施工企业的机械化装备程度综合取定，实际与指标不符时，均不作调整。

本指标未组合大型机械费，大型机械是指吊装能力 150t 以上的吊装机械和载重能力 60t 以上的水平运输机械。

（3）指标中施工仪器仪表是按照大多数施工企业的现场校验仪器仪表配备情况综合取定，实际与指标不符时，除指标中另有说明外，均不作调整。

11. 本指标中除各章节另有说明外，均包括下列各项内容：

（1）施工准备。

（2）设备、材料、成品、半成品、工器具的场内运输。

（a）场内运输是指自安装现场指定堆放地点或施工单位现场仓库至安装地点的运输。

（b）设备场内运输取定为 100m，材料、成品、半成品场内运输取定为 300 米，设备、材料、成品、半成品场内运输实际运距与指标取定不符时均不得调整。

（3）材料、成品、半成品的场外运输。

场外运输是指从预制加工厂至安装现场的运输。场外运输的运距取定为 5000 米，实际运距与指标取定不符时均不得调整。

（4）临时移动水、电源。

（5）各工种间交叉作业配合。

（6）配合质量检查。

(7)单机试车(不包括大机组等关键设备)及工程中间交接。

12. 本指标除各章节另有说明外,均不包括下列各项内容:

(1)大机组等关键设备的单机试车费。

(2)单机试车所需要的电力、蒸汽、工业水、循环水、脱盐水、仪表风、工业风、氮气、燃料气、润滑油(脂)、物料等。

(3)配合联动试车费。

(4)超规范增加人工、材料、机械费用。

(5)设备、构件等不符合设计要求的修理工作。

(6)大型机械进出场及安拆费、使用及停滞台班费。

(7)特殊技术措施费。

(8)建预制加工厂增加费。

(9)特殊工种技术培训费等。

(二)有关费用说明

1. 进口设备材料国内安装费

进口设备材料国内安装费,按《石油化工安装工程概算指标》和《石油化工安装工程费用定额》执行。不具备使用概算指标条件时,以进口设备、材料的离岸价为基数按下列系数计算:

(1)工艺设备:压缩机2%;泵及其他机械0.5%。

(2)工艺管道:15%。

(3)自控仪表:11%。

(4)电气:8.5%。

2. 改扩建工程系统连接措施费

改扩建工程系统连接措施费是指改扩建工程与原生产装置系统连接时,所发生的实物工程量。执行相应指标子目时,其中人工和机械乘以系数1.2,不包括为保证施工生产的安全所采取的技术措施费。

3. 安装与生产同时进行施工降效增加费

安装与生产同时进行施工降效增加费是指改扩建工程在生产车间或装置内施工,因生产安全要求或操作、生产条件限制,影响了安装工作正常进行而增加的降效费用,视具体降效情况按人工费增加3%~7%,并按人工费计取有关费用,不包括为了保证安全生产和施工所采取的措施费用。

4. 在有害身体健康环境中施工降效增加费

在有害身体健康环境中施工降效增加费是指在有关规定允许的前提下,改扩建工程由于车间、装置范围内有害气体或高分贝的噪声超过国家标准,以致影响身体健康而增加的降效费用,可按相应指标中人工费增加5%,并按人工费计取相关费用,不包括按有关规定应享受的工种保健费。

注:①本指标中注有“××以内”或“××以下”字样者,均包括“××”本身。注有“××以外”或“××以上”字样者,均不包括“××”本身。

②本说明未尽事宜,详见各章、节。

(三)主材施工损耗

指标中主材均已含有关材料的施工损耗,施工损耗率见表22-2-1。

表22-2-1　工艺管道安装工程主材施工损耗率

序号	材料名称	施工损耗率/%
1	焊接钢管	4.0
2	无缝碳钢管 Sch40 以下	4.0
3	无缝碳钢管 Sch60～100	4.0
4	无缝碳钢管 Sch100 以上	3.6
5	合金钢管	3.6
6	不锈钢板卷管	4.0
7	不锈钢管	3.6
8	钛管	3.6
9	铝板卷管	4.0
10	铝管	4.0
11	铜管	4.0
12	橡胶衬里钢管	4.0
13	硬聚氯乙烯管	4.0

(四)管道压力等级划分

(1)低压管道 $PN \leq 1.6MPa$;

(2)中压管道 $1.6MPa < PN \leq 10MPa$,

(3)高压管道 $PN > 10MPa$。

二、化工工艺管道安装

(一)指标组合内容

1. 管子安装。
2. 管件、法兰、法兰盖、盲板安装。
3. 管道支架吊架的制作安装。
4. 管道焊接预热、后热,焊缝热处理、硬度检测、无损检测和焊口局部充氩保护。
5. 衬里管道的预组装。
6. SHA、SHD 管道管材表面磁粉或渗透检测。
7. 合金钢材质的管道组成件光谱分析(定性)。
8. 不锈钢管和钛管焊缝的酸洗钝化。
9. 水压试验、泄漏性试验、冲洗和吹扫。
10. 水压试验消耗用水。
11. 临时管道材料费的摊销。
12. 管道组成件场外运输。

(二)指标未组合内容

1. 阀门、减压器、疏水器、过滤器、除污器、阻火器和窥视镜等的安装。
2. 波纹补偿器和弹簧支吊架的安装。
3. 大型管架、管廊的安装。
4. 管道吹扫消耗的蒸汽、压缩空气,冲洗用水。

（三）指标使用方法

1. 本指标适用于装置区化工工艺管道、全厂性工艺外管及供热管道安装，不适用于设计压力大于42MPa和距厂区10km以外的管道安装。

2. 碳钢、合金钢、不锈钢管道分为SHA、SHD类和其他类。

（1）SHA、SHD类管道指标适用范围为：

a. 毒性程度为极度危害介质管道（苯管道除外）。

b. 毒性程度为高度危害介质的丙烯腈、光气、二硫化碳和氟化氢介质管道。

c. 设计压力大于或等于10.0MPa输送有毒、可燃介质管道。

d. 设计温度低于－29℃的低温管道。

e. 设计压力大于等于4.0MPa，且设计温度大于等于400℃的管道。

（2）指标子目未注明SHA、SHD类的均为其他类管道，其他类管道套用除SHA、SHD类以外的相应指标。

3. 装置区工艺管道，按管道等级、材质和管表号，以10m（延长米）为计量单位套用指标。

4. 空分装置套用指标后，乘以以下系数：

（1）Sch60～100无缝碳钢管乘以系数0.85。

（2）Sch100以上无缝碳钢管乘以系数0.70。

（3）无缝不锈钢管乘以系数0.70。

（4）空分装置其他管道安装费不作调整。

5. 空压装置及冷冻站可直接套用指标，不作调整。

6. 全厂工艺及供热外管安装，套用其他类相应的指标后，乘以以下系数：

（1）碳钢管道乘以系数0.62。

（2）合金钢管道、不锈钢管道乘以系数0.57。

7. 化工装置罐区、泵房、热力站和软化水站管道安装，套用本节相应指标后，执行本节“三、炼油管道安装”调整系数进行调整。

8. 超低碳不锈钢（304L、316L）管道套用不锈钢管概算指标时，乘以以下系数：

（1）SHA、SHD类管道乘以系数1.07。

（2）其他类管道乘以系数1.15。

9. Sch60～100大于等于DN500和Sch100以上大于等于DN300的碳钢管道，组合了焊缝热处理费用。其他需热处理的碳钢管道套用指标后乘以以下系数：

（1）SHA、SHD类管道乘以系数1.30。

（2）其他类管道乘以系数1.80。

（四）主材费组成

1. 焊接碳钢管道主材费系指单位重量所含组成该管道的管材、管接头、法兰、弯头、三通、异径管、接缘、垫片、紧固件、管支架等材料的材料费。

2. 无缝碳钢管道、合金钢管道、不锈钢管道、钛管道、铝管道、铜管道主材费系指单位重量所含组成该管道的管材、法兰、弯头、三通、异径管、接缘、垫片、紧固件、管支架等材料的材料费。

3. 橡胶衬里钢管道主材费系指单位重量所含组成橡胶衬里钢管道的管材、法兰、弯头、三通、异径管、接缘、垫片、紧固件、管支架等材料的材料费和管道衬胶的全部费用。

4. 硬聚氯乙烯塑料管道主材费系指单位重量所含组成该塑料管道的塑料管、弯头、三通、异径管、接缘、垫片、紧固件、碳钢活套法兰、管支架等材料的材料费。

（五）主材费使用方法

1. 不同材质、管表号、规格的工艺管道，按管道长度（延长米）折算出的重量以“吨”为计算单位。

2. 碳钢无缝管道主材费适用于普通流体用碳素无缝管（GB/T 8163）。石油裂化管（GB 9948）、高压锅炉管（GB 5310）、化肥专用管（GB 6479），套用主材费时，乘以系数 1.35。

3. 合金钢管道主材费仅适用于材质为 15CrMo、12CrMo、12Cr1MoV 等低合金铬钼钢管道。高合金铬钼钢管道 Cr2Mo、Cr5Mo 套用合金钢管道主材费时，小于 DN150 的管道乘以系数 1.80，大于等于 DN150 的管道乘以系数 1.45。

4. 不锈钢管道主材费适用于材质为 0Cr18Ni9（304）的不锈钢管道。其他不锈钢管道套用不锈钢管道主材费时，应乘以以下系数：

（1）00Cr18Ni9（304L）、0Cr18Ni11Ti（321）乘以 1.20。

（2）0Cr17Ni12Mo2（316）乘以 1.45。

（3）00Cr17Ni14Mo2（316L）乘以 1.50。

（4）00Cr19Ni13Mo3（317L）乘以 1.80。

5. 抗硫化氢碳素无缝钢管主材费在同类管道主材费的基础上乘以系数 1.40。

6. 全厂工艺及供热外管套用相应主材费后乘以系数 0.70。

7. 空分装置管道主材费应乘以以下系数：

（1）Sch60 及以上无缝碳钢管道乘以系数 0.85。

（2）无缝不锈钢管乘以系数 0.75。

空分装置其他管道套用相应子目，主材费不作调整。

8. 罐区、泵房、热力站、软化水站管道主材费乘以以下系数：

（1）Sch40 以下碳钢管管径大于等于 DN150 时，乘以系数 0.8。

（2）Sch60 ~ Sch100 碳钢管，乘以系数 0.8。

9. 大口径焊接钢管主材费适用于螺旋缝焊接钢管。

10. 管道主材费不包括阀门、膨胀节、特殊管件及弹簧支吊架等特殊管支架材料费。

（六）管道主材费和管道安装概算指标

1. 碳钢管道主材费和管道安装概算指标见表 22－2－2。

表 22－2－2　碳钢管道主材费和管道安装概算指标

指标编号	名称及规格	管道主材费/（元/t）		管道安装概算指标/（元/10m）			
		主材费	其中管材	概算指标	其中		
					人工费	辅材费	机械费
	焊接钢管						
2－1001	DN15	8135	4277	139	100	29	10
2－1002	DN20	7505	4277	158	116	31	11
2－1003	DN25	7144	4277	167	120	33	14
2－1004	DN32	6924	4277	170	119	35	16
2－1005	DN40	6693	4277	176	118	38	20
2－1006	DN50	6542	4211	181	118	39	24

续表

指标编号	名称及规格	管道主材费/(元/t)		管道安装概算指标/(元/10m)			
		主材费	其中管材	概算指标	其中		
					人工费	辅材费	机械费
2-1007	DN65	6423	4211	215	134	47	34
2-1008	DN80	6446	4211	243	151	52	40
2-1009	DN100	7943	4211	536	260	111	165
2-1010	DN125	7856	4140	683	314	147	222
2-1011	DN150	7912	4235	827	358	194	275
2-1012	DN200	10014	4446	1190	475	305	410
2-1013	DN250	10113	4446	1478	585	378	515
2-1014	DN300	10141	4446	1685	686	420	579
2-1015	DN350	10141	4446	2030	792	521	717
2-1016	DN400	10151	4446	2274	897	583	794
2-1017	DN450	10562	4401	2628	1033	660	935
2-1018	DN500	10614	4401	2770	1103	681	986
2-1019	DN600	10857	4597	2817	1078	685	1054
2-1020	DN700	10816	4545	3196	1217	792	1187
2-1021	DN800	10816	4545	3686	1403	917	1366
2-1022	DN900	13196	4545	4100	1556	1014	1530
2-1023	DN1000	13148	4498	4237	1595	1057	1585
2-1024	DN1200	13148	4498	4560	1545	1120	1895
2-1025	DN1400	13478	4498	5535	1860	1374	2301
2-1026	DN1600	13376	4399	6298	2047	1577	2674
2-1027	DN1800	13674	4586	7457	2380	1751	3326
2-1028	DN2000	13674	4586	8731	2828	2080	3823
	无缝碳钢管 Sch40 以下						
2-1029	DN15	16323	7679	211	118	52	41
2-1030	DN20	14705	6998	241	131	60	50
2-1031	DN25	13229	6610	284	155	69	60
2-1032	DN32	12485	6318	328	176	79	73
2-1033	DN40	11599	5929	415	222	97	96
2-1034	DN50	9603	5742	440	233	104	103
2-1035	DN65	9297	5551	471	244	112	115
2-1036	DN80	9059	5455	526	272	123	131
2-1037	DN100	8877	5359	820	389	193	238
2-1038	DN125	9255	5740	1009	457	243	309
2-1039	DN150	11300	5834	1217	510	320	387
2-1040	DN200	11923	6399	1549	648	395	506

续表

指标编号	名称及规格	管道主材费/(元/t)		管道安装概算指标/(元/10m)			
		主材费	其中管材	概算指标	其中		
					人工费	辅材费	机械费
2-1041	DN250	12202	6646	1856	748	461	647
2-1042	DN300	12334	6739	2107	850	518	739
2-1043	DN350	13211	7301	2156	848	507	801
2-1044	DN400	15588	7582	2419	931	574	914
2-1045	DN450	17077	8973	2821	1100	658	1063
2-1046	DN500	18553	10175	3121	1256	721	1144
2-1047	DN600	20489	11285	3678	1459	860	1359
2-1048	DN700	21923	12303	4201	1662	996	1543
2-1049	DN800	23558	13690	5131	2023	1202	1906
	无缝碳钢管 Sch60～100						
2-1050	DN15	17434	7679	266	143	67	56
2-1051	DN20	16042	6998	309	164	77	68
2-1052	DN25	14355	6610	356	188	87	81
2-1053	DN32	13586	6318	450	225	113	112
2-1054	DN40	12664	5929	521	263	128	130
2-1055	DN50	10452	5742	545	266	149	130
2-1056	DN65	10131	5551	663	336	159	168
2-1057	DN80	9894	5455	741	371	178	192
2-1058	DN100	9702	5359	1194	555	291	348
2-1059	DN125	10055	5740	1381	623	335	423
2-1060	DN150	12120	5834	1658	683	461	514
2-1061	DN200	12757	6399	2224	904	609	711
2-1062	DN250	13054	6646	2682	1066	716	900
2-1063	DN300	13191	6739	3144	1235	842	1067
2-1064	DN350	14067	7301	3316	1214	858	1244
2-1065	DN400	15593	7582	4700	1478	1512	1710
2-1066	DN450	17085	8973	5533	1712	1766	2055
2-1067	DN500	18563	10175	6881	2288	1910	2683
2-1068	DN600	20486	11285	9399	2850	3132	3417
2-1069	DN700	21924	12303	10779	3253	3518	4008
2-1070	DN800	23555	13690	13688	4016	4285	5387
	无缝碳钢管 Sch100 以上						
2-1071	DN15	21945	8430	762	410	202	150
2-1072	DN20	21130	7655	903	464	239	200
2-1073	DN25	18873	7268	1059	526	280	253

续表

指标编号	名称及规格	管道主材费/(元/t)		管道安装概算指标/(元/10m)			
		主材费	其中管材	概算指标	其中		
					人工费	辅材费	机械费
2-1074	DN32	18068	6977	1277	637	322	318
2-1075	DN40	17120	6492	1388	683	347	358
2-1076	DN50	15356	6290	1416	755	366	295
2-1077	DN65	15265	6099	1465	748	386	331
2-1078	DN80	14671	6004	1851	924	472	455
2-1079	DN100	14510	5909	3215	1514	761	940
2-1080	DN125	14634	6285	4207	1951	1009	1247
2-1081	DN150	16580	6378	5044	2365	1171	1508
2-1082	DN200	17420	7035	6775	3091	1681	2003
2-1083	DN250	18601	7922	8030	3356	2253	2421
2-1084	DN300	18952	8015	12598	4587	4029	3982
2-1085	DN350	19880	8761	14581	5015	4692	4874
2-1086	DN400	20148	9040	17260	5981	5522	5757
2-1087	DN450	22413	10695	19892	6561	6673	6658
2-1088	DN500	23962	12170	22996	7638	7698	7660
2-1089	DN600	25938	13461	26187	8711	8576	8900
	无缝碳钢管 Sch40 以下(SHA、SHD 类)						
2-1090	DN15	16323	7679	1083	508	315	260
2-1091	DN20	14705	6998	1126	528	327	271
2-1092	DN25	13229	6610	1170	551	337	282
2-1093	DN32	12485	6318	1214	573	346	295
2-1094	DN40	11599	5929	1301	618	365	318
2-1095	DN50	9603	5742	1345	645	377	323
2-1096	DN65	9297	5551	1392	657	386	349
2-1097	DN80	9059	5455	1458	698	399	361
2-1098	DN100	8877	5359	3375	1609	1008	758
2-1099	DN125	9255	5740	3572	1679	1061	832
2-1100	DN150	11300	5834	4278	1732	1636	910
2-1101	DN200	11923	6399	4665	1883	1713	1069
2-1102	DN250	12202	6646	4696	1872	1660	1164
2-1103	DN300	12334	6739	4948	1975	1716	1257
2-1104	DN350	13211	7301	5310	2139	1719	1452
2-1105	DN400	15588	7582	5573	2222	1787	1564
2-1106	DN450	17077	8973	6025	2402	1872	1751
2-1107	DN500	18553	10175	6325	2558	1935	1832

续表

指标编号	名称及规格	管道主材费/(元/t)		管道安装概算指标/(元/10m)			
		主材费	其中管材	概算指标	其中		
					人工费	辅材费	机械费
2－1108	DN600	20489	11285	6827	2754	2084	1989
2－1109	DN700	21923	12303	7752	3121	2372	2259
2－1110	DN800	23558	13690	9421	3794	2881	2746
	无缝碳钢管 Sch60～100(SHA、SHD 类)						
2－1111	DN15	17434	7679	1117	524	323	270
2－1112	DN20	16042	6998	1175	552	338	285
2－1113	DN25	14355	6610	1222	576	348	298
2－1114	DN32	13586	6318	1315	613	373	329
2－1115	DN40	12664	5929	1385	650	388	347
2－1116	DN50	10452	5742	1467	712	402	353
2－1117	DN65	10131	5551	1532	731	415	386
2－1118	DN80	9894	5455	1610	767	433	410
2－1119	DN100	9702	5359	3564	1684	1045	835
2－1120	DN125	10055	5740	3758	1754	1091	913
2－1121	DN150	12120	5834	4550	1827	1679	1044
2－1122	DN200	12757	6399	5383	2205	1840	1338
2－1123	DN250	13054	6646	5563	2251	1836	1476
2－1124	DN300	13191	6739	6077	2432	1964	1681
2－1125	DN350	14067	7301	6980	2601	1994	2385
2－1126	DN400	15593	7582	8364	2865	2648	2851
2－1127	DN450	17085	8973	9249	3111	2904	3234
2－1128	DN500	18563	10175	14457	5324	3163	5970
2－1129	DN600	20486	11285	17206	6031	4405	6770
2－1130	DN700	21924	12303	19573	6834	4950	7789
2－1131	DN800	23555	13690	24385	8380	6032	9973
	无缝碳钢管 Sch100 以上(SHA、SHD 类)						
2－1132	DN15	21945	8430	1247	617	328	302
2－1133	DN20	21130	7655	1398	676	368	354
2－1134	DN25	18873	7268	1553	738	409	406
2－1135	DN32	18068	6977	1815	874	453	488
2－1136	DN40	17120	6492	1928	921	479	528
2－1137	DN50	15356	6290	2430	1228	655	547
2－1138	DN65	15265	6099	2735	1339	727	669
2－1139	DN80	14671	6004	3122	1515	813	794
2－1140	DN100	14510	5909	7757	3484	1790	2483
2－1141	DN125	14634	6285	8756	3923	2041	2792

续表

指标编号	名称及规格	管道主材费/(元/t)		管道安装概算指标/(元/10m)			
		主材费	其中管材	概算指标	其中		
					人工费	辅材费	机械费
2－1142	DN150	16580	6378	9670	4354	2205	3111
2－1143	DN200	17420	7035	12704	5466	3351	3887
2－1144	DN250	18601	7922	12921	5314	3630	3977
2－1145	DN300	18952	8015	22431	8584	5624	8223
2－1146	DN350	19880	8761	24416	9013	6288	9115
2－1147	DN400	20148	9040	27094	9979	7117	9998
2－1148	DN450	22413	10695	29790	10573	8270	10947
2－1149	DN500	23962	12170	32896	11651	9296	11949
2－1150	DN600	25938	13461	42532	15820	10566	16146
	碳钢伴热管						
2－1151	DN15	8462	8216	142	108	22	12
2－1152	DN20	7713	7488	160	122	24	14
2－1153	DN25	7284	7072	183	136	29	18

2. 合金钢管道主材费和管道安装概算指标见表22－2－3。

表22－2－3　合金钢管道主材费和管道安装概算指标

指标编号	名称及规格	管道主材费/(元/t)		管道安装概算指标/(元/10m)			
		主材费	其中管材	概算指标	其中		
					人工费	辅材费	机械费
	合金钢管 Sch40 以下						
2－1154	DN15	25847	15744	1011	404	340	267
2－1155	DN20	25454	15744	1088	447	358	283
2－1156	DN25	24724	15744	1169	490	369	310
2－1157	DN32	24830	15744	1217	517	378	322
2－1158	DN40	23569	14760	1263	545	386	332
2－1159	DN50	23234	14760	1449	576	493	380
2－1160	DN65	23188	14760	1710	700	557	453
2－1161	DN80	22725	14295	1894	759	637	498
2－1162	DN100	22725	14295	2532	1040	808	684
2－1163	DN125	22709	14295	2983	1163	1004	816
2－1164	DN150	28281	14070	3259	1237	1127	895
2－1165	DN200	30388	16134	3964	1465	1420	1079
2－1166	DN250	32169	17634	4074	1537	1410	1127
2－1167	DN300	34656	19698	4604	1670	1689	1245
2－1168	DN350	37169	22137	5086	1758	1923	1405

续表

指标编号	名称及规格	管道主材费/(元/t)		管道安装概算指标/(元/10m)			
		主材费	其中管材	概算指标	其中		
					人工费	辅材费	机械费
2-1169	DN400	44218	24294	6169	1996	2480	1693
2-1170	DN450	47373	26921	7119	2339	2879	1901
2-1171	DN500	52198	29547	8379	2743	3371	2265
2-1172	DN600	54939	31142	8946	3005	3591	2350
2-1173	DN700	58138	33018	9338	3063	3641	2634
2-1174	DN800	60863	34800	11393	3728	4430	3235
	合金钢管 Sch60~100						
2-1175	DN15	28334	15744	1148	490	367	291
2-1176	DN20	27948	15744	1249	539	393	317
2-1177	DN25	27095	15744	1319	582	406	331
2-1178	DN32	27233	15744	1384	617	420	347
2-1179	DN40	25947	14760	1449	655	434	360
2-1180	DN50	25155	14760	1705	712	563	430
2-1181	DN65	25099	14760	2087	886	679	522
2-1182	DN80	24639	14295	2295	941	775	579
2-1183	DN100	24639	14295	3047	1267	999	781
2-1184	DN125	24602	14295	3612	1449	1236	927
2-1185	DN150	30428	14295	4140	1599	1482	1059
2-1186	DN200	32301	16134	5032	1861	1841	1330
2-1187	DN250	34086	17634	5427	1924	2022	1481
2-1188	DN300	36611	19698	6360	2162	2484	1714
2-1189	DN350	39124	22137	7046	2218	2842	1986
2-1190	DN400	46702	24294	8484	2565	3432	2487
2-1191	DN450	49950	26921	9847	2971	4022	2854
2-1192	DN500	55208	29547	12318	3840	4625	3853
2-1193	DN600	58179	31142	13469	4116	4960	4393
2-1194	DN700	61637	33018	15284	4654	5531	5099
2-1195	DN800	64540	34800	19196	5731	6747	6718
	合金钢管 Sch100 以上						
2-1196	DN15	39287	17318	1828	883	543	402
2-1197	DN20	38817	17318	2047	1003	597	447
2-1198	DN25	37374	17318	2192	1065	635	492
2-1199	DN32	37718	17318	2333	1131	671	531
2-1200	DN40	36458	16236	2389	1128	697	564
2-1201	DN50	31396	16236	2523	1165	739	619

续表

指标编号	名称及规格	管道主材费/(元/t)		管道安装概算指标/(元/10m)			
		主材费	其中管材	概算指标	其中		
					人工费	辅材费	机械费
2－1202	DN65	31287	16236	2662	1183	816	663
2－1203	DN80	30788	15725	3068	1314	955	799
2－1204	DN100	30788	15725	4624	1949	1432	1243
2－1205	DN125	30733	15725	5748	2298	1864	1586
2－1206	DN150	35032	15725	7178	2779	2364	2035
2－1207	DN200	37051	17728	9085	3337	3149	2599
2－1208	DN250	40880	21199	11150	4147	3826	3177
2－1209	DN300	43836	23638	14598	5163	4892	4543
2－1210	DN350	46830	26545	16053	5519	5535	4999
2－1211	DN400	50499	29172	19457	6492	6925	6040
2－1212	DN450	54142	32267	22043	6946	8277	6820
2－1213	DN500	57150	33205	25704	7966	9838	7900
2－1214	DN600	62209	36957	31506	9784	11783	9939
	合金钢管 Sch40 以下(SHA、SHD 类)						
2－1215	DN15	25847	15744	2215	928	674	613
2－1216	DN20	25454	15744	2335	991	705	639
2－1217	DN25	24724	15744	2416	1034	716	666
2－1218	DN32	24830	15744	2464	1061	725	678
2－1219	DN40	23569	14760	2510	1089	733	688
2－1220	DN50	23234	14760	2646	1123	847	676
2－1221	DN65	23188	14760	2911	1249	912	750
2－1222	DN80	22725	14295	3153	1321	994	838
2－1223	DN100	22725	14295	5883	2625	1859	1399
2－1224	DN125	22709	14295	6342	2750	2058	1534
2－1225	DN150	28281	14070	7261	2825	2823	1613
2－1226	DN200	30388	16134	7621	2912	2962	1747
2－1227	DN250	32169	17634	7762	3012	2946	1804
2－1228	DN300	34656	19698	8050	3016	3106	1928
2－1229	DN350	37169	22137	8477	3136	3206	2135
2－1230	DN400	44218	24294	9468	3334	3727	2407
2－1231	DN450	47373	26921	10470	3690	4127	2653
2－1232	DN500	52198	29547	11730	4094	4619	3017
2－1233	DN600	54939	31142	11778	4130	4573	3075
2－1234	DN700	58138	33018	13204	4637	5112	3455
2－1235	DN800	60863	34800	16048	5635	6224	4189
	合金钢管 Sch60～100(SHA、SHD 类)						
2－1236	DN15	28334	15744	2323	1001	691	631
2－1237	DN20	27948	15744	2465	1069	730	666
2－1238	DN25	27095	15744	2534	1112	742	680

指标编号	名称及规格	管道主材费/(元/t)		管道安装概算指标/(元/10m)			
		主材费	其中管材	概算指标	其中		
					人工费	辅材费	机械费
2－1239	DN32	27233	15744	2599	1147	756	696
2－1240	DN40	25947	14760	2664	1185	770	709
2－1241	DN50	25155	14760	2821	1220	890	711
2－1242	DN65	25099	14760	3267	1409	1010	848
2－1243	DN80	24639	14295	3474	1464	1106	904
2－1244	DN100	24639	14295	6160	2736	1971	1453
2－1245	DN125	24602	14295	6733	2920	2212	1601
2－1246	DN150	30428	14295	7910	3083	3051	1776
2－1247	DN200	32301	16134	9148	3548	3427	2173
2－1248	DN250	34086	17634	9634	3610	3620	2404
2－1249	DN300	36611	19698	10101	3886	3755	2460
2－1250	DN350	39124	22137	11264	3805	4130	3329
2－1251	DN400	46702	24294	12596	4110	4687	3799
2－1252	DN450	49950	26921	14017	4530	5278	4209
2－1253	DN500	55208	29547	20740	7203	6006	7531
2－1254	DN600	58179	31142	23159	8056	6532	8571
2－1255	DN700	61637	33018	26191	9087	7299	9805
2－1256	DN800	64540	34800	32454	11132	8904	12418
	合金钢管 Sch100 以上(SHA,SHD 类)						
2－1257	DN15	39287	17318	2672	1238	757	677
2－1258	DN20	38817	17318	2920	1372	819	729
2－1259	DN25	37374	17318	3065	1434	857	774
2－1260	DN32	37718	17318	3206	1500	893	813
2－1261	DN40	36458	16236	3323	1557	920	846
2－1262	DN50	31396	16236	3589	1604	1052	933
2－1263	DN65	31287	16236	3901	1744	1133	1024
2－1264	DN80	30788	15725	4305	1874	1271	1160
2－1265	DN100	30788	15725	7895	3524	2362	2009
2－1266	DN125	30733	15725	9025	3875	2796	2354
2－1267	DN150	35032	15725	12057	4627	3877	3553
2－1268	DN200	37051	17747	14607	5540	4690	4377
2－1269	DN250	40880	21161	15701	5957	5091	4653
2－1270	DN300	43836	23638	23631	8823	6349	8459
2－1271	DN350	46830	26564	25087	9179	6993	8915

续表

指标编号	名称及规格	管道主材费/(元/t)		管道安装概算指标/(元/10m)			
		主材费	其中管材	概算指标	其中		
					人工费	辅材费	机械费
2－1272	DN400	50499	29172	28490	10152	8382	9956
2－1273	DN450	50499	29172	31134	10620	9736	10778
2－1274	DN500	54142	32267	34795	11640	11297	11858
2－1275	DN600	57150	33205	47170	16184	13652	17334

3. 不锈钢管道主材费和管道安装概算指标见表22－2－4。

表22－2－4 不锈钢管道主材费和管道安装概算指标

指标编号	名称及规格	管道主材费/(元/t)		管道安装概算指标/(元/10m)			
		主材费	其中管材	概算指标	其中		
					人工费	辅材费	机械费
	不锈钢板卷管						
2－1276	DN200	74117	42415	1492	543	398	551
2－1277	DN250	75361	42415	1844	659	521	664
2－1278	DN300	75934	42415	2029	716	572	741
2－1279	DN350	77526	41990	2331	812	679	840
2－1280	DN400	79806	42879	2554	869	763	922
2－1281	DN450	79905	42879	3135	1033	981	1121
2－1282	DN500	79587	42445	3572	1158	1148	1266
2－1283	DN600	82826	45868	3692	1173	1195	1324
2－1284	DN700	85620	45868	4260	1336	1411	1513
2－1285	DN800	88240	48020	5403	1576	1966	1861
2－1286	DN900	82268	48020	6088	1765	2207	2116
2－1287	DN1000	80951	51149	6926	1996	2500	2430
2－1288	DN1200	83870	54572	8625	2487	3197	2941
2－1289	DN1400	87396	57995	11091	3108	4332	3651
	不锈钢管 Seh20s 以下						
2－1290	DN15	69672	45248	255	138	76	41
2－1291	DN20	63461	41525	291	155	86	50
2－1292	DN25	59986	38966	345	182	98	65
2－1293	DN32	58253	37884	384	200	108	76
2－1294	DN40	56561	36915	456	232	124	100
2－1295	DN50	57223	35259	553	278	146	129
2－1296	DN65	56444	35161	741	372	203	166
2－1297	DN80	55427	34403	866	432	232	202

续表

指标编号	名称及规格	管道主材费/(元/t)		管道安装概算指标/(元/10m)			
		主材费	其中管材	概算指标	其中		
					人工费	辅材费	机械费
2-1298	DN100	55620	34594	1265	600	332	333
2-1299	DN125	56994	35928	1646	717	441	488
2-1300	DN150	68839	37801	1968	793	584	591
2-1301	DN200	71737	40615	2516	999	739	778
2-1302	DN250	83369	45024	3257	1206	1038	1013
2-1303	DN300	88053	49433	3745	1363	1213	1169
2-1304	DN350	94566	54029	3916	1374	1306	1236
2-1305	DN400	107347	58437	4514	1539	1575	1400
2-1306	DN450	116245	63127	5075	1735	1773	1567
2-1307	DN500	119727	66504	5813	1949	2113	1751
2-1308	DN600	129405	71194	6344	2156	2199	1989
2-1309	DN700	140199	77197	7390	2512	2563	2315
2-1310	DN800	144064	80949	9232	3124	3192	2916
	不锈钢管 Sch40s~80s						
2-1311	DN15	73099	46248	340	170	111	59
2-1312	DN20	66941	41525	383	186	125	72
2-1313	DN25	63503	38966	452	218	144	90
2-1314	DN32	61796	37884	506	239	162	105
2-1315	DN40	60177	36915	582	270	183	129
2-1316	DN50	57223	35259	809	372	241	196
2-1317	DN65	56520	35161	1022	486	305	231
2-1318	DN80	55496	34403	1148	531	355	262
2-1319	DN100	55688	34594	1803	799	548	456
2-1320	DN125	57062	35928	2152	923	662	567
2-1321	DN150	67669	37801	2609	1026	897	686
2-1322	DN200	70567	40615	3588	1357	1275	956
2-1323	DN250	81884	45024	4374	1571	1627	1176
2-1324	DN300	86567	49433	5352	1804	2137	1411
2-1325	DN350	92918	54029	6198	1854	2701	1643
2-1326	DN400	109156	58437	7605	2132	3495	1978
2-1327	DN450	117882	63127	9499	2500	4443	2556
2-1328	DN500	121365	66504	11473	3152	5050	3271
2-1329	DN600	130917	71194	12267	3506	5119	3642
2-1330	DN700	141223	77197	14374	4089	5929	4356
2-1331	DN800	145088	80949	18403	5127	7425	5851

续表

指标编号	名称及规格	管道主材费/(元/t)		管道安装概算指标/(元/10m)			
		主材费	其中管材	概算指标	其中		
					人工费	辅材费	机械费
	不锈钢管 Sch80s 以上						
2－1332	DN15	100601	50873	826	437	246	143
2－1333	DN20	93820	45658	966	494	290	182
2－1334	DN25	90112	42902	1123	542	343	238
2－1335	DN32	88250	41722	1328	650	392	286
2－1336	DN40	86080	40616	1460	713	421	326
2－1337	DN50	79058	38765	1485	700	426	359
2－1338	DN65	78364	38668	1645	790	517	338
2－1339	DN80	77488	37834	2151	969	657	525
2－1340	DN100	77685	38025	3462	1482	1158	822
2－1341	DN125	79255	39550	4352	1738	1575	1039
2－1342	DN150	84710	45399	5892	2157	2250	1485
2－1343	DN200	88296	48776	8242	2890	3340	2012
2－1344	DN250	102872	54029	9450	3190	3972	2288
2－1345	DN300	108542	59282	13557	4197	5585	3775
2－1346	DN350	115716	64816	15452	4597	6655	4200
2－1347	DN400	118702	70162	19343	5577	8613	5153
2－1348	DN450	129379	75790	22416	6065	10489	5862
2－1349	DN500	133822	79824	26914	7086	12942	6886
2－1350	DN600	143194	85452	34295	9097	15999	9199
	不锈钢管 Sch20 以下(SHA、SHD 类)						
2－1351	DN15	69672	46248	1313	586	446	281
2－1352	DN20	63461	41525	1422	636	483	303
2－1353	DN25	59986	38966	1476	663	496	317
2－1354	DN32	58253	37884	1516	682	505	329
2－1355	DN40	56561	36915	1587	713	521	353
2－1356	DN50	57223	35259	1769	847	546	376
2－1357	DN65	56444	35161	1810	869	554	387
2－1358	DN80	55427	34403	1997	944	586	467
2－1359	DN100	55620	34594	4362	2073	1338	951
2－1360	DN125	56994	35928	4768	2192	1471	1105
2－1361	DN150	68839	37801	5694	2269	2217	1208
2－1362	DN200	71737	40615	6302	2488	2374	1440
2－1363	DN250	83369	45024	6752	2568	2565	1619
2－1364	DN300	88053	49433	7242	2725	2741	1776

续表

指标编号	名称及规格	管道主材费/(元/t)		管道安装概算指标/(元/10m)			
		主材费	其中管材	概算指标	其中		
					人工费	辅材费	机械费
2-1365	DN350	94566	54029	7468	2749	2835	1884
2-1366	DN400	107347	58437	18423	3106	3152	2165
2-1367	DN450	116245	63127	9041	3315	3353	2373
2-1368	DN500	119727	66504	9779	3529	3693	2557
2-1369	DN600	129405	71194	10398	3784	3837	2777
2-1370	DN700	140199	77197	11951	4346	4391	3214
2-1371	DN800	144064	80949	14719	5349	5399	3971
	不锈钢管 Sch40s~80s(SHA、SHD 类)						
2-1372	DN15	73099	46248	1381	613	469	299
2-1373	DN20	66941	41525	1493	662	508	323
2-1374	DN25	63503	38966	1562	693	528	341
2-1375	DN32	61796	37884	1617	715	546	356
2-1376	DN40	60177	36915	1692	745	567	380
2-1377	DN50	57233	35259	1941	900	613	428
2-1378	DN65	56520	35161	2085	965	636	484
2-1379	DN80	55496	34403	2212	1010	687	515
2-1380	DN100	55688	34594	4697	2173	1487	1037
2-1381	DN125	57062	35928	5073	2300	1625	1148
2-1382	DN150	67669	37801	6153	2417	2424	1312
2-1383	DN200	70567	40615	7458	2940	2817	1701
2-1384	DN250	81884	45024	7919	3007	3059	1853
2-1385	DN300	86567	49433	8953	3252	3571	2130
2-1386	DN350	92918	54029	10690	3534	4153	3003
2-1387	DN400	109156	58437	12135	3816	4981	3338
2-1388	DN450	117882	63127	14086	4197	5931	3958
2-1389	DN500	121365	66504	20753	6840	6676	7237
2-1390	DN600	130917	71194	22159	7498	6818	7843
2-1391	DN700	141223	77197	25504	8582	7827	9095
2-1392	DN800	145088	80949	31917	10601	9717	11599
2-1393	DN15	100601	50873	1619	777	480	362
2-1394	DN20	93820	45658	1798	853	537	408
2-1395	DN25	90112	42902	1955	901	590	464
2-1396	DN32	88250	41722	2160	1009	639	512
2-1397	DN40	86080	40616	2293	1072	668	553
2-1398	DN50	79058	38765	2750	1300	801	649

续表

指标编号	名称及规格	管道主材费/(元/t)		管道安装概算指标/(元/10m)			
		主材费	其中管材	概算指标	其中		
					人工费	辅材费	机械费
2-1399	DN65	78364	38668	2855	1341	854	660
2-1400	DN80	77488	37834	3360	1519	994	847
2-1401	DN100	77685	38025	6714	3052	2111	1551
2-1402	DN125	79255	39550	7632	3312	2552	1768
2-1403	DN150	84710	45399	10797	4005	3811	2981
2-1404	DN200	88296	48776	13793	5095	4929	3769
2-1405	DN250	102872	54029	13955	4970	5299	3686
2-1406	DN300	108542	59282	22551	7831	7109	7611
2-1407	DN350	115716	64816	24406	8214	8173	8019
2-1408	DN400	118702	70162	28334	9198	10164	8972
2-1409	DN450	129379	75790	31461	9699	12041	9721
2-1410	DN500	133822	79824	35960	10720	14495	10745
2-1411	DN600	143194	85452	51755	16216	18186	17353

4. 钛管道、铝管道、铜管道、橡胶衬里钢管道和硬聚氯乙烯塑料管道：

(1)管道安装概算指标参见《石油化工安装工程概算指标》2007 版；

(2)管道主材费参见《石油化工安装工程主材费》上册，2009 年，第二章第一节有关规定。

5. 每吨管道主材费实物量及基础价格参见《石油化工安装工程主材费》上册，2009 年，第二章第一节有关规定。

三、炼油工艺管道安装

炼油工艺管道安装概算指标适用于各种类型炼油厂的生产装置及相应配套工程和油库工程的项目。

(一)指标组合内容

1. 碳钢管道包括管子、管件、法兰、紧固件、垫片的安装，管道支吊架的制作安装，管道表面磁粉检测，管道无损检测，充氩保护，焊接预热、后热，焊缝热处理，硬度测试，水压试验及消耗用水，泄漏试验，管道冲洗和吹扫，预制钢平台铺设与拆除，场外运输，临时管道摊销，超高作业降效。

2. 合金钢管道包括管子、管件、法兰、紧固件、垫片的安装，管道支吊架的制作安装，管道表面磁粉检测，光谱分析(定性)，管道无损检测，焊接预热、后热，焊缝热处理，硬度测试，水压试验及消耗用水，泄漏试验，管道冲洗和吹扫，预制钢平台铺设与拆除，场外运输，临时管道摊销，超高作业降效。

3. 不锈钢管道包括管子、管件、法兰、紧固件、垫片的安装，管道支吊架的制作安装，管道表面渗透检测，管道无损检测、充氩保护，焊缝酸洗钝化，管道冲洗和吹扫，水压试验及消耗用水，泄漏试验，预制钢平台铺设与拆除，场外运输，临时管道摊销、超高作业降效。

（二）指标未组合内容

1. 阀门、减压器、疏水器、过滤器、除污器、阻火器和窥视镜等的安装。

2. 波纹补偿器和弹簧支吊架的安装。

3. 大型管架、管廊的安装。

4. 管道吹扫消耗的蒸汽、压缩空气，冲洗用水。

5. ANTI－H_2S 碳钢的热处理费用。

（三）指标使用方法

1. 本指标适用于各类型炼油厂的生产装置和配套系统工程，包括油库、罐区、泵房、热力站、软化水站和余热锅炉等。

2. 碳钢、合金钢、不锈钢管道分为 SHA 类和其他类。

（1）SHA 类管道指标适用范围为：

a. 毒性程度为极度危害介质管道（苯管道除外）。

b. 毒性程度为高度危害介质的丙烯腈、光气、二硫化碳和氟化氢介质管道。

c. 设计压力大于或等于 10.0MPa 输送有毒、可燃介质管道。

（2）指标子目未注明 SHA 类的均为其他类管道，其他类管道套用除 SHA 类以外的相应指标。

3. 装置区工艺管道安装应按照管道级别、各类管表号、不同的材质及规格，以“10m”（延长米）为计量单位计算，套用相应指标。

4. 罐区、泵房、热力站和软化水站工艺管道安装套用相应指标时，乘以以下系数：

（1）对于其他类（Sch40 以下）的碳钢管，管径小于 *DN*150 时，直接套用相应指标。管径大于等于 *DN*150 时，以相应指标为基数，乘以系数 0.75。

（2）对于其他类（Sch60～Sch100）碳钢管，管径小于 *DN*400 时，以相应指标为基数，乘以系数 0.75。管径大于等于 *DN*400 时，以相应指标为基数，乘以系数 0.60。

（3）全厂工艺及热力外管套用本指标时，执行本节“二、化工工艺管道安装”说明中的指标使用方法，用相关系数调整。

（4）空分装置套用本指标时，执行本节“二、化工工艺管道安装”说明中的指标使用方法，用相关系数调整。

（5）关于超低碳不锈钢（304L、316L）管道套用本指标时，执行本节“二、化工工艺管道安装”说明中的指标使用方法，用相关系数调整。

（6）关于碳钢管道热处理费用的调整，执行本节“二、化工工艺管道安装”说明中的指标使用方法，用相关系数调整。

（四）主材费组成

1. 焊接碳钢管道主材费系指单位重量所含组成该管道的管材、管接头、法兰、弯头、三通、异径管、接缘、垫片、紧固件、管支架等材料的材料费。

2. 无缝碳钢管道、合金钢管道、不锈钢管道主材费系指单位重量所含组成该管道的管材、法兰、弯头、三通、异径管、接缘、垫片、紧固件、管支架等材料的材料费。

（五）使用方法

1. 不同材质、管表号、规格的工艺管道，按管道长度（延长米）折算出的重量以“吨”为计算单位。

2. 碳钢无缝管道主材费适用于普通流体用碳素无缝管（GB/T 8163）。石油裂化管

(GB9948)、高压锅炉管(GB5310)、化肥专用管(GB6479),套用主材费时,乘以系数1.35。

3. 合金钢管道主材费仅适用于材质为15CrMo、12CrMo、12Cr1MoV等低合金铬钼钢管道。高合金铬钼钢管道Cr2Mo、Cr5Mo套用合金钢管道主材费时,小于DN150的管道乘以系数1.80,大于等于DN150的管道乘以系数1.45。

4. 不锈钢管道主材费适用于材质为0Cr18Ni9(304)的不锈钢管道。其他不锈钢管道套用不锈钢管道主材费时,应乘以以下系数:

(1)00Cr18Ni9(304L)、0Cr18Ni11Ti(321)乘以1.20。

(2)0Cr17Ni12Mo2(316)乘以1.45。

(3)00Cr17Ni14Mo2(316L)乘以1.50。

5. 抗硫化氢碳素无缝钢管主材费在同类管道主材费的基础上乘以系数1.40。

6. 全厂工艺及供热外管主材费乘以系数0.7。

7. 罐区、泵房、热力站、软化水站管道主材费乘以以下系数:

(1)Sch40以下碳钢管管径大于等于DN150时,乘以系数0.8。

(2)Sch60~Sch100碳钢管,乘以系数0.8。

8. 空分装置管道主材费应乘以以下系数:

(1)Sch60及以上无缝碳钢管道乘以系数0.85。

(2)无缝不锈钢管乘以系数0.75。

空分装置其他管道套用相应子目,主材费不作调整。

9. 焊接钢管主材费适用于螺旋缝焊接钢管。

10. 管道主材费不包括阀门、膨胀节、特殊管件及弹簧支吊架等特殊管支架材料费。

(六)管道主材费和管道安装概算指标

1. 碳钢管道主材费和管道安装概算指标见表22-2-5。

表22-2-5 碳钢管道主材费和管道安装概算指标

指标编号	名称及规格	管道主材费/(元/t)		管道安装概算指标/(元/10m)			
		主材费	其中管材	概算指标	其中		
					人工费	辅材费	机械费
	焊接钢管						
2-2001	DN250	7026	4446	927	404	240	283
2-2002	DN300	7049	4446	976	429	250	297
2-2003	DN350	7049	4446	1096	487	283	326
2-2004	DN400	7058	4446	1166	520	297	349
2-2005	DN450	7019	4401	1287	581	321	385
2-2006	DN500	9158	4401	2076	913	500	663
2-2007	DN550	9375	4597	2325	1018	567	740
2-2008	DN600	9389	4597	2455	1072	607	776
2-2009	DN700	9351	4545	3689	1541	927	1221
2-2010	DN800	9351	4545	4086	1689	1053	1344
2-2011	DN900	11019	4545	4522	1827	1174	1521

续表

指标编号	名称及规格	管道主材费/(元/t)		管道安装概算指标/(元/10m)			
		主材费	其中管材	概算指标	其中		
					人工费	辅材费	机械费
2-2012	DN1000	10971	4498	4976	2010	1292	1674
2-2013	DN1200	11588	4498	5473	2211	1421	1841
2-2014	DN1600	11602	4498	6294	2543	1634	2117
	无缝碳钢管 Sch100 以上(SHA 类)						
2-2015	DN15	16701	8430	1615	790	443	382
2-2016	DN20	15987	7655	1690	819	462	409
2-2017	DN25	14632	7268	1762	848	480	434
2-2018	DN32	14152	6977	1849	896	497	456
2-2019	DN40	13469	6492	1907	922	509	476
2-2020	DN50	13286	6290	2272	1103	550	619
2-2021	DN65	13129	6099	2718	1285	675	758
2-2022	DN80	12729	6004	2918	1372	711	835
2-2023	DN100	12602	5909	6662	2959	1489	2214
2-2024	DN125	12800	6285	7327	3255	1637	2435
2-2025	DN150	13908	6378	8061	3581	1801	2679
2-2026	DN200	14676	7035	9667	4097	2481	3089
2-2027	DN250	15794	7922	11475	4600	3196	3679
2-2028	DN300	16078	8015	17085	6463	4198	6424
2-2029	DN350	16908	8761	18637	6807	4719	7111
2-2030	DN400	16647	9040	20067	7272	5207	7588
2-2031	DN450	18788	10695	22046	7723	6104	8219
2-2032	DN500	20413	12170	23770	8271	6744	8755
2-2033	DN550	21971	13461	27444	9483	7940	10021
2-2034	DN600	22186	13461	31801	11065	9009	11727
	无缝碳钢管 Sch40 以下						
2-2035	DN15	11580	7679	209	114	58	37
2-2036	DN20	10655	6998	222	120	61	41
2-2037	DN25	9980	6610	248	134	67	47
2-2038	DN32	9638	6318	272	147	72	53
2-2039	DN40	9109	5928	317	171	81	65
2-2040	DN50	9413	5742	373	190	94	89
2-2041	DN65	9128	5551	411	217	94	100
2-2042	DN80	8912	5455	450	238	101	111

续表

指标编号	名称及规格	管道主材费/(元/t)		管道安装概算指标/(元/10m)			
		主材费	其中管材	概算指标	其中		
					人工费	辅材费	机械费
2-2043	DN100	8758	5359	661	316	147	198
2-2044	DN125	9153	5740	802	367	186	249
2-2045	DN150	10673	5834	1075	467	244	364
2-2046	DN200	11289	6399	1232	528	278	429
2-2047	DN250	11573	6646	1500	604	349	547
2-2048	DN300	11706	6739	1653	662	386	605
2-2049	DN350	12598	7301	1875	750	433	692
2-2050	DN400	15022	7582	2443	967	574	902
2-2051	DN450	16535	8973	2697	1080	624	993
2-2052	DN500	18007	10175	2872	1176	660	1036
2-2053	DN550	19375	11285	3264	1332	769	1163
2-2054	DN600	19944	11285	3651	1458	841	1352
	无缝碳钢管 Sch60~100						
2-2055	DN15	12505	7679	284	145	88	51
2-2056	DN20	11459	6998	304	155	92	57
2-2057	DN25	10501	6610	329	168	98	63
2-2058	DN32	9976	6318	386	192	113	81
2-2059	DN40	9316	5929	420	211	120	89
2-2060	DN50	10018	5742	517	256	132	129
2-2061	DN65	9724	5551	597	306	137	154
2-2062	DN80	9472	5455	653	332	151	170
2-2063	DN100	9308	5359	1090	515	248	327
2-2064	DN125	9683	5740	1230	563	279	388
2-2065	DN150	11654	5834	1749	757	403	589
2-2066	DN200	12270	6399	2228	876	567	785
2-2067	DN250	12567	6646	2616	1005	669	942
2-2068	DN300	12700	6739	3049	1173	787	1089
2-2069	DN350	13569	7301	3481	1306	924	1251
2-2070	DN400	13768	7582	4735	1600	1451	1684
2-2071	DN450	15266	8973	5332	1864	1478	1990
2-2072	DN500	16734	10175	6909	2092	2507	2310
2-2073	DN550	18100	11285	7882	2361	2856	2665
2-2074	DN600	18663	11285	8797	2637	3164	2996
	无缝碳钢管 Sch100 以上						
2-2075	DN15	15198	8430	547	305	135	107
2-2076	DN20	14587	7655	633	338	157	138
2-2077	DN25	13673	7268	714	370	177	167

续表

指标编号	名称及规格	管道主材费/(元/t)		管道安装概算指标/(元/10m)			
		主材费	其中管材	概算指标	其中		
					人工费	辅材费	机械费
2－2078	DN32	13365	6977	809	421	196	192
2－2079	DN40	12730	6492	873	449	210	214
2－2080	DN50	12509	6290	994	531	243	220
2－2081	DN65	12186	6099	1225	621	311	293
2－2082	DN80	11950	6004	1445	722	353	370
2－2083	DN100	11842	5909	2358	1116	536	706
2－2084	DN125	12144	6285	2837	1311	648	878
2－2085	DN150	12872	6378	3350	1580	726	1044
2－2086	DN200	13597	7035	4280	1965	1008	1307
2－2087	DN250	14667	7922	6210	2507	1831	1872
2－2088	DN300	14870	8015	9191	3272	2959	2960
2－2089	DN350	15676	8761	10778	3616	3485	3677
2－2090	DN400	16202	9040	12216	4078	3978	4160
2－2091	DN450	18411	10695	14209	4529	4883	4797
2－2092	DN500	20014	12170	15951	5078	5529	5344
2－2093	DN550	21592	13461	18319	5741	6501	6077
2－2094	DN600	21827	13461	20440	6450	7111	6879

2. 合金钢管道主材费和管道安装概算指标见表22－2－6。

表22－2－6　合金钢管道主材费和管道安装概算指标

指标编号	名称及规格	管道主材费/(元/t)		管道安装概算指标/(元/10m)			
		主材费	其中管材	概算指标	其中		
					人工费	辅材费	机械费
	合金钢管 Sch 100 以上(SHA 类)						
2－2095	DN15	40957	17318	4359	1822	1358	1179
2－2096	DN20	40586	17318	4495	1906	1386	1203
2－2097	DN25	39107	17318	4622	1960	1419	1243
2－2098	DN32	39516	17318	4723	2008	1445	1270
2－2099	DN40	37920	16236	4809	2051	1464	1294
2－2100	DN50	40863	16236	5165	2151	1476	1538
2－2101	DN65	40658	16236	5320	2259	1508	1553
2－2102	DN80	40183	15725	5705	2373	1663	1669
2－2103	DN100	40183	15725	11326	4720	2922	3684
2－2104	DN125	40081	15725	12458	5192	3214	4052
2－2105	DN150	37752	15725	13704	5711	3536	4457
2－2106	DN200	39774	17728	16251	6100	5276	4875
2－2107	DN250	43757	21199	19291	7100	6449	5742
2－2108	DN300	46876	23638	29207	10553	7925	10729
2－2109	DN350	49871	26545	31063	11019	8795	11249
2－2110	DN400	55042	29172	34437	11749	10397	12291

续表

指标编号	名称及规格	管道主材费/(元/t)		管道安装概算指标/(元/10m)			
		主材费	其中管材	概算指标	其中		
					人工费	辅材费	机械费
2-2111	DN450	58934	32267	37727	12308	12268	13151
2-2112	DN500	62936	33205	41394	13099	14118	14177
2-2113	DN550	66085	36019	48909	15470	16933	16506
2-2114	DN600	68699	36957	56613	17793	19583	19237
	合金钢管 Sch40 以下						
2-2115	DN15	28186	15744	2167	650	763	754
2-2116	DN20	27709	15744	2207	678	770	759
2-2117	DN25	26795	15744	2268	716	781	771
2-2118	DN32	26935	15744	2312	745	790	777
2-2119	DN40	25600	14760	2349	770	798	781
2-2120	DN50	22211	14760	2420	793	822	805
2-2121	DN65	22166	14760	2492	817	846	829
2-2122	DN80	21702	14295	2567	841	872	854
2-2123	DN100	21702	14295	2753	1013	878	862
2-2124	DN125	21687	14295	2942	1096	930	916
2-2125	DN150	28507	14070	3210	1166	992	1052
2-2126	DN200	30615	16134	4373	1531	1498	1344
2-2127	DN250	32431	17634	5290	1863	1790	1637
2-2128	DN300	34948	19698	5986	2026	2128	1832
2-2129	DN350	37460	22137	6786	2244	2500	2042
2-2130	DN400	49052	24294	7735	2481	2969	2285
2-2131	DN450	52357	26921	8703	2836	3404	2463
2-2132	DN500	57895	29547	10025	3235	3946	2844
2-2133	DN550	58668	30297	11571	3614	4567	3390
2-2134	DN600	61069	31142	12842	4074	5014	3754
	合金钢管 Sch60~100						
2-2135	DN15	35739	15744	2671	814	899	958
2-2136	DN20	35462	15744	2729	846	916	967
2-2137	DN25	34289	15744	2788	883	929	976
2-2138	DN32	34598	15744	2847	921	942	984
2-2139	DN40	33177	14750	2901	955	955	991
2-2140	DN50	34366	14760	3197	1095	960	1142
2-2141	DN65	34227	14760	4005	1522	1150	1333
2-2142	DN80	33794	14295	4294	1586	1302	1406
2-2143	DN100	33794	14295	5442	2098	1646	1698
2-2144	DN125	33701	14295	6201	2320	1996	1885

指标编号	名称及规格	管道主材费/(元/t)		管道安装概算指标/(元/10m)			
		主材费	其中管材	概算指标	其中		
					人工费	辅材费	机械费
2-2145	DN150	35905	14295	6937	2520	2191	2226
2-2146	DN200	37771	16134	7418	2537	2615	2266
2-2147	DN250	39735	17634	7952	2642	2886	2424
2-2148	DN300	42460	19698	9304	2981	3534	2789
2-2149	DN350	44972	22137	10664	3292	4246	3126
2-2150	DN400	56295	24294	12807	3745	5226	3836
2-2151	DN450	59857	26921	14562	4227	6093	4242
2-2152	DN500	66614	29547	16814	4854	6914	5046
2-2153	DN550	67387	30297	18891	5370	7922	5599
2-2154	DN600	70448	31142	20962	5793	8829	6340
	合金钢管 Sch100 以上						
2-2155	DN15	50036	17318	4006	1526	1210	1270
2-2156	DN20	49761	17318	4188	1637	1248	1303
2-2157	DN25	47838	17318	4360	1709	1294	1357
2-2158	DN32	48472	17318	4490	1767	1328	1395
2-2159	DN40	46757	16236	4603	1821	1354	1428
2-2160	DN50	37755	16236	5064	2003	1490	1571
2-2161	DN65	37584	16236	5570	2203	1639	1728
2-2162	DN80	37101	15725	6127	2424	1802	1901
2-2163	DN100	37101	15725	6874	2696	2000	2178
2-2164	DN125	37015	15725	8307	3098	2599	2610
2-2165	DN150	31028	15725	9620	3564	3037	3019
2-2166	DN200	33053	17728	12631	4468	4384	3779
2-2167	DN250	36823	21199	16385	5712	5847	4826
2-2168	DN300	39629	23638	21543	7005	7505	7033
2-2169	DN350	42623	26545	23821	7576	8587	7658
2-2170	DN400	43651	29172	28001	8460	10585	8956
2-2171	DN450	47141	32267	32072	9135	12935	10002
2-2172	DN500	49379	33205	36627	10101	15249	11277
2-2173	DN550	52414	36019	43461	12013	18330	13118
2-2174	DN600	54071	36957	48734	13273	20629	14832

3. 不锈钢管道主材费和管道安装概算指标见表22-2-7。

表22-2-7 不锈钢管道主材费和管道安装概算指标

指标编号	名称及规格	管道主材费/(元/t)		管道安装概算指标/(元/10m)			
		主材费	其中管材	概算指标	其中		
					人工费	辅材费	机械费
	不锈钢管 Sch80s 以上(ShA 类)						
2-2175	DN15	112811	50873	2485	1238	806	441

续表

指标编号	名称及规格	管道主材费/(元/t)		管道安装概算指标/(元/10m)			
		主材费	其中管材	概算指标	其中		
					人工费	辅材费	机械费
2－2176	DN20	106203	45658	2581	1274	836	471
2－2177	DN25	102614	42902	2739	1320	891	528
2－2178	DN32	100839	41722	2912	1412	932	568
2－2179	DN40	99099	40616	3023	1465	955	603
2－2180	DN50	81136	38765	3288	1543	1047	698
2－2181	DN65	80551	38668	3561	1652	1133	776
2－2182	DN80	79692	37834	4035	1796	1273	966
2－2183	DN100	79889	38025	8167	3715	2623	1829
2－2184	DN125	81460	39550	9617	4178	3291	2148
2－2185	DN150	89637	45399	10128	4210	3669	2249
2－2186	DN200	93115	48776	14586	5086	5774	3726
2－2187	DN250	109186	54029	17151	5636	7335	4180
2－2188	DN300	114597	59282	23320	7888	7557	7875
2－2189	DN350	122026	64816	25267	8280	8722	8265
2－2190	DN400	121417	70162	28691	8958	10714	9019
2－2191	DN450	130349	75790	32417	9694	12881	9842
2－2192	DN500	134504	79824	36536	10427	15455	10654
2－2193	DN550	140300	82075	43913	12360	18879	12674
2－2194	DN600	143779	85452	50427	14469	21119	14839
	不锈钢管 Sch20s 以下						
2－2195	DN15	59024	46248	290	156	97	37
2－2196	DN20	53422	41525	304	164	101	39
2－2197	DN25	50369	38966	330	180	108	42
2－2198	DN32	48944	37884	351	193	113	45
2－2199	DN40	47563	36915	391	216	124	51
2－2200	DN50	58460	35259	473	268	136	69
2－2201	DN65	57772	35161	977	486	274	217
2－2202	DN80	56991	34403	1103	547	303	253
2－2203	DN100	57188	34594	1759	844	487	428
2－2204	DN125	58562	35928	2166	960	611	595
2－2205	DN150	71218	37801	2443	1031	711	701
2－2206	DN200	74117	40615	2991	1160	973	858
2－2207	DN250	86752	45024	3957	1412	1405	1140
2－2208	DN300	91293	49433	4156	1483	1476	1197
2－2209	DN350	97708	54029	4363	1557	1549	1257
2－2210	DN400	98730	58437	4582	1635	1627	1320
2－2211	DN450	106470	63127	4782	1635	1705	1442
2－2212	DN500	109948	66504	5368	1792	1977	1599
2－2213	DN550	115156	68380	6543	2139	2400	2004

续表

指标编号	名称及规格	管道主材费/(元/t)		管道安装概算指标/(元/10m)			
		主材费	其中管材	概算指标	其中		
					人工费	辅材费	机械费
2－2214	DN600	118054	71194	7301	2396	2683	2222
	不锈钢管 Sch40s～80s						
2－2215	DN15	62024	46248	368	190	132	46
2－2216	DN20	56306	41525	382	197	137	48
2－2217	DN25	53065	38966	423	220	151	52
2－2218	DN32	51509	37884	460	238	166	56
2－2219	DN40	50154	36915	507	261	183	63
2－2220	DN50	57246	35259	671	356	222	93
2－2221	DN65	56536	35161	1637	743	482	412
2－2222	DN80	55755	34403	1775	784	547	444
2－2223	DN100	55952	34594	2637	1147	813	677
2－2224	DN125	57326	35928	3032	1276	949	807
2－2225	DN150	71802	37801	3553	1440	1136	977
2－2226	DN200	74701	40615	4564	1642	1734	1188
2－2227	DN250	87460	45024	5754	1916	2374	1464
2－2228	DN300	92002	49433	6234	2012	2611	1611
2－2229	DN350	98510	54029	6756	2112	2872	1772
2－2230	DN400	101708	58437	7519	2151	3531	1837
2－2231	DN450	109834	63127	9094	2279	4469	2346
2－2232	DN500	113312	66504	9989	2457	4993	2539
2－2233	DN550	119562	68380	12293	3024	6136	3133
2－2234	DN600	122461	71194	13732	3391	6851	3490
	不锈钢管 Sch80s 以上						
2－2235	DN15	96905	50873	715	381	207	127
2－2236	DN20	90432	45658	787	408	230	149
2－2237	DN25	86956	42902	906	444	270	192
2－2238	DN32	85260	41722	1040	518	301	221
2－2239	DN40	83565	40616	1124	559	318	247
2－2240	DN50	79849	38765	1321	618	388	315
2－2241	DN65	79135	38668	1483	686	458	339
2－2242	DN80	78276	37834	1824	814	568	442
2－2243	DN100	78473	38025	2780	1165	964	651
2－2244	DN125	80043	39550	3476	1339	1329	808
2－2245	DN150	90721	45399	4313	1554	1774	985
2－2246	DN200	94200	48776	6226	1999	2817	1410
2－2247	DN250	110579	54029	8233	2433	4017	1783
2－2248	DN300	115989	59282	12175	3632	5102	3441

续表

指标编号	名称及规格	管道主材费/(元/t)		管道安装概算指标/(元/10m)			
		主材费	其中管材	概算指标	其中		
					人工费	辅材费	机械费
2-2249	DN350	123594	64816	13917	3994	6123	3800
2-2250	DN400	122317	70162	16822	4579	7791	4452
2-2251	DN450	131353	75790	19657	5065	9568	5024
2-2252	DN500	135508	79824	23071	5683	11695	5693
2-2253	DN550	141412	82075	27975	6783	14357	6835
2-2254	DN600	144890	85452	31058	7578	15841	7639

4. 每吨管道主材费实物量及基础价格参见《石油化工安装工程主材费》上册,2009年,第二章第二节有关规定。

四、阀门安装

(一)指标组合内容

1. 各种连接方式的阀门安装,场外运输、外观检查、清除污锈、阀门试压、密封试验、解体检查清洗、合金钢阀门光谱分析、焊接阀门的渗透检测、焊缝热处理等。

2. 安全阀调试。

(二)指标未组合内容

1. 与法兰阀门两端相连结的法兰的安装费,其费用已包括在管道安装费指标中。

2. 阀体磁粉检测。

3. 阀杆密封填料更换。

4. 电动阀门的电机检查接线。

(三)指标使用方法

1. 阀门指标不分材质、连结形式,区分压力和规格以“个”为计量单位计算。

2. 阀门指标也适用于减压阀、疏水器、过滤器、除污器、阻火器、视镜等的安装。

3. 电动阀门安装套用同类压力等级和规格的阀门安装指标乘以系数。

(四)阀门安装概算指标

阀门安装概算指标见表22-2-8。

表22-2-8　阀门安装概算指标

指标编号	名称及规格	单位	概算指标/元	其中/元		
				人工费	辅材费	机械费
	中低压阀门					
2-3001	DN15~DN50	个	51	15	26	10
2-3002	DN65~DN125	个	74	27	34	13
2-3003	DN150~DN300	个	210	64	54	92
2-3004	DN350~DN600	个	643	189	133	321
2-3005	DN700~DN1000	个	1484	457	343	684

续表

指标编号	名称及规格	单位	概算指标/元	其中/元		
				人工费	辅材费	机械费
	中低压阀门					
2-3006	DN1200~DN2000	个	3713	1075	1005	1633
	高压阀门					
2-3007	DN15~DN50	个	80	30	34	16
2-3008	DN65~DN125	个	191	113	44	34
2-3009	DN150~DN300	个	572	290	89	193
2-3010	DN350~DN600	个	1236	689	128	419
	中低压安全阀					
2-3011	DN15~DN50	个	69	31	28	10
2-3012	DN65~DN125	个	110	54	39	17
2-3013	DN150~DN300	个	324	117	65	142
	高压安全阀					
2-3014	DN15~DN50	个	189	136	37	16
2-3015	DN65~DN125	个	358	271	57	30
2-3016	DN150~DN300	个	834	568	123	143

五、波纹补偿器安装

(一)指标组合内容

本指标为接管式波纹补偿器,组合内容包括焊接,充氩保护,无损探伤检验,焊缝热处理,硬度测试,超高作业降效等。

(二)指标使用方法

1. 本指标适用于低、中压化工、炼油工艺管道上各种型号及规格的接管式波纹补偿器安装。

2. 波纹补偿器安装,不分型号和波数,按直径、材质,以"个"为计量单位计算。

(三)波纹补偿器安装概算指标

1. 碳钢波纹补偿器安装概算指标见表22-2-9。

2. 合金钢波纹补偿器安装概算指标见表22-2-10。

3. 不锈钢波纹补偿器安装概算指标见表22-2-11。

表22-2-9 碳钢波纹补偿器安装概算指标`

指标编号	名称及规格	单位	概算指标/元	其中/元		
				人工费	辅材费	机械费
2-4001	DN200	个	808	344	306	158
2-4002	DN250	个	853	361	320	172
2-4003	DN300	个	906	380	338	188
2-4004	DN350	个	1139	440	361	338
2-4005	DN400	个	1221	460	387	374
2-4006	DN450	个	1450	540	464	446
2-4007	DN500	个	1523	564	466	493

续表

指标编号	名称及规格	单位	概算指标/元	其中/元		
				人工费	辅材费	机械费
2－4008	DN550	个	1887	730	533	624
2－4009	DN600	个	1982	756	569	657
2－4010	DN700	个	2209	846	635	728
2－4011	DN800	个	2534	965	728	841
2－4012	DN900	个	2715	1087	751	877
2－4013	DN1000	个	2928	1187	833	908
2－4014	DN1200	个	3133	1262	906	965
2－4015	DN1400	个	3754	1511	1086	1157
2－4016	DN1600	个	4197	1687	1216	1294
2－4017	DN1800	个	4800	1931	1390	1479
2－4018	DN2000	个	5242	2108	1518	1616
2－4019	DN2200	个	5845	2352	1692	1801
2－4020	DN2400	个	6291	2529	1823	1939
2－4021	DN2600	个	6779	2733	1964	2082

表22－2－10　合金钢波纹补偿器安装概算指标

指标编号	名称及规格	单位	概算指标/元	其中/元		
				人工费	辅材费	机械费
2－4022	DN200	个	1873	540	548	785
2－4023	DN250	个	2021	569	604	848
2－4024	DN300	个	2114	592	657	865
2－4025	DN350	个	2727	722	818	1187
2－4026	DN400	个	2950	768	907	1275
2－4027	DN450	个	3372	845	1089	1438
2－4028	DN500	个	3634	938	1171	1525
2－4029	DN550	个	3917	1022	1275	1620
2－4030	DN600	个	4080	1041	1354	1685

表22－2－11　不锈钢钢波纹补偿器安装概算指标

指标编号	名称及规格	单位	概算指标/元	其中/元		
				人工费	辅材费	机械费
2－4031	DN250	个	1307	385	384	538
2－4032	DN250	个	1453	410	448	595
2－4033	DN350	个	1571	428	525	618

续表

指标编号	名称及规格	单位	概算指标/元	其中/元		
				人工费	辅材费	机械费
2-4034	DN350	个	1958	508	644	806
2-4035	DN400	个	2158	542	772	844
2-4036	DN450	个	2440	571	921	948
2-4037	DN500	个	2699	651	1034	1014
2-4038	DN550	个	3251	825	1233	1193
2-4039	DN600	个	3333	859	1257	1217
2-4040	DN700	个	3797	974	1436	1387
2-4041	DN800	个	4561	1137	1746	1678
2-4042	DN900	个	5617	1455	1828	2334
2-4043	DN1000	个	6156	1583	1980	2593

六、弹簧支吊架安装和金属管架制作安装

(一)指标组合内容

1. 弹簧支吊架包括弹簧支吊架组合件安装,加载、卸载灵活性检验、超高作业降效。

2. 金属管架包括管架、桁架、梯子平台的制作安装,无损检测、预制件场外运输及平台摊销等。

(二)指标使用方法

1. 弹簧支吊架安装,不分型号,以支吊架组合件净重"t"为计量单位计算。

2. 金属管架、桁架、操作平台不分高度、型钢规格,以"t"为计量单位计算。

(三)弹簧支吊架安装和金属管架制作安装概算指标

弹簧支吊架安装和金属管架制作安装概算指标见表22-2-12。

表22-2-12　弹簧支吊架安装和金属管架制作安装概算指标

指标编号	名称及规格	单位	概算指标/元	其中/元		
				人工费	辅材费	机械费
	弹簧支吊架安装					
2-5001	弹簧支吊架	t	932	598	174	160
	金属管架制作安装					
2-5002	管架	t	2026	676	547	803
2-5003	桁架	t	1764	605	358	801
2-5004	梯子平台	t	1901	637	326	938

(四)金属管架主材费

1. 金属管架主材费系指单位重量所含组成金属管架的型钢、圆钢、钢管、钢板等材料的材料费。

2. 金属管架按全部金属重量以"t"为计算单位。

3. 金属管架主材费见表22－2－13。

表22－2－13　金属管架主材费

指标编号	名称及规格	单位	主材费/元
	金属管架制作		
2－5002	管架	t	5206
2－5003	桁架	t	5003
2－5004	梯子平台	t	6254

4. 每吨金属管架主材费实物量及综合价格见表22－2－14。

表22－2－14　每吨金属管架主材费实物量及综合价格

序号	材料名称	单位	金属管架					
			管架		桁架		梯子平台	
			实物量	综合价格/元	实物量	综合价格/元	实物量	综合价格/元
1	型钢							
1.1	工字钢	公斤	487.17	5.10	179.59	5.30	125.09	5.04
1.2	槽钢	公斤	76.13	4.55	725.93	4.60	495.32	4.42
1.3	等边角钢	公斤					24.43	4.00
1.4	H型钢	公斤	406.74	4.81				
1.5	扁钢	公斤					12.27	4.40
1.6	圆钢	公斤					3.49	4.10
2	水煤气管	公斤					2.02	4.70
3	钢板	公斤						
3.1	中厚钢板	公斤	89.93	4.66	154.47	4.6	10.80	4.63
3.2	钢格板	公斤					386.58	8.30

第三节　管道绝热、除锈、防腐及其他安装工程

一、定额编制说明

1. 管道绝热主材费说明

(1)主材费组成

1)管道、阀门、法兰、绝热主材费为绝热材料本身的材料费(含黏结剂)。

2)防潮层、保护层主材费为金属皮、瓦楞板、防火涂料、沥青玛蹄脂等的材料费。

3)金属保温盒主材费为保温盒本身的材料费。

4)托盘钩钉主材费为托盘钩钉制作材料费。

(2)使用方法

1)管道、阀门、法兰绝热按设计工程量分不同材料以“m^3”或“$10m^2$”为计算单位。

2)防潮层、保护层按设计工程量分不同材料以“$10m^2$”为计算单位。

3)金属保温盒、托盘钩钉分别以“$10m^2$”、“100kg”为计算单位。

2. 管道绝热施工概算指标说明

(1)指标组合内容

1)绝热施工包括施工准备、运料、下料、开口、安装、粘接、捆扎、修理整平、抹缝、塞缝等。

2)喷涂法施工包括运料、现场施工准备、配料、喷涂、修理找平、设备机具修理。

3)防潮层、保护层安装包括施工准备、运料、剪布、卷布、缠布、绑铁丝、涂粘接剂、涂密封胶等。

4)防火涂料施工包括施工准备、运料、搅拌、喷涂、刷涂、清理。

5)超高作业降效。

6)涂抹防火土指标包括了材料费。

(2)指标使用方法

1)本指标适用于管道、阀门、法兰的绝热工程。

2)管道绝热工程包括管子及管件隔热。

3)绝热工程以“m^3”为计量单位计算,防潮层、保护层以“$10m^2$”为计量单位计算,托盘、钩钉制作安装以“100kg”为计量单位计算。

4)阀门、法兰绝热工程除纤维类散状材料、聚氨酯泡沫喷涂发泡、硅酸盐类涂抹材料外,其他绝热材料执行管道绝热相应子目。

5)管道直径大于720mm时,其绝热、保护层安装执行设备相应子目。

6)硬质瓦块适用于珍珠岩制品、微孔硅酸钙制品安装,纤维类制品适用于岩棉、矿棉、玻璃棉、超细玻璃棉、硅酸铝纤维管壳(板材)等安装,泡沫塑料制品适用于聚氨酯泡沫塑料、聚苯乙烯泡沫塑料等安装,纤维类散状材料适用于岩棉、矿棉、硅酸铝、超细玻璃棉等纤维类散状材料安装。

7)板材安装子目适用于卷材安装,复合成品材料安装执行相同材质瓦块(或管壳)安装指标。

8)金属薄板保护层安装按镀锌铁皮考虑,也适用于铝皮保护层安装,采用不锈钢薄钢板作保护层时,人工费乘以系数1.25,机械费乘以系数1.15。

9)保护层金属皮安装按0.8mm计算,若厚度大于0.8mm时,其人工乘以系数1.2。

二、工艺管道绝热工程

1. 管道绝热主材费和施工概算指标见表22-3-1。

表22-3-1 管道绝热主材费和施工概算指标

指标编号	名称及规格/mm	绝热主材费/(元/m^3)	绝热施工概算指标/(元/m^3)			
			概算指标	其中		
				人工费	辅材费	机械费
硬质瓦块						
9-1001	综合各种规格		178	93	74	11
	微孔硅酸钙	842				
	珍珠岩	227				
9-1002	ϕ57以下		327	223	94	10

续表

指标编号	名称及规格/mm	绝热主材费/（元/m^3）	绝热施工概算指标/（元/m^3）			
			概算指标	其中		
				人工费	辅材费	机械费
	微孔硅酸钙	847				
	珍珠岩	235				
9－1003	ϕ133 以下		184	105	69	10
	微孔硅酸钙	842				
	珍珠岩	227				
9－1004	ϕ325 以下		157	81	66	10
	微孔硅酸钙	842				
	珍珠岩	227				
9－1005	ϕ529 以下		142	68	64	10
	微孔硅酸钙	827				
	珍珠岩	223				
9－1006	ϕ720 以下		136	62	64	10
	微孔硅酸钙	819				
	珍珠岩	221				
泡沫玻璃瓦块						
9－1007	综合各种规格	4951	240	183	48	9
9－1008	ϕ57 以下	5095	433	347	76	10
9－1009	ϕ133 以下	4947	282	223	50	9
9－1010	ϕ325 以下	4943	215	164	42	9
9－1011	ϕ529 以下	4943	192	144	40	8
9－1012	ϕ720 以下	4855	144	97	39	8
纤维类制品（管壳）						
9－1013	综合各种规格		111	71	30	10
	岩棉	546				
	矿棉	690				
	玻璃棉	845				
	超细玻璃棉	979				
	硅酸铝纤维	2009				
9－1014	ϕ57 以下		232	172	50	10
	岩棉	546				
	矿棉	690				
	玻璃棉	845				
	超细玻璃棉	979				
	硅酸铝纤维	2009				
9－1015	ϕ133 以下		120	81	29	10
	岩棉	546				
	矿棉	690				

续表

指标编号	名称及规格/mm	绝热主材费/（元/m²）	绝热施工概算指标/（元/m³）			
			概算指标	其中		
				人工费	辅材费	机械费
	玻璃棉	845				
	超细玻璃棉	979				
	硅酸铝纤维	2009				
9－1016	ϕ325 以下		96	61	26	9
	岩棉	546				
	矿棉	690				
	玻璃棉	845				
	超细玻璃棉	979				
	硅酸铝纤维	2009				
9－1017	ϕ529 以下		88	53	26	9
	岩棉	546				
	矿棉	690				
	玻璃棉	845				
	超细玻璃棉	979				
	硅酸铝纤维	2009				
9－1018	ϕ720 以下		83	48	26	9
	岩棉	546				
	矿棉	690				
	玻璃棉	845				
	超细玻璃棉	979				
	硅酸铝纤维	2009				
泡沫塑料瓦块						
9－1019	综合各种规格		188	137	41	10
	聚氨酯泡沫塑料	2255				
	聚苯乙烯泡沫塑料	607				
9－1020	ϕ57 以下		333	260	63	10
	聚氨酯泡沫塑料	2255				
	聚苯乙烯泡沫塑料	607				
9－1021	ϕ133 以下		218	167	41	10
	聚氨酯泡沫塑料	2255				
	聚苯乙烯泡沫塑料	607				
9－1022	ϕ325 以下		168	123	36	9
	聚氨酯泡沫塑料	2255				
	聚苯乙烯泡沫塑料	607				
9－1023	ϕ529 以下		151	108	35	8
	聚氨酯泡沫塑料	2255				
	聚苯乙烯泡沫塑料	607				
9－1024	ϕ720 以下		110	73	29	8
	聚氨酯泡沫塑料	2255				

续表

指标编号	名称及规格/mm	绝热主材费/（元/m³）	施工概算指标/（元/m³）			
			概算指标	其中		
				人工费	辅材费	机械费
	聚苯乙烯泡沫塑料	607				
毡类制品						
9－1025	综合各种规格	216	119	75	34	10
9－1026	ϕ57 以下	216	236	179	47	10
9－1027	ϕ133 以下	216	126	86	31	9
9－1028	ϕ325 以下	216	101	64	28	9
9－1029	ϕ529 以下	216	95	56	31	8
9－1030	ϕ720 以下	216	92	52	32	8
纤维类散装材料						
9－1031	综合各种规格		143	95	41	7
	岩棉	546				
	矿棉	690				
	玻璃棉	845				
	超细玻璃棉	979				
	硅酸铝纤维	2009				
9－1032	ϕ57 以下		190	142	42	6
	岩棉	546				
	矿棉	690				
	玻璃棉	845				
	超细玻璃棉	979				
	硅酸铝纤维	2009				
9－1033	ϕ133 以下		129	89	34	6
	岩棉	546				
	矿棉	690				
	玻璃棉	845				
	超细玻璃棉	979				
	硅酸铝纤维	2009				
9－1034	ϕ325 以下		125	84	35	6
	岩棉	546				
	矿棉	690				
	玻璃棉	845				
	超细玻璃棉	979				
	硅酸铝纤维	2009				
9－1035	ϕ529 以下		121	81	34	6
	岩棉	546				
	矿棉	690				
	玻璃棉	845				
	超细玻璃棉	979				
	硅酸铝纤维	2009				
9－1036	ϕ720 以下		135	77	52	6
	岩棉	546				

续表

指标编号	名称及规格/mm	绝热主材费/(元/m³)	绝热施工概算指标/(元/m³)			
			概算指标	其中		
				人工费	辅材费	机械费
	矿棉	690				
	玻璃棉	845				
	超细玻璃棉	979				
	硅酸铝纤维	2009				
硅酸盐类涂抹材料			元/10m²			
9-1037	综合各种规格	429	240	191	31	18
9-1038	δ=20	134	178	140	21	17
9-1039	δ=30	201	180	141	22	17
9-1040	δ=40	268	200	159	24	17
9-1041	δ=50	335	205	162	26	17
9-1042	δ=60	402	240	192	31	17
9-1043	δ=70	469	241	192	32	17
9-1044	δ=80	539	242	193	32	17
复合硅酸铝绳			元/100m			
9-1045	ϕ57 以下	170	87	56	31	0

2. 阀门绝热主材费和施工概算指标见表22-3-2。

表22-3-2 阀门绝热主材费和施工概算指标

指标编号	名称及规格/mm	绝热主材费/(元/m³)	绝热施工概算指标/(元/m³)			
			概算指标	其中		
				人工费	辅材费	机械费
纤维类散状材料						
9-1156	综合各种规格		817	661	151	5
	岩棉	546				
	矿棉	690				
	玻璃棉	845				
	超细玻璃棉	979				
	硅酸铝纤维	2009				
9-1157	ϕ325 以下		826	670	151	5
	岩棉	546				
	矿棉	690				
	玻璃棉	845				
	超细玻璃棉	979				
	硅酸铝纤维	2009				
9-1158	ϕ529 以下		816	657	154	5

续表

指标编号	名称及规格/mm	绝热主材费/（元/m^3）	绝热施工概算指标/（元/m^3）			
			概算指标	其中		
				人工费	辅材费	机械费
	岩棉	546				
	矿棉	690				
	玻璃棉	845				
	超细玻璃棉	979				
	硅酸铝纤维	2009				
9－1159	ϕ720 以下		729	587	137	5
	岩棉	546				
	矿棉	690				
	玻璃棉	845				
	超细玻璃棉	979				
	硅酸铝纤维	2009				
9－1160	ϕ1020 以下		784	644	135	5
	岩棉	546				
	矿棉	690				
	玻璃棉	845				
	超细玻璃棉	979				
	硅酸铝纤维	2009				
	聚氨酯泡沫喷涂发泡					
9－1161	ϕ325 以下	1375	1081	769	188	124
9－1162	ϕ529 以下	1375	683	421	138	124
9－1163	ϕ720 以下	1375	544	300	120	124
9－1164	ϕ1020 以下	1375	468	233	111	124
	硅酸盐类涂抹材料					
9－1165	综合各种规格	429	501	420	64	17
9－1166	$\delta=20$	134	379	316	46	17
9－1167	$\delta=30$	201	381	317	47	17
9－1168	$\delta=40$	268	433	362	54	17
9－1169	$\delta=50$	335	444	371	56	17
9－1170	$\delta=60$	402	496	416	63	17
9－1171	$\delta=70$	469	525	441	67	17
9－1172	$\delta=80$	539	547	460	70	17

3. 法兰绝热主材费和施工概算指标见表22－3－3。

表22－3－3　法兰绝热主材费和施工概算指标

指标编号	名称及规格/mm	绝热主材费/（元/m^3）	绝热施工概算指标/（元/m^3）			
			概算指标	其中		
				人工费	辅材费	机械费
	纤维类散状材料					
9－1173	综合各种规格		963	784	174	5
	岩棉	546				
	矿棉	690				
	玻璃棉	845				
	超细玻璃棉	979				
	硅酸铝纤维	2009				
9－1174	ϕ325 以下		1060	868	187	5
	岩棉	546				
	矿棉	690				
	玻璃棉	845				
	超细玻璃棉	979				
	硅酸铝纤维	2009				
9－1175	ϕ529 以下		835	671	159	5
	岩棉	546				
	矿棉	690				
	玻璃棉	845				
	超细玻璃棉	979				
	硅酸铝纤维	2009				
9－1176	ϕ720 以下		801	650	146	5
	岩棉	546				
	矿棉	690				
	玻璃棉	845				
	超细玻璃棉	979				
	硅酸铝纤维	2009				
9－1177	ϕ1020		745	614	126	5
	岩棉	546				
	矿棉	690				
	玻璃棉	845				
	超细玻璃棉	979				
	硅酸铝纤维	2009				
	聚氨酯泡沫喷涂发泡					
9－1178	ϕ325	1375	1654	1271	259	124
9－1179	ϕ529	1375	988	688	176	124

续表

指标编号	名称及规格/mm	绝热主材费/（元/m³）	绝热施工概算指标/（元/m³）			
			概算指标	其中		
				人工费	辅材费	机械费
9－1180	ϕ720	1375	755	484	147	124
9－1181	ϕ1020	1375	516	275	117	124
硅酸盐类涂抹材料			元/10m²			
9－1182	综合各种规格	429	340	279	44	17
9－1183	$\delta=20$	134	248	201	30	17
9－1184	$\delta=30$	201	251	203	31	17
9－1185	$\delta=40$	268	287	234	36	17
9－1186	$\delta=50$	335	324	266	41	17
9－1187	$\delta=60$	402	330	271	42	17
9－1188	$\delta=70$	469	346	284	45	17
9－1189	$\delta=80$	539	375	309	49	17

4. 防潮层、保护层安装主材费和概算指标见表22－3－4。

表22－3－4　防潮层、保护层安装主材费和施工概算指标

指标编号	名称及规格/mm	安装主材费/（元/10m²）	施工概算指标元/（元/10m²）			
			概算指标	其中		
				人工费	辅材费	机械费
金属薄板钉口						
9－1190	管道		168	121	38	9
	镀锌钢板 $\delta=0.5$	300				
	铝皮	369				
	不锈钢板	1046				
金属薄板挂口						
9－1193	管道		324	261	46	17
	镀锌钢板 $\delta=0.5$	312				
	铝皮	384				
	不锈钢板	1088				
瓦楞板						
9－1196	轻型		503	286	204	13
9－1197	重型		739	351	367	21
涂抹防火土						
9－1198	$\delta=10$		142	47	94	1
9－1199	$\delta=15$		202	61	139	2
9－1200	$\delta=20$		281	95	184	2
9－1201	$\delta=30$		425	141	281	3

续表

指标编号	名称及规格/mm	安装主材费/(元/10m²)	施工概算指标/(元/10m²)			
			概算指标	其中		
				人工费	辅材费	机械费
9-1202	δ=40		564	187	374	3
9-1203	δ=50		669	201	464	4
	防火涂料					
9-1204	耐火时间:1h	370	421	241	45	135
9-1205	耐火时间:1.5h	531	580	377	68	135
	耐火时间:2h	739				
9-1206	耐火时间:2.5h	924	739	513	91	135
	耐火时间:3h	1056				
	防火涂料(挂钢丝网)					
9-1207	耐火时间:2.5h	956	805	554	101	150
	耐火时间:3h	1088				
	沥青玛蹄脂(厚3mm)					
9-1208	玻璃布面	900	104	89	15	0
9-1209	金属网面	788	75	64	11	0
9-1210	保冷层面	825	95	81	14	0
	其他					
9-1211	管道		21	18	3	0
	玻璃布	21				
	麻袋布	87				
	塑料布	32				
9-1213	油毡纸:管道、设备	78	37	19	18	0
9-1214	铁丝网:管道	28	56	47	9	0
9-1215	铁丝网:设备	28	45	37	8	0
9-1216	钢带安装	148	66	57	9	0

5. 金属保护盒、托盘钩钉制作安装主材费和施工概算指标见表22-3-5。

表22-3-5　金属保护盒、托盘钩钉制作安装主材费和施工概算指标

指标编号	名称及规格	制作安装主材费/(元/10m²)	绝热安装施工概算指标/(元/10m²)			
			概算指标	其中		
				人工费	辅材费	机械费
	普通钢板保温盒					
9-1217	阀门	435	764	628	136	0
9-1218	人孔	417	739	599	132	8
	镀锌钢板保温盒					
9-1219	阀门	340	467	402	57	8

续表

指标编号	名称及规格	制作安装主材费/(元/10m²)	绝热安装施工概算指标/(元/10m²)			
			概算指标	其中		
				人工费	辅材费	机械费
9-1220	人孔	338	383	327	44	12
9-1221	法兰	338	427	366	52	9
托盘、钩钉		(100kg)		元/100kg		
9-1222	托盘制安	518	334	232	66	36
9-1223	钩钉制安	462	1880	1126	222	532

6. 管道、阀门、法兰、保护层、金属保温盒、托盘钩钉主材费实物量及基础价格参见《石油化工安装工程主材费》下册、(2009年)第九章第一节"绝热"的有关规定。

三、管道除锈

1. 指标组合内容

管道除锈共分为:手工除锈、动力工具除锈和抛丸除锈。

(1)手工除锈和动力工具除锈包括施工准备、材料搬运、除尘、除锈。

(2)抛丸除锈包括施工准备、运料、装料、抛丸、吊运、检查、堆放、磨料回收、现场清理。

2. 指标使用方法

(1)本指标适用于金属表而的手工除锈、砂轮机除锈、抛丸除锈。

(2)除锈工程已综合考虑了各类管件、阀件、设备上的人孔、管口及凹凸部分除锈。

(3)除锈指标管道和设备以"10m²"为计量单位计算,金属结构以"t"为计量单位计算。

(4)抛丸除锈按Sa2.5级的标准取定,若级别为Sa3级,指标乘以系数1.10;Sa1或Sa2级,指标乘以系数0.90。

(5)一般钢结构指标适用于梯子、平台、栏杆。

(6)大型H型钢结构适用于规格大于等于300×300(W×H)的型钢构件(包括节点材料);当其中一个参数大于规定值,且单位重量大于70kg/m的型钢,执行大型H型钢结构相应项目。

(7)除上述第(5)、(6)条外的钢构件执行其他钢结构相应子目。

(8)当钢结构除锈工程量分不出一般钢结构、大型H型钢结构和其他钢结构时,可套用"钢结构综合"指标。

3. 除锈施工概算指标

管道、设备及钢结构除锈施工概算指标见表22-3-6。

表22-3-6 管道设备及钢结构除锈施工概算指标

指标编号	名称及规格	单位	概算指标/元	其中/元		
				人工费	辅材费	机械费
手工除锈						
9-2001	管道	10m²	27	23	4	0
9-2002	设备 ϕ1000 mm以上	10m²	21	17	4	0

续表

指标编号	名称及规格	单位	概算指标/元	其中/元		
				人工费	辅材费	机械费
9－2003	钢结构综合	t	219	108	20	91
9－2004	一般钢结构	t	210	178	32	
9－2005	大型H型钢结构	t	144	54	11	79
9－2006	其他钢结构	t	252	113	21	118
	动力工具除锈					
9－2007	管道	$10m^2$	35	26	9	0
9－2008	设备	$10m^2$	28	19	9	0
9－2009	钢结构综合	t	186	90	39	57
9－2010	一般钢结构	t	212	150	62	0
9－2011	大型H型钢结构	t	108	47	22	39
9－2012	其他钢结构	t	214	94	41	79
	抛丸除锈					
9－2013	大型钢板 单面除锈	$10m^2$	220	21	11	188
9－2014	大型钢板 双面除锈	$10m^2$	119	14	11	94
9－2015	管道	$10m^2$	152	17	10	125
9－2016	钢结构综合	t	654	77	43	534
9－2017	一般钢结构	t	1135	154	73	908
9－2018	大型H型钢结构	t	391	44	23	324
9－2019	其他钢结构	t	643	71	45	527

四、管道防腐

1. 防腐施工概算指标

(1)指标组合内容

1)防腐指标包括施工准备、运料、过筛、填料干燥、表面清洗、配制、涂(喷)刷。

2)超高作业降效。

3)设备、管道标识的喷涂。

4)管道沥青油毡、管道沥青玻璃布、管道环氧煤沥青、管道聚乙烯胶带防腐包括了电火花检测内容。

5)刷热沥清、冷底子油、管道沥青油毡防腐、沥青玻璃布防腐子目已含材料费。

(2)指标使用方法

1)本指标适用于金属管道、设备、气柜、铸铁管、暖气片、金属结构件的金属表面、玻璃布面、麻布面、白布面、石棉布面、玛蹄脂面、抹灰面等防腐工程。

2)防腐工程已综合考虑了各类管件、阀门和设备上的人孔、管口及凹凸部分的防腐。

3)钢结构防腐以“t”为计量单位计算,其他项目以“$10m^2$”为计量单位计算。

4)金属面防腐中“其他类漆”是按照两遍油漆考虑,若为一遍时乘以系数0.52。若需增加一遍时指标增加系数0.48。

5)非金属面防腐是按照两遍油漆考虑,若为一遍时,乘以系数0.55。若需增加一遍时指标增加系数0.45。

6)除过氯乙烯漆、硅酸锌防腐蚀涂料按喷涂施工方法考虑外,其他涂料均按刷涂考虑,若发生喷涂时,参照《石油化工安装工程预算定额》(2007版)相关规定进行调整。

7)环氧、树脂类漆适用于漆酚树脂漆、环氧酚醛树脂漆、冷固环氧树脂漆、环氧呋喃树脂漆、酚醛树脂漆;防锈漆适用于红丹防锈漆和防锈漆。

2. 防腐主材费

(1)主材费组成

防腐主材费为油漆的材料费。

(2)使用方法

1)管道、设备与矩形管道、铸铁管、暖气片、灰面、布面防腐按防腐面积以“10 m²”为计算单位。

2)金属结构防腐按金属重量以“t”为计算单位。

3. 防腐主材费和防腐

(1)管道防腐主材费和施工概算指标见表22-3-7。

表22-3-7 管道防腐主材费和施工概算指标

指标编号	名称及规格	防腐主材费/(元/10m²)	防腐施工概算指标/(元/10m²)			
			概算指标	其中		
				人工费	辅材费	机械费
	环氧、树脂类漆					
9-3001	底漆 两遍		92	56	36	0
	漆酚树脂底漆	53				
	环氧、酚醛树脂漆	98				
	冷固环氧树脂漆	66				
	环氧呋喃树脂漆	70				
	酚醛树脂漆	46				
9-3002	底漆 每增一遍		41	29	12	0
	漆酚树脂底漆	26				
	环氧、酚醛树脂漆	46				
	冷固环氧树脂漆	31				
	环氧呋喃树脂漆	33				
	酚醛树脂漆	21				
9-3003	中间漆 两遍		60	49	11	0
	漆酚树脂漆	50				
	酚醛树脂漆	40				
9-3004	中间漆 每增一遍		5	2	3	0
	漆酚树脂漆	24				
	酚醛树脂漆	19				
9-3005	面漆 两遍		54	43	11	0
	漆酚树脂漆	48				

续表

指标编号	名称及规格	防腐主材费/（元/10m²）	防腐施工概算指标/（元/10m²）			
			概算指标	其中		
				人工费	辅材费	机械费
	环氧、酚醛树脂漆	107				
	冷固环氧树脂漆	73				
	环氧呋喃树脂漆	76				
	酚醛树脂漆	50				
9－3006	面漆　每增一遍		26	21	5	0
	漆酚树脂底漆	23				
	环氧、酚醛树脂漆	51				
	冷固环氧树脂漆	35				
	环氧呋喃树脂漆	36				
	酚醛树脂漆	24				
	聚氨酯漆					
9－3007	底漆　两遍	41	69	48	21	0
9－3008	底漆　每增一遍	21	40	34	6	0
9－3009	中间漆　两遍	41	58	49	9	0
9－3010	面漆　每一遍	37	30	25	5	0
	氯磺化聚乙烯漆					
9－3011	底漆　一遍	60	84	41	17	26
9－3012	中间漆　两遍	100	137	75	9	53
9－3013	面漆　一遍	50	64	34	4	26
	过氯乙烯漆					
9－3014	磷化底漆　一遍	46	47	29	18	0
9－3015	喷底漆　两遍	73	46	9	1	36
9－3016	喷底漆　每增一遍	36	24	5	1	18
9－3017	喷中间漆　两遍	144	71	14	1	56
9－3018	喷中间漆 每增一遍	72	37	7	1	29
9－3019	喷面漆　两遍	55	35	7	1	27
9－3020	喷面漆　每增一遍	28	18	4	0	14
	环氧银粉漆					
9－3021	面漆　两遍	82	42	37	5	0
9－3022	面漆　每增一遍	39	21	19	2	0
	KJ－130 涂料					
9－3023	底漆　一遍	10	54	31	23	0
9－3024	底漆　每增一遍	10	39	30	9	0
9－3025	面漆　每一遍	13	26	22	4	0
	红丹环氧防锈漆、环氧磁漆					

续表

指标编号	名称及规格	防腐主材费/(元/10m²)	防腐施工概算指标/(元/10m²)			
			概算指标	其中		
				人工费	辅材费	机械费
9－3026	底漆　两遍	151	63	53	10	0
8－3027	底漆　每增一遍	79	31	26	5	0
9－3028	面漆　两遍	140	42	38	4	0
9－3029	面漆　每增一遍	67	20	18	2	0
弹性聚氨酯漆						
9－3030	底漆　两遍	92	121	72	26	23
9－3031	底漆　每增一遍	46	57	34	12	11
9－3032	中间漆　每一遍	54	60	30	20	10
9－3033	面漆　每一遍	53	60	30	20	10
硅酸锌防腐蚀涂料						
9－3034	底漆　两遍	131	77	28	6	43
9－3035	中间漆　两遍	114	92	24	3	65
9－3036	中间漆　每增一遍	51	48	12	2	34
9－3037	面漆　两遍	98	63	22	3	38
9－3038	面漆　每增一遍	48	32	11	2	19
特种氰凝 PA 型涂料						
9－3039	特种氰凝 PA 型涂料　两遍	61	31	17	2	12
通用型仿瓷涂料						
9－3040	底漆　一遍	28	76	45	5	26
9－3041	中间漆　一遍	24	68	38	4	26
9－3042	面漆　一遍	24	63	36	4	23
FVC 防腐涂料						
9－3043	底漆　两遍	110	69	62	7	0
9－3044	面漆　两遍	114	62	56	6	0
环氧富锌、云铁中间漆						
9－3045	环氧富锌　两遍	202	47	41	6	0
9－3046	云铁中间漆　两遍	227	58	52	6	0
无机富锌　底漆						
9－3047	无机富锌底漆两遍	387	50	44	6	0
其他类漆						
9－3048	防锈漆　两遍		28	21	7	0
	红丹防锈漆	70				
	防锈漆	55	15	11	4	0
9－3049	带锈底漆　第一遍	18	34	22	12	0

续表

指标编号	名称及规格	防腐主材费/(元/10m²)	防腐施工概算指标/(元/10m²)			
			概算指标	其中		
				人工费	辅材费	机械费
9-3050	银粉漆　两遍	12	26	22	4	0
9-3051	调合漆　两遍	35	34	22	12	0
9-3052	磁漆　两遍	34	27	22	5	0
9-3053	耐酸漆　两遍	50	27	22	5	0
9-3054	沥青漆　两遍	56	24	22	2	0
9-3055	沥青船底漆　两遍	44	172	35	137	0
9-3057	热沥青　第二遍		79	17	62	0
9-3058	醇酸磁漆　两遍	67	24	22	2	0
9-3059	醇酸清漆　两遍	40	24	22	2	0
9-3060	有机硅耐热漆　两遍	173	31	28	3	0
9-3061	冷底子　两遍		60	22	38	0

(2)管道灰面防腐主材费和施工概算指标见表22-3-8。

表22-3-8　管道灰面防腐主材费和施工概算指标

指标编号	名称及规格	防腐主材费/(元/10m²)	防腐施工概算指标/(元/10m²)			
			概算指标	其中		
				人工费	辅材费	机械费
9-3187	调合漆　两遍	42	53	46	7	0
9-3188	煤焦油　两遍	35	64	56	8	0
9-3189	沥青漆　两遍	67	53	45	8	0
9-3190	银粉漆　两遍	16	63	46	17	0
9-3191	冷底子　两遍		68	59	9	0

(3)管道玻璃布、白布面防腐主材费和施工概算指标见表22-3-9。

表22-3-9　管道玻璃布、白布面防腐主材费和施工概算指标

指标编号	名称及规格	防腐主材费/(元/10m²)	防腐施工概算指标/(元/10m²)			
			概算指标	其中		
				人工费	辅材费	机械费
9-3197	调合漆　两遍	59	76	66	10	0
9-3198	煤焦油　两遍	52	76	66	10	0
9-3199	沥青漆　两遍	94	73	62	11	0
9-3200	银粉漆　两遍	22	90	66	24	0
9-3201	冷底子　两遍		139	66	73	0

(4)管道麻布面、石棉布面防腐主材费和施工概算指标见表22-3-10。

表 22－3－10　麻布面、石棉布面防腐

指标编号	名称及规格	防腐主材费/（元/10m²）	防腐施工概算指标元/（元/10m²）			
			概算指标	其中		
				人工费	辅材费	机械费
9－3207	调合漆　两遍	55	82	72	10	0
9－3208	煤焦油　两遍	50	84	72	12	0
9－3209	沥青漆　两遍	88	77	66	11	0
9－3210	银粉漆　两遍	21	94	71	23	0
9－3211	冷底子　两遍		136	66	70	0

（5）管道喷漆主材费和施工概算指标见表 22－3－11。

表 22－3－11　管道喷漆主材费和施工概算指标

指标编号	名称及规格	喷漆主材费/（元/10m²）	施工概算指标/（元/10m²）			
			概算指标	其中		
				人工费	辅材费	机械费
9－3212	防锈漆　两遍	47	209	6	7	196
9－3213	银粉漆　两遍	14	214	6	12	196
9－3214	调合漆　两遍	40	204	6	2	196

（6）管道沥青油毡、沥青玻璃布、环氧煤沥青、聚乙烯胶带主材费和施工概算指标见表 22－3－12。

表 22－3－12　管道沥青油毡、沥青玻璃布、环氧煤沥青、聚乙烯胶带主材费和施工概算指标

指标编号	名称及规格	防腐主材费/（元/10m²）	施工概算指标/（元/10m²）			
			概算指标	其中		
				人工费	辅材费	机械费
	管道沥青油毡防腐					
9－3218	一毡两油		296	62	218	16
9－3219	每增一毡一油		192	47	130	15
	管道沥青玻璃布防腐					
9－3220	一布两油一膜		409	99	294	15
9－3221	每增一布一油		209	51	143	15
	管道环氧煤沥青漆防腐					
9－3222	一底两面	165	106	76	14	16
9－3223	每增一布一油	56	78	46	17	15
	管道聚乙烯胶带防腐					
9－3224	普通级	1072	74	51	7	16
9－3225	加强级	1623	75	52	7	16

（7）管道防腐主材费实物量及基础价格参见《石油化工安装工程主材费》下册、2009 年，第九章第三节“防腐”的有关规定。

4. 防腐蚀工程主材费施工损耗

管道绝热、刷油、防腐蚀工程主材施工损耗率见表22－3－13。

表22－3－13　管道绝热、刷油、防腐蚀工程主材施工损耗率

序号	材料名称	施工损耗率/%
1	硬质瓦块(管道)	5.0～12.0
2	泡沫玻璃瓦块(管道)	8.0～15.0
3	纤维类制品－管壳(管道)	3.0
4	泡沫塑料瓦块(管道)	3.0
5	毡类制品	3.0
6	棉席(被)类制品(阀门、法兰)	5.0
7	纤维类散状资料	3.0
8	可发性聚氨酯泡沫塑料(管道)	30.0
9	硅酸盐类涂抹材料(管道)	6.0
10	玻璃布	6.42
11	塑料布	6.42
12	麻袋布	6.42
13	油毡纸(管道)	7.65
14	铁丝网(10×10×0.9)	5.0
15	镀锌铁皮(0.5)	5.32
16	铝皮(0.5)	8.0
17	不锈钢板(0.5)	8.0

五、管道清洗、脱脂

(一)指标组合内容

管道清洗包括准备工作、临时管线安装及拆除、配制清洗剂、清洗、水冲洗、中和钝化、检查、剂料回收、清理现场。

管道脱脂包括准备工作、临时管线安装及拆除、脱脂、擦净、检查、密封、剂料回收、清理现场。

(二)指标未组合内容

管道碱洗、酸洗、化学清洗、脱脂所用的介质及水。

(三)指标使用方法

1. 本指标适用于设计上有特殊要求的管道清洗、脱脂。
2. 管道清洗、脱脂以“100米”为计算单位。
3. 设计中要求管道油清洗时，参照执行《石油化工安装工程预算定额》(2007版)。

(四)管道清洗、脱脂的概算指标见表22－3－14。

表 22-3-14　管道清洗、脱脂的概算指标

指标编号	名称及规格	单位/m	概算指标/元	其中/元		
				人工费	辅材费	机械费
碱洗						
9-4001	DN25	100	251	119	114	18
9-4002	DN50	100	260	119	120	21
9-4003	DN100	100	336	151	161	24
9-4004	DN200	100	454	225	202	27
9-4005	DN300	100	542	305	123	114
9-4006	DN400	100	922	479	309	134
9-4007	DN500	100	1144	649	347	148
9-4008	DN600	100	1199	682	361	156
9-4009	DN700	100	1321	757	391	173
9-4010	DN800	100	1594	923	460	211
酸洗						
9-4011	DN25	100	302	167	117	18
9-4012	0N50	100	311	167	123	21
9-4013	DN100	100	393	213	156	24
9-4014	DN200	100	545	318	200	27
9-4015	DN300	100	820	466	234	120
9-4016	DN400	100	1095	649	312	134
9-4017	DN500	100	1430	924	358	148
9-4018	DN600	100	1605	1044	394	167
9-4019	DN700	100	1756	1148	425	183
9-4020	DN800	100	2124	1401	501	222
化学清洗						
9-4021	DN25	100	877	607	197	73
9-4022	DN50	100	946	659	201	86
9-4023	DN100	100	1104	782	223	99
9-4024	DN200	100	1410	1047	250	113
9-4025	DN300	100	2134	1492	289	353
9-4026	DN400	100	2713	1966	352	395
9-4027	DN500	100	3281	2451	394	436
9-4028	DN600	100	3601	2696	425	480
9-4029	DN700	100	3953	2966	459	528
9-4030	DN800	100	4805	3618	543	644
脱脂						
9-4031	DN25	100	225	80	115	30
9-4032	DN50	100	242	80	127	35

续表

指标编号	名称及规格	单位/m	概算指标/元	其中/元		
				人工费	辅材费	机械费
9-4033	DN100	100	328	112	176	40
9-4034	DN200	100	446	167	234	45
9-4035	DN300	100	693	283	269	141
9-4036	DN400	100	886	420	309	157
9-4037	DN500	100	988	466	348	174
9-4038	DN600	100	1078	512	375	191
9-4039	DN700	100	1178	564	404	210
9-4040	DN800	100	1421	688	476	257

（编制　张德姜）

主要参考资料

1　中国石油化工集团公司、中国石油化工股份有限公司标准《石油化工安装工程概算指标》2007年版。

2　中国石油化工集团公司、中国石油化工股份有限公司标准《石油化工安装工程主材费》上、下册，2009年。

附表 日本的配管工程定额

DN	壁厚	单重		管子安装和搬运		对焊接头 管子=5.5m/个			弯头,大小头			阀	SCH40—150# SCH80—300#		紧固螺栓(阀)		法 兰			合 计			≤1"	(例)按重量平均分配时	
in	SCH	kg/m	m/t	h/m	h/t	个/t	h/个	h/t	平均个/t	h/个	h/t	平均个/t	h/个	h/t	h/个	h/t	平均个/t	h/个	h/t	h/t	工/t 工/7h	M¥/t (4000¥/工)	¥/m	%	M¥
1/2	SGP	1.31	762	0.53	405	138	0.5	69	400	1.0	400	210	0.2	42	0.8	147	200	0.4	80	1143	163	650	854		13000
	SCH40	1.31	762	0.53	405	138	0.5	69	400	1.0	400	210	0.2	42	0.8	147	200	0.4	80	1143	163	650	854	2	13000
	SCH80	1.64	610	0.59	351	138	0.6	83	400	1.2	480	210	0.2	42	0.8	147	200	0.5	100	1203	172	686	1120		13720
	SCH160																								
3/4	SGP	1.68	595	0.56	333	92	0.6	55	210	1.2	250	125	0.2	25	0.8	87.5	120	0.6	72	822.5	117	457	770		13710
	SCH40	1.74	570	0.56	330	92	0.6	55	210	1.2	250	125	0.2	25	0.8	87.5	120	0.6	72	819.5	117	443	778	3	13290
	80	2.24	447	0.63	399	92	0.7	64	210	1.4	294	125	0.3	37.5	0.8	87.5	120	0.7	84	966	137	546	1220		16380
	160																								
1	SGP	2.48	410	0.56	230	70	0.7	49	140	1.4	196	55	0.2	11	0.8	38.5	75	0.9	67	591.5	84.3	337	822		674
	SCH40	2.57	390	0.56	220	70	0.7	49	140	1.4	196	55	0.3	16.5	0.8	38.5	75	0.9	67	587	83.7	334	884	2	668
	80	3.27	305	0.66	201	70	0.8	56	140	1.6	224	55	0.3	16.5	0.8	38.5	75	1.0	75	611	87.3	352	1150		704
	160																								
1½	SGP	3.89	257	0.60	154	43	0.7	30.1	95	1.4	133	30	0.4	12	0.8	21	45	1.0	45	395.1	56.6	226	880		13560
	SCH40	4.10	244	0.63	154	43	0.8	34.4	95	1.6	152	30	0.4	12	0.8	21	45	1.0	45	418.4	59.8	239	980	6	14340
	80	5.47	183	0.73	133	43	0.9	38.7	95	1.8	171	30	0.4	12	0.8	21	45	1.3	59	434.7	62	247	1350		14680
	160																								
2	SGP	5.31	188	0.63	118	33	0.9	29.8	55	1.8	99	16	0.5	8	0.8	12.8	28	1.1	31	298.6	42.6	170	905		17000
	SCH40	5.44	184	0.66	121	33	1.0	33	55	2.0	110	16	0.5	8	0.8	12.8	28	1.2	36.5	321.3	45.8	183	996	10	18300
	80	7.46	134	0.79	106	33	1.0	33	55	2.0	110	16	0.8	12.8	0.8	12.8	28	1.4	39.3	313.9	44.9	179	1330		17900
	160																								
3	SGP	8.79	114	0.70	79	16	1.2	19.2	33	2.4	79	10	1.2	12	0.9	9	16	1.6	25.6	222.8	39.9	127	1110		15240
	SCH40	11.3	88.5	0.76	67	16	1.3	21	33	2.6	86	10	1.2	12	0.9	9	16	1.8	29	224	32	127	1430	12	15240
	80	15.3	65	0.93	87	16	1.4	22.4	33	2.8	93	10	1.5	15	0.9	9	16	2.1	33.7	260.1	37.2	148	2280		17760
	160																								
4	SGP	12.2	82	0.78	64	11	1.3	14.3	20	2.6	52	4	1.7	6.8	1.4	5.6	10	2.2	22	164.7	23.5	93.8	1140		15008
	SCH40	16.0	63	0.82	52	11	1.5	16.5	20	3.0	60	4	1.7	6.8	1.4	5.6	10	2.4	24	164.9	23.5	93.8	1490	16	15008
	80	22.4	44.7	1.02	46	11	1.8	19.8	20	3.6	72	4	2.0	8	1.4	5.6	10	2.6	26	177.4	25.4	102	2280		16320
	160																								
6	SGP	19.8	50.5	0.87	45	6	1.7	10.2	12	3.4	41	2	2.2	4.4	1.5	3	7	3.3	21	126.4	18.0	71.8	1420		12206
	SCH40	27.7	36.2	0.92	33	6	2.0	12	12	4.0	48	2	2.2	4.4	1.5	3	7	3.6	25	125.4	17.9	71.5	1970	17	12155
	80	41.8	23.9	1.26	30	6	2.5	15	12	5.0	60	2	2.7	5.4	1.7	3.4	7	3.9	27.4	141.2	20.1	80.4	3360		13651
	160																								

续表

DN	壁厚	单重		管子安装和搬运		对焊接头 管子=5.5m/个			弯头,大小头			阀	SCH40—150$^{\#}$ SCH80—300$^{\#}$		紧固螺栓(阀)		法兰			合计			≤1"	(例)按重量平均分配时	
in	SCH	kg/m	m/t	h/m	h/t	个/t	h/个	h/t	平均个/t	h/个	h/t	平均个/t	h/个	h/t	h/个	h/t	平均个/t	h/个	h/t	h/t	工/t 工/7h	M¥/t (4000¥/工)	¥/m	%	M¥
8	SGP	30.1	33.2	1.00	33	4	2.3	9.2	7.5	4.6	34.5	1	2.8	2.8	2.1	2.1	4	4.7	27	108.6	15.5	62.0	1870		12998
	SCH40	42.1	23.8	1.12	26.6	4	2.6	10.4	7.5	5.2	39	1	2.8	2.8	2.1	2.1	4	5.1	20.5	101.4	14.5	58.0	2430	21	12138
	80	63.8	14.6	1.52	22	4	3.3	13.2	7.5	6.6	49.5	1	3.4	3.4	2.4	2.4	4	5.4	21.6	112.1	16.0	64.0	4370		13398
	160																								
10	SGP	42.4	23.6	1.25	29.5	3	2.6	7.8	5	5.2	26	0.9	3.6	3.2	2.7	2.4	2.5	5.8	14.5	83.4	11.9	47.5	2020		1425
	SCH40	59.2	16.9	1.42	24.0	3	3.1	9.3	5	6.2	31	0.9	3.6	3.2	2.7	2.4	2.5	6.3	15.8	85.7	12.2	48.8	2880	3	1470
	80	93.9	10.6	1.98	21	3	5.0	15.0	5	8.0	40	0.9	4.2	3.8	3.0	2.7	2.5	6.8	17	99.5	14.2	56.5	5320		1700
	160																								
12	SGP	53.0	18.8	1.40	26.3	2	3.4	6.8	3	6.8	20.4	0.5	4.3	2.1	3.4	1.7	1.5	7.1	10.6	67.9	9.7	48.6	2580		3900
	SCH40	78.3	12.8	1.70	22.0	2	4.1	8.2	3	8.2	24.6	0.5	4.3	2.1	3.4	1.7	1.5	7.7	11.6	71.2	10.2	40.7	3170	8	3250
	80	129.0	7.8	2.41	18.8	2	6.6	13.2	3	13.2	39.6	0.5	5.1	3.6	3.8	1.9	1.5	8.3	12.4	87.5	12.7	50.5	6490		4050
	160																								¥ton
14	SCH10	55.1	18.1	2.10			4.0			8.0			5.1		3.8			9.0					SGP	100%	118701
	20	67.7	14.8	2.10			4.3			8.0			5.1		3.8			9.0					SCH40	100%	118059
																							SCH80	100%	130263
18	SCH10	71.1	14.0	2.88			5.0			10.0			6.7		4.8			12.2							
	20	87.5	11.4	2.88			5.9			11.8			6.7		4.8			12.2							
20	SCH10	79.2	12.6	3.38			5.7			11.4			7.7		5.5			14.6							
	20	117.0	8.6	3.38			6.3			12.6			7.7		5.5			14.6							
24	SCH10	95.2	10.5	3.77			9.0			18.0			8.5		6.6			18.3							
	20	141.0	7.1	3.77			10.1			20.2			8.5		6.6			18.3							

注:本表是以碳素钢为基准的 Mnr 定额,如为铬钼钢尚应乘 1.4~1.7;如为不锈钢则应乘 1.2~1.4。

第二十三章　金属管道的焊接

第一节　概　　述

一、管道焊接施工方法

石油化工装置管道的焊接除现场预制部分为转动口单面对接焊外，其余部分是现场固定口的单面对接焊。作为无垫板环形焊口单面对接焊的施工方法，可大致分为手工电弧焊、惰性气体保护焊及惰性气体保护焊打底加手工电弧焊盖面等三种方法。

（一）手工电弧焊

手工电弧焊通常是指采用药皮焊条的手工焊接法。它利用产生于焊条和工件之间的电弧热来熔化焊条和母材，形成连接被焊工件的焊接接头。手工电弧焊是管道焊接中最主要的方法，其特点是适用于各种钢材、厚度、结构形状和各种位置的焊接。由于焊接时线能量较气焊、埋弧焊和电渣焊小，所以金相组织细，热影响区小，焊接质量好。与其他焊接方法相比，手工电弧焊设备简单，移动、操作和维修均较方便。鉴于上述特点，管道焊接自底层到盖面层可全部采用手工电弧焊。

（二）惰性气体保护焊

这是一种用惰性气体(常用氩气)作为保护气体，以耐高温的钨作为电极的气体保护焊接法。其特点是惰性气体不与焊缝金属发生化学反应，同时又隔离了溶池金属与空气的接触，加之氩气不溶于金属，所以焊缝金属中的合金元素就不会被烧损氧化，焊缝中也不会产生气孔。另外，由于热量集中，焊接热影响区小，变形也小。此法在管道打底焊、公称直径小于80mm小口径管和4mm以下薄壁管(尤其低合金钢和不锈钢薄壁管)、铝、镁等性质活泼的有色金属和高合金钢焊接中广泛采用，且焊接质量较手工电弧焊高。具体表现为射线一次探伤合格率较高。

（三）惰性气体保护焊打底和手工电弧焊盖面组合法

这种方法常用于工作条件苛刻的管道，如石油化工装置的SHA级管道，有毒、可燃介质的A、B类管道的打底焊。其优点是打底质量比手工电弧焊好，焊缝可单面焊接双面成形。对某些内壁清洁度要求较高的管道此法也不产生焊渣。

二、管道常用焊接接头形式及坡口类型

管道施工中最主要的接头形式是对接接头，其次是丁字接头、角接接头。

基本坡口类型有V形、U形、X形、双U形及直边坡口，其中V形及U形坡口为管道焊接中最主要的坡口类型。

1. GB 50236—2011对坡口形式与尺寸的要求

按现行国家标准《现场设备、工业管道焊接工程施工规范》(GB 50236—2011)规定，常用焊接坡口形式和尺寸如表23－1－1～表23－1－8所示。

(1)碳素钢和合金钢的焊接坡口形式和尺寸宜符合表23－1－1和表23－1－2的规定。

表 23-1-1　碳素钢和合金钢焊条电弧焊、气体保护电弧焊、自保护药芯焊丝电弧焊和气焊的坡口形式与尺寸

序号	厚度 δ/mm	坡口名称	坡口形式	坡口尺寸			备注
				间隙 c/mm	钝边 p/mm	坡口角度 $\alpha(\beta)/(°)$	
1	1～3	I形坡口	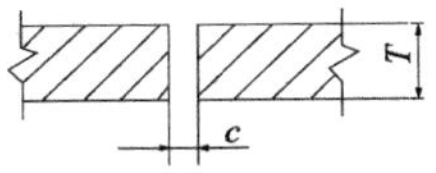	0～1.5	—	—	单面焊
	3～6			0～2.5			双面焊
2	3～9	V形坡口	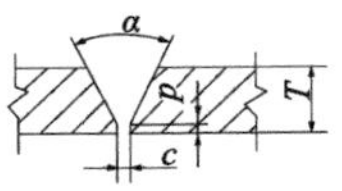	0～2	0～2	60～65	—
	9～26			0～3	0～3	55～60	
3	6～9	带垫板V形坡口	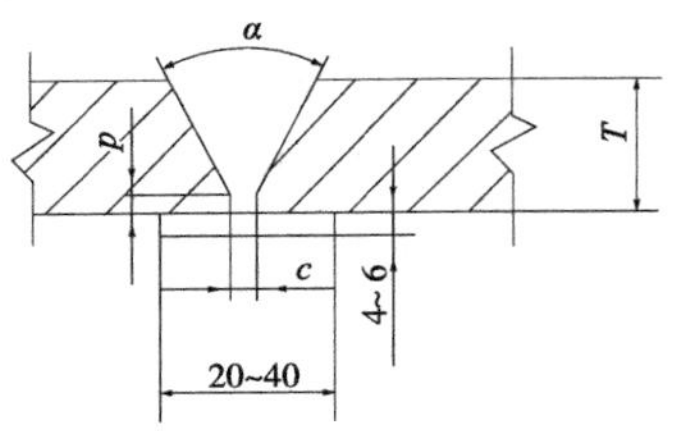	3～5	0～2	40～50	—
	9～26			4～6	0～2		
4	12～60	X形坡口	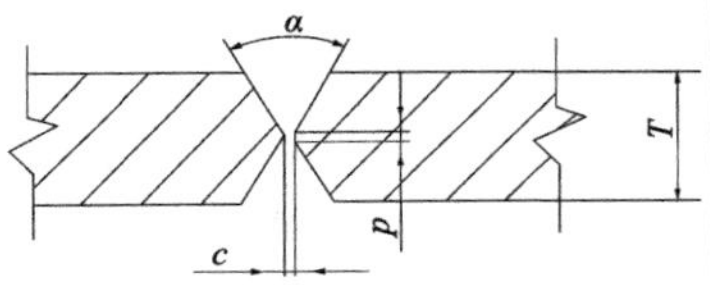	0～3	0～2	55～65	—
5	20～60	双V形坡口	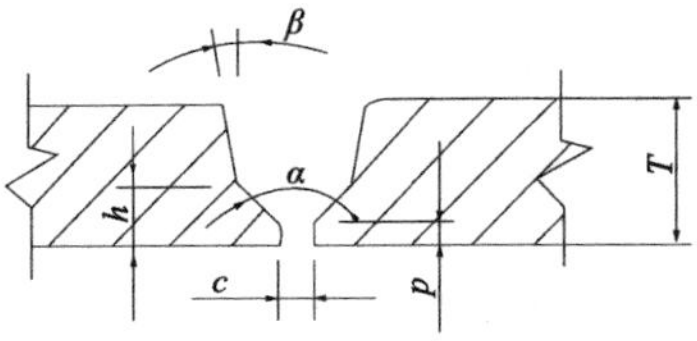	0～3	1～3	65～75 (10～15)	h= 8～12
6	20～60	U形坡口	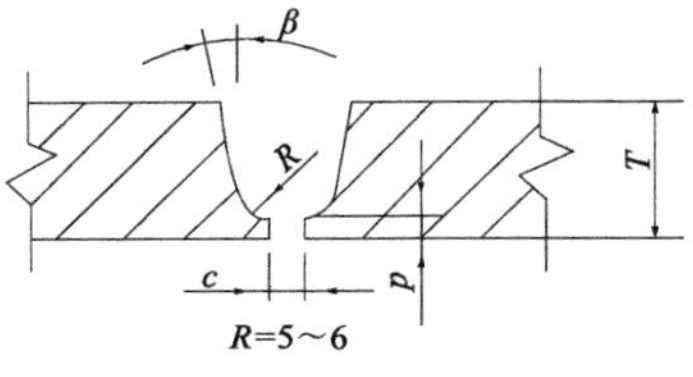	0～3	1～3	(8～12)	R= 5～6

续表

序号	厚度 δ/mm	坡口名称	坡口形式	坡口尺寸			备注
				间隙 c/mm	钝边 p/mm	坡口角度 $\alpha(\beta)/(^\circ)$	
7	2~30	T形接头 I形坡口	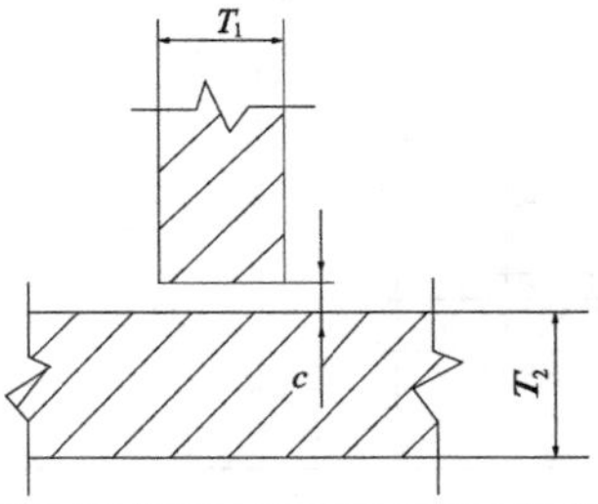	0~2	—	—	—
8	6~10	T形接头单边V形坡口	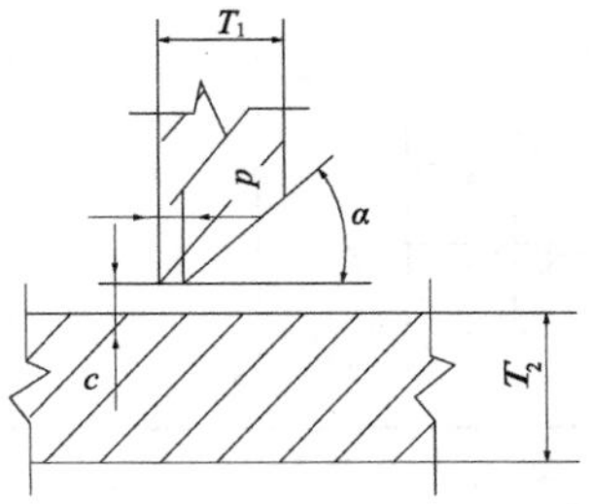	0~2	0~2	40~50	—
	10~17			0~3	0~3		
	17~30			0~4	0~4		
9	20~40	T形接头K形坡口	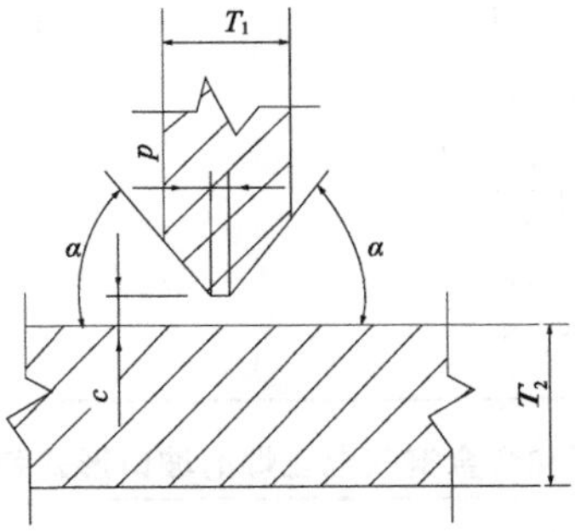	0~3	2~3	40~50	—
10		安放式焊接支管坡口	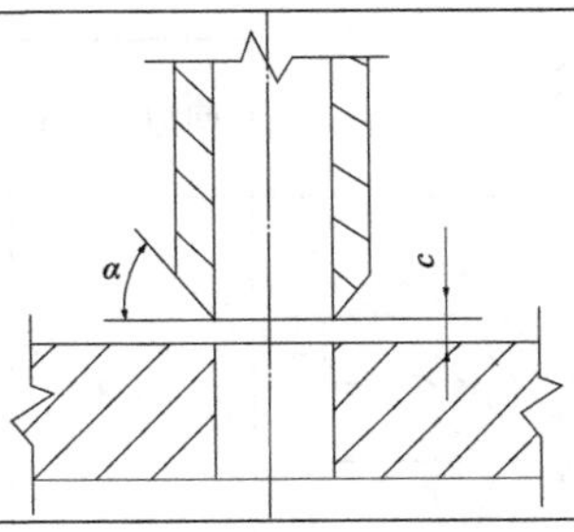	2~3	0~2	45~60	—
11	3~26	插入式焊接支管坡口	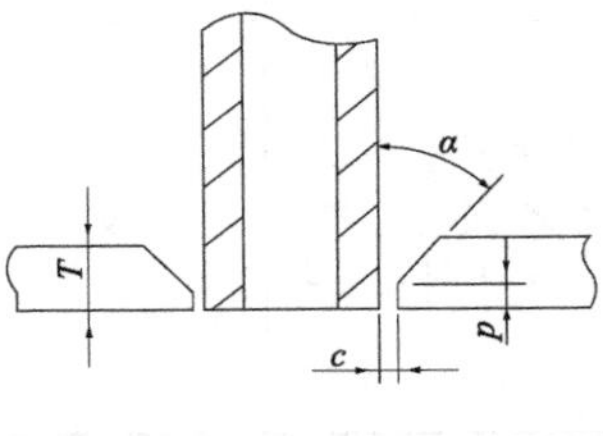	1~3	0~2	45~60	—

续表

序号	厚度 δ/mm	坡口名称	坡口形式	坡口尺寸			备注
				间隙 c/mm	钝边 p/mm	坡口角度 α(β)/(°)	
12		平焊法兰与管子接头	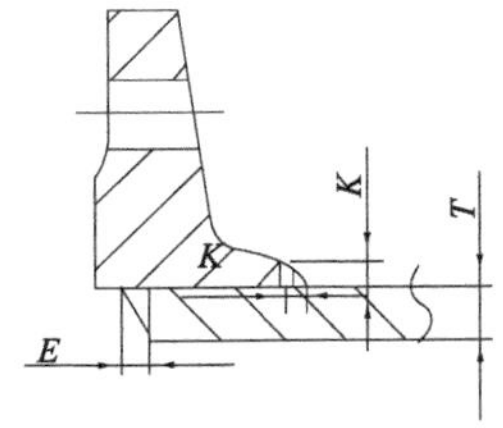 K, K, T, E	—	—	—	E = T，且不大于6
13		承插焊法兰与管子接头	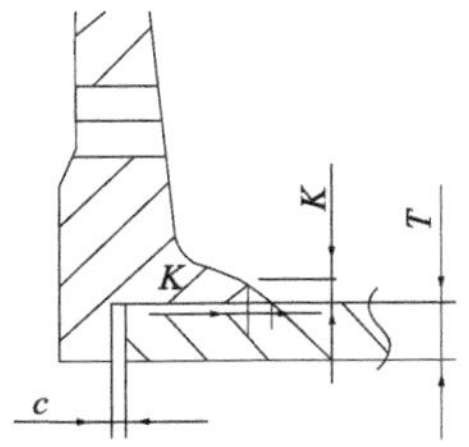 K, K, T, c	1.5	—	—	—
14		承插焊管件与管子接头	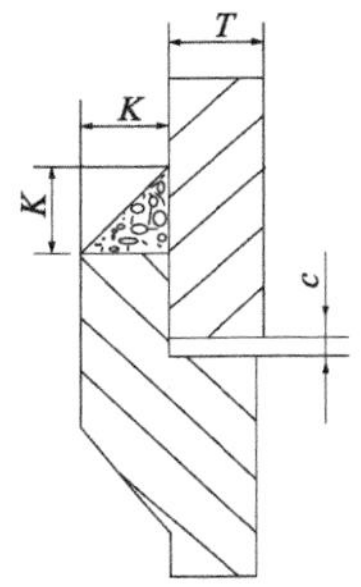 T, K, K, c	1.5	—	—	—

表 23-1-2 碳素钢和合金钢气电立焊的坡口形式和尺寸

序号	厚度 T/mm	坡口名称	坡口形式	坡口尺寸			备注
				间隙 c/mm	钝边 p/mm	坡口角度 α(β)/(°)	
1	12~36	V形坡口	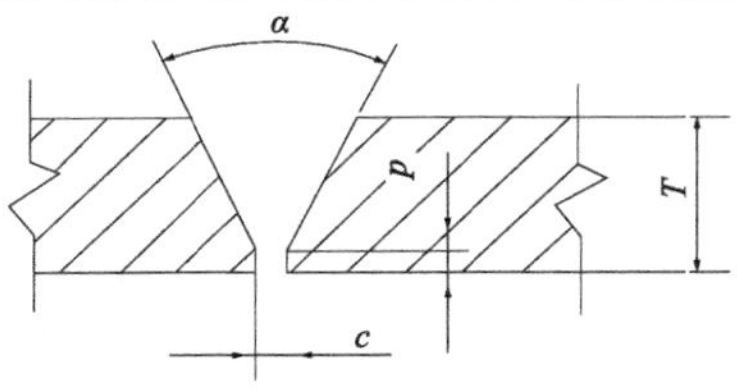 α, p, T, c	6~8	0~2	20~35	—
2	25~70	X形坡口	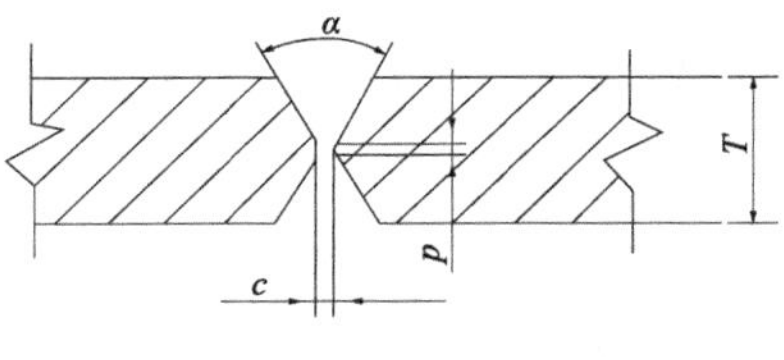 α, T, p, c	6~8	0~2	20~35	—

(2)铝及铝合金的焊接坡口形式和尺寸宜符合表23－1－3的规定。

表23－1－3　铝和铝合金焊缝的坡口形式和尺寸

<table>
<tr><th rowspan="2">焊接方法</th><th rowspan="2">项次</th><th rowspan="2">厚度T/mm</th><th rowspan="2">坡口名称</th><th rowspan="2">坡口形式</th><th colspan="3">坡口尺寸</th><th rowspan="2">备注</th></tr>
<tr><th>间隙c/mm</th><th>钝边p/mm</th><th>坡口角度α(β)/(°)</th></tr>
<tr><td rowspan="10">钨极惰性气体保护电弧焊</td><td>1</td><td>1～2</td><td>卷边</td><td> 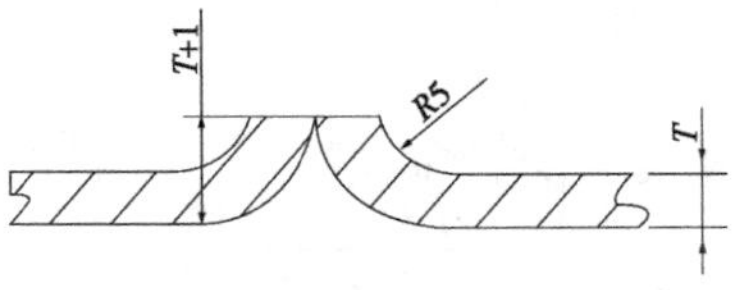</td><td>—</td><td>—</td><td>—</td><td>卷边高度T＋1不填加焊丝</td></tr>
<tr><td rowspan="2">2</td><td><3</td><td rowspan="2">I形坡口</td><td rowspan="2"> 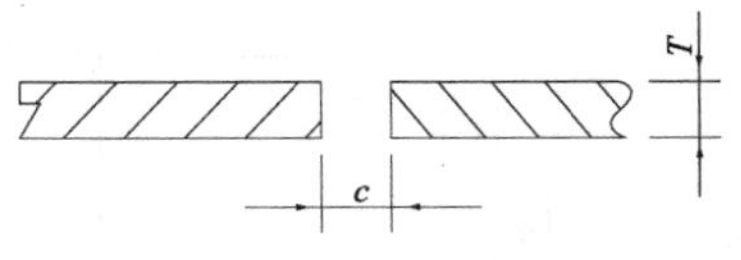</td><td>0～1.5</td><td rowspan="2">—</td><td rowspan="2">—</td><td>单面焊</td></tr>
<tr><td>3～5</td><td>0.5～2.5</td><td>双面焊</td></tr>
<tr><td rowspan="2">3</td><td>3～5</td><td rowspan="2">V形坡口</td><td rowspan="2"> 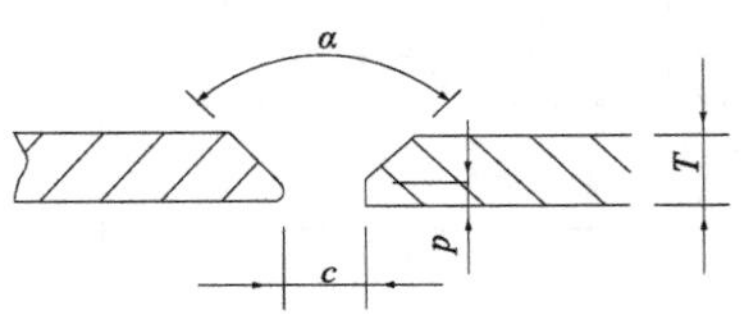</td><td>0～0.25</td><td>1～1.5</td><td>70～80</td><td rowspan="3">①横焊位置坡口角度上半边40°～50°，下半边20°～30°；②单面焊坡口根部内侧最好倒棱；③U形坡口根部圆角半径为6～8mm</td></tr>
<tr><td>5～12</td><td>2～4</td><td>1～2</td><td>60～70</td></tr>
<tr><td>4</td><td>4～12</td><td>带垫板V形坡口</td><td> 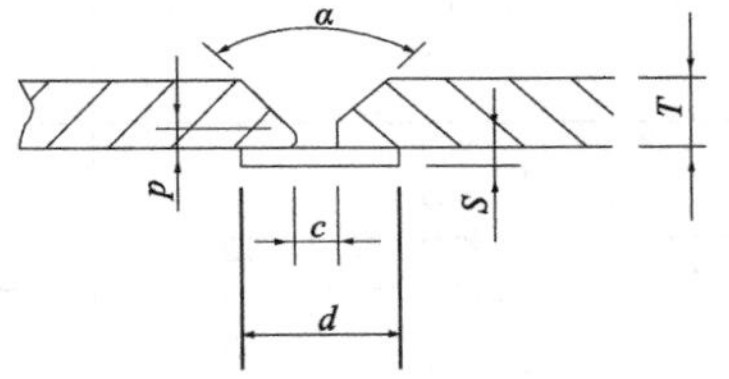</td><td>3～6</td><td>—</td><td>50～60</td></tr>
<tr><td>5</td><td>>8</td><td>U形坡口</td><td> 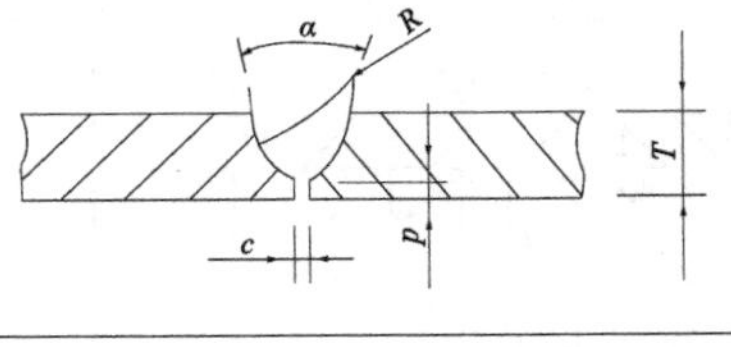</td><td>0～2.5</td><td>1.5～2.5</td><td>55～65</td><td>—</td></tr>
<tr><td>6</td><td>>12</td><td>X形坡口</td><td> 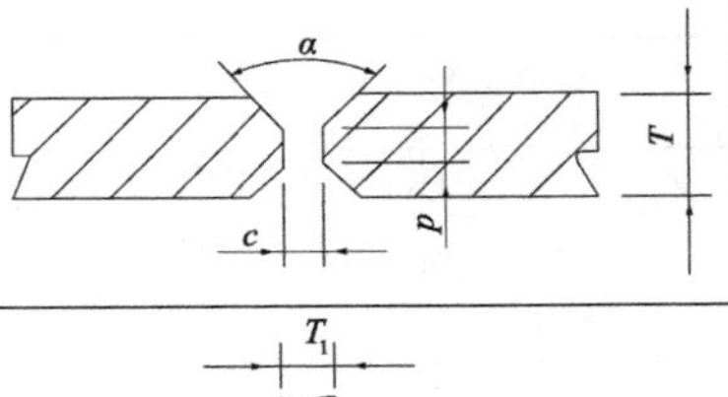</td><td>0～2.5</td><td>2～3</td><td>60～80</td><td>—</td></tr>
<tr><td>7</td><td>≤6</td><td>不开坡口T形接头</td><td> 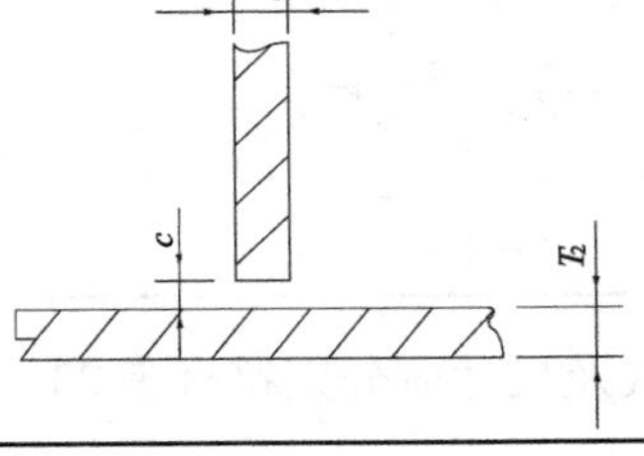</td><td>0.5～1.5</td><td>—</td><td>—</td><td>—</td></tr>
</table>

续表

焊接方法	项次	厚度 T/mm	坡口名称	坡口形式	坡口尺寸			备注
					间隙 c/mm	钝边 p/mm	坡口角度 $\alpha(\beta)$/(°)	
钨极惰性气体保护电弧焊	8	6~10	T形接头单边V形坡口	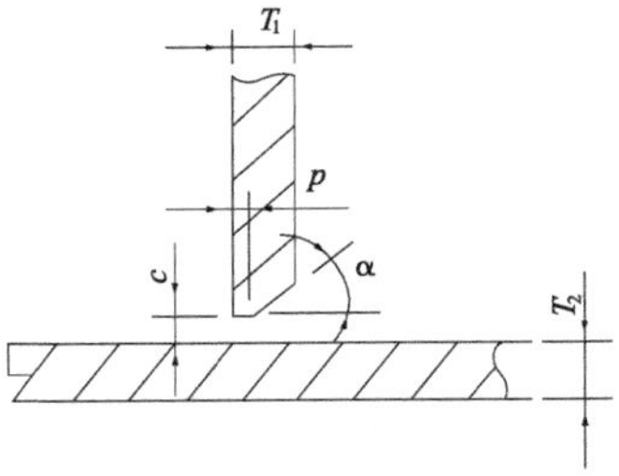	0.5~2	≤2	50~55	—
	9	>8	T形接头K形坡口	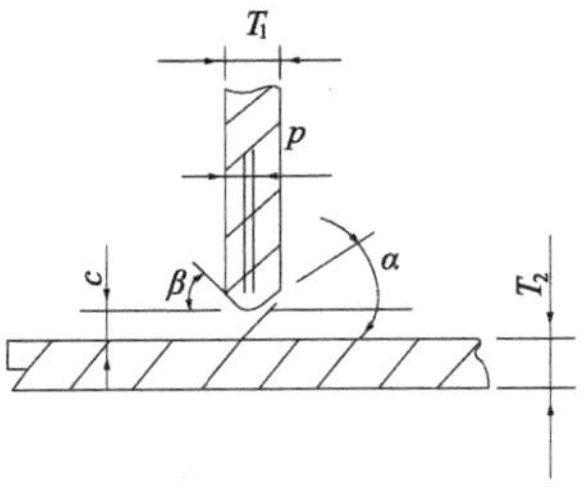	0~2	≤2	50~55	—
熔化极惰性气体保护电弧焊	10	≤6	I形坡口	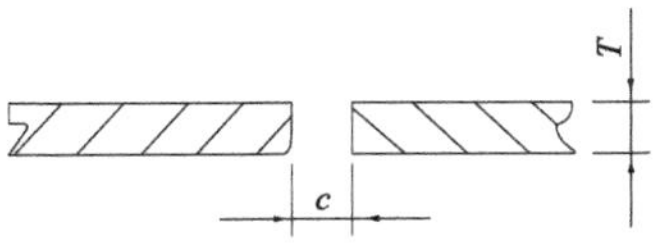	0~3	—	—	—
	11	6~20	V形坡口	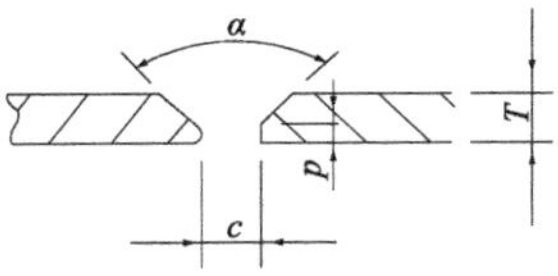	0~3	3~4	60~70	—
	12	6~25	带垫板V形坡口	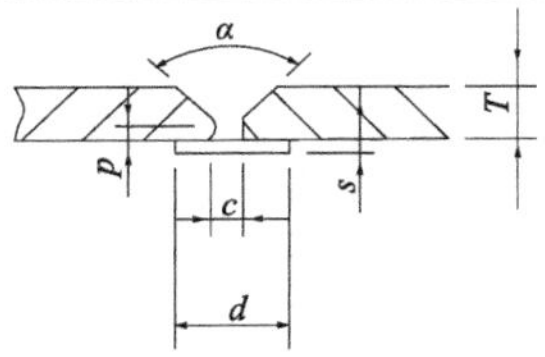	3~6	—	50~60	—
	13	>20	U形坡口	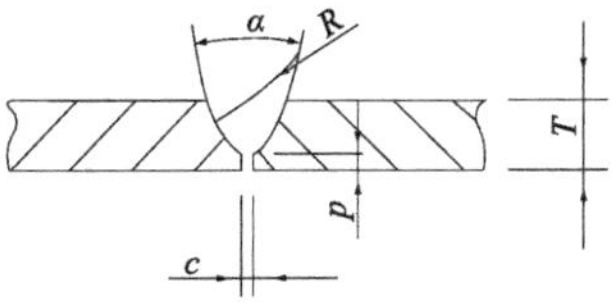	0~3	3~5	40~50	—
	14	>8	X形坡口	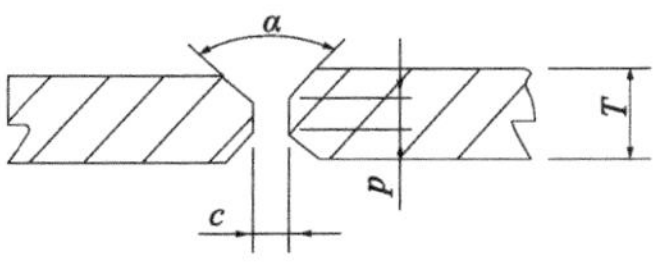	0~3	3~6	70~80	—
		>26				5~8	60~70	—

(3)铜及铜合金的焊接坡口形式及尺寸应分别符合表23-1-4及表23-1-5的规定。

表 23 -1 -4 纯铜和黄铜钨极惰性气体保护电弧焊的坡口形式及尺寸

项次	厚度 T/mm	坡口名称	坡口形式	坡口尺寸			备注
				间隙 c/mm	钝边 p/mm	坡口角度 $\alpha(\beta)/(°)$	
1	≤2	I 形坡口	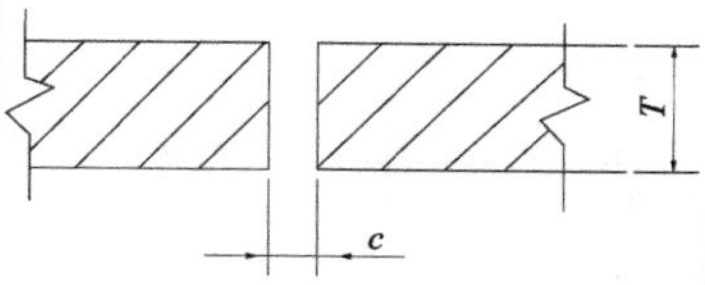	0	—	—	—
2	3 ~4	V 形坡口	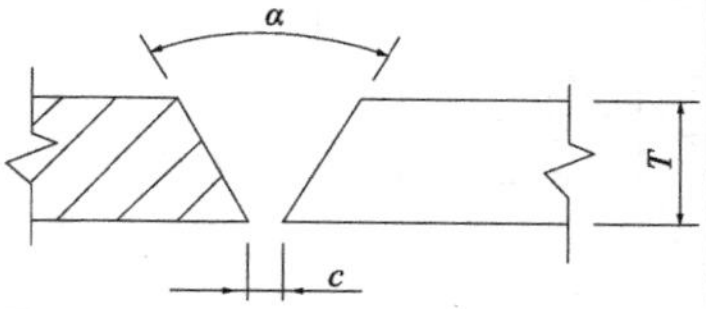	0	—	60 ~70	—
3	5 ~8	V 形坡口	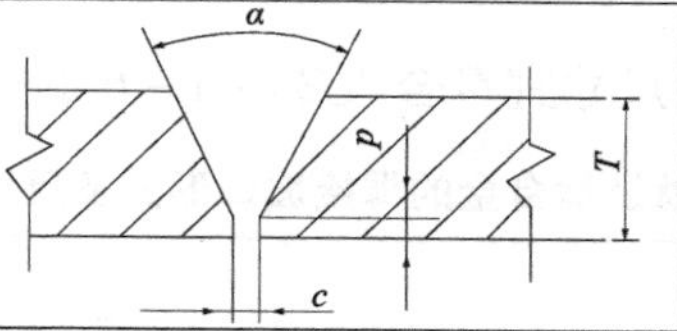	0	1 ~2	60 ~70	—
4	10 ~14	X 形坡口	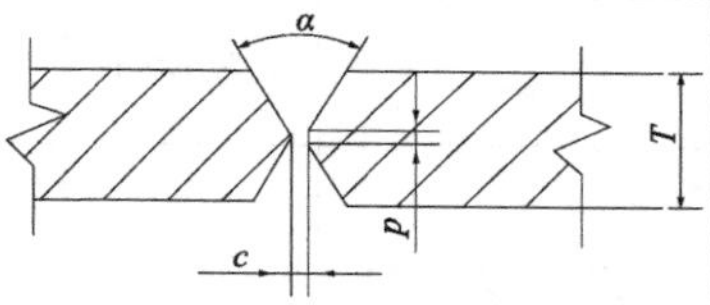	0	—	60 ~70	—

表 23 -1 -5 黄铜氧乙炔焊的坡口形式及尺寸

项次	厚度 T/mm	坡口名称	坡口形式	坡口尺寸			备注
				间隙 c/mm	钝边 p/mm	坡口角度 $\alpha(\beta)/(°)$	
1	≤2	卷边	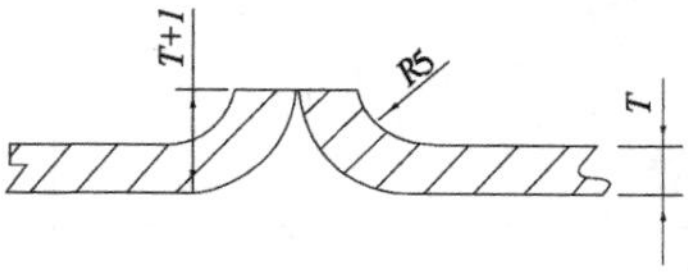	—	—	—	不加填充金属
2	≤3	I 形坡口	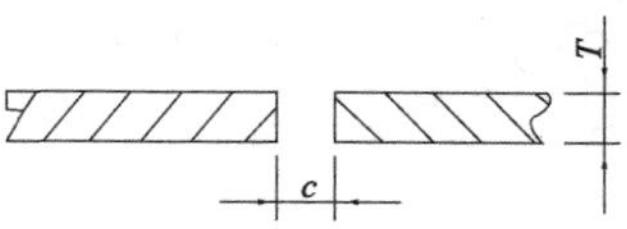	0 ~4	—	—	单面焊
	3 ~6			3 ~5	—	—	双面焊，但不能两侧同时焊
3	3 ~12	V 形坡口	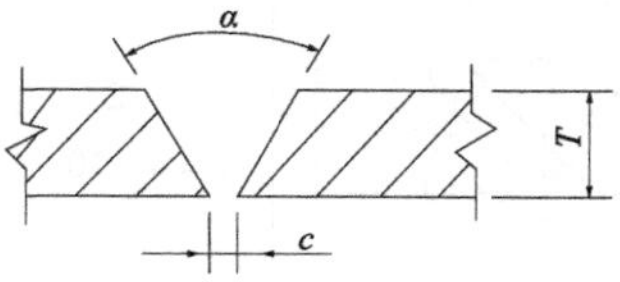	3 ~6	0	60 ~70	—

续表

项次	厚度 T/mm	坡口名称	坡口形式	坡口尺寸			备注
				间隙 c/mm	钝边 p/mm	坡口角度 $\alpha(\beta)/(°)$	
4	>6	V 形坡口	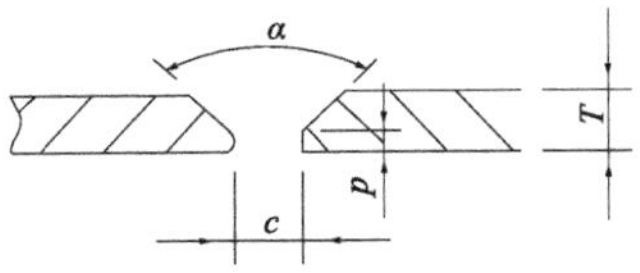	3~6	0~3	60~70	—
5	>8	X 形坡口	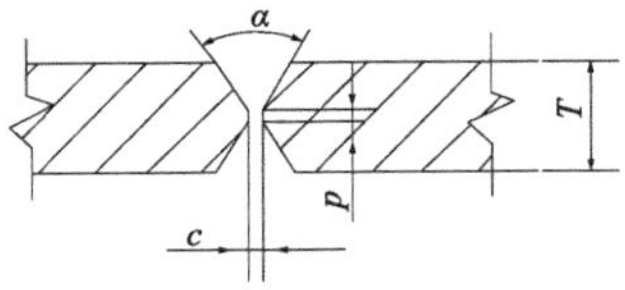	3~6	0~4	60~70	—

(4)钛及钛合金的焊接坡口形式及尺寸宜符合表 23-1-6 的规定。

表 23-1-6　钛及钛合金的焊接坡口形式及尺寸

项次	厚度 T/mm	坡口名称	坡口形式	坡口尺寸			备注
				间隙 c/mm	钝边 p/mm	坡口角度 α/(°)	
1	1~2	I 形坡口	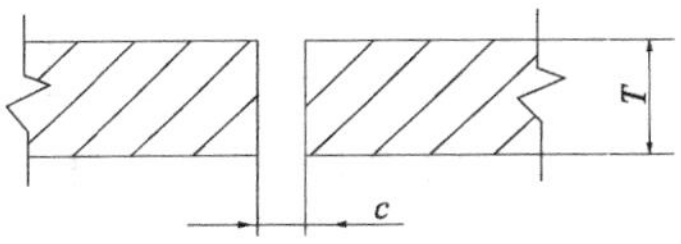	0~1	—	—	—
2	2~16	V 形坡口	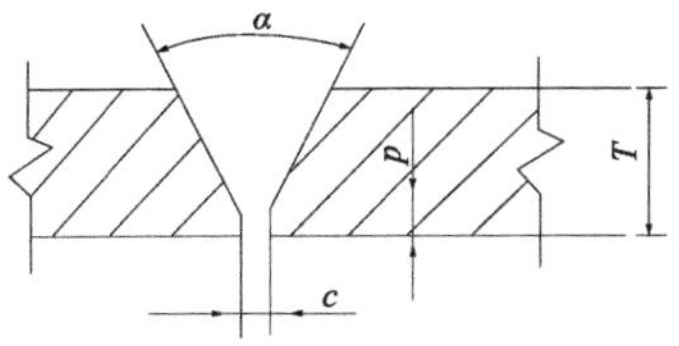	0.5~2	0.5~1.5	55~65	—
3	12~38	X 形坡口	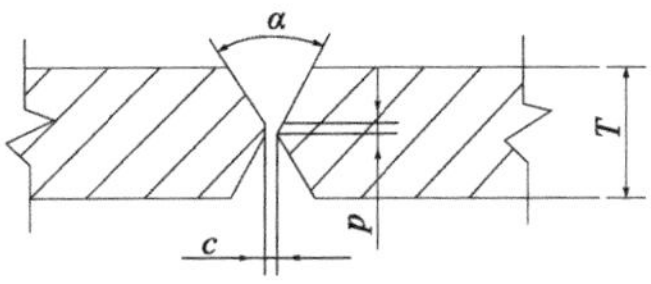	0~2	1~1.5	55~65	—
4	12~38	U 形坡口	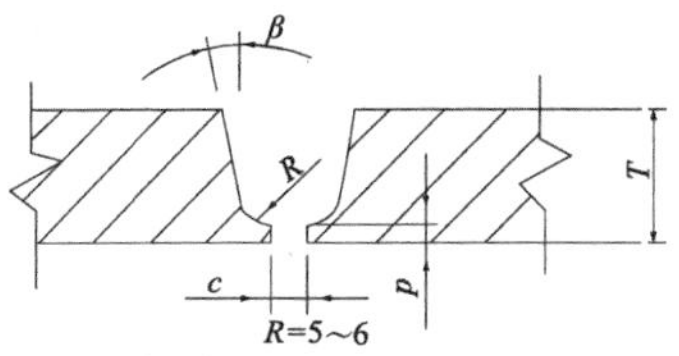	0~2 r=6~10	1~1.5	15~30	—

续表

项次	厚度 T/mm	坡口名称	坡口形式	坡口尺寸			备注
				间隙 c/mm	钝边 p/mm	坡口角度 α/(°)	
5		安放式焊接支管坡口		1 ~ 2.5	1 ~ 1.5	40 ~ 50	—
6	2 ~ 16	插入式焊接支管坡口		1 ~ 2.5	1 ~ 1.5	40 ~ 50	—
7	1 ~ 6	T 形接头		0 ~ 2	—	—	—
8	4 ~ 12	单边 V 形坡口		0 ~ 2	1 ~ 1.5	40 ~ 50	—
9	10 ~ 38	K 形坡口		0 ~ 2	1 ~ 1.5	40 ~ 50	—

(5)镍及镍合金的焊条电弧焊和惰性气体保护电弧焊坡口形式及尺寸宜符合表23－1－7的规定。

表23－1－7　镍及镍合金的焊条电弧焊和惰性气体保护电弧焊坡口形式及尺寸

序号	厚度δ/mm	坡口名称	坡口形式	坡口尺寸			备注
				间隙c/mm	钝边p/mm	坡口角度α(β)/(°)	
1	1～3	I形坡口	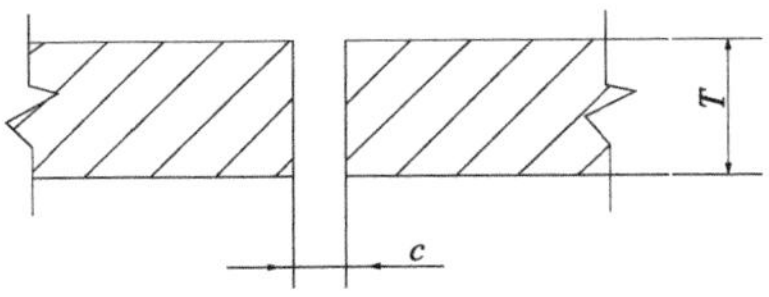	1.0～2.0	—	—	单面焊
	3～6			1.0～2.5			双面焊
2	≤8	V形坡口	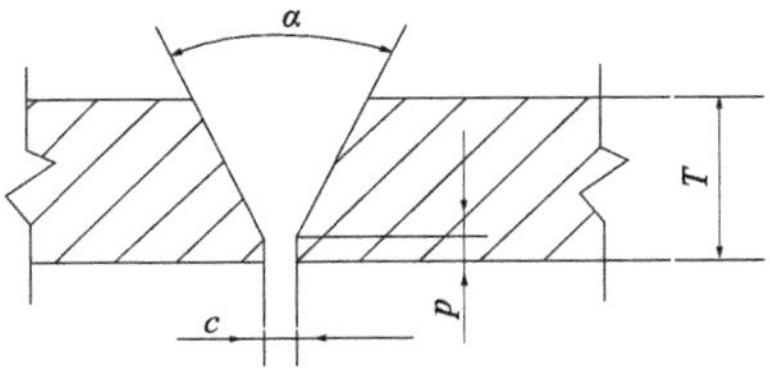	2～3	0.5～1.5	70～80	—
	>8			2～3	0.5～1.5	65～75	
3	12～32	X形坡口	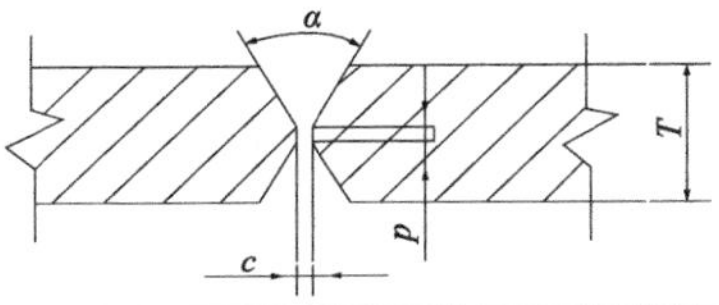	0～3	0～2.5	65～80	—
4	≥17	双V形坡口	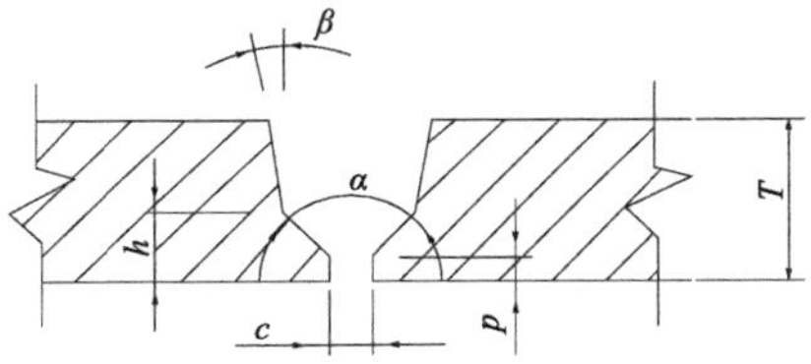	2～3	1～2	70～80（25～27.5）	h＝T/3
5	≥17	U形坡口	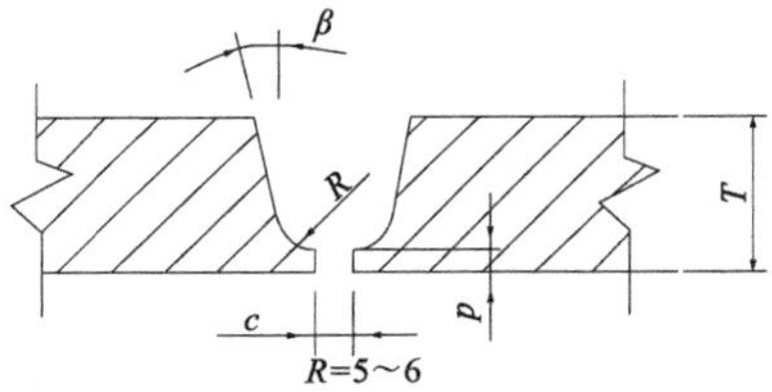	2.5～3.5	1～2	（15～20）	R＝5～6
6		安放式焊接支管坡口	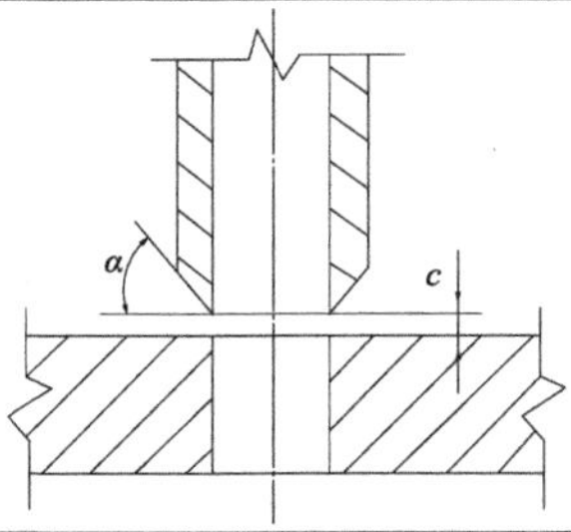	2～3	0～2	55～65	—

续表

序号	厚度 δ/mm	坡口名称	坡口形式	坡口尺寸			备注
				间隙 c/mm	钝边 p/mm	坡口角度 α(β)/(°)	
7	2～10	插入式焊接支管坡口	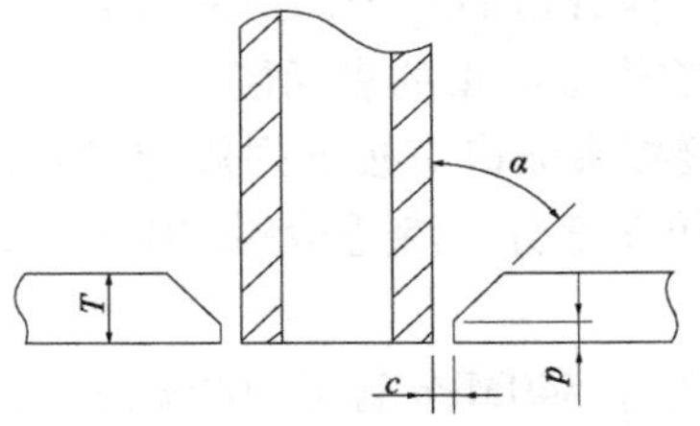	2～3	0～2	50～60	—

(6)锆及锆合金的焊接坡口形式及尺寸宜符合表 23－1－8 的规定。

表 23－1－8　锆及锆合金的焊接坡口形式及尺寸

序号	厚度 T/mm	坡口名称	坡口形式	坡口尺寸			备注
				间隙 c/mm	钝边 p/mm	坡口角度 α/(°)	
1	1～2	I 形坡口	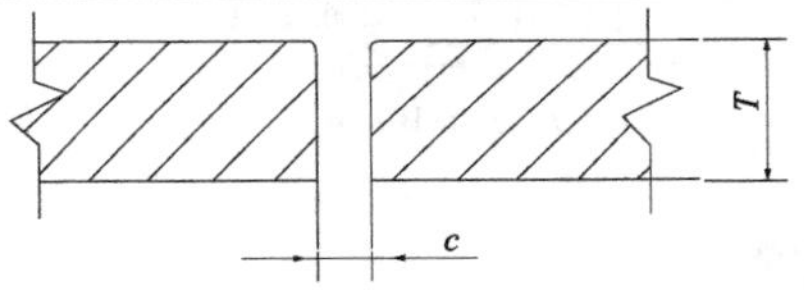	0～1	—	—	—
2	2～10	V 形坡口	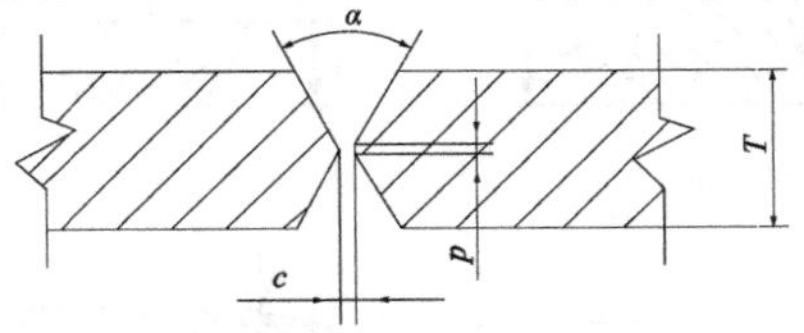	0.5～2	0.5～1.5	55～65	—
3		安放式焊接支管坡口	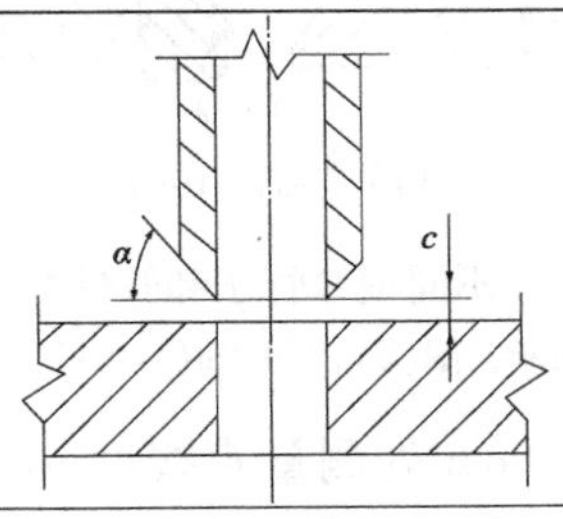	1～2.5	1～1.5	40～50	—
4	2～10	插入式焊接支管坡口	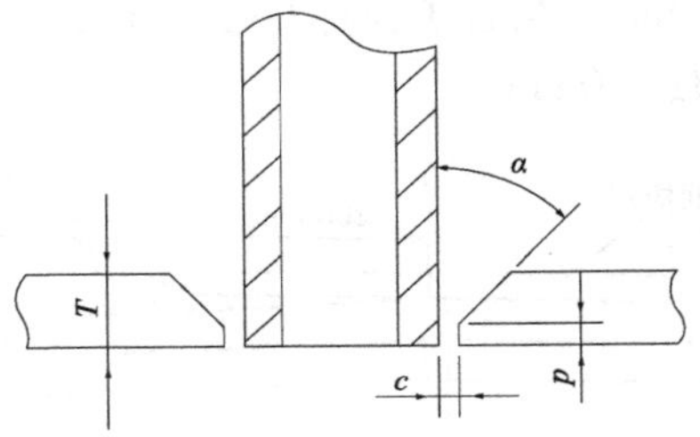	1～2.5	1～1.5	40～50	—

2. GB 50517—2010 对坡口加工及接头组对的要求

按现行国家标准《石油化工金属管道工程施工质量验收规范》GB 50517—2010 对坡口加

工及接头组对要求如下：

(1)坡口应按下列方法加工：

1)SHA1、SHB1、SHC1 级管道的管子，应采用机械方法加工；

2)不锈钢管、有色金属管道应符合 GB 50517—2010 第 6.1.3 条的要求；

3)除本条第 1)款、第 2)款外其他管道的管子，当采用氧乙炔焰或等离子切割时，切割后应除去表面的氧化皮、熔渣及影响焊接质量的表面层。

(2)非机械方法加工的管道焊接接头坡口应按下列规定进行渗透检测，合格标准应符合国家现行标准《承压设备无损检测 第 5 部分 渗透检测》JB/T 4730.5 的 I 级。

1)铬钼合金钢管道 100% 检测；

2)标准抗拉强度下限值大于或等于 540MPa 管道 100% 检测；

3)设计温度低于 -29℃ 的非奥氏体不锈钢管道抽检数量应为 5% 且不得少于 1 个。

(3)壁厚相同的管道组成件组对，应使内壁平齐，其错边量应为壁厚的 10%，且不应大于 2mm。

(4)壁厚不同的管道组成件组对，管道的内壁差或外壁差大于 2.0mm 时，应按图 23-1-1的要求加工。

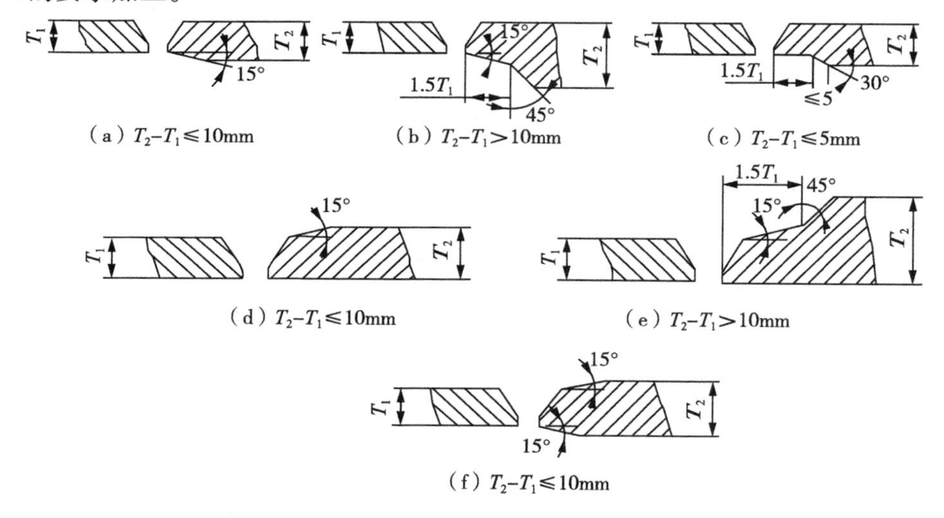

图 23-1-1 不同壁厚管子和管件加工

注：用于管件时如受长度条件限制，图(a)、(d)和(f)中的 15°角允许改用 30°角。

(5)管道组对时应在距焊口中心 200mm 处测量直线度 a(图 23-1-2)，当管子公称直径小于 100mm 时，允许偏差为 1.0mm，当管子公称直径大于或等于 100mm 时，允许偏差为 2.0mm，管段全长允许偏差不得超过 10mm。

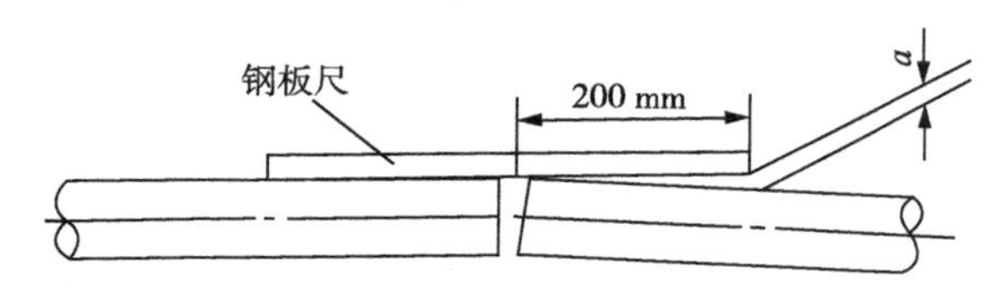

图 23-1-2 管道对口直线度测量示意

(6)对于高压管道的管子、管件当采用焊接连接焊缝覆盖坡口宽时，管端加工与装配应符合表 23-1-9 规定。

表 23－1－9　管端加工

坡口及焊缝形式	公称压力 PN	公称直径 DN	管子规格	壁厚	间隙	钝边	焊缝边宽	焊缝余高	底层焊缝高	坡口角度		增长量
	MPa	mm	$D_H \times s$	s	a	b	c_1	c_2	H	α_1	α_2	δ
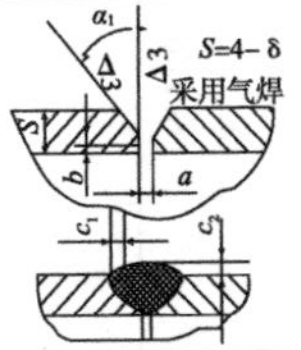	32.0	6	14×4	4	2.0	1	1.5	1	—	40°+5°	—	2.5
		10	24×6	6	2.5	1	1.5	1	—	40°+5°	—	2
	22.0	6	14×4	4	2.0	1	1.5	1	—	40°+5°	—	2.5
		10	24×6	6	2.5	1	1.5	1	—	40°+5°	—	2
		15	24×4.5	4.5	2	1	1.5	1	—	40°+5°	—	2
		25	35×6	6	2.5	1	1.5	1	—	40°+5°	—	2
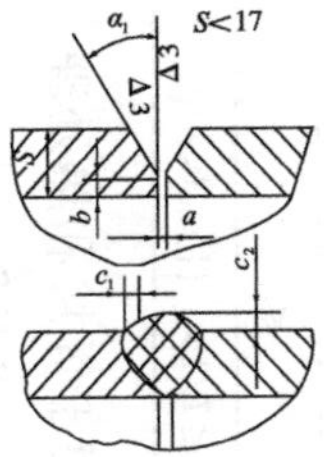	32.0	15	35×9	9	2.5	1.5	2	2	—	30°±2.5°	—	1.5
		25	43×10	10	2.5	1.5	2	2	—	30°±2.5°	—	1.5
		32	49×10	10	2.5	1.5	2	2	—	30°±2.5°	—	2
		40	68×13	13	3.0	1.5	2	2	—	30°±2.5°	—	2
		50	83×15	15	2.5	1.5	2	2	—	38°±2.5°	—	2.5
		32	43×7	7	2.5	1.5	2	2	—	30°±2.5°	—	1.5
		40	57×9	9	2.5	1.5	2	2	—	30°±2.5°	—	2
		50	68×10	10	2.5	1.5	2	2	—	30°±2.5°	—	2.5
		65	83×11	11	3.0	1.5	2	2	—	30°±2.5°	—	3.5
		80	102×14	14	3.0	1.5	2	2	—	30°±2.5°	—	4
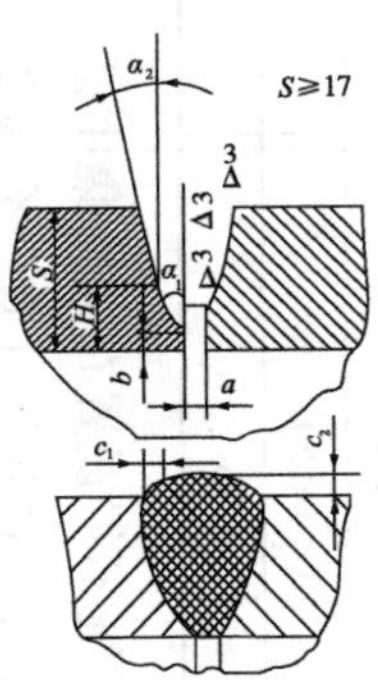	32.0	65	102×17	17	3.5	1.5	3	3	6	30°+5°	25°+2.5°	2.5
		80	127×21	21	3.5	1.5	3	3	7	30°+5°	25°+2.5°	4
		100	159×28	28	3.5	1.5	3	3	9	30°+5°	25°+2.5°	5.5
		(125)	168×28	28	3.5	1.5	3	3	9	30°+5°	25°+2.5°	4
		125	180×30	30	3.5	1.5	3	3	10	30°+5°	25°+2.5°	6
		150	219×35	35	3.5	1.5	3	3	12	30°+5°	25°+2.5°	6
		200	273×40	40	3.5	1.5	3	3	13	30°+5°	25°+2.5°	9
	22.0	100	127×17	17	3.5	1.5	3	3	6	30°+5°	25°+2.5°	4.5
		125	159×20	20	3.5	1.5	3	3	7	30°+5°	25°+2.5°	4.5
		150	180×22	22	3.5	1.5	3	3	7	30°+5°	25°+2.5°	4.5

注：图中坡口加工光洁度 12.5，相当于新标准中粗糙度 $Ra25$。

(7)其他坡口形式可参见本手册第四篇《相关标准》中的现行国家标准《气焊、焊条电弧焊、气体保护焊和高能束焊的推荐坡口》(GB/T 985.1—2008)。

第二节　管道的焊接

一、碳素钢及合金钢的焊接

(一)焊前准备

1. 焊件的切割和坡口加工应符合下列规定:

(1)碳钢及碳锰钢坡口加工可采用机械方法或火焰切割方法。

(2)低温镍钢和合金钢坡口加工宜采用机械加工方法。

(3)不锈钢坡口加工应采用机械加工或等离子切割方法。

(4)采用等离子弧、氧乙炔焰等热加工方法加工坡口后,应除去坡口表面的氧化皮、熔渣及影响接头质量的表面层,并应将凹凸不平处打磨平整。

(5)不锈钢复合钢的切割和坡口加工宜采用机械加工法。若用热加工方法时,宜采用等离子切割方法。热加工切割和加工坡口时的熔渣不得溅落在复层表面上。

2. 焊件组对前及焊接前,应将坡口及内外侧表面不小于20mm范围内的杂质、污物、毛刺和镀锌层等清理干净,并不得有裂纹、夹层等缺陷。

3. 除设计规定需进行冷拉伸或冷压缩的管道外,焊件不得进行强行组对。

4. 管子或管件对接焊缝组对时,内壁错边量不应超过母材厚度的10%,且不应大于2mm。

5. 设备、卷管对接焊缝组对时,错边量应符合表23-2-1及下列规定:

(1)只能从单面焊接的纵向和环向焊缝,其内壁错边量不应大于壁厚的25%,且不应超过2mm。

(2)当采用气电立焊时,错边量不应大于母材厚度的10%,且不大于3mm。

(3)复合钢板组对时,应以复层表面为基准,错边量不应大于钢板复层厚度的50%,且不大于1mm。

表23-2-1　设备、卷管对接焊缝组对时的错边量　mm

焊件接头的母材厚度 T	错边量	
	纵向焊缝	环向焊缝
$T \leq 12$	$\leq T/4$	$\leq T/4$
$12 < T \leq 20$	≤ 3	$\leq T/4$
$20 < T \leq 40$	≤ 3	≤ 5
$40 < T \leq 50$	≤ 3	$\leq T/8$
$T > 50$	$\leq T/16$,且≤ 10	$\leq T/8$,且≤ 20

6. 焊缝不得设置在应力集中区,应便于焊接和热处理。

7. 坡口形式和尺寸宜符合表23-1-1和表23-1-2和现行国家标准《气焊、焊条电弧焊、气体保护焊和高能束焊的推荐坡口》GB/T 985.1、《埋弧焊的推荐坡口》GB/T 985.2、《复合钢的推荐坡口》GB/T 985.4的规定。

8. 不等厚对接焊件组对时，薄件端面应位于厚件端面之内。当内壁错边量大于第 4 条、第 5 条规定或外壁错边量大于 3mm 时，应按图 23 –1 –1 进行加工修整。

(二)焊接工艺要求

1. 焊接材料的选用应按照母材的化学成分、力学性能、焊接性能、焊前预热、焊后热处理、使用条件及施工条件等因素综合确定，并应符合下列规定：

(1)焊接材料的焊接工艺性能应良好。

(2)焊缝的使用性能应符合国家现行有关标准和设计文件的规定。

(3)同种钢焊接时，应符合下列规定：

1)焊缝金属的力学性能应高于或等于相应母材标准规定的下限值。

2)铬、钼耐热钢应选用与母材化学成分相当的焊接材料。焊缝金属的铬、钼含量不应低于相应母材标准规定的下限值。

3)低温钢应选用与母材的使用温度相适应的焊接材料。含镍低温钢焊缝金属的含镍量应与母材相近或稍高。

4)高合金钢宜选用与母材合金系统相同的焊接材料。耐热耐蚀高合金钢可选用镍基焊接材料。

5)用生成奥氏体焊缝金属的焊接材料焊接非奥氏体母材时，应考虑母材与焊缝金属膨胀系数不同而产生的应力作用。

(4)异种钢焊接时，应符合下列规定：

1)当两侧母材均为非奥氏体钢或均为奥氏体钢时，可根据强度级别较低或合金含量较低一侧母材或介于两者之间选用焊接材料。

2)当两侧母材之一为奥氏体钢时，应选用 25Cr –13Ni 型或含镍量更高的焊接材料。当设计温度高于 425℃时，宜选用镍基焊接材料。

(5)复合钢焊接时，基层和复层应分别按照基层和复层母材选用相应的焊接材料，过渡层应选用 25Cr –13Ni 型或含镍量更高的焊接材料。

(6)常用碳素钢及合金钢焊接材料和异种钢焊接材料可按本章第四节表 23 –4 –18 和表 23 –4 –19 选用。

(7)埋弧焊时，选用的焊剂应与母材和焊丝相匹配。

2. 定位焊缝应符合下列规定：

(1)定位焊缝应由持相应合格项目的焊工施焊。

(2)定位焊缝焊接时，应采用与工程正式焊接相同的焊接工艺。

(3)定位焊缝的长度、厚度和间距的确定，应能保证焊缝在正式焊接过程中不开裂。

(4)在根部焊道焊接前，应对定位焊缝进行检查，当发现缺陷时．应处理后方可施焊。

(5)与母材焊接的工卡具其材质宜与母材相同或为同一类别号，其焊接材料宜采用与母材相同或为同一类别号。拆除工卡具时不应损伤母材。拆除后应确认无裂纹并将残留焊疤打磨修整至与母材表面齐平。

(6)复合钢定位焊时，定位焊缝宜焊在基层母材坡口内，且采用与焊接基层金属相同的焊接材料。

3. 不得在坡口之外的母材表面引弧和试验电流，并应防止电弧擦伤母材。

4. 对含铬量大于或等于 3% 或合金元素总含量大于 5% 的焊件，采用钨极惰性气体保护电弧焊或熔化极气体保护电弧焊进行根部焊接时，焊缝背面应充氩气或其他保护气体，或应采取其他防止背面焊缝金属被氧化的措施。

5. 焊接时应采取合理的施焊方法和施焊顺序。

6. 焊接过程中应保证起弧和收弧处的质量，收弧时应将弧坑填满。多层多道焊接头应错开。

7. 管子焊接时，管内应防止穿堂风。

8. 除工艺或检验要求需分次焊接外，每条焊缝宜一次连续焊完。当因故中断焊接时，应根据工艺要求采取保温缓冷或后热等防止产生裂纹的措施。再次焊接前应检查焊道表面，确认无裂纹后，方可按原工艺要求继续施焊。

9. 需预拉伸或预压缩的管道焊缝，组对时所使用的工卡具应在整个焊缝焊接及热处理完毕并经检验合格后方可卸载。

10. 第一层焊缝和盖面层焊缝不宜采用锤击消除残余应力。

11. 对进行双面焊的焊件，应清理焊根，并应显露出正面打底的焊缝金属。清根后的坡口形状，应宽窄一致。

12. 低温钢、奥氏体不锈钢、双相不锈钢、耐热耐蚀高合金钢以及奥氏体与非奥氏体异种钢接头焊接时应符合下列规定：

(1)应在焊接工艺文件规定的范围内，在保证焊透和熔合良好的条件下，采用小电流、短电弧、快焊速和多层多道焊工艺，并应控制道间温度。

(2)对抗腐蚀性能要求高的双面焊焊缝，除双相不锈钢焊缝外，与腐蚀介质接触的焊层应最后施焊。

(3)22Cr－5Ni－3Mo、25Cr－7Ni－4Mo 型双相不锈钢采用钨极惰性气体保护电弧焊时，宜采用 98% Ar＋2% N_2 的混合保护气体。

13. 奥氏体钢与非奥氏体钢的焊接，当焊件厚度较大时，可采用堆焊隔离层的方法，隔离层的厚度应不小于 4mm。

14. 复合钢焊接应符合下列规定：

(1)复合钢的焊接宜按基层焊缝、过渡层焊缝、复层焊缝的焊接顺序进行。

(2)不得采用碳钢和低合金钢焊接材料在复层母材、过渡层焊缝和复层焊缝上施焊。

(3)焊接过渡层时，宜选用小的焊接线能量。

(4)在焊接复层前，应将落在复层坡口表面上的飞溅物清理干净。

15. 对奥氏体不锈钢、双相不锈钢焊缝及其附近表面应按设计规定进行酸洗、钝化处理。

16. 螺柱焊的焊接应符合下列规定：

(1)焊接工艺参数应根据焊接工艺评定确定，不得任意调节。

(2)每个工作日(班)施工作业前，应在厚度和性能与构件相近的试件上先试焊 2 个焊钉，并应进行外观检验和弯曲试验，合格后再进行正式焊接。

(3)螺柱焊施焊完毕，应将焊钉焊缝上的焊渣或剩余瓷环全部清除。

17. 公称尺寸大于或等于 600mm 的管道和设备，宜在内侧进行根部封底焊。

18. 当有下列情况之一时，管道或设备的焊缝底层应采用钨极惰性气体保护电弧焊或能保证底部焊接质量的其他焊接方法或工艺：

(1)公称尺寸小于 600mm，且设计压力大于或等于 10MPa、或设计温度低于－20℃的管道；

(2)对内部清洁度要求较高及焊接后不易清理的管道或设备。

(三)焊前预热及焊后热处理

1. 焊前预热及焊后热处理应根据钢材的淬硬性、焊件厚度、结构刚性、焊接方法、焊接环境及使用条件等因素综合确定。焊前预热及焊后热处理要求应在焊接工艺文件中规定，并应经焊接工艺评定验证。

2. 焊前预热应符合设计文件的规定。常用钢种的最低预热温度应符合表 23 －2 －2 的规定。

表 23 －2 －2　常用钢种的最低预热温度

母材类别(公称成分)	焊件接头母材厚度 *T*/mm	母材最小规定抗拉强度/MPa	最低预热温度/℃
碳钢(C)、 碳锰钢(C－Mn)	≥25	全部	80
	<25	>490	80
合金钢(C－Mo、Mn－Mo、 Cr－Mo)Cr≤0.5%	≥13	全部	80
	<13	>490	80
合金钢(Cr－Mo) 0.5%<Cr≤2%	全部	全部	150
合金钢(Cr－Mo) 2.25%≤Cr≤10%	全部	全部	175
马氏体不锈钢	全部	全部	150
低温镍钢(Ni≤4%)	全部	全部	95

3. 当焊件温度低于 0℃时，所有钢材的焊缝应在始焊处 100mm 范围内预热至 15℃以上。

4. 焊前预热的加热范围应以焊缝中心为基准，每侧不应小于焊件厚度的 3 倍，且不应小于 100mm。

5. 要求焊前预热的焊件，其道间温度应在规定的预热温度范周内。碳钢和低合金钢的最高预热温度和道间温度不宜大于 250℃，奥氏体不锈钢的道间温度不宜大于 150℃。

6. 焊后热处理应符合设计文件的规定。当无规定时，管道的焊后热处理应符合现行国家标准《工业金属管道工程施工规范》GB 50235 中的有关规定；设备的焊后热处理应符合国家现行标准《压力容器焊接规程》NB/T 47015 的有关规定。

7. 对有抗应力腐蚀要求的焊缝，应进行焊后热处理。

8. 非奥氏体异种钢焊接时，应按焊接性较差的一侧钢材选定焊前预热和焊后热处理温度，但焊后热处理温度不应超过另一侧钢材的下临界点。调质钢焊缝的焊后热处理温度应低于其回火温度。

9. 焊后热处理的方式应符合下列规定：

(1)现场设备的焊后整体热处理宜采用炉内整体加热、炉内分段加热、炉外整体和分段加热等方法；现场设备分段组焊的环缝、管道焊缝以及焊接返修后的热处理，宜采用局部加热方法。

(2)炉内分段加热时，加热各段重叠部分长度不应少于 1500mm。炉外部分的设备应采取防止产生有害温度梯度的保温措施。

(3)采用局部加热热处理时，加热带应包括焊缝、热影响区及其相邻母材。焊缝每侧加热范围不应小于焊缝宽度的 3 倍，加热带以外 100mm 的范围应进行保温。

10. 炉外整体热处理和局部加热热处理的保温材料和保温层厚度应符合设计文件、相关标准和热处理工艺文件的规定。保温层应紧贴焊件表面，接缝应严密。多层保温时，各层接缝应错开。在热处理过程中，保温层不得松动、脱落。

11. 焊前预热及焊后热处理过程中，焊件内外壁温度应均匀。管道后热及焊后热处理宜采用电加热法。

12. 焊前预热及焊后热处理时，应测量和记录其温度，测温点的部位和数量应合理，测温仪表应经检定合格。

13. 热处理温度在整个热处理过程中应连续自动记录，记录图表上应能区分每个测温点的数值。热处理过程中应防止热电偶与焊件接触松动。

14. 对易产生焊接延迟裂纹的钢材，焊后应立即进行焊后热处理。当不能立即进行焊后热处理时，应在焊后立即均匀加热至200～350℃，并进行保温缓冷。保温时间应根据后热温度和焊缝金属的厚度确定，不应小于30min。其加热范围不应小于焊前预热的范围。

15. 焊后热处理的加热速度及冷却速度应符合下列规定：

(1)当加热温度升至400℃时，加热速度不应大于$(205\times25/t)$℃/h（t为焊件焊后热处理的厚度，下同)，且不得大于205℃/h。

(2)恒温期间最高与最低温差应小于65℃。

(3)恒温后的冷却速度不应超过$(260\times25/t)$℃/h，且不得大于260℃/h，400℃以下可自然冷却。

16. 奥氏体不锈钢复合钢不宜进行焊后热处理。对耐晶间腐蚀要求较高的设备，当基层需要热处理时，宜在热处理后再焊接复层焊缝。

二、钛及钛合金的焊接

(一)焊前准备

1. 焊接材料的选用应符合下列规定：

(1)焊缝金属的力学性能不应低于相应母材退火状态标准规定的下限值，焊接工艺性能应良好，焊缝的使用性能应符合国家现行有关标准和设计文件的规定。

(2)焊丝的化学成分应与母材相当。

(3)当对焊缝有较高塑性要求时，应采用纯度比母材高的焊丝。

(4)不同牌号的钛材焊接时，应按耐蚀性能较好或强度级别较低的母材选择焊丝。

(5)不得从所焊母材上裁条充当焊丝。

(6)保护气体应选用氩气、氦气或氩和氦的混合气。

2. 钨极直流氩弧焊时，钨极直径应按所使用的焊接电流大小进行选择，其端部应修磨成圆锥形(图23－2－1)。在焊接过程中，钨极的端部应始终保持圆锥状。

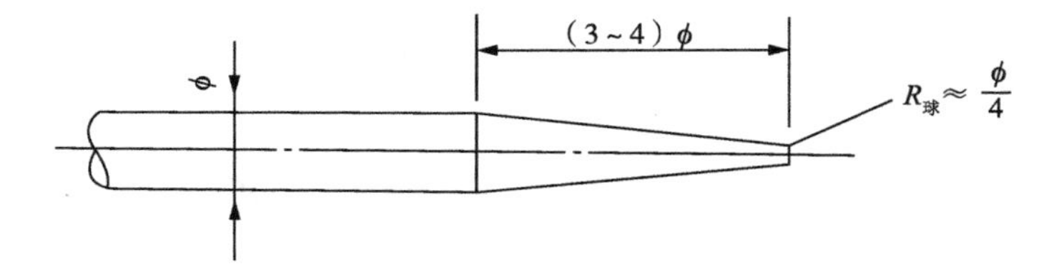

图23－2－1　钨极端部形状和尺寸

3. 坡口形式和尺寸宜符合本章第一节中表23－1－6规定。

4. 坡口加工应采用机械加工的方法。加工后的坡口表面应平整、光滑，不得有裂纹、分层、夹杂、毛刺、飞边和氧化色。坡口表面应呈银白色金属光泽。

5. 焊件组对和施焊前，坡口及焊丝的清洗应符合下列规定：

(1)可根据表面污染程度选用脱脂、机械清理或化学清洗法。

(2)当进行机械清理时，应清除坡口及其两侧20mm范围内的内外表面及焊丝表面的油污，并应用奥氏体不锈钢细锉、丝刷、硬质合金铰刀等机械方法清除氧化膜、毛刺或表面缺陷。清理工具应专用，并应保持清洁。

经机械清理后的表面，焊接前应使用不含硫的丙酮或乙醇进行脱脂处理，不得使用三氯乙烯、四氯化碳等氯化物溶剂。不得将棉质纤维附于坡口表面。

(3)当采用酸洗溶液清除焊接坡口表面的氧化膜时，酸洗后，应用清水冲洗并用丝布擦干；酸洗后的焊接坡口表面应呈现银白色。

(4)焊丝应保持清洁、干燥，施焊前应切除端部已被氧化的部分。当焊丝表面出现氧化现象时，应进行化学清洗。

(5)清理干净的焊丝和焊件应保持干燥并加以保护，焊前不得沾污，不得用手触摸焊接部位，否则应重新进行清理。

(6)坡口及焊丝清理后应及时焊接。当清理后4h仍未焊接时，焊前应重新进行清理。

6. 管道对接焊缝组对时，内壁错边量不应超过母材厚度的10%，且不应大于1mm。

7. 不等厚对接焊件组对时，薄件端面应位于厚件端面之内。当内壁错边量大于第6条、第7条的规定或外壁错边量大于3mm时，应按本章第一节“二、管道常用焊接接头形式及坡口类型”中第2条(2)款和图23－1－1的规定进行加工。

8. 当采用钢质工装器具组对时，应采取防止铁离子对钛材污染的措施。

9. 定位焊缝应采用评定合格的焊接工艺，应由合格焊工施焊，焊缝长度宜为10mm～15mm，高度不应超过壁厚的2/3，定位焊间距应根据焊件尺寸和壁厚确定。定位焊缝不得有裂纹、气孔、夹渣及氧化变色等缺陷，当发现缺陷时应及时消除。

(二)焊接工艺要求

1. 钛及钛合金钨极惰性气体保护电弧焊应采用直流电源、正接法。

2. 管道焊接位置宜采用水平转动平焊。

3. 钛及钛合金的焊接不宜进行焊前预热。多层焊缝道间温度应低于100℃。必要时可采用铜垫板冷却。

4. 在保证熔透及成形良好的条件下，应选用小线能量焊接。

5. 焊接熔池及焊接接头的内外表面焊接区域，应采取下列保护措施：

(1)应采用焊炬喷嘴保护熔池，喷出的氩气应保持稳定的层流状态。

(2)应采用焊炬拖罩或全罩保护热态焊缝及其热影响区，焊炬拖罩的形式应根据焊件形状和尺寸确定。公称尺寸小于或等于50mm的管道，宜采用全罩保护。

(3)应采用保护气体或铜垫板保护焊缝及近缝区的背面。当采用气体保护时，保护区域应提前充气，排净空气，并应保持微弱的正压和呈流动状态。

6. 焊接时应采用高频引弧，焊炬应提前送气；熄弧时应采用电流衰减装置和气体延时保护装置。弧坑应填满，并应防止大气污染。

7. 焊接过程中，焊丝的加热端应处于保护气体的保护之中，熄弧后焊丝不应立即暴露在大气中，应在焊缝脱离保护时同时取出；当焊丝被污染或氧化变色时，其污染或氧化变色的部分应予切除。

8. 一条焊缝应一次焊完，当中途停焊后重新焊接时，应重叠10～20mm。弧坑应填满，接弧处应熔合焊透。

9. 焊接过程中电弧应保持稳定。当多层焊过程中产生的夹钨或超标氧化、裂纹等缺陷时，应按本节“(一)焊前准备”中第5条的要求清理干净后，再继续施焊。

10. 焊接时不得采用对已污染的焊缝重新熔化焊接来改善焊缝外观的方法消除氧化色。

11. 钛及钛合金不宜进行焊后热处理。当设计文件有热处理要求时，应在焊缝检验合格后进行。

12. 焊接时应采用合理的焊接顺序、施焊方法或刚性固定，并应减少焊接变形和应力。

三、镍及镍合金的焊接

(一)焊前准备

1. 镍及镍合金焊接材料的选用应符合下列规定：

(1)焊缝金属的力学性能不应低于相应母材退火状态或固溶状态标准规定的下限值，焊接工艺性能应良好，焊缝的使用性能应符合国家现行有关标准和设计文件的规定。

(2)同种镍材的焊接，应选用和母材合金系列相同的焊接材料。

(3)异种镍材及镍材与奥氏体钢之间的焊接，应按耐蚀性能较好的母材以及线膨胀系数与母材相近的原则选用焊接材料。

(4)镍及镍合金焊接材料宜按本章第四节中表23－4－20和表23－3－21选用。

(5)惰性气体保护电弧焊时，保护气体应选用氩气、氦气或氩和氦的混合气。

2. 坡口加工应符合下列规定：

(1)坡口应选用大角度和小钝边的形式，坡口形式和尺寸宜符合本章第一节中表23－1－7的规定。

(2)焊件切割及坡口加工宜采用机械方法，当采用等离子切割时，应清理其加工表面。

3. 焊件组对和施焊前，应对坡口两侧各20mm范围内进行清理。油污可用蒸汽脱脂；对不溶于脱脂剂的油漆和其他杂物，可用氯甲烷、碱等清洗剂清洗；标记墨水可用甲醇清除；被压入焊件表面的杂物可用磨削、喷丸或10%盐酸溶液清洗。清理完后，应用水冲净，干燥后方能焊接。

4. 管道对接焊缝组对时，内壁错边量不应大于0.5mm。

5. 不等厚对接焊件组对时，薄件端面应位于厚件端面之内。当内壁错边量大于第4条和第5条的规定或外壁错边量大于3mm时，应按本章第一节“二、管道常用焊接接头形式及坡口类型”中第2条(2)款和图23－1－1的规定进行加工。

6. 定位焊缝应符合下列规定：

(1)定位焊应采用经评定合格的焊接工艺，并应由合格焊工施焊。

(2)采用钨极惰性气体保护电弧焊进行定位焊时，焊缝背面应进行充氩气或其他气体保护。

(3)管道对接定位焊缝的长度宜为10～15mm，厚度不应超过壁厚的2/3；

7. 定位焊缝应焊透及熔合良好，并应无气孔、夹渣等缺陷。

8. 定位焊缝应平滑过渡到母材，并应将焊缝两端磨削成斜坡。

9. 定位焊缝应均匀分布。正式焊接时，起焊点应在两定位焊缝之间。

（二）焊接工艺要求

1. 镍及镍合金管的底层焊道焊接时，宜采用钨极惰性气体保护电弧焊方法。当含铬或含钼的镍合金焊接接头要求有良好的耐晶间腐蚀性能时，应采用钨极惰性气体保护电弧焊、熔化极惰性气体保护电弧焊或焊条电弧焊方法。

2. 焊接应采用小线能量、窄焊道和保持电弧电压的稳定，并应采用短弧不摆动或小摆动的操作方法。

3. 焊缝多层焊时，宜采用多道焊。底层焊道完成后，应采用放大镜检查焊道表面。每一焊道完成后均应彻底清除焊道表面的熔渣，并应消除各种表面缺陷。各层焊道的接头应错开。

4. 当焊件温度低于15℃时，应对焊缝两侧各300mm范围内加热至15℃～20℃，并应热透。对拘束度大的厚壁焊件，宜采取预热措施。道间温度应小于100℃。

5. 当采用钨极惰性气体保护电弧焊方法焊接底层焊道时，焊缝背面应采取充氩气或其他气体保护措施。焊接过程中，焊丝的加热端应置于保护气体中。

6. 焊件表面不得有电弧擦伤，并不得在焊件表面引弧和熄弧。当焊接熄弧时应填满弧坑，并应磨去弧坑缺陷。

7. 当焊接小直径管子时，宜采取在焊缝两侧加装冷却铜块或用湿布擦拭焊缝两侧等冷却措施。

8. 双面焊时，背面清根应采用机械方法。

9. 焊接完毕后，应及时将焊缝表面的熔渣及表面飞溅物清理干净。

10. 镍及镍合金不宜进行焊后热处理。当设计文件要求进行焊后热处理时，应在焊缝检验合格后进行。

四、石油化工低温钢的焊接

（一）焊接工艺

1. 一般要求

（1）石油化工低温钢的焊接应符合国家现行标准《石油化工低温钢焊接规程》SH/T 3525的规定。

（2）焊接应由合格焊工按照经评定合格的焊接工艺进行焊接，并应在其施焊焊缝邻近区域标识识别代号，但不得敲打钢印。

（3）焊接设备及辅助装备等应安全可靠，并处于完好状态，计量仪器、仪表应在检定校准有效期内。

（4）防止地线、电缆线、焊钳与焊件打弧。

（5）母材表面的缺陷应进行修理，修理处应平滑。消除缺陷的深度不应超过材料标准规定的负偏差。

（6）表面修理时应将缺陷清除干净，必要时可采用表面无损检测确认。

（7）母材修补工艺应采用评定合格的工艺，如需预热，预热温度应取上限。

（8）焊接环境出现下列任一情况时，应采取有效防护措施，否则不得施焊。

a）气体保护焊时风速大于2m/s；

b）其他焊接方法时风速大于8m/s；

c)相对湿度大于90%；

d)雨雪环境；

e)焊件温度低于0℃。

2. 预热

(1)焊前预热应根据母材的化学成分、焊接性能、焊件厚度、焊接接头的拘束程度、焊接方法等综合考虑，必要时通过试验确定。常用钢号推荐的预热温度见表23-2-3。

表23-2-3　常用钢号推荐的预热温度

钢号或公称成分	厚度/mm	预热温度/℃
16MnD、09MnNiD、16MnDR、09MnNiDR、15MnNiDR	≥30	≥50
20MnMoD、08MnNiCrMoVD、10Ni3MoVD	任意厚度	≥100
3.5Ni	任意厚度	≥100
07MnNiCrMoVDR	16~30	≥60
	>30~40	≥80
	>40~50	≥100
5Ni、8Ni、9Ni	任意厚度	≥10

(2)异种钢焊接接头预热温度按预热温度要求较高的母材确定，且不低于该母材要求预热温度的下限。

(3)局部预热时，预热的范围为焊缝两侧各不小于焊件厚度的三倍(见图23-2-2)且不小于100 mm。加热区以外100mm范围内应予保温。

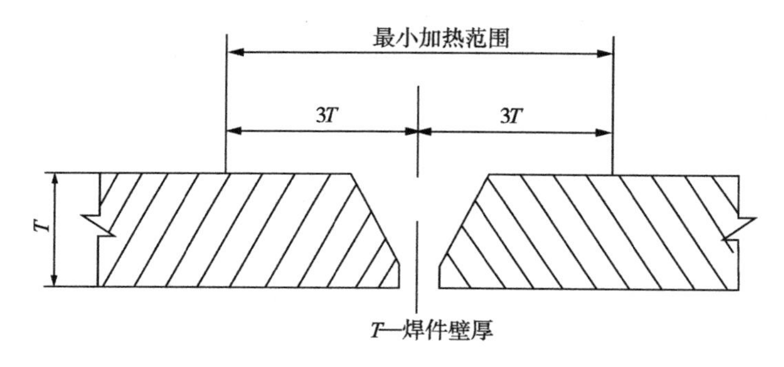

图23-2-2　预热加热范围示意

(4)预热方法宜采用电加热法。预热过程应保证坡口两侧沿壁厚均匀受热，并防止局部过热。

(5)预热温度在距焊缝中心50~100mm3T处进行测量，测量点应均匀分布。

3. 焊接

(1)引弧应在引弧板或坡口内引弧，不得在非焊接部位引弧。收弧弧坑应填满。

(2)在焊接工艺评定所确认的焊接线能量范围内，宜选择较小的焊接线能量。焊条电弧焊时，焊条不宜摆动，采用窄焊道多层多道施焊。

(3)设备或容器对接接头焊缝余高应不大于壁厚的10%，且不大于3mm：管道对接接头焊缝余高应不大于壁厚的10%加1mm。角焊缝应圆滑过渡，不允许向外凸起，否则应进行打磨处理。

(4)低温钢单面焊底层焊道应采用钨极氩弧焊，必要时在背面充氩保护或采用其他背面保护措施。

(5)铬镍奥氏体不锈钢底层焊道的焊接采用钨极氩弧焊，其余焊道可采用钨极氩弧焊、熔化极气体保护焊或焊条电弧焊。采用氩弧焊打底焊接时，焊缝背面应充氩气或其他保护气体防止背面焊缝金属被氧化的措施或采用药芯焊丝钨极氩弧焊焊接。

在保证焊透和熔合良好的条件下，应采用小电流、短电弧、快焊速和多层多道焊工艺，并应控制层间温度在100℃以下，采用钨极氩弧焊焊接时，焊丝前端应置于保护气体中。管子焊接时，管内应防止穿堂风。

(6)采用多层焊时，施焊过程应控制层间温度。各层焊道的接头应错开30～50mm，接弧处应保证熔合。双面焊宜清理焊根，并经渗透检测合格。

(7)有预热要求的焊接接头，焊缝宜一次焊完，施焊过程层间温度不得低于预热温度，中断焊接时，应及时采取后热措施。重新施焊时，仍需按规定进行预热。

(8)引弧板、引出板不得锤击拆除。

(二)焊接检验

1. 外观检验

(1)焊后应对焊缝进行外观检查，检查前应将焊缝表面上的熔渣、飞溅等清理干净。

(2)焊缝外观应符合下列规定；

a)焊缝与母材圆滑过渡；

b)焊接接头表面不允许有裂纹；

c)焊缝表面不得有气孔、夹渣、弧坑、未填满等缺陷；

d)焊缝不得有咬边。

(3)对接焊缝的余高及角焊缝的焊脚尺寸应符合相应的技术标准的要求。

2. 无损检验

(1)压力容器焊接接头无损检测方法和缺陷评定应符合国家现行标准《承压设备无损检测》(JB 4730.1～4730.6)的规定，其要求和合格标准应执行GB 150的规定。

(2)低温管道的焊接接头进行100%的射线检测，射线检测按国家现行标准《承压设备无损检测 第2部分：射线检测》JB 4730.2进行焊缝内部质量评定，Ⅱ级合格；采用超声波检测时，Ⅰ级合格。

(3)低温储罐的焊接接头无损检测要求执行国家现行标准《立式圆筒形低温储罐施工技术规程》SH/T 3537的规定。

3. 焊缝返修

(1)焊缝表面不允许的缺陷应用砂轮打磨，打磨部位应与母材圆滑过渡。消除缺陷的深度，不应低于母材表面，否则应进行补焊。

(2)焊缝返修工艺应执行原工艺或经评定合格的工艺。

(3)要求焊后热处理的焊缝，返修应在热处理前进行。若热处理后发生返修，则返修后应重新进行热处理。

(4)焊缝内部缺陷可采用砂轮打磨或碳弧气刨清除，并修磨成宽度均匀、表面平整、便于施焊的凹槽，且两端有一定坡度。

(5)返修部位的焊缝应按原检测方法及合格标准重新进行检测。

(6)焊缝同一部位的返修次数不宜超过两次，二次以上返修时，应经单位或项目技术负责人批准。返修次数、部位和返修工艺应有记录。

(三)焊后热处理

1. 一般规定

(1)若设计文件无规定，当焊件厚度等于或大于16mm时，应进行焊后热处理，推荐的焊后热处理条件见表23－2－4。

表23－2－4　推荐的焊后热处理条件

钢号或公称成分	热处理厚度 T/mm	焊后热处理温度/℃	最少保温时间/h	按厚度确定的最少保温时间
16MnR　16MnDR	≥16	600～640	1/4	T/25 h
09MnNiDR　15MnNiDR		540～580	1/4	
3.5Ni		593～635	1	1.2mm/min
5Ni	≥50	552～585	1	24mm/min
8Ni				
9Ni				

(2)焊后热处理可采用整体热处理方法，也可采用局部热处理方法，并优先采用电加热法。

(3)不同厚度焊件组成的焊接接头，热处理温度应按薄者确定。对有回火脆性的低温钢，应慎重选择热处理温度和加热速度。异种钢的焊后热处理，应按国家现行标准《石油化工异种钢焊接技术规程》SH/T 3526规定执行。

(4)容器采用局部热处理时，焊缝每侧加热宽度不小于钢材厚度的2倍：接管与壳体相焊处加热宽度不得小于钢材厚度的6倍。靠近加热区的部位应采取保温措施，使温度梯度不致影响材料的组织和性能。

管道焊接接头局部热处理的加热范围为焊缝两侧各不少于焊缝宽度的3倍(见图23－2－3)，且不少于25mm。加热区以外100mm范围内应予以保温，且管道端口应封闭。

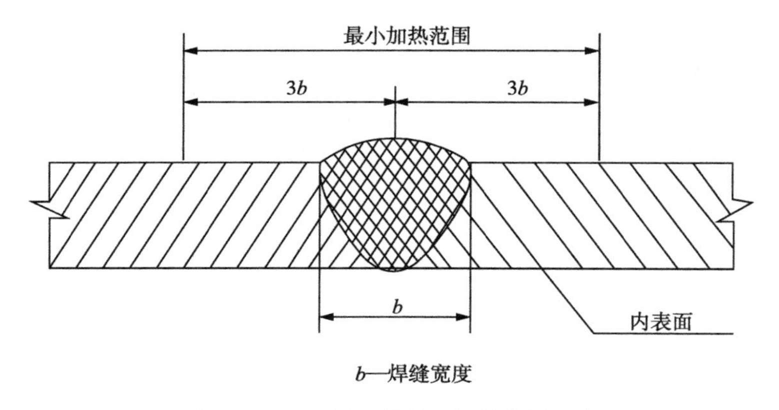

图23－2－3　焊后热处理加热范围示意

(5)热处理过程应均匀加热、准确控制温度，热处理温度以在焊件上直接测量为准，并填写热处理记录。

2. 焊后热处理工艺

(1)低温钢管道工程的焊后热处理工艺应执行国家现行标准《石油化工有毒，可燃介质钢制管道工程施工及验收规范》SH 3501 的规定。

(2)低温压力容器的焊后热处理工艺应执行国家现行标准《压力容器　第 4 部分：制造、检验和验收》GB 150.4 的规定。

(3)焊件保温期间，加热区内最高与最低温度之差宜不大于 65℃。

(4)测温方法宜采用热电偶，并用自动温度记录仪记录热处理曲线，测点数量布置符合有关规定，并应均匀分布。

(5)低温管道焊接接头的焊后热处理用硬度测定法进行检验，执行国家现行标准《石油化工有毒，可燃介质钢制管道工程施工及验收规范》SH 3501 的规定。低温压力容器用产品试板进行检验，执行国家现行标准《压力容器　第 4 部分：制造、检验和验收》GB 150.4 的规定。

第三节　管道焊接检验

(一)焊接前检查

(1)工程使用的母材及焊接材料，使用前应按本规范[1]第 4 章的规定进行检查和验收。

(2)焊接前应对焊接、热处理和工装设备进行检查、校准，并应符合本规范第 3.0.7 条的规定。

(3)焊接前应检查焊接工艺文件，并应符合本规范第 5 章的有关规定。

(4)焊接前应检查焊工资格，并应符合本规范第 6 章的有关规定。

(5)焊接前应对焊接环境进行监控，并应符合本规范第3.0.5 和第3.0.8 条的有关规定。

(6)组对前应对焊件的主要结构尺寸与形状、坡口形式和尺寸、坡口表面进行检查，其质量应符合设计文件、焊接工艺文件及本规范的有关规定。当设计文件、相关规定对坡口表面要求进行无损检测时，检测及对缺陷的处理应在施焊前完成。

(7)组对后应检查组对构件焊缝的形状、位置、错边量、角变形、组对间隙、搭接接头的搭接量和贴合、带垫板对接接头的贴合等，其质量应符合设计文件、焊接工艺文件及本规范的有关规定。

(8)焊接前应检查坡口及坡口两侧的清理质量。清理宽度及清理后的表面质量应符合本规范及焊接工艺文件的规定。

(9)焊接前应检查焊接材料的干燥及清洗质量，其质量应符合本规范第 4 章及焊接工艺文件的规定。

(10)对有焊前预热规定的焊件，焊接前应检查预热温度并记录，预热温度及预热区域宽度应符合设计文件、焊接工艺文件及本规范的有关规定。

(11)当本规范第 13.1 节规定的检查结果不符合要求时，不得施焊。

(二)焊接中间检查

(1)定位焊缝焊完后，应清除渣皮进行检查，其质量应符合本规范及焊接工艺文件的规

编者注：[1]本节中的“本规范”系指现行国家标准《现场设备、工业管道焊接工程施工规范》(GB 50236—2011)，以下同。

定。对发现的缺陷清除后，再进行焊接。

(2)对有冲击韧性要求的焊缝，施焊时应测量焊接线能量并记录，焊接线能量应符合设计文件和焊接工艺文件的规定。

(3)多层焊每层焊完后，应立即对层间进行清理，并应进行外观检查，清除缺陷后，再进行下一层的焊接。

(4)对规定进行层间无损检测的焊缝，无损检测应在外观检查合格后进行。表面无损检测应在射线检测及超声检测前进行。经检验的焊缝在评定合格后，再继续进行焊接。

(5)对道间温度有明确规定的焊缝，应检查记录道间温度，道间温度应符合焊接工艺文件的规定。

(6)对中断焊接的焊缝，继续焊接前应进行清理、检查，对发现的缺陷应进行清除，并应符合规定的预热温度后方可施焊。

(7)焊接双面焊件时应清理并检查焊缝根部的背面，清除缺陷后方可施焊背面焊缝。规定清根的焊缝，应在清根后进行外观检查及规定的无损检测，清除缺陷后方可施焊。

(8)对规定进行后热的焊缝，应检查后热温度和后热时间。后热温度、后热时间和加热区域范围应符合本规范有关规定和焊接工艺文件的规定。

(9)设计文件或相关标准规定制作产品焊接检查试件时，产品焊接检查试件的准备、焊接、试样制备和检查方法应符合设计文件和国家现行有关标准的规定。

(三)焊接后检查

(1)除设计文件和焊接工艺文件有特殊要求的焊缝外，焊缝应在焊完后立即去除渣皮、飞溅物，清理干净焊缝表面，并应进行焊缝外观检查。

(2)除设计文件和焊接工艺文件另有规定外，焊缝无损检测应在该焊缝焊接完成并经外观检查合格后进行。对有延迟裂纹倾向的材料，无损检测应在焊接完成24h后进行。对有再热裂纹倾向的接头，无损检测应在热处理后进行。

(3)应按设计文件和国家现行有关标准的规定对焊缝进行表面无损检测。磁粉检测和渗透检测应按现行行业标准《承压设备无损检测》JB/T 4730的规定进行。

(4)焊缝的内部质量应按设计文件和国家现行有关标准的规定进行射线检测或超声检测，并应符合下列规定：

1)焊缝的射线检测和超声检测应符合现行行业标准《承压设备无损检测》JB/T 4730的规定。

2)射线检测和超声检测的技术等级应符合工程设计文件和国家现行有关标准的规定。射线检测不得低于AB级，超声检测不得低于B级。

3)当现场进行射线检测时，应按有关规定划定控制区和监督区，设置警告标志。操作人员应按规定进行安全操作防护。

4)射线检测或超声检测应在被检验的焊缝覆盖前或影响检验作业的工序前进行。

(5)对焊缝无损检测时发现的不允许缺陷，应消除后进行补焊，并应对补焊处采用原规定的方法进行检验，直至合格。对规定进行抽样或局部元损检验的焊缝，当发现不允许缺陷时，应采用原规定的方法进行扩大检验。

(6)当必须在焊缝上开孔或开孔补强时，应对开孔直径1.5倍或开孔补强板直径范围内的焊缝进行射线或超声检测，确认焊缝合格后，方可进行开孔。被补强板覆盖的焊缝应磨平，管孔边缘不应存在焊接缺陷。

(7)设计文件没有规定进行射线照相检测或超声检测的焊缝，焊接检查人员应对全部焊缝的可见部分进行外观检查，当焊接检查人员对焊缝不可见部分的外观质量有怀疑时，应做进一步检验。

(8)焊缝焊后热处理检查应符合下列规定：

1)对炉内进行整体热处理的焊缝以及炉内分段局部热处理的焊缝，应检查并记录进出炉温度、升温速度、降温速度、恒温温度和恒温时间、有效加热区内最大温差、任意两测温点间的温差等参数。热处理相关参数应符合设计文件、热处理工艺文件和本规范的规定。

2)对炉外进行整体热处理的焊缝，应检查并记录升温速度、降温速度、恒温温度和恒温时间、任意两测温点间的温差等参数、测温点数量和位置。热处理相关参数应符合设计文件、热处理工艺文件和本规范的规定。

3)对进行局部加热热处理的焊缝，应检查和记录升温速度、降温速度、恒温温度和恒温时间、任意两测温点间的温差等参数和加热区域宽度。热处理参数及加热区域宽度应符合设计文件、热处理工艺文件和本规范的有关规定。

4)焊缝热处理效果应根据设计文件或国家现行有关标准规定的检查方法进行检查。炉内整体热处理的焊缝、炉内分段局部热处理的焊缝、炉外整体热处理的焊缝，应通过在相同环境条件下加热的产品焊接检查试件进行检查。局部加热热处理的焊缝应进行硬度检验。

5)当热处理效果检查不合格或热处理记录曲线存在异常时，宜通过其他检测方法进行复查与评估。

(9)当焊缝及附近表面进行酸洗、钝化处理时，其质量应符合设计文件和国家现行有关标准的规定。

(10)当对焊缝进行化学成分分析、焊缝铁索体含量测定、焊接接头金相检验、产品试件力学性能等检验时，其检验结果应符合设计文件和国家现行有关标准的规定。

(11) 焊缝的强度试验及严密度试验应在射线检测或超声检测以及焊缝热处理后进行。焊缝的强度试验及严密度试验方法及要求应符合设计文件和国家现行有关标准的规定。

(12)焊缝焊完后应在焊缝附近做焊工标记及其他规定的标记。标记方法不得对材料表面构成损害或污染。低温用钢、不锈钢及有色金属不得使用硬印标记。当不锈钢和有色金属材料采用色码标记时，印色不应含有对材料产生损害的物质。

第四节　焊接材料

一、焊条与焊丝

(一)焊条

各类焊条型号编制方法是分别根据现行国家标准《非合金钢及细晶粒钢焊条》(GB/T 5117—2012)、《热强钢焊条》(GB/T 5118—2012)和《不锈钢焊条》(GB/T 983—2012)。考虑到供需双方对原标准中焊条牌号比较熟悉，所以在下面的表格中也将其列入，以便应用。

1. 碳钢焊条

碳钢焊条型号编制方法按现行国家标准《非合金钢及细晶粒钢焊条》(GB/T 5117—2012)规定。

(1)型号划分

焊条型号按熔敷金属力学性能、药皮类型、焊接位置、电流类型、熔敷金属化学成分和焊后状态等进行划分。药皮类型的简要说明参见 GB/T 5117—2012 附录 A，不同标准之间的型号对照参见 GB/T 5117—2012 附录 B。

(2)型号编制方法

焊条型号由五部分组成：

a)第一部分用字母“E”表示焊条；

b)第二部分为字母“E”后面的紧邻两位数字，表示熔敷金属的最小抗拉强度代号，见表 23－4－1；

c) 第三部分为字母“E”后面的第三和第四两位数字，表示药皮类型、焊接位置和电流类型，见表 23－4－2；

d)第四部分为熔敷金属的化学成分分类代号，可为“无标记”或短划“—”后的字母、数字或字母和数字的组合，见表 23－4－3；

e)第五部分为熔敷金属的化学成分代号之后的焊后状态代号，其中“无标记”表示焊态，“P”表示热处理状态，“AP”表示焊态和焊后热处理两种状态均可。

除以上强制分类代号外，根据供需双方协商，可在型号后依次附加可选代号：

a)字母“U”，表示在规定试验温度下，冲击吸收能量可以达到 47J 以上，见 GB/T 5117—2012 中第 4. 5. 3 条；

b)扩散氢代号“HX”，其中 X 代表 15、10 或 5，分别表示每 100g 熔敷金属中扩散氢含量的最大值(mL)，见表 23－4－6。

(3)型号示例

示例 1：

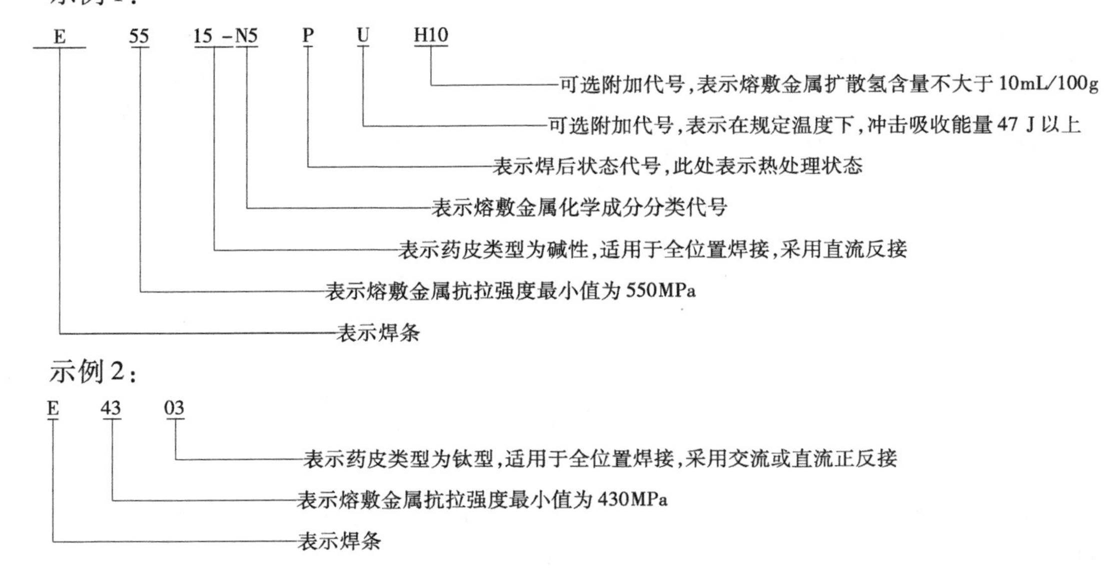

表 23－4－1　熔敷金属抗拉强度代号

抗拉强度代号	最小抗拉强度值/MPa
43	430
50	490

续表

抗拉强度代号	最小抗拉强度值/MPa
55	550
57	570

表 23－4－2　药皮类型代号

代号	药皮类型	焊接位置①	电流类型
03	钛型	全位置②	交流和直流正、反接
10	纤维素	全位置	直流反接
11	纤维素	全位置	交流和直流反接
12	金红石	全位置②	交流和直流正接
13	金红石	全位置②	交流和直流正，反接
14	金红石＋铁粉	全位置②	交流和直流正，反接
15	碱性	全位置②	直流反接
16	碱性	全位置②	交流和直流反接
18	碱性＋铁粉	全位置②	交流和直流反接
19	钛铁矿	全位置②	交流和直流正、反接
20	氧化铁	PA、PB	交流和直流正接
24	金红石＋铁粉	PA、PB	交流和直流正、反接
27	氧化铁＋铁粉	PA、PB	交流和直流正、反接
28	碱性＋铁粉	PA、PB、PC	交流和直流反接
40	不做规定	由制造商确定	
45	碱性	全位置	直流反接
48	碱性	全位置	交流和直流反接

注：①焊接位置见 GB/T 16672，其中 PA＝平焊、PB＝平角焊、PC＝横焊、PG＝向下立焊；

②此处“全位置”并不一定包含向下立焊，由制造商确定。

表 23－4－3　熔敷金属化学成分分类代号

分类代号	主要化学成分的名义含量(质量分数)/%				
	Mn	Ni	Cr	Mo	Cu
无标记、－1、－P1、－P2	1.0	—	—	—	—
－1M3	—	—	—	0.5	—
－3M2	1.5	—	—	0.4	—
－3M3	1.5	—	—	0.5	—
－N1	—	0.5	—	—	—
－N2	—	1.0	—	—	—
－N3	—	1.5	—	—	—
－3N3	1.5	1.5	—	—	—
－N5	—	2.5	—	—	—
－N7	—	3.5	—	—	—
－N13	—	6.5	—	—	—

续表

分类代号	主要化学成分的名义含量(质量分数)/%				
	Mn	Ni	Cr	Mo	Cu
-N2M3	—	1.0	—	0.5	—
-NC	—	0.5	—	—	0.4
-CC	—	—	0.5	—	0.4
-NCC	—	0.2	0.6	—	0.5
-NCC1	—	0.6	0.6	—	0.5
-NCC2	—	0.3	0.2	—	0.5
-G	其他成分				

(4)熔敷金属化学成分

焊条的熔敷金属化学成分应符合表23-4-4规定。

表23-4-4 熔敷金属化学成分

焊条型号	化学成分(质量分数)[①]/%									
	C	Mn	Si	P	S	Ni	Cr	Mo	V	其他
E4303	0.20	1.20	1.00	0.040	0.035	0.30	0.20	0.30	0.08	—
E4310	0.20	1.20	1.00	0.040	0.035	0.30	0.20	0.30	0.08	—
E4311	0.20	1.20	1.00	0.040	0.035	0.30	0.20	0.30	0.08	—
E4312	0.20	1.20	1.00	0.040	0.035	0.30	0.20	0.30	0.08	—
E4313	0.20	1.20	1.00	0.040	0.035	0.30	0.20	0.30	0.08	—
E4315	0.20	1.20	1.00	0.040	0.035	0.30	0.20	0.30	0.08	—
E4316	0.20	1.20	1.00	0.040	0.035	0.30	0.20	0.30	0.08	—
E4318	0.03	0.60	0.40	0.025	0.015	0.30	0.20	0.30	0.08	—
E4319	0.20	1.20	1.00	0.040	0.035	0.30	0.20	0.30	0.08	—
E4320	0.20	1.20	1.00	0.040	0.035	0.30	0.20	0.30	0.08	—
E4324	0.20	1.20	1.00	0.040	0.035	0.30	0.20	0.30	0.08	—
E4327	0.20	1.20	1.00	0.040	0.035	0.30	0.20	0.30	0.08	—
E4328	0.20	1.20	1.00	0.040	0.035	0.30	0.20	0.30	0.08	—
E4340	—	—	—	0.040	0.035	—	—	—	—	—
E5003	0.15	1.25	0.90	0.040	0.035	0.30	0.20	0.30	0.08	—
E5010	0.20	1.25	0.90	0.035	0.035	0.30	0.20	0.30	0.08	—
E5011	0.20	1.25	0.90	0.035	0.035	0.30	0.20	0.30	0.08	—
E5012	0.20	1.20	1.00	0.035	0.035	0.30	0.20	0.30	0.08	—
E5013	0.20	1.20	1.00	0.035	0.035	0.30	0.20	0.30	0.08	—
E5014	0.15	1.25	0.90	0.035	0.035	0.30	0.20	0.30	0.08	—
E5015	0.15	1.60	0.90	0.035	0.035	0.30	0.20	0.30	0.08	—
E5016	0.15	1.60	0.75	0.035	0.035	0.30	0.20	0.30	0.08	—
E5016-1	0.15	1.60	0.75	0.035	0.035	0.30	0.20	0.30	0.08	—

焊条型号	化学成分(质量分数)①/%									
	C	Mn	Si	P	S	Ni	Cr	Mo	V	其他
E5018	0.15	1.60	0.90	0.035	0.035	0.30	0.20	0.30	0.08	—
E5018-1	0.15	1.60	0.90	0.035	0.035	0.30	0.20	0.310	0.08	—
E5019	0.15	1.25	0.90	0.035	0.035	0.30	0.20	0.30	0.08	—
E5024	0.15	1.25	0.90	0.035	0.035	0.30	0.20	0.30	0.08	—
E5024-1	0.15	1.25	0.90	0.035	0.035	0.30	0.20	0.30	0.08	—
E5027	0.15	1.60	0.75	0.035	0.035	0.30	0.20	0.30	0.08	—
E5028	0.15	1.60	0.90	0.035	0.035	0.30	0.20	0.30	0.08	—
E5048	0.15	1.60	0.90	0.035	0.035	0.30	0.20	0.30	0.08	—
E5716	0.12	1.60	0.90	0.03	0.03	1.00	0.30	0.35	—	—
E5728	0.12	1.60	0.90	0.03	0.03	1.00	0.30	0.35	—	—
E5010-P1	0.20	1.20	0.60	0.03	0.03	1.00	0.30	0.50	0.10	—
E5510-P1	0.20	1.20	0.60	0.03	0.03	1.00	0.30	0.50	0.10	—
E5518-P2	0.12	0.90~1.70	0.80	0.03	0.03	1.00	0.20	0.50	0.05	—
E5545-P2	0.12	0.90~1.70	0.80	0.03	0.03	1.00	0.20	0.50	0.05	—
E5003-1M3	0.12	0.60	0.40	0.03	0.03	—	—	0.40~0.65	—	—
E5010-1M3	0.12	0.60	0.40	0.03	0.03	—	—	0.40~0.65	—	—
E5011-1M3	0.12	0.60	0.40	0.03	0.03	—	—	0.40~0.65	—	—
E5015-1M3	0.12	0.90	0.60	0.03	0.03	—	—	0.40~0.65	—	—
E5016-1M3	0.12	0.90	0.60	0.03	0.03	—	—	0.40~0.65	—	—
E5018-1M3	0.12	0.90	0.80	0.03	0.03	—	—	0.40~0.65	—	—
E5019-1M3	0.12	0.90	0.40	0.03	0.03	—	—	0.40~0.65	—	—
E5020-1M3	0.12	0.60	0.40	0.03	0.03	—	—	0.40~0.65	—	—
E5027-1M3	0.12	1.00	0.40	0.03	0.03	—	—	0.40~0.65	—	—
E5518-3M2	0.12	1.00~1.75	0.80	0.03	0.03	0.90	—	0.25~0.45	—	—
E5515-3M3	0.12	1.00~1.80	0.80	0.03	0.03	0.90	—	0.40~0.65	—	—
E5516-3M3	0.12	1.00~1.80	0.80	0.03	0.03	0.90	—	0.40~0.65	—	—
E5518-3M3	0.12	1.00~1.80	0.80	0.03	0.03	0.90	—	0.40~0.65	—	—
E5015-N1	0.12	0.60~1.60	0.90	0.03	0.03	0.30~1.00	—	0.35	0.05	—
E5016-N1	0.12	0.60~1.60	0.90	0.03	0.03	0.30~1.00	—	0.35	0.05	—
E5028-N1	0.12	0.60~1.60	0.90	0.03	0.03	0.30~1.00	—	0.35	0.05	—
E5515-N1	0.12	0.60~1.60	0.90	0.03	0.03	0.30~1.00	—	0.35	0.05	—
E5516-N1	0.12	0.60~1.60	0.90	0.03	0.03	0.30~1.00	—	0.35	0.05	—
E5528-N1	0.12	0.60~1.60	0.90	0.03	0.03	0.30~1.00	—	0.35	0.05	—
E5015-N2	0.08	0.40~1.40	0.50	0.03	0.03	0.80~1.10	0.15	0.35	0.05	—
E5016-N2	0.08	0.40~1.40	0.50	0.03	0.03	0.80~1.10	0.15	0.35	0.05	—
E5018-N2	0.08	0.40~1.40	0.50	0.03	0.03	0.80~1.10	0.15	0.35	0.05	—

续表

焊条型号	化学成分(质量分数)①/%									
	C	Mn	Si	P	S	Ni	Cr	Mo	V	其他
E5515 – N2	0.12	0.40 ~ 1.25	0.80	0.03	0.03	0.80 ~ 1.10	0.15	0.35	0.05	—
E5516 – N2	0.12	0.40 ~ 1.25	0.80	0.03	0.03	0.80 ~ 1.10	0.15	0.35	0.05	—
N5518 – N2	0.12	0.40 ~ 1.25	0.80	0.03	0.03	0.80 ~ 1.10	0.15	0.35	0.05	—
E5015 – N3	0.10	1.25	0.60	0.03	0.03	1.10 ~ 2.00	—	0.35	—	—
E5016 – N3	0.10	1.25	0.60	0.03	0.03	1.10 ~ 2.00	—	0.35	—	—
E5515 – N3	0.10	1.25	0.60	0.03	0.03	1.10 ~ 2.00	—	0.35	—	—
E5516 – N3	0.10	1.25	0.60	0.03	0.03	1.10 ~ 2.00	—	0.35	—	—
E5516 – 3N3	0.10	1.60	0.60	0.03	0.03	1.10 ~ 2.00	—	—	—	—
E5518 – N3	0.10	1.25	0.80	0.03	0.03	1.10 ~ 2.00	—	—	—	—
E5015 – N5	0.05	1.25	0.50	0.03	0.03	2.00 ~ 2.75	—	—	—	—
E5016 – N5	0.05	1.25	0.50	0.03	0.03	2.00 ~ 2.75	—	—	—	—
E5018 – N5	0.05	1.25	0.50	0.03	0.03	2.00 ~ 2.75	—	—	—	—
E5028 – N5	0.10	1.00	0.80	0.025	0.020	2.00 ~ 2.75	—	—	—	—
E5515 – N5	0.12	1.25	0.60	0.03	0.03	2.00 ~ 2.75	—	—	—	—
E5516 – N5	0.12	1.25	0.60	0.03	0.03	2.00 ~ 2.75	—	—	—	—
E5518 – N5	0.12	1.25	0.80	0.03	0.03	2.00 ~ 2.75	—	—	—	—
E5015 – N7	0.05	1.25	0.50	0.03	0.03	3.00 ~ 3.75	—	—	—	—
E5016 – N7	0.05	1.25	0.50	0.03	0.03	3.00 ~ 3.75	—	—	—	—
E5018 – N7	0.05	1.25	0.50	0.03	0.03	3.00 ~ 3.75	—	—	—	—
E5515 – N7	0.12	1.25	0.80	0.03	0.03	3.00 ~ 3.75	—	—	—	—
E5516 – N7	0.12	1.25	0.80	0.03	0.03	3.00 ~ 3.75	—	—	—	—
E5518 – N7	0.12	1.25	0.80	0.03	0.03	3.00 ~ 3.75	—	—	—	—
E5515 – N13	0.06	1.00	0.60	0.025	0.020	6.00 ~ 7.00	—	—	—	—
E5516 – N13	0.06	1.00	0.60	0.025	0.020	6.00 ~ 7.00	—	—	—	—
E5518 – N2M3	0.10	0.80 ~ 1.25	0.60	0.02	0.02	0.80 ~ 1.10	0.10	0.40 ~ 0.65	0.02	Cu：0.10 Al：0.05
E5003 – NC	0.12	0.30 ~ 1.40	0.90	0.03	0.03	0.25 ~ 0.70	0.30	—	—	Cu：0.20 ~ 0.60
E5016 – NC	0.12	0.30 ~ 1.40	0.90	0.03	0.03	0.25 ~ 0.70	0.30	—	—	Cu：0.20 ~ 0.60
E5028 – NC	0.12	0.30 ~ 1.40	0.90	0.03	0.03	0.25 ~ 0.70	0.30	—	—	Cu：0.20 ~ 0.60
E5716 – NC	0.12	0.30 ~ 1.40	0.90	0.03	0.03	0.25 ~ 0.70	0.30	—	—	Cu：0.20 ~ 0.60
E5728 – NC	0.12	0.30 ~ 1.40	0.90	0.03	0.03	0.25 ~ 0.70	0.30	—	—	Cu：0.20 ~ 0.60
E5003 – CC	0.12	0.30 ~ 1.40	0.90	0.03	0.03	—	0.30 ~ 0.70	—	—	Cu：0.20 ~ 0.60

续表

焊条型号	化学成分(质量分数)[①]/%									
	C	Mn	Si	P	S	Ni	Cr	Mo	V	其他
E5016－CC	0.12	0.30～1.40	0.90	0.03	0.03	—	0.30～0.70	—	—	Cu：0.20～0.60
E5028－CC	0.12	0.30～1.40	0.90	0.03	0.03	—	0.30～0.70	—	—	Cu：0.20～0.60
E5716－CC	0.12	0.30～1.40	0.90	0.03	0.03	—	0.30～0.70	—	—	Cu：0.20～0.60
E5728－CC	0.12	0.30～1.40	0.90	0.03	0.03	—	0.30～0.70	—	—	Cu：0.20～0.60
E5003－NCC	0.12	0.30～1.40	0.90	0.03	0.03	0.05～0.45	0.45～0.75	—	—	Cu：0.30～0.70
E5016－NCC	0.12	0.30～1.40	0.90	0.03	0.03	0.05～0.45	0.45～0.75	—	—	Cu：0.30～0.70
E5028－NCC	0.12	0.30～1.40	0.90	0.03	0.03	0.05～0.45	0.45～0.75	—	—	Cu：0.30～0.70
E5716－NCC	0.12	0.30～1.40	0.90	0.03	0.03	0.05～0.45	0.45～0.75	—	—	Cu：0.30～0.70
E5728－NCC	0.12	0.30～1.40	0.90	0.03	0.03	0.05～0.45	0.45～0.75	—	—	Cu：0.30～0.70
E5003－NCC1	0.12	0.50～1.30	0.35～0.80	0.03	0.03	0.40～0.80	0.45～0.75	—	—	Cu：0.30～0.75
E5016－NCC1	0.12	0.50～1.30	0.35～0.80	0.03	0.03	0.40～0.80	0.45～0.70	—	—	Cu：0.30～0.75
E5028－NCC1	0.12	0.50～1.30	0.80	0.03	0.03	0.40～0.80	0.45～0.70	—	—	Cu：0.30～0.75
E5516－NCC1	0.12	0.50～1.30	0.35～0.80	0.03	0.03	0.40～0.80	0.45～0.70	—	—	Cu：0.30～0.75
E5518－NCC1	0.12	0.50～1.30	0.35～0.80	0.03	0.03	0.40～0.80	0.45～0.70	—	—	Cu：0.30～0.75
E5716－NCC1	0.12	0.50～1.30	0.35～0.80	0.03	0.03	0.40～0.80	0.45～0.70	—	—	Cu：0.30～0.75
E5728－NCC1	0.12	0.50～1.30	0.80	0.03	0.03	0.40～0.80	0.45～0.70	—	—	Cu：0.30～0.75
E5016－NCC2	0.12	0.40～0.70	0.40～0.70	0.025	0.025	0.20～0.40	0.15～0.30	—	0.08	Cu：0.30～0.60
E5018－NCC2	0.12	0.40～0.70	0.40～0.70	0.025	0.025	0.20～0.40	0.15～0.30	—	0.08	Cu：0.30～0.60
E50XX－G[②]	—	—	—	—	—	—	—	—	—	—
E55XX－G[②]	—	—	—	—	—	—	—	—	—	—
E57XX－G[②]	—	—	—	—	—	—	—	—	—	—

注：①表中单值均为最大值。

②焊条型号中“XX”代表焊条的药皮类型，见表23－4－2。

(5)力学性能

a)熔敷金属拉伸试验结果应符合表23－4－5规定。

b)焊缝金属夏比V型缺口冲击试验温度按表23－4－5要求，测定五个冲击试样的冲击吸收能量。

表23－4－5　力学性能

焊条型号	抗拉强度 R_m/MPa	屈服强度①R_{eL}/MPa	断后伸长率 A/%	冲击试验温度/℃
E4303	≥430	≥330	≥20	0
E4310	≥430	≥330	≥20	－30
E4311	≥430	≥330	≥20	－30
E4312	≥430	≥330	≥16	—
E4313	≥430	≥330	≥16	—
E4315	≥430	≥330	≥20	－30
E4316	≥430	≥330	≥20	－30
E4318	≥430	≥330	≥20	－30
E4319	≥430	≥330	≥20	－20
E4320	≥430	≥330	≥20	—
E4324	≥430	≥330	≥16	—
E4327	≥430	≥330	≥20	－30
E4328	≥430	≥330	≥20	－20
E4340	≥430	≥330	≥20	0
E5003	≥490	≥400	≥20	0
E5010	490～650	≥400	≥20	－30
E5011	490～650	≥400	≥20	－30
E5012	≥490	≥400	≥16	—
E5013	≥490	≥400	≥16	—
E5014	≥490	≥400	≥16	—
E5015	≥490	≥400	≥20	－30
E5016	≥490	≥400	≥20	－30
E5016－1	≥490	≥400	≥20	－45
E5018	≥490	≥400	≥20	－30
E5018－1	≥490	≥400	≥20	－45
E5019	≥490	≥400	≥20	－20
E5024	≥490	≥400	≥16	—
E5024－1	≥490	≥400	≥20	－20
E5027	≥490	≥400	≥20	－30
E5028	≥490	≥400	≥20	－20
E5048	≥490	≥400	≥20	－30
E5716	≥570	≥490	≥16	－30
E5728	≥570	≥490	≥16	－20

续表

焊条型号	抗拉强度 R_m/MPa	屈服强度①R_{eL}/MPa	断后伸长率 A/%	冲击试验温度/℃
E5010 - P1	≥490	≥420	≥20	-30
E5510 - P1	≥550	≥460	≥17	-30
E5518 - P2	≥550	≥460	≥17	-30
E5545 - P2	≥550	≥460	≥17	-30
E5003 - 1M3	≥490	≥400	≥20	—
E5010 - 1M3	≥490	≥420	≥20	—
E5011 - 1M3	≥490	≥400	≥20	—
E5015 - 1M3	≥490	≥400	≥20	—
E5016 - 1M3	≥490	≥400	≥20	—
E5018 - 1M3	≥490	≥400	≥20	—
E5019 - 1M3	≥490	≥400	≥20	—
E5020 - 1M3	≥490	≥400	≥20	—
E5027 - 1M3	≥490	≥400	≥20	—
E5518 - 3M2	≥550	≥460	≥17	-50
E5515 - 3M3	≥550	≥460	≥17	-50
E5516 - 3M3	≥550	≥460	≥17	-50
E5518 - 3M3	≥550	≥460	≥17	-50
E5015 - N1	≥490	≥390	≥20	-40
E5016 - N1	≥490	≥390	≥20	-40
E5028 - N1	≥490	≥390	≥20	-40
E5515 - N1	≥550	≥460	≥17	-40
E5516 - N1	≥550	≥460	≥17	-40
E5528 - Nl	≥550	≥460	≥17	-40
E5015 - N2	≥490	≥390	≥20	-40
E5016 - N2	≥490	≥390	≥20	-40
E5018 - N2	≥490	≥390	≥20	-50
E5515 - N2	≥150	470 ~ 550	≥20	-40
E5516 - N2	≥550	470 ~ 550	≥20	-40
E5518 - N2	≥550	470 ~ 550	≥20	-40
E5015 - N3	≥490	≥390	≥20	-40
E5016 - N3	≥490	≥390	≥20	-40
E5515 - N3	≥550	≥460	≥17	-50
E5516 - N3	≥550	≥460	≥17	-50
E5516 - 3N3	≥550	≥460	≥17	-50
E5518 - N3	≥550	≥460	≥17	-50
E5015 - N5	≥490	≥390	≥20	-75
E5016 - N5	≥490	≥390	≥20	-75

续表

焊条型号	抗拉强度 R_m/MPa	屈服强度[①] R_{eL}/MPa	断后伸长率 A/%	冲击试验温度/℃
E5018－N5	≥490	≥390	≥20	－75
E5028－N5	≥490	≥390	≥20	－60
E5515－N5	≥550	≥460	≥17	－60
E5516－N5	≥550	≥460	≥17	－50
E5518－N5	≥550	≥460	≥17	－60
E5015－N7	≥490	≥390	≥20	－100
E5016－N7	≥490	≥390	≥20	－100
E5018－N7	≥490	≥390	≥20	－100
E5515－N7	≥550	≥460	≥17	－75
E5516－N7	≥550	≥460	≥17	－75
E5518－N7	≥550	≥460	≥17	－75
E5515－N13	≥550	≥460	≥17	－100
E5516－N13	≥550	≥460	≥17	－100
E5518－N2M3	≥550	≥460	≥17	－40
E5003－NC	≥490	≥390	≥20	0
E5016－NC	≥490	≥390	≥20	0
E5028－NC	≥490	≥390	≥20	0
E5716－NC	≥570	≥490	≥16	0
E5728－NC	≥570	≥490	≥16	0
E5003－CC	≥490	≥390	≥20	0
E5016－CC	≥490	≥390	≥20	0
E5028－CC	≥490	≥390	≥20	0
E5716－CC	≥570	≥490	≥16	0
E5728－CC	≥570	≥490	≥16	0
E5003－NCC	≥490	≥390	≥20	0
E5016－NCC	≥490	≥390	≥20	0
E5028－NCC	≥490	≥390	≥20	0
E5716－NCC	≥570	≥490	≥16	0
E5728－NCC	≥570	≥490	≥16	0
E5003－NCC1	≥490	≥390	≥20	0
E5016－NCC1	≥490	≥390	≥20	0
E5028－NCC1	≥490	≥390	≥20	0
E5516－NCC1	≥550	≥460	≥17	－20
E5518－NCC1	≥550	≥460	≥17	－20
E5716－NCC1	≥570	≥490	≥16	0
E5728－NCC1	≥570	≥490	≥16	0
E5016－NCC2	≥490	≥420	≥20	－20

续表

焊条型号	抗拉强度 R_m/MPa	屈服强度①R_{eL}/MPa	断后伸长率 A/%	冲击试验温度/℃
E5018 – NCC2	≥490	≥420	≥20	–20
E50XX – G②	≥490	≥400	≥20	—
E55XX – G②	≥550	≥460	≥17	—
E57X – G②	≥570	≥490	≥16	—

注：①当屈服发生不明显时，应测定规定塑性延伸强度 $R_{p0.2}$。

②焊条型号中"XX"代表焊条的药皮类型，见表 23 –4 –2。

(6)熔敷金属扩散氢含量熔敷金属扩散氢含量要求可由供需双方协商确定，扩散氢代号如表 23 –4 –6 所示。

表 23 –4 –6 熔敷金属扩散氢含量

扩散氢代号	扩散氢含量/mL/100g
H15	≤15
H10	≤10
H5	≤5

2. 热强钢焊条

热强钢焊条型号编制方法按现行国家标准《热强钢焊条》(GB/T 5118—2012)规定。

(1)型号划分

焊条型号按熔敷金属力学性能、药皮类型、焊接位置、电流类型、熔敷金属化学成分等进行划分。药皮类型的简要说明参见 GB/T 5118—2012 附录 A，不同标准之间的型号对照参见 GB/T 5118—2012 附录 B。

(2)型号编制方法

焊条型号由四部分组成：

a)第一部分用字母"E"表示焊条；

b)第二部分为字母"E"后面的紧邻两位数字，表示熔敷金属的最小抗拉强度代号，见表 23 –4 –7；

c)第三部分为字母"E"后面的第三和第四两位数字，表示药皮类型、焊接位置和电流类型，见表 23 –4 –8；

d)第四部分为短划" – "后的字母、数字或字母和数字的组合，表示熔敷金属的化学成分分类代号，见表 23 –4 –9。

除以上强制分类代号外，根据供需双方协商，可在型号后附加扩散氢代号"HX"，其中 X 代表 15、10 或 5，分别表示每 100g 熔敷金属中扩散氢含量的最大值(mL)，见表 23 –4 –12。

(3)型号示例

本标准中完整焊条型号示例如下：

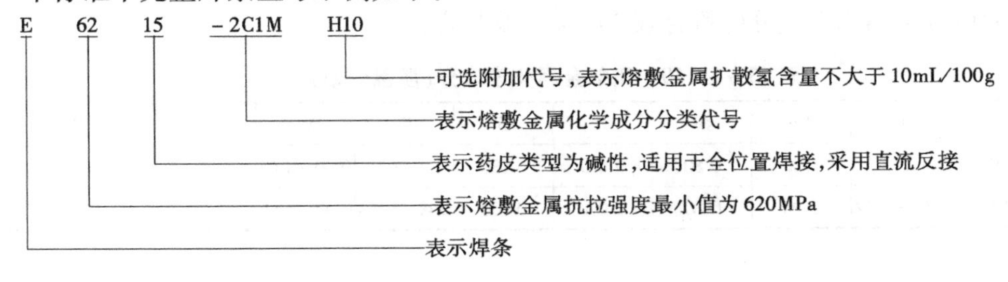

表 23－4－7　熔敷金属抗拉强度代号

抗拉强度代号	最小抗拉强度值/MPa
50	490
52	520
55	550
62	620

表 23－4－8　药皮类型代号

代号	药皮类型	焊接位置①	电流类型
03	钛型	全位置③	交流和直流正、反接
10[b]	纤维素	全位置	直流反接
11[b]	纤维素	全位置	交流和直流反接
13	金红石	全位置③	交流和直流正、反接
15	碱性	全位置③	直流反接
16	碱性	全位置③	交流和直流反接
18	碱性＋铁粉	全位置(PG 除外)	交流和直流反接
19②	钛铁矿	全位置③	交流和直流正、反接
20②	氧化铁	PA、PB	交流和直流正接
27②	氧化铁＋铁粉	PA、PB	交流和直流正接
40	不做规定	由制造商确定	

注：①焊接位置见 GB/T 16672，其中 PA＝平焊、PB＝平角焊、PG＝向下立焊。

②仅限于熔敷金属化学成分代号 1M3。

③此处“全位置”并不一定包含向下立焊，由制造商确定。

表 23－4－9　熔敷金属化学成分分类代号

分类代号	主要化学成分的名义含量
－1M3	此类焊条中含有 Mo，Mo 是在非合金钢焊条基础上的唯一添加合金元素。数字 1 约等于名义上 Mn 含量两倍的整数，字母“M”表示 Mo，数字 3 表示 Mo 的名义含量，大约 0.5%。
－×C×M×	对于含铬－钼的热强钢，标识“C”前的整数表示 Cr 的名义含量，”M”前的整数表示 Mo 的名义含量。对于 Cr 或者 Mo，如果名义含量少于 1%，则字母前不标记数字。如果在 Cr 和 Mo 之外还加入了 W、V. B、Nb 等合金成分，则按照此顺序，加于铬和钼标记之后。标识末尾的“L”表示含碳量较低。最后一个字母后的数字表示成分有所改变。
－G	其他成分

(4)熔敷金属化学成分

焊条的熔敷金属化学成分应符合表 23－4－10 规定。

表 23－4－10　熔敷金属化学成分(质量分数)①　　%

焊条型号	C	Mn	Si	P	S	Cr	Mo	V	其他②
EXXXX－1M3	0.12	1.00	0.80	0.030	0.030	—	0.40～0.65	—	—
EXXXX－CM	0.05～0.12	0.90	0.80	0.030	0.030	0.40～0.65	0.40～0.65	—	—

续表

焊条型号	C	Mn	Si	P	S	Cr	Mo	V	其他②
EXXXX－C1M	0.07～0.15	0.40～0.70	0.30～0.60	0.030	0.030	0.40～0.60	1.00～1.25	0.05	—
EXXXX－1CM	0.05～0.12	0.90	0.80	0.030	0.030	1.00～1.50	0.40～0.65	—	—
EXXXX－1CML	0.05	0.90	1.00	0.030	0.030	1.00～1.50	0.40～0.65	—	—
EXXXX－1CMV	0.05～0.12	0.90	0.60	0.030	0.030	0.80～1.50	0.40～0.65	0.10～0.35	—
EXXXX－1CMVNb	0.05～0.12	0.90	0.60	0.030	0.030	0.80～1.50	0.70～1.00	0.15～0.40	Nb：0.10～0.25
EXXXX－1CMWV	0.05～0.12	0.70～1.10	0.60	0.030	0.030	0.80～1.50	0.70～1.00	0.20～0.35	W：0.25～0.50
EXXXX－2C1M	0.05～0.12	0.90	1.00	0.030	0.030	2.00～2.50	0.90～1.20	—	—
EXXXX－2C1ML	0.05	0.90	1.00	0.030	0.030	2.00～2.50	0.90～1.20	—	—
EXXXX－2CML	0.05	0.90	1.00	0.030	0.030	1.75～2.25	0.40～0.65	—	—
EXXXX－2CMWVB	0.05～0.12	1.00	0.60	0.030	0.030	1.50～2.50	0.30～0.80	0.20～0.60	W：0.20～0.60 B：0.001～0.003
EXXXX－2CMVNb	0.05～0.12	1.00	0.60	0.030	0.030	2.40～3.00	0.70～1.00	0.25～0.50	Nb：0.35～0.65
EXXXX－2C1MV	0.05～0.15	0.40～1.50	0.60	0.030	0.030	2.00～2.60	0.90～1.20	0.20～0.40	Nb：0.010～0.050
EXXXX－3C1MV	0.05～0.15	0.40～1.50	0.60	0.030	0.030	2.60～3.40	0.90～1.20	0.20～0.40	Nb：0.010～0.050
EXXXX－5CM	0.05～0.10	1.00	0.90	0.030	0.030	4.0～6.0	0.45～0.65	—	Ni：0.40
EXXXX－5CML	0.05	1.00	0.90	0.030	0.030	4.0～6.0	0.45～0.65	—	Ni：0.40
EXXXX－5CMV	0.12	0.5～0.9	0.50	0.030	0.030	4.5～6.0	0.40～0.70	0.10～0.35	Cu：0.5
EXXXX－7CM	0.05～0.10	1.00	0.90	0.030	0.030	6.0～8.0	0.45～0.65	—	Ni：0.40
EXXXX－7CML	0.05	1.00	0.90	0.030	0.030	6.0～8.0	0.45～0.65	—	Ni：0.40
EXXXX－9C1M	0.05～0.10	1.00	0.90	0.030	0.030	8.0～10.5	0.85～1.20	—	Ni：0.40
EXXXX－9C1ML	0.05	1.00	0.90	0.030	0.030	8.0～10.5	0.85～1.20	—	Ni：0.40
EXXXX－9C1MV	0.08～0.13	1.25	0.30	0.01	0.01	8.0～10.5	0.85～1.20	0.15～0.30	Ni：1.0 Mn＋Ni≤1.50 Cu：0.25 Al：0.04 Nb：0.02～0.10 N：0.02～0.07
EXXXX－9C1MV1③	0.03～0.12	1.00～1.80	0.60	0.025	0.025	8.0～10.5	0.80～1.20	0.15～0.30	Ni：1.0 Cu：0.25 Al：0.04 Nb：0.02～0.10 N：0.02～0.07
EXXXX－G	其他成分								

注：①表中单值均为最大值。

②如果有意添加表中未列出的元素，则应进行报告，这些添加元素和在常规化学分析中发现的其他元素的总量不应超过0.50%。

③Ni＋Mn的化合物能降低AC1点温度，所要求的焊后热处理温度可能接近或超过了焊缝金属的AC1点。

(5)熔敷金属力学性能

熔敷金属拉伸试验结果应符合表23－4－11规定。

表23－4－11　熔敷金属力学性能

焊条型号①	抗拉强度 R_m/MPa	屈服强度② R_{eL}/MPa	断后伸长率 A/%	预热和道间温度/℃	焊后热处理③	
					预处理温度/℃	保温时间④/min
E50XX－1M3	≥490	≥390	≥22	90～110	605～645	60
E50YY－1M3	≥490	≥390	≥20	90～110	605～645	60
E55XX－CM	≥550	≥460	≥17	160～190	675～705	60
E5540－CM	≥550	≥460	≥14	160～190	675～705	60
E5503－CM	≥550	≥460	≥14	160～190	675～705	60
E55XX－C1M	≥550	≥460	≥17	160～190	675～705	60
E55XX－1CM	≥550	≥460	≥17	160～190	675～705	60
E5513－1CM	≥550	≥460	≥14	160～190	675～705	60
E52XX－1CML	≥520	≥390	≥17	160～190	675～705	60
E5540－1CMV	≥550	≥460	≥14	250～300	715～745	120
N5515－1CMV	≥550	≥460	≥15	250～300	715～745	120
E5515－1CMVNb	≥550	≥460	≥15	250～300	715～745	300
E5515－1CMWV	≥550	≥460	≥15	250～300	715～745	300
E62XX－2C1M	≥620	≥530	≥15	160～190	675～705	60
E6240－2C1M	≥520	≥530	≥12	160～190	675～705	60
E6213－2C1M	≥620	≥530	≥12	160～190	675～705	60
E55XX－2C1ML	≥550	≥460	≥15	160～190	675～705	60
E55XX－2CML	≥550	≥460	≥15	160～190	675～705	60
E5540－2CMWVB	≥550	≥460	≥14	250～300	745～775	120
E5515－2CMWVB	≥550	≥460	≥15	320～360	745～775	120
E5515－2CMVNb	≥550	≥460	≥15	250～300	715～745	240
E62XX－2C1MV	≥620	≥530	≥15	160～190	725～755	60
E62XX－3C1MV	≥620	≥530	≥15	160～190	725～755	60
E55XX－5CM	≥550	≥460	≥17	175～230	725～755	60
E55XX－5CML	≥550	≥460	≥17	175－230	725～755	60
E55XX－5CMV	≥550	≥460	≥14	175～230	740～760	240
E55XX－7CM	≥550	≥460	≥17	175～230	725～755	60
E55XX－7CML	≥550	≥460	≥17	175～230	725～755	60

续表

焊条型号①	抗拉强度 R_m/MPa	屈服强度② R_{eL}/MPa	断后伸长率 A/%	预热和道间温度/℃	焊后热处理③	
					热处理温度/℃	保温时间④/min
E62XX－9C1M	≥620	≥530	≥15	205～260	725～755	60
E62XX－9C1ML	≥620	≥530	≥15	205～260	725～755	60
E62XX－9C1MV	≥620	≥530	≥15	200～315	745～775	120
E62XX－9C1MV1	≥620	≥530	≥15	205～260	725～755	60
EXXXX－G⑤	供需双方协商确认					

注：①焊条型号中XX代表药皮类型15、16或18，YY代表药皮类型10、11、19、20或27；

②当屈服发生不明显时，应测定规定塑性延伸强度 $R_{p0.2}$；

③试件放入炉内时，以85℃/h～275℃/h的速率加热到规定温度。达到保温时间后，以不大于200℃/h的速率随炉冷却至300℃以下。试件冷却至300℃以下的任意温度时，允许从炉中取出，在静态大气中冷却至室温；

④保温时间公差为0～10min；

⑤熔敷金属抗拉强度代号见表23－4－7，药皮类型代号见表23－4－8。

(6)熔敷金属扩散氢含量

熔敷金属扩散氢含量要求可由供需双方协商确定，扩散氢代号如表23－4－12所示。

表23－4－12　熔敷金属扩散氢含量

扩散氢代号	扩散氢含量/mL/100g
H15	≤15
H10	≤10
H5	≤5

3. 不锈钢焊条

不锈钢焊条型号编制方法按现行国家标准《不锈钢焊条》(GB/T 983—2012)规定

(1)型号划分

焊条型号按熔敷金属化学成分、焊接位置和药皮类型等进行划分。药皮类型的简要说明参见GB/T 983—2012附录A，不同标准之间的型号对照参见GB/T 983—2012附录B。

(2)型号编制方法

焊条型号由四部分组成：

a)第一部分用字母“E”表示焊条；

b)第二部分为字母“E”后面的数字表示熔敷金属的化学成分分类，数字后面的“L”表示碳含量较低，“H”表示碳含量较高，如有其他特殊要求的化学成分，该化学成分用元素符号表示放在后面，见表23－4－13；

c)第三部分为短划“－”后的第一位数字，表示焊接位置，见表23－4－14；

d)第四部分为最后一位数字，表示药皮类型和电流类型，见表23－4－15。

(3)型号示例

本标准中完整焊条型号示例如下：

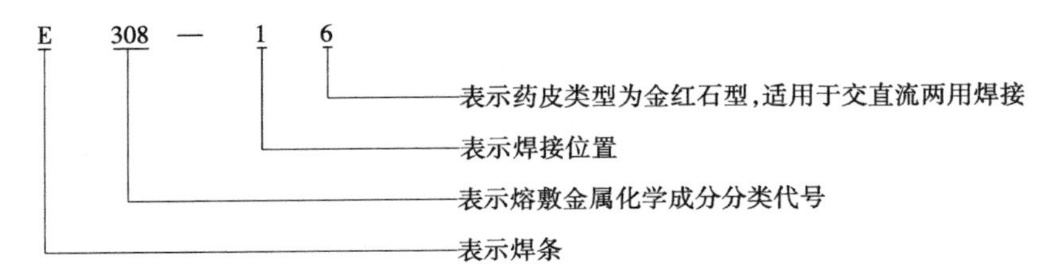

表 23－4－13　熔敷金属化学成分

焊条型号②	化学成分(质量分数)①③/%									
	C	Mn	Si	P	S	Cr	Ni	Mo	Cu	其他
E209－XX	0.06	4.0～7.0	1.00	0.04	0.03	20.5～24.0	9.5～12.0	1.5～3.0	0.75	N：0.10～0.30 V：0.10～0.30
E219－XX	0.06	8.0～10.0	1.00	0.04	0.03	19.0～21.5	5.5～7.0	0.75	0.75	N：0.10～0.30
E240－XX	0.06	10.5～13.5	1.00	0.04	0.03	17.0～19.0	4.0～6.0	0.75	0.75	N：0.10～0.30
E307－XX	0.04～0.14	3.30～4.75	1.00	0.04	0.03	18.0～21.5	9.0～10.7	0.5～1.5	0.75	—
E308－XX	0.08	0.5～2.5	1.00	0.04	0.03	18.0～21.5	9.0～11.0	0.75	0.75	—
E308H－XX	0.04～0.08	0.5～2.5	1.00	0.04	0.03	18.0～21.0	9.0～11.0	0.75	0.75	—
E308L－XX	0.04	0.5～2.5	1.00	0.04	0.03	18.0～21.0	9.0～12.0	0.75	0.75	—
E308Mo－XX	0.08	0.5～2.5	1.00	0.04	0.03	18.0～21.0	9.0～12.0	2.0～3.0	0.75	—
E308LMo－XX	0.04	0.5～2.5	1.00	0.04	0.03	18.0～21.0	9.0～12.0	2.0～3.0	0.75	—
E309L－XX	0.04	0.5～2.5	1.00	0.04	0.03	22.0～25.0	12.0～14.0	0.75	0.75	—
E309－XX	0.15	0.5～2.5	1.00	0.04	0.03	22.0～25.0	12.0～14.0	0.75	0.75	—
E309H－XX	0.04～0.15	0.5～2.5	1.00	0.04	0.03	22.0～25.0	12.0～14.0	0.75	0.75	—
E309LNb－XX	0.04	0.5～2.5	1.00	0.040	0.030	22.0～25.0	12.0～14.0	0.75	0.75	Nb＋Ta：0.70～1.00
E309Nb－XX	0.12	0.5～2.5	1.00	0.04	0.03	22.0～25.0	12.0～14.0	0.75	0.75	Nb＋Ta：0.70～1.00
E309Mo－XX	0.12	0.5～2.5	1.00	0.04	0.03	22.0～25.0	12.0～14.0	2.0～3.0	0.75	—
E309LMo－XX	0.04	0.5～2.5	1.00	0.04	0.03	22.0～25.0	12.0～14.0	2.0～3.0	0.75	—
E310－XX	0.08～0.20	1.0～2.5	0.75	0.03	0.03	25.0～28.0	20.0～22.5	0.75	0.75	—
E310H－XX	0.35～0.45	1.0～2.5	0.75	0.03	0.03	25.0～28.0	20.0～22.5	0.75	0.75	—
E310Nb－XX	0.12	1.0～2.5	0.75	0.03	0.03	25.0～28.0	20.0～22.0	0.75	0.75	Nb＋Ta：0.70～1.00
E310Mo－XX	0.12	1.0～2.5	0.75	0.03	0.03	25.0～28.0	20.0～22.0	2.0～3.0	0.75	—
E312－XX	0.15	0.5～2.5	1.00	0.04	0.03	28.0～32.0	8.0～10.5	0.75	0.75	—
E316－XX	0.08	0.5～2.5	1.00	0.04	0.03	17.0～20.0	11.0～14.0	2.0～3.0	0.75	—
E316H－XX	0.04～0.08	0.5～2.5	1.00	0.04	0.03	17.0～20.0	11.0～14.0	2.0～3.0	0.75	—

续表

焊条型号②	化学成分(质量分数)①③/%									
	C	Mn	Si	P	S	Cr	Ni	Mo	Cu	其他
E316L－XX	0.04	0.5～2.5	1.00	0.04	0.03	17.0～20.0	11.0～14.0	2.0～3.0	0.75	—
E316LCu－XX	0.04	0.5～2.5	1.00	0.040	0.030	17.0～20.0	11.0～16.0	1.20～2.75	1.00～2.50	—
E316LMn－XX	0.04	5.0～8.0	0.90	0.04	0.03	18.0～21.0	15.0～18.0	2.5～3.5	0.75	N：0.10～0.25
E317－XX	0.08	0.5～2.5	1.00	0.04	0.03	18.0～21.0	12.0～14.0	3.0～4.0	0.75	—
E317L－XX	0.04	0.5～2.5	1.00	0.04	0.03	18.0～21.0	12.0～14.0	3.0～4.0	0.75	—
E317MoCu－XX	0.08	0.5～2.5	0.90	0.035	0.030	18.0～21.0	12.0～14.0	2.0～2.5	2	—
E317LMoCu－XX	0.04	0.5～2.5	0.90	0.035	0.030	18.0～21.0	12.0～14.0	2.0～2.5	2	—
E318－XX	0.08	0.5～2.5	1.00	0.04	0.03	17.0～20.0	11.0～14.0	2.0～3.0	0.75	Nb＋Ta：6×C～1.00
E318V－XX	0.08	0.5～2.5	1.00	0.035	0.03	17.0～20.0	11.0～14.0	2.0～2.5	0.75	V：0.30～0.70
E320－XX	0.07	0.5～2.5	0.60	0.04	0.03	19.0～21.0	32.0～36.0	2.0～3.0	3.0～4.0	Nb＋Ta：8×C～1.00
E320LR－XX	0.03	1.5～2.5	0.30	0.020	0.015	19.0～21.0	32.0～36.0	2.0～3.0	3.0～4.0	Nb＋Ta：8×C～1.00
E330－XX	0.18～0.25	1.0～2.5	1.00	0.04	0.03	14.0～17.0	33.0～37.0	0.75	0.75	—
E330H－XX	0.35～0.45	1.0～2.5	1.00	0.04	0.03	14.0～17.0	33.0～37.0	0.75	0.75	—
E330MoMn－WNb－XX	0.20	3.5	0.70	0.035	0.030	15.0～17.0	33.0～37.0	2.0～3.0	0.75	Nb：1.0～2.0 W：2.0～3.0
E347－XX	0.08	0.5～2.5	1.00	0.04	0.03	18.0～21.0	9.0～11.0	0.75	0.75	Nb＋Ta：8×C～1.00
E347L－XX	0.04	0.5～2.5	1.00	0.040	0.030	18.0～21.0	9.0～11.0	0.75	0.75	Nb＋Ta：8×C～1.00
E349－XX	0.13	0.5～2.5	1.00	0.04	0.03	18.0～21.0	8.0～10.0	0.35～0.65	0.75	Nb＋Ta：0.75～1.20 V：0.10%～0.30% Ti≤0.15 W：1.25%～1.75%
E383－XX	0.03	0.5～2.5	0.90	0.02	0.02	26.5～29.0	30.0～33.0	3.2～4.2	0.6～1.5	—
E385－XX	0.03	1.0～2.5	0.90	0.03	0.02	19.5～21.5	24.0～26.0	4.2～5.2	1.2～2.0	—

焊条型号②	化学成分(质量分数)①③/%									
	C	Mn	Si	P	S	Cr	Ni	Mo	Cu	其他
E409Nb - XX	0.12	1.00	1.00	0.040	0.030	11.0 ~ 14.0	0.60	0.75	0.75	Nb + Ta: 0.50 ~ 1.50
E410 - XX	0.12	1.0	0.90	0.04	0.03	11.0 ~ 14.0	0.70	0.75	0.75	—
E410NiMo - XX	0.06	1.0	0.90	0.04	0.03	11.0 ~ 12.5	4.0 ~ 5.0	0.40 ~ 0.70	0.75	—
E430 - XX	0.10	1.0	0.90	0.04	0.03	15.0 ~ 18.0	0.6	0.75	0.75	—
E430Nb - XX	0.10	1.00	1.00	0.040	0.030	15.0 ~ 18.0	0.6	0.75	0.75	Nb + Ta: 0.50 ~ 1.50
E630 - XX	0.05	0.25 ~ 0.75	0.75	0.04	0.03	16.00 ~ 16.75	4.5 ~ 5.0	0.75	3.25 ~ 4.00	Nb + Ta: 0.15 ~ 0.30
E16 - 8 - 2 - XX	0.10	0.5 ~ 2.5	0.60	0.03	0.03	14.5 ~ 16.5	7.5 ~ 9.5	1.0 ~ 2.0	0.75	—
E16 - 25MoN - XX	0.12	0.5 ~ 2.5	0.90	0.035	0.030	14.0 ~ 18.0	22.0 ~ 27.0	5.0 ~ 7.0	0.75	N: ≥0.1
E2209 - XX	0.04	0.5 ~ 2.0	1.00	0.04	0.03	21.5 ~ 23.5	7.5 ~ 10.5	2.5 ~ 3.5	0.75	N: 0.08 ~ 0.20
E2553 - XX	0.06	0.5 ~ 1.5	1.0	0.04	0.03	24.0 ~ 27.0	6.5 ~ 8.5	2.9 ~ 3.9	1.5 ~ 2.5	N: 0.10 ~ 0.25
E2593 - XX	0.04	0.5 ~ 1.5	1.0	0.04	0.03	24.0 ~ 27.0	8.5 ~ 10.5	2.9 ~ 3.9	1.5 ~ 3.0	N: 0.08 ~ 0.25
E2594 - XX	0.04	0.5 ~ 2.0	1.00	0.04	0.03	24.0 ~ 27.0	8.0 ~ 10.5	3.5 ~ 4.5	0.75	N: 0.20 ~ 0.30
E2595 - XX	0.04	2.5	1.2	0.03	0.025	24.0 ~ 27.0	8.0 ~ 10.5	2.5 ~ 4.5	0.4 ~ 1.5	N: 0.20 ~ 0.30 W: 0.4 ~ 1.0
E3155 - XX	0.10	1.0 ~ 2.5	1.00	0.04	0.03	20.0 ~ 22.5	19.0 ~ 21.0	2.5 ~ 3.5	0.75	Nb + Ta: 0.75 ~ 1.25 Co: 18.5 ~ 21.0 W: 2.0 ~ 3.0
E33 - 31 - XX	0.03	2.5 ~ 4.0	0.9	0.02	0.01	31.0 ~ 35.0	30.0 ~ 32.0	1.0 ~ 2.0	0.4 ~ 0.8	N: 0.3 ~ 0.5

注：①表中单值均为最大值。

②焊条型号中 - XX 表示焊接位置和药皮类型，见表 23 - 4 - 14 和表 23 - 4 - 15。

③化学分析应按表中规定的元素进行分析。如果在分析过程中发现其他化学成分，则应进一步分析这些元素的含量，除铁外，不应超过 0.5%。

表 23－4－14 焊接位置代号

代 号	焊接位置①
－1	PA、PB、PD、PF
－2	PA、PB
－4	PA、PB、PD、PF、PG

注：①焊接位置见 GB/T 16672，其中 PA＝平焊、PB＝平角焊、PD＝仰角焊、PF＝向上立焊、PG＝向下立焊。

表 23－4－15 药皮类型代号

代 号	药皮类型	电流类型
5	碱性	直流
6	金红石	交流和直流①
7	钛酸型	交流和直流②

注：①46 型采用直流焊接；
②47 型采用直流焊接。

(4)熔敷金属力学性能

熔敷金属拉伸试验结果应符合表 23－4－16 规定。

表 23－4－16 熔敷金属力学性能①

焊条型号	抗拉强度 R_m/MPa	断后伸长率 A/%	焊后热处理
E209－XX	690	15	—
E219－XX	620	15	—
E240－XX	690	25	—
E307－XX	590	25	—
E308－XX	550	30	—
E308H－XX	550	30	—
E308L－XX	510	30	—
E308Mo－XX	550	30	—
E308LMo－XX	520	30	—
E309L－XX	510	25	—
E309－XX	550	25	—
E309H－XX	550	25	—
E309LNb－XX	510	25	—
E309Nb－XX	550	25	—
E309Mo－XX	550	25	—

续表

焊条型号	抗拉强度 R_m/MPa	断后伸长率 A/%	焊后热处理
E309LMo－XX	510	25	—
E310－XX	550	25	—
E310H－XX	620	8	—
E310Nb－XX	550	23	—
E310Mo－XX	550	28	—
E312－XX	660	15	—
E316－XX	520	25	—
E316H－XX	520	25	—
E136L－XX	490	25	—
E316LCu－XX	510	25	—
E316LMn－XX	550	15	—
E317－XX	550	20	—
E317L－XX	510	20	—
E317MoCu－XX	540	25	—
E317LMoCu－XX	540	25	—
E318－XX	550	20	—
E318V－XX	540	25	—
E320－XX	550	28	—
E320LR－XX	520	28	—
E330－XX	520	23	—
E330H－XX	620	8	—
E330MoMnWNb－XX	590	25	—
E347－XX	520	25	—
E347L－XX	510	25	—
E349－XX	690	23	—
E383－XX	520	28	—
E385－XX	520	28	—
E409Nb－XX	450	13	②
E410－XX	450	15	③

续表

焊条型号	抗拉强度 R_m/MPa	断后伸长率 A/%	焊后热处理
E410NiMo－XX	760	10	④
E430－XX	450	15	②
E430Nb－XX	450	13	②
E630－XX	930	6	⑤
E16－8－2－XX	520	25	—
E16－25MoN－XX	610	30	—
E2209－XX	690	15	—
E2553－XX	760	13	—
E2593－XX	760	13	—
E2594－XX	760	13	—
E2595－XX	760	13	—
E3155－XX	690	15	—
E33－31－XX	720	20	—

注：①表中单值均为最小值。

②加热到760～790℃，保温2h，以不高于55℃/h的速度炉冷至595℃以下，然后空冷至室温。

③加热到730～760℃，保温1h，以不高于110℃/h的速度炉冷至315℃以下，然后空冷至室温。

④加热到595～620℃，保温1h，然后空冷至室温。

⑤加热到1025～1050℃，保温1h，空冷至室温，然后在610～630℃，保温4h沉淀硬化处理，空冷至室温。

(二)焊丝

焊丝的牌号编制及技术条件根据GB/T 14957—1994和GB 50236—2011附录D。

管道常用焊丝见表23－4－17，同时也可按表23－4－18～表23－4－21中选取。

1. 制造钢丝用盘条应符合现行国家标准《焊接用钢盘条》GB 3429的规定。

2. 焊丝的牌号及化学成分应符合表23－4－17的规定。

(1)根据供需双方协议，H08A、H08E、H08C非沸腾钢允许硅含量不大于0.10%。

(2)如供方能保证，钢中残余元素铬、镍、铜含量可不作成品分析，按熔炼分析成分在质量证明书中注明。

二、焊接材料的选用

1. 常用碳素钢及合金钢焊接材料的选用可按表23－4－18选用。常用异种碳素钢及合金钢焊接材料可按表23－4－19选用。

表23－4－17　焊丝的牌号和化学成分

钢种	序号	牌号	化学成分									
			C	Mn	Si	Cr	Ni	Mo	V	Cu	其他	S ≤	P ≤
碳素钢	1	H08A	≤0.10	0.30～0.55	≤0.03	≤0.20	≤0.30	—	—	≤0.20	—	0.030	0.030
碳素钢	2	H08E	≤0.10	0.30～0.55	≤0.03	≤0.20	≤0.30	—	—	≤0.20	—	0.020	0.020
碳素钢	3	H08C	≤0.10	0.30～0.55	≤0.03	≤0.10	≤0.10	—	—	≤0.20	—	0.015	0.015
碳素钢	4	H08MnA	≤0.10	0.80～1.10	≤0.07	≤0.20	≤0.30	—	—	≤0.20	—	0.030	0.030
碳素钢	5	H15A	0.11～0.18	0.35～0.65	≤0.03	≤0.20	≤0.30	—	—	≤0.20	—	0.030	0.030
碳素钢	6	H15Mn	0.11～0.18	0.80～1.10	≤0.03	≤0.20	≤0.30	—	—	≤0.20	—	0.035	0.035
合金钢	7	H10Mn2	≤0.12	1.50～1.90	≤0.07	≤0.20	≤0.30	—	—	≤0.20	—	0.035	0.035
合金钢	8	H08Mn2Si	≤0.11	1.70～2.10	0.65～0.95	≤0.20	≤0.30	—	—	≤0.20	—	0.035	0.035
合金钢	9	H08Mn2SiA	≤0.11	1.80～2.10	0.65～0.95	≤0.20	≤0.30	—	—	≤0.20	—	0.030	0.030
合金钢	10	H10MnSi	≤0.14	0.80～1.10	0.60～0.90	≤0.20	≤0.30	—	—	≤0.20	—	0.035	0.035
合金钢	11	H10MnSiMo	≤0.14	0.90～1.20	0.70～1.10	≤0.20	≤0.30	0.15～0.25	—	≤0.20	—	0.035	0.035
合金钢	12	H10MnSiMoTiA	0.08～0.12	1.00～1.30	0.40～0.70	≤0.20	≤0.30	0.20～0.40	—	≤0.20	Ti0.05～0.15	0.025	0.030
合金钢	13	H08MnMoA	≤0.10	1.20～1.60	≤0.25	≤0.20	≤0.30	0.30～0.50	—	≤0.20	Ti0.15（加入量）	0.030	0.030
合金钢	14	H08Mn2MoA	0.06～0.11	1.60～1.90	≤0.25	≤0.20	≤0.30	0.50～0.70	—	≤0.20	Ti0.15（加入量）	0.030	0.030

续表

钢种	序号	牌　号	化学成分									
			C	Mn	Si	Cr	Ni	Mo	V	Cu	其他	S	P
												≤	
合金钢	15	H10Mn2MoA	0.08～0.13	1.70～2.00	≤0.40	≤0.20	≤0.30	0.60～0.80	—	≤0.20	Ti0.15（加入量）	0.030	0.030
	16	H08Mn2MoVA	0.06～0.11	1.60～1.90	≤0.25	≤0.20	≤0.30	0.50～0.70	0.06～0.12	≤0.20	Ti0.15（加入量）	0.030	0.030
	17	H10Mn2MoVA	0.08～0.13	1.70～2.00	≤0.40	≤0.20	≤0.30	0.60～0.80	0.06～0.12	≤0.20	Ti0.15（加入量）	0.030	0.030
	18	H08CrMoA	≤0.10	0.40～0.70	0.15～0.35	0.80～1.10	≤0.30	0.40～0.60	—	≤0.20	—	0.030	0.030
	19	H13CrMoA	0.11～0.16	0.40～0.70	0.15～0.35	0.80～1.10	≤0.30	0.40～0.60	—	≤0.20	—	0.030	0.030
	20	H18CrMoA	0.15～0.22	0.40～0.70	0.15～0.35	0.80～1.10	≤0.30	0.15～0.25	—	≤0.20	—	0.025	0.030
	21	H18CrMoVA	≤0.10	0.40～0.70	0.15～0.35	1.00～1.30	≤0.30	0.50～0.70	0.15～0.35	≤0.20	—	0.030	0.030
	22	H08CrNi2MoA	0.05～0.10	0.50～0.85	0.10～0.30	0.70～1.00	1.40～1.80	0.20～0.40	—	≤0.20	—	0.025	0.030
	23	H30CrMnSiA	0.25～0.35	0.80～1.10	0.90～1.20	0.80～1.10	≤0.30	—	—	≤0.20	—	0.025	0.025
	24	H10MoCrA	≤0.12	0.40～0.70	0.15～0.35	0.45～0.65	≤0.30	0.40～0.60	—	≤0.20	—	0.030	0.030
不锈钢	25	H1Cr5Mo	≤0.12	0.40～0.70	0.15～0.35	4.0～6.0	≤0.30	0.4～0.6	—	—	—	0.030	0.030
	26	H0Cr19Ni9Ti	≤0.06	1.0～2.0	0.30～0.70	18.0～20.0	8.0～10.0	—	—	—	Ti0.50～0.80	0.020	0.030
	27	H1Cr19Ni9Ti	≤0.10	1.0～2.0	0.30～0.70	18.0～20.0	8.0～10.0	—	—	—	Ti0.50～0.80	0.020	0.030
	28	H1Cr19Ni10Nb	≤0.09	1.0～2.0	0.30～0.70	18.0～20.0	9.0～11.0	—	—	—	Nb1.20～1.50	0.020	0.030
	29	H1Cr25Ni13	≤0.12	1.0～2.0	0.30～0.70	23.0～26.0	12.0～14.0	—	—	—	—	0.020	0.030
	30	H1Cr25Ni20	≤0.15	1.0～2.0	0.20～0.50	24.0～27.0	17.0～20.0	—	—	—	—	0.020	0.030

注：根据供需双方协议，也可供给表23－4－17以外的牌号。

表 23-4-18　常用碳素钢及合金钢焊接材料的选用

母材牌号		焊条电弧焊		埋弧焊		熔化极气体保护电弧焊（实芯）	惰性气体保护电弧焊（Ar、实芯）
新牌号	旧牌号	焊条		焊丝型号	焊剂型号	焊丝型号	焊丝型号
		型号	牌号示例				
Q235A、10、20	—	E4303 E4315	J422 J427	H08A H08MnA	F4A0-H08A F4A2-H08MnA	ER49-1 ER50-6 H08Mn2SiA	ER49-1 ER50-6 H08Mn2SiA
Q235B、Q235C、Q235D、Q245R	—	E4315 E4316	J427 J426	H08A H08MnA	F4A0-H08A F4A2-H08MnA	ER50-6 H08Mn2SiA	ER50-6 H08Mn2SiA
Q345A	—	E5003 E5015 E5016	J502 J507 J506	H08MnA H10Mn2	F5A0-H08MnA F5A0-H10Mn2	ER49-1 ER50-6 H08Mn2Si	ER49-1 H08Mn2Si
Q345B、Q345C、Q345D、Q345R、16Mn	—	E5015 E5016	j507 J506	H08MnA H10Mn2	F5A2-H08MnA F5A2-H10Mn2	ER50-2 ER50-3 ER50-6 H08Mn2SiA	ER50-2 ER50-3 ER50-6 H08Mn2SiA
16MnDR、Q345E、16MnD	—	E5015-G E5016-G	J507RH J506RH	—	—	—	ER55-Ni1
09MnNiDR、09MnNiD	—	E5515-C1L	—	—	—	—	ER55-Ni3
18MnMoNbR	—	E6015-D1	J607	H08Mn2MoA	F62A2-H08Mn2MoA	—	—
12CrMo、12CrMoG	—	E5515-B1	R207	H13CrMoA	F48A0-H13CrMoA	—	ER55-B2 H13CrMoA
15CrMo、15CrMoG、15CrMoR	—	E5515-B2	R307	H13CrMoA	F48A0-H13CrMoA	—	ER55-B2 H13CrMoA
12Cr1MoV、12Cr1MoVG 12Cr1MoVR	—	E5515-B2-V	R317	H08CrMoVA	F48A0-H08CrMoVA	—	ER55-B2-MnV H08CrMoVA
12Cr2Mo、12Cr2MoG、12Cr2MoR	—	E6015-B3	R407	H05SiCr2MoA	F48A0-H05SiCr2MoA	—	ER62-B3

续表

母材牌号		焊条电弧焊		埋弧焊		熔化极气体保护电弧焊（实芯）	惰性气体保护电弧焊（Ar、实芯）
新牌号	旧牌号	焊条		焊丝型号	焊剂型号	焊丝型号	焊丝型号
		型号	牌号示例				
1Cr5Mo	—	E5MoV－15	R507	—	—	—	H1Cr5Mo
12Cr18Ni9 06Cr19Ni10	1Cr18Ni9 0Cr18Ni9	E308－16 E308－15	A102 A107	H0Cr21Ni10	F308－ H0Cr21Ni10	—	H0Cr21Ni10
06Cr18Ni11Ti 07Cr19Ni11Ti	0Cr18Ni10Ti 1Cr18Ni11Ti	E347－16 E347－15	A132 A137	H0Cr20Ni10Nb	F347－ H0Cr20Ni10Nb	—	H0Cr20Ni10Nb
022Cr19Ni10	00Cr19Ni10	E308L－16	A002	H00Cr21Ni10	F308L－ H00Cr21Ni10	—	H00Cr21Ni10
06Cr17Ni12Mo2	0Cr17Ni12Mo2	E316－16 E316－15	A202 A207	H0Cr19Ni12Mo2	F316－ H0Cr19Ni12Mo2	—	H0Cr19Ni12Mo2
06Cr17Ni12Mo2Ti	0Cr18Ni12Mo2Ti	E316L－16 E318－16	A022 A212	H0Cr19Ni12Mo2	F316－ H0Cr19Ni12Mo2	—	H0Cr19Ni12Mo2
06Cr19Ni13Mo3	0Cr19Ni13Mo3	E317－16	A242	H0Cr19Ni14Mo3	F317－ H0Cr19Ni14Mo3	—	H0Cr19Ni14Mo3
022Cr17Ni14Mo2	00Cr17Ni14Mo2	E316L－16	A022	H0Cr19Ni14Mo3	F316L－ H00Cr19Ni12Mo2	—	H00Cr19Ni12Mo2
022Cr19Ni13Mo3	00Cr19Ni13Mo3	E317L－16	A022Mo	—	—	—	—
06Cr23Ni13	0Cr23Ni13	E309－16 E309－15	A302 A307	H1Cr24Ni13	F309－ H1Cr24Ni13	—	H1Cr24Ni13
06Cr25Ni20	0Cr25Ni20	E310－16 E310－15	A402 A407	H1Cr26Ni21	F310－ H1Cr26Ni21	—	H1Cr26Ni21

表 23－4－19　常用异种碳素钢及合金钢焊接材料的选用

被焊钢材种类	母材牌号举例	焊条电弧焊		埋弧焊		熔化极气体保护电弧焊（CO_2、实芯）	惰性气体保护电弧焊（Ar、实芯）
		焊条		焊丝型号	焊剂型号	焊丝型号	焊丝型号
		型号	牌号示例				
碳素钢与强度型低合金钢焊接	20、Q235、Q245R＋Q345、Q345R	E4303 E4315 E4316 E5015 E5016	J422 J427 J426 J507 J506	H08A H08MnA H10Mn2	F4A0－H08A F4A2－H08MnA F5A2－H10Mn2	ER49－1 ER50－6 H08Mn2SiA	ER49－1 ER50－6 H08Mn2SiA

续表

被焊钢材种类	母材牌号举例	焊条电弧焊		埋弧焊		熔化极气体保护电弧焊（CO_2、实芯）	惰性气体保护电弧焊（Ar、实芯）
		焊条		焊丝型号	焊剂型号	焊丝型号	焊丝型号
		型号	牌号示例				
碳素钢与耐热型低合金钢焊接	Q235、20 + 12CrMo、15CrMo、 12Cr1MoV、 12Cr2Mo、1Cr5Mo	E4315 E4316	J427 J426	H08A H08MnA	F4A0 – H08A F4A0 – H08MnA	ER49 – 1 ER50 – 6 H08Mn2SiA	ER49 – 1 ER50 – 6 H08Mn2SiA
强度型低合金钢与耐热型低合金钢焊接	Q345R + 12CrMo、 15CrMo、12Cr1MoV、 12Cr2Mo、1Cr5Mo	E5015 E5016	J507 J506	H08MnA H10Mn2	F5A0 – H08MnA F5Ao – H10Mn2	ER49 – 1 ER50 – 6 H08Mn2SiA	ER49 – 1 ER50 – 6 H08Mn2SiA
耐热型低合金钢之间焊接	12CrMo + 15CrMo、 12Cr1MoV、 12Cr2Mo、1Cr5Mo	E5515 – B1	R207	H13CrMoA	F48A0 – H13CrMoA	—	H13CrMoA
	15CrMo + 12Cr1MoV、 12Cr2Mo、1Cr5Mo	E5515 – B2	R307	H13CrMoA	F48A0 – H13CrMoA	—	ER55 – B2 H13CrMoA
	12Cr1MoV + 12Cr2Mo、 1Cr5Mo	E5515 – B2 – V	R317	H08CrMoVA	F48A0 – H08CrMoVA	—	ER55 – B2 – MnV H08CrMoVA
	12Cr2Mo + 1Cr5Mo	E6015 – B3	R407	H05SiCr2MoA	F48A0 – H05SiCr2MoA	—	ER62 – B3
非奥氏体钢与奥氏体钢焊接	20、Q345R、 15CrMo 等 + 06Cr19Ni10、 06Cr17Ni12Mo2 等	E309 – 15 E309 – 16 E310 – 16 E310 – 15	A307 A302 A402 A407	H1Cr24Ni13 H1Cr26Ni21	F309 – H1Cr24Ni13 F310 – H1Cr26Ni21	—	H1Cr24Ni13 H1Cr26Ni21

2. 常用镍及镍合金焊接材料的选用宜符合表 23 – 4 – 20 的规定。常用异种镍及镍合金焊接材料的选用宜符合表 23 – 4 – 21 的规定。

表 23 – 4 – 20　常用镍及镍合金焊接材料的选用

母材类别	焊条型号	焊丝型号
Nickel 200	ENi 2061（ENi – 1）	SNi 2061（ERNi – 1）
Monel 400	ENi 4060（ENiCu – 7）	SNi 4060（ERNiCu – 7）
Inconel 600	ENi 6062（ENiCrFe – 1） ENi 6182（ENiCrFe – 3）	SNi 6062（ERNiCrFe – 5） SNi 6082（ERNiCr – 3）
Inconel 625	ENi 6625（ENiCrMo – 3）	SNi 6625（ERNiCrMo – 3）
Incoloy 800	ENi 6133（ENiCrFe – 2） ENi 6182（ENiCrFe – 3）	SNi 6082（ERNiCr – 3）

续表

母材类别	焊条型号	焊丝型号
Incoloy 825		SNi 8065(ERNiFeCr－1)
Hastelloy B	ENi 1001(ENiMo－1)	SNi 1001(ERNiMo－1)
Hastelloy B2	ENi 1066(ENiMo－7)	SNi 1066(ERNiMo－7)
Hastelloy C276	ENi 6276(ENiCrMo－4)	SNi 6276(ERNiCrMo－4)
Hastelloy C4	ENi 6455(ENiCrMo－7)	SNi 6455(ERNiCrMo－7)

注：括号内型号为被替代标准《镍及镍合金焊条》GB/T 13814—1992 的焊条型号和《镍及镍合金焊丝》GB/T 15620—1995 中的焊丝型号。

表 23－4－21　常用异种镍及镍合金焊接材料的选用

母材类别		焊条型号	焊丝型号
Nickel 200	Monel 400	ENi 2061(ENi－1) ENi 4060(ENiCu－7)	SNi 2061(ERNi－1) SNi 4060(ERNiCu－7)
	Inconel 600 Incoloy 800	ENi 2061(ENi－1) ENi 6062(ENiCrFe－3) ENi 6133(ENiCrFe－2)	SNi 2061(ERNi－1) SNi 6082(ERNiCr－3)
	Hastelloy B Hastelloy B2 Hastelloy C	ENi 6062(ENiCrFe－3) ENi 6133(ENiCrFe－2)	SNi 6082(ERNiCr－3) SNi 7092(ERNiCrFe－6)
Monel 400	Inconel 600 Incoloy 800	ENi 6062(ENiCrFe－3) ENi 6133(ENiCrFe－2)	SNi 6082(ERNiCr－3) SNi 7092(ERNiCrFe－6)
	Hastelloy B Hastelloy B2	ENi 4060(ENiCu－7)	SNi 4060(ERNiCu－7)
	Hastelloy C	ENi 6133(ENiCrFe－2) ENi 6062(ENiCrFe－3)	SNi 6082(ERNiCr－3) SNi 7092(ERNiCrFe－6)
Inconel 600 Incoloy 800	Hastelloy B Hastelloy B2 Hastelloy C	ENi 6062(ENiCrFe－3) ENi 6133(ENiCrFe－2)	SNi 6082(ERNiCr－3) SNi 7092(ERNiCrFe－6)
	Hastelloy C276 Hastelloy C4	ENi 1004(ENiMo－3)	SNi 1004(ERNiMo－3)
Hastelloy B	Hastelloy C	ENi 1004(ENiMo－3)	SNi 1004(ERNiMo－3)

注：括号内型号为被替代标准《镍及镍合金焊条》GB/T 13814—1992 的焊条型号和《镍及镍合金焊丝》GB/T 15620—1995 中的焊丝型号。

三、国内外常用焊条近似牌号、型号对照表

1. 非合金钢及细晶粒钢焊条型号对照表见表 23－4－22。
2. 热强钢焊条型号对照表见表 23－4－23。
3. 不锈钢焊条型号对照表见表 23－4－24。

表 23－4－22　非合金钢及细晶粒钢焊条型号对照表

GB/T 5117—2012	AWS A5.1M：2004	AWS A5.5M：2006	ISO 2560：2009	GB/T 5117—1995	GB/T 5118—1995
碳钢					
E4303	—	—	E4303	E4303	—
E4310	E4310	—	E4310	E4310	—
E4311	E4311	—	E4311	E4311	—
E4312	E4312	—	E4312	E4312	—
E4313	E4313	—	E4313	E4313	—
E4315	—	—	—	E4315	—
E4316	—	—	E4316	E4316	—
E4318	E4318	—	E4318	—	—
E4319	E4319	—	E4319	E4301	—
E4320	E4320	—	E4320	E4320	—
E4324	—	—	E4324	E4324	—
E4327	E4327	—	E4327	E4327	—
E4328	—	—	—	E4328	—
E4340	—	—	E4340	E4300	—
E5003	—	—	E4903	E5003	—
E5010	—	—	E4910	E5010	—
E5011	—	—	E4911	E5011	—
E5012	—	—	E4912	—	—
E5013	—	—	E4913	—	—
E5014	E4914	—	E4914	E5014	—
E5015	E4915	—	E4915	E5015	—
E5016	E4916	—	E4916	E5016	—
E5016－1	—	—	E4916－1	—	—
E5018	E4918	—	E4918	E5018	—
E5018－1	—	—	E4918－1	—	—
E5019	—	—	E4919	E5001	—
E5024	E4924	—	E4924	E5024	—
E5024－1	—	—	E4924－1	—	—
碳钢					
E5027	E4927	—	E4927	E5027	—
E5028	FA928	—	E4928	E5028	—
E5048	E4948	—	E4948	E5048	—
E5716	—	—	E5716	—	—
E5728	—	—	E5728	—	—

续表

GB/T 5117—2012	AWS A5.1M：2004	AWS A5.5M：2006	ISO 2560：2009	GB/T 5117—1995	GB/T 5118—1995
			管线钢		
E5010 – P1	—	E4910 – P1	E4910 – P1	—	—
E5510 – P1	—	E5510 – P1	E5510 – P1	—	—
E5518 – P2	—	E5518 – P2	E5518 – P2	—	—
E5545 – P2	—	E5545 – P2	E5545 – P2	—	—
			碳钼钢		
E5003 – 1M3	—	—	—	—	E5003 – A1
E5010 – 1M3	—	E4910 – A1	E4910 – 1M3	—	E5010 – A1
E5011 – 1M3	—	E4911 – A1	E4911 – 1M3	—	E5011 – A1
E5015 – 1M3	—	E4915 – A1	E4915 – 1M3	—	E5015 – A1
E5016 – 1M3	—	E4916 – A1	E4916 – 1M3	—	E5016 – A1
E5018 – 1M3	—	E4918 – A1	E4918 – 1M3	—	E5018 – A1
E5019 – 1M3	—	—	E4919 – 1M3	—	—
E5020 – 1M3	—	E4920 – A1	E4920 – 1M3	—	E5020 – A1
E5027 – 1M3	—	E4927 – A1	E4927 – 1M3	—	E5027 – A1
			锰钼钢		
E5518 – 3M2	—	E5518 – D1	E5518 – 3M2	—	—
E5515 – 3M3	—	—	—	—	E5515 – D3
E5516 – 3M3	—	E5516 – D3	E5516 – 3M3	—	E5516 – D3
E5518 – 3M3	—	E5518 – D3	E5518 – 3M3	—	E5518 – D3
			镍钢		
E5015 – N1	—	—	—	—	—
E5016 – N1	—	—	E4916 – N1	—	—
E5028 – N1	—	—	E4928 – N1	—	—
E5515 – N1	—	—	—	—	—
E5516 – N1	—	—	E5516 – N1	—	—
E5528 – N1	—	—	E5528 – N1	—	—
E5015 – N2	—	—	—	—	—
			镍钢		
E5016 – N2	—	—	E4916 – N2	—	—
E5018 – N2	—	E4918 – C3L	E4918 – N2	—	—
E5515 – N2	—	—	—	—	E5515 – C3
E5516 – N2	—	E5516 – C3	E5516 – N2	—	E5516 – C3
E5518 – N2	—	E5518 – C3	E5518 – N2	—	E5518 – C3
E5015 – N3	—	—	—	—	—
E5016 – N3	—	—	E4916 – N3	—	—
E5515 – N3	—	—	—	—	—

GB/T 5117—2012	AWS A5.1M：2004	AWS A5.5M：2006	ISO 2560：2009	GB/T 5117—1995	GB/T 5118—1995
E5516 – N3	—	E5516 – C4	E5516 – N3	—	—
E5516 – 3N3	—	—	E5516 – 3N3	—	—
E5518 – N3	—	E5518 – C4	E5518 – N3	—	—
E5015 – N5	—	E4915 – C1L	E4915 – N5	—	E5015 – C1L
E5016 – N5	—	E4916 – C1L	E4916 – N5	—	E5016 – C1L
E5018 – N5	—	E4918 – C1L	E4918 – N5	—	E5018 – C1L
E5028 – N5	—	—	E4928 – N5	—	—
E5515 – NS	—	—	—	—	E5515 – C1
E5516 – N5	—	E5516 – C1	E5516 – N5	—	E5516 – C1
E5518 – N5	—	E5518 – C1	E5518 – N5	—	E5518 – C1
E5015 – N7	—	E4915 – C2L	E4915 – N7	—	E5015 – C2L
E5016 – N7	—	E4916 – C2L	E4916 – N7	—	E5016 – C2L
E5018 – N7	—	E4918 – C2L	E4918 – N7	—	E5018 – C2L
E5515 – N7	—	—	—	—	—
E5516 – N7	—	E5516 – C2	E5516 – N7	—	E5516 – C2
E5518 – N7	—	E5518 – C2	E5518 – N7	—	E5518 – C2
E5515 – N13	—	—	—	—	—
E5516 – N13	—	—	E5516 – N13	—	—
镍钼钢					
E5518 – N2M3	—	E5518 – NM1	E5518 – N2M3	—	E5518 – NM
耐候钢					
E5003 – NC	—	—	E4903 – NC	—	—
E5016 – NC	—	—	E4916 – NC	—	—
E5028 – NC	—	—	E4928 – NC	—	—
E5716 – NC	—	—	E5716 – NC	—	—
耐候钢					
E5728 – NC	—	—	E5728 – NC	—	—
E5003 – CC	—	—	E4903 – CC	—	—
E5016 – CC	—	—	E4916 – CC	—	—
E5028 – CC	—	~	E4928 – CC	—	—
E5716 – CC	~	—	E5716 – CC	—	—
E5728 – CC	—	—	E5728 – CC	—	—
E5003 – NCC	—	—	E4903 – NCC	—	—
E5016 – NCC	—	—	E4916 – NCC	—	—
E5028 – NCC	—	—	E4928 – NCC	—	—
E5716 – NCC	—	—	E5716 – NCC	—	—
E5728 – NCC	—	—	E5728 – NCC	—	—

续表

GB/T 5117—2012	AWS A5.1M：2004	AWS A5.5M：2006	ISO 2560：2009	GB/T 5117—1995	GB/T 5118—1995
E5003 – NCC1	—	—	E4903 – NCC1	—	—
E5016 – NCC1	—	—	E4916 – NCC1	—	—
E5028 – NCC1	—	—	E4928 – NCC1	—	—
E5516 – NCC1	—	—	E5516 – NCC1	—	—
E5518 – NCC1	—	E5518 – W2	E5518 – NCC1	—	E5518 – W
E5716 – NCC1	—	—	E5716 – NCC1	—	—
E5728 – NCC1	—	—	E5728 – NCC1	—	—
E5016 – NCC2	—	—	E4916 – NCC2	—	—
E5018 – NCC2	—	E4918 – W1	E4918 – NCC2	—	E5018 – W
其他					
E50XX – G	—	—	E49XX – G	—	E50XX – G
E55XX – G	—	—	E55XX – G	—	E55XX – G
E57XX – G	—	—	E57XX – G	—	—

表 23 – 4 – 23　热强钢焊条型号对照表

GB/T 5118—2012[①]	ISO 3580：2010	AWS A5.5M：2006	GB/T 5118—1995
E50XX – 1M3	EA9XX – IM3	—	E50XX – A1
E50YY – 1M3	E49YY – IM3	—	E50YY – A1
E5515 – CM	E5515 – CM	—	E5515 – B1
E5516 – CM	E5516 – CM	E5516 – B1	E5516 – B1
E5518 – CM	E5518 – CM	E5518 – B1	E5518 – B1
E5540 – CM	—	—	E5500 – B1
E5503 – CM	—	—	E5503 – B1
E5515 – 1CM	E5515 – 1CM	—	E5515 – B2
E5516 – 1CM	E5516 – 1CM	E5516 – B2	E5516 – B2
E5518 – 1CM	E5518 – 1CM	E5518 – B2	E5518 – B2
E5513 – 1CM	E5513 – 1CM	—	—
E5215 – 1CML	E5215 – 1CML	E4915 – B2L	E5515 – B2L
E5216 – 1CML	E5216 – 1CML	E4916 – B2L	—
E5218 – 1CML	E5218 – 1CML	E4918 – B2L	E5518 – B2L
E5540 – 1CMV	—	—	E5500 – B2 – V
E5515 – 1CMV	—	—	E5515 – B2 – V
E5515 – 1CMVNb	—	—	E5515 – B2 – VNb
E5515 – 1CMWV	—	—	E5515 – B2 – VW
E6215 – 2C1M	E6215 – 2C1M	E6215 – B3	E6015 – B3
E6216 – 2C1M	E6216 – 2C1M	E6216 – B3	E6016 – B3
E6218 – 2C1M	E6218 – 2C1M	E6218 – B3	E6018 – B3

续表

GB/T 5118—2012[①]	ISO 3580：2010	AWS A5.5M：2006	GB/T 5118—1995
E6213 -2C1M	E6213 -2C1M	—	—
E6240 -2C1M	—	—	E6000 - B3
E5515 -2C1ML	E5515 -2C1ML	E5515 - B3L	E6015 - B3L
E5516 -2C1ML	E5516 -2C1ML	—	—
E5518 -2C1ML	E5518 -2C1ML	E5518 - B3L	E6018 - B3L
E5515 -2CML	E5515 -2CML	E5515 - B4L	E5515 - B4L
E5516 -2CML	E5516 -2CML	—	—
E5518 -2CML	E5518 -2CML	—	—
E5540 -2CMWVB	—	—	E5500 - B3 - VWB
E5515 -2CMWVB	—	—	E5515 - B3 - VWb
E5515 -2CMVNb	—	—	E5515 - B3 - VNb
E62XX -2C1MV	E62XX -2C1MV	—	—
E62XX -3C1MV	E62XX -3C1MV	—	—
E5515 - C1M	E5515 - C1M	—	—
E5516 - C1M	E5516 - C1M	E5516 - B5	E5516 - B5
E5518— C1M	E5518 - C1M	—	—
E5515 -5CM	E5515 -5CM	E5515 - B6	—
E5516 -5CM	E5516 -5CM	E5516 - B6	—
E5518 -5CM	E5518 -5CM	E5518 - B6	—
E5515 -5CML	E5515 -5CML	E5515 - B6L	—
E5516 -5CML	E5516 -5CML	E5516 - B6L	—
E5518 -5CML	E5518 -5CML	E5518 - B6L	—
E5515 -5CMV	—	—	—
E5516 -5CMV	—	—	—
E5518 -5CMV	—	—	—
E5515 -7CM	—	E5515 - B7	—
E5516 -7CM	—	E5516 - B7	—
E5518 -7CM	—	E5518 - B7	—
E5515 -7CML	—	E5515 - B7L	—
E5516 -7CML	—	E5516 - B7L	—
E5518 -7CML	—	E5518 - B7L	—
E6215 -9C1M	E6215 -9C1M	E5515 - B8	—
E6216 -9C1M	E6216 -9C1M	E5516 - B8	—
E6218 -9C1M	E6218 -9C1M	E5518 - B8	—
E6215 -9C1ML	E6215 -9C1ML	E5515 - B8L	—
E6216 -9C1ML	E6216 -9C1ML	E5516 - B8L	—
E6218 -9C1ML	E6218 -9C1ML	E5518 - B8L	—

续表

GB/T 5118—2012①	ISO 3580：2010	AWS A5.5M：2006	GB/T 5118—1995
E6215 -9C1MV	E6215 -9C1MV	E6215 - B9	—
E6216 -9C1MV	E6216 -9C1MV	E6216 - B9	—
E6218 -9C1MV	E6218 -9C1MV	E6218 - B9	—
E62XX -9C1MV1	E62XX -9C1MV1	—	—

注：①焊条型号中 XX 代表药皮类型 15、16 或 18，YY 代表药皮类型 10、11、19、20 或 27。

表 23 -4 -24　不锈钢焊条型号对照表

GB/T 983—2012	ISO 3581：2003	AWS A5.4M：2006	GB/T 983—1995
E209 - XX	ES209 - XX	E209 - XX	E209 - XX
E219 - XX	ES219 - XX	E219 - XX	E219 - XX
E240 - XX	ES240—XX	E240—XX	E240 - XX
E307 - XX	ES307—XX	E307—XX	E307 - XX
E308 - XX	ES308—XX	E308—XX	E308 - XX
E308 H - XX	ES308H - XX	E308H - XX	E308H - XX
E308L - XX	ES308L - XX	E308L - XX	E308L - XX
E308Mo - XX	ES308Mo - XX	E308Mo - XX	E308Mo - XX
E308LMo - XX	ES308LMo - XX	E308LMo - XX	E308MoL - XX
E309L - XX	ES309L - XX	E309L - XX	E309L - XX
E309 - XX	ES309 - XX	E309 - XX	E309 - XX
E309H - XX	—	E309H - XX	—
E309LNb - XX	ES309LNb - XX	—	—
E309Nb - XX	ES309Nb - XX	E309Nb - XX	E309Nb - XX
E309Mo - XX	ES309Mo - XX	E309Mo - XX	E309Mo - XX
E309LMo - XX	ES309LMo - XX	E309LMo - XX	E309MoL - XX
E310 - XX	ES310 - XX	E310 - XX	E310 - XX
E310H - XX	ES310H - XX	E310H - XX	E310H - XX
E310Nb - XX	ES310Nb - XX	E310Nb - XX	E310Nb - XX
E310Mo - XX	ES310Mo - XX	E310Mo - XX	E310Mo - XX
E312 - XX	ES312 - XX	E312 - XX	E312 - XX
E316 - XX	ES316 - XX	E316 - XX	E316 - XX
E316H - XX	ES316H - XX	E316H - XX	E316H - XX
E316L - XX	ES316L - XX	E316L - XX	E316L - XX
E316LCu - XX	ES316LCu - XX	—	—
E316LMn - XX	—	E316LMn - XX	—
E317 - XX	ES317 - XX	E317 - XX	E317 - XX
E317L - XX	ES317L - XX	E317L - XX	E317L - XX
E317MoCu - XX	—	—	E317MoCu - XX

续表

GB/T 983—2012	ISO 3581：2003	AWS A5.4M：2006	GB/T 983—1995
E317LMoCu – XX	—	—	E317MoCuL – XX
E318 – XX	ES318 – XX	E318 – XX	E318 – XX
E318V – XX	—	—	E318V – XX
E320 – XX	ES320 – XX	E320 – XX	E320 – XX
E320LR – XX	ES320LR – XX	E320LR – XX	E320LR – XX
E330 – XX	ES330 – XX	E330 – XX	E330 – XX
E330H – XX	ES330H – XX	E330H – XX	E330H – XX
E330MoMnWNb – XX	—	—	E330MoMnWNb – XX
E347 – XX	ES347 – XX	E347 – XX	E347 – XX
E347L – XX	ES347L – XX	—	—
E349 – XX	ES349 – XX	E349 – XX	E349 – XX
E383 – XX	ES383 – XX	E383 – XX	E383 – XX
E385 – XX	ES385 – XX	E385 – XX	E385 – XX
E409Nb – XX	ES409Nb – XX	E409Nb – XX	—
E1410 – XX	ES410 – XX	E410 – XX	E410 – XX
E410NiMo – XX	ES410NiMo – XX	E410NiMo – XX	E410NiMo – XX
E430 – XX	ES430 – XX	E430 – XX	E430 – XX
E430Nb – XX	ES430Nb – XX	E430Nb – XX	—
E630 – XX	ES630 – XX	E630 – XX	E630 – XX
E16 – 8 – 2 – XX	ES16 – 8 – 2 – XX	E16 – 8 – 2 – XX	E16 – 8 – 2 – XX
E16 – 25MoN – XX	—	—	E16 – 25MoN – XX
E2209 – XX	ES2209 – XX	E2209 – XX	E2209 – XX
E2553 – XX	ES2553 – XX	E2553 – XX	E2553 – XX
E2593 – XX	ES2593 – XX	E2593 – XX	—
E2594 – XX	—	E2594 – XX	—
E2595 – XX	—	E2595 – XX	—
E3155 – XX	—	E3155 – XX	—
E33 – 31 – XX	—	E33 – 31 – XX	—

（编制　张德姜）

附录　工艺安装设计图纸自校提纲

一、内容：工艺安装设计白图自校提纲包括两部分

1. 设备平立面布置图自校程序框图。

2. 工艺管道安装图白图自校程序框图：由通用、管桥、塔器、机泵、加热炉、反应器六部分组成。

二、框图的结构

左侧为自校的顺序：尽量使其符合人的认识规律：由表及里，由浅入深，循序渐进，这种顺序与设计的程序也是一致的。中部为自校的内容；右侧为自校应依据的规范、规定、标准或是自校的内容应达到的要求。

设备平立面布置图自校程序框图

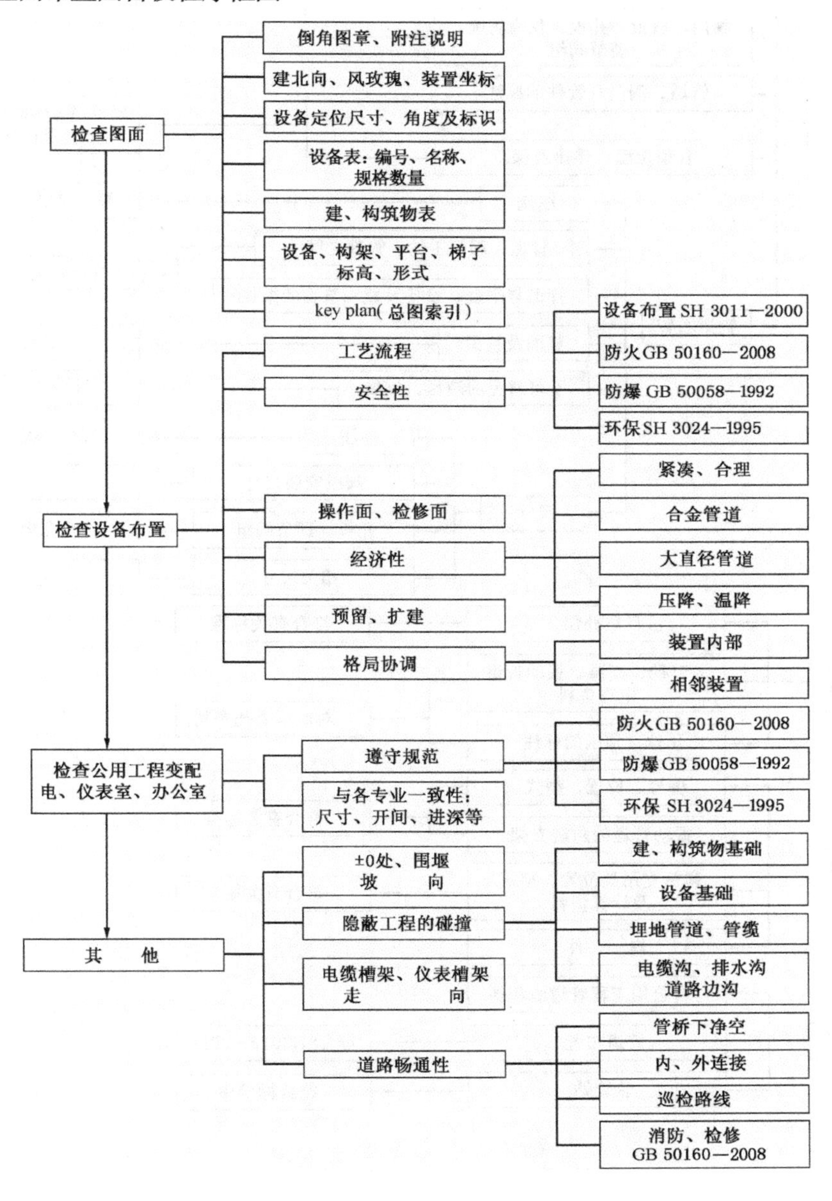

工艺管道安装白图自校程序框图(各部分通用)

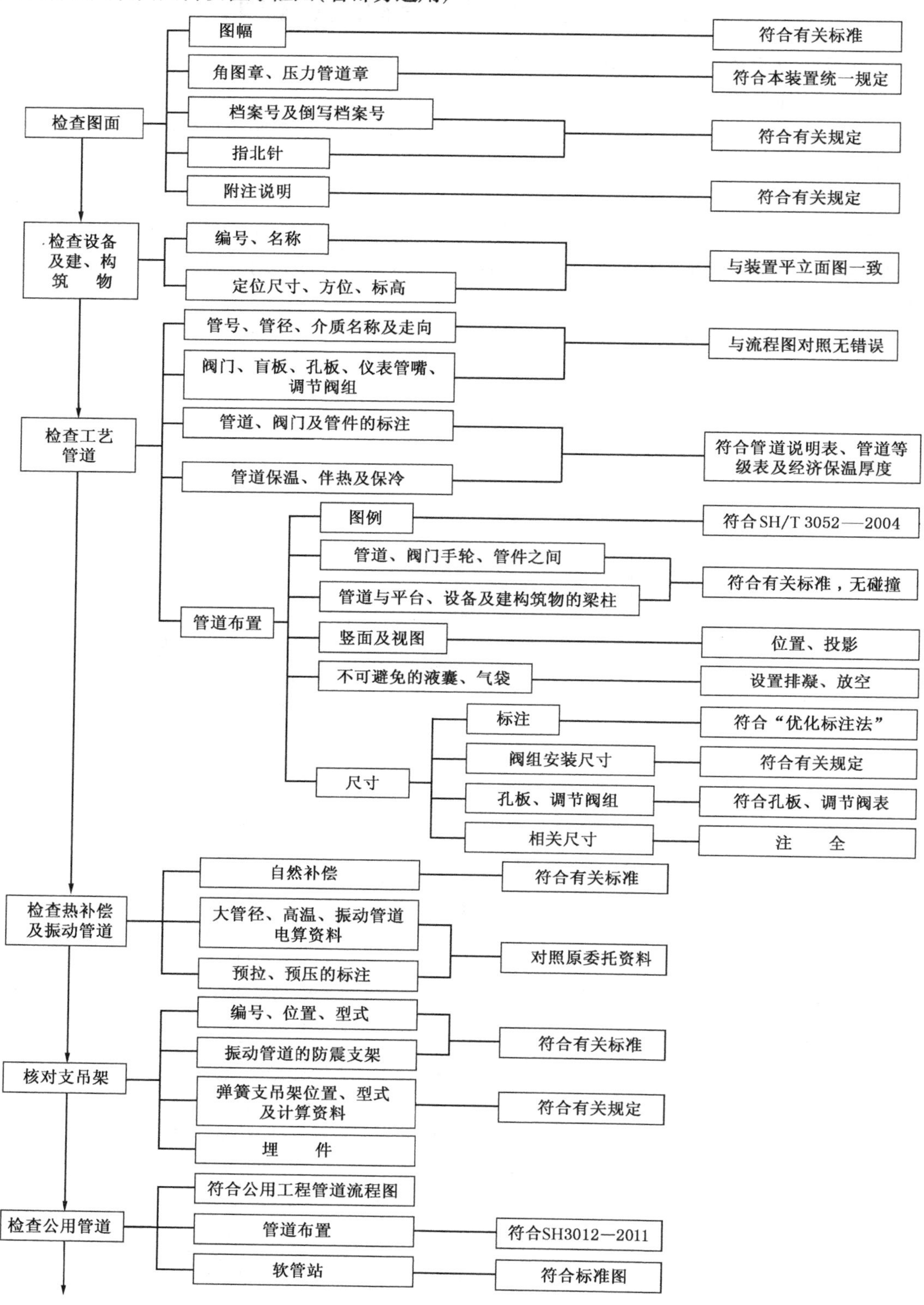

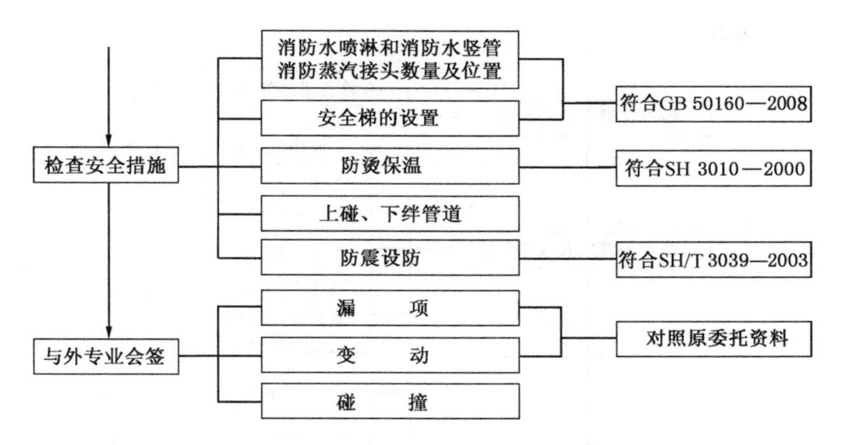

各部分除按上述框图顺序进行自校外，其特殊之处另附框图见后。

管廊部分自校程序框图

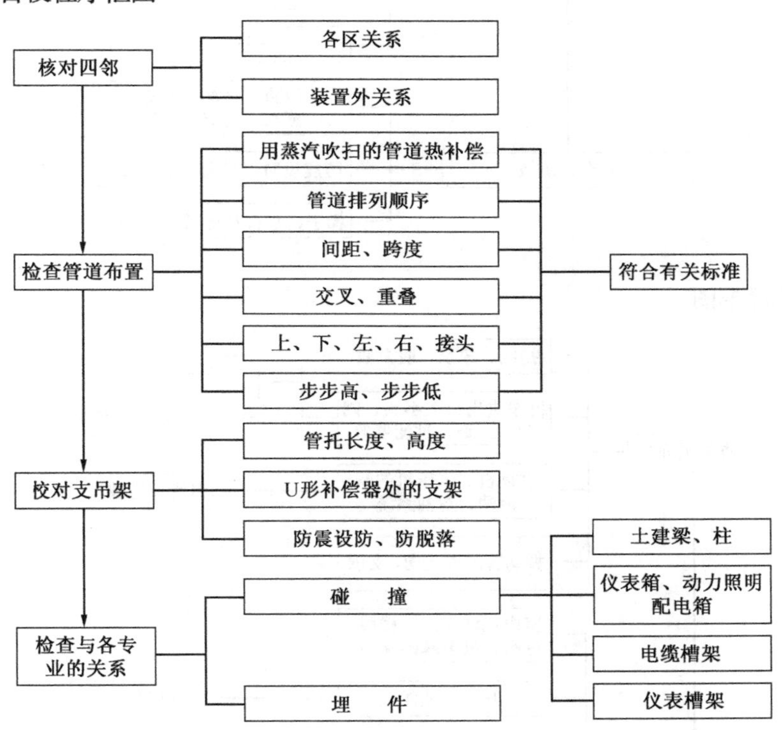

塔器部分自校程序框图

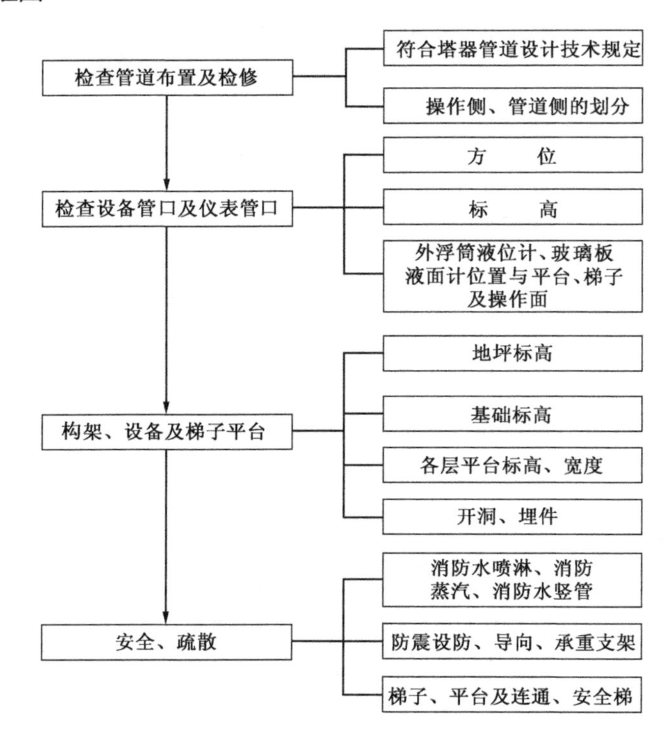

机泵部分自校程序框图

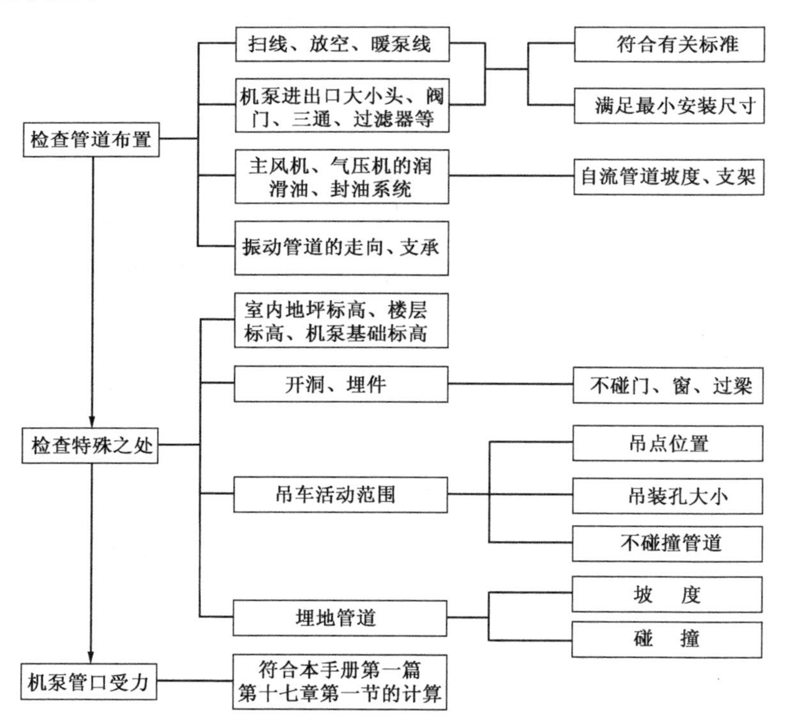

加热炉部分自校程序框图

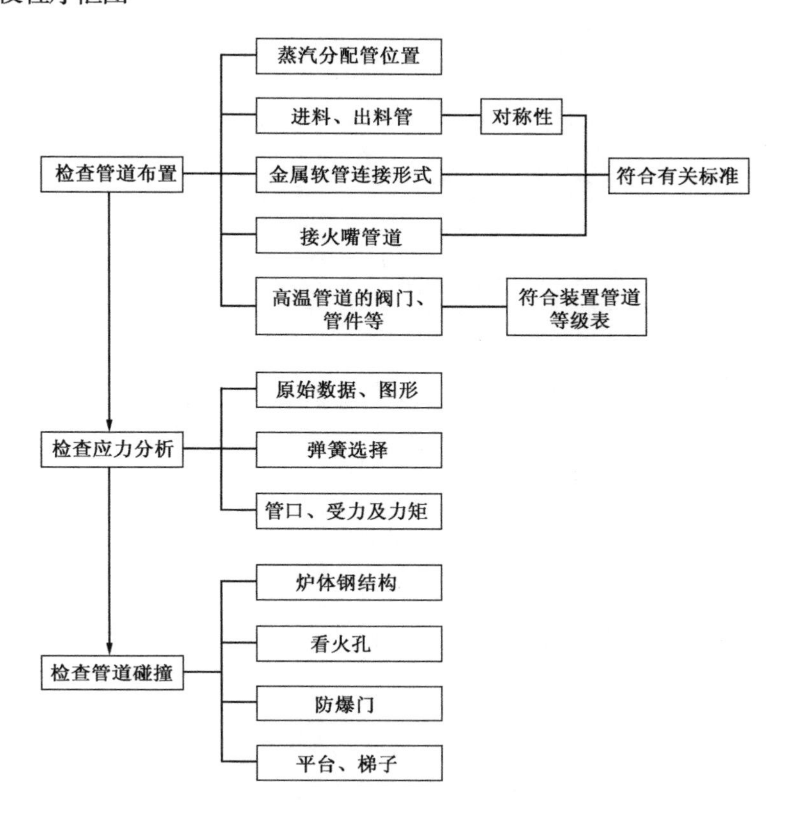

反应再生部分自校程序框图

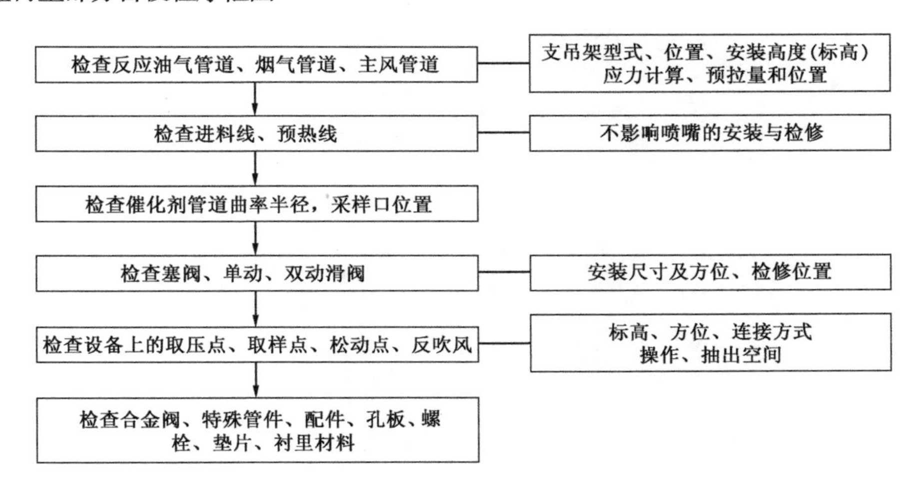

（编制　王怀义等）